机械设计

Roloff/Matek Maschinenelemente

（原书·第16版）

标准 计算 设计

D. 穆斯（Dieter Muhs）
H. 维特（Herbert Wittel）
（德）M. 贝克（Manfred Becker） 编著
D. 亚纳许（Dieter Jannasch）
J. 弗斯克（Joachim Voßiek）

孔建益 译

机 械 工 业 出 版 社

呈现在您面前的这本《机械设计》（原书·第16版）是“机械设计教学体系”中的一本，既可作为高等院校教材，又可用于工程实践。在不损害本书整体结构的情况下，我们将其划分为相互独立而又自成体系的24章，在这24章中我们详尽且清晰地讲述了最重要的一些机械零件。读者可以单独学习和使用每一章的内容。

本书可作为普通高等院校机械类各专业的教材和教学参考书，也可供近机类、非机类各专业本科师生及工程技术人员参考。

图书在版编目（CIP）数据

机械设计：第16版/（德）穆斯（Muhs，D.）等编著；孔建益译．—北京：机械工业出版社，2011.6（2024.6重印）

ISBN 978-7-111-32530-7

Ⅰ.①机… Ⅱ.①穆…②孔… Ⅲ.①机械设计 Ⅳ.①TH122

中国版本图书馆CIP数据核字（2010）第235723号

机械工业出版社（北京市百万庄大街22号 邮政编码100037）

策划编辑：余 皞 责任编辑：余 皞

版式设计：霍永明 责任校对：张晓蓉

封面设计：马精明 责任印制：刘 媛

北京中科印刷有限公司印刷

2024年6月第1版第6次印刷

184mm×260mm·58.5印张·1485千字

标准书号：ISBN 978-7-111-32530-7

定价：198.00元

电话服务	网络服务
客服电话：010-88361066	机 工 官 网：www.cmpbook.com
010-88379833	机 工 官 博：weibo.com/cmp1952
010-68326294	金 书 网：www.golden-book.com
封底无防伪标均为盗版	机工教育服务网：www.cmpedu.com

第 16 版前言

本书是“机械设计教学体系”中的一本，既可作为高等院校教材，又可用于工程实践。在不损害本书整体结构的情况下，我们将其划分为相互独立而又自成体系的 24 章。在这 24 章中，我们详尽且清晰地讲述了最重要的一些机械零件。读者可以单独学习和使用每一章的内容。

本书第 14 版按照新的设计准则对“心轴和转轴”进行了修订，这一点受到了读者的肯定。对钢结构中主要承受静载荷的螺纹联接、铆接和焊接按照新的安全规范所进行的修订，同样也受到了读者的欢迎。本版对“螺纹联接”一章的主要内容按照德国机械工程师协会（VDI）新制订颁布的设计准则 VDI—2230（高强度螺纹联接的系统计算方法）进行了改写。但是我们有意没有完全采用这个新标准（尤其是“弹性的计算”部分），目的是不增加计算工作量。我们还新增了“摩擦学”一章。

我们还对本书所使用的符号进行了统一，例如 S 表示“安全系数”，K_A 表示“使用系数”，W_t 代表“抗扭截面系数”，等。一些不是特别重要的公式不再着重标注，但是仍保留了公式号以便于查阅。

在本书中，我们尽可能在计算时不直接给出最终计算公式，而是试图通过在考虑到各种影响因素的情况下推导出相应的公式，使读者能理解这些计算方法的顺序。为了使读者能更好地理解各方程之间的合乎逻辑的相互作用关系，我们还给出了某些零件的计算框图，读者可据此自行编制相应的计算程序。

另附的表格手册作为本教材的补充，全面收录了计算和设计所必需的数据、图表、标准摘要和设计经验，该手册结构紧凑、形式清晰，快捷可靠，便于查阅。因为有这本手册作为补充，所以我们在本教材中只介绍了和教学内容联系十分紧密、对读者的理解不可或缺的某些资料和图表。

我们在书中列举了很多有完整计算过程的例子，这些例子和具体章节紧密结合，可以帮助读者理解如何运用所学理论知识，并且给出读者解题所需的设计准则。

本书的每一章都附有参考文献，用以给读者的进一步学习提供帮助。本书最后还附有详细的内容索引，读者可很快在书中找到相应的术语。

作者在此要特别指出的是，如果要将本教材内容用于工程实践当中，读者一定要结合最新的和完整的德国标准（DIN 标准），并参考其他重要的机械零件设计计算手册。对于诸如联轴器、离合器、弹簧、轴承、带传动和链传动等商品零件的实际选择应用，一定要参照相应供货商所给出的最新计算资料和功率数据，它们常常会与教材有出入。这点同样也适用于诸如粘结剂、钎焊剂和润滑剂这类被供货商归类为非机械零件且次要的货物。我们虽然仔细地搜索过有关资料，但也不能保证在直接和间接引用各类规范和企业资料时的完全正确性。

最后，我们要向为本书提供了图表和其他资料，以及对我们的工作给予了有价值的指导和鼓励的各个公司表示谢意。同时，我们也要向读者致以诚挚的谢意，他们对本书的编写提出了很多建设性意见。我们也真诚地希望读者能够一如既往地继续对本书提出建设性的意见，使本书能够不断完善。对于出版社在此书的出版过程中所给予的良好合作，我们也一并在此致谢。

2003年春于不伦瑞克，罗伊特林恩，奥格斯堡

D. 穆斯
H. 维特
D. 亚纳许博士
J. 弗斯克博士

简明目录

目　录

第1章 概论和设计基础

1.1 机械零件的种类和分类

与化学元素的概念类似，从广义上来说，机械零件是最小的，再拆就不能实现预期功能的，以相同或相近形式在工程技术领域可重复使用的构成机器的组件。因此，机械零件既可以是单个零件，如螺栓、销钉、轴、齿轮等；也可以是由若干个零件组成的，以一个整体投入使用的部件，如滚动轴承、联轴器、离合器、阀门等。

根据复杂程度的不同，每个技术装置都由若干个机械零件构成，通过这些机械零件合乎逻辑的有意义的共同作用来实现设计者在设计过程中赋予该装置的功能。因此，设计者一方面必须掌握确定零件尺寸和结构以及选择标准机械零件的基本知识，如配合、强度和许用应力等，另一方面还要掌握使机械零件满足所要求功能所必需的表面误差方面的知识。

虽然一些机械零件根据功能的不同可能有不同的用途（如联轴器可作为联接零件或传动零件），但一般来说，按照使用目的的不同，可将机械零件分为：

—联接零件，如铆钉、螺栓、弹簧、销钉、轴销；以及焊接、钎焊和粘接。

—支承零件和传动零件，如滑动轴承、滚动轴承、心轴和转轴、齿轮及其传动、带传动和链传动。

—液体和气体传输零件，如管道及其附件、阀门、滑阀和旋阀等配件。

1.2 标准学基础

所谓标准化是指为了通用而有计划地将物品归一化。随着欧盟的扩大和交流的日益深入，伙伴之间，制造商和用户之间的有秩序的游戏规则越来越重要。总的来说，技术标准既提高了效益（通过规定统一的代号和概念、尺寸，公差和联接尺寸等达到实现互换性，减少类型数量的目的），保证了质量（如测量技术、对照试验方法、统计评价方法），又促进了工作环境人性化（如对办公家具、劳保服装、室内照明、工作位置显示设备的最低要求，工作场所危险信号的规定）。因此，德国标准（以下简称 DIN 标准）通过保护人身安全具有安全功能，又作为法律的基础具有法律功能。DIN 标准不但是保证完美技术性能的准则，从维护法律秩序的角度来看也具有重要意义。DIN 标准并不存在一种普遍的应用义务，但是，有可能由法律条文、管理规定、约定或其他具有法律意义的条例所规定。任何人都不能以应用 DIN 标准为借口逃避自己处理不当的责任。

1.2.1 国家标准和国际标准，技术规范

20 世纪初，德国在电气工程领域建立了“德国电气工程师协会（VDE)”，在非电气工程领域建立了民间协会“德国工业标准委员会”，出版“德国工业标准（DIN)”。1926 年 DIN 被更名为“德国标准委员会（DNA)”，1975 年又再次更名为“德国标准研究所

(DIN)”，办公地址设在柏林。

除了这些组织制订的标准和规范外，还有其他私立法定组织，公立法定团体，技术委员会等制订的规范；例如由德国工程师学会（VDI）[㊀]制订的 VDI 准则，德国铸造专业学会（VDG）制订的 VDG 须知，污水处理技术协会（ATV）制订的 ATV 工作守则，德国焊接技术协会（DVS）制订的 DVS 须知和准则，德国技术监督协会压力容器专业委员会（AD）制订的 AD 须知，德国气体和水专业协会（DVGW）制订的 DVGW 须知。

一般都推荐采用由这些机构制订的工作守则和准则。但是每个人都可以自己决定是否采用这些众所周知的技术规范。

就国际上而言，位于日内瓦的“国际标准化组织（ISO)”和“国际电气技术委员会(IEC)”共同制订了国际标准体系。每个国家的国家标准化机构可以成为这些国际组织的成员。因此，DIN 加入了 ISO，VDE 和 DIN 的德国电气技术委员会加入了 IEC，以保证德国的利益。国际标准作为 DIN-ISO 标准在德国采用。在欧盟内部，欧洲标准委员会（CEN）和欧洲电气技术标准委员会（CENELEC）是欧洲共同标准化机构。欧盟和欧洲自由贸易区成员国的国家标准化机构是它们的成员机构。即使某个成员国对欧洲标准投了反对票，它也必须在其国家标准中采用欧洲标准。同国际标准作为 DIN-ISO 标准采用一样，欧洲标准作为 DIN-EN 标准采用。

1.2.2 德国标准（DIN 标准）的制订过程

DIN 标准按照 DIN 820 规定的方法和程序制订和公布。任何人都可以申请完成一个标准。标准的制订工作从专业标准委员会（FNA）开始，该委员会由对此感兴趣的专业人士（工业界、高校、行政当局、协会等）组成，他们义务工作，不收取报酬。DIN 标准在最终定稿之前，要将草案（黄文）登载在《DIN 技术规则公告》上征求公众意见，在 4 到 6 个月的期限内征集公众的建议和修改意见。专业标准委员会（FNA）在举行提反面意见人士参加的听证会后决定是否采纳所收集到的建议和修改意见，甚至有可能导致撤回标准草案。如对专业标准委员会（FNA）的决定不服，可申请进入调解或仲裁程序。专业标准委员会（FNA）在向标准审查机关提交最终或新草案后结束自己的工作。标准审查机关在确定该标准制订遵守了标准制订程序，异议自由，唯一性等基本原则和规章制度且在内容上与其他标准不冲突的情况下，决定接受其为 DIN 标准，收入德国标准汇编，且在《DIN 技术规则公告》上公布。对于某些章节还不成熟的标准，将作为预标准公布试行。

一个标准从开始申请直到公布，可能需要几年的时间（预标准小于 3 年，标准 5 年）。

1.2.3 十进分类法

十进分类法构造了一种分类方法，它将人类知识按照十进制分为 0～9 共 10 大类[㊁]，条理清楚，使用方便。它们分别是：0 类（总论、目录学、图书馆学）；1 类（哲学、心理学）；2 类（宗教、神学）；3 类（社会科学、法律、管理）；4 类（空）；5 类（数学、自然科学）；6 类（应用科学、医学，技术）；7 类（艺术、工艺美术、游戏、体育）；8 类（语言学、文学作品、文艺学）；9 类（地理、历史）。每个大类又分成 9 个小类，每个小类又分为 9 个细

㊀ 早在 1869 年就出版了《轧制钢材的标准形状》，并在 1881 年出版了《钢铁供货条件》。

㊁ 应用数字使十进分类法与语言和文字无关，因此适宜国际通用。

类；如大类 6 的小类 62（工程、技术）和细类 621（机械工程）。举例来说，"无缝钢管（DIN 2448）"的分类号为 DK621.643.23，齿轮的分类号为 DK621.833.05。

1.3　标准数（优先数和尺寸）

1.3.1　标准数的含义

根据 DIN 323，标准数是国际标准（ISO 3、ISO 17、ISO 497）约定的一种通用数字系统，它使技术和经济工作更有条理和更为简单。标准数是各类物理量（如长度、面积、体积、力、压力、力矩、应力，转速、功率）选择和分级的优先数，从而达到将实际要求的数字量限制在必要的最小范围内的目的。除非一些特别的物理量要选择其他数字，否则应该尽量选择标准数。如果做不到所有的数值都选择标准数，至少主要参数要采用标准数。按照标准数所形成的参数系列构建了清楚的分级规则，可提高产品规划的效率。

1.3.2　标准数系列的构成

1. 基本系列　按照约定，标准数是一个十进制几何级数的基本项，该级数的等比为整数 10，即…0.01 0.1 1 10 100 1000…，见 TB1-16（即与本教材配套的《表格手册》表 1-16，下同）。

标准数系列一般用 Rr 表示，其中 r 是对 10 开方的次数。每个系列都以 1（或 10 倍，100 倍…；或 1/10，1/100…）开始，下一个数通过乘以一个特定的等比 $q_r = \sqrt[r]{10}$得到，这个等比就是系列中的某一项与其前一项的比值。

根据 DIN 323，等比为 q_r 的基本系列有（比较 TB1-16）：

基本系列 R5，等比为 $q_5 = \sqrt[5]{10} \approx 1.60$

基本系列 R10，等比为 $q_{10} = \sqrt[10]{10} \approx 1.25$

基本系列 R20，等比为 $q_{20} = \sqrt[20]{10} \approx 1.12$

基本系列 R40，等比为 $q_{40} = \sqrt[40]{10} \approx 1.06$

例外系列 R80，等比为 $q_{80} = \sqrt[80]{10} \approx 1.03$，一般只在特殊情况下使用。

在进行产品系列设计时，按 R5、R10、R20 、R40 的顺序选择基本系列，因为级差较大系列的优点是，加工时可以减少工具、设备、测量仪器的数量，成品和备件库存量小。

2. 派生系列　如果给定或要求一个特定的初始量，或者一个基本系列的等比不合要求而导致不能采用基本系列的话，可以通过舍弃一个完整系列的某些项来构建一个选择系列。在一个基本系列（或圆整值系列）中，每隔 p 项选用一个优先数就构成了一个派生系列 Rr/p，该系列具有恒定的等比 $q_{r/p} = q_r^p$。对于基本系列 R20，初始项为 2，如果每隔 3 项（$p=3$）选用的话，就构成了一个有下边界的增大派生系列 R20/3，其等比和系列各项为

$$q_{(20/3)} = q_{20}^3 = 1.12^3 = 1.4\text{：}\mathbf{2\ 2.8\ 4\ 5.6\ 8\ 11.2\cdots}$$

一个有上边界的减小派生系列 R$r/-p$，如 R20/−3（4…），其等比和系列各项为

$$q_{r/-p} = q_{20/-3} = q_{20}^{-3} = 1/1.12^3 = 1/1.4\text{：}\mathbf{4\ 2.8\ 2\ 1.4\cdots}$$

尽量不要用 R40 构成派生系列，用 R80 构成的派生系列最多用在非常细分的情况下，或作为次要系列，例如用于毛坯尺寸，这样就能保证成品能采用优先系列。

3. 合成系列　如果在规划尺寸系列时不能采用一个统一的等比时，可以由两个或多个

部分系列构成一个合成系列。这种尺寸系列可以满足对尺寸密集分布有特殊要求的情况，且遵守间隔逐渐增加的原则。例如，一个系列在 10 到 25 范围内为 R5，在 25 到 35.5 范围内为 R20/3，在 35.5 到 63 范围内为 R40/5，在 63 到 125 范围内为 R10，该系列为 **10 16 25 35.5 57.5 63 80 100 125**。

在合成系列中，等比周期性变化的群几何级数具有重要意义。它有时用 Rar 表示，例如 Ra10：**3 4 5 6 8 10 12 16 20**，其周期性出现的等比为 1.33 1.25 1.2，中间值为与 R10 对应的 1.25。若该级数全部由整数构成则与 R″20/2 对应（比较 TB1-16）。

4. 圆整值系列　当工程实际中由于强制因素而不能采用上述主值（如齿轮齿数不能采用 35.5 而必须是 36）或要采用商业上通用值时，可以采用圆整值。对于往小方向圆整的圆整值系列用 R′10，R′20，R′40 表示，而朝大方向圆整的圆整值系列用 R″5，R″10，R″20 表示（见 TB1-16）。由此所带来的与精确值较大的误差导致了等比不均匀。

1.3.3　标准数的应用

在工程实际中，标准数在合理规划零件和机器尺寸系列（类型化）中具有重要意义，因为通过它可以用较少的尺寸系列来无漏洞地覆盖特定的使用范围。选择使用范围内的尺寸数量，例如在一定的功率，转速和传动比范围内选择传动尺寸数量时，既要考虑技术因素又要考虑经济因素。

如果一个系列产品的所有尺寸都按照相同的等比变化，则该系列产品几何相似。如果该系列的原始尺寸和等比都是标准数，则由此得到的系列尺寸同样是标准数。如果在原型（原始尺寸）和系列产品上施加静载荷和动载荷，且在弹性变形范围内，如果材料相同，在所有系列尺寸所对应的横截面上产生相同的应力，则它们又是力学相似的。

要使零件或机器所有系列尺寸在相同横截面上有相同应变，必定满足胡克定律：$\sigma=\varepsilon E=$常数。

这种原型原理使得用一种尺寸的一个原型来开发系列产品成为可能，且可以将原型上所得到的运行经验推广应用到系列产品上（见图 1-1）。

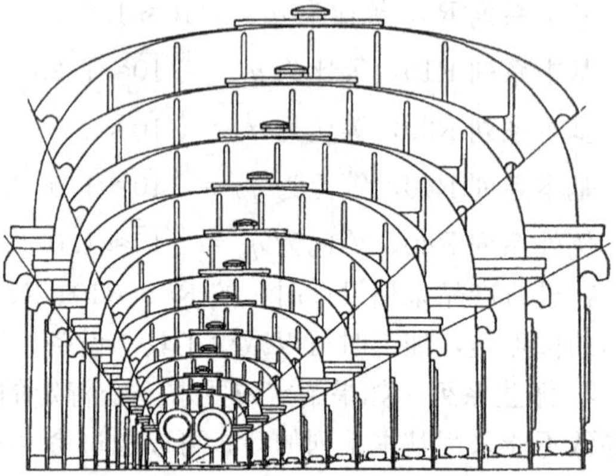

图 1-1　一种传动装置系列产品例子（弗兰德公司图形）

1. 确定比例尺　与等比 $q_{r/p}$ 对应的长度比例尺 q_L 是最容易得到的，它是第一个扩展设计的长度 L_1 与原始设计（基本设计或原型）的长度 L_0 的比值：$q_L=L_1/L_0\triangleq q_{r/p}$。

计算和确定必要的几何学，静力学和动力学特征参数（如横截面面积、体积、力、功率等）所需的比例尺可以从长度比例尺推导出。例如：

面积比例尺　　$q_A=A_1/A_0=L_1^2/L_0^2\triangleq q_L^2$

或

体积比例尺　　$q_V=V_1/V_0=L_1^3/L_0^3\triangleq q_L^3$

也就是说，如果比例尺为 q_L 的长度符合系列 $Rr/p=R10/2(r=10,\ p=2)$，其等比为

$$q_{r/p}=q_{10/2}=q_{10}^2=1.25^2\approx 1.6$$

则比例尺为 $q_{A'}=q_L^2$ 的面积（横截面）符合系列 $Rr/2p=R10/4$，其等比为

$$q_{r/2p}=q_{10/4}=q_{10}^4=1.25^4\approx 2.5$$

同样地，体积 $q_V\triangleq q_L^3$ 符合系列 $Rr/3p=R10/6$，其等比为

$$q_{r/3p}=q_{10/6}=q_{10}^6=1.25^6\approx 4$$

对于静载荷，可以用拉伸主方程推导出力比例尺 $q_F=F_1/F_0$。设横截面积为 A'，则 $F=\sigma_z A'$。假设应力 σ_z 保持不变，则 F 只与 A' 有关，因此，F 的等比必定与横截面积 A' 相同，即 $q_F\triangleq q_{A'}\triangleq q_L^2$，符合系列 $Rr/2p$。

惯性力作为动载荷，满足 $F=ma$。加速度 a 的单位为 m/s^2，质量为 $m=\rho V$，对于相同材料，密度 ρ 为常数，由此得到力比例尺为

$$q_F=F_1/F_0=m_1a_1/(m_0a_0)=V_1a_1/(V_0a_0)\triangleq q_m q_a=q_L^3 q_L/q_t^2=q_L^4/q_t^2$$

式中，$q_t=t_1/t_0$ 是时间比例尺。只有当静载荷与动载荷的比值为常数时，才能实现几何相似性，所以有

$$q_F=q_L^2=q_L^4/q_t^2 \quad 即 \quad q_L^2/q_t^2=1$$

即 $q_L=q_t$（长度比例尺等于时间比例尺）；同样地，有 $q_\sigma=q_F/q_{A'}=q_L^2/q_L^2=1$ 和 $q_v=q_L/q_t=1$。

在满足 $q_L=q_t$ 和应力比例尺 q_σ 等于速度比例尺 q_v 的条件下，可以得到其他重要特征参数的比例尺，这些比例尺可以根据不同等比和系列的长度比例尺由 TB1-15 查取。

2. 用标准数图表达关系式 因为几乎所有由方程 $y=kx^p$ 所表示的技术关系式都可以表达为相应的对数关系式 $\lg y=\lg k+p\lg x$，因此，每个关系式都可以用双对数图中的斜率为 p 的一条直线来表示（见图 1-2）。

3. 用标准数计算 如果各参数是标准数的话，计算和其他过程都会非常简单，因为大量的数学和物理量都可以用邻近值取代，因此所得到的结果又是标准数（比较 TB1-16）。

虽然在用标准数计算时会对主值进行圆整，但一般来说它还是能满足工程实际对计算精度的要求。特别是对乘法和除法运算以及整数标准数幂运算具有较大优越性，因为其结果又是标准数（例如，$3.15\times1.6=5$，$3.15/1.25=2.5$，$1.25^4=2.5$）。相反地，标准数的加法和减法以及开方（即小数幂）运算的结果很少是标准数。在用圆整值做高次幂运算时精度较差，导致计算误差较大。

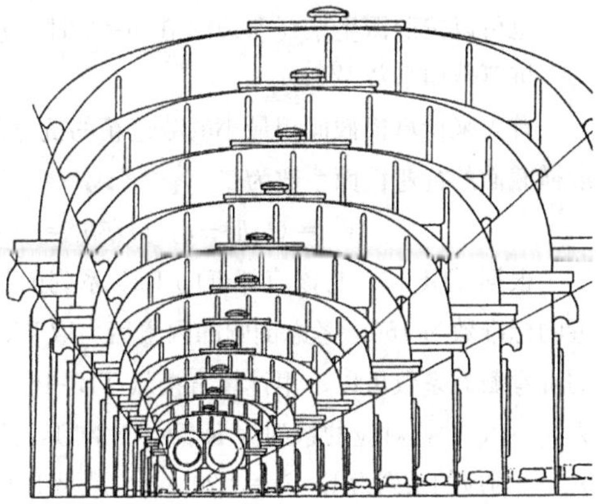

图 1-2 将关系式用标准数图表达的例子（示意图，假定的原始尺寸 $\lg k$：长度 L 的 $p=1$；转矩 T 的 $p=3$；转速 n 的 $p=-1$）

1.3.4 计算示例

■ **例 1-1**：设计一台提升机械，已知传动功率 $P_1=160kW$，转速 $n_1=200r/min$。现要以 1/8 的尺寸比，用同样的材料做一个原型以进行试验，收集经验。

试求原型的传动功率 P_0 和转速 n_0。

▶ **解**：根据定义，可得长度比例尺 $q_L=L_1/L_0=8/1=8$；因此原型（扩展设计）的长度为

$$L_0=\frac{L_1}{q_L}=\frac{L_1}{8}$$

根据 TB1-15 第 11 行，功率比例尺为

$$q_P=\frac{P_1}{P_0}=q_L^2=8^2=64$$

所以原型的功率为 $P_0=P_1/q_P=160\text{kW}/64=2.5\text{kW}$。

根据 TB1-15 第 9 行，转速比例尺为

$$q_n=\frac{n_1}{n_0}=\frac{1}{q_L}=\frac{1}{8}$$

所以原型的转速为 $n_0=n_1/q_n=8n_1=1600\text{r/min}$。

结果：原型的功率为 $P_0=2.5\text{kW}$，原型的转速为 $n_0=1600\text{r/min}$

■**例 1-2**：如图 1-3 所示，为了使产品类型化并纳入企业标准，要将铸钢减速箱按标准系列 R20 和相似性关系式扩展设计为 5 种尺寸。已知最小的一个减速箱的横截面尺寸为下列标准数：

$$h_1=125\text{mm},\ b_1=80\text{mm},\ h_2=90\text{mm},\ b_2=63\text{mm}$$

试计算横截面尺寸，抗弯截面系数和与许用弯曲应力 $\sigma_{b\,zul}=120\text{N/mm}^2$ 对应的减速箱所能承受的最大弯矩（N·m），并在标准数图中表示。

▶ **解**：

横截面尺寸：

根据 TB1-16 可以确定横截面尺寸。因此，按照 R20，初始值为 125mm，则减速箱高度 h_1 的系列值为

125，140，160，180 和 200mm

其他尺寸可以按同样方法确定。

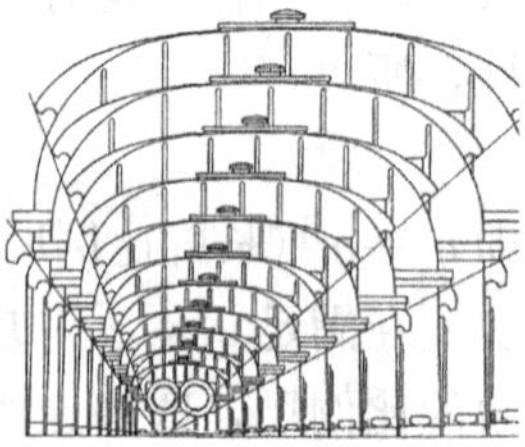

图 1-3　减速箱的横截面

按照 R20，与系列尺寸等比对应的 $p=1$ 的长度比例尺为

$$q_L\triangleq q_{r/p}=q_{20}=1.12\quad 当\ p=1$$

也可以按照派生系列 R40/2 在 $p=2$ 时，$q_{40/2}=1.06^2=1.12$，与上述系列相同。

抗弯截面系数 W_x：

首先来计算横截面积最小的减速箱的抗弯截面系数 W_{x1}。忽略倒圆，箱形横截面的抗弯截面系数为

$$W_{x1}=(b_1h_1^3-b_2h_2^3)/6h_1=\cdots=147.1\text{cm}^3$$

根据 TB1-16，与该值邻近的 R20 系列的标准数为 140，R40 系列最接近的标准数为 150。考虑倒圆的因素后，取 $W_{x1}=140\text{cm}^3$。其他尺寸减速箱的抗弯截面系数可以不用计算直接从 TB1-16 得到。查表时注意，长度等比为 $q_{r/p}=q_{20/1}$，对应的系列为 $Rr/p=R20/1$，抗弯截面系数的等比为 $q_{r/3p}=q_{20/3}$，对应的系列为 $Rr/3p=R20/3$，也就是 R20 每 3 项取 1 项。根据 TB1-16，W_x 的初始值为 $W_{x1}=140\text{cm}^3$，其系列值是：140，200，280，400cm³。

弯矩 M_{max}：

同 W_x 一样，首先计算最小减速箱的弯矩 M_{max}。根据弯曲主方程 $\sigma_b=M/W\leqslant\sigma_{bzul}$，取 W_{x1} 的精确值进行计算，得弯矩为

$$M_1=10^3\times147.1\text{mm}^3\times120\text{N/mm}^2=17652\times10^3\text{N}\cdot\text{mm}$$

为安全起见，按照 R40 系列选择最邻近的小一点的标准数 17，即 $M_1=17\times10^3\text{N}\cdot\text{m}$。与长度等比 $q_{r/3p}=q_{40/2}$，对应的系列 R40/2 相关，力矩的等比为 $q_{r/3p}=q_{40/6}$，对应的系列为 R40/6，也就是 R40 每 6 项取 1 项。初始值为 $M_1=17\times10^3\text{N}\cdot\text{m}$，与减速箱系列尺寸对应的 M_{max} 的系列值是

$17\times10^3\text{N}\cdot\text{m}$，$23.6\times10^3\text{N}\cdot\text{m}$，$33.5\times10^3\text{N}\cdot\text{m}$，$47.5\times10^3\text{N}\cdot\text{m}$，$67\times10^3\text{N}\cdot\text{m}$。

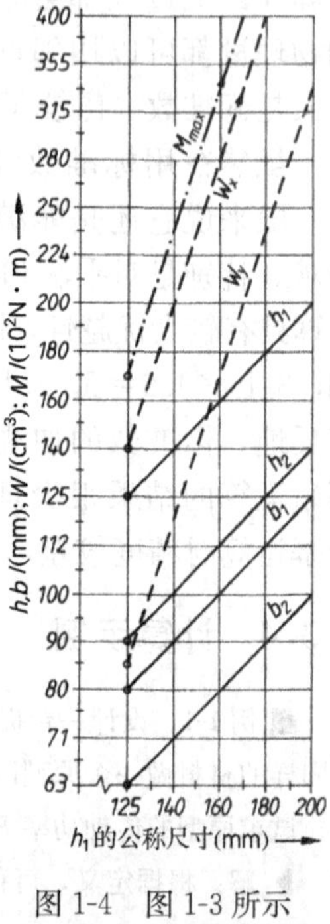

图 1-4　图 1-3 所示减速箱的标准数图

1.4　设计基础概论

1.4.1　设计原则

对于所要设计的机器和机组，设计人员在设计过程中必须满足功能、经济性、加工、运输、维护和操作以及从其他角度提出的不同要求。虽然从内容上来说各种要求大不相同，但是对于设计工作还是可以归纳出一些通用的设计原则，它们是尽可能最优地解决一个设计问题的前提条件。设计者应遵循下列各条基本原则并针对具体问题补充其他要求。

功能性：对一个技术装置（机器、仪器、零件、部件等）提出的主要要求是能完成给定的任务（功能）。下列其他各个基本原则都是以满足功能要求为前提条件的。

安全性：安全性是指在误操作、过载等情况下保护人员和机器不出危险的性能。除了功能性（即完成整体功能的可靠性）以外，安全性同样是对设计的主要要求。通过采取相应的预防措施（面向强度的设计、通过引入过载破坏装置实现过载保护、按照人机工程学设计操作零件等），可以有效地防止机器出危险。

经济性：除了功能性和安全性以外，经济性是最重要的要求。影响一个产品是否成功有许多因素，但性价比是一个决定性的因素。半成品的应用，如异型棒材、板材、管材等以及标准件和商品零件，可以降低生产成本。如图 1-5 所示，要避免过度提高精加工等级，因为由此带来的使用价值的提高相比成本的提高是非常有限的。

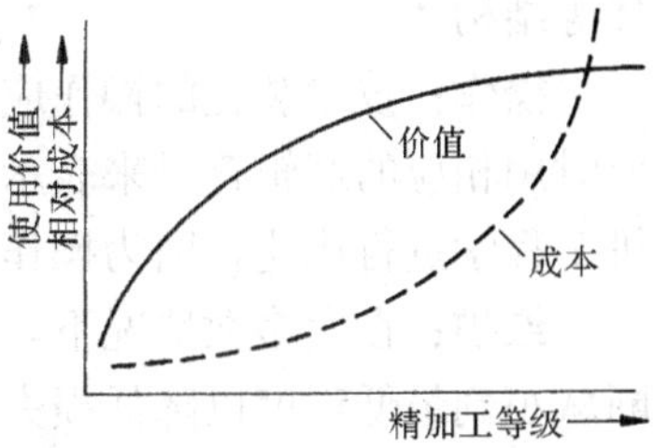

图 1-5　使用价值—成本曲线图

材料选择：不同材料的技术性能（强度、密度、弹性、硬度等）有着很大的区别，这就要求设计者仔细进行选择。强度较低的材料必然导致较大的横截面，除了尺寸，还会使整机质量加大。通过选用高强材料，虽然可以降低产品的横截面，但是会导致材料总成本成倍增加（见 TB1-1“材料相对成本”）。如果要求耐磨性高、焊接性好、弹性大、耐腐蚀性强、减振性优等，要注意选择合适的材料。

加工方法：各种不同的加工方法（如铸造、锻造、焊接、粘接）及其优缺点对零件的结构设计有着决定性的影响，设计者在设计过程中必须加以认真考虑和选择。这就要求设计者对企业现有的各种加工方法了如指掌，而且要与加工单位保持密切合作。对加工方法的选择同样起着决定性作用的是产品的批量（单件、系列或批量加工）。由图 1-6 可知，当小于等于临界批量 n_X 时，加工方法 1 的成本低，当 $n>n_X$ 时，加工方法 2 的成本低。

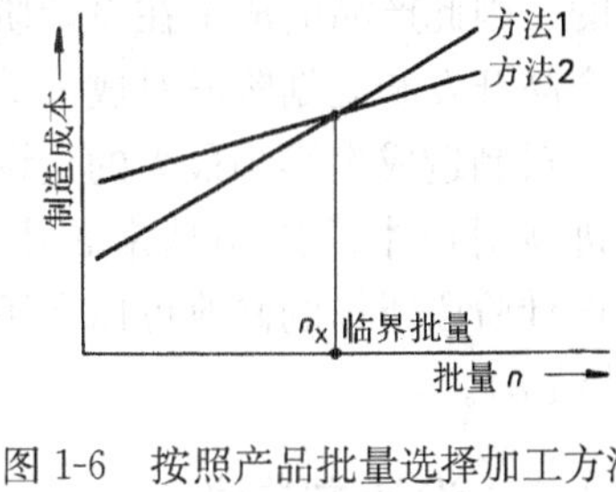

图 1-6　按照产品批量选择加工方法

精度选择：首先要搞清楚，对于铸件这类零件表面是否可以保持粗糙表面，还是基于功能上的要求必须进行加工，以及所要达到的表面质量和如何实现它。常常可以通过对设计做些微调，从而降低先前对表面质量的过高要求，并降低整体成本。这同样适用于用来确定必需的公差。应该遵循的原则是：“尽可能粗糙，按需要精细”，因为精度的提高会导致加工成本的急剧上升（见图 1-7）。

造型：当今时代，人们越来越要求一个技术产品在满足技术功能的同时还要有优美的造型。这就要求所设计的产品外形美观，色彩协调。对于消费产品，这点显得尤为重要。除此之外，好的造型还要求面向铸造进行结构设计，避免应力集中。

装配：所有的零部件都应该满足装配简单以降低成本这个要求。如果在某些情况下只能以一种特定顺序进行装配的话，设计者应该以装配计划书的形式加以说明。大批量生产时应尽量使装配自动化。应该使易损件更换方便以缩短时间和降低费用。安全断裂件应该方便更换。

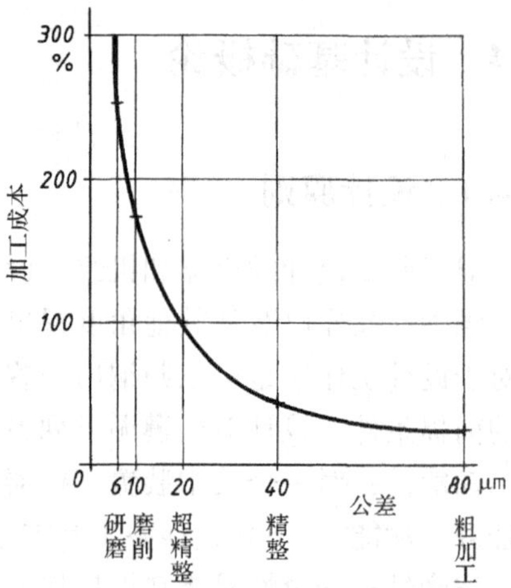

图 1-7 布朗那相对加工成本与公差关系图

发货：运输方式有多种多样：铁路运输、汽车货运、船运（装货轮廓、许用尺寸、运输途中通过地道或高架桥时的许用高度）。不要使产品超大或超重，否则应将产品分开并用节约空间的方式包装，船运时尤其要注意这点（总吨位—空间尺寸都是要付费的）。应该设计用于运输的起吊环等结构。

操作：技术装置的操作应尽可能地简单和一目了然。所有的操作设施必须容易使用，必要时用相应的逻辑符号来表示。应该设有误操作防护装置。操作人员的工作位置应该按照人机工程学进行优化，因为操作性能的好坏代表了该设备的水平！

维护：在大多数情况下，一台设备的维护同时就意味着暂时的停产。应将生产的被迫中断减小到最低程度以降低损失。因此必须能很快确定设备中需要维护的地方并快速更换损坏零件。良好的可接触性也确保了需要维护的位置容易被观察到（不易接触到的润滑位置容易被"忽视"）。预防性的保养可以对设备的生产中断做到心中有数。

环境保护：一个产品的设计应保证对人身和自然（环境）没有伤害，并使尽可能多的零件能重复使用（面向循环）或能有利于环境保护。

因为车间是根据设计资料（加工图样和零件清单）进行生产的，因此产品的成本在设计阶段就已经确定了。图 1-8 所示为产品开发和规划阶段对成本的主要影响因素。

对制造成本影响最大的是设计过程的开始阶段，随着工作的进展对成本的影响越来越小（曲线 a）；与加工阶段相反，在设计阶段所作的修改可以在不大幅度增加成本的情况下实现（曲线 b）。

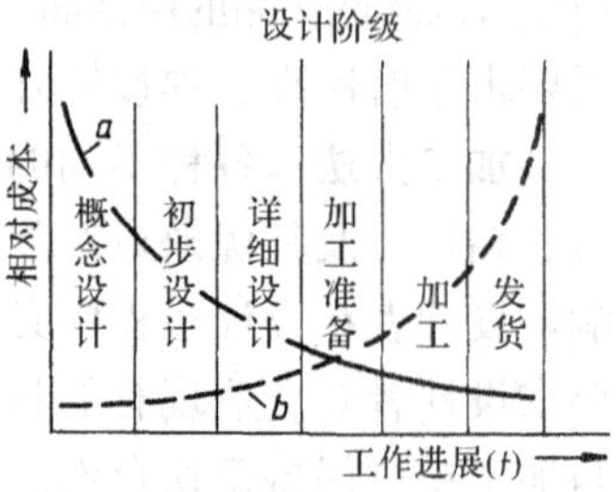

图 1-8 影响成本的可能性

1.4.2 设计方法学

一般常规设计方式要求充满智慧和创造力的设计者除了本身的经验以外，还必须具备直觉[㊀]，即解决问题的偶然灵感。与此相反，在当代，人们应用设计方法学来获得一个问题的近似最优解。举例来说，设计一台由 n 个不同零件组成的设备，每个零件有 m 个设计变量，

㊀ 直觉：感觉所决定的灵感。

因此该设备就有 $z=m^n$ 个组合可能性，即求解可能性（例如，$n=6$ 和 $m=4$，$z=4^6=4096$）。在所有 z 个可能解中必定只有一个最佳解，这个解仅仅靠灵感是得不到的。对于一个设计任务，设计方法学的目标是用很小的成本和很短的时间得到接近最优的设计结果。

下面主要根据 VDI-设计准则 2221“开发和设计技术系统及产品的方法学”、2222“技术产品的概念设计”和 2225“技术经济设计”来介绍设计方法学的基本原理。要指出的是，这里以简要方式介绍的方法只是许多方法中的一种。

1. 创造新产品的方法　图 1-9 摘自 VDI-设计准则 2222 第 1 章，它给出了创造新产品的

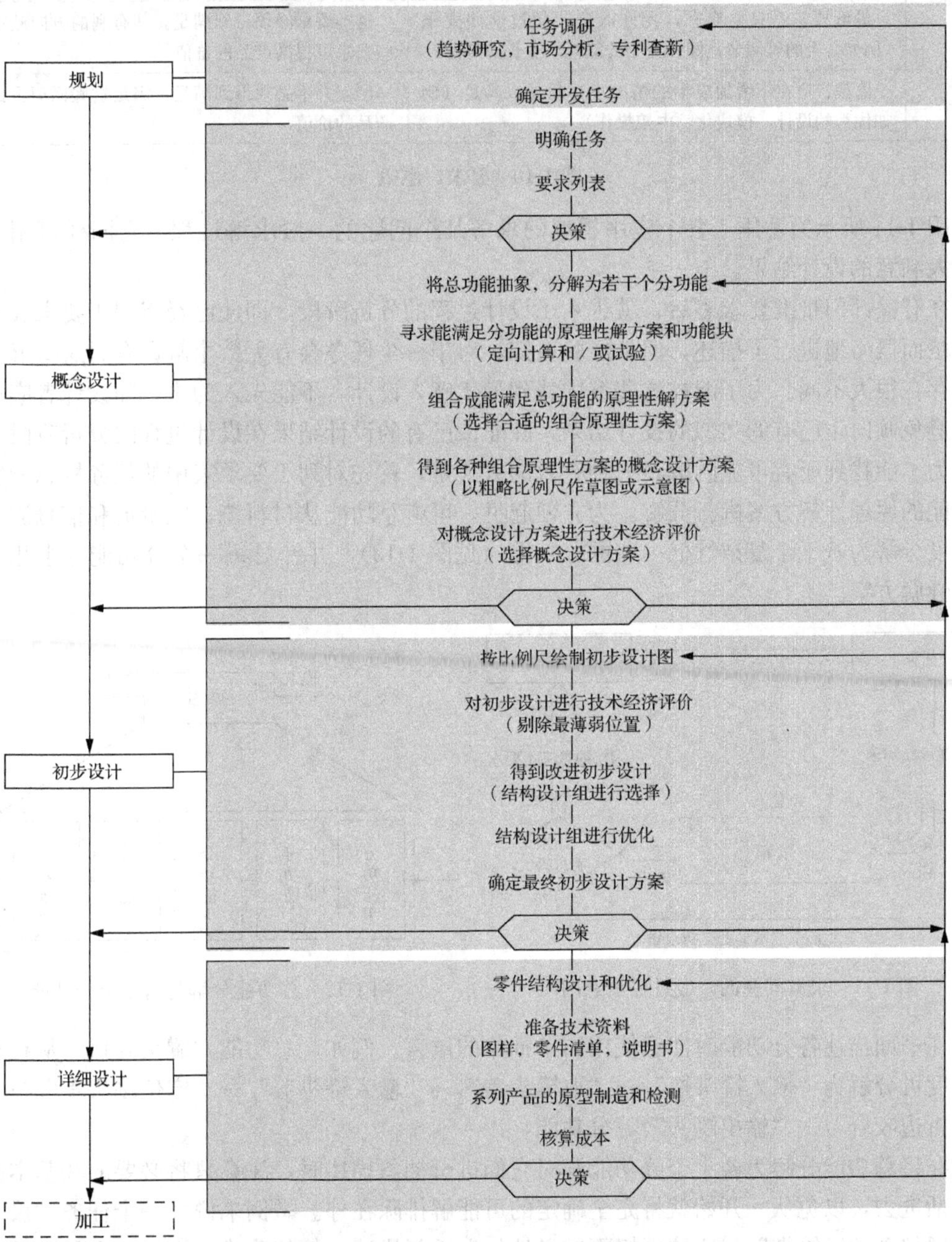

图 1-9　VDI-设计准则 2222 第 1 章给出的创造新产品的工作计划图

一般求解工作计划图，分为四个主要步骤：计划任务—概念设计—初步设计—详细设计。真正意义上的设计过程是在确定了开发任务书后从概念设计开始的。在这个阶段，首先将设计任务规定要解决的所有问题搞清楚，并将答案写下来。要将对设计提出来的所有要求和愿望（如尺寸、功率、装配、操作和维护、成本和工期等）列成要求表，为了后面使结果评价和决策方便，还可将这些要求分为固定要求和最低要求两类（见图1-10）。

要求	固定要求：以量的方式提出（例如减速机传动比（$i=12$）），或用文字描述（例如间断工作）	这类要求必须得到满足。超过这些要求并不改变产品的价值
	最低要求：只要有利，允许低于或超过这些要求（例如更大的可调节范围，更小的能耗，更长的寿命）	这类要求必须得到满足。朝有利的方向超过这些要求可提高产品的价值
愿望	愿望：应在不增加成本的情况下尽量予以满足（例如优秀的设计，模块化，中控操作）	愿望并不必须得到满足。满足这些愿望可提高产品的价值

图1-10　要求，愿望

图1-11所示为适用于各个应用领域的求解某个问题的一般求解过程，它同样可用来得到令人满意的设计结果。

在有关部门批准要求表后，就进入了设计过程的分析阶段。即使已经将列于要求表的任务清楚而概略地进行了描述，但从经验可知，对于一个任务会有无数个解，有时这些解互相之间存在很大不同。为了能在这些解中找到最优解，设计者不能先入为主，即设计者应尽可能地避免倾向于已有的类似的设计结果，除非该已有的设计结果在设计过程的分析阶段已采用。为了能找到所有可能的解，一种有效的方式是，首先对列于要求表中的任务构思能实现总功能的原理性解方案进行分解。为方便起见，可将总功能从材料流、能量流和信号流等不同角度分解为若干个复杂性低一些的分功能（见图1-12），并针对每一个分功能寻求相应的原理性解方案。

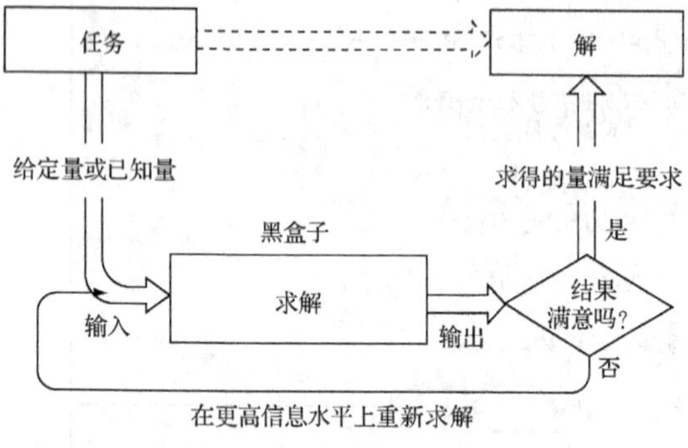

图1-11　求解问题的一般过程示意图

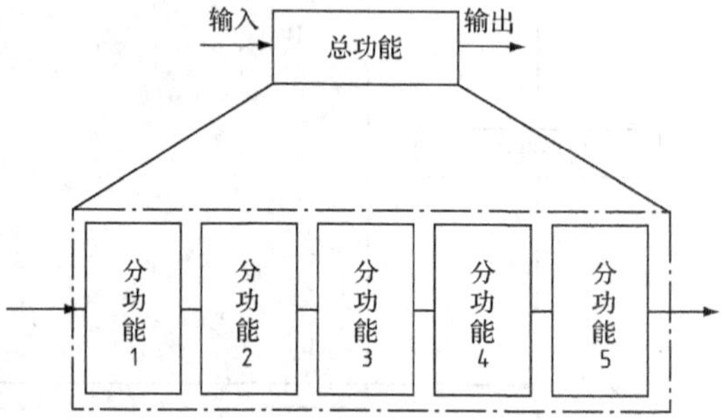

图1-12　总功能分解为若干个分功能

在书面描述各分功能时注意使用简单抽象的语言。例如，总功能“罐头封口”从材料流的角度可分解为“输入罐头瓶”→“取罐头盖”→“输入罐头盖”→“定位罐头盖”→“罐头盖折边咬合”→“输出罐头”等分功能。

在将总功能分解为若干个分功能和对它们进行抽象描述时，注意只将必要的和基本的特征包括进去，以免从一开始就将完全确定的可能解排除在外。举例来说，一个任务“设计一个传送粮食的运输带”就应该更好更广义地加以重新描述，例如改为“设计一台传送散状物的设备”，这样就使设计者不仅只考虑运输带，还会将其他可能的解也考虑在内。

在将任务进行抽象描述并将总功能分解为若干个分功能后，就要寻找各个分功能的原理性解方案了。这就要用到所谓的解目录（设计目录），也就是将能满足各个分功能的、类型差别最大的原理性解方案罗列在一起。

如果总功能由 n 个分功能组成，每个分功能有 m 个有效原理性解方案，如前所述，满足总功能的解组合一共有 $z=m^n$。大多数情况下，通过对这些不同的解进行分析并比较它们的优缺点，得到一个粗略的方案排序，这样就不用对所有 z 个解组合作进一步的探讨，因为有些解组合从技术上来说是不可行的，有些解组合从成本上来说是不可取的。为了求得能满足总功能要求的合适的解，对于每个由一个总功能和 n 个分功能组成的系统，采用形态学[1]列表法将是很有效的，如图 1-13 所示。所谓的形态学列表是一个矩阵[2]（大多数是非完整矩阵），该矩阵的第一列为 n 个分功能，每一行为相应的分功能的可能解。

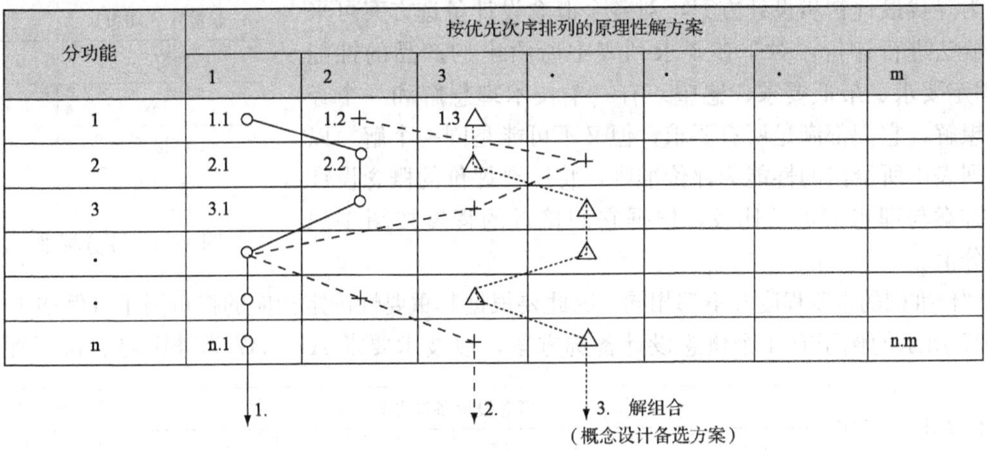

图 1-13　形态学列表求可能的解组合

从矩阵的每一行选出一个原理性解方案并将它们相互连在一起，就得到一条折线，它就是能满足所要求的总功能的各个分功能的解组合。用这种方法，从一开始就可避免不合适的解组合和不可行的原理性解方案，保证从理论上的可能解中选出有效的可能解组合。

以绘制所选出的解组合粗略比例草图和电路图的方式对相应的概念设计备选方案进行研究，在对这些备选方案进行评价决策（见下节）后最终选出概念设计方案。该方案是进行按比例尺初步设计的基础。将多个初步设计方案进行对比评价，一方面找到各个设计方案的不足之处，另一方面选出一个既能最好地满足任务书规定的最低要求又能实现尽可能多的愿望的初步设计方案（见图 1-10）。

在找到与理想解接近的初步设计方案的不足之处后，就要对它进行改进设计，在经过优化后，就可以提交给特别选择的结构设计组作决定了。

设计过程的最后一个阶段是详细设计阶段，它的基础是能满足功能要求的，在结构上和成本上没有缺陷的初步设计结果。具体来说，详细设计阶段要完成零件的结构设计和优化以及绘制相关制造资料，如图样（零件图、部件图和装配图）、零件清单、装配指南、电路图等。对于小型和准备进行系列生产的仪器和机器，建议根据制造资料加工一个原型机，即系

[1] 形态学：关于外形构造的科学。
[2] 矩阵：由数字、函数等构成的四边形图。

列产品的零系列，在经过检验并对成本和技术进行评价后，才能正式开始制造。

2. 评价方法 不管是在概念设计阶段，还是在初步设计阶段，都要多次应用评价方法从全部可行解中找出最优解。一个设计之所以被认为是最优解，从经济性上来说它制造成本最低，而且在完成总功能的同时，能最佳地实现设计任务书规定的最低要求和最大限度地满足设计任务书的各种愿望。当然，这是以最低消耗实现各个分功能为前提的。由此可知，在概念设计阶段就应该对各个原理性解方案进行评价。如果在开发阶段还不能对用于评价的制造成本有一个精确的估算的话，那就应该采取按实现各个分功能的优劣对原理性解方案作粗略的排序。

如果将经过排序的各个原理性解方案按顺序填入形态学列表（见图 1-13），排在前面的那些用于实现总功能的解组合一定是最令人感兴趣的。

为寻找最佳初步设计方案，对各个概念设计备选方案可采用评分法进行评价，对于在要求列表中所给出的产品的性能（即固定要求、最低要求、愿望）有一个技术理想解和一个经济理想解，它们都满足所有要求，但又不可能是同一个解。以要求列表中所给出的性能为评价准则，将所要评价的概念设计备选方案与理想解进行比较，根据它们接近的程度按图 1-14 给定分值。

接近程度	分值
非常好（理想）	4
好	3
一般	2
可接受	1
不理想	0

图 1-14 评分标准

评价准则的重要程度并不都相同，因此要根据其重要性确定相应的权重因子（例如 1～5）。图 1-15 所示的例子有 4 个概念设计备选方案，以技术要求 A1～A7 为准则对其进行评价。

技术要求	权重	概念设计备选方案								理想解	
		a	*a**	*b*	*b**	*c*	*c**	*d*	*d**		*
A1		3		[2]		2		4		4	
	2		6		4		4		8		8
A2		3		3		2		2		4	
	1		3		3		2		2		4
A3		2		4		2		2		4	
	4		8		16		8		8		15
A4		1		[2]		3		3		4	
	5		5		10		15		15		20
A5		4		3		4		1		4	
	2		8		6		8		2		8
A6		2		3		1		4		4	
	3		6		9		3		12		12
A7		2		4		2		1		4	
	1		2		4		2		1		4
合计			38		52		42		48		71
技术价值		0.53		0.72		0.58		0.67		1.0	

图 1-15 概念设计备选方案技术评价示例

将所有得分相加，方案 b 得到理想分 72 分中的 52 分，得分最高。得分与理想分的比值代表所要评价的备选方案的技术价值。理想状态下应该为 1.0。本例方案 b 的技术价值为 $x=52/72=0.72$。如果对方案 b 用方框特别标出的弱项采取改进措施的话，可以提高该值。

在初步设计阶段，如果要在多个设计方案中寻找最佳方案和它的薄弱环节，原则上也可以采用上述方法。

除了要进行技术评价以外，还应进行经济评价，此时主要考虑产品的制造成本，请参考 VDI-设计准则 2225。一个可能解的经济价值 y 按技术价值 x 类似的方法求解。将每个可能解的 x 和 y 值标在价值图（s-图）上，立即就可以看出最优解。作为例子，图 1-16 给出了评价 4 个概念设计备选方案所得到的上述 x 值和假设的 y 值。

借助于 s-图，可以形象化地将针对技术价值和经济价值，从最初直到最终初步设计所作的每个改进表示出来。图 1-17 所示为初步设计阶段各个步骤。该步骤可以不加限制地加以应用，它与数学近似收敛[㊀]求解方法相对应。

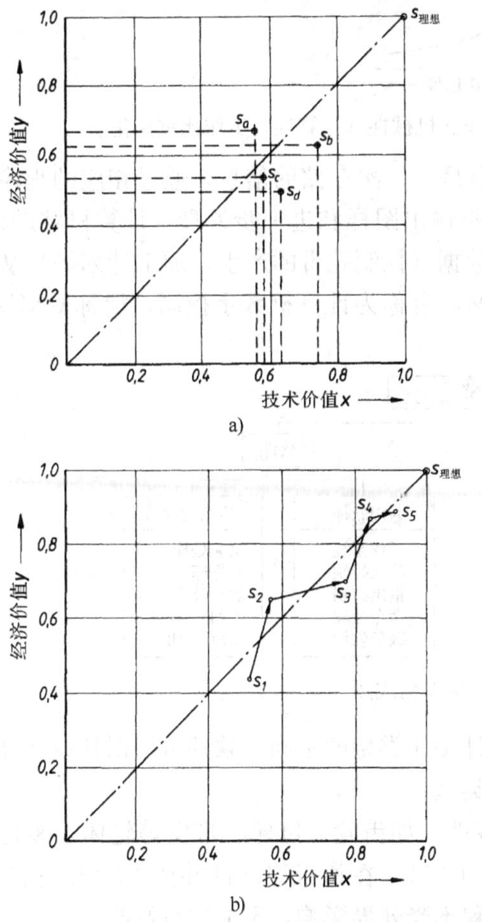

图 1-16　评价设计的价值图（s-图）

a）图 1-15 所示例子　b）经过不断改进的技术产品的开发过程

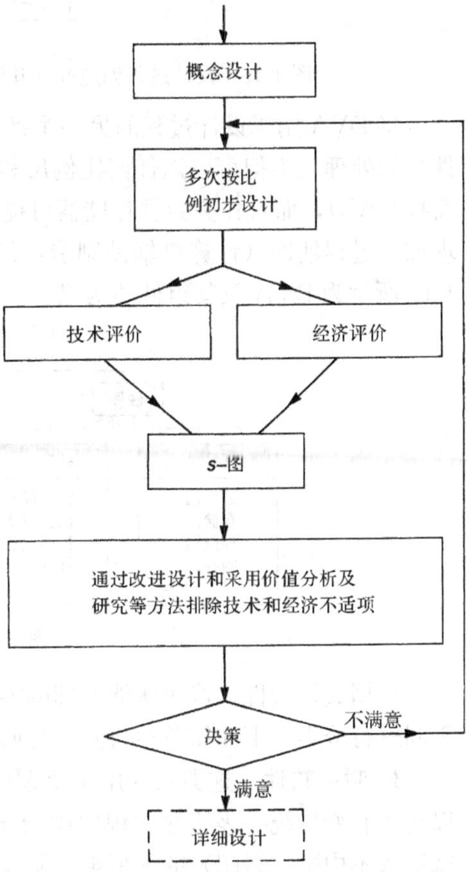

图 1-17　初步设计阶段流程图

㊀ 收敛：越来越接近。

1.4.3 计算机在设计中的应用

计算机并不能完成创造性的工作。基于这个原因，数据处理设备（DVA）只能用在能将要完成的工作以一定的算法表达，并能将其编成可执行命令的场合。由于能提供大量的信息（如各分功能的原理性解方案、标准件、材料、各类数据库），可执行计算和优化程序求解简单或复杂问题，并能针对一些特定的互相关联的零件进行结构组合，因此DVA在设计过程的各个阶段都有广泛的应用。借助于DVA可大大加速设计过程，从而降低开发成本。如图1-18所示，随着设计过程的进展，计算工作量逐步增加，因此计算机主要用于初步设计阶段和详细设计阶段。

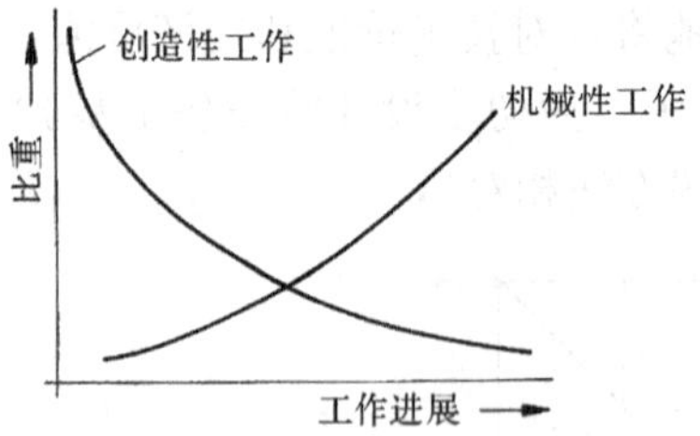

图1-18　设计过程创造性（开创性）工作和机械性（计算性）工作比重变化图

将DVA用于设计过程的另一个极大的优点是，一次存储的信息，通过相应的程序（软件）的处理，不但可以以任何比例尺和形式重新输出图样和进一步处理（计算机辅助设计，简称CAD），而且作为数据存储器可提供加工数据（控制孔带的产生，加工计划等）从而实现加工过程辅助（计算机辅助制造，简称CAM，也称为计算机数字控制，简称CNC）。图1-19所示为DVA及其组件的构成。

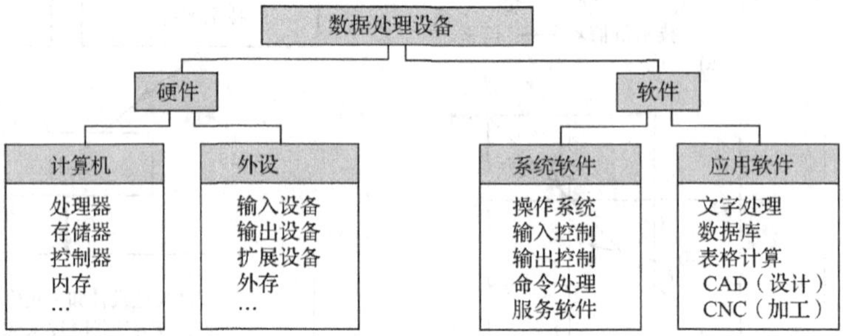

图1-19　DVA基本构成图

根据其复杂性，按照所能处理的零件或设计工作类型的不同，软件可依据其执行方式的不同进行分类。下面简单地将其归为两种基本类型：

1. 封闭软件　这类软件用于所谓的定形零件，如齿轮、链轮、带轮等轮体类零件，可以将所有变量统一表达并在程序中给定（见图1-20）。在执行该软件并读入输入变量值后，就进入不中断（封闭）的图形生成阶段，该过程不受外界影响，不能进行修改。

2. 交互软件　这类软件让用户与DVA可以随时对话。一方面，可以借助于导航程序在特定位置中断程序，用户可获得中间结果，另一方面，也可以没有控制程序，而是导入外部程序模块或与其相连（如轴端、轴段、滚动轴承等）。

封闭软件由于自身的特点常常用于重复使用的定形零件，而交互工作方式借助于预先编好的模块，使比较复杂的零件可直接在显示屏上“设计”。

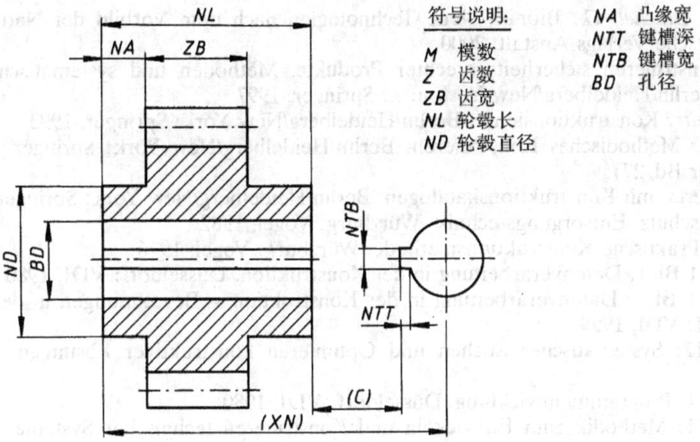

图 1-20　具有一般尺寸的定形零件“齿轮”的轮体图

DVA 还使高效率的工作成为可能。因为零件的尺寸（如轴的直径、轴承尺寸等）可由相应的程序直接确定并集成到设计过程中。此时，只要输入相应的功能参数（如功率、转速、材料等）即可。

此外，用模拟计算机控制绘图机，可以由二维图形生成物体的三维图形，例如，轴测图（等距、四方等）及解剖图。每个产品的二维图形已包含工件每个点的 x 轴、y 轴和 z 轴坐标，因此可以通过将坐标系旋转和倾斜而得到任意角度的图形。

1.5　参考文献

Bahrmann, H.: Einführung in das methodische Konstruieren. Braunschweig: Friedr. Vieweg & Sohn, 1977

Beitz, W.: Methodische Lösungsfindung bei der Konstruktion. Konstruktion 23 (1971), S. 161

Bischoff, W. und *Hansen, F.:* Rationelles Konstruieren. Berlin: Verlag Technik, 1953 (Konstruktionsbücher Bd. 5)

Brankamp, K. u. a.: Rechnergestütztes Konstruieren. Berlin/Köln/Frankfurt: Beuth-Vertrieb, 1971

Bronner, A.: Zukunft und Entwicklung der Betriebe im Zwang der Kostengesetze. Werkstattechnik 56 (1966), Heft 2

Clausen, U.: Konstruieren mit Rechnern. Berlin/Heidelberg/New York: Springer 1971 (Konstruktionsbücher Bd. 29)

DIN Deutsches Institut für Normung (Hrsg.): Handbuch der Normung. Berlin: Beuth 1985

DIN Deutsches Institut für Normung (Hrsg.): Vorlesungsunterlagen zur Normung. Berlin/Köln: Beuth, 1981

Dubbel: Taschenbuch für den Maschinenbau. Berlin/Heidelberg/New York: Springer, 1995

Ehrlenspiel, K.: Kostengünstig konstruieren. Berlin/Heidelberg/New York: Springer, 1985 (Konstruktionsbücher Band 35

Hansen, F.: Konstruktionssystematik. Berlin: Verlag Technik, 1968

Hansen, F.: Konstruktionswissenschaft. Grundlagen und Methoden. München/Wien: Hanser, 1974

Hintzen, H. u. a.: Konstruieren und Gestalten. Braunschweig/Wiesbaden: Vieweg, 1987

Hintzen, H. u. a.: Konstruieren, Gestalten, Entwerfen. Braunschweig/Wiesbaden: Vieweg, 2000

Hubka, V.: Theorie technischer Systeme. Berlin/Heidelberg/New York: Springer, 1984

Kesselring, F.: Technische Kompositionslehre. Berlin/Heidelberg/New York: Springer, 1954

Klein: Einführung in die DIN-Normen. Berlin/Köln: Beuth, 1989

Koller, R.: Konstruktionslehre für den Maschinenbau. Berlin/Heidelberg/New York: Springer, 1985

Krause, W.: Grundlagen der Konstruktion. Berlin: Verlag Technik, 1980

Leyer, A.: Maschinenkonstruktionslehre. Basel: Birkhäuser, 1963–1971 (Technica-Reihe 1–6)

Linder, W.: Feinwerktechnik. Würzburg: Vogel, 1974

Matousek, R.: Konstruktionslehre des allgemeinen Maschinenbaues. Berlin/Göttingen/Heidelberg: Springer, 1957

Nachtigall, W. und *Blüchel, G.:* Bionik; Neue Technologien nach dem Vorbild der Natur. Stuttgart München: Deutsche Verlags-Anstalt, 2000
Neudörfer, A.: Konstruieren sicherheitsgerechter Produkte. Methoden und systematische Lösungssammlungen. Berlin/Heidelberg/New York u. a.: Springer, 1997
Pahl, G. und *W. Beitz:* Konstruktionslehre. Berlin/Heidelberg/New York: Springer, 1993
Rodenacker, W. G.: Methodisches Konstruieren. Berlin/Heidelberg/New York: Springer, 1984 (Konstruktionsbücher Bd. 27)
Roth, K.: Konstruieren mit Konstruktionskatalogen. Berlin/Heidelberg/New York: Springer, 1982
Sattler, K.: Umweltschutz, Entsorgungstechnik. Würzburg: Vogel, 1982
Steinwachs, H. O.: Praktische Konstruktionsmethode. Würzburg: Vogel, 1976
VDI-Richtlinie 2211 Bl. 1: Datenverarbeitung in der Konstruktion. Düsseldorf: VDI, 1980
VDI-Richtlinie 2211 Bl. 2: Datenverarbeitung in der Konstruktion – Berechnungen in der Konstruktion. Düsseldorf: VDI, 1999
VDI-Richtlinie 2212: Systematisches Suchen und Optimieren konstruktiver Lösungen. Düsseldorf: VDI, 1981
VDI-Richtlinie 2214: Programmentwicklung. Düsseldorf: VDI, 1980
VDI-Richtlinie 2221: Methodik zum Entwickeln und Konstruieren technischer Systeme. Düsseldorf: VDI, 1980
VDI-Richtlinie 2222 Bl. 1: Konstruktionsmethodik. Düsseldorf: VDI, 1997
VDI-Richtlinie 2222 Bl. 2: Konstruktionsmethodik; Erstellung und Anwendung von Konstruktionskatalogen. Düsseldorf: VDI, 1982
VDI-Richtlinie 2225 Bl. 1: Technisch-wirtschaftliches Konstruieren, Anleitung und Beispiele. Düsseldorf: VDI, 1977
VDI-Richtlinie 2244: Konstruieren sicherheitsgerechter Erzeugnisse. Düsseldorf: VDI, 1988
VDI-Richtlinie 2802: Wertanalyse, Vergleichsrechnung. Düsseldorf: VDI, 1971
Wögebauer, H.: Die Technik des Konstruierens. München/Berlin: Oldenbourg, 1943
Zwicky, F.: Entdecken, Erfinden, Forschen im morphologischen Weltbild. München/Zürich: Droemer/Knaur, 1966

第2章　公差、配合、表面质量

2.1　公差

为了使各个零件能正常运行，零件和部件之间能协调工作，易损件能方便更换，对零件性能起决定作用的各种参数（如尺寸精度、形状精度、位置精度和表面粗糙度）要相互协调。工件要保证完全没有尺寸误差和与理想几何形状完全一致，从加工方法上来说是不切实际的，从零件功能上来说也是完全没有意义的。基于加工技术的原因，必须允许实际尺寸与公称尺寸之间存在误差。因此对于一个特定的加工件要给定尺寸、形状和表面质量的上下极限值。所以有四种公差类型：尺寸公差、形状公差、位置公差以及表面粗糙度公差。

一方面是要保证运行可靠性高，另一方面是要使加工成本低，所以要合理选择许用误差，即公差。一般请遵循下述基本原则：

尽可能粗糙，按需要精细！

2.1.1　尺寸公差

1. 基本概念　如图 2-1 所示，对于尺寸、偏差和公差，DIN286 T1 规定了如下基本概念：

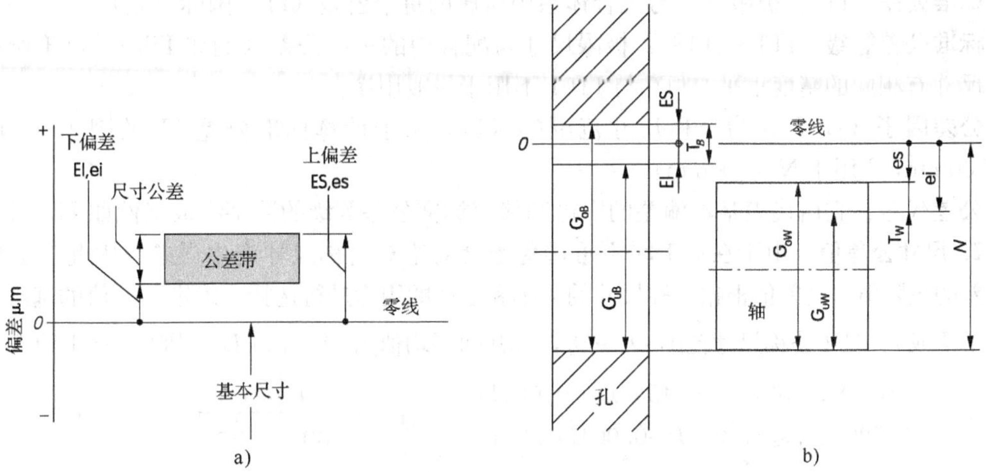

图 2-1　公差的概念

a）一般定义　b）孔和轴的公差

零线：图中与公称尺寸相对应的偏差和公差的基准线。

公称尺寸（*N*）：表示大小的尺寸，偏差是在它的基础上变化的（如 30mm 或 6.5mm）。

实际尺寸（I）：通过测量得到的尺寸（如 30.08mm），总是有测量误差。

偏差（E，e）[⊖]：尺寸（如实际尺寸或极限尺寸）与对应的公称尺寸之间的一般代数误差。轴偏差用小写字母（es，ei）表示，孔偏差用大写字母（ES，EI）表示。

上偏差（ES，es）：极限偏差，最大尺寸与对应的公称尺寸之间的代数差值（以前用 A_o 表示）。

下偏差（EI，ei）：极限偏差，最小尺寸与对应的公称尺寸之间的代数差值（以前用 A_u 表示）。

基本偏差：极限尺寸与配合中用于确定公差带相对于零线位置的偏差（上偏差或下偏差，指与零线最近的那个偏差）。

极限尺寸（G）：许用尺寸，实际尺寸位于其中（如 29.9mm 与 30.1mm 之间）。

最大尺寸（G_o）：允许的最大极限尺寸（例如 30.1mm）。

孔：$$G_{oB}=N+ES$$

轴：$$G_{oW}=N+es \tag{2-1}$$

最小尺寸（G_u）：允许的最小极限尺寸（例如 29.9mm）。

孔：$$G_{uB}=N+EI$$

轴：$$G_{uW}=N+ei \tag{2-2}$$

尺寸公差（T）：最大尺寸与最小尺寸的代数差值（例如 30.1mm－29.9mm＝0.2mm）。公差是一个没有正负号的绝对值。

一般：$$T=G_o-G_u$$

孔：$$T_B=G_{oB}-G_{uB}=ES-EI$$

轴：$$T_W=G_{oW}-G_{uW}=es-ei \tag{2-3}$$

公差带：在图中它是由上、下偏差两条直线限定的区域。公差带由公差大小及其相对于零线的位置确定。

标准公差（IT）：极限尺寸与配合体系中所属的每个公差（IT＝国际公差）。

标准公差等级（IT1～IT18）：极限尺寸与配合中的一组公差（例如 IT7），对于所有的公称尺寸有相同的精度水平。IT0 与 IT01 不用于一般用途。

公差因子（i，I）：为公称尺寸范围的函数，用于计算标准公差 IT 的因子（i 用于 $N\leqslant500$mm，I 用于 $N>500$mm）。

公差代号：它由代表基本偏差的字母和代表标准公差等级的数字组成（例如 H7、k6）。

2. 尺寸公差值 由于在加工时不可避免地会对绝对公称尺寸产生误差，因此有必要规定误差的极限值，公差值根据公称尺寸的大小和零件的用途进行选择。确定公差值的基础是公差因子 I 或 i。对于公称尺寸范围 $D_1\sim D_2$，其几何平均值为 $D=\sqrt{D_1D_2}$，因此公差因子为

$$0<N\leqslant500:\ i=0.45\sqrt[3]{D}+0.001D$$
$$500<N\leqslant3150:\ I=0.004D+2.1 \tag{2-4}$$

i，I	D，N
μm	mm

例如，公称尺寸范围为 18～30mm，$D=\sqrt{18\times30}=23.24$mm，公差因子：

$$i=0.45\times\sqrt[3]{23.24}+0.001\times23.24\approx1.3\mu m$$

根据用途及其对精度要求的不同，标准公差 IT 共分为 20 个等级（01 0 1 2…18）：其中 01 精度最高，18 精度最低。

⊖ 来源于法语：E “écart”（距离）；ES “écart supérieur”（上部距离），EI “écart inférieur”（下部距离）。

在同一尺寸范围内不同公差等级的公差值用因子 K 乘以公差因子 i 来计算，从公差等级 5 开始，K 以等比 $q_5=\sqrt[5]{10}\approx1.6$ 成几何级数增长（见 TB2-1）。

3. 标准公差等级的应用范围

IT01～4 主要用于测量工具或量规。

IT5～11 通用机械制造和精密机械中的一般配合。

IT12～18 用于对功能要求不高以及无切削成形零件，如轧件、锻件、深冲件。见图 2-2。

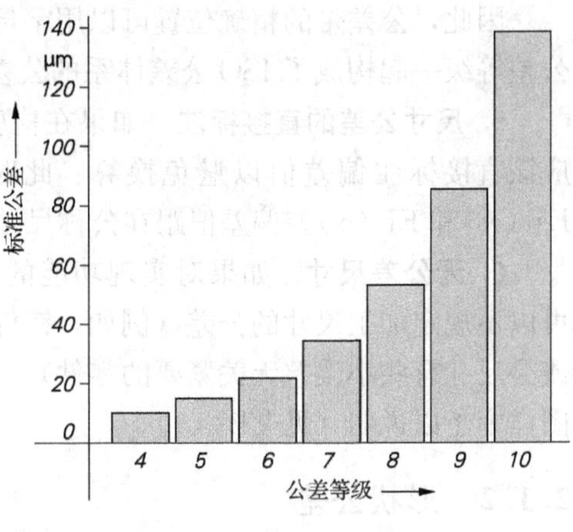

图 2-2　标准公差等级 IT4～IT10，公称尺寸范围为 80～120mm 的公差带的大小

4. 公差带的位置　为了唯一确定极限尺寸 G（最大和最小尺寸），除了给定公差值以外，还必须给定公差带相对于零线的位置。它可以通过直接给出偏差 ES（es）和 EI（ei）来给定，也可以用字母来表示，即孔（内尺寸）用大写字母，轴（外尺寸）用小写字母来表示（见图 2-3）。根据 DIN ISO 286 T1，有

孔（内尺寸）：A B C CD D E EF F FG G H J JS K M N P R S T U V X Y Z ZA ZB ZC

轴（外尺寸）：a b c cd d e ef f fg g h j js k m n p r s t u v x y z za zb zc

每个字母代表公差带相对于零线的一个特定位置。公差带距零线的距离——总是公差带所有极限值中距零线最近的那个极限值的距离——用数学方法来定义。应用几何平均值 D［mm，见式（2-4）说明］可得

$$\mathrm{d(D)}\ 带：\mathrm{es(EI)} = 16.0D^{0.44}(\mu\mathrm{m})$$

$$\mathrm{e(E)}\ 带：\mathrm{es(EI)} = 11.0D^{0.41}(\mu\mathrm{m})$$

$$\mathrm{f(F)}\ 带：\mathrm{es(EI)} = 5.5D^{0.41}(\mu\mathrm{m})$$

$$\mathrm{g(G)}\ 带：\mathrm{es(EI)} = 2.5D^{0.34}(\mu\mathrm{m})$$

TB2-2 和 TB2-3 给出了外尺寸（轴）和内尺寸（孔）与零线最近的基本偏差值。第二个极限偏差值可由 TB2-1 给出的标准公差值得到（见 TB2-2 和 TB2-3 的脚注）。

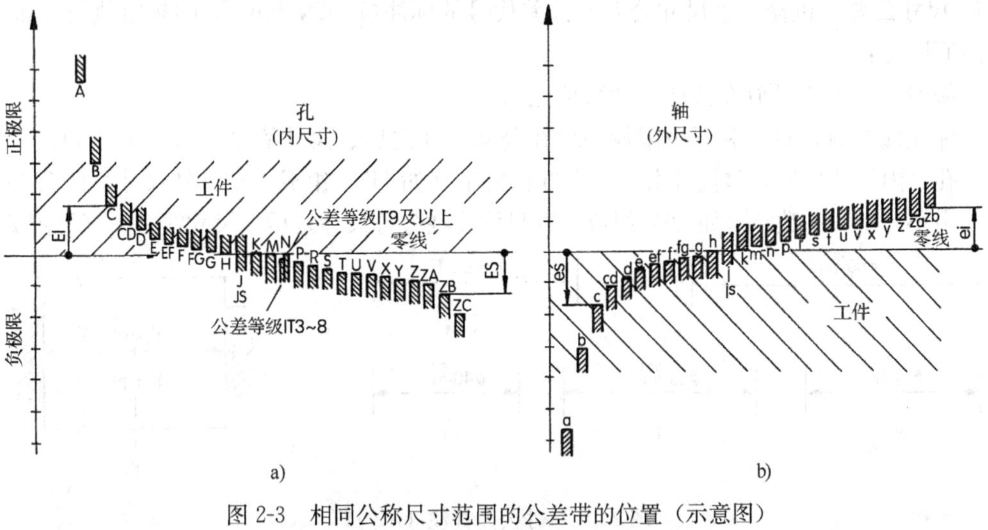

图 2-3　相同公称尺寸范围的公差带的位置（示意图）

a）孔（内尺寸）　b）轴（外尺寸）

因此，公差带的精确位置可以用字母（基本偏差）和公差等级数值来给出。基本偏差与公差等级一起构成了 ISO 公差体系的公差代号，例如 H7。

5. 尺寸公差的直接标注 如果在检验中使用量规，标注公差代号是有意义的，否则就应该直接标注偏差值以避免换算。此时，在公称尺寸后附上以 mm 为单位的极限偏差 Es（es）和 EI（ei）。偏差值跟在公称尺寸后注在尺寸线上方（见 § 2.1.4）。

6. 无公差尺寸 如果对实现功能的可靠性没有影响和对零件的互换性没有要求的话，可以不规定加工尺寸的公差（例如，铸件和锻件的外形尺寸，对精度没有特别要求的零件，或是尺寸有些小误差无关紧要的零件）。无公差尺寸按 DIN ISO 2768 T1 规定的一般公差在图样中予以说明（见 TB2-6）。

2.1.2 形状公差

由于尺寸公差只规定了形状要素中的局部实际尺寸，还不足以规定其形状的误差，因此非常有必要再给定其形状公差以精确规定其形状要素。根据 DIN ISO 1101，形状公差规定了一个形状要素相对于其几何理想形状的许用偏差的极限值（例如，轴的直线度、配合面的平面度、回转件的圆度）。如果出于加工工艺的原因，所选用的加工方法在仅仅给定尺寸公差的情况下，并不能直接保证工件几何形状的话，就一定要规定其形状公差（TB2-7）。

2.1.3 位置公差

根据 DIN ISO 1101，位置公差指的是定向公差、定位公差或跳动公差，它们规定了两个或多个要素之间的位置相对于几何理想位置的误差的极限值（例如，两个平面的平行度，位置相对的两个孔的同轴度，特定配合面相对于一个基础要素的位置度，回转件的径向圆跳动和端面圆跳动）。正如在形状公差中所述，如果出于加工工艺的原因，仅仅给定尺寸和公差，并不能直接保证要素之间所要求的位置关系，或者对于实现功能必不可少的话，也一定要规定其位置公差（见 TB2-8）。

2.1.4 机械图上的公差标注

1. 尺寸公差 机械图上尺寸公差和公差代号的标注按 DIN 406 T2 的规定执行。最重要的标注原则是：

—偏差或公差代号放在公称尺寸数值之后。

—标注偏差时，将上和下极限偏差放在公称尺寸之后、尺寸线之上（见图 2-4）。

—孔（内尺寸）的公差代号由大写字母和数字（如 H7）组成，轴（外尺寸）的公差代号由小写字母和数字（如 k6）组成，并且均注在公称尺寸之后、尺寸线之上（见图 2-5）。

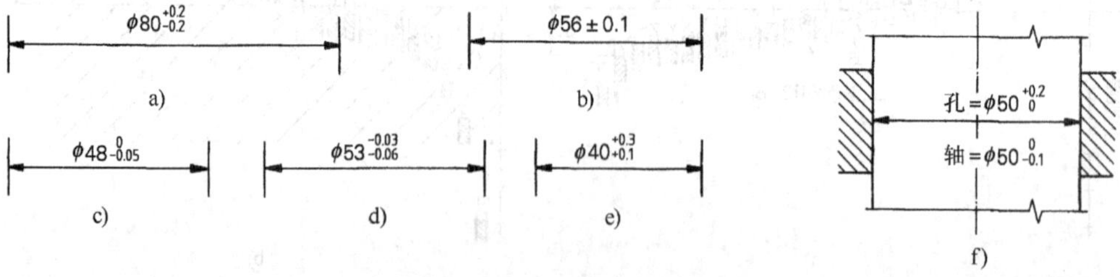

图 2-4 尺寸公差标注（示例）

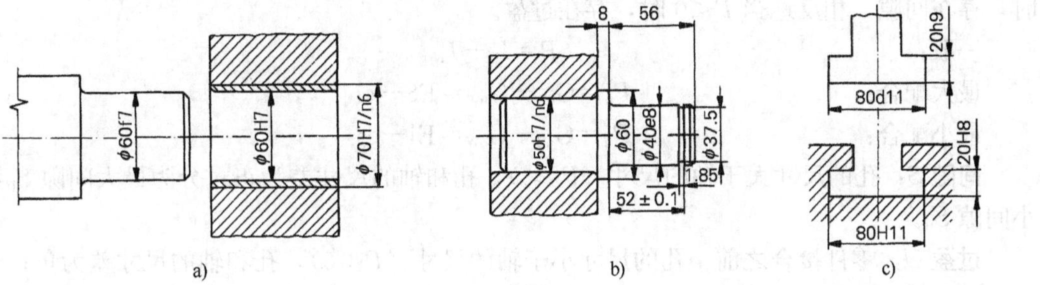

图 2-5　公差代号标注（示例）

对于 DIN ISO 2768 T1 规定的一般公差（如线性尺寸、角度尺寸和圆角半径），可在图样规定的区域上标注所选的公差代号（f——精细、m——中等、c——粗糙、v——非常粗糙），例如：ISO 2768-m 或 ISO 2768-中等。

2. 形状公差和位置公差　机械图样上形状和位置公差的标注按 DIN ISO 1101（见图 2-6 和图 2-7 以及 TB2-7 和 TB2-8）规定执行。按如下顺序标注于一个多格的公差框格中：

—第一格填写公差项目符号。

—第二格填写以 mm 为单位的公差值。

—需要时，第三格填写代表基准或相对要素的字母。

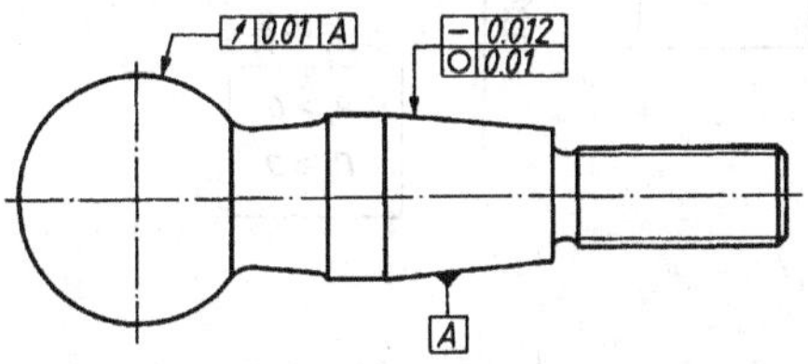

图 2-6　形状公差标注（示例）

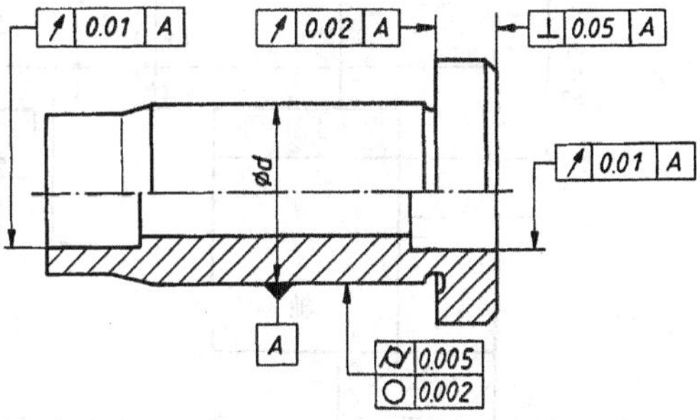

图 2-7　位置公差标注（示例）

形状和位置一般公差的标注按 DIN ISO 2768 T2 的规定执行。在相应的区域上填写所选的公差代号（H——精细、K——中等、L——粗糙），例如：ISO 2768-K。

2.2　配合

所谓配合，一般是指两个要接合且具有特定加工公差的零件之间的关系，其配合面的尺寸有差别（例如，内配合面为 $30^{+0.05}_{0}$ 和外配合面为 $30^{0}_{-0.1}$，或孔为 50H7 和轴为 50h6）。为了唯一确定配合，必须给定共同的公称尺寸、孔的极限尺寸或公差代号和轴的极限尺寸或公差代号。选取配合制度时要考虑零件的功能（例如，轴/轴承之间的滑动支承、杠杆与轮毂之间的端子连接）以及它的互换性。

2.2.1　基本概念

配合（P）：是两个要接合在一起的单个零件之间的实际尺寸 I 的差别所构成的一种关系，例如孔（I_B）和轴（I_W）。给定公差的零件之间的接合有极限配合 P_o 和 P_u。当 $P \geq 0$

时，存在间隙，相反地当 $P<0$ 时，存在过盈。

一般：　　　　　　　　　　　$P=I_B-I_W$

最大配合：　　　　　　　　$P_o=G_{oB}-G_{uW}=ES-ei$　　　　　　　　　(2-5)

最小配合：　　　　　　　　$P_u=G_{uB}-G_{oW}=EI-es$

间隙 S：孔的尺寸大于轴的尺寸（$P\geqslant0$），孔和轴的尺寸差为正；分为最大间隙 S_o 和最小间隙 S_u。

过盈 $\ddot{U}$：零件接合之前，孔的尺寸小于轴的尺寸（$P<0$），孔和轴的尺寸差为负；分为最大过盈 $\ddot{U}_o$ 和最小过盈 $\ddot{U}_u$。

间隙配合（P_S）：孔和轴接合时总是存在间隙 S 的一种配合。当 $P_o>0$ 和 $P_u\geqslant0$ 时，就得到间隙配合（见图 2-8a）。

过盈配合（$P_{\ddot{U}}$）：零件接合之前，存在过盈 $\ddot{U}$ 的一种配合。当 $P_o\leqslant0$ 和 $P_u<0$ 时，就得到过盈配合（见图 2-8b）。

过渡配合：在零件接合时，可能存在间隙 S，也可能存在过盈 $\ddot{U}$ 的一种配合。当 $P_o\geqslant0$ 和 $P_u<0$ 时，就得到过渡配合。

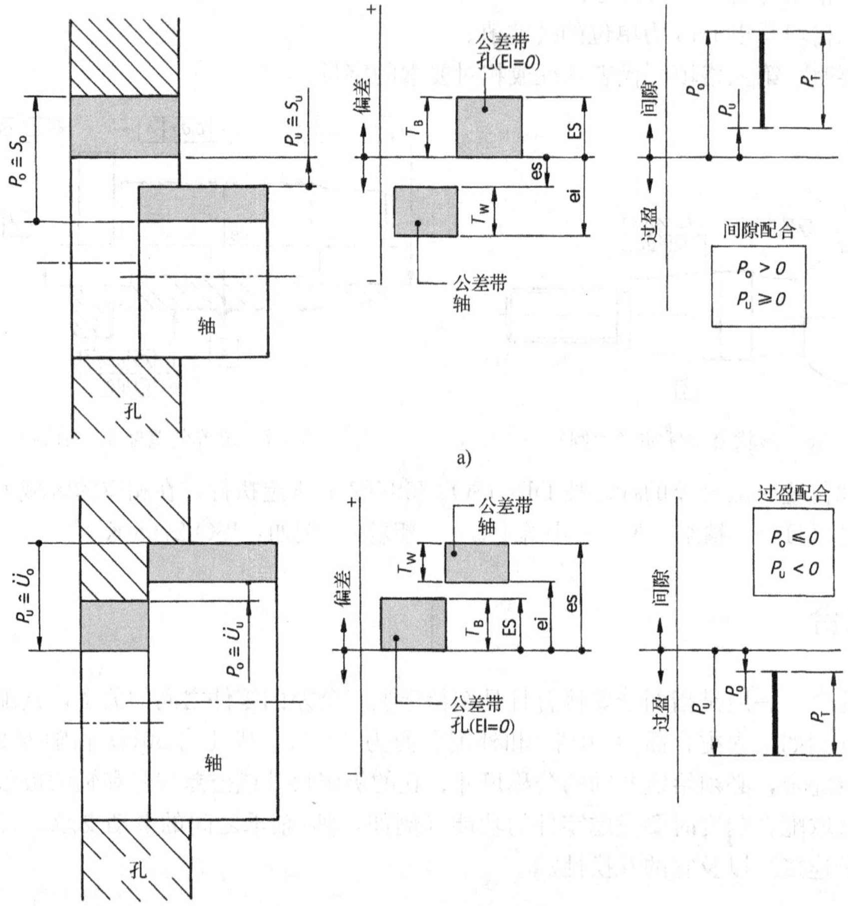

图 2-8　EI=0 的基孔制配合

a）间隙配合　b）过盈配合

配合公差（P_T）：属于配合的两个形状要素的极限配合的代数差或其尺寸公差的算术和。配合公差是一个没有正负号的绝对值。

$$P_T = P_o - P_u = (G_{oB} - G_{uW}) - (G_{uB} - G_{oW})$$

$$P_T = T_B + T_W = (ES - EI) + (es - ei) \tag{2-6}$$

2.2.2　ISO 配合制度

1. 基孔制（EB）　基孔制原则上选孔为基准要素（见图 2-9a）。此时，由于孔的公称尺寸为最小尺寸，所以基孔制的公差带为 H 带（EI=0）。基孔制用于一般机械、汽车、机床、电动机和动力机械制造的小批量生产中。由于需要较少的高灵敏和昂贵的生产设备和测量仪器，所以基孔制比基轴制的经济性更好。

2. 基轴制（EW）　此时轴为基准要素，因此对于每个公称尺寸，轴都有统一不变的尺寸，而孔的配合尺寸则根据配合特性或大或小地变化（见图 2-9b）。由于轴的公称尺寸为最大尺寸，所以基轴制的公差带为 h 带（es=0）。

两种基准制的应用范围并没有一种精确的界定，同样地每种基准制也没有明显的优越性。基准制的选择取决于现有的加工设备、加工批量，但主要取决于设计思路。可以有目的地混合采用两种配合制度。

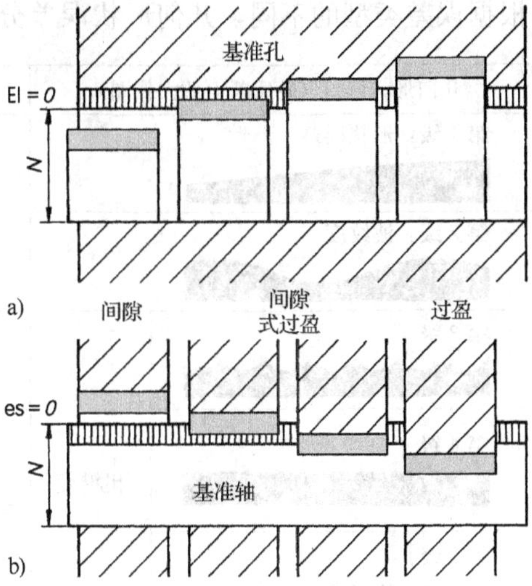

图 2-9　ISO 配合制度示意图
a）基孔制　b）基轴制

2.2.3　配合选择

为了限制加工和切削机床以及检测仪器的数量，同时也是出于经济性的考虑和使加工方法尽可能一致，应从众多可能配合中选择相同或相似特性的配合。图 2-10 及 TB2-4 和 TB2-5 给出了 DIN 7154、DIN 7155 和 DIN 7157 根据实际经验规定的选择图和表格。

提示：在选择配合时，设计者常常要遵循相关企业标准，它规定了配合的选择标准。在这些标准中，对于特定的零件不但根据经验给出了合适的配合，而且还规定了相应的加工机床和检测仪器。

TB2-9 汇总了工程实际中经常出现的合适配合的应用实例，但这也仅仅是一般准则。在特殊情况下，例如过盈联接或滑动轴承支承，必须单独计算配合公差及其相应的外零件和内零件的极限尺寸。

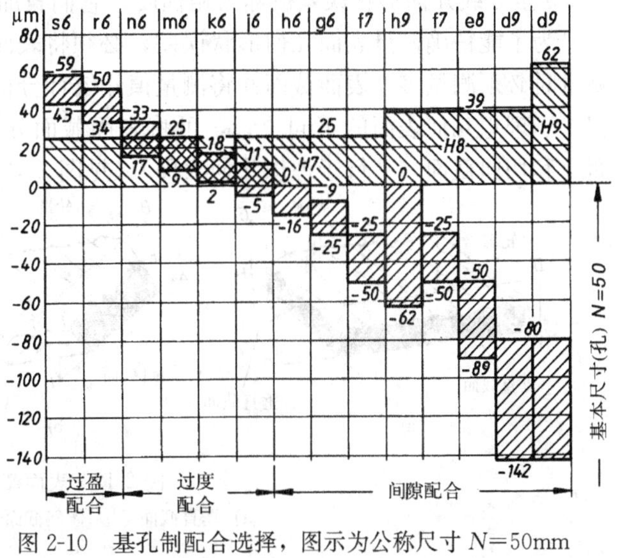

图 2-10　基孔制配合选择，图示为公称尺寸 N=50mm

2.3　表面质量

2.3.1　几何形状偏差

从加工工艺角度来看，一个工件不可能加工成理想几何表面。由加工方法形成的规则或不规则的不平度称为几何形状误差（即实际表面相对于理想几何表面的所有误差的总体）。根据误差类型的不同，几何形状误差分为 6 级（组），汇总于图 2-11 中。

几何形状误差（轮廓断面放大作图）		偏差类型示例	产生原因说明
第 1 级：形状误差 		不平面度、不圆度	机床导向缺陷，机器和工件挠度，工件夹紧不当，淬火变形，磨损
第 2 级：波纹度 		波纹度	偏心夹紧或铣刀形状缺陷，机床或刀具振动
第 3 级 	粗糙度	沟纹	切削刃形状，刀具进给和调整
第 4 级 	粗糙度	刻痕 起皮 波峰	切屑形成过程（断屑、剪屑、有刀瘤的刀具），喷砂时材料变形，电镀时形成的蕾状瘤
第 5 级： 不能再用简单 方式作图表示	粗糙度	组织结构	结晶过程，化学作用导致的表面改变（例如酸蚀），腐蚀过程
第 6 级： 不能再用简单方式作图表示		材料晶格构造	材料形成时的物理和化学过程，晶格应力和形成方式
 第 1～4 级几何形状误差叠加			

图 2-11　几何形状误差示例（根据 DIN 4760）

3 至 5 级几何形状误差被称为粗糙度；它们叠加了 1 级和 2 级几何形状误差。

为了能精确衡量表面几何形状误差，必须将表面作为一个整体来看待。由于在表面实际测量时必须测量多个表面截面并将测量值作统计分析，因此耗费是相当大的。根据表面截面相对于理想几何表面的不同位置，可将表面截面分为轮廓截面（垂直或倾斜于理想几何表面）和切向截面（平行于理想几何表面）（见图 2-12）。

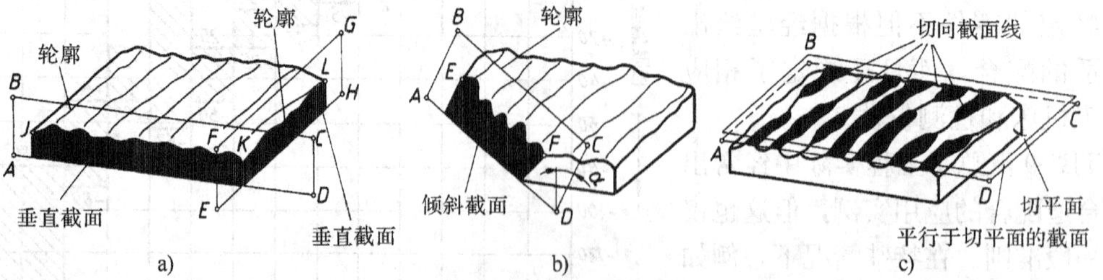

图 2-12　表面截面

a）垂直截面　b）倾斜截面　c）切向截面

衡量 3 至 5 级几何形状误差的主要参数一般为粗糙度 Ra，Rz 和 $R_{\max}$（μm）。粗糙度为规则或不规则重复的几何形状误差，其距离仅仅是其谷深的几倍。如图 2-13 所示，轮廓最大高度 $R_{\max}$ 为原始轮廓与理论轮廓之间的距离（取样长度内最高点与最低点之间的距离），微观不平度十点高度 Rz 为取样长度内一定数量（绝大多数为 5）峰谷高度的平均值，轮廓算术平均偏差 Ra 为实际轮廓纵坐标值 h_i 的绝对值的算术平均值，其中 $R_{\max}$ 代表最大粗糙度，而 Rz、Ra 代表平均粗糙度。

$R_{\max}$ 和 Ra 以及 Ra 和 Rz 之间不存在数学关系式。通过对切削加工表面的比较测量得到了将 Ra 转换为 Rz 及反过来的对应图（见 TB2-10）。尽量避免使用目前还在用的粗糙度参数 Rt，因为 Rt 不能充分表达零件的表面粗糙度。

如果对一个表面有较高要求的话，例如特殊的大载荷、高密度、摩擦均匀而且摩擦力小等，除了给定表面粗糙度之外，为了确定一个特定的表面结构，还必须给定作为承载面积与基准面积之比的承载面积率 t_f（%）、波纹度 W_t（在对表面粗糙度滤波之后，在一个波纹度取样长度 l_{mW} 内轮廓的高度，见图 2-13c）、表面加工纹理等。如果没有特别要求的话，绝大多数情况下只要给定许用表面粗糙度就足够了。加工方法的不同所能达到的表面粗糙度的极限值不同（见 TB2 12），同样地，所能达到的轮廓承载率也不同。

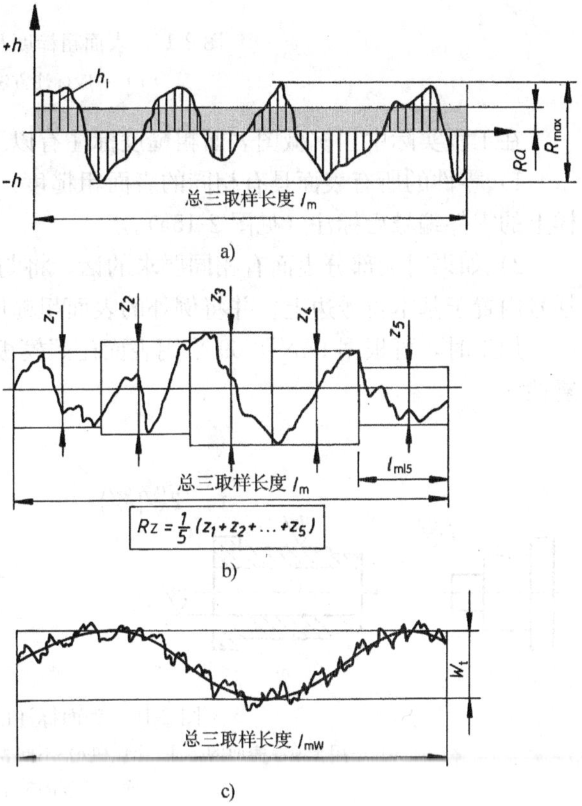

图 2-13　表面的决定参数

a）轮廓最大高度 $R_{\max}$ 和算术平均偏差 Ra

b）微观不平度十点高度 Rz 的确定　c）波纹度

表面质量与所选的公差等级有着密切的关系。两者必须相互协调一致。各种加工方法所能达到的表面粗糙度以及最大许用表面粗糙度见 TB2-11，它们与公差等级和公称尺寸有关。如果在尺寸公差 T 和表面粗糙度 Rz 之间不存在因果关系和函数关系的数值表达式时，必须保证：

$$Rz \leqslant kT \tag{2-7}$$

式中　k——用以考虑功能要求的因子。如果无特别要求，取 $k\approx0.5$；如对功能有一定要求，取 $k\approx0.25$，有高要求，$k\approx0.1$，特高要求，$k\approx0.05$。

以使配合零件接合后及表面峰谷部分产生塑性变形后，零件的实际尺寸仍然在公差带范围内（见 VDI/VDE 准则 2601）。

2.3.2　机械图上的表面标注

一个技术表面最终状态的图样标注应该按 DIN ISO 1302 的规定进行，并采用代表表面粗糙度 Ra 或 Rz 的规定符号标注。如果有必要的话，还可附加标注表面纹理及其加工方法，以更精确地给定配合面的表面质量（见图 2-14）。

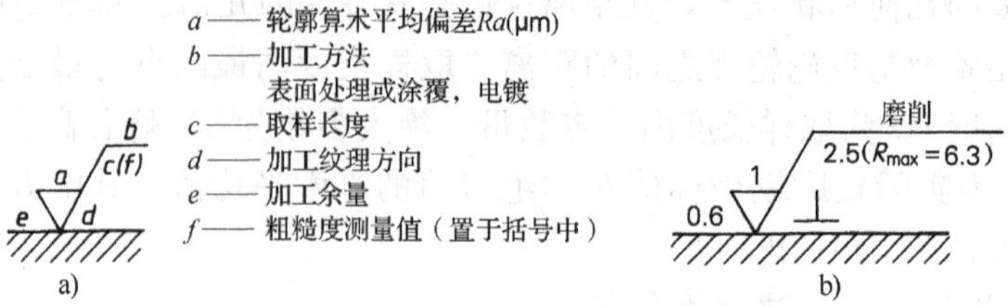

图 2-14 表面粗糙度及在符号上的位置

a）一般标注方法 b）示例

在工程实际中，机械图表面粗糙度标注有以下两种不同情况：

1）零件的所有表面具有相同的表面粗糙度。此时，既可用文字加以说明，也可以在图样上的零件编号后标注（见图 2-15a）。

2）如果对大部分表面有相同要求的话，将与这些表面要求不同的例外表面粗糙度放在括号内置于基本符号边上。并将例外的表面粗糙度直接注于工件图样上（见图 2-15b 和 c）。

加工时，可根据 DIN 4769 采用表面比照模板来保证一个对实现功能有影响的表面的重复性。

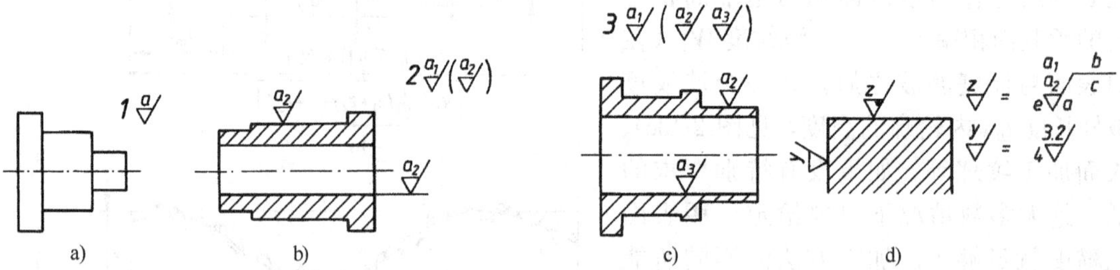

图 2-15 表面标注的各种可能性

a）适用于所有表面的标注 b）和 c）不同表面的标注 d）复杂表面的简化标注

a_1、a_2 为表面粗糙度的上下极限值（单位 μm）

2.4 计算示例

■**例 2-1**：公称尺寸为 $N=40$mm，公差代号为 g8，试由 TB2-1 和 TB2-2 得到极限偏差 es 和 ei。并将公差带按比例作于图中。

▶**解**：由 TB2-2 知，公差带位置“g”的上极限偏差为

$$es=-9\mu m$$

下极限偏差按下式计算

$$ei=es-IT$$

（见 TB2-2 脚注）。由 TB2-1 查得标准公差 IT=39μm（公差等级为 8 级，公称尺寸为 $N=40$mm），因此下极限偏差为

$$ei=-9\mu m-39\mu m=-48\mu m$$

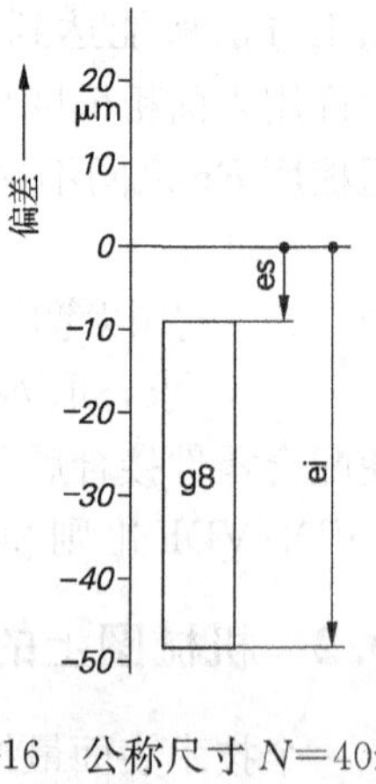

图 2-16 公称尺寸 $N=40$mm 的公差带 g8 的图示

■**例 2-2**：试由 TB2-1 至 TB2-3 求公称尺寸 $N=140$mm 时，配合 H7/k6 的极限配合 P_o 和 P_u 以及配合公差 P_T 并按比例作于图中。

▶**解**：由式（2-5）知极限配合 P_o=ES−ei，式中孔的极限偏差 ES=

EI+IT（见 TB2-3 脚注 1）。由 TB2-3 得孔的下偏差 EI=0（公差带位置 H），由 TB2-1 得 IT=40μm（公差等级 IT7，公称尺寸范围 120～180mm），所以孔的上偏差为 ES=0+40μm =40μm；轴的公差带位置为 k，根据 TB2-2，其起决定作用的极限偏差为 ei=3μm，所以极限配合为 P_o=40μm−3μm =37μm。图 2-17a 所示为轴孔配合 H7/k6 的公差带位置。

由式（2-5）得极限配合 P_u=EI−es。EI=0，ei=3μm，由 TB2-1（公差等级 IT6，公称尺寸范围120～180mm）得 IT=25μm，根据 TB2-2（脚注），轴的上偏差 es=ei+IT=3μm +25μm =28μm，所以 P_u=0−28μm =−28μm。由极限配合 P_o=37μm 和 P_u=−8μm，按式（2-6）计算配合公差（见图 2-17b）为

$$P_T=P_o-P_u=37\mu m-(-28\mu m)=65\mu m$$

结果：极限配合为 P_o=37μm 和 P_u=—28μm；配合公差 P_T= 65μm。因为 P_o>0 和 P_u<0，所以两个零件配对时既可能出现间隙，也可能出现过盈。因此，配合 H7/k6 为一过渡配合。

注：孔和轴的偏差可由 TB2-4 查取。

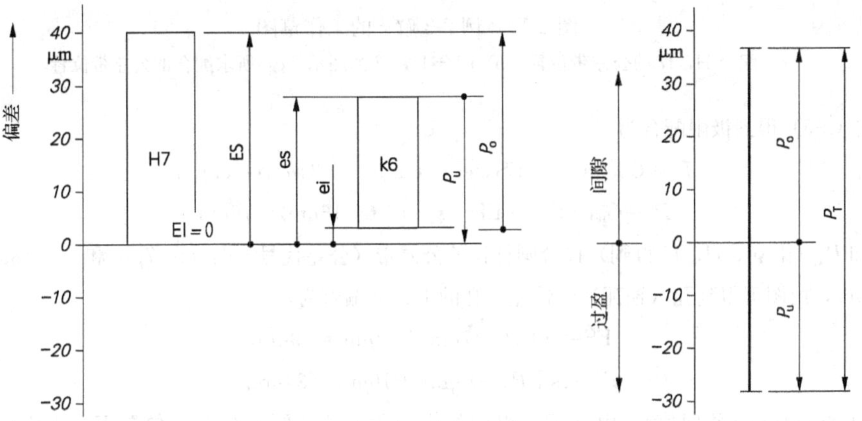

a)　　b)

图 2-17　配合 H7/k6 示意图

a）配合 H7/k6 的公差带位置　b）公称尺寸 N=140mm 的配合 H7/k6 图示

■例 2-3：将杠杆 A 和叉头 B 用一个圆柱销φ16m6×50 进行铰链联接（图 2-18）。杠杆孔带有轴瓦，圆柱销固定在叉头上，它们之间的间隙相当于间隙配合 H7/f7，可相对转动。允许杠杆在叉头中的单边间隙为 0.1～0.2mm。

公称尺寸：d_1=25mm，l=30mm。

试求：

a）叉头孔合适的公差（位置 1）。

b）轴瓦与杠杆孔之间合适的配合（位置 2）。

c）轴瓦孔的公差（位置 3）。

d）轮毂长度和叉头宽度的尺寸公差（位置 4）。

▶解 a)：与所要满足的功能相对应，由 TB2-9 得叉头孔的公差代号为 H7（固定圆柱销）。

▶解 b)：轴瓦必须在杠杆孔中固定不动。同样由 TB2-9 选取合适的配合；选择基孔制 H7/r6。

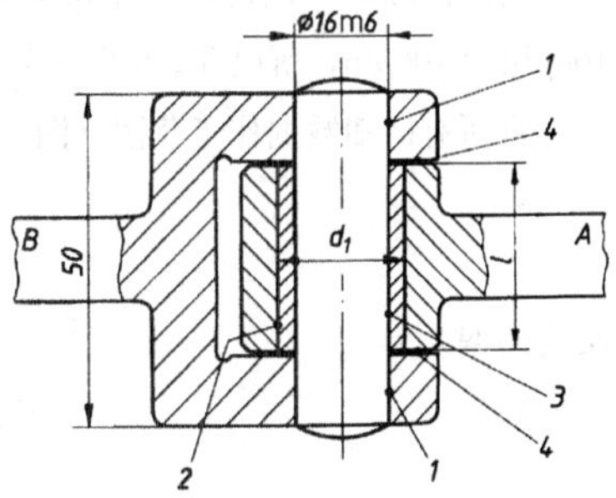

图 2-18　杠杆铰链

▶解 c)：为了求轴瓦孔的公差，可借助于工作草图（图 2-19）。首先针对公称尺寸 16mm，确定偏差和尽可能要保证的配合 H7/f7 的间隙，并作于图 2-19a 中。

孔的偏差由 TB2-1 和 TB2-3 查取。对于公称尺寸范围 10～18mm，H7 的 ES=18μm 和 EI=0，f7 的 es=−16μm 和 ei=es−IT_W=−16μm−18μm =−34μm（见例 2-1 和例 2-2）。

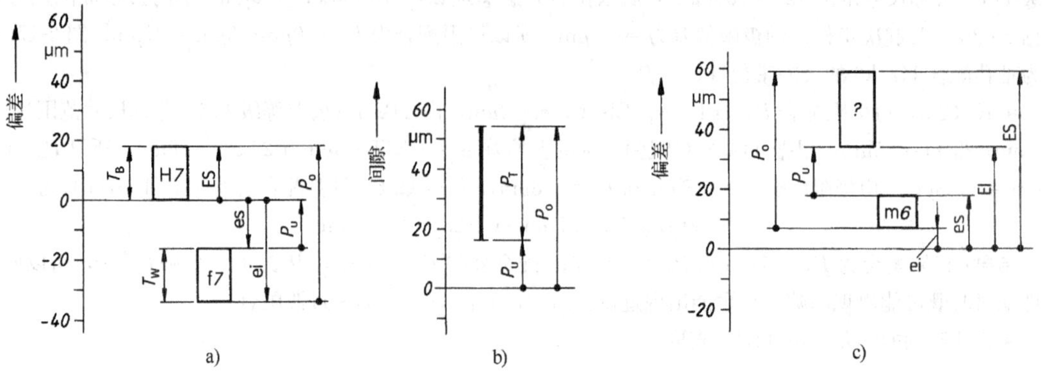

图 2-19　例 2-3 解 c 的工作草图

a）配合 H7/f7 的公差带位置　b）配合 H7/f7 的图示　c）所求配合的公差带位置

代入式（2-5）得到极限配合为

$$P_o = G_{oB} - G_{uW} = ES - ei = 18\mu m - (-34\mu m) = 52\mu m,$$

$$P_u = G_{uB} - G_{oW} = EI - es = 0 - (-16\mu m) = 16\mu m。$$

将 P_o 和 P_u（由 $\phi 16$ H7/f7 得到）接合圆柱销的公差带（公差代号 m6：ei = 7μm 和 es = 18μm）作出草图（图 2-19c），由图可得到孔（轴瓦）的偏差。孔的上、下偏差为

$$ES = ei + P_o = 7\mu m + 52\mu m = 59\mu m,$$

$$EI = es + P_u = 18\mu m + 16\mu m = 34\mu m。$$

对于 EI = +34μm（预期值），由 TB2-3 得到相应公称尺寸范围的公差带位置 E，其基本偏差 EI′ = 32μm（实际值）与预期值最接近。所以孔的标准公差为

$$IT_B = ES - EI' = +59\mu m - 32\mu m = +27\mu m。$$

查 TB2-1，公差等级为 IT8（IT_B 的预期值偶然地正好与实际值一致）。

结果：轴瓦孔的公差代号为 E8。

▶解 d）：同样地，也用草图法确定尺寸公差（图 2-20）。首先，（任意）确定：公称尺寸 N 为最大尺寸 G_{oH}（杠杆轮毂长）；如果杠杆和叉头的公差带相同，且 $T_H = T_G = P_T/2$。式中 $P_T = P_o - P_u = 200\mu m - 100\mu m = 100\mu m$，所以 $T_H = T_G = 50\mu m$。

将所有已知数据作于草图（图 2-20）中。由图得到杠杆轮毂的偏差为

$$es = 0,$$

$$ei = es - T_H = 0 - 50\mu m = -50\mu m。$$

叉头的偏差为

$$ES = P_u + T_G = 100\mu m + 50\mu m = 150\mu m,$$

$$EI = P_u = 100\mu m。$$

结果：偏差值为

a）杠杆：es = 0mm，ei = −0.05mm。

b）叉头：ES = 0.15mm，EI = 0.1mm。

注：本例有意应用表格 TB2-1～TB2-3 来进行求解，以展示一般求解过程。否则，可以直接由表格 TB2-4 和 TB2-5 查取偏差值。

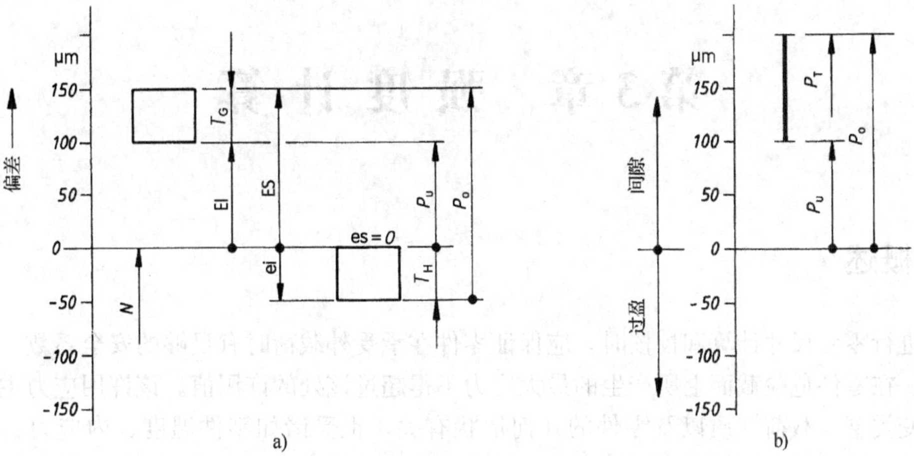

图 2-20　杠杆和叉头的偏差草图

2.5　参考文献

Berg, S.: Angewandte Normzahl. Gesammelte Aufsätze. Berlin: Beuth-Vertrieb GmbH, 1949

DIN Deutsches Institut für Normung (Hrsg.): DIN-Taschenbücher. Berlin: Beuth
Zeichnungswesen 1, 12. Auflage 2000 (DIN-Taschenbuch 2)
Zeichnungswesen 2, 6. Auflage 2000 (DIN-Taschenbuch 148)

DIN Deutsches Institut für Normung (Hrsg.): Technische Oberflächen. Berlin: Beuth, 1981

DIN Deutsches Institut für Normung (Hrsg.): Technisches Zeichnen. Berlin: Beuth, 1998

Felber/Felber: Toleranzen und Passungen. Leipzig: Fachbuchverlag, 1986

Hoischen, H.: Technisches Zeichnen. Grundlagen, Normen, Beispiele; Darstellende Geometrie. Berlin: Cornelsen, 1998

Jorden, W.: Form- und Lagetoleranzen. München Wien: Hanser, 1998

Klein, M.: Einführung in die DIN-Normen. Stuttgart: Teubner, 1989

Rochusch, F.: ISA-Toleranzen, Oberflächengüte und Bearbeitungsverfahren; in: Konstruktion 9 (1957) Heft 10

Szyminski, S.: Toleranzen und Passungen: Grundlagen und Anwendungen. Braunschweig/Wiesbaden: Vieweg, 1993

Tschochner: Toleranzen. Füssen: Wintersche Verlagsbuchhandlung, 1952

Weingraber, H. v., Abou-Aly, M.: Handbuch Technische Oberflächen. Braunschweig/Wiesbaden: Vieweg, 1989

VDI/VDE Richtlinie 2601: Anforderungen an die Oberflächengestalt zur Sicherung der Funktionstauglichkeit spanend hergestellter Flächen; Zusammenstellung der Kenngrößen. Düsseldorf: VDI, 1991

VDI/VDE Richtlinie 2602: Rauheitsmessung mit elektrischen Tastschnittgeräten. Düsseldorf: VDI, 1983

VDI/VDE Richtlinie 2603: Oberflächen-Messverfahren; Messung des Tragflächenanteils. Düsseldorf: VDI, 1991

VDI/VDE Richtlinie 2604: Oberflächenmessverfahren; Rauheitsuntersuchung mittels Interferenzmikroskopie. Düsseldorf: VDI, 1991

第 3 章　强 度 计 算

3.1　概述

在进行零件尺寸计算和校核时，应保证零件在承受外载荷时有足够的安全系数，以使其不失效。在零件危险截面上所产生的最大应力不得超过该处的许用值。该许用应力主要与材料、应变类型、载荷性质以及零件的几何形状有关，也受诸如零件温度、内应力、材料缺陷、环境介质腐蚀作用等因素影响。零件尺寸的确定准则主要取决于可能的失效（即零件不能实现其功能）形式，它们主要有：

1）超过许用变形。

2）强断裂。

3）有限寿命或无限寿命疲劳断裂。

4）裂纹扩展（断裂力学）。

5）失稳（如纵弯、翘曲）。

6）机械损坏（如磨损、损耗）。

7）化学侵蚀（如腐蚀）。

如果一个零件可能出现若干种失效形式的话，就应该对每一种可能的失效形式进行校核。在设计零件时应考虑到最不利的情况。纯强度校核（强断裂、有限寿命和无限寿命疲劳断裂）按图 3-1 所示框图进行。

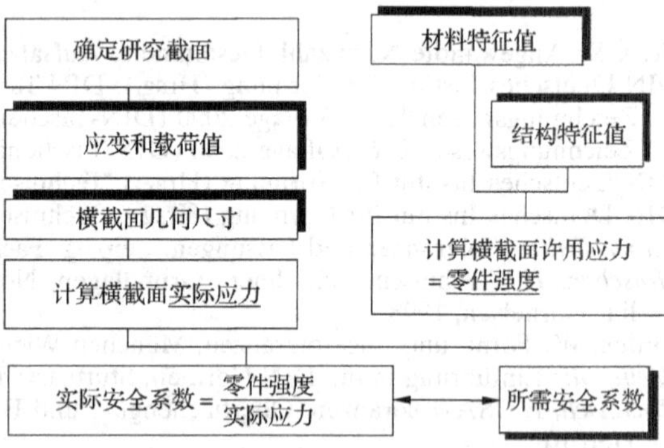

图 3-1　一般强度校核（计算规则）

3.2　变形形式和载荷类型⊖

在工作过程中，零件承受预期的和非预期的各种载荷。预期的载荷是实现功能所必需的，而非预期的载荷主要由非预期的因素（如非预期的振动、载荷冲击、内应力等）产生。根据作用在零件上的外载荷的不同，将零件横截面上所产生的内作用力分为法向力 F_N、切向力 F_Q、弯矩 M 和扭矩 T。由此产生的变形分为拉伸、压缩、剪切、弯曲和扭转以及各自对应的名义应力（如图 3-2 所示）。与横截面垂直的应力称为正应力（拉、压和弯曲应力），切于横截面的应力为切向应力（切应力、扭应力）。

除了基本变形形式外，压缩变形还有一些特殊情况，如翘曲、倾斜和纵弯，以及作为两个受压体接触表面应力的压强。如果同时出现两个或两个以上基本变形，例如拉伸和弯曲或弯曲和扭转，就形成组合变形。当只有同类型的几个应力（如图 3-2 所示，只有正应力或切

⊖ 两个概念并没有明显的区别。不过，概念“载荷”指的是负载，而概念“变形”与强度和弹性性能有关并包含应力的概念。

变形形式 计算公式

法向应力

拉伸变形

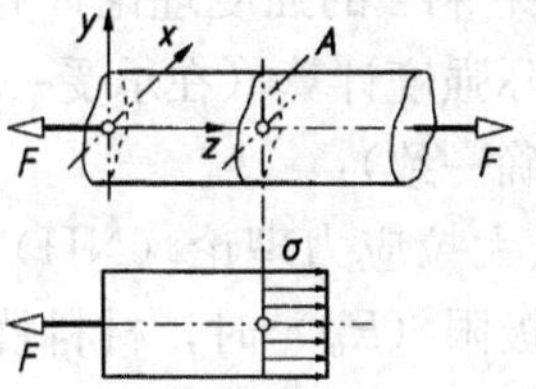

拉应力

$$\sigma_z=\frac{F}{A}$$

压缩变形

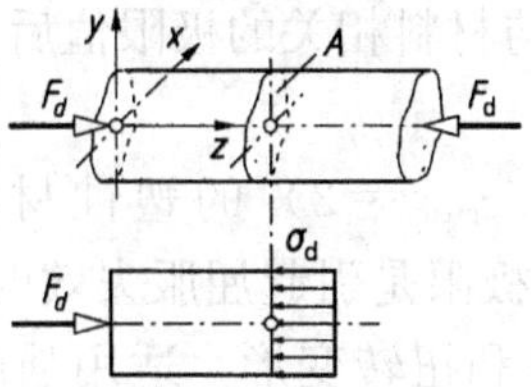

压应力

$$\sigma_d=\frac{F_d}{A}$$

弯曲变形

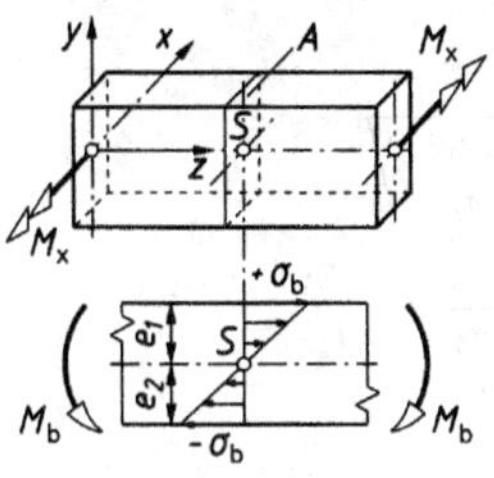

弯曲应力

$$\sigma_b=\frac{M_b}{W}$$

$$W=\frac{I_x}{e}$$

切向应力

剪切变形

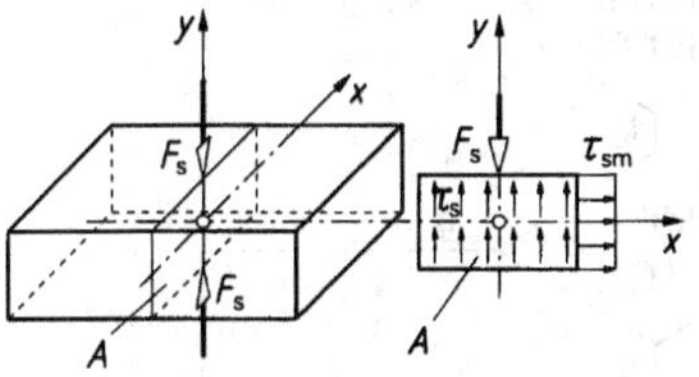

切应力

$$\tau_{sm}=\frac{F_s}{A}$$

横向力剪切

弯曲加剪切

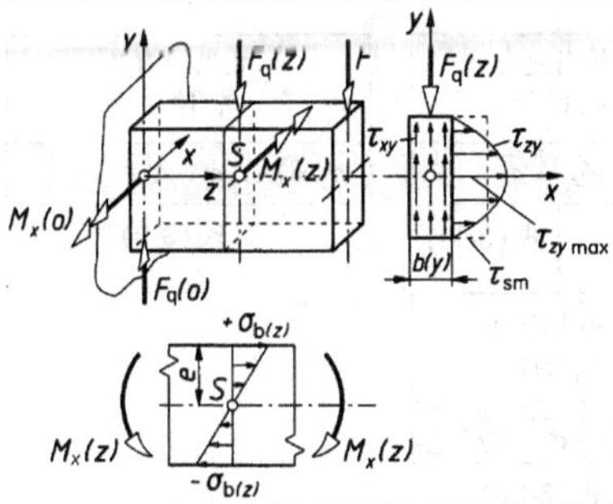

$$\tau_{zy}=\frac{F_q(z)H_x(y)}{I_x b(y)}\qquad \tau_{zy\,max}=k_s\tau_s$$

式中 $H_x(y)=\int_A y\mathrm{d}A$ 或 $\sum y_{Si}A_i$

$$I_x=\int_A y^2\mathrm{d}A$$

横截面	长方形	圆
k_s	3/2	4/3

扭转变形

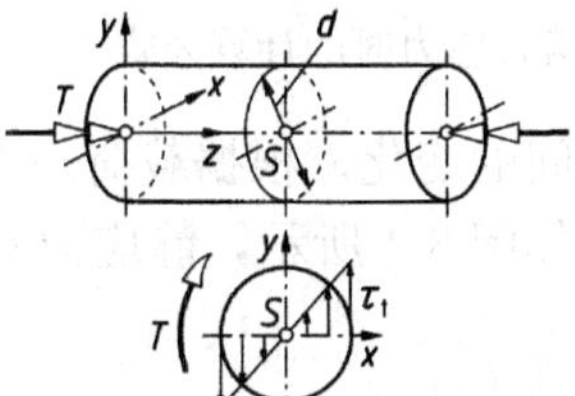

扭转应力

$$\tau_t=\frac{T}{W_t}$$

图 3-2 基本变形形式及其产生的名义应力

应力）时，可以由这些应力得到合成应力 σ_{res}、τ_{res}［图 3-3 中的式（3-1）］，如果有不同类型的应力，则要根据对塑性（韧性）材料[一]和脆性材料[二]的强度理论计算相应的相当应力 σ_V[三]。在众多的强度理论中，下列强度理论可用于实际强度计算（在承受一般振动载荷时，这些强度理论整体上并不都与众所周知的试验结果精确一致）：

1）适用于脆性材料（$\sigma_{grenz}/\tau_{grenz}=1$）[四]的最大拉应力理论（NH）。该理论认为，断裂面垂直于最大拉应力。当该应力超过材料的强度极限（R_m）时，材料就发生断裂。

2）适用于塑性材料（$\sigma_{grenz}/\tau_{grenz}=1.73$）的畸变能密度理论（GEH）。该理论用弹性体变形所储存的能量作为判断准则。当该值超过与材料相关的极限值后，零件由于塑性变形而失效。该理论与试验数据最吻合。

3）适用于屈服点特别高（低碳钢，$\sigma_{grenz}/\tau_{grenz}=2$）的塑性材料的最大切应力理论（SH）。根据该理论，最大有效切应力超过滑移极限是引起屈服失效的主要因素。

机械制造中常见的是弯曲（或拉伸/压缩）和扭转变形，适用强度理论见图 3-3 中的式（3-2）～式（3-3）。

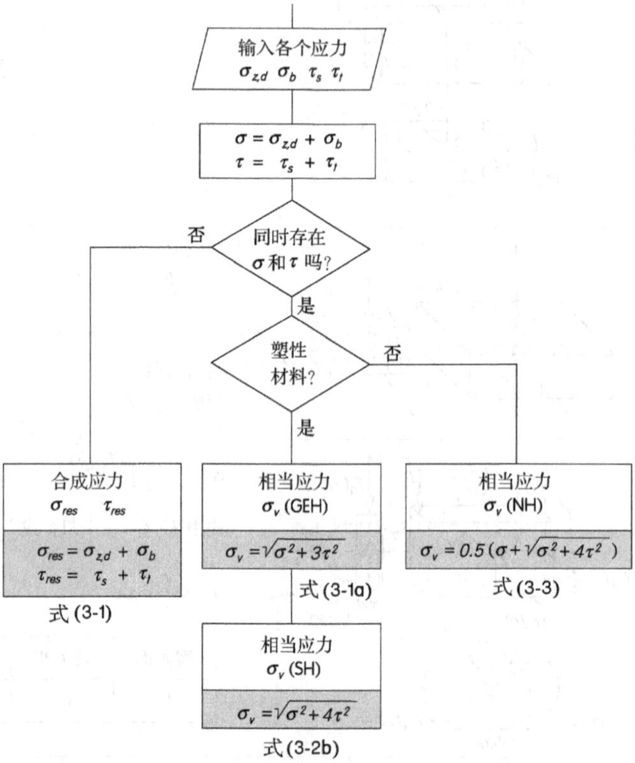

图 3-3　杆状零件受组合应力时的计算公式

除了变形形式之外，还必须考虑应力随时间的变化。根据载荷是否随时间变化，可分为静应力和随时间变化的变应力两种基本类型。如图 3-4 所示，静应力不随时间变化，而变应

[一] 塑性材料除了弹性变形外，主要的特征是在断裂前可以产生大的塑性变形（如结构钢）。
[二] 脆性材料在断裂前只有弹性变形（如玻璃、灰铸铁）。
[三] 是一个当量的正应力，其作用与正应力和切应力的共同作用相同。
[四] 正应力极限 σ_{grenz}（切应力极限 τ_{grenz}）为单向应力（单向剪切试验）状态下材料的破坏应力；是材料特征值。

力一般来说随时间而变化。如图 3-5 所示，交变应力是变应力的特例，其特点是经过一个时间终点（即周期）后会周期性重复。

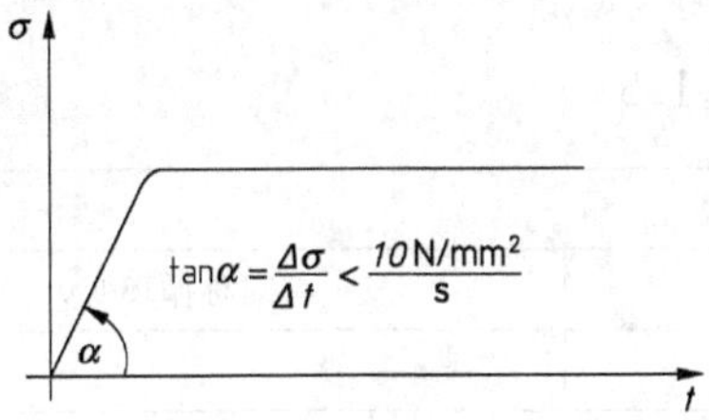

图 3-4 静应力随时间变化曲线

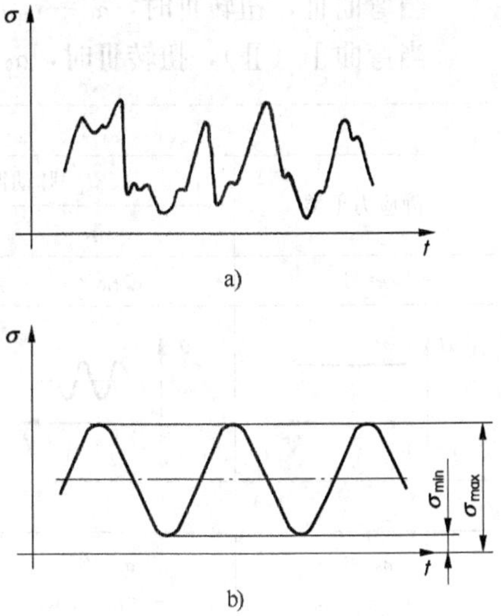

图 3-5 变应力随时间变化曲线

a）一般变应力 b）理想化变应力

在图 3-6 中以一个振动循环为例，用如下特征值来描述应力-时间变化曲线：平均应力 σ_m、上限应力 σ_o（最大应力 σ_{max}）、下限应力 σ_u（最小应力 σ_{min}）、应力变幅 σ_a。只要其中的两个特征值就可以完全描述该应力变化过程（见图 3-6）。各特征值关系如下：

应力幅 $\sigma_a=\sigma_o-\sigma_m$

$\sigma_a=(\sigma_o-\sigma_u)/2$

平均应力 $\sigma_m=(\sigma_o+\sigma_u)/2$

应力比 $\kappa=\sigma_u/\sigma_o$ (3-4)

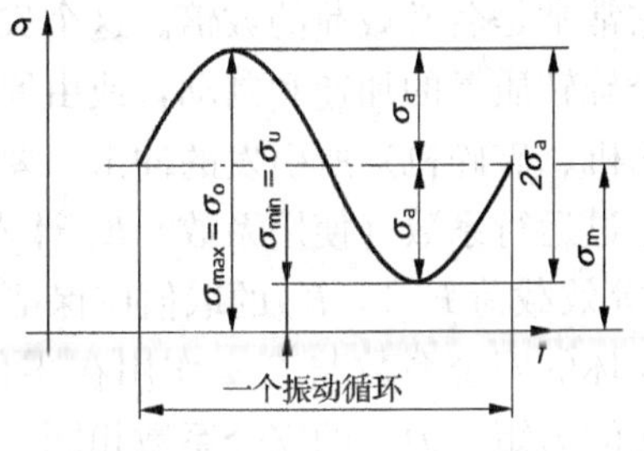

图 3-6 一个振动循环的特征值

如果要唯一定义一个应力－时间曲线，一个振动循环相对于应力零线的位置就具有重要作用（见图 3-7）。一个穿过零线的应力曲线（$0>\kappa\geqslant-1$）称为对称循环应力（当 $\sigma_m=0$，即 $\kappa=-1$ 时，称为纯对称循环应力）；如果一个应力曲线只为正或只为负（$1>\kappa\geqslant0$），则称为脉动循环应力（在拉应力范围内，当 $\sigma_m=\sigma_o/2$，即 $\kappa=0$ 时，称为纯脉动循环应力）。

如图 3-7 所示，由于受组合应力时的 σ 和 τ 可能会是不同类型的应力（例如：σ_b 为Ⅲ类，而 τ_t 为Ⅱ类），通过引入拉剪比 α_0，可以将扭应力 τ_t 的类型换算为 σ_b 的类型，从而可以简单地进行计算。拉剪比 α_0 为

$$\alpha_0=\sigma_{grenz}/(\varphi\tau_{grenz})=\sigma_{zul}/(\varphi\tau_{zul})$$

由此可得到下述相当应力［见式（3-2）和式（3-3）］

畸变能密度理论 $$\sigma_v=\sqrt{\sigma_b^2+3(\alpha_0\tau_t)^2}=\sqrt{\sigma_b^2+3\left(\frac{\sigma_{zul}}{\varphi\tau_{zul}}\tau_t\right)^2}$$

最大拉应力理论 $$\sigma_v=0.5\left[\sigma_b+\sqrt{\sigma_b^2+4(\alpha_0\tau_t)^2}\right]=0.5\left[\sigma_b+\sqrt{\sigma_b^2+4\left(\frac{\sigma_{zul}}{\varphi\tau_{zul}}\tau_t\right)^2}\right] \quad (3\text{-}5)$$

对于最常见的同时受弯曲和扭转的情况，材料为钢，有

当弯曲Ⅲ，扭转Ⅰ（Ⅱ）时，$\alpha_0=\sigma_{zul}/(\varphi\tau_{zul})\approx0.7$

当弯曲Ⅲ，扭转Ⅲ时，$\alpha_0=\sigma_{zul}/(\varphi\tau_{zul})\approx1.0$

当弯曲Ⅰ（Ⅱ），扭转Ⅲ时，$\alpha_0=\sigma_{zul}/(\varphi\tau_{zul})\approx1.5$

应力类型				
静应力Ⅰ类	脉动循环变应力		对称循环变力	
	一般	Ⅱ类	一般	Ⅲ类
$\kappa=1$	$1>\kappa\geqslant0$	$\kappa=0$	$0>\kappa\geqslant-1$	$\kappa=-1$
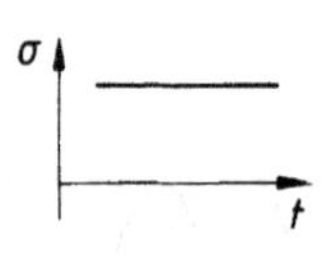	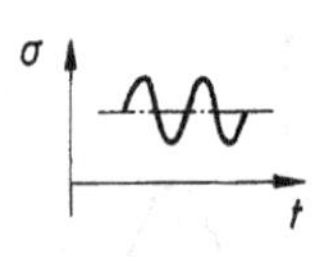	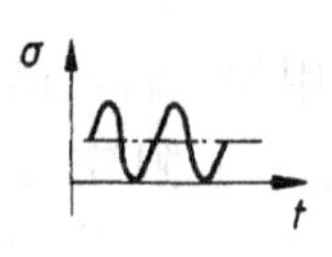	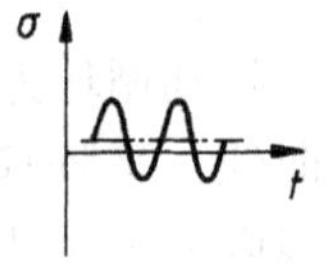	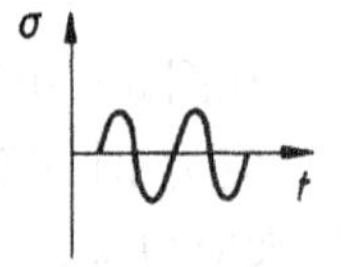
特征值				
$\sigma_a=0$ $\sigma_o=\sigma_u=\sigma_m$ $\sigma=$常数	$\sigma_u>0$ $\sigma_o=\sigma_u+2\sigma_a$ $\sigma_m=\sigma_u+\sigma_a$	$\sigma_u=0$ $\sigma_o=2\sigma_a$ $\sigma_m=\sigma_a=\sigma_o/2$	$\sigma_m>0$ $\sigma_o=\sigma_m+\sigma_a$ $\sigma_u=\sigma_m-\sigma_a$	$\sigma_m=0$ $\lvert\sigma_o\rvert=\lvert\sigma_u\rvert=\lvert\sigma_a\rvert$ $\sigma_u=-\sigma_a$

图 3-7　应力分类⊖

为了能更切合实际地计算零件中由外载荷所产生的应力，在理想化的静应力和变应力的基础上还必须计入外载荷的不规则波动，特别是最大载荷的变化曲线和数值，对于动载荷，它常常是名义载荷的数倍。这个尖峰载荷是传递动力（功率）的动态过程所产生的，例如一个旋转质量的加速和制动，或由原动机（例如内燃机、电动机）或工作机（例如涡轮机、压缩机、破碎机）所引发的冲击。要把握这个动态过程是非常困难的，它的影响一般根据经验通过运行系数（使用系数）K_A计入。将K_A与名义转矩（名义载荷）相乘得到等效转矩T_{eq}（等效载荷F_{eq}），K_A的取值应保证由其算得的抵抗损坏的安全系数与真实作用在零件上的随时间变化的力矩（力）的安全系数相同。

$$T_{eq}=K_AT_{nenn}\text{ 或 }F_{eq}=K_AF_{nenn}\quad(3\text{-}6)$$

在零件疲劳强度校核中要用到T_{eq}（F_{eq}）（K_A的取值见 TB3-5⊜）。它不同于最大尖峰力矩T_{max}（同样地，最大尖峰载荷F_{max}），因为T_{max}（F_{max}）还包含了整个设备运行过程中单个的或一次性的载荷尖峰（如起动冲击、短路力矩、紧急制动力矩）（见图 3-8），因此T_{max}（F_{max}）是静强度校核的基础⊝。

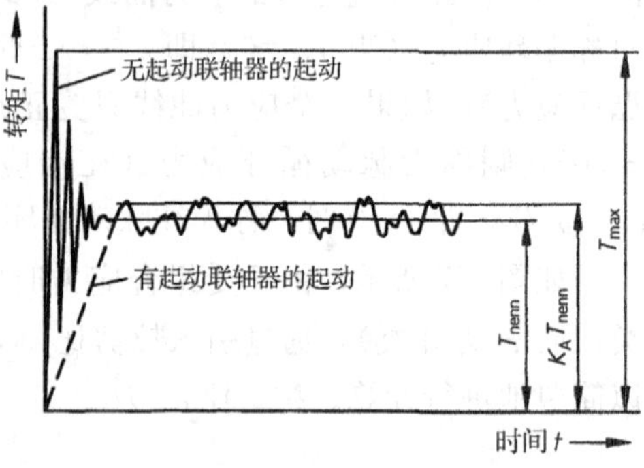

图 3-8　工作机主动轴转矩随时间变化曲线（示意图）

⊖ 尤里尤斯·冯·巴赫（1847-1931）将应力分为Ⅰ类、Ⅱ类和Ⅲ类。

⊜ 在不同文献中，使用系数差别很大，由于缺乏一个统一的定义，也不能对它们进行直接的比较。由于损坏机制不同，因此不同机械零件的使用系数是不同的。TB3-5a 所给出的数据仅仅只适用于传动零件。如果缺乏其他合适的值（例如测量值），也可将这些K_A值用于其他机械零件的近似计算。

⊝ 单个的尖峰载荷不会引起疲劳断裂，因此只需在静强度校核时考虑它。

3.3 材料性能，强度特性曲线

3.3.1 静强度值（材料特征值）

确定材料强度极限和零件安全系数的基础是了解材料在受载时的性能。短时间静载荷可以用拉伸试验来描述。图 3-9 给出了平滑试棒受载时的弹性变形、塑性变形以及静载强断裂的曲线。

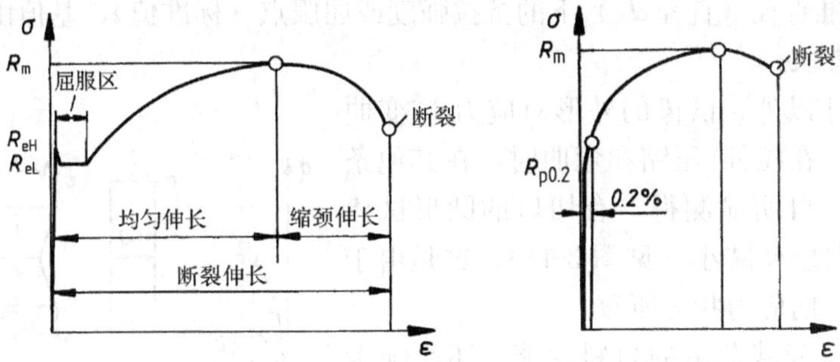

a) b)

图 3-9 应力-应变图（示意图）

a）有明显屈服点的钢 b）没有明显屈服点的钢

试棒纯弹性变形发生在比例极限 σ_E 范围内，σ_E 位于屈服点 R_e 下方（对于没有明显屈服点的材料，σ_E 位于产生 0.2% 的塑性变形时所对应的屈服强度 $R_{p0.2}$ 的下方），该区域满足胡克定律。超过 σ_E 极限，除了弹性变形外，还会产生塑性变形。随着变形的进一步增加，应力达到最大值 R_m，然后，随着缩颈现象的加剧，用原始横截面积计算的应力也下降，直到静强断裂。如图 3-10 所示，绝大多数材料的零件强断裂断面不光滑，从细晶粒直至粗晶粒，且不均匀分布，部分呈龟裂状态。

图 3-10 花键轴强断裂

在应用机械制造领域，试验得到的平滑试棒的抗拉强度 R_{mN} 和屈服点 R_{eN} 或屈服强度 $R_{p0.2N}$（以下称为 R_{pN}）应用最广泛，由它们可以得到拉伸/压缩和剪切的相应的强度值。

R_{mN}和 R_{pN}的标准值见 TB1-1～TB1-2㊀。

对于与标准尺寸不同的零件，必须通过尺寸影响系数 K_t将强度值 R_{mN}或 R_{pN}进行换算（尺寸影响系数用以考虑与工艺条件有关的，随着尺寸的增大强度降低的情况，见 § 3.5.1-3)。因此有

$$R_m = K_t R_{mN} \\ R_p = K_t R_{pN} \tag{3-7}$$

式中　K_t——抗拉强度（或屈服点）与工艺相关的尺寸的影响系数，其值由 TB3-11a 和 b 查取；

注意：对于某些材料，抗拉强度和屈服点的 K_t 不同！

R_{mN}、R_{pN}——标准直径（直径 d_N）下的抗拉强度或屈服点（标准值），基值由 TB1-1～TB1-2 查取。

除了零件尺寸以外，试棒的外形对应力-应变曲线也会产生影响。在拉伸/压缩和弯曲时，在其他条件相同的情况下，可明显测得，有切口的圆形试棒的应力增大的同时应变减小（见图 3-11），这是由于在切口处构成了多向应力状态所致。

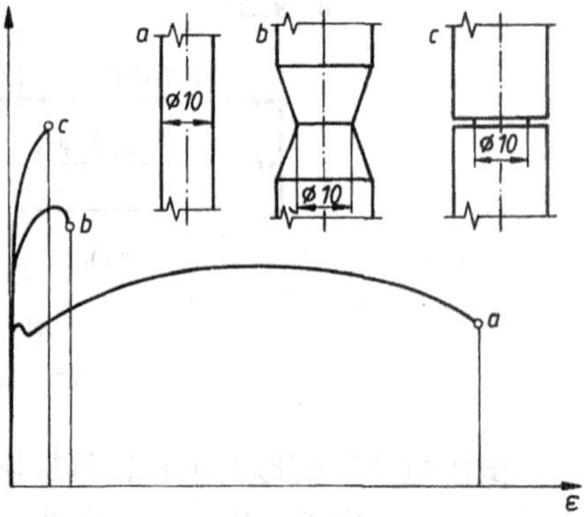

图 3-11　不同切口试棒的应力-应变曲线（示意图）

为了精确给出静载荷下的材料性能，还必须考虑其他的一些影响因素，例如加载速度、温度、材料的各向异性㊁和载荷持续时间。如图 3-12 所示，试验表明，随着加载速度的增大，抗拉强度和屈服点值都相应增大。如图 3-13 所示，当温度增加时，伸长增加（蠕变现象），抗拉强度、屈服点和疲劳强度均下降。在低温下，R_m和 R_p比在室温下大，对于许多材料来说，变形能力则反过来明显减小。

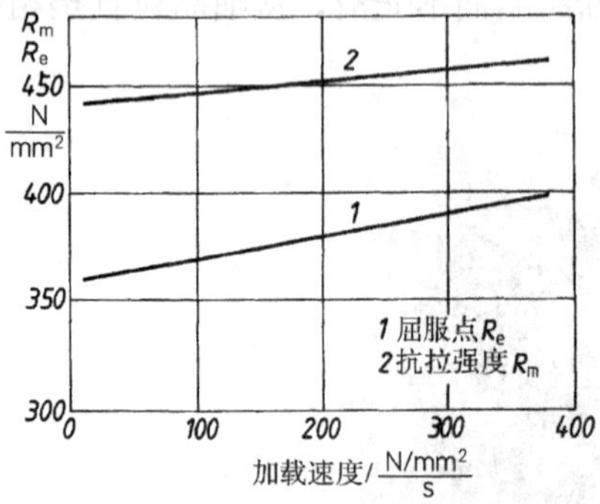

图 3-12　一种钢的屈服点和抗拉强度与加载速度 $\Delta\sigma/\Delta t$ 的关系

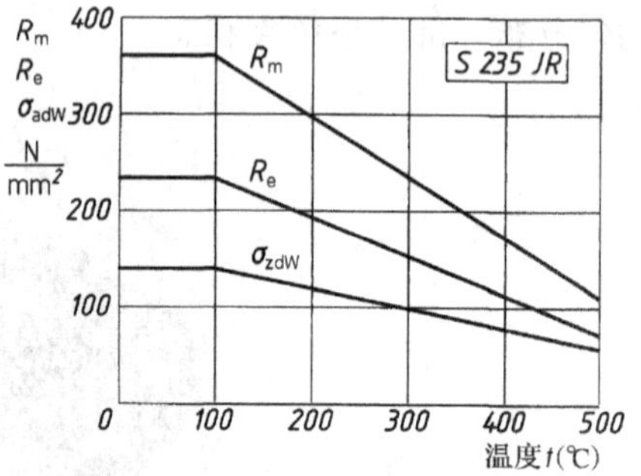

图 3-13　短时间载荷作用下的一种非合金钢的屈服点、抗拉强度和抗拉疲劳强度与温度的关系

在长时间作用的静载荷下，材料会出现弹性和塑性变形以及静强断裂。静强度值见图 3-14。

㊀ 下表 N 代表标准值。在此标准值下，平均寿命可靠性为 97.5%。

㊁ 所谓各向异性指轧制或锻造零件的强度值与轧制方向和流动方向有关。

变形形式	名　称	符　号	钢材的替代值	校核计算
拉伸	屈服点（流动极限）	R_e	—	变形
	0.2%伸长极限	$R_{p0.2}$	—	变形
	抗拉强度	R_m①	—	断裂
压缩	抗压屈服点（抗压流动极限）	R_{ed}	$=f_\sigma R_e$②	变形
	0.2%顶压极限	$\sigma_{d0.2}$	$=f_\sigma R_{p0.2}$	变形
	抗压强度	σ_{dB}	$=f_\sigma R_m$	断裂
弯曲	弯曲流动极限	σ_{bF}	$\approx$（1～1.3）R_e③	变形
	0.2%弯曲伸长极限	$\sigma_{b0.2}$	$\approx$（1～1.3）$R_{p0.2}$	变形
	抗弯强度	σ_{bB}	$\approx R_m$	断裂
扭转	扭转流动极限	τ_{tF}	$\approx$（1～1.2）$f_\tau R_e$②③	变形
	0.4%扭转伸长极限	$\tau_{t0.4}$	$\approx$（1～1.2）$f_\tau R_{p0.2}$	变形
	抗扭强度	τ_{tB}	$\approx f_\tau R_m$	断裂
剪切	剪切流动极限	τ_{sF}	$=f_\tau R_e$②	变形
	抗剪强度	τ_{sB}	$=f_\tau R_m$	断裂

① 如果只知道布氏硬度 H_{HB}，碳钢和铸钢 $R_m\approx3.6H_{HB}$（适用于$\leqslant$1300N/mm²），灰铸铁 $R_m\approx1.0H_{HB}$。

② 系数 f_σ 和 f_τ 可由 TB3-2a 查取。

③ 弯曲和抗扭强度值与应力梯度有关，所以并没有唯一的强度值。零件直径较小时强度值较大，因为应力梯度及静应力分散效应较大。根据 DIN 743，钢制塑性圆棒可近似取：$\sigma_{bF}\approx1.2$（1.2）R_p；$\tau_{tF}\approx1.2$（1.1）$R_p/\sqrt{3}$（括号中的值用于表面硬化材料）。

图 3-14　室温下的材料静特征值

3.3.2　疲劳强度（材料特征值）

受振动载荷时的材料性能决定于零件横截面上的真实应力分布。几何或/和金相上的切口会导致持续和剧烈的应力增加，使内部缺陷或外部切口处应力分布不均，材料逐渐出现疲劳。材料的抗裂能力已经不能抵抗应力峰值；材料出现微裂纹，它是导致最终疲劳断裂的原因。从疲劳断裂面上的所谓前沿线可以了解这个过程。因为从微裂纹开始，每随着一个更高的载荷峰值，裂纹就扩展一点，直到最后剩余断面出现强断裂，如图 3-15 所示。与强断裂不同，疲劳断裂大部分断面光滑且有前沿线。

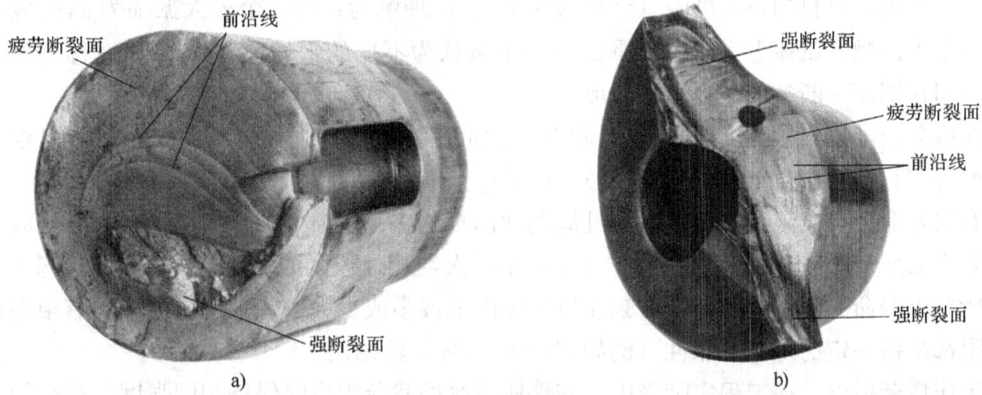

图 3-15　疲劳断裂

a）小齿轮轴　b）曲轴

为避免疲劳断裂，就要进行精确的设计计算，因此必须了解结构材料疲劳强度的有关知识。按照应力水平和所达到的振动循环次数的不同，可分为持久极限、有限寿命疲劳极限和工作疲劳极限。

1. 极限应力曲线（韦勒疲劳曲线）㊀　持久极限：让一个试棒承受一个大的振动载荷（如对称弯曲载荷），断裂前达到的振动循环次数为 N。将同样的试棒反复进行实验，只是载荷越来越小，则断裂前达到的振动循环次数越来越高。直到载荷小到能达到一个极限振动循环次数 N_{gr}（对于钢，大约为 10^7 循环次数），即使载荷继续持续，也不会断裂。如图 3-16 所示，与该载荷相对应的应力称为材料的持久极限 $\sigma_D(\tau_D)$。

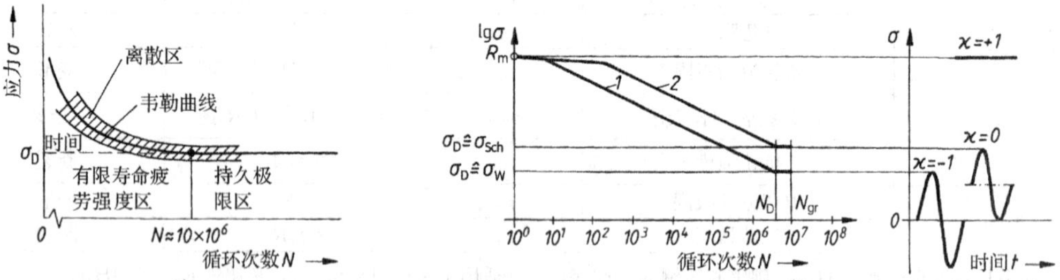

图 3-16　钢的韦勒曲线（极限应力曲线）（示意图）

a）线性坐标　b）对数坐标

1—对称持久极限　2—脉动持久极限

下面介绍疲劳强度中最重要的几个概念。持久极限值是由载荷求得的，按照载荷性质的不同，当循环特征 $\kappa=\sigma_u/\sigma_o=0$ 时，称为脉动循环下的持久极限（简称脉动持久极限，Sch），当 $\kappa=-1$ 时，称为对称循环下的疲劳极限（对称持久极限，W），并可根据变形形式的不同进一步分为拉伸脉动持久极限 σ_{zSch}、弯曲对称持久极限 σ_{bW} 等（见图 3-17）。

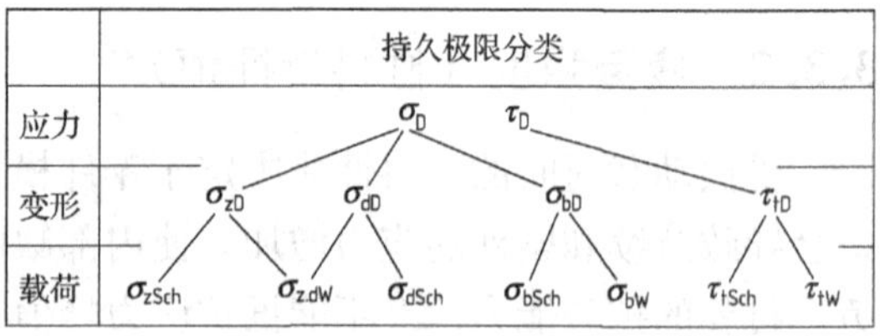

图 3-17　持久极限分类

一般来说，材料的持久极限（$-1\leqslant\kappa\leqslant+1$）可理解为：将一个最大振幅为 σ_A 的应力作用于一个平滑抛光试棒上，该应力围绕着一个被认为不变的平均应力 σ_m 两边对称变化，无限长时间作用而不断裂或产生有害变形。

在持久极限值和静强度极限值 R_m 和 $R_{p0.2}$ 之间不存在普遍适用的关系式，但可以根据材料类型得到它们的比值（近似值）[见式（3-8）]。

有限寿命疲劳极限：在接近不变且周期性出现的振动循环次数 $N<10^7$ 时的极限应力称为有限寿命疲劳极限，因为它只是在与振动循环次数相对应的时间范围内不出现疲劳断裂。根据所要求寿命的不同，允许应力幅在持久极限上或多或少大一些。持久极限和有限寿命疲劳极限都是按一定的寿命可靠性（例如 $P_ü=97.5\%$）给出的。

工作疲劳极限：在工程实际当中，零件所承受的载荷很少能保持相同强度，载荷频率和

㊀ 韦勒·奥古斯特（1819—1914）；于1876年制订了钢铁强度规范。

应力幅度均剧烈变化，因此，就不可能用一般预先给定的载荷来精确计算预期寿命。此时，必须精确预测实际运行条件并以相应的载荷谱㊀为特征，通过仿真或借助于经验来近似估计，也可以对于已设计好的零件在实际条件下测量得到（见图 3-18）。承受动载荷的零件主要按持久极限来设计。

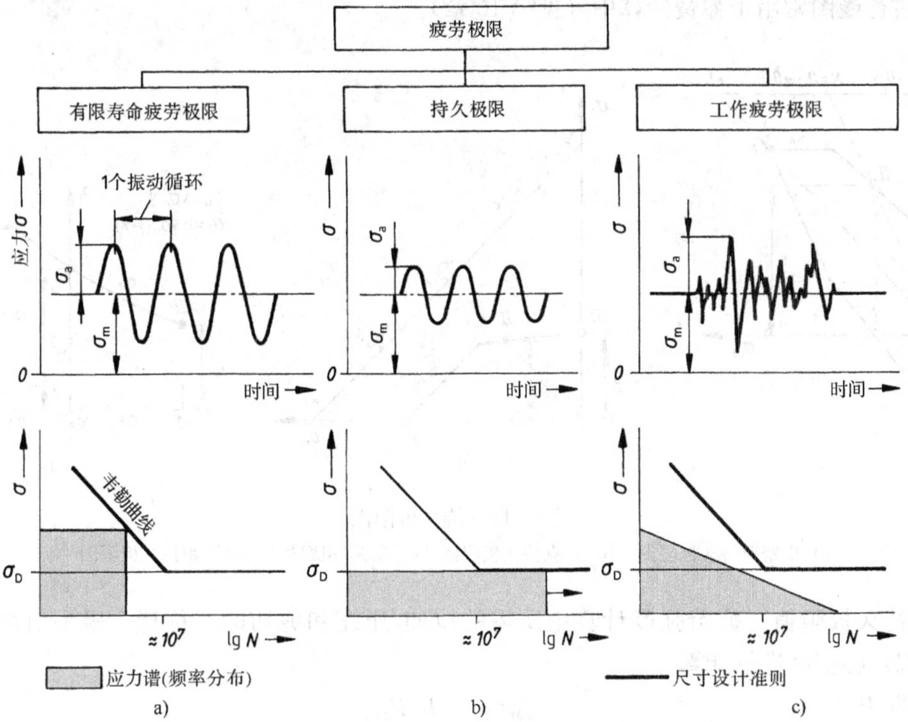

图 3-18 疲劳极限的分类

a）有限寿命疲劳极限 b）持久极限 c）工作疲劳极限

2. 持久极限图（DFS） 将对应于所有可能的静平均应力 σ_m 所求得的各种变形形式（如拉伸/压缩、弯曲和扭转）下的持久极限值标于图上即得持久极限图。精确得到该图需要统计大量的韦勒曲线，因此就需要做大量的试验。当然，通过少数几个典型材料特征值可以足够精度来近似“设计”该图。实际上，根据应用领域的不同，有以下几种持久极限图：

史密斯持久极限图：如图 3-19a 所示，横坐标与纵坐标的比例尺相同，将与特定平均应力 σ_m 相对应的 σ_o 和 σ_u 标于图上（相应地就得到了应力幅 σ_A）。当 $\sigma_m=0$ 时，$\kappa=-1$，为对称持久极限 σ_W；当 $\sigma_u=0$ 时，$\kappa=0$，为脉动持久极限 σ_{Sch}。大多数情况下，持久极限图以屈服点为界。史密斯图与下述海克图一起主要用于通用机械制造领域。

海克持久极限图：横坐标与纵坐标的比例尺相同，以平均应力 σ_m 为横坐标，对应的持久极限应力幅 σ_A 为纵坐标。如图 3-19b 所示，过屈服点 R_e 向左倾斜的 45°线将持久极限图限制在该范围内。海克图也主要用于通用机械制造领域。

莫尔—康脉斯—捷斯帕持久极限图：该图以循环特征 $\kappa=\sigma_u/\sigma_o$ 为横坐标，持久极限值为

㊀ 按大小和频率对随时间变化的载荷振动循环进行描述。该概念常常用于频谱的几何描述。

纵坐标。当$\kappa=-1$时，为对称持久极限；当$\kappa=0$时，为脉动持久极限。如图3-19c所示，当$\kappa=+1$时，为静应力。莫尔—康脉斯—捷斯帕图奠定了承受动载荷的焊接计算的基础（见第6章）。

古德曼持久极限图：与史密斯持久极限图以平均应力为横坐标不同，古德曼图用σ_u为横坐标。古德曼图常用于弹簧计算中（见第10章）。

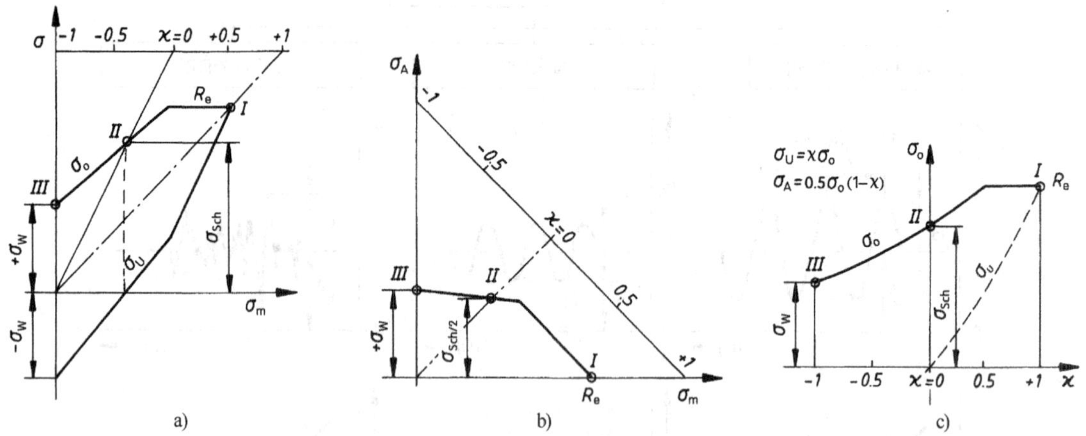

图3-19　持久极限图

a）史密斯持久极限图　b）海克持久极限图　c）莫尔—康脉斯—捷斯帕持久极限图

3. 持久极限值　疲劳强度计算中所需的拉伸/压缩和剪切的对称持久极限值可以用式（3-8）以足够精度进行计算。

拉伸/压缩　　$\sigma_{zdW}\approx f_{W\sigma}K_tR_{mN}$

剪切　　$\tau_{sW}\approx f_{W\tau}f_{W\sigma}K_tR_{mN}$　　（3-8）

式中　$f_{W\sigma}$，$f_{W\tau}$——材料强度值计算参数，其值由TB3-2a查取；

K_t——抗拉强度的工艺尺寸影响系数，其值由TB3-11a和b查取；

R_{mN}——标准直径（直径d_N）下的强度值，其值由TB1-1至1-2查取。

弯曲和扭转的对称持久极限值σ_{WN}和τ_{WN}可直接由TB1-1～TB1-2查取，仿照式（3-7），计入工艺尺寸影响系数K_t后，可换算为

$$\sigma_{bW}=K_t\sigma_{bWN}\text{或}\ \tau_{tW}=K_t\tau_{tWN}\text{㊀}\tag{3-9a}$$

或由拉伸/压缩和剪切的值，考虑应力分散系数后进行计算：

$$\sigma_{bW}=K_tn_0\sigma_{zdWN}\text{或}\ \tau_{tW}=K_tn_0\tau_{sWN}\tag{3-9b}$$

式中　K_t——抗拉强度的工艺尺寸影响系数，其值由TB3-11a和b查取；

n_0——无切口试棒的应力分散系数（见§3.5.1-1），其值由TB3-7查取；

σ_{zdWN}，τ_{sWN}——拉伸/压缩和剪切标准直径（直径d_N）下的对称持久极限值，其值由TB1-1～TB1-2查取。

如果要精确计算，则必须用统计得到的持久极限值或使用韦勒曲线图㊁。

㊀ 根据DIN 743，钢制圆棒近似有：$\sigma_{bW}\approx0.5R_m$、$\sigma_{zdW}\approx0.4R_m$、$\tau_{tW}\approx0.3R_m$。

㊁ 大多数情况下，材料标准仅给出R_{mN}和R_{pN}的最小值。试验方法几乎得不到持久极限值且极为分散。

3.4 零件静强度

零件静安全系数校核所需的抗屈服或断裂强度值按式（3-10）计算

屈服 $\sigma_F = f_\sigma R_p / K_B$ 或 $\tau_F = f_\tau R_p / K_B$

断裂 $\sigma_B = f_\sigma R_m / K_B$ 或 $\tau_B = f_\tau R_m / K_B$ （3-10）

式中 f_σ，f_τ——计算材料强度值的系数，其值由 TB3-2a 查取；

R_p，R_m——屈服点，抗拉强度；

K_B——静结构系数。

静结构系数 K_B 可以由塑性应力分散系数 $n_{pl}>1$ 按式（3-11）计算

$$K_B = 1/n_{pl} \tag{3-11}$$

如图 3-20 所示，塑性应力分散系数用以考虑由塑性材料制成的零件在弯曲和扭转，以及切口处零件局部应力峰值超过屈服点（产生塑性变形），而不会使零件失效的情况。借助于塑性应力分散系数，可充分利用“承载潜能”，零件在超过屈服点后仍然具有这种能力。

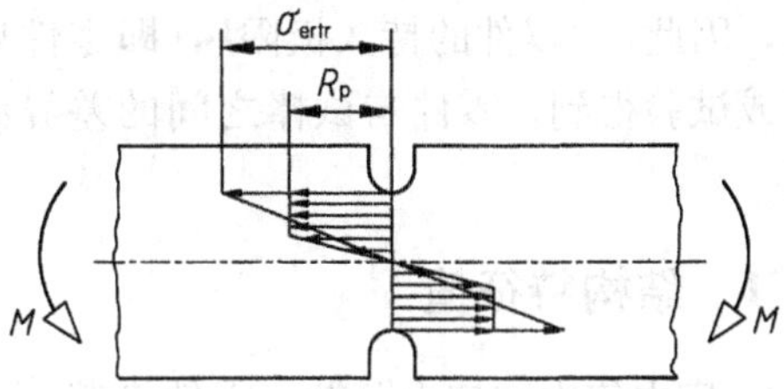

图 3-20 有切口棒弯曲时塑性应力分散系数的构成

根据诺伊伯（Neuber）的理论，塑性应力分散系数为能承受的应力 σ_{ertr} 与屈服点 R_p 之比，即 $n_{bpl}=\frac{\sigma_{ertr}}{R_p}=\frac{1}{\alpha_{bk}}\sqrt{\frac{E\varepsilon_{ertr}}{R_p}}\leqslant\alpha_{bp}$。该式适用于对局部应力进行计算。如果假设一个有切口零件能承受的应变为 $\varepsilon_{ertr}=\alpha_k^2 R_{pmax}/E$，以名义应力进行校核时的塑性应力分布系数为

$$n_{bpl}=\sqrt{\frac{R_{pmax}}{R_p}}\leqslant\alpha_{bp} \tag{3-12}$$

式中 E——弹性模量，其值由 TB1-1～TB1-2 查取；

ε_{ertr}——能承受的总应变，$\varepsilon_{ertr}=5\%$（钢和铸钢）；$\varepsilon_{ertr}=2\%$（欧洲标准球墨铸铁和欧洲标准可锻铸铁）；

R_p——屈服点，其值按式（3-7）计算；

α_{bk}——弯曲切口形状系数（见 § 3.5.1），其值由 TB3-6 查取；

α_{bp}——无切口零件的塑性形状系数，其值由 TB3-2b 查取；

R_{pmax}——最大屈服点，$R_{pmax}=1050\text{N/mm}^2$（钢和铸钢），$R_{pmax}=320\text{N/mm}^2$（欧洲标准球墨铸铁）。

提示：

—式（3-12）适用于弯曲；用于扭转时，请将下标 b 改成 t。对于拉伸、压缩和剪切，由于应力分布均匀，$n_{pl}=1$。

—对于欧标片状石墨铸铁，以及欧标可锻铸铁和欧标球墨铸铁等断裂应变 $A_3<8\%$ 或 $A_5<8\%$ 的材料，由于其脆性材料特性，$n_{pl}=1$。这点也适用于表面硬化零件。

—由于许用塑性变形更大，因此可能有必要对零件进行变形校核㊀。

㊀ 它可能允许 5%的局部塑性变形，而不是 $R_{p0.2}$ 极限的 0.2%，这会使零件的变形不能恢复。

一般来说，只要满足式（3-13）就能保证不超过屈服点（对于脆性材料不超过强度极限）

拉伸/压缩 $\sigma_F = R_p$

弯曲 $\sigma_F = \sigma_{bF}$ （3-13）

扭转 $\tau_F = \tau_{tF}$

式中 σ_{bF}，τ_{tF}——弯曲和扭转屈服点。简化校核时可以采用 DIN 743 的值（见图 3-14）。

3.5 零件疲劳强度

在§3.3 节中讲述的材料静强度值和疲劳强度值，一般来说都是由理想试棒得到的。而工程实际中的零件与这些理想试棒的条件（平滑、抛光，大多数为 ϕ7.5mm 或 ϕ10mm）有出入，因此，“零件的持久极限”，即零件疲劳强度 σ_G 必须在试棒持久极限 σ_D 的基础上通过计算或试验得到。零件与试棒之间的差异必须通过相应的修正系数，即结构特征值来加以考虑。

3.5.1 结构特征值

1. 应力集中和应力分散 零件横截面上的应力大小及其分布不但取决于外载荷和变形形式，还主要与横截面的突变（如轴肩、刀口划痕、孔、槽等）有关。除了这些外在的结构切口起作用外，内在的一些缺陷位置，如缩孔、偏析、夹渣等也会在一定程度上降低强度。如图 3-21 所示，一个没有切口的零件的力流不受影响，因此应力在横截面上均匀分布（名义应力）。而对于一个有内外切口的零件，如图 3-22 所示，会影响力流分布的均匀性，造成力线的集中，因此在切口区域造成应力升高。应力峰值 σ_{max} 与名义应力 σ_n 的比值作为特征值代表了切口对强度降低的影响。切口区域的真实应力曲线很难确定，只有通过复杂的方法才能精确计算或试验确定该处的应力状态（如应力光学试验、应变测量、有限元法等）。

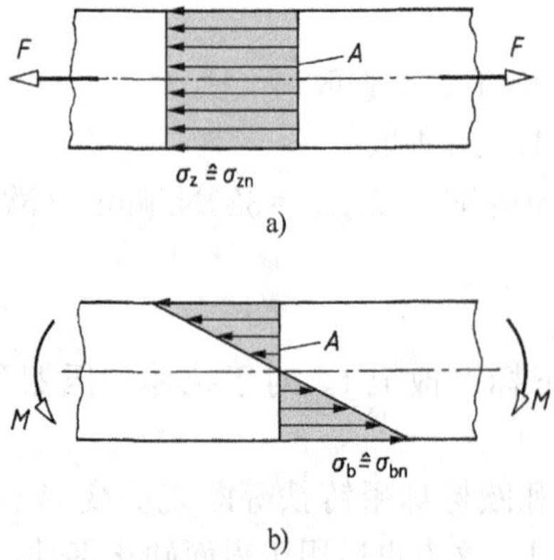

图 3-21 无切口零件的应力分布

a）拉伸变形时的名义应力 b）弯曲变形时的名义应力

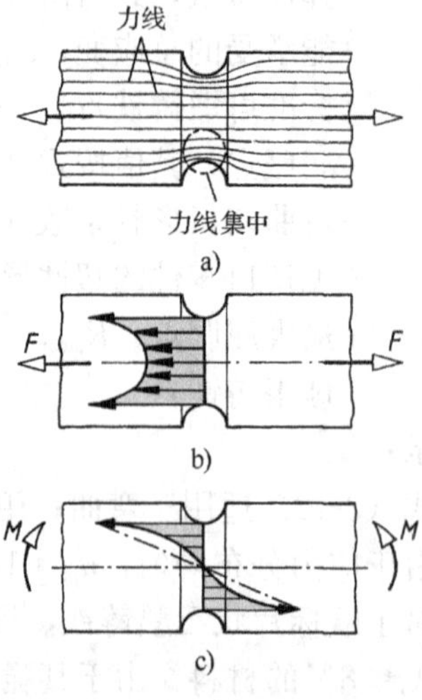

图 3-22 有切口零件的应力分布

a）拉伸试棒的力线分布 b）拉伸试棒的应力分布

c）弯曲试棒的应力分布

除了 σ_{max} 外，应力增大，即应力梯度对应力集中也具有重要意义。无切口零件，只有弯曲和扭转才具有应力梯度（图 3-21），且随着零件尺寸的增大而降低（弯曲变成拉伸/压缩）。有切口的零件，在切口区域，应力梯度会叠加在原来的应力之上（见图 3-22）。

切口形状。切口降低强度的程度主要受切口形状影响（见图 3-23）。切口越锋利，由此产生的 σ_{max} 就越大，其值可由计算出的名义应力和由试验或计算方法得到的形状系数 $\alpha_k \geqslant 1$ 近似计算，它们的关系是

$$\alpha_k = \sigma_{max}/\sigma_n$$

$$\alpha_{k\sigma} = \sigma_{\sigma max}/\sigma_{n\sigma}{}^{㊀}$$

$$\alpha_{k\tau} = \tau_{\tau max}/\tau_{n\tau} \tag{3-14}$$

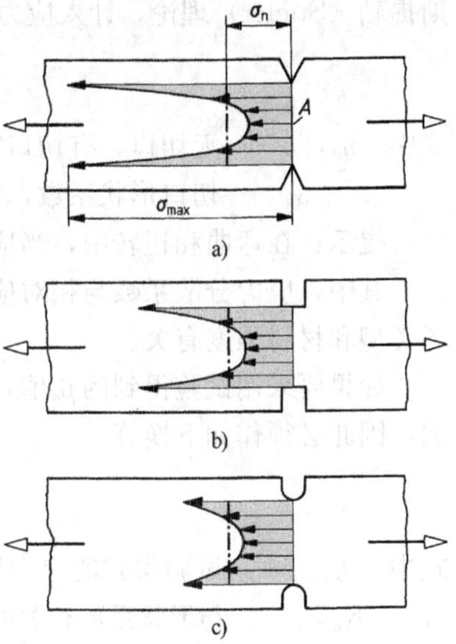

图 3-23 切口形状的影响

只要 $\sigma_{max} < \sigma_E$（即处于满足胡克定律的区域内），切口形状系数 α_k 只与切口的几何性质和变形形式有关，与材料无关。当 $\sigma_{max} > \sigma_E$，材料的塑性起主要作用。塑性越大，切口的影响就越小。

对于图 3-23 所示的切口形状，切口越锋利，应力峰值 σ 就越大，因此 α_k 值也就越大（更详细的内容请参阅相关文献）。将 τ 取代 σ 后，上述内容同样成立。结构需要和常见切口的切口形状系数请查 TB3-6。

应力集中敏感性。同样的切口，对脆性材料零件的影响要比对塑性较好的材料（这类材料除了弹性变形以外，在断裂之前主要是可以产生大的塑性变形）的影响严重得多。如果能将流动开始位置限制在切口这一很小的区域内，则塑性材料的应力峰值可以大幅降低。远离切口的横截面区域在切口区域流动之前并没有受很大的载荷，但在开始流动后，载荷将大大增加。因此，对于切口周围区域起到了应力分散功能。例如，在承受静载时，只允许在最大应力处（即切口处）有很小的塑性变形产生，就可以得到一个较大的屈服点（见图 3-11）。如图 3-24 所示，有切口的试棒除了在动载区域有显著的强度降低之外（即对结构所必需的切口敏感性），在静载下主要是使屈服点相对其本身固有值增大了。因此，在切口区域对屈服点的些许超过对塑性材料并不会造成损坏。

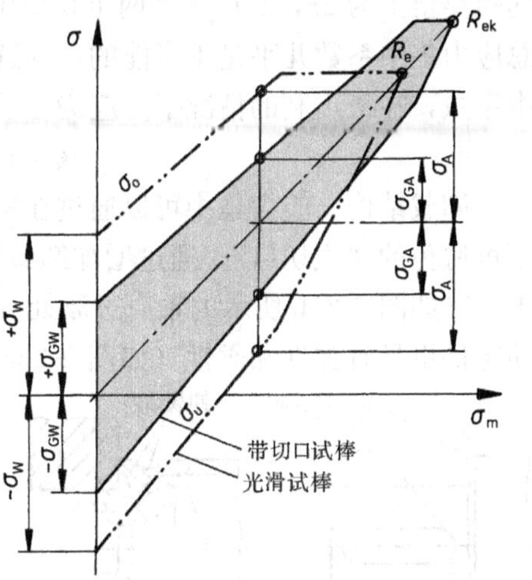

图 3-24 有切口试棒的持久极限图（示意图）

应力集中系数。如果将没有切口的平滑抛光试棒的对称持久极限 σ_W 与有切口试棒的对称持久极限 σ_{GW} 的比值定义为应力集中系数 β_k 的话，那么该值不仅与切口几何性质有关，还与材料性质有关。

$$\beta_k = \sigma_W/\sigma_{GW} \tag{3-15a}$$

㊀ 下标 σ：拉伸/压缩用 zd，弯曲用 b 替换。同样地，下标 τ：剪切用 s，扭转用 t 替换。

应力集中系数β_k是相同条件下平滑抛光试棒的持久极限与有切口试棒的持久极限的比值

根据在“应力集中敏感性”中对应力分散功能的叙述，知 $1\leqslant\beta_k\leqslant\alpha_k$；$\beta_k$表示的是在材料有变形时的应力峰值，因此只有完全敏感（脆性）材料才能达到切口形状系数 α_k。按照斯提勒（Stieler）理论，计入应力分散系数 n（其值由 TB3-7 查取）后，应力集中系数为

$$\beta_k=\frac{\alpha_k}{n_0 n} \tag{3-15b}$$

式中 n_0，n——无切口，有切口零件的应力分散系数；其值由 TB3-7 查取；

α_k——切口形状系数，其值由 TB3-6 查取；

提示：在弯曲和扭转中，当应力分散作用通过几何尺寸影响系数 K_g考虑后，取 $n_0=1$。

其中，应力分散系数与相对应力梯度 G'（应力梯度与名义应力之比见 § 3.5.1）以及材料类型和材料强度有关。

如果要采用试验得到的β_k值，而试棒直径与零件直径不同，由于应力集中系数与尺寸相关，因此必须作如下换算

$$\beta_k=\beta_{k\text{Probe}}\frac{K_{\alpha\text{Probe}}}{K_\alpha} \tag{3-15c}$$

式中 $\beta_{k\,\text{Probe}}$——试验得到的应力集中系数，适用于试棒直径；

K_α，$K_{\alpha\text{Probe}}$——与形状系数有关的零件和试棒尺寸影响系数（见 § 3.5.1-3），其值由 TB3-11d 查取。

对于结构必需的切口，β_k值约在 1.2（例如轴肩的柔和圆角过渡）和 3（例如安全环的槽）之间。最常见切口的 α_k和 β_k参考值见 TB3-8 和 TB3-9。在一个横截面上出现多个切口，例如图 3-25a 所示的轴肩处出现键槽，应力集中将会出现难以想象的大幅提升。应尽可能地避免这类渗入切口，例如将键槽往后退一点，从而将重叠在一起的切口平面分开（两者之间的距离至少为 $2r$，其中 r 为两个切口中较大的切口半径）。要由单个应力集中系数精确得到总应力集中系数几乎是不可能的。在这种情况下，β_k无论如何至少要取最不利的那个应力集中系数，在最不利的情况下，应为

$$\beta_k\leqslant 1+(\beta_{k1}-1)+(\beta_{k2}-1) \tag{3-15d}$$

卸载结构。应力集中可以通过在零件上设置有利的结构而显著降低。对于由于结构原因不可避免的“主切口”，通过增加卸载切口而使应力集中降低。卸载切口的任务是，将力流平缓（如图 3-25b 所示的轴肩过渡处），或通过在一个宽的切口区域边上设置一个窄的切口，使零件更具有弹性和柔性（如图 3-25c 所示的装轮毂的硬轴颈处）。在所有这些情况下，应

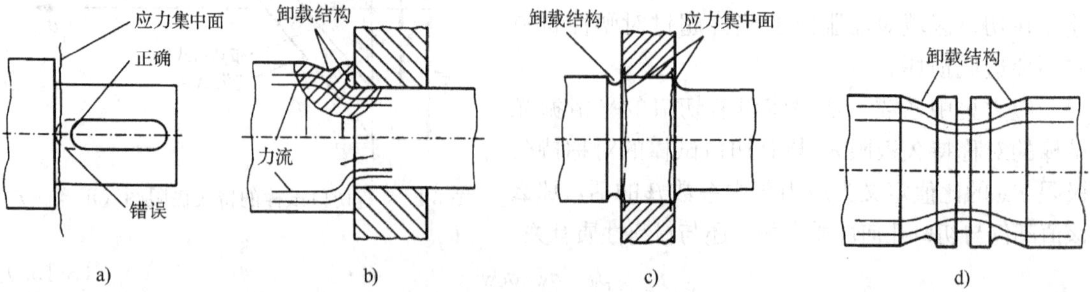

图 3-25 结构和应力集中

a）应力集中平面重叠 b）轴过渡处的卸载切口 c）装轮毂处的卸载切口 d）沟槽处的卸载切口

力峰值都被降低，因此也就减轻了应力集中的危害。对于应力大而且又要尽可能保证尺寸小的零件，尤其要采取这些措施。

2. 表面质量　一个承受振动应力零件的最大应力几乎总是位于其表层，这使得疲劳断裂总是从此处开始。因此，表面状态对零件的振动持久极限有很大影响。表面峰谷实际上就是一系列的小切口，它导致应力峰值和降低零件的持久极限。随着材料强度的增加，表面粗糙度的影响加剧，可用表面粗糙度影响系数 K_O（见 TB3-10）加以考虑。

在不利的情况下，$K_{O\sigma}(K_{O\tau})$ 可能取值＜0.5，这意味着单是表面影响这一项就使持久极限降低幅度＞50%㊀。

3. 零件尺寸　材料的强度极限主要是用小直径（直径 d_N）的圆柱试棒通过试验得到的。当零件直径较大时，可以用系数 K_t、K_g 和 K_α 来近似考虑可能的强度降低。

工艺尺寸影响系数 K_t 用以考虑随着零件直径的增加，淬透性（可调质性）的下降和由此带来的可达到的强度值的下降［见式（3-7）和式（3-9）以及 TB3-11a 和 b］。

几何尺寸影响系数 K_g 是在拉伸/压缩和弯曲时由不同的应力分布所引起的（见图 3-21）。图 3-26 所示为两个尺寸不同的受弯圆棒，在外缘纤维应力 σ_b 相同的情况下，所表现出来的不同的应力梯度。当超过一个特定的极限应力（例如屈服点）时，由于受载较小的相邻区域的应力分散作用，较小的棒相对于大的棒更容易均衡。由于在拉伸/压缩中不存在应力分散作用，在剪切中只有很小的应力分散，所以它们的 $K_g=1$；弯曲和扭转的 K_g 见 TB3-11c。

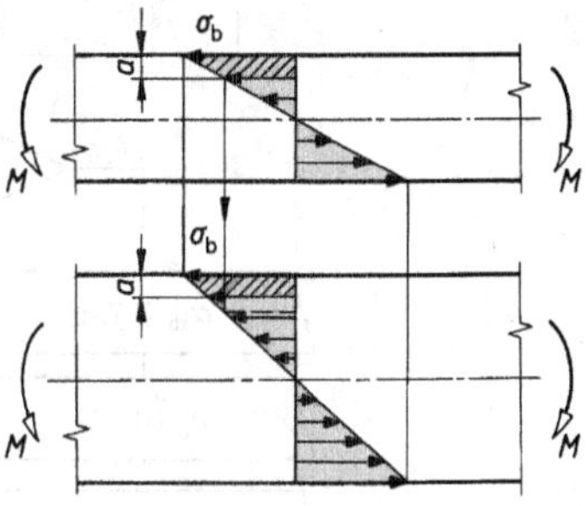

图 3-26　不同直径受弯圆棒的应力梯度

与形状系数相关的尺寸影响系数 K_α 与材料无关，用以考虑应力集中与零件直径的相关性。只有在采用试验得到的应力集中系数且试棒直径与零件直径不同时，才要考虑 K_α，其值由 TB3-11d 查取。

4. 表面强化处理　表面强化处理（例如硬化、滚压、喷丸、孔壁再挤压等）可在边缘区域形成内压应力，由此可以提高零件的持久极限。这种影响主要取决于强化层的厚度和硬度，当零件直径大于 25mm 时显著减小，而且对有切口的零件的影响要大于没有切口的。因此，对于有切口的零件要注意，表面强化区域应绕过切口边沿，且不允许在切口前或切口中间中断。在理想的情况下，持久极限可在局部提高 100%（表面强化系数 K_V 的值由 TB3-12 查取）。

5. 其他影响因素　除了上述因素外，下列各因素也会影响零件对称持久极限的大小：

—零件的形状（长方形、圆棒……）。它在形状系数中加以考虑。

—温度。较高的温度降低对称持久极限，较低的温度提高对称持久极限（但增大了脆性断裂的危险）。

—周围介质和载荷频率。非常高和非常低的频率以及腐蚀性介质（例如盐水）均会降低对称持久极限。

—灰铸铁在拉伸/压缩和弯曲时为非线性弹性应力-应变关系（在拉伸区域它存在有利的

㊀ K_O 只在很小的程度上与变形形式和零件几何形状有关。

应力分散作用，即提高强度极限，在压缩区域正好相反）。

6. 结构系数（总影响系数） 降低持久极限的各个影响系数将以结构系数 K_D 来综合考虑（图 3-27）

$$\text{拉伸/压缩}\quad K_{Dzd}=\left(\frac{\beta_{kzd}}{K_g}+\frac{1}{K_{O\sigma}}-1\right)\frac{1}{K_V}\qquad \text{剪切}\ K_{Ds}=\left(\frac{\beta_{ks}}{K_g}+\frac{1}{K_{O\tau}}-1\right)\frac{1}{K_V}$$

$$\text{弯曲}\quad K_{Db}=\left(\frac{\beta_{kb}}{K_g}+\frac{1}{K_{O\sigma}}-1\right)\frac{1}{K_V}\qquad \text{扭转}\ K_{Dt}=\left(\frac{\beta_{kt}}{K_g}+\frac{1}{K_{O\tau}}-1\right)\frac{1}{K_V}\tag{3-16}$$

式中 K_g——几何尺寸影响系数，其值由 TB3-11c 查取；

$K_{O\sigma}$，$K_{O\tau}$——表面影响系数，其值由 TB3-10 查取；

K_V——表面强化影响系数，其值由 TB3-12 查取；

β_k——应力集中系数，其值由 TB3-9 查取，或用切口形状系数 α_k 计算。

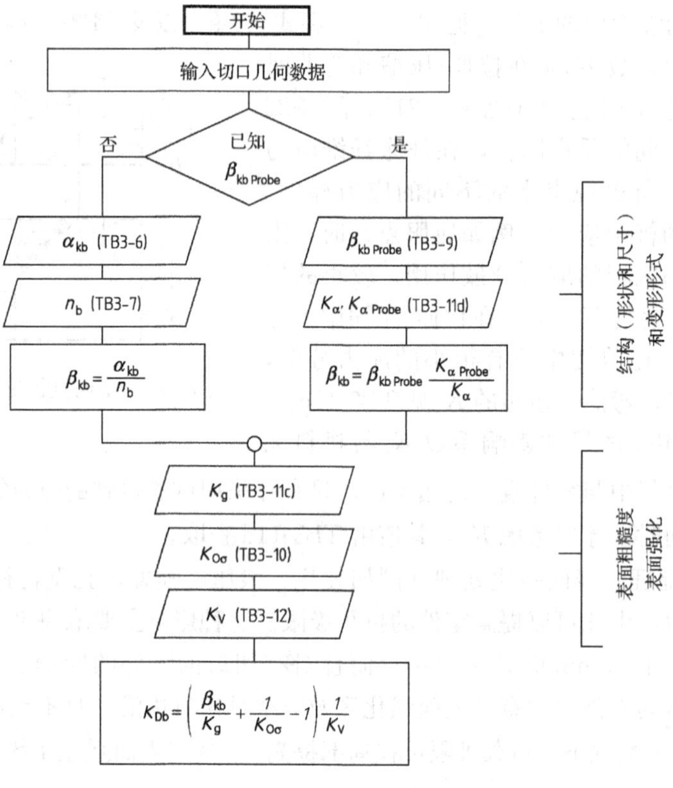

图 3-27 弯曲结构系数 K_{Db} 的计算框图

3.5.2 结构强度（零件强度）的确定

一个任意结构的零件并不能达到"理想"试棒的持久极限，而是在各种因素影响下降低了的持久极限，即结构持久极限（零件持久极限）$\sigma_G(\tau_G)$，它决定了动载荷下的零件疲劳强度计算（见图 3-28）。

所谓结构持久极限是指一个任意结构的零件在考虑了所有降低强度的影响系数后的持久极限。

而且当零件过载（零件的许用过载）时，振动循环的特征值如何变化对持久极限也有影响，同时受正应力和切应力时，它们的影响相反（通过相当平均应力加以考虑）。

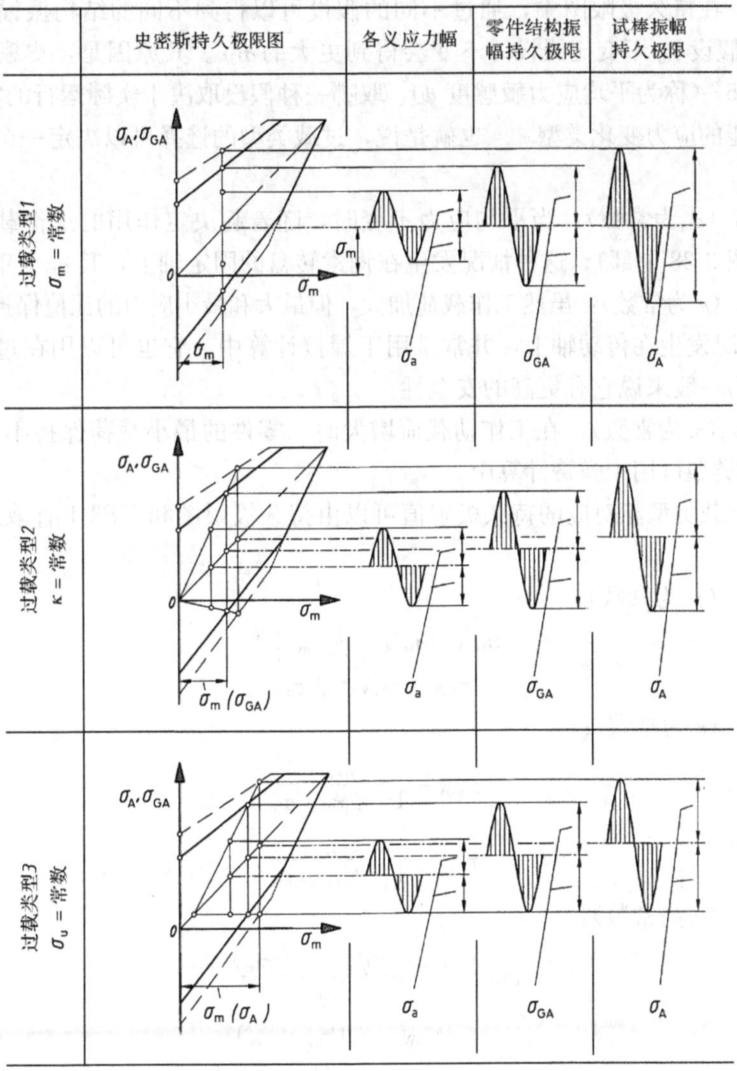

图 3-28　用史密斯图确定过载类型 1～3 的结构振幅持久极限

1. 结构对称持久极限（零件对称持久极限）　首先，可以用结构系数 K_{D}来计算弯曲或扭转时有切口零件的结构对称持久极限

$$\sigma_{bGW}=\frac{\sigma_{bW}}{K_{Db}} 或 \tau_{tGW}=\frac{\tau_{tW}}{K_{Dt}}^{\ominus} \tag{3-17}$$

式中　σ_{W}，τ_{W}——由 TB1-1 和式（3-9）或式（3-8）得到的对称持久极限；

K_{Db}，K_{Dt}——由图 3-27 或式（3-16）得到的结构系数。

2. 不同平均应力下的结构持久极限（零件持久极限）　抗疲劳断裂的强度校核决定于各自的结构振幅持久极限（σ_{GA}，τ_{GA}）（它们标志着极限应力，达到该值即发生零件振动断裂）。它们受相当平均应力（σ_{mv}，τ_{mv}）的影响，也受运行时从过载直到失效极限之间危险应力变化的类型（过载类型）的影响。

⊖　对于拉伸/压缩，将式中下标 b 用 zd 取代，剪切用 s 取代 t。

过载类型。在持久极限图中，通过不同的假设可以得到不同的结构振幅持久极限 σ_{GA}。在图 3-28 中，假设 σ_m 不变比假设 κ 不变会得到更大的 σ_{GA}。其原因是，史密斯图中的极限折线的升角＜45°（称为平均应力敏感度 ψ）。取哪一种假设取决于实际运行的零件在（允许）动态过载时可能的应力变化类型[㊀]。也就是说，过载类型的选择可以决定一个零件所设计的尺寸是否足够。

过载类型 1（σ_m为常数）：当平均应力不变时，随着起决定作用的工作载荷的加大，应力幅也加大（图 3-28 上部）。这种情况发生在钢索转盘的固定轴上，其 σ_m为钢索应力。

过载类型 2（κ 为常数）：虽然工作载荷加大，但最大和最小应力的比值保持不变（图 3-28 中部）。这种情况发生在传动轴上，并常常用于焊接计算中。它也可以用在过载类型不明显的情况下，因为一般来说它有更高的安全性。

过载类型 3（σ_u为常数）：在工作动载荷增大时，零件的最小载荷保持不变（图 3-28 下部）。这种过载类型可用于弹簧计算中。

与每一种过载类型相对应的持久极限值可以由持久极限图和 TB3-1 查取或按式（3-18）计算：

过载类型 1（σ_m为常数）：

$$\sigma_{bGA}=\sigma_{bGW}-\psi_\sigma\sigma_{mv}\text{[㊁][㊂]}$$

$$\tau_{tGA}=\tau_{tGW}-\psi_\tau\tau_{mv} \tag{3-18a}$$

过载类型 2（κ 为常数）：

$$\sigma_{bGA}=\frac{\sigma_{bGW}}{1+\psi_\sigma\sigma_{mv}/\sigma_{ba}}$$

$$\tau_{tGA}=\frac{\tau_{tGW}}{1+\psi_\tau\tau_{mv}/\tau_{ta}} \tag{3-18b}$$

过载类型 3（σ_u为常数）：

$$\sigma_{bGA}=\frac{\sigma_{bGW}-\psi_\sigma(\sigma_{mv}-\sigma_{ba})}{1+\psi_\sigma}$$

$$\tau_{tGA}=\frac{\tau_{tGW}-\psi_\tau(\tau_{mv}-\tau_{ta})}{1+\psi_\tau} \tag{3-18c}$$

提示：$\sigma_{GA}+\sigma_m$或 $\tau_{GA}+\tau_m$不允许超过静强度极限 R_p、σ_{bF}或 τ_{tF}。为了确保这一点，必须进行静强度校核。

式（3-18a）～式（3-18c）中的平均应力敏感度 ψ_σ或 ψ_τ一般按式（3-19）计算

$$\psi_\sigma=a_M R_m+b_M$$

$$\psi_\tau=f_\tau\psi_\sigma \tag{3-19}$$

式中　σ_{bGW}，τ_{tGW}——结构对称持久极限，见式（3-17）；

σ_{mv}，τ_{mv}——相当平均应力，见式（3-20）；

a_M，b_M——平均应力敏感度计算系数，其值由 TB3-13 查取；

f_τ——计算抗剪强度的系数，其值由 TB3-2 查取；

㊀ 对确定振幅持久极限起决定性作用的是，零件在超过名义载荷之后，载荷变化的类型。

㊁ 式(3-18)一般适用于 $0\geqslant\kappa\geqslant-1$。当 $\kappa>0$ 时许多材料持久极限图的极限折线上出现拐点。塑性材料一般可以忽略这个问题，因此该式适用范围可扩大到 $\kappa=+1$。精确计算请参照 FKM-准则。

㊂ 对于拉伸/压缩，将下标 b 用 zd 取代，剪切将 t 用 s 取代。

R_m——抗拉强度，其值由 TB1-1 和 TB1-2 查取，也可由式（3-7）计算。

相当平均应力 通过相当平均应力来考虑同时存在的正应力和切应力对平均应力的相反影响。根据强度理论的不同（见§3.2），相当平均应力为

畸变能密度理论
$$\sigma_{mv}=\sqrt{(\sigma_{zdm}+\sigma_{bm})^2+3\tau_{tm}^2}$$
$$\tau_{mv}=f_\tau\sigma_{mv}$$

最大拉应力理论
$$\sigma_{mv}=0.5\left[(\sigma_{zdm}+\sigma_{bm})+\sqrt{(\sigma_{zdm}+\sigma_{bm})^2+4\tau_{tm}^2}\right]$$
$$\tau_{mv}=f_\tau\sigma_{mv} \tag{3-20}$$

式中 σ，τ——正应力（拉伸/压缩和弯曲合成应力），切应力；

f_τ——见式（3-19）。

3.6 安全系数

静强度和疲劳强度校核就是要将零件中产生的应力与允许承受的应力（零件强度值）进行比较（见图 3-1），由此得到的安全系数（实际安全系数）必须大于等于所要求的最小安全系数。

考虑到材料强度值和计算公式简化所带来的不安全性，所需安全系数值（最小值）可设为：$S_{Bmin}=2.0$（抗断裂）和 $S_{Fmin}=1.5$（抗屈服）或 S_{Dmin}（抗疲劳断裂）。在情况比较有利时（出现最大应力或不利的应力组合的概率低，损坏造成的后果不严重，定期检测和容易保养），该值可降低。铸铁材料由于不可避免地存在铸造缺陷，因此要取较高值。如果对载荷把握不准的话也应该取较大的安全系数；安全系数值由 TB3-14 查取。

原则上应该对每一种应力类型单独进行安全系数校核。如果出现多种应力类型，如弯曲和扭转，还必须进行总安全系数校核。

拉剪比计算系数 $\varphi=1.73$（畸变能密度理论）和 $\varphi=1$（最大拉应力理论）。

将式（3-5）中的许用应力用弯曲对称持久极限代入（即 $\sigma_{zul}=\sigma_{bW}$ 或 $\tau_{zul}=\tau_{tW}$），并除以相当材料强度值 σ_{bW}，即得零件的实际安全系数为

畸变能密度理论
$$\frac{\sigma_{va}}{\sigma_{bW}}=\sqrt{\left(\frac{\sigma_{ba}}{\sigma_{bW}}\right)^2+\left(\frac{\tau_{ta}}{\tau_{tW}}\right)^2}=\frac{1}{S}$$

最大拉应力理论
$$\frac{\sigma_{va}}{\sigma_{bW}}=0.5\left(\frac{\sigma_{ba}}{\sigma_{bW}}+\sqrt{\left(\frac{\sigma_{ba}}{\sigma_{bW}}\right)^2+4\left(\frac{\tau_{ta}}{\tau_{tW}}\right)^2}\right)=\frac{1}{S} \tag{3-21}$$

根据失效条件（安全系数 $S=1$，即失效极限曲线），由式（3-21）可得：对于畸变能密度理论为椭圆曲线，对于最大拉应力理论为抛物线

畸变能密度理论
$$\left(\frac{\sigma_{ba}}{\sigma_{bW}}\right)^2+\left(\frac{\tau_{ta}}{\tau_{tW}}\right)^2=1$$

最大拉应力理论
$$\frac{\sigma_{ba}}{\sigma_{bW}}+\left(\frac{\tau_{ta}}{\tau_{tW}}\right)^2=1 \tag{3-22}$$

为了计算一个零件弯曲和扭转的总工作安全系数，将式（3-21）对拉伸/压缩进行扩展，得到

畸变能密度理论
$$S=\frac{1}{\sqrt{\left(\frac{\sigma_{zda}}{\sigma_{zdGA}}+\frac{\sigma_{ba}}{\sigma_{bGA}}\right)^2+\left(\frac{\tau_{sa}}{\tau_{sGA}}+\frac{\tau_{ta}}{\tau_{tGA}}\right)^2}}$$

最大拉应力理论
$$S=\frac{1}{0.5\left[\left(\frac{\sigma_{zda}}{\sigma_{zdGA}}+\frac{\sigma_{ba}}{\sigma_{bGA}}\right)+\sqrt{\left(\frac{\sigma_{zda}}{\sigma_{zdGA}}+\frac{\sigma_{ba}}{\sigma_{bGA}}\right)^2+4\left(\frac{\tau_{sa}}{\tau_{sGA}}+\frac{\tau_{ta}}{\tau_{tGA}}\right)^2}\right]} \tag{3-23}$$

除了计算安全系数外，还应该计算满载度 $a=S_{min}/S$（FKM 准则）。

3.7 实际强度计算

3.7.1 近似计算

一个零件已有设计结果是零件安全系数控制（见图 3-1）的前提条件，因为这样才能确定上述各影响系数，并由此得到工作安全系数。在设计过程中必须近似确定零件的横截面，在确定各设计参数后，它就构成了安全系数校核的重要基础。

1. 静载荷零件 对于承受静载或主要承受静载的零件，如果是塑性材料（钢、铸钢、铝、铝合金、铜和铜合金等），屈服点（或 0.2-拉伸极限）是近似初步设计计算时起决定作用的强度值，如果是脆性材料（灰铸铁、木材、陶瓷等）则是相应的强度极限值（见图 3-29）。一般有

$$\text{实际应力}\leqslant\text{许用应力}=\frac{\text{材料强度值}}{\text{安全系数}}$$

因此，对于受拉塑性材料，有

$$\sigma_z\leqslant\sigma_{zzul}=R_{eN}(R_{p0.2N})/S_{Fmin} \tag{3-24}$$

对于受拉脆性材料，有

$$\sigma_z\leqslant\sigma_{zzul}=R_{mN}/S_{Bmin} \tag{3-25}$$

式中 S_{Fmin}——防止屈服所必需的最小安全系数，$S_{Fmin}=1.2\sim1.8$；

S_{Bmin}——防止断裂所必需的最小安全系数，$S_{Bmin}=1.5\sim3$；

R_{eN}，R_{mN}——由 TB1-1 和 TB1-2，或由材料标准查取。

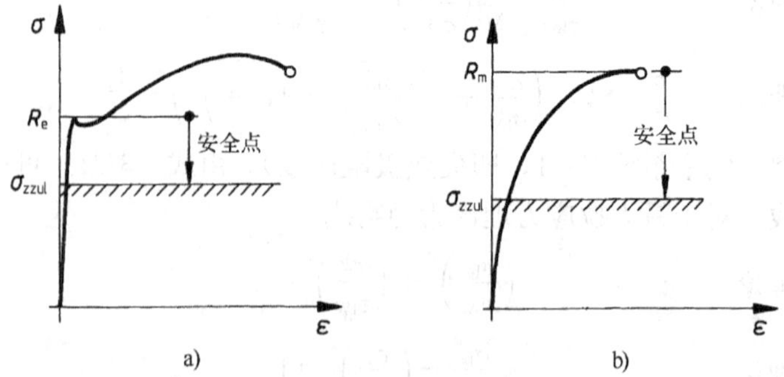

图 3-29 静载荷下的许用应力（用于初步设计计算）
a）塑性材料 b）脆性材料

因为常常只有静拉伸试验的材料特征值，对于其他变形形式，在近似计算时可按图 3-30 计算其相应的许用应力。

		材　料					
		塑　性			脆　性		
变形形式		钢，铸钢，铜合金	锻造铝合金	铸造铝合金	片状石墨铸铁	可锻铸铁	球墨铸铁
拉伸		R_e（$R_{p0.2}$）			R_m		
压缩	$R_{ed}\approx$	R_e	R_e	$1.5R_e$	$2.5R_m$	$1.5R_m$	$1.3R_m$
弯曲	$\sigma_{bF}\approx$	$1.1R_e$	R_e	R_e	R_m	R_m	R_m
剪切	$\tau_{sF}\approx$	$0.6R_e$	$0.6R_e$	$0.75R_e$	$0.85R_m$	$0.75R_m$	$0.65R_m$
扭转	$\tau_{tF}\approx$	$0.65R_e$	$0.6R_e$	—	—	—	—

图 3-30　近似计算用的静强度值（近似值）

2. 动载荷零件　在初步设计阶段，受动载荷零件的应力集中、尺寸，有时还有表面质量都还不知道或还不能确定，此时，应取较大的安全系数用持久极限值来计算许用应力，从而将其与实际应力进行比较，即

$$\sigma \leqslant \sigma_{zul}=\sigma_D/S_{Dmin} \text{或} \tau \leqslant \tau_{zul}=\tau_D/S_{Dmin} \tag{3-26}$$

式中　$S_{Dmin}=3\sim4$——抗疲劳断裂所必需的最小安全系数；

σ_D，τ_D—— TB1-1 给出的持久极限值。

提示：用 σ_{zul}（τ_{zul}）近似计算得到的零件尺寸已涉及被切口削弱的横截面。因此，对于有环形槽的轴，计算直径为槽底直径。最好将 σ_{zul}（τ_{zul}）值进行圆整。

3.7.2　静强度校核

静强度校核是为了防止塑性变形、裂纹或强断裂。即使是边缘层进行了硬化，由于塑性材料（如结构钢和调质钢）在出现塑性变形之前不会产生裂纹或强断裂，因此静强度校核被看作是基本校核。静强度校核的步骤见图 3-31。

对于脆性材料，用式（3-23）的最大拉应力理论来计算相当安全系数，只不过是要将屈服点用强度极限代替。如果要充分利用零件的“承载潜能”（即允许在塑性区域产生变形，见§3.4），则要用式（3-10）既要进行抗屈服的强度校核，也要进行抗断裂的强度校核，并以不利的情况为准。

其安全系数必须满足：

$$S_F \geqslant S_{Fmin} \text{或} S_B \geqslant S_{Bmin} \tag{3-28}$$

式中　S_{Fmin}，S_{Bmin}——抗屈服或断裂所必需的最小安全系数，其值由 TB3-14 查取；

提示：静强度校核应取最大值 T_{max} 和 M_{max} 来进行（见图 3-8）。

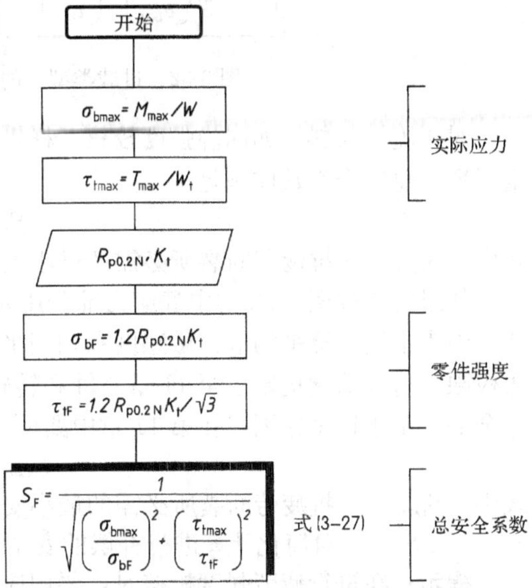

图 3-31　抗屈服的简化静强度校核（塑性圆棒）

3.7.3　动强度校核（疲劳强度校核）

图 3-32 针对过载类型 2 给出了疲劳强度校核的原理性步骤。

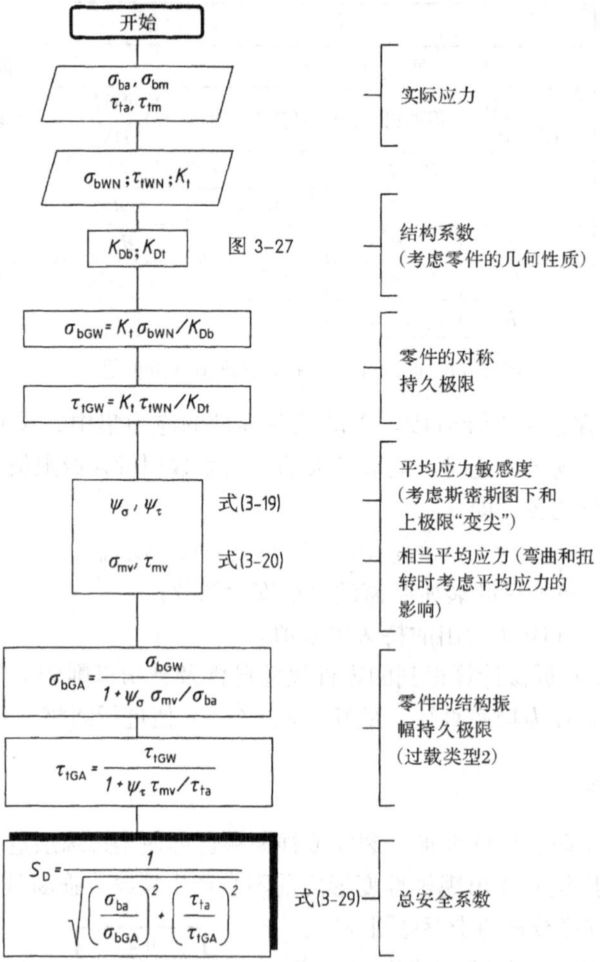

图 3-32　过载类型 2 的疲劳强度校核（弯曲和扭转）

对于脆性材料，如同静强度校核一样，根据最大拉应力理论用式（3-23）来计算相当安全系数。总安全系数应满足

$$S_D \geqslant S_{Dmin} \tag{3-30}$$

式中　S_{Dmin}——抗疲劳断裂所必需的最小安全系数，其值由 TB3-14 查取。

如果将步骤图 3-32 的中静应力部分用 $\sigma_{bm}=0$ 或 $\tau_{tm}=0$ 替代，就得到非常简单的计算算法，因为不用计算平均应力敏感度和相当平均应力，因此结构对称持久极限等于结构振幅持久极限。这种简化奠定了第 11 章心轴和转轴疲劳强度的计算基础。但由此得到的结果是不安全的。基于这个原因，在第 11 章中要取一个更大的安全系数 S_{Derf}

$$S_{Derf} = S_{Dmin} S_z \tag{3-31}$$

式中　S_{Dmin}——抗疲劳断裂所必需的最小安全系数，其值由 TB3-14a 查取；

S_z——对简化计算进行补偿的安全系数因子，其值由 TB3-14c 查取。

提示： 在进行疲劳强度校核时，要用应力幅 σ_{ba} 和 τ_{ta} 进行计算并计入使用系数 K_A。更大的，但很少出现的最大值 T_{max} 和 M_{max} 并不会导致疲劳断裂。

3.7.4　钢结构的强度校核

作为官方规定，基本标准 DIN 18800 T1～T7 给出了钢结构所必需的安全系数或许用应力。除了目前适用的一些标准外，正在制订桥梁制造、吊车轨道、天线架、烟囱等的专业标准“18800 系列”。起重机制造的许用应力请参照 DIN 15018（见 TB3-3）。

3.8 计算示例

■**例 3-1**：为了确定一个由 S275 制造的张紧装置拉杆的直径，试近似确定其许用应力。

▶**解**：该零件受静拉伸变形。对于 S275，决定其许用应力的是屈服点。根据式（3-24）：$\sigma_{zzul}=R_{eN}/S_{Fmin}$，式中 $R_{eN}=275\text{N/mm}^2$（由 TB1-1 查得）和所必需的适当大小的安全系数 $S_{Fmin}=1.5$［见式（3-24）说明］，因此 $\sigma_{zzul}=275/1.5\text{N/mm}^2\approx183\text{N/mm}^2$，圆整为 $\sigma_{zzul}=180\text{N/mm}^2$。

提示：请注意，大直径的屈服点会大幅度下降（见 TB3-11a）。

结果：许用应力为 $\sigma_{zzul}=180\text{N/mm}^2$。

■**例 3-2**：图 3-33 为由 E295 制造的承受脉动弯曲变形的轴颈，试求横截面 A-B 起决定作用的应力集中系数 β_k：

a）直接查表得近似值。

b）根据所给图形求精确值。

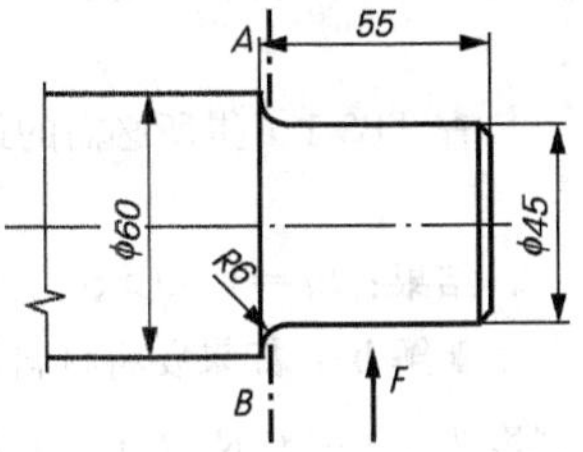

图 3-33 轴颈

▶**解**：

a）查 TB3-8，对于过渡截面（阶梯轴、轴颈）由第 3 行进行线性插值得 E295（查 TB1-1 知 $R_{mN}=490\text{N/mm}^2$）：$\beta_{kb}\approx1.5$。

b）由 TB3-9 知，对于弯曲 $\beta_{kb}=1+c_b(\beta_{k(2.0)}-1)$。根据式（3-7）的抗拉强度为 $R_m=K_tR_{mN}=1.0\times490\text{N/mm}^2$（其中，$K_t$ 由 TB3-11a 查取，R_{mN} 由 TB1-1 查取）。

由 $R_m=490\text{N/mm}^2$ 和 $R/d=6\text{mm}/45\text{mm}=0.1333$，得 $\beta_{k(2.0)}\approx1.4$；由 $D/d=60\text{mm}/45\text{mm}=1.333$，得 $c_b\approx0.6$。将这些值代入 $\beta_{kb}=1+c_b(\beta_{k(2.0)}-1)$ 中，得 $\beta_{kb}=1+0.6(1.4-1)=1.24$。

对于由试验得到的 β_k 值还要考虑与形状系数相关的尺寸大小的影响，由式（3-15c）得 $\beta_k=\beta_{kProbe}K_{\alpha Probe}/K_\alpha=1.24\times0.996/0.989\approx1.25$，比 β_{kProbe} 略大一点（其中，由 $\beta_{kProbe}=1.24$ 和 $d_{Probe}=15\text{mm}$ 查 TB3-11d 得 $K_{\alpha\,Probe}$；由 $\beta_{kProbe}=1.24$ 和 $d=45\text{mm}$ 得 K_α）。

结果：作为参考值的应力集中系数 $\beta_{kb}\approx1.5$，而精确计算得到的 $\beta_{kb}\approx1.24$。参考值略大一些，因此在近似计算时使结果更趋向于安全。

■**例 3-3**：图 3-34 为一建筑机械通过结构设计确定的主动轴颈（材料为 E295），试对其进行校核。名义转矩 $T_{nenn}=80\text{N}\cdot\text{m}$，为脉动变化，经刚性联轴器传入，主动端有中等冲击，从动端有强烈冲击。最大载荷为 $T_{max}=2.5T_{nenn}$。主动轴颈表面粗糙度 $Rz\approx12.5\mu\text{m}$。

试进行

a）简化的静强度校核。

b）利用“承载潜能”的静强度校核。

c）疲劳强度校核。

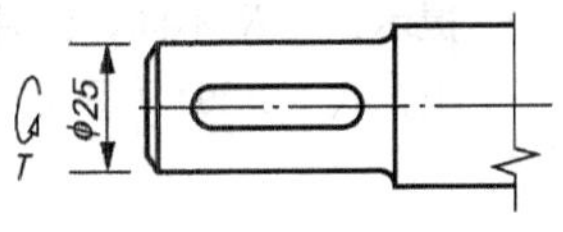

图 3-34 主动轴颈

解题提示：通过联轴器来传递转矩，其轴颈只有扭转变形。危险截面为键槽端面。因为只有扭转，所以简化了静安全系数和疲劳安全系数的计算。

▶**解 a)**：对于静强度校核起决定作用的是主动轴颈的最大载荷

$$T_{max}=2.5T_{nenn}=2.5\times80\text{N}\cdot\text{m}=200\text{N}\cdot\text{m}$$

根据式（3-27）（图 3-31），抗屈服安全系数为

$$S_F=1/\sqrt{(\sigma_{bmax}/\sigma_{bF})^2+(\tau_{tmax}/\tau_{tF})^2}=\tau_{tF}/\tau_{tmax}$$

式中，τ_{tF} 为抗屈服零件强度，$\tau_{tmax}=T_{max}/W_t$。

零件强度

$R_e = K_t R_{eN} = 1.0 \times 295\text{N/mm}^2 = 295\text{N/mm}^2$（式中的 R_{eN} 由 TB1-1 查取，$K_t = 1.0$ 由 TB3-11a 查取），由图 3-31 知扭转屈服点 τ_{tF} 为

$$\tau_{tF} = 1.2R_e/\sqrt{3} = 1.2 \times 295\text{N/mm}^2/\sqrt{3} = 204\text{N/mm}^2$$

提示：此处 K_t 按屈服点 R_e 决定。

实际应力

查 TB11-3 知被键削弱横截面的抗扭截面系数为

$$W_t = 0.2d_k^3 = 0.2 \times 21^3 \approx 1850\text{mm}^3$$

其中，d_k 为键槽截面的最小直径

$$d_k = d - t_1 = 25\text{mm} - 4\text{mm} = 21\text{mm}$$

其中的键槽深度 t_1 由 TB12-2 查取。

所以运转中的最大扭应力为

$$\tau_{tmax} = 200 \times 10^3\text{N} \cdot \text{mm}/1850\text{mm}^3 = 108\text{N/mm}^2$$

由此得到不产生永久变形（屈服）的安全系数为

$$S_F = 204\text{N/mm}^2/(108\text{N/mm}^2) = 1.89$$

查 TB3-14a 得所必需的最小静安全系数为

$$S_{Fmin} = 1.5$$

结果：$S_F = 1.89 > S_{Fmin} = 1.5$。

▶**解 b)**：如果要将材料静“承载潜能”完全利用，根据式（3-10）～式（3-12b）得不产生屈服的零件强度为 $\tau_{tF} = f_\tau R_e/K_B = f_\tau R_e n_{pl} = 0.58 \times 295\text{N/mm}^2 \times 1.33 \approx 228\text{N/mm}^2$，其中的 $n_{pl} = \sqrt{R_{pmax}/R_e} = \sqrt{1050\text{N/mm}^2/(295\text{N/mm}^2)} = 1.89 \leqslant \alpha_{tp} = 1.33$（$f_\tau$ 由 TB3-2a，α_{tp} 由 TB3-2b 查取）。

因此，根据式（3-27）得抗屈服安全系数为

$$S_F = 1/\sqrt{(\sigma_{bmax}/\sigma_{bF})^2 + (\tau_{tmax}/\tau_{tF})^2} = \tau_{tF}/\tau_{tmax} = 228\text{N/mm}^2/(108\text{N/mm}^2) = 2.1$$

查 TB3-14a 得所必需的最小静安全系数为 $S_{Fmin} = 1.5$。

由于在计算中扭矩可视为线性的，因此，材料可承受比解 a）大 11%的扭矩峰值。断裂强度校核会得到一个比 S_{Fmin} 更大的安全系数，详细过程此处从略。

▶**解 c)**：疲劳强度校核中决定其工作能力的是由式（3-6）计算的等效扭矩

$$T_{eq} = K_A T_{nenn} = 2.0 \times 80\text{N} \cdot \text{m} = 160\text{N} \cdot \text{m}$$

式中，K_A 为使用系数，考虑到建筑机械在工作时会有中等到强烈冲击，查 TB3-5a 得 $K_A = 2.0$。

下一步计算所需的 E295 的强度值为：$R_m = K_t R_{mN} = 1.0 \times 490\text{N/mm}^2 = 490\text{N/mm}^2$ 和 $\tau_{tW} = K_t \tau_{tWN} = 1.0 \times 145\text{N/mm}^2 = 145\text{N/mm}^2$，式中各标准值由 TB1-1 查取，查 TB3-11a 得 $K_t = 1.0$。

提示：与 R_e 不同，此时 K_t 用于抗拉强度［见式（3-7）和式（3-9）］。

根据式（3-29）（图 3-32），抗疲劳断裂安全系数为

$$S_D = 1/\sqrt{(\sigma_{ba}/\sigma_{bGA})^2 + (\tau_{ta}/\tau_{tGA})^2} = \tau_{tGA}/\tau_{ta}$$

式中，τ_{GA} 为结构振幅持久极限，$\tau_{ta} = T_a/W_t$ 为应力幅。

结构振幅持久极限 τ_{tGA}

因为纯脉动载荷（$\kappa=0$）也会出现过载，故为了计算 τ_{tGA}，假设过载类型 2（κ 为常数）。因此，根据式（3-18b）

$$\tau_{tGA} = \tau_{tGW}/(1 + \psi_\tau \tau_{mv}/\tau_{ta})$$

式中，结构对称持久极限 τ_{GW} 按式（3-17）计算

$$\tau_{tGW} = \tau_{tW}/K_{Dt}$$

式中，总影响系数 K_{Dt} 按式（3-16）$K_{Dt} = (\beta_{kt}/K_g + 1/K_{O\tau} - 1)/K_v$ 计算。

当 $R_m = 490\text{N/mm}^2$，查 TB3-9b 得到键槽的应力集中系数 $\beta_{kt} \approx \beta_{kt\,Probe} = 1.35$；当 $Rz = 12.5\mu\text{m}$ 和 $R_m = 490\text{N/mm}^2$，查 TB3-10 得表面质量系数 $K_{O\tau} = 0.575K_{O\sigma} + 0.425 = 0.575 \times 0.91 + 0.425 \approx 0.95$；当 $d =$

25mm，查 TB3-11c 得尺寸影响系数 $K_g=0.92$，且 $K_v=1$（无表面强化），所以总影响系数 $K_{Dt}=(\beta_{kt}/K_g+1/K_{O\tau}-1)/K_v=(1.35/0.92+1/0.95-1)=1.52$，代入式（3-17）后得到结构对称持久极限为

$$\tau_{tGW}=\tau_{tW}/K_{Dt}=145\text{N/mm}^2/1.52=95.4\text{N/mm}^2$$

由于只有脉动扭矩存在，所以 $\tau_{mv}=f_\tau\sigma_{mv}=\tau_{tm}=\tau_{ta}$［见式（3-20）］，式中 $\sigma_{mv}=\sqrt{0+3\tau_{tm}^2}$，$f_\tau$ 由 TB3-2 查取，代入式（3-18b）后简化为 $\tau_{tGA}=\tau_{tGW}/(1+\psi_\tau)$。由式（3-19）得平均应力敏感度为 $\psi_\tau=f_\tau\psi_\sigma=f_\tau(a_M R_m+b_M)=0.58(0.00035\times490-0.1)=0.0415$，式中 a_M 和 b_M 查 TB3-13。因此 $\tau_{tGA}=95.4\text{N/mm}^2/(1+0.0415)=91.6\text{N/mm}^2$。

应力幅 τ_{ta}

因为扭矩为纯脉动，所以 $T_u=0$，$T_o=T_{eq}$，则 $T_m=T_{aeq}=T_{eq}/2=160\text{N}\cdot\text{m}/2=80\text{N}\cdot\text{m}$。

$W_t=\pi d^3/16=\pi\times25^3/16=3068\text{mm}^3$，所以

$$\tau_{ta}=80\times10^3\text{N}\cdot\text{mm}/3068\text{mm}^3=26.1\text{N/mm}^2$$

提示： 因为 β_k 值与计算中所用的直径有关，所以必须按 TB3-9 给定的应力方程来计算应力。对于键，β_k 适用于未被削弱的直径。

抗疲劳断裂的实际安全系数为

$$S_D=91.6\text{N/mm}^2/(26.1\text{N/mm}^2)=3.5$$

查 TB3-14a 得所必需的最小安全系数为

$$S_{Dmin}=1.5$$

结果： $S_D=3.5>S_{Dmin}=1.5$。a 和 c 中较小的安全系数决定其工作能力，$S_D>S_F=1.89>S_{Fmin}=1.5$。因此该零件尺寸足够。

■**例 3-4：** 试求图 3-35 主动轴颈（材料为 E335）过渡截面不产生塑性变形和疲劳断裂的安全系数。在危险截面上作用有一个静扭矩 $T=1700\text{N}\cdot\text{m}$ 以及一个对称变化的弯矩 $M=1300\text{N}\cdot\text{m}$。为了考虑给定运转条件下应力波动的情况，取使用系数为 $K_A\approx1.5$。各个应力峰值一般不会明显超过该值。过渡截面处 $Rz\approx6.3\mu\text{m}$。

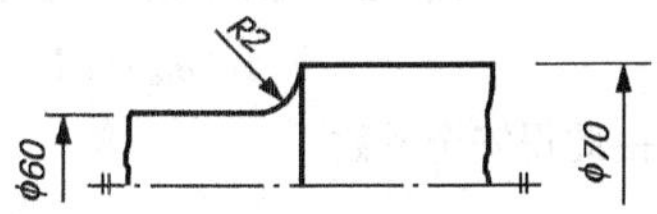

图 3-35 主动轴颈

解题提示： 横截面受弯曲和扭转共同作用（不考虑剪切）。首先做静强度校核 a)，然后做疲劳强度校核 b)。由于扭转为静载荷，所以在进行疲劳强度校核时只在相当平均应力中加以考虑。

▶**解 a)：** 防止塑性变形的校核

按图 3-31 做防止屈服的简化校核。不能通过使用系数 K_A 加以考虑的较小的载荷峰值可以用“承载潜能”计入。（见 § 3.4）

总安全系数按式（3-27）计算，其中的实际应力按最大弯矩或扭转计算（此时与等效力矩相当）。

各个应力为：$\sigma_{bmax}\approx92\text{N/mm}^2$（$M_{max}\approx1.5\times1300\text{N}\cdot\text{m}=1950\text{N}\cdot\text{m}$，$W=(\pi/32)\times(60\text{mm})^3\approx21200\text{mm}^3$）和 $\tau_{tmax}\approx60\text{N/mm}^2$（$T_{max}\approx1.5\times1700\text{N}\cdot\text{m}=2550\text{N}\cdot\text{m}$，$W_t=2W\approx42400\text{mm}^3$），由屈服点得 $\sigma_{bF}=1.2R_e=374\text{N/mm}^2$（$R_e=K_tR_{eN}=0.93\times335\text{N/mm}^2=312\text{N/mm}^2$，其中 R_{eN} 由 TB1-1 查取，查 TB3-11a 得 $K_t=0.93$）和 $\tau_{tF}=1.2R_e/\sqrt{3}=1.2\times312\text{N/mm}^2/\sqrt{3}=216\text{N/mm}^2$（计算公式来自图 3-31），因此总安全系数为

$$S_F=1\Big/\sqrt{\left(\frac{\sigma_{bmax}}{\sigma_{bF}}\right)^2+\left(\frac{\tau_{tmax}}{\tau_{tF}}\right)^2}=1\Big/\sqrt{\left(\frac{92\text{N/mm}^2}{374\text{N/mm}^2}\right)^2+\left(\frac{60\text{N/mm}^2}{216\text{N/mm}^2}\right)^2}=2.7$$

由 TB3-14a 得所必需的最小静安全系数为

$$S_{Fmin}=1.5$$

结果： $S_F=2.7>S_{Fmin}=1.5$。

▶**解 b)：** 疲劳强度校核：

只有弯矩是动载荷，所以，根据式（3-29），零件安全系数可简化为

$$S_D=1/\sqrt{(\sigma_{ba}/\sigma_{bGA})^2+(\tau_{ta}/\tau_{tGA})^2}=\sigma_{bGA}/\sigma_{ba}$$

由于弯曲是纯对称循环，所以是过载类型1［式（3-18a）］（即平均应力总是为0）。在用式（3-20）计算相当平均应力时考虑扭应力。

计算所需的E335的强度值是：$R_m = K_t R_{mN} = 1.0 \times 590\text{N/mm}^2 = 590\text{N/mm}^2$ 和 $\sigma_{bW} = K_t \sigma_{bWN} = 1.0 \times 290\text{N/mm}^2 = 290\text{N/mm}^2$，式中的标准值由TB1-1查取，由TB3-11a查得 $K_t = 1.0$。

结构振幅持久极限 σ_{bGA}［式（3-18a）］

首先，由式（3-16）计算总影响系数 K_D：

对于弯曲的各参数值为：由TB3-9a得 $\beta_{kb} = 1.44$（$c_b = 0.4$，$R_m = 590\text{N/mm}^2$，$\beta_{k(2.0)} \approx 2.1$），由TB3-11c得 $K_g = 0.86$，由TB3-10得 $K_{O\sigma} = 0.92$ 和 $K_V = 1$（无表面强化），所以

$$K_{Db} = (\beta_{kb}/K_g + 1/K_{O\sigma} - 1)/K_V = (1.44/0.86 + 1/0.92 - 1)/1 = 1.76$$

由式（3-17）得结构对称持久极限

$$\sigma_{bGW} = \sigma_{bW}/K_{Db} = 290\text{N/mm}^2/1.76 = 165\text{N/mm}^2$$

由式（3-19）得平均应力敏感度为 $\psi_\sigma = a_M R_m + b_M = 0.00035 \times 590 - 0.1 \approx 0.11$（其中 a_M 和 b_M 由TB3-13查取）。由式（3-20）计算相当平均应力

$$\sigma_{vm} = \sqrt{\sigma_{bm}^2 + 3\tau_{tm}^2} = \sqrt{0 + 3 \times (60\text{N/mm}^2)^2} = 104\text{N/mm}^2$$

（$\tau_{tm} = T_{eq}/W_t$，$T_{eq} = 1.5 \times 1700\text{N} \cdot \text{m}$，$W_t = (\pi/16) \times (60\text{mm})^3 \approx 42400\text{mm}^3$），所以结构振幅持久极限为

$$\sigma_{bGA} = \sigma_{bGA} - \psi_\sigma \sigma_{vm} = 165 - 0.11 \times 104\text{N/mm}^2 = 153\text{N/mm}^2$$

应力幅 σ_{ba}

$W = (\pi/32) \times (60\text{mm})^3 \approx 21200\text{mm}^3$，所以弯曲应力幅为

$$\sigma_{ba} = M_{aeq}/W = 1.5 \times 1300 \times 10^3\text{N} \cdot \text{mm}/21200\text{mm}^3 \approx 92\text{N/mm}^2$$

由此得安全系数

$$S_D = 153\text{N/mm}^2/(92\text{N/mm}^2) = 1.66$$

由TB3-14a得所必需的最小安全系数 $S_{Dmin} = 1.5$

结果：$S_D = 1.66 > S_{Derf} = 1.5$。a）和b）两者中较小的安全系数决定了它的工作能力 $S_F > S_D = 1.66 > S_{Dmin} = 1.5$。所以该零件有足够的强度。

3.9 参考文献

Buxbaum, O.: Betriebsfestigkeit: Sichere und wirtschaftliche Bemessung schwingbruchgefährdeter Bauteile. Düsseldorf: Stahleisen, 1986

Cottin, D., Puls, E.: Angewandte Betriebsfestigkeit. 2. Aufl. München: Hanser, 1992

Dahl, W. (Hrsg.): Verhalten von Stahl bei schwingender Beanspruchung. Düsseldorf: Stahleisen, 1978

Dietmann, H.: Einführung in die Elastizitäts- und Festigkeitslehre. 3. Aufl. Stuttgart: Kröner, 1992

DIN 743: Tragfähigkeitsberechnung von Wellen und Achsen. Berlin: Beuth, 2000

DIN-Taschenbücher 401 bis 405: Gütenormen Stahl und Eisen. Berlin: Beuth, 1998

Beitz, W. und *Grote, K.-H.* (Hrsg.): Dubbel. – Taschenbuch für den Maschinenbau. Berlin: Springer, 2001

Forschungskuratorium Maschinenbau FKM (Hrsg.): Rechnerischer Festigkeitsnachweis für Maschinenbauteile aus Stahl, Eisenguss- und Aluminiumwerkstoffen. FKM-Richtlinie 4. Aufl. Frankfurt, 2002

Gudehus, H., Zenner, H.: Leitfaden für eine Betriebsfestigkeitsrechnung. 3. Aufl. Düsseldorf: Stahleisen, 1995

Hähnchen, R., Decker, K. H.: Neue Festigkeitsberechnung für den Maschinenbau. 3. Aufl. München: Hanser, 1967

Haibach, E.: Betriebsfestigkeit, Verfahren und Daten zur Bauteilberechnung. Düsseldorf: VDI, 1989

Hertel, H.: Ermüdungsfestigkeit der Konstruktionen. Berlin: Springer, 1969

Hück, M., Thrainer, L., Schütz, W.: Berechnung von Wöhlerlinien für Bauteile aus Stahl, Stahlguss und Grauguss – Synthetische Wöhlerlinien. Bericht ABF 11 (Verein deutscher Eisenhüttenleute). Düsseldorf: Stahleisen, 1981

Issler, L., Ruoß, H., Häfele, P.: Festigkeitslehre – Grundlagen. Berlin: Springer, 1997
Neuber, H.: Kerbspannungslehre: Theorie der Spannungskonzentration; genaue Berechnung der Festigkeit. 3. Aufl. Berlin: Springer, 1958
Niemann, G., Winter, H., Höhn, B.-R.: Maschinenelemente. Band 1. Berlin: Springer, 2001
Schlottmann, D.: Auslegung von Konstruktionselementen. Berlin: Springer, 1995
Steinhilper, W., Röper, R.: Maschinen- und Konstruktionselemente. Bd. 1. Grundlagen der Berechnung und Gestaltung. Berlin: Springer, 1994
Radaj, D.: Ermüdungsfestigkeit: Grundlagen für Leichtbau, Maschinen- und Stahlbau. Berlin: Springer, 1995
Tauscher, H.: Dauerfestigkeit von Stahl und Gusseisen. Leipzig: Fachbuchverlag, 1982
VDI-Berichte 1442: Festigkeitsberechnung metallischer Bauteile. Düsseldorf: VDI, 1998
VDI-Richtlinie, VDI 2227E: Festigkeit bei wiederholter Beanspruchung; Zeit- und Dauerfestigkeit metallischer Werkstoffe, insbesondere von Stählen. Berlin: Beuth, 1974
Wächter, K. (Hrsg.): Konstruktionslehre für Maschineningenieure. Berlin: Verlag Technik, 1987
Weißbach, W.: Werkstoffkunde und Werkstoffprüfung. Braunschweig/Wiesbaden: Vieweg, 1994
Wellinger, K. und *Dietmann, H.:* Festigkeitsberechnung: Grundlagen und technische Anwendung. 3. Aufl. Stuttgart: Kröner, 1976
Zammert, W.: Betriebsfestigkeitsberechnung. Braunschweig/Wiesbaden: Vieweg, 1985

第4章 粘 接

4.1 功能和作用

4.1.1 任务和用途

粘接是一种连接，该连接是在相同或不同金属和非金属材料表面之间用合适的粘结剂（胶水、粘合剂）所形成的。粘接属于不可拆连接（如果不损坏粘接层或零件，被粘接件不能分开）。

优点：可连接相同和不同类型的材料，没有灼烧、硬化和氧化对材料带来的不利影响；没有或只有很小的材料热应力，同样地，热变形很小；可实现密封、无缝和绝缘连接；无表面损伤；无接触腐蚀；没有螺纹连接或销连接的孔，不会减小零件的横截面积，因此，有时可大幅度减轻质量；不会产生应力集中；载荷和应力分布均匀；具有减振作用；外形美观；三明治结构刚性好，质量轻（轻结构）。

缺点：对连接表面的加工精度要求高；有时需要较长的凝固时间直到连接形成；连接时需要加压和加热；受持续负载时会产生蠕动倾向；隔音性差、耐热性差、疲劳强度低；对冲击载荷较敏感；不可能对连接进行无损检查。

粘接除了在非金属材料（如纸板、纸张、皮革、橡胶和木材）中广泛使用外，随着更有效的粘结剂和粘接技术的出现，在金属材料中，粘接越来越多地取代铆接、焊接和钎焊。金属粘接的不足之处在于耐热性差和粘结剂相对于被粘接件强度值过低。金属粘接的应用范围已扩展到整个工程技术领域（机械制造、车辆制造、飞机制造和装备制造、电气工业等）。特别是在大批量生产中，金属粘接具有显著的加工工艺优势和经济优势（见图4-1）。

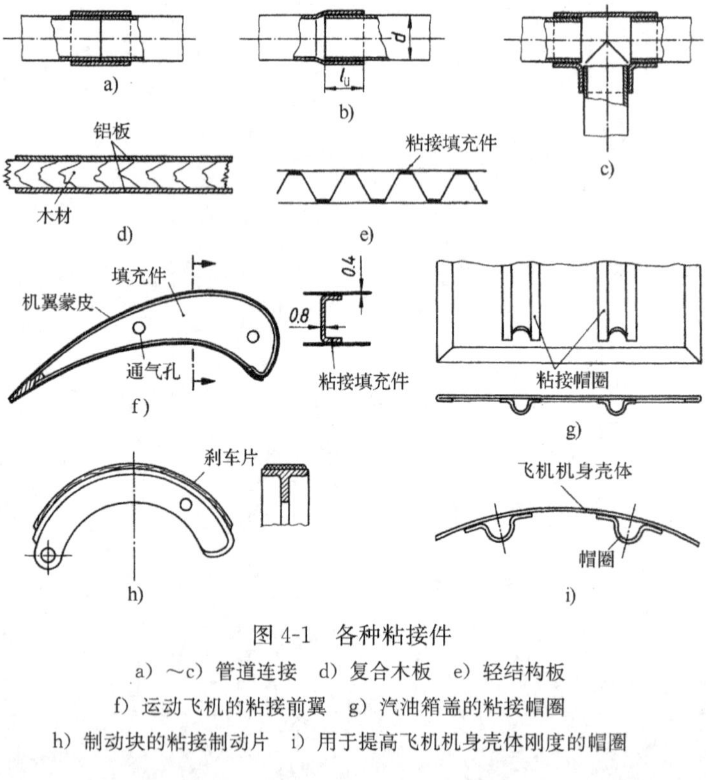

图4-1 各种粘接件

a）～c）管道连接 d）复合木板 e）轻结构板 f）运动飞机的粘接前翼 g）汽油箱盖的粘接帽圈 h）制动块的粘接制动片 i）用于提高飞机机身壳体刚度的帽圈

4.1.2 物理力在粘接中的作用（粘附机理）

粘接成功与否，取决于被粘接件材料和作为连接介质的粘结剂的物理性能，如附着力[1]和亲和力[2]。边界表面上的分子与相同或不同的分子相互吸引从而结合在一起（见图 4-2）。

如果被粘接件在粘接区域表面粗糙度 $R_{max} \leqslant 0.003\mu m$，则只要简单地将两个零件（例如刚切开的云母）叠放在一起，此时，要想把它们分开将需要很大的载荷。其原因是，分子间作用力的有效范围为最大 $0.003\mu m$（见图 4-2b）。由于最精细的加工表面粗糙度也大于 $0.025\mu m$，因此粘结剂的任务是进入表面的微凸体处，使分子间的力起作用。为了能润湿自由表面，粘结剂开始时必须粘度低、表面应力小，粘结后，则必须有高的粘度，以使粘结剂内部有大的亲和力。粘接的强度取决于粘结剂与材料 1 之间的附着力，粘结剂自身的亲和力和粘结剂与材料 2 之间的附着力的大小。根据附着力和亲和力大小的不同，过载时，粘接断裂可能发生在接合面上，粘结剂层，也可能是零件本身。不洁净的工件表面（见图 4-2c）会降低总附着力，因此为了避免工件表面不洁净，在涂抹粘结剂之前，一定要仔细对表面进行预处理（见 § 4.1.4）。与可能出现的亲和力缺陷相反，一个已制成的粘接件的附着力缺陷，对连接的破坏性是不确定的，这就给粘接强度带来了不安全因素。

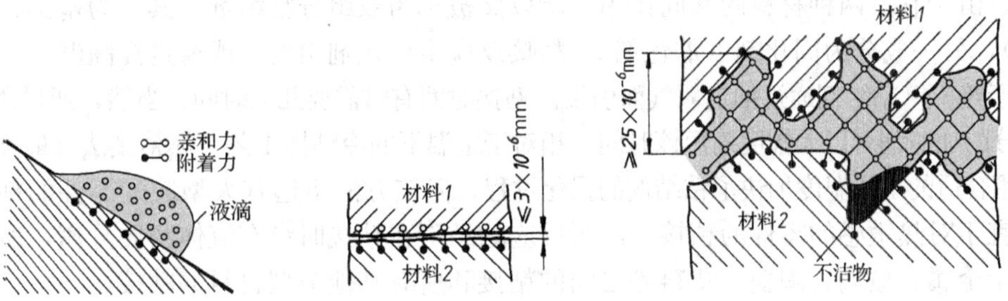

a) b) c)

图 4-2 粘接中的物理力

a）以一个斜面上的液滴为例说明附着力和亲和力 b）分子间力的作用（特殊的附着力） c）零件加工表面粘接时的力

4.1.3 粘结剂种类

粘结剂可根据应用技术准则、粘附机理类型、基础材料、连接强度或其他条件进行分类。VDI 2229 将金属与金属和金属与其他材料粘接用的粘结剂按照粘附机理的不同分为物理粘结剂和化学粘结剂，也有可能两者共同作用。在一定条件下，通过添加特定添加剂，可以使溶剂粘结剂具有反应粘结剂的特性，或反之。

1. 物理粘结剂（溶剂粘结剂和弥散粘结剂） 这类粘结剂主要是将天然或合成大分子基础材料（例如合成树脂、硝化纤维、橡胶）溶解到有机溶剂（特别是碳氢化合物）或利用弥散剂制成。作为粘性载体的基础材料在溶剂粘结剂中溶解在挥发性流体中，而在弥散粘结剂中并不溶解。

粘结层的形成主要是一个物理过程（在接合之前让溶剂挥发，熔化粘结剂的凝固或分阶段凝胶化），有时基础材料也会产生一些特定的化学反应，例如，与空气中的氧的反应。所

---

[1] 边界表面上两种材料的吸引力。

[2] 同一材料内分子之间的力。

以这类粘结剂特别适合于金属与多孔材料（如木材、皮革、有时与塑料）之间的连接，或多孔材料之间的连接。溶剂粘结剂不适宜于金属或其他不透材料之间的连接，因为这类材料，特别是粘结面积较大时会严重妨碍溶剂的完全挥发，甚至是不可能挥发。相对于化学反应粘结剂来说，物理粘结剂层是热塑性的，常常对温度很敏感，在受载情况下，有较大的蠕动倾向和较差的抗溶剂性。

物理粘结剂可分为：

接触粘结剂（溶解橡胶，含树脂和填充剂）。涂抹在接合零件两边表面，在溶剂挥发后，在接触粘结有效时间㊀内用高压将零件接合在一起。

熔化粘结剂 在熔化状态下涂抹（绝大多数情况处于150～190℃之间），在粘结剂凝固之前，将零件接合在一起。

塑料溶胶（PVC的弥散物并添有增塑剂、填充剂和增附剂）。是不含溶剂的粘结剂，在140～200℃之间粘接。

2. 化学粘结剂（反应粘结剂） 反应粘结剂是工程实际中最重要的粘结剂。它们是高分子可硬化的合成树脂（碳氢化合物），其中最重要的是酚醛树脂和环氧树脂。通过合适催化剂的作用将可溶解和熔化的树脂转化为不可溶解和熔化的物质，它具有非常高的粘附力和内强度。由于它是两种材料的共同作用，所以又被称为双组分粘结剂，其一为基础材料（粘结材料），另一成分为固化剂（催化剂）。粘接反应由催化剂引发，或通过提高温度、空气湿度，对于绝氧㊁粘结剂通过抽走氧气而引发。粘接时间有时需要几天时间，当然，通过添加作为第三组分的加速剂可以大幅度缩短该时间。相对于室温下的冷粘接工艺，热粘接法（最高200℃）通过采用合适的工作温度加快了粘结剂的强化过程，但该方法不适宜大型装配零件的粘接，而且不适宜于对热敏感的零件的粘接。由于反应粘结剂在粘接时没有流体物质分离，所以它特别适用于金属、玻璃、陶瓷、塑料等之间的粘接和所有其他类型材料的粘接。

化学粘结剂可分为：

聚合粘结剂（单或双组分系统）。聚合作用由催化引起。液体状态的绝氧粘结剂，催化剂是非活性的，只有在与空气中的氧气接触后才会具有活性。通过调整催化剂数量或改变温度可以影响反应速度。

加聚合粘结剂（单或多组分系统）。这类粘结剂由至少两种化学性质不同但能产生反应的材料通过反应形成，它们用化学斗量法按比例混合。基础材料常常为环氧树脂或聚氨酯。

缩聚合粘结剂。在压力$\geqslant 0.4\text{N/mm}^2$的情况下，挥发性材料分离（绝大多数以液态苯酚/甲醛树脂为基础材料，加上固体聚乙烯醇缩甲醛的粘结剂，用于金属粘接）和粘接温度约为120～160℃。

4.1.4 粘接的形成

由于粘结剂种类繁多，性能各异，本书只能给出一般规范。在具体应用时一定要遵循生产商给出的使用准则！

粘接面的预处理

为了使粘结剂与被粘接件表面之间的附着力能完全起作用，在涂抹粘结剂之前必须对粘

㊀ 涂抹粘结剂后的一个时间间隔，在这个间隔内可以形成接触粘接。

㊁ 没有空气（氧气）。

接面进行仔细预处理（活化）。这包括将粘接面上的脏物、氧化层等彻底清除干净并去除表面油脂。对于金属粘接这类有更高要求的情况，还必须用酸洗（腐蚀）对粘接面进行化学处理；对于铝和铝合金必须将粘接面按匹克林法[㊀]进行处理。对于钢和其他重金属用硝酸、稀盐酸、铬酸和其他酸进行酸洗。对于塑料，只要对粘接面去除油脂或将光滑的硬表面稍作抛光即可。表面处理指南见 TB4-1。

粘接过程

溶剂粘结剂：用刷子和细齿刮铲等将粘结剂按生产商的说明，以相应密度均匀地涂抹在两个粘接面上。在绝大部分溶剂挥发后，基础材料借助附着力牢固的附着在表面上。在粘结剂附着足够紧后，将要粘接的零件压在一起，借助于粘结剂微粒之间的亲和力形成粘接。在这个过程中，重要的是掌握将零件接合的时刻，当然，手指尝试常常比钟点更为可靠。剩余溶剂的挥发和粘结剂的完全接合需要大约 1～3 天时间。

反应粘结剂：将混合组分用刷、刮或撒（粉状粘结剂）和贴（粘结膜）的方法仅仅施放到一个预处理好的粘接面上。粘结剂层厚度一般为 0.1～0.3mm，对应的量为 100～300g/m^2。可以将零件（即使是较大的粘接面）立即接合在一起，因为反应粘结剂没有需要挥发的溶剂。根据粘结剂的不同，可能是热粘接或室温粘接，可能需要或不要压力，可能只要几分钟（热粘结剂）或需要几天（冷粘结剂）时间，见 TB4-2。

由于组分一混合后就开始产生反应，因此要严格控制粘结剂的量，以保证在有效使用期[㊁]内能用完。

4.2　结构和设计

4.2.1　应力和强度

1. 应力和应力分布　在进行粘接的结构设计时，应该尽可能使其承受剪切变形和/或拉伸/压缩变形，应该避免对粘接不利的弯曲变形和撕剥变形（图 4-3）。

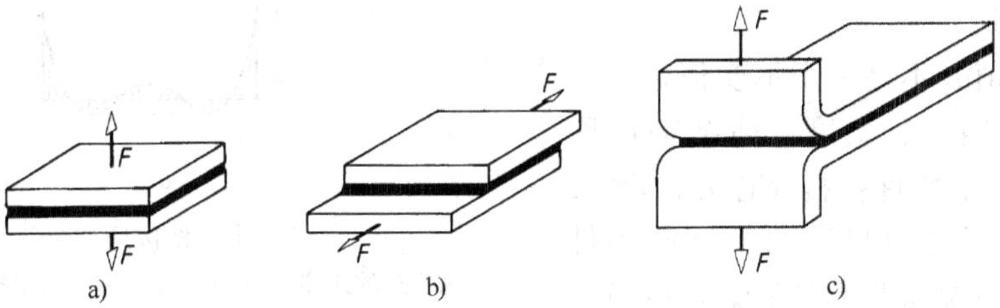

图 4-3　粘接的变形形式

a）拉伸/压缩变形　b）剪切变形　c）撕剥变形

相对于铆接来说，粘接的主要优点是零件在受载后的应力分布均匀。粘接既不会削弱横截面又不会在零件中产生有害的应力峰值（见图 4-4）。

㊀ 硫酸-重铬酸钠法。

㊁ 指可使用的时间段。

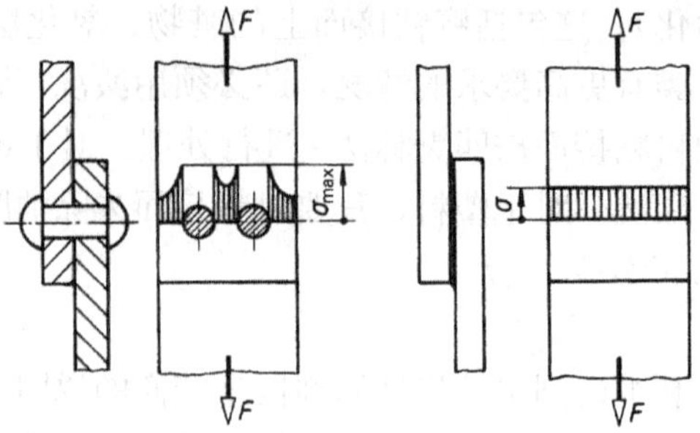

图 4-4　零件中的应力分布

a）铆接　b）粘接

与此相反，由于粘结剂与零件的弹性性能不同，在粘结剂层会出现切应力峰值，且对于抗弯刚度较差的零件还会出现正应力的峰值（见图 4-5），这些问题可以通过在零件粘接区域进行相应的结构设计来减轻。工程实际中特别要按面向粘接的结构来设计被粘接件。

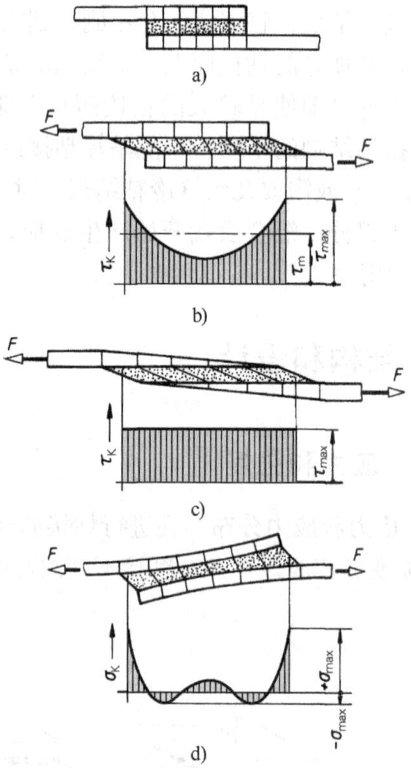

图 4-5　粘接应力分布

a）未受载的连接　b）抗弯刚度好，简单搭接零件粘结剂层的切应力分布　c）斜边搭接零件（零件等应变）　d）抗弯刚度差的零件粘结剂层的正应力分布

2. 粘接的强度

粘着强度

粘接计算最重要的一个特征值是粘着强度（拉—剪强度）τ_{KB}。对于拉伸变形，它是断裂拉力（断裂载荷）F_m与粘接面积A_{Kl}之比，即$\tau_{KB}=F_m/A_{Kl}=F_m/(l_ü b)$，其中 $l_ü$为搭接长度，b 为搭接面的宽度。

如图 4-6 所示，粘着强度用单层搭接试样经试验得到。

粘着强度值并不是一个不变值，它与粘结剂、腐蚀因素、温度、粘结剂层厚度、表面粗糙度、零件材料等有关。TB4-2所给出的粘着强度值只适用于试验条件下。如果实际情况与此不符的话，应通过相应的修正系数加以考虑（按粘结剂生产商提供的资料做）。

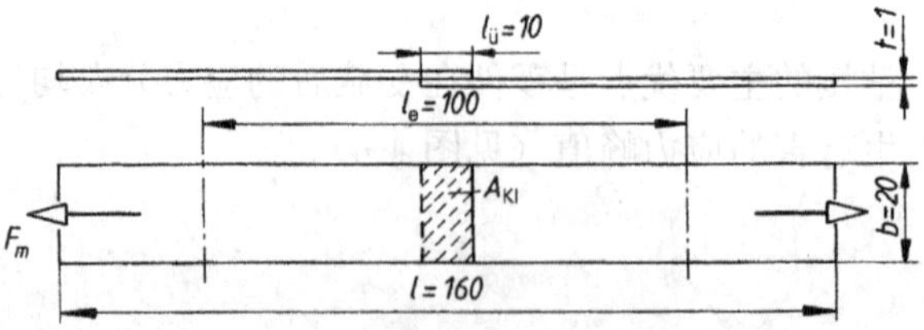

图 4-6　确定粘着强度的试样（l_e为固定长度）

抗撕剥强度

撕剥变形（见图 4-7）对于粘着强度极为不利，在结构设计时务必加以避免，因为即使在相当小的应力下，由此产生的大应力峰值也会撕裂粘接面。

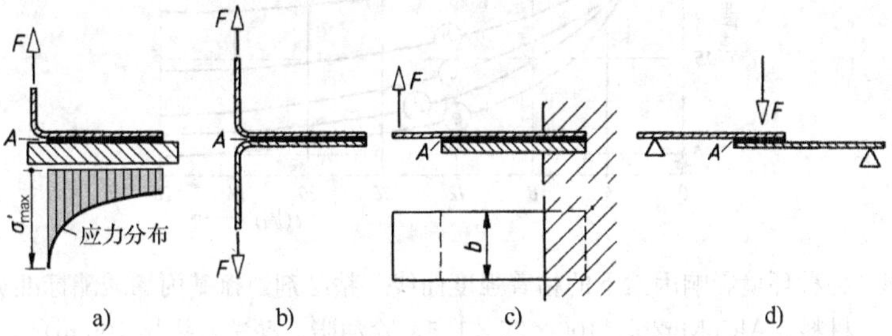

图 4-7 撕剥变形
a）和 b）拉撕 c）和 d）弯撕

抵抗撕剥变形的能力（毫米粘接宽度粘接力，N/mm）称为抗撕剥强度 $\sigma'=F/b$。由于初始撕裂所需载荷约为撕剥扩张的 3～4 倍，因此，将撕剥开始定义为绝对抗撕剥强度 σ'_{abs}，撕剥扩张定义为相对抗撕剥强度 σ'_{rel}。影响抗撕剥强度的因素与粘着强度类似。

例子：用阿拉尔狄特粘结剂粘接的 1mm 厚薄板的抗撕剥强度值为：

纯铝 $\sigma'_{abs}\approx 5\text{N/mm}$

铝镁合金 $\sigma'_{abs}\approx 25\text{N/mm}$

铝铜镁合金 $\sigma'_{abs}\approx 35\text{N/mm}$

疲劳强度

与承受短时载荷的粘接不同，承受长时间持续载荷的粘结层会产生塑性变形趋势。在金属粘接中这种蠕变趋势与载荷大小、温度、被粘接件性能和粘结剂硬化状态有关。在持久载荷下，一个相对于短时试验静断裂载荷小很多的载荷就会引起连接断裂。因此粘接结构的寿命长短与载荷大小有关（载荷越大，寿命越短）。例如，从对氰基丙烯酸酯粘结剂所形成的粘接试验知，该连接可在一个约为 $0.6\tau_{KB}$ 的特殊载荷下承载超过 6000h，由此可知该粘结剂的静持久强度约为 $0.5\tau_{KB}$。而动载（振动载荷）下的持久极限除了受上述因素影响外，主要是受循环特征 $\kappa=\sigma_u/\sigma_o$ 影响。目前还没有粘接疲劳强度的精确值，而是通过与粘结剂生产商合作，对具体应用情况用试验来获得，大批量生产尤其要这样做。

在循环次数达到 $N=10^7$ 时，根据变形和循环特征的不同，由试验得到粘着疲劳强度为

对称循环： $\tau_{KlW}\approx(0.2\sim0.4)\tau_{KB}$

脉动循环： $\tau_{KlSch}\approx 0.8\tau_{KB}$ （4-1）

式中 τ_{KB}——粘着强度，由 TB4-2 查取。

4.2.2 影响强度的因素

1. 耐腐蚀性（抗流体的性能） 与溶剂粘结剂不同，反应粘结剂抗溶剂（例如丙酮、汽油、酒精、醚）和抗其他流体（例如油、水、食盐溶液、碱液、稀释的酸）的性能要好得多。在水的长时间作用下，特别是高温下，某些类型粘结剂的强度会下降。其中的原因主要是侵入粘结层的潮湿会使粘结剂部分塑性化，从而降低附着力和亲和力（见图 4-8）。

2. 抗老化性 金属粘接的抗老化性主要取决于粘结剂类型，被粘接件材料，表面预处

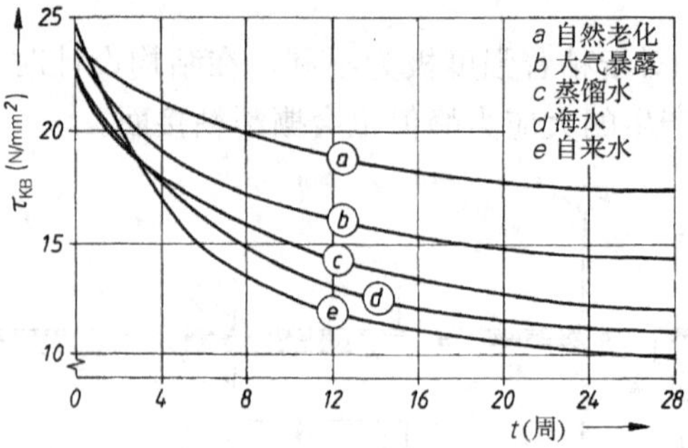

图 4-8　各种环境影响因素下的粘着强度曲线（粘结剂：氰基丙烯酸酯标准类型，材料：AlCuMg2pl，100×25×1.5，除油脂，酸洗，搭接 10mm）

理，特别是环境有害影响因素。一般来说，热粘结剂的抗老化性比冷粘结剂好。在粘接刚形成时，粘着强度最高，然后会出现持续一周，甚至是数周的强度下降（见图 4-8）。

3. 热强度　粘接的强度与温度有很大关系。热粘结剂在这方面的性能比冷粘结剂好。考虑到温度导致强度下降的情况，某些粘结剂允许短时温度达到＋150～＋250℃（对于特别耐热的粘结剂可以达＋350℃）。许用持续温度随粘结剂的不同处于＋80～＋150℃之间（耐热粘结剂最高可达约＋260℃）（见图 4-9）。

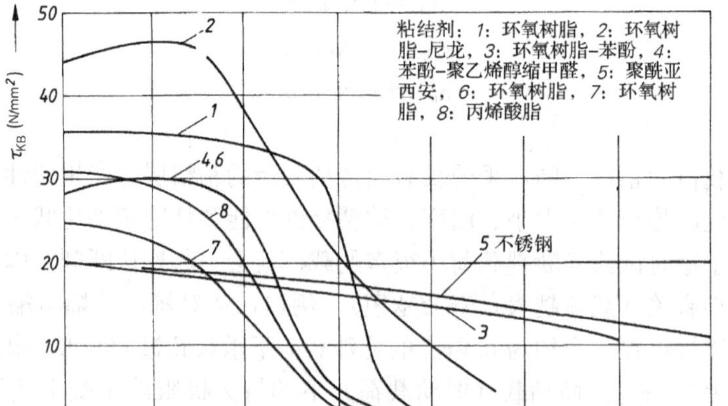

图 4-9　搭接粘接的短时粘着强度（摘自 VDI 2229；1～6 为热粘结剂；7 和 8 为冷粘结剂；材料为 AlCuMg2pl，12mm 搭接长度）

4.2.3　粘接的结构设计

采用粘接的零件在设计时应注意一些结构设计准则，即应面向粘接进行设计。粘结剂的选择应考虑被粘接件的材料，对强度的要求，外部影响因素（温度、湿度、腐蚀等）以及企业现有的设备情况，而且应遵循粘结剂生产厂商的要求。由于粘接结构的多样性，下面只讲述一些主要的结构设计原则：

1）为了得到足够大的粘接面积，应尽可能地采用搭接（图 4-10）。对于轻金属，最充分利用粘着强度的最优搭接长度为

$$l_{ü} \approx 0.1 R_{p0.2} t \text{ 或 } (10 \sim 20) t \tag{4-2}$$

式中 t，$l_{ü}$——见图 4-11

由于零件和粘结剂变形不一致，过长的搭接长度会导致在连接的末端产生应力峰值，从而对连接产生很大危险（见图 4-7）。断裂载荷并不随着搭接长度的加长而同比例加大，也就是说，粘着强度下降了。

2）由于粘接面积太小的原因，对接头不可取（图 4-10）

3）在带粘接中常用的斜接头具有力线平滑无干扰的优点，但是由于需要额外的准备工作（例如，金属零件的铣削或刨削），使成本加大，且不能用于薄形零件（图 4-10）。

4）通过合理的结构设计，使粘接尽可能地承受剪切、压缩（或拉伸）变形。

5）通过采取合理的结构措施，避免出现撕剥和弯曲变形（图 4-10）。

6）如果粘接位置处于大气和潮湿环境下，应该涂装油漆或采取类似的防护措施。

	不合理结构	合理结构	提示
1	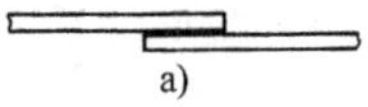	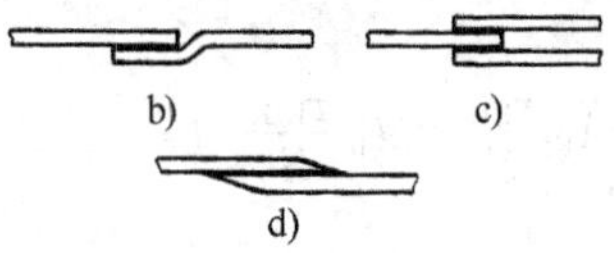	优先采用搭接！它可以更充分地利用粘着强度
2	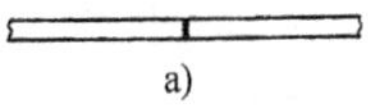	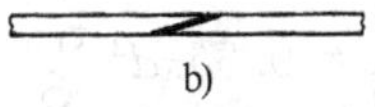	对接头粘接面积太小。b 所示的斜接头更好，但更贵
3	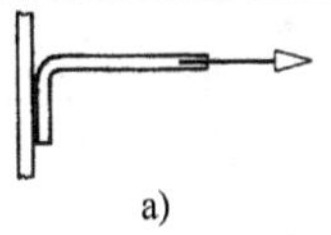	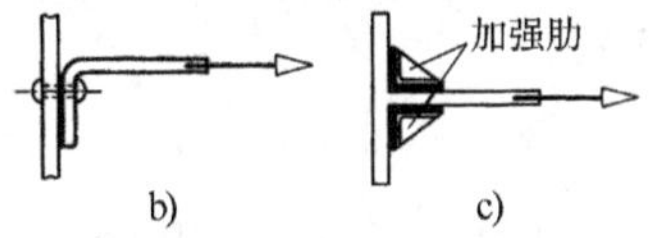	应避免撕剥变形。如果不可避免，应加定位铆接或焊点。结构 c 最优
4	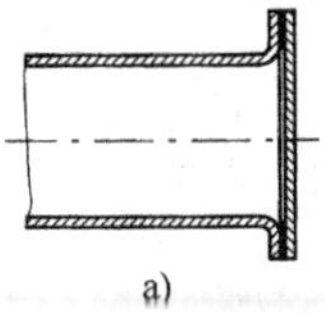	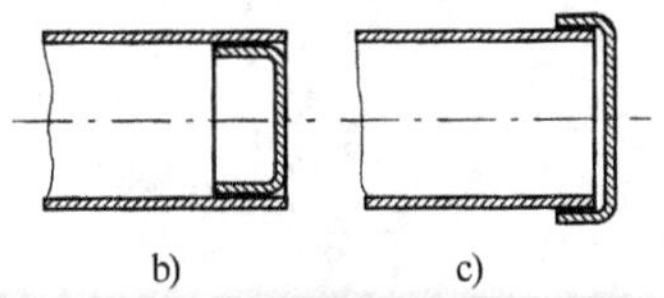	容器底。底部受力时，结构 a 危险，结构 b 和 c 更好
5	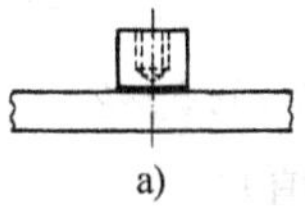	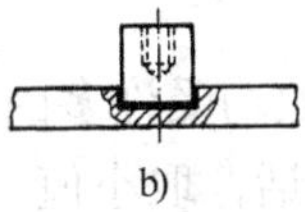	嵌入粘接的轴颈应对中（b），以避免滑移
6	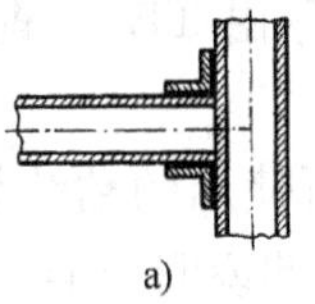	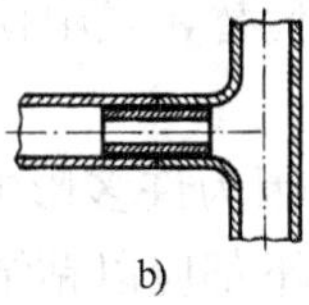	面向粘接的框架接头（b）。此时，粘接缝只能承受剪切变形

图 4-10 粘接结构设计原则（粘接的具体示例见图 4-1）

4.3 计算基础

粘接计算一般是对结构设计进行验算。承受拉伸变形的粘接（对接头，见图 4-10a），由于粘接面积太小，所以粘结剂固化后的亲和力远小于零件强度，应加以避免。同样地，应通过采取相应的粘接结构来避免撕剥和弯曲变形。

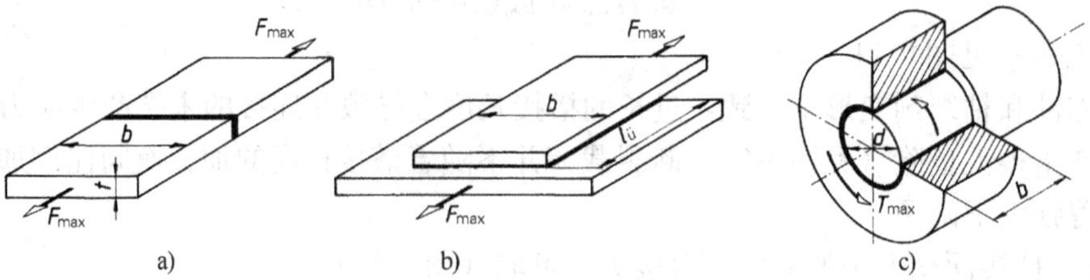

图 4-11　粘结层的变形

a）拉伸变形　b）和 c）剪切变形

如图 4-11 所示，在将接合表面经过合适处理和进行粘接后，有：

拉伸变形（图 4-11a）

$$F_{max} \leqslant A_{Kl}\frac{\sigma_{KB}}{S}=bt\,\frac{\sigma_{KB}}{S} \tag{4-3}$$

剪切变形（图 4-11b）

$$F_{max} \leqslant A_{Kl}\frac{\tau_{KB}}{S}=bl_{ü}\,\frac{\tau_{KB}}{S} \tag{4-4}$$

或（图 4-11c）

$$T_{max} \leqslant 0.5dA_{Kl}\frac{\tau_{KB}}{S}=0.5b\pi d^2\,\frac{\tau_{KB}}{S} \tag{4-5}$$

式中　F_{max}——可承受的最大拉力或剪力；

T_{max}——可承受的最大转矩；

A_{Kl}——接合面积；

b——接合宽度；

d——轴的直径；

$l_ü$—— 搭接长度；

t——零件最小厚度；

$\tau_{KB} \approx \sigma_{KB}$—— 粘着强度（见 TB4-2）；

S——安全系数，安全系数与不安全系数均受许多因素影响，$S \approx 1.5 \sim 2.5$（如果在粘着强度中已考虑了影响系数的话，取小值，否则取大值）。

提示：在动载荷下，将 F_{max} 用 $F_{eq}=K_A F_{nenn}$ 代替，式中使用系数 K_A 由 TB3-5 查取，粘着强度由式（4-1）计算。

本节所述简化计算所得结果仅作为参考值，因为许多影响系数与所使用的粘结剂有关，而且难以确定，只能近似加以考虑。在所有情况下都应以粘结剂生产商的说明为准。

4.4　计算示例

■**例 4-1**：已知两根铝管（图 4-1b）的外径 $d=30$mm，搭接长度 $l_ü=40$mm，根据生产厂商的说明，粘结剂在这种搭接长度下的粘着强度为 $\tau_{KB} \approx 14\text{N/mm}^2$。试求该粘接所能承受的静拉力。

▶**解**：由式（4-4）得最大可承受的载荷为

$$F_{max} \leqslant A_{Kl}\tau_{KB}/S=bl_ü\tau_{KB}/S=30\text{mm}\times\pi\times 40\text{mm}\times 14\text{N/mm}^2/1.5$$

$$F_{max} \approx 35200\text{N} \approx 35\text{kN}$$

结果：考虑安全系数后，该连接所能承受的拉力为 35kN。

■**例 4-2**：现有一钢制齿轮与轴的连接，齿轮宽度 $b=30\text{mm}$，轴颈直径 $d=20\text{mm}$，使用冷粘结剂，其粘着强度 $\tau_{KB}\approx 20\text{N/mm}^2$。承受一脉动转矩 $T=12\text{N}\cdot\text{m}$，采用使用系数为 $K_A=1.3$ 来考虑实际工作条件。试求其抗疲劳断裂的安全系数。

▶**解**：由式（4-1）得：$\tau_{KlSch}\approx 0.8\times 20\text{N/mm}^2=16\text{N/mm}^2$，由式（4-5）得可承受的转矩为

$$T_{ü}\approx 0.5 b\pi d^2 \tau_{KlSch}\approx 0.5\times 30\text{mm}\times\pi\times(20\text{mm})^2\times 16\text{N/mm}^2$$

$$T_{ü}\approx 301600\text{N}\cdot\text{mm}\approx 301.6\text{N}\cdot\text{m}$$

所以，抗疲劳断裂安全系数为

$$S=T_{ü}/T_{vorh}=T_{ü}/(TK_A)=301.6\text{N}\cdot\text{m}/(12\text{N}\cdot\text{m}\times 1.3)\approx 19.3$$

结果：该连接具有 19 倍的抗疲劳断裂安全系数。

4.5 参考文献

DIN Deutsches Institut für Normung (Hrsg.): Materialprüfnormen für metallische Werkstoffe 3. Aufl. Berlin: Beuth, 1996 (DIN-Taschenbuch 205)

Deutscher Verband für Schweißtechnik (Hrsg.): Kunststoffe, Schweißen und Kleben. Taschenbuch DVS-Merkblätter und -Richtlinien. 5. Aufl. Düsseldorf: DVS, 1993

Endlich, W.: Fertigungstechnik mit Kleb- und Dichtstoffen, Praxishandbuch der Kleb- und Dichtstoffverarbeitung. Braunschweig/Wiesbaden: Vieweg, 1995

Fauner, G., Endlich, W.: Angewandte Klebtechnik. München: Hanser, 1979

Habenicht, G.: Kleben. Braunschweig/Wiesbaden: Vieweg, 1995

Hennemann, O.-D., Brockmann, W., Kollek, H.: Handbuch Fertigungstechnologie Kleben. München: Hanser, 1992

Loctite Corporation (Hrsg.): Design Handbook 1996/97 German Edition. München: Loctite, 1995

Matting, A.: Metallkleben. Berlin: Springer, 1969

Schliekelmann, R. J.: Metallkleben-Konstruktion und Fertigung in der Praxis. Düsseldorf: DVS, 1972

Stahl-Informationszentrum (Hrsg.): Kleben von Stahl. Merkblatt 382. Düsseldorf, 1970

VDI-Richtlinie 2229: Metallkleben: Hinweise für Konstruktion und Fertigung. Berlin: Beuth, 1979

VDI-Richtlinie 3821: Kunststoffkleben. Berlin: Beuth, 1978

Prospekte, Kataloge und Handbücher der Firmen Sichel, Hannover; Loctite, München; UHU-Vertrieb GmbH, Brühl (Baden); Beiersdorf AG, Hamburg u. a.

第5章　钎　　焊

5.1　功能和作用

5.1.1　任务和用途

DIN 8505将钎焊定义为：一种通过加热形成材料填充和涂覆的方法，其中的流动体既可以通过钎料的熔化（熔化钎焊），也可以通过边界的扩散（扩散钎焊）来实现。在加工过程中，不能达到母材的熔化温度。

根据钎料完全成为流体的液化温度不同，钎焊可分为软钎焊WL（低于450℃），硬钎焊HL（超过450℃）和高温钎焊HTL（超过900℃）。

软钎焊连接，例如罐头、冷却器和电气接头，主要要求密封性和/或导电性能好。硬钎焊主要用于重载零件的连接，例如，汽车骨架、管道法兰和硬质合金的补焊。高温钎焊无需焊剂，在真空或保护气体环境下加工。这样能使气孔和缩孔很少，焊缝密实度高。大多数情况下，硬钎焊的焊缝强度与母体材料的强度相对应，它主要用于钢、镍合金和钴合金之间的连接，例如燃气机制造和真空技术。

根据钎焊焊缝类型的不同，可将钎焊连接分为窄缝焊和宽缝焊两类。窄缝焊的两个零件之间有一条窄缝（见TB5-2），靠毛细吸力将钎料吸到焊缝里去，宽缝焊的缝较宽（>0.5mm），靠重力将钎料填入焊缝中。

根据钎料输入方式的不同，可分为给钎料钎焊、钎料坑钎焊、零件钎料涂层钎焊和浸渍钎焊等。根据加工方法的不同，可分为手工钎焊、半机械化钎焊、机械化钎焊和自动钎焊等。

软钎焊的工作温度低，因此具有良好的加热过程可操控性。软钎焊主要采用火焰钎焊、烙铁钎焊和炉内钎焊，硬钎焊的方法主要有火焰钎焊和感应钎焊。根据能量传递方式对钎焊方法所作的全面分类见DIN 8505 T3。

与其他不可拆连接进行比较，钎焊的特点非常明显，用途清楚。

优点：它可用于不同金属之间的连接。由于相对较低的加工温度，因此对母材基本上没有有害影响，几乎不会破坏表面保护层（例如，软钎焊时母材的镀锌层）。钎焊缝导电性好。零件不会像铆接一样受到孔的削弱，钎焊连接的气密性和液密性好。根据方法的不同，钎焊可实现自动化，可同时对工件上的多个焊点进行焊接。

缺点：较大的焊件需要较多贵重合金（例如锡或银）组成的钎料，因此经济性较差。对于某些金属，特别是铝，在焊接处存在电解损坏的危险性，因为母材和钎料的合金成分元素的电压差很大；因此铝应尽可能采用熔焊、铆接或粘接。残余焊剂可能会对连接产生化学腐蚀。钎焊的强度低于熔焊。相对于熔焊，钎焊对准备工作要求高。

5.1.2 物理力在钎焊中的作用

钎料和母材的互相扩散

与熔焊不同，在钎焊中母材不熔化，作为填充材料的钎料熔化。母材经过金属净化处理并加热到工作温度，在母材上钎料熔滴变成流体状态，表面积扩张，母材被钎料湿润，凝固后就固结在母材上了。可以证明，在钎料层上能找到母材的成分，反之亦然。虽然母材处于固体状态，但是钎料和母材在浸润区域合金化了。这个过程被称为扩散（见图 5-1）。扩散深度约为 2μm 到几个 mm 之间，取决于两者的类型。扩散区域的构成对于钎焊的强度具有至关重要的意义。

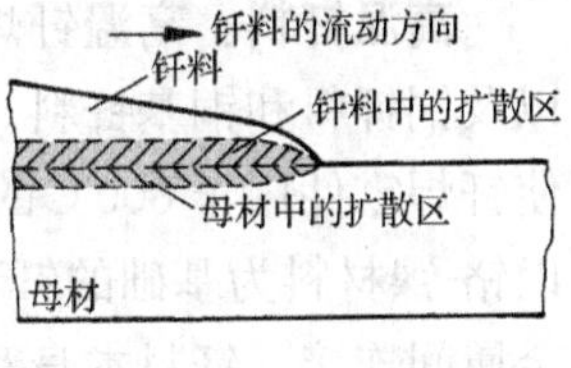

图 5-1 钎料和母材的扩散

毛细充填压力

液态钎料不但在经过金属净化并加热到工作温度的母材上扩张，而且在窄缝中流动。正如水的毛细作用一样，液态钎料能克服重力向上流动，焊缝越窄，向上流得越高。钎料的这个特性使借助于成型钎料实现钎焊自动化成为可能。试验表明，如果窄缝小于等于 0.3mm，则钎料的上升高度 h 大约与缝宽 b 成反比。当缝宽超过 0.3mm 时，上升高度反而更小（见图 5-2)。从钎料上升高度可看出毛细充填压力的作用，图 5-3 所示为它与缝宽的关系图。

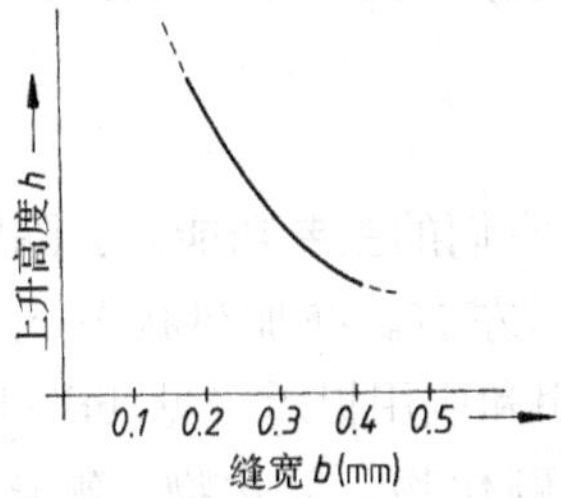

图 5-2 毛细上升高度与缝宽的关系

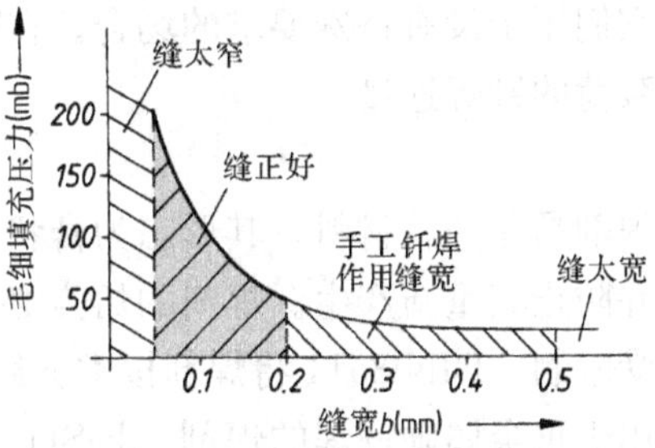

图 5-3 毛细充填压力与缝宽的关系

5.1.3 钎料和焊剂的类型

钎料

作为填充材料，钎料含有合适的纯金属（很少见）或合金，其形状有：丝状、棒状、成形状或膏体。一般来说，一种钎料可用于各种母材。

因此，选择钎料除了要考虑母材的处理情况和类型外，主要考虑使用温度、可用设备、加工公差和受载。

TB5-1 将最重要的钎料按类型进行了汇总，对典型的钎料及其使用条件进行了说明。

硬钎料： 银-锡-镉钎料是低熔点硬钎料，这种硬钎料钎焊时间短，对工件和材料很有利。其中，L-Ag40Cd 的钎焊性能优异，特别重要。镉可以将硬钎焊的加工温度降低到 610℃。但是，如果处理不当，特别是严重过热的话，含镉钎料会产生对身体有害的镉蒸汽。因此，必须设置事故保护措施（UVV-VBG15）。在食品工业中不能使用含镉钎料，应该用低熔点不含镉的硬钎料取而代之，例如 L-Ag45Sn 和 L-Ag44。含镍和含锰硬钎料 L-Ag27 和 L-Ag49 用于将硬金属焊到钢梁上，也可用于非常湿润材料（钨和钼材料）的硬钎焊中。含磷硬钎料（例如 L-CuP7）由于有“自流动效应”，可不需要焊剂在空气中对铜材料进行钎焊。但是它们不适用于铁材料和镍材料，因为会产生脆性过渡区域。铝硬钎料中只有低共熔钎料 L-AlS12 才具有意义，它可以在空气中钎焊，既可以使用焊剂，又可以将零件涂钎料层后在盐池中钎焊（冷钎焊）。钎料生产商推荐，承受大拉伸变形时采用 L-Ag40Cd，承受大剪切变形时采用 L-Ag44，承受大弯曲变形时采用 L-Ag49。此外，如果工作温度也高时，推荐使用铜基钎料 L-CuNi10Zn42。

高温钎料：高温钎焊中最常用的钎料是镍钎料、镍基钎料、金钎料和其他贵重金属钎料以及铜钎料和铜基钎料。他们可以在真空中或保护气体中加工。镍基钎料（DIN 8513 T5）使钎焊零件用于 800℃的工作温度成为可能。以（Ni、Cr、Fe、Si、B、P）为基础的钎料与以铬-镍材料为基础的钎料有相近的耐腐蚀性和耐高温性。合金元素形成了硬而且非常脆的金属间连接。钎料本身和钎焊位置非常脆，不能变形。以贵金属为基础的钎料不含锌和镉，具有优异的可变形性。焊接处塑性好，适用于动载荷零件。核工业和真空工业要求更高的抗辐射性，高的抗蠕变性和抗熔化的碱金属的性能，为此，开发了相应的含钯高温钎料。它具有好的湿润性能且无脆性。尽管它的价格高，但它对于难钎焊材料，如钨、钽和钼具有一定意义。

软钎料：根据 DIN 1707，可将其分为铅-锡钎料和锡-铅钎料（A 组），添加铜、银或磷的锡-铅软钎料（B 组），特殊软钎料（C 组）和用于铝材的软钎料（D 组）。

它们用于没有特殊要求的场合。在持续载荷作用下会产生蠕变倾向，因此它们不能用于传递载荷的钎焊连接。

焊剂

焊剂是非金属材料，其形态为膏状、粉状或流体，它们的主要功能是去除钎焊表面的氧化物并防止其重新产生。焊剂的熔点必须低于钎料 50℃左右。在加热状态下，有时焊剂功能会受限制。DIN 8511 将焊剂按类分组，给出成分说明和应用提示（见 TB5-1）。

用于重金属硬钎焊的焊剂（F-SH）绝大多数含有硼化物、氯化物、氟化物和磷酸盐。根据作用温度区域分为四组：F-SH1 和 F-SH1a（550～800℃），F-SH2（750～1100℃），F-SH3（1000～1250℃）和 F-SH4（600～1000℃，不含硼化物）。F-SH1，F-SH1a 和 F-SH4 组焊剂残余物有腐蚀性，因此应将其冲洗或酸洗干净。

用于轻金属硬钎焊的焊剂（F-LH）根据可能的残余物去除方式分为两组。只要是可以用水冲洗焊剂残余物的，应该采用 F-LH1 组（吸湿性氯化物和氟化物），如果能确保钎焊处不潮湿的话，应该采用 F-LH2 组（非吸湿性氟化物）。

用于重金属软钎焊的焊剂（F-SW）根据要钎焊的母材类型和残余物去除可能性进行分类。根据残余物的情况，焊剂分为：

—会产生腐蚀（F-SW11～F-SW13）。

—在一定条件下会产生腐蚀（F-SW21～F-SW28）。

—不会产生腐蚀（F-SW31～F-SW34）。

如果焊剂残余物能清洗的话，可使用 F-SW12（锌氯化物）。如果焊剂残余物不能被去除的话，必须应用如 F-SW31（松香）。

用于轻金属软钎焊的焊剂（F-LW），在钎焊温度超过 300℃时只能使用 F-LW1 组（例如锡氯化物）。焊剂 F-LW2 和 F-LW3 组（例如氨化物）在 300℃以上会产生炭化作用。必须将焊剂残余物清理干净。

5.1.4 钎焊性

零件的钎焊性是指零件能通过钎焊来进行加工的性能（根据 DIN 8514 T1）。

钎焊零件的性能受各种影响因素的制约。一种包含所有影响因素的评价体系，可使回答采用钎焊能否解决该连接问题变得简单。一个加工计划书应包含预计的母材，可采用的加工方法和钎焊件的技术要求，总之应考虑到所有的影响因素。

具体要评价和判断的有：

—钎焊适应性：是指预计的材料的性能。

—钎焊可能性：是指预计的加工及其方法的性能，其中经济性是必须考虑的重要因素。

—钎焊可靠性：是指预计的结构性能及其导致的强度性能。

由图 5-4 可知，在这三种性能中间或多或少存在相关性。改变其中之一甚至会使其他两项性能失效。例如，当一个钎焊零件承受更大变形时，此时可能必须选择其他母材和钎料，这样就不能再用预先考虑的钎焊方法了。

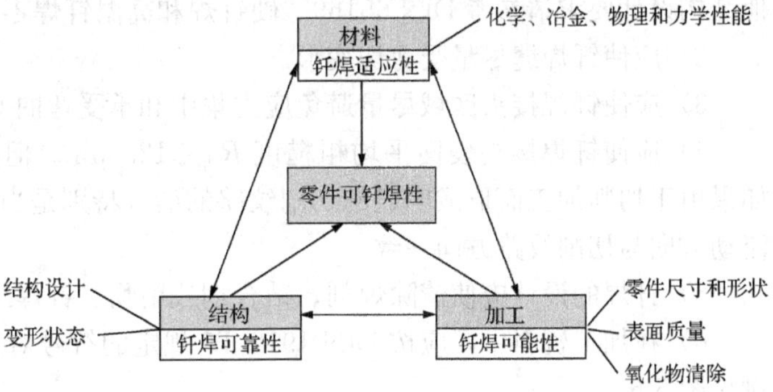

图 5-4 影响零件钎焊性的因素（根据 DIN 8514 T1）

5.1.5 钎焊的形成

钎焊工艺

钎焊的形成要经过下列工序：

1）按照 DVS 须知 2606，将钎焊表面的异物层清理掉。可采用机械和/或化学方法，但一定要注意保证不影响钎焊性以及材料性能。

2）将要钎焊的零件固定并注意保持合适的缝宽（TB5-2）。在系列生产中应采用钎焊设备（见 DVS 须知 2609）。绝大多数都要有钎料和焊剂。

3）将钎焊接头和钎料加热到钎焊温度。通过合适的钎焊气压或借助于焊剂清除氧化物。

4）将钎焊连接处缓慢冷却。

5）将钎焊零件进行后处理。通过合适的方法去除令人不悦的热变色、氧化皮和焊剂残留物。

6）进行检测，以保证钎焊零件的质量。

如果对硬钎焊零件有较高可靠性要求的话，在钎焊之前应拟定一个钎焊规程。进行钎焊试件试验以获得必要的数据。加工航空和航天器硬钎焊和高温钎焊零件时，按 DIN 65170 的规定执行。

钎焊的检测

DIN 8515 T1 将硬钎焊和高温钎焊连接可能产生的各种缺陷进行了汇总，并给出其类型、形状和位置。一共分为六组缺陷：裂纹、空腔、固体夹杂物、接合缺陷、形状缺陷和其他缺陷。但并没有说明在实际中如何判定这些缺陷以及如何避免它们。

为了保证重要钎焊连接的质量和可靠性，必须对其进行检测。它们与零件和钎焊方法有关。必须进行尺寸检测和感观检测。表面裂纹检测（渗色法和磁粉法）可用来探测裂纹和气孔。

为了探测填充度和钎焊内部缺陷，可采用透射法和超声波法。金属成像磨片试验适合于检测过渡区域、钎焊缝宽度、腐蚀和接合状态。对于容器和管道必须进行压力和密封检测。

5.2 结构和初步设计

为了保证钎焊零件的可靠性（钎焊可靠性），必须考虑一系列影响因素并遵循基本的设计规范：

1）应根据图5-5，注意钎焊缝和钎料流动性能，载荷传递和加工方便性。面向钎焊的其他结构设计要求请参考DIN 65169“硬钎焊和高温钎焊零件的设计规范”。

2）应使钎焊缝尽量受剪切变形。

3）应使钎焊接头区域尽量避免应力集中和承受弯曲变形。

4）应使钎焊接头表面平均粗糙度 $Ra \leqslant 12.5\mu m$。但并不要求会增加成本的精密加工。如果由于切削加工而形成明显的切削纹路的话（特别是当 $Ra \geqslant 6.3\mu m$ 时），钎焊时应使钎料流动方向与切削纹路方向一致。

5）钎焊的设计应使清除焊剂、结合剂残留物和钎焊终止更容易（空腔!）。

6）在加工资料中，应按DIN 1912 T5规定的符号对钎焊进行标注。常用钎焊缝标注示例见图5-6。

7）在钎焊空心体时，钎焊缝会将一定量的空气封闭在里面，此时必须设置排气孔，这样才能使钎焊缝完全填充成为可能。

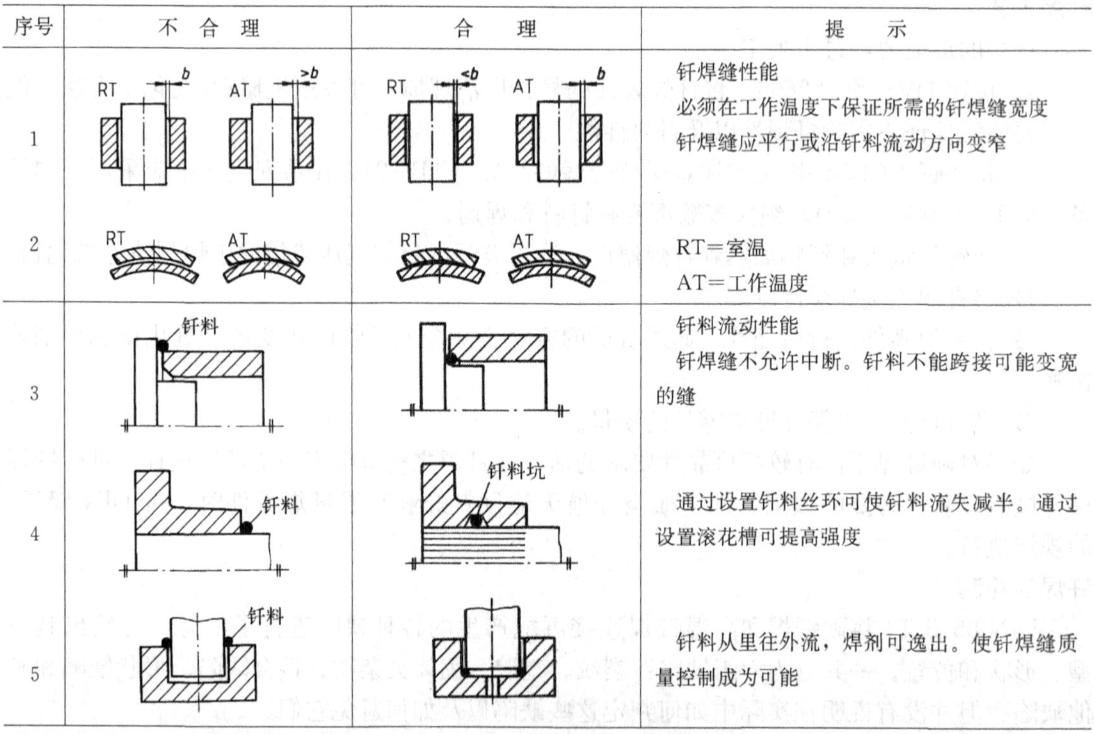

图5-5 面向钎焊的结构设计示例

序号	不合理	合理	提示
6	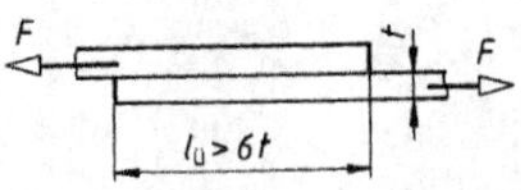	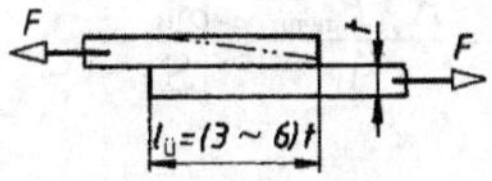	载荷传递 只要满足 $l_{ü}=(3\sim6)t$，就可保证达到母材的强度。 重载时逐渐过渡更为有利
7	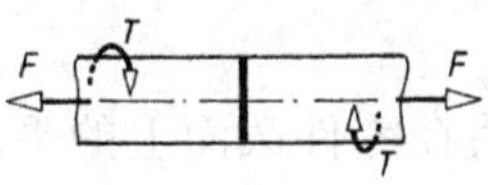	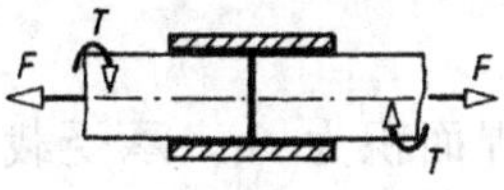	通过加大钎焊面来提高强度
8	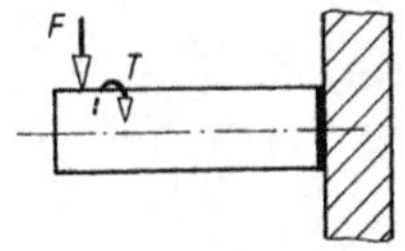	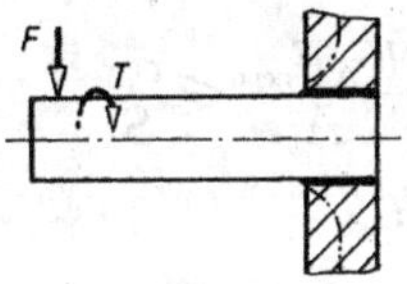	承受弯曲变形（轴）时，插接更为有利。逐渐过渡可改善疲劳强度
9	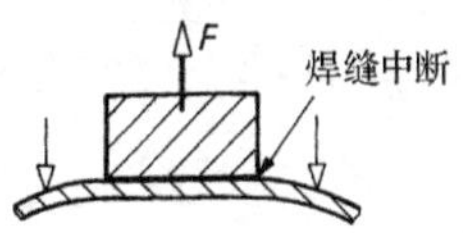	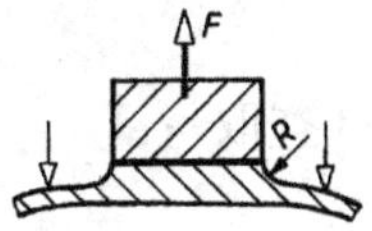	通过提高焊缝区域的刚度和逐渐过渡可降低应力峰值并将其转移到零件上
10	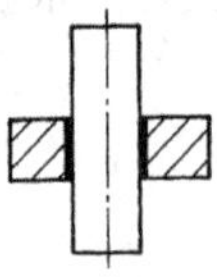	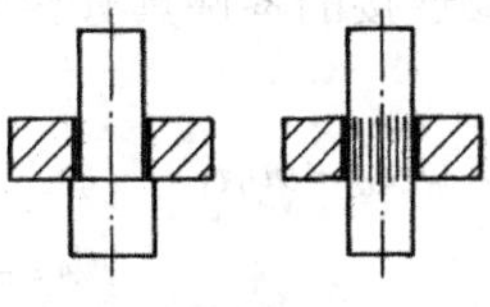	加工方便性 在没有钎焊设备时，应通过挡块、滚花槽和定位环来保证零件位置
11			钎焊的卸载 通过零件形封闭为软钎焊的焊缝卸载。钎焊缝只起密封作用
12	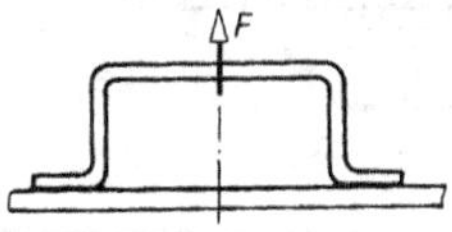	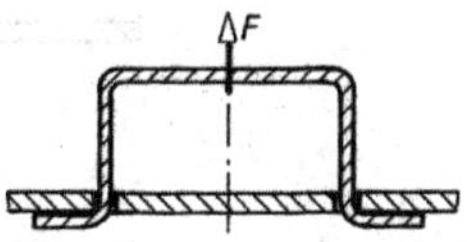	

图 5-5　面向钎焊的结构设计示例（续）

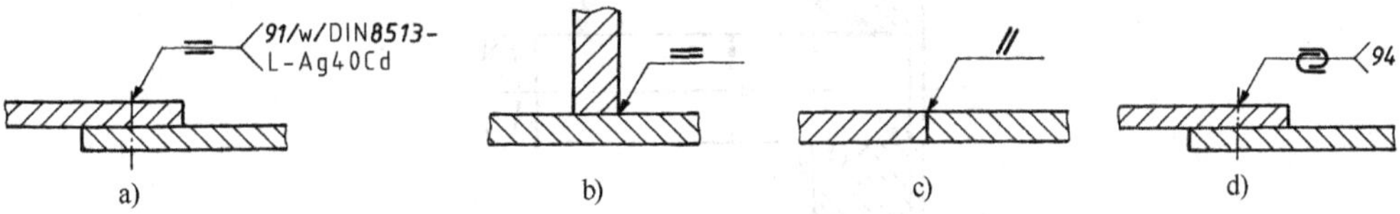

图 5-6　按 DIN 1912T5 规定的典型钎焊缝标注

a）平面焊缝搭接头；硬钎焊（特征数 91），水平位置 w，钎料为 DIN 8513-L-Ag40Cd

b）平面焊缝 T 形接头　c）斜焊缝对接头　d）锁焊缝锁接头；软钎焊加工（特征数 94）

5.3　计算基础

5.3.1　强度计算

钎焊零件绝大多数都是先进行结构设计，然后进行强度校核。对于对接头（$t\geqslant1$mm），

当所承受的法向载荷为 F，使用系数为 K_A时，钎焊缝中正应力 σ_l 为

$$\sigma_l = \frac{K_A F_{nenn}}{A_l} \leqslant \frac{\sigma_{lB}}{S} \tag{5-1}$$

式中 A_l——钎焊缝面积（见图 5-7）；

σ_{lB}——钎焊缝的强度（由 TB5-3 查取）；

S——安全系数（$S=2\sim3$）。

对于常见的搭接头（图 5-7a），钎焊面积为 A_l，承受载荷后在零件截面上的平均切应力为

$$\tau_l = \frac{K_A F_{nenn}}{A_l} \leqslant \frac{\tau_{lB}}{S} \tag{5-2}$$

式中 K_A——使用系数（由 TB3-5 查取）；

F_{nenn}——法向载荷；

A_l——钎焊缝面积（见图 5-7）；

τ_{lB}——钎焊缝的抗剪强度（由 TB5-3 查取）；

S——安全系数（$S=2\sim3$）。

搭接长度的确定应保证钎焊缝与所要连接的零件具有相同的承载能力。根据图（5-6a），对于搭接头有

$$bt_{min}R_m = bl_{ü}\tau_{lB}$$

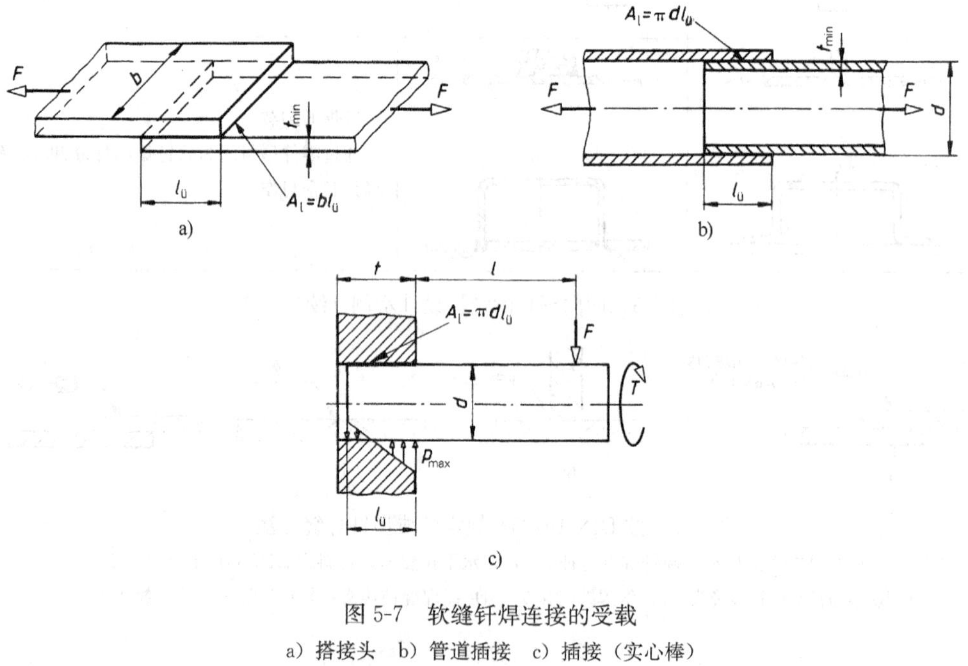

图 5-7 软缝钎焊连接的受载

a）搭接头 b）管道插接 c）插接（实心棒）

因此，为保证完全连接，所需的搭接长度为

$$l_ü = \frac{R_m}{\tau_{lB}} t_{min} \tag{5-3}$$

式中 R_m——母材的强度极限（由 TB1-1 查取）；

τ_{lB}——钎焊缝的抗剪强度（由 TB5-3 查取）；

t_{min}——零件最小厚度。

式（5-3）也近似适用于计算图5-6b所示的管道连接的搭接长度。用$d/4$代替t_{min}后，该式也适用于图5-6c所示的插接（轴）。承受扭转载荷时，圆形插接（图5-7c）由环形钎焊面积$A_l=\pi d l_{ü}$来承受扭矩T，在圆周方向产生的扭应力为

$$\tau_l=\frac{2K_A T_{nenn}}{\pi d^2 l_{ü}}\leqslant\frac{\tau_{lB}}{S} \tag{5-4}$$

式中 K_A——使用系数（由TB3-5查取）；

T_{nenn}——所要传递的名义扭矩；

d——钎焊缝环直径=被钎焊的圆棒直径；

$l_{ü}$——搭接长度（插入深度）；

τ_{lB}——钎焊缝的抗剪强度（由TB5-3查取）；

S——安全系数（$S=2\sim3$）。

与图5-7c相对应的插接在承受弯矩$M_b=Fl$时钎焊缝中的最大压力可用销联接的计算公式（9-19）近似计算。如果没有p_{zul}的精确值，其近似值在计入通常的安全系数（$S=2\sim3$）后由钎焊的强度极限来计算，该强度极限一般通过试验得到。

钎焊压力容器，原则上与熔焊（§6.3.4）压力容器的计算方法一样。但请遵照《AD须知B0》所给出的下列附加规定：

压力容器不许有软钎焊的轴向缝。当铜管零件沿圆周方向上的搭接软钎焊缝的搭接宽度至少为$10t_e$（t_e=设计壁厚）时，许用壁厚可达到6mm，$D_a p_e\leqslant2500$mm·bar（1bar=10^5Pa）。接头两边都有宽度$\geqslant12t_e$的贯穿连接板的铜板软钎焊，厚度$\leqslant$4mm，许用运行压力$\leqslant$2bar（1bar=10^5Pa）。对于上述软钎焊和所有的硬钎焊可取$\nu=0.8$，ν为考虑许用计算应力利用程度的系数。

5.3.2 钎焊的许用应力

钎焊的强度取决于钎料、母材及其前处理和后处理、结构设计、钎焊方法、搭接长度和钎焊缝宽。但是，并不能由钎料本身强度推断出钎焊的力学性能，只能由钎焊零件本身或借助于按DIN 8525所做的标准系列试件来得到可比的强度值。按DIN 8525得到的硬钎焊强度值见TB5-3。

该试验值只适用于给定条件下，不能简单的用作钎焊设计的许用应力。许用剪切和拉伸应力应在考虑钎焊件的形状和尺寸后，由试验值除以2～3的安全系数得到。

根据钎料生产商的说明，如果钎焊件（钢结构）在室温下工作，且主要承受静载荷，可按下列“经验式”进行计算

硬钎焊： $\sigma_{lzul}=\frac{\sigma_{lB}}{S}\approx200\text{N/mm}^2$，$\tau_{l\,zul}=\frac{\tau_{lB}}{S}\approx100\text{N/mm}^2$

软钎焊： $\tau_{lzul}=\frac{\tau_{lB}}{S}\approx2\text{N/mm}^2$

一般有

钎焊的抗拉强度： $\sigma_l\approx(1.5\sim2)\tau_l$

在试验的基础上，钢结构硬钎焊在承受动载荷时，有

弯曲对称强度极限：$\sigma_{bW}\approx160\text{N/mm}^2$。

所得到的值与母材持久极限的 50%～75%相对应。

根据钎料的不同，硬钎焊承受持久载荷时的强度，相对于承受短时载荷时的强度试验值，会有些微下降，但它受运行温度和振动循环次数的影响很大。在钎焊过程中，如果进行受控再加热，强度值会有明显提高。适用于超低温的母材（例如，含 CrNi 的钢和 Cu 合金）用 Ag 基，CuZn 基和 CuNi 基钎料进行钎焊，在超低温度（－196℃）下并不会损失其韧性。其强度与室温下强度相同。

使用含镉钎料的硬钎焊，工作温度不能超过 200℃，当使用不含镉钎料时，温度不应超过 300℃。绝大多数硬钎焊件在较高的温度（例如 300℃）下工作时，其短时强度值只能达到其室温值的一半，而 1000h 疲劳强度只有该值的 1/20。

一对不同材料（例如 S235/CuZn37）钎焊的强度值一般来说位于两者的强度值之间，这也适用于一对相同类型母材的钎焊。注意，硬钎焊不能用于含铅、铝和硅的母材（例如，易切削钢、易切削黄铜、硅钢片），因为在这些材料中即使仅仅存在小的杂质，都会导致与其配对的钢材产生附着区损坏，从而明显的降低强度值。铝和铝合金（例如 AlMn 和 AlMn-Mg）的硬钎焊具有高的抗拉和抗剪强度值：$\sigma_{lB}=100\sim200\text{N/mm}^2$ 和 $\tau_{lB}=50\sim100\text{N/mm}^2$。对于纯铝（例如 Al99.5），可以达到母材本身的强度。由于会出现各种问题（由含锌钎料造成的腐蚀），铝材几乎不能进行软钎焊。

搭接头软钎焊连接（钢、铜和铜合金）在短时试验中的抗剪强度值为 $25\sim35\text{N/mm}^2$。该值随着加载时间的加长和温度的上升而急剧下降（蠕变倾向）。在持续载荷下（在室温下）的许用切应力不超过 2N/mm^2。

5.4 计算示例

■例 5-1 一个有头销钉 ϕ12mm，承受轴向载荷 F，按图 5-8 所示将其钎焊到基体上。销钉和基体材料都是 S235JR。

试求：

a）在销钉和钎焊缝具有相同承载能力的条件下，求搭接长度 $l_ü$（插入深度）。

b）取连接的抗断裂安全系数为 3，静载荷，没有冲击，求允许承受的轴向载荷 F。

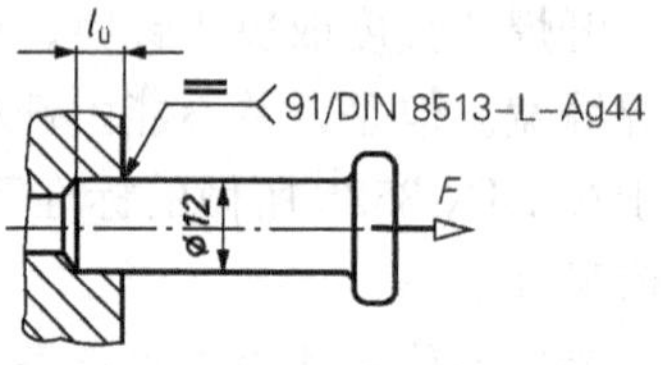

图 5-8 有头销钉的插接式硬钎焊

▶解 a)：在销钉和钎焊缝具有相同承载能力的条件下，按式（5-3）计算插接所需搭接长度

$$l_ü \approx (R_m/\tau_{lB})d/4$$

将销钉材料 S235JR 的最小强度 $R_m=340\text{N/mm}^2$（见 TB1-1），硬钎焊的抗剪强度 $\tau_{lB}=205\text{N/mm}^2$（由 TB5-3 查取）（硬钎料 L-Ag44 和母材 S235JR）和 $d=12\text{mm}$ 代入，得

$$l_ü \approx (340\text{N/mm}^2)/(205\text{N/mm}^2)\times12\text{mm}/4=5\text{mm}$$

结果：所需的搭接长度（插入深度）为 5mm。

▶解 b)：由式（5-2）计算可承载轴向力

$$F=\tau_{lB}A_l/(K_A S)$$

式中，$\tau_{lB}=205\text{N/mm}^2$，$A_l=\pi\times12\text{mm}\times5\text{mm}=188\text{mm}^2$，$K_A=1.0$（无冲击载荷）和 $S=3$，所以

$$F=205\text{N/mm}^2\times188\text{mm}^2/(1.0\times3)=12.8\text{kN}$$

结果：该硬钎焊在安全系数为 3 的条件下，所能承受的静轴向载荷为 12.8 kN。

5.5 参考文献

DIN, Dt. Inst. für Normung (Hrsg.): Löten, 3. Aufl. Berlin: Beuth, 1997 (DIN-Taschenbuch 196)

Deutsches Kupfer-Institut, Berlin (Hrsg.): Löten v. Kupfer u. Kupferlegierungen (DKI-Info-druck i.3)

Deutscher Verband für Schweißtechnik, Düsseldorf (Hrsg.): Weichlöten in Forschung und Praxis (DVS-Berichte, Band 82 und 104); Hochtemperaturlöten (DVS-Berichte, Band 92); Merkblätter 2601, 2602, 2603, 2604, 2605 und 2607

Fahrenwaldt, H. J.: Schweißtechnik, Verfahren und Werkstoffe. Wiesbaden: Vieweg, 1988

Petrunin, J. E.: Handbuch für Löttechnik. Berlin: Verlag Technik, 1988

Ruge, J.: Handbuch der Schweißtechnik, Band II, III und IV. Berlin: Springer, 1984, 1985, 1988

Schuler, V.: Schweißtechnisches Konstruieren u. Fertigen. Wiesbaden: Vieweg, 1992

Stahl-Informationszentrum, Düsseldorf (Hrsg.): Hartlöten von überzugsfreiem Stahl (Merkblatt 237)

Strauß, R.: Das Löten für den Praktiker. München: Franzis, 1984

Wellinger, K., Gimmel, P., Bodenstein, M.: Werkstoff-Tabellen d. Metalle, 7. Aufl. Stuttgart: Kröner, 1972

Wuich, W.: Löten – kurz und bündig. Würzburg: Vogel, 1972

Zaremba, P.: Hart- und Hochtemperaturlöten. Düsseldorf: DVS, 1988 (Die Schweißtechnische Praxis, Band 20)

Zimmermann, K.-F.: Hartlöten. Düsseldorf: DVS, 1968 (Fachbuchreihe Schweißtechnik, Band 52)

Druckschriften und Handbücher der Lothersteller, z. B. Degussa-Fachzeitschrift „Technik die verbindet“

第6章 焊　　接

6.1 功能和作用

6.1.1 工作原理和用途

焊接是一种不可拆连接，它在焊接接头处用焊缝将零件连接在一起成为焊接件。焊接件还可通过焊接构成焊接组件。加工好的零件（焊接结构）由一个或若干个焊接组件构成。

作为一种牢固的材料封闭连接，焊接特别适合于

—传递力、弯矩和扭矩。

—单件大尺寸或小批量加工，成本低。

—适用于较高工作温度。

—维护简便。

—用于密封连接。

为了方便选择，将焊接的优缺点比较如下：

优点：

—相对于铸件：由于壁厚和零件的横截面要小得多，因此质量更轻（轻结构）。无需铸模，因此成本更低（至少小批量是如此）和加工工期短。无壁厚敏感性。由于钢的弹性模量较大，因此其形状刚度比灰铸铁件要好。采用箱形梁结构时（见图6-26b），其减振（机床机架）效果在一定条件下比灰铸铁好。具有更大的结构设计自由度。

—相对于铆接和螺纹联接：无搭接头、搭板和铆钉（螺栓）头，所以质量轻、零件表面光滑、美观、且清洁方便，便于采用防腐措施。棒和板没有铆钉孔或螺栓孔的削弱。

—总的来说：节约材料、经济性好、结构轻巧。

缺点：

由于焊接过程会导致收缩、大内应力和在焊缝区域组织变化，所以为消除脆性断裂的危险（见§6.1.3-3）和裂纹形成要显著地增加成本，同时对焊接工人的要求也非常高。

校正“偏斜”的焊接件是一件费时费力的工作。建筑施工钢结构采用焊接的难度和成本比铆接和螺纹联接大；桁架结构中杆件的定位也比铆接和螺纹联接困难，因为铆接和螺纹联接中的杆件可以准确的用其上的孔来定位。常用的角焊缝的控制几乎是不可能的。

在钢结构（例如，桥梁和起重机的实心梁，钢结构高层建筑中梁的连接，托架、支架和桁架结构中钢板和型钢，特别是管结构）中，焊接有取代铆接的趋势。

在锅炉和容器制造中，几乎都采用焊接。钢板之间采用对接焊缝，其表面光滑，可保持未受干扰的力流，特别是在压力容器、管道等制造中，可采用自动焊接技术，强度比铆接好。

在机械制造中，焊接是一种重要的加工方法，特别是单件或小批量生产时，例如杠杆、轮体、框架、机架、保护罩、轴承座、卷筒和带轮。除了有结构焊接外，还有用于裂纹或断裂时的修复焊接，用于给零件添加护板和包覆金属或加强磨损部位的补焊，以及与焊接技术

相关联的气割。使用手动气割机和带光电控制或数控的气割机械可以用钢板非常经济的切割出任意形状的零件，并做好焊接接头的准备工作。为了进一步提高效率和生产率，焊接加工已越来越机械化。因此，除了一般设备外，在焊接中越来越广泛地使用工业机器人。

6.1.2 焊接方法

对焊接方法的详细叙述不属于机械设计的范畴，它属于制造技术。因此，本书只从设计的角度，简要介绍几种最重要的焊接方法。焊接方法及其概念的详细说明见 DIN 1910（焊接；焊接方法的概念，分类）。

1. 熔焊 熔焊通过将零件的局部受控熔化而将零件连接在一起，无需载荷，添加或不添加填充料均可。在焊接区起作用的功是通过外部能量源（如电弧）输入的。根据加工方式的不同，可分为手工焊和机械焊或自动焊。手工焊可实现错综复杂的焊接结构，而机械焊和自动焊的经济性非常好，值得推广。图 6-1 给出了常见的熔焊方法。

焊接方法	代号 特征数 代号图	可能的 加工方 式①	原　　理	产品范围	特点提示
气体熔焊 （气焊）	G 31	*m* *t* *v* *a*	焊池直接由局部受控可燃气体—氧气火焰的作用形成；加热和焊接填充料分别进行	薄板 管道	投资成本低。有利于限位焊接和焊接位置很窄的场合（可达性好），焊接内应力低。适用于对接和角焊缝；不适用于T形接头和板厚不一致的情况
手工电弧焊	E 111 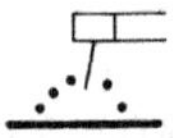	*m* *t*	电弧在一个手工添加的棒状电极（焊接填充料）和工件之间燃烧。电弧和焊池用气体或熔渣保护，熔渣是电极产生的	通用	适用于所有接头和焊缝类型
埋弧焊	UP 12 	*t* *v* *a*	一个或多个电弧在一个或多个熔化电极与工件之间不可见地燃烧。电弧和焊接区用焊粉层形成的熔渣与大气隔离	容器制造 钢结构 船舶制造 飞机制造 机械制造	熔化功率大，焊缝形状好，X射线安全性高，可用于厚板和长焊缝
气体保护焊	SG		可见电弧在一个保护气体罩下燃烧		
a）金属惰性气体焊	MIG 131	*t* *v* *a*	电弧在熔化电极与工件之间可见燃烧。用惰性（不易起反应的）气体（例如氩、氦或它们的混合体）做保护气体	仪器制造 容器制造 船舶制造 飞机制造	熔化功率可变，变形很小。优先用于奥氏体钢和有色金属。经济性比 WIG 焊接好
b）金属活性气体焊	 MAG 135	*t* *v* *a*	电弧在熔化电极与工件之间可见燃烧。用（化学）活性气体（CO_2和混合气体）做保护气体	所有工业部门和金属加工手工制品	优先用于非合金钢和低合金钢
c）钨惰性气体焊	WIG 141 	*m* *t* *v* *a*	电弧在钨电极与工件之间可见燃烧。焊接填充料不带电流输入。用惰性气体（大多数情况下为氩）做保护气体	仪表制造 容器制造 核反应堆制造 家用产品制造	可用于几乎所有金属材料。厚钢板可透焊。焊接速度快

图 6-1 熔焊方法（节选）

焊接方法	代号 特征数 代号图	可能的加工方式①	原　理	产品范围	特点提示
电子束焊	EB 76	*t* *v* *a*	直径为十分之几毫米的电子束集的能量转换为热量	深焊接： 车辆制造 机械制造 飞机制造 微焊接： 电子元器件 精密机械	设备成本高。可连接不同材料。可实现微焊接。加工完成的工件没有变形，无需后处理就可焊接在一起

①*m*=手工焊，*t*=半机械化焊接，*v*=全机械化焊接，*a*=自动焊接

图6-1　熔焊方法（节选）（续）

2. 压焊　压焊是在压力的作用下将零件连接在一起，添加或不添加填充料均可。局部受控加热（有时直到熔化）使焊接成为可能，也更加容易。在焊接区起作用的功是通过外部能量源（例如电流）输入的。所有的压焊方法经济性都特别好。闪光对焊的强度最高。图6-2给出了常见压焊方法。

焊接方法	代号 特征数 代号图	可能的加工方式①	原理	产品范围	特点提示
（电阻）点焊	RP 21 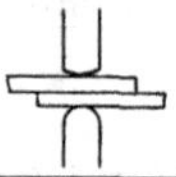	*t* *v* *a*	电流和压力由点焊电极输入。工件互相压在一起的面在经过充分加热后，在压力下点状（透镜状！）焊接	板材加工： 车辆制造 车厢制造 仪器制造 建筑工业	是取代铆接的经济性非常好的焊接方法
滚缝焊	PR 22 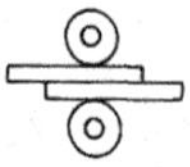	*t* *v* *a*	电流和压力由一对滚子电极传到两工件面上。工件的接合面经过充分加热后，在压力下焊在一起。根据焊点距离的不同，分为滚点缝和滚密封缝	板材加工： 车身制造 车厢制造 容器制造	仅限于焊点距离相同的形状简单的零件。加工速度和电极寿命均高于点焊
闪光对焊	RA 24 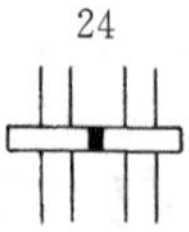	*m* *t* *v* *a*	电流和压力由卡爪输入。工件轻轻接触，流过的电流将其加热，形成熔流材料（闪光）。经充分加热后，将工件冲击顶压焊接在一起	对焊：用板带制造轮圈，用圆钢制造链条。板材和型材的对焊和斜缝焊。机械制造：心轴、转轴、轨道、刀具	用于紧凑截面（例如圆钢）和大表面积（例如管道，对于钢可达100000mm²）的焊接具有优越性。焊接处可在机器中进行热处理（例如调质）
摩擦焊	FR 42	*v* *a*	工件通过在接头面上摩擦加热，在压力下焊接	汽车工业： 万向节轴，阀杆，主动小齿轮 刀具工业：钻头，铰刀和铣刀焊接刀柄	适用于不同材料之间（例如片状石墨铸铁-钢，铜-钢，铝-钢）的连接。至少一个被连接件应旋转对称
电弧螺柱焊（带活塞，尖点或环形点火系统）	B (BH,BS,BR) 781	*m* *t* *v* *a*	工件之一为螺柱或柱形，电弧将接头面熔化后，在压力下焊接，无需填充料。点火过程不同形成不同的焊接方法	屋面制造，钢连接，钢筋混凝土，机械制造，锅炉制造，管道制造	圆形、椭圆形、正方形和长方形截面柱形零件可以在很短的时间里高质量整个截面完全地焊接。可用于不同材料之间的焊接

①*m*=手工焊，*t*=半机械化焊接，*v*=全机械化焊接，*a*=自动焊接

图6-2　压焊方法（节选）

3. 焊接方法的选择　设计人员常常在初步设计阶段（主要是与车间一起）就要选择技术经济指标最好的焊接方法。除了要考虑加工批量外，还要考虑质量要求、接头类型和企业现有设备情况，特别要考虑零件材料和壁厚。图 6-3 给出了常见焊接方法选择决策帮助表。

材料			碳钢						合金钢						铸钢			白可锻铸铁	片状石墨铸铁	球墨铸铁	黑可锻铸铁	铝和铝合金						铜和铜合金					
板厚范围①			1	2	3	4	5	6	1	2	3	4	5	6	4	5	6	3	4	5	6	1	2	3	4	5	6	1	2	3	4	5	6
气焊																																	
电弧焊	电极	无																															
电弧焊	电极	涂料不含B②																											•			•	
电弧焊	电极	涂料B																															
电弧焊		UP																															
电弧焊	保护气体	MIG																													•	•	•
电弧焊	保护气体	MAG																															
电弧焊	保护气体	WIG																															
电子束																																	
电阻焊		点																															
电阻焊		滚缝																											•	•				
电阻焊		闪光																															•

注：• 仅对铜合金

①板厚范围：1：≤1mm，2：>1～3mm，3：>3～6mm，4：>6～15mm，5：>15～40mm，6：>40mm。

②见§6.2.1-4

图 6-3　选择合适焊接方法的决策帮助表（见§6.2.1-1）

6.1.3　焊接过程的影响

1. 收缩和应力的形成　焊接件加热和冷却过程可以用应力格栅模型图（见图 6-4a）来形象地加以说明。

如果该模型均匀加热，它将遵循热变形定律沿所有方向伸长。当冷却时，它又收缩，并在室温下恢复到原先的尺寸。

该模型由三根杆构成，它们之间用刚度很大的横框连接在一起，中间杆 S_{I} 的横截面面积等于外面两根杆 S_{II} 的横截面面积之和（见图 6-4b），假设在试验开始时，没有应力。将中间杆 S_{I} 与焊接类似加热一个狭窄的区域，使它直到约 600℃并一直在伸长。但与其相邻的冷横截面阻碍热伸长，此时，外面两根杆 S_{II} 会产生弹性伸长。中间杆 S_{I} 产生压应力，而外面两根杆 S_{II} 产生拉应力，基于平衡的原理，它们相等，当中间杆加热到超过 600℃，被加热区域材料强度急剧下降。受拉应力的两根外杆 S_{II} 对中间杆的加热区域产生顶压并使其永久缩短，而外杆本身应力释放。

在随后的冷却中，当温度降至约 600℃以下时，加热区域的材料强度又升高，由塑性顶压缩短的中间杆 S_{I} 开始收缩；这样，外杆 S_{II} 又产生弹性顶压。降至室温时，中间杆 S_{I} 的拉应力和外杆 S_{II} 的压应力平衡（见图 6-4c）。

由于熔焊将零件用连续运动的热源点状加热，所以可以将上述模型化的描述用于具体的焊接零件。由于在没有外载时就有应力存在，因此将该应力称为内应力。图 6-5 所示为一个工字形截面焊件内应力的分布和大小。一般来说，在焊缝区域焊接内应力会达到母材的屈服点 R_e。

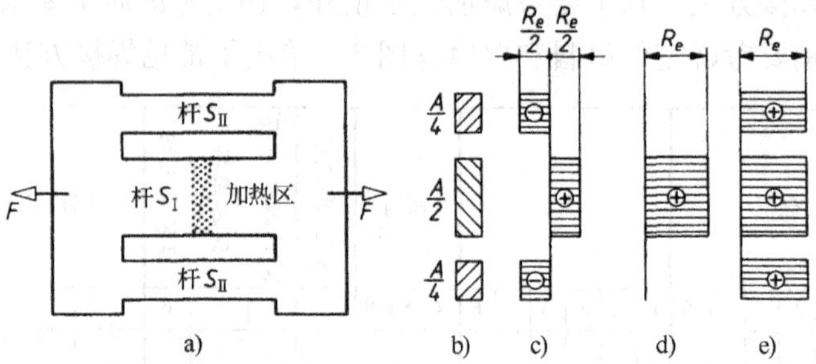

图 6-4 表示焊接应力产生和消除的应力格栅模型图

a）弹性材料（钢）的应力格栅模型 b）各杆横截面 c）未加外载荷，内应力 $\sigma_e=\pm R_e/2$（R_e为屈服点） d）加外载荷 F，$\sigma_e=+R_e/2$，内应力 $\sigma_e=\pm R_e/2$ e）加外载荷 $2F$，$\sigma_e=+R_e$，内应力 $\sigma_e=0$

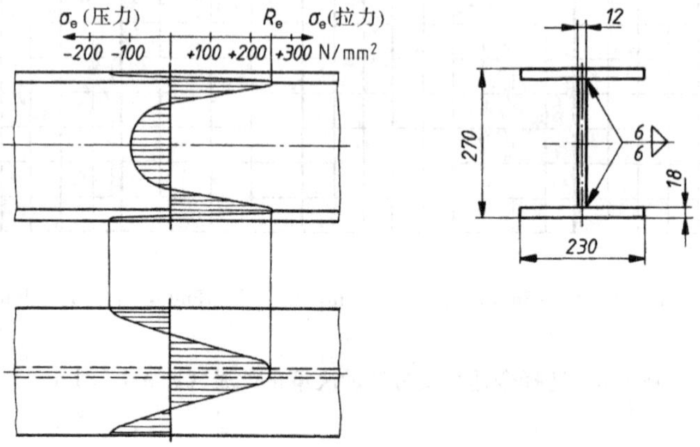

图 6-5 材料为 S235 的工字形横截面纵向内应力分布，没有经过后热处理（根据试验结果）

2. 焊接收缩的影响 在每个焊件中都存在收缩力，它引起收缩（缩短），内应力和横截面形状的改变及轴线的偏斜和扭曲。（这取决于零件形状和刚度）。根据收缩的三个运动方向与焊缝的关系，可分为：纵向收缩、横向收缩和角度收缩。虽然这三种收缩总是同时出现，但为了理解方便，在图 6-6 中把它分开表示。图 6-6 以 T 形横截面焊件为例，还给出各种收缩的近似值。

提示：由局部加热所产生的热伸长受阻必将引起焊件的收缩、内应力和常常是很显著的变形。

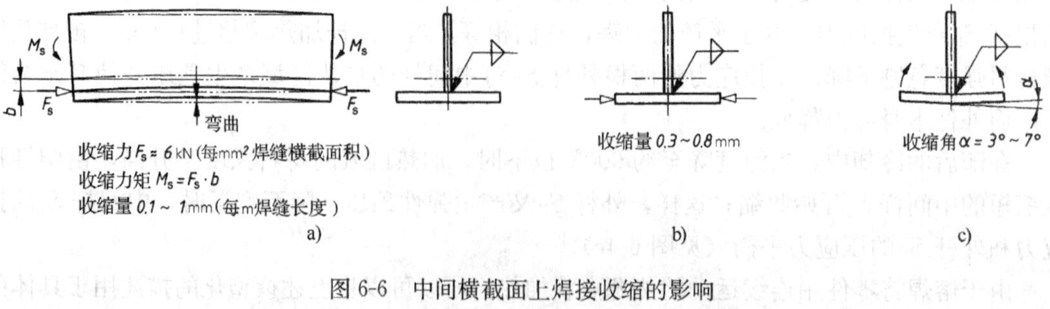

图 6-6 中间横截面上焊接收缩的影响

a）纵向收缩和翘曲 b）横向收缩 c）角度收缩

3. 内应力和负载应力的综合影响 因为仅仅焊接内应力本身就已经达到了材料的屈服点（比较图 6-5），所以必须搞清楚，当加载产生负载应力后，零件剩余的安全系数有多大。下面还是用一个模型来说明这个问题。

由§6.1.3-1 知，应力格栅模型（见图 6-4a）在加热和冷却过程中，中间杆 S_{I}产生拉应力，外杆 S_{II}产生同样大小的压应力，为材料屈服点的一半 $R_e/2$（见图 6-4c）。如果现在加一个外拉力 F，使各杆产生一个附加拉应力 $R_e/2$，这样在中间杆 S_{I}中，由于本身就有内拉应力，所以得到一个总应力为 R_e，而外杆 S_{II}由于本身有内压应力，合成后就没有应力了（见图 6-4d）。如果将外载荷 F 继续加大，则中间杆 S_{I}屈服，因为已经达到了屈服点 R_e，产生永久伸长，并且不能再承受应力，屈服点的作用就像是“安全阀”。外杆 S_{II}（一半模型横截面）必须单独承受载荷的进一步加大，且在载荷 $2F$ 的作用下一直在弹性伸长直至屈服点（见图 6-4e）。因为在整个横截面上作用有均匀分布的拉应力，所以内应力被完全消除了。

由焊接收缩产生的杆 S_{I}和 S_{II}的长度差所导致的内应力，由于 S_{I}的屈服而消除。在卸载后，就不再有内应力了。

对模型所做的试验表明，如果零件在焊缝区域的变形能力强的话，焊接内应力就可以通过外载荷部分或全部消除。但塑性材料（适宜焊接）的变形能力受到焊接内应力所导致的多向应力状态而受阻时，就会有形成裂纹和过早断裂的危险。这种情况下，焊接内应力可采用消除应力退火来去除（见§6.2.1-1）。

零件的焊接性一般符合下述规则：

1）对于主要是承受静载荷的零件（例如高层钢结构），使用适用于焊接的母材和填充料（例如 S235、S355），在承受外载荷并在局部屈服的情况下，其内应力可消除。零件的承载能力不会受焊接内应力的影响而降低。

2）对于承受动载荷的机械和起重机制造用零件，在使用适合于焊接的母材和填充料并面向焊接进行结构设计后，焊接内应力对寿命只有很小的影响。只有当零件结构很复杂且有剧烈的应力集中时才需要进行消除内应力退火。但必须注意的是，机械制造材料 E295、E335 和 E360 不能用于电弧焊和气焊，因为它们有发生脆性断裂和硬化的趋向。

3）多向拉伸内应力会导致无变形的强断裂，即脆性断裂、裂纹扩张伴随着冲击。低温和大变形速度会降低其危险性。

降低内应力及其变形的措施见§6.2.5。

6.2 结构和设计

6.2.1 零件的焊接性

根据 DIN 8528-1（金属材料的焊接性，概念），零件的焊接性是指在保证足够的安全系数下具有所要求的承载能力和经济性。它们受以下三个重要因素的影响：材料、设计和加工（见图 6-7），每个因素都足以影响焊接性。通过选择合适的材料来提高焊接性，但若设计的力流不好或是没采用合适的加工方法又会将焊接性降低，这样做是很不恰当的。

1. 材料的适焊性 如果一种材料的化学、冶金和物理特性使其能在满足给定要求的情况下，找到合适的焊接方法来进行加工，该材料具有适焊性。

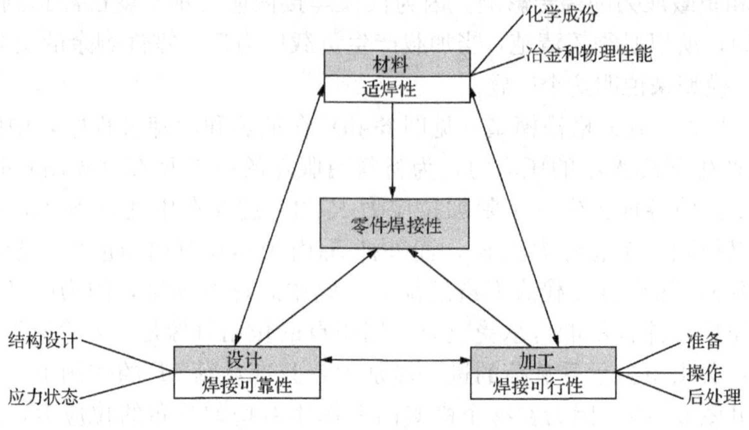

图 6-7 影响零件焊接性的因素（摘自 DIN 8528-1）

钢

钢的适焊性从根本上来说与其碳的质量分数（硬化）、冶炼方法和铸造方法（共生元素，偏析）有关，如果是合金钢，还与合金元素的质量分数有关。

一般规则：低碳钢（≤0.22%C）适宜焊接，而高碳钢必须在一定条件下才能用于焊接；相对于沸腾钢（FU）和常化退火钢（N）等未经处理的钢种，优先选用镇静钢（FF）。

非合金钢和低合金钢的适焊性主要取决于其硬化趋势。通过对焊缝区域的预加热可以降低冷却速度，从而降低危险的硬化（即形成马氏体）过程。碳的质量分数 0.2%～0.3%的非合金钢应预热到 100～150℃，碳的质量分数为 0.3%～0.45%的应预热到 150～275℃，碳的质量分数为 0.45%～0.8%的应预热到 275～425℃。

为了评估低合金钢的硬化趋势，应先计算碳当量：

$$CE(\%)=\%C+\frac{\%Mn}{6}+\frac{\%Cu+\%Ni}{15}+\frac{\%Cr+\%Mo+\%V}{5}$$

根据 CE 的不同，其焊接条件分别为：

CE≤0.45%：	适焊性好，当零件厚度超过 30mm 时要预热
CE=0.45%～0.6%：	在一定条件下适焊，预热到 100～200℃
CE>0.6%：	不一定适焊，预热到 200～350℃

（零件厚度越大，预热温度越高）

消除应力退火，厚度大的焊接零件应避免多向应力状态（脆性断裂危险）及在后续切削加工时产生变形。退火过程降低材料的屈服点，通过塑性变形消除弹性内应力。非合金钢和低合金钢加热到 600～650℃。保持时间为每 1mm 壁厚 2min，但至少要达到 0.5h。

非合金结构钢（DIN EN 10025，见 TB1-1a）以热成形状态和常化退火投入使用。质量等级为 JR、JRG1/G2、JO、J2G3/G4 和 K2G3/G4 的钢对于任何焊接方法均适用。从质量等级 JR 到质量等级 K2 的各种钢的适焊性越来越好。抗脆性断裂的安全系数加大，其表现为更大的切口抗冲击能力，更低的过渡温度。

对于没有质量等级的钢，如 S185、E295、E335 和 E360，没有适焊性的说明，且不能保证切口抗冲击能力。根据 DASt 规范 009 号“焊接零件用钢质量等级的选择”，对于每一种焊接任务，按照应力状态、零件的重要性、工件厚度和温度来确定一种有足够抗脆性破坏安全系数的钢号（质量等级）。

适合焊接的细晶结构钢（DIN EN 10113-2，-3，DIN EN 10028-3，-5，-6，见 TB1-1b）以常化退火（常化轧制）、热机械轧制和经流体调质的状态用于压力容器和钢结构中。它们适用于所有常见的焊接方法。为了使焊接韧性好和没有裂纹，在焊接时采用涂料棒形电极，对于埋弧焊使用基本填充料和辅料。常常需要预热到 100～200℃之间。

为了防止冷却裂纹的产生，调质细晶钢特别要注意将氢的质量分数控制在最低限度内。对于这类钢在焊接后进行脱氢退火（“吸收处理”）是常规热处理。

有关细晶结构钢焊接加工的详细规范请查阅《钢铁材料手册 088（SEW088）》。生产商会根据要求提供合适焊接条件的说明，它是在焊接方法试验的基础上得出的。

调质钢（DIN EN 10083，见 TB1-1c）全部适合于闪光对焊，其中，C22，25CrMo4 和 28Mn6 还适用于熔点焊和电阻点焊。其他钢材由于碳的质量分数较高（≤0.6%），在焊接时必须采取特殊措施（预热、异质填充料）。

渗碳钢（DIN 17210，见 TB1-1d）在渗碳之前都适合于熔焊和闪光对焊，但对于高合金钢 16MnCr5、20MnCr5、15CrNi6 和 17CrNiMo6 必须预热和采用特殊方法。

高合金钢作为不锈、耐热、耐高温和耐冷材料使用（比较 TB1-1i 和 TB6-15b）。这类钢焊接时应使输入的热量尽可能少。在进行焊接加工时，根据其组织形态不同，分为铁氧体钢、马氏体钢和奥氏体钢。

铁氧体铬钢（例如 X6Cr17）基本上都适合于焊接（问题：铬钢脆化和晶粒粗化）。对于非稳定钢（不含 Ti 或 Nb），应缓慢冷却或进行短时扩张退火。

马氏体钢（例如 X20Cr13）为自硬钢，因此只是在一定条件下适合于焊接。这类钢绝大部分都要预热到 300～400℃之间，且在焊接后不经冷却直接在 650～750℃进行起动退火。

奥氏体钢（例如 X5CrNi18-10）基本上都适合于焊接（问题：热裂纹和晶间腐蚀）。对于碳的质量分数低于 0.07%的稳定钢（含 Ti 或 Nb），在通常的腐蚀要求下，不需要进行热后处理。

含硫易切削钢（例如 X8CrNiS18-9）由于热裂纹危险性更高而不能焊接。

合适的焊接方法有 WIG、MIG、E 和 UP。

铁-碳-铸造材料

根据用途的不同，可分为工艺焊接（例如去除铸造缺陷）、保养焊接（维修焊接）和结构焊接。结构焊接提供了将大型复杂零件分解为若干简单铸造零件的解决方案（铸造—焊接结构），或者将铸件与锻件或轧制型材连接在一起（铸造—连接—焊接结构），并由此降低制造成本。

铸钢（DIN 1681，见 TB1-2g）直到钢号 GS-60 都有很好的焊接性。钢号 GS-45 和 GS-52 要求进行预热。铸钢 GS-16Mn5 和 GS-20Mn5（DIN 17182）用于对适焊性和韧性有特殊要求的场合。

调质铸钢（DIN 17205，见 TB1-2h），不锈铸钢（DIN 17445，见 TB1-2i），耐高温铸钢（DIN 17465），高强度铸钢（SEW 520）和压力容器用铸钢（DIN EN 10213-1）[用于室温和更高温度（DIN EN 10213-2），低温钢（DIN EN 10213-3）]，由奥氏体和奥氏体-铁氧体组成的钢种（DIN EN 10213-4）的焊接，适用成分相当的轧制和锻制钢材的焊接规范。

DIN EN 10213-1 规定了预热、中间放置和消除应力退火的条件。例如，对于钢号 G17CrMo5-5，预热温度为 150～250℃，中间放置温度最高为 350℃，热处理温度至少为 650℃。

对于钢号为 EN-GJMW-360-12 的经退碳退火的（白）可锻铸铁（GJMW，DIN EN 1562，见 TB1-2e)，当壁厚不超过 8mm 时，适用于所有方法进行工艺焊接和结构焊接，而且不需要进行后处理。

对于未经退碳退火的（黑）可锻铸铁（GJMB)，如同其他 GJMW 材料一样，可用于轻载结构焊接和工艺焊接，但必须对焊件进行附加的退火。所有的可锻铸铁，当壁厚低于 8mm 时，以强化退碳退火为前提，均可用结构焊接低成本地制造零件。

片状石墨铸铁（GJL，DIN EN 1561，见 TB1-2a）和球墨铸铁（GJS，DIN EN 1563，见 TB1-2b)，当用于较大载荷和动载荷时，焊接采用同质填充料，同时进行预热，并要进行附加热处理（热焊接，质量等级 A)，当用于较低要求时，焊接采用异质填充料，无需进行热处理（冷焊接，质量等级 B)。

适用于铸造材料的熔焊方法有：G（仅仅热焊接)，E，MIG 和 WIG。对于铸铁和可锻铸铁主要使用 DIN 8573 规定的填充料，例如 FeC-G 用于同质焊接，Ni 用于异质焊接。请遵循设计规范 DVS 0602 和 DVS 0603 的规定。

过去认为铸造材料不适于焊接的观点已经被现代焊接技术所更正！

非铁金属

铝及其合金（见 TB1-3b）在保护气体下（WIG 和 MIG)，绝大多数也有良好的焊接性。不能时效硬化的塑性合金（AlMg，AlMn，AlMgMn)，在热影响区域会丧失由冷作硬化所达到的高强度，直至呈“塑形状态”，能时效硬化的合金（AlMgSi，AlZnMg)，能通过重新热处理再次达到原先的强度。合金 ENAW-AlZn4 和 5Mg1 具有良好的性能，它们的热影响区域在焊接后会自行恢复硬度。含铜、铅或铋的合金以及压铸件不适合熔焊。更多的指南见设计规范 DVS 1608。

由于有许多很难确定的影响因素，使评估铜合金的焊接性变得很困难。低沸点的成分会出现问题（锌汽化)，例如产生热裂纹、形成气孔和更容易结壳（Al）等。铜-锡合金（锡青铜)，铜-镍合金（例如 CuNi10Fe1Mn）和铜-铝合金（铝青铜，例如 G-CuAl10Ni）在保护气体下有好的熔焊性能。如果缺乏足够经验，应先进行试焊接。含铅易切削合金不适合焊接。

不同金属之间

为了使连接结构经济性更好，常常要求将不同材料的零件进行焊接，从而最优的发挥各种材料的性能。影响焊接性的主要因素是参与焊接的材料之间形成合金的可能性，其次是热传导系数、母材和填充料产生裂纹的趋势和要采用的焊接方法。许多金属组合即使借助于合适的熔焊方法（例如电弧焊和电子束焊）也不能焊接或只是在一定条件下才能焊接时，可以采用压焊进行加工制造。如图 6-2 所示，特别有效的方法有摩擦焊（FR)、超声波焊（US)、扩散焊（D）和电阻点焊（RP)。

钢、铜合金、铝合金和镁合金等材料，相同组的任意型号规格组合均可以采用熔焊制造可用的连接。如果对要连接的金属不具有适焊性判断经验的话，可参阅有关专业文献或材料提供商的说明，也可自己做试验。如果实在有困难，采用其他连接方法（例如粘接或钎焊)，也可得到可用连接。

热塑性塑料

只有热塑性塑料可以在添加或不添加同质塑料的情况下进行焊接。化学仪器的制造和管道制造（见 DIN 16928，设计规范 DVS 2205）是其应用例子，它们主要用聚氯乙烯（硬化

PVC)、聚乙烯（硬化PE）和聚丙烯（PP）的半成品通过热气体焊接或热元件焊接进行加工。

2. 设计决定的焊接可靠性 通过进行焊接结构设计并使用相应的材料，在给定运行条件下，一个焊接零件的功能能满足要求，则该设计具有焊接可靠性。它主要受结构设计（例如力流分布，见§6.2.5）和应力状态（例如应力的类型和大小，见§6.1.3和§6.3.1）的影响。

3. 加工决定的焊接可靠性（焊接可行性） 通过选择合适的焊接方法，可以保证按照设计要求加工出该零件，则该零件具有焊接可行性。它主要受焊接准备工作（例如接头类型，预热），焊接加工操作（例如焊接工序）和后处理（例如退火）的影响。

4. 焊接填充料 填充料必须符合母材、焊接方法和加工工艺的要求。非合金钢和铸铁的焊接常常可以通过填充料达到所要求的强度，它们的成分与母材有根本不同，而加工对耐腐蚀性有要求的焊接件（绝大部分为不锈钢或铝合金）时，必须用同质材料进行焊接。

气焊条：用于非合金钢和低合金钢（DIN 8554），根据其化学成分和能承受切口冲击能量的不同分为7个等级（G I～G VII）。对于一般结构钢、管道钢和锅炉钢板都有相对应的焊条等级。

涂料棒形电极：用于非合金钢和细晶钢（DIN EN 499）。在实际中，按照涂料的化学特性、焊缝金属的强度、应用范围和涂料厚度进行分类。

应用最广泛的电极是金红石涂料电极（R型）。它可以用于所有焊接场合，焊缝力学性能好，而且不易产生热裂纹。碱性涂料电极（B型）的焊缝金属变形性能优异，故可用于厚壁零件和刚性结构中。它特别适用于对焊接敏感的钢材。酸性涂料电极和纤维素涂料电极（A型和C型）几乎不被应用。涂料层很薄的电极只适用于焊接承受很小的静载荷的零件和薄板焊接，中等厚度涂料电极有好的韧性，而厚涂料电极具有最好的性能。

用于铸铁和可锻铸铁（DIN 8573)、耐热钢（DIN 8575）、不锈钢和耐高温钢（DIN 8556）、细晶结构钢（DIN 8529）、铝及铝合金（DIN 1732）以及铜及铜合金（DIN 1733）的填充料的详细规定见各自括号中的标准。

代号示例：金红石碱性涂料棒形电极（RB），用于电弧手工焊（E），其焊条金属的最小屈服点为420N/mm^2（42），在−30℃时，其最小切口冲击能量达到47J。焊缝金属的合金质量分数为1.1%的Mn和0.5%Mo（Mo）。其代号为

棒形电极 EN 499-E 42 3 Mo RB

作为非强制的要求，一个标准代号还可以包括有关产量、电流种类、焊接位置和氢气的质量分数的说明。

6.2.2 接头和焊缝类型

1. 概念 焊接接头指的是零件上将通过焊接而互相连接在一起的部分。它按照零件之间的结构关系（延长、加强、分支）进行分类，图6-10将各种接头类型进行了汇总。

焊缝将零件在焊接接头处连接在一起。焊缝类型主要取决于焊接接头类型、焊缝准备（例如坡口形状）、材料和焊接方法。焊接接头处焊缝的准备（坡口、间隙）应保证（例如采用对接焊缝时）板的边沿有好的熔池，能很好的透焊到底部，并使焊缝横截面能完全填充。坡口形状与材料类型、工件厚度和焊接方法有关，详细的选择规范请参考相关标准（例如DIN EN 29692和DIN 8552，见图6-11)。图6-8所示为带熔池安全板（例如托板）的HY

（单边Y）形焊缝的坡口形状。

分布在一个焊接层或多个焊接层的一个个焊瘤构成焊缝。图6-9所示为Y形焊缝构造和分层，带有背焊层。根据在长度方向上是否全部焊接，焊缝可分为连续焊缝和不连续焊缝（焊缝分布）。

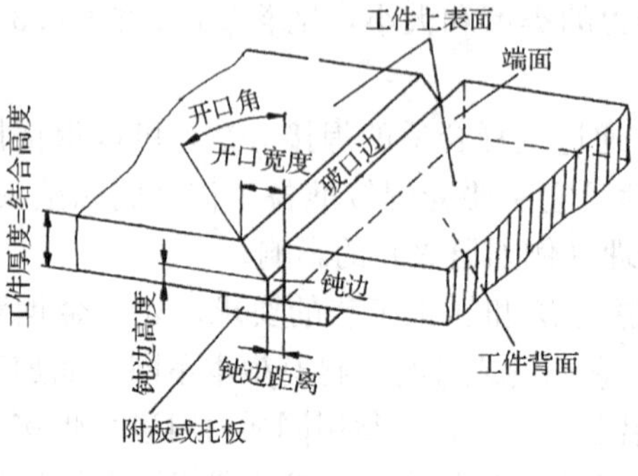

图6-8　HY形焊缝的准备
坡口形状及有关概念按DIN 1912-1规定。焊接后熔池安全板保留在焊件上（作为附板）或去除（作为托板）

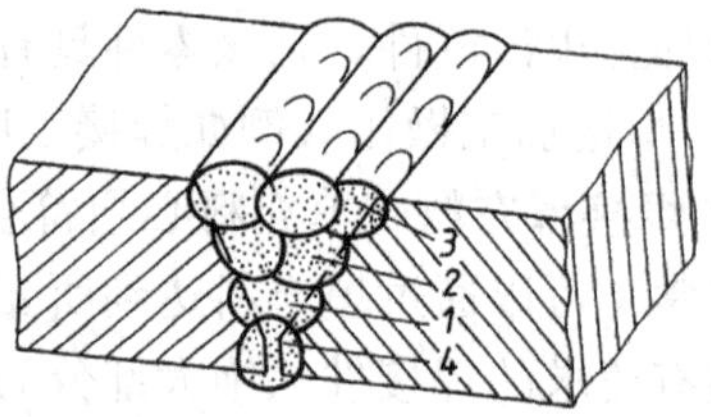

图6-9　带背焊层的Y形焊缝构造和分层
中间层和覆盖层由多个焊瘤组成。图中数字代表各层顺序
1—底层　2—中间层　3—覆盖层　4—背焊层

接头类型	零件排列关系①	接头说明	适宜焊缝形状（代号） 提示
对接头		被焊件排列在一个平面上，两者接头相对	八 ‖ V X Y Y 力流不受干扰（优先采用）
平行接头		被焊件互相平行放置	◺ ◺ ⊓ Ⅲ 常用于受弯梁的带板
搭接头		被焊件互相平行放置并搭接	◺ ◺ 常用于钢结构的杆接头
T形接头		被焊件互相垂直放置（T形）	◺ ◺ K 受横向载荷时应采取措施②
双T形接头（十字接头）		两个位于一个平面的被焊件与位于它们之间的第3个被焊件垂直相接	◺ ◺ K 受横向载荷时应采取措施②
斜接头		一个零件相对于另一个零件斜接	◺ 楔角≥60°。受横向载荷时应采取措施②
角接头		两个被焊件以任意角度相接	◺ 比T形接头承载能力差
多面接头		三个或多个被焊件以任意角度相接	要把握所有被焊件很困难。不适合较大载荷
交叉接头	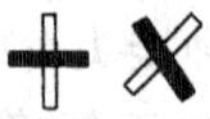	两个被焊件互相交叉	◺ 偶然用于钢结构中

①图中○为焊缝可能的位置。

②由于非金属夹杂物，在厚度方向因为双倍受载或变形能力差，导致横板存在平行于表面断裂的危险（台状断裂）。补救措施：对接头区域进行超声波检测，在设计上避免出现横向拉力，加大焊接接头面积，采用横向受拉性能更好的材料（钢铁材料手册096和DIN EN 10164规定的Z等级，垂直于表面的最小断裂收缩率为15%的代号为：+Z15）

图6-10　DIN 1912-1规定的接头类型

焊缝类型	焊缝形状（坡口形状）	工件厚度 t	结构	符号	特征数	尺寸 角度 α,β(°)	尺寸 间隙 b (mm)	推荐焊接工艺（见图6-1）	相对加工成本（坡口）	说明和用途
卷边焊缝	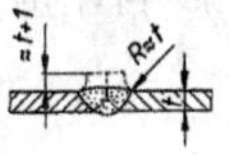	≤2	单面	八	1.1	—	—	G，E，WIG，MIG，MAG		无填充料的薄板焊接
I形焊缝	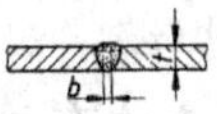	≤4	单面	‖	1.2	—	$=t$	G，E，WIG	0.5	无需焊缝准备，很少填充料。单面焊接时，可能出现未焊透和接合缺陷
		≤8	双面①		2.2	—	$=t/2$	E，WIG（MIG，MAG）		
V形焊缝	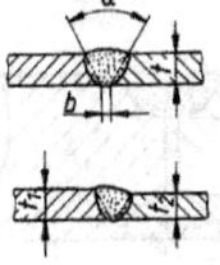	3～10	单面	V	1.3	40～60	≤4	G	1	受动载荷时要注意：1. 底部应处理并双面焊接 2. 当 $t_1-t_2>3$mm时，应将厚的那块板按斜度1∶4做成倾斜的（力流!）
		3～40	双面	V ◡	2.3.9	≈60	≤3	E，WIG		
						40～60		MIG，MAG		
DV形焊缝	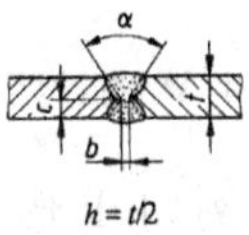	>10	双面	X	2.3.3	≈60	1～4	E，WIG	2	对于较厚的板优于V形焊缝，因为相同条件下，只需一半的焊缝金属量。双面焊接时几乎不会出现角度收缩。背焊层底部必要时应进行处理
						40～60		MIG MAG		
Y形焊缝	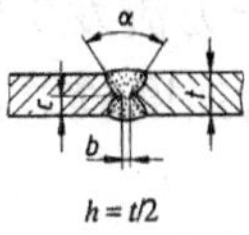	5～40	单面	Y	1.5	≈60	1～4	E，WIG MIG，MAG	1.5	钝边高度 $c=2$～4mm
U形焊缝	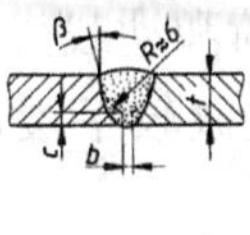	>12	单面	ϒ	1.7	8～12	1～4	E，WIG，MIG，MAG	4	钝边高度 $c=$ 3mm。在背面不能焊接的情况下具有优越性，但准备工作成本高（刨削）
HV形焊缝	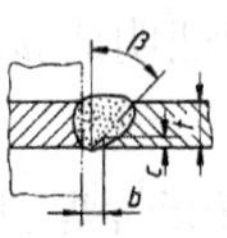	3～10	单面	|/	1.4	35～60	2～4	E，WIG，MIG，MAG	0.7	常常与角焊缝一起用于T形接头中。带不焊接的钝边（HV形钝边缝）可降低加工成本钝边高度 $c\leq3$mm
		3～30	双面	|/ ◡	2.4.9		1～4			
DHV形焊缝（双HV形焊缝、K形焊缝）	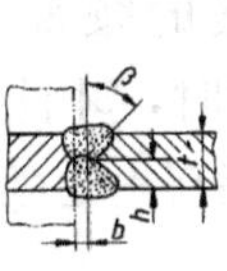	>10	双面	K	2.4.4	35～60	1～4	E，WIG，MIG，MAG	1	常常与角焊缝一起用于T形接头中。带不焊接的中间钝边（K形钝边缝）可降低加工成本。坡口高度 $h=t/2$ 或 $t/3$

注：坡口形状2.3.3，金属活性气体焊接（MAG，135）的标注为：坡口形状DIN EN 29692-2.3.3-135。

①从加工工艺上来说，不一定总是能实现。

注意：可接近性、强制位置或可翻转性。

图6-11 钢的对接焊缝形状及其准备（节选自DIN EN 29692）

2. 对接焊缝　对接焊缝通过焊接坡口构成对接头而将零件互相对接在一起。相对于角焊缝，只要零件布置允许，应优先采用对接焊缝。在同样厚度的情况下，对接焊缝的强度优于角焊缝，特别是承受动载荷的情况下，因为对接焊缝光滑，力流未受影响，应力集中更小。此外，对接焊缝用X射线和超声波进行检测更容易和可靠。

其缺点是，某些坡口形状的加工成本较高。

图6-11所示为钢制零件最重要的对接焊缝形状、用途和准备。

如图6-12所示，基于成本的原因，对于厚板也采用不焊透的对接焊缝。双I形焊缝（见图6-12c）的计算焊缝厚度a按工艺检测方法确定。缝隙宽度b与焊接方法有关，例如采用UP焊接法时，b=0。

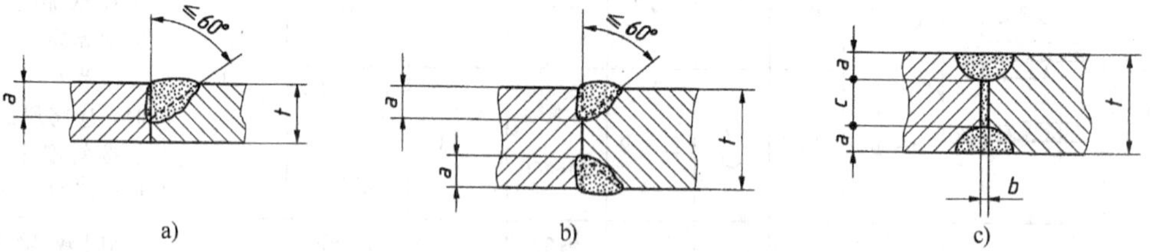

图6-12　DIN 18800-1规定的不焊透对接焊缝

a）HY形焊缝　b）双HY形焊缝　c）双I形焊缝，焊缝无需准备（纯机械焊缝）a=计算焊缝厚度

3. 角焊缝　形成角焊缝的零件之间在两个平面上互相成直角关系（例如T形接头、搭接头和角接头），并由此构成角接头从而容纳焊缝（见图6-13）。由于不需要特别的准备工作，所以更容易加工，当然也就成为经济性最好的焊缝形状。角焊缝由于力流发生转向且应力集中剧烈（没有焊接的缝隙，见图6-13g和h），所以相对于对接焊缝强度较差，在承受动载荷时尤其如此。

实际使用的有如下焊缝类型：

平焊缝（图6-13a）：焊缝经济性好，应用最广泛，适用于承受静载荷和动载荷。

凹焊缝（图6-13b）：用于承受动载荷的零件（焊焰穿透好，焊缝过渡较平缓，力流最好），但只是在熔池位置可焊。

凸焊缝（图6-13c）：用于角接头，容易加工，但焊缝横截面和力流均不好。

锐角角焊缝（图6-13d）：用于倾斜角度大于60°的斜接头。只有在能证明底部也能可靠焊接时，才允许更小的倾斜角度。常常用于桁架的管接头处。

不等腰焊缝（图6-13e）：力流转向较缓慢，用于平板头部的端焊缝或套管焊缝。

按照零件与焊缝的关系，可以分为单面角焊缝（见图6-13g）、双面角焊缝（见图6-13h）、杆件和搭板接头的角焊缝、端焊缝和侧焊缝（见图6-40d）、工字梁的颈部焊缝（见图6-39a）。只有当由于不能接近而无法采用双面角焊缝或承受较小载荷时，才能采用单面角焊缝。角焊缝可以采用磁粉或渗色法检测裂纹，而透视和超声波法只能在一定条件下使用（没有焊接的缝隙）。

焊缝尺寸的推荐值见§6.3.1-4.1。

4. 其他焊缝　其他焊缝指的是既不能归结为对接焊缝，又不能归结为角焊缝（如点焊缝），或者两者的组合焊缝（例如带角焊缝的HV形焊缝）的一类焊缝。

如图6-14a和b所示，在钢结构中，为了获得比角焊缝更高的承载能力或更小的焊缝横

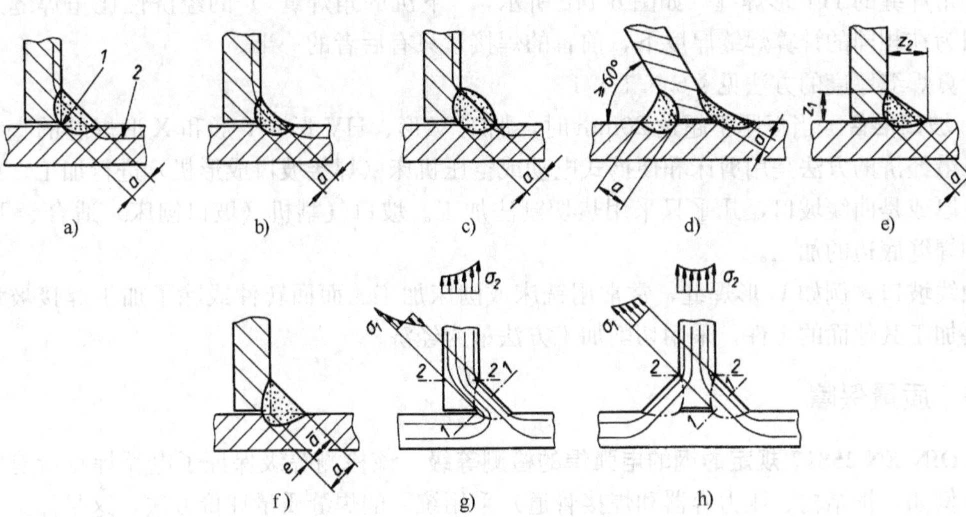

图 6-13 角焊缝

a）平焊缝（1—理论底点 2—力线 a—焊缝厚度） b）凹焊缝 c）凸焊缝

d）斜接头的焊缝厚度 a e）不等腰角焊缝的焊缝厚度 $a=0.5\times\sqrt{2}z_1$（$z_1<z_2$）

f）深度焊焰穿透的角焊缝：$a=\bar{a}+e$ g）和 h）单面和双面角焊缝的应力分布和力流

截面，对于T形接头和斜接头采用透焊缝或对焊缝。在进行强度计算时，不考虑位于外部的角焊缝或双面角焊缝及其焊缝厚度。

非透焊缝（见图 6-14c 和 d）由于存在未焊接的缝隙而具有较大的应力集中，承受静载荷，特别是动载荷的能力差。

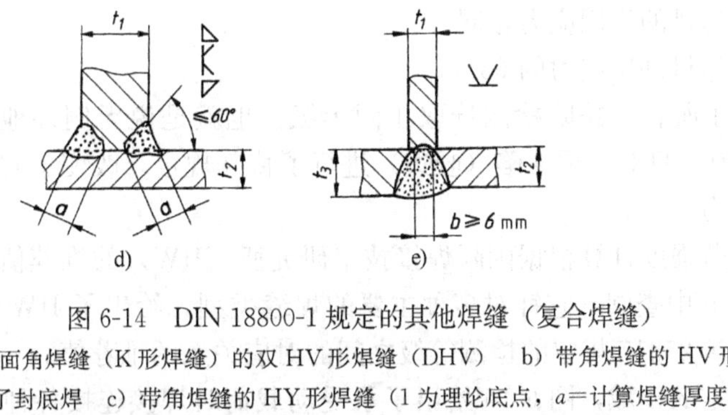

图 6-14 DIN 18800-1 规定的其他焊缝（复合焊缝）

a）带双面角焊缝（K 形焊缝）的双 HV 形焊缝（DHV） b）带角焊缝的 HV 形焊缝，进行了封底焊 c）带角焊缝的 HY 形焊缝（1 为理论底点，a=计算焊缝厚度）

d）带双面角焊缝的双 HY 形焊缝（K 形钝边焊缝） e）三板焊缝，陡坡焊缝

带角焊缝的 HY 形焊缝（如图 6-14c 所示，“下沉的角焊缝”）的经济性比角焊缝好得多，因为在相同的计算焊缝厚度下，前者的焊接量只有后者的一半。

计算焊缝厚度的方法见 § 6. 3. 1-4. 1。

5. 坡口准备　当板厚不超过 20mm 时，加工 V 形、HV 形、Y 形和 X 形焊缝的直线焊接坡口最经济的方法是用剪床和便携式电动或空压机床（焊接坡口成形机）进行加工。如果板子更厚或是曲线坡口，几乎只采用热切割法加工。坡口气割机（坡口刨床）适合于 U 形坡口和焊缝底边的加工。

曲线坡口，例如 U 形焊缝，常常用铣床或刨床加工。而回转件或除了加工焊接坡口以外还要加工其他面的工件，采用切削加工方法最为经济。

6. 2. 3　质量保障

1. DIN EN 25817 规定的钢的电弧焊的检测等级　该检测等级保证了电弧焊在所有应用领域（例如，钢结构、压力容器和焊接管道）采用统一的焊缝质量评价方法，这是保证焊接连接作为一种结构零件应用的前提，也是不同机构组织所作的质量证明能得到互相认可的前提。

DIN EN 30042 和 DIN EN ISO 13919 规定了钢材和铝材的熔焊和电子束焊的其他检测等级。

将对接焊缝和角焊缝的焊接缺陷检测分为三级，即低级（D）、中级（C）和高级（B）。缺陷（例如：气孔、端部偏移）的极限值，D 级最大，B 级最小。对于钢，所规定的板厚范围为 3～63mm。

在实际中，检测等级按所采用的标准（有标准的领域，例如起重机制造领域）确定或由设计人员与使用人员共同确定。它们只涉及加工质量而不管所提供的产品是否可用。

对于承受静载的情况，DVS 须知 0705 给出了 26 种缺陷及其极限值，并推荐了检测等级选择（见 TB6-2）。

根据实际应力占许用应力百分比的不同，分为

—约 50%（$\sigma_{vorh} \leqslant 0.5\sigma_{zul}$）

—约 75%（$0.5\sigma_{zul} \leqslant \sigma_{vorh} \leqslant 0.75\sigma_{zul}$）

—100%（$0.75\sigma_{zul} \leqslant \sigma_{vorh} \leqslant \sigma_{zul}$）

上述焊接连接的许用应力为

—对接缝：与母材的许用应力相同。

—角焊缝：为母材许用应力的 65%。

TB6-2 建议对于所有的缺陷检测选取相同等级，也就是说无例外地严格保证 DIN EN 25817 规定的极限值，只对一项缺陷（咬边）进行了特殊规定，改变了它的极限值，以提高焊接连接的承载能力。

焊接零件的疲劳强度计算根据国际焊接技术研究所（IIW）的推荐值进行，该推荐值可以从 DVS 须知 0705 中查阅，它针对多种主要的焊缝类型，给出了 IIW 规定的疲劳极限等级与缺陷和 DIN EN 25817 规定的检测等级之间的对应关系的推荐值。

对于标准未规定的领域，图 6-15 给出了承受动载荷时焊接连接各种检测等级的推荐应用范围。

检测等级（DIN EN 25817）	推荐应用范围（标准未规定的领域）
B（高要求）	—受重载动载荷的焊缝 —疲劳强度值完全利用的场合 —轻结构 —重载运动零件 —例如杠杆、摇杆、框架、心轴、转轴、转子、拉杆
C（中等要求）	—受中载动载荷 —例如定子、框架、机架、车厢、机座
D（低要求）	—受轻载动载荷的焊接组件 —例如用于按刚度设计的焊接件（尺寸过大）、机座、定子、座板、台架、夹具头

图 6-15 承受动载荷时焊接连接各种检测等级的推荐应用范围

2. DIN EN ISO 13920 规定的焊接结构的一般公差 DIN EN ISO 13920 规定的焊接结构长度尺寸、角度尺寸以及形状和位置一般公差，是指没有在图中用公差标明的，工厂一般精度所允许的名义尺寸的偏差。如果在技术文件中标明该标准时，它适用于焊接零件、组件和结构。它分为四个精度等级（长度和角度尺寸为 A、B、C 和 D；直线度、平面度和平行度为 E、F、G 和 H），主要根据焊接件的不同用途所对应的不同要求来确定合适的精度等级（见 TB6-3）。每提高一个精度等级成本就会相应增加。

根据 DIN ISO 8015，尺寸公差、形状公差和位置公差互不关联。例如，当选择长度和角度尺寸公差等级为 B，平面度、直线度和平行度公差等级为 F 时，在图上的标注为：DIN EN ISO 13920-BF。虽然没有公差选择的一般推荐方法，但还是有一些近似的选择规则：机车车辆的部件和转向架选择 B 和 F，传动件和压力容器选择 B/C 和 F，一般机械制造选择 B/C/D 和 F/G/H。但始终要注意，选择更窄的公差带是否会导致更高的加工成本。

6.2.4 DIN EN 22553 规定的焊缝标注方法

焊缝应在遵循一般制图规则的条件下进行标注。为了简化制图，对于常用的焊缝采用符号来表示。如果通过符号和代号还不足以明确标注焊缝的话，就要将焊缝特别画出并完整地标注尺寸（见图 6-23）。

1. 符号 每一种焊缝类型都用一种符号表示，一般来说，该符号与所要加工的焊缝类似。但是该符号并不决定所要采用的焊接方法。TB6-1a 摘录了一些基本符号。如果需要的话，可以将几个基本符号组合使用，TB6-1b 给出了一些典型例子。

基本符号也允许用表示表面形状或焊缝结构的辅助符号来补充。TB6-1c 给出了推荐的辅助符号。TB6-1e 给出了基本符号和辅助符号组合应用示例。TB6-1d 给出了提示焊缝走向的补充符号，它标注在基准线和带箭头线的交点处。

2. 符号在图中的位置 在图中，通过基准线图将符号与焊接接头相关联，它的组成如下：每一个接头画一条带箭头线，一条基准实线和一条与之平行的基准虚线（见图 6-16），该虚线可位于实线之下也可位于实线之上。

带箭头线所指向的接头这一边称为箭头边，其反面称为对边（见图 6-17）。当将符号置于基准实线这一边时，焊缝（焊缝表面）位于接头的箭头边这一侧（见图 6-17b）。

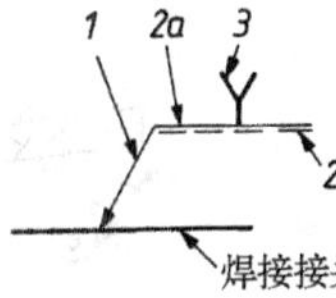

图 6-16 基准线图
1—带箭头线 2*a*—基准实线
2*b*—基准虚线 3—符号

反之，当符号置于基准虚线这一边时，焊缝就位于接头的对边（见图 6-17c）。如果焊缝对称分布于两边，就取消虚线，将两个符号组合起来使用，标注示例见图 6-20c。

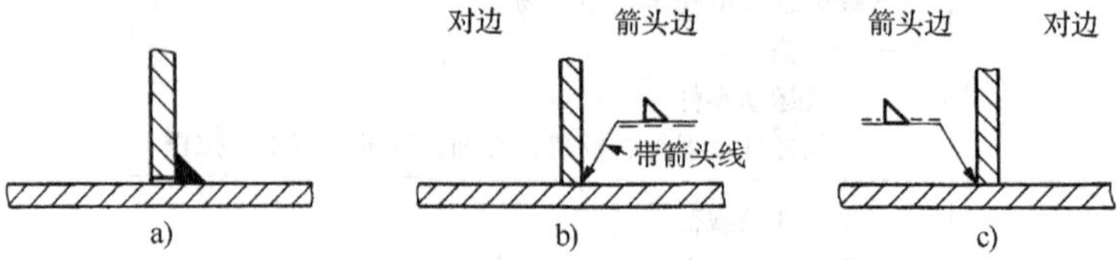

图 6-17　焊接接头的箭头边和对边

a）带角焊缝的 T 形接头　b）焊缝位于箭头边　c）焊缝位于对边

基准线优先按与图形底边平行绘制，不可能时，也可垂直绘制。

对于对称焊缝，带箭头线的箭头指向没有特殊的意义，而不对称焊缝（HV 形、HY 形和 HU 形焊缝）的带箭头线必须指向有坡口的零件（见图 6-18）。

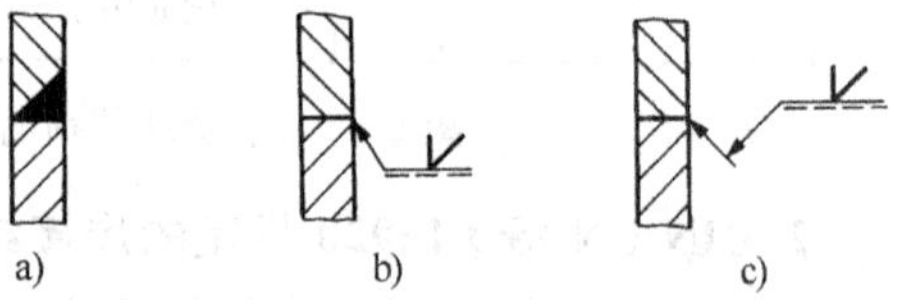

图 6-18　不对称焊缝带箭头线的位置

a）HV 形　b）HY 形　c）HU 形

为了更明确地将要加工坡口的零件标出，还可以将带箭头线打折表示（见图 6-18c）。

3. 焊缝的尺寸标注　焊缝厚度尺寸置于符号左边，而焊缝长度和其他长度尺寸置于符号右边（见图 6-21）。如果没有作其他说明的话，对接焊缝是全焊接的（见图 6-20a）。如果没有标注焊缝长度的话，则说明焊缝在整个工件长度上连续分

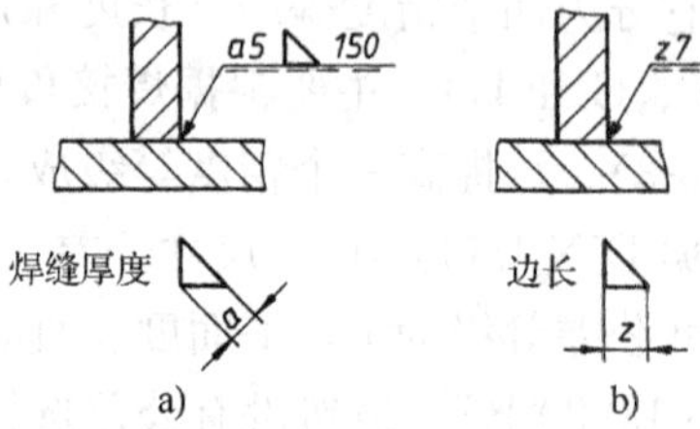

图 6-19　角焊缝的两种标注方法

a）焊缝厚度标注方法　b）焊接边长标注方法

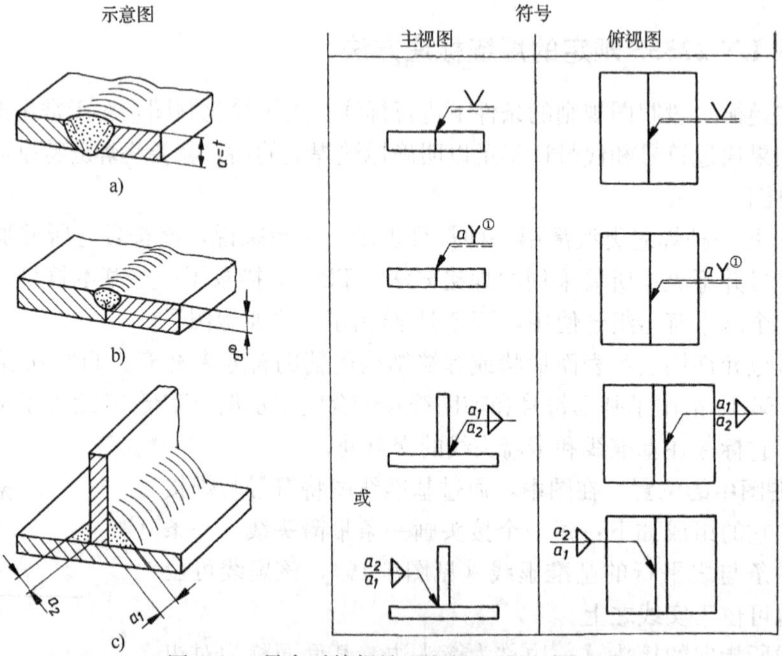

图 6-20　贯穿对接焊缝和角焊缝的尺寸标注

a）透焊 V 形焊缝　b）不透焊 Y 形焊缝　c）焊缝厚度不同的双面角焊缝（在图中焊缝只标注一次）

注：① DIN EN 22553 用字母 *s* 代表非完全透焊对接焊缝的厚度

布。对于角焊缝，世界上常用两种尺寸标注方法（见图 6-19），在德国和其他欧洲国家标注焊缝厚度 a。按照 DIN 18800-1 的规定，计算焊缝厚度 a 等于内接等腰三角形直到理论底点所测得的高度。该标准总是用字母 a 代表计算焊缝厚度，而与焊缝类型无关。不连续的焊缝将在符号的后面注上焊缝的段数 n 和每段焊缝的长度 l 以及各段之间的距离（e）。如果焊缝的起点不在工件的边沿，还应在图中注上焊缝的起始尺寸 v（见图 6-21）。

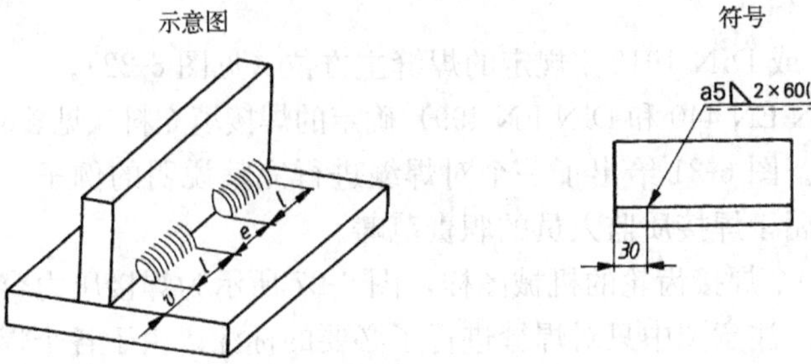

图 6-21　以有起始尺寸和加工尺寸的焊缝为例，说明不连续焊缝的尺寸标注方法

说明：$n=2$ 为焊缝段数，$a=5$mm 为焊缝厚度，每段焊缝长度为 $l=60$mm，之间距离为（e）$=50$mm，起始尺寸为 $v=30$mm；用手工电弧焊方法加工（特征数为 111），检测等级为 C（实施标准为 EN 25817），槽形位 PA（实施标准为 DIN EN ISO 6947），所采用的棒形电极为 EN 499-E 422B。

4. DIN EN ISO 6947 和 DIN 1912-2 规定的工作方位　工作方位由焊缝在空间的位置和工作方向确定。它可以借用一个倾角和一个转角来精确描述。这样就为用机械手进行焊接提供了所有几何参数。图 6-22 给出了实际中经常出现的几种焊接主方位及其代号。只要有可能，应该取 PA 位（即槽形位）。因为该方位有如下优点：熔化功率高、缺陷出现概率低、焊缝形成质量优、受力状态好和杂质渗入少。

名　称	主方位描述	示　意　图	代　号	
			DIN 1912-2	DIN EN ISO 6947
槽形位	卧式工作，焊缝中线铅垂，应总是使覆盖层朝上	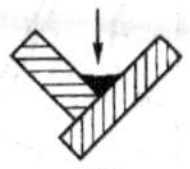	w	PA
水平—垂直位	水平工作，覆盖层朝上，如果不能采用槽形位，应采用该位	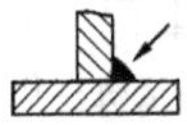	h	PB
横位	卧式工作，焊缝中线水平	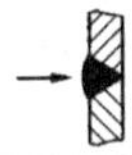	q	PC
水平—倒立位	水平工作，倒立，覆盖层朝下	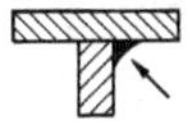	hü	PD
倒立位	卧式工作，倒立，焊缝中线铅垂，覆盖层朝下	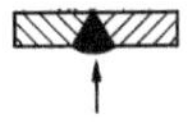	ü	PE
上升位	上升工作	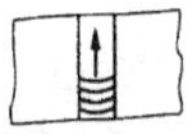	s	PF
下降位	下降工作	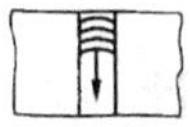	f	PG

图 6-22　焊缝主要位置的说明及其代号

5. 补充说明　为了确定焊缝的其他特征，如环形焊缝，建筑焊缝，或对焊接方法进行说明，必须对焊缝进行补充说明（见 TB6-1d）。此外，在一个叉形符号后还可以对焊缝类型进行补充说明和通过其他尺寸对焊缝进行补充尺寸标注，按照下述顺序标注：

—按照 DIN EN 24063 规定，用 ISO 特征数表示焊接方法（见图 6-1 和图 6-2）。

—焊接的检测等级（焊缝质量）（DIN EN 25817 或 DIN EN 30042，并借助于 DVS 须知 0705）（见 TB6-2）。

—按照 DIN EN ISO 6947 或 DIN 1912-2 规定的焊缝主方位（见图 6-22）。

—根据有关标准（例如 DIN EN 440 和 DIN EN 499）确定的焊接填充料（见 § 6.2.1-4）。

上述各项之间用斜线隔开。图 6-21 给出了一个对焊缝进行完整说明的例子。在绝大多数情况下，这些附加标注项目属于焊接质监人员的职责范畴。

6. 例子　图 6-23 所示为一个焊接齿轮的机械图样，图 6-27 所示为焊接压力容器的机械图样，图中用符号来表示焊缝。注意图中只对焊缝进行了必要的标注。由于各个焊缝对焊接方法、检测等级等要求几乎相同，所以在文字区域中进行说明更简单。在实际中，设计人员大多数情况下只要对一些必须标注的项目进行标注或说明即可。许多要求，例如焊接位置、焊接顺序等可以交由焊接质监人员来规定。

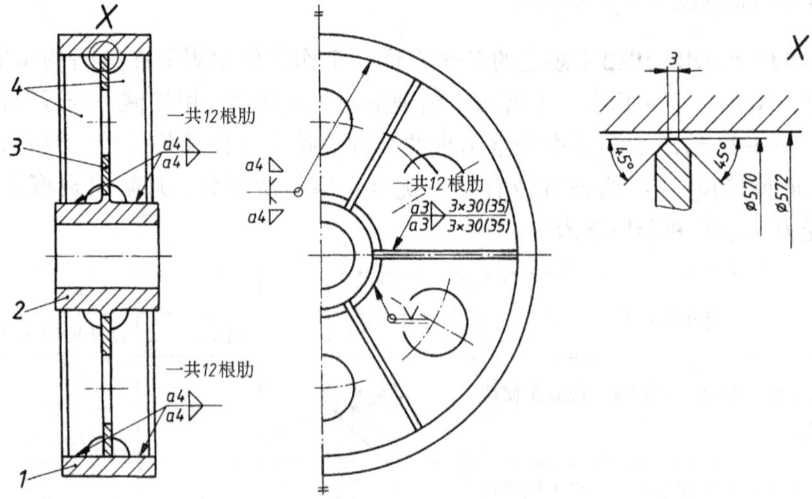

焊接方法：圆形焊缝：vMIG（131，全机械化）
角焊缝（肋）：MAG（135）
填充料：EN 440-G3S1
DIN 8575-SG CrMo 1
工作方位：DIN EN ISO 6947-PA，-PB
检测等级：DIN EN 25817-B
准备：齿圈和轴毂预热到 350℃
后处理：消除应力退火
检验：裂纹检验（圆形焊缝）
一般公差：DIN EN ISO 13920-BF
公差确定：ISO 8015

序　号	数　量	名　称	材　料
1	1	齿圈	
2	1	轴毂	
3	1	圆盘	
4	12	肋	

图 6-23　一个焊接齿轮（毛坯）的机械图样，按 DIN EN 22553 对焊缝用符号进行标注

6.2.5　面向焊接的结构设计

产品设计最基本的要求是：以尽可能低的成本和足够的安全系数，使该产品能在满足使

用要求的前提下，有足够的承载能力。如果该结构或零件能通过焊接达到上述要求，说明它具有焊接性（根据 DIN 8528-1），请参阅§6.2.1。

1. 一般设计规范 在初步设计阶段必须遵守下列设计规范。对焊接性的影响因素可分为材料、结构和加工等几个方面，下面逐一进行介绍（见图 6-7）。

（1）面向材料的设计规范

1）必须注意母材和填充料的适焊性。对于有多个焊缝积聚在一起的复杂零件，只采用流动性好的结构钢（细晶结构钢，S235 和 S355）。高强度钢、高硬度钢会带来强烈应力集中，对疲劳强度几乎没有优势可言。

2）沸腾钢轧制的型钢在内凹圆角处和零件的冷成形处应避免采用焊接产生焊缝（老化、脆性断裂）。

（2）面向受载的设计规范

1）进行结构设计要注意焊接工艺本身的特性，一般来说，不能简单地照搬铆接、铸造或螺纹联接的结构。

2）采用简单的结构元素，如扁钢、型钢、折边钢板、管子及类似材料。

3）最可靠的焊接连接是对接焊缝（承载动载荷时尤其如此）。

4）尽量不要影响力流，避免应力集中和刚度突变。

5）最好的焊接结构是焊接最少的结构，也就是说，尽可能少的焊缝和尽可能小的焊接量。这样就能使内应力和变形很小。如果不能避免焊缝聚集的话，尽量采用铸钢、锻造件或折边钢板作为焊接件。

6）将焊缝置于“应力阴影”区域，即结构中应力较小的区域。如果不能做到这点，应将质量等级提高。

7）不能将焊缝置于配合面上。

8）不要将焊缝底部置于拉伸区域（应力集中）。

9）尽量采用双面角焊缝，承受动载荷时尽量采用凹角焊缝。

10）承受扭矩的零件尽可能形成封闭空心横截面（管道横截面、箱形横截面）。

11）承受弯矩的不对称型钢只能在弯曲中心处加载，或将它们成对使用，以构成对称承载型钢（例如 U 型钢，见 TB1-10 的提示）。

（3）面向加工的设计规范

1）零件如果不能避免沿厚度方向承受拉伸变形的话，应采取合适的结构设计措施（参阅 DASt-设计规范 014），并选择能满足厚度方向上断裂收缩率要求的钢材。

2）焊接位置应容易到达，且能用所选的焊接方法无障碍地进行焊接。

3）尽量采用槽形位（卧式工作、焊缝中线铅垂、覆盖层朝上，见图 6-22 的 PA 栏）。

4）选择经济性好的焊接方法，例如横截面较薄的零件采用点焊，机械焊或自动焊接方法成本低于手工焊等。

5）不要选择过高的检测等级（见§6.2.3-1）。

6）只有当对零件的可靠性或加工精度确实有要求的，才进行热处理。

7）所选的焊缝无损检测要有操作性。射线和超声波检测对于有未焊接缝隙的焊缝（例如角焊缝）只能在一定条件下可用。

2. 结构设计示例 焊接零件主要是将重复结构件焊在一起（例如：肋、轮毂、杆接头）。图 6-24 给出了符合上述设计规范的一些典型结构设计示例。钢结构、机械制造和压力容器制造中的其他焊接结构例子请参阅相关章节。

序　号	不合理结构	合理结构	提　　示
1	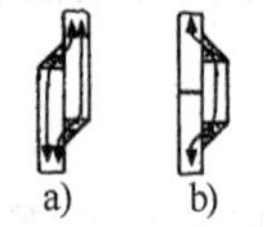	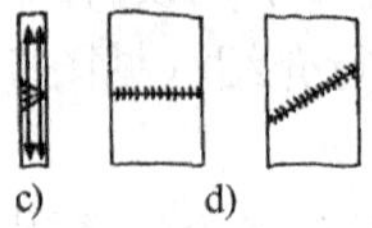	优先采用对接焊缝。注意不要干扰力流。a 和 b 照搬了铆接结构
2	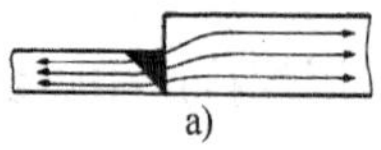	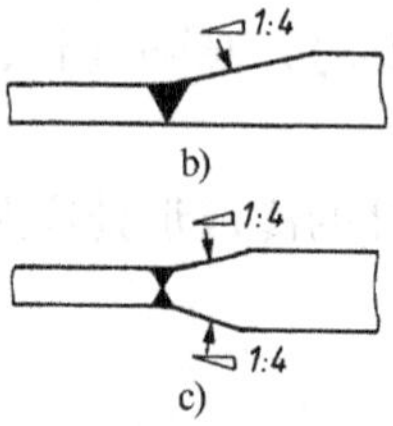	对接头应避免板厚突变。逐步过渡对力流有利（b 和 c）
3	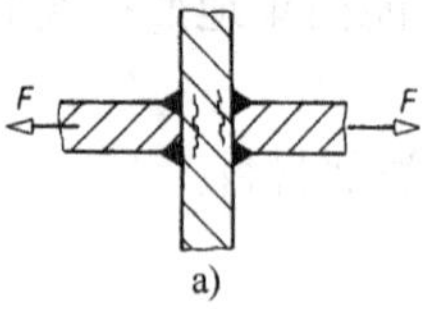	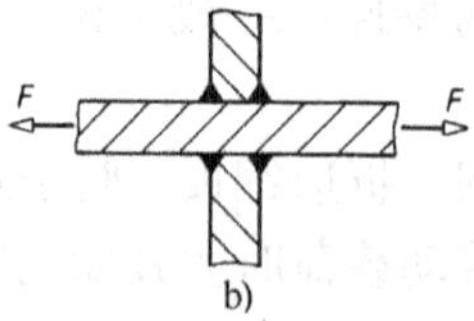	焊接板应避免厚度方向上受拉伸。非金属夹杂物会降低厚度方向的变形能力，导致出现阶梯状断裂危险
4	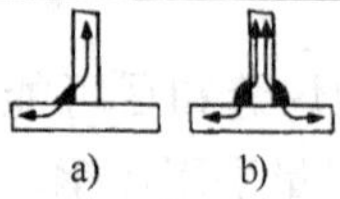	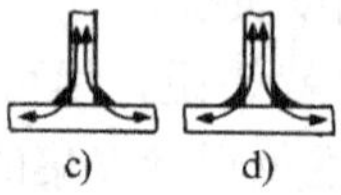	尽可能采用双面角焊缝。凹角焊缝 d 最好，特别是受动载荷时（应力集中更小）
5	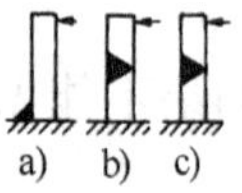	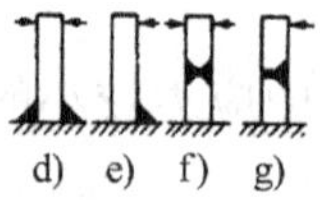	焊缝底部不要处于拉伸区
6	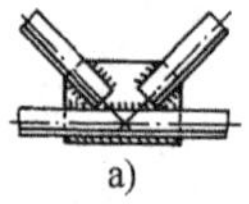	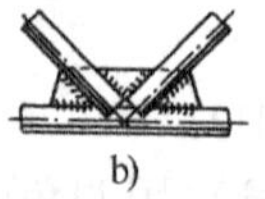	不要以铆接为蓝本进行结构设计。以 L 型钢和 T 型钢为节板时应尽可能对接焊接
7	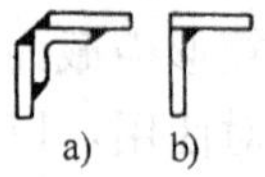	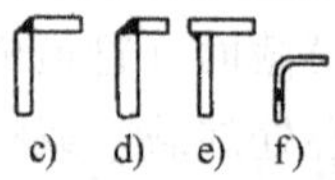	角接头：a 是铆接的翻版。薄板折边后对接焊接 f
8	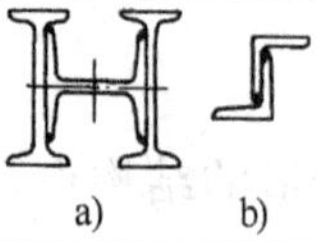	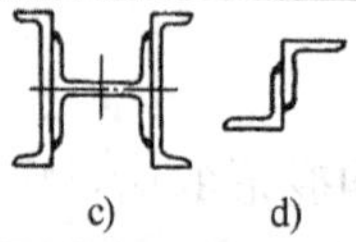	注意使焊缝可到达性好。a 的焊缝很难到达
9	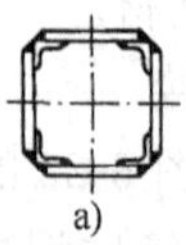	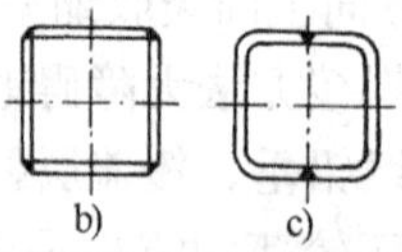	箱形结构：结构 a 为铆接结构的翻版，不适合焊接，因为焊缝太多，成本高。厚板采用结构 b，薄板采用 c
10	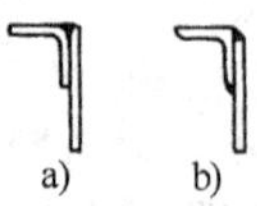	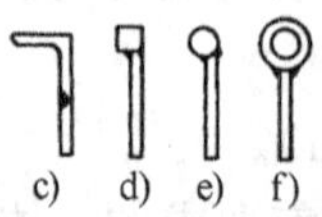	边缘强化：不要像 a 和 b 一样采用铆接结构的翻版
11	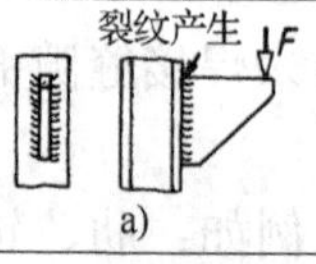	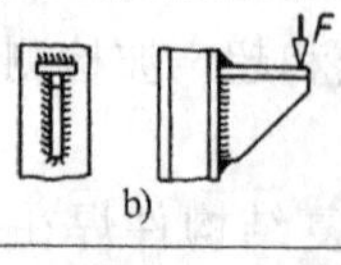	悬臂梁：通过正确的焊缝组合降低产生裂纹的危险；采用 T 形横截面降低拉伸区应力 b

图 6-24　焊接结构设计示例

序　号	不合理结构	合理结构	提　示
12	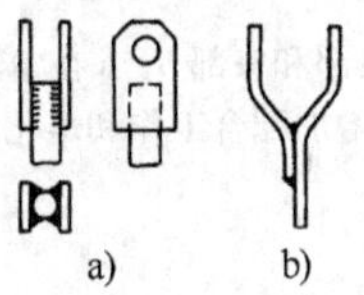	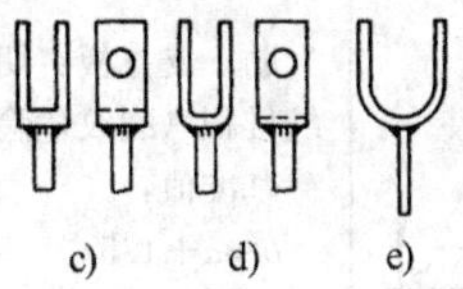	叉头：结构 a 不适合焊接，因为焊缝底部不能到达(开口角!)
13	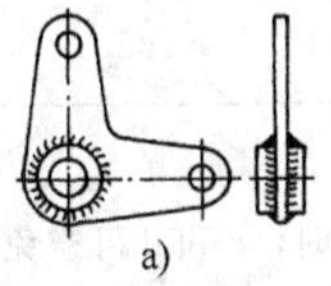	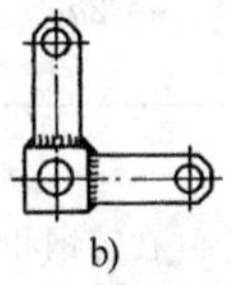	曲柄：结构 a 强度好，但成本高；b 适合焊接，成本低和简单
14	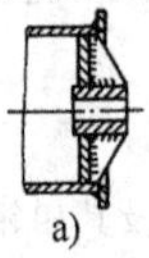	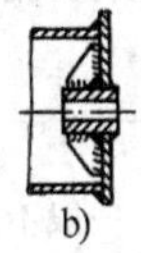	卷绳筒：结构 b 单件更少，外表面平滑，外形更好
15	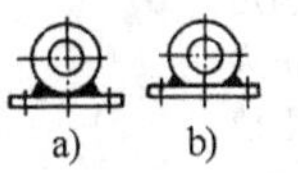	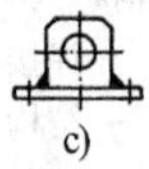	轴承：结构 a 和 b 不适合焊接（见 12a)，结构 c 简单和成本低
16	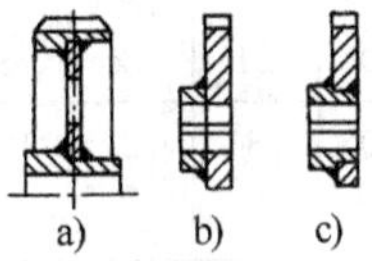	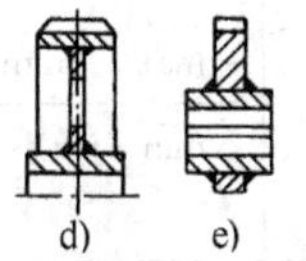	轮体：a 和 c 需要对轮毂进行预加工。b 的轮毂对心困难，而且坡口会使孔不连续
17	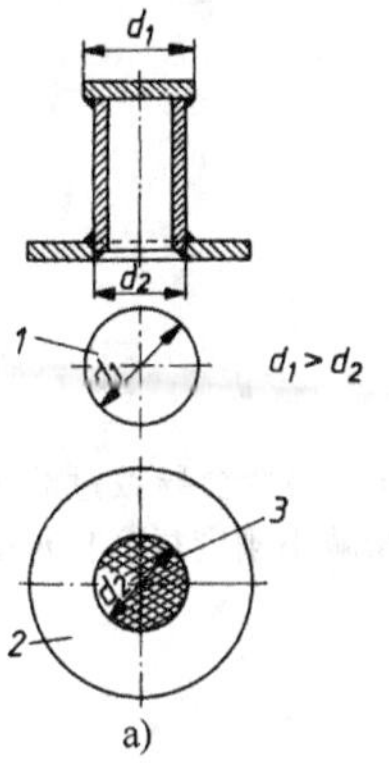	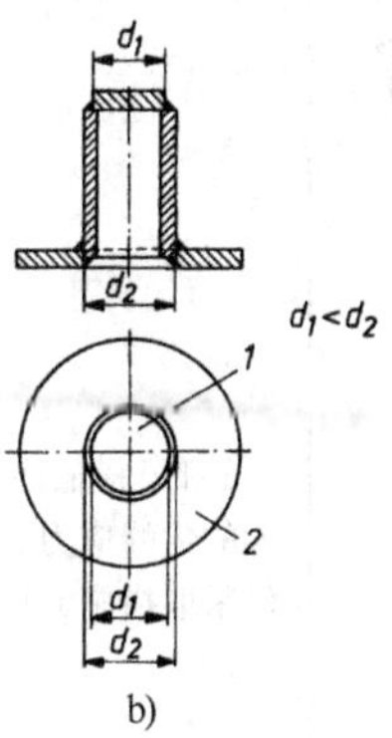	材料利用：如果 $d_1<d_2$，切割法兰 2 落下的废料 3 可以用作盖板 1
18	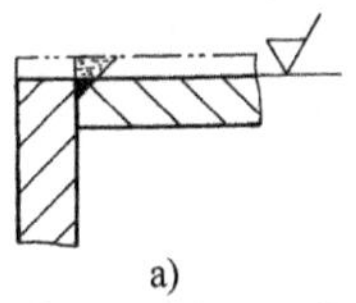	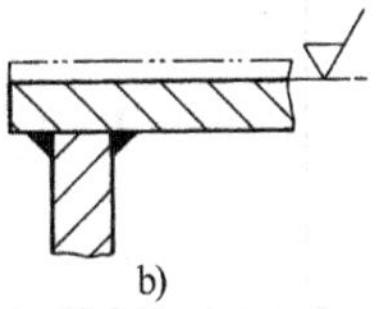	焊缝尽可能不要位于需要切削加工的面上，否则焊缝要很深才能保证有足够的剩余焊缝厚度
19	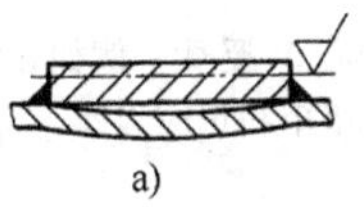	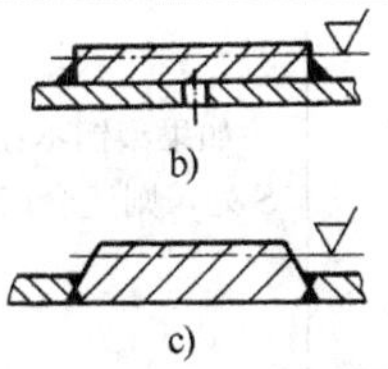	加工措施：如果采用结构 a，由于焊缝收缩或在去应力退火时封闭在里面的空气膨胀，薄板会突起。因此应设通气孔（b）或采用加工件（c）（成本高）

图 6-24　焊接结构设计示例（续）

<table>
<tr><th>序　号</th><th>不合理结构</th><th>合理结构</th><th>提　　示</th></tr>
<tr><td>20</td><td>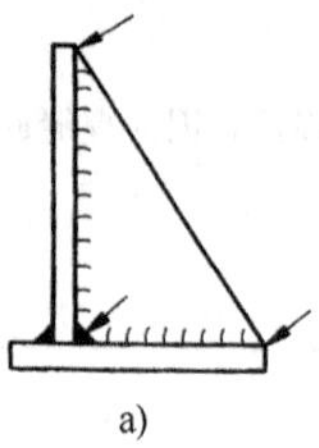
a)</td><td>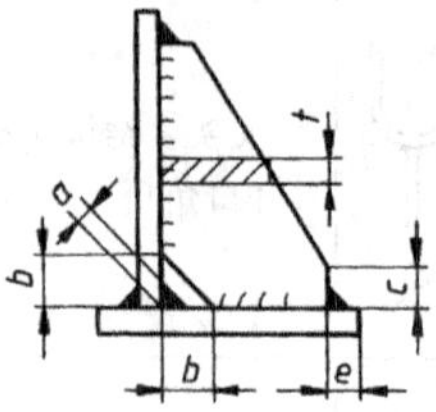
b)</td><td>肋，支撑板：切去角部和头部b。a在角部会造成焊缝堆积（裂纹危险），增加配合工作和熔化
基准值：
$b \approx a+1.5t$
$c \approx t$
$e \approx 2a$</td></tr>
<tr><td>21</td><td>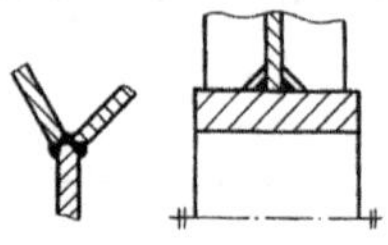
a)　b)</td><td>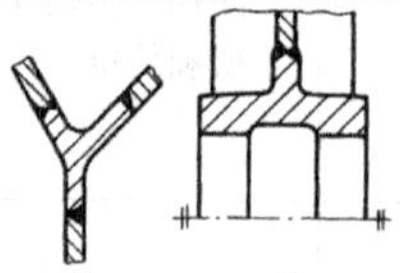
c)　d)</td><td>在铸钢和锻件上焊接时，c和d可避免焊缝堆积和改善力流，可用于重载情况下。而且焊缝可检测</td></tr>
<tr><td>22</td><td>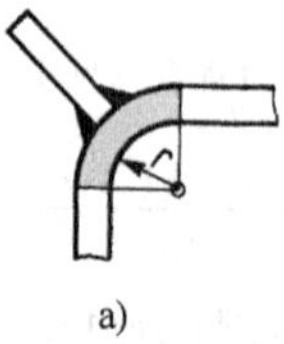
a)</td><td>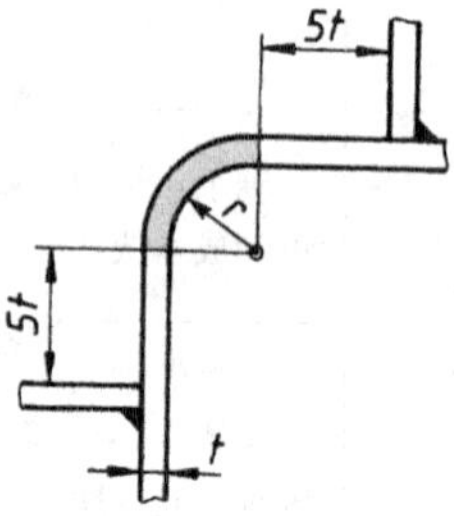
b)</td><td>一般不允许在冷作变形区及其相邻区（≤5t）进行焊接（再冷却!），除非满足：
—焊接前零件进行了正火
—结构钢满足下述极限值：
<table><tr><td>max t（mm）</td><td>50</td><td>24</td><td>12</td><td>8</td><td>4</td></tr><tr><td>min（r/t）</td><td>10</td><td>3</td><td>2</td><td>1.5</td><td>1</td></tr></table></td></tr>
<tr><td>23</td><td>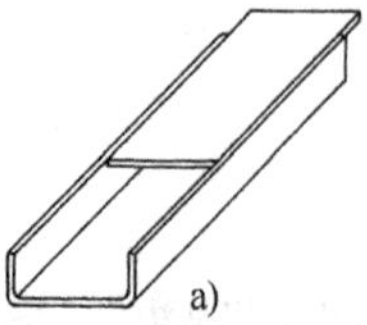
a)
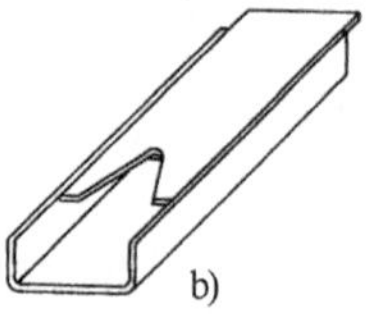
b)
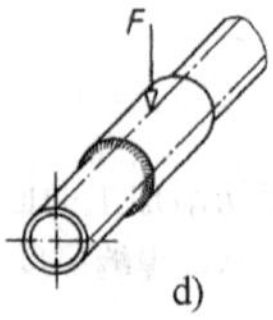
d)</td><td>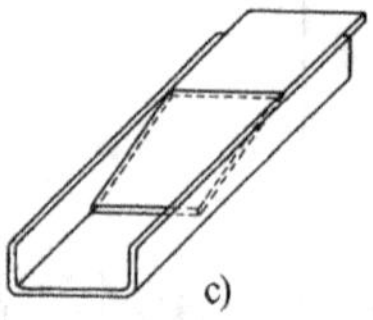
c)
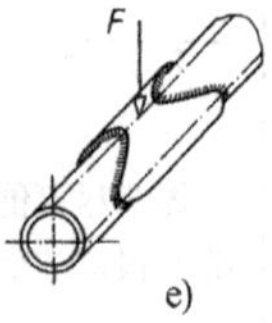
e)</td><td>a和d横截面（刚度）突变会导致过渡区域产生很大的尖峰应力。应尽量减小刚度梯度！承受扭矩时仅仅采取措施b还不够</td></tr>
<tr><td>24</td><td>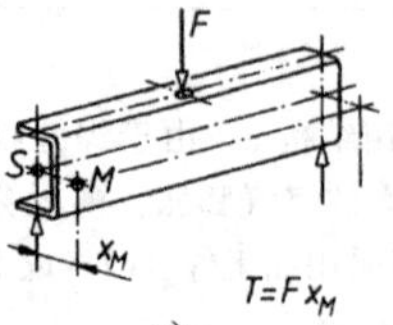
a)</td><td>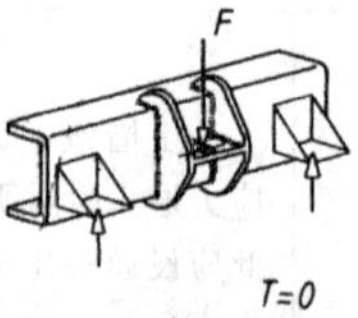
b)</td><td>如果型钢不在弯曲中心M受载，例如a作用在重心S处，则还会产生附加扭矩和正应力</td></tr>
</table>

图6-24　焊接结构设计示例（续）

序　号	不合理结构	合理结构	提　　示
25	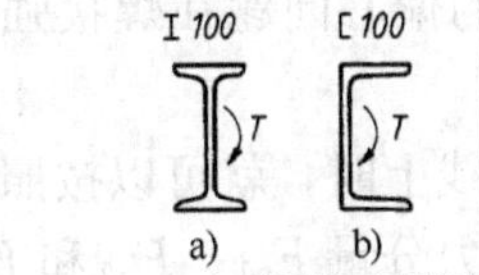 扭转刚度（强度）相当于c)的百分比： 0.3(2.2)　0.5(3.2)	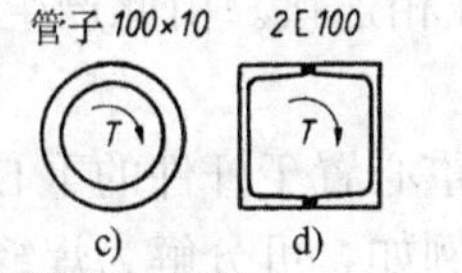 100(100)　83(89)	只有封闭横截面 c 和 d 适合于承受扭矩，开式截面 a 和 b 抗扭能力差
26	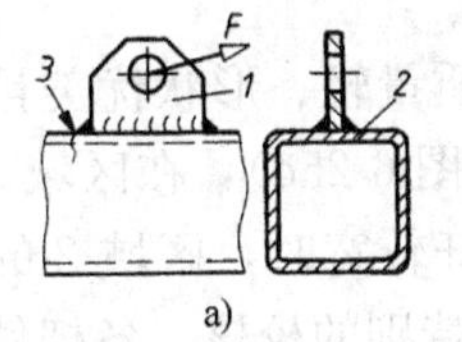	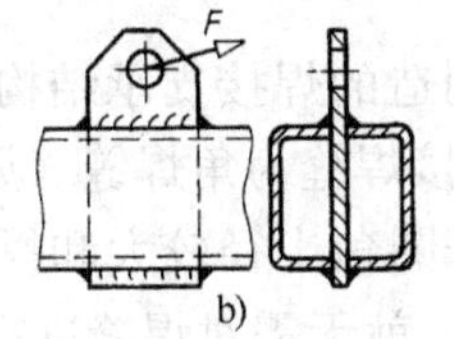	应注意载荷输入的合理性。a 的吊耳 1 焊接在抗弯能力差的箱形梁 2 的壁上。焊缝 3 处会产生裂纹。b 的吊耳应作为支架并贯穿箱形梁 b
27	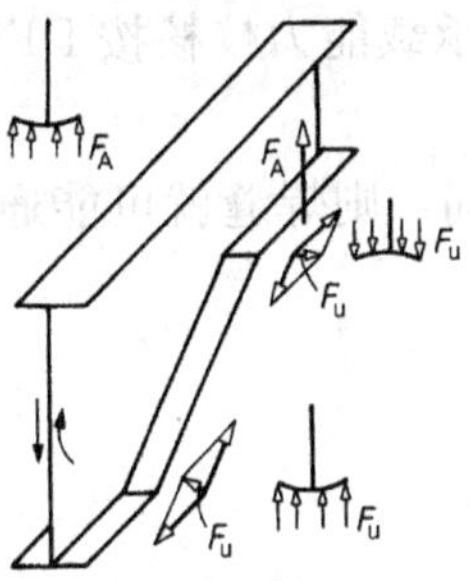	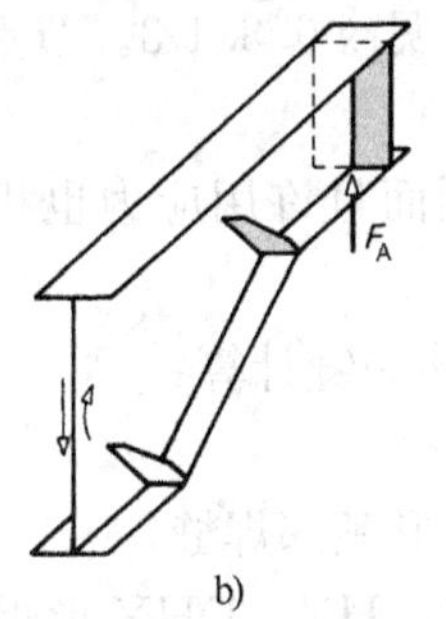	在载荷输入和转向以及结构转折和弯曲处应采取加大刚度的措施。 对于带转折板的工字梁 a，会产生偏转载荷 F_u。如果没有用加强肋的话，它会使梁板沿垂直于梁的轴线方向受弯曲。b 允许使用加强肋
28	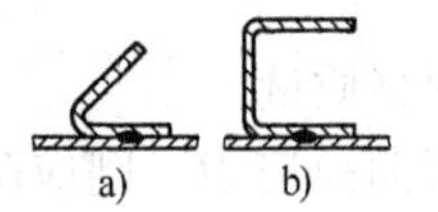	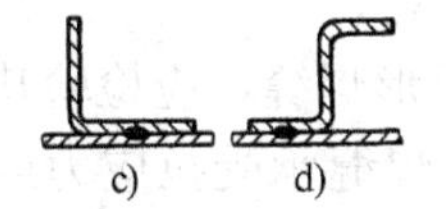	点焊：必须使直电极能到达焊接位置
29	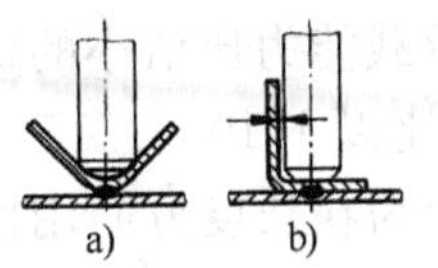	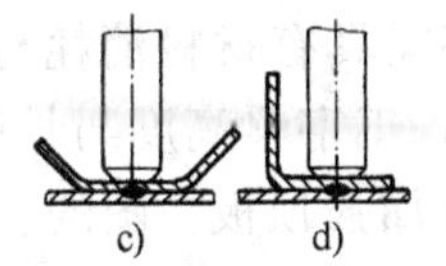	点焊：要有足够大的位置容纳电极。b 存在侧焊的危险

注：一个设计任务并不能仅仅通过遵循已知设计规范和结构设计规则就可以最优地解决，而是每次都应根据所有的影响因素（工作条件、力流）因地制宜地采取相应的对策。

图 6-24　焊接结构设计示例（续）

3. 主要承受静载荷的钢结构　除了基本结构设计规范以外，焊接钢结构还应遵循下列规则：

1）如果在一个连接处或接头处采用多种连接方式的话，要注意变形的一致性。例如带有孔间隙的螺纹联接只有消除了孔的间隙后才能承载。

在下述情况下各种连接方式才能共同承载：

—GVP 连接和焊接。

—主要在横截面主轴上承受弯矩（M_x，见 TB1-11）的零件，在一块或两块板上有焊缝和横截面上其他部分为铆接和铰制孔螺纹联接。

因此，连接的极限承载能力为各个连接方式的极限承载能力之和。

2）对于桁架结构，为了避免杆件单面受载而出现附加弯曲应力，应使杆件的重心线与系统轴线重合（见图 6-25）。因此，应尽可能采用单杆件并使其对中连接（见图 6-25c）。

3）各种型钢可以按图 6-40c～f 的方式互相连接。由此产生的偏心问题在焊接强度计算时无需考虑。

如果要求在连接平面上，将焊接连接的重心置于杆件的重心线上时，就可以按照杠杆定律将焊缝上所承受的杆件轴向力进行分解。例如，可分解为焊缝力分量 F_{w1}、F_{w2} 和 F_{w3}（见图 6-25e)，这样就可能对各个焊缝进行测量，对于仅仅只有侧面焊缝的连接，有：$F_{w1}e=F_{w2}(b-e)$ 或 $l_1a_1e=l_2a_2(b-e)$。

4）空心型钢适合于承受静载荷，由它制造的焊接支承结构质量轻、形状优美且易于维护（见图 6-25d)。置于其上的空心型钢的连接焊缝为角焊缝（见图 6-25d)，在区域 3，当连接角<45°时还可以采用 HV 形焊缝。当主杆圆角半径较大和撑杆较宽时，区域 2 的焊接较困难。如果焊缝厚度等于所焊型钢壁厚的话，就无需对焊缝进行特别的校核。各杆件强度计算按 DIN 18800-1～3 规定的通用方法进行，见 § 6. 3. 1-3。节点承载能力校核按 DIN 18808 或欧洲规范 3 进行。

5）如果焊缝与所焊接的零件横截面相同而且许用应力也相同，则焊缝就可能通过对零件给定足够的尺寸来达到要求。

因此，根据 DIN 18801，就不需要对下述焊缝计算：

a）桥形接板的对接焊缝。

b）工字梁上 HV、DHV、HY 和 DHY 形颈部焊缝。

c）承受压应力的对接焊缝、HV、DHV、HY、DHY 形焊缝和从 t_2 向 t_3 传递载荷的三板焊缝（图 6-14e)。

d）承受拉应力的对接焊缝、HV、DHV 形焊缝，应检验其焊缝质量。

6）如果例外地在型钢中采用对接头，且焊缝承受拉应力或弯曲拉应力，则应降低其许用应力（见 DIN 18800-1 和 DIN 18801)。

7）相对于轧制工字梁，焊接的实心工字梁具有材料消耗与承载能力比值小的优点，且可调整横截面以适应载荷。基于经济的原因，工字梁高度与长度比以 1/10～1/15 为宜。图 6-25g 的左边为用钢板焊接的工字梁，其上有加强顶板。图的右边为在长度方向用桥接板焊接的，两个半宽 T 形钢（DIN 1025-2）构成的工字梁。

8）封闭箱形梁特别适合于承受大扭转载荷。图 6-25h 所示为一个用外部角焊缝焊接的常见箱形梁。

9）在一个支承结构和横截面上可以采用不同的钢种。

10）如果对接头的横截面零件厚度不同，且厚度变化超过 10mm，则将其按 1∶1 或更平坦的比例进行倒角，见图 6-24 序号 2。

11）承受压应力的横截面或部分横截面的载荷允许通过接触传递。应验算要连接在一起的零件之间相对位置的可靠性。此时，可以不考虑摩擦力。要互相连接在一起的零件的接头面应在一个平面上并互相平行。位置通过焊缝来固定的接触接头之间的空隙不得超过 0. 5mm。

4. 焊接机械零件

概述

机械制造中的焊接主要用来制造承受动载荷的机械零件。这类焊接连接的持久极限受很多因素的影响，例如：材料、应力集中、内应力和表面质量。这使得持久极限值本身与可比

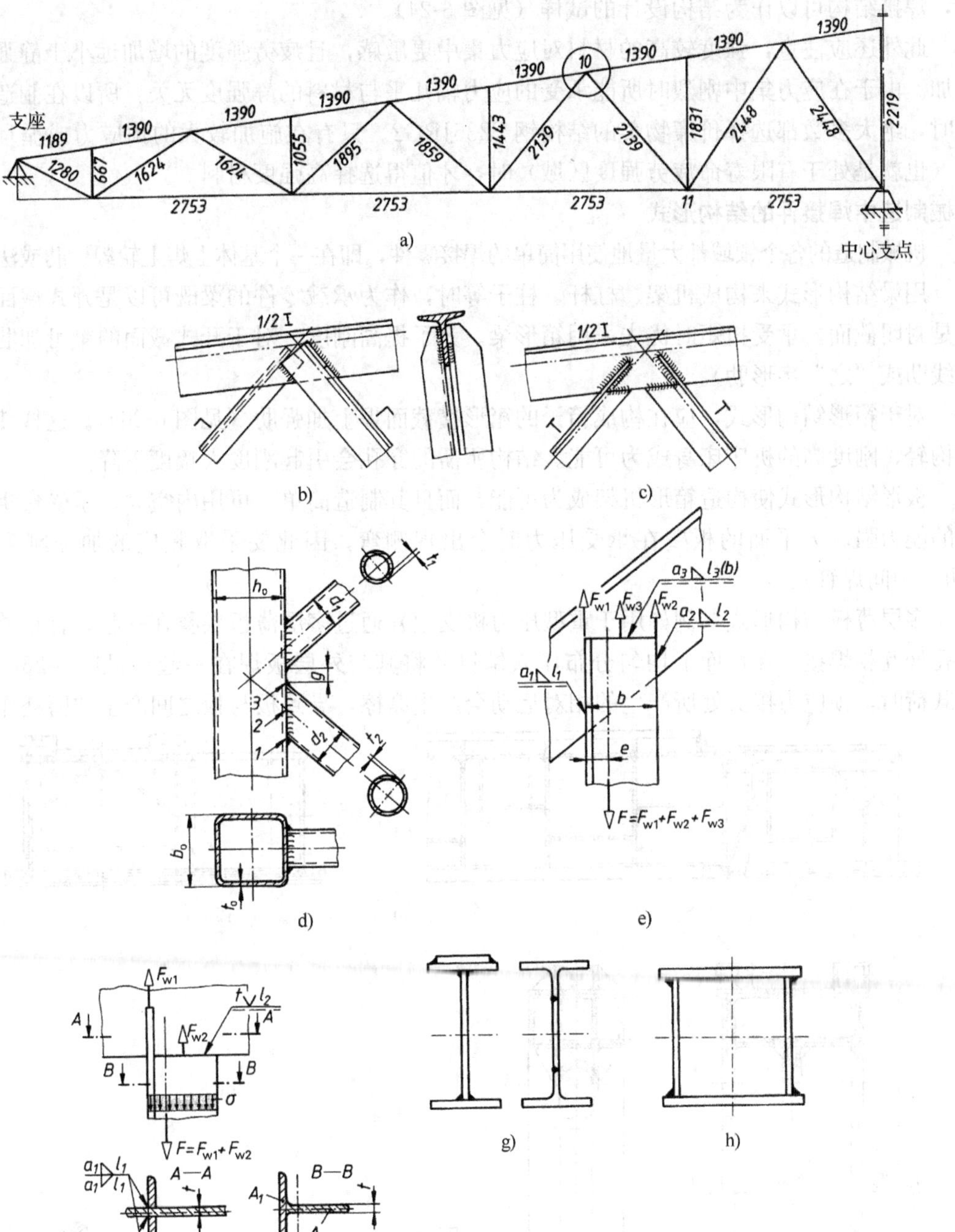

图 6-25 焊接桁架和梁

a）一个桁架（屋架）系统，已注上系统轴线长度 b）由单角钢构成的节点 c）中心相连的 T 型钢构成的节点 d）空心型钢构成的未刚化节点（缝隙为 g 的 K 节点） e）重心位于杆件重心轴上的焊接接头的计算（原理图） f）用力分量对所连接的 T 型钢进行计算（原理图） g）实心工字梁 h）箱形梁

的试验值差别甚大，这导致强度计算只是一种近似计算。设计人员的任务是正确地引导力流，并使所有的连接和过渡尽可能无应力集中。例如，横焊缝或有终点的纵焊缝即使是未受载，持久极限就已经有显著的下降。无论如何都要遵守§6.2.5-1 所述设计规则。在实际

中，焊接结构可以作为结构设计的试样（见图 6-24）。

此外还应注意，强度较高的材料对应力集中更敏感，且疲劳强度的增加远小于静强度的增加。由于在应力集中剧烈时所能承受的应力幅几乎与材料的静强度无关，所以在制造焊接件时，绝大多数都选择价廉物美的结构钢 S235JRG2。只有在施加较大的预应力或循环次数小（也就是处于有限寿命疲劳强度区域）时，才值得选择高强度材料。

机械制造中焊接件的结构形式

机械制造的各个领域都大量地使用简单的焊接零件，即在一个基体上焊上轮毂、肋或法兰。

用梁结构形式来构成机架、杠杆、柱子等时，作为承载零件的梁既可以是开式截面也可以是封闭截面。承受扭矩时优先采用箱形梁。为了提高刚度，对于开式截面的梁可加肋（对角线肋或“之”字形肋）。

对于箱形结构形式，应在构成箱子的箱形横截面焊上加强肋（见图 6-26a）。这样使制造结构轻、刚度高的机床床身成为可能。结构所需的穿孔会引起刚度大幅度下降。

板形结构形式使构造箱形机架成为可能，而且其制造简单、可用内空大、承受弯矩和扭矩的能力强。大平面的板壁在承受压力时会出现侧弯，因此要采取相应的加强刚度措施（肋、中间焊管）。

多层薄板结构形式（例如用于重型压力机支架）通过多层薄板层叠在一起，且在外部和穿孔处互相焊接。在板面上均匀分布压入销钉并将其与外层板焊在一起（见图 6-26b）。承受载荷时，预应力接头处所产生的相对运动会产生摩擦，导致板与板之间产生“磨耗作用”。

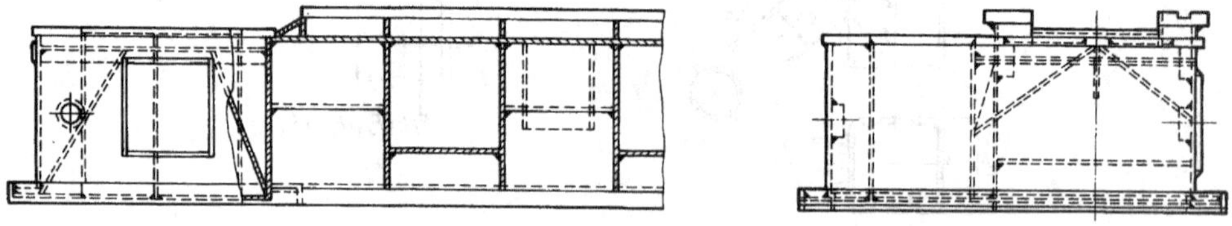

a)

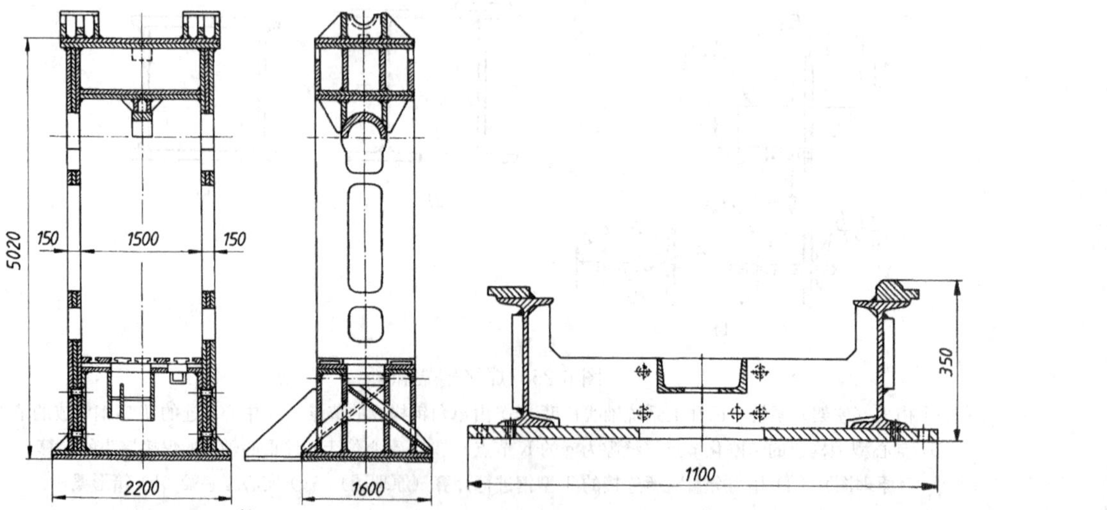

b) c)

图 6-26 机械制造中的焊接结构形式（摘自钢铁情报中心所订须知 379）

a）箱形结构的卧式钻床机身 b）多层薄板结构的偏心式压力机机架 c）型钢结构的机座底架

因此，在承受动载荷时，这种结构比铸造结构能产生更大的阻力作用。此外，分为小板厚可以提高承载能力和抗断裂安全系数（强度、脆性断裂危险与壁厚相关）。

混合结构形式将机械结构中承受大载荷的部分用铸钢或锻造件制造，这样可以降低焊缝应力或避免焊缝集聚（见图 6-24，序号 21）。

型钢结构形式通过采用轧制型钢（工字钢、U 型钢、T 型钢）和钢板可以在最小焊接工作量的情况下制造面向应力的机械结构（见图 6-26c）。

轻金属—轻结构形式，请参阅§7.6.1（见图 7-14）。

5. 压力容器 根据欧洲压力器具设计规范，压力容器的设计、制造、检验，必要时还包括配备和安装应保证其工作安全性。设计计算应根据 DIN 13445 系列或标准 AD 2000㊀来进行。

绝大多数压力容器的基本形状为两底封闭的薄壁空心圆柱体（见图 6-27）。壳体和底部

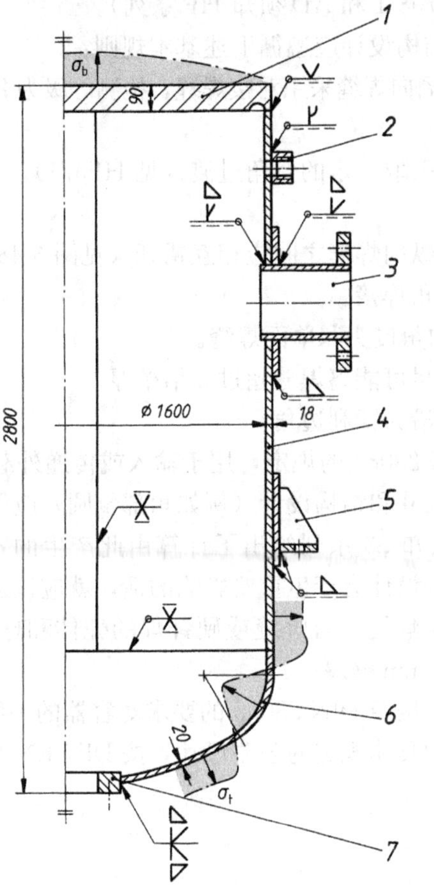

图 6-27 焊接压力容器，图上标有焊接符号和主要尺寸

（容积 5000L，工作压力 20bar（1bar＝10^5Pa），工作温度 200℃，材料 X5CrNi18-10）

1—带有卸载槽的平底（圆形板）（-·-表示弯曲应力分布曲线 σ_b）

2—预焊内接头（焊接后再钻孔和攻螺纹） 3—带法兰的透置管接头，通过焊板加强外壳

4—壳体 5—突耳 6—弧形底（-·-表示半球体—过渡圆—圆柱体部分的切向应力分布曲线） 7—闭锁法兰

㊀ 出版者：技术监督协会，埃森。

主要是用对接焊缝相连。它必须能承受由工作计算压力、自重和热应力所产生的载荷且要绝对密封。其纵向和周向焊缝不用像钢结构一样作为特别的连接来计算，而是为了充分利用许用计算应力应考虑系数 v。

材料

承受压力的容器类零件（板材、管道、锻件和铸件）的材料应保证工作时有足够的机械、热和化学强度。其质量性能必须通过相应的检验来确定，而且还必须用企业证书，企业或接收检验报告来证明（EN 10204）。在压力容器制造中，主要采用变形性能好的轧制钢材和锻钢，当然也用铸钢和铸铁（见 TB6-15 和 AD 须知 W 系列）。此外，根据不同用途，也可采用不锈钢、电镀板材、非铁金属和非金属材料（玻璃纤维加强塑料、人造石墨、玻璃）。

结构设计指南

结构设计主要按照前述设计规范来进行，并遵循焊接工艺基本规范（DIN 8562），参照结构设计例子（DIN EN 1708-1 和 AD 须知 HP 系列）。

总的来说，压力容器结构设计应遵循下述基本规则：

1）一般来说，纵向和周向焊缝采用对接焊缝，检测等级为 B 级或 C 级（参阅§6.2.3-1），整个横截面要焊透。

2）如果壁厚不等，要采取一定的倒角过渡（见 HP5/1），从较厚的壁以不超过 30°的角度向较薄的壁倾斜。

3）多段构成的容器的纵向焊缝之间应相互错开（见图 6-48）。

4）原则上不允许搭接角焊接。

5）要避免角度≥60°的角接头和单面焊缝。

6）开口和出口位置应尽可能离焊缝超过 3 倍壁厚。

7）应避免出口处的边沿为锋利边角。

根据 DIN 28080～DIN 28087 的规定，用于输入或传递外载荷的支座、底座、支架、突耳和支承板等附件的焊缝尺寸和结构设计（例如角部倒圆）应保证能承受这些附加载荷且对容器壁不产生损害。AD 须知 S3 系列给出了计算由此产生的容器壁上的局部应力的方法。如果附加载荷对压力容器的设计会产生重要影响的话，就应该进行附加的应力校核。

提示：承受内压力的无焊缝、有焊缝或硬钎焊的壳体和球体与凸底一样，最小壁厚为 2mm，铝及其合金至少要 3mm 壁厚。

在加工技术文件上，应按照 DIN 28005 的要求对容器的一般公差进行规定。

对于没有在上述标准中具体规定的公差尺寸，按 DIN EN ISO 13920-D 规定的一般公差执行（见 TB6-3）。

6. 定位焊

一般设计规则

定位焊是用透镜形状的熔核将互相压在一起的平板零件焊在一起的一种焊接方法（见图 6-46）。不管是批量和系列生产还是单件生产，定位焊都是一种经济性的连接方法（见图 6-2）。含碳量≤0.1%的非合金钢，例如 FeP01，FeP03，St2～St4 和 S235JR 制成的带钢和板材，具有好的适焊性。当然，合金钢、轻金属、镍合金、铜合金、镀层和涂膜材料以及不同金属或钢种之间的复合材料也可以定位焊（见图 6-3）。单层定位焊（两板焊接）的钢板厚度从 0.1+0.1mm 起，多层定位焊（多板焊接）的钢板厚度不超过 20+20+20mm。实际上，板厚范围主要在 0.5～2mm 之间，板材、型钢或其他平板类机械零件的定位焊可用于输入载荷、传递载荷、零件定位以及容器的密封焊缝。轻型结构的结构示例见图 6-28。

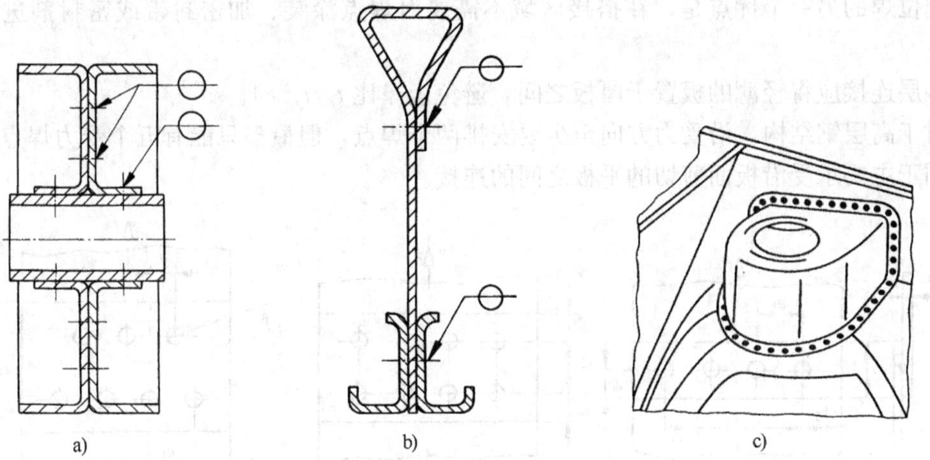

图 6-28 轻型结构中的定位焊

a）由一段管子和两个板金件组成的工作轮

b）由冷轧型钢和提高抗扭刚度的上部把手组成的弯曲构架 c）轿车车身轮室的减振支柱座

根据结构不同，搭接头或平行接头的焊点可能承受剪切拉伸、头部拉伸、撕剥或扭转变形（见图 6-29），应总是尽量使其承受剪切拉伸变形。一般来说，一个焊点头部拉伸的承载能力只有剪切拉伸的 1/3。

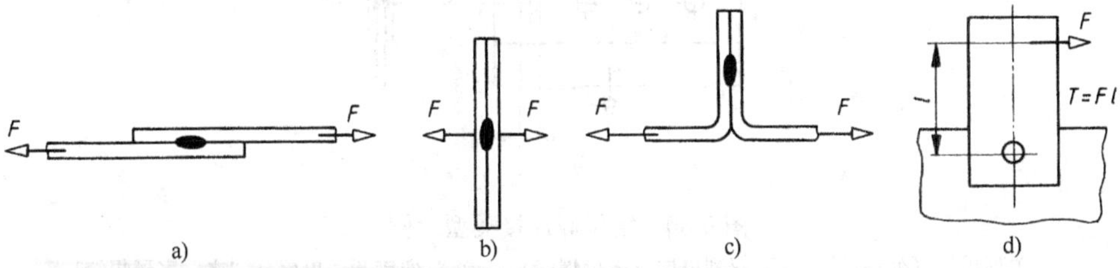

图 6-29 定位焊承受的变形形式

a）剪切拉伸（优先采用） b）头部拉伸（不利） c）撕剥（应避免） d）单支点扭转（应避免）

对于高层钢结构，如果不超过 3 个零件通过一个焊点连接，作为主要是承受静载荷的力连接和定位连接，其许用钢板厚度允许≥1.5mm（DIN 18801）。

定位焊的结构设计

图 6-30 所示为定位焊常见连接类型示例。高层钢结构的焊点之间距离和焊点距边沿的距离值由 TB6-4 查取。

焊点直径 d 的推荐值为

最小板厚 t（mm）：	1.5	2	3	4	5
相对应的焊点直径 d（mm）：	5	6	8	10	12

已焊的焊点或钢制零件之间互相接触会造成电流“泄漏”，导致焊点尺寸缩小。在进行焊接位置布置和结构设计时务必考虑到定位焊方法的这一特性。其他设计规则请参阅§6.2.5-1 和-2，特别是图 6-24，序号 28 和 29。

搭板连接应尽量对称布置（见图 6-30d）。综合采用定位焊与粘接可提高承载能力，但必须注意粘结剂的老化问题。

定位焊的另一个优点是，在搭接区域不需要对焊点涂装、加密封带或密封剂进行防腐处理。

多层连接应将轻薄的板置于厚板之间，避免板厚比 $t_2/t_1>4$。

对于高层钢结构，沿受力方向至少要安排两个焊点，但最多只能有五个受力焊点。此条不适用于主要承受沿板面剪切的平板之间的连接。

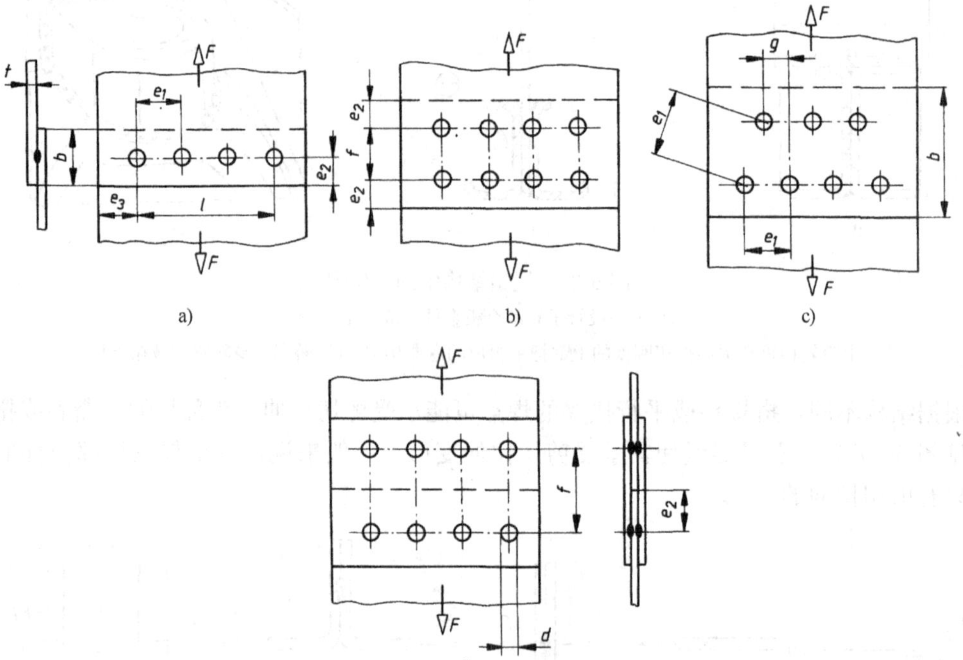

图 6-30　定位焊连接类型示例

a）单列单层（列焊缝）　b）双列单层（链形焊缝）　c）双列错开，单层（“之”字形焊缝）
d）双列双层　定位焊缝的重要尺寸：b 为搭接宽度，d 为焊点直径，e_1 为点距，f 为列距，
g 为错位量（绝大多数情况下为 $e_1/2$），l 为焊缝长度，e_2、e_3 为沿受力方向和垂直于受力方向的边距

6.3　焊接设计计算

6.3.1　钢结构中的焊接

通过引入新的钢结构标准 DIN 18800（11.90）和欧洲代码 3，钢结构由局部安全系数确定的极限状态来计算尺寸，而不再是以许用应力或全局安全系数为基础进行计算。

这些新的概念和公式符号与本书其他章节有些不一样㊀。

1. 根据外力计算负荷（例如断面负荷、应力、挠度）　应力校核应保证应力 S_d 小于零

㊀ 所用的概念与公式符号（与其他章节有区别）：F 为作用力，一般公式符号（F=载荷），$G/Q/F_A$ 为不变/变化/不正常作用力，M 为阻抗力值（M=材料），S_F/S_M（γ_F/γ_M）为作用力/阻抗力的局部安全系数，R_d 为承载能力（R=阻抗力，d=设计），S_d 为应力（S=应力），指数 k：代表一个量的特征值（名义值）。

件的承载能力 R_d，应力通过计算作用力 F_d来确定。

根据是否随时间变化，可将作用力分为

—不变作用力 G，例如可能发生的结构基础的运动。

—变化作用力 Q，例如温度变化。

—不正常作用力 F_A，例如车辆碰撞。

作用力的计算值由局部安全系数 S_F（必要时乘以复合系数 ψ）乘以特征值 F_k得到，即：

$$F_d = S_F \psi F_k$$

作用力的特征值由计算载荷的相关标准得到，例如 DIN 1055：结构的计算载荷。

为了校核承载安全系数，合成作用力按下述组合构成：

—不变作用力 G 和所有不利的变化作用力 Q_i。

—不变作用力 G 和每次一个不利的变化作用力 Q_i。

不变作用力的计算值为：$G_d = S_F G_k$，其中 $S_F = 1.35$。

变化作用力的计算值为：在考虑全部不利变化作用力后：$Q_{id} = S_F \psi Q_{ik}$，其中，$S_F = 1.5$，$\psi = 0.9$。

在只考虑相对应的一个不利的作用力后：$Q_{id} = S_F Q_{ik}$，其中 $S_F = 1.5$。

如果出现不正常作用力 F_A（例如地震、爆炸、燃烧），合成作用力由不变作用力 G、所有不利的变化作用力 Q_i和一个不正常作用力 F_A组成。此时，局部安全系数为 $S_F = 1.0$。

如果不变作用力降低了由变化作用力产生的应力的话，例如风对屋顶的抽吸作用，取 $S_F = 1.0$，即 $G_d = G_k$，如果地压会降低现有应力，则地压的计算值为 $F_{Ed} = 0.6F_{Ek}$（$S_F = 0.6$）。

计算示例

如图 6-31 所示，一根 5m 长的简支梁上有三种作用力，试确定起决定的梁中点弯矩和支反力。

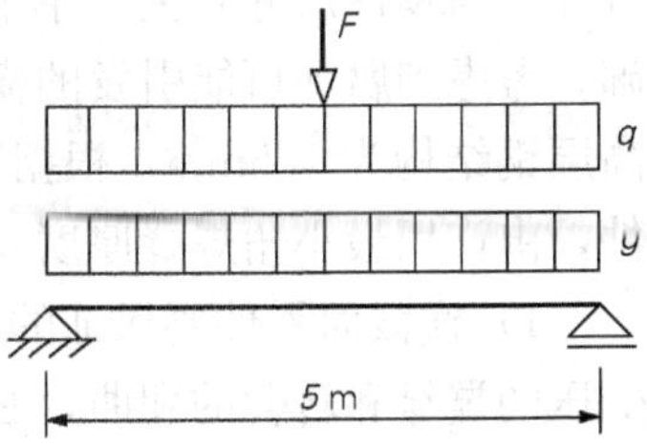

图 6-31 静力系统和作用力

a）特征值

不变作用力

g——自重（梁和盖板）

$$g_k = 10\text{kN/m}$$

变化作用力

q——运输载荷

$$q_k = 8\ \text{kN/m}$$

F——垂直方向上的集中载荷

$$F_k = 120\ \text{kN}$$

b）计算作用力

基本组合 1：考虑不变作用力和所有不利的变化作用力。

$G_d = S_F G_k$，　　式中 $S_F = 1.35$

$g_d = 1.35 \times 10\ \text{kN/m} = 13.5\ \text{kN/m}$

$Q_{id} = S_F \psi Q_{ik}$，　　式中 $S_F = 1.5$ 和 $\psi = 0.9$

$q_d = 1.5 \times 0.9 \times 8\ \text{kN/m} = 10.8\ \text{kN/m}$

$F_d = 1.5 \times 0.9 \times 120\ \text{kN/m} = 162\ \text{kN}$

基本组合 2：考虑不变作用力和一个最不利的变化作用力，此例为集中载荷。

$g_d = 1.35 \times 10\ \text{kN/m} = 13.5\ \text{kN/m}$

$Q_{id} = S_F Q_i$，　　式中 $S_F = 1.5$

$F_d = 1.5 \times 120\ \text{kN} = 180\ \text{kN}$

c）负荷

用计算作用力来计算梁中点的弯矩和支反力

基本组合 1：

$$M=0.125\times(13.5\ \mathrm{kN/m}+10.8\ \mathrm{kN/m})\times5^2\mathrm{m}^2+162\ \mathrm{kN}\times5\ \mathrm{m}/4=278.4\ \mathrm{kN\cdot m},$$

$$F_A=(13.5\ \mathrm{kN/m}+10.8\ \mathrm{kN/m})\times5\ \mathrm{m}/2+162\ \mathrm{kN}/2=141.8\ \mathrm{kN}$$

基本组合 2：

$$M=0.125\times13.5\ \mathrm{kN/m}\times5^2\mathrm{m}^2+180\mathrm{kN}\times5\ \mathrm{m}/4=267.2\ \mathrm{kN\cdot m},$$

$$F_A=13.5\ \mathrm{kN/m}\times5\ \mathrm{m}/2+180\ \mathrm{kN}/2=123.8\ \mathrm{kN}$$

结果：基本组合 1 决定了梁的尺寸。

2. 校核方法　负荷及其承载能力计算分为弹性理论和塑性理论，因此，DIN 18800-1 将承载安全系数校核分为三种方法，即弹性-弹性法，弹性-塑性法和塑性-塑性法。

下面只讲述弹性-弹性校核方法。这种方法假设承载能力失效的临界状态为零件横截面最不利处开始产生流动时。这种方法不考虑塑性潜力，由计算作用力根据弹性理论求得的截面负荷（力、力矩）来计算应力，并将它与极限正应力 $R_e/1.1$ 或极限切应力 $R_e/(1.1\sqrt{3})$ 对比，后者在下述校核中被简化为“许用”应力。在一定条件下，横截面上的一个局部有限塑性变形是允许的，见 DIN 18800-1。

当采用弹性-塑性方法时，横截面完全塑性化为其承载失效临界状态。由计算作用力按弹性理论算得的截面负荷（轴向力和横向力、弯矩）与全塑性状态下算得的截面负荷进行对比。

当采用塑性-塑性方法时，根据流动支点理论，可以充分利用塑性横截面潜力和系统潜力。该方法只能用于静不定支承结构（例如连续梁），因为只有这类结构才有系统潜力。

3. 零件计算　零件计算是连接计算的前提条件，因为连接尺寸（例如焊缝厚度、螺栓直径）与零件尺寸有关。本节只讲述平面桁架的拉杆和压杆、简支梁和悬臂零件的计算基础。考虑到腐蚀可能引发的横截面削弱（见 § 7.6.6），对受载零件要规定其最小厚度，例如高层钢结构为 1.5mm，根据腐蚀危险性的不同，起重机制造为 2～7mm 之间，对于焊接零件，由许用最小角焊缝厚度 $a_{\min}=2\mathrm{mm}$ 可得最小厚度为 $t_{\min}=2\mathrm{mm}/0.7\approx3\mathrm{mm}$。

1）横截面零件要保证的宽厚比 $(b/t)_{\mathrm{grenz}}$ 极限值。为了避免焊接型钢和轧制型钢上完全受压的翼缘和转臂的翘曲，必须保证满足

$$b/t\leqslant(b/t)_{\mathrm{grenz}}$$

式中，宽厚比极限值由 TB6-7 查取。

如 TB6-7 所示，计算宽厚比（b/t）所需的尺寸 b 和 t，在考虑到转臂圆角 R 后由型钢表（例如 TB1-11）或考虑到角焊缝厚度 a 后由焊接图样确定。TB6-7 给出了不同支承方式支承臂和支承翼缘（称为板条）在各种基本应力分布和常用结构钢下 b/t 的最大值 $(b/t)_{\mathrm{grenz}}$。如果 $b/t>(b/t)_{\mathrm{grenz}}$，应根据 DIN 18800-3 证明是否有足够的抗翘曲安全系数。材料为 S235 的轧制型钢在受无压力的弯曲时，任何应用情况下必须保证所要求的 b/t 值。§ 6.4 例 6-1 证明了一个焊接工字钢有足够的零件厚度。

2）拉杆。作为结构件，拉杆与压杆一起出现在桁架和组合件中。例如在一个由上下界杆（上带和下带）和支撑杆（铅垂杆和对角线杆）组成的桁架（见图 6-25a）中，每两根对角线杆中有一根和下带是承受拉伸变形。拉杆的承载能力决定于材料强度极限和横截面积。抗弯能力差的扁或圆横截面几乎不被应用，这是因为它们在加工、安装和运输过程中刚度太

差。如同压杆一样，一般也用型钢做拉杆，它们在节点处可以很好地互相连接。由于焊接接头没有由孔洞所造成的横截面减弱，因此，相对于螺纹联接或铆接的拉杆，焊接拉杆可节约材料达20%。

中心连接拉杆。如图6-25c所示的连接和图6-32a所示两杆构成（双杆）的连接，其重心轴通过与其他零件连接的平面（节板、带板）。后者的一杆，即角钢，由于不是中心连接，因此受弯矩 $M_b=0.5F(e+t/2)$，有向内弯曲的趋势，但它被焊上的填充块阻挡了。对于双杆构件，虽然杆件本身和节点会有小的附加应力，但其偏心性被平衡了，因此在计算中不需要考虑。

所以，杆件横截面的实际拉应力为

$$\sigma_z=\frac{F}{A}\leqslant\sigma_{zul} \tag{6-1}$$

式中 F——杆件所受拉力；

A——所有杆件的横截面积；

σ_{zul}——许用应力（极限正应力）

零件材料S235：$218N/mm^2$；

零件材料S355：$327N/mm^2$；

上述数值由 $\sigma_{zul}=R_e/S_M$ 算得，式中 R_e 由TB6-5查取，$S_M=1.1$。

对于初步设计计算，所要求的杆件横截面积按式（6-2）计算：

$$A_{erf}=\frac{F}{\sigma_{zul}} \tag{6-2}$$

式中 F、σ_{zul}——同式（6-1）。

根据算得的横截面积 A_{erf} 可由型钢表（见TB1-8～TB1-13）选取合适的横截面，带杆常常选T型钢或1/2工字钢，这样填充杆不需要节板就可以连接在一起（见图6-25c），而填充杆主要是工字钢和T型钢。

偏心连接拉杆。这类连接杆件的重心轴与连接平面明显地偏离，如图6-32b所示的U型钢。弯矩 $M_b=F(e+t/2)$ 会产生附加弯曲应力，它会使杆件向右弯曲，而且不能被忽略。这种弯曲可以用一个偏心拉伸的橡胶带来模拟（见图6-32d）。所以，偏心连接的拉杆一般要进行拉伸和弯曲计算。

首先按拉伸进行近似初步设计计算，因为偏心距 e 还不知道，所以还不能进行弯曲计算，对于这个未知的弯曲部分可以通过将杆横截面积加一个增量而加以考虑。

对于一个选定的型钢，首先要按式（6-1）计算实际拉应力。计算弯曲拉伸边缘（见图6-32b）的实际弯曲应力，因为在该处拉伸应力与弯曲应力叠加：$\sigma_{bz}=M_b/W_z$。

由弯矩 $M_b=F(e+t/2)$ 和相对于弯曲拉伸边缘的抗弯截面系数 $W_z=I/e$，可算得弯曲拉伸边缘的实际弯曲应力：

$$\sigma_{bz}=\frac{M_b}{W_z}=\frac{F(e+0.5t)e}{I} \tag{6-3a}$$

式中 F——杆件所受拉力；

e——杆重心轴距弯曲拉伸边缘的距离，一般来说等于重心轴至连接面的距离；

I——相对于弯曲轴 $x—x$ 的杆件截面二次惯性矩（见图6-32b），由型钢表（TB1-8～TB1-12）查取。

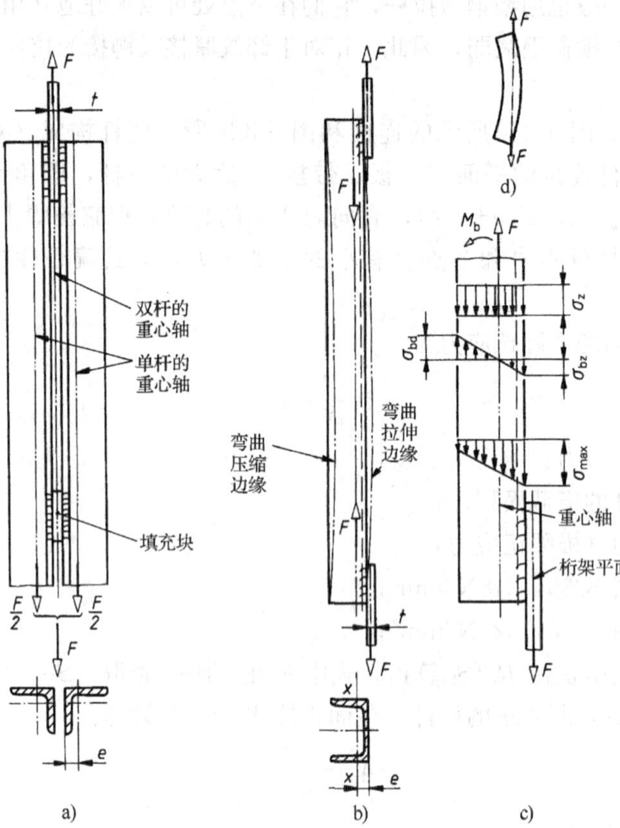

图 6-32 拉杆

a）中心连接的双角钢 b）偏心连接的U型钢 c）图b所示的单边连接的U型钢的应力分布 d）偏心拉伸的橡胶带

提示：式（6-3a）中的抗弯截面系数 W_z 并不是型钢表中的 W，W 是用来计算外缘纤维最大弯曲应力的。但此处并不关心该纤维（弯曲压缩边缘）的应力，因为最大应力发生在拉伸纤维处。

因此弯曲拉伸边缘（见图6-32c）的最大应力为

$$\sigma_{max}=\sigma_z+\sigma_{bz}\leqslant\sigma_{zul} \tag{6-3b}$$

只有当弯矩作用在横截面两主轴之一的平面上时，上述弯曲应力校核才成立。对于角钢和Z型钢以及任意截面的型钢，必须将弯矩沿两根主轴方向进行分解，然后将所求得单个应力进行代数相加（斜弯曲）。

提示：当角钢上的拉力通过直接相连的角钢边导入时（例如图6-40c），如果满足

① 翼缘角焊缝长度至少等于带边宽度（$l\geqslant b$）。

② 按中心所计入的轴向力所产生的拉应力 $\sigma_z\leqslant 0.8\sigma_{zul}$。

则可以不用考虑由于偏心所带来的弯曲应力。

3）压杆。根据经验，杆件受压达到纵弯临界载荷时失效。在理想条件下，它实际上是一个失稳的问题。当一根理想杆件上所受的载荷上升，直到压力 F 达到纵弯临界载荷 F_{ki}（欧拉纵弯临界载荷）时，杆件轴线会突然变软，原先的直杆产生纵弯。

一个实际零件并不能完全满足理想的条件，不可避免地会出现各种偏差（缺陷），例如杆件轴线弯曲、截面的不一致性、支承条件的偏差，最主要是较大的内应力。

其结果是，随着载荷增加，实际压杆从一开始就产生弯曲。压力继续增加将会使杆件完全塑性变形，此时就达到了杆件的承载能力 F_{pl}，它比理想的纵弯临界载荷 F_{ki}小，所以实际压杆强度小。

钢结构按 DIN 18800-2 来校核有失稳危险的钢制杆件和杆结构的承载安全系数。它分为纵弯和纵弯扭两种。一般情况下，纵弯扭在主轴方向上有位移，同时还有绕杆件轴线的转动，且该转动必须加以考虑。对于纵弯这种特例，只有位移，或者转动允许被忽略。简化校核只能用于这种情况，它只适于双对称，中心受载的直杆和空心横截面。

压杆尺寸的粗略计算

为了粗略计算钢结构的横截面尺寸，要用到下述“经验公式”。

所要确定的型钢横截面积值必须满足下述条件：

$$A_{erf} \approx \frac{F}{12} \sim \frac{F}{10} \qquad \begin{array}{c|c} A_{erf} & F \\ \hline cm^2 & kN \end{array} \tag{6-4a}$$

$$I_{erf} \approx 0.12 F l_k^2 \qquad \begin{array}{c|c|c} I_{erf} & F & l_k \\ \hline cm^4 & kN & m \end{array} \tag{6-4b}$$

式中 F——杆件所受压力；

l_k——压杆的纵弯长度。

由型钢尺寸标准或 TB1-8～TB1-13 选择相应的型钢，但要注意，横截面值以 cm 为单位，即 A 为 cm^2，W 为 cm^3 和 I 为 cm^4。

单件压杆的纵弯

单件中心受压杆按下述步骤进行纵弯计算。

如图 6-33 所示，杆件可以绕一个截面的 x 轴和 y 轴㊀发生纵弯。由于绕两根轴的系统参数和横截面参数不一样，如果不能直接知道绕哪一根轴的纵弯决定承载能力的话，就应该对两根主轴均进行校核。

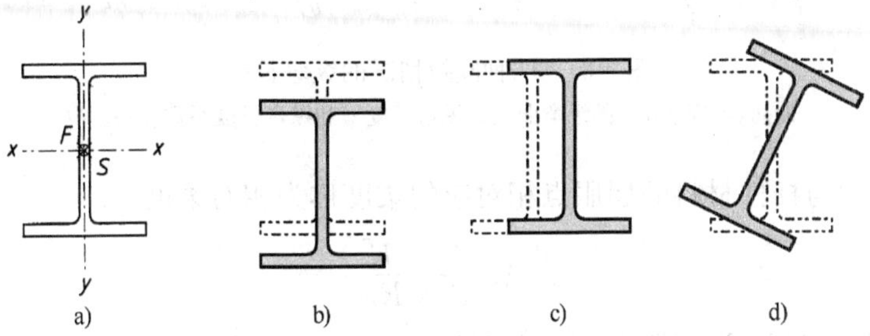

图 6-33 中心受载，双对称横截面纵弯可能性

a）主轴为 x 和 y，载荷作用在截面的重心处 b）绕 x—x 的纵弯

c）绕 y—y 的纵弯 d）纵弯扭（常见的工字钢没有纵弯扭的危险）

柔度决定了发生纵弯的危险程度，相对于横截面的主轴的柔度为

$$\lambda_{kx} = \frac{l_{kx}}{i_x} \tag{6-5a}$$

㊀ 确定主轴的代号时，应使单杆的 $I_x > I_y$。

$$\lambda_{ky}=\frac{l_{ky}}{i_y} \tag{6-5b}$$

式中 l_{kx}，l_{ky}——绕 x 轴或 y 轴的杆件纵弯长度

图6-34给出了四种简单情况下的纵弯长度，其他情况可以根据DIN 18800-2计算或参考相关文献。

不同端面固定形式的桁架杆的纵弯长度为：

a）在桁架平面上：$l_k \approx 0.9l \approx l_s$

b）垂直于桁架平面：$l_k = l$

其中 l＝杆件的系统长度，l_s＝连接件之间的重心距离。

i_x，i_y——杆件横截面的惯性半径，由型钢表TB1-8～TB1-13查取

一般由截面二次惯性矩 I_x 或 I_y 和杆件截面积 A 可求得：

$i_x=\sqrt{(I_x/A)}$ 和 $i_y=\sqrt{(I_y/A)}$。

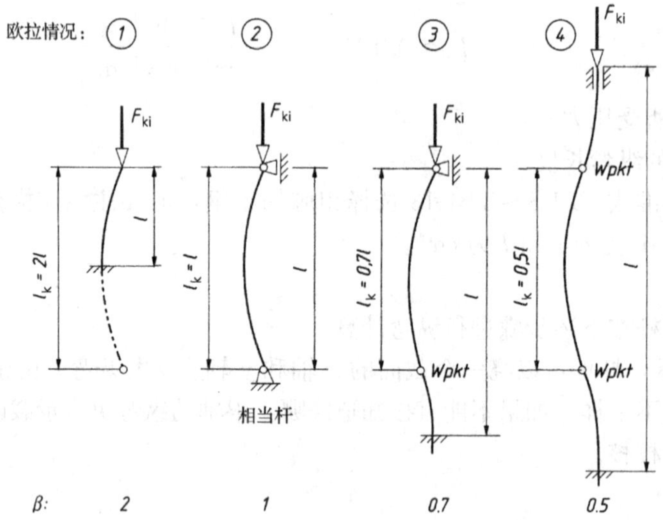

图6-34 四种欧拉情况的纵弯长度

带拐点（$Wpkt$）的纵弯曲线，纵弯长度 l_k 和纵弯长度系数 $\beta = l_k/l$

理想纵弯应力与杆件材料的屈服点相对应的柔度称为相对柔度。

$$\lambda_a=\pi\sqrt{\frac{E}{R_e}} \tag{6-6}$$

式中 E——杆件材料的弹性模量，轧制钢材 E＝210000 N/mm^2；

R_e——杆件材料的屈服点，由TB6-5查取。

由于 λ_a 只与材料有关，所以可以根据钢号给出其数值。产品厚度 $t \leqslant 40$mm时，S235：λ_a＝92.9，S355：λ_a＝75.9。

通过相对柔度可以实现纵弯应力曲线的无量纲表达

$$\bar{\lambda}_k=\frac{\lambda_k}{\lambda_a}=\sqrt{\frac{F_{pl}}{F_{ki}}} \tag{6-7}$$

$$\bar{\lambda}_{kx}=\frac{\lambda_{kx}}{\lambda_a} \tag{6-7a}$$

$$\bar{\lambda}_{ky}=\frac{\lambda_{ky}}{\lambda_a} \tag{6-7b}$$

式中 λ_k，λ_a——由式（6-5）和式（6-6）定义的柔度和相对柔度；

F_{pl}——全塑性状态下的压力：$F_{pl}=ARe/S_M$；

F_{ki}——按照弹性理论，最小分布载荷下的压力：$F_{ki}=\pi^2 EI/(l_k^2 S_M)$。

决定承载能力的是$\bar{\lambda}_{kz}$或$\bar{\lambda}_{ky}$两者中大的那个相对柔度。

理想失稳临界载荷与塑性压力F_{pl}的比值称为缩减系数κ，它可以表达为相对柔度的函数（见TB6-9）。在满足理想假设的前提条件下，当$\kappa=1$时，得到一条截断二次双曲线（欧拉双曲线，见TB6-9）。对于实际压杆，缺陷与一定的横截面分类（a～b）相对应。借助于载荷计算方法，可以得到所谓的欧洲纵弯应力曲线（见TB6-8）。缩减系数κ可由TB6-9查取，或根据相对柔度$\bar{\lambda}_k$和与TB6-8得到的每一种截面相对应的纵弯应力曲线（a～d）来计算：

$\bar{\lambda}_k\leqslant 0.2$时：

$$\kappa=1 \tag{6-8a}$$

$\bar{\lambda}_k>0.2$时：

$$\kappa=\frac{1}{k+\sqrt{k^2-\bar{\lambda}_k^2}} \tag{6-8b}$$

$$k=0.5\left[1+\alpha\ (\bar{\lambda}_k-0.2)\ +\bar{\lambda}_k^2\right]$$

$\bar{\lambda}_k>0.3$时：可简化为

$$\kappa=\frac{1}{\bar{\lambda}_k\ (\bar{\lambda}_k+\alpha)} \tag{6-8c}$$

式中 α——计算缩减系数κ的参数。

纵弯应力曲线	a	b	c	d
α	0.21	0.34	0.49	0.76

对于$\bar{\lambda}_k\leqslant 0.2$，即$\kappa=1.0$的情况，只要简单地进行应力校核即可。

沿失稳方向的承载安全系数校核按式（6-9）进行：

$$F\leqslant\kappa F_{pl} \tag{6-9a}$$

或

$$\frac{F}{\kappa F_{pl}}\leqslant 1 \tag{6-9b}$$

式中 F——杆件的计算压力；

F_{pl}——完全塑性状态下的压力：$F_{pl}=AR_e/S_M$，A为杆件横截面积（由型钢表TB1-8～TB1-13查取），R_e为杆件材料的屈服点（由TB6-5查取）和局部安全系数$S_M=1.1$；

κ——缩减系数，由式（6-8）或TB6-9得到。

薄壁、开口和单方向对称截面必须根据DIN 18800-2进行纵弯扭校核，对于受压杆截面务必要根据§6.3.1.3-1保证不超过宽厚比的极限值$(b/t)_{grenz}$。

重心距较小的多杆框形结构

图6-35b所示由两根角钢组成的杆件组就属于这类结构，实际总重心轴与连接平面重合；因此它可以像中心连接的单杆一样对待。为了保证承载均匀，必须将它们用抗剪切连接板连接在一起。

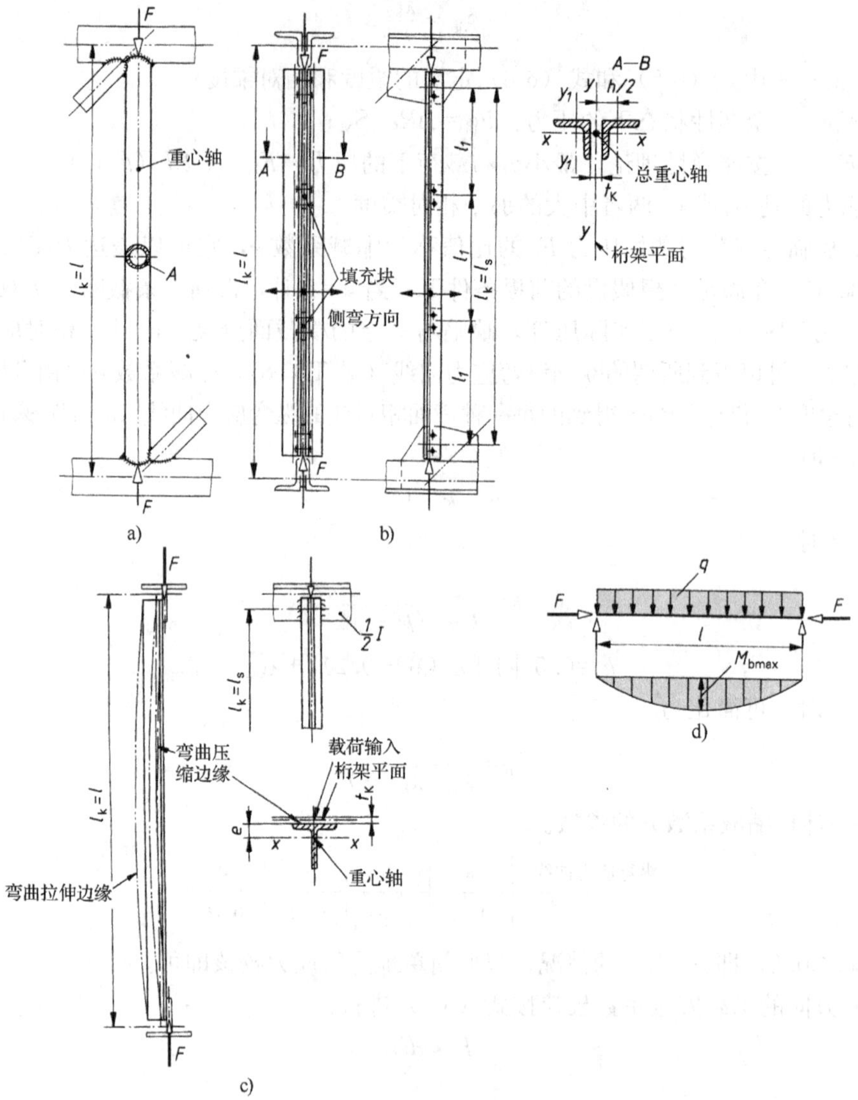

图 6-35　压杆

a）具有理想横截面（管道）的中心连接的单杆　b）杆件距离很小的中心连接双杆

c）偏心连接单杆　d）受横向载荷导致弯曲变形的压杆（梁）

由 U 型钢和 L 型钢构成的多杆结构优先使用在螺纹联接桁架中，杆与杆之间可以直接连接或通过节板连接。因此，它们的重心距 h 仅仅比节板厚度略大（见图 6-36）。角对角布置的角钢（见图 6-37）构成的杆件比由图 6-36 所示的截面的维护性能好。绕非物质轴 $y—y$ 的刚度要大于绕物质轴[⊖] $x—x$ 的刚度，因此只要校核 $\lambda_x=l_{kx}/i_x$ 即可。

确定连接板之间的距离时应使单根角钢的柔度 $\lambda_1=l_1/i_1\leqslant 15$。

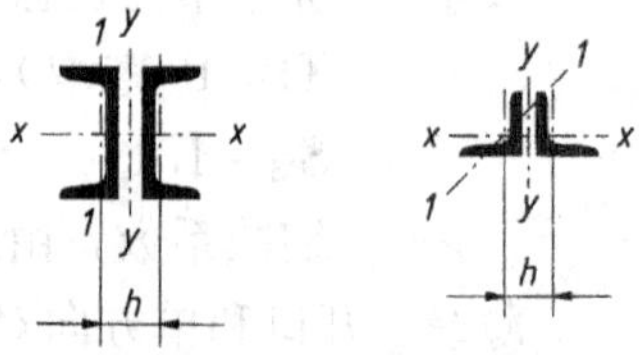

图 6-36　多杆结构，其截面有一根物质轴 $x—x$

⊖　如果一根主轴通过所有各杆截面，则该轴称为“物质轴”。

整根杆的纵弯长度允许用桁架平面上和垂直桁架平面的纵弯长度的平均值替代，即$l_{kx} \approx 0.5\ (l+l_s)$（见图 6-35b）。

假设决定不等边角钢尺寸的柔度为$\lambda_x \approx 1.15 l_{kx}/i_0$，式中$i_0$为相对于与角钢长边平行的重心轴的整根杆的惯性半径（见图 6-37b）。

承受弯曲变形的压杆

压杆常常由于受到偏心压力或横向截荷而承受弯曲变形（见图 6-35d）。因此必须研究纵横弯曲（或纵横弯曲扭转）问题。对于只承受很小的压力$F \leqslant 0.1\kappa F_{pl}$的杆件（梁）不需要进行纵弯失稳校核，只要把它当成受弯曲梁进行校核即可。力矩平面上的纵弯承载安全系数校核可以按替代杆法进行：

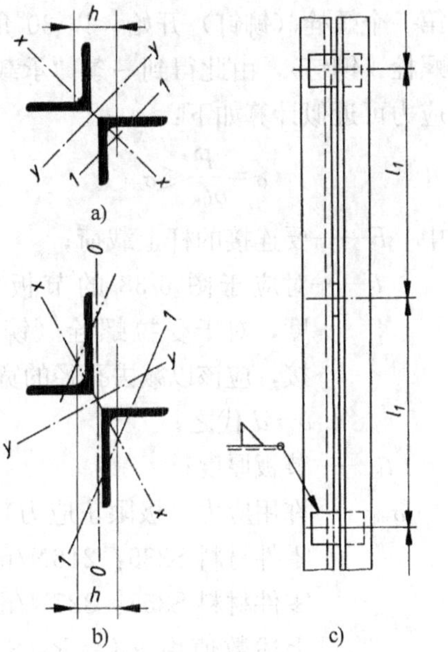

图 6-37 由两根对角放置的角钢构成的压杆

a）等边角钢构成的杆截面 b）不等边角钢构成的杆截面 c）连接板的配置

$$\frac{F}{\kappa F_{pl}}+\frac{\beta_m M}{M_{pl}}+\Delta n \leqslant 1 \qquad (6\text{-}10)$$

式中 F——杆上压力；

F_{pl}——处于全塑性状态下的压力：$F_{pl}=AR_e/S_M$，A为杆件横截面积（可由型钢表 TB1-8～TB1-13 查取），杆件材料的屈服点R_e由 TB6-5 查取，局部安全系数$S_M=1.1$；

κ——缩减系数，由 TB6-9 按$\bar{\lambda}_k$和由 TB6-8 查取的关键纵弯曲线类型和在力矩平面上纵弯类型查取，而$\bar{\lambda}_k$由式（6-7）计算；

β_m——纵横弯曲力矩系数，由 TB1-10 查取；

M——杆上承受的最大弯矩；

M_{pl}——全塑性状态下的弯矩，可以从型钢表中查取，或由$M_{pl}=\alpha_{pl}WR_e/S_M$计算，形状系数$\alpha_{pl} \leqslant 1.25$（对轧制梁 1.14），弹性阻力矩$W$（由型钢表 TB1-8～TB1-13 查取），杆件材料的屈服点由 TB6-5 查取，局部安全系数$S_M=1.1$；

Δn——修正值，允许取$\Delta n=0.1$

$$\Delta n=\frac{F}{\kappa F_{pl}}\left(1-\frac{F}{\kappa F_{pl}}\right)\kappa^2\bar{\lambda}_k^2 \leqslant 0.1$$

或简化为

$$\Delta n=0.25\kappa^2\bar{\lambda}_k^2 \leqslant 0.1$$

对于$A_{Steg} \geqslant 0.18A$的双对称横截面（常用的轧制型钢总是这样），当$F>0.2F_{pl}$，允许用$1.1M_{pl}$代替M_{pl}。

4）节板。节板的作用是在节点处将杆件连接在一起。其尺寸由节点的结构决定，厚度t_K应该与所要连接杆件的翼缘、法兰等的厚度相对应：

节板厚度t_K应该约等于或小于所有在节点处连接的杆件的平均厚度。

对于双杆，杆件厚度是指两杆厚度之和。

当杆件承受大载荷时，钢结构中的节板应进行承载能力校核。对于填充杆连接（对角和垂直杆），杆件载荷可作如下简化：对于焊接头从焊缝起点开始，对于螺纹（铆接）联接头从第一个螺栓（铆钉）开始，以30°角向两边作斜线（见图6-38），直到焊缝尽头或最后一个螺栓（铆钉），由此得到一条“承载宽度”为b的板带，它均匀承受杆件载荷。所以，节板应力可近似计算如下：

$$\sigma=\frac{F}{bt_{\mathrm{K}}}\leqslant\sigma_{\mathrm{zul}} \quad (6\text{-}11)$$

式中　F——要连接的杆上载荷；

b——对应于图6-38的节板承载宽度，对于受拉螺栓（铆接）联接，应该以减去孔径的宽度$b'=b-d$代之；

t_{K}——节板厚度；

σ_{zul}——许用应力（极限正应力）

零件材料S235：218N/mm²

零件材料S355：327N/mm²

上述数值由$\sigma_{\mathrm{zul}}=R_{\mathrm{e}}/S_{\mathrm{M}}$算得，式中$R_{\mathrm{e}}$由TB6-5查取，$S_{\mathrm{M}}=1.1$。

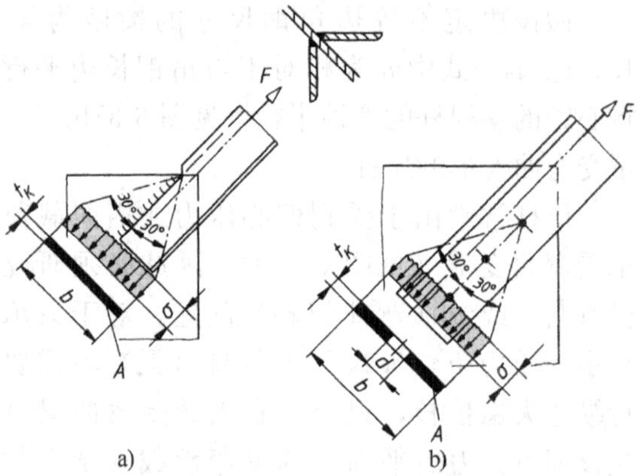

图6-38　节板的近似应力校核

a）焊接杆接头　b）螺纹联接杆接头

5）简单受弯梁。同时受法向力F_{N}和弯矩M_x的受弯梁（见图6-39），危险截面的校核公式为

$$\sigma=\frac{F_{\mathrm{N}}}{A}+\frac{M_x}{I_x}y\leqslant\sigma_{\mathrm{zul}} \quad (6\text{-}12)$$

式中　F_{N}——法向力，纵向力；

M_x——绕主轴x的弯矩；

A——梁的总横截面积；对于轧制型钢，由TB1-10～TB1-12查取；在受拉区域应考虑可能出现的孔洞削弱；

I_x——主轴x的惯性矩，对于轧制型钢，由TB1-10～TB1-12查取；在受拉区域应考虑可能出现的孔洞削弱；

y——横截面上某处离x轴的距离，例如，外缘纤维的$y=h/2$，该处特殊的抗弯截面系数为$W_x=I_x$（$h/2$）；

σ_{zul}——许用应力（极限正应力）

零件材料S235：218N/mm²

零件材料S355：327N/mm²

上述数值由$\sigma_{\mathrm{zul}}=R_{\mathrm{e}}/S_{\mathrm{M}}$算得，式中$R_{\mathrm{e}}$由TB6-5查取，$S_{\mathrm{M}}=1.1$

正负号确定规则：拉伸和弯曲拉伸为（+），压缩和弯曲压缩为（-）。

如图6-39所示，当梁受横向力载荷弯曲时，梁腹板上的切应力为

$$\tau=\frac{F_{\mathrm{q}}H}{I_x t}\leqslant\tau_{\mathrm{zul}} \quad (6\text{-}13)$$

式中　F_{q}——腹板平面上的横向载荷，如图6-39中的F_y；

I_x——主轴x的惯性矩，对于轧制型钢，由TB1-10～TB1-12查取；

H——横截面积的一次矩（静矩），它由横截面上要研究的纤维所分开，例如在图6-39a中，为了计算颈部焊缝，有：$H=A_{\mathrm{F}}y_{\mathrm{F}}$，其中$A_{\mathrm{F}}$为所焊接的横截面积，$y_{\mathrm{F}}$为其重心到整个截面的重心轴的距离；

t——所要研究的纤维处所对应的截面厚度（宽度）；例如，t_S为腹板厚度或$2a$为颈部焊缝宽度（见图6-39a）；

τ_{zul}——许用切应力（极限正应力）

结构钢S235：126N/mm²

结构钢S355：189N/mm²

计算公式为$\tau_{zul}=R_e/(\sqrt{3}S_M)$，其中$R_e$由TB6-5查取，$S_M=1.1$。

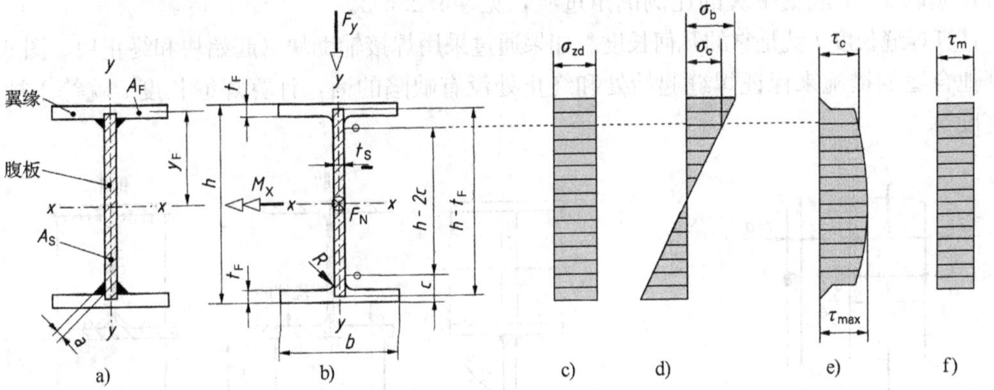

图6-39　受弯梁的应力分布[⊖]

a）双对称工字形截面的焊接梁（板梁）　b）受法向力F_N、弯矩M_x和横向载荷F_y的热轧工字梁

c）由F_N产生的拉/压应力　d）由M_x产生的弯曲应力

e）由横向载荷F_y产生的切应力　f）切应力的平均值$\tau_m=F_y/A_S$

切应力沿截面高度方向分布不均匀，其最大值总是位于重心轴处（见图6-39e），带突出翼缘的工字形梁（$A_F/A_S>0.6$，图6-39），允许用平均切应力进行计算：

$$\tau_m=\frac{F_q}{A_S}\leqslant\tau_{zul} \tag{6-14}$$

式中　F_q——腹板平面上的横向载荷；

A_S——由腹板厚度t_S乘以两翼缘平均距离$(h-t_E)$得到的腹板面积（见图6-39）；

τ_{zul}——许用切应力（极限切应力），同式（6-13）说明。

如果同时承受弯曲和横向载荷，应该用相当应力进行校核，即

$$\sigma_v=\sqrt{\sigma^2+3\tau^2}\leqslant\sigma_{zul} \tag{6-15}$$

式中　σ，τ——同一位置的正应力和切应力

对于轧制型钢，危险截面位于腹板与翼缘之间的过渡圆角的起始处（图6-39b：即$y=0.5(h-2c)$处的σ_c），对于焊接工字形钢，危险截面位于梁的颈部。绝大多数情况下都允许按式（6-14）得到的平均切应力来计算；

σ_{zul}——许用正应力，同式（6-11）的说明。

根据畸变能密度理论［式（3-2a）和式（6-15）］计算的相当应力适合于塑性材料，用于钢结构零件材料受单向和复杂应力状态的情况。对于所有受压横截面零件总是应校核是否满足由TB6-7查取的极限值$(b/t)_{grenz}$。

⊖ 型钢标准采用由x轴和y轴构成平面坐标系，而DIN18800和EC3采用由主轴y和沿杆件轴线方向的z与x轴构成的空间坐标系。

4. 钢结构焊缝计算

（1）焊缝尺寸　焊缝的计算尺寸为厚度 a 和长度 l。

对接焊缝

其计算焊缝厚度 a 与所要连接的零件厚度 t 对应，这点是以透焊缝为前提条件的，并不考虑实际可能出现的焊缝超厚。如果被焊件之间的厚度不同，则取较小厚度，即 $a=t_{min}$ 为计算厚度（见图 6-11）。为了使较厚被焊件有更好的过渡（力流!），当存在超过 10mm 的厚度差时，应以 1∶1 或更平缓的比例倒角过渡，见 § 6.2.5-3。

计算焊缝长度 l 就是它的几何长度。如果通过采用焊接辅助块（起始块和终止块，图 6-40a）或其他合适的措施来保证焊缝起始处和终止处没有缺陷的话，计算焊缝长度 l 就等于被焊件的宽度 b。

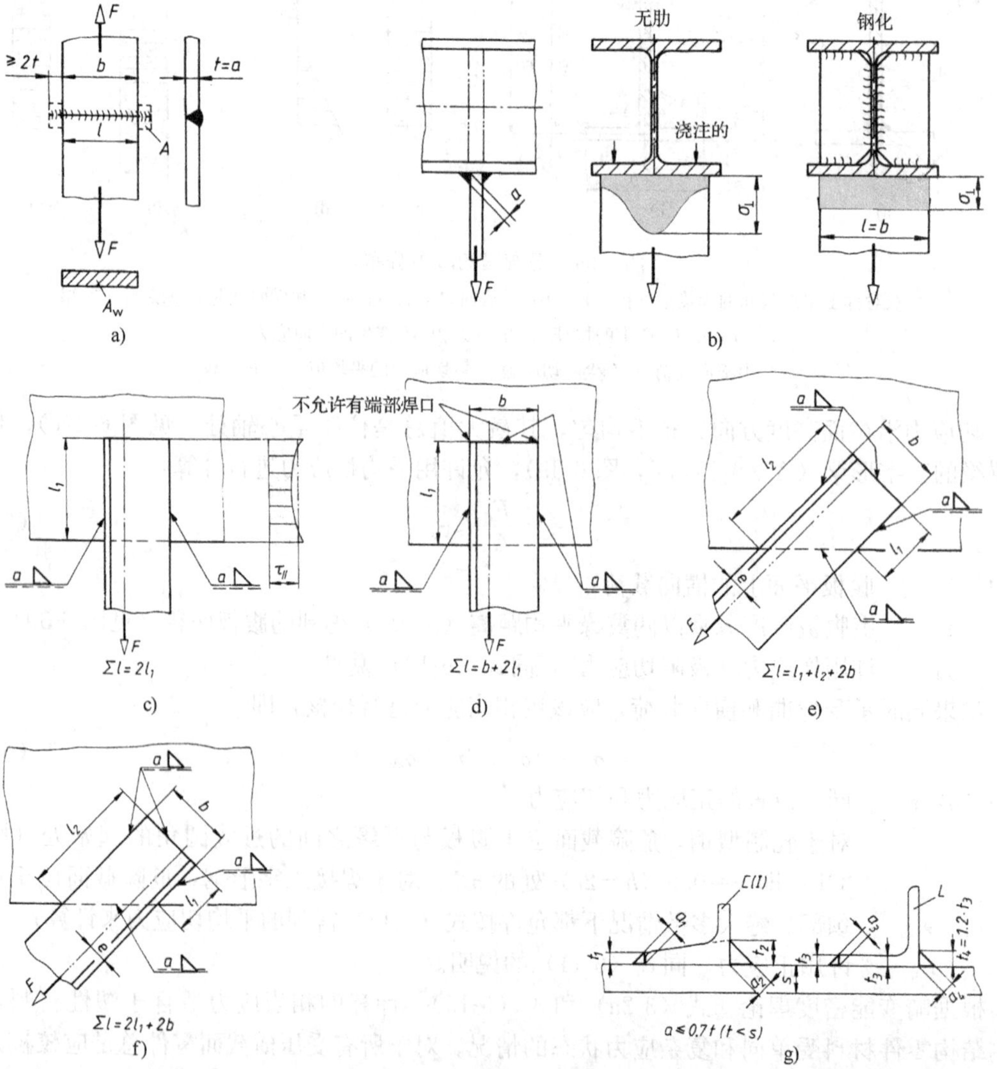

图 6-40　钢结构中承受拉伸和剪切变形的焊接

a）带起始块和终止块 A 的受拉对接焊缝　b）挠性和刚性连接平面，以受拉搭板连接为例　c）带法兰角焊缝的杆连接及其焊缝切应力分布　d）带端面角焊缝和法兰角焊缝的杆连接　e）带环绕角焊缝的杆连接，重心轴靠近长焊缝　f）带环绕角焊缝的杆连接，重心轴靠近短焊缝　g）棒材和型钢的许用法兰角焊缝厚度

角焊缝

其计算焊缝厚度 a 等于度量到理论底点的焊缝横截面内接等腰三角形的高度(见图 6-13a~e)。当横截面零件厚度 $t\geqslant3\text{mm}$ 时，角焊缝厚度 a 应满足

$$2\text{mm}\leqslant a\leqslant0.7t_{\min} \tag{6-16a}$$

$$a\geqslant\sqrt{t_{\max}}-0.5\text{mm} \qquad \frac{a \mid t}{\text{mm} \mid \text{mm}} \tag{6-16b}$$

式中 a——角焊缝厚度；

$t_{\min}$，$t_{\max}$——被焊件的最小，最大厚度。

对于手工焊，实际可操作的角焊缝的最小厚度为 3mm。对于双角焊缝，当焊缝厚度 $a\geqslant0.7t_{\min}$时，其强度没有得到充分利用，单面角焊缝属于不对称连接，不推荐采用。由式（6-16b）计算的最小厚度避免了出现焊缝横截面与横截面零件之间比例协调的问题。如果具备良好的生产条件（例如对较厚的横截面零件进行预热）的话，允许不按式（6-16b）规定的要求做，但是，当板厚 $t\geqslant30\text{mm}$ 时，角焊缝的厚度应 $a\geqslant5\text{mm}$。

对于棒材和型钢的侧面角焊缝，只要 $t<s$，取法兰或翼缘端部的理论尺寸 t 作为零件的最小厚度（见图 6-40g）。当法兰或翼缘端部有圆角时，出于几何原因，焊缝厚度不要超过法兰或翼缘厚度的一半（图 6-40g，例如 $a_3\approx0.5t_3$）。因为角焊缝的焊缝横截面（焊剂消耗）与 a^2成正比，而承载能力却只与 a 成线性增长关系，因此应尽量采用较薄的焊缝。常用的焊缝厚度为（括号中为允许的最大零件厚度）：2(6)、2.5(9)、3(12)、3.5(16)、4(20)、4.5(25)、5(30)、6(42)、7(56)mm 等。

对于能焊透到理论底点的焊接方法，例如半机械化或全机械化的埋弧焊或保护气体焊，允许将计算焊缝厚度加大 e（e 为在焊缝检测中所要确定的尺寸，即最小有效焊焰烧入尺寸，图 6-13f）。

计算焊缝长度 l 等于底线的长度，但是，不能将达不到所要求焊缝厚度的坡口和焊缝起点或焊缝终点计入焊缝长度内。在进行强度校核时，只有长度 $l\geqslant b_a$且不小于 30mm 的角焊缝才能加以考虑。对于直接的搭板连接和杆件连接（见图 6-40c~f），允许单根侧面角焊缝的计算焊缝长度最长不超过 $150a$ 代入。

如果按照图 6-40c~f 来确定计算焊缝长度$\sum l$，允许不考虑由于焊缝重心与杆件重心轴不重合所产生的力矩。这点同样适合于非角钢连接中。

当在整个连接长度内载荷均匀输入的话（例如，图 6-42a，由腹板向顶板传递横向载荷），可以不受计算焊缝长度的限制。

其他焊缝

对于如图 6-14a 和 b 所示的透焊缝和封底焊缝，计算焊缝厚度等于所要连接的零件的厚度（$a=t_1$）。对于如图 6-12 和图 6-14c 与 d 所示的非透焊缝，计算焊缝厚度等于理论底点到焊缝表面的距离。对于坡口角度为 60°的尺寸 a 均已标于图上。如果 HY 和 DHY 形焊缝的坡口角度<45°的话，计算尺寸 a 要缩小 2mm。

对于如图 6-14e 所示的三板焊缝（陷峭边沿焊缝），根据传递载荷方向不同，其焊缝厚度分别为

从 t_2向 t_3传递： $a=t_2$（当 $t_2<t_3$时）

从 t_1向 t_2和 t_3传递： $a=b$

而计算焊缝长度 l 为整个焊缝长度。

(2) 强度校核　焊缝中的应力状态非常复杂，其计算工作量是工程实际不能承受的。因此，人们采用平均应力来简化计算，并且通过限制焊缝计算长度和降低许用应力来考虑应力分布的不均匀。如果采用面向焊缝的结构设计，可以不考虑内应力和应力峰值。不需计算的焊缝见 § 6.2.5-3。

根据图 6-41，所要计算的焊缝应力有：

—垂直于焊缝方向的正应力 $\sigma_{\perp}$。

它决定了对接焊缝和角焊缝的承载能力。

—平行于焊缝方向的正应力 $\sigma_{\parallel}$。

它不是很重要，并且在主要承受静载荷的钢结构中不用考虑。

—垂直于焊缝方向的切应力 $\tau_{\perp}$。

它出现在端面角焊缝中（见图 6-40d）。

—平行于焊缝方向的切应力 $\tau_{\parallel}$。

它出现在颈部和法兰角焊缝以及横向载荷连接中（见图 6-40c 和图 6-39a）。

角焊缝和对接焊缝的各个应力 $\sigma_{\perp}$，$\tau_{\parallel}$ 和 $\tau_{\perp}$（见图 6-41）按相应的式(6-18)～式(6-20)计算，然后按式（6-17）计算相当应力：

$$\sigma_{wv}=\sqrt{\sigma_{\perp}^2+\tau_{\parallel}^2+\tau_{\perp}^2}\leqslant\sigma_{w\,zul} \tag{6-17}$$

式中　$\sigma_{\perp}$，$\tau_{\parallel}$，$\tau_{\perp}$——按式(6-18)～式(6-20)计算的焊缝应力；

$\sigma_{w\,zul}$——许用焊缝应力（极限焊缝应力），由 TB6-6 查取。

对于焊缝，必须保证由实际应力计算得到的相当应力 σ_{wv} 不超过许用焊缝应力 $\sigma_{w\,zul}$（极限焊缝应力）。此处作为许用应力 $\sigma_{w\,zul}$ 的极限焊缝应力由 TB6-5 查取的 R_e 和系数 α_w 计算（见 TB6-6）。

提示：

1）所有受压和经过焊缝质量检测的受拉透焊对接焊缝与零件强度相当，因此，不需要进行强度校核计算。

2）沿焊缝方向的焊缝应力 $\sigma_{\parallel}$ 在进行强度校核时不用加以考虑。

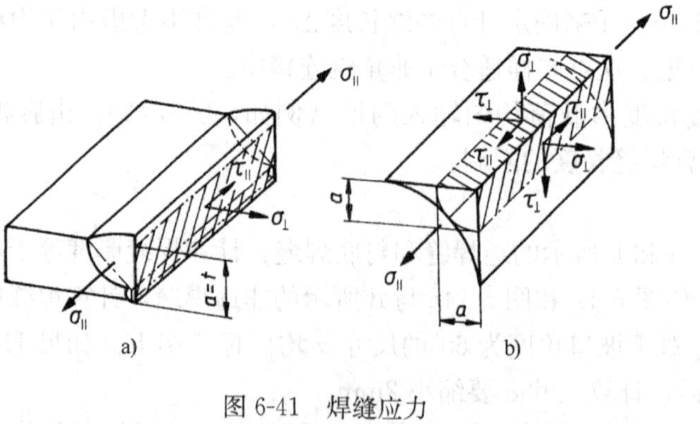

图 6-41　焊缝应力

a）对接焊缝　b）角焊缝

受拉伸、压缩或剪切

对于每一种单独的变形形式，其实际焊缝应力为

$$\left.\begin{array}{l}\sigma_{\perp}\\ \tau_{\perp}\\ \tau_{\parallel}\end{array}\right\}=\frac{F}{A_{w}}=\frac{F}{\sum(al)}\leqslant\sigma_{w\,zul}=\tau_{w\,zul} \tag{6-18}$$

式中　F——焊缝所受拉伸、压缩或剪切载荷；

$A_w=\sum(al)$——焊缝计算面积，等于一个连接中各单个焊缝面积的总和，a 为焊缝厚度，l 为焊缝长度（见 § 6. 3. 1-4. 1）；

$\sigma_{w\,zul}$，$\tau_{w\,zul}$——许用焊缝应力（极限焊缝应力），由 TB6-6 查取。

提示：传递不同载荷时，表达式 $\sum(al)$ 所代表的含义如下：

—承受剪力：在杆连接和搭板连接中，计入所有位于连接平面上的与图 6-40c～f 相对应的凸缘角焊缝和端面角焊缝。

—承受横向载荷：在腹板横向对接连接和梁连接中，原则上只计入能承受横向载荷的焊缝，例如，在工字钢、U 型钢、T 型钢和类似的型钢中，只能计入腹板焊缝（见图 6-42）。

—承受垂直于焊缝方向的载荷：计入所有的焊缝，但前提条件是：如果需要的话，要采取结构措施（肋板）以防止连接局部变形，例如：图 6-40b 中，在工字梁的翼缘之间再焊上一块受拉搭板可以使焊缝应力 $\sigma_{\perp}$ 分布均匀，而未加肋板的连接应力分布非常不利，因为未加强的梁的翼缘越往边沿越容易变形，因此会减少承载。

原则上要求各个横截面零件，例如翼缘、腹板，各自按承受的载荷连接在一起。例如：一个 T 型钢连接（见图 6-25f），翼缘通过两个双面角焊缝承受的杆上载荷为 F_{w1}，腹板通过对接焊缝承受的杆上载荷为 F_{w2}。其中，$F_{w1}=F\ (A_1/A)$，$F_{w2}=F\ (A_2/A)$，即杆件应力为 $\sigma=F/A$，所以 $F_{w1}=\sigma A_1$ 和 $F_{w2}=\sigma A_2$。

承受弯矩和横向载荷的角焊缝连接

对于进行了抗弯强化的梁连接，要注意尽量使焊缝连接面积 A_w 的重心与所要连接的零件的重心重合在一起。在接口区域出现较大的轴偏移（见图 6-42b 和 c 中的 Δy）时，必须在强度校核中加以考虑。

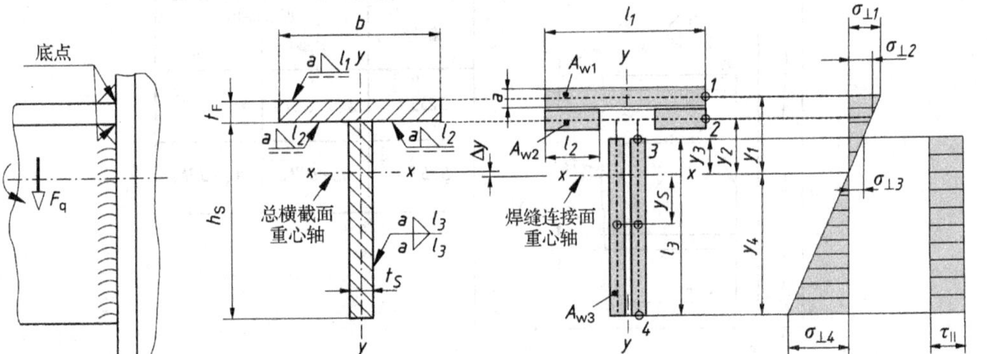

图 6-42　受弯矩和横向载荷的角焊缝连接

a）受 M 和 F_q 的角焊缝连接　b）带焊缝标注的梁横截面

c）角焊缝的焊缝面积 A_w 和底线　d）焊缝弯曲应力 $\sigma_{\perp}$ 分布　e）焊缝平均切应力 $\tau_{\parallel}$

如图 6-42c 所示，为了计算焊缝截面二次惯性矩 I_w，将角焊缝的焊缝面积重心轴置于理论底点上。角焊缝连接承受弯矩时的弯曲应力分布见图 6-42d。

$$\sigma_{\perp}=\frac{M}{I_{w}}y\leqslant\sigma_{w\ zul} \tag{6-19}$$

式中　M——焊接所承受的弯矩；

I_w——焊缝横截面二次惯性矩，例如，对于图 6-42c 所示的焊缝横截面：

$I_{wx}\approx 2al_3^3/12+A_{w1}y_1^2+2A_{w2}y_2^2+2A_{w3}y_s^2$，其中 $A_{w1}=al_1$，等；

y——所要计算的截面位置距焊接面积重心轴 x 的距离；例如，对于边缘应力 $\sigma_{\perp 1}$：$y=y_1$，或对于腹板焊缝应力 $\sigma_{\perp 3}$：$y=y_3$；对于边缘距离 y_4 这个特例，可得到抗弯截面系数 $W_w=I_w/y_4$；

$\sigma_{w\ zul}$——许用焊缝应力（极限焊缝应力），由 TB6-6 查取。

对应于图 6-42 的角焊缝连接，只有腹板焊缝承受横向载荷。与弯曲梁类似，也允许用平均切应力来简化计算：

$$\tau_{\parallel}=\frac{F_q}{A_{wS}}\leqslant\tau_{w\ zul}=\sigma_{w\ zul} \tag{6-20}$$

式中　F_q——腹板平面的横向载荷；

A_{wS}——腹板连接的焊缝面积，例如根据图 6-42c：$A_{wS}=2A_{w3}=2al_3$；

$\sigma_{w\ zul}$，$\tau_{w\ zul}$——许用焊缝应力（极限焊缝应力），由 TB6-6 查取。

因为在腹板区域这类连接处，同时出现弯曲应力和切应力（见图 6-42d 和 e），因此应按式（6-17）构建相当应力 σ_{wv}，并校核以保证横截面每个位置 $\sigma_{wv}<\sigma_{w\ zul}$，对于图 6-42 所示的连接，应该按边沿应力 $\sigma_{\perp 4}$ 和 $\tau_{\parallel}$ 来进行校核：$\sigma_{wv}=\sqrt{\sigma_{\perp 4}^2+\tau_{\parallel}^2}$。

工字梁这类抗弯刚度较好的连接和接头适用特殊规则。只要按照图 6-43 构成工字形截面轧制梁或具有类似尺寸的工字梁，其连接或横向接头不用再进行校核。该规则也可用于校核计算不能得到完全满足的情况。对 S235 要求 $a_F\geqslant 0.5t_F$，而对 S355 要求 $a_F=0.7t_F$，之所以存在这种差别，是因为对于 S355 而言，出于强度需要，焊缝厚度越大越好，但基于焊接技术的原因，焊缝厚度又不允许超过该值［见式（6-16a）］。

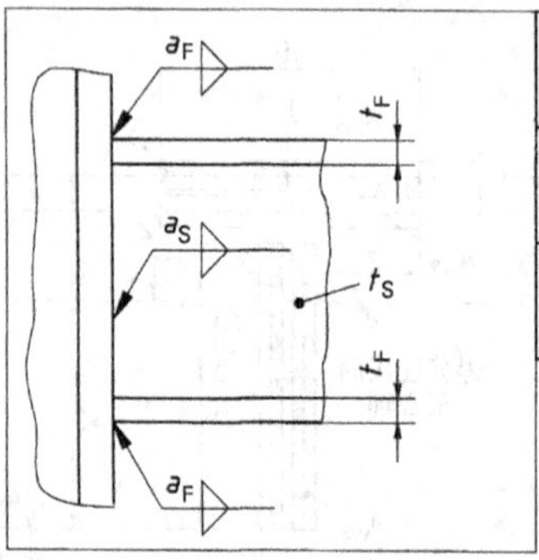

钢号	焊缝厚度	
	翼缘	腹板
S235	$a_F\geqslant 0.5t_F$	$a_S\geqslant 0.5t_S$
S355	$a_F=0.7t_F$	$a_S=0.7t_S$

图 6-43　带双面角焊缝的梁连接或横向接头，不用进行校核计算

对于承受纵向载荷，弯矩和横向载荷的双对称工字梁连接，允许将纵向载荷和弯矩产生的正应力简化到只作用于翼缘上。根据图 6-44，每个翼缘上的载荷为 $F_F=F_N/2+M/h_F$。翼缘上的焊缝面积为 A_{wF}，所以翼缘焊缝应力为

$$\sigma_{\perp}=\sigma_{\perp zd}+\sigma_{\perp b}=(F_N/2+M/h_F)/A_{wF}\leqslant\sigma_{w\ zul} \tag{6-21}$$

式中 F_N——梁上纵向载荷；

M——连接截面上的弯矩；

h_F——翼缘重心距；

A_{wF}——翼缘焊缝面积；

$\sigma_{w\ zul}$——许用焊缝应力（极限焊缝应力），由 TB6-6 查取。

因为横向载荷由腹板焊缝承受，所以腹板应力可以用式（6-20）来校核。

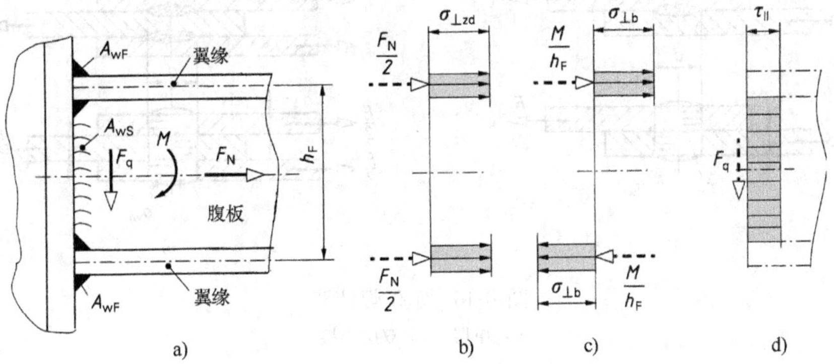

图 6-44 抗弯刚度较好的梁连接的简化校核

a）连接参数 b）由 $F_N/2$ 产生的焊缝拉/压应力

c）由 M/h_F产生的焊缝拉/压应力 d）由横向载荷 F_q产生的焊缝切应力

承受横向载荷的弯曲梁的纵向焊缝

实心梁由板材、扁钢和型钢构成（见图 6-25g 和 h），轧制梁常常用带板加强。由于在横截面上作用的切应力也总是以同样大小出现在梁的长度方向上，所以各种连接方式（焊缝、螺栓、铆钉）必须能承受沿长度方向作用的切应力（见图 6-39a）。

松散互相叠放在一起的零件在受载的情况下会相互错位（示例模型：松散的层叠木板），只有通过采用能抗剪切的连接（将木板粘接或打入固定件＝强化的梁），各零件之间才能共同承担载荷。沿梁的纵向截面，只有当相邻纤维通过切应力将某一纤维拉长或压紧时，每根纤维才能承受其上作用的拉应力或压应力。

对于所谓的颈部焊缝的强度校核适用切应力方程式（6-13），但需要作些变化（“键销公式”）：$\tau_{\parallel}=F_q H/(I_x \sum a)\leqslant\tau_{w\ zul}(\sigma_{w\ zul})$，式中的许用焊缝应力由 TB6-6 查取。由于不需要考虑 $\sigma_{\parallel}$，所以也不用按式（6-17）校核相当应力。

5. 定位焊计算 由于在焊点及其周围力线产生严重扭曲，会导致很大的应力峰值（见图 6-45）。由于存在未焊接的缝隙，所以会产生很大的应力集中，它们对静强度几乎不产生影响，但却使疲劳强度降得很低，在承受动载荷时，疲劳强度会降到静强度的 1/10。在承受剪拉变形时，焊点的剪切横截面、板子的横截面都围绕着焊点（焊点撕裂即焊点脱落），紧靠焊点的板截面为危险截面。

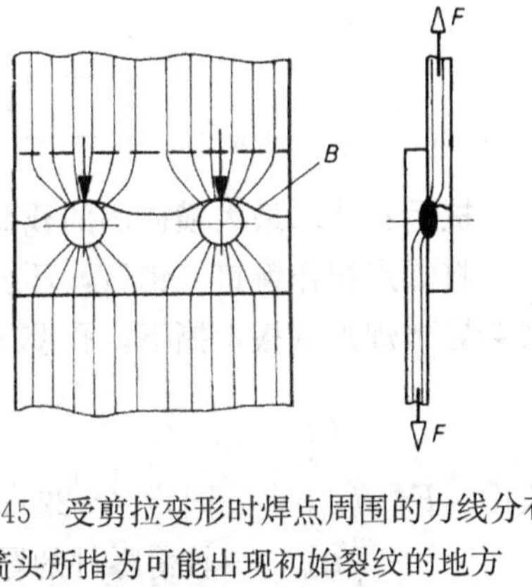

图 6-45 受剪拉变形时焊点周围的力线分布

箭头所指为可能出现初始裂纹的地方

（B 为疲劳裂纹分布）

复杂横截面、可变形零件和动载荷都使定位焊计算变得更为困难，并常常要求进行附加的载荷试验。对于主要承受静载荷的高层钢结构，其计算原理同铆钉联接。为了简化计算，可将焊点当作一根受剪切和孔壁挤压的销钉，其计算直径为 d（见图 6-46）。焊点直径按所要连接的零件的最小板厚 t 计算，但最大不得超过 $5\sqrt{t}$。

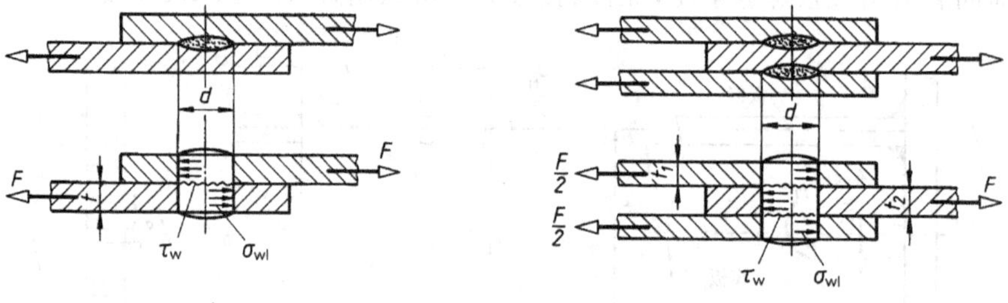

图 6-46　定位焊计算

a）单层　b）双层连接

因此，切应力为

$$\tau_w = \frac{F}{nmA} \leqslant \tau_{w\,zul} \tag{6-22}$$

式中　F——由定位焊缝承受的剪力，根据旧安全规则，由载荷组合 H（所有主载荷）、HZ（所有主载荷和附加载荷）和 HS（所有主载荷和一个特殊载荷）求得；

A——一个焊点的计算横截面积：$A = d^2\pi/4$，式中 d 为计算焊点直径：$d \leqslant 5\sqrt{t}$，t 为最薄零件的厚度（mm），d 的推荐值见§6.2.5-6；

n——焊点数；

m——连接的层数（见图 6-46）；

$\tau_{w\,zul}$——用于载荷组合 H、HZ 和 HS 的许用焊点切应力（N/mm^2）（根据 DIN 18801）

载荷组合	钢　　号	
	S235	S355
H	104	156
HZ	117	175
HS	135	203

提示：要求最大横截面的载荷组合为危险载荷组合。

将焊点视作铆钉或销钉，环绕焊点的危险截面的尺寸取决于孔壁压力，超过许用孔壁压力会导致焊点从板上撕下。孔壁压力为

$$\sigma_{wl} = \frac{F}{ndt_{min}} \leqslant \sigma_{wl\,zul} \tag{6-23}$$

式中　F，d，n——同式（6-22）；

t_{min}——较薄零件的厚度（对于两层连接（图 6-46b）将两个外层零件的厚度合二为一）；

$\sigma_{wl\ zul}$——用于载荷组合 H、HZ 和 HS 的许用孔壁压力（N/mm^2）（根据 DIN 18801）

载荷组合	单层		双层	
	S235	S355	S235	S355
H	288	432	400	600
HZ	324	486	450	675
HS	374	561	520	780

在设计和确定尺寸（特别是受动载荷）时，除了应根据设计准则 DVS 2902-3，DVS 2923 和 DVS 2906 外，还应根据 DASt 准则 016。对于航空和航天仪器中的电阻压焊零件采用 DIN 29878。

6.3.2 起重机制造中的焊接

根据旧安全规则，分为主载荷（H），附加载荷（Z）和特殊载荷（S）。由同时作用的各种载荷构成载荷集，其中对于会导致应力增大的振动载荷通过采用系数（例如内载荷系数和提升系数）来加以考虑。对于最不利的载荷集就需要求得各个载荷和力矩。与钢结构一样，由此可以用式（6-12）或式（6-18）算得零件和焊缝的正应力、切应力和相当应力。防止超过屈服点的一般应力校核要分别针对载荷集 H 和 HZ 进行，其许用应力由 TB3-3 和 TB6-11 查取，它们随钢号 S235 和 S355 以及载荷集 H、HZ 和 HS 的不同而不一样。导致最大横截面的载荷集为危险载荷集。

根据 DIN 15018，其焊缝相当应力的构建与钢结构不同，其中要分别将各个应力乘以由零件应力和焊缝应力得到的比例系数。

对于复杂平面应力状态，在考虑了正负号后，焊缝相当应力为

$$\sigma_{wv}=\sqrt{\bar{\sigma}_{\perp}^2+\bar{\sigma}_{\parallel}^2-\bar{\sigma}_{\perp}\bar{\sigma}_{\parallel}+2(\tau_{\perp}^2+\tau_{\parallel}^2)}\leqslant\sigma_{zzul} \tag{6-24a}$$

如果只有一个正应力和一个切应力，则相当应力为

$$\sigma_{wv}=\sqrt{\bar{\sigma}_{\perp}^2+2\tau_{\parallel}^2}\leqslant\sigma_{zzul}$$

$$\bar{\sigma}_{\perp}=\frac{\sigma_{zzul}}{\sigma_{\perp z\ zul}}\sigma_{\perp(z)}\text{或}\bar{\sigma}_{\perp}=\frac{\sigma_{zzul}}{\sigma_{\perp d\ zul}}\sigma_{\perp(d)}$$

$$\bar{\sigma}_{\parallel}=\frac{\sigma_{zzul}}{\sigma_{\perp z\ zul}}\sigma_{\parallel(z)}\text{或}\bar{\sigma}_{\parallel}=\frac{\sigma_{zzul}}{\sigma_{\perp d\ zul}}\sigma_{\parallel(d)} \tag{6-24b}$$

式中　σ_{zzul}——零件的许用拉应力，由 TB3-3 查取；

$\sigma_{\perp z\ zul}$，$\sigma_{\perp d\ zul}$——焊缝的许用拉应力，许用压应力，由 TB6-11 查取；

$\sigma_{\perp}$，$\sigma_{\parallel}$——焊缝中的实际计算拉应力或压应力；

$\tau_{\perp}$，$\tau_{\parallel}$——焊缝中的实际计算切应力。

如果由相互关联的应力 $\sigma_{\perp}$、$\sigma_{\parallel}$ 和 τ［用于式（6-24a）］不能确定最不利的载荷集的话，则必须分别对 $\sigma_{\perp max}$、$\sigma_{\parallel max}$ 和 τ_{max} 加上相互关联的最不利的应力进行校核。

如果预计应力循环次数要超过 2×10^4 次的话，应该对承受载荷集 H 的零件和焊缝进行疲劳强度校核，以保证不出现疲劳断裂的安全性。

见§7.7.3 和 TB7-5，具体细节见 DIN 15018-1。

6.3.3 机械制造中的焊接计算

承受动载荷的焊接的计算原理同钢结构，即绝大多数情况下都是对危险焊缝进行验算，以及通过不承载的焊缝来找到已疲劳破坏的零件横截面。为此，必须证明，在焊缝或零件中产生的最大正应力、切应力或相当应力小于或等于由§6.3.3-5得到的许用应力。不能精确确定的动载荷（冲击）用使用系数K_A加以考虑（见TB3-5c）。

出于安全考虑，对于短的有头的焊缝（$L\leqslant 15a$）要将焊缝长度L减去焊接头部火口。头部火口是焊缝起点和终点质量较差的承载能力不完整的位置，这部分的长度一般等于焊缝厚度a（见图6-47a）。因此，有效计算焊缝长度为

$$l=L-2a \tag{6-25}$$

首尾相连的环形焊缝（见图6-47b和d），或能保证没有头部火口的焊缝（例如采用终止块，见图6-40a），不需减去上面的焊缝头部火口长度。

角焊缝的最小厚度为3mm（对于$t<3\text{mm}$：$a\geqslant 1.5\text{mm}$），除此之外，其他一般规则与钢结构一样（见§6.3.1-4.1）。

1. 确定作用力 一般动载荷（即假设其为正弦形状变化）可分解为一个静平均载荷（下标为m）和一个叠加于其上的载荷变幅（下标为a，见图3-6）。焊缝和零件中产生的应力在下限应力σ_u和上限应力σ_o之间变化。最小与最大极限应力的比值κ及其正负号［对称区域为（－），脉动区域为（＋）］决定了应力的类型，因此也就决定了许用应力的大小（§6.3.3-5）。

对于简单的承受纵向力、弯曲、剪切或扭矩的情况，通过对载荷变幅引入使用系数K_A（见TB3-5c），可得到计算载荷的极限值。例如，对于静弯矩M_{bm}加上弯矩变幅M_{ba}的情况，有

$$M_{b\,eq\,max}=M_{bm}+K_A M_{ba}\ \text{（等效上载荷）}$$

$$M_{b\,eq\,min}=M_{bm}-K_A M_{ba}\ \text{（等效下载荷）}$$

对于其他载荷类型也可类似地得到相应的值。对于单个载荷，如弯曲，极限应力比也等于载荷值的比：

$$\kappa=\frac{\sigma_{min}}{\sigma_{max}}=\frac{M_{b\,min}}{M_{b\,max}}$$

2. 拉伸、压缩、剪切或弯曲变形 如同钢结构一样，求焊缝和零件中产生的应力应考虑使用系数，即对于拉伸、压缩和剪切变形按式（6-18）计算，弯曲变形按式（6-19）计算。计算零件应力时，将相应的零件横截面积代入。需要时，焊缝长度可按式（6-25）确定。许用应力由TB6-13查取。

3. 扭转变形 承受扭转变形的焊缝和零件的实际扭应力为

$$\tau_{\parallel t}=\frac{T_{eq}}{W_{wt}}\leqslant\tau_{w\,zul}\text{或}\ \tau_t=\frac{T_{eq}}{W_t}\leqslant\tau_{zul} \tag{6-26}$$

式中 T_{eq}——考虑使用系数K_A（见TB3-5c）后所要承受的扭矩；

W_{wt}，W_t——焊缝或零件的抗扭截面系数，由TB11-3查取：

—圆形截面：$W_t\triangleq W_p=\frac{\pi}{16}d^3$

—圆环形截面：$W_{wt}\triangleq W_p=\pi[(d+a)^4-(d-a)^4]/[16(d+a)]$

$\approx 2A_m a$（图6-47c）

——任意薄壁空心截面，由布莱曲公式：$W_{wt} \approx 2A_m a$（图 6-47c）

$\tau_{w\,zul}$，τ_{zul}——焊缝或零件的许用切应力，由 TB6-13 查取。

如果 U 型钢不是在剪切中点受载的话，会产生附加扭矩，从而产生附加扭应力，见 TB1-10 和图 6-24 的第 24 行。

4. 组合变形 如果一个截面同时受弯曲和纵向载荷的话，可以将它们所产生的正应力直接合成（见图 6-47c 和 e）。根据式（6-12），其合成应力在边缘纤维处为最大值或最小值。适用于焊缝和零件的许用应力由 TB6-13 查取。

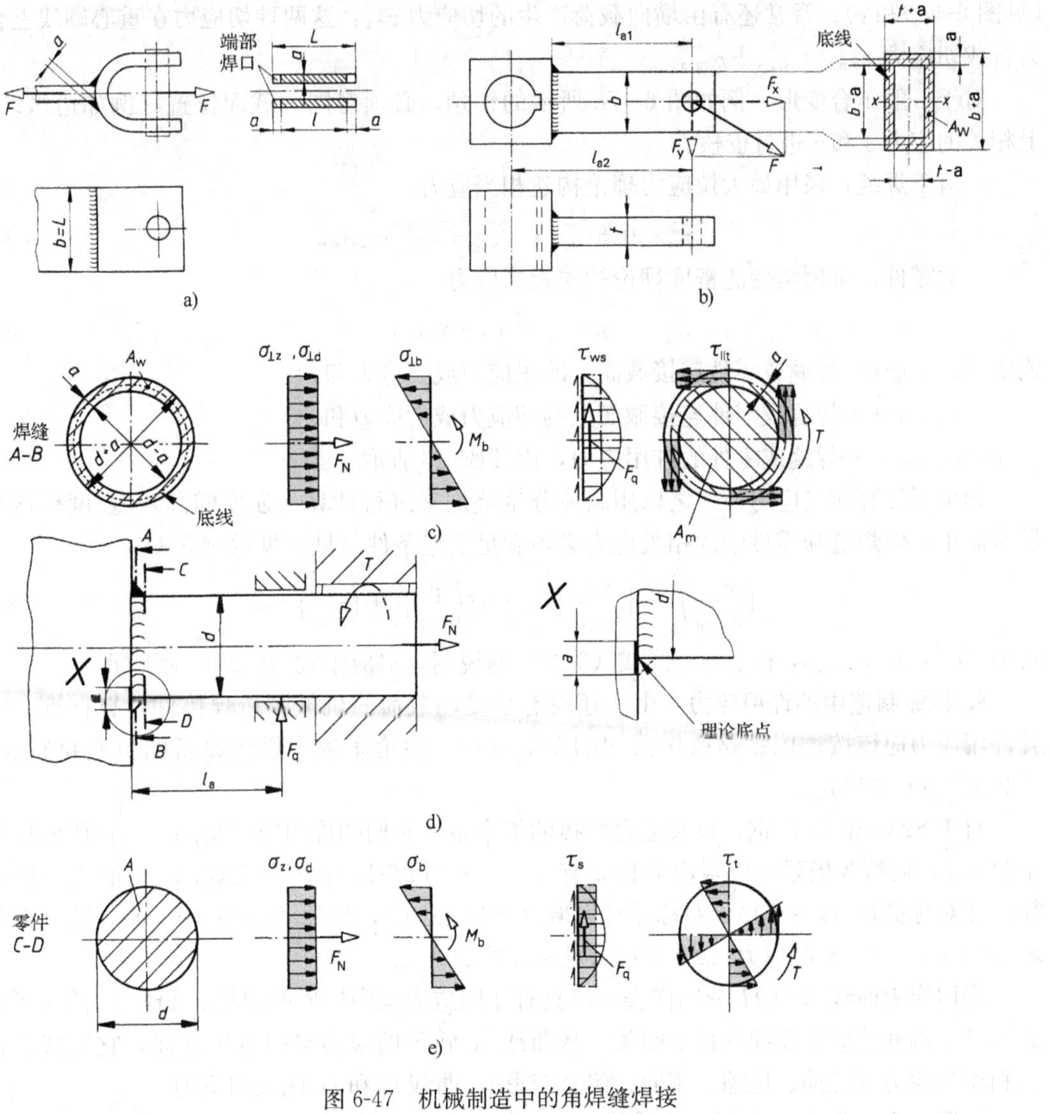

图 6-47 机械制造中的角焊缝焊接

a）受拉焊接叉头，有头焊缝 b）受弯、拉和剪变形的焊接杠杆，环形焊缝；角焊缝连接的横截面尺寸（空心矩形）：焊缝长度＝底线长度：$l=2(b+t)$，焊缝面积 $A_w=2a(b+t)$，$W_{wx}=[(t+a)(b+a)^3-(t-a)(b-a)^3]/[6(b+a)]$，$W_{wt}=2A_m a=2abt$ d）一般组合变形的焊接轴颈 c）和 e）、d）的角焊缝和零件连接截面处的应力分布：拉伸或压缩、弯曲、剪切和扭转，$W_{wb}=\pi[(d+a)^4-(d-a)^4]/[32(d+a)]$和 $W_{wt}=2W_{wb}$

在梁、曲轴、轴及类似零件和焊缝截面上总是同时出现正应力和切应力（平面应力状态，见图 6-47b 和 d）。由于它们的方向互相垂直，因此不能将它们进行算术相加，而是必须构建相当应力。由于 σ_b 在边缘最大，但该处 τ_s 却为零，因此必须在截面不同高度处根据式（6-27）或式（6-28）计算多个相当应力，就像对于弯曲梁从翼缘到腹板过渡处的颈部焊缝的计算一样。

在近似计算中，常常可以用平均切应力 $\tau_m = F_q/A$ 来计算，弯曲应力非常大（例如长梁）时，可以忽略切应力的影响。

当同时作用有弯曲正应力 $\sigma_{\perp b}$ 和扭转切应力 $\tau_{\parallel t}$ 时，它们的最大值都出现在边缘纤维处（见图 6-47c 和 e）。常常还有由横向载荷产生的切应力 $\tau_{\parallel s}$，这两种切应力在重心轴线上合成为合成切应力 $\tau_{\parallel res} = \tau_{\parallel s} + \tau_{\parallel t}$。

对于一般组合变形，例如图 6-47d 所示的轴颈，必须对同一截面位置（例如边缘纤维）上相关的应力 σ 和 τ 进行校核。

—对于焊缝，采用最大拉应力理论构建相当应力

$$\sigma_{wv} = 0.5(\sigma_{\perp} + \sqrt{\sigma_{\perp}^2 + 4\tau_{\parallel}^2}) \leqslant \sigma_{w\,zul} \tag{6-27}$$

—对零件，采用畸变能密度理论构建相当应力

$$\sigma_v = \sqrt{\sigma^2 + 3\tau^2} \leqslant \sigma_{zul} \tag{6-28}$$

式中 $\sigma_{\perp}$，σ——焊缝或零件连接截面上的正应力或正应力和；

$\tau_{\parallel}$，τ——焊缝或零件连接截面上的切应力或切应力和；

$\sigma_{w\,zul}$，σ_{zul}——焊缝或零件的许用应力，由 TB6-13 查取。

如果不计算相当应力而代之以用载荷分量叠加来进行计算（强度椭圆），强度校核变得最为简单，但焊缝和零件中的相关应力必须满足下述条件（见计算示例 6-3）：

$$\left(\frac{\sigma_{\perp}}{\sigma_{w\,zul}}\right)^2 + \left(\frac{\tau_{\parallel}}{\tau_{w\,zul}}\right)^2 \leqslant 1 \text{ 或 } \left(\frac{\sigma}{\sigma_{zul}}\right)^2 + \left(\frac{\tau}{\tau_{zul}}\right)^2 \leqslant 1 \tag{6-29}$$

式中 $\sigma_{\perp}$，$\tau_{\parallel}$，$\sigma_{w\,zul}$，$\tau_{w\,zul}$——同式（6-27）的说明，对应于式（6-28）无下标 w。

5. 机械制造中的许用应力 由于还没有承受动载荷的机械制造焊接件计算标准，因此其许用应力应该按德国铁路股份公司的企业规范“轨道车辆和机械设备的金属材料焊接”（DS 95201）来确定。

对于 S235 和 S355 钢，以及适合焊接的铝合金，它们的许用应力是用持久极限除以安全系数 1.5，而持久极限与极限应力比 κ 有关，它在 TB6-13 中用图表表示。κ 值代表循环特征：纯对称循环（$\kappa=-1$），对称循环区域（$-1<\kappa<0$），纯脉动循环（$\kappa=0$），脉动循环区域（$0<\kappa<+1$）和静应力（$\kappa=+1$）（见 § 3.3.2）。

许用应力曲线 A 至 H 分别代表一组具有相同应力集中性质的焊接。TB6-12 给出了常见的焊接结构并按应力曲线进行了归类。从曲线 A 至 F 的应力集中越来越强，它们代表正应力和相当应力（拉伸、压缩、弯曲、组合变形），曲线 G 和 H 代表切应力。

许用应力：曲线 A 适用于非焊接（无应力集中）零件，曲线 C 适用于焊缝和由于焊缝的存在而使持久极限下降的零件。

当壁厚超过 10mm 时，不管是钢还是铝合金，许用应力都要按 TB6-14 的厚度系数 b 降低。

许用应力的确定可参照算例 6-3 的步骤进行。

在 DS 96201 中，对于不同的钢号 S235 和 S355，其许用焊缝应力也不一样（见 TB6-13）。

可以确定的是，承受对称循环载荷和应力集中强烈（例如曲线 F）时，许用焊缝应力与材料的静强度无关。因此，根据 IIW㊀（疲劳强度等级 FAT）和欧洲代码 3，对于所有适合焊接的钢号都取相同的疲劳强度值。

6.3.4 焊接压力容器计算

建筑和机械制造中的承载零件绝大多数都是杆状的一维“线性梁”，相对于第三个坐标方向，即杆件长度方向，其他两个坐标方向（标件横截面）上的尺寸很小（例如钢结构中的梁和杆）。与之相对的是，薄壁容器的壳体和底部是由二维的“面积承载件”构成，相对于伸展的平面来说，它们在垂直于该平面方向上的尺寸很小。做成曲面形状的壳体像薄膜一样，可以承受由工作压力所产生的均匀分布的平面载荷（如肥皂泡，气球），它们在壳体平面上产生的正应力为 σ_t 和 σ_l（见图 6-48）。在由壳体向底部的过渡处必须考虑附加弯矩（见§6.3.4-2）。下述计算原理适用于主要受内压静载的情况。

1. 圆柱形壳体和球体 对每一个环形单元体列内力和外力的平衡方程式，可以求得图 6-48 所示的薄壁容器壳体每一处的应力 σ_t、σ_l 和 σ_r。

由于一个凸面上的压力等于压强 p_e 和投影面积 A_{proj} 的乘积，所以，每一个承载壳体截面的平衡方程式为

$$2\sigma_t \Delta l t = p_e D_i \Delta l \text{（图 6-48b）和}$$

$$\sigma_l \pi D_i t \approx p_e (D_i^2 \pi)/4 \text{（图 6-48c）}$$

切向（拉伸）应力

$$\sigma_t = (D_i p_e)/(2t) \text{（锅炉公式）和}$$

纵向（拉伸）应力

$$\sigma_l \approx (D_i p_e)/(4t)。$$

如果焊缝厚度相同的话，纵向焊缝的切向应力 σ_t 为周向焊缝的纵向应力 σ_l 的两倍（见图 6-48)。因此，当达到破裂压力时，圆柱形容器壳体总是沿纵向裂开。

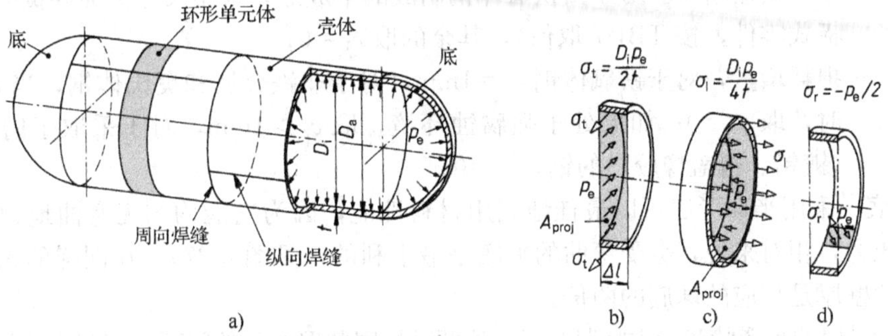

图 6-48 内部计算压力 p_e 产生的容器壳体应力

a) 封闭空心圆柱形压力容器，取环形单元体 b) 切向应力 σ_t c) 纵向应力 σ_l d) 径向应力 σ_r

从应力角度来看，每个方向上均受应力 σ_l 的球形容器最为有利。

此外，内部计算压力 p_e 在壳体内表面上还产生一个径向压力 p_e，它向外逐渐减少，到

㊀ 国际焊接技术学会。

达壳体外表面时等于 0。计算时，可取平均径向应力 $\sigma_r=-p_e/2$（见图 6-48d）。

由于在容器壁上为两向拉应力状态（叠加了焊接内应力），因此材料的变形性能会大幅降低（脆性断裂趋势），在极限情况下，会导致无变形的脆性断裂。根据最大切应力强度理论，相当应力为最大和最小主应力之差

$$\sigma_v=\sigma_{max}-\sigma_{min}=\sigma_t-\sigma_r=\frac{D_i p_e}{2t}+\frac{p_e}{2}\leqslant\sigma_{zul}$$

将 $\sigma_{zul}=K/S$ 和 $D_i=D_a-2t$ 代入，并考虑到焊缝重要性和计入相应增量后，经变换，就得到了 AD 须知 B1 中关于圆柱形压力容器壳体（适用于 $D_a/D_i\leqslant1.2$）所需壁厚的公式

$$t=\frac{D_a p_e}{2\dfrac{K}{S}v+p_e}+c_1+c_2 \tag{6-30a}$$

对于受应力最有利的球体，所需壁厚的公式为

$$t=\frac{D_a p_e}{4\dfrac{K}{S}v+p_e}+c_1+c_2 \tag{6-30b}$$

式中　D_a——壳体或球体外径；

p_e——许用最大工作压力（计算压力）（$1N/mm^2=10bar=1MPa$）；

K——TB6-15 给出的强度特征值；起决定作用的是下述两值中小的一个：0.2%拉伸极限 $R_{p0.2/\theta}$（或屈服点）和 1×10^5 小时的持久强度极限 $R_{m/10^5/\theta}$（或如果适用的话，1%持久拉伸极限 $R_{p1.0/10^5/\theta}$），其相应的计算温度见 TB6-15。对于没有明显的屈服点或拉伸极限的材料，K 为相应温度下的最小抗拉强度 R_m；

S——安全系数，由 TB6-17 查取；

v——AD 须知 B0 和 HP0 规定的焊（钎焊）缝考虑许用计算应力利用程度（重要性）的系数：一般取 $v=1.0$，若降低检验等级，则取 $v=0.85$，无焊缝时 $v=1.0$，钎焊零件取 $v=0.8$；

c_1——壁厚负差增量。对于由铁氧体钢制成的半成品，根据尺寸标准取负公差（对于板式零件，按 TB1-7 取值），其余的取 $c_1=0$；

c_2——损耗增量，对于铁氧体钢 $c_2=1mm$，对于非铁金属和奥氏体钢，当 $t_e\geqslant30mm$ 时，取 $c_2=0$；如果处于强腐蚀环境，取 $c_2>1mm$，对于采取了防腐蚀措施（镀铅、覆盖橡胶）的钢，$c_2=0$。

2. 凸底　采用半球形底可以最佳地利用材料性能，因为它能均匀无弯曲地通过薄片载荷来承受压力，相对来说，会受弯曲的平底是最不利的（见图 6-27）。在同样的条件下，圆柱形壳体的壁厚是相应的球底的两倍。

而实际采用的是形状和受力状况介于上述两种极限状况之间的门环形底和复曲线形底（见图 6-49a，DIN 28011 和 DIN 28013），它们由半球（球 R）和有着圆柱形边缘（高度 h_1）的过渡曲面（半径 r）组合而成。由于这种形状高度小且养护方便，因此一般用它来取代半球形底。

由于曲率半径不均匀，这种底会导致应力变向，例如在外缘，由半球部分的拉应力变为在过渡曲面处的弯曲压应力，这样当壁厚较薄时会在该区域形成皱纹（见图 6-27 的底部应力分布 σ_t）。应力最大值位于过渡曲面处，且 r/D_a 越小和 R/D_a 越大，则该值越大。因此，复曲线底的应力状况比门环形底要好。对这两种底，都规定了 r/D_a 和边缘高度 h_1 的最小值（见图 6-49a）。

作为球体的一部分，底的球缺部分按式（6-30b）进行计算，其中外径 $D_a=2(R+t)$。如果一个凸底是由一个过渡曲面和一个球缺焊接而成，则必须保证连接焊缝距过渡曲面有足够的距离 x（见图 6-49c）。

对完全底和顶部区域 $0.6D_a$㊀（见图 6-49b）处有经足够强化的开口的底，其所要求的过渡曲面壁厚按式（6-31）计算

$$t=\frac{D_a p_e \beta}{4\dfrac{K}{S}v}+c_1+c_2 \tag{6-31}$$

式中　　β——计算系数

半球形底：当焊缝边上的 $x=0.5\sqrt{R(t-c_1-c_2)}$时，$\beta=1.1$

门环形底和复曲线底：取 $y=(t_e-c_1-c_2)/D_a(0.001\leqslant y\leqslant 0.1)$

—门环形：　　$\beta=1.9+0.0325/y^{0.7}+y$

—复曲线形：　$\beta=1.55+0.0255/y^{0.625}$

v——考虑焊缝许用计算应力利用程度的系数，对于通常结构的单件底和焊接底，可取 $v=1.0$；

t_e——凸底的实际壁厚；

D_a, p_e, K, S, c_1 和 c_2——同式（6-30）。

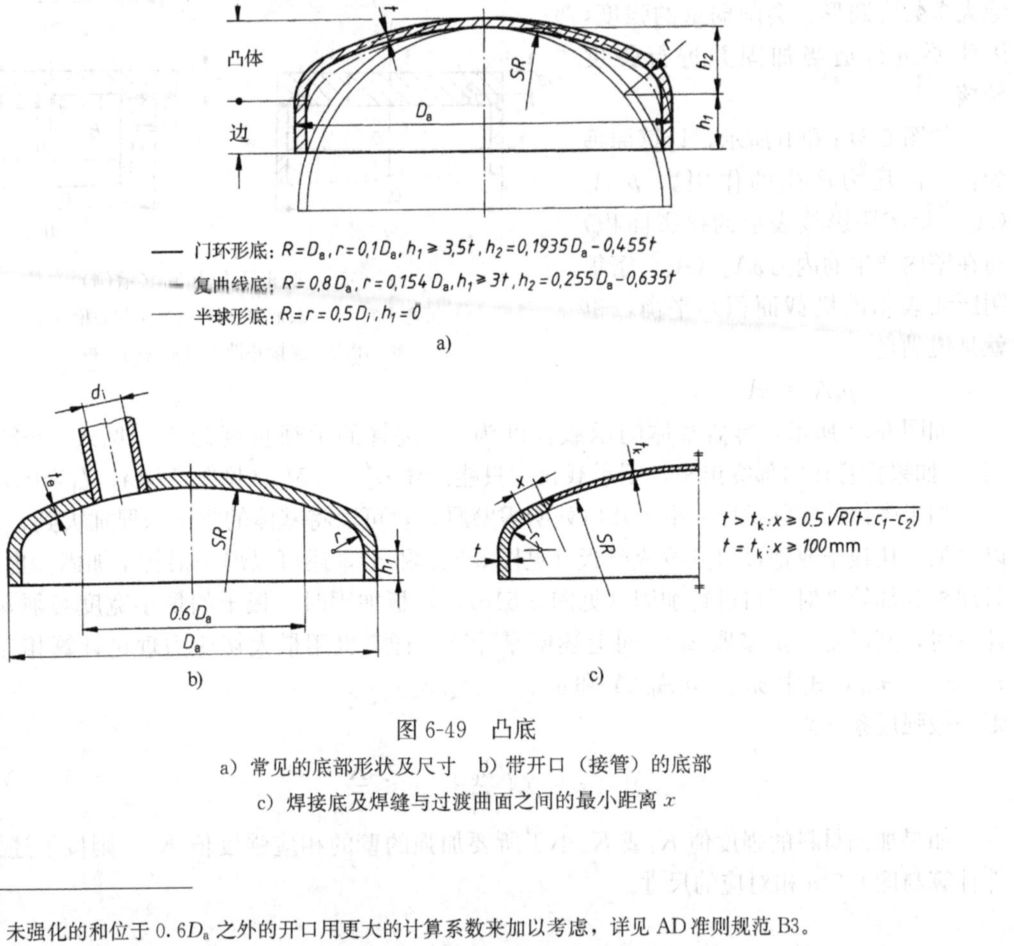

图 6-49　凸底

a）常见的底部形状及尺寸　b）带开口（接管）的底部

c）焊接底及焊缝与过渡曲面之间的最小距离 x

㊀ 未强化的和位于 $0.6D_a$ 之外的开口用更大的计算系数来加以考虑，详见 AD 准则规范 B3。

由于计算系数β本身就与t_e有关，因此壁厚只能通过迭代得到。

位于门环形底和复曲线底的顶部区域$0.6D_a$和半球形底全部区域内的开口应进行足够加固，并按§6.3.4-4进行校核。

3. 平板和底　平板和底单面受均匀分布的压力作用，其上会产生弯曲变形，而且它主要与底和容器壳体之间的连接类型有关（见图6-27和图6-50）。由于其应力分布极为不利而导致材料利用很差，因此仅仅只用于要求平面分界面或接合面的情况，例如管底和盖子。

对于圆形平板和底（见图6-50），所需壁厚为

$$t=CD\sqrt{\frac{p_eS}{K}}+c_1+c_2 \tag{6-32}$$

式中　C——计算系数（固定系数），由TB6-18查取，一般：$C=0.3\sim0.5$，它与外沿支承和固定方式有关；

D——计算直径，如图6-50所示；

p_e,S,K,c_1,c_2——同式（6-30）。

4. 容器壁上的开口　出于功能的要求，容器壁上会在多处开孔，如通孔（检查孔、观察孔），炉料进出口和测量仪表安装孔，这些开口绝大多数为圆形，会削弱壁的强度，因此要进行适当加固并进行强度校核。

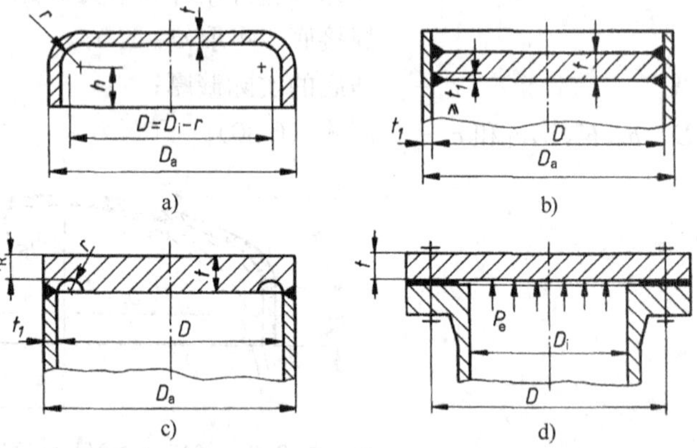

图6-50　圆形平板和底（示例）

a）折弯平底　b）双面焊接板　c）带卸载槽的平板

d）用法兰连接并带连续密封的平板

如图6-51a和b所示，计算原理为：由内压力产生的作用力p_eA_p（A_p=稀疏阴影线表示的投影面积）与在壁内产生的内力σA_σ（A_σ=密集阴影线表示的横截面积）平衡，也就是说满足

$$p_eA_p=\sigma A_\sigma$$

如图6-51所示，容器基体的承载长度为b，接管的承载长度为l_S［见式（6-33b）说明］。如果接管在内部突出来，则承载长度只能计算$l_S'\leqslant0.5l_S$（见图6-51a，右半图）。

如果壳体的实际壁厚t_e小于开口处所需壁厚t_A，可以将基体的整个壁厚加大到t_A，也可以叠加一块板子或把接口处改成厚板（见图6-51c和d），还可以焊一根管子加固。也允许同时加板和加管来对开口进行加固（见图6-51e）。用板加固时，板子的最小宽度必须$b\geqslant3t_A$，计算时，其厚度t_A最多取$2t_e$。同上述壁厚计算一样，也用最大切应力理论计算相当应力：$\sigma_v=\sigma_{max}-\sigma_{min}$，式中$\sigma_{max}=p_eA_p/A_\sigma$和$\sigma_{min}=-p_e/2$。

则一般强度条件为

$$\sigma_v=p_e\left(\frac{A_p}{A_\sigma}+\frac{1}{2}\right)\leqslant\frac{K}{S} \tag{6-33a}$$

如果加固材料的强度值K_1或K_2小于所要加强的壁的相应强度值K_0，则按下述强度条件计算与图6-51a相对应的尺寸

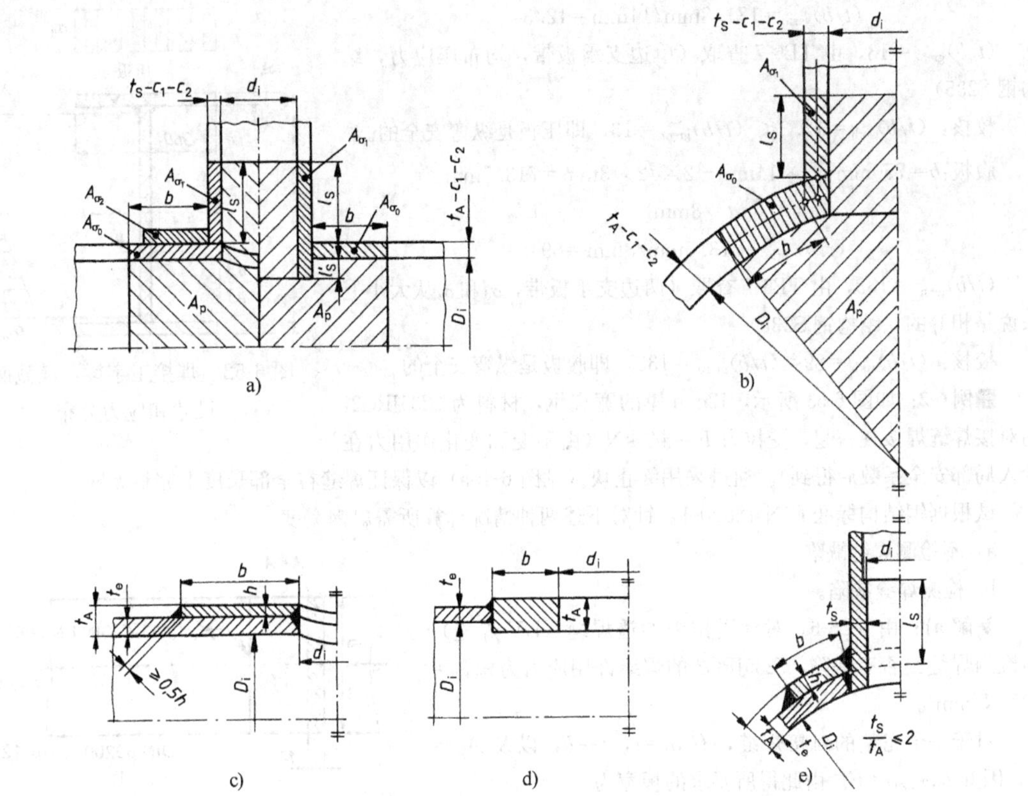

图 6-51　容器上的开口

a）和 b）圆柱形和球形基体的计算示意图　c）叠加加固　d）本体加固或加厚法兰　e）管形和板形加固

$$\left(\frac{K_0}{S}-\frac{p_e}{2}\right)A_{\sigma 0}+\left(\frac{K_1}{S}-\frac{p_e}{2}\right)A_{\sigma 1}+\left(\frac{K_2}{S}-\frac{p_e}{2}\right)A_{\sigma 2}\geqslant p_e A_p \qquad (6\text{-}33b)$$

式中　A_p——如图 6-51a 和 b 所示的圆柱形和球形基体承受压力的投影面积；

A_σ——承载横截面积，为用承载长度 $b=\sqrt{(D_i+t_A-c_1-c_2)(t_A-c_1-c_2)}$ 和 $l_S=1.25\sqrt{(d_i+t_S-c_1-c_2)(t_S-c_1-c_2)}$ 计算的各个面积之和：$A_\sigma=A_{\sigma 1}+A_{\sigma 2}+A_{\sigma 3}+\cdots\cdots$（如图 6-51a 和 b 所示）；

p_e，K，S——同式（6-30）。

用式（6-33）不能直接计算出被开口削弱的容器壁厚 t_A，而是要假设横截面积通过反复计算，即迭代才能得到。由此得到的壁厚不得小于没有开口的容器的壁厚。

6.4　计算示例

■**例 6-1**：一材料为 S235 JR G2 的焊接工字梁（图 6-52）承受由 M_x 产生的纯弯曲变形，试校核其是否有足够的零件厚度。

▶**解**：要使其能达到弹性极限承载能力，所有的横截面零件要有足够的纵弯安全性，应按 § 6.3.1-3.1 校核其是否满足 $(b/t)_{grenz}$。

压板：　　　　$b=0.5(360\text{mm}-8\text{mm}-2\times\sqrt{2}\times 3\text{mm})=171.8\text{mm}$

　　　　　　　$t=14\text{mm}$

$(t/b)_{vorh}=171.8mm/14mm=12.3$

$(t/b)_{grenz}=13$，由 TB6-7 查取（单边支承板带，均布压应力，结构钢 S235）

校核：$(t/b)_{vorh}=12.3<(t/b)_{grenz}=13$，即压板是纵弯安全的。

腹板：$b=750mm-2\times14mm-2\times\sqrt{2}\times3mm=713.5mm$

$t=8mm$

$(t/b)_{vorh}=713.5mm/8mm=89$

$(t/b)_{grenz}=133$，由 TB6-7 查取（两边支承板带，σ_d 和 σ_z 从大小上来说是相等的，结构钢 S235）。

校核：$(t/b)_{vorh}=89<(t/b)_{grenz}=133$，即腹板是纵弯安全的。

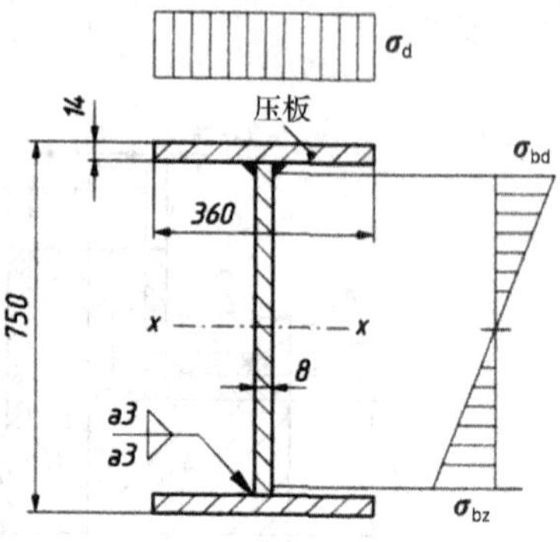

图 6-52　焊接工字梁：横截面，尺寸和应力分布

■例 6-2： 如图 6-53 所示，12mm 厚的宽扁钢，材料为 S235JRG2，用对接焊缝焊接在一起，受拉力 $F=440kN$（由不变和变化作用力在计入局部安全系数后得到）。通过采用终止块（见图 6-40a）以保证焊缝在全部长度上完整无缺。

试根据钢结构标准 DIN 18800-1，针对下述两种情况计算所需扁钢宽度。

a）不检测焊缝缺陷。

b）检测焊缝缺陷。

▶解 a)： 由 TB6-6，对承受拉力的透焊缝（DV 焊缝），不检测焊缝是否有缺陷，S235JRG2 的焊缝许用应力为 $\sigma_{w\,zul}=207\ N/mm^2$。

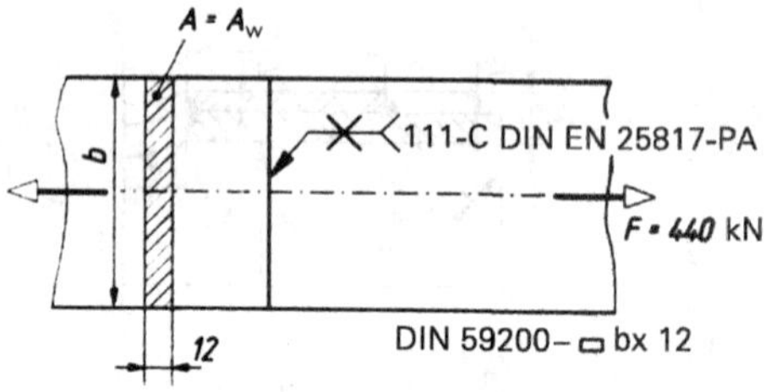

图 6-53　受拉宽扁钢的对接焊缝

对于一个完整的对接焊缝，有 $a=t$，$l=b$，以及 $A_w=A$，因此 $ba\sigma_{w\,zul}=F$。由此得所要求的板宽为

$$b=\frac{F}{a\sigma_{w\,zul}}=\frac{440000N\cdot mm^2}{12mm\times207N}=177mm$$

按照 DIN 59200：取标准结构尺寸为▭180×12。

▶解 b)： 焊缝结构同 a，但采用透视检测焊缝缺陷。根据 TB6-6，不需要对焊缝进行校核，此时，决定工作能力的是零件的强度，因此只需校核板子的强度。

对中连接的拉杆适用于式（6-2）：$A_{erf}=bt=F/\sigma_{zul}$，S235 的 $\sigma_{zul}=218\ N/mm^2$，所以，所要求的板宽为

$$b=\frac{F}{t\sigma_{zul}}=\frac{440000N\cdot mm^2}{12mm\times218N}=168mm$$

按照 DIN 59200；取标准结构尺寸为▭170×12。

提示： 采取透视检测可使板的横截面比不检测减小 5%，但通过节省材料所节约的成本只有在板子较长时才能超过检测费用。

■例 6-3： 如图 6-54 所示，一空心曲轴受一在 $F=+12.5kN$ 和 $F=-8kN$ 之间变化的连杆力的作用，两个力的力臂相同，从水平方向逐步变化到垂直方向。该轴只做很小的摆动。在往复运动时有中等冲击。该空心轴由无缝钢管 DIN 2448－St37.0（＝S235）－108×8 制造，环缝焊接的曲柄由板材 EIN 10029—S235 JR G2—8A 加工而成。试校核

a）该空心轴的疲劳强度。

b）连接曲柄与曲柄轴的环焊缝的疲劳强度。

▶解 a)： 首先应确定应力的类型和大小。由于受在两个平面上作用的交变连杆力 F，所以该轴除了受交变弯曲变形外，还在曲柄臂 1 和 2 之间受交变扭转变形（见图 6-54）。支座 A 和 B 的支反力可用静力平衡条件求得。对于作用于水平面的最大载荷 $F=12.5\ kN$，由 $\sum M_{(A)}=0$，得

$$F_{Bz}=12.5kN\times\frac{160mm}{720mm}=2.778kN$$

由 $\sum F_{(x)}=0$，得

$$F_{Ax}=12.5\text{kN}-2.778\text{kN}=9.722\text{kN}$$

在垂直平面上的支反力，由对称原理可直接得到

$$F_{Ay}=2.778\ \text{kN}\ 和\ F_{By}=9.722\ \text{kN}$$

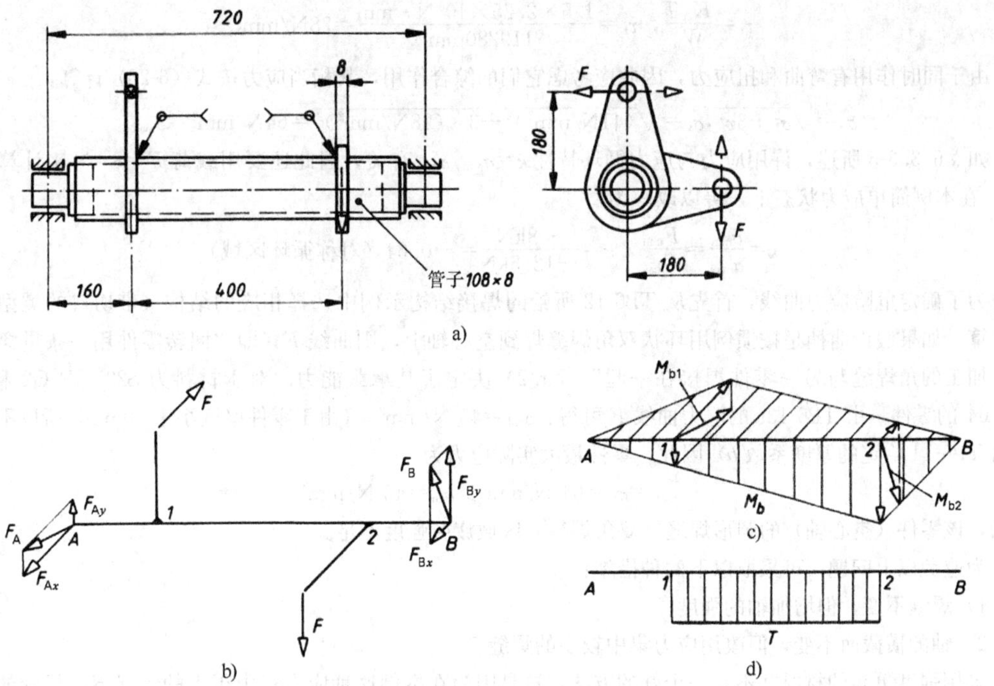

图 6-54 焊接曲轴

a) 尺寸简图 b) 受力图 c) M_b分布 d) T分布

因此，可得 A 的合成反力为

$$F_A=\sqrt{F_{Ax}^2+F_{Ay}^2}=\sqrt{(9.722\text{kN})^2+(2.778\text{kN})^2}=10.11\text{kN}$$

B 的合成反力在数值上与 A 相同，也为 $F_B=10.11\text{kN}$。由此可算得受力点 1 和 2 处的合成弯矩为

$$M_{b1}=M_{b2}=10.11\ \text{kN}\times160\text{mm}=1.618\times10^6\text{N}\cdot\text{mm}$$

由曲柄臂长 $l=180\text{mm}$ 可算得受力点 1 和 2 之间的最大扭矩为

$$T=12.5\ \text{kN}\times1800\text{mm}=2.25\times10^6\text{N}\cdot\text{mm}$$

现在可以计算受力点 1 和 2 的最大应力了。在往复运动中所产生的中等冲击用使用系数来加以考虑。由 TB3-5c 可选取：$K_A=1.5$。

实际最大弯曲应力为

$$\sigma_b=\frac{K_A M_b}{W_b}$$

式中，W_b为圆环形截面的轴向抗弯截面系数

$$W_b\approx\frac{d_a^4-d_i^4}{10d_a}$$

其中，$d_a=108\text{mm}$，$d_i=92\text{mm}$，所以

$$W_b\approx\frac{108^4\text{mm}^4-92^4\text{mm}^4}{10\times108\text{mm}}=59640\text{mm}^3$$

点 1 和 2 的实际最大弯曲应力为

$$\sigma_b=\frac{1.5\times1.618\times10^6\text{N}\cdot\text{mm}}{59640\text{mm}^3}=41\text{N/mm}^2$$

其抗扭极截面系数为

$$W_p = 2W_b = 2\times 59640\text{mm}^3 = 119280\text{mm}^3$$

由式（6-26）得到最大扭应力为

$$\tau_t = \frac{K_A T}{W_p},\ \tau_t = \frac{1.5\times 2.25\times 10^6\text{N}\cdot\text{mm}}{119280\text{mm}^3} = 28\text{N/mm}^2$$

由于同时作用有弯曲和扭应力，因此应考虑它们的综合作用，其相当应力按式（6-28）计算：

$$\sigma_v = \sqrt{\sigma^2 + 3\tau^2},\sigma_v = \sqrt{(41\text{N/mm}^2)^2 + 3\times(28\text{N/mm}^2)^2} = 64\text{N/mm}^2 = \sigma_{max}$$

如§6.3.3-5所述，许用应力与应力循环特性$\kappa=\sigma_{min}/\sigma_{max}$有关，因此还要用载荷$F=8$ kN来计算应力σ_{min}。在本例简单应力状态下，可以改写为

$$\kappa = \frac{\sigma_{min}}{\sigma_{max}} = \frac{F_{min}}{F_{max}},\ \kappa = \frac{-8\text{kN}}{+12.5\text{kN}} = -0.64\ (\text{对称循环区域})$$

为了确定危险应力曲线，首先从TB6-12所给的焊接结构示例中选择相应的结构（带切口的类型）进行计算。如果假设曲柄是按惯例用环状双角焊缝焊到空心轴上，则曲线F（即“回转零件用一条贯穿的但未经加工的角焊缝与另一零件焊接在一起”，Nr. 2）决定了其承载能力。对于材料为S235 JR G2和$\kappa=-0.64$的零件，由TB6-13a的应力曲线F可得：$\sigma_{zul}=45$ N/mm²。（由于零件厚度小于10mm，所以不用考虑由TB6-14给定的厚度系数b）因此，零件最大实际应力为

$$\sigma_{max} = \sigma_v = 64\ \text{N/mm}^2 > \sigma_{zu} = 45\ \text{N/mm}^2$$

所以，该零件（空心轴）的圆形焊缝（双角焊缝）区域疲劳强度不足。

为避免以上问题，可采取以下两种措施：

1）焊缝不变，但增加轴的强度。

2）轴的横截面不变，但改用应力集中较小的焊缝。

采用强度更高的材料并不是一个好的方法，这是因为在本例这种应力集中很大的情况下，焊缝的许用应力几乎与材料的静强度无关（见§6.3.3-5）。例如，在其他条件不变的情况下，S355 J2 G3的许用应力仅仅为$\sigma_{zul}\approx 57\text{N/mm}^2$（TB6-13b）。

如果采用措施2，即用另一种经过消除应力集中加工的且进行裂纹检测的DHV（K）焊缝，则所对应的曲线C的最大许用应力为

$$\sigma_{zul} \approx 90\text{N/mm}^2 > \sigma_{max} = 64\text{N/mm}^2$$

这样该空心轴就具有足够的疲劳强度。

也可以按式（6-29）来进行疲劳强度校核：

$$\left(\frac{\sigma}{\sigma_{zul}}\right)^2 + \left(\frac{\tau}{\tau_{zul}}\right)^2 \leqslant 1$$

若按曲线C的$\sigma_{zul}\approx 90$ N/mm²和曲线G的$\sigma_{zu}\approx 75$ N/mm²，有

$$\left(\frac{41\text{N/mm}^2}{90\text{N/mm}^2}\right)^2 + \left(\frac{28\text{N/mm}^2}{75\text{N/mm}^2}\right)^2 \leqslant 1$$

由于$0.2+0.14=0.35<1$，上述条件满足，所以该曲轴有足够的疲劳强度。

结果：如果曲柄臂采用消除应力集中加工并进行裂纹检测的DHV焊缝进行焊接的话，则空心轴就可以如结构设计方案一样，采用$\phi 108\times 8$的管子。

▶解b)：由a知，圆形焊缝必须采用DHV焊缝。因此，曲柄是用一个宽为$b=8$mm和长$l=d\pi=108\text{mm}\times\pi=339$mm的矩形焊缝焊接的。用转矩计算作用于曲柄臂中点，即$d/2$处的周向力为

$$F_u = \frac{T_{eq}}{0.5d} = \frac{1.5\times 2.25\times 10^6\text{N}\cdot\text{mm}}{0.5\times 108\text{mm}} = 62.5\text{kN}$$

这样就可以计算出焊缝平均切应力

$$\tau_{\parallel} = \frac{F_u}{A_w},\ \tau_{\parallel} = \frac{62500\text{N}}{8\text{mm}\times 339\text{mm}} = 23\text{N/mm}^2$$

根据$\kappa=-0.64$，由TB6-13a的曲线H得许用切应力为$\tau_{w\,zul}\approx 57$ N/mm²，所以

$$\tau_{\|}=23\mathrm{N/mm^2}<\tau_{\mathrm{w\,zul}}=57\mathrm{N/mm^2}$$

由此可知，圆形焊缝的尺寸有很大富余。

结果：采用 DHV 焊缝的圆形焊缝具有足够的疲劳强度，这是因为

$$\tau_{\|}=23\mathrm{N/mm^2}<\tau_{\mathrm{w\,zul}}=57\mathrm{N/mm^2}$$

■**例 6-4**：要设计一工作压力为 12bar（$1\mathrm{bar}=10^5\mathrm{Pa}$），容积为 3000L 的焊接压力容器，所承载物质的最高温度为 50℃，容器壁不加热。图 6-55 所示为该压力容器的构造和主要尺寸。所有要承受压力的零件的材料为 S235 JR G2。

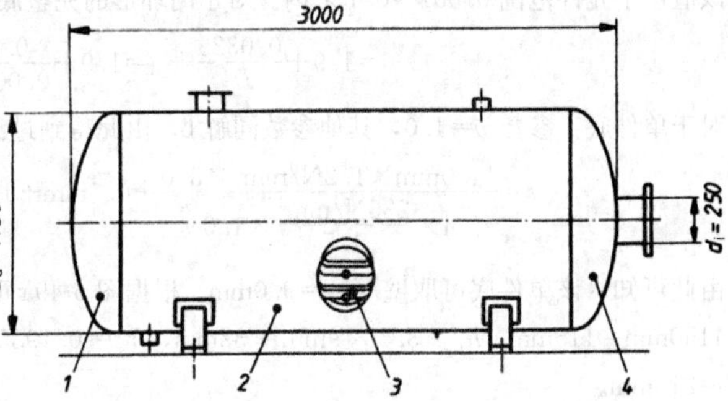

图 6-55 焊接压力容器（12bar=1.2MPa，3000L）
1—门环形底 2—壳体 3—检查孔 300mm×400mm
4—带管接头的门环形底

试计算或校核：

a）材料选择是否可行。

b）在非常小的焊缝检验成本条件下，容器壳体 2 所需壁厚。

c）门环形状的无开口凸底 1 所需的壁厚。

d）带直径 $d_i=250\mathrm{mm}$ 管接头的门环形凸底在过渡曲面处（即 $0.6D_a$ 以外，$\beta=1.9+0.933z/\sqrt{y}$，其中 $z=d_i/D_a$）⊖ 所需壁厚。

e）检查孔 3 截面尺寸为 300mm×400mm 通过一个焊接折边环 90mm×15mm 加固。

f）水压测试时壳体和底部的安全系数。

▶**解 a)**：由 TB6-15b 知，非合金结构钢只能用于 $D_i p_e \leqslant 20000$（D_i 为容器内径，mm；p_e 为工作压力，bar）的场合。此外，验收试验等级应达到 3.1B。暂时先假设 $D_i \approx 1130\mathrm{mm}$，$p_e=12\mathrm{bar}=1.2\mathrm{MPa}$，因此，$D_i p_e=1130\times12=13560<20000$，所以所选材料 S235 JR G2 是合适的。

结果：取验收试验等级为 3.1B，所选结构钢 S235 JR G2 可以作为压力容器的材料。

▶**解 b)**：对于焊接圆柱形容器壳体，所需壁厚按式（6-30a）计算：

$$t=\frac{D_a p_e}{2\dfrac{K}{S}v+p_e}+c_1+c_2$$

由于容器壁不被加热，所以所装载物质的最高温度 50℃即可以作为计算温度（见 TB6 16）。由 TB6-15b，按该温度可得到所选结构钢 S235 JR G2 的强度：$K=235\ \mathrm{N/mm^2}$（注意：按 20℃给定的值，直到 50℃均有效），由 TB6-17 可查得安全系数 $S=1.5$（对轧制和锻造钢材）。由于要求焊缝的检测成本低，因此，焊缝许用计算应力必须乘以 0.85 的系数，即 $v=0.85$，由 TB1-7，对于所预计的板厚范围，考虑到壁厚负差的因素（例如，等级为 A 的热轧钢板，EN 10029），增量 $c_1=0.4\mathrm{mm}$。利用增量可取为 $c_2=1.0\mathrm{mm}$。对于壳体外径为 $D_a=1150\mathrm{mm}$，计算压力为 $p_e=12\mathrm{bar}=1.2\ \mathrm{N/mm^2}=1.2\mathrm{MPa}$，得

$$t=\frac{1150\mathrm{mm}\times1.2\mathrm{N/mm^2}}{2\times\dfrac{235\mathrm{N/mm^2}}{1.5}\times0.85+1.2\mathrm{N/mm^2}}+0.4\mathrm{mm}+1.0\mathrm{mm}=5.2\mathrm{mm}+1.4\mathrm{mm}=6.6\mathrm{mm}$$

因此得到设计壁厚 $t_e=7\mathrm{mm}$。

结果：壳体壁厚（=对接焊缝厚度）为 $t_e=7\mathrm{mm}$。

▶**解 c)**：门环形底 1 为单件（非焊接）门环形（见图 6-49a）结构。过渡曲面处所需壁厚按式（6-31）计算：

$$t=\frac{D_a p_e \beta}{4\dfrac{K}{S}v}+c_1+c_2$$

⊖ 对于如图 6-55 所示的在半球形（顶点区域 $0.6D_a$）上的开口必须强化以满足式（6-33）。

为了确定计算系数，首先必须假定壁厚，由于底部在过渡曲面处的应力状态比壳体恶劣（见§6.3.4-2），因此，预选 $t_e=9\text{mm}$。增量 $c_1=0.5\text{mm}$（见 TB1-7）㊀，增量 c_2 同解 b，由此得到

$$y=\frac{t_e-c_1-c_2}{D_a}=\frac{9\text{mm}-0.5\text{mm}-1.0\text{mm}}{1150\text{mm}}=0.00652$$

该值位于允许范围 0.001～0.1 之内。对于门环形的完整底，计算系数为

$$\beta=1.9+\frac{0.0325}{y^{0.7}}+y=1.9+\frac{0.0325}{0.00652^{0.7}}+0.00652=3.0$$

对于单件底，参数 $v=1.0$，其他参数同解 b，由此得到过渡曲面处壁厚为

$$t=\frac{1150\text{mm}\times 1.2\text{N/mm}^2\times 3.0}{4\times\dfrac{235\text{N/mm}^2}{1.5}\times 1.0}+0.5\text{mm}+1.0\text{mm}=6.6\text{mm}+1.5\text{mm}=8.1\text{mm}$$

由此可知，该单件底可取壁厚 $t_e=9.0\text{mm}$。根据图 6-49a 可得到下述各尺寸：$R=D_a=1150\text{mm}$，$r=0.1\times 1150\text{mm}=115\text{mm}$，$h_1\geqslant 3.5\times 9\text{mm}\approx 32\text{mm}$，$h_2=0.1935D_a-0.455t=0.1935\times 1150\text{mm}-0.455\times 9\text{mm}=218\text{mm}$。

说明：根据§6.3.4-2 和式（6-30b），由 $D_a\approx 2300\text{mm}$，得到底的半球形处所需壁厚仅仅为

$$t=\frac{2300\text{mm}\times 1.2\text{N/mm}^2}{4\times\dfrac{235\text{N/mm}^2}{1.5}\times 1.0+1.2\text{N/mm}^2}+1.5\text{mm}\approx 5.9\text{mm}$$

按照 AD 须知 B3 的要求，对于非常薄的底部，还必须验算其底部过渡曲面处的抗皱性能。

结果：门环形底 1 将统一按照壁厚 $t_e=9\text{mm}$ 进行设计。

▶**解 d)**：带管接头的门环形底 4 的壁厚计算原理同解 c。由于这个底被管接头所削弱，所以比门环形底 1 的应力更大，故预取壁厚 $t_e=11\text{mm}$。

按式（6-31）的说明，对于本例有

$$y=\frac{t_e-c_1-c_2}{D_a}=\frac{11\text{mm}-0.5\text{mm}-1.0\text{mm}}{1150\text{mm}}=0.00826$$

和

$$z=\frac{d_i}{D_a}=\frac{250\text{mm}}{1150\text{mm}}=0.2174$$

对于在过渡曲面处带有开口的门环形底，其计算系数为

$$\beta=1.9+\frac{0.933z}{\sqrt{y}}，因此\ \beta=1.9+\frac{0.933\times 0.2174}{\sqrt{0.00826}}=4.13$$

根据前面已经确定的其他参数值，由式（6-31）得底所需壁厚为

$$t=\frac{1150\text{mm}\times 1.2\text{N/mm}^2\times 4.13}{4\times\dfrac{235\text{N/mm}^2}{1.5}\times 1.0}+0.5\text{mm}+1.0\text{mm}=9.1\text{mm}+1.5\text{mm}=10.6\text{mm}$$

预选的壁厚正好与计算结果相吻合，故壁厚应为 $t_e=11\text{mm}$。

结果：带有管接头的门环形底 4 应取壁厚 $t_e=11\text{mm}$。

▶**解 e)**：由于有椭圆形观察孔 300mm×400mm，容器壳体被削弱，但通过焊上的立环▭90mm×15mm 加强，被削弱的程度用一般强度条件式（6-33a）来考虑。

$$\sigma_v=p_e\left(\frac{A_p}{A_\sigma}+\frac{1}{2}\right)\leqslant\frac{K}{S}$$

图 6-56 所示为开口处的情况，为了计算承载横截面积 A_σ，先算出壳体的承载长度为

$$b=\sqrt{(D_i+t_A-c_1-c_2)(t_A-c_1-c_2)}$$

式中，内径 $D_i=1150\text{mm}-2\times 7\text{mm}=1136\text{mm}$，壁厚 $t_A=7\text{mm}$，c_1 和 c_2 同解 b，所以

㊀ 按照 DIN 28011，$c_1=0.3\text{mm}$。

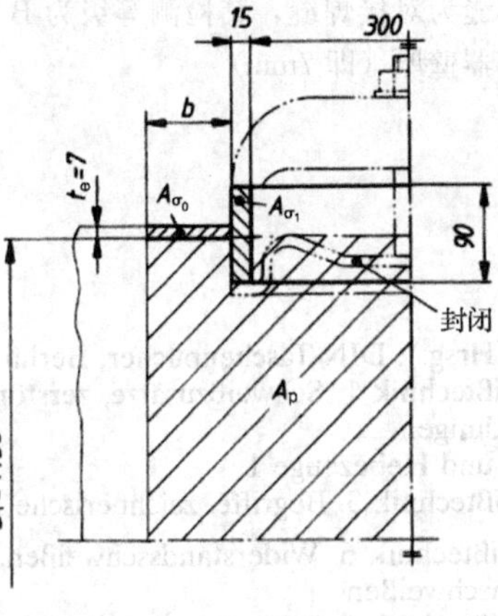

图 6-56 用立环 $A_{\sigma 1}$ 加固的观察孔，计算示意图

$$b=\sqrt{(1136\text{mm}+7\text{mm}-0.4\text{mm}-1.0\text{mm})\times(7\text{mm}-0.4\text{mm}-1.0\text{mm})}=80\text{mm}$$

承载的各个面积分别为

$$A_{\sigma 0}=(t_A-c_1-c_2)b=(7\text{mm}-1.4\text{mm})\times 80\text{mm}=448\text{mm}^2$$

和

$$A_{\sigma 1}=90\text{mm}\times(15-0.6-1.0)\text{mm}=1206\text{mm}^2$$

（如果下极限尺寸对应于 EN 10029 的 A 级的话，当 $t_e=15\text{mm}$ 时，由 TB1-7 得 $c_1=0.6\text{mm}$）因此，承载面积为

$$A_\sigma=A_{\sigma 0}+A_{\sigma 1}=448\text{mm}^2+1206\text{mm}^2=1654\text{mm}^2$$

按照处于安全区域的假设，受压投影区域一直到壳体内径（见图 6-56），所以

$$A_p=(80\text{mm}+15\text{mm}-1.6\text{mm}+300\text{mm}/2)\times\frac{1136\text{mm}}{2}=138251\text{mm}^2$$

由此，得

$$\sigma_v = 1.2\text{N/mm}^2\left(\frac{138251\text{mm}^2}{1654\text{mm}^2}+\frac{1}{2}\right)<\frac{235\text{N/mm}^2}{1.5},\sigma_v=101\text{N/mm}^2<157\text{N/mm}^2$$

由此可知，观察孔开口通过焊接立环加强后，具有足够的强度。

结果：因为 $\sigma_v=101\ \text{N/mm}^2<157\ \text{N/mm}^2$，观察孔开口通过焊接立环加强后，具有足够的强度。

▶**解 f)**：用水或其他非危险流体进行压力试验，是为了检测压力容器或压力容器零件在测试压力下，对压力试验流体的密封性和是否会出现对安全性有危害的变形。压力试验的另一个作用是可以用来平衡应力峰值（见 AD 须知 HP30）。在试验压力 $p'=1.3p_e$ 下，压力容器必须满足抗屈服（$R_{p0.2}$）安全系数不小于 $S'=1.1$（TB6-17）。由于压力试验在室温（或最高不超过 40℃）下进行，所以其强度值同上。

为了计算抗屈服安全系数，可以将强度式按 S 来进行改写。例如，对于压力容器壳体，将式（6-30a）改写为

$$S'=\frac{2Kv}{\dfrac{D_a p'}{t_e-c_1-c_2}-p'}$$

式中，$p'=1.3p_e$，设计壁厚 $t_e=7\text{mm}$，由此可算得压力试验时的实际安全系数为

$$S'=\frac{2\times 235\text{N/mm}^2\times 0.85}{\dfrac{1150\text{mm}\times 1.3\times 1.2\text{N/mm}^2}{7\text{mm}-0.4\text{mm}-1.0\text{mm}}-1.3\times 1.2\text{N/mm}^2}=1.25$$

该安全系数大于所要求的安全系数 $S'_{\text{erf}}=1.1$。同样地，可以对门环形底进行校核，此处省略详细过程。经过计算可知，它同样对压力试验具有足够的安全系数。

结果：压力容器的壳体和底部在进行水压试验时都具有足够的安全系数。

提示： 容器的纵向焊缝和周向焊缝为对接焊缝，其检测等级为 B 和 C（见 § 6.2.5-5）。观察孔处的立环焊接焊缝的承载厚度至少要等于容器壁厚（即 7mm）。

6.5 参考文献

DIN Deutsches Institut für Normung (Hrsg.): DIN-Taschenbücher, Berlin: Beuth

DIN-DVS-Taschenbuch 8 Schweißtechnik 1. Schweißzusätze, zerstörende Prüfung von Schweißverbindungen

DIN-Taschenbuch 44 Krane und Hebezeuge 1

DIN-DVS-Taschenbuch 145 Schweißtechnik 3. Begriffe, zeichnerische Darstellung

DIN-DVS-Taschenbuch 283 Schweißtechnik 6. Widerstandsschweißen, Strahlschweißen, Reib- und Bolzenschweißen

DIN-DVS-Taschenbuch 284 Schweißtechnik 7. Schweißtechnische Fertigung, Schweißverbindungen

Fachbuchreihe Schweißtechnik, Düsseldorf: Deutscher Verlag für Schweißtechnik

Band 2 *Malisius, R.:* Wirtschaftlichkeitsfragen der praktischen Schweißtechnik

Band 9 *Erker/Hermsen/Stoll:* Gestaltung und Berechnung von Schweißkonstruktionen

Band 10 *Malisius, R.:* Schrumpfungen, Spannungen und Risse beim Schweißen

Band 12 *Sahmel/Veit:* Grundlagen der Gestaltung geschweißter Stahlkonstruktionen

Band 43 Schweißverbindungen im Kessel-, Behälter- und Rohrleitungsbau

Band 44 *Wirtz:* Das Verhalten der Stähle beim Schweißen. Teil I: Grundlagen, Teil II: Anwendung

Band 55 Die Verfahren der Schweißtechnik

Band 64 *Radaj, D.:* Festigkeitsnachweise. Teil I: Grundverfahren, Teil II: Sonderverfahren

Band 68 Taschenbuch–DVS-Richtlinien–DVS-Merkblätter

Band 73 *Neumann/Röbenack:* Katalog über Schweißverformungen und -spannungen

Band 80 *Neumann, A.:* Schweißtechnisches Handbuch für Konstrukteure. Teil I: Grundlagen, Tragfähigkeit, Gestaltung. Teil II: Stahl-, Kessel- und Rohrleitungsbau. Teil III: Maschinen- und Fahrzeugbau

Band 81 *Hänsch:* Schweißeigenspannungen und Formänderungen an stabartigen Bauteilen. Berechnung und Bewertung

Band 82 *Radaj, D.:* Ermüdungsfestigkeit. Gestaltung und Berechnung von Schweißkonstruktionen

Band 128/4 *Behnisch, H.* (Hrsg.): Kompendium der Schweißtechnik. Bd. 4: Berechnung und Gestaltung von Schweißkonstruktionen

DVS-Berichte. Düsseldorf: Deutscher Verlag für Schweißtechnik

Band 31 Schweißgerechte Gestaltung

Band 39 Konstruktion und Fertigung im Maschinen-, Fahrzeug- und Stahlbau

Band 55 Sicherung der Güte von Schweißverbindungen

Band 56 *Oliver/Ritter:* Wöhlerlinienkatalog für Schweißverbindungen an Baustählen, Teile I bis V

Band 88 Schweißkonstruktion und Betriebsfestigkeit in der Praxis

Band 94 *Ahrens/Zwätz:* Schweißen im bauaufsichtlichen Bereich

Band 95 *Rieberer, A.:* Schweißgerechtes Konstruieren im Maschinenbau: Berechnungs- und Gestaltungsbeispiele

Stahl-Informationszentrum, Düsseldorf (Hrsg.)

Merkblatt 165 Tragwerkslehre für das Bauen mit Stahl

Merkblatt 359 Feuerverzinkungsgerechtes Konstruieren im Stahlbau

Merkblatt 426 Fachwerkträger

Merkblatt 427 Vollwandträger

Merkblatt 449 Geschweißte gewichtsoptimierte I- und Kastenprofile aus St37

Behnisch (Hrsg.): Kompendium der Schweißtechnik. Bd. 1 bis 4. 2. Aufl. Düsseldorf: DVS, 2002

Bobek, K., Heiß, A., Schmidt, F.: Stahlleichtbau von Maschinen. 2. Aufl. Berlin: Springer, 1955 (Konstruktionsbücher, Bd. 1)

Buchenau, H., Thiehe, A.: Stahlhochbau, Teil 1, 23. Aufl., Teil 2, 18. Aufl., Stuttgart: Teubner, 1997

Deutsche Bundesbahn (Hrsg.): DS 804: Vorschrift für Eisenbahnbrücken und sonstige Ingenieurbauwerke (VEI). München 1983

Deutsche Bundesbahn (Hrsg.): DS 95201 bzw. DV 952: Schweißen metallischer Werkstoffe an Schienenfahrzeugen und maschinentechnischen Anlagen. Minden (Westf.), 1991 bzw. 1977

DIN V ENV 1993 Eurocode 3, Bemessung und Konstruktion von Stahlbauten, Teil 1-1: Allgemeine Bemessungsregeln; Bemessungsregeln für den Hochbau; Deutsche Fassung ENV 1993-1-1: 1992

Dutta, D., Mang, F., Warenier, J.: Schwingfestigkeitsverhalten geschweißter Hohlprofilverbindungen. Düsseldorf: Stahl-Informationszentrum, 1981 (CIDECT-Monografie Nr. 7)
Fahrenwaldt, H.-J.: Schweißtechnik: Verfahren und Werkstoffe. Braunschweig/Wiesbaden: Vieweg, 1988
Fritsch, R., Pasternak, H.: Stahlbau. Grundlagen und Tragwerke. Braunschweig: Vieweg, 1999
Germanischer Lloyd (Hrsg.): Vorschriften für Klassifikation und Bau von stählernen Seeschiffen. Bd. 1, Klassifikationsvorschriften – Schiffskörper, Hamburg 1992
Gregor, A.: Der praktische Stahlbau. Bd. 1, Berechnung der statisch bestimmten Tragwerke, Bd. 4, Trägerbau, Köln-Braunsfeld: Rudolf Müller, [5]1972, [6]1973
Hänchen, R.: Schweißkonstruktionen. Berechnung und Gestaltung. Berlin, Göttingen, Heidelberg: Springer 1953 (Konstruktionsbücher, Band 12)
Hobbacher, A.: Empfehlungen zur Schwingfestigkeit geschweißter Verbindungen und Bauteile. IIW-Dokument XIII-1539-96/XV-845-96. Düsseldorf: DVS, 1997
Kahlmeyer, E.: Stahlbau, Träger – Stützen – Verbindungen. 3. Aufl. Düsseldorf: Werner, 1990
Klapp, E.: Apparate- und Anlagentechnik, Berlin: Springer, 1979
Macherauch, E., Hauk, V. (Hrsg.): Eigenspannungen: Entstehung – Messung – Bewertung. Bd. 1. Oberursel: Dt. Gesellschaft für Metallkunde, 1983
Mewes, W.: Kleine Schweißkunde für Maschinenbauer, Düsseldorf: VDI-Verlag, 1992 (VDI-Reihe Kleine Stahlkunde)
Petersen, Ch.: Stahlbau. 4. Aufl. Wiesbaden: Vieweg, 1997
Piechatzek, E., Kaufmann, E.-M.: Formeln und Tabellen Stahlbau. Nach DIN 18800 (1990). 2. Aufl. Braunschweig/Wiesbaden: Vieweg, 2001
Ruge, J.: Handbuch der Schweißtechnik, Bd. I, Werkstoffe, Bd. II, Verfahren und Fertigung, Bd. III, Konstruktive Gestaltung der Bauteile. Bd. IV. Berechnung der Verbindungen. Berlin: Springer, 1990, 1980, 1985, 1988
Scheermann, H.: Leitfaden für den Schweißkonstrukteur. 2. Aufl. Düsseldorf: DVS, 1997 (Die Schweißtechnische Praxis, Bd. 17)
Schuler, V. (Hrsg.): Schweißtechnisches Konstruieren und Fertigen. Braunschweig, Wiesbaden: Vieweg 1992
Schwaigerer, S.: Festigkeitsberechnung von Bauelementen des Dampfkessel-, Behälter- und Rohrleitungsbaues. 4. Aufl., Berlin: Springer, 1990
Deutscher Stahlbau-Verband (Hrsg.): Stahlbau-Handbuch für Studium und Praxis. Bd. 1, Grundlagen, Bd. 2, Stahlkonstruktionen, 2. Aufl., Köln: Stahlbau-Verlags-GmbH, 1982, 1985
Thum, A., Erker, A.: Schweißen im Maschinenbau, Teil I, Festigkeit und Berechnung von Schweißverbindungen. Berlin: VDI-Verlag, 1943
Titze, H., Wilke, H.-P.: Elemente des Apparatebaues. 3. Aufl., Berlin: Springer, 1992
Verein Deutscher Eisenhüttenleute (Hrsg.): Stahl im Hochbau. Bd. I, Teil 1, Bd. I, Teil 2, Bd. II, Teil 1. 14. Aufl. Düsseldorf: Stahleisen, 1986, 1987, 1990
Vereinigung der Technischen Überwachungs-Vereine, Essen (Hrsg.): AD-Merkblätter. Taschenbuch-Ausgabe 2001, Köln: Heymans, 2001
Warkenthin, W.: Tragwerke der Fördertechnik 1. Grundlagen der Bemessung. Braunschweig, Wiesbaden: Vieweg, 1999
Zentrale für Gussverwendung (ZGV), Düsseldorf (Hrsg.): Technische Mitteilungen S2, S3, S4 und S5, sowie VDG-Merkblätter N50, N60 und N70

第7章 铆 接

7.1 概述

根据DIN 8593-0，铆接是通过变形来实现形状封闭，从而形成连接的一种加工方法。它属于不可拆连接，若想解除连接，必定会损伤或破坏连接在一起的零件。

根据DIN 8593-5，铆接方法可分为：

铆接——用销钉形状的连接辅助零件（铆钉）通过顶压而成，见图7-1a。

空心铆接——通过将空心铆钉突出的部分折弯形成，见图7-1b。

轴颈铆接——两个被连接件中的一个端部做成轴颈形状，通过将其顶压形成铆接，见图7-1c。

空心轴颈铆接——两个被连接件中的一个端部做成空心轴颈形状，通过将其突出的部分折弯形成铆接，见图7-1d。

中间轴颈铆接——通过将两个被连接件之一的中间轴颈顶压而成，见图7-1e。

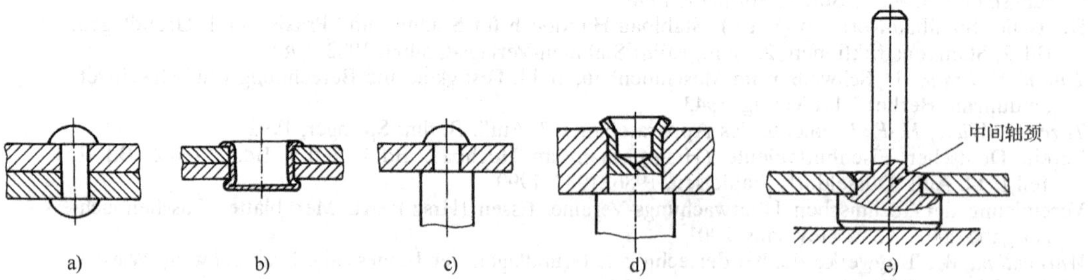

图7-1 DIN 8593-5给出的几种铆接方法

a）铆接 b）空心铆接 c）轴颈铆接 d）空心轴颈铆接 e）中间轴颈铆接

根据用途、计算和结构设计的不同，铆接可分为：

强固连接（力连接）——主要用于高层钢结构、起重机制造和桥梁建造中梁接头、支座、屋顶接合部和起重机构架等桁架结构的杆节点处，以及实心梁等；

强固和紧密连接——主要用于锅炉和压力容器制造中；

紧密连接——主要用于圆形料仓、进料装置、管道等；

固定连接（固定铆接）——主要用于车身、车厢和飞机制造的板材包覆件中。

铆接不但人力成本高，而且机械成本高，因此，只要技术允许，一般都会用其他不可拆连接来取代它。在压力容器制造中，它已完全被焊接所取代，在钢结构中，也几乎完全被焊接和螺纹联接所取代。

铆接在飞机和轻结构制造中占有特别地位。但是，在这些领域所形成的高度自动化的铆接方法，由于其不同的技术和经济要求却几乎不能在其他领域得到推广。

相对于其他连接方式的优点：相对于焊接，它不需要会对材料产生不利影响的预热或材料组织转变。零件没有变形。可以连接不同类型的材料。铆接质量容易可靠控制，特别是相对于其他连接来说，它可以在现场加工，制造简单，而且常常更便宜。在必要时，还可以通过去除铆钉头的方法将连接拆开。由于铆接能通过“沉降”来吸收大变形能，所以它在过载和冲击时的失效不会是冲击性的。通过采用现代盲头铆钉系统，即使承受很大载荷且在铆钉镦头不能加工的情况下，也可以快速经济地形成铆接。

缺点：铆钉孔会削弱零件强度，因此，需要更大的横截面和更大的质量。不能用于对接接头，零件之间必须搭接或要通过搭板连接（这样在诸如容器类零件中不能构成光滑板壁，从而导致不利力流!）。相对于焊接来说，成本更高。

7.2 铆钉

7.2.1 铆钉形状

如图 7-2 所示，根据铆钉杆结构的不同，铆钉可分为具有实心杆的实心铆钉、具有空心杆的空心铆钉和管铆钉、杆上钻有孔的半空心铆钉、铆钉排和盲头铆钉。实心铆钉按照铆钉头的形状命名，例如，半圆头铆钉、平沉头铆钉等。图 7-3 中，对于只有一边能施工的场合，可以采用盲头铆钉系统，它是将铆钉从一边插入后进行连接。盲头铆钉使用越来越多，不仅仅是将其用作纯连接零件，而且还常常用作会断裂的安全零件。

按照 DIN 7337 的规定，带有拉断芯杆的盲头铆钉（见图 7-2 和图 7-3a）由铆钉套 1 和带有拉断切口 3 的钉子形的铆钉杆 2 组成，在供货时，它们必须装在一起，这样不会遗失组件。铆接时，在顶住铆钉头的同时，用铆机将铆钉杆往回拉，此时，芯杆头顶出铆成头，从而将被连接件固压在一起。当达到所要求的连接力后，铆钉芯杆在切口处断裂。芯杆头 4 不可分地留在铆钉中。结构所需尺寸和力学性能见 TB 7-3。优先应用的领域为：金属加工、车辆制造、屋顶结构、仪表制造和钢管家具。

杯形盲头铆钉与上述带有拉断芯杆的盲头铆钉在结构和施工上的不同是仅仅由铆成头，即杯子形状的铆钉套来连接。其优先应用的领域为：屋顶覆盖、墙面覆盖、空心结构。

拉拔盲头铆钉（克伯特铆钉，图 7-3b），铆机上的铆钉芯杆带有锥形头，将其拉拔穿过铆钉套的锥形孔，从而先形成凸出的铆成头，继续将铆钉完全拉穿通过该孔，从而使铆钉套与零件上的铆钉孔压紧。为保证密封和增大抗剪能力，可在孔中置入填充销。其优先应用领域：汽车制造、家庭用具、不同材料的铆接（金属和非金属）。

带有长拉断芯杆的盲头铆钉（阿芙德盲头铆钉，图 7-3c），其芯杆带有锥形台阶，在拉它的时候就将铆钉套扩大而挤紧铆钉孔，然后芯杆头将所要连接的零件压在一起并形成铆成头。铆钉芯杆断裂处位于铆钉头之外，然后要将突出部分去除。由于在铆钉套中留有芯杆，其抗剪强度可以达到实心铆钉的强度。这种压密连接可以满足航空和航天工业对安全性的要求。

膨胀盲头铆钉（见图 7-3d）是在一空心铆钉中打入一扩槽销，用它将铆钉端部开槽处扩张开，从而将要铆接的零件固定在一起。其优先应用领域为：汽车制造、器皿制造、屋顶和栅栏固定、板材固定。

盲头铆接螺母和螺栓（见图 7-3e）可以像盲头铆钉一样用于计算机和开关仪表制造中的薄板和型材的铆接中，由于螺母或螺栓的存在，它还使附加连接其他零件成为可能。

图形①	名　称	DIN	尺寸②(mm)	材　料	应用示例
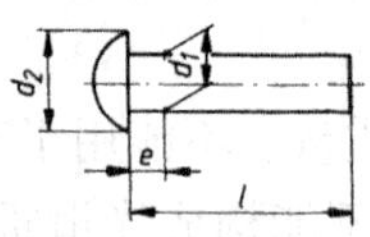	半圆头铆钉	124	d_1=10～36 d_2=1.6d_1	QSt 32-3 QSt 36-3	钢结构
		660	d_1=1～8 d_2=1.75d_1	QSt 32-3 QSt 36-3 A2，A4 SF-Cu CuZn 37 Al 99.5	金属结构、汽车制造
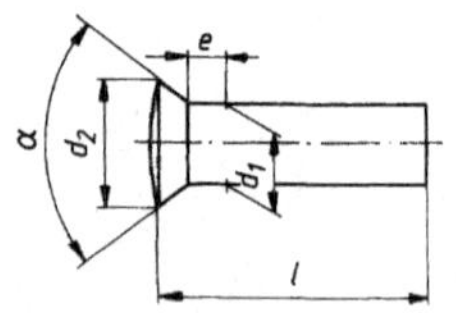 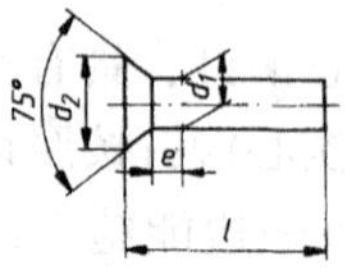	沉头铆钉	302	d_1=10～36 α=75°，60°，45°	QSt 32-3 QSt 36-3	钢结构
		661	d_1=1～8 d_2=1.75d_1	QSt 32-3 QSt 36-3 A2，A4 SF-Cu CuZn 37 Al 99.5	金属结构、汽车制造
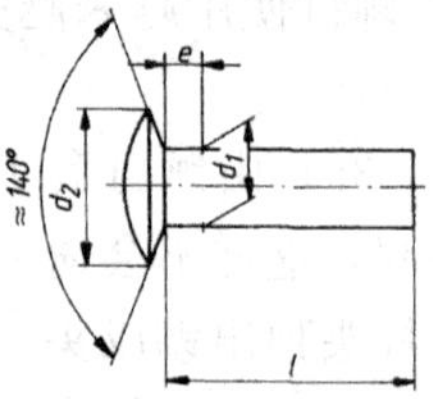	半沉头铆钉	662	d_1=1.6～6 d_2=2d_1	QSt 32-3 QSt 36-3 SF-Cu CuZn 37 Al 99.5	用于压板、护板、踏板、滑动件；表面光滑、外表美观
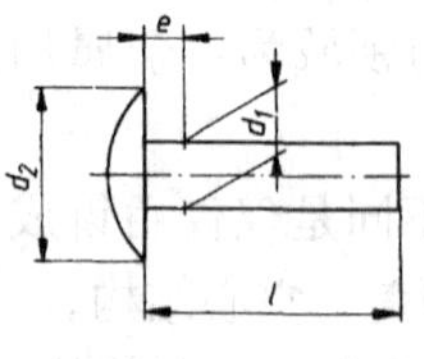	平圆头铆钉	674	d_1=1.4～6 d_2=2.25d_1	QSt 32-3 QSt 36-3 SF-Cu CuZn 37 Al 99.5	表层铆钉、车厢和汽车制造；用于护板、薄板、塑料、纸板
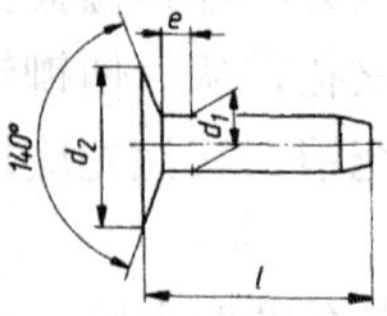	平沉头铆钉（皮带铆钉）	675	d_1=3～5 d_2≈2.75d_1	QSt 32-3 QSt 36-3 SF-Cu Al 99.5	用于皮带、编织带、塑料带、传送带
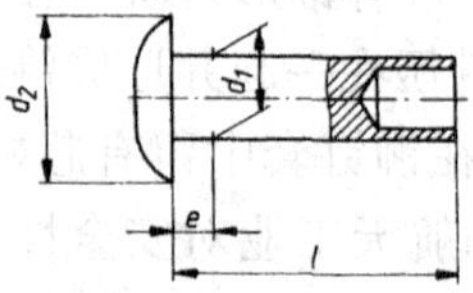	平圆头半空心铆钉	6791	d_1=1.6～10 d_2=2d_1	QSt 32-3 QSt 36-3 SF-Cu CuZn 37 Al 99.5	用于连接敏感材料，可采用铆机加工，经济性好
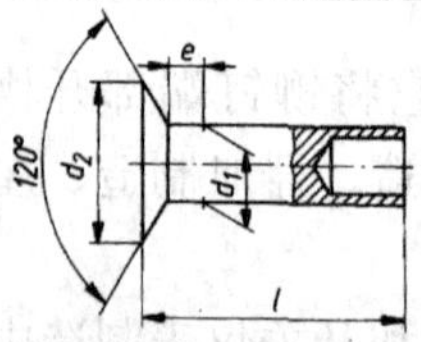	沉头半空心铆钉	6792	d_1=1.6～10 d_2=2d_1	QSt 32-3 QSt 36-3 SF-Cu CuZn 37 Al 99.5	用于连接敏感材料，可采用铆机加工，经济性好

图 7-2　常用标准铆钉

图形①	名 称	DIN	尺寸② (mm)	材 料	应用示例
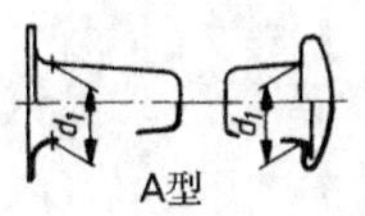	两件式空心铆钉 A型：开式 B型：闭式	7331	d_1=2～6	USt 3 CuZn 37F30	用于连接金属与皮革、塑料、硬纸等，用于连接敏感材料
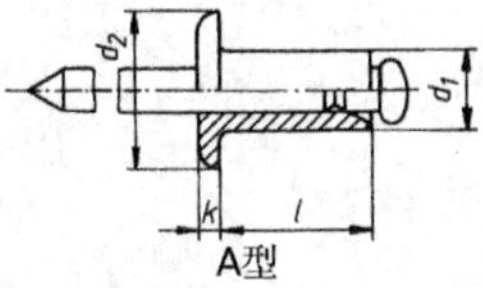	带拉断芯杆盲头铆钉 A型：平头 B型：沉头	7337	d_1=2.4～6.4 $d_2\approx 2d_1$ 见TB7-3	常见铆钉套/铆钉芯杆的材料配对为：A1/St、A1/A2	一般用于铆接铆成头边不能施工的零件；快速，而且可自动化加工；用于空心零件、板件、汽车制造、金属结构、铝结构
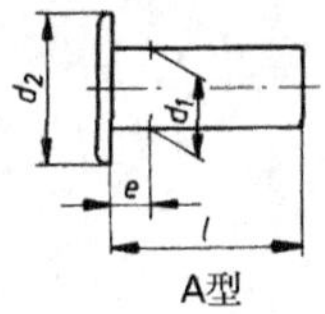	铆钉 A型：实心铆钉 B型：半空心铆钉 C型：空心铆钉	7338	d_1=3～10 $d_2\approx 1.9d_1$	QSt 32-3 QSt 36-3 USt 3，St 4 SF-Cu CuZn 37 Al 99.5	用于离合器和制动器片
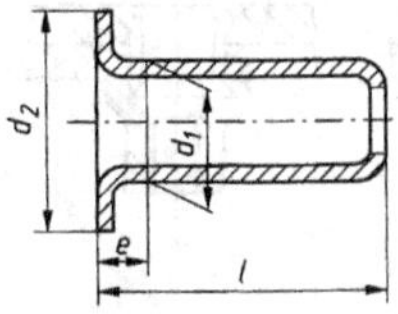	单件式空心铆钉(用板带制成)	7339	d_1=1.5～6	USt 3 St 4 Al 99 W8 CuZn 37F30 SF-Cu F22	由于只需要很小的闭锁力，可用于连接金属与敏感材料（皮革、橡胶、陶瓷等）；用于电子器件、板件、空心零件
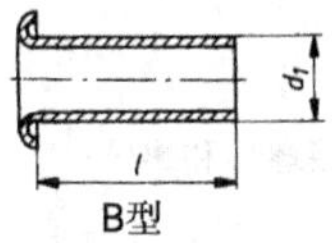	管铆钉 A型：带平头 B型：带折弯圆头	7340	d_1=1～10	St 35， Al 99.5 CuZn 37F37 SF-Cu F25	
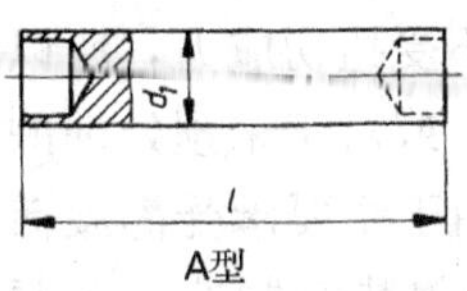	铆销 A型：带孔 B型：沉头	7341	d_1=2.5～20 (h9，h11)	9SMnPb28K St50K+G	用于被连接件很厚且可穿通的情况，可作为铰销和心轴

①在名义直径d_1的测量面（尺寸e=0.5 d_1）和铆钉头之间的铆钉直径允许加大到铆钉孔直径，在钉杆端部处又减少到铆钉直径。

②根据DIN 101，标准铆钉直径d_1及相对应的铆钉孔直径d（括号中的值）为：1（1.05），1.2（1.25），1.4（1.45），1.6（1.65），1.7（1.75），2（2.1），2.5（2.6），2.6（2.7），3（3.1），3.5（3.6），4（4.2），5（5.2），6（6.3），7（7.3），8（8.4），更大的值见TB7-4。

图7-2 常用标准铆钉（续）

闭锁环销（SRB，图7-4a），从原理上讲，它是两件套的铆钉，它的销子相当于实芯铆钉，将销子穿过所要连接的零件，铆成头通过一个特殊的闭锁环来形成。平圆头或沉头销由平滑的销杆1（名义铆后杆长），闭锁槽2（闭锁环将被压入其上），拉断槽3和带拉伸槽用于安装铆接工具的拉伸段4。闭锁环5上钻了光滑的通孔，孔的头部带有倒锥口，它使环的变形更为容易。安装时，将闭锁环用铆接器自动安装，铆接器通过夹紧机构固定在销的拉伸段，并对闭锁环产生很大的压力，铆接器的拉伸头顶住闭锁环使其贴紧工件，此时，闭锁环产生塑性变形并嵌入闭锁槽。继续加大拉力，销子在拉断槽处被拉断（见图7-4b和c）。这

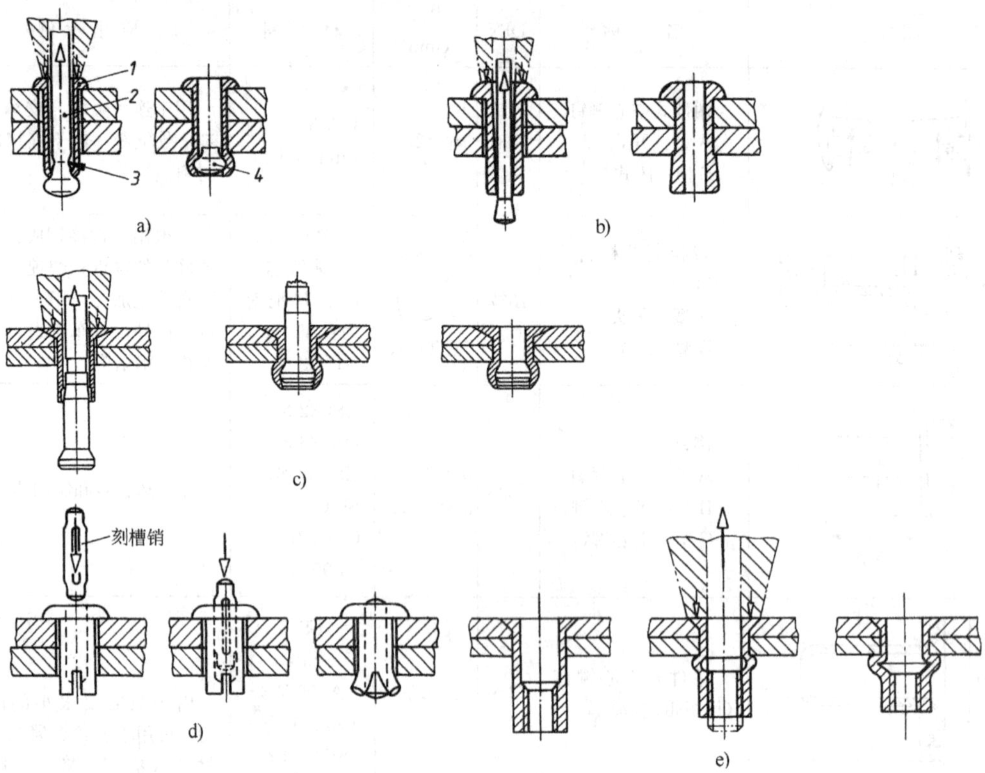

图 7-3　盲头铆钉系统（节选）

a）带有拉断芯杆的盲头铆钉（DIN 7337）　b）拉拔盲头铆钉（克伯特铆钉）
c）带有长拉断芯杆的盲头铆钉（阿芙德盲头铆钉）　d）膨胀盲头铆钉　e）盲头铆接螺母和螺栓

种连接可以用闭锁环切割器分离。从功能原理上来说，闭锁环销等同于预紧高强螺纹联接或热铆接。由于闭锁环销不需要拧紧，因此相对于高强度螺栓来说，它不受扭切应力，所以它可以承受更大的预紧力。闭锁环销连接可以用作防滑预紧连接（GV），或对于未预处理的零件表面用作铰制孔内壁连接（SL）。性能等级为 8.8 的闭锁环销可以用于主要承受静载荷的钢结构和铝结构中（DASt 规范 001，见 TB3-4）。它在许多领域（如集装箱制造、车厢制造、运输设备等）可以取代实心铆钉和螺栓。

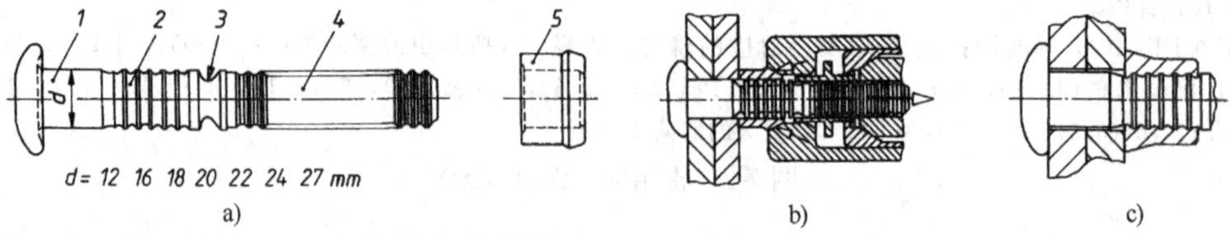

图 7-4　闭锁环销

a）销和闭锁环　b）安装过程和工具　c）已安装完的闭锁环销

在许多工件固定领域，采用盲头铆钉和闭锁环销连接技术具有良好的经济性。相对于通常的铆接，它们具有如下优点：

一个人就可以安装且速度非常快（每小时可达 1500 次铆接）、可节约工时、不需要专业技工、安装时噪声小、不用锤敲、不会伤害被连接件、没有铆成头。

7.2.2 铆钉材料

一般来说，为了避免出现电化学腐蚀和由于热膨胀不一致而导致的连接松动，铆钉应当与被铆件材料相同，或至少与它们是同一类材料。为了能形成铆成头，铆钉材料必须有良好的变形性能，而且在大多数情况下应比被铆件材料更软。标准铆钉的材料在相应的尺寸标准中给定（见图 7-2）。除了钢以外，其他常用材料有铜、铜锌合金、纯铝和铝合金。

钢结构、起重机和铝结构中的铆钉材料由相应的设计标准规定（见 TB3-3b 和 TB3-4b，c）。

盲头铆钉的套管主要用铝合金制成，其他常用材料还有铝、铜、结构钢、不锈钢、铜合金和尼龙。

铆成后的残存芯杆主要由钢或与套管相同材料制成。

如果需要的话，铆钉还须进行表面防护。

7.2.3 铆钉的标注

在零件表和订货单上，铆钉按相应的尺寸标准标注。实心铆钉的名义直径 d_1 是在距铆钉头 $e=d_1/2$ 处测量的（见图 7-2）。

标注示例：

DIN 124 规定的半圆头铆钉，名义直径为 $d_1=16$mm，长度为 $l=36$mm，材料为 QSt 36-3（St）：

铆钉 DIN 124－16×36－St

DIN 6791 规定的平圆头半空心铆钉，名义直径为 $d_1=6$mm，长度为 $l=20$mm，材料为 CuZn 37（CuZn）：

铆钉 DIN 6791－6×20－CuZn

DIN 7341 规定的铆销，A 型，名义直径 $d_1=10$mm，公差等级 h9，长度为 $l=40$mm，材料为易切削钢（St）：

铆销 DIN 7341－A10h9×40－St

DIN 7337 规定的盲头铆钉，A 型，直径为 $d_1=4$mm，长度为 $l=10$mm，铆钉套管的材料为铝合金(Al)，抛光，铆钉芯杆的材料为钢(St)，镀锌(A1P)：

盲头铆钉 DIN 7337－A4×10－Al－St－A1P

特种铆钉的标注参照生产商的企业标准进行。

7.3 铆接的形成

7.3.1 一般提示

铆钉孔和螺栓孔一般在钻孔后要倒毛刺。铆钉孔靠近预制头和铆成头处应倒圆或倒角（$d/20$），以使被打入的铆钉避免产生应力集中和使铆钉杆材料在孔中具有好的再流动性能（见图 7-5a）。在钢结构、起重机和桥梁制造中，零件上的铆钉孔和螺栓孔应先用较小的直径分别钻好后，然后叠在一起再钻或铰到规定的孔径。对于主要承受静载荷的钢结构，铆钉孔和螺栓孔允许冲制或机械烧制。对于超过 16mm 厚度的受拉零件和不是主要承受静载荷的零件，在铆合前，应将冲孔（形成发状裂纹）至少铰制扩大 2mm 直径。单个零件应尽可能不受强制地堆放在一起。铆成头应完全形成，并将被击打过的铆钉放置在固定位置进行检查。在更换有缺陷的铆钉时，应将已被胀大的铆钉孔壁铰制为大一号的铆钉孔，并应对零件上损伤的部位进行修补。

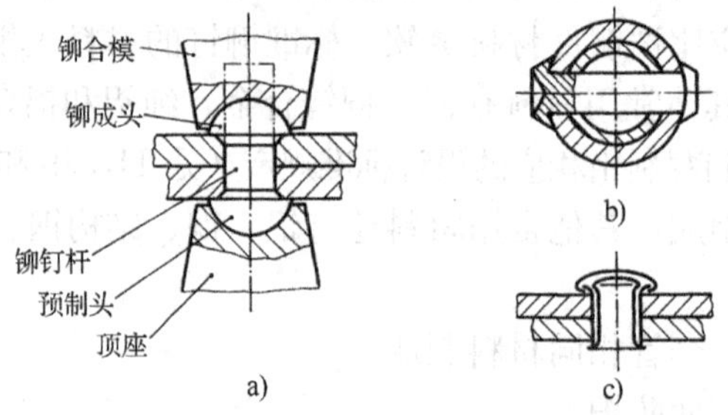

图 7-5 铆接

a）半圆头铆钉 b）铆销连接 c）空心铆钉连接（双件型，开式） d）空心铆钉连接（单件型，制动片的铆接）

实心铆钉的铆成头可以用铆锤（手工、电动或气动）锤成，或在铆压机上慢速压成，或用高速旋转的滚轮辊成，也可以用处于垂直位置的铆钉机摆动冲成。相比其他铆合方法，摆动铆钉机有许多优点：铆钉材料有流动的时间，这样就不会在铆合区产生裂纹、材料结构变化或硬化。铆合过程中可保留电镀层，铆钉和被铆件不需要预紧，只需要简单的铆接工具并且铆合过程迅速。该方法广泛用于机械和仪器制造中直径不超过 35mm 的实心和空心铆钉的冷铆中。

空心、半空心和管铆钉的铆合绝大多数是压成或辊成。盲头铆钉的铆合需要铆钳、压剪机、气动或液压设备、甚至自动化设备。预制头和铆成头的形状按照使用用途选择（见图 7-5 中的应用示例以及图 7-1）。

热塑性材料（PC、POM、ABS）制成的成形零件的铆接可以用冷顶锻、热顶锻或超声波法。一般来说，铆钉杆是铆件上的一部分（见图 7-6a）。最佳铆合方法是喷铸法（见图 7-6b）。但这种方法需要附加的喷铸机，因此它适合于大批量生产。

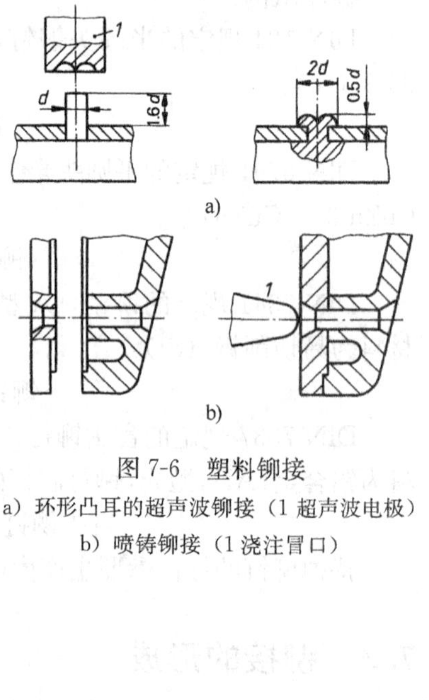

图 7-6 塑料铆接

a）环形凸耳的超声波铆接（1 超声波电极）

b）喷铸铆接（1 浇注冒口）

7.3.2 热铆接

直径 10mm 以上的钢铆钉都是在加热到浅红色的状态下顶镦或压制。在冷却过程中，铆钉杆会收缩，但冷的零件会阻止它收缩，这样在铆钉杆中就会产生收缩力（拉力），它通过预制头和铆成头将被铆件紧紧地压在一起。在承受垂直于铆钉轴线的横向载荷时（见图 7-7），该收缩力在零件接触表面上产生的摩擦力（滑动阻力）能阻止零件之间的相对滑动。在连接承受动载荷时，热镦铆钉仅仅受到静拉力！从功用上来说，它相当于高强预紧螺栓和闭锁环销，但在计算时并不加以考虑，因为仅仅借助于摩擦并不能保证可靠地传递载荷（见 § 7.5.3-3）。

由于冷却造成的直径收缩和拉伸产生的铆钉杆直径的减小，铆钉杆与铆钉孔壁并不接触。如果该连接只是通过摩擦阻力承载，则被铆件之间会产生滑动，直到铆钉杆与孔壁接触。人们称被铆件的这种滑动为打滑。打滑时可以吸收大量的功，因此铆接对于过载或冲击载荷有较大的承载潜能。

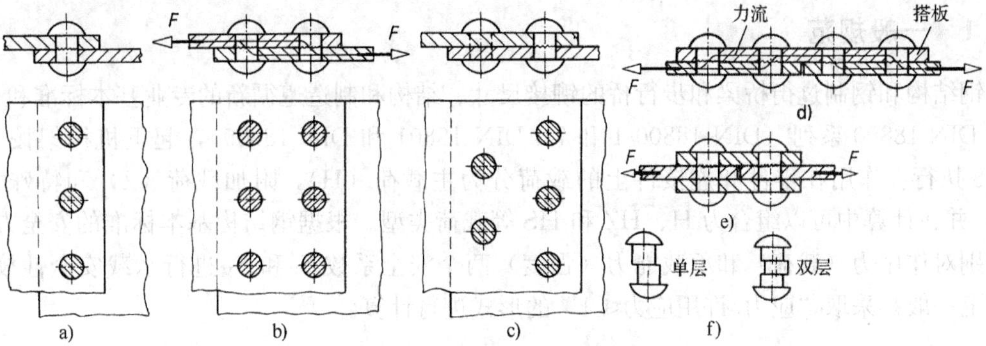

图 7-7　铆接类型和剪切层数

a）搭接式铆接，单排，单层　b）搭接式，双排，平行，单层　c）搭接式，双排，单层　d）搭板式铆接，双排，单层　e）双搭板式铆接，单排，双层　f）剪切层

7.3.3　冷铆接

直径小于 8mm 的钢铆钉以及铜和铝及其合金铆钉用冷铆接。沿铆钉轴线方向的顶镦使铆钉完全充满铆钉孔并沿径向受到铆钉孔的挤压。冷铆接只会产生很小的摩擦力。在受载时，铆钉杆顶住孔壁，并在该处产生压强（孔壁内表面压应力 σ_l），铆钉杆在剪切面上承受切应力（见图 7-7 和图 7-9）。冷铆接的功用与固定的圆柱销一样。冷铆接相对于热铆接来说，打滑要小一些，由于不会产生收缩力，铆钉头直径可以小一些，因此铆合力也小一些。

7.4　铆接类型，剪切层数

根据被铆件铆在一起的形式的不同，铆接可分为搭接式铆接和搭板式铆接（见图 7-7）。在计算时重要的是正确确定参与传递载荷的铆钉排数。所谓一排铆钉是指垂直于载荷方向排列成一排的铆钉。根据力流分布来确定铆钉排数是一种可靠和简单的方法。举例来说，图 7-7d 所示的搭板式铆接是双排的，因为外力 F 由两排铆钉，而不是由四排铆钉承受：由力流线可知，载荷通过两排铆钉由板件传到搭板上，同样地又由搭板传到另一个板件上。设每排有 5 个铆钉，则载荷 F 由 2×5＝10 个铆钉（而不是由 20 个铆钉）承担。

所谓剪切层数，是指一个铆钉承受载荷的横截面数。因此铆接可分为单层、双层等。正确确定剪切层数同确定承载的铆钉排数一样重要。图 7-7e 所示的双搭板式铆接是单排双层的。如果每排有 5 个铆钉，则力 F 由 5 个铆钉承担。每个铆钉由两个横截面承受载荷，因此 F 总共由 2×5＝10 个铆钉横截面来承担。

由于单层铆接（例如搭接式铆接和单边搭板式铆接）传递载荷不对称，会在零件和铆钉上产生附加弯曲应力，并造成孔壁挤压应力分布非常不均匀（见图 7-9 和§7.5.3-6）。这类连接的疲劳强度非常低。因此，应总是尽量构成无弯曲的对称连接，例如图 7-7e 所示的双层双搭板式铆接。

7.5　钢结构和起重机制造中的铆接

7.5.1　一般规范

钢结构和钢制过街桥梁和步行桥的铆接尺寸、结构和制造遵循新的专业基本标准和专业标准 DIN 18800 系列（DIN 18800-1 和 7，DIN 18801 和 DIN 18809），起重机构架按 DIN 15018 执行。作用在零件和连接件上的载荷分为主载荷（H），附加载荷（Z）和特殊载荷（S），并在计算中可以组合为 H、HZ 和 HS 等载荷类型。根据钢结构基本标准的安全方案，应分别对作用力（载荷）和承载能力（强度）两个安全系数 S_F 和 S_M 进行承载安全性校核。原则上一般都采取"应力/许用应力≤1"的形式进行计算。

7.5.2　零件计算

一般来说，其设计计算规范同焊接零件和螺纹联接零件。压杆的计算见 § 6.3.1-3.3，拉杆或受力矩的节点的计算见 § 8.4.3-4 或 § 8.4.4。

7.5.3　铆钉和铆接计算

1. 铆钉和铆钉孔直径㊀　尽可能采用 DIN 124 规定的半圆头铆钉（起重机制造按 DIN 660 规定）。

由于铆钉杆的真实应力非常复杂，几乎无法计算，所以在工程实际中并不计算未铆前的铆钉直径，而是根据零件尺寸按经验选取。未考虑的附加应力可以用相应的安全系数在许用应力中加以考虑。

对于棒材和型钢（L 型钢，U 型钢等），未铆前铆钉直径 d_1 要按角和边的宽度来确定，有时也按厚度确定，这是因为铆钉头要有足够的位置和击打空间。这类钢材的最大可选孔径 d 及其未铆前铆钉直径按 DIN 997～999 的规定确定（见型钢表 TB 1-8 至 TB 1-12）。

对于板材和其他轧材，未铆前铆钉（和螺栓）直径根据最小板厚由 TB 7-4 选取。在钢结构中，也可以根据铆件的最小厚度 t 按下述经验公式选取未铆前铆钉直径：

$$d_1 \approx \sqrt{50t} - 2\mathrm{mm} \qquad \begin{array}{c|c} d_1 & t \\ \hline \mathrm{mm} & \mathrm{mm} \end{array} \tag{7-1}$$

根据计算结果由 TB 7-4 选取 DIN 124 规定的下一个标准铆钉直径。

在钢结构中，当 $d_1 \geqslant 12\mathrm{mm}$ 时，铆钉孔直径 $d = d_1 + 1\mathrm{mm}$。

2. 铆钉长度　未铆前铆钉要有足够的长度，使其有足够的材料能填满铆钉孔和形成铆成头。因此，未铆前铆钉杆长度就与铆合厚度 Σt，铆成头形状和未铆前铆钉直径 d_1 有关。对于通常的铆钉孔直径，其未铆前铆钉长度（见图 7-8）按式（7-2）计算：

$$l = \Sigma t + l_{\ddot{u}} \tag{7-2}$$

式中　$l_{\ddot{u}}$——伸出长度，其值按铆成头形状选取：

㊀ 铆钉和铆钉孔直径在不同的标准中用不同的符号表示。如铆钉直径有 d_1，d_2，和 d_{Sch}（DIN 101 和 DIN 18800-1）；铆钉孔直径有 d_7，d，d_L 和 d_2（DIN 101，DIN 18800-1，DIN 997）。

—半圆头：机械铆合 $l_{ü} \approx (4/3)d_1$

手工铆合 $l_{ü} \approx (7/4)d_1$

—沉头：$l_{ü} = (0.6 \sim 1.0)d_1$

铆合总厚度越大，需要填充的孔的体积就越大，所以伸出长度 $l_{ü}$ 就应越长，或将孔隙减小，以便材料能将体积填满。铆钉杆越细长，在顶镦时就越不容易将铆钉孔填满。因此，对许用铆合厚度要加以限制：

—对于 DIN 124 规定的半圆头铆钉：$\Sigma t \leqslant 0.2d^2$

—带加强杆的半圆头铆钉：$\Sigma t \leqslant 0.3d^2$，$d$(mm)为铆后铆钉直径。

最终的铆前铆钉长度 l 应根据计算结果选取下一个标准长度（见 TB 7-4）。

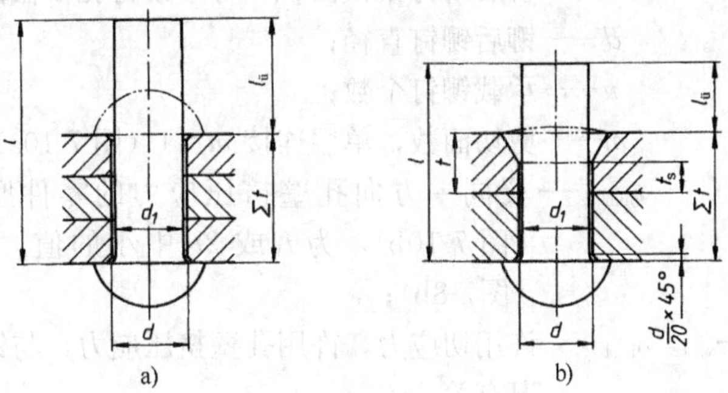

图 7-8　铆合厚度 Σt 和铆前铆钉长度 l

a）铆成头为半圆头　b）铆成头为沉头（t_S＝受孔壁挤压时的危险杆长）

在各种铆钉形状的尺寸标准中，已根据铆合厚度和铆成头形状对铆钉长度给出了具体规定。

3. 铆钉的承载能力　从计算原理上来说，铆接属于剪切—孔壁挤压铰制孔连接（SLP 连接）。从强度的角度来看，它可以用未预紧的铰制孔螺栓取代。这也适合于热铆合铆钉，因为对于这类铆接来说，零件间的摩擦连接并不一定要确保可靠（见§7.3.2）。

为了计算所能承受的垂直于铆钉轴线的载荷，不考虑真实应力分布，分别计算铆钉上的切应力 τ_a 和铆钉与被铆件孔壁之间的孔壁挤压应力 σ_l。假设所有的铆钉均匀承担载荷，且应力均匀分布（见图 7-9）。

零件之间滑动时会导致沉头弯曲，所以沉头铆钉连接比没有沉头的连接更能抵抗这种滑动。因此，根据 DIN 18800-1，在计算沉头这边的许用孔壁挤压应力（极限孔壁载荷）时，不是用零件厚度 t，而是取 $0.8t$ 或 t_S 中的大值（图 7-8）。

要对一个给定的铆接（见图 7-10）进行校核，就要按式（7-3）和式（7-4）将计算出的实际应力与许用应力进行比较。由切应力主方程 $\tau_a = F/A$ 得到如下铆钉切应力计算公式

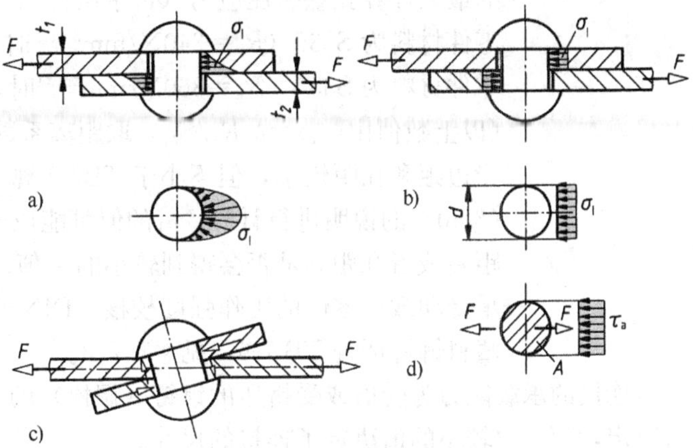

图 7-9　单层铆接的应力

a）孔壁挤压应力 σ_l 的真实分布曲线　b）和 d）计算时所假设的孔壁挤压应力 σ_l 和切应力 τ_a 分布曲线　c）受载后的变形（示意图）

$$\tau_a = \frac{F}{nmA} \leqslant \tau_{a\,zul} \tag{7-3}$$

由压强主方程 $p = \sigma_l = F/A_{proj} = F/(dt_{min})$ 得到铆钉孔壁挤压应力公式

$$\sigma_1=\frac{F}{ndt_{\min}}\leqslant\sigma_{1\ zul} \tag{7-4}$$

式中　F——铆接所要承担的，与工况相对应的载荷；

$A=d^2\pi/4$——铆后铆钉横截面积，等于铆钉孔横截面积；

d——铆后铆钉直径；

n——承载铆钉个数；

m——剪切面数，单层连接 $m=1$（图7-10a），双层连接 $m=2$（图7-10b）；

$t_{\min}$——受同一方向孔壁挤压应力的零件厚度和的最小值，例如，对于双层连接（图7-10b），为 t_1 或 $2t_2$ 中小的值。对于沉头铆钉，取 $0.8t$ 或 t_S 中的大值（图7-8b）；

$\tau_{a\ zul}$，$\sigma_{1\ zul}$——许用切应力，许用孔壁挤压应力，与铆钉材料、被铆件材料有关，有时也与工况有关：

—在起重机制造（DIN 15018）中，对于一般应力校核，由TB3-3查取。

—在主要承受静载荷的铝结构（DIN 4113-1/Al）中，在考虑蠕变效应的情况下（见§7.6.4-1），由TB3-4查取。

—在钢结构（DIN 18800-1）中：

$\tau_{a\ zul}$

铆钉材料为USt 36（$R_m=330\text{N/mm}^2$）时，为 180N/mm^2。

铆钉材料为RSt 38（$R_m=370\text{N/mm}^2$）时，为 202N/mm^2。

（以上数值由 $\tau_{a\ zul}=\alpha_a R_m/S_M$ 算得，式中 $\alpha_a=0.6$，S_M㊀$=1.1$）。

$\sigma_{1\ zul}$

在TB7-2中，在边距和孔距 e_1 和 $e_3=3d$，$e_2=1.5d$ 和 $e=3.5d$ 时，达到可能的最大计算孔壁挤压应力（可承载性）。对于零件厚度 $t\geqslant3\text{mm}$，有

零件材料为S235（$R_e=240\text{N/mm}^2$）㊁时，为 655N/mm^2。

零件材料为S355（$R_e=360\text{N/mm}^2$）㊁时，为 982N/mm^2。

（以上数值由 $\sigma_{1\ zul}=\alpha_1 R_e/S_M$，取距离系数最大值为 $\alpha_1=3.0$ 和 $S_M=1.1$㊀）。

当边距和孔距较小，但不小于TB7-2规定的最小值时，则距离系数要按照式（8-40）的说明进行计算。α_1 的值可能位于 $0.68\sim3.0$ 之间。总是应该检查边距 e_1 或者孔距 e 是否会得到较小的 α_1 值。

—承受动载荷零件的工作强度校核（DIN 15018-1），见§7.7.3

—塑料铆钉请查TB 7-6，见§7.7.3。

连接的承载能力为受剪或受挤压的铆钉（螺栓）的承载能力之和，或由被铆件的承载能力决定，两者中较小的值决定了连接的尺寸。

由DIN 18800-1知，许用孔壁挤压应力与边距或孔距有关，这就使得一个连接中的不同铆钉（螺栓）的承载能力不一样。在工程实际中，假设各铆钉均匀承担载荷，因此总是对承载能力最小的那个铆钉进行校核。

提示：要避免使铆钉承受拉伸变形。

㊀ 在DIN 18800-1中，强度的分安全参数为 γ_M。

㊁ 当产品厚度为 $40\text{mm}<t\leqslant80\text{mm}$ 时，屈服极限值相应为 215N/mm^2 和 325N/mm^2。

4. 起决定作用应力类型，铆钉最优利用 在起重机制造（DIN 15018）中，所有材料和工况下的铆接许用孔壁挤压应力 $\sigma_{l\,zul}$ 和许用切应力 $\tau_{a\,zul}$ 均有相同的比例 $\sigma_{l\,zul}/\tau_{a\,zul}=2.5$。在钢结构（DIN 18800-1）中，该比例与零件和铆钉的强度有关，也与孔距和边距有关。例如，当零件材料为 S235，铆钉材料为 USt 36，且孔壁挤压应力能完全利用（通过按 TB 7-2 取相应的大边距和孔距来实现，该比例为 $\sigma_{l\,zul}/\tau_{a\,zul}=3.64$）。

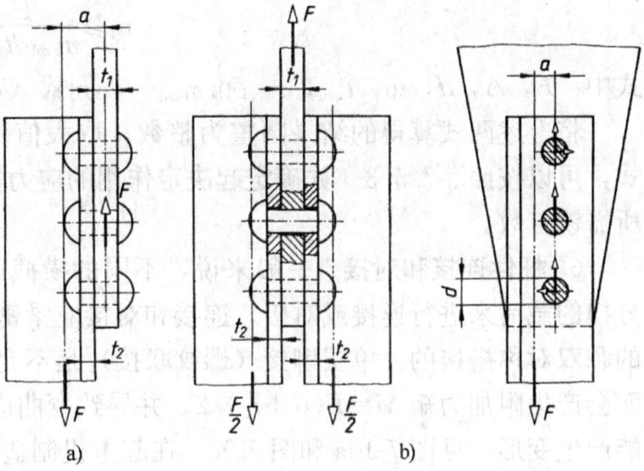

图 7-10 杆件连接

a）单层铆接 b）双层铆接

a—偏心距

将铆钉的抗剪强度与抗挤压强度设为等强度，即可得到板厚的极限值 t_{lim}，在这种情况下，铆接完全利用了抗剪切和抗挤压能力。由式（7-3）和式（7-4），得

$$F_{zul}=Am\tau_{a\,zul}=dt_{min}\sigma_{l\,zul}$$

即

$$F_{zul}=\frac{d^2\pi}{4}m\tau_{a\,zul}=dt_{min}\frac{\sigma_{l\,zul}}{\tau_{a\,zul}}\tau_{a\,zul}$$

由此得

$$t_{lim}=\frac{d\pi m}{4\dfrac{\sigma_{l\,zul}}{\tau_{a\,zul}}}$$

将 $m=1$ 或 2，$\sigma_{l\,zul}/\tau_{a\,zul}=3.64$ 或 2.5 代入，得到极限板厚计算式为

$$t_{lim}=0.216d \text{ 或 } 0.432d$$

上式是单层或双层铆接钢结构按上述给定条件得到的。对于起重机制造中的单层或双层连接，有

$$t_{lim}=0.314d \text{ 或 } 0.628d$$

TB 7-4 对每一个铆钉直径都计算了钢结构和起重机制造中的单层和双层连接的极限值 t_{lim}，该表显示了在什么样的板厚下，理论上铆钉可以得到最优利用，什么样的应力类型具有决定作用。

提示： 当实际板厚 $t_{min}>t_{lim}$，应校核铆钉抗剪强度，反之，当 $t_{min}<t_{lim}$，则应该校核孔壁抗压强度。

如果按通常与板厚相对应取铆钉直径（TB 7-4）的话，一般单层连接是抗剪强度起决定作用，而双层连接是孔壁抗压强度起决定作用。

5. 所需铆钉数 确定铆钉连接的尺寸，就是进行初步设计计算，在按照§7.5.3-1 所述选择了合适的铆钉直径后，将上述公式进行变换来确定所需的铆钉个数。

将式（7-3）或式（7-4）变换，就可以由许用切应力或许用孔壁挤压应力分别得到所需的铆钉数：

$$n_a\geqslant\frac{F}{\tau_{a\,zul}mA} \tag{7-5a}$$

$$n_1 \geqslant \frac{F}{\sigma_{1\,zul} d t_{min}} \tag{7-5b}$$

式中 F，A，d，m，t_{min}，$\tau_{a\,zul}$和$\sigma_{1\,zul}$——同式（7-3）和式（7-4）。

将上述两式算得的结果圆整为整数，取大值作为所需铆钉数。如果不想同时算上述两式，可以按照§7.5.3-4先确定起决定作用的应力类型，然后用式（7-5）中相应的式子计算所需铆钉数。

6. 杆件连接和对接 一般来说，不同的横截面零件（例如腹板，法兰）应该按各自所分担的载荷来进行连接或对接。连接和对接应紧密。因此，对接头应设计成直接有接头盖板的和双对称搭接的。单层铆接（螺纹联接）是不允许的，因为这会产生不对称载荷传递，从而会产生附加力矩$M=F(t_1+t_2)/2$，并导致弯曲应力$\sigma_b \approx 16F(t_1+t_2)/(\pi n d^3)$，这样就有可能产生变形，见图7-10a和图7-9c。在起重机制造中，考虑单层铰制孔连接的不利影响，应取较小的许用应力（见TB 3-3b）。

如果连接的重心位于所要连接的载荷F的作用线上，也即位于杆件的重心轴上，就可以如同§7.5.3-3一样，假设连接件（铆钉、螺栓）是均匀受载的。如果如同绝大多数情况一样，不满足这个条件，则连接和杆件均受力矩作用。由于偏心距a所产生的力矩$M=Fa$（图7-10a），在将纵向力假设为对心情况下的应力不超过$0.8\sigma_{zul}$时（见§8.4.3-4的提示），由角钢横截面构成的拉杆可以不考虑该力矩。大偏心矩时，则必须在对连接进行校核时作相应的考虑。

当铆钉沿载荷方向顺序排列时，由于零件变形不均匀，导致各个铆钉受力不均，位于外端最尾部的铆钉受力要大于位于中间的铆钉，这种现象可以用“橡胶带实验”来演示（图7-11a）。在搭接头中，各个铆钉的载荷分布大致如图7-11b所示。因此，沿载荷方向最多允许5个（起重机制造和铝结构）或8个（钢结构）铆钉或螺栓前后排列。如果由于强度原因还需要更多的铆钉，应将其分成若干排分布（见图7-7）。

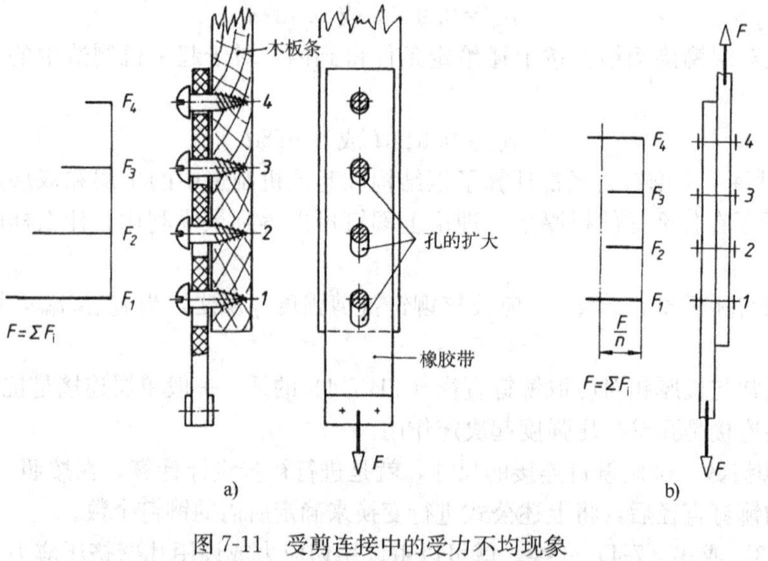

图7-11 受剪连接中的受力不均现象

a）用橡胶带所作的拉伸演示实验 b）搭接头上铆钉的受力分布（示意图）

如果在角钢上不能这样做的话，可以采取增加辅助角钢的方法（见图7-12）。如果它们之间在一个角边上连接，连接边上的承载能力应为所分担载荷的 1.5 倍，如果在两个角边上连接，则应为 1.25 倍。上述增量是用来考虑偏心问题的。

除了一些不重要零件（如扶手、轻型栅栏）外，每一个横截面零件至少要用两个铆钉进行连接（因为如果只有一个铆钉不能被完全铆合）。在一个连接中，铆接只允许与铰制孔螺纹联接一起使用。

7. 承受力矩的铆接 此时各铆钉受力不再均匀，离连接重心最远的铆钉受力最大，铆钉最大受力可按 §8.4.4 的公式计算，该载荷在按式（7-3）和式（7-4）计算时起决定作用。

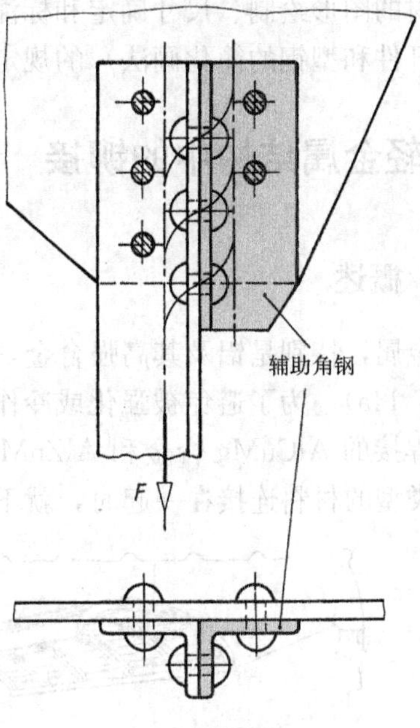

图 7-12 杆件通过辅助角钢进行连接

（例子：$n_{erf}=5$ 个铆钉，其中 3 个位于承载角钢上，在辅助角钢上 2 个铆钉，因此连接边上应有 1.5×2=3 个铆钉）

7.5.4 铆接的结构设计

在求得铆钉直径和所需铆钉个数后，就要来确定铆钉分布了。此时，必须满足铆钉孔距和孔与零件边距的标准值（见图 7-13）。这些标准值由孔径 d 和位于外边的最薄的零件厚度确定，由 TB 7-2 查取，取较小的值。为了防止被铆件破裂和为铆合操作或拧紧螺栓留下足够的空间，边距和孔距不允许太小。但是，为了使零件表面无间隙地贴合在一起以防止腐蚀，或在压杆中不产生侧弯，孔距又不允许太大。根据 DIN 18800-1，边距和孔距对孔壁抗压强度有影响。

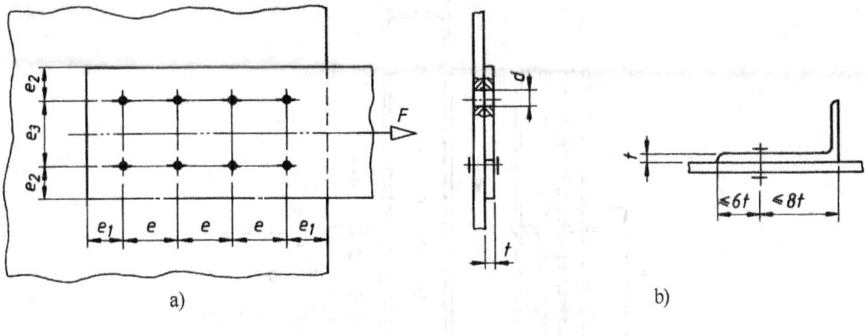

图 7-13 铆钉和螺栓的边距和孔距（按 DIN ISO 5845-1 所作示意图）

a）各基准值，由 TB 7-2 查取 b）经加固的棒材和型钢可取较大许用边距，例如在钢结构中，用 $8t$ 取代 $6t$

在对接头和搭接中，为了使节点板和搭板较小，一般有意地取孔距的下限值。

对于型钢和棒材，铆钉孔在角边或法兰上的位置由 DIN 997 所规定的划线尺寸给定，其值由 TB 1-8 至 TB 1-12 查取。对于角钢，两个角边上的铆钉大多数情况下应错开排列，以给铆合模留下足够的空间，其最小错排尺寸请查 DIN 998 和 DIN 999。槽钢和工字钢腹板上的孔的分布没有标准，可借助于 TB 7-2 的基准值来确定。

金属结构（包括桁架、桥梁等）、升降设备、运输设备和容器等的孔、铆钉、螺栓，型钢和板材的图形绘制、尺寸确定和标注按 DIN ISO 5845-1（连接件的简化画法）和 DIN ISO 5261（杆件和型钢的简化画法）的规定执行，见 TB 7-1。

7.6 轻金属结构中的铆接

7.6.1 概述

轻金属，特别是铝及其高强合金，使交通工具、建筑设备和机械制造实现轻结构成为可能（图 7-14a）。为了避免被强化或冷作硬化了的铝合金的强度受焊接加热的影响，或要将不适合于焊接的 AlCuMg 合金和 AlZnMgCu 合金连接在一起，或不允许出现焊接变形，或要将不同类型的材料连接在一起时，就不能选焊接，而应优先采用铆接。

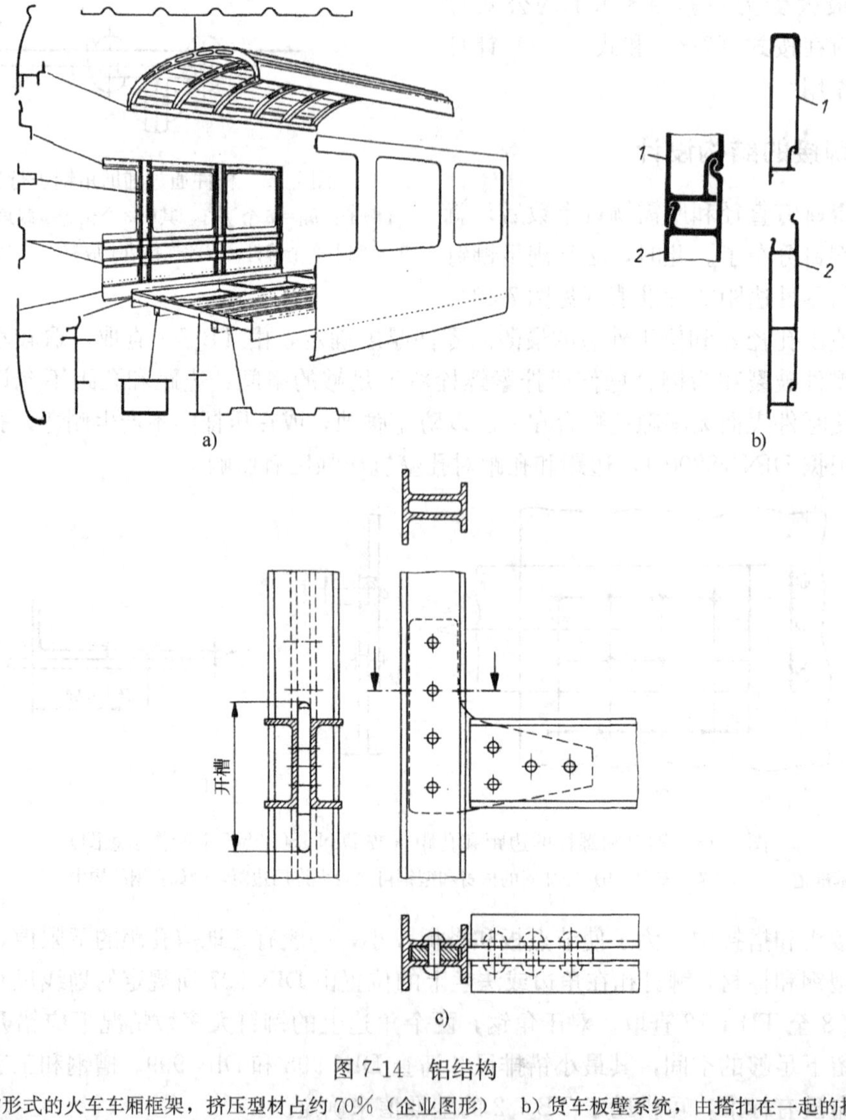

图 7-14 铝结构

a）微分结构形式的火车车厢框架，挤压型材占约 70%（企业图形） b）货车板壁系统，由搭扣在一起的挤压型材—空心型材构成的积分结构形式（企业图形） c）铆钉连接柱子（空心型材）—型材结构形式的横向梁（实心型材）

其结构主要有纯型材结构形式（如承载梁，图 7-14c），型材和板材组合所构成的微分结构形式（如车厢筐架，图 7-14a）和由所谓“罩板”与挤压型材加固件组合在一起，构成大表面零件的积分结构形式（如板壁，图 7-14b）。由于挤压型材可以使横截面形状适应各种用途和应力的要求，所以它能充分利用材料，经济性较好。同时，它也使零件之间用搭扣的方式进行连接成为可能（见图 7-14b）。

在欧洲标准颁布之前，主要承受静载荷的这类结构零件和连接件的计算和结构设计，按现有的 DIN 4113 系列标准（DIN 4113-1，DIN 4113-1/Al 和 DIN V4113-3）规定的 σ_{zul} 方案执行。

7.6.2 铝铆钉

在轻金属结构中一般也采用 § 7.2.1 所述和图 7-2 所示的在钢结构和金属结构中常用的铆钉形状。但是，优先采用的铆成头形状却与钢铆钉有很大不同，例如平头（图 7-15a）、锥形头（图 7-15b），形成平头所需的载荷相对其他铆成头形状要小得多，而且对铆钉杆的长度也没有严格的要求。相对于平头来说，锥形头的优点是对心性好，但需要相应形状的铆合模且需要更大的铆合力。

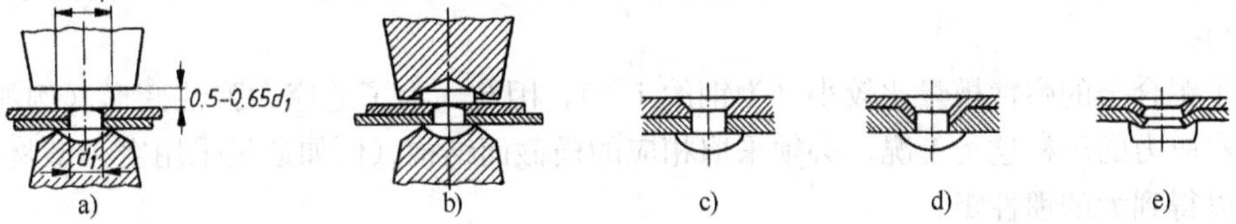

图 7-15 轻金属结构中的铆接

a）平头 b）锥形头 c）～e）光滑表面铆接

图 7-15c～e 所示为几种沉头（光滑表面）铆接。此外，也采用其他常用的铆成头（半圆头、透镜头、平圆头等）。

如果在铆成头这边施工非常困难，甚至是完全不能施工，例如空心型材或管件，则必须采用 § 7.2.1 所述和图 7-3 所示的盲头铆钉。由于其施工更加迅速和可靠，即使是对于通常的铆钉连接，盲头铆钉相对于实心铆钉也应优先采用。

铝铆钉只能冷镦或冷压缩。

7.6.3 材料

对于用铝半成品（板材、实心型材与空心型材、管件和模锻件）制成的零件和铆钉应优先采用 TB 3-4 中给出的铝塑性合金。为了避免可能产生的电化学腐蚀损坏，铆钉和被铆件必须用相同的材料，或至少也应是同类材料。在重载情况下，如果预先采取了防腐措施（见 § 7.6.6），也可以采用钢连接件（铆钉、闭锁环销、螺栓）。

7.6.4 零件和铆钉的设计计算

1. 一般规范 主要承受静载荷的铝结构的铆接原则上与钢结构的计算方法相同，见 § 7.5.3-3。其切应力和孔壁挤压应力可以按式（7-3）和式（7-4）计算，所需铆钉数按式（7-5）计算，出于安全考虑，应按铆钉名义直径 d_1 进行计算。实心杆连接件的许用应力由

TB 3-4 查取。

在铝结构中，由于存在蠕变影响，因此除了有 H 和 HZ 两种载荷类型外，还应附加 HS 载荷类型。该载荷类型考虑了所有的稳定作用的主载荷，也就是说，除了考虑不变载荷的总和外，也考虑长时间作用的交变载荷，例如堆积载荷和积雪载荷。当载荷类型 HS 和 H 所产生的应力比 σ_{HS}/σ_H 或 τ_{HS}/τ_H 超过 0.5 时，必须将 TB 3-4 给出的零件和连接件的许用应力用一个经长时间试验（1000h）得到的因子 c 予以降低，即

$$\sigma_{c\ zul}=c\sigma_{zul} \text{或} \tau_{c\ zul}=c\tau_{zul}$$

式中 $c=1-0.4\left(\frac{\sigma_{HS}}{\sigma_H}-0.5\right)$ 或 $1-0.4\left(\frac{\tau_{HS}}{\tau_H}-0.5\right)$。

该值在 1 和 0.8 之间变化，在进行稳定性校核（例如侧弯）时也应该考虑该因子。

航空设备中的通用和沉头铆接的设计计算应按照特别规范进行。静载荷下的铆钉计算值见航空设备标准。

由于轻金属结构是用冷铆合方法加工的，因此，外力几乎完全由充满铆钉孔的铆钉杆的抗剪强度和抗压强度来承担。当铆合厚度比较大时，不能保证在整个铆合厚度上钉杆均匀镦粗。可以通过采用钢或铝制闭锁环销来避免这个缺点（即飞机制造中的铆螺母和突头六角驱动螺杆系统），它虽然是冷铆合的，但它至少可以达到热铆合的钢铆钉同样大的夹紧力（见§7.2.1）。

由于铝合金的弹性模量比较小（为钢的 1/3），因此，为了适应大弹性变形（例如弯曲）和受侧弯应力的压杆这类工况，必须采取相应的横截面结构（例如通过采用空心型材和折弯型材）以得到大的惯性矩。

2. 铆钉和铆钉孔直径 铝结构的许用孔壁挤压应力 $\sigma_{l\ zul}$ 与零件材料有关，而许用切应力 $\tau_{a\ zul}$ 却与铆钉材料有关（DIN 4113-1/Al，TB 3-4），因此，其比值 $\sigma_{l\ zul}/\tau_{a\ zul}$ 不像在起重机制造中一样为固定值（见§7.5.3-4）。随着零件材料和铆钉材料的配对的不同，可以同时完全利用抗挤压强度和抗剪强度的板厚与铆钉直径的最优比值 t/d 也随着发生变化。

因此，在工程实际中，根据承受同方向挤压应力的零件的最小板厚之和 t_{min}，选择铆钉直径 d_1：

单层连接： $$d_1=2t_{min}+2\text{mm}$$

双层连接： $$d_1=t_{min}+2\text{mm}$$

对于单层连接，t_{min} 是最薄板的厚度，对于双层连接，t_{min} 可以是内板的厚度，或者是两个外板的厚度之和。

铝型材（角铝、T 型、双 T 型、U 型）的铆钉直径可以按相同类型的钢型材的方法来确定（见 TB 1-8～TB1-12）。但两者的尺寸并不完全一致。

对于常用的冷铆合，考虑到铆合功和孔洞充满的问题，铆钉公差约为铆钉直径的 2%，该值远小于钢结构。

铆钉孔直径 d 从 $d_1=4$mm 开始就与图 7-2 脚注②给出的标准值不同，在该值与 $d_1=10$mm 之间，大多数情况下 $d=d_1+0.1$mm。

3. 铆钉长度 未铆前铆钉杆长度 l 同钢铆钉一样按式（7-2）确定。其为半圆头的铆成头伸出长度 $l_ü\approx1.5d_1$，沉头 $l_ü\approx d_1$，平头 $l_ü\approx1.8d_1$。当然，同钢铆钉一样，其最终铆钉长度要根据相应标准选取。铆合厚度不应超过 $5d_1$。

7.6.5 结构设计

轻金属结构铆接的结构设计原则同钢结构一样，见§7.5.4。许用铆钉距离和螺栓距离按 DIN 4113-1 和 DIN V 4113-3 规定执行，其值由 TB 7-2 查取。

只要采取了相应措施或结构避免出现缝隙腐蚀和局部的翘曲，就可以允许选较大的边距或孔距。如果一个宽柱子上有两排以上铆钉，且其外排的铆钉按 TB 7-2 进行布置，则允许内排铆钉取双倍孔距。在板梁的接头区域以外的颈部和头部铆接的铆钉距离可以按固定铆接选取。

根据 DIN 4113-1 和 DIN V 4113-3 的规定，零件和连接件至少达到下述最小尺寸：

板壁和管壁	2mm
棒材	厚度 2mm，连接边宽 25mm
铆钉和闭锁环销	6mm 直径
钢螺栓	8mm 直径
铝螺栓	10mm 直径

7.6.6 防腐

如果将铝合金的化学性能与实际工作环境相协调的话，就无需对开式且容易维护的结构采取防腐蚀措施。但在进行结构设计时，还是应该考虑下述影响：

缝隙腐蚀：在搭接和连接处的细小缝隙（0.05～0.4mm）中，由于局部氧气浓度的差别而引起的腐蚀。它几乎与材料的耐蚀性无关，只要潮湿侵入缝隙，它就会在所有金属中产生。

冷凝水腐蚀：当环境温度存在较大温差时，由于水的冷凝，在封闭不通风的零件的金属表面或在板式结构的底面所引起的腐蚀。结构设计规则：应将不能回避的空心空间和空心型材封闭，避免所谓的“水袋”出现。

接触腐蚀：不同电势的金属连接在一起，当有合适的电解质（潮湿）作用时产生的腐蚀。当零件与连接件的材料不同时，会出现这种腐蚀。

缝隙和接触腐蚀的可能防范措施有整体涂覆，以完全阻止潮湿侵入；或采用将连接表面通过局部表面处理而中性化的方法；或采取绝缘措施中止金属间的传导接触，例如涂铬酸锌、沥青或置入绝缘膏或绝缘粘结剂。关于防腐措施的更为详细的规定见 DIN V 4113-3。

图 7-16 所示为钢和铝制零件采用钢或铝铆钉铆接时所采取的绝缘措施。铆钉杆与孔壁之间无需绝缘，因为像水这样的电解质几乎不可能进入铆钉杆处。在已制成的铆接处最好再涂一层防护膜。

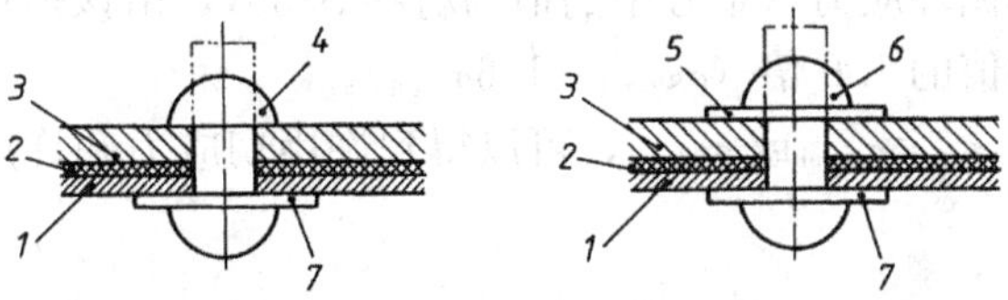

图 7-16 铝与钢铆接时的绝缘措施

1—铝制零件 2—绝缘中间层 3—钢制零件 4—钢铆钉
5—镀锌或镀镉垫圈 6—铝铆钉 7—置入或不置入镀锌垫圈

7.7 机械和仪器制造中的铆接

7.7.1 应用示例

机械和仪器制造中的铆接主要用于轻载或不适合焊接的结构零件的加固和连接，例如采用半圆头铆钉或沉头铆钉；用于非金属材料之间的连接或非金属材料与金属材料之间的连接，例如采用皮带铆钉、空心铆钉、半空心铆钉和衬片铆钉；用于连接敏感的软材料或脆性材料（橡胶、塑料、陶瓷），例如采用只需很小铆合力的空心铆钉或管铆钉；用于将昂贵的刀具材料连接到结构钢支承体上，例如将圆锯上的 HSS 齿圈用沉头铆钉连接到齿座上；用于链条这一类的铰链的连接，例如采用铆销。此外，如§7.2.1所述，也常常采用特种铆钉，主要是盲头铆钉和闭锁环销。图 7-2 给出了标准铆钉形状用途。上述各种铆接中的绝大多数还要从设计的角度进行结构和尺寸设计。

7.7.2 提高疲劳强度的措施

承受动载荷的铆接和螺纹联接振动断裂的危险性很大。在飞机中，70%的疲劳损坏是由铆钉孔的孔边沿开始的。

为了提高疲劳寿命，可以采用过盈配合连接件（闭锁环销，在飞机制造中称为螺栓铆钉或铰制孔铆钉）以产生较大的夹紧力。随着夹紧力的加大，通过板之间摩擦力传递的载荷提高，从而降低孔边沿的应力集中。通过保持压力可以避免孔的椭圆形变形，并在孔边沿上形成有利的径向压应力。

通过孔的塑性扩张（扩孔）或对板进行局部的冷作变形可以进一步提高疲劳寿命。由此产生的压应力会叠加在工作应力上，并降低危险的拉应力的振幅。

7.7.3 强度校核

主要承受静载荷的强固连接的尺寸，按钢结构和起重机制造设计规范确定（见§7.5）。在机械制造和汽车制造中应用广泛的由成形钢板和型材构成的减轻质量的连接（轻结构）也常常会承受动载荷，因此应进行仔细的强度计算或疲劳强度试验（见图 7-17a）。

对起重机构架应进行工作强度校核（DIN 15018-1）。它适用于 S235 和 S355 制造的大于 2mm 厚的起重机零件和根据 DIN 124 和 DIN 660 大于 6mm 直径的半圆头铆钉。铆钉材料见 TB 3-3b。

TB 7-5 所列为与要求寿命（总应力循环次数）和最大载荷出现概率有关的材质为 S235 的带孔零件的许用对称循环应力（括号中的值为材料 S355），由该值可确定零件的尺寸。对于脉动载荷，取表中的值的 1.6 倍（$\sigma_{\mathrm{Sch\ zul}}=1.6\sigma_{\mathrm{w\ zul}}$）。

根据零件许用应力 $\sigma_{\mathrm{zul}}=\sigma_{\mathrm{w\ zul}}$ 或 $\sigma_{\mathrm{Sch\ zul}}$，可以得到许用切应力和许用孔壁挤压应力，其公式如下

—单层连接：

$$\tau_{\mathrm{a\ zul}}=0.6\sigma_{\mathrm{zul}} \text{ 和 } \sigma_{\mathrm{l\ zul}}=1.5\sigma_{\mathrm{zul}}$$

—多层连接：

$$\tau_{\mathrm{a\ zul}}=0.8\sigma_{\mathrm{zul}} \text{ 和 } \sigma_{\mathrm{l\ zul}}=2.0\sigma_{\mathrm{zul}}$$

由式（7-3）和式（7-4）计算实际应力。对于承受动载荷的连接，应将其承担的载荷乘以使用系数 K_A（见 TB 3-5c），以考虑实际工况（见计算示例 7-2）。

在选择材料时应注意，在无限寿命区域（超过 2×10^6 次应力循环），当存在剧烈应力集中时，其许用应力与材料的静强度几乎无关。也就是说，只有在有限寿命区域才值得选取强度较高的材料（见§6.5.5-4）。

上述铆接的工作强度计算方法同样适用于满足下述条件的铰制孔螺栓联接：零件材料为 S235，螺栓性能等级 4.6，或零件材料为 S355，螺栓性能等级为 5.6，且在受脉动载荷时配合为 H11/h11，在承受对称循环载荷时，配合为 H11/k6。

如果盲头铆钉不但用于固定，而且还承受载荷的话，每个铆钉所能承担的载荷值由 TB 7-3 查取。每个铆钉的许用剪切载荷和拉伸载荷在计入足够大的安全系数 S 后得到。在受动载荷时，还应将所要传递的载荷乘以使用系数 K_A（见 TB 3-5c）。

热塑性塑料铆接（图 7-6）具有与金属连接完全不同的承载特性。在连接断裂之前，这类连接一般都会出现过量变形或已松动而不能用了，因此必须对它们进行变形计算。在工程实际中，一般仍用式（7-3）和式（7-4）校核其抗剪强度和抗挤压强度，只不过其许用应力应按 TB 7-6 选取，表中给出的许用应力很小，以保证不出现有害变形，用这种方法可以得到可用的结果。

图 7-17 机械和仪器制造中的铆接

a）联轴器盘（企业图形） 1—半圆头铆钉 2—平头铆钉 3—衬片铆钉

b）电影放映机的侧壁（企业图形），多重摆动铆钉，13 个铆接位置

7.8 计算示例

■**例 7-1**：图 7-18 所示为一铝桁架的截面图，材料为 ENAW-AlSi1MgMn-T6（AlMgSi1 F31/F32），它由开式的上下横杆（杆 O 和 U）和空心挤压型材制成的支撑杆（杆 V 和 D）组成。将支撑杆型材的端部开槽就可以形成无节点板的铆接。铅垂杆 V 受压力为 $F_H=9.6$kN 的 H 型载荷和压力为 $F_{HS}=7.8$kN 的 HS 型载荷。其横截面参数为：$A=7.0\text{cm}^2$，$I_x=26.8\text{cm}^4$ 和 $I_y=11.2\text{cm}^4$。对角杆 D 的拉力为 $F_H=13.8$kN 或

$F_{HS}=11kN$，其载荷类型为 H 或 HS，横截面积为 $A=3.24cm^2$。（杆 U，V 和 D 的重心轴线例外地未交于一点，而是位于杆 U 的重心轴线下方 15mm 处，这是为了使杆 D 有足够的安装位置而作的安排。这样杆 U 就会承受附加弯曲变形。）

试进行如下强度校核：

a）压杆 V。

b）拉杆 D。

c）拉杆 D 的铆接，半圆头铆钉的材料为 AlMg5 F31。

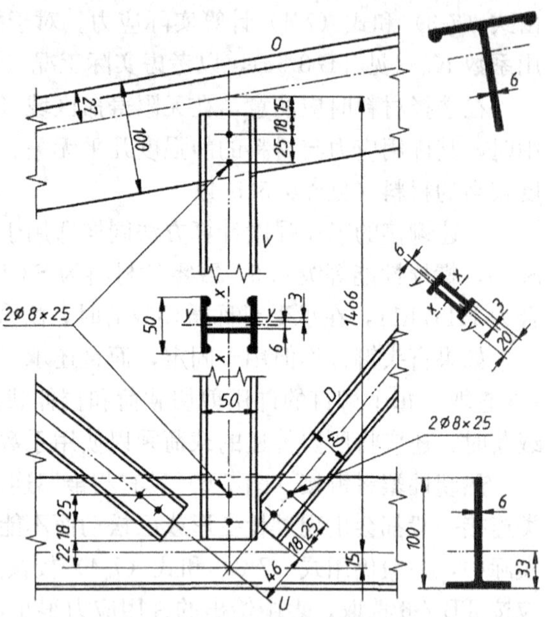

图 7-18　挤压型材构成的铆接铝桁架

▶解 a)：铅垂杆 V 是单件压杆且中心受载。根据 DIN 4113-1，应该采用 ω 法（与以前的 DIN 4114-1 相对应）进行侧弯校核：

$$\sigma_\omega=\frac{F\omega}{A}\leqslant\sigma_{d\,zul}$$

式中，最小惯性矩 $I_{min}=I_y=11.2cm^4$（$I_x=26.8cm^4$），因此应校核与杆轴线 y-y 成 90°方向（即垂直于桁架平面）的侧弯问题。可以将重心轴的距离作为侧弯计算长度：$l_k=l=146.6cm$（图 7-18）。由横截面积的最小惯性半径 $i_{min}=i_y=\sqrt{I_y/A}=\sqrt{11.2cm^4/7cm^2}=1.27cm^2$，得到柔度 $\lambda=l_k/i_{min}=146.6cm/1.27cm=115$。这样就可以从 DIN 4113-1 得到材料为 AlMgSi1 F31/F32 的铝型材的侧弯系数 $\omega\approx7.3$。由 TB 3-4a，行 1，列 d 可查得许用压应力：$\sigma_{d\,zul}=145N/mm^2$。为了考虑蠕变的影响，还必须按 § 7.6.4-1 所述计入载荷类型 HS。

由于比值 $\sigma_{HS}/\sigma_H=F_{HS}/F_H=7.8kN/9.6kN=0.81$，超过了 0.5，因此必须用因子 c 来降低许用应力：$c=1-0.4\times(0.81-0.5)\approx0.88$，有

$$\sigma_{c\,zul}=0.88\times145\ N/mm^2\approx128N/mm^2$$

所以

$$\sigma_\omega=9600N\times7.3/700mm^2=100\ N/mm^2<\sigma_{c\,zul}=128N/mm^2$$

结果：压杆 V 具有足够的尺寸，因为 $\sigma_\omega=100N/mm^2<\sigma_{c\,zul}=128N/mm^2$。

▶解 b)：单件拉杆 D 为中心连接（见 § 6.3.1-3.2 和 § 8.4.3-4）。由式（8-44），在被削弱的杆横截面上，其实际应力为

$$\sigma_z=\frac{F}{A_n}\leqslant\sigma_{zzul}$$

考虑到在两个 3mm 厚的腹板上的铆钉孔直径为 8.1mm，在 3mm 厚的法兰上的 6mm 宽的槽，得到实际杆横截面积为

$$A_n=324mm^2-8.1\times3mm\times2-6mm\times3mm\times2\approx239mm^2$$

由于 $\sigma_{HS}/\sigma_H=F_{HS}/F_H=11kN/13.8kN=0.80$，根据 § 7.6.4-1，其降低因子为

$$c=1-0.4(0.8-0.5)=0.88$$

由 TB 3-4a，行 1，列 d 可查得 $\sigma_{c\,zul}=145N/mm^2$，这样就得到降低后的许用应力为

$$\sigma_{c\,zul}=0.88\times145N/mm^2=128N/mm^2$$

将上述各值代入，即得

$$\sigma_z=13800N/239mm^2=58\ N/mm^2<\sigma_{c\,zul}=128N/mm^2$$

结果：拉杆也具有足够的尺寸，因为 $\sigma_z=58N/mm^2<\sigma_{c\,zul}=128N/mm^2$。

▶解 c)：同钢结构一样，铝铆接也要满足式（7-3）和式（7-4）。

抗剪强度的校核按式（7-3）进行：

$$\tau_a=\frac{F}{nmA}\leqslant\tau_{a\ zul}$$

铆钉的横截面积为 $A\approx d_1^2\pi/4=8^2mm^2\times\pi/4\approx50mm^2$，铆钉数为 $n=2$，剪切层数（连接层数）$m=2$，其许用切应力由 TB 3-4b，行 1，列 i 查取：$\tau_{a\ zul}=75N/mm^2$，考虑到蠕变影响（同解 b 一样 $c=0.88$）后：$\tau_{c\ zul}=0.88\times75N/mm^2=66N/mm^2$，这样就得到实际应力为

$$\tau_a=13800N/(2\times2\times50mm^2)=69\ N/mm^2>\tau_{c\ zul}=66N/mm^2$$

孔壁挤压强度的校核按式（7-4）进行：

$$\sigma_l=\frac{F}{ndt_{min}}\leqslant\sigma_{l\ zul}$$

式中，$d_1=8mm$，起决定作用的最小零件厚度 $t_{min}=6mm$，由 TB 3-4a，行 3.2，列 d 查得许用孔壁挤压应力为：$\sigma_{l\ zul}=215N/mm^2$，考虑到蠕动影响后得 $\sigma_{c\ zul}=0.88\times215N/mm^2=189N/mm^2$，因此实际孔壁抗压应力为

$$\sigma_l=13800N/(2\times8mm\times6mm)=144N/mm^2<\sigma_{c\ zul}=189N/mm^2$$

结果：铆接的抗挤压强度足够，而抗剪强度略为不足。

■**例 7-2**：一个链轮盘有 76 个齿，由钢板 E295 制成，用于周节为 19.05mm 的滚子链，用圆周方向上均布的 8 个铆钉与 E295 制成的轮毂连接在一起（图 7-19）。链轮的转动方向总是在变化，传动功率 $P=1.8kW$，转速 $n=12.5r/min$。该链传动的工况用使用系数 $K_A=1.5$ 来考虑。

该铆接为有间歇的规律运转。

▶**解**：该铆接受动载荷，因此应该同起重机构架一样校核工作强度（见 § 7.7.3）。

铆钉孔分布直径 $d_L=105mm$，作用在其上的圆周力 F_t，铆钉在该载荷作用下受剪切和挤压。F_t用名义转矩计算（计算时，不考虑轴上载荷）。

根据名义功率 $P=1.8kW=1800N\cdot m/s$ 和转速 $n=12.5r/min=0.208s^{-1}$，由式（11-10）可算得

$$T_{nenn}=P/(2\pi n)=1800N\cdot ms^{-1}/(2\pi\times0.208s^{-1})=1375N\cdot m$$

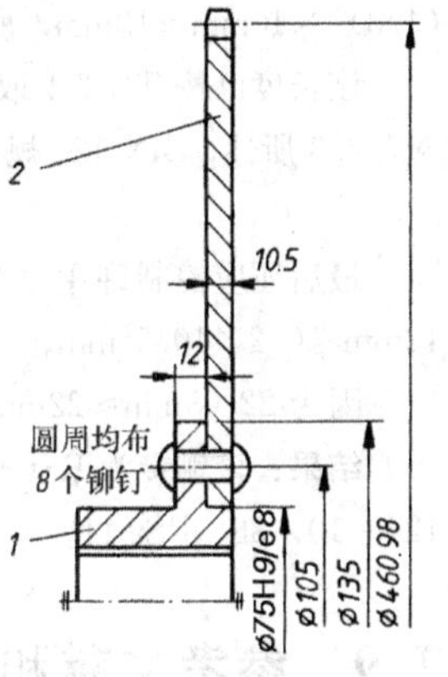

图 7-19 铆接链轮

1—轮毂 2—链轮盘

在传递功率时出现的冲击用使用系数来考虑。取 $K_A=1.5$，由式（11-11）得

$$T=K_A T_{nenn}=1.5\times1375N\cdot m=2063N\cdot m$$

由关系式 $T=F_t d_L/2$，得到圆周力

$$F_t=\frac{2T}{d_L}=\frac{2\times2063N\cdot m}{0.105m}=39.29kN$$

由于铆接是单层的，且零件（轮盘和轮毂连接处）较厚，所以切应力是决定性的应力类型。因此该铆接必须按式（7-3）计算。为了得到所需的铆钉直径，应将式（7-3）按铆钉横截面积或最好按铆钉直径改写为

$$A_{erf}=F/(\tau_{a\ zul}nm)\ 或\ d_{erf}=\sqrt{\frac{4F}{\tau_{a\ zul}\pi nm}}$$

许用应力按 § 7.7.3 确定，首先要由 TB 7-5 查得零件的许用对称循环应力。本例零件材料 E295 的强度与材料 S355 相当，使用情况是间歇性的有规律运转，最大载荷出现概率为中等，所以

$$\sigma_{w\ zul}=129N/mm^2$$

根据 § 7.7.3 所述，对于受对称循环载荷的单层铆接：

$$\tau_{a\ zul}=0.6\sigma_{w\ zul}，\tau_{a\ zul}=0.6129N/mm^2\approx75N/mm^2$$

$$\sigma_{l\ zul}=1.5\sigma_{w\ zul}，\sigma_{l\ zul}=1.5129N/mm^2\approx195N/mm^2$$

设圆周力 $F_t=39.29kN$ 由 $n=8$ 个铆钉均匀分担，所以在 $m=1$ 时所需的铆钉直径为

$$d_{erf}=\sqrt{\frac{4\times 39290\text{N}}{75\text{N/mm}^2\times\pi\times 8\times 1}}=9.1\text{mm}$$

根据图7-2的脚注或由TB 7-4可选取未铆前铆钉直径 $d_1=10\text{mm}$。因此铆钉孔直径 $d=10.5\text{mm}$。

还应按式（7-4）控制孔壁挤压应力：

$$\sigma_l=\frac{F}{ndt_{min}}\leqslant\sigma_{l\,zul}$$

$$\sigma_l=39290\text{N}/(8\times 10.5\text{mm}\times 10.5\text{mm})=45\ \text{N/mm}^2<\sigma_{l\,zul}=195\text{N/mm}^2$$

也就是说，对于抗挤压强度来说，该连接有足够的尺寸，这对于厚零件是必然的结果。

因为铆机在压缩铆钉时需要一定的位置，因此根据§7.5.4还要控制铆钉距离和边距。对于在直径为 $d_L=105\text{mm}$ 的圆周上均布的铆钉，其孔距 $e=d_L\pi/n$，也就是 $e_1=105\text{mm}\times\pi/8=41.2\text{mm}$。

所以 $e/d=41.2\text{mm}/10.5\text{mm}=3.9$，因为它位于 $e=3d\sim 6d$ 之间，所以该连接的铆钉分布是可行的。而且也满足了垂直于载荷方向的最小边距 $e_2=1.5d=1.5\times 10.5\text{mm}\approx 15\text{mm}$ 的要求（见图7-19）。

铆钉长度按式（7-2）确定：$l=\Sigma t+l_{ü}$。

铆合厚度为 $\Sigma t=12\text{mm}+10.5\text{mm}$，机械施工（假设）的半圆头铆成头的伸出长度为 $l_{ü}\approx(4/3)\ d_1\approx(4/3)\times 10\text{mm}\approx 13\text{mm}$，所以未铆前的铆钉长度 $l=22.5\text{mm}+13\text{mm}\approx 36\text{mm}$。

该长度已按TB 7-4取标准值。铆钉材料为RSt 44（零件材料为S355＝E295，见TB 3-3b）。根据§7.2.3所述，DIN 124规定的半圆头铆钉的标注为

铆钉 DIN 124—10×36—RSt 44

最后还应控制许用铆合厚度。根据§7.5.3-2，DIN 124规定的半圆头铆钉：$\Sigma t\leqslant 0.2d^2$，$10.5\text{mm}+12\text{mm}\leqslant 0.2\times 10.5^2\text{mm}$。

因为 $22.05\text{mm}\approx 22\text{mm}$，而铆合厚度 $\Sigma t=22.5\text{mm}$ 正好合适。

结果：该铆接为RSt 44材质的8个铆钉，直径为 $d_1=10\text{mm}$，长度为 $l=36\text{mm}$。标准标注：铆钉 DIN 124—10×36—RSt 44。

7.9 参考文献和图片来源

Aluminium-Zentrale, Düsseldorf (Hrsg.): Aluminium-Taschenbuch. 15. Aufl., Düsseldorf: Aluminium-Verlag, 1996

Aluminium-Zentrale, Düsseldorf (Hrsg.): Aluminium-Tragwerke. Düsseldorf: Aluminium-Verlag, 1972

Aluminium-Zentrale, Düsseldorf (Hrsg.): Aluminium-Merkblätter:
– K3: Konstruieren mit Aluminium-Profilen
– K4: Zusammenbau von Aluminium mit anderen Werkstoffen
– V5: Nieten von Aluminium

Aluminium-Zentrale, Düsseldorf (Hrsg.): Konstruktionstechnik. Düsseldorf: Aluminium-Verlag, 1980 (Der Aluminiumfachmann, Fachkunde Teil 3)

Deutscher Ausschuss für Stahlbau (Hrsg.): DASt-Richtlinie 001: Richtlinien für Verbindungen mit Schließringbolzen im Anwendungsbereich des Stahlhochbaus mit vorwiegend ruhender Belastung. Köln: Stahlbau-Verlags-GmbH, 1970

Deutscher Stahlbau-Verband (Hrsg.): Stahlbau-Handbuch für Studium und Praxis. Bd. 1: Grundlagen; Bd. 2: Stahlkonstruktionen. 2. Aufl. Köln: Stahlbau-Verlags-GmbH, 1982, 1985

DIN Deutsches Institut für Normung (Hrsg.): Mechanische Verbindungselemente 2: Normen über Bolzen, Stifte, Niete, Keile, Stellringe, Sicherungsringe. 6. Aufl. Berlin: Beuth, 1994 (DIN-Taschenbuch 43)

DIN Deusches Institut für Normung (Hrsg.): Stahlhochbau: Normen. 8. Aufl. Berlin: Beuth, 1997 (DIN-Taschenbuch 69)

Erhard, G., Strickle, E.: Maschinenelemente aus thermoplastischen Kunststoffen. Bd. 1: Grundlagen und Verbindungselemente. Düsseldorf: VDI, 1974

Fritsch, R., Pasternak, H.: Stahlbau. Braunschweig: Vieweg, 1999

Gregor, A.: Der praktische Stahlbau. Bd. 1: Berechnung der statisch bestimmten Tragwerke, Bd. 4: Trägerbau. Köln-Braunsfeld: Rudolf Müller, ^{5}1972, ^{6}1973

Huth, H.: Zum Einfluss der Nietnachgiebigkeit mehrreihiger Nietverbindungen auf die Lastübertragungs- und Lebensdauervorhersage. Fraunhofer-Institut für Betriebsfestigkeit (LBF), Darmstadt, Bericht Nr. FB-172 (1984)

Kennel, E.: Das Nieten im Stahl- und Leichtmetallbau. München: Hanser, 1951
Norm LN 29730: Nietrechnungswerte bei statischer Beanspruchung für Universal-Nietverbindungen (Luft- und Raumfahrt)
Norm LN 29731: Nietrechnungswerte bei statischer Beanspruchung für Senknietverbindungen (Luft- und Raumfahrt)
Norm DIN 29734 und DIN 29735: Nietrechnungswerte bei statischer Beanspruchung für Blindniete (Luft- und Raumfahrt)
Petersen, Ch.: Stahlbau. 3. Aufl. Braunschweig: Vieweg, 1997
Schwarmann, L.: Maßnahmen zur Lebensdauererhöhung von Passnietverbindungen. In: Verbindungstechnik 13 (1981), Heft 10, S. 41–45
Thiele/Lohse: Stahlbau. Teil 1. 23. Aufl., Teil 2, 18. Aufl., Stuttgart: Teubner, 1997
Valtinat, G.: Hochfeste Huck-Bolzen – ein neues Verbindungsmittel im Stahlbau. In: Drahtwelt 55 (1969), Heft 2, S. 96–103
Valtinat, Günther: Aluminium im Konstruktiven Ingenieurbau. Berlin: Ernst, 2003
Valtinat, G.: Untersuchungen zur Festlegung zulässiger Spannungen und Kräfte bei Niet-, Bolzen- und HV-Verbindungen aus Aluminiumlegierungen. In: Aluminium 47 (1971), Heft 12, S. 735–740
Verein Deutscher Eisenhüttenleute (Hrsg.): Stahl im Hochbau: Handbuch für die Anwendung von Stahl im Hoch- und Tiefbau. Bd. I, Teil 1, 15. Aufl. 1990; Bd. II, Teil 1, 14. Aufl. 1987; Bd. II, Teil 2. Düsseldorf: Stahleisen
Verein Deutscher Ingenieure (Hrsg.): Spektrum der Verbindungstechnik – Auswählen der besten Verbindungen mit neuen Konstruktionskatalogen. Düsseldorf: VDI, 1983 (VDI-Berichte 493)
Volkersen, O.: Die Nietkraftverteilung in zugbeanspruchten Nietverbindungen mit konstantem Laschenquerschnitt. In: Luftfahrtforschung 15 (1938), Heft 1/2
Schriften über Aluminiumkonstruktionen, Niete und Nietwerkzeuge folgender Firmen: Aluminium-Walzwerke Singen, Singen; Eduard Hueck, Lüdenscheid; VAW Leichtmetall, Bonn; Wieland-Werke, Ulm; Avdel, Langenhagen/Hannover; Bodmer, Küsnacht-Zürich; Dunkes, Kirchheim-Oetlingen; Gesipa-Blindniettechnik, Mörfelden-Walldorf; Gebr. Happich, Wuppertal/Elberfeld; Alfred Honsel, Fröndenberg/Ruhr; Gebr. Titgemeyer, Osnabrück; Unakerb, Amberg; Verbindungselemente Vertriebsgesellschaft, Fröndenberg/Ruhr; Weber & Ochsenfeld, Hüttental-Weidenau

J. & A. Erbslöh, Wuppertal: 图7-14b
Fichtel & Sachs, Schweinfurt: 图7-17a
Paul Kocher AG, Biel-Bienne 8 (Schweiz): 图7-17b
Schweizerische Aluminium AG, Zürich: 图7-14a

第8章 螺纹联接

8.1 功能和作用

8.1.1 任务和工作原理

螺纹件是最常用，用途最广泛的机械零件和联接件，相对于所有其他形式的联接件，螺纹联接件的类型最多并且均已标准化。所谓螺纹联接是指带外螺纹的螺栓或螺杆与带内螺纹的零件（绝大多数为螺母）通过螺纹之间的形状啮合所形成的联接。

螺纹是用一个斜面绕成的（见图8-1），当螺栓相对于螺母旋转时，就会使螺栓上的螺纹牙在螺母的螺纹牙上滑动，从而产生轴向运动。

根据用途的不同，螺纹按功能不同分为：

联接螺纹：用来产生夹紧联接。螺栓旋转是为了夹紧（绝大多数情况下）两个被联接零件，即将动能转化为势能。这种势能有很多的作用，例如补偿螺栓轴向工作载荷的大部分，形成两个半联轴器之间的摩擦联接、保证可靠的联接防松性能，还可以使被联接件之间形成密封。

传动螺纹：用于将旋转运动转换为轴向运动或用来产生更大的力，例如车床的传动螺纹（丝杠）、阀门、螺旋压缩机、螺旋千斤顶、螺旋台虎钳和螺旋夹钳；或将轴向运动转换为旋转运动（从技术的角度来看，很少用到）。其工作原理与螺旋机构相对应。

密封螺纹：用以封闭入口或出口，例如用于机构、轴承、油池和仪表；调整螺纹：用于调节仪器和设备，用于调整阀门控制机构等；还有测量螺纹、夹紧螺纹（夹紧装置）等。

8.1.2 螺纹

1. 螺纹类型 螺纹是沿圆柱体上的螺旋线切制的成形切口（见图8-1）。

螺纹的类型由螺纹牙型（例如三角形或梯形，见图8-2）、导程、线数（单线和多线）和螺旋线的旋向（左旋和右旋）决定。DIN 2244给出了圆柱螺纹的概念和定义。

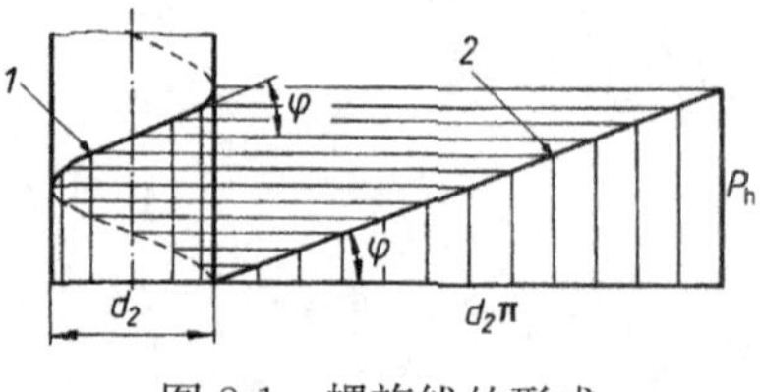

图8-1 螺旋线的形成

1—螺旋线 2—展开的螺旋线

最常用的螺纹类型（DIN 202螺纹，总论）有：

1）米制ISO螺纹：DIN 13 T19规定了它的基本形状和加工形状，其牙型角为60°（见图8-2a和b）。根据导程的大小，它又分为粗牙螺纹和细牙螺纹。粗牙螺纹由DIN 13 T1规定：其直径在1～68mm之间，导程（粗牙）在0.25～6mm之间。主要用于所有种类的联接螺栓和螺母。其尺寸见TB8-1。细牙螺纹由DIN 13 T2～11规定：其直径在1～1000mm之间，与0.2～8mm之间的导程对应。一般按DIN 13 T12选直径在8～300mm之间，对应导程为1～6mm就足够了。TB8-2给出了优先采用的螺纹及其主要尺寸。主要用途

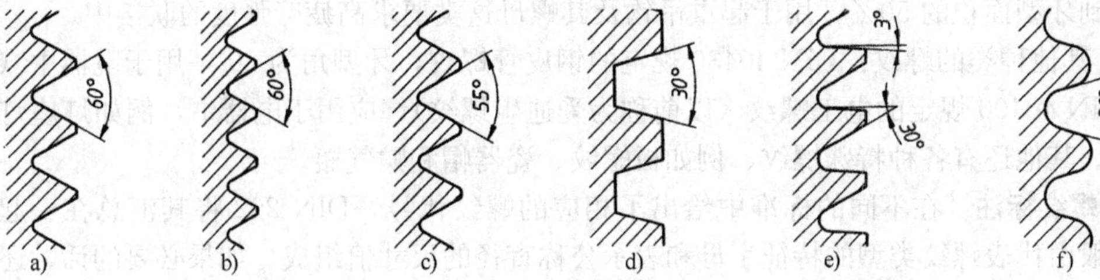

图 8-2 常用螺纹的基本牙型

a）米制螺纹 b）米制细牙螺纹 c）惠氏管螺纹 d）梯形螺纹 e）锯齿形螺纹 f）圆弧螺纹

有：某些种类的螺栓和螺母，特别是较大尺寸和受大载荷时，薄壁零件，轴端的螺纹轴颈，作为测量螺纹、调整螺纹和密封螺纹。

2）管螺纹：DIN ISO 228 规定的用于非密封螺纹联接，用于管子配件和旋阀等的机械联接中的圆柱内外螺纹。螺纹按英制管子的公称宽度（内径）进行标注：G1/16～G6（公称宽度 3～150mm），牙型角为 55°(见图 8-2c)。如果这类联接要求在压力下保持密封的话，可以将位于螺纹之外的两个密封面互相压紧，在必要时，还可以添加合适的密封垫片。带 DIN 295 T1 规定的内外圆柱螺纹的惠氏管螺纹不能用于新结构中，而必须用代号变化了的 DIN ISO 228 规定的螺纹取代它。

对于管道、配件、附件、螺纹法兰等要求密封的联接，应采用 DIN 2999（R1/16～R6）和 DIN 3858（R1/8～R1½）规定的锥形外螺纹（锥度 1 ∶ 16）和配对的圆柱内螺纹。此时，在螺纹中应使用密封件［麻丝或 PTFE（聚四氟乙烯）带］。

3）米制 ISO 梯形螺纹：DIN 103，直径范围为 8～300mm，其中，小于 20mm 直径有两个导程，大于 20mm 有三个不同的导程与每个直径相对应。螺纹可以有单线或多线。牙型角为 30°（见图 8-2d）。主要用作传动螺纹，例如车床的丝杆、压力机的螺旋传动装置、阀门、螺旋台虎钳等。优先系列的尺寸见 TB8-3。

DIN 380 规定的米制平梯形螺纹的承载能力更高，因此用于诸如大型阀门和螺旋夹钳中。DIN 263 规定的带间隙梯形螺纹作为制动螺纹和 DIN 30295 规定的圆角梯形螺纹作为弹簧张紧螺纹均用于轨道机车中。

4）米制锯齿形螺纹：DIN 513，直径范围为 10～640mm，导程为 2～44mm。承载边的牙型斜角为 3°，非承载边为 30°（见图 8-2e）。相对于梯形螺纹，其牙根圆角和啮合角更大，因此其承载能力更大，摩擦阻力矩更小，由于其牙型斜角更小，只有 3°，因此在螺母中产生的径向“外推作用”更小，因为是直径对中，而不是牙型对中，所以在歪斜时不会卡死。轴向间隙 $a=0.1\sqrt{P}$（P 为导程）。可制成单线或多线，在单向大载荷下用作传动螺纹，例如用于千斤顶和压下螺旋。

DIN 2781 规定的 45°锯齿形螺纹，直径范围为 100～1250mm，用于载荷更大的液压机中。通过采用承载牙型斜角为 0°，可以避免任何径向“外推作用”，但此时螺母应制成分离式的。

5）圆弧螺纹：DIN 405，直径范围为 8～200mm，导程为 1/10″～1/4″，牙型角为 30°（见图 8-2f）。几乎没有应力集中，但是螺纹牙重合度很小（＝0.0835×导程!）。在顶部和根部有足够的间隙，容纳脏物，作为传动螺纹可以用于环境很恶劣的机械中，例如火车车厢的离合器螺旋。DIN 15403 规定的圆弧螺纹用于联接，它具有更大的螺纹牙重合度。啮合面积至少达到牙型面积的50%，用于起重吊钩及其螺母这类要求高疲劳强度的联接中。

6）其他种类的螺纹：DIN 40430规定的钢皮管螺纹，牙型角为80°，用于电器中（管螺纹）。DIN 40400规定的电工螺纹（以前称为爱迪生螺纹），应用于电器中，例如灯座灯头和保险丝。其他还有各种特殊螺纹、例如板螺纹、瓷器帽和贮气瓶。

2. 螺纹标注 在不同的标准中给出了相应的螺纹代号，DIN 202将其汇总在一起。该代号一般由代表螺纹类型的特征字母和表示公称直径的尺寸值组成。如果必要的话，还可以对导程或螺纹线数、公差、多线性、锥度和是否左旋进行补充说明。

例子：

米制ISO粗牙螺纹，公称（等于外）直径为16mm：M16

米制ISO细牙螺纹，公称直径20mm，导程2mm：M20×2

米制ISO梯形螺纹，公称直径36mm，导程6mm：Tr36×6

同样螺纹，变成双线：Tr36×12P6，其中12为螺纹旋转一周的导程，6为螺距（＝螺旋线之间的距离，＝单线螺纹的导程），它们的单位为mm；螺纹线数用12/6＝2求得。

特殊要求或结构可以在代号后进行补充说明，例如气体和蒸汽密封螺纹：M20密封，左旋螺纹：M30-LH（LH＝左旋，这是左旋螺纹的国际通用代号）。

3. 几何关系 将螺旋线展开后（见图8-1），就得到螺纹升角 φ 和螺纹中径 d_2 之间的关系：

$$\tan\varphi=\frac{P_h}{d_2\pi} \tag{8-1}$$

式中 P_h——螺纹导程（＝螺纹旋转一周的轴向移动距离）；

d_2——螺纹中径，由螺纹表，如TB8-1～TB8-3查取。

对于多线螺纹，导程 $P_h=nP$，其中 n 为螺纹线数，P 为螺纹的螺距。

8.1.3 螺栓和螺母的种类

1. 螺栓种类 螺栓主要是按其头部形状进行分类的，它决定了螺旋工具施力的类型。对施力最有利的几种形状分别为：外施力：六角、四角、十二齿；内施力：内六角、内十二齿、十字槽（<M10）和开槽（<M5）。

能够承受足够安装力的内施力（如内六角）螺栓的头部直径最小，在保证被联接件有足够强度的情况下，可以使其质量最轻。

一些螺栓还具有特别的附加功能。例如：自滚压或自功螺钉，或带有方颈或凸缘的螺栓，它可以防止在拧紧时螺栓跟着转动。

本书不可能将市场上流行的所有螺栓全部罗列。TB8-5给出了主要的标准螺栓。与图形相对应的数字是相应的DIN或DIN-EN标准中规定的DIN或ISO主号码。下面介绍一些常用的螺栓种类及其材料、结构和用途。

1）六角头螺栓：DIN EN 24014和DIN EN 24017规定的粗牙螺纹（全螺纹），以及DIN EN 28765和DIN EN 28676规定的细牙螺纹，产品等级A和B，正常公差，性能等级为5.6，8.8和10.9，它们一般主要用于机械制造中。DIN 24016和DIN EN 240规定的粗牙螺纹（全螺纹），产品等级C，性能等级3.6，4.6和4.8，用于板件和钢结构等要求较低的用途中。DIN 609规定的长螺杆和DIN 610规定的短螺杆六角头铰制孔螺栓，产品等级A和B，性能等级8.8，光杆公差等级k6（孔H7），可以保证被联接件定位可靠且能承受横向载荷。螺栓的主要尺寸按照 DIN EN 24014 和 DIN EN 24017 规定，由 TB8-8 查取。

2）内六角圆柱头螺钉：DIN EN ISO 4762，高头，性能等级 8.8、10.9 和 12.9；DIN 6912 和 7984，矮头，带或不带扳手引导孔，性能等级 8.8，所有的产品等级均为 A，用于重载联接中，所需空间很小。如果做成沉头联接，可以使外形美观，必要时还可以采用保护罩以防脏物和腐蚀（主要尺寸见 TB8-9）。

3）圆柱头和平头螺钉（DIN EN ISO 1207 和 1580）；沉头和球面沉头螺钉（开槽 DIN EN ISO 2009 和 2010，十字槽：DIN EN ISO 7046 或 DIN 7987 和 DIN EN ISO 7047 或 DIN 7988）。它们绝大多数都是粗牙螺纹，产品等级为 A，性能等级为 4.8、5.8、8.8，材料为 A2-70 和 CuZn 合金，在机械、汽车和仪器制造等领域得到广泛应用。

4）双头螺柱：DIN 835 和 DIN 938～DIN 940，产品等级 A，性能等级 5.6、8.8 和 10.9，用于经常需要拆卸的联接，而且可最大限度地保护带内螺纹的几乎不能更换的零件，例如，机械传动装置的箱体零件、涡轮、发动机和轴承。将双头螺柱进行大载荷张紧可防止在拧紧螺母时跟着转和防止螺母松动。旋入长度 l_e 按被旋入零件的材料确定：钢和铸钢 $l_e \approx d$（DIN 938 螺柱），铸铁和铜合金 $l_e \approx 1.25d$（DIN 939 螺柱），铝合金 $l_e \approx 2d$（DIN 835 螺柱），轻金属 $l_e \approx 2.5d$（DIN 940 螺柱）。

5）无头螺钉：开槽 DIN EN 27434、27435、27436 和 24766（产品等级 A，性能等级 14H 和 22H），或内六角 DIN 913～DIN 916（A2-70，45H），有各种各样的端部结构形式（尖头、轴颈、环状切削刃、锥端），主要用于零件的定位，例如轮圈、轮箍、轴瓦等。

2. 螺母的种类 穿孔螺纹联接要使用螺母。受形状的限制，螺母只能从外部对它施力（例如六角和四角）。螺栓断裂或螺母和/或螺栓松动都会造成螺纹联接失效。螺纹松动是逐渐发生的，因此，与螺栓断裂比较起来，就更难把握，而且会造成在联接中存在一部分不能使用的零件的危险。所以在进行螺纹联接设计时，必须保证只会出现螺栓断裂这样的失效。能完全承载的标准螺母厚度必须满足 $m \geqslant 0.9d$（比较 TB8-15 的旋入长度）。如果取螺母的性能等级与螺栓性能等级的第一个数字相对应的话（例如螺母 10，螺栓 10.9），则能保证螺栓和螺母的强度配对是可靠的。TB8-6 给出了最重要的一些标准螺母。下面对一些常用的螺母种类进行更进一步的介绍。

1）能完全承载的 1 型六角螺母：DIN EN 24032（产品等级 A 和 B，性能等级 6、8 和 10）和 DIN EN 24034（产品等级 C，性能等级 4、5），以及薄六角螺母 DIN EN 24035（产品等级 A 和 B，性能等级 04 和 05），它们与六角头螺栓一起（穿孔螺纹联接）应用最广泛。

2）厚和薄方螺母：DIN 557 和 DIN 562，主要同平圆头或六角头方颈螺栓（锁紧螺栓）一起用于木制零件的螺纹联接。

3）盖形螺母：DIN 917 和 DIN 1587（厚型），从外面将联接密闭起来，可以防止螺纹损坏和保护联接。

4）对于经常要松开的联接，例如夹具，采用 DIN 315 规定的蝶形螺母和 DIN 466 和 467 规定的滚花螺母。

5）花键螺母和十字孔螺母：DIN 1804 和 DIN 1816，细牙，常常用于固定轴上的滚动轴承。

6）环形螺母：DIN 582，同环形螺钉一样，用作运输吊环。

7）对于特殊用途，例如作为沉头螺母，可用开槽螺母和双孔螺母：DIN 546 和 DIN 547。

3. 特殊形状的螺栓、螺母和螺纹件 除了标准化的正常螺栓和螺母外，还有一些在实际当中经常使用的特殊形状的螺纹件。

1）拉伸螺栓（弹性螺栓）：由高强度钢制造，可以有多种结构形式，主要用于受大动载荷的情况下（见图8-6）。

2）防松螺栓和螺母：在承压面上制有闭锁齿或肋条（见图8-3a和b）。它们能阻止内部松动力矩，从而能可靠地防止自行松动。

3）Ensat镶套（见图8-3c和d）：由钢或黄铜制成，带有内和外螺纹，它可以提高轻金属、塑料或木制零件的反复联接寿命。它用其上锋利切口的边角（或横孔）使螺纹旋入预先钻好的孔中。它还可以用于修理中（出现裂纹的螺纹孔）和常常要松开的联接中。图8-3e和f所示为两个应用示例。用于木制品的旋入螺母按DIN 7965规定。

4）与镶套类似的还有Heli-Coil螺套。它如同螺旋弹簧一样由菱形钢丝或青铜丝绕成，将它旋入一个由特制丝锥攻成的螺纹孔中。其内部就形成了一个正常的螺纹（见图8-3g）。其优点有：减小摩擦、提高螺纹耐磨性、提高承载能力以及耐蚀性和耐热性，结构体积小；还可以用于修理四周壁厚较薄而不适于采用镶套的螺纹损坏零件。

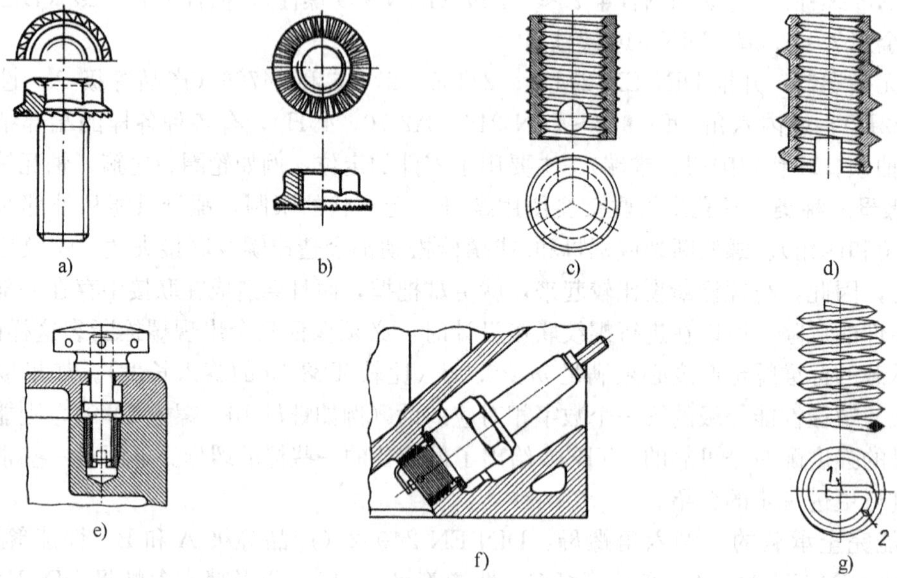

图8-3　特殊形状

a）棘爪螺栓　b）棘爪螺母　c）和d）Ensat镶套，用于金属材料和木材

e）和f）用于某个设备和旋入火花塞上的镶套　g）Heli-Coil螺套（1—用于旋转的驱动栓，2—折断切口）

4. 标准螺栓和螺母的标注　图8-4所示为标准螺栓和螺母的标注构成示意图。虽然并非所有现行标准都这样标注，但从长远的角度来看，该标注方法一定能得到贯彻。

DIN 962除了给出螺栓和螺母的标注系统以外，还给出了螺栓的附加形状，特别是螺栓端部的结构。由此，该标准对现有产品标准进行了补充。

标注示例：DIN EN 24014规定的六角头螺栓，螺纹为M12，公称长度50mm，钢制，性能等级8.8：

六角头螺栓ISO 4014—M12×50—8.8。

标注示例：按DIN 962带附加订货说明：

六角头螺栓ISO 4014—B M12×50—KSk To—8.8—B。

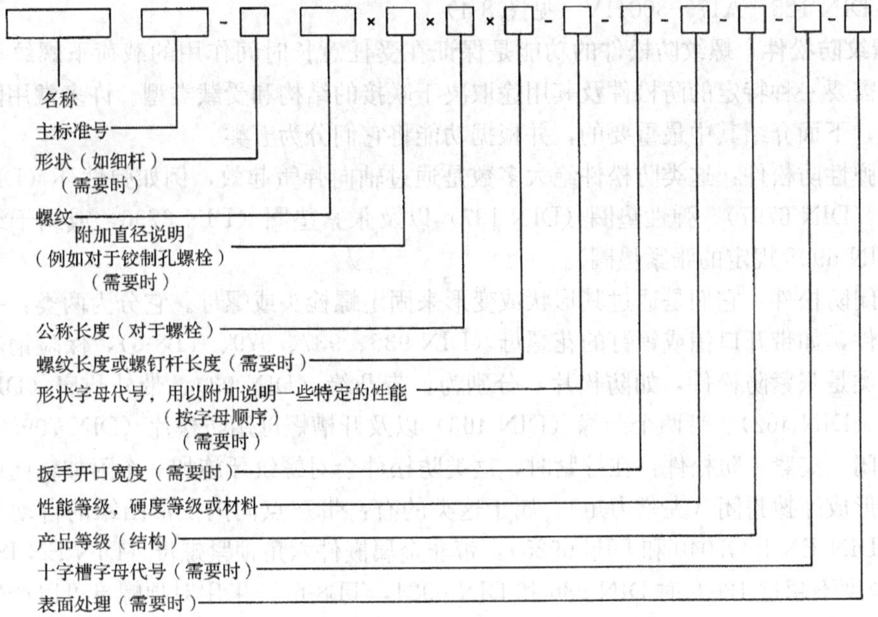

图 8-4 标准螺栓和螺母标注示意图（DIN 962）

说明：B——螺杆直径≈中径，K——锥端，Sk——头部带有防松孔，To——无盘式凸肩，B——产品等级。

标注示例：一个六角螺母，DIN EN 24032，1 型，螺纹 M12，性能等级 8：

六角螺母 ISO 4032—M12—8。

8.1.4 垫圈和螺纹防松件

作为“螺纹联接的附件”，用于联接中的这些零件大部分也已标准化。TB8-7 将下述零件进行了汇总并给出了它们的图形。

1. 垫圈 当被联接件材料非常软或其表面粗糙和未加工，或者当被联接件表面被抛光或镀镍和不能被损坏时，在螺栓头或螺母与承压面之间应放置垫圈。对于性能等级≤8.8 的六角头螺栓和螺母或圆柱头螺栓，应采用 DIN 125 T1（形状 A：不倒角，形状 B：外倒角）或 DIN 433 T1 规定的软垫圈（硬度≤250HV），产品等级 A；当压强较大时，应采用 DIN 125 T2（形状 A：无外倒角，有内倒角，形状 B：有内，外倒角）或 DIN 433 T2 规定的硬垫圈（硬度≥300HV）。对产品等级为 C 的六角头螺栓和螺母优先选用 DIN 126 规定的软垫圈（硬度等级为 100HV，产品等级 C）即可。对于木材联接，采用 DIN 436 和 440 规定的大外径的方形垫圈或圆形垫圈。为了弥补槽钢或工字钢梁法兰的倾斜，可采用 DIN 434 或 435 规定的方形垫圈。

用于槽钢的垫圈在对着螺栓头或螺母的这一面带有两道槽，而用于工字钢梁的垫圈带有一道槽。钢结构（DIN 7968 和 DIN 7990）中的六角头螺栓采用 DIN 7989 规定的厚垫圈（见 § 8.4.2）。对于带紧固套的螺栓联接（见第 9 章“轴销和销联接”中的图 9-28），应采用 DIN 7349 规定的大外径垫圈。

标注示例：DIN 125 T2 规定的硬垫圈，用于六角头螺栓 M16，形状 A（无外倒角，有内倒角），公称尺寸为 17（孔径），硬度等级为 300HV：

垫圈 DIN 125—A17—300HV（见图 8-4）

2. 螺纹防松件 螺纹防松件的功能是保证在受任意长时间作用的载荷下螺纹联接不失效。是否需要一种特定的防松件及其用途取决于联接的结构和受载类型。许多常用防松件均已标准化，下面介绍其中最重要的，并根据功能将它们分为五类。

张紧弹性防松件：这类防松件绝大多数是通过轴向弹簧起效，例如弹性环（DIN 128）、带齿垫圈（DIN 6797）、弹性垫圈（DIN 137）以及张紧垫圈（DIN 6796，或用于组合螺栓时，用 DIN 6908 规定的张紧垫圈）。

形封闭防松件：它们是通过其形状或变形来固定螺栓头或螺母。它分为两类：一类是非张紧防松件，如带开口销或销钉的花螺母（DIN 935、937、979、TB8-6），保险钢丝或位置锁；另一类是张紧防松件，如防松片，分别为：带凸缘（DIN 93）、带外凸肩（DIN 432）、带内凸肩（DIN 462）、带两个凸缘（DIN 463）以及开槽螺母用防松片（DIN 70952）。

力封闭（夹紧）防松件：在拧紧时，这类防松件会对螺纹牙施加一个附加轴向或径向压力，从而形成摩擦封闭（夹紧力矩）。属于这类的有：带三点向内变形凸缘的自动防松全金属螺母（DIN EN ISO7040 和 DIN 6925），带非金属嵌件六角锁紧螺母（DIN EN ISO 7042，10511，温度不超过 120℃时 DIN 986 和 DIN 6924，TB8-6）。采用对顶螺母可以产生附加的力封闭，注意外螺母应比内螺母拧得更紧，采用弹簧钢制成的防松螺母（DIN 7967）也可以达到该目的。

棘爪防松件：通过啮合来防止松动。例如，棘爪螺栓分布在弹性外沿上的径向棘爪会嵌入顶着的材料内，从而防止螺栓的自行松动，而且其上位于中间部位的光滑盘状凹台又可以防止过度嵌入（见图 8-3a）。对于软的，敏感的表面，薄板或硬化承压面材料可选用带倒圆肋条或平棘爪的同类弹性头螺栓（例如 Verbus 肋条螺栓或 Durlok 螺栓）。

物质封闭防松件：通过将螺纹粘接在一起达到防松目的。粘结剂既可以在装配时液态给入，也可以由螺栓制造商以微胶囊的形状封闭在里面。在拧紧时，胶囊破裂从而释放出粘结剂。要注意的是，粘接约 24 小时后才能起完全的防松作用，且工作温度超过 100℃后会失效。

在大型机械和钢结构中，也可以使螺纹伸出部分变形（用凿子击打）或采用焊点来防松。

各种防松件的用途、工作性能和效果，尤其是在动载荷作用下的情况，见 § 8. 3. 10-3 和 TB8-16。

8.1.5 螺栓和螺母的制造、材料和强度

1. 制造 可以采用切削加工和冷或热变形方法进行加工。冷变形、碾压制造螺栓相对于切削加工有以下主要优点：更高的疲劳强度、更光滑的表面、更好的经济性。

为了保证螺栓和螺母的互换性，DIN13 T14 和 T15（与 ISO 965/1 对应）按尺寸规定了螺杆和螺母螺纹的公差。其公差分为三个等级：“精细”用于精密螺纹、“中等”用于一般用途、“粗糙”用于无特殊要求的螺纹。公差等级与螺纹组有关，并与它确定的公差值和公差位置相对应，当然还应考虑到电镀保护层。更进一步的内容见相关标准。

市面上流通的螺栓和螺母的螺纹，一般不需要对其公差进行说明。

2. 材料和强度 DIN 267 T1～T28 用供货技术条件的形式规定了螺栓和螺母的质量、检验和验收的最低要求，它与加工好的零件有关，但不考虑加工方法和外形。

螺栓和螺母的质量主要有以下两方面：

1）制造精度：用产品等级 A（中等）、B（中等—粗糙）和 C（粗糙）来表示，它由表面（电镀表面、螺纹表面、扳手表面等）的最大粗糙度，许用公差（长度尺寸、螺栓头高度、扳手开口度等）以及中心度和角度所确定。

2）性能等级：对于螺纹直径不超过 39mm 的钢制螺栓和螺母，其螺栓的性能等级用点隔开的两部分数字表示，第一部分数字（强度特征数）为最小抗拉强度（N/mm^2）除以 100，第二部分数字为屈服点比 R_{eL}/R_m 或 $R_{p0.2}/R_m$ 乘以 10。例如，性能等级 5.6 意味着：其中的 5 为 $R_m/100=500/100=5$，6 为 $10R_{eL}/R_m=10\times300/500=6$。两部分数字的积再乘以 10 得到最小屈服点（$N/mm^2$），即 $10\times5\times6=300N/mm^2=R_{eL}$。

根据可承载性，将螺母分为三组：

a）用于具有完全承载能力的螺纹联接的螺母（例如，DIN EN 24032，DIN 935）。这类螺母的公称高度 $m\geqslant0.85d$，扳手开口宽度，即外径$\geqslant1.45d$。其性能等级用一个数字来表示，即将作用于一个硬化试验芯棒上的试件应力（N/mm^2）除以 100 得到。该试验应力等于螺栓的最小抗拉强度，在该应力作用下，可以达到完全寿命，不会造成螺母螺纹脱落。

b）用于具有受限制承载能力的螺纹联接的螺母（例如，DIN EN 24035 和 28675）。它们的公称高度介于 $m=0.5d\sim0.8d$ 之间。同样地，其性能等级也将作用于一个硬化试验芯棒的试验应力除以 100 作为特征值。在该值前面加一个 0 表示在达到该试验应力之前，螺纹会脱落。其性能等级的标准值为 04 和 05。

c）用于无确定承载能力的螺纹联接的螺母（例如，DIN 936，>M18）。其性能等级用数字和字母组合来表示，其中数字为维氏最小硬度除以 10，字母 H 代表硬度。性能等级的标准值为 11H、14H、17H 和 22H。

对于受压螺纹件，例如 DIN 551 或 DIN 913 规定的螺柱，其性能等级（硬度等级）原则上应与无确定承载能力的螺母一样。已有的性能等级有 14H、22H、33H 和 45H。

钢制螺栓的标准性能等级、材料和力学性能汇总在 TB8-4。

选同样性能等级的螺栓和螺母配对（见 TB8-4）可以使螺母与螺栓寿命相匹配。一般来说，可以采用较高性能等级的螺母与较低性能等级的螺栓配对。

螺纹直径 5mm 和性能等级 8.8（螺母 6 级以上）以上的六角头、内六角头螺栓和双头螺柱必须在零件上标注性能等级和制造商标志。

不锈钢和耐酸钢制成的联接件用四位的字母和数字表示。字母代表材料种类（A、C 和 F 分别代表奥氏体、马氏体和铁氧体钢），第一个数字代表合金类型，后面的两个数字代表性能等级；例如 A2-70：奥氏体钢，冷硬化，抗拉强度至少为 $700N/mm^2$。

除了钢以外，铜锌合金（例如 CU2＝CuZn37），铝合金（例如 AL4＝AlCuMg1）和热塑性塑料也用于制造一些种类的螺栓和螺母，例如开槽螺钉。

8.2　结构和设计

8.2.1　螺纹件的结构设计

在进行简单螺纹件的结构设计时，最主要的是要考虑加工技术方面的要求。图 8-5 给出了一些最重要的结构设计原则。

序号	不合理	合理	提示
1	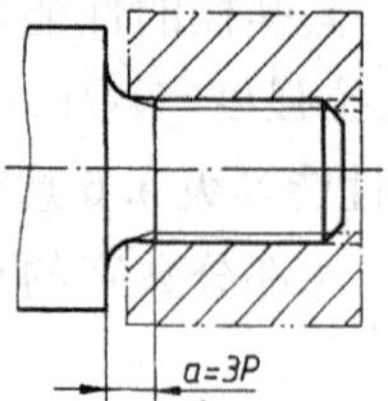 a)	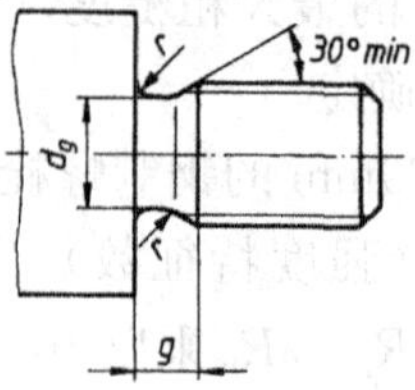 b) 米制螺纹： $r=0.5P$ $g=3.5P$（$2.5P$） $d_g=d_3-0.3P$ （P=导程，d_3=小径）	DIN 76[①]规定的螺纹退刀槽保证了没有凹台的螺母也能完全旋入并顶住承压面（b）。 （一般情况下）最大宽度 $a=3P$ 和 $g=3.5P$，这样即使采用通常的工具（板牙、滚轮）也能实现螺纹的经济加工
2	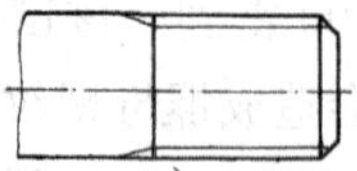 a)	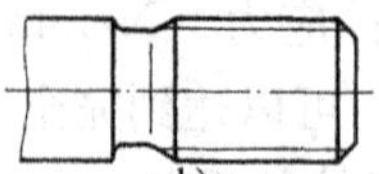 b)	通过设置圆角足够大的螺纹退刀槽（按照 DIN 76 规定），可改善螺纹到光杆过渡区域的疲劳强度，例如，从 $\sigma_A=55N/mm^2$（结构 a）提高到 $\sigma_A=70N/mm^2$（b）。将螺纹退刀槽辊轧还可以进一步提高 σ_A
3	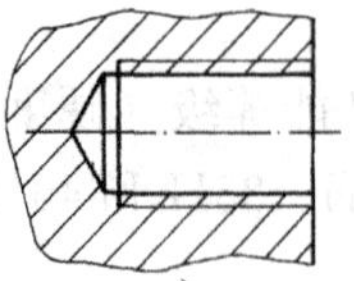 a)	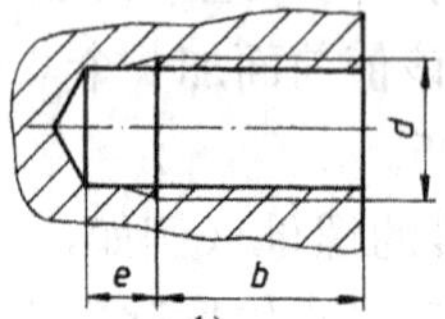 b) 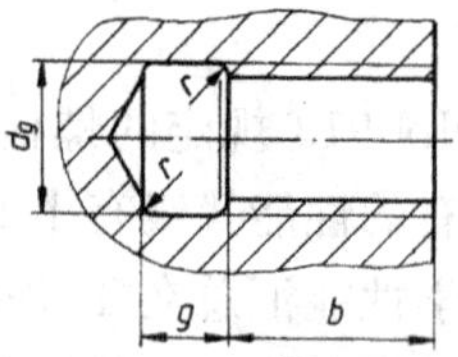 c) 米制螺纹： $r=0.5P$ $e=6.3P\sim4P$（形状 C） $g=4P$（$2.5P$） $d_g=d+(0.1\sim0.5)$ mm	为了能容纳丝锥前端和作为集屑空间，光孔长度 e 应比有效螺纹深度 b 更长（b），具体尺寸见 TB8-8。 加工大直径内螺纹（车螺纹、磨螺纹）时，按照 DIN 76 规定设置螺纹退刀槽以保证必要的退刀空间（c）
4	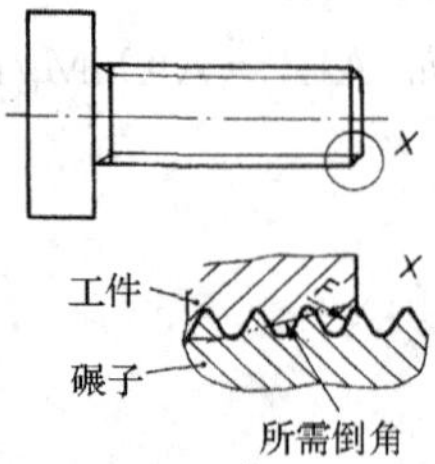 a)	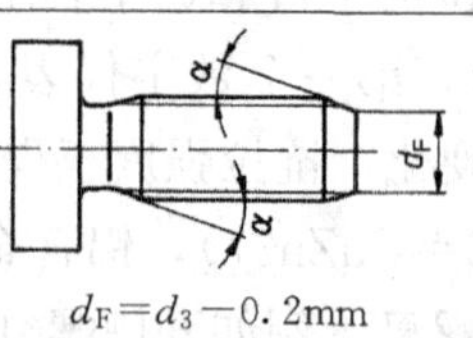 $d_F=d_3-0.2$mm 零件强度 R_m（N/mm^2） | α <400 | 25° ⩽800 | 20° >800 | 15° b)	在无切屑加工外螺纹（螺纹碾压）时，螺栓头倒角应小于螺纹小径（b），否则，由于某些螺纹牙单边轴向受载，会导致碾子螺纹牙折断

图 8-5　螺纹件的结构设计示例

序号	不合理	合理	提示
5	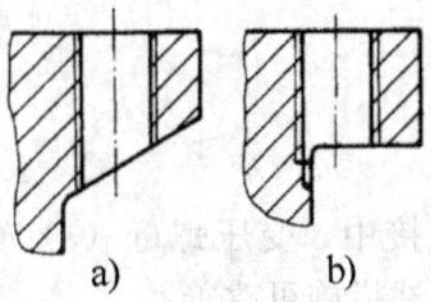	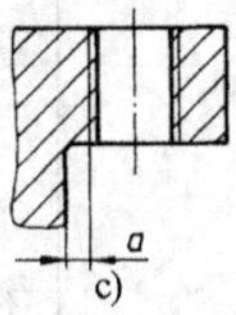	螺纹孔必须与壁之间有足够的距离 a（c），而且终点端面不许过度倾斜（a），否则刀具单边受载，会造成刀具偏斜，甚至断裂
6	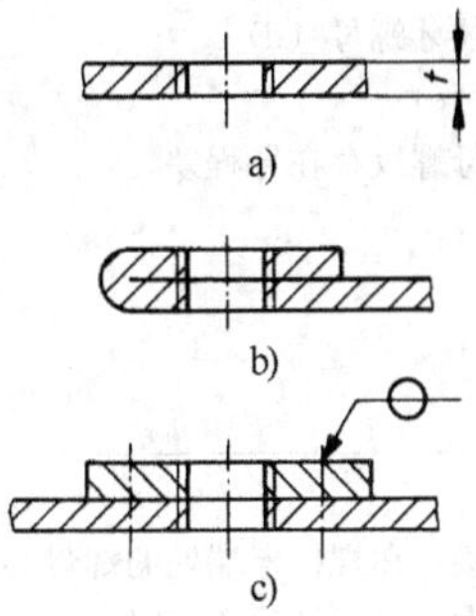	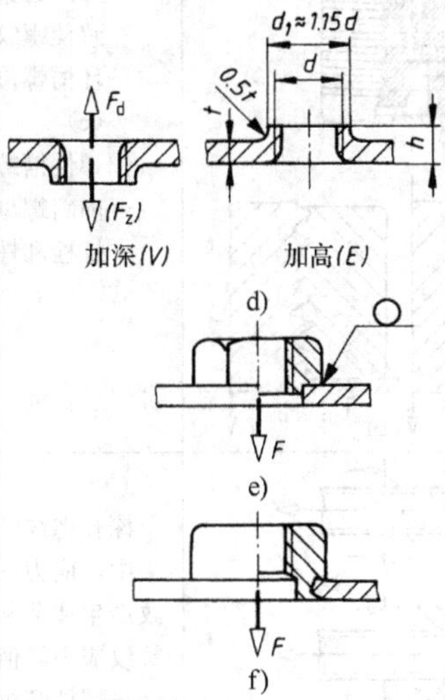	对于薄板，应采取结构措施加大旋入深度[旋入组 N：$l \geqslant 0.5d$（粗牙螺纹），$l \geqslant 2.24Pd^{0.2}$（细牙螺纹）]： 1. 内螺纹拉拔突缘（d，板拉拔）；对 M2～M10（M2×0.25～M10×1）的标准为 DIN 7952，$t > d/4$，拉拔高度为 $1.6t$，$1.8t$，$2t$；受力方向与拉拔方向相反更有利，$F_d = 1.15F_z$。 2. 焊接六角或方形螺母（DIN 929 或 DIN 928，TB8-6）（e），对于性能等级≥8.8 的螺栓可完全承载。 3. 借助于“带螺纹件”，如铆接螺母（f），冲入螺母和板式螺母。 4. 对于质量没有优化的零件，可采取折叠板材和电焊加强板材，但是存在缝隙腐蚀和刀具断裂的危险
7	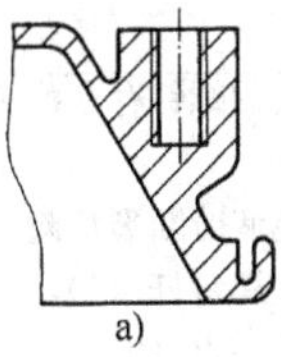	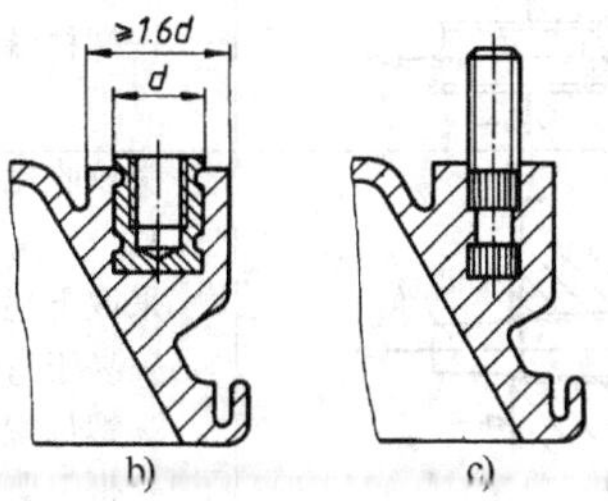	塑料的力学性能很差，应避免在其上加工螺母螺纹和防止深度不足（a）。可采用浇铸或超声波和热装嵌入螺母件（b）和螺柱（c）来承载，它们的外形应做成凹凸状（沟槽，滚花），以牢固地嵌入塑料中
8	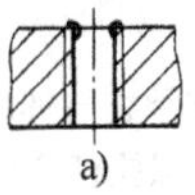	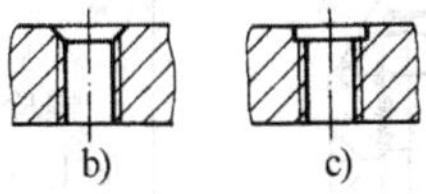	通过倒角和沉头座（b 和 c）可避免电镀零件螺纹孔入口处有害的沉淀（a）。 电镀螺栓螺纹应以负公差加工，其值与直径有关，为电镀厚度的 5 倍

①第 1 章：米制螺纹；第 2 章：惠氏螺纹；第 3 章：梯形、锯齿形、圆弧形和其他大导程螺纹

图 8-5　螺纹件的结构设计示例（续）

8.2.2　螺纹联接的结构设计

在选定材料后，结构设计要确定位置关系和装配可能性，在工程实际中，通过试验来得到经济可靠的设计结果。在进行新产品设计时，为使产品轻型化和方便维护保养，要求采用更多的系统化设计方法。承受动载荷的螺纹联接要求更仔细地考虑承载零件的应力集中和力流的影响。对于重载螺纹联接，图 8-6 给出了一些面向受载特性的结构设计原则。

序号	不 合 理	合 理	提 示
1	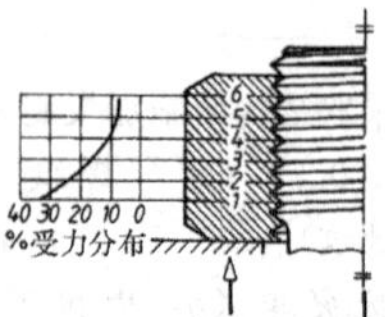 a)	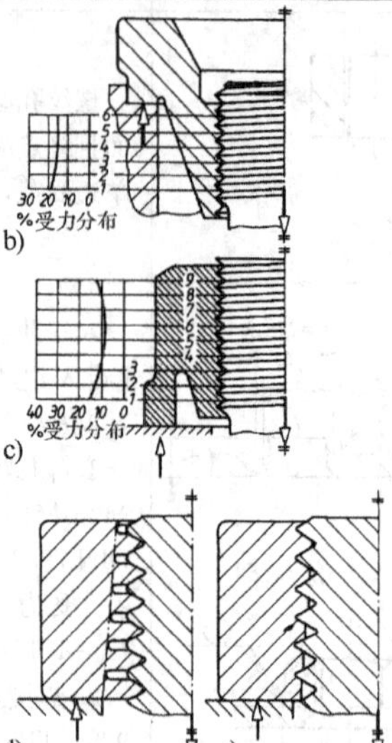 b) c) d) e)	在螺栓螺母联接中，受压螺母（a）受力分布不均匀，采取下述措施可改善： —外形为锥形的受拉螺母的螺栓和螺母变形一致使螺纹受力更均匀（b） —环槽螺母通过卸载槽使螺栓和螺母变形一致（c） —弹性槽螺纹牙螺母（d） —内斜螺母（e） —螺栓和螺母螺纹存在导程差
2	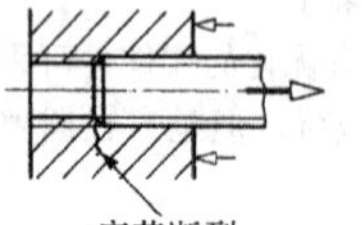 a)	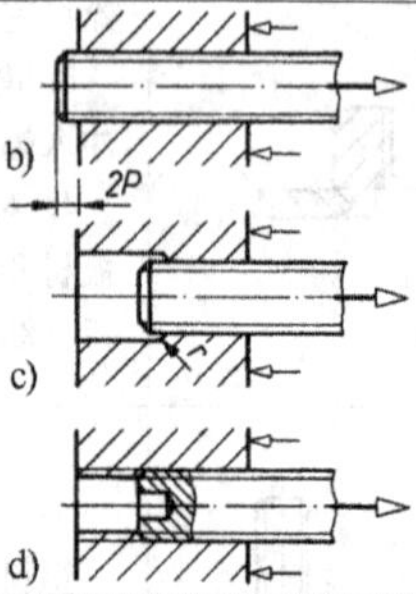 b) c) d)	深孔螺纹联接，在螺柱末端处的螺母螺纹应力集中，应力最大（a），受动载荷时，导致螺母螺纹产生疲劳断裂的危险。采取下述措施降低螺母螺纹应力峰值： —螺柱螺纹贯通（b） —带圆角沉孔，且螺柱螺纹贯通（c） —螺柱端部开孔（d）
3	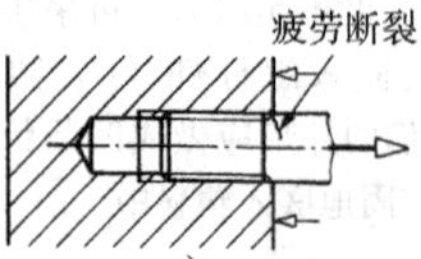 a)	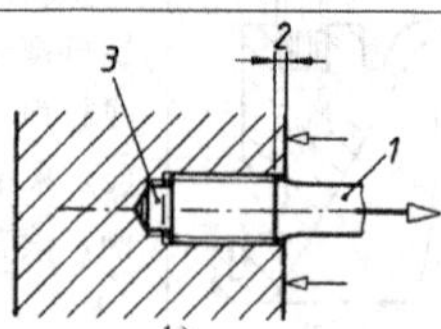 b)	螺纹收尾处被夹紧的螺钉存在疲劳断裂的危险（a）。 采取下述措施避免疲劳断裂危险（b）： —易于弯曲的受拉螺钉杆（1）， —螺母螺纹牙略长一点（2）， —带卡紧轴颈（例如凸头3）的螺钉
4	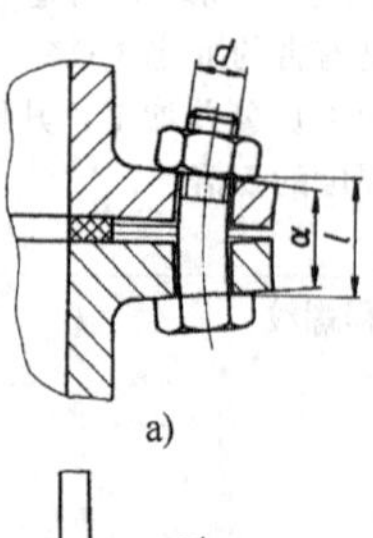 a) 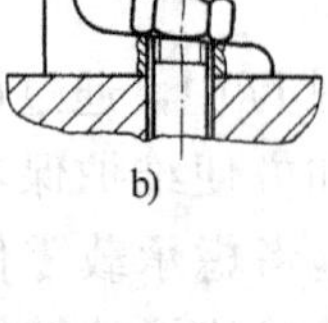 b)	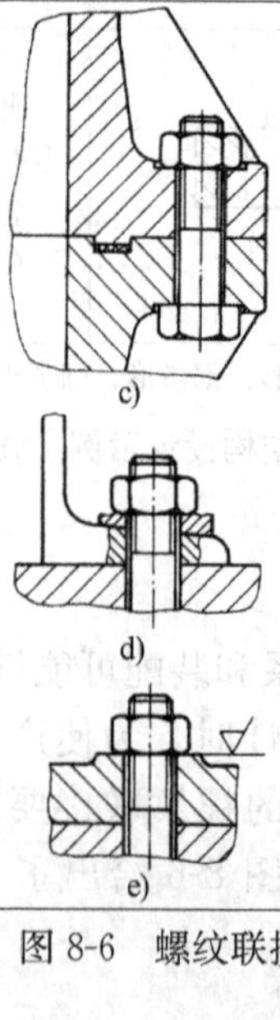 c) d) e)	螺栓头与螺母必须支承在与螺栓轴线垂直的平面上（c、d、e）。否则螺栓杆会受附加弯曲应力（a）：$\sigma_b=\alpha dE/(2l)$。 当不能避免倾斜的承压面时，例如由于零件变形造成（a），采用易于弯曲的螺栓更为有利（d小，l大）。 为了平衡型钢突缘斜度，可采用方形垫圈，例如，槽钢垫圈（DIN 434）和工字钢垫圈（DIN 435）（d）。 对于铸件，应采取沉头座（DIN 74，见TB8-8）（c）或经切削加工的凸台（e）

图8-6　螺纹联接结构设计示例

序号	不合理	合理	提示
5	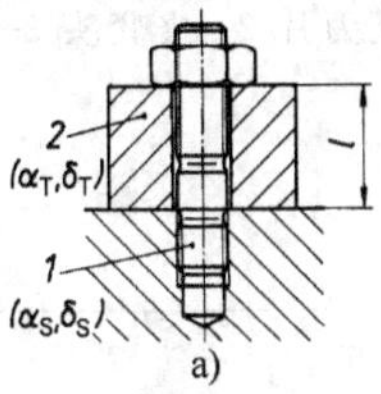 a)	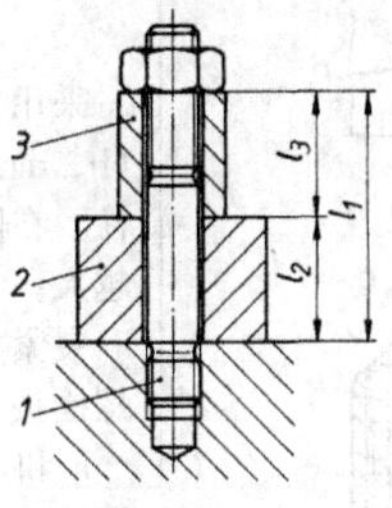 b) 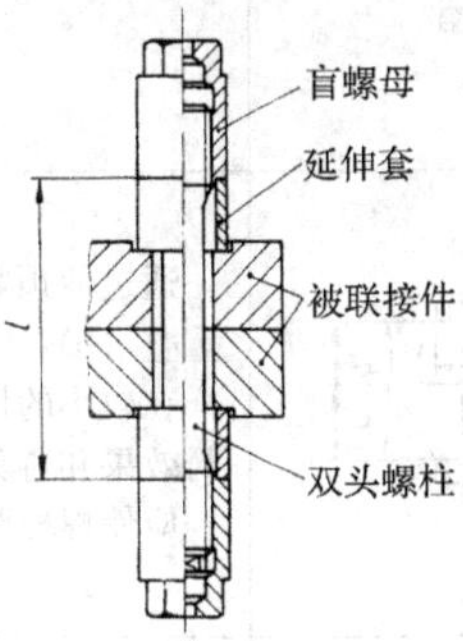 c)	如果螺栓和被联接件材料不同，当温度变化时，由于不同的热膨胀变形 $\Delta\theta$ 会改变联接的预紧力（a）： $\Delta F_V=(\alpha_S-\alpha_T)l\Delta\theta/(\delta_S+\delta_T)$（$l$ 为室温下的长度） 采取以下措施使 ΔF_V 尽可能小： （1）选择材料时应尽可能使螺栓和被联接件热膨胀系数相近。 （2）通过相应的材料配对来平衡热长度变化（b）。 例子（b）： 钢制螺柱（1）（$\alpha_1=12\times10^{-6}$1/K），铝合金零件（2）（$\alpha_2=23\times10^{-6}$1/K），不胀钢延伸套（3）（$\alpha_3=1\times10^{-6}$1/K） 在同样 $\Delta\theta$ 下，有 $\alpha_1 l_1-\alpha_2 l_2-\alpha_3 l_3=0$，延伸套所需长度为 $l_2\approx l_3$。 （3）采取措施使螺柱和被联接件柔度 δ_S 和 δ_T 加大，例如采用带延伸套的拉伸螺柱（DIN 2510）（c）。延伸长度至少为 $4d$
6	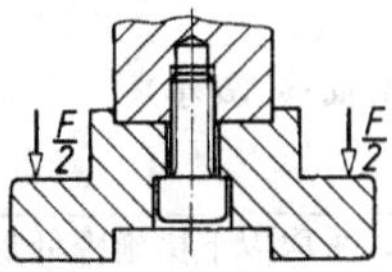 a)	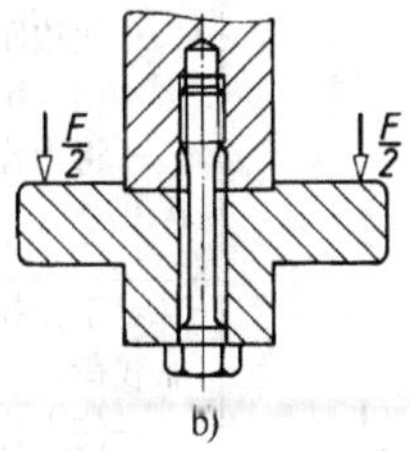 b)	受大动载荷时，采取以下措施提高疲劳强度（b）： —加大螺栓柔度（δ_S大） —将工作载荷作用点往分界面移（n 小）
7	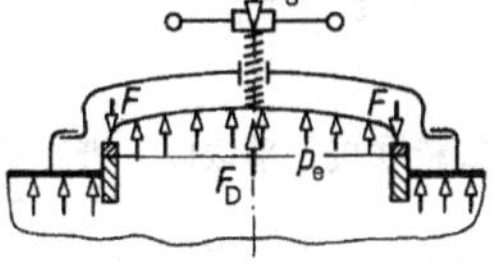 a) 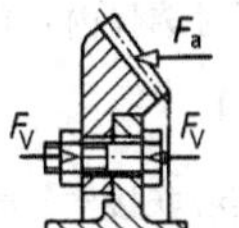 b)	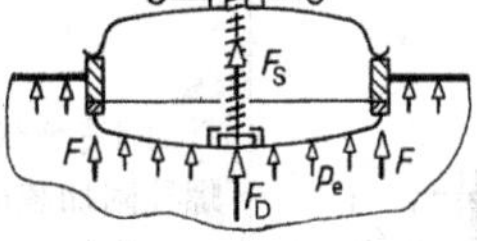 c) 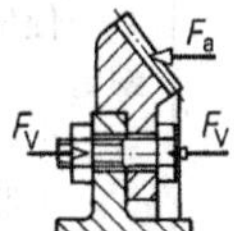 d)	应尽可能按自加强工作原理进行结构设计： 观察孔盖的示意图 c，受内压力 p_e 的作用，螺栓压紧力 F_S（原始作用力），与其同向的盖上受力 F_D（辅助作用力）加强了密封力 F_V（总作用力）。 对于锥齿轮螺栓联接（d），齿轮轴向力 F_a 对通过摩擦封闭传递转矩所需的螺栓预紧力起到了加强 F_V 的作用。 a 和 b 都是对自身有损害的结构

图 8-6　螺纹联接结构设计示例（续）

序号	不合理	合理	提示
8	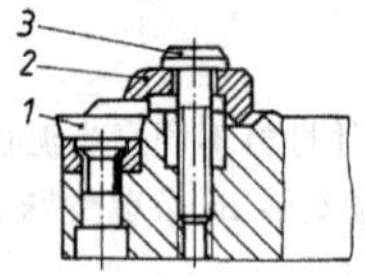 a) 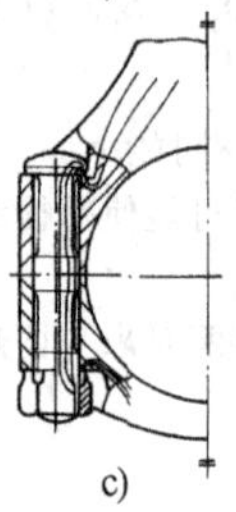 c)	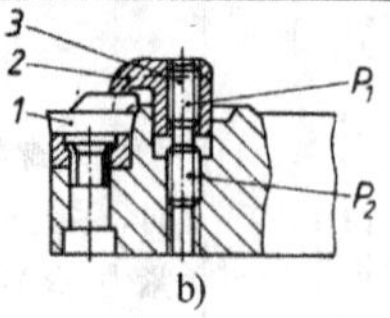 b) 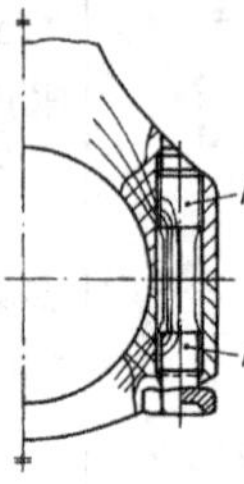 d)	采用多导程螺栓可实现节约空间和可靠的联接（b、d）。采用旋向相同但导程 P 不同的双头螺柱。在同样的拧紧力矩下，导程差越小，夹紧力越大。 夹紧力直接由长螺纹传导出去了（d），可避免螺栓头和螺母承压面的应力峰值（c）。 a 和 b：1—转位式刀片 2—夹紧头 3—夹紧螺栓
9	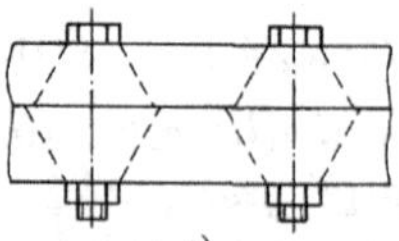 a)	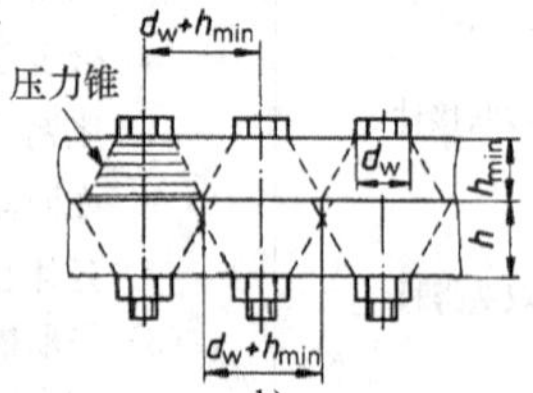 b)	通过使预紧力在被联接件中产生的压力锥互相重叠（b），在接合面上形成互相交叉的力流，这样在较小的螺栓附加载荷的情况下，产生好的密封效果和避免摩擦腐蚀。 应使螺栓距离≈被联接件厚度$=d_w+h_{min}$
10	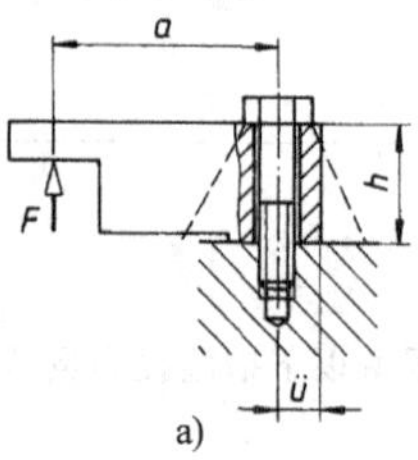 a)	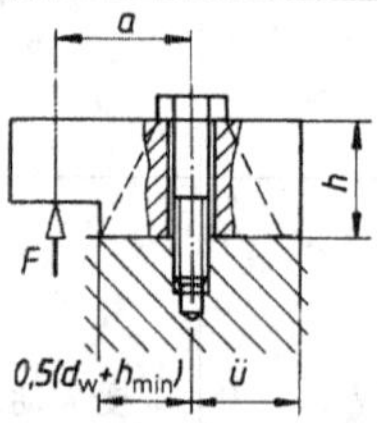 b) 注意：$\ddot{u}=h$	当工作载荷 F 偏心作用时，采取以下措施降低螺栓附加载荷： —使偏心距 a 最小（b） —使边距 $\ddot{u}=h$ 足够大，以保证完全的支承作用（b） —将力作用点朝分界面移（a 小）
11	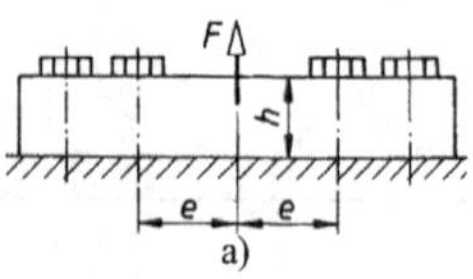 a)	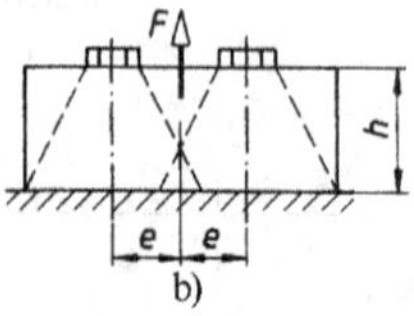 b)	对于受拉横梁联接，采取以下措施降低螺栓附加载荷： —使力作用点偏心距 e 最小（b） —使被联接件厚度 h 大（I 大） —大预紧力 去除 a 中的外螺栓，因为它们对降低螺栓附加载荷不起作用
12	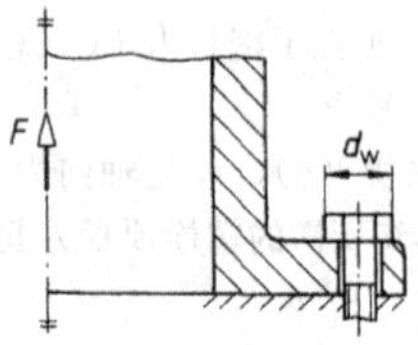	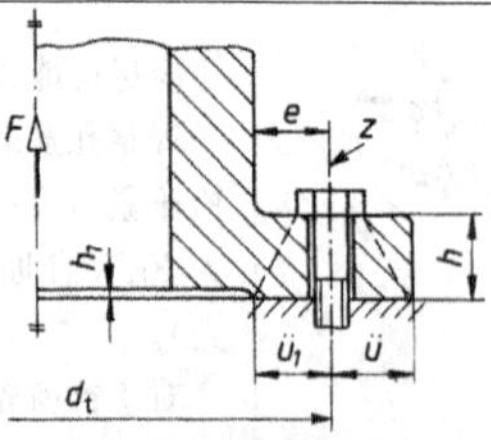 基准值 $h=e$ $\ddot{u}\geqslant h$，$\ddot{u}_1\approx0.5(d_w+h)$ $h_1\leqslant0.1h$ $z=\dfrac{d_t\pi}{d_w+h}$	对于旋转对称多螺栓联接，采取以下措施降低螺栓附加载荷： —突缘板应尽可能厚（$h=e$） —使偏心距 e 最小，必要时选择内六角圆柱头螺钉 —大边距 $\ddot{u}$（$\ddot{u}\geqslant h$） —大联接刚度，最好是实心联接横截面 —大螺栓数 z —大预紧力

图 8-6　螺纹联接结构设计示例（续）

序号	不合理	合理	提示
13	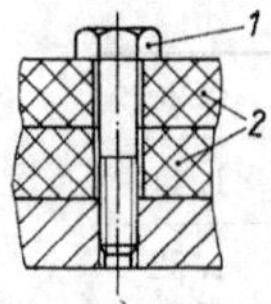 a)	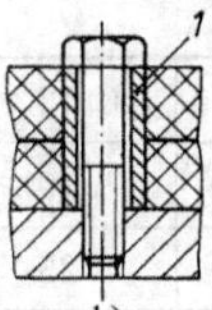 b) 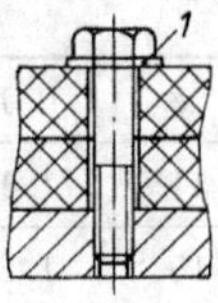 c)	用金属螺钉 1 联接时，在预紧力逐渐消失的情况下，塑料被联接件 2 会爬行，或由于塑料的热膨胀剧烈，会导致螺钉断裂（a）。 应采取以下措施加以避免： 1. 用金属支承套 1 承受预紧力（b） 2. 即使出现爬行和温度变化，通过采用弹簧垫圈或张紧垫圈 1 来保持预紧力（c）
14	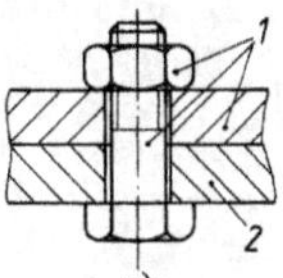 a) 1—钢 2—铝合金	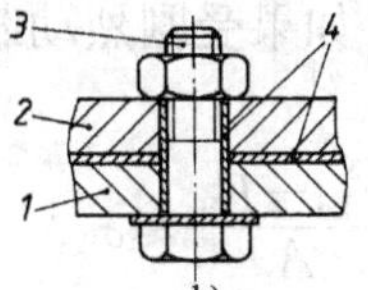 b) 例子： 1—铝合金零件 2—钢制零件 3—钢制螺栓和螺母 4—绝缘层	当潮湿（电解质）侵入时，电势不同的金属被联接件之间存在接触腐蚀的危险（a）。 可以采用绝缘层（例如塑料件、绝缘片、涂层）来加以避免（b）

图 8-6　螺纹联接结构设计示例（续）

8.2.3　螺纹联接的初步设计

进行螺纹联接设计所需要的螺栓直径可在 TB8-13 的帮助下进行初步预选，此时，其轴向（或横向）有效工作载荷 F_B（F_Q）应向下一个比它大的表值进行圆整。

更为精确的初步设计可以按柯柏勒（Kübler）公式[⊖]进行计算，该公式作了更趋于安全的假设。一般来说，经过结构设计后，已知工作载荷 F_B，所要求的夹紧力 F_{Kl} 和联接厚度 l_k。根据所选的拧紧方法（拧紧系数 k_A），螺栓表面和润滑状态（降低系数 κ），性能等级和螺栓类型（带光杆、全螺纹或预应力螺栓），可以计算所需要的最小承受应力（牙根）横截面积为

$$A_s \text{ 或 } A_T \geqslant \frac{F_B + F_{Kl}}{\dfrac{R_{p0.2}}{\kappa k_A} - \beta E \dfrac{f_Z}{l_k}} \tag{8-2}$$

式中　F_B——螺栓轴向工作载荷；

F_{Kl}——所需夹紧力；

$R_{p0.2}$——螺栓材料 0.2%的拉伸极限，由 TB8-4 查取；

E——螺栓材料的弹性模量，钢：$E \approx 210000\text{N/mm}^2$；

f_Z——压陷量，平均值：0.011mm，更精确的值由 TB8-10a 查取；

l_k——被联接件的联接厚度；

k_A——拧紧系数，与拧紧方法有关，由 TB8-11 查取；

β——螺栓的弹性系数；

带光杆螺栓（例如 DIN EN 24014 和 DIN EN ISO 4762）：约 1.1

全螺纹螺栓（例如 DIN EN 24017）：约 0.8

⊖ 柯柏勒，K.-H.：螺纹联接的简化计算，联接技术（1978），第 6 卷，pp. 29/34；第 7/8 卷，pp. 35/39。

预应力螺栓（$d_T \approx 0.9d_3$）：约0.6

κ——降低系数（$=\sigma_{red}/\sigma_{VM}$），与$\mu_G$（由TB8-12b查取）和螺栓类型有关：

	μ_G	0.08	0.10	0.12	0.14	0.20
κ	带光杆螺栓	1.11	1.15	1.19	1.24	1.41
	预应力螺栓	1.15	1.20	1.25	1.32	1.52

根据上面求得的承受应力（牙根）横截面积，可以由TB8-1确定螺纹尺寸。

对于不再进行更精确的联接计算的情况，如果受剧烈动载荷的联接，至少还应进行螺栓的疲劳强度校核。对于应力幅，有

$$\pm\sigma_a \approx \pm k\frac{F_{Bo}-F_{Bu}}{A_s} \leqslant \sigma_A \tag{8-3}$$

式中　k——零件材料系数。钢：取0.1，灰铸铁：0.125，铝：0.15；

F_{Bo}——轴向工作载荷的上极限值；

F_{Bu}——轴向工作载荷的下极限值；

A_s——螺纹承受应力的横截面积，由螺纹表TB8-1和TB8-2查取；

σ_A——螺栓的许用应力幅，对于性能等级8.8、10.9和12.9，对于最终调质处理螺纹（SV），一般情况下：$\pm\sigma_{A(SV)} \approx 0.85\ (150/d+45)$

d为螺栓直径，mm；对于最终轧制螺纹，见式（8-22）。

在初步设计阶段，同样还要校核螺栓头或螺母下的压强，其近似公式为

$$p \approx \frac{F_{sp}/0.9}{A_p} \leqslant p_G \tag{8-4}$$

式中　F_{sp}——在螺栓材料最小拉伸极限的利用率为90%时的螺栓张紧力，其值由TB8-14查取；

A_p——螺栓头或螺母的承压面积，六角头和内六角头螺栓由TB8-8和TB8-9查取；

p_G——极限压强，与被联接件材料和拧紧方法有关，其基准值由TB8-10查取。

8.3　螺栓联接的计算

螺栓联接分为紧联接和松联接两种情况来计算。

松螺栓联接是螺栓本身不用螺母来将其拧紧；在受外力F之前，螺栓不受力，即不预紧。这类联接在工程实际当中应用很少。拆卸工具或拉杆是其应用实例（见图8-7a）。

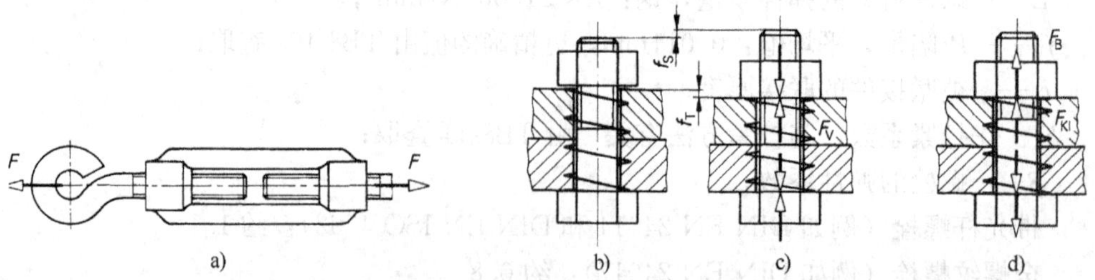

图8-7　螺栓联接受力

a）松联接　b）拧紧前的紧联接　c）拧紧后（装配状态）　d）受工作载荷后（工作状态）

紧联接的螺栓在承受工作载荷 F_B之前，就受到通过拧紧螺母或螺栓所产生的预紧力 F_V，即预紧了的。这类联接应用最广泛，例如，法兰螺栓联接、圆柱形盖子螺栓联接等（见图 8-7c）。

8.3.1　紧螺栓联接的力与变形关系

对于承受重载且失效可能会产生严重后果的螺栓联接，为了能进行计算和可靠的结构设计，必须研究螺栓和被联接件的力与变形关系。

下述研究和计算的基础是 VDI 规范 2230 的第 1 章：重载螺栓联接的系统计算。

下面只考虑在工程实际中应用最广泛的情况：钢制螺栓，被联接件刚性好，互相叠在一起，正常温度。

1. 装配状态下的力与变形　图 8-7 给出了力与变形变化原理。在拧紧螺母之前，螺栓和被联接件还没有受载荷（见图 8-7b）。在拧紧螺母后，被联接件（为了直观性更好，可以想像将其用弹簧替代）被压缩 f_T，同时，螺栓伸长 f_S（预紧了）。在联接中作用有轴向预紧力 F_V，它作为弹性伸长螺栓的反弹力将“弹簧”弹性压缩，反过来又作为“弹簧张力”将螺栓伸长（装配状态，图 8-7c）。螺栓上的预紧力 F_V等于被联接件中的夹紧力 F_{kl}。

这个过程可以用特征线来表示，根据胡克定律，在材料的弹性范围内，该线为一直线。将这些特征线合成起来就得到了装配状态下的力与变形关系图（见图 8-8）。

图 8-8 所示为螺栓特征线 a 和被联接件特征线 b，以及镜像的特征线 c 和经过平移后的被联接件特征线 d 所构成的力与变形关系图。

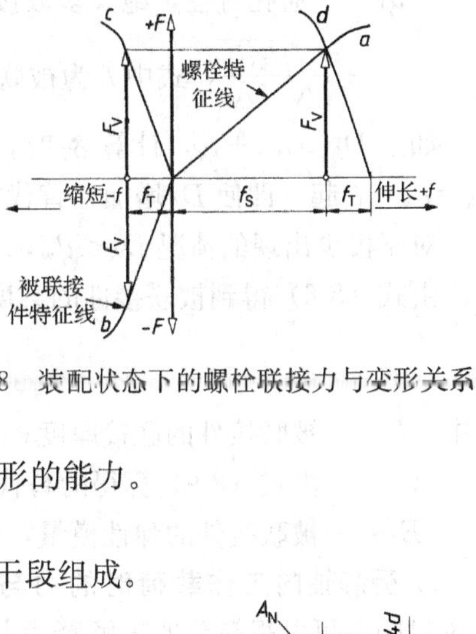

图 8-8　装配状态下的螺栓联接力与变形关系图

螺栓横截面积为 A，受力 F_V拉伸，根据胡克定律（$\varepsilon=\sigma/E$），其弹性变形为

$$f=\varepsilon l=\frac{l\sigma}{E}=\frac{Fl}{EA} \tag{8-5}$$

长度变化 f 与力 F 的比值为其柔度

$$\delta=\frac{1}{C}=\frac{f}{F}=\frac{l}{EA} \tag{8-6}$$

它是刚度 C 的倒数，表示零件在力的作用下弹性变形的能力。

螺栓的柔度

如图 8-9 所示，螺栓由长度为 l_i和横截面为 A_i的若干段组成。将各段的柔度相加就得到整个螺栓的总柔度。

$$\delta_S=\delta_K+\delta_1+\delta_2+\delta_3+\cdots+\delta_G+\delta_M \tag{8-7}$$

如果将螺栓头和螺母以及旋入的螺纹部分用长度分别为 0.4d 和 0.5d 的圆柱体替代，则可以得到它们的柔度 δ_K、δ_M和 δ_G，由此得到螺栓的总柔度为

$$\delta_S=\frac{1}{E_S}\left(\frac{0.4d}{A_N}+\frac{l_1}{A_1}+\frac{l_2}{A_2}+\cdots+\frac{0.5d}{A_3}+\frac{0.4d}{A_N}\right) \tag{8-8}$$

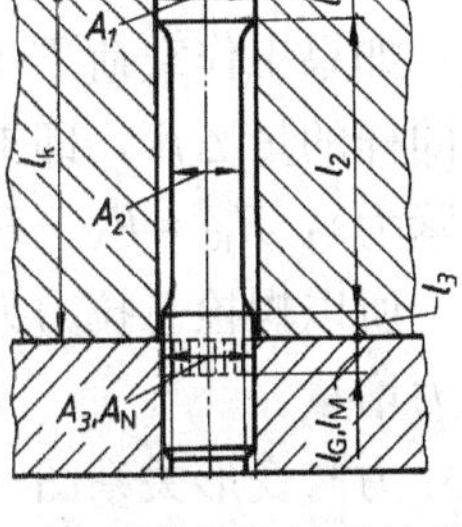

图 8-9　拉伸螺栓的弹性分段

式中　E_S——螺栓材料的弹性模量，钢：$E_S=210000\ \text{N/mm}^2$；

d——螺纹大径（公称直径）；

l_i——各段螺栓的圆柱体长度；

A_i——各段螺栓的圆柱体横截面积，对于没有旋入的螺纹，为其小径横截面积A_3；

A_N——螺栓杆的公称横截面积，$A_N=\pi d^2/4$；

A_3——螺纹小径横截面积，由TB8-1查取。

被联接件的柔度

确定被螺栓夹紧零件的柔度δ_T是较困难的，因为首先必须确定哪些部分参加变形。如果被联接件的横向尺寸D_A超过螺栓头支承直径d_w，如图8-10所示，受压区域从螺栓头或螺母向分界面扩展。该受压体可以用一个具有近似变形性能的空心圆柱体替代。

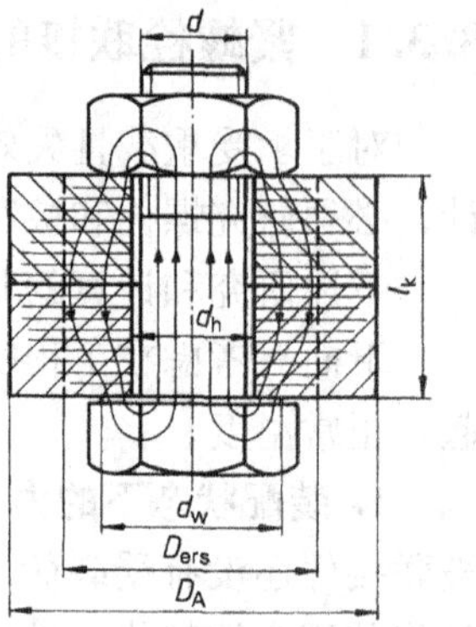

图8-10　一个穿通螺栓联接的受压区域（示意图）

如果被联接件沿平面往外伸展，$d_w \leqslant D_A \leqslant d_w+l_k$，则其空心圆柱体的替换横截面积为

$$A_{ers}=\frac{\pi}{4}(d_w^2-d_h^2)+\frac{\pi}{8}d_w(D_A-d_w)[(x+1)^2-1] \tag{8-9}$$

式中　d_w——头部平承压面外径；对于六角头螺栓，等于垫圈直径或扳手开口宽度，对于内六角圆柱头螺栓，近似地等于头部直径，见TB8-8和TB8-9；

D_A——被联接件的外径（见图8-10）；

d_h——通孔直径，绝大多数按DIN EN 20273“中等”取值，见TB8-8；

x——$\sqrt[3]{\frac{l_k d_w}{D_A^2}}$，式中$l_k$为被联接件的联接厚度。

如果$D_A > d_w+l_k$，计算δ_T时，其替代横截面积与极限条件$D_A=d_w+l_k$相同，即从$D_A=d_w+l_k$起，即使D_A增加，替代横截面积近似保持不变。

对于极少出现的情况$D_A<d_w$，$A_{ers}=\pi(D_A^2-d_h^2)/4$。

由式（8-6）得到被联接件的柔度为

$$\delta_T=\frac{f_T}{F_V}=\frac{l_k}{A_{ers}E_T} \tag{8-10}$$

式中　l_k——被联接件的联接厚度；

A_{ers}——由式（8-9）算得的替代面积；

E_T——被联接件的弹性模量，由TB1-2和TB1-3查取，钢：$E_T=210000\text{N/mm}^2$。

2. 受静轴向工作载荷时的力与变形　如果先假设力从被联接件的外表面输入（见图8-11b），可以很简单地来解释力与变形的关系。但是，这种极端情况很少出现，因此在实际情况下可能与该情况的力与变形的关系不一致（见§8.3.1-4）。

如果工作载荷F_B作用在预紧联接上，则螺栓还会产生伸长增量Δf_S，则被联接件会恢复同样的量Δf_T，即被联接件相应地放松。在被联接件中，预紧力F_V降低为夹紧力（剩余预紧力）：$F_{Kl}=F_V-F_{BT}$，其中F_{BT}是由F_B在被联接件中所降低的载荷量。

所以螺栓总拉力为$F_{Sges}=F_{Kl}+F_B=F_V+F_{BS}$，其中$F_{BS}$为由$F_B$在螺栓上所产生的附加拉力增量。

力与变形关系图（见图8-11c）给出了上述各量之间的关系。

由于拧紧时产生的扭转变形（见§8.3.6）会叠加在拉伸变形上，所以必须保证F_{Sges}与屈服极限载荷F_S或$F_{0.2}$之间有一个安全距离S_A，以避免产生塑性变形。

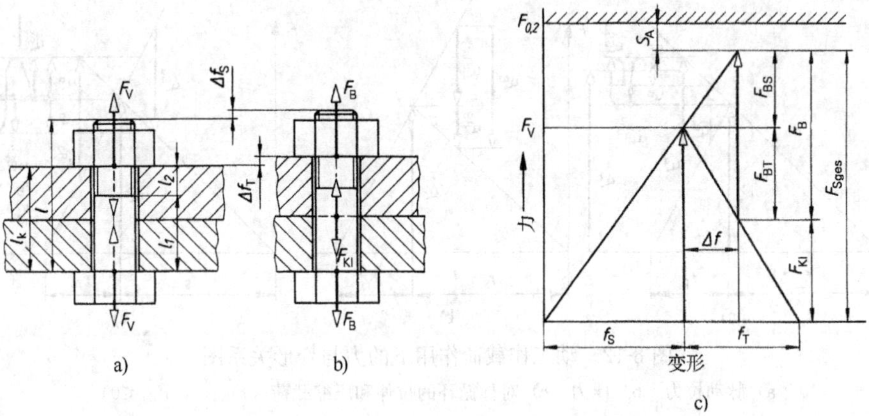

图 8-11　紧螺栓联接的力与变形
a）预紧（装配）状态　b）工作状态　c）力与变形关系图

如果去除 F_B，则会恢复到初始的受 F_V的预紧状态。

根据力与变形关系图中的相似性，并引入柔度 $\delta_S=f_S/F_V=\Delta f/F_{BS}$和 $\delta_T=f_T/F_V=\Delta f/F_{BT}$，根据力比 $\Phi=F_{BS}/F_B$可推导出螺栓附加拉力：

$$F_{BS}=F_B\frac{\delta_T}{\delta_S+\delta_T}=F_B\Phi \tag{8-11}$$

被联接件载荷降低量为

$$F_{BT}=F_B-F_{BS}=F_B(1-\Phi)=F_B\frac{\delta_S}{\delta_S+\delta_T} \tag{8-12}$$

由此得到被联接件之间的剩余预紧力为

$$F_{Kl}=F_V-F_{BT}=F_V-F_B(1-\Phi) \tag{8-13}$$

和螺栓总拉力为

$$F_{Sges}=F_V+F_{BS}=F_{Kl}+F_B \tag{8-14}$$

式中　F_B——螺栓轴向工作载荷；

δ_T，δ_S——螺栓柔度［式（8-8）］和被联接件柔度［式（8-10）］；

Φ——力比 F_{BS}/F_B。当工作载荷由螺栓头部和螺母承压面输入时，$\Phi_k=\delta_T/(\delta_S+\delta_T)$，当工作载荷从被联接件输入时，有 $\Phi=n\Phi_k$［式（8-17）］；

F_V——螺栓预紧力。

3. 受动轴向工作载荷时的力与变形　如果紧螺栓联接受动拉伸载荷作用，其工作载荷 F_B在 0 和上极限值 F_{Bo}之间变化，或在下极限值 F_{Bu}和上极限值 F_{Bo}之间变化（见图 8-12a），相应地，螺栓受在平均载荷 F_m上下变化的拉力变幅 F_a的作用，该值决定了螺栓的疲劳强度，F_m为静假想平均载荷，见§8.3.3。

由图 8-12 可知，受附加拉力 F_{BS}后，螺栓受力为动载荷。其力幅为

$$\pm F_a=\pm\frac{F_{BSo}-F_{BSu}}{2}=\frac{F_{Bo}-F_{Bu}}{2}\Phi \tag{8-15}$$

静假想平均载荷为

$$F_m=F_V+\frac{F_{Bo}+F_{Bu}}{2}\Phi \tag{8-16}$$

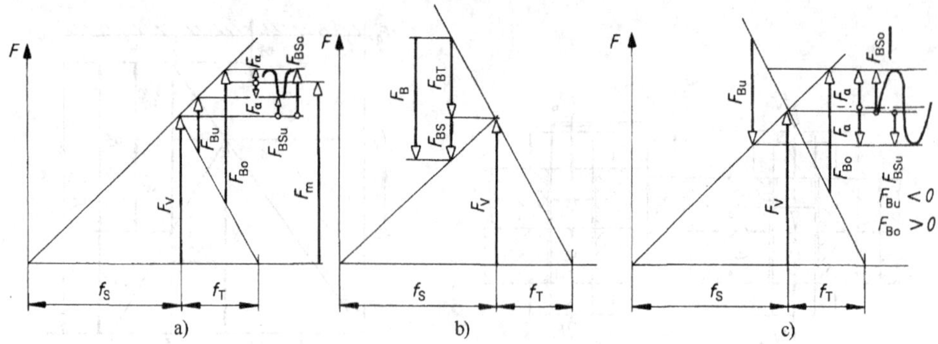

图 8-12　动工作载荷作用下的力与变形关系图

a）脉动拉力　b）压力　c）对称循环的拉伸和压缩载荷（$F_{Bo}>0$，$F_{Bu}<0$）

式中　F_V——螺栓预紧力；

F_{Bo}，F_{Bu}——轴向工作载荷的上和下极限值；对于纯脉动工作载荷：$F_{Bu}=0$；

Φ——力比，由式（8-17）计算。

如果 F_B为一个对称作用的压力，则在各个公式中，都要将 F_B前面加一个负号。此时，螺栓受载降低，而被联接件受附加压力，见图 8-12b。在分界面处的剩余预紧力为 $F_{kl}=F_V+F_{BT}$。

图 8-12c 所示为受拉伸—压缩工作载荷时的力与变形之间的关系。

4. 联接中力作用点的影响　在正常情况下，工作载荷 F_B并不像预紧力一样作用在被联接件的外表面（见图 8-13a），而是在被联接件内部的任何地方（见图 8-13b 和 c）。

在这些情况下，被联接件只是在长度为 nl_k的部分被放松了，此时被联接件的刚度更大，它们的特征线更陡。nl_k以外的区域会受到附加载荷，并应叠加计算到螺栓上，使其显得弹性更好，故它的特征线变得平缓一些。这样，附加拉力 F_{BS}和拉力变幅 F_a变小了（见图 8-13e）。

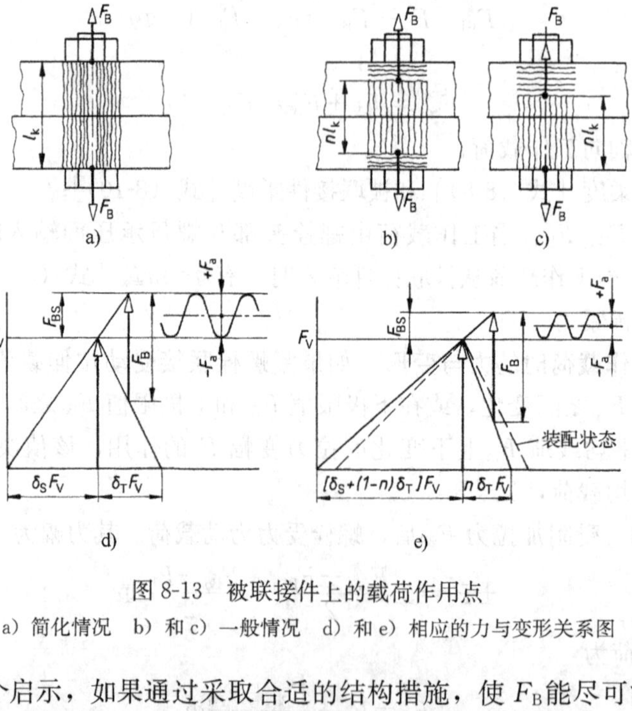

图 8-13　被联接件上的载荷作用点

a）简化情况　b）和 c）一般情况　d）和 e）相应的力与变形关系图

这就给我们一个启示，如果通过采取合适的结构措施，使 F_B能尽可能作用在分界面附近，则可以使力与变形关系更为有利，从而提高螺栓联接的疲劳强度。

由于F_B使载荷降低的区域几乎是不可能精确求得的，而且计算量相当大。因此在 VDI 规范 2230 中就用载荷作用点系数来加以考虑。如果进行简化计算或螺栓仅仅受横向载荷（见图 8-13a 和图 8-14a），可以取载荷作用点系数为最不利的极限值 $n=1$；另一个极限值 $n=0$（即尽管存在 F_B，但不会增加螺栓拉力，因为 $F_{BS}=0$!；另一方面，被联接件之间的剩余预紧力也最小）发生在工作载荷直接作用于分界面上的情况，但它几乎是不可能实现的。

在工程实际中，一般取 $n\approx0.5$（见图 8-14c），在比较好的情况下，也可取 $n\approx0.3$（见图 8-14d）。

由此，力比也同样跟着变化［见式（8-11）～式（8-16）］：

$$\Phi=n\Phi_k \tag{8-17}$$

式中　n——与载荷作用点有关的载荷作用点系数，见图 8-14；

Φ_k——简化力比，假设载荷作用于螺栓头部和螺母承压面，由式 $\Phi_k=\delta_T/(\delta_T+\delta_S)$算得。

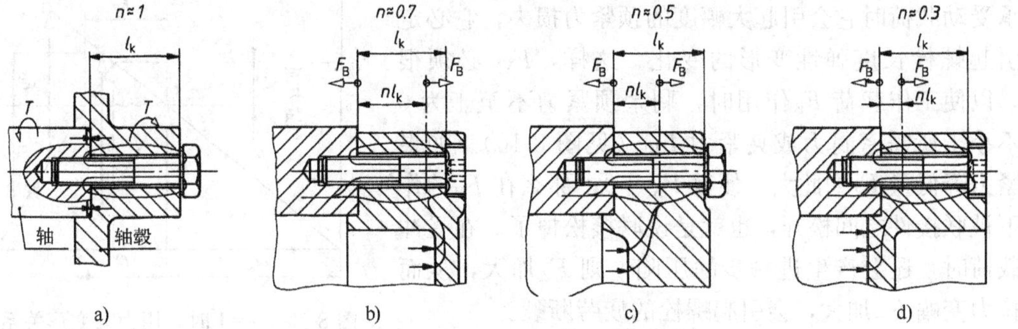

图 8-14　几种典型结构的载荷作用点系数

a）受横向载荷，摩擦封闭的螺栓联接　b）螺栓联接的盖子，其载荷作用点离分界面很远（不利情况）

c）和 d）载荷作用点靠近分界面（有利情况）

5. 受静或动横向载荷时的力比　如果工作载荷垂直于螺栓轴线，螺栓应能阻止被联接件横向移动，以防止出现不利的剪切变形。此时，静或动横向载荷 F_Q必须靠摩擦力来承担，该摩擦力由相应的预紧力在被联接件接合面之间产生，必须保证摩擦力 $F_R\geqslant F_Q$。此时，螺栓只受静拉伸载荷（见图 8-15）。

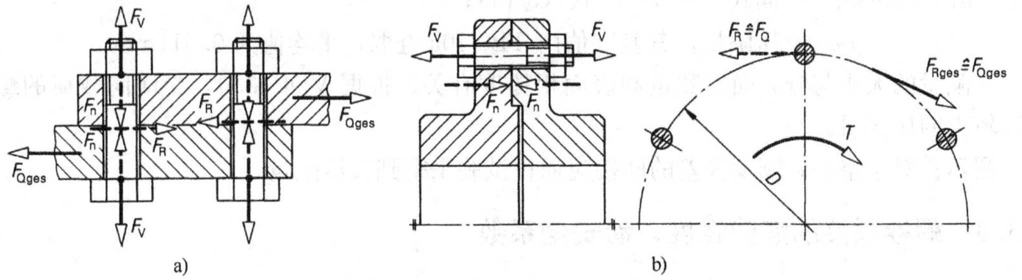

图 8-15　受横向载荷，靠摩擦力传递载荷的螺栓联接

a）一般情况　b）传递转矩

如果转矩 T 要通过摩擦力来传递，例如联轴器法兰（见图 8-15b），螺栓孔分布圆直径为 D，由此可算得圆周力（等于总横向载荷）为 $F_{Qges}=2T/D$。

每个螺栓和摩擦面所需的剩余预紧力（法向力）为

$$F_{Kl}=\frac{F_{Qges}}{\mu z} \tag{8-18}$$

式中　F_{Qges}——由螺栓联接传递的总横向载荷；

z——传递总横向载荷的螺栓数目；

μ——被联接件接合面处的摩擦因数，为保证安全，可取滑动摩擦因数，由 TB1-14 查取。

8.3.2　螺栓联接的压陷性能

一个联接装配所必需的装配预紧力 F_{VM}是通过相对来说比较小的螺栓头或螺母承压面和螺纹牙来传递的，这么高的压强会导致材料的蠕变并产生塑性变形。联接的这种压陷会导致预紧力下降 F_Z，它会引起剩余预紧力 F_{Kl}（等于剩余夹紧力）急剧下降而危及联接安全。除了与受载的类型和大小有关外，压陷量特别与被联接件的强度，表面粗糙度和柔度有关。

在拧紧时压陷量最大，此时处于平衡状态。特别是在承受动载荷时它会引起大幅度的预紧力损失，它必定会引起螺栓长度弹性变形的变化。这样，F_{VM}必须很大，以使工作载荷 F_B作用时，剩余预紧力不至于为 0 或不小于所需密封力或夹紧力 F_{Kl}（见图 8-16）。如果预紧力降低量 F_Z如此大，使得$F_{Kl}=0$，那么在 F_B的作用下被联接件之间松开，也就是说联接松掉了。在受冲击载荷时，还会产生进一步的压陷，则 F_Z加大，从而使拉力变幅 F_a 加大，会引起螺栓的疲劳断裂。

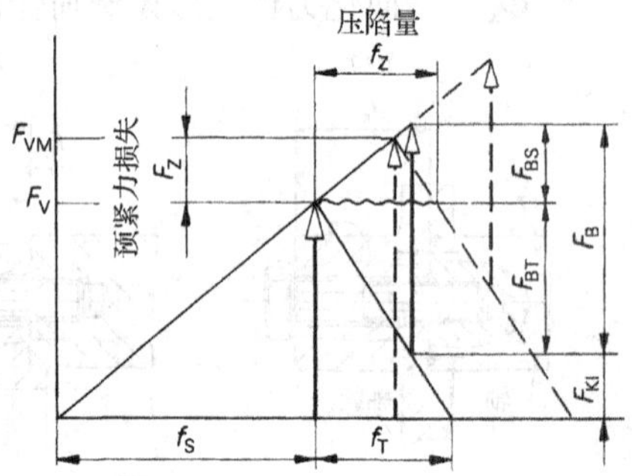

图 8-16　$n=1$时，用力与变形关系图表示的预紧力损失和压陷量

因此，在计算时必须考虑预紧力损失 F_Z。图 8-16 显示了 F_Z与压陷量 f_Z之间的关系，即

$$\frac{F_Z}{f_Z}=\frac{F_V}{f_S+f_T}=\frac{1}{\delta_S+\delta_T}$$

将力比 $\Phi_k=\delta_T/(\delta_S+\delta_T)$ 代入，即得到由压陷引起的预紧力损失为

$$F_Z=\frac{f_Z}{\delta_S+\delta_T}=\frac{f_Z}{\delta_T}\Phi_k=\frac{f_Z}{\delta_S}(1-\Phi_k) \tag{8-19}$$

式中　δ_T，δ_S和 Φ_k——同式（8-11）～式（8-14）；

f_Z——压陷量，其基准值由 TB8-10a 查取，平均值为 0.011mm。

压陷量的大小与分界面的数量和表面粗糙度有关。根据 VDI 2230，受横向载荷的螺栓应取较大的压陷量。

提示：对于空心，刚度很差的联接应通过试验来得到其压陷量。

8.3.3　螺栓联接的疲劳强度，动安全系数

在机械制造中，主要承受动载荷。受拉螺栓也承受动载荷，因此它的寿命会受应力集中的影响而降低，例如，在螺栓杆到头部的过渡处，特别是螺纹处均会产生应力集中。

如§8.3.1-3 所述，如果螺栓受动拉力增量 F_{BS}作用的话，由此带来的拉力变幅 F_a所产生的应力幅 σ_a为

$$\pm\sigma_a=\pm\frac{F_a}{A_s}\leqslant\sigma_A \tag{8-20a}$$

式中　F_a——拉力变幅，由式（8-15）计算；

A_s——螺纹承受应力的横截面积，由螺纹表 TB8-1 或 TB8-2 查取；

σ_A——性能等级为 8.8、10.9 和 12.9 的螺纹的许用应力幅。

其动安全系数为

$$S_d=\frac{\sigma_A}{\sigma_a}\geqslant S_{Derf} \tag{8-20b}$$

式中 S_{Derf}——许用安全系数：$S_{Derf}\geqslant 1.2$

一般情况下，对于性能等级为 8.8、10.9 和 12.9，且为最终调质处理（SV）的螺纹的许用应力幅为

$$\pm\sigma_{A(SV)}\approx 0.85\left(\frac{150}{d}+45\right) \tag{8-21}$$

$\sigma_{A(SV)}$	d
N/mm^2	mm

对于最终轧制螺纹（SG），有

$$\pm\sigma_{A(SG)}\approx\left(2-\frac{F_m}{F_{0.2}}\right)\sigma_{A(SV)} \tag{8-22}$$

式中 F_m——螺栓平均拉力，由式（8-16）计算；

$F_{0.2}$——在最小拉伸极限时的螺栓拉力 $F_{0.2}=A_sR_{p0.2}$（对于细杆螺栓用 A_T 计算）；

d——螺纹公称直径。

如图 8-17 所示，最终调质处理的螺栓疲劳试验证明，其许用应力幅 σ_A 与平均应力的大小无关，几乎保持不变。与此相反，一根光滑试棒和最终轧制螺栓在平均应力增大时，许用应力幅一般会减小。而且，随着性能等级的提高，螺栓许用应力幅几乎不增加。影响它的最大因素是直径，特别是螺纹的制造方法（例如，最终调质处理或最终轧制，即冷强化）。

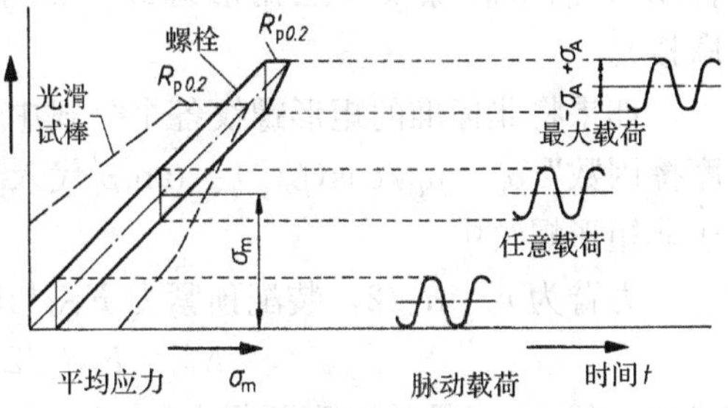

图 8-17 螺栓的疲劳极限图（示意图）

在图 8-17 中，除了给出了一般的螺栓和一根无螺纹的光滑试棒的疲劳极限图外，还给出了螺栓不同平均应力 σ_m 下的应力幅及其随时间变化曲线。由于螺纹对流动的阻碍（支承效应），螺栓的静强度略高于光滑试棒的强度（$R'_{p0.2}>R_{p0.2}$）。

要注意的是，一个螺栓联接的疲劳强度不但决定于螺栓本身（材料、形状、制造），而且还决定于力与变形协调关系和拧入条件。

8.3.4 螺栓联接的拧紧，拧紧力矩

1. 螺纹受力，螺纹力矩 为简单起见，首先来研究矩形螺纹各力之间的关系，将螺纹面展开成斜面，取其倾角等于螺纹升角 φ。将螺母用一个滑块替代，其上作用有轴向载荷 F，圆周力 F_u 和法向力 F_n 与摩擦力 F_R 的合力—总反力 F_e，处于平衡状态时，力多边形封闭（见图 8-18b）。与拧紧螺栓对应的是“滑块沿斜面匀速上升”（见图 8-18b），由力封闭多边形可得 $F_u=F\tan(\varphi+\rho)$。与松开螺栓对应的是“滑块沿斜面匀速下降”（见图 8-18c），得 $F_u=F\tan(\varphi-\rho)$；如果螺纹升角 $\varphi<$ 摩擦角 ρ（见图 8-18d），则（$\varphi-\rho$）为负，F_u 也为负，也就是说，需要附加 F_u 来推着滑块“下降”，这种情况与自锁螺纹相对应。

标准螺纹牙相对于其轴线都具有牙型斜角，最大的为锯齿形螺纹 45°。与楔形滑块类似，

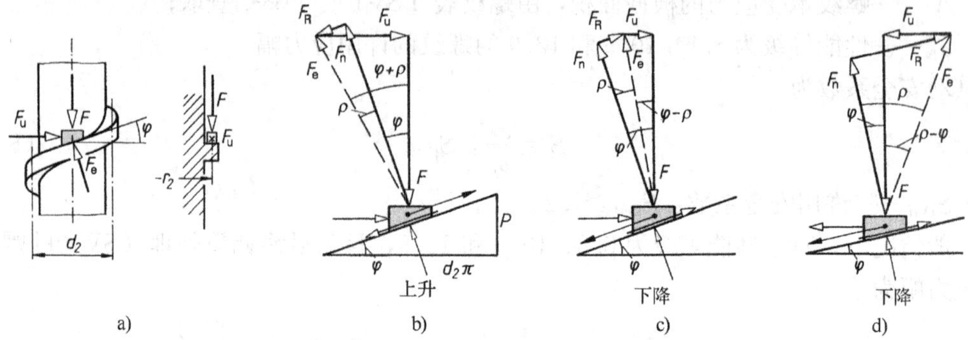

图 8-18　矩形螺纹受力分析

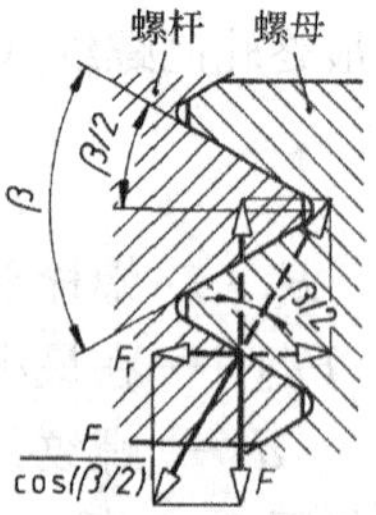

图 8-19　米制螺纹（三角形螺纹）的受力分析

其摩擦力 F_R 也是由其轴向载荷 F 的法向分量来计算的；对于对称牙型，牙型斜角为 $\beta/2$，该法向分量为 $F/\cos(\beta/2)$（见图 8-19）。沿圆周均匀分布的径向分量 F_r 对螺杆产生压缩作用，其反作用力会将螺母推开（“扩张力”）。随着牙型斜角的增大，法向力和摩擦力均增大，所以锯齿形螺纹和梯形螺纹的摩擦力小（用于螺旋传动），而米制螺纹（三角形螺纹）的摩擦力较大（用于螺纹联接）。

如果将非标准的矩形螺纹各个公式中的摩擦因数 μ 用“当量摩擦因数” $\mu'_G=\mu_G/\cos(\beta/2)=\tan\rho'$ 代入，就可以将这些公式用于非矩形螺纹中。

力臂为 $r_2=d_2/2$，装配预紧力 F_{VM} 与轴向载荷 F 相对应，所以螺纹力矩为

$$M_G=F_u d_2/2=F_{VM}d_2/2\tan(\varphi\pm\rho') \tag{8-23}$$

式中　F_{VM}——螺栓装配预紧力；

d_2——螺纹中径，由螺纹表 TB8-1 和 TB8-2 查取；

φ——螺纹升角，由式（8-1）计算或由 TB8-1 和 TB8-2 查取；对于米制螺纹，从 M4～M30，$\varphi=3.6°\sim2.3°$；

ρ'——螺纹的当量摩擦角，与表面状态和润滑有关，ρ' 由 $\mu'_G=\mu_G/\cos(\beta/2)=1.155\mu_G$ 计算（对于 $\beta=60°$ 的米制螺纹），μ_G 由 TB8-12b 查取。

式中，（　）中的“+”用于拧紧时，“−”用于松开时。

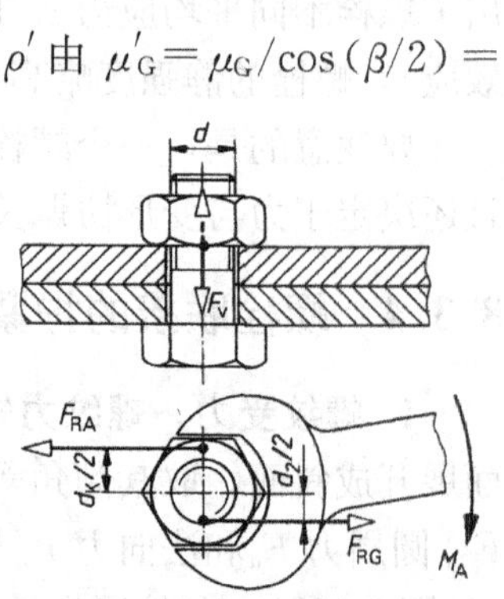

图 8-20　螺纹和承压面的摩擦

2. 拧紧力矩　在拧紧螺栓时，在达到装配预紧力 F_{VM} 的那一刻，除了螺纹力矩外，还要克服螺栓头或螺母承压面的摩擦力矩 M_{RA}（见图 8-20）。因此拧紧力矩一般为

$$M_A=M_G+M_{RA}=F_{VM}d_2/2\tan(\varphi+\rho')+F_{VM}\mu_K d_K/2$$

或

$$M_A=F_{VM}[d_2/2\tan(\varphi+\rho')+\mu_K d_K/2] \tag{8-24}$$

式中　F_{VM}，d_2，φ 和 ρ'——同式（8-23）；

μ_K——承压面的摩擦因数，由 TB8-12c 查取；

d_K——螺栓头或螺母承压面 M_{RA} 的有效摩擦直径；若承压面直径为 d_w

（最小尺寸），孔径为 d_h，有：$d_k/2 \approx (d_w + d_h)/4$；对于六角头和圆柱头螺栓，其近似式为：$d_k/2 \approx 0.65d$。

如果将式（8-24）用 $\tan(\varphi+\rho') = (\tan\rho' + \tan\varphi)/(1-\tan\rho'\tan\varphi)$ 代入，注意到 $\tan\rho' = \mu_G'$，则分母 $1-\tan\rho'\tan\varphi = 1-\mu_G'\tan\varphi \approx 1$（当 $\varphi \approx 2.3° \sim 3.6°$时，$\tan\varphi < 0.06$，即使取大 μ_G，分母也仅仅略小于 1），代入 $d_k/2 = (d_w + d_h)/4$，且将 μ_G 和 μ_K 用一个总摩擦因数 μ_{ges} 取代，则将式（8-24）变换为米制螺纹（粗牙和细牙）联接拧紧力矩计算式

$$M_A = 0.5F_{VM}d_2\left[\mu_{ges}\left(\frac{1}{\cos(\beta/2)} + \frac{d_w + d_h}{2d_2}\right) + \tan\varphi\right] \tag{8-25}$$

式中　F_{VM}，φ，d_2——同式（8-23）；

d_h——DIN EN 20273 规定的通孔直径，由 TB8-8 查取；

d_w——尺寸标准规定的螺栓头或螺母的外支承直径；其近似值为 $d_w \approx 1.4d$（d 为螺栓的公称直径）；

μ_{ges}——总摩擦因数，由 TB8-12a 查取。对于未处理的有油的螺栓，即一般情况下，$\mu_{ges} \approx 0.12$。

对于牙型角为 60°的米制国际标准螺纹，且取摩擦因数 $\mu_G = \mu_K = \mu_{ges}$，则由式（8-25）得到

$$M_A = F_{VM}[0.159P + \mu_{ges}(0.577d_2 + d_K/2)] \tag{8-26}$$

如果螺纹的摩擦因数与螺栓头或螺母承压面的摩擦因数不相同的话，由式（8-24）可得米制国际标准螺纹拧紧力矩的一般表达式为

$$M_A = F_{VM}(0.159P + 0.577\mu_G d_2 + \mu_K d_K/2) \tag{8-27}$$

式中　F_{VM}，d_2，d_K，μ_G 和 μ_K——同式（8-23）和式（8-24）；

P——螺纹导程，粗牙螺纹由 TB8-1 查取。

由式（8-27）可知，拧紧力矩中的一小部分，即“斜面”（螺纹导程）力矩 $M_{GST} = 0.159F_{VM}P$ 是用来在螺栓中产生预紧力的。对于绝大多数的拧紧方法，所需的拧紧力矩的绝大部分（80%～90%！）是用来克服螺栓头或螺母承压面的摩擦（M_{RA}）和螺栓与螺母螺纹牙之间的摩擦（$M_{GR} = 0.577F_{VM}\mu_G d_2$）的。

如果将式（8-27）括号内的表达式用 Kd 替换，则拧紧力矩可写为 $M_A = F_{VM}Kd$。对于粗牙中等尺寸的六角头螺栓：$K \approx 0.022 + 0.53\mu_G + 0.67\mu_K$。常见的摩擦因数 μ_G 和 μ_K 为 0.08～0.14，与之相对应的 K 值为 0.12～0.19。对于正常情况（$\mu_{ges} \approx 0.12$），可将螺栓联接的拧紧力矩简化为

$$M_A \approx 0.17F_{VM}d \tag{8-28}$$

式中　F_{VM}——装配预紧力；

d——螺栓公称直径。

式（8-28）的计算精度可以满足要求。绝大多数情况下，预紧力都是通过拧紧螺母或螺栓产生的。螺栓杆承受拉伸和扭应力，它们可以合成为总应力（相当应力）σ_{red}，见§8.3.6。一般来说，螺栓可预紧到使 σ_{red} 达到螺栓材料屈服点的 90%。这时，所需的拧紧力矩（张紧力矩）$M_{A90} = M_{sp}$⊖ 由式（8-26）计算，也可由 TB8-14 查取。

8.3.5　装配预紧力，拧紧力矩系数和方法

随着摩擦副状况和拧紧方法的不同，在装配时所产生的预紧力分布在最大值 F_{Vmax} 和最

⊖ 下标 90 代表螺栓材料的最小屈服极限的利用程度为 90%。

小值 F_{Vmin} 之间的一个区域内，这是在进行螺栓联接设计时必须加以考虑的一个问题。

手工或用不能调节控制的冲击式扳手拧紧，预紧力自然最为分散，因此只能用于不重要的联接。对于重要的螺栓联接，必须采用可控的拧紧方法（拧紧工具见图 8-21），以尽可能精确地达到所要求的预紧力：

控制力矩拧紧是用带有显示或信号的转矩扳手（DIN ISO 6789，图 8-21a）来拧紧。此时产生的装配预紧力分散主要是由于拧紧力矩分散，以及螺纹和头部摩擦分散所产生的。

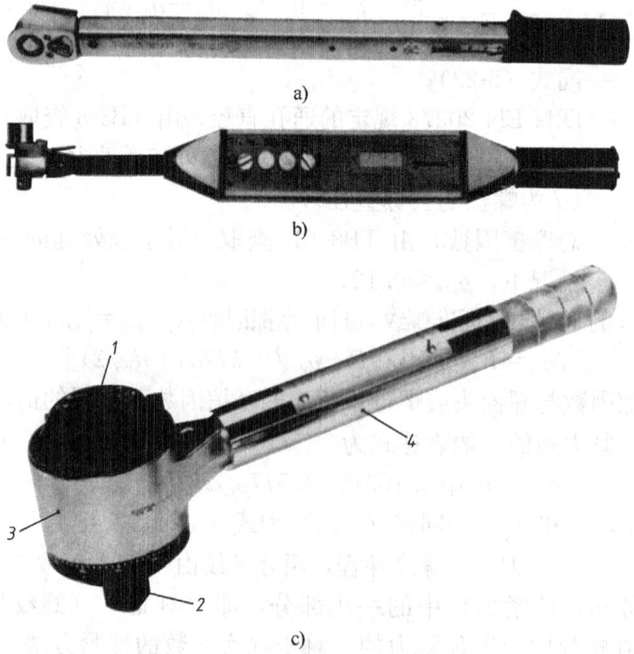

图 8-21　螺栓拧紧工具

a）带信号的定力矩扳手，可快速调整　b）电动测力矩扳手，实现可控转矩、转角和屈服点的拧紧
c）增力扳手，用于大型螺栓联接的可控转矩和转角的拧紧（≤4300N·m）
1—驱动（例如带定力矩扳手）　2—输出四角头　3—行星轮系（i=4～20）　4—拧紧力臂

控制转角拧紧，这种拧紧方法首先把被联接件置入设备中，将螺栓联接预拧紧到初始转矩，然后从这个转矩初始值出发，再将螺栓按计算值再拧紧一定角度，从而使其预紧达到超过弹性区域。

控制屈服点的拧紧，这种拧紧方法始终要测量拧紧力矩与拧紧角的关系，一旦该值出现降低，且达到标定最小值时，也就达到了螺栓的屈服点，就结束拧紧。

采用控制转角和屈服点的拧紧方法，影响预紧力分散程度的主要因素是螺栓屈服点和螺旋副摩擦。

引入拧紧力矩系数来衡量预紧力的分散程度

$$k_A=\frac{F_{Vmax}}{F_{Vmin}}>1$$

其试验值由 TB8-11 查取。

为了保证能达到最小预紧力，例如必需的夹紧力或密封力，或剩余预紧力和靠摩擦封闭所需的法向力，并且在工作状态下还要保证一定的安全系数，必须计算最大预紧力 $F_{Vmax}=k_AF_{Vmin}$，并将其作为装配预紧力 F_{VM}。

如果螺栓承受轴向工作载荷，而且还要求在工作状态中保证一定的密封力（等于夹紧力）F_{Kl}（例如用于压力容器盖的螺栓联接，图 8-23a），根据力与变形关系图 8-11c 并按式（8-13）计算（理论）最小预紧力：

$$F_{Vmin}=F_{Kl}+F_{BT}=F_{Kl}+F_B(1-\Phi)$$

考虑到由 F_Z 所产生的联接压陷作用（见图 8-16 和图 8-22），由式（8-19）得

$$F_{Vmin}=F_{Kl}+F_B(1-\Phi)+F_Z$$

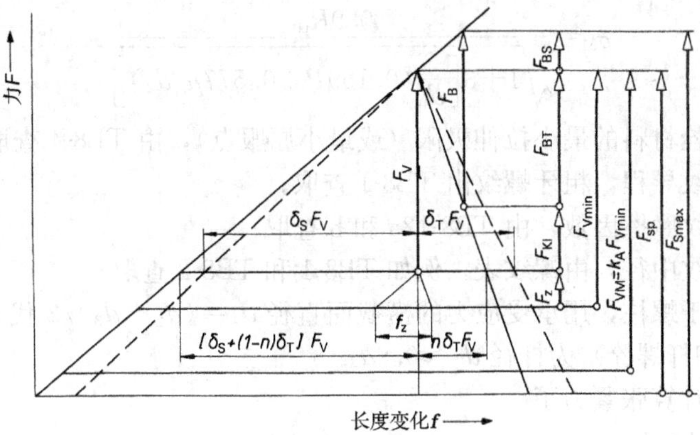

图 8-22　力与变形关系图及各主要量

－－－装配状态

再考虑到拧紧时预紧力的分散，计入拧紧力矩系数 k_A 后得到装配预紧力为

$$F_{VM}=k_A F_{Vmin}=k_A[F_{Kl}+F_B(1-\Phi)+F_Z] \tag{8-29}$$

式中　k_A——拧紧力矩系数，与拧紧方法有关，基准值由 TB8-11 查取；

F_{Kl}——所要求的密封力（＝夹紧力）；

F_B——沿螺栓轴向作用的静或动工作载荷；

Φ——力比，由式（8-17）计算；

F_Z——预紧力损失，由式（8-19）计算。

如果螺栓仅仅只作用有轴向工作载荷 F_B，且对夹紧力没有一定要求的话（例如轴承盖上的螺钉联接，图 8-23b），则其最小夹紧力只要在压陷时还能保证处于张紧状态即可。

如果仅仅只要保持一定的夹紧力 F_{Kl}（例如图 8-23c 中的密封力，或在图 8-23f 中的圆锥面联接等中作为张紧力，或在图 8-23d 和 e 承受横向载荷的螺纹联接中作为法向力），而螺栓没有受附加的轴向工作载荷 F_B，即 $F_B=0$，则

$$F_{VM}=k_A(F_{Kl}+F_Z) \tag{8-30}$$

式中　F_{Kl}——所要求的密封力，张紧力或法向力，对于受横向载荷的联接 $F_{Kl}=F_n$（见图 8-15b）。

所要选择的螺栓（直径和性能等级）应能达到相对应的张紧力 $F_{sp}=F_{VM90}$（由 TB8-14 查取），该力至少应等于装配预紧力 F_{VM}（由式（8-29）～式（8-30）计算）。

8.3.6　拧紧时螺栓应力分析

就绝大多数拧紧方法而言，拧紧力矩 M_A 都是通过螺栓头或螺母传递到联接中的。该力矩产生装配预紧力 F_{VM}，它又会在螺杆中产生装配拉应力 σ_M。由于螺纹力矩 M_G，还会产生扭剪应力 τ_t。在这种二向应力状态综合作用下的组合变形可以用畸变能密度理论转化为一个

等同的单向应力状态，其相当应力为 $\sigma_{red}=\sqrt{\sigma_M^2+3\tau_t^2}$。

对于允许相当应力 σ_{red} 可以达到螺栓最小拉伸极限 $R_{p0.2}$（或最小屈服点 R_{eL}）的 90% 的情况，若取利用程度系数 $v=0.9$，则有

$$\sigma_{red}=\sqrt{\sigma_M^2+3\tau_t^2}\leqslant vR_{p0.2}=0.9R_{p0.2} \tag{8-31}$$

式中，$\tau_t=M_G/W_t$，由式（8-27）或式（8-23）得 $M_G=F_{VM}(0.159P+0.577\mu_G d_2)$，$W_t=\pi d_0^3/12$⊖，$d_0$ 为起决定作用的横截面的最小直径。经过变换后，得到装配拉应力为

$$\sigma_M=\frac{0.9R_{p0.2}}{\sqrt{1+3\left[\frac{3}{d_0}(0.159P+0.577\mu_G d_2)\right]^2}} \tag{8-32}$$

式中 $R_{p0.2}$——螺栓材料的最小拉伸极限（或最小屈服点），由 TB8-4 查取；

P——螺纹导程，粗牙螺纹由 TB8-1 查取；

μ_G——螺纹摩擦因数，由 TB8-12a 和 b 查取；

d_2——螺纹中径，由螺纹表，例如 TB8-1 和 TB8-2 查取；

d_0——对于螺柱，用承受应力的横截面直径 $d_s=(d_2+d_3)/2$ 代入，对于拉伸螺栓（细杆螺栓）为杆径 $d_T\approx 0.9d_3$。

这样，就可以计算张紧力了

—对于螺栓（$d\geqslant d_s$）：

$$F_{sp}=F_{VM90}=\sigma_M A_s=\sigma_M\frac{\pi}{4}\left(\frac{d_2+d_3}{2}\right)^2 \tag{8-33a}$$

—对于拉伸螺栓（$d_T\leqslant d_s$）：

$$F_{sp}=F_{VM90}=\sigma_M A_T=\sigma_M(\pi/4)d_T^2 \tag{8-33b}$$

式中 F_{VM90}——装配预紧力，该力对螺栓材料最小拉伸极限的利用程度达到 90%；

d_2，d_3——螺纹中径，小径，由 TB8-1 和 TB8-2 查取；

d_T——拉伸螺栓（细杆螺栓）的光杆直径，$d_T\approx 0.9d_3$；

d_s——与受应力截面积 A_s 对应的直径，即 $d_s=(d_2+d_3)/2$；

σ_M——由 F_{sp} 产生的装配拉应力，由式（8-32）计算。

TB8-14 给出的张紧力 F_{sp} 由式（8-33）计算，考虑拧紧时的拉应力和扭应力对最小拉伸极限的利用程度为 90%。也就是说，螺栓杆在工作时还有 10% 的利用储备。如果利用程度不同，例如在采用控制屈服点和转角的拧紧方法时，取 $\nu=1.0$，即对最小拉伸极限的利用程度达到 100%，就必须将 TB8-14 查得的 F_{sp} 值乘以 $\nu/0.9$。最新的研究成果表明，在拧紧后，由于被拧紧系统的弹性回弹会在许多情况下使扭应力下降达 50%，所以对于超过弹性区域的拧紧或受动载荷的情况可以不考虑该扭应力。在工作状态下螺栓只受更小的应力。这就是为什么装配时完全利用最小拉伸极限的螺栓，在工作时还可以承受附加载荷的原因。

所有在螺栓杆中不产生扭应力的拧紧方法（例如液压和热拧紧方法），可以达到更高的装配拉应力。当 $\tau_t=0$ 时，由式（8-31），有 $\sigma_{red}=\sigma_M=\nu R_{p0.2}$。

8.3.7 满足最大许用螺栓力，静安全系数的计算

对于以 F_{sp} 预紧的螺栓，用 $\sigma_{red}=0.9R_{p0.2}$ 对最小拉伸极限仅仅达到 90% 的利用程度。附

⊖ 对于超过弹性区域拧紧的螺栓，只有在横截面上作用恒定扭应力时，才能达到螺栓材料的屈服极限。这点可以通过修正 W_t 来考虑。

加力 $F_{BS}=\Phi F_B$，即工作载荷的部分，它使螺栓附加受载，所以它不允许超过 $0.1R_{p0.2}A_s$。

当附加力满足下述条件时，就不会超过最大许用螺栓力：

—对于螺栓：

$$F_{BS}=\Phi F_B\leqslant 0.1R_{p0.2}A_s \tag{8-34a}$$

—对于拉伸螺栓：

$$F_{BS}=\Phi F_B\leqslant 0.1R_{p0.2}A_T \tag{8-34b}$$

式中 F_B——轴向工作载荷；

$R_{p0.2}$——0.2%拉伸极限或屈服点，与性能等级对应，其值由 DIN EN 20898 T1 规定，可由 TB8-4 查取；

Φ——力比，由式（8-17）计算；

A_s——螺栓螺纹承受应力面积，由 TB8-1 和 TB8-2 查取，一般：$A_s=(\pi/4)[(d_2+d_3)/2]^2$；

A_T——细杆横截面积：$A_T=(\pi/4)d_T^2$，式中 $d_T\approx 0.9d_3$。

静安全系数为

$$S_F=\frac{R_{p0.2}}{\sigma_{red}}\geqslant S_{F\,erf} \tag{8-35a}$$

式中 $R_{p0.2}$——见式（8-34）；

$S_{F\,erf}$——所要求的安全系数；受轴向载荷时 $S_{F\,erf}\geqslant 1.0$；受静横向载荷时，$S_{F\,erf}\geqslant 1.2$；受动横向载荷时 $S_{F\,erf}\geqslant 1.8$。

式中相当应力

$$\sigma_{red}=\sqrt{\sigma_{zmax}^2+3(k_\tau\tau_t)^2} \tag{8-35b}$$

式中 σ_{zmax}——最大拉伸应力：$\sigma_{zmax}=F_{S\,max}/A_0=(F_{sp}+\Phi F_B)/A_0$，式中 $A_0=A_s$或 A_T，见式（8-34）；

k_τ——降低系数；考虑工作状态下的扭应力降低：推荐 $k_\tau=0.5$；

τ_t——最大扭应力：$\tau_t=M_G/W_t$，式中 $M_G=F_{sp}(0.159P+0.577\mu_G d_2)$ 和 $W_t=\pi d_0^3/16$。

8.3.8 承压面压强

在承受最大螺栓力时，为了使螺栓头或螺母与被联接件之间的承压面处，不出现更严重的流动并引起压陷现象，不允许压强超过被联接件材料的抗压屈服点。但是，因为承压面的塑性变形会引起材料的冷作硬化，所以有时也允许（极限）压强超过抗压屈服点。

当最大螺栓力为 $F_{S\,max}=F_{sp}+F_{BS}=F_{sp}+\Phi F_B\approx F_{sp}/0.9$（见图 8-22），螺栓头或螺母承压面的压强为

$$p=\frac{F_{sp}+\Phi F_B}{A_p}\approx\frac{F_{sp}/0.9}{A_p}\leqslant p_G \tag{8-36}$$

式中 F_{sp}——螺栓张紧力，通过 σ_{red}对最小拉伸极限的利用程度达到 90%，由式（8-33）计算或由 TB8-14 查取；

Φ——力比，由式（8-17）计算；

F_B——轴向工作载荷；

A_p——螺栓头或螺母承压面面积，一般为 $A_p\approx(\pi/4)(d_w^2-d_h^2)$，式中 d_w为承压面直

径（最小尺寸），d_h为通孔直径；对于六角头和内六角头螺栓，由 TB8-8 和 TB8-9 查取；

p_G——极限压强，与被联接件材料和拧紧方法有关，其基准值由 TB8-10 查取。

对于100%利用实际（最大）0.2%拉伸极限（$R_{p0.2max}/R_{p0.2min} \approx 1.2$）的控制屈服点和转角的拧紧方法，有

$$p = 1.2\frac{F_{sp}/0.9}{A_p} \leqslant p_G \tag{8-37}$$

如果 $p > p_G$，必须采取措施增大承压面积（例如采用没有凸台的六角头螺栓，带凸缘的螺栓或调质处理的垫圈），或改变设计或材料。

8.3.9 机械制造中的螺栓联接的实用计算方法

螺栓的形状和大小主要根据结构要求来选定，性能等级和产品等级主要根据用途来选定，当然，装配、库存和成本也是必须考虑的重要因素。

只有在重载和可能的断裂会造成严重后果（例如发动机）或者联接必须保证密封（例如压力容器）或不允许错位（例如联轴器），或者“凭感觉”对所做的设计没有把握时，才需要对螺纹联接进行计算。

1. 松螺栓 这类联接一般受外力 F 作用，绝大多数情况下为静载荷，一般为拉力，很少为压力（见§8.3）。如果螺栓“负载”后拧紧（例如螺柱，图 8-7a），则会承受附加扭应力，这点可以相应地将许用拉应力降低来加以考虑。所需的承载面面积为

$$A_s \geqslant \frac{F}{\sigma_{z(d)zul}} \tag{8-38}$$

式中 F——螺栓所受拉力（或压力）；

$\sigma_{z(d)zul}$——许用拉（压）应力；$\sigma_{z(d)zul} = R_{p0.2}/S$；屈服或 0.2%拉伸极限 $R_{p0.2}$ 由 TB8-4 查取，当“负载拧紧”时，安全系数 $S=1.5$，其他情况下取 $S=1.25$。

根据受力截面积 A_s 的计算结果，由螺纹表 TB8-1 或 TB8-2 往大圆整选取螺纹公称直径。

对于受动载荷的螺栓，还应按式（8-22）校核疲劳寿命。此时 $F_a = (F_{Bo} - F_{Bu})/2$，或对于纯脉动载荷为 $F_a = F_{Bo}/2$。

2. 紧螺栓，计算步骤 紧螺栓联接可以实现多种功能。图 8-23 给出了一些联接应用示例。图上用简化的方式标出了“外”力（F、F_Q）和“功能力”（密封力、法向力和张紧力）以及由此产生的螺栓受力。

螺纹联接的一般设计步骤如下：

1）根据工作载荷 F_B（横向载荷 F_Q）由 TB8-13 初选螺栓直径 d 及其性能等级，查表时往大一栏圆整。由式（8-36）或式（8-37）近似计算压强 p，或按§8.2.3 进行螺栓联接的初步设计。

2）根据联接受载的不同，用式（8-29）或式（8-30）计算所需的装配预紧力 F_{VM}。如果作用有横向载荷，由式（8-18）计算所需的夹紧力。如果 $F_{VM} > F_{sp}$，则要将螺栓直径或性能等级按 TB8-14 进行修正。

3）所要求的拧紧力矩 M_A 由式（8-27）计算。绝大多数情况下选择 $F_{VM} = F_{sp}$；由 TB8-14 得 $M_A = M_{sp}$。如果采用控制屈服点和转角的拧紧方法，应将 TB8-14 查得的值除以 $\nu = 0.9$。

4）螺栓校核：

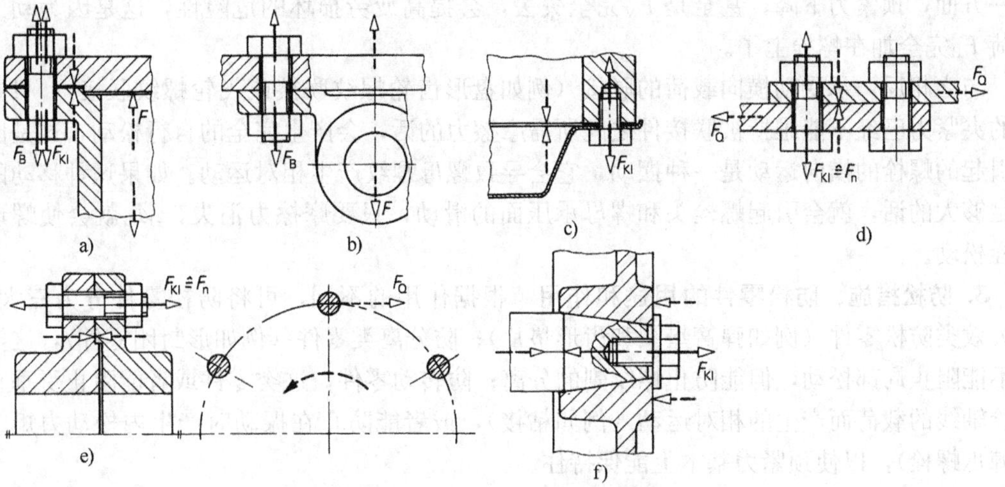

图 8-23　紧螺栓联接应用示例

a）受轴向力和密封力　b）受轴向力　c）仅仅只受密封力　d）受横向力

e）由转矩产生的横向力　f）受夹紧力或张紧力（图 c～f：$F_B=0$）

a）受静工作载荷 F_B时，一般只要按式（8-34）校核附加力 F_{BS}即可；更精确的计算是按式（8-35a）校核静安全系数。

b）受动工作载荷 F_B时，首先要按 a 所述进行校核，然后还要按式（8-20a）校核应力幅 σ_a，或按式（8-20b）校核安全系数。

5）按式（8-36）校核螺栓头或螺母承压面处的压强，采用控制屈服点和转角的拧紧方法时按式（8-37）进行校核。

8.3.10　螺栓联接的松动，防松措施

1. 松动力矩　紧螺栓联接松动所需的松动力矩一般小于拧紧力矩，这一方面是因为压陷作用已使装配预紧力 F_{VM}下降为“实际”预紧力 F_V，另一方面是由于力学关系式（见§8.3.4-1）对松动更为有利。

如果需要的话，所需的松动力矩 M_L由式（8-24）计算，将式中的 F_{VM}用 $F_V=F_{VM}-F_Z$代替，$+\tan\varphi$ 用 $-\tan\varphi$ 代替，预紧力损失 F_Z由式（8-19）计算。

2. 自行松动，联接的松开　如果联接受动轴向载荷作用，其上没有作用外松动力矩，正常预紧，这样可以防止松开（见§8.3.2），这种情况下一般不会出现自行松动现象，因为螺母螺纹牙之间有很高的压强会形成自锁（见§8.5.5）。但是，还是会出现松动过程，根据经验它会导致联接失效，因此要研究引发松动过程的原因。

研究结果表明，如果动工作载荷与预紧力的比值过大，特别是在动工作载荷的压力变幅的作用下导致剩余预紧力 F_{Kl}急剧下降，在联接中的拉伸载荷分量（见图 8-18）的作用下，如果螺纹牙之间及螺栓头和螺母承压面之间产生径向（或者切向）滑动，就会在螺纹联接中，特别是承压面附近引起变形（螺母振动），这样就会引起局部松动。类似处于振动状态下的，在斜面上受重力作用的螺旋副在圆周方向上无摩擦力，因此作用于螺纹斜面上的力 F_V会沿松动方向产生力分量。由此产生的内松动力矩 $M_{Li}=-0.5F_Vd_2\tan\varphi$ 会引起局部松动，这样又会进一步降低 F_V，由于 M_{Li}与 F_V成正比，这反过来又会使松动过程趋向停止。

另一方面，预紧力下降，甚至是 F_V完全失去，会提高疲劳损坏的危险性，这是因为动工作载荷 F_B完全加在螺栓上了。

与之相反，承受动横向载荷的联接（例如盘形齿轮螺纹联接或飞轮螺纹联接），只要联接的夹紧力已经不能维持被联接件之间所需摩擦力的话，会产生完全的自行松动，这是因为所引起的螺栓的横向运动是一种摆动，它会导致螺母螺纹产生相对运动。如果这种移动的幅度足够大的话，就会引起螺栓头和螺母承压面的滑动，只要摩擦力消失，M_{Li}就会使螺母或螺栓松动。

3. 防松措施、防松零件的用途和作用 根据作用的不同，可将防松零件分为三大类：防失效类防松零件（例如弹簧垫圈和齿形垫片）；防分离类零件（例如形封闭零件），这类零件不能阻止局部松动，但能防止螺纹副的分离；防转动零件，这类零件或者能阻止受垂直于螺栓轴线的载荷而产生的相对运动（例如粘接），或者能防止在振动时产生内松动力矩（例如棘爪螺栓），以使预紧力基本上能保持住。

根据§8.1.4-2，可采取如下防松措施：

（1）张紧弹性防松件 如果受轴向载荷螺栓的张紧力处于弹性范围内时可采取本措施，该标准防松件只适用于性能等级较低的螺栓。对于承受轴向载荷的短螺栓可采取该措施以防止松开。但是必须小心使用。

（2）形封闭防松件 作为一起被夹紧的零件，由于其带来的附加压陷作用，在联接承受轴向载荷时会造成预紧力损失加大；对于受横向载荷的联接，只有当自锁失效，它能承担松动力矩时，该防松措施才有效，否则它会产生反作用。一般来说，它能将剩余预紧力保持在适当的水平上，从而防止联接分离。

（3）力封闭防松件 通过提高螺纹副的摩擦封闭效果起作用，在大多数情况下只能部分承担自锁失效时所产生的松动力矩；F_V下降，直到松动力矩与夹紧力矩（例如由尼龙环变形产生）平衡。这类防松件属于防分离类零件。

（4）带有闭锁齿或肋条的螺栓和螺母（见图 8-3a） 能阻抗由振动产生的内松动力矩并保持完全的预紧力。波浪形的肋条用于硬度为 60HRC 的被联接件上，可防松且可防止表面损坏。

（5）物质封闭防松件 可以阻止相对运动，从而防止内松动力矩产生。对于经硬化的被联接件，常常用来取代棘爪螺栓。

（6）结构措施 例如，提高联接的弹性；降低压陷量（见§8.3.2），通过相应地提高预紧力来避免接触面和螺纹的相对运动。

说明：一般来说，只有承受轴向动载荷的低性能等级（$\leqslant$6.8）且非常短的螺栓联接和承受横向动载荷的所有等级的短至中等长度螺栓（$l_k/d\leqslant5$）联接需要采取防松措施。

TB8-16 将常用防松零件按不同功能和作用进行了汇总。

8.4 钢结构中的螺纹联接

8.4.1 用途

由于具有运输方便和便于在施工现场组装如笨重的桁架这类结构件，螺纹联接在钢结构中得到广泛应用。螺纹联接还可以用于铆接和焊接不便施工的场合。被联接件厚度较大（超过公称直径 5 倍）和承受重载、冲击载荷的情况，优先采用螺纹联接，而不是铆接。特别是采用高强预紧螺栓（HV）形成防滑动联接（GV）具有工艺性和经济性的优点。

8.4.2　螺栓类型

六角头螺栓：DIN 7990，性能等级 4.6 和 5.6，带六角螺母，总是与 8mm 厚垫圈（DIN 7989）一起使用。螺纹部分应该位于被联接件之外，以保证剪力和孔壁挤压力由螺栓的光杆部分来承担（见图 8-24a）。直径范围：M12～M30，螺栓孔应总是比光杆直径大 1mm（见 TB7-4）。用途：作为高性价比的无配合螺栓（粗螺栓），用于以静载荷为主的受剪力—孔壁挤压力的联接中。

六角头铰制孔螺栓：DIN 7968，性能等级 5.6，带六角螺母和垫圈（见图 8-24b）。螺栓的光杆部分的公差等级为 h11，比带螺纹部分大 1mm（M12～M30），它应与铰制孔（公差等级 H11）配合，且尽可能无间隙。在起重机制造中，当承受对称循环载荷，应选 H11/k6 或更紧的配合。螺栓光杆必须超过整个被联接件的厚度。

用途：用于无滑移的联接（SLP 联接），例如抗弯接头，和要求有更高承载能力的场合。

带大扳手开口宽度的六角头螺栓（HV 螺栓）：DIN 6914，用于无滑动联接（GV）和剪切—孔壁挤压联接（SL）；性能等级 10.9，带六角螺母和大扳手开口宽度（DIN 6915），性能等级 10 和 C45 制成的硬化垫圈（DIN 6916）（用于工字钢和槽钢的斜垫圈为 DIN 6917 和 DIN 6918）（见图 8-24c）。该组件（螺栓，螺母，垫圈）必须带“HV”标记。

带大扳手开口宽度的六角头铰制孔螺栓：DIN 7999，性能等级 10.9，带六角螺母（DIN 6915）和垫圈（DIN 6916～DIN 6918）。螺栓光杆公差等级为 b11，比螺纹部分（M12～M30）大 1mm。在其头部必须标上“HVP”，用于预紧（GVP）和非预紧联接（SLP）。

带槽沉头螺栓：DIN 7969，性能等级 4.6，M10～M24，沉头斜角 75°或 60°，用于剪切—孔壁挤压联接。

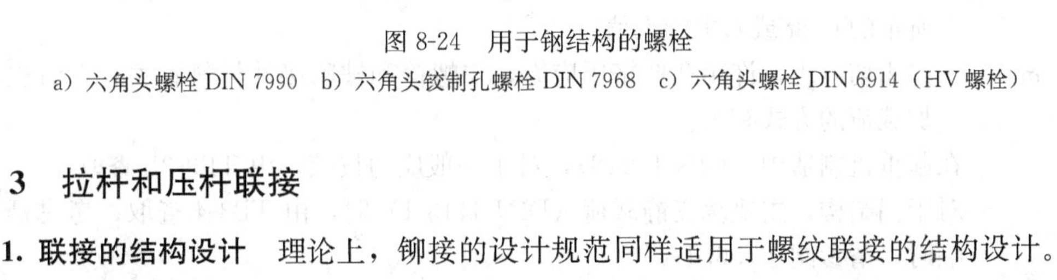

图 8-24　用于钢结构的螺栓

a）六角头螺栓 DIN 7990　b）六角头铰制孔螺栓 DIN 7968　c）六角头螺栓 DIN 6914（HV 螺栓）

8.4.3　拉杆和压杆联接

1. 联接的结构设计　理论上，铆接的设计规范同样适用于螺纹联接的结构设计。只有一个螺栓的联接也是允许的。

一般来说，GV 联接的螺栓直径小于 SL 联接。由于 GV 联接在多排联接中传递动力效果好，因此一般优先取长方形排列，而不是取在其他情况下具有优越性的菱形排列（见图 8-25b 和 c）。

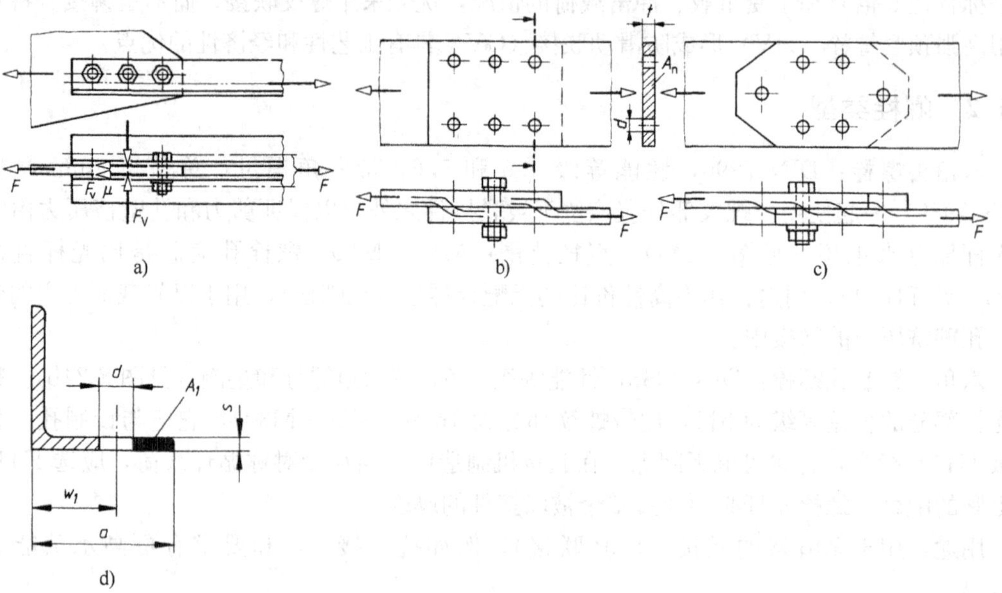

图 8-25 螺纹联接的杆接头

a）GV 联接的拉杆接头及其作用力 b）有利的长方形螺栓排列 c）菱形螺栓排列虽可以减小孔距，但会导致第一个螺栓过载（应避免） d）角钢构成的拉杆的“单螺栓联接”，薄弱零件的可用横截面积为 A_1

2. 剪切—孔壁挤压联接 不论外力是大部分还是全部由摩擦力来承担，钢结构中承受横向载荷的螺纹联接都像铆接一样，均要进行剪切和孔壁挤压应力校核（见“铆接”的§7.5.3-3）。因此，它可以套用铆接中的实际切应力和实际孔壁挤压应力公式：

$$\tau_a = \frac{F}{A} \leqslant \tau_{a\,zul} \tag{8-39}$$

$$\sigma_l = \frac{F}{d_{Sch}t_{min}} \leqslant \sigma_{l\,zul} \tag{8-40}$$

式中 F——由联接中每个螺栓和每个剪切面或每个零件厚度所承担的载荷；

A——光杆部分的横截面积；如果螺纹位于接合面上的话，则是承受应力的横截面积；

d_{Sch}——DIN 7990 规定的六角头螺栓的光杆直径，DIN 7968 和 DIN 7999 规定的六角头铰制孔螺栓的配合杆直径（=孔径）；

t_{min}——承受同向挤压应力的被联接件厚度和的最小值；对于六角头螺栓，取图 7-8b 所示的 $0.8t$ 或 t_s 中的大值；

$\tau_{a\,zul}$，$\sigma_{l\,zul}$——许用切应力，许用孔壁挤压应力，与螺栓和被联接件材料有关，有时也与施加载荷的方式有关。

—在起重机制造中（DIN 15018），对于一般应力校核，由 TB3-3b 查取

—对于铝结构，主要承受静载荷（DIN 4113-1）时，由 TB3-4 查取，考虑蠕变影响时，请参阅§7.6.4-1

—对于钢结构，根据 DIN 18800-1：

$\tau_{a\,zul} = \alpha_a R_m / S_M$

性能等级 4.6、5.6 和 8.8 的螺栓：$\alpha_a = 0.6$；性能等级 10.9 的螺栓（剪切面在

螺纹处)：α_a＝0.55（0.44），螺栓材料的抗拉强度 R_m 由 TB8-4 查取，零件安全系数 S_M＝1.1

$\sigma_{1\,zul}=\alpha_1 R_e/S_M$

距离系数 $\alpha_1$①	受力方向的边距决定强度时	受力方向的孔距决定强度时
$e_2\geqslant 1.5d$ 和 $e_3\geqslant 3.0d$	$\alpha_1=1.1e_1/d-0.3$	$\alpha_1=1.08e/d-0.77$
$e_2=1.2d$ 和 $e_3=2.4d$	$\alpha_1=0.73e_1/d-0.2$	$\alpha_1=0.72e/d-0.51$

① e_2 和 e_3 的中间值可线性插值求得。

—当边距和孔距 e_1 和 $e_3=3d$，$e_2=1.5d$ 和 $e=3.5d$ 时，计算孔壁压力会达到可能的最大值，见 TB7-2 和图 7-13

—计算 α_1 时，允许受力方向上的边距 e_1 的最大值为 $3d$，受力方向上的孔距 e 的最大值为 $3.5d$

—总是要注意，边距 e_1 或孔距 e 是否算得了较小的 α_1 值

—被联接件材料 S235 和 S355 的屈服点 R_e 由 TB6-5 查取，零件安全系数 S_M＝1.1

对于单层无支撑，单个螺栓的联接，通过在孔壁挤压应力计算时取较大的安全系数（S_M＝1.32)，来考虑其可能产生的变形（见图 7-9c)。

在初步设计计算时选取合适的螺栓尺寸的方法见§8.4.3-1。对于受螺栓轴向拉伸载荷的联接，在计算时，将外载荷全部作用于螺栓上。其应力校核见式（8-49)。

对于同时受拉伸和剪切变形的情况，应单独进行拉伸强度校核和综合校核：$(\sigma_z/\sigma_{zzul})^2+(\tau_a/\tau_{a\,zul})^2\leqslant 1$。

3. 高强螺栓（HV 螺栓）**联接**　根据 DIN 18800-1，作为联接件，高强螺栓可以用于剪切—孔壁挤压应力联接，无滑移预紧联接以及（同时）抗拉联接。

用于剪切—孔壁挤压应力联接时，当被联接件主要承受静载荷时，可以不用预紧或部分预紧，孔隙为 2mm（SL 联接)；如果采用高强铰制孔螺栓时（SLP 联接，孔隙≤0.3mm)，也可以用于被联接件并不是主要承受静载荷的场合。

与§8.4.3-2 的螺栓相比，这类螺栓有着较高的抗剪强度和（当预紧时）孔壁抗挤压强度。

用于无滑移联接时，采用预紧螺栓（GV 联接，0.3mm＜孔隙≤2mm）和预紧铰制孔螺栓（GVP 联接，孔隙≤0.3mm)，它主要是通过处理过的接触面来承担外（横向）载荷，即主要是通过“面”摩擦封闭联接来承担载荷。

承受垂直于螺栓轴线的载荷的所有结构形状 HV 螺栓和 HV 铰制孔螺栓，其计算均按§8.4.3-2 所述剪切和孔壁挤压的计算式（8-39）和式（8-40）进行。

对于无滑移联接，采取正常预紧的高强螺栓（GV 联接)，还必须校核每个摩擦面每个螺栓所能传递的垂直于螺栓轴线的载荷（极限滑移载荷）（可靠性校核)：

$$F_{zul}=\mu\frac{F_V}{1.15S_M} \tag{8-41}$$

式中　F_V——螺栓预紧力，由 TB8-17 查取；

μ＝0.5——接触面的摩擦因数，接触面经仔细的摩擦处理，例如，经喷砂处理，镀防滑材料，等等；

S_M——零件安全系数；S_M＝1.0。

根据所给定的杆件受力 F 和所选的螺栓直径，可以求得无滑移传递载荷时所要求的螺栓数（总是向上圆整)：

$$n \geqslant \frac{F}{F_{\mathrm{V}}} \frac{1.15S_{\mathrm{M}}}{\mu m} \tag{8-42}$$

式中　F——由螺纹联接形成的杆接头所要传递的总载荷；

F_{V}，S_{M}，μ——同式（8-41）；

m——被联接件之间的剪切或摩擦面数。

抗拉预紧联接（例如悬臂联接和盘形端面联接），由外载荷引起的拉伸变形主要由螺栓来承担。由拉伸载荷 F_z所引起的夹紧力的下降会导致 GV 联接和 GVP 联接的预紧螺栓或铰制孔螺栓每个摩擦面的许用可承担的横向载荷减小为

$$F_{\mathrm{zul}} = \mu \frac{F_{\mathrm{V}} - F_{\mathrm{z}}}{1.15S_{\mathrm{M}}} \tag{8-43}$$

式中　F_{V}，S_{M}，μ——同式（8-41）；

F_{z}——每个螺栓上沿螺栓轴向作用的拉力；

附注：数值 1.15 是对于拉力作用方式的简化假设的修正系数。

4. 被联接件的计算　一般来说，用于铆接和焊接零件计算的设计规范同样适用于这里，见 § 6.3.1-3。

对于受拉力且其上有孔的零件，在进行一般强度校核时必须考虑其横截面削弱的情况。因此，对于因螺栓孔或铆钉孔削弱的拉杆应按杆的可用横截面计算应力

$$\sigma_{\mathrm{z}} = \frac{F}{A_{\mathrm{n}}} \leqslant \sigma_{\mathrm{zzul}} \tag{8-44}$$

式中　F——杆上拉力；

A_{n}——可用杆横截面积，考虑最不利的断裂线的情况，其值为 $A_{\mathrm{n}} = A - (dtz)$

式中：A 为完全的，未受削弱的横截面积，d 为孔径，t 为杆厚，z 为将杆削弱的孔个数（对于图 8-25b 所示的接头 $z=2$）；

σ_{zzul}——对于钢结构 $R_{\mathrm{e}}/S_{\mathrm{M}}$（DIN 18800-1），屈服点 R_{e} 由 TB6-5 查取，零件安全系数 $S_{\mathrm{M}}=1.1$。

—对于起重机制造的一般强度校核，由 TB3-3a 查取（DIN 15018-1）

—对于不可控区域，R_{m}/S，拉伸极限 R_{m}由 TB1-1a 查取，安全系数 $S \approx 2.0$

提示：在钢结构中，如果 $A/A_{\mathrm{n}} \leqslant 1.2$（S235）和 $\leqslant 1.1$（S355）时，可以不用考虑孔对受拉横截面的削弱。此外，对于被钻孔削弱的横截面，允许用零件材料的拉伸极限来计算许用应力，即：$\sigma_{\mathrm{zul}} = R_{\mathrm{m}}/(1.25S_{\mathrm{M}})$，$R_{\mathrm{m}}$由 TB6-5 查取，$S_{\mathrm{M}}=1.1$。

在进行初步设计计算时，可以通过引用削弱比 υ 来估算所需的杆件完全横截面积，υ 为可用横截面积与未削弱横截面积 A/A_{n}之比，根据经验，一般取 $\upsilon \approx 0.8$。由此得到所需的未削弱杆件横截面积为

$$A \approx \frac{F}{\upsilon \sigma_{\mathrm{zul}}} \tag{8-45}$$

式中　F，σ_{zul}——同式（8-44）；

υ——削弱比；根据经验，取 $\upsilon=0.8$，即对应为 25%的增量。

提示：焊接接头没有孔的削弱，自然就没有 υ；也就是说，A_{n}就等于 A。

根据所求得的横截面积 A 可由型钢表 TB1-8～TB1-12 查取合适的横截面积，与其相对应的最大孔径由 DIN 997 选取。对于板材和平钢，可按材料厚度由 TB7-4 的推荐值选取合适的螺栓直径。

然后就可以按式（8-44）对杆件进行校核。

提示： 如果拉力直接作用在节点的角钢边上，且满足下列条件，就可以不考虑角钢由于偏心所产生的弯曲应力：

a）联接沿载荷方向，前后排列至少两个螺栓，且在对称假设下由轴向载荷所产生的拉应力不超过 $0.8\sigma_{zul}$；

b）联接上只有一个螺栓，且在进行被削弱零件的强度校核时采用有效横截面积和所要承担载荷的一半；即 $\sigma_z=0.5F/A_1$，$A_1=s(a-w_1-0.5d)$（见图 8-25d）。

8.4.4 受旋转力矩（剪切）的联接

在这类联接中，外载荷合力 F 的作用线与螺纹联接形心 S 的距离 z 较大，例如受弯梁，悬臂梁等联接（见图 8-26a）。即使载荷 F 或其分量 F_y 和 F_x 均匀地作用在多个螺栓上，但由于力矩 $M=Fz=F_ya+F_xh$ 所产生的“旋转作用”，螺栓组中距形心最远的螺栓受力最大（图 8-26b）。设被联接件绕螺栓组形心 S 旋转，由图 8-26b 可知，平衡方程 $\sum M_{(S)}=0$ 为

$$M_S=F_1r_1+F_2r_2+\cdots+F_nr_n$$

假设螺栓的反作用力如同弯曲应力一样，与它距螺栓组形心的距离成正比，则有

$$F_2=F_1r_2/r_1,F_3=F_1r_3/r_1,\cdots,F_n=F_1r_n/r_1$$

由此得

$$M_S=F_1\frac{r_1^2}{r_1}+F_1\frac{r_2^2}{r_1}+F_1\frac{r_3^2}{r_1}+\cdots+F_1\frac{r_n^2}{r_1}=\frac{F_1}{r_1}\sum r^2$$

所以最外边的螺栓受到的切向螺栓力最大：

$$F_{max}=F_1=\frac{M_Sr_{max}}{\sum r^2}=\frac{M_Sr_{max}}{\sum(x^2+y^2)} \tag{8-46}$$

式中 M_S——作用于螺栓组形心的旋转力矩，例如，根据图 8-26a：$M_S=Fz$；

r_{max}——离形心最远的螺栓的距离，如图 8-26b 所示：$r_{max}=r_1$；

r——联接中各个螺栓距形心的直接距离；

x，y——各个螺栓距形心的坐标距离。

大多数情况下联接上还作用有法向力和横向力 F_x 和 F_y（见图 8-26a），它们在每个螺栓上均匀分布，分别为 F_x/n 和 F_y/n，将按式（8-46）计算的最大切向螺栓力 F_{max} 分解为分量 $F_{max(x)}$ 和 $F_{max(y)}$，将它们分别相加即可得到考虑法向力和横向力后的合力。

对于分布在最外边的螺栓，由 F_{max} 和法向力 F_x 得合力的水平分量

$$F_{x\,ges}=F_{max}\frac{y_{max}}{r_{max}}+\frac{F_x}{n}=\frac{M_Sy_{max}}{\sum(x^2+y^2)}+\frac{F_x}{n} \tag{8-47a}$$

同样地，铅垂分量为

$$F_{y\,ges}=F_{max}\frac{y_{max}}{r_{max}}+\frac{F_y}{n}=\frac{M_Sx_{max}}{\sum(x^2+y^2)}+\frac{F_y}{n} \tag{8-47b}$$

将两个分量合成为总螺栓力（见图 8-26b）

$$F_{res}=\sqrt{F_{x\,ges}^2+F_{y\,ges}^2} \tag{8-47c}$$

式中 M_S，r，x，y——同式（8-46）；

F_{max}——旋转力矩产生的最大切向螺栓力，由式（8-46）计算；

F_x，F_y——作用在联接上的法向力和横向力；

n——联接中螺栓的个数。

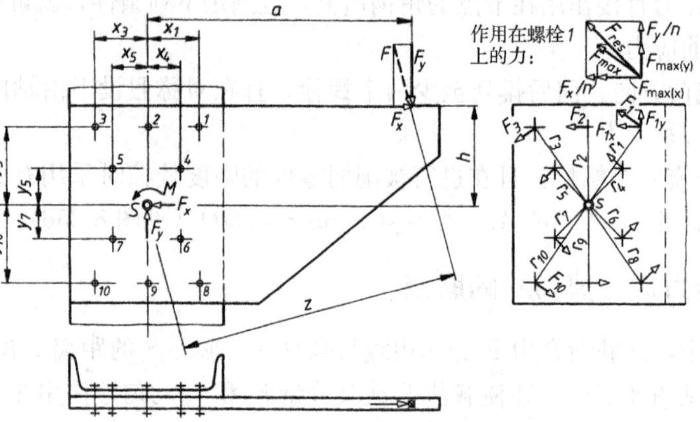

a)　　　　b)

图8-26　受力矩（剪切）的联接

a）螺栓组及其受力和距离　b）由力矩产生的螺栓力

在工程实际中，当螺栓组分布区域很窄和很高时，可将式（8-46）和式（8-47）中的水平系列距离 x 取为零，以降低计算工作量。该原则同样可用于受力矩的铆接和定位焊接中。

用 F_{res} 可以对受剪—孔壁挤压联接（粗螺栓、铆接和定位焊接）进行抗剪强度和孔壁抗挤压强度校核，并针对每个高强螺栓校核联接不滑动的许用承载载荷。

必要时，还应对受孔削弱的被联接件横截面进行强度校核。

8.4.5　悬臂联接

对于悬臂联接零件，例如支承臂，梁等，可以采用六角头螺栓（DIN 7990），六角头铰制孔螺栓（DIN 7968）或高强螺栓（DIN 6914）。其直径和布置可参照铆接（见§7.5.3-1和§7.5.4）进行设计。

该联接除了受支承力 F 作用之外，还受翻转力矩 $M_b=Fl_a$ 作用（见图8-27）。F 所产生的剪切变形由所有螺栓均匀承担，但尽可能由摩擦封闭来承担。考虑到滑移的可能性，对于这种剪切—孔壁挤压联接，首先应根据载荷 F 由式（8-38）和式（8-39）进行抗剪强度和孔壁抗压强度校核。

M_b 的翻转作用会在悬臂的下部（见图8-27a）产生压力，其分布虽然受螺栓预紧力的影响，但也可近似地用图8-27a曲线代表其分布。根据斯泰恩哈特㊀的研究，该压强可用作用于“压力中点”D 的压力 F_d 取代，作用点距悬臂底部为 $h/4$。位于 D 上部的螺栓受拉力 F_1，F_2，…，F_n，其距 D 的距离分别为 l_1，l_2，…，l_n，且满足 $F_1:F_2:\cdots:F_n=l_1:l_2:\cdots:l_n$。

由平衡条件 $\sum M_{(D)}=0$，得

$$M_b=Fl_a=F_1l_1+F_2l_2+\cdots+F_nl_n$$

将上式进行替代和变换后，当每排受载的螺栓数为 z 时（图8-27a为 $z=2$，$F_1=F_{max}$），

㊀ 1952年发表于《建筑工程师》杂志，第7卷。

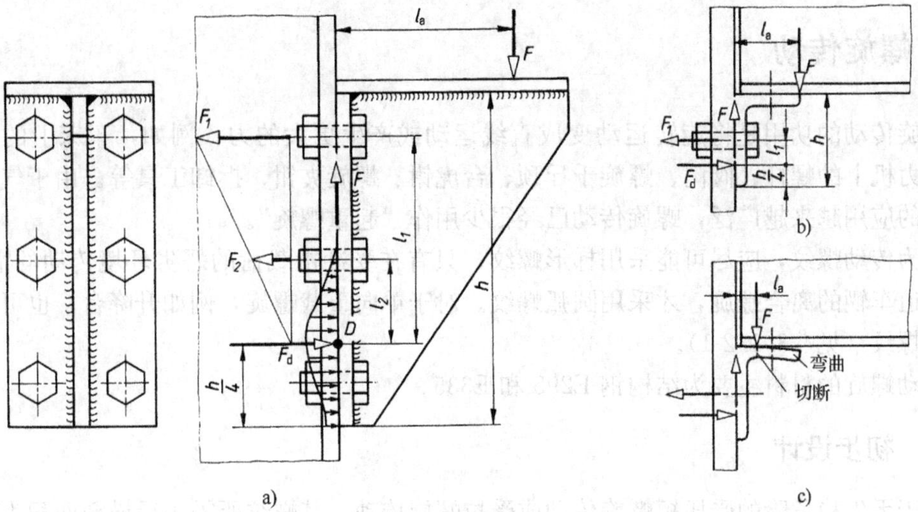

图 8-27　悬臂联接

a）六个螺栓的悬臂联接　b）悬臂支架的角钢联接　c）支承角边弯曲的角钢联接

单个螺栓上的最大拉力为

$$F_{max}=\frac{M_b}{z}\ \frac{l_1}{l_1^2+l_2^2+\cdots+l_n^2} \tag{8-48}$$

对于位于边沿，受 F_{max}的螺栓，其强度校核式为

$$\sigma_z=\frac{F_{max}}{A}\leqslant\sigma_{zzul} \tag{8-49}$$

式中　M_b——联接上的翻转力矩，$M_b=Fl_a$；

z——承受最大拉力 F_{max}的螺栓数；

l_1，l_2，…，l_n——各受拉螺栓距压力中点的距离；

A——螺栓的危险截面；

—起重机制造和铝结构：小径横截面积 A_3，由 TB8-1 查取

—钢结构：受应力横截面积 A_s或光杆横截面积 A_{sch}

σ_{zzul}——螺栓许用拉应力。

—钢结构（DIN 18800-1）：取 $\sigma_{zul}=R_e/(1.1S_M)$ 除以 A_{Sch}的值与 $\sigma_{zul}=R_m/(1.25S_M)$ 除以 A_s的值中小的一个，其中 $S_M=1.1$，螺栓材料（性能等级）的 $R_e(R_{p0.2})$ 或 R_m由 TB8-4 查取

—起重机制造：由 TB3-3b 查取

—铝结构（DIN 4113-1）：由 TB3-4b 和 c 查取

对于相对应的刚性端板，该联接应设计为抗拉联接，按规定预紧且采用高强螺栓。对于图 8-27b 和 c 所示的角钢联接，可采用与上述一样的方法进行设计计算。对于图 8-27b 所示的联接，出于安全起见，假设力 F 的作用点为角钢支承边的外边缘。如果将该角边稍稍弯曲（大约 2mm），F 的作用点就会更接近联接面，由此，翻转力矩 M_b和螺栓受力会更小（见图 8-27c）。类似地，如果将该角边的圆角之前的部分切断，也能达到该效果。

8.5 螺旋传动

螺旋传动的功用是将旋转运动变成直线运动或产生更大的力，例如，车床上的丝杆传动、压力机上的螺杆、阀门、螺旋千斤顶、台虎钳、螺旋夹钳、拆卸工具等。由于气动和液压传动的应用越来越广泛，螺旋传动已经很少用作“起重螺旋”。

作为传动螺纹，应尽可能采用梯形螺纹，只有在受冲击载荷的恶劣环境传动的情况下，例如轨道车辆的离合螺旋，才采用圆弧螺纹。对于单向重载螺旋，例如升降台，也可以采用锯齿形螺纹（见§8.1.2-1）。

传动螺旋的材料主要为结构钢 E295 和 E335。

8.5.1 初步设计

对于无失稳危险的受压短螺旋传动或受拉螺旋传动，其螺纹所需小径横截面积为

$$A_3 \geqslant \frac{F}{\sigma_{d(z)zul}} \tag{8-50}$$

式中 $\sigma_{d(z)zul}$——许用压（拉）应力；根据情况不同，分别为

主要受静载荷：$\sigma_{d(z)zul}=R_e$ （$R_{p0.2}$） /1.5

受脉动载荷：$\sigma_{d(z)zul}=\sigma_{zdSch}/2$

受对称循环载荷：$\sigma_{d(z)zul}=\sigma_{zdW}/2$

R_e、$R_{p0.2}$以及 σ_{zdSch}和 σ_{zdW}由 TB1-1 查取。

存在失稳危险的受压长螺旋（见图 8-28）应进行稳定性计算。由欧拉稳定性公式，可得到螺纹所需小径

$$d_3=\sqrt[4]{\frac{64FSl_k^2}{\pi^3 E}} \tag{8-51}$$

式中 F——螺旋所受压力；

S——安全系数，先取 $S\approx 6\sim 8$；

l_k——根据实际侧弯情况得到的稳定性计算长度；图 8-28 所示的螺旋与“欧拉稳定性情况”3 相对应，并一般可假设为有导引的螺旋：$l_k\approx 0.7l$。欧拉稳定性情况见图 6-34；

E——螺旋材料的弹性模量；对于钢：$E=2.1\times 10^5\,\mathrm{N/mm^2}$。

算得小径横截面积 A_3或小径 d_3后，由螺纹表往大圆整选取标准值。对于梯形螺纹，由 TB8-3 选取。

对于预选的螺旋，在任何情况下都应校核其强度，在大多数情况下还应校核稳定性。

8.5.2 强度校核

除了受压或拉以外，螺旋传动还在转矩的作用下受扭转变形。在进行强度校核时，首先要针对下述几种情况确定螺杆或螺旋的各个部分的受载类型。

受载类型 1：轴向载荷 F 从螺母螺纹开始作用在螺杆上，在另一边作用有输入转矩 T，图 8-28a 所示的螺旋压力机的螺杆就属于这种情况。

这种情况下，当（摩擦）力矩很小不用考虑时（例如支承 A 处的轴承摩擦力矩 M_{RL}），

螺杆只是一部分（对于图示情况是上部）受扭转变形，其他部分（长度为 l）受压，即侧弯（或受拉）。

对于"扭转部分"，其扭应力为

$$\tau_t=\frac{T}{W_t}\leqslant\tau_{t\,zul} \tag{8-52}$$

式中　T——按式（8-55）计算的螺杆上的转矩；

W_t——抗扭截面横量，$W_t=\pi/16d_3^3$，d_3为螺纹小径，由螺纹表查取，如梯形螺纹由TB8-3查取；

$\tau_{t\,zul}$——许用扭应力；主要是静载荷时，为 $\tau_{t\,zul}=\tau_{tF}/1.5$；受脉动载荷时，为 $\tau_{t\,zul}=\tau_{t\,Sch}/2$；受对称循环载荷时，$\tau_{t\,zul}=\tau_{tW}/2$；$\tau_{tF}$ 由图 3-14 确定，$\tau_{t\,Sch}$ 和 τ_{tW} 由 TB1-1 查取（注意要用 K_t 进行转换，详见第 3 章）。

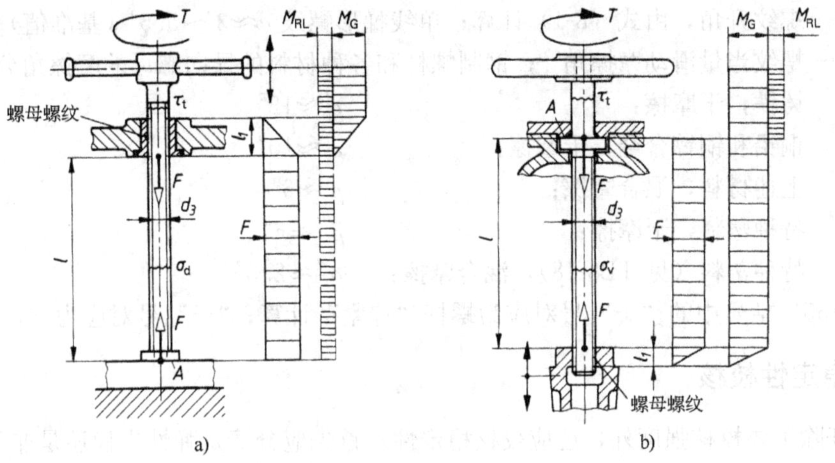

图 8-28　螺旋传动的两种受载类型，轴向力 F 的分布以及螺纹和轴承摩擦力矩 M_G 和 M_{RL}（绝大多数情况下 $M_G\gg M_{RL}$）

a）螺旋压力机螺杆的受载（情况 1）　b）闸门螺杆的受载（情况 2）

对于"受压部分"（"受拉部分"），其压（拉）应力为

$$\sigma_{d(z)}=\frac{F}{A_3}\leqslant\sigma_{d(z)zul} \tag{8-53}$$

式中　F——螺杆上的压（拉）力；

A_3——螺纹的小径横截面积，由螺纹表查取，梯形螺纹见 TB8-3；

$\sigma_{d(z)zul}$——许用压（拉）应力，同式（8-50）；如果螺杆直径较大时，应考虑尺寸对强度的影响，见式（3-7）。

对于较长的受压螺杆，对这一部分必须进行稳定性校核，详见§8.5.3。

受载类型 2：从螺母螺纹开始，轴向载荷 F 作用在螺杆上，在同一边上作用有输入转矩 T，图 8-28b 所示的闸门螺杆就属于这种情况。

此时，螺杆的上部受扭转，其他部分（长度为 l）受压（很少受拉）和扭转。对于螺杆需要校核的这部分，其相当应力按式（3-5）计算：

$$\sigma_v=\sqrt{\sigma_{d(z)}^2+3\left(\frac{\sigma_{zul}}{\varphi\tau_{zul}}\tau_t\right)^2}\leqslant\sigma_{d(z)zul} \tag{8-54}$$

式中 $\sigma_{d(z)}$——按式（8-53）计算的螺杆实际压（拉）应力；

σ_{zul}，τ_{zul}——适用于这类受载类型的许用应力，一般情况下，可取 $\sigma_{zul}/(\varphi\tau_{zul})\approx1$；

φ——应力比的计算系数：$\varphi=1.73$；

τ_t——按式（8-52）计算的螺杆实际扭应力；

$\sigma_{d(z)zul}$——许用应力，同式（8-50）。

对于长受压螺杆，还必须对这部分进行稳定性校核，详见§8.5.3。

如果其他的摩擦力矩（例如螺杆支承或螺杆导路（图8-28的A处）的轴承摩擦力矩 M_{RL}）很小，则所需的转矩 T 等于式（8-23）计算的螺纹力矩 M_G，其值为

$$T=Fd_2/2\tan(\varphi\pm\rho') \tag{8-55}$$

式中 F——螺杆所受轴向力；

d_2——螺纹中径，由螺纹表查取，梯形螺纹由TB8-3查取；

φ——螺纹升角，由式（8-1）计算；单线梯形螺纹 $\varphi\approx3°\sim5.5°$（基准值）；

ρ'——螺纹当量滑动摩擦角[⊖]；钢制螺杆和各种材料的导向螺母的摩擦角分别为

铸铁，干摩擦：	$\rho'\approx12°$
铜铅和铜锌合金，干摩擦：	$\rho'\approx10°$
上述材料，混合摩擦：	$\rho'\approx6°$
特种塑料，干摩擦：	$\rho'\approx6°$
特种塑料（见TB8-18），混合摩擦：	$\rho'\approx2.5°$

式（8-55）括号中的“＋”号对应为螺杆“拧紧”计算；“－”号对应为“松开”计算。

8.5.3 稳定性校核

长螺杆除了要校核强度外，还应校核稳定性。首先应分清是弹性失稳还是非弹性失稳问题。因此，应计算柔度（长细比）。由一般公式

$$\lambda=l_k/i=\text{计算压杆长度}/\text{惯性半径}$$

式中

$$i=\sqrt{\frac{I}{A_3}}=\sqrt{\frac{\pi d_3^4 4}{64 d_3^2\pi}}=\frac{d_3}{4}$$

螺杆的柔度为

$$\lambda=\frac{4l_k}{d_3} \tag{8-56}$$

式中 l_k——计算压杆长度［见式（8-51）］；

d_3——螺纹小径，由螺纹表查取，梯形螺纹见TB8-3。

当 $\lambda\geqslant\lambda_0=105$（S235）或 $\lambda\geqslant89$（E295和E335）时，为弹性问题。在这种情况下，失稳临界应力按欧拉公式计算

$$\sigma_K=\frac{E\pi^2}{\lambda^2}\approx\frac{21\times10^5}{\lambda^2} \tag{8-57}$$

对于 $\lambda<105$（S235）的非弹性区域，其失稳临界应力按泰特迈耶公式计算

$$\sigma_K=310-1.14\lambda \tag{8-58}$$

⊖ 根据经验，相应的静摩擦角 ρ_0' 大10%～40%。

对于柔度 $\lambda<89$（E295 和 E335），有

$$\sigma_K=335-0.62\lambda \qquad \frac{\sigma_K}{\mathrm{N/mm^2}} \Big| \frac{\lambda}{-} \tag{8-59}$$

提示：在非弹性区域，即 $\lambda<\lambda_0=\pi\sqrt{E/\sigma_{dP}}$，其失稳临界应力一般为（庄臣—柏拉比公式）

$$\sigma_K=\sigma_{dS}-(\sigma_{dS}-\sigma_{dP})\left(\frac{\lambda}{\lambda_0}\right)^2$$

可近似地取 $\sigma_{dS}\approx R_{p0.2}$ 或 R_e（压缩屈服点）和 $\sigma_{dP}\approx0.8\sigma_{ds}$（比例极限），因此，作为式（8-58）和式（8-59）的补充，上式可计算螺杆材料非 S235～E335 的螺杆的失稳临界应力。

临界应力与实际应力的比值为安全系数：

$$S=\frac{\sigma_K}{\sigma_{vorh}}\geqslant S_{erf} \tag{8-60}$$

式中 σ_{vorh}——螺杆受压部分的实际应力；对于受载类型 1，$\sigma_{vorh}=\sigma_d$，由式（8-53）计算；对于受载类型 2，$\sigma_{vorh}=\sigma_v$，由式（8-54）计算；

S_{erf}——所需安全系数：

由式（8-57）计算 σ_K 的弹性失稳问题：$S_{erf}\approx3\sim6$（随柔度 λ 增大，$\lambda_{max}=250$）

由式（8-58）或式（8-59）计算 σ_K 的非弹性失稳问题：$S_{erf}\approx4\sim2$（随柔度 λ 增大而减小）。

提示：当柔度 $\lambda<20$ 时，无需校核稳定性，只进行强度校核。

8.5.4 螺母螺纹（导向螺纹）的校核

螺旋传动的螺母螺纹长度 l_1（见图 8-28）应保证螺栓或螺杆上的全部载荷传递到螺母上时不能产生破坏。因此，与螺纹联接不同，它的尺寸与强度关系不大，而主要取决于螺纹牙的压强。若假设所有的螺纹牙的压强均布（虽然事实上承载的第一圈螺纹牙受载最大），则压强为 $p=F/A_{ges}$。

$A_{ges}=nA_g$ 为所有承载螺纹线数的总面积，式中 A_g 为单根螺纹线的面积 $A_g=d_2\pi H_1$，螺纹线数 $n=l_1/P$，所以螺纹牙压强为

$$p=\frac{FP}{l_1d_2\pi H_1}\leqslant p_{zul} \tag{8-61}$$

式中 F——螺杆所承受的轴向力；

P——螺距，等于线与线的距离，对于单线螺纹，就等于导程，对于多线螺纹，$P=P_h/n$，P_h 为导程，n 为线数［见式（8-1）］；

l_1——螺母螺纹长度；

d_2——螺纹中径，由螺纹表查取，梯形螺纹由 TB8-3 查取；

H_1——螺纹牙啮合宽度，由螺纹表查取，梯形螺纹由 TB8-3 查取；

p_{zul}——许用螺纹牙压强，其基准值由 TB8-18 查取。

将式（8-61）进行适当变换，可以由 p_{zul} 求出所需螺母螺纹长度 l_1，由于螺纹牙压强分布不均问题，l_1 不应超过 $2.5d$（螺纹大径）。

8.5.5 螺旋传动的效率，自锁

效率是有用功与总功的比值：$\eta=W_n/W_a$。$W_n=FP_h$，$W_a=F_u d_2\pi=F\tan(\varphi+\rho')d_2\pi$（见§8.3.4-1），因此螺杆旋转一圈由螺旋运动转化为直线运动的效率为

$$\eta\approx\frac{\tan\varphi}{\tan(\varphi+\rho')} \tag{8-62}$$

式中　φ，ρ'——同式（8-55）。

只有不自锁的螺纹才能将直线运动转换为旋转运动，其效率为 $\eta'=\tan(\varphi-\rho')/\tan\varphi$。

当螺纹升角 $\varphi<$ 摩擦角 ρ' 时，螺纹出现自锁现象，这种情况出现在所有的联接螺纹和单线螺旋传动中。

当 $\varphi>\rho'$ 时螺纹不自锁，这种情况出现在多线螺旋传动中。

处于临界状态 $\varphi=\rho'$ 时，由式（8-62）可得，效率 $\eta<0.5$，也就是说，自锁的螺旋机构的效率总是 $\eta<0.5$；反之，非自锁机构的效率 $\eta>0.5$。

至于什么情况下自锁与否的问题，借助于下述“思维桥梁”可以清楚地回答：

自锁—联接螺纹—小的升角—升角小于摩擦角

非自锁—螺旋钻—大的升角—升角大于摩擦角

8.6 计算示例

■**例 8-1**：一个两件套的活塞由 S275 制成的 $\phi100$ 液压活塞头和 C35E 制成的 $\phi30$ 活塞杆通过螺纹联接在一起，其所受最大油压为 $p_e=50\text{bar}$（$1\text{bar}=10^5\text{Pa}$），试设计该螺纹联接（见图 8-29）。该滑移马达（圆柱体）的工作节拍约为每小时 90。通过施加工作载荷 F_B 形成卸载时，密封载荷就等于（剩余）预紧力，至少为 $F_{Kl}=15\text{kN}$。预选 DIN EN ISO 4762 规定的未经处理的圆柱头螺钉，螺纹上了润滑油，用测力矩扳手拧紧。

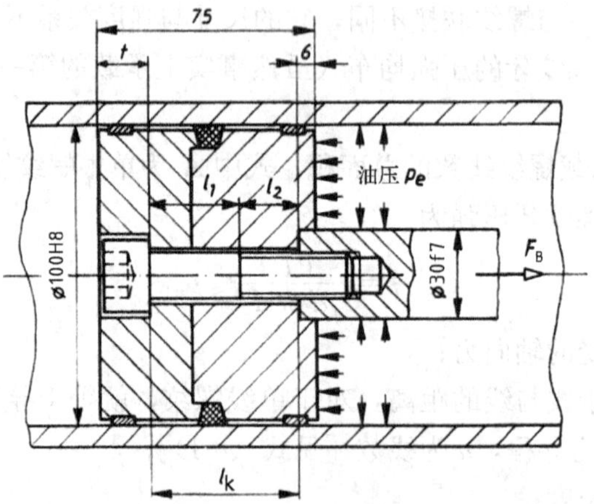

图 8-29　液压马达活塞头和活塞杆用一个对心的螺纹联接

解题思路：它属于紧螺纹联接，求解过程按§8.3.9-2 进行。由于螺钉要承受工作载荷 F_B，且在工作状态下还要求密封力［等于（剩余）预紧力］F_{Kl}，因此按式（8-29）计算装配预紧力 F_{VM}，并按动（脉动）载荷进行校核。

▶**解**：不考虑摩擦力和重力，脉动工作载荷（活塞力）$F_B=pA=$ 压力×活塞受载面积，式中 A 为被

活塞杆减小了的活塞面积 $A=\pi/4(D^2-d^2)=\pi/4(10^2-3^2)\text{cm}^2=71.5\text{cm}^2$，压力 $p=50\text{bar}=500\text{N/cm}^2$，所以

$$F_B=500\text{N/cm}^2\times71.5\text{cm}^2=35750\text{N}=35.7\text{kN}.$$

现按§8.3.9-2所述系统计算如下：

1. 选择合适的性能等级。列表如下：

性能等级	主要用途	承载能力（%）	断裂前伸长（%）	价格比较（%）	适用材料
8.8	一般载荷	100	12	100	所有结构钢
10.9	大预紧力	140	9	约150	高于S275的结构钢
12.9	承受最大载荷的联接	168	8	约150	调质钢　铸铁

选性能等级为10.9的螺钉（因为螺钉头承压面材料为S275）。

根据轴向动载荷（对心）$F_B=35.7\text{kN}$ 和性能等级10.9，由TB8-13可初步预选螺钉M16（适用 $F_B\leqslant40\text{kN}$）。

对于所选的螺钉，至少应近似校核螺钉头的压强是否超过许用压强。由式（8-4），得

$$p\approx\frac{F_{sp}/0.9}{A_p}\leqslant p_G$$

式中，当 $\mu_{ges}\approx0.12$（加了油的螺钉，TB8-12a）时，由TB8-14得 $F_{sp}=119\text{kN}$，由TB8-9得 $A_p=181\text{mm}^2$ 或由 $A_p\approx\pi/4(d_w^2-d_h^2)$ 计算。所以

$$p\approx\frac{119000\text{N}/0.9}{181\text{mm}^2}=669\text{N/mm}^2$$

但是由TB8-10得S275的极限压强仅为 $p_G\approx620\text{N/mm}^2$。由于不能改变性能等级10.9，所以必须将活塞的材料改为E295。这样，许用的极限压强 $p_G=710\text{N/mm}^2$，不用担心螺钉头下会出现的蠕变。

2. 所要求的装配预紧力由式（8-29）计算

$$F_{VM}=k_A[F_{Kl}+F_B(1-\Phi)+F_Z]\leqslant F_{sp}$$

根据所给的拧紧方法（测力矩扳手），当 $\mu=0.12$ 时，由TB8-11得拧紧系数 $k_A=1.7$。

为了计算力比 $\Phi=F_{BS}/F_B=\delta_T/(\delta_S+\delta_T)$，首先要计算螺钉的柔度 δ_S 和被联接件的柔度 δ_T。

由式（8-7）得螺钉的柔度为

$$\delta_S=\delta_K+\delta_1+\delta_2+\delta_G+\delta_M$$

由图8-29知，沉头深度为 $t=17.5\text{mm}$（TB8-9），旋入深度为 $l_e\approx1.2\times16\text{mm}\approx19\text{mm}$（TB8-15），所以螺钉长度为 $l=69\text{mm}-17.5\text{mm}+19\text{mm}\approx70\text{mm}$。

螺纹长度 $b_1=44\text{mm}$（TB8-9），因此光杆在被联接件中的长度为 $l_1=70\text{mm}-44\text{mm}=26\text{mm}$，带螺纹部分在被联接件中的长度为 $l_2=69\text{mm}-17.5\text{mm}-26\text{mm}=25.5\text{mm}$，横截面积 $A_N=\pi16^2\text{mm}^2/4=201\text{mm}^2$ 和 $A_3=144.1\text{mm}^2$（TB8-1）。由这些尺寸，即可根据式（8-8）计算整个螺钉的柔度：

—螺钉头：　$\delta_K=\dfrac{0.4\times16\text{mm}}{210000\text{N/mm}^2\times201\text{mm}^2}=0.152\times10^{-6}\text{mm/N}$

—光杆：　$\delta_1=\dfrac{26\text{mm}}{210000\text{N/mm}^2\times201\text{mm}^2}=0.616\times10^{-6}\text{mm/N}$

—未旋入的带螺纹段：　$\delta_2=\dfrac{25.5\text{mm}}{210000\text{N/mm}^2\times144.1\text{mm}^2}=0.843\times10^{-6}\text{mm/N}$

—旋入的螺纹段：　$\delta_G=\dfrac{0.5\times16\text{mm}}{210000\text{N/mm}^2\times144.1\text{mm}^2}=0.264\times10^{-6}\text{mm/N}$

—螺母螺纹：　$\delta_M=\dfrac{0.4\times16\text{mm}}{210000\text{N/mm}^2\times201\text{mm}^2}=0.152\times10^{-6}\text{mm/N}$

$$\delta_S=2.027\times10^{-6}\text{mm/N}$$

被联接件的柔度按式（8-10）计算：

$$\delta_T=\frac{l_k}{A_{ers}E_T}$$

活塞为整个面的伸长：$D_A=100\text{mm}>d_w+l_k=24\text{mm}+51.5\text{mm}=75.5\text{mm}$，若取极限条件 $D_A=d_w+l_k=75.5\text{mm}$，由式（8-9）可得替代横截面积为

$$A_{ers}=\frac{\pi}{4}(d_w^2-d_h^2)+\frac{\pi}{8}d_w(D_A-d_w)[(x+1)^2-1]$$

式中，$d_w\approx24\text{mm}$，$d_h=17.5\text{mm}$（DIN EN 20273，中等，由 TB8-8 查取），极限条件 $D_A=d_w+l_k=75.5\text{mm}$ 和 $x=\sqrt[3]{l_k d_w/D_A^2}=\sqrt[3]{51.5\text{mm}\times24\text{mm}/75.5^2\ \text{mm}^2}=0.6$，由此得

$$A_{ers}=\frac{\pi}{4}(24^2\text{mm}^2-17.5^2\text{mm}^2)+\frac{\pi}{8}\times24\text{mm}(75.5\text{mm}-24\text{mm})\times[(0.6+1)^2-1]=969\text{mm}^2$$

所以

$$\delta_T=\frac{51.5\text{mm}}{969\text{mm}^2\times210000\text{N/mm}^2}=0.253\times10^{-6}\text{mm/N}$$

这样就可以得到通过螺钉头和螺母支承面对心作用载荷的力比 Φ_k［见式（8-11）～式（8-14）］：

$$\Phi_k=\frac{\delta_T}{\delta_S+\delta_T}=\frac{0.253\times10^{-6}\text{mm/N}}{2.027\times10^{-6}\text{mm/N}+0.253\times10^{-6}\text{mm/N}}=0.11$$

与图 8-14 相对应，可估算出力输入平面的距离为 $nl_k\approx0.3l_k$，这样就可以由式（8-17）算得实际力比：

$$\Phi=n\Phi_k=0.3\times0.11=0.033$$

联接的压陷会造成预紧力下降，它由式（8-19）确定：

$$F_Z=\frac{f_Z}{\delta_S+\delta_T}$$

由 TB8-10a 可得切削加工表面（设 $Rz=16\mu\text{m}$）的总压陷量为 $f_Z=11\mu\text{m}$，对于内分界面，得

$$F_Z=\frac{0.011\text{mm}}{2.027\times10^{-6}\text{mm/N}+0.253\times10^{-6}\text{mm/N}}=4.82\text{kN}$$

根据上面得到的各个值，即可确定装配预紧力：

$$F_{VM}=1.7[15\text{kN}+35.7\text{kN}(1-0.033)+4.82\text{kN}]=92.4\text{kN}$$

因为 $F_{VM}=92.4\text{kN}<F_{sp}=119\text{kN}$，所选圆柱头螺钉 M16—10.9 强度足够。

3. 由 TB8-14 可查得控制转矩拧紧时的拧紧力矩为

$$M_A=M_{sp}=272\text{N}\cdot\text{m}$$

4. 如果装配时使螺钉的预紧力达到 $F_{sp}=119\text{kN}$，应按式（8-34a）校核在工作状态下的最大螺栓力是否满足要求。对于销杆螺钉必须满足：

$$\Phi\times F_B\leqslant0.1R_{p0.2}A_s$$

式中，$R_{p0.2}=940\text{N/mm}^2$（由 TB8-4 取的最小值）和 $A_s=157\text{N/mm}^2$（TB8-1），所以

$$0.033\times35700\text{N}\leqslant0.1\times940\text{N/mm}^2\times157\text{mm}$$

$$1.18\text{N}<14.76\text{kN}$$

即式（8-34a）的条件得到了满足，也就是说最大螺栓力未超出许用值。由于承受的是动载荷，所以该螺钉联接还应按式（8-20a）进行疲劳强度校核：

$$\sigma_a=\pm\frac{F_a}{A_s}\leqslant\sigma_A$$

载荷变幅 F_a 按式（8-15）计算：$F_a=\pm(F_{Bo}-F_{Bu})\Phi/2$，式中 $F_{Bo}=35.7\text{kN}$ 为脉动工作载荷的上极限值，$F_{Bu}=0$ 为下极限值，$\Phi=0.033$，所以

$$F_a=\pm(35700-0)/2\times0.033=\pm589\text{N}$$

承受应力横截面积 $A_s=157\text{mm}^2$（TB8-1），应力幅为

$$\sigma_a=\pm\frac{589\text{N}}{157\text{mm}^2}\approx\pm4\text{N/mm}^2$$

最终调制螺纹 M16—10.9 的许用疲劳应力幅与预紧力无关，根据式（8-21），其值为

$$\sigma_{A(SV)} \approx \pm 0.85\left(\frac{150}{d}+45\right)=\pm 0.85\left(\frac{150}{16}+45\right)=\pm 46.2\text{N/mm}^2$$

所以该螺钉具有足够的疲劳强度，因为 $\sigma_a = \pm 4\text{N/mm}^2 < \sigma_A = \pm 46.2\text{N/mm}^2$。

5. 最后，应将步骤 1 中近似计算的螺栓头部压强再精确地计算一下。由式 (8-36)，对于控制转矩的拧紧，有

$$p=\frac{F_{sp}+\Phi F_B}{A_p} \leqslant p_G$$

由上面求得的数值，得

$$p=\frac{119\text{kN}+0.033\times 35.7\text{kN}}{181\text{mm}^2}=664\text{N/mm}^2 \leqslant p_G=710\text{N/mm}^2$$

结果：活塞和活塞杆之间的联接需要一个圆柱头螺钉 ISO 4762—M16×70—10.9。

■**例 8-2**：一个压力容器盖上带有嵌入波纹板密封环（铝板制成的波纹环上带有软质材料涂层；d_a = 545mm，d_i = 505mm），要用螺栓进行联接。初步设计中已选定六角头螺栓 M16，现要求近似地确定其性能等级和螺栓个数（见图 8-30）。

该容器内径为 d_i = 500mm，所受恒定内气压为 p_e = 8bar（1bar = 10^5 Pa），气体的最高温度（计算温度）约为 20℃。

解题思路：严格地讲，容器盖的螺纹联接是偏心夹紧和偏心受载的螺纹联接，被联接件之间并不直接叠在一起（有密封件!），而且对其的安全性有很高的要求。这类压力容器的计算应遵照 AD（压力容器协会）规范进行（本例具体为 AD 须知 B7，螺栓）。它们就是众所周知的“技术规范”；在出现疑问时，只要严格应用这些规范就可以认为满足了“工程师严谨义务”。

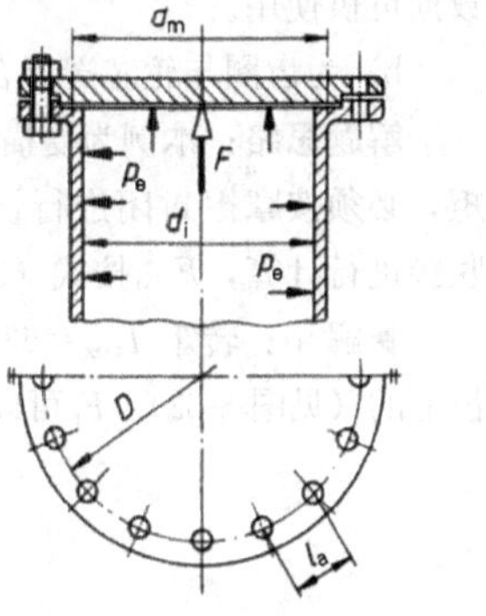

图 8-30　压力容器盖的螺栓联接

对于偏心受载情况，其初步设计可由 TB8-13 来选择螺栓（按高一档的载荷选择），这样就具有足够的精度。

法兰联接结构设计应遵守以下规则：

1）螺栓数应尽可能多，以保证均匀和可靠的密封（$n \geqslant 4$）。

2）螺栓距离与孔径比 $l_a/d_h \leqslant 5$。

3）不允许使用小于 M10 的螺栓。

▶**解**：在已知 $l_a/d_h \leqslant 5$ 的基础上，首先来确定螺栓数目。对于通常的穿孔，“中等”等级，由 TB8-8 得 d_h = 17.5mm，所以最大许用螺栓距离为 $l_a \approx 5\times 17.5 \approx 88$mm。

若设孔分布圆直径 $D \approx 570$mm，得

$$n \approx \frac{D\pi}{l_a}=\frac{570\text{mm}\times\pi}{88\text{mm}} \approx 20$$

在计算作用于盖子上的压力时，出于安全考虑，压强作用范围直到密封件的平均直径 d_m。由 d_a = 545mm，d_i = 505mm，得 d_m = 525mm，若以 1bar = 10N/cm² 计算，则压力为

$$F=p_e\frac{d_m^2\pi}{4}=80\text{N/cm}^2\times\frac{52.5\text{cm}^2\times\pi}{4}=173090\text{N} \approx 173\text{kN}$$

每个螺栓所受的工作载荷为

$$F_B=\frac{F}{n}=\frac{173\text{kN}}{20}=8.65\text{kN}$$

这样就可以由 TB8-13 近似地查得所需的性能等级。在“静，轴向”一行中，对于对称受载应查“≤10kN”一栏，但对于偏心受载，应按高一个等级受载来选，也就是由“≤16kN”一栏查取。所以对于公称尺寸 16mm（M16）推荐：4.8、5.6；本例选常用的性能等级 5.6。

结果：在初步设计时，选取性能等级为 5.6 的 20 个六角头螺栓 M16。

根据 AD 须知 B7，得到工作状态下所需的预紧力 $F_V \approx 10$kN，在施加压力之前的装配状态所需的预紧（预压）力为每个螺栓 $F_V \approx 27$kN。

“预压力”必须使密封件足够变形，以使其适应承压面的不平度。由于

$$F_V \approx 27\text{kN} < F_{sp} = 38\text{kN}$$

式中，由 $\mu_{ges} \approx 0.12$ 和 TB8-14 得到 $F_{sp(8.8)} \approx 80.9\text{kN}$，由 TB8-4 得到 $R_{p0.2}$ 值，所以 $F_{sp(5.6)} = F_{sp(8.8)} R_{p0.2(5.6)} / R_{p0.2(8.8)} = 80.9\text{kN} \times (300\text{N/mm}^2)/(640\text{N/mm}^2) \approx 38\text{kN}$。

所以不管是按工作状态，还是按装配状态进行计算，都要求 20 个性能等级为 5.6 的 M16 螺栓。这说明可以不用修改地采用初步设计结果！

■**例 8-3**：一个直齿圆柱齿轮齿圈（$m=4\text{mm}$，$z=48$）由 C45E 制造，现要将其与 EN—GJL—250 制成的轮芯用 DIN EN 24014 规定的 8 个六角头螺栓牢固相联，其上作用的对称循环转矩为 $T_{max}=630\text{N/m}$（见图 8-31）。已知孔分布圆直径为 $D=150\text{mm}$，最大螺栓尺寸为 M12。试求：

a）所有进行结构设计所需的数据。螺栓用微密封胶囊粘结剂粘接放松，并用带信号转矩的扳手拧紧，有一些调整试验所得的经验数据可供使用。

b）为齿圈与轮芯选择合适的配合（$\phi 120$）。

解题思路：本例为受横向载荷的螺栓联接，由于受对称循环转矩，必须按摩擦封闭进行设计，然后应按 § 8.3.9-2 所述对紧螺栓联接进行计算，F_{VM} 按式（8-30）计算（$F_B=0$）。

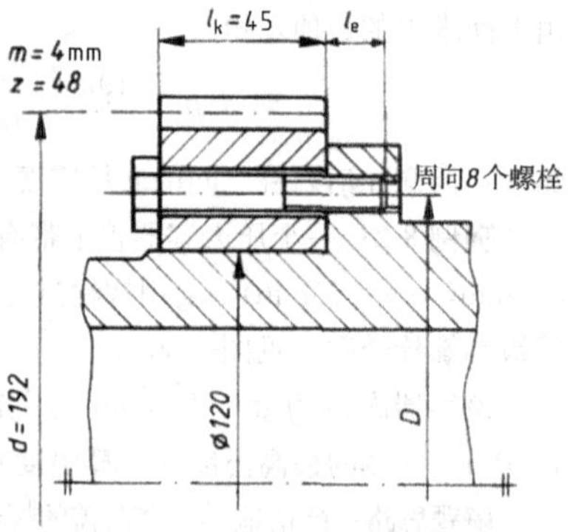

图 8-31　齿圈螺栓联接

▶**解 a)**：转矩 $T_{max}=630\text{N}\cdot\text{m}$ 是通过垂直于齿廓（沿着力作用线）作用的齿轮力（法向力）F_n 作用于轮齿上的（见图 8-32）。F_n 可以分为两个分量，它们分别是作用于分度圆上的圆周力 F_t 和径向力 F_r。圆周力 F_t 为

$$F_t = \frac{2T}{d} = \frac{2 \times 630 \times 10^3 \text{N/mm}}{192\text{mm}} = 6563\text{N}$$

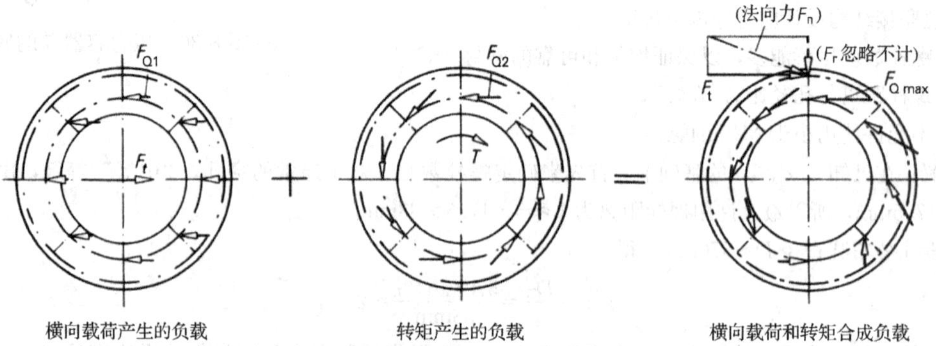

图 8-32　齿圈螺栓联接的假想载荷分布

为简化起见，径向力 F_r 忽略不计（误差约为 6%）。这样作用于分度圆直径上的圆周力 F_t 通过横向力 F_t 和转矩 T_{max} 作用于“螺栓组”上（真实载荷分布很难搞清楚！）。每个螺栓所要承担的横向力是它们的“叠加”（见图 8-32）：

由横向载荷产生的：

$$F_{Q1} = \frac{F_t}{n} = \frac{6563\text{N}}{8} = 820\text{N}$$

由转矩产生的：

$$F_{Q2} = \frac{2T}{Dn} = \frac{2 \times 630 \times 10^3 \text{N} \cdot \text{mm}}{150\text{mm} \times 8} = 1050\text{N}$$

在机器运转过程中，每一转中每个螺栓都会转动到啮合点处，它要承受一次最大横向载荷，为 $F_{Qmax} = 820\text{N} + 1050\text{N} = 1870\text{N}$（见图 8-32）。当螺栓预紧力太小时（由于压陷产生）或出现意外的尖峰载荷时，可能会导致接合面处产生局部滑动。由此可能产生的螺栓的内转矩损失必须用合适的防松措施来加以承担

(例如将螺纹粘接)。

所需法向力(每个螺栓和摩擦面的夹紧力)由式(8-18)计算:

$$F_{Kl}=\frac{F_{Q\,ges}}{\mu z} \quad 或 \quad \frac{F_{Q\,max}}{\mu}$$

式中,$\mu=0.20$,为钢与灰铸铁之间的滑动摩擦因数,接合面干燥光滑,由 TB1-14b 查取。所以

$$F_{Kl}=1870N/0.20=9.35kN$$

所需的螺栓尺寸由近似式(8-2)以足够精度来确定:

$$A_s \geqslant \frac{F_B+F_{Kl}}{\frac{R_{p0.2}}{\kappa k_A}-\beta E\frac{f_Z}{l_k}}$$

夹紧力 $F_{Kl}=9.35kN$ ($F_B=0$),"正常"性能等级 8.8 的 0.2%拉伸极限 $R_{p0.2}=640N/mm^2$(TB8-4),使用转矩扳手(通过试验确定拧紧力矩)的拧紧系数 $k_A=1.6$(TB8-11),降低系数 $\kappa=1.24$ ($\mu_G=0.14$,微密封胶囊粘结剂),螺栓柔度系数 $\beta\approx1.1$,压陷量 $f_Z=0.011mm$ 和夹紧厚度 $l_k=45mm$,由此得到所需的最小承受应力横截面积:

$$A_s \geqslant \frac{9350N}{\frac{640N/mm^2}{1.24\times1.6}-1.1\times210000N/mm^2\ \frac{0.011mm}{45mm}}=35.1mm^2$$

由 TB8-1,选择螺栓 M8-8.8,其 $A_s=36.6mm^2$。

螺栓采取微密封胶囊粘结剂作为防松措施(由 TB8-12 得 $\mu_{ges}=0.14$),由 TB8-14 可得夹紧力矩 $M_{sp}=27.3N\cdot m$,所以所需螺栓拧紧力矩为

$$M_A \approx M_{sp}=27.3N\cdot m$$

对于 8.8 的螺栓和被联接件为调质热处理的情况,无需校核螺栓头下的压强。

结果:考虑到旋入深度 $l_e=1.5\times8=12mm$(TB8-15,8.8/灰铸铁),齿圈螺纹联接选用六角头螺栓 ISO 4014—M8×60—8.8(涂粘结剂层)。

▶**解 b)**:采用过渡配合(例如 H7/k6),以防止周向滑动。

■**例 8-4**:图 8-33 所示为一螺旋压力机,压力为 $F=100kN$,螺杆最大长度为 $l=1.2m$,试对螺杆和导向螺母进行计算。

a)试用近似的方法确定材料为 E295,不自锁的梯形螺纹螺杆。

b)对上述预选的螺杆进行强度校核。

c)进行压杆稳定性校核,如果需要,对螺杆直径进行修改。

d)确定所需的导向螺母 l_1 的长度。

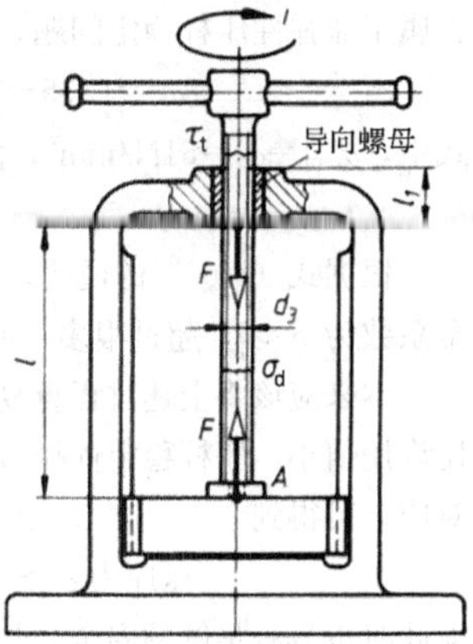

图 8-33 手动螺旋压力机

▶**解 a)**:按§8.5.1 所述对螺杆螺纹近似计算和预选。由于该螺杆细长,受压,有失稳危险,所以要按式(8-51)进行压杆稳定性计算。所需螺纹小径为

$$d_3=\sqrt[4]{\frac{64FSl_k^2}{\pi^3E}}$$

式中,压力 $F=10^5N$,安全系数 $S=8$,计算压杆长度 $l_k\approx0.7l\approx0.7\times1200mm=840mm$,钢的弹性模量 $E=2.1\times10^5N/mm^2$,由此得

$$d_3=\sqrt[4]{\frac{64\times10^5N\times8\times840^2mm^2}{\pi^3\times2.1\times10^5N/mm^2}}\approx49mm$$

现在要在 TB8-3 中来找一个梯形螺纹小径值,其值应是比上述计算值大的一个最接近的标准值,即小径 $d_3=50mm$,公称尺寸 $d=60mm$,螺距 $P=9mm$。由于要求该螺纹不自锁,所以选择三线螺纹。根据§8.1.2-2 所述,该螺纹代号为 Tr 60×27P9。

结果:预选三线梯形螺纹:Tr 60×27P9。

▶**解 b)**:在进行强度校核之前,首先要弄清其"受载类型"。按照§8.5.2 所述和图 8-28 所示,它属

于“受载类型”1。

因此，按式（8-52）计算螺杆上部所受扭应力：

$$\tau_t=\frac{T}{W_t}\leqslant\tau_{tzul}$$

按式（8-55）计算螺杆所受转矩：

$$T=Fd_2/2\tan(\varphi+\rho')$$

式中，$F=100kN=100000N$；由 TB8-3 得中径 $d_2=55.5mm$；由式（8-1）计算升角 $\tan\varphi=P_h/(d_2\pi)$，$P_h=nP=3\times9mm=27mm$，所以 $\tan\varphi=27mm/(55.5\pi)\approx0.15$，得到 $\varphi\approx8°30'$；螺纹当量摩擦角 $\rho'=6°$（设螺纹有润滑）。由这些值，得

$$T=100000N\times55.5mm/2\times\tan(8°30'+6°)=2775000N\cdot mm\times\tan14°30'$$
$$=717660N\cdot mm\ (\approx718N\cdot m)$$

极抗扭截面系数 $W_t=\pi/16d_3^3=\pi/16\times50^3mm^3=24544mm^3$，所以

$$\tau_t=717660Nmm/24544mm^3=29.2N/mm^2$$

该应力非常小，不用与许用应力比较。

按式（8-53）计算螺杆下部所受压应力，计算时忽略在螺杆导引 A 处可能产生的摩擦力矩 M_{RL}：

$$\sigma_d=F/A_3\leqslant\sigma_{d\ zul}$$

式中，$F=100000N$ 和小径面积 $A_3=1963mm^2$（由 TB8-3 查得），所以

$$\sigma_d=100000N/1963mm^2\approx51N/mm^2$$

由此可知，σ_d 很小，不用与 $\sigma_{d\ zul}$ 比较。

结果：初选的螺杆强度足够，因为实际扭应力和压应力比许用应力要小得多。

▶**解 c)**：为校核压杆稳定性，首先应按式（8-56）计算柔度：

$$\lambda=4l_k/d_3$$

式中，压杆计算长度 $l_k=840mm$（见解 a)）和小径 $d_3=50mm$，所以

$$\lambda=4\times840mm/50mm=67<\lambda_0=89(E295)$$

它属于非弹性压杆稳定问题，也就是说，必须按泰特迈耶公式，即式（8-59）来确定侧弯应力：

$$\sigma_K=(335-0.62\lambda)N/mm^2,\quad \sigma_K=(335-0.62\times67)N/mm^2\approx293N/mm^2$$

式中，$\sigma_{vorh}=\sigma_d=51N/mm^2$，由式（8-60）计算压杆稳定性安全系数：

$$S=\sigma_K/\sigma_d,S=293N/mm^2/51N/mm^2=5.7\approx6$$

根据式（8-60）的说明，非弹性压杆稳定问题所需的安全系数为 $S_{erf}\approx3$（当 $\lambda\approx67$ 时）。现在的实际安全系数为 $S\approx6$，超过很多，所以可以选小一档的梯形螺纹：Tr52×24P8。

本来应该将上述过程重复计算一遍。但是，毫无疑问不用再进行强度校核，因为此时的实际应力还是比许用值小。压杆稳定性校核应该重新进行，但我们这里不再对计算过程作详细介绍。与上述计算过程相对应，可得到

$$\text{压应力}\ \sigma_d\approx69N/mm^2,\lambda=78<\lambda_0=89,\ \sigma_K=287N/mm^2,S\approx4>S_{erf}=3\sim4$$

即此时也具有足够的安全系数。

结果：最后选定材质为 E295 的三线梯形螺纹螺杆：Tr52×24P8（DIN 103）。

▶**解 d)**：以许用压强为基础，按式（8-61）计算导向螺母长度 l_1：

$$l_1=\frac{FP}{p_{zul}d_2\pi H_1}$$

式中，轴向力 $F=100000N$，螺距 $P=8mm$，许用压强 $p_{zul}\approx10N/mm^2$（钢制螺杆和此例选定的铜锌合金螺母，连续工作，由 TB8-18 查取），中径 $d_2=48mm$（由 TB8-3 查得），螺纹啮合重合度 $H_1=4mm$（由 TB8-3 查取），所以

$$l_1=100000N\times8mm/(10N/mm^2\times48mm\times\pi\times4mm)=132.7mm;\text{取}\ l_1=130mm。$$

正好达到最大长度 $l_1\approx2.5d=2.5\times52=130mm$。

结果：导向螺母的长度为 130mm。

8.7 参考文献

Bauer, C. O. (Hrsg.): Handbuch der Verbindungstechnik. München: Hanser, 1991
Betschon, F.: Handbuch der Verschraubungstechnik. Grafenau: expert, 1982
Böllhoff GmbH (Hrsg.): Technik rund um Schrauben. 2. Aufl. Bielefeld: Böllhoff, 1987
DIN Deutsches Institut für Normung (Hrsg.): DIN-Taschenbücher. Berlin: Beuth
Gewinde, 8. Aufl. 2000 (DIN-Taschenbuch 45)
Grundnormen, 2. Aufl. 1991 (DIN-Taschenbuch 193)
Schrauben. 19. Aufl. 1995 (DIN-Taschenbuch 10)
Schrauben, Muttern, Technische Lieferbedingungen, 1. Aufl. 1991 (DIN-Taschenbuch 252)
Schraubwerkzeuge, 8. Aufl. 1995 (DIN-Taschenbuch 41)
Technische Lieferbedingungen für Schrauben, Muttern und Unterlegteile, 6. Aufl. 1995 (DIN-Taschenbuch 55)
Zubehörteile für Schraubenverbindungen, 5. Aufl. 1995 (DIN-Taschenbuch 140)
Deutscher Ausschuss für Stahlbau (Hrsg.): DASt-Richtlinie 010: Anwendung hochfester Schrauben im Stahlbau. Köln: Stahlbau-Verlagsgesellschaft, 1974
Dreger, H.: Beitrag zur rechnerischen Ermittlung von Krafteinleitungshöhen bei der Berechnung hochbeanspruchter Schraubenverbindungen nach der Richtlinie VDI 2230. In: VDI-Z 124 (1982), Heft 18, S. 85–89
Esser, J.: Ermüdungsbruch: Eine Einführung in die neuzeitliche Schraubenberechnung. 21. Aufl. Neuss: Bauer & Schaurte Karcher, 1991
Galwelat, M., Beitz, W.: Gestaltungsrichtlinien für unterschiedliche Schraubenverbindungen. In: Konstruktion 33 (1981), Heft 6, S. 213–218
Grode, H.-P., Kaufmann, M.: Internationale Gewindeübersicht. 2. Aufl. Berlin, Köln: Beuth, 1988 (Beuth-Kommentare)
Illgner, K.-H., Blume, D.: Schrauben-Vademecum. 7. Aufl. Neuss: Bauer & Schaurte Karcher, 1988
Junker, G., Blume, D.: Neue Wege einer systematischen Schraubenberechnung. Düsseldorf: Triltsch, 1965
Kloos, K. H., Thomalla, W.: Zur Dauerhaltbarkeit von Schraubenverbindungen. In: Verbindungstechnik 11 (1979), Hefte 1 bis 4
Kübler, K.-H., Mages, W.: Handbuch der hochfesten Schrauben. Essen: Girardet, 1986
Kübler, K.-H.: Vereinfachtes Berechnen von Schraubenverbindungen. In: Verbindungstechnik 10 (1978), Heft 6 und 7/8
Pfaff H., Thomalla, W.: Streuung der Vorspannkraft beim Anziehen von Schraubenverbindungen. In: VDI-Z 124 (1982), Heft 18, S. 76–84
Schineis, M.: Vereinfachte Berechnung geschraubter Rahmenecken. In: Der Bauingenieur 44 (1969), Heft 12, S. 439–449
Schneider, W., Kloos, K.-H.: Haltbarkeit exzentrisch beanspruchter Schraubenverbindungen. In: VDI-Z 126 (1984), Nr. 19, S. 741–750
Sparenberg, H.: Mechanische Verbindungselemente: Schrauben, Muttern und Zubehörteile. 1. Aufl. Berlin, Köln: Beuth, 1985 (Beuth-Kommentare)
Stahl-Informations-Zentrum (Hrsg.):
Berechnung von Regelanschlüssen im Stahlhochbau. 2. Aufl. 1984 (Merkblatt 140)
Schrauben im Stahlbau. 2. Aufl. 1986 (Merkblatt 322)
Sicherungen für Schraubenverbindungen. 6. Aufl. 1983 (Merkblatt 302)
Verein Deutscher Ingenieure (Hrsg.): Schraubenverbindungen: beanspruchungsgerecht konstruiert und montiert. Düsseldorf: VDI, 1989 (VDI Berichte 766)
VDI-Richtlinie 2230 T1: Systematische Berechnung hochbeanspruchter Schraubenverbindungen. Zylindrische Einschraubenverbindungen. Düsseldorf: VDI, 2001
Verband der Technischen Überwachungsvereine (Hrsg.):
AD-Merkblatt B7: Schrauben
AD-Merkblatt W7: Schrauben und Muttern aus ferritischen Stählen
Wiegand, H., Kloos, K-H., Thomalla, W.: Schraubenverbindungen. 4. Aufl. Berlin: Springer, 1988 (Konstruktionsbücher Band 5)

Weitere Informationen z. B. von folgenden Firmen und Institutionen:
Atlas Copco, Essen (Schrauber, Zeitschrift „Druckluftkommentare")
Bauer & Schaurte Karcher, Neuss (Sonderdrucke, Prospekte)
Böllhoff & Co, Bielefeld (Gewindetechnik)
Informations-Zentrum Schrauben, Düsseldorf
Kamax-Werke Rudolf Kellermann, Osterode am Harz (Mitteilungen aus den Kamax-Werken)
Richard Bergner, Schwabach (RIBE-Blauhefte)
Eduard Wille, Wuppertal (Schraubwerkzeuge)

第 9 章　轴销联接、销联接和安全零件

9.1　功能和作用

轴销、销和类似形状的联接件可以简单和低成本地对零件进行联接。这类联接件既可以用于动联接，也可以用于固定联接，可以用于支承、导引、对中、保持和作为防止零件过载的安全件，例如安全联轴器上的安全销。

在动联接中和为了承担轴向力，轴销（或者是被支承和被联接的零件）常常要用安全零件，例如开口锁、安全环或横锁，来防止窜动或扭转。

9.2　轴销

9.2.1　形状和用途

无头轴销（DIN EN 22340，图 9-1a 和 b）和有头轴销（DIN EN 22341，图 9-1c）与 ISO 标准相对应（主要尺寸见 TB9-2）。它们分别按无开口销孔和有开口销孔（形状 A 或 B）进行标准化，主要用作铰销，例如连杆联接（见图 9-2a 和 9-21）。

有头螺尾轴销（DIN 1445，图 9-1d）主要用作固定的轴承销和轴销，例如用于绳轮和滑轮中（图 9-18）。

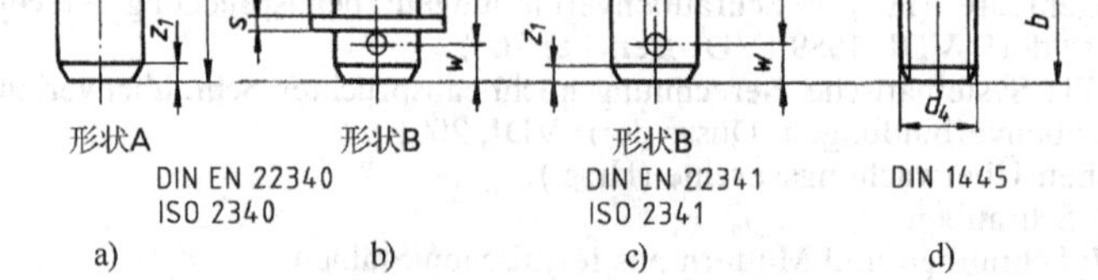

a)　　b)　　c)　　d)

图 9-1　轴销形状

a）无头轴销　b）带开口销孔的无头轴销

c）带开口销孔的有头轴销（形状 A 无开口销孔）　d）有头螺尾轴销（尺寸见 TB9-2）

标准推荐的轴销直径公差等级为 h11（也可与制造商约定取 a11、c11、f8）。

一般来说，轴销材料硬度应高于被联接件，以防轴销胶合和过度磨损。标准轴销用易切

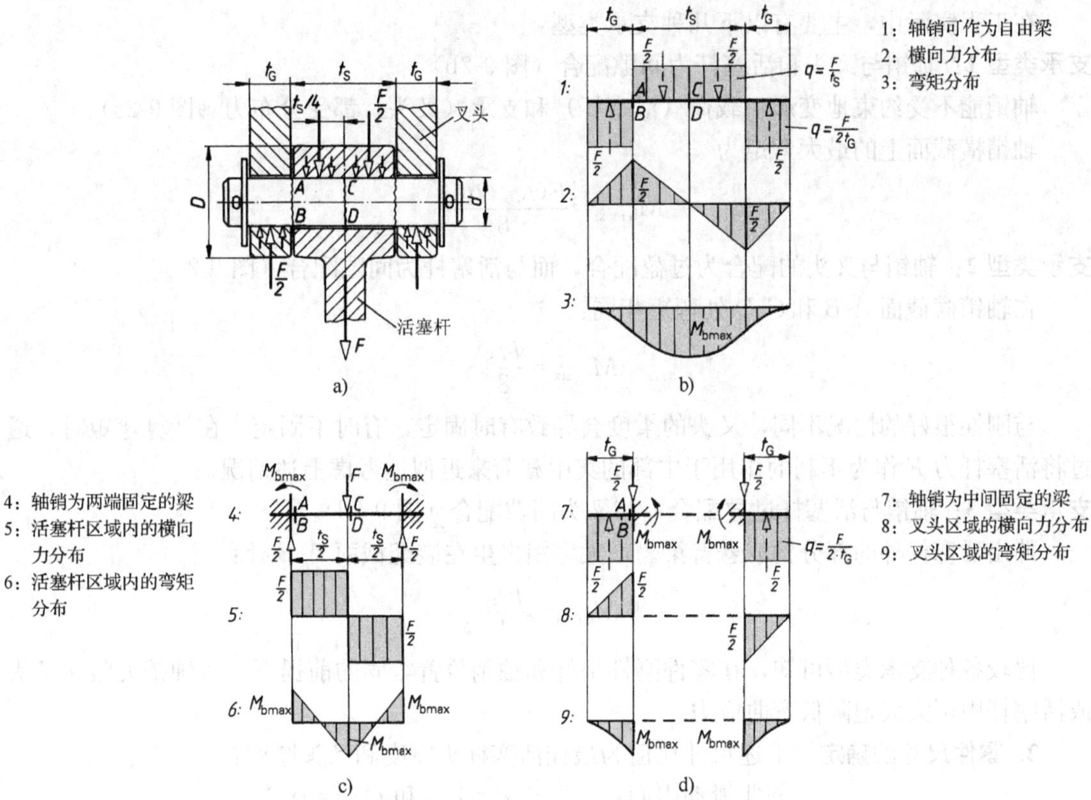

图 9-2　轴销联接

a）结构原理图　b）支承类型 1　c）支承类型 2　d）支承类型 3

削钢制造（硬度为 125～245HV）。重载铰链轴销用相应的调质钢和渗碳钢制造，进行热处理并磨削。

用于摆动或缓慢回转运动的轴销联接绝大多数工作在固体摩擦或混合摩擦状态，因此会出现胶合或过度磨损（振动）的危险。要使其工作可靠，应按 TB9-1 选择合适的滑动配对材料。当轴销和被联接件孔较软时，可以用嵌入式硬化坚固套来加固（DIN 1498 和 DIN 1499，见图 9-9 和图 9-31）。对于有较高要求（极端温度、极高轴承载荷、腐蚀等）的情况，通过在滑动面上镀一层薄薄的固体润滑剂（石墨、MoS_2、PTFE）可以保证全生命周期内免维护。如果运动表面的润滑采用注油嘴来实现，在轴销上就应开润滑孔（DIN 1442，图 9-17，图 9-18 和图 9-19）。

9.2.2　机械制造中的轴销联接的结构和初步设计

图 9-2a 所示为轴销联接的原理图。轴销承受弯曲、剪切和压强。

根据经验，对于常见的结构（按比例确定），若接合面之间不滑动（静铰链），联接的尺寸决定于抗弯强度，若接合面之间滑动（简单滑动轴承），联接的尺寸决定于压强。

1. 支承类型和弯矩　自由轴销（图 9-2a）为一根受弯直杆（梁），它上面受活塞杆力 F。根据轴销与活塞杆或叉头孔的配合的不同，轴销有不同的支承条件，它对轴销上的弯矩有很大影响。为简化起见，假设压强沿整个轴销长度是均匀分布的，且活塞杆头无侧边间隙。只能近似地表述其真实的应力状态。

在工程实际中，主要有以下几种支承类型：

支承类型 1：轴销与叉头和活塞杆为间隙配合（图 9-2b）。

轴销能不受约束地变形。载荷（活塞杆）和支承（叉头）都受分布力（图 9-2a）。

轴销横截面上的最大弯矩为

$$M_{\mathrm{b\,max}}=\frac{F(t_{\mathrm{S}}+2t_{\mathrm{G}})}{8}$$

支承类型 2：轴销与叉头的配合为过盈配合，而与活塞杆为间隙配合（图 9-2c）。

在轴销横截面 A-B 和 C-D 处弯矩相同：

$$M_{\mathrm{b\,max}}=\frac{Ft_{\mathrm{S}}}{8}$$

与刚性很好的情况不同，叉头的柔度会导致有时固定，有时不固定。在计算弯矩时，通过将活塞杆力 F 作为不利的作用于中部的集中载荷来近似地考虑上述情况。

支承类型 3：轴销与活塞杆过盈配合，与叉头间隙配合（图 9-2d）。

伸出活塞杆外的部分构成悬臂梁。最大弯矩发生在装配截面 A-B 处：

$$M_{\mathrm{b\,max}}=\frac{Ft_{\mathrm{G}}}{4}$$

比较各种支承类型可知，在零件刚性很好和轴销位置牢固的前提下，将轴销夹紧在叉头或活塞杆中可大大地降低弯曲应力。

2. 零件尺寸的确定 下述尺寸比值为最佳活塞杆头厚度和叉头厚度：

—非滑动表面： $t_{\mathrm{S}}/d=1.0$ 和 $t_{\mathrm{G}}/d=0.5$

—滑动表面： $t_{\mathrm{S}}/d=1.6$ 和 $t_{\mathrm{G}}/d=0.6$

将上述 t_{S} 和 t_{G} 值代入各支承类型的力矩方程，并将弯曲应力方程 $\sigma_{\mathrm{b}}\approx M_{\mathrm{b}}/(0.1d^3)$ 按 d 进行变换，就得到在纯弯曲变形假设下的计算轴销直径的简单方程：

$$d\approx k\sqrt{\frac{K_{\mathrm{A}}F_{\mathrm{nenn}}}{\sigma_{\mathrm{b\,zul}}}} \tag{9-1}$$

式中 F_{nenn}——活塞杆力；

K_{A}——考虑冲击载荷的使用系数，由 TB3-5 查取；

$\sigma_{\mathrm{b\,zul}}$——许用弯曲应力；

与最小抗拉强度 $R_{\mathrm{m}}=K_{\mathrm{t}}R_{\mathrm{mN}}$（$K_{\mathrm{t}}$ 由 TB3-11a，R_{mN} 由 TB1-1 查取）有关，根据经验：静载荷 $\sigma_{\mathrm{b\,zul}}=0.3R_{\mathrm{m}}$，脉动载荷 $\sigma_{\mathrm{b\,zul}}=0.2R_{\mathrm{m}}$，对称载荷 $\sigma_{\mathrm{b\,zul}}=0.15R_{\mathrm{m}}$

对于非硬化标准轴销和标准销（硬度 125～245HV），可以取 $R_{\mathrm{m}}=400\mathrm{N/mm^2}$ 进行计算

k——夹紧系数，与支承类型有关（括号中的值为滑动联接）。

支承类型 1：$k=1.6$（1.9）（轴销松动地放在活塞杆和叉头中）

支承类型 2：$k=1.1$（1.4）（轴销与叉头为过盈联接）

支承类型 3：$k=1.1$（1.2）（轴销与活塞杆为过盈联接）

轴销和销的标准直径见 TB9-2 和 TB9-3。

活塞杆头和叉头孔的应力在很大程度上取决于轴销和孔之间的间隙和过盈量，但相对来说它们应力较大。根据经验，活塞杆头（毂）直径一般选为：$D\approx(2.5\sim3)d$（钢和铸钢），$D\approx(3\sim3.5)d$（片状石墨铸铁，铸铁）（如图 9-2a 所示），对于使劲压入的轴销（膨胀力!）

取大值。

9.2.3　机械制造中的轴销联接计算

在确定了标准轴销直径、长度和被联接件的最终尺寸后，就要对联接进行强度校核。

实心轴销的弯曲应力为

$$\sigma_{b}=\frac{K_{A}M_{b\ nenn}}{W}\approx\frac{K_{A}M_{b\ nenn}}{0.1d^{3}}\leqslant\sigma_{b\ zul} \tag{9-2}$$

式中　$M_{b\ nenn}$——各种支承类型的弯矩；

K_A——考虑冲击载荷的使用系数，由 TB3-5 查取；

d——轴销直径；

$\sigma_{b\ zul}$——许用弯曲应力，见式（9-1）；对于应力集中剧烈的情况，更为精确的计算见第 3 章。

支承类型 3 的力臂较短，所以其弯曲应力较小，但是，相对来说其切应力较大，因此就不能被忽略不计了。

如图 9-3 所示，共同作用的弯曲应力和切应力的分布曲线特别有利：在边缘纤维上出现 $\sigma_{b\max}$ 而 $\tau=0$，在中性层上出现 $\tau_{\max}$ 而 $\sigma_b=0$。

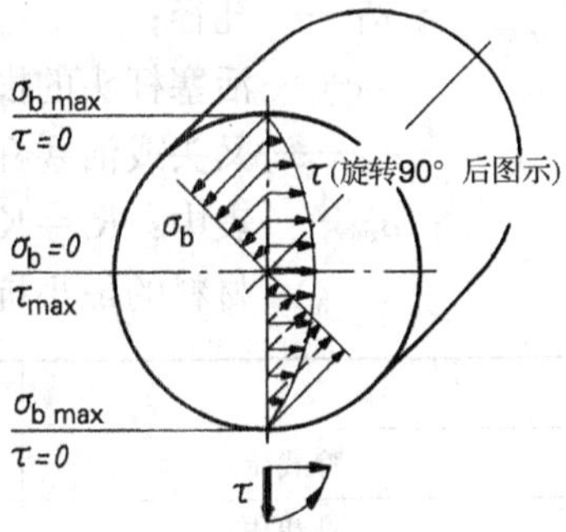

图 9-3　轴销横截面应力分布

实心轴销中性层上的最大切应力为

$$\tau_{\max}=\frac{4}{3}\cdot\frac{K_{A}F_{nenn}}{A_{S}2}\leqslant\tau_{a\ zul} \tag{9-3}$$

式中　F_{nenn}——活塞杆受力；

K_A——考虑冲击载荷的使用系数，由 TB3-5 查取；

A_S——轴销横截面积；

$\tau_{a\ zul}$——许用切应力。

与最小抗拉强度 $R_m=K_tR_{mN}$（式中，K_t 由 TB3-11a，R_{mN} 由 TB1-1 查取）有关，根据经验：静载荷 $0.2R_m$，脉动载荷 $0.15R_m$，对称循环载荷 $0.1R_m$，对于非硬化标准轴销和销（硬度 125～245HV），可以取 $R_m=400\text{N/mm}^2$ 进行计算。

在轻结构中采用空心轴销（例如活塞销），当壁厚$\leqslant d/6$，会存在出现超过许用轴销变形的危险（椭圆压力和咬死）。此时，中性层上的最大切应力 $\tau_{\max}=2\tau_m=K_AF_{nenn}/A_S$ 为均匀应力分布假设情况下的两倍，因此，总是必须对其进行校核。而且轴销与活塞杆头销孔和（或）叉头之间有间隙，当承受动载荷或滑动时，存在零件过早磨损的危险（振动），所以必须保证实际平均压强较低，并作如下校核：

$$p=\frac{K_{A}F_{nenn}}{A_{proj}}\leqslant p_{zul} \tag{9-4}$$

式中　F_{nenn}——活塞杆受力；

K_A——考虑冲击载荷的使用系数，由 TB3-5 查取；

A_{proj}——投影受压轴销面积，在其上可认为压强均匀分布。轴销中部置于活塞杆头中的受压面积为 $A_{proj}=dt_S$，而置于叉头中的受压面积为 $A_{proj}=2dt_G$（见图 9-2a）；

p_{zul}——许用平均压强，与受压零件的最小抗拉强度 $R_m=K_tR_{mN}$（式中，K_t 由 TB3-11a， b查取，R_{mN} 由 TB1-1 查取）有关，非滑动面为 $0.35R_m$（静载荷）和 $0.25R_m$（脉动载荷）。按强度较差的零件进行计算。低滑动速度下的基准值见 TB9-1。

对于非硬化标准轴销和销（硬度 125～245HV）可以取 $R_m=400\text{N/mm}^2$ 进行计算。

机械制造中的活塞杆头原则上按图 9-4 所示的带孔杆件处理。对于承受大拉伸载荷的铰链，除了活塞杆横截面以外，还必须对最危险的环截面进行强度校核。如图 9-4 所示，在环截面上，受拉力 $F/2$，由于轴销并没有把孔全部塞满，可近似计算环面所受弯矩为 $M\approx F(d_L+c)/8$。在大多数情况下，顶厚与横宽设计成一样大（圆环孔）。对于轴销与活塞杆头有间隙的情况，孔边沿上的曲柄截面的最大正应力为

$$\sigma=\frac{K_A F_{nenn}}{2ct}+\frac{6K_A F_{nenn}(d_L+c)}{8c^2t}=\frac{K_A F_{nenn}}{2ct}\left[1+\frac{3}{2}\left(\frac{d_L}{c}+1\right)\right]\leqslant\sigma_{zul} \tag{9-5}$$

式中 F_{nenn}——活塞杆拉力；

K_A——考虑冲击载荷的使用系数，由 TB3-5 查取；

d_L——孔径；

c——活塞杆头的横宽（见图 9-4）；

t——叉头或活塞杆头的厚度；

σ_{zul}——表中：$R_e=K_tR_{eN}$ 为屈服点（0.2%拉伸极限），$R_m=K_tR_{eN}$ 为活塞杆或叉头材料的最小抗拉强度，由 TB1-1 或 TB1-2 查取，K_t 由 TB3-10a，b 查取

	钢	片状石墨铸铁（铸铁）
静载荷	$0.5R_e$	$0.5R_m$
动载荷	$0.2R_e$	$0.2R_m$

9.2.4 根据钢结构规范进行轴销联接的结构和初步设计

1. 结构设计 钢结构中需要将带联接板的杆与轴销进行联接，并使其能经常和简单地拆开（例如临时桥梁、支架）或两者之间能相对转动（例如受拉活塞杆）。除了可采用开口销或螺尾轴销以外，也可采用带或不带铰制杆的螺栓。图 9-4 所示为这类带孔板联接的一种。这种形式的轴销联接作为轻结构也可以用于机械制造中。

2. 零件尺寸的确定 钢结构标准 DIN 18800-1 给出了轴销和搭板一般动联接的极限尺寸基准值，取这些值可保证达到所要求的应力比值，见式（9-6）和式（9-7）。由中间板的厚度：

$$t_M\geqslant 0.7\sqrt{\frac{F}{R_e/S_M}} \tag{9-6}$$

可得到下面的孔径

$$d_L\geqslant 2.5t_M \tag{9-7}$$

由基准值 $c/d_L=0.73$ 和 $a/d_L=1.06$，按照图 9-4

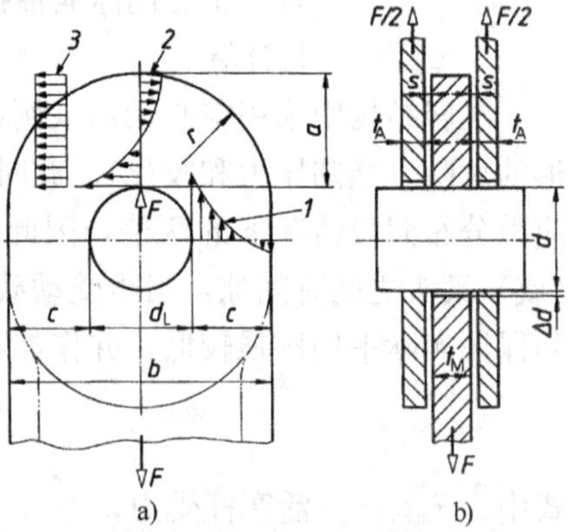

图 9-4 钢结构中带孔板的轴销联接

a）中间板 b）联接断面图（示意图）

图中：a 为顶高，b 为拉杆宽度，c 为横宽

1—横宽上的正应力分布 2—顶高上的弯曲应力分布 3—顶高上的平均切应力

就可以确定带孔板的尺寸。对于孔隙为 $\Delta d \leqslant 0.1d_L$（最大不超过 3mm）的轴销联接允许不作精确的强度校核，只要保证下述极限尺寸：

$$a \geqslant \frac{F}{2t_M R_e / S_M} + \frac{2}{3} d_L \tag{9-8}$$

$$c \geqslant \frac{F}{2t_M R_e / S_M} + \frac{d_L}{3} \tag{9-9}$$

式中　F——由最危险的作用力组合得到的杆件受力；

R_e——考虑产品厚度的零件材料屈服点，由 TB6-5 查取；

S_M——零件安全系数 1.1（在 DIN 18800-1 中的代号为 γ_M）；

d_L——孔径（见图 9-4a）；

t_M——中间板的厚度（见图 9-4b）；

a——孔板顶高（见图 9-4a）；

c——孔板横宽（见图 9-4a）。

9.2.5　根据钢结构规范进行轴销联接计算

如果需要进行精确的强度校核，应该按钢结构标准 DIN 18800-1 进行。对于主要承受静载荷的双层铰链联接，原则上可按§9.2.3 所述对弯曲、剪切和孔壁挤压应力（压强）进行校核。

假设中间板与两边板的板距为 s，并按照图 9-4 的标识，可得轴销截面的最大弯矩为

$$M_{b\,max} = \frac{F(t_M + 2t_A + 4s)}{8} \tag{9-10}$$

其边缘纤维弯曲应力必须满足：

$$\sigma_b = \frac{M_{b\,max}}{W} \leqslant \sigma_{b\,zul} \tag{9-11}$$

可按平均切应力来进行剪切校核。对于双层联接，有

$$\tau_a = \frac{F}{2A_S} \leqslant \tau_{a\,zul} \tag{9-12}$$

还必须保证轴销杆和孔壁之间的孔壁挤压应力满足下述条件：

$$\sigma_l = \frac{F}{dt_M} \text{或} \frac{F}{2dt_A} \leqslant \sigma_{l\,zul} \tag{9-13}$$

对于轴销的危险截面（其弯矩和横向载荷分布见图 9-2b），除了进行上述校核外，还应进行

$$\left(\frac{\sigma_b}{\sigma_{b\,zul}}\right)^2 + \left(\frac{\tau_a}{\tau_{a\,zul}}\right)^2 \leqslant 1 \tag{9-14}$$

式中　t_M——中间板厚度；

t_A——外板厚度，大多数情况下 $t_A = t_M/2$；

s——中间板和外板之间的距离；

W——铰链轴销的抗弯截面系数。对于实心轴销：$W_b = \pi d^3/32$；

A_S——轴销的横截面积。对于实心轴销：$A_S = \pi d^2/4$；

d——轴销直径；

$\sigma_{b\,zul}$——轴销材料的许用弯曲应力 $= 0.8R_e/S_M$；

$\tau_{a\ zul}$——轴销材料的许用切应力$=\alpha_a R_m/S_M$，式中$\alpha_a=0.6$（性能等级4.6、5.6和8.8）和$\alpha_a=0.55$（性能等级10.9或相当轴销材料）；

$\sigma_{l\ zul}$——许用孔壁挤压应力，按强度较弱的材料（轴销或板）取，$=1.5R_e/S_M$

屈服点R_e和最小抗拉强度R_m由TB6-5和TB8-4查取，零件安全系数$S_M=1.1$。

钢结构中的铰链，若有动载荷成分，则应降低许用孔壁挤压应力，并对轴销进行润滑（MoS_2）。

9.3 销钉和弹性衬

9.3.1 形状和用途

将一根销钉压入一个贯穿所有被联接件的孔中所形成的过盈联接称为销联接。这样产生的联接是通过形状和力封闭的。各种销钉的作用有：零件之间的定位（固定、对心）（定位销，图9-23），能承受机械零件之间剪切的联接（联接销，图9-24），固定弹簧或机械零件的“飞”轴销（插销，图9-26），固定轴销和螺母（安全销），限定机械零件运动位置（定位杆）。

销钉形状的选择取决于所要求的定位精度、销钉孔制造成本（配合）、固定强度、装拆方便性和所要求的剪切力。销的材料应比被联接件材料硬。非硬化销几乎都由易切削钢（硬度125～245HV）制造。

1. 圆锥销 按DIN EN 22339的规定，圆锥销的锥度为1∶50（图9-5a），可补偿多次装拆所产生的磨损或销孔增大，从而能保证被联接件之间总是定位准确。圆锥销一般为定位销，也可作为联接销，例如定位环（图9-15b）和万向接头（图9-24）上的横销。由于销孔铰成锥形，且销必须压入其中，因此应用成本较高。圆锥销易于装拆，但抗振性能差，如果圆锥销用于不通孔，从而使圆锥销不能打出，应采用螺尾圆锥销（DIN EN 28737，图9-5b）或内螺纹圆锥销（DIN EN 28736，图9-5c），这样就可以通过螺母或螺栓（强度等级10.9）来拆卸（图9-5b）。所有圆锥销都是非硬化的（硬度125～245HV）。

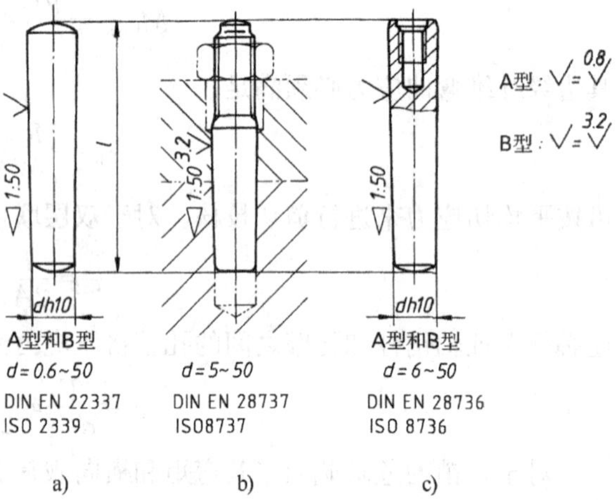

图9-5 圆锥销，非硬化

a）用于穿孔 b）用于不通孔的螺尾圆锥销

c）用于不通孔的内螺纹圆锥销

2. 圆柱销 由非硬化钢和奥氏体不锈钢（DIN EN ISO 2338）制造的圆柱销，公差等级为m6和h8（图9-6a）。其用途与圆锥销类似。其销孔需铰制，所以成本较高。相对于圆锥销，圆柱销更难于拆卸，抗振性同样也差。主要尺寸见TB9-3。

如图9-6a所示，对于设备和工具中的受重载和硬化零件的联接与定位可用整体硬化圆柱销（A型）或表面硬化圆柱销（B型）（DIN EN ISO 8734），公差等级为m6。如果圆柱销用于不通孔，不能打出来，可采用非硬化钢和奥氏体钢制成的内螺纹圆柱销（DIN EN

ISO 8733)，或采用硬化钢和马氏体不锈钢制成的内螺纹圆柱销（DIN EN ISO 8735，带倒圆和斜边的 A 型)，或表面硬化钢制成的带斜边的 B 型，见图 9-6b～d。它们均取公差等级 m6。

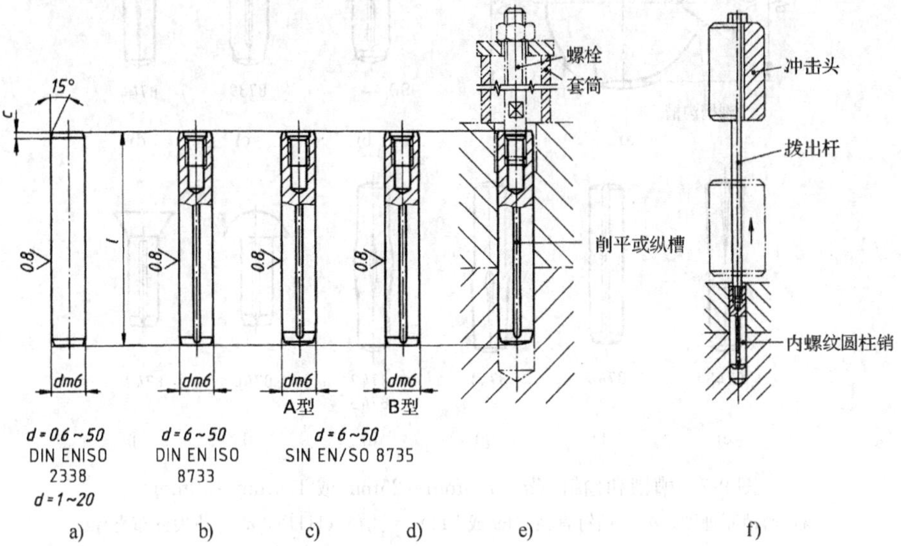

图 9-6　标准圆柱销，非硬化和硬化

a）用于通孔　b）～d）带内螺纹，用于不通孔

e）借助于拆卸螺栓来拔出销钉　f）借助手工操作的冲击头拔出销钉

通过将销杆稍微削平一点或开纵槽，可以使销钉压入时让空气（油）泄出。这种销可以在拆卸螺栓的帮助下被“拔”出来。

3. 槽销和槽钉　与表面光滑的圆锥销和圆柱销不一样，槽销和槽钉（图 9-7）沿圆周方向制有三对凸尖，在将这类销钉敲入仅仅用麻花钻头钻成的孔（公差等级 H11）时，凸尖会往沟槽中产生弹性变形，这样在孔壁不受损坏的情况下，产生的径向张紧力可以使槽销（槽钉）具有抗振性。这种销可以反复使用。由于其加工安装方便，这类销联接经济性非常好。

槽销（DIN EN ISO 8739～8745）具有广泛用途，可以取代圆锥销和圆柱销用作固定销和定位销，也可以用作轴承和铰链轴销（图 9-25 和图 9-26)。槽钉（DIN EN ISO 8746 和 8747）可以用于受载很小的零件，例如管夹和牌子的简单和快速固定（图 9-27)。

槽销一般用钢（硬度 125～245HV 30）或奥氏体不锈钢（A1，硬度 210～280HV 30）制造。为防止粘合，其强度（硬度）应大于被联接件。当被联接件是硬化钢或铸铁时，销钉材料的强度一定要更高。

销钉标注示例：带坡口圆柱槽销，公称直径 $d_1=5\text{mm}$，公称长度 $l=30\text{mm}$，钢（St）制：

槽销 ISO 8740—5×30—St。

4. 弹性销（弹性套）　弹性销（图 9-8a）用轧制弹簧钢带卷制而成。轻结构（DIN EN ISO 13337）与重结构（DIN EN ISO 8752）的区别仅仅在于壁厚（$0.1d$ 或 $0.2d$），这种纵向开缝的套子相对于孔径（相同公称直径）仅仅大 0.2～0.5mm，这样在进入孔中之后其抗振性好。这种销可以容易地取出并可反复多次使用。圆锥形销钉可以使装入变得更为容易。

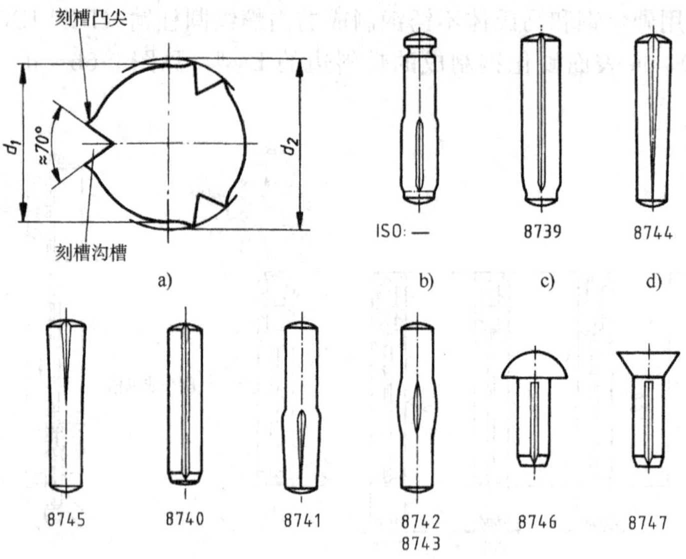

a)　b)　c)　d)

e)　f)　g)　h)　i)　j)

图 9-7　槽销和槽钉（d=1.5mm～25mm 或 1.4mm～20mm）

a）槽销原理图，d_1为销钉直径（h9 或 h11）=孔径（H11），d_2为凸尖分布直径

b）带颈配合槽销（DIN 1469）　c）带导入端的圆柱槽销　d）圆锥槽销　e）配合槽销

f）带坡口圆柱槽销　g）槽插销　h）锁紧槽销，1/3 或 1/2 长度刻槽　i）半圆头槽钉　j）沉头槽钉

弹性销适用于冲击振动场合。它同槽销类似，可用作配合销、固定销和安全销。作为螺栓套和轴销套（剪切套）可以承受剪力，减小螺栓和轴销受载，从而减小它们的尺寸（图 9-28）。在置入销钉时要注意开缝与载荷方向之间的关系（图 9-8b 和 c）。对于受剪切力比较大的场合，可以采用两个互相套在一起的销钉组成组合弹性销（图 9-8d）。

螺旋弹性销（普通结构：DIN EN ISO 8750，重型结构：DIN EN ISO 8748 和轻结构：DIN EN ISO 8751）是用冷轧钢带沿螺旋线方向卷制而成（2.25 圈，图 9-8e）。销钉头部做成锥形。

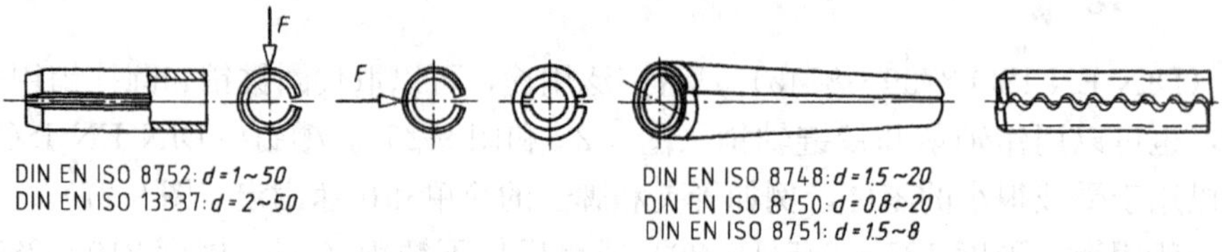

a)　b)　c)　d)　e)　f)

图 9-8　弹性销

a）弹性销　b）软弹簧（避免）　c）硬弹簧　d）组合弹性销　e）螺旋弹性销　f）Connex 弹性销

所有的弹性销都有以下不同材质：钢（St，调质至 420～545HV 30）、奥氏体不锈钢（A，冷作硬化）和马氏体不锈钢（C，调质至 460～560HV 30）。

Connex 弹性销（图 9-8f）在开缝处还分布有错排的齿，可以产生附加轴向紧固力。

相对开式缝弹性销，螺旋弹性销与 Connex 弹性销具有以下优点：更高的紧固力、在所有径向方向具有相同的抗剪强度，在自动销接时不会产生销钉在反面卡紧的情况。它们对冲击和振动载荷不敏感，可以作为配合销、联接销和铰链销（轴）使用。

所有弹性销的销孔（公差等级 H12）可以简单地用麻花钻头钻制而成。

5. 用于轴承的弹性衬　弹性衬由调质弹簧钢带 55Si7 卷成，开缝形状有直缝、箭形缝和斜缝（形状 G、P 和 S），可作为孔用弹性衬（DIN 1498，图 9-9a），也作为轴颈用弹性衬（DIN 1499，图 9-9b）。在大轴承压力、较小的摆动运动和润滑不充分的情况下，弹性衬可保证轴承工作性能。作为可方便更换的磨损件，弹性衬可提高零件寿命，例如机车制动拉杆和建筑机械中的铰链（图 9-21）。销孔或轴颈的公差等级为 H8 或 h8。

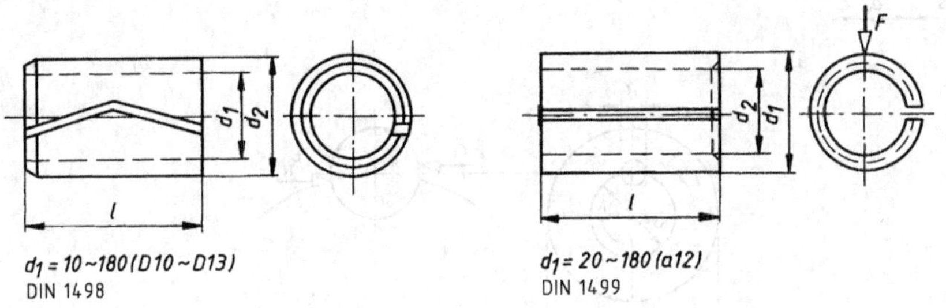

a)　　b)

图 9-9　用于轴承的弹性衬

a）孔用弹性衬，无沉头（形状 E），箭形缝（形状 P），用于旋转运动轴承

b）轴颈用弹性衬，直缝（形状 G），用于摆动运动轴承。开缝应与受力方向成 90°

标注示例：孔用弹性衬，无沉头（E），箭形缝（P），内孔径 $d_1=32\text{mm}$，外径（公称直径）$d_2=40\text{mm}$，长度 $l=25\text{mm}$：

孔用弹性衬 DIN 1498—EP32/40×25。

9.3.2　销联接的计算

主要用于被联接件之间的定心和定位的销联接，由于承受载荷较小，不用进行计算。销径按被联接件的大小根据经验确定，遵照相应的标准规定。只有承受较大载荷时才进行联接强度校核。取代轴销的销，例如图 9-25 中取代叉头轴销的槽销，可以按轴销的设计方法进行计算。

由于控制弹性销的强度是几乎不可能的，在 TB9-4 中给出了这类形状的销按单层剪切实验得到的剪切力。这构成了以足够精度根据受载情况和所要求的安全系数确定弹性销联接尺寸的基础。

1. 横销联接　承受转矩的横销联接（例如图 9-10a 所示的杠杆轮毂），当载荷较大时，应进行抗剪强度和压强校核。

如图 9-10a 所示，应校核轮毂孔平均压强 p_N，轴孔最大平均压强 p_W和销的切应力 τ_a：

$$p_N=\frac{K_A T_{nenn}}{ds(d_W+s)}\leqslant p_{zul} \tag{9-15}$$

$$p_W=\frac{6K_A T_{nenn}}{dd_W^2}\leqslant p_{zul} \tag{9-16}$$

$$\tau_a=\frac{4K_A T_{nenn}}{d^2\pi d_W}\leqslant \tau_{a\,zul} \tag{9-17}$$

式中　T_{nenn}——联接传递的名义转矩；

K_A——考虑冲击载荷的使用系数，由 TB3-5 查取；

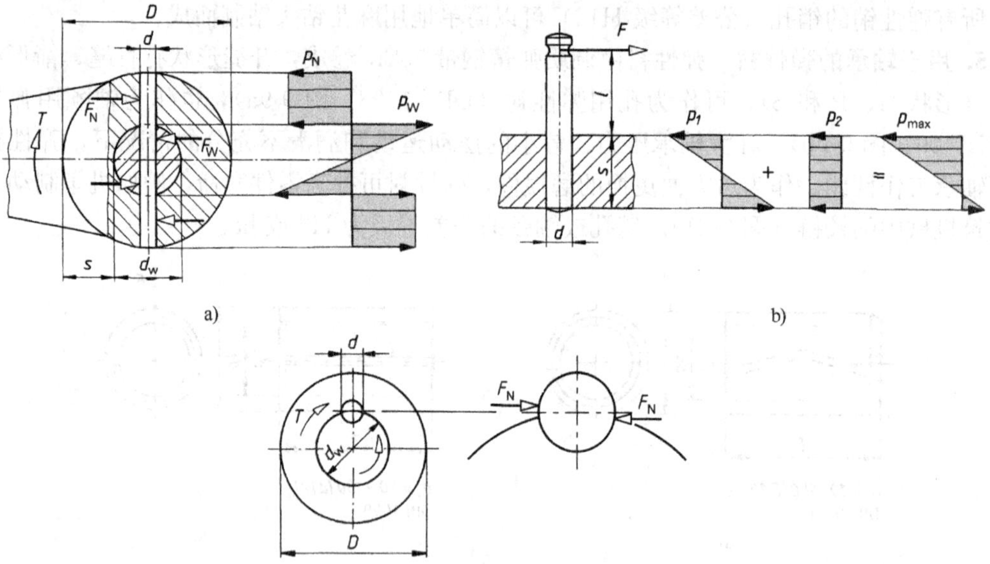

a)　　b)　　c)

图 9-10　销联接受力分析

a）横销　b）插销　c）纵销（圆键）

d——销径

初步设计时按经验确定：$d=(0.2\sim0.3)d_W$；

d_W——轴径；

s——轮毂壁厚

初步设计时按经验确定：$s=(0.25\sim0.5)d_W$（钢和铸钢轮毂）

$s=0.75d_W$[片状石墨铸铁（铸铁）轮毂]；

p_{zul}——许用平均压强，同式（9-4），对于槽销乘以 0.7；

$\tau_{a\,zul}$——许用切应力，同式（9-3），对于槽销乘以 0.8。

2. 插销联接　如图 9-10b 所示，在插销联接中，销受弯矩 $M_b=Fl$ 引起的弯曲和横向载荷 F 引起的剪切，其中剪切可以忽略，所以实际上应校核弯曲应力：

$$\sigma_b=\frac{K_A M_{b\,nenn}}{W}\approx\frac{K_A M_{b\,nenn}}{0.1d^3}\leqslant\sigma_{b\,zul} \tag{9-18}$$

式中　$M_{b\,nenn}$——名义弯矩；

K_A——考虑冲击载荷的使用系数，由 TB3-5 查取；

d——销径；

$\sigma_{b\,zul}$——许用弯曲应力，同式（9-1），槽销乘以 0.8。

在孔中还会产生压强。它由 F 的“倾翻效应”产生的压强 p_1 和剪切效应产生的压强 p_2 合成。由图 9-10b，知

$$p_1=\frac{F(l+s/2)}{ds^2/6} \text{和} \ p_2=\frac{F}{ds}$$

所以，最大平均压强为

$$p_{max}=p_1+p_2=\frac{K_A F_{nenn}(6l+4s)}{ds^2}\leqslant p_{zul} \tag{9-19}$$

式中　K_A——考虑冲击载荷的使用系数，由 TB3-5 查取；

F_{nenn}——垂直于销轴线的名义弯曲力；

l——弯曲力的力臂；

s——销插入深度；

d——销径；

p_{zul}——许用平均压强，同式（9-4），对于槽销乘以 0.7。

3. 纵销（圆键）**联接**　如图 9-10c 所示，传递转矩的纵销联接，其销承受压强和剪切。从计算可知，平均压强为切应力的两倍，因此，只要 $2\tau_{a\,zul}\geqslant p_{zul}$（所有常规材料配对均满足此条件），对于实心销就可以忽略不计切应力。对于只有一个销的情况，轮毂和轴上的危险平均压强为

$$p=\frac{4K_A T_{nenn}}{dd_W l}\leqslant p_{zul} \tag{9-20}$$

式中　T_{nenn}——联接传递的名义转矩；

K_A——考虑冲击载荷的使用系数，由 TB3-5 查取；

d——销径，初步设计时按经验确定：$d=(0.15\sim0.2)d_W$；

d_W——轴径；

l——力臂，取决于轮毂宽，通常 $l=(1\sim1.5)d_W$；

p_{zul}——许用平均压强，同式（9-4），对于槽销乘以 0.7。

当承受大转矩时，应沿圆周布置多个销。为避免在加工纵孔中出现偏斜，应使轴和轮毂材料硬度基本相同。

9.4　安全零件

安全环、开口销、轮托等这类零件主要起防止机械零件（例如轴销和滚动轴承）轴向窜动的安全固定作用（见§14.2.3）。

9.4.1　安全环（弹性卡簧）[⊖]

轴向安装的安全环分为轴用（DIN 471）和孔用（DIN 472）（图 9-11a 和 b）两类，带弹力装入环槽中。突出槽外的安全环形成能承受轴向载荷的凸肩并起到固定零件（例如滚动轴承）的作用。其结构尺寸见 TB9-7。

由弹簧钢制成的环通过采取特殊形状（与等强度曲梁类似，其径向宽度向自由端逐渐减小），在装入时（用 DIN 5254 和 DIN 256 规定的钳子张开或夹紧）产生圆变形并沿径向产生相同的预紧力置于环槽中。当单面受力时，可将槽的不受力边做成斜面，这样可使制造简单且降低应力集中，见图 9-12b～d。

如图 9-12b 所示，对安全性有较高要求时，可用轮毂将环覆盖以构成径向形状封闭。由于槽具有较高的应力集中，因此安全环应尽可能用于轴销和轴等不受弯曲的端头。

对于大倒角或大圆角零件的轴向固定，既可以用常规安全环加 DIN 988 规定的弹簧钢制成的支承垫圈（图 9-11c 和 TB9-5），这样可以防止安全环受大轴向载荷翻倒，也可以用

⊖　虽然这类零件只在轴上或孔中起零件固定作用且无安全效应，但还是保留其“安全环”的习惯名称。

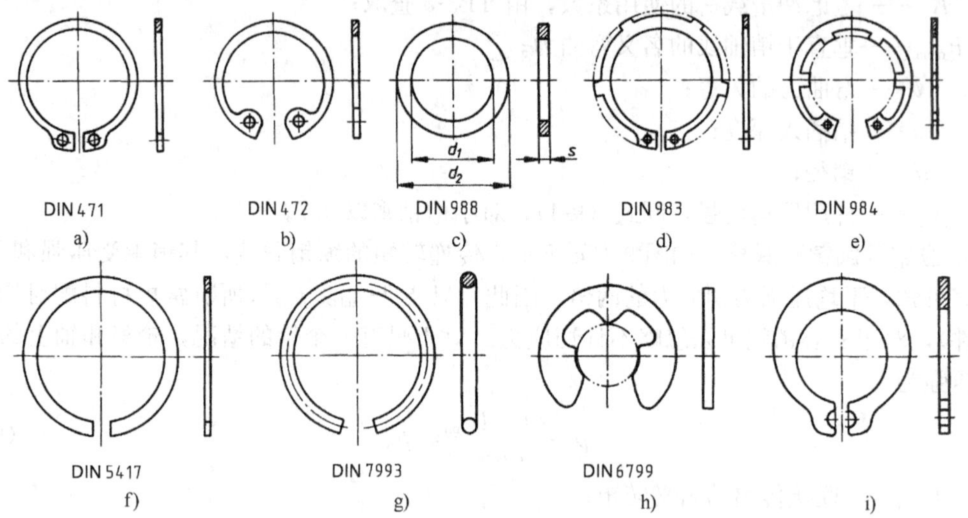

图 9-11　安全零件

a）轴用安全环　b）孔用安全环　c）定位垫圈（支承垫圈）　d）轴用带凸齿安全环　e）孔用带凸齿安全环　f）滚动轴承用带环槽止推环　g）圆丝止推环　h）轴用安全垫圈　i）轴用无槽卡环（自锁式）

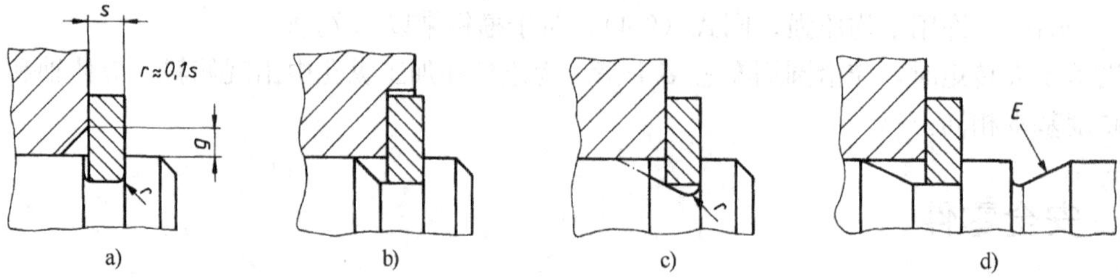

图 9-12　轴上槽的结构

a）直角槽（一般结构），例如用于轴上零件带有会削弱承载能力的倒角 g 的场合　b）斜槽（制造更简单），例如与环有重叠的场合　c）在受载边带圆角的槽，例如用于轴上零件带有尖角的场合　d）带有卸载槽 E，可改善疲劳强度

带圆周均匀分布凸齿的安全环（DIN 983 和 DIN 984，图 9-11d 和 e）。

为消除间隙和保证机械零件的定位精度，可采用 DIN 988 规定的用 St2K50 制成的定位垫圈（图 9-11c 和 TB9-5）。它与支承垫圈直径相同，且常常与它一起使用（图 9-30）。

径向宽度恒定的止推环在装配时，变形是非圆形的，因此很难将其从孔中取出。采用带槽滚动轴承加止推环（DIN 5417，图 9-11f）的结构，可使机架上的轴承孔是一个光孔，而且结构长度较短（图 9-29）。对于不重要的场合，特别是轴向载荷较小的情况，也可以采用圆丝止推环（DIN 7993，图 9-11g）。在办公仪器设备中，为了减小轴径，应优先采用可径向装配的安全垫圈（定位垫圈）（DIN 6799，图 9-11h）。它弹性地在部分圆周上将槽底封闭并形成一个相对较高的凸肩（图 9-26）。

在许多特种形状的安全零件中，还要提一下自锁环，例如轴用无槽卡环（图 9-11i）。用它可以调整零件之间的轴向间隙，甚至做到无间隙。在采用这类通过摩擦封闭的环之前，建议应做全面的试验，因为其轴向固定力小且很分散。

通过采用各种功能的安全环常常可以简化结构，因此也可以降低成本，图 9-13 所示的滚动轴承支承结构图就是一个例子。图中的结构 b 加工面更少，无需螺纹联接且机架孔为通孔。

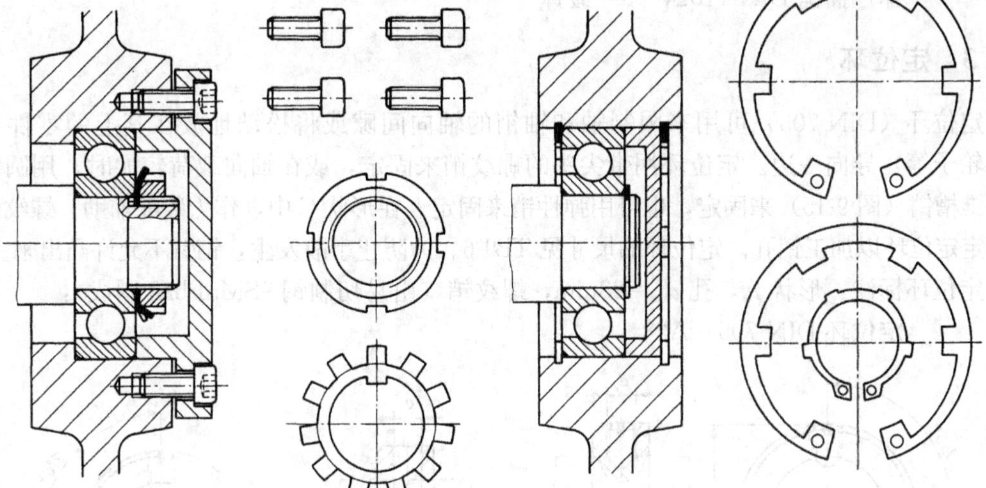

图 9-13　滚动轴承（固定轴承）两种可能的支承结构

9.4.2　开口销和弹性插销

如图 9-18 和图 9-20 所示，在可动铰链轴销联接和螺纹联接（花螺母）中，采用开口销是简单而又便宜的安全措施。开口销（DIN EN ISO 1234，图 9-14a）主要以软结构钢为材料，很少用铜、铜锌合金和铝合金。在重要的联接场合（例如货车上），只允许一次性使用。

开口销的标注：用于 ϕ20mm 的轴销，公称直径（=相应的开口销孔的直径）d=5mm，长度 l=32mm，钢（St）制：

开口销 ISO 1234—5×32—St

由弹簧钢丝制成的弹性插销（DIN 11024，图 9-14b）主要用于需要经常装拆的轴销联接中（例如建筑机械、起重机，见图 9-21）。它要与被联接件拴在一起，例如用链条拴起。开口销和弹性插销不允许传递载荷。

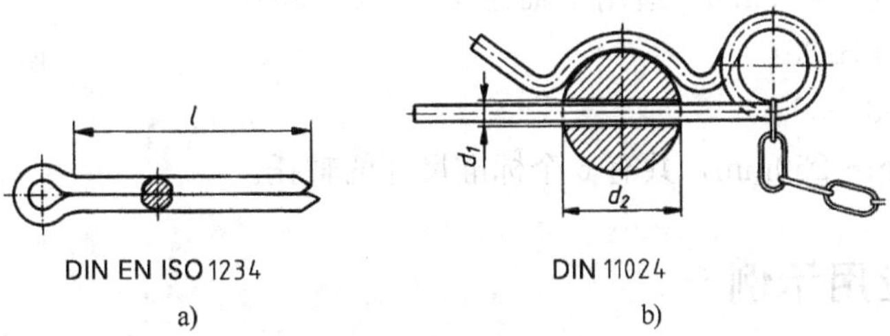

图 9-14　安全零件

a）开口销　b）弹性插销，已装配

其尺寸按所配的轴销（见 TB9-2）或螺栓来选择。

弹性插销的标注：孔径 d_1＝5mm 为公称直径（用于轴销直径 d_2＝20～26mm），镀锌：

弹性插销 DIN 11024—5—镀锌

9.4.3 定位环

定位环（DIN 705）可用来限制轴和轴销的轴向间隙或将松动地放在其上的零件（盘子、轮子等）导向一边。定位环用带尖头的螺纹销来固定，或在轴向载荷较大时，用圆锥销或圆锥槽销（图 9-15）来固定，也可用弹性销来固定。在形状 C 中，作为装配辅助，螺纹销用来固定定位环以加工销孔。定位环的尺寸见 TB9-6。为防止事故发生，销钉不允许凸出来。

定位环标注：形状 A，孔 d_1＝28mm，螺纹销（由易切制钢 9SMnPb28 制成）：

定位环 DIN 705—A28

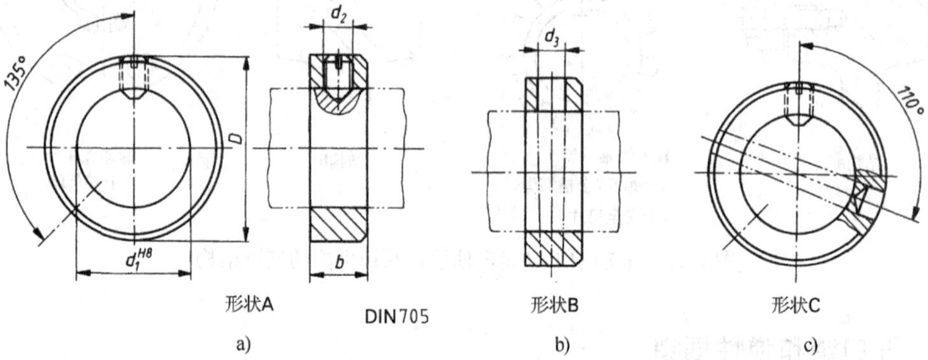

图 9-15 定位环（供货状态）

a）带螺纹销（当 d_1＝70mm 以上时，用两个螺纹销）

b）带圆锥销或圆锥槽销（弹性销） c）带螺纹销作为装配辅助，用以加工销孔

9.4.4 轴托

心轴和轴销，特别是起重机的滚轮轴和滚筒轴，常常用轴托（DIN 15058，图 9-16）同时防止轴的窜动和转动。轴托应布置成与心轴的受力方向相反或平行，以使固定螺钉不受轴向力。当轴径＞100mm 时，应布置两个互相平行的轴托。

轴托标注：宽度 a＝30mm（适用于轴径＞40～63mm），厚度 b＝8mm，材料 S235：

轴托 DIN 15058—30×8

对于轴径 18mm～250mm，共有 6 个标准尺寸的轴托。

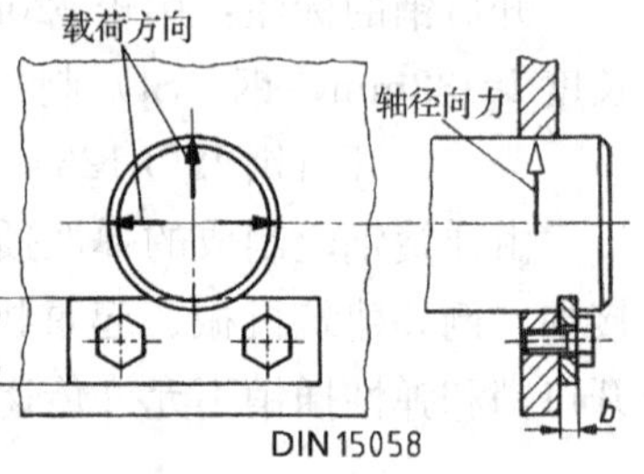

图 9-16 轴托

9.5 结构和应用示例

下面给出一些联接件和安全零件的应用示例，并补充说明配合和结构要点等。

图 9-17：带有铜-锡合金制成的轴瓦的绳轮在一根两边由轮托 1 固定的轴（无头轴销）

上转动。轴托与载荷方向相反布置。为避免应力集中，将径向润滑孔 2 布置在轴销的弯曲应力中性层上。由塑料制成的挡圈（例如 DIN 15069）可减小轴毂端面与相邻零件之间的磨损。轴瓦的公差等级为 D10，由抛光圆钢制成的轴销的公差等级为 h11 或 h9。

图 9-18：有头螺尾轴销用花螺母加开口销固定。润滑孔按 DIN 1442 的规定布置。轴销的公差等级为 h11，支承瓦孔为 H11。

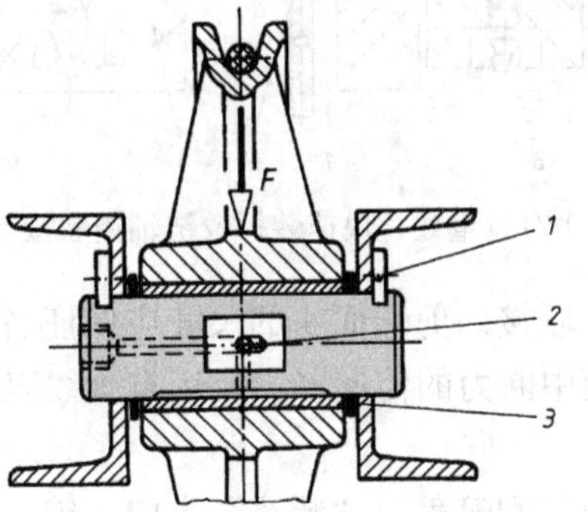

图 9-17　用滑动轴承支承的绳轮

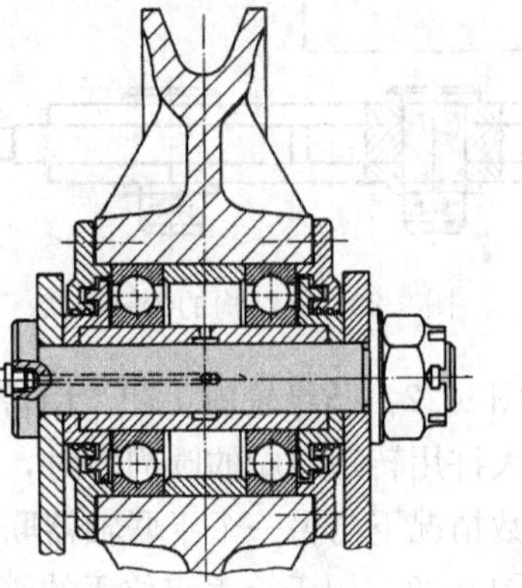
图 9-18　用滚动轴承支承的架空索道滚轮

图 9-19：可调轴承内环 1 由置于有头螺尾轴销之上的隔离轴套 3 沿轴向固定。置于控制杆 4 中的外环 2 由圆丝止推环 5 沿轴向固定。通过轴销上的环槽和内环上的润滑孔进行润滑。恶劣环境用特殊密封件 6 进行密封。轴销的公差等级为 j6，控制杆孔为 M7 和支承瓦孔为 H7。

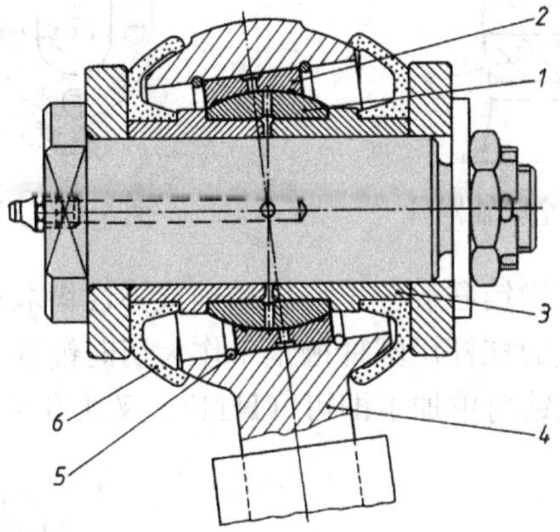

图 9-19　一个轴关节的空间可调轴承

图 9-20：拉板 1 由两块搭板 2 与节板 3 铰接。有头轴销通过挡板用开口销固定。孔板 4 与拉板对焊。孔的间隙一般为 1～2mm。

图 9-21：渗碳硬化的有头轴销用挡板 1 和弹簧插销 2 防止轴向窜动，并用焊上的掣板 3 防止转动。用带缝轴瓦 4 防止轮毂磨损。开缝 5 置于非受载区域并用作润滑沟。用注油嘴 6 进行润滑。该轴销可不用任何工具快速装拆。轴销的公差等级为 h11，轴瓦为 D10，支承垫圈孔为 H11。

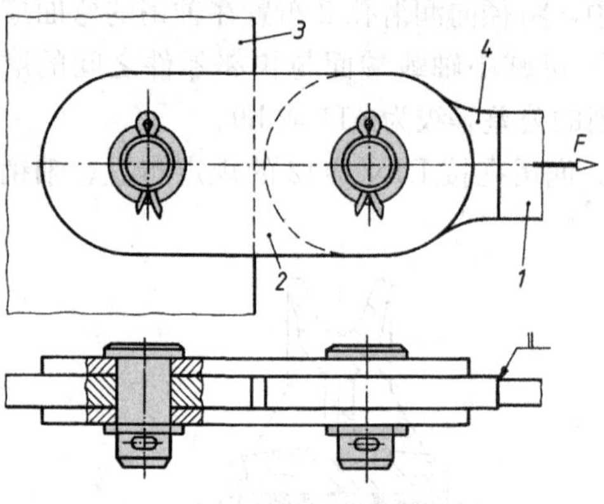

图 9-20　钢结构的铰链联接

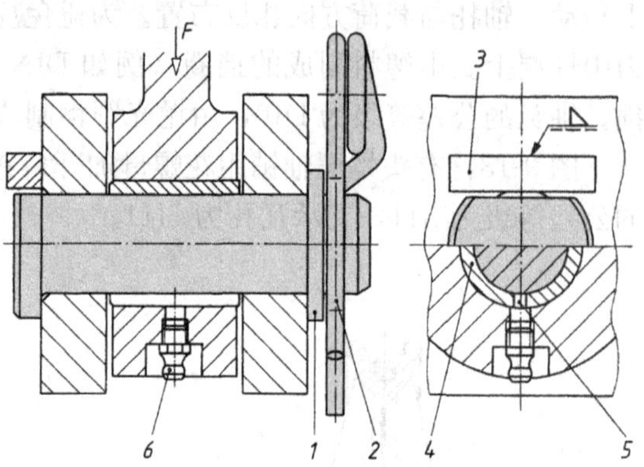

图 9-21　重载、快速装拆铰链轴销联接

图 9-22：凸缘轮毂 1 和 2 用带多个切槽的剪切销 3 联接。剪切面 4 的尺寸应保证当达到与最大许用转矩对应的圆周力时，剪切销被剪断，从而中断力的传递（力流用点画线表示）。大多数情况下与另一个半联轴器联接。

图 9-23：用于箱盖定位用的销 1 非对称布置，以免装配箱盖时“装错”方向。销 2 为轴瓦的导向销。销的公差等级一般为 m6，孔为 H7。

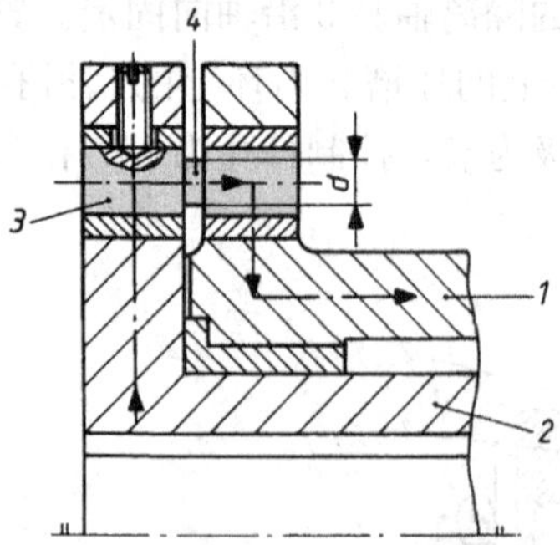

图 9-22　剪切销—安全联轴器

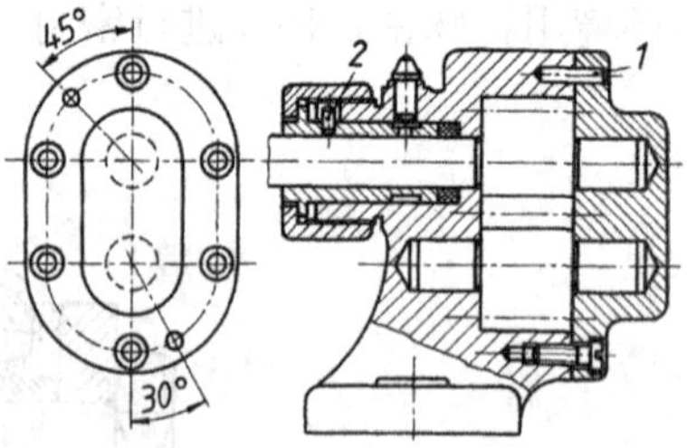

图 9-23　用圆柱销固定齿轮泵轴承

图 9-24：叉头和轴颈用横销联接。也可用槽销或弹性销取代圆锥销。

图 9-25：置于拨叉轴上的杠杆用圆柱槽销 1 作为切向销进行固定。杠杆与拨叉之间用贯头槽销 2 铰接。销孔用麻花钻简单加工即可（H11）。叉头孔公差等级为 D10。

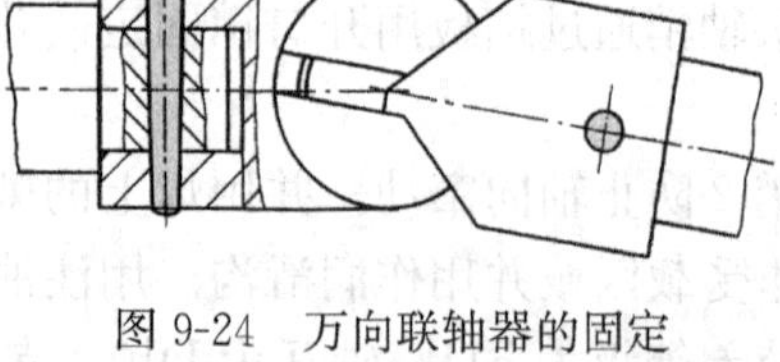

图 9-24　万向联轴器的固定

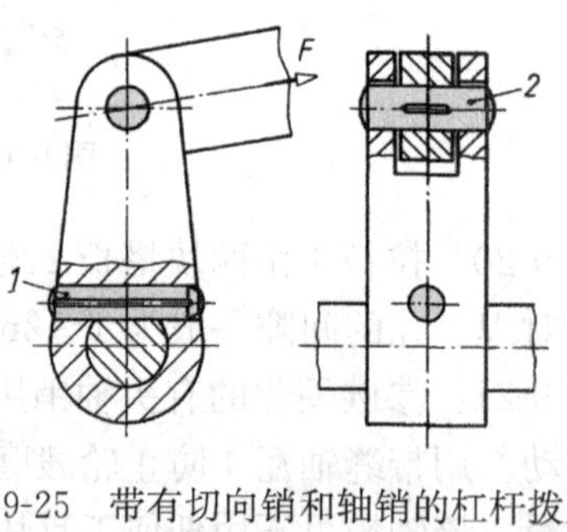

图 9-25　带有切向销和轴销的杠杆拨叉

图 9-26：带缩颈配合销 1 用作曲柄轴。曲柄轮毂用挡圈 2 进行轴向固定。齿轮与曲柄轮毂用圆柱槽销 3 作为纵销（圆键）固定。销孔用麻花钻简单加工即可（H11）。曲柄轮毂孔

的公差等级为 D10。

图 9-27：用于小管、电缆等夹子的固定可采用半圆头（或沉头）槽钉。销孔用麻花钻简单加工即可（H11）。这种方法不适于固定木制品。

图 9-28：弹性销（重型结构）可以固定位置并为承受横向动载荷的螺栓卸载（将开缝位置尽可能沿载荷方向）。螺母和螺栓垫圈应选用 DIN 7349 规定的大垫圈，以确保性能。通孔（公差等级 H12）用麻花钻加工。

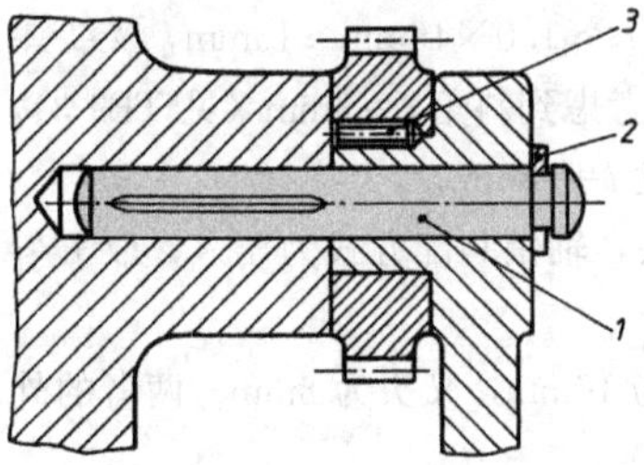

图 9-26　固定有齿轮的曲柄的支承

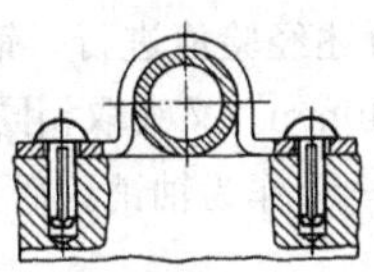
图 9-27　管夹的固定

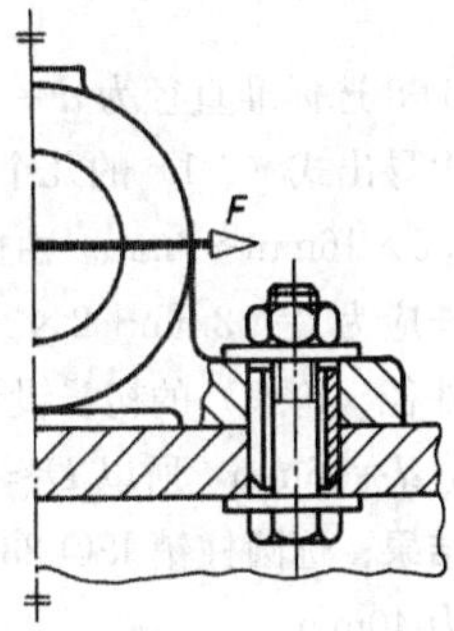

图 9-28　立式轴承用弹性销固定

图 9-29：止推环 1 固定在有槽的滚动轴承外圈 2 上以防止其在机架上沿轴向窜动（固定轴承）。带凸齿的安全环 3 将轴轴向固定（见 § 14.2.3）。

图 9-30：当滚动轴承内圈有大圆角且受大轴向载荷 F_a 时，支承板 1 可防止仅仅用安全环 3 而可能产生的翻转。配合环 2 用于调整轴向间隙（见 § 14.2.3）。

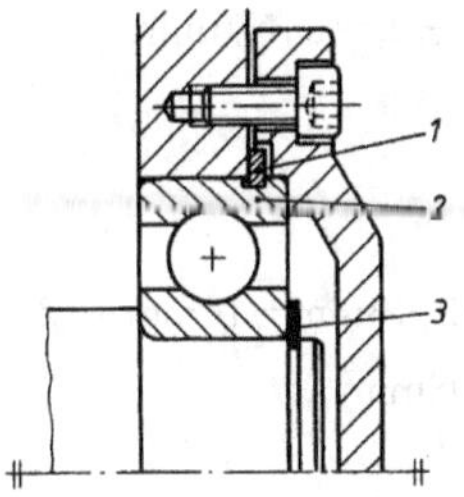

图 9-29　滚动轴承轴向固定

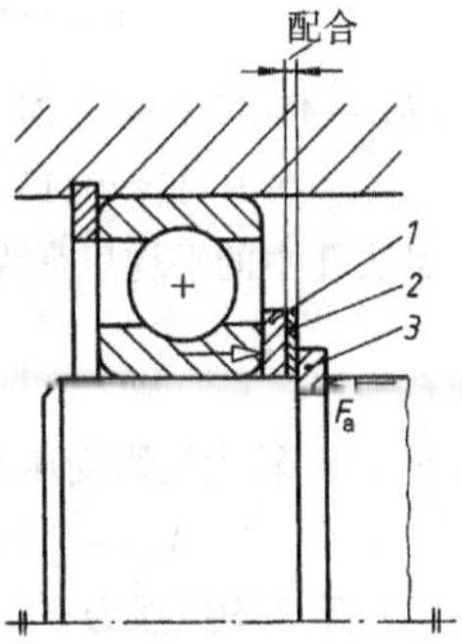

图 9-30　用安全环进行滚动轴承轴向固定

9.6　计算示例

■**例 9-1**：一轴销铰链受强烈冲击脉动载荷 $F=9\text{kN}$。活塞杆头和叉头材料均为 S235。将一根 DIN EN ISO 2338 规定的非硬化圆柱销用作轴销，其公差等级为 h8，其与活塞杆头孔的配合为过盈配合。工作时，轴销在叉头孔中无滑动运动。

a）试进行初步设计，确定铰链的主要尺寸（d、t_S、t_G 和 D，见图 9-2）。并给出所选轴销的标注。

b）试对铰链进行抗剪强度校核，对叉头孔进行压强校核。

c）试选择叉头孔和活塞杆孔的公差等级。

▶**解 a)**：由式（9-1）确定所需轴销直径：

$$d \approx k\sqrt{\frac{K_A F_{nenn}}{\sigma_{b\,zul}}}$$

轴销与活塞杆为过盈配合，与叉头为间隙配合，如§9.2.2所述，它属于支承类型3，故夹紧系数为$k=1.1$。

对于强烈冲击载荷，由TB3-5c可得平均使用系数$K_A=1.8$。对于非硬化且$R_m=400\text{N/mm}^2$的标准销，在受脉动载荷时，$\sigma_{b\,zul}=0.2R_m\approx0.2\times400\text{N/mm}^2\approx80\text{N/mm}^2$。由上述值和活塞杆力$F=9\text{kN}$可得到轴销直径为

$$d\approx1.1\times\sqrt{\frac{1.8\times9000\text{N}\cdot\text{mm}^2}{80\text{N}}}\approx15.6\text{mm}$$

由TB9-3选标准直径为$d=16\text{mm}$。

由导出式（9-1）的几个比例关系$t_S\approx1.0d$和$t_G\approx0.5d$，得活塞杆厚$t_S\approx1.0\times16\text{mm}\approx16\text{mm}$，叉头厚$t_G\approx0.5\times16\text{mm}\approx8\text{mm}$。由此得到所需销长$l=16\text{mm}+2.8\text{mm}=32\text{mm}$。考虑到斜角$c=3\text{mm}$（见TB9-3），故销长应为$l=32\text{mm}+2\times3\text{mm}=38\text{mm}$。为使轴销突出较小，取标准长度$l=35\text{mm}$。

外径（轮毂）的初步设计按§9.2.2所述经验值进行。钢制活塞杆头，轴销装配方式为压入，取$D\approx2.5d$，$d=16\text{mm}$，所以$D\approx2.5\times16\text{mm}=40\text{mm}$。叉头取相同外径。

结果：选圆柱销ISO 2338—16h8×35—St作为轴销。活塞杆头厚度为16mm，叉头为8mm。两者的外径均为40mm。

▶**解b)**：根据式（9-3），轴销中性层上的最大切应力为

$$\tau_{max}\approx\frac{4}{3}\cdot\frac{K_A F_{nenn}}{2A_S}\leqslant\tau_{a\,zul}$$

在解a）中已得使用系数$K_A\approx1.8$，轴销的横截面积为

$$A_S=16^2\text{mm}^2\times\pi/4\approx201\text{mm}^2$$

活塞杆受力为$F=9\text{kN}$，故最大切应力为

$$\tau_{max}=\frac{4}{3}\cdot\frac{1.8\times9000\text{N}}{2\times201\text{mm}^2}=54\text{N/mm}^2$$

根据标准基准值$R_m=400\text{N/mm}^2$，对于脉动载荷，有

$$\tau_{a\,zul}\approx0.15R_m\approx0.15\times400\text{N/mm}^2\approx60\text{N/mm}^2>\tau_{max}=54\text{N/mm}^2。$$

根据式（9-4），叉头孔中的平均压强为

$$p=\frac{K_A F_{nenn}}{A_{proj}}\leqslant p_{zul}$$

由上述使用系数$K_A\approx1.8$，轴销投影受压面积［式中$t_G=(35\text{mm}-2\times3\text{mm}-16\text{mm})/2=6.5\text{mm}$］为

$$A_{proj}=2dt_G=2\times16\text{mm}\times6.5\text{mm}=208\text{mm}^2$$

活塞杆受力$F=9\text{kN}$，实际平均压强为

$$p=\frac{1.8\times9000\text{N}}{208\text{mm}^2}=78\text{N/mm}^2$$

S235为强度较弱的材料，其$R_{mN}=360\text{N/mm}^2$（见TB1-1，$K_t=1.0$），脉动载荷下，有

$$p_{zul}\approx0.25R_m=0.25\times360\text{N/mm}^2=90\text{N/mm}^2>p=78\text{N/mm}^2$$

结果：该轴销铰链强度足够，因为最大切应力：

$$\tau_{max}=54\text{N/mm}^2<\tau_{a\,zul}=75\text{N/mm}^2$$

平均压强$p=78\text{N/mm}^2<p_{zul}=90\text{N/mm}^2$

▶**解c)**：轴销在叉头中有明显间隙，在活塞杆中有过盈。根据TB2-5，在基轴制中（光轴销h8），叉头孔公差等级为F8，活塞杆头孔为S7。

■**例9-2**：一个在恶劣工作条件下工作的滚轮，其转速为3r/min，其支承见图9-31。由于滑动速度很小，润滑不充分，以硬化弹簧钢制成的耐磨夹紧套作为滑动摩擦副。即在轴销DIN 1445—30h8×92×120—St上套轴用夹紧套DIN 1499—AG40/30×90，在滚轮中压入孔用夹紧套DIN 1498—FP40/50×50（带箭形缝）。将轴销用花螺母稍作预紧，保证在载荷作用下，不旋转和窜动。

对支承进行了结构设计，受脉动载荷，有轻微冲击，滚轮载荷 $F=32\text{kN}$，试校核：

a）轴销抗弯强度。

b）夹紧套之间的平均压强（轴承压力）。

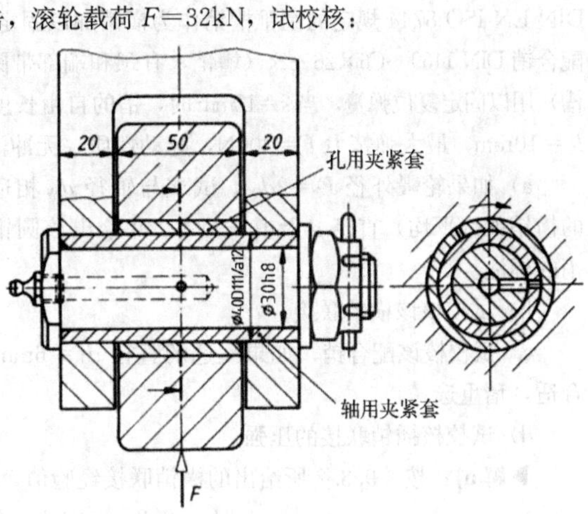

图 9-31　一个滚轮的支承

▶**解 a)**：由于轴用夹紧套将轴销沿整个长度包住，所以轴销承载直径为 40mm。组合轴销置于叉头中，与滚轮构成间隙配合，所以它符合 § 9.2.2-1 的支承类型 1。假设载荷为均布载荷，并忽略由于花螺母拧紧所产生的小预紧力，轴销横截面 C—D 处的最大弯矩（图 9-2）为

$$M_{\mathrm{b\,max}}=\frac{F(t_S+2t_G)}{8}$$

由式（9-2）计算弯曲应力：

$$\sigma_b=\frac{K_A M_{\mathrm{b\,nenn}}}{0.1d^3}\leqslant\sigma_{\mathrm{b\,zul}}$$

滚轮厚度 $t_S=50\text{mm}$，叉头厚 $t_G=20\text{mm}$，滚轮载荷 $F=32\text{kN}$，所以最大弯矩为

$$M_{\mathrm{b\,max}}=\frac{3.2\times10^4\,\text{N}(50\text{mm}+2\times20\text{mm})}{8}=3.6\times10^5\,\text{N}\cdot\text{mm}$$

对于轻微冲击载荷，由 TB3-5c 可查得使用系数 $K_A\approx1.1$，轴销承载直径 $d=40\text{mm}$，不考虑润滑孔，可得轴用夹紧套外缘纤维实际弯曲应力为

$$\sigma_b=\frac{1.1\times3.6\times10^5\,\text{N}\cdot\text{mm}}{0.1\times40^3\,\text{mm}^3}\approx62\text{N}\cdot\text{mm}^2$$

置于夹紧套内部的轴销外缘纤维的弯曲应力（如图 9-3 所示，弯曲应力为线性分布）为

$$\sigma_b\approx62\text{N/mm}^2\times\frac{15\text{mm}}{20\text{mm}}\approx47\text{N/mm}^2$$

由 $\sigma_{\mathrm{b\,zul}}\approx0.2R_m$［同式（9-1）］，对于脉动载荷，轴用夹紧套材料为 55Si7，其 $R_m\approx1300\text{N/mm}^2$（DIN 17222 或生产商数据），得

$$\sigma_{\mathrm{b\,zul}}\approx0.2\times1300\text{N/mm}^2\approx260\text{N/mm}^2$$

对于 $R_m=400\text{N/mm}^2$ 的轴销，有

$$\sigma_{\mathrm{b\,zul}}\approx0.2\times400\text{N/mm}^2\approx80\text{N/mm}^2$$

结果：轴销及其上的轴用夹紧套强度足够，因为用近似方法得到的弯曲应力

$$\sigma_b=62\text{N/mm}^2<\sigma_{\mathrm{b\,zul}}\approx260\text{N/mm}^2\text{ 或 }\sigma_b=47\text{N/mm}^2<\sigma_{\mathrm{b\,zul}}\approx80\text{N/mm}^2$$

▶**解 b)**：由式（9-4）计算两夹紧套之间的平均压强：

$$p=\frac{K_A F_{\mathrm{nenn}}}{A_{\mathrm{proj}}}\leqslant p_{\mathrm{zul}}$$

投影面积 $A_{\mathrm{proj}}=dt_S$，式中 $d=40\text{mm}$，$t_S=50\text{mm}$，即 $A_{\mathrm{proj}}=40\text{mm}\times50\text{mm}=2000\text{mm}^2$；$K_A\approx1.1$，$F=32\text{kN}$，所以滑动面的平均压强为

$$p=\frac{1.1\times3.2\times10^4\,\text{N}}{2\times10^3\,\text{mm}^2}\approx18\text{N/mm}^2$$

对于硬化钢制滑动摩擦副、添加润滑剂和脉动载荷，由 TB9-1 第 11 行得：$p_{\mathrm{zul}}\approx0.7\times25\text{N/mm}^2=18\text{N/mm}^2=p_{\mathrm{vorh}}$。

结果：在小滑动速度和添加润滑剂（油脂）情况下，该滚轮的支承不存在粘合或提前磨损的危险，因为平均压强 $p=18\text{N/mm}^2$ 没有超过许用值。即使不能进行润滑保养，该支承也能正常运转，因为互相滑动的两夹紧套抗磨损能力很强。

■**例 9-3**：一个拨叉杠杆的轮毂由 EN—GJL—200 制成，轴径 $d_W=20\text{mm}$，由 E295 制成，它们之间用

DIN EN ISO 8744 规定的圆锥槽销作为横销加以固定（图 9-32）。在长度 $l_1=60$mm 的杠杆的另一端装有一配合销 DIN 1469—C6×26—St（槽销，有颈和端部带圆角槽）用以固定复位弹簧，当 $s=12$mm 时，销的自由长度为 $l_2=10$mm，最大弹簧力 $F=300$N，脉动性质，无冲击。

a）如果轮毂外径 $D=2d_W$，试求与轴径 d_W 相适应的横销的（平均）直径 d 及其长度 l，并给出该圆锥槽销的标注。

b）试校核该横销联接。

c）试校核该配合销，如果预选的直径 $d_1=6$mm 不合适，请重选。

d）试校核插销联接的压强。

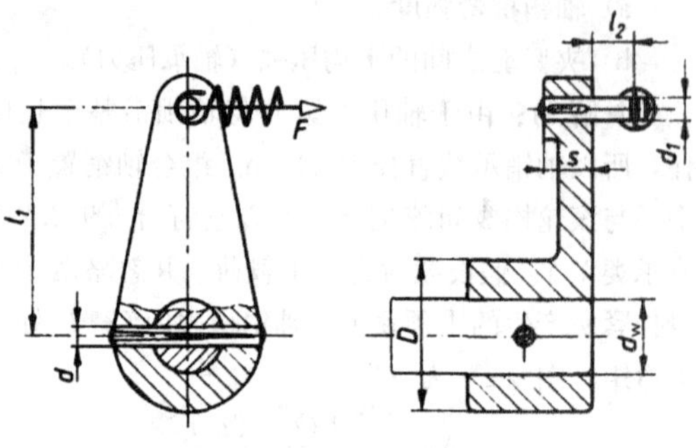

图 9-32　用销联接的拔叉杠杆

▶**解 a)**：按 § 9.3.2 所给出的横销联接经验值，可选圆锥槽销的（平均）直径为

$$d=(0.2\sim0.3)d_W,\ d=0.25\times20\text{mm}=5\text{mm}$$

当轮毂外径 $D=2d_W=2\times20\text{mm}=40\text{mm}$ 时，选销长为 $l=40$mm。

结果：选定槽销 ISO 8744—5×40—St。

▶**解 b)**：按 § 9.3.2 所述，横销联接应校核压强和抗剪强度。由式（9-15）计算轮毂孔中产生的平均压强：

$$p_N=\frac{K_A T_{nenn}}{ds(d_W+s)}\leqslant p_{zul}$$

转矩 $T=Fl_1=300\text{N}\times60\text{mm}=18000\text{N}\cdot\text{mm}$。由于无冲击，可取使用系数 $K_A=1.0$。轮毂壁厚 $s=(D-d_W)/2=(40\text{mm}-200\text{m})/2=10\text{mm}$。销径 $d=5$mm，所以实际平均压强为

$$p_N=\frac{1.0\times18000\text{N}\cdot\text{mm}}{5\text{mm}\times10\text{mm}\times(20\text{mm}+10\text{mm})}=12\text{N/mm}^2$$

对于强度较弱的轮毂材料 GN—GJL—200，其 $R_m=200\text{N/mm}^2$（$K_t=1.0$），应力集中系数 0.7，脉动载荷，有

$$p_{zul}\approx0.7\times0.25\times200\text{N/mm}^2=35\text{N/mm}^2>p_N=12\text{N/mm}^2$$

现在来校核轴孔中产生的最大平均压强。由式（9-16）得

$$p_W=\frac{6K_A T_{nenn}}{dd_W^2}\leqslant p_{zul},\ p_W=\frac{6\times1.0\times18000\text{N}\cdot\text{mm}}{5\text{mm}\times20^2\text{mm}^2}=54\text{N/mm}^2$$

对于强度较弱的销材料，$R_m=400\text{N/mm}^2$，有

$$p_{zul}\approx0.7\times0.25\times400\text{N/mm}^2\approx70\text{N/mm}^2>p_W=54\text{N/mm}^2$$

最后，根据式（9-17）来校核销的抗剪强度：

$$\tau_a=\frac{4K_A T_{nenn}}{d^2\pi d_W}\leqslant\tau_{a\ zul},\ \tau_a=\frac{4\times1.0\times18000\text{N}\cdot\text{mm}}{5^2\text{mm}^2\times\pi\times20\text{mm}}=46\text{N/mm}^2$$

对于与 $R_m=400\text{N/mm}^2$ 相对应的标准槽销材料，应力集中系数为 0.8，脉动载荷，有

$$\tau_{a\ zul}\approx0.8\times0.15\times400\text{N/mm}^2\approx70\text{N/mm}^2>\tau_a=46\text{N/mm}^2$$

结果：该横销联接强度足够，因为平均压强

$$p_N=12\text{N/mm}^2<p_{zul}\approx35\text{N/mm}^2,\ p_W=54\text{N/mm}^2<p_{zul}\approx70\text{N/mm}^2$$

而且切应力 $\tau_a=46\text{N/mm}^2<\tau_{a\ zul}\approx48\text{N/mm}^2$。

▶**解 c)**：配合槽销在力臂 l_2 处作用有弹簧力 F，受弯曲变形。根据式（9-18）校核抗弯强度

$$\sigma_b=\frac{K_A M_{b\ nenn}}{W}\leqslant\sigma_{b\ zul}$$

式中，弯矩 $M_b=Fl_2=300\text{N}\times10\text{mm}=3000\text{N}\cdot\text{mm}$，销的抗弯截面系数 $W\approx0.1d^3\approx0.1\times6^3\approx21.6\text{mm}^3$，使用系数 $K_A=1.0$，所以弯曲应力为

$$\sigma_b=\frac{1.0\times3000\text{N}\cdot\text{mm}}{21.6\text{mm}^3}=139\text{N/mm}^2$$

对于 $R_m=400N/mm^2$ 的标准销，应力集中系数为 0.8，脉动载荷：

$$\sigma_{b\,zul}\approx 0.8\times0.2\times400N/mm^2\approx64N/mm^2<\sigma_b=139N/mm^2$$

结果：配合槽销强度不够，因为 $\sigma_b=139N/mm^2>\sigma_{b\,zul}\approx64N/mm^2$。出于安全考虑应选直径 $d_1=8mm$，由此得 $W=51.2mm^3$，$\sigma_b=59N/mm^2<\sigma_{b\,zul}=64N/mm^2$。

▶**解 d)**：厚度 $s=12mm$，由式（9-19）计算杠杆端头孔中最大平均压强

$$p_{max}=\frac{K_A F_{nenn}(6l+4s)}{ds^2}\leqslant p_{zul},\ p_{max}=\frac{1.0\times300N\times(6\times10mm+4\times12mm)}{8mm\times12^2mm^2}=28N/mm^2$$

许用平均压强为 $p_{zul}\approx35N/mm^2$（见解 b）。

结果：该联接强度足够，因为杠杆孔中最大平均压强 $p_{max}=28N/mm^2<p_{zul}\approx35N/mm^2$。

■**例 9-4**：齿圈的齿数 $z=52$，模数 $m=6mm$，起重机滚轮 $\phi315mm$，应固定，使它们之间不能相对转动。齿圈孔与滚轮轴颈接合处直径为 210mm，过渡配合 H7/m6。在将齿圈敲入滚轮后，用两个 180°分布的圆柱销 ISO 2338—16m6×35—St 作为纵销（圆键）进行联接。以防止它们之间相对转动（图 9-33）。齿圈和滚轮材料为 GS—52。

试校核这两个纵销是否能承担由齿轮载荷引起的中等冲击，脉动性质的转矩 $T=1060N\cdot m$。为安全计，不考虑由过渡配合所形成的实际摩擦力封闭。

▶**解**：根据 § 9.3.2 所述，纵销联接应校核压强。由式（9-20），有

$$p=\frac{4K_A T_{nenn}}{dd_W l}\leqslant p_{zul}$$

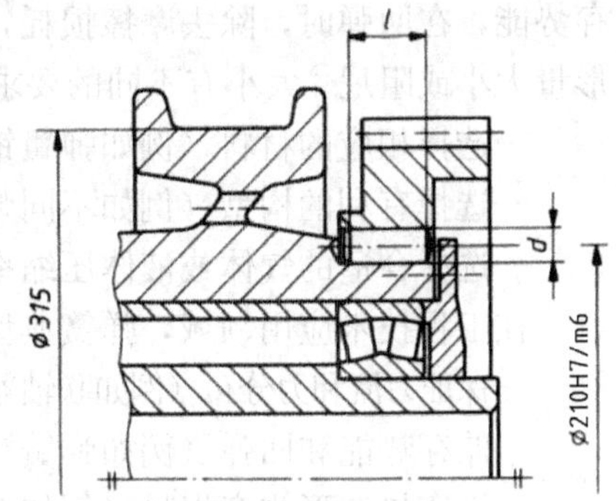

图 9-33　齿圈用纵销固定

由 TB3-5c，中等冲击，取使用系数 $K_A\approx1.3$（1.2～1.4），两个圆柱销的承载长度为 $l=29mm$（由 TB9-3 知 $c=3mm$），得实际平均压强为

$$p=\frac{4\times1.3\times1.06\times10^6N\cdot mm}{2\times16mm\times210mm\times29mm}=28N/mm^2$$

对于强度较弱的销材料，$R_m=400N/mm^2$，脉动载荷，有

$$p_{zul}\approx0.25\times400N/mm^2\approx100N/mm^2>p=28N/mm^2$$

结果：该纵销联接强度足够，因为平均压强 $p=28N/mm^2<p_{zul}\approx100N/mm^2$。

9.7　参考文献

Beke, J: Beitrag zur Berechnung der Spannungen in Augenstäben. Eisenbau 12 (1921), S. 233–244

DIN Deutsches Institut für Normung e. V. (Hrsg.): Bolzen, Stifte, Niete, Keile, Sicherungsringe. 8. Aufl. Berlin: Beuth, 1999 (DIN-Taschenbuch 43)

Maaß, H.: Der Kolbenbolzen, ein einfaches Maschinenelement. Düsseldorf: VDI, 1975 (Fortschritt-Berichte VDI-Z, Reihe 1, Nr. 41)

Mathar, J.: Über die Spannungsverteilung in Schubstangenköpfen. Forsch.-Arbeit Ing.-Wesen, Heft 306, Düsseldorf: VDI, 1928

Schmitz, H.: Theoretische und experimentelle Untersuchungen an Stift-Verbindungen. In: Konstruktion 12 (1960), Heft 1, S. 5–13; Heft 2, S. 83–85

Stahl-Informations-Zentrum (Hrsg.): Stifte und Stiftverbindungen. 3. Aufl. Düsseldorf 1982 (Merkblatt 451)

Szakacsi, J.: Berechnung von Stangenköpfen unter Berücksichtigung des Bolzenspiels und der behinderten Verformung. In: Konstruktion 22 (1970), S. 172–178

Wilms, V.: Auslegung von Bolzenverbindungen mit minimalem Bolzengewicht. In: Konstruktion 34 (1982), Heft 2, S. 63–70

Firmenschriften: Benzing, Korntal-Münchingen (Sicherungsscheiben) W. Hedtmann KG, Hagen-Kabel (Spannstifte, Spannbuchsen); Munr und Bender, Attendorn (Spannbuchsen); William Prym-Werke KG, Stolberg (Spiralspannstifte); Schmuziger AG, Wädenswil, Schweiz (Connex-Spannstifte); Seeger-Orbis GmbH, Königstein (Sicherungsringe); Unakerb, Amberg (Kerbstifte)

第 10 章　弹　　簧

10.1　功能和作用

所有弹性体都是“弹簧”，即在力 F 或力矩 M（T）作用下会产生弹性变形。此时，储存势能，在回弹时，除去摩擦损耗，它又以功的形式释放出来。根据用途的不同，对弹簧变形量大小或阻尼㊀大小有不同的要求。为实现相应的性能，应该：

—选择相应的材料（例如弹簧钢、橡胶）。

—选择有利的构型（例如不同弹簧类型、结构尺寸）。

—选择合适的气体或液体压缩率（选择介质、结构尺寸）。

在工程技术应用领域，弹簧典型特性和功能有：

—保证力流和力分布（例如联轴器和制动器弹簧，电力机车取电弹簧，接触弹簧，张紧弹簧）。

—储存势能和回弹（例如弹簧马达、内燃机的阀门弹簧）。

—平衡热变形或磨损量（例如在轴承和联轴器上）。

—应用内外摩擦产生阻尼（例如车辆弹簧、发动机悬挂装置）。

—作为振动系统弹簧（例如用于控制技术、振动台中）。

10.1.1　弹簧刚度，弹簧特性线

在承受载荷 F 或力矩 M（T）时，受力点产生弹簧行程 s 或扭角 φ。变形与载荷之间的关系构成弹簧图，如图 10-1 所示。而载荷变形曲线称为弹簧特性线。

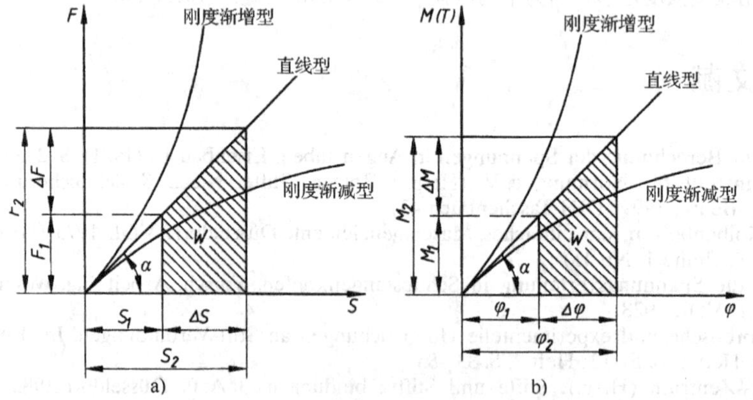

图 10-1　弹簧特性线示意图

a）力—变形特性线　b）力矩—扭角特性线

弹簧载荷 F 与变形 s（弹簧力矩 T 与扭角 φ）之间的比等于弹簧特性线倾角 α 的正切，

㊀　由摩擦功而损耗能量。

它又被称为弹簧刚度[㊀]R：

线性特性线弹簧：

$$R=\tan\alpha=\frac{F_1}{s_1}=\frac{F_2}{s_2}=\frac{F_2-F_1}{s_2-s_1}\text{或}R_\varphi=\tan\varphi=\frac{T_1}{\varphi_1}=\frac{T_2}{\varphi_2}=\frac{T_2-T_1}{\varphi_2-\varphi_1} \tag{10-1}$$

非线性特性线弹簧或一般情况：

$$R=\tan\alpha=\frac{\Delta F}{\Delta s}\text{或}R_\varphi=\tan\varphi=\frac{\Delta T}{\Delta\varphi}$$

弹簧刚度要么按要求预先给定，要么在初步设计中确定。

1. 线性特性线弹簧　由符合胡克定律材料制成的弹簧，无摩擦时，其特性线是线性（直线型）的。载荷与变形成比例，例如，载荷加倍后，变形也加倍。特性线越陡，同样的载荷产生的变形越小，也就是说，该弹簧刚度越好（越硬）。

板簧、扭转弹簧和圆柱形螺旋弹簧的特性线为直线或近似直线。

2. 曲线型特性线弹簧　如果在弹簧工作区域内，其弹簧刚度 R 是变化的，则其特性线为曲线，并分为：

—刚度渐增（斜率增加）特性线，这类弹簧随着载荷的增加变硬。这种特性可以防止弹簧在承受大载荷时被击穿并实现振动的迅速衰减。这种特性在车辆弹簧中尤其有用。这种特性可以通过特殊结构的叠层板簧，将蝶簧用一定方法合成弹簧柱和圆锥螺旋压缩弹簧来实现。

—刚度渐减型（斜率减小）特性线，这类弹簧随着载荷的增加变软。这种特性用于当要求达到特定载荷后，再小量增加载荷要实现很大变形时，例如控制器的间隙和压力平衡。刚度渐减型弹簧主要出现在受拉力的橡胶弹簧和特定结构尺寸的蝶簧中。

出于测量技术的原因，对于曲线型特性线弹簧，其刚度由式（10-1）中的 $R=\Delta F/\Delta s$ 或 $R_\varphi=\Delta T/\Delta\varphi$ 来表示。

3. 组合弹簧　由于实际的原因，在许多情况下，单根弹簧不能达到某种特定的载荷和变形要求；常常将若干个尺寸相同甚至不同的弹簧互相并联或串联在一起，例如圆柱形螺旋压缩组合弹簧（原理图见图 10-2）。

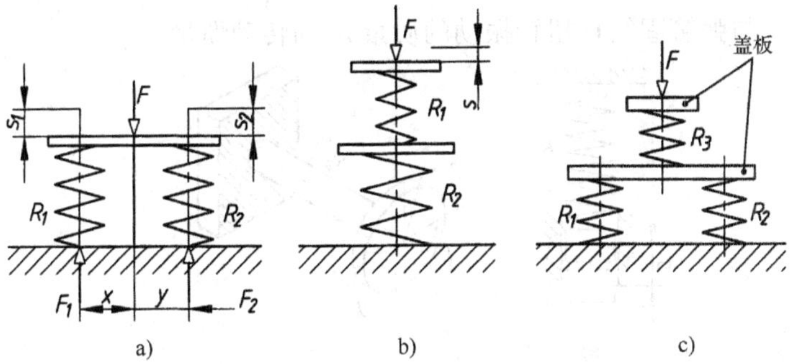

图 10-2　圆柱形螺旋弹簧组合示例

a）并联　b）串联　c）混联

各种组合弹簧的等效弹簧刚度 R_{ges}（$R_{\varphi\,ges}$）为

并联（图 10-2a）　　　　$R_{ges}=R_1+R_2$

㊀ 也常用 c 表示；其倒数称为弹簧柔度 $\delta=1/R$ 或 $\delta=1/c$。

串联（图 10-2b）

$$\frac{1}{R_{ges}}=\frac{1}{R_1}+\frac{1}{R_2} \tag{10-2}$$

混联（图 10-2c）

$$\frac{1}{R_{ges}}=\frac{1}{R_1+R_2}+\frac{1}{R_3}$$

上述方程适用于在载荷 F 作用下弹簧盖板平行于初始位置运动，没有转动，即弹簧载荷的作用线与弹簧轴线重合的情况。因此，对于并联组合，有 $Fy-F_1(x+y)=0$ 或 $Fx-F_2(x+y)=0$（见图 10-2a）。

10.1.2　弹簧功

在载荷 F 的作用下，载荷作用点运动行程为 s，产生弹簧功。在弹簧图中，特性线下部的面积即为弹簧功。理论弹簧功的计算公式为

直线型特性线弹簧

$$W=\frac{Fs}{2}=\frac{Rs^2}{2}\text{或}W_\varphi=\frac{M(T)\varphi}{2}=\frac{R_\varphi\varphi^2}{2}$$

曲线型特性线弹簧

$$W=\frac{\sum(\Delta F\Delta s)}{2}\text{或}W_\varphi=\frac{\sum(\Delta M\Delta\varphi)}{2} \tag{10-3}$$

加载时产生的弹簧功，只有在不考虑摩擦损失的理想状况下，才能在卸载时完全可用。

10.1.3　吸振性能、弹簧效率和阻尼

如图 10-3 所示，一个无摩擦、无阻尼的振动系统，其弹簧刚度为 R（R_φ）、质量为 m（转动惯量 J），则其固有频率为

直动振动系统　　$f_{eL}=[1/(2\pi)]\sqrt{R/m}$

扭转振动系统　　$f_{e\varphi}=[1/(2\pi)]\sqrt{R_\varphi/J}$　　(10-4)

式中　R（R_φ）——弹簧刚度；

m——与弹簧固结且直动振动的质量；

J——与弹簧固结且扭转振动的质量 m 的转动惯量。

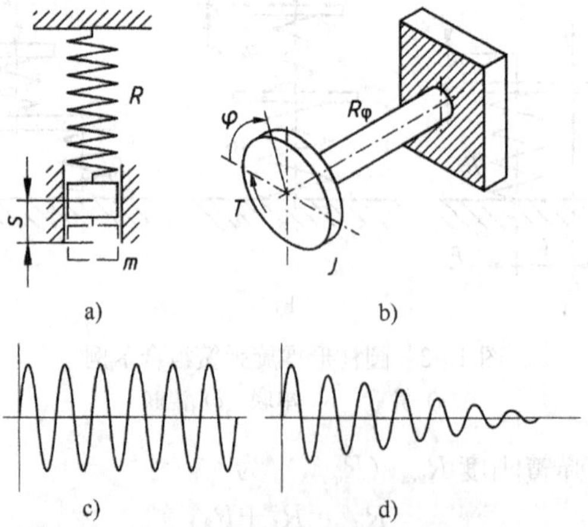

图 10-3　单质量振动系统

a）直动振动系统　b）扭转振动系统　c）无阻尼振动　d）阻尼振动

固有频率 f 只与质量 m（转动惯量 J）和弹簧刚度 R（R_φ）有关，而与变形 s（φ）本身无关。

由于存在内、外摩擦，加载时所需的功 W_B 大于弹簧卸载时可用的弹簧功 W_E。转变为热能的摩擦功 W_R（损耗功）为弹簧图中特性线下两个面积之差，即 $W_R = W_B - W_E$；特性线出现滞后[㊀]（图 10-4）。

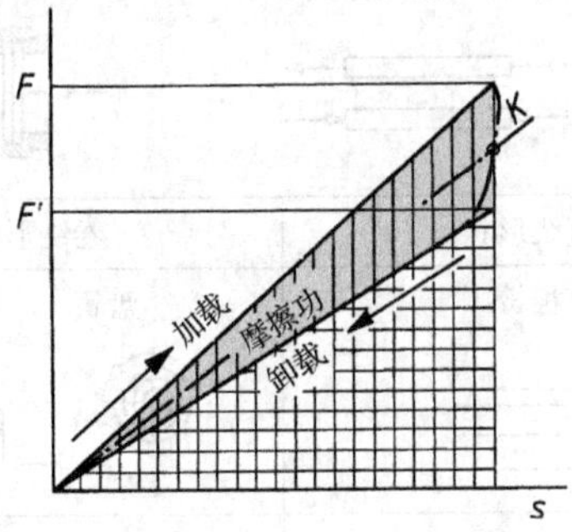

图 10-4 带摩擦滞后的弹簧功（中线 K 对应于计算特性线）

释放功与吸收功之比为弹簧效率

$$\eta_F = \frac{释放功}{吸收功} = \frac{W_E}{W_B} < 1 \tag{10-5}$$

弹簧效率决定了弹簧的用途。当 $\eta_F \approx 1$ 时，弹簧可用作储能器，当 $\eta_F \ll 1$ 时，用作冲击和振动阻尼器。其振动阻尼作用常常用阻尼系数计算，它是摩擦功与总功之比：

$$\psi = \frac{W_R}{2W - W_R} = \frac{1 - \eta_F}{1 + \eta_F} \tag{10-6}$$

金属弹簧的内阻尼系数 $\psi \approx 0$，金属弹簧与摩擦相关的阻尼系数 $0 < \psi < 0.4$（环形弹簧 $\psi \approx 0.7$），而橡胶弹簧可达到 $\psi > 1$。如果需要较大的总阻尼，可通过将弹簧进行相应的结构设计或将多个弹簧进行特殊布置（例如多层板簧、环形弹簧、蝶簧组）来影响其外摩擦。内摩擦与材料有关，不受影响。

10.2 结构和设计

弹簧计算是一个迭代的过程[㊁]，因为在计算时，许多影响参数都还不知道，它们之间又互相影响，且又必须给定。在考虑到弹簧组合布置的情况下，首先应对弹簧进行初步设计，即初步确定所有与结构相关的参数，如弹簧类型、尺寸和材料。

通过强度和功能校核来最终确定弹簧参数，而要进行这类校核又必须知道所有的弹簧参数。

10.2.1 弹簧种类

弹簧特性线、变形和结构尺寸主要取决于弹簧形状（见 § 10.1.1）。图 10-5 所示为工程实

㊀ 在卸载时弹簧变形不成比例。

㊁ 通过按步骤重复计算过程来逼近解。

际当中使用的各种金属弹簧及其变形类型。简单（直线）形状弹簧变形小，也就是说，相对较硬。卷绕或盘状弹簧在相同特性线的情况下，结构更小。相对于弯曲或扭转变形的弹簧，拉/压变形弹簧变形较小。拉/压弹簧的材料利用程度最好（$\eta_F \approx 1$），而弯曲变形弹簧最差。

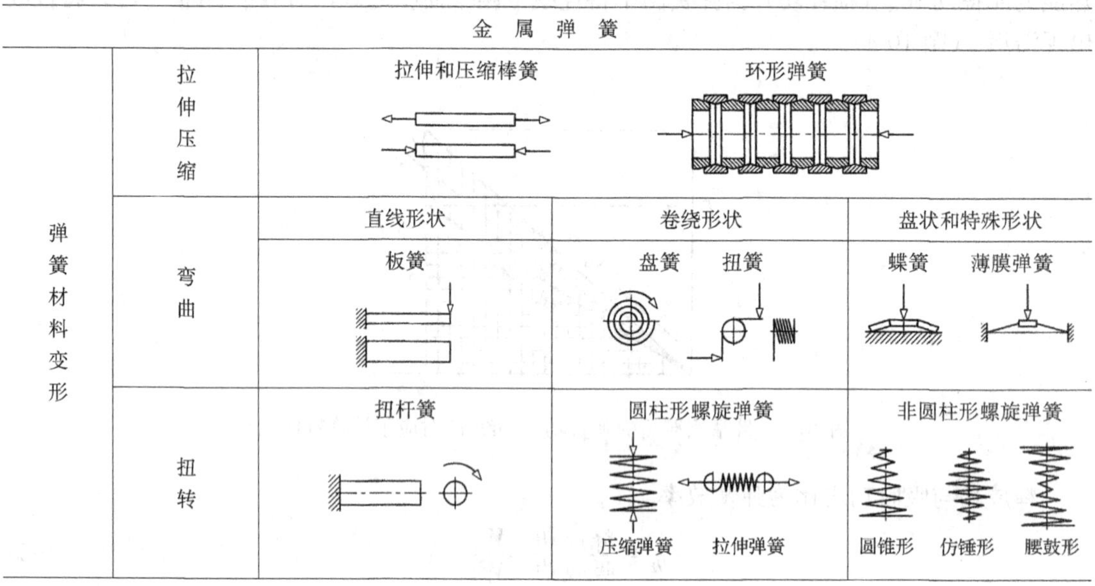

图10-5 按材料变形进行弹簧分类（迈思纳分类）

10.2.2 弹簧材料

弹簧材料的选择除了考虑弹簧的力学性能（例如强度、特性线形状）、外形（例如板簧、螺旋弹簧）、占用空间和质量外，还要考虑一些特殊要求，例如防腐、防磁和耐热性。根据胡克定律（$\sigma=\varepsilon E$ 或 $\tau=\gamma G$），存在如下关系：弹簧变形 $s \sim R_e/E$ 或扭角 $\varphi \sim \tau_F/G$，所以金属弹簧选用高强钢。弹簧材料的强度值由TB10-1查取。

1. 弹簧钢 钢是使用最广泛的弹簧材料，因为这类材料可以通过改变化学成分、加工和热处理来改善弹簧关键性能。

2. 有色金属 在受载较小且对腐蚀性、电磁性能等有特殊要求的场合，可采用有色金属弹簧。

3. 非金属材料 使用最多的非金属材料为天然橡胶和合成橡胶，主要是用于受压和剪切变形中，对振动、冲击和噪声起阻尼作用，例如用于发动机支承、电控离合器和橡胶弹簧支承的滚轮中。橡胶的硬度可通过改变添加剂，特别是硫的质量分数来改变。同样地，气体（气压弹簧，例如用于轿车的后盖中）和与液体一起使用的气体（例如作为冲击阻尼器），也可用作“弹簧材料”。当弹簧载荷相对较小时，可用磁力产生的气垫作为弹簧。

10.2.3 弹簧参数（优化基础）

在确定弹簧尺寸时，应通过改变各参数值来最优实现不同要求。下面所列是各种可能的优化目标：

—最优实现功能。

—最小弹簧质量。

—最小安装空间。
—最大弹簧功。
—最优材料利用。
—最小成本。

合理选择弹簧要考虑多个评判因素，下面是几个重要比值：
—弹簧功/弹簧体积 $\eta_W = W_F/V_F$。
—弹簧功/安装体积 $\eta'_W = W_F/V_E$。
—弹簧刚度/弹簧体积 $\eta_R = R/V_F$。
—弹簧刚度/安装体积 $\eta'_R = R/V_E$。

本书对这些内容不再详细讲述；需要时请参考相关文献。

10.3 计算基础和单个弹簧性能

10.3.1 拉伸/压缩变形弹簧

1. 拉杆弹簧 杆状拉伸弹簧在受载时，其整个杆体积承受同样的应力，其材料利用是最优的。由胡克定律得弹簧变形：$s = l\sigma/E$。要实现大弹簧变形，必须选用大屈服点 R_e 的高强钢和大的初始长度 l。由于需要大的空间，所以对于需要较大的弹簧变形时，杆状拉伸或压缩弹簧实际上很少得到应用。

2. 环形弹簧

弹簧工作原理

与拉杆弹簧不同，环形弹簧所需空间要小得多。一般来说，环形弹簧由封闭的外环和内环构成，它们具有楔形面且互相嵌在一起（图 10-6）。轴向压力通过楔形面转换为外环的拉应力和内环的压应力。由于弹性变形，环之间窜动，从而缩短了弹簧轴线，而且环数越多，楔角 γ 越小，缩短越明显。取楔角约为 12°（经加工的环）至 15°（未经加工的环），以防止卸载后环堆结在一起（楔角>摩擦角）。单个环小的弹簧变形叠加为总弹簧变形（另见第 12 章的“弹性件联接”）。环形弹簧必须至少预紧 s 的 5%～10%，以保证单个环的位置可靠。

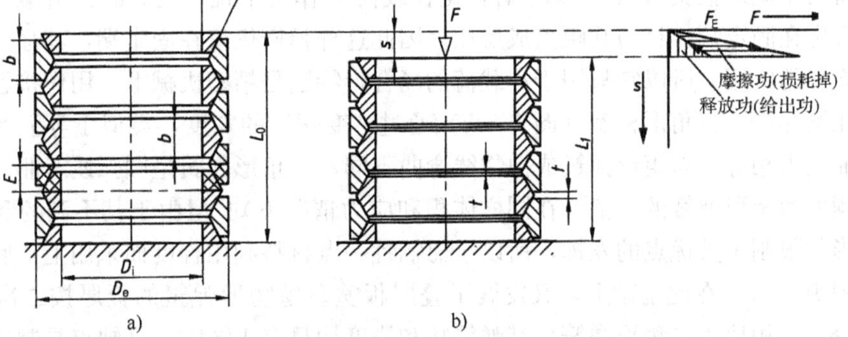

图 10-6 环形弹簧

a）由 $z=7$ 个完整环和 2 个半个（=9）环或由 8 个单元构成的环形弹簧，来加载状态，环厚为 $b \approx D_E/5$

b）加载后的弹簧及其特性线；安全缝宽 $t \approx (D_e + D_i)/200$（经加工的环）

环形弹簧的特性线是一条直线。卸载时的特性线与加载时的不一样（见图 10-6b），因为只有弹簧载荷 F 下降到特定的卸载载荷 $F_E \approx F/3$ 时，环形弹簧才会回弹；弹簧在压紧时所吸收的能量的大部分作为摩擦功转化为热量。

用途

环形弹簧通过显著的摩擦将许多机械能转换为热量，并由此产生所需的阻尼，根据润滑情况的不同，最大可达到 70%，所以特别适合于作为缓冲弹簧。此外，它还可以作为过载弹簧用于重型压力机、锻造设备和机床中，它可以在最小的空间里达到很大的能量吸收（图 10-7）。为了保证润滑效果，对这类弹簧应防潮和防尘。

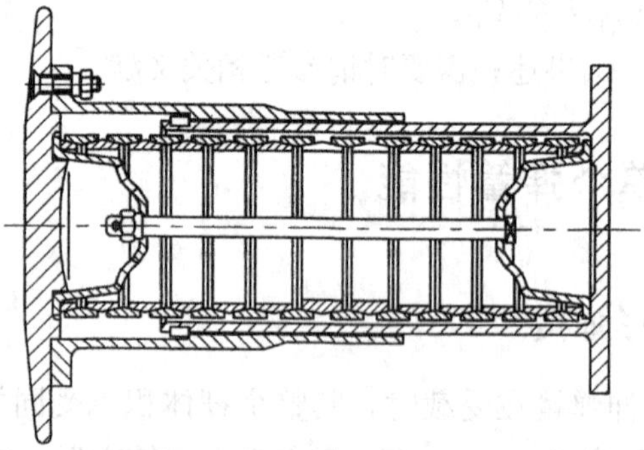

图 10-7　作为套筒缓冲器的环形弹簧，内环开槽以实现刚度渐增型特性线（环形弹簧有限公司产品图）

环形弹簧外径为 D_e=18～400mm，每个单元可实现终端载荷 $F_B \approx$5～1800kN，变形量为 s=0.4～7.6mm。

计算

环形弹簧没有标准化，结构尺寸、环数等的确定应按生产商的说明来进行。

10.3.2　弯曲变形弹簧

1. 简单板簧

弹簧工作原理，用途

可以将简单矩形板簧（图 10-8a）看作是在载荷 F 作用下挠度为 s 的自由梁。弯曲应力的最大值发生在固定端，且与其距离成反比。因此这种弹簧仅仅在固定端，其强度和材料得到了完全充分的应用。所以它只用于小载荷的场合，特别是精密机械上，用作接触弹簧、卡槽弹簧或压紧弹簧。三角形板簧（图 10-8b）通过“变化”的宽度，类似于等强梁，使每个截面的弯曲应力相等。与矩形弹簧成抛物线弯曲不同，三角形弹簧呈圆弧线弯曲。弹簧功和材料利用程度为矩形弹簧的三倍（在同样体积和应力情况下）。但由于其不利的和实际中无法应用的形状限制了其优点的发挥，所以宁愿牺牲一点材料利用程度而采用上下底为 b 和 b' 的梯形（图 10-8b）。在此基础上，又发展了叠层板簧。抛物形弹簧的板厚按二次抛物线变化（图 10-8c），相比于三角形弹簧，其弹簧功和挠度均只有 1/3 大。其缺点是制造困难和成本高。

提示：一个弹簧在载荷 F 作用下的挠度大小仅仅与尺寸和材料类型有关，与材料强度无关。

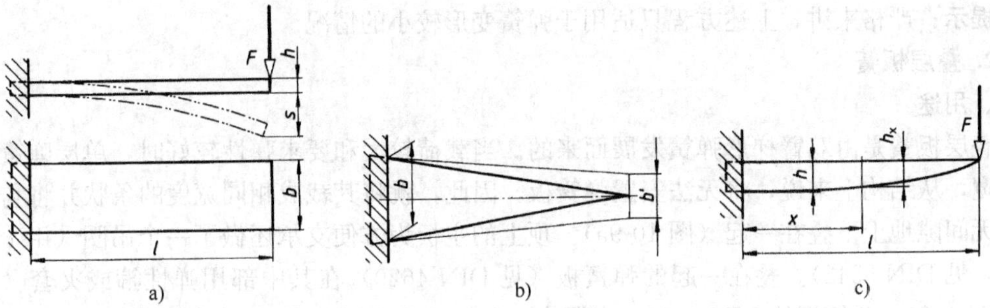

图 10-8 单臂板簧

a）矩形板簧（主视图和俯视图），h 和 b 为常量 b）三角形或梯形弹簧，h 不变（俯视图）

c）抛物形弹簧（主视图），b 不变，$h_x=h\sqrt{1-(x/l)}$

计算

对于如图 10-8 所示的弹簧，$M=Fl$ 和 $W=bh^2/6$，$\sigma_{b\,zul}$ 由 TB10-1 查取，所以弯曲应力 σ_b 和最大弹簧载荷 F_{max} 为

$$\sigma_b=\frac{M}{W}=\frac{6Fl}{bh^2}\leqslant\sigma_{b\,zul}\text{或}F_{max}=\frac{bh^2\sigma_{b\,zul}}{6l} \tag{10-7}$$

由弹簧载荷 F 可得弹簧变形（挠度）为

$$s=q_1\frac{l^3}{bh^3}\frac{F}{E} \tag{10-8}$$

式中 q_1——结构形状系数：$q_1=4$（矩形弹簧），$q_1=6$（三角形弹簧），$q_1\approx4\times[3/(2+b'/b)]$（梯形弹簧），$q_1=8$（抛物形弹簧）。

由长度 l 和强度值可得许用弹簧变形 s 或许用弹簧板厚 h

$$s\leqslant q_2\frac{l^2}{h}\frac{\sigma_{b\,zul}}{E}\text{或}h\leqslant q_2\frac{l^2}{s}\frac{\sigma_{b\,zul}}{E} \tag{10-9}$$

式中 q_2——结构形状系数：$q_2=2/3$（矩形弹簧），$q_2=1$（三角形弹簧），$q_2\approx(2/3)\times[3/(2+b'/b)]$（梯形弹簧），$q_2=4/3$（抛物形弹簧）。

将由式（10-7）算得的 F 和 $s=l\sigma/E$ 代入弹簧功的一般方程 $W=Fs/2$ 中，即可得到弹簧功的另一形式方程

$$W=q_3\frac{V\sigma^2}{E}\text{或}W_{max}=q_3\frac{V\sigma_{b\,zul}^2}{E} \tag{10-10}$$

式中 q_3——结构形状系数：$q_3=1/18$（矩形弹簧），$q_3=1/6$（三角形弹簧），$q_3\approx(1/9)\times[3/(2+b'/b)]\times[1/(1+b'/b)]$（梯形弹簧），$q_3=1/6$（抛物形弹簧）；

V——弹簧体积：$V=bhl$（矩形弹簧），$V=bhl/2$（三角形弹簧），$V=hl(b'+b)/2$（梯形弹簧）或 $V=(2/3)bhl$（抛物形弹簧）；

E——弹性模量；由 TB10-1 查取；

b——弹簧板的宽度；对于三角形弹簧和梯形弹簧为最大宽度；

b'——梯形弹簧自由端的宽度；

h（h_x）——弹簧高度（距离 x 处的厚度）；

l（l_x）——弹簧在距离 x 处的长度；

$\sigma_{b\,zul}$——许用弯曲应力，由 TB10-1 查取。

提示：严格来讲，上述方程只适用于弹簧变形较小的情况。

2. 叠层板簧

由来、用途

叠层板簧是由双臂梯形弹簧发展而来的。当载荷较大和要求弹性较好时，单层弹簧将做得很宽，从结构上来说，将无法安置弹簧板。因此，就将其裁成相同宽度的条状并将它们尽可能无间隙地上下叠在一起（图 10-9a）。顶上的主板为方便支承还做了一个吊圈（用于轨道机车，见 DIN 5542）。叠在一起的弹簧板（见 DIN 4620）在其中部用弹性箍或夹套（弹簧夹 DIN 4621、弹簧螺柱 DIN 4626）夹紧在一起。为防止侧向滑动，可采用导向卡箍或带肋弹簧板（DIN 1570）。根据 DIN 5544，对于轨道机车采用抛物形弹簧。为了避免摩擦损耗，采用相同长度，且在弹簧有效区域内做成二次抛物线形状的多块板簧叠在一起，板与板之间用空气层隔开。两级弹簧由一个主弹簧和一个附加弹簧构成，它们分别设计成承受特定的载荷（图 10-9b），并由此获得刚度渐增型特性线。

叠层弹簧在变形和恢复时，板与板之间由于相对运动会产生摩擦力，所以特性线有滞后（比较 § 10.1.3 的图 10-4）。可以通过减小层数，在端头采用塑料片和经常保养（润滑）来降低摩擦。

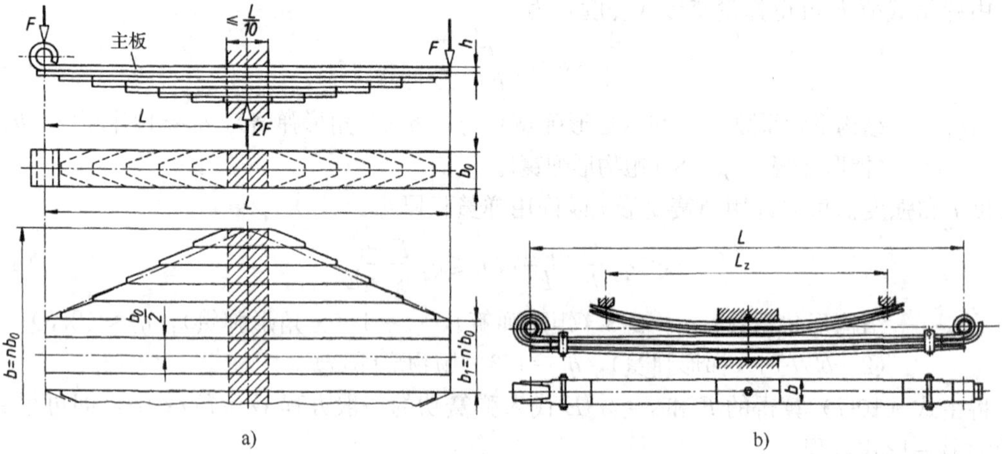

a)　　　　b)

图 10-9　叠层板簧，两臂长度相同

a）由梯形弹簧演变而来　b）两级抛物形弹簧（主弹簧和附加弹簧），板长相同，带有塑料间隔

计算

叠层弹簧的计算可按简化的俯视图当成双梯形来计算，其中底边 $b=nb_0$ 和 $b_1=n'b_0$（图 10-9a，点画线图），n 为板的总数，n' 为长度 L 的主板数。在图 10-9a 中，宽度为 b_0 的 $n=7$，厚度为 h，$n'=2$。对于板厚相同为 h 的情况，一般可采用式（10-7）和式（10-9），只要将 $b=nb_0$，$q_1\approx4\times[3/(2+n'/n)]=12/(2+n'/n)$ 和 $q_2\approx(2/3)\times[3/(2+n'/n)]=2/(2+n'/n)$ 代入即可。弹簧越短和越抗弯，则应力 σ_b 就越小；$\sigma_{b\,zul}\approx(0.4\sim0.5)\ R_m$（见 TB10-1）。

由于影响摩擦的因素（表面状况、润滑、弹簧载荷）很多，在计算中不可能将摩擦计入；n 和 h 越小，L 越大，则摩擦越小。根据经验，实际承载比计算值大 2%～12%。在绝大多数情况下不用进行计算，因为制造商可以提供可直接用于装配的弹簧。

3. 扭转弹簧

弹簧工作原理、用途

扭转弹簧在机械和仪器制造以及精密机械中主要用作铰链弹簧、复位弹簧和压紧弹簧。它的形状基本上与圆柱形螺旋弹簧一样。但是端部沿弹簧体直径圆周展开做成臂状。这种结构使其能承受绕弹簧轴线的扭转。在受这类载荷作用时，簧丝承受的是弯曲变形。

根据 DIN 17223，扭转弹簧主要是用圆簧丝冷成形的方式制造，最大簧丝直径为 $d=17$mm。由 TB10-2 可查取优先推荐的 d。臂长和形状主要根据所要传递的作用于力臂 H 处的外扭转载荷 F 来确定。对于每一种结构，都应尽可能将两臂明确导引（见图 10-10b、c 和 d），使其顺缠绕方向受载，各圈的外侧受拉。为了降低制造成本，应尽可能使臂的形状简单，但必须保证最小内弯曲半径 r 不能小于 d。最有利于制造的是切向臂和缠绕比为 $w=D/d=4\sim20$ 的弹簧（符号见图 10-10a）。为了消除摩擦力，在缠绕时应使弹簧圈间距总是 $a\geqslant(0.24w-0.63)d^{0.83}$ 或圈与圈之间松散地靠在一起。如果弹簧中置有芯棒的话（当弹簧体 L_{K0} 很长时和臂未固定张紧时，有纵向失稳的可能性，要用芯棒，见图 10-10c），应考虑到内径 D_i 变小和避免摩擦，应使芯棒和弹簧之间有足够的间隙。可取芯棒直径 $d_B\approx(0.8\sim0.9)D_i$。

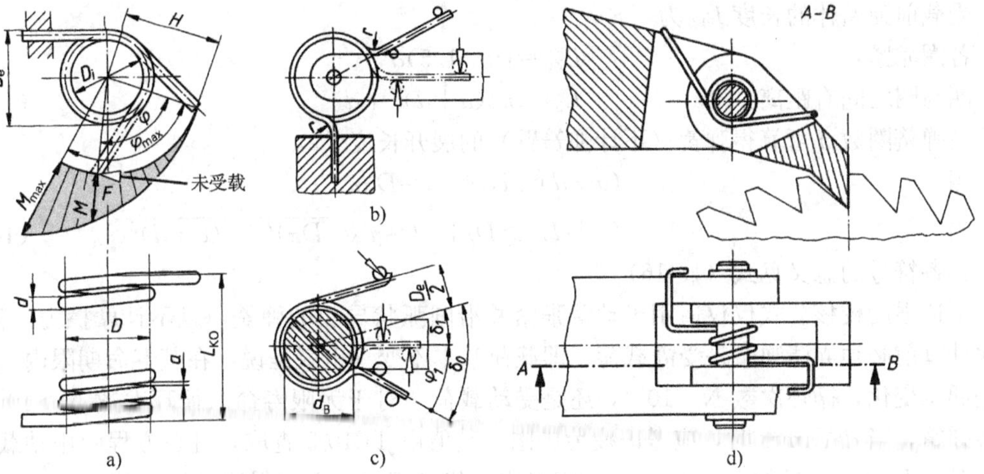

图 10-10 扭转弹簧

a）带切向短臂 b）带张开臂（双点画线表示张紧后的动臂） c）带芯棒；未受载时两臂夹角为 δ_0，当弹簧扭转角为 φ_1 时，受载后的两臂夹角为 δ_1 d）棘爪上的压紧弹簧

计算[⊖]

由 TB10-3 可查取许用应力 $\sigma_{b\,zul}=f$（d，簧丝材料），由 TB10-4 可查取修正系数 $q=f(D/d)$，用以考虑簧丝曲率变化引起的应力增大，其中 D 为预计的弹簧平均直径，按 TB10-2c选择材料，这样就可以由强度式 $\sigma_b=qM/W\leqslant\sigma_{b\,zul}$，通过迭代来确定簧丝直径 d，式中$M=F_{max}H$ 和 $W=(\pi/32)d^3$。一般来说，在进行扭转弹簧设计时，绝大多数情况已知弹簧内径 D_i，因此在第一次初步设计时，可用下述经验公式来近似地确定簧丝直径 d：

$$d\approx0.23\,\frac{\sqrt[3]{FH}}{1-k}=0.23\,\frac{\sqrt[3]{M}}{1-k}$$

⊖ DIN 2088 将扭转弹簧的计算进行了标准化。本书与 DIN 2088 不同的是，力臂用 H 取代 R，转角用 φ 取代 α。

式中，$k\approx0.06\times\dfrac{\sqrt[3]{M}}{D_i}$ (10-11)

F	H，d，D_i	M	k
N	mm	N·mm	1

簧丝直径 d（DIN 2076，TB10-2）的最终确定要等到强度校核之后，见式（10-15）和（10-16），因为此时用于确定 d 的所有参数均已知。由 $D=D_i+d$，$M=F_{max}H$，簧丝长度 $l=D\pi n$，惯性矩 $I=(\pi/64)d^4$ 和所要求的扭转角 φ，根据关系式 $\varphi=(180°/\pi)(ml)/(EI)=(180°/\pi)(MD\pi n)/[E(\pi/64)d^4]$，可得弹簧圈数 n 为

$$n=\frac{(\pi/64)\varphi Ed^4}{(180°/\pi)FHD\pi}=\frac{(\pi/64)\varphi Ed^4}{180°FHD}=\frac{(\pi/64)Ed^4}{180°R_\varphi D} \tag{10-12}$$

基于加工原因，弹簧圈数 n 应取整数，或取为 1/4 圈，或 1/2 圈，或 3/4 圈（见图 10-11）。

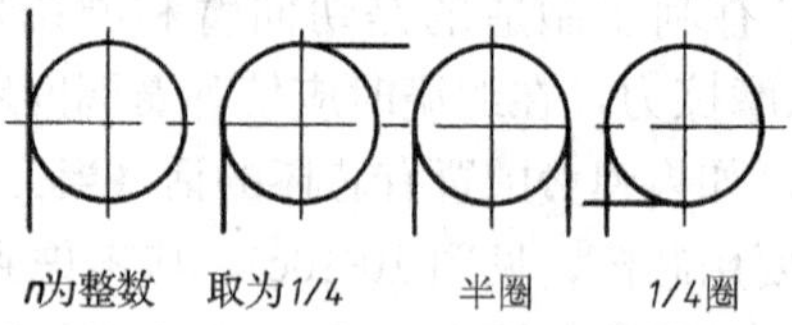

图 10-11 扭转弹簧几种圈数的结构形式

受载前弹簧体的长度 L_{K0} 为

各圈靠紧： $L_{K0}=(n+1.5)d$

圈与圈之间有距离： $L_{K0}=n(a+d)+d$ (10-13)

由弹簧圈数 n 可算得弹簧（不计弹簧臂）的展开长度 l

当 $(a+d)\leqslant D/4$ $l=D\pi n$

当 $(a+d)>D/4$ $l=n\sqrt{(D\pi)^2+(a+d)^2}$ (10-14)

式中，各符号的意义见式（10-16）。

下述强度校核公式仅仅适用于动臂张紧并沿圆弧状导引的弹簧，且不计摩擦力。但是，每次计算前必须弄清弹簧是受静载荷，即载荷基本不变（也就是说，在其寿命期限内，载荷只是偶尔变化，循环次数 $N<10^4$），还是受动载荷。对于无限寿命（循环次数 $N>10^7$）的扭转弹簧，当 $d\leqslant4$mm 时，应考虑疲劳极限，其值由 TB10-5 查取，且在方程中用动载荷幅 $F_h=F_2-F_1$（与扭转幅角 $\varphi_h=\varphi_2-\varphi_1$ 相对应）代替 F，从而求得应力幅 σ_h 或 $\sigma_{qh}\leqslant\sigma_{h\,zul}$ 或幅强度 σ_H。

考虑到簧丝曲率会导致应力增大，计入应力系数 q 后，弯曲应力为

$$\sigma_q=q\frac{M}{W_b}=\frac{qM}{(\pi/32)d^3}=\frac{qFH}{(\pi/32)d^3}\leqslant\sigma_{b\,zul} \tag{10-15}$$

由式（10-12）并代入 $l=D\pi n$（当 $(a+d)\leqslant D/4$ 时）和 $M=FH$，可得扭转角为

$$\varphi=\frac{180°}{\pi}\frac{Ml}{EI}=\frac{180°}{\pi}\frac{Ml}{E(\pi/64)d^4}=\frac{180°}{\pi}\frac{MD\pi n}{E(\pi/64)d^4} \tag{10-16}$$

式中 F——弹簧载荷；F_1，F_2…对应于扭转角 φ_1，φ_2…；

H——力臂，垂直于弹簧载荷（见图 10-8a）；

d——簧丝直径；由 TB10-2 查取；

D——弹簧平均直径，$D=D_i+d=D_e-d$；

E——弹性模量，由 TB10-1 查取；

l——簧丝长度，$l=D\pi n$；

n——圈数，$n\geqslant2$ 有效（起弹簧作用）；

a——未受载时有效圈与圈之间的距离；

$\sigma_{b\,zul}$——主要受静载荷时的许用弯曲应力，由 TB10-3 查取；

q——应力系数，用以考虑簧丝曲率而导致的应力分布不均，与 $w=D/d$（或 r/d）有关，由 TB-4 查取。

对于圈数很少和/或有未夹紧长臂的弹簧，必须考虑臂的挠度，只要将转角 φ 增大到 $\varphi'=\alpha+\beta$即可。扭转角的增大部分按下述方法近似计算：

切向臂 $\beta\approx97.4°\times(F(4H^2-D^2))/(Ed^4)$

张开臂 $\beta\approx48.7°\times(F(2H-D)^3)/(EHd^4)$

F	H，D，d	E
N	mm	N/mm²

4. 盘簧

工作原理、用途

绝大多数盘簧的材料为冷轧钢带（DIN 17222，图 10-12），尺寸（b，h）按 DIN 1544 规定，沿阿基米德螺旋线绕制而成，其圈距相等为 a。绕制方向是封闭的，所有弹簧都内外张紧。由于形状的原因，在受载时并不是所有的圈一样变形。弹簧工作时应保持各圈之间互相不接触，这样就可以不用考虑摩擦影响。其工作原理和应力与扭转弹簧类似。盘簧主要在测试仪器中用作复位弹簧、在钟表和玩具中用作发条，大尺寸盘簧可用于扭转弹性联轴器中。

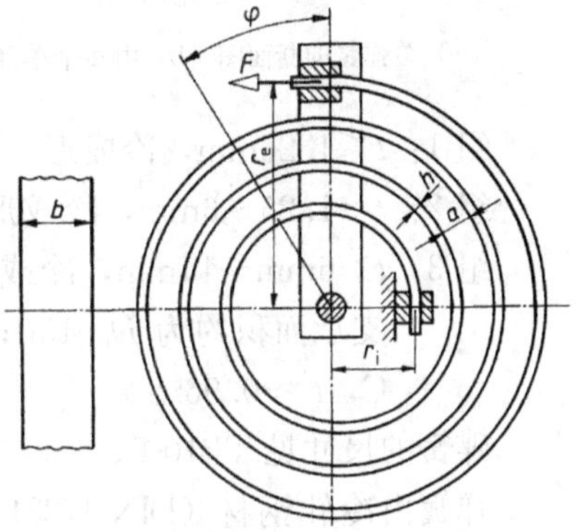

图 10-12 盘簧

计算

如果在个别情况下需要对矩形横截面的盘簧进行计算的话，可采用下述近似公式。对于圈之间不接触且端部被张紧的弹簧，用弯矩（等于转矩）$M=Fr_e$来计算弯曲应力 σ_i和扭转角 φ：

$$\sigma_i=\frac{M}{W}=\frac{6Fr_e}{bh^2}\leqslant\sigma_{b\,zul} \tag{10-17}$$

$\sigma_{b\,zul}$由 TB10-1 查取

$$\varphi=\frac{180°}{\pi}\frac{Ml}{EI}=\frac{180°}{\pi}\frac{Fr_e l}{Ebh^3/12}=2\frac{180°}{\pi}\frac{\sigma_i l}{hE} \tag{10-18}$$

未受载时圈距同为 a，圈数为 n，其展开长度为

$$l=\frac{\pi(r_e^2-r_i^2)}{h+a} \tag{10-19}$$

根据由结构条件确定的内半径 r_i可以得到弹簧的外半径为

$$r_e=r_i+n(h+a) \tag{10-20}$$

由弹簧体积 $V=bhl$ 可算得所要吸收的最大弹簧功为

$$W=\frac{1}{6}\frac{V\sigma^2}{E}\quad 或\quad W_{max}=\frac{1}{6}\frac{V\sigma_{b\,zul}^2}{E} \tag{10-21}$$

如果盘簧张紧直到圈之间接触，必须通过试验来确定上述各式的误差。

5. 碟簧

工作原理、用途

碟簧是盘状弯曲的弹簧（图 10-13）。当直径比为 $\delta=D_e/D_i=1.7\sim2.5$ 时，弹簧的材料利用系数和工作能力等方面的性能很好。DIN 2093 对碟簧进行了标准化（从 $D_e=8$mm 至

D_e=250mm 进行了系列化）。碟簧可分为：A 系列硬弹簧，B 系列软弹簧，C 系列特软弹簧。每个系列又按制造方法和加工不同分为 3 组：

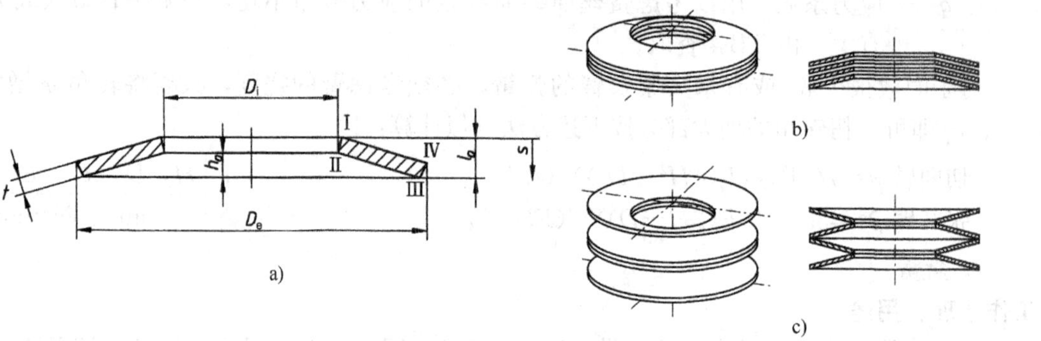

图 10-13　碟簧

a）单弹簧的断面图　b）由多个单弹簧组成的弹簧组　c）由四个碟簧组（每组一个弹簧）构成的碟簧柱

组 1：$t \leqslant 1.25$mm，冷成形；$Ra < 12.5\mu$m；

组 2：$t = 1.25 \sim 6$mm，冷成形，D_e车削，$Ra < 6.3\mu$m，D_i精加工，$Ra < 3.2\mu$m；

组 3：$t > 6$mm～14mm，冷或热成形，所有面均车削，$Ra < 12.5\mu$m；在位置Ⅰ和Ⅲ处支承面积约为 $D_e/150$；对于系列 A 和 B，将碟厚降低到 $t' \approx 0.94t$，对于系列 C，$t' \approx 0.96t$。

碟簧的尺寸见 TB10-6。

弹簧由冷轧钢材（DIN 17221 和 DIN 17222，例如 50CrV4，51CrMoV4）制造，并要进行热处理[⊖]。

由于标准弹簧尺寸系列及其使用性能分级相对粗糙，因此制造商将其细化，提供了相当数量的具有相同或不同 D_e、D_i、t 或 l_0的中间尺寸弹簧。

比值 D_e/t 与 h_0和 t 一起决定了弹簧的承载能力。t 越大，h_0就应越小，以保证即使弹簧被压平也不会超过材料的许用应力和许用变形。一般来说，当 δ 较小（大）时，D_e/t 和 h_0/t 值也应较小（大）。如示意图 10-14 所示，对于给定的 δ，通过比值 h_0/t 可以确定单个碟簧从起弹点至额定点 $s_c = h_0$（与 F_c对应）时的特性线。

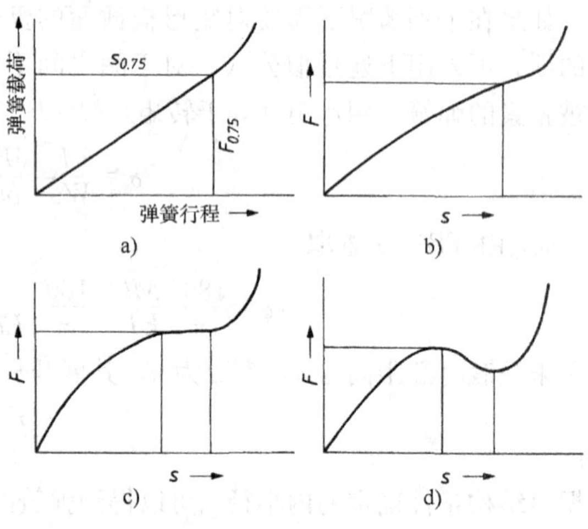

图 10-14　碟簧的特性线

a）$h_0/t \leqslant 0.4$ 时，直到 $s_{0.75} \approx 0.75h_0$ 为接近直线的特性线　b）h_0/t 较大时，刚度渐减型特性线　c）$h_0/t = 1.4$ 时，特性线的顶段几乎为水平，也就是说，即使 s 增大，F=常数　d）$h_0/t > 1.4$ 时，在达到载荷最大值后，随着 s 的增加，F 反而会下降

接近单个弹簧的额定点时，其特性线剧烈上升，因此应该只用到理论上的

⊖　沿工作应力方向预加载，直到超出材料的弹性范围，从而在卸载后还残留内应力，在边界区域，它与工作应力反向，从而改善应力分布。

弹簧行程 $s=s_c=h_0$ 的 75%～80%。

多个碟形弹簧的各种组合方式：在许多场合，单个弹簧不能满足对弹簧变形和载荷的要求。因此，就将多个碟形弹簧组合成弹簧组或弹簧柱（图 10-15）。

一般来说，弹簧组是由 $n=2\sim3$（4）个单弹簧同向叠置而成；而弹簧柱是由 $i<30$ 个单弹簧异向交替叠置而成或 $i<20$ 个弹簧组叠置而成。同样地，可以通过将同样厚度的单弹簧构成弹簧数逐步增加的弹簧组，并将它们异向交替叠置，或用厚度不同的单弹簧来异向交替叠置，这样就可以形成刚度渐增且由多条折线构成的特性线（图 10-15c）。这时，应校核弹簧柱构成单元 1 和 2 的强度，并通过采取结构措施（设置限制行程的中间环或挡块）来防止超过 $s_{0.75}$（见图 10-15d 和 e）。

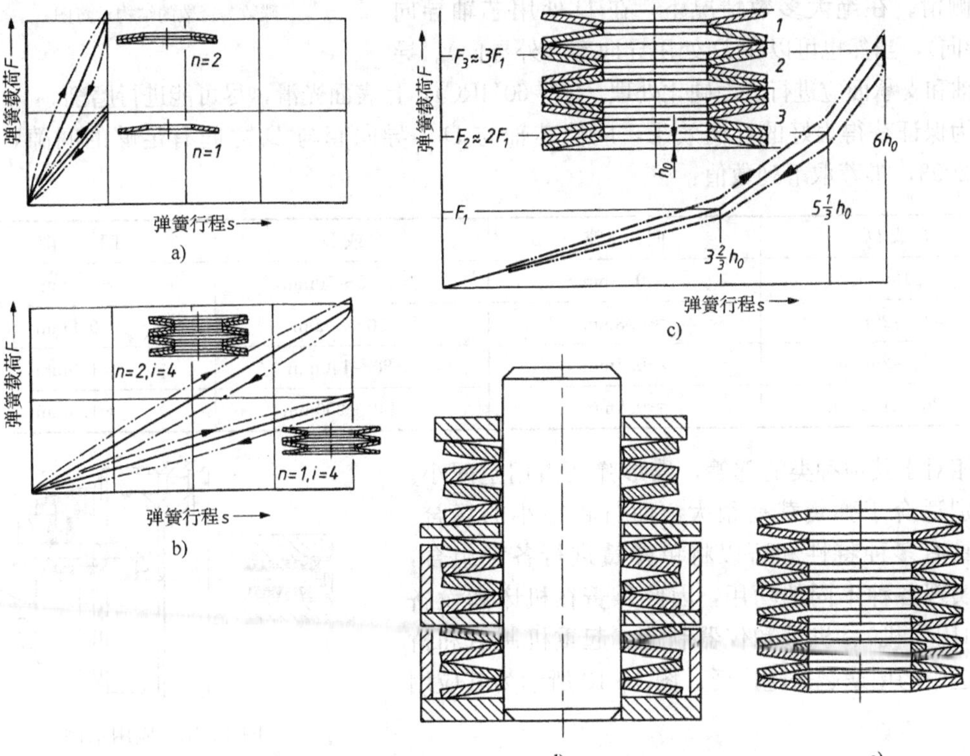

图 10-15　碟形弹簧的各种组合方式（A 系列具有近似直线特性线），考虑摩擦（双点画线，示意图）

a）单弹簧和弹簧组（$n=2$）　b）弹簧柱（$i=4$，$n=1$ 和 $n=2$）

c）由弹簧组构成的弹簧柱，弹簧组中的单弹簧厚度相同，但数目逐渐增多　d）和 e）行程限制示例

对于沿弹簧变形方向空间受限的情况，可将一个由 i 组，每组由 n 个单弹簧组成的弹簧柱分解为能实现同样的变形—载荷关系的 n 个弹簧柱，每个柱由 i 个单弹簧构成（图 10-16）。

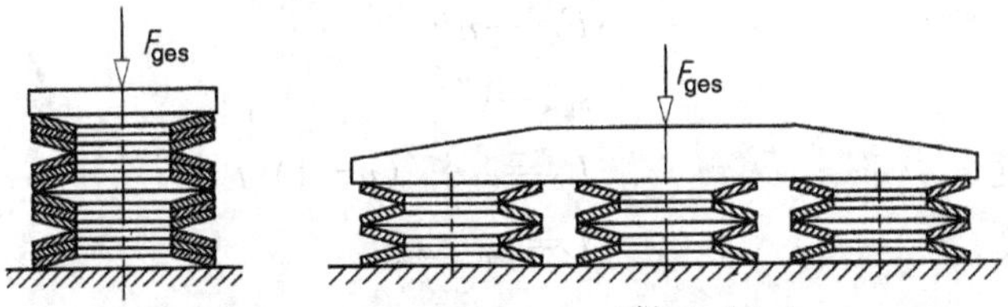

图 10-16　将一个弹簧柱分解为多个分弹簧柱（根据 DIN ISO 2162 制作的示意图）

弹簧柱越高，则随着载荷循环次数的增加，单弹簧之间的侧滑的可能性就越大，由此会产生很大的摩擦和不能忽略的应力。因此，应尽量使弹簧数比较小，并尽可能取 D_e 的最大值。此外，基于稳定性和有利的载荷作用考虑，当 i 为偶数时，最底下的一个碟簧用 D_e 对着底座，当 i 为基数时，则运动端最上头的一个碟簧用 D_e 对着顶板（见图 10-17b）。

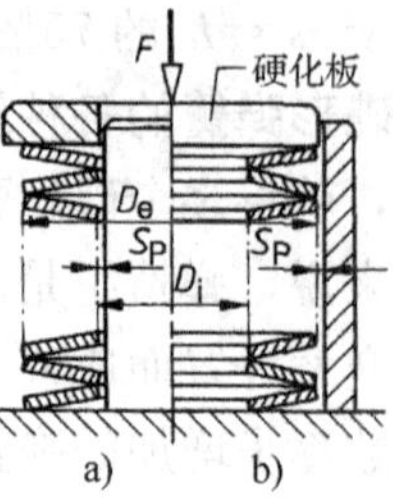

图 10-17　弹簧柱的安装

a）用芯轴进行内导向，碟数为偶数的结构示意图　b）用导向套进行外导向，碟数为奇数的结构示意图

将多个碟簧构成弹簧柱后，还必须设计导向装置，且在承受动载荷时，还必须预紧，以防止在载荷作用下产生侧滑。在绝大多数情况下，在 D_i 处用芯轴导向（内导向），当然也可以在 D_e 处用导向套（外导向）。导向芯轴和支承面应进行表面硬化处理（55～60HRC），且表面光滑，尽可能进行磨削。

为保证获得很好的导向效果，应使芯轴与 D_i，导向套与 D_e 之间有足够的间隙，根据 DIN 2093，推荐取下列数值：

D_i 或 D_e	间　隙	D_i 或 D_e	间　隙
≤16mm	≈0.2mm	>31.5～50mm	≈0.6mm
>16～20mm	≈0.3mm	>50～80mm	≈0.8mm
>20～26mm	≈0.4mm	>80～140mm	≈1.0mm
>26～31.5mm	≈0.5mm	>140～250mm	≈1.6mm

相对于其他种类的弹簧，碟形弹簧占用空间小。它特别适合于弹簧载荷很大，而行程很小的场合。由于具有多种特性和可以将单弹簧进行各种组合，从而实现各种不同的功用，因此碟簧在机床和设备（例如压力机）、机械和仪器制造、起重机制造和桥梁制造中的用途越来越广泛。图 10-18 所示为其应用示例。

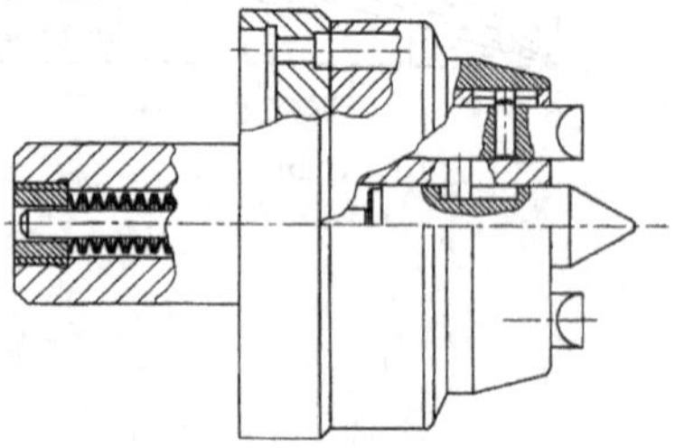

图 10-18　应用示例

用于车床夹具上，碟簧作用于端面，能保持近似恒定的弹簧力，实现工件快速更换

计算[⊖]

弹簧几何尺寸：单个碟簧与弹簧行程相对应的许用弹簧载荷由 DIN 2093（TB10-6）或制造商给出。对于弹簧组合（弹簧组、弹簧柱），在不考虑摩擦的情况下，可以由单弹簧的 F 和 s 值根据其具体的组合方式得到许用弹簧载荷如下：

由 n 个同向单弹簧叠置而成的弹簧组

弹簧总载荷　$F_{ges}=nF$

弹簧总行程　$s_{ges}=s$　　(10-22)

受载前的组高度　$L_0=l_0+(n-1)t$

受载后的组高度　$L=L_0-s_{ges}$

⊖ DIN 2092 将蝶簧的计算进行了标准化。

由 i 个弹簧组异向交替叠置而成的弹簧柱，每个弹簧组由 n 个单弹簧构成

$$\begin{aligned}&\text{弹簧总载荷} && F_{ges}=nF\\ &\text{弹簧总行程} && s_{ges}=is\\ &\text{受载前的柱长度} && L_0=i[l_0+(n-1)t]=i(h_0+nt)\\ &\text{受载后的柱长度} && L=L_0-s_{ges}=i[l_0+(n-1)t]-is\\ & && \quad =i(h_0+nt-s)\end{aligned} \tag{10-23}$$

式中 s——每个单弹簧或弹簧组的行程；

F——每个单弹簧的载荷；

l_0——受载前碟簧的结构高度，由 TB10-6 查取；

t——碟簧的厚度，由 TB10-6 查取；

h_0——$=l_0-t$ 碟簧的内空高度，由 TB10-6 查取。

弹簧载荷：对于单弹簧，根据与 DIN 2092 相对应的阿尔门—拉斯洛近似方程，由 TB10-6查得 D_e、h_0、t，即可得到在弹簧行程 s 时的计算弹簧载荷

$$F=\frac{4E}{1-\mu^2}\frac{t^4}{K_1D_e^2}K_4^2\frac{s}{t}\left[K_4^2\left(\frac{h_0}{t}-\frac{s}{t}\right)\left(\frac{h_0}{t}-\frac{s}{2t}\right)+1\right] \tag{10-24}$$

F，F_c	E	D_e，s，t，h_0	μ，K
N	N/mm²	mm	1

式中 E——弹性模量，室温下，弹簧钢 $E=206\times10^3\text{N/mm}^2$；

μ——泊松比，$\mu=\varepsilon_q/\varepsilon$；弹簧钢 $\mu\approx0.3$；

D_e——弹性碟的外径；

h_0——额定弹簧行程（h_0'用于第 3 组弹簧），由 TB10-6 查取；

t——单碟的厚度（t'用于第 3 组弹簧），由 TB10-6 查取；

s——单碟的弹簧行程；

K_1——特征值，由 TB10-8a 查取；

K_4——特征值，无支承面的弹簧，$K_4=1$（第 1 组和第 2 组）；有支承面（第 3 组）的弹簧，K_4为

$$K_4=\sqrt{-0.5c_1+\sqrt{(0.5c_1)^2+c_2}} \tag{10-25}$$

式中，

$$c_1=\frac{(t'/t)^2}{(0.25l_0/t-t'/t+0.75)(0.625l_0/t-t'/t+0.375)}$$

$$c_2=[0.156(l_0/t-1)^2+1]\frac{c_1}{(t'/t)^3}$$

额定弹簧载荷：$s=s_c=h_0$时，由式（10-24）得到压缩成平板状态时的理论弹簧载荷为

$$F_c=\frac{4E}{1-\mu^2}\frac{h_0t^3}{K_1D_e^2}K_4^2 \tag{10-26}$$

由各种碟簧的相对计算特性线（系列 A、B、C，DIN 2093，由 TB10-8c 查取）可以近似地得到比值 F/F_c，这样就可以由式（10-26）得到与弹簧行程 s_1，s_2，…相对应的有效弹簧载荷 F_1，F_2，…。

弹簧刚度 R：碟簧的特性线是刚度渐减型的，其趋势由 h_0/t 确定。如图 10-14 所示，计算弹簧刚度 $R=\Delta F/\Delta s$ 随着行程的增加而减小。假设变形不受任何限制，可得弹簧行程 s 处

的弹簧刚度R为

$$R=\frac{4E}{1-\mu^2}\ \frac{t^3}{K_1 D_e^2}K_4^2\left(K_4^2\left[\left(\frac{h_0}{t}\right)^2-3\ \frac{h_0}{t}\ \frac{s}{t}+\frac{3}{2}\left(\frac{s}{t}\right)^2\right]+1\right) \tag{10-27}$$

弹簧功W：它与变形程度有关，对于不受约束（无摩擦）的弹簧变形s，有

$$W=\frac{2E}{1-\mu^2}\ \frac{t^5}{K_1 D_e^2}K_4^2\left(\frac{s}{t}\right)^2\left[K_4^2\left(\frac{h_0}{t}-\frac{s}{2t}\right)+1\right] \tag{10-28}$$

式中，各符号意义同式（10-24）

承载能力校核：

计算载荷应力σ：与纯弯曲弹簧不同，碟簧的横截面没有中性层，只有中性点S。根据阿尔门—拉斯洛的研究，可将其变形看作是绕S的一维翻卷；平均翻卷直径为$D_O=(D_e-D_i)/\ln\delta$（见图10-19）。

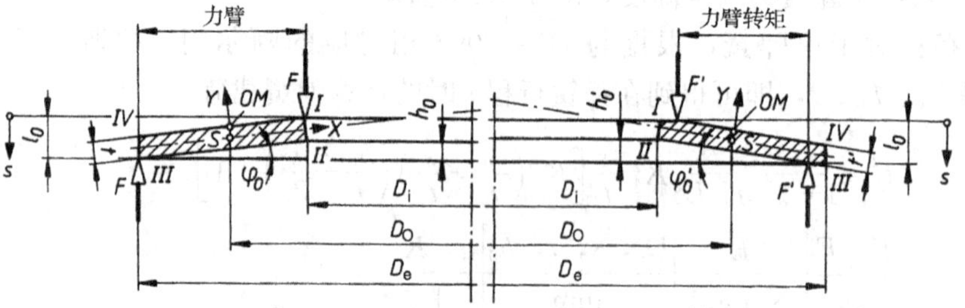

a)　　　　b)

图10-19　碟簧结构

a）第1组和第2组（DIN 2093，无支承面），碟厚t，倾角φ_0

b）第3组（DIN 2093，有支承面），碟厚t'更小，$\varphi_0'>\varphi_0$

在碟的圆周方向，所算得的载荷应力仅仅只有定向值，也就是说名义应力，由于忽略了制造过程所产生的内应力和加工公差，所以该应力与实际并不相符。判断碟簧是否安全，要看上表面应力σ_{OM}以及位置Ⅰ～Ⅳ处的应力$\sigma_{\mathrm{I}}\sim\sigma_{\mathrm{IV}}$：

$$\sigma_{OM}=-\frac{4E}{1-\mu^2}\ \frac{t^2}{K_1 D_e^2}K_4\ \frac{s}{t}\ \frac{3}{\pi} \tag{10-29}$$

$$\sigma_{\mathrm{I},\mathrm{II}}=-\frac{4E}{1-\mu^2}\ \frac{t^2}{K_1 D_e^2}K_4\ \frac{s}{t}\left[K_4K_2\left(\frac{h_0}{t}-\frac{s}{2t}\right)\pm K_3\right]$$

位置Ⅰ取"$+K3$"；位置Ⅱ取"$-K3$"　　(10-30)

$$\sigma_{\mathrm{III},\mathrm{IV}}=-\frac{4E}{1-\mu^2}\ \frac{t^2}{K_1 D_e^2}K_4\ \frac{s}{t}\ \frac{1}{\delta}\left[K_4\ (K_2-2K_3)\ \left(\frac{h_0}{t}-\frac{s}{2t}\right)\mp K_3\right]$$

位置Ⅲ取"$-K3$"；位置Ⅳ取"$+K3$"

式中　E，μ，t，h_0，s，δ，D_e——见式（10-24）；

$K_1\sim K_3$——特征值，由TB10-8a，b查取；

K_4——特征值，无支承面的碟簧$K_4=1$，有支承面的K_4由式（10-25）计算。

提示：如为正值，为拉应力，负值则为压应力。将$s=h_0=s_c$代入式（10-30）中，得到额定应力σ_c。由TB10-8d根据比值σ/σ_c得到位置Ⅰ～Ⅳ和OM处每一个弹簧行程$0<s<h_0$的应力σ。

静应力[⊖]：对于DIN 17221和DIN 17222规定的材料，应该保证上表面的计算应力

⊖ 受静载荷或在一个长时间段内几乎不变的载荷和循环次数$N<10^4$。

$\sigma_{OM} \leqslant R_e = 1400 \sim 1600 N/mm^2$。当应力更大时，会产生附加变形。当保证弹簧行程 $s \leqslant s_{0.75}$ 时，无需进行校核。但是，不允许超过最大许用组合应力 $\sigma_{IC} = -2600 N/mm^2$（$\delta = 1.5$）或 $\sigma_{IC} = -3400 N/mm^2$（$\delta = 2$）或 $\sigma_{IC} = -3600 N/mm^2$（$\delta = 2.5$）。

动应力㊀：当弹簧不断地在预紧行程 s_1 和弹簧行程 s_2 之间变化时，就受到了动载荷。危险应力为碟簧下表面所受的计算拉应力，因为裂纹总是从位置Ⅱ或Ⅲ开始产生。为防止横截面位置Ⅰ处产生裂纹（由绕制过程中产生的拉伸内应力引起），应使弹簧具有足够的预应力。根据经验，应该至少达到 $\sigma_1 = \sigma_I \approx -600 N/mm^2$，相对应的弹簧预紧行程 $s_1 \approx (0.15 \sim 0.2) h_0$。

为了判断一个碟簧是否工作在持久疲劳区域（循环次数 $N \geqslant 2 \times 10^6$），应由式（10-30）计算行程 s_2（载荷 F_2）和弹簧预紧行程 s_1（载荷 F_1）的应力，然后计算行程应力 $\sigma_h = \sigma_2 - \sigma_1$。由持久极限和有限寿命疲劳极限图（TB10-9），对于每种循环次数 N，根据碟厚 t 的不同，可由 $\sigma_1 = \sigma_u = \sigma_U$ 查到与之相对应的上持久振动疲劳极限 σ_O。如果 $\sigma_O > \sigma_2 = \sigma_o$ 或持久行程疲劳极限 $\sigma_H = \sigma_O - \sigma_U > \sigma_h$，即表明该单碟弹簧在循环次数 N 下有足够的持久疲劳强度。对于有限寿命（循环次数 $N < 2 \times 10^6$），可以由 TB10-9d 的韦勒曲线对于每种 t 估计可承受的或许用循环次数 N。

弹簧的持久疲劳工作区域及其许用行程 $\Delta s_{zul} = s_{max} - s_1 \geqslant \Delta s = s_2 - s_1$（实际行程）可以用图 10-20 由 F/s 特性线和 σ 特性线（弹簧特性线和应力特性线）来直观地确定（为画出特性线，应根据 TB10-6a、b、c 采用合适的比例尺。对于系列 A，可近似取直线型特性线）。

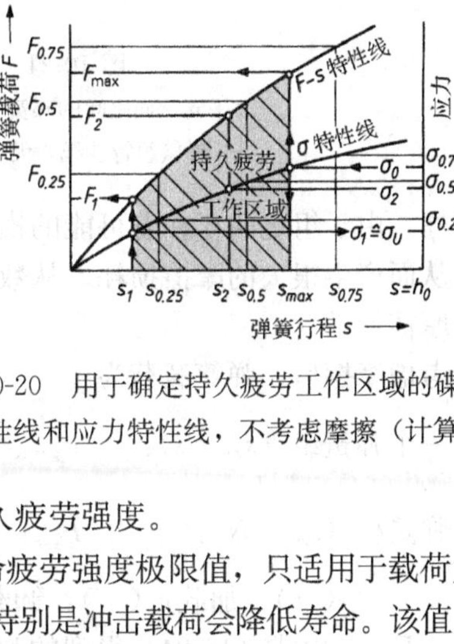

图 10-20　用于确定持久疲劳工作区域的碟簧特性线和应力特性线，不考虑摩擦（计算值）

将与循环次数 N 对应的上持久振动疲劳极限 σ_O（由 TB10-9a、b、c 查取）标于图 10-20 中，即可得到对应的弹簧载荷 F_{max}，以及与之相对应的最大许用弹簧行程 s_{max} 和许用行程 Δs_{zul}。只要 $s_2 < s_{max}$ 或 $\Delta s < \Delta s_{zul}$，即可保证弹簧在 N 下有足够的持久疲劳强度。

提示：TB10-9 给出的持久疲劳强度极限值和有限寿命疲劳强度极限值，只适用于载荷为近似正弦曲线，$i \leqslant 10$，导向和润滑良好的弹簧；不利条件，特别是冲击载荷会降低寿命。该值只能在考虑了相应的安全系数后才能使用。有关计算过程详见§10.4 计算示例 10-2 和 10-3。

摩擦影响：式（10-24）没有考虑摩擦引起的载荷分量。根据碟簧组合方式的不同，在弹簧正行程和回弹时都会产生摩擦，但其大小与每个弹簧组的弹簧数或每个弹簧柱的弹簧组数有关，与弹簧接触处的表面状态有关，还与润滑有关，因此，只能是很粗略地加以考虑。在加载时，摩擦使计算载荷加大，卸载时则减小。摩擦越大，则加载和卸载特性线之间的差别就越大（见图 10-15）。根据图 10-21，弹簧正行程由摩擦力 μF_B 产生的摩擦力矩与载荷力矩相反，因此所需的弹簧工作载荷必须加大（弹簧回弹时正好相反）。

一个由 n 个弹簧组成的弹簧组，除了在载荷作用点处有角摩擦（系数 w_R）以外，在表面上还会产生摩擦力（系数 w_M），它使弹簧正行程的载荷提高，使回弹时载荷降低。对于

㊀ 即实际无穷寿命，循环次数 $N \geqslant 2 \times 10^6$；有限寿命，$10^4 \leqslant N \leqslant 2 \times 10^6$。

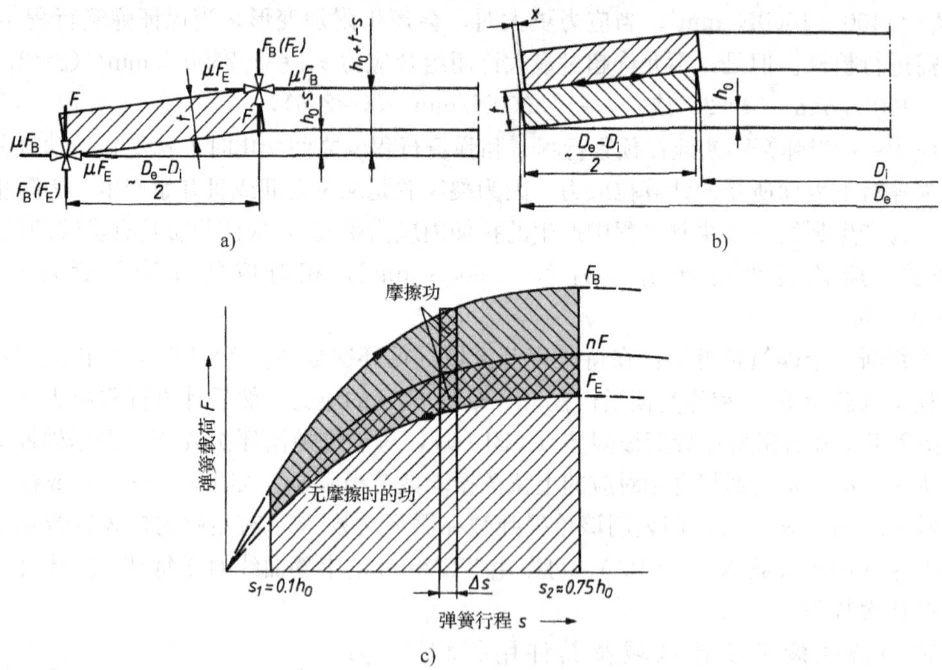

图 10-21　碟簧与输入载荷零件之间的摩擦

a）平支承面之间的碟簧，加载载荷 F_B和卸载载荷 F_E　b）弹簧组（$n=2$）

c）弹簧组特性线，无摩擦 nF 以及有摩擦，加载 F_B，卸载 F_E（示意图）

弹簧柱，由于组之间存在着可能的横向窜动趋势，这会导致导向心轴（套）受很大的倾翻载荷，从而产生很大的摩擦损耗。从数学上来说，它是不可能精确计算的，所以只考虑组之间的面摩擦。

考虑摩擦后，弹簧载荷为

一个弹簧组（$s_{ges}=s$）：　$$F_{ges\,R}\approx F\frac{n}{1\mp w_M\ (n-1)\ \mp w_R}$$

弹簧柱（$s_{ges}=is$）：　$$F_{ges\,R}\approx F\frac{n}{1\mp w_M\ (n-1)}\tag{10-31}$$

（－）：加载，（＋）：卸载

式中　F——由式（10-24）得到的弹簧计算载荷；

n——每个弹簧组的碟数；

w_M，w_R——由 TB10-7 查得的面和角摩擦因数，根据润滑状态不同得到的估计值。

提示：在式（10-31）中，对于 $n=1$ 的弹簧组，单弹簧的摩擦特性必须另外给定。

10.3.3　扭转变形金属弹簧

1. 扭杆弹簧

工作原理、用途

扭杆弹簧一般都为圆棒，这样可使加工简单，获得最佳表面质量（切削、磨削、抛光）和最佳材料利用率，主要承受扭转变形，材料为热轧可调质钢（DIN 17221），50CrV4 是非常合适的材料。因此，将一端固定，另一端可扭转，扭杆直径为 d，起弹簧作用的长度为 l_f，这样扭杆在受沿其轴线方向作用的力矩 T 时就会产生弹性扭转变形。为引入 T，镦粗的杆端（头）绝大多数情况下采用细齿花键联接（DIN 5481，TB12-4），但也有用四边形或六角形成形联接的。只有当头部（顶圆直径为 d_a，根圆直径为 d_f）与杆的圆柱体 l_z 部分之间有足够大的内圆弧半径 r，使杆的所有部分都有相同寿命，才能达到最佳材料利用率（图10-22a）。当 $d_f/d \geqslant 1.3$，头长 $0.5d_f < l_k < 1.5d_f$ 和圆弧过渡长度为 $l_h = 0.5(d_f - d)\sqrt{4r/(d_f-d)-1}$ 时，可最佳利用材料。杆的自由长度为 l，则起弹簧作用的长度 $l_f = l - 2(l_h - l_e)$，式中等效长度 $l_e = \nu l_h$，ν 与 r/d 和 d_f/d 有关，可由 TB10-10a 查取。在加工并调质后，为提高持久疲劳极限，应进行喷丸处理，如有必要，还应预扭。这种弹簧只能沿预扭方向工作（在头部端面上会有标记）。T/φ 特性线是一条直线（图 10-22b）。

如果安装空间太短，可用相对于扭转轴对称布置的多根单扭杆弹簧来达到工作要求，它们的头部可以是长方形或正方形的；虽然多根固定在一起的长方形弹簧的材料利用程度差，但还是可以使用。其特性线是非线性的。

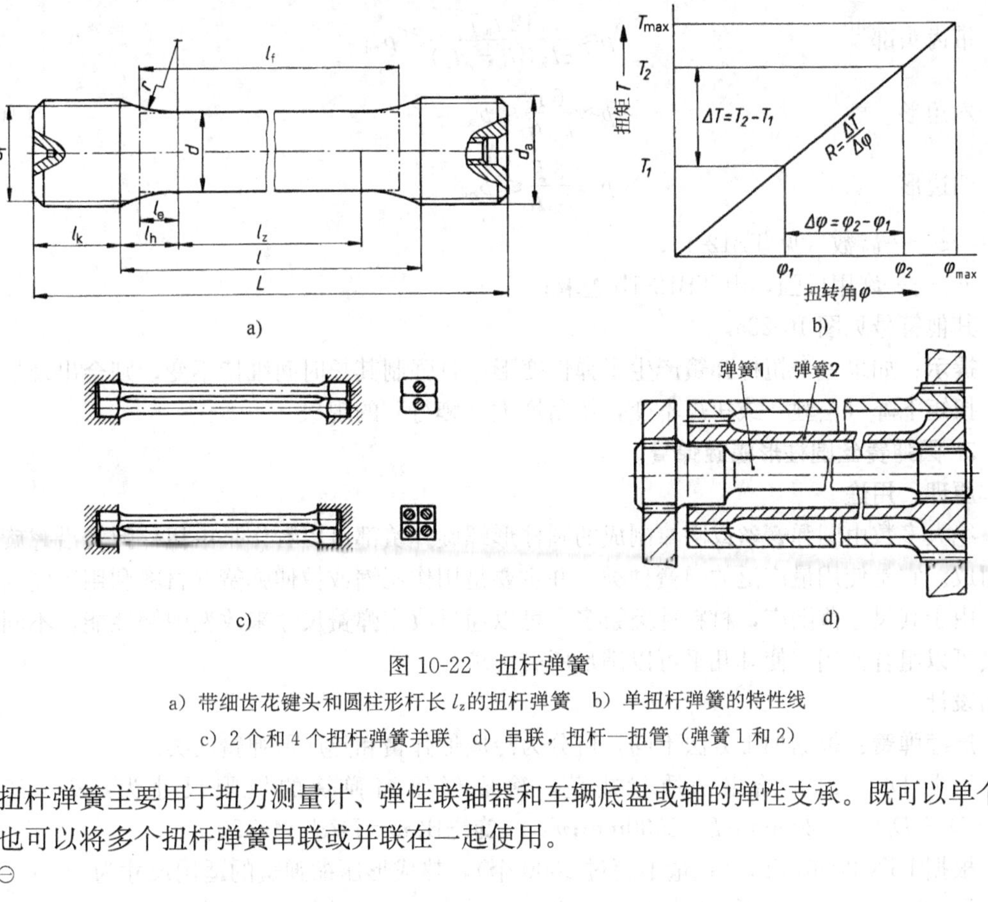

图 10-22 扭杆弹簧

a）带细齿花键头和圆柱形杆长 l_z 的扭杆弹簧 b）单扭杆弹簧的特性线

c）2 个和 4 个扭杆弹簧并联 d）串联，扭杆—扭管（弹簧 1 和 2）

扭杆弹簧主要用于扭力测量计、弹性联轴器和车辆底盘或轴的弹性支承。既可以单个使用，也可以将多个扭杆弹簧串联或并联在一起使用。

计算㊀

抗扭截面系数为 $W_p = (\pi/16)d^3$，则切应力（杆表面的扭切应力）为

$$\tau_t = \frac{T}{W_p} = \frac{T}{(\pi/16)d^3} \leqslant \tau_{t\,zul} \tag{10-32}$$

式中 T——所要传递的最大扭矩；

$\tau_{t\,zul}$——许用静切应力。对于所要求的调质强度极限 $1600\text{N/mm}^2 < R_m < 1800\text{N/mm}^2$，

㊀ 计算方法根据 DIN 2091 确定；为统一起见，改变了公式中的个别符号。

未预扭，$\tau_{t\,zul}=700\mathrm{N/mm^2}$，预扭，$\tau_{t\,zul}=1020\mathrm{N/mm^2}$。承受动载荷时，应校核持久行程疲劳强度 τ_H，见 TB10-10b。

杆的扭转会导致其表面产生切应变 $\gamma=\tau_t/G=T(W_pG)=Td/(2I_pG)$（式中 G 为切变模量，单位为 $\mathrm{N/mm^2}$，由 TB10-1 查取）。由极惯性矩 $I_p=(\pi/32)d^4$，可得到以弧度为单位的扭转角 $\varphi=Tl_f/(GI_p)$。

转换为以度为单位后，有

$$\varphi^\circ=(180^\circ/\pi)\varphi=\frac{(180^\circ/\pi)Tl_f}{(\pi/32)d^4G}=\frac{360^\circ\tau_t l_f}{\pi Gd} \tag{10-33}$$

由图 10-22b 可得弹簧刚度

$$R=\frac{T}{\varphi^\circ}=\frac{I_pG}{(180^\circ/\pi)l_f}=\frac{(\pi/32)d^4G}{(180^\circ/\pi)l_f} \tag{10-34}$$

近似假设应力沿头部长度方向不变，沿横截面为线性分布，则得压强为

带齿头部 $\quad p\approx\dfrac{12d_aT}{zl_k(d_a^3-d_f^3)}\leqslant p_{zul}$

六角形 $\quad p\approx\dfrac{6T}{l_kd_f^2}\leqslant p_{zul}$ (10-35)

四边形 $\quad p\approx\dfrac{3T}{l_kd_f^2}\leqslant p_{zul}$

式中 z——齿数（见 TB12-4）；

p_{zul}——许用压强，由 TB12-1b 查取；

其他符号见图 10-22a。

提示：如果一个扭杆弹簧产生了弹性变形，且强制其长时间维持不变，则会出现扭角不变，扭矩下降（松驰）或扭矩不变，扭角增大（爬行）的现象。

2. 圆弹簧丝圆柱形螺旋弹簧

工作原理、用途

绝大多数由圆弹簧丝或圆棒制成的圆柱形螺旋弹簧都可以看作是由扭杆弹簧沿螺旋线绕制而成。它是使用最广泛的弹簧种类，并主要是用作压缩或拉伸弹簧（材料利用程度高）。

由于其尺寸范围广，材料种类繁多，可以通过改变弹簧尺寸来改变弹簧性能，不同尺寸弹簧可以组合使用，使其几乎可以满足所有要求。

结构设计

压缩弹簧：根据加工方法不同，可分为冷成形弹簧和热成形弹簧两类。

根据 DIN 2095 给出的质量规范，冷成形压缩弹簧的极限尺寸为：$d\leqslant17\mathrm{mm}$；$D=(D_e+D_i)/2\leqslant200\mathrm{mm}$；$L_0\leqslant630\mathrm{mm}$；$n\geqslant2$；旋绕比 $w=D/d=4\sim20$。

根据 DIN 2096，T1（批量不超过 5000 个），热成形压缩弹簧的适用尺寸为

$D=8\sim60\mathrm{mm}$；$D_e\leqslant460\mathrm{mm}$；$L_0\leqslant800\mathrm{mm}$；$n\geqslant3$；旋绕比 $w=D/d=3\sim12$。

冷成形弹簧绝大多数由铅浴拉拔非合金弹簧丝（DIN 17223T1）制成，簧丝种类有 A，B，C，D，尺寸精度为 B 和 C，也可以用调质弹簧丝（DIN 17223T2）制造，簧丝种类有 FD，VD（非合金和 CrV 或 SiCr 合金）。簧丝选择方法见 TB10-2。为从根本上改善其持久疲劳强度，可将加工好的弹簧进行喷丸处理，它可以大大地提高弹簧寿命，比选择更高级别的簧丝种类或合适的调质处理效果更好。特别要注意对这类弹簧进行表面保护。一般情况下，制造商都将弹簧涂油或脂保护，如需要其他保护措施，可与制造商约定。DIN 2095 和

DIN 2096 分别规定了冷成形和热成形弹簧的结构尺寸、公差和检测标准。

弹簧一般都是右旋的。为了更好地将弹簧载荷传递到相联接的零件上，冷成形螺旋压缩弹簧两端各一圈的螺距被降低，以使末端圈能与其相邻圈的横截面完全接触（图 10-23）。为使弹簧在每一个位置都有足够大的支承面且尽可能沿轴向工作，应将簧丝端部磨平。考虑到经济性，只对 $d<1$mm 或 $w>15$ 的压缩弹簧进行末圈磨平。

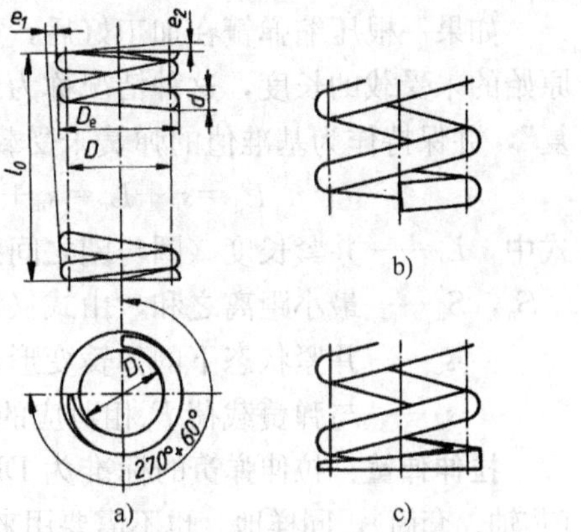

图 10-23　弹簧端部

a）并紧弹簧端部并磨平，未受载的螺旋压缩弹簧
b）并紧但不加工的弹簧端部　c）并紧且锻造的弹簧端部

冷成形压缩弹簧有效弹簧圈数 $n\geqslant 2$，一般为不变节距，此外还要有 2 圈不参加变形的死圈。而 $n\geqslant 3$ 的热成形压缩弹簧，由于加工的原因，在并紧圈之间还要有加工间隙。末圈应磨平 $d/4$，或对于 $d>14$mm，锻造并磨平，使两端各 3/4 圈不参加变形。

因此，弹簧总圈数为

冷成形压缩弹簧　　$n_t=n+2$

热成形压缩弹簧　　$n_t=n+1.5$　　(10-36)

对于压缩弹簧，特别是对于载荷经常改变的情况，推荐总圈数圆整为 0.5 圈，即总是 $n_t=3.5$，或 4.5，或 5.5，…圈。

选择未受载时的弹簧节距，应保证在受到最大许用载荷后，弹簧工作圈之间仍有距离存在。

在弹簧处于最短许用长度 L_n时，所有最小距离之和为

静载荷

冷成形的弹簧　　$S_a=[0.0015(D^2/d)+0.1d]n$

热成形的弹簧　　$S_a=0.02(D+d)n$

动载荷　　(10-37)

冷成形的弹簧　　$S'_a\approx 1.5S_a$

热成形的弹簧　　$S'_a\approx 2S_a$

如果小于 S_a将会导致弹簧特性变成剧烈的刚度渐增型。

出于加工工艺的原因，所有弹簧都必须能压缩成并紧长度 L_c（此时所有圈都并紧在一起）。当 $d_{max}=d+$es（es 为上极限偏差，由 TB10-2 查取），弹簧的 L_c为

冷成形，弹簧端部

并紧且磨平　　$L_c\leqslant n_t d_{max}$

并紧但不加工　　$L_c\leqslant(n_t+1.5)d_{max}$

热成形，弹簧端部　　(10-38)

并紧且加工平　　$L_c\leqslant(n_t-0.3)d_{max}$

不加工　　$L_c\leqslant(n_t+1.1)d_{max}$

因此，与许用最大弹簧载荷 F_n相对应的最小许用弹簧长度 L_n必须为

$$L_n=L_c+S_a \quad 或 \quad L'_n=L_c+S'_a \qquad (10\text{-}39)$$

如果一根压缩弹簧在加工好后，第一次就将其压成并紧状态，且在卸载后不能恢复到其原始的未受载的长度，这种情况称为弹簧“压实”。弹簧必须在经过多次受载后，还能“恢复”，并保持作为基准值的弹簧未受载长度，该值为

$$L_0=s_c+L_c=s_n+L_c+S_a \text{ 或 } L_0'=s_c+L_c=s_n+L_c+S_a' \tag{10-40}$$

式中 L_c——并紧长度（圈与圈之间接触），由式（10-38）计算；

S_a，S_a'——最小距离之和，由式（10-37）计算；

s_c——并紧状态下的弹簧变形；

s_n——与弹簧载荷 F_n 相对应的弹簧变形。

拉伸弹簧：拉伸弹簧的标准为 DIN 2097。与压缩弹簧不同，拉伸弹簧不需要导向零件（芯轴、套筒），同样地，也不需要用来支承弹簧的弹簧座，而且通过采用合适的弹簧端部结构可保证中心受力。相对于压缩弹簧的缺点是，不管其端部结构如何，它所占空间较大。因此，为了减小弹簧预紧变形，对于簧丝直径 $d\leqslant17$mm，绝大多数都采取（内）预应力冷成形，这样可保证各圈之间并紧（见图 10-24）；一般都取右旋。$d>17$mm 的弹簧采取热绕制，这样就没有预应力；圈与圈之间不需并紧。如图 10-25 所示，各种结构形式的钩环以及联接件用来传递载荷，其外径不得超过 D_e。当弹簧圈数为整数圈 $n_t=n$ 或圆整为 0.5 圈时，两端钩环一般互相平行；当 $n_t=n$ 圆整为 0.25 或 0.75 时，两钩环错开 90°或 270°，或按照钩环开口的不同，仅仅将其侧面拉起来即可。

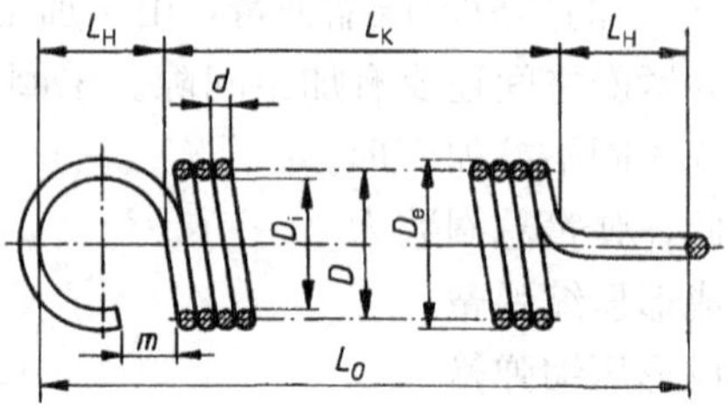

图 10-24 拉伸弹簧示意图，两端德式整钩环之间错开 90°，$L_H=(0.8\sim1.1)D_i$，钩环开口 $m\geqslant2d$

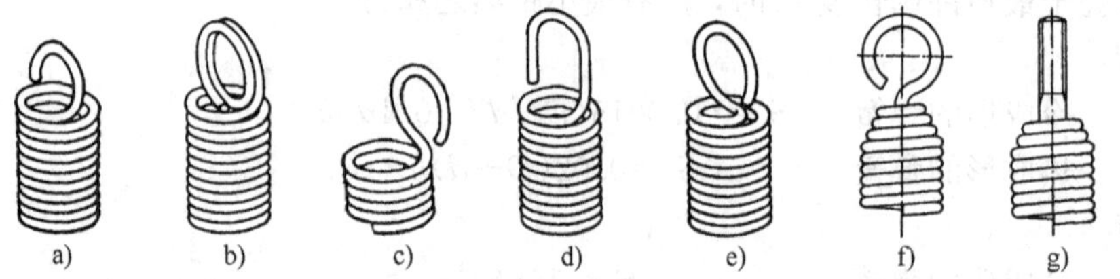

图 10-25 圆柱形拉伸弹簧钩环形状和联接件（节选）

a）德式半圆钩环（$L_H=(0.55\sim0.8)D_i$） b）德式双圆钩环（L_H见图 10-24） c）德式整圆钩环，侧面拉起（$L_H\approx D_i$） d）方形钩环（$L_H\geqslant1.5D_i$，$\leqslant30d$） e）英式钩环（$L_H\approx1.1D_i$） f）置入式钩环（$n_t=n$+由于置入钩环而不参加工作的圈数） g）螺纹塞子（2～4 圈带螺纹不参加工作的圈数）

由弹簧总圈数 n_t，簧丝直径 d 和钩环长度 L_H 可得到未受载弹簧长度 L_k（带有绕制预应力）或钩环内边沿之间的弹簧长度 L_0（图 10-24）。

$$L_K\approx(n_t+1)d_{max} \quad \text{或} \quad L_0\approx L_K+2L_H \tag{10-41}$$

计算

标准（DIN 2095、2096 和 2097）规定了，各种等级的压缩和拉伸弹簧与使用要求相对应的许用尺寸和载荷偏差，以保证进行合理的加工。为了保持特定载荷与给定的对应长度之间的关系，制造商必须遵守相应的工艺准则。对于压缩弹簧，当给定一个弹簧载荷及相对应的弹簧张紧长度和 L_0 时（对于拉伸弹簧，还给定内预紧载荷 F_0），n 及 d、D、D_e 与 D_i 中的

一个就可任选；若给定两个弹簧载荷和相对应的弹簧张紧长度，则 L_0 也可以任选（对于拉伸弹簧，F_0 也可以任选）。将可任选的量代入方程中，可作为基准值。

圆弹簧丝圆柱形螺旋压缩弹簧： 如同扭杆弹簧一样，螺旋弹簧也主要是受扭转变形，因此可将扭杆弹簧的设计计算公式，经过相应的变换后用于螺旋弹簧（既可用于压缩弹簧，也可用于拉伸弹簧）。图10-26所示为螺旋弹簧计算原理，图中簧丝长度 l' 为一工作圈的长度。假设簧圈一端固定，受载荷 F 作用，要被压缩 s'，则簧丝上受有转矩 $T=FD/2$，并被扭转 b'。$W_p=(\pi/16)d^3$，当 $\tau_{vorh}=T/W_p\approx FD/(0.4d^3)\leqslant\tau_{zul}$，即可保证安全。但是 $\tau_{zul}=f(d)$ 还不知道，所以要用式（10-42）先来近似计算簧丝直径。

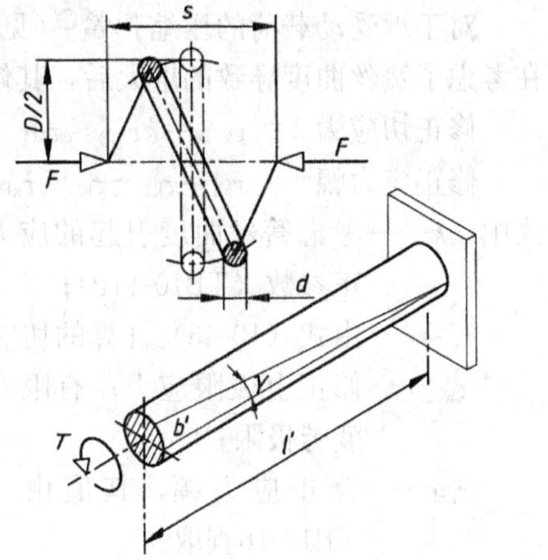

图10-26 螺旋压缩弹簧的受力分析和变形

如果安装空间受外径 D_e 或内径 D_i 限制，可在对冷成形弹簧进行初步设计时通过引入辅助系数 k（也可参阅§10.3-3），用下述经验公式来近似预选簧丝直径 d。

给定外径 D_e：$d\approx k_1\sqrt[3]{FD_e}$

给定内径 D_i：$d\approx k_1\sqrt[3]{FD_i}+k_2$

d，D_e，D_i	F	k
mm	N	1

(10-42)

式中 F——最大弹簧载荷

簧丝种类A、B、C、D，$d<5$mm：$k_1\approx0.15$

簧丝种类A、B、C、D，$d=5\sim14$mm：$k_1\approx0.16$

簧丝种类FD、VD，$d<5$mm：$k_1\approx0.17$

簧丝种类FD、VD，$d=5\sim14$mm：$k_1\approx0.18$

$$k_2\approx\frac{2\left(k_1\sqrt[3]{FD_i}\right)^2}{3D_i}$$

对于这样预选（或也可以预估）的直径还必须进行强度校核。对于受静载荷的压缩弹簧㊀，可简化计算，只要精确计算转矩 $T=FD/2$（见图10-26）和抗扭截面系数 $W_p=\pi d^3/16$，可根据扭转主方程 $\tau_t=T/W_p\leqslant\tau_{t\,zul}$ 得到（不考虑簧丝曲度的影响）载荷状态1、2（u，o）或并紧状态 c 的实际切应力

状态1，2（u，o）：$$\tau_{1,2(u,o)}=\frac{F_{1,2(u,o)}D/2}{\pi/16d^3}\leqslant\tau_{zul}$$

并紧状态 c：$$\tau_c=\frac{F_cD/2}{\pi/16d^3}\leqslant\tau_{c\,zul} \qquad (10\text{-}43)$$

式中 F，F_c——弹簧载荷和处于并紧长度 L_c 时的弹簧载荷；

D——弹簧平均直径，$D=(D_e+D_i)/2=D_e-d=D_i+d$；

τ_{zul}——冷成形弹簧的许用切应力（TB10-11a）；

$\tau_{c\,zul}$——处于并紧长度 L_c 时的许用切应力（TB10-11b），对于热成形弹簧，其 $\tau_{c\,zul}$

㊀ 当载荷在一定时间内不变或以小应力幅（≤10%持久疲劳极限）变化或虽然应力幅较大但载荷循环次数 $N\leqslant10^6$，则可认为受静载或似静载。

值由 TB10-11c 查取。

所有弹簧都必须能被压缩到并紧状态。

对于承受动载荷的压缩弹簧㊀（见图 10-27），在考虑了簧丝曲度导致的增大后，其修正应力为

$$\begin{aligned} &\text{修正切应力} \quad \tau_{k1,2}=k\tau_{1,2}\leqslant\tau_{kO} \\ &\text{修正应力幅} \quad \tau_{kh}=\tau_{k2}-\tau_{k1}\leqslant\tau_{kH} \end{aligned} \tag{10-44}$$

式中　k——考虑簧丝曲度引起的应力增大的修正参数（TB10-11d）；

$\tau_{1,2}$——由式（10-43）计算的切应力；

τ_{kO}——修正上极限应力；有限寿命或持久疲劳极限；

τ_{kH}——修正应力幅，其值由 TB10-13～TB10-16查取。

提示：承受动载荷的压缩弹簧也应校核 $\tau_{c\,zul}$，见式（10-43）。

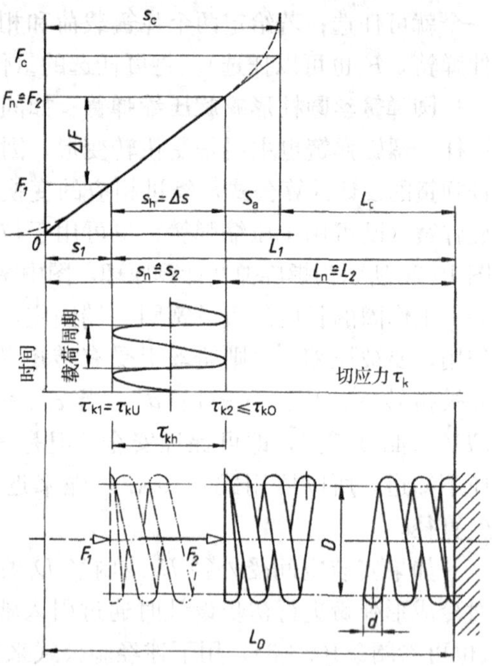

图 10-27　螺旋压缩弹簧及其受力图

当簧丝直径 d（DIN 2076，TB10-2a）和弹簧平均直径 D（DIN 323 R20′，TB1-16）确定之后，弹簧的弹性性能就决定于弹簧圈数 n。由展开后的一圈簧丝长度 $l'=D\pi$ 的扭转变形和扭角 $\gamma=\tau_t/G=b'/l'$ 得到一圈的弹簧变形 s'。由它及 $s'/b'\approx D/d$（见图 10-26）得到弹簧变形 $s=ns'$，这样就可得到有效圈数为

$$n'=\frac{G}{8}\frac{d^4 s}{D^3 F}=\frac{G}{8}\frac{d^4}{D^3 R_{soll}} \tag{10-45}$$

由所得的弹簧圈数 n 可得到弹簧刚度

$$R_{ist}=\frac{G}{8}\frac{d^4}{D^3 n} \tag{10-46}$$

及弹簧载荷

$$F=R_{ist}s=\frac{G}{8}\frac{d^4}{D^3}\frac{s}{n} \tag{10-47}$$

或弹簧行程

$$s=\frac{F}{R_{ist}}=\frac{8}{G}\frac{D^3 nF}{d^4} \tag{10-48}$$

以及弹簧功

$$W=\frac{Fs}{2}=\frac{1}{4}\frac{V\tau^2}{G} \tag{10-49}$$

式中　V——簧丝体积 $V=(d^2\pi/4)l$，$l=D\pi n$ 为簧丝长度。

承受压力的弹簧还应校核稳定性。根据安装形式选定支承系数 ν，然后按 TB10-12 来计算侧弯安全系数。

当压缩弹簧工作在载荷迅速变化（如阀门弹簧）的情况下时，会产生共振现象，从而会

㊀ 载荷循环次数 $N\geqslant10^7$ 的冷成形弹簧或 $N\geqslant10^6$ 的热成形弹簧，且工作在持久疲劳区域；载荷循环次数 $N<10^7$ 的冷成形弹簧或 $N<10^6$ 的热成形弹簧，且工作在有限寿命疲劳区域。

显著地提高应力。为防止疲劳断裂，应避免载荷变化频率与弹簧固有频率相同或为其整数倍。对于图 10-3 所示的振动系统，由式（10-4）计算其系统固有频率。其中，m 为纵向振动体的振动质量，不考虑弹簧质量 m_F。如果计算弹簧的固有频率时要计入弹簧质量 m_F，则不能用式（10-4）；而是要用到比值 m/m_F，并考虑不同的张紧方式和可能出现的冲击载荷（更进一步的资料请查阅参考文献）。

对于一根由弹簧钢制成的两端固定的压缩弹簧（$\rho=7.85\text{kg/dm}^3$，$G\approx83000\text{N/mm}^2$），可以由下述经验公式来近似的计算其一阶固有频率 f_e：

$$f_e\approx3.63\times10^5\frac{d}{nD^2}\quad\text{或}\quad f_e\approx13.7\frac{(\tau_{kh}/k)}{\Delta s}\qquad(10\text{-}50)$$

f_e	d，D，Δs	n，k	τ_{kh}	ρ
1/s	mm	1	N/mm²	kg/dm³

式中　d——簧丝直径；

D——弹簧平均直径；

n——弹簧的有效圈数；

τ_{kh}——应力幅 $\tau_{kh}=\tau_{k2}-\tau_{k1}$；

Δs——弹簧行程 $\Delta s=s_2-s_1$；

k——应力系数，见式（10-44）。

为了使对应力的动态影响尽可能小，应使固有频率尽可能大，或采用变节距弹簧，特别是对热成形弹簧应采用变外径 D_e 弹簧（刚度渐增型特性线）。

圆弹簧丝圆柱形螺旋拉伸弹簧的计算： DIN 2089 T2 对拉伸弹簧的设计计算进行了标准化。对于如图 10-28 所示的拉伸弹簧，只要将压缩弹簧的同一计算公式经过相应变换后即可使用。拉伸弹簧只能承受静载荷，这是因为不能计算出弯曲的钩环或钩子的真实应力关系，而且由于各圈之间紧紧地并在一起，不能通过喷丸处理进行表面强化。与压缩弹簧相反，拉伸弹簧的许用应力较小，$\tau_{zul}\approx0.45R_m$（TB10-19）。

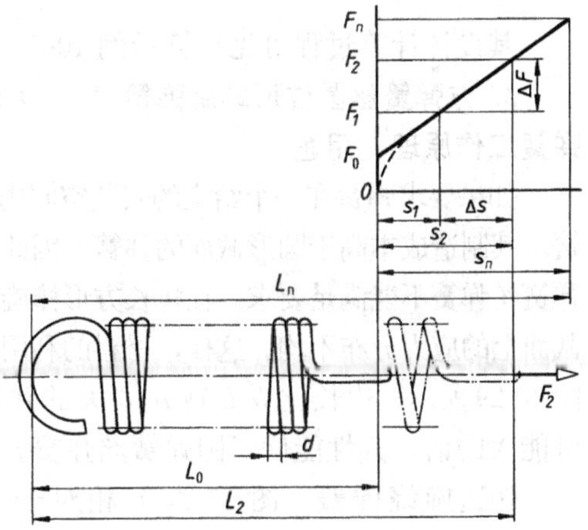

图 10-28　螺旋拉伸弹簧及其受力图

一般来说，冷成形拉伸弹簧在制造时都带有（预期的）内预应力[⊖]，这样弹簧圈就能紧紧地并在一起。图 10-28 所示的拉伸弹簧具有线性特性，其 d 由式（10-42）计算，并由 TB10-2a 选取标准值，它的弹簧刚度为

$$R=\frac{\Delta F}{\Delta s}=\frac{F-F_0}{s}=\frac{Gd^4}{8D^3n}\qquad(10\text{-}51)$$

将各圈分开所需的内预紧力为

$$F_0=F-Rs=F-\frac{Gd^4s}{8D^3n}\qquad(10\text{-}52)$$

式中　F——弹簧载荷（F_1，F_2，…）；

s——弹簧行程（s_1，s_2，…，与弹簧载荷相对应）；

⊖　内预紧力可降低预紧行程 s_1，从而减小弹簧的安装长度 L_1。

D——弹簧平均直径，见式（10-43）；

d——簧丝直径，由TB10-2a查取；

n——工作（有效）圈数，≥3；

G——切变模量；由TB10-1查取。

可达到的内预紧力F_0与簧丝材料、簧丝直径d、旋绕比w以及加工方法有关，可得

$$F_0 \leqslant \tau_{0\,\text{zul}} \frac{0.4d^3}{D} \tag{10-53}$$

式中 $\tau_{0\,\text{zul}}$——$=\alpha\tau_{\text{zul}}$，α与加工方法有关，由TB10-19b查取，τ_{zul}由TB10-19a查取。

如果给定外径D_e作为安装尺寸，可由式（10-42）来近似地预选d。

弹簧工作圈数

$$n=\frac{Gd^4 s}{8D^3(F-F_0)} \tag{10-54}$$

如果给定长度L_K，可由用于弹簧自由长度的式（10-41）得到弹簧总圈数

$$n_t=\frac{L_K}{d}-1 \tag{10-55}$$

对于带有弯曲钩环的拉伸弹簧，$n_t=n$。对于带有旋入钩子或螺旋塞子的弹簧，减去不参加工作的圈数后为n（$n<n_t$）。

$$W=\frac{(F+F_0)s}{2} \tag{10-56}$$

其设计计算过程可见计算示例10-5。

3. 方弹簧丝圆柱形螺旋弹簧

弹簧工作原理、用途

如果要求弹簧在一个给定的安装空间内能存储更大的工作能，常常采用长方形截面的螺旋弹簧。其制造成本高于圆形截面的弹簧。因此，一般应尽可能避免使用长方形截面的弹簧，除非圆弹簧丝弹簧不能满足要求。在将长方形棒旋绕成螺旋弹簧时，会产生剧烈的变形，而且会导致横截面上的应力分布不均。这样，材料的利用程度会变差，但空间利用程度优于圆弹簧丝弹簧。如图10-29所示，边长比b/h或h/b大的弹簧，且使s/L_c也尽可能大的话，其性能优于圆弹簧丝弹簧。

短边旋绕弹簧（图10-29a）相对于长边旋绕弹簧（图10-29b）更硬，也就是说，对于相同的旋绕比$w=D/b\geqslant4$和相同的边长比，当工作圈数n相同时，产生同一弹簧行程s，前者所需的弹簧载荷F更大，因为当$b<h$时，其弹簧平均直径D更小。当其他弹簧参数不变时，w和D越大，弹簧越软。

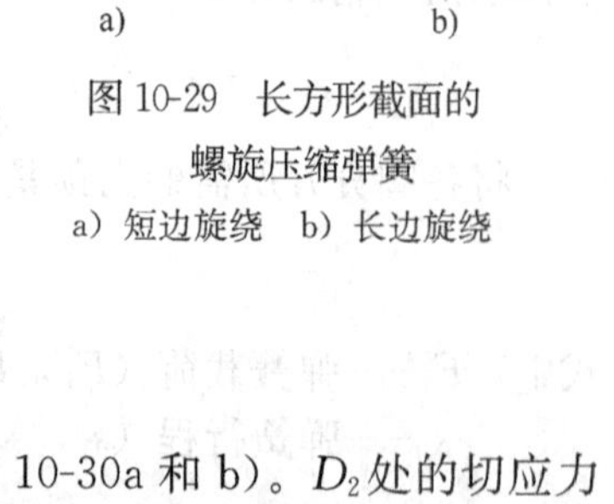

图10-29 长方形截面的螺旋压缩弹簧

a）短边旋绕 b）长边旋绕

计算

设计计算按DIN 2090进行。由于方弹簧丝圆柱形螺旋弹簧在实际中相对来说使用较少，本书不再详述。

4. 圆锥形螺旋压缩弹簧

弹簧工作原理、用途

圆锥形弹簧的簧丝一般为圆形截面，很少用方形簧丝（图10-30a和b）。D_2处的切应力较大。截面逐渐减小的方弹簧丝弹簧（图10-30c）主要用作缓冲弹簧（例如铁路机车上）或

用作受载较小的双锥弹簧（钳子和剪子上）。这种弹簧不能完全利用材料，因为只能按最小截面来进行强度计算。但是，缓冲弹簧的优点是占用空间小，弹簧在弹簧圈中相对移动。

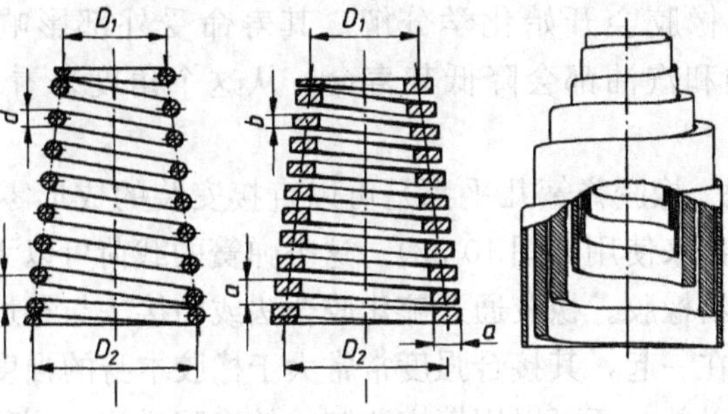

图 10-30 圆锥形螺旋压缩弹簧

a）圆弹簧丝 b）方弹簧丝 c）截面逐渐减小的方弹簧丝（缓冲弹簧）

在大圈被压到并紧之前，其特性线为直线，之后就变成为刚度渐增型。

计算

圆锥形弹簧的设计计算非常复杂，一般由制造商来完成。

10.3.4 橡胶弹簧

本节对橡胶弹簧作简要介绍，即讲述橡胶用作弹簧材料的一般知识，橡胶弹簧性能及其用途。

1. 性能 可以用来制造弹簧的橡胶有天然橡胶（马来胶、巴拉塔橡胶）和合成橡胶(煤和石灰石)。其主要成分为碳氢化合物。保证橡胶质量的重要成分为硫、炭黑、抗老化剂、软化剂和催化剂。工程橡胶通过硫化胶合法制成。

化合物的种类和数量及其加工方法决定了橡胶的性能。作为弹簧材料只能使用硫的质量分数小于10%的软橡胶。根据DIN 53505，工程软橡胶按肖氏硬度进行分类；它用抗测试仪器刺钉扎入能力的特征数来表示。该特征数在25～85单位之间。较高单位代表橡胶更硬。切变模量G和弹性模量E直接与肖氏硬度有关系，此外，E还与弹簧体的形状有关（图10-31)。橡胶弹簧的特性线为曲线，根据载荷类型的不同为刚度渐增型或刚度渐减型。受剪切和扭转时，橡胶弹簧呈现出比受拉伸和压缩时高得多的弹性。由于内部摩擦，卸载特性线位于加载特性线下方（图10-32)。内摩擦转化成热量，由于橡胶的导热能力差，所以热量只

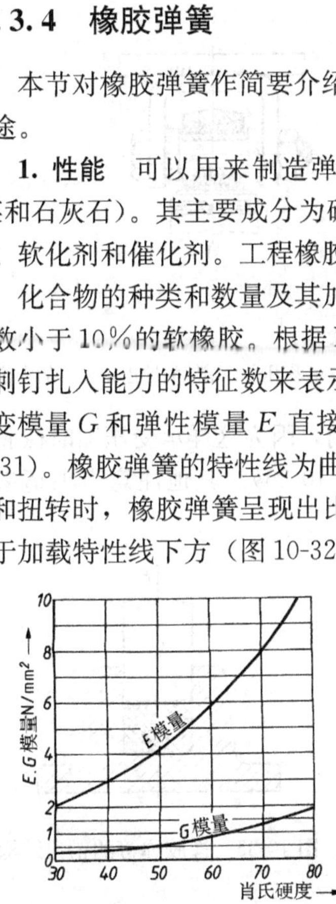

图 10-31 橡胶的弹性和切变模量

（E只适用于$d/h\approx1$的圆橡胶弹簧）

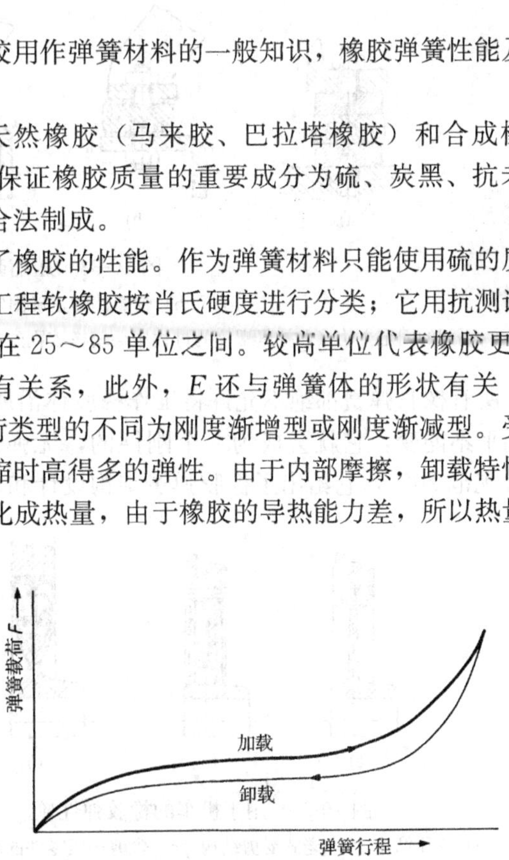

图 10-32 橡胶弹簧特性线

能缓慢地排出。这会导致承受动载荷时温升很大，弹簧件会变硬，并降低其使用寿命。

橡胶弹簧的使用温度一般位于－30～＋80℃之间。温度过低的话，阻尼和弹簧硬度加大，温度太高的话，橡胶会开始化学分解。其寿命受外部影响因素很大，例如湿度，甚至是光线，特别是油和汽油都会降低其寿命。从这个角度来看，合成橡胶一般比天然橡胶要好。

2. 结构设计、用途　橡胶弹簧几乎都是可以直接安装的成形零件，作为用粘接法加工而成的橡胶—金属结构件来使用（图10-33）。这类弹簧的载荷可以无摩擦和均匀地且不会引起局部应力增大地传递给橡胶。橡胶通过硫化胶合法或粘接法与经过电镀或化学预处理的金属件（板或套筒）连接在一起，其接合强度常常大于橡胶本身的强度。

除了这些接合方法以外，还可以用填充法制成的橡胶弹簧，这种弹簧用机械方法将橡胶在套筒中压实，使其能独立实现载荷封闭（摩擦封闭）。橡胶弹簧主要用于机器和机械零件中作为压缩弹簧和剪切弹簧，用于降低冲击和振动，减小噪声，例如车辆振动臂的支承、弹簧销、转向横拉杆、制动杆和冲击阻尼器（图10-33d），用于悬挂发动机和散热器；在机械制造中用于支承振动筛、杠杆和其他振动与往复摆动零件。

图10-33所示为橡胶弹簧的安装及结构示例。除了图10-33所示的标准形状外，也还使用一些特殊形状的橡胶弹簧，例如弹性联轴器、管接件、铰链和带橡胶弹簧的轮子（图10-34）。

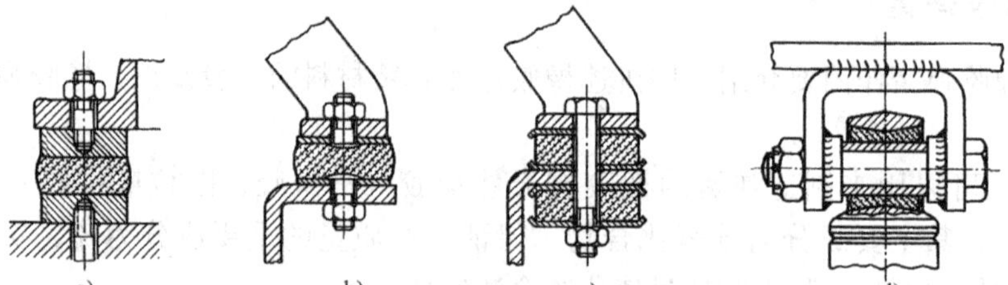

a)　b)　c)　d)

图10-33　压缩弹簧件的安装

a）和b）弹簧件的正确固定方法（橡胶可以变形）

c）不利的固定方法（在拧紧螺栓的过程中会使橡胶剧烈地压缩在一起）　d）采用成形零件的冲击阻尼器的支承

所有橡胶弹簧都绝不允许将工作橡胶体沿所有面将其封闭，因为这样承受压缩时橡胶体积几乎不能变，它就会成为一个刚性的，无弹性的零件（图10-35）。其他注意事项请参考VDI规范2005，它给出了橡胶弹簧结构设计和用途的提示。

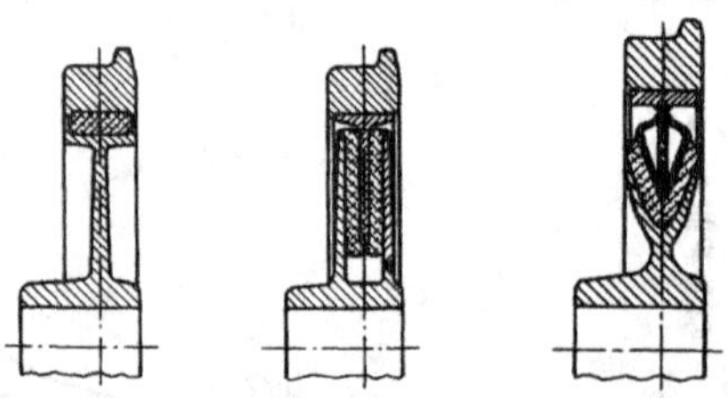

a)　b)　c)

图10-34　用于机车的橡胶弹性轮

a）受压结构　b）老式受剪结构　c）含剪—压零件的新式结构

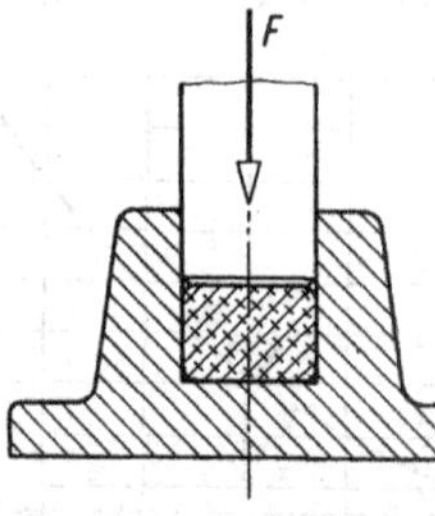

图10-35　橡胶弹簧的错误结构

3. 计算　由于橡胶弹簧千差万别的性能，众多的影响因素和不同的结构，要想得到普遍适用的设计计算公式几乎是不可能的。由于橡胶弹簧绝大多数是以可直接安装的成形零件提供的，因此制造商提供的弹簧参数起决定作用。对于变形较小的情况，图 10-36 给出了近似的计算方法。

剪切片弹簧 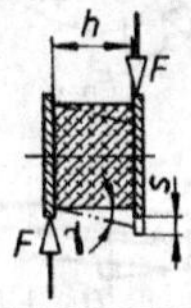	切应力 滑移角 弹簧行程	$\tau \approx \frac{F}{A} = \gamma G \leqslant \tau_{zul}$ $\gamma^\circ \approx \frac{180^\circ}{\pi} \frac{\tau}{G} \leqslant 20^\circ$ $s \approx h\tan\gamma = \frac{hF}{AG} < 0.35h$	(10-57)
剪切套筒弹簧 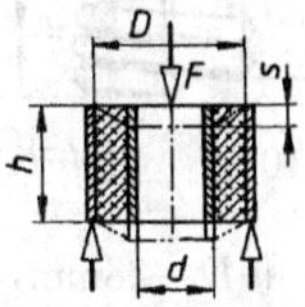	切应力 弹簧行程	$\tau \approx \frac{F}{A_i} \approx \frac{F}{d\pi h} \leqslant \tau_{zul}$ $s \approx \ln\left(\frac{D}{d}\right)\frac{F}{2\pi hG} < 0.2(D-d)$	(10-58)
扭剪弹簧 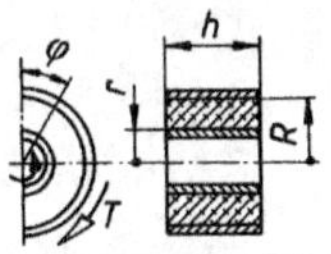	切应力 扭角	$\tau \approx \frac{T}{A_i r} = \frac{T}{2\pi r^2 h} \leqslant \tau_{zul}$ $\varphi^\circ \approx \frac{180^\circ}{\pi} \frac{T}{4\pi hG}\left(\frac{1}{r^2} - \frac{1}{R^2}\right) < 40^\circ$	(10-59)
扭剪片弹簧 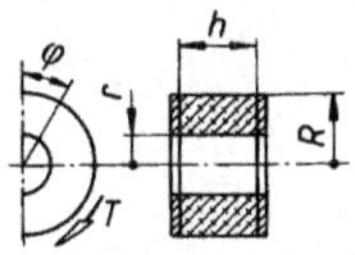	切应力 扭角	$\tau \approx \frac{2}{\pi} \frac{TR}{R^4 - r^4} \leqslant \tau_{zul}$ $\varphi^\circ \approx \frac{360^\circ}{\pi^2} \frac{Th}{(R^4 - r^4)G} < 20^\circ$	(10-60)
压缩弹簧 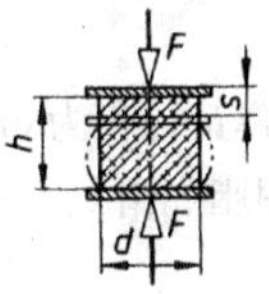	压应力 弹簧行程	$\sigma_d = \varepsilon E = \frac{s}{h}E$ 或 $\sigma_d = \frac{F}{d^2\pi/4} \leqslant \sigma_{d\,zul}$ $s \approx \frac{4Fh}{d^2\pi E} \leqslant 0.2h$	(10-61)

F——弹簧载荷
A，A_i——橡胶与金属之间接合面积或内接合面积
G——橡胶切变模量（TB10-1 或图 10-31）
E——橡胶弹性模量（TB10-1 或图 10-31）
h——弹簧的高度、厚度
T——弹簧承受的名义转矩
ε——应变
τ_{zul}，$\sigma_{d\,zul}$——许用应力（TB10-1）

图 10-36 小变形时的橡胶弹簧件及其设计计算公式

10.4 计算示例

■**例 10-1**：一根带切向短臂的扭转弹簧（图 10-37），H=40mm，内径 D_i=20mm，每圈间距 a=1mm，受偶然变化载荷，最大弹簧载荷为 F=600N，扭角 $\varphi_{max} \approx 120^\circ$。

在不考虑臂的微小弯曲的情况下，试选择合适的簧丝种类并确定弹簧尺寸。

▶**解**：对于主要承受静载荷的弹簧，首先用式（10-11）来近似地预选簧丝直径。由 $M = F_{max}H$ = 600N×40mm = 24×10³ N·mm = 24N·m，以及

$$k \approx 0.06\frac{\sqrt[3]{M}}{D_i}=0.06\frac{\sqrt[3]{24000}}{20}\approx 0.09$$

得到簧丝直径为

$$d \approx 0.23\times\frac{\sqrt[3]{FH}}{1-k}=0.23\times\frac{\sqrt[3]{24000}}{0.91}\approx 7.3\text{mm}$$

然后由TB10-2预选簧丝直径为$d=7$mm。这样就可得到$D=D_i+d=20\text{mm}+7\text{mm}=27$mm；查DIN 323（优先值，见TB1-16），得$D=28$mm。

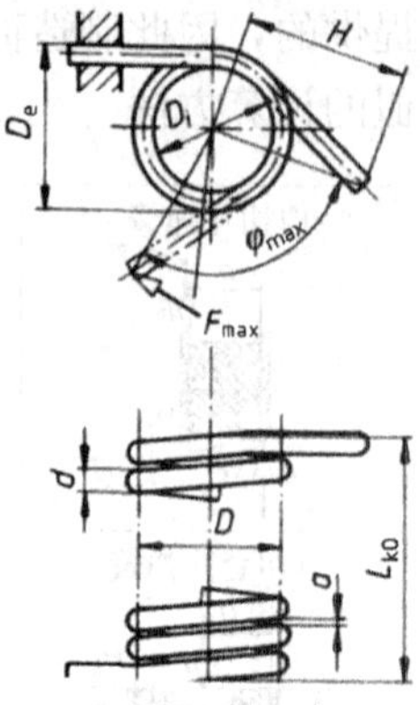

图10-37　扭转弹簧

强度校核：由$w=D/d=\cdots=4$和$FH=M=24\times10^3$ N · mm$=24$N · m，得$q\approx1.25$（TB10-4）。由式（10-15）计算弯曲应力

$$\sigma_q=Mq/(d^3\pi/32)=\cdots\approx 890\text{N/mm}^2$$

对于$d=7$mm和簧丝种类B，由TB10-3得许用弯曲应力为$\sigma_{b\,zul}\approx950\text{N/mm}^2$。可知，簧丝直径为$d=7$mm的强度足够。

弹簧参数：$\varphi^\circ\triangleq\varphi_{max}=120^\circ$，$FH=24\times10^3$ N · mm，$E=206\times10^3$ N · mm，$d=7$mm和$D=28$mm，由式（10-16）可得弹簧有效圈数

$$n=\varphi^\circ Ed^4/(3667^\circ MD)=\cdots\approx 24.1, \text{取} n=24.5 \text{圈}$$

圈距$a=1$mm，由式（10-13）可得弹簧未受载的自由长度为

$$L_{K0}=n(a+b)+d=\cdots=203\text{mm}$$

由$L_{K0}=203$mm和$\sigma_{b\,zul}\approx950\text{N/mm}^2$（簧丝类型B，TB10-3），将式（10-15）变换后，得

$$d=\sqrt[3]{\frac{Mq}{(\pi/32)\sigma_{bwl}}}=\cdots=6.85\text{mm};\text{最终选定} d=7\text{mm}$$

对于$a+d\approx8\text{mm}>D/4=7$和圈数$n=24.5$，由式（10-14）得弹簧的展开长度为

$$l=n\sqrt{(\pi D)^2+(a+d)^2}=\cdots 2164\text{mm}$$

结果：该扭转弹簧的簧丝为DIN 2076—B7，有效圈数为24.5，外径$D_e=35$mm，自由长度$L_{K0}=203$mm和由结构确定的臂长（杠杆臂）$H=40$mm。

■**例10-2：**图10-38所示为一张紧装置，其上的弹簧柱主要承受静压缩载荷2500N，弹簧行程为6mm。导向芯棒直径$d=11.8$mm。分不考虑摩擦和考虑摩擦两种情况来设计该弹簧柱。弹簧采用脂润滑。

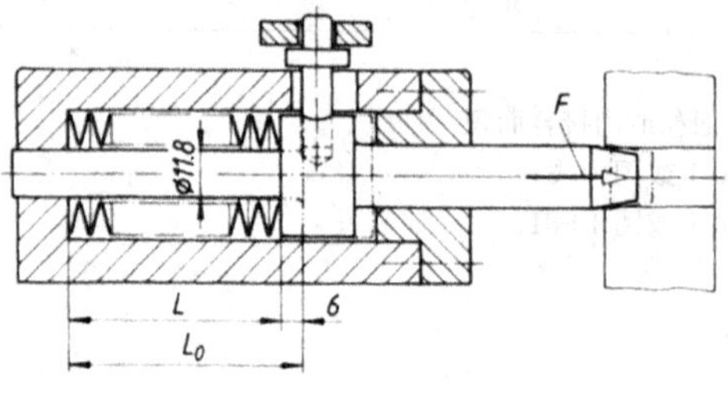

图10-38　张紧装置

▶**解：**由芯棒直径$d\approx11.8$mm，取最小间隙为$S_p\approx0.2$mm，由DIN 2093（TB10-6）得：

碟簧DIN 2093—A25：$D_e=25$mm，$D_i=12.2$mm，$F_{0.75}=2910$N，$t=1.5$mm，$h_0=0.55$mm，或

碟簧DIN 2093—B25：$D_e=25$mm，$D_i=12.2$mm，$F_{0.75}=868$N，$t=0.9$mm，$h_0=0.7$mm和$l_0=t+h_0=1.6$mm。

由式（10-22），在不考虑摩擦的情况下，考虑用下述两种弹簧柱来实现所需弹簧力：

1）一种弹簧柱由A系列碟簧异向交替叠置而成（$n=1$，所以$F_{ges}=F=2500\text{N}<F_{0.75}\approx2910$N）。

2）另一种弹簧柱由弹簧组异向交替叠置而成，每个弹簧组由3个B系列碟簧组成（$n=3$，所以$F\triangleq F_{ges}/3=2500\text{N}/3\approx833\text{N}<F_{0.75}=868$N）。

对于1，当考虑摩擦时，$F_{ges\,R}=F=2500$N，$w_M\approx0.02$，$w_R\approx0.03$（TB10-7），由式（10-31）可得使

单碟（$n=1$ 的弹簧组）变形的载荷为

$$F'=\frac{1}{n}F_{\text{ges R}}[1-w_M(n-1)-w_R]=\cdots\approx 2425\text{N}$$

为了由 TB10-8c 来确定每个碟的相应的弹簧行程 s，还必须用式（10-26）来得到额定位置的计算弹簧载荷，由 $E=206000\text{N/mm}^2$（TB10-1），$\mu\approx 0.3$，$h_0=0.55\text{mm}$，$t=1.5\text{mm}$，对于 $\delta=D_e/D_i=25\text{mm}/12.2\text{mm}=2.05$，由 TB10-8a 得 $K_1\approx 0.7$，$K_4=1$（对于1组和2组碟簧），得

$$F_c=\frac{4E}{1-\mu^2}\frac{h_0t^3}{K_1D_e^2}K_4^2=\cdots\approx 3840\text{N}$$

由 $F/F_c=2425\text{N}/3840\text{N}\approx 0.63$，对于系列 A，由 TB10-8c 得 $s/h_0\approx 0.61$，所以单碟的弹簧行程为

$$s\approx 0.61h_0=\cdots\approx 0.34\text{mm}<s_{0.75}$$

作为比较，不考虑摩擦时，$F/F_c=2500\text{N}/3840\text{N}\approx 0.65$，由 TB10-8c 得 $s/h_0\approx 0.63$，所以

$$s\approx 0.63h_0=\cdots\approx 0.35\text{mm}$$

为了达到所要求的弹簧行程 $s=6\text{mm}$，由式（10-23）可得到考虑摩擦（不考虑摩擦）时的异向交替叠置单碟的数量：

$i=s_{\text{ges}}/s=6\text{mm}/0.34\text{mm}(0.35\text{mm})\approx 17.65(17.14)$；取 $i=18$。

这样弹簧柱的实际总行程为

$s_{\text{ges}}=is=18\times 0.34\text{mm}(0.35)=6.12\text{mm}(6.3\text{mm})$

$i=18$，$h_0=0.55\text{mm}$，$n=1$ 和 $t=1.5\text{mm}$，所以由式（10-23）可得弹簧柱的自由长度为

$L_0=i[l_0+(n-1)t]=i(h_0+nt)=\cdots\approx 36.9\text{mm}$

由式（10-23）算得弹簧柱受载后的长度为

$$L=L_0-s_{\text{ges}}=i[l_0+(n-1)t-s]=i(h_0+nt-s)=\cdots\approx 30.78\text{mm}(30.6)\text{mm}$$

对于2，当考虑摩擦时，对于 B 系列，$w_M\approx 0.014$，$w_R\approx 0.02$（TB10-7，系列 B），$n=3$，与上述计算过程类似：

$F_{\text{ges R}}=F=2500\text{N}$，由式(10-31)可得使单碟变形的载荷为

$$F'=\frac{1}{n}F_{\text{ges R}}[1-w_M(n-1)-w_R]=\cdots\approx 793\text{N}$$

$E=206000\text{N/mm}^2$（TB10-1），$\mu\approx 0.3$，$h_0=0.7\text{mm}$，$t=0.9\text{mm}$，对于 $\delta=D_e/D_i=25\text{mm}/12.2\text{mm}=2.05$，由 TB10-8a 得 $K_1\approx 0.7$，$K_4=1$（对于1组和2组碟簧），得

$$F_c=\frac{4E}{1-\mu^2}\frac{h_0t^3}{K_1D_e^2}K_4^2=\cdots\approx 1056\text{N}$$

由 $F/F_c=793\text{N}/1056\text{N}\approx 0.75$，对于系列 B，由 TB10-8c 得 $s/h_0\approx 0.65$；所以单碟的弹簧行程为

$$s\approx 0.65h_0=\cdots\approx 0.46\text{mm}<s_{0.75}$$

不考虑摩擦时，$F/F_c=$（2500/3）N/1056N≈ 0.79，由 TB10-8c 得 $s/h_0\approx 0.72$，所以

$$s\approx 0.72h_0=\cdots\approx 0.5\text{mm}$$

考虑摩擦（不考虑摩擦）的异向交替叠置单碟的数量为

$$i=s_{\text{ges}}/s=6\text{mm}/0.46\text{mm}(0.5\text{mm})\approx 13(12)$$

弹簧柱的实际行程为

$$s_{\text{ges}}=is=13\times 0.46\text{mm}(=12\times 0.5\text{mm})=5.98\text{mm}(6.3\text{mm})$$

$i=13$（12），$h_0=0.7\text{mm}$，$n=3$ 和 $t=0.9\text{mm}$；由式（10-23）可得弹簧柱的自由长度为

$$L_0=i[l_0+(n-1)t]=i(h_0+nt)=\cdots\approx 44.2\text{mm}(40.8\text{mm})$$

由式（10-23）算得弹簧柱受载后的长度为

$$L=L_0-s_{\text{ges}}=i[l_0+(n-1)t-s]=i(h_0+nt-s)=\cdots\approx 38.2\text{mm}(34.8\text{mm})$$

结果：选择由18个异向交替叠置而成的碟簧 DIN 2093—A25 组成的弹簧柱。该弹簧柱比由弹簧组构成的弹簧柱［每组 $n=3$ 个单碟 DIN 2093—B25，总碟数为39（36）］更好，因为所需单碟更少；而且未受载时的自由长度也更短。

■**例 10-3**：一弹簧柱由10个异向交替叠置碟簧 DIN 2093—B100 组成，受在预紧载荷 $F_1 \approx 6000\text{N}$ 和最大弹簧载荷 $F_2 \approx 12000\text{N}$ 之间振动变化的载荷。试根据 DIN 2092，校核该弹簧柱是否有足够的持久疲劳强度（$N=2\times10^6$ 循环次数）。

▶**解**：根据弹簧尺寸 $D_e=100\text{mm}$，由 TB10-6b 得 $D_i=51\text{mm}$（所以 $\delta=D_e/D_i=\cdots=1.96$），$t=3.5\text{mm}$，$h_0=2.8\text{mm}$，$E=206000\text{N/mm}^2$，$\mu\approx0.3$，$K_1=0.684$（TB10-8a）和 $K_4=1$［见式（10-24）］，由式（10-26）可得额定位置处的弹簧载荷为

$$F_c=\frac{4E}{1-\mu^2}\ \frac{h_0 t^3}{K_1 D_e^2}K_4^2=\cdots\approx15892\text{N}$$

对于B系列，$F_1/F_c=6000\text{N}/15892\text{N}\approx0.38$，由 TB10-8c 可得 $s/h_0=s_1/h_0\approx0.29$；这样就得到了每个单碟的预紧行程

$$s_1=(s_1/h_0)h_0=\cdots\approx0.81\text{mm}>(0.15\cdots0.2)h_0$$

对于 $F_1/F_c=12000\text{N}/15892\text{N}\approx0.755$，得 $s_2/h_0\approx0.67$，所以

$$s_2=(s_2/h_0)h_0=\cdots\approx1.88\text{mm}$$

由 $K_1\approx0.684$（TB10-8a），$K_2\approx1.208$，$K_3\approx1.358$（TB10-8b），$K_4=1$［见式（10-24）］，对于图10-19所示的位置Ⅲ，由式（10-30）得

$$\sigma_1=-\frac{4E}{1-\mu^2}\ \frac{t^2}{K_1 D_e^2}K_4\ \frac{s}{t}\ \frac{1}{\delta}\left[K_4(K_2-2K_3)\left(\frac{h_0}{t}-\frac{s}{2t}\right)-K_3\right]=\cdots\approx457\text{N/mm}^2$$

同样地，对于 $s_2=1.88\text{mm}$，由式（10-30）得 $\sigma_2\approx959\text{N/mm}^2$。

由此得工作状态下的应力幅为

$$\sigma_h=\sigma_2-\sigma_1=959\text{N/mm}^2-457\text{N/mm}^2\approx500\text{N/mm}^2$$

将 $\sigma_1=\sigma_U=457\text{N/mm}^2$ 标入持久疲劳极限图（TB10-9c）中，对于 $t=3.5\text{mm}$，可查得上极限应力为 $\sigma_O\approx1070\text{N/mm}^2$。所以该弹簧柱有足够疲劳强度，因为

$$\sigma_O\approx1070\text{N/mm}^2>\sigma_2=\sigma_o\approx959\text{N/mm}^2，或$$

$$\sigma_H=\sigma_O-\sigma_U=1070\text{N/mm}^2-457\text{N/mm}^2=613\text{N/mm}^2>\sigma_h=500\text{N/mm}^2$$

结果：由碟形弹簧 DIN 2093—B100 组成的弹簧柱在承受振动载荷（位于 $F_1=6000\text{N}$ 和 $F_2=12000\text{N}$ 之间）时有无穷寿命。

提示：按图 10-20 取合适的比例尺作 F/s 特性线和 σ/s 特性线，也可以得到同样结果。作为近似图解法，所需数据由 TB10-6b 查得

$$s_{0.75}=0.75h_0=2.1\text{mm}\qquad F_{0.75}=13100\text{N}\qquad \sigma_{0.75}=1050\text{N/mm}^2$$

$$s_{0.5}=0.5h_0=1.4\text{mm}\qquad F_{0.5}=9820\text{N}\qquad \sigma_{0.5}=901\text{N/mm}^2$$

$$s_{0.25}=0.25h_0=0.7\text{mm}\qquad F_{0.25}=5620\text{N}\qquad \sigma_{0.25}=402\text{N/mm}^2$$

与 F_1 和 F_2 相对应的弹簧行程 s_1 和 s_2 以及拉应力 σ_1 和 σ_2 可以足够精度从图上得到，这样就可以按上述步骤进行持久疲劳强度校核。

■**例 10-4**：一根两边导向的螺旋压缩弹簧用作阀门弹簧，承受振动载荷：$F_1=400\text{N}$ 和 $F_2=600\text{N}$，行程为 $\Delta s=12\text{mm}$（图 10-39）。弹簧外径应约为 $D_e=30\text{mm}$，压紧后的弹簧长度应为 $L_2\approx80\sim100\text{mm}$ 之间。试设计该弹簧。

▶**解**：应按疲劳强度来进行设计计算。对于无穷寿命，应按 DIN 17223 选择调质阀门弹簧钢丝（VD）（见 TB10-1 和 TB10-2）。首先选择簧丝直径，$F=F_{max}=F_2=600\text{N}$，$D_e=30\text{mm}$ 和 $K_1\approx0.17$，由式（10-42）得

$$d\approx k_1\sqrt[3]{FD_e}=\cdots\approx4.46\text{mm}$$

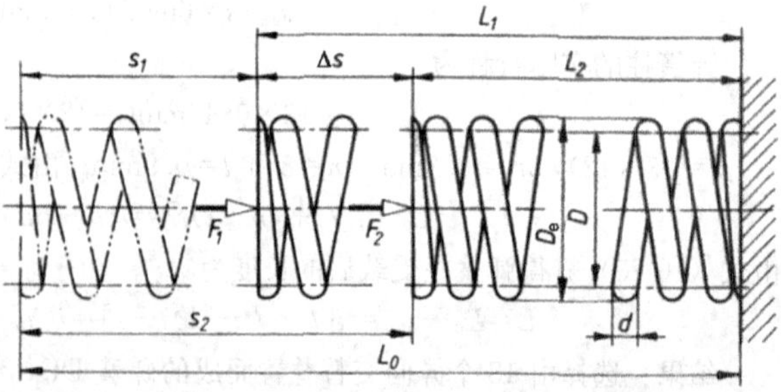

图 10-39　受振动载荷的螺旋压缩弹簧

根据 DIN 2076（TB10-2）预选 $d=4.5\text{mm}$。这样就得到了 $D=D_e-d=\cdots\approx25.5\text{mm}$；取 $D=25\text{mm}$（DIN 323 规定的优先数），所以 $D_e=D+d=\cdots=29.5\text{mm}$。对于承受动载荷的弹簧，应按式（10-44）进行校核。先按式（10-43）计算切应力

$$\tau_1=(F_1D)/(0.4d^3)=\cdots\approx275\text{N/mm}^2$$

$$\tau_2=(F_2D)/(0.4d^3)=\cdots\approx412\text{N/mm}^2$$

由修正系数 $k\approx1.26$（对于 $w=D/d=25\text{mm}/4.5\text{mm}\approx5.6$，由 TB10-11d 查取），得到修正切应力

$$\tau_{k1}=k\tau_1=\cdots\approx347\text{N/mm}^2$$

$$\tau_{k2}=k\tau_2=\cdots\approx519\text{N/mm}^2$$

最小应力 $\tau_{ku}=\tau_{k1}=347\text{N/mm}^2$，由 TB10-15b 查得簧丝 VD（未喷丸处理）的上极限应力为 $\tau_{kO}=670\text{N/mm}^2$。由于 $\tau_{kU}=\tau_{ku}=\tau_{k1}=347\text{N/mm}^2$，所以强度极限幅为

$$\tau_{kH}=\tau_{kO}-\tau_{kU}=670\text{N/mm}^2-347\text{N/mm}^2\approx323\text{N/mm}^2$$

大于实际应力幅

$$\tau_{kh}=\tau_{k2}-\tau_{k1}=519\text{N/mm}^2-347\text{N/mm}^2\approx172\text{N/mm}^2$$

由 $R_{soll}=\Delta F/\Delta s=(600-400)\text{N}/12\text{mm}=16.7\text{N/mm}$，$G=81500\text{N/mm}^2$（TB10-1），$d=4.5\text{mm}$ 和 $D=25\text{mm}$，根据式（10-45）可得有效圈数为

$$n'=\frac{G}{8}\ \frac{d^4}{D^3R_{soll}}=\cdots\approx16;\text{取 } n=16.5$$

由式（10-46）可得实际弹簧刚度

$$R_{ist}=\frac{G}{8}\ \frac{d^4}{D^3n}=\cdots\approx16.2\text{N/mm}$$

总圈数为 $n_t=n+2=16.5+2=18.5$。

弹簧尺寸：

由 $d_{max}=d+A_a=4.5\text{mm}+0.045\text{mm}=4.545\text{mm}$（TB10-2），由式（10-38）可得并紧长度

$$L_c=n_td_{max}=18.5\times4.545\text{mm}\approx84\text{mm}$$

由 $D=25\text{mm}$，$d=4.5\text{mm}$ 和冷成形的 S_a，可由式（10-37）得到圈与圈之间最小距离的总和为

$$S_a=[0.0015(D^2/d)+0.1d]n=\cdots\approx10.86\text{mm}$$

$$S'_a\approx1.5S_a=\cdots\approx16.5\text{mm}$$

由 $s_2=F_2/R_{ist}=600\text{N}/16.2\ (\text{N/mm})\approx37\text{mm}$，可得弹簧未受载的自由长度为

$$L_0\geqslant s_2+S_a+L_c=37\text{mm}+16.5\text{mm}+84\text{mm}\approx137\text{mm}$$

因此压紧后的长度为 $L_2=L_0-s_2=137\text{mm}-37\text{mm}=100\text{mm}$，满足所给条件 $L_2\approx80\sim100\text{mm}$。

并紧应力：

处于并紧状态时的弹簧行程为 $s_c=L_0-L_c=137\text{mm}-84\text{mm}=53\text{mm}$，并紧弹簧载荷为

$$F_c=R_{ist}s_c=16.2\text{N/mm}\times53\text{mm}=860\text{N}$$

由式（10-43）可得并紧应力

$$\tau_c=F_cD/(0.4d^3)=\cdots\approx590\text{N/mm}^2$$

该值小于由 TB10-11b 查得的许用并紧应力

$$\tau_{c\ zul}\approx0.56R_m=\cdots\approx856\text{N/mm}^2$$

式中，R_m 由 TB10-2 查取，为 $R_m\approx1800-415\lg d=\cdots\approx1530\text{N/mm}^2$。

稳定性校核：

$s_2/L_0=37\text{mm}/137\text{mm}\approx0.27$，$\nu\approx0.5$（两边导向），所以 $\nu\times L_0/D=0.5\times137\text{mm}/25\text{mm}\approx2.74$，由 TB10-12 知，该弹簧是压杆稳定的。

注：如果第一次计算不能达到所期望的值和超过许用值，可重新取值后再进行计算。建议第二次计算取簧丝直径 $d=4.25\text{mm}$（4.0mm）。

结果：由簧丝 DIN 2076—VD4.5 制成的螺旋压缩弹簧的尺寸为

$D=25\text{mm}; D_e=29.5\text{mm}; n_t=18.5, L_0=137\text{mm}$。

■例 10-5：试设计一制动轴的复位弹簧。安装时施加外预紧载荷 $F_1=400\text{N}$，使 $s_1=20\text{mm}$。附加工作行程为 $s=50\text{mm}$，此时达到特定的最大弹簧载荷 F_2。安装长度（即两钩环内边之间的距离）为 $L_1\approx 250\text{mm}$，弹簧外径为 $D_e=50\text{mm}$。用于悬挂弹簧的德式整圆钩环的 $L_H\approx 0.8D_i$。选用冷成形圆柱形螺旋拉伸弹簧。载荷以静载荷为主。

试确定其他弹簧参数和材料。

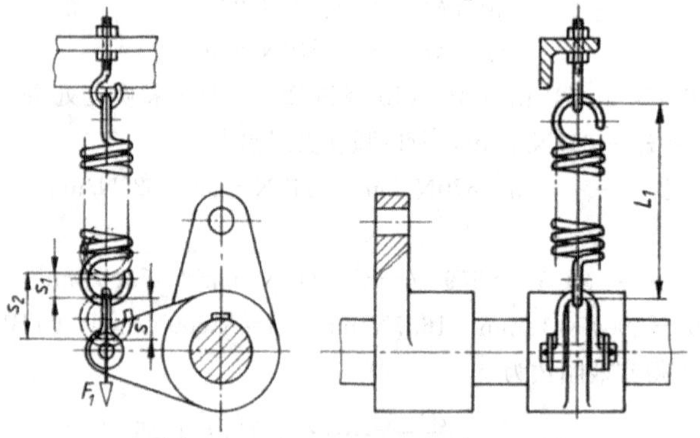

图 10-40　制动轴的复位弹簧

▶解：首先按式（10-42）预选簧丝直径。由于最大弹簧载荷未知，先不考虑内预紧载荷，由 $F_1/s_1=F'_2/s_2$，得

$$F'_2=F_1/s_1 s_2=400\text{N}/20\text{mm}\times(20\text{mm}+50\text{mm})\approx 1400\text{N}$$

一般情况下，弹簧制造时都带有内预紧载荷。这样就会减小最大弹簧载荷 F'_2，预估减小为 $F_2\approx 1000\text{N}$。由 $D_e=50\text{mm}$，$F=F_2$ 和 $K_1=0.16$（预估 $d>5\text{mm}$），根据式（10-42），得

$$d\approx k_1\sqrt[3]{FD_e}=\cdots\approx 5.9\text{mm};\text{预选 } d=6.3\text{mm(TB10-2)}$$

弹簧平均直径暂时为

$$D=D_e-d=50\text{mm}-6.3\text{mm}=43.7\text{mm}$$

取 $D=45\text{mm}$（DIN 323 规定的优先数，所以 $D_e=51.3\text{mm}$）。

$D=45\text{mm}$，$d=6.3\text{mm}$ 和 $F=F_2=1000\text{N}$，由式（10-43）得实际切应力为

$$\tau_2=\frac{FD}{0.4d^3}=\cdots\approx 459\text{N/mm}^2$$

由 TB10-19a 预选：簧丝 A。

假设内预紧载荷 $F_0\approx 250\text{N}$，由 $F=F_1=400\text{N}$ 和 $s=s_1=20\text{mm}$，根据式（10-51），得

$$R=(F_1-F_0)/s_1=\cdots\approx 7.5\text{N/mm}$$

由 $d=6.3\text{mm}$，$D=45\text{mm}$，$s=s_1=20\text{mm}$，$F=F_1=400\text{N}$，$F_0\approx 250\text{N}$ 和 $G=81500\text{N/mm}^2$，根据式(10-54)可得弹簧有效圈数为

$$n=\frac{Gd^4 s}{8D^3(F-F_0)}=\cdots\approx 23.45$$

根据结构要求（见图 10-40），取 $n=23.25$。

由式（10-52）可得内预紧载荷

$$F_0=F-Rs=F-\frac{Gd^4 s}{8D^3 n}=\cdots\approx 248.5\text{N}$$

用式（10-53）来校核许用内预紧载荷 F_0，$\tau_{0\,\text{zul}}=\alpha\tau_{\text{zul}}$，式中 $\alpha=\alpha_1\approx 0.2$（TB10-19b，$w=D/d=45\text{mm}/6.3\text{mm}\approx 7.2$，用卷绕机床加工），$\tau_{\text{zul}}\approx 530\text{N/mm}^2$（TB10-19a，簧丝类型 A，$d=6.3\text{mm}$），所以 $\tau_{0\,\text{zul}}=\alpha\tau_{\text{zul}}=0.2\times 530\text{N/mm}^2\approx 115\text{N/mm}^2$，许用预紧载荷为

$$F_0 \leqslant \tau_{0\ zul} \frac{0.4d^3}{D} = \cdots \approx 255\text{N}$$

$n_t = n = 23.25$，$d_{max} = d + A_a = 6.3\text{mm} + 0.06\text{mm} = 6.36\text{mm}$，由式（10-41）计算弹簧未受载自由长度：

$$L_K \approx (n_t + 1) d_{max} = \cdots \approx 154.3\text{mm} \quad \text{和} \quad L_H \approx 0.8D_i = \cdots \approx 31\text{mm}$$

$$L_0 = L_K + 2L_H = \cdots \approx 216\text{mm}$$

最后还要计算在附加工作行程 $s = 50\text{mm}$，即最大弹簧行程 $s_2 = s_1 + s = 20\text{mm} + 50\text{mm}$ 时的实际弹簧载荷 F_2。$D = 45\text{mm}$，$d = 6.3\text{mm}$，$G = 81500\text{N/mm}^2$，由式（10-52）得

$$F_2 = F_0 + (Gd^4 s_2)/(8D^3 n) = \cdots \approx 785\text{N}$$

前面预估的最大载荷为 $F_2 \approx 1000\text{N}$。对于本例这不会改变弹簧的尺寸。但要注意，并不是每次第一次计算就能达到所需值和许用值的，人们不得不假设一些参数，然后再计算。

结果：由簧丝 DIN 2076—A6.3 制成的复位弹簧具有下述尺寸：$D = 45\text{mm}$，$D_e = 51.3\text{mm}$，$n = n_t = 23.25$，$L_0 = 216\text{mm}$。

10.5 参考文献

DIN Deutsches Institut für Normung (Hrsg.): Federn, Normen. Berlin: Beuth 1996 (DIN Taschenbuch 29)

Almen und Làslò: „The Uniform-Section Disc-Spring“ aus Transaction of American Society of Mechanical Engineers, 58. Jahrgang

Damerow, E.: Grundlagen der praktischen Federprüfung. Essen: Giradet, 1950

Denecke, K.: Dauerfestigkeitsuntersuchungen an Tellerfedern. Diss. TH Ilmenau 1970

Göbel, E. F.: Berechnung und Gestaltung von Gummifedern. Berlin/Göttingen/Heidelberg: Springer, 1969

Gross, S.: Berechnung und Gestaltung von Metallfedern. Berlin/Göttingen/Heidelberg: Springer, 1960

Hoesch: Warmgeformte Federn. Konstruktion und Fertigung. Bochum: W. Stumpf KG, 1987

Meissner, M.; Wanke, K.: Handbuch Federn. Berechnung und Gestaltung im Maschinenbau. Berlin: Verlag – Technik, 1988

Meissner, M.; Schorch, H. J.: Metallfedern. Grundlagen Werkstoffe, Berechnung und Gestaltung. Berlin/Heidelberg/New York: Springer, 1996

Niemann, G.; Winter, H.: Maschinenelemente Band I. Berlin/Heidelberg/New York: Springer, 1981

Schremmer, G.: Dynamische Festigkeit von Tellerfedern. Diss TH Braunschweig 1965

Steinhilper, W.; Röper, R.: Maschinen- und Konstruktionselemente. Berlin/Heidelberg/New York: Springer, 1994

Wächter, K.: Konstruktionslehre für Maschineningenieure. Berlin: Verlag – Technik, 1987

Wahl, A. M.: Mechanische Federn. Düsseldorf: Triltsch, 1966

Wolf, W. A.: Die Schraubenfeder. Essen: Giradet, 1966

Prospekte, Kataloge und Beiträge der Firmen: *Christian Bauer KG*, Welzheim/Württ.; *Muhr & Bender (Mubea)*, Attendorn; *Adolf Schnorr KG*, Sindelfingen; *Continental-Gummiwerke*, Hannover

第 11 章　心轴、转轴和轴颈

11.1　功能和作用

心轴用来安装和支承滚轮、绳轮、杠杆等零件（功能）。它基本上只承受径向载荷产生的弯曲，很少再受轴向载荷产生的拉伸或压缩。与转轴不一样，心轴不传递转矩。固定心轴（图 11-1a），支承在它上面的零件（例如绳轮）可自由转动，只承受静或摆动弯曲变形，是比较有利的。转动心轴（图 11-1b），其上零件与其相固定（例如滚轮）并一起旋转，这种心轴受交变弯曲变形，所以其承载能力相对于同样尺寸和材料的固定心轴来说要小。但从支承的角度来看，这类心轴又更具有优点。这种心轴轴承的装卸、清洁和润滑都比固定心轴要容易得多，固定心轴的旋转轮毂常常是很难维护的。

转轴（图 11-1c）一般都整周旋转且传递转矩（功能），转矩通过齿轮、带轮、联轴器等零件输入和输出。它承受扭转，而且由于承受径向载荷，还常常附加承受弯曲。某些传动件，例如锥齿轮或斜齿圆柱齿轮还带来附加轴向力，它们由转轴及其轴承承受。

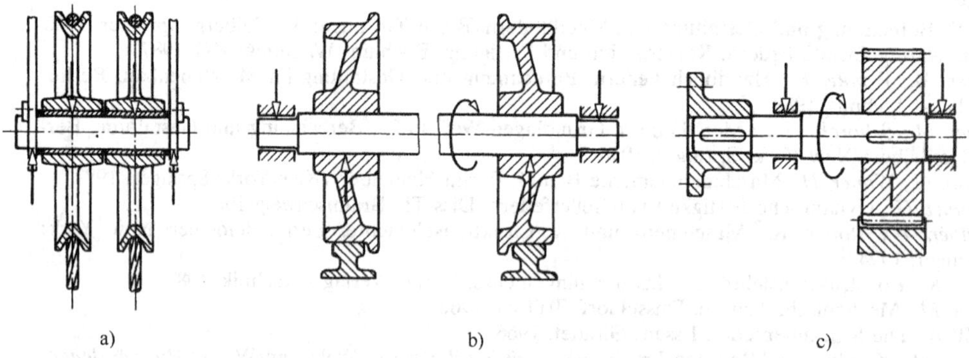

图 11-1　心轴和转轴

a）固定心轴　b）转动心轴及其轴颈　c）转轴及其轴颈

轴颈用来安装轴承（功能），绝大多数轴颈都是心轴和转轴或单独缩小的零件端部，例如止推轴颈和曲柄轴颈。它可以是圆柱形、圆锥形或者是球形的（见图 11-13 和图 11-14）。

值得一提的是，还有两种转轴的特殊结构，但本章不讲述。

万向联轴器：用于传递不同心且位置会变化的轴之间的旋转运动（功能），例如：磨床和多头钻床等机床的工作台驱动，用于连接车辆的变速箱和心轴。它由主动轴，两个十字头销轴及其可拆卸的中间轴、伸缩轴组成。详细内容请见第 13 章“联轴器”。

挠性轴：用于驱动位置变化的小功率机械（功能），例如手工打磨机，或仪器设备位置虽然固定，但与原动机之间错位较严重（例如转速计），这时主要采用挠性轴。它由多层缠绕成螺旋线形状的金属丝 1 组成，外面套有可动的金属保护套管 3，还常常用螺旋卷绕的金属带 2 来加强（图 11-2）。

为了避免使外层金属丝绕松，应使挠性轴的旋转方向与外层金属丝的缠绕方向相反。图 11-2 所示挠性轴的最外层为左旋的，所以该轴的旋转方面应该为右旋。通常的结构一般都是右旋的。一般通过钎焊的接头与所要联接的零件相连。

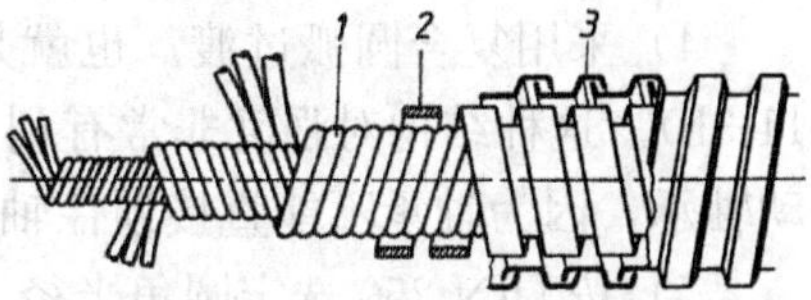

图 11-2　挠性轴及其金属保护套

与电动机联接的挠性轴驱动端联接尺寸由 DIN 42995 标准化，用于车辆上的挠性轴的联接尺寸由 DIN 75532 T1 和 T2 标准化。

挠性轴所能传递的转矩与轴芯直径、结构类型、长度、最小弯曲半径等影响因素有关。其值由制造商在使用条件中给出。

11.2　结构和设计

11.2.1　结构设计基础

1. 面向强度的结构设计规范　心轴、转轴和轴颈的外形不但取决于用途（例如用作轮轴、曲柄轴、传动轴和轴承轴颈），还取决于轴承的布置、数量和类型，以及所要支承的回转零件、联轴器、密封件等。设计者的任务是以尽可能小的尺寸来达到防止疲劳断裂的目的，且加工应尽可能简单和成本低廉。为此必须采取一些结构措施，特别是要避免危险的应力集中，尤其是对于高强度钢，这点是至关重要的。

结构设计时应把握以下原则：

1）采用紧凑结构形式。尽可能使轴上零件之间和轴承之间的距离小，以减小弯矩，从而达到减小直径的目的。这样就可以使与心轴和转轴相关的零件（轮毂、轴承等）的尺寸同样减小，整个结构的尺寸、质量和成本可以大为减小（见图 11-8）。

2）轴肩台阶不要太大。不能超过 $D/d=1.4$。轴肩用圆角过渡，$r=d/20\sim d/10$（图 11-3a）。

3）回转弯曲轴的楔形键和平键槽不得开到轴肩处。这是避免应力集中的一个重要注意事项，它保证了两种横截面突变导致的疲劳断裂危险不在一个平面内叠加（图 11-3a）。对于只是承受静扭转（和静弯曲）的情况，见键联接（§ 12.2.1-1）。

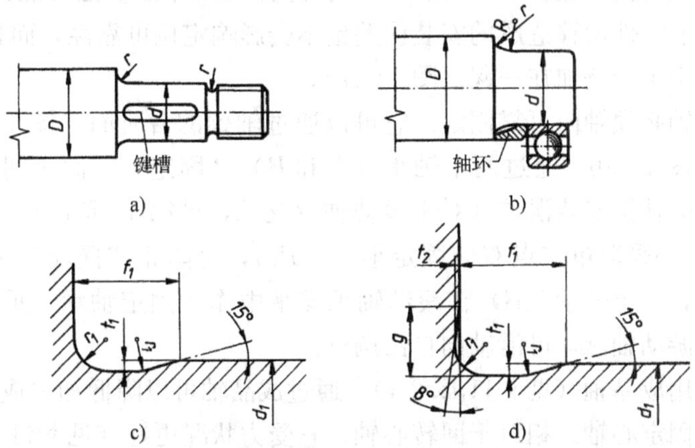

图 11-3　轴肩过渡结构

a）正常过渡结构　b）复合圆弧过渡结构　c）和 d）DIN 509 规定的砂轮越程槽 E 和 F

4）采用复合圆弧过渡。也就是用两个过渡圆弧，半径分别是 $r \approx d/20$ 和 $R \approx d/5$（图 11-3b）。这种结构对强度非常有利，但在结构上不一定总是可行。此时应使用轴环来顶住滚动轴承，因为轴承不能直接顶住轴肩。

5）按 DIN 250 选定圆角半径。根据标准数系列 R5、R10、R20 得到的优先系列（次要系列）：0.2、(0.3)、0.4、(0.5)、0.6、(0.8)、1、(1.2)、1.6、(2)、2.5、(3)、4、(5)、6、(8)、10、(12)、16、(18)、20 等。对于直接顶住滚动轴承的轴肩，其圆角半径（和轴肩高度）与轴承相对应，按 DIN 5418（见 TB14-9）确定。

6）需磨削的轴颈（例如装滑动轴承处）应有砂轮越程槽。这是为了便于砂轮盘能自由退出（图 11-3c，DIN 509 规定的砂轮越程槽，形状 E）。如果轴肩端面也要磨削时，应采用图 11-3d 所示的砂轮越程槽（DIN 509，形状 F，其值见 TB11-4）。

7）采用对强度最有利的无肩过渡。如图 11-4 所示，圆角 $R \approx d/5$。热装的轮毂应距过渡处往后退（尺寸 a），孔边应倒小角，以减小应力集中。

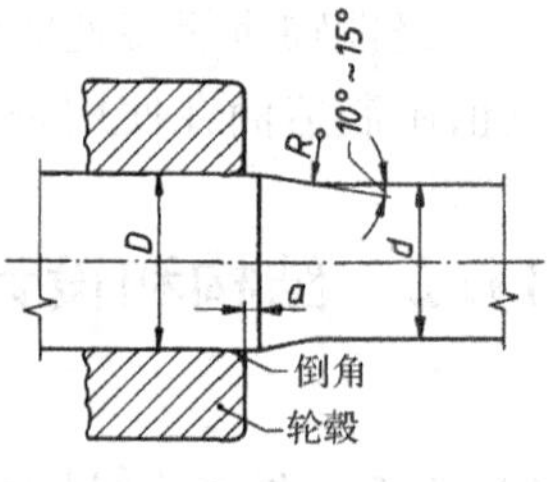

图 11-4　无肩过渡

8）防止齿轮和轴上零件的轴向窜动。尽可能采用定位片或定位套、调整环或轴肩，而不要采用安全环。因为安全环的槽会产生大的应力集中和加大疲劳断裂的危险。因此，尽可能将安全环用于轴端（图 11-5a）。

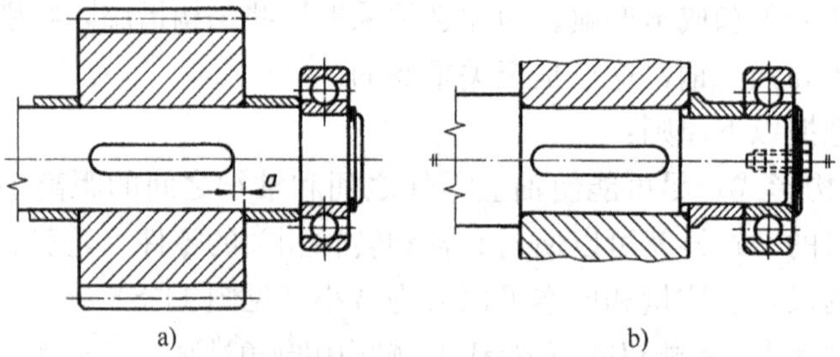

图 11-5　齿轮和轴上零件的固定

a）用定位套　b）用轴肩

9）键槽应略短于轮毂长度（即距离 $a>0$）。这样可以保证定位套能无障碍地直接顶住轮毂，即使由于轴上零件偏移造成的安装误差也不会影响定位可靠性，而且键槽端部和轮毂边沿产生的应力集中不会叠加在一起（图 11-5a）。

10）心轴和转轴必须轴向可靠固定。它可以通过轴颈的台阶面（图 11-6a）来固定，对于光轴由调整环（图 11-6b）通过两个轴承（A 和 B）来固定。它们之间应有足够的间隙，以免热膨胀卡死并能补偿安装误差（对于滚动轴承支承，见第 14 章的推力轴承和一端固定一端游动支承）。如果采取单支点双向固定形式（B_1），可防止"摆动"现象出现，对于多点支承（图 11-6c），一个轴承（B）在滚动轴承支承中作为固定轴承，承担轴向固定任务，所有其他轴承都是游动轴承，可沿轴向自由调整。

11）尽可能使用成品轴（见 § 11.2.2-1）。通过成品轴可以降低加工成本。

12）优先采用固定心轴。相对于回转心轴，它受力状况更好（见 § 11.2.2-2）。

13）尽可能减小轴承与轴上回转零件之间的距离。这样可使轴的挠度较小和临界转速更高（见 § 11.3.3）。

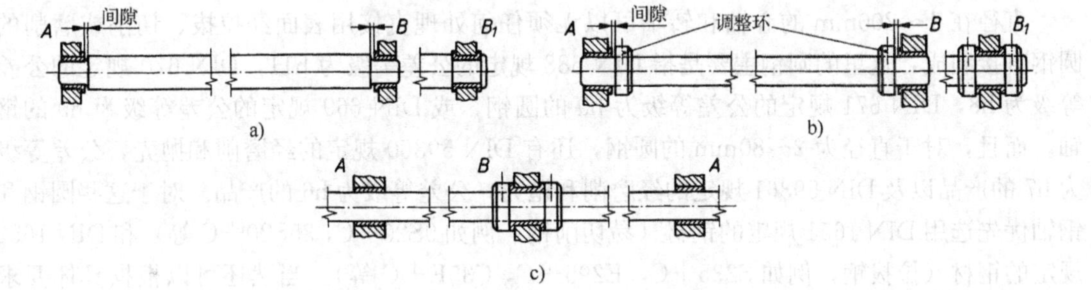

图 11-6 心轴和转轴的轴向固定

a) 通过轴肩 b) 通过调整环 c) 多点支承

14) 高速回转且要求精密平衡的轴应将键槽、钻孔等加工工序放在表面最终加工之前，这样才能避免铣床和钻床的夹紧产生压陷和变形。

15) 承受回转弯曲的轴应通过表面强化来提高疲劳强度。例如通过滚压、喷丸或硬化(通过内压应力和工作应力的叠加使合成平均应力处于压缩区域，从而使“危险的”拉应力减小）强化轴的表面以提高其疲劳强度。

2. 面向弹性性能的结构设计规范 心轴/转轴在轴承中的倾斜决定了轴承的选择，轴上零件处的挠度和倾斜决定了该部件能否完成预定功能和达到所需精度。对于长转轴，扭转是结构设计中要考虑的决定因素。对于高速（$n>1500\text{r/min}$）回转的情况，应考虑系统的振动(临界转速)。

要想较为精确地算得轴（特别是有多个回转零件的多段阶梯轴）的倾斜度、挠度和弯曲或扭转临界转速常常是困难而且耗时的。在工程实际中，采用计算机程序来完成此项工作；由于很难定量考虑轴承和轴上回转件对轴的强化作用，如果需要得到临界转速的话，只有通过试验来较为精确地获得该值。

一般来说，应尽可能使临界转速更高，至少应超过工作转速的10%～20%，如果做不到这一点，应使其至少低于工作转速10%～20%。为了获得更高的临界转速，结构设计时应做到：

1) 轴承与轴上回转零件之间的距离要尽可能地小，这样可以使挠度较小。

2) 带有回转零件的高速转轴应精确平衡，以减小离心力和降低其不利影响。

3) 尽可能减小回转的盘形、轮形零件和联轴器等的质量，使惯性力矩更小（同时也可减小挠度)。

需要注意的是，临界转速仅与结构（质量和变形）和材料（仅仅弹性模量 E）有关，与外力或轴的方位（立式或者卧式）无关。

如果要求转轴的刚度较高，例如机床主轴，应使轴尽可能短，如做不到，应做成空心轴，因为同样的截面积，空心轴比实心轴的抗弯截面系数要大得多。

11.2.2 初步设计计算

1. 材料和半成品 传动机械、动力和工作机械、运输机械、起重机械、机床中承受一般载荷的心轴和转轴常采用 DIN EN 10025 规定的非合金钢，例如 S235、S275、E295 和 E335。对于车辆、发动机、重型机床、传动机械、涡轮发动机中承受重载的转轴，优先选用 DIN EN 10083 规定的调质钢，例如 25CrMo4、28Mn6 等。对于还有较大磨损的场合，采用 DIN 17210（DIN EN 10084）规定的渗碳钢，例如 C15、17CrNiMo6 等，见 TB1-1。

直径在1～200mm的心轴和转轴可以无须任何处理直接用表面经拉拔、切削或磨削的圆钢直接制成，这里的圆钢主要是指DIN 688规定的公差等级为h11，DIN 670规定的公差等级为h8，DIN 671规定的公差等级为h9的圆钢，或DIN 669规定的公差等级为h9的钢轴。而且，对于直径为2～80mm的圆钢，还有DIN 59360规定的经磨削和抛光，公差等级为h7的产品以及DIN 59361规定的经磨削和抛光，公差等级为h6的产品。对于这些圆钢和钢轴优先选用DIN 1651规定的钢材（易切削钢，例如9S20+C，35S20+C等）和DIN 1652规定的钢材（拉拔钢，例如S235+C，E295+C，C35E+C等）。当然还可以根据具体要求选择其他钢材。圆钢种类见TB1-6。

其他公差等级，有时甚至是表面不加工的心轴和转轴可以用DIN 1013规定的直径为5～200mm的热轧圆钢来制造，见TB1-6。当尺寸更大或具有特殊形状，例如车辆前轴、曲轴，轴段直径变化剧烈或异形心轴和转轴（见图11-11），可以采用预锻造、挤压或铸造工艺来制造。

出于经济性考虑，一般不选用超过需要的昂贵材料和半成品。只有受重载而且空间和质量又受限，要求轴的尺寸小时，例如车辆传动机构，或对耐磨性、耐蚀性、防磁性能、热强度等有特殊要求时，才能相应地选取高合金调质和渗碳钢或耐腐蚀钢。某些情况下，还要结合对材料有良好的铸造性、可加工性和锻造性等要求来选择材料。TB1-1列出了各种钢材的性能及其用途。

2. 计算基础　心轴和转轴的结构设计和计算要考虑其所支承的轴上零件和轴承等，也就是说要根据整体结构来进行。具体情形如下：

情形1：心轴或转轴的安装空间由已确定的整体结构尺寸给定，例如车辆心轴受车辆宽度的限制（图11-1b）或链式提升机的驱动轴受由提升功率所决定的箱子宽度（例如$B=315$mm，图11-7）的限制。对这类情形，轴承、齿轮等的距离尺寸已确定或至少可准确地估出，这样在初步设计时就可以用相对精确地得到的弯矩和转矩来足够精确的对轴进行设计计算。

情形2：安装空间未预先给定，因为心轴或转轴直径d未知，且与之有关的轮毂和轴承等尺寸也不知道，这样就不可能确定整体结构尺寸，例如减速器轴（图11-8）。这种情形下，轴承距离和轴上回转件的距离均不知，所以载荷作用线也不知，因此还不能求得弯矩。此时，必须按§11.2.2-3进行初步设计计算来近似确定直径d'，进而近似确定轮毂、轴承等的尺寸，各种距离由预初步设计确定。此时，才能按§11.3进行“更为精确”的计算（绝大多数情况都是以校核的形式进行），最后，如果需要，对尺寸进行相应的修正，得到最终的初步设计结果。

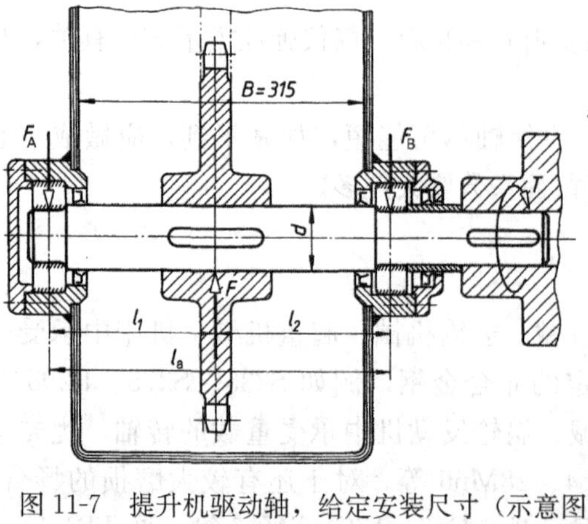

图11-7　提升机驱动轴，给定安装尺寸（示意图）

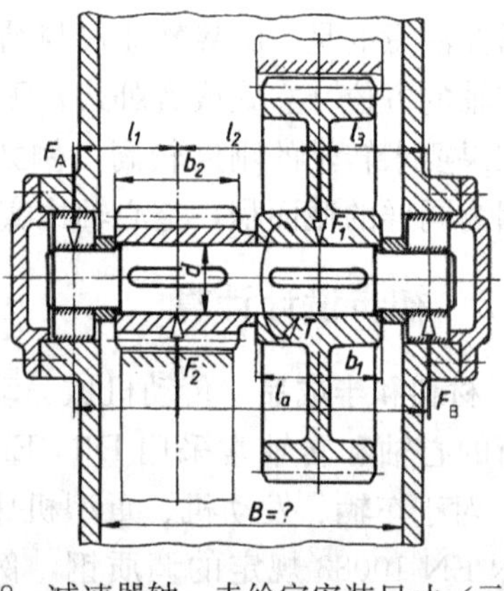

图11-8　减速器轴，未给定安装尺寸（示意图）

心轴和转轴的近似计算过程见图 11-9。

强度设计计算

为了简化起见，在心轴和转轴设计计算时，假设外力（齿轮载荷、轴承载荷）为集中载荷，且其作用线一般位于作用面的中点，即齿轮宽度、盘子宽度、轴承宽度等的中间（图 11-1 和图 11-8）。只有载荷通过相对较宽的轮毂来传递时，才可将载荷视为分布载荷。

与研究变形和临界转速（见§11.3.3）不一样，在进行强度校核时，绝大多数情况下都可以将心轴或转轴、齿轮等自重产生的重力忽略不计。

心轴：心轴承受弯曲和剪切（图 11-10a）。如图 11-10b所示，弯曲应力 σ_b（正应力）在边缘纤维处最大，而切应力 τ_s则在该处近似为零。由式（3-5）知，在边缘纤维处的相当应力 $\sigma_v \approx \sigma \approx \sigma_b$。对于受弯曲心轴，虽然切应力的影响比较大，但是对于正常应用情况，在减去弯曲应力后，越往轴的中部去，其相当应力总是小于边缘纤维应力 σ_b。只有对距离 l_x很小的情况，例如轴销、销钉，有时对于短轴承轴颈（图 11-10），才需要考虑切应力（τ_s）的影响。一般情况下，当 $l_x > d$ 时，在确定心轴轴径 d 时，可以将切应力忽略不计。

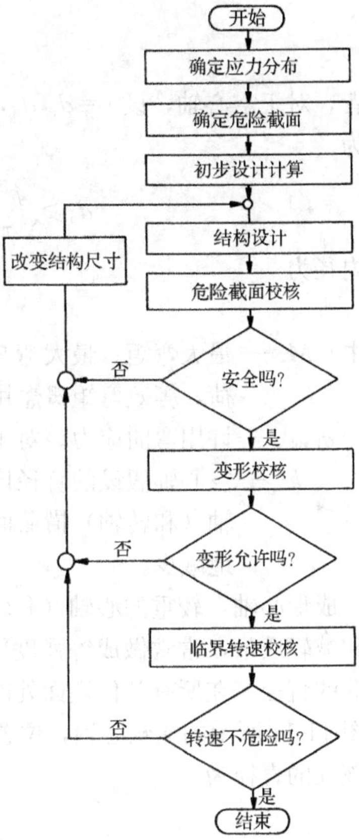

图 11-9　心轴和转轴设计框图

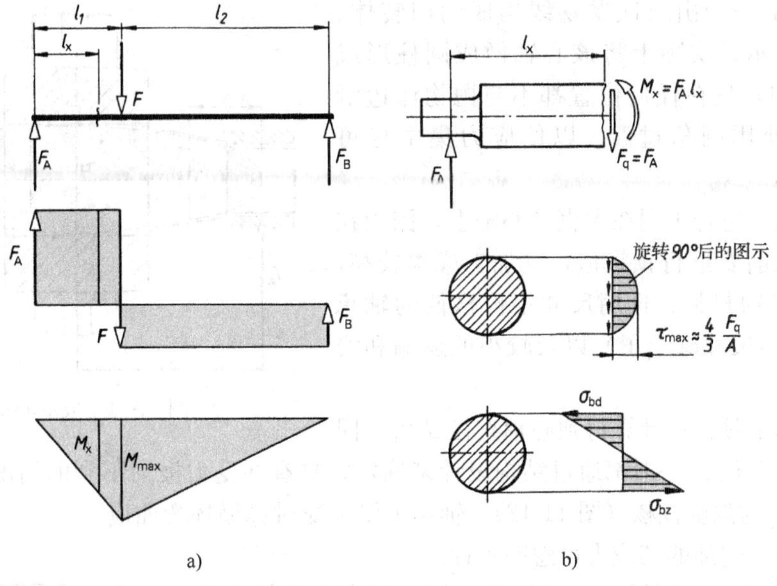

图 11-10　心轴受力分析

a）横向载荷和弯矩分布　b）截面图和应力分布

圆柱形心轴：圆柱形心轴在受纯弯曲时，必须满足弯曲主方程 $\sigma_b = M/W \leqslant \sigma_{b\,zul}$，式中，圆截面 $W = (\pi/32)d_3$，因此心轴的最小直径为

$$d \geqslant \sqrt[3]{\frac{32M}{\pi\sigma_{\mathrm{b\,zul}}}} \approx 2.17\sqrt[3]{\frac{M}{\sigma_{\mathrm{b\,zul}}}} \tag{11-1}$$

或者，对于空心轴，设 $k=d_{\mathrm{i}}/d_{\mathrm{a}}$，$W=(\pi/32)(d_{\mathrm{a}}^4-d_{\mathrm{i}}^4)/d_{\mathrm{a}}=(\pi/32)d_{\mathrm{a}}^3(1-k^4)$，其外径为

$$d_{\mathrm{a}} \geqslant \sqrt[3]{\frac{32M}{\pi(1-k^4)\sigma_{\mathrm{b\,zul}}}} \approx 2.17\sqrt[3]{\frac{M}{(1-k^4)\sigma_{\mathrm{b\,zul}}}} \tag{11-2}$$

其内径为

$$d_{\mathrm{i}} \leqslant k d_{\mathrm{a}} \tag{11-3}$$

式中　M——最大弯矩；最大弯矩概念用于静强度校核中，指的是可能的最大且一次性载荷，等效弯矩概念用于疲劳强度校核：$M_{\mathrm{eq}}=K_{\mathrm{A}}M_{\mathrm{nenn}}$，见第3章；

$\sigma_{\mathrm{b\,zul}}$——许用弯曲应力。对于近似计算，由式（3-26）知 $\sigma_{\mathrm{b\,zul}}=\sigma_{\mathrm{bD}}/S_{\mathrm{D\,min}}$；

k——空心轴假设的直径比 $d_{\mathrm{i}}/d_{\mathrm{a}}$，式中 d_{i} 为内径，d_{a} 为外径。当 $k\leqslant 0.5$ 时，空心心轴（和转轴）横截面积或重力有比较明显的减少时，其抗弯截面系数只有很小地减少。

成形心轴：较重的心轴（和转轴），例如提升设备上受重载的大型绳轮轴，为了节省材料和减轻质量，常常做成等强度梁。由式（11-1）求得的直径只是理论上在最大弯矩 M 处所需的直径。在所有其他截面处的直径应与该处的弯矩大小相对应，应比直径最大处小。对于图11-11所示的绳轮心轴，位置 x 处的弯矩为 $M_{\mathrm{x}}=F_{\mathrm{A}}x$，许用应力为 $\sigma_{\mathrm{b\,zul}}$，由式（11-1）得该处的直径为

$$d_{\mathrm{x}} \geqslant \sqrt[3]{\frac{32M_{\mathrm{x}}}{\pi\sigma_{\mathrm{b\,zul}}}} \approx 2.17\sqrt[3]{\frac{F_{\mathrm{A}}x}{\sigma_{\mathrm{b\,zul}}}} \tag{11-4}$$

这样就得到了一个由三次抛物线构成的回转体。如图11-11所示，实际上将该心轴做成圆柱形或圆锥形阶梯轴，且在任何位置都不与抛物体边沿相交。轴肩处用圆角过渡，以使应力集中尽可能小。

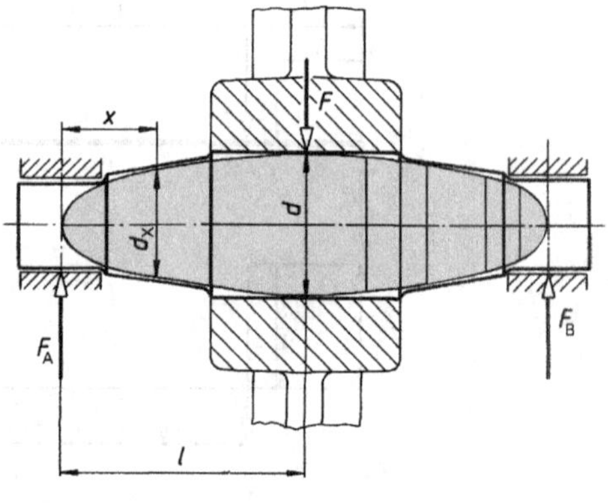

图11-11　成形心轴

这种结构只适合于用在大直径心轴上，因为在进行切削加工前要进行预锻造，其加工成本较高，但它可通过节约材料、选用尺寸小价格低的轴承（因为心轴轴颈尺寸减小了）以及较小的运输和安装费用来弥补。

转动心轴轴颈：在计算得到心轴直径 d 后，回转心轴的轴承直径 d_1 一般都通过结构设计来确定，只有在受力极为不利的情况下才需要进行横截面 A-B 的强度校核（图11-12）。轴颈主要承受对称循环弯曲应力。根据经验，附加的切应力可忽略不计。

固定心轴轴颈：同转动心轴轴颈一样，固定心轴轴颈也必须进行设计和校核。它们主要承受静弯曲应力或脉动循环弯曲应力。单轴颈有导向轴颈（例如用于摆动滚子上，图11-13a）、曲柄轴颈（例如用于凸轮上，图11-13b）和有环轴颈（例如用于起重机支柱上，图11-13c）等，它们一般只受由弯矩 $M=Fl$ 或 $M=Fl/2$ 产生

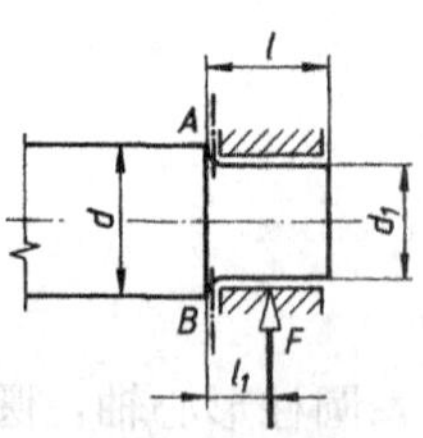

图11-12　心轴轴颈

的弯曲变形，可以按转动心轴轴承轴颈的方法进行结构设计，只有在受载极为不利的情况下，才需要对危险截面 A-B 进行校核。

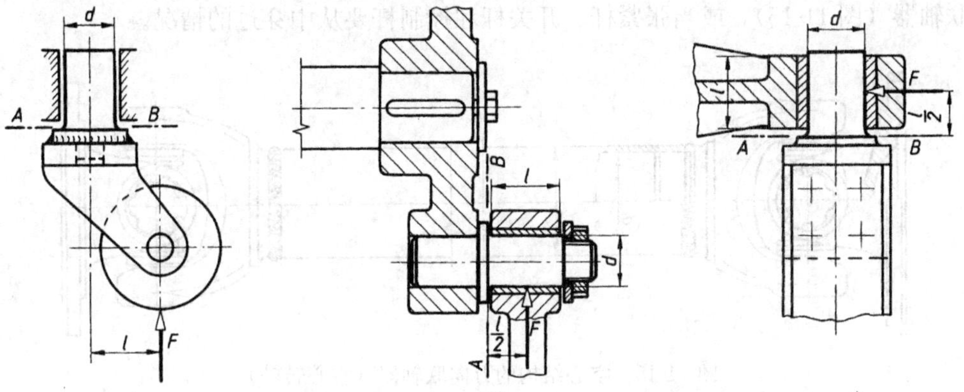

a)　　b)　　c)

图 11-13　单轴颈

a）导向轴颈　b）曲柄轴颈　c）有环轴颈

作为推力或支承轴颈的单轴颈（例如用于墙上旋臂起重机上，图 11-14a）承受压强所产生的弯曲应力，在大多数情况下还承受力矩 $M=F_r l$ 所产生的弯曲应力。压应力和切应力可忽略不计。球轴颈主要用作心轴、转轴和杆件的铰链支承，可以产生空间运动，例如偏心式压力机曲柄机构中的剪切杆（见图 11-14b）。其受载主要为压强：$p=F_a/A\leqslant p_{zul}$，式中的面积 A 为球受压区域的投影面积。

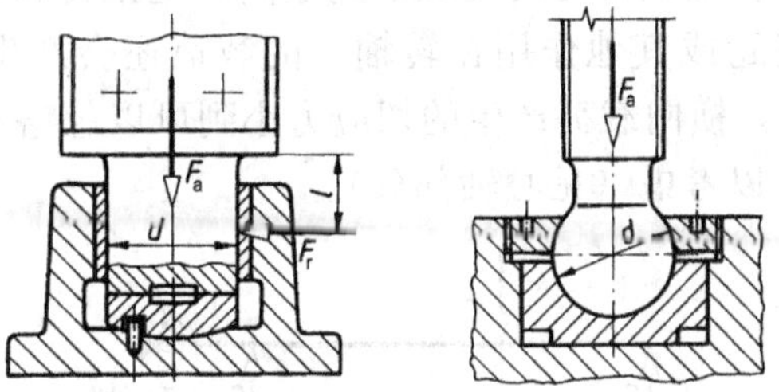

a)　　b)

图 11-14　单轴颈

a）推力轴颈　b）球轴颈

转轴：转轴尺寸计算主要决定于受载的大小和类型（扭转、弯扭合成）。在某些情况下，也可能由弹性变形（扭转角、挠度）、所要求的刚度（例如机床）和共振（临界转速）决定其尺寸（见§11.3）。

受扭转轴：很少出现受纯扭转的情况，一般常常伴随有附加弯曲变形。如果弯曲变形仅仅是由重力所产生，则一般可以忽略不计。近似的纯扭情况出现于起重机转轴、通风机、离心机和离心泵等直接与电动机或传动机构相连的转轴上。

圆截面的实心转轴的 $W_t=(\pi/16)d^3$，由扭转主方程 $\tau_t=T/W_t\leqslant\tau_{t\,zul}$，得最小直径为

$$d \geqslant \sqrt[3]{\frac{16T}{\pi\tau_{t\,zul}}} \approx 1.72\sqrt[3]{\frac{T}{\tau_{t\,zul}}} \tag{11-5}$$

空心转轴主要用于既要求质量小，又要求刚度高的情况，例如车床和磨床的工作主轴和万向联轴器（图11-15），或当张紧杆、开关杆和控制杆要从中穿过的情况。

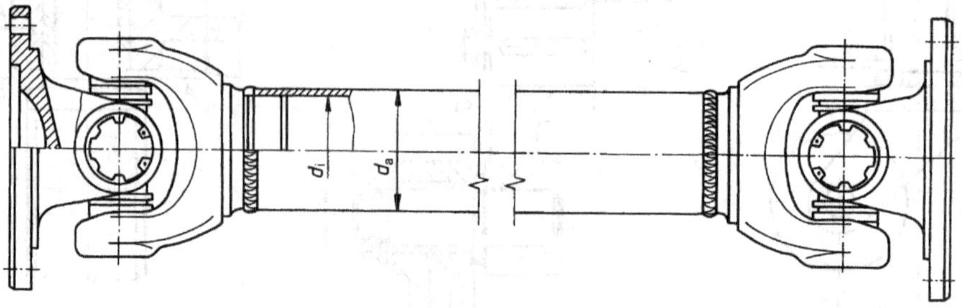

图11-15　空心结构的万向联轴器（空心转轴）

圆截面的空心转轴的 $W_t=(\pi/16)(d_a^4-d_i^4)/d_a$，设直径比为 $k=d_i/d_a$，则 $W_t=(\pi/16)d_a^3(1-k^4)$，由扭转主方程可得外径为

$$d_a \geqslant \sqrt[3]{\frac{16T}{\pi(1-k^4)\tau_{t\,zul}}} \approx 1.72\sqrt[3]{\frac{T}{(1-k^4)\tau_{t\,zul}}} \tag{11-6}$$

式中　T——转轴传递的最大转矩；

$\tau_{t\,zul}$——由式（3-26）给出的许用扭应力，$\tau_{t\,zul}=\tau_{tD}/S_{D\,min}$；

k——见式（11-3）。

内径 d_i 按式（11-3）计算，并按要求确定其值。

受弯扭合成的转轴：转轴最常见的受载情况是同时受扭转和弯曲。由所要传递的转矩产生扭应力，带拉力、齿轮或其他作用在转轴上的载荷还会产生弯曲应力和切应力，如图11-16所示。根据经验，横向载荷产生的切应力小到可以忽略不计，只有在极端不利的情况下才需要在计算中予以考虑（见心轴部分）。

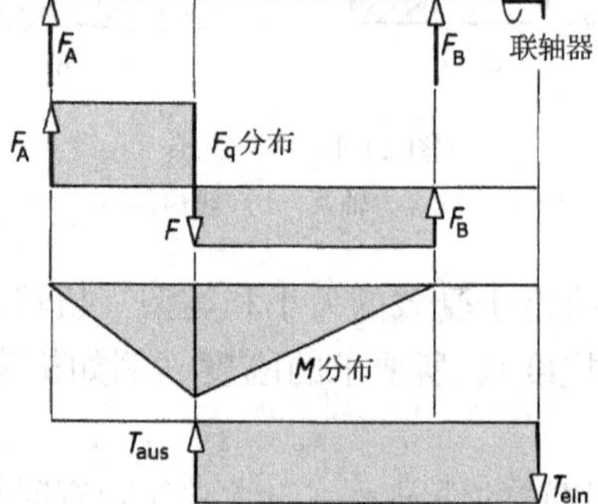

图11-16　受扭转和弯曲的转轴

同时承受扭转和弯曲的情况一般出现在转轴上有齿轮、带轮、杠杆和类似传动零件时，例如减速器转轴和曲柄转轴。由图11-16可知，载荷 F 与轴承 B 之间的区域应力

最大（扭转、剪切、弯曲）。在扭转和弯曲的共同作用下（忽略横向载荷产生的切应力，下同），最大应力发生在边缘纤维上。其共同作用用式（3-5）表达的畸变能密度理论来表示。将 $\sigma_b = M/W$ 和 $\tau_t = T/W_t = T/(2W)$ 代入该式 W 为轴向抗弯截面系数，即可得到相当力矩㊀为

$$M_v = \sqrt{M^2 + 0.75\left(\frac{\sigma_{b\,zul}}{\varphi\tau_{t\,zul}}T\right)^2} = \sqrt{M^2 + \left(\frac{\sigma_{b\,zul}}{2\tau_{t\,zul}}T\right)^2} \tag{11-7}$$

式中 M——危险截面的弯矩；

T——转轴传递的转矩；

$\sigma_{b\,zul}$，$\tau_{t\,zul}$——许用应力，与受载情况有关；当转矩不变或脉动，弯曲对称循环时，$\sigma_{b\,zul}/(\varphi\tau_{t\,zul}) \approx 0.7$；当扭转和弯曲为相同类型载荷，如均为对称循环，$\sigma_{b\,zul}/(\varphi\tau_{t\,zul}) \approx 1$；

φ——循环特性计算系数；$\varphi = 1.73$。

仿照式（11-1）～式（11-4），由方程 $\sigma_v = \sqrt{\sigma_{b\,max}^2 + 3\left(\sigma_{b\,zul}/(\varphi\tau_{t\,zul})\ \tau_{t\,max}\right)^2} \leqslant \sigma_{b\,zul}$，可得所需转轴直径。

对圆截面实心转轴，有

$$d \geqslant \sqrt[3]{\frac{32M_v}{\pi\sigma_{b\,zul}}} \approx 2.17\sqrt[3]{\frac{M_v}{\sigma_{b\,zul}}} \tag{11-8}$$

对圆截面空心转轴，有

$$d_a \geqslant \sqrt[3]{\frac{32M_v}{\pi(1-k^4)\sigma_{b\,zul}}} \approx 2.17\sqrt[3]{\frac{M_v}{(1-k^4)\sigma_{b\,zul}}} \tag{11-9}$$

式中 M_v——相当力矩（想象弯矩）；

$\sigma_{b\,zul}$，k——同式（11-1）和式（11-3）。

空心轴内径按式（11-3）计算。

注意：在§11.2.2-2 情形 2 中已指出，在许多情况下，一开始还不能精确得到弯矩，因为计算所需的轴承、齿轮等的距离，有时甚至连载荷都还不知道。在这种情况下，首先要通过初步设计计算来近似确定其直径，然后在结构设计完成后进行相应的校核计算，详见§11.3。

转轴轴颈：仅仅用作支承的转轴轴颈，即轴承轴颈（图 11-17a），如同心轴轴颈一样，主要承受对称循环的弯曲，也像心轴轴颈一样按§11.3.1 进行校核。

驱动轴颈（图 11-17b）主要是用来传递从联轴器传来的转矩 T，仅仅承受扭转。危险截面为过渡截面 C-D 和键槽截面 E-F，其中，由于键槽对轴颈的削弱和应力集中很大，所以绝大多数情况只需按§11.3.1 对其进行校核。

驱动轴颈（图 11-17c）主要承受由联轴器传递过来的转矩 T 而产生的扭转。在截面 G-H 处还会承受由轴承载荷 F 附加产生的弯矩，但由于大多数情况下距离 l_1 很小（例如滚动轴承），所以相对于扭应力来说，弯曲应力很小，一般可以忽略不计。在实际中，只需按§11.3.1 对键槽截面 I-K 根据扭转进行校核即可。

对于驱动轴颈（图 11-17d），转矩 T 由“外置”的带轮（或齿轮）传入。在过渡截面 L-

㊀ 相当弯矩，与弯矩和转矩的共同作用相同。

M，除了扭应力外，还有不能被忽略的由带轮或齿轮载荷 F_2 产生的弯曲应力。在求得相当力矩 M_v 后，应按§11.3.1对横截面 L-M 进行校核，出于安全考虑，也应对主要承受扭应力的横截面 N-O 进行校核。

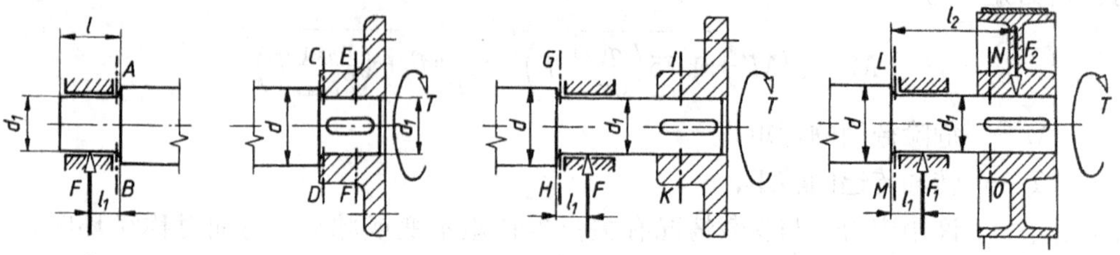

a)　b)　c)　d)

图 11-17　转轴轴颈

a）承受弯曲　b）承受扭转　c）和 d）承受扭转和弯曲

转轴轴端：为了装入带轮、齿轮和联轴器，转轴轴端应尽可能标准化：圆柱形轴端按 DIN 748 T1 和 T3（见 TB11-1）；圆锥形轴端，带长和短圆锥以及外螺纹按 DIN 1448（见 TB11-2），带内螺纹按 DIN 1449 进行标准化。

转矩和弯矩

心轴和转轴的尺寸主要决定于根据传递功率及对应的转速所求得的转矩和弯矩。由大质量、回转偏心质量和其他轴上零件（例如分配轴凸轮）所产生的径向载荷，再加上带传动预紧所产生的径向载荷，常常数倍于转矩所产生的切向力（圆周力）。由于整个功率传递过程是一个动态过程，例如加速和制动，不同原动机类型（例如内燃机或电动机）和不同加载类型（很少满载或满载并有强烈冲击），使精确计算心轴和转轴所受的载荷和力矩变得极为困难。

转矩⊖：由基本方程 $P=T\omega=2T\pi n$，可得所要传递的名义转矩为

$$T_{\text{nenn}}=\frac{P}{2\pi n} \tag{11-10}$$

取工程实际常用的单位，并引入使用系数 K_A（见图3-8）以考虑动态过程，可得到计算用的等效转矩的实用公式

$$T=T_{\text{eq}}=K_A T_{\text{nenn}}\approx 9550\,\frac{K_A P}{n} \qquad \frac{T}{\text{N}\cdot\text{m}}\;\Big|\;\frac{P}{\text{kW}}\;\Big|\;\frac{n}{\text{r/min}} \tag{11-11}$$

式中　K_A——使用系数⊜，用以考虑动态过程，由 TB3-5 查取；

P——所要传递的最大名义功率；

n——与名义功率 P 相对应的（最小）转速。

弯矩：心轴和转轴的弯矩计算比转矩计算要费时和困难得多。一般来说，在传递功率时所产生的作用力（轴承载荷、带拉力、齿轮载荷等）由按式（11-11）算得的等效转矩得到，以将相邻零件很难计及的动态影响一并考虑。对于计算来说，起决定作用

⊖ DIN 1340 将转矩（力矩）用 M 表示，扭矩作为内力矩用 T 表示。如同大多数文献一样，为统一起见，本书将转矩和扭矩用同一符号 T 表示。

⊜ 必须特别仔细确定使用系数，因为此处所产生的错误后面将不可弥补。

的是最大弯矩，它的确定方法用一些例子来加以说明。在所有的情况下都要计算轴承载荷，除非通过先前的计算步骤已得到它。如图 11-18 所示，最简单的情况是只有一个外载荷，如果是一根心轴，则是其上有一个绳轮或一个滚轮，如果是一根转轴，则是其上有一个带轮。图示为两个轴承中有一个带轮的情况，最大弯矩 M 位于总拉力 F 的作用点上；如果带轮外置，则最大弯矩位于轴承 B 上（虚线）。

由静平衡方程 $\sum M_{(A)}=0$ 或 $\sum M_{(B)}=0$ 即可求得轴承载荷 F_B 或 F_A。图 11-18 给出了弯曲（M）、横向载荷（F_Q）和转矩（T）的分布图。

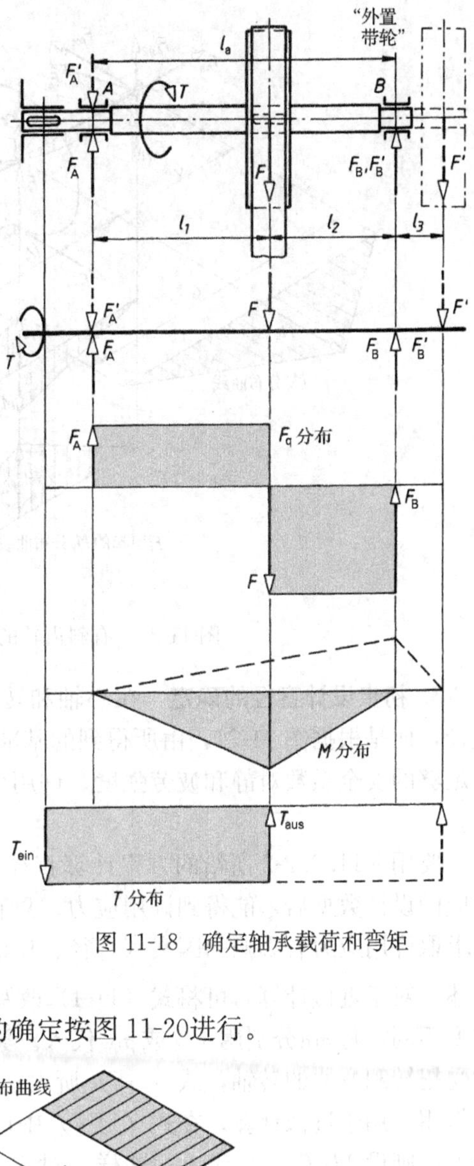

图 11-18　确定轴承载荷和弯矩

图 11-19 和图 11-20 所示为有多个且方向不同的载荷的系统轴承载荷和最大弯矩的确定。首先将齿轮载荷 F_{bn} 分解为分量 F_t 和 F_r 并作用于齿轮中心，并按上述计算原理分别确定每个载荷的反力 F_x 和 F_y，最后将其合成为轴承载荷 F_{Ar} 和 F_{Br}。

对于一根带有斜齿轮（或锥齿轮和蜗轮）的转轴，其上不但有载荷 F_r 和 F_t，还有作用于齿轮圆周上的轴向载荷 F_a，对于转轴而言，可以忽略 F_a，但对于轴承则必须考虑这个轴向载荷，且由于它的倾翻作用还会产生附加径向力。这会使转轴承受附加倾翻力矩。轴承载荷和最大弯矩的确定按图 11-20进行。

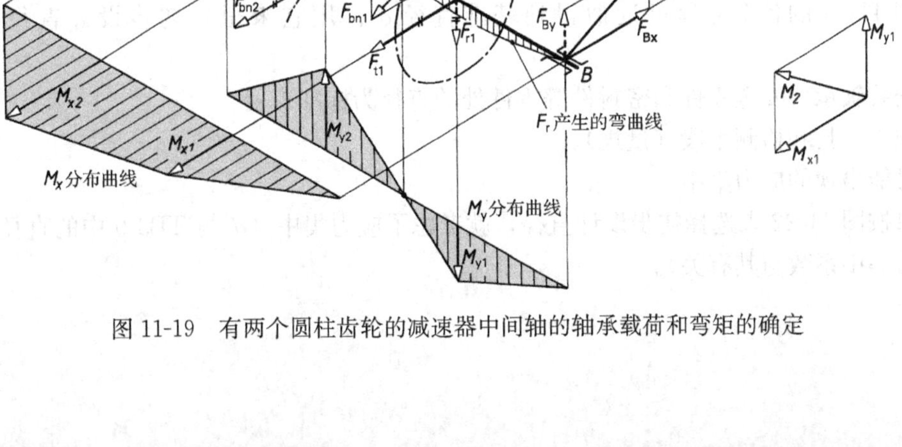

图 11-19　有两个圆柱齿轮的减速器中间轴的轴承载荷和弯矩的确定

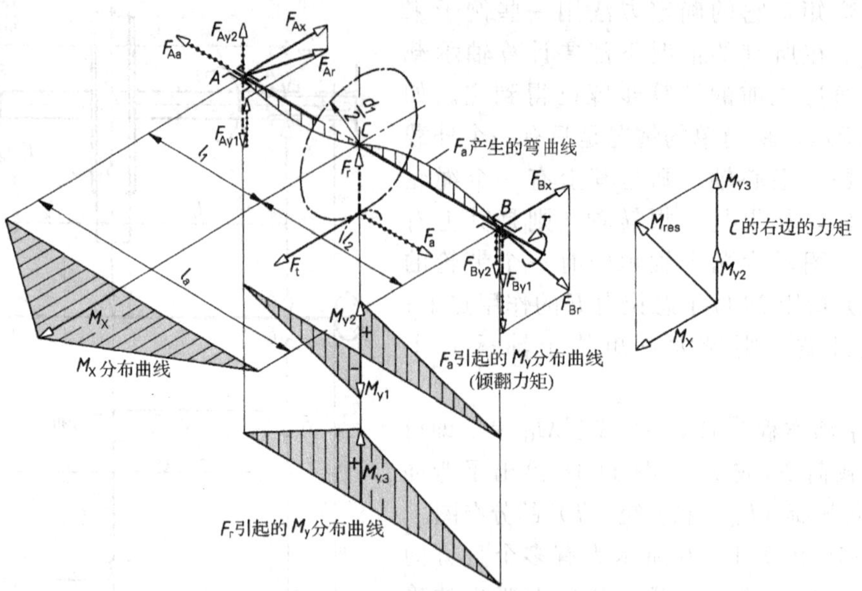

图 11-20　有斜齿轮的转轴的轴承载荷和弯矩的确定

3. 初步设计直径的确定　在心轴和转轴的实际设计过程中，很少一点一点地计算所需直径，而是根据图 11-21，由所得到的基准直径出发，先通过结构设计方法进行设计，然后取足够的安全系数对静和疲劳强度、许用变形，如果需要还对临界转速进行校核（见图 11-9）。

要用§11.2.2-2 所给的方程计算直径，必须要先知道相应的许用应力。但只有在给出相应的设计数据后才能得到许用应力。只有经过结构设计，才能得到一些互相之间有关的，对求取许用应力有影响的因素（直径、切槽形状、表面状态）。得到许用应力后，根据§3.7 所述，对于近似计算，可将式（11-1）改写为 $d \approx 3.4\sqrt[3]{M/\sigma_{bD}}$，式中，根据所涉及到的载荷类型不同，将 σ_{bD} 分别用 σ_{bSch} 或 σ_{bW} 代入。类似地，可以推导出式（11-12）～式（11-17）。同时受扭转和弯曲的转轴，式（3-5）所表达的相当应力或式（11-7）所表达的相当力矩起决定作用，用于近似计算，在式（11-7）中可将还不知道的弯矩以比值 $M/T=1$（若轴承距离较大，则设 $M/T=2$）代入，这样，对于不变或振动转矩，式（11-7）为 $M_v \approx 1.17T$（或 $M_v \approx 2.1T$）。将 M_v 值和 $\sigma_{b\,zul} \approx 0.25\sigma_{bD}$ 代入式（11-18），即得到图 11-21 给出的式（11-14）或式（11-15）。将 T 按式（11-11）写成 $T = 9550 \times 10^3 \times K_A\ (P/n)$（N·mm），得到近似计算式（11-14a）或式（11-15a）。

按图 11-21 的各个方程可近似得到基准直径 d'。用它来得到初步设计直径 d 时须注意：

—安装轴承、安全零件和密封件等零件处的直径为标准直径。

—加工工具和检测手段（量规）。

—可能出现的应力集中。

如果按图 11-22 来选择初步设计直径，就考虑了应力集中（d' 与 TB3-9 中的直径 d 相对应，应力集中系数与其有关）。

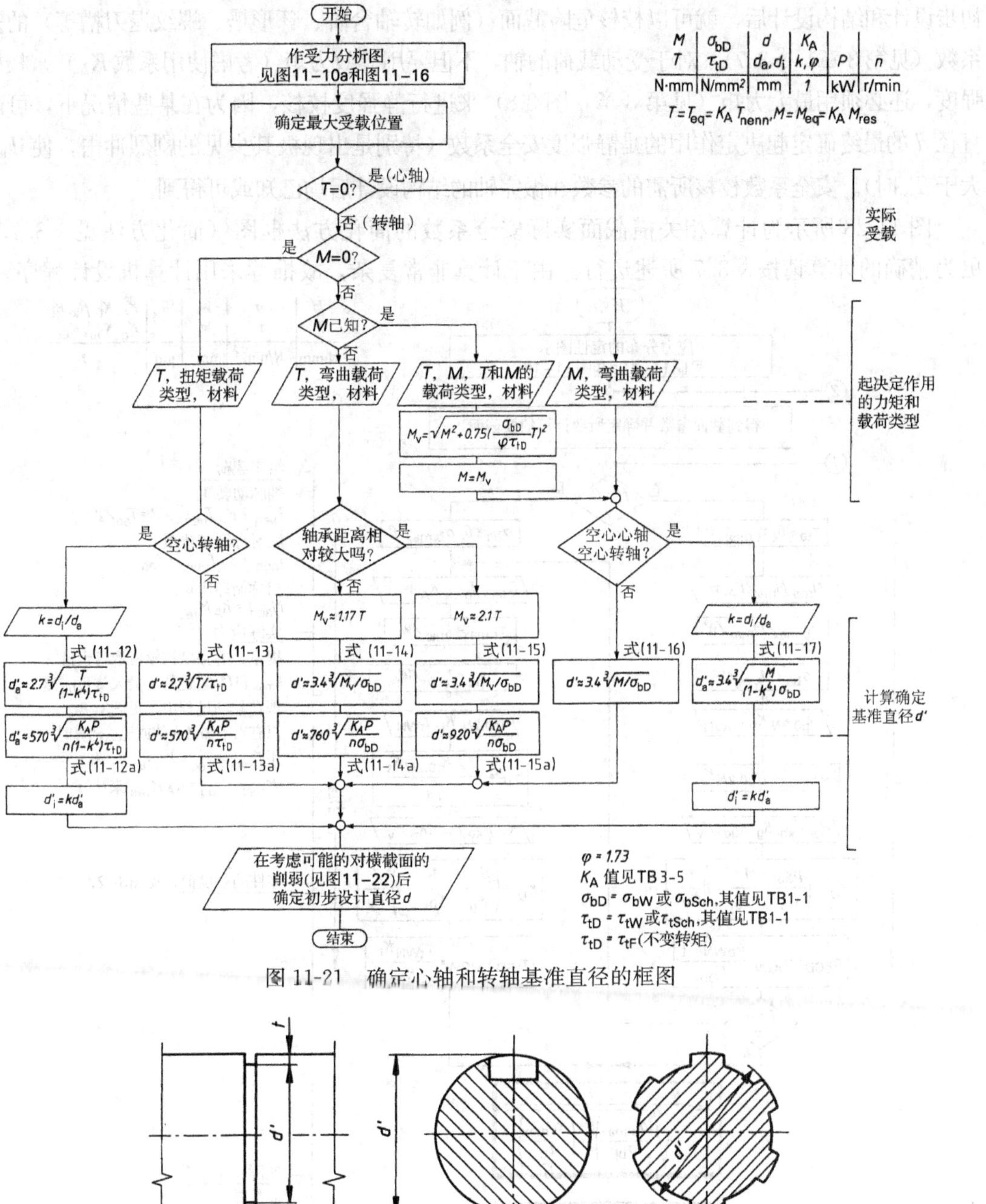

图 11-21　确定心轴和转轴基准直径的框图

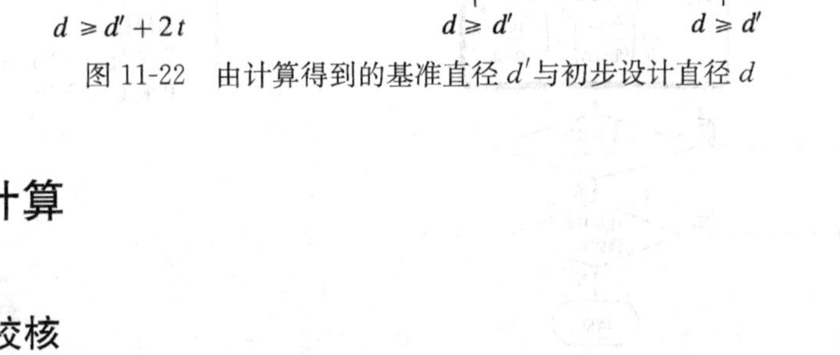

图 11-22　由计算得到的基准直径 d' 与初步设计直径 d

11.3　控制计算

11.3.1　强度校核

在按图 11-21 得到基准直径 d' 的基础上，考虑到可能出现的对轴的削弱，对心轴和转轴进行初步设计和结构设计后，就可以校核危险截面（例如转轴台阶、环形槽、螺纹退刀槽等）的安全系数（见第 3 章，§3.7）。对于受动载荷的轴，不但要用等效力矩（考虑使用系数 K_A）来校核动强度，还必须用最大力矩（见第 3 章，图 3-8）来进行静强度校核，因为在某些情况下，可能对直径 d 的最终确定起决定作用的是静强度安全系数（特别是出现极其少见的剧烈冲击，使 T_{max} 远大于 T_{eq}时）。安全系数校核所需的参数在做完轴的结构设计后均已知或可得到。

图 11-23 所示为计算相关横截面实际安全系数的简化方法框图（简化方法见 § 3.7.3）。更为精确的计算请按 § 3.7 所述进行。由于计算非常复杂，故推荐采用计算机设计程序。

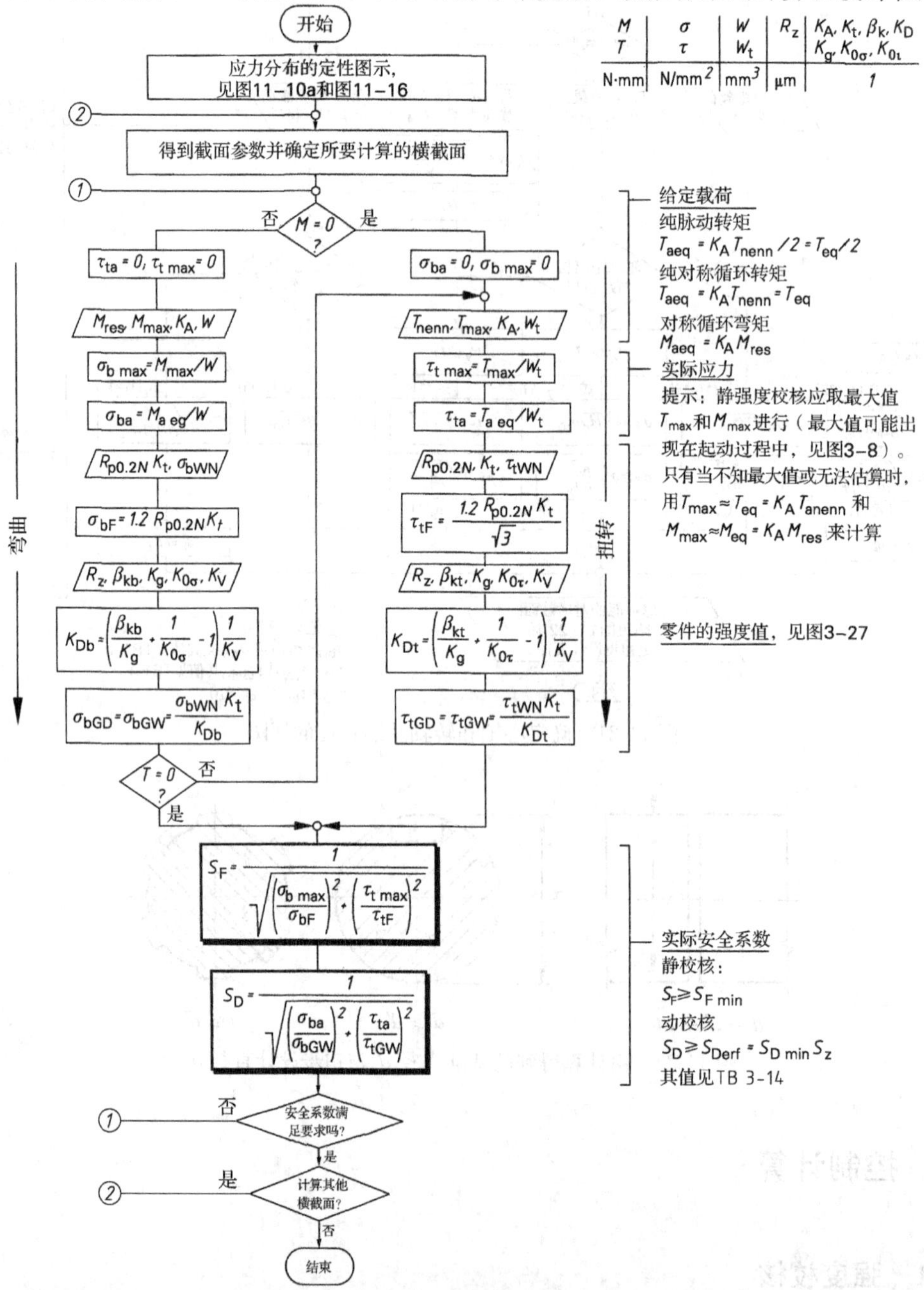

M / T	σ / τ	W / W_t	R_z	K_A, K_t, β_k, K_D / $K_g, K_{0\sigma}, K_{0\tau}$
N·mm	N/mm^2	mm^3	μm	1

$\tau_{ta}=0,\ \tau_{t\,max}=0$；$M_{res}, M_{max}, K_A, W$；$\sigma_{b\,max}=M_{max}/W$；$\sigma_{ba}=M_{a\,eq}/W$；$R_{p0.2N}, K_t, \sigma_{bWN}$；$\sigma_{bF}=1.2R_{p0.2N}K_t$；$R_z, \beta_{kb}, K_g, K_{0\sigma}, K_V$

$$K_{Db}=\left(\frac{\beta_{kb}}{K_g}+\frac{1}{K_{0\sigma}}-1\right)\frac{1}{K_V}\qquad \sigma_{bGD}=\sigma_{bGW}=\frac{\sigma_{bWN}K_t}{K_{Db}}$$

$\sigma_{ba}=0,\ \sigma_{b\,max}=0$；$T_{nenn}, T_{max}, K_A, W_t$；$\tau_{t\,max}=T_{max}/W_t$；$\tau_{ta}=T_{a\,eq}/W_t$；$R_{p0.2N}, K_t, \tau_{tWN}$；$R_z, \beta_{kt}, K_g, K_{0\tau}, K_V$

$$\tau_{tF}=\frac{1.2R_{p0.2N}K_t}{\sqrt{3}}\qquad K_{Dt}=\left(\frac{\beta_{kt}}{K_g}+\frac{1}{K_{0\tau}}-1\right)\frac{1}{K_V}\qquad \tau_{tGD}=\tau_{tGW}=\frac{\tau_{tWN}K_t}{K_{Dt}}$$

$T_{aeq}=K_A T_{nenn}/2=T_{eq}/2$；$T_{aeq}=K_A T_{nenn}=T_{eq}$；$M_{aeq}=K_A M_{res}$

$$S_F=\frac{1}{\sqrt{\left(\frac{\sigma_{b\,max}}{\sigma_{bF}}\right)^2+\left(\frac{\tau_{t\,max}}{\tau_{tF}}\right)^2}}\qquad S_D=\frac{1}{\sqrt{\left(\frac{\sigma_{ba}}{\sigma_{bGW}}\right)^2+\left(\frac{\tau_{ta}}{\tau_{tGW}}\right)^2}}$$

图 11-23　简化静和动安全系数校核框图

力矩方程适用于转轴，受载情况见图 3-8　（带起动联轴器）

11.3.2　弹性性能

1. 扭转变形　对于像桥式起重机行走机构转轴、旋臂起重机旋臂转轴等这类长转轴，其上传递转矩的零件（如齿轮、带轮和联轴器）之间的距离相对较大，其扭转变形对设计计算起决定作用。根据经验，每米（m）转轴长度的扭转角不许超过 $\varphi_{zul}\approx 0.25^\circ\sim 0.5^\circ$，见图 11-24。

如同扭杆弹簧一样，转轴在变形时会储存变形能。当出现转矩波动时，它又会部分释放出来，从而产生振动。而且，扭转角大则刚度小，这样临界转速也小（见 §11.3.3-3）。

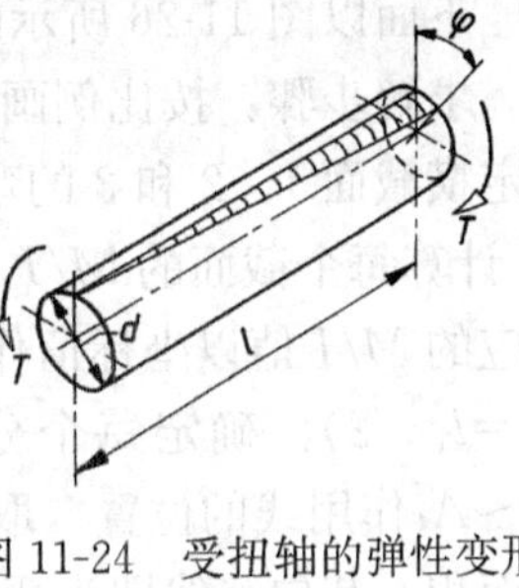

图 11-24　受扭轴的弹性变形

光滑转轴的扭转角为

$$\varphi=\frac{180^\circ}{\pi}\frac{l\tau_t}{rG}=\frac{180^\circ}{\pi}\frac{Tl}{GI_t} \qquad (11\text{-}18)$$

将下列数值代入：扭转角 $\varphi=0.25^\circ$，转轴长 $l=1000\text{mm}$，扭应力 $\tau_t=(T/W_p)$（N/mm^2），转轴半径 $r=d/2$（mm），转矩 T（N·mm，由式（11-11）得到），极惯性矩 $I_t=(\pi/32)d^4$（mm^4），切变模量（钢）$G=81000\text{N/mm}^2$，将式（11-18）变换并考虑到实际工作条件，且每米（m）转轴长度的扭转角不超过 0.25°，即可得钢制转轴直径的近似计算公式

$$d\approx 2.32\sqrt[4]{T}\approx 129\sqrt[4]{K_A\frac{P}{n}} \qquad (11\text{-}19)$$

d	T	K_A	P	n
mm	N·mm	1	kW	r/min

接下来应按 §11.3.3 所述进行疲劳强度计算。

一定长度的转轴，如果不能确定是强度还是变形起决定作用，可首先按 §11.2.2 和 §11.3.1 计算其强度。然后校核扭转角，必要时更改直径。

对于各段直径为 d_1，d_2，…，d_n，长度为 l_1，l_2，…，l_n 的阶梯轴，其扭转角 φ 的近似计算公式为

$$\varphi\approx\frac{180^\circ}{\pi}\frac{(32/\pi)T}{G}\sum\left(\frac{l}{d^4}\right) \qquad (11\text{-}20)$$

式中　T，G——同式（11-18）和式（11-19），$\sum(l/d^4)=l_1/(d_1^4)+l_2/(d_2^4)+\cdots+l_n/(d_n^4)$。

2. 弯曲变形　图 11-25 所示的转轴（或心轴）的挠度 f 和斜率 $\tan\alpha$ 决定于起决定作用的载荷的类型、大小和位置以及轴的材料的弹性性能。

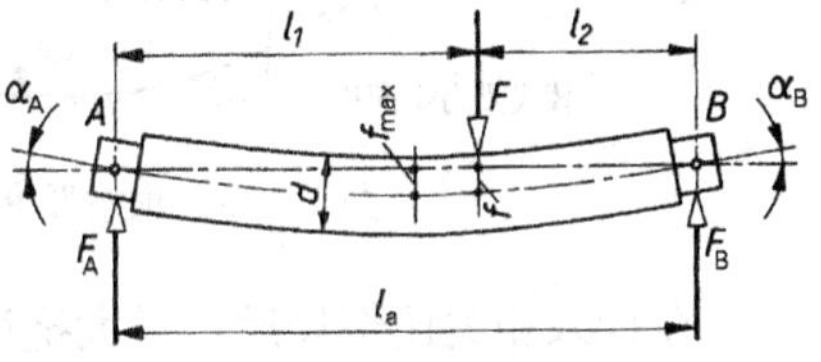

图 11-25　弯曲弹性变形

由 TB11-6 可得到光轴（转轴或心轴）在常见受载类型作用下的变形。如果载荷作用在不同平面内，可将其分解为作用在水平和垂直平面的分量。由两个平面内的挠度可得总挠度为

$$f_{res}=\sqrt{f_x^2+f_y^2} \qquad (11\text{-}21)$$

式中　f_x，f_y——x 和 y 方向上的分挠度。

相应地，可得到总斜率为

$$\tan\alpha_{res}=\sqrt{\tan^2\alpha_x+\tan^2\alpha_y} \qquad (11\text{-}22)$$

如果承受 TB11-6 所示的多个载荷类型，则将求得的各个轴承载荷、挠度和斜率叠加

即可。

比较困难的是求解阶梯转轴或心轴（即各段直径不同）的挠度和斜率。下面只给出简化的图解和计算方法，并不详细解释其理论依据；如有必要，请参考相关专业文献。

求解阶梯心轴和转轴挠度的图解法

下面以图11-26所示的心轴为例介绍摩尔法。

求解步骤：按比例画出心轴（位置图）。确定轴承载荷 F_A 和 F_B，作出 M 面积图，从而确定横截面1、2和3的弯矩。确定横截面1（d_1）、2（d_2）和3（d_3）的截面二次极惯性矩 I。计算每个截面的 M/I，并取合适的比例作出力矩面积（M/I 面积），分别将与横截面相对应的 M/I 值以坐标值作于图上（例如 $a=M_1/I_1$）。计算各个分面积 $A_1\sim A_4$ 的大小（例如 $A_1=l_1a/2$）。确定每个分面积的重心 $S_1\sim S_4$。这样就得到了"替代梁"上各个"载荷" $A_1\sim A_4$ 作用线的位置。取合适的比例尺作出"载荷图"，这样也就可以作出"替代梁"的力矩面积。其包络线即为弯曲曲线，从而可得 f_{max} 位置。

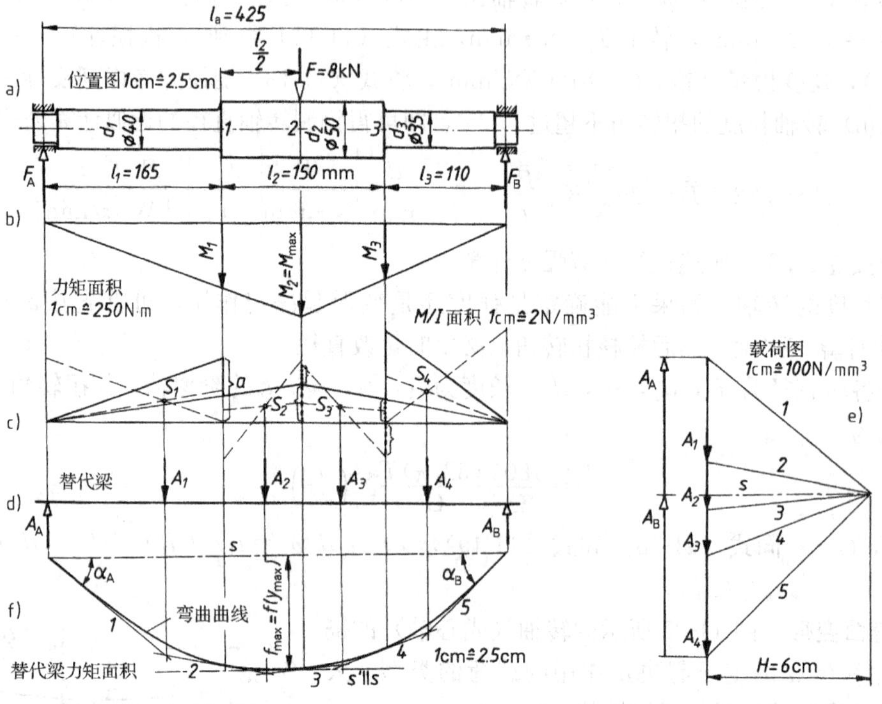

图11-26　求解阶梯心轴挠度的图解法（比例尺只适用于原始图）

在计入相关比例尺后，最大挠度为 $f_{max}=(1/E)\ y_{max}H$，轴承 A 和 B 处的斜率为 $\tan\alpha_A=A_A/E$ 和 $\tan\alpha_B=A_B/E$（计算示例见§11.3）。

求解阶梯心轴和转轴挠度的计算法

对于图11-27所示的最常见的双支点，受一个集中载荷 F 的阶梯转轴，其挠度按下述步骤计算：设想在载荷 F 的作用点上，该心轴或转轴的直径为 d_{an} 或 d_{bn}，该处被固定（两根悬臂梁）。首先，根据悬臂梁的一般方程 $f=Fl^3/(3EI)$［式中 $I=(\pi/64)\ d^4$］，分别由式（11-23）和式（11-24）计算轴承载荷 F_A 和 F_B 在轴承位置 A 和 B 处所产生的挠度 f_A 和 f_B，然后按式（11-25）计算载荷 F 产生的挠度 f。

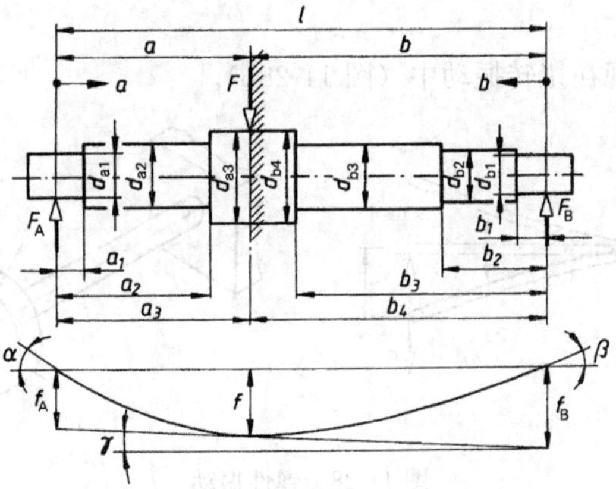

图 11-27　双支点阶梯转轴，一个集中载荷

$$f_A=\frac{6.79F_A}{E}\left(\frac{a_1^3}{d_{a1}^4}+\frac{a_2^3-a_1^3}{d_{a2}^4}+\frac{a_3^3-a_2^3}{d_{a3}^4}+\cdots\right) \tag{11-23}$$

$$f_B=\frac{6.79F_B}{E}\left(\frac{b_1^3}{d_{b1}^4}+\frac{b_2^3-b_1^3}{d_{b2}^4}+\frac{b_3^3-b_2^3}{d_{b3}^4}+\cdots\right) \tag{11-24}$$

$$f=f_A+\frac{a}{l}(f_B-f_A) \tag{11-25}$$

设式（11-26）算得的 $\tan\alpha'\approx\alpha'$ 和 $\tan\beta'\approx\beta'$，$r=(f_B-f_A)/l$（见图 11-27），就可以由式（11-27）以足够的精度得到轴承轴颈处的斜率为

$$\tan\alpha'\approx\frac{10.19F_A}{E}\left(\frac{a_1^2}{d_{a1}^4}+\frac{a_2^2-a_1^2}{d_{a2}^4}+\cdots\right) \tag{11-26a}$$

$$\tan\beta'\approx\frac{10.19F_B}{E}\left(\frac{b_1^2}{d_{b1}^4}+\frac{b_2^2-b_1^2}{d_{b2}^4}+\cdots\right) \tag{11-26b}$$

$$\tan\alpha\approx\alpha'+\frac{f_B-f_A}{l} \tag{11-27a}$$

$$\tan\beta\approx\beta'-\frac{f_B-f_A}{l} \tag{11-27b}$$

f	F	E	a，b，d
mm	N	N/mm^2	mm

提示：上述方法是以所受载荷为集中载荷为前提的，在工程实际中与此还是有出入的。所以固定轴颈的刚化作用很难得到精确考虑；这样实际挠度和斜率会略小于计算值。

为了避免机器出现故障（齿轮角啮合、轴承偏角支承等），变形不应超过 TB11-5 给出的值。

11.3.3　临界转速

1. 振动、共振　一个物体，例如一个弹性棒（图 11-28a），受一个短时作用的载荷 F 产生弹性变形，在该力撤消后，它会受一个大小相同、方向相反的恢复力作用，从而产生弯曲振动。如果该物体的弹性（弹簧常数）越好和质量越小，则振动频率（单位时间振动的次数）就越大，但它与引发振动的载荷大小无关，该载荷只决定振幅的大小（振动幅度值）。所有物体都有一定的固有频率。如果只受一次性的触发，则振动会在空气阻力、摩擦等阻抗作用下逐渐静止下来。如果一个物体以固有频率的节奏不断地受到新冲击载荷，就会产生共振（受激频率与固有频率叠加）；随着冲击次数的增加，振幅越来越大，有时甚至会导致断裂。

同样的现象也会出现在扭转振动中（图 11-28b）。

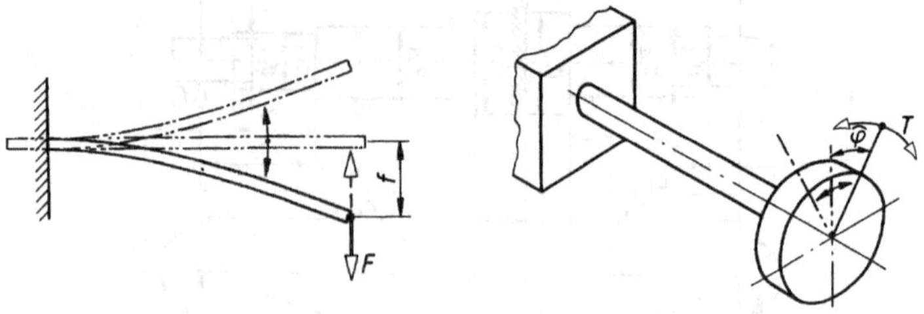

a)　　　　b)

图 11-28　弹性振动

a）弯曲振动　b）扭转振动

2. 弯曲临界转速　回转转轴（心轴）上的不平衡回转质量（如带轮、齿轮、联轴器以及转轴本身）会产生振动激发载荷。如果一个质量的重心与回转轴不重合（偏心），就产生不平衡。这种不平衡就会在回转质量中产生离心力 F_Z，即振动激发载荷（图 11-29）。

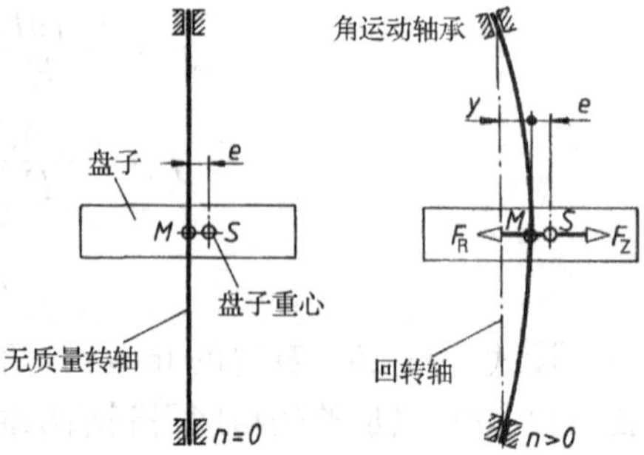

图 11-29　转轴弯曲振动的产生

下面用几个简单例子来说明各种类型回转转轴的基本性能。

类型 1：双支点转轴上有一个质量（图 11-29）。设转轴无质量，其上有一个质量为 $m=G/g$ 的盘子，其重心 S 与转轴中心 M 偏离 e。当角速度为 ω 时，离心力为 $F_Z=mr\omega^2=m(y+e)\omega^2$，转轴偏置为 y。由于转轴有变形阻抗（弹簧刚度），会产生复位载荷与离心力相对：$F_R=cy$，产生动态力平衡：$F_Z-F_R=0$；即 $m(y+e)\omega^2-cy=0$。将方程改写后，即得质量中心的偏置量为 $y=(me\,\omega^2)/(c-m\,\omega^2)=e/[c/(m\,\omega^2)-1]$。

将上述方程中的角速度 ω 增大，直到 $\omega^2=c/m$，就会出现理论上的无穷大偏置 y，它可能会导致转轴的断裂。这就产生了可怕的共振。由此可得固有频率（临界角速度）为

$$\omega_k=\sqrt{\frac{c}{m}} \tag{11-28}$$

式中　c——弹性弯曲的弹簧刚度；

m——回转盘的质量。

式中，$c=G/f$ 和 $m=G/g$，所以 $\omega_k=99\sqrt{(1/f)}$。将 ω_k 以 $\omega_k=\pi n_k/30$ 代入，即可由数值方程得到弯曲临界转速为

$$n_k\approx 946\sqrt{\frac{1}{f}} \tag{11-29}$$

n_k	f
r/min	mm

为考虑各种不同的支承或固定情况，心轴和转轴的弯曲临界转速可写为

$$n_{kb}\approx 946k\sqrt{\frac{1}{f}} \tag{11-30}$$

n_{kb}	k	f
r/min	1	mm

式中　f——回转质量处的挠度；

k——考虑支承类型的修正系数；

$k=1$：自由支承，即非固定，用轴承支承的回转心轴和转轴（一般类型）。

$k=1.3$：两端固定，不动的心轴，其上有回转盘子、齿轮等。

类型 2：双支点转轴，有多个质量。

多支点和多个质量的转轴（一般情况）原则上具有相同的性能，具有 n 个质量的转轴具有 n 个临界转速。一般来说，最值得关注的是一阶临界转速，因为所有其他阶的临界转速只是它的不同倍数而已。

如果该转轴除了有多个盘形质量外，还有多个支承，而且不是光轴，还有多个阶梯轴段，要精确的计算出临界转速是非常困难的。如果必须计算，绝大多数都采用计算机程序计算。

为了得到双支点，有多个回转质量的转轴的临界转速或角速度，可采用下述近似方法。

a) 用解析法或图解法求得最大挠度 f_{max}（见§11.3.2-2）。最小（一阶）临界转速由式(11-30) 计算（偏小 5%），式中取 $k=1$ 和回转质量处最大挠度 $f=f_{max}$（与转轴的最大挠度并不等同）。

b) 首先要计算转轴本身的临界角速度（固有圆频率）ω_{k0}（常常可忽略），以及所有盘子与视作无质量的转轴一起的临界角速度 ω_{k1}，ω_{k2}，…。整个转轴的一阶临界角速度 ω_k 可按顿克利定律计算（绝大多数偏小 5%～10%）

$$\frac{1}{\omega_k^2}=\frac{1}{\omega_{k0}^2}+\frac{1}{\omega_{k1}^2}+\frac{1}{\omega_{k2}^2}+\cdots+\frac{1}{\omega_{kn}^2} \qquad (11\text{-}31)$$

忽略转轴质量，且将“顿克利定律”用 $1/\omega^2=[(30n/\pi)n]^2=f/g$ 代入前面的近似方程式(11-30)，取 $k=1$ 和 $f=\sum f=f_1+f_2+f_3+\cdots+f_n=f_{max}$。式中转轴最大挠度是指在一个回转质量处，与单个质量 m_1，m_2，…，m_n 相对应的单个挠度 f_1，f_2，…，f_n。

类型 3：光轴，无盘子。

如同类型 2 所述，对于一个 n 个质量的系统有 n 个不同的临界转速。若设想一根光轴连续分布的固有质量是由无穷多个小质量组成的，在这种情况下就有无穷多个临界转速。在绝大多数情况下，最值得关注的是这些转速中的最小值（基本频率）。下面不对数学关系作详细介绍，而仅仅只是对实际应用情况，根据不同的支承类型，给出直径为 d 和长度为 l (mm) 的钢制光滑转轴的临界转速近似值：

a) 自由支承（球轴承支承）的转轴（例如自位轴承）

$n_{k1}=122.5\times10^6 d/l^2$ (r/min)；$n_{k2}=4n_{k1}$；$n_{k3}=9n_{k1}$；$n_{k4}=16n_{k1}$ 等

b) 两端固定的转轴（例如刚性的轴承）

$n_{k1}=277.7\times10^6 d/l^2$ (r/min)；$n_{k2}=2.8n_{k1}$；$n_{k3}=5.49n_{k1}$；$n_{k4}=8.9n_{k1}$

c) 悬臂轴（一端固定，一端自由）

$n_{k1}=43.6\times10^6 d/l^2$ (r/min)；$n_{k2}=6.276n_{k1}$；$n_{k3}=17.55n_{k1}$；$n_{k4}=34.41n_{k1}$

由齿轮载荷、带轮载荷和其他作用于转轴上的径向载荷所产生的挠度，在计算弯曲临界转速时并不予以考虑，因为它们不产生离心力，因此它们对临界转速没有影响。

弯曲临界转速与后来可能发生的轴的倾斜甚至是垂直放置没有关系。

3. 扭转临界转速　如果转矩冲击的频率与转轴的固有频率一致的话，就会出现危险的扭转振动。这对于活塞式发动机曲轴尤为危险。如果结构设计不合理的传动轴在一个特定的转速产生剧烈的振动并传递到整个机器上，就会出现扭转振动共振。

内燃机的激发频率与每转的点火次数有关。若转轴转速为 n，则对于一个4缸双冲程发动机（曲轴每转一转点火四次），其激发转速为 $4n$、$8n$、$12n$ 等。

图11-30所示为最简单的由扭转弹簧（转轴）联接在一起的两个质量组成的扭转振动系统。

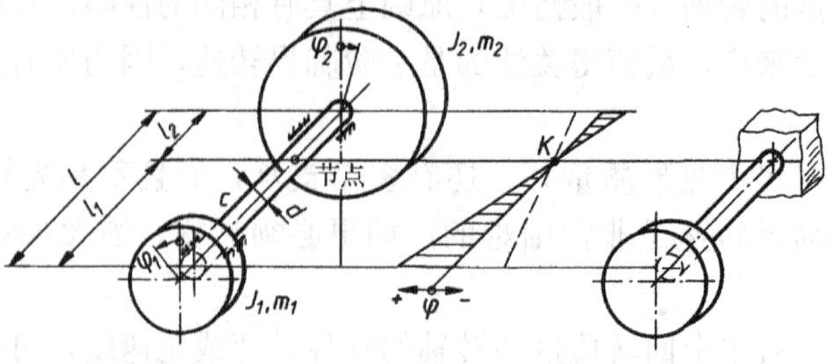

a) b)

图11-30 扭转振动器

a）两个盘形质量（双质量系统） b）扭摆（轴的一端固定）

类型1：扭摆。

转轴的一端固定（一个质量无穷大）。对于该系统，其固有频率为

$$\omega_k=\sqrt{\frac{c_t}{J}} \tag{11-32}$$

式中 c_t——（扭转）弹簧刚度，$c_t=I_pG/l$，I_p 为转轴横截面的截面二次极惯性矩［圆形截面：$I_p=(\pi/32)d^4$］，G 为切变模量，l 为转轴长度，

如果转轴有多个直径不同的轴肩，其弹簧刚度由式 $(1/c_t)=(1/c_{t1})+(1/c_{t2})+\cdots+(1/c_{tn})$ 计算；

J——转动惯量（二次质量矩）。

$\omega_k=(\pi/30)\ n_k$；$c_t=T/\varphi$；$\varphi=(\pi/180°)\ \varphi°\approx\varphi°/57.3°$，就可得到扭转临界转速为

$$n_{kt}=\frac{30}{\pi}\sqrt{\frac{c_t}{J}}\approx 72.3\sqrt{\frac{T}{\varphi J}} \tag{11-33}$$

n_{kt}	c_t	T	φ	J
r/min	N·m	N·m	°	kg·m²

式中 T——转轴所要传递的转矩；

φ——转轴的扭转角，由式（11-18）计算；

J——同式（11-32），例如，对于实心圆柱体（转轴、盘子）：$J=(1/8)md^2$，对于空心圆柱体：$J=(1/8)m(d_a^2+d_i^2)$。

类型2：双质量转轴。

对于一根有两个质量 m_1 和 m_2 及相对应的转动惯量 J_1 和 J_2 的转轴（见图11-30），转轴两端绕节点 K 振动的固有频率为

$$\omega_k=\sqrt{c_t\left(\frac{1}{J_1}+\frac{1}{J_2}\right)} \tag{11-34}$$

式中 c_t，J_1 和 J_2——同式（11-32）。

该轴的固有频率与在假想的节点固定的两个轴段 l_1（转动惯量 J_1）和 l_2（J_2）的相同，即 $J_1l_1=J_2l_2$ 和 $\varphi_1/l_1=\varphi_2/l_2$。在质量较大的一边，振幅较小，距振动节点的距离也小。这样产生的转矩为对称循环且沿整个转轴长度不变。将 $\omega_k=n_k(\pi/30)$，$c_t=T/\varphi$ 和 $\varphi=(\pi/180°)\ \varphi°$

代入，即可得到扭转临界转速为

$$n_{kt}=\frac{30}{\pi}\sqrt{c_t\left(\frac{1}{J_1}+\frac{1}{J_2}\right)}\approx 72.3\sqrt{\frac{T}{\varphi}\left(\frac{1}{J_1}+\frac{1}{J_2}\right)} \tag{11-35}$$

n_{kt}	c_t	φ	T	J
r/min	N·m	°	N·m	kg·m²

类型 3：多于两个质量的转轴。

多于两个质量的系统有多个固有频率。计算这类系统是非常困难的，所以本书不再叙述。其临界转速可用计算机程序，也可用实验方法得到。一般来说，具有 n 个质量（$n-1$ 个转轴轴段）也有 $n-1$ 个不同的固有频率。

11.4 计算示例

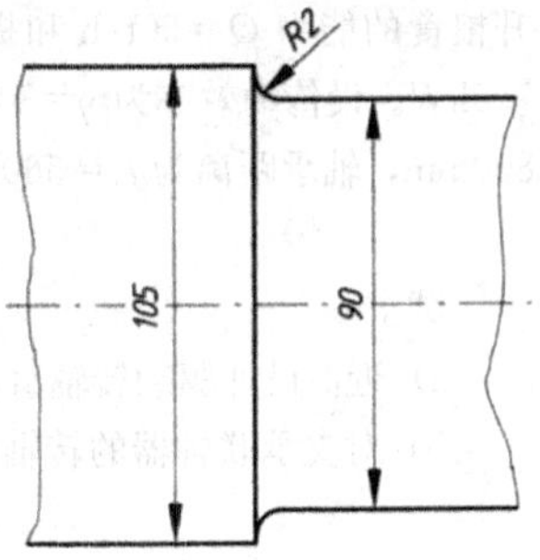

图 11-31　减速器转轴的轴肩

■例 11-1：图 11-31 所示减速器转轴的材料为 E335，轴肩同时受弯曲和扭转（毛坯直径 $d=110$mm），试对其进行近似校核。已知弯矩 $M_{res}=2600$N·m，转矩 $T_{nenn}=3400$N·m。由于常常起动和制动，可设转矩为脉动循环。估计使用系数 $K_A\approx1.3$。

一般解题思路：为了能快速得到实际安全系数，将计算过程进行极度简化。由于没有更为精确的数据，所以取 $M_{max}\approx M_{eq}$，$T_{max}\approx T_{eq}$ 来进行静强度校核。首先要求得转轴的强度值，然后求静和动安全系数。

所需的强度值：

试棒（其值由 TB1-1 查取）				零件直径（毛坯：$d=110$mm）			
R_{mN}	R_{eN}	σ_{bWN}	τ_{tWN}	R_m	R_e	σ_{bW}	τ_{tW}
				$K_t=0.99$	$K_t=0.86$	$K_t=0.99$	$K_t=0.99$
590N/mm²	335N/mm²	290N/mm²	180N/mm²	584N/mm²	288N/mm²	287N/mm²	178N/mm²

由 TB3-11a 查得工艺尺寸影响系数后，用式（3-7）或式（3-9）进行换算。

静强度校核：按图 11-23 所列框图中的多个方程，得

$W=\pi d^3/32$ $=71569\text{mm}^3$	$M_{max}\approx M_{eq}$ $=K_A M_{res}$ $=3380$N·m	$\sigma_{b\,max}=M_{max}/W$ $=47.2\text{N/mm}^2$	$\sigma_{bF}\approx1.2R_e$ $=346\text{N/mm}^2$	$S_F=\dfrac{1}{\sqrt{\left(\dfrac{\sigma_{b\,max}}{\sigma_{bF}}\right)^2+\left(\dfrac{\tau_{t\,max}}{\tau_{tF}}\right)^2}}$ $=4.85$
$W_t=\pi d^3/16$ $=143139/\text{mm}^3$	$T_{max}\approx T_{eq}$ $=K_A T_{nenn}$ $=4420$N·m	$\tau_{t\,max}=T_{max}/W_t$ $=30.9\text{N/mm}^2$	$\tau_{tF}\approx1.2R_e/\sqrt{3}$ $=200\text{N/mm}^2$	

总是用最大力矩来计算应力。

结果：由 TB3-14 可得不产生屈服所需的最小安全系数为 $S_{Fmin}=1.5$，所以是安全的。

疲劳强度校核：疲劳强度校核也同样按图 11-23 进行。对弯曲进行的结构参数的简化也同样用于扭转（结果趋于安全：因为 $\beta_{kb}>\beta_{kt}$ 和 $K_{0\sigma}<K_{0\tau}$）。用应力幅进行计算。对于所假设的脉动转矩，有 $T_a=T_{nenn}/2$。

$M_{a\,eq}=K_A M_{res}$ $=3380$N·m	$\sigma_{b\,a}=M_{a\,eq}/W$ $=47.2\text{N/mm}^2$	$K_{Db}=\left(\dfrac{\beta_{kb}}{K_g}+\dfrac{1}{K_{0\sigma}}-1\right)\times\dfrac{1}{K_V}$ $=1.89$	$\sigma_{bGW}=\sigma_{b\,w}/K_{Dt}$ $=152\text{N/mm}^2$	$S_D=\dfrac{1}{\sqrt{\left(\dfrac{\sigma_{ba}}{\sigma_{bGW}}\right)^2+\left(\dfrac{\tau_{ta}}{\tau_{tGW}}\right)^2}}$ $=2.85$
$T_{a\,eq}=K_A T_a$ $=2210$N·m	$\tau_{t\,a}=T_{a\,eq}/W_t$ $=15.4\text{N/mm}^2$	$K_{Dt}\approx K_{Db}$ 简化计算	$\tau_{tGW}=\tau_{t\,W}/K_{Dt}$ $=94\text{N/mm}^2$	

结构系数 K_D 的值用 TB3-9～TB3-12 来确定。由 TB3-9a 可得应力集中系数 $\beta_{kb} \approx \beta_{kb(probe)} = 1 + c_b(\beta_{kb(2.0)} - 1) = 1 + 0.4(2.25 - 1) = 1.5$（对于较小的应力集中系数，可用 $\beta_{kb} \approx \beta_{kb(probe)}$ 代入）。由 TB3-11c 得尺寸影响系数为 $K_g = 0.83$，$Rz = 6.3\mu m$ 时的表面影响系数为 $K_{O\sigma} = 0.92$。由 TB3-12 对于大尺寸零件（$d > 40mm$）的表面强化系数总是为 1。

结果：对于对称循环的弯曲和脉动循环的扭转，由 TB3-14a 和 c 得 $S_{Derf} = 1.5$ 和 $S_z = 1.2$，因此所需安全系数为

$$S_{Derf} = S_{D\,min} S_z = \cdots = 1.8$$

所以对于动载荷的零件实际安全系数也是足够的。

■**例 11-2**：图 11-32a 所示为一斗式提升机的驱动转轴，其材料为 E295，试设计和确定其轴径。由其提升粮食的能力 $Q = 50t/h$ 和提升高度 $h = 30m$，可得到所需的驱动电动机在 $n = 80r/min$ 时的功率为 $P = 7.5kW$。设传动效率为 $\eta = 80\%$。取使用系数 $K_A \approx 1.2$ 来考虑使用条件。经结构设计已知带轮直径为 $D_S = 800mm$，轴承距离为 $l_a = 560mm$。由自重和提升物质量一起产生的作用在转轴的径向名义载荷为

$$F_{ges} = F_1 + F_2 \approx 9.2kN$$

试求

a）近似设计驱动转轴直径 d 并进行强度校核。

b）对支承联轴器的转轴轴颈，用结构设计的方法确定其直径 d_1 并校核。

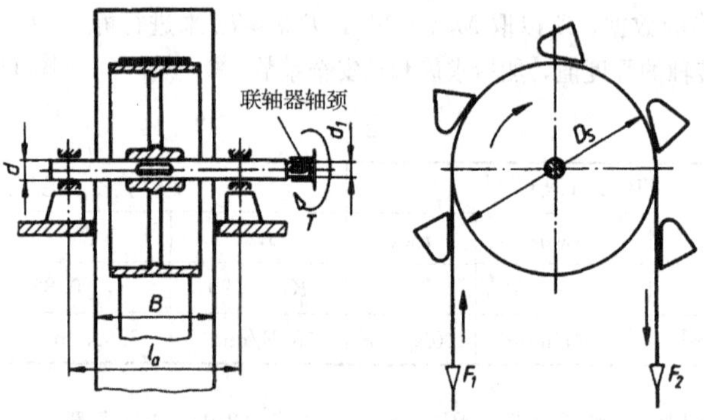

a)

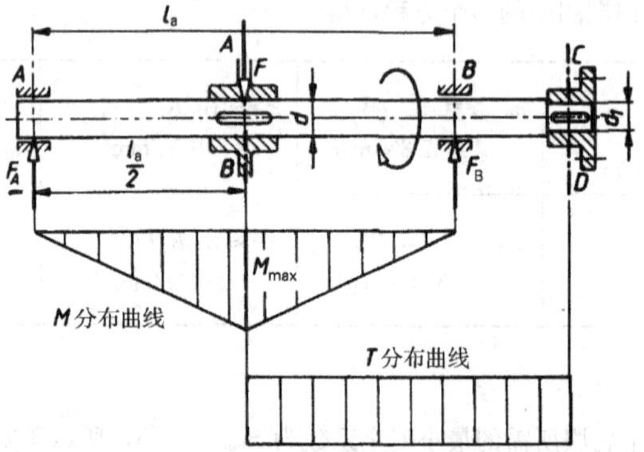

b)

图 11-32　斗式提升机的驱动转轴

a）斗式提升机的示意图　b）驱动转轴及其载荷分布

一般解题思路：因为轴承之间的距离已知，它属于 § 11.2.2-2 所述的情形 1。转矩从联轴器输入，转轴转颈只受扭转。

在忽略横向载荷后，在轴承 B 与位置 A-B 之间受弯曲和扭转的共同作用，而在 A-B 与轴承 A 之间只受弯曲。初步设计直径的计算以位置 A-B 的受载数据为依据，根据图 11-21 的式（11-16）来进行。

应对横截面 A-B 进行静和疲劳强度校核，因为该处不但有转矩，还有最大弯矩，且键槽对轴有削弱并产生应力集中。

由于转矩是不变的，所以只需对受键槽削弱的轴颈横截面 C-D 进行静强度校核。

▶**解 a)**：初步设计直径：转轴传递的功率为

$$P=P_{Motor}\eta_{Getriebe}=7.5kW\times0.8=6kW$$

由式（11-11）可得转轴传递的等效转矩为

$$T_{eq}=9550K_AP/n=9550\times1.2\times6/80\approx860N\cdot m$$

等效弯矩为

$$M_{eq}=K_AM=K_AF_{ges}\frac{l_a}{4}=1.2\times9200N\times\frac{0.56m}{4}\approx1546N\cdot m$$

由式（11-7）可得相当力矩（弯曲对称循环，转矩脉动或不变）为

$$M_v=\sqrt{M_{eq}^2+0.75\ (\sigma_{bD}/\ (\varphi\tau_{tD})\ T_{eq})^2}=\sqrt{(1546N\cdot m)^2+0.75\ (0.7\times860N\cdot m)^2}\approx1632N\cdot m$$

由 TB1-1 得 E295 的 $\sigma_{bD}=\sigma_{bWN}=245N/mm^2$，根据图 11-21 的式（11-16）可得该轴的一个基准直径为

$$d'\approx3.4\sqrt[3]{M_v/\sigma_{bD}}=3.4\sqrt[3]{1632\times10^3N\cdot mm/245N/mm^2}\approx64mm$$

基于标准轴承直径的考虑，初步取 $d=65mm$。

静强度校核：校核按图 11-23 进行。对于可能出现的斗式提升机满载起动的情况，应按最大载荷进行校核。如果没有起动离合器（见第 13 章），电动机的起动转矩就可能是名义转矩（见电动机目录）的数倍。对于本例，取 $T_{max}\approx2.5T_{nenn}$。由此得

$$T_{max}=2.5\times9550P/n=2.5\times9550\times6/80\approx1790N\cdot m$$

$$M_{max}=2.5F_{ges}l_a/4=2.5\times9200N\times0.56m/4\approx3220N\cdot m$$

由 $d_{rechn}=d'-t_1=65mm-7mm=58mm$（$t_1$ 由 TB12-2 查取），由 TB11-3 可得抗弯和抗扭截面系数为

$$W\approx0.012(D+d)^3\approx0.012(d'+d)^3\approx0.012\times(65mm+58mm)^3\approx22330mm^3$$

$$W_t\approx0.2d^3\approx0.2\times(58mm)^3\approx39000mm^3$$

所以最大应力为

$$\sigma_{b\,max}=M_{max}/W=3220\times10^3N\cdot mm/22330mm^3\approx144N/mm^2$$

$$\tau_{t\,max}=T_{max}/W_t=1790\times10^3N\cdot mm/39000mm^3\approx46N/mm^2$$

对于材料 E295，由 TB1-1 可得 $R_{p0.2N}=295N/mm^2$，当 $d=65mm$ 时，由 TB3-11 得 $K_t\approx0.92$（拉伸极限）。由此得到屈服点为

$$\sigma_{bF}=1.2R_{p0.2N}K_t=1.2\times295N/mm^2\times0.92\approx326N/mm^2$$

$$\tau_{tF}=(1.2R_{p0.2N}K_t)/\sqrt{3}\approx326N/mm^2/\sqrt{3}\approx188N/mm^2$$

由最大应力和屈服点可得安全系数为

$$S_F=\frac{1}{\sqrt{\left(\frac{\sigma_{b\,max}}{\sigma_{bF}}\right)^2+\left(\frac{\tau_{t\,max}}{\tau_{tF}}\right)^2}}=\frac{1}{\sqrt{\left(\frac{144N/mm^2}{326N/mm^2}\right)^2+\left(\frac{46N/mm^2}{188N/mm^2}\right)^2}}\approx1.98$$

结果：由 TB3-14 可得所需的最小安全系数为 $S_{Fmin}=1.5$，故该轴安全系数足够。

疲劳强度校核：按图 11-23 的计算步骤进行。根据图 3-8，即使是静转矩也会有动态变化分量 $T_{aeq}=(K_A-1)T_{nenn}$。但本例将其忽略。所以计算零件安全系数的式（3-29）简化为

$$S_D=\frac{1}{\sqrt{\left(\frac{\sigma_{ba}}{\sigma_{bGW}}\right)^2}}=\frac{\sigma_{bGW}}{\sigma_{ba}}$$

式中，σ_{ba}、σ_{bGW}求解如下：

对于纯对称循环弯曲，$M_{aeq}=M_{eq}=K_AM\approx1546\times10^3N\cdot mm$，$W=d^3\pi/32=(65mm)^3\pi/32\approx26960mm^3$，所以 $\sigma_{ba}=M_{aeq}/W=\cdots\approx57.3N/mm^2$（键槽通过 β_K 来加以考虑）。

对于形状为 N_1 的键槽，由 $R_m=R_{mN}K_t=470N/mm^2$（由 TB1-1 得 $R_{mN}=470N/mm^2$，由 TB3-11a 得

$K_t=1$）可得应力集中系数 $\beta_{kb}=\beta_{kb(Prob)}K_{\alpha Probe}/K_\alpha\approx1.75$ [式（3-15c）]（由 TB3-11d 得 $K_{\alpha Probe}/K_\alpha\approx1$）。

设所求截面处的表面粗糙度 $Rz=12.5\mu m$，由 TB3-10 得表面影响系数为 $K_{O\sigma}\approx0.91$，对于弯曲和 $d=$ 65mm，由 TB3-11c 得尺寸影响系数 $K_g\approx0.85$。

由式（3-16）得总影响系数为（无表面强化，$K_V=1.0$）

$$K_{Db}=\left(\frac{\beta_{kb}}{K_g}+\frac{1}{K_{O\sigma}}-1\right)\frac{1}{K_V}=\cdots\approx2.16$$

由 TB3-11a 得 $K_t=1.0$（抗拉强度），由 TB1-1 得 E295 的 $\sigma_{bWN}=245N/mm^2$，所以其结构强度为

$$\sigma_{bGW}=\frac{\sigma_{bWN}K_t}{K_{Db}}=\frac{245N/mm^2\times1.0}{2.16}\approx113N/mm^2$$

由此得零件安全系数为

$$S_D=\sigma_{bGW}/\sigma_{ba}=113N/mm^2/57.3N/mm^2\approx1.97$$

由 TB3-14a 得 $S_{D\,min}=1.5$，对于对称循环弯曲、静扭转，由 TB3-14c 得 $S_z=1.2$，所以所需安全系数为

$$S_{Derf}=S_{Dmin}S_z=\cdots=1.8$$

结果：实际抗疲劳破坏的安全系数足够。

▶**解 b)**：支承联轴器的驱动轴颈的直径纯粹按结构设计，取 $d_1=60mm$（TB1-16 规定的标准数）。这样就有足够大的台阶来顶住联轴器。且比值 $D/d=d/d_1=\cdots\approx1.08<1.4$（见§11.2.11）。

静强度校核：按图 11-23 进行。

对于横截面 C-D（圆形横截面，带键槽）有：$d_{rechn}=d_1-t_1=60mm-7mm=53mm$（$t_1$ 由 TB12-2 查取），由 TB11-3 得抗扭截面系数为

$$W_t=\pi/16d^3=\pi/16d^3_{rechn}=\cdots=29232mm^3$$

$T_{max}=1790\times10^3N\cdot mm$（见解 a），得最大应力为

$$\tau_{t\,max}=T_{max}/W_t=\cdots\approx61N/mm^2$$

由于是纯扭转，且 $\tau_{tF}\approx188N/mm^2$（见解 a），得到安全系数为

$$S_F=\frac{1}{\sqrt{\left(\frac{\tau_{t\,max}}{\tau_{tF}}\right)^2}}=\tau_{tF}/\tau_{t\,max}=188N/mm^2/61N/mm^2\approx3.1>S_{F\,min}=1.5(\text{见 TB3-14})$$

结果：实际安全系数足够。

■**例 11-3**：一材料为 E295+C，直径为 $d=60mm$ 的转轴要传递转矩 $T=750N\cdot m$（当 $n=630r/min$）（图 11-33）。轴承距离为 $l_a\approx2.4m$，距离 $l_1\approx2.1m$；$l_2\approx0.3m$；$l_3\approx150mm$。转轴的重力 $G_w=600N$，带轮重力为 $G_s=500N$。

试求：

a) 由重力 G_w 和 G_s 产生的挠度 $f_1(x)$ 和 $f_2(x)$ 以及总挠度 $f_{ges}(x)$。

b) 该系统的弯曲临界转速 n_{kb}。

c) 在载荷作用下转轴的扭转角 $\varphi°$。

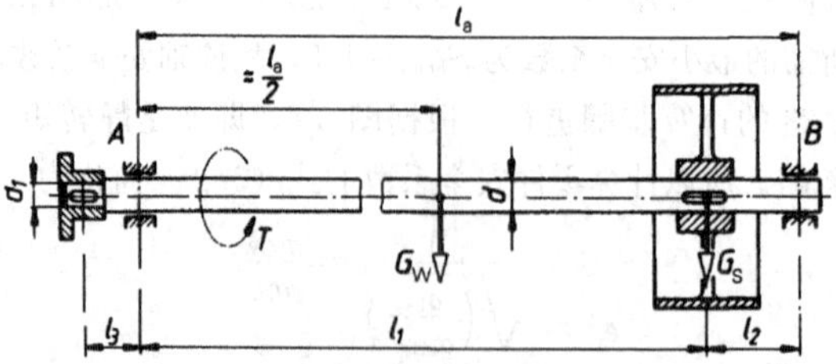

图 11-33　驱动转轴

▶**解 a)**：由于联轴器轴颈和联轴器质量的影响很小，故本例将其忽略不计。

TB11-6 的第 4 行给出了重力 G_w，第 2 行给出了重力 G_s 的挠度 $f_1(x)$ 和 $f_2(x)$ 的计算公式。转轴在位

置 x 处的总挠度是它们的叠加

$$f_{ges}(x)=f_1(x)+f_2(x)$$

将 $F'=G_w/l_a=600\text{N}/2400\text{mm}=0.25\text{N/mm}$，$E=210000\text{N/mm}^2$，$I=(\pi/64)\ d^4=\cdots\approx636172\text{mm}^4$ 和 $l=l_a=240\text{mm}$ 代入 TB11-6 的公式中，即可得到转轴自重所产生的挠度为

x (mm)	0	200	400	600	800	1000	1200	1400	1600	1800	2000	2100	2200	2400
$f_1(x)$ (mm)	0	0.213	0.409	0.576	0.703	0.782	0.808	0.782	0.703	0.576	0.409	0.314	0.213	0

将 $F=G_s=500\text{N}$，$a=l_1=2100\text{mm}$，$b=l_2=300\text{mm}$，$l=l_a=2400\text{mm}$，以及 E 和 I（同上）代入相应公式，即可得带轮重力所产生的挠度为

x (mm)	0	200	400	600	800	1000	1200	1400	1600	1800	2000	2100	2200	2400
$f_2(x)$ (mm)	0	0.088	0.172	0.248	0.314	0.364	0.396	0.405	0.388	0.341	0.26	0.206	0.143	0

由此得到总挠度 $f_{ges}(x)=f_1(x)+f_2(x)$

x (mm)	0	200	400	600	800	1000	1200	1400	1600	1800	2000	2100	2200	2400
$f_{ges}(x)$ (mm)	0	0.301	0.581	0.824	0.017	1.146	1.204	1.187	1.091	0.917	0.669	0.52	0.536	0

结果：由上述计算并通过作图，得最大挠度约为 $f_{max}\approx1.21\text{mm}$。

▶**解 b)**：从解 a 可知，由重力产生的在回转质量处的最大挠度为 $f_{max}\approx1.204\text{mm}$，该转轴支承在轴承上自由回转（$k=1$），其弯曲临界转速由式（11-29）计算：

$$n_{kb}\approx k\times946\times\sqrt{(1/f)}=\cdots\approx862\text{r/min}$$

结果：弯曲临界转速约为 860r/min。由于工作转速 $n=630\text{r/min}<n_{kb}$，故不存在共振危险。

▶**解 c)**：求解转轴的扭转角 φ 时允许只考虑传递转矩的那一段，也就是从联轴器到带轮之间的这一段。联轴器轴颈直径 d_1 略小于转轴直径 d，但它对扭转角只有很小的影响，在计算中可以忽略不计。由式（11-18），式中 $T=750\times10^3\text{N}\cdot\text{mm}$，$l=l_1+l_3=2250\text{mm}$，切变模量 $G=8100\text{N/mm}^2$，极惯性矩 $I_p=(\pi/32)\ d^4=\cdots\approx1272\times10^3\text{mm}^4$，所以扭转角为

$$\varphi^\circ=(180^\circ/\pi)Tl/(GI_p)=\cdots\approx0.95^\circ$$

■**例 11-4**：图 11-34a 所示为一受载 $F=8\text{kN}$ 的阶梯轴，试按 § 11.3.2-2 所给公式计算其挠度 f 以及轴承 A 和 B 处轴的转角 $\tan\alpha$ 和 $\tan\beta$。

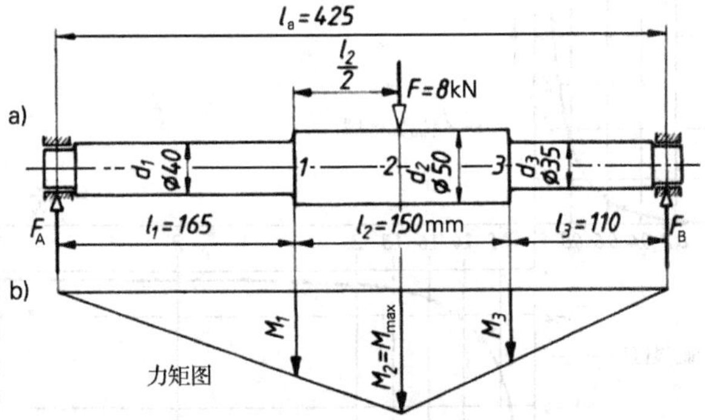

图 11-34　阶梯心轴挠度的求解

▶**解**：按式（11-23）～式（11-27）计算载荷 F 作用下的挠度以及轴承 A 和 B 处的转角。将 $F_A=$

3482N，$F_B=4518N$，$E=210000N/mm^2$，$a_1=165mm$，$a_2=(165+150/2)mm=240mm$，$d_{a1}=40mm$，$d_{a2}=50mm$ 代入式（11-23）得 $f_A=\cdots\approx0.3657mm$；将 $b_1=110mm$，$b_2=(110+150/2)=185mm$，$d_{b1}=35mm$，$d_{b2}=50mm$ 代入式（11-24）得 $f_B=\cdots\approx0.2464mm$。由式（11-25）得受载后的挠度为

$$f=f_A+a/l(f_B-f_A)=\cdots\approx0.3mm$$

由式（11-26a）得 $\tan\alpha'=\cdots\approx0.002618$，则由式（11-27b）得 $\tan\beta'=\cdots\approx0.002543$。修正量为 $r=(f_B-f_A)/l=-0.00028$，则由式（11-27a）得轴承 A 处的转角 $\tan\alpha\approx\alpha'+r=\cdots\approx0.002337$，类似地，可由式（11-27b）得轴承 B 处的转角 $\tan\beta\approx\beta'-r=\cdots\approx0.002824$。

提示：上述计算都是以集中载荷的假设为前提的，但实际与之并不完全相符。固定轮毂对轴的刚化作用很难计算。所以实际挠度和转角比计算值略小一点。

结果：该心轴的最大挠度为 $f_{max}\approx0.3mm$；转角 $\tan\alpha\approx0.0023$ 和 $\tan\beta\approx0.0028$。

■例 11-5：图 11-35 所示为一双支点转轴，其上有一质量，试作出相对偏置 y/e（见§11.3.3.2，类型 1）与相对角速度 ω/ω_k 之间的关系曲线。

▶解：将§11.3.3.2，类型 1 中得到的关系式

$y=e/[(\omega_k/\omega)^2-1]$ 改写为

$$(y/e)=1/[(\omega_k/\omega)^2-1]=\omega^2/(\omega_k^2-\omega^2)=(\omega/\omega_k)^2/[1-(\omega/\omega_k)^2]$$

将 (ω/ω_k) 值及与之相应的 (y/e) 值列于下表：

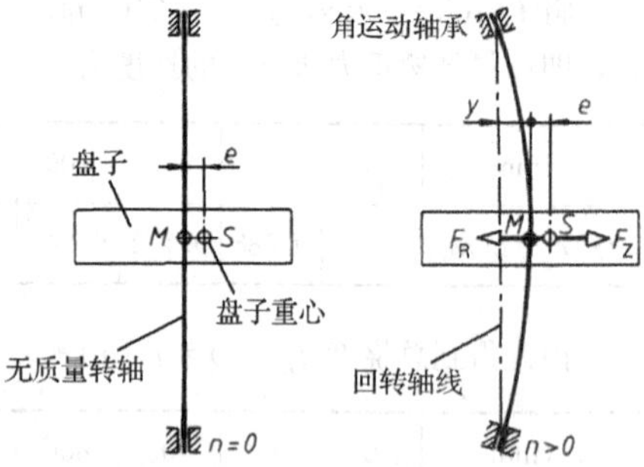

图 11-35 双支点转轴，带一质量

ω/ω_k	0	0.5	0.8	0.9	1	1.1	1.3	2	3	∞
$(\omega/\omega_k)^2$	0	0.25	0.64	0.81	1	1.21	1.69	4	9	∞
$1-(\omega/\omega_k)^2$	1	0.75	0.36	0.19	0	−0.21	−0.69	−3	−8	−∞
$\frac{y}{e}=\frac{(\omega/\omega_k)^2}{1-(\omega/\omega_k)^2}$	0	$0.3\overline{3}$	$1.7\overline{7}$	4.26	∞	−5.76	−2.45	−1.33	−1.13	−1

将上述各值作于图上（图 11-36），可知当 $\omega/\omega_k=1$ 时，相对偏置 (y/e) 趋于无穷大，即当固有频率与激发频率相同时，就会导致可怕的共振！

在超临界转速的区域（$\omega/\omega_k>1$），y/e 在数值上更小，转轴运转更平稳。数值前的负号代表在超临界转速区域，回转轴线与盘子重心 S 的距离随着转速增加而变小；在 $\omega=\infty$ 的极限情况下，$y=-e$，回转轴线正好位于盘子的重心上。转轴就自行居中了。

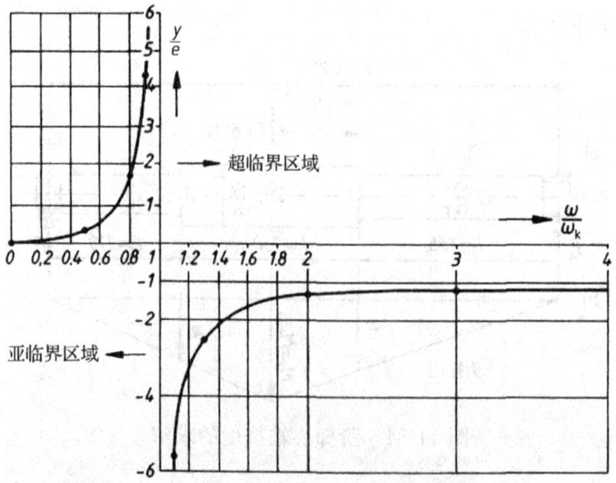

图 11-36 带一个质量的回转转轴的共振曲线

11.5　参考文献

Beitz, W., Grote, K.-H. (Hrsg.): *Dubbel:* Taschenbuch für den Maschinenbau. Berlin: Springer, 2001
Decker, K. H.: Maschinenelemente. München: Hanser, 2000
Fronius, St.: Maschinenelemente, Antriebselemente. Berlin: Verlag Technik, 1982
Haberhauer, H., Bodenstein, F.: Maschinenelemente. Berlin: Springer, 2001
Hähnchen, R., Decker, K. H.: Neue Festigkeitsberechnung für den Maschinenbau. München: Hanser, 1967
Klotter, K.: Technische Schwingungslehre. Berlin: Springer, 1978
Köhler, Rögnitz: Maschinenteile. Stuttgart: Teubner, 1995
Kollmann, G.: Welle-Nabe-Verbindungen. Berlin: Springer, 1984
Niemann, G., Winter, H., Höhn, B.-R.: Maschinenelemente Bd. 1. Berlin: Springer, 2001
Schmidt, F.: Berechnung und Gestaltung von Wellen. Berlin: Springer, 1967
Steinhilper, W., Röper, R.: Maschinen- und Konstruktionselemente. Berlin: Springer, 1988
Wächter, K.: Konstruktionslehre für Maschineningenieure. Berlin: Verlag Technik, 1987

第 12 章 轴毂联接件

12.1 功能和作用

转轴和心轴与轮毂（如滑轮、齿轮、绳轮、杠杆以及类似零件）之间的联接形式很多，它用来传递作用在零件上的载荷/力矩（功能）。根据载荷传递类型的不同（工作原理），这类联接可分为：

1）形封闭联接，这类联接通过特定形状（例如通过矩形花键轮廓、细齿花键轮廓和多边形）或附加零件（例如平键、滑键或横销）作为“同步件”来实现。载荷通过作用面上的压强来传递。被联接件上的应力集中常常较大。作为附加功能，还可以实现载荷传递方向之外的相对运动，例如变速箱中的滑移齿轮。

2）摩擦封闭联接，这类联接通过夹紧和压紧形成摩擦封闭来传递载荷（例如过盈联接、圆锥配合、特殊弹性环零件）。它遵循库仑摩擦定律。

3）预紧形封闭联接，它是摩擦和形封闭联接的组合，主要通过不同形状的楔来实现，平键加夹紧联接就属于这类联接。

4）物质封闭联接，这类联接主要是通过物质封闭来实现（例如粘接、钎焊和焊接）。这类联接的拆卸可能会导致破坏。这类联接的应力按强度理论来计算。

轴毂联接的选择

联接类型的选择取决于对联接的要求（必须遵守），图 12-1 所示为各种轴毂联接典型性能特点。设计人员往往必须采用一个妥协解，且并不总是只有唯一解来由他做决定。在这种情况下，最需要考虑的是成本和是否满足要求。因此，应采用最新标准和企业文档所提供的最新功率数据；同样地，对于复杂受载情况应听取相关厂商的建议。

要求	轴毂联接																					
	a	b	c	d	e	f	g	h	i	j	k	l	m	n	o	p	q	r	s	t	u	v
传递单向大转距	4	4	4	3	4	4	2	3	0	0	2	2	4	2	4	4	4	2	1	3	4	4
一对称循环和冲击转距	4	4	4	3	4	4	2	3	0	0	2	2	3	2	3	3	4	0	0	1	4	4
承受大轴向载荷	4	4	4	2	3	3	2	3	1	1	2	2	4	0	0	0	0	0	1	3	4	4
轮毂可沿轴向窜动①	0	0	0	0	0	0	0	0	0	0	0	0	2	4	4	2	2	0	0	0	0	0
在受载状态下轮毂可沿轴向窜动①	0	0	0	0	0	0	0	0	0	0	0	0	0	2	4	2	2	0	0	0	0	0
轮毂沿转动方向可偏置	3	3	4	4	4	4	4	4	4	4	4	0	0	0	2	2	2	0	0	0	0	0
联接可调	0	0	4	4	4	4	4	0	4	4	4	1	3	0	0	0	0	0	0	0	0	0
加工成本低	4	4	2	2	2	2	3	4	4	4	2	2	1	3	1	1	1	2	2	3	3	2
装配成本低	2	2	4	4	4	4	4	4	4	4	3	3	4	3	3	3	3	3	4	2	2	2
反复使用性好	1	1	4	4	4	4	4	4	4	4	4	2	3	4	4	4	4	2	2	2	2	0
自动定心联接	4	4	4	0	4	4	0	4	0	0	2	0	3	3	4	4	4	4	4	2	2	2
不平衡小	4	4	4	2	3	3	1	3	0	0	0	0	3	2	3	3	4	1	1	3	3	3
轴上应力集中小②	1	1	2	2	3	3	2	2	3	4	1	0	1	0	0	1	3	1	0	4	4	1

图 12-1 选择合适轴毂联接的矩阵

(4) 非常适合… (0) 不适合或不采用

摩擦封闭联接
a 横向过盈联接
b 纵向过盈联接
c 圆锥面过盈联接
d 圆锥张紧环
e 圆锥张紧卡
f 热压盘
g 星形盘
h 压力套
i 液力夹紧套
j 公差环
k 夹紧联接
l 楔键联接
m 圆楔联接

形封闭联接
n 平键和滑键
o 花键
p 齿形轴
q 多边形
r 纵销
s 横销

物质封闭联接
t 粘接
u 钎焊
v 焊接

① 用于间隙配合
② 应力集中有时可通过合适的结构来降低

图 12-1　选择合适轴毂联接的矩阵（续）

12.2　形封闭轴毂联接

12.2.1　平键和半圆键联接

1. 结构和设计　平键和半圆键联接属于形封闭联接，常用于带轮、齿轮、联轴器等与轴之间的联接，主要承受单向转距（平键联接在一定条件下也可用于对称循环或冲击转距），装拆很简单。

形状

DIN 6885 对平键的形状和尺寸进行了标准化（见 TB12-2a，与轴径有关）。图 12-2a 所示为最常用的圆头平键（DIN 6885T1，A 型）。平键还有多种形状，图 12-2b 和 c 所示为平头键（DIN 6885，B 型）及带固定和压紧螺钉的结构（E 型），它特别用作滑键。对于同一机床，各平键应取同样形状和尺寸，当然轴上键槽深一点，而轮毂上的键槽浅一

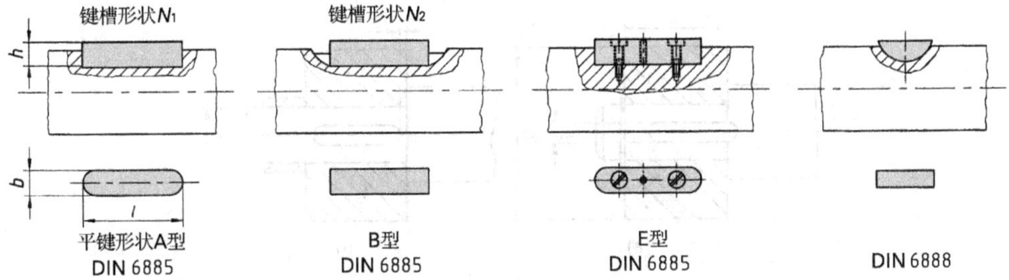

a)　b)　c)　d)

图 12-2　平键形状

a) 圆头平键　b) 平头键　c) 带固定和压紧螺钉的圆头平键　d) 半圆键

点，见 DIN 6885 T2。

对于沿轴向可运动的轮毂，应采用相应公差的平键作为滑键，例如变速箱的滑移齿轮和机床主轴的导路。当转矩较小时，采用半圆键（DIN 6888，图 12-2d），特别是在精密机器的圆锥面联接（出于成本原因，可用安全的摩擦封闭！相关结构参数见 § 12.3.2）中以及在车辆上作为定位零件。

置于轴和轮毂键槽中作为“同步件”的平键与结构类似的楔形键不同，只用侧边承载，其顶上有间隙（图 12-3）。

一般受载平键可用 C45＋Q 作为材料；如有需要，可与制造商协商采用其他材料。

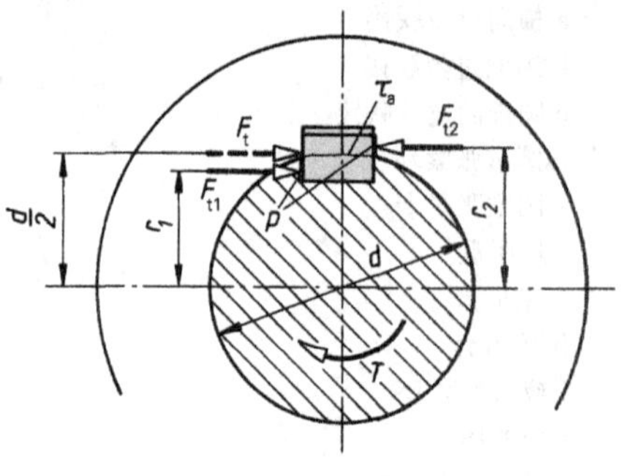

图 12-3　平键联接受力分析

结构设计

联接的结构受轮毂载荷分布和所要传递载荷类型的影响。

图 12-4 所示为不同轮毂结构载荷传递到平键上的情况。结构 a 必须首先由轴肩边上很小区域来传递载荷；结构 c 则可用平键的大部分长度来传递载荷。如果降低轮毂抗扭刚度并与轴的弹性性能相适应（c 中的虚线结构），即可使载荷分布更有利。压强的实际分布很难计算。受载距离 l_w 加大，一方面使压强分布更均匀，另一方面又会导致轴段弯矩加大，因此设计者必须兼顾两方，进行适当的选择。

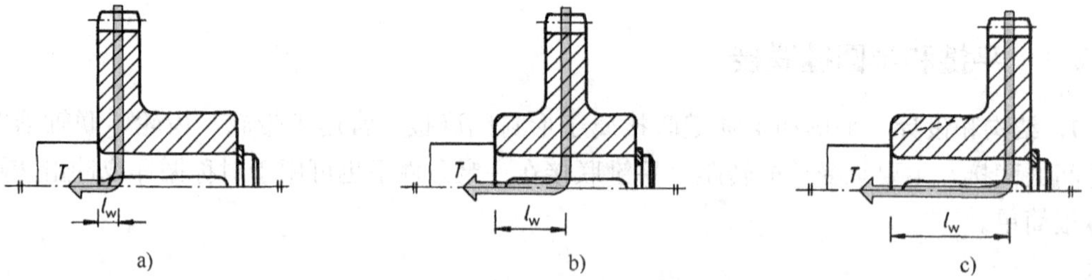

图 12-4　不同轮毂结构的载荷传递

图 12-5 给出了平键布置的两种可能结构。如果只受静转矩，图 12-5a 所示的联接结构最为有利，如果有静弯曲，选键槽形状 N2（盘铣刀铣削）以及 E 型平键更为有利，键槽位置对强度没有影响。

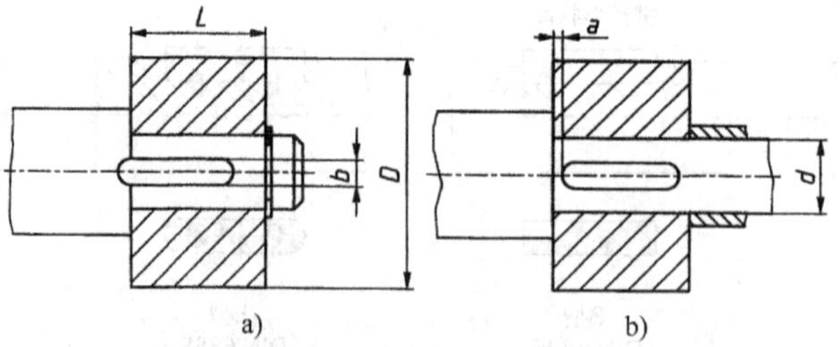

图 12-5　平键联接结构

a）受静扭转和静弯曲　b）受静扭转和回转弯曲

对于（准）静扭转和回转弯曲（一般情况），联接应取图 12-5b 的结构，即平键应略短于轮毂，且与轴台阶之间应有足够距离（$a/b\geqslant 0.5$）。键槽形N2和E型平键的应力集中比键槽形状N1（指状铣刀铣制）和A型平键小。采用工艺措施（例如氮化）可极大的改善联接件的疲劳强度。

平键的受载长度$l'\leqslant 1.3d$，见式（12-1）。防止轮毂轴向窜动的方法有：当受较小的轴向载荷时，可采用螺纹销，当受较大的载荷时，可采用定位环、定位套或轴肩，当在轴端时采用安全环，见图12-5。

根据经验，应按轴径由TB12-1选择轮毂尺寸D和L。

受静扭转和静弯曲时，根据轮毂是置于轴端还是置于长轴的不同，分别选择紧一点或松一点的过渡配合（容易安装），受回转弯曲时，从制造角度来看，应选择尽可能大的过盈配合（提高疲劳强度—但不允许用于脆性材料！），见TB12-2b。

用于制造平键的键用钢（DIN 6880）的公差等级为：高度h11（部分为h9），宽度h9。键槽宽度的公差等级见TB12-2b。

2. 计算　一般来说，如果不受交变转矩，且按TB12-1根据轴径来选择平键尺寸和正常的轮毂尺寸，平键联接无须进行设计计算。只有采用短键（$l<0.9d$）时，才需要对强度较弱零件（通常是轮毂）的键槽的侧边（承载体）的压强进行校核。对于正常尺寸的键联接，一般无需校核抗剪强度。

如图12-3所示，忽略切向力F_t与挤压力F_{t1}和F_{t2}之间的区别，并且在确定承载面积时忽略倒角和圆角，则实际平均压强为

$$p_m\approx\frac{F_{t,eq}K_\lambda}{h'l'n\varphi}\approx\frac{2T_{eq}K_\lambda}{dh'l'n\varphi}\leqslant p_{zul} \tag{12-1}$$

式中　$F_{t,eq}$——接合处（直径为d）的等效切向力，$F_{t,eq}=K_AF_{tnenn}$；

T_{eq}——所要传递的等效名义转矩，$T_{eq}=K_AT_{nenn}$；

K_A——使用系数，由TB3-5查取；

K_λ——载荷分布系数：近似计算时，取$K_\lambda=1$（方法C）；

K_λ由TB12-2c查取（方法B）；

n——平键数，一般$n=1$，例外$n=2$；

φ——当有多个平键时，考虑不均匀承载的系数：当$n=1$时，$\varphi=1$；当$n=2$时，$\varphi\approx 0.75$；

h'——平键承载高度；h由TB12-2a查取，$h'\approx 0.45h$；

p_{zul}——“较弱”材料的许用压强；

方法C：$p_{zul}=R_e/S_F$或R_m/S_B（脆性材料），S_F（S_B）的基准值由TB12-1查取，$R_e=K_tR_{eN}$，$R_m=K_tR_{mN}$，见式（3-7）；

方法B：$p_{zul}=f_S\,f_HR_e/S_F$或$=f_SR_m/S_B$（脆性材料），式中f_S为支承系数，f_H为硬度影响系数，其值由TB12-1和TB12-2d查取。

l'——平键承载长度（平键的直边部分才参加承载）；

圆头平键（A，E，C）：$l'=l-b$，b由TB12-2a查取（A型）；

平头平键（B，D，F，…，J）：$l'=l$。

提示：校核也可以按最大尖峰转矩T_{max}进行。此时取较大的许用值，它可以通过用载荷尖峰出现频度系数f_L来加以考虑（例如，载荷尖峰出现次数不超过10^3时，它为持续承受压强的许用值的1.3～1.5倍（脆性材料取小值，塑性材料取大值））。此外，当取过盈配合时，

还应考虑摩擦封闭所能承受的载荷。

承受对称循环转矩时，应按 DIN 6892 方法 B 进行计算，其中应考虑摩擦封闭所能承受的转矩，且许用压强应采用载荷方向变化系数 f_w 来降低（见 DIN）。

当轴和轮毂之间产生相对扭转后，会使承载不均，此时与平键实际长度 l 无关，按方法 C 只取 $l' \leqslant 1.3d$ 作为承载长度进行计算。这同样适合于花键和细齿花键联接。

按方法 B 进行简化计算时，通过引入一个载荷分布系数来近似考虑载荷分布不均和图 12-4 所示平键联接不同的载荷输入和输出情况。

12.2.2 矩形花键和渐开线花键联接

1. 结构和设计

矩形花键联接

矩形花键联接作为一种轴毂之间沿转动方向刚性（例如车辆的驱动轴），沿轴向可动的联接（例如机床上滑移齿轮传动），可广泛应用于承受较大的交变和冲击转矩且不适合采用平键和滑键的场合。

在机械制造（包括车辆制造）中，矩形花键轮廓按 DIN ISO 14（轻和中系列）和 DIN 5464（重系列）设计制造。如图 12-6 所示，如果要求回转精度更高的话，可采用内径定心（定心精度高），在受冲击载荷或交变转矩时，则应采取侧面定心。外径定心使用较少。根据所取公差不同，轮毂相对于花键轴可以是固定的，也可以是可移动的（见 TB12-3b）。如果是可移动的，优先采用油润滑。花键轮廓可采用盘铣刀铣削，或采用经济性更好的滚切加工。

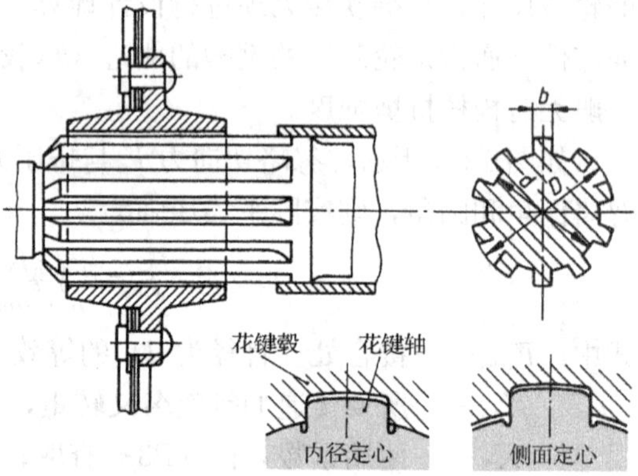

图 12-6 矩形花键联接

渐开线花键联接

与矩形花键联接不同，渐开线花键联接部分，既可以是细齿渐开线花键的三角形齿（DIN 5481，绝大多数侧面定心），也可以是渐开线花键的渐开线齿廓（DIN 5480，侧面或外径定心），见图 12-7。轮廓一般为滚切加工。由于渐开线花键有很多的“齿”，所以可以承受大冲击转矩。齿数越大，沿转动方向调整的精细程度就越高。与矩形花键联接相反，其轴和毂较少受到削弱，因此它的直径可以做得更小，长度更短。其缺点是，由于齿廓的倾斜会产生径向力 F_r，它会将较弱的毂撑大。

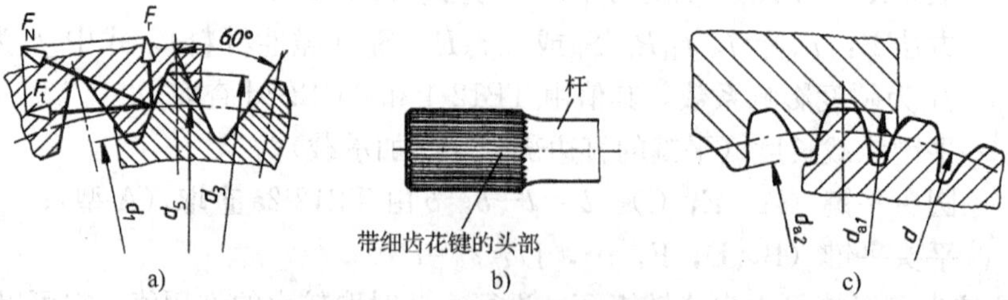

图 12-7 渐开线花键轮廓

a) 细齿花键轮廓 b) 带细齿花键的扭杆弹簧 c) 渐开线齿廓

细齿花键主要用于固定联接中（例如车辆中的转向轴和扭杆弹簧），并不适合于滑动联接；而渐开线花键则适合于容易拆卸、可移动或者是固定的联接中。

初步设计时，轮毂尺寸按 TB12-1 选取。

2. 计算[㊀]　当轴径（起决定作用的键根直径）足够大，且轮毂尺寸为正常值（见 TB12-1），则不需对矩形花键联接进行校核计算。只有轮毂非常短时才需要对矩形花键挤压面进行压强校核。假设由于不可避免的加工误差而导致只有约 75%的“键齿”参加承载，则实际平均压强为

$$p_{\mathrm{m}} \approx \frac{2K_{\mathrm{A}}T_{\mathrm{nenn}}}{d_{\mathrm{m}}Lh'0.75n} \leqslant p_{\mathrm{zul}} \tag{12-2}$$

式中　T_{nenn}——所要传递的名义转矩；

K_{A}——使用系数，由 TB3-5 查取；

d_{m}——轮毂平均直径，$d_{\mathrm{m}}=(D+d)/2$，D 和 d 由 TB12-3a 查取；

L——轮毂长度，即齿面承载长度；

h'——齿面承载高度；考虑倒角 f 后，有 $h'=(D-d)/2-2f\approx0.4(D-d)$；

n——齿数，由 TB12-3a 查取；

p_{zul}——“较弱”材料的许用压强（绝大多数情况为轮毂）。p_{zul} 的基准值由 TB12-1 查取。

提示：选 $L\leqslant1.3d$，见式（12-1）的提示。

如同矩形花键联接，渐开线花键联接也用式（12-2）来校核压强。当然式中各参数由 DIN 5480 或 DIN 5481 规定和图 12-7 给出，即

$d_{\mathrm{m}}=d_5=d$　　　啮合的分度圆直径

$h'\approx0.5[d_{\mathrm{a1}}-(d_{\mathrm{a2}}+0.16\mathrm{m})]$　　　DIN 5480 规定的渐开线齿廓

$h'\approx0.5(d_3-d_1)$　　　DIN 5481 规定的细齿花键轮廓

（各值由 TB12-4 或相对应的 DIN 标准查取）

12.2.3　成形联接

1. 结构和设计　多边形轮毂为非圆轮毂，在一般机械、机床、车辆和飞机制造以及在电气工业中都有广泛用途。它适合于用来传递冲击转矩，并可用于可拆联接、可移动联接和过盈配合中。这类联接可自动定心，即在旋转过程中，它会对称的平衡可能的实际空隙。从应力集中的角度来看，成形联接比其他形状封闭联接要有利得多（对于滑移联接，可取 $\beta_{\mathrm{k}}\approx1$）。虽然它的加工需要专用机床，但它比矩形花键和渐开线花键更简单、精确和经济。

DIN 32711 规定的基本形状为 P3G 轮廓，它是等边三角形，只是将其边角进行了倒圆，从而形成所谓的“等厚”多边形（图 12-8a）。多边形联接的轮毂需要磨削。P3G 轮廓不适合于负载滑移联接。

DIN 32712 规定的基本形状为 P4C 轮廓，它是一个正方形，它的角被一个同心圆柱体削去（图 12-8b）。这种轮廓特别适合负载（转矩）滑移联接。相对于 P3G 轮廓，其轴和毂之间的受载关系更为有利。多边形的尺寸和优先配合见 TB12-5。

初步设计所需的轮毂尺寸基准值由 TB12-1 查取。

㊀ 更精确的计算按 DIN 5466 T1（1997 年初稿）进行。

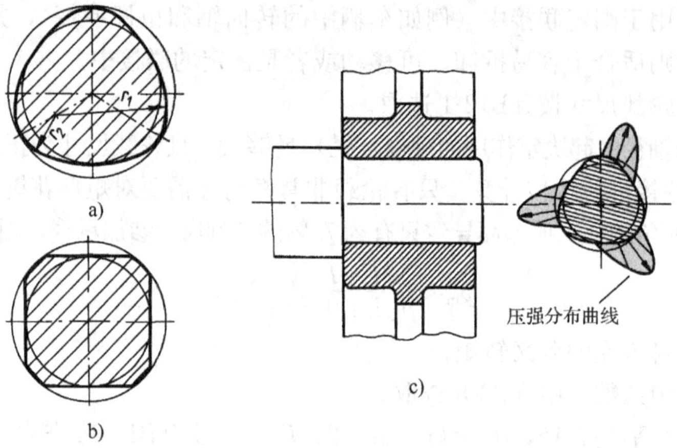

图 12-8　成形联接

a）P3G 轮廓（DIN 32711）　b）P4C 轮廓（DIN 32712）　c）应用示例

2. 计算　这类联接的计算根据 DIN 32711 或 DIN 32712 进行。根据下面的近似式计算的实际平均压强有足够的精度

$$\text{P3G 轮廓(DIN 32711)} \qquad p_m \approx \frac{K_A T_{nenn}}{l'(0.75\pi e_1 d_1 + 0.05 d_1^2)} \leqslant p_{zul}$$
$$\text{P4C 轮廓(DIN 32712)} \qquad p_m \approx \frac{K_A T_{nenn}}{l'(\pi e_r d_r + 0.05 d_r^2)} \leqslant p_{zul} \tag{12-3}$$

式中　T_{nen}——所要传递的名义转矩；

K_A——使用系数，由 TB3-5 查取；

$e_r = (d_1 - d_2/4)$——计算偏心距；

$d_r = d_2 + 2e_r$——计算理论直径；

d_1，d_2，e——轮廓尺寸，其值由 TB12-5 查取；

l'——齿的承载长度（≈毂的长度 L）；

p_{zul}——许用压强，其值由 TB12-1 查取。

毂的最小壁厚

$$s \geqslant c\sqrt{\frac{K_A T_{nenn}}{\sigma_{z\,zul} L}} \tag{12-4}$$

s，L	T_{nenn}	$\sigma_{z\,zul}$	$K_{A,c}$
mm	N·mm	N/mm^2	1

式中　c——轮廓系数，基准值为

P3G 轮廓：$c \approx 1.44$（当 $d_4 \leqslant 35mm$ 时）

$c \approx 1.2$（当 $d_4 > 35mm$ 时）

P4C 轮廓：$c \approx 0.7$

L——毂的长度；

$\sigma_{z\,zul}$——许用应力（$=R_e/S_F$ 或 R_m/S_B），S_F（S_B）的基准值由 TB12-1 查取，$R_e = K_t R_{eN}$，$R_m = K_t R_{mN}$［见式（3-7）］。

12.2.4　端面渐开线花键联接

如果一个零件作为整件加工很困难和不经济，或由不同的材料组成（例如由昂贵钢材制造的齿轮与轴端之间的联接；由不同材料制成的齿轮之间的联接），可以分开制造，然后通过加工在端面上的平面细齿花键刚性和同心地互相联接在一起（图 12-9a）。

空心（毂）零件可采用螺栓来进行轴向固定，图 12-9b 所示为锥齿轮与轴端之间的联接。

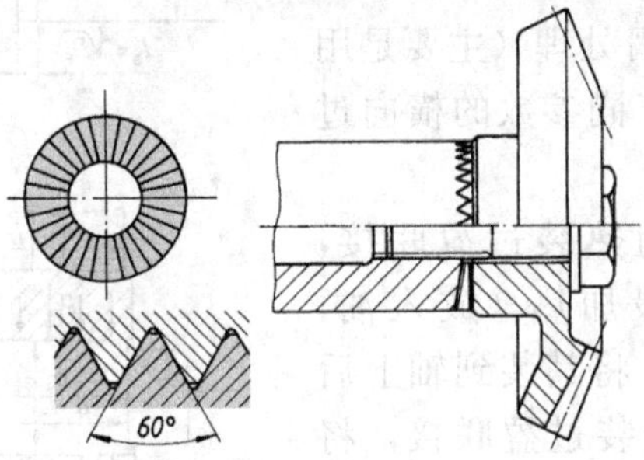

a)　　b)

图 12-9　端面渐开线花键联接（希尔斯联接）

a）基本形状　b）应用示例：锥齿轮与轴的联接

端面渐开线花键联接具有高分度精度、自动定心和耐磨性好等优点。它广泛应用于机床制造和一般机械制造的许多领域。

端面渐开线花键联接的设计计算按制造商的说明进行。

12. 2. 5　销联接

销联接作为轴毂联接只适合于传递无冲击小转矩。如图 12-10 所示，它分为横销联接和纵销联接两种。

销联接的计算见第 9 章。

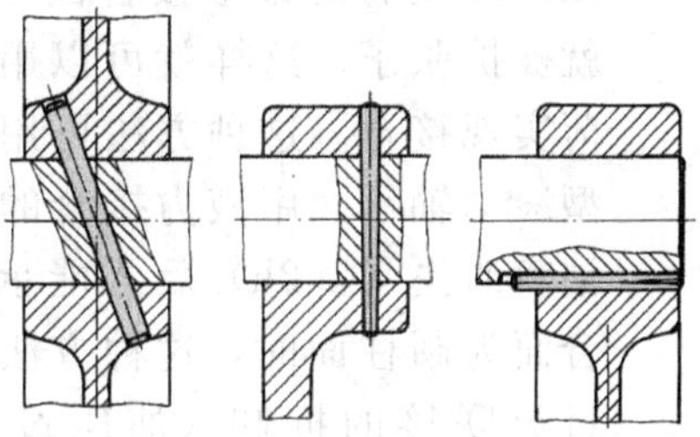

a)　　b)　　c)

图 12-10　销联接

a)、b) 横销联接　c) 纵销联接

12. 3　力封闭轴毂联接

12. 3. 1　圆柱面过盈联接

1. 结构和设计　过盈联接通过将有过盈 $\ddot{U}$ 的两个零件接合在一起而形成。它在接合圆周上产生均布的接合压强 p_f，由此形成接合力可承受交变和冲击转矩以及轴向载荷。过盈连接主要用作不可拆联接（例如飞轮、带轮、联轴器与轴的联接，滑轮和齿轮齿圈与轮芯的联接，以及轴承外圈与轴承孔之间的联接）。形成联接后就不可能再调整零件之间的位置。

过盈联接具有简单和成本低的特点。在联接的交界区域处，光轴上会产生与压力有关的强烈应力集中，应在结构设计中采取措施来加以避免，如将位于轮毂中的轴段加粗（大约 10%～20%），将轴冷作硬化或表面硬化（图 12-11）。

根据接合方式的不同，过盈联接分为：

—纵向过盈联接，在这类联接中，通过冷压的方式沿纵向互相接合。重要的是轴端应倒角，以免在接合时产生刮伤（倒角≤5°，倒角长度 $l_e \approx \sqrt[3]{D_F}$，$D_F$为接合面直径）。只有经过一定的接合时间（约为 24h）后才能达到完全的接合力。由于在压入时对接合面要进行光滑处理（主要是用油），会使接合力小于同参数的横向过盈联接。

—横向过盈联接，作为热装过盈联接，在接合前，先将轮毂加热（放入油、电或气体加热炉中），将其装到轴上后冷却收缩，或作为冷装过盈联接，将轴冷却（在干冰中约为－78℃，在液态氮中约为－196℃），然后将轴上零件装入。

—油压联接，在这类联接中，将油用高压压入较弱的锥形接合面之间。轮毂就被扩张了，这样就可以用较小的载荷实现接合。这种方法可用来装拆大型滚动轴承。用液力接合的联接要等油膜消失（≥2h）后才能承载。当配合面为圆柱面时，这种方法只能用于过盈联接的拆卸（油压过盈联接见 DIN 15055）。压入轮毂尺寸的基准值见 TB12-1。

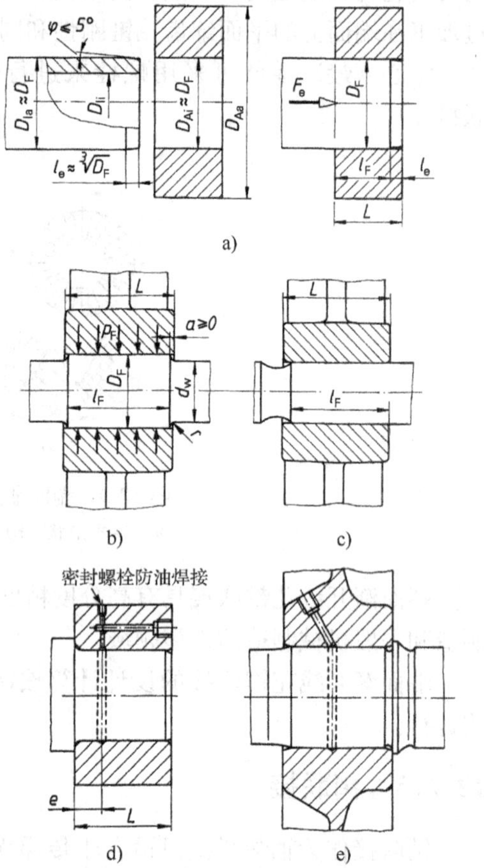

图 12-11　过盈联接

a）轴向过盈联接，接合前后　b）横向过盈联接，轴经过加粗　c）轴上制卸载槽　d）轴端的油压联接，轴上开有环形槽，$L \leqslant 100$mm，$e \approx (0.3 \sim 0.4)L$　e）油压联接，带有顶住轮毂的轴环，在轮毂上开环形槽

过盈联接主要承受脉动或对称循环扭转，而且常常还作用有回转弯曲。这类联接应进行结构优化设计以降低联接失效所带来的损害。具体来讲，应注意以下几点：

—降低边沿区域的应力集中。只要按图 12-11 取 $D_F/d_w \approx 1.1$ 和 $r/(D_F - d_w) \approx 2$ 以及边沿距离 $a \geqslant 0$，则可得到有利的应力比。（$a < 0$ 是不利的，应加以避免）。

—增加变形刚度。这类联接应使变形刚度相对较大，（毂没有外卸载槽），否则在受振动力矩时，在接合边缘上会产生局部的微滑移，从而导致在接合面上产生摩擦腐蚀（引发微裂纹）。

—尽量采用实心轴。它比空心轴更为有利。特别是受大的对称循环或回转弯矩时应避免采用空心轴。

—在过盈联接接合面的内、外零件上不要有槽或穿孔，绝对不允许有键槽。

—轮毂的弹性模量应小于或等于轴的弹性模量；可能的话，在轴与轮毂之间置入一个轴环。

—使接合面的附着系数尽可能高（例如在横向过盈联接中，装配前应除去油脂）。在纵向过盈联接中，只能将接合面略为涂油，因为这类联接在弹塑性变形时存在接合面缝隙锈蚀的危险。也可以通过使接合面的 Rz 很小（例如通过研磨）来实现高附着系数的目的。

—若要将零件压入不通孔，应开通气孔。

若附加采用粘结剂（例如乐泰粘结剂），由于粘结剂对表面粗糙谷底的硬化作用，扩大了承载面积的比例，从而可提高承载转矩。

2. 计算⊖　过盈联接的计算思路是：两个圆柱体零件（轴和毂）在接合时有过盈 $\ddot{U}$，产生接合压强 p_F，它会在毂和轴上产生径向和切向应力（见图 12-12），从而使摩擦封闭传递载荷成为可能。

对于纯弹性压强，作为内零件的轴为空心轴，且直径比为 $Q_A=(D_F/D_{Aa})<1$ 或 $Q_I=(D_{Ii}/D_F)<1$ 时，应力按下面各式计算：

对于外零件
$$\sigma_{tAi}=p_F\frac{1+Q_A^2}{1-Q_A^2};\quad \sigma_{tAa}=p_F\frac{1+Q_A^2}{1-Q_A^2}-p_F;\quad |\sigma_{rAi}|=|p_F| \tag{12-5}$$

对于内零件
$$-\sigma_{tIi}=p_F\frac{1+Q_I^2}{1-Q_I^2}+p_F=\frac{2p_F}{1-Q_I^2};\quad -\sigma_{tIa}=p_F\frac{1+Q_I^2}{1-Q_I^2};\quad |\sigma_{rIa}|=|p_F| \tag{12-6}$$

如图 12-12 所示，过盈联接的危险面为外零件的内表面，或薄壁空心轴内零件的内表面。这些位置处的切向应力 σ_t 和径向应力 σ_r 可在计入其正负号的情况下合成为相当应力。根据 DIN 7190，采用最大切应力强度理论（SH）$\sigma_v=2\tau_{max}=\sqrt{(\sigma_t-\sigma_r)^2+4\tau^2}$（$\tau$ 很小，可忽略）。对于弹性金属，由于该强度理论相对于畸变能密度理论（GEH）精度较差，将流动极限按 GEH 以 $\tau_{max}\leqslant\tau_F=R_e/\sqrt{3}$ 代入（MSH）⊜，这样就得到了弹性过盈联接的强度条件为

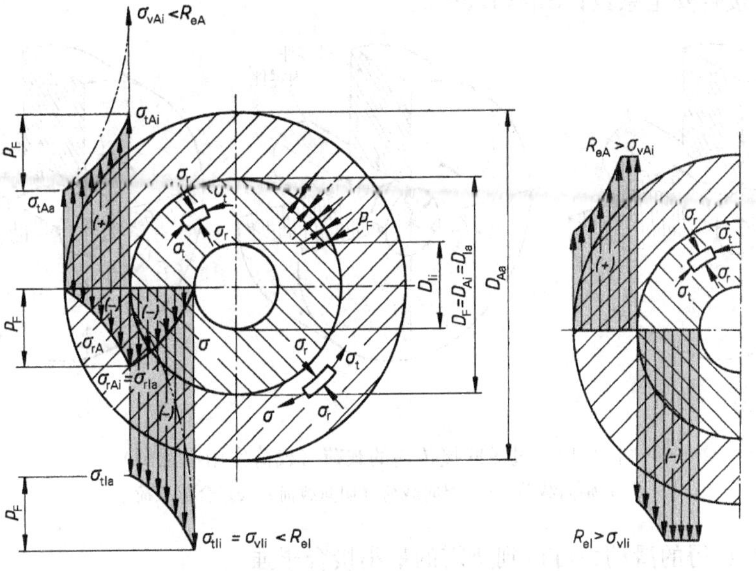

a)　　b)

图 12-12　过盈联接的应力分布

a）弹性过盈联接　b）弹塑性过盈联接

⊖ 采用下列符号为下标来标注两个接合零件：A（外零件，例如毂）；I（内零件，例如轴）；a（外）；i（内）；t（切向）；r（径向）；F（接合面）。

⊜ MSH 为修正最大切应力强度理论，用该理论可以简单地计算弹塑性过盈联接。

对于外零件　$\sigma_{vAi}=\dfrac{2p_F}{1-Q_A^2}\leqslant\dfrac{2}{\sqrt{3}}\dfrac{R_{eA}(\text{或}R_{p0.2A})}{S_{FA}}$

对于内零件　$\sigma_{vIi}=\sigma_{tIi}=\left|-\dfrac{2p_F}{1-Q_I^2}\right|\leqslant\dfrac{2}{\sqrt{3}}\dfrac{R_{eI}\ (\text{或}R_{p0.2I})}{S_{FI}}$　　(12-7)

式中　R_e（或 $R_{p0.2}$）——外或内零件材料的屈服点或0.2-拉伸极限；对于脆性材料，例如片墨铸铁，用 R_m 代替 R_e；$R_e=K_tR_{eN}$；$R_m=K_tR_{mN}$［见式（3-7）］；

Q_A，Q_I——直径比，$Q_A=D_F/D_{Aa}$，$Q_I=D_{Ii}/D_F$；

p_F——接合区域的压强；

S_F——抗塑性变形安全系数，对于塑性材料：$S_F\approx1\sim1.3$；对于脆性材料：$S_F\approx2\sim3$。

提示：R_e（或 R_m）与毛坯尺寸有关。对于灰铸铁件，其值决定于铸造毛坯的最大壁厚，对于轧制齿轮毛坯，决定于零件壁厚 t（由 TB3-11e 查取）。

当内零件为实心轴时，$Q_I=0$，$\sigma_{vI}=-p$（实心轴的切向应力处处为 $\sigma_{tI}=-p$）。

出于安全考虑，在进行过盈联接设计时应按较小的滑动力 F_R 计算，这样，可使导致过盈联接松开的起始松开载荷 F_L 更大（$F_R\approx0.66F_L$）。

为了更安全地传递外载荷，根据相应的工作条件，设滑动力有轴向、周向和合成等方向，见图12-13：

$$F_{Rl}=(K_AS_H)F_l\ \text{或}\ F_{Rt}=(K_AS_H)F_t\ \text{或}\ F_{R\,res}=(K_AS_H)F_{res}\qquad(12\text{-}8)$$

式中　K_A——考虑动载荷的使用系数，其值由 TB3-5 查取；

S_H——接合安全系数；$S_H\approx1.5\sim2$。

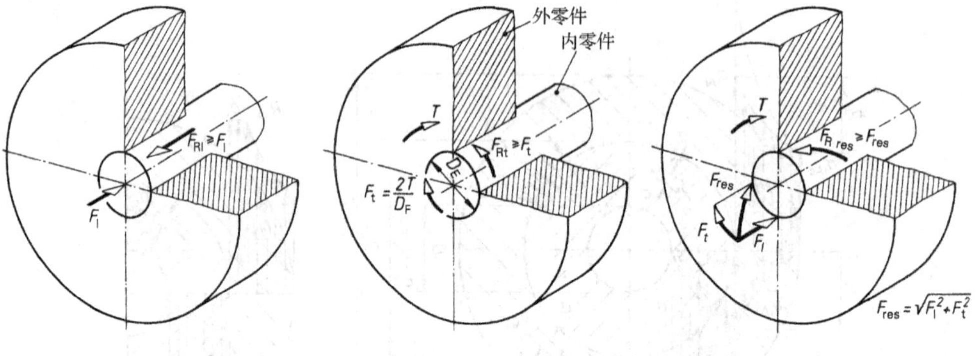

图12-13　过盈联接传递的载荷（载荷作用示意图）

a）轴向载荷　b）周向载荷（切向载荷）　c）合成载荷

根据式（12-8）算得的滑动力可得到所需的最小接合压强

$$p_{Fk}=\frac{F_{Rl}}{A_F\mu};p_{Fk}=\frac{F_{Rt}}{A_F\mu};p_{Fk}=\frac{F_{R\,res}}{A_F\mu}\qquad(12\text{-}9)$$

式中　A_F——接合面积，$A_F=D_F\pi l_F$；

μ——抗滑动的接合系数，其值由 TB12-6a 查取。

为了产生上述所需接合压强，联接件所需弹性变形按胡克定律 $\varepsilon=\sigma/E$ 计算。泊松比 $\nu=1/m=\varepsilon_q/\varepsilon<1$，则外零件的内表面的切向应变为

$$\varepsilon_{\mathrm{Ai}}=\frac{p_{\mathrm{F}}}{E_{\mathrm{A}}}\left(\frac{1+Q_{\mathrm{A}}^{2}}{1-Q_{\mathrm{A}}^{2}}+\nu_{\mathrm{A}}\right) \tag{12-10}$$

类似地，内零件的外表面（负）应变为

$$-\varepsilon_{\mathrm{Ia}}=\frac{p_{\mathrm{F}}}{E_{\mathrm{I}}}\left(\frac{1+Q_{\mathrm{I}}^{2}}{1-Q_{\mathrm{I}}^{2}}-\nu_{\mathrm{I}}\right) \tag{12-11}$$

由上述方程在考虑到 $\varepsilon_{\mathrm{Ia}}$ 的符号后，可得到绝对接合量（有效过盈）为 $Z=D_{\mathrm{F}}(\varepsilon_{\mathrm{Ai}}+\varepsilon_{\mathrm{Ia}})$。

计算辅助系数

$$K=\frac{E_{\mathrm{A}}}{E_{\mathrm{I}}}\left(\frac{1+Q_{\mathrm{I}}^{2}}{1-Q_{\mathrm{I}}^{2}}-\nu_{\mathrm{I}}\right)+\frac{1+Q_{\mathrm{A}}^{2}}{1-Q_{\mathrm{A}}^{2}}+\nu_{\mathrm{A}} \tag{12-12}$$

则与最小接合压强对应的最小接合量为

$$Z_{\mathrm{k}}=\frac{p_{\mathrm{Fk}}D_{\mathrm{F}}}{E_{\mathrm{A}}}K \tag{12-13}$$

式中　ν——泊松比，其值由 TB12-6b 查取；

E——弹性模量，其值由 TB12-6b 查取；

K——辅助系数。常用材料实心轴（$Q_{\mathrm{I}}=0$）的 K 值由 TB12-7 的线图查取。

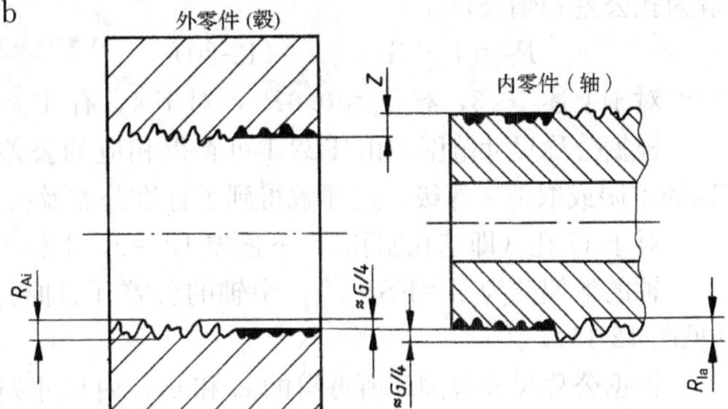

图 12-14　接合面磨平

由于联接件表面粗糙度 Rz 在接合过程中部分由于弹性、部分由于塑性变形而被磨平（图 12-14），因此取最小接合量（实际过盈量）作为过盈量是不够的。根据经验，接合时接合直径表面的磨平量 G 为

$$G\approx 0.8(Rz_{\mathrm{Ai}}+Rz_{\mathrm{Ia}}) \tag{12-14}$$

式中　Rz_{Ai}，Rz_{Ia}——外零件和内零件接合面上的平均粗糙度 Rz；其值由 TB2-12 查取

由此得到接合前可测量的最小过盈量为

$$\ddot{U}_{\mathrm{u}}=Z_{\mathrm{k}}+G \tag{12-15}$$

根据强度条件，零件接合时在外零件内部所产生的相当应力 σ_{vAi} 和空心轴内零件内部所产生的相当应力 σ_{vIi} 不许超过材料的极限值，由式（12-7）即可得到最大许用压强

$$\begin{aligned}&\text{外零件} && p_{\mathrm{Fg}}\leqslant\frac{R_{\mathrm{eA}}(\text{或 }R_{\mathrm{p\,0.2A}})}{S_{\mathrm{FA}}}\,\frac{1-Q_{\mathrm{A}}^{2}}{\sqrt{3}}\\ &\text{空心内零件} && p_{\mathrm{FgI}}\leqslant\frac{R_{\mathrm{eI}}(\text{或 }R_{\mathrm{p\,0.2I}})}{S_{\mathrm{FI}}}\,\frac{1-Q_{\mathrm{I}}^{2}}{\sqrt{3}}\\ &\text{实心内零件} && p_{\mathrm{FgI}}\leqslant\frac{R_{\mathrm{eI}}(\text{或 }R_{\mathrm{p\,0.2I}})}{S_{\mathrm{FI}}}\,\frac{2}{\sqrt{3}}\end{aligned} \tag{12-16}$$

式中　R_{e}（或 $R_{\mathrm{p\,0.2}}$），Q_{A}，Q_{I}，S_{F}——见式（12-7）。

对于进一步计算总是 p_{Fg} 或 p_{FgI} 的较小值起决定作用。由此得到最大许用接合量（有效过盈量）为

$$Z_{\mathrm{g}}=\frac{p_{\mathrm{Fg}}D_{\mathrm{F}}}{E_{\mathrm{A}}}K \tag{12-17}$$

和接合前可测得的最大许用过盈量为

$$\ddot{U}_o = Z_g + G \tag{12-18}$$

由过盈量 $\ddot{U}_o$ 和 $\ddot{U}_u$ 可得到可能的尺寸分布带和配合公差 P_T，见图 12-15：

$$P_T = \ddot{U}_o - \ddot{U}_u \tag{12-19}$$

考虑到量规检测极限，选择配合时按 ISO 推荐如下的基孔制配合：

1）孔 H6，轴取 5 级公差。

2）孔 H7，轴取 6 级公差。

3）孔 H8，轴取 7 级公差。

4）孔 H8、H9 等，轴取相同的公差等级。

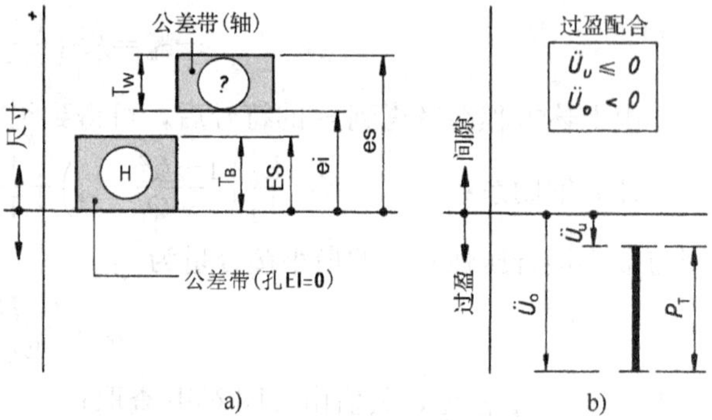

图 12-15　极限与配合

a）配合公差 P_T 示意图　b）基孔制轴和孔的公差带位置

在实际选择时，要将配合公差 P_T 分解为孔公差和轴公差：

$$P_T = T_B + T_W \tag{12-20}$$

对于上述 1～3，有 $T_B \approx 0.6P_T$，对于 4，有 $T_B \approx 0.5P_T$。

根据公称尺寸范围，由 TB2-1 可查得相应的公差，出于安全系数考虑，应取所算出的 T_B 的下限或取下一等级。这样就得到了标准公差及孔公差带。

对于 H 孔（即基孔制孔），下偏差 EI=0，上偏差为 $ES = T_B$。

轴的下偏差为 $ei = ES + \ddot{U}_u$；由轴的公差 T_W 即得其上偏差为 $es = ei + T_W$ 或 $es = EI + \ddot{U}_o$（见图 12-15）。

根据公称尺寸范围和所算得的 ei 和 es，由尺寸偏差表 TB2-2 和 TB2-3 查取比计算值大或下一列的轴的公差值，在这过程中，应尽可能遵守式（12-19）的推荐。

对于弹性过盈联接，应满足：

$$P_{T(计算值)} \geqslant (T_{B(选取值)} + T_{W(选取值)})$$

提示：如果 $P_{T(计算值)} < (T_{B(选取值)} + T_{W(选取值)})$，则过盈联接可能进入材料的弹塑性范围。这会降低应力 σ_{tAi} 或 σ_{tIi}，这有利于降低应力峰值，特别是对于钢联接可使应力分布更均匀。根据材料性能的不同，可使 P_T 更大，直到公差等级 11 级。当出现不经济的过小的配合公差 P_T 时，也就是说，这时应选小于 5 级的公差等级或很小的表面粗糙度，这点就特别有用。对于小型企业，低精度的表面质量容易达到，这种弹塑性过盈联接容易制造。

弹塑性过盈联接的设计计算见 DIN 7190。

由所选择的配合可得有效过盈量为 $\ddot{U}'_u = ei - ES$；$\ddot{U}'_o = es - EI$，即实际接合量为 $Z'_k = \ddot{U}'_u - G$ 和 $Z'_g = \ddot{U}'_o - G$。

由于弹性过盈联接的应力和应变存在线性关系，可以用方程 $p'_{Fk}/p_{Fk} = Z'_k/Z_k$ 或 $p'_{Fg}/p_{Fg} = Z'_g/Z_g$ 来计算有效接合压强 p'_{Fk} 和 p'_{Fg} 以及有效滑动力 $F'_R = p'_{Fk}A_F\mu$［见式（12-9）］和计算有效接合安全系数 $S'_H = F'_R/(K_AF)$。

将上述各方程稍作变化即可用来确定给定的过盈联接所能传递的最大转矩。应以“较弱”材料的许用接合压力为准进行计算［见式（12-16）］。

上述计算公式适用于圆柱形零件且直径 D_{Aa} 不变。对于外零件有不同的直径 D_{Aa} 的过盈联接（见图 12-17），应按与外径（$D_{Aa1} \sim D_{Aan}$）相对应的每部分长度（$l_{F1} \sim l_{Fn}$）分别计算各自所能传递的力矩（$T_1 \sim T_n$），然后相加得到总承载力矩 $T_{ges} = T_1 + T_2 + \cdots + T_n$。

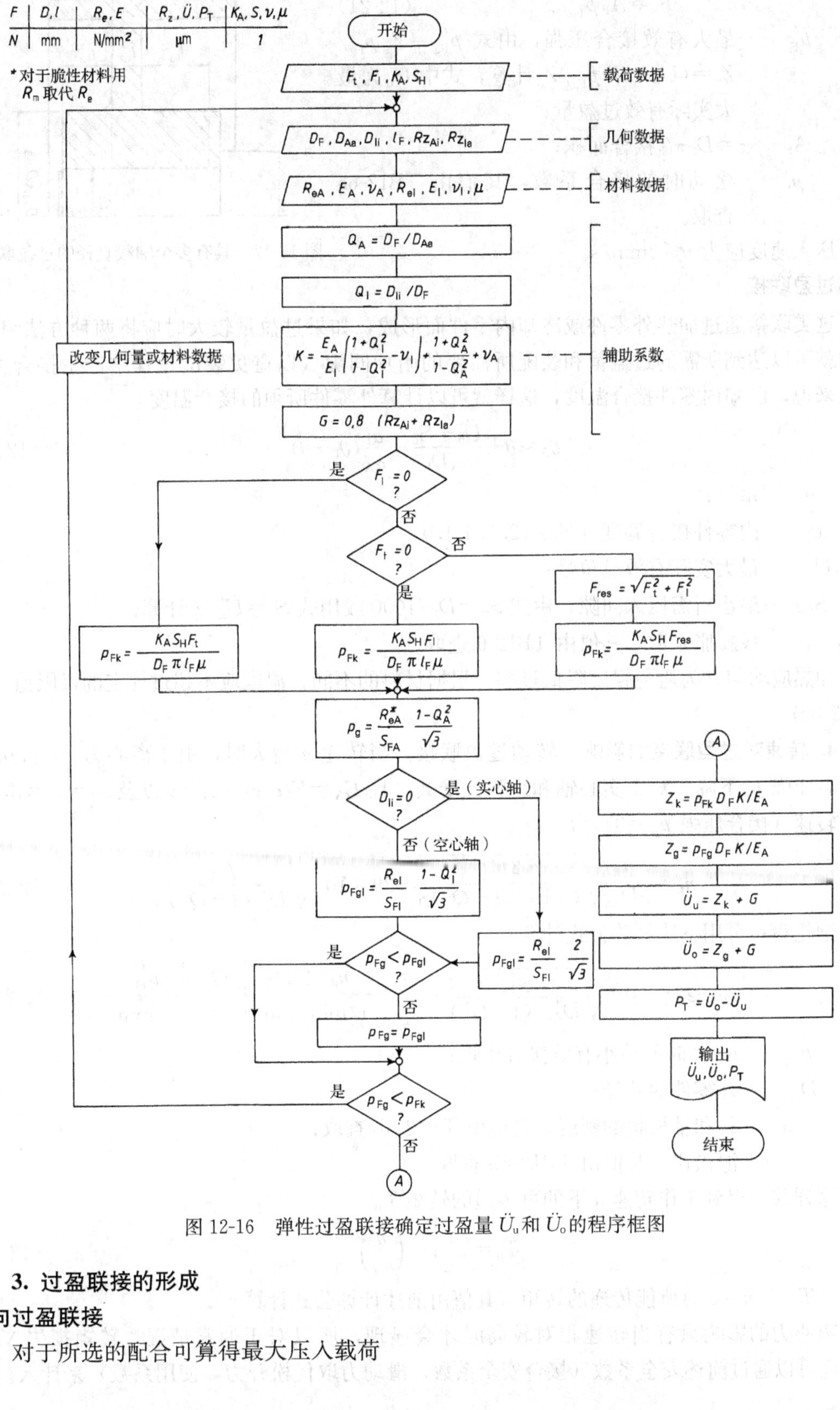

图 12-16　弹性过盈联接确定过盈量 $\ddot{U}_u$ 和 $\ddot{U}_o$ 的程序框图

3. 过盈联接的形成

纵向过盈联接

对于所选的配合可算得最大压入载荷

$$F_e = A_F p'_{Fg} \mu_e \tag{12-21}$$

式中 p'_{Fg}——最大有效接合压强，由式 $p'_{Fg}=Z'_g p_{Fg}/Z_g=(\ddot{U}'_o-G)p_{Fg}/Z_g$ 计算，式中 $\ddot{U}'_o$ 为最大实际有效过盈量；

A_F——$=D_F\pi l_F$ 接合面积；

μ_e——松动时的接合系数，其值由 TB12-6a 查取。

压入速度应为 $v\leqslant 2$mm/s。

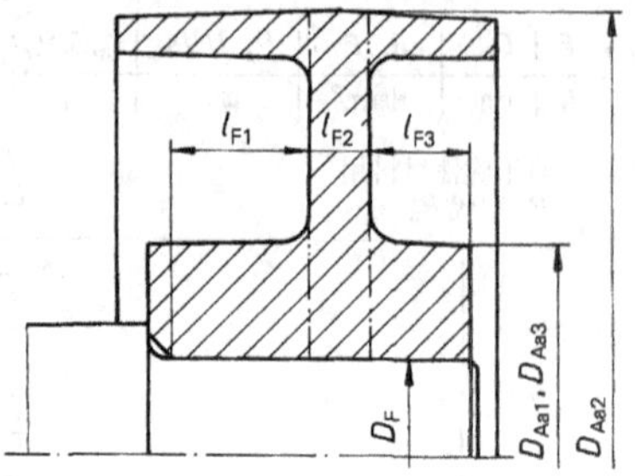

图 12-17 具有多个轴毂直径的过盈联接

横向过盈联接

这类联接通过加热外零件或冷却内零件而形成，如果过盈量较大时应将两种方法组合，这样就可以达到所需的过盈量和装配所需要的附加间隙（以避免装配过程中产生接合力）。一般来说，已知内零件接合温度，这样就可以计算外零件所须的接合温度

$$\theta_A \approx \theta + \frac{\ddot{U}'_o + S_u}{\alpha_A D_F} + \frac{\alpha_I}{\alpha_A}(\theta_I - \theta) \tag{12-22}$$

式中 θ——室温；

θ_I——内零件接合温度（见§12.3.1-1.）；

$\ddot{U}'_o$——最大实际有效过盈量；

S_u——最小所需压入间隙，由式 $S_u=D_F/1000$ 或用式 $S_u=\ddot{U}'_o/2$ 计算；

α_A，α_I——线膨胀系数，其值由 TB12-6 查取。

加热应均匀，为避免强度降低过多，根据材料的不同，温度应不超过规定的极限值（见 TB12-6c）。

4. 转速对过盈联接的影响 转动过盈联接，当转速 n 增大时，由于离心力 $F_z=mr\omega^2$，使接合压强 p_F 下降。对于实心轴和纯弹性受载，且 $E_A=E_I$；$\nu_A=\nu_I=\nu$ 以及 $\rho_A=\rho_I=\rho$，其极限转速（接合压强 $p_F=0$）为

$$n_g = \frac{2}{\pi D_{Aa}}\sqrt{\frac{2p'_{Fk}}{(3+\nu)(1-Q_A^2)\rho}} \approx 29\times 10^6\sqrt{\frac{p'_{Fk}}{D_{Aa}^2(1-Q_A^2)\rho}} \tag{12-23a}$$

对于钢轮毂，可用下述经验公式计算

$$n_g \approx 34\times 10^4\sqrt{\frac{p'_{Fk}}{D_{Aa}^2\ (1-Q_A^2)}} \tag{12-23b}$$

n_g	D_{Aa}	Q_A	p'_{Fk}
r/min	mm	1	N/mm²

式中 p'_{Fk}——$n=0$ 时的最小有效接合压强；

D_{Aa}——外零件的外径；

ρ——毂和轴材料的密度，其值由 TB12-6b 查取；

ν——泊松比，其值由 TB12-6b 查取。

这样就可得到工作转速 n 下的可传递的转矩 T_n

$$T_n = T\left[1-\left(\frac{n}{n_g}\right)^2\right] \tag{12-24}$$

式中 T——$n=0$ 时所能传递的转矩（其值由前述计算公式计算）。

离心力的影响只有当转速相对较高时才会显现，所以对于通常情况，转矩损失 $\Delta T=T-T_n$ 可以通过前述安全系数（接合安全系数，滑动力取代松开力，使用系数）来计入。

12.3.2　圆锥面过盈联接

1. 结构和设计　圆锥面联接主要用于齿轮、带轮和联轴器轮毂与轴端，工具（例如钻头）与机床主轴以及滚动轴承（带弹性套或夹紧套）与轴之间的联接。它能保证精确的对心性，这样可使运转精度高、噪声低。联接形成后，被联接件轴向窜动和调整是不可能的。

圆锥体的锥度可用锥比 C（其值见 TB12-8）来表达（见图 12-18）

$$C=\frac{1}{x}=\frac{D_1-D_2}{l} \tag{12-25}$$

锥角 $\alpha/2$（导角）

$$\tan\left(\frac{\alpha}{2}\right)=\frac{D_1-D_2}{2l} \tag{12-26}$$

式中　D_1，D_2——锥体的大、小直径；

l——锥高。

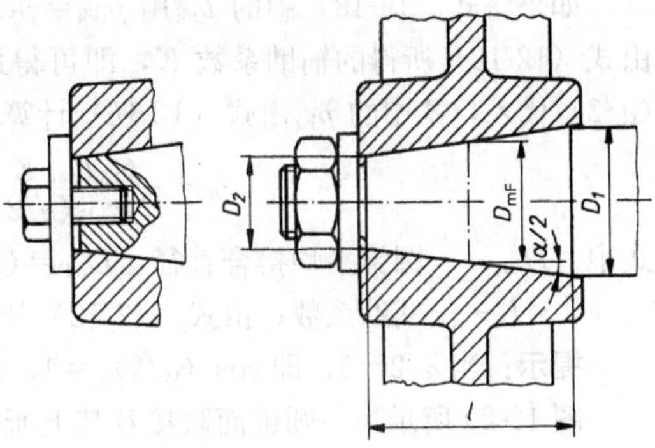

图 12-18　圆锥面联接

为减少加工刀具和方便检测，应尽可能采用标准锥体，例如，对于轮毂和类似零件：圆锥形轴端取 $C=1:10$，外螺纹按 DIN 1448（TB11-2）规定，与之配对的内螺纹按 DIN 1449 的规定；对于工具：米制工具圆锥取 $C=1:20$ 和莫尔斯圆锥取 $C=1:19.212\sim1:20.02$（按 DIN 228 规定）。详细说明和其他圆锥见 TB12-8。当锥比 $C\leqslant1:5$ 时会形成自锁的圆锥面过盈联接。

在加工内外锥时，即使是对于相同的导角，也会出现与制造条件有关的偏差（在许用公差范围内），它对计算结果会产生影响。与 DIN 1448 相反（见 TB11-2），对于正确设计制造的圆锥面过盈联接，不应该再附加平键联接，因为当联接第一次受转矩 T 时，张紧的外零件在内零件上会沿螺旋线方向窜动。平键会破坏这个自然的过程，从而导致不能形成摩擦封闭的联接。附加的平键仅仅只能用作内外零件之间的定位，当然它是以牺牲摩擦封闭的可靠性为代价的。圆锥面联接装配时应施加少量的机油。在第一次承受转矩 T 之后，应将压紧螺栓或螺母相应的拧紧。

2. 计算　下列计算是以理想条件为前提的，即内外零件的导角（$\alpha/2$）相同（见图 12-18），且没有加工偏差（公差 T=0）。

圆锥面联接（圆锥面过盈联接）可以通过螺栓，螺母将外和内零件沿轴向张紧或在热装时将加热过的外零件有控制地装上而形成。如图 12-19 所示，接合零件之间沿轴向的相对移动 a（装入量）会导致横向变形，并由此在有效接合面积上产生相应的接合压强 p_F。

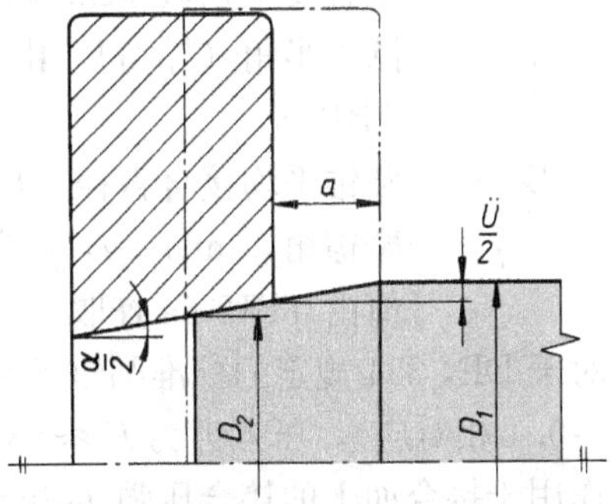

图 12-19　为产生必需的接合压强所需的装入量

根据图 12-19，在考虑到由式（12-14）算得的压平量 G 后，由所要传递的转矩可算得 a_{min}，由“较弱”零件的许用接合压力（压强）可得 a_{max}：

$$a_{\min}=\frac{\ddot{U}_{\mathrm{u}}/2}{\tan(\alpha/2)}=\frac{(Z_{\mathrm{k}}+G)/2}{\tan(\alpha/2)};\quad a_{\max}=\frac{\ddot{U}_{\mathrm{o}}/2}{\tan(\alpha/2)}=\frac{(Z_{\mathrm{g}}+G)/2}{\tan(\alpha/2)} \tag{12-27}$$

将 $D_F=D_{mF}$（平均接合直径）代入圆柱面过盈联接的公式计算装入量 a。

如果将式（12-13）中的 p_{Fk} 用 $p_{rFk}=p_{Fk}/\cos(\alpha/2)$（最小径向接合压强）代入，再加上由式（12-12）所得的辅助系数 K，即可得最小接合量 Z_k，类似地，将 p_{Fg} 用 $p_{rFg}=p_{Fg}/\cos(\alpha/2)$ 代入，式中的 p_{Fg} 由式（12-16）计算，即可得最大许用接合量 Z_g

$$Z_{\mathrm{k}}=\frac{p_{\mathrm{Fk}}D_{\mathrm{mF}}K}{E_{\mathrm{A}}\cos(\alpha/2)};\quad Z_{\mathrm{g}}=\frac{p_{\mathrm{Fg}}D_{\mathrm{mF}}K}{E_{\mathrm{A}}\cos(\alpha/2)} \tag{12-28}$$

式中 D_{mF}——圆锥平均接合直径，$D_{mF}=(D_1+D_2)/2$；

K——辅助系数；由式（12-12）计算或由 TB12-7 查取。

提示： 当 $\alpha/2=0$，即 $\cos(\alpha/2)=1$，即为圆柱面过盈联接！

图 12-20 所示为一圆锥面联接及其上所受载荷，为简化起见，将载荷集中作用于圆锥体平均直径处。对于摩擦封闭联接，摩擦力矩 $M_R\geqslant T$（外转矩）。作用于平均直径处的圆周摩擦力为

$$F_{Rt}=F_R=F_N\mu$$

所以

$$M_R=F_RD_{mF}/2=F_N\mu D_{mF}/2\geqslant T$$

这样就得到了所需的压紧力（即法向力）$F_N\geqslant 2T/(\mu D_{mF})$

如图 12-20 所示，F_{res}（F_N 和 F_R 的合成载荷）为

$$\sin(\alpha/2+\rho)=F_e/F_{res} \text{ 和 } F_{res}=F_N/\cos\rho$$

式中，$F_N=2T/(\mu D_{mF})$，$\mu=\tan\rho=\sin\rho/\cos\rho$，考虑到工作条件，得到能可靠传递转矩 $T=T_{nenn}$ 所需的压入力为

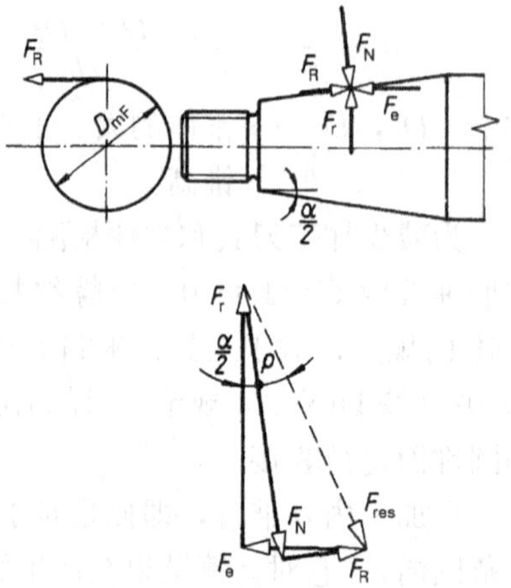

图 12-20 圆锥上的载荷

$$F_e\geqslant\frac{2K_AS_HT_{nenn}}{D_{mF}\mu}\,\frac{\sin(\rho+\alpha/2)}{\cos\rho}=\frac{2K_AS_HT_{nenn}}{D_{mF}}\,\frac{\sin(\rho+\alpha/2)}{\sin\rho} \tag{12-29}$$

式中 T_{nenn}——联接所要传递的名义转矩；

K_A——使用系数，由 TB3-5 查取；

S_H——接合安全系数，$S_H\approx1.2\sim1.5$；

$\alpha/2$——圆锥半角（导角），由式（12-26）计算，标准圆锥角 α 按 DIN 254 规定，见 TB12-8；

D_{mF}——圆锥平均接合直径，$D_{mF}=(D_1+D_2)/2$；

ρ——摩擦角，$\tan\rho=\mu$，μ 为抗滑动的接合系数，与接合面的润滑状态有关，其值由 TB12-6a 查取。

对于 DIN 254 规定的标准圆锥 $C=1:10$，近似计算可取 $\alpha\approx6°$ 和 $\rho\approx3°\sim6°$（与 $\mu_e\approx0.05\sim0.1$ 相对应），压入力为 $F_e\approx(3\sim4)K_AS_HT_{nenn}/D_{mF}$。

作用于接合面上的接合压强 p_F 决定于压入力，压入力将要接合零件压到一起。由于圆锥面联接的压入力沿接合圆周可视为近似均匀分布，由 $p_F=F_N/A_F=F_N/(D_{mF}\pi l_F)$，式中 $l_F=l/\cos(\alpha/2)$ 和 $F_N=F_e\cos\rho/\sin(\rho+\alpha/2)$（见图 12-19），可得接合压强为

$$p_F=\frac{F_e\cos\rho\cos(\alpha/2)}{D_{mF}\pi l\sin(\rho+\alpha/2)} \tag{12-30}$$

只有当锥角比较小时，弹性环才能实现自动对心，由于会产生自锁，内环或外环和压紧环之一应加工成可拆除结构（图 12-22c）。

弹性环联接主要用于径向尺寸较小的情况下，只要装拆得当，可以反复使用。如果在内环上压紧，压紧力较小，毂在轴向位移很小。如果毂较长，在两组弹性环之间放置隔离套，有利于更好地对称压紧（图 12-22b），力矩通过压强最小的、最后的弹性环由毂传递到轴上。

在实际中，轴和毂孔的公差如下：

对于轴径 $d\leqslant 40$mm：轴 h6，毂孔 H7

对于轴径 $d>40$mm：轴 h8，毂孔 H8

推荐与环接合处的表面粗糙度为 $Rz\leqslant 6\mu$m。

圆锥胀紧套

由于在工业中用途广泛，圆锥胀紧套作为一个可直接装配的组件相应地做成各种结构形状（见图 12-23）。只要圆锥面足够大和制造精度足够高（特别是有四个锥面（图 12-23c）的胀紧套成本很高），圆锥胀紧套会自动对心，具有高的圆周旋转精度，且可以反复使用。

在大多数情况下，胀紧套的锥形环都开槽。这样它可以比不开槽的弹性环有更大的配合间隙，这样就允许更大的公差，但是，另一方面，潮湿也容易侵入。推荐过盈面的公差为：轴 h8 和毂孔 H8。

根据胀紧套类型不同，粗糙度为 $Rz\leqslant 10\mu$m 或 $Rz\leqslant 16\mu$m。

计算

弹性环联接

图 12-24a 所示为弹性环的受力图。该联接所能传递的转矩与轴向压紧力 F_{sp} 直接相关，它由克服配合间隙所需载荷和产生卡紧所需载荷合成。但是该载荷很难计算出，因为它与实际配合间隙和摩擦状态有关；而且它也不是可以任意大小的，而是必须按轮毂的许用接合压强来确定其大小（如果是空心轴，有时也决定于轴的许用压强）。在实际中，很少计算张紧力和可传递的最大转矩以及轴向力，而是到表格中查取，这种表格由制造商根据试验制作。TB12-9 给出了弹性环与轴之间压强为 100N/mm² 时，一组弹性环所需的张紧力和可传递的力/力矩。

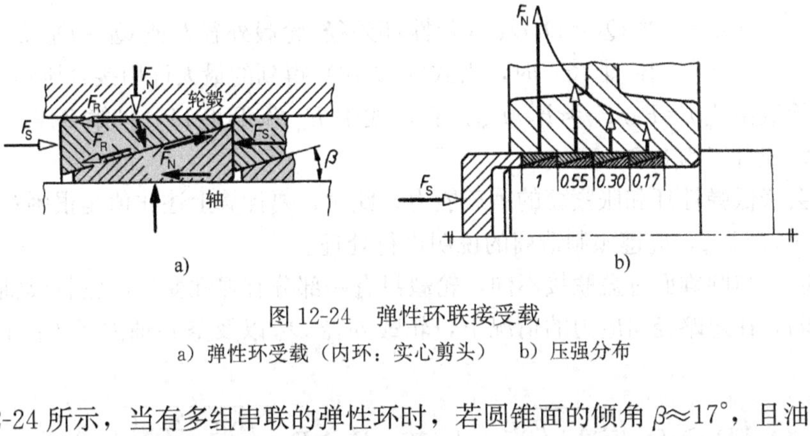

a)　　b)

图 12-24　弹性环联接受载

a）弹性环受载（内环：实心剪头）　b）压强分布

如图 12-24 所示，当有多组串联的弹性环时，若圆锥面的倾角 $\beta\approx 17°$，且油润滑，摩擦因数 $\mu\approx 0.12$，压紧力会急剧下降，其比值大约为 1∶0.55∶0.30∶0.17。因此，当压紧力相同时，组数提高对提高表中数值的作用很小，所以串联弹性环一般不超过 3 组。

联接所能传递的转矩 T_{ges} 及轴向力 F_{ages}：

$$\begin{aligned} T_{ges} &= T_{Tab}\ f_n \geqslant T_{eq} \\ F_{a\ ges} &= F_{a\ Tab}\ f_n \geqslant F_{a,eq} \end{aligned} \tag{12-33}$$

若要同时传递转矩 T_{eq} 和轴向力 $F_{a,eq}$，必须保证按式（12-34）计算的合成力矩 T_{res} 小于可传递的力矩 T_{ges}，否则联接就失效了：

$$T_{ges} = T_{Tab}\ f_n \geqslant T_{res} \approx \sqrt{T_{eq}^2 + \left(F_{a,eq}\frac{D_F}{2}\right)^2} \tag{12-34}$$

式中　T_{eq}——要传递的等效转矩，$=K_A T_{nenn}$；

$F_{a,eq}$——要传递的等效轴向力，$=K_A F_{anenn}$；

D_F——轴径=弹性环内径；

T_{Tab}，$F_{a\ Tab}$——在给定接合压强下，由制造商给出的一组弹性环所能传递的转矩或轴向力，TB12-9 的值适用于 $p_W \approx 100\text{N/mm}^2$；

f_n——组数系数，与串联弹性环组数有关：

弹性环组数	1	2	3	4
油润滑弹性环的系数 f_n	1	1.55	1.85	2.02

为了使联接能实现用式（12-33）或式（12-34）计算时所代入的表中值，弹性环应在轴向以总压紧力 $F_S = F_o + F_{So}$ 压紧，F_o 为消除弹性环与轴和毂之间的装配间隙 S_o（最大间隙，见§2.2.1）所需的压紧力，F_{So} 为达到所给定的接合压强所需的压紧力（其值见 TB12-9）。

压紧力 F_S 可以比表中的值大或小。T，F_a，p_W 和 p_N 的表值与 F_S 近似成比例，但要注意不得超过最大许用接合压强：

$$\frac{F'_S}{F_S} = \frac{T_{eq}}{T_{ges}} = \frac{p'_N}{p_N} = \frac{p'_W}{p_W} \leqslant \frac{p_{Fg}}{p_N} \tag{12-35}$$

式中　F'_S，p'_N，p'_W——联接中实际实现的值；

T_{eq}，T_{ges}——见式（12-34）；

p_N，p_W——见式（12-36）；

p_{Fg}——当 $Q_A = D/D_{Aa}$（弹性环外径/轮毂外径）或 $Q_I = D_{Ii}/D_F$（空心轴内径/轴径）时，由式（12-16）得到的最大许用接合压强。

所需螺栓数由式 $i = F'_S/F_V \approx F'_S/F_{sp}$ 计算，式中 F_{sp} 由 TB8-14（见第8章）查取。一般来说，螺栓性能等级为 8.8～12.9。

倾翻力会降低弹性环和胀紧套的承载能力。此时，要计算上述比值是很困难的，如果倾翻力矩 $M_K > 0.25T_{res}$，应遵照制造商的说明进行处理。

弹性环联接与圆锥面过盈联接不同，轮毂只有一部分有弹性变形，轮毂或轴上因必须钻孔而受到削弱，在忽略径向应力的情况下，轮毂外径 D_{Aa} 以及空心轴内径 D_{Ii} 可按下述近似公式计算

$$D_{Aa} \geqslant D\sqrt{\frac{R_{eA} + p_N C}{R_{eA} - p_N C}} + d \quad \text{或} \quad D_{Ii} \geqslant D_F\sqrt{\frac{R_{eI} - 2p_W C}{R_{eI}}} - d \tag{12-36}$$

式中　D——弹性环外径（TB12-9）；

D_F——轴的外径；

R_{eA}，R_{eI}——轮毂或轴的材料的屈服点；对于脆性材料，用 $0.5R_m$ 取代，$R_e=K_tR_{eN}$，$R_m=K_tR_{mN}$，见式（3-7）；

p_N，p_W——轮毂孔或轴在弹性环区域的局部接合压强，其值由制造商给定或查 TB12-9，见计算示例 12-3；

C——考虑轮毂长度的系数；

当轮毂长＝胀紧套宽度时，$C\approx1$

当轮毂长≥2 倍胀紧套宽度，且螺栓在轴上时，$C\approx0.6$

当轮毂长≥2 倍胀紧套宽度，且螺栓在轮毂上时，$C\approx0.8$

d——考虑轮毂截面或轴上压紧螺栓的螺纹孔对横截面削弱的系数，$d\approx$螺纹公称直径。

圆锥胀紧套

对于成品圆锥胀紧套，制造商都会给出最大可传递载荷/力矩以及所需的螺栓拧紧力矩，就不用再计算了。仅仅只需注意式（12-33）和式（12-34）的注释（式中取 $f_n=1$），如果需要时，应对轮毂尺寸进行校核。

2. 压紧盘联接和外胀紧套联接

结构和设计

压紧盘（图 12-25a）和外胀紧套（图 12-25b）及其组合（图 12-25c）从结构上来说都属于圆锥胀紧套，外环 2 刚度较好，当拧紧其上的压紧螺栓 1 时，就使刚度差的圆锥形内环 3 压紧在了轮毂或轴上。置于轮毂外面的压紧盘必须消除轴和轮毂之间的配合间隙和产生传递载荷所必需的压强。直接置于轴上的外胀紧套可避免轮毂在轴上摩擦，它与压紧盘不同，其转矩或轴向力通过由此联在毂上的法兰侧边传到轴上。

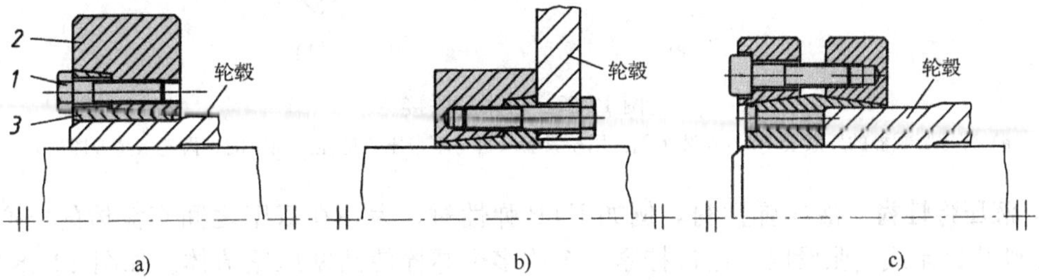

图　12-25

a）压紧盘 HSD/RfN4171　b）外胀紧套，AS 型　c）压紧盘与外胀紧套的组合（压紧盘 DOBIKON2019）

根据所要传递的转矩或轴向载荷的不同，对于轴径为 $d=10\sim700$mm，制造商提供多个结构系列供选择。

计算

计算与圆锥胀紧套相同。

3. 星盘联接　由硬化弹簧钢制成的星盘是薄壁环形盘，其上交替开有由内沿起始和外沿起始的径向槽，见图 12-26。当受到来自外部的轴向力后，星盘被压平，其外径加大，内径减小，从而消除间隙，实现持续联接。为了提高所能传递的转矩，可以将最多 25 个星盘沿轴向串联使用。由于其不能自动对心，应在零件上设计相应的结构以保证联接的对心，见图 12-26b。星盘联接的计算按照制造商的说明进行。

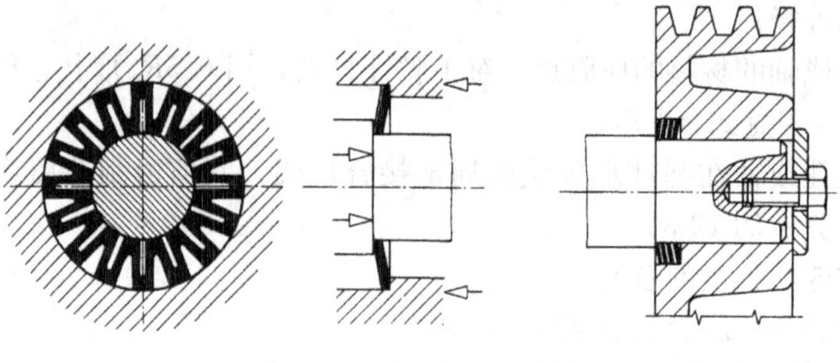

图 12-26　星盘联接

a）星盘　b）安装示例：用星盘固定的 V 带带轮（企业图形）

4. 压紧套联接　由硬化弹簧钢制成的压紧套，带有圆柱形外表面和孔，它属于靠摩擦封闭的联接件。它适合于机械零件的快速和精确联接。压紧套的轴向压紧、配合间隙的消除和接合压强的产生需要压紧力，根据结构的不同，它可以由相邻零件产生，也可以由其本身的压紧螺栓产生，见图 12-27。制造商推荐轴的公差为 h5/h6，轮毂孔的公差为 H6/H7。计算按制造商的说明进行。

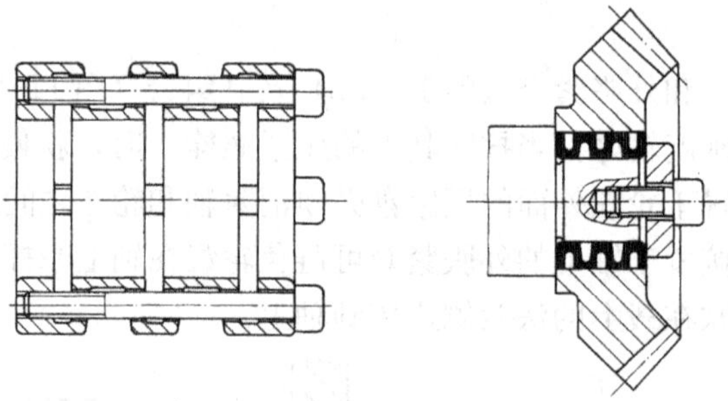

图 12-27　压紧套联接

a）带压紧螺栓的压紧套　b）安装示例：用压紧套（自身不带压紧螺栓）固定的锥齿轮（企业图形）

5. 液压弹性衬　液压弹性衬，例如 ETP 弹性衬，为一在双壁之间充流体的空心圆柱体，由硬化钢制成。张紧时，通过拧紧一个或多个螺栓使活塞压紧流体。如图 12-28 所示，流体均匀的挤压壳体，从而使轴和轮毂联在一起，这种联接定心性好，也就是说它可以达到很高的旋转精度。它可以传递较高的转矩，具体请见制造商所提供的技术参数。需要注意的是，弹性衬中的流体、弹性衬和轴/轮毂材料的热膨胀系数不同。因此，ETP 弹性衬的使用温度不允许超过＋85℃。

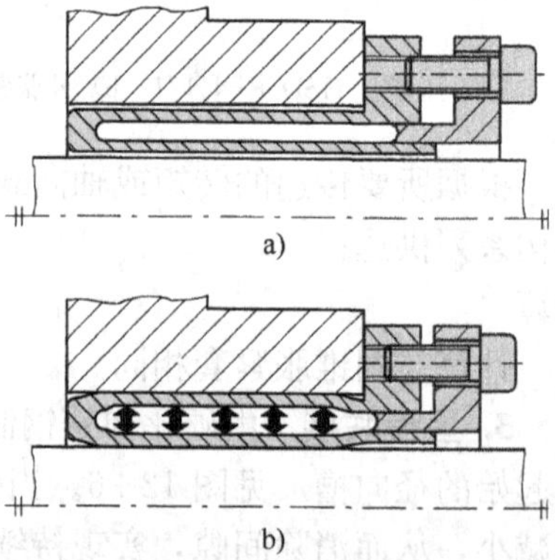

图 12-28　ETP 弹性衬

a）未张紧时（装拆时）　b）张紧后（工作时）

弹性衬的装卸简单且成本低，螺栓拧紧力矩相对于胀紧套要小得多，因为不需要克服摩擦。轴的公差一般为 h8～h6，孔为 H7。

6. 公差环　如图 12-29a、b 所示，公差环是由薄板制成的开槽环，沿圆周方向均匀分布有许多轴向卷边。如图12-29c所示，根据结构的不同，旋转的平边沿要么分布在环的内径上，要么分布在环的外径上。它可以允许比较大的配合间隙，安装简单，经济性好。受结构限制，可传递的力矩较小。如图12-29d所示，如果要求定心性好，还应该在被联接件上做定心段。公差环联接的结构设计请按制造商的说明进行。

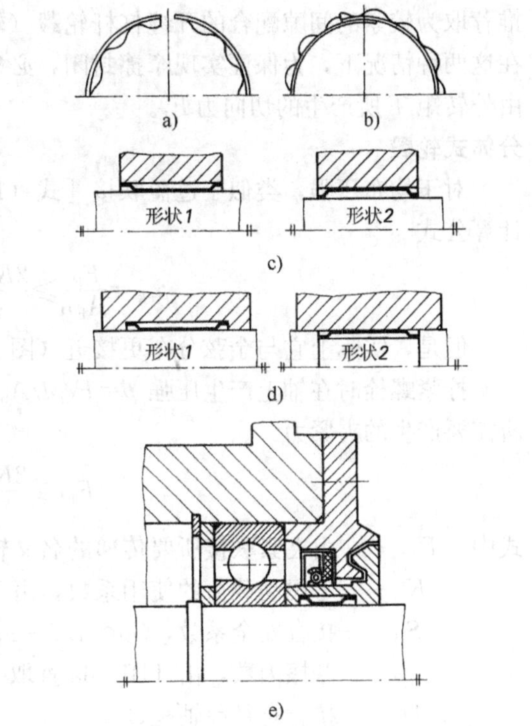

图12-29 公差环联接

a）和b）公差环 c）自由结构 d）带定心段结构

e）安装示例：用于迷宫式密封环在轴上的固定（企业图形）

12.3.4 夹紧联接

1. 结构和设计 夹紧联接主要用于带轮、传送带轮以及杠杆的联接，将它们放置于光滑的长轴上，如果是分体结构，还可以放置在轴承之间，沿轴向和周向可进行调整。所要夹紧的带轮做成分体式，而杠杆的轮毂做成整体式但单边开缝。用穿通的螺栓（避免用铰制孔螺栓）进行夹紧（图12-30），并尽可能靠近轴（使力臂短）。夹紧联接适合于传递几乎不变的小至中等转矩。当需要传递较大的转矩时，可与平键或切向键组合使用，键联接还起定位的作用（参阅§12.3.5-1和图12-32）。

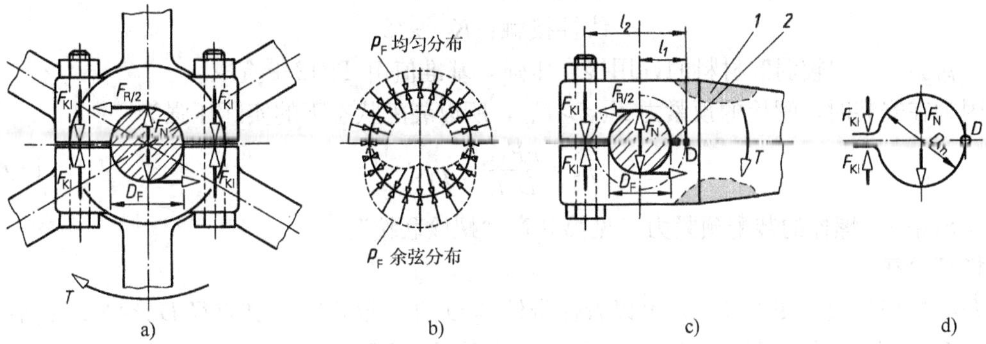

图12-30 夹紧联接

a）和b）带轮轮毂 c）和d）杠杆轮毂

轮毂尺寸 根据经验由TB12-1确定。对于开缝轮毂所采取的附加结构措施（见图12-30c阴影区域1和2），要么不能（将槽延长到轮毂的另一边2），要么只能略微（外部降低轴径1）提高螺栓的夹紧力，而夹紧力是产生防滑力矩所必需的。

对于分体带轮，应按TB2-4选择配合较紧的过渡配合；对于开缝轮毂，需要滑动的杠杆轮毂应选择较紧的间隙配合，例如H7/g6。

2. 计算 有效的摩擦封闭靠沿整个圆周均布的接合压强p_F形成。但是，这种在圆锥面联接和过盈联接中出现的状态，在带有较紧的过渡配合的分体轮盘中只能近似实现，而在按推荐取为较紧的间隙配合的开缝杠杆轮毂（轮毂还会受到附加弯曲）中只会产生线性压强。在这两种情况下，为保证实现摩擦封闭，必须使接合圆周所能传递的摩擦力 F_R 等于或大于由外转矩 T 所产生的切向力 F_t。

分体式轮毂

对于均布压强，类似于过盈联接［式（12-8）和式（12-9）］，有下述最小所需接合压强计算公式

$$p_{Fk}=\frac{F_{Rt}}{A_F\mu}\geqslant\frac{2K_A T_{nenn}S_H}{\pi D_F^2 l_F\mu}K\leqslant p_{F\,zul} \tag{12-37}$$

但是，实际上它与余弦分布更接近（图 12-30b），因此要用修正系数 K 进行修正。

拧紧螺栓时在轴上产生压强 $p=F_{Kl}n/A_{proj}$，将此式代入式（12-37），就得到了每个螺栓所需要产生的夹紧力

$$F_{Kl}\geqslant\frac{2K_A T_{nenn}S_H K}{n\pi D_F\mu} \tag{12-38}$$

式中　T_{nenn}——由夹紧联接所要传递的名义转矩；

K_A——考虑动载荷的使用系数，由 TB3-5 查取；

S_H——接合安全系数，$S_H\approx1.5\sim2$；

μ——摩擦因数，由 TB12-6a 查取（横向过盈联接）；

D_F——接合直径＝轴径；

l_F——接合长度；

n——螺栓数；

K——对压强的修正系数，均布压强：$K=1$

余弦压强：$K=\pi^2/8$

线性接触：$K=\pi/2$

$p_{F\,zul}$——“较弱”材料的许用接合压强，基准值由 TB12-1 查取。

因为在安装时，螺栓的预紧力 $F_{VM}>F_{Kl}$，所以装配状态下的实际压强为

$$p_F=\frac{nF_{VM}}{D_F l_F}\leqslant p_{F\,zul} \tag{12-39}$$

式中　F_{VM}——螺栓的装配预紧力，见第 8 章“螺栓联接”。

开缝杠杆轮毂

开缝杠杆轮毂（图 12-30c）可以看作带铰链 D 的“夹子”㊀，其直径 D_m 约为轮毂平均直径（图 12-30d）。对于不利的线性压强情况，由关系式 $M_R=F_{Rt}D_F/2=F_N\mu D_F\geqslant K_A T_{nenn}$ 可得每半个毂所需的压紧力为

$$F_N\geqslant\frac{K_A T_{nenn}}{D_F\mu} \tag{12-40}$$

由 $F_N=F_{Kl}l_2/l_1$（见图 12-30c），螺栓数 n，接合安全系数 S_H，得每个螺栓所需夹紧力为

$$F_{Kl}\geqslant\frac{K_A T_{nenn}S_H l_1}{nD_F\mu l_2} \tag{12-41}$$

式中　　　　l_1，l_2——力 F_N，F_{Kl} 与“转动点”D 的距离；

㊀ 实际上，它属于一种三支点弹性变形问题。因为它与铰链这种两支点情况相差不是很大，所以就可以把这个问题归结为静力学问题。

$K_A, T_{nenn}, n, D_F, S_H$和 μ——同式（12-38）。

装配状态的实际压强为

$$p_F = \frac{nF_{VM}}{D_F l_F} \frac{l_2}{l_1} \leqslant p_{F\,zul} \tag{12-42}$$

式中，符号见式（12-38）和式（12-41）。

12. 3. 5　楔键联接

1. 结构和设计

用途

楔键能将轴毂可靠联接，主要用于大型机器、挖掘机、起重机、农业机械、重型机床（冲床、锻床）中的大型带轮、齿轮、联轴器等上，也就是说，用于工作环境恶劣和传递交变、冲击转矩的场合。

与平键联接不同，楔键用上边（斜边，斜度 1∶100）和下底传递载荷；侧边处有很小的间隙（槽宽的公差为 D10，楔键宽 h9，它们的名义尺寸相同）。载荷主要通过摩擦封闭传递；对于有槽楔键，即使摩擦封闭失效，还可以用侧边传递载荷，也就是说，它又是形状封闭的。

优点（相对于平键联接）：楔键联接为轮毂提供绝对可靠和位置固定的联接；不需要再采取防止轴向窜动的措施。

缺点：单边使用楔键时，会造成轮毂倾斜和偏心；每个楔键必须压入（增加成本）；拆卸楔键，特别是钩头楔键很困难，对于使用较长时间的联接，几乎就不可能再拆开了（即存在固结腐蚀的危险）；当安装用力过猛时，会存在断裂的危险，特别是当轮毂由灰铸铁制成时。

楔键类型

同平键一样，楔键的高和宽与轴径相关且已标准化。TB12-2a 给出了主要尺寸。针对各种结构和不同的安装可能性，有不同形状的楔键可供采用。

钩头楔键（DIN 6887）如果联接只能从一边装拆的话，应采用钩头楔键（图 12-31a）。“钩子”用于装拆，为了避免出现事故，钩头不许超过轴端。为能将楔键导入，轴上的键槽要有足够的长度（见图 12-33）。

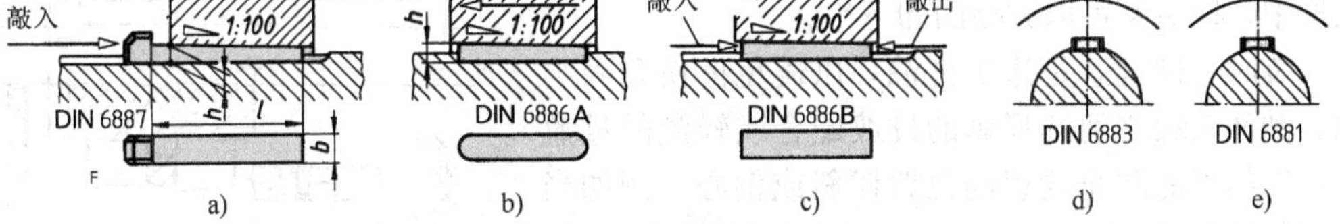

图 12-31　楔键类型

a）钩头楔键　b）圆头楔键　c）方头楔键　d）平底楔键　e）内凹楔键

钩头平底楔键（DIN 6884）只需将轴削平作为键槽位置。而钩头内凹楔键（DIN 6889）底边制成与轴圆周相应的内凹圆弧形。它们形成摩擦封闭联接，因为只有轮毂上有槽。这两种楔键只适用于转矩较小的场合。

A 型圆头楔键（DIN 6886）两头均为圆弧形，如同一个平键一样置于轴的键槽内（图

12-31b）。此时，必须将轮毂敲入或将轴带楔键一起压入轮毂孔中。

B 型方头楔键（DIN 6886），两头均为方头，用于两边都能对联接进行施工的场合，一般来说，从一边将楔键敲入，从另一边将其敲出（图 12-31c）。

同钩头楔键一样，方头楔键也有平底楔键（DIN 6883）和内凹楔键（DIN 6881）两种（图 12-31d 和 e）

在端面上还可以将纵销用作圆键。绝大多数为分体结构且用夹紧联接联在一起的大型轮毂在承受交变和冲击大转矩时常常还要附加切向键（DIN 268 和 DIN 271）。如图 12-32 所示，它们都成对使用，且相互之间错开 120°，注意楔键载荷 F 不能与螺栓夹紧力 F_{Kl} 反向作用。

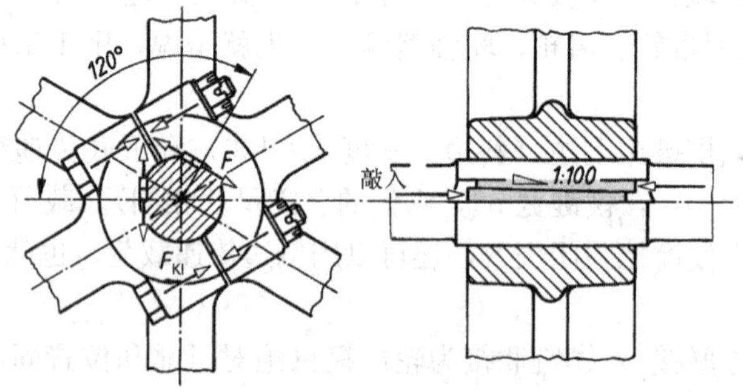

图 12-32　切向键联接

楔键材料一般为 C45＋Q；若要使用其他材料须与制造商协商。

标记示例：钩头楔键，宽度 $b=18\text{mm}$，高度 $h=11\text{mm}$ 和长度 $l=125\text{mm}$：钩头楔键 DIN 6887－18×11×125。

结构设计

图 12-33 所示为钩头楔键联接的结构图。为了将埋头楔键以及方头楔键安装到位，轴上键槽的长度一定要足够，以保证将楔键顺利地置入槽中。键槽长度应为

$$\text{键槽自由长度 } a \approx \text{楔键长度 } l \approx \text{轮毂长度 } L$$

一般情况下无需采用附加措施来防止楔键自行松开。只有在强烈振动的场合才需要。图 12-33 所示为用钢板制成的物美价廉的楔键保险件，它可以简单的敲入槽中，以后又可以方便的卸下来。

安装时，楔键总是涂少许油，以避免擦伤和固结腐蚀。轴和轮毂之间选择紧的过渡配合或轻微的过盈配合，以尽可能防止轮毂的位置倾斜或偏心，例如当取基孔制时，H7/k6，m6，n6；当取基轴制时，K7，N7/h6，h8。安装时，如果轮毂要在轴上运动的路程越长，就必须使其更容易运动，以避免安装困难。

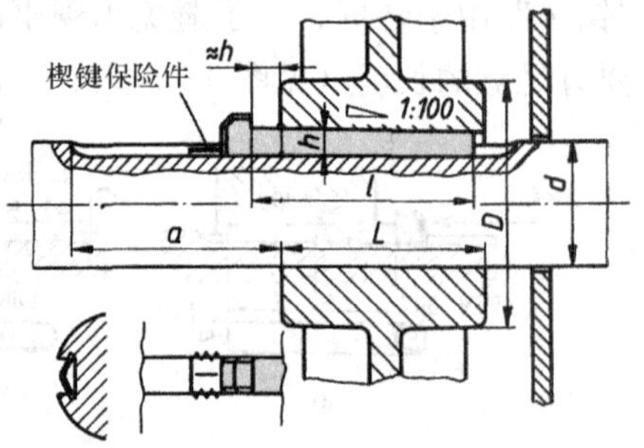

图 12-33　楔键联接结构图
（钩头楔键联接，带楔键保险件）

轮毂尺寸 D 和 L 与轴径有关，由 TB12-1 查取。

2. 计算　对楔键联接进行设计计算几乎是不可能的，实际上也是没有必要的。可传递的转矩在很大程度取决于将楔键敲入的载荷。因此也就使得计算很难进行。根据经验，一个正常结构的楔键联接，如果其楔键取标准尺寸（TB12-2a），轮毂取通常尺寸（TB12-1），它

就能以足够的安全系数来传递轴所能传递的转矩。

12.3.6　圆楔键联接

1. 结构和设计　同成形联接一样，圆楔键联接中的轴和轮毂孔也是非圆多边形，且两者完全一样，见图 12-34。轴上至少要有两个所谓的圆楔键，其形状为对数螺旋线。通过采用这种形状，轮毂相对轴旋转时，轴毂之间圆楔键会均匀接触，从而同过盈联接一样形成均布的压强。这样就能传递旋转方向和轴向的载荷与力矩。可传递的转矩大约为接合力矩的 60%（至 80%），尺寸与过盈联接相仿。当轮毂的接合温度受限制时，例如使用渗碳硬化钢时，其尺寸可能会超过横向过盈联接。相对于过盈联接，其优点是装拆时间短，缺点是制造成本高。轴上有三个圆楔键时，联接是自动定心的。楔键数越多，对于薄壁轮毂的旋转越有利，但可用于传递载荷和力矩的圆周面积就会更小。两个楔键的情况只用于特殊情况，例如用作门铰链时，楔键起制动和终端挡板作用。楔键螺旋线升角一般在 1∶20 和 1∶200之间，装配间隙和螺旋线升角随用途不同而不同。装配间隙越大，装配越容易，但却减小了可用的传递载荷的圆周面积。联接接合面产生的压强可以通过装配力矩来控制。

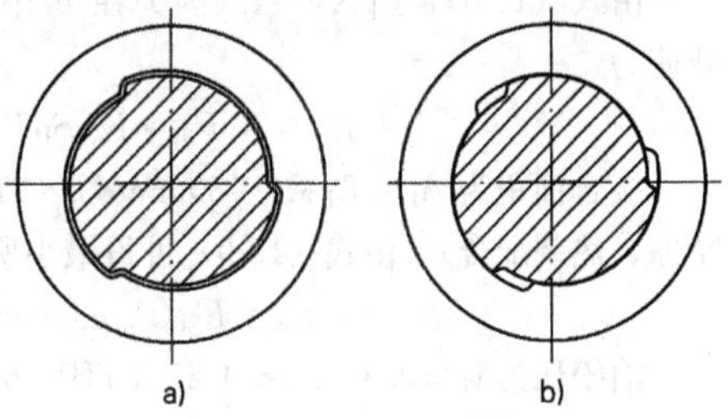

图 12-34　圆楔键

圆楔键联接可用于传动件，例如用于齿轮、凸轮和带轮的固定；可用作联接件，例如两个零件的快速联接或作为配合定位销；也可用作快速张紧系统，例如用于刀具夹紧和长度可调的三脚架中。

2. 计算　由于承载接合面积与相对转角（通常为 10°～20°），楔键螺旋线升角，装配间隙（配合）和楔键数有关，使其计算相对耗时和费力。由于这些量要根据使用场合进行选择，所以应咨询制造商。

12.4　物质封闭轴毂联接

粘接、钎焊和焊接所形成的轴毂联接属于物质封闭联接。当由于结构原因轮毂宽度必须保持特别小时，可以采用这类联接。这种联接的主要缺点是维修和维护时不易将联接拆开；物质封闭联接，除了粘接和软钎焊以外，其他联接方式只能在破坏情况下才能拆开。所以这种联接的用途受到很大限制。这种联接的计算请见本教材相关章节。

12.5　计算示例

■**例 12-1**：一 V 带带轮，材料为 EN—GJL—250，应与一材料为 E295 的轴用横向过盈联接（热装过盈联接）进行联接（图 12-35）。轴径定为 $d=80\text{mm}$；所要传递的等效转矩为 $T_{eq}=K_A T_{nenn}=1200\text{N}\cdot\text{m}$。

试计算：

a）孔和轴所需的公差等级。

b）为将轮毂装上，所需的接合温度。

▶**解 a)**：首先要确定计算所需的一些尺寸和数据：

接合直径 $D_F = d = 80mm$；

圆周力 $F_t = T_{eq}/(d/2) = 1200\times10^3 Nmm/80mm/2 = 30\times10^3 N$；

外零件的外径＝轮毂直径（忽略轮幅的支撑作用）按 TB12-1 确定：

对于过盈联接和灰铸铁轮毂，选 $D_{Aa} = D \approx 2.4\times80mm \approx 190mm$；

内零件的内径 $D_{Ii} = 0$（实心轴）；

接合长度 l_F 比轮毂长 L 约小一点；

轮毂长 L 由 TB12-1 预选为 $L \approx 1.4d = 1.4\times80mm = 112mm$，取为 $L = 120mm$ 和 $l_F = 115mm$（见图 12-34）。

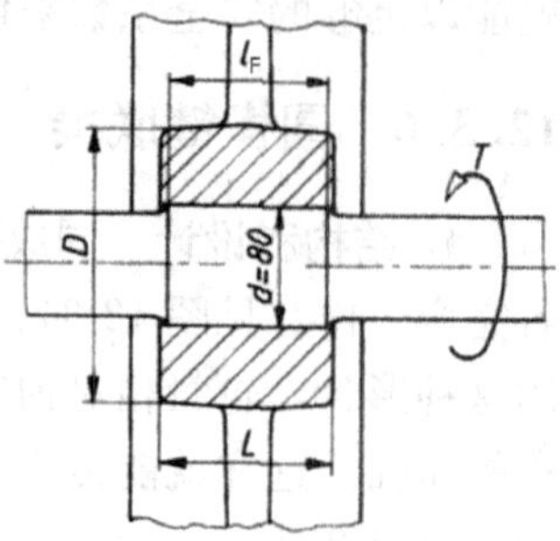

图 12-35　热装的带轮

由上述各值即可系统的进行计算如下：

由式（12-8），当 $K_A = 1$（因为在 F_t 中已考虑）和 $S_H \approx 1.5$ 时，滑动载荷为

$$F_{Rt} = K_A S_H F_t = 1\times1.5\times30\times10^3 N = 45\times10^3 N$$

接合面积为 $A_F = D_F \pi l_F = 80mm\times\pi\times115mm = 28900mm^2$ 和接合系数为 $\mu \approx 0.16$（TB12-6，灰铸铁、干摩擦、热装配合），由式（12-9）可得最小所需接合压强

$$p_{Fk} = F_{Rt}(A_F \mu) = 45000N/(28900mm^2\times0.16) \approx 9.7N/mm^2$$

泊松比为 $\nu_I \approx 0.3$，$\nu_A \approx 0.25$（TB12-6），直径比 $Q_I = 0$（实心轴），$Q_A = D_F/D_{Aa} = 80mm/190mm \approx 0.42$ 和弹性模量 $E_I \approx 210000N/mm^2$，$E_A \approx 115000N/mm^2$（TB1-2），由式（12-12）得辅助系数为

$$K = \frac{E_A}{E_I}\left(\frac{1+Q_I^2}{1-Q_I^2} - \nu_I\right) + \frac{1+Q_A^2}{1-Q_A^2} + \nu_A = \cdots = 2.06$$

这样就可由式（12-13）计算出最小接合量（有效过盈量）

$$Z_k = p_{Fk} D_F K/E_A = \cdots \approx 0.014mm = 14\mu m$$

设 $Rz_{Ai} = Rz_{Ia} \approx 6.3\mu m$，由式（12-14）可得压平量

$$G \approx 0.8(Rz_{Ai} + Rz_{Ia}) = \cdots \approx 10\mu m$$

这样就可以用式（12-15）计算在接合之前可测的最小过盈量

$$\ddot{U}_u = Z_k + G = 14\mu m + 10\mu m = 24\mu m$$

$R_m = K_t R_{mN} = 0.72\times250N/mm^2 = 180N/mm^2$（由 TB3-11b 得 $K_t \approx 0.72$，其中毛坯尺寸 $d \approx D_{Aa} - D_F = 110mm$，见式（12-7）提示和 TB3-11e；由 TB1-2 得 R_{mN}）和 $Q_A = 0.42$，$S_{FA} = 2$，由式（12-16）得最大许用接合压强

$$p_{Fg} \leqslant R_m(1-Q_A^2)/\sqrt{3}/S_{FA} = \cdots = 42.8N/mm^2$$

由此可由式（12-17）得最大许用接合量（有效过盈量）

$$Z_g = p_{Fg} D_F K/E_A = \cdots = 0.061mm = 61\mu m$$

由式（12-18）得最大过盈量为

$$\ddot{U}_o = Z_g + G = 61\mu m + 10\mu m = 71\mu m$$

由式（12-19）得配合公差为

$$P_T = \ddot{U}_o - \ddot{U}_u = 71\mu m - 24\mu m = 47\mu m$$

对于孔（基孔制），有

$$T_B \approx 0.6P_T = 0.6\times47\mu m \approx 28\mu m$$

由 TB2-1，对于 $N = 50\sim80mm$，可得公差等级 6 和标准公差 $IT = 19\mu m$。由此得孔偏差为

$$EI = 0; ES = IT = 19\mu m$$

对于轴公差 T_W，首先确定下偏差：

$$ei = ES + \ddot{U}_u = 19\mu m + 24\mu m = 43\mu m$$

所以轴的上偏差为

$$es = ei + T_W \text{ 或 } es = EI + \ddot{U}_o = 0 + 71\mu m = 71\mu m$$

由 TB2-2，对于名义尺寸范围＞65～80mm，$ei = 43\mu m$，可得 $ei' = 43\mu m$ 的公差带位置为 r。对于由此

得到的轴公差 $T_W = es - ei' \approx 71\mu m - 43\mu m = 28\mu m$，由 TB2-1 可查得其公差等级为 6（$IT = 19\mu m$）。

结果：孔公差等级为 H6，轴为 r6。

▶**解 b)**：接合所需的轴和轮毂温度差由实际最大过盈量进行计算：

$$\ddot{U}'_o = es' - EI = (ei' + T_W) - EI = (43\mu m + 19\mu m) - 0 = 62\mu m$$

装入间隙 $S_u \approx \ddot{U}'_o/2 = 31\mu m$，灰铸铁制成的轮毂的线膨胀系数 $\alpha_A = 10 \times 10^{-6}\,1/K$（TB12-6）和 $\theta_I = \theta$（无冷冻），由式（12-22）得

$$\Delta\theta = \theta_A - \theta = \frac{\ddot{U}'_o + S_u}{\alpha_A D_F} + \frac{\alpha_I}{\alpha_A}(\theta_I - \theta) = \cdots \approx 116℃$$

设室温为 $\theta = 20℃$，轮毂应加热的接合温度为

$$\theta_A = \theta + \Delta\theta = 20℃ + 116℃ \approx 140℃$$

结果：当假设环境温度为 20℃时，为形成联接，外零件（轮毂）所需加热到的接合温度为 $\theta_A = 140℃$。

■**例 12-2**：试计算图 12-36 所示的圆锥面联接，齿轮材料为调质钢（$R_{p0.2} = 600N/mm^2$），减速器轴材料为 E295，$D_1 = 60mm$，接合长度为 $l = 50mm$。所要传递的功率为 $P = 7.5kW$，$n = 80r/min$。工作时的动载荷特性由使用系数 $K_A \approx 1.2$ 加以考虑。

试计算或确定：

a）为形成可靠的摩擦封闭联接，所需的轴向压紧力。

b）由上述轴向压紧力在轴和齿轮之间产生的接合压强。

c）形成联接时所需的最小位移 a_{min} 和最大许用位移 a_{max}，设轮毂外径为 $D_{Aa} \approx 2D_{mF}$，接合面的粗糙度均为 $Rz = 10\mu m$。

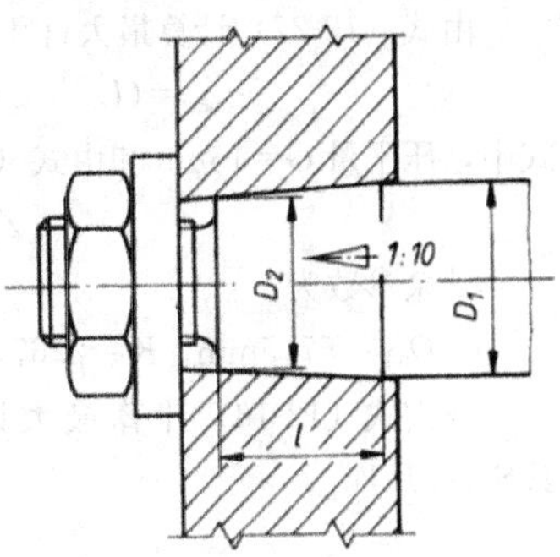

图 12-36　圆锥面过盈联接

▶**解 a)**：由式（12-29）得到所需的压紧力为

$$F_e \geqslant \frac{2K_A S_H T_{nenn}}{D_{mF}} \frac{\sin(\rho + \alpha/2)}{\sin\rho} = \cdots \approx 67 \times 10^3 N = 67kN$$

式中，各参数为：

—由转速公式得名义转矩 $T_{nenn} = 9550P/n = 9550 \times 7.5/80 \approx 896N \cdot m$。

—接合安全系数 $S_H \approx 1.2$［见式（12-29）］。

—半锥角（调整角），由 TB-8 得：当 $C = 1:10$ 时，$(\alpha/2) \approx 2.85°$。

—摩擦角 $\rho = \arctan\mu = \arctan 0.1 \approx 5.7°$，式中摩擦因数 $\mu_e \approx 0.1$（TB12-6，纵向过盈联接，干摩擦）。

—平均圆锥面接合直径 D_{mF}，由

$$D_2 = D_1 - 2l\tan(\alpha/2) = 60mm - 2 \times 50mm \times \tan 2.85° \approx 55mm$$

$$D_{mF} = (D_1 + D_2)/2 = (60mm + 55mm)/2 = 57.5mm$$

结果：在考虑接合安全系数 $S_H = 1.2$ 和实际情况后，所需的压紧力为 $F_e = 67kN$。

▶**解 b)**：装配压紧时所产生的接合压强由式（12-30）计算

$$p_F = \frac{F_e \cos\rho \cos(\alpha/2)}{D_{mF}\pi l \sin(\rho + \alpha/2)} = \cdots \approx 50N/mm^2$$

式中，各参数为：

—压紧力 $F_e = 67 \times 10^3 N$。

—接合直径 $D_{mF} = 57.5mm$。

—锥高 $l \approx 50mm$。

—圆锥半角 $(\alpha/2) = 2.85°$。

—摩擦角 $\rho = 5.7°$。

结果：当压紧力为 $F_e = 67kN$ 时，接合压强为 $p_F \approx 50N/mm^2$。

▶**解 c)**：在内外零件圆锥半角相等的前提条件下，可由式（12-27）计算最小安装位移为

$$a_{min} = (\ddot{U}_u/2)/\tan(\alpha/2) = (Z_k + G)/[2\tan(\alpha/2)] = \cdots \approx 502\mu m$$

式中，压平量由式（12-14）计算

$$G \approx 0.8(Rz_{Ai}+Rz_{Ia})=0.8(10\mu m+10\mu m)=16\mu m$$

由式（12-28）计算最小接合量为

$$Z_k=p_{Fk}D_{mF}K/[E_A\cos(\alpha/2)]=\cdots\approx 0.037mm=37\mu m$$

式中，各参数为：

—接合压强 $p_{Fk}=p_F=50N/mm^2$。

—平均接合直径 $D_{mF}=57.5mm$。

—圆锥半角 $\alpha/2=2.85°$。

—辅助系数 K 由式（12-12）计算，直径比 $Q_A=D_{mF}/D_{Aa}=0.5$，$Q_I=0$，$E_A=E_I=210000N/mm^2$ 和泊松比 $\nu_A=\nu_I\approx 0.3$（TB12-6b）

$$K=\frac{E_A}{E_I}\left(\frac{1+Q_I^2}{1-Q_I^2}-\nu_I\right)+\frac{1+Q_A^2}{1-Q_A^2}+\nu_A=\cdots=2.67$$

由式（12-27）计算最大许用位移 a_{max}

$$a_{max}=(\ddot{U}_o/2)/\tan(\alpha/2)=(Z_g+G)/[2\tan(\alpha/2)]=\cdots\approx 1900\mu m=1.9mm$$

式中，压平量 $G=16\mu m$ 和由式（12-28）计算的最大许用接合量

$$Z_g=p_{Fg}D_{mF}K/[E_A\cos(\alpha/2)]=\cdots\approx 0.173mm$$

其余参数为：

—$D_{mF}=57.5mm$，$K=2.67$，$(\alpha/2)=2.85°$，

—由式（12-16）计算最大许用接合压强，$Q_A=0.5$，$R_{p0.2}=600N/mm^2$ 和抗塑性变形的安全系数$S_{FA}\approx 1.1$

$$p_{Fg}\leqslant\frac{R_{eA}(\text{或 }R_{p0.2A})}{S_{FA}}\frac{1-Q_A^2}{\sqrt{3}}=\cdots\approx 236N/mm$$

结果：安装位移应在 $0.5mm\leqslant a\leqslant 1.9mm$ 之间。

■**例 12-3**：一材料为 EN—GJL—200 的 V 带轮，应安装在一材料为 E235 的机床主轴轴端，它们之间采用摩擦封闭弹性环联接（图 12-37）。在最小转速 $n=100r/min$ 下所要传递的功率为 $P=25kW$。

考虑实际情况的使用系数 $K_A\approx 1.1$。弹性环用旋于轴上的内六角圆柱头螺栓（DIN EN ISO 4762）压紧。轴端直径为 $d_1=80mm$。

试计算：

a）所需弹性环组数 n。

b）计算压紧螺栓所需产生的压紧力。

c）所需的最小轮毂直径。

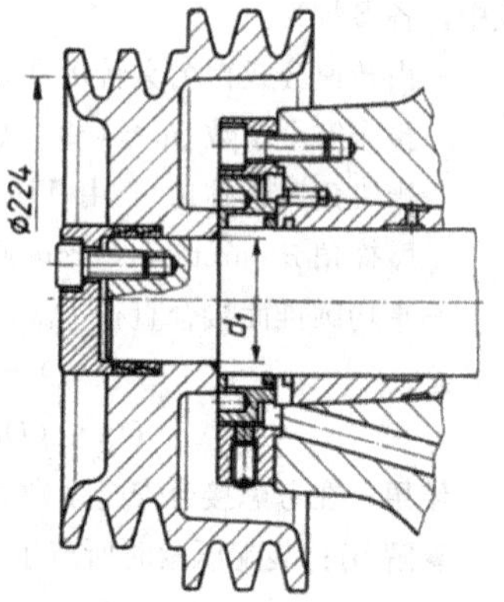

图 12-37　V 带轮采用弹性环联接

▶**解 a)**：联接所要传递的名义转矩为

$$T_{nenn}=9550P/n=9550\times 25/100=2388N\cdot m$$

将式（12-33）按组数系数 f_n 改写，由 TB12-9 可查得弹性环80×91 在 $p_w=100N/mm^2$ 下的可传递转矩 $T_{Tab}=1810N\cdot m$，即可求得所需的弹性环的组数：

$$f_n\geqslant(K_A T_{nenn})/T_{Tab}=1.1\times 2388N\cdot m/1810N\cdot m=1.45$$

根据式（12-34），只需两组弹性环，它们可承载的总转矩为

$$T_{ges}=1.55T_{Tab}=1.55\times 1810N\cdot m\approx 2800N\cdot m>2388N\cdot m$$

结果：需要两组弹性环 RfN8006—80×91。

▶**解 b)**：按式（12-35）可得螺栓所需预紧力为 $F_S'=F_S T_{eq}/T_{ges}=251kN\times 1.1\times 2388N\cdot m/2800N\cdot m\approx 235kN$，式中 $F_S=F_o+F_{So}=48kN+203kN=251kN$（TB12-9）和 $T_{eq}=K_A T_{nenn}$。

▶**解 c)**：轮毂最小直径按式（12-36）计算。此处，$D=91mm$（TB12-9），R_{eA} 为 $0.5R_m=0.5K_t R_{mN}\approx 80N/mm^2$（由 TB3-11b 得 $K_t\approx 0.79$，毛坯尺寸＝支撑板宽度 $t=35mm$，所以 $d=2t=70mm$（TB3-11e）；

$R_{mN}=200\text{N/mm}^2$（TB1-2），$p'_N=p_N T_{eq}/T_{ges}=87.9\text{N/mm}^2\times1.1\times2388\text{N}\cdot\text{m}/2800\text{N}\cdot\text{m}\approx82.5\text{N/mm}^2$，式中 $p_N=87.9\text{N/mm}^2$（TB12-9），根据式（12-36），$c\approx0.6$。因为轮毂不受压紧螺栓孔的削弱，故 $d=0$。所以轮毂的最小直径为

$$D_{Aa}\geqslant D\sqrt{\frac{R_{eA}+p_N C}{R_{eA}-p_N C}}+d=\cdots\approx188\text{mm}$$

结果： V 带轮在弹性环区域具有足够大的“外径”，所以可保持所计算的最小值 $D_{Aa}=188\text{mm}$。

12.6　参考文献和图片来源

Altmiks, K.: Untersuchung des Festigkeits- und Verformungsverhaltens geklebter Welle-Nabe-Verbindungen. Braunschweig/Wiesbaden: Westdeutscher Verlag, 1982

Dietz, P.: Lastaufteilung und Zentrierverhalten von Zahn-, Keilwellenverbindungen. In Konstruktion 31, (1979), Heft 7 und 8

Beitz, W.; Grote, K.-H. (Hrsg.): Dubbel – Taschenbuch für den Maschinenbau. Berlin: Springer, 1997

Kittsteiner, H. J.: Die Auswahl und Gestaltung von kostengünstigen Welle-Nabe-Verbindungen. München: Hanser, 1989

Kollmann, F. G.: Welle-Nabe-Verbindungen: Gestaltung, Auslegung. Berlin: Springer, 1984

Köhler, E. und *Frei, H.*: Konstruktion von Klemmverbindungen mit geschlitzter Nabe. In Konstruktionspraxis 6, (1995) Heft 5

Niemann, G.: Maschinenelemente, Bd. I. Berlin: Springer, 1981

Wilcke, E.: Die Kreiskeilverbindung: Eine Alternative zu herkömmlichen Welle-Nabe-Verbindungen. In Antriebstechnik 37, (1998), Heft 8

Prospekte, Kataloge und Beiträge der Firmen: Bikon-Technik, Grevenbroich; Kühl GmbH, Schlierbach; Lenze GmbH, Waiblingen, Ringfeder GmbH, Krefeld; Ringspann GmbH, Bad Homburg; Stüwe GmbH, Hattingen; Deutsche Star GmbH, Schweinfurt; Spieth-Maschinenelemente GmbH, Esslingen

图片来源

Bikon-Technik GmbH, Grevenbroich, 图12-23a, d 和12-25c
Lenze GmbH, Waiblingen, 图12-28
Ringfeder VBG GmbH, Krefeld, 图12-22a, b 和12-25a
Ringspann GmbH, Bad Homburg, 图12-23b, c 和12-26
Spieth-Maschinenelemente GmbH, Esslingen, 图12-27
Deutsche Star GmbH, Schweinfurt, 图12-29
Stüwe GmbH, Hattingen, 图12-25a, b
Kühl GmbH, Schlierbach, 图12-34

第 13 章　联轴器、离合器和制动器

13.1　联轴器、离合器的功能和作用

联轴器主要用于两轴之间或一轴与其上可相对转动的零件（例如齿轮）之间传递旋转能量（转矩、旋转运动）。除了这个主要功能（传动功能）以外，联轴器还有以下其他功能：

补偿两轴之间径向、轴向和角位移以及缓冲或阻尼转矩冲击（补偿功能）；转矩传递接上和断开（离合功能）。

传动功能

通过一个或多个工作面之间的形状和/或力封闭来传递转矩（有时也附加轴向和横向载荷），其中应允许中间联接件的性能参数有较大幅度变化。

力流可以通过摩擦（可能的摩擦面布置见图 13-34）、电磁或液力来实现。

补偿功能

应能够补偿两轴之间的不同心或位移，降低或防止冲击和振动。产生不同心或位移的原因主要有：在载荷作用下轴和轴承的弹性变形，机械零件受热不均和装配误差。位移可能会沿轴向、径向、角度方向或沿旋转方向（图 13-1）。可用转动副或形状封闭的滑块作为可动中间件或弹性件来进行补偿。

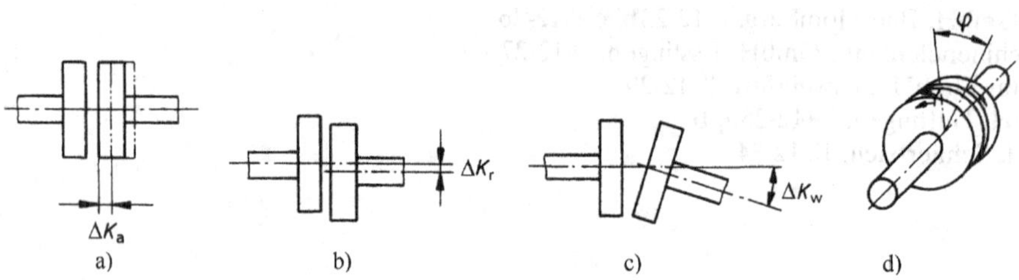

图 13-1　挠性联轴器半联轴器之间的相对位移（示意图）

a）轴向位移 ΔK_a　b）径向位移 ΔK_r　c）角位移 ΔK_w　d）旋转位移（扭角 φ=转矩 T/扭转弹簧刚度 C_T）

图 13-2 所示为弹性元件沿转动方向的作用。通过能量储存来实现缓冲（曲线 2）或冲击阻尼作用（曲线 3），其中冲击阻尼型元件还附带将能量的一部分通过摩擦转换为热量储存起来。储能元件为弹簧，其性能和计算见第 10 章。

通过将 4 种可能的许用位移（轴向、径向、角度方向和旋转方向）与中间件的各种可能的刚度（刚性、弹性或可动性）进行组合，就可以得到各种类型的联轴器。

离合功能

离合器还具有离合功能，它可以是外部操纵（通过外部信号）或自动离合的。可利用转矩（安全离合器）、转速（离心离合器）、旋转方向（超越离合器）来实现自动离合。

这里也可以将产生离合力的可用的物理作用（储能弹簧、离心力、液力、气压、电磁

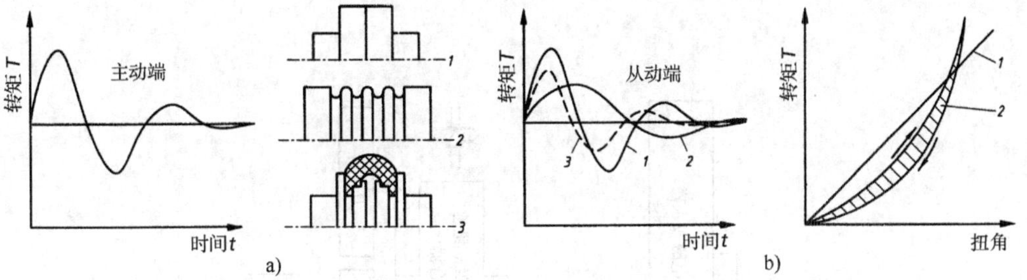

图 13-2　可进行转角补偿的联轴器（示意图）

a）联轴器两端 T 随时间变化的曲线：1—旋转刚性联轴器，例如凸缘联轴器
2—缓冲联轴器，例如金属风箱联轴器　3—冲击阻尼联轴器，例如高弹性轮胎式联轴器
b）扭转弹簧特性线：1—线性，例如无阻尼的金属弹性元件联轴器
2—刚度渐增型加载和卸载曲线，例如带阻尼的弹性柱销联轴器（阴影面积＝阻尼功）

力）以及力矩传递方法（摩擦、电磁、液力）进行组合，从而得到适应各种工作要求的离合器。

此外，离合器还分为可分式（分离总是可能的，而联接只有在静止时/或同步旋转时）或可离合式（分离和联接总是可能的）。

图 13-3（根据 VDI 规范 2240）所示为联轴器和离合器按其功能和工作原理所进行的分类。

图 13-58 给出了§13.3 和§13.4 所述的常见商品联轴器，并给出了它们的适用范围和力学性能。

13.2　联轴器、离合器选择的计算基础

下述计算基础并不是用来对联轴器零件进行计算的，而是用来在制造商给出的种类繁多的成品联轴器中选择合适的结构类型和尺寸。

13.2.1　起动转矩、联轴器、离合器传动力矩

对选择合适的联轴器起决定作用的是所要传递的转矩和原动机的传动方式，例如整机由原动机—减速器—工作机组成（见图 13-4）。如果不考虑效率，转矩之间有下述关系式：

$$\frac{T_2}{T_1} \approx \frac{n_1}{n_2} = \frac{\omega_1}{\omega_2} = i \tag{13-1}$$

式中　T_1，T_2——原动机、工作机转矩；

n_1，n_2——原动机、工作机转速；

ω_1，ω_2——原动机、工作机角速度。

有两种转矩作用在原动机上：

1）负载转矩 T_L，由工作机上的载荷和原动机上的摩擦力所产生。

2）惯性力矩 T_a，加速原动机上所有运动质量所必需的（见§13.2.2）。

在起动阶段，要由原动机产生的最大起动转矩为

$$T_{an} = T_L + T_a \tag{13-2}$$

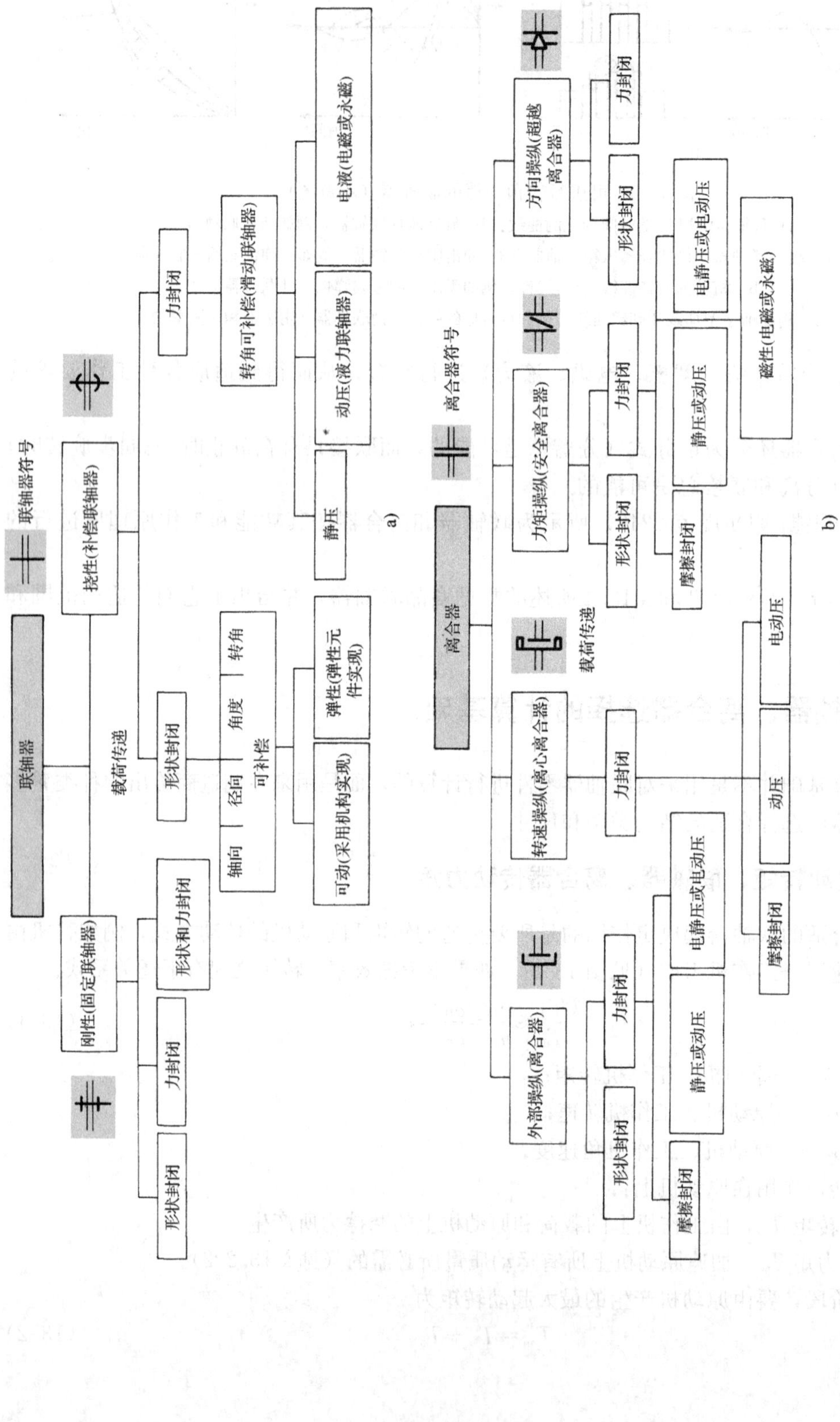

图13-3　联轴器（离合器）系统分类及其代号
a）联轴器　b）离合器

式中 T_L——工作机上所有载荷和摩擦产生的力矩；

T_a——原动机上所有运动质量的惯性力矩，见§13.2.2。

起动阶段结束后，原动机只需产生工作机的负载转矩 T_L 即可，也就是说，在工作状态下，负载转矩与驱动转矩达到平衡（根据图13-6，工作点 B 为原动机特性线 E 与工作机特性线 A 的交点）。

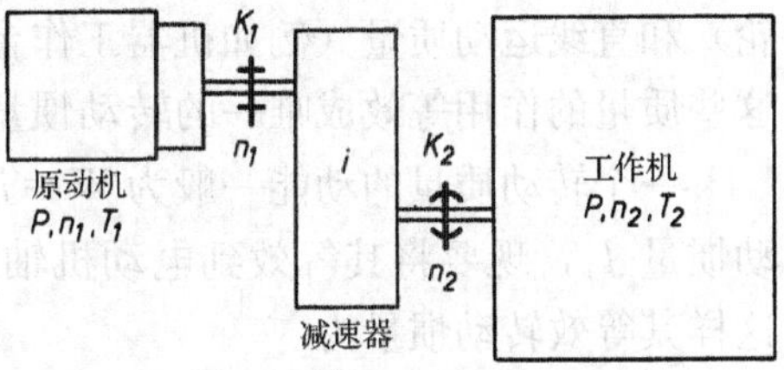

图13-4 原动机示意图（K_1 和 K_2 为联轴器，符号见图13-3）

13.2.2 惯性力矩、转动惯量

如果一个质量 m（例如图13-5a所示的机床工作台）受一驱动力 F_{an} 作用，在时间 t_a 上速度由 v_1 线性加速到 v_2，其上作用有阻抗力 F_L（例如摩擦力和切削力），这样，等加速度为 $a=(v_2-v_1)/t_a$，根据牛顿定律，惯性力为

$$F_a=F_{an}-F_L=ma=m(v_2-v_1)/t_a$$

同样地，如果有一个转动质量，其转动惯量为 J，在时间 t_a 上角速度从 ω_1 匀加速到角速度 ω_2，这样，其角加速度为 $\alpha=(\omega_2-\omega_1)/t_a$，考虑到式（13-2），其惯性力矩为

$$T_a=T_{an}-T_L=J\alpha=J\frac{\omega_2-\omega_1}{t_a} \qquad (13\text{-}3)$$

式中 T_{an}——原动机的起动转矩，例如图13-6e所示的平均起动转矩；

T_L——转速为 n 时，等效到原动机上的负载转矩，$T_L=T'_Ln'/n$，式中 T'_L 为工作机的负载转矩，其转速为 n'；

J——整个设备的转动惯量，见式（13-4）；

α——角加速度；

ω_1，ω_2——加速过程起点和末点的角速度，例如 $\omega=\pi n/30$；

t_a——加速时间。

如果原动件从静止开始匀加速，则 $\omega_1=0$，所以 $T_a=J\omega_2/t_a$。

提示：方程适用于机器的每个位置，只要将在该位置产生的数值（例如 T_{an} 和 T_L）相应的代入即可。因为所要计算的联轴器绝大多数置于电动机轴上，必须把所有的数值等效到它上面来。对于匀减速运动（制动过程），α 为负值。

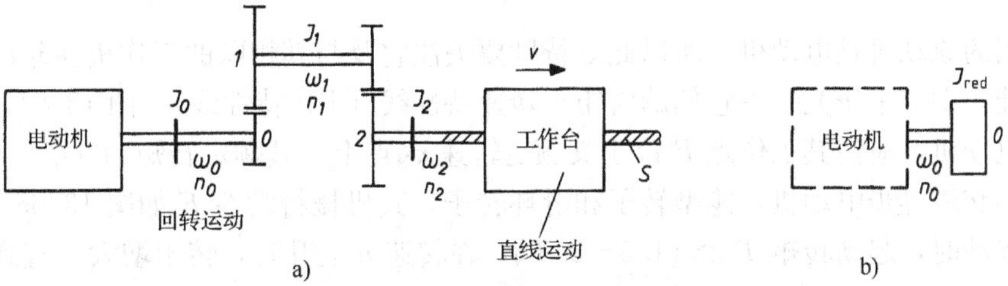

图13-5 机器的等效转动惯量 J_{red}

a）工作台驱动装置示意图：轴0、1和2，通过螺旋主轴 S 驱动工作台质量 m，其速度为 v

b）保持动能不变将机器等效到电动机轴上，其等效转动惯量为 J_{red}

对于图13-5a所示的机器，其上大多共同作用有多个角速度不同的回转质量（例如齿

轮）和直线运动质量（例如机器工作台）。在保证等效前后动能不变的前提下，可以将所有这些质量的作用等效成唯一的转动惯量 J_0，其角速度为 ω_0（等效动力学模型）。

一个转动质量的动能一般为 $W=J\omega^2/2$。根据图 13-5a，知回转轴 1 上角速度为 ω_1 的转动惯量 J_1，现要将其等效到电动机轴 0 上，其角速度为 ω_0，所以有 $W=J_1\omega_1^2/2=J_0\omega_0^2/2$，这样其等效转动惯量为

$$J_0=J_1\left(\frac{\omega_1}{\omega_0}\right)^2=J_1\left(\frac{n_1}{n_0}\right)^2=\frac{J_1}{i^2}$$

即转动惯量要用角速比或转速比，即传动比 i 的平方反比进行换算。也就是说，如果要将一个转动惯量等效到角速度更高的轴上，它与传动比的平方成反比，即等效转动惯量更小，否则反之。

如果要将一个速度为 v 的直线运动质量 m（例如机器工作台）等效为角速度为 ω 的等效转动惯量 J，有 $W=mv^2/2=J\omega^2/2$，则等效转动惯量为 $J_{\text{red}}=m(v/\omega)^2$。

所以，如果要将整个机器都等效到电动机轴（联轴器轴）上（见图 13-5），则其等效转动惯量为

$$J_{\text{red}}=J_0+J_1\left(\frac{\omega_1}{\omega_0}\right)^2+J_2\left(\frac{\omega_2}{\omega_0}\right)^2+\cdots+m_1\left(\frac{v_1}{\omega_0}\right)^2+m_2\left(\frac{v_2}{\omega_0}\right)^2+\cdots \tag{13-4}$$

式中 J_0——以角速度 ω_0（例如电动机角速度）回转的转动质量的转动惯量，所有其他的转动惯量都要等效到它上面；

J_1，J_2…——以 ω_1，ω_2…回转的转动质量的转动惯量；

ω_0——所有质量都要等效到其上的轴的角速度；

ω_1，ω_2…——转动质量 J_1，J_2…的角速度；

m_1，m_2…——直线运动质量；

v_1，v_2…——直线运动质量 m_1，m_2的速度。

提示：联轴器、带轮、减速器、电动机转子、泵和鼓风机的转动惯量见生产商的产品目录，部分可由 TB13-1～TB13-7 和 TB16-21 查取。

实心圆柱体转动惯量：$J=md^2/8$

空心圆柱体转动惯量：$J=m(d_a^2+d_i^2)/8$

转动惯量的偏移定律：$J_x=J+me^2$

13.2.3 原动机和工作机的工作性能

最常用的原动机是电动机。所以此处特别要关注它及与其相联的工作机在起动和工作状态下的性能，即要来研究一下它们的转矩一转速特性线（T-n 特性线）（图 13-6）。

对于电动机，应使其工作点 B 位于其额定转速 n_N点上，其额定转矩为 T_N。

所有的交流异步电动机，笼型转子和滑环转子，其机械特性线 E 如图 13-6a 和 b 所示。在负载下起动时，起动转矩 $T_{an}\approx(1.5\sim2)T_N$，在转速 n 上升时，转矩增大，直到极限转矩 $T_{ki}\approx(2\sim3)T_n$，它为最大转矩，随着电动机继续加速，过了 T_{ki}后，到达额定转矩 T_N和额定转速 n_N，即到达稳定工作点。随着转速 n 继续上升，电动机转矩迅速降低，转速增加直到空载（同步）转速 n_S。

直流和交流串励电动机的机械特性线如图 13-6c 所示，其 $T_{an}=T_{ki}\approx(2.5\sim3)T_N$。转速增加时，转矩下降，空载运转时这类电动机会“飞车”。

工作机的特性线 A 取决于工况。当活塞功、摩擦功和变形能不变或几乎不变时，其 T_L 也恒定（图 13-6a），且有 $P \sim n$。

对于通风机、鼓风机、离心机、搅拌机、离心泵、离心压缩机、汽车和提升机械等高速机械，在克服空气和液体阻力时有 $T_L \sim n^2$ 和 $P \sim n^3$（图 13-6b 和 c）。

对于要求驱动功率 P 不变的工作机，例如材料拉力和速度不变的卷扬机，转矩与转速成反比：$T_L \sim 1/n$（图 13-6d）。

额定转速、起动转矩和极限转矩值可查电动机目录（见 TB16-21）。

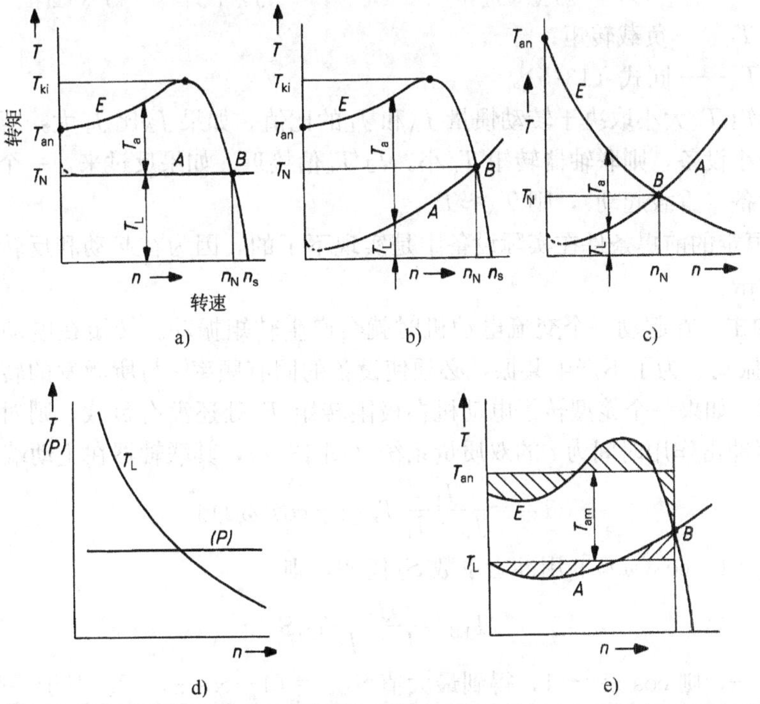

图 13-6　电动机 E 和工作机 A 转矩—转速特性线

a）笼型转子三相交流异步电动机和提升机　b）滑环转子三相交流异步电动机和通风机（鼓风机）　c）交流串励电动机和离心泵　d）具有恒定不变的材料拉力和速度的卷扬机或恒定切削断面的落地车床的特性线（转矩曲线 T 和功率曲线 P）　e）平均惯性力矩的确定

13.2.4　联轴器、离合器转矩

1. 转矩不变的无冲击起动　原动机用一联轴器与工作机相联（图 13-7）。没有负载转矩 T_L 起动时，原动机给出的转矩 T_A 就用于加速整个转动质量。设主动端的转动惯量为 J_A，负载端的转动惯量为 J_L，它们已分别包含联轴器的转动惯量 J_1 或 J_2，由式（13-3）可得角加速度为 $\alpha = T_A/(J_A + J_L)$。

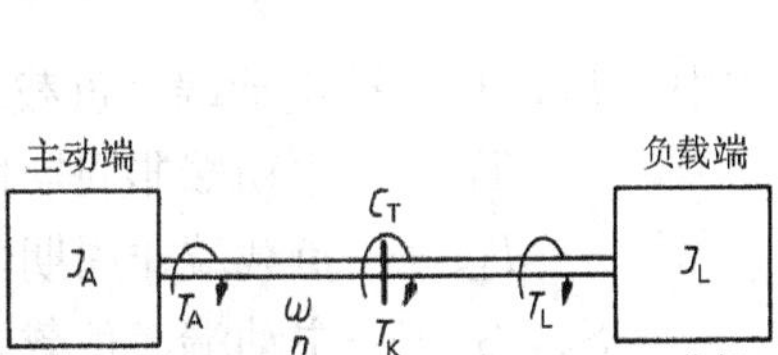

图 13-7　将设备简化为双质量系统

在无负载起动时，联轴器将转动质量 J_L 加速，所需要的转矩为

$$T_K = \alpha J_L = \frac{J_L}{J_A + J_L} T_A \tag{13-5}$$

式中 α——角加速度；

J_A，J_L——主动端、负载端的转动惯量；

T_A——原动机的转矩。

若带负载起动，则原动机给出的转矩 T_A一方面加速 J_A和 J_L，另一方面还要克服负载转矩 T_L。$T_A=\alpha(J_A+J_L)+T_L$，所以$\alpha=(T_A-T_L)/(J_A+J_L)$。

联轴器带负载起动时加速转动质量 J_L和克服负载转矩 T_L，所以

$$T_K=\alpha J_L+T_L=\frac{J_L}{J_A+J_L}(T_A-T_L)+T_L=\frac{J_L}{J_A+J_L}T_A+\frac{J_A}{J_A+J_L}T_L \tag{13-6}$$

式中 T_L——负载转矩；

α，J_A，J_L，T_A——同式（13-5）。

联轴器转矩 T_K大小取决于转动惯量 J_A和 J_L的比值。如果 J_A比 J_L大，意味着一个大电动机加速一个小设备，则联轴器转矩 T_K小，与 T_L值接近。如果反过来，一个小的电动机来加速一个大设备（重载起动），则 $T_K\approx T_A$。

上述 T_A恒定的前提条件在实际设备中是实现不了的，因为在起动和反转时总是有转矩冲击和速度冲击。

2. 转矩冲击 在起动一个交流电动机时就会产生转矩振动。转矩在电动机空隙中以电网频率 50Hz 振动。为了不产生共振，必须使设备的固有频率㊀与所激发的转矩振动频率有足够大的差别。如果一个笼型转子电动机在极限转矩 T_{ki}处还没有负载，则对于一个固有频率为 ω_e和转矩冲击作用时间为 t 的双质量系统（图 13-7），其联轴器在主动端的冲击转矩为

$$T_{KS}=\frac{J_L}{J_A+J_L}T_{ki}[1-\cos(\omega_e t)]$$

将括号中的值 $[1-\cos(\omega_e t)]$ 用冲击系数 S_A代替，则

$$T_{KS}=\frac{J_L}{J_A+J_L}T_{ki}S_A$$

对于 $\omega_e t=\pi$，则 $\cos\pi=-1$，得到最大值 $S_{Amax}=(1-\cos\pi)=2$。对于一般的起动冲击，大多数情况下取冲击系数 $S_A=1.8$ 进行计算。该冲击系数既出现在刚性联轴器上，也出现在弹性联轴器上。对于有速度冲击的情况，还将超过这个数值。

如果起动阶段在负载端还有附加的冲击转矩 T_{LS}的话，则根据式（13-6），得到联轴器两边的冲击转矩为

$$T_{KS}=\frac{J_L}{J_A+J_L}T_{ki}S_A+\frac{J_A}{J_A+J_L}T_{LS}S_L \tag{13-7}$$

式中 J_A，J_L——主动端、负载端的转动惯量；

T_{ki}——主动端非周期性转矩冲击的尖峰值，对于电动机为极限转矩；

T_{LS}——负载端非周期性转矩冲击的尖峰值（例如变载或制动过程）；

S_A，S_L——主动端、负载端的冲击系数。对于一般的起动冲击，可取 $S_A=S_L=1.8$。

3. 速度冲击 当联轴器联接的两个转动质量的角速度不一样大时，会产生速度冲击。大多数情况下，它是由联轴器或原动件的转动间隙（例如齿轮的齿侧间隙）产生的。

速度冲击很难计算，为了使它的影响尽可能小，对于重载和频繁起动的场合，应采用绝

㊀ 对于正弦振动，固有频率（周期的 2π 倍）的符号和数值（单位为 s^{-1}）与角速度（平面角度除以时间的商，等于转速的 2π 倍。rad/s）相同。

对没有转动间隙的高弹性和高阻尼的联轴器（见图 13-29 所示的轮胎式联轴器）。

4. 周期性交变转矩　当原动件带有周期性的转矩波动（内燃机、锯床）时，设备会产生转动振动。当产生共振时（激励频率＝固有频率），振动载荷会导致原动件损坏。因此，在一个设备中应将质量分布和弹性联轴器合理匹配，使工作频率与共振频率之间有足够差别。

对于一个由原动机（转动惯量 J_A），工作机（转动惯量 J_L）和弹性联轴器（扭转弹簧刚度 C_{Tdyn}）组成的双质量系统（图 13-7），其固有频率为

$$\omega_e=\sqrt{C_{T\,dyn}\frac{J_A+J_L}{J_AJ_L}}\qquad \begin{array}{c|c|c} J_A,J_L & G_{T\,dyn} & \omega_e \\ \hline \mathrm{kg\cdot m^2} & \mathrm{N\cdot m/rad} & \mathrm{s^{-1}} \end{array} \tag{13-8}$$

式中　J_A，J_L——主动端、负载端的转动惯量等效到联轴器轴上；

C_{Tdyn}——弹性联轴器的动态扭转弹簧刚度（制造商给定，见 TB13-4 和 TB13-5）。

由于转动一周时产生振动的交变转矩 T_i 变化 i 次（例如柴油发动机），即每一转产生 i 次振动，所以临界频率（共振频率）为

$$\omega_k=\frac{\omega_e}{i} \tag{13-9}$$

式中　ω_e——设备的固有频率，由式（13-8）计算；

i——每转振动次数，例如对于内燃机为每转点火次数（对于两冲程发动机：i＝缸数，对于四冲程：i＝缸数一半）。

如果工作频率 $\omega>\sqrt{2}\omega_k$，将使弹性联轴器的受载更为有利。

在振动系统中，由原动机或工作机所带来的周期性交变转矩 T_i 在接近共振频率时会变成危险的大交变转矩。用放大系数 V 来表示这种对激励转矩的放大作用，在共振频率附近时用共振系数 V_R 来表示。在通过共振频率时，弹性联轴器的阻尼越大，联轴器所传导的交变转矩就越小。相对阻尼 ψ 决定于一个振动周期的阻尼功与弹性变形功的比值。对于橡胶弹性元件联轴器可取 ψ＝0.8～2，具体数值取决于材料、温度、使用期限等。共振系数 V_R 和相对阻尼 ψ 通过试验得到并由联轴器制造商给定（见 TB13-4 和 TB13-5）。

绝大多数情况下主动端导致振动（例如柴油发动机），根据其转矩 T_{Ai} 和与相对阻尼 ψ 及频率比 ω/ω_k 有关的放大系数 V，可得在联轴器中产生的交变力矩为

$$T_w=\pm T_{Ai}\frac{J_L}{J_A+J_L}V \tag{13-10}$$

式中　J_A，J_L——主动端，负载端的转动惯量等效到联轴器轴上；

$\pm T_{Ai}$——由主动端发出的转矩幅（振幅），按制造商的说明，例如柴油发动机；

V——放大系数（见 TB13-4 和 TB13-5）

在共振频率附近时，$V_R\approx 2\pi/\psi$，式中 ψ 为相对阻尼

不在共振频率附近时：

$$V\approx\frac{1}{\left|\left(\frac{\omega}{\omega_k}\right)^2-1\right|}$$

式中 ω 为工作频率，ω_k 为临界频率，由式（13-9）计算。

13.2.5 挠性联轴器的设计

给定载荷和工作要求，在保证无损坏工作的预期寿命和没有非必要工作能力储备的条件下，联轴器的优化目标是：安装简单、维护方便、成本低廉。

> 复杂的联轴器设计问题，特别是重型原动机加弹性联轴器和离合器在极端条件下工作的问题，应该请制造商帮助解决。在产品目录中常常附有问题列表，或用户可以提出相应的要求，使其能包含所有对于正确选择联轴器类型和尺寸所需的问题。

1. 按制造商说明进行设计 在机械制造中，挠性联轴器常常直接装在三相交流电动机轴上。对于这种情况，绝大多数联轴器制造商都针对正常工作条件，按照与电动机相对应的原则给定联轴器的尺寸（见 TB16-21）。对于运动非常不均匀的原动机，还必须对联轴器进行校核计算。

2. 借助于使用系数进行设计 实际上，精确选择联轴器所需的工况数据，如负载转矩、转动惯量和其他与工作条件相关的影响因素，常常是很难用计算方法获得的。因此，制造商在它的产品目录中都会给出用于选择合适的联轴器尺寸的安全（使用）系数，该系数不但与原动机类型（如电动机、涡轮发动机）和工作机类型（如通风机、离心机、机床等）有关，而且与工况（例如要加速的质量较小，载荷均匀）有关，还与每天的工作时间和其他影响因素有关。

这样，只能由计算联轴器转矩来近似地确定联轴器尺寸。该计算联轴器转矩为

$$T_K' = T_N K_A \leqslant T_{KN} \tag{13-11}$$

式中 T_N——联轴器传递的名义转矩，根据功率 P 和转速 n 等工况数据由 $T_N = 9550P/n$，［见式（11-11）］计算；

K_A——由制造商产品目录得到的使用系数，一般也可以按利希特奥伦多夫方法，由 TB3-5b 查取；

T_{KN}——由制造商给出的联轴器许用名义转矩，见 TB13-2～TB13-5。

这种基于经验的方法的计算量很小，但是并没有考虑到运转剧烈不均匀的原动机会产生的危险转动振动，且一般安全系数很高。如果要得到经济性最优的联轴器，必须按 DIN 740T2 进行设计。

3. 按照最不利的载荷类型进行设计（DIN 740T2） 如§13.2.4 所述，下述计算方法的前提条件是，联轴器是整个设备中唯一的回转弹性件，且可将系统简化为双质量振动系统，这种情况是工程实际常见的情况。

起动频繁程度、工作温度升高时强度的下降程度和持续交变转矩对频率的相关程度可以通过系数 S_A，S_t 和 S_z（见 TB13-8）来表示，这有利于简化设计过程，它们会影响联轴器载荷。系数 S_A，S_t 和 S_z 由联轴器制造商给出。

DIN 740T2 定义了面向使用的挠性联轴器设计所需的特征参数，并由制造商给出数据（见 TB13-2～TB13-5）。

除了半联轴器许用位移和弹簧刚度以外，主要还有以下特征参数：

—在整个转速范围内可持续传递的名义转矩 T_{KN}（其联轴器结构尺寸见 DIN 740T1）。

—短时超过 100000 次的与转动方向相同的脉动转矩冲击或是超过 50000 次的交变转矩冲击下的可传递的最大转矩 $T_{Kmax} \approx 3T_{KN}$，注意联轴器温度不能超过 30℃。

—与频率有关的持久交变转矩 $\pm T_{KW} \approx 0.4T_{KN}$ 为持久允许的周期性转矩波动的振幅［频

率为 10Hz($\omega \approx 63s^{-1}$)，基本载荷不超过名义转矩 T_{KN}]。

联轴器的结构尺寸由计算转矩 T'_K 确定，而 T'_K 在考虑到主动端和工作端的转动惯量（质量分布）和系数 S_A，S_t 和 S_z 后由所传递的载荷计算。在此基础上，可从制造商产品目录或表格手册的联轴器表中选择联轴器，其在每一种工作状态下的许用转矩必须大于由式（13-12）～式（13-15）得到的计算转矩。只有在进一步校核了按式（13-16）计算的许用轴位移和由式（13-17）计算的对相邻零件产生的力矩和附加载荷后才最终完成联轴器的设计。

1）由名义转矩计算载荷。

$$T'_K = T_{LN} S_t \leqslant T_{KN} \tag{13-12}$$

式中　T_{LN}——负载端的名义转矩，为由功率和转速计算的工作机负载转矩的最大值；

S_t——温度系数，由 TB13-8b 查取；

T_{KN}——联轴器的名义转矩，由制造商给出或由 TB13-2～TB13-5 查取。

2）由转矩冲击计算载荷（见 § 13. 2. 4-2）。

主动端冲击（例如三相交流电动机起动时）：

$$T'_K = \frac{J_L}{J_A + J_L} T_{AS} S_A S_z S_t \leqslant T_{Kmax} \tag{13-13a}$$

负载端冲击（例如载荷发生变动和制动时）：

$$T'_K = \frac{J_L}{J_A + J_L} T_{LS} S_L S_z S_t \leqslant T_{Kmax} \tag{13-13b}$$

两端都有冲击（例如在变化载荷下三相交流电动机起动）：

$$T'_K = \left(\frac{J_L}{J_A + J_L} T_{AS} S_A + \frac{J_A}{J_A + J_L} T_{LS} S_L\right) S_z S_t \leqslant T_{Kmax} \tag{13-13c}$$

式中　T_{AS}——主动端的冲击转矩，对于三相交流电动机为极限转矩 T_{ki}（见 TB16-21）；

T_{LS}——负载端的冲击转矩；

T_{Kmax}——联轴器的最大转矩，由制造商给出或由 TB13-2～TB13-5 查取；

J_A，J_L——主动端、负载端的转动惯量（等效到联轴器轴上）；

S_A，S_L——主动端、负载端冲击系数。对于一般起动冲击取 $S_A = S_L = 1.8$；

S_z，S_t——起动系数、温度系数，由制造商给出或由 TB13-8a 和 b 查取。

具有转动间隙的联轴器由于速度冲击还会产生附加载荷（见 § 13. 2. 4-3）。

3）由周期性交变转矩计算载荷。在通过共振区时，有

由主动端的振动引发（例如原动机为柴油发动机）：

$$T'_K = \frac{J_L}{J_A + J_L} T_{Ai} V_R S_z S_t \leqslant T_{Kmax} \tag{13-14a}$$

由负载端的振动引发（例如活塞式压缩机）：

$$T'_K = \frac{J_A}{J_A + J_L} T_{Li} V_R S_z S_t \leqslant T_{Kmax} \tag{13-14b}$$

对于工作频率，还必须将计算交变转矩与所选联轴器的许用持久交变转矩进行比较，即

对于主动端产生振动的情况：

$$T'_K = \frac{J_L}{J_A + J_L} T_{Ai} V S_t S_f \leqslant T_{KW} \tag{13-15a}$$

对于负载端产生振动的情况：

$$T'_K = \frac{J_A}{J_A + J_L} T_{Li} V S_t S_f \leqslant T_{KW} \tag{13-15b}$$

式中　$\pm T_{Ai}$，$\pm T_{Li}$——主动端或负载端的激励转矩（第 i 阶周期性转矩波动的振幅）；

T_{Kmax}，$\pm T_{KW}$——最大转矩，联轴器许用持久交变转矩，由制造商给出，或由 TB13-2～TB13-5 查取；

J_A，J_L，V，V_R——同式（13-10）；

S_z，S_t，S_f——起动系数、温度系数、频率系数，由联轴器制造商给出，或由 TB13-8 查取。

还必须借助于式（13-8）和式（13-9）来校核临界频率是否位于工作频率范围之外。一般来说，应使 $\omega/\omega_K \geqslant \sqrt{2}$，否则就应该选择扭转弹簧刚度不同的联轴器。

4）由于轴位移所产生的载荷。轴向位移会在联轴器中产生静载荷，而径向和角位移会产生交变载荷，这在一定条件下必须加以考虑。

应满足下述条件（见图 13-1）：

$$\Delta K_a \geqslant \Delta W_a S_t \tag{13-16a}$$

$$\Delta K_r \geqslant \Delta W_r S_t S_f \tag{13-16b}$$

$$\Delta K_w \geqslant \Delta W_w S_t S_f \tag{13-16c}$$

$\Delta K_a, \Delta K_r$	ΔK_w	$\Delta W_a, \Delta W_r$	ΔW_w	S_t, S_f
mm	rad	mm	rad	1

式中　ΔK_a，ΔK_r，ΔK_w——半联轴器之间的许用轴向、径向和角位移，由联轴器制造商给出，或由 TB13-2，TB13-4 和 TB13-5 查取；

ΔW_a，ΔW_r，ΔW_w——两轴之间产生的最大轴向、径向和角位移；

S_t，S_f——温度系数、频率系数，由联轴器制造商给出，或由 TB13-8b，TB13-8c 查取。

由联轴器弹簧刚度 C_a、C_r 和 C_w 可计算由于位移所产生的回复力和力矩，它们作用在与其相邻的零件（轴、轴承）上。

轴向回复力：

$$F_a = \Delta W_a C_a \tag{13-17a}$$

径向回复力：

$$F_r = \Delta W_r C_r \tag{13-17b}$$

角度回复力矩：

$$M_w = \Delta W_w C_w \tag{13-17c}$$

F_a, F_r	M_w	C_a, C_r	C_w
N	N·m	N/mm	N·m/rad

式中　ΔW_a，ΔW_r，ΔW_w——同式（13-16）；

C_a，C_r，C_w——轴向弹簧刚度，径向弹簧刚度、角度弹簧刚度，由联轴器制造商给出，或由 TB13-2 和 TB13-5 查取。

提示：由联轴器制造商给出的补偿量 ΔK 代表最大值。在大多数情况下，不允许轴位移 ΔW_a、ΔW_r、ΔW_w 同时都达到最大值（见例 13-2）。

13.2.6　摩擦离合器的设计

在设计离合器时，要特别注意使离合载荷小、散热路程短、散热面积大、极限转矩可调节以及维护保养方便。

1. 起动过程　图 13-8 描述了一个由原动机、操纵式摩擦离合器和工作机组成的设备（见图 13-7）的起动过程。

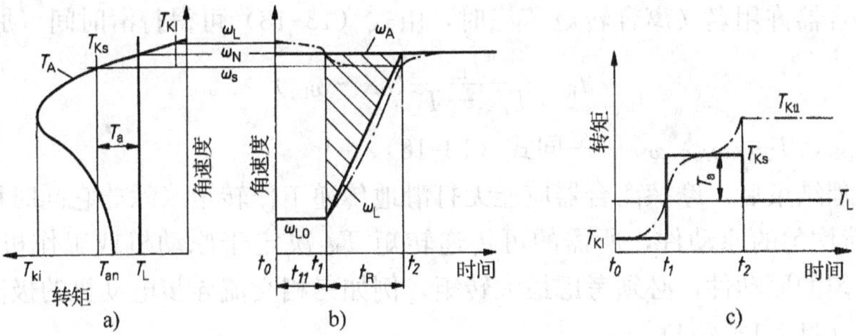

图 13-8　摩擦式离合器离合过程示意图（点画线：与实际曲线接近）

a）原动机、离合器和工作机转矩曲线　b）原动机的起动性能　c）离合器转矩随时间变化曲线

当离合器在时间点 t_0 接合时，主动端已经以角速度 ω_A 在运转，而负载端则以角速度 ω_{L0} 同向转动。在经过与结构类型有关的滞后时间 t_{11}（动作延迟）后，主动端开始用离合器的离合转矩 T_{Ks} 与负载转矩 T_L 的差值 $T_a=T_{Ks}-T_L$ 将负载端加速（图 13-8c）。在打滑时间 $t_R=t_2-t_1$ 内，离合器的摩擦面之间以相对角速度 $\omega_A-\omega_L$ 滑动（图 13-8b）。只要离合器还在打滑，离合器转矩就等于离合转矩 T_{Ks}。但是打滑时间不允许太长，否则离合器会过热。

2. 摩擦离合器的转矩　摩擦离合器的转矩分为离合转矩和可传递转矩两类。离合（动态）转矩 T_{Ks} 是离合器在打滑阶段（即起动阶段）可传递的转矩；而可传递转矩（静态）$T_{Kü}$ 与之相反，是离合器在无打滑时所能传递的转矩。它们之间的比值为摩擦副的动静摩擦因数比（$\mu/\mu_0\approx T_{Ks}/T_{Kü}$）。离合器制造商会给出在每种许用工作状态下都能达到的名义转矩 T_{KNs} 和 $T_{KNü}$（见 TB13-6 和 TB13-7）。但是，不同离合器制造商给出的名义转矩并不能直接比较，因为它们所取的安全系数不同。

不可避免的是，在大多数情况下，已分离的离合器还会传递空载转矩或剩余转矩 T_{Kl}。

3. 离合器尺寸的确定　摩擦离合器的尺寸决定于离合转矩或可传递转矩、所要求的接合时间或许用发热。

要想确定离合器尺寸，首先要得到转矩。当带负载接合时，一般来说，离合转矩 T_{Ks} 至少要是负载转矩 T_L 的双倍那么大，以保证有足够的转矩来加速回转质量。

假设 T_A、T_L 和 T_{Ks} 在接合过程中不变，打滑时间（加速时间）t_R 已知，由§13.2.4-1 给出的关系式 $T_{Ks}=T_a+T_L=\alpha J_L+T_L$ 可得到所需的离合器离合转矩为

$$T_{Ks}=J_L\frac{\omega_A-\omega_{L0}}{t_R}+T_L\leqslant T_{KNs}\tag{13-18}$$

式中　J_L——负载端的转动惯量，等效到离合器轴上；

ω_A——主动端半离合器轴角速度；

ω_{L0}——接合前从动（负载）端的半离合器轴角速度；

t_R——打滑时间（加速时间）；

T_L——等效到离合器轴上的负载转矩；

T_{KNs}——离合器许用名义离合转矩，由制造商给出或由TB13-6和TB13-7查取。

如果主动端与从动端的转向相反，例如在倒转状态，将式（13-18）中的 $\omega_A-\omega_{L0}$ 用 $\omega_A+\omega_{L0}$ 替代。

如果没有负载转矩 T_L，并且工作机是从静止（$\omega_{L0}=0$）开始加速，由式（13-18）可知，所需的离合转矩简化为 $T_{Ks}=J_L\omega_A/t_R$。

当给定离合器许用名义离合转矩 T_{KNs}时，由式（13-18）可得打滑时间（加速时间）

$$t_R=\frac{J_L}{T_{KNs}-T_L}(\omega_A-\omega_{L0}) \tag{13-19}$$

式中 J_L，T_{KNs}，T_L，ω_A，ω_{L0}——同式（13-18）。

在起动过程结束后，摩擦离合器应能无打滑地传递工作转矩（除非它同时用作安全离合器）。对于载荷均匀的原动件，所需的可传递转矩 $T_{Kü}$决定于原动机或工作机的名义转矩。对于载荷不均匀的原动件，必须考虑最大转矩，例如三相交流异步电动机的极限转矩或内燃机的交变转矩（见§13.2.4）。

如果不能直接得到所要传递的最大转矩 $T_{KNü}$，在实际中可借助于使用系数来得到它（见§13.2.5-2）。

式（13-11）相应的变为：$T'_K=T_NK_A\leqslant T_{KNü}$，式中 $T_{KNü}$为离合器可传递的名义转矩，可由TB13-6和TB13-7查取。

接下来应校核离合器的热负载。

对于一次性离合，可认为离合器在离合过程中的离合功转化为热量储存起来了，直到下次离合时它又冷却到环境温度。

由许用离合转矩 T_{KNs}和在打滑时间 t_R内的角速度差（$\omega_A-\omega_{L0}$）/2，可求得转角 $\varphi=0.5(\omega_A-\omega_{L0})t_R$，根据转动功方程 $W=T\varphi$，可得一次性离合所损耗的离合功为

$$W=0.5T_{KNs}(\omega_A-\omega_{L0})t_R=0.5J_L(\omega_A-\omega_{L0})^2\frac{T_{KNs}}{T_{KNs}-T_L}<W_{zul} \tag{13-20}$$

式中 W_{zul}——离合器的许用离合功，由离合器制造商给出，或由TB13-6和TB13-7查取；

J_L，T_{KNs}，T_L，ω_A，ω_{L0}，t_R——同式（13-18）。

该功与图13-8b阴影部分的面积相对应。如果没有负载转矩，并且工作机由静止（$\omega_{L0}=0$）开始加速，由式（13-20）可得每次离合的损耗功为

$$W=0.5T_{KNs}\omega_At_R=0.5J_L\omega_A^2$$

提示：式（13-20）只适合于主动端与从动端转向相同的情况，如果转向不同（例如换向装置），则在 ω_{L0}前加一个负号代入。

如果反复离合，则单次离合的式（13-20）应乘以每小时的离合次数 z_h。这样就得到了每小时的损耗功为

$$W_h=Wz_h<W_{h\,zul} \tag{13-21}$$

式中 W——由式（13-20）得到的单次离合的损耗功；

z_h——离合次数；

$W_{h\,zul}$——干或湿运转时的离合器许用损耗功，由离合器制造商给出，或由TB13-6和TB13-7查取。

在离合器离合过程中，大约有一半的输入功被转化为热量。因此，保证离合器制造商给出的许用损耗功的前提条件是热量能很好地传出。在干运转中，这要靠良好的空气循环，或采用附加通风装置。在湿运转中，冷却和润滑由喷油或油雾来实现。对于热负载较大或空载转速很高的多盘式离合器，推荐采用内油路系统（图 13-41b 和图 13-43）。根据结构尺寸的不同，在摩擦片组中流过的油量为 0.1～0.5L/min 就足够了。

13.3　联轴器

联轴器分为刚性联轴器和挠性联轴器两类（见图 13-3a）。

13.3.1　刚性联轴器

刚性联轴器没有挠性，两轴轴端必须精确对心。这类联轴器主要用于将轴段联成长的连续轴系，例如起重机的传动轴和行走机构的轴。刚性联轴器不会产生磨损，无需维护和可双向旋转。但对转矩冲击和振动却没有阻尼作用。而且只要两轴之间有很小的位移，就会在联轴器、轴和轴承上产生无法控制的附加载荷。

只有当两轴之间能保证对心时，才能采用刚性联轴器。

凸缘联轴器

凸缘联轴器（DIN 116，见图 13-9）适合于重载轴的联接，允许载荷有冲击和对称循环以及轴向载荷，或轴上的个别大载荷使轴主要受弯曲变形。

两个半联轴器应相互对心，B 型联轴器通过分体式定心环来实现对心。将定心环取出后，被联接件能不用轴向位移就可装拆。

半联轴器的抗扭和抗弯刚性联接由铰制孔螺栓联接产生，该螺栓联接预紧力很大，从而实现通过摩擦封闭来传递转矩。

对于垂直安装结构，例如搅拌器轴，采用带轴向压力盘的凸缘联轴器（DIN 28135，C 型，图 13-9c)。如果所要联接的两轴直径不同，应选与较粗轴相对应的联轴器。

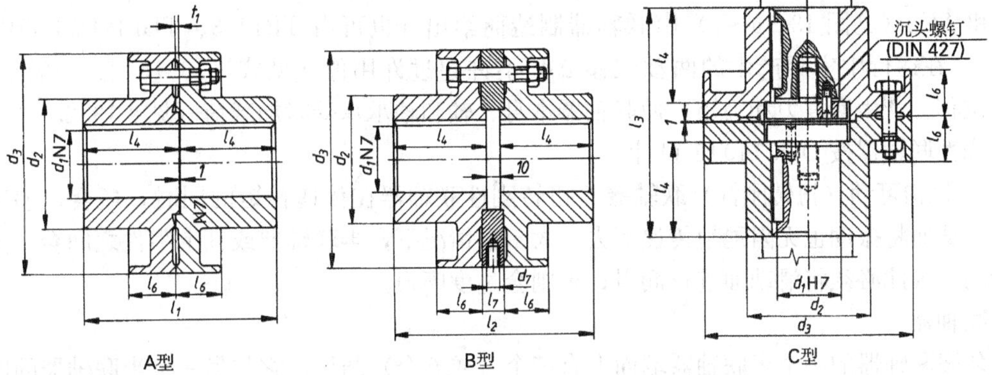

a)　　b)　　c)

图 13-9　凸缘联轴器（DIN 116）

a）A 型，带对心凸肩　b）B 型，带两件式中间盘（定心环）

c）C 型，带安装轴向压力盘的沉孔（DIN 28135，$d_1 \leqslant 160$mm)，尺寸见 TB13-1

联轴器毂孔公差为 N7 或 H7，应以过渡配合装于所要联接的轴端上（例如 N7/h8 或 H7/k6），并加平键以防止相对转动，若转矩为冲击交变转矩，应加楔键或热装，轴要精车。当联轴器孔 $d_1>100\text{mm}$，推荐采用过盈联接（设计计算见 § 12.3.1）。

夹壳联轴器

夹壳联轴器（DIN 115，见图 13-10）的用途与凸缘联轴器类似，但承载能力小一些，装拆更为方便。

安装时，将半联轴器置于要联接的轴端上，然后将置于槽中的螺栓拧紧从而实现摩擦封闭。为了避免不平衡，应将螺栓正、反相间安装。当轴径≥55mm 时，应加平键（不是楔键!），以保证可靠传递转矩。

为安全起见，这种联轴器还有附加钢板外壳的结构（标记为 AS、BS、CS，见图 13-10）。

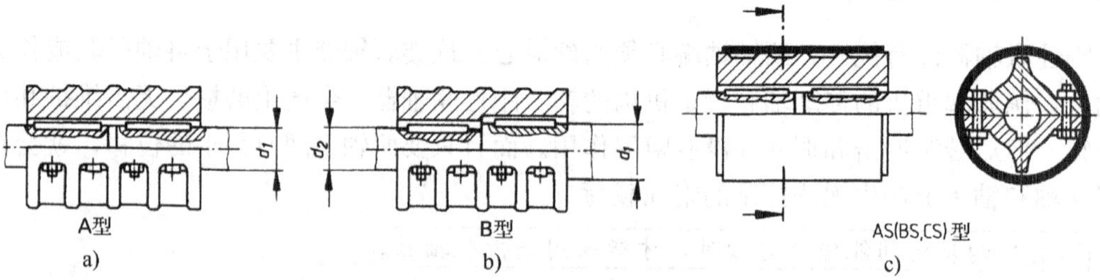

图 13-10　夹壳联轴器（DIN 115）

a）A 型，用于两轴直径相同的情况　b）B 型，用于两轴直径不同的情况　c）带钢板外壳，AS（BS、CS）型

端面渐开线花键联轴器

平面细齿花键（例如弗伊斯-希尔斯花键）联接空间小，质量轻，可以传递大转矩，同时还能保证被联接件的对心（图 12-9）。详细内容见 § 12.2.4。

13.3.2　挠性联轴器（补偿式联轴器）

挠性联轴器可以补偿两轴之间的偏心和位移（见 § 13.1 的补偿功能）。根据结构类型的不同，可以补偿运行中出现的一种或多种位移。半联轴器的许用轴向、径向和角位移 ΔK_a、ΔK_r 和 ΔK_w（见图 13-1a～c）由联轴器制造商给出（也可由 TB13-3、TB13-4 和 TB13-5 查取），在运行中实际产生的两轴位移 ΔW 不许超过许用值 [见式（13-16）]。一般来说，补偿位移会产生回复力和力矩，使联轴器本身、轴和轴承承受附加载荷（见 § 13.2.5-3.4）。

挠性联轴器按 DIN 740T1 设计。

1. 机构可动（扭转刚性）**联轴器**　扭转刚性联轴器在传递转矩的同时，还会传递转矩冲击，从而将振动也无阻尼地传递下去。大多数情况下，半联轴器或其上零件之间会产生相对滑动，因此必须将滑动面进行润滑；否则会过度磨损。

牙嵌联轴器

牙嵌联轴器的一个半联轴器端面上有三个（或五个）凸牙，它与另一个半联轴器的凹槽嵌在一起（图 13-11b）。

牙嵌联轴器允许两轴之间有轴向位移（例如由发热或装配误差引起），可以构成长轴（延展联轴器）。

滑块联轴器

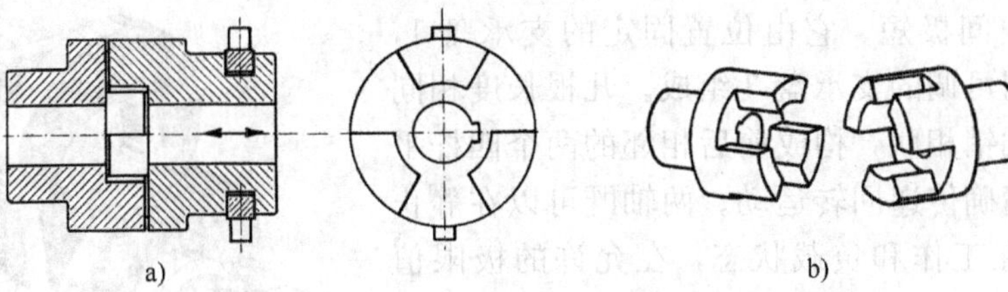

图 13-11　牙嵌联轴器和离合器

a）离合器　b）联轴器

滑块联轴器以双滑块机构为基础，它由两个转动副和两个相邻移动副构成（图13-12a)。圆盘上互相垂直的十字榫 3 在半联轴器凹槽 1 和 2 中滑动，且绕两互相平行，偏心距为 ΔK_r 的轴匀速旋转。即使偏心距 ΔK_r 在工作时还会发生变化，旋转运动仍然为同相传动。

作为轮毂的半联轴器 1 和 2 端面带有横槽，两端带有两个相互垂直滑块的圆盘十字榫 3，它们配合在一起，就构成了滑块联轴器（图 13-12b）的基本形式。该联轴器可以补偿两轴之间微小的轴向和径向位移。

图 13-12c 所示为环形张紧补偿联轴器，两个相同的半联轴器上有多个同步凸爪（钢或灰铸铁)，将两者错位 90°后插入用耐磨塑料制成的中间盘的槽中。通过支承爪就可以实现附加的角位移补偿。这种联轴器不会产生明显的回复力。

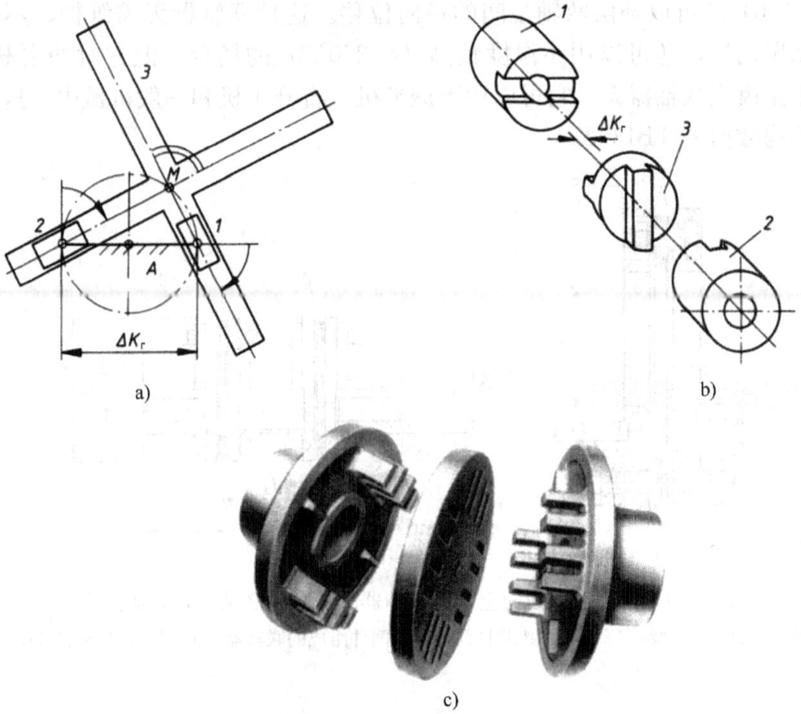

图 13-12　滑块联轴器

a）原理图　b）（双滑块机构）滑块联轴器　c）环形张紧补偿联轴器（企业图形）

双四杆平行机构联轴器

双四杆平行机构联轴器又称施密特联轴器（图 13-13）适用于两轴之间有极端径向位移

的情况，轴向空间极短。它由位置固定的支承盘1，中间盘2和径向可调的支承盘3组成。几根长度相同的连杆与盘用轴销相联，构成前后相邻的两个四杆平行机构，它可精确传递回转运动。两轴既可以在静止状态，也可以在工作和负载状态，在允许的极限值$\Delta K_r=(0.25\sim0.95)\times 2l$（$l$为杆长）范围内，沿径向所有方向进行调整。出于运动学原因，这种联轴器不允许处于四杆共线的位置工作。对于给定的径向位移，中间盘2保持其在空间位置不变，即它同心旋转，因此不会产生不平衡现象。

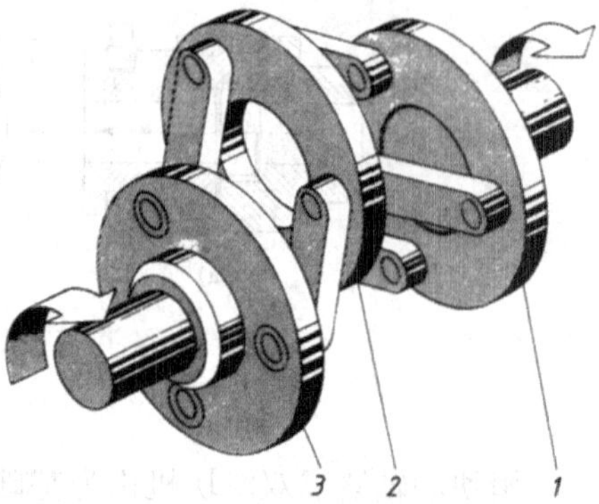

图13-13　双四杆平行机构联轴器（施密特联轴器，企业图形）

施密特联轴器适用于轧机和地面压实机的驱动，回转工具的无级径向进给（与驱动电动机无关）和用于使轴系绕过障碍。

能补偿弯曲的全金属联轴器［膜片（环形）联轴器，亦称为托马斯联轴器］

该联轴器的挠性是通过弹性元件（见图13-14a）来实现的。这种弹性元件是由与两个盘子1用螺栓正、反相间联接的薄片组2组成。圆盘又与半联轴器3或中间件4用螺栓相联。当两轴出现轴向或角位移时，薄片就会产生变形，此时，垫片5起隔离片的作用。双联轴器（图13-14b）还可以补偿两轴之间的径向位移。这种联轴器无需维护、不会磨损，也没有间隙（无振动!），还可以用于温度较高（≤270℃）的场合。但它对冲击载荷很敏感，而且结构尺寸比齿式联轴器大。它可以用于透平机、直升飞机和一般机械中。这类联轴器的主要尺寸和结构数据见TB13-2。

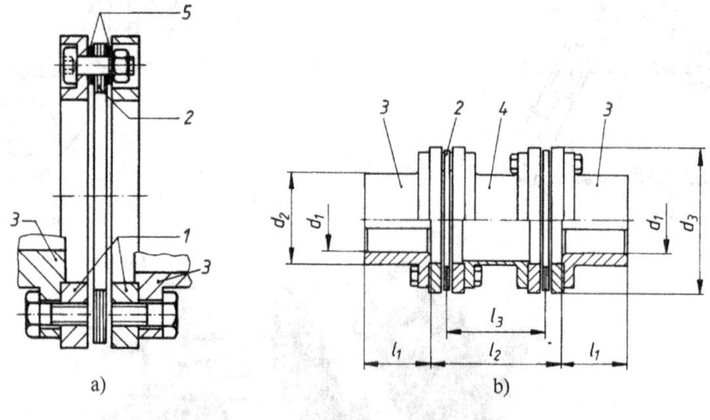

图13-14　能补偿弯曲的全金属联轴器（托马斯联轴器，企业图形）

a）弹性元件（900型）　b）由两组弹性元件和中间件组成的联轴器（901型），尺寸见TB13-2

齿式联轴器

沿所有方向都可自由运动的齿式联轴器适合于承受高速大转矩。如图13-15d所示的齿式联轴器，半联轴器1的外齿环的轮齿形状为鼓形齿，齿顶做成球面，外壳2是具有直线齿的内齿环，半联轴器允许沿轴向和所有方向的角位移。

常见的双联轴器结构可补偿径向位移。为了能联接距离较大的两轴以及补偿较大的径向位移，可以在两个半联轴器之间加一个中间块。补偿位移时齿廓会产生滑动，所以要进行润滑（绝大多数采用浸油润滑或脂润滑）。采用塑料（例如尼龙外壳）可以制造无需维护、耐油和抗化学品的齿式联轴器，而且转动惯量小、质量轻。为了限制转矩，图 13-15d 所示的齿式联轴器上带有一根安全销 3（详细内容见 § 13.4.2）。

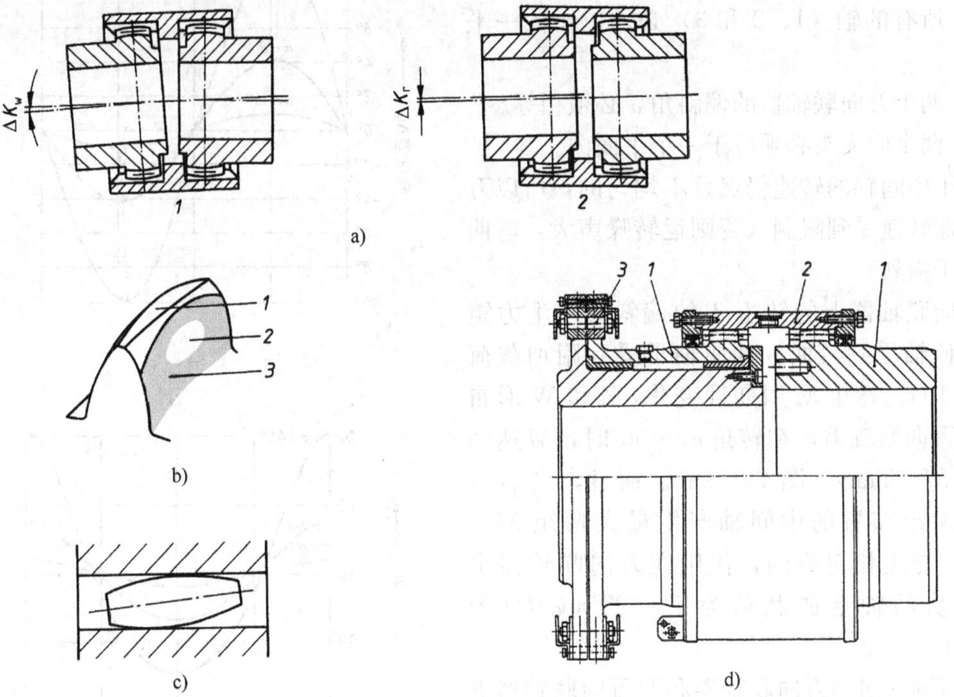

图 13-15　齿式联轴器

a）齿顶为球形的联轴器　1—角位移　2—径向位移　b）球形（鼓形）齿　1—球形齿顶　2—接触面　3—鼓形齿廓　c）两轴之间有角位移时齿的位置　d）马麦迪尔齿式联轴器，带安全销，BVZ 公司结构（企业图形）

万向联轴器

万向联轴器可在两轴有较大偏斜角时传递转矩。

图 13-16 所示为十字轴万向联轴器（卡旦万向联轴器）的示意图。旋转时叉头的轨迹为球形。因此，轴 1 的角速度 ω_1 不是均匀地，而是呈正弦关系地传递到轴 2 上，也就是说，旋转时转角 φ_1 相对于转角 φ_2 忽大忽小（卡旦误差，见图 13-17b）。

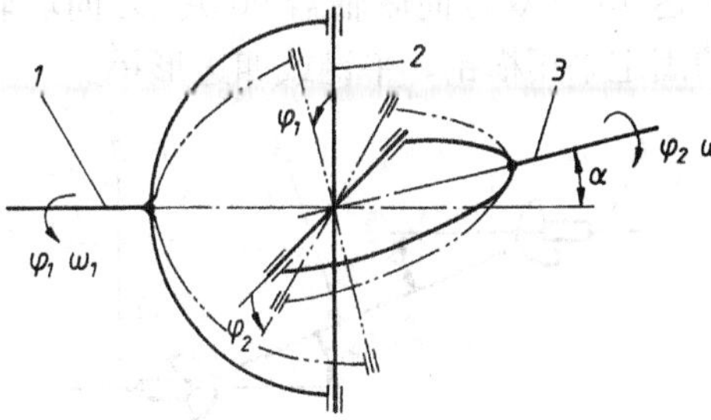

图 13-16　十字轴万向联轴器（示意图）

1—主动轴　2—中间件（十字头）　3—从动轴

ω_1，ω_2—主动轴和从动轴的角速度　α—偏斜角

φ_1，φ_2—主动轴和从动轴的转角

由 $\tan\varphi_2=\tan\varphi_1/\cos\alpha$，得

$$\omega_2=\frac{\cos\alpha}{1-\cos^2\varphi_1\sin^2\alpha}\omega_1 \qquad (13\text{-}22)$$

式中　ω_1，ω_2——轴 1，2 的角速度；

φ_1，φ_2——轴 1，2 的转角；

α——主动轴和从动轴之间的偏斜角。

其极值为

$$\omega_{2\max}=\omega_1/\cos\alpha;\quad \omega_{2\min}=\omega_1\cos\alpha$$

为消除卡旦误差，可采用Z形或W形布置的双万向联轴器（见图13-18）。而且还要满足下述条件：

1）所有的轴（1、2和3）必须位于同一平面内。

2）两个万向联轴器的偏斜角α必须相等。

3）两个内叉头必须位于一个平面内。

由于中间轴的转速仍然是不均匀的，所以万向联轴器转速受到限制（否则运转噪声大，弯曲振动过于强烈）。

万向联轴器上的转矩T的偏斜会产生力矩分量，使轴受到弯曲，并使轴承受到附加载荷（图13-19）。弯矩M周期性变化，Z和W形布置的双万向联轴器，在转角$\varphi_1=90°$时，M达到最大值$M=T\tan\alpha$（图13-19a）。而且，当$\varphi_1=0°$时，W形布置的中间轴产生最大弯矩$M=2T\sin\alpha$，与之相对应的，作用在万向联轴器主动轴和从动轴上的载荷为$F=2T\sin\alpha/l$（图13-19b）。

DIN 808对单万向联轴器和双万向联轴器进行了标准化（图13-20），他们适用于传递小转矩。采用滑动轴承时，其转速不超过1000r/min，若要提高转速，优先采用滚针轴承。最大偏斜角可达45°（双万向联轴器90°）。万向联轴器与轴的固定采用横销，平键或四边形销。

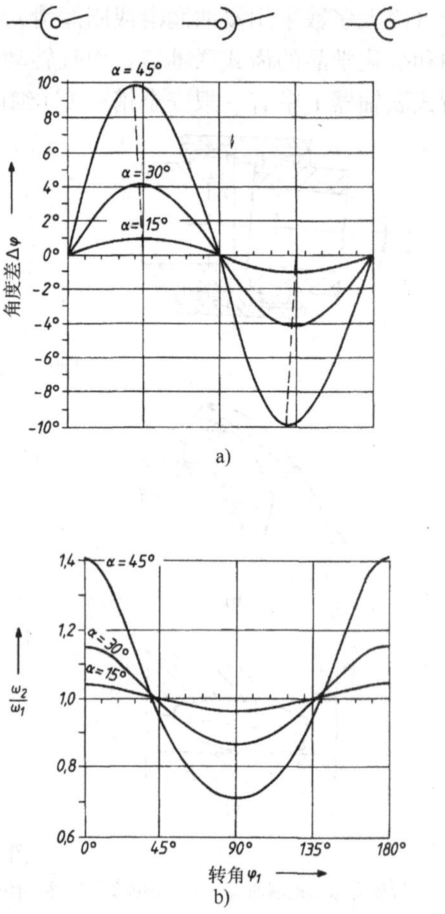

图13-17　卡旦误差

a）角度差的分布曲线$\Delta\varphi=\varphi_2-\varphi_1$

b）角速度ω_2的分布曲线

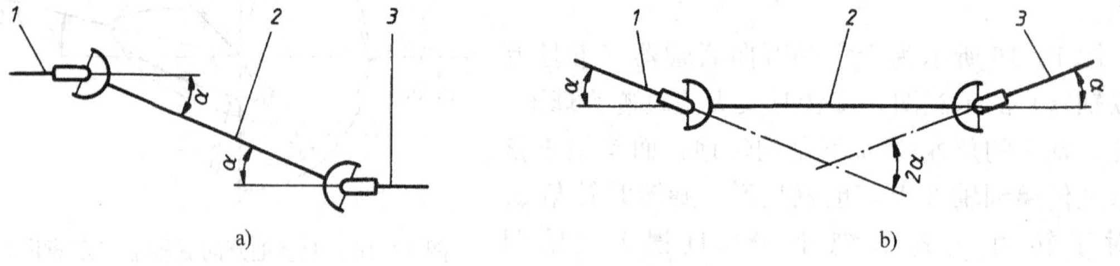

图13-18　两个十字轴万向联轴器串联（双万向联轴器），以均速传递运动（示意图）

a）Z形布置　b）W形布置

1—主动轴　2—中间轴　3—从动轴

当转矩较大时应采用十字轴万向联轴器（图13-21）。万向联轴器十字头采用密封滚针轴承，且可再润滑（图13-21c）。轴通过圆形法兰盘用预紧螺栓与其联接。叉头如果在工作中还要变化位置，应采用带套轴的轴向可调节的万向联轴器（图13-21a）。其套轴常常镀一层塑料，以使啮合摩擦因数小并达到无需保养的目的。对于无轴向调节的十字轴万向联轴器（图13-21b），应将叉头与钢管焊接（以减轻质量）并进行平衡。

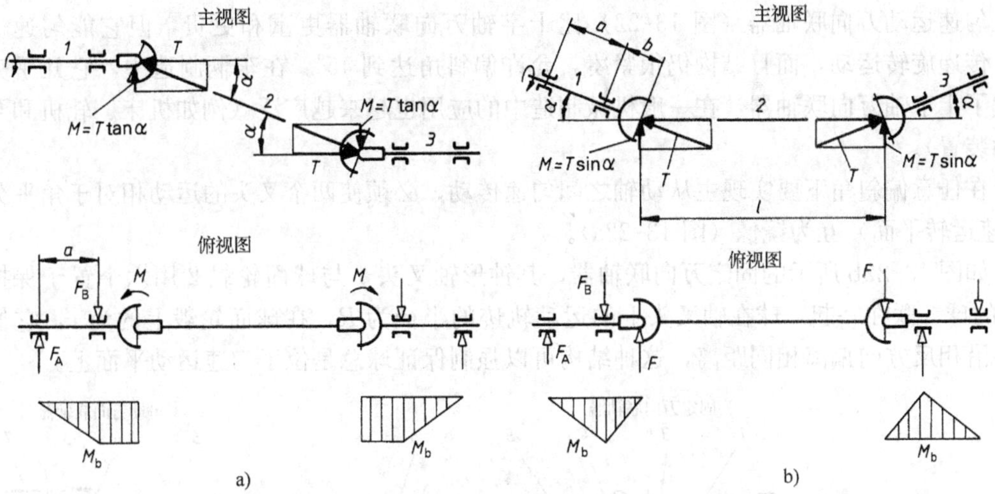

图 13-19　十字轴万向联轴器的弯矩和轴承支反力（示意图）

a）Z（W）形布置，轴的转角 $\varphi_1=90°$（270°）

b）W 形布置，轴转角 $\varphi_2=0°$（180°）

1—主动轴　2—中间轴　3—从动轴

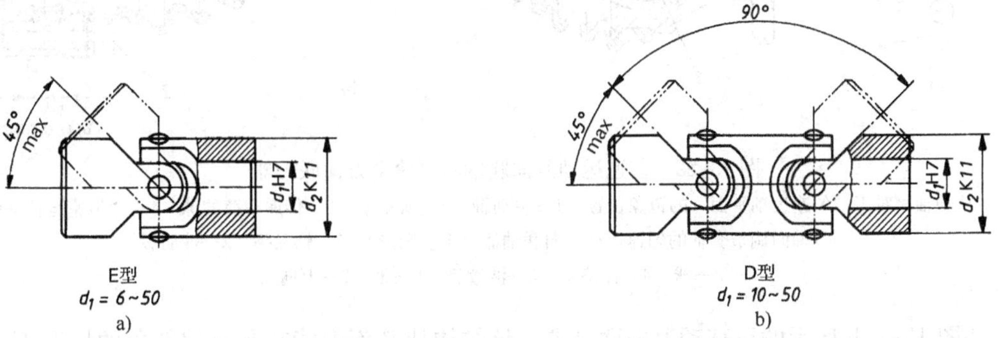

图 13-20　万向联轴器（DIN 808）

a）单万向联轴器，E 型　b）双万向联轴器，D 型

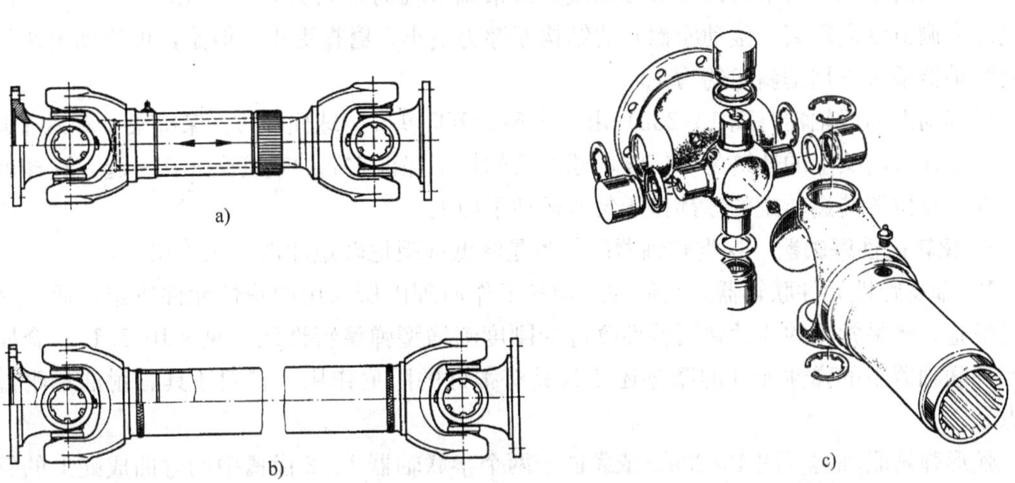

图 13-21　万向联轴器（企业图形）

a）带轴向调节套轴　b）无轴向调节套轴，中间轴为钢管　c）叉头的结构图

匀速运动万向联轴器（图 13-22）比十字轴万向联轴器更重和更贵，但它能匀速（同步）传递旋转运动，而且结构仍很紧凑，允许偏斜角达到 45°。在车辆制造中，它几乎完全取代了十字轴万向联轴器，在一般机械制造中的应用也越来越广泛（例如机床、轧机和泵的驱动装置）。

在任意偏斜角下要实现主从动轴之间匀速传动，必须使两个叉头的运动相对于角平分面（匀速运转平面）互为镜像（图 13-22a）。

如图 13-22b 所示的固定万向联轴器，其钟形轴叉头 1 与球面轮毂 2 用六个置于保持架 4 中的球 3 联在一起。球在轴叉头上的运动轨迹的半径为 R，在球面轮毂上的为 r，它们的圆心沿相反方向偏离相同距离，这种结构可以强制保证球总是位于匀速运动平面上。

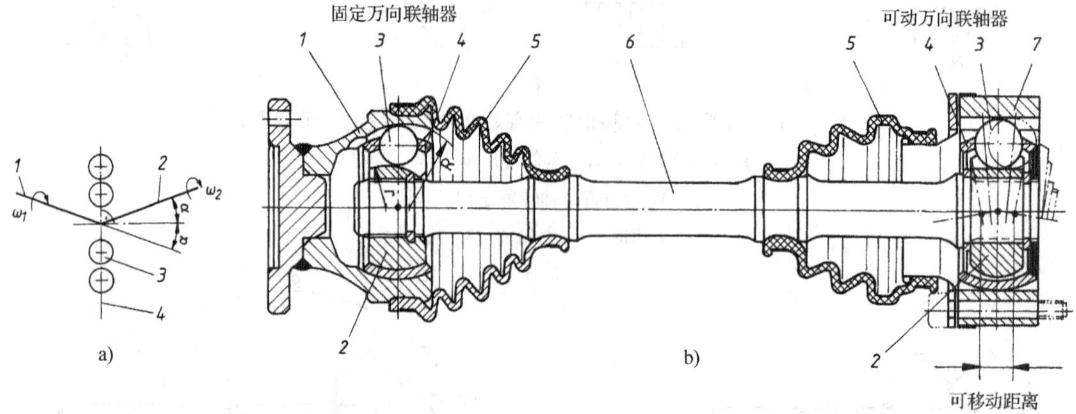

图 13-22　匀速运动万向联轴器（滚动万向联轴器）

a）主从动轴相对于“匀速运动平面”的镜象位置　1—主动轴　2—从动轴　3—传递载荷的球　4—“匀速运转平面”
b）带轴向调节套轴的匀速运动万向联轴器（企业图形）　1—轴叉头　2—球面毂
3—球　4—保持架　5—波纹管　6—轴　7—万向头

如图 13-22b 所示的可移动万向联轴器，该结构使其不但能在具有偏斜角的情况下实现匀速传递运动，而且还可以使主从动轴之间能相对移动，即能调整整个万向联轴器的长度。相对于采用沿轴向相对滑动的成形轴和成形毂来调节轴向距离的方法（见图 13-21a），此处通过球来调节轴向距离（滚动摩擦）的结构摩擦力更小，磨损更小。但是，可移动匀速传动万向联轴器最大许用偏斜角约为 18°。

可移动万向联轴器（图 13-22b）由一个环形万向头 7、球面毂 2、保持架 4 和六个球 3 组成。球在万向头上的轨迹为螺旋线，球面毂的加工保证它们的轨迹交叉在一起，这样就保证了在任意位置传递转矩的球都位于匀速运动平面上。

2. 扭转挠性联轴器　这类联轴器的任务是降低或阻尼转矩冲击（见 § 13.1）。

1）金属弹性元件联轴器。它们的结构和工作原理由所采用的弹性元件决定。通过采取适当措施，将最常见的线性弹簧特性改进为刚度渐增型弹簧特性线（见 § 10.1.1）。金属弹性元件联轴器中的弹性元件的摩擦还使其具有很好的阻尼作用，它们还具有耐油和耐温的特点。

蛇形弹簧联轴器（图 13-23a）依靠嵌于两个半联轴器 1、2 齿槽中的弯曲成蛇形的钢制弹簧 4 来传递载荷。齿槽朝联轴器中心逐渐加宽。这样随着转矩的增加，力的作用点向内移，即弹簧承载长度缩短（图 13-23b），联轴器得到刚度渐增型扭转弹簧特性线。当承受大冲击转矩时，钢制弹簧与齿侧完全接触，联轴器就失去了挠性，而成为一个扭转刚性的联轴器。若将弹簧座 3 做成分离结构，轴无需轴向窜动就可以进行装拆，且可以用它来贮存润滑脂。

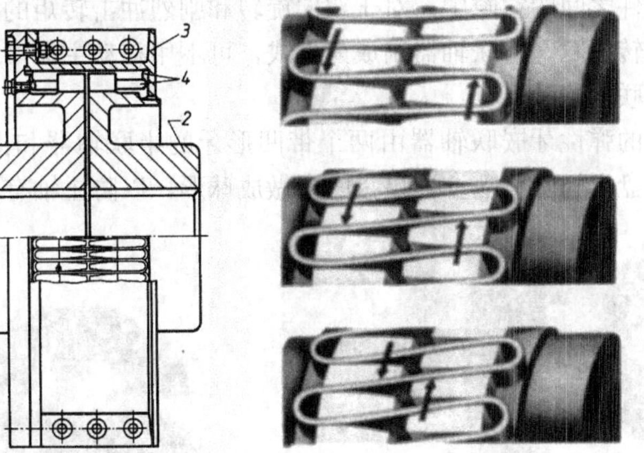

a)　　　　b)

图 13-23　蛇形弹簧联轴器（企业图形）

a）Bibby 联轴器，带水平分体弹簧座（WB 型）　b）受半载、正常载荷和冲击载荷（自上而下）时弹簧的弹性变形

螺旋弹簧联轴器（图 13-24）由位于两个半联轴器 1 之间沿周向分布并预紧的螺旋压缩弹簧 4、可摆动的导向体 3 和在两个半联轴器上交叉排列的插销 2 组成。这种联轴器没有旋转间隙、可补偿所有方向的位移，而且工作可靠，通过将两个这种联轴器串联在一起就构成了一种弹性万向联轴器。

将三个旋向相反的螺旋弹簧绕制而成的弹簧体钎焊在联接毂上就形成了多层螺旋弹簧联轴器（图 13-25）。由于在传递转矩时总是有两个弹簧层受力，所以这种联轴器可用于双向旋转场合并具有很好的阻尼。而且，它还有外径小、表面光滑和完全无需维护的特点。

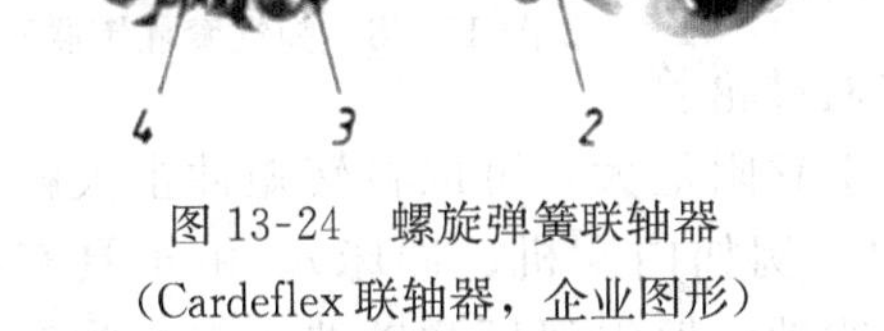

图 13-24　螺旋弹簧联轴器
（Cardeflex 联轴器，企业图形）

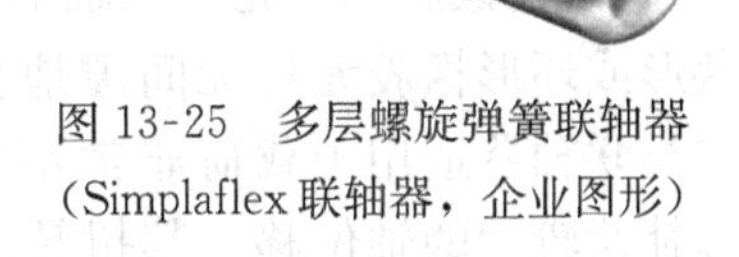

图 13-25　多层螺旋弹簧联轴器
（Simplaflex 联轴器，企业图形）

2）中等弹性橡胶弹性元件联轴器。带受压弹性中间件的柱销联轴器或牙嵌联轴器属于这类联轴器。它允许较小的转角位移并具有很小的阻尼作用。这类联轴器用于简单机械（例如通风机、离心泵），能补偿起动冲击和轴的位移，允许相对较大的轴向位移，无需维护，而且即使弹性元件损坏，也不至于使联轴器彻底失效，还可以工作（这点在提升机械、电梯中非常重要!），这类联轴器价廉物美，且具有刚度渐增型扭转弹簧特性线，所以工作可靠，

承载能力大。

弹性牙嵌联轴器（图 13-26）通过丁腈橡胶制成的弹性元件来传递转矩，一个半联轴器上有沿周向均匀分布的槽，弹性元件置于其中。另一个半联轴器上制有相应形状的牙，联接时，牙嵌在弹性元件之间的空隙中。对于双向旋转和剧烈冲击转矩的场合，通过增加弹性元件可避免有害的旋转间隙。将联轴器制成三件式，可不用移动主动端或从动端即可更换弹性元件和沿径向拆下联轴器轴。

图 13-27 所示的弹性牙嵌联轴器由两个带凹形牙的半联轴器和由硬橡胶制成的星盘组成，凹形牙嵌入星盘齿间互相啮合。星盘的齿做成球形，以防止轴有位移时产生卡角现象。

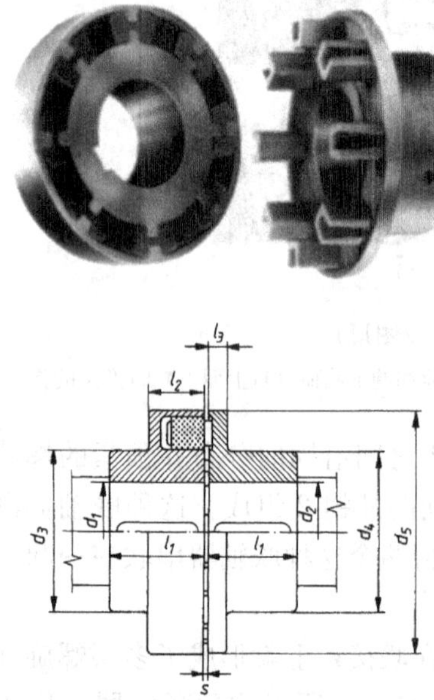

图 13-26　弹性牙嵌联轴器（N-Eupex 联轴器，B 型，企业图形）尺寸和结构数据见 TB13-3

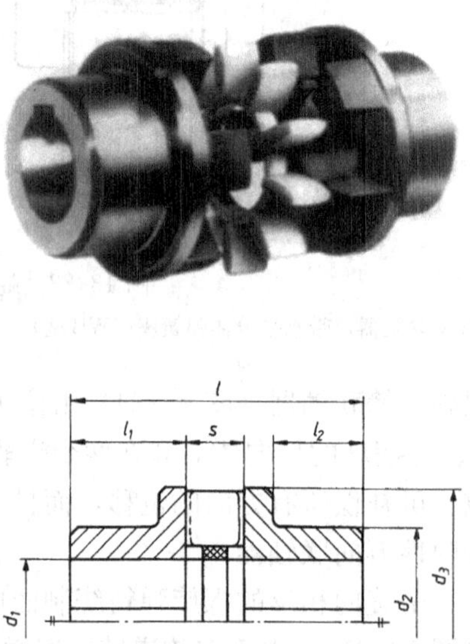

图 13-27　弹性牙嵌联轴器（Hadeflex 联轴器，XW1 型，企业图形）尺寸和结构数据见 TB13-4

弹性套柱销联轴器（图 13-28），固定在一个半联轴器凸缘上的柱销，与一个沿轴向张紧的弹性套组合，联接时将其插入另一个半联轴器相应的孔中。如果在弹性套圆周方向分布有不同深度的槽可形成刚度渐增型扭转弹簧特性线，它工作能力高，而且在轴有位移时只有很小的回复力。不同弹性模量的弹性套适用于不同的工况。

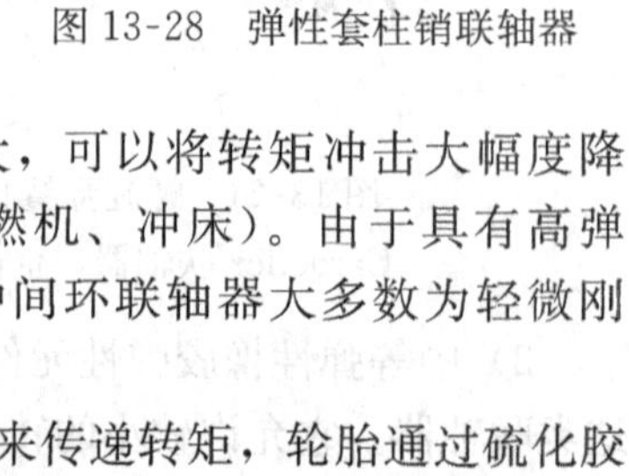

图 13-28　弹性套柱销联轴器

3）高弹性橡胶弹性元件联轴器。这类联轴器通过轮胎形、盘形或环形橡胶元件无间隙地传递转矩。由于它阻尼大，可以将转矩冲击大幅度降低，这类联轴器适用于载荷非常不均匀的设备中（例如内燃机、冲床）。由于具有高弹性，可补偿较大的轴位移。其扭转弹性特性线为线性，但中间环联轴器大多数为轻微刚度渐增型。

高弹性轮胎联轴器（图 13-29）用向内凸起的橡胶半轮胎来传递转矩，轮胎通过硫化胶合在钢制半壳体上。半壳体与轮毂用螺栓相联，安装非常简单。

高弹性凸缘联轴器（图 13-30）的楔形橡胶盘用硫化胶合法固定在联轴器轮毂和凸缘上。通过采用不同的橡胶类型可改变扭转弹簧特性线。

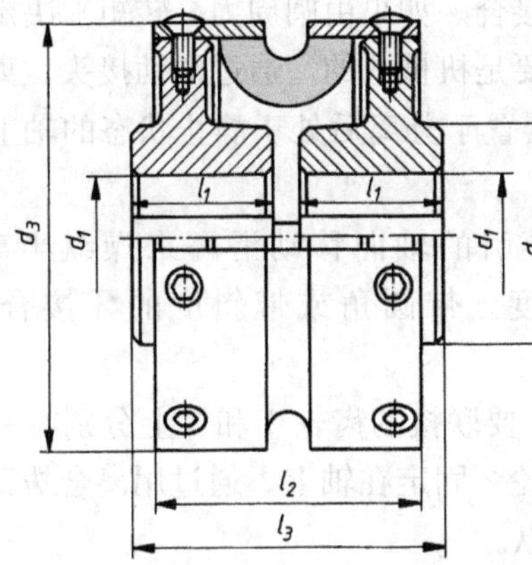

图 13-29　高弹性轮胎联轴器（Radaflex 联轴器，300 型，企业图形）尺寸和结构数据见 TB13-5

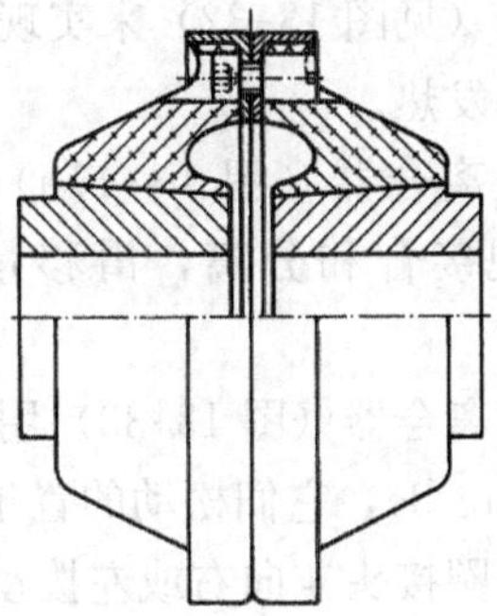

图 13-30　高弹性凸缘联轴器（Kegelflex 联轴器，企业图形）

高弹性中间环联轴器（图 13-31）通过一个四边形、六边形或八边形环来传递转矩，这个环与两个半联轴器的钢制凸缘之间用正反相间的螺栓进行联接。高弹性中间环由一段段圆柱形橡胶体构成，每段橡胶体两头有用硫化胶合法固定上去的钢板套，在安装时，中间环沿径向张紧。通过这种结构，受载时橡胶不会受不利的拉应力作用而是受压应力，提高了橡胶的工作能力。

图 13-31　高弹性中间环联轴器（企业图形）

13.4　离合器

离合器种类繁多，它的作用是在工作过程中使联接在一起的主从动轴分离和再接合。离合器可从不同的视角进行分类：

1）按离合方式不同（见图 13-3b），分为操纵离合器（例如机械、电磁、液压和气压操纵离合器）和自动离合器，即转速、力矩或转向操纵的离合器，分别称为离心离合器、安全离合器和超越离合器。操纵方式的不同，决定了它的功能的不同，从而决定了用途的不同。

2）按载荷传递方式（即封闭形式）不同，分为形封闭离合器、力封闭离合器和摩擦封闭离合器（见图 13-3b）。摩擦离合器需要施加外力，所以又常常将其作为力封闭离合器的一种。

3）按结构形式不同，分为牙嵌离合器、齿式离合器、膜片离合器等。

电磁离合器和液力离合器要实现其功能，必须有一定的滑差率（滑差离合器），故它们属于力封闭离合器。§13.4.5 和§13.4.6 将介绍这两种离合器，由于它们种类繁多，所以只能以几种典型结构为例来加以阐述。

13.4.1　操纵式离合器

1. 形封闭离合器　形封闭离合器仅仅只能分离（见§13.1），即它只能在（或几乎在）

静止状态或同步转动时在半联轴器的特定位置才能接合。如果由圆周力（转矩）决定的摩擦力允许的话，它就可以带载荷分离。其分离操纵主要是机械式的，通过滑动接头、离合环和离合叉子（见图13-32）来实现。可移动的半联轴器置于分离后处于静止状态的轴上，以避免磨损和发热。

牙嵌离合器（图13-11a）通过用滑动弹簧导引的轴向移动滑环来操纵半离合器，从而实现接合和分离，滑移量要略大于牙的高度。带圆角或带斜度的牙接合时更容易些。

齿式离合器（图13-33）用于车辆传动装置中。要联接的齿轮1和3上分别有一个离合器齿圈1a、3a，它们松动的置于轴上，而离合器齿轮2固定在轴上。通过用离合拨叉5将离合器内齿圈接头4向右或左拨动来实现离合器的操纵。

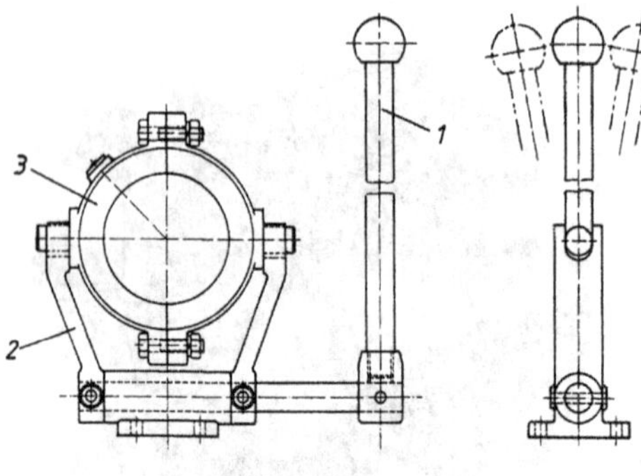

图13-32 离合器操纵部分
1—手柄 2—离合叉子 3—离合环
（左视图未画离合环）

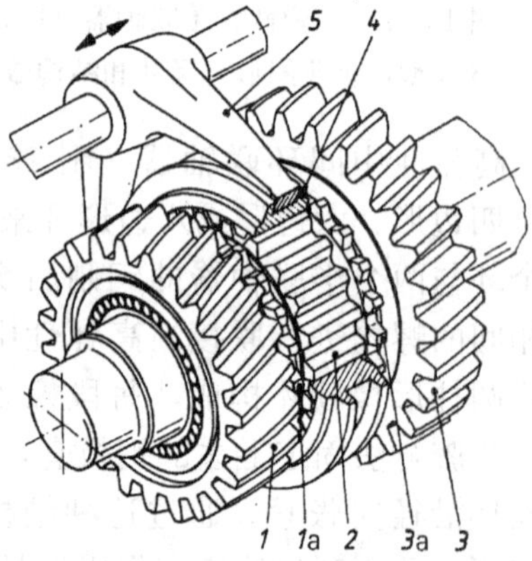

图13-33 齿式离合器，
ZF全齿机构（企业图形）

通过采用同步装置可使运行过程中的离合变得容易，其工作原理是在前面设置圆锥形离合器。同步闭锁装置使两轴完全同步后，将接头4移动使离合器齿圈1a、3a啮合，这样轴和齿轮1、齿轮3就通过形状封闭联接起来了。

2. 力（摩擦）封闭离合器 摩擦封闭离合器可在运行过程中带负载离合。只有在摩擦面上作用有与转矩大小相对应的法向（压）力，才能传递转矩。其缺点是，接合（打滑）时在摩擦面上会产生摩擦热和不可避免的磨损。按摩擦面的形状（平面、圆锥或圆柱）和数量的不同，摩擦离合器可分为单面、双面（单盘）、多面（多盘）、圆锥和圆柱离合器（图13-34）。离合器由一个操纵件（例如电磁线圈）和一个力传递件（例如摩擦片）组成。安装好后可分为箱式结构（操纵件和力传递件与外同步件一起成为一个整体）和支座结构（操纵件和力传递件与内同步件或支座成为一个整体）。此外，还可以根据摩擦面是否有油（摩擦因数!），将离合器分为湿摩擦离合器和干摩擦离合器，对于湿摩擦离合器，大多数情况取钢/钢和钢/烧结青铜作为摩擦副材料，对于干摩擦离合器，取钢（灰铸铁）/摩擦片和钢/烧结青铜作为摩擦副材料。

1）机械操纵离合器。为了产生摩擦封闭所需的压力，大多数机械操纵离合器都有自锁拨叉系统或弹簧。这种操纵方法最简单，可用在无需遥控的场合，并可满足所需离合精度。

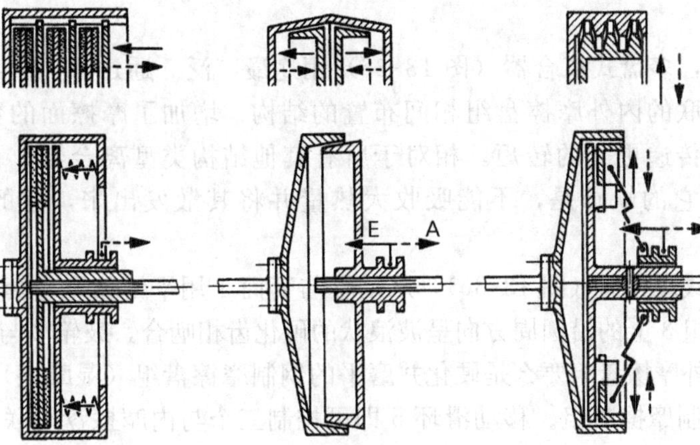

图 13-34　根据摩擦面形状对摩擦封闭离合器进行分类

a）盘式离合器（单、双或多面离合器）　b）圆锥离合器，E—接合，A—分离　c）圆柱（滑块）离合器

双面离合器

双面（单盘式）离合器（带制动，图 13-35a）的转矩通过驱动盘 2 用齿轮联接或销联接传递到摩擦盘 5 上。调整环 4 上作用有压紧弹簧 6，接合时，从动半离合器 3 被调整环 4 向左压，从而使摩擦盘 5 与主动半离合器 1 压紧在一起。压紧弹簧通过离合环 9 用滑环 8，离合垫片 7 和碟簧 11 张紧（接合状态）或放松，在相对应的最终位置，球 10 进入环槽中，这样离合环就放松了。离合器的调整通过与从动半离合器用螺纹联接的调整环来进行。

相对于多盘式离合器，双面离合器的优点有：能更好地吸收摩擦发热并将其较好的散发出去，以及空载力矩较小等。但它尺寸较大且成本较高。

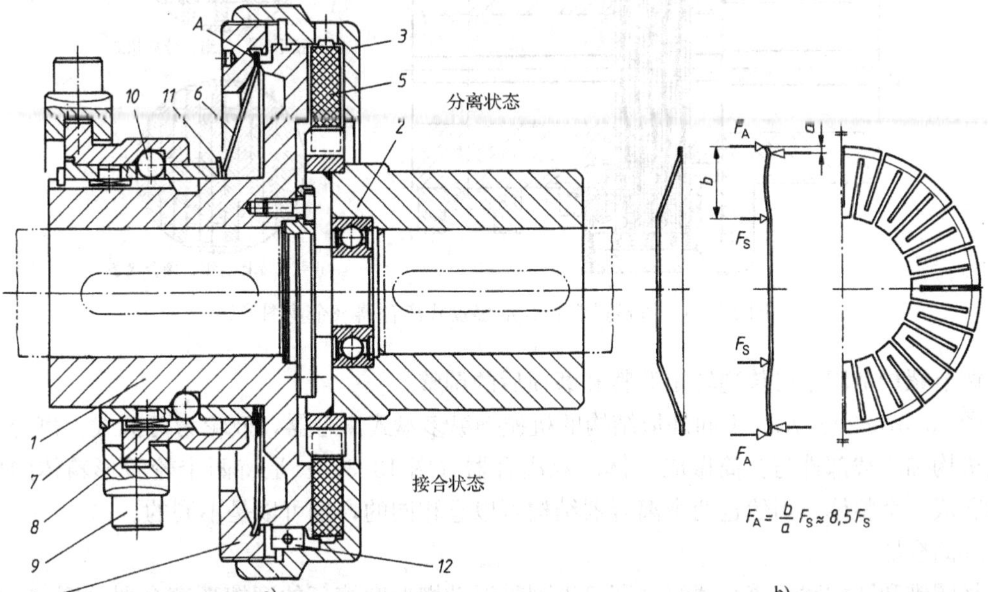

图 13-35　机械操纵双面（单盘式）离合器（企业图形）

a）带制动的环形胀紧离合器（KSW 型），上半部分为分离状态，下半部分为接合状态

b）环形胀紧压紧弹簧，及作用在其上的离合力 F_S 和压紧力 F_A

多盘式离合器

在当今时代，多盘式离合器（图 13-36）用途最广泛。通过采用多组串联，且分别与两个半联轴器相联的内外摩擦盘组相间布置的结构，增加了摩擦面的数量，从而可在相同的结构尺寸下传递更大的转矩。相对于所有其他结构类型离合器，它具有尺寸小，价格低的优点。但它的缺点是，不能吸收大热量并将其散发出来，它的空载力矩也总是很小。

正弦形多盘式离合器（图 13-36），从动轴与套筒 1 用平键相联，套筒上有外齿，它与正弦形的内摩擦组 3 上的沿圆周方向呈波浪状的硬化齿相啮合。鼓轮 2 与外摩擦盘组 4 以同样方式相联接，外摩擦盘组要么是硬化并磨平的钢制摩擦盘组（湿摩擦），要么就是带有烧结材料镀层的钢制摩擦盘组。移动滑环 5 即可控制三个与内摩擦盘组联在一起的曲柄压杆 6，从而实现离合器的离合。当滑环左移时，压下曲柄压杆，其短臂就使内外摩擦盘组压紧，从而实现摩擦封闭。带弹簧的曲柄压杆防止了摩擦盘片磨损后导致承载能力剧烈下降的危险，而且可减少对离合器调整的次数。

正弦形摩擦盘片具有弹性，因此它可实现柔性接合，在接合过程中，随着正弦线逐步压平，摩擦面积持续增大，直至全部面积都承载为止。

而且正弦形摩擦盘片的弹性还可以使其实现安全分离，因为在离合器空载运行时，它只有线接触，因此空载力矩、发热和磨损都很小。

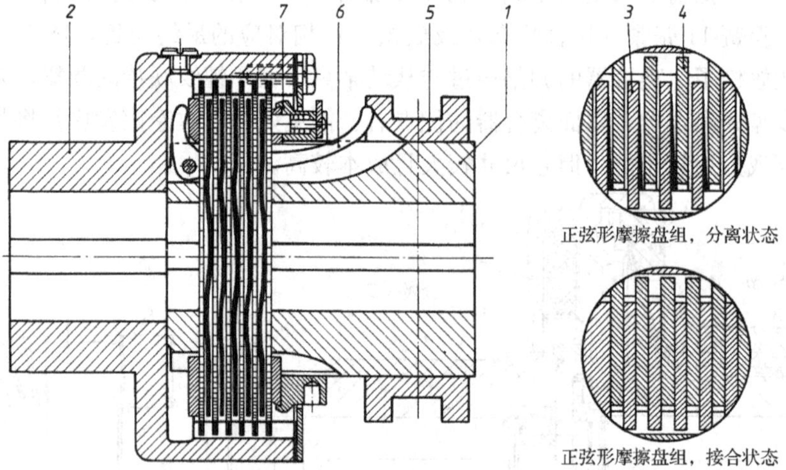

图 13-36　机械操纵正弦形多盘式离合器（企业图形）

调节螺母 7 用于可传递转矩调整和磨损后的调整。

图 13-37a～c 所示为不同外形结构的机械操纵多盘式离合器，鼓轮为可拆式。离合器的操纵机构和承载部件与套筒做成一体。双离合器（图 13-37c）是将两个轮毂形箱体的单离合器联成一个整体。当然这两个离合器结构可以是相同的，也可以是不同的。

摩擦环离合器

将圆锥和圆柱摩擦离合器组合即可得到带浮动楔形摩擦环的摩擦环离合器（图 13-38）。它的摩擦面位于外部，因此散热效果好，而且摩擦面呈锥形，因此所需离合力小。

同机械操纵的多盘式离合器一样，在接合时，它也是通过移动滑环 4 压下曲柄压杆 5，将碟形盘 3 向里压，从而将分成一段一段的摩擦环 1 向外挤，使其与离合器壳体压紧在一

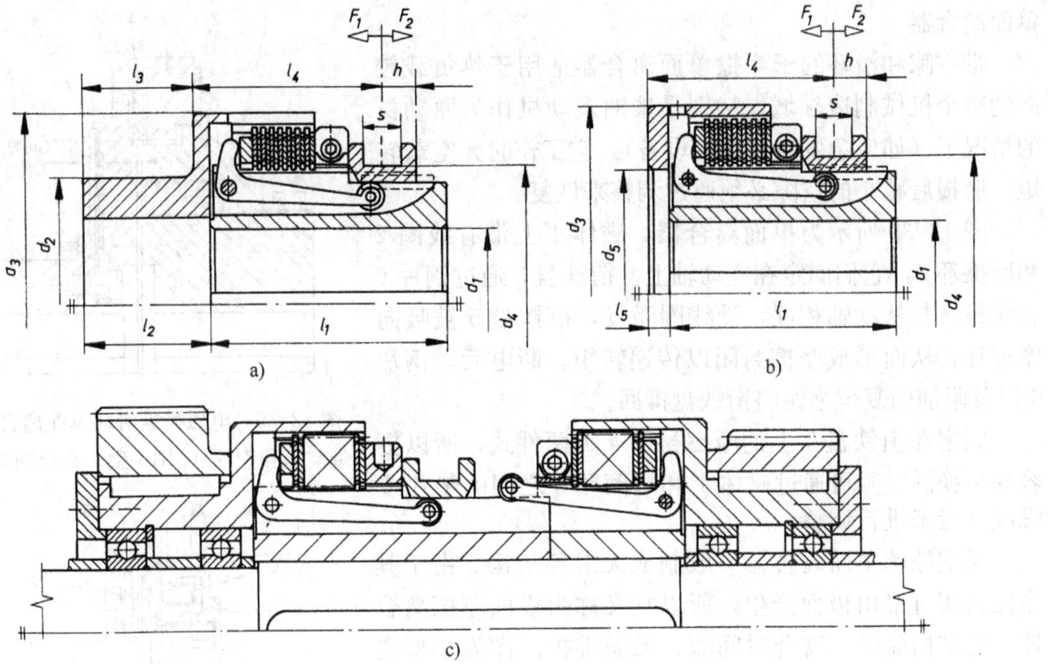

图 13-37　机械操纵 BSD 多盘式离合器（企业图形）
a）轮毂形箱体（493 型）　b）环形箱体（内法兰，491 型）
c）用于转向器的双离合器，轴毂形箱体　a）和 b）的尺寸和结构数据见 TB13-6

起，形成摩擦封闭。分离时，压缩弹簧 7 将碟形盘推开，拉伸弹簧 2 将摩擦环向里拉。这类离合器采用环形螺母 8 进行调节。通过采用锥形面保证了两个离合器的对心。

这类结构的离合器（双锥面离合器）也可以采取液压和气压操纵方式，而且在通用机械制造领域主要采用干摩擦。

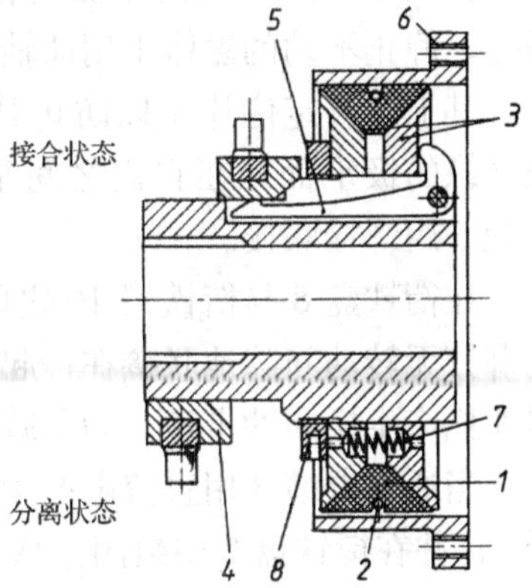

图 13-38　机械操纵摩擦环离合器
（Conax 离合器，STA 型，企业图形）

2）电磁操纵离合器。电磁操纵离合器指的是单盘式、多盘式或齿式离合器，通过带电线圈产生磁场，产生形成摩擦封闭所需的压紧力（工作操纵），或将由弹簧力压紧的离合器分离（静止操纵）。当离合器主要是处于接合状态，或即使断电时也不允许转矩传递中断的设备（例如提升机械），应选用静止操纵方式的电磁离合器。这类离合器有两种基本形式：载荷传递件受磁势作用和载荷传递件不受磁势作用。后一种是通过磁力吸引衔铁，它所产生的力作用于机械式载荷传递件上从而形成摩擦封闭。在接合状态下，衔铁与磁体之间有空隙（故它又称为“空隙离合器”，见图 13-41a）。

根据电流导入方式的不同，电磁操纵离合器可分为带滑环的离合器和不带滑环的离合器两种，后者的磁体静止不动（例如图 13-39）。

电磁操纵方式是最常用的方式。它结构紧凑，可遥控，特别适合于自动化领域。其缺点是电磁线圈会发热、对周围会产生磁化，工作时总是需要用电。

单面离合器

带空隙和滑环的干摩擦单面离合器适用于热负载较高的整个机械制造领域，特别是柴油发动机作为原动机的情况下（如应急发电机成套设备）。它工作时无空载转矩。磨损后减小的空隙必须通过调整来恢复。

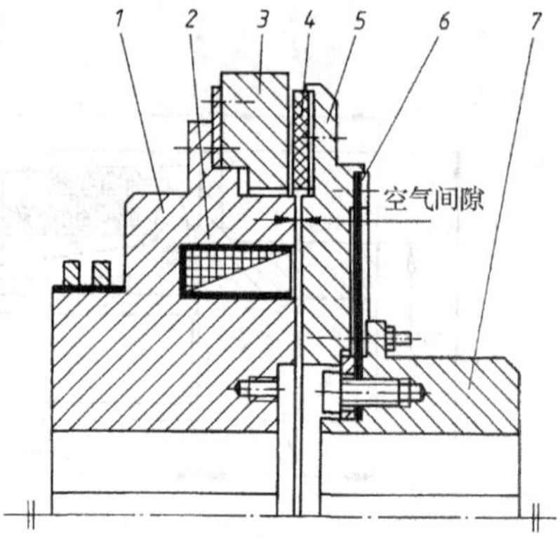

图 13-39　电磁操纵滑环单面离合器，带空隙和钢片（MBA 型，企业图形）

图 13-39 所示为单面离合器，磁体 1 上带有线圈 2 和摩擦环 3，它们固定在主动轴上。衔铁盘 5 通过钢片 6 和轮毂 7 与从动轴相联，受线圈激发，衔铁盘 5 被吸向摩擦环，从而形成摩擦封闭以传递转矩。断电后，钢片 6 以及附加的复位弹簧将衔铁盘推回。

固定在衔铁盘 5 上的摩擦衬层 4 为两件式，所以更容易更换。空隙可通过磁体 1 和摩擦环 3 之间的垫片或螺纹联接来进行调整。

无空隙的单面离合器一般制成无滑环结构。由于其摩擦封闭直接由极面产生，所以它又称为极面摩擦离合器。它结构简单、离合时间短、无需维护。作为小型离合器，它可用于诸如办公机械、磁带机和数据处理设备中，在大型设备中，例如机床的精确离合和车辆的进排气离合器，也得到应用。

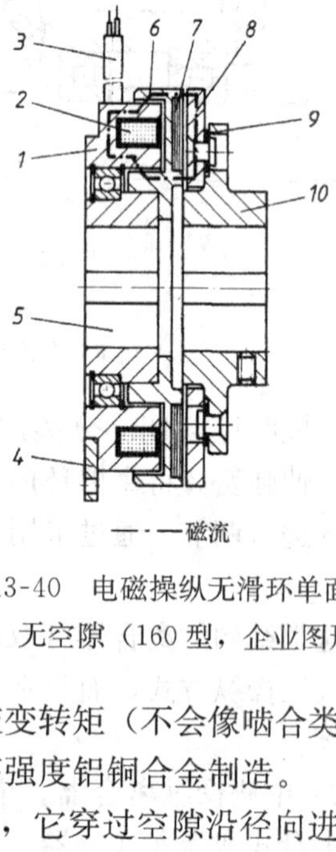

图 13-40　电磁操纵无滑环单面离合器，无空隙（160 型，企业图形）

在图 13-40 所示的单面离合器中，为了实现两轴的联接，静止不动的磁体 1 用球轴承同心支承在转子轮毂 5 上，其上装有定位片 4 以防止其转动。转子 6 呈现两个磁绝缘的极平面，在它们之间是摩擦衬层 7。它与转子轮毂 5 用螺栓联接。

在衔铁盘 8 与衔铁毂 10 之间置有薄片弹簧 9，它们用铆钉无转动间隙地联接在一起。因此这类离合器适合于传递交变转矩（不会像啮合类离合器那样产生换向冲击!）。为了减小漏磁，两个轮毂 5、10 采用高强度铝铜合金制造。

当通过电缆 3 用直流电产生磁场 2，在磁体 1 中就会有磁流，它穿过空隙沿径向进入转子 6，并在衔铁盘 8 中封闭。从而消除它与磁极之间的空隙并与摩擦衬层 7 压紧。在断电状态下，薄片弹簧 9 将衔铁盘 8 推回。

多盘式离合器

带不能磁化盘片的多盘式离合器在接合状态下磁体与衔铁盘之间存在空隙，所以它又常常被称为“空隙离合器”。由于盘片不能被磁化，所以摩擦副材料可任选，而且离合器还可以在干摩擦状态下工作。盘片磨损后，必须对变小了的空隙进行调整。

如图 13-41a 所示的离合器，半离合器之间的力流通过置于内载体 1 上的内摩擦盘组 9 和置于外载体 3 上的外摩擦盘组 10 传递。通过滑环 11 导入直流电在电磁线圈 2 产生磁场，它将带有调整螺母 8 的衔铁盘 7 吸住，从而在摩擦盘组之间形成摩擦封闭。衔铁盘可动支承在套筒 5 上，为防止其转动，用圆柱销 6 固定。在断电状态下，被弹簧顶着的受压轴销 4 将衔铁盘与摩擦盘分开，从而使力流断开。

带能磁化盘片的离合器采用耐磁钢盘片。因此，它一般只能在湿摩擦下工作。摩擦盘磨

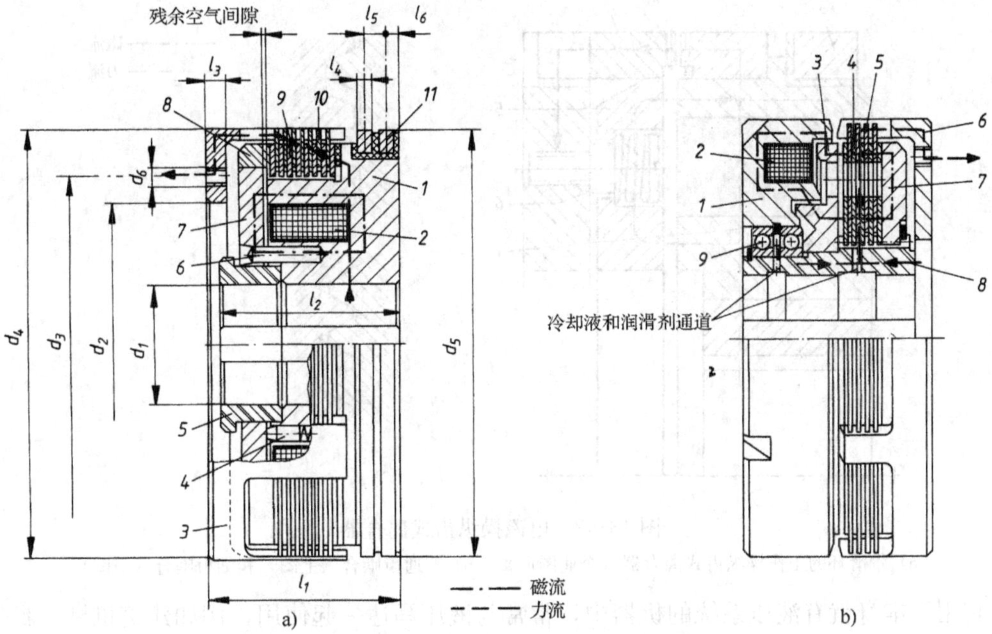

图 13-41 电磁操纵多盘式离合器（企业图形）

a）带不能磁化摩擦盘和滑环，100 型 b）可磁化摩擦盘，无滑环，137 型。尺寸和结构数据见 TB13-7

损后无需进行调整。无滑环结构（图 13-41b）要设置作为附加结构件的导向盘 3，以将磁力线折转，将其从静止不动的磁体 1 导入旋转的摩擦盘组中。这样就免去了对电刷的保养。

图 13-41b 所示的无滑环离合器，其力流从主动轴通过轮毂经外啮合 8 和在其上的硬化内盘片组 4 传到沿圆周方向呈波浪状的外盘片组 5 上，它置于外载体 6 的硬化定位销上。外载体与从动件（例如齿轮）用螺纹联接。

通过在电磁线圈 2 上产生磁通，在盘片的摩擦面上产生摩擦封闭所需的压力。轮毂外啮合及支承在其上的衔铁盘 7 的任务是导磁。中间分开的盘片和导向盘构成桥形互相连在一起的极平面。球轴承 9 将静止不动的磁体 1 与旋转的轮毂 8 分开。

齿式离合器

电磁操纵齿式离合器通过端面齿轮啮合传递转矩（图 13-42b）。虽然它具有形封闭离合器的典型特征（可在静止状态或同步旋转时离合），但还是被作为力封闭离合器，因为它传递载荷需要封闭载荷。相对于同尺寸的多盘式离合器，它可以传递大得多的转矩，且没有空转力矩。普通齿啮合（梯形齿，图 13-42b）圆周间隙很小，所以这种离合器可以在小转速差时接合，在任何转速和受载情况下均可分离。齿式离合器可湿和干运转，无需维护保养，适用于像机床这样需要精确控制的机械。

如图 13-42a 所示滑环齿式离合器，通过置于磁体 1 内的线圈 2，由滑环 3 导入直流电产生的磁力接合，通过压缩弹簧 6 的弹簧力分离（工作操纵）。力流通过与磁体固定在一起的齿圈向与之相对的齿圈 4 传递，它与衔铁盘 5 通过六个外载体（牙嵌）与从动件（例如齿轮）联在一起。

3）液压和气压操纵离合器。液压操纵离合器主要是多盘式离合器，个别情况下也有做成圆锥离合器的。液压操纵多盘式离合器具有尺寸小、可遥控、可控制转矩、适用于高转速和大离合次数场合、空转力矩小和磨损后自动调节等特点。

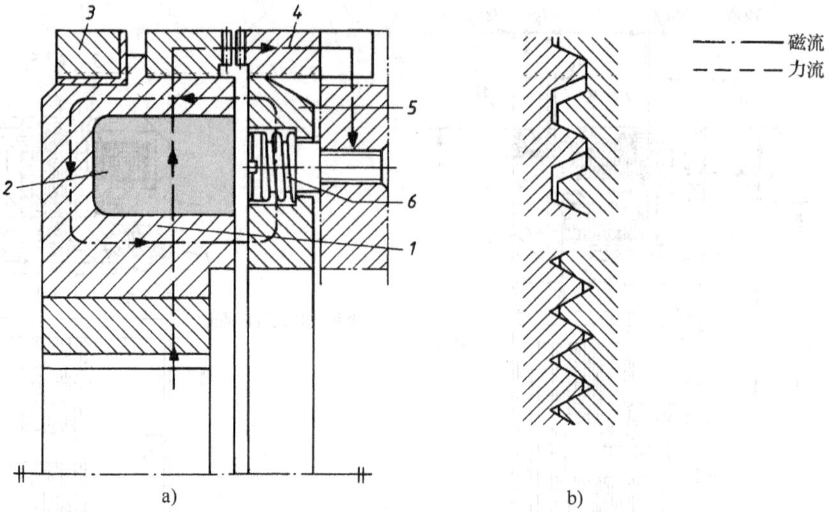

图 13-42　电磁操纵齿式离合器

a）带滑环的工作操纵齿式离合器（企业图形）　b）普通齿啮合（上图）和细齿啮合（下图）

它用于本身就有液压系统的机器中，常常与液压马达一起使用，例如建筑机械、履带车辆、轨道机车和起重机械中。它也常常用于大型机床的传动机构中。

如图 13-43a 所示为一种液压操纵多盘式离合器。用高压油挤压活塞 2 使摩擦盘组 3 压在一起，它们通过摩擦封闭与内载体 1 和外载体 4 固定在一起。将油压卸去，活塞被压缩弹簧 7 压回，离合器分离。斜齿轮 5 产生的轴向力用位于箱形机架（外载体 4）和内载体 1 之间的推力轴承 6 承担。

高压油用油孔 9，润滑油或冷却油用油孔 10 输入，用套筒 8 进行密封。

多盘式离合器既可以用液压，也可以用气压操纵，高压介质通过固定的圆柱形箱体沿径向从外部输入，见图 13-43b。

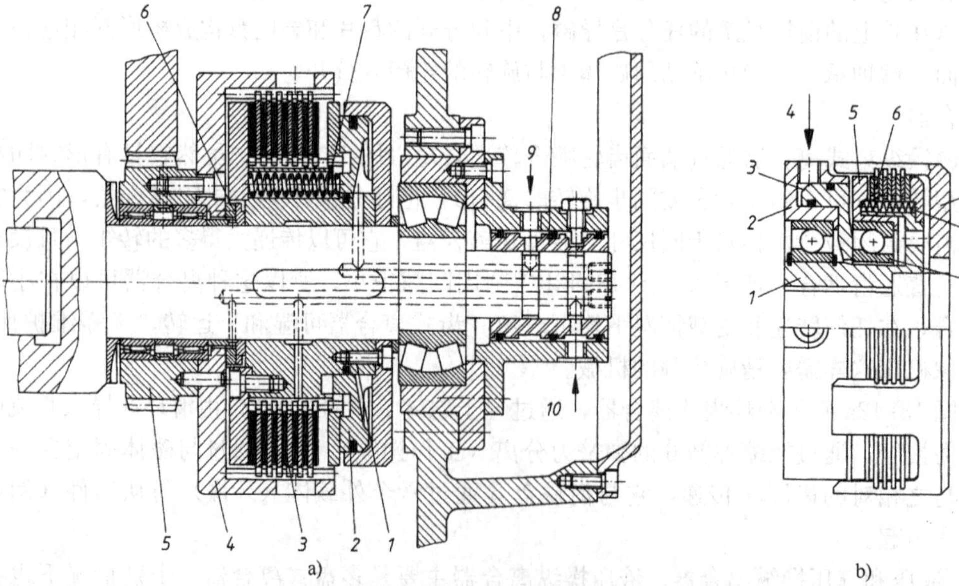

图 13-43　高压介质操纵的多盘式离合器

a）液压操纵多盘式离合器，带油路（企业图形）

b）液压或气压操纵多盘式离合器，带从外部输入高压介质的径向通道（企业图形）

在主动轴这边，通过角接触球轴承将圆柱形箱体 2 和压力板 5 支承在内载体 1 上。如果通过柔性输入管道（它同时也起到防止圆柱形箱体旋转的作用）将高压介质输入受压空间，则活塞 3 通过角接触球轴承 9 和压力板 5 将摩擦盘组 6 压在一起。内外载体 1、7 就通过摩擦封闭联接在一起了。撤除压力后，空气弹簧 8 将活塞顶回起始位置，使摩擦封闭消失。

气压操纵离合器有盘式离合器、圆锥离合器和圆柱离合器。它与液压操纵离合器类似，但离合特别快和精确。对于短时接合，或必须将大质量加速和滞后的场合，可采用压缩空气离合器。它在压力机、剪切机、木材加工机械和建筑机械中得到广泛应用。

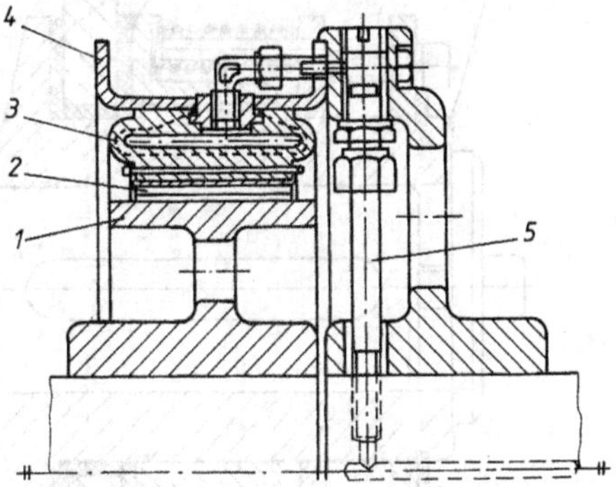

图 13-44　气压操纵圆柱离合器（挠性空气轮胎离合器，SI 型，企业图形）

图 13-44 所示为空气轮胎式离合器，用可膨胀橡胶轮胎 3 来传递转矩。它采用硫化胶合法固定在支架 4 上，在内圆周面上有摩擦瓦 2，上面粘有摩擦衬层。用压缩空气将轮胎充起，使摩擦衬层与摩擦鼓轮 1 压在一起。

压缩空气由轴中间的孔通过导管 5 输入。在分离状态，摩擦鼓轮与摩擦衬层之间总是保持一个较大的空隙。

其主要优点有：可传递较大转矩、导热性能优良、可允许轴有位移、无需调整和可通过空气压力控制转矩大小。

13.4.2　力矩操纵离合器（安全离合器）

力矩操纵离合器是由所要传递的转矩操纵的。只要超过所设置的转矩，形状封闭的安全离合器就会使力流完全中断，而摩擦封闭的安全离合器就会使力流限制在可分离的力矩范围内。由于较长时间的滑动是危险的（发热、磨损），所以必须采用终端开关、转速极限调节器或类似设施来保护离合器，使主动轴停下来。

原则上，所有能精确设定离合转矩的离合器均可作为力矩操纵离合器，其中包括下节讲述的离心离合器和感应式滑动离合器以及动压离合器。出于安全原因，为了保护设备，大多数这类离合器都设计成操作者不能直接改变（提高！）所设定的最大转矩。

弹性离合器和齿式离合器常常采用安全销作为安全件（见图 13-15d）。它是将传递力流的两个凸缘，沿圆周用多个刻槽的安全销联在一起。安全销按所要传递的最大转矩确定尺寸。如果超过该转矩，销钉在刻槽处被剪断，力流完全中断，离合器不受损坏地空转。其缺点是，由于销钉材料强度值分散严重，导致转矩不准确，而且要更换断裂销钉时，每次都要停机。

图 13-45 所示的滑动轮毂是一种干运行的双面安全离合器，它直接置于减速器和电动机的轴端。在轮毂 1 上游动的摩擦衬层 2 之间放置所要离合的原动件 3。它直接支承在作了耐滑处理的轮毂上，或更为常见的是支承在一个滑动套筒 4 上。

可调螺旋弹簧 5 用必要的预紧力将摩擦面压紧。通过改变弹簧根数来调整转矩。所采用的螺旋弹簧的特性线很平坦，即使摩擦衬层被剧烈磨损，压紧力以及转矩也几乎不下降，所以无需进行调整。

在力封闭的阻体安全离合器中，球或销作为阻体。

图 13-46 所示的球棘轮机构通过做成球盘的轮毂 6 经阻体 4 向法兰 5 传递转矩，而在法兰 5 上用螺纹联接从动侧的零件（例如齿轮）。如果超过用螺母 1 调节的极限力矩，阻体 4 就会压缩碟簧 2，从法兰 5 的凹槽处开始打滑。通过圆盘 3 触发终端开关 7，使电动机停机。

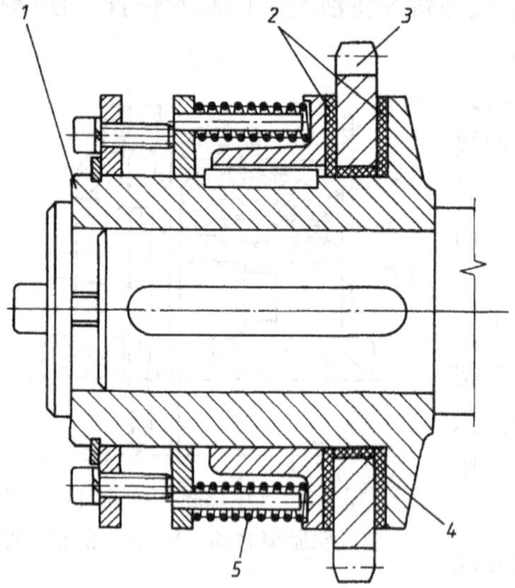

图 13-45　双面安全离合器（企业图形）
Rimostat 滑动轮毂，带减速齿轮的电动机工作轴上装有链轮

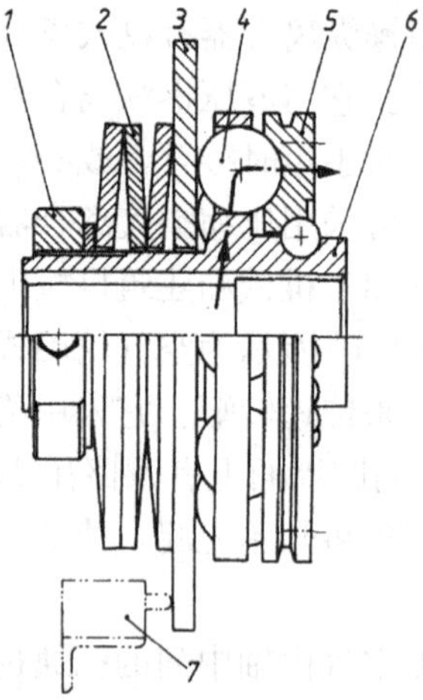

图 13-46　阻体安全离合器（企业图形）
球棘轮机构，带终端开关（图中点画线代表力流）

图 13-47 所示为圆柱安全离合器，凸轮 3 上有两对相对设置的爪嵌入同步环 2，从而将转矩由凸轮 3 经同步环和带有摩擦衬层的弧形瓦 5 传递到壳体零件 1 上。在静止状态下，两根压缩弹簧 4 将同步环和带摩擦衬层的弧形瓦与壳体零件压紧（摩擦封闭）。工作时，由凸轮传入的转矩与弹簧力反向，它会将相对设置的同步环压到一起，从而使弧形瓦卸载。如果弹簧的作用力和由于外转矩产生的卸载力相同，则离合器打滑。这样就可以使接合力矩和打滑力矩近似相等，可传递的转矩就与分离力矩（打滑力矩）几乎没有区别。打滑力矩可通过安装不同刚度的弹簧来加以改变。

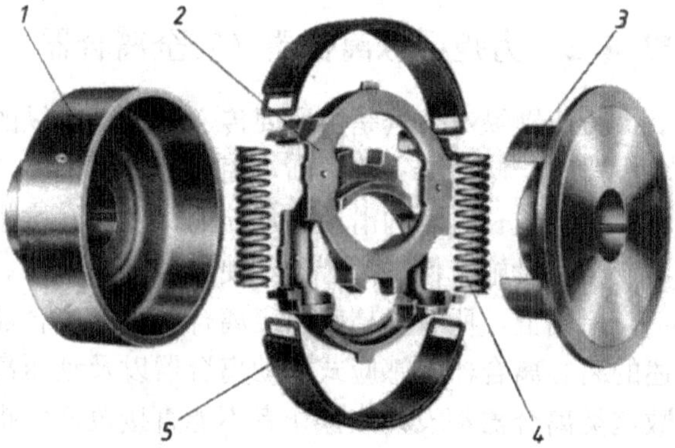

图 13-47　圆柱安全离合器（企业图形）

图 13-48 所示的牙嵌安全离合器（ESKA 离合器）在过载时可以将力流完全断开。

在正常工作状态下，转矩由轮毂 6 通过啮合传到环 4 上，再经由斜牙 3 传到离合器凸缘 1 上。环放在轮毂凸台上，用楔形块导向的球进行轴向支承。

过载时，斜牙会分离，从而使环沿轴向移动，球沿斜面被抬高。离合器凸缘 1 与其他零件完全分离，可以在滑动轴承 2 上自由旋转。

用调节盘 5 来调节分离转矩。为再次压在一起，将斜牙放到标记的位置，并通过移动整个外部零件使球又回到初始位置。

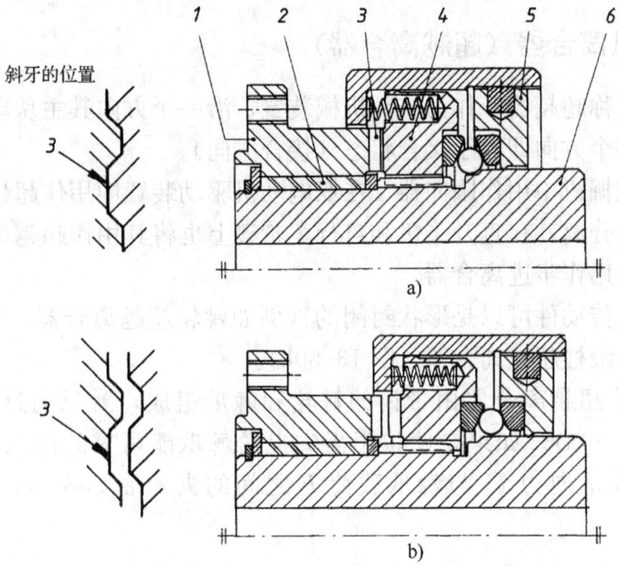

图 13-48　牙嵌安全离合器（企业图形）

a）正常工作（已接合）　b）过载（已分离）

13.4.3　转速操纵离合器（离心离合器）

转速操纵离合器的主动端有沿径向可动的质量（离心重），在离心力的作用下，从动端产生形成摩擦封闭以传递转矩所需的压力。随着转速的增加，所能传递的转矩成平方（抛物线）增大。它主要用作工作机传动装置的起动离合器，这类机器所要加速的质量较大而需要较大的起动转矩，例如离心机、水泥碾磨机、重型汽车、起重设备等。鉴于离心离合器的工作原理，它的原动机是无负载起动的，所以可采用便宜和能迅速起动的内燃机和交流笼型转子电动机。它无需按短时出现的大起动功率来设计，因为只有达到一定的转速后它才能自动的逐渐的接合。而且它还起到防止原动机过载的作用。离心离合器只有在转速足够高的场合工作才合算。

图 13-49 所示为离心体离合器，离心体 2 支承在成形轮毂 1 上。拉伸弹簧 3 通过带衬层的卡箍 4 迫使其向心，沿轴向通过圆盘 5 将其固定。主动端开始旋转，达到足够高的转速时，离心体克服弹簧力，沿径向向外运动，压紧到与从动端联在一起的鼓轮 6 的内表面上，从而带着它一起旋转。成形轮毂的形状起到提高离心体对鼓轮的压力的作用（伺服作用），相比圆形轮毂，可提高离合器传动功率约 5 倍。当转速下降时，拉伸弹簧又迫使离心体向心，从而将主从动端完全分离。通过改变弹簧力可调节接合转速。

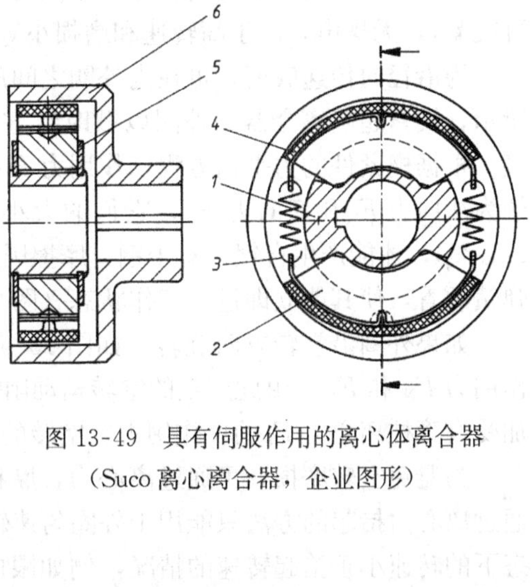

图 13-49　具有伺服作用的离心体离合器

（Suco 离心离合器，企业图形）

13.4.4 方向操纵离合器（超越离合器）

超越离合器（简称超越器）作为一种机械装置，沿一个方向其主从动端可相互自由运动（空转方向），沿另一个方向即处于接合状态（接合方向）。

它在泵和斗式挖掘机中用作限向器；在双电动机驱动装置中用作超越离合器，当 $n_1>n_2$ 时将主、辅驱动装置分离，在直升飞机和自行车轮毂上也将其用作超越离合器；在包装、纺织和农业机械中将其用作步进离合器。

主从动端之间的传动件可以是形状封闭的（例如棘轮超越离合器，图 13-50a），也可以是摩擦封闭的（例如滚柱超越离合器，图 13-50b）。

形状封闭的棘轮超越离合器由带齿的棘轮和棘爪组成，棘爪通过自重或弹簧力自动压在棘轮上（图 13-50a）。如果要使位于齿尖上的棘爪能可靠的落入齿槽中，应能克服摩擦力 μF_N，必须使法向力 F_N 与棘爪载荷 F 之间的夹角 $\alpha<\arctan\mu$。大多数情况下取 $\alpha=14°\sim17°$。

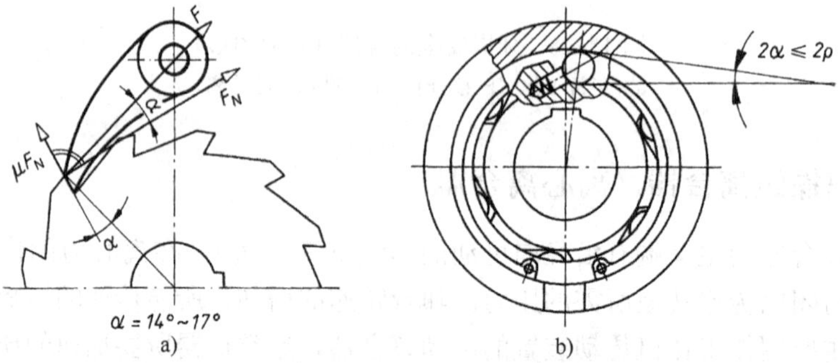

图 13-50 方向操纵离合器的基本形式

a）形状封闭（棘轮超越离合器） b）摩擦封闭（滚柱超越离合器）

鉴于棘轮超越离合器的缺点（接合噪声、磨损、空转），故它只能用于低速和对离合精度要求不高的传动装置中。

相对于形状封闭超越离合器，摩擦封闭超越离合器具有在每个位置都能可靠工作（随时可夹紧），无噪声，适于高转速和磨损小等特点。

为沿径向传递载荷，可在内外圈之间放入滚柱或楔块（见图 13-50b）。如图 13-51a 和 b 所示，楔紧超越离合器的外圈以顺时针方向旋转，则楔紧件在内外圈之间形成摩擦封闭联接。根据楔紧件的力平衡方程，作用力 F 的作用线通过接触点 A 和 B 的连线。故可将其分解为法向力 F_N 和切向力 F_T，它们的大小决定于楔角 α。只有当楔角小于摩擦角，即满足 $\tan\alpha<\mu$，才能产生自锁。对于钢，摩擦因数 $\mu\approx0.1$，故应取楔角 $\alpha=3°\sim4°$。楔紧件一般用弹簧顶着，使其能立即进入工作状态（图 13-51a）。

如果外圈沿空转方向旋转，如图 13-51a（右图）所示，滚柱自转，弹簧力 F_f 会产生反作用力 F_{Na} 和 F_{Ni}。由此产生的空转运动阻力矩称为阻滞力矩。空转的内圈上沿 F_{Na} 方向还附加受有滚柱离心力 F_F 的反作用力。空转的外圈摩擦和磨损很小。

为避免空转磨损，可通过离心力，摩擦力或液体动压力使楔面抬起。图 13-51c 所示的通过离心力抬起的方法只能用于外圈匀速转动，在抬起状态下不要求随时可接合，在接合状态下的转速小于抬起转速的情况，例如限向器。图 13-51c 所示的离心力抬起的楔块超越离

合器的楔块重心 S，应使其在离心力 F_F 作用下克服弹簧力 F_f 旋转。使楔块能从内圈抬起行程为 $s=0.1\sim0.2\text{mm}$ 的条件是：$F_F b > F_f a$。

原则上，所有没有自带支承的超越离合器都必须采取附加措施来保证对心（见图 13-52b）。楔紧超越离合器必须要充分润滑（不能含石墨添加剂或钼添加剂!）。

图 13-52b 所示为矫直机输送传动装置。由于矫直辊转速大于图示的输送辊，超越离合器起到防止“拉扯”输送传动装置的作用。

至于具体情况下，应选用楔块超越离合器，还是应选用滚柱超越离合器，这不能一概而论。一般来说，楔块超越离合器（在尺寸相同时）能传递更大的转矩，而滚柱超越离合器的可靠性更高。

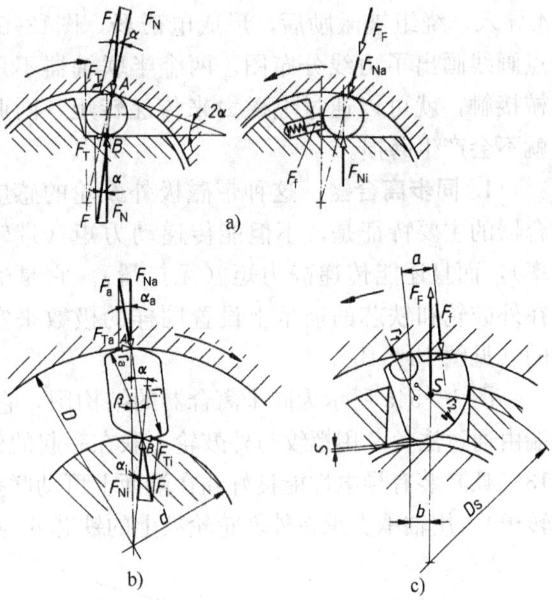

图 13-51　楔紧超越离合器原理图

a）滚柱超越离合器，接合状态（左图），分离状态（右图）
b）楔块超越离合器　c）利用离心力抬起的楔块超越离合器

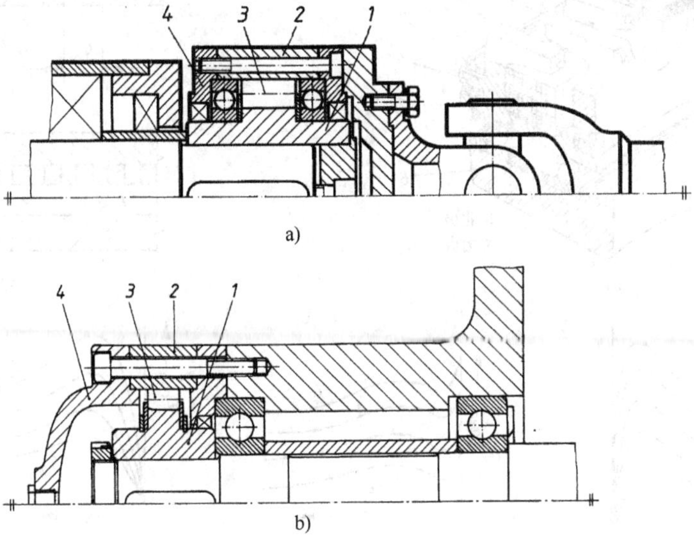

图 13-52　滚柱超越离合器的结构和安装（企业图形）

a）在回转装置中用作限向器，自带支承　b）在矫直机中用作超越离合器，无自带支承

1—星轮，带楔紧斜面　2—光滑外圈　3—弹簧顶紧的滚柱　4—盖子

13.4.5　感应离合器

感应离合器依靠旋转的电磁力传递转矩（交流磁场离合器）。它的工作原理与交流电动机相同。如图 13-53 所示，一个感应离合器由被工作间隙分开的半离合器外鼓轮 1 和铁芯 2（磁极交错排列，见图 13-54a），以及绕组 3 组成。这种离合器的性能决定于外鼓轮的结构—带极性或光滑。离合器组成零件的布置方式会因结构而异。绕组旋转时，激励电流由滑块

4导入。绕组被激励后，形成电磁场，图13-53用点画线画出了力线分布图。两个半联轴器不用机械接触，就可以通过电磁力来传递转矩，因此也就不会产生磨损。

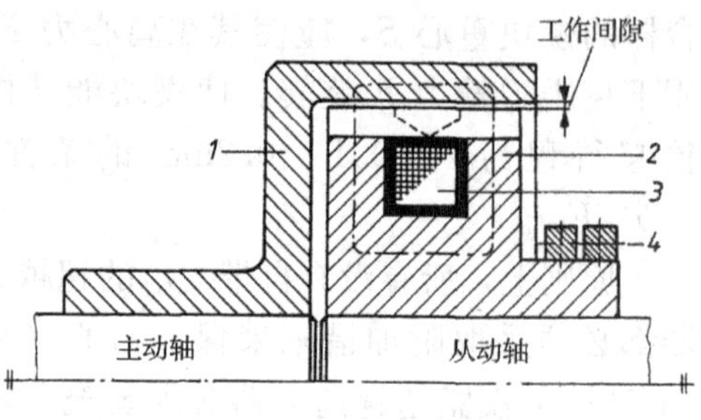

图13-53　感应离合器原理图

1. 同步离合器　这种带磁极外鼓轮的感应离合器的主要特征是，不但能传递动力矩（带转差率），而且还能传递静力矩（无打滑）。它是通过在外鼓轮和铁芯的极爪上设置同样的极数来实现的（见图13-54b）。

图13-54a所示为同步离合器的结构图，它与图13-53所示的工作原理图相对应。主动端由通过法兰9用螺纹与外鼓轮1联在一起的外鼓轮轮毂8组成。外鼓轮在磁极3之间（图13-54b）装有导电性能良好和在端面上可动联接的电框导杆2（相当于异步电动机中的笼型转子）。用轴承支承在外鼓轮轮毂上的铁芯6与激励绕组7一起构成离合器的从动端。

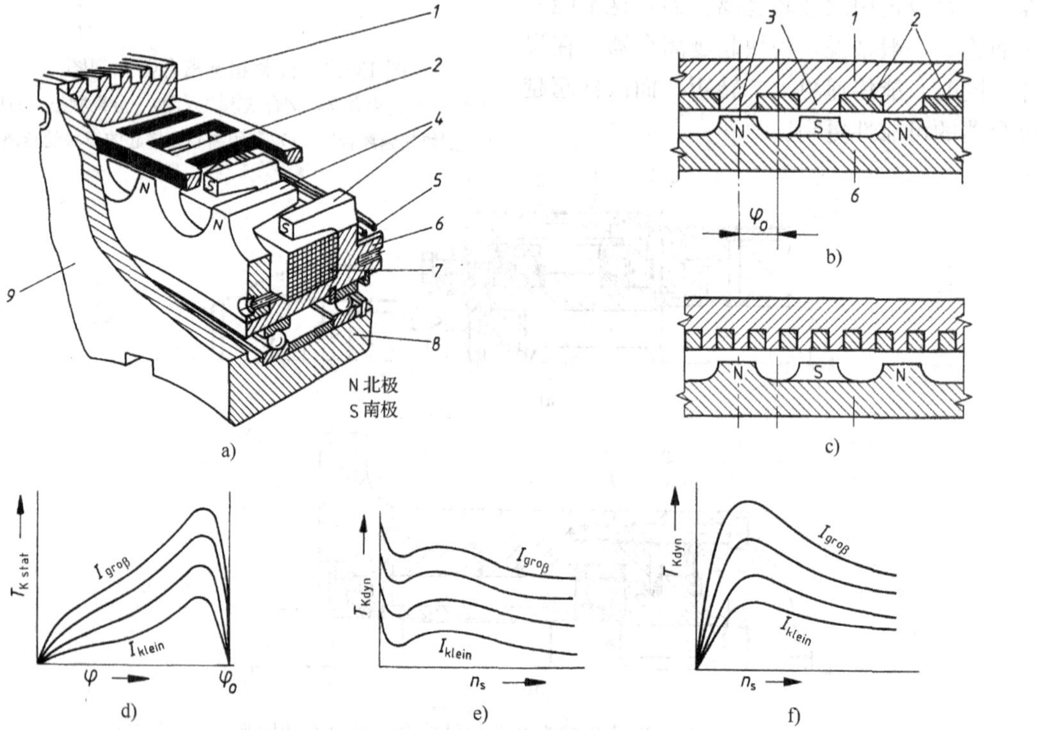

图13-54　作为同步离合器（企业图形）和异步离合器的感应离合器

a）结构　b）未受载的同步离合器为保证外鼓轮1和铁芯6同步的磁极位置　c）异步离合器的磁极分布　d）同步离合器不同激励电流 I 下的静力矩 T_{Kstat} 与转角 φ 的关系曲线（示意图）　e）同步离合器不同激励电流 I 下的动力矩 T_{Kdyn} 与异步转速 n_s 的关系曲线（示意图）　f）异步离合器不同 I 下的力矩 T_{Kdyn} 与 n_s 的关系曲线（示意图）

如果用滑环5给绕组通直流电，在未受载的情况下，应调整磁路使磁阻最小。铁芯和外鼓轮的磁极按图13-54b交错排列，形成稳定的平衡。离合器受载后，由于转矩的作用，铁芯和外鼓轮磁极按静特性线相对错动（图13-54d）。可传递转矩上升直至与激励电流有关的峰值转矩，当铁芯和外鼓轮错位角达到 φ_0 时，可传递转矩降至零。

因此，在静力状态下，同步离合器具有扭转弹性离合器的特点。

如果同步离合器的两个半离合器之间存在转速差（例如起动过程），磁通大小会按磁极覆盖的节奏而改变。这样就会在外鼓轮的导杆上产生感应电流，它会产生第二个磁场，它与铁芯旋转方向同步。它在铁芯上产生动转矩，其大小与主从动端的转速差（滑动转速 n_s）有关，且随激励电流大小改变而改变（见 13-54e)。该动转矩（滑动时）是小于静转矩的(同步运转时)。

同步离合器可用作起动离合器和安全离合器。由于它比摩擦离合器能承受更大的离合功，且对温度的敏感性更小，故它非常适合于起动过程长的场合，例如加速一个大质量时的搅拌器、离心机等，而由于其惯性相对较大，不太适合于经常离合。通过相应地调整激励电流，可任意调节起动过程的时间。

2. 异步离合器和电涡流离合器　与同步离合器不同的是，异步离合器极环上的磁极数数倍于铁芯极爪上的磁极数（图 13-54c)。电涡流离合器的外鼓轮上无磁极。这两种离合器只有动力矩，因此它们只有在存在滑差的情况下才能传递转矩。转矩的大小取决于滑动转速 n_s 和所调节的激励电流 I。为了能将产生的大滑动热量传导出去，将外鼓轮与鼓轮轮毂之间的联接部分做成通气轮形状（图 13-55a)。

图 13-54f 所示为异步离合器的转矩特性线，图 13-55 所示为电涡流离合器的转矩特性线。这类特性线使这两种离合器适合于用作起动离合器、转速控制器或调节器。此外，异步离合器还能起过载保护作用，电涡流离合器能用在绕线机、卷纸机或织物卷取机上作为卷取离合器（平坦的特性线）。

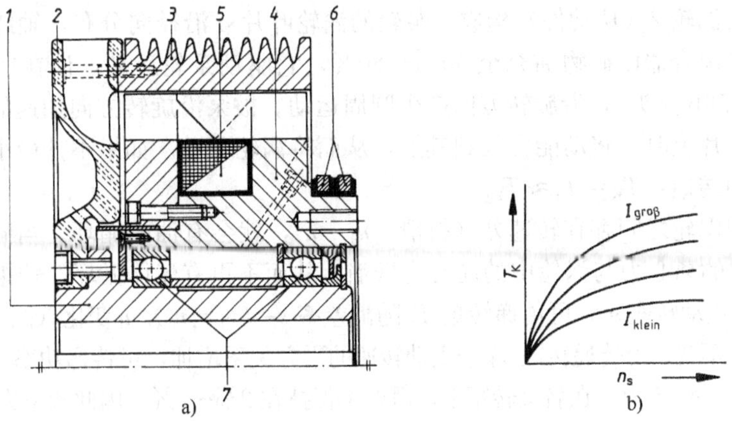

图 13-55　电涡流离合器（一种感应离合器）(企业图形)

a) 结构：1—轮毂　2—通气轮　3—外鼓轮　4—铁芯　5—绕组　6—滑环　7—轴承

b) 与滑动转速 n_s 和激励电流 I 有关的离合器转矩 T_k（示意图）

13.4.6　液体动压离合器

1. 恒充式　液体动压离合器，也常常被称为液力离合器、涡轮离合器或福廷格离合器，通过循环流动的液体动压作用来传递转矩。循环流动的液体动压传递载荷的原理见图 13-56a。泵 1 与涡轮 2 通过管道和一个共用的容器相联。泵将输入的机械能转换为动能（流体能），经过涡轮又变回成机械能，输出到轴上。福廷格（1877～1945）改进了该离合器的结构，将产生循环的零件置于泵和涡轮的飞轮之上，从而使液体动压离合器结构更紧凑，效率更高

（图 13-56b）。

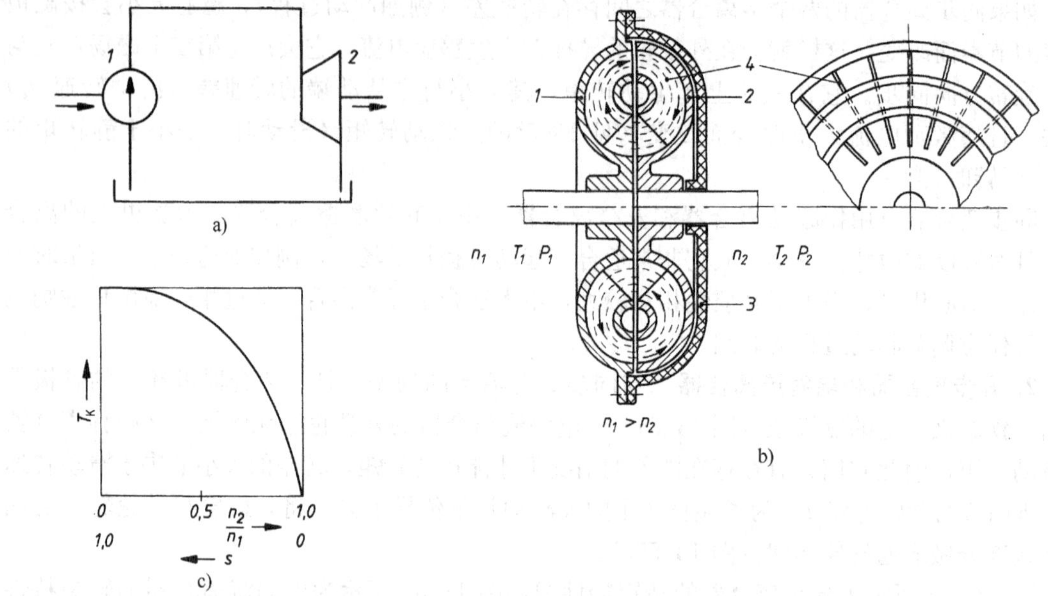

图 13-56　液体动压离合器

a）原理图　b）轴向示意图　c）转矩特性线（示意图）

图 13-56b 所示为这种离合器的最简单结构形式，主动端由泵轮 1（原动件）与外壳 3 构成，从动端由涡轮 2（从动件）构成。泵轮的涡轮叶片 4 沿径向分布，轴线平行，构成流体通道。主动半离合器以矿物油充至 50%～80%，它驱动泵轮运动，油在径向截面内形成循环（见图 13-56b 箭头），沿旋转方向产生圆周运动。被泵沿旋转方向加速的油在流到转速较慢的涡轮的叶片上时，将动能释放到其上，从而将涡轮驱动。如果不计最小通风损失，驱动转矩等于从动转矩：$T_K = T_1 \approx T_2$。

只要在泵和涡轮之间存在转速差（打滑）$n_1 - n_2$，就会有油的循环。当同步旋转（$n_1 = n_2$）时，泵轮中的离心力与涡轮中的向心力抵消；从而不再有流体循环，转矩也就为零。

对于给定的主动转速 n_1，可传递转矩 T_K 随滑差率 $s=(n_1 - n_2)/n_1$ 变化（图 13-56c，从动特性）。若滑差率 s 不变，可传递转矩 T_K 按主动转速的平方关系增加，可传递功率 P 按立方关系增加（原动特性）。一般来说，在名义转矩下，滑差率保持在 2%～3%。因此效率为 97%～98%。

恒充式液体动压离合器主要用作起动离合器和安全离合器以及起缓冲和振动阻尼作用。

2. 变充式　可传递转矩的大小不但与滑差率有关，而且还与循环流体的量（充满度）有关。变充式液体动压离合器（可调离合器或涡轮调节离合器）在工作时填充度可在完全满和完全空之间任意变化。因此该离合器的承载能力是可调的，在运转中还可按载荷特性线无级调节工作机的转速（例如鼓风机、传送带传动装置、搅拌机）。

图 13-57 所示为变充式液体动压离合器及单独驱动的填充泵。

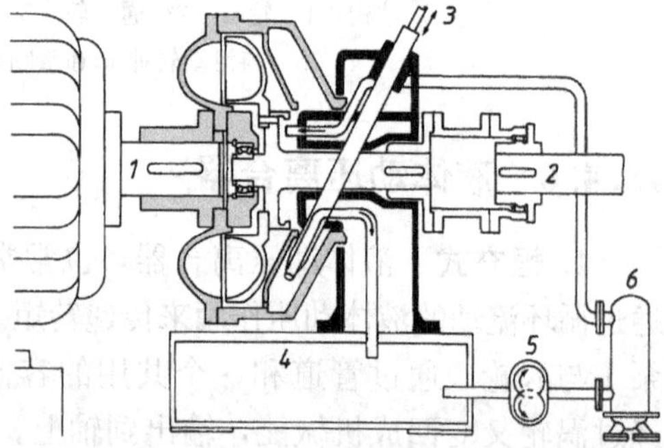

图 13-57　涡轮调节离合器（企业图形）

一个总是运转的齿轮泵 5 将油池 4 中的工作流体送入工作循环。工作空间中的液面高度（以及离合器的承载能力）由沿径向位置可调的汲油管 3 决定。工作空间和汲油空间互相联通。汲油管的汲油能力明显大于泵的供给能力。这样可缩短控制和调节反应时间。根据用途的不同，汲油管的操纵可手动，也可全自动。离合器中产生的打滑热量必须（只要自身冷却不能满足要求的话）通过一个换热装置 6 带走。

13.5　联轴器、离合器的使用和选择方法

1）图 13-58 给出了所有在 § 13.3 和 § 13.4 中讲述的联轴器和离合器的性能和适用范围。类似于图 13-3，根据给定的要求可以由它来选择合适的联轴器离合器类型。

例子：选择装于交流电动机和活塞式压缩机之间的挠性联轴器，要求：能补偿轴向、径向和角位移，有振动阻尼，不用维护，径向（无需将所联接的轴和机器进行轴向移动）可安装，名义转矩 $T_{KN}=250\text{N}\cdot\text{m}$。

根据图 13-58，高弹性轮胎联轴器（见图 13-29）和高弹性中间环联轴器（见图 13-31）满足所有要求。

2）在某些使用场合，如果单个联轴器（离合器）不能满足所有要求的话，可将多个具有相应特点的联轴器（离合器）组合使用。根据力流分布方式的不同，分为：

a）串联布置（图 13-59a）方式的转矩保持不变，性能叠加。这种方式常常用于冲击载荷和轴不可避免的有位移的场合，此时必须在冲击和轴有位移的这一端，在敏感的离合器之前布置一个挠性联轴器。

b）并联布置（图 13-59b）方式的转矩叠加，性能保持不变。这样可使离合器直径降低和离合时间缩短（大电磁操纵多盘式离合器常常需要较长的离合时间!）。将一个摩擦封闭离合器和一个形封闭离合器并联就得到一个同步离合器。在摩擦封闭达到主从动端同步后，形状封闭的离合器接合，同步承受全部转矩。

c）混联布置。例如并联布置的离合器或起动离合器后又串联挠性离合器。

3）为了降低联轴器、离合器的质量、尺寸和价格，应尽可能将它们置于转矩小转速高的轴上，一般来说安装在电动机轴上。

4）联轴器、离合器应保证无需进行轴向移动，就能更换磨损件（例如橡胶件）以及相邻的轴和机械零件（即应具有径向可装拆的特点，见图 13-58）。

5）多盘式离合器应通过将轴承相应布置，使离合器零件能准确对心，且相互间不能轴向窜动（图 13-43a）。

6）轴的支点应靠近联轴器，若采用非挠性联轴器应极为精确地定位，以保证联轴器的寿命。必须进行矫准控制！精确平衡是保障联轴器寿命的最重要的措施。

7）采用摩擦离合器的传动装置在需要时应开设足够的观察口，以调整和更换摩擦衬层。

8）整个机械设备应尽可能置于同一种材料制成的机座上，以防止由于温度变化产生高度差，避免轴的径向位置误差。

9）在含有可离合减速器的设备中，布置力矩操纵离合器时应注意，若要保证恒定功率，应将离合器置于电动机端，若要保证恒定转矩（例如机床进给传动装置），则应置于减速器的从动端。

10）应避免离合器零件外露，至少应将其覆盖（见机器防护条例）。

序号	结构型式	图号	扭转刚性	最大补偿量 轴向 ΔK_a② (mm)	最大补偿量 径向 ΔK_r② (mm)	最大补偿量 角度 ΔK_W (°)	最大补偿量 扭角 φ (°)	打滑	负载离合	遥控性	可控性	无需维护	必须润滑	径向可装拆③	振动阻尼	刚性联轴器	挠性联轴器	离合器	起动离合器	安全离合器	超越离合器	可调联轴器	转矩范围 N·m	典型应用特点
1	凸缘联轴器④	13-9	x									x		(x)		x							46～118000	重载轴
2	夹壳联轴器	13-10	x									x		x		x							25～40000	长轴
3	端面渐开线花键联轴器	12-9	x									x				x							①	重载轴
4	牙嵌联轴器	13-11	x	①								x					x	x					①	伸缩联轴器
5	滑块联轴器	13-12b	x	①	5	3							x				x						①	有横向位移的轴
6	环形张紧补偿联轴器	13-12c	x			3							x				x						2～8000	有横向位移的轴
7	双四杆平行机构联轴器	13-13	x	2	①								x	x			x						1～250000	有极限横向位移的轴
8	能补偿弯曲的全金属联轴器④	13-14	x	4.8	5.4	0.75						x		x			x						100～213000	较高温度
9	齿式联轴器	13-15d	x	①	①	1							x	x			x			(x)			250～200000	大转矩
10	万向联轴器	13-20a	x	①	①	45							x				x						0～2000	轴有较大的角度或所有方向的位移；例如车辆、机床
11	十字头万向联轴器	13-21	x	①	①	40						(x)	x	x			x						135～3.5×10^6	
12	匀速转动万向联轴器	13-22b	x	①	①	40						(x)	x	x			x						580～40000	
13	蛇形弹簧联轴器	13-23		15	3	1.25	1.2						x	x			x						18～5×10^6	均匀和不均匀原动件；轴有位移
14	螺旋弹簧联轴器	13-24		150	30	2	5						x	(x)	x		x						10～2×10^6	
15	多层螺旋弹簧联轴器	13-25		①	3.5	6	4					x			x		x						5～900	
16	弹性牙嵌联轴器④	13-26		5	①	①	2.5					x		(x)	x		x						19～3900	
17	弹性牙嵌联轴器④	13-27		6	1.2	0.7	1.5					x			x		x						30～9000	
18	弹性套柱销联轴器	13-28		1.2	3	0.7	3					x		x	x		x	(x)					40～15000	

图 13-58　联轴器离合器的性能及选择

序号	结构型式	图号	扭转刚性	最大补偿量 轴向 ΔK_a② (mm)	最大补偿量 径向 ΔK_r② (mm)	最大补偿量 角度 ΔK_W (°)	扭角 φ (°)	打滑	负载离合	遥控性	可控性	无需维护	必须润滑	径向可装拆③	振动阻尼	刚性联轴器	挠性联轴器	离合器	起动离合器	安全离合器	超越离合器	可调联轴器	转矩范围 N·m	典型应用特点
19	高弹性轮胎联轴器④	13-29		4	4	4	17					x		x	x		x						16～1000	
20	高弹性双面凸缘联轴器	13-30		①	①	①	20					x		x	x		x						8～3500	极不均匀原动件避开共振转速
21	高弹性中间环联轴器	13-31		14	3	4	6					x		x	x		x						25～3600	
22	齿式离合器	13-33																x					①	车辆传动装置
23	双面离合器	13-35							x									x		(x)			15～7160	可靠的驱动装置
24	正弦形多盘式离合器	13-36							x									x		(x)			20～5300	通用
25	BSD 多盘式离合器④	13-37							x									x		(x)			40～29000	
26	摩擦环离合器	13-38							x	(x)				x				x		(x)			100～5000	无定心轴承
27	滑环单面离合器	13-39							x	x				x				x		(x)			160～10000	可靠的驱动装置
28	极面离合器	13-40							x	x		x		x				x		(x)			8～1300	离合时间短
29	电磁多盘式离合器④	13-41a							x	x								x		(x)			55～22000	通用
30	电磁多盘式离合器	13-41b							x	x		x						x		(x)			63～8000	湿运行，可调
31	电磁齿式离合器	13-42a								x		x						x					20～16000	安装空间小
32	液压多盘式离合器	13-43a							x	x	(x)	x						x		(x)			100～75000	安装空间小

图 13-58　联轴器离合器的性能及选择（续）

序号	结构型式	图号	扭转刚性	最大补偿量				打滑	负载离合	遥控性	可控性	无需维护	必须润滑	径向可装拆③	振动阻尼	刚性联轴器	挠性联轴器	离合器	起动离合器	安全离合器	超越离合器	可调联轴器	转矩范围 N·m	典型应用特点
				轴向 ΔK_a② (mm)	径向 ΔK_r② (mm)	角度 ΔK_W (°)	扭角 φ (°)																	
33	气压多盘式离合器	13-43b							x	x	(x)	x						x		(x)			20～400	离合时间短
34	空气轮胎离合器	13-44		①	①	①	①		x	x	(x)	x		x	x		(x)	x		(x)			210～63000	可靠的驱动装置
35	双面安全离合器	13-45										x							(x)	x			2～6000	用于过载或卡住会造成危险的设备
36	阻体安全离合器	13-46										x								x			140～2100	
37	圆柱安全离合器	13-47										x							(x)	x			19～3500	
38	牙嵌安全离合器	13-48										x								x			20～2800	
39	离心体离合器	13-49										x							x	x			0～1850	笼型电动机或内燃机的重载起动
40	滚柱超越离合器	13-52											x								x		0～150000	限向器等
41	同步离合器	13-54						(x)	x	x	x	x						(x)	x	x		x	1.5～850	重载起动
42	涡流离合器	13-55						x	x	x	x	x						(x)	x	x		x	1.7～760	卷取机驱动装置
43	液体动压离合器	13-56b						x							x				x	x			0～25000	不均匀原动件
44	涡轮调节离合器	13-57						x	x	x	x				x			(x)	x	x		x	0～140000	无级转速调节

①其值取决于相应的工作条件（公司给定）。
②与最大结构尺寸相对应。
③轴和机器无需轴向移动就能装拆。
④主要尺寸和设计参数见表格手册。

图 13-58　联轴器离合器的性能及选择（续）

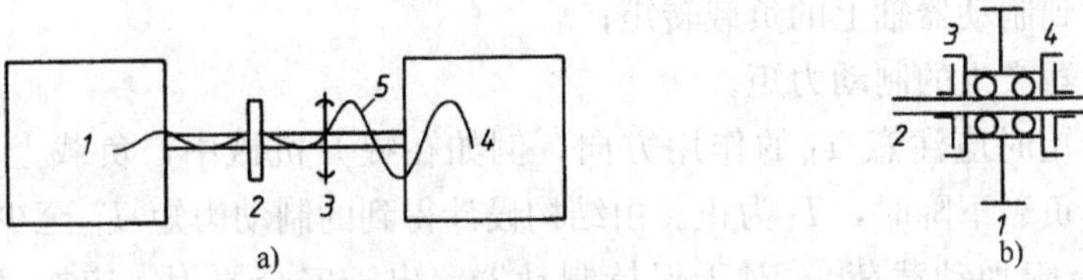

图 13-59 联轴器离合器组合（示意图）

a）串联（例如更好的扭转振动阻尼）1—交流电动机 2—联轴器离合器 3—高弹性联轴器离合器 4—活塞式压缩机 5—周期性转矩波动

b）并联（例如传递更大的转矩）1—齿轮 2—穿透轴 3，4—联轴器离合器

13.6 制动器

13.6.1 功能和作用

制动器的功能有：降低运动质量的速度（调节制动器）；对驱动装置产生阻力矩（动力制动器）或保持载荷（保持制动器）。

同离合器一样，上述功能可以用下述方式实现

—力矩传递。

—离合（分离或联接）。

传动功能

与离合器功能副的两个零件都旋转不同，制动器是在一个运动零件与一个跟机架联在一起的固定零件之间传递转矩，该零件承受阻力矩（图 13-60）。只有在静止状态下才能实现无损耗传动（作为保持力矩）。

离合功能

所有在离合器中用于产生和传递载荷的物理作用也都可以用于制动器中。所以每一种力封闭离合器都可以构成制动器，也就是说，图 13-3 也可以作为制动器的分类。由于制动器的离合过程（制动过程）要比离合器长得多，故要特别关注运动零件的动能由于摩擦所产生的热量及其散发问题。因此，又常常按能量变换类型将制动器分为机械制动器（例如闸瓦制动器、盘式制动器），液体动压制动器（例如液体制动器、水涡轮制动器）和电制动器（例如电动机制动器、感应制动器）。

13.6.2 设计计算

选择制动器所需的重要尺寸、制动力矩、制动时间和发热量可仿照 § 13.2.6 所述离合器的计算进行。

其中，所需（离合）制动力矩为

$$T'_{\mathrm{Br}}=J_{\mathrm{L}}\frac{\omega_{\mathrm{A}}}{t_{\mathrm{R}}}\pm T_{\mathrm{L}}\leqslant T_{\mathrm{Br}} \tag{13-23}$$

式中 J_{L}——负载端的转动惯量，等效到制动器轴上；

ω_{A}——制动器轴角速度；

t_{R}——滑动时间（制动时间）；

T_L——等效到制动器轴上的负载转矩；

T_{Br}——制动器产生的制动力矩。

在代入负载转矩时应注意 T_L 的作用方向，例如在提升机械中，负载上升时，T_L 为负（负载参与制动）；负载下降时，T_L 为正。由结构设计得到的制动力矩 T_{Br} 至少应等于所需制动力矩 T'_{Br}（含所有附加动载荷）。对于保持制动器，出于安全原因，应按 $T_{Br} \geqslant 2T'_{Br}$ 进行选择。

可用式（13-19）和式（13-20）计算制动时间和发热量，只是用 T_{Br} 替换 T_{KNs}，而且 $\omega_{L0}=0$。

13.6.3　结构形式

由于许多制动器的结构几乎与离合器一样，所以下面主要介绍制动器特殊的结构。

使用最广泛的机械制动器同摩擦封闭的离合器一样，其转矩由摩擦面按摩擦定律进行传递。

图 13-60 所示为各种可能的摩擦面布置原理图。压紧力由机械杠杆系统、液压、气压、电磁或弹簧产生。制动面可沿轴向或径向相对运动。根据结构形式的不同，它们可分别用作保持制动器、调节制动器或功率制动器。

动作方向	径向				轴向		
摩擦副	闸瓦式 圆柱形		带式 圆柱形		盘式 圆盘形	锥式 圆锥形	盘式 瓦形
基本类型	外闸瓦 制动器	内闸瓦 制动器	外带式 制动器	内带式 制动器	整盘式 制动器	圆锥 制动器	局部盘式 制动器
结构原理	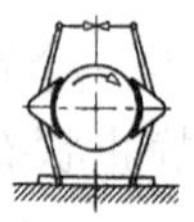		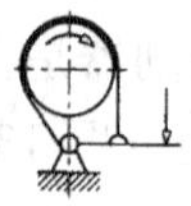		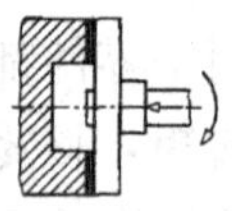	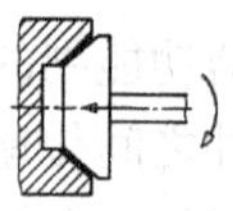	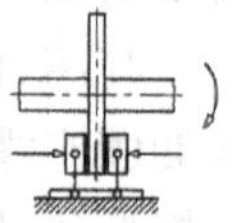

图 13-60　摩擦制动器原理图

保持制动器用来防止静止状态的轴的非预期起动。在静止状态下，可动制动面一般用弹簧（或永磁铁）与固定制动面压紧，当起动时，大多数情况下它们又会自动松开。图 13-61 所示依据这种原理工作的圆锥制动器（作为制动器和保持制动器），在通电时，圆锥形的定子 1 用磁力将衔铁 2 向左拉，从而使制动器松开。当电流中断时，压缩弹簧 3 通过可旋转的阻尼器 4 压迫电动机轴 5，从而使摩擦盘 6 与摩擦座 7 压紧。设备被制动，并保持静止状态。

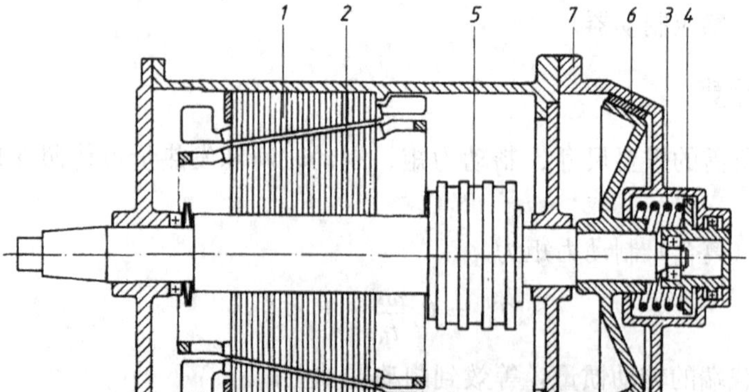

图 13-61　带圆锥制动器的自动制动电动机（示意图）

纯保持制动器只能在一定条件下将惯性运动的质量减速直到停车。与之相反，调节制动器是按很小的许用摩擦功率（较小的许用磨损行程）产生大制动力（大压紧力）进行设计的。它在提升机械、电梯和矿山机械中用作安全制动器，在一般机械中用作（紧急）制动器和保持制动器。

调节制动器的作用是将转速保持在一个特定不变值下，以及在短时间内将轴制动直到静止，当然还可以实现所需的紧急制动。最常用的调节制动器为盘式制动器和闸瓦制动器。图 13-62 所示为鼓形外闸瓦制动器，它适用于恶劣的工作条件，例如起重机、输送机和轧机。图 13-63 是带对称闸瓦的内闸瓦制动器（单制动器）。闸瓦可以是同向的（双制动器），也可以是联动的（伺服制动器）。它们主要用于车辆、地面运输机械和挖掘机中。

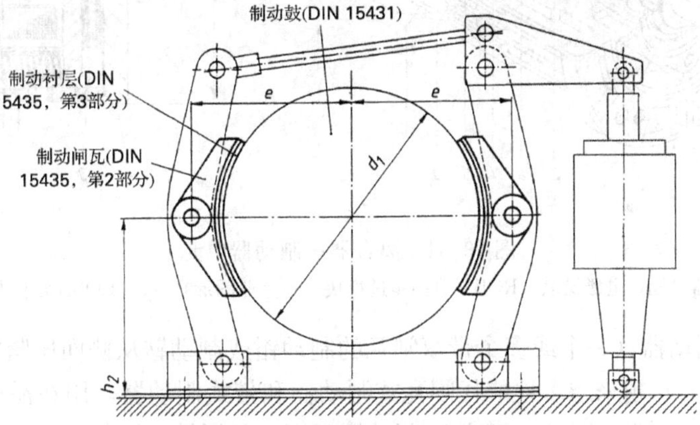

图 13-62　鼓形外闸瓦制动器（根据 DIN）

全衬盘式制动器（即摩擦衬层为全圆环形或全圆锥面环形）可以是单盘制动器，也可以是多盘制动器，随着自动化程度和工作节奏地不断提高，它在各种传动系统中得到越来越广泛的应用。制动器常常作为附件或嵌入件与驱动电动机直接相联（制动电动机，见图13-61），或与结构几乎相同的离合器一起构成一个步进模块，用来定位和控制节奏，在这种结构中，离合器用来将原动件脱开，制动器将设备快速和准确定位（例如用于高速纺织机、大质量的压力机和冲床中）。

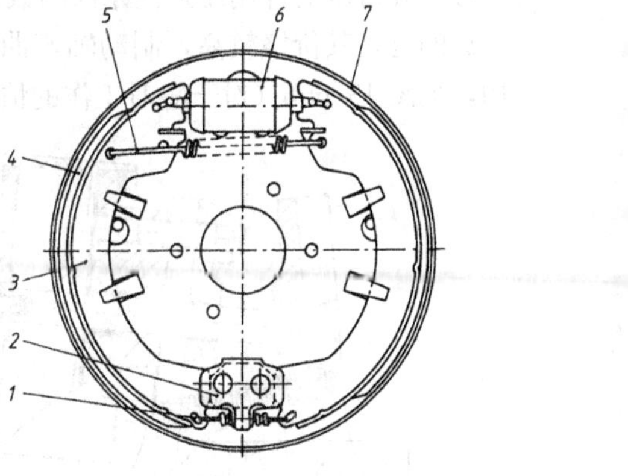

图 13-63　内闸瓦制动器（单制动器），带液压操纵机构

1，5—拉伸弹簧　2—带滚动铰链的闸瓦支承　3—制动闸瓦　4—摩擦衬层　6—液压缸　7—制动鼓轮

图 13-64 所示为一个电磁操纵的离合器－制动器单元。通过将离合器绕组和制动器绕组通交流电，形成摩擦封闭传递转矩。离合器（右）和制动器（左）通过工作电流来操纵，也就是说，绕组 1 或 2 通电后，衔铁盘 3 或 4 就会将制动衬层 5 或 6 压紧。对于离合器，力矩由轮毂 7 通过衔铁盘 3 传递到与轴 8 相连的同步盘 9 上，对于制动器，轴 8 通过同步盘 9、衔铁盘 4 压到机架 10 上制动。在断电状态下，薄膜弹簧会将离合器或制动器分离。图13-64b仅仅给出制动器，螺旋弹簧 1 将衔铁盘 2 与带制动衬层 3 的转子和固定不动的机架壁 4 压紧，这样与转子用带齿轮毂相联的轴被制动。当绕组通电时，衔铁盘通过电磁力被拉向绕组座 5，制

动器松开，轴就能旋转了。

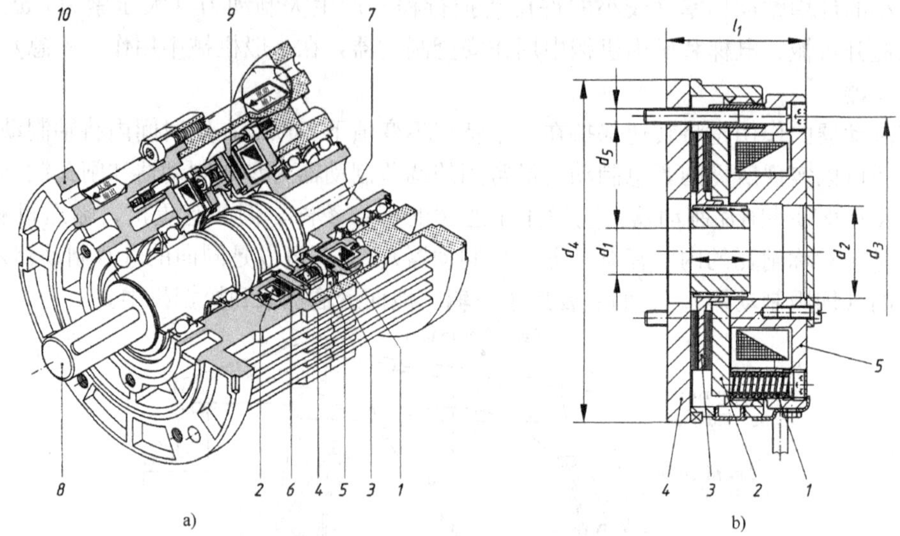

图 13-64　离合器—制动器单元

a）离合器—制动器单元，电磁操纵（ROBA 节拍步进模块——企业图形）　b）ROBA 定位制动器（企业图形）

部分衬盘式制动器（一个或多个带双闸瓦的制动钳或制动鞍从侧面压紧到圆形的光滑制动盘环上，见图 13-65）越来越多地取代闸瓦式制动器和带式制动器，用在需要长时间制动的场合，例如在车辆和运输机械中。与双闸瓦制动器不同，其惯性力矩较小、所需空间小和散热性能好，高得多的许用压强使摩擦因数几乎不发散（精确制动），且摩擦衬层可快速更换。需要注意的是，其价格较高，制动轴弯曲应力较大。为提高冷却能力，制动盘可做成自动通风结构，见图 13-65b（对于短时工作的情况，例如安全制动器，实心盘的贮热能力更大、更好）。

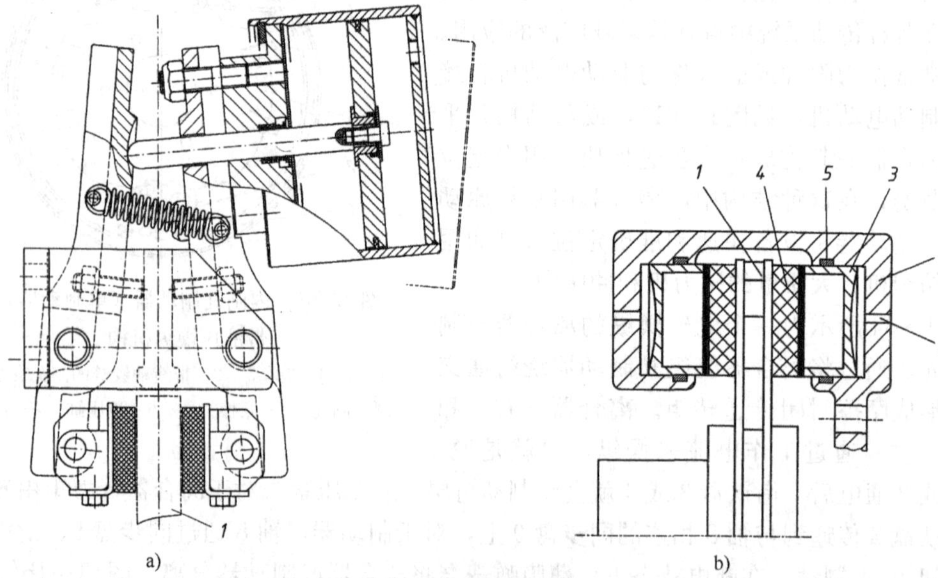

图 13-65　盘式制动器

a）带制动钳，气压操纵（DV30PA 型，企业图形）

b）带制动鞍和内通风结构制动盘：1—制动盘　2—制动鞍　3—高压活塞　4—制动衬　5—密封　6—油孔

同步感应制动器（滞后制动器）作为无磨损带保持力矩功能的调节制动器，适用于拉力非常精密和需要精确调节的场合。

动力制动器（试验制动器属于这种制动器，用于降低载荷的制动器和下山时车辆制动器也属于这种）主要用于大制动功率的场合。因此，除了机械制动器外，常常采用无磨损的电制动器（感应制动器）、电涡流和水涡轮制动器。例如图 13-55 所示的电涡流离合器也可以用作制动器，只要将绕组座与机架固定相联即可。当绕组带电时，在衔铁环上会感应电涡流，从而产生与转动方向相反的制动力矩。其优点是很容易将逐步降低的能量导出，但缺点是制动效率与转速有直接关系。

液体制动器主要用在载荷较大场合的制动，以防止制动行程较长过热和保证制动过程柔和。如果将液体动压离合器从动端的涡轮（见图 13-56）与机架固定相联，它就变成液体动压制动器，亦称为液体制动器。可以通过改变油的充满度来调节制动力矩。

图 13-66 所示为一摆动支承的带杵锤水涡轮制动器。转子轴的制动通过与机架上的杵锤相连的水涡轮来实现；所产生的热量通过机架散发，发热量较大时可通过冷却循环水带走。制动力矩可通过弹簧力显示，并可由水量来调节。

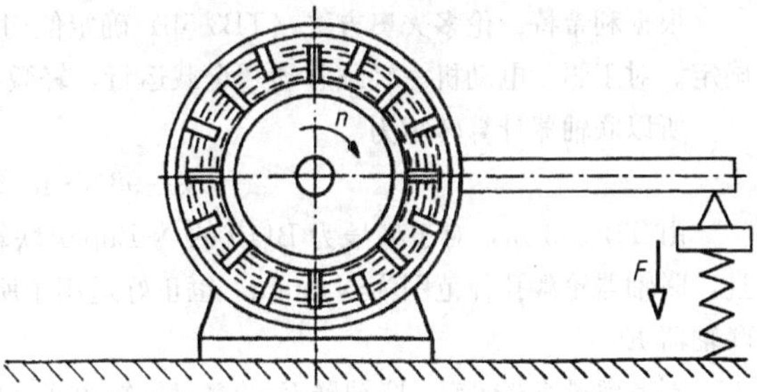

图 13-66　水涡轮制动器（示意图）

13.7　计算示例

例 13-1：图 13-67 所示的带式输送机由交流笼型电动机（结构尺寸 160L）（$P=15\text{kW}$ 和 $n=1460\text{r/min}$）带传动比为 $i=22.4$ 的锥齿轮减速器驱动。图 13-67 标出了已知的各轴轴端直径。环境温度为 +45℃。其他工作参数未知。

K_1 为交流电动机和减速器之间的联轴器，K_2 为减速机和驱动鼓轮之间的联轴器。试：

a）选择合适的结构类型。由于装配的原因，不可避免地存在很小的径向、轴向和角度方向的位移，由于工作条件的原因，输送物品有时会出现冲击性情况，它会导致小的转矩波动。

b）确定其结构尺寸的大小。每天的工作时间按 8h 计。

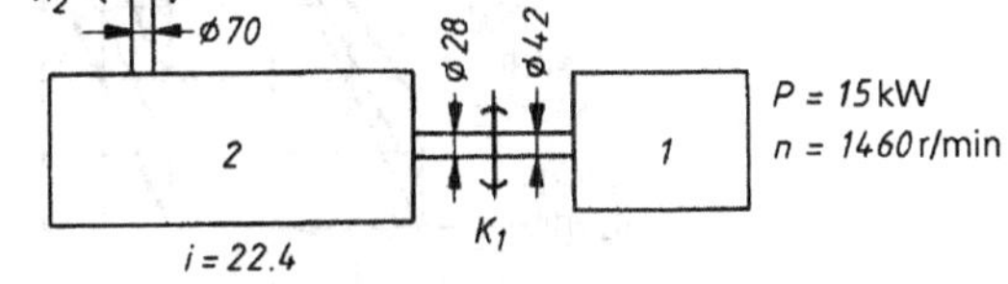

图 13-67　带式输送机的驱动系统（示意图）

1—驱动电动机　2—锥齿轮减速器

3—驱动鼓轮　4—输送带

K_1，K_2—联轴器

▶解 a)：首先要弄清楚，它们均为联轴器，而非离合器。为了补偿不可避免的轴位移，必须采用挠性联轴器。根据图 13-3a 来选择符合要求的联轴器：联轴器—挠性—形状封闭—轴向、径向、角度、旋转方向具有挠性—弹性。根据联轴器选择特征（图 13-58），确定一种常见的结构类型。弹性套柱销联轴器和牙嵌联轴器满足所有要求，无需维护且对振动具有阻尼作用。联轴器 K_1 和 K_2 均选择弹性牙嵌联轴器，例如图 13-26（TB13-3）所示的 N-Eupex 联轴器。

结果：联轴器 K_1 和 K_2 均选择弹性牙嵌联轴器，例如 N-Eupex 联轴器。

▶**解 b)**：由于没有准确的工作参数（例如负载转矩、转动惯量），而且也很难确定它们，所以只能根据制造商的说明或借助于使用系数来确定联轴器尺寸（见§13.2.5-1 或§13.2.5-2）。

联轴器 K_1

根据联轴器制造商的说明，对于电动机结构尺寸 160L，由 TB16-21 选择位于交流电动机轴端的 N-Eupex 联轴器 K_1 的型号为 110。对于正常的工作条件，这种结构尺寸足够了，但还是应该在计入使用系数后校核一下。根据式（13-11），联轴器计算转矩为

$$T_K' = T_N K_A \leqslant T_{KN}$$

由 $P=15\text{kW}$ 和 $n=1460\text{r/min}$，得名义转矩为

$$T_N = 9550P/n = 9550 \times 15/1460\text{N} \cdot \text{m} = 98\text{N} \cdot \text{m}$$

根据利希特—伦多夫奥方法（TB3-5b）确定使用系数，即对于本例情况，由图 13-68 根据相应线图来确定。对于驱动电动机—轻载起动—全载运行，轻微冲击—联轴器—每日工作时间 8h，得 $K_A \approx 1.7$。

所以联轴器计算转矩为

$$T_K' = 98\text{N} \cdot \text{m} \times 1.7 \approx 167\text{N} \cdot \text{m}$$

由 TB13-3 知，对于型号为 B110 的 N-Eupex 联轴器，制造商给定的 $T_{KN}=160\text{N} \cdot \text{m}$，基本够用。而且，联轴器轮毂孔径范围为≤48mm，也正好适用于所要联接的轴径 28mm 和 42mm。

联轴器 K_2

不考虑减速器效率，联轴器 K_2 的名义转矩由式（13-1）$T_2=iT_1$ 计算。驱动端的名义转矩 $T_1=98\text{N} \cdot \text{m}$，减速器传动比 $i=22.4$，所以

$$T_2 = 22.4 \times 98\text{N} \cdot \text{m} \approx 2195\text{N} \cdot \text{m}$$

由上面所求得的使用系数 $K_A \approx 1.7$，得联轴器 K_2 的计算转矩为

$$T_K' = 98\text{N} \cdot \text{m} \times 1.7 \approx 3730\text{N} \cdot \text{m}$$

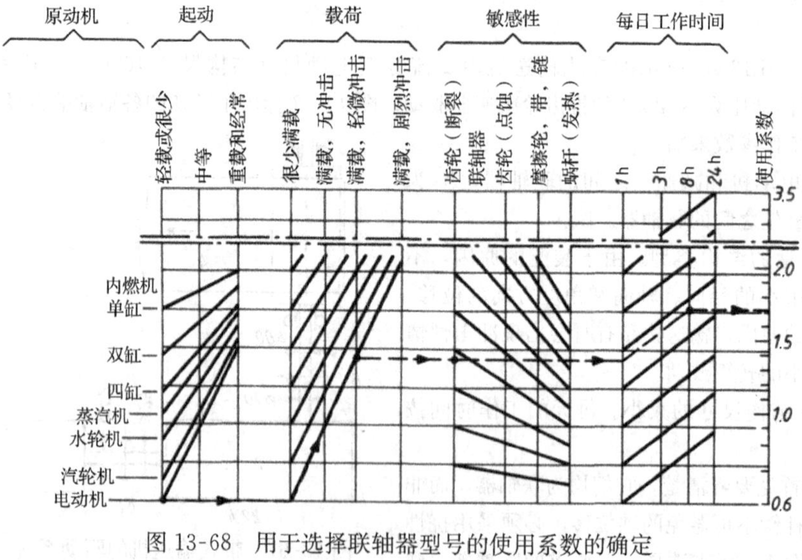

图 13-68 用于选择联轴器型号的使用系数的确定

这样，由 TB13-3 选择：N-Eupex 联轴器，B 型，型号为 280，$T_{KN}=3900\text{N} \cdot \text{m}$。而且所要联接的两轴直径 70mm 和 80mm 也在其许用的最大轮毂孔径 110mm 之内。

结果：两个联轴器均选 N-Eupex 联轴器，B 型。K_1 型号为 110，K_2 型号为 280。

■**例 13-2**：对于图 13-69a 所示的全金属联轴器（托马斯联轴器），型号为 100，试确定：

a）是否允许轴有单独的径向位移 $\Delta W_r=1.4\text{mm}$。

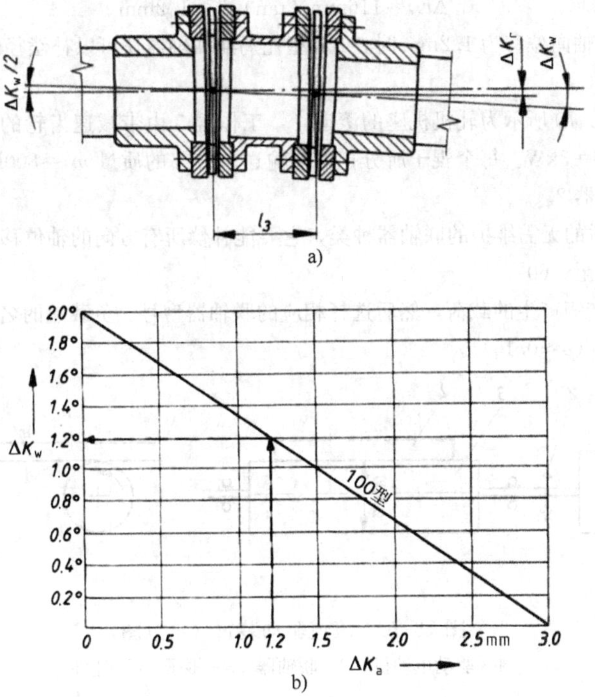

图 13-69　全金属联轴器（托马斯联轴器）

a）结构形式 923，半联轴器之间存在角度和径向位移

b）100 型联轴器的角度补偿值 ΔK_w 与轴向位移 ΔK_a 的关系

b）由 a 的轴位移所导致的径向回复力 F_r。

c）若存在轴向位移 1.2mm，该联轴器所能补偿的径向和角位移为多少。

▶**解 a)**：由式（13-16b），必须满足下述条件：

$$\Delta K_r \geqslant \Delta W_r S_t S_f$$

对于本例的全金属联轴器，温度系数 S_t 和仅仅只针对橡胶弹性联轴器的频率系数 S_f 均取 1（见 TB13-8）。由 TB13-2 知，型号为 100 的托马斯联轴器的许用径向轴位移 $\Delta K_r = 2.0\text{mm}$。所以它满足式（13-16b）。

$$2.0\text{mm} > 1.4\text{mm} \times 1 \times 1。$$

结果：100 型的托马斯联轴器允许单独的径向轴位移 $\Delta W_r = 1.4\text{mm}$。

▶**解 b)**：由式（13-17b）计算径向回复力

$$F_r = \Delta W_r C_r$$

对于 100 型的托马斯联轴器，其径向弹簧刚度 $C_r = 520\text{N/mm}$（TB13-2）。由径向轴位移 $\Delta W_r = 1.4\text{mm}$，得径向回复力为

$$F_r = 1.4\text{mm} \times 520\text{N/mm} \approx 730\text{N}$$

结果：当轴的径向位移 $\Delta W_r = 1.4\text{mm}$ 时，径向回复力为 $F_r \approx 730\text{N}$。它会作用到轴上和与联轴器相邻的轴承上。

▶**解 c)**：如图 13-69a 所示，托马斯联轴器的径向补偿量为半联轴器的许用角位移 $\Delta K_w/2$ 及两个摩擦盘组之间的距离 l_3 的函数，即 $\Delta K_r = l_3 \tan\Delta K_w/2$。由 TB13-2 知，100 型径向补偿量 $\Delta K_r = 2\text{mm}$，每个摩擦盘组的 $\Delta K_w/2 = 1°$。附加的轴向位移 ΔK_a 是不允许的。如果实际出现轴向位移 $\Delta K_a = 1.2\text{mm}$，必须降低 ΔK_w 值，因此也要按图 13-69b 降低 ΔK_r。由图可知，如仅仅只有 ΔK_w，则其许用值 $\Delta K_w = 2°$，如仅仅只有 ΔK_a 则其许用值为 $\Delta K_a = 3\text{mm}$，当实际轴向位移 $\Delta K_a = 1.2\text{mm}$，则由图可知，降低后的 $\Delta K_w = 1.2°$。由上述关系式可得相应的径向位移。由距离 $l_3 = 116\text{mm}$，得

$$\Delta K_r = 116\text{mm} \times \tan 0.6° \approx 1.2\text{mm}$$

结果：当实际存在轴向位移为1.2mm时，100型托马斯联轴器还可以补偿径向位移$\Delta K_r \approx 1.2\text{mm}$和一个角位移$\Delta K_w \approx 1.2°$。

■**例13-3**：如图13-70所示为轧机机座的滚道⊖，工作辊3由带减速齿轮的电动机1驱动。转速n=118r/min时的功率为P=3kW。每个辊子所分担的要输送轧件4的质量m'=800kg。试设计驱动电动机与辊子之间的合适的联轴器2。

a）试选择一种合适的无需维护的联轴器种类，它要能补偿所有方向的轴位移，并能缓冲冲击。工作时联轴器环境温度可升高至+60℃。

b）试先确定名义转矩产生的载荷，然后选择相应的联轴器型号。负载端的名义转矩为滚子和轧件之间摩擦封闭所限制的转矩（$\mu \approx 0.15$）。

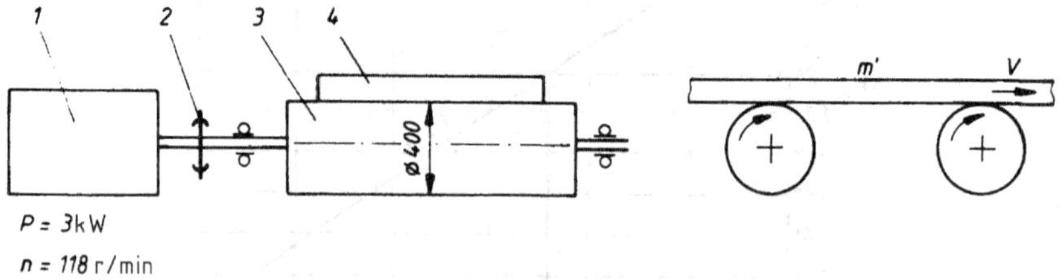

图13-70 滚道驱动装置（示意图）

1—驱动电动机 2—联轴器 3—辊子 4—轧件

c）对由b确定尺寸的联轴器进行校核。工作参数如下，并考虑起动冲击：

—冲击转矩=交流电动机的极限转矩=2.4×交流电动机的名义转矩。

—双向工作，每小时变换方向80次。

—驱动电动机的转动惯量约为1.7kg·m²，工作辊子约为6.1kg·m²，分别等效到联轴器轴上。

d）最后试校核该联轴器是否能补偿预期的径向位移1.5mm，并计算相应的回复力。

▶**解a)**：为能补偿不可避免的轴位移和能缓冲冲击，应选择挠性联轴器。根据图13-3a按下述步骤选择：联轴器—挠性—形状封闭—轴向、径向、角度、扭转方向补偿—弹性。由于在运转中方向交变（双向工作），应选择一种高弹性和高阻尼的绝对无间隙的联轴器（见§13.2.4-3）。由图13-58，考虑到要求“无需维护”和“振动缓冲”，参考相应的应用特点，选择能满足所有要求的高弹性橡胶联轴器（见§13.3.2-2.3）。具体选择图13-29所示的高弹性轮胎联轴器（Radaflex联轴器）。装有天然橡胶（NR）轮胎的Radaflex联轴器允许最大温度为+60℃（TB13-8b）。

结果：选择弹性元件为天然橡胶的高弹性轮胎联轴器（Radaflex联轴器）。

▶**解b)**：辊子圆周上的摩擦力$F_R = \mu F_N = \mu m' g$决定了可传递转矩，即负载端的名义转矩

$$T_{LN} = F_R d/2 = \mu m' g d/2$$

式中，$\mu \approx 0.15$，m'=800kg，g=9.81m/s²和d=0.4m，所以负载端名义转矩为

$$T_{LN} = 0.15 \times 800\text{kg} \times 9.81\text{m/s}^2 \times 0.4\text{m}/2 = 235\text{N}\cdot\text{m}$$

为了找到经济性最优的联轴器型号，按最恶劣载荷类型设计（见§13.2.5-3）。由式（13-12）得到负载端名义转矩决定的计算载荷为

$$T'_k = T_{LN} S_t \leqslant T_{kN}$$

由上面得到的名义转矩和天然橡胶轮胎联轴器在t=+60℃时的温度系数S_t=1.4(TB13-8b)，得联轴器计算转矩为

$$T'_k = 235\text{N}\cdot\text{m} \times 1.4 = 330\text{N}\cdot\text{m}$$

⊖ 重型滚子输送机，主要用于轧机，用于在轧辊之间输送轧件并将其输送到剪切机、锯床和仓库。

所以要由 TB13-5 选择一款名义转矩 $T_{KN} \geqslant 330\text{N}\cdot\text{m}$ 的 Radaflex 联轴器，具体选 40 型（结构形式 300），具体参数如下：

名义转矩　$T_{KN}=400\text{N}\cdot\text{m}$

最大转矩　$T_{Kmax}=3\times400\text{N}\cdot\text{m}=1200\text{N}\cdot\text{m}$

半联轴器转动惯量　$J_1=J_2=0.175\text{kg}\cdot\text{m}^2/2\approx0.09\text{kg}\cdot\text{m}^2$

结果：根据名义转矩，选 40 型 Radaflex 联轴器。

▶**解 c)：**交流电动机在起动时有转矩冲击（见§13.2.4-2）。由式（13-13a）得主动端考虑冲击后的计算转矩为

$$T'_K=\frac{J_L}{J_A+J_L}T_{AS}S_AS_zS_t\leqslant T_{Kmax}$$

负载端 J_L 等效到电动机（联轴器）轴的转动惯量按式（13-4）计算。以速度 v 运动的轧件，其质量 m' 等效到角速度为 ω 的联轴器轴上的转动惯量为

$$J_{red}=m'\left(\frac{v}{\omega}\right)^2$$

每个辊子所分担的轧件质量为 $m'=800\text{kg}$，轧件速度 $v=d\pi n=0.4\text{m}\times\pi\times118/60\text{s}=2.47\text{m/s}$，联轴器轴的角速度为 $\omega=2\pi n=2\times\pi\times118/60\text{s}=12.36\text{s}^{-1}$，所以

$$J_{red}=800\text{kg}\times\left(\frac{2.47\text{m/s}}{12.36\text{s}^{-1}}\right)\approx32\text{kg}\cdot\text{m}^2$$

加上以 ω 旋转的半联轴器和辊子的转动惯量后，负载端的总转动惯量为

$$J_{red}=0.09\text{kg}\cdot\text{m}^2+6.1\text{kg}\cdot\text{m}^2+32\text{kg}\cdot\text{m}^2=38.19\text{kg}\cdot\text{m}^2$$

主动端的转动惯量 $J_A=1.7\text{kg}\cdot\text{m}^2+0.09\text{kg}\cdot\text{m}^2=1.79\text{kg}\cdot\text{m}^2$，主动端的冲击转矩 $T_{AS}=2.4T_{AN}=2.4\times243\text{N}\cdot\text{m}=583\text{N}\cdot\text{m}(T_{AN}=9550\times3/118=243\text{N}\cdot\text{m})$，主动端冲击系数 $S_A=1.8$，起动系数 $S_z=1.3$（双向工作 $z=80\times2=160$，TB13-8a），温度系数 $S_t=1.4$，所以考虑主动端冲击后的计算转矩为

$$T'_K=\frac{38.19\text{kg}\cdot\text{m}^2}{1.79\text{kg}\cdot\text{m}^2+38.19\text{kg}\cdot\text{m}^2}\times583\text{N}\cdot\text{m}\times1.8\times1.3\times1.4\approx1824\text{N}\cdot\text{m}>T_{Kmax}=1200\text{N}\cdot\text{m}$$

故知按名义转矩所选择的联轴器太小，应选择大一号的联轴器。

由式（13-5），选 63 型，其参数如下：

名义转矩　$T_{KN}=630\text{N}\cdot\text{m}$

最大转矩　$T_{Kmax}=3\times630\text{N}\cdot\text{m}=1890\text{N}\cdot\text{m}$

半联轴器转动惯量　$J_1=J_2=0.309\text{kg}\cdot\text{m}^2/2=0.15\text{kg}\cdot\text{m}^2$

虽然选择了较大型号的联轴器，但是转动惯量比 $J_L/(J_A+J_L)$ 几乎没有变化，因此上述算得的计算转矩也变化很小，所以可以直接用它与新的联轴器的最大转矩比较：

$$T'_k=1823\text{N}\cdot\text{m}<T_{Kmax}=1890\text{N}\cdot\text{m}$$

63 型足够。

结果：由于大转矩冲击，最后选择 63 型 Radaflex 联轴器。

▶**解 d)：**由式（13-16b），径向位移应满足下述条件：

$$\Delta K_r\geqslant\Delta W_rS_tS_f$$

由 TB13-5 得所选的 Radaflex 联轴器（63 型）的径向补偿量为 $\Delta K_r=3.5\text{mm}$。轴的最大径向位移 $\Delta W_r=1.5\text{mm}$，温度系数 $S_t=1.4$ 和频率系数 $S_f=1.0$（由 TB13-8c 查取，$\omega=12.36\text{s}^{-1}<63\text{s}^{-1}$），故由式(13-16b)得

$$3.5\text{mm}>1.5\text{mm}\times1.4\times1.0=2.1\text{mm}$$

故知该联轴器能补偿径向位移 1.5mm。

由式（13-17b）得径向回复力为

$$F_r=\Delta W_rC_r$$

所选 Radaflex 联轴器（63 型）的径向弹簧刚度 $C_r=280\text{N/mm}$（TB13-4）。对于实际径向位移 $\Delta W_r=$

1.5mm，径向回复力为

$$F_r = 1.5\text{mm} \times 280\text{N/mm} \approx 0.4\text{kN}$$

结果：允许轴径向位移为1.5mm。由此产生的径向回复力约为0.4kN。

■**例13-4**：一双缸四冲程柴油发动机，名义功率为$P=25$kW，转速$n=1500$r/min，通过一联轴器驱动一工作机。根据制造商的说明，柴油机0.5阶交变转矩为$T_{A0.5}=\pm 360$N·m，工作机的平均负载转矩$T_{LN}=140$N·m。柴油发动机的转动惯量为5.1kg·m^2，工作机的转动惯量为1.8kg·m^2。该机组每小时最多起动10次。联轴器环境温度最高为+50℃。

a）试选择一个合适的联轴器种类。

b）按工作条件设计一合适的联轴器。

▶**解a)**：用活塞式机械作为原动机会产生周期性的转矩波动，它可能会导致机组产生危险的转矩振动（见§13.2.4-4）。因此，对于这种极不均匀的原动机，所要选择的联轴器首先要能缓冲转矩振动和能将共振频率足够多地降低，使其与工作频率有较大差别。此外，还要能补偿工作中产生的很小的轴位移。根据图13-3a，按下述思路选择：联轴器—挠性—形状封闭—补偿轴向，径向，角度、扭转位移—弹性。根据联轴器选择特征（图13-58），选择一种常用联轴器，即高弹性的橡胶联轴器。它能满足所有要求，而且无需维护，且可径向装拆，也就是说轴和机器无需轴向移动即可装拆。例如可选图13-29所示的高弹性轮胎联轴器（Radaflex联轴器）。

结果：高弹性橡胶联轴器能满足所有要求。例如可选高弹性轮胎联轴器（Radaflex联轴器）。

▶**解b)**：在周期性交变转矩的扭振系统中，采用弹性联轴器必须精确计算联轴器和整个机组所受载荷（见解a）。联轴器的设计计算应按最不利的载荷类型进行（见§13.2.5-3）。对于特别困难的情况，可咨询联轴器制造商。

由于无转矩冲击和轴的位移不大，故可按名义转矩或周期性交变转矩进行设计计算。

根据式（13-12），由名义转矩确定计算载荷：

$$T'_k = T_{LN} S_t \leqslant T_{KN}$$

由TB13-8b查取温度系数$S_t=1.4$（$t=+50$℃，天然橡胶制成的联轴器轮胎），负载端的名义转矩$T_{LN}=140$N·m，故计算转矩为

$$T'_k = 140\text{N}\cdot\text{m} \times 1.4 = 196\text{N}\cdot\text{m}$$

然后由TB13-5选择名义转矩$T_{kN} \geqslant 196$N·m的Radaflex联轴器。具体选25型（结构形式300），参数如下：

名义转矩	$T_{kN}=250\text{N}\cdot\text{m}$
最大转矩	$T_{kmax}=3\times 250\text{N}\cdot\text{m}=750\text{N}\cdot\text{m}$
持久交变转矩	$T_{KW}=\pm 0.4\times 250\text{N}\cdot\text{m}=\pm 100\text{N}\cdot\text{m}$
扭转弹簧刚度	$C_{Tdyn}=1364\text{N}\cdot\text{m/rad}$（在$T_{KN}$下）
相对阻尼	$\psi=1.2$
每个半联轴器的转动惯量	$J_1=J_2=0.08\text{kg}\cdot\text{m}^2/2=0.04\text{kg}\cdot\text{m}^2$
最大转速	$n_{max}=2000\text{r/min}$

对于驱动端引起的振动，且快速通过共振区时，由式（13-14a）计算：

$$T'_K = \frac{J_L}{J_A + J_L} T_{Ai} V_R S_z S_t \leqslant T_{Kmax}$$

式中，负载端转动惯量$J_L=1.8\text{kg}\cdot\text{m}^2+0.04\text{kg}\cdot\text{m}^2=1.84\text{kg}\cdot\text{m}^2$；驱动端转动惯量$J_A=5.1\text{kg}\cdot\text{m}^2+0.04\text{kg}\cdot\text{m}^2=5.14\text{kg}\cdot\text{m}^2$；0.5阶激励交变转矩$T_{A0.5}=\pm 360$N·m；在共振区附近的放大系数为$V_R \approx 2\pi/1.2 \approx 5.2$［根据式（13-10），相对阻尼$\psi=1.2$］；起动系数$S_z=1.0$（每小时起动次数$z=10<120$，由TB13-8a查取），温度系数$S_t=1.4$，得共振时计算交变转矩为

$$T'_K = \frac{1.84\text{kg}\cdot\text{m}^2}{5.14\text{kg}\cdot\text{m}^2 + 1.84\text{kg}\cdot\text{m}^2} \times 360\text{N}\cdot\text{m} \times 5.2 \times 1.0 \times 1.4 = 691\text{N}\cdot\text{m} < T_{Kmax} = 750\text{N}\cdot\text{m}$$

由此可知，按名义转矩选择的 25 型联轴器能够承受通过共振区时的转矩。

下面要校核共振频率是否与工作频率有足够大的差别。假设联轴器为原动件中唯一的扭转弹性件，由式（13-8）计算其固有频率

$$\omega_e=\sqrt{C_{Tdyn}\frac{J_A+J_L}{J_AJ_L}}=\sqrt{1364N\cdot m/rad\times\frac{5.14kg\cdot m^2+1.84kg\cdot m^2}{5.14kg\cdot m^2\times1.84kg\cdot m^2}}=31.7s^{-1}㊀$$

由双缸四冲程阶数 $i=0.5$［式（13-9）给出的规则为 i=缸数一半，此处的 i 与其不同，它与结构有关!］，按式（13-9）计算临界圆频率：

$$\omega_k=\omega_e/i=31.7s^{-1}/0.5=63.4s^{-1}，对应于 n_k=605r/min$$

$\omega/\omega_k=n/n_k=1500r/min/605r/min\approx2.5>\sqrt{2}$，知激励频率（工作频率）超过固有频率足够大，可保证工作机运行平稳（见§13.2.5-3.3）。

最后校核联轴器疲劳强度。振动源在主动端时，由式（13-15a）得

$$T'_K=\frac{J_L}{J_A+J_L}T_{Ai}VS_tS_f\leqslant T_{KW}$$

不在共振区的放大系数为

$$V\approx\frac{1}{\left|\left(\frac{\omega}{\omega_k}\right)^2-1\right|}=\frac{1}{\left|\left(\frac{157s^{-1}}{63.4s^{-1}}\right)^2-1\right|}=\frac{1}{5.14}\approx0.19$$

［根据式（13-10）注解，工作频率 $\omega=157s^{-1}$，或临界频率 $\omega_k=63.4s^{-1}$］；当 $\omega=157s^{-1}>63s^{-1}$ 时，频率系数为

$$S_f=\sqrt{\frac{\omega}{63s^{-1}}}=\sqrt{\frac{157s^{-1}}{63s^{-1}}}\approx1.6$$

由 TB13-8c 和上面得到的值，可得联轴器的计算交变转矩为

$$T'_K=\frac{1.84kg\cdot m^2}{5.14kg\cdot m^2+1.84kg\cdot m^2}\times360N\cdot m\times0.19\times1.4\times1.6=40N\cdot m<T_{KW}=\pm100N\cdot m$$

故联轴器有足够疲劳强度，因为计算交变转矩小于许用持久交变转矩。

结果：选 25 型 Radaflex 联轴器。

■**例 13-5：**一个 132M 型交流同步电动机通过一个电磁操纵多盘式离合器驱动一台机床。电动机在离合器分离状态下起动，在工作时一直保持接合状态。转速 $n=1445r/min$，功率 $P=7.5kW$。湿运转的离合器装在电动机轴上，每小时接合次数为 115 次。每次都要将（等效到离合器轴上的）工作机转动惯量 $J_L=0.23kg\cdot m^2$ 在 1s 之内从静止状态加速到 $n=1445r/min$。在起动时间内（等效到离合器轴上的）工作机负载转矩 $T_L=22N\cdot m$，在接合后提高到 $50N\cdot m$。

试确定该离合器型号。

▶**解：**根据§13.2.6-3 所述，决定摩擦离合器型号的因素有：

—起动时的离合转矩。

—工作时可传递转矩。

—离合器发热。

由式（13-18）确定所需离合转矩：

$$T_{Ks}=J_L\frac{\omega_A-\omega_{L0}}{t_R}+T_L\leqslant T_{KNs}$$

工作机等效到离合器轴上的转动惯量（不含离合器）$J_L=0.23kg\cdot m^2$，主动端角速度为

$$\omega_A=2\pi n=2\pi\times\frac{1445}{60}s=151.2s^{-1}$$

起动开始时从动端的角速度为 $\omega_{L0}=0$，要求的加速时间 $t_R\leqslant1s$，负载转矩 $T_L=22N\cdot m$，所以所需离合转矩为

㊀ 将根号中的 N 用 $kg\cdot m\cdot s^{-2}$ 代入，rad 用 1 代入，ω_e 的单位即为 s^{-1}

$$T_{Ks}=0.23kg \cdot m^2 \times \frac{151.2s^{-1}-0s^{-1}}{1s}+22N \cdot m \approx 57N \cdot m$$

对于湿运转的电磁操纵多盘式离合器，由TB13-7，选6.3型。其参数为

可离合转矩	$T_{KNs}=63N \cdot m$
可传递名义转矩	$T_{KNü}=90N \cdot m$
每次离合的许用离合功	$W_{zul}=50 \times 10^3 N \cdot m$
每小时许用离合功	$W_{hzul}=50 \times 10^3 \times 20=10^6 N \cdot m/h$
（湿运转下的持久离合）	
最大许用转速	$n_{max}=3000r/min$
（转动惯量很小，忽略不计）	

由于起动后离合器承受的负载转矩 $T_L=50N \cdot m$，所选的6.3型离合器可传递的名义转矩 $T_{KNü}=90N \cdot m$，强度足够。

工作机过载时，交流同步电动机可输出的转矩为名义转矩的3.1倍（见TB16-21：对于132M型，$T_{ki}/T_N=3.1$）。电动机名义转矩 $T_N=9550 \times 7.5/1445 \approx 50N \cdot m$，故极限转矩 $T_{ki}=3.1 \times 50N \cdot m=155N \cdot m$（见图13-8a）。当 $T_K>90N \cdot m$ 时，离合器打滑，从而对机器起过载保护作用。

接着用式（13-20）和式（13-21）校核离合器的热负载。

由所选离合器可离合的名义转矩 $T_{KNs}=63N \cdot m$ 和上面给出的其他数据，根据式（13-19）计算起动时实际打滑时间（加速时间）

$$t_R=\frac{J_L}{T_{KNs}-T_L}(\omega_A-\omega_{L0})=\frac{0.23kg \cdot m^2}{63N \cdot m-22N \cdot m}(151.2s^{-1}-0s^{-1}) \approx 0.85s$$

由式（13-20）计算单次离合时的离合功

$$W=0.5T_{KNs}(\omega_A-\omega_{L0})t_R<W_{zul}$$

由可离合名义转矩 $T_{KNs}=63N \cdot m$ 和角速度

$$\omega_A=151.2s^{-1} \quad \omega_{L0}=0s^{-1}$$

以及打滑时间 $t_R=0.85s$，得

$$W=0.5 \times 63N \cdot m \times (151.2s^{-1}-0s^{-1}) \times 0.85s=4048N \cdot m<W_{zul}=50 \times 10^3 N \cdot m$$

由每小时离合次数 $z_h=115$，根据式（13-21）校核每小时离合功

$$W_h=Wz_h=4048N \cdot m \times 115/h \approx 0.466 \times 10^6 N \cdot m/h<W_{h\,zul}=10^6 N \cdot m/h$$

所选的离合器型号热负载未超过许用值。因此无需采取特别措施来散热。

结果：选择6.3型电磁操纵BSD多盘式离合器。

■**例13-6**：如图13-71所示，用一原动机（电动机 $P=1.5kW$，$n=1500r/min$）驱动一工作机，在电动机悬臂轴端装一定位制动器，以控制工作机工作节奏。根据制造商说明，工作机负载转矩 $T_{LA}=30N \cdot m$，$n_{LA}=450r/min$（工作转速）。工作机转速通过V带传动减速。小带轮转动惯量 $J_{K1}=0.003kg \cdot m^2$，大带轮 $J_{K2}=0.09kg \cdot m^2$，电动机转子 $J_M=0.00383kg \cdot m^2$ 和工作机 $J_{LA}=0.25kg \cdot m^2$。制动器每分钟制动20次。

试确定该制动器型号。

▶**解**：可同离合器一样来确定制动器型号（见例13-5）。决定型号的因素有：

—制动（接合）时的制动力矩。

—制动器热负载。

由于未给制动时间，可简单地按所要制动的电动机名义转矩来选择制动器型号：

$$T_{Br} \geqslant T_N=9550\frac{P}{n}=9550\frac{1.5}{1500}=9.55N \cdot m$$

由TB13-9查取合适的制动器：定位制动器ROBA，5型，制动力矩 $T_{Br}=12N \cdot m$。

说明：负载力矩也起制动作用，所以计算是偏于安全的。如果负载力矩与制动力矩反向，例如风产生

的负载下降，在计算时必须将其考虑。

如果要求一定的制动时间，按式（13-23）选择制动器型号。但出于安全原因，制动力矩不能小于电动机名义转矩。

离合器发热按式（13-20）和式（13-21）计算。先按式（13-19），或将式（13-23）变换后计算所需制动时间（用 T_{Br} 代替 T_{KNs}，且 $\omega_{L0}=0$）：

$$t_R=\frac{J_L\omega_A}{T_{Br}\pm T_L}$$

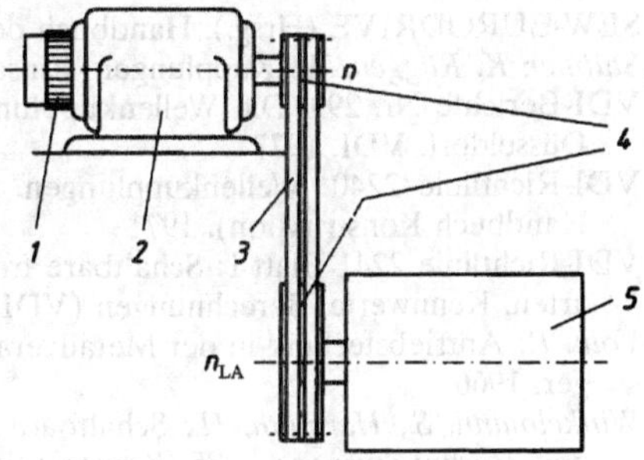

图 13-71　工作机传动示意图

1—驱动电动机　2—制动器

3—V 带传动　4—带轮　5—工作机

用式（13-4）计算等效到制动器轴（即电动机轴）上的整个传动装置的转动惯量为

$$J_{red}=J_L=J_{Br}+J_M+J_{K1}+(J_{K2}+J_{LA})\left(\frac{n_{LA}}{n}\right)^2$$

$$=0.000068\text{kg}\cdot\text{m}^2+0.00383\text{kg}\cdot\text{m}^2+0.003\text{kg}\cdot\text{m}^2+(0.09+0.25)\text{kg}\cdot\text{m}^2\times\left(\frac{450\text{r/min}}{1500\text{r/min}}\right)^2$$

$$=0.0375\text{kg}\cdot\text{m}^2$$

式中，制动器转动惯量为 $J_{Br}=0.000068\text{kg}\cdot\text{m}^2$（TB13-9）。

工作机等效到制动器轴上的负载转矩为 $T_L=T_{LA}/i=30\text{N}\cdot\text{m}/3.33=9\text{N}\cdot\text{m}$，式中，$i=n/n_{LA}=1500\text{r/min}/450\text{r/min}=3.33$；制动器轴的角速度 $\omega_A=\pi n/30=\pi\times1500/30=157\text{s}^{-1}$。

由此得制动时间为

$$t_R=\frac{0.0375\text{kg}\cdot\text{m}^2\times157\text{s}^{-1}}{12\text{N}\cdot\text{m}+9\text{N}\cdot\text{m}}\approx0.28\text{s}$$

由于负载转矩起制动作用，所以带“+”号。

由式（13-20）计算每次制动的摩擦功（离合功）：

$$W=0.5T_{Br}\omega_A t_R=0.5\times12\text{N}\cdot\text{m}\times157\text{s}^{-1}\times0.28\text{s}\approx264\text{N}\cdot\text{m}<W_{zul}=1000\text{N}\cdot\text{m}$$

每小时制动次数（离合次数）$z_h=20\times60=1200$，故摩擦功率（=每小时离合功）为

$$W_h=Wz_h=264\text{N}\cdot\text{m}\times1200/\text{h}\approx0.317\times10^6\text{N}\cdot\text{m/h}=88\text{W}<W_{hzul}=105\text{W}$$

可知未超过许用值（由 TB13-9 查取），所选制动器对于给定工况是合适的。

结果：所选定位制动器为 5 型。

13.8　参考文献和图片来源

Bederke, H.-J., Ptassek, R., Rothenbach, G., Vaske, P.: Elektrische Antriebe und Steuerungen. 2. Aufl. Stuttgart: Teubner, 1975 (Moeller, Leitfaden der Elektrotechnik, Bd. Ⅷ)

Desch KG (Hrsg.): Antriebstechnik. Antriebstechnische Informationen für den Konstrukteur. Firmenschriften, Arnsberg

Fuest, K: Elektrische Maschinen und Antriebe. Braunschweig: Vieweg, 1989

Dittrich, O., Schumann, R.: Kupplungen. Mainz: Krausskopf, 1974 (Krausskopf-Taschenbücher „antriebstechnik", Bd. Ⅱ)

Kümmel, F.: Elektrische Antriebstechnik. Theoretische Grundlagen, Bemessung und regelungstechnische Gestaltung. Berlin: Springer, 1971

Kümmel, F.: Elektrische Antriebstechnik. Aufgaben und Lösungen. Berlin: Springer, 1979

Niemann, G., Winter, H.: Maschinenelemente. Bd. Ⅲ. Schraubrad-, Kegelrad-, Schnecken-, Ketten-, Riemen-, Reibradgetriebe, Kupplungen, Bremsen, Freiläufe, 2. Aufl. Berlin: Springer, 1986

Peeken, H., Troeder, C.: Elastische Kupplungen. Ausführungen, Eigenschaften, Berechnungen. Berlin: Springer, 1986 (Konstruktionsbücher, Bd. 33)

Pelezewski, W.: Elektromagnetische Kupplungen. Braunschweig: Vieweg, 1971

Schalitz, A.: Kupplungs-Atlas. Bauarten und Auslegung von Kupplungen und Bremsen, 4. Aufl. Ludwigsburg: Georg Thum, 1975

Scheffler, M.: Grundlagen der Fördertechnik – Elemente und Triebwerke. Braunschweig/Wiesbaden: Vieweg, 1994

SEW-EURODRIVE (Hrsg.): Handbuch der Antriebstechnik. München: Hanser, 1980
Stübner, K, Rüggen, W.: Kupplungen. Einsatz und Berechnung. München: Hanser, 1980
VDI-Berichte Nr. 299: Die Wellenkupplung als Systemelement. Auslegung – Einsatz – Erfahrungen, Düsseldorf: VDI, 1977
VDI-Richtlinie 2240: Wellenkupplungen. Systematische Einteilung nach ihren Eigenschaften (VDI-Handbuch Konstruktion). 1971
VDI-Richtlinie 2241 Blatt 1: Schaltbare fremdbetätigte Reibkupplungen und -bremsen. Begriffe, Bauarten, Kennwerte, Berechnungen (VDI-Handbuch Konstruktion). 1982
Volk, P.: Antriebstechnik in der Metallverarbeitung. Einführung in die Automatisierung. Berlin: Springer, 1966
Winkelmann, S., Harmuth, H.: Schaltbare Reibkupplungen. Grundlagen, Eigenschaften, Konstruktionen. Berlin: Springer, 1985 (Konstruktionsbücher, Bd. 34)

图片来源

Chr. Mayr GmbH & Co. KG, Mauerstetten, 图13-64
Desch Antriebstechnik GmbH & Co. KG, Arnsberg , 图13-27, 13-38
Flender GmbH, Bocholt, 图13-26
Hochreuter & Baum GmbH Maschinenfabrik, Ansbach, 图13-24
Kauermann KG, Düsseldorf, 图13-30, 13-44
Kendrion Binder Magnete GmbH, Villingen-Schwenningen, 图13-43 b
Lenze GmbH & Co. KG, Extertal, 图13-25
GKN Löbro GmbH, Offenbach/Main, 图13-22 b
M.A.T. Malmedie Antriebstechnik GmbH, Solingen, 图13-15d, 13-23, 13-48
Metalluk, Bauscher GmbH & Co. KG, Bamberg, 图13-50
Ortlinghaus-Werke GmbH, Wermelskirchen, 图13-31, 13-36, 13-43 a
P.I.V. Antrieb Werner Reimers GmbH & Co. KG, Bad Homburg, 图13-47
Rexnord Antriebstechnik GmbH, Dortmund, 图13-14, 13-29, 13-37, 13-40, 13-41, 13-52
Ringspann GmbH, Bad Homburg, 图13-12, 13-35, 13-45, 13-65
Robert Scheuffele GmbH & Co. KG, Bissingen/Bietigheim, 图13-49
Schmidt-Kupplung GmbH, Wolfenbüttel, 图13-13
Spicer Gelenkwellenbau GmbH & Co. KG (GWB), Essen, 图13-21
Stromag AG, Unna, 图13-39, 13-54, 13-55
Voith Turbo GmbH & Co. KG, Crailsheim, 图13-57
GKN Walterscheid GmbH, Lohmar, 图13-46
ZF Zahnradfabrik Friedrichshafen AG, Friedrichshafen, 图13-33,13-42

第 14 章　滚动轴承和滚动轴承支承

14.1　功能和作用

14.1.1　任务和工作原理

在机器和仪器中，轴承用来支承有相对运动，特别是相对转动的零件，承受外力（相对于运动轴线径向、轴向和/或倾斜方向）并将其传递到基础、机架或类似零件上（功能）。轴承及支承件一起称为轴承支承。

轴应尽可能采用双支点支承，以便用静力学方法确定轴承支反力。大多数情况下，外力作用于轴承之间（见§11.2.2-2）。外力作用于轴承之外的称为悬臂支承。即使是简单的支承，也应使轴在一个轴承（游动轴承）端是可动的，在另一个轴承端（固定轴承）固定。这是非常必要的，这样可平衡各个零件不同的公差，热变形和受载变形。如果挠度过大或有严重不同心时，应采用角度可调轴承或其他弹性零件。

如果直径一定的轴挠度太大，就应该用两个以上的轴承作支承。这属于静不定问题，其支反力虽然可以计算，但其实际载荷却受加工精度或装配校正精度影响，所以计算结果会出现偏差。将两个机器联在一起也属于这种情况，当然这时应采用挠性联轴器（见第 13 章）。

如图 14-1 所示，在轴承中，运动零件受载后会产生摩擦，通过减小接触面积和添加润滑剂（对滚动轴承和滚动导路），通过增大滑动面积并用流体将其隔开（对滑动轴承和滑动导路），或通过磁场将轴悬浮，可使轴承中的摩擦很小。

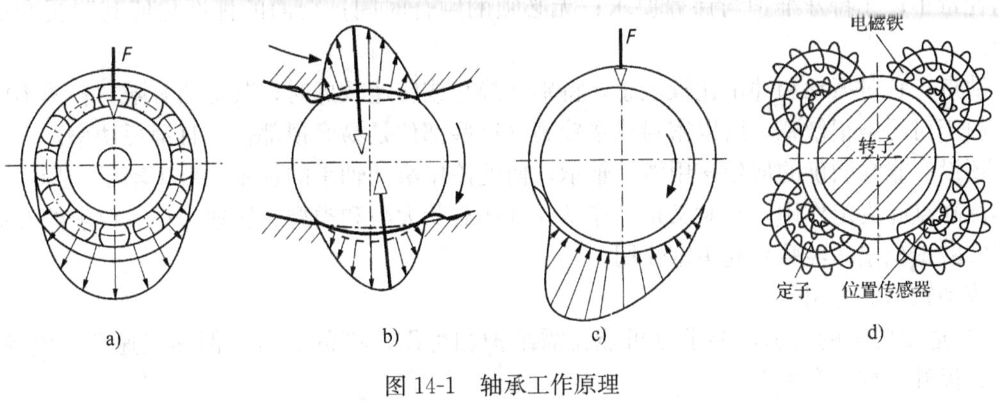

图 14-1　轴承工作原理

a）滚动轴承载荷分布　b）一个滚动体的压力分布和变形　c）滑动轴承的压力分布　d）磁轴承的结构原理图

14.1.2　轴承的分类

按下述基本准则对轴承进行分类：

1）工作原理：分为滑动轴承（见图 14-2a，轴承与被支承件之间的相对运动为滑动运动)、滚动轴承（见图 14-2b，置于滚道中的滚动体为滚动运动）和磁轴承（图 14-1d，无接触，通过磁力将其分离)。

2）轴承载荷 F 的方向：分为向心轴承（图 14-3a）和推力轴承（图 14-3b)。

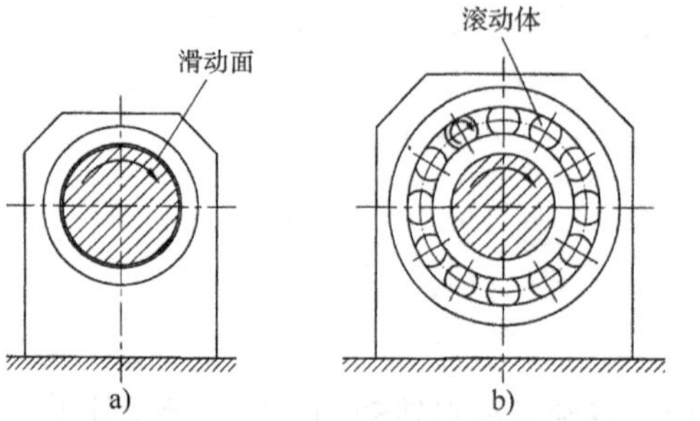

图 14-2

a）滑动轴承 b）滚动轴承

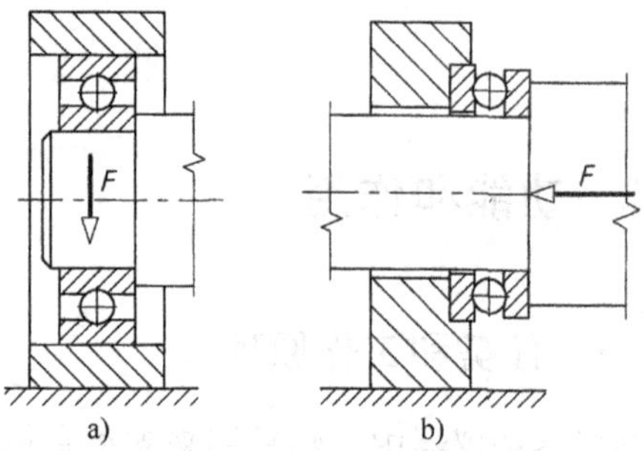

图 14-3

a）向心轴承 b）推力轴承

3）功能：分为双向固定轴承（承受两个方向的轴向载荷和径向载荷），单向固定轴承（只能承受一个方向的轴向载荷和径向载荷）和游动轴承（只能承受径向载荷，沿轴向可动)，详见§14.2.1。

4）结构形式：分为立式轴承（图 14-45)、套筒式轴承、法兰式轴承（图 14-46)、关节轴承或调心轴承（例如调心滚子轴承，见图 14-14b)、嵌入式轴承。

5）装配方式：分为分体轴承（例如立式轴承，见图 14-45）和整体轴承（例如法兰轴承，见图 14-46）或可拆分轴承（例如凹槽滚珠推力轴承，见图 14-3b)。

14.1.3 滚动轴承使用规范

优点：正确设计安装的滚动轴承运行时几乎没有摩擦（$\mu=0.002\sim0.01$)，因此其起动力矩与工作力矩差不多（这对于原动件来说是一个非常大的优点!）；无滑行（爬行)；润滑剂消耗量小；无特殊维护与保养要求；无必须的跑合时间；全面的标准化使其购买和更换方便。

缺点：它对振动和冲击比较敏感，特别在静止或转速较低时；其寿命有限，转速不能太高；由于对污染很敏感，所以密封成本较高（这些部位是易磨损部位、且消耗功率)。

还没有非常明确的何处该用滑动轴承，何处该用滚动轴承的规则。对于轴承选择，有时是其优缺点起决定作用，有时又是工作条件（如载荷大小和类型、转速大小、要求的寿命和工作实践中积累的经验）起决定作用。

滚动轴承优先用于：

1）通常要求的支承，要求尽可能无需维护和可靠性高的场合，例如减速器、电动机、机床、提升机械、车辆。

2）要求在静止状态和转速较低，以及重载运行时摩擦很小且转速会变的支承，例如吊车钩、主轴支承、旋转塔臂和车辆驱动装置。

14.1.4 滚动轴承的分类

1. 滚动轴承构造、滚动体种类、材料 滚动轴承由滚道零件（对于向心轴承为外圈1和内圈2，对于推力轴承为紧圈1和活圈2）和置于其中间的滚动体3（见图 14-4）组成。

大多数情况下，滚动体置于保持架 4 中而成滚动体圈，使其均布并防止相互接触。滚动体圈还使可拆分轴承安装方便。

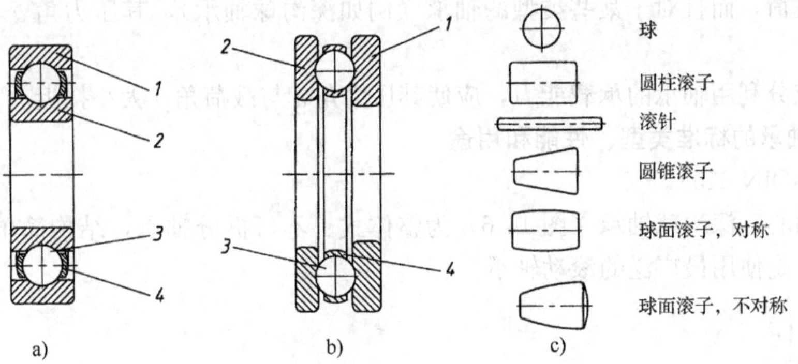

图 14-4　滚动轴承构造和组成零件
a）向心轴承　b）推力轴承　c）不同种类的滚动体

为了能承受很大的点或线载荷（赫兹压强直到 4600N/mm²），必须对滚道零件和滚动体进行硬化和磨光（滚道要抛光），其材料为滚动轴承钢（例如 100Cr6，DIN 17230），在特殊情况下还应采用合金渗碳钢，防磁钢和不锈钢，或采用陶瓷材料。新型滚动轴承钢为低氮钢（LNS），用于在较软和韧性好的核心材料上形成非常硬、抗疲劳和耐磨损的表层，其他材料还有 Cronidurc 30（镍铬耐热合金，极强的耐腐蚀性、热硬度高）。小轴承的保持架一般用钢板或黄铜板冲制，大轴承的实心保持架采用钢或黄铜制造，滚针轴承保持架采用轻金属，为减少噪声，也可采用塑料作为保持架。

2. 滚动轴承基本类型、压力角、载荷角　根据滚动体种类的不同，滚动轴承基本类型分为球轴承、滚子轴承、滚针轴承、圆锥滚子轴承和调心轴承。

轴承的基本参数是压力角 α（接触角），见图 14-5。它是径向平面（垂直于轴线）和压力线之间的公称夹角。压力线的位置与滚道结构和滚动体有关，见图 14-5。因此，向心轴承的压力角在 $\alpha=0°\sim45°$之间，而推力轴承在 $\alpha>45°\sim90°$之间。

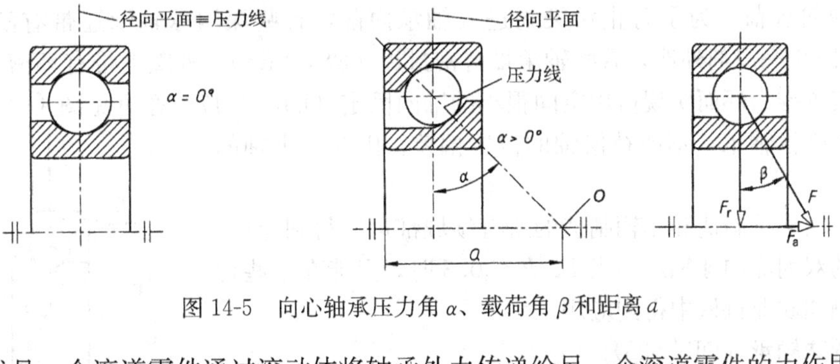

图 14-5　向心轴承压力角 α、载荷角 β 和距离 a

压力线是一个滚道零件通过滚动体将轴承外力传递给另一个滚道零件的力作用线。压力线与轴承轴线交于点 O（载荷作用中心）。载荷作用中心 O 的位置用距离 a 表示（见图 14-5、图 14-7、图 14-8 和图 14-13），各种轴承的 a 值由制造商的轴承目录给出（也可由 TB14-1a 和 b 查取）（轴承载荷的基准点，见图 14-36）。

滚动轴承上同时作用有径向载荷和轴向载荷时，轴向载荷 F_a 与径向载荷 F_r 的关系用载荷角β来表示（总轴承载荷F的方向；见图14-5）。需要注意的是，对于压力角α较大的向心轴承，不能忽略由于轴承中力的作用线的偏斜而产生的内轴向力（见图14-36c），它使轴承受到附加载荷，而且对于某些类型的轴承（例如深沟球轴承），其压力角α在载荷作用下还会改变。

为了能充分利用轴承的承载能力，应使其压力角α与载荷角β大小接近。

3. 滚动轴承的标准类型、性能和用途

深沟球轴承（DIN 625）

单列（向心）深沟球轴承（图14-6）为整体式、不可拆分轴承，结构简单、价格便宜，适用范围广，是使用最广泛的滚动轴承。

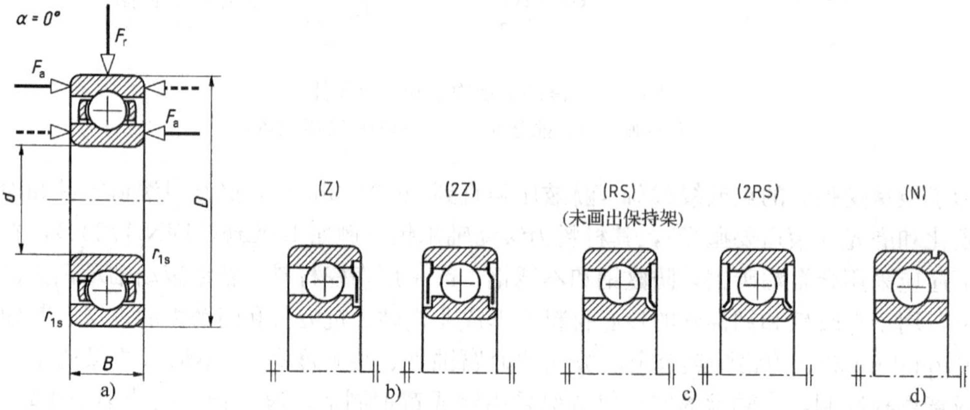

图14-6　深沟球轴承—结构形式、尺寸和承载能力

a）标准结构　b）带防护片（Z，2Z）　c）带密封片（RS，2RS）　d）带环槽（N）

a所示的尺寸和承载能力也适用于b、c和d，图中所画带箭头方向线代表承载方向，方向线长度代表承载能力的大小。下述各图同此。

球紧紧地置于相对来说较深的滚道中，所以它不但能承受相对较大的径向载荷F_r，也可以承受一定大小的两个方向的轴向载荷F_a。特别是转速很高时，它比推力球轴承还更适合于承受轴向载荷。为了防止污染物进入轴承内部，有些深沟球轴承还带有防护片（Z，2Z），为了防止润滑剂外泄，有些轴承带有密封片（RS，2RS），外圈上带有环槽（N）可在轴承孔上装置推力环而实现占用空间很小的轴向固定（DIN 5417，亦可见图14-29b）。深沟球轴承属于刚性轴承，不能补偿轴的位置偏差，因此要求轴的位置准确。

用途：在机械制造和车辆制造的所有领域都可以得到应用。带填充槽的双列深沟球轴承，当$F_a/F_r \leqslant 0.3$时，只能在一些特殊场合，例如农业机械中得到应用。

单列角接触球轴承（DIN 628）

整体式不可拆分的单列角接触球轴承（图14-7）的内外圈均有一边低、一边高的凸肩。在凸肩高的那一边，滚道结构使其在正常情况下压力角为$\alpha=40°$（特殊结构：$\alpha \approx 15°$和25°，也有可拆分的）。它除了能承受径向载荷以外，由于它的球的数量多，还可以比深沟球轴承承受更大的单方向（指向凸肩）轴向

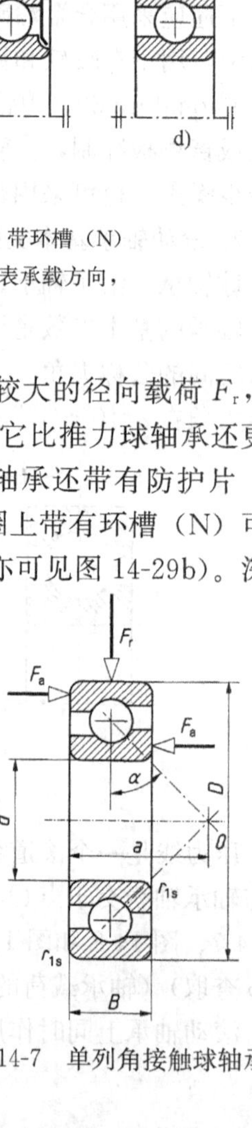

图14-7　单列角接触球轴承

力。由于滚道的倾斜，在承受径向载荷时还会产生轴向支反力，在设计时必须将其计入（见图 14-36）。由于它只能承受单方向轴向力，所以一般将两个轴承反向使用（见图 14-36）。常常将两个轴承成对并在一起使用，根据压力线的方向组合成 O 型、X 型或串联布置，详见§14.2.1-3。

四点接触球轴承（DIN 628）

四点接触球轴承（见图 14-8a）是 $\alpha=35^{\circ}$的特殊结构形式的角接触球轴承。滚道由两段汇于中点的圆弧组成，因此，它们与球在四点接触。内圈做成分体式，从而可以容纳更多的球，这样在较小的结构宽度下可承受更大的径向载荷和特别大的双向轴向载荷。

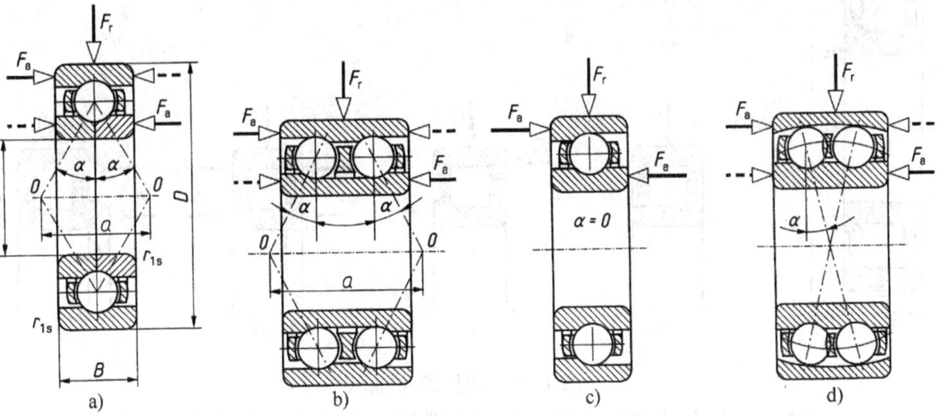

图 14-8　其他类型球轴承

a）四点接触球轴承　b）双列角接触球轴承　c）向心推力球轴承　d）调心球轴承

用途：机床的主轴支承、车辆传动装置、齿轮和绳轮支承。

双列角接触球轴承（DIN 628）

双列角接触球轴承（见图 14-8b）相当于将两个单列角接触球轴承镜像组合在一起（O 型排列），$\alpha\approx25^{\circ}$或 35°（分体式内环：$\alpha\approx45^{\circ}$），可承受大径向和双向轴向载荷。

用途：支承距离应尽可能短，当径向载荷和轴向载荷较大时应提高轴的抗弯能力，用于例如蜗杆轴、斜齿轮或锥齿轮轴、车辆轴。

向心推力球轴承（DIN 615）

向心推力球轴承（见图 14-8c）是可拆分轴承，其可分离外圈上带有一个凸肩。其内圈结构与深沟球轴承类似。局限于所给定的倾斜角，其承受径向和单方向轴向载荷的能力很小，故这种轴承只对不超过 30mm 的内径进行了标准化。

用途：用于测试仪器、小型电器设备、家用机械的支承。

调心球轴承（DIN 630）

$\alpha\approx15^{\circ}$的调心球轴承（见图 14-8d）是双列轴承，圆柱形或圆锥形孔（⊲1：12），外圈有凹形球面滚道，可以补偿轴的角位移和偏心导致的不大于 4°的偏角；它可以承受径向和双向的轴向载荷，主要置于轴承座和法兰座中，为使其装拆方便，常常与张紧套或夹紧套一起使用（见图 14-45 和图 14-46）。

用途：用于安装有误差或有较大挠度的轴的支承，如传送机械、提升机械、农业机械等。

圆柱滚子轴承（DIN 5412）

由于可拆分圆柱滚子轴承的滚子与滚道之间为线接触，径向承载能力大于同尺寸的球轴承（点接触!）。但是，它不能承受轴向或只能承受很小的轴向载荷；而且对同心度的要求很高。根据凹槽位置的不同，将其分为N型和NU型（外圈或内圈无凹槽（见图14-9a），它们用作游动轴承），NJ型（图14-9c，用作单向固定轴承），NUP型（带挡板）和NU型（带角环，图14-9d、e，它们用作双向固定轴承或轴向导路轴承）。

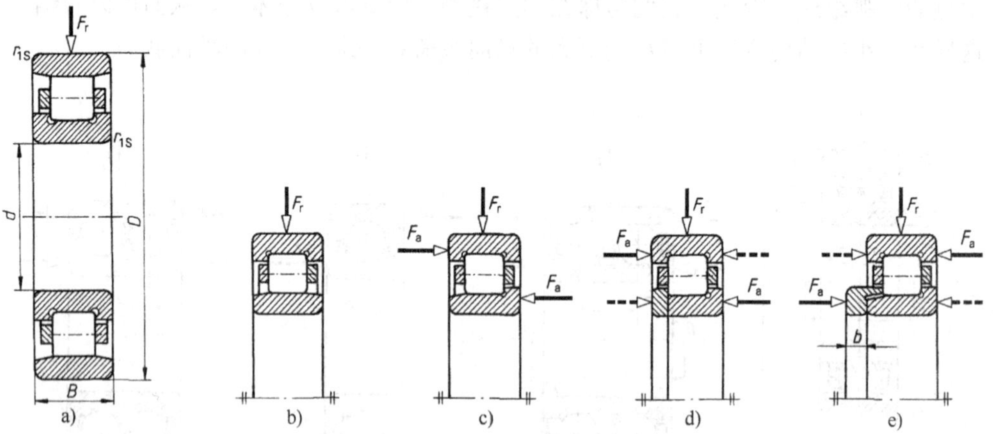

图14-9　圆柱滚子轴承

a）N型（内圈带凹槽）　b）NU型（外圈带凹槽）　c）NJ型（单向固定轴承）
d）NUP型，带松的挡板（导路轴承）　e）NU型，带角环（导路轴承）

圆柱滚子轴承有两种结构，即常规的全滚子或带保持架。全滚子轴承的承载能力大于带保持架的滚子轴承（原因是后者的滚子数少，约为前者滚子数的65%～85%），但它的摩擦发热更大，所以极限转速更小（约为50%）。带盘式保持架的改进型圆柱滚子轴承（见图14-10）既可保持上述优点，又可避免上述缺点。

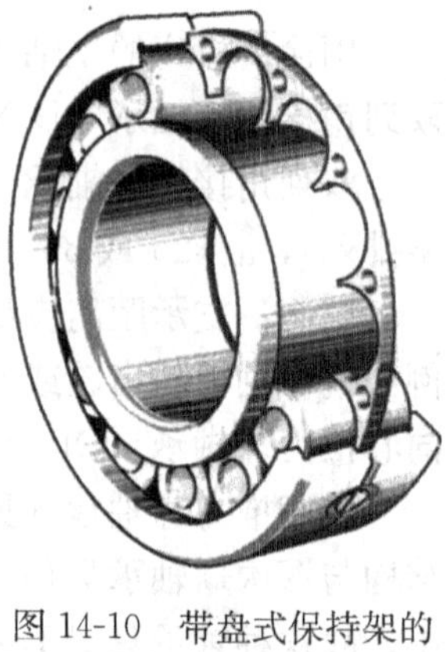

图14-10　带盘式保持架的圆柱滚子轴承

用途：用于减速器、电动机、轨道机车心轴轴承、轧机支承；用于受大径向载荷的支承和作为游动轴承。

滚针轴承

滚针轴承（DIN 617，图14-11a）为圆柱滚子轴承的特殊结构形式。带保持架的结构可使滚针之间保持距离且与轴线平行。滚针轴承有以下几种类型：带和不带内圈、滚针圈（DIN 5405，图14-11c）、滚针轴套（DIN 618，图14-11d）、滚针轴端套筒（DIN 618，图14-11e）和滚针轴承与推力深沟球轴承组合（DIN 5429，图14-11b）。除了最后一种以外，其他都只能承受径向载荷。滚针轴承具有结构直径小（滚针圈的结构尺寸最小）、相对于其他结构形式的滚动轴承径向刚度大和对冲击载荷的敏感性小等优点。如果滚针直接在轴上或机架上滚动，接触面的硬度至少要达到58～65HRC，加工精度和表面粗糙度（$Ra \leqslant 0.2\mu m$）要达到相应要求。

用途：主要用于较小至中等转速和摆动运动的场合，例如连杆支承、摇杆支承、主轴支承，用于振动很小的摆动轴（车辆）等，适用于径向尺寸受限制的场合。

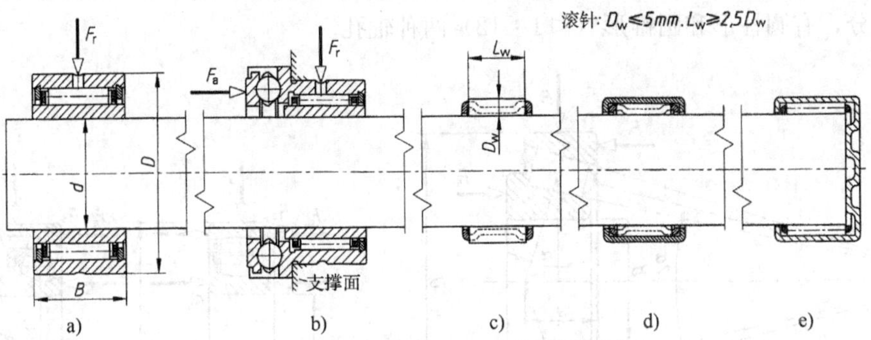

图 14-11　滚针轴承（尺寸比较）

a）带内圈的滚针轴承　b）滚针轴承与推力球轴承的组合　c）滚针圈，单列　d）滚针轴套　e）滚针轴端套筒

CARB 轴承

用圆柱滚子轴承和滚针轴承，可以非常简单地构成游动轴承支承。但它们要求同心度极高，否则滚子、滚针与滚道之间产生角接触，很快就会磨损。CARB 轴承（紧凑自调滚子轴承，图 14-12）可解决倾斜位置问题。CARB 轴承的滚子比圆柱滚子轴承长，为球形，但其半径比球面滚子大得多。这样，CARB 轴承结合了圆柱滚子轴承、滚针轴承和调心滚子轴承的特点。CARB 轴承可以补偿位置倾斜，可允许轴向位移，径向承载能力高、横截面高度小（可实现紧凑结构）、摩擦很小、噪声小，且振动很小。其内圈或外圈必须不能滑动，这样轴承套圈就不会窜动，从而也不会形成配合腐蚀。但是这种轴承的价格相当高。

图 14-12　CARB 轴承

用途：用于实现紧凑、轻型和挠性结构，从而使在结构上节省下来的费用可弥补轴承价格费用的场合，例如造纸机中的干式碾碎机辊子支承。

圆锥滚子轴承（DIN 720）

圆锥滚子轴承（见图 14-13）套圈滚道为截锥面，出于运动学原因，它们的母线在轴承轴线上交于一点。根据 DIN ISO 355，圆锥滚子轴承共分为六个压力角区域，即压力角系列 2～7（2：10°～13°52′，3：13°52′～15°59′，4：15°59′～18°55′，5：18°55′～23°，6：23°～27°，7：27°～30°）。圆锥滚子轴承可承受大径向和轴向载荷。外圈上无凹槽，可拆分（故轴承不是整体式的），所以装拆很方便。圆锥滚子轴承一般成对、镜像安装（X 型或 O 型排列，图 14-21）。由于滚道倾斜，受径向载荷时会产生内轴向反力（见 § 14.3.2-3），在进行轴承设计计算时必须加以考虑。必须调节好轴承间隙。

用途：用于车辆的轮毂支承，绳轮支承、机床主轴支承、蜗轮和锥齿轮轴的支承。

球面滚子轴承和调心滚子轴承（DIN 635）

单列球面滚子轴承（见图 14-14a）是角度可调轴承（中点位置最大 4°），特别适合于有冲击的大径向载荷及有偏心且必须补偿的场合。但其轴向承载能力很弱。

调心滚子轴承（见图 14-14b）具有双列对称球面滚子，适合于承受最大的径向和轴向载荷。外圈的滚道为凹球面形，所以该轴承的角度可调（中点位置 0.5°，载荷较小时，最大 2°），它能补偿轴的角位移以及轴承偏心。调心滚子轴承还有加强型（代号为 E），它的内圈中间无凸起，这样球面滚子更长，从而承载能力更大。球面滚子轴承和调心滚子轴承为整体式不可拆分，有圆柱形和圆锥形（⊲1∶12）两种轴孔。

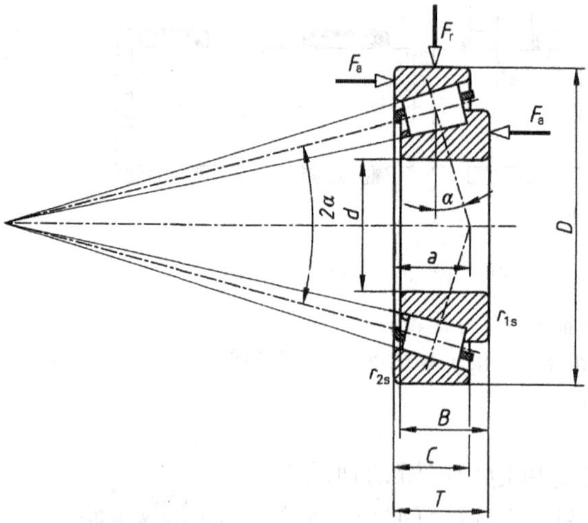

图 14-13　圆锥滚子轴承

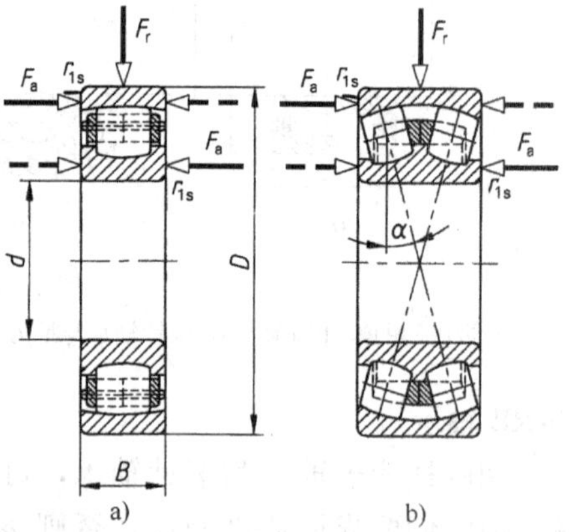

图　14-14

a）球面滚子轴承　b）调心滚子轴承

用途：用于重载滚轮、绳轮、船上的轴、转向舵、曲轴和其他重载支承中。

推力深沟球轴承（DIN 711，DIN 715）

单向受载推力深沟球轴承（见图 14-15a）由一个直径为 d_w 的松圈 1 和一个直径为 d_g 的紧圈 2 组成，$d_g > d_w$。球圈在松紧圈的沟中滚动。这种轴承只能承受单向大轴向载荷。

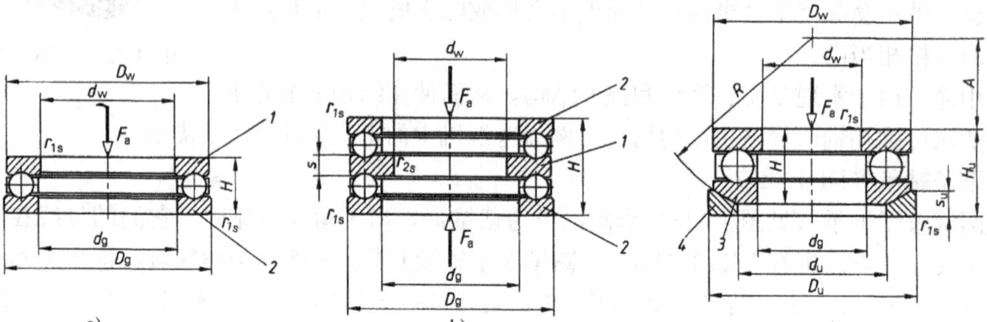

a)　　b)　　c)

图 14-15　推力深沟球轴承

a）单向受载　b）双向受载　c）单向受载，紧圈为锥形支承面 3，带有锥形垫片 4

双向受载推力深沟球轴承（见图 14-15b）由松圈 1、两个紧圈 2 和两个球圈组成。这种轴承可承受双向大轴向载荷。

这两种轴承不能承受径向载荷，且不适合于高转速的情况（因为球圈受离心力后会出现不利于运动的情况）。其压力角 $\alpha=90°$。标准形式的紧圈的支承面 3 为平面，也有将支承面做成锥形的，这样就还要有附加的垫片 4（代号为 U），这种结构可补偿角位移，见图 14-15c。

用途：用于轴向载荷很大而不能采用向心轴承的情况，以及轴向载荷很大，径向载荷很小，不宜采用向心轴承的情况，例如钻床主轴、尾座顶尖、蜗轮和螺旋传动。

推力调心滚子轴承（DIN 728）（图 14-16）

这种轴承的球面滚子与轴承轴线成 45°排列，通过套圈和球面滚子来传递压力，这样它除了能传递大轴向载荷，还能传递一定量的径向载荷（$F_r \leqslant 0.55F_a$）。这种轴承为自调轴承，可补偿偏心误差（最大的倾斜度不超过 2°）。

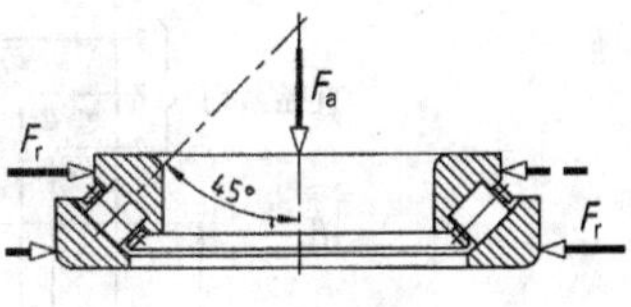

图 14-16　推力调心滚子轴承

用途：用作起重机柱的支承轴承、船用螺旋传动和蜗杆轴受压轴承。

4. 其他轴承类型

特殊结构形式

除了标准结构形式以外，滚动轴承制造商还提供许多特殊形式的滚动轴承（例如 UFK 轴承，推力角接触球轴承），可查滚动轴承目录。出现了越来越多的专用轴承，例如轿车前轴专用轴承。滚动轴承制造商还常常供应支承套件，即集成提供轴承和相应的功能件，例如齿轮支承、水泵、带张紧器套件。这样为用户减小了零件数，不但减轻了质量，结构尺寸更小，而且由于降低了制造、检测和装配费用，所以成本更低。制造商为支承套件按使用寿命进行润滑和密封，提高了使用可靠性，常常也就提高了疲劳强度，详见§14.3.5。

混合滚动轴承，陶瓷滚动轴承

对支承有特殊要求的场合，可采用滚动体为陶瓷的轴承（混合轴承），或全陶瓷滚动轴承。目前主要采用氮化硅，很少采用锆氧化物作为轴承材料。

混合轴承主要用于转速很高（由于滚动体密度小，所以离心力小）和润滑困难的场合。由于材料的特性，陶瓷滚动轴承具有下述优越性：耐高温（直到超过 1000℃还能工作和承载）、耐腐蚀（对于几乎所有物质都有很好的化学稳定性）、耐磨损（由于其硬度为 80HRC，具有极好的耐磨性）、可干运行（环境介质，如水、酸、碱液都可以对其润滑）、运转灵便（比钢轴承的摩擦力矩小 40%）、结构更轻（是钢轴承质量的 60%）以及具有绝缘性（不磁化、不导电）。

在温度影响较大的场合，不能简单地用陶瓷滚动轴承取代现有结构中的钢制滚动轴承，因为陶瓷的热变形很小，必须采取相应的结构措施来平衡其他零件的伸长（例如轴、机架）。

还必须注意的是，不论是混合滚动轴承还是陶瓷滚动轴承的静态和动态承载能力均低于钢制滚动轴承。

5. 滚动轴承尺寸和代号

DIN 616 和 DIN ISO 355（公制圆锥滚子轴承）（与国际标准 ISO 15、ISO 355 和 ISO 104 相对应）规定了向心轴承、圆锥滚子轴承和推力轴承的外形尺寸。对于向心轴承，每个轴承孔的公称直径 d（或 d_w）（=轴径）都有若干个外径 D 和内外圈宽度 B 相对应（见图 14-6a），对于推力轴承，有多个紧圈外径 D_g 和高度 H（见图 14-15）。

这种尺寸系列关系用两位数字来表示。第一位数字代表宽度和高度系列，第二位数字代表直径系列。

图 14-17 用示意图的方式给出了向心轴承（不含圆锥滚子轴承）同一轴承孔径 d，最常用尺寸系列不同横截面及其比较。

同样孔径和尺寸系列的不同类型的轴承具有互换性，即它们尺寸相同，但承载能力不同。

DIN 5418 规定了内外圈或松紧圈的倒角尺寸，即倒角距离 r_{1s}（沿径向）和 r_{2s}（沿轴

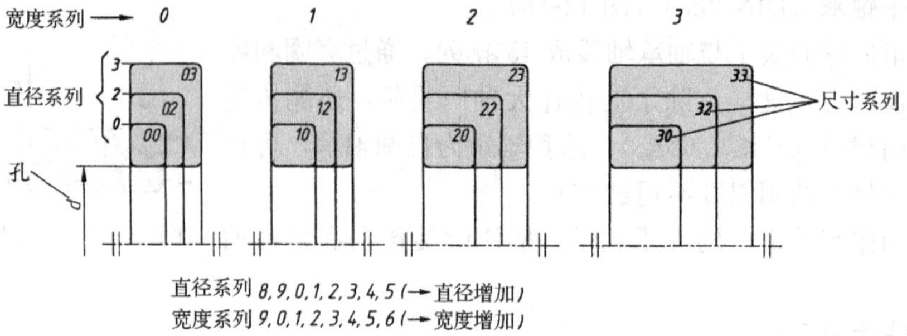

图 14-17　向心轴承尺寸系列的构成

向）（见 TB14-9）。用该尺寸即可确定轴或机架上所需的台阶高度。

DIN 623 规定了标准滚动轴承的代号。它由基本代号和有时需要的补充代号组成，补充代号分为前置代号和/或后置代号。基本代号由轴承系列代号（轴承类型＋尺寸系列）和孔径代号（BKZ）组成。孔径代号 00、01、02、03 分别代表 d＝10、12、15、17mm。对于 d＝20～480mm，其孔径代号为 $d/5$，当 $d\leqslant45$mm 时，在前面加一个 0。孔径 d＝0.6～9mm 直接表示，孔径 d＝22、28、32 和≥500mm 时在轴承系列代号后加斜线直接表示。图 14-18 给出代号的构成。

<table>
<tr><th rowspan="2">名　称</th><th colspan="7">定　义</th></tr>
<tr><th>标　准　号</th><th colspan="6">代 号 分 组</th></tr>
<tr><td rowspan="5">以调心滚子轴承为例</td><td rowspan="5">DIN 635</td><td>前置代号</td><td colspan="4">基本代号</td><td>后置代号</td></tr>
<tr><td rowspan="4">· 分离件
· 材料</td><td colspan="3">轴承系列</td><td rowspan="3">轴承孔</td><td rowspan="4">· 内部结构
· 外形
· 保持架结构
· 精度
· 轴承间隙
· 密封
· 热处理等</td></tr>
<tr><td rowspan="2">轴承类型</td><td colspan="2">尺寸系列</td></tr>
<tr><td>宽度/高度系列</td><td>直径系列</td></tr>
<tr><td>2</td><td>2</td><td>3</td><td>16</td></tr>
</table>

图 14-18　代号构成（下述标记示例的基本代号）

一般来说，前置代号表示一个完整轴承中的零件（圈、保持架）。例如：K 代表保持架带滚动体，KNU207 代表圆柱滚子轴承 NU207 的保持架带滚子。

后置代号给出关于内部结构变化、外形、密封、保持架结构、公差、轴承间隙以及热处理的附加说明。例如 P6 代表尺寸、形状和运行精度更高的轴承（高于 PN），为 ISO 公差等级 6；又如 C2 代表轴承间隙小于 CN；再如 P53 代表公差等级 P5 和轴承间隙 C3，代表精度和轴承间隙的数字可合在一起，而将字母 C 省略；再举一个例子，MA 代表铜锌合金制成的实心保持架，外圈上有导槽。其他说明和详细内容见 DIN 623 或滚动轴承目录。

标记示例（DIN 616）：调心滚子轴承 DIN 635—22316：

2　2　3　16　M　C3　　基本代号：223 16

C3——轴承间隙大于正常值；

M——黄铜实心保持架；

16——孔径代号：16×5＝80mm 孔径；

3——直径系列；

2——宽度系列（2 和 3 代表尺寸系列）；

2——调心滚子轴承（2 和 3 代表轴承系列）。

圆锥滚子轴承的标记按 DIN ISO 355 的规定进行，它与 DIN 616 有差别。具体请查 DIN ISO 355 或滚动轴承目录。

标记示例：T　3　D　B　045

045——轴承孔径，mm；

B——轴承宽度与横截面高度的比值；

D——外径与孔径的比值；

3——压力角范围；

T——代表圆锥滚子轴承的字母。

上述代号的具体含义为：3：$13°52' \sim 15°59'$；D：$D/d^{0.77}=4.4\sim4.7$；B：$T/(D-d)^{0.95}=0.50\sim0.68$。

TB14-1 给出了常见直径系列和尺寸系列的尺寸 d、D、B、r_{1s}、r_{2s}（向心轴承 a），尺寸 d、D、B、C、T、r_{1s}、r_{2s}（圆锥滚子轴承 b）和尺寸 d_w、D_g、H、r_{1s}，r_{2s}（推力轴承 c）。

14.2　滚动轴承支承的结构和设计

14.2.1　轴承布置

优先采用的双支点支承与工程力学中的一端为固定轴承，一端为游动轴承的静定梁相对应，理论上可视作固定—游动支承或双支点单向固定支承，而它又有游动支承和可调支承两种结构。

1. 固定—游动支承（图 14-19）　固定轴承可承受径向载荷和双向轴向载荷。只能采用内部不能相对窜动的轴承，而且其内外圈在轴上和在机架上固定以防止其沿轴向窜动（图 14-28和图 14-29）。

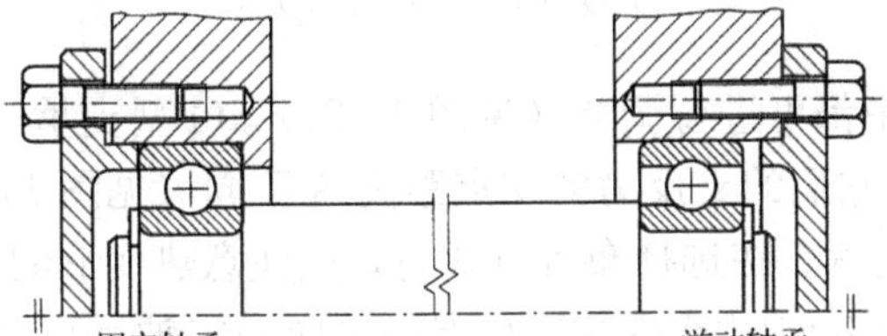

图 14-19　固定—游动支承

游动轴承只能承受径向载荷，它可轴向窜动以补偿热变形或加工误差。N 或 NU 型滚针轴承、CARB 轴承或圆柱滚子轴承可方便地实现轴向窜动（其外圈和内圈之间可相对移动）。整体（或不可拆分）轴承要作为游动轴承，要求点受载的套圈为可动圈。

2. 双支点单向固定支承　这种支承同固定－游动支承一样，两个轴承共同承担径向载荷，但不同的是，每个轴承只能承受一个方向的轴向载荷。这种轴承称为单向固定轴承。双支点单向固定支承可以有游动支承和可调支承两种结构。

游动支承（图 14-20）：这种支承有利于加工，用于对轴的轴向支承无紧密要求的场合。

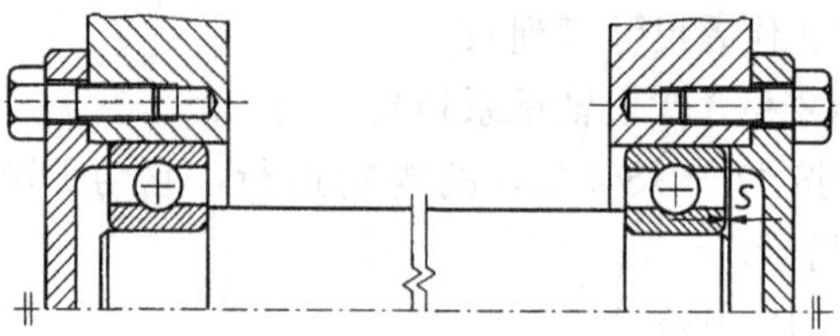

图 14-20　游动支承

如果采用两个整体式轴承，应将它们在轴上和机架上镜像固定，其中一个轴承在一个方向上有轴向间隙 S，另一个轴承在另一个方向上通过间隙配合来调整点受载轴承套圈间隙。如果采用 NJ 型圆柱滚子轴承，可以在轴承内部调整轴向间隙，轴承套圈不能用间隙配合。游动支承的两个轴承每个只能承受一个方向的轴向载荷（导引载荷）。轴向间隙 S 根据结构条件确定，如果采用圆柱滚子轴承，应通过结构形式对可能出现的轴向间隙加以限制。

可调支承（图 14-21）：在这种支承中，两个角接触球轴承或两个圆锥滚子轴承镜像布置。通过螺母或螺纹环来对一个轴承套圈进行轴向调节直至满足功能要求的间隙（紧轴向导引）或按需要将其预紧。调节好后，应采取合适的方法将其固定（安全环、开口销、粘接等）。可调支承可用于轮毂支承（见图 14-44）、机床主轴支承等。

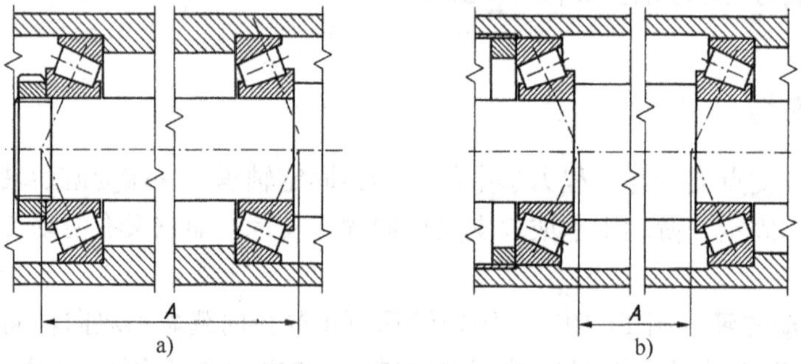

图 14-21　可调支承

a）O 型支承　b）X 型支承

在 O 型或 X 型支承中都可进行调节（见图 14-21）。O 型支承的压力线圆锥母线尖点朝外，X 型支承朝里，这样它们的支反力的支点距离 A 不同（见图 14-21 和图 14-36）。O 型支承的倾覆间隙小于 X 型支承。在选择布置方式时，应注意热变形的不同作用。

3. 轴承组合　单支点双向固定轴承和双支点单向固定轴承也可以用两个轴承组合在一起形成（结构较小；较小的摩擦热）。必须将载荷分配关系弄清楚。图 14-22a 所示为一个单支点双向固定轴承，由一个承受径向载荷的圆柱滚子轴承和一个承受轴向载荷的四点接触球轴承组成（通过铲背，这种轴承不能承受径向载荷）。通过将一个纯向心轴承和一个纯推力轴承组合也可以实现同样的载荷分配（见图 14-22b）。推力轴承必须经过调节（例如通过配合环）。单列推力轴承不需调节（见图 14-41）。也还有其他可能的组合方式。

如图 14-23 所示，单支点双向固定轴承或双支点单向固定轴承，由两个结构相同的轴承（轴承对，例如角接触球轴承）以 O 型、X 型或串联形式布置（见图 14-33 和图 14-43）。因此，轴承应该成对定制。

X 型或 O 型布置（见图 14-23a，b）能承受双向轴向载荷。O 型布置在受倾翻力矩时支承刚性好，工作时当热变形不均时，很少产生套圈卡紧（应有轴向间隙!）。

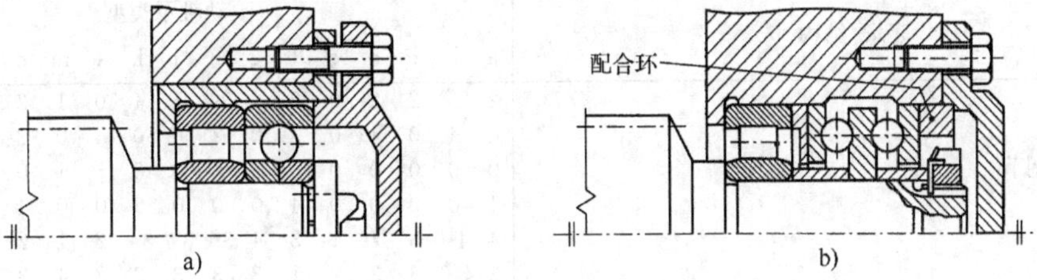

图 14-22　单支点双向固定轴承的组合方式

a）圆柱滚子轴承和四点接触球轴承　b）圆柱滚子轴承和推力深沟球轴承

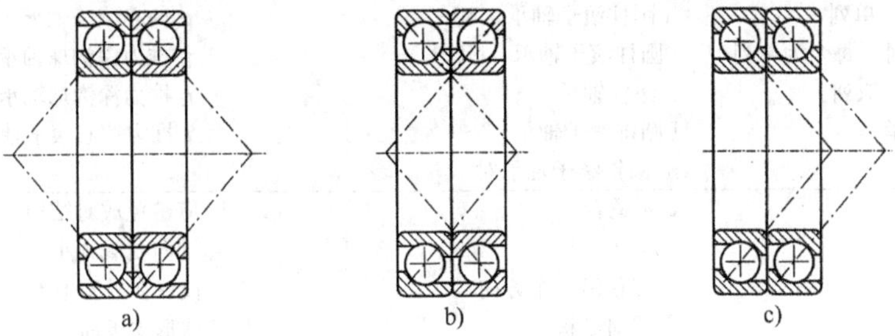

图 14-23　成对结构

a）O 型布置的单支点双向固定轴承　b）X 型布置的单支点双向固定轴承

c）双支点单向固定轴承（串联布置）

如果一个单向轴向载荷大到一个轴承不足以承受它时，可采用串联布置方式。轴承对还要相对于第 3 个且与其反向安装的轴承进行调整。

但要注意的是，只有固定—游动支承或双支点单向固定支承为静定问题。

4. 多支点支承　由于制造存在误差，为方便安装和补偿可能存在的热变形，多支点支承只能有一个轴承为双向固定轴承，它保证轴在长度方向的固定和承受双向轴向载荷，所有其他的轴承都必须为游动轴承，沿长度方向可任意调整（见图 11-6c）。

14.2.2　轴承选择

针对给定的工作条件和对支承的要求，可按照§14.1.3-3 所述轴承性能和特征、图 14-24 所列要求和设计准则，或借助于滚动轴承制造商提供的计算机辅助选择程序来选择合适的滚动轴承。

注意：深沟球轴承具有精度高、价格低和安装空间小等优点，因此，应优先选用。只有在它不能满足所给要求时，才考虑选择其他轴承。

要求/结构	滚动轴承类型																
	a	b	c	d	e	f	g	h	i	k	l	m	n	o	p	q	r
可径向受载	3	3	3	3	1	3	4	4	4	4	4	4	4	4	0	0	1
可轴向受载	2	3①	3	3	3	1	0	2①	2	0	4①	4	2	3	3	3①	3①
轴承中可补偿轴向误差	0	0	0	0	0	0	4	2①	0	2	0	0	0	0	0	0	0
采用滑动配合补偿轴向误差	2	2②	2	2	0	2	0	0	2⑤	0	0	3	2	2	0	0	0
整体式轴承	j	j	j	0	0	j	0	0	0	0	0	0	j	j	0	0	0
单支点双向固定轴承	3	4②	4	3	3	2	0	2②	3	0	0	4	3	3	0	0	0

图 14-24　滚动轴承选择辅助决策图

要求/结构	滚动轴承类型																
	a	b	c	d	e	f	g	h	i	k	l	m	n	o	p	q	r
游动轴承	2	2②	2	2	0	2	4	2①	1	4	0	1	2	2	0	0	0
游动支承	4	4	0	j	0	3	0	2	0	0	4	0	2	2	3①	4	4
轴承间隙调节	0	0	0	0	0	0	0	0	0	0	j	j	0	0	j	j	j
补偿偏心	1	0	0	0	0	4	0	0	0	0	0	0	4	4	2⑥	2⑥	4
转速高	4	4③	3	2	1	3	4	3④	3④	2④	2	1	2	2	2	1	1
刚度高	2	3②	3	3	2	1	3	3	3	3	2	4	3	3	2	2	3
摩擦小	4	3	2	2	2	3	3	3④	3④	3④	2	2	2	2	2	1	1
运行噪声小	4	3	2	1	1	1	2	1	1	1	1	1	1	1	1	0	0
可适应锥形孔	0	0	0	0	0	j	j	0	0	0	0	0	j	j	0	0	0

a 深沟球轴承	g 圆柱滚子轴承，N，NU	n 球面滚子轴承
b 角接触球轴承，单列	h 圆柱滚子轴承，NJ	o 调心滚子轴承
c 角接触球轴承对，每个为单列	i 圆柱滚子轴承，NUP	p 推力深沟球轴承，单列
d 角接触球轴承，双列	k 滚针轴承	q 推力深沟球轴承，双列
e 四点接触球轴承	l 圆锥滚子轴承	r 推力调心滚子轴承
f 调心球轴承	m 圆锥滚子轴承对	
4 非常适合	0 不适合	③ 应避免成对结构
3 适合性好	j 是的	④ 轴向受载很小
2 适合/可能	① 仅仅沿一个方向	⑤ 仅仅在外圈上
1 适合性受限制	② 成对结构	⑥ 球形支承面

图 14-24　滚动轴承选择辅助决策图（续）

14.2.3　支承结构设计

1. 联接件的公差选择　滚动轴承尺寸精度和形状精度的公差和测量方法是国际通行的，并由 DIN 620 标准化（见滚动轴承目录）。孔径 d，外径 D 和宽度 B 理论上只有负公差，也就是说，公称尺寸总是许用的最大尺寸。DIN 620 与 ISO 公差等级有区别的是：对 d 规定了公差带 KB，对 D 规定了公差带 hB（球轴承）。

在滚动轴承安装中，重要的是轴承套圈在轴上和轴承孔中的固定。不允许受载时相对配合件滑移，特别是沿切向的滑移。最可靠和最简单的固定方法是选择合适的配合，即选择相对应的轴和孔的 ISO 公差等级。图 14-25 以示意图的方式表示了常见的轴和孔公差的 ISO 公

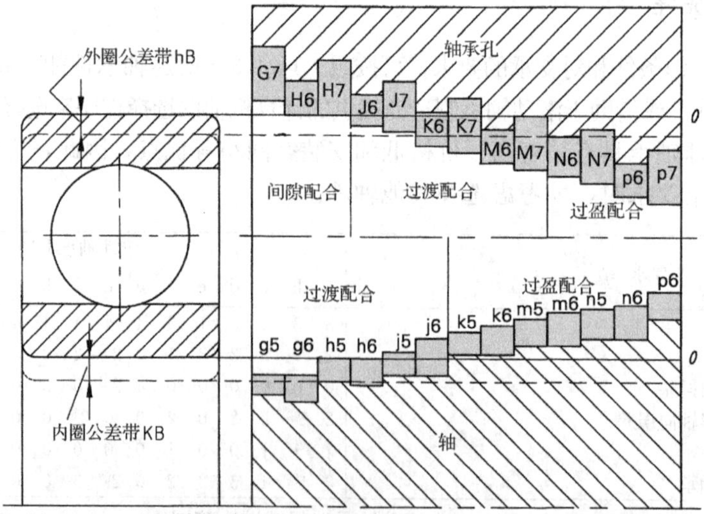

图 14-25　滚动轴承公差 KB 和 hB 与轴和轴承孔 ISO 公差的关系

差带相对于滚动轴承的孔公差 KB 和外径公差 hB 的位置关系。

配合件应尽可能精度高和刚度大，轴承应在其上或中间紧密固定，这样可使相对薄的轴承套圈在整个圆周上也能受到很好的支承，从而可使其承载能力和寿命得到充分利用。但是，紧密固定同时又减小了其在安装状态下的径向间隙（即一个轴承套圈相对于另一个套圈沿径向可移动的尺寸），会使其正常运行受到一定影响（在这种情况下，轴承在安装时应保持大一点的间隙，见 § 14.1.3-5）。对配合的选择起决定作用的是滚动轴承的尺寸和类型、载荷、游动轴承的轴向可窜动性，特别是旋转关系。所谓旋转关系是指轴承套圈与载荷方向之间的相对运动关系。它分为：

圆周受载：套圈与载荷方向之间为相对转动（即套圈旋转，载荷静止不动，或套圈静止不动，载荷旋转），也就是说，每旋转一圈，套圈的整个圆周方向都会受载一次。

点受载：套圈相对于载荷方向静止不动（即套圈静止，载荷静止或套圈与载荷以相同转速旋转），也就是说，滚道总是在相同点上受载。圆周受载的套圈在动支承时会“漂转”，即会转动，当受冲击载荷时会产生“滑移”（见图 14-26）。这样支承面的损坏就不可避免。与之相反，点受载的动支承套圈（在图 14-26 为内圈）就不会“漂转”。旋转关系在大多数情况下都容易确认，在 § 14.4 的支承结构示例中给出了特别说明。

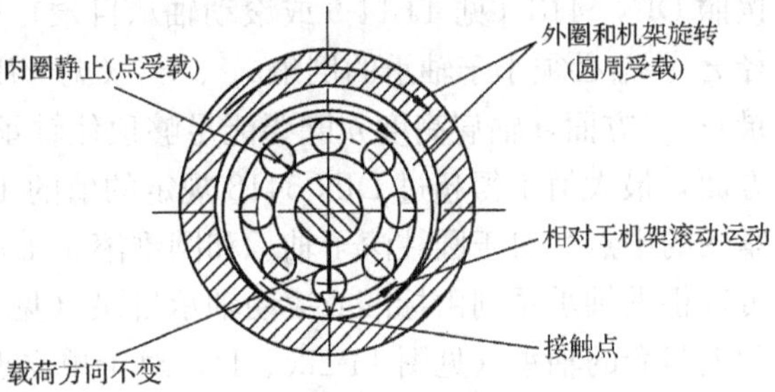

图 14-26　圆周受载动支承套圈的漂转

安装规则：圆周受载的套圈必须固定，而点受载的套圈可以是活动的（或固定）。

配合选择的一般规则是：随着载荷的增加和轴承尺寸的增大以及冲击的加大，圆周受载的套圈的配合应从较紧的过渡配合变成中等的过盈配合，而点受载的套圈可以在较紧的间隙配合到松的过渡配合之间选择。选择时，除了轴承尺寸外，还应考虑轴承类型的影响。大多数情况下，大轴承应比小轴承更紧地压到轴上；滚子轴承应比球轴承更紧地压入。为避免卡死的危险，对于分体式机架，外圈公差带取 H，最多取 J（对于轻金属机架取 K）。对于分体式机架或轻金属机架将外圈置于钢套（轴承罐）中，安装方便，更为有利（见图 14-27a 齿轮安装）。对于整体机架，轴承套的外径至少为 1.12D，对于分体机架，至少为 1.15D（D=轴承外径），且为间隙配合，轴向采用轴环、法兰、盖子或卡紧环固定。

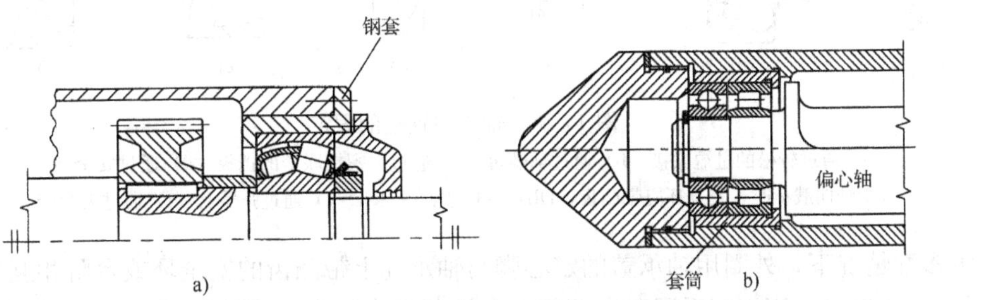

图 14-27　外圈在钢套中的固定

a）为了齿轮安装　b）为了方便装拆（图示为用于混凝土震实的振动罐）

轴公差（一般公差等级 6）和轴承孔公差（一般公差等级 7）的选择规范由 DIN 5425 规

定，可查 TB14-8，或查滚动轴承目录。

提示：滚动轴承功能发挥的好坏取决于安装是否精细。在特殊情况下，例如高精度支承、大冲击载荷、装拆困难和特殊温度条件等，应遵从滚动轴承制造商的意见。

2. 安装轴承处的结构设计 配合面的粗糙度应与配合特性相对应。DIN 5425 推荐：对于直径 $d \leqslant 80$mm，公差 IT7，取 $Rz=10\mu$m[⊖]，$d>80\sim500$mm，$Rz=16\mu$m；IT6，$d\leqslant 80$mm，$Rz=6.3\mu$m，$d>80\sim500$mm，$Rz=10\mu$m；IT5，$d\leqslant 80$mm，$Rz=4\mu$m，$d>80\sim500$mm，$Rz=6.3\mu$m。当质量要求更高时，应取更小的 Rz 值。当与轴承孔为松配合时，可取不大于 1.5 倍的值。

如果没有或只有很小的轴向载荷，只要用紧配合就可以实现轴承套圈的轴向固定。一般来说，紧配合的轴承套圈的一边必须顶在轴或轴承孔的台阶上或轴环上（见图 14-28a）。要按照 DIN 5418（见 TB14-9 或滚动轴承目录）规定的结构尺寸进行设计。轴或轴承孔上的半径 r_{as}、r_{bs}必须小于轴承的倒角 r_{1s}、r_{2s}（见 TB14-9a，尺寸 r_{1s}、r_{2s}见 TB14-1 或滚动轴承目录）；一方面，轴肩高度 h 既要能足够顶住轴承，又要能在轴承内圈上安装拆卸工具；另一方面，最大值不得超过 DIN 5418 规定的值的 1.5 倍。对于推力轴承，台阶至少要到松圈或紧圈的中点。对于圆柱滚子轴承和圆锥滚子轴承，套圈可以单独安装，要注意系列尺寸，它可以根据轴承系列由标准或滚动轴承目录（见 TB14-1a、b）查取；这同样适用于带张紧套和夹紧套的轴承（见图 14-28e、f）。对于单支点双向固定轴承，内圈和外圈分别要在轴上和轴承孔上进行轴向固定（见 § 9.4.1）。轴承内圈除了一边顶在轴肩上以外，另一边通过槽螺母（DIN 981，代号为 KM 加螺纹孔代码）和一个安全片（DIN 5406，代号为 MB 加孔代码），或通过在轴端面上用螺钉固定的挡板，或通过安全环或张紧环进行固定（见图 14-28b、c、d）；也常常采用隔离轴套或中间轴套或垫圈或配合盘（见图 9-30 和 TB9-5）进行调节。如果采用张紧套（DIN 5415，代号 H 加张紧套系列和孔代码），特别是圆锥孔的调心轴承，允许较大的轴公差（h7～h9，允许与圆柱形的 IT5 或 IT6 不同）。同样孔代码的张紧套或夹紧套和滚动轴承可互相配合（见图 14-28e、f，尺寸见 TB14-1d、e）。

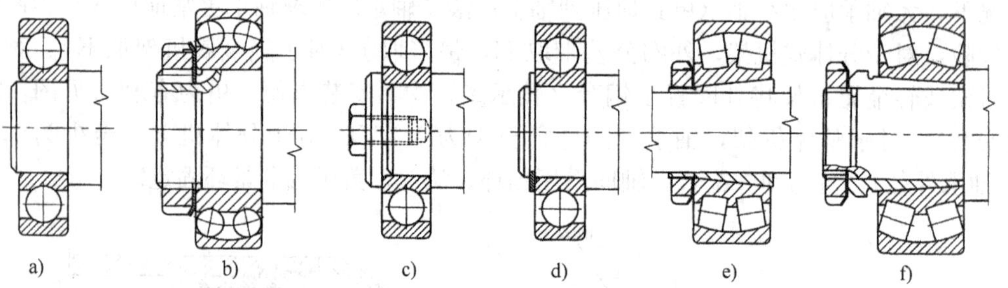

图 14-28 轴承在轴上的固定

a）通过较松的过盈联接 b）通过轴螺母 c）通过由螺钉联接的挡板 d）通过安全环（受轴向载荷时，安全环应带凸齿，DIN 983，见 § 9.4.1） e）通过张紧套 f）通过夹紧套

大多数情况下，外圈用轴承盖的定心脚与轴承孔上带凸齿的安全环或台阶相互顶住来固定（见图 14-29a）。当空间受限时，例如在车辆制造中，带环槽的轴承可安置张紧环实现简单的轴向固定（见图 14-29b 和图 9-29）。

⊖ Rz 为平均表面粗糙度，见 DIN 4768，第 1 部分（参见 § 2.3.1）

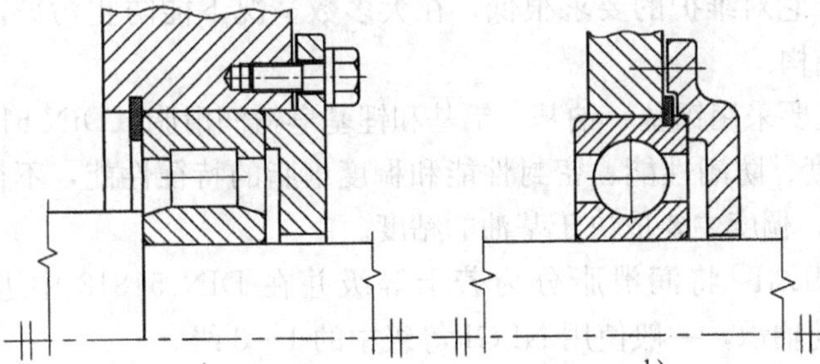

图 14-29　外圈在轴承孔中的固定

a）采用轴承盖的定心脚和安全环　b）采用环槽和张紧环

采用整体式轴承作为游动轴承，必须将点受载圈间隙配合，使其轴向可动。N 和 NU 型圆柱滚子轴承内部就可轴向移动，应采取相应的安全措施防止套圈在轴上或在轴承孔中轴向移动。

如果轴允许很小的轴向移动，例如减速器轴，常常将两个轴承都作为游动轴承，侧边有很小的间隙。这样轴承孔能低成本的在一个工序中钻成光孔（见图 14-40）。对于分体式、成对安装的轴承，例如角接触球轴承和圆锥滚子轴承，以及推力深沟球轴承，必须仔细的进行轴向调节，既不能太紧，也不能太松。图 14-30 所示为圆锥滚子轴承对（心轴轴承）的轴向调节以及一个用螺母（M）调节的双向受力的推力深沟球轴承。螺母必须用定位措施（L）进行定位（例如采用开口销，在螺纹中使用粘结剂，安全片等）。

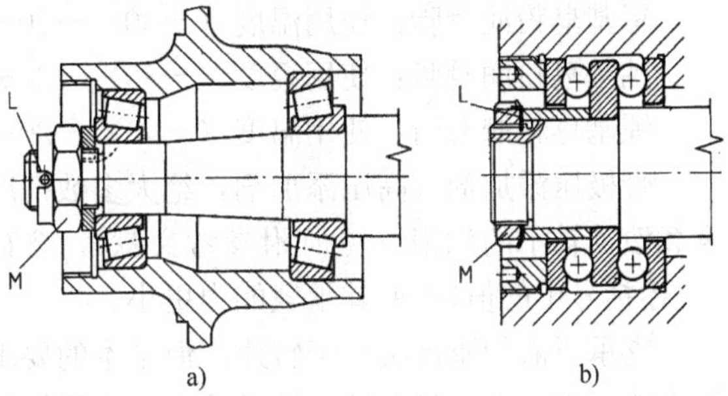

图 14-30　滚动轴承的轴向固定

a）圆锥滚子轴承对　b）双向受载的推力深沟球轴承

为了对轴承进行更换，还必须能将轴承快速方便的拆卸，所以还必须采取相应的结构措施。可由滚动轴承目录查取相应的拆卸方法，然后有针对性地进行相应的结构设计。

14.2.4　滚动轴承的润滑

润滑的目的是防止滚动体、轴承套圈和保持架之间直接的金属接触并防止表面的磨损和腐蚀。要达到这个目的，前提条件是保证在所有工作状态下，功能表面总是有足够的润滑剂。润滑的有效性主要受滚动轴承的使用时间的影响（见 § 14.3.5）。

滚动轴承可采用润滑脂、油或固体润滑剂（特殊情况下）进行润滑。润滑和润滑剂的类型主要决定于轴承转速和工作温度。

在进行支承的结构设计之前，必须先决定润滑的类型，因为轴承孔的结构，特别是润滑剂输入方式，与润滑剂类型、轴承密封方式和润滑剂补充方法有关。在选择准则中，首先是转速特征值 nd_m（单位为 10^6 mm/min），其中 n 为工作转速，d_m 为轴承平均直径 $d_m=(D+d)/2$。应注意各种轴承的最高转速（见 § 14.3.6 或滚动轴承目录）。

1. 脂润滑　脂润滑主要用于转速特征值 $nd_m<0.5\times10^6$ mm/min（采用特种脂可达

1.3×10^6mm/min)。它对维护的要求很低，在大多数情况下能防止污染，故可采用简单和低成本的轴承密封结构。

滚动轴承润滑主要采用钙基、钠基、铝基和锂基皂粉润滑脂（DIN 51825对其进行了标准化)。根据使用温度、防潮性能、密封性能和稠度（脂的特征性能，不被粘住能涂抹开且容易产生塑性变形)，稠度主要取决于基油的粘度。

按照其稠度，NLGI㊀将润滑脂分为若干等级并在DIN 51818中进行了标准化（见TB15-8b)。对于滚动轴承，一般使用NLGI等级中的1～3级。

按照轴承类型以及安装条件和工作条件，它们的大致应用范围为：NLGI等级1级：能满足高要求的脂。NLGI等级2级：用于$d<50$mm滚针、滚子和球轴承以及要求很小的起动力矩和很小的工作噪声的场合。NLGI等级3级：$d>50$mm的滚子和球轴承，铅垂和倾斜安装以及要求密封性好的场合。

滚动轴承润滑脂最重要的起决定作用的性能为：

钙基皂粉润滑脂：使用温度（−30） −20～+50（130)℃，不吸水性

铝基皂粉润滑脂：使用温度（−30） −20～+70（150)℃，对水有好的密封性

钠基皂粉润滑脂：使用温度（−30） −20～+100（130)℃，不耐水

锂基皂粉润滑脂：使用温度（−40） −20～+130（170)℃，≤90℃时有耐水性

带极压添加剂（高压添加剂，绝大多数情况为铅化合物）的钙基和锂基皂粉润滑脂用于重载滚动轴承的润滑（见所附参考文献)。含硅油的锂基皂粉润滑脂具有更好的高温性能(上述括号中的值)，但其承载能力更小。

支承所需的脂量决定于转速。但基本的要求是轴承本身要涂满润滑脂，以保证所有功能件都能可靠润滑。相反地，轴承孔空间要根据相应情况决定涂抹的润滑脂量，以避免太大的挤压功损耗、摩擦和发热。对轴承孔空间，请遵从下述推荐值

当$n/n_g<0.2$时　　全涂满

当$n/n_g=0.2\sim0.8$时　　涂1/3（n_g为脂润滑的极限转速，由滚动轴承目录查取)

当$n/n_g>0.8$时　　不涂

由于润滑脂会自然老化和被污染，因此使用一段时间后就应更换。更换期限主要取决于脂的种类、支承结构以及尺寸和各种影响因素。对于特定条件下的以工作小时表示的所需更换期限，可根据制造商的资料计算或由线图查取。

如果更换期限大于滚动轴承寿命或长于支承部件的检修时间，则采用持久润滑方式，即轴承在安装时一次性充满脂，例如带轴承盖或密封盘的深沟球轴承（见§14.2.3，图14-6)。如果需要经常补充润滑脂，例如污染很大的场合或会进水的地方，应该在轴承孔上开润滑孔，用注脂嘴（DIN 71412，DIN 3402，DIN 3404，DIN 3405）直接在外圈的侧边往里注润滑脂（见图14-31)。为了解决补充润滑脂时的溢出问题，要有足够的机架空间并计量好，或留出润滑脂外溢间隙。为了避免过润滑使轴承运行温度过高，特别是高转速时，从而造成工作中断，一个简单可靠的方法就是安装润滑脂量调节器（见图14-31b)。它是一个与轴一起旋转的调节盘R，它与轴承盖一起构成一个径向细通道。过量和用过的润滑脂由调节盘收入通道中，并通过离心作用进入轴承盖的环行通道中，最终通过出口A被挤出。

㊀ 国家润滑脂研究所（美国)。

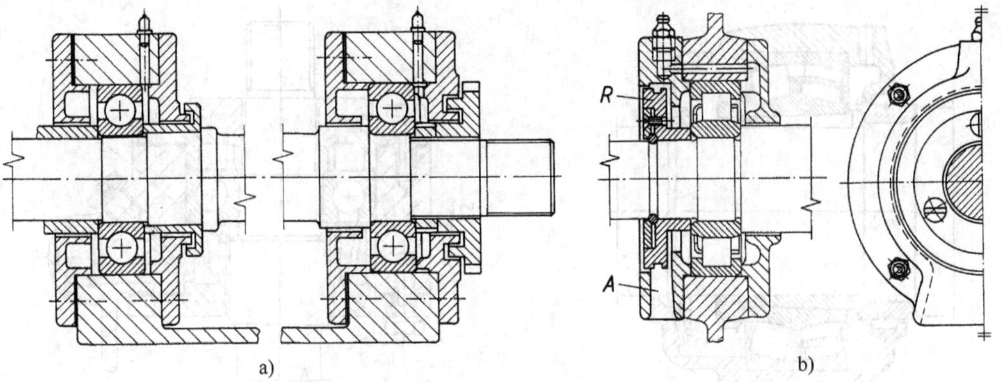

图 14-31　润滑示例

a）用润滑嘴将润滑脂注入　b）用于水平轴的带润滑脂调节器的轴承座

2. 油润滑　对于高转速，或中等转速但大载荷，或由于运行温度的原因不允许使用脂润滑，或还需要油来散热冷却，或与之相邻的零件已经采取油润滑（例如减速器箱体中的齿轮，见图 14-42）等情况，滚动轴承可采取油润滑。油的种类的选择主要是按传动零件的要求进行，只要对滚动轴承没有不利之处即可。滚动轴承的润滑宜用满足 DIN 51501 最低要求的矿物润滑油；优先采用 DIN 51517 规定的抗老化性能更好的润滑油。润滑油的基本性能指标为运动粘度 ν（单位为 mm^2/s 或 m^2/s）（详细内容见第 15 章）。根据弹性液体动压润滑理论（EHD 理论），为了在轴承各接触面之间形成充足的润滑油膜，必须根据转速 n 和轴承平均直径 $d_m=(D+d)/2$ 来选择合适的相对粘度 ν_1（mm^2/s）（由 TB14-11 查取）。在选择油的种类时应考虑到轴承寿命，使所选择的润滑油在工作温度 θ（℃）下的工作粘度 ν 要大于相对粘度 ν_1。粘度比 $\nu/\nu_1>1$ 时应该（$\nu/\nu_1<0.4$ 时必须）使用带极压添加剂（高压添加剂）的润滑油。

在正常条件下，即室温、承载安全系数 $C/P>10$ 和转速 $n<n_{\theta r}$（$n_{\theta r}$为热相对转速，查滚动轴承目录），选 $\nu=12mm^2/s$ 的润滑油即可。

油浴润滑或浸油润滑（见图 14-32a）是 $nd_m\leqslant0.5\times10^6mm/min$ 和 $n/n_g<0.4$（n_g同上）的水平支承轴最简单的润滑方式。

旋转的轴承零件将油带上来，在轴承中分布，然后又流回池中。在静止不动的轴承中油应大约浸到最下面的滚动体的中部（对于减速器箱体，应注意齿轮浸入深度）。当转速 $n>5000r/min$ 时，为了避免产生过热（>80℃），采用较节约的滴油润滑（$n/n_g<1$），或带提升盘的喷油润滑或离心油润滑（见图 14-32b）更为有利。

直接喷油润滑（见图 14-32c）对困难的工作条件（$nd_m>0.8\times10^6mm/min$）特别有效。润滑油从侧面用喷嘴喷入内圈与保持架之间的间隙中（喷射速度≥15m/s）。

当 $nd_m\leqslant0.8\times10^6mm/min$，且需要将自身发热和外部发热散发出去时，可采取循环油润滑或流动润滑，以避免常常更换油。油的流动用液压泵维持，但有时还是要将轴承置于油池中，以保证在起动或泵出故障时还能维持轴承的润滑。流过轴承的油用过滤器清洁后，有时还要经过冷却，然后又流回轴承。回流的油应尽可能使温度 $\theta\leqslant70$℃。图 14-33 给出了润滑孔的结构设计。

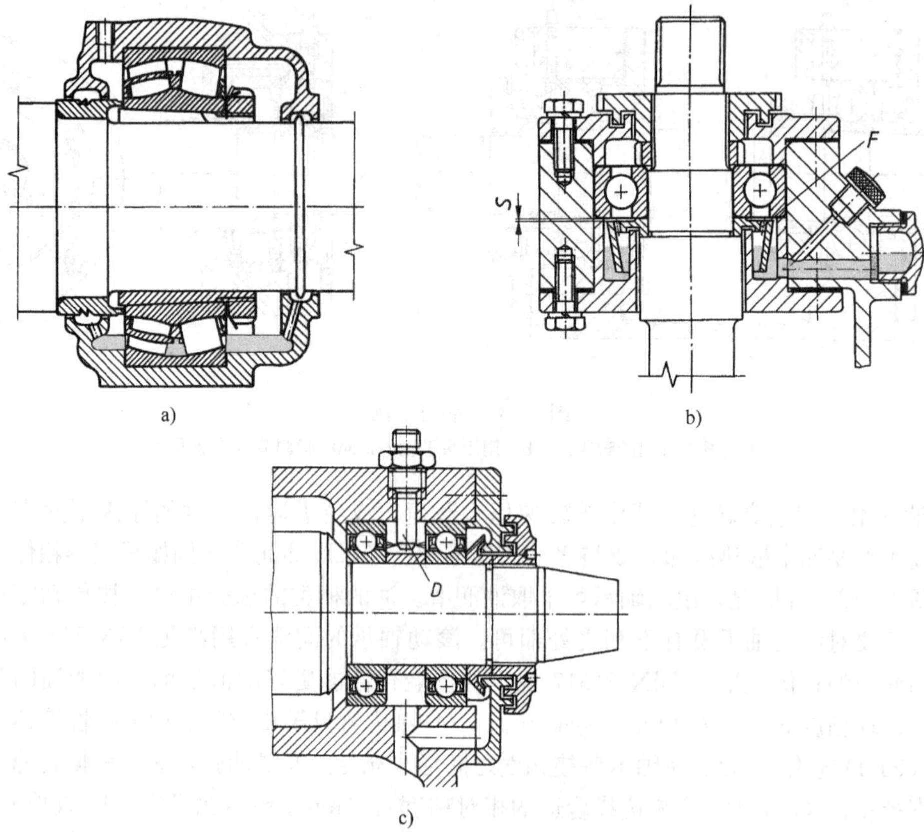

图 14-32　油润滑方法

a）油浴润滑或浸油润滑　b）喷油（离心）润滑（F 为提升盘，带注入孔；S 为间隙，注入的油量与其宽度有关）　c）直接喷油润滑（D 为喷嘴）

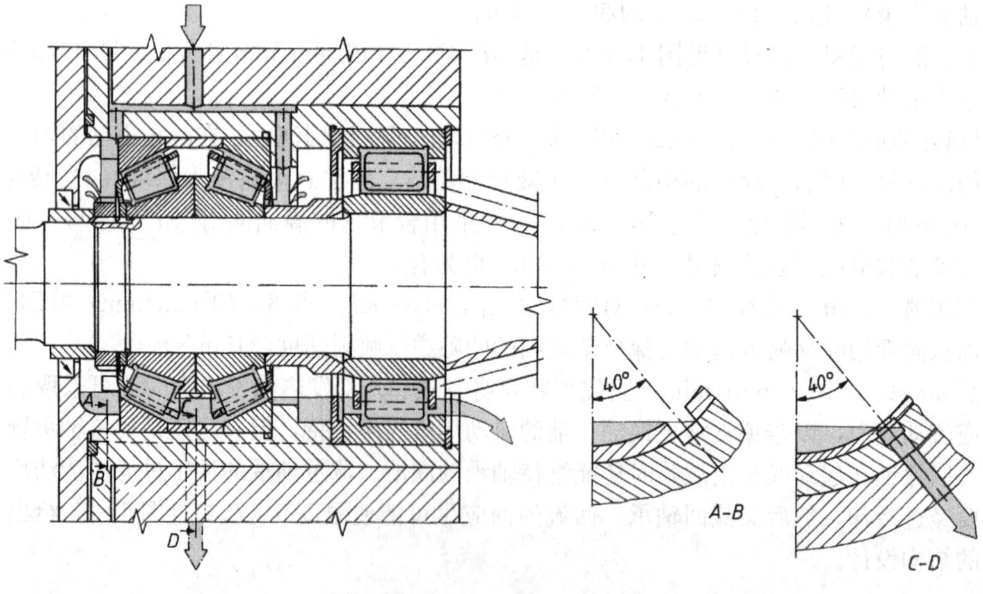

图 14-33　油润滑孔的结构设计（按摩擦学会规范 2.4.1 的推荐）

油雾润滑将油用压缩空气（0.5～1 bar，1bar＝10^5 pa）雾化后喷入轴承。这种方法可定量使用润滑油，常常用于 $nd_m \leqslant 1\times10^6$ mm/min 的快速旋转支承中（例如磨床主轴承）。

3. 固体润滑　如果不希望或不允许使用脂或油润滑时，例如在低温或高温、真空、辐射环境下工作或要避免润滑剂汽化形成覆膜危险（例如光学系统）的滚动轴承，可采用固体润滑。

最重要的固体润滑剂为石墨、二硫化钼（MoS_2）和聚四氟乙烯（PTFE）。它为一层干润滑层，为了使它与轴承表面更好接合，应将轴承表面酸洗或用磷酸盐处理。

另一种可能性是构成 2～4μm 薄的滑动蜡层，它含有所需的固体润滑剂量。它用于低速支承中。对于重载滚动轴承，特别是滚子轴承，当转速很低时，不能满足液体动压润滑理论的要求时，固体润滑剂用作补充润滑剂（即粉剂与支承润滑油或脂组合）。

14.2.5　轴承密封

滚动轴承支承的工作可靠性和使用寿命与密封的有效性有很大的关系，有效的密封可防止污染物和潮湿的浸入，防止润滑剂的损失。侵入轴承的异物在滚动体和滚道之间滚动并嵌入，其结果是增大工作噪声并降低使用寿命。与之相反，金刚石异物会导致磨损，它使轴承间隙加大，这会降低运转精度和影响轴承功能的发挥。侵入轴承的水、蒸汽和腐蚀性流体会降低润滑剂的有效性，甚至使其完全失效并会腐蚀滚动体和滚道。所以密封是非常必要的，密封的类型与外部工作条件（污染情况、潮湿性、腐蚀性介质）、所要求的寿命和功能以及轴承的转速有关。

第 19 章讲述各种密封类型和标准件以及设计要求。有些滚动轴承制造商提供了一些带密封的深沟球轴承。它分为防护片（非接触式密封件，图 14-6b）或密封片（接触式密封件，图 14-6c）两种类型。这种轴承在制造时填充按制造商规范检测的高质量润滑脂，所以可以直接使用。但要注意这种轴承的许用最大转速很小。

14.2.6　轴承尺寸的预选

为了预选轴承尺寸，要按式（14-1）计算所需基本额定动载荷 C（见 § 14.3.2）

$$C_{erf} \geqslant P\frac{f_L}{f_n} \tag{14-1}$$

P，C	f_L，f_n
N，kN	—

式中　P——轴承动载荷；

f_L——动特征数（寿命系数），由 TB14-7 或滚动轴承目录查取，基准值，见图 14-35；

f_n——转速系数，由 TB14-4 或滚动轴承目录查取。

滚动轴承所需寿命根据经验选择。它与机器类型、使用期限和要求的工作可靠性有关。TB14-7 或滚动轴承目录给出了常见情况的 L_{10h} 和 f_L 值。在预选时，常常可以将轴承载荷 P 近似地用较大的那个载荷分量（轴向力或径向力）代入。

如果只有静载荷（见 § 14.3.1），可按基本额定静载荷 C_0 进行轴承预选。C_0 按式(14-2) 计算

$$C_0 = P_0 f_s \tag{14-2}$$

式中　P_0——轴承静载荷；

f_s——静特征数。

基准值：$f_s=0.5\sim1.0$ 安静，无振动情况，或要求不高时（调整和摆动）

$f_s=1.0\sim1.5$ 标准情况，对运行噪声要求一般

$f_s=1.5\sim2.5$ 冲击和振动情况，以及对运行精度有高要求时，推力深沟球轴承

$f_s\geqslant4$ 推力调心滚子轴承

与所需的基本额定载荷 C 或 C_0 相对应的轴承尺寸由 TB14-2 或滚动轴承目录查取。

14.3 滚动轴承的设计计算

所需滚动轴承类型和尺寸决定于对承载能力、寿命和工作可靠性的要求。

根据工作方式，而不是载荷的作用方式，将滚动轴承的承载能力分为静承载能力和动承载能力。

14.3.1 静承载能力

如果滚动轴承在载荷作用下静止不动，或为很小的摆动运动或转速很低（$n\leqslant10\text{r/min}$），则可认为它受静载荷。对于这种工作状态，其最大许用载荷决定于不影响所要求的运行性能的滚动体（压平）和滚道（压陷）产生的总塑性变形。

按静特征数 f_s 校核轴承承载能力

$$f_s=\frac{C_0}{P_0} \tag{14-3}$$

式中 C_0——基本额定静载荷，由 TB14-2 或滚动轴承目录查取；

P_0——轴承当量静载荷；

f_s——静特征数，所需值见式（14-2）给出的基准值。

1. 基本额定静载荷 C_0 基本额定静载荷 C_0 是一个纯径向（对于推力轴承为一个纯轴向）轴承载荷，对于静止不动的轴承，它在滚动体与滚道之间受载最大的接触处，产生滚动体直径 0.01% 的塑性变形；它由滚动轴承制造商给出，或由 TB14-2 查取。

2. 当量静载荷 当量静载荷 P_0 是一个计算载荷，对于向心轴承是一个纯径向载荷，对于推力轴承是一个纯中心轴向载荷，在它的作用下，滚动体和滚道产生的塑性变形与实际作用的组合载荷一样。除了推力调心滚子轴承以外，按式（14-4）计算

$$P_0=X_0F_{r0}+Y_0F_{a0} \tag{14-4}$$

式中 F_{r0}——径向静载荷；

F_{a0}——轴向静载荷；

X_0——径向静载荷系数，由 TB14-3b 或滚动轴承目录查取；

Y_0——轴向静载荷系数，由 TB14-3b 或滚动轴承目录查取。

对于只有径向载荷作用的轴承，即 $F_{a0}=0$，则 $P_0=F_{r0}$。

对于只有轴向载荷作用的轴承，即 $F_{r0}=0$，则 $P_0=F_{a0}$。

同时受径向和轴向载荷作用的推力调心滚子轴承，按式（14-5）计算：

$$P_0=F_{a0}+2.7F_{r0} \tag{14-5}$$

14.3.2　动承载能力

滚动轴承的动承载能力决定于轴承材料的疲劳性能。产生疲劳损坏前的运行时间称为滚动轴承的寿命。它与载荷、工作条件和出现第一个疲劳损坏的统计概率有关。外载荷在轴承套圈和滚动体之间（点接触或线接触）产生弹性变形，并由弹性变形产生的这个非常小的接触面积来传递载荷。被滚过的材料处，其局部应力总是超过其可承受的应力，会在材料表面下产生极微小的裂纹，在进一步受载时裂纹会扩展到表面上，并形成小气孔，即点蚀，然后就会快速扩张。滚道的大部分就会出现点蚀（表面剥落，主要发生在内圈上，见图14-34）。其结果是滚动受影响、产生振动和噪声不断加大，最终可能导致轴承套圈断裂。

图 14-34　轴承滚道

由于形成点蚀意味着轴承不能工作，所以开始产生疲劳损坏的运行时间，即疲劳运行时间以此为准。将大量相同轴承在同一试验台上取相同试验条件（转速、润滑、载荷）进行试验，它们出现第一个疲劳损坏的运行时间是不同的。因此滚动轴承疲劳运行时间是一个统计时间；它只能说明一组轴承疲劳运行时间的概率。

1. 主要参数（DIN ISO 281）　基本额定寿命 L_{10} 为统计寿命，它是转数或转速不变下的小时数，大量同样轴承（轴承组）的 90％等于或超过这个时间后才出现疲劳损坏。即达到寿命的概率为 90％，达不到的概率为 10％（即 10％的轴承未到寿命即失效）。

基本额定动载荷 C：对内圈旋转和外圈静止的向心轴承是一个纯径向（对推力轴承是一个纯轴向）载荷，且大小方向不变，在它的作用下，一组相同轴承的 90％可达到基本额定寿命，即 10^6r 或当恒定转速为 $33^1/_3$r/min 时工作 500h。基本额定动载荷为轴承常量，滚动轴承制造商经过大量试验后得到它并列入表格中（见 TB14-2）。

当量动载荷 P 是一个计算载荷，是一个大小和方向不变的径向载荷，对于推力轴承是一个中心轴向载荷，在它作用下的寿命与实际组合载荷作用下寿命相同。

2. 寿命方程（DIN ISO 281）　经过试验，可得上述主要参数与基本额定寿命（10^6r 或相应的工作小时）之间的关系方程

$$L_{10}=\left(\frac{C}{P}\right)^p \text{ 或 } L_{10h}=\frac{10^6 L_{10}}{60n} \qquad (14\text{-}6)$$

L_{10}	L_{10h}	C，P	n
10^6r	h	kN	r/min

式中　L_{10}，L_{10h}——基本额定寿命；

C——基本额定动载荷，由 TB14-2 或滚动轴承目录查取；

P——当量动载荷，见§14.3.2-3；

p——寿命指数：球轴承 $p=3$；滚子轴承 $p=10/3$；

n——轴承转速。

比值 C/P 称为承载安全系数。

将式（14-6）的 10^6r 用 500h，$33^1/_3$r/min 和 60min/h 代替，得

$$L_{10h}=\frac{500\times 33\frac{1}{3}\times 60}{60n}\left(\frac{C}{P}\right)^p \quad \text{或} \quad \frac{L_{10h}}{500}=\left(\frac{C}{P}\right)^p\frac{33\frac{1}{3}}{n} \quad \text{或} \quad \sqrt[p]{\frac{L_{10h}}{500}}=\frac{C}{P}\sqrt[p]{\frac{33\frac{1}{3}}{n}}$$

式中 $\sqrt[p]{\dfrac{33\dfrac{1}{3}}{n}}=f_n=$转速系数；

$\sqrt[p]{\dfrac{L_{10h}}{500}}=f_L=$寿命系数。

将上述数值方程改写后，即可得到不考虑可能的降低（见§14.3.3）和正常情况下的无量纲动特征数

$$f_L=\frac{C}{P}f_n \tag{14-7}$$

转速系数 f_n与转速 n（r/min）有关，球轴承或滚子轴承的 f_n由 TB14-4 或滚动轴承目录查取。

将计算动特征数 f_L与基准值（见图 14-35）或期望值（根据要求的支承得到的经验值）相比较，可校核该滚动轴承是否有足够寿命。

运转类型	更换轴承对工作影响程度	
	影响很大	影响很小
间歇运转	$f_L=2\sim3.5$	$f_L=1\sim2.5$
单班运转（8h/天）	$f_L=3\sim4.5$	$f_L=2\sim4$
持续运转	$f_L=4\sim5.5$	$f_L=3.5\sim5$

图 14-35 动特征数 f_L的基准值

期望的 f_L值与支承情况有关，由 TB14-7 查取。

根据计算动特征数，可由 TB14-5 或滚动轴承目录得到球轴承或滚子轴承的以工作小时表示的基本额定寿命 L_{10h}（因为它是一个统计值，故可以将其进行圆整!）。

f_L和 L_{10h}仅仅是能保证支承功能的比较特征参数。如果需要的话，还应考虑润滑、润滑通道的洁净度和温度影响，进行更精确的寿命计算。

3. P 和 n 为常量时的当量动载荷的确定 除了推力调心滚子轴承以外，当量动载荷（定义见§14.3.2-1）按式（14-8）计算

$$P=XF_r+YF_a \tag{14-8}$$

式中 F_r——径向载荷；

F_a——轴向载荷；

X——径向动载荷系数，用以考虑径向载荷和轴向载荷比值的影响；其值由 TB14-3a 和 TB14-2 或由滚动轴承目录查取；

Y——轴向动载荷系数，用以将向心轴承的轴向载荷换算成当量径向载荷；其值由 TB14-3a 和 TB14-2 或由滚动轴承目录查取。

计入附加动载荷后，其当量动载荷为 $P_{eq}=K_AP$，式中 K_A为使用系数，由 TB3-5a 查取。

对于仅仅受径向载荷的向心轴承，即 $F_a=0$，则 $P=F_r$；对于仅仅承受轴向载荷的推力轴承，即 $F_r=0$，则 $P=YF_a$。

对于单列向心轴承，当 $F_a/F_r>e$（极限值，它与轴承的内部结构有关）时，P 受 e 的影响；对于双列向心轴承，$F_a/F_r<e$ 时就受影响了。对于深沟球轴承，当 $F_a/F_r>e$ 时，在 F_a 作用下的压力角 $\alpha>0°$，所以，对于正常轴承间隙有 $X=0.56$，e 和 Y 与比值 F_a/C_0 有关（见 TB14-3）。

对于单列角接触球轴承和圆锥滚子轴承，由于有压力角 α（见 § 14. 1. 3-2），受径向载荷 F_r 时会产生附加内轴向力，导致轴承不稳定。为了消除这个问题，一般将轴承作 O 型或 X 型布置（见图 14-21），两个轴承相对安装，这样，内轴向力就作为外力 F_a 作用在相对轴承上。如果支承（见图 14-36）还受轴向载荷 F_a，就要对每个轴承计算其总轴向载荷。与内轴向载荷无关，受轴向外载荷 F_a 的轴承标记为轴承"Ⅰ"，另一个标记为"Ⅱ"。两个轴承的轴向载荷为 $F_{aⅠ}$ 和 $F_{aⅡ}$，它为带正负号的 F_a 与相对轴承的内轴向力的合力。根据载荷比（见图 14-36c），与 $F_{aⅠ}/F_{rⅠ}>e$ 或 $F_{aⅡ}/F_{rⅡ}>e$ 相对应地由式（14-8）计算 $P_Ⅰ$ 或 $P_Ⅱ$。

图 14-36c 中未给出公式的栏，在计算时不考虑其轴向力 $F_{aⅠ}$ 或 $F_{aⅡ}$。

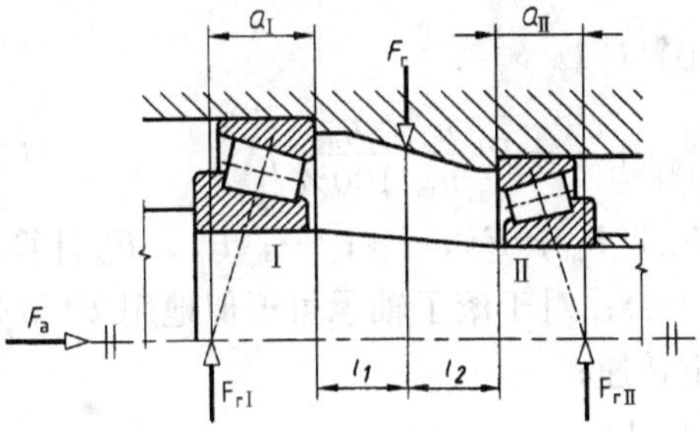

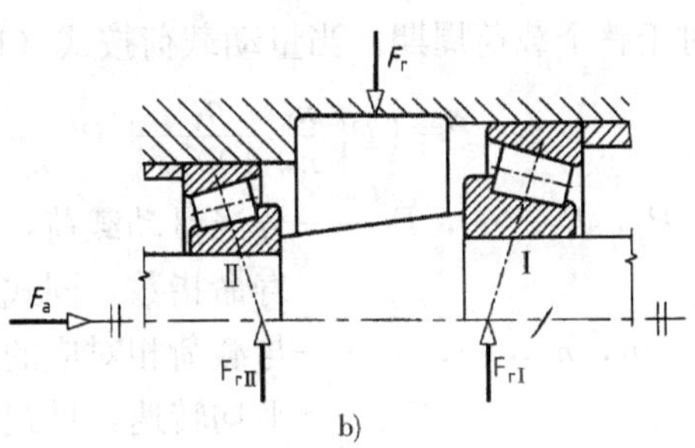

载　荷　比	计算时要代入的轴向载荷 $F_{aⅠ}$ 和 $F_{aⅡ}$ 轴承Ⅰ	 轴承Ⅱ
1. $\frac{F_{rⅠ}}{Y_Ⅰ}\leqslant\frac{F_{rⅡ}}{Y_Ⅱ}$	$F_{aⅠ}=F_a+0.5\frac{F_{rⅡ}}{Y_Ⅱ}$	—
2. $\frac{F_{rⅠ}}{Y_Ⅰ}>\frac{F_{rⅡ}}{Y_Ⅱ}$；$F_a>0.5\left(\frac{F_{rⅠ}}{Y_Ⅰ}-\frac{F_{rⅡ}}{Y_Ⅱ}\right)$	$F_{aⅠ}=F_a+0.5\frac{F_{rⅡ}}{Y_Ⅱ}$	—
3. $\frac{F_{rⅠ}}{Y_Ⅰ}>\frac{F_{rⅡ}}{Y_Ⅱ}$；$F_a\leqslant0.5\left(\frac{F_{rⅠ}}{Y_Ⅰ}-\frac{F_{rⅡ}}{Y_Ⅱ}\right)$	—	$F_{aⅡ}=0.5\frac{F_{rⅠ}}{Y_Ⅰ}-F_a$

c)

图 14-36　圆锥滚子轴承的受力分析

a）O 型布置　b）X 型布置　c）轴向载荷计算表（也可近似适合于单列角接触球轴承，Y 值由 TB14-2 和 TB14-3 查取）

载荷计算的前提条件是，轴承工作时无间隙又不卡紧。

径向载荷 $F_{rⅠ}$ 和 $F_{rⅡ}$ 位于载荷作用中心，也就是说应考虑距离 $a_Ⅰ$ 和 $a_Ⅱ$（在滚动轴承目录或 TB14-1 中查距离 a）。$F_{rⅠ}$ 和 $F_{rⅡ}$ 由平衡方程 $\sum M=0$ 求取，以图 14-36a 的 $F_{rⅡ}$ 为例，其平衡方程为 $F_r(a_Ⅰ+l_1)=F_{rⅡ}(a_Ⅰ+a_Ⅱ+l_1+l_2)$。根据每个轴承的情况，由 TB14-2 和 TB14-3 或滚动轴承目录查取轴向动载荷系数 $Y_Ⅰ$，$Y_Ⅱ$。

对于受径向载荷和轴向载荷的推力调心滚子轴承，有

$$P=F_a+1.2F_r \tag{14-9}$$

但是，推力调心滚子轴承必须满足 $F_r\leqslant0.55F_a$，以免轴承套圈偏心。

4. *P* 和 *n* 为变量时的当量动载荷的确定　由式（14-8）和式（14-9）计算当量动载荷的前提条件是载荷不变，转速近似不变。但是许多支承的载荷和转速随时间非周期性或周期性变化。在这种情况下，当量载荷由时变载荷值和转速值来求取。对于非周期性变化的载荷和转速，要设立相应的合适的统计组合，这样就可以将其当作周期性变化的载荷和转速来处理。如果载荷和转速周期性变化（见图 14-37），则可将变化曲线按相应的作用时间段 q（%）近似的分离成一系列的离散载荷和转速，然后对于每个离散载荷 1，2，…，n，由相应的 F_a

和 F_r 计算其当量载荷 P_1，P_2，…，P_n。

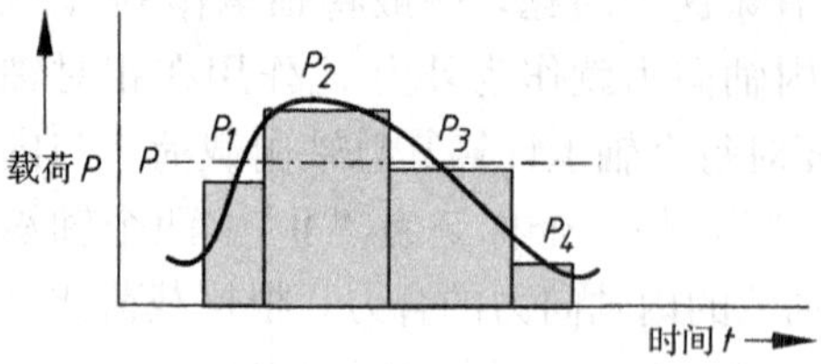

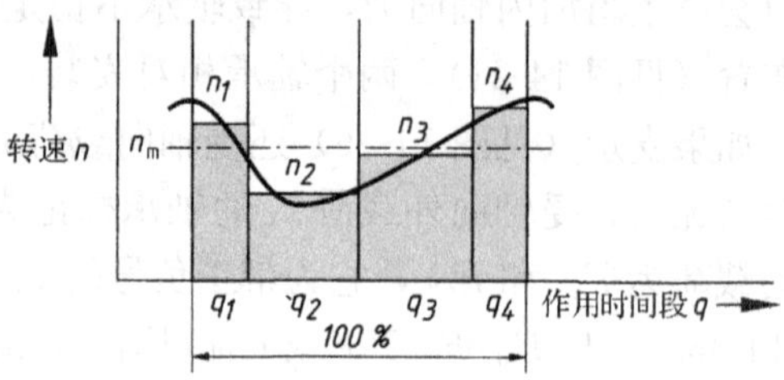

图 14-37　周期性变化载荷和转速

对于整个载荷周期，当量动载荷按式（14-10）计算

$$P=\left(P_1^p \frac{n_1}{n_m} \frac{q_1}{100\%}+P_2^p \frac{n_2}{n_m} \frac{q_2}{100\%}+\cdots+P_n^p \frac{n_n}{n_m} \frac{q_n}{100\%}\right)^{1/p} \tag{14-10}$$

式中　P_1，P_2，…，P_n——分当量动载荷，由 F_{r1}，F_{a1}；F_{r2}，F_{a2}；…；F_{rn}，F_{an}计算；

p——寿命指数，同式（14-6）；对于滚子轴承可近似地用 $p=3$ 代入；

n_1，n_2，…，n_n——与载荷相对应的恒定转速；

n_m——平均转速，见式（14-11）；

q_1，q_2，…，q_n——各个分工作状态的作用时间段（%）。

平均转速 n_m 按式（14-11）计算

$$n_m=n_1 \frac{q_1}{100\%}+n_2 \frac{q_2}{100\%}+\cdots+n_n \frac{q_n}{100\%} \tag{14-11}$$

式中，符号说明同式（14-10）

当载荷变化和转速不变时，取 $p=3$，由式（14-10），得

$$P=\left(P_1^p \frac{q_1}{100\%}+P_2^p \frac{q_2}{100\%}+\cdots+P_n^p \frac{q_n}{100\%}\right)^{\frac{1}{p}} \tag{14-12}$$

式中，符号说明同式（14-10）。

如图 14-38 所示，当转速不变时，若从最小值 P_{min} 线性变化到最大值 P_{max}（例如压力机传动装置），则当量载荷 P 可按式（14-13）近似计算

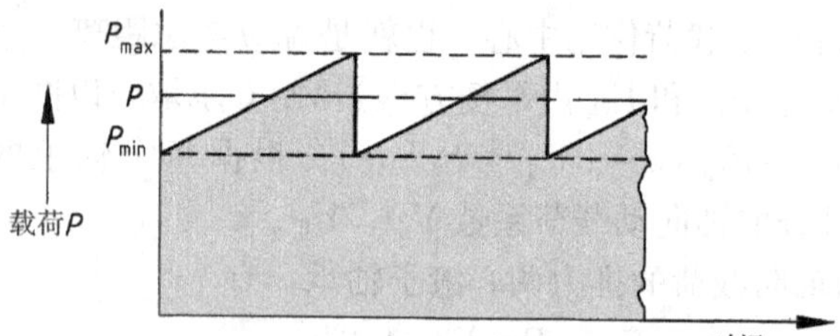

图 14-38　线性周期性载荷 $P_{max}-P_{min}$

$$P=\frac{P_{min}+2P_{max}}{3} \tag{14-13}$$

14.3.3　基本额定载荷 C 和 C_0 的降低

工作温度的影响：一般来说，滚动轴承在不超过 120℃，短时不超过 150℃下工作，其

基本额定载荷不受影响。若轴承持续工作在较高温度下，必须增加稳定措施（后置代号 S1～S3）。但是稳定措施与硬度降低相关联。这种轴承的基本额定动载荷用 $C_T=Cf_T$ 代入。当 200℃（S1）时，$f_T=0.9$；当 250℃（S2）时，$f_T=0.75$；当 300℃（S3）时，$f_T=0.6$（也可由 TB14-6a 查取）。

直接支承时工作面硬度的影响：直接支承（无内圈或外圈的圆柱滚子轴承或滚针轴承）时，轴或轴承孔工作面的硬度至少应为 58HRC，这样才能完全达到基本额定载荷。当硬度较小时，有 $C_H=Cf_H$ 或 $C_{0H}=C_0f_H$，式中，f_H 为硬度影响系数：57HRC 时，$f_H=0.95$；56HRC 时，$f_H=0.9$；55HRC 时，$f_H=0.85$；54HRC 时，$f_H=0.81$；53HRC 时，$f_H=0.77$；52HRC 时，$f_H=0.73$；51HRC 时，$f_H=0.69$；50HRC 时，$f_H=0.65$（也可由 TB14-6a 查取）。

14.3.4　可达到的寿命—修正寿命计算

基本额定寿命（见 § 14.3.2-2）仅仅只考虑了载荷因素。它们之间成线性关系，因此在载荷很小时，也只有有限寿命（见图 14-39，直线 a）。但经验和试验显示，随着载荷的下降。寿命成指数关系上升，且当滚动副的赫兹压强为 2500N/mm² 时寿命达到最大值（见图 14-39，曲线 b）。如果能满足下述条件：滚动副由润滑膜完全分离，润滑通道达到最大洁净度，则滚动轴承甚至是无限寿命的。实际上，点接触滚动副赫兹压强≤2000N/mm²，线接触≤1500N/mm²，则由普通轴承钢制造的滚动轴承具有无限寿命。以载荷比作为估计准则：$f_s^*=C_0/P_0^*\geqslant 8$，式中，$P_0^*$ 为受动载荷轴承的当量静载荷（即 $P_0^*=X_0F_r+Y_0F_a$）。

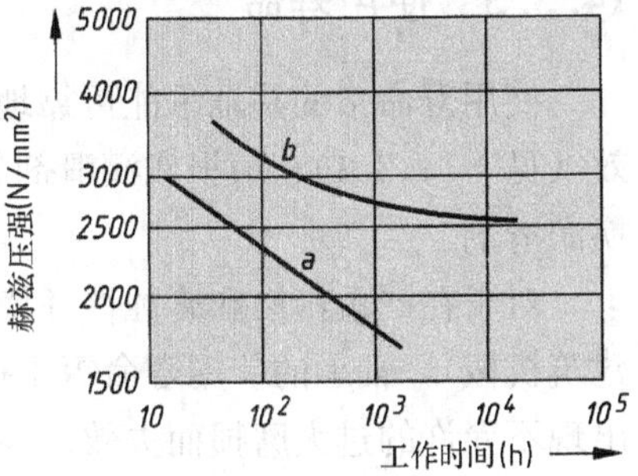

图 14-39　疲劳寿命

a—计算得到　b—试验结果

这样就得到了扩展寿命方程，它是滚动轴承制造商根据修正寿命方程（DIN ISO 281）得到的：

$$L_{na}=a_1a_{23}L_{10} \text{ 或 } L_{nah}=a_1a_{23}L_{10h} \tag{14-14}$$

式中　L_{na}，L_{nah}——可实现的（修正）寿命，单位为 10^6r 或 h；

a_1——失效概率系数；

a_{23}——材料和工作条件的综合系数（在 DIN ISO 281 中为两个分开的系数，$a_{23}=a_2a_3$）；

L_{10}，L_{10h}——基本额定寿命，单位为 10^6r 或 h [由式（14-6）计算]。

系数 a_1：正常情况下是按失效概率为 10%计算的，$a_1=1$。如果要求失效概率更低，则 $a_1<1$，反过来，则 $a_1>1$，详见下表。

失效概率（%）	50	30	10	5	4	3	2	1
疲劳寿命	L_{50}	L_{30}	L_{10}	L_{5a}	L_{4a}	L_{3a}	L_{2a}	L_{1a}
系数 a_1	5	3	1	0.62	0.53	0.44	0.33	0.21

系数 a_{23}：这个系数通过相对粘度 κ（详见 § 14.2.4-2，其值由滚动轴承目录或 TB14-10 查取）来考虑润滑膜形成的影响，通过关键参数 K（见滚动轴承目录或 TB14-11）来考虑载

荷、轴承类型和润滑剂的影响，通过洁净度系数 s（见滚动轴承目录或 TB14-13）来考虑润滑通道洁净度的影响。由 κ 和 K 在 TB14-12 中得到基础值 $a_{23\mathrm{II}}$，在实际中，区域Ⅱ是最重要的，适合于正常洁净度。当 $K>6$ 时，只能达到区域Ⅲ。在这种情况下，只有通过改善工作条件，降低 K 值，从而尽可能进入区域Ⅱ。在 TB14-13 中，系数 s 由载荷比 f_s^*（见§14.3.4）和洁净度（V）决定。

由 $a_{23\mathrm{II}}$ 和 s，即得 $a_{23}=a_{23\mathrm{II}}s$。

可实现的寿命（变化的工作条件）：影响寿命的载荷、转速和其他条件为变量时，必须对各个作用时间段 q（%）用恒定不变的参数确定其可实现的寿命 $L_{\mathrm{nah}\,1}$，…，$L_{\mathrm{nah}\,n}$。对整个工作时间可实现的寿命按式（14-15）计算

$$L_{\mathrm{nah}}=\frac{100}{\dfrac{q_1}{L_{\mathrm{nah}\,1}}+\dfrac{q_2}{L_{\mathrm{nah}\,2}}+\cdots+\dfrac{q_{\mathrm{n}}}{L_{\mathrm{nah}\,n}}} \tag{14-15}$$

14.3.5 使用寿命

使用寿命指的是轴承能可靠地实现所需功能的运行时间。它决定于疲劳而导致的轴承失效（见§14.3.4），磨损或润滑剂超过使用期限而导致的失效。对于后一种情况，一般应更换润滑剂。

对于在严重污染和腐蚀性环境下工作的轴承，或不能对轴承进行定期维护的情况（例如建筑机械），轴承的使用寿命短于疲劳寿命，因为这些轴承在材料疲劳失效之前，已经由于出现不允许的过大磨损而失效。

磨损使滚道表面粗糙，并逐渐地加大径向间隙。它增大运行噪声，降低支承精度和影响轴承性能。磨损的精确计算是不可能的。

说明：上面所给出的各个计算公式不适合于陶瓷轴承和混合轴承。这类轴承的计算应采用制造商给出的特殊计算方程。

14.3.6 极限转速

一般来说，只要滚动轴承不超过其极限转速（相对转速），它就能可靠工作并实现使用寿命。极限转速取决于轴承类型和尺寸以及润滑类型。

滚动轴承制造商给出许用运动转速和热相对转速（见滚动轴承目录）。

决定许用运动转速的是轴承零件的强度极限（主要是保持架），以及噪声发展情况或接触式密封的滑动速度。即使是在有利的安装和润滑条件下也不要超过该转速，例外情况请咨询滚动轴承制造商。

热相对转速 $n_{\theta\mathrm{r}}$ 是一个特征值，它代表在同一相对条件下滚动轴承转速的适应性。根据 DIN 732-1，它是一种转速，在这种转速下相对温度为 70℃。相对条件（见 DIN 732 或滚动轴承目录）是相对于粘度和润滑比来选定的，这样就使油润滑和脂润滑具有相同的相对转速。若工作条件与相对条件有差别，计算许用热工作转速 n_{zul}：

$$n_{\mathrm{zul}}=f_{\mathrm{N}}n_{\theta\mathrm{r}}$$

式中 f_{N}——转速比系数，按滚动轴承目录查取；

$n_{\theta\mathrm{r}}$——热相对转速，查滚动轴承目录。

14.4　滚动轴承支承的结构示例

本节给出几个结构示例，并讲述为满足给定要求在结构设计方面应注意的事项。

本节使用下述缩写：

内圈圆周受载：U. f. I.	内圈点受载：P. f. I.
外圈圆周受载：U. f. A.	外圈点受载：P. f. A.
轴：W_e	轴径：d
轴承孔：B_o	轴承孔径：D

起重机滚轮支承（图 14-40）

载荷：大径向载荷，小轴向载荷（由偏载、小车惯性力和制动力引起）。

结构：两个游动布置的调心滚子轴承，内圈上的轴向间隙 S。

配合：P. f. I. 和 U. f. A.，因此内圈应置于轴套上，轴向可动，外圈固定；按 TB14-8 选择：W_e为（轴套）h6 或 g6，B_o为 N7。

润滑：存量脂润滑，用润滑套管通过润滑孔补充润滑脂。

密封：为防止脏物进入和脂流失，采用间隙密封，如果污染和潮湿更严重，应采用油沟密封或径向密封圈（见第 19 章）。

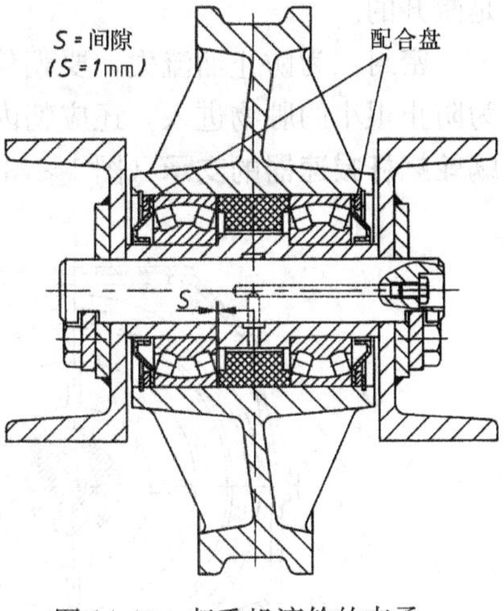

图 14-40　起重机滚轮的支承

悬臂起重机支柱的端支承（图 14-41）

载荷：由起升质量和起重机自重产生的非常大的轴向力，由起升质量和吊车臂自重形成的倾覆力矩产生的很大的径向力。

结构：由实际起作用的向心调心滚子轴承（固定轴承）和推力调心滚子轴承构成的轴承组合。进行结构设计时要注意，向心调心滚子轴承压力线的交点应与推力调心滚子轴承滚道半径的圆心重合（可用隔离环调整尺寸!）。

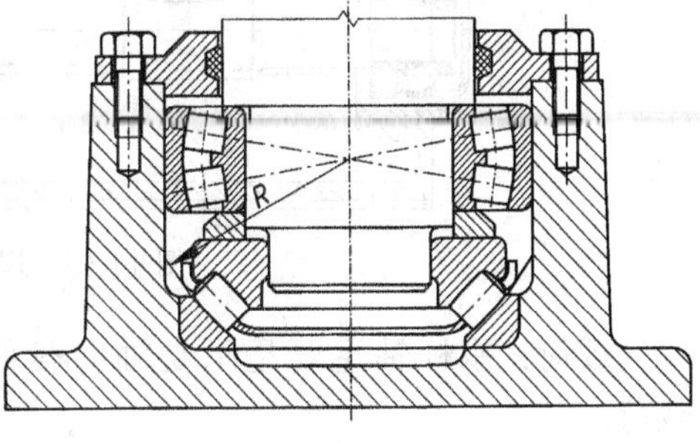

图 14-41　悬臂起重机支柱的端支承

配合：1）向心调心滚子轴承：起重臂上的载荷随起重机支柱旋转而旋转，所以有 U. f. A. 和 P. f. I.，内圈无需可调。当 $d=150$mm 时，由 TB14-8 选择：W_e为 h6，B_o为 P7。

2）推力调心滚子轴承：起升质量和悬臂自重产生的径向力随支柱旋转而旋转，所以紧圈为圆周受载，松圈为点受载。当 $d=140$mm 时，由 TB14-8 选择：W_e为 g6（j6），B_o为 K7。

润滑：存量脂润滑。

密封：对于室内起重机，用毡圈密封（需要时也可用油沟密封），以防止脏物进入。对于露天起重机，用 V 形环还能防止潮湿（雨水进入）。

减速器主动轴的支承（图14-42）

载荷：斜齿圆柱齿轮啮合力产生的径向和轴向载荷。

结构：简单和低成本。两个轴承都带有很小的侧向间隙（游动支承）。适用于转向不变的情况。

配合：U.f.I. 和 P.f.A.，外圈动支承且在 B_o 上可移动；由TB14-8选择（$d \leqslant 100$mm）：B_o 为H7，W_e 为k6。

润滑：用齿轮油；减速箱内部轴承是敞开的。

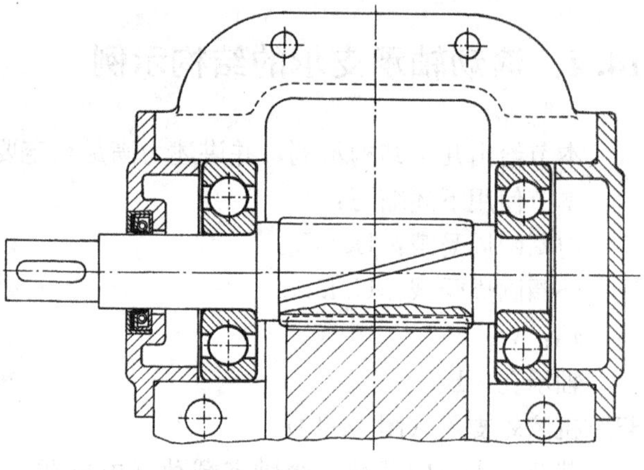

图14-42　减速器轴的支承（根据FAG）

密封：为防止油流失，要朝外密封；为防止很小的脏物进入，还应朝内密封，故采取径向密封圈密封。

蜗轮蜗杆减速器的支承（图14-43）

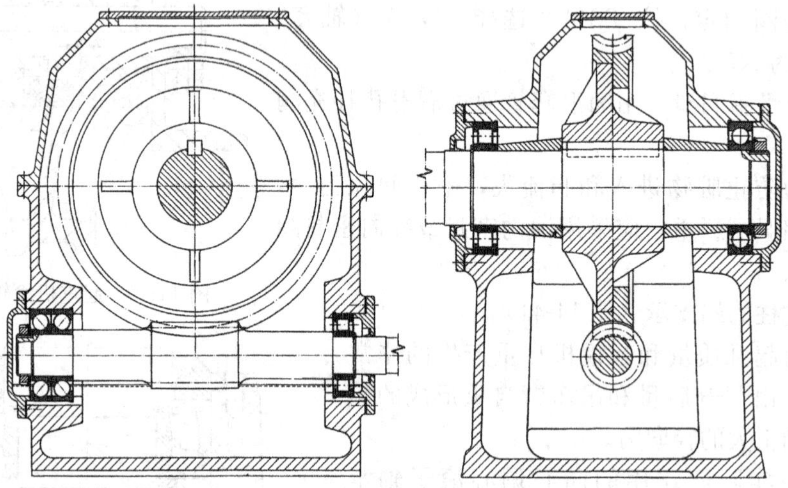

图14-43　蜗轮蜗杆减速器（企业图形）

载荷：蜗杆轴主要是承受轴向载荷，相对来说，径向力很小；蜗轮轴主要承受径向载荷。

结构：蜗杆轴的固定轴承由两个角接触球轴承以X型组合而成，外圈可调整（P.f.A.）；而且，支承的刚性较小，对偏心更不敏感。作为游动轴承，采用NU型圆柱滚子轴承。蜗轮轴的固定轴承采用深沟球轴承，游动轴承采用圆柱滚子轴承。

配合：为U.f.I. 和 P.f.A.，外圈可动；相应的由TB14-8（对于 $d<100$mm）选择。蜗杆轴：角接触球轴承 W_e 为j5，B_o 为J6（轴承间隙很小）；圆柱滚子轴承 W_e 为k5，B_o 为J6；蜗轮轴：深沟球轴承 W_e 为k5，B_o 为K6；圆柱滚子轴承 W_e 为k5，B_o 为J6。

润滑：浸油润滑，油的高度直到蜗杆中圆。

密封：径向轴密封，以防止油流出和脏物进入。

建筑机械的齿轮支承（图 14-44）

载荷：大径向载荷，中等到大轴向载荷（曲线行驶时）。

结构：两个相互镜像排列的圆锥滚子轴承，采用冠状螺母 K 调节。

配合：P. f. I. 和 U. f. A.，也就是说，内圈松动地置于轴上且可移动，外圈必须固定；由 TB14-8 对 $d<100$mm 选择：W_e 为 k6（m6），B_o 为 N7（K7）。

润滑：存量脂润滑。

密封：为防止水和脏物进入（外部脏物和制动屑）和脂损失，采用径向密封圈密封和防护罩。

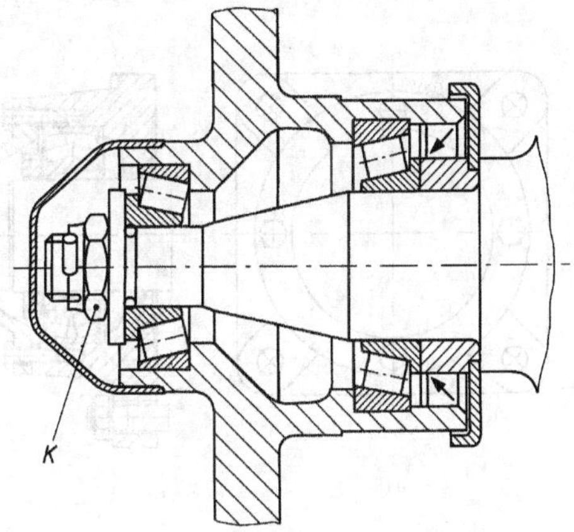

图 14-44　建筑机械齿轮支承

14.5　滚动支承结构件

除了纯滚动轴承以外，滚动轴承制造商还提供一系列的滚动支承结构件，下面介绍几种。

1. 轴承座部件（图 14-45 和图 14-46）　最常用的轴承座部件为立式轴承和法兰轴承。立式轴承的轴承座为分体结构，大多数由灰铸铁制造，与 ISO 对调心轴承的推荐值相一致，如果是锥形孔和带张紧套，按 DIN 736（代号 SN5，直径系列 2）或 DIN 737（SN6，直径系列 3）对主要尺寸进行标准化；如果是圆柱形孔，按 DIN 738（SN2，直径系列 2）或 DIN 739（SN3，直径系列 3）对主要尺寸进行标准化。标记示例：立式轴承座 DIN 737—SN610（结构 SN6，与之相配的滚动轴承孔特征数 10，即孔径为 50mm）。

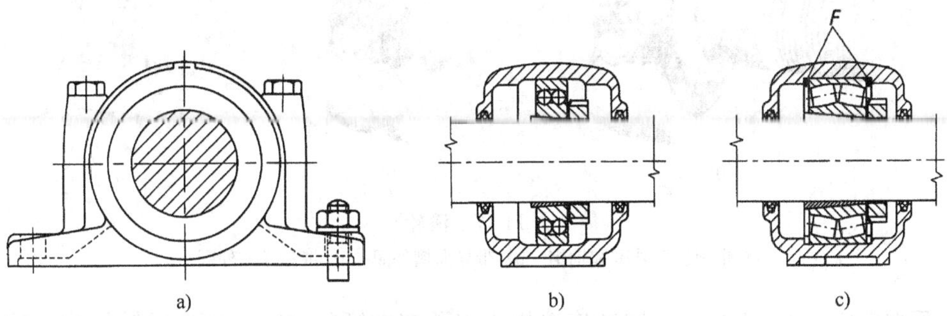

图 14-45　立式轴承

a）一般示意图　b）带游动轴承　c）带固定轴承

图 14-45a 所示为一立式轴承座，图 14-45b 采用调心球轴承作为游动轴承（外圈在轴承孔中可移动），图 14-45c 采用调心滚子轴承为固定轴承（外圈用安全环 F 进行轴向固定）。润滑一般采用存量脂润滑。为防止脂损失和污染采用毡圈密封。也可采用双唇密封圈、径向密封圈和迷宫式密封。

立式轴承既可作为端轴承（单边开口），又可作为中间轴承（两边开口）。

配合：一般为 U. f. I.；根据 TB14-8，对于用套筒固定的轴承，选择：W_e（绝大多数拉拔而成）为 h8、h9 或 h11。

法兰轴承（见图14-46）具有多种结构形式。结构与立式轴承类似，只是不分体。

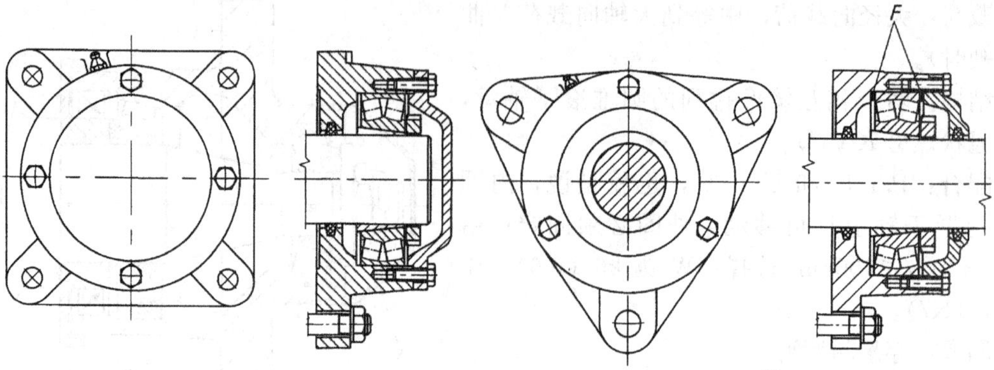

a)　　b)

图14-46　法兰轴承—结构示例

a）带有4个固定孔，采用调心滚子轴承作为游动轴承，端轴承结构

b）带有3个固定孔，采用调心滚子轴承作为固定轴承，中间轴承结构

2. 滚轮（图14-47）　滚轮同滚动轴承一样，只不过其外圈加固。外圈可以是圆柱形的（见图14-47a），球形的（无图），带导向槽的（见图14-47b）或凸缘式的（见图14-47c）。它分为单列（见图14-47c）和双列（见图14-47a和b）两种结构，又有带和不带轴销两种不同结构（图14-47a带轴销，图14-47b和c不带轴销）。

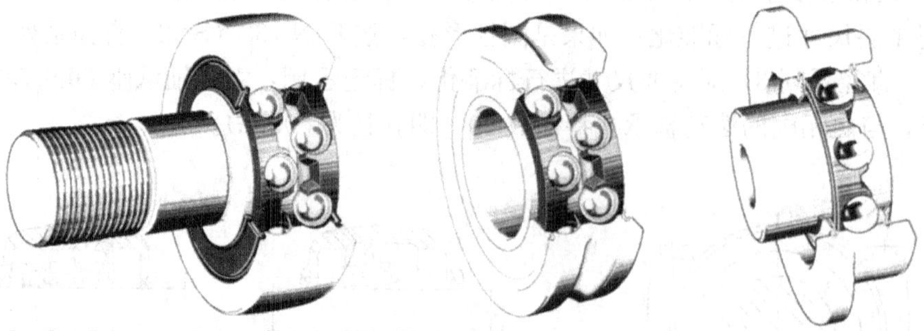

a)　　b)　　c)

图14-47　滚轮

a）带圆柱形外圈和轴销　b）带导向槽外圈　c）带凸缘式外圈

3. 回转连接（图14-48）　回转连接用于支承有大倾翻力矩（例如回转机构）的场合，或由于结构需要大支承直径的场合。它带有法兰、定心环和连接孔。

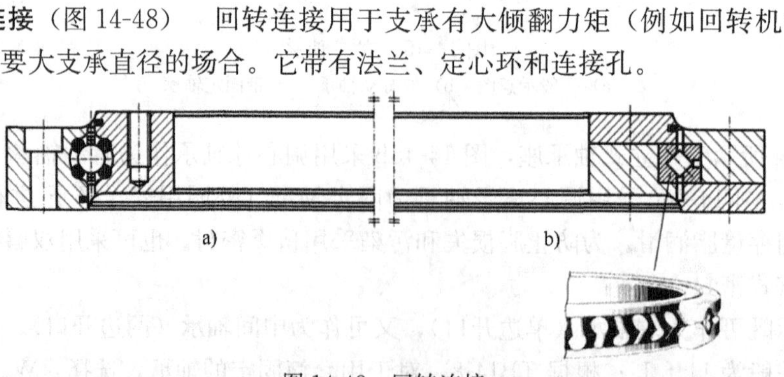

图14-48　回转连接

a）带薄圈轴承　b）带十字滚子轴承

4. 滚珠轴套（图 14-49） 滚珠轴套用于圆柱形零件（转轴、心轴、活塞杆）的轴向导引，摩擦小，无爬行。这些圆柱形零件既可以本身就是运动零件，也可以作为导杆（导轴）。滚动导引由多个沿套筒圆周上布置的滚珠运动单元构成。它分为闭式（见图 14-49b）和开式（见图 14-49c）结构，并以不密封、单面封闭或双面封闭形式提供。

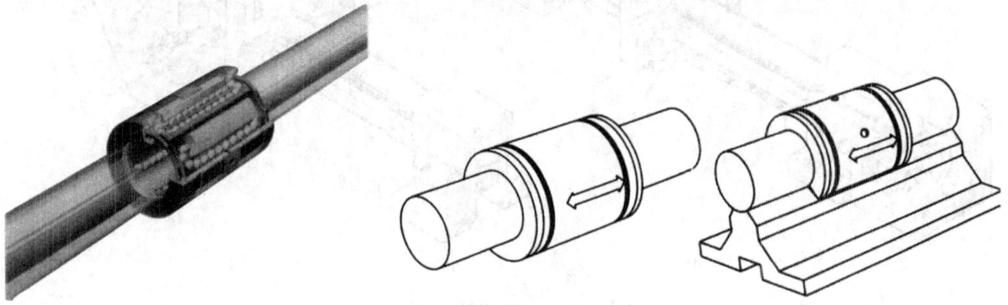

a) b) c)

图 14-49 滚珠轴套

a）功能示意图 b）带闭式滚珠轴套的导路 c）带开式滚珠轴套的导路

5. 直线滚动导轨（图 14-50） 直线滚动导轨用于菱形零件的轴向导引，摩擦小，无爬行。它使用滚珠、圆柱滚子或滚针作为滚动体。相对于滑动导轨，直线滚动导轨的优点是更小的移动力、更高的移动速度和非常小的磨损。

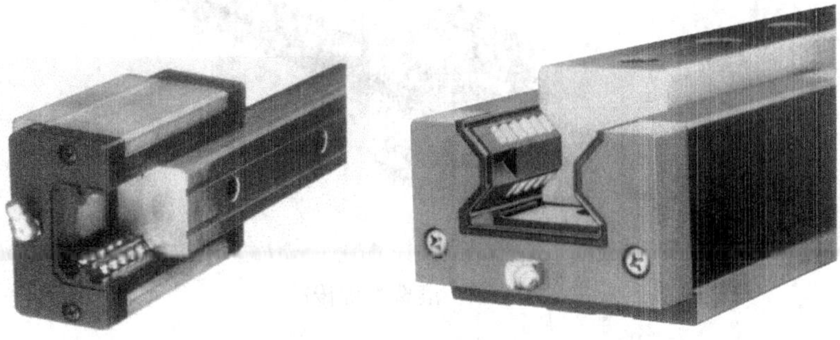

a) b)

图 14-50 直线滚动导轨

a）带回转滚动体 b）带非回转滚动体

它有两种基本原理，即使用回转滚动体（见图 14-50a）和非回转滚动体（见图 14-50b）两种。

直线滚动导轨也与单轴、双轴和三轴滚动台一起提供。

6. 直线驱动单元（图 14-51） 直线驱动单元用来将原动件的回转运动转换成从动件的直线运动。在这种直线驱动单元中，含有各种滚动结构零件，如直线滚珠轴承 2 用于轴向导引，支承滚子 3 用于横向导引，驱动轮 6（即换向滚子）和驱动轴 9 的滚动轴承支承。图 14-51a 为同步齿形带传动 4，图 14-51b 为齿条传动，由主动小齿轮 7 和齿条 8 组成。1 为安装机械运动零件的平台，5 为支承型钢。

7. 滚珠螺旋传动（图 14-52） 滚珠螺旋传动属于螺旋传动件（见第 8 章）。通过滚珠

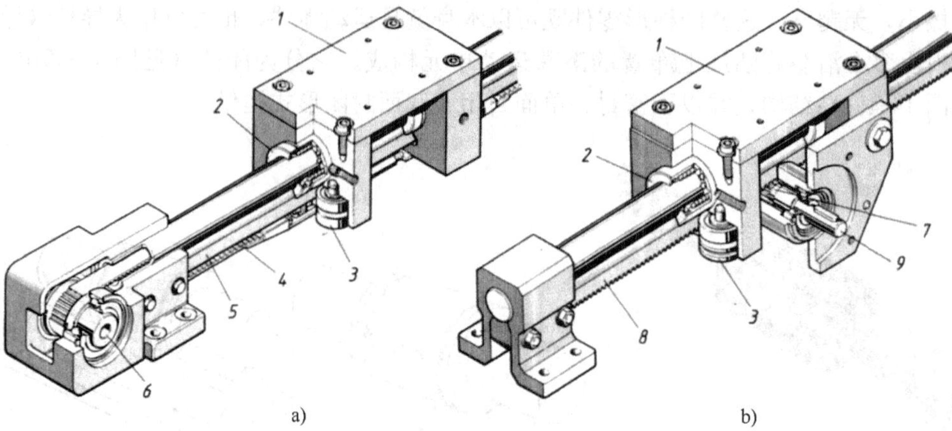

a) b)

图 14-51 直线驱动单元

a）同步齿形带传动 b）齿条传动

导引，将螺旋传动中的滑动摩擦变为滚动摩擦。螺纹牙做成球轴承滚道形状，在螺母内有滚珠。在螺母端头，螺旋线沿切向做有导管，通过它滚珠又转回来了。滚珠螺旋传动在反向运动时无间隙，而且运动均匀（无爬行）。

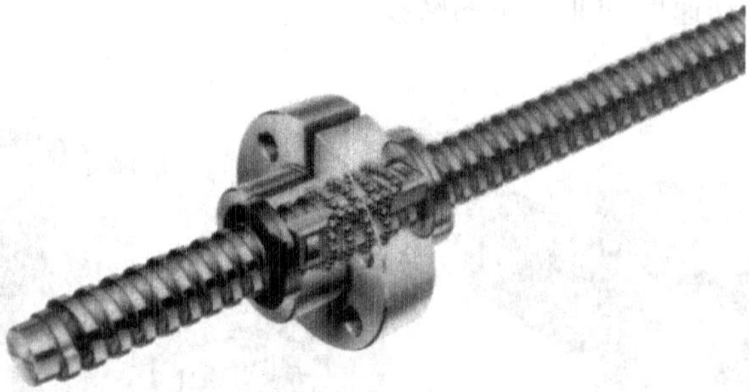

图 14-52 滚珠螺旋传动

用途：车辆转向器、无自锁要求的机床进给传动装置和其他主轴传动装置。

14.6 计算示例

■**例 14-1**：试校核深沟球轴承 DIN 625-6209 在 $F_r=5\text{kN}$（径向载荷）、$F_a=2\text{kN}$（轴向载荷）和 $n=250\text{r/min}$ 时是否能达到至少 10000h 的寿命。

▶**解**：首先，按式（14-8）计算当量动载荷：

$$P=XF_r+YF_a$$

由 TB14-3a 或滚动轴承目录查取径向动载荷系数 X 和轴向动载荷系数 Y。对于比值

$$\frac{F_a}{C_0}=\frac{2\text{kN}}{20.4\text{kN}}\approx 0.1$$

式中，$C_0=20.4\ \text{kN}$（由 TB14-2 或滚动轴承目录查取），由 TB14-3a 得 $e\approx 0.29$。由

$$\frac{F_a}{F_r}=\frac{2\text{kN}}{5\text{kN}}=0.4>e=0.29 \text{ 得 } X=0.56 \text{ 和 } Y=1.5\text{，所以}$$

$$P=0.56\times 5\text{kN}+1.5\times 2\text{kN}\approx 5.8\text{kN}$$

以工作小时表示的基本额定寿命由式（14-6）计算

$$L_{10h}=\frac{10^6}{60n}\left(\frac{C}{P}\right)^p \quad 式中, p=3$$

由 TB14-2 可查得深沟球轴承 6209 的基本额定动载荷 $C=31\text{kN}$。由此得

$$L_{10h}=\frac{10^6}{60\text{min/h}\times 250\text{r/min}}\times\left(\frac{31\text{kN}}{5.8\text{kN}}\right)^3\approx 10200\text{h}$$

注意将 L_{10h} 值进行圆整！

根据式（14-7），用动特征数来确定寿命：

$$f_L=\frac{C}{P}f_n$$

式中，$n=250\text{r/min}$，由 TB14-4 得球轴承的转速系数 $f_n\approx 0.51$。所以

$$f_L=\frac{31\text{kN}}{5.8\text{kN}}\times 0.51\approx 2.72$$

由 TB14-5 得球轴承 $L_{10h}\approx 10000\text{h}$。结果与实际一致。

结果： 正好达到所要求的最短寿命 10000h。

■**例 14-2：** 圆锥滚子轴承支承（图 14-53）的最大载荷如下：

轴承Ⅰ：径向载荷　$F_{rⅠ}=6.8\text{kN}$

　　　　轴向载荷　$F_a=1.6\text{kN}$

轴承Ⅱ：径向载荷　$F_{rⅡ}=5.2\text{kN}$

轴承Ⅰ为圆锥滚子轴承 DIN 720-30210A，轴承Ⅱ为圆锥滚子轴承 DIN 720-30207A。轴的转速 $n=750\text{r/min}$，试求轴承Ⅰ和Ⅱ的寿命（以工作小时表示）。

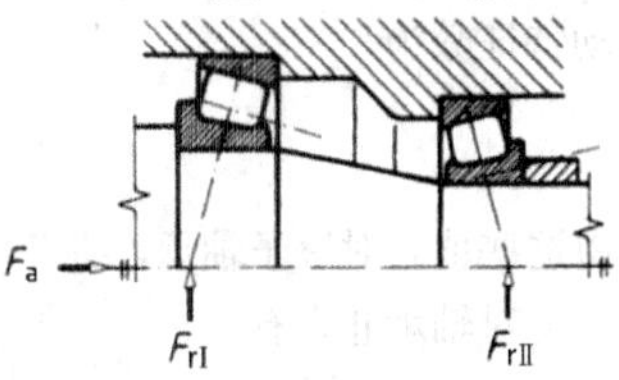

图 14-53　O 型布置的圆锥滚子轴承受力图

▶**解：** 由 TB14-2，得

轴承Ⅰ，$d=50\text{mm}$：$C_Ⅰ=80\text{kN}$；$e_Ⅰ=0.42$；$Y_Ⅰ=1.43$

轴承Ⅱ，$d=35\text{mm}$：$C_Ⅱ=54\text{kN}$；$e_Ⅱ=0.37$；$Y_Ⅱ=1.6$

由图 14-36c，有

$$\frac{F_{rⅠ}}{Y_Ⅰ}=\frac{6.8\text{kN}}{1.43}\approx 4.76\text{kN}>\frac{F_{rⅡ}}{Y_Ⅱ}=\frac{5.2\text{kN}}{1.6}\approx 3.25\text{kN}$$

$$F_a\approx 1.6\text{kN}>0.5\left(\frac{F_{rⅠ}}{Y_Ⅰ}-\frac{F_{rⅡ}}{Y_Ⅱ}\right)=0.5(4.76-3.25)\text{kN}\approx 0.755\text{kN}$$

所以

$$F_{aⅠ}=F_a+0.5\frac{F_{rⅡ}}{Y_Ⅱ}=1.6\text{kN}+0.5\times 3.25\text{kN}\approx 3.23\text{kN}$$

因为

$$\frac{F_{aⅠ}}{F_{rⅠ}}=\frac{3.23\text{kN}}{6.8\text{kN}}\approx 0.48>e_Ⅰ=0.42$$

由 $X_Ⅰ=0.4$（由 TB14-3a 或滚动轴承目录查得），根据式（14-8）得轴承Ⅰ的当量动载荷为

$$P_Ⅰ=X_Ⅰ F_{rⅠ}+Y_Ⅰ F_{aⅠ}$$

$$P_Ⅰ=0.4\times 6.8\text{kN}+1.43\times 3.23\text{kN}\approx 7.34\text{kN}$$

根据式（14-7），由 $f_n=0.39$（对滚子轴承，TB14-4），得动特征数为

$$f_{LⅠ}=\frac{C_Ⅰ}{P_Ⅰ}f_n=\frac{80\text{kN}}{7.34\text{kN}}\times 0.39\approx 4.25$$

由 TB14-5 得相对应的寿命值：$L_{10h}\approx 60000\text{h}$。

对轴承Ⅱ有：$P_Ⅱ=F_{rⅡ}=5.2\text{kN}$，因为 $F_{aⅡ}=0.5F_{rⅡ}/Y_Ⅱ\approx 1.625\text{kN}$ 和 $F_{aⅡ}/F_{rⅡ}\approx 0.31<e_Ⅱ$，由 TB14-3a 得 $X_Ⅱ=1$ 和 $Y_Ⅱ=0$。所以

$$f_{\mathrm{L}\,\mathrm{II}}=\frac{C_{\mathrm{II}}}{P_{\mathrm{II}}}f_{\mathrm{n}}=\frac{54\mathrm{kN}}{5.2\mathrm{kN}}\times 0.39\approx 4.05$$

由 TB14-5 得滚子轴承相对应的寿命值：$L_{10\mathrm{h}}\approx 52000\mathrm{h}$。

结果：圆锥滚子轴承 30210A 的寿命为 $L_{10\mathrm{h}}\approx 60000\mathrm{h}$，圆锥滚子轴承 30207A 的寿命为 $L_{10\mathrm{h}}\approx 52000\mathrm{h}$。

假设：圆锥滚子轴承 30210A：$C=80\mathrm{kN}$，$e=0.42$ 和 $Y=1.43$；圆锥滚子轴承 30207A：$C=54\mathrm{kN}$，$e=0.37$ 和 $Y=1.6$。如图 14-35 所示，只有径向载荷作用，$F_{\mathrm{r\,I}}=6.8\mathrm{kN}$ 和 $F_{\mathrm{r\,II}}=1.5\ \mathrm{kN}$。$n=750\mathrm{r/min}$，试求此时的轴承 Ⅰ 和轴承 Ⅱ 的寿命（以工作小时表示）为多少？

▶解：由图 14-36c，有

$$\frac{F_{\mathrm{r\,I}}}{Y_{\mathrm{I}}}=\frac{6.8\mathrm{kN}}{1.43}\approx 4.76\mathrm{kN}>\frac{F_{\mathrm{r\,II}}}{Y_{\mathrm{II}}}=\frac{1.5\mathrm{kN}}{1.6}\approx 0.94\mathrm{kN}$$

因为 $F_{\mathrm{a}}=0$，适用图 14-36c 的第 3 行：

$$F_{\mathrm{a\,I}}=0.5\frac{F_{\mathrm{r\,I}}}{Y_{\mathrm{I}}}\approx 0.5\times\frac{6.8\mathrm{kN}}{1.43}\approx 2.38\mathrm{kN}=F_{\mathrm{a\,II}}$$

对于轴承 Ⅰ，有

$$\frac{F_{\mathrm{a\,I}}}{F_{\mathrm{r\,I}}}=\frac{2.38\mathrm{kN}}{6.8\mathrm{kN}}\approx 0.35<e_{\mathrm{I}}=0.42$$

由 TB14-3 得 $X_{\mathrm{I}}=1$ 和 $Y_{\mathrm{I}}=0$，得 $P_{\mathrm{I}}=F_{\mathrm{r\,II}}=6.8\mathrm{kN}$。根据式（14-7），由 $f_{\mathrm{n}}=0.39$（见例 14-2），得动特征数为

$$f_{\mathrm{L\,I}}=\frac{C_{\mathrm{I}}}{P_{\mathrm{I}}}f_{\mathrm{n}}=\frac{80\mathrm{kN}}{6.8}\times 0.39\approx 4.6$$

由这些值，对滚子轴承，查 TB14-5，有：$L_{10\mathrm{h}}\approx 80000\mathrm{h}$。

对轴承 Ⅱ，有

$$\frac{F_{\mathrm{a\,II}}}{F_{\mathrm{r\,II}}}=\frac{2.38\mathrm{kN}}{1.5}\approx 1.59>e_{\mathrm{II}}=0.37$$

由 TB14-3 得 $X_{\mathrm{II}}=0.4$ 和 TB14-2 得 $Y_{\mathrm{II}}=1.6$，得当量动载荷为

$$P_{\mathrm{II}}=X_{\mathrm{II}}F_{\mathrm{r\,II}}+Y_{\mathrm{II}}F_{\mathrm{a\,II}}=0.4\times 1.5\mathrm{kN}+1.6\times 2.38\mathrm{kN}\approx 4.41\mathrm{kN}$$

故动特征数为

$$f_{\mathrm{L\,II}}=\frac{C_{\mathrm{II}}}{P_{\mathrm{II}}}f_{\mathrm{n}}=\frac{54}{4.41}\times 0.39\approx 4.78$$

由 TB14-5 得与该值相对应的滚子轴承寿命为：$L_{10\mathrm{h}}\approx 95000\mathrm{h}$。

结果：如果仅仅受径向载荷，圆锥滚子轴承 DIN 720-30210A 的寿命为 $L_{10\mathrm{h}}\approx 80000\mathrm{h}$。圆锥滚子轴承 DIN 720-30207A 的寿命为 $L_{10\mathrm{h}}\approx 95000\mathrm{h}$。

■例 14-3：一个物料索道的滚轮，其 $D_{\mathrm{L}}=250\mathrm{mm}$（见图 14-54），转速 $n=270\mathrm{r/min}$，受径向载荷 $F_{\mathrm{r}}=8\mathrm{kN}$。沿轴向受圆周导引力，在不利的情况下估计约为 F_{r} 的 20%，并由轴承 A 承担。

滚轮由两个圆锥滚子轴承 DIN 720-30306A 支承，为使支点距离大，以 O 型布置（见 § 14.2.1-3。标准结构形式）。在轴承外圈之间用一个长度为 65mm 的套筒隔开（同样地，在内圈之间也用套筒隔开）。

试校核受载不利的轴承 A 是否能达到对提升绳盘所要求的寿命系数 f_{L}。

▶解：由 TB14-1b 查取与尺寸 $d=30\mathrm{mm}$ 相对应的轴承孔的相关尺寸为

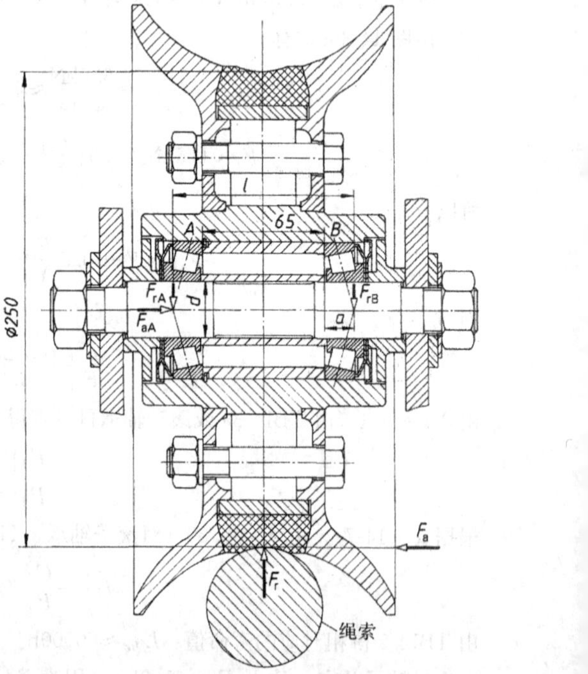

图 14-54　物料索道的滚轮（企业图形）

$$D=72\text{mm},B=19\text{mm},C=16\text{mm},T=20.75\text{mm},a=15\text{mm},r_{1s}=r_{2s}=1.5\text{mm}$$

由 $l=(65+2\times15)\text{mm}=95\text{mm}$，$F_a=0.2F_r=0.2\times8\text{kN}=1.6\text{kN}$，得轴承 A 的径向载荷为

$$F_{rA}=\frac{F_r}{2}+F_a\frac{D_L}{2l}=\left(4+1.6\frac{250}{2\times95}\right)\text{kN}\approx6.1\text{kN}$$

对轴承 B：

$$F_{rB}=\frac{F_r}{2}-F_a\frac{D_L}{2l}=\left(4-1.6\frac{250}{2\times95}\right)\text{kN}\approx1.9\text{kN}$$

首先由 TB14-2 得到两个相同圆锥滚子轴承 DIN 720-30306A 的相关参数：基本额定动载荷 $C=60\text{kN}$，极限值 $e=0.31$，$Y=1.9$。

因为受径向载荷时还会产生轴向反力，必须按图 14-36 用 $Y=Y_{\text{I}}=Y_{\text{II}}$ 进行校核，对轴承 A 为 $F_{rA}=F_{r\text{I}}$，对轴承 B 为 $F_{rB}=F_{r\text{II}}$。

$$\frac{F_{r\text{I}}}{Y_{\text{I}}}\triangleq\frac{F_{rA}}{Y}=\frac{6.1}{1.9}\approx3.2>\frac{F_{r\text{II}}}{Y_{\text{II}}}\triangleq\frac{F_{rB}}{Y}=\frac{1.9}{1.9}=1$$

而且

$$F_a=1.6\text{kN}>0.5\left(\frac{F_{r\text{I}}}{y_{\text{I}}}-\frac{F_{r\text{II}}}{y_{\text{II}}}\right)=0.5(3.2-1)\text{kN}=1.1\text{kN}$$

所以计算时必须考虑轴向载荷，为

$$F_{aA}\triangleq F_{a\text{I}}=F_a+0.5\frac{F_{r\text{II}}}{Y_{\text{II}}}=(1.6+0.5\times1)\text{kN}=2.1\text{kN}$$

$$\frac{F_{aA}}{F_{rA}}=\frac{2.1}{6.1}\approx0.34>e=0.31\quad 式中,X=0.4(见\ TB14\text{-}3)$$

由式（14-8）得当量动载荷为

轴承 A：$P_A=0.4F_{rA}+1.9F_{aA}=(0.4\times6.1+1.9\times2.1)\text{kN}=6.43\text{kN}$。

$n=270\text{r/min}$ 时，$f_n\approx0.53$（由 TB14-4 或滚动轴承目录查取），由式（14-7）得动特征数为

$$f_L=\frac{C}{P_A}f_n=\frac{60}{6.43}\times0.53\approx4.95$$

由 TB14-5 得到基本额定寿命为 $L_{10h}\approx90000\text{h}$。

由 TB14-7 知，对提升绳盘支承所要求的寿命系数为 $f_L=4\sim4.5$，这对于滚子轴承相当于基本额定寿命为 32000～70000h。在这个时间范围内，索道的滚轮一般要更换了。

结果： $f_{L要求}\approx4\sim4.5<f_{L实现}\approx4.95$。所以轴承尺寸足够。但是不能选更小的轴承了，因为提升机轴承处于污染环境中，所以实际能达到的寿命（见§14.3.4）低于 90000h。

■例 14-4： 试为一个通用直齿圆柱齿轮传动主动轴（图 14-55）选择合适的滚动轴承。由强度计算和初步设计得：轴的直径 $d=60\text{mm}$，轴颈直径 $d_1=50\text{mm}$；支点距离 $l=310\text{mm}$，$l_1=120\text{mm}$，$l_2=190\text{mm}$；齿轮最大载荷为 $F=10.6\text{ kN}$，分度圆直径 $d=364\text{mm}$；轴的转速为 $n=315\text{r/min}$。工作条件相对来说不恶劣。

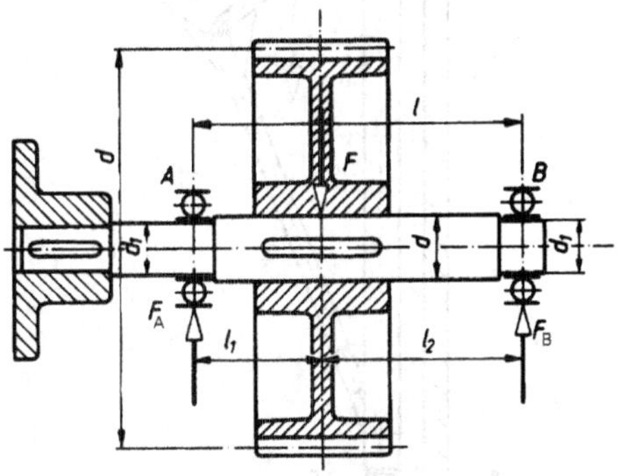

图 14-55　滚动轴承支承的主动轴

▶解： 首先要决定，对于给定的工作条件应采取哪种类型的轴承。一般总是先考虑选用深沟球轴承（见§14.2.2）；对于本例的工作条件也应如此。如果径向载荷过大（本例没有轴向载荷），也可采用圆柱滚子轴承。

首先按深沟球轴承进行计算。由条件 $\sum M_{(B)}=0$，有

$$F_A=\frac{Fl_2}{l},F_A=\frac{10.6\text{kN}\times19\text{cm}}{31\text{cm}}=6.5\text{kN}$$

由 $\sum F=0$ 得 $F_B=F-F_A$，$F_B=10.6\text{kN}-6.5\text{kN}=4.1\text{kN}$。

对于受载最大且只承受径向载荷的轴承 A，其当量动载荷按式（14-8）计算：$P=F_r$。

由 $F_r=F_A=6.5kN$，得 $P=6.5kN$。

由式（14-7）得所需基本额定动载荷：

$$C=\frac{P f_L}{f_n}$$

由 TB14-7 第 5 行，对于通用减速器，其基本额定寿命应 $L_{10h} \geqslant 20000h$；由 TB14-5 对于球轴承，得动特征数为 $f_L \approx 3.5$。

转速 $n=315r/min$，由 TB14-4（球轴承），得 $f_n \approx 0.47$，所以

$$C=\frac{6.5kN \times 3.5}{0.47} \approx 48kN$$

对于球轴承 $p=3$，由式（14-6）也可算得同样的结果。对于轴承孔 $d=d_1=50mm$，即孔特征指数为10，由 TB14-2 得知下述轴承合适：深沟球轴承 DIN 625-6310，其 $C=62kN$。

为使加工简单和成本低（同样的轴承孔，尺寸见 TB14-1），轴承 B 取与轴承 A 相同的滚动轴承。结构设计时应注意，一个轴承为固定轴承，另一个轴承为游动轴承（见§14.2.1-1）。

如果选用圆柱滚子轴承，计算原理并没有什么变化。但是由 TB14-5 知滚子轴承 $f_L \approx 3.1$，由 TB14-4 知滚子轴承 $f_n \approx 0.51$。所以所需基本额定动载荷为 $C \approx 39.5kN$。

由 TB14-2（尺寸见 TB14-1），对于 $d=d_1=50mm$，得：

圆柱滚子轴承 DIN 5412-NU210E，$C=64kN$，作为游动轴承，

圆柱滚子轴承 DIN 5412-NUP210E 作为固定轴承（导引轴承，见图 14-9d）。

通过比较制造商给出的价格，深沟球轴承的优势很小。而且圆柱滚子轴承的基本额定动载荷更大，相比所需寿命，它有长得多的寿命值。

结果：可选下述轴承：深沟球轴承 DIN 625-6310，$D=110mm$，$B=27mm$；或圆柱滚子轴承 DIN 5412-NU210E 和 NUP210E，$D=90mm$，$B=20mm$。

■**例 14-5**：试为一个墙式旋臂起重机的颈轴承和推力轴承（见图 14-56a）选择合适的滚动轴承。

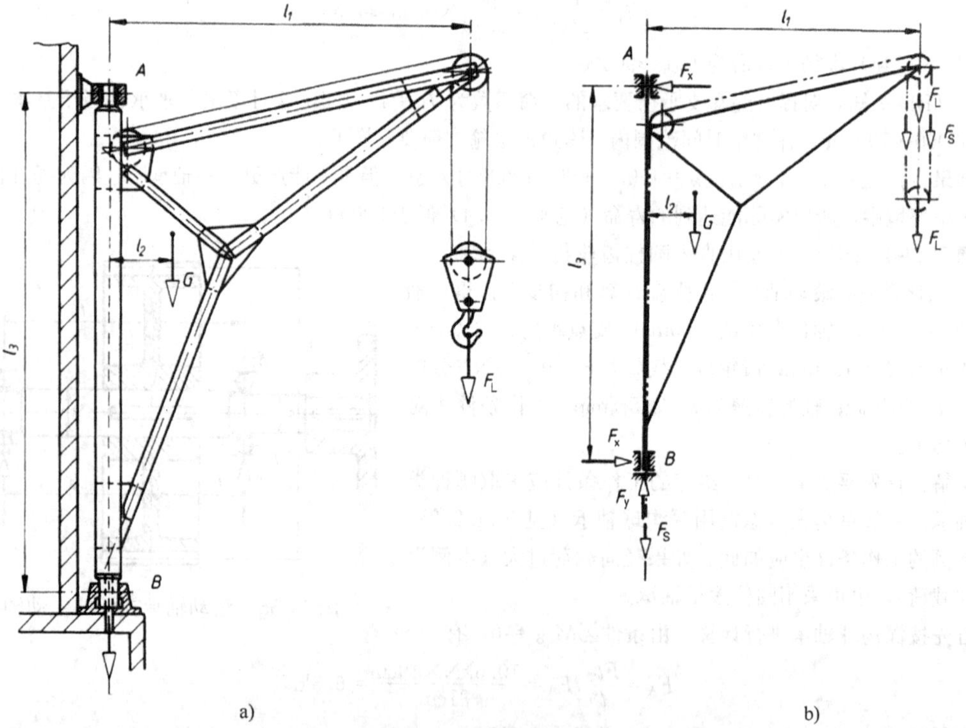

图 14-56 墙式旋臂起重机

a）墙式旋臂起重机支柱的支承 b）墙式旋臂起重机的受力分析

最大载荷 $F_L=25kN$，自重力 $f_G=5kN$，跨度 $l_1=3.2m$，重心距离 $l_2=0.9m$，轴承距离 $l_3=3.5m$。

要计算或确定的有：

a）轴承载荷。

b）轴颈 A 的滚动轴承。

c）推力轴颈 B 的滚动轴承。

d）设计颈轴承和推力轴承套圈。

▶**解 a)**：颈轴承只受径向载荷，此例为水平力，推力轴承受径向和轴向载荷。

轴承 A：

根据受力图 14-56b，由平衡条件 $\sum M_{(B)}=0$，得径向载荷为

$$F_x=\frac{F_L l_1+F_G l_2}{l_3},F_x=\frac{25kN\times3.2m+5kN\times0.9m}{3.5m}=24.1kN$$

轴承 B：

载荷 F_x 构成力偶，因此轴承 B 的径向载荷也为 $F_x=24.1kN$。

因为提升缆通过支座的重心（双型钢）和推力轴承，所以钢缆拉力 F_S 作为外力由轴承承受。所以轴向力 $F_y=F_L+F_G+F_S$。

不考虑绳轮效率，有

$$F_S=\frac{F_L}{2}\approx\frac{25kN}{2}\approx12.5kN$$

所以

$$F_y=25kN+5kN+12.5kN=42.5kN$$

结果：轴承径向载荷为 $F_x=24.1kN$，轴向载荷为 $F_y=42.5kN$。

▶**解 b)**：颈轴承和推力轴承只做很小的摆动运动，所以它们可视为静载轴承。因为轴承位置不能做到精确对心，故应选调心轴承。

对于仅仅只承受径向载荷的轴承 A，按式（14-14）计算其当量静载荷：

$$P_0=F_{r0}$$

径向载荷 $F_{r0}=F_x=24.1kN$，所以

$$P_0=24.1kN$$

由式（14-2）计算所需的基本额定静载荷：

$$C_0=P_0 f_s$$

为了考虑可能的冲击，选择安全系数为 $f_s=1.5$，所以

$$C_0=24.1kN\times1.5\approx36.2kN$$

在进行轴承选择之前，首先估计轴颈直径为 $d=45mm$，同时应注意用这个尺寸能找到所需额定载荷的轴承。应对轴颈进行强度校核。由 TB14-2 得到：

球面滚子轴承 DIN 635-20209，$C_0=54kN$，$d=45mm$，$D=85mm$，$B=19mm$。

轴颈校核（图 14-57）：轴颈受弯曲和剪切。当轴承宽度为 $B=b=19mm$ 时，轴肩处的弯曲应力为

$$\sigma_b=\frac{M_b}{W}=\frac{F_x\frac{B}{2}}{0.1d^3}$$

$$=\frac{24.1kN\times0.95cm}{0.1\times4.5^3cm^3}\approx2.52kN/cm^2=25.2N/mm^2$$

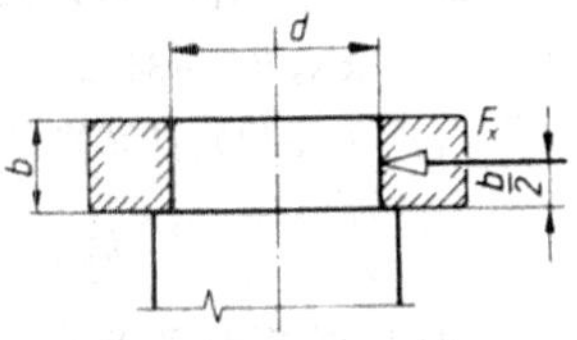

图 14-57　轴颈的校核

弯曲应力很小，无需再进一步计算。所以轴颈抗断裂安全。

结果：轴颈轴承选择球面滚子轴承 DIN 636-30209。

▶**解 c)**：由于要穿过钢缆，所以推力轴颈做成空心的。应对支承进行结构设计并进行校核。对于预期的钢缆直径 $d_S\approx12\sim15mm$，取轴颈孔 $d_i=25mm$，轴颈直径 $d_a=60mm$（见图 14-59）。由于比值

$$\frac{F_{r0}}{F_{a0}} \triangleq \frac{F_x}{F_y} = \frac{24.1\text{kN}}{42.5\text{kN}} \approx 0.57 > 0.55$$

所以不能取只用一个推力调心滚子轴承的结构［见式（14-3）］。而是应将一个向心轴承和一个推力轴承组合使用（见图 14-59）。

由初步设计得到套筒外径 $d_H = 70\text{mm}$，由 TB14-2 选择向心轴承：球面滚子轴承 DIN 635-20214，$C_0 = 129\text{kN}$ 和 $d = 70\text{mm}$，$D = 125\text{mm}$，$B = 24\text{mm}$。

取一个单向受力轴承作为推力轴承，松圈的轴承孔为 $d_w = 70\text{mm}$；选择：推力深沟球轴承 DIN 711-53214，U214，$C_0 = 160\text{kN}$ 和 $d = 70\text{mm}$，$H_u = 32\text{mm}$。

轴承校核：由式（14-2），对球面滚子轴承，有：

$$f_s = \frac{C_0}{P_0} = \frac{C_0}{F_{r0}} = \frac{129\text{kN}}{24.1\text{kN}} \approx 5.4 > f_{s\,erf} = 1.5$$

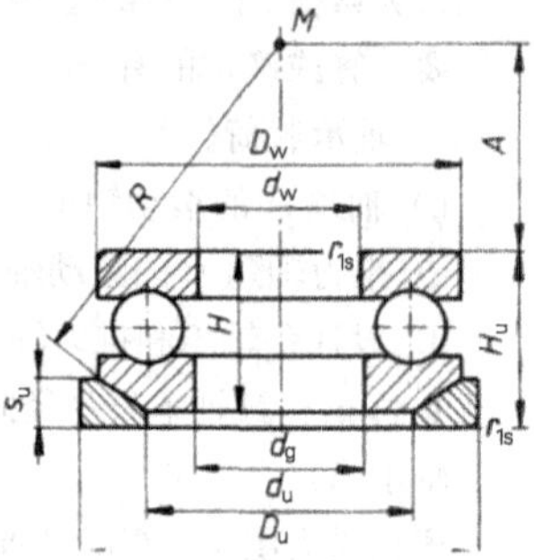

图 14-58　带球形紧圈和垫片的轴承

对推力深沟球轴承：

$$f_s = \frac{C_0}{P_0} = \frac{C_0}{F_{a0}} = \frac{160\text{kN}}{42.5\text{kN}} \approx 3.8 > f_{s\,erf} = 1.5$$

所以轴承的尺寸足够。

同轴颈一样，推力轴颈也无需进行强度校核。

结果：作为向心轴承，选择：球面滚子轴承 DIN 635-20214，作为推力轴承，选择：推力深沟球轴承 DIN 711-53214，U214。

▶**解 d)**：图 14-59 所示为颈轴承和推力轴承的初步设计。为了使轴颈处的球面滚子轴承能补偿不可避免的轴向高度差，应使外圈自由可动。

在进行推力轴承的结构设计时要注意，两个轴承应绕一个共同旋转中心 M 转动，以补偿偏心误差（尺寸由 TB14-1c 查取）。轴向载荷由轴颈通过轴肩传到球面滚子轴承的内圈和压力环 1 上，从而由推力轴承承受。

要清洁和润滑时，可将轴承盖 2 向上提。轴承用迷宫式密封 3，并用脂将通道填满。

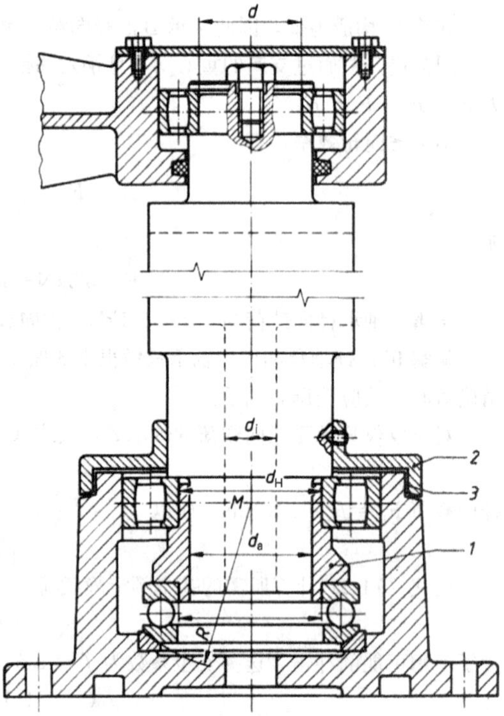

图 14-59　颈轴承和推力轴承的设计

■**例 14-6**：一个圆柱滚子轴承 DIN 5412-NU318，转速 $n = 500\text{r/min}$，承受不变径向载荷 $F_r = 50\text{kN}$。轴承用不含添加剂的矿物油润滑。在工作温度下的粘度为 $\nu = 38\text{mm}^2/\text{s}$，通过设置的油过滤器和良好的密封保证了润滑剂的高纯净度。如果要求实现概率为 98%，其修正寿命（以工作小时表示）为多大？

▶**解**：对于径向受载的轴承，按 § 14.3.2-3 计算当量动载荷，$P = F_r = 50\text{kN}$；对该轴承，由 TB14-2 得 $C = 315\text{kN}$，$C_0 = 345\text{kN}$，对尺寸系列 03，由 TB14-1a 得 $d = 90\text{mm}$，$D = 190\text{mm}$ 和 $B = 43\text{mm}$。

由式（14-14）计算修正寿命：

$$L_{nah} = a_1 a_{23} L_{10h} = a_1 a_{23} \frac{10^6}{60n}\left(\frac{C}{P}\right)^p \qquad \text{式中}, p = 10/3 (\text{滚子轴承})$$

对应于实现概率 98%，即失效概率为 2%，所以系数 $a_1 = 0.33$［见式（14-15）］。由 $d_m = (D+d)/2 = (190+90)/2\text{mm} = 140\text{mm}$，$n = 500\text{r/min}$，查 TB14-10b 得相对粘度 $\nu_1 \approx 21\text{mm}^2/\text{s}$。对于粘度比 $\kappa = \nu/\nu_1 = 38/21 \approx 1.8$ 和特征数 $f_s^* = C_0/P_0^* = 345\text{kN}/50\text{kN} \approx 6.9$，由 TB14-11a 得圆柱滚子轴承（曲线 b）得值 $K_1 \approx 0.68$ 和由 TB14-11b 得无添加剂的润滑油的值 $K_2 \approx 0.7$。由这些值即可得 $K = K_1 + K_2 = 0.68 + 0.7 \approx 1.38$。由 $K = 1.38$ 和 $\kappa = 1.8$，查 TB14-12 得 $a_{23\text{II}} \approx 2$。由 TB13-13a，对提高了的洁净度 $V = 0.5$，由值 $f_s^* \approx 6.9$ 和 $\kappa \approx 1.8$，得洁净度系数 $s \approx 2$。根据 § 14.3.4，由此得系数 $a_{23} = a_{23\text{II}}\, s = 2 \times 2 = 4$，所以得修正寿命为

$$L_{nah}=0.33\times4\times\frac{10^6}{60\times500}\times\left(\frac{315}{50}\right)^{10/3}\ h\approx20000h$$

结果：圆柱滚子轴承 DIN 5412-NU318 在实现概率为 98%下的修正寿命约为 20000h。

14.7　参考文献和图片来源

Brändlein, J., Eschmann, P., Hasbargen, L., Weigand, K.: Die Wälzlagerpraxis, Vereinigte Fachverlage GmbH, Mainz, Dritte Auflage 1995

Dahlke, H.: Handbuch der Wälzlagertechnik, Vieweg-Verlag, Wiesbaden 1994

DIN-Taschenbuch 24: Wälzlager – Grundnormen, 7. Aufl., Beuth-Vertrieb GmbH, Berlin/Köln/Frankfurt 1995

DIN-Taschenbuch 264: Wälzlager – Produktnormen, 1. Aufl., Beuth-Vertrieb GmbH, Berlin/Köln/Frankfurt 1995

Eschmann, P.: Das Leistungsvermögen der Wälzlager, Springer-Verlag, Berlin/Göttingen/Heidelberg 1964

Hampp, W.: Wälzlagerungen (Konstruktionshandbücher) Springer-Verlag, Berlin 1971

INA – Technisches Taschenbuch, INA Wälzlager Schaeffler KG, Herzogenaurach 1992

Niemann, G., Winter, H., Höhn, B.-R.: Maschinenelemente, Bd. 1: Konstruktion und Berechnung von Verbindungen, Lagern, Wellen. 3. Aufl. Berlin: Springer, 2001

Palmgren, A.: Grundlagen der Wälzlagertechnik, Francksche Verlagsbuchhandlung, Stuttgart 1964

Prospekte und Kataloge der Firmen Bosch Rexroth AG, Lohr am Main; FAG OEM und Handel AG, Schweinfurt; Franke GmbH, Aalen; GEROBEAR, Wemhöner & Popp oHG, Herzogenrath; INA Lineartechnik oHG, Homburg/Saar; INA Schaeffler Wälzlager oHG, Homburg/Saar; INA Wälzlager Schaeffler KG, Herzogenaurach; NSK Kugellager GmbH Ratingen; Schneeberger GmbH, Gräfenau; SKF Verkauf Maschinenbau und Handel, Schweinfurt; WMH Herion GmbH Zahnradfabrik, Pfaffenhofen/Ilm

Bosch Rexroth AG, Lohr am Main: 图14-52

FAG OEM und Handel AG, Schweinfurt: 图14-31a), 14-42, 14-43, 14-54

INA Lineartechnik oHG Homburg/Saar: 图14-49

INA Schaeffler Wälzlager oHG, Homburg/Saar: 图14-47

INA Wälzlager Schaeffler KG, Herzogenaurach: 图14-14, 14-28, 14-54

NSK Kugellager GmbH, Ratingen: 图14-50a)

SKF Verkauf Maschinenbau und Handel, Schweinfurt: 图14-12

Schneeberger GmbH, Gräfenau: 图14-50b)

WMH Herion GmbH Zahnradfabrik, Pfaffenhofen/Ilm: 图15-51

第 15 章　滑 动 轴 承

15.1　功能和作用

15.1.1　工作原理

滑动轴承是轴与轴瓦或中间介质之间的相对运动为滑动的一种轴承（见 § 14.1.1，图 14-1c和 d）。

根据承载能力产生方法的不同，可分为液体动压滑动轴承和液体静压滑动轴承。液体静压滑动轴承是依靠外部产生的压力工作的，也就是说，润滑剂压力是在轴承外部通过泵产生的。

液体（内部）动压是通过轴和轴瓦的相对运动自身形成承载润滑膜。而混合轴承将产生承载力的外压和内压组合，例如带液体静压起动辅助装置的滑动轴承。

还需要关注的是承载介质，它分为气体、油、脂、水、固定润滑剂、铁磁悬浮液和磁场。干轴承在无中间介质的情况下工作。

磁轴承在工作时无接触、无润滑剂和无磨损。主动电磁轴承通过传感器测量转子是否偏离其参考位置，然后产生控制信号，通过控制电流来调节磁力，从而使转子保持悬浮状态。通过嵌入的软件实现这种无接触轴承的“智能”控制。

在本章中仅仅介绍在机械制造中占主导地位的液体动压滑动轴承（作为例外还介绍液体静压推力轴承）。

15.1.2　滑动面布置

对于向心轴承，回转轴在固定不动的轴瓦构成的滑动面上滑动，对于推力轴承，与轴一起回转的动圈在固定不动的座圈上滑动，见图 15-1。

还有将推力轴承与向心轴承组合在一起形成一个结构整体的所谓推力-向心滑动轴承，以方便用一个固定轴承来保持轴的位置并节约空间（见图 15-30 和图 15-35）。

在向心轴承的轴与轴承之间存在间隙，其尺寸 $s=d_L-d_W$称为轴承间隙，这保证了向心轴承滑动件之间的运动可能性。推力轴承只有在同一轴用两个推力滑动面支承时，才产生轴承间隙（见图 15-2），两个相对滑动面距离之和为轴承间隙 $s=h_1+h_2$。

由轴承间隙在滑动面之间形成的空间称为滑动空间，大多数情况下充满润滑剂。在由滑动空间所形成的轴的运动间隙空间内，工作时的最小润滑间隙高度 h_0不得小于许用的极限值 $h_{0\,zul}$，否则不能做到无缺陷滑动

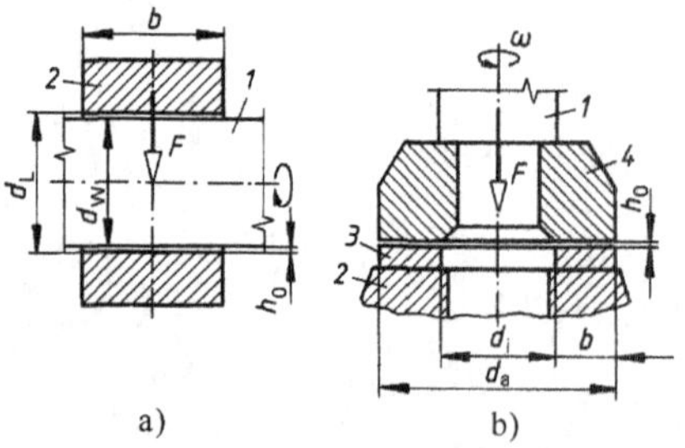

图 15-1　滑动轴承的类型

a）向心轴承　b）推力轴承

1—轴，轴径 d_W，轴承内径 d_L

2—轴瓦　3—推力座圈，外径 d_a和内径 d_i

4—动圈，轴承承载宽度 b，

最小间隙 h_0（润滑膜），轴承力 F

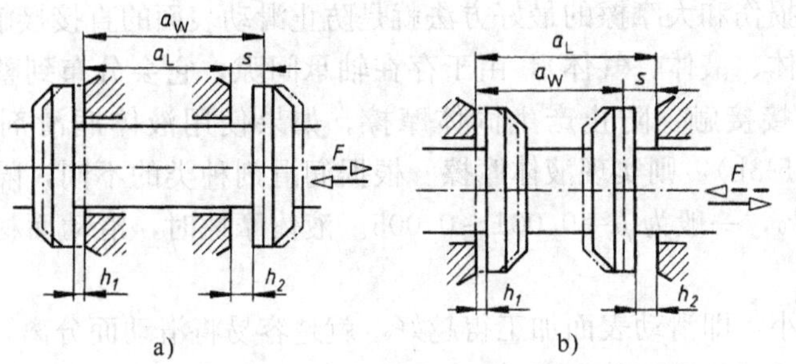

图 15-2 推力轴承的轴承间隙，示意图

a）带两个外置固定滑动面 b）带两个内置固定滑动面，a_L为固定滑动面的距离，a_w为转动滑动面的距离

[见式（15-8）]。轴承主要尺寸决定于轴承载荷 F（单位为 N）的大小（见图 15-1 的说明）。机械制造中常见的轴承主要是稳态传动，即 F 的大小和方向不变（静载轴承）。若 F 的大小或方向随时间变化，则为非稳态传动（动载轴承，例如曲轴轴承）。

15.1.3 摩擦状态

所有轴承在工作时都会有摩擦力，它阻止滑动运动并发热，即摩擦热。

在运动件之间会存在无、很少或足够多的润滑剂等情况，润滑剂量决定了摩擦状态，也就决定了磨损大小。

摩擦性能由摩擦因数 $\mu=F_R/F$ 描述，它表示与运动方向相反的摩擦力 F_R相对于轴承力 F（正压力）的大小，它与接触面积的大小无关，而是与滑动面材料性能及其表面精度（滑动面加工表面粗糙度，见 § 2.3）有关。如果滑动面直接接触，产生固体摩擦。绝对干的滑动面的摩擦因数 $\mu\geqslant0.3$，它与材料的种类有关。表面粗糙度越大，磨损越大（见图 15-3a）。磨损导致胶合，在发热剧烈时，会扩展到整个滑动面，最终导致停车和失效。

只要将干滑动面稍微湿润，就可明显降低摩擦（极限摩擦因数 $\mu<0.3$）。

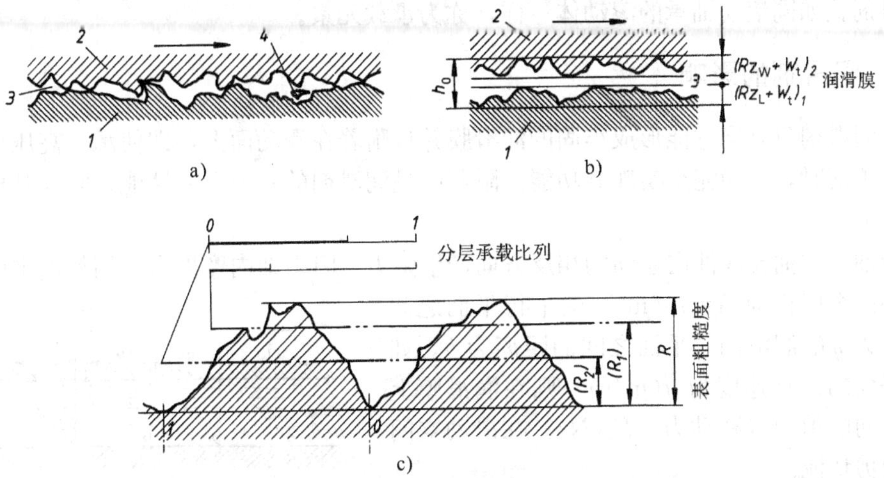

图 15-3 滑动面粗糙度

a）固体摩擦，1—轴瓦 2—轴 3—滑动空间 4—磨粒

b）液体摩擦，有隔离润滑膜，轴瓦表面粗糙度 $(Rz_L+W_t)_1$和轴的表面粗糙度 $(Rz_W+W_t)_2$，h_0为实际最小润滑间隙高度

c）表面粗糙度和承载比例，R 为初始表面粗糙度，(R_1) (R_2) 为 $W_t=0$ 时将粗糙尖峰磨平后的表面粗糙度，以截面表示承载比例

防止滑动表面损伤和大摩擦的最好方法就是防止滑动表面的直接接触。只要在滑动空间内充入润滑剂（固体、液体、气体），由于存在轴承间隙，它会分布到整个滑动面上，从而阻止滑动表面的直接接触，防止产生固体摩擦。如果使用液体润滑剂，且 $h_0 \geqslant h_{0\ zul} \geqslant \sum(Rz+W_t)$（见图15-3b），则实现液体摩擦。根据润滑剂种类的不同，隔离润滑膜最多能使摩擦因数降低到1%，一般为 $\mu=0.001 \sim 0.005$。液体摩擦时，滑动面材料不起作用［见式(15-4)］。

表面粗糙度越小，即滑动表面加工得越好，就越容易将滑动面分离，从而实现无磨损运转。如果假设参与承载的面积比例很高（轴的 $Rz_W \leqslant 2\mu m$，起动后的轴承滑动面的 $Rz_L \leqslant 1\mu m$），那么在粗糙尖峰被磨平后，最小间隙厚度 h_0 即使很小也能实现完全润滑（即液体摩擦）（见TB2-11）。

滑动空间中的润滑剂应产生将滑动面分离的力。为了能在滑动面之间产生润滑膜以形成完全润滑，从而能承受轴承载荷，应对滑动面进行相应的结构设计并使之相对运动，和/或受载，这样就能在润滑剂中产生压力，来平衡外载荷。在润滑剂中产生压力的方式有两种，一种是与轴的运动状态无关，通过轴承外的泵产生液体静压力，它挤压滑动空间中的润滑剂，形成压力场，这必须要有相应的装置，并有足够高的输入压力才能将滑动面分离至少最小间隙厚度 h_0；另一种是在滑动空间中通过润滑剂自身堆挤形成液体动压力，即附着在滑动面上的润滑剂被以足够大的速度旋转的轴，从大空间带到逐渐变小的空间中被挤压，润滑剂中压力加大，将滑动面分离至 h_0。所以滑动轴承分为液体静压润滑和液体动压润滑两种。

如果由于润滑剂中没有足够的液体压力从而不能将滑动面完全分离，则形成混合摩擦，也就是固体摩擦和液体摩擦的混合，其摩擦因数 $\mu \leqslant 0.1$。与固体摩擦所占比例相对应，会产生或多或少的磨损，因此在这种摩擦状态下工作，对滑动材料还有滑动和抗磨损性能等方面的要求（见§15.3.1）。

对机械零件有关摩擦、磨损性能等的补充内容请见“第24章摩擦学”。

如果采用润滑油作润滑剂，为了使滑动轴承能持久可靠工作，必须使其保持液体摩擦状态。润滑剂就如同滚动轴承的滚动体一样，称为承载元素。

15.1.4 润滑剂的影响

液体润滑剂只有当它能形成牢固的润滑膜并且附着在滑动面上，即使承受高压也不能将其挤开或脱落时，才能完全实现其功能。附着度是润滑剂的一个重要性能，它与其成分和滑动材料有关。

润滑油会在油粒或油层运动的相反方向产生阻力。阻力即内摩擦力，用粘度来度量。

如果两个面积为 $A=lb(m^2)$ 的平行平面之间充满粘度为 η 的润滑油，平面之间的距离为 h，如果运动平面的滑动速度为 u(m/s)，则在润滑膜上作用有反向的剪力（移动力）F_t(N)。在滑动空间中产生纯剪切流。

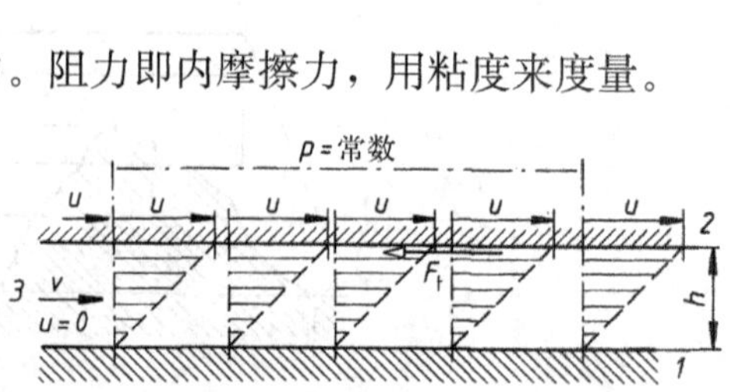

图15-4 平行滑动平面之间的速度分布（例如轴瓦1，轴2），滑动空间3，h 距离（润滑间隙高度）；u 滑动速度，v 平均速度；对于纯剪切流，p=常数

由于附着的作用，附着在静止平面（例如轴瓦1）上的润滑膜的速度 $u=0$；速度线性变化，直到运动平面（例如轴2）为 u（见图15-4）。

根据牛顿理论，油层之间的切应力近似不变

$\tau = F_t/A = \eta u/h = \eta D(\mathrm{N/m^2})$，式中速度梯度 $D = u/h$（$\mathrm{m \cdot s^{-1}/m = s^{-1}}$）。因为压力 p 不变，所以该流体几乎不能承受载荷 F。与 D 无关的比例常数 η 称为动力粘度。

根据牛顿切应力定律，有 $\eta = t/D(\mathrm{N \cdot m^{-2}/s^{-1} = N \cdot s/m^2 = Pa \cdot s}$，帕·秒)。

常用的是更小的单位（毫帕·秒）：

$1\mathrm{mPa \cdot s} = 10^{-3}\mathrm{Pa \cdot s}$（以前为 1cp）⊖ $= 10^{-3}\mathrm{N \cdot s/m^2} = 10^{-9}\mathrm{N \cdot s/mm^2}$

如果两个距离为 $h = 1\mathrm{m}$ 的平行平面之间的相对速度为 $u = 1\mathrm{m/s}$，其切应力为 $\tau = 1\mathrm{N/m^2} = 1\mathrm{Pa}$ 的话，则该流体的动力粘度为 $\eta = 1\mathrm{Pa \cdot s}$。

动力粘度 η 可直接用球落粘度计来测量（DIN 53015），其测量原理是：一个基准球在一个充满测试油的基准玻璃管中下沉，测量下沉到标记测试距离时所需要的时间。

使用更广泛的是测量相对更简单的毛细管粘度计（DIN 51562），其测量原理是：在一个特制容器内固定安装有一根流出细管（毛细管），让一定量的油流出，测量流出的时间。由于流出是在重力作用下产生的，所以流出时间还受密度 $\rho(\mathrm{kg/m^3, g/cm^3})$ 的影响。

然后应求出运动粘度 $\nu = \eta/\rho$。其单位为

$$\frac{\mathrm{N \cdot s/m^2}}{\mathrm{kg \cdot m^{-3}}} = \frac{\mathrm{kg \cdot m}}{\mathrm{s^2}} \cdot \frac{\mathrm{s}}{\mathrm{m^2}} \cdot \frac{\mathrm{m^3}}{\mathrm{kg}} = \frac{\mathrm{m^2}}{\mathrm{s}} \text{其中}, 1\mathrm{N} = 1\mathrm{kg \cdot m/s^2}$$

常用的是更小的单位：$1\mathrm{mm^2/s} = 10^{-6}\mathrm{m^2/s}$（以前为 1cSt）⊜。

润滑油的粘度随着温度 θ（℃，或 K）的升高而下降，随着压力 p(bar，$1\mathrm{bar} = 10^5\mathrm{pa}$) 的升高而增大。它受温度的影响要比受压力的影响的程度大得多。压力的影响可以忽略不计，因为轴承设计计算是用润滑膜的平均粘度计算，这是一种近似解，这相当于是一种安全措施。

品牌油（一般为矿物油，原油蒸馏精炼）的粘度-温度关系（即 *V-T* 线图）由制造商给出。由于不同公司生产的同牌号油和同一公司的不同批次生产的油有差别，因此应采用当量线图（见 TB15-9）。

乌伯勒德-瓦特（尼曼）*V-T* 线图显示，若将 h 取对数坐标，θ 取线性坐标，则对一种特殊函数，它们之间为直线关系。为了作出该直线，至少应知道两个不同温度下的 η 值，其斜率代表油对温度的敏感程度。为了作出评价，要按 DIN ISO 2909 计算粘度指数 *VI*，用它来将随机排列的油按对温度的敏感度大小重新排列。由此显示，当 *VI* 值为 100 时，得到的 *V-T* 直线非常平坦，这说明，随着温度 θ 的升高，η 的变化相对来说很小。*VI* 值越接近零，该直线就越陡，即它的 *V-T* 性能就越差。

根据 DIN 51519，对于工业液体润滑剂，ISO 粘度等级一共定义了 18 个粘度等级，即 ISO VG 2～ISO VG 1500，经过圆整后所得到的数值代表许用极限偏差为±10%，40℃时的中点粘度（$\mathrm{mm^2/s}$）。这种分类不含质量评价。对于 $VI = 100$，由 TB15-9 中的 *V-T* 直线可查得该种润滑油在 θ_{eff} 下的 η_{eff}，但并不提供对润滑剂生产商的说明。

滑动轴承润滑剂的选择按 DIN 51502（润滑剂说明）进行。此外，根据 DIN 51501，润滑油 L-AN（一般润滑油）分为 11 种，即 AN5～AN680，它是纯矿物油，适用于无较高要求，润滑位置要连续和循环润滑的场合。其分类按 DIN 51519 规定。这种润滑油用于从润滑位置流出时的持续温度不超过 50℃，且注入到润滑位置时至少比流点高 10℃的场合。

⊖ $1\mathrm{P} = 100\mathrm{cP} = 0.1\mathrm{Pa \cdot s}$。

⊜ $1\mathrm{St} = 100\mathrm{cSt} = 10^{-4}\mathrm{m^2/s}$。

矿物油在温度较高时会迅速老化，对于要求较高的循环润滑，出于经济性的原因，应采用润滑油C，它分为11种，即C7～C680，或对防腐蚀要求更高时，用润滑油CL，它分为10种，即CL5～CL460，或在混合摩擦时要求降低磨损和更高的承载能力时，用润滑油CLP，它分为8种，即CLP46～CLP680，所有这些润滑油的标准为DIN 51517（见§14.2.4-2油润滑）。

对于上述润滑油种类，TB15-8a给出了ν_{40}、燃点和流点，以及与以前的润滑油N的比较。

润滑油的密度ρ也与温度和压力有关。如果忽略压力影响，对于常见的15℃的密度$\rho_{15}=800\sim980\text{kg/m}^3$，可以近似计算其在任意温度$\theta$（℃）下的$\rho$：

$$\rho=\rho_{15}[1-65\times10^{-5}(\theta-15)] \tag{15-1}$$

ρ，ρ_{15}	θ
kg/m^3	℃

润滑剂粘温关系可通过测试方法测得，并可用方程$\eta=K_1\exp[K_2/(\theta+K_3)]$来描述。在该数值方程中，$\eta$为动力粘度（Pa·s），常数$K_1$、$K_2$和$K_3$是试验得到的润滑剂特定参数，$\theta$是温度（℃）。

矿物油在温度θ下的动力粘度η_θ可近似的按ISO粘度等级（见TB15-8a），由式（15-2）求得

$$\ln\frac{\eta_\theta}{K}=\left(\frac{159.56}{\theta+95℃}-0.1819\right)\times\ln\frac{\rho VG}{10^6K} \tag{15-2}$$

$\eta_\theta K$	ρ	VG	θ
Pa·s	kg/m^3	mm^2/s	℃

式中　η_θ——温度θ下的动力粘度；

K——0.18×10^{-3}Pa·s（常数）；

ρ——润滑油密度（平均值：$\rho=900\text{kg/m}^3$）；

VG——DIN 51519规定的粘度等级，例如ISO VG100［在2～1500mm^2/s（40℃时）的范围内一共定义了18种粘度等级，见TB15-8a］；

θ——润滑油的工作温度。

TB15-9给出了在平均密度$\rho=900\text{kg/m}^3$下的ISO标准油的粘度变化曲线。相对于纯矿物油，多区域油的粘温曲线更为平坦。即使没有结构粘度添加剂，合成油也能得到平坦的粘温曲线。

为了由热平衡计算得到轴承温度（见§15.4.1-2，特别是式（15-15）、式（15-24）和式（15-34），必须得到比热容c，单位为J/(kg·℃)。TB15-8c给出了各种密度ρ下的c与θ之间的线性关系曲线。

15.1.5　液体动压润滑

1. 油楔　滑动轴承主要采用液体动压润滑方式，因为相对于液体静压润滑方式，它无需附加设备，且容易形成有利的几何滑动空间（见§15.1.5-2）。要想在滑动空间本身中直接产生润滑膜压力，从而形成承载能力，必须使充满润滑剂的滑动空间沿运动方向逐渐变窄。同平行滑动面（见图15-4）一样，在楔形滑动空间中也会产生剪切流。假设滑动空间每个横截面总是有相同量的润滑剂流过，因此横截面变窄时润滑剂平均速度v增加，变宽时减小。因此速度梯度D沿整个间隙高度不再是直线变化，如图15-5用虚线所示的v曲线，在变窄的区域它是凸曲线，变宽处为凹曲线（在1处$v=u=0$，在2处$v=u$）。

所以每层的速度梯度 D 不一样，与之相关的切应力 $\tau=\eta D$ 也不一样，它与由滑动空间变窄形成堆挤作用而产生的压应力平衡。越靠近堆挤区域的最小间隙高度 h_0，润滑膜压力 p 越大，直到 p_{max}，然后 p 就减小。在图 15-5 中，堆挤区域的润滑膜压力用密度不同的铅垂阴影线来形象表示，中间纵向截面的 p 的分布曲线用点画线画在上方。由 p 的变化曲线可得堆挤区域长度 l 方向上的不变的平均压力 p_L。只要有足够大的压力 p_L，就可把滑动面推开，从而实现液体摩擦下的液体动压承载能力。当然，这种状态的形成取决于最小间隙高度 h_0 的大小和滑动面的粗糙度（见§15.1.3 摩擦状态）。从对承载能力和摩擦性能有利的角度来看，比值 $h_0/t\approx0.6\sim1.0$ 比较合适（见§15.4.2-2 推力滑动轴承，图 15-44a）。

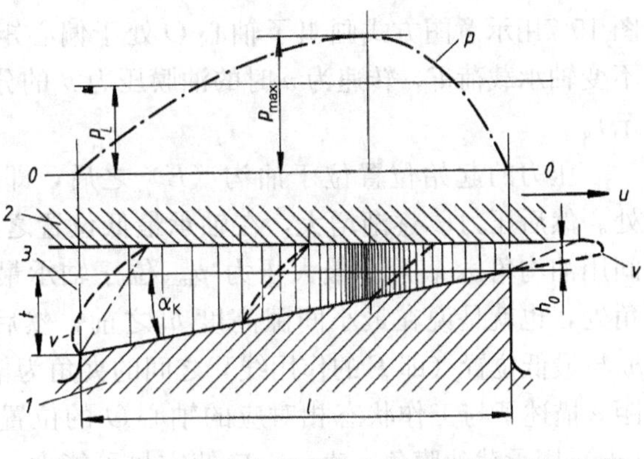

图 15-5 楔形间隙中的液体动压力和速度变化曲线
l—有效长度（堆挤长度），t—滑动速度 u 时的倾斜的高度（贯穿滑动面的中间纵向截面），α_K—楔的倾角，v—润滑剂流动速度，p_L—润滑膜平均压力，u—滑动速度
1—静止件 2—运动件 3—滑动空间

2. 压力分布和承载能力 对于整周向心滑动轴承，在轴承载荷 F 的作用下，处于静止状态（$n=0$）的轴 2 的母线沿轴承宽度 b 与轴瓦 1 接触（见图 15-6）。由于存在轴承间隙 $s=d_L-d_w$，所以轴心 O 相对于轴承孔中心 M 的偏心距为 $s/2$（$n=0$ 时）。充满润滑油的滑动空间呈月牙形横截面。

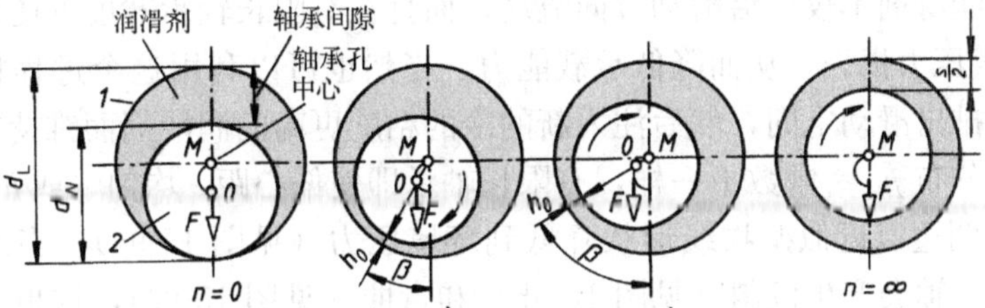

图 15-6 静止状态（轴处于最低位置）和转速 n 增大时轴心 O 的不同位置（示意图），β 为最小间隙高度 h_0 的偏位角

当轴开始旋转时，由于固体摩擦的作用，轴就试图在轴瓦上与转动方向相反爬高。但是由于转动的原因，依靠润滑油的附着作用，同时又将润滑油带进轴与轴瓦之间的月牙形间隙中。轴的转速 n 越大，也就是滑动速度 u 越大，就会有更多的油被带入沿转动方向变窄的润滑间隙中，由于堆积的作用，液体动压力 p 就会增高，它会将轴抬起并承担轴承载荷。

摩擦逐渐减小；进入混合摩擦阶段。若轴抬起达到 $h_0\geqslant h_{0\,zul}$，则实现液体摩擦。这时轴心 O 沿转动方向相对于轴承孔中心 M 处于偏置位置，与静止状态相比，偏心距下降为 $e=s/2-h_0$。随着转速 n 的继续增大，轴心 O 沿着半圆形轨道总是越来越接近轴承孔中心 M（不考虑附加振动）。h_0 变大，偏心距 e 变小，承载能力会降低，从而造成轴心位置不稳。当 $n=\infty$ 时，轴心 O 与轴承孔中心 M 重合。同距离 $s/2=h_0$ 的平行滑动面情况一样（见图15-4），同心转动不能承受或只能承受很小的轴承载荷 F。对于这种整周向心轴承（360°轴承），

图15-7用示意图方式画出了轴心 O 处于偏心矩 e 位置时，受不变轴承载荷 F，转速为 n 时的油膜压力 p 的分布（点画线表示）。

压力的起始位置位于油沟（E）之后，即间隙开始变窄处。然后压力 p 逐渐增大，在轴承最低位置之前的 p 上升区间用油沟角 α_N 表示。最大压力 p_{max} 位于轴承最低位置之后 γ 角处，也就是说在最小间隙高度 h_0 之前；然后 p 开如下降。h_0 与最低位置（即 F 的作用线）之间的夹角为偏位角 β，偏心距 e 描述了与工作状态相对应的轴心 O 的位置。整个压力区（+）用承载油膜角 φ 表示；应使它尽可能大，以产生更大的承载能力。

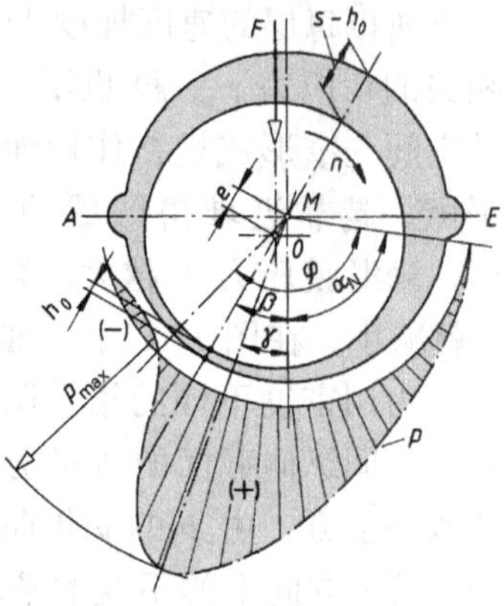

图15-7　向心轴承圆周方向的压力分布，受不变轴承载荷 F，示意图

有时在压力区之后会出现轻微的负压区（−）。特别是在较高的环境压力下工作的轴承，只要单位轴承载荷与环境压力差不多，就可能出现负压［见式（15-4）］。若在压力区中开有油沟 N（见图15-8），会中断压力分布曲线，承载能力明显降低，因此在受同样轴承载荷 F 时，滑动轴承不处于液体摩擦状态，而可能处于混合摩擦状态。

因此，油沟应总是位于压力区之前。

但这个规则并不一定适用于转速很小的轴承以及液体摩擦无论如何都建立不起来的情况。请注意图15-3的说明。

一般来说，轴承载荷 F 和轴承间隙 s 越小，或转速 n 和润滑剂粘度 η 越高，越容易达到液体摩擦状态。

在轴承中，润滑剂不仅仅沿滑动方向流动，而且在有限长轴承宽度 b 还有侧流（侧边也影响），这会造成压力损失，从而降低承载能力。当然也可以利用这个过程将大部分由于摩擦发热的润滑剂排出滑动空间，然后注入新的冷的粘度更高的润滑剂而维持完全润滑。与无限长轴承的压力分布 p_∞ = 常数不一样，有限长轴承即使偏心距 e 均匀（或 h_0 = 常数），轴承压力 p 从中点向两边以近似抛物线形状降低到环境压力（见图15-9a）。当然由于加工或装配和运行的原因，轴会产生倾斜（见图15-9b）和弯曲（见图15-9c），这也会影响在 b 上的压力分布曲线。

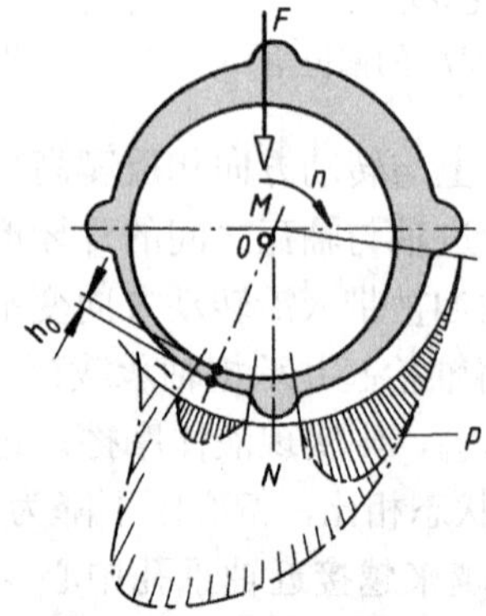

图15-8　被油沟中断的压力分布

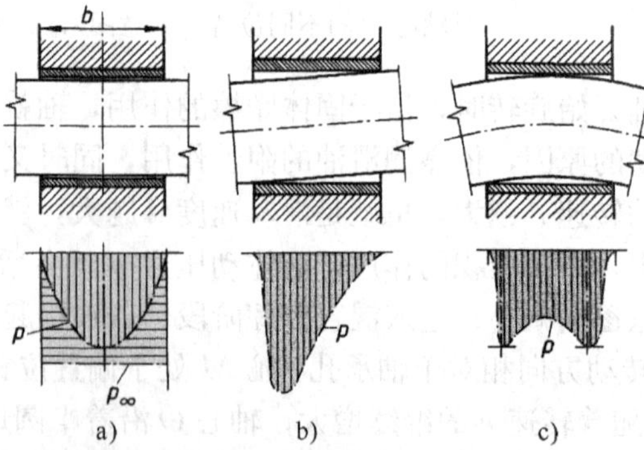

图15-9　润滑膜压力分布

a）无限长轴承 p_∞，有限长轴承 p，轴承承载宽度为 b

b）轴倾斜　c）轴弯曲

要想在垂直于运动方向上实现有利的油压分布，从而达到大承载能力，必须使 b 上有平行的润滑间隙（见图 15-9a）。这就要求间隙高度要均匀，可以通过提高滑动面的刚度和采取沿受力方向对称结构等措施（见图 15-10a）来实现。滑动面的非对称布置会使轴倾斜，从而造成润滑膜厚度不一致而产生角承载的危险（见图 15-10b），也就是说，在 b 上，h_0 会变化而 p 更高（有热运行和磨损的危险）。

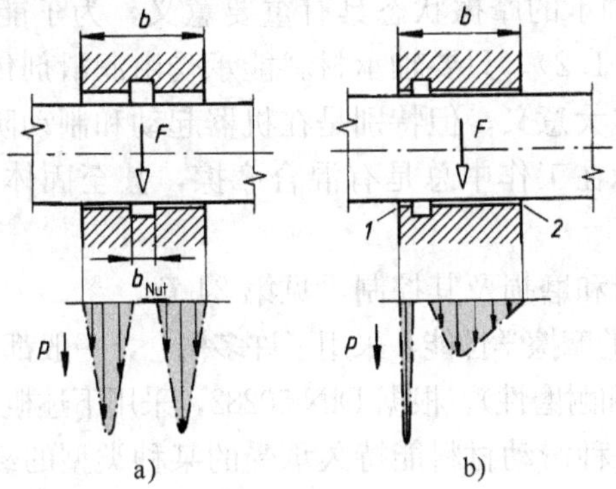

图 15-10 沿宽度 b 的压力分布

a）中间带整周油沟 b_{Nut} 的轴承 b）非对称结构，

一边带整周油沟：轴或轴承变形，使 1 处间隙比 2 处窄，当承受大 F 时会从该处开始产生问题

15.2 用途

流体动压滑动支承适用于

—无磨损的持久支承。

—高速和重载。

—承受冲击载荷。

—作为分体轴承。

—大直径轴承。

气体润滑轴承（流体动压和流体静压）没有干扰性的润滑剂，故可用于制药、食品和奢侈品工业中，而且还可用于航天机械和透平机械。水润滑轴承在潜水泵和水轮机中得到应用。

干运转轴承（无或有固体润滑剂）由于具有热承载能力和易于维护等优点，用途更广泛，用于车辆、建筑机械、喷气发动机、节流阀和仪器仪表中。

流体静压滑动支承用于

—低转速下的无磨损和低摩擦的轴承（例如大天线、机床）。

—无磨损的精确支承。

目前，磁轴承在机床和透平机械以及真空机械中得到应用。它主要适用于

—无接触传动。

—刚度和阻尼可调。

—高转速、中等载荷。

—高运转精度。

15.3 结构和设计

15.3.1 滑动轴承材料

1. 摩擦学性能 滑动轴承的摩擦状态具有重要意义，为了能持久运转，必须将滑动面分离（液体摩擦）（见 § 15.1.2）。只要轴承材料能承受由润滑剂传递到滑动面的压力，滑动面材料的共同作用就没有多大意义。但特别是在机器起动和制动阶段、润滑失效、用错润滑剂或受其他因素影响，轴承在工作中总是有混合摩擦，甚至固体摩擦状态（见 § 15.3.2 结构影响和工作条件影响）。

摩擦学研究摩擦、润滑和磨损及其控制，见第 24 章。

为了表达滑动轴承材料的摩擦学性能，采用了许多概念，一般都不能用数字来表达（当然也有例外，比如力学承载极限和耐磨性）。根据 DIN 50282，采用下述概念来表达一般滑动性能：

(1) 承载能力　表示一种滑动材料能持久承受的某种类型的载荷（平均压强 p_L），且不超过其力学承载极限（最大可能承载，超过就会导致不允许的塑性变形或断裂失效）和一定的磨损量。其所期望的寿命受许用磨损量限制。顺应性是指轴承材料能适应弹性和/或塑性变形而不会产生持久损伤的能力（适应滑动空间不可避免的缺陷，还要对轴倾斜不敏感）。适应性描述顺应性与磨损之间的平衡能力。

(2) 跑合性能　是指通过匹配使摩擦和磨损较大的起始阶段时间更短。嵌藏性用来描述能让脏粒，特别是硬粒嵌入到摩擦层的能力。

(3) 耐磨性　显示轴承材料对抵抗由于摩擦受载而使小粒脱落的能力。抗胶合性是指抵抗与配对材料胶合在一起的能力（胶合敏感性）。

(4) 不利条件工作性能　是指在出现未预计的不利润滑条件时还能在一定时间里正常滑动的能力。

(5) 抗划痕能力　是指抵抗在配对材料表面上产生凹痕和刮伤的能力（比较耐磨性）。

图 15-11 可作为滑动轴承材料选择的辅助工具。由图可知，每种轴承材料都不能完全满足所有的要求。轴和轴承材料的表面质量以及硬度对滑动性能的影响就如同工作温度改变润滑剂的粘度一样。重载和大滑动速度要求特别的材料组合，例如，三材料轴承，其中摩擦层厚度起决定作用。

要想将所有应用领域都列出来几乎是不可能的。只能列出典型应用情况，即使在考虑工作要求的情况下进行了仔细的材料选择，也不能完全排除轴承损伤的可能，因为加工产生的形状误差、装配误差以及不正常的工作状态并不总是能预先估计到。本书不详细讲述滑动轴承材料（需要时可阅参考文献），只针对一些应用情况，就若干重要方面进行介绍（见 TB15-6）。

在实际当中，轴的材料仅仅只有钢（见 TB1-1）。在大多数情况下，只需采用非合金钢（DIN EN 10025），或为了耐磨和提高表面硬度，采用非合金和低合金渗碳钢（DIN EN 10084），或横截面较大时采用调质钢（DIN EN 10083）。当轴承材料硬度较高时，轴的材料应强度较高。轴承材料和轴的硬度比应为 1∶3～1∶5，即轴承材料总是必须较软和挠性较好，以耐磨和降低侧压（见图 15-9）。

要　求	滑动轴承材料及其适合性								
	铸铁	烧结金属	锡青铜，铸造或锻造合金	铅青铜	铅锡合金	塑料	木材	橡胶	碳石墨
滑动性能	2	2	3	4	4	4	4	4	4
不利条件运转性能	2	4	2	3	3	4	1	0	4
耐磨性	4	2	4	2	1	2	1	0	1
静承载能力	4	2	3	1	1	1	0	0	1
动承载能力	3	1	3	1	1	1	0	0	0
大滑动速度	1	0	3	4	4	0	0	0	3
对轴倾斜不敏感性	0	0	3	3	4	4	3	4	2
嵌藏性	0	0	3	3	4	3	3	4	3
热滑动能力	2	2	3	2	1	0	0	0	3
热变形小	4	4	3	2	2	0	1	0	4
高温稳定性	2	2	2	0	0	0	0	0	4
油（脂）润滑	4	4	4	4	4	4	4	2	4
水润滑	0	0	0	0	0	4	4	4	4
干运转	0	0	0	0	0	4	0	0	4

注：4—非常适合，3—适合性好，2—适合/可能，1—适合性受限制，0—不适合

图15-11　滑动轴承材料选择规范

滑动轴承损伤（例如凹痕、疲劳）是由多种损伤机理共同作用产生的。它的评价可参考DIN 31661（滑动轴承）。

2. 轴承材料　大多数情况下采用不同物理和力学性能的有色金属合金，在某些情况下采用片状石墨铸铁（GJL）和非金属，它与轴瓦或基体形状有关。0.2极限 $R_{P0.2}$ 和弹性模量 E 或布氏硬度HBW可保证材料在受载下具有足够的形状稳定性。

一般分为如下几类：

（1）单材轴承　结构最简单，由强度较高的单一轴承材料制造。主要由铸铁（GJL）或锡青铜和铸造锡锌青铜用模铸或压铸方法（DIN ISO 4382）制造，或由拉拔管材或带材加工成单材轴瓦并压到轴承基体上（图15-12，见§15.3.4）。

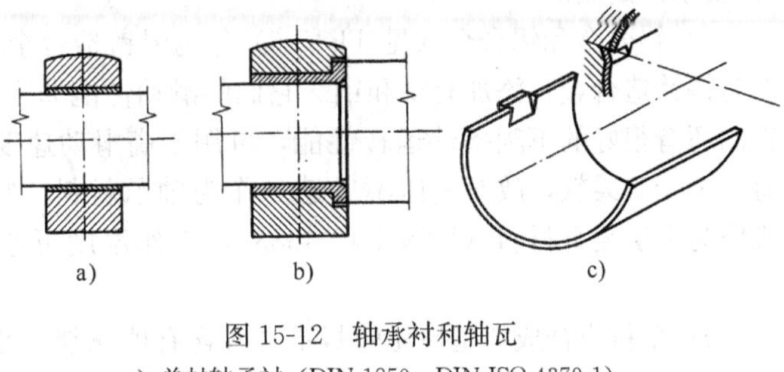

图15-12　轴承衬和轴瓦

a）单材轴承衬（DIN 1850，DIN ISO 4379-1）

b）带单边推力面的单材轴承衬　c）带定位凸台半轴瓦

（2）复合轴承　这种轴承是在由钢、铸钢或铸铁制成的基体上再铸上一层轴承材料。其接合方法分为形状和物质封闭两类（见图15-13）。

对轴承要求很高的场合（例如内燃机），轴承可以由3层，甚至更多层材料（三材料轴承或多材料轴承）构成（见图15-14和图15-24）。它是在钢制基体上再做上一层牢固固定的轴承材料，构成很薄、很软的一个轴承衬（铅、锡电镀上去），用以加速磨合过程。如果这

层只有几个 μm 的薄层失效的话，轴承材料就成了紧急运转层。

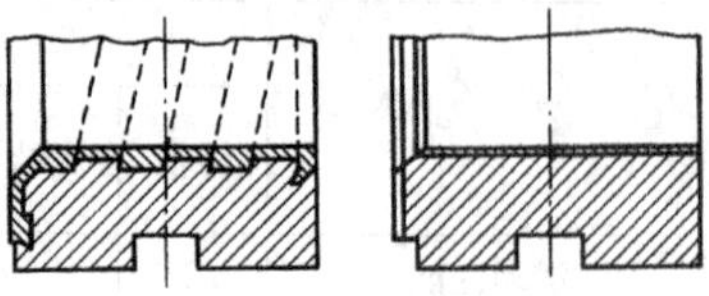

图 15-13 用铸造方法制造的轴承合金层（见 DIN 38）
a）形状封闭，带卡紧槽
b）物质封闭，用冶金方法与基体接合

a）片状石墨铸铁（DIN EN 1561）在具有良好的滑动性能的同时，还有很高的耐磨性，但由于其硬度很高，几乎没有嵌藏性，且对冲击和侧压敏感。EN—GJL—150 和 200 只适合于要求很低的场合，EN—GJL—250 和 300 适合于要求稍高的场合（珠光体铸铁）。与之配对的轴应硬化和精细加工。用于 $u=0.1\sim3\text{m/s}$ 的轻载简单轴承中（例如传动轴轴承和传动装置轴承，农业机械轴承）。

b）烧结金属由铁、铜、锡、锌和铅粉加（或不加）石墨预压后，在 750℃～1000℃下烧结或热压。它的多孔组织，最多可吸润滑油量的 35%，在工作时，由于发热和吸力，被吸在孔中的润滑油会流到滑动面上。处于静止状态（冷却状态）时，由于毛细管作用，油又被吸到孔中。

它具有很好的不利条件运转性能（自润滑），比金属轴承材料强度低，但它对冲击和侧压敏感，适用于低滑动速度（$u<1\text{m/s}$），或轻载振动运动（例如提升机械、农业机械、换向杆或转向轮，见图 15-28）。

c）铜合金含有超过 50%的铜。通过添加软金属合金（铅、锡、锌和铝）来改善滑动性能。它可以作为铸造和锻造合金应用（见 TB15-6）。

铸造锡青铜和铸造锡锌青铜（DIN ISO 4382-1，DIN 1705）具有优良的滑动性能和好的不利条件运转性能，耐磨性好。它适用于重载冲击工况。由于其硬度相对较高，不许出现侧压，轴必须硬化，轴承孔必须精细加工。作为锻造合金（DIN ISO 4382-2），它用作轴承衬。

铸造锡铅青铜（DIN ISO 4382-1，DIN 1716）作为滑动轴承材料在重载和侧压下具有非常好的滑动性能和好的不利条件运转性能，特别适用于复合轴承。

铸造铝青铜（DIN ISO 4382-1，DIN 1714）耐磨性好，用于受非常高的冲击载荷的轴承（但要求好的润滑）。

d）铅合金和锡合金（见 TB15-6）作为铅铸造合金，为了提高其硬度，添加有锑和砷；作为锡铸造合金，添加有锑和铜。它们的滑动性能非常优秀，即使是与没有硬化的轴配对；它们还有很好的不利条件运转性能，可用于高滑动速度场合，但只有一些能适用于冲击载荷，由于其柔软，故对侧压不敏感。作为轴承材料，它适用于复合轴承（DIN ISO 4381）或作为多层复合材料（DIN ISO 4383），工作温度可达约 110℃，$u>15\text{m/s}$（例如连杆轴承）。

e）塑料或合成树脂模压塑料不含或含有填充剂，非常适用于干运行或润滑不完全的轴承；对于流体动压或静压润滑，特别是其他轴承材料由于对润滑剂的不适应性，可采用这种材料。一般来说，其缺点有导热性差，性能对温度依赖性大（如抗压强度下降、滑动性能改变）。热变形大和容易吸潮（间隙下降）以及长时间受载后会爬行（轴承变形）。

常用热塑性塑料和热固性塑料，其中最主要的是尼龙（代号为 PA），当然也采用聚甲醛（POM），聚四氟乙烯（PTFE，Teflon），胶木板（DIN 7735）作为轴承衬或轴瓦，由于导热性差，应尽可能做得薄一些（见 DIN 1850，第 5 和 6 部分）。请按 DIN ISO 6691 或 TB15-6 选择合适的热塑性塑料作为滑动轴承材料。若做成复合轴承，还应在钢制基体的铜轴承衬上烧制一层（约 0.3mm 厚）铜锡粉多孔衬。用轧制的方法，将孔完全充满 PTFE 和铅的混合粉末，它同时形成一个覆盖层（约 20μm）。然后再将该混合物烧结（见图 15-14）。

类似地，也可以 PTFE/二硫化钼为基材制造复合轴承。轴承工作表面应尽可能不要再加工，因为有时毛细管作用可以修正间隙。这种轴承对侧压很敏感，可用作精密机械和一般机械中高压和低滑动速度轴承。其他采用塑料轴承衬的复合轴承请见 VDI 2543 规范。

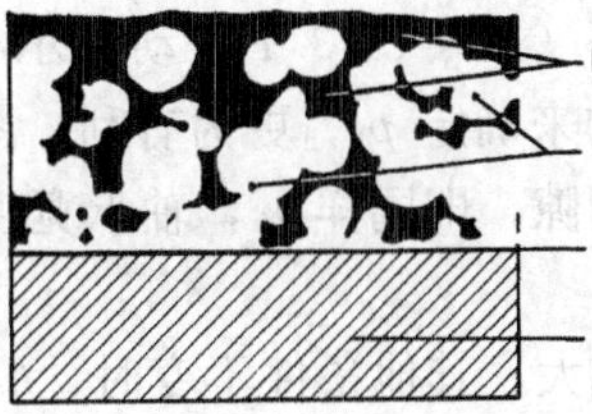

图 15-14 塑料复合轴承截面（放大）

f）木材，主要是胶合板，是用于轻载轴承的低成本材料。桦树、菩提树或山杨树木块用湿蒸汽在 100℃下蒸、压成形，干燥到含水约 10%，然后加工。它可以用作纺织机械和螺旋式输送机的中间轴承。

g）橡胶可用于泵的水润滑轴承中。

h）甑碳多为气体烧制和人造石墨，作为多孔陶瓷材料，用于设备环境不允许采用矿物润滑剂和为了防止腐蚀不能采用其他轴承材料的场合。作为可直接使用的轴承（轴承衬按 DIN 1850，第四部分），特别适用于高温下的化工设备中。

15.3.2 结构和工作影响因素

轴承润滑膜压力的最大值 p_{max}与轴承结构有关。轴承宽度 b 应足够大，使滑动面在承受 p_{max}时不至于产生损坏性变形；但又不能太大，因为轴承越窄，侧压的危险越小。

在实际中，向心轴承常用宽径比（轴承相对宽度）来表示其对承载能力和发热的影响：

$$\frac{b}{d_L}=0.2\sim1\sim(1.5) \tag{15-3}$$

式中，d_L为内径。对于转速 n_w或滑动速度 u_w较高和轴承载荷 F 较小的情况取较大值，对于正常结构，取 $b/d_L=0.5\sim1$；对于 n_w或 u_w 较小和 F 较大的情况，取较小值，$b/d_L<0.5$。较短轴承侧面流出的润滑剂较多，润滑剂流量加大，这样散热就得到改善。

对于 $b/d_L>1\sim1.5$ 的轴承，油的侧流较困难，由于油停留时间较长，增大了发热，粘度 η 下降，因此承载能力也下降；而且还增大了对侧压的敏感性。

由于压力 p 在滑动空间中不均匀分布，判断轴承材料受载程度的是轴承单位载荷（平均压强），即轴承载荷除以轴承面的投影面积：

$$p_L=\frac{F}{bd_L}\leqslant p_{L\,zul} \tag{15-4}$$

式中 F——轴承载荷；

b，d_L——轴承宽度，轴承内径；

$p_{L\,zul}$——许用轴承单位载荷，由 TB15-7（TB15-6）查取。

提示： 1=bar=10N/cm^2=0.1N/mm^2=10^{5}Pa=0.1MPa。

$p_{L\,zul}$作为最大允许值，是轴承材料组的经验值，它除了与合金成分有关以外，还与轴承合金衬厚度及接合方式等因素有关，见 TB15-7（TB15-6）。对于特殊情况请遵照制造商的说明。

p_{max}导致滑动轴承的最大变形，而 p_{max}随着偏心矩和宽径比的不同，$p_{max}=(2\sim10)p_L$。

抗压屈服点大约与轴承材料的 $R_{p0.2}\geqslant p_{max}\approx6p_L$相对应，对于没有产生侧压的轴承，只是在一定条件下可看做是可用的相对极限，因为滑动面的小变形对轴承的工作性能并不会产生不利的影响；而且轴承材料衬层厚度越薄，其 $R_{p0.2}$越高（见§15.3.1滑动轴承材料）。按照所设计的结构来确定 $p_{L\,zul}$更为有利。图15-15所示为同样轴承间隙，即同样 h_0，轴承宽度 b 对压力分布 p 的影响。

F 越大，其他条件不变时，h_0越小，因此 b 必须越小，以使侧压或挠度的影响相对于 h_0来说不明显（见图15-9）。

图15-16所示为同样轴承宽度 b 下，轴承间隙 s 或最小油膜厚度 h_0 对压力分布或最大压力 p_{max} 的影响。

由图15-16可知，小的轴承间隙 s，也就是小的润滑间隙高度 h_0，在平均轴承压强相同时，压力沿整个 b 上的分布更均匀，因此 p_{max}也更小，即承载能力更高（见图15-16a）。

一般来说，对于大轴承载荷 F 和小滑动速度 u（或转速 n）必须取小轴承间隙 s，对于小 F 和大 u（或 n）必须取大 s。

如果 u 或 n，F 和 s 已知，h_0与润滑剂有关。动力粘度 η 越低，即润滑剂越稀，h_0越小。对于一种特定润滑剂，h_0也与轴承温度有关（见§15.1.4润滑剂影响）。

一般当 u 或 n 大，s 和 p_L小，应取稀的润滑剂，u 或 n 小，s 和 p_L大，应取稠的润滑剂。因为 h_0越小，承载能力越大，所以随着轴承载荷的变化，它会自动调整，从而使润滑剂压力的垂直分量的总和 $-F$ 与轴承载荷 $+F$ 之间达到平衡。只有当滑动面几何精度很高而且配对材料顺应性好（见§15.3.1-1滑动轴承材料）时，才能使 s 小或 h_0 小，否则会使摩擦损失大和轴承发热量大。因此，为使轴承能持续可靠运行，h_0值必须大到在工作状态下滑动面之间不产生固体接触，使磨损和摩擦发热尽可能小以避免轴承工作不正常和过热。

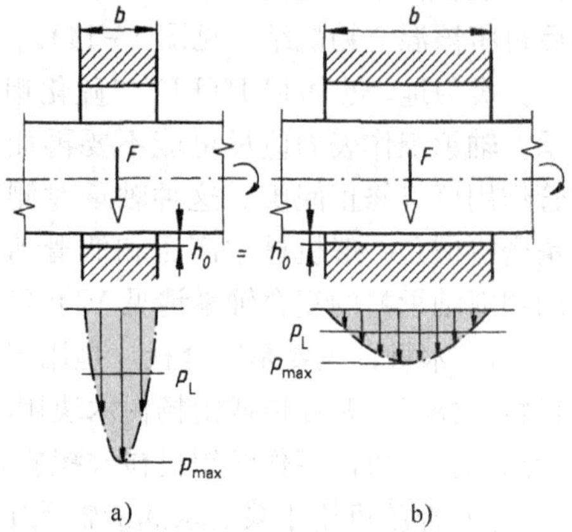

图15-15　轴承宽度 b 对承载能力的影响

a）b 小：p_{max}（p_L）大→η 大

散热好——轴承温度低，侧压敏感性小

b）b 大：p_{max}（p_L）小→η 小

散热差——轴承温度高，侧压敏感性大

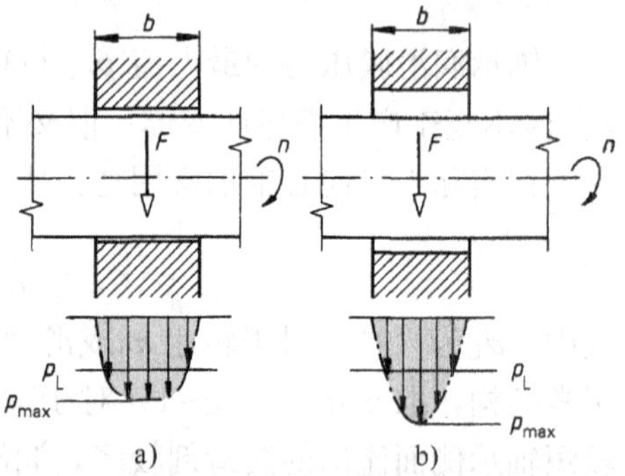

图15-16　轴承间隙对压力分布或 p_{max} 的影响

a）小间隙 s 或小 h_0

b）大间隙 s 或大 h_0；p_L＝常数

斯特里贝克对滑动轴承摩擦进行了开创性的试验，图15-17给出了试验得到的各种 p_L 和 η 值下的转速 n 与摩擦因数 μ 之间的关系曲线。这些摩擦曲线（摩擦特性曲线）显示，从静止状态开始，随着 n 的增大，μ 迅速下降，这是因为润滑剂膜形成得越来越好。然后超过混合摩擦阶段。μ 继续下降至临界点 A（其他 p_L和 η 下为 A'，A''）所代表的最小值，它代表对于一个假想的过渡转速 $n_{ü}$（图中所示为与中等 p_L和 η 相对应），其最小间隙高度 h_0还能保证滑动面之间无固体接触。

若将轴承设计成正好在临界点处工作是不可靠的，因为最小 μ 的区域非常小，转速稍有变化就可能使轴承进入混合摩擦阶段。为了保证轴承在液体摩擦区域工作，必须使轴承的工作转速 $n>n_{ü}$，即对于同样的 p_L和 η，应使工作点距临界点右边有足够的距离。由于液体摩擦，过了临界点的最小值后，随着 n 的增大，μ 加大，所以当 n 很大时，特别是 p_L 小和 η 大的情况，μ 值又增大到类似于混合摩擦或完全是固体摩擦的情况。上工作极限由轴承许用最高温度确定，因为摩擦热会导致轴承发热，而轴承过热会造成滑动材料的损坏（见 § 15.4.1）。而要预先确定 $n_{ü}$ 又是非常困难的（见下面的“提示”）。

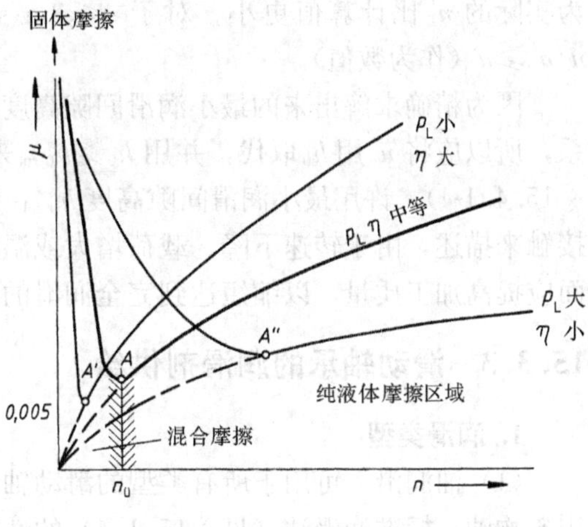

图 15-17 摩擦特性曲线（示意图）。对于每种 p_L 和 η，摩擦因数 μ 与转速 n 有关；临界点 A、A'、A''

如果没有干扰因素（偏心、振动、形状误差、装配误差等）且能精确把握工作条件，对于新轴承，可在轴没有侧压和弯曲的情况下，取 $h_0 \geqslant h_{0zul} = \sum(Rz + W_t)$（轴、轴瓦）更为有利（见 § 15.1.3 摩擦状态）。

经过较长时间且载荷逐步增大或转速逐步减小的合理跑合后，由于表面被磨平，故可取 $h_{0\,zul} \geqslant \sum Ra$ 进行计算。硬表面的轴与软表面的轴承配对，有利于跑合；若两滑动面硬度相当，会提高胶合的危险性。此外，$h_{0\,zul}$ 还受轴的尺寸和滑动速度的影响，如果假定 $Rz_W \leqslant 4\mu m$，跑合过的轴承表面 $Rz_L \leqslant 1\mu m$，可由 TB15-16 查取 $h_{0\,zul}$ 的经验值。

机器自由停车正好与起动过程相反。如果机器停车时，润滑剂不是很热，且轴承载荷 F 也跟着降低，则混合摩擦阶段很短且不危险。反之，若润滑剂经过长时间较大载荷作用后非常热，且载荷一直作用到静止前，即延长了 $\eta' < \eta$ 的时间，此时如果以相对较高的过渡转速 $n_{ü}$ 过渡到混合摩擦时，轴承存在危险（见图 15-18）。在这种情况下，应加制动以缩短机器制动阶段，或在制动阶段加流体静压润滑（见 § 15.1.3）。

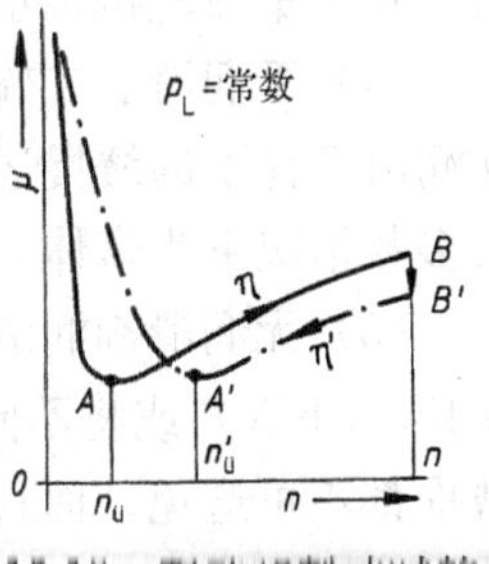

图 15-18 起动和制动时的摩擦特性曲线（示意图），B—B' 为稳定工作状态

提示：总是应得到起动过程从混合摩擦过渡到液体摩擦（即滑动面完全分离状态）的转速（$n_{ü}$），或反过来，制动过程从液体摩擦过渡到混合摩擦的转速（$n'_{ü}$）（见图 15-18），因为只有这样才能确定一个轴承在 p_L＝常数时的承载能力。一般来说，更值得关注的是更大的，也就是更为不利的过渡转速 $n'_{ü}$，因为必须使它无论如何都要低于工作转速 n，这样才能保证轴承能可靠地工作在液体摩擦状态下。

在特定的前提条件下，弗格普给出了过渡转速的近似数值方程：

$$n'_{ü} \approx \frac{0.1F}{C_{ü}\eta_{eff}V_L}$$

$n'_{ü}$	F	V_L	$C_{ü}$	η_{eff}
r/min	N	dm^3	1	mPa · s

式中 η_{eff}——温度 θ_{eff} 下的动力粘度，轴承体积用 $V_L = (\pi d_L^2/4)\ b$ 代入。

过渡常数 $C_{ü}$ 可用试验方法得到，它主要与 p_L 和 ψ_B 有关［见式（15-5）］。由于 ψ_B 变化区域很小，所以 p_L 的影响要大得多。根据研究，当 $1N/mm^2 < p_L < 10N/mm^2$ 时，$C_{ü}$ 值在 1～8 之间变化，当 $p_L > 10N/mm^2$ 时，$C_{ü} \gg 6$，所以 $n'_{ü}$ 的求解是非常不稳定的。

如果加工精确且材料选择适当，可近似取 $C_{ü}=1$ 进行计算，这样做是更趋于安全的，因

为实际的 $n_{\ddot{u}}'$ 比计算值更小。对于 $u \leqslant 3\text{m/s}$ 时，推荐转速比 $n/n_{\ddot{u}}' \geqslant 3$，对于 $u > 3\text{m/s}$ 时，$n/n_{\ddot{u}}' \geqslant u$（作为数值）。

因为精确求解出来的最小润滑间隙高度 h_0［见式（15-8）］与表面粗糙度有很紧密的关系，所以应将 $n_{\ddot{u}}'$ 用 h_0 取代，并用 $h_0 > h_{0\ zul}$ 来校核是否处于液体摩擦（完全润滑）状态（见§15.4.1-4）。许用最小润滑间隙高度 $h_{0\ zul} = h_{min\ zul}$ 可以用轴和轴瓦的表面粗糙波峰实际开始接触来描述，由于转速下降、载荷增大或温度上升使其是否开始进入混合摩擦并不重要。表面应提高加工质量，以缩短达到完全润滑的起动时间（见图15-3）。

15.3.3 滑动轴承的润滑剂供给

1. 润滑类型

（1）油润滑　可用于所有类型的滑动轴承，从小转速和载荷至最大转速和载荷。主要使用矿物油。标准润滑油（见§15.1.4）的性能见TB15-8a（节选）。添加剂，例如二硫化钼，通过提高附着力和使滑动面平滑来改善润滑性能。特别是它能在节省润滑油和高温时保证润滑性能。

（2）脂润滑　只用于转速非常低和摆动运动以及受冲击载荷的轴承，这种情况下不可能形成液体摩擦；例如压力机、升降机、农业机械。润滑脂能更好和更长时间地留在轴承中，同时又能防止污染。常用DIN 51825规定的润滑脂（见TB15-8b）。

（3）水润滑　木材、塑料和橡胶轴承可采用水润滑，例如轧机轴承和水泵轴承。其优点是，对于重载轧机轴承，水润滑的冷却效果是油润滑的两至三倍。

（4）干润滑　二硫化钼和石墨这类固体润滑剂常常用于高温、不利运转条件润滑和一次性润滑条件下的缓慢运转轴承，例如铰链、导路和其他滑动位置（见§9.2.1）。固体润滑剂大多数情况下为膏体，很少为粉末，并直接用于滑动面上。

（5）无润滑剂润滑轴承　这种轴承采用甑碳（见§15.3.1-2h）、塑料做成复合轴承（见§15.3.1-2e）或将不同硬度的有色金属组合在一起，它们具有自润滑性能。在所有情况下磨损都不可避免，而且由于 $\mu \geqslant 0.3$，摩擦功率损失很大。其可使用的极限条件决定于导热能力和热变形。

（6）空气或气体润滑　由于承载能力低，而且必须有相对高的转速，使其应用受到限制，但它摩擦损失很小，故用于仪器和仪表轴承中，以及用于不希望出现润滑剂污染的制药、食品和奢侈品加工工业中。气体（空气、二氧化碳、氮）可以被压缩，也就是说，它的密度与压力有关；而且，粘度随着压力的增大而增大，但随着温度的升高而下降。

2. 润滑方法和润滑装置

（1）流动润滑　润滑剂（油或脂）只使用一次，因为它只流过滑动位置一次，然后在大多数情况下就不再使用。由于其经济性差，所以这种润滑方法只用于轻载简单轴承中（例如家用机械、办公机械等），以及不能采取其他润滑方法的情况下（摆动运动轴承、铰链），或为避免污染，不许润滑剂重复使用的场合。

1）用于流动油润滑的装置　最简单的手动润滑方法是通过开式油孔进行润滑（污染危险!），或采用符合DIN 3410规定的各种加油器，用于短时运转的轴承（见图15-19a～c）。自动润滑的方法有：滴油器（见图15-19e），它带有可视和可调节的油杯，将手柄转90°使其成直立状态时针阀1上提，下端油孔敞开；通过旋转螺母2可以调节针阀提起高度，从而调节进油量；还有芯捻注油器（见图15-19d），利用芯捻的毛细作用将很少的油从容器吸到润滑位置；也可以采用自动给油装置：产生给油压力的方法有两种，一种是利用电化学反应产生（图 15-19f：1 为带气体发生器的主动螺母，2 为电解液，3 为油或脂），另一种是通过电动机驱动产生。对于关键润滑位置，可采用电池驱动或机械控制的单点或多点润滑系统，并带有电子状态检测功能。

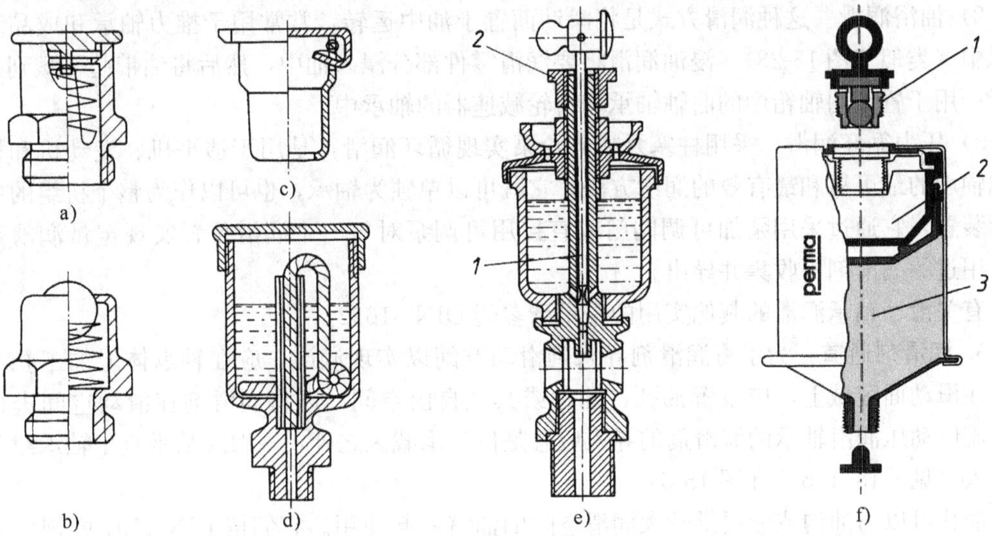

图 15-19　油润滑装置

a）旋套式注油器　b）压配式注油杯　c）折盖油杯　d）芯捻注油器　e）滴油器　f）自动给油装置（企业图形）

2）脂润滑装置　黄油杯（DIN 3411，图 15-20a）和注脂嘴用于手动、脚动或自动加脂。圆锥注脂嘴（见图 15-20c 和 d），相当于平注脂嘴和漏斗形注脂嘴，应优先采用带形状封闭连接的压嘴头注脂嘴；油杯（见图 15-20e）用于自动加脂，弹簧压着圆盘 1 使脂总是受压，调节螺钉 2 可调节进脂量。

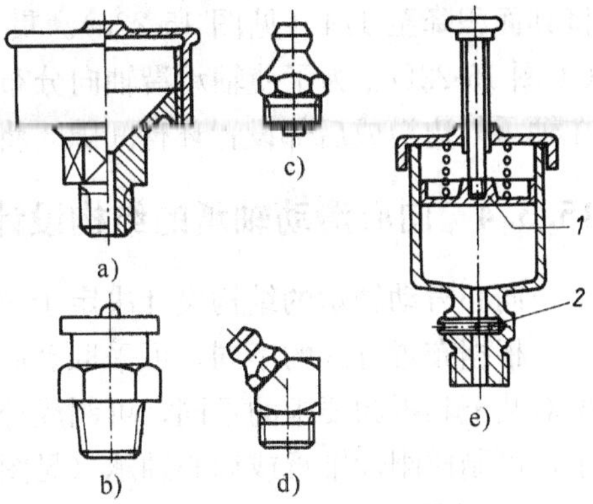

图 15-20　脂润滑装置

a）黄油杯　b）平注脂嘴

c）和 d）圆锥形注脂嘴　e）油杯

（2）循环润滑　是通过驱动装置将润滑剂连续不断地输送到润滑位置。需要时，润滑剂同时起到冷却作用，故可用它来确定循环量。循环润滑是所有类型的滑动轴承最常用的润滑方法。

1）无压循环润滑装置　对于中等滑动速度（$u=7\sim10\mathrm{m/s}$）的立式、法兰式和嵌入式轴承和水平轴，最常用的是油环润滑。固定油环（直到 $u\approx10\mathrm{m/s}$）与轴一起旋转（见图 15-27b），活动油环（直到 $u\approx7\mathrm{m/s}$）活套在轴上（见图 15-27c），它们将油池中的油带起到滑动面上。由于存在诸多影响因素（环的尺寸、油的粘度、滑动速度等），故很难确定油环带上来的油量。图 15-21 给出了对特定轴承做试验得到的粗略近似值。活动油环尺寸按 DIN 322 的规定确定。TB15-4 给出了它最重要的尺寸和安装尺寸。

滑动速度 u (m/s)		1	2	3	4	5	6
油的流量 $\dot{V}$ (dm^3/min)	活动油环	0.13	0.16	0.17	0.18	0.18	—
	带甩油功能的固定油环	0.45	0.38	0.33	0.3	0.28	0.28

图 15-21　油环带到滑动面上的供油量的近似值

2）油浴润滑　这种润滑方式是将滑动面置于油中运转，常常用于推力轴承和成品双环轴承中（类似于图15-28）。浸油润滑将要润滑零件部分浸入油中，然后将油带起飞溅到润滑位置；用于置于曲轴箱中的曲轴轴承和齿轮减速器的轴承中。

3）压力循环润滑　采用柱塞泵或齿轮泵实现循环润滑，是用于透平机、发动机和机床重载轴承的最可靠和最有效的润滑方法。它既可以单独为轴承，也可以作为整个机组的中心润滑装置，它通过采用泵加可调阀门或直接用可调泵对每一个润滑位置实现定量润滑剂供给。用过的润滑剂可收集并导出。

有关滑动轴承润滑的其他实用的提示请参阅DIN 31692。

3. 润滑剂通道　为了将润滑剂导入到滑动空间以实现润滑，应在轴承体上加工孔和沟槽。在滑动面区域上，应设置油孔、油沟或其他自由空间，以将润滑剂在滑动空间进行分布。流体动压润滑轴承的润滑剂的导入应总是位于承载区之外，一般应从垂直于轴承载荷方向导入（见§15.1.5-2和图15-8）。

油孔可以与油沟或能提供较大润滑空间的油室一起使用。它们按DIN 1591的规定设计（见TB15-5）。

一般只要有一个油孔或一条油沟就足够了，而且它应总是位于相对于轴承载荷方向静止不动的支承件上（见图15-22a、图9-20）。双向旋转的轴应带有两个油室及其输入油沟（见图15-22c），对于剖分式轴承应在分界面设置两条油沟。而且应将各个润滑剂通道用接口连起来（见图15-22d、e）。油室面积应尽可能大，但为避免油无压流出，应在靠近轴承边沿时将其面积降至1/4（见图15-22e）。贯通油沟可以通过用螺钉联接在轴承上的节流环封闭（见图15-22f）。为了使轴承沿轴向分布足够的润滑剂，固定轴承总是设置有贯通油沟，通过在轴承外边沿或后部设置环行间隙，将油贮存并对油的外流形成阻碍（见图15-22g）。

15.3.4　向心滑动轴承的结构设计

向心滑动轴承的结构设计决定于布置方式和工作条件：

根据布置方式的不同，可采取套筒式、法兰式或立式轴承等结构形式（见图15-25）；根据对装配和拆卸要求的不同，可制成分体式或整体式轴承，根据轴承位置精度和轴挠度的大小，可制成刚性轴承或调心轴承（见图15-27b和c）。

1. 轴承衬、轴瓦　大多数情况下，置于轴承孔中的轴承材料（见§15.3.1）以整体式的轴承衬或分体式的轴瓦的形式出现。

（1）轴承衬　一般被压入到整体式轴承座的孔中，也可用粘接的方法制造。尽可能采用标准轴承衬（DIN 1850，第2～6部分和DIN ISO 4379-1，图15-23a；其尺寸见TB15-2a），法兰式和套筒式轴承按DIN 8221（见图15-23c）的规定，卷制轴承衬按DIN 1494第1～4部分规定，弹性孔套按DIN 1498的规定，弹性轴套按DIN 1499的规定（见§9.3.1-5，图9-9）。

根据DIN ISO 4379-1，主要用铸铜合金或锻造合金制成的单材光轴承衬（C型）和带凸缘轴承衬（F型），为了方便安装，可按约定，在其两端制有15°的压入倒角（Y），或无标

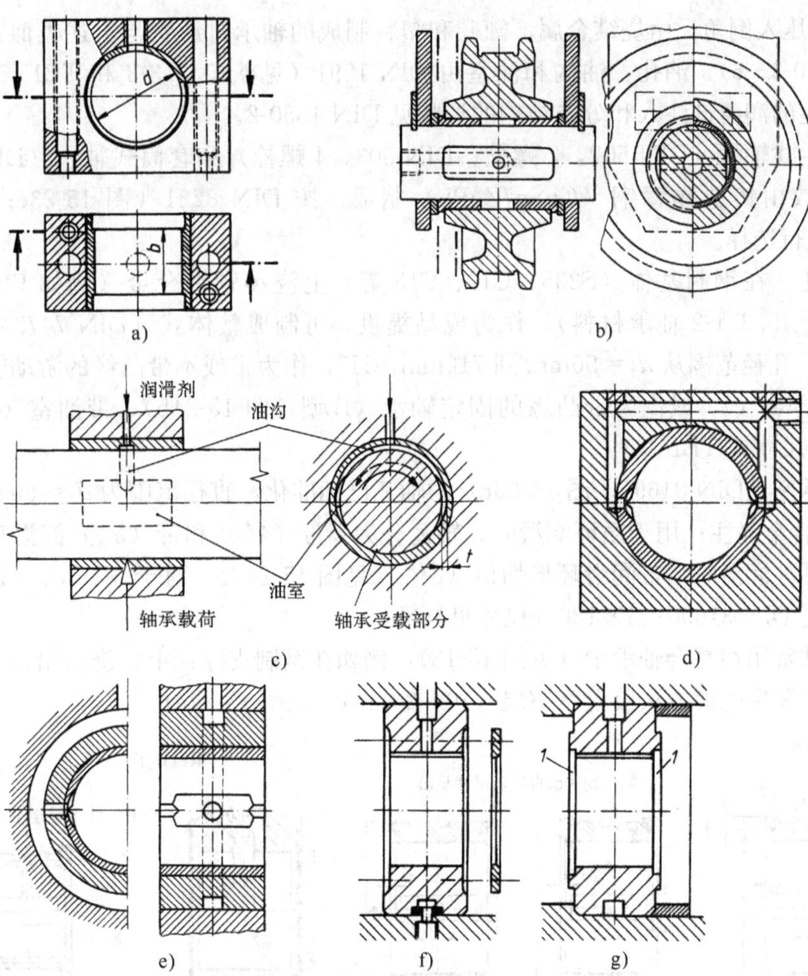

图 15-22　润滑剂通道

a）带油孔的整体式轴承　b）带油沟的滚轮支承（将轴削平形成），销轴静止　c）带导入油沟和两个油室的轴承　d）两个油沟，并用孔在导入位置相连的整体式轴承　e）带环形油沟和两个油室的轴承，靠近两端应减小其面积　f）带贯通油沟和节流环的嵌入式游动轴承　g）带贯通油沟的嵌入式固定轴承，在轴承两边带环状间隙 1

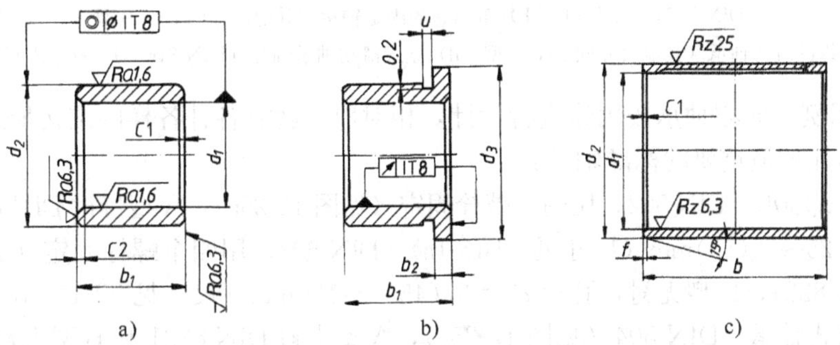

图 15-23　轴承衬

a）滑动轴承衬 DIN ISO 4379-1，C 型　b）滑动轴承衬 DIN ISO 4379-1，F 型

c）用于滑动轴承（DIN 502，503，504，d_1＝25～180mm）的轴承衬（DIN 8221）

注时为 45°的压入倒角。由烧结金属、甑碳和塑料制成的轴承衬形状与上述类似，但尺寸不同（DIN 1850-3～6）。油孔、油沟和油室由 DIN 1591（见§15.3.3-3 和 TB15-5）标准化。滑动轴承衬上的润滑剂注入和分布结构的形状见 DIN 1850-2。

用于法兰式轴承（DIN 502，2 螺栓；DIN 503，4 螺栓）和套筒式轴承（DIN 504）的轴承衬大多数由铸造锡青铜（CuSn7ZnPb）制成，按 DIN 8221（图 15-23c；其尺寸见 TB15-2b）进行选择。

（2）轴瓦　在钢制基体（S235、C10、C15 等）上浇铸轴承合金（例如 PbSb15Sn10，DIN 38，见§15.3.1-2 轴承材料），作为成品提供，可制成整体式（DIN 7473）或分体式（DIN 7474）。孔径范围从 d_1=50mm 到 710mm，H7，作为带或不带凸缘的游动轴承（A 或 C 型，图 15-24a，c），或作为带凸缘的固定轴承（B 型，图 15-24b），带油室（DIN 7477，K 或 L 型）（尺寸见 TB15-3）。

立式轴承座（DIN 31690，图 15-26c）的轴瓦已标准化，直径范围为 d_1=60～1120mm，H7，用轴承合金浇注；用于循环润滑时，轴瓦分为不带（4#）和带（5#）润滑环形切口两种，用于非循环润滑时，带润滑环形切口（6#）（见图 15-24d）。对于 5#，d_1=180mm，其标注为：轴瓦 DIN 31690—5×180（尺寸见标准）。

轴瓦也常常用在复合轴承中（见图 15-13），例如在钢制支撑瓦上，浇铸铅青铜制成的不利条件运转层和用电镀方法镀上摩擦层（10～30μm）（见图 15-24e）。

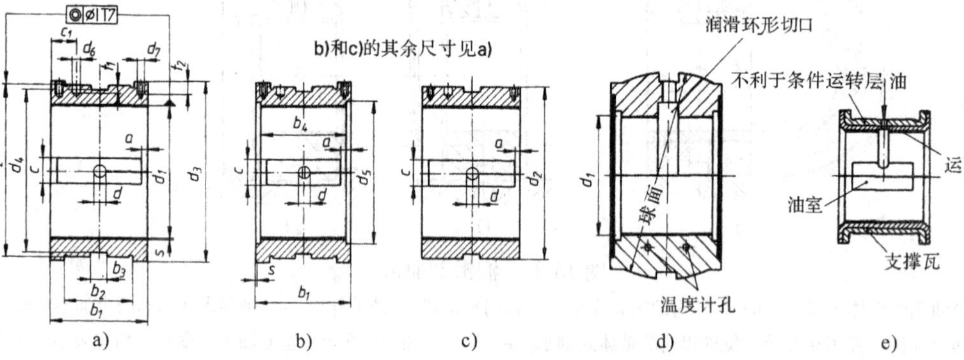

图 15-24　轴瓦（尺寸和符号见 TB15-3）

a）带凸缘的游动轴承［左边为整体式（DIN 7473），右边为分体式（DIN 7474，A 型）］　b）带凸缘的固定轴承（其他尺寸同 a），B 型　c）无凸缘的游动轴承（其他尺寸同 a），C 型　d）立式滑动轴承轴瓦（DIN 31690）　e）多材料轴瓦

2. 结构示例　向心轴承按用途进行设计，相对应的就有各种各样的结构形式。

下面介绍几种最重要的标准轴承：

（1）法兰式轴承　DIN 502，用两个螺栓固定（见图 12-25a），A 型带衬 DIN 8221，B 型无衬，孔径 d_1=25～70(80)mm（尺寸见 TB15-1a）；DIN 503，用四个螺栓固定（见图 15-25b），B 型带衬 DIN 8221，D 型无衬，孔径 d_1=35(45)～180mm（尺寸见 TB15-1b）。

（2）套筒式轴承　DIN 504（见图 15-25c），A 型带衬 DIN 8221 和 B 型无衬，孔径 d_1=20（25）～180mm（尺寸见 TB15-1c）。

（3）对开轴承 L　DIN 505（见图 15-25d），用 2 个螺栓固定，孔径 d_1=25～150mm，带铸造锡青铜（DIN 1750）轴瓦 M（尺寸见 TB15-1d）；对开轴承 A，DIN 506，用四个螺栓固定，孔径 d_1=55～300mm，带铸造锡青铜轴瓦 C（尺寸见标准）。只要不特别约定，上

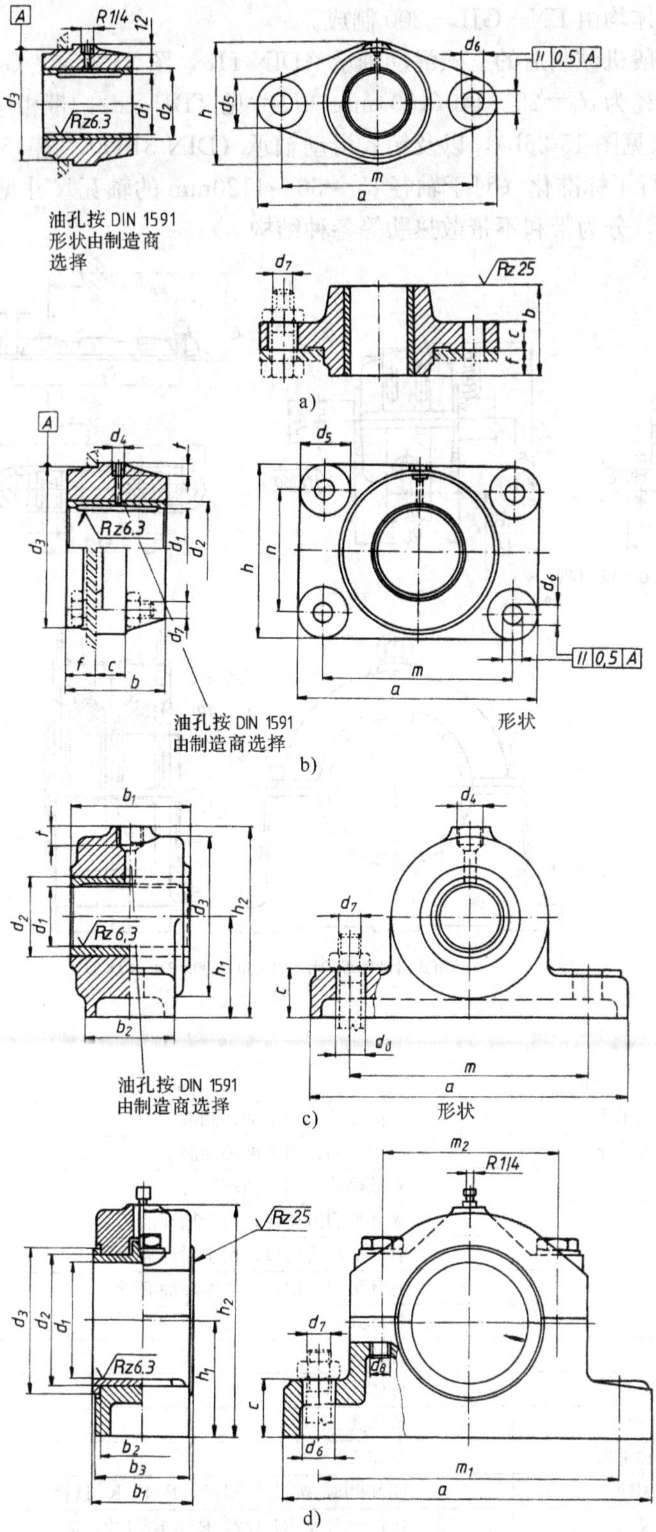

图 15-25　标准滑动轴承（尺寸见 TB15-1）

a）法兰式轴承 A，DIN 502　b）法兰式轴承 B，DIN 503

c）套筒式轴承 A，DIN 504　d）对开轴承 L，DIN 505，带轴瓦 *M*

述所有轴承的轴承体均由 EN—GJL—200 制成。

而且，用于一般机械制造的立式滑动轴承（DIN 118，图 15-26a），G 型为中型结构，K 型为重型结构，轴径为 $d_1=25\sim140(180)$mm（尺寸见 TB15-1e），带相应的底座 DIN 189，$l_1=290\sim910$mm（见图 15-26b），以及箱式滑动轴承（DIN 31690，图 15-26c），针对图 15-24d 所示的轴瓦进行了标准化（对于轴径 $d_1=50\sim1120$mm 的轴瓦尺寸见标准），对于油环润滑和循环油润滑，分为带和不带散热肋等各种结构。

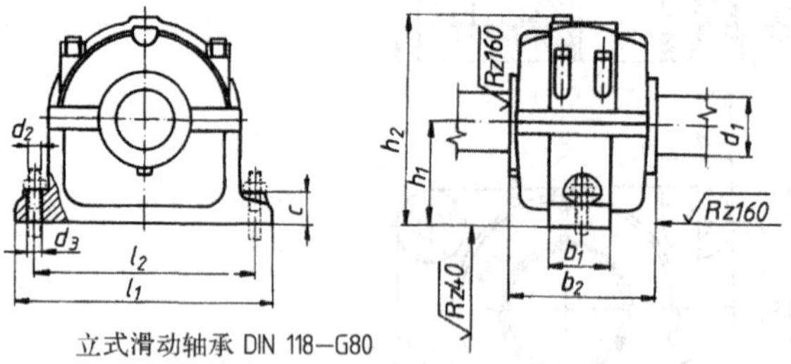

立式滑动轴承 DIN 118—G80

a)

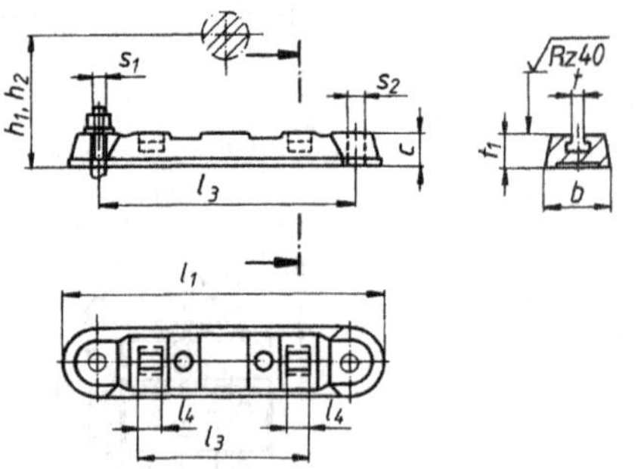

b)

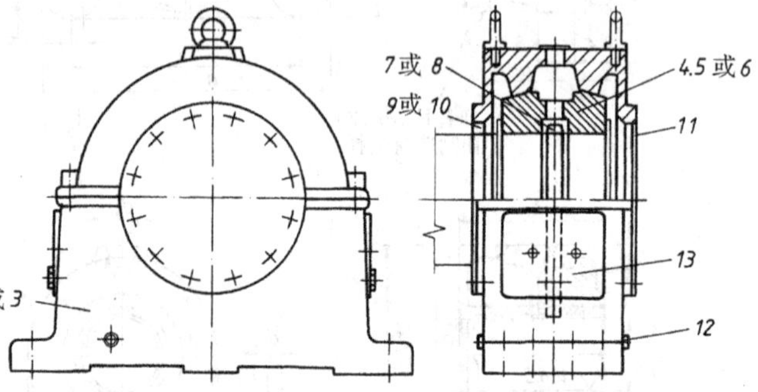

箱式滑动轴承 DIN 310 690—500×2×5×7×9×11

c)

序　　号	名　　称	备　　注
1	立式轴承座	无散热肋，用于油环润滑
2	立式轴承座	无散热肋，用于循环油润滑
3	立式轴承座	有散热肋，用于油环润滑
4	轴瓦	无环形润滑切口，用于循环油润滑
5	轴瓦	有环形润滑切口，用于循环油润滑
6	轴瓦	有环形润滑切口，非循环油润滑
7	油环	整体式
8	油环	分体式
9	轴承密封	分体式
10	轴承密封	整体式
11	无孔轴承盖	整体式
12	闭锁螺栓	DIN 908，按尺寸 R1/2，R/4，R1 选择
13	油标尺	按尺寸 R1，R1 1/2，R2，R2 1/2，选择

图 15-26　各类轴承

a）立式滑动轴承 DIN 118 及标注，G 型，$d_1=80$mm　b）底座 DIN 189　c）箱式滑动轴承 DIN 31690 及其零件列表和标注，例如 $d_1=500$mm 和各零件序号（见 DIN 31693 和 DIN 31694 侧面法兰式轴承和中间法兰式轴承）

作为设计示例，图 15-27 所示为用于齿轮减速器轴承的轴瓦 DIN 7473（见图 15-24a、b）。

刚性立式轴承　图 15-27b 所示为采用固定油环润滑的刚性立式轴承。润滑油由与轴一起旋转的油环 1 通过刮油器 2 带到侧面空间 3 里，通过油孔 4 进入滑动面中。排油道 5 收集侧流的油，然后又使其重新流入油池中。摩擦层由铅锌轴承合金制成（例如 PbSb15Sn10，见 TB15-6）。这种轴承要求轴具有高同心度。

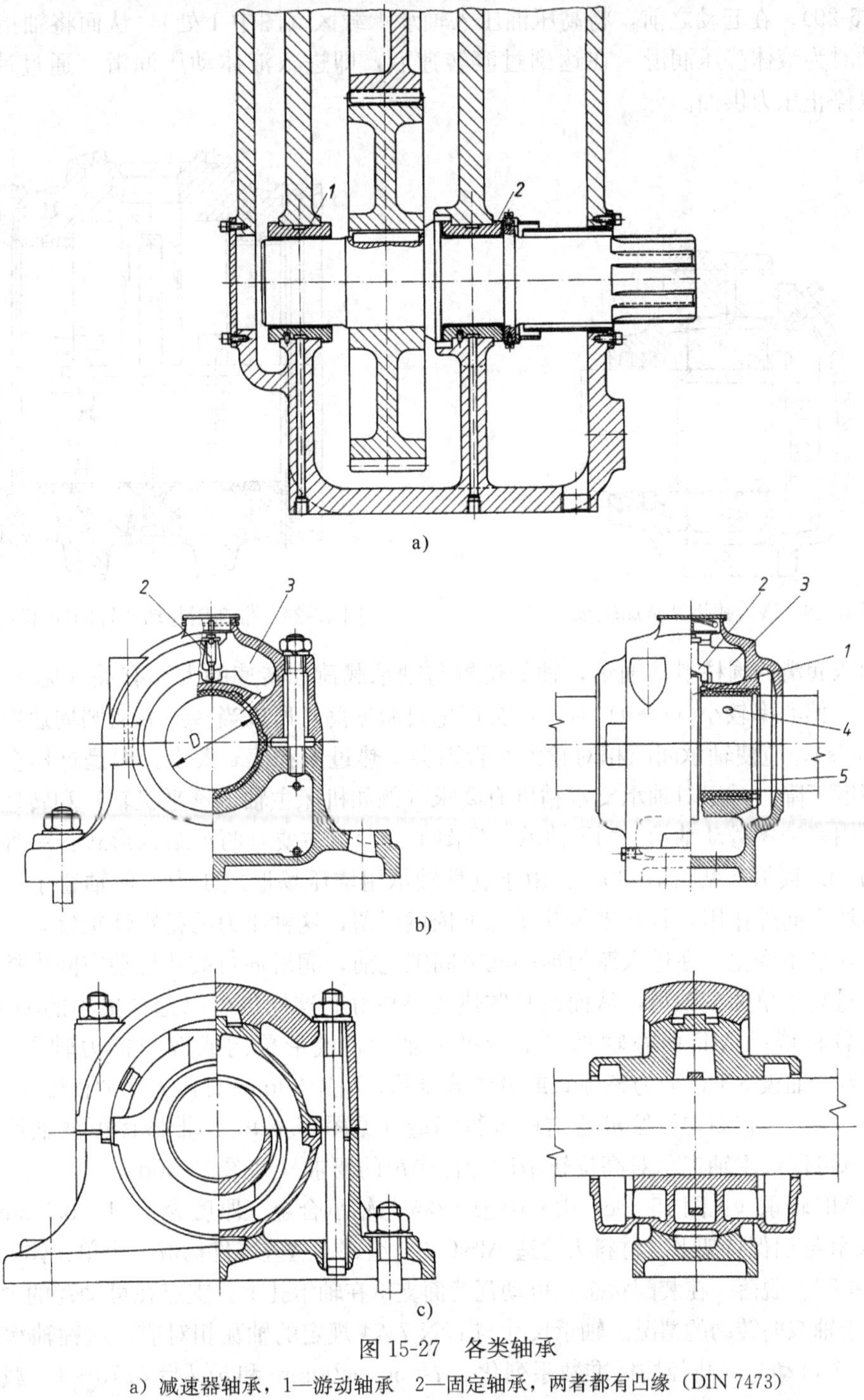

图 15-27　各类轴承

a）减速器轴承，1—游动轴承　2—固定轴承，两者都有凸缘（DIN 7473）

b）带固定油环的刚性立式轴承　c）带活动油环的调心轴承（DIN 322）

为了补偿偏心和避免长轴可能出现的侧压，可采用调心轴承（见图 15-27c）。图示轴承采用活动油环润滑。

图 15-28 所示为采用油浴润滑的嵌入式烧结金属轴承。烧结轴承衬与轴承孔之间为球形接触，允许轴有小量的位置误差。轴颈上套有硬化钢衬。

为了避免危险的混合摩擦阶段，对于透平机和发动机等的重载轴承，可采用高压起动装置（见图 15-29）。在起动之前，将高压油压入轴承承载区（图中 1 处），从而将轴抬起。这种轴承起动时为液体静压润滑。在达到过渡转速后，即进入液体动压润滑（通过油环 2），然后就可以停止压力供油。

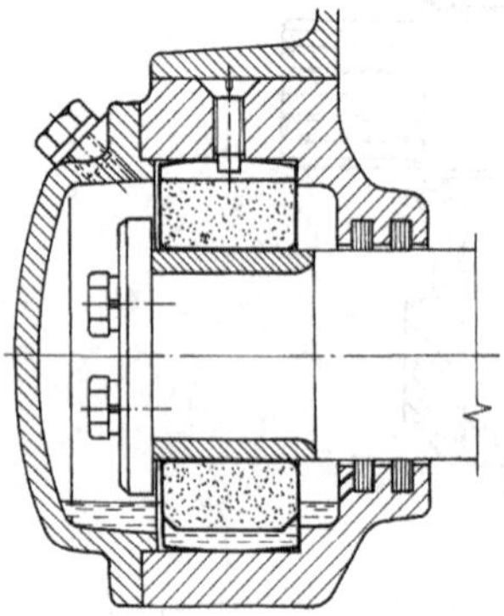

图 15-28　嵌入式烧结金属轴承

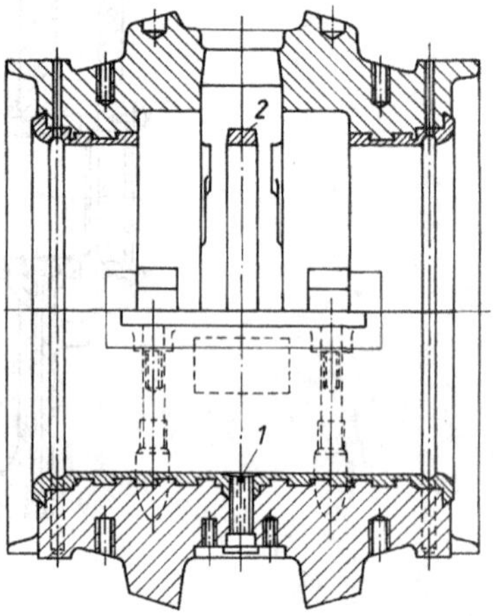

图 15-29　带高压起动装置的油环润滑轴承

液体动压润滑的圆柱滑动轴承，轴的位置与轴承载荷和转速的大小有关（见图 15-6 和图 15-16），当偏心率较小（$\varepsilon \to 0$）时，还会产生自激振荡，所以当转速 n 或圆周速度 u 很大时（≥100m/s），应使轴承间隙相对较大，否则会发热过大和使 e 太小。但是这样会导致轴承的支承精度下降。对于对轴承支承精度有要求（例如机床主轴、透平机轴）和转速较高的情况，应采用多油楔滑动轴承（MF 轴承，见图 15-37）。主要有两种结构形式：一种是带起动增压场的 MF 轴承（见图 15-30a），由于这种轴承用增压场形成压力，使轴置于一个力场之中，该力场不向外作用，且在未承载状态下依然保留；这种压力的稳定性很好，即使在承载状态下也几乎不变化。在进入镰刀形的润滑间隙之前，润滑剂会被从滑动空间中挤出，因此润滑剂流量高于单油楔轴承，从而使其散热效果更好。这样也可以选择更小的轴承间隙。制造商提供各种成品 MF 向心轴承（不带推力轴承，或带单向或双向推力轴承），$d_L \leqslant$ 30mm 时，为三油楔 MF，分为整体式或分体式轴承；$d_L >$ 30mm 时，为四油楔轴承（$b/d_L =$ 0.5；0.75；1 等），它们均可按机器结构进行制造（见图 15-30b）。带最优可调轴承间隙的 MF 向心轴承可保证主轴支承对高旋转精度和低噪声的要求（见图 15-30d）。

摆动瓦 MF 轴承（见图 15-30c）由 C10 或 S235 与轴承合金（厚度为 $s = 1 \sim 3.5$mm）制成的可动瓦 Sg 和导引保持架 K（材料为铸造 AlSiCu3）组成。这些零件构成一个单元体，使可动瓦不能从保持架上脱落。在装配状态，可动瓦背面支承在轴承孔上。支点在可动瓦的中心，这样轴承可用于轴双向转动的情况。轴承尺寸与 DIN 7474 规定的轴瓦相对应。这种轴承可设计成 4（或 5）个可动瓦，孔径按标准数系列化，$d = 50 \sim 400$mm 和 $b/d_L = 0.75 \sim 1$，载荷主要是由一个或两个可动瓦承担。圆周速度可≥100m/s。轴承孔与轴之间的空间通向压力空间

（预压力约 1bar，即 10^5pa），通过这个空间，新油在一定压力下用环形槽输入到可动瓦之间的缺口中（见图 15-30e）。在实际中，大多数情况下，最小间隙不超过 1.5‰。

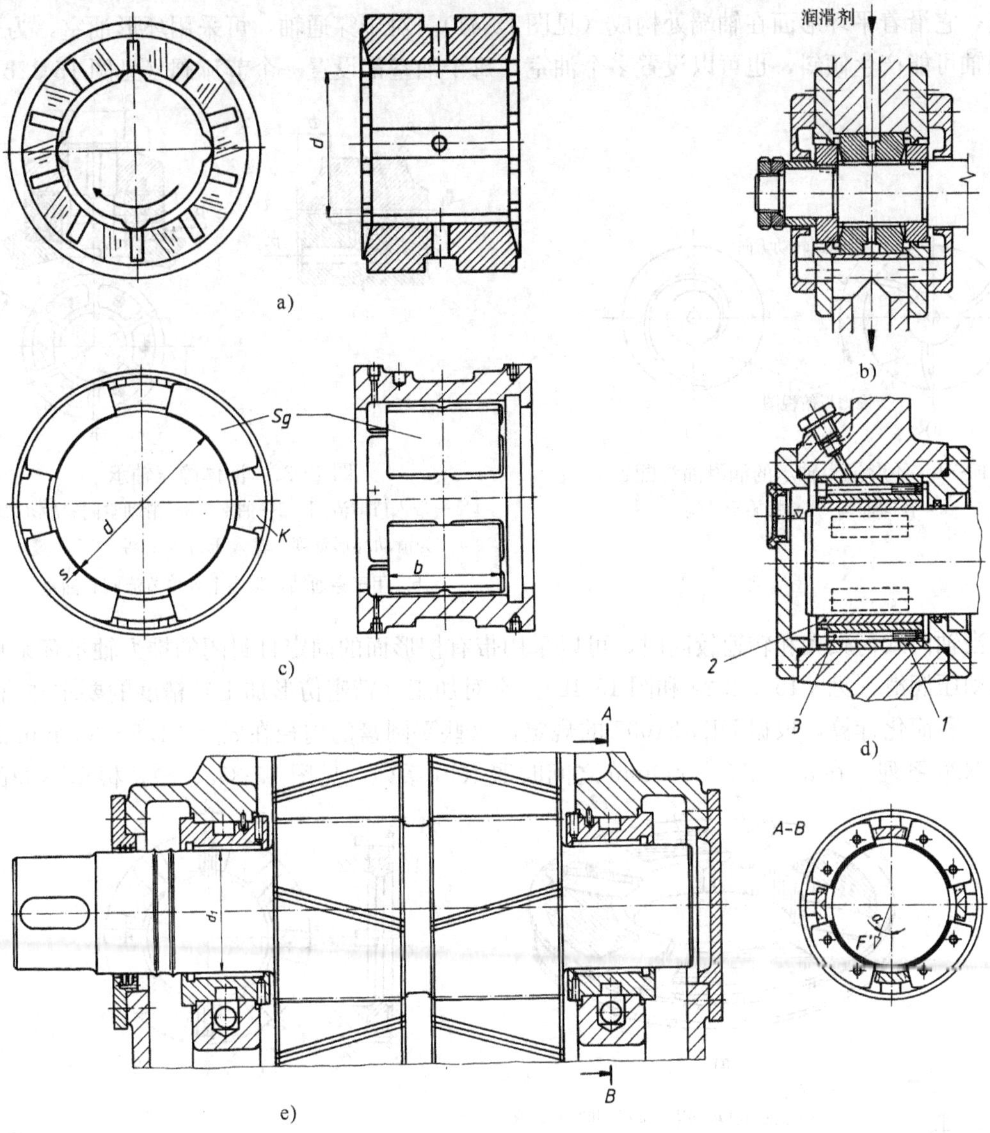

图 15-30　MF 滑动轴承

a）带双向推力轴承的 MF 滑动轴承　b）安装示例　c）摆动瓦向心滑动轴承（企业图形）
d）间隙可调的 MF 向心滑动轴承（Spieth 型），浸油润滑，1—成形钢套
2—轴承衬（锡青铜）3—夹紧螺栓　e）摆动瓦轴承用于减速器的例子（企业图形）

15.3.5　推力滑动轴承的结构设计

具有平面圆环形摩擦面的环形推力轴承的结构最简单（见图 15-40）。这种结构形式的轴承只适用于很低的转速或摆动运动（见 § 15.4.2-1）。大多数情况下采用脂润滑，中等转速时也可采用油润滑（油池或循环润滑）。采用循环润滑时，油由推力板的中心输入，流过滑动面之间的径向油沟或螺旋形油沟（见图 15-31）。由于没有倾斜面，从而不能形成液体摩擦。

为了在轴向载荷变化的情况下也能形成液体摩擦，而且使其与运动状态无关，可采用液体静压轴承（见§15.4.2-1）。为了在载荷变化时不影响泵的输入压力，应在滑动空间的入口处设置节流阀1（见图15-32a），保证 $p_Z > p_T$。这种结构形式轴承的润滑性能主要取决于油室，它沿着平环形面在轴端处构成（见图15-41）。对于穿通轴，可采用环形油室，为了考虑到轴可能产生倾斜，也可以设置多个油室，每个油室都设置一个节流阀（见图15-32b）。

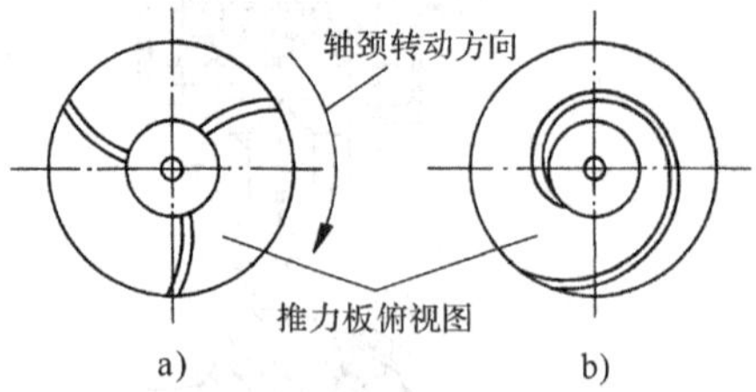

图15-31　环形推力轴承的润滑油沟配置

a）径向油沟　b）螺旋形油沟

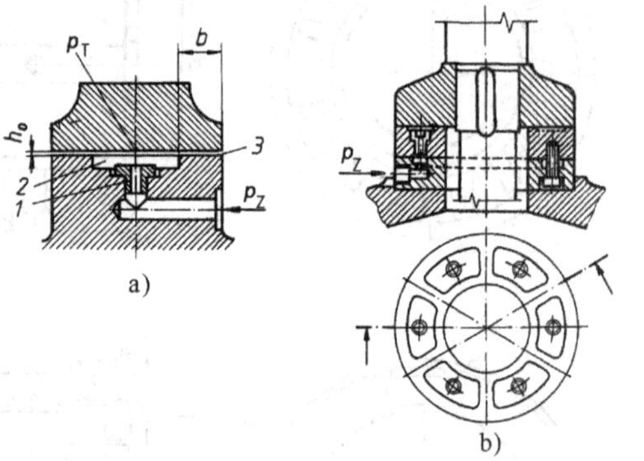

图15-32　液体静压轴承

a）1—带入口节流阀　2—油室　3—滑动空间；$b \approx 0.25d_a$ 为滑动环形宽度；输入压力 p_Z；油室压力 p_T

b）用于穿通轴，带多个入口节流阀和油室

当轴向载荷较大和转速较高时，可以采用带有楔形面的固定且封闭的推力轴承环来形成液体动压润滑（见§15-4.2-2a和图15-42）。它对加工（精密仿形加工）精度的要求非常高。为统一和简化计算，根据DIN 31697的规定，这些平圆盘的内径在 $d_1 = 31.5 \sim 355$mm 之间时取R20系列，在 $d_1 = 375 \sim 500$mm 之间时取R40系列（见图15-33a、c）。根据不同的环

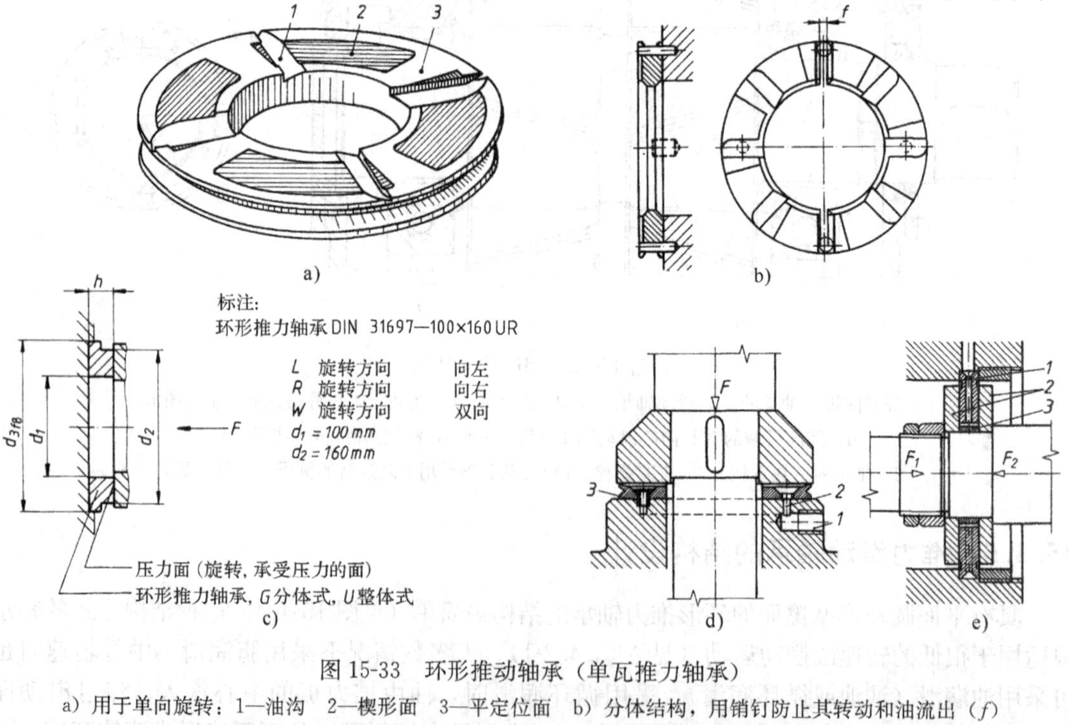

图15-33　环形推动轴承（单瓦推力轴承）

a）用于单向旋转：1—油沟　2—楔形面　3—平定位面　b）分体结构，用销钉防止其转动和油流出（f）

c）轴承尺寸按DIN 31697规定确定　d）铅垂轴推力环的安装：1—进油沟　2—环形油沟　3—空心螺钉

e）双向作用推力环的安装：1—水平轴上的钢制摩擦环　2—与轴固定在一起　3—定位环

高 h，压力面直径 d_2 和外径 d_3 也同样要取标准系列值。图 15-33d 所示为铅垂轴的推力轴承环安装，图 15-33e 为水平轴且双向作用的推力轴承环。为装配方便起见，也可取分体式结构（见图 15-33b）。

为了降低加工难度，大多数推力滑动轴承都采取摆动瓦（见 § 15. 4. 2-2b 和图 15-43）。

摆动瓦推力轴承的安装尺寸按 DIN 31696 的规定确定，外径定心（A 型）或内径定心（B 型），d_1 = 100～355mm 时取 R20 标准数系列，d_1 = 375～1000mm 时取 R40 系列（见图 15-34a）。

标注示例：d_1 = 250mm，d_2 = 400mm：摆动瓦推力轴承 DIN 31696—A250 × 400UR（见图 15-34a）。摆动瓦可采用各种支承方式。

标准形式的摆动瓦推力轴承的瓦，用定位销固定在机架上或支承环（整体式或分体式）上（见图 15-34b）。

为了在装配时能弥补加工误差，所有的支承环都可以通过平衡环来消除误差（见图 15-34c）。大多数的平面摆动瓦与其支承做成一个整体，用倾翻支点或硬化球形压力块来导引。

图 15-34d 所示的减速器用向心和推力轴承支承，其摆动瓦用球形压力块来导引。为了将轴的轴向运动限制在一定的间隙范围内，该推力轴承采用了双支承环结构。

对于承受大径向和双向轴向力的船机轴，应采用轴承组合进行支承（见图 15-35）。根据载荷方向的不同，轴向载荷通过轴环 1 传递到两个多油楔压力环 2 中的一个上，压力环 2 用碟簧 3 无间隙地压在轴环上。该轴承通过泵形成循环润滑。侧向流出的油，用油环 4 和过滤环（图中未画出）采集，然后用管道 5 将其导入收集池 6 中。

在铅垂轴上，为了能承受最大载荷（接近 10MN!），例如水轮机（Francis 水轮机和 Kaplan 水轮机），采用摆动瓦轴承（见图 15-36）。摩擦环 1 由高级钢制成，支承环 2 固定在

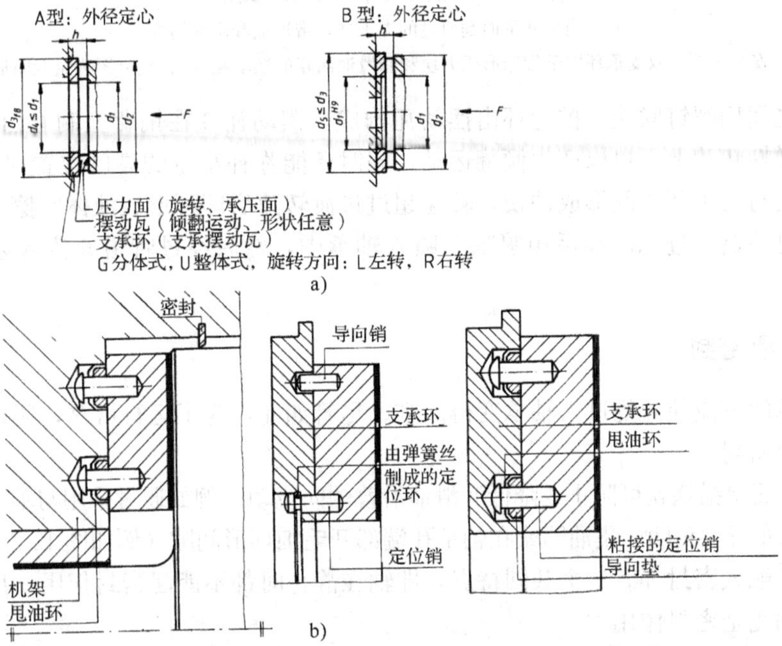

图 15-34 摆动瓦推力轴承

a）安装尺寸按 DIN 31696 确定 b）标准结构形式，无、有支承环和固定环（用于小轴承）以及带支承环和扩张环支承

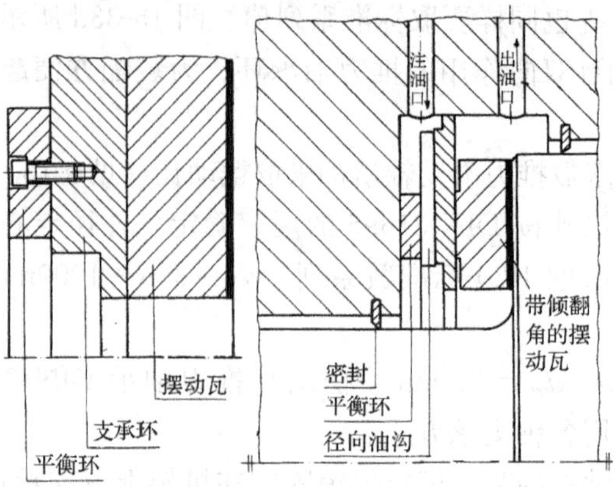

c)

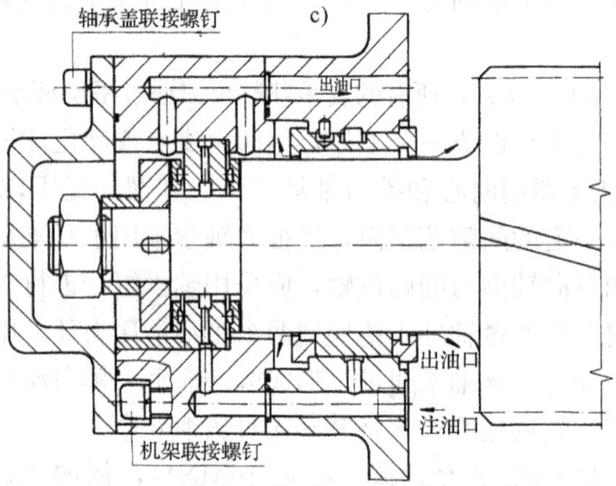

d)

图 15-34　摆动瓦推力轴承（续）

c）平衡环和平面刮研过的支承环，带进油和出油结构

d）安装示例：双支承环用于带球形压力块和润滑油回路的摆动瓦（b、c、d 图为企业图形）

轴上，它们之间用螺钉联接。推力环由摆动瓦构成，摆动瓦 3 在钢背上制有白合金摩擦面，它们支承在弹性垫片上，可以产生倾翻运动，同时还能弥补小量的高度位置误差。“自调位置”的摆动瓦与支承环之间形成油楔，转速超过过渡转速后即可形成液体摩擦。

油经过过滤器 4 过滤冷却后由喷嘴 5 喷入轴承中，然后经过管道 6 流入泵中（循环润滑）。

15.3.6　轴承密封

滑动轴承的侧流使异物进入轴承变得困难。尽管如此，为了运行可靠，还是应对轴承内空间进行有效密封。

只要采取简单措施就可防止或降低润滑油沿着轴向流动，例如通过采用与轴一起旋转的甩油环、沿轴向布置尖角肋、集油肋或在轴承孔端部开毛细环形间隙（例如图 15-27b 中的 5）。

所有非接触式密封都有一个共同特点，即轴在静止时都不能起密封作用，只有超过最小转速才能起到完全密封作用。

对于中等滑动速度，可取与滚动轴承同样的接触式密封，例如径向轴密封圈，V 形圈和毡圈。

常用密封结构见第 19 章。

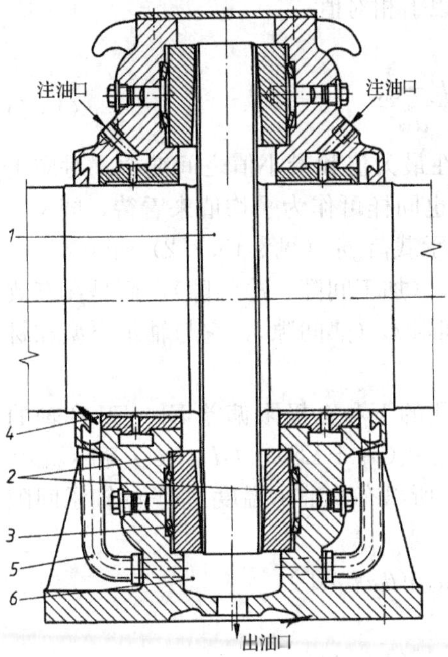

图 15-35 船机轴轴承

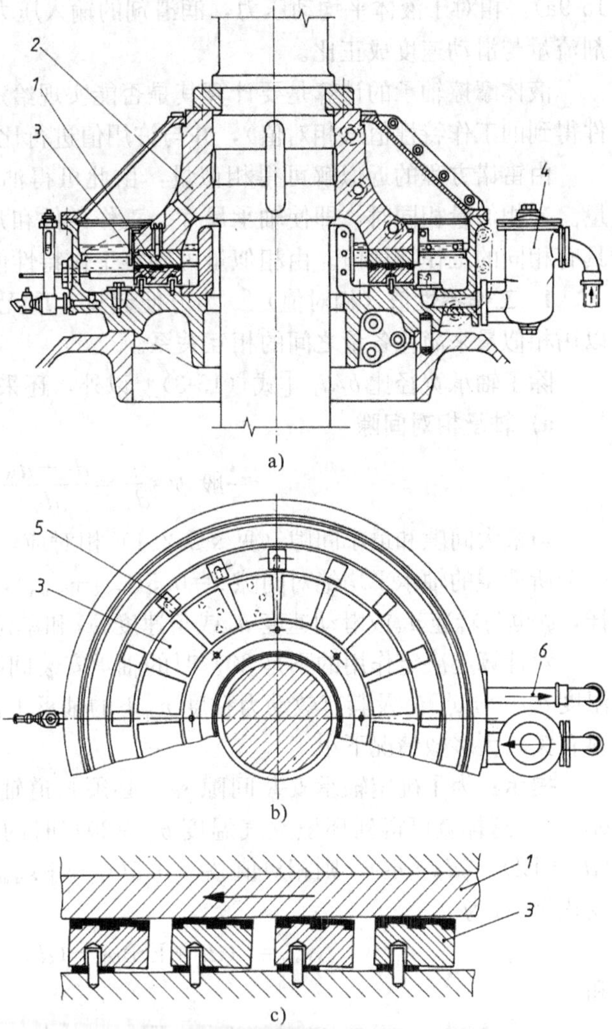

图 15-36 水轮机用摆动瓦推力轴承（企业图形）

a）主视图（局部） b）摆动瓦俯视图

c）摩擦环和摆动瓦（局部、放大）

15.4 计算基础

15.4.1 向心滑动轴承的计算

液体动压润滑理论的基本方程为雷诺微分方程㊀，根据 DIN 31652，向心滑动轴承的计算主要是针对全（360°）向心轴承（圆柱轴承）或半（180°）向心轴承，按完全润滑状态对上述方程进行数值求解。求解的前提条件主要有：符合 § 15.1.4 所述的牛顿切应力定律，润滑剂为层流，粘度不变，此外，滑动面完全光滑且为刚体，沿轴承宽度间隙不变（见图

㊀ 雷诺方程的推导见 § 15.6 参考文献。

15-9a）。相对于液体平均动压力，润滑剂的输入压力很低，所以纯粹由轴的旋转产生的润滑剂流量与滑动速度成正比。

液体摩擦轴承的计算是要计算其是否能实现给定功能，即应计算出由轴承尺寸和工作条件得到的工作特性值（相对值），并与许用值进行比较。

由雷诺方程的近似解可得相似量，由此可得油膜厚度、摩擦因数、热平衡和润滑剂流量。当相似量相同时，即使轴承尺寸、工作条件和几何条件等代表工作状态的参数不同，也具有相同的工作特性值。由相似量可确定工作特性值，从而可判断其是否能实现功能。

1. 工作特性值（相对值）　为方便起见，取无量纲值，即相对值进行计算，这样就可以用相似量来简化各量之间的相互关系。

除了轴承宽径比 b/d_L [式（15-3）] 以外，还采用以下相对值：

a）轴承相对间隙

$$一般\ \psi=\frac{s}{d_L}=\frac{d_L-d_W}{d_L}\approx\frac{d_L-d_W}{d_W} \tag{15-5}$$

与最大间隙和最小间隙（见§2.2.1）相对应，ψ 在最大值和最小值之间变化。对应于一个所期望的轴承平均绝对间隙 $s=0.5(s_{max}+s_{min})$，ψ 也同样可作为平均值来看待，同 s 一样，ψ 也与转速 n_w 或滑动速度 u_w 或角速度 ω_{eff} 和单位轴承载荷 p_L（见§15.3.2）有关。

对计算起决定作用的不是20℃时的轴承安装间隙 s_E（加工间隙、冷间隙），而是在有效温度 θ_{eff}（>50℃）及其有效动力粘度 η_{eff} 下的轴承工作间隙 s_B（热间隙），它与轴承类型和材料有关，大多数情况下小于 s_E。

提示：为了确定轴承安装间隙 s_E，必须知道轴承孔的下和上极限偏差 EI，ES 和轴的 ei，es。这样就可得到环境空气温度 $\theta_U=20℃$ 时的 $s_{Emax}=(d_L+ES)-(d_w+ei)$ 和 $s_{Emin}=(d_L+EI)-(d_w+es)$，则相对值 $\psi_E=0.5(s_{Emax}+s_{Emin})$。所以有效轴承温度 θ_{eff} 下的轴承间隙变化量 Δs 为

$$\Delta s_{max}=[(d_L+ES)\alpha_L-(d_w+ei)\alpha_w](\theta_{eff}-20°)$$

和

$$\Delta s_{min}=[(d_L+EI)\alpha_L-(d_w+es)\alpha_w](\theta_{eff}-20°)$$

式中　α_L——轴瓦或轴承的线膨胀系数；

α_w——轴的线膨胀系数（其值见 TB15-6 或 TB12-6b）。

轴承工作间隙 $s_{Bmax}=s_{Emax}+\Delta s_{max}$ 和 $s_{Bmin}=s_{Emin}+\Delta s_{min}$，所以轴承平均相对工作间隙 $\psi_B=0.5(s_{Bmax}+s_{Bmin})/d_L$。同样地，$\psi_B=\psi_E+\Delta\psi$，而间隙变化量 $\Delta\psi=(\alpha_L-\alpha_w)\times10^{-6}\times(\theta_{eff}-20°)$。

由于 Δs 与轴承的结构（轴承自由可变形或轴承置于一个刚性机架中）关系很大，特别是温度变化很小时，可不考虑公差，取轴承安装间隙等于轴承工作间隙，这样就不用进行精度很低的间隙变化计算（见§15.5，例15-1）。当轴承合金铸造层很薄时，可忽略轴瓦的热变形。

作为十进制小数，工作状态下的轴承相对间隙大约在 $\psi_B=0.5\times10^{-3}$（较大 F 和较小 n_w）和 $\psi_B=3\times10^{-3}$（较小 F 和较高 n_w）之间变化，也就是说在0.5‰和3‰之间变动；在初步近似计算时，可取 $\psi_B=1\times10^{-3}$，即1‰。

与图15-16的说明相对应，如果不知道轴承公差，作为近似值，可根据轴的圆周速度 u_W(m/s)，按式（15-6）来预选轴承平均相对安装间隙 ψ_E（工作间隙 ψ_B）：

$$\psi_E\ 或\ \psi_B\approx0.8\sqrt[4]{u_W}\times10^{-3} \tag{15-6}$$

ψ_E，ψ_B	u_W
1	m/s

对于可比较的可靠的结构，可由TB15-10a查取ψ_E或ψ_B，当轴承材料较软（E模量较小），p_L相对较大和η_{eff}较低以及$b/d_L \leqslant 0.8$时，取下极限值；当轴承材料较硬（E模量较大），p_L相对较小和η_{eff}较高以及$b/d_L \geqslant 0.8$时，取上极限值。若不能判别时，优先取上极限值。

若考虑到d_w，根据经验，ψ_E(‰)按标准数派生系列值由TB15-10b查取为0.56‰～3.15‰。在TB15-11中，根据DIN 31698，给出了与ψ_E相对应的轴的偏差，以及在平均轴承间隙和公称尺寸范围算术平均值下，基孔制轴承孔所要求的最大和最小间隙。

提示：如果用ISO配合来得到一个特定的间隙，最好使轴与孔的公差带尽可能分离，以使在任何情况下至少能达到所要求间隙的80%。如果轴公差的上极限，孔公差的下极限的距离为所要求的间隙值则更为有利。但这种情况下，即使偏差处于TB15-10a给定的极限值范围内，也可能会出现超过所需间隙值的情况。

TB15-12给出了各种ψ_E的ISO配合公差带的分布。由图可知，小d_L和小轴承间隙的质量高，但很难加工。最小和最大轴承间隙之间的间距要求对工作性能进行校核。

b）偏心率。根据图15-6或图15-7，随着轴的转速n_w或滑动速度u_w或角速度ω_{eff}的不同，轴的偏心距为$e=0.5s-h_0$，偏位角为β。偏心率为

一般 $$\varepsilon=\frac{e}{0.5s}=\frac{e}{0.5d_L\psi} \tag{15-7}$$

将式（15-5）的s和与工作状态下的相对轴承间隙ψ_B相对应的式（15-7）的e代入$h_0=0.5s-e$，即可得最小油膜厚度：

$$h_0=0.5d_L\psi_B(1-\varepsilon)\times10^3 \geqslant h_{0\,zul} \tag{15-8}$$

h_0，$h_{0\,zul}$	d_L	ψ_B，ε
μm	mm	1

式中 d_L——轴承直径（公称尺寸）；

ψ_B——轴承相对间隙［见式（15-5）］；

ε——偏心率［计算值，$\varepsilon=f(So, b/d_L)$］，由TB15-13查取；

$h_{0\,zul}$——h_0的许用极限值，与d_w和u_w有关，由TB15-16查取（注意相对应的标题），其他情况$h_0>h_{0\,zul}=h_{min\,zul}=\sum(Rz+W_t)$（轴无侧压和挠度）。

同时，h_0与轴承载荷F作用线之间的夹角为β，即偏位角，对于纯旋转，而且油膜压力形成不受干扰的情况，可根据ε和b/d_L由TB15-15a和b查取（见图15-6和图15-7的解释）。全（360°）轴承a和半（180°）轴承b的β角不同［注意式（15-9）的说明］。

c）索氏数。完全润滑的纯旋转轴，其摩擦为与轴的圆周上的滑动力F_t相等的摩擦力F_R。假设处于特殊情况，即360°轴承的轴$n=\infty$，则轴心位于轴承中心M（见图15-6），每个位置的润滑剂压力相等，因此这种工作状态下的轴承几乎不能承受载荷。

由一般牛顿切应力定律（见§15.1.4）$\tau=F_t/A=F_t/(d\pi b)$或$\tau=\eta u/h$，式中$h=0.5s$和$u=0.5d\omega$，由式（15-5）$\psi=s/d$，d为公称直径，则$\tau=\eta\omega/\psi$。由此得摩擦力为$F_R=F_t=\tau d\pi b=\eta(\omega/\psi)d\pi b$。如果轴承载荷$F$非常小（即与轴承中心$M$只有很小的偏心距），液体摩擦的摩擦因数$\mu=F_R/F=F_t/F=F_t/(pbd)$，式中$F$由式（15-4）得到，将$F_t$代入后即得彼得罗夫方程：$\mu=\eta\omega d\pi b/(pbd\psi)=\eta\omega\pi/(p\psi)$。即该特例下的摩擦特性数一般为$\mu/\psi=\eta\omega\pi/(p\psi^2)$（见下述摩擦特性数）。

设摩擦特性数$\mu/\psi=\pi/So$，它为无量纲相似量，即可得索氏数，如果采用符号和工作特性值表示，有

$$So=\frac{p_L\psi_B^2}{\eta_{eff}\omega_{eff}}=\frac{F\psi_B^2}{bd_L\eta_{eff}\omega_{eff}}$$ (15-9)

S_O，ψ_B	p_L	F	η_{eff}	ω_{eff}	b，d
1	N/mm^2	N	$N\cdot s/mm^2$	1/s	mm

式中　p_L——单位轴承载荷，由式（15-4）计算；

F——轴承载荷；

ψ_B——θ_{eff}下的平均相对轴承间隙（作为十进制小数）[见式（15-8)]；

η_{eff}——θ_{eff}下的有效动力粘度，由 TB15-9 查取；

ω_{eff}——有效角速度，$\omega_{eff}=2\pi n_w$；

b，d_L——轴承宽度、轴承直径。

作为轴承特性数的索氏数 So 代表所有向心轴承的工作性能。式中的各个变量明确地反映了液体动压性能，即承载能力：

$p_L\sim1/\psi_B^2$　即 p_L与轴承相对间隙平方的倒数成正比，间隙每变小一点，承载能力成平方地提高。

$p_L\sim\eta_{eff}$　即 p_L与粘度成正比，η 的升高会带来承载能力的提高。

$p_L\sim\omega_{eff}$　即 p_L与角速度（转速、滑动速度）成正比，转速的升高会带来承载能力的提高。

两个轴承在润滑剂输入通道（油沟等）位置相同的情况下，如果具有相同的 So 和相同的宽径比 b/d_L，即相同的 h_0/s 和相同的摩擦特性数 μ/ψ_B，则可认为这两个滑动轴承液体动压相似。

在进行第一次初步设计时，应假设润滑剂温度 θ_{eff}等于轴承的基准温度 θ_0，并由此求得 η_{eff}（见 TB15-9）。因为已知轴承载荷 F 和轴的转速 n_w（即 ω_{eff}），即可针对每一种应用情况所确定的 ψ_B [见式（15-5）和式（15-6)] 求得 So。

根据 So 和 b/d_L，可由 TB15-13a 或 b 查得全（360°）轴承的偏心率 ε；同样地，它也可近似适用于半（180°）轴承，因为只有在较小的 ε 区域内和降低精度的情况下才能对其进行计算。借助于式（15-8）可得最小油膜厚度 $h_0\geqslant h_{0\ zul}$。偏位角 $\beta=f(\varepsilon,\ b/d_L)$ 可由 TB15-15 分别针对 360°轴承 a 和 180°轴承 b 查取。

提示：TB15-15b 的线图也可用于润滑通道做在侧面（即与载荷方向成 90°）的 360°轴承，见 TB15-18b 中的图 3～6，以及图 15-22c、d。

根据所求得的 So 即可掌握轴承的性能。在 TB15-13b 的线图中，只要 $So\geqslant1$ 和 $\varepsilon=0.6\sim0.95$，处于区域 B，就能保证轴承正常工作。$So\geqslant10$ 和 $\varepsilon=0.95\sim1.0$ 的区域 C，对于正常的表面精度，由于 h_0过小，即相对油膜厚度 $h_0/(0.5d_L\psi_B)=1-\varepsilon\leqslant0.4$ [式（15-8)] 过小，会进入混合摩擦状态而产生磨损。在 $So<1$ 和 $\varepsilon<0.6$ [即 $(1-\varepsilon)>0.4$] 的区域 A，由于对轴的径向定心能力差，遇有不稳定因素时，不能排除轴承工作不正常的可能性。当 $So\leqslant0.3$ 时，油膜涡流会导致轴承中的轴产生振动，特别是 F 较小和 n_w较大的轴承，它会导致轴承的损坏。为改变这种状况，可降低 b/d_L（这样 p_L将提高!），或/和降低润滑剂的 η_{eff}；否则必须沿轴承圆周设置多个镰刀形油楔，即采用多油楔轴承（MF 轴承，见图 15-30），它在滑动空间中形成多个增压空间，从而构成压力场，起到稳定轴的作用（见图 15-37）。有 4～6 个增压区的 MF 轴承也可制成摆动瓦轴承，以用于精密机械中（见图 15-30c、d）。

d）摩擦特性数。润滑剂粘度 η_{eff}及其温度 θ_{eff}对轴承性能具有决定作用。轴承中的发热是由作用于转速为 ω_{eff}的轴上的滑动力 F_t引起的，而该力是由轴承中粘度为 η_{eff}的润滑剂所形

成的相对于 h_0 非对称的压力所产生。因此，不能再采用轴处于轴承中心这种特例下的 $\tau=\eta\omega/\psi$（见索氏数），而是由于偏心，应采用 $\tau=f(\eta\omega/\psi)$，由此可得到摩擦特性数 $\mu/\psi=f(1/So)$。如果已知 So 和 β，则

$$\frac{\mu}{\psi_B}=\frac{\pi}{So\sqrt{1-\varepsilon^2}}+\frac{\varepsilon}{2}\sin\beta$$

对于 360°轴承可用上式计算，也可以根据 ε 和 b/d_L，由 TB15-14 对 360°轴承 a 或近似地对 180°轴承 b 查取摩擦特性数。将得到的值乘以 ψ_B 即得到摩擦因数 μ。

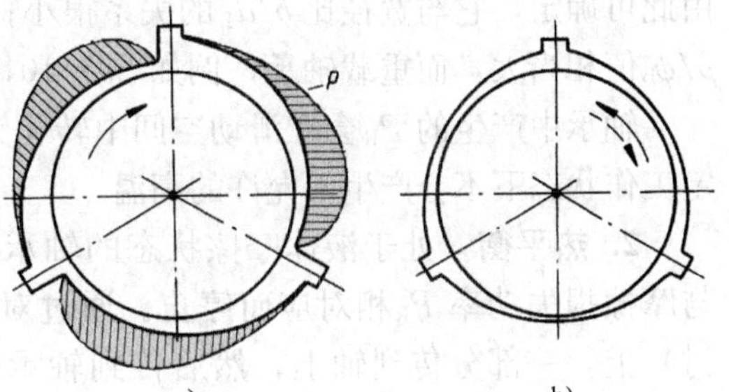

图 15-37 多油楔滑动轴承的滑动空间形状（示意图）
a）单向 MF 轴承 b）双向 MF 轴承，2～4 个增压区要由专业公司用特殊加工方法生产

提示：与 c）的提示相反，带侧面润滑剂通道的 360°轴承的 μ/ψ_B 既可以计算，也可以由 TB15-14a 近似查取。

如果绘制出与式（15-9）相对应的 μ 与 $\eta\omega/p$（无量纲）的关系曲线（见图 15-38），可知对于 ψ=常数的特定轴承，所有摩擦曲线（见图15-17）重合在一起成为一根曲线。下工作极限在临界点 A [$(\eta\omega/p)_{\ddot{u}}$] 附近，标记为 $(\eta\omega/p)_{min}$。在这点之上，当工作条件不变，而 η 下降时，也能保证正常工作。但 η 上升会带来摩擦损失的上升，故给定上工作极限 $(\eta\omega/p)_{max}$，超过该点，就不能排除发热对支承造成损坏的可能性。

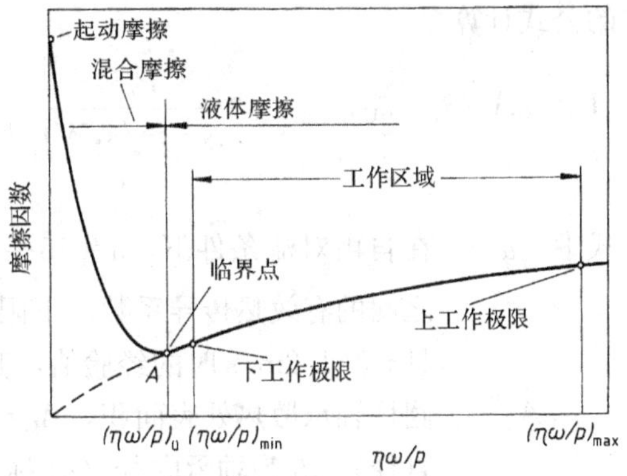

图 15-38 滑动轴承的摩擦曲线和工作区域（示意图）

由作为十进小数的摩擦因数 μ 或由摩擦特性数 μ/ψ_B 可求得稳定状态下产生的热流，即摩擦损失功率：

$$P_R=\mu F u_w=\mu F\frac{d_W}{2}\omega_{eff}\approx\mu F d_W\pi n_w=(\mu/\psi_B)F d_W\pi n_w\psi_B$$

P_R	F	d_W	n_w	u_w	μ	ω_{eff}	ψ_B
N·m/s，W	N	m	1/s	m/s	1	1/s	1

（5-10）

式中 F——轴承载荷；

u_w——轴的圆周速度，$u_w=d_W\pi n_w$；

ω_{eff}——有效角速度，$\omega_{eff}=2\pi n_w$；

d_W——轴径；

ψ_B——θ_{eff} 下的轴承平均相对间隙。

如果以通用的轴承公称直径 d 代入式（15-10），则由式（15-4）得轴承载荷 $F=p_L db$，由式（15-9）得到相应的单位轴承载荷 $p_L=So\eta\omega/\psi^2$，得 $P_R=(\mu/\psi)Sobd^2\eta\omega^2/(2\psi)$。

可知，静载向心轴承的 P_R 与 ω^2 和轴承线性尺寸的 3 次方（bd^2）成正比。

对于一些特殊使用场合，最好是绘出 $\mu/\psi_B=f(So, b/d_L)$ 的关系曲线（见 TB15-14c）。

由此可确定，它与宽径比 b/d_L 的关系很小；此外，还可看出，对于轻静载，例如 $So=0.1$，μ/ψ_B 值相当大，而重载轴承，例如 $So=10$，则 μ/ψ_B 值很小。

轴承中产生的 P_R 会在滑动空间中转化为热量，必须将其传到轴承之外去，以保证在稳定工作状态下不会产生不允许的高温。

2. 热平衡 处于液体摩擦状态的轴承在工作时润滑剂温度一直升高，直到向外传热与摩擦损失功率 P_R 相对应而停止。通过对流，摩擦热的一部分由润滑剂传到轴瓦（轴承衬）上，一部分传到轴上，然后传到轴承座及其表面上和轴承外的轴自由表面上，它们又通过对流和辐射传到周围环境中。此时，润滑剂及轴承的温度保持在一个平均值 θ_L 上，该值不允许超过与轴承材料和所选的润滑剂相对应的许用值 $\theta_{L\,zul}$（见 TB15-17）。该平均温度由热平衡，即轴承中产生的热量与从轴承中传出去的热量平衡得到。由式（15-10），一般有

$$P_R=P_\alpha+P_c \tag{15-11}$$

其中，经轴承座和轴通过对流散发的热量，按对于工程实际来说具有足够精度（根据牛顿）的公式计算

$$P_\alpha=\alpha A_G(\theta_m-\theta_U) \tag{15-12}$$

P_α	α	A_G	θ_m,θ_U
N·m/s,W	N·m/(m²·s·℃);W/(m²·℃)	m²	℃

式中　α——在自由对流条件下，$\alpha=15\sim20$，即空气速度 $w\leqslant1.2$m/s，轴承座与环境空气之间的有效热传导系数。下限值用于机组中的轴承，$\alpha=7+12\sqrt{w}$ 对机架吹风且 $w>1.2$m/s 时的经验值，其中 w 的单位为 m/s 和 α 为 W/(m²·℃)；

A_G——圆柱轴承散热外表面积，$A_G=\pi[0.5(d^2-d_L^2)+db_L]$，$d$ 为轴承外径（轴承座直径），d_L 为轴承内径（公称尺寸），b_L 为轴承宽度（轴承座宽度），$A_G=\pi H(L+0.5H)$ 用于立式轴承，H 为总高，L 为宽度（轴承座长度）（例如图 15-26a：$H=h_2$，$L=b_2$），$A_G\approx20bd_L$ 用于机组中的轴承（例如透平机轴承），b 为轴承宽度和 d_L 为轴承内径；

θ_m——轴承平均温度，$\theta_m=\theta_L$；

θ_U——环境空气温度，$\theta_U=-20\sim+40$℃，通常为 20℃。

由润滑剂带走的热量为

$$P_c=\dot{V}\rho c(\theta_a-\theta_e) \tag{15-13}$$

P_c	$\dot{V}$	ρc	θ_a，θ_e
N·m/s，W	m³/s	N/(m²·℃)；J/(m³·℃)	℃

式中　$\dot{V}$——润滑剂总流量，$\dot{V}=\dot{V}_D+\dot{V}_{pZ}$，其中 $\dot{V}_D$ 为轴旋转产生的输送效果所带来的润滑剂流量，$\dot{V}_{pZ}$ 为由输入的计算压力 p_Z 所带来的润滑剂流量（见§15.4.1-3 润滑剂流量）；

ρc——常值下的空间比热容，$\rho c=1.8\times10^6$，对于给定情况的更精确值查 TB15-8c；

θ_a——润滑剂流出温度，$\theta_a\leqslant100$℃，否则润滑油会快速老化（改变化学成分——通过添加剂缓解）；

θ_e——润滑剂输入温度，$\theta_e=30\sim80$℃，随轴承类型和润滑油冷却器结构的不同而不同。

提示：润滑剂通过轴承零件和轴上零件将热传递到环境的过程是非常复杂的。因此，可以假设用来计算 So 数的润滑剂实际温度 θ_{eff} 位于 θ_e 与 θ_a 之间，且 θ_{eff} 与轴承温度 θ_L 之间还有温差，在工程实际中，这种对热传导的简化是可以接受的。

在求轴承温度 θ_m 时，还要区分以下情况：

a）自然冷却。热量通过对流和辐射传到环境空气中。由式（15-11），有 $P_R=P_\alpha$，则由式（15-12）得轴承温度

$$\theta_L \triangleq \theta_m=\theta_U+\frac{P_R}{\alpha A_G} \qquad (15\text{-}14)$$

θ_L，θ_m，θ_U	P_R	α	A_G
℃	N·m/s；W	N·m/(m²·s·℃)	m²

根据经验，轴承各处的温差很小，所以可取 $\theta_L=\theta_{eff}$。由式（15-9）可知，So 数决定于 θ_{eff} 下的 η_{eff}，在初步设计时，可先假设一个假定温度 $\theta_0=\theta_{eff}=\theta_U+\Delta\theta=40\sim100$℃（通常 $\Delta\theta\approx20$℃）。经过一次计算后，用新的假定温度 $\theta_{eneu}=(\theta_{0alt}+\theta_m)/2$ 代入迭代，直到绝对值 $|\theta_m-\theta_0|\leqslant2$℃为止，即假定温度与实际温度基本一致，即 $\theta_L\approx\theta_0$（见计算过程示意图 15-39或例 15-1，解 d)。若 η_{eff} 较高时，每次可用 $\psi_B=\psi_E+\Delta\psi$ 来进行计算（见 § 15.4.1-1a 提示）。

这种计算方法称为迭代法，即用同样的计算方法对一个方程反复进行近似求解，得到一系列近似值，它收敛于精确解。

然后必须校核，是否满足 $\theta_L\leqslant\theta_{L\,zul}$（见 TB15-17）。如果 $\theta_L>\theta_{L\,zul}$，则尝试通过选择另一种润滑剂或改变设计来使其能达到工作要求。

否则必须采取附加冷却措施。

b）润滑剂的回冷。如果自然冷却所带走的热量 $P_\alpha<0.25P_R$，相对于 P_c 来说，P_α 即可忽略不计，这意味着带来了附加安全系数。压力循环润滑通过润滑剂将热量带出。由式（15-11）$P_R=P_c$，由式（15-13）和式（15-10）得轴承温度为

$$\theta_L \triangleq \theta_a=\theta_e+\frac{P_R}{\dot V\rho c} \qquad (15\text{-}15)$$

θ_L，θ_a，θ_e	P_R	$\dot V$	ρc
℃	N·m/s；W	m³/s	N/(m²·℃)；J/(m³·℃)

式中 P_R——由式（15-10）得到的摩擦损失功率；

$\dot V$——润滑剂总流量［见式（15-13）以及式（15-18)］；

ρc——空间比热容［见式（15-13)］，$\rho c=1.8\times10^6$；

θ_e，θ_a——润滑剂输入和输出温度［见式（15-13)］。

同式（15-14）的求解一样，首先假设一个假定温度 $\theta_0=\theta_{a0}=\theta_e+\Delta\theta$，一般取 $\Delta\theta=20$℃，这样就可以用 $\theta_{eff}=0.5(\theta_e+\theta_{a0})$ 由 TB15-9 查取 η_{eff}，得到 $\theta_L\approx\theta_0$。θ_0 与 θ_a 有偏差，计算 $\theta_{a0\,neu}=0.5(\theta_{a0\,alt}+\theta_a)$ 和 $\theta_{eff}=0.5(\theta_e+\theta_{a0\,neu})$，再查取 η_{eff}，迭代计算温度变化，直到绝对值 $|\theta_{a0}-\theta_a|\leqslant2$℃。对于每一个 θ_{eff}，可以用 $\psi_B=\psi_E+\Delta\psi$ 来进行计算（见 § 15.5，例 15-2，解 a，或见 § 15.4.1-1a 的提示)；见一般计算过程示意图 15-39。

对于重载高速轴承，应按 $\theta_{eff}=(2\theta_a+\theta_e)/3\sim\theta_{eff}=\theta_a$ 进行计算。

同样地，还必须校核是否满足 $\theta_L\leqslant\theta_{L\,zul}$（见 TB15-17）。如果 $\theta_L>\theta_{L\,zul}$ 和 $h_0\leqslant h_{0\,zul}$，［见式（15-8)］，应重新确定轴承尺寸，选取另一种润滑剂或采用附加冷却措施。通过设置冷却肋来加大轴承表面积，可以大大提高散热能力，这样就可以省去轴承外的润滑剂冷却装置。在某些情况下，用吹风机来提高空气流动速度 w［见式（15-12)］，可以改善热传导系数 α［同样见式（15-18)］。

3. 润滑剂流量 如果输入轴承的润滑剂还要起到能带走部分轴承摩擦热的作用，就必须知道润滑剂流量的大小。

如果能将在承载润滑膜压力作用下，使侧面流出的润滑剂在间隙最大处又流入轴承（侧流，见图 15-9 之前的叙述），轴承就能形成润滑剂自然循环。对于全（360°）轴承，轴旋转所形成的润滑剂流动，可计算无量纲特性数，即润滑剂相对流量 $\dot{V}_{\text{Drel}}=\dot{V}_{\text{D}}/(d_{\text{L}}^3\psi_{\text{B}}\omega_{\text{eff}})=0.25[(b/d_{\text{L}})-0.223(b/d_{\text{L}})^3]\varepsilon$。对于半（180°）轴承，$\dot{V}_{\text{Drel}}$值由 TB15-18a 查取。由此可得轴旋转所形成的润滑剂流量（形成内压）

$$\dot{V}_{\text{D}}=\dot{V}_{\text{D rel}}d_{\text{L}}^3\psi_{\text{B}}\omega_{\text{eff}} \tag{15-16}$$

$\dot{V}_{\text{D}}$	$\dot{V}_{\text{D ref}}$	d_{L}	ψ_{B}	ω_{eff}
m^3/s	1	m	1	s^{-1}

式中 d_{L}——轴承内径（公称尺寸）；

ψ_{B}——η_{eff}下的轴承平均相对工作间隙（见§15.4.1-1a 的提示）；

ω_{eff}——有效角速度；

$\dot{V}_{\text{Drel}}$——润滑剂相对流量：$\dot{V}_{\text{Drel}}=0.25[(b/d_{\text{L}})-0.223(b/d_{\text{L}})^3]\varepsilon$。

如果一个轴承太热，即轴承温度 $\theta_{\text{L}}>\theta_{\text{L zul}}$，必须通过增大润滑剂流量来降低 θ_{L}。可用泵将润滑剂以输入压力 p_{Z}输入轴承。绝大部分润滑剂同时又从轴承上部轴瓦流出，它们并不是形成压力所必需的。

在这种情况下，也要计算一个无量纲特性数，即由输入压力所形成的润滑剂相对流量 $\dot{V}_{\text{pZrel}}\approx\dot{V}_{\text{pZ}}\eta_{\text{eff}}/(d_{\text{L}}^3\psi_{\text{B}}^3p_{\text{Z}})$。起决定作用的是润滑剂输入方式和分布，它们影响轴承工作的可靠性（见§15.1.5-2）。

根据输入通道的不同，如油孔、油沟（环形油沟）和油室（见§15.3.3-3），$\dot{V}_{\text{pZrel}}$值不同，它可以按 TB15-18b（与 DIN 31652-2 相对应）计算。

若对偏位角β简化考虑［见式（15-8）后的文字叙述］，可得输入压力所形成的润滑剂流量

$$\dot{V}_{\text{pZ}}=\frac{\dot{V}_{\text{pZrel}}d_{\text{L}}^3\psi_{\text{B}}^3}{\eta_{\text{eff}}}p_{\text{Z}} \tag{15-17}$$

$\dot{V}_{\text{pZ}}$	$\dot{V}_{\text{pZrel}}$	d_{L}	ψ_{B}	η_{eff}	p_{Z}
m^3/s	1	m	1	Pa·s	Pa

式中 d_{L}，ψ_{B}——同式（15-16）；

η_{eff}——θ_{eff}下的有效动力粘度；

p_{Z}——润滑剂输入压力，一般 $p_{\text{Z}}=0.05\sim0.2\text{MPa}(0.5\sim2\text{bar})$；

$\dot{V}_{\text{pZ rel}}$——润滑剂相对流量，由 TB15-18b 查取。

压力润滑下的全（360°）轴承的润滑剂总流量为

$$\dot{V}=\dot{V}_{\text{D}}+\dot{V}_{\text{pZ}} \tag{15-18}$$

式中，符号说明见式（15-13）或式（15-15）。

压力循环润滑的重载高速轴承的润滑剂流量大于自然冷却轴承，如果流出的润滑剂用置于轴承外的冷却器进行冷却，其轴承温度 θ_{L}不会超过极限值［见式（15-15）和式（15-16）后的叙述］。为了使粘度下降不至过大，温差（$\theta_{\text{a}}-\theta_{\text{e}}$）=10～15℃，最大 20℃。与式（15-15）对应，冷却油流量为 $\dot{V}_{\text{k}}=P_{\text{R}}/[\rho c(\theta_{\text{a}}-\theta_{\text{e}})]$（$\text{m}^3/\text{s}$）式中 P_{R}的单位为 N·m/s，并取平均值 $c\rho=1670\times10^3\text{N}/(\text{m}^2\cdot℃)$ 代入。

4. 计算过程 流体动压静载向心滑动轴承应根据功能要求进行设计计算，该方法仅适用于圆柱轴承，特别是全（360°）轴承，当然也可以用于半（180°）轴承，而且轴承不能有诸如不平衡、振动、形状加工偏差、装配误差、润滑剂脏污等不利影响因素。

假设滑动副为完全润滑和刚体；而且不考虑垂直于滑动面的运动，它与轴的旋转运动叠加会产生附加润滑膜挤压力。润滑剂通道位于对形成润滑剂压力不产生影响的地方（见图 15-7～图 15-10）。

大多数情况下已知轴承载荷 F、工作转速 n_w 和环境空气温度 θ_U（必要时可估计）。润滑剂类型（粘度等级）常常不能随意选择，一般被给定。

在工程实际中，所需轴径 d_w 可通过计算、结构设计或任意选择来确定。在确定轴承孔径 d_L 和轴径 d_w 后，必须确定加工公差和表面精度，因为它们对轴承间隙有影响（见§15.4.1-1a），并会影响承载能力、摩擦以及发热（见§15.1.5-2）。

根据所选宽径比 b/d_L（见§15.3.2）和轴承外形结构尺寸，即可确定轴承散热面积 A_G［见式（15-12）］。在确定滑动轴承材料（见§15.3.1）后，大多数情况下即可对所给定的设计进行校核计算，即

a）首先按式（15-4）校核压强：$p_L \leqslant p_{L\,zul}$，见§15.3.2。

b）然后进行热平衡计算，见§15.4.1-2。先进行简化计算，即考虑对流散热（自然冷却）［见式（15-12）和式（15-14）］。为此，假设一个近似值 $\theta_0(\theta_{eff})$，这样就可以由 TB15-9 确定有效动力粘度 η_{eff}。

根据轴承平均相对工作间隙 ψ_B（见§15.4.1-1a）和其他轴承参数，即可由式（15-9）得到最重要的特性值 So（见§15.4.1-1c）。由 So 和 b/d_L 可从 TB15-13 得到偏心率 ε（见§15.4.1-1b）。根据 ε 和 b/d_L 以及由 TB15-15 估计的 β 可计算出摩擦特性数 μ/ψ_B 或由 TB15-14 近似地得到摩擦因数 μ，由此可由式（15-10）计算摩擦损失功率 P_R。然后由式（15-14）迭代计算轴承温度 $\theta_L=\theta_m$，直到 $\theta_L \approx \theta_0$，并校核 $\theta_L \leqslant \theta_{L\,zul}$。所需的由轴的旋转所形成的润滑剂流量 $\dot{V}_D$ 根据式（15-16）计算。

如果仅仅自然冷却还不够，就必须采取压力循环润滑［见式（15-13）和式（15-15）］。

c）校核是否有磨损危险，磨合前应按式（15-8）校核 $h_0 \geqslant h_{0\,zul}=\sum(Rz+W_t)$，磨合后 $h_{0\,zul}=\sum Ra$［见式（15-17）］。

如果轴承运行时有多个工况，应按持久且最不利的工况进行校核。

图 15-39 所示的计算过程示意图使校核计算过程更加明了（见§15.5 计算示例）。当然也可以对计算过程进行调整。

提示： 如果一个轴承的油沟沿圆周超过 180°，宽度为 b_{Nut}，该轴承存在两个分离的滑动面，各承受一半的载荷。计算时用替代尺寸来考虑这个问题，即在用式（15-4）计算 p_L 和用式（15-9）计算 So 时，用 $d'_L=d_L\sqrt{2}$ 和 $b'=(b-b_{Nut})\times 0.5\times\sqrt{2}$ 来代入。

这样，通过轴的旋转所形成的润滑剂流量为：

$$\dot{V}_D=\left(\frac{d_L}{200}\right)^3\psi_B\,\frac{\pi n_w}{30}\times 120[b'/d'_L-0.223(b'/d'_L)^3]\varepsilon$$

式中，d_L 以及 b'，d'_L 的单位为 mm，n_w 为 r/min，$\dot{V}_D$ 为 l/min。

动载向心滑动轴承的载荷是变化的，例如不平衡的轴、曲轴轴承；或角速度不恒定，例如内燃机的连杆轴承；或滑动速度超过 25m/s，例如透平机。都会造成运动不稳定，因此对

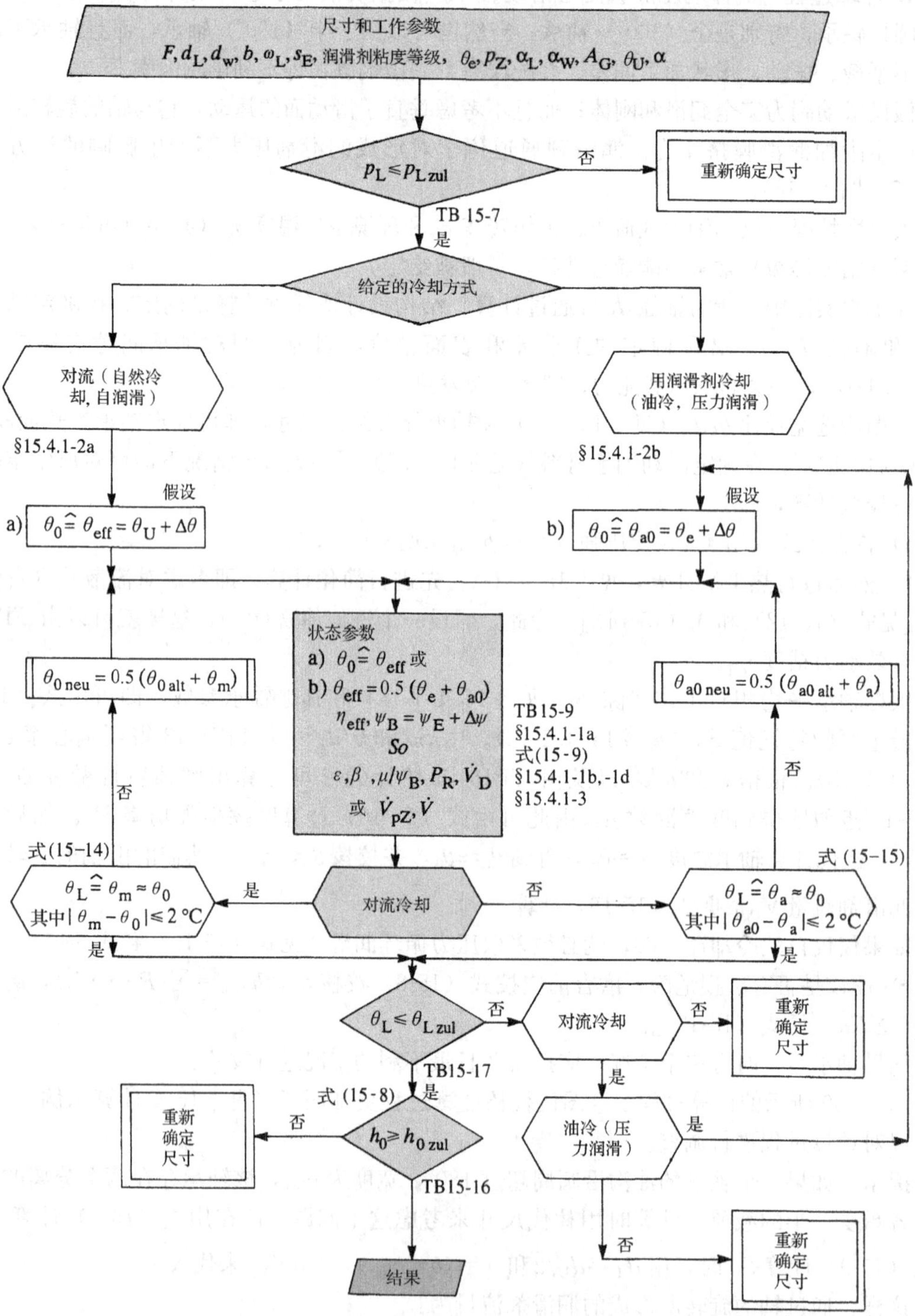

图 15-39　处于稳定工作状态下的流体动压向心滑动轴承计算过程示意图

这类轴承还必须考虑其稳定性判据和挤压作用，所以仅仅按上述计算方法进行设计计算是不够的。如果采用多油楔滑动轴承（见图15-37），其设计计算要复杂得多。有关计算方法可参阅所附参考文献（见§15.6）。

15.4.2 推力滑动轴承的计算

推力滑动轴承是能承受回转轴的轴向载荷，并沿轴向进行支承的滑动轴承（见图 15-1b）。相比向心轴承，它很少出现，因为只有在特殊情况下，例如铅垂支承的透平机轴或承受螺旋推进力的水平支承的船机轴和涡轮机，才会出现特别大的轴向载荷，如果轴向载荷不大时，可直接采用带推力滑动面（推力轴肩）的向心轴承。

一般来说，推力轴承有以下几种结构形式：

1. 带平面推力板的推力轴承 圆形推力轴承最简单，但在工程实际中几乎不被应用。在运行时，推力面（完全圆形面）上的压力分布呈双曲函数，其圆心处的压力理论上为无穷大，这会导致剧烈磨损和快速发热（在图 15-40 和图 15-41 中画出了它们的压力分布）。

环形推力轴承在环形推力板中部有一个环形凹槽，它避免了压力尖点（见图 15-41）。它用于小型回转、摆动轴承，或轻载中速轴承。

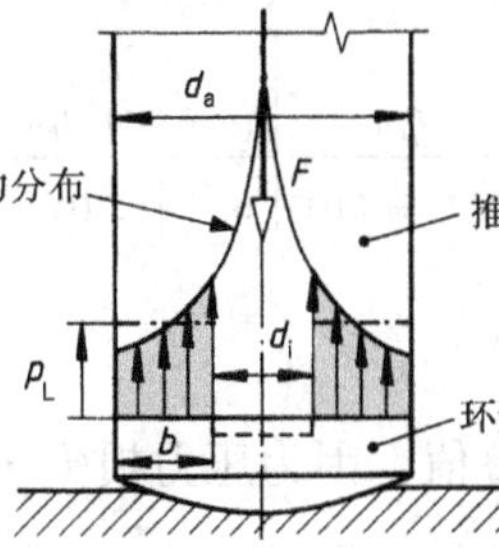

图 15-40 简单推力轴承示意图

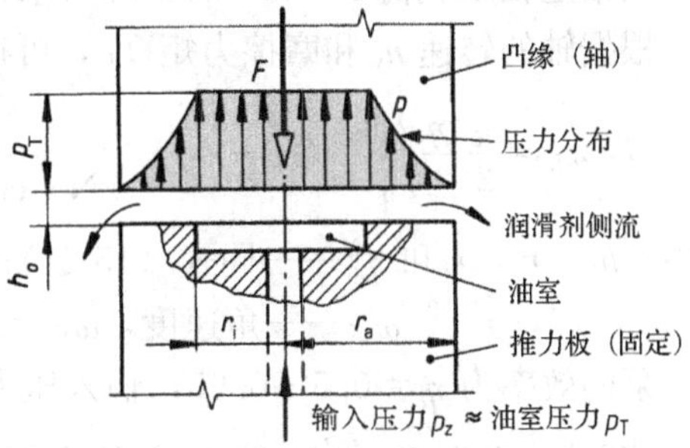

图 15-41 流体静压平面推力轴承示意图

由 $d_a=2r_a$，$d_i=2r_i$，得平均直径为 $d_m=(d_a+d_i)/2=r_a+r_i$ 和 $b=(d_a-d_i)/2=r_a-r_i$，所以平均压强为：

$$p_L=\frac{F}{\pi(r_a^2-r_i^2)}=\frac{F}{d_m\pi b}\leqslant p_{L\,zul} \tag{15-19}$$

式中 F——轴承轴向载荷；

r_a，r_i，d_m，b——尺寸；

$p_{L\,zul}$——许用平均压强，由 TB9-1 查取，或由制造商给出。

要想受载时在平行间隙中形成液体摩擦，必须采用液体静压润滑，即用泵将润滑剂用高压打入滑动面之间，从而将滑动面分离。一般来说，为了形成液体静压润滑膜，润滑剂输入压力 p_Z 必须为平均压强 p_L 的 2～4 倍。

润滑剂通过位于中心的圆柱形油沟压入油室中。从油室沿径向向外流动，保证形成一个厚度为 h_0 的稳定油膜。

许用最小油膜厚度 $h_{0\,zul}$ 主要与加工装配的方法和精度有关。由于泵的工作功率与 h_0^3 成正比，为使推力轴承所需油膜厚度 h_0 不致过大，根据经验，一般为

$$h_{0\,zul}\approx(5\sim15)\times(1+0.0025d_m) \tag{15-20}$$

$h_{0\,zul}$	d_m
μm	mm

最高精度加工和最精确装配可取式（15-20）中的最小值 5。

由于压力 p 由内向外降低直至零，因此为了保证在油室压力 p_T（＝输入压力 p_Z）下 $h_0>h_{0\,zul}$，由压力分布可算得润滑剂体积流量为

$$\dot{V}=\frac{\pi h_0^3 p_T}{6\eta_{eff}\ln(r_a/r_i)} \qquad \begin{array}{c|c|c|c} h_0,\ r_a,\ r_i & p_T,\ p_Z & \eta_{eff} & \dot{V} \\ \hline \mathrm{cm} & \mathrm{N/cm^2} & \mathrm{N\cdot s/cm^2} & \mathrm{cm^3/s} \end{array} \tag{15-21}$$

式中　h_0——最小油膜厚度；

r_a，r_i——环形推力板的外、内半径；

$p_T\approx p_Z$——油室压力≈输入压力；

η_{eff}——温度 θ_{eff} 下的润滑剂动力粘度。

考虑 $\dot{V}$ 后，由轴承的几何参数和压力分布可得其承载能力：

$$F=\frac{\pi}{2}\ \frac{r_a^2-r_i^2}{\ln(r_a/r_i)}p_T=\frac{3\dot{V}\eta_{eff}}{h_0^3}(r_a^2-r_i^2) \tag{15-22}$$

式中　r_a，r_i，h_0，p_T 和 η_{eff}——同式（15-21）。

当给定轴承载荷 F（N）时，即可求得所需的油室压力 p_T（$\approx p_Z$）（$\mathrm{N/cm^2}$，bar）。

根据轴的转速 n_w 和摩擦力矩 T_R，可得摩擦功率

$$P_R=T_R\omega_{eff}=\frac{\pi}{2}\ \frac{\eta_{eff}\omega_{eff}^2}{h_0}\ (r_a^4-r_i^4) \qquad \begin{array}{c|c|c|c} P_R & \eta_{eff} & \omega_{eff} & r,\ h_0 \\ \hline \mathrm{N\cdot cm/s;\ 10^{-2}N\cdot m/s} & \mathrm{N\cdot s/cm^2} & \mathrm{s^{-1}} & \mathrm{cm} \end{array} \tag{15-23}$$

式中　h_0，r_a，r_i 和 η_{eff}——同式（15-21）；

ω_{eff}——角速度，$\omega_{eff}=\pi n_w/30$。

泵的效率为 $\eta_p=0.5\sim0.95$，输入压力 $p_Z=p_T+p_{\dot{V}}$（圆整值，因为压力损失 $p_{\dot{V}}$ 相对较小），泵的功率为 $P_p=\dot{V}p_Z/\eta_p$（单位为 N·m/s），故润滑剂发热［见式（15-15）］为

$$\Delta\theta=\theta_a-\theta_e=\frac{P_R+P_P}{c\rho\dot{V}} \qquad \begin{array}{c|c|c|c|c} P_R,\ P_P & \rho & c & \dot{V} & \theta \\ \hline \mathrm{N\cdot m/s;\ W} & \mathrm{kg/m^3} & \mathrm{J/(kg\cdot ^\circ C);N\cdot m/(kg\cdot ^\circ C)} & \mathrm{m^3/s} & ^\circ\mathrm{C} \end{array} \tag{15-24}$$

式中　P_R——摩擦功率，由式（15-23）计算；

P_P——泵的功率，$P_p=\dot{V}p_Z/\eta_p$，式中 $\eta_p=0.5\sim0.95$；

ρ——润滑剂密度，平均值为 $\rho\approx900\mathrm{kg/m^3}$；

c——润滑剂的比热容，由 TB15-8c 查取；

$\dot{V}$——润滑剂流量。

将摩擦功率和泵功率（N·m/s，或 W）作为损耗功率，则摩擦因数为［见式（15-10）］

$$\mu=\frac{4(P_R+P_P)}{F\omega_{eff}(d_a+d_i)} \tag{15-25}$$

§15.5 的计算示例 15-3 给出了一般计算过程。

提示：如果轴承载荷偏心作用，会使凸缘倾斜，润滑剂会从间隙扩大的边流出；另一边抬不起来（会产生金属接触!）。

为此，液体静压轴承应设计成多油室结构，每个油室有自己的润滑剂输入通道，这样就可以根据载荷分布来调节各处的压力（多油楔推力轴承），或者通过在润滑剂输入通道上设置控制阀门（节流阀），在间隙变大的边使润滑剂输入节流，以避免出现倾斜现象。

与多油楔向心轴承一样，多油楔推力轴承的计算请参阅所附的参考文献（见§15.6）。

尽管结构复杂成本高，液体静压推力轴承还是在静止和速度很小的起动和制动阶段就要

承受较大的轴向载荷的场合（例如离心机、透平机和发电机轴承）得到应用。

2. 单瓦和摆动瓦推力轴承 为了使推力轴承能在更高转速下有更大承载能力，应使其能形成液体动压润滑（见§15.1.5）。这类轴承分为：

a）单瓦推力轴承 它由一个固定不动的推力轴承环组成（见图15-1b），其摩擦面经过精细加工，并形成多个沿旋转方向变窄的楔形面，楔形面之间为沿径向分布的油沟。为了避免在静止或起动和制动时尖角处压强过大，应将尖角削平，使其与旋转面平行。对于双向旋转的情况，应沿两个方向加工楔形面，但由于楔形面变短，会降低承载能力（见图15-42）。

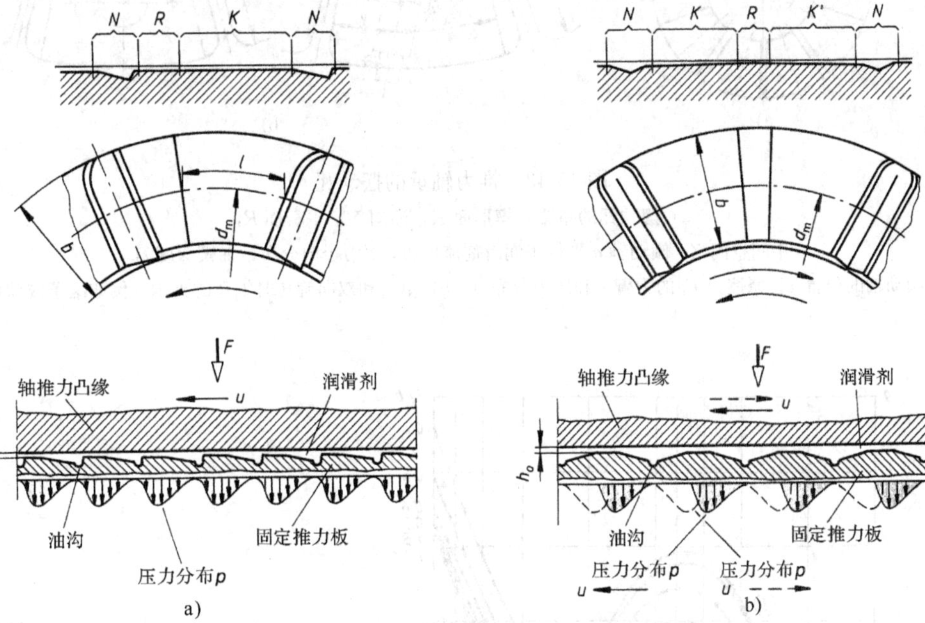

图15-42 推力轴承环（固定推力板）局部图

a）用于单向旋转 b）用于双向旋转，

每个方向都加工有楔形面 K，K'，油沟 N，平行面 R；润滑剂沿圆周 $d_m\pi$ 的压力分布，环的径向宽度为 b

b）摆动瓦推力轴承 它是承载能力最高的推力轴承。原来固定的环形轴承面被分为多个可倾动的摆动瓦。它们用可倾动的角支承、轴颈或球支承，沿摆动瓦运动方向，置支点于中心之后，这样，当轴旋转时摆动瓦会倾斜，从而在它与轴端（动环）之间形成楔形间隙 h_0。它会自动适应载荷和转速而形成正确的油楔。在静止状态下，摆动瓦成为平行支承面。必须采取措施防止每块瓦沿圆周方向运动和侧面移动，例如用销钉（见图15-43）。这种推力轴承主要用于大型机械中。

单瓦推力轴承和摆动瓦推力轴承计算的基本理论与向心轴承相同，只是几何关系有区别（见图15-44a）。

在确定推力轴承的尺寸时，应使无量纲的载荷特性数 k_1（类似于向心轴承的 So）为一合适的常数

$$k_1=\frac{p_L h_0^2}{\eta_{eff} u_m b} \qquad (15\text{-}26)$$

p_L	b，d，h_0	η_{eff}	u_m
N/m²；Pa	m	N·s/m²	m/s

式中 p_L——平均压强，由式（15-30）计算；

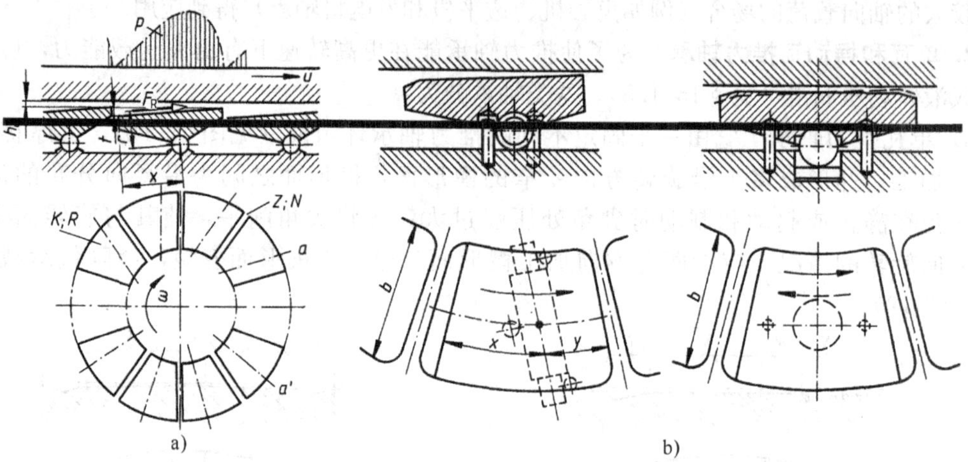

图 15-43　推力轴承的摆动瓦

a）摆动瓦的布置，楔形面 K，油沟 N，平行面 R，

中间空间 Z；倾动轴 a 平行于润滑剂流出边，a'沿径向分布；油楔深度 t，

倾动轴的位置 x，摩擦力 F_R的力臂 r 和压力分布 p　b）单向和双向旋转时轴瓦的支承（例如滚子或球）

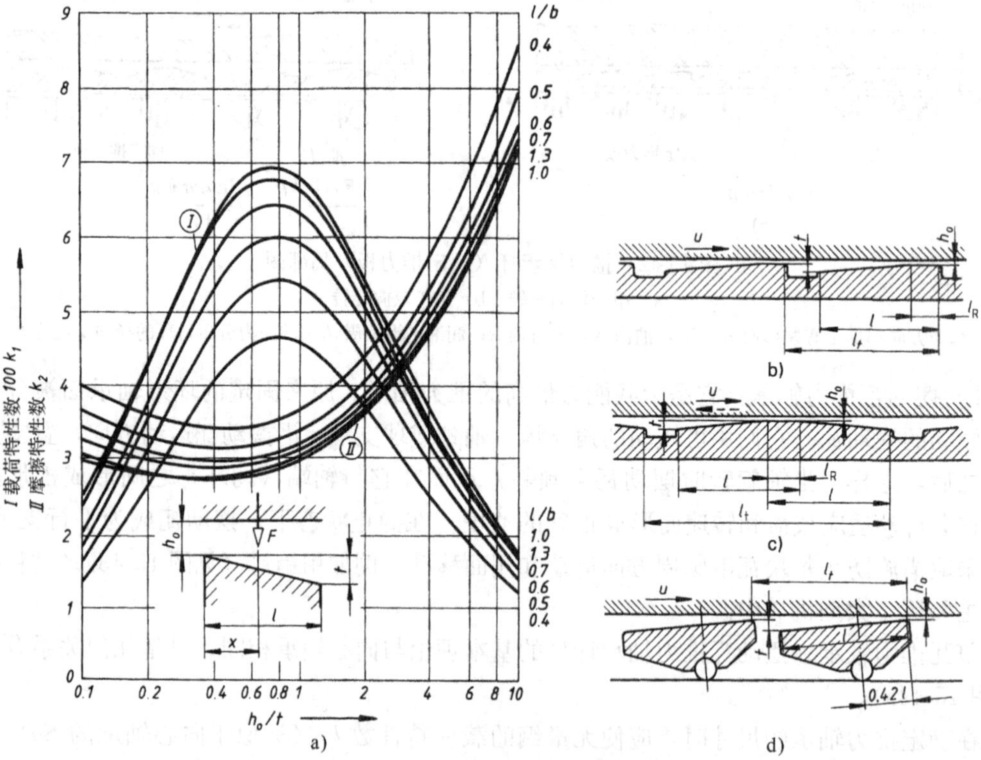

图 15-44　油楔的特性数和尺寸

a）无平行面时，润滑油楔的载荷特性数和摩擦特性数

b）单向旋转楔形面的滑动空间尺寸　c）双向旋转楔形面的滑动空间尺寸　d）摆动瓦的有关尺寸

h_0——最小油膜厚度；

η_{eff}——θ_{eff}=50～60℃时的润滑剂动力粘度；

u_m——平均圆周速度，$u_m=d_m\pi n_w$，式中 $d_m=0.5(d_a+d_t)$ 为平均直径（见图 15-1b），$u_m=d_m\pi n_w=0.5d_m\omega_{eff}$，$n_w$为轴的转速，$\omega_{eff}=2\pi n_w$（$n_w$单位为 s^{-1}）$=\pi n_w/30$（n_w单位为 r/min）为角速度（s^{-1}）；

b——轴承环或摆动瓦的径向宽度（见图 15-1b），$b=0.5(d_a-d_i)$。

图 15-44a 给出了不同长宽比 l/b 下无平行面油楔的载荷特性数 $100k_1$。

长宽比 $l/b=0.7$～0.8（小轴承可到 1.2）和相对间隙 $h_0/t=0.5$～1.2 时，对 k_1值有利，其中楔形间隙或摆动瓦长度 l 是在平均直径 d_m上度量的［见图 15-44b 和图 15-42a］。当 $l=b$ 和 $h_0/t\approx0.8$ 时得到最优载荷特性数 $k_1\approx0.069$。对于摆动瓦，支点距润滑剂流出边的距离为 $x=0.42l$（见图 15-43b 和图 15-44d）。

在图 15-44a 中，还按同样的关系给出了摩擦特性数 k_2

$$k_2=\mu\sqrt{\frac{p_L b}{\eta_{eff}u_m}} \tag{15-27}$$

式中　p_L，b，η_{eff}和 u_m——见式（15-26）。

当 $l/b=1$，$h_0/t\approx0.4$ 时，得到最小摩擦特性数 $k_2\approx2.7$。对于工程实际比较有利的长宽径 $l/b=0.7$～1.3 和相对油膜厚度 $h_0/t=0.2$～1.0，可近似的取 $k_2\approx3$，由式（15-27）得到摩擦因数的近似公式为

$$\mu\approx3\sqrt{\frac{\eta_{eff}u_m}{p_L b}} \tag{15-28}$$

由所选的 l/b 和常见的油楔数或摆动瓦数 $z=4$，5，6，8，10 或 12（16），油楔宽度或摆动瓦宽度 $l=\sqrt{F/(p_L z)\ (l/b)}$［单位为 m，见式（15-30），图 15-44 和图 15-42］，由于径向油沟的存在，故实际油楔宽度或摆动瓦实际油楔宽度 $l_t>l$，为 $l_t=1.25l=\pi d_m/z$，所以合适的轴承平均直径为

$$d_m=1.25lz/\pi \tag{15-29}$$

由此可得轴承外径 $d_a=d_m+b$ 以及内径 $d_i=d_m-b$，其中如果轴承置于轴系内的话，必须 $d_i>d$（轴径）。一般来说，对于加工出来的油楔，平行面的长度 $l_R=0.25l$。

在将结构尺寸确定完后，就要确定式（15-26）和式（15-27）中的平均压强

$$p_L=\frac{F}{zlb}=\frac{1.25F}{\pi d_m b}\approx\frac{0.4F}{d_m b}\leqslant p_{L\,zul} \tag{15-30}$$

式中　l——油楔宽度，见图 15-44b 和图 15-42；

b，d_m——同式（15-26）；

F——轴承载荷；

$p_{L\,zul}$——许用平均压强，锡合金和铅合金一般为 10×10^5～40×10^5 N/mm²；当受部分载荷，或硬化轴和滑动速度低时取大值，反之，受全部载荷，起动和制动阶段，或轴未硬化和滑动速度高时取最小值（TB15-7）。

将式（15-26）和式（15-30）联立求解，即可得最小油膜厚度

$$h_0=\sqrt{\frac{k_1 zlb^2 u_m\eta_{eff}}{F}}>h_{0\,zul} \tag{15-31}$$

h_0，l，b	u_m	F	η_{eff}
m	m/s	N	N·s/m²

式中 $h_{0\,zul}$——同式（15-20）。

与式（15-10）相对应，将式（15-27）和式（15-30）代入后，即可得摩擦损耗功率的一般计算公式：

$$P_R=\mu F u_m=k_2\sqrt{\eta_{eff}u_m^3 zlF} \qquad \begin{array}{c|c|c|c|c} P_R & u_m & l & F & \eta_{eff} \\ \hline N\cdot m/s;\ W & m/s & m & N & N\cdot s/m^2 \end{array} \tag{15-32}$$

根据经验，当油楔数或摆动瓦数为 z 时，为了保证液体摩擦，所需润滑剂总体积流量为

$$\dot{V}_{ges}=0.7bh_0u_m z \tag{15-33}$$

即 $\dot{V}_{ges}$ 必须能将 P_R 带走。如果忽略很小的由轴承表面所带走的热量，则与式（15-15）相对应，可得润滑剂温升为

$$\Delta\theta=\theta_a-\theta_e=\frac{P_R}{\dot{V}_{ges}\rho c}=\frac{k_2}{0.7\sqrt{k_1}}\frac{F}{zc\rho b^2}$$

$$\begin{array}{c|c|c|c|c|c|c} \Delta\theta & P_R & \dot{V}_{ges} & \rho & c & F & b \\ \hline ℃ & N\cdot m/s & m^3/s & kg/m^3 & N\cdot m/(kg\cdot ℃) & N & m \end{array} \tag{15-34}$$

式中 各值同式（15-24），式（15-26）或式（15-30）；

θ_e，θ_a——润滑剂输入和输出温度。

由于温度升高时，η_{eff} 下降，所以必须保证 $\Delta\theta\leqslant20℃$；否则，为了轴承降温，必须要有附加降温流量 $\dot{V}_k=P_R/(\rho c\Delta\theta)$（$m^3/s$）。

为了保证热变形和机械变形小，推荐点支承摆动瓦的厚度为 $h_{seg}=0.25\sqrt{b^2+l^2}$。

摆动瓦流体动压推力轴承的计算过程见 §15.5 的例 15-4。

15.5 计算示例

■**例 15-1**：已知一完全润滑的向心滑动轴承的尺寸为

$$d_L=125.00^{+0.04}_{0}\text{mm},b=120\text{mm}$$

滑动材料为锡合金，轴的材料为 E335，轴径为

$$d_w=124.84^{\ 0}_{-0.04}\text{mm}$$

由结构图知散热表面积为 $A_G=0.4m^2$，纯对流的有效热传导系数 $\alpha=20w/(m^2\cdot℃)$。所要承受的轴承载荷 $F=30kN$，轴的转速为 $n_w=500r/min$。采用的润滑剂为 ISO VG 46 DIN 51519。

根据计算示意图 15-39，试对该液体动压润滑轴承作如下计算或校核：

a）计算和校核压强。

b）对于初步假设的近似温度 $\theta_0=40℃$，计算状态参数 η_{eff}，已知 $\theta_U=20℃$，轴承相对工作间隙 ψ_B（‰），由于温差很小，取 $s_E\approx s_B$。

c）相似参数 So 以及状态参数 ε，μ 和摩擦损耗功率 P_R(W)。

d）迭代计算自然冷却和 ψ_B＝常数情况下的轴承温度 θ_L。

e）设轴的粗糙度 $Rz_W=4\mu m$ 和跑合后的轴承滑动面 $Rz_L=1\mu m$，为防止磨损，求特性值 h_0(μm)。

f）计算轴旋转形成的润滑剂流量 $\dot{V}_D$(dm^3/min)。

▶**解 a)**：由式（15-4）得单位轴承载荷为

$$p_L=\frac{F}{bd_L},\quad p_L=\frac{30\times10^3\text{N}}{120\text{mm}\times125\text{mn}}=2\text{N/mm}^2$$

由 TB15-7，根据经验，对于轴承材料组 Sn 合金和 Pb 合金，最大极限值 $p_{L\,zul}\approx5N/mm^2\gg p_L$。

▶**解 b)**：环境空气温度 $\theta_U=20℃$，转速 $n_w=500\text{r/min}$，首先设近似温度 $\theta_0=40℃$，由 TB15-9 得有效动力粘度 $\eta_{eff}\approx 42\text{m}\cdot\text{Pas}=42\times10^{-9}\text{N}\cdot\text{s/mm}^2$。

由于已知轴承尺寸和公差，由 § 15.4.1-1a 的提示可得最大和最小安装轴承间隙：

$$s_{E\max}=(d_L+ES)-(d_w+ei)=(125.00+0.04)\text{mm}-[124.84+(-0.04)]\text{mm}$$

$$s_{E\max}=125.04\text{mm}-124.80\text{mm}=0.24\text{mm}$$

$$s_{E\min}=(d_L+EI)-(d_w+es)=(125.00+0)\text{mm}-(124.84+0)\text{mm}=0.16\text{mm}$$

由于温差很小，$s_{B\max}\approx s_{E\max}$ 和 $s_{B\min}\approx s_{E\min}$，所以轴承平均不变相对工作间隙为

$$\psi_B\triangleq\psi_E=\frac{s_{E\max}+s_{E\min}}{2d_L}=\frac{(0.24+0.16)\text{mm}}{2\times125\text{mm}}=0.0016\triangleq1.6\times10^{-3}\triangleq1.6‰$$

▶**解 c)**：由有效角速度

$$\omega_{eff}=2\pi n_w=2\pi\frac{500}{60}\text{s}^{-1}=52.36\ \text{s}^{-1}$$

和上述所得各值，根据式（15-9）得索氏数为

$$S_O=\frac{p_L\psi_B^2}{\eta_{eff}\omega_{eff}}=\frac{2\text{N/mm}^2\times1.6^2\times10^{-6}}{42\times10^{-9}\text{N}\cdot\text{s/mm}^2\times52.36\ \text{s}^{-1}}\approx2.3$$

对于 $b/d_L=120\text{mm}/125\text{mm}=0.96$，由 $So=2.3$，查TB15-13a 得偏心率 $\varepsilon\approx0.73$。

根据 § 15.4.1-1c 的提示，它位于正常工作区域 B。由 $\beta\approx42°$，$\varepsilon\approx0.73$，$b/d_L=0.96$，由 TB15-14a 或 TB15-14c 可得摩擦特性数 $\mu/\psi_B\approx2.2$，由此可得摩擦因数为

$$\mu=2.2\psi_B=2.2\times1.6\times10^{-3}=3.52\times10^{-3}$$

由轴的圆周速度

$$u_w=0.5d_w\omega_{eff}=0.5\times124.84\times10^{-3}\text{m}\times52.36\ \text{s}^{-1}=3.27\text{m/s}$$

根据式（15-10）可得摩擦损耗功率为

$$P_R=\mu Fu_w=3.52\times10^{-3}\times30\times10^3\text{N}\times3.27\text{m/s}\approx345\text{w}(\text{N}\cdot\text{m/s})$$

▶**解 d)**：由已知量和上面求出的各值，可根据式（15-14）求出自然冷却下的轴承温度：

$$\theta_L\triangleq\theta_m=\theta_U+\frac{\mu Fu_w}{\alpha A_G}=20℃+\frac{3.52\times10^{-3}\times30\times10^3\text{N}\times3.27\text{m/s}}{20(\text{N}\cdot\text{m/s})/(\text{m}^2\cdot℃)\times0.4\text{m}^2}\approx63℃$$

因为 $|\theta_m-\theta_0|=63℃-40℃=23℃>2℃$，所以必须选择新的近似温度

$$\theta_{0\,neu}=\frac{\theta_{0\,alt}+\theta_m}{2}=\frac{40℃+63℃}{2}=51.5℃$$

进行迭代。由 TB15-9，对于给定的润滑剂 ISO VG 46，其有效动力粘度 $\eta_{eff}\approx25\text{m}\cdot\text{Pas}=25\times10^{-9}\text{N}\cdot\text{s/mm}^2$。

对于不变的 $\psi_B=1.6\times10^{-3}$，得新的索氏数

$$So=\frac{2\text{N/mm}^2\times1.6^2\times10^{-6}}{25\times10^{-9}\text{N}\cdot\text{s/mm}^2\times52.36\text{s}^{-1}}\approx3.91$$

对于 $b/d_L\approx0.96$，$So\approx3.91$，由 TB15-13a 得新的偏心率 $\varepsilon\approx0.82$，故还处于区域 B。

由 TB15-15a 得 $\beta=35°$，由 TB15-14a 得摩擦特性数 $\mu/\psi_B\approx1.64$，所以摩擦因数

$$\mu=1.64\psi_B=1.64\times1.6\times10^{-3}=2.62\times10^{-3}$$

由式（15-10）得新的摩擦损耗功率

$$P_R=\mu Fu_w=2.62\times10^{-3}\times30\times10^3\text{N}\times3.27\text{m/s}\approx257\text{N}\cdot\text{m/s}(\text{或 W})$$

在同样条件下，根据式（15-14）得新的轴承温度

$$\theta_L\triangleq\theta_m=\theta_U+\frac{P_R}{\alpha A_G}=20℃+\frac{257\text{W}}{20\text{W}(\text{m}^2\cdot℃)\times0.4\text{m}^2}\approx52.1℃$$

因为现在 $|\theta_m-\theta_{0neu}|<2℃$，所以迭代已收敛。根据 TB15-17，得

$$\theta_L\approx\theta_{eff}=52℃<\theta_{L\,zul}=90℃$$

知该轴承能稳定运转。自然冷却能满足要求。

▶**解 e)**：由式（15-8），得最小油膜厚度为

$$h_0=0.5d_L\psi_B(1-\varepsilon)=0.5\times125\text{mm}\times1.6\times10^{-3}(1-0.82)=0.018\text{mm}=18\mu\text{m}$$

轴的 $Rz\leqslant4\mu$m，已跑合的轴承滑动面 $Rz\leqslant1\mu$m，则有 $h_0=18\mu\text{m}>h_{0\,zul}=7\mu$m（$d_w=124.84$mm，$u_w=3.27$m/s，$h_{0\,zul}$由 TB15-16 查取）。

解 f)：由 $\varepsilon\approx0.82$ 和 $b/d_L=0.96$，首先计算由轴旋转所形成的润滑剂相对流量 $\dot{V}_{Drel}=0.156$（§15.4.1～3）。根据式（15-16）得

$$\dot{V}_D=\dot{V}_{Drel}d_L^3\psi_B\omega_{eff}\times60\times10^{-6}=0.156\times12.5^3\text{cm}^3\times1.6\times10^{-3}\times52.36\text{s}^{-1}$$
$$=25.5\frac{\text{cm}^3}{\text{s}}=1.53\text{dm}^3/\text{min}$$

结果：在不考虑润滑剂带走热量的前提下，该液体动压润滑的全向心滑动轴承既不会机械和热损坏，也没有磨损的危险，只要轴承工作状态不受诸如加工和装配误差、不平衡等不利因素很大影响即可。

■**例 15-2**：与例 15-1 数据相同的全向心滑动轴承应在轴转速为 $n_w=2000$r/min 时能稳定工作，其轴承平均相对安装间隙 $\psi_E=1.6$‰。轴承合金为 PbSb15Sn10（DIN ISO 4381）。

试确定或校核（见计算过程示意图 15-39）：

a）用迭代法计算轴承温度，润滑剂同上例，输入压力 $p_Z=3$bar（1bar=10^5Pa），油孔 $d_0=4$mm，与载荷方向相对，输入温度 $\theta_e=30$℃。

b）轴承温度稳定情况下的润滑剂流量（dm^3/min）。

c）轴和轴承表面粗糙度与例 15-1e 的假设相同，试确定磨损的危险性。

▶**解 a)**：转速 $n_w=2000\text{r/min}=33.33\text{s}^{-1}$，所以轴的圆周速度 $u_w=d_w\pi n_w=124.84\times10^{-3}\text{m}\times\pi\times33.33\text{s}^{-1}\approx13.07$m/s 和有效角速度 $\omega_{eff}=2\pi n_w=2\pi33.33\text{s}^{-1}\approx209.4\text{s}^{-1}$。

设近似温度为

$$\theta_0\triangleq\theta_{a0}=\theta_e+\Delta\theta=30℃+20℃=50℃$$

所以

$$\theta_{eff}=0.5(\theta_e+\theta_{a0})=0.5(30℃+50℃)=40℃$$

对于润滑剂 ISO VG 46 DIN 51519，由 TB15-9 可得 $\eta_{eff}\approx42\times10^{-9}\text{N}\cdot\text{s/mm}^2$。由 $\psi_E=1.6\times10^{-3}$和 $\alpha_L=24\times10^{-6}$1/℃（TB 15-6），$\alpha_w=11\times10^{-6}$1/℃（TB12-6），得间隙增量为

$$\Delta\psi=(\alpha_L-\alpha_W)\times10^{-6}\times(\theta_{eff}-20℃)=(24-11)\times10^{-6}\frac{1}{℃}\times20℃=0.26\times10^{-3}$$

则轴承平均相对工作间隙为

$$\psi_B=\psi_E+\Delta\psi=1.6\times10^{-3}+0.26\times10^{-3}=1.86\times10^{-3}$$

代入式（15-9），得索氏数

$$So=\frac{p_L\psi_B^2}{\eta_{eff}\omega_{eff}}=\frac{2\text{N/mm}^2\times1.86^2\times10^{-6}}{42\times10^{-9}\text{N}\cdot\text{s/mm}^2\times209.4\text{s}^{-1}}\approx0.78$$

根据 So 和 $b/d_L=0.96$，由 TB15-13a 可得 $\varepsilon\approx0.49$，由 TB15-15a 得偏位角近似为 $\beta\approx58°$。故可算得 $\mu/\psi_B\approx4.83$（见教材§15.4.1-1d 摩擦特性数），或由 TB15-14a 或 c，近似地得到 $\mu=4.83\times1.86\times10^{-3}\approx9.0\times10^{-3}$。由式（15-10）得摩擦损耗功率为

$$P_R=\mu Fu_w=9.0\times10^{-3}\times30\times10^3\text{N}\times13.07\text{m/s}\approx3530\text{N}\cdot\text{m/s}(\text{或 W})$$

对于压力润滑，还必须根据式（15-18）得到 $p_Z=3\text{bar}=0.3\text{N/mm}^2$下的润滑剂总流量。

$b/d_L\approx0.96$，$\varepsilon\approx0.49$，润滑剂相对流量 $\dot{V}_{Drel}\approx0.09$，根据式（15-16），即可求得轴旋转形成的润滑剂流量（内压产生）为

$$\dot{V}_D=\dot{V}_{D\,rel}d_L^3\psi_B\omega_{eff}=0.09\times125^3\text{mm}^3\times1.86\times10^{-3}\times209.4\text{s}^{-1}\approx68460\text{mm}^3/\text{s}$$

润滑剂油孔 d_0开在瓦的上部，$d_0/b=4/120\approx0.033$，$\varepsilon\approx0.49$，$q_L\approx1.21$，$p_Z=0.3\text{N/mm}^2$，由 TB15-18b-1 得润滑剂相对流量　$\dot{V}_{pZ\,rel}\approx0.053$，根据式（15-17），即可求得输入压力形成的润滑剂流量为

$$\dot{V}_{pZ}=\frac{\dot{V}_{pZrel}d_L^3\psi_B^3}{\eta_{eff}}p_Z=\frac{0.053\times125^3\text{mm}^3\times1.86^3\times10^{-9}}{42\times10^{-9}\text{N}\cdot\text{s/mm}^2}\times0.3\text{N/mm}^2\approx4760\text{mm}^3/\text{s}$$

由式（15-18）得到润滑剂总流量为

$$\dot{V}=\dot{V}_D+\dot{V}_{pZ}=68460\text{mm}^3/\text{s}+4760\text{mm}^3/\text{s}=73220\text{mm}^3/\text{s}$$

对于 $\theta_{eff}=30℃$，由式（15-15）得轴承温度为

$$\theta_L\triangleq\theta_a=\theta_e+\frac{P_R}{\dot{V}\rho c}=30℃+\frac{3530\times10^3\text{N}\cdot\text{mm/s}}{73220\text{mm}^3/\text{s}\times1.8\text{N/(mm}^2\cdot℃)}\approx57℃$$

因为绝对值 $|\theta_{a0}-\theta_a|=|50℃-57℃|=7℃>2℃$，故应按新的近似温度

$$\theta_{a0\ neu}=0.5(\theta_{a0alt}+\theta_a)=0.5(50℃+57℃)=53.5℃$$

继续迭代。所以 $\theta_{eff}=0.5(\theta_e+\theta_{a0\ neu})=0.5(30℃+53.5℃)\approx41.8℃$，由 TB15-9 得润滑剂 $\eta_{eff}\approx38\times10^{-9}\text{N}\cdot\text{s/mm}^2$。由 $\psi_E=1.6\times10^{-3}$ 和 $\alpha_L-\alpha_w=(24-11)\times10^{-6}$，得

$$\Delta\psi=(24-11)\times10^{-6}\times21.8\approx0.28\times10^{-3}\text{和}\ \psi_B=\psi_E+\Delta\psi=1.88\times10^{-3}$$

代入式（15-9），即可得

$$So=\frac{2\text{N/mm}^2\times1.88^2\times10^{-6}}{38\times10^{-9}\text{N}\cdot\text{s/mm}^2\times209.4\text{s}^{-1}}\approx0.89$$

$b/d_L=0.96$，由 TB15-13a 可得偏心率 $\varepsilon\approx0.52$，故由 TB15-15a 近似得偏位角 $\beta\approx56°$。这样就可计算得 $\mu/\psi_B\approx4.35$ 和 $\mu\approx8.18\times10^{-3}$。根据式（15-10）得摩擦损耗功率

$$P_R=8.18\times10^{-3}\times30\times10^3\text{N}\times13.07\text{m/s}\approx3207\text{W}$$

再次根据 $\dot{V}_{D\ rel}\approx0.099$，$b/d_L=0.96$ 和 $\varepsilon\approx0.52$，由式（15-16）计算由于内压产生的润滑剂流量为

$$\dot{V}_D=\dot{V}_{D\ rel}d_L^3\psi_B\omega_{eff}=0.099\times125^3\text{mm}^3\times1.88\times10^{-3}\times209.4\text{s}^{-1}\approx76120\text{mm}^3/\text{s}$$

根据 $\dot{V}_{pZ\ rel}\approx0.056$，$b/d_0=30$，$q_L\approx1.21$ 和 $p_Z=0.3\text{N/mm}^2$，由式（15-17）计算由输入压力产生的润滑剂流量为

$$\dot{V}_{pZ}=\frac{0.056\times125^3\text{mm}^3\times1.88^3\times10^{-9}}{38\times10^{-9}\text{N}\cdot\text{s/mm}^2}\times0.3\text{N/mm}^2\approx5737\text{mm}^3/\text{s}$$

由式（15-18）得润滑剂总流量为

$$\dot{V}=\dot{V}_D+\dot{V}_{pZ}=76120\text{mm}^3/\text{s}+5737\text{mm}^3/\text{s}=81857\text{mm}^3/\text{s}$$

$\theta_e=30℃$，由式（15-15）得轴承温度

$$\theta_L\triangleq\theta_a=\theta_e+\frac{P_R}{\dot{V}\rho c}=30℃+\frac{3207\times10^3\text{N}\cdot\text{mm/s}}{81857\text{mm}^3/\text{s}\times1.8\text{N/(mm}^2\cdot℃)}\approx51.8℃$$

因为绝对值 $|\theta_{a0\ neu}-\theta_a|=|53.5℃-51.8℃|=1.7℃<2℃$，故认为迭代收敛。由于 $\theta_L\approx52℃<\theta_{L\ zul}=100℃$（TB15-17），知该轴承处于稳定运转状态。

▶**解 b)**：以 dm^3/min 为单位的润滑剂总流量［式（15-18）］为

$$\dot{V}=81857\text{mm}^3/\text{s}\times60\times10^{-6}\approx4.91\text{dm}^3/\text{min}$$

▶**解 c)**：由式（15-8），得最小油膜厚度

$$h_0=0.5d_L\psi_B(1-\varepsilon)\times10^3=0.5\times125\text{mm}\times1.88\times10^{-3}\times(1-0.52)\times10^3=56.4\mu\text{m}$$

因为 $h_0=56.4\mu\text{m}\gg h_{0\ zul}=9\mu\text{m}$，由 TB15-16 知没有磨损的危险，只要轴 $Rz_W\leqslant4\mu\text{m}$ 和跑合后的轴承滑动面 $Rz_L\leqslant1\mu\text{m}$。

提示：如果在 $W_t=0$ 时，轴和轴承滑动面均为 $Rz=4\mu\text{m}$，或跑合后均为 $Ra=0.4\mu\text{m}$，则可得 $h_{0\ zul}=h_{0\ min}=\sum(Rz+W_t)=8\mu\text{m}$ 或 $h_{0\ zul}=\sum Ra=0.8\mu\text{m}$（见图 15-18 注的最后一段）。

结果：与例 15-1 数据相同的轴承可以在工作转速 $n_w=2000\text{r/min}$ 下采用压力循环润滑工作，但是，由 TB15-13b（见图 15-37）可知，它有不稳定的趋势。

■**例 15-3**：一个简单的流体静压平面推力轴承（见图 15-41），要承受轴向载荷 $F=500\text{kN}$，轴的转速为 $n_w=750\text{r/min}$。轴推力凸缘外径为 $d_a=2r_a=400\text{mm}$，推力板内径为 $d_i=2r_i=250\text{mm}$。润滑剂为矿物油

ISO VG 68，$\theta_{eff}=50℃$，$\rho=860kg/m^3$。

试确定：

a）对于所选的油膜厚度 $h_0=150\mu m$，求润滑剂流量（dm^3/min）。

b）求所需输入压力 $p_Z\approx$油室压力 p_T（bar，$1bar=10^5Pa$）。

c）泵的效率 $\eta_P=0.5$，在考虑压力损失后，求摩擦功率和泵功率（W）。

d）求润滑剂温升（℃），不得超过70℃！

▶**解 a)**：由 $F=500\times10^3N$，对于润滑油 ISO VG68，当 $\theta_{eff}=50℃$时，由 TB15-9 得 $\eta_{eff}=31m\cdot Pas=31\times10^{-7}N\cdot s/cm^2$，由式（15-22）得

$$\dot{V}=\frac{Fh_0^3}{3\eta_{eff}(r_a^2-r_i^2)}=\frac{500\times10^3N\times0.015^3cm^3}{3\times31\times10^{-7}N\cdot s/cm^2(20^2-12.5^2)cm^2}=744.42cm^3/s=44.7dm^3/min$$

▶**解 b)**：不考虑压力损失，由式（15-22）或式（15-21）可算得

$$p_Z\approx p_T=\frac{2F\ln r_a/r_i}{\pi(r_a^2-r_i^2)}\text{或}\frac{6\dot{V}\eta_{eff}\ln r_a/r_i}{\pi h_0^3}$$

$$p_Z=\frac{2\times500\times10^3N\times0.47}{\pi(20^2-12.5^2)cm^2}=613.8N/cm^2\approx61bar$$

结果：润滑剂所需输入压力为 $p_Z\approx61bar=6.1MPa$。

▶**解 c)**：由角速度

$$\omega_{eff}=2\pi n_w=2\pi\times12.5s^{-1}=78.54s^{-1}$$

根据式（15-23）得摩擦功率

$$P_R=\frac{\pi\eta_{eff}\omega_{eff}^2}{2h_0}(r_a^4-r_i^4)=\frac{\pi\times31\times10^{-7}N\cdot s/cm^2\times78.54^2s^{-2}}{2\times0.015cm}\times(20^4-12.5^4)cm^4=271511N\cdot cm/s=2715W$$

由于存在压力损失，取 $p_Z\approx70bar\approx700N/cm^2$ 进行计算，则泵功率为

$$P_P=\frac{\dot{V}p_Z}{\eta_p}=\frac{744.42cm^3/s\times700N/cm^2}{0.5}=1042188N\cdot cm/s\approx10422W$$

结果：摩擦功率为 $P_R=2715W$，考虑压力损失后泵功率为 $P_P\approx10422W$。

▶**解 d)**：根据 $\rho=860kg/m^3$，$\theta_{eff}=55℃$，由 TB15-8c 可得 $c=2050N\cdot m/(kg\cdot℃)$，由式（15-24）可算得润滑剂温升为

$$\Delta\theta=\frac{P_R+P_P}{c\rho\dot{V}}=\frac{(2715+10422)N\cdot m/s}{2050N\cdot m/(kg\cdot℃)\times860kg/m^3\times744.42\times10^{-6}m^3/s}\approx10℃$$

结果：油温升高约10℃，到约65℃。在工程实际中，由于热量流失，可按温升约8℃计算，故其不会超过70℃。

■**例 15-4**：一个无附加冷却的流体动压润滑推力轴承（图 15-45，弗格普公司），$z=10$ 片摆动瓦，推力板外径 $d_a=330mm$，内径 $d_i=170mm$。应承受轴承载荷 $F=32kN$，转速 $n=200r/min$。

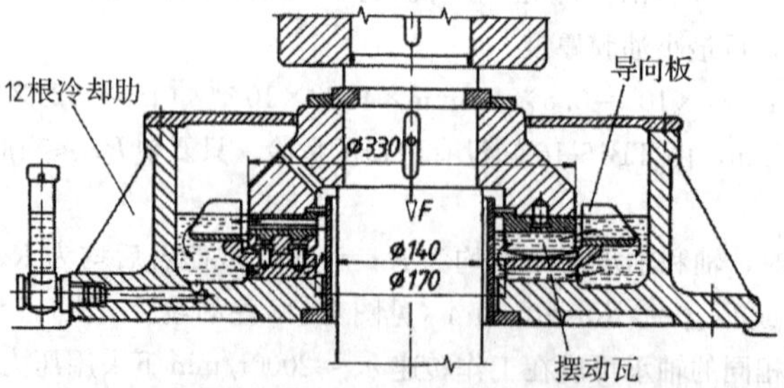

图 15-45　用于铅垂轴无附加冷却的摆动瓦推力轴承。大机架提供足够的面积和贮存较多的润滑油用于散热。导向板防止油跟着旋转并保证润滑油的径向循环

采用粘度等级为 ISO VG100 DIN 51519 润滑剂，在估计的有效温度 $\theta_{eff}=60℃$时，密度 860kg/m³，轴承材料为 CuPbSn 合金。试确定或校核：

a) 瓦宽、瓦长、瓦厚以及有效油楔长度和长宽比。

b) 许用最小油膜厚度 h_0（μm）。

c) 所需润滑剂总流量 $\dot{V}_{ges}$（dm³/min）。

d) 润滑剂温升。

▶**解 a)**：根据式（15-26），瓦宽为

$$b=0.5(d_a-d_i)=0.5(330\text{mm}-170\text{mm})=80\text{mm}$$

轴承平均直径 $d_m=0.5(d_a+d_i)=0.5(330\text{mm}+170\text{mm})=250\text{mm}$，根据式（15-29），得瓦长为

$$l=\frac{d_m\pi}{1.25z}=\frac{250\text{mm}\times\pi}{1.25\times10}=62.83\text{mm}\approx63\text{mm}$$

由此可得

瓦厚[式(15-34)]：$h_{seg}=0.25\sqrt{b^2+l^2}=0.25\sqrt{80^2+63^2}=25\text{mm}$

有效油楔长度［式（15-19）］：$l_t=1.25l=1.25\times63=78.75\text{mm}$

长宽比：$l/b=63/80\approx0.79$

▶**解 b)**：由 TB15-9 可查得粘度等级为 ISO VG 100 的润滑剂在 $\theta_{eff}=60℃$时：$\eta_{eff}=34\text{m}\cdot\text{Pas}=34\times10^{-3}\text{N}\cdot\text{s/m}^2$。对于 $l/b\approx0.79$，$h_0/t=1$，由图 15-44a 得载荷特性数 $100k_1\approx6.5$，即 $k_1=0.065$，又：

$$u_m=\pi d_m n_W=\pi\times0.25\text{m}\times3.33\text{s}^{-1}=2.62\text{m/s}$$

所以根据式（15-31）可算得最小油膜厚度为

$$h_0=\sqrt{\frac{k_1 l b^2 u_m \eta_{eff}}{F}}$$

$$h_0=\sqrt{\frac{0.065\times10\times63\times10^{-3}\text{m}\times80^2\times10^{-6}\text{m}^2\times2.62\text{m/s}\times34\times10^{-3}\text{N}\cdot\text{s/m}^2}{32\times10^3\text{N}}}=27\times10^{-6}\text{m}$$

$$h_0=27\mu\text{m}>h_{0\,zul}\approx10(1+0.0025\times250)\approx16\mu\text{m}$$

由式（15-20），取中间值，油楔深度 $t=27\mu\text{m}$，即 $h_0/t=1$。

由式（15-26）和式（15-30），对于所选轴承材料，如果

$$p_L=\frac{F}{zlb}=\frac{32\times10^3\text{N}}{10\times63\times10^{-3}\text{m}\times80\times10^{-3}\text{m}}=6.35\times10^5\text{N/m}^2\approx0.6\text{N/mm}^2<p_{L\,zul}$$

可得到同样的结果。

▶**解 c)**：由式（15-33）得润滑剂总流量为

$$\dot{V}_{ges}=0.7\times b\times h_0\times u_m\times z=0.7\times80\times10^{-3}\text{m}\times27\times10^{-6}\text{m}\times2.62\text{m/s}\times10=39.6\times10^{-6}\text{m}^3/\text{s}$$

$$\dot{V}_{ges}=2.38\text{dm}^3/\text{min}$$

▶**解 d)**：$l/b\approx0.79$，$h_0/t=1$，由图 15-44a 可查得摩擦特性数 $k_2\approx3.1$。$\theta_{eff}=60℃$下油的密度 $\rho=860\text{kg/m}^3$，由 TB15-8c 可得比热容 $c=2080\text{N}\cdot\text{m/(kg}\cdot℃)$，由式（15-34）可算得润滑剂温升为

$$\Delta\theta=\frac{k_2}{0.7\times\sqrt{k_1}}\frac{F}{zc\rho b^2}$$

$$\Delta\theta=\frac{3.1\times32\times10^3\text{N}}{0.7\times\sqrt{0.065}\times10\times2080\text{N}\cdot\text{m/(kg}\cdot℃)\times860\text{kg/m}^3\times80^2\times10^{-6}\text{m}^2}=4.9℃\approx5℃$$

结果：由于机架上的加强（冷却）肋的散热作用，润滑剂的实际温升会比所算得的温升更小，故润滑剂总流量 $\dot{V}_{ges}=2.38\text{dm}^3/\text{min}$ 足够。由于 η 变化很小，无需进行迭代计算。

15.6 参考文献

Bartz, W. J. (Hrsg.): Gleitlagertechnik. Grafenau: expert, 1981

Beitz, W., Grote, K.-H. (Hrsg.): Dubbel – Taschenbuch für den Maschinenbau. 19. Aufl. Berlin: Springer, 1997

Czichos, H., Habig, K.-H.: Tribologie-Handbuch: Reibung und Verschleiß. Braunschweig: Vieweg, 1992

DIN, Dt. Institut für Normung (Hrsg.): Gleitlager 1: Maße, Toleranzen, Qualitätssicherung, Lagerschäden. 3. Aufl. Berlin: Beuth, 1991 (DIN-Taschenbuch 126)

DIN, Dt. Institut für Normung (Hrsg.): Gleitlager 2: Werkstoffe, Prüfung, Berechnung, Begriffe. 2. Aufl. Berlin: Beuth, 1991 (DIN-Taschenbuch 198)

DIN, Dt. Institut für Normung (Hrsg.): Schmierstoffe: Eigenschaften und Anforderungen. 4. Aufl. Berlin: Beuth, 1996 (DIN-Taschenbuch 192)

Dow Corning GmbH, München: Molykote. 1990 – Firmenschrift

Gersdorfer, O.: Das Gleitlager. Wien: Industrie und Fachbuch R. Bohmann, 1954

Goldschmidt AG, Essen: Gleitlagertechnik. 1992 – Firmenschrift

Lang, O. R., Steinhilper, W.: Gleitlager. Berlin: Springer, 1978

Leyer, A.: Theorie des Gleitlagers bei Vollschmierung (Blaue TR-Reihe, Heft 46). Bern: Hallwag, 1967

Sassenfeld, H., Walther, A.: Gleitlagerberechnung. VDI-Forschungshefte Nr. 441. Düsseldorf: VDI, 1954

Schweitzer, G., Traxler, A., Bleuler, H.: Magnetlager: Grundlagen, Eigenschaften und Anwendungen berührungsfreier, elektromagnetischer Lager. Berlin: Springer, 1993

Steinhilper, W., Röper, R.: Maschinen- und Konstruktionselemente 3. Berlin: Springer, 1994

Tepper, H., Schopf, E.: Gleitlager: Konstruktion, Auslegung, Prüfung mit Hilfe von DIN-Normen. Berlin: Beuth, 1985 (Beuth-Kommentare)

VDI-Richtlinie 2204-1: Auslegung von Gleitlagern; Grundlagen. Düsseldorf: VDI, 1992

VDI-Richtlinie 2204-2: Auslegung von Gleitlagern; Berechnung

VDI-Richtlinie 2204-3: Auslegung von Gleitlagern; Kennzahlen und Beispiele für Radiallager

VDI-Richtlinie 2204-4: Auslegung von Gleitlagern; Kennzahlen und Beispiele für Axiallager

VDI-Richtlinie 2202: Schmierstoffe und Schmiereinrichtungen für Gleit- und Wälzlager. Düsseldorf: VDI, 1970

Vogelpohl, G.: Betriebssichere Gleitlager. Band 1: Berechnungsverfahren für Konstruktion und Betrieb. 2. Aufl. Berlin: Springer, 1967

Weber, W.: Berechnungsschema für Gleitlager. 4. Aufl. 1985, BÖGRA, Solingen – Firmenschrift

公司宣传册和产品目录（节选）：

amtag, Düsseldorf; Braunschweiger Hüttenwerk, Braunschweig; Elektro Thermit, Essen; Federal Mogul (Glyco), Wiesbaden; GLACIER-IHG, Heilbronn; igus, Köln; Kolbenschmidt, St. Leon Rot; MAAG Gear, Zürich; perma-tec, Euerdorf; RENK, Hannover; Sartorius, Göttingen; Spieth-Maschinenelemente, Esslingen; ZOLLERN BHW-Gleitlager, Herbertingen

第16章 带传动

16.1 功能和作用

16.1.1 任务和工作原理

带传动属于牵引传动方式，它具有带挠性和弹性的中间牵引件——“带”，用纯摩擦封闭（平带、V带和多楔带）或带有附加形状封闭（例如同步带[⊖]）将作为拉力的圆周力从主动轴传递到从动轴（功能）；两轴距离较大，可相互平行或任意角度布置。除了传递功率以外，平带还主要用作传送带，用于传送散料和块状物。

相对于齿轮传动和链传动，其优点有：弹性传递载荷；噪声小；运行中对冲击和振动具有阻尼；结构简单、成本低；可用于两轴距离（中心距）较大的传动；无需润滑；无需或很少保养；可实现单级较大传动比传动；较小的功率质量比；大圆周速度。

相对于齿轮传动和链传动，带传动的缺点有：平带、V带和多楔带由于伸长会产生打滑现象，传动比不恒定；轴上载荷较大；相对于能传递相同载荷的齿轮传动和链传动，占用空间大；使用温度范围受限制；环境因素（灰尘、油脂、潮湿等）对摩擦性能会产生影响；摩擦会产生静电（故应采取导电措施）。

16.1.2 带的结构和材料

在进行带传动设计时，不但要选择带的类型，还要选择带的材料（特别是平带传动），它必须根据不同的使用场合，满足下列输入和输出性能所构成的准则：

—带应具有大断裂强度，从而能承受大的预紧力，传递大的圆周力（切向力）。

—带和带轮之间应具有好的摩擦性能，以在小的预紧力下产生大的力封闭（同步齿形带除外）。

—对环境因素不敏感，对诸如灰尘、油脂和其他化学品、温度变化不敏感。

在工程技术应用领域，传动带主要分为三种类型：平带、V带和同步带。在现代传动中应用的平带的内部结构基本上与V带、多楔带和同步带相同。抗拉体（承载层）由聚酯、尼龙或钢丝和玻璃纤维制成，用以承受作用在带上的拉力，平带和V带的弹性体为摩擦面（对于平带也有铬鞣革），用来传递载荷，同步带将弹性体用作齿的材料。

1. 平带

（1）皮带　在最优工作条件下，纯皮带比其他材料的摩擦因数大；但在传动领域中它已被性能更好的多层带或复合带逐步取代。

（2）编织带（织物带）　它由有机材料（棉花、动物毛发、真丝等）或人造材料（人造

⊖ 名称“同步带”是DIN 7721规定的；但在口语中，一般也常称为“齿形带”。

丝、尼龙等）编织而成。其缺点是对尖角敏感性较高（断裂危险!）。在传动领域中没有多大作用。

（3）人造材料带　由人造材料（尼龙、贝伦等）制成的带强度高，且温度不变时几乎不伸长。但它却很少被采用，原因是摩擦性能差，不能满足对好的传动件的要求。

（4）多层带或复合带　为适应大范围功率传递要求，现在都将平带做成多层带或复合带，即在尼龙制成的承载层上再复合一层耐磨层。通过沿长度方向分布的承载层，使其具有大抗拉强度 $R_m=450\sim600\text{N/mm}^2$，大弹性模量和小的变形（耐应力弹性）。根据制造商提供的数据，这种大功率带所能传递的功率可达 $P=6\text{kW/mm}$。这种带沿长度方向柔性极好，且对润滑剂和空气中的影响因素不敏感。打滑小，不但使效率高（≤98%）和寿命长，而且使运动传递精确，即使在小中心距下也能实现大传动比（≤1∶20）。由于这种皮带可做得很薄和窄，所以它适合于高速传动，在许多场合可以取代V带。具有重要意义的是由人造材料和皮带互相牢固复合在一起的多层带和复合带。它一般有两层或多层，即由一层具有良好摩擦性能的铬鞣革制成的耐磨层（L）和一层具有高抗拉强度和变形很小的人造材料制成的承载层（Z）组成。此外，还可以由铬鞣革（用于双面受载的情况，例如多带轮传动结构）或浸制纺织物制成（用于单面受载）的保护或覆盖层（D），见图16-1。

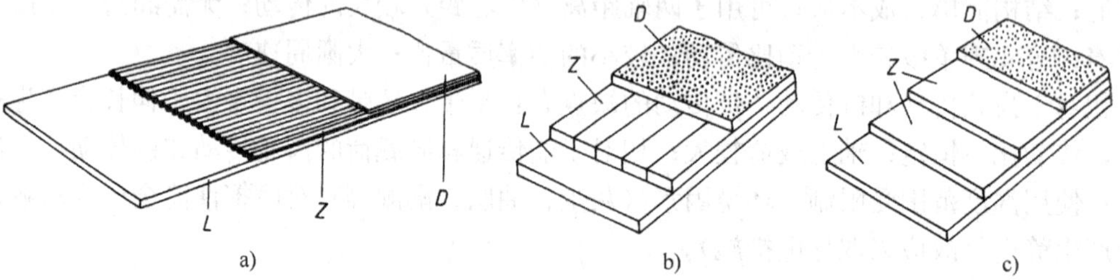

图16-1　多层平带的构造

a）帘布带　b）由多条强力带构成的条带　c）由单条宽强力带构成的条带

（D—覆盖层　Z—承载层　L—耐磨层）

提示： 不能制成无接头带（例如用于高速工况，承载层为无接头聚酯帘布用初捻线）或无需制成无接头时，大多数情况采用粘接或焊接（对于人造材料带）接头。许用传递载荷和寿命与接头类型有很大关系。

2. V带　V带与平带的不同之处在于它的横截面为梯形（楔形）。它由抗拉体（承载层）（单层或多层聚酯纤维无接头绕制而成）、胶芯（大多数情况由优质橡胶制成）和包布层（由橡胶棉或合成纤维胶布制成，只有未包轮廓的V带例外）组成。为适应不同用途和随着技术的不断进步，在过去若干年中出现了各种结构形式的V带。如图16-2所示，它们分别是普通V带、窄V带、宽V带、双面V带和联组V带。为了使带的挠性更好，常常将V带做成带齿结构，这样可减小带轮直径 d。如图16-3所示，受载后，V带嵌入到带轮的梯形沟槽中（楔角为32°～38°，多楔带为40°），并由于楔形效应在两侧面产生传递载荷所需的摩擦力。V带不允许与沟槽底边相接触。这样，带与轮之间在较小的预紧力情况下就能产生较大的正压力，从而形成较好的摩擦封闭，这就使V带相对于平带具有轴承承受载荷小和即使包角 β 较小时，工作也很可靠的优点。但是由于挤压功较大，相应地带的发热较大，故它的效率比平带小。除极个别例外，V带均制成无接头环形，大多数情况下长度为标准值。因此在进行带传动设计时，中心距不能随意选择，而是基于装配原因要满足一些特定的设计要求。联组V带由不超过5根、相互平行且长度相同的V带（普通V带或窄V带）组成，用一个盖板将它们联在一起。相对于多根V带传动，联组V带可减小不可避免的带的振动，从而保证更好的工作性能。

TB16-2列出了各种V带的典型性能和用途。

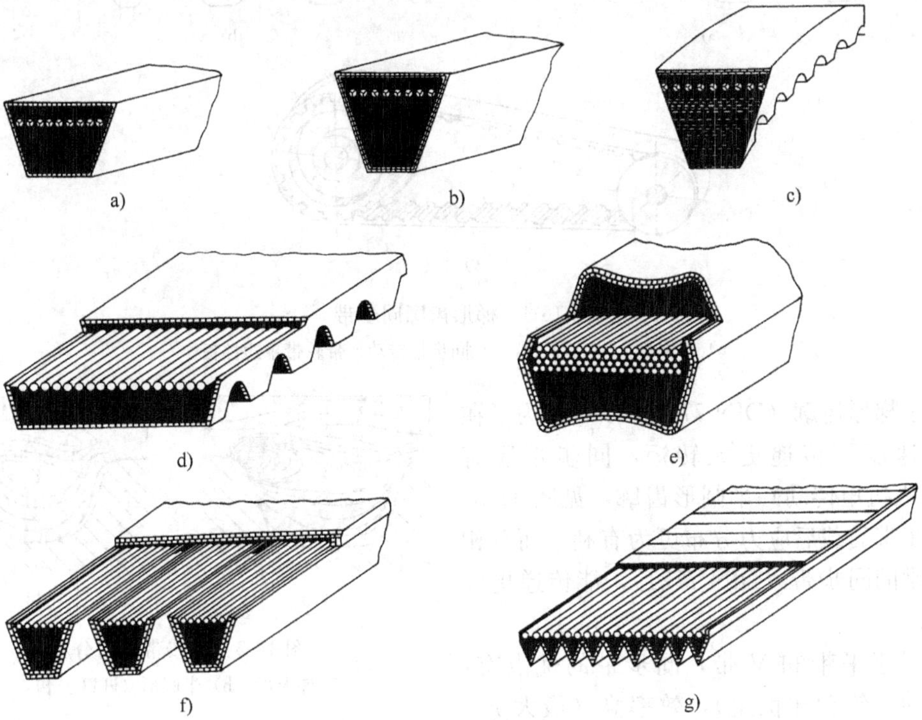

图16-2 V带的结构形式

a）普通V带 b）窄V带 c）未包轮廓的窄V带，带齿 d）宽V带（带齿）
e）双面V带 f）联组V带 g）多楔带

3. 多楔带 多楔带（见图16-2g）兼具平带和V带的优点。它易弯曲，在高速运行时噪声低、无振动。其功率传递也是通过楔形的带与带轮沟槽之间的摩擦封闭来实现的。沿整个带宽受载均匀，带在沟槽中不可能错位，从而也避免了带从带轮中脱落的问题。由于其弯曲刚度小，因此可以实现大传动比。带轮可以做得比平带轮大，而且可以多达75根楔！特种多楔带能承受80℃高温，具有导电性和一定的耐油性。TB16-2列出了多楔带的典型性能和用途。

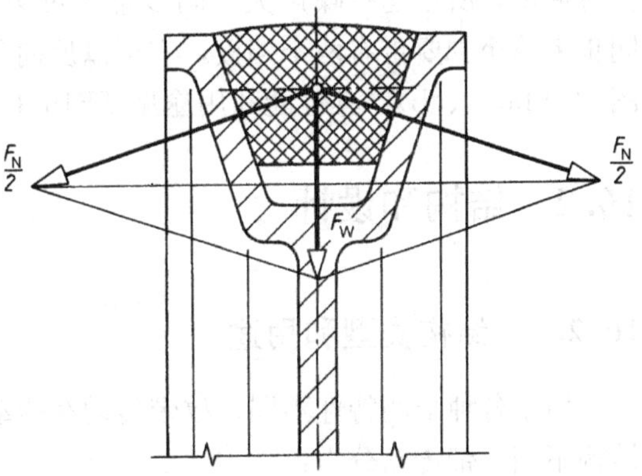

图16-3 V带受力分析

4. 同步带（齿形带） 同步带属于形状封闭传动件，其上按节距 p 均匀地分布有齿，它与带轮的齿槽啮合，从而形成形状封闭。同步带一般为无接头结构，它由分布在整个带宽上的钢或玻璃纤维制成的抗拉体、橡胶或弹性材料制成的基体（它同时也把齿包覆）以及为齿提供持久保护的尼龙织物组成，见图16-4。

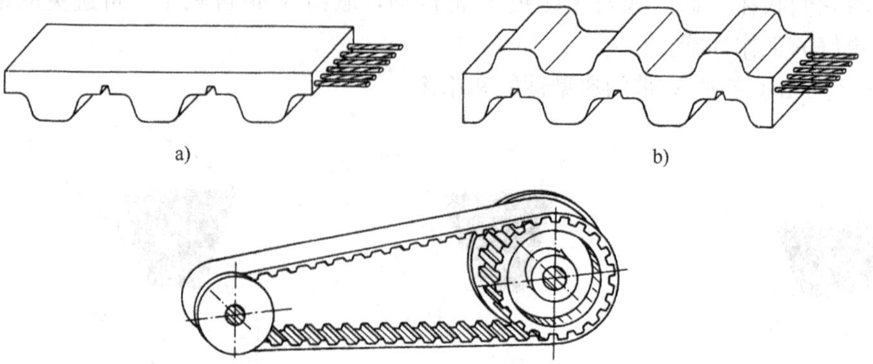

a)　b)　c)

图16-4　梯形齿廓同步带

a）单面齿　b）双面齿　c）同步带传动，带轮带单边挡板

除了梯形齿廓（DIN 7721）以外，为了在低圆周速度下传递更大转矩，同步带还有HTD（大扭矩传动）半圆形齿廓，见图16-5。这种同步带受载后应力分布更为有利，而且相对于通常的同步带（DIN 7721），能传递更大的功率。

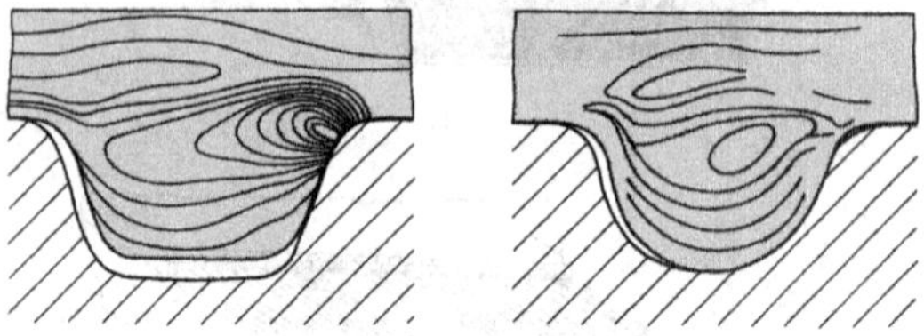

a)　b)

图16-5　同步带应力分布

a）梯形齿　b）半圆形（HTD）齿

相对于平带和V带，同步带的优点有：同步运动（传动比恒定），效率高（最大 $\eta=0.99$），预紧力小，故轴承承受的载荷小。由于挠性好，可用于多轴传动和需要反向弯曲的场合，以及转角和交叉（扭转）传动中。

其缺点有：首先是制造成本高（特别是带轮）、对异物敏感、由于带轮的齿顶对带的齿根有冲击，所以运行噪声大。同步带对过载非常敏感（因为不可能打滑）。为导引同步带，同步带轮至少要带有两个挡板，它可以反向分布在两个带轮上，或分布在小带轮的两边（见图16-14a、c、b）。其性能和用途见TB16-3。

16.2　结构和设计

16.2.1　结构类型和用途

由于各种带的特性不同，故带传动在传动机械和提升机械中可完成各种传动任务。根据结构不同，带传动分为：

1. 按带的类型分

—平带：结构简单；特别适用于大中心距、高带速（$v\leqslant100\text{m/s}$）和多轴传动。传递圆周力最大。

—V带：用于小中心距下的大传动比传动；主要用于通用机械制造中的中等功率传动。

—多楔带：用于小中心距下的大传动比传动；高带速（$v \leqslant 60$m/s），带轮直径小；高弯曲频率（$\leqslant 200s^{-1}$），挠性好，故结构紧凑。

—同步带：能实现恒定传动比传动，定位精度高，例如可用于机器人驱动装置；可广泛用于轻型和重型驱动装置，传动功率可达200kW，小预紧力保证了小的轴承载荷，可用于交叉传动。相对于平带轮和V带轮，同步带带轮的制造成本更高。

在通常用途范围内，要精确界定平带、V带和多楔带的使用区域是不可能的。与之相反，对于高圆周速度（$v \geqslant 50$m/s）场合，多层平带就优于V带和多楔带（见图16-6）。同步带的最大特点是基于形状封闭的恒传动比（i=常数）动力传动，因此应优先将其用于可发挥其优点的场合，例如用于内燃机的配气轴传动中。

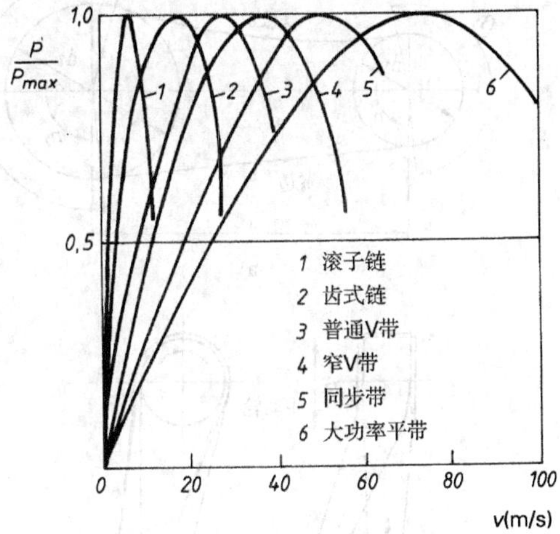

图16-6 不同圆周速度下各种牵引传动的使用区域

2. 按带传动形式分

—开口传动，见图16-7a：可水平、倾斜和铅垂布置；结构简单。

—交叉传动，见图16-7b：可水平、倾斜和铅垂布置，两带轮的转向相反。为避免损坏，应尽可能避免带的接触（不适合于V带和多楔带）。

—半交叉传动，见图16-7c：用于两轴交错时的动力传递（只适用于圆柱形带轮；注意结构尺寸，见图16-7c）。

—转角传动，见图16-7d：用于两轴相交时的动力传递（导轮应尽可能大，以使带的应力尽可能小）。

—多轴传动，见图16-7e和f：用于将一个主动运动分解到若干个从动轮上去的动力传递。

3. 按张紧方式分

—套装张紧，见图16-8a：带的对折长度小于固定中心距e，安装后会产生弹性变形。这种方式适用于中心距小于5m的场合，也可用于倾斜和铅垂布置方式。

—张紧轮张紧，见图16-8b：张紧轮依靠重力或弹簧从外边将松边压紧，从而增大包角β，张紧轮应置于小带轮附近。这种方式适用于中心距固定的大型传动。但不能变换转向。

—张紧轨张紧，见图16-8c：将电动机及带轮置于张紧轨上，通过调节螺栓使其移动，从而达到张紧的目的。

—张紧滑座张紧，见图16-8d：属于自动张紧方式，用重块或弹簧张紧，也常常用于带式运输机中。

—张紧摆杆张紧，见图16-8e：电动机安装在可绕D转动的摆杆上。对于给定转动方向，电动机的反转力矩T_r会自动将带张紧，使它能适应转矩波动，从而保证传动不打滑（有振动趋势，在设计中应避免）。

—摆动带轮张紧，见图16-8f：驱动电动机（M）固定，而带轮设计成可摆动结构（S），它有一对齿轮（z_1和z_2），可实现大传动比。带轮的摆动（图中绕D向左转）

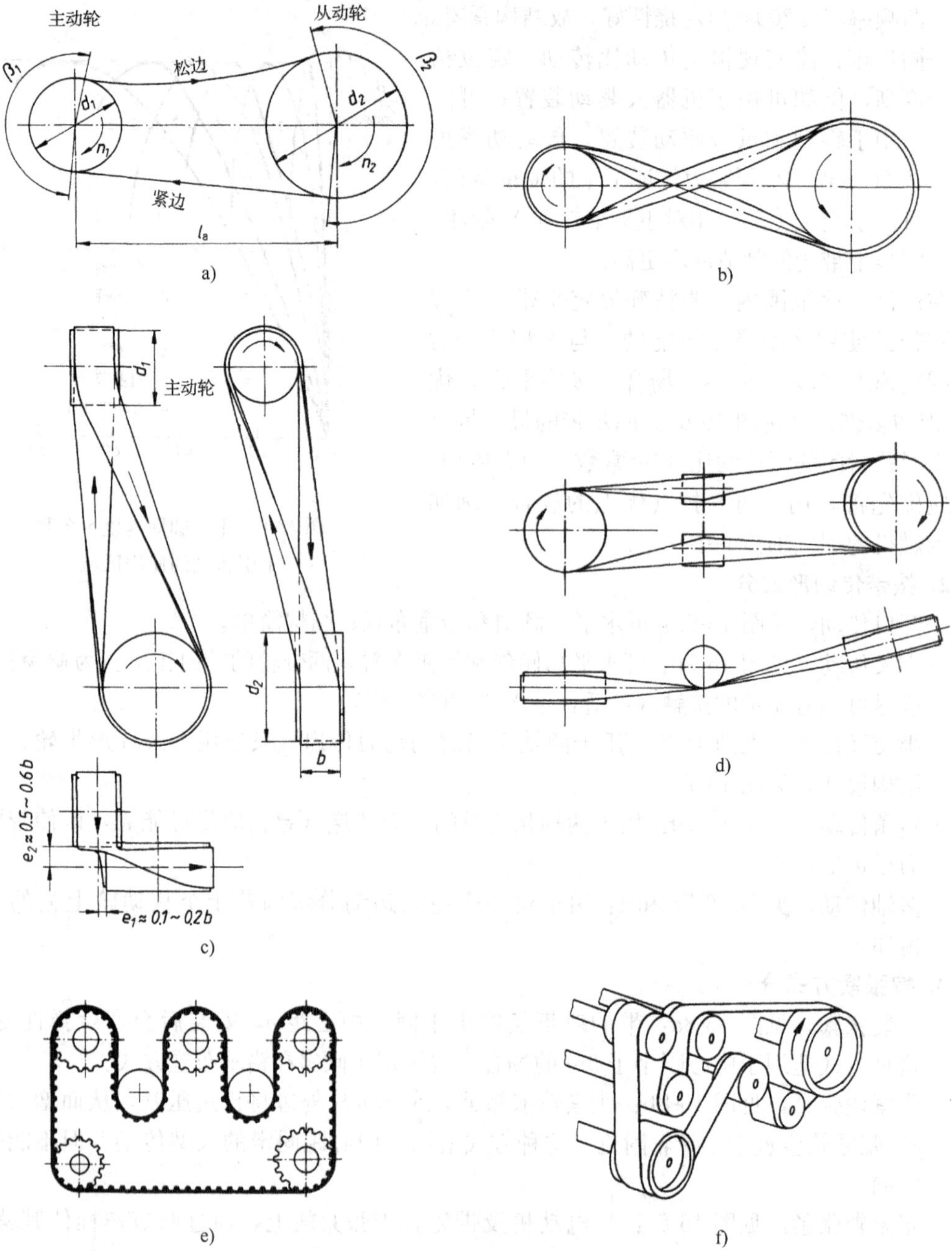

图 16-7　带传动的各种形式

a）开口传动　b）交叉传动　c）半交叉传动　d）转角传动　e）和 f）多轴传动

和带的张紧是由作用于装在电动机轴上，同向旋转的主动小齿轮 z_1 上的圆周力所产生。

自动张紧装置的优点是，可以大幅度降低后续成本，因为它对带和轴承有利，无需再张紧，工作可靠性最高且无需维护。

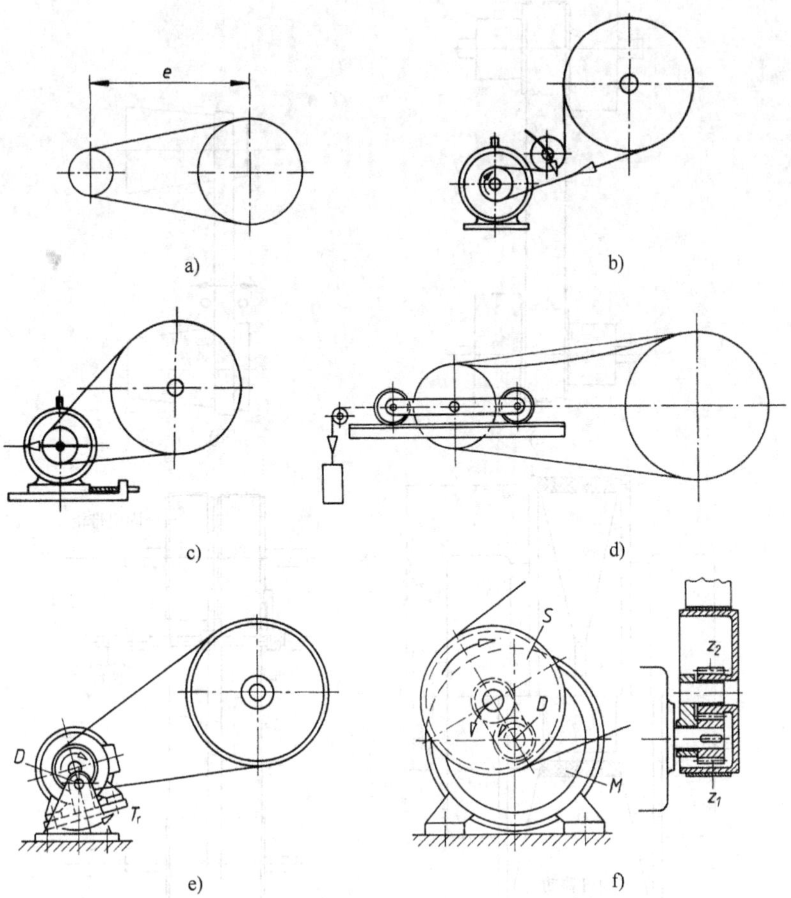

图 16-8 带传动的张紧方式

a）套装张紧 b）张紧轮张紧 c）张紧轨张紧 d）张紧滑座张紧 e）张紧摆杆张紧 f）摆动带轮张紧

4. 按可调性和离合性分

—多级带轮传动，见图 16-9a：在开口和交叉传动中，都可以通过将带调节到另一对带轮上来有级改变传动比 i。由于中心距并不变化，所以各级带轮直径必须保证带长不变。只能在静止时调速。

—锥形带轮传动，见图 16-9b：通过将带在锥形带轮上滑动，可实现传动比的无级调节，它可在运转过程中用拨叉来实现。两个带轮必须具有相同锥度，这是因为在中心距恒定不变的情况下，处于不同位置时带的长度应不变。

—可调 V 带轮传动，见图 16-9c：为了能无级调节传动比，可改变两带轮的计算直径（中心距保持不变），或一个带轮固定不变，另一个带轮直径可变（要相应的调整中心距）。

—可离合带传动，见图 16-9d：为了使运转中的带传动能终止载荷的传递，可将带从与从动轴固定在一起的带轮（固定带轮）上拨到“空套”在轴上的带轮（空套带轮）上去。

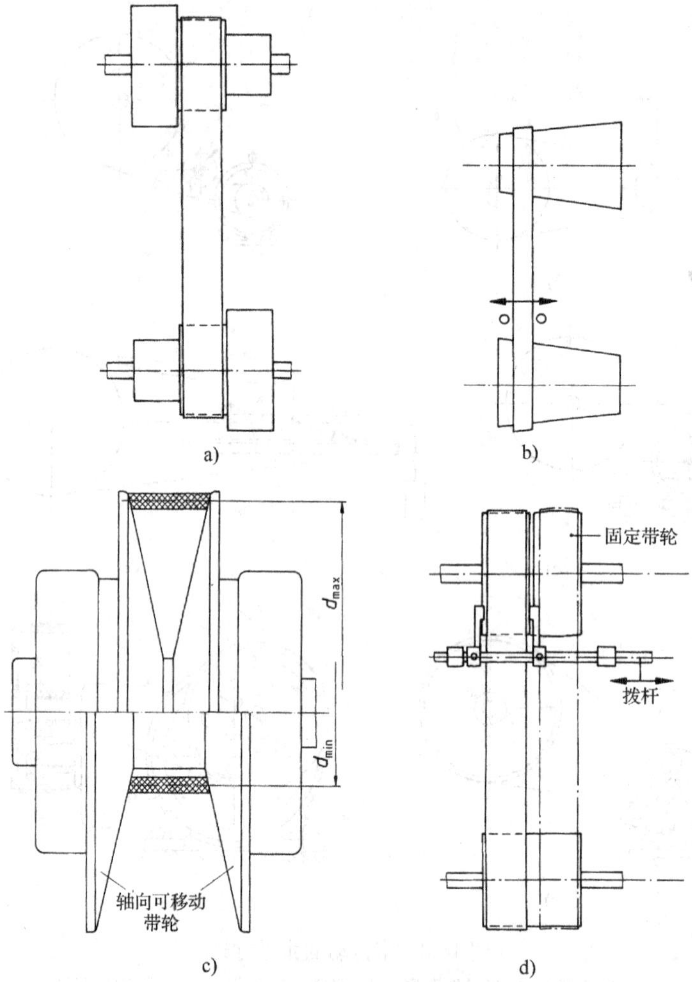

图 16-9　带传动调速和离合

a）多级带轮传动　b）锥形带轮传动　c）可调V带轮传动　d）可离合带传动

16.2.2　带传动结构设计

1. 一般原则　应该对带传动各个零件精心加工装配，它与带的类型、型号和轮廓的选择一样，对于承载能力和寿命具有同等重要性。要构成一个能安静运转的带传动，其前提条件是运转带的圆心与带轮圆心重合，这点对于交叉和半交叉传动尤为重要（见图16-7），因此应精确安装轴和带轮并保证它们的同轴度。

为了使带传动具有最优性能，带轮的设计和加工（成本!）以及表面精度（特别是工作面）起决定作用（由于存在打滑，粗糙表面会大幅度降低带的寿命，见§16.3.1～2)。需要注意的是，带轮直径小会使带中的弯曲应力大，同样地，带的拉力 $F_t=T/(d/2)$及轴上和轴承载荷也增大。设计时应注意，为加大中心距所需的张紧行程很少与电动机张紧滑座的调整行程完全一致。

2. 带轮的主要尺寸　带轮的主要尺寸，例如直径和轮缘宽度，轮辐形状和部分轮毂尺寸，都已经标准化了。与之相反，一些细节（如轮辐、腹板等）的尺寸和结构则由制造商来确定。带轮的工作面不得涂装防护漆。

(1) 平带轮 平带轮的主要尺寸由与 ISO 99 和 ISO 100 相一致的 DIN 111 进行标准化。外径 d、轮缘宽度 B、中心凸度 h 和许用最大带宽 b 的值由 TB16-9 查取。

(2) 普通 V 带轮 主要尺寸由 DIN 2271 T1 和 T2，ISO 255，ISO 4183 标准化。计算直径 d_d和轮辐形状尺寸的值由 TB16-13 查取。

(3) 窄 V 带轮 主要尺寸由 DIN 2211 Blatt 1 和 Blatt 2，ISO 4138 标准化。计算直径 d_d和轮辐形状尺寸的值由 TB16-13 查取。

(4) 多楔带轮 主要尺寸由 DIN 7867，ISO 9282 标准化（查 TB16-14）。

(5) 同步带轮 主要尺寸由 DIN 7721 T2，DIN/ISO 5294 标准化。

3. 带轮的材料和结构 带轮材料为铸铁（GJL-150，GJL-200），重载和高速带轮采用铸钢（GS-38，GS-45）或钢。受载很小的带轮也可以采用轻金属铸造，或由木材或塑料加工而成。

结构：为节约成本，小带轮采用切削加工或铸造方法做成实心轮，直径 $d \leqslant 355\text{mm}$ 均可做成腹板轮（见图 16-10）。大带轮均做成轮辐式（轮辐数目为 $z \approx 0.15\sqrt{d} \geqslant 4$，图 16-11）。轮辐截面为椭圆形（长短轴比为 1∶2），从轮缘至轮毂截面加大，其截面比为≈4∶5。轮毂尺寸由 TB12-1 确定。轮缘外边沿厚度应为 $s \approx d/300 + 2\text{mm} \geqslant 3\text{mm}$。工作面应尽可能光滑（磨削），以使由于打滑所产生的磨损尽可能小。在轴承安装后，剖分式带轮还能装到轴上（见图 16-11b），这极大地方便了带轮的拆装。

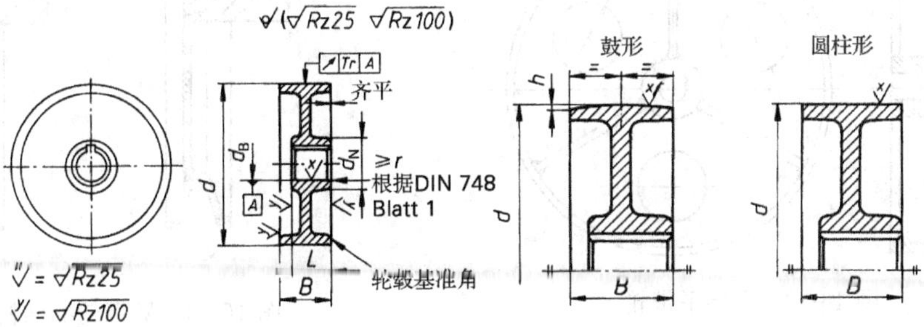

图 16-10 腹板式带轮

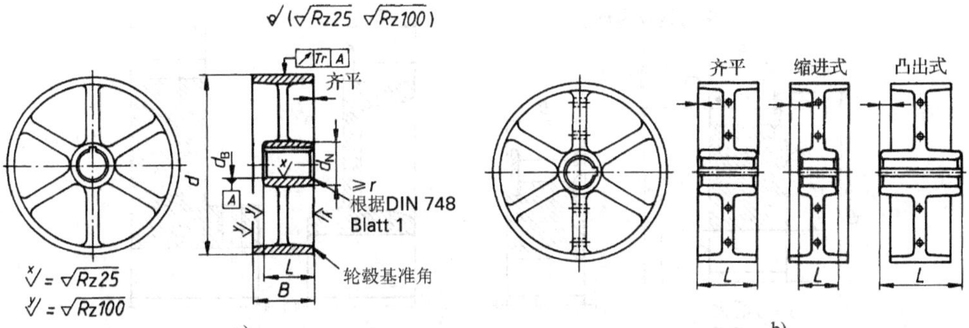

图 16-11 轮辐式带轮

a) 整体式 b) 剖分式

平带传动为避免带偏心运转或从带轮脱落，可采用鼓形工作面带轮（见图16-10）。从有利于带的角度来看，应将大带轮做成鼓形，但是，出于经济性原因，却常常将小带轮做成鼓形。当带速 $v>20\mathrm{m/s}$ 以及轴铅垂布置（带轮水平布置）时，两个带轮都必须做成鼓形。通过鼓形面，在带轮中点处的带的张紧力增大，从而使带稳定地置于带轮中部。小批量或单件加工时，常常优先采用焊接结构（见图16-12），各部分的结构应尽可能简单。

图16-13所示为V带轮和多楔带轮的各种结构形式，图16-14所示为同步带轮。

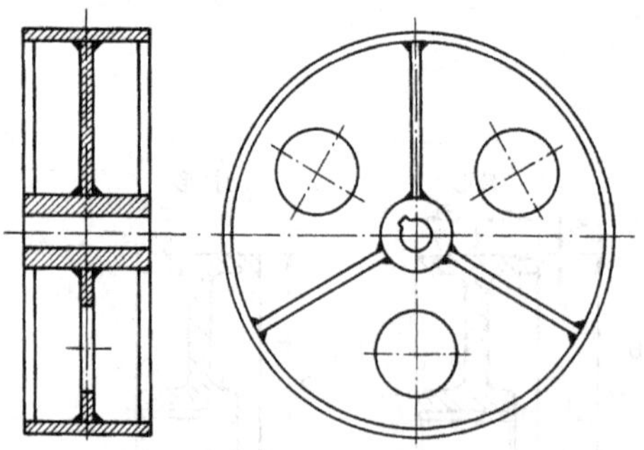

图16-12　焊接平带轮

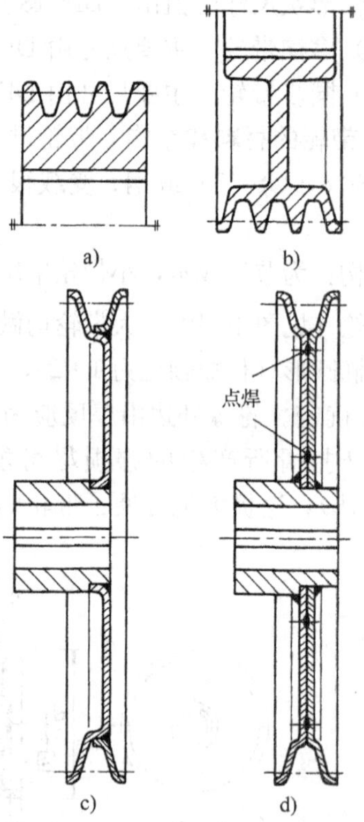

图16-13　V带轮的结构形式

a）实心带轮　b）腹板式带轮（铸造）　c）钎焊带轮　d）焊接带轮

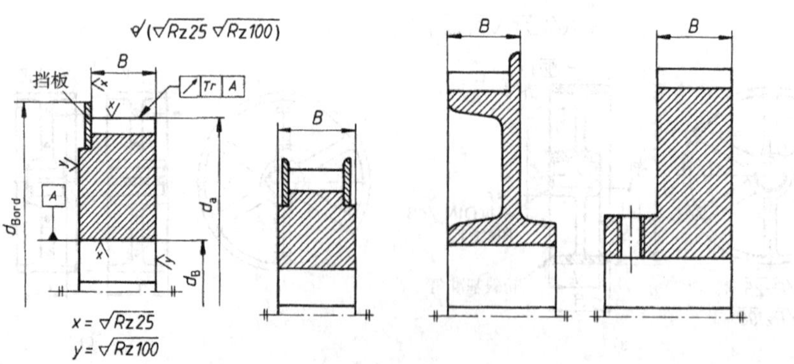

图16-14　同步带轮的结构形式

a）和c）单挡板　b）双挡板　d）无挡板

16.3　带传动设计

16.3.1　带传动设计计算理论基础

下面以开口带传动为例介绍平带传动计算基础（假设带的材料为均质）（对于不同材料制成的多层带，各层物理性能不同，只能在一定条件下才能采用下述设计计算方法，这种带应按照制造商的说明进行设计）。将本节叙述方法作相应变换后即可适用于具有相同理论关系的 V 带传动和多楔带传动［最关键的是要用当量摩擦因数 $\mu'=\mu/\sin(\alpha/2)$代入，其中 α 为带轮楔形角］。

1. 带传动受力分析　只有当带与带轮之间的摩擦力 F_R至少等于或大于所要传递的圆周力 F_t时，带传动才能传递功率

$$F_R=\mu F_N\geqslant F_t \quad 或 \quad F_R=\mu' F_N\geqslant F_t \tag{16-1}$$

式中　μ，μ'——带与带轮接触弧上的摩擦因数，与带的类型、带轮表面质量和带速有关，对于 V 带和多楔带用 $\mu'=\mu/\sin(\alpha/2)$计算，式中 α 为带轮楔角，由 TB16-13 和 TB16-14 查取；μ 的近似值由 TB16-1 查取；

F_N——所需压紧力（正压力），它由相应的预紧力 F_v来实现，根据传动类型的不同，它对轴上载荷 F_w产生影响。

如果主动轮 d_1上的驱动转矩为 T，则带所要传递的圆周力（见图 16-15）为 $F_t=T/(d_1/2)=2T_1/d_1$。从动轮 d_2由摩擦力驱动，对于低速和匀速运转下的极限情况 $F_R=F_t$，点 M_1的平衡方程为

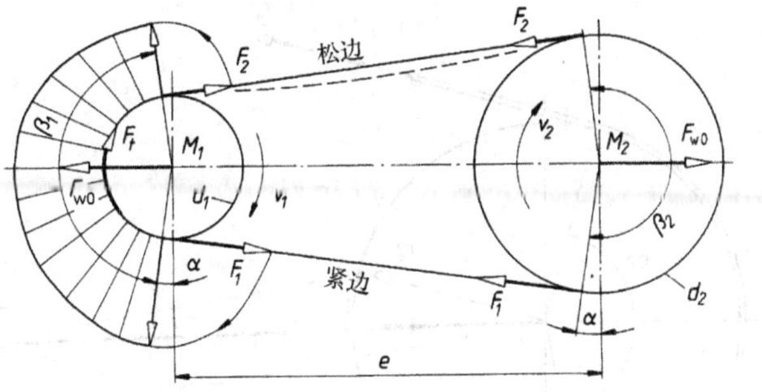

图 16-15　开口带传动受力分析

$$F_t(d_1/2)+F_2(d_1/2)-F_1(d_1/2)=0。$$

由此得圆周力（有效拉力）为

$$F_t=F_1-F_2 \tag{16-2}$$

只有当紧边拉力 $F_1(>F_t)$大于松边拉力 $F_2(<F_t)$时，带传动才能传递功率。放松的松边使带下垂（图 16-15 虚线所示）。

假设整个包角 β_1上的带均参加力的传递，则紧边和松边的拉力比或应力比用欧拉公式来表示：

$$\frac{F_1}{F_2}=\frac{\sigma_1}{\sigma_2}=e^{\mu\widehat{\beta}_1}=m \tag{16-3}$$

式中　　e——自然对数的底＝2.718…；

μ——带与带轮之间的平均摩擦因数。近似值由 TB16-1 查取（对于 V 带和多楔带为 μ'）；

$\widehat{\beta}_1=(\pi\beta_1)/180°$——小带轮的包角弧度；

m——拉力比。

将 $F_2=F_1/m$ 代入式（16-2），得可传递的圆周力（有效拉力）为

$$F_t=F_1-\frac{F_1}{m}=F_1\frac{m-1}{m}=F_1\kappa \tag{16-4}$$

式中　κ——增益，$\kappa=(m-1)/m$ 与 μ 和 β 有关；其值由 TB16-4 查取。

提示：增益值越大，带传动的有效拉力越大（所以应使摩擦因数和包角尽可能大）。

带在运转过程中会产生离心力，它使带伸长，减小它在带轮上的张紧力，如果不采取特殊措施（张紧轮、自动张紧装置）来防止，就会对承载能力产生不利影响。高速带传动必须考虑它所产生的附加应力。可借助于一般离心力公式来计算离心力 F_z：

$$F_z=A_S\rho v^2 \tag{16-5}$$

式中　A_S——带的横截面积；

ρ——带的材料密度，近似值由 TB16-1 查取；

v——带速。

提示：$1kg/dm^3=10^3N\cdot s^2/m^4$。

为了保证满足式（16-1）所要求的条件 $F_R\geqslant F_t$，必须在每种工作状态下都有足够大的张紧力，而张紧力是通过将带相应的伸长（预紧）来产生。作为径向力的预紧力要由轴和轴承来承担，所以也不能无必要地过大。轴上载荷 F_w 可按图 16-16 用图解法或解析法求解。

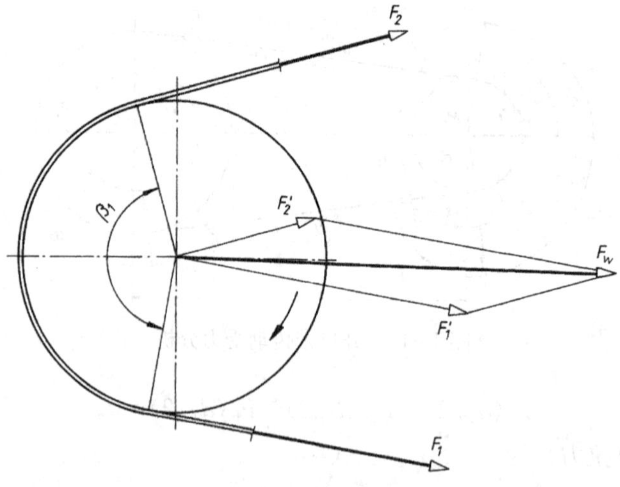

图 16-16　轴上载荷 F_w 的确定

由余弦定理得 $F_w=\sqrt{F_1^2+F_2^2-2F_1F_2\cos\beta_1}$。由式（16-3）得 $F_2=F_1/m$ 和由式（16-4）得 $F_1=F_tm/(m-1)$，将它们代入，并经变换后得到工作状态下的轴上载荷为

$$F_w=F_t\frac{\sqrt{m^2+1-2m\cos\beta_1}}{m-1}=kF_t \tag{16-6}$$

式中　　F_t——带所要传递的圆周力；

$m=e^{\mu\widehat{\beta}_1}$——拉力比，e、$\mu$、$\beta_1$同式（16-3）；

β_1——小带轮包角；

$k=f(\beta_1,\mu)$——其值由 TB16-5 查取。

在工作状态下，轴上载荷保证了带与带轮之间必要的张紧力，以形成力封闭来传递圆周力。在静止状态下，轴上载荷比工作状态下大，其差值为由式（16-5）计算的离心力，离心力试图将带从带轮中脱开，所以静止状态下的理论轴上载荷为

$$F_{w0}=F_w+F_z=kF_t+F_z \tag{16-7}$$

式中 k，F_t——同式（16-6）；

F_z——离心力，按式（16-5）计算。

提示：在文献中，常常计算牵引系数。

$$\Phi=1/k=(m-1)/\sqrt{m^2+1-2m\cos\beta_1}$$

2. 弹性滑动、打滑、传动比 由于拉力 F_1 和 F_2 不同，带上的应力 σ_1 和 σ_2（$\sigma=F/A_S$）也不同，所以带在带轮上运转时各处的伸长是不相同的。带的伸缩会使带在带轮上产生相对运动，为避免带过快磨损，带轮表面应光滑。这种带的伸缩（剧烈伸长的带在转过带轮时“爬行”缩回）被称为弹性滑动㊀，其大小决定于带的弹性性能和拉力差。如果在工作中圆周力大于摩擦力（$F_t>F_R$），则带在整个带轮上滑动。这种打滑对带的损害特别大，只允许短时出现（例如过载）。

可以采取适当的措施（提高预紧力、加大包角等）来防止打滑，但是由于传动带的变形特性，弹性滑动是不可避免的。各种类型带的弹性性能不一样，弹性滑动对传动比 i 有一定的影响。从动轮线速度 $v_2=d_2\pi n_2$ 比主动轮线速度 $v_1=d_1\pi n_1$ 小一个滑动速度值。滑动率为

$$\psi=(v_1-v_2)\times100\%/v_2 \tag{16-8}$$

如果考虑在大多数情况下都被忽略不计的带的厚度 t（V 带和多楔带为横截面高度 h），则实际传动比为

$$i=\frac{n_1}{n_2}=\frac{d_2+t}{d_1+t}\times\frac{100\%}{100\%-\psi} \tag{16-9}$$

式中 n_1，n_2——主动轮和从动轮转速；

d_1，d_2——主动轮和从动轮直径；

t——带的厚度；

ψ——滑动率。

如果某种应用场合要求传动比恒定不变（例如内燃机凸轮轴的驱动），由于上述弹性滑动的存在，就不适合采用平带和 V 带以及多楔带传动。

不考虑 t 时的传动比的近似计算：

$$i\approx\frac{n_1}{n_2}=\frac{d_2}{d_1} \tag{16-10}$$

式中 n_1、n_2，d_1、d_2——同式（16-9）。

各种带传动的传动比范围为

平带传动

开口传动 $i\leqslant6$

㊀ 弹性滑动是所有力封闭带传动的特征，导致传动比不准确。

带张紧轮	$i \leqslant 15$
特殊情况	$i \leqslant 20$
V 带传动	$i \leqslant 20$
多楔带传动	$i \leqslant 40$
同步带传动	$i \leqslant 10$

3. 应力、弹性性能 带的最大应力发生在紧边进入小带轮处（A_1），见图 16-17。该处带截面（设为均质带材和完全满足欧拉公式）产生由多个应力叠加在一起的最大应力 σ_{ges}。

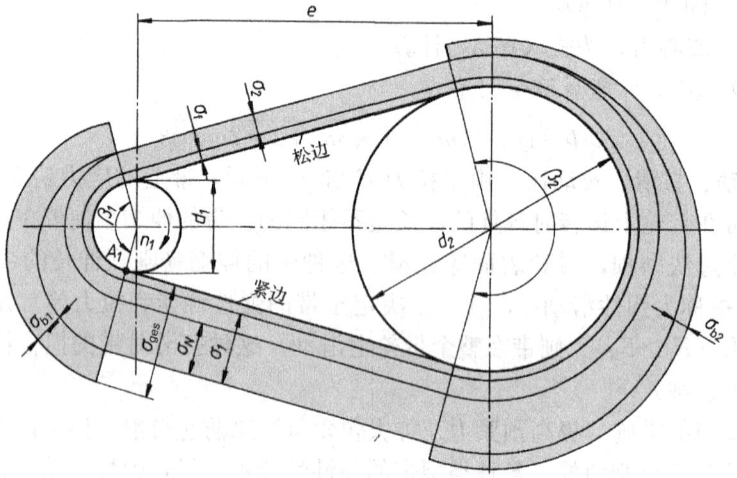

图 16-17 开口带传动的应力分布

拉应力

拉力在紧边产生的带上应力为纯拉应力

$$\sigma_1 = \frac{F_1}{A_S} = \frac{F_t}{\kappa A_S} \tag{16-11}$$

式中 F_1——紧边拉力；

F_t——圆周力；

$A_S = bt$——带横截面积；

κ——增益，同式（16-14）。

弯曲应力

带在进入和离开带轮 1 和 2 的这段区域里，由于弯曲会产生弯曲应力 σ_b，带轮直径 d 越小和带的厚度 t 越大，则 σ_b 越大。根据弹性理论，弯曲应力为

$$\sigma_b = E_b \varepsilon_b \approx E_b (t/d) \tag{16-12}$$

式中 E_b——理论弹性模量；其值由 TB16-1 查取；

t/d——带的厚度 t 与小带轮直径 d 的比，其值由 TB16-1 查取。如果超过给定的许用值会缩短带的寿命和降低所能传递的功率。

离心应力

带绕在带轮上时还会受到按式（16-5）计算的离心力 F_z 的作用，特别是高带速时 F_z 更不能忽略。这会使带的横截面上产生离心应力［见式（16-5）的提示］：

$$\sigma_f = \frac{F_z}{A_S} = \rho v^2 \tag{16-13}$$

式中 A_S，ρ，v——同式（16-5）。

紧边进入小带轮 A_1 处的总应力为

$$\sigma_{ges}=\sigma_1+\sigma_b+\sigma_f\leqslant\sigma_{z\,zul} \quad (16\text{-}14)$$

式中 $\sigma_{z\,zul}$——带的许用应力；其值见 TB16-1。

对于图 16-7 中所示的交叉带传动，由于边缘纤维会产生附加伸长，故总应力还会增加交叉应力 σ_S。对于交叉传动，近似计算公式 $\sigma_S\approx E(b/e)^2$，对于半交叉传动为 $\sigma_S\approx Ebd_2(2e)^2$，式中 e 为中心距（mm）。

将式（16-2），式（16-4）和式（16-11）进行变换后，由拉力 F_1 和 F_2 可算得有效应力：

$$\sigma_N=\sigma_1-\sigma_2=\sigma_1\kappa \quad (16\text{-}15)$$

式中 κ——同式（16-4）。

将式（16-14）代入式（16-15），即可得到有效应力：

$$\sigma_N=\sigma_1\kappa=(\sigma_{z\,zul}-\sigma_b-\sigma_f)\kappa \quad (16\text{-}16)$$

用它可以确定所能传递的有效功率。

提示：$\sigma_{z\,zul}$ 越高（高强度带材料），σ_b 越小（带轮直径大），σ_f 越小（带的质量小），则带传动的有效应力越大。

4. 所能传递的功率、最优带速 功率的一般计算公式为 $P=Fv$，由 $F=\sigma A_S=\sigma bt$ 即可算得所能传递的有效功率。将 σ 用式（16-16）的有效应力 $\sigma_N=(\sigma_{z\,zul}-\sigma_b-\sigma_f)\kappa$ 代入，然后将式（16-12）$\sigma_b=E_b(t/d_1)$ 和式（16-13）$\sigma_f=\rho v^2$ 代入，即得所能传递的功率为

$$P=[\sigma_{z\,zul}-E_b(t/d_1)-\rho v^2\times10^{-3}]\kappa btv\times10^{-3} \quad (16\text{-}17)$$

P	$\sigma_{z\,zul}$, E_b	t, d_1, b	ρ	v	κ
kW	N/mm²	mm	kg/dm³	m/s	1

式中 $\sigma_{z\,zul}$——带的许用应力，由 TB16-1 或 TB16-6 查取（见脚注 2）；

E_b——弯曲弹性模量，由 TB16-1 查取；

t——带的厚度；

d_1——小带轮直径；

ρ——带材料的密度，其值由 TB16-1 查取；

κ——增益，见式（16-4）；其值由 TB16-4 查取；

b——带宽；

v——带速。

由式（16-17）知，除 v 以外，其他参数均为近似恒定值，故 $P=f(v)$。带速较小时，离心应力 σ_f 的影响较小，所以随着带速的增加，所能传递的功率 P 增大，直到最大值 P_{max}（此时带速为最优带速 v_{opt}），带速继续增加，P 又会逐渐减小直到为零。从一个特定的极限带速开始，许用应力 $\sigma_{z\,zul}$ 主要用来承担离心应力 σ_f，此时就不可能传递功率了。最优带速（$P/P_{max}=1$，见图 16-6）按式（16-18）计算

$$v_{opt}=\sqrt{\frac{10^3\times[\sigma_{z\,zul}-E_b(t/d_1)]}{3\rho}}=\sqrt{\frac{10^3\times(\sigma_{z\,zul}-\sigma_b)}{3\rho}} \quad (16\text{-}18)$$

v_{opt}	σ_{zul}, σ_b, E_b	t, d_1	ρ
m/s	N/mm²	mm	kg/dm³

式中 $\sigma_{z\,zul}$，E_b，t，d_1，ρ——同式（16-17）。

16.3.2　带传动的设计计算

下面针对平带传动以及V带、多楔带和同步带传动中的双带轮开口传动（$i>1$，$d_1=d_k\leqslant d_2=d_g$；$z_1=z_k\leqslant z_2=z_g$）来介绍其设计计算方法。为了得到最优结果，一定要针对每种实际用途，按照带制造商所提供的计算资料来进行设计，因为表格手册所给数据并不能适用于所有制造商的产品，而且功率数据还有可能与现行标准有相当大的差别。标准主要是规定了带和带轮的尺寸，对功率和质量的说明则很有限。V带、多楔带和同步带目前还使用不同的名称[⊖]，为统一起见，下面的计算公式均采用现行标准规定的名称。

所有类型的带传动设计均可按图16-18所示的计算框图来进行。

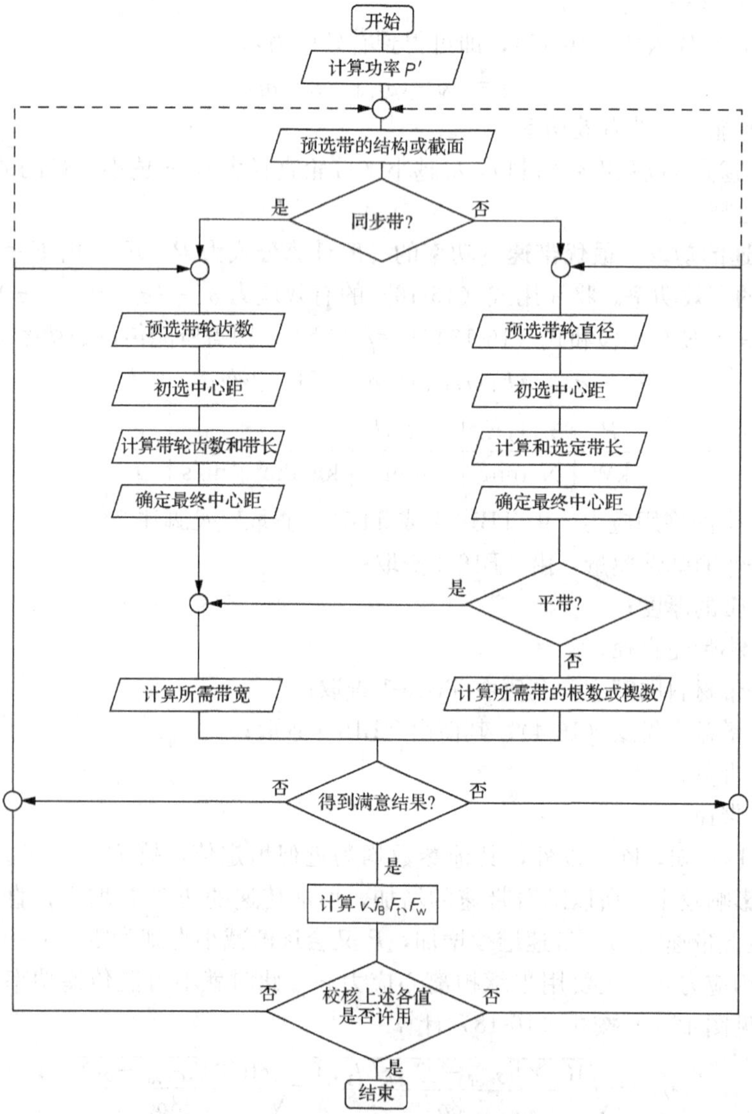

图16-18　带传动设计计算框图

⊖　例如将有效直径 d_w，相对直径 d_b，计算直径 d_r 均统一的称为计算直径 d_d。

计算步骤

1. 带的选择 首先要决定采用哪种类型的带（平带、V带、多楔带或同步带），它主要取决于使用条件、预期的环境影响因素、装配要求（无接头带对结构有更多要求）、整个结构条件下的成本等因素。各种类型带的特殊性能见§16.2.1。其相应的截面尺寸（对于易传动平带为带的型号）决定于计入使用系数后所要传递的功率 $P'=K_A P_{nenn}$㊀ 和转速 n_1（见TB16-11和TB16-18），对于易传动带，其型号为 β_1、d_1 的函数，由TB16-8查取。在临界情况下，如果处于两种可能的截面尺寸之间，推荐对两种尺寸都进行计算，以最终确定其截面。

2. 几何和运动学关系

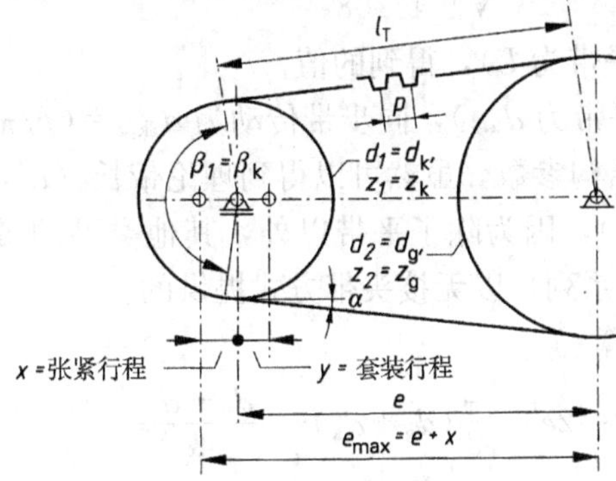

图16-19 带传动的几何关系

d—带轮直径 l_T—直边长度 *β*—包角 *α*—直边斜角 *e*—中心距 *z*—同步带轮齿数 *p*—同步带节距

下述公式用到的下标：an—主动边 ab—从动边 1—主动边 2—从动边 g—大 k—小

d—基准值，如带长、带轮直径（用于V带、多楔带和同步带）

（1）传动比 i 传动比为给定值，但是由于带轮直径为标准值，故并不总是能完全实现它。在工程实际中，并不一定要求“精确”实现传动比，故在忽略弹性滑动所引起的偏差（形状封闭的同步带传动例外）后（见§16.31-2，$i\geqslant1$），传动比可按式（16-19）计算

$$i=\frac{n_{an}}{n_{ab}};\quad i\approx\frac{d_{ab}}{d_{an}}=\frac{d_{dg}}{d_{dk}}\quad \text{或}\quad i=\frac{z_{ab}}{z_{an}}=\frac{z_g}{z_k} \tag{16-19}$$

（2）带轮直径 带轮直径的极限值与所选带的类型和截面尺寸有关。即使基于空间原因要求结构紧凑，也只有在例外情况下，小带轮才能选表格手册中给出的每种带型号的最小带轮直径 d_{dk}。一般来说，带轮直径不能太小，因为这会导致轴上载荷加大和要选用更大的轴承，致使成本加大，而且由于紧边受力更大，需要更宽的平带和同步带，或V带根数更多，多楔带的楔数更多。

在选定小带轮直径 $d_k(d_{dk})$，或同步带传动的齿数 z_k 后，即可得大带轮直径为

$$d_g=id_{dk}\quad \text{或}\quad d_{dg}=id_{dk}\quad \text{或}\quad i\frac{p}{\pi}z_k \tag{16-20}$$

式中 p——同步带的节距；其值由TB16-19查取；

z_k——同步带传动的小带轮齿数。

㊀ 使用系数用来考虑不利的工作条件，由带制造商给出（其大小常常不同）。如果没有给定或没有经验值可用，K_A 可由TB3-5查取作为近似值采用。

（3）中心距　中心距近似值 e'：在许多情况下，中心距由结构确定。虽然中心距可自由选择，但是也要注意不要超过上下极限值：一方面中心距要足够大，以防止两带轮直接接触（对于同步带轮以挡板直径为准），另一方面，如果中心距太大，带又可能会产生有害的振动，并可能会与周围零件接触。只要结构条件没有限制，就应遵守下列极限值原则：

$$\begin{aligned}&\text{平带}:0.7(d_g+d_k)\leqslant e'\leqslant 2(d_g+d_k)\\&V\text{带和多楔带}:0.7(d_{dg}+d_{dk})\leqslant e'\leqslant 2(d_{dg}+d_{dk})\\&\text{同步带}:0.5(d_{dg}+d_{dk})+15\text{mm}\leqslant e'\leqslant 2(d_{dg}+d_{dk})\end{aligned}\tag{16-21}$$

最终中心距 e：只有在确定了带长［见式（16-23）］之后，才能得到最终中心距

$$e\approx\frac{L_d}{4}-\frac{\pi}{8}(d_{dg}+d_{dk})+\sqrt{\left[\frac{L_d}{4}-\frac{\pi}{8}(d_{dg}+d_{dk})\right]^2-\frac{(d_{dg}-d_{dk})^2}{8}}\tag{16-22}$$

式中　L_d——带的基准长度（平带为 L），得到的值；

d_{dk}，d_{dg}——带轮计算直径（平带为 $d_{k,g}$），同步带传动为 $d_{dk,g}=(p/\pi)z_{k,g}$。

（4）带长　根据已确定的结构参数，虽然可以得到理论带长（L'，L_d'），但一般情况下它还不能作为最终带长（L，L_d），因为除了平带以外，其他类型的带都是按固定带长级差（大多数情况下按 DIN 323 R40 系列）以无接头带方式提供的。

理论带长按式（16-23）计算

$$\begin{aligned}&\text{平带}:L'=2e'+\frac{\pi}{2}(d_g+d_k)+\frac{(d_g-d_k)^2}{4e'}\\&\text{其他带}:L_d'=2e'+\frac{\pi}{2}(d_{dg}+d_{dk})+\frac{(d_{dg}-d_{dk})^2}{4e'}\end{aligned}\tag{16-23}$$

带长 L，L_d 的确定：平带成卷生产。虽然可以使 $L=L'$，但是要为 L 确定一个合理的值。对于“固定”中心距的情况，为了产生所需的伸长，定购的带长应相应的缩短为 $L=L'(100-\varepsilon_1)/100$，式中 ε_1 由 TB16-8 查取。

V 带和多楔带：对 L_d 应按大一号的标准长度（根据标准数系列 R40），或按制造商的数据（级差比标准更为细分）确定；对于按内长度 L_i 测量的带（普通 V 带），应计入修正量：$L_i=L_d-\Delta L$，式中长度差 ΔL 由 TB16-12 查取。

同步带：由带轮的齿数 z_R 按 $L_d=z_R p$ 确定带长，式中 $z_R\approx z_R'=L_d'/p$，p 为节距（TB16-19）。

（5）小带轮包角　小带轮包角 β_k 与摩擦因数 μ（μ'）一起决定了增益的大小，从而也就决定了带传动有效拉力的大小［见式（16-4）］。包角越大，所需的张紧力就越小，从而轴上载荷也越小。

如果给定带轮直径和中心距，则包角 β_k 为

$$\beta_k=2\arccos\left(\frac{d_g-d_k}{2e}\right)=2\arccos\left(\frac{d_{dg}-d_{dk}}{2e}\right)=2\arccos\left[\frac{p/\pi(z_g-z_k)}{2e}\right]\tag{16-24}$$

（6）张紧行程 x 和套装行程 y　为了传递转矩，必须使带伸长（张紧）以达到所需的张紧压力，形成力封闭。为了产生所需的预紧应力 σ，由关系式 $\sigma=\varepsilon E$ 得所需的应变为 $\varepsilon=\sigma/E=(F/A_S)/E$。一般来说，该应变可以通过加大中心距（即实际中心距大于计算值 e）或采取合适的张紧装置（见§16.2.1-3）来产生。对于中心距固定的平带传动，可按缩短 $\Delta L=\varepsilon L$ 的带长来订购（这样可根据具体用途来设计）。

为了将中心距 e 加大到所需的（张紧）值，在结构上，应保证足够大的张紧行程。如果

制造商方面无特别要求，张紧行程（即调整行程）x 根据经验可按式（16-25）求得[㊀]

$$\begin{aligned}&\text{平带}: x \geqslant 0.03L\\&\text{V带、多楔带}: x \geqslant 0.03L_d\\&\text{同步带}: x \geqslant 0.005L_d\end{aligned} \tag{16-25}$$

为了方便带的套装（特别是对于V带、多楔带和同步带），在结构上应使中心距能缩小一个套装行程 y：

$$\begin{aligned}&\text{平带}: y \geqslant 0.015L\\&\text{V带、多楔带}: y \geqslant 0.015L_d\\&\text{同步带}: y \geqslant (1\sim2.5)p\end{aligned} \tag{16-26}$$

式中 L，L_d——所确定的带长；

p——带的节距。

3. 功率计算

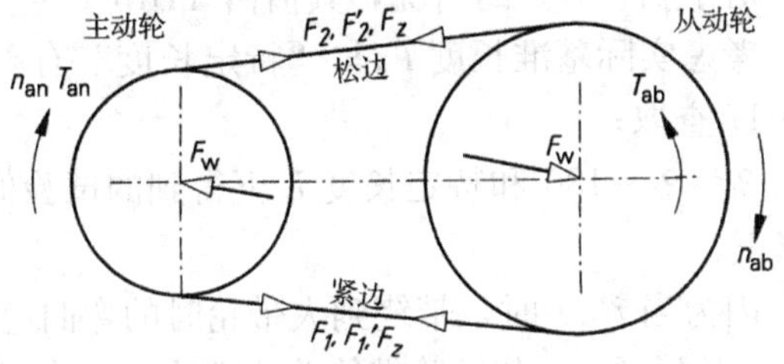

图16-20 带传动的力、力矩和运动参数

F_1—紧边拉力 F_1'—不考虑离心力时的 F_1 F_2—松边拉力 F_2'—不考虑离心力时的 F_2 F_z—离心力
F_0—张紧后带在静止状态下的拉力 F_t—圆周力（$F_t=F_1'-F_2'$） F_w—轴上载荷（张紧力）
F_{w0}—静止状态下的轴上载荷（预紧力） K_A—使用系数 P—所要传递的功率
P'—计算功率 $P'=K_AP$ T_{an}—主动力矩 T_{ab}—从动力矩
v—带速 n_{an}—主动轮转速 n_{ab}—从动轮转速

在确定了带传动的几何量后，就应进行功率计算。选定带的型号后，一方面要根据所要传递的最大圆周力，另一方面要根据许用的单位圆周力来计算，对于平带和同步带，应确定所需的带宽，对于V带和多楔带，应确定所需的带的根数或楔数。各种带所给定的许用单位载荷是在特定参数（d_d、L_d、β）下试验得到的，因此必须根据实际参数对许用值用相应的系数进行修正。但是很难完全掌握实际工作条件，故采用使用系数 K_A 来加以考虑。

（1）圆周力 F_t 考虑动载工作条件后，所能传递的最大圆周力为

$$F_t=\frac{P'}{v}=\frac{K_AP_{nenn}}{v}=\frac{K_AT_{nenn}}{(d_d/2)} \tag{16-27}$$

式中 P'，P_{nenn}——计算功率，所要传递的功率；

K_A——使用系数，如果制造商未给定，则由TB3-5查取；

d_d——带轮计算直径（平带为 d）；

v——带速，$v=d_d\pi n$。

（2）带宽、带的根数

㊀ 常用概念张紧行程是单向的，而式（16-25）是双向的，式中所给经验值仅仅是满足带张紧时所需的中心距调整量。

平带：对于多层易传动带，按 TB16-8 查得单位圆周力 $F_t'=f(d_1, \beta_1$，带的型号)，由式（16-28）计算带宽 b'

$$b'=F_t/F_t' \tag{16-28}$$

由 TB16-9，选比计算值 b' 大的下一个带宽 b，并确定相应的带轮宽度 B。

V 带、多楔带：为了能可靠地传递计算功率 $P'=K_A P$，在确定了带的截面尺寸后，对于 V 带还要得到所需的根数，对于多楔带还要得到所需楔数：

$$z \geqslant \frac{P'}{(P_N+\ddot{U}_z)c_1c_2}=\frac{K_A P_{nenn}}{(P_N+\ddot{U}_z)c_1c_2} \tag{16-29}$$

式中　K_A——考虑动载的使用系数，如果制造商未给定，其值由 TB3-5 查取；

P_{nenn}——带传动所要传递的名义功率；

P_N——单根 V 带或单楔所能传递的名义功率，其值由 TB16-15 查取；

$\ddot{U}_z$——传动比 $i>1$ 时传动功率的增量，其值由 TB16-16 查取；

c_1——包角系数，对于 $\beta_1 \leqslant 180°$ 的情况，其值由 TB16-17 查取；

c_2——长度系数，考虑实际基准长度 L_d 与“特定长度”有差别时对功率的影响，其值由 TB16-17 查取；

提示： P_N 是在 $i=1$，$\beta_1=\beta_2=180°$ 和特定长度 L 下得到的试验值。如果实际情况与此不同，要用修正系数进行修正。

$\ddot{U}_z$——功率增量，因为当 $i>1$ 时，带绕到大带轮时的弯曲应力比试验条件的小；

c_1——为实际带传动的增益 $\kappa_{(\beta1)}$ 与试验带传动的增益 $\kappa_{(180°)}$ 的比值，其中 $\kappa=(m-1)/m$，$m=e^{\mu\widehat{\beta}}$，所以 c_1 还与摩擦因数 $\mu(\mu')$ 有关；

c_2——考虑与试验条件下弯曲次数不同的系数（$L_d>L_N$ 时弯曲次数减小，反之弯曲次数增加）。同样寿命下，会使带的名义功率有些许增大或减小。

如果经计算需要多根带（$z>1$），应在综合评价成本、装配、更换和载荷等因素后，考虑采用联组 V 带（强力带，由多根 V 带组成，之间用盖板联在一起，请咨询制造商）或多楔带。

同步带：同步带通过形状封闭传递载荷。所能传递载荷的大小决定于齿廓的许用压强以及同时参与啮合的齿数 z_e。考虑到不可避免的节距误差，同时承载的齿数不要超过 12。

啮合齿数 z_e 按式（16-30）计算

$$z_e=\frac{z_k\beta_k}{360°} \leqslant 12 \tag{16-30}$$

$z_e \leqslant 12$，由 TB16-20 可查得试验得到的所能传递的单位功率 P_{spez}（每 mm 带宽和每齿），根据名义转速下的计算功率 P'，即可求得同步带所需的最小带宽为

$$b \geqslant \frac{P'}{z_k z_e P_{spez}}=\frac{K_A P_{nenn}}{z_k z_e P_{spez}} \tag{16-31}$$

也可以由试验得到所能传递的单位转矩 T_{spez}（M_{spez}）（每 mm 带宽和每齿），根据相应转速下的最大转矩（注意这常常意味着 $n=0$ 时的起动转矩）算得

$$b \geqslant \frac{T_{max}(M_{max})}{z_k z_e T_{spez}(M_{spez})} \tag{16-32}$$

b	K_A, z_k, z_e	P_{nenn}	P_{spez}	$T_{max}(M_{max})$	$T_{spez}(M_{spez})$
mm	1	kW	kW/mm	N·m	N·m/mm

式中　K_A——使用系数，由 TB3-5 查取，见式（16-29）。增速传动（$i<1$）时，$K_A'=K_A+c$，$c \approx 0.46(1-i) \geqslant 0$；

P_{nenn}，T_{max}，M_{max}——同步带名义传动功率，最大传递转矩；

P_{spez}，M_{spez}——同步带所能传递的单位功率，单位转矩，其值由 TB16-20 查取；

z_k——小带轮齿数；

z_e——啮合齿数，由式（16-30）计算。

应取由式（16-31）和式（16-32）算得的较大的带宽 b。

4. 张紧和轴上载荷 为了形成所需的力封闭，必须将带张紧（伸长）。静止状态下（$n=0$），由 F'_1和 F'_2可得预紧力（带拉力）$F_v=(F'_1+F'_2)/2$，所以轴上载荷为 $F'_w=F'_1+F'_2$。如§16.3.1-1所述，在工作状态下，离心力 F_z试图使带从带轮上脱落。为了在工作状态下还保持所需的张紧力，必须将 $n=0$ 时的预紧力增大一个离心力，即 $F_v=[(F'_1+F_z/2)+(F'_2+F_z/2)]/2=(F_z+F'_1+F'_2)/2$；也可以根据带的横截面积 A_S，弹性模量 E 和应变 ε_{ges}（包含离心力所产生的应变）来计算 $F_v=A_S E\varepsilon_{ges}$（设带材为均质）。因此，静止状态下的轴上载荷比工作状态下的大！

工作状态下的轴上载荷一般按式（16-33）计算

$$F_w=\sqrt{F'^2_1+F'^2_2-2F'_1F'_2\cos\beta_1}\approx kF_t \tag{16-33}$$

式中 F'_1，F'_2——紧边和松边拉力（均不含离心力分量）；

β_1——小带轮包角（°）；

k——拉力比，其值由 TB16-5 查取。

静止状态下的轴上载荷应增大由式（16-5）计算的离心力分量 F_z，按式（16-7）计算。

对于易传动多层带，按制造商的说明计算静止状态下的轴上载荷

$$F_{w0}=\varepsilon_{ges}k_1b'=(\varepsilon_1+\varepsilon_2)k_1b' \tag{16-34}$$

F_{w0}	$\varepsilon,\varepsilon_1,\varepsilon_2$	k_1	b'
N	%	1	mm

式中 ε_1——静止状态下带所需的（力封闭）应变，其值由 TB16-8 查取；

ε_2——由离心力产生的附加应变，其值由 TB16-10 查取；

k_1——考虑带型号的系数，例如 14 型带的 $k_1=14$，见 TB16-6；

b'——式（16-28）计算的带宽。

由所要传递的圆周力 $F_t=(F_1-F_2)$和拉力比 $F_1/F_2=e^{\mu\widehat{\beta}_k}$，可知轴上载荷 F_w决定于（影响带寿命和受环境因素影响的）摩擦因数 $\mu(\mu')$ 和包角 β；因此，对于实际应用情况，要想精确计算轴上载荷几乎是不可能的。对于近似计算，为了确定结构参数（例如轴和轴承尺寸），轴上载荷按式（16-35）计算：

$$\begin{aligned}\text{平带：}&F_{w0}=kF_t\approx(1.5\sim2.0)F_t\\ \text{V 带和多楔带：}&F_{w0}=kF_t\approx(1.3\sim1.5)F_t\\ \text{同步带：}&F_{w0}=kF_t\approx1.1F_t\end{aligned} \tag{16-35}$$

对于平带、V 带和多楔带，包角 β 和摩擦因数 $\mu(\mu')$ 越大，k 取小值，反之取大值。对于极端不利情况，κ 值还应更大！如果带轮置于电动机轴的轴颈上，在一些情况下还必须校核轴是否能承受该载荷；电动机制造商一般会在产品目录中给出相对应的许用径向载荷，它与电动机类型、转速和结构有关，见 TB16-21。

如果要达到必要的张紧力，应保证按式（16-7）或对易传动带按式（16-34）计算的轴上载荷，它可以（近似的）通过测量按制造商给定的 F_v张紧的带的伸长 $\Delta L=\varepsilon_{ges}L$ 或测量试验压力 F_p下的压下深度 t（见图 16-21）来检测张紧力。

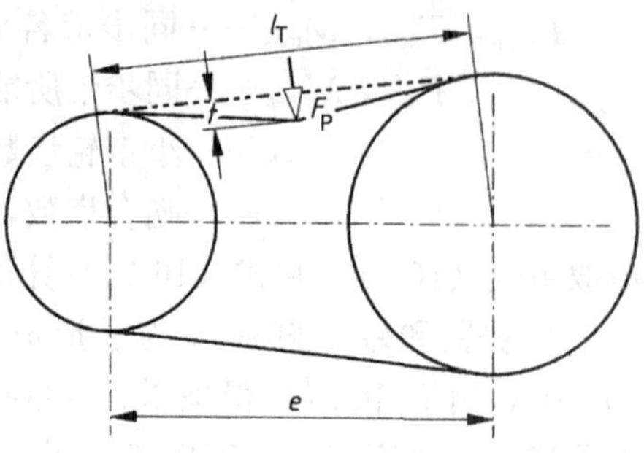

图 16-21 通过测量压下深度调整预紧力

5. 带传动校核 带传动结构设计完成后，必要时还必须校核带速，曲绕频率和带的拉力是否超过许用值。

带速：随着带速的增加，离心力会明显地降低所能传递的功率，如图 16-6 和 TB16-15 所示，带传动超过 $P/P_{max}=1$ 就没有意义了。带的制造商对于一些带型号和尺寸给出了 v_{zul} 的极限值，其他情况采用基准值 v_{max}：平带（TB16-1）、V 带、多楔带（TB16-2）和同步带（TB16-19）。按有效直径 d_w 计算的带速为

$$v=d_w\pi n\leqslant v_{max} \tag{16-36}$$

式中 d_w——有效直径；

平带：$d_w=d+t$（易传动带的 t 见 TB16-6）

V 带：$d_w=d_d$

多楔带：$d_w=d_d+2h_b$（h_b按 TB16-14 查取）

同步带：$d_w=d_d$

n——转速；

v_{max}——制造商给定的最大带速（近似值，可由 TB16-1，TB16-2 和 TB16-3 查取；该近似值只适用于最有利的条件。对于特定工况请咨询制造商!）。

曲绕频率：带的寿命也决定于曲绕频率的大小。当带轮直径较小时，曲绕频率大主要是会产生较大的曲绕功而导致温升较大，从而既减小带传动的寿命，又降低效率。在带有双向弯曲（例如有张紧轮的情况）时尤其要注意这点。曲绕频率按式（16-37）计算

$$f_B=\frac{vz}{L_d}\leqslant f_{B\,zul} \tag{16-37}$$

式中 v——带速；

z——运转一周要绕过的带轮数，无张紧轮的开口双带轮传动：$z=2$；

L_d——套装前的带长（平带指对接头的带长 L）；

$f_{B\,zul}$——许用曲绕频率，（一般情况查 TB16-1，TB16-2 或 TB16-3；近似值，只适用于最有利的工作条件；对于特定工况请咨询制造商!）。对于易传动带，$f_{B\,zul}\approx k(5800/d_{1N})(d_1/d_{1N})^3$，式中，G 型结构 $k=1$，L 型结构 $k=0.7$，带轮相对直径 d_{1N}由 TB16-6 查取。（精确值请咨询制造商）。

带的拉力：对于可能发生的带传动过载（例如负载起动），应保证带不会损坏。在过载情况下，平带、V 带和多楔带会开始打滑，而同步带为形状封闭，过高的载荷必须由带的承载层来承担。所以，对于同步带还应校核 $F_{max}\leqslant F_{zul}$，式中，$F_{max}=T_{max}/(d_d/2)$，F_{zul}由 TB16-19c 查取。

16.4 计算示例

■**例 16-1**：试设计一驱动抽风机的平带传动（西格林公司的易传动带，图 16-22）。已知三相交流电动机 180M 在转速 $n_1=n_k=1450\text{r/min}$ 时的驱动功率 $P=18.5\text{kW}$，抽风机转速 $n_2=n_g\approx800\text{r/min}$。出于结构原因，抽风机这边的带轮直径 d_g最大不要超过 500mm，中心距 $e'\approx800\text{mm}$。已知的工作条件有：中等载荷

起动，全载荷时无冲击，每天工作时间≈8h。

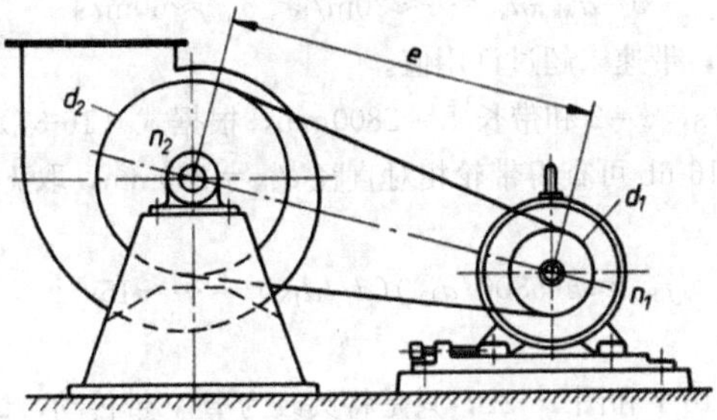

图16-22 抽风机驱动装置

▶**解**：设计计算按图16-18所示框图进行。

a）预选带的结构：本例为一般传动，由TB16-6选80LT型。

b）选定带轮直径：对于所选的带，考虑到易传动带的曲绕能力，根据 $p/n_1=18.5/1450=0.0128\text{kW}\cdot\text{r/min}$，由TB16-7知最小带轮直径 $d=180\text{mm}$。为了避免圆周力过大，从而造成轴上载荷过大，选带轮直径 $d_1=d_k=280\text{mm}$。所以抽风机带轮直径为

$$d_g=id_k=(n_1/n_2)d_k=(1450\text{r/min}/800\text{r/min})\times280\text{mm}=507\text{mm}$$

根据DIN 111，见TB16-9，确定 $d_g=500\text{mm}$。由此得到抽风机转速为

$$n_2=n_g=n_1(d_k/d_g)=\cdots\approx812\text{r/min}$$

c）初算中心距：已知中心距 $e\approx800\text{mm}$。该值位于式（16-21）给定的经验值范围内：

$$0.7(d_g+d_k)\leqslant e'\leqslant2(d_g+d_k)=\cdots=546\text{mm}\sim1560\text{mm}$$

d）带长：根据式（16-23），由 $d_1=d_k=280\text{mm}$，$d_2=d_g=500\text{mm}$，$e=800\text{mm}$，得对接头带长为

$$L_d'\approx2e'+\frac{\pi}{2}(d_g+d_k)+\frac{(d_g-d_k)^2}{4e'}=\cdots=2840\text{mm}$$

选定带长为 $L=2800\text{mm}$。

e）实际中心距：由 $L=2800\text{mm}$，$d_k=280\text{mm}$ 和 $d_g=500\text{mm}$，由式（16-22）得

$$e_{vorh}\approx\frac{L_d}{4}-\frac{\pi}{8}(d_g+d_k)+\sqrt{\left(\frac{L_d}{4}-\frac{\pi}{8}(d_g+d_k)\right)^2-\frac{(d_g-d_k)^2}{8}}=\cdots\approx780\text{mm}$$

f）包角：按式（16-24）计算小带轮的包角为

$$\beta_k=2\arccos\left(\frac{d_g-d_k}{2e}\right)=\cdots\approx164°$$

g）选定带的型号：对于 $d_k=280\text{mm}$ 和 $\beta_k\approx164°$，由TB16-8选定带的型号为28型。同时可查得所能传递的单位切向力为 $F_t'\approx32\text{N/mm}$。

h）带宽：由TB3-5取使用系数 $K_A\approx1.3$，由式（16-27）得所要传递的圆周力为

$$F_t=\frac{P'}{v}=\frac{K_AP_{nenn}}{v}=\frac{K_AP_{nenn}}{d_k\pi n_k}=\frac{1.3\times18.5\times10^3\text{N}\cdot\text{ms}^{-1}}{0.28\text{m}\times\pi\times24.17\text{s}^{-1}}\approx1130\text{N}$$

即可由式（16-28）和 $F'_t\approx32\text{N/mm}$ 得计算带宽为

$$b'=F_t/F'_t=\cdots\approx35\text{mm}$$

由TB16-9或DIN 111取 $b=40\text{mm}$，与之相对应的最小轮缘宽度 $B=50\text{mm}$。

i）轴上载荷：对于易传动带，$k_1=28$，$b'=35\text{mm}$，$\varepsilon_1\approx2.2$，（ε_2很小，可忽略不计），由式（16-34）得静止状态下的轴上载荷为 $F_{w0}=\varepsilon_{ges}k_1b'=(\varepsilon_1+\varepsilon_2)\ k_1b'=\cdots\approx2160\text{N}$。由此得拉力比 $k=F_{w0}/F_t=\cdots\approx2$。

对于所选电动机，由TB16-21知其允许的作用于轴中部的轴上载荷为2150N。实际值略有超过，应咨询电动机生产商，必要的话应选一个支承效果更好的电动机。另一种降低轴上载荷的方法是取更大的带轮直径（但其缺点是会增大中心距）。

j）带速：由TB16-6b查得结构80LT，28型带的厚度 $t=3.6\text{mm}$，$d_k=280\text{mm}$，以及 $d_{wk}=d_k+t$ 和

$n_k=(1450/60)\mathrm{r/min}$，由式（16-36）得

$$v=d_{wk}\pi n_k=\cdots\approx 20\mathrm{m/s}<v_{max}\approx 60\mathrm{m/s}$$

v_{max} 由 TB16-1 查得，可知，带速未超过许用值。

k）曲绕频率：由 $v=20\mathrm{m/s}$，$z=2$ 和带长 $L=2800\mathrm{mm}$，根据式（16-37）可得工作中实际曲绕频率为 $f_B=vz/L=\cdots\approx 14\mathrm{s}^{-1}$。由 TB16-6b 可查得带轮相对直径 $d_{1N}=280\mathrm{mm}$，取 $k\approx 1$，得结构 G 的许用曲绕频率为

$$f_{Bzul}\approx k(5800/d_{1N})(d_1/d_{1N})^3=\cdots\approx 15\mathrm{s}^{-1}$$

可知未超过许用值。

■**例 16-2**：所有数据同例 16-1 和图 16-22，只是将其改为窄 V 带传动，试设计该带传动。

▶**解**：还是按图 16-18 所示框图进行设计计算。

a）V 带截面选择：由 $K_A=1.3$ 和 $P_{nenn}=18.5\mathrm{kW}$ 可得计算功率为

$$P'=K_A P_{nenn}=\cdots\approx 24\mathrm{kW}$$

根据 P' 和主动轮转速 $n_1=1450\mathrm{r/min}$，由 TB16-11 选择窄 V 带，截面 SPA。

b）带轮直径：基于与例 16-1 相同的理由，对于 SPA 截面，选带轮计算直径 $d_{dk}=200\mathrm{mm}$。由此得抽风机处的带轮直径为

$$d_{dg}=id_{dk}=(n_k/n_g)d_{dk}=\cdots\approx 363\mathrm{mm}$$

由 TB1-16（R20）选 $d_{dg}=355\mathrm{mm}$。故从动轮转速为 $n_2=n_g=n_1(d_{dk}/d_{dg})=\cdots\approx 817\mathrm{r/min}$。

c）带长：$e'=800\mathrm{mm}$，$d_{dk}=200\mathrm{mm}$ 和 $d_{dg}=355\mathrm{mm}$，由式（16-23）得基准带长为

$$L'_d=2e'+\frac{\pi}{2}(d_{dg}+d_{dk})+\frac{(d_{dg}-d_{dk})^2}{4e'}=\cdots\approx 2480\mathrm{mm}$$

由 TB16-12 或 TB1-16（R40）选定：$L_d=2500\mathrm{mm}$。

d）中心距：$L_d=2500\mathrm{mm}$，$d_{dk}=200\mathrm{mm}$，$d_{dg}=355\mathrm{mm}$，由式（16-22）得

$$e\approx\frac{L_d}{4}-\frac{\pi}{8}(d_{dg}+d_{dk})+\sqrt{\left(\frac{L_d}{4}-\frac{\pi}{8}(d_{dg}+d_{dk})\right)^2-\frac{(d_{dg}-d_{dk})^2}{8}}=\cdots\approx 810\mathrm{mm}$$

由式（16-25）得 V 带的张紧行程为 $x\geqslant 0.03L_d=\cdots\approx 75\mathrm{mm}$，套装行程为 $y\geqslant 0.015L_d=\cdots\approx 38\mathrm{mm}$，取 $y=40\mathrm{mm}$。

e）小带轮包角：$e=810\mathrm{mm}$，$d_{dk}=200\mathrm{mm}$，$d_{dg}=355\mathrm{mm}$，由式（16-24）得

$$\beta_k=2\arccos\left(\frac{d_{dg}-d_{dk}}{2e}\right)=\cdots\approx 176^\circ$$

f）窄 V 带根数：由计算功率 $P'=24\mathrm{kW}$（见 a），对于 $d_{dk}=200\mathrm{mm}$ 和 $n_k=1450\mathrm{r/min}$，由 TB16-15b 可得单根带所能传递的额定功率 $P_N\approx 9.7\mathrm{kW}$，对于 $i=1.78$，由 TB16-16b 可查得每根带的传动比功率增量 $\ddot{U}_z\approx 0.45\mathrm{kW}$，对于 $\beta_k=176^\circ$，由 TB16-17a 可查得包角系数 $c_1\approx 0.99$，对于 SPA 截面和 $L_d=2500\mathrm{mm}$，由 TB16-17c 可查得 $c_2\approx 1$。由式（16-29）得

$$z\geqslant\frac{P'}{(P_N+\ddot{U}_z)c_1c_2}=\cdots\approx 2.4;\quad 取:z=3$$

订货说明：1 组窄 V 带 DIN 7753—3×SPA2500

提示：从计算结果知，需要多根 V 带，可考虑采用联组 V 带，见式（16-29）。

g）轴上载荷：由 $P'=24\mathrm{kW}$，$d_{dk}=200\mathrm{mm}$，$n_k=1450\mathrm{r/min}$，根据式（16-27）得圆周力为

$$F_t=\frac{P'}{v}=\frac{K_A P_{nenn}}{v}=\frac{K_A P_{nenn}}{d_{dk}\pi n_k}\frac{1.3\times 18.5\times 10^3\mathrm{N\cdot ms^{-1}}}{0.2\mathrm{m}\times\pi\times 24.17\mathrm{s}^{-1}}\approx 1600\mathrm{N}$$

所以，对于 V 带按式（16-35）近似计算得

$$F_{w0}=kF_t\approx(1.3\cdots 1.5)F'_t=\cdots\approx 2080\mathrm{N}\sim 2400\mathrm{N}$$

许用值见例 16-1，它存在超过许用值 $F_{w\,zul}$ 的危险。推荐咨询电动机制造商！也可改选截面 SPZ，$d_{dk}=160\mathrm{mm}$ 和 $z=5$（见 TB16-21）。

h）带速：$d_{dk}=200\mathrm{mm}$ 和 $n_k=1450\mathrm{r/min}$，由式（16-36）得

$$v=d_{dk}\pi n_k=0.2m\times\pi\times24.17s^{-1}\approx15m/s$$

由 TB16-2 查得许用带速 $v_{max}\approx42m/s$，知 $v\leqslant v_{max}$（v_{max}为近似值，只适用于最有利的工作条件；对于特定工况请咨询制造商!）。

i）曲绕频率：由 $v=15m/s$，带轮数 $z=2$ 和带长 $L=2500mm$，按式（16-37）计算工作中的实际曲绕频率 $f_B=vz/L_d=\cdots\approx12s^{-1}\leqslant f_{Bmax}\approx100s^{-1}$（$f_{Bmax}$由 TB16-2 查取）；即 f_B未超过许用值（f_{Bmax}为近似值，只适用于最有利的工作条件；对于特定工况请咨询制造商!）

■**例 16-3**：将例 16-1 和图 16-22 所示的抽风机用多楔带驱动，试设计之。

▶**解**：还是按图 16-18 所示框图进行设计计算。

a）多楔带的选择：$K_A=1.3$ 和 $P_{nenn}=18.5kW$，所以计算功率为

$$P'=K_AP_{nenn}=\cdots\approx24kW$$

主动轮转速 $n_1=1450r/min$，由 TB16-11c 选择截面为 PM 的多楔带。

b）带轮直径：基于与例 16-2 同样的理由，对于截面 PM，选择计算直径为 $d_{dk}=224mm$。故从动带轮直径为

$$d_{dg}=id_{dk}=(n_k/n_g)d_{dk}=\cdots\approx406mm$$

由 TB1-16（R20）选择 $d_{dg}=400mm$，所以从动轮的转速 $n_2=n_g=n_1(d_{dk}/d_{dg})=\cdots\approx812r/min$。

c）带长：由 $e'\approx800mm$，$d_{dk}=224mm$ 和 $d_{dg}=400mm$，按式（16-23）计算带长

$$L_d'\approx2e'+\frac{\pi}{2}(d_{dg}+d_{dk})+\frac{(d_{dg}-d_{dk})^2}{4e'}=\cdots\approx2590mm$$

由 TB1-16（R40）选定：$L_d=2500mm$。

d）中心距：$L_d=2500mm$，$d_{dk}=224mm$ 和 $d_{dg}=400mm$，由式（16-22）得

$$e\approx\frac{L_d}{4}-\frac{\pi}{8}(d_{dg}+d_{dk})+\sqrt{\left(\frac{L_d}{4}-\frac{\pi}{8}(d_{dg}+d_{dk})\right)^2-\frac{(d_{dg}-d_{dk})^2}{8}}=\cdots\approx755mm$$

对于多楔带，由式（16-25）得张紧行程为 $x\geqslant0.03L_d=\cdots\approx75mm$，套装行程为 $y\geqslant0.015L_d=\cdots\approx38mm$，选定 $y=40mm$。

e）小带轮包角：$e=755mm$，$d_{dk}=224mm$ 和 $d_{dg}=400mm$，按式（16-24）得

$$\beta_k=2\arccos\left(\frac{(d_{dg}-d_{dk})}{2e}\right)=\cdots\approx167°$$

f）楔数：计算功率 $P'=24kW$（见 a），对于 $d_{dk}=224mm$ 和 $n_k=1450r/min$，由 TB16-15c 可查得单楔所能传递的额定功率为 $P_N\approx9.6kW$，对于 $i=1.79$，由 TB16-16b 可查得单楔传动比功率增量为 $\ddot{U}_z\approx0.95kW$，对于 $\beta_k=167°$，由 TB16-17a 可查得包角系数 $c_1\approx0.97$，对于 PM 截面和 $L_d=2500mm$，由 TB16-17c 可查得 $c_2=0.9$。按式（16-29）得

$$z\geqslant\frac{P'}{(P_N+\ddot{U}_z)c_1c_2}=\cdots\approx2.6$$

取 $z=3$。

订货说明：多楔带 DIN 7867—3PM2500。

g）轴上载荷：由 $P'=24kW$，$d_{dk}=224mm$ 和 $n_k=1450r/min$，按式（16-27）得

$$F_t=\frac{P'}{v}=\frac{K_AP_{menn}}{v}=\frac{K_AP_{nenn}}{d_{dk}\pi n_k}=\frac{1.3\times18.5\times10^3N\cdot ms^{-1}}{0.224m\times\pi\times(1450/60)s^{-1}}\approx1420N$$

按式（16-35）可近似计算多楔带轴上载荷

$$F_{w0}=kF_t\approx(1.3\sim1.5)F_t=\cdots\approx1850\sim2150N$$

其许用值见例 16-1，可知 F_{w0}不存在超过许用值 $F_{w\,zul}$的危险性。

h）带速：$d_{dk}=224mm$，$n_k=1450r/min$ 和 $h_0=5mm$（PM 截面，由 TB16-14 查取），按式（16-36）得：

$$v=d_w\pi n=(d_{dk}+2h_0)\pi n_k=(0.224m+2\times0.005m)\times\pi\times(1450/60)s^{-1}\approx17.8m/s$$

由 TB16-14 查得许用带速为 $v_{max}\approx30m/s$，故知 v 未超过 v_{max}（v_{max}是只适用于最有利工作条件的近似值，

对于特定工况请咨询制造商!)。

i）曲绕频率：由 $v=17.8\text{m/s}$，带轮数 $z=2$ 和带长 $L=2500\text{mm}$，按式（16-37）计算工作时实际曲绕频率 $f_B=vz/L_d=\cdots\approx14.2\text{s}^{-1}\leqslant f_{B\max}\approx200\text{s}^{-1}$（$f_{B\max}$ 由 TB16-2 查取）；即 f_B 未超过许用值（$f_{B\max}$ 为近似值，只适用于最有利的工作条件；对于特定工况请咨询制造商!)。

■**例 16-4：**具有恒定主轴转速 $n_2=1000\text{r/min}$ 的特种钻机要用同步带驱动，试设计之。原动机为同步电动机，$n_1=300\text{r/min}$，$P=1.5\text{kW}$。基于结构原因，中心距 $e'\approx290\text{mm}$，同步带轮直径不超过 200mm。不会出现恶劣工况，故 $K_A\approx1$。

▶**解：**按图 16-18 所示框图进行设计计算。

a）带截面选择：$K_A=1$，$P_{nenn}=1.5\text{kW}$，故计算功率

$$P'=K_A P_{nenn}=\cdots\approx1.5\text{kW}$$

主动转速 $n_1=3000\text{r/min}$，由 TB16-18 查得：截面 T5。

b）确定齿数：参考电动机轴径后，可自由选择：$z_k=38$ 齿。所以 $z_g=z_k n_1/n_2=\cdots\approx114$ 齿。

c）带轮直径：$p=5\text{mm}$，由式（16-20）得

$$d_{dk}=(p/\pi)z_k=\cdots\approx60.48\text{mm 和 } d_{dk}=(p/\pi)z_g=\cdots\approx181.44\text{mm}$$

d）带长：$e'\approx290\text{mm}$，$d_{dk}=60.48\text{mm}$ 和 $d_{dg}=181.44\text{mm}$，由式（16-23）计算基准长度

$$L_d'\approx2e'+\frac{\pi}{2}(d_{dg}+d_{dk})+\frac{(d_{dg}-d_{dk})^2}{4e'}=\cdots\approx973\text{mm}$$

同步带的计算齿数为 $z_R'=L_d'/p=\cdots\approx194.5$。由 TB16-19d 选定：$z_R=198$。所以带的基准长度：$L_d=z_R p=\cdots\approx990\text{mm}$。

e）中心距：$L_d=990\text{mm}$，$d_{dk}=60.48\text{mm}$，$d_{dg}=181.44\text{mm}$，由式（16-22）得

$$e\approx\frac{L_d}{4}-\frac{\pi}{8}(d_{dg}+d_{dk})+\sqrt{\left(\frac{L_d}{4}-\frac{\pi}{8}(d_{dg}+d_{dk})^2\right)-\frac{(d_{dg}-d_{dk})^2}{8}}=\cdots\approx299\text{mm}$$

根据经验，中心距应位于极限值 $e'\approx(0.5\sim2)(d_{dk}+d_{dg})=\cdots\approx121\sim484\text{mm}$ 之间。由式（16-25）计算同步带的张紧行程 $x\geqslant0.005L_d=\cdots\approx5\text{mm}$。由节距 $p=5\text{mm}$，按式（16-25）计算同步带的套装行程 $y\geqslant(1\sim2.5)p=\cdots\approx5\sim12.5\text{mm}$，选定 $x=5\text{mm}$，$y=12\text{mm}$。

f）小带轮包角：$e=299\text{mm}$，$d_{dk}=60.48\text{mm}$，$d_{dg}=181.44\text{mm}$，由式（16-24）得

$$\beta_k=2\arccos\left(\frac{d_{dg}-d_{dk}}{2e}\right)=\cdots\approx156°$$

g）带宽：由式（16-28）算得同时啮合的齿数 $z_e=(z_k\beta_k°)/360°=\cdots\approx16$［根据式（16-30），下面的计算取 $z_e=12$］。对于截面 T5，由 TB16-20 可得 $P_{spez}\approx3.1\times10^{-4}\text{kW/mm}$，$P=1.5\text{kW}$，$K_A=1$，根据传递功率，由式（16-31）可得所需带宽：

$$b'\geqslant\frac{P'}{z_k z_e P_{spez}}=\frac{K_A P}{z_k z_e P_{spez}}=\cdots\approx10.6\text{mm}$$

$M=9550P/n\approx4.8\text{N}\cdot\text{m}$，$M_{spez}\approx2\times10^{-3}\text{N}\cdot\text{m/mm}$（$n=0$ 时），根据传递力矩，由式（16-32）得所需带宽为

$$b'\geqslant\frac{M}{z_k z_e M_{spez}}=\cdots\approx6\text{mm}$$

故取带宽 $b=12\text{mm}$。

h）带速：$d_{dk}=60.48\text{mm}$，$n_k=3000\text{r/min}$，所以带速为

$$v=d_{dk}\pi n_k=0.06048\text{m}\times\pi\times(3000/60)\text{s}^{-1}\approx9.5\text{m/s}$$

由 TB16-19a 可查得许用带速 $v_{zul}\approx80\text{m/s}$（近似值，只适用于最有利工况；对特定工况请咨询制造商!），故知未超过许用值。

i）轴上载荷：$P'=1.5\text{kW}$，$v=9.5\text{m/s}$，由式（16-27）得圆周力

$$F_t=\frac{P'}{v}=\frac{1.5\times10^3\text{N}\cdot\text{ms}^{-1}}{9.5\text{m/s}}\approx158\text{N}<F_{zul}\approx370\text{N}$$

F_{zul}由 TB16-19 根据 b=12mm 和截面 T5 查得，这样就可按式（16-35）得 $F_{w0}=1.1F_t=\cdots\approx243$N。

j）曲绕频率：根据 v=9.5m/s，带轮数 z=2 和带长 L_d=990mm，由式（16-37）计算工作时的实际曲绕频率 $f_B=vz/L_d=\cdots\approx20s^{-1}$；由 TB16-3 查得许用值 $f_{Bmax}\approx200s^{-1}$（近似值，只适用于最有利工况，对特定工况请咨询制造商!），故知未超过许用值。

订货说明：同步带 12T5/990（宽度 b=12mm，截面 T5，p=5mm，基准长度 L_d=990mm=订货长度）。

16.5 参考文献

Arntz-Optibelt-Gruppe, (Hrg.): Keilriemen, eine Monographie. Essen: Ernst Heyer, 1972
Dubbel: Taschenbuch für den Maschinenbau. 18. Auflage. Berlin: Springer, 1995
Fronius, St. (Hrg.): Maschinenelemente, Antriebselemente. Berlin: Verlag-Technik, 1971
Krause, W., Nagel, T., Schenk, W.: Synchronriemengetriebe, Antriebstechnik 31 (1992) Nr. 4
Niemann, G., Winter, H.: Maschinenelemente, Bd. III, Schraubrad-, Kegelrad-, Schnecken-, Ketten-, Riemen-, Reibradgetriebe, Kupplungen, Bremsen, Freiläufe, 2. Aufl. Berlin: Springer, 1986
VDI-Richtlinie 2758; Riemengetriebe. Düsseldorf: VDI, 1993

各制造商的其他资料：
Arntz-Optibelt, Höxter
Contitech, Antriebssysteme GmbH, Hannover
Hilger u. Kern GmbH, Antriebstechnik, Mannheim
Siegling GmbH, Hannover;
Wilhelm Hermann Müller GmbH & Co. KG, Hannover

第17章　链　传　动

17.1　功能和作用

17.1.1　任务和用途

链传动可靠性高、经济性好，所以广泛用于各种功率传动中，例如车辆、发动机制造、农业机械、机床和纺织机械、木材加工机械、印刷机械和运输机械。

从制造成本、可传递功率以及对维护的要求等方面性能来说，链传动介于带传动和齿轮传动之间。同带传动一样，链传动也属于牵引传动方式，用于平行轴的大中心距传动，但轴最好水平布置。可以通过链将一个主动轮的运动传递给多个同向或反向转动的从动轮。

与带传动相比，其优点有：形状封闭和无滑动地传递功率，因此传动比恒定。轴承受载小，因为链无需预紧。对高温、潮湿和污染不敏感。传递同样功率时，结构尺寸比带传动小。

缺点：动力传递为刚性，无弹性，两轴不能交叉。传递同样的功率时，链传动成本高于带传动。多边形效应会使带速不均，从而导致振动（见§17.1.5）。

17.1.2　链的种类、结构和用途

链的种类很多，可分为：

（1）环形链　分为圆环链或搭接链，主要用于起重和输送机械中，用作手动链和起重链。

（2）活节链　有多种结构，也用作起重链，曳引链，但主要是用作传动链。

链传动主要采用钢活节链，本章讲述其中最重要和标准化了的类型。（链的结构形式和名称及其零件见DIN 8194）。

1. 销轴链　销轴链是最简单和成本最低的活节链。它的链板（例如材料为E335）直接在铆接或开口销固定的销轴（例如材料为E295）上转动。

（格氏）平环链（DIN 8150）属于这种链，每个活节上有多个内外链板（图17-1a），此外，还有弗氏链（DIN 8152，图17-1b）以及拉伸机链（DIN 8156无轴套和DIN 8157有轴套，图17-1c和d）。

作为销轴链之一的齿形链（非标准链）具有重要作用。齿形链与上述各种链的区别在于，链板为齿形，由调质钢制成，每个链板组的两个齿与链轮相邻两个齿槽啮合，这样链在进入和退出链轮时不会滑动（见图17-2e）。可在链轮上制成相应的结构来实现侧面导向，大多数情况下是在链节的中间设置导向板（见图17-2a），或者也可以在链的两边设置导向板（见图17-2b）。为了减小磨损，有多种结构形成的铰链（见图17-2c～e）。

齿形链的应用范围与套筒链和滚子链交叉，链的选择除了考虑结构以外，还应考虑质量和价格。

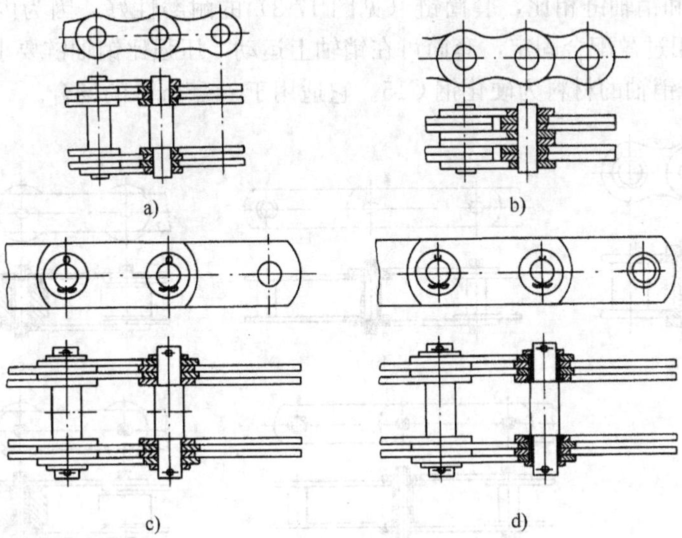

图 17-1 销轴链

a)（格氏）平环链 b）弗氏链 c）拉伸机链，无轴套 d）拉伸机链，有轴套

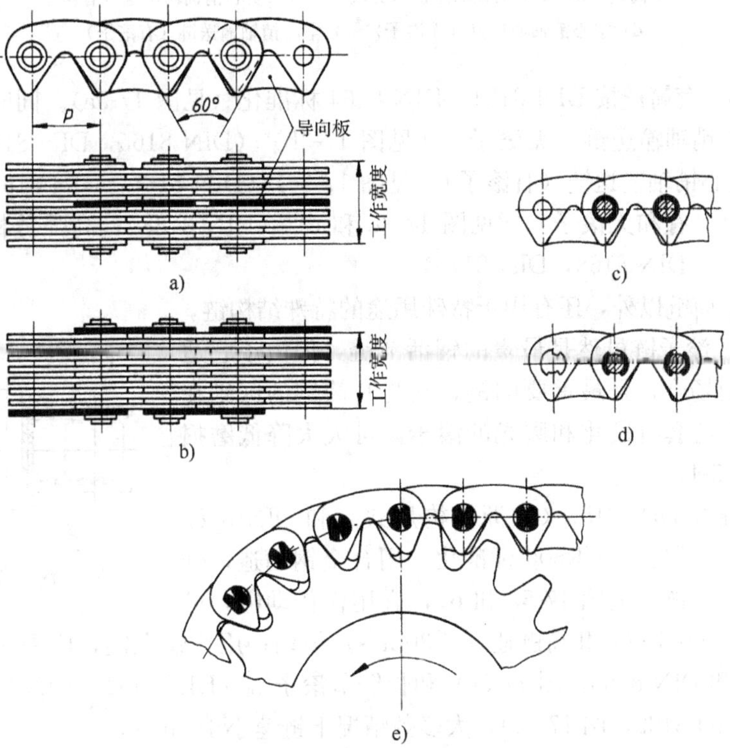

图 17-2 齿形链

a）带内导向板 b）带外层向板 c）圆销式铰链 d）轴瓦式铰链 e）滚柱式铰链（Westinghouse）

除了上述链和大量的标准链以外，还有多种特殊结构链，例如提升链和输送链，可根据制造商产品目录选用。

2. 套筒链　和销轴链相比，套筒链（见图 17-3）的耐磨性好，因为内链板与套筒、销轴与外链板分别用过盈配合固定，套筒可在销轴上运动，压强比销轴链要小得多。链板大多数用 E355 制造，销轴的材料为硬化钢 C15。它适用于 $v \leqslant 5\text{m/s}$ 的场合。

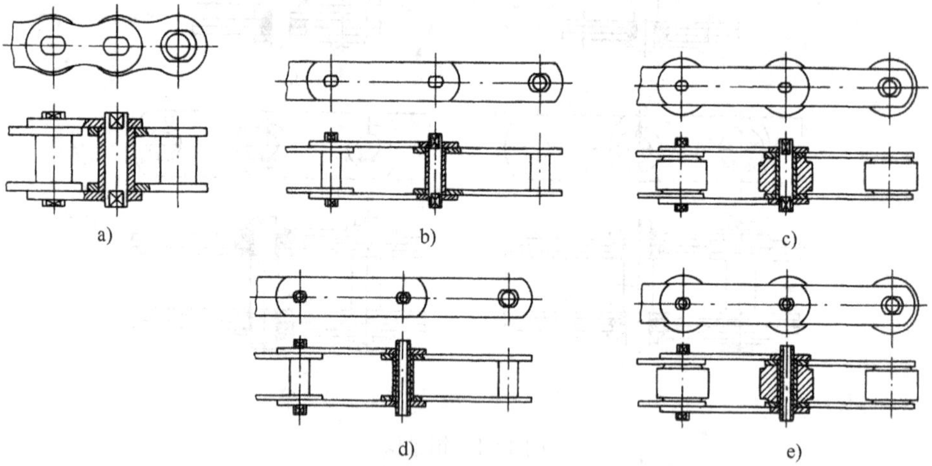

图 17-3　套筒链

a）套筒链　b）实心销轴输送链（无滚子）　c）实心销轴输送链（有滚子）
d）空心销轴输送链（无滚子）　e）空心销轴输送链（有滚子）

小节距（p）套筒链按 DIN 8154，DIN 8164 标准化（见图 17-3a）。同时，下述链也属于套筒链：实心销轴输送链（无滚子）（见图 17-3b）（DIN 8165，DIN 8167，DIN 8175，DIN 8176）；实心销轴输送链（有滚子）（见图 17-3c）（DIN 8165，DIN 8167，DIN 8176）；空心销轴输送链（有和无滚子）（见图 17-3d 和 e）（DIN 8168）；高强链板输送链（DIN 8165，DIN 8167，DIN 8168，DIN 8175）。

除了标准套筒链以外，还有用于特殊用途的特殊结构链。

3. 滚子链　滚子链虽然是最贵的钢活节链，但由于它适用于几乎所有的场合，是最重要的链。它与套筒链的区别在于，在套筒之外还套有硬化和磨光的滚子，可大大降低磨损和噪声（见图 17-4）。

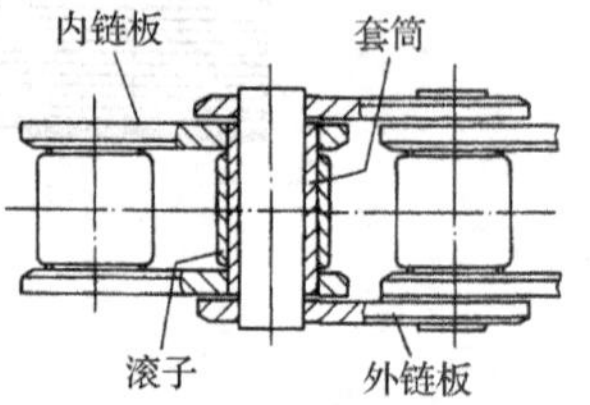

图 17-4　滚子链，链节示意图

普通滚子链按 DIN 8187（欧洲结构形式）和 DIN 8188（美国结构形式）以及 ISO/R606 标准化，用合金钢制造，分为单排和多排滚子链（见图 17-5a 和 b），它用作传动链，可用于大功率（>1000kW）和高链速（$\leqslant 30\text{m/s}$）传动；用作输送链，应采用固定链板滚子链（DIN 8187 和 DIN 8188，图 17-5c）和长链节滚子链（DIN 8181，DIN 8189，图 17-5d）以及滚筒链（DIN 8182，图 17-5e），大多数情况下链速小于 3m/s。

为了适用于润滑不充分或很难润滑的场合，或对于食品工业机械等不能采用润滑剂的场合，应采用塑料套筒（大多数为尼龙）滚子链（见图 17-6）。

在润滑不充分时，钢套筒链会大幅度降低寿命，铰链会剧烈磨损。与之相反，相当于尼龙干摩擦滑动轴承的塑料套筒，即使完全干摩擦，也只会产生很小的磨损，故此寿命很长。但是它的承载能力受限，低于充分润滑的钢套筒滚子链。

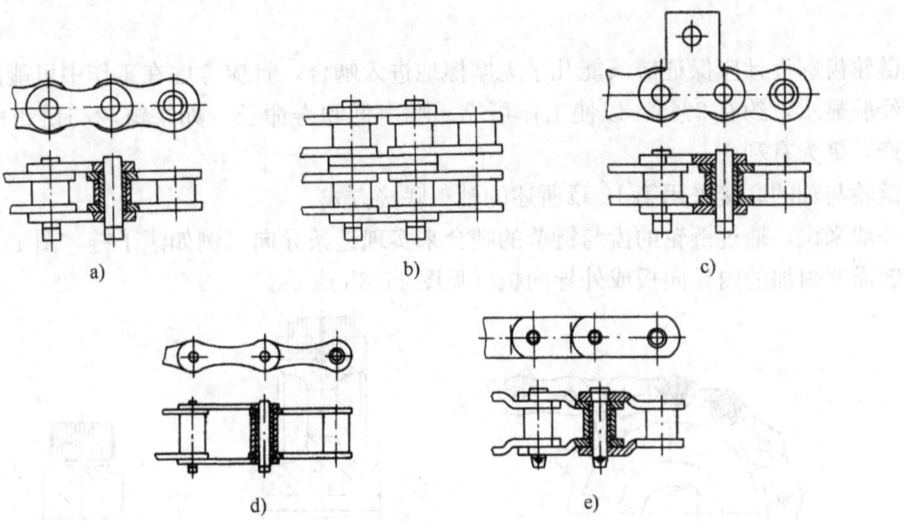

图 17-5　滚子链

a）单排滚子链　b）双排滚子链　c）固定链板滚子链　d）长链节滚子链　e）滚筒链

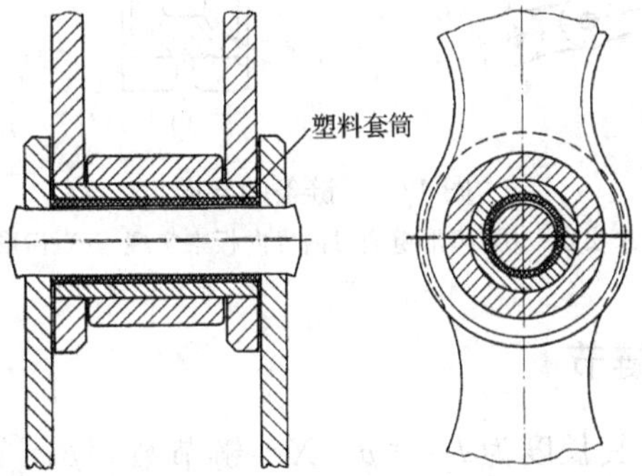

图 17-6　滚子链，采用塑料套筒

4. 特殊结构形式　为了适用于各种用途的输送链和传动链，制造商开发了多种特种链，图 17-7 给出了其中几种标准化的结构形式。

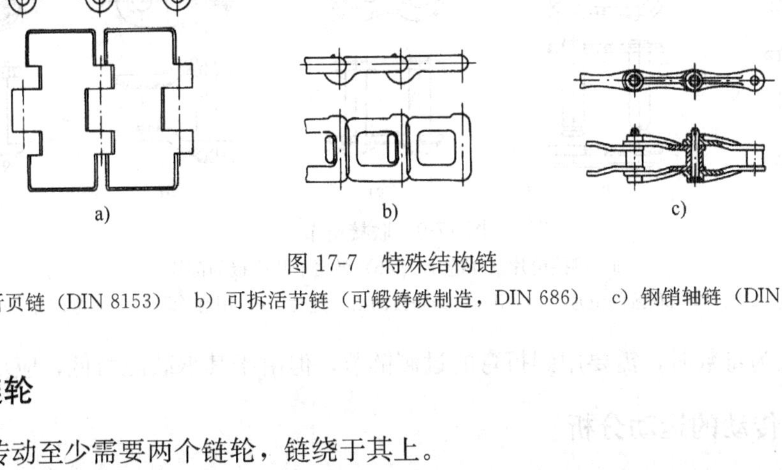

图 17-7　特殊结构链

a）折页链（DIN 8153）　b）可拆活节链（可锻铸铁制造，DIN 686）　c）钢销轴链（DIN 654）

17.1.3　链轮

一个链传动至少需要两个链轮，链绕于其上。

就结构来说，所有钢制活节链的链轮基本相同，只是随着所采用的链的不同，齿廓有所不同。

链轮齿廓设计应保证链条能几乎无摩擦地进入啮合，且应考虑在工作中可能产生的链伸长（经验显示，约有2%），以使工作可靠、噪声低和寿命长。如果链轮与链条由同一个厂家生产，更为有利。

链轮与轴的联接采用第12章所述的轴毂联接方式。

一般来说，通过链轮的齿与链节的啮合来实现链条导向（例如滚子链，图17-8a）。只有齿形链需要附加的内导向板或外导向板（见图17-8b或c）。

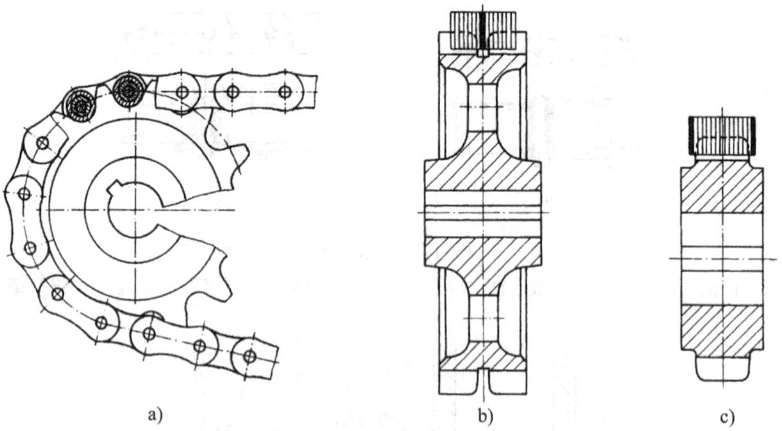

图17-8　链条的导向

a）滚子链通过齿的啮合来实现　b）齿形链通过内导向板来实现　c）齿形轮通过外导向板来实现

17.1.4　滚子链的联接链节

滚子链一般开口供货，其长度为 $l=Xp$（X=链节数，p=节距）。当链节数 X 为偶数时，两个端头链节均为内链片。为了将它们联在一起，应加一个外链片（联接链节），并用铆钉、开口销、弹簧卡片或螺栓进行联接（见图17-9）。只有在特别提出要求的情况，才以环形链条形式供货。

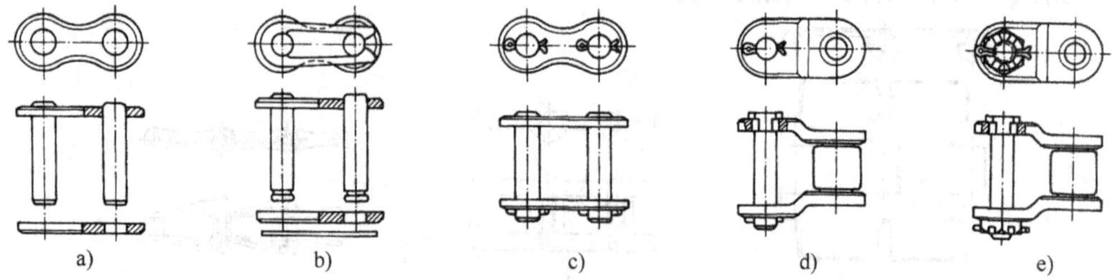

图17-9　联接链节

a）铆接链片（外链片）　b）弹簧卡片联接的链片

c）开口销联接的链片　d）用开口销联接的折弯链片　e）用螺栓联接的折弯链片

当链节数为奇数时，需要用到折弯的过渡链节，但由于其承载能力低，应尽量避免。

17.1.5　链传动的运动分析

绕在链轮上的链条构成了一个多边形。故有效链轮直径介于 $d_{max} \triangleq d$ 和 $d_{min} \triangleq d\cos\tau/2$（$\tau/2$

为半节距角）之间，相应的，链速就在 $v_{kmax}=v_k$ 和 $v_{kmin}=v_k\cos\tau/2$ 之间变化（见图 17-10）。

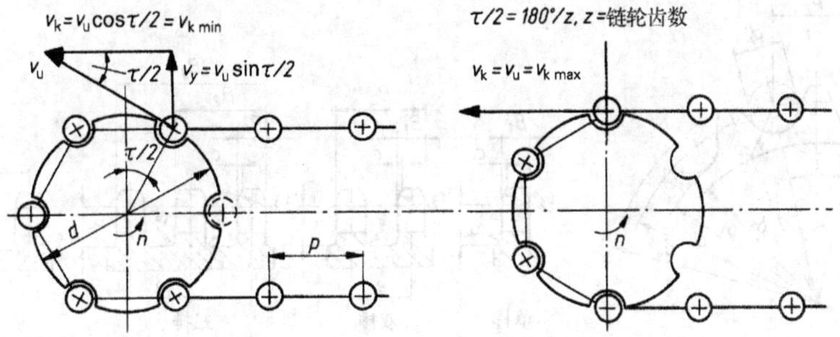

图 17-10 链传动的多边形效应

链速周期性变化，链轮齿数越少，链速不均匀性就越大。由链速不均匀性与链轮齿数的关系曲线（见图 17-11）可知，$z=16$ 时，不均匀性为 2%，$z=20$ 时仅仅只有 1.2%，但当 $z<16$ 时，不均匀性会急剧增大。

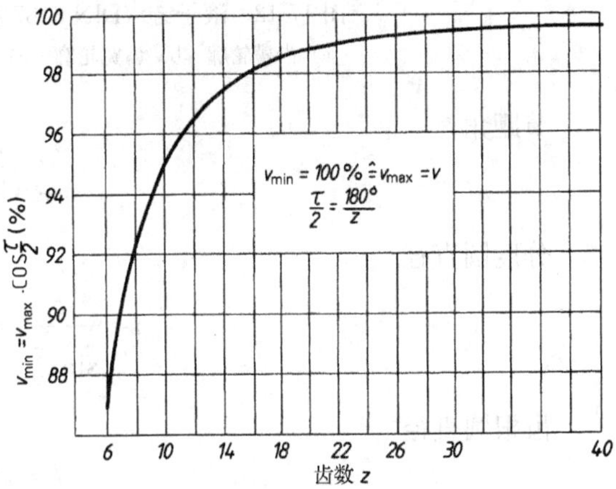

图 17-11 链速的不均匀性

链条运行速度的不均匀性（多边形效应）不但会导致运转噪声和链在共振区域的振动（纵向和横向振动），而且会导致伴随而生的链质量的加速和减速（$a_{max}=p\omega^2/2$，单位为 m/s^2，ω 单位为 r/min，p 单位为 m），在共振区域，理论上会产生非常大的附加动载荷，从而使链过早损坏。由于链有较大弹性，故只要 $z\geqslant19$，链速较高时取较小 p，在实际进行链传动设计时可以不考虑多边形效应。$z<17$ 的链轮只能用于手动或低速链中。

17.2 滚子链传动的结构和设计

DIN 8195 对滚子链传动的设计计算进行了标准化。在进行链传动的设计计算时，除了要考虑传动功率、转速、传动比和中心距以外，还应考虑载荷类型、环境影响因素，如污染、工作温度等，以及润滑条件。根据所要求的工作参数，应尽可能按市面上可购买的标准链轮来确定传动比 i（见 § 17.2.2）。

其他类型链传动的设计计算与此类似。

17.2.1 齿形参数

滚子链（DIN 8187 和 DIN 8188）的齿形按 DIN 8196 标准化（见图 17-12 和 TB17-2）。

对于节距为 p，齿数为 z 的链传动，其平均传动比为

$$i=\frac{n_1}{n_2}=\frac{z_2}{z_1}=\frac{d_2}{d_1} \tag{17-1}$$

式中 n_1，n_2——主动、从动链轮转速；

z_2，z_1——从动、主动链轮齿数；

d_2，d_1——从动、主动链轮分度圆直径，按式（17-3）计算。

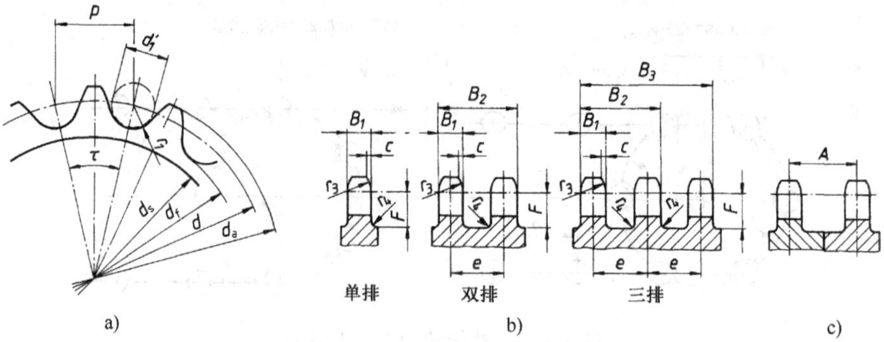

标注示例：双排滚子链10B-2(DIN 8187)，链轮齿数为21，其齿形标注为：齿形DIN 8196-21Z10B-2

图 17-12　滚子链（DIN 8187 和 DIN 8188）的链轮齿形参数

a）齿槽轮廓　b）齿宽轮廓　c）两个单排链并行时两链轮距离 A

节距角

$$\tau=\frac{360^\circ}{z} \tag{17-2}$$

分度圆直径

$$d=\frac{p}{\sin\frac{\tau}{2}}=\frac{p}{\sin\left(\frac{180^\circ}{z}\right)} \tag{17-3}$$

齿根圆直径

$$d_f=d-d_1' \tag{17-4}$$

齿顶圆直径

$$d_a=d\cos\frac{\tau}{2}+0.8d_1' \tag{17-5}$$

齿侧凸缘（排间槽）直径

$$d_s=d-2F \tag{17-6}$$

式中　d——分度圆直径，由式（17-3）计算；

d_1'——滚子直径，其值由 TB17-1 查取；

F——无障碍运转所需的最小尺寸，其值由 TB17-2 查取。

宽度 B_1、B_2、B_3，圆角半径 r_4，多排链的距离 e 和多根链的中心距 A 可由 TB17-2 查取。齿顶倒圆半径 $r_3 \geqslant p$，齿顶倒圆宽度 $c=0.1\sim0.15p$。

17.2.2　链轮齿数的确定

大多数链轮采用以下齿数：

$z=11\sim13$　用于 $v<4\text{m/s}$，$p<20\text{mm}$ 和链长超过 50 链节，敏感性较小的驱动装置，但是也用于短寿命链和空间受限场合。

$z=14\sim16$　用于 $v<7\text{m/s}$，中等载荷。

$z=17\sim25$　用于 $v<24\text{m/s}$，对小链轮有利。

$z=30\sim80$　常用于大链轮。

$z=80\sim120$　大链轮的齿数上限。

$z \leqslant 150$	可用，但不推荐采用，因为在采用通常的小链轮时，随着磨损的增大，链的啮合会越来越朝向齿顶。

因此，所能达到的传动比 $i=n_1/n_2=z_2/z_1=d_2/d_1$ 是有限的。通常 $i<7$，当带速较低时可达 $i=10$。

小链轮	(13)	(15)	17	19	21	23	25	
大链轮	38	57	76	95	114			括号中的值尽可能不用

当然，如果需要的话，也可以选其他齿数。应尽量使紧边长度为链节距的整数倍，这有利于减小速度不均匀性。应优先选用奇数齿数，这样可以避免同一链节与同一齿槽总是啮合，以使磨损均匀。

注意： 增速传动（小链轮从动）是不利的，应尽可能避免。

17.2.3 链轮结构设计

链轮的形状主要取决于齿数和所要传递的功率。至于采取哪种结构形式，取决于给定的结构要求，当然也与批量数和互换性有关。

图 17-13 给出了几种链轮结构。小链轮一般为盘形轮，大链轮可以做成盘形轮，当尺寸

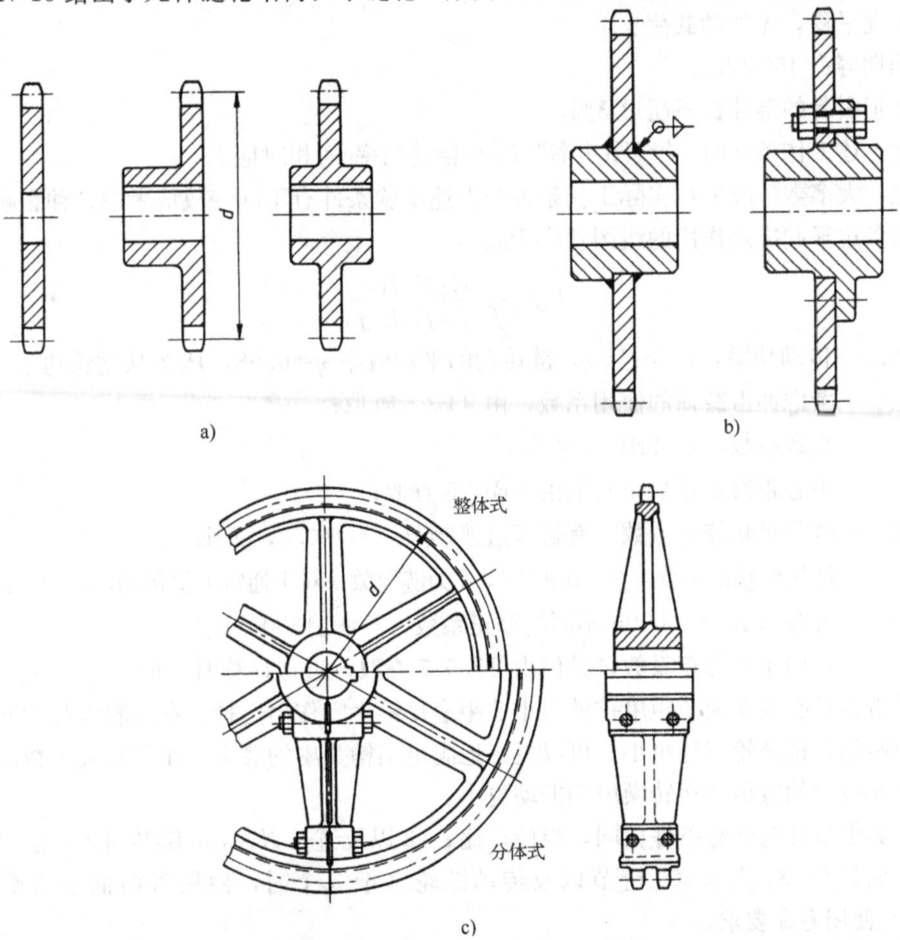

图 17-13 套筒链和滚子链轮

a）小链轮 b）盘形大链轮 c）轮辐式大链轮，分体式和整体式结构

较大时，也可以做成轮辐式。

图17-8b所示为带内导板齿形链的链轮，图17-8c带外导板。

链轮材料主要为钢、铸钢、可锻铸铁、灰铸铁，但也有采用塑料的。

轮芯采用铸造、锻造、焊接或切削加工制造，齿数小于30，链速≤7m/s的小链轮轮芯用强度较高的钢（例如E355）制造，链速更高时采用调质钢或渗碳钢制造。中速的大链轮采用铸铁或铸钢，高速大链轮采用调质钢制造。

17.2.4 链的选择

可借助于功率曲线图（DIN 8195，见TB17-3）来选择合适的链条尺寸和结构（单排链或多排链），图中曲线代表链传动的上极限，其试验条件为：

—两个链轮排在一条直线上，两轴平行，水平布置。

—小链轮齿数 $z_1=19$。

—传动比 $i=3$。

—链长 $X=100$ 个链节。

—充足的润滑（见§17.2.9）。

—工况平稳，无外动载荷。

—预期寿命15000h。

—磨损引起的链伸长不超过3%。

符合上述工作条件时，“线图功率” P_D 与传动功率 P_1 相对应。

但是，大多数情况下，实际工作条件与上述试验条件有不同，故应考虑各种影响因素后得到对链条选择起决定作用的线图功率 P_D。

$$P_D \approx \frac{K_A P_1 f_1}{f_2 f_3 f_4 f_5 f_6} \tag{17-7}$$

式中 P_1——传动功率，$P_1=P_2/\eta$，链传动的平均效率 $\eta=0.98$，P_2 为从动轮功率；

K_A——考虑冲击载荷的使用系数，由TB3-5查取；

f_1——齿数系数，由TB17-5查取；

f_2——中心距修正系数，其值由TB17-5查取；

f_3——链节形状修正系数，有折弯过渡链节，$f_3=0.8$，否则，$f_3=1$；

f_4——链轮数修正系数，$f_4=0.9^{(n-2)}$，n 为链轮数，对于通常的链传动，$n=2$，则 $f_4=1$；

f_5——寿命与 $L_n=15000$h 不同的修正系数，$f_5 \approx (15000/L_h)^{1/3}$；

f_6——环境条件修正系数，其值由TB17-7查取，近似计算时，取 $f_2 f_3 f_4 f_5 f_6 \approx 1$。

设计者常常必须在大节距单排链与小节距多排链之间作出选择。在链轮齿数相同的情况下，小节距的多排链轮直径更小，可以更好地满足结构紧凑的要求。小节距大齿数的链传动比大节距小齿数的链传动运转噪声和振动更小。

如果其他条件与试验条件相同，当传动比 $i>3$ 以及链长 $X>100$ 链节时，一般来说其寿命更长，而当 $i<3$，$X<100$ 链节以及传动链轮多于3个时，使用寿命低于功率线图的（15000h）使用寿命要求。

如果已通过采取相应的措施（见§17.2.8）来降低不利的情况下产生的垂度拉力 F_s 的话，就无需对按功率线图选择的链进行校核计算。离心力 F_z 已计入功率线图中。

17.2.5 链节数、中心距

减小中心距可以改善运转噪声。而增大中心距可降低磨损。所以最适宜的中心距应为

$$a=(30\sim50)p \tag{17-8}$$

但是，所选中心距必须保证包角不小于120°。如果能通过移动链轮，或采用其他辅助设施使中心距在1.5p的范围内具有可调性（见§17.2.8），对传动比较有利。

如果给定链节距p，选定链轮齿数z_1和z_2，则中心距a与链节数X之间的关系具有重要意义。

根据DIN 8195，可以按所预计的中心距a_0近似地计算链节数。

$$X_0\approx2\frac{a_0}{p}+\frac{z_1+z_2}{2}+\left(\frac{z_2-z_1}{2\pi}\right)^2\frac{p}{a_0} \tag{17-9}$$

a_0的选择应保证经圆整后链节数为偶数（例如80或82，而不能是81），以避免出现折弯的过渡链节，重载链传动尤其要注意这点，否则其承载能力约会降低20%。

根据所得链节数，反过来又可以确定实际中心距

$$a=\frac{p}{4}\left[\left(X-\frac{z_1+z_2}{2}\right)+\sqrt{\left(X-\frac{z_1+z_2}{2}\right)^2-2\left(\frac{z_2-z_1}{\pi}\right)^2}\right] \tag{17-10}$$

式中 p——链节距；

X——链节数；

z_1，z_2——链轮齿数。

对于多个链轮的链传动（见图17-14），用图解法确定链节数X比用数学计算方法要简单得多，且精度也足够。取比例尺画出链传动（比例尺1∶1或更大），即可得到各部分长度l_1、l_2等，同样地，可量得弧长b_1、b_2，或用$b=r\text{arc}\alpha$计算各段弧长，式中α角用作图方法得到。将各部分长度相加即得总长度

$$L\approx l_1+l_2+\cdots+b_1+b_2+\cdots \tag{17-11}$$

式中 l_1，l_2——各直线段长度；

b_1，b_2——各弧段长度，$b=r\text{arc}\alpha$。

所需链节数为

$$X\approx\frac{L}{p} \tag{17-12}$$

然后将算得结果圆整为偶数即可。

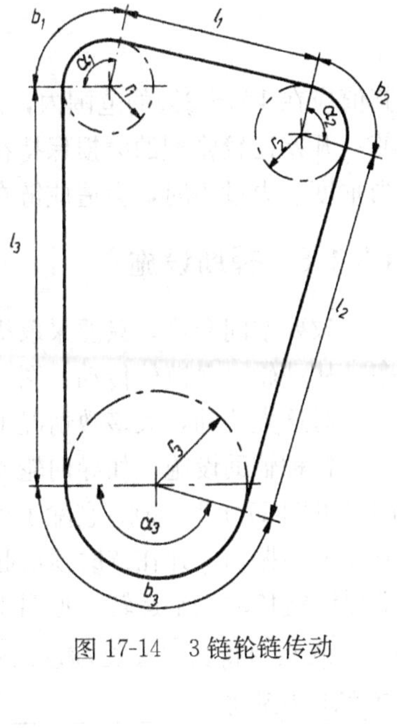

图17-14 3链轮链传动

17.2.6 链传动的布置

链传动的运转性能在很大程度上取决于合理的布置、精确的装配和正确的润滑。两轮链传动由于结构简单、要求低，故使用最广泛（见图17-15）。

如果紧边在上，应水平布置，或与水平面成60°以下的倾斜布置，这对传动有利，因为作用在链长度方向上的垂度拉力会被重力的作用抵消，链能很好的与链轮啮合。如果链传动与水平面成60°以上的倾角，必须采取合适的辅助设施来保证必要的链的张紧（见§17.2-8）。

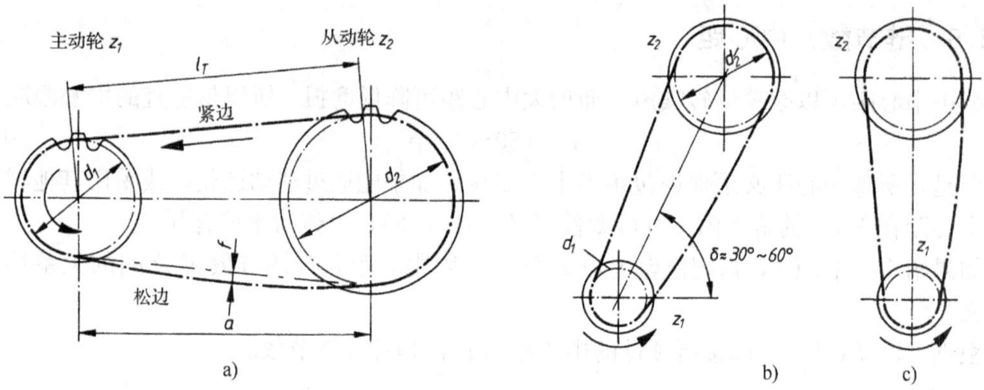

图 17-15　链传动的布置

a）水平布置　b）倾斜布置　c）铅垂布置（不好!）

17.2.7　链边的悬索垂度

由于链轮的多边形效应，在运行过程中，链的边长周期性变化，因此对链的松边垂度有要求。

垂度 f 为下垂最大的链节与连接两悬挂点直线之间的距离，两点直线距离为紧边长度 l_T（见图 17-18），故相对垂度为

$$f_{rel}=\frac{f}{l_T};\quad f_{rel}=\frac{f}{l_T}\times 100\% \tag{17-13}$$

其值应在 1%～3%的范围内，以避免附加链载荷。未跑合的链的悬索垂度约为 a 的 1%，以使一开始比较剧烈的磨损保持在期望值范围内。f_{rel}过大，会降低链在链轮上的包角，但是，当垂度拉力过小时，会造成链在啮合时弹跳。

17.2.8　辅助设施

只要空间允许，只要采取措施保证具有足够的包角（最小 120°），一个主动轮可以驱动多个从动轮（多链轮传动，图 17-16a)。

对这类传动，大多数情况下采用图解法确定链长，然后得到所需链节数。

各种辅助设施，如导向轮或导向轨，支撑轮或张紧轮（位于松边），都是用来导引链条的（见图 17-16b～e)。它除了可以调节包角以外，还是一个支点（特别是中心距较大时），避免链的振动，并在链磨损后起到一定的调节作用，以及在不利布置（例如铅垂布置）情况下保证链传动正常运转（见图 17-17)。

> 在任何情况下装配都应注意，所有的轴都要与链轮轴线保持平行，运行无冲击，且链不能过度张紧。

被称作滚动环的链张紧器（见图 17-16f）基于滚动弹性运动学原理，并具有三种功能。首先，它能张紧链，其次，在拉伸过程中能保证链的位置，最后，链张紧零件可以调节张紧力和调节对驱动功的阻尼大小。

先用手将滚动环压成椭圆形后放入链传动，利用滚动环的反弹力张紧链条。

厂家根据标准滚子链链轮齿数的统计概率来确定滚动环张紧器产品系列尺寸。

并针对优先选用的齿数进行了优化设计。所以用户无须对它进行调整。

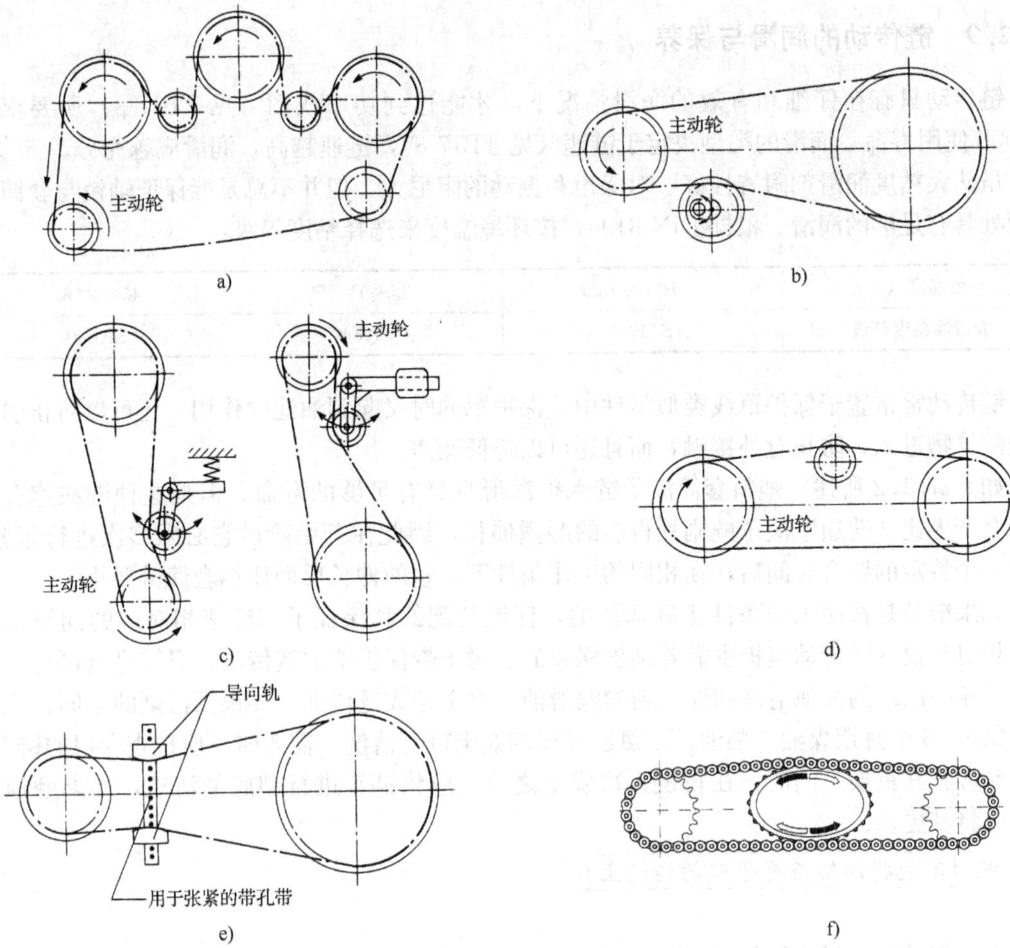

图 17-16　链传动及其辅助设施

a）带导向轮（折弯轮）　b）偏置张紧轮　c）弹簧压紧张紧轮，或配重压紧张紧轮　d）支撑轮（张紧轮）
e）链张紧系统（最优链-CC，Optibelt 公司）　f）滚动环（Ebert 链张紧技术公司）

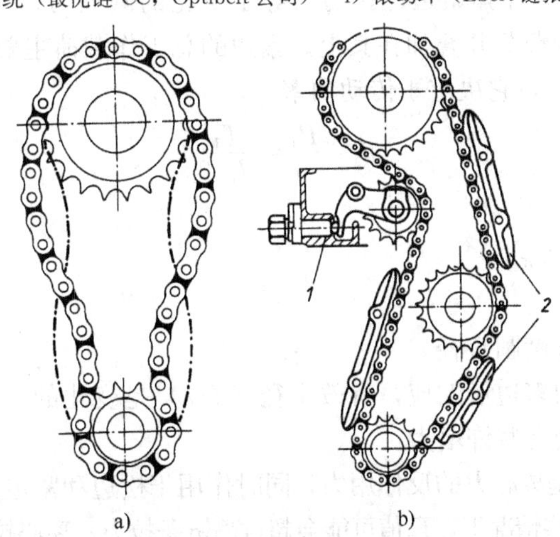

图　17-17

a）链振动示意图　b）链的张紧和振动阻尼

1—液压张紧轮　2—振动阻尼器

17.2.9　链传动的润滑与保养

链传动只有在仔细和有效的润滑情况下，才能达到功率线图（见 TB17-3）所要求的 15000h 使用寿命。润滑的类型决定于链速（见 TB17-8），链速越高，润滑应越充分。

虽然大粘度润滑剂附着性好，对噪声和振动的阻尼大，但并不总是能保证轴销与套筒滑动面处具有足够的润滑。根据 DIN 8195，按环境温度来选择粘度等级：

环境温度（℃）	$-5<t<+25$	$25<t<25$	$45<t<65$
润滑油粘度等级	SAE30	SAE40	SAE50

链传动常常置于保护罩或类似零件中，保护罩同时又起到油池的作用，还可以防止引起磨损的异物进入，防止意外接触，而且还可以降低噪声。

如 § 17.1.2 所述，塑料套筒滚子链无须润滑且具有足够的寿命。但是这种链在跑合过程中会产生比“普通”滚子链剧烈得多的磨损伸长，因此在开始阶段它必须多次进行张紧。经过一个特定的跑合时间后，在相同的工作条件下，它的伸长反而比钢套筒链要小。

如果链条是按照工作条件正确选择的，仔细装配的和保证了与链速相对应的润滑条件的，相对来说，链传动是极少需要维护保养的。对于带保护罩的链传动，只需进行例行（大多数一年一次）的油池清洗和注入新的润滑油。对于开式链传动，要根据污染的不同，至少应该每 3～6 个月用煤油、柴油、三氯乙烯或四氯碳进行清洗。需要时，应检查受损的链节，必要时应将其更换。同时，在将链再次安上之前，应将链轮进行彻底的清洗，如果磨损严重，应将其更换。

绝对不能将新链条置于旧的链轮上！

17.3　链传动的受力分析

一般由关系式 $P=F_t v$ 计算紧边链拉力（等于链轮的圆周力），由于自身的特点，在工作状态下，还会产生附加载荷并叠加在其上。紧边的总工作载荷主要由以下几个部分组成：

1)（静）链条拉力 F_t，它决定于传动功率

$$F_t=\frac{P_1}{v}=\frac{T_1}{d_1/2} \tag{17-14}$$

式中　P_1——传动功率；

v——链速，$v=d_1\pi n_1$；

T_1——传动力矩；

d_1——主动轮的分度圆直径。

提示：由于啮合时的多边形效应，有效半径（$d/2$）是变化的（见图 17-10），所以当齿数减小时，F_t的计算值会有些许增大。

2) 离心拉力 F_z，它是离心力的反作用力，同时作用于松边和紧边上，当链速 $v>7\text{m/s}$ 时，不能忽略离心拉力。在某些情况下，F_z值可能会超过静链条拉力。离心拉力按式（17-15）计算

$$F_z=qv^2 \qquad \begin{array}{c|c|c} F_z & q & v \\ \hline \text{N} & \text{kg/m} & \text{m/s} \end{array} \tag{17-15}$$

式中 q——链的线质量，按 DIN 或由 TB17-1 查取；

v——链速，见式（17-14）。

3）垂度拉力 F_s，特别是当链节距较大，链边较长且无支撑的情况下必须注意其影响。垂度拉力的值取决于松边垂度、长度和重力的大小。假设下垂边的载荷仅仅沿张紧线水平投影作用，当松边为近似水平位置时（$\psi\approx0°$，见图 17-18），考虑垂度拉力的水平分量，有

$$F_s\approx\frac{F_G l_T}{8f}=\frac{qgl_T}{8f_{rel}} \tag{17-16}$$

F_s,F_G	l_T	q	g	f	f_{rel}
N	m	kg/m	m/s^2	m	1

式中 $F_G=qgl_T$——链边重力；

F——链的垂度；

$f_{rel}=f/l_T$——相对垂度，由式（17-13）计算。

当松边位置倾斜（$\psi>0°$）时，同样 f_{rel}，上链轮垂度拉力和下链轮垂度拉力更小（见图 17-18）。

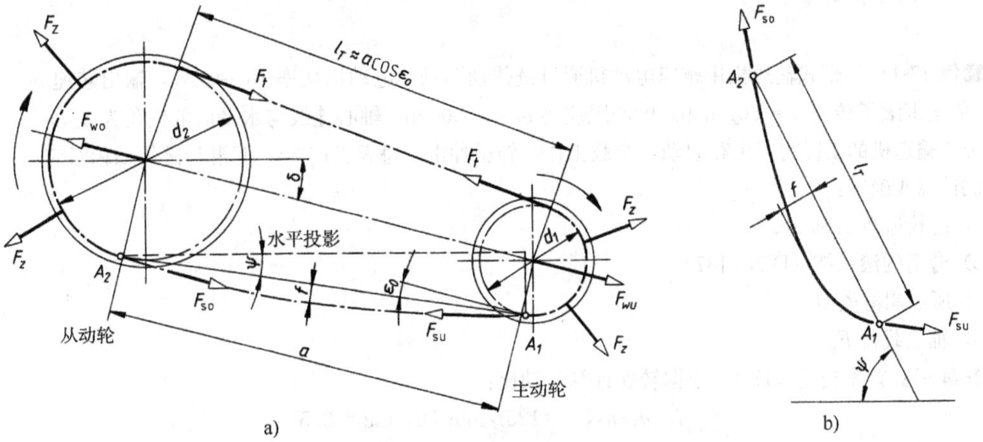

图 17-18 链和链轮力分析

一般设沿下垂弧测得的松边长度与松边两个悬垂点 A_1 和 A_2 之间的距离 l_T 的比，与松边处于水平位置的链传动的比值相同（见图 17-18b）。

两个悬垂点 A_1 和 A_2 的连线的倾角 ψ，轴心连线与水平线的夹角 δ 和链边倾角 ε_0，$\sin\varepsilon_0=(d_2-d_1)/(2a)$（见图 17-18），它们之间的关系为 $\psi=\delta-\varepsilon_0$，上链轮垂度拉力与松边的相对垂度 f_{rel} 有关，为

$$F_{so}\approx qgl_T(F'_s+\sin\psi) \tag{17-17}$$

下链轮垂度拉力为

$$F_{su}\approx qgl_T F'_s \tag{17-18}$$

式中 q，g，l_T——同式（17-16）；

F'_s——相对垂度拉力，由 TB17-4 查取；

ψ——倾角，$\psi=\delta-\varepsilon_0$，（见图 17-18），$\sin\varepsilon_0=(d_2-d_1)/(2a)$。

垂度拉力还作用在轴承上。在计入使用系数 K_A 和忽略多边形效应（见 § 17.1.5）后，可得松边为近似水平位置时的轴上载荷

$$F_w\approx F_t K_A+2F_s \tag{17-19}$$

式中 F_t——链拉力（N），由式（17-14）计算；

F_s——垂度拉力，由式（17-16）计算；

K_A——考虑冲击载荷的使用系数，由 TB3-5 查取。

当松边位置倾斜时，将式（17-19）的 F_s 用 F_{so} 和 F_{su} 代入，得到轴上载荷 F_{wo} 和 F_{wu}（见图 17-18）。

所以，当松边处于近似水平位置和计入使用系数以考虑不利工况时，链条紧边总工作载荷为

$$F_{ges}=F_tK_A+(F_z+F_s) \tag{17-20}$$

当松边位置倾斜时，用 F_{so} 代替 F_s。

钢制或塑料滑轨不但能支撑链条，而且能对其进行精确导向，它可以避免垂度拉力所产生的附加链载荷，同时又可降低多边形效应所产生的链振动（见 § 17.2.8）。

17.4 计算示例

■**例 17-1**：一带式输送机用减速电动机通过链传动驱动。电动机功率 $P_1=3\text{kW}$，输出转速 $n_1=125\text{r/min}$。传送带滚子转速 $n_2=50\text{r/min}$。中心距应为 $a_0\approx1000\text{mm}$，轴心连线与水平面的夹角为 $\delta\approx40°$。

带式输送机的工况为：中载起动，全载工作，轻微冲击，每天工作 8h。润滑与链传动相对应。

试计算或确定：

a）链轮齿数 z_1 和 z_2。

b）合适的滚子链（DIN 8187）。

c）所需润滑类型。

d）轴上载荷 F_w。

▶**解 a)**：首先按式（17-1）根据转速计算传动比：

$$i=n_1/n_2,\ i=125\text{r/min}/50\text{r/min}=2.5$$

如 § 17.2.2 所述，对于本例的传动比和标准滚子链，取小链轮 $z_1=23$，大链轮 $z_2=57$。

所以实际传动比为

$$i'=z_2/z_1=57/23=2.48,\ 即\ i'\approx i=2.5$$

结果：主动小链轮齿数 $z_1=23$，从动大链轮齿数 $z_2=57$。

▶**解 b)**：借助于功率线图（TB17-3）来选择链的型号。因为所给工况与线图试验条件有差别，因此必须按式（17-7）计算所需线图功率：

$$P_D\approx\frac{K_AP_1f_1}{f_2\ f_3\ f_4\ f_5\ f_6}$$

根据所给工况，由 TB3-5 查取使用系数 $K_A\approx1.6$。由 TB17-5，对于 $z_1=23$，得系数 $f_1\approx0.8$。先取中心距系数 $f_2=1$，因为链节距还未知，取 $f_3=1$，假设链节数为偶数；$n=2$，所以 $f_4=1$；设使用寿命为 $L_h=15000\text{h}$，所以 $f_5=1$；因为不能保证工作环境无灰尘，由 TB17-7 取 $f_6\approx0.7$。所以得线图功率为

$$P_D\approx\frac{1.6\times3\text{kW}\times0.8}{1\times1\times1\times0.7}\approx5.5\text{kW}$$

根据该功率和 $n_1=125\text{r/min}$，由线图 TB17-3 选择：滚子链 Nr. 16B，单排，标注为：滚子链 DIN 8187-16B1。

对于预计的中心距 $a_0\approx100\text{mm}$，根据式（17-9）得链节数为

$$X_0\approx2\frac{a_0}{p}+\frac{z_1+z_2}{2}+\left(\frac{z_2-z_1}{2\pi}\right)^2\frac{p}{a_0}$$

对于所选的滚子链16B，由TB17-1得节距 $p=25.4\text{mm}$；所以：

$$X_0 \approx 2\times\frac{1000\text{mm}}{25.4\text{mm}}+\frac{23+57}{2}+\left(\frac{57-23}{2\pi}\right)^2\times\frac{25.4\text{mm}}{1000\text{mm}}=119.5$$

根据§17.2.5推荐，选偶数链节数 $X=120$。

由此，根据式（17-10）得实际中心距为

$$a=\frac{p}{4}\left[\left(X-\frac{z_1+z_2}{2}\right)+\sqrt{\left(X-\frac{z_1+z_2}{2}\right)^2-2\left(\frac{z_2-z_1}{\pi}\right)^2}\right]$$

$$a=\frac{25.4\text{mm}}{4}\times\left[\left(120-\frac{23+57}{2}\right)+\sqrt{\left(120-\frac{23+57}{2}\right)^2-2\times\left(\frac{57-23}{\pi}\right)^2}\right]$$

$$=1006.6\text{mm}\approx 1007\text{mm}$$

结果：单排滚子链Nr. 16B，120链节；标准标注：滚子链DIN 8187—16B—1×120。

▶**解c)**：润滑的类型与链速 v 和链的型号有关（见TB17-8）。链速 $v=d_1\pi n_1$；由式（17-3）计算链轮分度圆直径：

$$d_1=\frac{p}{\sin\frac{\tau}{2}}=\frac{p}{\sin\left(\frac{180°}{z_1}\right)}=\frac{25.4\text{mm}}{\sin\left(\frac{180°}{23}\right)}=186.54\text{mm}$$

$n_1=125\text{r/min}$，所以

$$v=\frac{0.18654\pi 125}{60}\text{m/s}\approx 1.22\text{m/s}$$

对于 $v=1.22\text{m/s}$ 和链的型号Nr. 16B，由TB17-8推荐采用滴油润滑（区域2）。

结果：该滚子链应采用滴油润滑。

▶**解d)**：由于链传动倾斜布置，故上链轮的轴上载荷 F_w 略大于下链轮，即与 F'_{so} 和 F'_{su} 的差别相对应。F_{so} 由式（17-17）计算，上链轮的轴上载荷由式（17-19）计算：

$$F_w \approx F_t K_A+2F_{so}$$

由式（17-14）计算切向力为

$$F_t=\frac{P_1}{v}=\frac{3000}{1.22}\approx 2460\text{N}$$

由式（17-17）计算上链轮的垂度拉力为

$$F_{so}\approx qgl_T(F'_s+\sin\psi)$$

式中，$q=2.7\text{kg/m}$（由TB17-1查取）；$g=9.81\text{m/s}^2$；$l_T\approx a\cos\varepsilon_0$，式中 $\sin\varepsilon_0=(d_2-d_1)/(2a)$；由式（17-3）有

$$d_2=\frac{p}{\sin\left(\frac{180°}{z_2}\right)}=\frac{25.4\text{mm}}{\sin\left(\frac{180°}{57}\right)}=461.08\text{mm};\quad d_1=186.54\text{mm}$$

$$\sin\varepsilon_0=\frac{461.08\text{mm}-186.54\text{mm}}{2\times 1007\text{mm}}\approx 0.14\quad \varepsilon_0\approx 7.8°$$

所以边长 $l_T\approx 1007\text{mm}\times\cos 7.8°\approx 998\text{mm}$。松边倾角为 $\psi=\delta-\varepsilon_0=40°-7.8°=32.2°$，由TB17-4，对于“正常”相对垂度 $f_{rel}=2\%$，查得单位垂度拉力为

$$F'_s\approx 5$$

所以垂度拉力为

$$F_{so}\approx 2.7\times 9.81\times 0.998\times(5+\sin 32.2)\approx 146\text{N}$$

相对于圆周力来说，垂度拉力 F_{so} 很小，故也可以在计算中不予考虑。

计入使用系数 $K_A\approx 1.6$（见解b）后，上链轮的轴上载荷为

$$F_{wo}\approx 2460\times 1.6+2\times 146\approx 4228\text{N}$$

结果：上链轮的轴上载荷为 $F_{wo}\approx 4228\text{N}$。

17.5　参考文献

Arnold und *Stolzenberg:* Handbuch der Kettentechnik, Einbeck 1989
Hersteller von Stahlgelenkketten (Hrsg.): Stahlgelenkketten (Zusammenstellung von Sonderdrucken div. Zeitschriften zum Thema Stahlgelenkketten). o. J.
Niemann, G., Winter, H.: Maschinenelemente, Bd. III, Springer Berlin 1986
Rochner, H.-G.: Stahlgelenkketten und Kettentriebe. Berlin 1962
Zollner, H.: Kettentriebe. Hanser München 1966
制造商资料: Arnold und Stolzenberg, Einbeck; Wippermann Jr., Hagen; Arntz-Optibelt, Höxter. Ebert Kettenspanntechnik GmbH, Freiroda

第 18 章　流体传输零件（输送管路）

18.1　功能、作用和用途

输送管路用于传输液体、气体和微细固体。如果要使联接能容易拆开或在接头处可相对移动，不能用刚性管道，而应采用软管。在由输送管路、仪器和容器组成的系统中，仪表属于输送管路零件，它起调节和开关的作用。

为了将流体在管道系统中输送，可采用抽吸法（负压），在管道起点和终点之间形成高差法（下落），也可用泵或鼓风机（外部能量）。流体能量产生体积流量，它具有相应的速度和所期望的压力。除了管道所受的机械和热应力以外，还应注意流体系统对管网和环境（支架）的反作用。根据敷设方法和安装方法的不同，应采取相应的绝缘和防腐措施。

对于制造设备，在生产车间中应敷设输送管路。为了输送和分配流体（水、汽、油），应以管网的形式布置输送管路——分配系统。除了简单的辐射状管网以外，为了提高多用户的工作可靠性，还可以采用环形或多路管网。

在仪器制造中，输送管路也用作化学和物理反应工序（冷却、混合、化学反应）。

借助于传输介质（空气、水），在输送管路中也可输送固体物质。这种气体和液体输送法用于输送细粒材料（谷物、沙子、矿泥、水泥）。流动材料（例如混凝土）可用固体泵（混凝土泵）通过输送管路长距离输送。

在液压系统中，用输送管路将液压件与液压件以及液压件与消耗件之间相联。所用的精密钢管和管螺纹应能承受高压、脉动和振动。设计参数见 TB18-11。

18.2　零件种类

18.2.1　管道

TB18-1 给出了管道材料、类型、名称和使用范围。正确选择管道类型和合适的管道材料，选配合理的控制装置，它们同管道的设计计算（见§18.4）一起对设备的工作可靠性起决定作用。管道横截面主要是圆截面。

无缝和焊接钢管（见 TB18-1）既可以作为输送管路，也可以作为结构件。由于管道钢具有强度高和韧性好的特点，所以它具有高抗断裂安全系数和结构轻便的特点。它可以在工作位置，也可以在制造场所进行焊接。这可以保证充分利用材料，快速制造和良好的经济性。由于焊接输送管路具有良好的可变形性，它可很好地承受动应力和热应力。只有在装仪表和测量处需要法兰联接。

无缝管和焊接管的使用范围类似。与无缝管相比，在壁厚较小时，焊接管的制造成本更低。随着壁厚的增加，应优先采用无缝钢管。为防止腐蚀，对于非合金和低合金钢管必须采用相应的防护措施。除了涂覆防护层（例如锌镀层）以外，对于入地管道，还应将管道用沥青、塑料（例如PE）或水泥砂浆包裹。无缝和焊接钢管的尺寸和静态值以及订货示例见TB1-13。

精密钢管（见TB18-1和TB18-11）由无缝或焊接管经冷轧或冷拔制成，这样保证了高尺寸精度和表面光洁，同时又起到冷作硬化作用。如果管道在加工后还进行冷变形，或作为输送管路要承受脉动载荷，则必须在最后一道冷变形工序后进行退火（供货状态为GBK和NBK）。

螺纹管（见TB18-1），无缝或焊接、发黑、镀锌或覆盖非金属防护层。管道尺寸根据DIN 2999按惠氏管螺纹确定（锥度1∶16，R1/8～R6）。作为中等或重型螺纹管，可用于所有的用途（气体、水、暖气）。

不锈钢管（DIN EN ISO 1127）该标准给出了无缝和焊接奥氏体、铁氧体和马氏体不锈钢管。其中应用最广的是奥氏体钢X5CrNi18-10和X5CrNiMo17-12-2。外径和壁厚按ISO 4200选择。

可锻铸铁高压管（见TB18-1）在气管和水管道中，用作接头管或法兰管。管子公称铸造壁厚以mm为单位，按式$t=K(0.5+0.001\mathrm{DN})$确定，式中$K$为8、9、10、11、12…。管子的最小壁厚为6mm，成形件为7mm。壁厚系数K按内压和外载确定。关于纵弯强度、环形刚度和覆盖高度的技术条件见EN 545和EN 969的附录。一般来说，管子包裹一层水泥砂浆。饮用水管的内防护层必须符合食品规范。外防护根据地质情况不同选择PE或水泥砂浆防护层、镀锌层或沥青层。但注意一定要遵守DVGW工作守则。

铜管（DIN 1754）无缝拉制，外径3～419mm，壁厚在0.5～4mm之间，由无氧铜（通常为SF-CuF30）制成，具有非常好的焊接性、硬钎焊性和耐氢性。安装水管、气管和油管可采用DIN EN 1057规定的输送管路。由于它防腐性能好、容易变形（冷弯曲）和钎焊性，特别适合用于取暖设备、家用水管、润滑油管（不会氧化和锈蚀）、食品工业和制冷设备中。

铝圆管，无缝拉制（DIN 1795）：外径3～350mm，壁厚0.5～16mm；无缝挤压（DIN 9107）：外径10～450mm，壁厚1～35mm；由DIN 1746规定的铝和铝锻造合金制成（例如ENAW—1050A，ENAW—5083）。由于具有密度小、变形性能和焊接性能好，耐天然、弱酸和弱碱物质性能好以及在低温下具有良好强度和韧性等特点，它在车辆和仪器以及食品工业中得到广泛应用。

订货说明示例：

1500kg无缝拉制圆管，外径40mm，壁厚3mm，公差等级为A（正常情况），固定长度为2500mm，材料为AlMg3F25：

1500kg管子DIN 1795—40×3×2500固定—AlMg3F25

硬铅管（DIN 1262）由铅锑合金制成（“管道铅”，例如PbSblAs）。铅在化学性能上能抗各种酸和酸溶液，首先它能抗硫酸。当锑的质量分数较高（>10%）时，只能用于非饮用水管。“软”水会侵蚀铅：有中毒危险，所以管内应镀锡。

塑料管　由于它能防腐蚀、加工容易而且质量轻，在输送管路中得到越来越广泛的应用。

由**硬化PVC**制成的管道（DIN 5061/8062），带配件，直到DN 150。可用粘接、管接头或法兰进行联接。

用**硬化PE**制成的管道（DIN 8074/8075），带成型件，直到DN 400。可用发热元件对接焊接、电焊管接头或法兰联接。由于它抗冲击强度更高，故应优于 PVC 管。

用 **PP** 制成的管道（DIN 8077/8078）耐热性好，故优先用于下水管道中。可允许短时达到 100℃。

对于每种管道外径有 4～6 个不同壁厚，从而形成系列管道。20℃时，PP 和硬化 PE 的许用拉伸应力 $5N/mm^2$，硬化 PVC 为 $10N/mm^2$。20℃时的许用工作压力最大为 16bar（$1bar=10^5Pa$）。

敷设于地下的管道，优先采用弹性好的硬化 PE 和 PP 管。弯曲半径为 25～50 倍的管道外径。敷设于地上的管道，应注意要有足够的弹性以承受热变形，且支承距离应比钢管道小得多。

18.2.2　软管

软管，作为柔性、管状半成品，由多层填充物构成，主要用于可动和容易拆开的联接中，它对所联接的管接头不会产生反作用。

对于装配成的软输送管路，DIN 20066 给出了关于软管与仪表选择和布置的最重要特征以及最重要的安装和联接尺寸。

DIN 20018（用于水）和 DIN 20021 对用纺织物做填充物，DIN 20022 对用金属丝网做填充物，DIN 20023 对用金属螺旋做填充物，以承受大动载荷的软管进行了标准化，DIN 24951-2 对用纺织物做填充物的塑料软管进行了标准化。

18.2.3　成型件

成型件是指管道设施中的结构件，例如弯管、配件、支管和联接件、清洗件、脱水器等，它们常常受重载，因此应根据用途的不同，相应地选用无缝钢管或用锻件、铸钢或可锻铸铁制造。

塑料输送管路件，如弯管、T 形件、支管、十字头、管接头、内接头、渐缩管、螺纹件等均已标准化，DIN 8063-1～12 对用于粘接的硬化 PVC 配件、DIN 16962-1～13 对发热元件、管接头和对焊连接用的 PP 配件，DIN 16963-1～15 对发热元件一管接头焊接、螺旋线加热丝和对焊的 PE 配件进行了标准化。

18.2.4　阀门

阀门属于输送管路零件，在由输送管路、容器、仪表和机器构成的系统中，起开关和调节作用（DIN 3211）。阀门在“封闭”或“打开”两个位置（关、开）之间变化。其基本结构类型按阀体的工作运动和阀门区域流体的流动进行分类。

根据管内流体、工作温度和工作压力，按照技术规范（例如 DIN 3339）来选择阀座材料。阀座主要用铸造加工，大多数由铸铁制造，当要求较高时，由铸钢和铜合金制造。塑料阀座（PVC、PP、PA）在化学工业和水处理设备中得到越来越广泛的应用。

主要阀门的标准有：滑阀（DIN 3352）、闸阀（DIN 3354）、阀（DIN 3356）、球阀（DIN 3357）和薄膜阀门（DIN 3359）。它们给出标准公称通径和公称压力等级的范围、形状、空间尺寸、材料和装置以及要求和检验。标准阀门标注包含公称通径、公称压力说明以及一个特征数和一个类型符号。

例：截止阀，公称通径 100，公称压力 16，由铸铁制造（特征数 2），通孔形，直套筒和法兰接头（A），结构形状和装置类型代号为02，材料EN—GJL—250（A）：

阀　DIN 3356—100PN16—2A02A

图18-1列出了各种阀门的特性，以方便选择。

特　性	阀	滑　阀	旋　阀	闸　阀
结构长度	大	小	中	小
结构高度	中	大	小	小
流动阻力	中	低	低	中
流动方向变换适应性	有条件	好	好	好
开或关时间	中	长	短	中
调节力	中	小	小	波动
底座磨损	很小	中	高	很小
用途	中等DN 最大PN	最大DN 中等PN	中等DN 中等PN	最大DN 小PN
调节过程适应性	非常好	差	中	好
清理管道	不可能	不可能	可能	不可能

图18-1　各种阀门的特性

1. 阀　阀体（阀盘、阀锥（30°～60°）或活塞）作直线运动，通过起升螺纹、弹簧力或管道中的介质将它沿流动方向从底座提起，升程为$h=d_i/4$。对于平密封面，底座宽度一般为（0.04～0.4）d_i，对于锥形密封面，为（0.02～0.05）d_i（见图18-2a）。

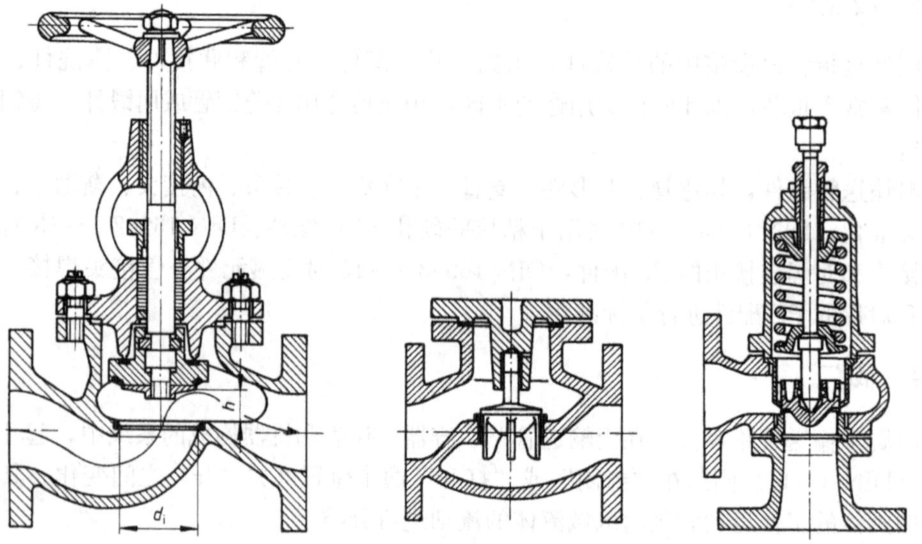

a)　　b)　　c)

图18-2　阀

a）截止阀　b）单向阀　c）弹簧加载的溢流阀

在大多数情况下，流通方向与阀体的底面相对。为使密封更为可靠，必须使配合力F_S大于工作载荷$F_B=pd_i^2\pi/4$，即$F_S\approx$（1.25～1.5）F_B。

只有$F_B\leqslant 40kN$时，阀才容易操作，如果载荷更大，应选相反流动方向。为了开启阀门，应安装一个旁通阀或一个卸荷阀（双底座，活塞）。

如果一个阀装于沿一个方向布置的两个管截面之间，称为直通阀，若处于两个成90°的管截面之间，称为角阀。

根据功能的不同，可分为：

截止阀（见图 18-2a）中断流动。

单向阀（见图 18-2b）在流动中止时，为防止回流，阀自动关闭。

溢流阀（见图 18-2c）在超过设定的最高压力时自动打开以保护管道、容器等。

提示：由于阀体处于流体流动行程中，即使按流体技术进行结构设计，也很难防止较大的压力损失。此外，对于高压传输，应预料到阀体操纵需要很大的载荷。

2. 滑阀 滑阀用于 DN 20～1000 的气体、压缩空气、水和蒸汽输送中，根据阀座的形状，可做成平面、椭圆或圆形滑阀。管道直径较大时，只能采用滑阀。

阀体垂直于流动方向作直线运动。楔形滑阀的阀体为整体式刚性滑楔，它通过附加螺旋压力压紧在密封面上（见图 18-3a）。平板滑阀上松动的平板由管内流体压力，或大多数情况由位于它们中间的压力块、横撑块或球将它们压紧，这样心轴密封就卸载了。将平板在保持架上做成松动结构，可在温度改变时使它不至于卡死（见图 18-3b）。

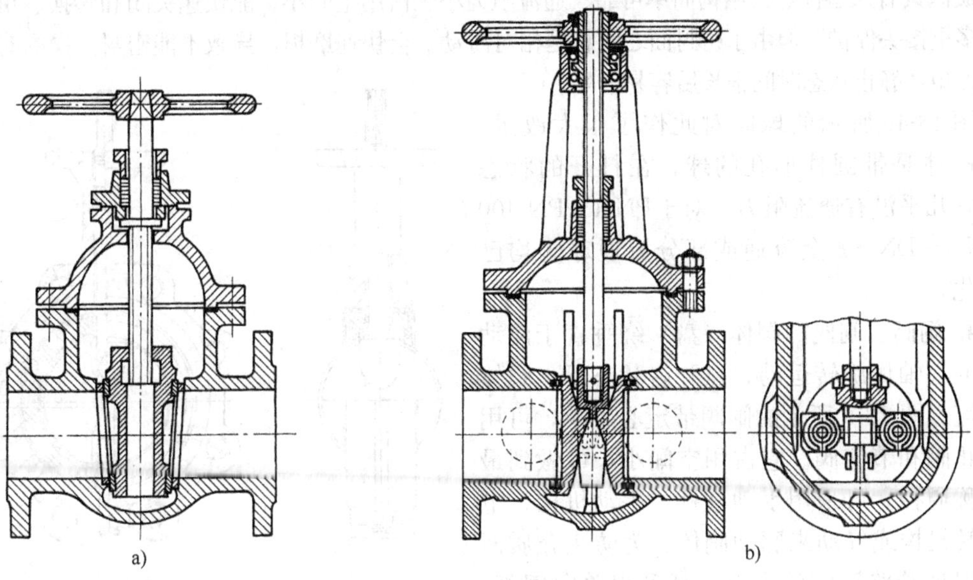

a)　b)

图 18-3 截止滑阀

a）楔形滑阀 b）平行平板滑阀

平行平板滑阀的密封面互相平行，它由滚压或焊接上去的环构成，而楔形平板滑阀的密封面互相倾斜。平板保持架下底部的导管保证了流动无障碍和无湍流。通过使通流横截面向内不断缩小（吸入），即使在高压下也能使零件很小和受力很小。相对于阀来说，滑阀可以将整个横截面全部打开，双向流动，而且压力损失很小。通过分级部分打开，可简单而精确地调节流量。但是由于所需提升行程较大，特别是手动操作时，需要较长的打开和关闭时间。滑阀的制造成本高，其缺点是很难够到密封平面，从而为维护保养带来困难。

3. 旋阀 旋阀的阀体绕垂直于流动方向的心轴作旋转运动，处于打开位置时通流。如图 18-4a 所示，锥形旋阀的阀体为锥形块（锥度 1∶6），通孔为一直立椭圆。金属密封块与阀座配对研磨，并用特种旋阀脂润滑。高压和高温或腐蚀性介质条件下应采用图 18-4b 所示的润滑旋阀。

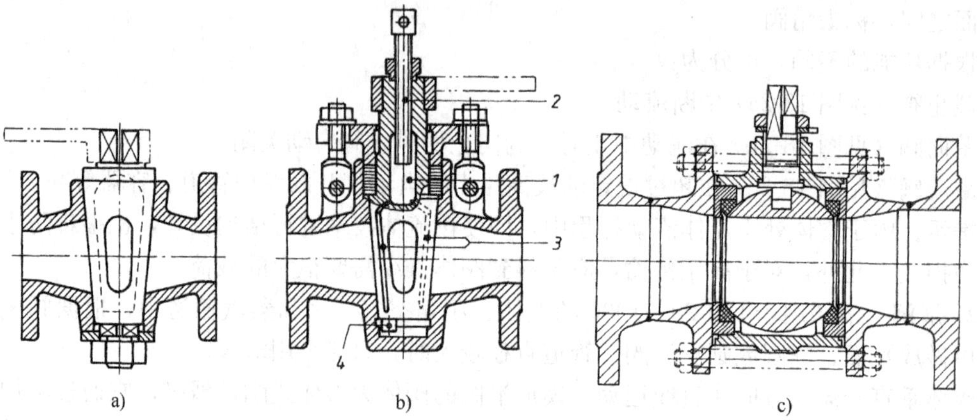

图 18-4　旋阀

a）简单通流旋阀　b）润滑旋阀（1—润滑室　2—润滑心轴　3—油沟　4—槽口）　c）球阀

旋阀具有众多优点：结构简单可靠、通流阻力小、占用空间小、能快速关闭和转换、可快速构造多重接头保护。但由于密封面之间总是相对滑动，会快速磨损，导致不能密封。操纵时需要较大力矩，静止状态时间很长后容易卡死。

图 18-4c 所示的球阀对此作了很大改进。它的阀体是带圆柱形孔的球。在打开的状态下，它几乎没有通流阻力。对于PN 4～PN 400的DN 4～DN 500全流通或部分流通球阀均已标准化。

4. 闸阀　闸阀的阀体（盘）绕垂直于流动方向的心轴作旋转运动。在开启状态下，阀体被环流。图 18-5 所示的闸阀带定心轴承，可用作截止阀和节流阀。它占用空间小，可做到最大公称通径。可采用手动杠杆、手动机构、电动旋转机构或气动来驱动阀体。为防止介质回流以保证管路设施的安全，可采用单向闸阀。正常工作时，闸盘被流体抬起，当介质回流或压力逆转时，闸体会自动关闭。

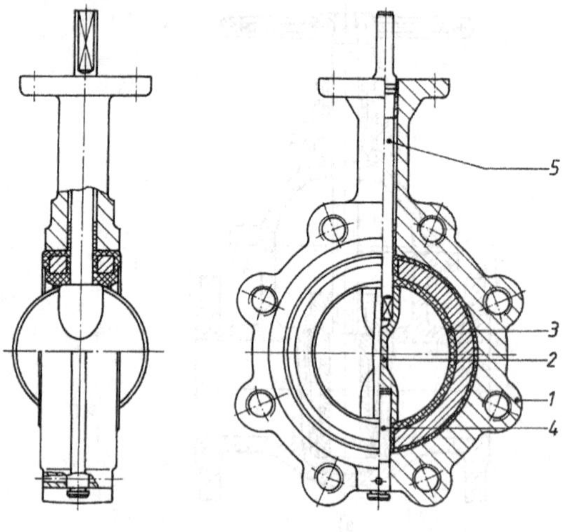

图 18-5　截止闸阀

1—阀座　2—闸盘　3—带嵌入环的衬层（可更换）　4—轴颈　5—主动轴

18.3　结构和设计

18.3.1　公称压力和公称通径

输送管网设计应遵循相应的规范和标准。制订管道和阀门标准的基本条件为 DIN EN 1333 规定的公称压力系列和 DIN EN ISO 6708 规定的系列公称通径。

PN（以前为公称压力）为字母和数字构成的特征值，它代表管路系统中的一个结构件的机械和尺寸性能组合。它由字母 PN 加一无量纲数字组成。字母 PN 后的数字并不是一个可测量值，不能用在计算中，除非它在相应的标准中给定。

管路系统的许用压力取决于 PN 等级，结构件的材料和设计、许用温度等，在相应的标准中以压力/温度关系表格给出。PN 等级必须从 TB18-3 选择。DIN 24312 还定义了流体技术领域中用到的其他概念及其优先压力值。

图 18-6 不能给出测试压力，因为它并不与特定温度相关（例如用水或蒸汽测试），它与公称压力有不同的关系（强度测试或密封测试），而且与测试介质有关。用水进行内压测试时可在室温下进行。输送管路和阀门的工具手册上规定了相应的测试压力：例如 DIN 4279，DIN 28600，DIN 3230 和 AD 须知 A4，一般为 1.5 倍的公称压力。在供水系统中，它还分为结构件的许用工作压力（PFA），许用最大工作压力（PMA）和许用测试压力（PEA），见 EN 805 和 EN 545。

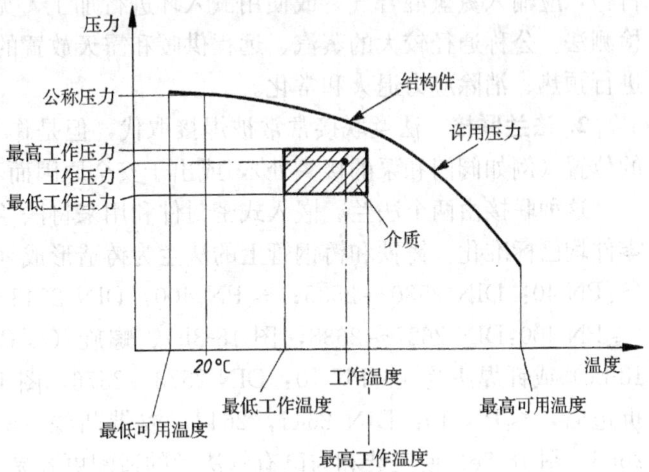

图 18-6 公称压力、许用压力和温度关系图

公称通径（代号 DN）是一个特征数，在管路系统中，它用来表达两个配合零件（例如管道和阀门）的特征。TB18-4 给出的公称通径是无量纲量，不允许作为尺寸，因为它只是与输送管路零件的间隙直径（mm）近似相对应。对于给定的管道、成型件和阀门的外径，随所要设计的壁厚的不同，间隙直径与公称通径的特征数不同。

18.3.2 管道联接方式

将单个管件联接成具有一定功能的管路的方法分为可拆联接和不可拆联接。法兰联接和管接头联接以及管螺纹联接属于可拆联接。焊接、钎焊、轧制、卷边和粘接属于不可拆连接。接头应能达到基管的强度，必须密实和成本低。

1. 钢管焊接 管道焊接方法是最重要的方法，在现代管道设施中，相对于它来说，其他联接方法只在特殊情况下才采用。无缺陷的焊缝能达到基管的强度和寿命，能保持密实，只需要很小的空间，能承受高温，因此是最可靠和最经济的联接方法。

管道最好为对接（力流!）或搭接（也就是说用角焊缝连接）。要得到高质量的焊缝，其前提条件是被连接管断面精确相配，互相准确对心，必要时进行焊接倒角处理，以保证焊底位置牢靠。DIN 8558 给出了输送管路和容器焊接结构设计例子，见图 18-7 和 § 6.2.5-5。焊缝准备（接缝形状）规范由与 DIN EN 29692（见图 6-11）相一致的 DIN 2559 给出。

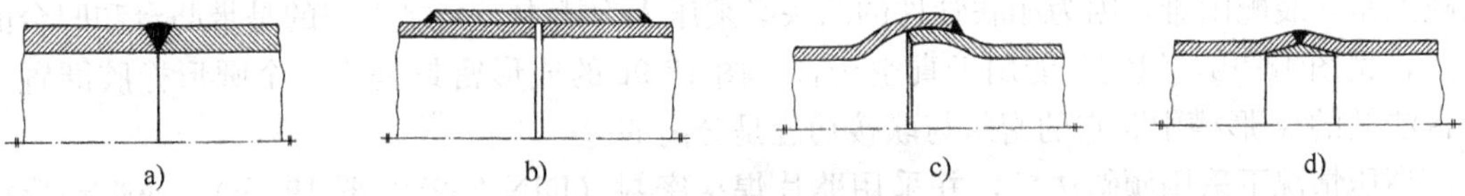

图 18-7 管道焊接

a）对接缝，最佳结构 b）套筒管接头，用于修理具有优越性，可避免由于焊缝损坏内保护层
c）球形焊接管接头，可允许轴线偏斜不超过 10° d）嵌入环，允许 V 形焊缝焊透，避免焊接填料使横截面变窄

气焊和电弧焊是管道焊接中使用最普遍的方法。对于≤DN100 的情况，气体熔焊是最经济的方法。但是，气体保护焊 MIG、MAG 和 WIG 得到越来越广泛的应用。如果焊缝底边不易够到，如小直径和中等直径的管道，为使焊底无缺陷和避免生成氧化皮（会干扰运行!），应输入氮氢混合气，或使用嵌入环进行加工，见图 18-7d。焊缝检测采用通常的无损检测法。公称通径较大的蒸汽、远程供暖和露天放置的输油管应在施工现场进行热处理，即进行预热、消除应力退火和常化。

2. 法兰联接 法兰联接常常被焊接取代，但是作为一种可拆联接，还用在必须能分离的位置（例如阀门和泵的接头处），或出于安全原因而不能焊接的地方。

这种联接由两个法兰、嵌入式密封件和用来将法兰压紧在一起的螺栓和螺母组成。所有零件均已标准化。铸铁和铸钢管上的法兰为铸造形成（见图 18-8a），从法兰到管道有过渡锥（≤PN 40：DIN 2530～2535；≤PN 400：DIN 2543～2551）。钢管法兰分别用焊接法兰（≤PN 400:DIN 2627～2638，图 18-8b）、螺旋（≤PN 16：DIN 2558，2561 和 2566，图 18-8c）或钎焊法兰（≤PN 10：DIN 2573～2576，图 18-8d）与管端相连。松动法兰（用于折边管，≤PN 10：DIN 2641，2642，或带凸缘，≤PN 40：DIN 2641，2642，2655 和 2656，图 18-8e）使安装和与已有管法兰的适配更容易。

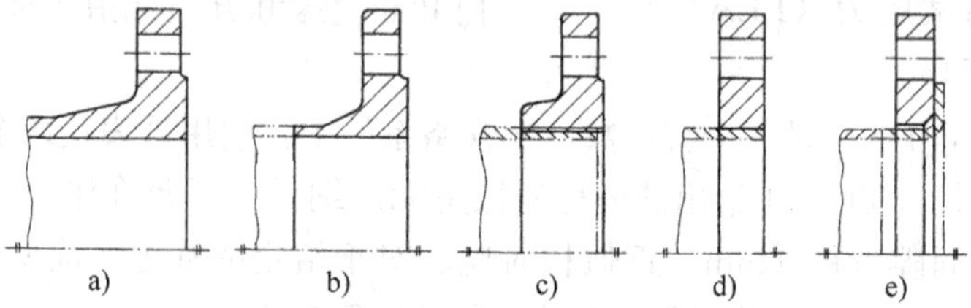

图 18-8 标准法兰

a）铸铁和铸钢法兰 b）焊接法兰 c）带凸肩的螺旋法兰 d）钎焊或焊接平法兰 e）用于折边管的松动法兰

通过采用标准尺寸，使相同公称通径和相同公称压力的法兰与其结构形状无关，从而实现互换性。而且它还使所有材料的管道（片状石墨铸铁、钢、有色金属）都可以任意相互联接。

每个法兰上的螺栓孔的数量为 4 的倍数，而且相对于两个主轴线对称分布，在这两根轴线上无孔。

用于 PN 6，PN 40 和 PN 63 的法兰联接尺寸见 TB18-2。为补偿密封面的误差，密封件必须是弹性的，要能承受机械和热作用；而且能抗管道介质。主要采用 It 材料制成的软密封件、金属软材料密封件和金属密封件，执行标准为 DIN 2690～2698。有关密封的进一步知识详见§19.2。

平法兰价廉物美且装拆简便，见图 18-8。但凸头和沟槽法兰密封效果最好，用于高压和高真空场合，特别是用于逸出介质会造成损害（如有毒、易燃介质）的情况下，见图 18-9a。其缺点是，装配困难，因为相联管件的凸头必须压入沟槽中。与之类似的是带凸台和凹台的法兰，见图 18-9b，但它不能用于真空场合。图 18-9c 的成形密封是将一个圆形橡胶圈置于凸台法兰的 V 形槽中。它的密封与联接功能是分离的。

高压情况下采用倾斜法兰，并采用薄片焊接密封（DIN 2695，图 19-4b），或带环形槽法兰，用透镜形密封件（DIN 2696）密封。螺栓和螺母按 DIN 2507 选择。

提示：只要按法兰标准设计，就无需对法兰和螺栓进行强度计算，因为其尺寸是按特定

PN 和 DN 确定的。否则就要按 DIN V 2505 进行强度校核，见 § 19.2.2。

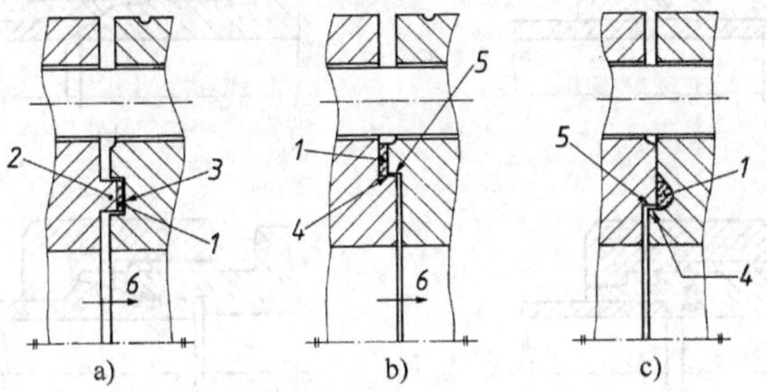

图 18-9　法兰联接的密封面形状（EN 1541-1）

a）凸头和沟槽（DIN 2512）　b）凸台和凹台（DIN 2513）　c）带环形槽的凸台和凹台（DIN 2514）

1—密封圈　2—凸头　3—沟槽　4—凸台　5—凹台　6—流动方向

3. 管螺纹联接　家用输送管路安装中一种常用和可靠的联接方法是通过螺纹管和可锻铸铁或钢配件（DIN EN 10242 或 DIN 2980）进行联接。主要采用的是惠氏管螺纹（DIN 2999），内螺纹为圆柱形，外螺纹为圆锥形（锥度 1∶16），见图 18-10。这种螺纹联接的密封主要通过螺纹牙之间的金属压强形成。必要时，也允许在螺纹上施加密封材料（塑料带、麻丝、无纺布），以使密封更为牢靠。对于常用的右旋螺纹，这种类型的螺纹联接属于不可拆联接。

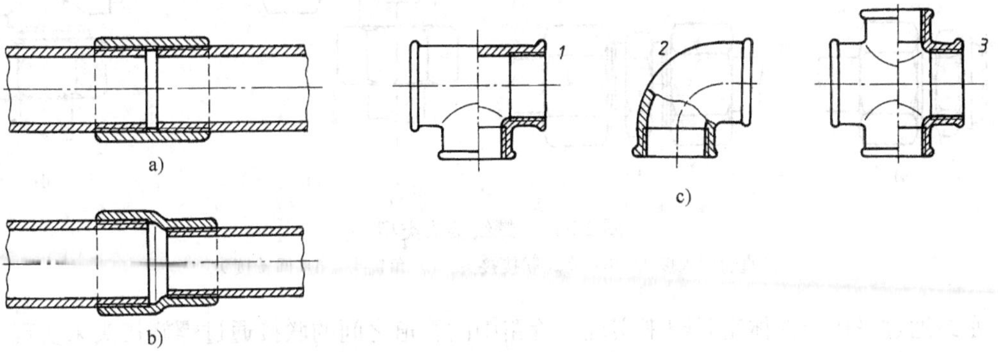

图 18-10　用配件进行螺纹联接

a）相同尺寸管道的联接　b）不同尺寸管道用变尺寸管接头联接　c）配件

1—三通　2—弯管　3—四通

对于在高压（≤630bar＝63MPa）下工作的油压管路，采用与图 18-11 和图 18-12 相对应的管螺纹联接。其密封靠金属接触或弹性 O 形圈，见图 18-11。定位功能由卡套式管接头（或折边，或圆锥）与锁紧螺母共同实现，见图 18-11。对于高压和剧烈动载荷（压力峰值、机械振动）的场合，软密封焊接圆锥螺纹联接（见图 18-11d）特别有效。通过 O 形密封圈和不采用卡套式管接头，即使工作条件非常恶劣时也可实现绝对密封，而且对称循环弯曲强度和压缩脉动强度高。金属密封折弯螺纹联接（见图 18-11b）用于中等压力的液压管路中。对于平密封 90°折弯螺纹联接需注意，它不能补偿偏心误差（见图 18-11c）。在标准的 24°基本形状和标准的锁紧螺母的基础上，又发展了新的螺纹联接，例如卡套式管接头加软密封和异形头加（无）软密封。

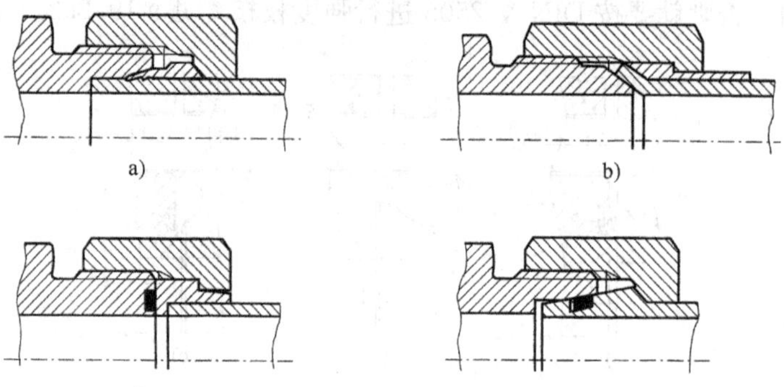

图 18-11　用于液压装置的管螺纹联接（ISO 8434，管外径 6～38mm，≤PN630）

a）卡套式管接头，密封锥 24°（DIN 2353）　b）折边，密封锥 37°　c）平密封加 O 形圈（折边或端接头，90°）

d）焊接（密封）锥 24°，加 O 形圈（DIN 3865）

液压管与液压器件之间通过螺旋轴颈和孔相联（见图 18-12a）。对于圆柱形和圆锥形螺纹接头，DIN 3852 规定了米制细螺纹和惠氏管螺纹（TB18-11）。

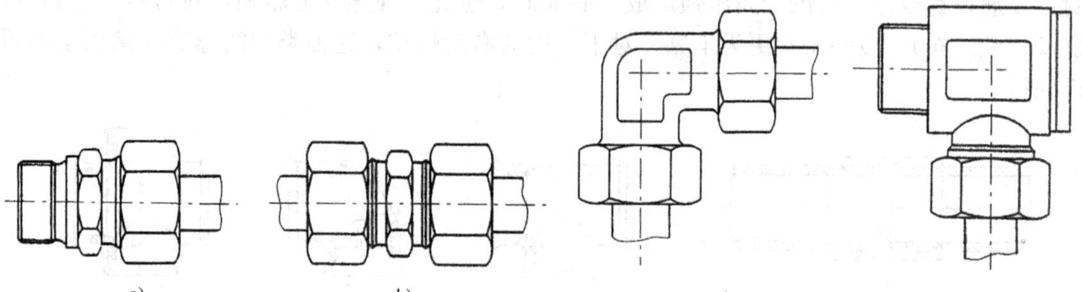

图 18-12　螺纹接头类型

a）直通旋入接头　b）直通联接接头　c）角接头　d）回转接头

密封通过采用弹性体密封圈来实现。管路中的管道之间的联接通过螺旋接头来实现（直接头、角接头，三通和四通等），必要时可通过平管接头和焊接接头来实现，见图 18-12b 和 c。考虑到需要较大拧紧力矩，所以对外径超过 38mm 的管道，通常采用法兰联接。

4. 套管联接　弹性套管联接用于输汽和供水的铸铁管联接（TB18-1）和塑料管联接中。刚性套管联接（例如 Stemm 接头）很少被采用。焊接套管详见 § 18. 3. 2-1。

对于图 18-13a 所示的插入式套管联接，橡胶密封圈 2 嵌入套管 1 中。将光滑的管头插入套管空腔后，密封件变形从而产生径向密封压力。

对于图 18-13b 所示的螺旋式套管联接，橡胶密封圈 3 的压紧力受螺旋环的影响。

对于图 18-13c 所示的压紧套管联接，橡胶密封圈 3 受压紧套环 2 的压力，它将密封件压紧在接合缝中。

上述所有联接方法都允许出现角度误差，且能承受轴向位移。所以无需成型件也可以实现些许弯曲，同时置于地下可防止管道破裂。但是，如果要承受纵向载荷，管道必须作相应的固定。这类联接方法对温度敏感型内保护层管道很有利（无需加热!），简单和快速。

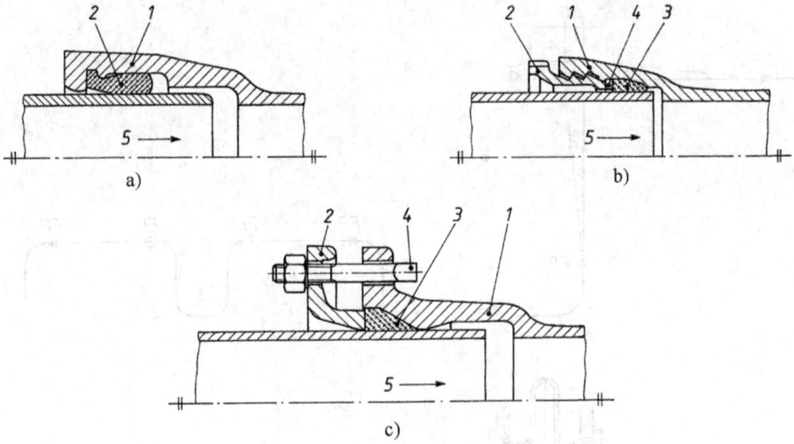

图 18-13　可锻铸铁压力管道的套管联接

a）插入式套管联接（DIN 28603），（1—插入套管　2—密封圈）　b）螺旋式套管联接（DIN 28601），（1—螺旋式套管　2—螺旋环　3—密封圈　4—滑环）　c）压紧套式套管联接（DIN 28602）（1—压紧套式套管　2—压紧套环　3—密封圈　4—矩形头螺栓和螺母　5—流体流动方向）

18.3.3　伸缩补偿

管内介质或环境温度的变化会导致管道长度的变化，因此必须设计弹性结构来加以补偿。如果管路为直的且固定不动，则固定点就要承受管上载荷（拉伸或压缩）。管道轴向应力的极限值为 $\sigma_\theta = E\alpha\Delta\theta$，对于钢管，每 K（热力学温度）温差约为 2.5N/mm²。对于任何管道材料，与管道长度无关的管上载荷的近似计算公式为

$$F_\theta \approx E\alpha\Delta\theta A \tag{18-1}$$

式中　E——管道材料的弹性模量（N/mm²），由 TB1-1～TB1-4 查取；

α——管道材料的热线膨胀系数（K^{-1}）；

结构钢：$12\times10^{-6}K^{-1}$；耐热和不锈钢以及铜：$17\times10^{-6}K^{-1}$；

铝合金：$24\times10^{-6}K^{-1}$；塑料：在 $50\times10^{-6}K^{-1}$（低温）和最大为 $200\times10^{-6}K^{-1}$（高温，80℃）之间；

$\Delta\theta$——安装和工作状态之间的温差（K）；

A——管壁横截面积（mm²），由 TB1-13 查取。

因此，应在所敷设的管道中通过方向变化来实现自然伸缩补偿。如直角管臂的直线伸长量可通过弯曲来补偿，见图 18-14a。固定点应尽可能位于配件附近。当长度变化较大时，应采用伸缩补偿件，将它置于两个固定点之间，图 18-14b。比较有效的是 U 形或琴夹形伸缩弯管，它的材料与管道材料相同。它工作可靠，无需维护，但是占用空间大。为了大幅度地降低管上载荷、弯矩和扭矩，应在管道装配时施加预应力以抵消热伸长。通常施加达到预期载荷 50%的预应力。对于重载管道，应精确地计算热变形。

大型管道和空间位置受限时，应采用特制零件来承担热变形（人工伸缩补偿）。最简单的零件为透镜式管接头（见图 18-14c），还可以将它们多个组合在一起来构成金属波纹管。图 18-14d 所示的压紧套式伸缩补偿器可以补偿较大伸缩量。

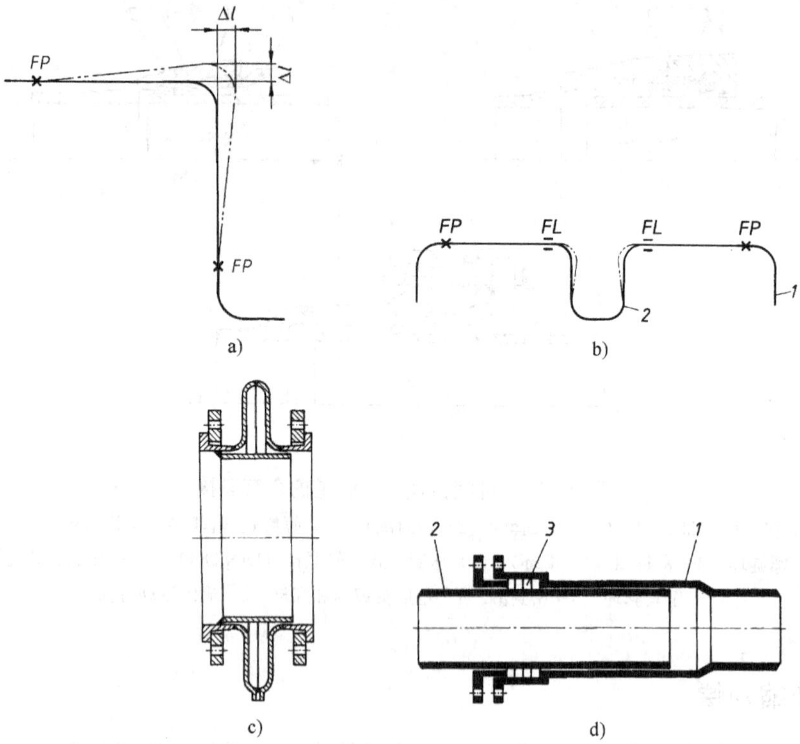

图 18-14　伸缩补偿

a）管臂补偿件（示意图）　b）带U形弯管伸缩补偿件的管道，固定点和浮动点的布置（1—管道　2—U形弯管　FP—固定点　FL—浮动支承（浮动点））　c）透镜式补偿器　d）压紧套式伸缩补偿器，示意图（1—套管　2—内管　3—密封件）

18.3.4　管道支架

它必须能承受管道的工作质量，固定点还要能承受热变形所带来的载荷和力矩。对于钢管道，可按下述经验公式确定支点距离：

$$L = kd_i^{0.67}$$

L	k	d_i
m	1	mm

（18-2）

式中　d_i——管道内径；

k——管道结构系数；

—对于空管且未包绝热材料的管道：$k=0.3$；

—对于充满（水）和包裹绝热材料的管道：$k=0.2$。

如图 18-15a 所示，固定点用来沿伸缩方向固定管道，它必须足够坚固以承受纵向载荷。管道支承将重力导引到支座上，而且在大多数情况下为导引轴承（浮动点），见图 18-15b。

如图 18-15c 和图 18-15d 所示，管道悬挂的方法多种多样。作为浮动点，它们要能承受管道质量和能调整落差。工程实际中，采用标准管夹（DIN 3567）、圆钢卡（DIN 3570）、悬挂拉杆（DIN 3575）以及支承爪（DIN 3576）和夹紧板（DIN 3568）。

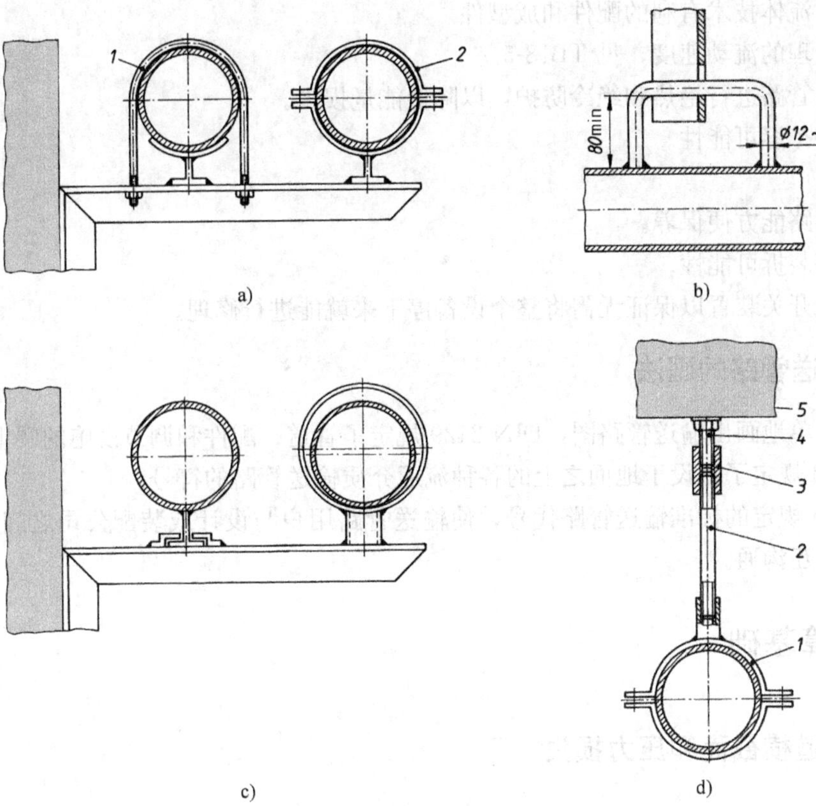

图 18-15　管道支承和固定

a）管道固定（固定点），圆钢卡 1 和管夹 2　b）管道支承（浮动点），做成导引轴承

c）用 U 形圆钢卡悬挂管道　d）用螺旋支架将管道悬挂在天花板上

（1—管夹　2—螺旋支架　3—螺旋套管　4—矩形头螺栓　5—安装轨道）

18.3.5　输送管路结构设计规范

1. 工作安全性

—所有管道零件必须符合安全规范。

—选择材料时应遵循设计手册的有关要求。

—应进行可靠防腐。必要时，管内防腐必须符合饮食安全规范。

—应能在工作不中断的情况下更换零件。

—为保证设施的安全，应设置溢流阀、止回阀、通风装置和抽水装置等。

—应能补偿热伸长量。

—管道件要有足够的支承。管上载荷能可靠传导（固定点和浮动点，支架，管道桥架和管道枕，支承和安置）。

—输送管路要有足够落差。供水管落差 5mm/m，通气管（未干燥）20mm/m。

—明确无误地做好标识和代号。

2. 经济性

—输送管路应尽可能短和直。

—采用对流体技术有利的配件和成型件。
—选择合理的流动速度，见 TB18-5。
—对输送管路进行绝热和绝冷防护，以降低能量损失。
—应预留扩容可能性。

3. 保养

—应使管路能方便保养。
—应保证装拆可能性。
—应设置开关装置以保证无需将整个设备停下来就能进行修理。

18.3.6 输送管路的画法

为了能简单地画出输送管路图，DIN 2429 规定了管道、配件和调节设施的图上符号。

DIN 2403 规定了敷设于地面之上的各种流通介质输送管路的符号。

DIN 2406 规定的标准输送管路代号，使输送管路用户与设计或装配公司之间能快速和准确无误地相互沟通。

18.4 计算基础

18.4.1 管道横截面和压力损失

进行输送管路设计时，首先要确定公称通径。大多数情况下已知体积或质量流量 $\dot{V}$，要根据设施的类型来选择流动速度 v，应使输送管路和运行成本尽可能低。

由不可压缩介质的流动方程 $\dot{V}=Av=\dot{m}/\rho=$常数，在已知体积流量或质量流量的情况下，圆形管道流动速度的平均值为

$$v=\frac{4}{\pi}\frac{\dot{V}}{d_i^2}=\frac{4}{\pi}\frac{\dot{m}}{\rho d_i^2} \tag{18-3}$$

或在先确定流动速度后，得到所需的管道内径为

$$d_i=\sqrt{\frac{4}{\pi}\frac{\dot{V}}{v}}=\sqrt{\frac{4}{\pi}\frac{\dot{m}}{\rho v}} \tag{18-4}$$

式中 $\dot{V}$——流量（m^3/s）；

v——流动速度（m/s），由 TB18-5 查取；

$\dot{m}$——质量流量（kg/s）；

ρ——介质密度（kg/m^3），与压力和温度有关，近似值见 TB18-9。

这样就可以由管道标准（TB18-1 和 TB1-13）选择对应通径（内径，即公称通径）的管道。

管道直径对设施和运行成本的影响，很大程度上取决于压力损失 Δp，该压力损失是由流动介质的摩擦、管道零件中的流动分离和涡流所产生的。它代表的是泵和压缩机所需的消耗功率。下倾的供水管或上升的气管（$\rho_{气体}<\rho_{空气}$）具有自然压差。

对于不可压缩，也即空间不变的传输，没有嵌入件的直线圆形输送管路的压力损失为

$$\Delta p=\lambda \frac{l}{d_{\mathrm{i}}}\frac{\rho}{2}v^{2} \tag{18-5}$$

由输送管路零件（管道扩大或变窄、管道转弯、阻挡器件）产生的压力损失为

$$\Delta p=\sum \zeta \rho v^{2}/2 \tag{18-6}$$

考虑非水平管路的高差 Δh 后，总压力损失的一般计算公式为

$$\Delta p=\frac{\rho v^{2}}{2}\left(\frac{\lambda l}{d_{\mathrm{i}}}+\sum \zeta\right)\pm \Delta h g(\rho-\rho_{空气}) \tag{18-7}$$

式中　Δp——压力损失（Pa㊀，N/m^2，$kg/(m \cdot s^2)$）

d_i，v——同式（18-3）和式（18-4）；

l——输送管路长度（m）；

λ——管道摩擦因数，由 TB18-8 查取，或由式（18-9）～式(18-11）计算；

ζ——阻力系数，与输送管路零件有关，基准值由 TB18-7 查取；

Δh——输送管路起点和终点之间的高差（m）；

ρ，$\rho_{空气}$——介质密度和环境空气密度（kg/m^3），近似值见 TB18-9；

g——重力加速度，$9.81m/s^2$。

提示：当输送管路上升时，式中的第二部分取“+”号，反之取“−”号。当 $\rho<\rho_{空气}$ 时（例如低压输气管），对于上升管道，会增压（上升力），对于下降管道，则产生压力损失。

流体的运动状态取决于雷诺数

$$Re=\frac{v d_{\mathrm{i}}}{\nu}=\frac{v d_{\mathrm{i}}\rho}{\eta} \tag{18-8}$$

式中　d_i，ρ，v——同式（18-3）和式（18-4）；

η——动力粘度［Pa·s，或 $kg/(m \cdot s)$］，与温度关系很大，近似值见 TB18-9b；对润滑油见 TB15-9；

ν——运动粘度 m^2/s（η/ρ），与温度有关，对于气体还与压力有关，近似值见 TB18-9a。

临界雷诺数 $Re_{krit}=2320$ 代表由层流状态向湍流状态转变。用管道摩擦因数 λ 考虑摩擦影响，而 λ 与雷诺数 Re 和相对粗糙度 d_i/k 有关，见 TB18-8。

对于层流状态（$Re<2320$，例如输油管），管道摩擦因数与管壁粗糙度无关

$$\lambda=\frac{64}{Re} \tag{18-9}$$

在湍流区域，摩擦因数跳跃式上升，对于完全光滑的管道（$k=0$），近似公式为 $\lambda \approx 0.309/[\lg(Re/7)]^2$。

在大多数情况下，管道的管壁是完全粗糙的，它的粗糙度高度 k 大于粘附底层的厚度。管道摩擦因数 λ 仅仅与 d_i/k 有关，它位于极限曲线 $\lambda=[(200d_i/k)/Re]^2$（见 TB18-8）之上，有

$$\lambda=\frac{1}{\left(2\lg \frac{d_{\mathrm{i}}}{k}+1.14\right)^{2}} \tag{18-10}$$

㊀ 压力的国际单位为帕斯卡（Pa）。$1bar=0.1MPa=0.1N/mm^2=10^5Pa$。

管壁从全粗糙到完全光滑的过渡区域，摩擦因数既与 d_i/k 有关，也与 Re 有关：

$$\frac{1}{\sqrt{\lambda}}=-2\lg\left(\frac{2.51}{Re\sqrt{\lambda}}+\frac{1}{3.71\dfrac{d_i}{k}}\right) \tag{18-11}$$

提示：在计算压力损失时，首先要针对实际流体由式（18-8）计算预期的雷诺数。然后由 TB18-6 根据管道类型和管道内壁状态估计粗糙度高度 k。由 Re 和 d_i/k 可以由 TB18-8 以很好的精度查取摩擦因数，或由式（18-9）～式（18-11）计算摩擦因数。

气体和蒸汽输送为可压缩，即空间变化流体输送，由于压力降低产生的膨胀使流体密度改变。如果压力损失很小，也即膨胀很小，例如低压气体输送，对于这种可压缩流体，由式（18-7）可算得精度足够的结果。

当输送管路有多级不同直径时，应分别对每一段计算其压降，然后再把它们全部加起来。

虽然流动速度高可使管道直径小，但是压力损失大，因为它随流动速度的平方增大。应按 TB18-5 在极限范围内尽可能选择小流动速度，这样可使压力损失更小。压力损失与管道直径的 5 次方成反比。例如，在其他条件相同的情况下，若管道直径减小一半，则压力损失增大 32 倍！

18.4.2　按内压力计算壁厚

1. 钢管　按内压力计算钢管原则上与 § 6.3.4-1 所述的压力容器壳的计算方法相同。对于不适用于蒸气锅炉和压力容器标准规范（TRD、AD、DIN EN 13480）的钢输送管路，可根据 DIN 2413 按内压力来计算壁厚，其所需壁厚（订货壁厚、公称壁厚）为

$$t=t_v+c_1+c_2 \tag{18-12}$$

式中　t_v——按式（18-13）或式（18-14）计算的不含增量的壁厚；

c_1——补偿许用壁厚下差的增量（mm）。当以 c_1'（%）的形式给出时，有

$$t=(t_v+c_2)\frac{100}{100-c_1'}$$

无缝钢管（DIN 1629 和 DIN 1630）：

c_1' = 壁厚的 9%～15%，取决于管外径和正常壁厚；

焊接钢管（DIN 1626 和 DIN 1628）：

$t \leqslant 3\text{mm}$，$c_1=0.25\text{mm}$；$3\text{mm}<t\leqslant 10\text{mm}$，$c_1=0.35\text{mm}$；$t>10\text{mm}$，$c_1=0.5\text{mm}$；

c_2——腐蚀或损耗增量。铁氧体钢一般为 1mm。如果既没有腐蚀又不会产生磨损，则 $c_2=0$。

对于主要承受静载且计算温度≤120℃的输送管路（适用区域Ⅰ，最常见的情况），按保证屈服强度来得到计算壁厚：

$$t_v=\frac{d_a p_e}{2\dfrac{K}{S}v_N} \tag{18-13}$$

式中　p_e——计算压力，取所有工作状态下的最大内过压，例如所产生的压力冲击 $p_e=p_N+\Delta p$，p_N 为公称（设备）压力，Δp 为压力冲击造成的压力变量；

K——管道材料在 20℃的屈服点 R_e（$R_{p0.2}$）（见 TB1-1 和 TB6-15b）。高屈服点比

R_e/R_m的特殊钢最大许用值：

非调质钢 $K=0.7R_m$，调质钢 $K=0.8R_m$（强度极限见管道供货技术条件 DIN 1626、1628、1629 和 DIN 1630）；

S——安全系数（DIN 2413-1）

管道材料的断裂伸长 A_5	有无交货试验证书（EN 10204）	
	有	无
≥25%	1.5（1.4）	1.7
20%	1.6（1.5）	1.75
15%	1.7（1.6）	1.8

括号中的值用于入地敷设的输送管路，且位于无特别附加载荷的区域。

v_N——纵向或螺旋线焊缝系数；

$v_N=0.9$：焊接管（DIN 1626，正常情况）

$v_N=1.0$：焊接管（DIN 1628）和与 DIN 1626 相一致以及无缝钢管

对于承受脉动载荷（适用区域Ⅲ）的输送管路，分别按保证不屈服的式（18-13）和保证不产生疲劳断裂（有限或无限寿命）的式（18-14）得到计算厚度 t_v，取大者。

$$t_v=\frac{d_a}{\dfrac{2\sigma_{Sch\,zul}}{p_{max}-p_{min}}-1} \tag{18-14}$$

式中　d_a——管道外径；

$p_{max}-p_{min}$——压力振动的振动幅度，正常情况下，从 $p_{min}=0$（先导控制管路，无压）上升到设备的最大压力 $p_{max}=p_N+\Delta p$，p_N 为公称压力，Δp 为由式（18-17）或式（18-18）计算的压力冲击；

$\sigma_{Sch\,zul}$——许用持久脉动疲劳极限，用于防止疲劳断裂，等于 $\sigma_{schD}/1.5$，σ_{schD} 的基准值（$>2\times10^6$ 次循环）为：

—精密钢管（DIN 2391 或 DIN 2393），材料为 S235G2T（St35）NBK 或 S235JR（St37-2）NBK：225N/mm²；

—热轧钢管（DIN 2445Bb1.1），材料为 St52.4：230N/mm²（$d_a\leqslant$ 114.3mm）或 155N/mm²（$d_a>$114.3mm）；

—焊接钢管，焊缝经处理：180N/mm²；

—焊接钢管，焊缝未处理（与基材无关）：120 N/mm²；

—用于无缝和高频焊接钢管的韦勒疲劳曲线见 TB18-10；抗有限寿命疲劳振动断裂的许用应力由韦勒疲劳曲线查取；对于无缝和高频焊接钢管由 TB18-10 查取，断裂循环次数 $n_B=S_Ln$，式中 n 为总运行时间所预期的循环次数，$S_L=2\sim10$ 为循环安全系数；对于已知分布载荷取 $S_L=5$ 足够了。

对于主要承受静载荷和计算温度超过 120℃的输送管路用热屈服点或持久疲劳极限来计算（适用区域Ⅱ，DIN 2413）。

2. 铸铁管　供水和输气用可锻铸铁套管（$R_m=420\text{N/mm}^2$）按 EN 545 和 EN 969 的规

定进行计算，其最高许用零件工作压力为

$$PFA=\frac{20tR_m}{d_mS_F}\leqslant 64bar \quad (18\text{-}15)$$

PFA	t,d_m	R_m	S_F
bar	mm	N/mm^2	1

式中　t——最小管壁厚；

d_m——平均管径（d_a-t）；

R_m——可锻铸铁的最小抗拉强度（$R_m=420\ N/mm^2$）；

S_F——安全系数（$S_F=3$）。

除了内压以外，在强度计算时，还必须考虑附加应力，例如热伸长受阻碍时带来的作用力，分布载荷（自重）和管道敷设时轴线变形而产生的弯曲应力，以及管壁温度分布不均匀而产生的热应力。

3. 考虑压力冲击　通过控制（例如关闭一个闸阀）使流动速度变化 Δv，则会在流入端产生一个正的压力冲击 $+\Delta p$，在流出端产生一个负的压力冲击 $-\Delta p$。它会造成一个从发源地向两边以声速传播的波浪，并在到达中断位置（容器、管节点、管道端部）时被反射回来。从发源地到容器的往反路程，一个压力波所需的反射时间为

$$t_R=2l/a \quad (18\text{-}16)$$

式中　l——管段长度；

a——压力波的传播速度，见式（18-7）。

对压力冲击 Δp 的大小起主要影响作用的是管段长度 l、阻挡件的关闭时间 t_S、流动速度 v 和压力波在介质中的传播速度 a。

如果在一个很短的关闭时间 $t_S<t_R$ 内，流动速度突然从 v_1 降到 $v_2=0$，则最大压力冲击（优柯夫斯基冲击）为

$$\Delta p=\rho a\Delta v \quad (18\text{-}17)$$

式中　ρ——流体密度（kg/m^3）；

a——压力波的传播速度（m/s）；

基准值：水和稀油在薄壁管道中 $a=1000m/s$，在相对较厚的液压管道中，其平均值 $a=1300m/s$；

Δv——一个控制过程产生的流动速度变化（m/s）（可能为正也可能为负）。

如果关闭时间延长到数倍于反射时间（$t_S\gg t_R$），可极大地降低压力冲击。如果长度 $l<at_S/2$ 的短管和阻挡件的关闭动作遵从线性规则，可降低冲击，其压力冲击为

$$\Delta p=\rho a\Delta v\frac{t_R}{t_S} \quad (18\text{-}18)$$

式中　ρ，a，Δv——见式（18-18）；

t_R——压力冲击的反射时间（s），见式（18-16）；

t_S——阻挡件或控制件的关闭时间（s）。

由于不能推导出通用公式，式（18-17）和式（18-18）只能作为近似公式使用。对于液体输送管路，由于介质密度大，应认真对待其压力冲击。

负压力冲击也是危险的，它会形成负压，从而使薄壁管道产生内鼓或产生水击现象。为了保证设施的安全，应采取阻止压力冲击的措施，例如设置带油压刹的止回阀、带大回转质量的泵或安全罐。

计算管道变形和振动断裂时一定要考虑压力冲击所带来的压力增大，见式（18-13）和式（18-14）。

18.5 计算示例

■**例 18-1**：一水力高压设备中的热成形无缝钢管，材料为 S355GT（St52.4，$A_5=21\%$），外径为 60.3mm（DN 40），试确定其壁厚。设备的公称压力为 $p_N=250\text{bar}$（$1\text{bar}=10^5\text{Pa}$），工作中的压力循环次数超过 2×10^6 次。

▶**解**：该管道受脉动循环动载荷，按 DIN 2413 的规定，适用区域Ⅲ，分别按屈服和疲劳振动断裂进行计算，并选大者为管道壁厚。

按变形（屈服）进行计算

按式（18-13）确定计算壁厚

$$t_v=\frac{d_a p_e}{2\frac{K}{S}v_N}$$

式中，各参数为：

—管道外径 $d_a=60.3\text{mm}$

—计算压力 $p_e=250\text{bar}+60\text{bar}=310\text{bar}=31\text{N/mm}^2$

—管道材料 S355GT（St52.4）的屈服点按 DIN 1630 或 TB1-1：$R_e=355\text{N/mm}^2$

—安全系数 $S=1.6$（断裂伸长 $A_5=21\%$，有交货试验证书）

—无缝钢管，焊接系数 $v_N=1.0$

所以

$$t_v=\frac{60.3\text{mm}\times31\text{N/mm}^2}{2\times\frac{355\text{N/mm}^2}{1.6}\times1.0}=4.2\text{mm}$$

按振动断裂进行计算

按式（18-14）确定计算壁厚

$$t_v=\frac{d_a}{\frac{2\sigma_{\text{Sch zul}}}{p_{max}-p_{min}}-1}$$

式中，各参数为

—管道外径 $d_a=60.3\text{mm}$

—S355GT（St52.4）的许久脉动疲劳强度为：$\sigma_{\text{Sch zul}}=230\text{N/mm}^2/1.5=153\ \text{N/mm}^2$

—最大压力 $p_{max}=250\text{bar}+60\text{bar}=310\text{bar}=31\text{N/mm}^2$

—最小压力 $p_{min}=0$（全压力变化）

所以

$$t_v=\frac{60.3}{\frac{2\times153\text{N/mm}^2}{31\text{N/mm}^2}-1}=6.8\text{mm}$$

由此可知，疲劳断裂计算起决定作用，因为 $t_v=6.8\text{mm}>t_v=4.2\text{mm}$。考虑到腐蚀增量 $c_2=1\text{mm}$ 和预期的壁厚负差（DIN 1630），$c_1'=10\%$，因此由式（18-13）确定所需壁厚为

$$t=(6.8\text{mm}+1\text{mm})\frac{100}{100-10}=8.7\text{mm}$$

根据 DIN 2448（尺寸标准），往大取标准壁厚为 $t=8.8\text{mm}$（见 TB1-13）。

结果：所选管道为 DIN 2448—60.3×8.8 DIN 1630—S355GT，要求交货试验证书为 EN 10204—3.1B。

■**例 18-2**：要将 10℃的水，用水泥砂浆包裹的长 280m 的焊接钢管，由一个地面容器以 $300\text{m}^3/\text{h}$ 压到

蓄水器中。泵到蓄水器管道入口的铅垂距离为8m，扬程为2m。管路中有两个直通阀，一个单向闸阀和3个60°弯管（$R=2d$）。

如果泵功率不许超过15kW，试确定所要订货的焊接钢管的尺寸。

▶**解：** 在工程实际中，大多数情况均给出体积流量和许用压降（或功率）。由于理论方程对本例并不能得到清楚的解，故先用假设的流动速度来计算管道直径，从而确定压降。如果得到的并不是所预期的结果，则要选择另一个直径来重新计算。

主水管路的经济性速度为 $v=1\sim2\text{m/s}$（见TB18-5），所给的体积流量为 $300\text{m}^3/\text{h}=0.0833\text{m}^3/\text{s}$，由式（18-4）可得计算管道内径为

$$d_i=\sqrt{\frac{4\dot{V}}{\pi v}}=\sqrt{\frac{40.0833\text{m}^3/\text{s}}{\pi 1.5\text{m/s}}}=0.266\text{m}=266\text{mm}$$

由TB18-4选择下一个公称通径DN 250。然后按DIN 2458选择一个正常壁厚的管道：管道DIN 2458—S235JR—273×5。

假设水泥砂浆约为3mm厚，由式（18-3）得流动速度为

$$v=\frac{4}{\pi}\frac{\dot{V}}{d_i^2}=\frac{4\times0.0833\text{m}^3/\text{s}}{\pi(0.257\text{m})^2}=1.6\text{m/s}$$

由TB18-9a查得10℃水的运动粘度：$\nu=1.307\times10^{-6}\text{m}^2/\text{s}$。按式（18-8）得到表示流体状态的雷诺数

$$Re=\frac{vd_i}{\nu}=\frac{1.6\text{m/s}\times0.257\text{m}}{1.307\times10^{-6}\text{m}^2/\text{s}}=314600$$

由TB18-6查得用水泥砂浆包裹的钢管的平均粗糙度高度为 $k=0.18\text{mm}$，所以 $d_i/k=257\text{mm}/0.18\text{mm}=1428$，由TB18-8得管道摩擦因数为 $\lambda\approx0.019$。

由于该值位于极限曲线之下，也就是说处于过渡区域，λ 既与 d_i/k 有关，也与 Re 有关，它适用于式（18-11）。

所以，对于所选管道，摩擦导致的压力损失按式（18-5）计算：

$$\Delta p=\frac{\lambda l}{d_i}\frac{\rho v^2}{2}=\frac{0.019\times280\text{m}}{0.257\text{m}}\times\frac{999.7\text{kg/m}^3(1.6\text{m/s})^2}{2}=26490\text{Pa}$$

由TB18-7知各嵌入件的阻力系数分别为：

1个管道入口（管道前置件）	$\zeta=3$
1个出口（流出到空中）	$\zeta=1$
2个直通阀，每个 $\zeta=5$	$\zeta=10$
1个止回闸阀	$\zeta=0.8$
3个60°弯管，光滑，每个 $\zeta=0.7\times0.14$	$\zeta=0.3$
	$\sum\zeta=15.1$

管道零件造成的压力损失由式（18-6）计算

$$\Delta p=\sum\zeta\rho v^2/2=15.1\times999.7\text{kg/m}^3\times(1.6\text{m/s})^2/2=19320\text{Pa}$$

克服大地高度差所产生的压力损失为

$$\Delta p=(\rho-\rho_{\text{Luft}})g\Delta h=(999.7-1.3)\text{kg/m}^3\times9.81\text{m/s}^2\times10\text{m}=97940\text{Pa}$$

所以泵需要产生的压力为

$$26490\text{Pa}+19320\text{Pa}+97940\text{Pa}=143750\text{Pa}$$

但是一个15kW驱动功率和效率为0.7的泵所能带来的压力仅为

$$p=\frac{\eta P}{\dot{V}}=\frac{0.7\times15000\text{N}\cdot\text{m/s}}{0.0833\text{m}^3/\text{s}}\approx126000\text{Pa}$$

为了使压降更小，按下一个公称通径DN 300重新计算。假定的管道为DIN 2458—S235JR—323.9×5.6，其 $d_i=323.9\text{mm}-2\times(5.4+3)\text{mm}\approx307\text{mm}$，由此得各压力损失为

—摩擦造成的　　　$\Delta p=10960\text{Pa}$

—嵌入件造成的 $\Delta p=9550\text{Pa}$

—高差造成的 $\Delta p=97940\text{Pa}$

所需压力 $=118450\text{Pa}<126000\text{Pa}$

故应敷设 DN 300 管道。

接着按内压计算壁厚。本例为静载荷，按式（18-13）和式（18-12）确定所需壁厚（适用区域Ⅰ）。

式（18-3）中的各参数为：

—$d_a=323.9\text{mm}$（所选的焊接管，DIN 2458）

—$p_e=118450\text{Pa}\approx0.12\text{N/mm}^2$，为可能的最大过载内压

—$K=R_e=235\ \text{N/mm}^2$，管道材料 S235JR 的屈服点（DIN 1626，或 TB1-1）

—$S=1.6$，对于 $A_5\approx21\%$ 的材料的安全系数

—$v_N=0.9$（假设检验等级 B，正常情况）

由此得计算壁厚为

$$t_v=\frac{323.9\text{mm}\times0.12\text{N/mm}^2}{2\times\dfrac{235\text{N/mm}^2}{1.6}\times0.9}=0.15\text{mm}$$

$t<3\text{mm}$ 时，$c_1=0.25\text{mm}$，腐蚀增量 $c_2=1\text{mm}$，所以由式（18-12）得订货壁厚为

$$t=0.15\text{mm}+0.25\text{mm}+1\text{mm}=1.4\text{mm}$$

按 DIN 2458 规定的正常壁厚 5.6mm 远远大于按 DIN 2413 得到的所需壁厚 $t=1.4\text{mm}$。考虑到价格和供货可能性，最终按优先壁厚确定订货尺寸为

管道 DIN 2458—323.9×4DIN 1626—S235JR(St37.0)，

要求交货试验证书 EN 10204-3.1B,计算应力 90%。

18.6 参考文献

Armbruster, W., Reuter, G. (Hrsg.): Prozessrohrleitungen. 1. Aufl. Essen: Vulkan, 1988 (Jahrbuch)

Behnisch, H.; Schiemann, W. u. a.: Schweißverbindungen im Kessel-, Behälter- und Rohrleitungsbau. Düsseldorf: DVS, 1966 (Fachbuchreihe Schweißtechnik Bd. 43)

Beratungsstelle für Stahlverwendung, jetzt Stahl-Informationszentrum (Hrsg.): Verbinden von Rohren und Verlegen von Fernleitungen. Düsseldorf, 1965 (Merkblatt 208)

Beratungsstelle für Stahlverwendung, jetzt Stahl-Informationszentrum (Hrsg.): Verwendung und Berechnung innendruckbeanspruchter Stahlrohre. Düsseldorf, 1961 (Merkblatt 220)

Böswirth, L., Schüller, O.: Belspiele und Aufgaben zur technischen Strömungslehre. 2. Aufl. Braunschweig/Wiesbaden: Vieweg, 1985

Böswirth, L.: Technische Strömungslehre. 2. Aufl. Braunschweig/Wiesbaden: Vieweg, 1995

Buhrke, H., Kecke, H. J., Richter, H.: Strömungsförderer. Braunschweig/Wiesbaden: Vieweg, 1989

DIN, Deutsches Institut für Normung (Hrsg.): DIN-Taschenbücher. Berlin: Beuth
- Gussrohrleitungen. 6. Aufl. 1998 (DIN-Taschenbuch 9)
- Industriearmaturen. 2. Aufl. 1987 (DIN-Taschenbuch 182)
- Rohre, Rohrleitungsteile und Rohrverbindungen aus duroplastischen Kunststoffen. 2. Aufl., 1989 (DIN-Taschenbuch 171)
- Rohrleitungssysteme (graphische Symbole) 3. Aufl. 1995 (DIN-Taschenbuch 170)
- Rohrleitungsteile aus thermoplastischen Kunststoffen. 4. Aufl. 1990 (DIN-Taschenbuch 52)
- Schlauchleitungen. 3. Aufl. 1994 (DIN-Taschenbuch 174)
- Stahlrohrleitungen 1. Normen für Maße und technische Lieferbedingungen. 7. Aufl. 1994 (DIN-Taschenbuch 15)
- Stahlrohrleitungen 2. Normen für Planung und Konstruktion. 3. Aufl. 1996 (DIN-Taschenbuch 141)
- Stahlrohrleitungen 3. Zubehör und Prüfung. 4. Aufl. 1996 (DIN-Taschenbuch 142)
- Wasserversorgung. Rohre und Formstücke, Rohrnetz und Zubehör (DIN-Taschenbücher 62 und 160)

DIN, Dt. Inst. für Normung (Hrsg.): Flansche und Werkstoffe: Normen und Tabellen. 4. Aufl. Berlin: Beuth, 1998

DIN, Dt. Inst. für Normung (Hrsg.): Tabellenbuch für den Rohrleitungsbau. Berlin: Beuth, 1993

Eck, B.: Technische Strömungslehre. Bd. 1: Grundlagen. Bd. 2: Anwendungen. 8. Aufl. Berlin: Springer, 1978

Fachgemeinschaft Armaturen im VDMA u. a. (Hrsg.): 3 R international (Rohre – Rohrleitungsbau – Rohrleitungstransport). Essen: Vulkan (Fachzeitschrift)

Fachgemeinschaft Armaturen im VDMA (Hrsg.): Industriearmaturen. Bauelemente der Rohrleitungstechnik. 2. Aufl. Essen: Vulkan, 1988 (Jahrbuch)
Feurich, H.: Rohrnetzberechnung. 3. Aufl. Düsseldorf: Kramer, 1973
Gersten, K.: Einführung in die Strömungsmechanik. 6. Aufl., Braunschweig: Vieweg, 1991
Häfele, C. H.: Absperrarmaturen und Sicherheitsarmaturen für Dämpfe und heiße Gase. Köln: TÜV Rheinland, 1978
Herning, F.: Stoffströme in Rohrleitungen. 4. Aufl. Düsseldorf: VDI, 1966
Jenkner, H. u. a.: Berechnung von Stahlrohrleitungen für strömende Flüssigkeiten. Düsseldorf. Beratungsstelle für Stahlverwendung (Stahl-Informationszentrum), 1969 (Merkblatt 220)
Kecke, H. J., Kleinschmidt, P.: Industrie-Rohrleitungsarmaturen. Düsseldorf: VDI, 1994
Klein, Schanzlin & Becker AG (Hrsg.): Armaturen-Handbuch. 3. Aufl. Frankenthal (Pfalz), 1965
Knoblauch, H.-J. u. a.: Das Stahlrohr in der Hausinstallation. Düsseldorf: Beratungsstelle für Stahlverwendung (Stahl-Informationszentrum), 1978 (Merkblatt 305)
Kunststoffrohr-Handbuch. 2. Aufl. Essen: Vulkan, 1984
Langheim, F., Reuter, G., von Hof, F.-C. (Hrsg.): Rohrleitungstechnik. 3. Aufl. Essen: Vulkan, 1987 (Jahrbuch)
Neukircher, J., Schmidt, H.-J., Ullmann, H.: Rohrleitungen und Rohrleitungsarmaturen. 4. Aufl. Leipzig: VEB, 1975
Neumann, A.: Schweißtechnisches Handbuch für Konstrukteure. Teil 2: Stahl-, Kessel- und Rohrleitungsbau. 5. Aufl. Düsseldorf: DVS, 1988 (Fachbuchreihe Schweißtechnik, Bd. 80, Teil II)
Piwinger, F. (Hrsg.): Stellgeräte und Armaturen für strömende Stoffe. Düsseldorf: VDI, 1971
Prandtl, L., Oswatitsch, K., Wieghardt, K.: Führer durch die Strömungslehre. 9. Aufl. Braunschweig: Vieweg, 1990
Richter, H.: Rohrhydraulik. Ein Handbuch zur praktischen Strömungsberechnung. 5. Aufl. Berlin: Springer, 1971
Sigloch, H.: Technische Fluidmechanik. 2. Aufl. Düsseldorf: VDI, 1991
Schmidt, D.: Stahlrohr-Handbuch. 10. Aufl. Essen: Vulkan, 1986
Tabellenbuch für den Rohrleitungsbau. 12. Aufl. Essen: Vulkan, 1987
Volk, W.: Absperrorgane in Rohrleitungen. Berlin: Springer, 1959 (Konstruktionsbücher Bd. 18)
Wagner, W.: Rohrleitungstechnik. 6. Aufl. Würzburg: Vogel, 1993
Zoebl, H., Kruschik, J.: Strömung durch Rohre und Ventile. Wien: Springer, 1978
Zollinger, R. M.: Armaturen: Normen zur Entscheidungshilfe bei Fertigung und Verwendung. 1. Aufl. Berlin: Beuth, 1984 (Beuth-Kommentar)

手册和工具书

Deutscher Verein von Gas- und Wasserfachmännern DVGW (Hrsg.): DVGW-Regelwerke Gas und Wasser. Eschborn
Hauptverband der gewerblichen Berufsgenossenschaften (Hrsg.): Technische Regeln Druckbehälter (TRB). Sankt Augustin
Kunststoffrohr-Verein e. V. (Hrsg.): Arbeitsblätter, Richtlinien für Kunststoffrohre. Bonn
Technische Vereinigung für Schraubenverbindungen und Gewinderohre TVSG (Hrsg.): Arbeitsblätter, Mitteilungen, Sonderdrucke. Düsseldorf
Vereinigung der Technischen Überwachungs-Vereine e. V., Essen (Hrsg.): AD-Merkblätter
Technische Regeln für brennbare Flüssigkeiten (TRbF)
Technische Regeln für Dampfkessel (TRD) und sicherheitstechnische Richtlinien (SR)
Technische Regeln Druckgase (TRG)
VdTÜV-Merkblätter und Werkstoffblätter
Firmenschriften: Armaturen-Ring ARF, Frankfurt/Main; Armaturen-Vertriebsgesellschaft Alms mbH, Ratingen; Argus, Ettlingen; Bopp & Reuther, Mannheim; Eckardt AG, Stuttgart; Erhard Armaturen, Heidenheim/Brenz; Euromatic, Oststeinbek/Hamburg; Klinger Armaturen, Idstein/Taunus; Sempell AG, Korschenbroich; VAG-Armaturen, Mannheim; Witzenmann, Pforzheim

第19章 密 封

19.1 功能和作用

密封的主要功能是将压力相同或不同的两个功能不同的空间隔开，以避免两空间之间的固体、液体或气体介质相互交换，或至少限制在许可量之内（许用泄漏量）。用途主要有：阻止工作物质的损失（例如轴承油外泄，气动导路气体泄漏），防止脏物进入（例如进入轴承），避免不同工作介质混合（例如轴承润滑脂与洗衣机中的碱水混合）。

为实现密封性能，要重点做到以下几点：

—如果是静止密封面（静止零件）之间的密封（静密封），空间无相对运动。应总是采用接触式密封。

—如果密封面之间有相对运动（运动零件之间）（动密封），空间与旋转或往复移动零件（轴、活塞杆）的运动面相关联。可以是接触式密封，也可以是密封面之间有很窄间隙的非接触式密封。

对于静止零件，从“密封技术”的角度来说，如果不考虑气体介质的扩散损耗的话，可以做到液体和气体介质的无损密封。

对于运动零件，如图19-1所示，存在三个可能的不密封途径：机架与密封件之间（同静密封一样），轴与密封件之间和密封件本身（扩散损耗）。轴与密封件之间有一层液体膜会减小摩擦，从而降低磨损，所以这是所期望的，虽然它会造成少量的泄漏（亦称为泄漏率或漏损）。

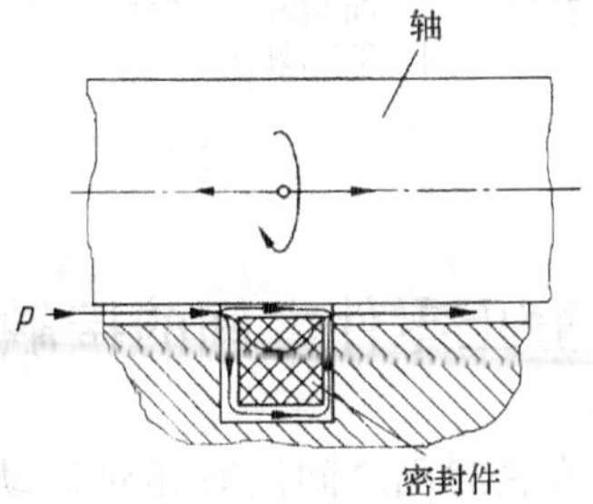

图19-1 动接触式密封的不密封途径

高温高压条件下密封的成本很高。因此应在能保证工作可靠性和环境承受能力的情况下以尽可能经济的方式来确定许用泄漏率。

为了实现有效的密封，必须使密封面之间，或至少是密封线之间互相配合。因此，相邻两零件之间应满足与密封性能有关的表面粗糙度、几何公差以及（需要时）安装空间公差和表面硬度等要求。此外还要注意，由于轴的挠度、热变形不均匀、密封面的摩擦、零件和密封件的弹性/塑性变形，会导致工作中的条件与安装时的情况不同。要想正确地选择密封，不光要考虑密封对实际工作条件（直接决定了密封）和所要密封的介质的适应性，还应考虑作为一个功能件，它与相邻零件的相互作用。它包含对加工和装配两方面的要求。由经验和故障分析可知，静密封只有约10％的故障为密封件失效，90％的故障为密封联接失效。

还要特别注意，密封联接失效常常会造成严重的后果。图19-2所示为密封选择的主要影响因素。

密封材料的重要性能是要能耐温度变化（TB19-9c），对于一些塑料，还有硬度（抗受压变形能力）、受压变形残余[⊖]、弹性、耐化学物质、自润滑、抗老化、滑动性能和耐磨性。

一般来说，根据密封面之间是否有功能要求的相对运动，分为动密封（有）或静密封（无）。图 19-3 给出了更进一步的细分。

为了适应对密封联接的各种要求，形成了不同结构类型和形状，各种材料和方式的密封，在进行密封结构设计时，务必利用制造商的经验。

下面介绍机械制造中常用的密封方法。

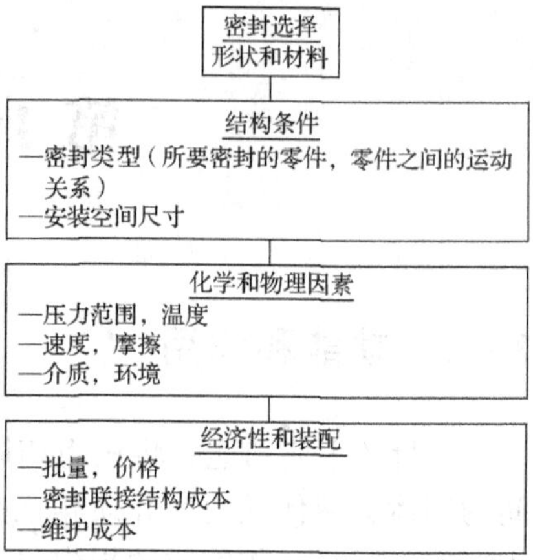

图 19-2　密封选择准则

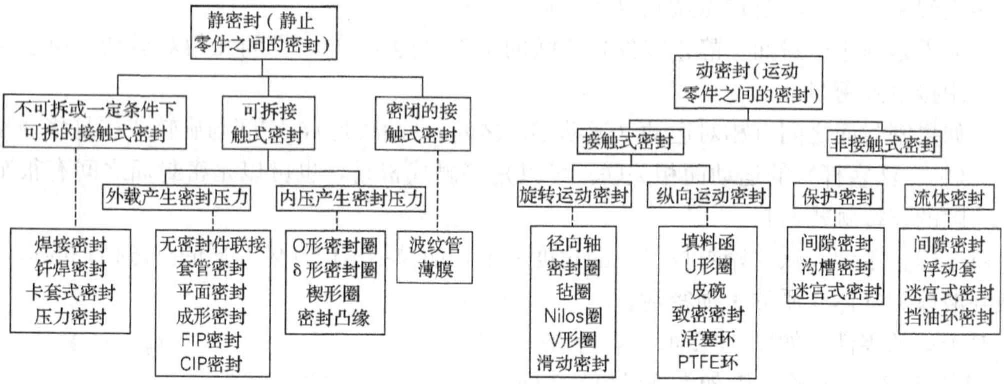

图 19-3　密封的分类

19.2　静止零件之间的接触式密封（静密封）

两个在密封面之间没有相对运动的零件，可根据要求的不同，采用有或无密封件的可拆、有条件可拆或不可拆联接来实现密封作用。

19.2.1　不可拆接触式密封

输送管路和容器的密封焊接和套管连接的钎焊（两者均为物质封闭密封）以及压力密封（有时也是可拆的）（例如卷边制管）和卡套式密封（两者均为形状封闭密封）均属于不可拆密封。这类密封可实现完全密封。

图 19-4 所示为典型的管焊接，图 19-4a 的焊缝要承受管上载荷（密封功能只是次要功能），与之不同的是，图 19-4b 和 c 的管上载荷通过法兰螺栓、夹子等承受，焊缝只起次要受载作用。后一种连接可以通过将外焊缝磨掉而拆开（即在一定条件下可拆）。

图 19-5a 所示为带密封圈的压力密封，图 19-5b 所示为带环形弹簧（作为可拆联接）的

⊖ 根据 DIN 53517，受压变形残余（DVR）是指一个试件在卸载后还保留的变形量（塑性变形率）。DVR 越小，该材料越适合于做密封件。

压力密封。图 19-5a 中的密封圈被压入到纵向槽中，由于间隙 s 的存在，允许两零件之间有微小窜动（例如由热变形产生的）。这种密封同轴毂联接一样设计计算。卡套式密封为卡套式螺纹联接（见图 18-11）。

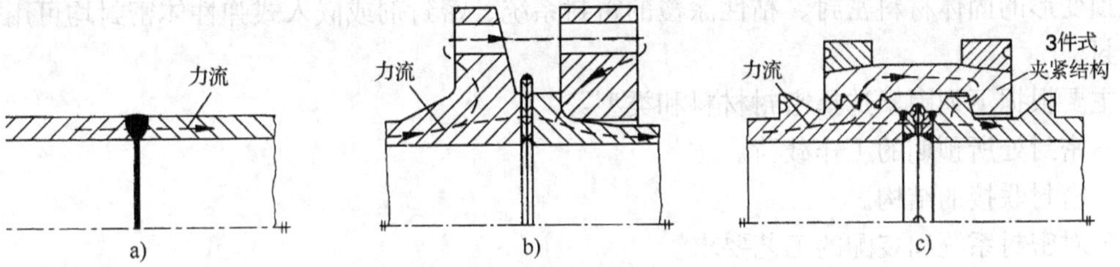

图 19-4 管道焊接

a）焊缝位于力流线上（主封闭） b）薄片焊接密封（DIN 2695，焊缝为次封闭） c）焊环密封，用夹子进行封闭

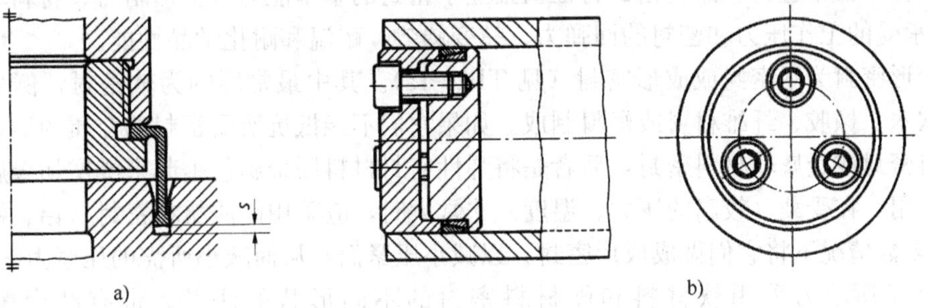

图 19-5 压力密封

a）带密封圈 b）带环形弹簧（管道封闭—企业图形）

19.2.2 可拆密封

可拆接触式密封主要是通过外力（例如螺纹联接）来产生所需的完全密封压强，既可以在装配时做到这点（见图 19-7a 和 b），也可以是在装配时稍作预紧，然后工作压力将密封件压紧在密封面上从而产生完全的密封压强（自动密封，例如图 19-13）。无密封件的接触式密封、平面密封和套管密封，以及成形密封（例如 O 形密封圈）都属于这种密封。套管密封已在 § 18.3.2-4 予以介绍。

无密封件的接触式密封

只有在非常高的接合力和表面精度（磨削、研磨、刮削）的情况下，才能采用无密封件的接触式密封，因为密封作用要求粗糙表面（波纹度和粗糙度）之间产生塑性压合。它用在法兰联接和分体式机架中，工作在高温和高压环境下，但对密封的要求不高。法兰要求变形刚度大，需用许多螺栓（分布圆要小）联在一起。为了使所需的非常大的预紧力尽可能小，密封面常常做得很窄。如果做成球形密封条则更具有优越性，但是成本非常高，它在与配合面压紧前为线接触（见图 19-6）。

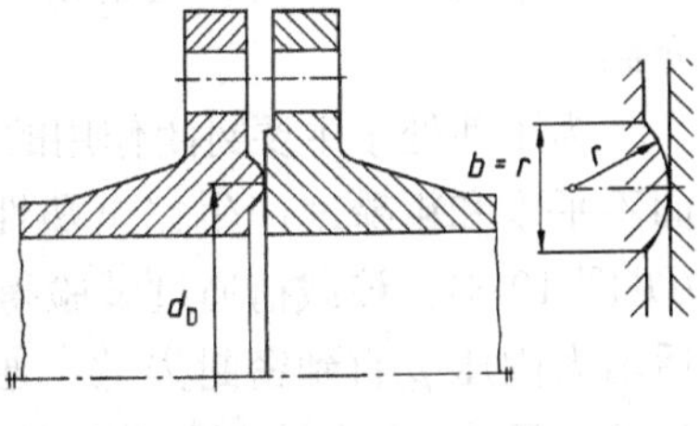

图 19-6 球形密封头用作无密封件的联接

如果用油或石墨作为辅助密封，则密封效果会更好，因为它们会通过吸附作用将微凸体也密封，例如内燃机和阀门阀座处的密封可采用这种方法。

平面密封

平面密封在所要密封的表面之间放置“软的”和能与表面很好吻合的密封件或密封材料，这样可大大降低压紧力和对表面精度的要求。

预变形的固体材料密封、粘性涂覆的密封系统、密封剂或嵌入式弹性体密封均可用作平面密封。

主要根据下列因素选择密封材料和类型：

—密封处所预期的工作载荷。

—密封联接的结构。

—对密封系统和装配的工艺要求。

—经济性准则，如批量、成本和仓储管理。

在标准手册（DIN、AD须知）中，大多数情况下将密封设计作为法兰设计的一部分，并按密封特征值来进行。这些密封特征值描述了密封的基本能力（变形阻力、材料不可穿透性）、可承受的工作压力和密封的回弹力、蠕变趋势、耐温和耐化学品性能。

预变形密封为平密封或成形密封（见TB19-1a）。其中最常用的为软密封，例如由纸和纸板、软木、橡胶、纤维材料或塑料制成。如果它们不能抵抗所要密封的介质的话，可采用复合材料密封或金属软材料密封，后者是将弹性密封材料用金属包裹起来或增加金属衬垫起到保护作用。在受载（较高的压力、温度）非常大时，应采用硬质材料密封（铝、铜、低碳钢），大多数情况下将它们做成成形密封，以减小压紧面，从而减小所需的压紧力。

图19-7所示为采用软材料和硬材料密封的不同形状的法兰。带有凸台配合（见图19-7b）或带环形槽（见图19-7c和d）的法兰，由于其特制形状可避免高压下将密封件从法兰中挤出的危险。带平凸台的法兰（见图19-7a）在压力较高时应采用非常薄的密封件。

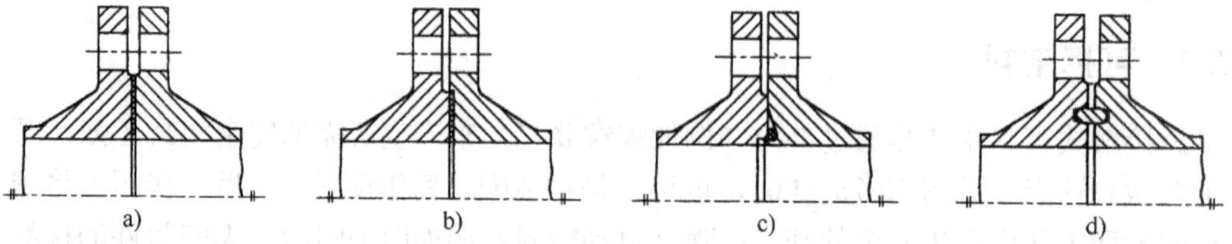

图19-7　法兰结构形状

a）～c）可用于软质材料密封件的开放式夹紧结构　a）和d）可用于硬质材料密封件

如果密封件处于次要封闭（见图19-7c），在工作中还必须能自动加强密封作用，因为在大多数情况下，直到法兰贴在一起时，密封件的变形还不能达到足够密封。下面作进一步介绍。

为了使处于主要封闭作用的联接能达到密封性能，必须将其强力预压，直到密封面的表面不平度和粗糙度产生完全塑性流动，从而完全配合在一起。所需的预变形密封力为F'_{DV}（见图19-8）。该载荷通过试验得到。试验是将一个法兰密封（见图19-9）用螺栓预紧，然后增大内压p直到密封失效。通过步进改变螺栓载荷即可确定曲线F'_{DV}，从点F_{DV}（见图19-8）开始，它与内压p成线性关系。从临界点之前的曲线形状可知，为了使联接密封，在内压很小时，就需要较高的预紧力F'_{DV}。

对于临界点以上的非低压密封段，在计算法兰联接时，可用简化的F_{DV}代替F'_{DV}（但对于p位于临界点以下的低压密封段，不能作这种简化）。预变形力F_{DV}为

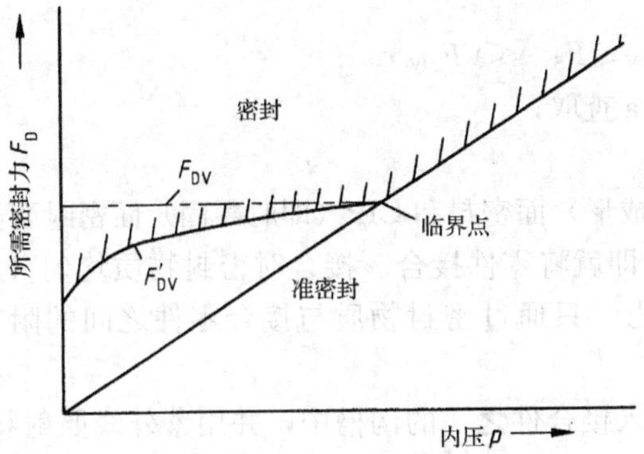

图 19-8 法兰联接中的内压与密封力之间的关系

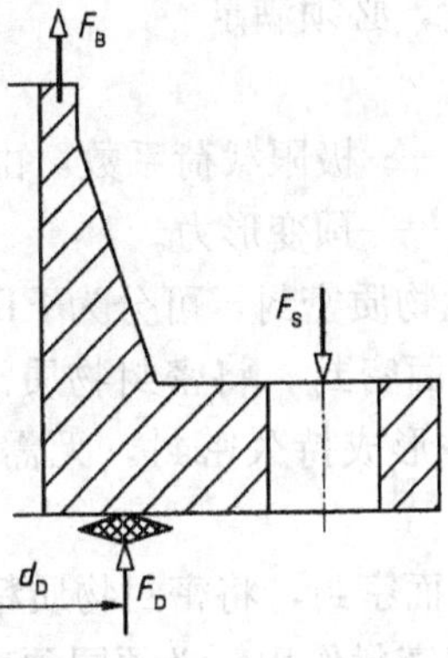

图 19-9 法兰上的受力

$$F_{DV}=\pi d_D k_0 K_D \tag{19-1}$$

式中 d_D——密封的平均直径；

k_0——密封的有效宽度值，由 TB19-1a 查取；

K_D——密封件的变形阻力，由 TB19-1a 和 c 查取。

在预变形力作用下，密封面的不平度和粗糙度产生塑性配合从而实现密封，因此随着内压的增大，工作密封力还必须能可靠地承受该压力：

$$F_{DB}\geqslant \pi p d_D k_1 S_D \tag{19-2}$$

式中 p——内压；

d_D——密封的平均直径；

k_1——密封的假想有效宽度，由 TB19-1a 查取；

S_D——安全系数，软密封 $S_D=1$，金属密封 $S_D=1.3$。

由式（19-1）和式（19-2）可计算密封联接所需的螺栓总拉力 $F_{S\,ges}$。

当要求可靠的密封预变形时

$$F_{S\,ges}=iF_V\geqslant F_{DV} \tag{19-3}$$

当要求工作中有可靠的密封时

$$F_{S\,ges}=iF_{Smax}=B_1F_{SB}=B_1(F_B+B_2F_{DB}) \tag{19-4}$$

式中 i——螺栓数；

F_V——每个螺栓的预紧力；

F_{Smax}——最大螺栓载荷；

B_1——考虑沉降现象导致工作时的螺栓载荷降低；$d\leqslant$ 500mm 时 $B_1\approx1.2$，$d>500$mm 时 $B_1\approx1.4$；

B_2——考虑软质材料密封蠕变的系数，与温度有关，其值由 TB19-1b 查取；

F_B——由内压产生的密封力降低：$F_B=p\pi d_D^2/4$，d_D 为密封的平均直径。

在进行螺栓设计时，取两者中的大值。

图 19-10 所示为法兰螺栓联接的力与变形关系图，图中标出了相应的螺栓载荷。

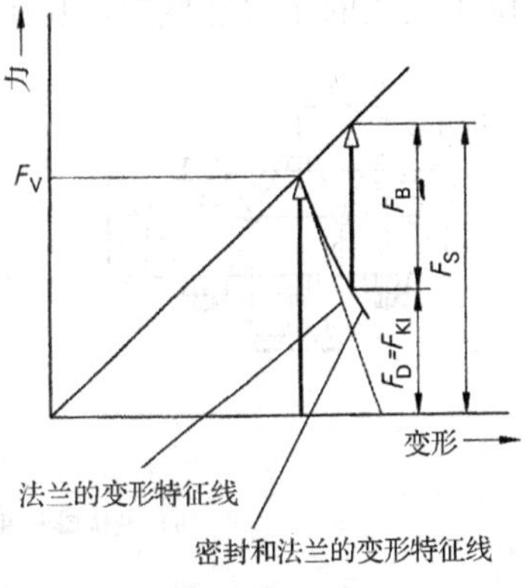

图 19-10 接合面处有密封件的螺栓联接的力与变形关系图（简化）

密封允许的最大载荷为 VF_{DV}，为了不超过密封材料的

抗压强度，必须满足

$$F_{DV} \leqslant F_{S\,ges} \leqslant VF_{DV} \qquad (19\text{-}5)$$

式中 V——极限载荷系数，由 TB19-1a 查取；

F_{DV}——预变形力。

粘性物质密封，可分为 FIP（即时成形）面密封和 CIP（即时凝固）面密封两类。

FIP 面密封，将密封物质涂覆后立即就将零件接合。接合时密封物质均匀分布，接合后变硬并形成持久密封，无需预变形力，只通过密封物质与接合零件之间的附着力产生密封。

CIP 面密封，将密封物质精确地注入接合件之一的沟槽中，并用紫外线照射将其硬化。要使它起密封作用，必须同预变形密封一样施加足够压力。由于密封物质与一个接合件固定在一起，所以它属于嵌入式弹性体密封。嵌入式弹性体密封还可以通过硫化胶合法将密封件固定（成形成本高，且要求材料耐高温），或将塑料支撑材料与弹性体密封材料铸造到一个复合铸型中去，图 19-11。

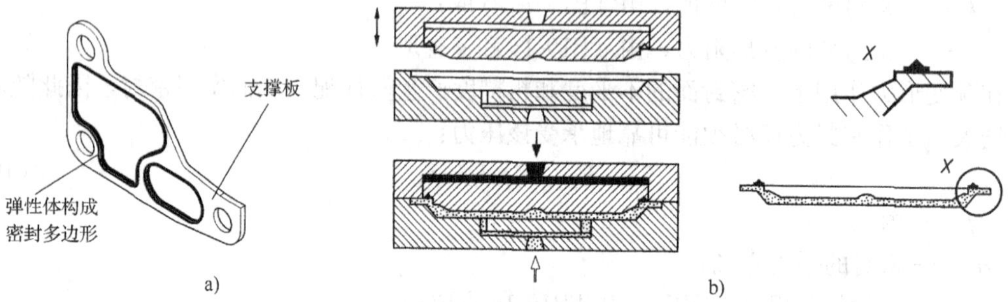

图 19-11 嵌入式密封

a）硫化胶合法密封（企业图形） b）复合铸造法

在面密封中，除了密封件以外，法兰结构形状也很重要。

承受重载的两接合面之间（例如传动装置机架、发动机气缸盖或内燃机的其他部件）的密封应采用刚性法兰、极平的表面（Ra=0.8～3.2μm，长度 400mm 的不平度小于 0.1mm）且应使压力分布沿密封线尽可能地均匀。通常情况下，所用的螺栓联接在法兰上所构成的压力区域的压力角为 45°，最优螺栓距离为 $D_A = d_w + 2h_{min}$（见图 19-12a）。螺栓之间的连线应位于法兰的压力区域内，见图 19-12b 和 c。

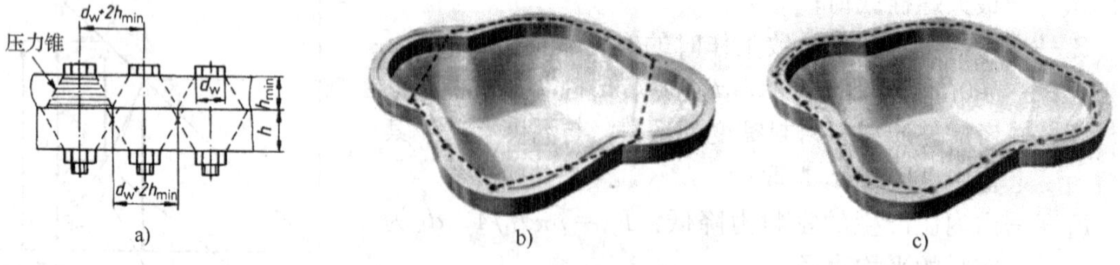

图 19-12 刚性法兰的螺栓布置

a）最优螺栓距离 b）不合理布置方式 c）合理布置方式（企业图形）

如果无需采用刚性法兰，例如传动装置盖板、链传动罩，或不可能采用刚性法兰的场合，则必须采用柔性很好的密封，但不得薄于最小厚度。

自动密封

自动密封只需很小的外力将密封件压到密封位置上，工作压力会加强其密封效果。作为例子，图 19-13 所示为在高压容器中常常采用的 δ 形密封圈的密封原理。对于软质材料密封，应附加托圈，它可阻止密封圈在密封间隙中的流动（见图 19-26d）。

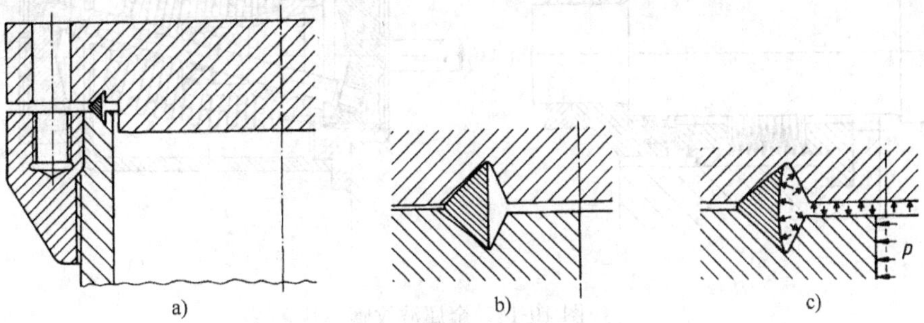

图 19-13　采用 δ 形密封圈的自动密封

a）安装状态　b）未受载状态　c）在工作压力下

O 形密封圈

圆环密封圈，简称 O 形密封圈，是使用最广泛的静密封。它可用于非常高的压力（1000bar＝100MPa 或更高）下。它也可用于动密封中（中等速度和一定压力下）（见§19.3）。

大多数情况下，它放置在一个矩形槽中。槽的面积容量应比 O 形圈横截面大约 25%，以使压力能作用在尽可能大的 O 形圈面积上，使 O 形圈产生更小的胀起。槽深必须小于 O 形圈直径，以使密封圈产生预压力。TB19-2b 分别给出了密封圈径向变形和轴向变形的矩形槽、三角形槽和梯形槽常见尺寸的基准值。相对于三角形槽，应优先采用矩形槽，因为三角形很难保证实现密封功能所必需的公差，而且成本也更高。如果要求 O 形圈还要用槽来固定的话，应采用梯形槽。O 形圈的尺寸由 DIN 3771 标准化，可由 TB19-2a 查取。

如果两接合零件之间存在间隙的话，要注意 O 形圈在压力的作用下，不要被挤进间隙中。对静密封和动密封，TB19-3 给出了各种工作压力和 O 形圈硬度下的许用间隙宽度。如果在底边设置支承圈，可以极大地提高使用极限。

也有其他形状横截面的 O 形圈，例如方形圈，它可降低扭曲危险。而且由于摩擦较小，它可用于较高速度下。

为避免损坏，在装配时 O 形圈不允许穿过螺纹和尖角等。如果可能的话，应有 15°的安装斜角。

密闭密封

密闭密封采用高弹性件（波纹管或薄膜式），适用于机械零件之间无滑动的相对运动。这种密封在静止不动的机架这边为静密封，并张紧在运动零件上，可实现绝对密封。它没有摩擦、磨损，无需维护，特别适合于小距离往复运动，对有毒、易燃易爆或昂贵物质进行密封，属于真空密封和保护密封。通常采用橡胶、用纺织物加强的橡胶、塑料、皮革、黄铜、含锌黄铜或不锈钢作为密封件材料。

图 19-14a 所示为滑环密封中的金属波纹管（各个薄片里外互相焊在一起，可使结构短小），图 19-14b 所示为用于真空密封轴系结构的滚动波纹管。该设计是将旋转运动通过一根

摆动的中间轴来传递，以避免出现很难密封的滑动面。

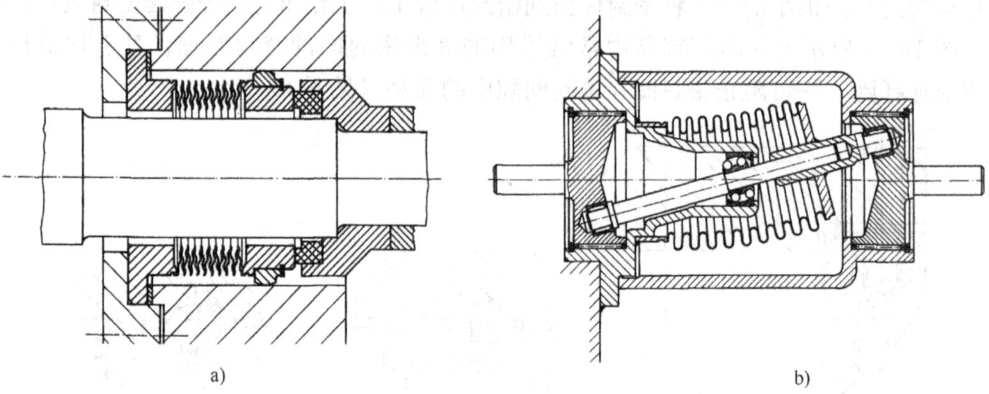

图 19-14　金属波纹管

a）用于滑环密封　b）用于真空密封的轴系结构（企业图形）

作为防护密封的波纹管用于轴向运动的推杆、驱动和换向万向节、主轴、滑动支承等这类内外压力没有明显差别的场合，以防止脏物或水溅入和润滑剂流出。图 19-15 所示为一根后桥万向节的密封。

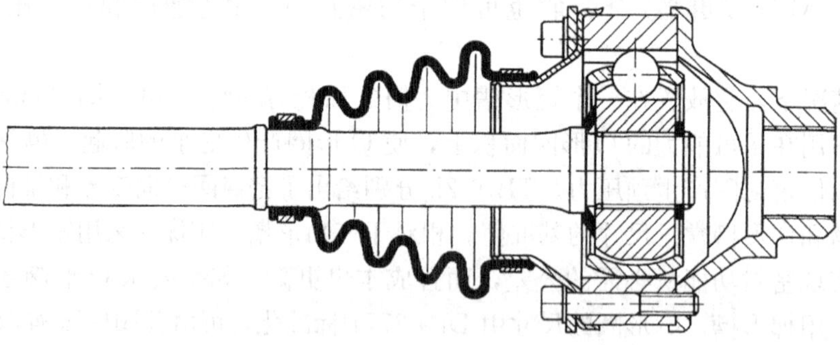

图 19-15　用于后桥万向节密封的橡胶弹性波纹管（企业图形）

在测试及控制仪器和泵中，用平薄膜和轴薄膜进行薄膜密封，在液压和气动控制仪器中，用薄壁柔性滚动薄膜进行密封（见图 19-16）。

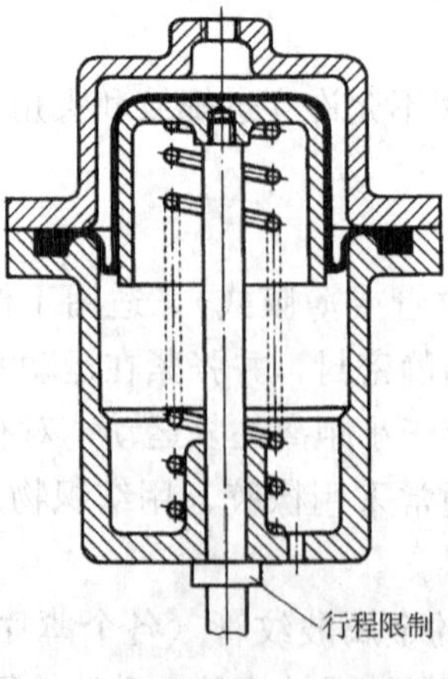

图 19-16　控制活塞的滚动薄膜式密封

19.3 相对运动零件之间的接触式密封（动密封）

19.3.1 旋转运动密封

采用何种类型的密封主要决定于所要密封的压力差。如果只有很小的或没有压力差，例如大多数情况下的轴承密封就属于这种情况，可采用径向轴密封圈和用于径向密封的毡圈、弹性盖片、V形圈，或在特别脏的环境下采用的推力轴承套圈的密封。TB19-9a将这些密封的设计规范进行了汇总。对于密封空间存在压力差的情况，可采用带强化密封唇的单边支承的径向轴密封圈、昂贵的轴向滑环密封或轴封垫圈。

径向密封

径向轴密封圈（RWDR）是脂和油润滑滚动轴承最常用的密封形式。它们具有密封效果好和寿命长的特点。对于机架主要采用塑料包裹的金属环实现静密封，对于旋转的轴用密封唇，一般通过弹性骨架轻轻地、均匀地压在轴上而实现动密封（见图19-17b）。图19-18给出了安装示例。密封唇应总是向着所要密封的介质⊖；图19-18a是为了防止润滑剂外溢（正常安装位置），图19-18b主要是为了防止水溅进来，图19-18c则能防止有一定压力的水进入轴承（油脂室用来润滑密封唇且使其密封）。当轴存在圆度误差和同心度误差或振动时，可采用螺旋密封以保证所需的附加密封效果（空气边的小坑将由密封唇填平）。

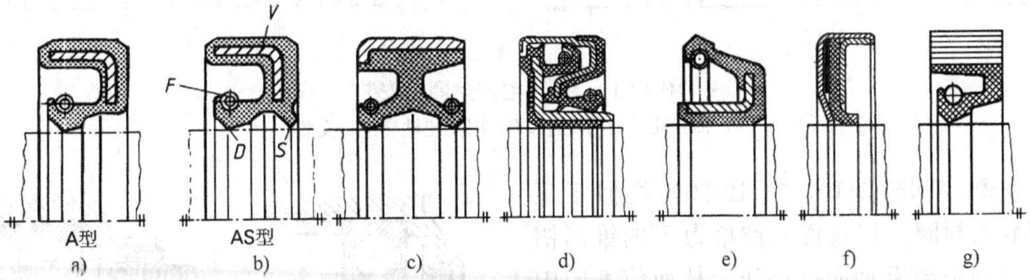

图19-17 径向轴密封圈的结构形状

a）和b）DIN 1760规定的无（A型）和有防尘唇（AS型） c）带金属顶座和双密封唇，用以将两种不同介质隔离 d）用于非常脏环境下的盒式密封圈 e）用于旋转外零件，主要起对外密封作用 f）用于较高压力，带PIFE密封唇 g）带纺织衬垫可调节金属密封圈，用于大直径情况（也可做成分体式）

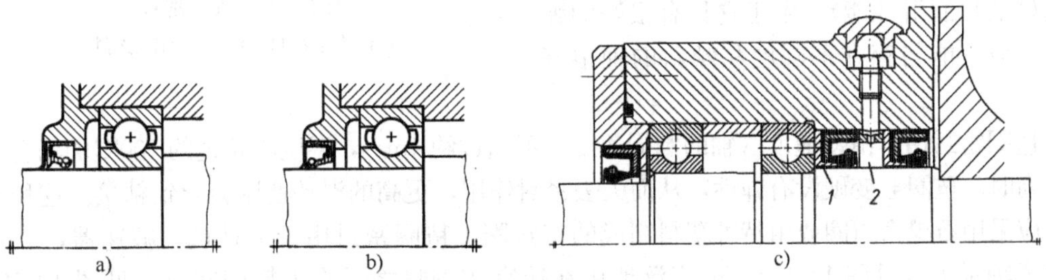

图19-18 RWDR安装示例

a）防止润滑剂外溢 b）主要防止水溅入 c）防止有一定压力的水：1—支承环 2—充脂室

⊖ 密封唇的形状会在密封间隙中产生与旋转方向无关的，从空气边向流体边的流体动压助流效应，它可以提高密封效果，但对流体摩擦不利。

图 19-17 所示为各种类型的密封圈：A 型只有密封唇，AS 型则有密封唇和防尘唇（DIN 1760），以及密封件生产商提供的各种各样的非标类型。标准圈由弹性体（橡胶基塑料）做成的外壳（包括密封唇）和一个金属（大多数为钢）制成的刚性圈组成。弹性体主要根据所要密封的介质类型、温度和轴的圆周速度来选择（见 TB19-4b）。其尺寸见 TB19-4a。

图 19-19a 给出了最重要的安装规范。对密封圈寿命起决定作用的是轴表面质量，应尽可能通过磨光或抛光使轴光滑、无坑，并进行表面硬化（45～55HRC）以及对密封唇进行润滑，例如图 19-18c 所示采用注脂润滑的安装示例，AS 型双唇之间也应润滑。为方便密封圈安装（轴稍许抹油），机架孔应有倒角。沿安装方向 Y 或 Z，轴上必须有倒角或倒圆，或采用安装轴套（见图 19-19b），以避免密封圈损坏。由于密封圈对轴与孔之间的位置误差极为敏感，所以它应尽可能靠近轴承。

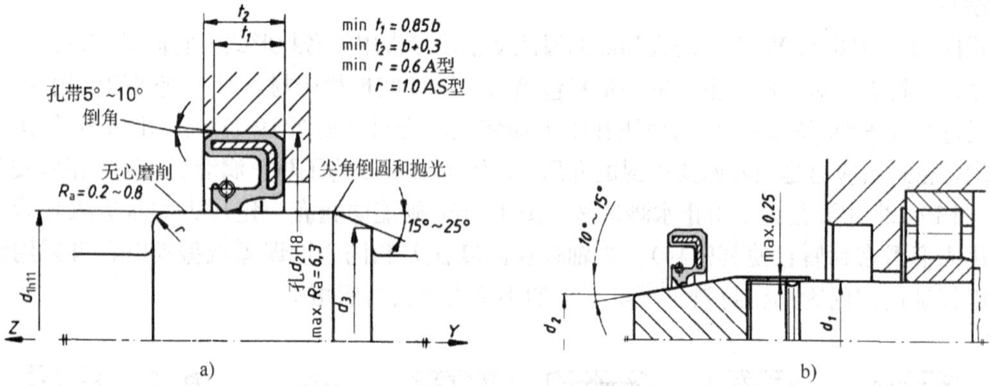

图 19-19　径向轴密封圈的安装
a）轴和孔的结构设计　b）用安装轴套进行安装

毡圈（DIN 5419，图 19-20）类似于正方形软密封圈。将它置入锥角为 7°的锥形槽中，毡圈顶部沿轴向被挤压，从而使其向内压在轴上。毡圈顶部与槽不能接触，以保证热量的散发。安装时应将毡圈沾点油，在工作时，间隙中所贮藏的油会慢慢流出（使其有良好的自润滑性能）。由于它具有很好的弹性，所以它能与存在不圆度和倾斜的轴很好配合。

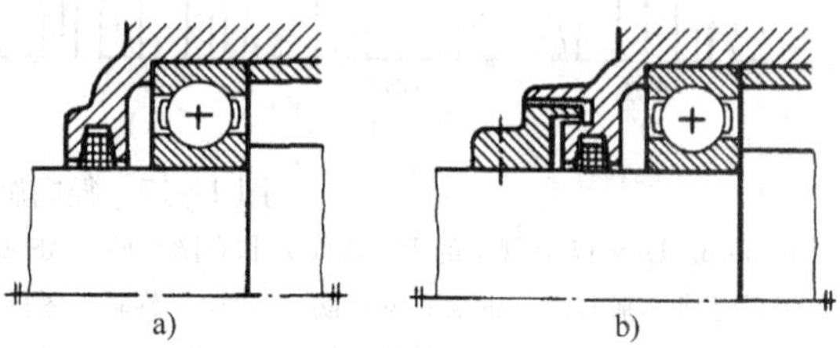

图 19-20　毡圈密封
a）作为主密封　b）作为辅助密封

毡圈密封用于滑动速度（轴的圆周速度）不超过约 4m/s，温度不超过约 100℃的场合。温度更高时，毡圈会变硬没有弹性，从而失去密封作用，更高的滑动速度会导致粘接。这种情况下，应采用石墨密封圈或由特种塑料制成的密封圈。毡圈密封用于电动机、减速器，立式或法兰式轴承中（见图 14-45），也广泛地用在迷宫式密封之后作为精密密封（见图 19-20b）。尺寸见 TB19-5。

轴向密封

脂润滑用的弹性盖片是节约空间的密封方法（见图 19-21），根据轴承结构的不同，它可分别与内圈或外圈固紧，靠弹性与另一个轴承套圈轻轻接触。在运转一段时间磨损后，就会产生一个非常窄的间隙，从而成为非接触式密封。如果采用两个弹性片，还可构成一个附加的脂室，它可防止外面脏物进入。在安装弹性片时，要注意它与轴或孔的同心度。应优先采用与滚动轴承外圈固紧的弹性片，因为它可使润滑脂更少流出。尺寸见 TB19-7。

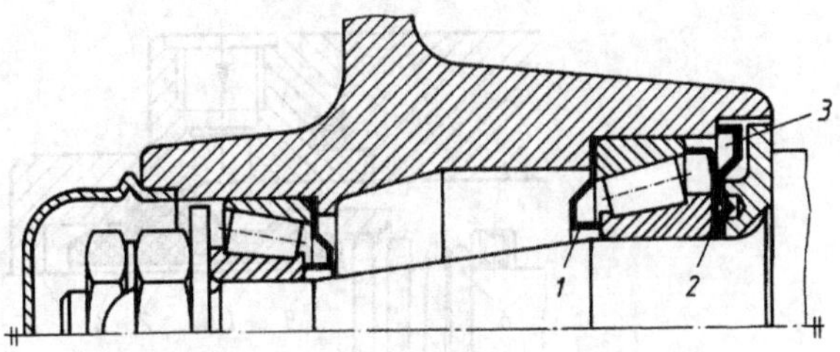

图 19-21 弹性盖片（企业图形）

1—在内圈上滑动 2—在外圈上滑动 3—带脂室

与之在形状和作用上类似的是在轴承外圈凹槽处压入的防护片（见图 14-6b）或结构类似的密封片（见图 14-6c），它们利用靠在内圈上的密封唇来实现轴承的对外密封。这种轴承供货时均已充满润滑脂，而且滚动轴承生产商可提供系列产品（见第 14 章）。

V 形圈是一种结构简单的唇式密封件，由软橡胶制成，其密封唇借助弹性变形沿轴向压紧在机架面上（见图 19-22）。密封（平）面应精车（根据介质和速度的不同，$Ra=0.4\sim2.5\mu m$ 不等），不得有径向加工痕迹，与之相反，轴可以粗糙（这样密封圈固定效果更好）。安装时，密封圈允许受力旋转以使它顺利穿过夹角、沟槽、螺纹。通过选取合适的下偏差，使密封圈能牢固和紧密地固定在轴上。当圆周速度较高时（$v\approx12$m/s），离心力会导致其对轴的压强消失。当 $v\approx15$m/s 时，密封唇几乎同时与机架面分离，形成径向密封间隙。通过套上一个带预紧的保持环（见图 19-22b）可使 V 形圈作为一种间隙密封圈用于速度不超过 30m/s 的场合，而 γ 形密封圈通过与一个金属壳硫化胶合在一起（见图 19-22c），可用于速度不超过 20m/s 的场合。

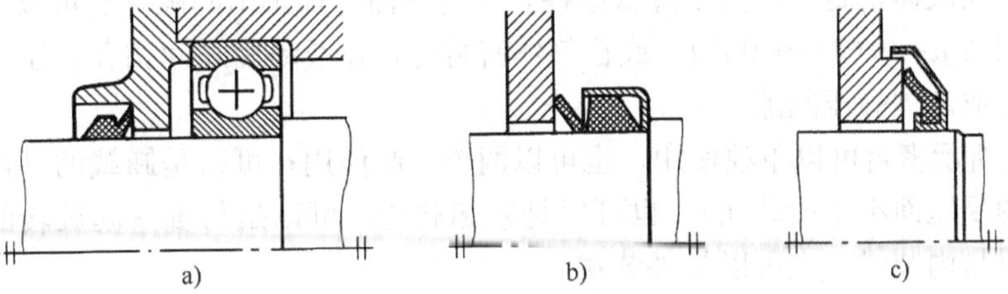

图 19-22 V 形圈

a）基本形状 b）带保持环 c）γ 形密封圈

作为离心片，其轴向密封唇可防止脏物和水等进入。它允许出现不超过 1mm 的不平行度和较小的角度误差所造成的偏心；此时需要有一个轴向支承。根据它的特点，V 形圈特别适合于在诸如球面滚子轴承和万向节中，作为外防护密封（前密封），在迷宫式密封中作为精细密封（小型化）并内置于油润滑中。尺寸见 TB19-6。

轴向滑环密封是一种结构复杂，价格昂贵的密封，用于旋转轴上对液体、电解液、气体等进行密封。图 19-23a 所示为其结构原理图。动密封在与轴一起旋转的滑环 1 和与其顶在一起的静止顶环 2 之间实现。两个 O 形圈 3 和 4 在轴与滑环 1 及顶环 2 与机架 5 之间实现静密封，其中，O 形圈 4 依靠其弹性还同时起到防止顶环旋转的作用。压缩弹簧 6 承受作用在旋转滑环 1 上的转矩，保持两个密封圈之间所需的压紧力，补偿不均匀的热变形和磨损。也可以用膜片、波纹管（见图 19-14a）或 U 形圈来取代 O 形圈。常常还需要对滑环和顶环施加附加的防扭措施。

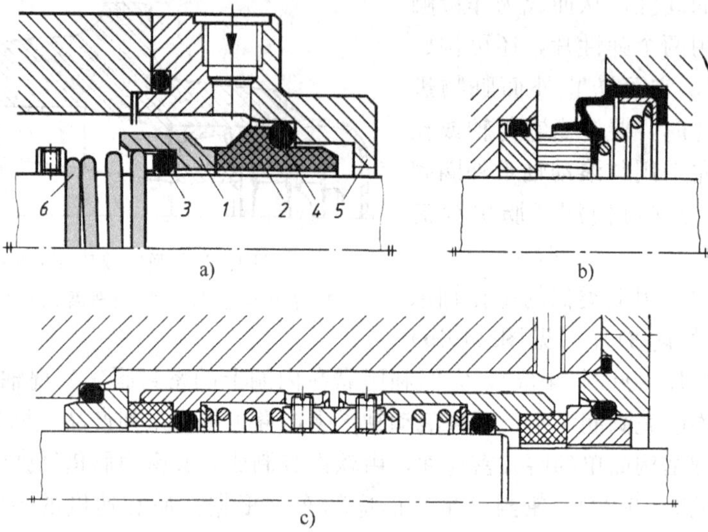

图 19-23　轴向滑环密封
a）与轴一起旋转，未卸载，内装式　b）固定，未卸载，与轴一起旋转
c）两个一起使用，通过轴肩沿介质扩散边卸除压力（企业图形）

对于精加工和抛光的滑动面（Ra＝0.015～0.35μm），可采用不同的材料，大多数为甑碳、塑料、陶瓷、金属碳化物、金属或特种灰铸铁，一般应采用硬对软运动面（具有好的磨合性能），对于含磨料的介质，优先选用硬/硬组合。在大多数情况下，它是混合摩擦（μ＝0.05～0.1）。在液体密封中，为了降低摩擦，在滑动面上加工出间隙，它可以形成流体动压油楔（摩擦因数μ＝0.01～0.001），或在气体密封时，在滑动面之间钻孔，压入冷却液或固封液，由此形成流体静压间隙。

图 19-23 所示密封可以单独使用，也可以两个一起使用；可以是卸载的（通过轴肩或轴套使滑环上的受压面小于滑动面），也可以是未卸载的；可以是与轴一起旋转的，也可以是固定的；可以是内装式，也可以是外装式。

滑环密封可在温度为－220～＋450℃，压力为真空至 450bar（1bar＝10^5Pa），圆周速度在 100m/s 情况下使用。

滑环密封由于具有泄漏损耗很小（大多数情况下由于汽化使其不可见）、工作可靠性高和寿命长等特点，故广泛应用于泵、压缩机、搅拌机、碾磨机、家用机械等。

行走机构密封是一种结构简单的轴向滑环密封，它具有硬化耐磨运动平面，用于对在非常脏的环境下工作的行走机构的防护，例如建筑机械、拖拉机、履带拖拉机等（见图 19-24）。

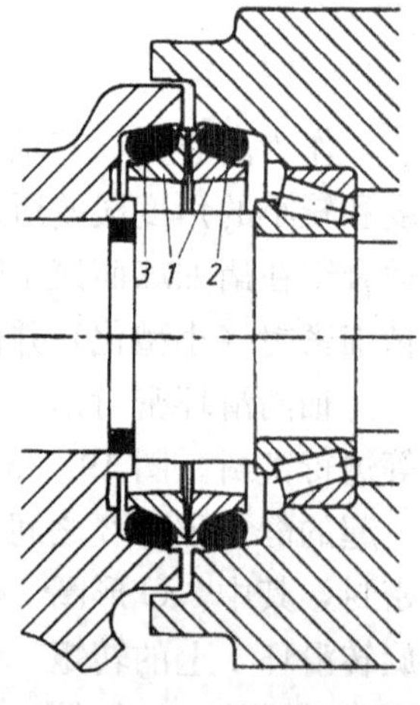

图 19-24　行走机构密封

该动密封沿轴向在两个滑环 1 的金属滑动面之间形成，图 19-24中它们被弹性非常好的O形圈互相压在一起。O形圈 2 起到密封滑环与固定不动机架之间间隙的作用，而且使滑环固定，另一个O形圈 3 利用它的弹性使滑环 1 与轴一起运动。对于常见的油润滑，密封面的滑动速度可达 10m/s，对于脂润滑，可达

3m/s。借助于轴向滑动面可允许较大的对中误差，借助于弹性 O 形圈可允许较大的角度误差，因此自然也就可以补偿磨损造成的误差。

19.3.2　带或不带旋转运动的轴向运动的密封

轴封

轴封是历史最长的常用运动机械密封件。它由软质填料或多个正方形截面的弹性密封圈组成，它们“堆”在密封空间中。如图 19-25a 所示，用螺栓 2 通过支架 1 沿轴向将密封圈组 3 压紧在密封面上。在工作压力的作用下，密封圈组会产生弹性和塑性变形，从而使它们与支架之间保持密封所需的压紧力。大多数软质填料密封圈由天然或人造纤维、金属一软质填料和软金属填料组成（见图 19-25c）。通过润滑道 4，可输入润滑剂，或固封液和冷却液。

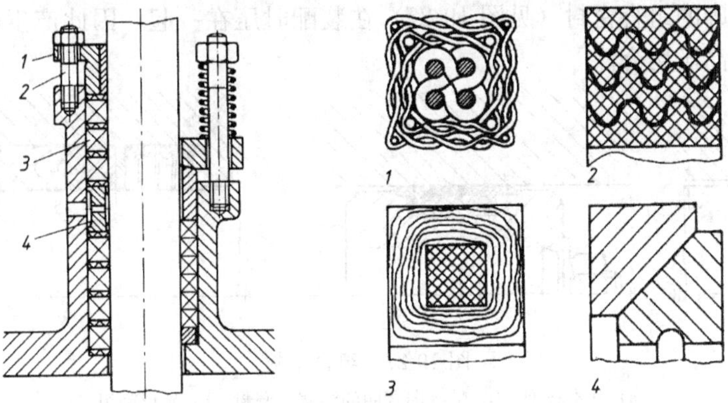

a)　b)　c)

图 19-25　轴封

a）润滑通道的构成　b）通过弹簧自动调位　c）各种填料圈：1—编织圈　2，3—金属—软质填料圈　4—软金属圈（楔形块）

轴封可用于往复运动（活塞杆）、旋转和移动（阀杆）以及旋转轴（例如泵）中，特别适合于高压高温，而且滑动速度相对较小的场合。当滑动速度较高时，由于摩擦、发热和磨损，其密封性能变差，存在过热危险，因此维护费用高。为了改善密封效果和提高寿命，可采用球形头压入块（当支架倾斜时不会夹死）和带弹簧的支架（见图 19-25b）。与滑环密封（会突然失效）不同，轴封是逐渐失效的。

填料圈的推荐尺寸见 TB19-8，轴的表面应精车或磨削（$Ra \leqslant 0.8\mu m$），必要时硬化或硬镀铬（使磨损更小）。

成形密封

用于气体和液体的成形密封主要分为唇式密封和组合密封两类。安装在气缸上称为气缸密封，安装在活塞上称为活塞密封，见图 19-26。它们都是接触式密封，安装后通过自身弹性或环形弹簧压紧在密封面上，工作压力会加大压紧力。它主要由弹性橡胶材料制成，必要时带硫化胶合的支承圈或导向圈和编织材料。

U 形圈和皮碗都属于唇式密封（见图 19-26），安装时只有密封唇产生变形，这样预压力和摩擦相对来说较小。这类密封圈主要用于压力较小的场合。在 U 形圈上硫化胶合支承圈（背圈）可防止它从间隙中被挤出，因此可在较大压力下工作，同样地，通过将多个 U 形圈叠加成 U 形圈组，就构成了组合密封（见图 19-27c）。

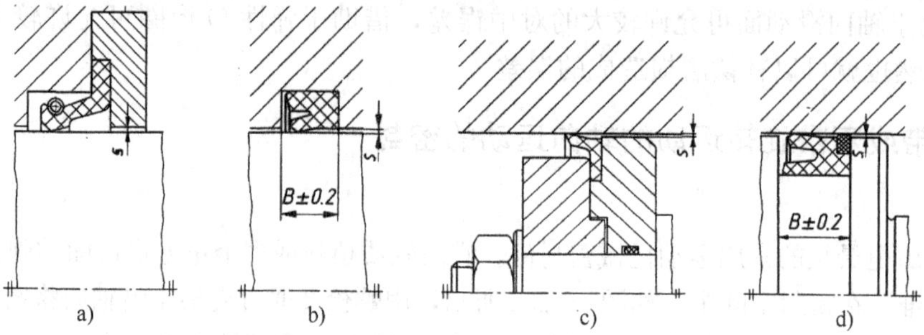

图 19-26　唇式密封

a）带弹簧的皮碗　b）U形圈　c）碗形密封圈　d）带背圈的U形圈

具有封闭轮廓的组合密封（见图 19-27）在装配时压在一起，因此产生高压紧力和摩擦力。它主要用于高压场合。

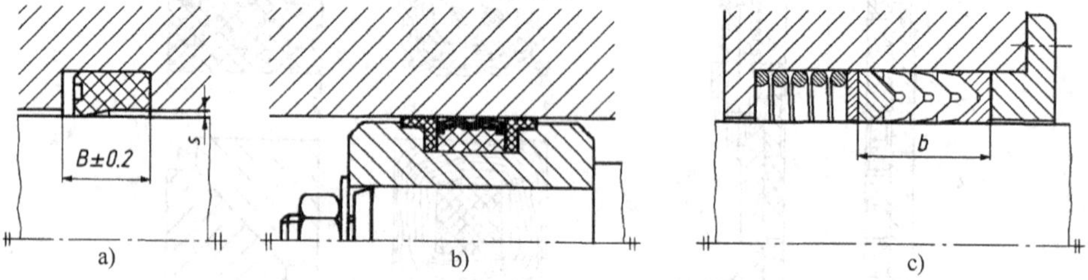

图 19-27　组合密封

a）基本类型　b）带导向背圈的活塞杆密封　c）V形圈组

为了使摩擦和磨损很小，应对滑动面进行润滑。它由润滑间隙中的拖拽液体形成。也就是说，滑动面上通过吸附作用形成的润滑膜，在去程时压在密封唇上，回程时油膜的一部分会被刮去。剩下的部分会导致一定的泄漏损耗。除了压紧力以外，润滑油粘度、滑动速度、表面质量和密封唇形状决定了剩下的润滑膜的大小。

气体密封在装配时一般会一次性施加润滑剂。因此，密封唇不允许刮去密封油膜，而对于液体密封，应尽可能地将润滑膜刮去。因此就需要不同形状的密封唇，见图 19-28。

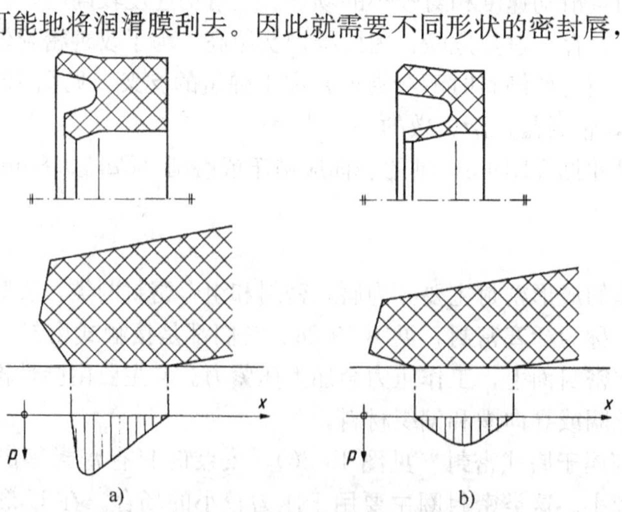

图 19-28　U形圈的密封唇形状和压力分布

a）用于液体密封　b）用于气体密封

常常将唇式密封与刮抹圈一起使用，见图19-29。这样可以防止脏物与敏感的密封唇接触，以防其损坏。

成形密封主要用于滑动速度 $v \leqslant 0.5\text{m/s}$ 和密封唇温度不超过100℃（密封件材料为PTFE时，不超过260℃）的轴向运动。许用压力：U形圈不超过400bar（$1\text{bar}=10^5\text{Pa}$），皮碗不超过60bar（$1\text{bar}=10^5\text{Pa}$）。

安装时，U形圈有轴向间隙（$\leqslant 0.3\text{mm}$），而组合密封则带有轻微的预应力。许用间隙宽度与材料厚度、工作压力和背圈的支承有关（挤出的危险）。滑动面应该磨削、抛光或精整（$Ra \leqslant 0.4\mu\text{m}$），沟槽应车制或磨削（$Ra \leqslant 1.6\mu\text{m}$）。

环形密封

活塞环和PTFE环属于环形密封。

活塞环大多数情况下是简单的径向开槽的矩形环，一般由特种灰铸铁制成，它依靠自身弹性与气缸壁紧密贴合。同成形密封一样，其有效密封压力靠工作压力形成。它主要用于内燃机和受大动载荷的活塞密封和气缸密封。除了用作压力密封外，它也可以作为导向环和在采用特殊结构时用作刮油环。

PTFE环，由PTFE制成的活动环组成，它被置于槽顶的O形圈顶着，见图19-29。同活塞密封一样，即使压力很大，摩擦也很小。而且由于它即使在润滑恶劣的情况下也能够无冲击地起动（无爬行效应），故它正得到越来越多的应用。

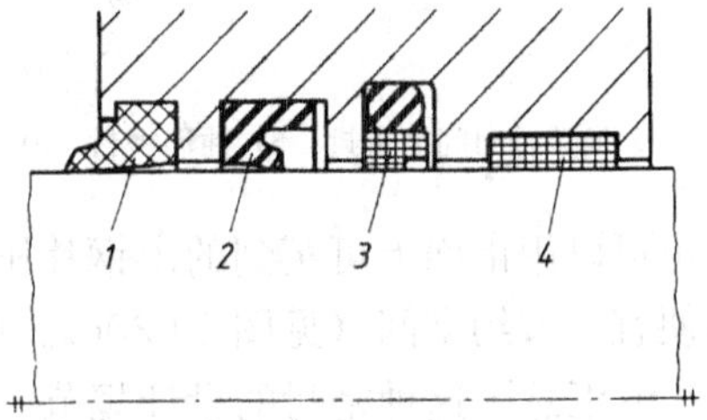

图19-29 密封系统

1—刮抹环 2—U形圈 3—PTFE环 4—导向环

相对于成形密封，环形密封的缺点是泄漏损耗较大，但它可以通过采取合适的形状来降低。如果要求漏损很小，就必须采用密封系统，例如将刮抹环、作为辅助密封的U形圈、作为主密封和导向环的PTFE环组合使用，见图19-29。PTFE环将压力密封，这样只受很小压力的U形圈会刮去油膜，而刮抹环起到将脏物与密封件隔离的作用。由于非金属密封件不能用来导引轴、活塞或杆件，所以还总是要有一个或两个导向环。

19.4 相对运动零件之间的非接触式密封

非接触式密封利用很小的间隙来实现密封效果。它在工作时无摩擦和磨损，因此这类密封寿命很长。相对于接触式密封，由于存在间隙，所以它的泄漏损耗较大。因此间隙结构设计对密封效果起到至关重要的作用。这种密封主要用于高速旋转轴的密封，没有压力差（非接触式防护密封）或有压力差（液体密封）。通过采取相应的措施，非接触式密封也可取得很好的密封效果。例如带固封液的密封、磁流体密封、固封气体密封和防尘迷宫式密封。

非接触式防护密封

它主要用于脂润滑轴承中。它靠自身挤入间隙和从外面通过润滑孔注入间隙的润滑脂起密封作用。在不是很脏的环境下采用简单的间隙密封（见图19-30a）即可。比它更有效的是油沟密封（见图19-30b），它的径向油沟能更好地将润滑脂保持住。用于通风机、电动机和机床主轴轴承上。当采用循环油润滑时，必须要有甩油棱、油环或螺旋形油沟，螺旋方向与轴的转向有关，它要能将流出的油送回到轴承中去。迷宫式密封的密封效果最好，充满脂的曲路即使是在最脏的工作环境下也能防止异物的进入。对于整体式机架，可设置轴向迷宫（见图 19-30c），对于分体式机架，应尽可能采用径向迷宫（见图 19-30d），因为这样可更好地保持润滑脂。它的用途非常广泛，例如牵引电动机、水泥磨、砂轮轴和心轴轴承。

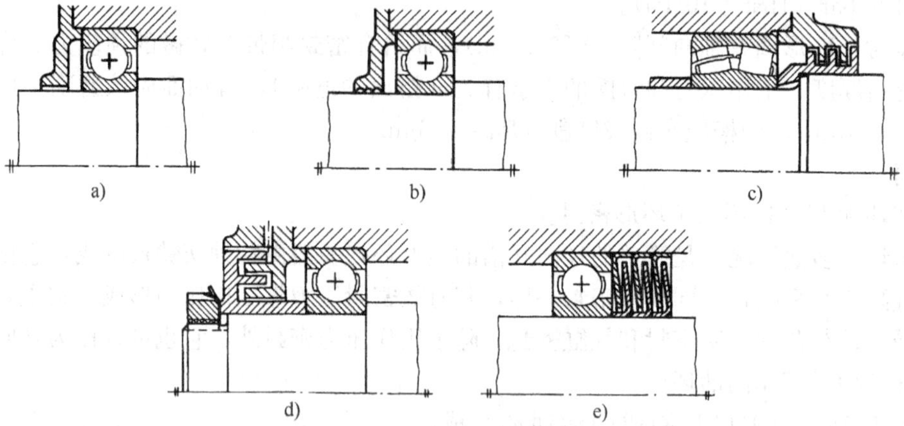

图 19-30　非接触式防护密封

a）简单轴向间隙密封　b）油沟密封　c）轴向迷宫式密封　d）径向迷宫式密封　e）密封薄膜构成迷宫

也可以用市面上可买到的由钢片压在一起构成的密封薄膜或活塞环形成迷宫式密封，它价格便宜、节约空间（见图 19-30e）。可以根据要求改变薄膜数或活塞环数来调节密封效果。TB19-9b 汇总了这种密封的设计规范。

液体密封

液体密封用于涡轮压缩机、蒸汽机和水轮机、鼓风机和离心泵中。由于密封空间存在压力差，液体摩擦会导致间隙流动，产生压降，简单对心间隙中的层流所产生的泄漏量 V 为

$$V=\frac{(p_1-p_2)s^3\pi d_m}{12\eta l} \tag{19-6}$$

式中　p_1，p_2——间隙两边的压力；

s——间隙宽度；

d_m——平均间隙直径；

η——通流介质的动力粘度；

l——间隙长度。

由式（19-6）可知，泄漏量与间隙宽度的立方成正比，它是泄漏量的最大影响因素。由于间隙宽度不可能任意减小（绝大多数为 0.1～0.2mm）（必须考虑加工误差、工作中的变形和热膨胀等），在压力差较小的情况下，为保持较小的泄漏损耗，必须采用非常长的间隙。对于不可压缩液体，在泵、液力离合器等内部可采用简单的径向和轴向间隙。而迷宫式间隙密封或迷宫式密封结构更短，但成本更高。也可以通过采用能自动对心的弹性（浮动）垫（见图 19-31a）来允许更小的间隙。

在每个节流点采用迷宫式密封（见图 19-31b），在狭窄的间隙中，压力能会转换为动能，在其后拓宽了的小室中，这种动能会由于涡动和冲击几乎全部转换为摩擦热。因此泄漏量主要取决于串联的节流点的数量以及迷宫式密封的几何特征。

出于装配原因，当轴向窜动较大和对密封性要求不高（例如涡轮机内部）时，也可以采

用迷宫式间隙密封（仅仅构置单边迷宫），见图 19-31c。可以通过采用附加的阻液剂来实现绝对的密封。

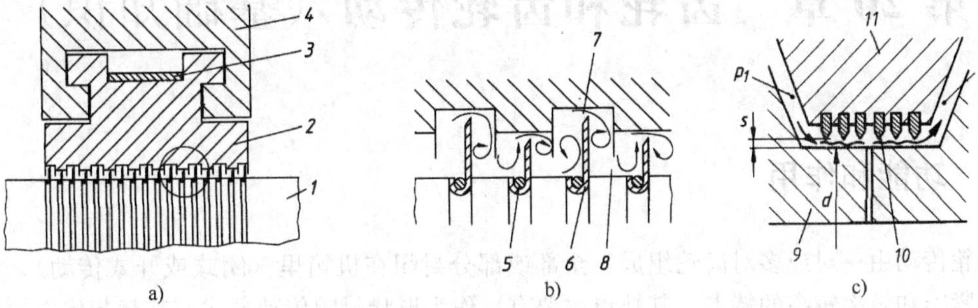

图 19-31　蒸汽机中的液体密封

a）轴与机架之间密封的局部图：1—轴　2—弹性垫　3—弹簧　4—机架

b）局部图：5—嵌入钢丝　6—节流片　7—间隙（节流点）　8—环形室

c）导轮与轴之间的密封：9—轴上的涡轮盘　10—导轮　11—黄铜片

19.5　参考文献和图片来源

Ebertshäuser, H.: Dichtungen in der Fluidtechnik. München: Resch, 1987
Haberhauer, H., Bodenstein, F.: Maschinenelemente. Berlin: Springer, 1996
Köhler, G., Rögnitz, H.: Maschinenteile. Stuttgart: Teubner 1992
Pahl, G., Beitz, W.: Konstruktionslehre. Berlin: Springer, 1997
Reuter, F. W.: Dichtungen in der Verfahrenstechnik. München: Resch, 1987
Schmid, E.: Handbuch der Dichtungstechnik. Grafenau/Württ.: Expert, 1981
Schuller, R., Trossin, H.-J., Gartner, J.: Randbedingungen zum Einsatz statischer Dichtungen. Konstruktion 50 (1998) H. 9, S. 23–26
Steinhilper, W., Röper, R.: Maschinen- und Konstruktionselemente 3. Berlin: Springer, 1994
Trudnovsky, K.: Berührungsdichtungen. Berlin: Springer, 1975
Trudnovsky, K.: Berührungsfreie Dichtungen. Düsseldorf: VDI, 1981
Trudnovsky, K.: Schutzdichtungen. Düsseldorf: VDI, 1977

Firmenschriften: Burgmann Dichtungswerke GmbH & Co., Wolfratshausen (Gleitringdichtungen), Elring Kunststoff-Technik GmbH, Bietigheim-Bissingen (RWDR), Freudenberg Dichtungs- und Schwingungstechnik KG, Weinheim (RWDR, Simmerring®, Formdichtungen), Forsheda Stefa GmbH, Maintal (V-Ring, Gamma-Ring), AE Goetze GmbH, Burscheid (Gleitringdichtungen), Loctide European Group, München (Dichtmassen), Martin Merkel GmbH & Co. KG, Hamburg (Formdichtungen), Parker Hannifin GmbH, Bietigheim-Bissingen (Formdichtungen), Ringfeder GmbH, Krefeld, SKF GmbH, Schweinfurt (V-Ring), Ziller & Co., Hilden (Nilos-Ringe), Witzenmann GmbH Metallschlauch-Fabrik, Pforzheim (Metallfaltenbalg)

第 20 章　齿轮和齿轮传动（基础知识）

20.1　功能和作用

齿轮传动由一对或多对齿轮组成，全部或部分封闭在机箱里（闭式或开式传动）。它具有结构紧凑和效率较高的特点。其缺点主要有：作为形状封闭传动方式，其载荷传递过于刚性（故需要弹性联轴器），高速时会产生不希望出现的振动（可以通过改善啮合质量来降低）。图 20-1 给出了最重要的传动类型及其特点。

机构类型			功能面	两轴关系	接触方式	讲述章节
滚动机构	圆柱齿轮机构	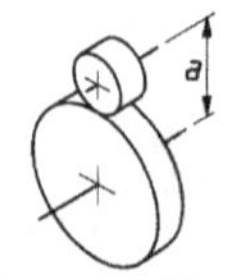	圆柱	平行 $\Sigma=0$ $a>0$	线	21
	锥齿轮机构	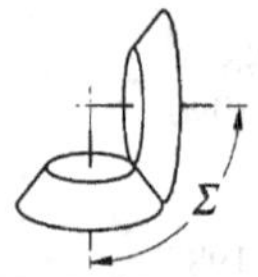	圆锥	相交 $\Sigma>0$ （绝大多数 $\Sigma=90°$） $a=0$	线	22
螺旋滚动机构	螺旋齿轮机构	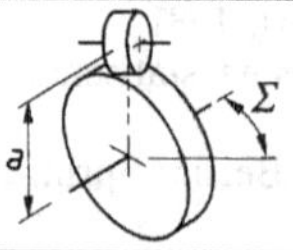	圆柱	交错 $\Sigma>0$ $a>0$	点	23
	准双曲面齿轮机构	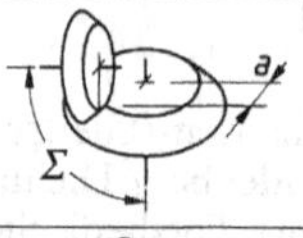	圆锥	交错 $\Sigma=90°$ $a>0$	点	—
螺旋机构	蜗轮蜗杆机构	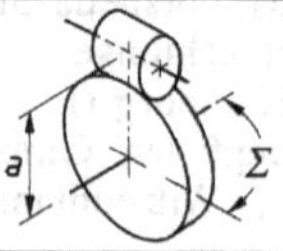	圆柱和球状面①	交错 $\Sigma=90°$ $a>0$	线	23

① 齿轮副配对：圆柱蜗杆/圆柱蜗轮；圆柱蜗杆/球面蜗轮；球面蜗杆/球面蜗轮

图 20-1　齿轮传动类型

匀速㊀传动的齿轮机构的任务（功能）有：

—传动比恒定无打滑地传递运动和动力。

—变换转矩或转速。

—改变主从动轴转动方向。

—确定主从动轴的相对位置。

㊀ 具有回转对称且与齿轮轴同心的基面的齿轮，其传动比不变，相反地，非圆或偏心基面齿轮的传动比呈周期性变化。

20.1.1　齿轮及其机构类型

1. 齿轮　在轮体上有规律地形成轮齿就构成了齿轮。按照约定的视图方向，每一个轮齿都有右齿廓和左齿廓，它由特定的齿廓曲线构成（见图 20-2a）。齿轮副的工作齿廓在啮合点（节点）接触，并在轮廓上变换其位置。一个给定齿轮的齿廓决定了与其配对的另一个齿轮的齿廓。在轴转动时，固定在轴上的一个齿轮的轮齿顺序地与配对的齿槽啮合。非工作齿廓（即与工作齿廓相对的齿廓）之间存在齿侧间隙（见图 20-2b）。

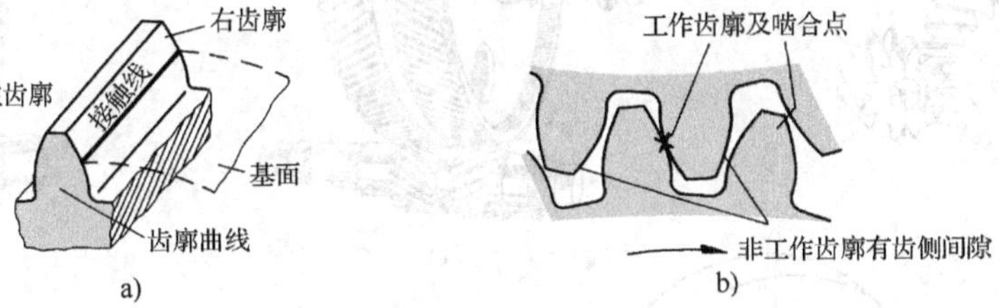

图　20-2

a）轮齿及其齿廓曲线，右齿廓和左齿廓，齿廓接触线　b）齿轮副齿廓分类

将一对齿轮副假想为一对绕齿轮轴线的面，虽然不是啮合面，但在转动时具有与该对齿轮相同的相对运动，这对面称为功能面。它是回转面（节面），互相接触和滚动（见图 20-3）。非变位齿轮传动[㊀]的功能面就是基面，啮合的几何参数决定于基面。双曲面齿轮[㊁]为最常见的齿轮副，因为由它可以非常简单地衍生出所有的齿轮副，例如，当$\Sigma=0$和$a>0$时，锥齿轮机构演变为圆柱齿轮机构，当$a=0$和$\Sigma>0$时，由双曲面锥齿轮机构演变为“一般”锥齿轮机构，见图 20-1。

2. 机构类型　一对或多对齿轮一起构成齿轮传动机构，它将旋转运动和转矩的大小和/或方向通过一级或多级传动变换。根据两齿轮轴在空间中的位置和齿向的不同，DIN 868 将其分为滚动机构和螺旋滚动机构两类，见图 20-1。

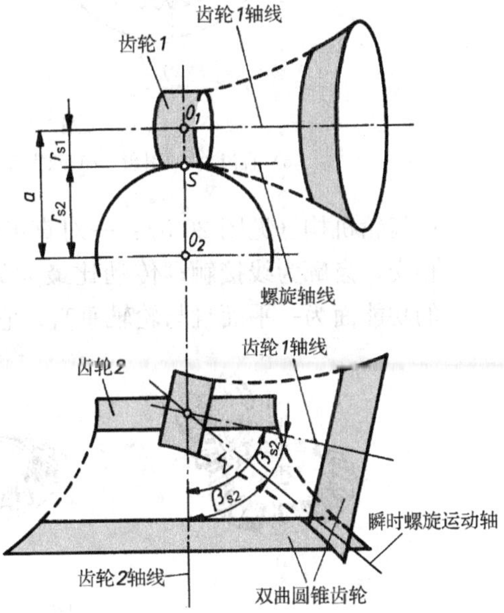

图 20-3　双曲面齿轮的功能面（图上画出两对齿轮）

滚动机构

这类齿轮机构的功能面之间作纯滚动，两齿轮的轴线位于同一平面，即互相平行或相交，为线接触。它们有：

—圆柱齿轮机构（见图 20-4）：两个外啮合圆柱齿轮，其功能面就是节圆柱面。在直径趋于无穷大的极端情况就成为齿条，功能面成为平面，它与一个外齿轮啮合；$i=\infty$。齿轮又分为直齿轮、斜齿轮、八字齿轮或人字齿轮（根据齿廓接触线划分）；一对齿

㊀　非变位齿轮传动的两个齿轮不变位（$V=0$），它与角度变位齿轮传动（$V\neq0$）相对。

㊁　双曲面是一种几何体，旋转时围绕其轴线形成双曲线。

轮的传动比$i \leqslant 6(i_{max} \approx 8 \sim 10)$。内啮合直齿圆柱齿轮机构节省空间，外齿轮与内齿轮（齿圈）互相啮合且同向旋转（只能沿轴向进行装配）⊖。

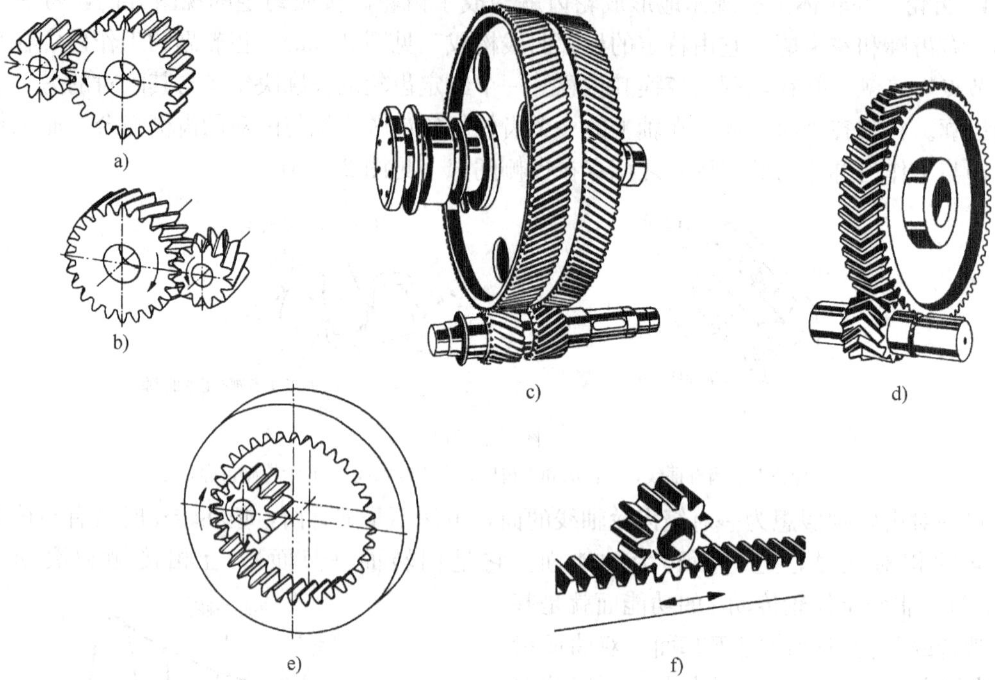

图 20-4　圆柱齿轮机构

a）直齿　b）斜齿　c）八字齿　d）人字齿　e）内啮合　f）齿轮齿条

—锥齿轮机构（见图 20-5）：一对直齿或斜齿锥齿轮啮合，其功能面为节圆锥面，两轴相交，齿廓为线接触；传动比最大为 $i_{max} \approx 6$。外锥齿轮的极限情况是冠状齿轮，它的功能面为一平面且与轮轴垂直。它与一个锥齿轮啮合就构成了冠状齿轮机构。

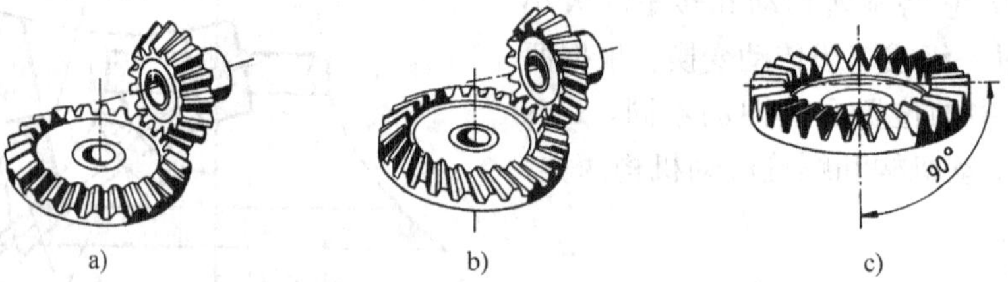

图 20-5　锥齿轮机构

a）直齿　b）斜齿　c）冠状齿轮

螺旋滚动机构

螺旋滚动机构的两齿轮轴线不在一个平面上，相互交错。它的功能面是双曲面，旋转时，沿共同的接触线（瞬时螺旋运动轴）相互滚动，但同时又打滑，见图 20-3 和图 20-1。

两齿轮在双曲功能面上啮合。齿轮可做成双曲圆柱齿轮（齿轮 1、2）或双曲锥齿轮。由于功能面是曲面，在工程实际中常将它们近似为圆柱面或圆锥面。这类机构可分为：

⊖　可采用行星轮系（周转轮系）来实现小空间下的大传动比，其中支承在回转系杆上的行星轮围绕太阳轮旋转。

—交错轴斜齿轮机构（图 20-6a）：只要中心距 a 足够大，螺旋面的半径 r_{s1} 和 r_{s2} 就能足够大（图 20-3），就能在围绕着节点 S 的很窄的范围内将双曲面近似为圆柱面。这种交错轴斜齿轮机构的啮合为点接触。在实际工作条件下点接触会扩大为面接触。因此这种传动只适合于小功率传动且传动比不超过 $i_{max}=5$。

—准双曲面齿轮机构（图 20-6b）：当存在小的中心距 a 时（轴偏置，例如在车辆传动装置中），为了齿的啮合，螺旋滚动面的部分被拉向一起，使它与节点 S 足够远，从而使这部分可近似为圆锥面，其齿的啮合扩展到几乎整个齿宽（见图 20-3）。这种大多数为圆弧齿的锥螺旋齿轮称为准双曲面齿轮。这种齿轮啮合时其轴线常常是垂直交错；其接触为线接触。

—蜗轮蜗杆机构（图 20-6c 和 d）：作为一种两轴垂直交错的纯螺旋机构，由一个功能面为圆柱面或球面的齿轮（即蜗杆）和一个与之相配的球面齿轮（即蜗轮）组成。蜗杆和蜗轮的啮合在接触区域里为线接触；传动比 $i_{min}\approx5\sim i_{max}\approx60$，在特殊情况下可达 $i_{max}\approx100$，甚至更大。

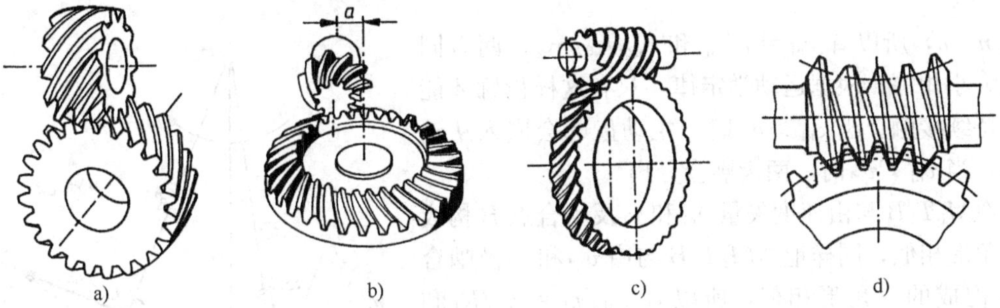

图 20-6　螺旋滚动副

a）交错轴斜齿轮机构　b）锥螺旋（准双曲面）齿轮机构

c）圆柱蜗杆机构（圆柱蜗杆和球面蜗轮）　d）球面蜗杆机构（球面蜗杆与球面蜗轮）

20.1.2　齿廓啮合基本定律

一对齿轮匀速运转的前提条件是其传动比 $i=\omega_1/\omega_2$ 保持恒定不变。主动轮首先从齿根处与从动轮的齿顶（齿顶圆 K_2）在啮合点 B 开始接触（见图 20-7a）。主动轮 1 以角速度 ω_1 旋转，从动轮 2 以角速度 ω_2 旋转，两个节圆 W_1 和 W_2 在节点 C 处接触。在旋转过程中，啮合点 B 在齿廓上变换位置，但它总是位于公法线 n-n 上，直至节点 C（见图 20-7b），接着一直到主动轮齿顶（顶圆 K_1）脱离啮合（见图 20-7c）。

啮合点 B 与主动轮圆心 M_1 的距离为 R_1，与从动轮圆心 M_2 的距离为 R_2。在齿轮旋转过程中，啮合点 B_1 和 B_2 绕 M_1 和 M_2 分别以圆周速度 $v_1=\omega_1R_1$（垂直于 R_1）和 $v_2=\omega_2R_2$（垂直于 R_2）运动。当 ω_1 不变时，v_1 随 R_1 增大而增大（见图 20-7），要使它能匀速传递运动，距离为 R_2 的圆周速度 v_2 应与主动轮 v_1 以同样比例减小，即 $i=\omega_1/\omega_2=(v_1/R_1)/(v_2/R_2)=(v_1/R_1)(R_2/v_2)$。

齿廓在节点 C 处啮合（见图 20-7b），$R_1=r_1$（节圆 W_1 半径），$R_2=r_2$（节圆 W_2 半径），则有 $v_1=v_2$，所以 $i=\omega_1/\omega_2=R_2/R_1=r_2/r_1$。

在任意点 B 啮合（见图 20-8），将圆周速度 v_1 和 v_2 沿公切线 t—t 和公法线 n—n 分解为切向分量 v_{t1}、v_{t2} 和 v_{n1}、v_{n2}，极限啮合点 T_1 和 T_2 处的半径 r_{n1} 和 r_{n2} 分别垂直于通过节点的

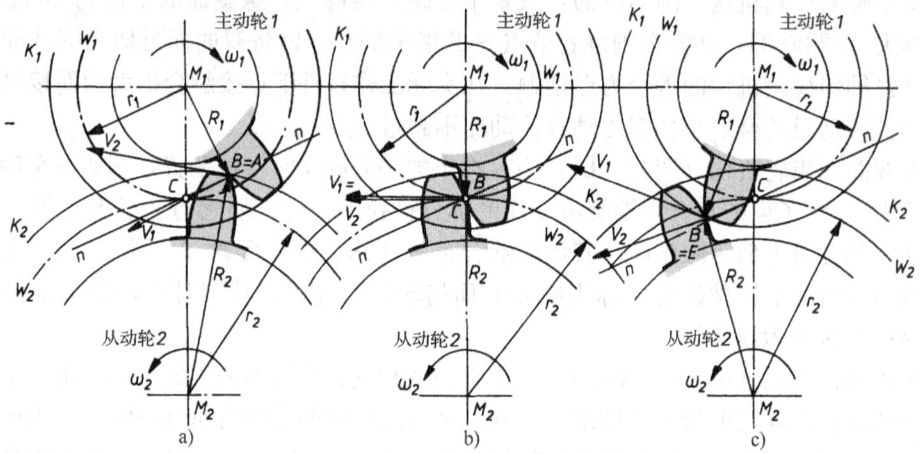

图 20-7　啮合位置和圆周速度

a）开始（$v_1<v_2$）　b）中点（$v_1=v_2$）　c）结束（$v_1>v_2$）

法线 n—n，所以有 $v_{n1}=\omega_1 r_{n1}$ 和 $v_{n2}=\omega_2 r_{n2}$，两者同向且大小相等。根据运动学定律，只有这样齿廓才能保持持续接触。当 $v_{n1}>v_{n2}$ 时，主动齿廓会嵌入从动齿廓，当 $v_{n1}<v_{n2}$ 时，两齿廓会分离。

$\triangle M_1T_1B$ 与由速度矢量 v_{n1} 和 v_1 及啮合点 B 构成的三角形相似，同样地 $\triangle M_2T_2B$ 与由 v_{n2} 和 v_2 及啮合点 B 构成的三角形相似，所以有 $v_{n1}/v_1=r_{n1}/R_1$ 和 $v_{n2}/v_2=r_{n2}/R_2$。法线 n—n 通过节点 C，所以 $v_{n1}=v_{n2}$，则 r_{n1}（v_1/R_1）$=r_{n2}$（v_2/R_2），$r_{n1}\omega_1=r_{n2}\omega_2$。由此得 $\omega_1/\omega_2=r_{n2}/r_{n1}$，则一对齿轮的传动比为

$$i=\frac{\omega_1}{\omega_2}=\frac{r_{n2}}{r_{n1}}=\frac{r_2}{r_1} \qquad (20\text{-}1)$$

齿廓啮合基本定律为：

如果过任意啮合点（接触点）B 所作的齿廓公法线均通过节点 C，则该齿轮副传递旋转运动的传动比恒定不变。

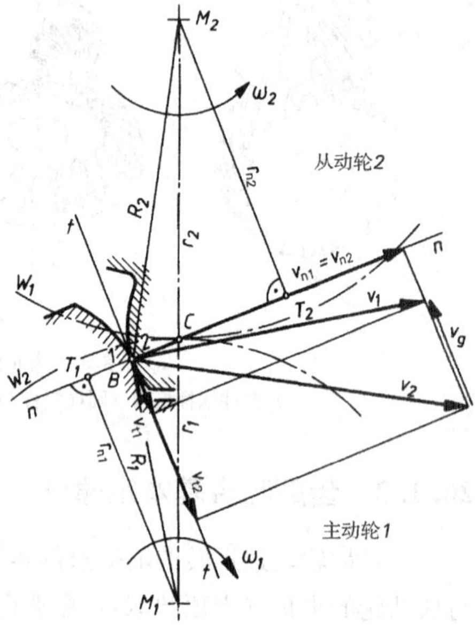

图 20-8　啮合点的速度矢量

B 点圆周速度 v_1 和 v_2 沿公切线的分量为 v_{t1} 和 v_{t2}，说明除了滚动运动之外，齿廓之间还有滑动。切向速度之差为相对滑动速度 $v_g=v_{t2}-v_{t1}$（见图 20-8）。v_g 与距离 BC 成正比，在节点 C 处为 0，因为在该处 $R_1=r_1$、$R_2=r_2$，而且 $v_1=v_2$、$v_{t1}=v_{t2}$，所以 $v_g=0$。也就是说，节点 C 处无滑动，只有纯滚动。齿根啮合时的速度 $v_g=v_{t2}-v_{t1}$ 或齿顶啮合时的速度 $v_g=v_{t1}-v_{t2}$ 达到其最大值，即在节点 C 的两边 v_g 方向不同（见图 20-7a、c）。啮合点从 B 开始，经过 C 直到脱离啮合所走过的轨迹称为啮合线。它是所有啮合点 B 的集合，它与通过节点 C 的公法线重合。

两个齿廓（齿廓 1 和配对齿廓 2）只有具有相同啮合线才能啮合，其分布决定于齿廓啮合基本定律。

啮合线上所用到的部分 AE 称为实际啮合线段。它的起始点 A 由齿顶圆 K_2 决定（见

图 20-7a)，它的结束点 E 由齿顶圆 K_1 决定（见图 20-7c)。

20.1.3 齿廓曲线和啮合类型

满足齿廓啮合基本定律的任意一种曲线均可作为齿廓曲线。但只有啮合线特别简单和能采用相对简单的加工方法获得极高精度的齿廓曲线才具有工程实用价值。摆线［由一个发生圆在一根直线上或在一个导圆上（内）作无滑动的滚动形成］或滚动曲线（由一根直线在一个导圆上无滑动地滚动形成）适合于用作齿廓曲线。

1. 摆线齿廓啮合 当一个发生圆在一根导直线或一个导圆上（内）滚过，其上一点 P 所走过的轨迹为摆线（见图 20-9)。

一个发生圆在一条直线上滚动形成正摆线（见图 20-9a)。一个发生圆在一个导圆上滚动形成外摆线（见图 20-9b)。一个发生圆在一个比它大的导圆内表面滚动形成内摆线（见图 20-9c)。

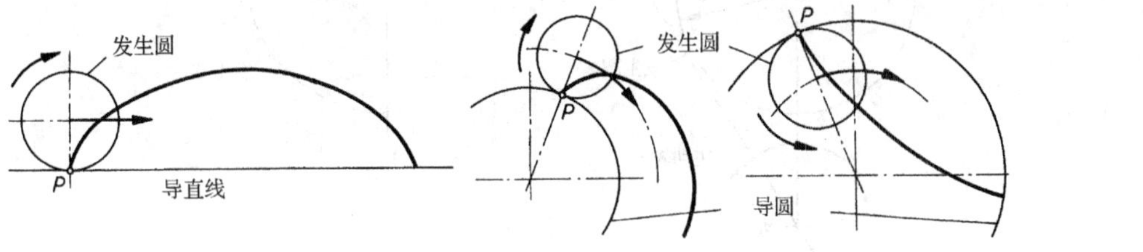

a) b) c)

图 20-9 摆线

a）正摆线 b）外摆线 c）内摆线

摆线齿廓啮合时，直径为 δ_1 和 δ_2 的两个发生圆位于直径为 d_1 和 d_2 的两个导圆（与节圆重合）W 的里面（见图 20-10a)。它们在节点 C 处相切并构成右轮廓和左轮廓的啮合线。发生圆直径可任意选择，但根据经验，$\delta \approx 0.3d$ 具有较好的传动性能。

根据齿廓啮合基本定律，两个工作齿廓（分别为一个齿轮的齿顶齿廓和另一个齿轮的齿根齿廓）在接触时，其公法线通过节点 C，但两边的角度不一样。当两个齿廓由相同的发生圆所形成，就产生如下情况：发生圆 2 在导圆 W_1 上滚过产生直到齿轮 1 齿顶圆 K_1 的齿顶齿廓 k_1，它是外摆线，发生圆 2 在导圆 W_2 内表面滚过形成与 k_1 一起工作的齿根齿廓 f_2，它是内摆线。相应地，通过发生圆 1 产生齿廓 k_2 和 f_1（见图 20-10a)。

对于摆线齿廓齿轮齿条传动，其齿条的齿廓曲线为正摆线，在导圆上面的发生圆向右滚动形成齿顶齿廓，在导圆下面的发生圆向左滚动形成齿根齿廓（见图 20-10b)。

摆线齿轮啮合的啮合线为发生圆 1 和 2 的一段圆弧，主动轮 1 顺时针旋转时，实际啮合线段开始于 A 结束于 E（图 20-10a 中的加点线）。这两个点与齿根轮廓上的齿根点 F_1 和 F_2 相对应。在第一个啮合阶段，F_1C 与 K_2C 相啮合，在啮合第二阶段，CK_1 和 CF_2 相啮合。由于相啮合齿廓不一样长，因此它们之间除了滚动外，同时还有滑动。

相啮合的摆线齿轮两齿廓为一凸（k_1 和 k_2）一凹（f_1 和 f_2），这对齿廓的润滑特别有利。而且齿廓接触应力小、磨损小、承载能力大；此外，它可允许齿数很少（$z=3$）。由于齿廓曲线总是由两个齿轮共同形成，所以一对齿轮总是配对工作。只有具有相同发生圆的可换齿轮和滑移齿轮才能用于变换齿轮传动或换向传动。由于齿廓曲线在节点 C 的两边弯曲方向不同，必须使中心距（$\overline{M_1M_2}$）保持精确，因为只要有微小的误差就会影响齿廓啮合。

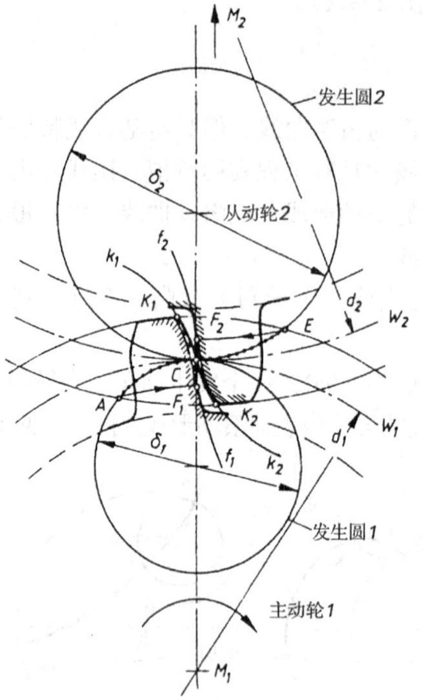

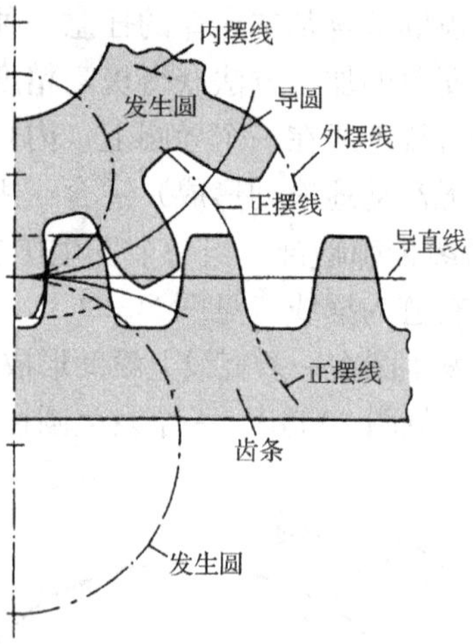

图 20-10　摆线齿廓啮合

a）一对外啮合摆线圆柱齿轮的啮合　b）摆线齿轮齿条啮合

由于刀具不是直线切削刃，故摆线齿轮制造困难、成本高。这些缺点使摆线齿轮只在一些特殊场合使用，例如精密机械中。

2. 柱销啮合　如果摆线齿轮2的发生圆直径为$\delta_2=0.5d_2$，则其齿根齿廓正好沿径向方向。在导圆内的齿较弱，因此承载能力较小，滑动率以及磨损率较大。当$\delta=d$时，构成齿根齿廓的内摆线变成一个点，它与配对齿轮的外摆线啮合（点啮合）。所以齿廓啮合仅仅只发生在顶齿廓。

为了降低磨损，将点扩大成直径为d_B的柱销（轴销，图20-11）。将导圆（分度圆）d_2在分度圆d_1上滚动，柱销圆心描绘出外摆线，作其等距曲线[⊖]就构成了分度圆直径为d_1的主动轮齿的齿顶齿廓。如果支承柱销的柱销轮变成为柱销齿条，则主动轮的外摆线及其等距曲线就变成为渐开线。

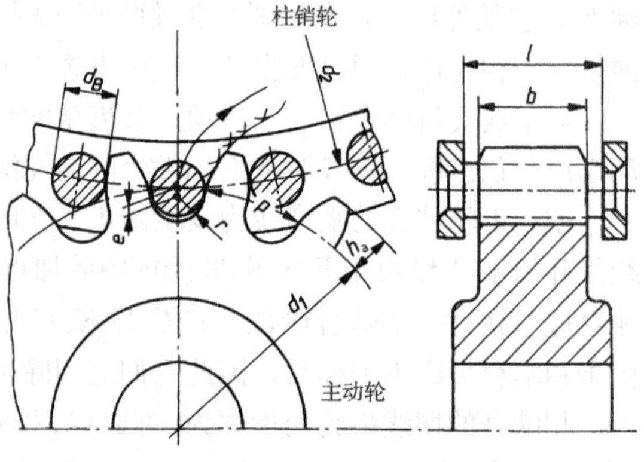

图 20-11　柱销啮合

柱销啮合用于大传动比的场合，例如起重机旋转机构，转车和在防尘机械中作为“齿条传动”。

初步设计用基准尺寸。由模数m(mm)

⊖　即同等距离的曲线。

和齿距 $p=m\pi$(mm) 可选择或得到：

基准齿寸	符　号	公　式	单　位
最小齿数	z_1	8～12	—
分度圆圆周速度	v	0.2～1	m/s
齿顶高	h_a	$\approx m(1+0.03z_1)$	mm
柱销直径	d_B	$\approx 1.67m$	mm
齿宽	b	$\approx 3.3m$	mm
柱销长度	l	$\approx(b+m+5)$	mm
齿槽半径	r	$\approx 0.5d_B+0.02m$	mm
偏心距	e	$\approx 0.15m$	mm
齿侧间隙	j	$\approx 0.04m$	mm

3. 渐开线啮合　一根发生线在一个基圆上作纯滚动时，其上的一个点所绘出的曲线称为圆的渐开线（见图 20-12）。

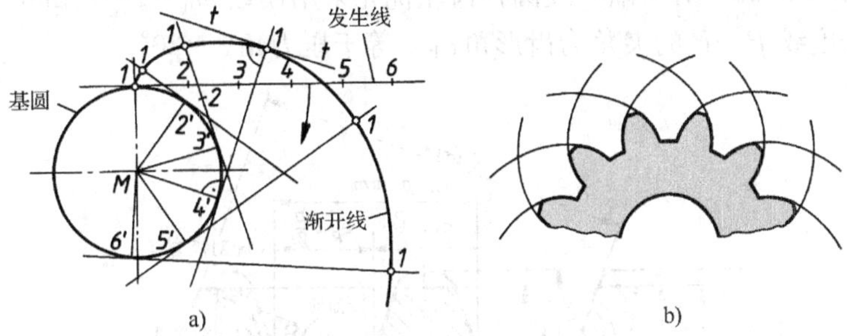

图 20-12　渐开线

a）圆的渐开线　b）圆柱齿轮上的渐开线

渐开线齿轮的端面齿廓为一段渐开线（见图 20-12b）。一对外啮合圆柱齿轮符合齿廓啮合基本定律，其啮合线为直线 n—n（发生线），它与两齿轮的基圆切于点 T_1 和 T_2（见图 20-13）。

图 20-13 中用双线条画出齿轮 1 和 2 的工作齿廓，如果在节点 C 处啮合，齿廓公切线 t—t 与连心线 M_1M_2 的夹角为压力角 α，由于啮合线 n—n 垂直于公切线 t—t，所以两节圆 W_1 和 W_2 在 C 点的公切线 M—M（垂直于 M_1M_2）与啮合线 n—n 之间的夹角也是压力角。

啮合的第一阶段是齿廓段 F_1C 和 K_2C 之间互相啮合，第二阶段是 CK_1 和 CF_2 之间的啮合。

所有的啮合点都位于啮合线 n—n 上，它垂直于啮合工作齿廓且通过 C。

图中用实线画出转动方向，啮合起始点 A 和结束点 E 齿的位置用虚线表示；A 点为轮 2 的齿顶圆与啮合线的交点（F_1 与 K_2 重合），E

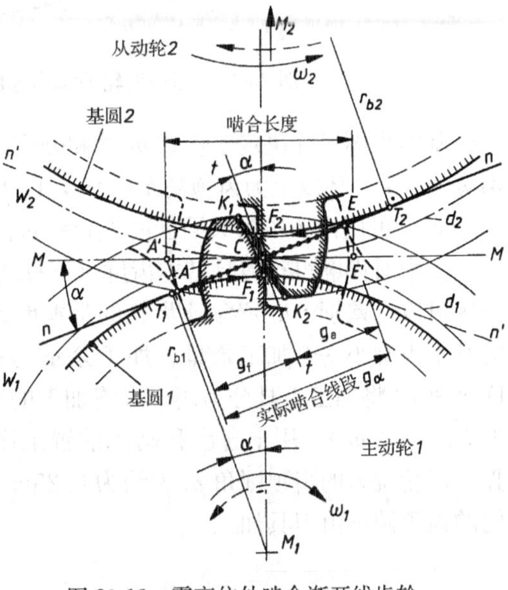

图 20-13　零变位外啮合渐开线齿轮

点为轮1的齿顶圆与啮合线的交点（K_1和F_2重合），AE为实际啮合线段（图20-13带点的线段）。实际啮合线段$g_\alpha=g_f+g_a$，它以C为分界点，分为啮入段（等于齿根啮合段）g_f和啮出段（等于齿顶啮合段）g_a。g_α在M—M上的投影$A'E'$称为啮合长度。

提示：作为两个啮合齿廓接触点集合的啮合线的位置（实线n—n）与齿轮的转动方向有关，见图20-13（虚线n'—n'代表转向相反时的啮合线）。

节圆半径$r_1=d_1/2$和$r_2=d_2/2$，基圆半径$r_{b1}=d_{b1}/2$和$r_{b2}=d_{b2}/2$，由于$\triangle M_1CT_1$和$\triangle M_2CT_2$相似，所以有$\cos\alpha=r_{b1}/r_1=r_{b2}/r_2$，这样就由式（20-1）得到传动比$i=\omega_1/\omega_2=r_2/r_1=r_{b2}/r_{b1}=d_{b2}/d_{b1}$，即$i$决定于基圆半径（直径）的大小。由于啮合线为一直线，且端面齿廓形状不受基圆位置改变的影响，所以渐开线啮合对齿轮副中心距的变化不敏感。

由于渐开线齿轮制造简单和成本低，所以机械制造中所用的齿轮几乎都是渐开线齿轮。

20.1.4　基本齿廓、渐开线齿轮的加工

根据DIN 867，基本齿廓（见图20-14）为约定的齿条齿廓（平面啮合），在通用机械制造行业，根据DIN 3960，对于渐开线圆柱齿轮优先采用模数$m_n=1\sim70$mm。基本齿廓的轮廓法线与齿条分度线P—P的夹角为齿形角α_P，等于压力角$\alpha=20°$。

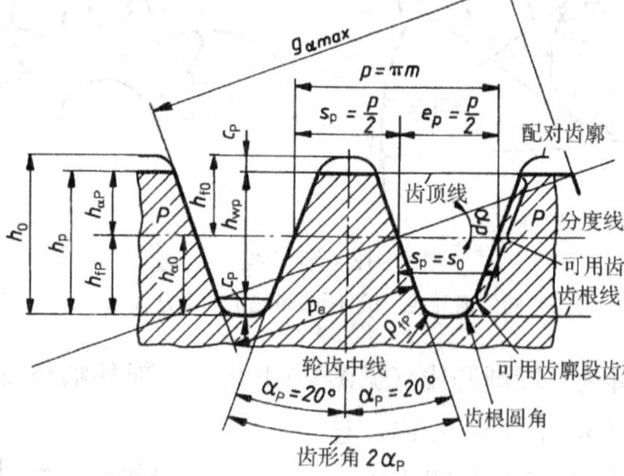

图20-14　圆柱齿轮的基本齿廓及配对齿廓，刀具齿廓（下标为0）

基本齿廓尺寸决定于模数m_n[⊖]和分度线：主要有分度线P—P上的齿距p，齿厚s_P和齿槽宽e_P；P—P以上为齿顶高$h_{aP}=m$，以下为齿根高$h_{fP}=m+c_P$，基本齿廓的齿全高$h_P=2m+c_P$。可用齿廓段为共同齿高$h_{wP}=2m$。

由配对齿廓可得刀具基本齿廓（下标为0），它的齿顶高h_{a0}，必要时齿厚s_0与齿轮基本齿廓可以有差别。h_{a0}必须比齿轮的基本齿廓大一个顶隙c_P。s_0可以相同，或在必要时比齿轮的基本齿廓小一个加工余量。加工余量是后续加工过程（精铣、磨削或剃齿）所要求的。DIN 3972将加工刀具分为用于最终加工的基本齿廓Ⅰ和Ⅱ（$s_0=s_P$，Ⅰ型$h_{a0}=1.167m$，Ⅱ型$h_{a0}=1.25m$）、用于磨齿和剃齿前置工序的基本齿廓Ⅲ和用于精整前置工序的基本齿廓Ⅳ。齿轮铣刀的齿顶圆角ρ_{a0}大约为$0.25m$（详细内容见标准）。它影响齿轮的齿根圆角。齿轮的齿顶圆不由刀具加工。

⊖　下标n代表法向对于直齿轮$m_n=m$。

采用磨削或剃齿切削加工余量 t_n时，会在齿根上产生切口，它是由圆弧形刀具顶角产生的（见图 20-15a）。如果在前置工序中采用剃前突起的滚刀粗加工齿根，则可避免这个问题（见图 20-15b）。

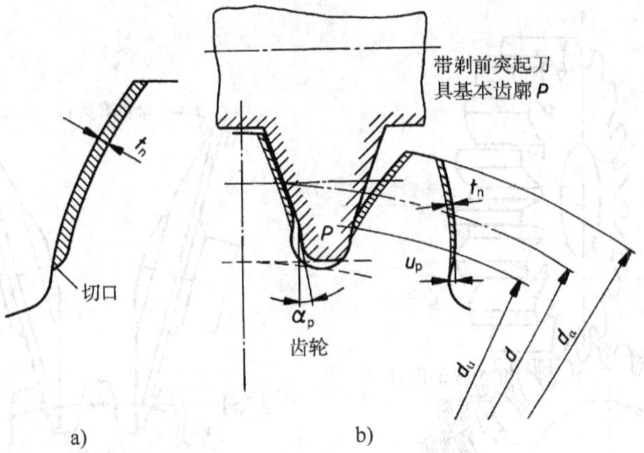

图 20-15　齿轮加工示意图

a）将加工余量 t_n切削后的齿廓　b）采用剃前突起滚刀进行粗加工

根据大小、材料和用途的不同，可选用不同的方法进行齿轮加工。在工业生产中，分为非切削加工方法（例如铸造、冲压、烧结）或高精度切削加工方法（例如齿条插刀插齿、齿轮插刀插齿、滚齿）。绝大多数齿轮加工机械均用展成法加工；采用传动装置使刀具和工件像两个已加工好的齿轮一样啮合传动。刀具在工件上加工出齿槽，见图 20-16。

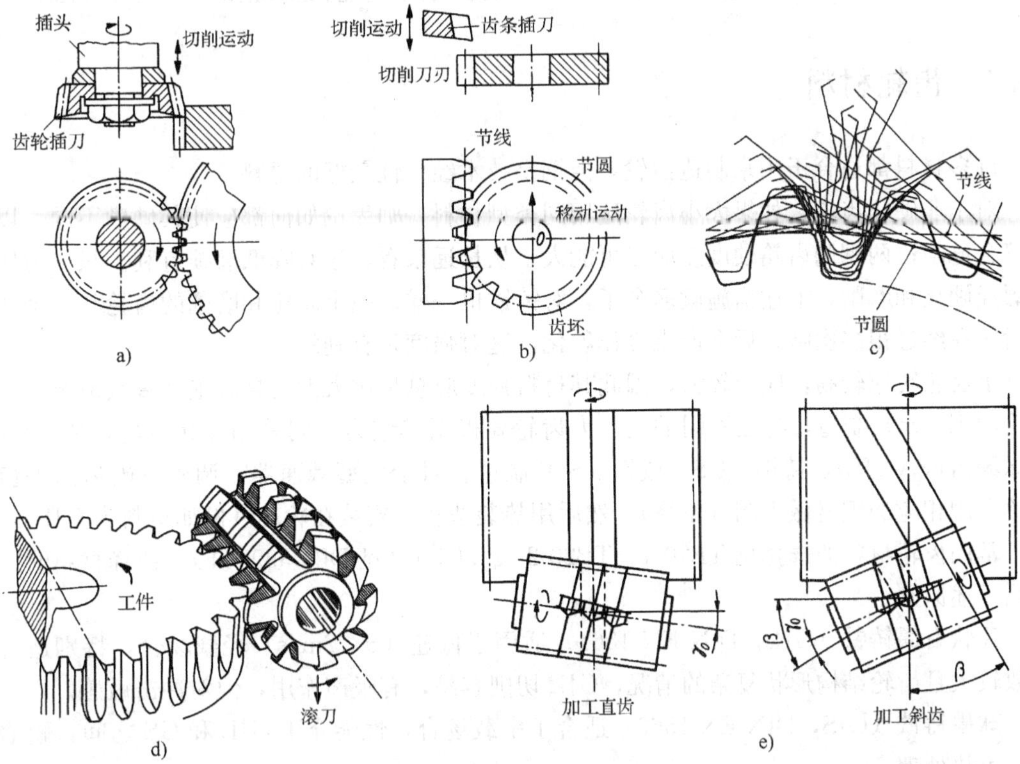

图 20-16　齿轮加工示意图

a）齿轮插刀插齿　b）齿条插刀插齿　c）用展成法加工齿廓　d）滚齿　e）滚刀位置调整

为了改善齿廓表面质量和啮合精度，非硬化齿轮用剃齿法进行精加工，见图 20-17a。如果剃齿后对齿轮进行了硬化，必须考虑到硬化变形。作为最后一道加工工序，硬化齿轮还必须进行磨齿，以保证尺寸精度与表面光洁和承载能力，见图 20-17b。

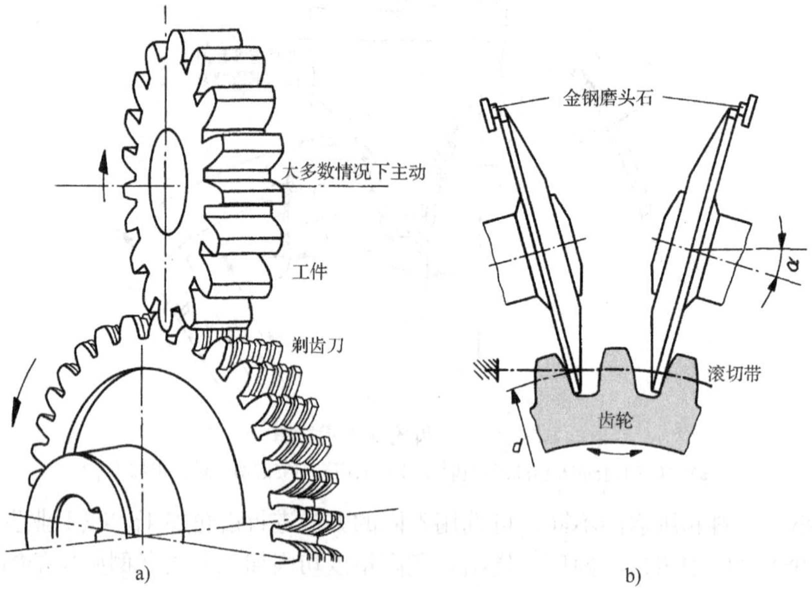

图 20-17　剃齿和磨齿

a）剃齿（交错角 5°～15°）

b）磨齿（滚切带一节线砂轮盘位置固定，$\alpha=20°$，绕其轴线旋转，齿轮快速滚动并缓慢沿齿宽方向进给）

20.2　齿轮材料

许多材料都适合于用来制造齿轮，但钢是技术经济性最好的材料。

对于非硬化齿轮，如果大小齿轮选用同类型材料，则无论如何都应使其硬度不同，以避免胶合危险；两钢制齿轮硬度差应尽可能大，从长远来看，这对降低磨损有利。只要齿轮副齿廓经硬化和磨削，上述措施就多余了，对铸铁也一样；一个硬化和磨削的齿轮与一个非硬化齿轮在经过很多次啮合后会产生冷作硬化，这对强度是有利的。

小齿轮转速较高，应力较大，因此其材料强度应总是比大齿轮高。绝大多数情况下，小齿轮用钢（St）制造，与之不同的是，大齿轮要根据其应力不同采用片状石墨铸铁（GJL）或球墨铸铁（GJS）、铸钢（GS）或钢（St）制造。对于大型减速器，调质或硬齿面大齿轮常常采用相应的钢材做齿圈（轮缘），然后用热装法将其安装在轮芯（例如材料为 GJL）上。

常用齿轮材料的选择见 TB20-1、TB20-2 或 TB1-1（见 DIN 3990T5）。选择材料时，请遵循下述原则：

片状石墨铸铁（GJL，DIN EN 1561）适用于低速（$v<2\text{m/s}$）轻载场合，特别适合于模数较大且齿轮结构形状复杂的情况，GJL 切削容易，有吸声作用，但对冲击敏感。

球墨铸铁（GJS，DIN EN 1563）适合于中载场合，性能介于 GJL 和 GS 之间，耐磨性好，可热处理。

可锻黑铸铁（GJMB，DIN EN 1562）用于小尺寸的情况，相对于 GJL 来说强度更高，韧性更好。

铸钢（GS，DIN 1681）特别适用于大尺寸的情况，相对于 GJL，铸造困难（由于有较大的收缩，会形成铸造应力和缩孔），比轧制或锻造齿轮更便宜，可热处理。

钢是中载或重载齿轮最常用的材料。由于对材料选择和处理起决定作用的是齿根应力和齿面应力，因此除了可采用在整个截面上性能均匀的钢材（例如一般结构钢以及合金和非合金调质钢）以外，还可采用对危险截面局部提高强度的处理方法。后者统称为表面硬化（表层硬化）钢，它在保持相对韧性的芯部的同时，表面得到硬化，并提高了耐磨性。

齿轮材料的疲劳强度极限用标准工作条件下的测试齿轮经试验得到（对于名义弯曲疲劳强度极限 σ_{Flim} 至少 3×10^6 次载荷循环，对于齿面接触强度极限 σ_{Hlim} 至少 5×10^7 次载荷循环），由于化学成分和组织以及热处理的不均匀性，该值会产生很大波动。受对称循环载荷时（例如中间齿轮），可取 $0.7\sigma_{Flim}$。齿廓 $Rz=3\mu m$，$v=10m/s$，油的粘度 $\upsilon_{50}=100mm^2/s$ 和啮合精度等级为 4～6 级时，σ_{Hlim} 值也出现类似的波动。非磨削齿轮的 σ_{Hlim} 值乘以 0.85。进一步的内容请见 DIN 3990 T2 和 T5。

20.3　齿轮传动的润滑

压力、滑动速度和温度变化不可避免地会产生齿廓摩擦，而齿廓摩擦会导致齿廓磨损、发热和噪声，采取润滑措施就是要将其降到尽可能低的水平。降低齿廓摩擦还可提高效率，当然，效率还受齿轮载荷、圆周速度、啮合质量和齿廓表面质量的影响。即使是采取了润滑措施，保障了轴承的润滑剂供应且对密封件进行了功能检查，对于新机械设备也应在全速下试车。

减速器的工作性能主要取决于润滑剂及其输入到啮合处的方式。应优先选用液体润滑剂，这样可以在两个啮合齿廓之间尽可能形成具有承载能力的润滑膜，而且它可以将动力传递中齿廓啮合和轴承中产生的摩擦热带走。

为了形成具有承载能力的润滑膜，不但要有足够粘度，沿运动方向要有收紧油楔，而且还要有相对运动。但是齿轮啮合并不能最优地满足这些条件，因为齿轮啮合是滑动和滚动的叠加。对于滚动机构，虽然沿齿高方向有滑动速度分量（见图 20-8），但它在节点 C 处为零，然后朝齿根和齿顶方向增大。对于螺旋滚动机构（见 § 20.1.2），沿齿廓方向也有滑动速度分量，所以即使在节点 C 处也存在滑动速度。当然，滑动速度沿齿高方向也发生变化。这种“拖滑式”运动会严重妨碍受压状态下润滑膜的形成。决定润滑膜形成的是滑动速度与滚动速度的比值。

对于齿轮副来说，每一对轮齿进入啮合就要重新形成润滑膜（对于快速传动装置来说时间非常短），所以齿轮运转时绝大多数时间处于混合摩擦状态，只有一部分齿轮法向力由流体动压油膜压力来承担，其余则直接由齿廓接触来承担，但是出于强度原因，还不能总是采用对滑动过程有利的材料配对。因此，润滑剂的主要任务是有利于滑动，以减小磨损、降低胶合危险，同时又抑制过度发热。液体润滑剂选择的一般原则是：

圆周速度越小，滚动压强以及齿廓粗糙度越大，则粘度必须越大。粘度越大，流体动压的承载能力越大，因此抗胶合承载极限也越高，在该极限下齿廓会产生刻痕或胶合。

大多数齿轮传动只要采用矿物油就可以了。当要求较高㊀和希望粘度很小时，可采用含

㊀ 剧烈冲击载荷，不利滑动条件（准双曲面机构）、持续高温和经常开停处于混合摩擦的减速器。

中等或极强效果的极压㊀（EP）添加剂的润滑油，但必须注意到，它不能对采用这种润滑剂的其他机械零件（轴承、密封、联轴器等）产生不利影响，也不能对减速器的许用发热量产生负面影响（减速器的最大许用温度为80°）。

DIN 51509 给出了齿轮传动（滚动机构和滚动螺旋机构）不含和含减磨剂润滑油选择的基准值。TB20-5 按不同粘度范围给出了常用润滑油，它与 SAE-(车辆）和 ISO 质量等级只能近似对等。

应根据传动齿轮的圆周速度、传动功率、结构和预期寿命（有限或无限寿命）来选择润滑剂类型。对于两级减速器，应取第2级圆周速度，对于三级减速器（相应的更多级）应取第2级和第3级圆周速度的平均值。

对于开式传动，或对油不密封的闭式传动，根据圆周速度选用润滑脂，或软膏状润滑剂，或粘稠的润滑剂（$\nu_{100}>225\text{mm}^2/\text{s}$），也可以采用含有减磨剂的润滑剂和为方便使用含有溶剂的润滑剂。各种润滑剂类型的选用与圆周速度和润滑方式有关，详见 TB20-6。

涂覆润滑（$v_t \leqslant 2.5\text{m/s}$）是用刷子或刮勺在减速器处于静止状态下手动将润滑剂送到润滑位置（应设置保护罩）。

喷射润滑（$v_t \leqslant 4\text{m/s}$）用来取代涂覆润滑，以满足更少维护保养的要求。它只能用于润滑剂无需起到冷却作用的场合。润滑剂通过泵（常与容器组合）用喷嘴喷入。大多数情况下应设置定量阀，以在期望的时间将定量的润滑剂送入齿廓之间。

浸油润滑（流脂润滑 $v_t \leqslant 8\text{m/s}$，油润滑 $v_t \leqslant 15\text{m/s}$，当传动功率>400kW 以及大于8m/s 的滑动轴承和直立减速器，还应增加喷油润滑）简单可靠，所以是应用最广泛的润滑方式。它将齿轮或辅助轮浸在润滑剂池中，因此减速器要有很好的密封。离心加速度 v^2/r（r 为浸在油中齿轮半径）不要超过 550m/s^2，否则会导致油阻损耗和发热过大；此外，还存在离心作用将油从齿廓之间甩出并泡沫化的危险。对于模数为 m 的圆柱齿轮，其浸油深度为 $t=(3\sim6)m(v<5\text{m/s})$ 和 $t=(1\sim3)m(v>12\text{m/s})$㊁。锥齿轮必须把整个齿宽 b 浸入油中。

喷油润滑（$v_t \leqslant 25\text{m/s}$）用于圆周速度较大时，大多数情况下，将油用泵通过喷嘴沿径向紧靠或直接喷入齿廓啮合处，当圆周速度非常高时，齿轮啮合发热很大，为了改善冷却效果，应在多处喷油。喷油压力大多数情况下为 1～3.5bar（$1\text{bar}=10^5\text{Pa}$），个别情况达到10bar（$1\text{bar}=10^5\text{Pa}$）。

DIN 51509 给出了按力-速度系数基准值确定滚动机构和螺旋滚动机构所需润滑油粘度的方法，它适用于假设环境温度约为 $\theta=20°$ 的情况。由近似计算所得的力-速度系数 k_s/v，可按 TB20-7 确定粘度。然后按比所计算粘度大一个等级来选择润滑油。

对于滚动机构（圆柱和锥齿轮机构），有

$$\frac{k_s}{v} \approx \left(3\,\frac{F_t}{bd_1}\,\frac{u+1}{u}\right)\frac{1}{v} \tag{20-2}$$

k_s/v	F_t	b,d	u	v
$\frac{\text{N}\cdot\text{s}}{\text{mm}^2\cdot\text{m}}$ 或 $\frac{\text{MPa}\cdot\text{s}}{\text{m}}$	N	mm	1	m/s

式中 F_t——圆周力；

b——齿宽；

d_1——分度圆直径（锥齿轮为 d_{v1}）；

㊀ EP 添加剂的主要缺点有：对有色金属（例如滑动轴承）和密封件有腐蚀性。

㊁ 上述两式还与工作状态有关。

u——齿数比，$u=z_{大齿轮}/z_{小齿轮}\geqslant 1$；

v——圆周速度。

对于螺旋滚动机构（蜗轮蜗杆传动和交错轴斜齿轮传动以及准双曲面齿轮传动），有：

$$\frac{k_s}{v}=\frac{T_2}{a^3 n_s} \tag{20-3}$$

k_s/v	T_2	a	n_s
N·min/m²	N·m	m	r/min

式中　T_2——输出转矩；

a——中心距；

n_s——蜗杆转速。

20.4　传动效率

为了保证一定的输出功率 $P_2=T_2\omega_2$，由于存在功率损耗（摩擦导致），所以输入功率 $P_1=T_1\omega_1$ 应比 P_2 大。输入功率/输出功率为总效率：

$$\eta_{ges}=\frac{输出功率}{输入功率}=\frac{P_{ab}}{P_{an}}=\frac{P_2}{P_1}=\frac{T_2\omega_2}{T_1\omega_1}=\frac{T_2}{T_1 i}<1 \tag{20-4}$$

式中　T_1，T_2——输入，输出力矩；

ω_1，ω_2——角速度；

i——总传动比。

功率损耗包括齿廓滚动滑动（η_Z）、轴承摩擦（η_L）、轴密封（η_D）和润滑（例如飞溅润滑中齿轮的油阻损耗）等产生的损耗。

所以总效率为

$$\eta_{ges}=\eta_Z\eta_{Lges}\eta_{Dges} \tag{20-5}$$

根据经验，轴承和密封效率可选下述平均值：

采用两个滚动轴承（滑动轴承）的轴支承：$\eta_L\approx 0.99$（0.97）。

轴密封（包括润滑）：$\eta_D\approx 0.98$。

（如果有两根轴，则为 $\eta_{Lges}=\eta_L\eta_L=\eta_L^2$，$\eta_{Dges}=\eta_D\eta_D=\eta_D^2$）。

滑动很小的齿轮副（圆柱和锥齿轮机构）的啮合效率 η_Z 相对较高，而滑动较大的齿轮副（交错轴斜齿轮和蜗杆传动）则效率较低。

各种切削加工齿轮传动的啮合效率为：

直齿圆柱齿轮传动：$\eta_Z\leqslant 0.99$

锥齿轮传动：$\eta_Z\leqslant 0.98$

交错轴斜齿轮传动：$\eta_Z\approx 0.50\sim 0.95$（详见下述内容）

蜗轮蜗杆传动：$\eta_Z\approx 0.20\sim 0.97$（详见下述内容）

（多级传动，总效率 η_{ges} 相应地分别为 η_Z^1，η_L^2，η_Z^3 等）

例如，对于一级直齿圆柱齿轮传动（切削加工的一对齿轮，两根轴带滚动轴承和密封，齿轮啮合和支承精度很高）其总效率为 $\eta_{ges}=\eta_Z^1\eta_L^2\eta_D^2\leqslant 0.99\times 0.98\times 0.96\approx 0.93$。

斜齿圆柱齿轮传动轴承的摩擦损耗大些（附加轴向力!），由于齿的“螺旋啮合”，其啮合摩擦也大些，所以比直齿轮效率低约 1%～2%。

交错轴斜齿轮传动 η_Z 主要决定于螺旋角 β_1 和 β_2 以及当量摩擦角 ρ'（见第23章），其近似计算公式为

$$\text{当}（\beta_1+\beta_2）<90°：\eta_Z\frac{\cos(\beta_2+\rho')\cos\beta_1}{\cos(\beta_1-\rho')\cos\beta_2}$$

$$\text{当}（\beta_1+\beta_2）=90°：\eta_Z=\frac{\tan(\beta_1-\rho')}{\tan\beta_1} \tag{20-6}$$

式中　β_1，β_2——螺旋角；

ρ'——当量摩擦角；对于 $\mu\approx0.05\sim0.1$ 和 $\alpha_n=20°$，$\rho'\approx3°\sim6°$。

当 $\beta_1-\beta_2=\rho'$ 或 $\Sigma=\beta_1+\beta_2=90°$（两轴夹角）且 $\beta_1=(\Sigma+\rho')/2$ 和 $\beta_2=(\Sigma-\rho')/2$，则交错轴斜齿轮机构效率最高。因此主动轮的螺旋角 β_1 应总是大于从动轮的螺旋角 β_2。当 $\eta_Z<0.5$ 时产生自锁（见螺纹自锁）。只有当 $\beta_2<\Sigma-\rho'$ 才能传递运动。其总效率按式（20-5）计算。

与交错轴斜齿轮传动类似，蜗杆传动的啮合效率决定于导程角 γ 和当量摩擦角 ρ'。蜗杆传动的啮合效率为

$$\text{蜗杆主动}\ \eta_Z=\frac{\tan\gamma_m}{\tan(\gamma_m+\rho')}$$

$$\text{蜗轮主动}\ \eta_Z'=\frac{\tan(\gamma_m-\rho')}{\tan\gamma_m} \tag{20-7}$$

式中　γ_m——蜗杆的中径导程角（见第23章）；

ρ'——当量摩擦角，$\tan\rho'=\mu'$ 当量摩擦因数，它与齿廓形状和表面质量、滑动速度 v_g 和润滑状况有关。对于钢制蜗杆与 GJL 蜗轮配对，润滑方式为脂润滑，$v_g\leqslant3\text{m/s}$；$\mu'\approx0.1$（$\rho'\approx6°$）。对于其他配对材料，油润滑，见 TB20-8，滑动速度 $v_g=v_1/\cos\gamma_m\approx d_{m1}\pi n_1/\cos\gamma_m$。

其总效率按式（20-5）计算。当 $\gamma_m<\rho'$ 时，出现自锁，此时效率 $\eta_Z<0.5$，这种情况下，蜗轮不能作为主动轮。近似计算和初步设计时，总效率可先按 TB20-9 选取。

20.5　齿轮和减速器箱体的设计要求

20.5.1　结构设计规范

1. 圆柱齿轮　小齿轮一般做成实心轮（见图20-18a）。当分度圆直径 $d\leqslant1.8d_{sh}+2.5m$（d_{sh} 为轴径，m 为模数）时，小齿轮与轴做成一体成为齿轮轴（见图20-18b）。小齿轮宽度 b_1 应尽可能比大齿轮宽度 b_2 大一点，以补偿可能出现的安装误差和避免偏载。由于齿的角部容易折断，应将齿（大齿轮同样）在两端面进行倒角或略为倒圆。

$d_a>700\text{mm}$ 的单件或小批量大齿轮应采用焊接结构，见图20-19。

批量较大的大齿轮绝大多数情况下采用铸造结构，见图20-20。

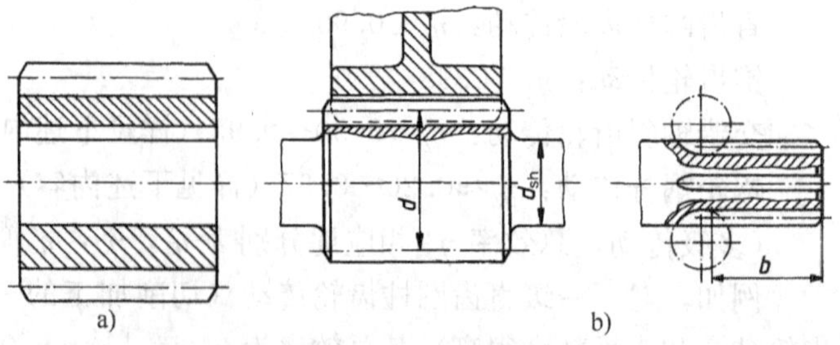

a)　　b)

图20-18　小齿轮结构

a）实心轮　b）齿轮轴

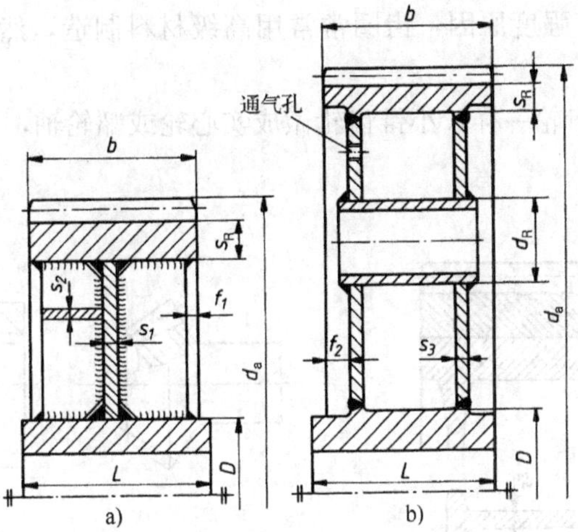

图 20-19　焊接结构大齿轮

$s_1 \approx (1 \sim 2)\ m$，$s_2 \approx 0.7m$，$s_3 \approx (0.8 \sim 1.5)\ m$，$f_1 \approx 1.5 s_1$，$f_2 \approx 1.5b$，$s_R \geqslant 3.5m$；轮毂尺寸 D 和 L 见 TB12-1。
a）单圆盘式齿轮（$b/d_a \leqslant 0.2$）；如果螺旋角 $\beta > 10°$，根据齿轮尺寸的不同，必须有 4～8 根侧边肋条。
当 $\beta < 10°$时，可不用增添肋条，在这种情况下，s_1应取大一点。　b）双圆盘式齿轮（$b/d_a > 0.2$）；
应根据齿轮尺寸布置 4～8 根加强管。在进行消除应力退火后，还应攻通气螺纹孔。

分度圆直径 $d \approx (6 \sim 8)\ d_{sh}$（$d_{sh}$为轴径）的齿轮做成圆盘式（腹板式）结构（见图 20-20a），更大的齿轮采用各种横截面的轮辐式结构（见图 20-20b～e）。

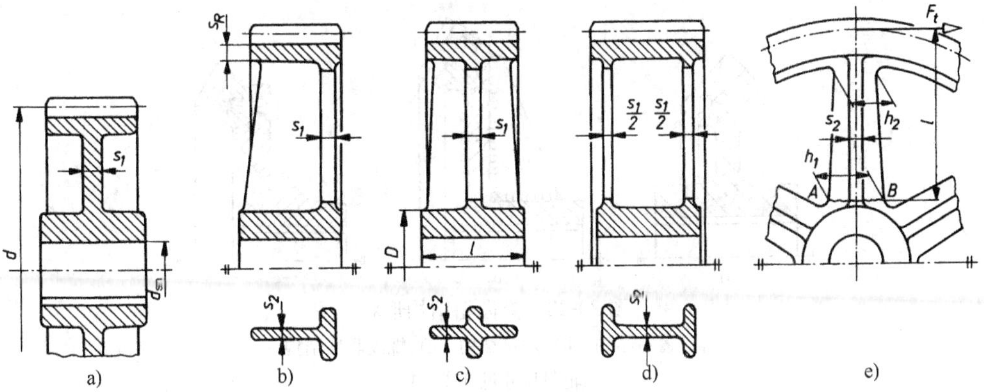

图 20-20　铸造大齿轮的结构形状和尺寸

a）圆盘式齿轮　b）～e）轮辐式齿轮

非对称结构（见图 20-20b）常常用于悬臂布置中，即安装于轴端，左盘边应朝外。轮芯尺寸按经验确定。一般情况下无需对轮辐进行强度校核。如果只有 1/4 的轮辐承受转矩，而且只有位于旋转平面的部分横截面 s_1受载时，才可能需要进行强度校核。危险截面 A—B 的弯矩为 $M = F_t l / (0.25 z_A)$

轮辐数：$z_A \approx 1/8\sqrt{d} \geqslant 4$；一般 $z_A = 4 \sim 8$；（d 为分度圆直径）

轮辐横截面：$s_1 \approx (1.8 \sim 2.2) m$，$s_2 \approx 1.8m$；（$m$ 为模数）

$h_1 \approx (4 \sim 6) s_1$，$h_2 \approx (3 \sim 5) s_1$（或通过结构设计确定）

齿冠厚度：$s_R \approx (3.5 \sim 4.2) m$

轮毂尺寸：D 和 L 见 TB12-1

传递大功率时，出于强度原因，齿圈常常用高级材料制造，然后将其热装到 GJL 制成的轮芯上（见图 20-21）。

2. 锥齿轮　同圆柱齿轮一样，小锥齿轮做成实心轮或齠轮轴，见图 20-22。

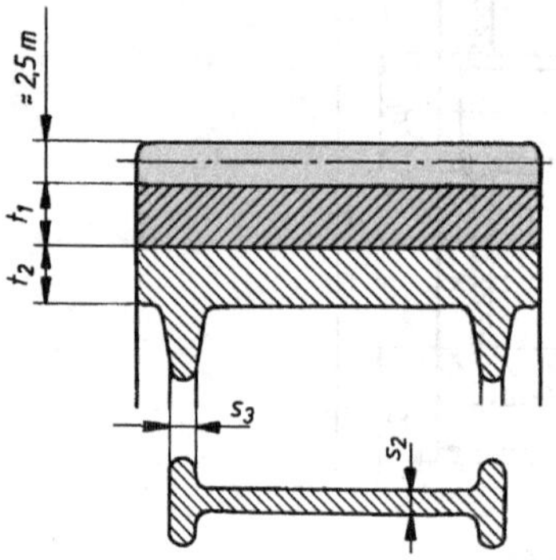

图 20-21　GJL 轮芯及热装齿圈

齿圈：$t_1 \approx (0.04 \sim 0.08)d$；（$d$ 为分度圆直径）

轮芯：$t_2 \approx t_1$

轮辐横截面：$s_2 \approx 1.8m$；（m 为模数）；$s_3 \approx (1 \sim 1.2)m$

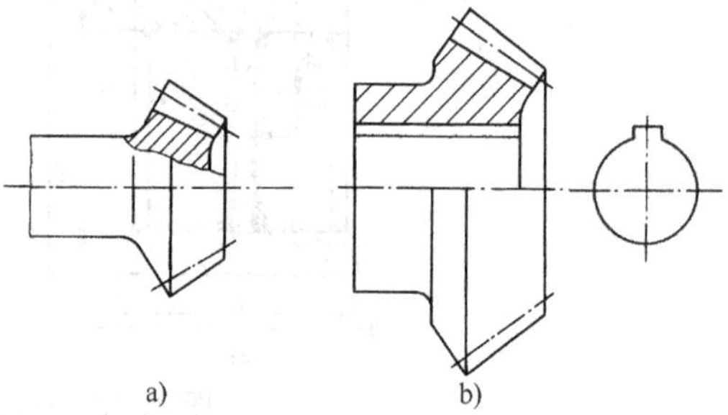

图 20-22　小锥齿轮的结构

a）齠轮轴　b）实心轮

根据批量大小和对轮齿材料要求的不同，大锥齿轮可采用各种结构形式，图 20-23 给出了其中的一些例子。

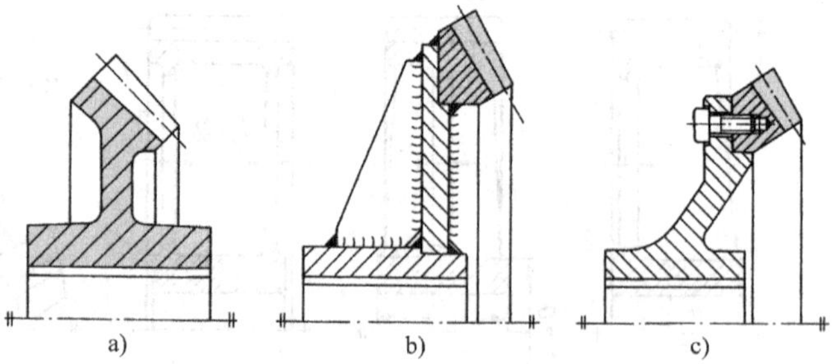

图 20-23　锥齿轮结构形状

a）铸造结构　b）焊接结构　c）螺纹联接结构

轮毂尺寸见 TB12-1

提示：安装锥齿轮时要注意，应将两齿轮的轴向位置调整好并固定。可采用隔离盘（配合盘）来实现精确的轴向位置，因此在结构上应预先设置并在安装时确定隔离盘的精确厚度。

3. 蜗杆和蜗轮　同圆柱齿轮一样，$d_{m1} \approx 1.5d_{sh}$（d_{sh}为轴径）的蜗杆做成齠轮轴，如果 $d_{m1} \geqslant 2d_{sh}$则将蜗杆与轴分离。基于经济原因，蜗轮一般做成分体式，齿圈（例如由锡青铜制成）与轮芯（由 GJL、GS 或钢制造）联接在一起，见图 20-24。

4. 减速器箱体　根据批量的不同，减速器箱体可采取焊接结构或铸造结构（油池常常用板材深冲而成）。焊接结构质量轻，对冲击敏感性小。它用于单件和极小批量生产。批量较大时，焊接结构在经济性方面就不及铸造结构了。铸造结构具有很强的降噪作用和很高的刚度。焊接结构应设置加强肋并进行消除应力的退火热处理。小型箱体常常做成整体式的，设置箱盖和侧面安装口，较大的箱体在轴平面处水平剖分。在剖分凸缘上至少应布置两个 $d \approx 0.8d_2$ 的定位销（d_2 为凸缘螺栓直径，见图 20-25），两个起盖螺钉螺纹孔，对于重型箱体，为方便运输，还要有相应的起吊环，以及控制润滑的油标尺和用于输入油的加油螺塞和

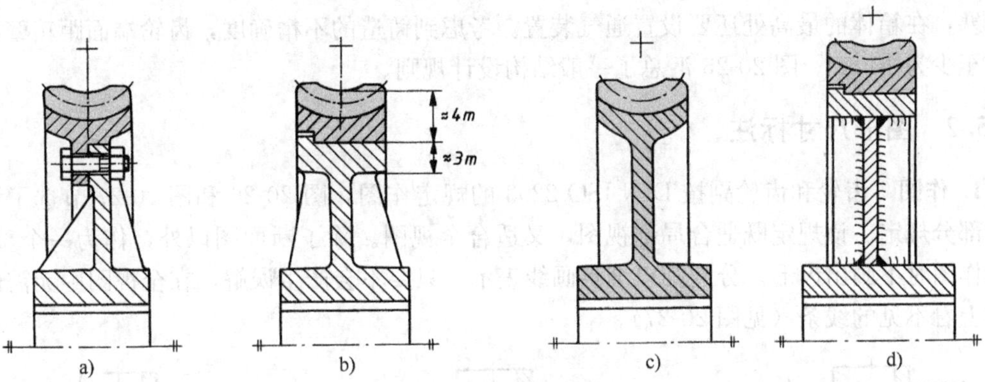

图 20-24　蜗轮结构形状

a）螺纹联接齿圈　b）热装齿圈　c）铸造结构　d）齿圈热装，轮芯为焊接结构

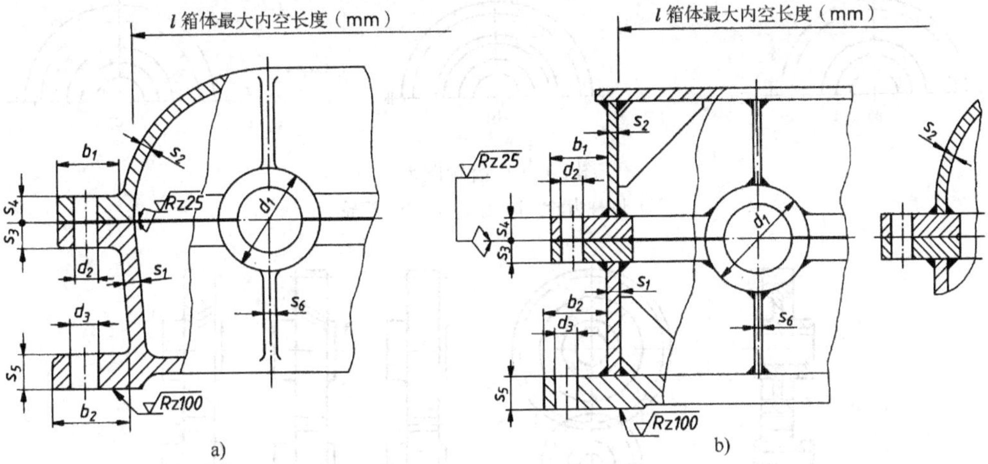

零　　件		铸造结构	焊接结构
箱体材料		GJL，GJS，GS	S235JR S355JO
壁厚　箱座 　　　箱盖 最小壁厚 最大壁厚	s_1 s_2 $s_{1,2\min}$ $s_{1,2\max}$	(0.005～0.01)l+6mm① (0.5～0.8)s_1 GJL，GJS 8mm，GS 12mm 50mm	(0.004～0.005)　l+4mm (0.5～0.8)s_1 4mm 25mm
凸缘　凸缘厚 　　　凸缘宽	$s_3 \approx s_4$ b_1	(1.3～1.6)s_1 ≈3s_1+10mm	2s_1 ≈4s_1+10mm
凸缘螺栓　直径	d_2	≈1.2s_1	≈1.5s_1
中心矩	l_F	≈(6～10)　d_2（根据密封要求确定）	
底板厚度 a）连续，带斜度 b）连续，不带斜度	s_5	≈3s_1 ≈1.8s_1	≈3.5s_1
底板宽度	b_2	≈3.5s_1+15mm	≈4.5s_1+10mm
加强和冷却肋	s_6	≈0.7s_1（s_1为所要加强的壁厚）	
轴承盖外径	d_1	≈(1.2～1.4)×轴承外径	
地脚螺栓，直径	d_3	≈1.6s_1	≈2s_1

① l=箱体最大内空长度

图 20-25　箱体尺寸推荐值

a）灰铸铁结构　b）焊接结构

放油塞，在箱体的最高处还要设置通气装置。考虑到铸造的不精确度，齿轮端面距箱壁的距离应至少为10mm。图20-25汇总了一般结构设计规则。

20.5.2　图形尺寸标注

1. 作图　齿轮和齿轮副按DIN ISO 2203的规定作图，图20-26和图20-27节选了该标准的部分规定。该规定既适合局部视图，又适合全视图。除了断面图以外，作为一个整体，齿轮作图时不画出齿形。分度圆以细点画线表示。只要不会产生误解，在全视图中无需画出齿轮上看不见的线条（见图20-27）。

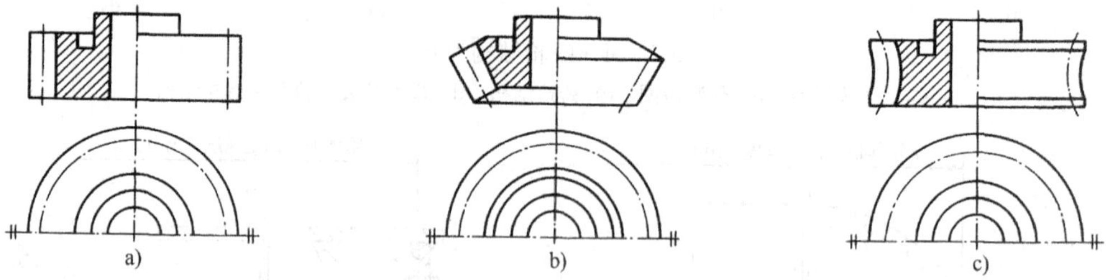

图20-26　齿轮图形

a）圆柱齿轮　b）锥齿轮　c）蜗轮

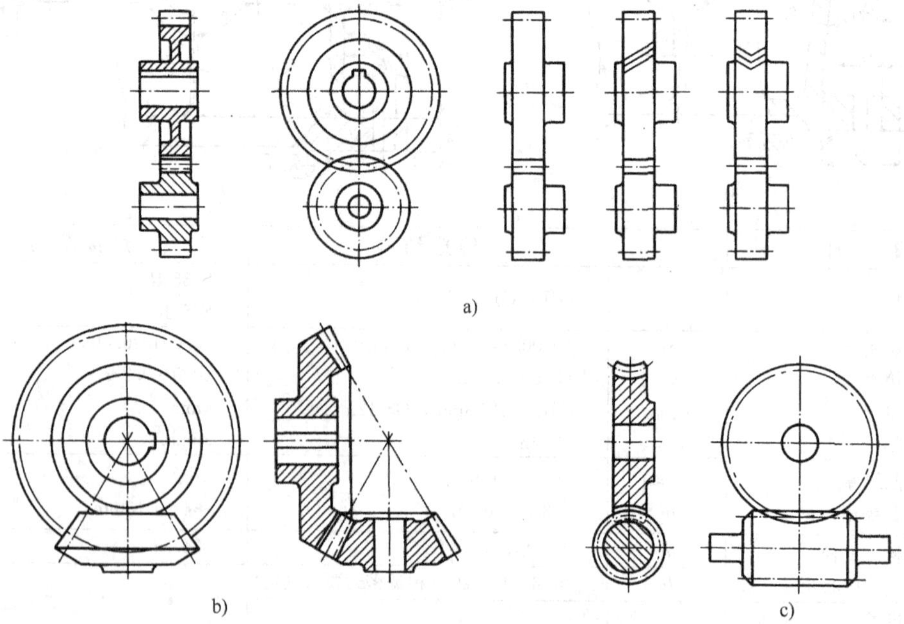

图20-27　齿轮副图形

a）外啮合圆柱齿轮（直齿、斜齿、人字齿）　b）两轴相交的锥齿轮副　c）蜗杆和蜗轮

2. 尺寸标注　图形尺寸标注、技术要求和订货说明分别按DIN 3966 T1（圆柱齿轮）、DIN 3966 T2（锥齿轮）和DIN 3966 T3（蜗杆传动）的规定进行。除了应标注轮芯制造尺寸、几何公差以及表面粗糙度外（这些都是直接标注在零件图上），还应以列表方式列出齿形制造和调整齿轮加工机械所需的其他计算尺寸。该表格一般就作在图样上，也可以作为图样附页给出（见TB20-10～TB20-13）。此外，有时还需要给出选择齿轮加工机床的要求以

及对齿形检测的要求，以让制造商遵照执行。

20.6　参考文献

Bartz, W. J.: Schäden an geschmierten Maschinenelementen. Expert-Verlag, Grafenau o. J.

Böge, A. (Hrsg.): Arbeitshilfen und Formeln für das technische Studium, Bd. 2 Konstruktion. Friedr. Vieweg & Sohn Verlagsgesellschaft, Braunschweig 2003

Dietrich, G.: Berechnung von Stirnrädern mit geraden und schrägen Zähnen. VDI-Verlag, Düsseldorf 1952

DIN-Taschenbuch 106: Normen über Verzahnungsterminologie. Beuth-Verlag, Berlin 1987

DIN-Taschenbuch 123: Normen für die Zahnradfertigung. Beuth-Verlag, Berlin 1988

DIN-Taschenbuch 173: Normen über Zahnradkonstruktionen. Beuth-Verlag, Berlin 1992

Dittrich, O., Schumann, R.: Anwendungen der Antriebstechnik, Bd. 3, Krauskopf-Verlag GmbH, Mainz 1974

Dubbel: Taschenbuch für den Maschinenbau, 18. Auflage. Springer-Verlag Berlin 1995

Dudley/Winter: Zahnräder. Springer-Verlag, Berlin/Göttingen/Heidelberg 1961

Franke, W. D.: Schmierstoffe und ihre Anwendung. C. Hanser-Verlag, München

Fronius, St. (Hrsg.): Maschinenelemente. Antriebstechnik. Verlag Technik, Berlin 1971

Haberhauer/Bodenstein: Maschinenelemente. Gestaltung, Berechnung, Anwendung. Springer-Verlag, Berlin 1996

Kämpf, P., Kreisel, H.: Berechnung und Hertellung von Zahnrädern. Fachbuchverlag, Leipzig 1956

Keck, K. F.: Zahnradpraxis. Verlag Oldenburg, München 1958

Krumme, W.: Klingelberg-Palloid-Zahnräder, Berechnung, Herstellung und Einbau. Springer-Verlag, Berlin/Göttingen/Heidelberg 1950

Köhler/Rögnitz: Maschinenteile, Teil 2, B. G. Teubner, Stuttgart 1992

Linke, H.: Stirnradverzahnung. Berechnung. Werkstoffe. Fertigung. Carl Hanser-Verlag München Wien 1996

Loomann, J.: Zahnradgetriebe, Grundlagen, Konstruktionen, Anwendungen in Fahrzeugen. Springer-Verlag, Berlin 1988

Maag-Taschenbuch. Maag-Zahnräder AG, Zürich/Schweiz 1985

Mobil Oil AG (Hrsg.): Stationäre Zahnradgetriebe. Schmierung und Wartung. Selbstverlag, Hamburg. o. Jahreszahl

Niemann, G., Winter, H.: Maschinenelemente. Springer-Verlag, Berlin 1989

Reitor/Hohmann: Konstruieren von Getrieben. E. Giradet-Verlag, Essen 1983

Roth, K.: Zahnradtechnik, Bd. 1 und Bd. 2. Springer-Verlag, Berlin 1989

SEW-Eurodrive GmbH, Handbuch der Antriebstechnik. C. Hanser-Verlag, München o. Jahreszahl

Siebert, H.: Zahnräder, Krauskopf-Verlag. Wiesbaden 1962

Thomas, A. K.: Die Tragfähigkeit der Zahnräder. Carl Hanser-Verlag, München 1957

Trier, H.: Die Zahnformen der Zahnräder. Springer-Verlag, Berlin/Göttingen/Heidelberg 1954

Trier, H.: Die Kraftübertragung durch Zahnräder. Springer-Verlag, Berlin/Göttingen/Heidelberg 1962

VDI-Bericht 626: Sichere Auslegung von Zahnradgetrieben. VDI-Verlag, Düsseldorf 1987

Weck, M.: Schneckenradwälzfräsen, Westdeutscher Verlag, Opladen 1977. (Forschungsberichte des Landes Nordrhein-Westfalen; Nr. 2688; Fachgruppe Maschinenbau/Verfahrenstechnik)

Weinhold/Krause: Das neue Toleranzsystem für Stirnradverzahnungen. Verlag Technik, Berlin 1981

Widmer, E.: Berechnungen von Zahnrädern und Getriebe-Verzahnungen. Birkhäuser-Verlag, Stuttgart 1981

Zirpke, E.: Zahnräder. Fachbuchverlag Leipzig 1985

第 21 章　外啮合圆柱齿轮传动

21.1　渐开线直齿圆柱齿轮几何学

21.1.1　概念和关键尺寸

为了用刀具在节圆上滚切制造渐开线齿轮，必须根据图 21-1 按 DIN 867，DIN 868，DIN 3960 或 DIN 3998 确定其公称尺寸。

齿数 z 是齿轮一周上所有齿的总数，它是一个整数；对于齿条 $z=\infty$。

齿宽 b 是基面上两端面之间的距离，基面是啮合公称尺寸所在的假想面。一般来说，圆柱齿轮节圆柱同时也是基面，因此也是分度圆柱，这种齿轮称为零变位齿轮。分度圆柱的端截面为分度圆，其直径为分度圆直径 d，它是假想的几何尺寸。在分度圆上，分度圆齿距 p 为相邻两齿同侧齿廓在分度圆上的弧长。

齿轮分度圆周长为 $U=d\pi=zp$，所以分度圆直径为

$$d=z\frac{p}{\pi}=zm \tag{21-1}$$

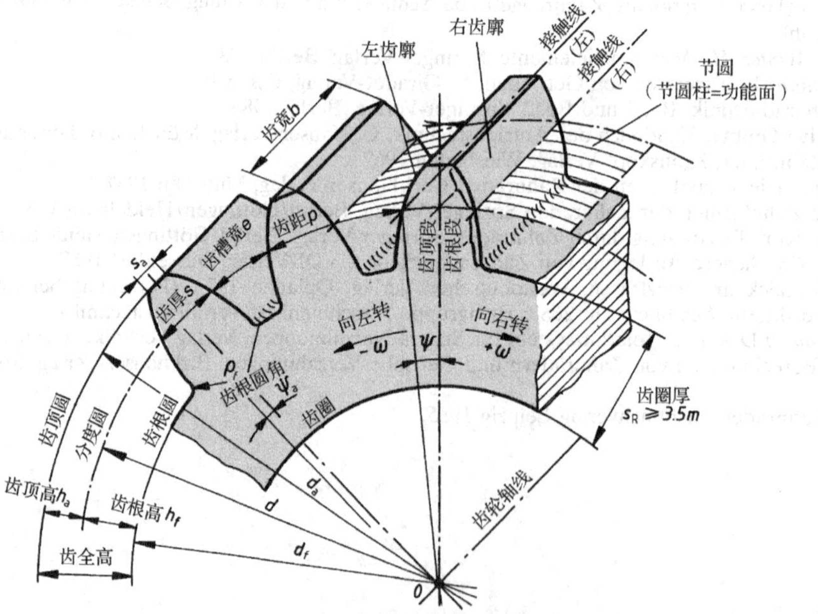

图 21-1　（零变位）直齿圆柱外齿轮各部分名称

因此模数 m 与齿距大小有关，其单位为 mm，齿轮其他尺寸均与其有关。一对齿轮的齿距应总是相等，所以其模数也总是相同。理论上讲，每种模数的齿轮都可以加工出来，但是为了减少刀具数量和方便齿轮互换，DIN 780 对模数进行了标准化，见 TB21-1。

齿厚 s 和齿槽宽 e 与 p 的关系为 $p=s+e$。当 $s=p/2$ 时，齿厚半角 $\psi=s/d$，为分度圆齿厚 s 与分度圆直径 d 的比值。由齿顶圆 d_a 的齿厚 s_a 可得齿顶圆齿厚半角 $\psi_a=s_a/d_a$。根据关系式 $\cos\alpha=r_b/r=d_b/d$（见图 21-2），由压力角 α 可得基圆直径为：

$$d_b=d\cos\alpha=zm\cos\alpha \tag{21-2}$$

由于齿廓渐开线的起始点位于基圆上，所以相邻两齿同侧齿廓之间在基圆上的弧长为基圆齿距 p_b。由基圆周长为 $U_b=d_b\pi=zp_b$ 和式（21-2），得

$$p_b=\frac{d_b\pi}{z}=p\cos\alpha \tag{21-3}$$

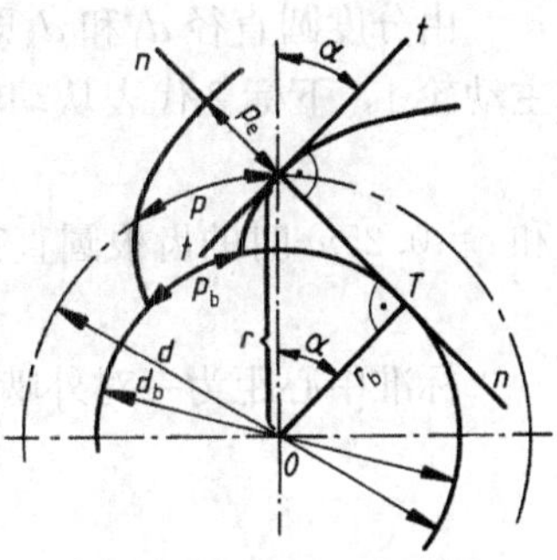

图 21-2　直齿圆柱齿轮齿距

相邻两齿同侧齿廓之间沿啮合线 $n—n$ 的距离为法向齿距，由式（21-3）有

$$p_e \triangleq p_b=p\cos\alpha=\pi m\cos\alpha \tag{21-4}$$

为使两齿轮能正确啮合，两齿轮的 p_e 必须相等。齿廓曲率（渐开线齿形）决定于分度圆直径 d（或齿数 z）和压力角 α（或基圆直径 d_b）。当 $z=\infty$ 时，曲率=0（直线齿廓，齿条）；齿数越少，曲率越大。

21.1.2　零变位齿轮的几何尺寸

如果在齿轮加工时刀具的齿廓中线 $P—P$ 在分度圆上滚动，则加工成的齿轮为零变位齿轮（节线 $M—M$ 与齿廓中线 $P—P$ 重合，图 21-3）。如果配对齿轮也是零变位齿轮，则传动压力角等于加工啮合角（$\alpha_w=\alpha$），与分度圆重合的齿轮加工节圆（$d_{1、2}=d_{w1、2}$）就是传动时的节圆，它们切于节点 C（标准齿轮传动）。

齿轮公称尺寸按 DIN 867 规定的基本齿廓（见图 20-14）确定：

$$\begin{aligned}&\text{齿顶高}\ h_a=h_{aP}=m\\&\text{齿根高}\ h_f=h_{fP}=m+c\\&\text{齿全高}\ h=h_a+h_{fP}=2m+c\end{aligned} \tag{21-5}$$

式中　c——顶隙。

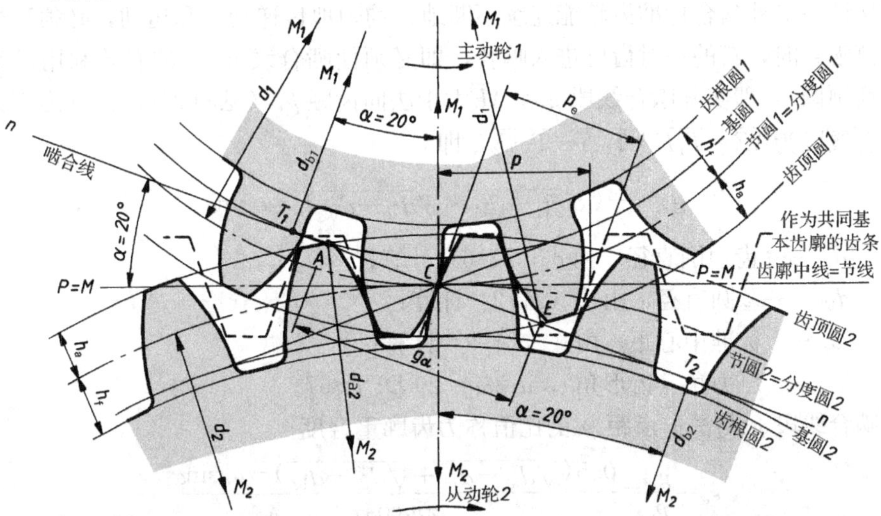

图 21-3　标准齿轮传动：基本齿廓相同的两个零变位外齿轮啮合

由分度圆直径 d_1 和 d_2 即可得外啮合标准齿轮传动齿顶圆直径的公称尺寸（下标1代表主动轮1，下标2代表从动轮2）。

$$d_{a1、2}=d_{1、2}+2h_a=m(z_{1、2}+2) \tag{21-6}$$

和 $c=0.25m$ 时的齿根圆直径（基本齿廓Ⅱ，见§20.1.4）

$$d_{f1、2}=d_{1、2}-2h_f=m(z_{1、2}-2.5) \tag{21-7}$$

标准中心距为一对外啮合标准齿轮分度圆直径之和

$$a_d=\frac{d_1+d_2}{2}=\frac{m}{2}(z_1+z_2) \tag{21-8}$$

提示：标准直齿轮传动必须使 $2a_d/m=z_1+z_2=$ 整数。因此标准齿轮传动并不总是能实现任意给定的中心矩。

由于标准齿轮传动的两齿轮分度圆圆周速度相等，即

$$v=d_1\pi n_1=d_2\pi n_2 \text{ 或 } d_1n_1=d_2n_2$$

所以其传动比可表达为分度圆直径比值和齿数比，即

$$i=\frac{\omega_1}{\omega_2}=\frac{n_1}{n_2}=\frac{d_2}{d_1}=\frac{z_2}{z_1} \tag{21-9}$$

如果 $z_2\geqslant z_1$，齿数比为 $z_{大齿轮}/z_{小齿轮}$

$$u=\frac{z_{大齿轮}}{z_{小齿轮}}=\frac{z_2}{z_1}\geqslant 1 \tag{21-10}$$

由此得：减速 $i=u>1$；增速 $i=1/u<1$。

当给定减速比（$i=u$）时，可按期望的标准中心距 a_d 来计算小齿轮1和齿轮2的分度圆直径

$$\begin{aligned} d_1&=mz_1=d_{a1}-2m=\frac{z_1d_{a1}}{z_1+2}=\frac{2a_d}{1+u}\\ d_2&=mz_2=d_{a2}-2m=\frac{z_2d_{a2}}{z_2+2}=\frac{2a_du}{1+u}\end{aligned} \tag{21-11}$$

提示：齿轮齿条传动 $a_d=d_1/2$ 和 $u=\infty$。

21.1.3 实际啮合线段，齿廓重合度

为了保证一对外啮合标准齿轮能连续不断地、均匀地传递动力和运动，必须至少使前一对齿要脱离啮合时，新的一对齿已进入啮合，即必须使啮合线 $n—n$ 的有效利用段（决定于两齿轮的齿顶圆），即实际啮合线段 $g_\alpha=\overline{AE}$ 大于法向齿距 p_e（见图21-3）。标准直齿轮传动的实际啮合线段为 $\overline{AE}=\overline{T_1E}+\overline{T_2A}-\overline{T_1T_2}$，即

$$g_\alpha=\frac{1}{2}\left(\sqrt{d_{a1}^2-d_{b1}^2}+\sqrt{d_{a2}^2-d_{b2}^2}\right)-a_d\sin\alpha \tag{21-12}$$

式中 d_{a1}，d_{a2}——齿顶圆直径，由式（21-6）计算；

d_{b1}，d_{b2}——基圆直径，由式（21-2）计算；

a_d——标准中心距，由式（21-8）计算；

α——压力角（齿形角），$\alpha=\alpha_P=20°$ DIN 867。

实际啮合线段 g_α 与法向齿距 p_e 的比值称为齿廓重合度

$$\varepsilon_\alpha=\frac{g_\alpha}{p_e}=\frac{0.5\left(\sqrt{d_{a1}^2-d_{b1}^2}+\sqrt{d_{a2}^2-d_{b2}^2}\right)-a_d\sin\alpha}{\pi m\cos\alpha} \tag{21-13}$$

它代表处于啮合中的轮齿对数的持续时间平均值（ε_α 的近似确定见TB21-2）。考虑到公差和

变形，$\varepsilon_\alpha \geqslant 1.1$，但尽可能$>1.25$，以防止运动传递不连续。$\varepsilon_\alpha=1.25$ 意味着，在一轮齿的啮合时段中有 25%的时间有两对齿啮合。

提示： 两个齿轮齿顶圆越弯曲，g_α以及 ε_α 就越小。如果两个齿数无穷大（齿条）的齿轮“互相啮合”时，一对外啮合标准齿轮传动的 ε_α 得到其理论上的最大值。一般来说，无需校核标准齿轮传动的 ε_α。

21.1.4 齿轮变位（直齿轮）

1. 用途 渐开线齿轮变位主要是为了避免小齿数时产生根切，而且通过一定的变位配对实现给定中心距，提高承载能力，必要时也可用于提高重合度。

2. 齿轮根切、最小齿数 当齿数小于一个特定齿数，即最小齿数 z_g时，加工一个零变位齿轮会在齿廓上产生根切，即加工刀具的相对齿顶轨迹（包络线 b，图 21-4a，$z=9$）将正常参与啮合的位于基圆之外的渐开线切去一部分（FH 段）。它会使实际啮合线段由 $A'E$ 缩短为 $A''E$，从而导致齿廓重合度 ε_α降低，使啮合状况恶化。同时它还会削弱齿根并增大断齿的危险性。

如果一个齿数为 z_g的齿轮与一个齿条（不是刀具）啮合（齿条传动，见图 20-4f)，则在直角三角形 M_1CA' 中，线段 $A'C=M_1C\sin\alpha=d_1/2\sin\alpha$，在直角三角形 $CA'D$ 中，$CD=h_a=m=A'C\sin\alpha=(d_1/2)\sin^2\alpha$。由 $d_1/2=z_1m/2$ 得 $h_a=z_1(m/2)\sin^2\alpha$，所以最小齿数 $z_1=z_g=2h_a/(m\sin^2\alpha)$。由于 $h_a=m$，可得 $\alpha=20°$时的理论最小齿数为

$$z_g=\frac{2}{\sin^2\alpha}\approx 17 \tag{21-14}$$

只有当齿数小于实际最小齿数 $z_g'=14$ 时，才会对啮合状况产生实际危害。

当一个 $z_1<z_g'$的小齿轮与一个 $z_2>z_g'$的齿轮啮合时，小齿轮轮齿被根切的齿廓不参加啮合，因此，大齿轮的齿顶齿廓只能啮合到小齿轮齿廓点 F（见图 21-4a）。因为 $g_\alpha<p_e$和$\varepsilon_\alpha<1$，所以运动传递不均匀连续；此外，齿廓在 F 点磨损很剧烈。

提示： 为了避免外啮合产生干涉，不允许两齿顶圆与啮合线的交点超出切点 T_1 和 T_2（见图 21-3 中的 $n—n$ 上的点 A 和 E）。

为了避免产生根切，可将齿顶高 h_{a0} 缩短导致根切的那一部分。这样短齿的强度更高。另一方面，也可以通过增大压力角 α 来降低最小齿数 z_g，见式（21-14）。但这两种方法要求特殊加工刀具，可想而知其经济性不好。更好的方法是进行齿廓变位，它采用正常的刀具即可进行。

只要将刀具（齿廓中线 $P—P$）相对于分度圆（通过节点 C 的节线 $M—M$）“移动”一个特定值 V，即可在其他条件不变的情况下，改变渐开线齿轮轮齿的形状。由变位系数 x（乘以模数）可得变位量为

$$V=xm \tag{21-15}$$

如果刀具（齿廓中线 $P—P$）相对于分度圆向齿轮齿顶圆方向位移，变位系数 x 为正（见图 21-5)，向齿轮齿根圆方向位移，则 x 为负。

图 21-6 所示为各种变位系数的齿形比较，可根据齿廓变位类型，将齿轮分为：

—零变位齿轮：这种齿轮没有变位。齿廓中线 $P—P$ 与节线 $M—M$ 重合，并与分度圆切于节点 C。加工节圆与传动节圆重合（见图 21-6a)。分度圆齿厚与齿槽宽的公称尺寸相等：$s=p/2=e$。

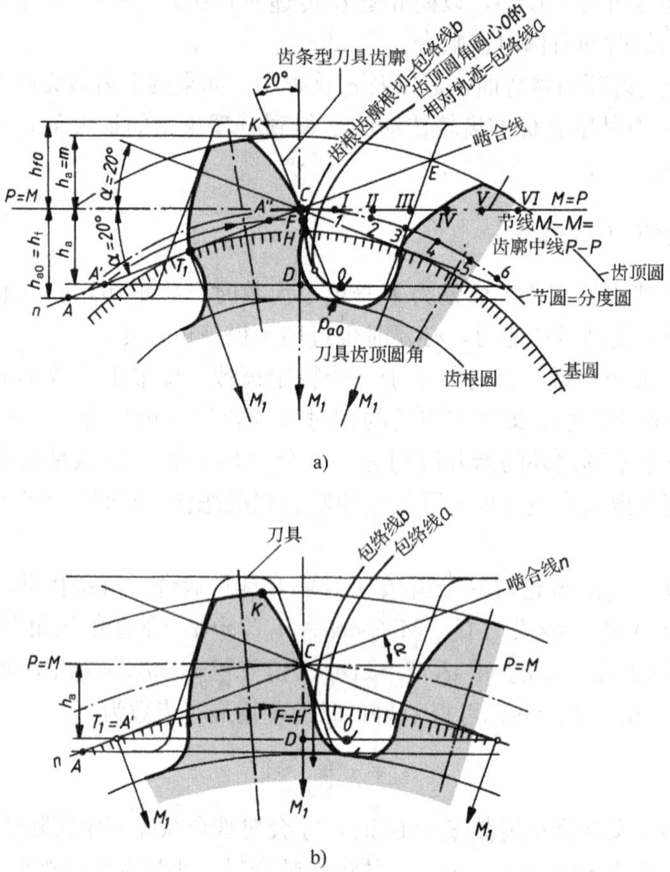

图 21-4　根切

a）根切的产生　b）求解最小齿数 z_g

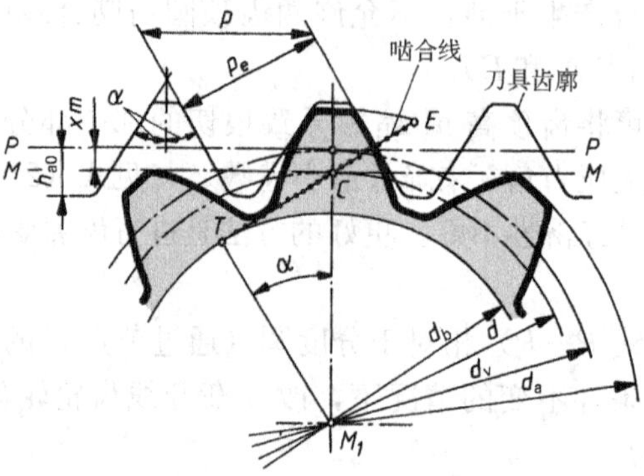

图 21-5　正变位外齿轮

—变位齿轮：这种齿轮有变位，当基圆相同时，相对于零变位齿轮，分度圆、加工节圆和齿距均没有改变。

—正变位齿轮：这种齿轮变位系数为正，所以齿顶圆和齿根圆均加大了。分度圆齿厚 $s>p/2$，分度圆齿槽宽 $e<p/2$。可避免产生根切并提高齿轮承载能力。

—负变位齿轮：这种齿轮变位系数为负，其齿顶圆和齿根圆根据变位量的不同相应地缩小。分度圆齿厚 $s<p/2$ 和齿槽宽 $e>p/2$。这会增大根切的危险性；此外，齿根还被削弱，承载能力下降（见图 21-6c）。

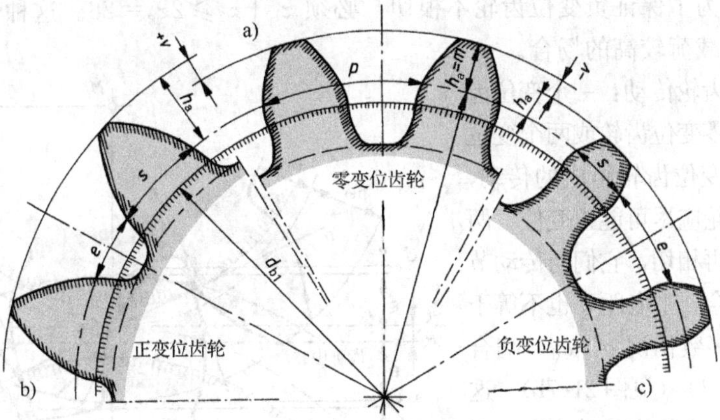

图 21-6　各种变位方式齿形比较

a）零变位齿轮　b）正变位齿轮　c）负变位齿轮

理论上，要保证不产生根切，齿顶高为 h_{a0} 和齿顶圆角半径为 ρ_{a0} 的加工刀具（见图 21-4）的最小变位系数为

$$x_{\min}=[2(h_{a0}-\rho_{a0}(1-\sin\alpha))-zm\sin^2\alpha]/(2m)$$

（允许产生很小的没有危害的根切时，可将上述计算值最多降低 0.017。）对于 $z\neq z_g$ 的变位齿轮，根据图 21-4b 确定其临界根切的最小变位系数 x（标准齿轮 $T_1=A'$），将 CD 写成

$$\overline{CD}=(d_1/2)\sin^2\alpha=(m/2)z\sin^2\alpha=h_a-xm=m-xm=m(1-x)$$

见式（21-14），得 $z=(2/\sin^2\alpha)(1-x)=z_g(1-x)$。由实际最小齿数 $z'_g=14$，可得临界根切的最小变位系数为

$$x_{\text{grenz}}=\frac{z'_g-z}{z_g}=\frac{14-z}{17} \tag{21-16}$$

由式（21-16）知，$z<z'_g$时 x_{grenz}为正，反之为负。

3. 齿顶变尖和最小齿顶厚　正变位齿轮的齿顶厚总是会降低，这是因为齿顶圆的加大使齿廓向外移，见图 21-6。当变位量 V 或变位系数 $+x$ 达到某个值时，齿顶圆齿廓渐开线会交于一点，产生齿顶变尖现象。在实际传动中，必须保证齿顶厚 $s_a\geqslant0.2m$，对于硬齿面齿轮必须保证 $s_a\geqslant0.4m$，见§21.1.5。根切和齿顶变尖从两个不同的方面限制了外齿轮齿数的选择，可在 TB21-12 由齿顶变尖即最小齿顶厚（曲线 1），根切（直线 2，虚线为实际极限）和最小齿顶圆直径 $d_a=d_b+2m$（直线 3）围成的可行区内，按 z 来选择 x。

4. 齿轮配对、传动类型　任意两个变位齿轮和零变位齿轮均可配对传动，不会对啮合和传动性能产生影响。根据配对齿轮的不同，齿轮传动分为：

—标准齿轮传动：由两个零变位齿轮组成的中心距为标准中心距 a_d［式（21-8）］的传动。两分度圆切于节点 C。这种传动可用于所有类型的中等载荷和转速工况，但是齿数 $z_1>z'_g$和 $z_2>z'_g$。

—等变位齿轮传动：一个正变位和一个负变位且变位系数绝对值相等的两个齿轮组成的传动（见图 21-7a），即变位系数和$\sum x=x_1+x_2=0$，且$+x_1=-x_2$。分度圆切于节

点 C，它们同时就是节圆，所以中心距等于标准中心距 a_d ［见式（21-8)］。一般小齿轮为正变位，特别是当齿数 $z_1 < z'_g = 14$，或需要提高其承载能力以使两齿轮承载能力均衡时。为了保证负变位齿轮不根切，必须 $z_1 + z_2 \geqslant 2z'_g = 28$。这种传动可用于传动比较大和载荷较高的场合。

—不等变位齿轮传动：一个变位齿轮和一个零变位齿轮或两个变位量不同的变位齿轮组成的传动，其中小齿轮应尽可能正变位。两分度圆不再相切，它们与传动节圆不再重合，中心距 a 也不等于 a_d，绝大多数情况 $a > a_d$，啮合角 $\alpha_w > \alpha = 20°$（见图 21-7b）。这种传动用于在给定传动比下，不能用具有标准模数的标准齿轮传动或等变位齿轮传动来实现结构设计所要求的中心距时，或通过将两齿轮均正变位使两轮的承载能力提高而用于重载场合，或通过负变位提高重合度，从而使传动更为均匀，噪声更低。在所有情况下，均可以通过合理分配小齿轮和大齿轮的变位系数来近似实现两齿轮等强度，见 TB21-5。

5. 外啮合变位传动的几何尺寸

基圆和分度圆直径保持不变：$d_b = d\cos\alpha$ 和 $d = mz$，见式（21-2）和式（21-1）。

相对于零变位齿轮，变位量 V 会使齿顶圆直径 d_a 和齿根圆直径 d_f 加大或减小 $2V$（V 一定要带正负号!）：

$$d_a = d + 2h_a + 2V = d + 2(m + V) \tag{21-17}$$

$$d_f = d - 2h_f + 2V = d - 2[(m + c) - V] \tag{21-18}$$

式中　c——顶隙，基本齿廓Ⅱ的刀具 $c = 0.25m$。

分度圆齿厚 s 和齿槽宽 e 的公称尺寸加大或减小 $2V\tan\alpha = 2xm\tan\alpha$（$V$ 一定要带正负号!）：

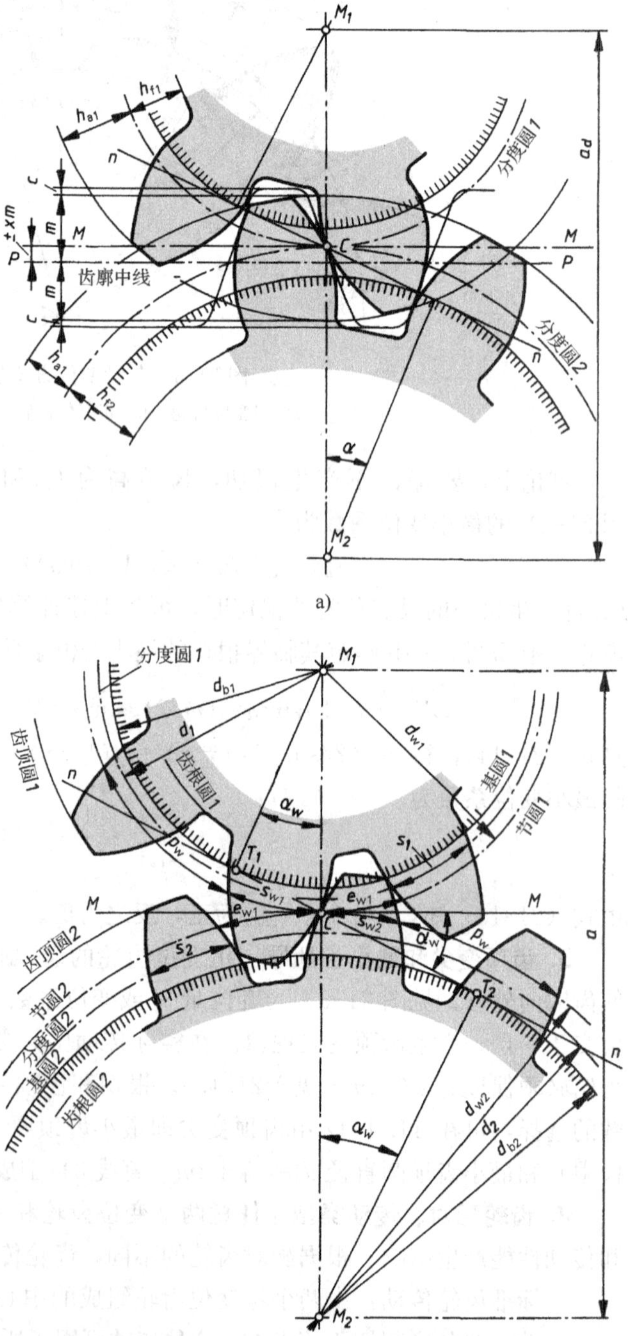

图 21-7　无侧隙外啮合直齿圆柱齿轮传动
a）等变位齿轮传动　b）不等变位齿轮传动

$$s=\frac{p}{2}+2V\tan\alpha=m\left(\frac{\pi}{2}+2x\tan\alpha\right) \tag{21-19}$$

$$e=\frac{p}{2}-2V\tan\alpha=m\left(\frac{\pi}{2}-2x\tan\alpha\right) \tag{21-20}$$

由于外啮合变位传动不再是分度圆，而是节圆以相同圆周速度相互滚动，所以 $v=d_{w1}\pi n_1=d_{w2}\pi n_2$，则 $i=n_1/n_2=d_{w2}/d_{w1}=d_2/d_1=d_{b2}/d_{b1}$，式中 d_{w1} 和 d_{w2} 为两齿轮节圆直径。

根据图 21-8（参考图 21-7a），知啮合角 $\alpha_w\neq\alpha=20°$，由 $\cos\alpha_w=d_{b1}/d_{w1}=d_{b2}/d_{w2}=d_1\cos\alpha/d_{w1}=d_2\cos\alpha/d_{w2}$ 和标准中心距 a_d［式（21-8）］，得无侧隙啮合的中心距为

$$a=\frac{d_{w1}+d_{w2}}{2}=\frac{d_1+d_2}{2}\ \frac{\cos\alpha}{\cos\alpha_w}=a_d\frac{\cos\alpha}{\cos\alpha_w} \tag{21-21}$$

由此得分度圆分离量为 $ym=a-a_d$，即 $y=0.5(z_1+z_2)[(\cos\alpha/\cos\alpha_w)-1]$。

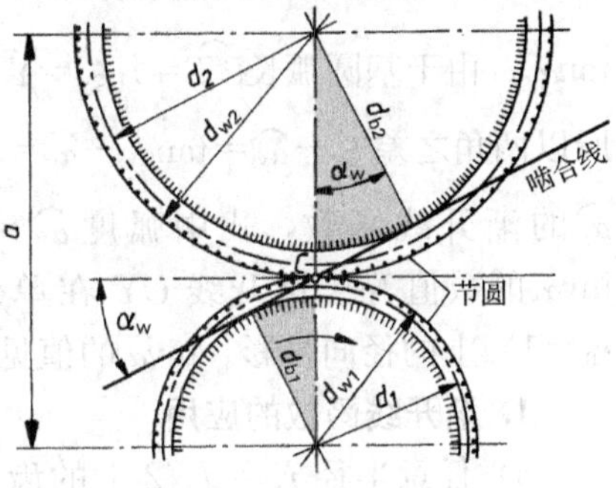

图 21-8　变位传动的啮合角 α_w 和中心距 a

如果给定中心距 a，可由式（21-21）计算啮合角 $\cos\alpha_w=(a_d/a)\cos\alpha$，这样就可得到小齿轮 1 和大齿轮 2 的节圆直径：

$$d_{w1}=\frac{d_1\cos\alpha}{\cos\alpha_w}=\frac{2a}{1+u}=\frac{2z_1}{z_1+z_2}a \tag{21-22}$$

$$d_{w2}=\frac{d_2\cos\alpha}{\cos\alpha_w}=2a-d_{w1}=\frac{2au}{1+u}=\frac{2z_2}{z_1+z_2}a \tag{21-23}$$

为保证正常啮合，必须有足够的顶隙 $c=a-0.5\ (d_{a1}+d_{f2})\ =a-0.5\ (d_{a2}+d_{f1})$。为保证最小顶隙或保证标准顶隙，在某些情况下必须降低齿顶高，即减小齿顶圆直径。设 k^* 为齿顶高变动系数，则所需的带正负号的齿顶高变动量（负值）为

$$k=k^*m=a-a_d-m(x_1+x_2) \tag{21-24}$$

式中　x_1，x_2——小齿轮 1 和大齿轮 2 的变位系数；

k^*——齿顶高变动系数，$k^*=y-\sum x$，y 为分度圆分离系数，$ym=a-a_d$，所以 $y=[(z_1+z_2)/2][(\cos\alpha/\cos\alpha_w)-1]$

这样就可以由式（21-17）得齿顶圆直径为

$$d_{a1}=d_1+2m+2V_1+2k=d_1+2\ (m+V_1+k)$$

$$d_{a2}=d_2+2m+2V_2+2k=d_2+2\ (m+V_2+k) \tag{21-25}$$

提示：由于齿顶高变动量很小，常常可将其忽略，这是因为在加工齿侧间隙时刀具会进给得深一些，这样处理后，顶隙改变很小或处于许可范围内。

由式（21-13）和式（21-17）及式（21-2）可得直齿轮传动的重合度

$$\varepsilon_\alpha=\frac{0.5\left(\sqrt{d_{a1}^2-d_{b1}^2}+\sqrt{d_{a2}^2-d_{b2}^2}\right)-a\sin\alpha_w}{\pi m\cos\alpha} \tag{21-26}$$

提示：相对于标准齿轮传动［式（21-13）］，正传动 $\alpha_w>\alpha$，所以 ε_α 更小，负传动 $\alpha_w<\alpha$，所以 ε_α 更大。但必须保证 $\varepsilon_\alpha\geqslant1.1$。$\varepsilon_\alpha=\varepsilon_1+\varepsilon_2$，近似计算按 TB21-2b 进行，所需 α_w 查 TB21-3。

21.1.5　渐开线函数及其在变位传动中的应用

通过渐开线函数可精确地计算对齿轮及其传动非常重要的设计、加工和检测尺寸，例如

齿厚、齿槽宽和中心距。

如图 21-9 所示，渐开线起点 U 位于基圆上（基圆半径 $r_b=d_b/2$）。渐开线上任意点 Y 的压力角为 α_y，所在的圆半径为 $r_y=d_y/2$。

$\cos\alpha_y=d_b/d_y=(d/d_y)\cos\alpha$，$\alpha=20°$ [见式(21-2)]。过点 Y 所作的基圆切线的切点为 T，它与 U 点之间的圆心角为渐开线滚动角 $\xi_y=\tan\alpha_y$。由于基圆弧长 $\widehat{UT}=r_b\xi_y=\overline{YT}=r_b\tan\alpha_y$，所以两角之差 $\xi_y-\widehat{\alpha_y}=\tan\alpha_y-\widehat{\alpha_y}=\mathrm{inv}\alpha_y$，称为 $\widehat{\alpha_y}$ 的渐开线函数，式中弧度 $\widehat{\alpha_y}=\pi\alpha_y°/180°$。$\mathrm{inv}\alpha_y$ 的数值等于渐开线 UY 在单位圆（半径 $r_0=1$）上的径向投影。$\mathrm{inv}\alpha$ 的值见 TB21-4。

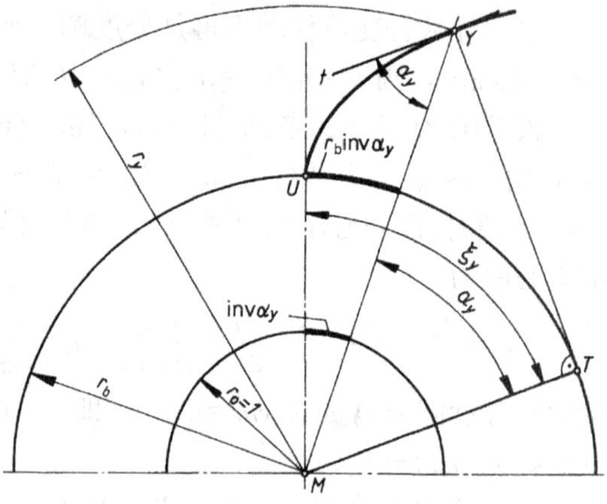

图 21-9　渐开线函数

1. 渐开线函数的应用

a）任意半径 $r_y=d_y/2$ 上的齿厚 s_y 和齿槽宽 e_y。

根据图 21-10，弧 $\widehat{a}=r_b(\mathrm{inv}\alpha_y-\mathrm{inv}\alpha)$，$\widehat{b}=\widehat{a}r/r_b$，$\widehat{c}=\widehat{s}-2\widehat{b}$；由此得齿厚

$$s_y=cr_y/r=(s-2b)r_y/r$$

将式（21-19）分度圆齿厚 $s=(p/2)+2xm\tan\alpha=(m\pi/2)+2xm\tan\alpha$ 以及 b 和 a 代入，并将式（21-1）$r=d/2$ 和式（21-2）$r_b=d_b/2$ 代入，经过变换后，得到任意直径 d_y 下的齿厚公称尺寸为

$$s_y=d_y\left(\frac{\pi+4x\tan\alpha}{2z}+\mathrm{inv}\alpha-\mathrm{inv}\alpha_y\right)$$
$$=d_y\left(\frac{s}{d}+\mathrm{inv}\alpha-\mathrm{inv}\alpha_y\right)\qquad(21\text{-}27)$$

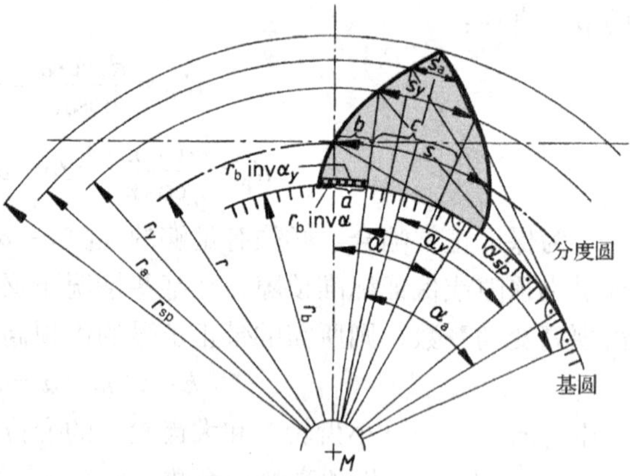

图 21-10　应用渐开线函数确定齿厚

式中　α_y——压力角，$\cos\alpha_y=d\cos\alpha/d_y$；

s/d——齿厚半角 ψ（见图 21-1）。

将齿顶圆直径 $d_a=2r_a$ 和压力角 α_a（由 $\cos\alpha_a=d\cos\alpha/d_a$）代入，即得齿顶圆齿厚

$$s_a=d_a\left(\frac{s}{d}+\mathrm{inv}\alpha-\mathrm{inv}\alpha_a\right)\geqslant s_{a\min}\qquad(21\text{-}28)$$

式中　$s_{a\min}$——齿顶圆最小齿厚，$s_{a\min}\approx0.2m$，硬齿面齿轮为 $0.4m$。

或可计算出齿顶变尖（$s_a=0$）的变尖极限直径为

$$d_{sp}=\frac{d\cos\alpha}{\cos\alpha_{sp}}\qquad(21\text{-}29)$$

式中　α_{sp}——由 $s/d+\mathrm{inv}\alpha-\mathrm{inv}\alpha_{sp}=0$ 得 $\mathrm{inv}\alpha_{sp}=s/d+\mathrm{inv}\alpha$。

类似地，可得到任意直径 d_y 下的齿槽宽 e_y：

$$e_y=d_y\left(\frac{\pi-4x\tan\alpha}{2z}-\mathrm{inv}\alpha+\mathrm{inv}\alpha_y\right)=d_y\left(\frac{e}{d}-\mathrm{inv}\alpha+\mathrm{inv}\alpha_y\right)\qquad(21\text{-}30)$$

式中　e/d——齿槽半角，$e/d=\eta$。

同样可以由式（21-27）得到基圆齿厚 s_b，由式（21-3）计算基圆齿距 p_b，即可得到基圆齿槽宽 $e_b=p_b-s_b$。

b）已知中心距 a 与变位系数和 $\sum x=(x_1+x_2)$，求啮合角 α_w。

对于无侧隙啮合，必须使节圆 d_{w1}、d_{w2} 上的齿厚 $s_{w1}=e_{w2}$ 与 $s_{w2}=e_{w1}$ 之和等于齿距 $p_w=s_{w1}+e_{w1}=s_{w2}+e_{w2}$（见图 21-6b）。由式(21-27）和式(21-1）得 $p_w=s_{w1}+e_{w1}=d_{w1}\pi/z_1=d_{w1}(s_1/d_1+\text{inv}\alpha-\text{inv}\alpha_w)+d_{w2}(s_2/d_2+\text{inv}\alpha-\text{inv}\alpha_w)$。将方程除以 d_{w1}，由于 $p_w=d_{w1}\pi/z_1$，将 $d_{w2}/d_{w1}=z_2/z_1=d_2/d_1$ 代入，且 $z_1=z_2(d_1/d_2)$，经过变换，得 $\text{inv}\alpha_w=[z_1(s_1+s_2)-\pi d_1]/[d_1(z_1+z_2)]+\text{inv}\alpha$。

将 s_1、s_2 用式（21-19）代入，经变换后，得

$$\text{inv}\alpha_w=2\frac{x_1+x_2}{z_1+z_2}\tan\alpha+\text{inv}\alpha \tag{21-31}$$

这样就可以由 TB21-4 读取 α_w。由此可由式（21-21）算得变位传动的中心距 a，或由式（21-22）和式（21-23）计算 d_{w1} 和 d_{w2}。

如果给定中心距 a，可由式（21-21）计算 α_w，这样就可以求得所需的变位系数和：

$$\sum x=x_1+x_2=\frac{\text{inv}\alpha_w-\text{inv}\alpha}{2\tan\alpha}(z_1+z_2) \tag{21-32}$$

2. 变位系数和及其分配　如果两个齿轮由于结构原因给定一个特定中心距，就必须将两齿轮的变位系数合理分配，从而实现给定中心距。变位系数和按式（21-32）确定。

通过合理分配两齿轮的变位量，还可实现对承载能力或重合度的特殊要求，见 TB21-5（DIN 3992 的推荐值）。

在进行变位系数分配时应尽量使两齿轮齿根承载能力相均衡，但同时也要避免齿数少的小齿轮出现根切危险。变位系数可按 TB21-6（DIN 3992 的推荐值）进行分配或对于 $u=z_{大齿轮}/z_{小齿轮}\geqslant 1$，由式（21-33）进行计算（注意 TB21-12 的极限值）：

$$x_1\approx\frac{x_1+x_2}{2}+\left(0.5-\frac{x_1+x_2}{2}\right)\frac{\lg u}{\lg\frac{z_1z_2}{100}} \tag{21-33}$$

式中　z_1，z_2——小齿轮和大齿轮齿数；对于斜齿轮，用相应的当量齿轮齿数 z_{n1} 和 z_{n2} 代入，见§21.2.4。

提示：变位系数 x_1 只需近似确定即可；因为通过 $x_2=(x_1+x_2)-x_1$ 可保证 $\sum x=(x_1+x_2)$！

3. 0.5 变位传动　所谓 0.5 变位传动是指不论齿数多少，每个齿轮都为正变位，且变位系数为 $x=+0.5$，则变位量为 $V=0.5m$。DIN 3994 对这种传动进行了标准化，它可用于齿数 $z\geqslant 8$ 的直齿圆柱齿轮。0.5 变位传动的承载能力高于标准齿轮传动。它应尽可能用于减速传动。

21.1.6　计算示例（直齿轮传动）

■**例 21-1：**一个直齿圆柱齿轮，$z=80$，基本齿廓按 DIN 867，按 0.5 变位（$x_1=+0.5$）进行加工。采用具有基本齿廓 DIN 3972—Ⅱ×4 的滚刀加工（$m=4$mm）。

忽略齿顶高降低量 k，试确定其尺寸 d、d_a 和 d_f、h_a、h_f、h 以及分度圆齿厚 s 和齿槽宽 e 的公称尺寸。

▶**解：**根据式（21-1）得分度圆直径为

$$d=mz=4\text{mm}\times 80=320\text{mm}$$

由 $V=xm=0.5\times4\text{mm}=2\text{mm}$ 和 $k=0$（无齿顶高变动），根据式（21-17）得齿顶圆直径为

$$d_a=d+2m+2V=320\text{mm}+2\times4\text{mm}+2\times2\text{mm}=332\text{mm}$$

顶隙为 $c=0.25m=0.25\times4\text{mm}=1\text{mm}$，由式（21-8）得齿根圆直径为

$$d_f=d-2(m+c)+2V=320\text{mm}-2(4\text{mm}+1\text{mm})+2\times2\text{mm}=314\text{mm}$$

齿高尺寸为

$$h_a=(d_a-d)/2=(332\text{mm}-320\text{mm})/2=6\text{mm}$$

$$h_f=(d-d_f)/2=(320\text{mm}-314\text{mm})/2=3\text{mm}$$

和

$$h=h_a+h_f=6\text{mm}+3\text{mm}=9\text{mm}$$

根据式（21-19）得齿厚公称尺寸为

$$s=m[(\pi/2)+2x\tan\alpha]=4\text{mm}\times[(\pi/2)+2\times0.5\times\tan20°]=7.74\text{mm}$$

和根据式（21-20）得齿槽宽公称尺寸为

$$e=m[(\pi/2)-2\times x\times\tan\alpha]=4\text{mm}\times[(\pi/2)-2\times0.5\times\tan20°]=4.83\text{mm}$$

■**例 21-2**：图 21-11 所示为一由直齿滑移齿轮组组成的变速机构，可实现两级传动比。第一级的小齿轮 $z_1=18$，其减速比为 $i_1=u_1=2.78$，第二级的小齿轮 $z_3=29$，$i_2=u_2=1.45$；所有齿轮的模数为 $m=3\text{mm}$。

a）首先请校核它是否可采用标准齿轮传动。如果不行，其中一对齿轮应采用正传动。试计算变位系数和 $\sum x$ 并进行分配。

b）计算齿轮分度圆、齿顶圆和齿根圆直径；刀具基本齿廓为 DIN 3972—Ⅱ×3（$m=3\text{mm}$）。

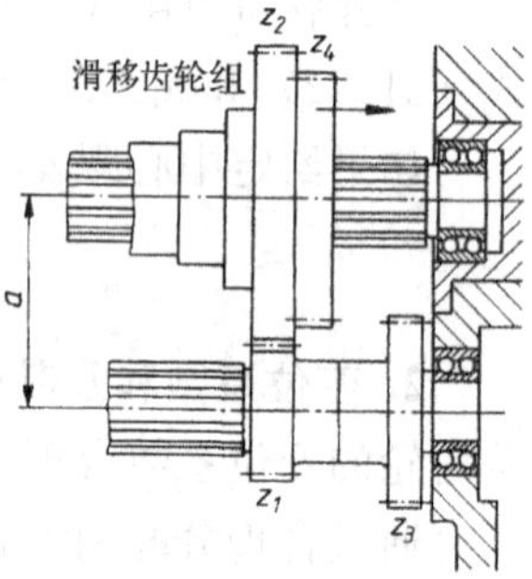

图 21-11　滑移齿轮组组成的变速机构

▶**解 a)**：两级传动比均为减速比，由式（21-10），有

$$i_1=u_1=z_2/z_1=2.78 \text{ 和 } i_2=u_2=z_4/z_3=1.45$$

由此可得滑移齿轮组的齿数分别为

$$z_2=u_1z_1=2.78\times18=50 \text{ 和 } z_4=u_2z_3=1.45\times29=42$$

如果采用标准齿轮传动，由式（21-8）得

$$a_{d1}=(m/2)(z_1+z_2)=(3\text{mm}/2)\times(18+50)=102\text{mm}$$

和

$$a_{d2}=(m/2)(z_3+z_4)=(3\text{mm}/2)\times(29+42)=106.5\text{mm}$$

两者的标准中心距不相同，故该变速机构不能将两对齿轮均做成标准齿轮传动。现将中心距较小的 a_{d1} 采用正传动，使其中心距扩大到与 a_{d2} 相同。由式（21-32）可得齿轮副 z_1 和 z_2 的变位系数和为：

$$\sum x=x_1+x_2=(\text{inv}\alpha_w-\text{inv}\alpha)(z_1+z_2)/(2\tan\alpha)$$

式中的啮合角 α_w 未知，作为标准齿轮传动的标准中心距为 $a_d=a_{d1}=102\text{mm}$（压力角 $\alpha=20°$），但此时的实际中心距应为 $a=a_{d2}=106.5\text{mm}$，故由式（21-21）得

$$\cos\alpha_w=(a_{d1}/a)\cos\alpha=(102\text{mm}/106.5\text{mm})\times\cos20°=0.899987 \text{ 和 } \alpha_w=25.8436°$$

根据式（21-32），由该角得

$$\sum x=(\text{inv}25.8436°-\text{inv}20°)\times(18+50)/(2\tan20°)$$

$$=(0.0333-0.014904)\times68/(2\times0.36397)=+1.72$$

由式（21-33）得 $x_1\approx+0.7$。根据 TB21-12，取该值满足对最小齿顶厚 $s_a\geqslant0.2m$ 的要求，故取 $x_1=0.7$，所以

$$x_2=\sum x-x_1=1.72-0.7=+1.02$$

由 x_1 和 x_2 值可按式（21-15）得到加工时的变位量

小齿轮 1：$V_1=+x_1m=+0.7\times3\text{mm}=+2.1\text{mm}$

大齿轮 2：$V_2=+x_2m=+1.02\times3\text{mm}=+3.06\text{mm}$

▶**解 b)**：由式（21-1）、式（21-6）、式（21-7）、式（21-17）和式（21-18）得到不考虑齿顶高变动时

的变位传动 $z_{1,2}$ 和标准传动 $z_{3,4}$ 的几何尺寸：

小齿轮 z_1　$d_1=mz_1=3\text{mm}\times18=54\text{mm}$

$d_{a1}=d_1+2m+2V_1=\cdots=64.2\text{mm}$

$d_{f1}=d_1-2.5m+2V_1=\cdots=50.7\text{mm}$

小齿轮 z_2　$d_2=mz_2=3\text{mm}\times50=150\text{mm}$

$d_{a2}=d_2+2m+2V_2=\cdots=162.12\text{mm}$

$d_{f2}=d_2-2.5m+2V_2=\cdots=148.62\text{mm}$

小齿轮 z_3　$d_3=mz_3=3\text{mm}\times29=87\text{mm}$

$d_{a3}=d_3+2m+2V_3=\cdots=93\text{mm}$

$d_{f3}=d_3-2.5m+2V_3=\cdots=79.5\text{mm}$

小齿轮 z_4　$d_4=mz_4=3\text{mm}\times42=126\text{mm}$

$d_{a4}=d_4+2m+2V_4=\cdots=132\text{mm}$

$d_{f4}=d_4-2.5m+2V_4=\cdots=118.5\text{mm}$

提示：小齿轮 z_3 和大齿轮 z_4 作为标准齿轮传动，其顶隙为 $c=0.25m=0.25\times3\text{mm}=0.75\text{mm}$。变位传动 $z_{1,2}$ 的实际顶隙为

$$c=a-0.5(d_{a1}+d_{f2})=\cdots=0.09\text{mm}$$

这个顶隙是不够的。该对齿轮应按式（21-24）计算的齿顶高度变动量进行加工：

$$k=k^*m=a-a_d-m\sum x=106.5\text{mm}-102\text{mm}-3\text{mm}\times1.72=-0.66\text{mm}$$

所以

$$d_{a1}=(d_1+2m+2V_1)+2k=\cdots=62.88\text{mm}$$

$$d_{a2}=(d_2+2m+2V_2)+2k=\cdots=160.8\text{mm}$$

实际顶隙为

$$c=a-0.5(d_{a1}+d_{f2})=\cdots=0.75\text{mm}$$

该值符合标准顶隙 $c=0.25m$。

21.2　渐开线斜齿圆柱齿轮几何学

21.2.1　基本形状、螺旋角

斜齿圆柱齿轮的齿在轮体圆柱体上做成螺旋线形状。在节平面上，齿廓方向决定于螺旋角 β。螺旋升角 γ 与螺旋角 β 之和为 90°（见图 21-12）。一对斜齿轮要组成斜齿圆柱齿轮传动，必须一个是左旋，另一个是右旋，且螺旋角大小相等，所谓右旋和左旋是指螺旋线是右旋和左旋的。图 21-12a 的轮齿是左旋的。

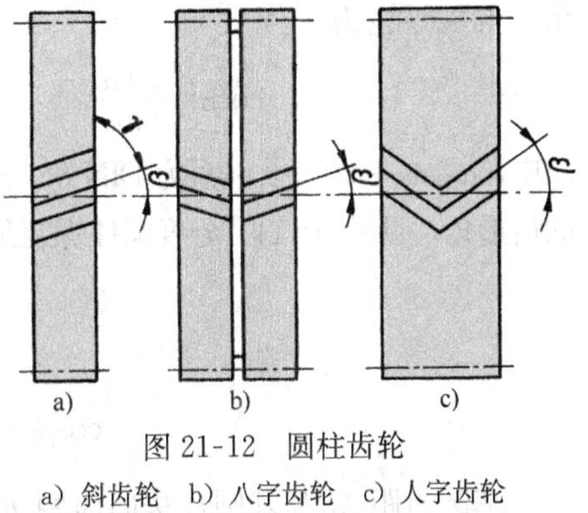

图 21-12　圆柱齿轮

a）斜齿轮　b）八字齿轮　c）人字齿轮

与直齿圆柱齿轮传动相比，其优点有：由于齿是逐渐进入和脱离啮合，而且同时参与啮合的轮齿对数更多（重合度更大），故运转噪声更低。所以它适用的转速也更高。而且相同尺寸下斜齿承载能力更大，对加工误差更不敏感。

缺点有：倾斜的齿在受载时会产生轴向力，它作为附加载荷作用于轴和轴承上，由此会带来更大的摩擦损耗并使效率有所降低。齿数和模数相同时，斜齿轮直径和中心距大于直齿

轮，螺旋角越大，相差得越多。

八字齿轮或人字齿轮，可消除附加轴向力。相对一般斜齿轮，它们齿宽为双倍，特别适合于大型传动。出于强度原因，人字齿轮传动应使尖角顺着转动方向旋转，因为啮合一开始它首先受力；此外，润滑剂从夹角处被挤出，可避免堆积在该处。人字齿轮的加工（用立式铣刀或用特殊磨削，以特定节奏一起工作的一对插齿刀进行加工）困难，成本高。一方面，与 β 有关的附加轴向力不能太大，另一方面又要使运转噪声不能太大，故 β 一般为：

一般斜齿轮和八字齿轮　　$\beta\approx 8^\circ\sim 20^\circ$

人字齿轮　　$\beta\approx 30^\circ\sim 45^\circ$

根据 DIN 780 规定的标准法向模数（法向上的模数）1～14mm，DIN 3978 给出了所有加工方法应采用的螺旋角 β 推荐值，见 TB21-1。

斜齿圆柱齿轮传动主要用于高速和重载情况，例如通用机械、船用机械、机床和车辆传动装置。

21.2.2　几何尺寸

斜齿轮有端面 S—S 和法向 N—N 之分，端面决定啮合状况，它垂直于轴线，法向决定加工和刀具，它垂直于齿向，两者在分度圆柱上的夹角为螺旋角 β（见图 21-13）。端面齿廓为精确的渐开线，而法向齿廓只是近似的。端面量带下标 t，法向量带下标 n。

法向齿距 p_n 和端向齿距 p_t，即法向模数 m_n 和端面模数 m_t 之间的关系为

$$\cos\beta=\frac{p_n}{p_t}=\frac{m_n\pi}{m_t\pi}=\frac{m_n}{m_t} \tag{21-34}$$

齿槽宽为 $e_t=p_t/2$ 或 $e_n=p_n/2$ 的齿槽是用模数为 m_n，与直齿圆柱齿轮同样齿全高的齿轮刀具加工出来的，所以零变位齿轮的齿厚 $s_t=p_t/2$ 或 $s_n=p_n/2$。$\cos\beta=s_n/s_t=e_n/e_t$ 和 $p_t=s_t+e_t$；$m_n\triangleq m$（DIN 780，TB21-1）。同样地，法向压力角 α_n 和端面压力角 α_t 的关系也为

$$\cos\beta=\frac{\tan\alpha_n}{\tan\alpha_t} \tag{21-35}$$

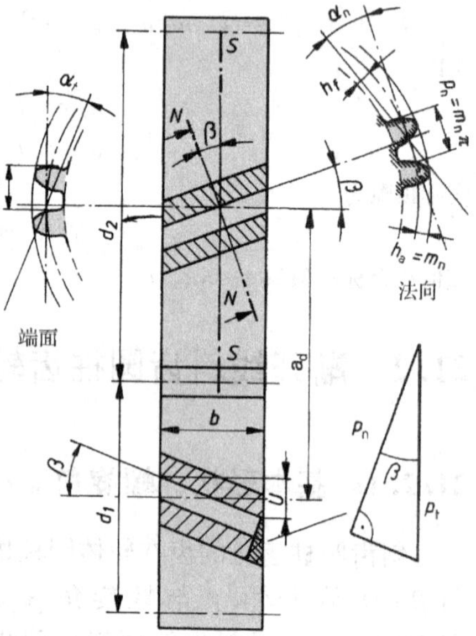

图 21-13　零变位斜齿圆柱齿轮端面 S—S 与法向 N—N 之间的关系

式中，$\alpha_t>\alpha_n=20^\circ=\alpha_p$，$\alpha_p$ 为 DIN 867 规定的基本齿廓的齿形角，见图 20-14。分度圆柱螺旋角 β 与基圆柱（在端面上为基圆）螺旋角 β_b 之间的关系为

$$\tan\beta_b=\tan\beta\cos\alpha_t$$

$$\sin\beta_b=\sin\beta\cos\alpha_n$$

$$\cos\beta_b=\frac{p_{bn}}{p_{bt}}=\cos\beta\frac{\cos\alpha_n}{\cos\alpha_t}=\frac{\sin\alpha_n}{\sin\alpha_t} \tag{21-36}$$

基圆齿距 p_{bt} 与基圆柱法向齿距 p_{bn} 分别等于端面法向齿距 p_{et} 和法面法向齿距 p_{en}，即

$$p_{bt}=\triangleq p_{et}=p_t\cos\alpha_t$$

$$p_{bn}=\triangleq p_{en}=p_n\cos\alpha_n \tag{21-37}$$

由于斜齿轮的分度圆、基圆、齿顶圆和齿根圆直径均由端面量决定，所以同直齿零变位齿轮一样，零变位斜齿外圆柱齿轮的分度圆直径为

$$d=zm_{\mathrm{t}}=z\frac{m_{\mathrm{n}}}{\cos\beta} \tag{21-38}$$

基圆直径为

$$d_{\mathrm{b}}=d\cos\alpha_{\mathrm{t}}=z\frac{m_{\mathrm{n}}\cos\alpha_{\mathrm{t}}}{\cos\beta} \tag{21-39}$$

$h_{\mathrm{a}}=m_{\mathrm{n}}$和 $c=0.25m_{\mathrm{n}}$的齿顶圆直径［见式（21-17）］为

$$d_{\mathrm{a}}=d+2h_{\mathrm{a}}=d+2m_{\mathrm{n}}=m_{\mathrm{n}}\left(2+\frac{z}{\cos\beta}\right) \tag{21-40}$$

$h_{\mathrm{f}}=1.25m_{\mathrm{n}}$的齿根圆直径为

$$d_{\mathrm{f}}=d-2h_{\mathrm{f}}=d-2.5m_{\mathrm{n}} \tag{21-41}$$

以及齿轮副的标准中心距为

$$a_{\mathrm{d}}=\frac{d_1+d_2}{2}=m_{\mathrm{t}}\frac{(z_1 z_2)}{2}=\frac{m_{\mathrm{n}}}{\cos\beta}\frac{(z_1+z_2)}{2} \tag{21-42}$$

21.2.3 啮合关系、总重合度

轮齿沿整个齿宽 b 的倾斜量用分度圆上的重合长度增量 U 来表示（见图 21-14a）。设想将用阴影线标识的分度圆柱上的三角形展开到平面上，得

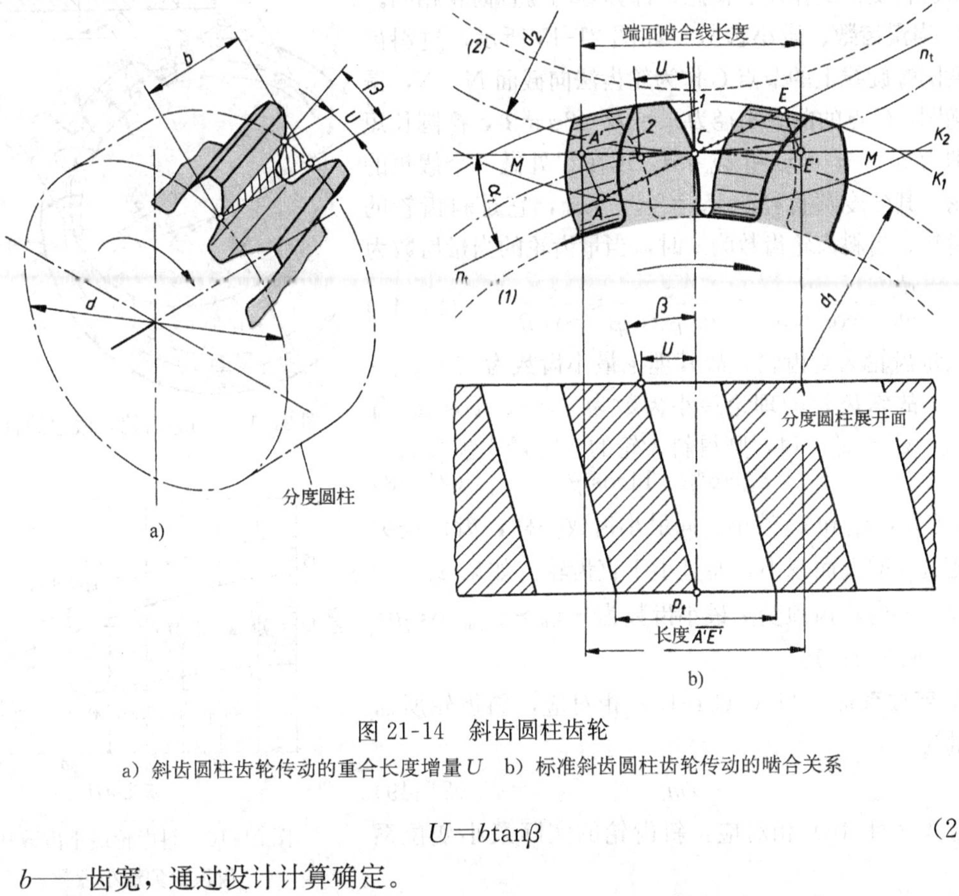

a)　　b)

图 21-14　斜齿圆柱齿轮

a）斜齿圆柱齿轮传动的重合长度增量 U　b）标准斜齿圆柱齿轮传动的啮合关系

$$U=b\tan\beta \tag{21-43}$$

式中　b——齿宽，通过设计计算确定。

啮合关系决定于齿轮端面参数。如果齿轮1顺时针旋转，齿廓1在A点进入啮合，A点是端面啮合线n_t-n_t与配对齿轮2的齿根圆K_2的交点。如果齿廓1在E点脱离啮合，而同一齿的齿廓2还要再啮合一段重合长度增量U（在分度圆上度量），然后才脱离啮合。所以节线M—M（齿廓基准线）上的端面啮合线长为$A'E'$，它比相同端面参数下的直齿轮长一个重合长度增量U。由此增加的轴面重合度为

$$\varepsilon_\beta=\frac{U}{p_t}=\frac{b\tan\beta}{p_t}=\frac{b\sin\beta}{\pi m_n}\geqslant 1 \tag{21-44}$$

式中　b——齿宽，两齿轮宽度不同时，取小值（啮合宽度）做计算。

端面重合度为

$$\varepsilon_\alpha=\frac{g_\alpha}{p_{et}}=\frac{0.5(\sqrt{d_{a1}^2-d_{b1}^2}+\sqrt{d_{a2}^2-d_{b2}^2})-a_d\sin\alpha_t}{\pi m_t\cos\alpha_t} \tag{21-45}$$

所以总重合度为

$$\varepsilon_\gamma=\varepsilon_\alpha+\varepsilon_\beta \tag{21-46}$$

ε_γ代表同时参与啮合的轮齿平均对数。如果$\varepsilon_\beta=1$或为整数，表示啮合总是连续不断的，这样受载均匀，可降低噪声。

21.2.4　变位（斜齿轮）

斜齿轮很少通过变位来避免产生根切。从原理上来说，斜齿轮变位的作用、概念、计算等均与直齿轮相同。

1. 当量齿数、最小齿数　如图21-15所示，过斜齿轮分度圆螺旋线上的节点C作为轮齿法向截面N—N，得到一椭圆，C点的曲率半径为$r_n=d/(2\cos^2\beta)$，椭圆长短轴分别为$2a_n=d/\cos\beta$和$2b_n=d$。现在C处做一个假想的直齿轮，其分度圆直径为$d_n=2r_n=zm_n$，它是斜齿轮的当量齿轮。当斜齿轮齿数为z时，当量齿轮的当量齿数为

$$z_n=\frac{d_n}{m_n}=\frac{d}{\cos^2\beta_b m_n}=\frac{z}{\cos^2\beta_b\cos\beta}\approx\frac{z}{\cos^3\beta} \tag{21-47}$$

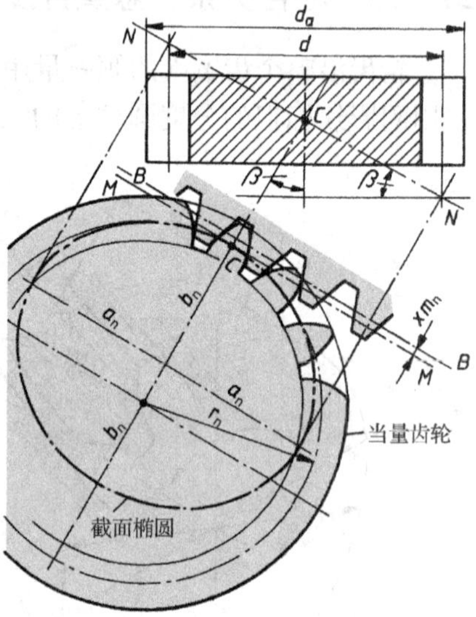

图21-15　当量齿轮，假想的直齿轮

当量齿轮为直齿轮，故其理论最小齿数为$z_n=z_{gn}=z_g=17$，故斜齿轮的理论最小齿数为$z_{gt}\approx z_{gn}\cos^3\beta$。如果取$z_n=z'_{gn}=z'_g=14$，则得斜齿轮的实际最小齿数为

$$z'_{gt}=z'_{gn}\cos^3\beta=14\cos^3\beta \tag{21-48}$$

β越大，z_{gt}和z'_{gt}越小。同最小齿数一样，齿顶变尖极限随着β增大而减小，而且小于直齿轮。如果$z_{n\,min}=z_{min}=7$，斜齿轮齿顶变尖最小齿数为$z_{t\,min}\approx z_{n\,min}\cos^3\beta=7\cos^3\beta$，见图21-16。

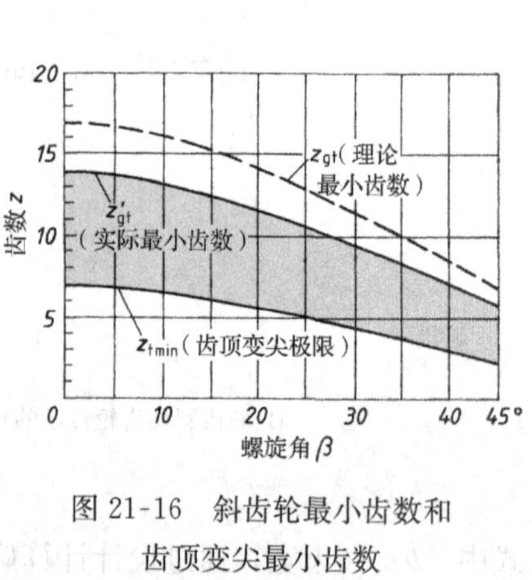

图21-16　斜齿轮最小齿数和齿顶变尖最小齿数

2. 变位系数　与式（21-15）相对应，斜齿轮所需变位量为

$$V=xm_n \tag{21-49}$$

与式（21-16）相对应，斜齿轮的实际最小变位系数为

$$x_{\text{grenz}}=\frac{z_g'-z_n}{z_g}=\frac{14-z_n}{17} \tag{21-50}$$

3. 变位传动的几何尺寸 同直齿圆柱齿轮一样，斜齿圆柱齿轮也分为标准齿轮传动、等变位齿轮传动和能满足特定中心距要求或对承载能力和重合度有特别要求的不等变位齿轮传动。

正传动和负传动的计算可采用直齿轮相对应的公式。

分度圆端面齿厚 s_t 和法向齿厚 s_n 的公称尺寸为

$$s_t=\frac{s_n}{\cos\beta}=\frac{p_t}{2}+2V\tan\alpha_t=m_t\left(\frac{\pi}{2}+2x\tan\alpha_n\right) \tag{21-51}$$

$$s_n=s_t\cos\beta=\frac{p_n}{2}+2V\tan\alpha_n=m_n\left(\frac{\pi}{2}+2x\tan\alpha_n\right) \tag{21-52}$$

任意直径 d_y 上的端面齿厚 s_{yt} 的公称尺寸为

$$s_{yt}=d_y\left(\frac{\pi+4x\tan\alpha_n}{2z}+\text{inv}\alpha_t-\text{inv}\alpha_{yt}\right)=d_y\left(\frac{s_t}{d}+\text{inv}\alpha_t-\text{inv}\alpha_{yt}\right) \tag{21-53}$$

式中 α_{yt}——压力角，$\cos\alpha_{yt}=d\cos\alpha_t/d_y$；

$s_t/d=\psi$——齿厚半角，$\psi=(\pi+4x\tan\alpha_n)/(2z)$，见图 21-1。

任意直径 d_y 上的法向齿厚 s_{yn} 的公称尺寸为 $s_{yn}=s_{yt}\cos\beta_y$，式中直径 d_y 上的 β_y 由 $\tan\beta_y=\tan\beta\cos\alpha_t/\cos\alpha_{yt}$ 计算。

无侧隙啮合变位传动的中心距为

$$a=\frac{d_{w1}+d_{w2}}{2}=\frac{d_1+d_2}{2}\,\frac{\cos\alpha_t}{\cos\alpha_{wt}}=a_d\frac{\cos\alpha_t}{\cos\alpha_{wt}} \quad 或 \quad \cos\alpha_{wt}=\cos\alpha_t\frac{a_d}{a} \tag{21-54}$$

式中 d_{w1}，d_{w2}——两齿轮节圆直径，由式（21-22）和式（21-23）计算，只是将式中用 $\alpha=\alpha_t$ 和 $\alpha_w=\alpha_{wt}$ 代入即可；

d_1，d_2——分度圆直径，由式（21-38）计算；

α_t——端面压力角，由式（21-35）计算；

α_{wt}——端面啮合角，由式（21-55）计算；

a_d——标准中心距，由式（21-42）计算。

对于特定的 $\sum x=(x_1+x_2)$，借助于渐开线函数，可求得啮合角 α_{wt} 为

$$\text{inv}\alpha_{wt}=2\frac{x_1+x_2}{z_1+z_2}\tan\alpha_n+\text{inv}\alpha_t \tag{21-55}$$

为了实现特定中心距 a，所需的变位系数和由式（21-56）计算：

$$\sum x=x_1+x_2=\frac{\text{inv}\alpha_{wt}-\text{inv}\alpha_t}{2\tan\alpha_n}(z_1+z_2) \tag{21-56}$$

同直齿轮一样，根据 z_n 将 $\sum x$ 分配为 x_1 和 x_2。

提示： 对于一个特定的中心距 a，斜齿圆柱齿轮传动可以不用进行变位，而只是通过改变螺旋角 β 来实现它。

变位传动的端面重合度为

$$\varepsilon_\alpha=\frac{0.5\left(\sqrt{d_{a1}^2-d_{b1}^2}+\sqrt{d_{a2}^2-d_{b2}^2}\right)-a\sin\alpha_{wt}}{\pi m_t\cos\alpha_t} \tag{21-57}$$

所以总重合度为 $\varepsilon_\gamma=\varepsilon_\alpha+\varepsilon_\beta$。

21.2.5 计算示例（斜齿轮几何学）

■**例 21-3：** 一传动装置的输入级采用斜齿圆柱齿轮传动。基于受载情况，已知：小齿轮数 $z_1=26$，大

齿轮数 $z_2=86$，螺旋角 $\beta=15°$，齿宽 $b_1=b_2=50\text{mm}$。试求

a）两个标准齿轮的公称尺寸和标准中心距。加工刀具为基本齿廓 DIN 3972—Ⅱ×4。

b）总重合度。

▶**解 a)**：由式（21-38）得分度圆直径为

$$d_1=m_t z_1=(m_n/\cos\beta)z_1=(4\text{mm}/\cos15°)\times26=107.67\text{mm}$$

$$d_2=m_t z_2=(m_n/\cos\beta)z_2=(4\text{mm}/\cos15°)\times86=356.14\text{mm}$$

由式（21-35）得 $\alpha_t=\arctan(\tan\alpha_n/\cos\beta)=\arctan(\tan20°/\cos15°)=20.6469°$，由式（21-39）得基圆直径为

$$d_{b1}=d_1\cos\alpha_t=107.67\text{mm}\times\cos20.6469°=100.75\text{mm}$$

$$d_{b2}=d_2\cos\alpha_t=356.14\text{mm}\times\cos20.6469°=333.27\text{mm}$$

由式（21-40）得齿顶圆直径为

$$d_{a1}=m_n(2+z_1/\cos\beta)=4\text{mm}\times(2+26/\cos15°)=115.67\text{mm}$$

$$d_{a2}=m_n(2+z_2/\cos\beta)=4\text{mm}\times(2+86/\cos15°)=364.14\text{mm}$$

由式（21-41）得齿根圆直径为

$$d_{f1}=d_1-2.5m_n=107.67\text{mm}-2.5\times4\text{mm}=97.67\text{mm}$$

$$d_{f2}=d_2-2.5m_n=356.14\text{mm}-2.5\times4\text{mm}=364.14\text{mm}$$

由式（21-42）得标准中心距为

$$a_d=m_n(z_1+z_2)/(2\cos\beta)=4\text{mm}\times(26+86)/(2\cos15°)=231.90\text{mm}$$

▶**解 b)**：斜齿圆柱齿轮传动的总重合度 ε_γ 为端面重合度 ε_α 和轴面重合度 ε_β 之和。由式（21-44）得轴面重合度为

$$\varepsilon_\beta=b\sin\beta/(\pi m_n)=50\text{mm}\times\sin15°/(\pi\times4\text{mm})\approx1.03$$

根据上述各尺寸及 $m_t=m_n/\cos\beta$，由式（21-45）得端面重合度为

$$\varepsilon_\alpha=\frac{0.5\left(\sqrt{d_{a1}^2-d_{b1}^2}+\sqrt{d_{a2}^2-d_{b2}^2}\right)-a_d\sin\alpha_t}{\pi m_t\cos\alpha_t}=\ldots\approx1.65$$

所以总重合度 $\varepsilon_\gamma=1.03+1.65\approx2.7$。

■**例 21-4**：根据图样说明（与 DIN 3966 对应），知一斜齿圆柱齿轮传动的参数为：法向模数 $m_n=5\text{mm}$，小齿轮 $z_1=20$，变位系数 $x_1=+0.4$，大齿轮 $z_2=97$，变位系数 $x_2=+0.2389$，齿宽 $b_1=b_2=70\text{mm}$，螺旋角 $\beta=9.8969°$（DIN 3978，螺旋角系列 2）。试求

a）分度圆直径 d_1、d_2 和齿顶圆直径 d_{a1}、d_{a2}。

b）中心距 a。

c）法向齿厚的公称尺寸 s_{n1}、s_{n2}。

▶**解 a)**：由式（21-38）得分度圆直径为

$$d_1=z_1m_n/\cos\beta=20\times5\text{mm}/\cos9.8969°=101.51\text{mm}$$

$$d_2=z_2m_n/\cos\beta=97\times5\text{mm}/\cos9.8969°=492.33\text{mm}$$

由式（21-49），得

$$V_1=x_1m_n=+0.4\times5\text{mm}=2\text{mm}\text{ 和 }V_2=x_2m_n=+0.2389\times5\text{mm}=1.1945\text{mm}$$

将式（21-17）中的 m 用 m_n 代替，得齿顶圆直径为

$$d_{a1}=d_1+2m_n+2V_1=101.51\text{mm}+2\times5\text{mm}+2\times2\text{mm}=115.51\text{mm}$$

$$d_{a2}=d_2+2m_n+2V_2=492.51\text{mm}+2\times5\text{mm}+2\times1.1945\text{mm}=504.72\text{mm}$$

▶**解 b)**：变位传动的中心距由式（21-54）$a=a_d\cos\alpha_t/\cos\alpha_{wt}$ 计算。首先由式（21-42）计算标准中心距：

$$a_d=(d_1+d_2)/2=(101.51\text{mm}+492.33\text{mm})/2=269.92\text{mm}$$

然后由式（21-35）计算

$$\tan\alpha_t=\tan\alpha_n/\cos\beta=\tan20°/\cos9.8969°=0.36947$$

所以 $\alpha_t = 20.2777°$。

由式（21-55）得

$$\text{inv}\alpha_{wt} = 2\sum x/\sum z\tan\alpha_n + \text{inv}\alpha_t = 2\times(0.4+0.2389)/(20+97)\tan20° + \text{inv}20.2777°$$
$$= 0.01953$$

由 TB21-4 得 $\alpha_{wt} \approx 21.816°$

所以由上述各值得中心距为

$$a = 296.92\text{mm}\times\cos20.7777°/\cos21.816° = 300\text{mm}$$

▶**解 c)**：由式（21-52）得法向齿厚为

$$s_{n1} = m_n[(\pi/2)+2x_1\tan\alpha_n] = 5\text{mm}\times[(\pi/2)+2\times0.4\times\tan20°] = 9.31\text{mm}$$
$$s_{n2} = m_n[(\pi/2)+2x_2\tan\alpha_n] = 5\text{mm}\times[(\pi/2)+2\times0.2389\times\tan20°] = 8.72\text{mm}$$

21.3　公差、啮合精度

21.3.1　侧隙和齿厚偏差

根据 DIN 868 或 DIN 3960 的规定，侧隙 j 为齿轮副工作齿廓处于啮合接触状态时，非工作齿廓之间的距离。考虑到加工和装配误差以及为了润滑和补偿热膨胀，必须有一定的侧隙。

侧隙过小，特别是齿轮运转中发热或齿轮及其中心距有误差时，可能会导致轮齿卡死；侧隙过大，特别是受载方向变化时，会产生附加动载荷并加大噪声。

如图 21-17 所示，侧隙分为：

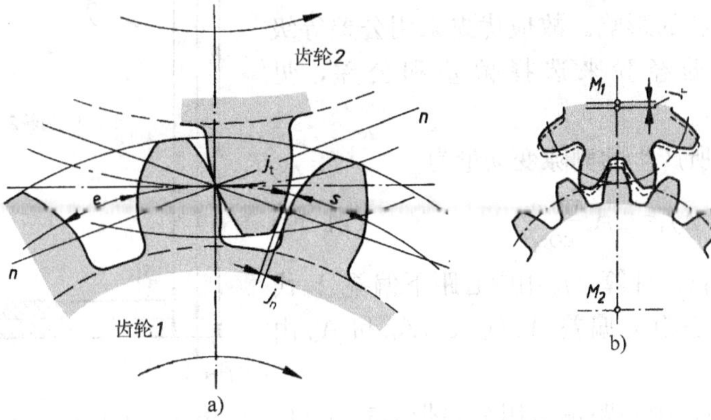

图 21-17　侧隙

a）法向侧隙 j_n 和周向侧隙 j_t　b）径向游隙 j_r

a）法向侧隙 j_n，齿轮副工作齿廓接触时，非工作齿廓之间沿法向最小距离。一般有 $j_n = j_t\cos\alpha_n\cos\beta$（直齿轮用 $\alpha_n=\alpha$ 和 $\beta=0°$ 代入）。根据用途和精度（见 TB21-7）的不同，作为规范，可取：$j_n \approx 0.05 + (0.025\sim0.1)m_n$。

b）周向侧隙 j_t，当配对齿轮固定不动时，活动齿轮从右齿廓接触转到左齿廓接触，在节圆上，沿端面度量的弧长称为周向侧隙，即 $j_t = j_n/(\cos\alpha_t\cos\beta_b)$（见 a）。

c）径向游隙 j_r，为工作中心距与无侧隙啮合中心距之差，即 $j_r = j_n/(2\sin\alpha_{wt}\cos\beta_b) = j_t/(2\tan\alpha_{wt})$。

因为传动取基中心距制，所以配对两齿轮齿厚都应取负偏差（见 DIN 3961）。

根据 DIN 3967，侧隙值与啮合精度无关，因此对不同的精度可要求特定的齿厚偏差，见 TB21-8。

对于圆柱齿轮，由齿厚偏差 A_{sne}、A_{sni}（法向）或 A_{ste}、A_{sti}（端面）和齿轮中心距偏差 A_a 可得最大或最小理论周向侧隙：

$$j_{tmax} = -\Sigma A_{sti} + \Delta j_{ae} = -\frac{\Sigma A_{sni}}{\cos\beta} + \Delta j_{ae}$$
$$j_{tmin} = -\Sigma A_{set} + \Delta j_{ai} = -\frac{\Sigma A_{sne}}{\cos\beta} + \Delta j_{ai} \quad (21\text{-}58)$$

齿厚上偏差 A_{sne} 与分度圆直径 d 和偏差系列有关（齿轮 1 和齿轮 2 一般取相同偏差系列），由 TB21-8a 查取。偏差系列 h（与公差带位置相对应）极限值在零线上，偏差系列 a 则与之距离最远；偏差系列距零线越远，侧隙越大（见图 21-18）。

齿厚下偏差 A_{sni} 按齿厚公差 T_{sn} 由 TB21-8b 决定（一般 $T = A_e - A_i$）。因为齿厚偏差总是负的，所以 T_{sn} 与分度圆直径 d 和公差等级 21～30（T_{sn} 增大）有关，用 A_{sne} 减去它即得 A_{sni}。

提示： T_{sn} 应按加工可能性进行选择，必须至少为许用齿厚变动量 R_s 的两倍大，R_s 根据 DIN 3962 规定，由 TB21-8c 查取。一般来说，T_{sn} 太小并不会对啮合精度的保证产生有利的影响。故应优先采用公差等级 24～27。一般根据经验来选择偏差和公差，见 TB21-8d。

由中心距公差所产生的侧隙变动量为

$$\Delta j_a \approx 2A_a \frac{\tan\alpha_n}{\cos\beta} \quad (21\text{-}59)$$

对于外啮合齿轮，计算 Δj_{ai} 用中心距下偏差 A_{ai} 代入，计算 Δj_{ae} 用中心距上偏差 A_{ae} 代入，A_{ai} 和 A_{ae} 由 TB21-9查取。

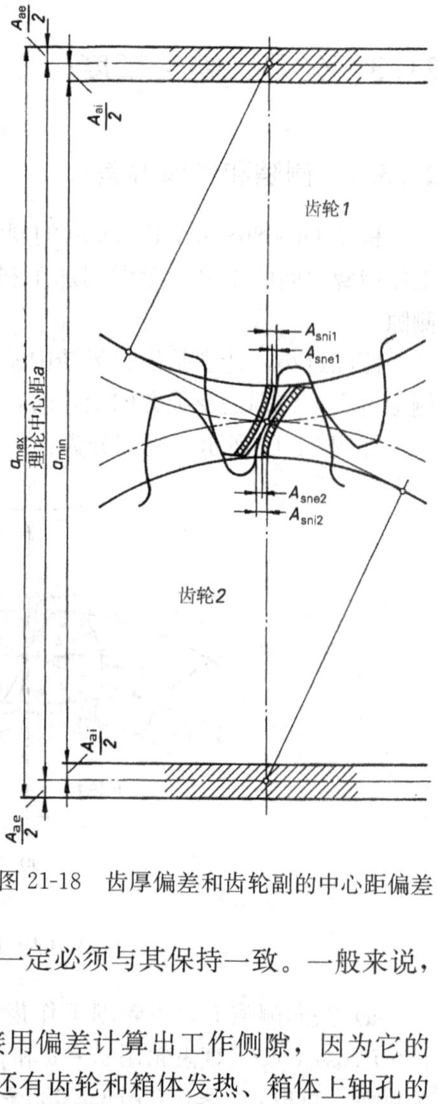

图 21-18　齿厚偏差和齿轮副的中心距偏差

根据 DIN 3964，中心距偏差用公差带 js5～js11，它与中心距 a 的公称尺寸和轴的位置公差等级 1～12 有关，选取轴位置公差等级时应考虑啮合精度，但并不一定必须与其保持一致。一般来说，对每个齿轮均有 $A_{sne} \leqslant A_{ai}$。

提示： 与 ISO 圆柱形零件配合不同的是，不能直接用偏差计算出工作侧隙，因为它的变动受一系列因素的影响。除了箱体的中心距公差外，还有齿轮和箱体发热、箱体上轴孔的不平行、各种啮合误差、零件的位置、形状和尺寸误差、受载后结构件的弹性等影响因素。DIN 3967 给出了如何考虑影响侧隙的各种因素及各种检测方法。

21.3.2　齿厚检测

由于啮合不可避免地存在误差，所以必须对轮齿采取间接测量方法，而且该测量值要能代表齿厚测量。为此，应在图样上标注带偏差的公称尺寸（见 DIN 3966 或 TB20-10）。

对于圆柱齿轮，特别是车间质量控制，大多数情况下测量公法线长度 W_k，因为这种测量方法简单和无需基准，即它不用与轴线相关。

根据 DIN 3960，外齿轮跨 k（=2，3，4，5，…）个齿的 W_k 为所测得的两个平行平面（例如螺旋千分尺的两个盘形卡尺）之间的距离，卡尺分别与一个左齿廓和一个右齿廓渐开线部分相切（见图 21-19）。由于测量值会受齿距误差和轮廓误差的影响，故应更换不同位置进行多次测量并取平均值。

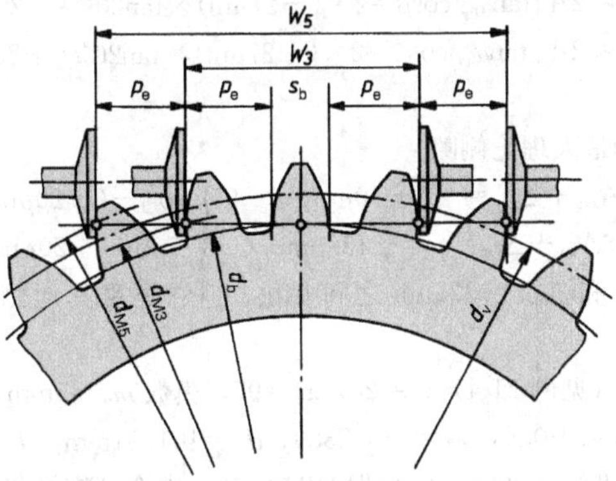

图 21-19　公法线长度 $W_3(k=3)$ 和 $W_5(k=5)$ 的测量，测量圆直径分别为 d_{M3} 和 d_{M5}

W_k 等于基圆直径 d_b 上的若干个法向齿距 p_e 加一个基圆齿厚 s_b。斜齿轮跨多个齿的公法线应在法面（垂直于齿向）上测量。$W_k=(k-1)p_e+s_b$，将 $p_e=p_b$ 和 s_b 代入，圆柱齿轮 $\alpha_n=20°$，所以公法线长度的公称尺寸为

$$W_k=m_n\cos\alpha_n[(k-0.5)\pi+z\mathrm{inv}\alpha_t]+2xm_n\sin\alpha_n \tag{21-60}$$

为了形成侧隙，W_k 应减小一个公法线下偏差值 $A_{wi}=A_{sni}\cos\alpha_n$ 或上偏差值 $A_{we}=A_{sne}\cos\alpha_n$（圆整为整数 μm）。

跨齿数 k 的选择应使测量平面与齿高中部附近的齿廓相切，所以有

$$k=z_n\frac{\alpha_n}{180°}+0.5\geqslant 2 \tag{21-61}$$

将计算值圆整为整数。k 也可根据齿数 z_n（当量齿轮齿数，直齿轮为 $z_n=z$）和变位系数 x 由 TB21-10 查取。

提示：为了使测量斜齿轮 W_k 时测量工具的两个平行平面（见图 21-19）能垂直于齿向，齿轮的最小齿宽为 $b\geqslant b_{min}=W_k\sin\beta_b+b_M\cos\beta_b$，式中 $b_M>1.2+0.018W_k$。DIN 3960 还给出了齿厚的其他测量方法（测量固定弦齿厚，或通过在齿槽中置入球或滚子进行测量）。

21.3.3　计算示例（公差、啮合精度）

■**例 21-5：**对于例 21-2 的变速机构，试由已算得的各值，根据 DIN 3967 确定齿轮副 $z_{1,2}$ 的理论周向侧隙 j_{tmin} 和 j_{tmax}，根据经验已确定啮合精度和公差带为 8cd26 以及中心距 a 的公差带为 js8。

▶**解：**根据 § 21.3.1，首先要由 TB21-8a 和 b 确定 cd26 的齿厚偏差：

小齿轮 1，$d_1=54\text{mm}$；$A_{sne1}=-70\mu m$；

大齿轮 2：$d_2=150\text{mm}$；$A_{sne2}=-95\mu m$；

$T_{sn1}=60\mu m>2R_s=2\times22\mu m=44\mu m$；

$T_{sn2}=80\mu m>2R_s=2\times28\mu m=56\mu m$（由 TB21-8c 查取，$m=3\text{mm}$；说明啮合精度选得合适）。

由 $A_{sni}=A_{sne}-T_{sn}$ 得小齿轮和大齿轮的 A_{sni} 为

$$A_{sni1}=-70\mu m-60\mu m=-130\mu m,\ A_{sni2}=-95\mu m-80\mu m=-175\mu m$$

$a=106.5\text{mm}$，公差带为 js8，由 TB21-9 可得中心距偏差为

$$A_{ae}=+27\mu m,\ A_{ai}=-27\mu m$$

两种情况下均有：

$$A_{sne1}\text{ 或 }A_{sne2}<A_{ai}$$

$\alpha_n=\alpha=20°$ 和 $\beta=0°$（直齿轮），由中心距公差可按式（21-59）计算侧隙变动量为

$$\Delta j_{ai}\approx2A_{ai}\tan\alpha_n/\cos\beta=2\times(-27\mu m)\times\tan20°=-20\mu m$$

$$\Delta j_{ae}\approx2A_{ae}\tan\alpha_n/\cos\beta=2\times(+27\mu m)\times\tan20°=+20\mu m$$

所以由式（21-58）可得最小和最大理论侧隙

$$j_{t\,min}=-\Sigma A_{sne}+\Delta j_{ae}=-[-70\mu m+(-95\mu m)]+(-20\mu m)=145\mu m$$

$$j_{t\,max}=-\Sigma A_{sni}+\Delta j_{ai}=-[-130\mu m+(-175\mu m)]+20\mu m=325\mu m$$

理论侧隙在 $j_{tmin}=145\text{mm}$ 和 $j_{tmax}=325\mu m$ 之间变化，但它还受其他侧隙影响因素的影响（见 DIN 3967）。

■**例 21-6**：已知一对齿轮（见例 21-4）$z_1=20$，$z_2=97$，模数 $m_n=5\text{mm}$，螺旋角 $\beta=9.8969°$（与 DIN 3978 对应，螺旋角系列 2），$x_1=+0.4$，$x_2=+0.2389$，$d_1=101.51\text{mm}$，$d_2=492.33\text{mm}$，法向齿厚 $s_{n1}=9.31\text{mm}$，$s_{n2}=8.72\text{mm}$ 和中心距 $a=300\text{mm}$，根据 DIN 3967，啮合精度和齿厚公差为：小齿轮 6cd27，大齿轮 7cd26，根据 DIN 3964，中心距偏差为 js7。

试确定其理论侧隙 $j_{t\,min}$ 和 $j_{t\,max}$。

▶**解**：首先由 TB21-8c 查取 $m_n=5\text{mm}$ 的许用齿厚变动量：

小齿轮，$d>50\sim150\text{mm}$，6 级精度，$R_{s1}=14\mu m$，

大齿轮，$d>280\sim500\text{mm}$，7 级精度，$R_{s2}=25\mu m$。

然后由 TB21-8a 查取偏差系列为 cd 的小齿轮和大齿轮的齿厚偏差：

$$A_{sne1}=-70\mu m\text{ 和 }A_{sne2}=-130\mu m$$

小齿轮公差系列 27 和大齿轮公差系列 26，由 TB21-8b 查得齿厚公差为

$$T_{sn1}=100\mu m>2R_{s1}=28\mu m$$

$$T_{sn2}=100\mu m>2R_{s2}=50\mu m$$

所以齿厚下偏差为

$$A_{sni1}=-170\mu m\text{ 和 }A_{sni2}=-230\mu m$$

由此得法向齿厚为

小齿轮 $s_{n1\,max}=s_{n1}+A_{sne1}=9.31\text{mm}+(-0.07\text{mm})=9.24\text{mm}$

$s_{n1\,min}=s_{n1}+A_{sni1}=9.31\text{mm}+(-0.17\text{mm})=9.14\text{mm}$

大齿轮 $s_{n2\,max}=s_{n2}+A_{sne2}=8.72\text{mm}+(-0.13\text{mm})=8.59\text{mm}$

$s_{n2\,min}=s_{n2}+A_{sni2}=8.72\text{mm}+(-0.23\text{mm})=8.49\text{mm}$

为了用式（21-58）计算理论侧隙，首先要确定齿厚偏差之和：

$$\Sigma A_{sne}=(-70\mu m)+(-130\mu m)=-200\mu m$$

$$\Sigma A_{sni}=(-170\mu m)+(-230\mu m)=-400\mu m$$

换算成端面值为

$$\Sigma A_{ste}=\Sigma A_{sne}/\cos\beta=-200\mu m/\cos9.8969°=-203\mu m$$

$$\sum A_{sti}=\sum A_{sni}/\cos\beta=-400\mu m/\cos 9.8969°=-406\mu m$$

然后由 TB21-9 查取 $a=300js7$ 的中心距偏差为

$$A_{ae}=+26\mu m,\ A_{ai}=-26\mu m,\ 所以有\ A_{sne1}<A_{ai}\ 和\ A_{sne2}<A_{ai}$$

由式（21-59）得中心距公差所产生的侧隙变动量为

$$\Delta j_{ai}=2A_{ai}\tan\alpha_n/\cos\beta=2\times(-26\mu m)\times\tan 20°/\cos 9.8969°=-19\mu m$$

$$\Delta j_{ae}=2A_{ae}\tan\alpha_n/\cos\beta=2\times(+26\mu m)\times\tan 20°/\cos 9.8969°=+19\mu m$$

由式（21-58）得最小和最大理论侧隙为

$$j_{t\,min}=-\sum A_{ste}+\Delta j_{ai}=-(-203\mu m)+(-19\mu m)=184\mu m$$

和

$$j_{t\,max}=-\sum A_{sti}+\Delta j_{ai}=-(-406\mu m)+(+19\mu m)=425\mu m$$

21.4 初步设计计算

首先要根据经验来选择齿轮副的主要尺寸和参数（齿数比、分度圆直径、模数、齿宽等），或按经验公式近似确定。初步设计工作的根据是设计要求，它包含对齿轮传动的所有要求［例如传动结构形式、连接方式（电动机→传动机→工作机）、主从动轴转速、结构尺寸、传动功率和其他传动和加工参数］。

21.4.1 预选主要尺寸和参数

1. 安装小齿轮的轴径 d_{sh} 根据传动功率，可按图 11-21 近似计算初步设计轴径 d'_{sh}。计算时应考虑载荷输入方式（联轴器、带轮或直接由法兰电动机输入）。只有得到啮合和载荷参数后才能最终确定轴径。

2. 传动比 i、齿数比 u 单级圆柱齿轮传动的传动比或齿数比最大值不应超过 $i=u=6$（8），否则大齿轮轮齿很多，尺寸会过大，而且相对于大齿轮轮齿，小齿轮轮齿磨损剧烈。如果要求传动比较大时，可采取两级或多级传动，其布置方式有展开式和同轴式（根据设计要求来选择）。一般来说，方形结构形式质量轻、成本低。

n 级减速器（各级传动比为 i_1，i_2，$i_3\cdots$）的总传动比或总齿数比为

$$i=i_1 i_2\cdots i_n\ 或\ u=u_1 u_2\cdots u_n \tag{21-62}$$

将式（21-62）中的 $i_1=n_1/n_2$，$i_2=n_2/n_3$ 和 $i_n=n_n/n_{n+1}$ 代入，则传动比为 $i=n_1/n_{n+1}=n_{an}/n_{ab}$，或以 $i_1=z_2/z_1$，$i_2=z_4/z_3$，$i_3=z_6/z_5$ 代入，则 $i=(z_2z_4z_6\cdots)/(z_1z_3z_5\cdots)$。

一般来说，只要没有结构或其他限制要求其进行其他分级，$i\approx35$（最大 45）分为两级，$35<i<150(200)$ 分为三级。各级传动比按 TB21-11 选择。各级传动比应尽可能避免整数，以使不同轮齿之间互相啮合，从而使磨损均匀。

3. 小齿轮齿数 z_1 小齿轮齿数 z_1 越大，齿轮传动越安静。另一方面，当保持直径近似不变时，由于模数较大，小 z_1 能使齿根弯曲强度更大，以及获得较大且不敏感的轮齿尺寸；但是由于切削量更大，从而使加工成本更高；小 $i(u)$ 取较大 z_1 更为有利。当 $z_1<z'_g=14$ 时，会产生根切，必须采取正变位。选取 z_1 时应使与之啮合的 z_2 能尽可能精确地实现给定传动比。特别要注意使 z_1 和 z_2 不能有公约数，以避免产生周期性运转特性（振动、磨损）。小齿轮齿数 z_1 的推荐值见 TB21-13。

4. 齿宽 b 应尽可能使齿宽更大，这样齿廓接触区更宽，从而使接触应力更小。但这就

要求更高的啮合精度，更高的小齿轮扭转刚度及更精确和平行的轴支承，以使齿廓在整个齿宽上均匀接触。小齿轮轮齿应比大齿轮略宽一点，以弥补轴向安装误差。加工和安装误差以及受载后齿轮的位置变化使轮齿不能在整个齿宽上承载。为避免轮齿沿角部折断，轮齿两端应倒角 10°～30°，当 $b>10m$ 时，倒角高度约为 m，当 $b<10m$ 时，约为 $1+0.1m$，同样地也可以将轮齿做成略呈球形，这样可以达到卸载的目的。

根据比值（由 TB21-14 查取，径宽比 ψ_d 和模数齿宽比 ψ_m）来近似计算小齿轮齿宽 b_1：$b_1'=\psi_d d_1$ 和 $b_1''=\psi_m m$，应根据小齿轮支承方式、整个结构的刚度和啮合精度来合理确定 b_1。

5. 螺旋角 β、齿廓螺旋线方向　在选择螺旋角时，应尽量使轴面重合度 $\varepsilon_\beta\approx 1\sim1.2$，这样一方面既保证了运转噪声低，另一方面又不至使附加轴向力太大。选择旋向时，应使附加轴向力由受径向载荷较小的轴承来承担。但要注意，大小齿轮的螺旋角 β 大小相同，旋向相反（一个右旋，另一个左旋）。螺旋角 β 的推荐值为

一般斜齿轮和八字齿轮：$\beta=8°\sim20°$

人字齿轮　　　　　　　$\beta=30°\sim45°$

6. 模数　作为决定齿轮几何尺寸的参数，模数 m 按图 21-20 确定。

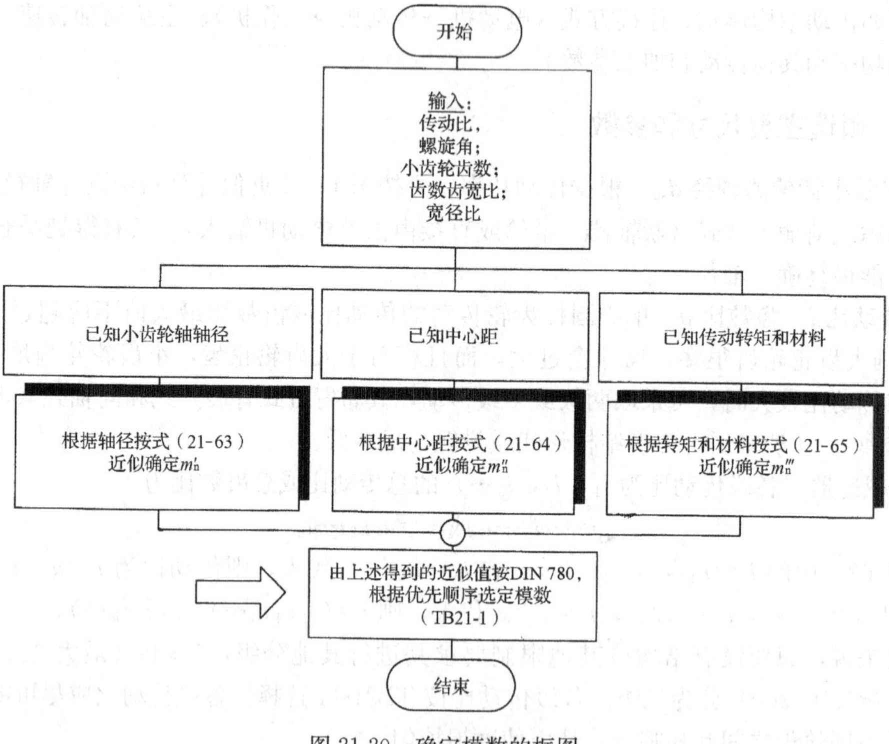

图 21-20　确定模数的框图

a）已知直径 d_{sh}：大多数情况下，小齿轮做成实心轮（图 21-21 的上半部），在受单向小转矩时，小齿轮一般与轴用平键联接。当受交变且较大载荷时，轴毂应采用成形联接（楔形多边形、啮合）或过盈联接。当 $i(u)$ 较大，而且要求结构特别紧凑时，小齿轮与轴做成一体成为齿轮轴（图 21-21 的下半部）。

根据结构的不同，模数按式（21-63）近似确定

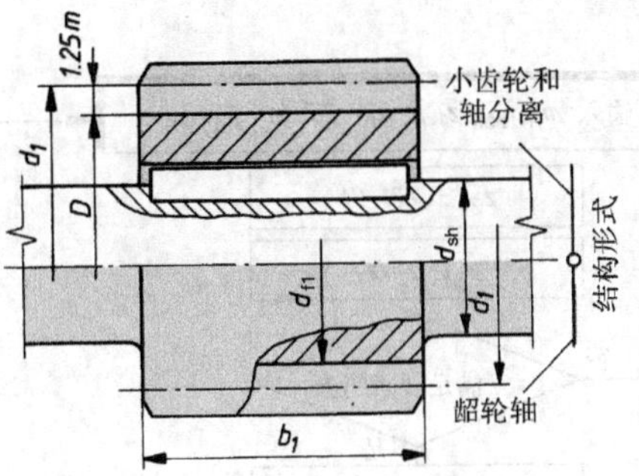

图 21-21　小齿轮结构

小齿轮置于轴上（上半部）和齿轮轴（下半部）

$$\begin{aligned}&\text{小齿轮和轴分离}\quad m_n'\approx\frac{1.8d_{sh}\cos\beta}{(z_1-2.5)}\\&\text{做成齿轮轴}\quad m_n'\approx\frac{1.1d_{sh}\cos\beta}{(z_1-2.5)}\end{aligned}\tag{21-63}$$

b）已知中心距 a：由关系式 $a\approx(m_t/2)(z_1+z_2)$ 和 $i(u)=z_2/z_1$ 及 $m_t=d_1/z_1$，这样就可由所给定的中心距 a 和小齿轮齿数 z_1 近似得到模数为

$$m_n''\approx\frac{2a\cos\beta}{(1+i)z_1}\tag{21-64}$$

在大多数情况下，还应进行修正。

c）已知传动功率和齿轮材料：即已知所要传递的力矩 $T_1=K_A T_{1nenn}$ 和齿轮材料，根据轮齿硬度的不同，圆柱齿轮的模数按式（21-65）近似确定：

$$\begin{aligned}&\text{硬齿面齿轮}\quad m_n'''\approx1.85\sqrt[3]{\frac{T_1\cos^2\beta}{z_1^2\psi_d\sigma_{Flim1}}}\\&\text{软齿面或调质齿轮}\quad m_n'''\approx\frac{95\cos\beta}{z_1}\sqrt[3]{\frac{T_1}{\psi_d\sigma_{Hlim}^2}\frac{u+1}{u}}\end{aligned}\tag{21-65}$$

m_n	T_1	σ_{Flim}，σ_{Hlim}	β	z_1，u
mm	N · mm	N/mm	°	1

式中　ψ_d——径宽比，由 TB21-14a 查取；

$\sigma_{Flim\,1}$——小齿轮材料的齿根弯曲极限，由 TB20-1 和 TB20-2 查取；

σ_{Hlim}——较软材料的齿面接触强度极限，由 TB20-1 和 TB20-2 查取；

u——齿数比，$u=z_2/z_1\geqslant1$。

然后按 DIN 780 查 TB21-1 来暂时确定模数 m_n。如果要满足多种要求（轴径、中心距、功率和材料），则应按优先值来确定；有时可通过改变 z_1、β、ψ_d或材料来使它们之间基本均衡。在进行完承载能力校核后才能最终确定模数。

21.4.2　齿轮几何尺寸和参数设计步骤

图 21-22 给出了压力角 $\alpha=20°$的一级齿轮传动设计的一般设计过程。由此得到的齿轮还应进行承载能力校核。

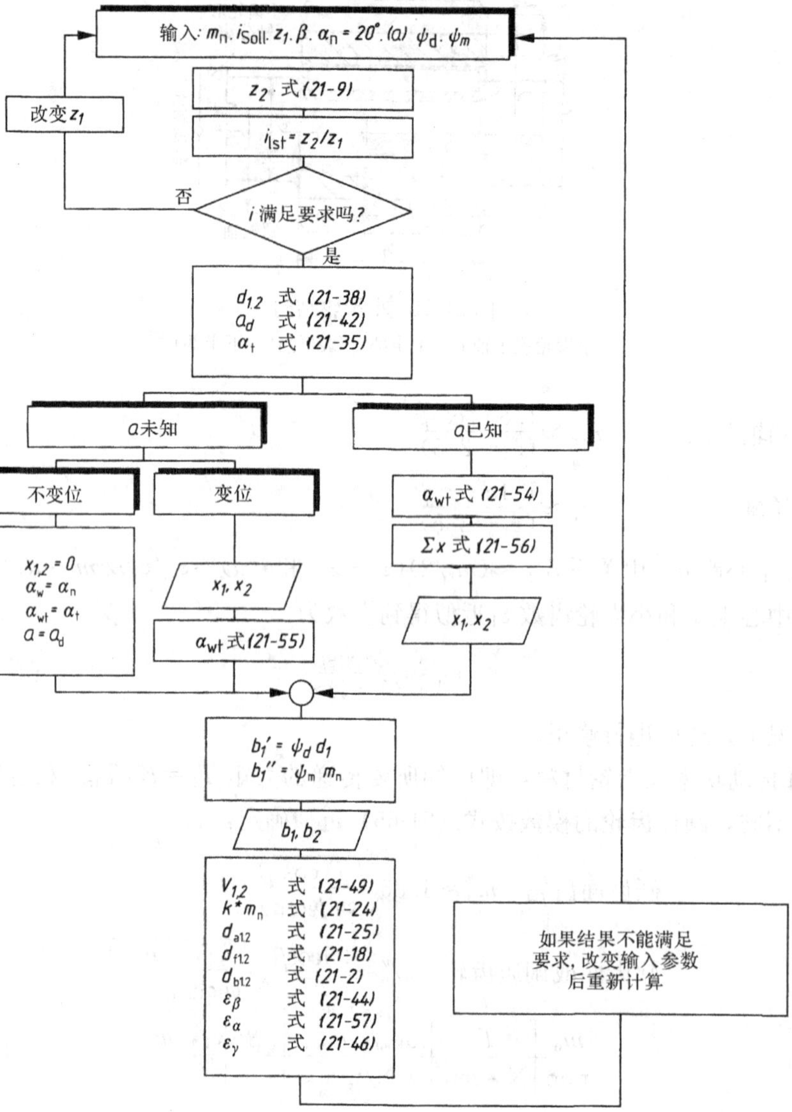

图 21-22　圆柱齿轮几何尺寸和参数设计计算框图

21.5　承载能力校核

21.5.1　齿轮传动的失效形式

齿轮承载极限决定于承载能力。DIN 3979 将决定齿轮承载极限的失效形式主要分为三类：

—轮齿折断，过载时发生于齿根。

—齿面接触疲劳磨损（点蚀），材料疲劳所导致。

—胶合，在压力和滑动速度共同作用下产生。

1. 轮齿折断　一般来说，轮齿折断意味着齿轮传动使用寿命的终结。载荷超过承载能力时，特别是硬齿面齿轮，会产生整个齿或部分齿折断（大多数情况下发生于齿根）。根据断口外观的不同，可判断轮齿折断的原因（过载折断或疲劳折断）。由许用应力决定的承载能力称为齿根承载能力。

2. 齿面接触疲劳磨损　当相互啮合的轮齿之间的接触应力超过所能承受值时，齿廓表面会部分剥落，在啮合次数足够大后，会加深成为点蚀。点蚀是反复受载、卸载导致材料疲劳而产生的，在工作条件不变的情况下，随着工作时间的增大，点蚀越来越多或越来越大，则认为已产生点蚀失效（见图 21-23）。由许用齿面接触应力决定的承载能力称为点蚀承载能力。

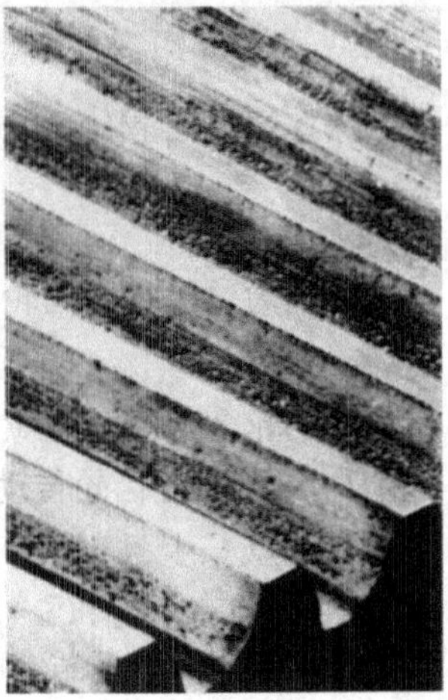

图 21-23　圆柱齿轮齿面点蚀的形成

3. 胶合　在压强和高滑动速度的共同作用下，会导致温度升高（热胶合），而局部高压和低滑动速度（$v<4\text{m/s}$）会导致齿廓之间的润滑膜破裂（冷胶合），两金属面直接摩擦，会使齿廓在局部短时间粘焊在一起。它产生齿高方向的条状沟痕（胶合），且在齿顶和齿根处沟痕最深。当齿面粗糙度过大、侧隙太小、采用润滑剂不当时，均可在相应的压强和滑动速度下导致齿面胶合。特别是对于速度较高的齿轮传动，胶合会导致温度、载荷和噪声升高，最后会因为齿廓严重损坏而断齿。要求具有足够抗胶合安全系数所决定的承载能力称为胶合承载能力。

通过选取合适材料、仔细维护保养和润滑或按规定进行跑合，就能在很大程度上避免胶合，所以齿轮计算一般只作齿根承载能力和点蚀承载能力校核，因为只有已知所有齿轮参数后才能作这些计算。

21.5.2　受力分析

1. 直齿圆柱齿轮传动受力分析　当只有一对轮齿啮合，即主动齿轮 1 的工作齿廓压在从动齿轮 2 的工作齿廓上，齿轮载荷传递处于最不利的情况。齿廓啮合点的受力方向为过节点 C 的齿廓公法线 $n—n$。将齿轮载荷 F_{bn1} 作为集中力作用于齿宽 b 中点。它产生的反作用力 F_{bn2} 作用于从动轮 2 的齿廓上。将齿轮载荷 $F_{bn1,2}$ 沿作用线 $n—n$ 平移到 C 点，并将其分解为切向力和径向力（F_t，F_r）。作为切向力，作用于从动轮 2 上的圆周力 F_{t2} 与其转向相同，而作用于主动轮 1 上的圆周力 F_{t1} 与其转向相反。

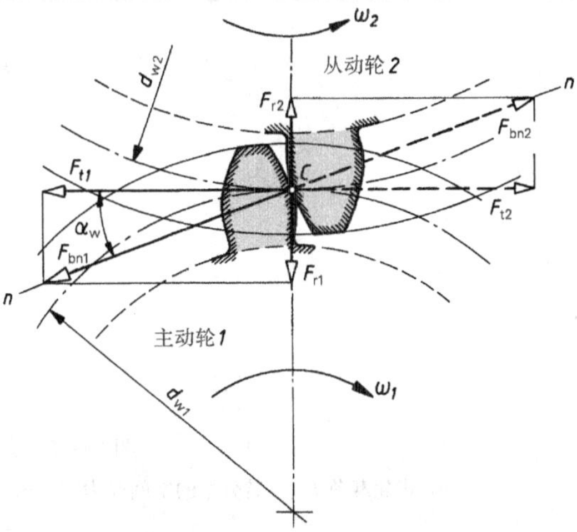

图 21-24　直齿圆柱齿轮传动受力分析

节圆直径为 d_{w1} 和 d_{w2}（标准和等变位齿轮传动 $d_{w1,2}=d_{1,2}$），所以名义转矩为

$$T_1=F_{t1}\frac{d_{w1}}{2}\text{或 }T_2=F_{t2}\frac{d_{w2}}{2}\quad(21\text{-}66)$$

在进行传动初步设计时，已知传动功率 P（kW，不考虑摩擦）和主动轮转速 n_1（r/min）或从动轮转速 n_2 及传动比 $i=\omega_1/\omega_2=n_1/n_2=d_{w2}/d_{w1}\approx T_2/T_1$，就可以由通用关系式 $T=P/\omega$ 得到以转速表达的关系式 $T=9550P/n$（n 的单位为 r/min，P 的单位为 kW），从而求得作用在节圆上的名义圆周力：

$$F_{t1,2}=F_{bn1,2}\cos\alpha_w=\frac{2T_{1,2}}{d_{w1,2}} \tag{21-67}$$

由此得齿轮载荷（法向力，作用于啮合点，垂直于齿廓）为

$$F_{bn1,2}=\frac{F_{t1,2}}{\cos\alpha_w} \tag{21-68}$$

径向力总是指向两轮中心，为

$$F_{r1,2}=F_{t1,2}\tan\alpha_w \tag{21-69}$$

从动轮 2 与主动轮 1 的受力相等，当然在考虑效率 η 后要相应地小一点。

2. 斜齿圆柱齿轮传动受力分析　同直齿圆柱齿轮一样，斜齿轮受力 F_{bn} 也视作集中载荷作用在节点 C 上且垂直于接触线作用于齿宽中点。直齿轮的 F_{bn} 垂直于轴线，而斜齿轮的 F_{bn} 与轴线的交角为 $90°-\beta$，β 为螺旋角。F_{bn} 沿三个互相垂直的方向分解为三个分量：圆周力 F_t、径向力 F_r 和轴向力 F_a（见图 21-25a）。

同直齿圆柱齿轮传动一样，由图 21-25b，有：

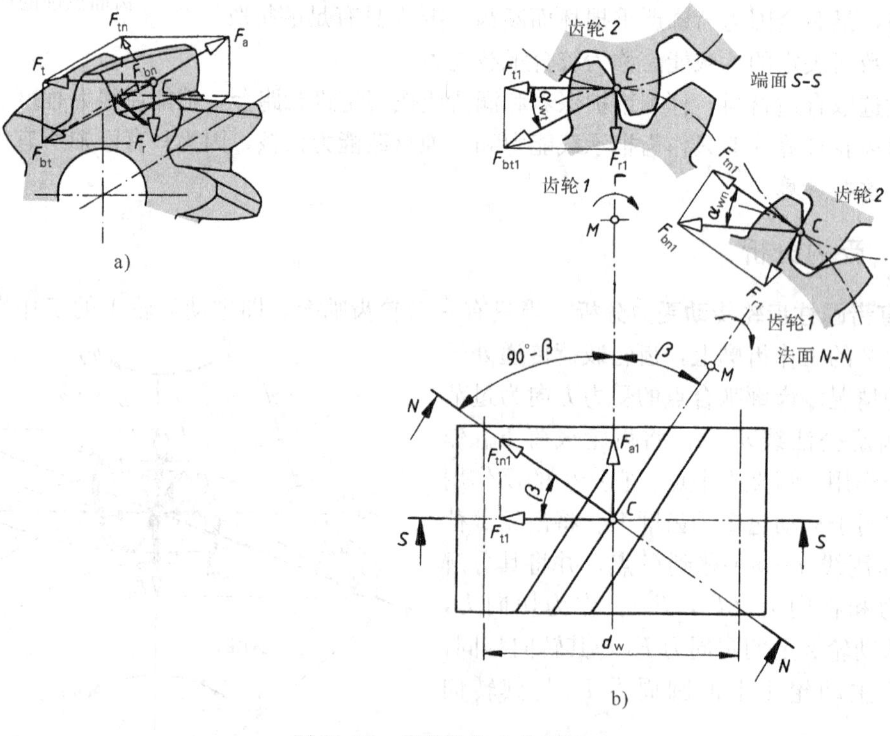

图 21-25　斜齿轮受力分析图

a）齿轮载荷 F_{bn} 及其分量的空间受力图　b）主动轮 1 在端面 S—S 和法面 N—N 上的受力分析

—在端面 S—S 上，作用在主动轮 1 上的圆周力 F_{t1} 与转动方向相反，作用在从动轮 2 上的圆周力 F_{t2} 与其转向相同。

—径向力 F_{r1}、F_{r2} 分别指向齿轮 1 和 2 的中心。

—轴向力 F_{a1}、F_{a2} 的方向决定于法面 N—N 上的圆周力分量 F_{tn1}、F_{tn2} 的方向。

作用于端面节圆柱上的名义圆周力由主动轮 1 和从动轮 2 的名义转矩计算：

$$F_{t1,2}=\frac{2T_{1,2}}{d_{w1,2}} \tag{21-70}$$

由法面 N—N（见图 21-25b）得：$F_{r1,2}=F_{tn1,2}\tan\alpha_{wn}$，由 $F_{tn1,2}=F_{t1,2}/\cos\beta$ 和 $\alpha_w=\alpha_n$，则径向力为

$$F_{r1,2}=\frac{F_{t1,2}\tan\alpha_n}{\cos\beta} \tag{21-71}$$

轴向力为

$$F_{a1,2}=F_{t1,2}\tan\beta \tag{21-72}$$

从动轮 2 与主动轮 1 的受力相等，当然在考虑效率 η 后要相应地小一点。

21.5.3　载荷影响系数

为了能尽可能符合实际地计算啮合所产生的载荷，应计入载荷影响系数，它根据研究结果和工作经验确定。一般将其分为：

a）决定于齿轮几何尺寸和啮合条件的系数。

b）考虑各种影响因素和/或作为互不相关来处理的系数，但是还不能精确地知道它们之间互相影响的程度。

影响系数按 DIN 3990T1 所给的几种方法来确定，在需要时还可将它们分别以下标 A～E 来标识，它们适合于不同的应用领域。方法 A 极少被采用，它要通过精确测量和/或对研究对象进行全面的数学分析后，才能确定影响系数（所有的传动和受载数据必须已知）；方法 B 进行了简化假设，它对每一对齿轮传动构建一个单独的基本质量和弹簧系统，不考虑各级传动之间的相互影响；方法 C 由方法 B 演化而来，并作了进一步的简化（齿轮副运行在临界转速之下，且为钢制实心圆盘等）；方法 D 和方法 E 相对于方法 C 又作了进一步简化和假设，例如不变的分布载荷 350N/mm。在结果不一致的情况下，按从方法 A 至方法 E 的顺序确定结果。

由于在初步设计阶段并不是所有数据均已知，所以在后述的承载能力校核中采用方法 C，因为绝大多数工业传动装置均运行在临界转速之下（即相对转速 $N=n_1/n_{E1}\leqslant 0.85$，式中 n_1 为小齿轮转速，n_{E1} 为共振转速）。只要 $0.01z_1v_t[u^2/(1+u^2)]^{0.5}<10\text{m/s}$（见 DIN 3990 T1，即使 $v_t>10\text{m/s}$）就能满足该要求。各种影响系数在一定程度上是相关的，所以必须按正确的顺序来确定。

使用系数 K_A：用以考虑原动机和工作机（传动装置在它们之间）本身所产生的外部附加载荷，即冲击、转矩波动和尖峰载荷等，应使该值尽可能地与测量值和经验值相吻合。K_A 的粗略近似值见 TB3-5。

动载系数 K_v：用以考虑受载后轮齿、轮体和整个传动装置中传递载荷各零件变形以及齿形与理论齿形误差所产生的内部附加动载荷。如果其他零件具有足够刚度，可将处于啮合状态的轮齿视作刚度不同的弹簧，这样啮合误差就会或多或少地导致较大的振动，从而产生附加载荷。

当处于临界转速之下运转时，动载系数按式（21-73）计算

$$K_v=1+\left(\frac{K_1}{K_A(F_t/b)}+K_2\right)K_3$$

K_v, K_A, $K_{1,2}$	F_t/b	K_3
1	N/mm	m/s

(21-73)

式中 $K_{1,2}$——由 TB21-15 查取的系数；

$K_A(F_t/b)$——每 mm 齿宽承受的线性载荷，当 $K_A(F_t/b)<100\text{N/mm}$ 时，取 $K_A(F_t/b)=100\text{N/mm}$，$F_t$按式（21-67）计算；

K_3——$=0.01z_1v_t\sqrt{u^2/(1+u^2)}\leqslant 10\text{m/s}$，式中 $v_t=d_{w1}\pi n_1$（m/s）和 $u=z_2/z_1\geqslant 1$（当 $K_3\geqslant 10\text{m/s}$ 时按 DIN 3990T1 进行计算）。

齿向载荷分布系数 $K_{H\beta}$和 $K_{F\beta}$：用以考虑沿齿宽载荷分布不均对齿面接触应力的影响（$K_{H\beta}$）或对齿根弯曲应力的影响（$K_{F\beta}$）。它是受载状态下由装配和弹性变形（f_{sh}）以及加工误差（f_{ma}）导致的轮齿接触线误差所引起。$K_{H\beta}$和 $K_{F\beta}$按平均线载荷 F_m/b［见式（21-75）］和 $F_{\beta y}$［由式（21-78）计算］由 TB21-18 近似查取；当然也可按式（21-74）计算：

用于齿面接触强度计算：$K_{H\beta}=1+\dfrac{10F_{\beta y}}{(F_m/b)}$ 当 $K_{H\beta}\leqslant 2$

$$K_{H\beta}=2\sqrt{\frac{10F_{\beta y}}{(F_m/b)}}\text{ 当 }K_{H\beta}>2 \quad (21\text{-}74)$$

用于齿根弯曲强度计算：$K_{F\beta}=K_{H\beta}^{N_F}$

上述公式中所用到的影响系数分别有：

f_{sh}用以考虑变形所产生的接触线误差，对于已知传动，根据经验由 TB21-16a 近似确定。对于新设计直齿和一般斜齿圆柱齿轮传动，在不考虑轴承、箱体、轴和轮体变形的情况下，可用式（21-75）近似计算 f_{sh}：

$$f_{sh}\approx 0.023(F_m/b)[|0.7+K'(ls/d_1^2)(d_1/d_{sh})^4|+0.3](b/d_1)^2$$

f_{sh}	(F_m/b)	d_{sh},d_1,b_1,l,s	K'
μm	N/mm	mm	1

(21-75)

式中 (F_m/b)——$=K_v(K_AF_t/b)$ 为平均线载荷，取 b_1和 b_2中小的值计算，当 $(K_AF_t/b)<100\text{N/mm}$ 时，取 $(K_AF_t/b)=100\text{N/mm}$，$F_t$按式（21-67）计算；

K'——用以考虑小齿轮相对轴承位置的系数，它与 s 和 l 有关，其值由 TB21-16b 查取，当 $s=0$ 时，[]=1；

d_{sh}——小齿轮安装位置处的轴径；

d_1——小齿轮分度圆直径。

f_{ma}用以考虑加工所产生的接触线误差（一对齿轮在几乎不受载情况下啮合时，接触线与理论值的差值），它与齿轮精度和齿宽以及所采取的修形措施（例如鼓形齿）有关，可按式（21-76）计算

$$f_{ma}=cf_{H\beta}\approx 4.16cb^{0.14}q_H$$

f_{ma}, $f_{H\beta}$	c, q_H	b
μm	1	mm

(21-76)

式中 $c=0.5$——用于采取了适应措施的齿轮副，例如鼓形齿，或在很小载荷下进行跑合，调心轴承或进行了相应的接触线角度修形；

$c=1.0$——用于无适应措施的齿轮副；

$f_{H\beta}$——由 TB21-16c 查取的接触线角误差，或取 b_1、b_2的小值由式 $f_{H\beta}\approx 4.16b^{0.14}q_H$

来近似计算，q_H 由 TB21-15 查取。

跑合前的实际接触线误差 $F_{\beta x}$

$$F_{\beta x} \approx f_{ma} + 1.33 f_{sh} \geqslant F_{\beta x\,min} \tag{21-77}$$

式中　$F_{\beta x\,min}$——取 $0.005(F_m/b)$ 和 $0.5f_{H\beta}$ 之间的大值，(F_m/b)，见式（21-75），$f_{H\beta}$ 见式（21-76）。

跑合后该值降低 y_β（由 TB21-17 查取），故跑合后的实际接触线误差为

$$F_{\beta y} = F_{\beta x} - y_\beta \tag{21-78}$$

确定弯曲强度计算的齿向载荷分布系数的指数为

$$N_F = (b/h^2)/[1 + b/h + (b/h)^2] \tag{21-79}$$

式中　(b/h)——宽高比，计算时取 (b_1/h_1) 和 (b_2/h_2) 的小值，当 $(b/h)<3$ 时，取 $(b/h)=3$，当 $(b/h)>12$ 时，$K_{F\beta}=K_{H\beta}$。

齿间载荷分配系数 $K_{F\alpha}$ 和 $K_{H\alpha}$： 用以考虑实际啮合误差，所引起的同时啮合的多对齿之间的载荷分配不均，而对齿根弯曲应力（$K_{F\alpha}$）和齿面接触应力（$K_{H\alpha}$）所产生的影响，初步设计时可由 TB21-19 查取 $K_{F\alpha}$ 和 $K_{H\alpha}$。也可按式（21-80）进行近似计算

$$\text{当 } \varepsilon_\gamma \leqslant 2 \quad K_{H\alpha} = K_{F\alpha} \approx \frac{\varepsilon_\gamma}{2}\left(0.9 + \frac{0.4c_\gamma(f_{pe} - y_\alpha)}{F_{tH}/b}\right) \geqslant 1$$

$$\text{当 } \varepsilon_\gamma > 2 \quad K_{H\alpha} = K_{F\alpha} \approx 0.9 + 0.4\sqrt{\frac{2(\varepsilon_\gamma - 1)}{\varepsilon_\gamma}\,\frac{c_\gamma(f_{pe} - y_\alpha)}{F_{tH}/b}} \tag{21-80}$$

$K_{H\alpha}$，$K_{F\alpha}$，ε_γ	f_{pe}，y_α	F_{tH}	b	c_γ
1	μm	N	mm	N/(mm · μm)

式中　ε_γ——总重合度，$\varepsilon_\gamma = \varepsilon_\alpha + \varepsilon_\beta$；

c_γ——啮合刚度（轮齿刚度）。其近似值为［N/（mm · μm）］：钢和铸钢 $c_\gamma \approx 20$；GJS≈17；GJL≈12；两齿轮材料不一样时取平均值。例如两齿轮材料配对为钢/GJL 时，$c_\gamma \approx 16$N/(mm · μm)；

f_{pe}——齿距误差的最大值，$f_{pe} \approx [4 + 0.315(m_n + 0.25\sqrt{d})]q'_H$；$q'_H$ 由 TB21-19b 查取；

y_α——跑合误差减小量，其值由 TB21-19c 查取；

F_{tH}——危险圆周力，$F_{tH} = F_t K_A K_{H\beta} K_v$。

$K_{H\alpha}$ 的极限条件：如果按式（21-80）得到的 $K_{H\alpha} > \varepsilon_\gamma/(\varepsilon_\alpha Z_\varepsilon^2)$，则取 $K_{H\alpha} = \varepsilon_\gamma/(\varepsilon_\alpha Z_\varepsilon^2)$，如果 $K_{H\alpha} < 1.0$，则取极限值 $K_{H\alpha} = 1$，式中，用于接触强度计算的重合度系数为 $Z_\varepsilon = \sqrt{(4-\varepsilon_\alpha)/3 \times (1-\varepsilon_\beta) + \varepsilon_\beta/\varepsilon_\alpha}$；当 $\varepsilon_\beta > 1$ 时，取 $\varepsilon_\beta = 1$。

$K_{F\alpha}$ 的极限条件：如果按 $K_{F\alpha} > \varepsilon_\gamma/(\varepsilon_\alpha Y_\varepsilon)$，取 $K_{F\alpha} = \varepsilon_\gamma/(\varepsilon_\alpha Y_\varepsilon)$，式中，用于弯曲强度计算的重合度系数为 $Y_\varepsilon = 0.25 + 0.75/\varepsilon_{\alpha n}$，$\varepsilon_{\alpha n} \approx \varepsilon_\alpha/\cos^2\beta$；当 $K_{F\alpha} < 1$ 时，取 $K_{F\alpha} = 1$。

总载荷影响系数：

承载能力计算的总载荷影响系数为

$$\begin{aligned} &\text{齿根承载能力计算：} K_{F\,ges} = K_A K_v K_{F\alpha} K_{F\beta} \\ &\text{点蚀承载能力计算：} K_{H\,ges} = \sqrt{K_A K_v K_{H\alpha} K_{H\beta}} \end{aligned} \tag{21-81}$$

21.5.4　齿根承载能力校核

1. 齿根弯曲应力　当沿啮合线作用的齿轮载荷 F_{bn} 作用在齿顶时，齿根最危险，α_{Fan} 为

压力角（见图21-26），并假设所有载荷由一对齿承担。齿根危险截面为：作与轮齿对称中线成30°并与齿根过渡曲线相切的切线，以两切点BB'之间的弦长s_{Fn}和齿宽b为边长的长方形即为危险截面。

如果将F_{bn}分解为载荷分量F'_t和F'_r，已知F'_r产生压应力σ_d，$F'_t=F_{bn}\cos\alpha_{Fan}$，力臂为$h_{Fan}$，它在齿根处产生弯曲应力$\sigma_b$以及切应力$\tau$。图21-26给出了法向应力$\sigma_b$和$\sigma_d$的分布曲线。研究表明，如果将$\sigma_d$和$\tau$忽略不计的话，相当应力只有很小变化，所以在计算时只考虑纯弯曲应力，这样做法的计算精度已足够满足要求，用下述的修正系数来考虑被忽略的应力、应力集中、多对齿啮合时的载荷分配和斜齿轮接触线增大等因素的影响：

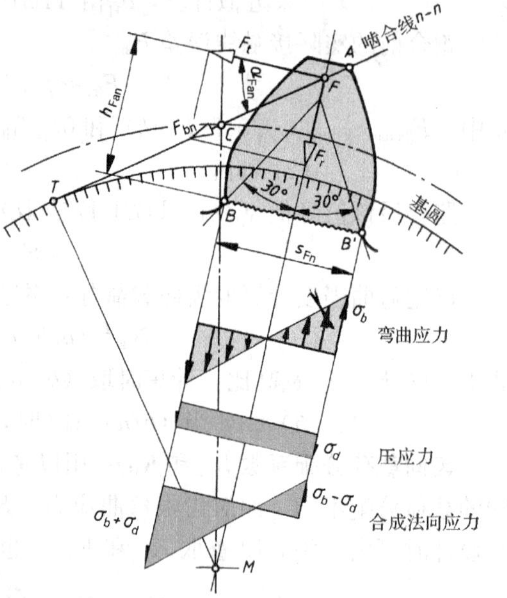

图21-26　载荷作用于齿顶时的齿根法向应力分布

齿形系数Y_{Fa}：由$M=F_{bn}d_b/2=F_td/2$，得弯曲应力为

$$\sigma_b=M/W=(6F_{bn}\cos\alpha_{Fan}h_{Fan})/(bs_{Fn}^2)$$

转换到分度圆上，有

$$\sigma_b=(6F_t\cos\alpha_{Fan}h_{Fan})/(\cos\alpha bs_{Fn}^2)$$

分子分母乘以m，有

$$\sigma_b=F_t/(bm)[6mh_{Fan}\cos\alpha_{Fan}/(s_{Fn}^2\cos\alpha)]=F_t/(bm)Y_{Fa}$$

齿形系数Y_{Fa}用以考虑作用于齿顶的载荷的情况以及齿形对σ_b的影响，它与配对齿轮无关。当采用基本齿廓Ⅱ时，由TB21-20a查取。由于变化很小，可忽略齿顶降低所带来的影响。

应力修正系数Y_{Sa}：用以考虑齿根过渡曲线ρ_F对应力的提高作用（应力集中）以及除弯曲应力外，还作用在齿根上的其他应力的影响（如前所述）。Y_{Sa}只能与Y_{Fa}一起使用。基本齿廓Ⅱ的Y_{Sa}值由TB21-20b查取（其他基本齿廓见DIN 3990 T3）。

重合度系数Y_ε：它按$Y_\varepsilon=0.25+0.75/\varepsilon_{an}$计算（见齿间载荷分配系数$K_{F\alpha}$），用$Y_\varepsilon$将作用在齿顶的载荷换算到起决定作用的载荷作用位置，式中$\varepsilon_{an}=\varepsilon_\alpha/\cos^2\beta<2$（直齿轮$\beta=0°$）。

螺旋角系数Y_β：用以考虑法向上斜齿轮与作为计算基础的直齿轮齿根应力之间的区别，它考虑齿廓的倾斜使接触线变化所产生的影响。Y_β值由TB21-20c查取。

计入上述各影响系数后，即可近似地得到局部齿根应力

$$\sigma_{F0}=\frac{F_t}{bm_n}Y_{Fa}Y_{Sa}Y_\varepsilon Y_\beta \qquad (21\text{-}82)$$

式中　F_t——圆周力，按式（21-70）计算；

b——齿宽，两齿轮齿宽不同时，齿的每一端齿宽差最多为模数m，一般$b_2<b_1$；

m_n——法向模数（见DIN 780，直齿轮$m_n=m$）。

在计入载荷影响系数后，小齿轮1和大齿轮2的齿根应力σ_{F1}和σ_{F2}分别为

$$\begin{aligned}\sigma_{F1}&=\sigma_{F01}K_{F\,ges1}\leqslant\sigma_{FP1}\\ \sigma_{F2}&=\sigma_{F02}K_{F\,ges2}\leqslant\sigma_{FP2}\end{aligned} \qquad (21\text{-}83)$$

式中　σ_{F0}——局部齿根应力，按式（21-82）计算；

K_{Fges}——总载荷影响系数，按式（21-81）计算。

2. 许用齿根应力 σ_{FP}　材料承受弯曲应力的能力是由试验齿轮在脉冲试验台上经试验得到的，有关内容请见 § 20.2。相对于理想试验齿轮，实际齿轮还必须用相应的修正系数来进行修正。

应力修正系数 Y_{ST}：用以考虑在假设具有完全弹性的条件下，标准试验齿轮齿根名义弯曲疲劳极限 σ_{Flim}，与没有应力集中的试样的齿根名义脉动弯曲疲劳极限 σ_{FE} 之间的差别：$\sigma_{FE}=\sigma_{Flim}Y_{ST}$。根据 DIN 3990T1，$Y_{ST}=2$。

寿命系数 Y_{NT}：用以考虑工作在有限寿命区域的齿轮相对于无限疲劳极限 σ_{Flim} 的比值，当循环次数 $N_L>3\times10^6$（工业传动装置），$Y_{NT}=1$；当 $N_L<3\times10^6$ 时，查 TB21-21a。

相对支承系数 $Y_{\delta\,rel\,T}$：用以考虑材料的应力集中敏感性，它是所要计算齿轮的支承系数 Y_δ 与试验齿轮支承系数 $Y_{\delta T}$ 之间的比值，它表示轮齿折断时应力峰值超过疲劳极限的幅度。实际上，不论是齿轮还是试验齿轮在齿根处均有圆角，所以相对影响不大，支承作用为 $Y_{\delta rel\,T}\approx1$，故可忽略不计；$Y_{\delta rel\,T}$ 的值由 TB21-21b 查取。

相对表面系数 $Y_{R\,relT}$：用以考虑齿根圆角处表面质量的影响，它是相对于标准试验齿轮的比值。当齿轮和试验齿轮的加工情况相同时，齿根表面质量的相对影响不大，$Y_{R\,relT}\approx1$，故可常常忽略不计；$Y_{R\,relT}$ 的值由 TB21-21c 查取。

尺寸系数 Y_X：用以考虑模数大小对齿根强度的影响。当 $m<5$mm，$Y_X=1$；当 $m>5$mm，其值由 TB21-21d 查取。

计入各种修正系数后，许用齿根应力为

$$\sigma_{FP}=\frac{\sigma_{Flim}Y_{ST}Y_{NT}}{S_{Fmin}}Y_{\delta\,relT}Y_{R\,relT}Y_X \tag{21-84}$$

或经简化（$Y_{ST}=2$，$Y_{\delta\,rel}=Y_{R\,relT}\approx1$）后，有

$$\sigma_{FP}\approx2\,\frac{\sigma_{Flim}Y_{NT}Y_X}{S_{Fmin}} \tag{21-85}$$

式中　σ_{Flim}——试验齿轮齿根弯曲疲劳极限，由 TB20-1 和 TB20-2 查取；

S_{Fmin}——用于齿根应力的最小安全系数，所有的影响系数越精确，S_{Fmin} 就可以越小。一般取 $S_{Fmin}=(1)\sim1.4\sim1.6$，平均值为 1.5，当损坏危险性很高或损坏后果严重时，$S_{Fmin}>3$。

21.5.5　点蚀承载能力校核

1. 实际接触应力　根据节点接触应力进行点蚀承载能力计算。其基础为两静止圆柱体之间的赫兹接触应力方程（见图 21-27）。

如果两圆柱体的曲率半径为 ρ_1、ρ_2，宽度为 b，承受的法向力为 F，根据赫兹理论，接触区的最大接触应力为

$$\sigma_{Hmax}=\sqrt{\frac{1}{2\pi\,(1-\upsilon^2)}\,\frac{FE}{b\rho}}=\sqrt{0.175\,\frac{FE}{b\rho}} \tag{21-86}$$

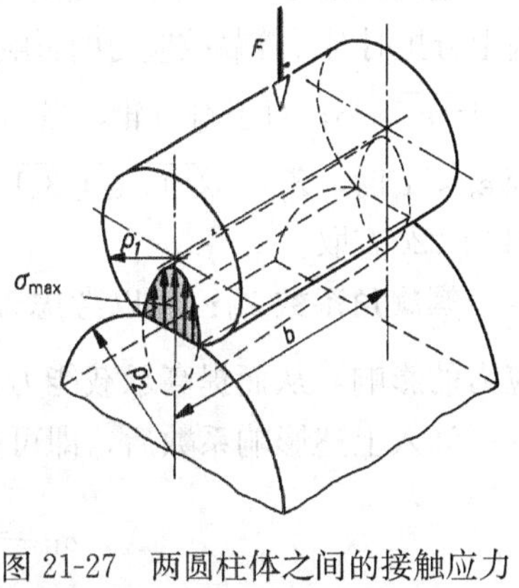

图 21-27　两圆柱体之间的接触应力

式中　ν——泊松比，钢、铸铁、轻金属 $\nu\approx0.3$；

E——综合弹性模量，$E=(2E_1E_2)/(E_1+E_2)$，由 $1/E=0.5(1/E_1+1/E_2)$ 得到；

ρ——综合曲率半径，$\rho=(\rho_1\rho_2)/(\rho_1+\rho_2)$，由 $1/\rho=1/\rho_1+1/\rho_2$ 得到。

如图 21-28 所示，直齿圆柱齿轮在任意啮合点 Y 啮合，其节圆半径为 $r_{w1}=d_{w1}/2$，$r_{w2}=d_{w2}/2$，啮合角 $\alpha_w=(\rho_{y1}+\rho_{y2})/(r_{w1}+r_{w2})$。基圆半径 $r_{b1}=d_{b1}/2$，$r_{b2}=d_{b2}/2$，所以 $\rho_{y1}=r_{b1}\tan\alpha_{y1}$，$\rho_{y2}=r_{b2}\tan\alpha_{y2}=ur_{b1}\tan\alpha_{y2}$，因此

$$\rho_y=(\rho_{y1}\rho_{y2})/(\rho_{y1}+\rho_{y2})=(r_{b1}\tan\alpha_{y1}ur_{b1}\tan\alpha_{y2})/[(u+1)r_{w1}\sin\alpha_w]$$
$$=(ur_{b1}^2\tan\alpha_{y1}\tan\alpha_{y2})/[(u+1)r_{w1}\sin\alpha_w]$$

分度圆半径 $r_1=d_1/2$，节圆半径 $r_{w1}=r_1\cos\alpha\cos\alpha_w$，基圆半径 $r_{b1}=r_1\cos\alpha$，所以有

$$\rho_y=\frac{ur_1^2\cos^2\alpha\tan\alpha_{y1}\tan\alpha_{y2}\cos\alpha_w}{(u+1)r_1\cos\alpha\sin\alpha_w}=\frac{d_1u\cos\alpha\tan\alpha_{y1}\tan\alpha_{y2}}{2(u+1)\tan\alpha_w}$$

将该值代入式（21-86），并取 $F=F_{bn}=F_t/\cos\alpha$，可得任意啮合点 Y 处的接触应力为

$$\sigma_{HY}=\sqrt{0.175\frac{F_1E}{bd_1}\frac{u+1}{u}\frac{2\tan\alpha_w}{\cos^2\alpha\tan\alpha_{y1}\tan\alpha_{y2}}}$$

如果设 $\alpha_{y1}=\alpha_{y2}=\alpha_w$，则得直齿圆柱齿轮节点 C 处的接触应力为

$$\sigma_{HC}=\sqrt{0.175\frac{F_tE}{bd_1}\frac{u+1}{u}\frac{2}{\cos^2\alpha\tan\alpha_w}}$$
$$=\sqrt{\frac{F_t}{bd_1}\frac{u+1}{u}}\cdot\sqrt{\frac{2}{\cos^2\alpha\tan\alpha_w}}\sqrt{0.175E}=\sqrt{\frac{F_t}{bd_1}\frac{u+1}{u}}Z_HZ_E \qquad (21\text{-}87)$$

赫兹公式（21-86）只能近似地得到齿轮的接触应力，因为齿廓各处的曲率半径是变化的，齿廓存在摩擦，而且未考虑其润滑情况。故还必须用考虑这些和其他影响因素的下述修正系数进行修正：

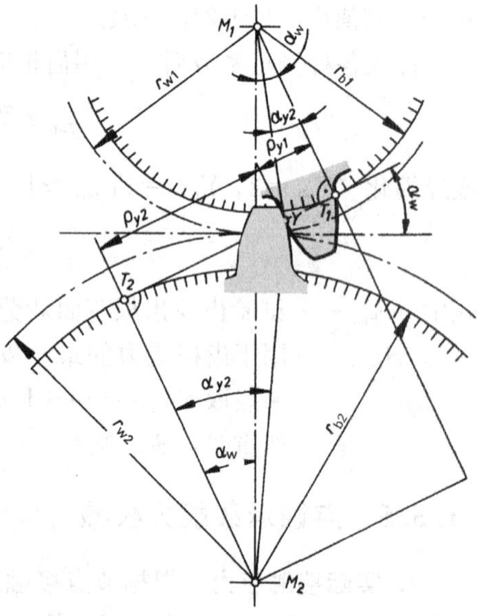

图 21-28　两齿廓在点 Y 的啮合，任意圆半径 ρ_{y1}、ρ_{y2}，压力角 α_{y1} 和 α_{y2}

节点区域系数 Z_H：用以考虑节点处齿廓曲率的影响；$Z_H=\sqrt{2\cos\beta_b/\cos^2\alpha_t\tan\alpha_{wt}}$（对于直齿轮 $\beta_b=0°$，$\alpha_t=\alpha$，$\alpha_{wt}=\alpha_w$），Z_H 值由 TB21-22a 查取。

弹性系数 Z_E：用以考虑小齿轮和大齿轮材料弹性模量对赫兹应力的影响。由 $E=(2E_1E_2)/(E_1+E_2)$ 和 $\nu\approx0.3$［见式（21-86）］，得 $Z_E=\sqrt{0.175E}$。各种配对材料的 Z_E 值由 TB21-22b 查取。

重合度系数 Z_ε：用以考虑载荷在多对同时啮合轮齿上分担时对计算赫兹应力的影响。对于直齿轮，$Z_\varepsilon=\sqrt{(4-\varepsilon_\alpha)/3}$；对于斜齿轮，当 $\varepsilon_\beta\geqslant1$ 时，$Z_\varepsilon=\sqrt{1/\varepsilon_\alpha}$；当 $\varepsilon_\beta<1$ 时，$Z_\varepsilon=\sqrt{(4-\varepsilon_\alpha)/3(1-\varepsilon_\beta)+\varepsilon_\beta/\varepsilon_\alpha}$，$Z_\varepsilon$ 值由 TB21-22c 查取。

螺旋角系数 Z_β：用以考虑螺旋角增大时对接触应力的影响，从而提高承载能力，$Z_\beta=\sqrt{\cos\beta}$。

计入上述影响系数后，即可得圆柱齿轮在节点 C 处的名义接触应力：

$$\sigma_{H0}=\sigma_{HC}Z_\varepsilon Z_\beta=Z_HZ_EZ_\varepsilon Z_\beta\sqrt{\frac{F_t}{bd_1}\frac{u+1}{u}} \qquad (21\text{-}88)$$

式中　F_t——名义圆周力；

b——齿宽，两齿轮齿宽不等时取小值；

d_1——小齿轮分度圆直径；

u——齿数比，$u=z_2/z_1\geqslant 1$ 齿条传动 $u=\infty$，所以其（$u+1$）/$u=1$。

计入式（21-81）得到的载荷影响系数后，两齿轮节圆处的实际接触应力为

$$\sigma_H=\sigma_{H0}K_{H\ ges}\leqslant\sigma_{HP} \tag{21-89}$$

2. 许用接触应力 σ_{HP}　一般来说，齿轮的实际条件与得到疲劳极限 σ_{Hlim} 的条件不一样，所以还必须用相应的修正系数进行修正。

润滑剂系数 Z_L： 对于矿物油，根据公称粘度 ν（50°或 40°）或由 TB21-23a 查取（不推荐用于对 ν 的选择！）。当 $850N/mm^2\leqslant\sigma_{Hlim}\leqslant 1200N/mm^2$ 时，$C_{ZL}=\sigma_{Hlim}/4375+0.6357$，当 $\sigma_{Hlim}<850N/mm^2$ 时，$C_{ZL}=0.83$，当 $\sigma_{Hlim}>1200N/mm^2$，$C_{ZL}=0.91$。$Z_L\approx C_{ZL}+[4(1-C_{ZL})]/(1.2+134/\nu_{40})^2$。

速度系数 Z_v： 用于考虑圆周速度对齿面承载能力的影响。其值由 TB21-23b 查取。$Z_v\approx C_{Zv}+[2(1-C_{Zv})]/\sqrt{(0.8+32/v)}$，式中 $C_{Zv}=C_{ZL}+0.02$，v 的单位为 m/s。

粗糙度系数 Z_R： 用于考虑齿廓表面质量对点蚀承载能力的影响，它与相对于中心距为 100mm 的相对粗糙度有关。其值由 TB21-23c 查取。$Z_R\approx(3/Rz_{100})^{C^{ZR}}$，式中 $Rz_{100}=0.5(Rz_1+Rz_2)(100/a)^{1/3}>4\mu m$，$a$ 为中心距（mm），当 $850N/mm^2\leqslant\sigma_{Hlim}\leqslant 1200N/mm^2$ 时，$C_{ZR}=0.32-0.0002\sigma_{Hlim}$，当 $\sigma_{Hlim}<850N/mm^2$ 时，$C_{ZR}=0.15$，当 $\sigma_{Hlim}>1200N/mm^2$，$C_{ZR}=0.08$。当已知平均粗糙度 Ra 时，近似计算 Z_R，可取 $Rz\approx 6Ra$。

寿命系数 Z_{NT}： 用于考虑当传动装置只要求实现有限寿命时，对许用接触应力的提高。如果没有试验数据可用，可近似地由 TB21-23d 查取 Z_{NT}。在这种情况下有 $Z_v=Z_L=Z_R=Z_W=Z_X\approx 1$。

配对材料系数 Z_W： 用于考虑当一个结构钢、调质钢或 GJS 大齿轮与一个硬齿面且齿廓光滑 $Rz\leqslant 6\mu m$ 的小齿轮配对时，齿面接触强度的增值。$Z_W=1.2-(HB-130)/1700$。当 HB<130 时，取 $Z_W=1.2$，当 HB>470 时，取 $Z_W=1$；Z_W 值由 TB21-23e 查取。

尺寸系数 Z_X： 用于考虑齿轮尺寸的影响。对于表面硬化钢或渗氮钢，当 $m>10mm$ 或 $m>8mm$，其近似值由 TB21-21d 查取（虚线）。

提示： Z_L、Z_v、Z_R 总是决定于配对齿轮中较软的材料。对于工业传动装置，滚齿、刨齿或插齿加工的齿轮，$Z_LZ_vZ_R=0.85$；齿轮啮合后又进行磨齿和剃齿，且 $Rz_{100}>4\mu m$ 时，$Z_LZ_vZ_R=0.92$；磨齿或剃齿，且 $Rz_{100}\leqslant 4\mu m$ 时，$Z_LZ_vZ_R=1$。

计入上述修正系数后，许用接触应力（应分别得到小齿轮和大齿轮的值）为

$$\sigma_{HP}=\frac{\sigma_{Hlim}Z_{NT}}{S_{Hmin}}(Z_LZ_vZ_R)Z_WZ_X \tag{21-90}$$

式中　σ_{Hlim}——给定材料持续承受接触应力的疲劳极限值，循环次数 $N_L\geqslant 5\times 10^7$，常用材料的 σ_{Hlim} 由 TB20-1 和 TB20-2 查取；

S_{Hmin}——点蚀承载能力计算所需最小安全系数，一般取 $S_{Hmin}\approx(1)\sim 1.3$，破坏危险性大或损坏后果严重的，取 $S_{Hmin}\geqslant 1.6$。

21.5.6　计算示例（承载能力校核）

■**例 21-7：** 一与螺旋桨轴连在一起的单级直齿轮减速器与一双缸内燃机刚性连在一起，作为初步设计，

已知：

$m=7mm$，基本齿廓 DIN 867（$\alpha=20°$），$a=307mm$，$\varepsilon_\alpha\approx1.4$，齿轮精度7级，轮齿磨削，$Rz=4\mu m$，（小齿轮和大齿轮）材料为 42CrMo4，感应淬火（包括齿根），55HRC，$\sigma_{Flim}=300N/mm^2$ 和 $\sigma_{Hlim}=1200N/mm^2$。

小齿轮：$z_1=15$，$d_1=105mm$，$d_{b1}=98.668mm$，$d_{w1}=107.093mm$，$d_{a1}=121.154mm$，$x_1=0.5$，$b_1=46mm$；

大齿轮：$z_1=71$，$d_2=497mm$，$d_{b2}=467.027mm$，$d_{w2}=506.907mm$，$d_{a2}=516.006mm$，$x_2=0.418mm$，$b_2=44mm$。

名义转矩 $T_1=750N\cdot m$。根据制造商的要求，为了考虑转矩波动和冲击，选取使用系数和动载荷系数 $K_A K_v\approx1.4$。

试确定：

a）齿根承载能力，循环次数 $N_L\approx3\times10^6$，$S_{Flim}=1.5$。

b）点蚀承载能力，循环次数 $N_L\approx3\times10^6$，$S_{Flim}=1.2$。

▶**解 a)**：$d_{w1}=107.093mm$ 和 $T_1=750\times10^3N\cdot mm$，由式（21-67）得名义圆周力 $F_t=14006N$。

由于不知道减速器的其他尺寸，根据经验由 TB21-16a 查取变形接触线误差 f_{sh}，对于 $b_{min}=b_2=44mm$，$F_t/b_2\approx318N/mm$，且 $b>40\sim100mm$，齿轮精度7级，$f_{sh}=8\mu m$。该精度等级的加工误差为

$$f_{ma}=4.16cb^{0.14}q_H=1\times4.16\times44^{0.14}\times1.85\approx13\mu m$$

所以跑合前的实际接触线误差按式（21-77）计算

$$F_{\beta x}=f_{ma}+1.33f_{sh}=13+1.33\times8\approx23.7\mu m$$

当材料为 IF 时，由 TB21-17 可得跑合量为 $y_\beta=0.15F_{\beta x}=3.6\mu m$，所以跑合后的实际接触线误差为

$$F_{\beta y}=F_{\beta x}-y_\beta=23.7\mu m-3.6\mu m\approx20\mu m$$

$F_m/b_2=(K_A K_V)F_t/b_2=1.4\times14006N/44mm\approx446N/mm$，由式（21-74）可得齿向载荷分布系数 $K_{H\beta}\approx1.45$（用于点蚀承载能力计算）和 $K_{F\beta}\approx1.3$（用于齿根承载能力计算）。对于7级齿轮精度，硬齿面，可得齿间载荷分配系数 $K_{F\alpha}=K_{H\alpha}=1$。由式（21-81）得用于齿根应力计算和齿面接触应力计算的总载荷系数分别为

$$K_{Fges}=K_A K_v K_{F\alpha} K_{F\beta}=(1.4)\times1\times1.3\approx1.82$$

$$K_{Hges}=\sqrt{K_A K_v K_{H\alpha} K_{H\beta}}=\sqrt{(1.4)\times1\times1.45}\approx1.43$$

由式（21-82）得局部齿根应力为

小齿轮：$$\sigma_{F01}=F_t/(b_1 m_n)Y_{Fa1}Y_{Sa1}Y_\varepsilon=\ldots\approx150N/mm^2$$

式中，$Y_{Fa1}\approx2.32$（TB21-20a），$Y_{Sa1}\approx1.99$（TB21-20b），$Y_\varepsilon=0.25+0.75/\varepsilon_{an}=0.25+0.75/1.38\approx0.79$ [如式（21-82）之前所述]。

大齿轮：$$\sigma_{F02}=F_t/(b_1 m_n)Y_{Fa2}Y_{Sa2}Y_\varepsilon=\ldots\approx158N/mm^2$$

式中，$Y_{Fa2}\approx2.12$（TB21-20a），$Y_{Sa2}\approx2.08$（TB21-20b），$Y_\varepsilon=0.25+0.75/\varepsilon_{an}=0.25+0.75/1.38\approx0.79$（同上）。

考虑载荷影响系数后，由式（21-83）得齿根应力为

小齿轮：$$\sigma_{F1}=\sigma_{F01}K_{K\,ges}=150N/mm^2\times1.82\approx273N/mm^2$$

大齿轮：$$\sigma_{F2}=\sigma_{F02}K_{K\,ges}=158N/mm^2\times1.82\approx285N/mm^2$$

由式（21-85）得许用齿根应力为

小齿轮：$$\sigma_{FP1}=\sigma_{F\,lim\,1}Y_{ST}Y_{NT1}Y_{\delta\,relT1}Y_{R\,relT1}Y_X/S_{Fmin}=\ldots\approx425N/mm^2$$

式中，$\sigma_{Flim1}=300N/mm^2$，$Y_{ST}=2$，$Y_{NT1}=1$（TB21-21a），$Y_{\delta\,relT1}=1.02$（TB21-21b），$Y_{R\,relT}=1.05$（TB21-21c），$Y_X=1$（TB21-21d），$S_{Fmin}=1.5$ [见式（21-85）]。

大齿轮：$$\sigma_{FP1}=\sigma_{FP2}=425N/mm^2，因为材料相同。$$

结果：根据上述齿根承载能力计算，知所选材料调质钢 42CrMo4，感应淬火，55HRC，小齿轮 $\sigma_{F1}=273N/mm^2<\sigma_{FP}=425N/mm^2$，大齿轮 $\sigma_{F2}=285N/mm^2<\sigma_{FP}=425N/mm^2$。

▶解 b)：由式（21-88）得节点 C 处的名义齿面接触应力为

$$\sigma_{H0}=Z_H Z_E Z_\varepsilon \sqrt{F_t/(b_2 d_1)(u+1)/u}=\ldots\approx 785\text{N/mm}^2$$

式中，$Z_H=2.32$ [TB21-22a，$\beta=0°$，$(x_1+x_2)/(z_1+z_2)=0.01067$]，$Z_E=189.9\sqrt{\text{N/mm}^2}$（TB21-22b，钢对钢），$Z_\varepsilon=0.93$（TB21-22c，$\varepsilon_\alpha\approx 1.4$），$F_t=14006\text{N}$，$b_2=44\text{mm}$，$d_1=105\text{mm}$，$u=i=4.733$。

由式（21-89）得小齿轮和大齿轮的齿面接触应力为

$$\sigma_H=\sigma_{H0}K_{H\,ges}=785\text{N/mm}^2\times 1.425\approx 1128\text{N/mm}^2$$

由式（21-90）得许用接触应力为

$$\sigma_{HP}=\sigma_{Hlim}Z_{NT}(Z_L Z_v Z_R)Z_W Z_X=\ldots\approx 1230\text{N/mm}^2$$

式中，$\sigma_{Hlim}=1200\text{N/mm}^2$，$Z_{NT}=1.23$（TB21-23d），$(Z_L Z_v Z_R)=1$（TB21-23a、b、c），$Z_W=1$（TB21-23e），$Z_X=1$（TB21-23d），$S_{Hmin}\approx 1.2$。

结果：所选材料的接触应力为

$$\sigma_H=1128\text{N/mm}^2<\sigma_{HP}=1230\text{N/mm}^2$$

该传动在循环次数 $N_L=3\times 10^6$ 下是安全的。

■例 21-8：一对渗碳处理的斜齿圆柱齿轮，磨齿（$Rz=4\mu\text{m}$），相对于轴承对称布置，名义传动功率 $P=22\text{kW}$，原动机匀速转动，$n_1=1400\text{r/min}$，工作机有中等冲击，循环次数 $N_L=5\times 10^6$。试校核：

a）齿根折断安全性。

b）点蚀安全性。

根据 DIN 3966 T1，从图样上已知：$m_n=2\text{mm}$，基本齿廓 DIN 867（$\alpha=20°$），$\beta=24°$，$a=74\text{mm}$，$\varepsilon_\alpha=1.42$，$\varepsilon_\beta=1.07$，$\varepsilon_\gamma=2.49$，6 级齿轮精度，材料（小齿轮和大齿轮）16MnCr5，渗碳处理，60HRC，磨齿，$\sigma_{Flim}=450\text{N/mm}^2$ 和 $\sigma_{Hlim}=1450\text{N/mm}^2$；

小齿轮：$z_1=33$，$d_1=72.246\text{mm}$，$d_{b1}=67.115\text{mm}$，$d_{w1}=72.895\text{mm}$，$d_{a1}=76.890\text{mm}$，$x_1=0.17\text{mm}$，$b_1=17.5\text{mm}$。

大齿轮：$z_2=34$，$d_2=74.435\text{mm}$，$d_{b2}=69.149\text{mm}$，$d_{w2}=75.104\text{mm}$，$d_{a2}=79.073\text{mm}$，$x_2=0.169\text{mm}$，$b_2=16.5\text{mm}$。

▶解 a)：由名义功率 $P=22\text{kW}$ 和转速 $n_1=1400\text{r/min}$，得名义转矩

$$T_1=9550P/n_1=9550\times 22/1400=150\text{N}\cdot\text{m}$$

由此得名义圆周力：

$$F_{t1}=T_1/(d_{w1}/2)=150\times 10^3\text{N}\cdot\text{mm}/(72.895\text{mm}/2)=4116\text{N}$$

按 § 21.5.3 所述确定载荷影响系数：对于本例工作条件，由 TB3-5 查得使用系数 $K_A=1.25$。由式（21-73）得动载系数为

$$K_v=1+[K_1/(K_A(K_t/b))+K_2]K_3=\ldots\approx 1.05$$

式中，$K_1=8.5$，$K_2=0.0087$（两者均由 TB21-15 查取），$K_3\approx 1.265\text{m/s}$ [$v_t\approx 5.34\text{m/s}$，见式（21-73）]，$K_A=1.25$，$F_t=4116\text{N}$，$b=16.5\text{mm}$。

变形产生的接触线误差按式（21-75）计算，当 $s=0$ 时（方括号中的值为 1，因为对称布置），所以该式简化为

$$f_{sh}\approx 0.023(F_m/b)(b/d_1)^2=\ldots\approx 0.4\mu\text{m}$$

式中，$F_m/b=K_v K_A F_t/b=1.05\times 1.25\times 4116\text{N}/16.5\text{mm}\approx 327.41\text{N/mm}$，$(b/d_1)^2=(16.5\text{mm}/72.246\text{mm})^2\approx 0.052$

6 级精度的制造误差按式（21-76）计算

$$f_{ma}=4.16\times b^{0.14}q_H=4.16\times 16.5^{0.14}\times 1.32\approx 8\mu\text{m}$$

式中，$q_H=1.32$（TB21-15）。由此可按式（21-77）计算跑合前的实际接触线误差

$$F_{\beta x}=f_{ma}+1.33f_{sh}=8+1.33\times 0.4\approx 8.66\mu\text{m}$$

由 TB21-17 可查得材料 IF 的跑合量为 $y_\beta=0.15F_{\beta x}=1.3\mu\text{m}$，由此得跑合后的实际接触线误差为

$$F_{\beta y}=F_{\beta x}-y_{\beta}=8.66\mu m-1.3\mu m\approx 7.4\mu m$$

$F_m/b_2=K_A K_v F_t/b_2=1.25\times 1.05\times 4116N/16.5mm\approx 327N/mm$，由式（21-74）可得齿向载荷分布系数 $K_{H\beta}\approx 1.22$（用于点蚀承载能力计算）和 $K_{F\beta}\approx 1.16$（用于齿根承载能力计算）。根据 TB21-19a，6 级精度，硬齿面，齿间载荷分配系数 $K_{F\alpha}=K_{H\alpha}=1$。由式（21-81）得齿根弯曲应力和齿面接触应力的总载荷影响系数为

$$K_{F\,ges}=K_A K_v K_{F\alpha} K_{F\beta}=1.25\times 1.05\times 1\times 1.16\approx 1.53$$

$$K_{H\,ges}=\sqrt{K_A K_v K_{H\alpha} K_{F\beta}}=\sqrt{1.25\times 1.05\times 1\times 1.22}\approx 1.27$$

由式（21-82）得局部齿根应力分别为

小齿轮：$\sigma_{F01}=F_t/(b_1 m_n)Y_{Fa1}Y_{Sa1}Y_{\varepsilon}=\ldots\approx 272N/mm^2$

式中，$Y_{Fa1}\approx 2.3$(TB21-20a，$z_{n1}=43.3$)，$Y_{Sa1}\approx 1.85$(TB21-20b)，$Y_{\varepsilon}\approx 0.25+0.75/\varepsilon_{an}=0.25+0.75/1.66\approx 0.69$ [如式（21-82）之前所述]。

大齿轮：$\sigma_{F02}=F_t/(b_2 m_n)Y_{Fa2}Y_{Sa2}Y_{\varepsilon}=\ldots\approx 290N/mm^2$

式中，$Y_{Fa2}\approx 2.29$(TB21-20a，$z_{n2}=44.6$)，$Y_{Sa2}\approx 1.87$(TB21-20b)，$Y_{\varepsilon}\approx 0.69$。

考虑载荷影响系数后，由式（21-83）得齿根应力为

小齿轮：$\sigma_{F1}=\sigma_{F01}K_{F\,ges}=272N/mm^2\times 1.53\approx 416N/mm^2$

大齿轮：$\sigma_{F2}=\sigma_{F02}K_{F\,ges}=290N/mm^2\times 1.53\approx 444N/mm^2$

许用齿根应力由式（21-84）计算

小齿轮：$\sigma_{FP1}=\sigma_{Flim1}Y_{ST}Y_{NT1}Y_{\delta\,relT1}Y_{R\,relT1}Y_X/S_{Fmin}=\ldots\approx 618N/mm^2$

式中，$\sigma_{Flim1}=450N/mm^2$，$Y_{ST}=2$，$Y_{NT1}=1$（TB21-21a），$Y_{\delta\,relT1}=1$（TB21-21b），$Y_{R\,relT1}=1.03$（TB21-21c），$Y_X=1$（TB21-21d），$S_{Fmin}=1.5$ [见式（21-85)]。

大齿轮：$\sigma_{FP1}=\sigma_{FP2}=618N/mm^2$(因为材料相同)

结果：根据齿根承载能力计算可知，对于所选调质钢 16MnCr5，感应淬火，60HRC，小齿轮 $\sigma_{F1}=416N/mm^2<\sigma_{FP}=618N/mm^2$ 和大齿轮 $\sigma_{F2}=444N/mm^2<\sigma_{FP}=618N/mm^2$。

▶**解 b)**：由式（21-88）得节点 C 处的名义齿面接触应力为

$$\sigma_{H0}=Z_H Z_E Z_{\varepsilon}\sqrt{F_t/(b_2 d_1)(u+1)/u}=\ldots\approx 884N/mm^2$$

式中，$Z_H=2.25$ [TB21-22a，$\beta=24°$ 和（x_1+x_2）/（z_1+z_2）$=0.005052$]，$Z_E=189.8\sqrt{N/mm^2}$（TB21-22b，钢对钢），$Z_{\varepsilon}=0.83$（TB21-22c，$\varepsilon_{\alpha}\approx 1.42$），$F_t=4117N$，$b=16.5mm$，$d_1=72.246mm$，$u=i=1.0303$。

由式（21-89）得大小齿轮的齿面接触应力为

$$\sigma_H=\sigma_{H0}K_{H\,ges}=884N/mm^2\times 1.27\approx 1122N/mm^2$$

由式（21-90）得许用齿面接触应力为

$$\sigma_{HP}=\sigma_{Hlim}Z_{NT}(Z_L Z_v Z_R)Z_W Z_X/S_{Hmin}=\ldots\approx 1350N/mm^2$$

式中，$\sigma_{Hlim}=1450N/mm^2$，$Z_{NT}=1.2$（TB21-23d），$Z_L=1$，$Z_v=0.97$，$Z_R=0.96$（TB21-23a、b、c），$Z_W=1$（TB21-23e），$Z_X=1$（TB21-23d），$S_{Hmin}\approx 1.2$。

结果：对于所选材料，其接触应力为

$$\sigma_H=1122N/mm^2<\sigma_{HP}=1350N/mm^2$$

故该传动对于 $N_L=3\times 10^6$ 循环次数是安全的。

第 22 章　锥齿轮及其传动

22.1　基本类型、功能和用途

锥齿轮的轮齿分为直齿、斜齿和曲齿，用于传递两相交轴或两交错轴之间的旋转运动和转矩，属于滚动机构，见图 20-5 和图 22-1。

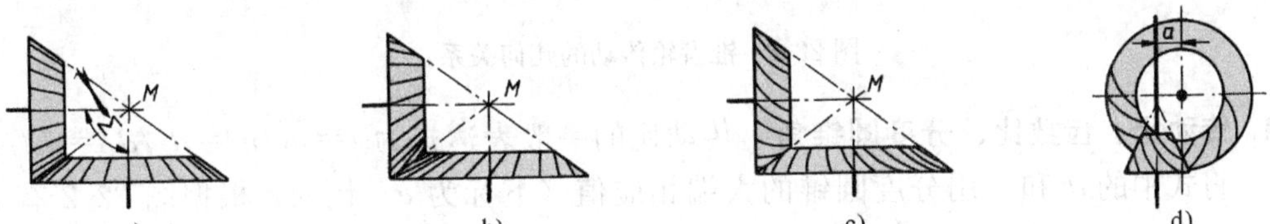

图 22-1　锥齿轮传动的基本类型

a）直齿　b）斜齿　c）曲齿　d）交错轴传动

正常情况下，两轴相交于一点（M），轴交角为任意角度 Σ，但大多数为 $\Sigma=90°$。两轴交错的锥齿轮传动（准双曲面传动），小齿轮轴与大齿轮轴的距离为 a；见图 20-6b，22-1d。

直齿锥齿轮传动主要用于低速传动，例如手动起重装置、防护卷扬机、升降绞车或用于一般用途情况下的小功率传动（一般 $v_t \leqslant 6\text{m/s}$，磨齿可达 $v_t \leqslant 20\text{m/s}$）。

斜齿锥齿轮传动由于其重合度大，比直齿锥齿轮运转平稳，噪声小。它用于功率和转速更高的场合，例如作为通用传动装置，在多级锥齿轮传动中用作高速级，也用于机床传动装置中（铣齿或滚齿 $v_t \leqslant 40\text{m/s}$，磨齿 $v_t \leqslant 60\text{m/s}$，特殊情况下 $v_t \leqslant 100\text{m/s}$）。

曲线齿锥齿轮传动主要用于对运行噪声和齿根承载能力有特别高要求的场合。由于其齿廓的几何形状，曲线齿锥齿轮只有一部分齿宽承载且对轴之间的位置误差不敏感。它用于大功率传动装置和车辆的差速器中（$v_t \leqslant 30\text{m/s}$，磨齿可达 $v_t \leqslant 60\text{m/s}$）。

锥齿轮传动对加工、安装（齿轮位置的调整）和支承的要求很高，因为运转噪声和寿命与它们有很大关系。曲线齿锥齿轮的计算和设计请参考机械制造商的有关资料。

22.2　锥齿轮几何学

22.2.1　直齿锥齿轮

两个锥齿轮的运动可用两个分度圆锥的滚动来代替，分度圆锥的锥顶一般交于轴交点 M，见图 22-2。锥距为 R_e。锥顶为 O_1 和 O_2，母线垂直于分度圆锥母线的圆锥称为辅助圆锥或背锥。轮齿的尺寸（齿距、齿高等）与该圆锥有关。轴线与分度圆锥母线之间的夹角称为分度圆锥角 δ_1 和 δ_2。轴交角为

$$\Sigma=\delta_1+\delta_2 \tag{22-1}$$

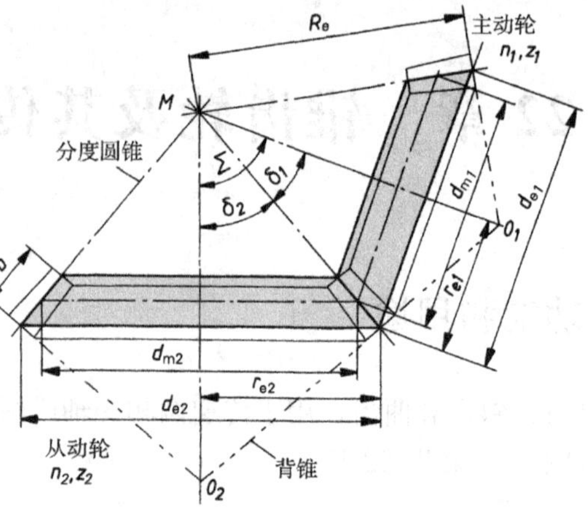

图 22-2　锥齿轮传动的几何关系

1. 传动比、齿数比、分度圆锥角　传动比的一般表达式为 $i=n_1/n_2=d_2/d_1=r_2/r_1=z_2/z_1$。将式中的 d 和 r 用分度圆锥的大端相应值（下标为 e）代入，根据图 22-2 有 $i=d_{e2}/d_{e1}=r_{e2}/r_{e1}$；同样地，$\sin\delta_1=r_{e1}/R_e$，$\sin\delta_2=r_{e2}/R_e$。将两式相除，得 $\sin\delta_2/\sin\delta_1=r_{e2}/r_{e1}$，所以传动比为

$$i=\frac{n_1}{n_2}=\frac{d_2}{d_1}=\frac{r_2}{r_1}=\frac{z_2}{z_1}=\frac{\sin\delta_2}{\sin\delta_1} \tag{22-2}$$

即齿数比为

$$u=\frac{z_{大齿轮}}{z_{小齿轮}}\geqslant 1 \tag{22-3}$$

由关系式 $\Sigma=\delta_1+\delta_2$ 和 $u=\sin\delta_2/\sin\delta_1\geqslant 1$，得到当轴交角为任意 $\Sigma\leqslant 90°$ 时的主动轮的分度圆锥角

$$\tan\delta_1=\frac{\sin\Sigma}{u+\cos\Sigma} \tag{22-4}$$

和当 $\Sigma>90°$ 时的主动轮的分度圆锥角

$$\tan\delta_1=\frac{\sin(180°-\Sigma)}{u-\cos(180°-\Sigma)} \tag{22-5}$$

当轴交角 $\Sigma=\delta_1+\delta_2=90°$ 时，主动小齿轮和从动大齿轮的分度圆锥角分别为 $\tan\delta_1=1/u$ 和 $\tan\delta_2=u$。

2. 齿轮主要尺寸　根据 DIN 3971，锥齿轮的公称尺寸决定于分度圆锥和基准冠状齿轮，有时还决定于变位。如图 22-3a 所示，基准冠状齿轮是一个锥齿轮，它可取代所要研究的锥齿轮与配对齿轮的啮合。

类似于圆柱齿轮与齿条传动，它构成了锥齿轮的加工基础，它的基本参数和尺寸有：冠状齿轮齿数 z_P，模数 m_P，基本齿廓，冠状齿轮分度平面、齿顶和齿根锥面尺寸。锥齿轮常用的基本齿廓与 DIN 867 规定的圆柱齿轮基本齿廓一样（见图 20-14），只要没有进行变位的话，DIN 867 规定的齿廓中线位于冠状齿轮分度平面上，见图 22-3b。

图 22-4 所示的齿轮尺寸以分度圆锥的大端值（下标 e）为标准，因为该处齿形与假想的当量圆柱齿轮（下标 v）基本相同，当量齿轮分度圆半径为 $r_{v1}=d_{v1}/2$ 和 $r_{v2}=d_{v2}/2$，见图 22-5。

大端模数 m_e，所以其尺寸为

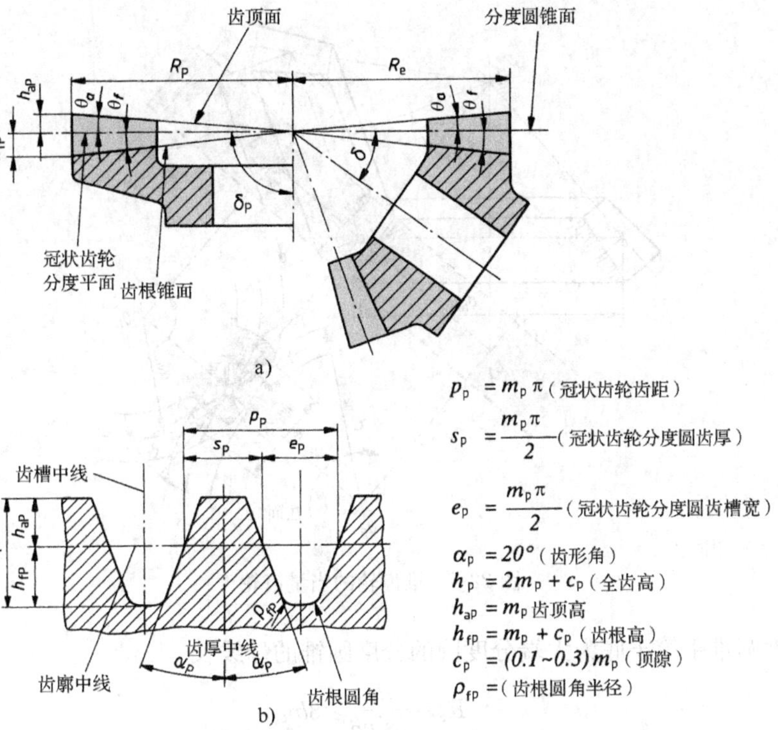

图 22-3　基准冠状齿轮

a）冠状齿轮与锥齿轮　b）DIN 867 规定的基本齿廓

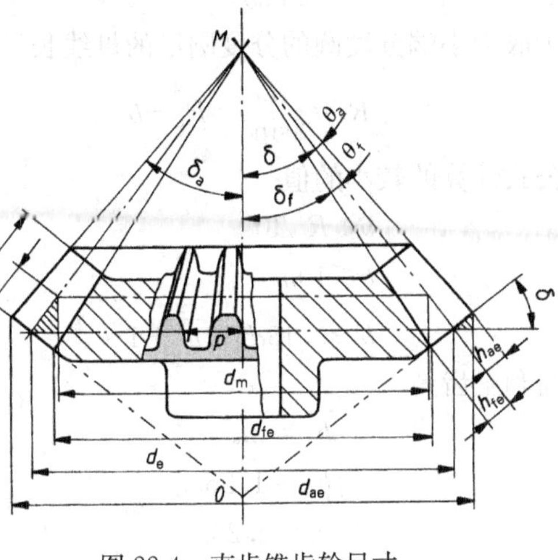

图 22-4　直齿锥齿轮尺寸

大端分度圆直径为分度圆锥的最大底圆直径

$$d_e = zm_e = d_m + b\sin\delta \tag{22-6}$$

平均分度圆直径

$$d_m = zm_m = zm_e\frac{R_m}{R_e} = d_e - b\sin\delta \tag{22-7}$$

式中　m_e——大端模数，在计算齿轮尺寸时常将其（有时也取平均模数 m_m）作为标准模数，按 DIN 780 由 TB21-1 选取。承载能力决定于 m_m，$m_m = m_eR_m/R_e$。

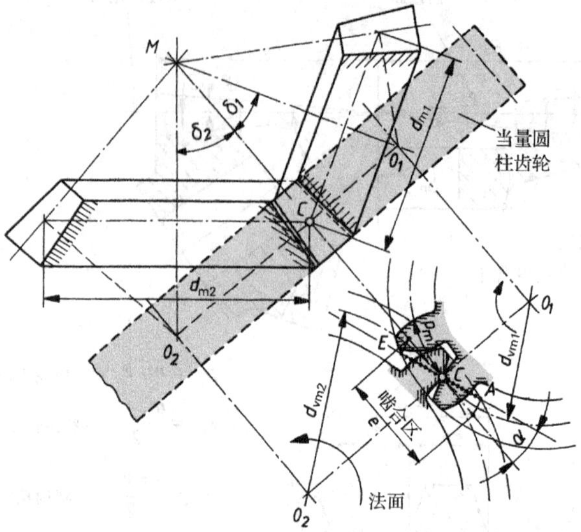

图 22-5 锥齿轮的当量齿轮

大端分度圆锥距等于底为大端分度圆的分度圆锥的母线长

$$R_e=\frac{d_e}{2\sin\delta}\geqslant 3b \tag{22-8}$$

平均分度圆锥距等于底为平均分度圆的分度圆锥的母线长

$$R_m=\frac{d_m}{2\sin\delta}=R_e-\frac{b}{2} \tag{22-9}$$

小端分度圆锥距等于底为小端分度圆的分度圆锥的母线长

$$R_i=\frac{d_i}{2\sin\delta}=R_e-b \tag{22-10}$$

齿宽不得大于下面公式计算的较小的值

$$\begin{aligned}&b\leqslant R_e/3\\&b\leqslant 10m_e\\&b\approx 0.15d_{e1}\sqrt{u^2+1}\end{aligned} \tag{22-11}$$

大端齿顶高、齿根高和全齿高

$$\begin{aligned}&h_{ae}=m_e\\&h_{fe}=1.25m_e\\&h_e=2.25m_e\end{aligned} \tag{22-12}$$

轮体的最大直径为齿顶圆直径

$$d_{ae}=d_e+2h_{ae}\cos\delta=m_e(z+2\cos\delta) \tag{22-13}$$

齿顶圆锥角

$$\delta_a=\delta+\theta_a \tag{22-14}$$

式中 θ_a——齿顶角，为分度圆锥与齿顶圆锥母线之间的夹角，$\tan\theta_a=h_{ae}/R_e\approx m_e/R_e$。

齿根圆锥角

$$\delta_t=\delta-\theta_f \tag{22-15}$$

式中 θ_f——齿根角，为分度圆锥与齿根圆锥母线之间的夹角，$\tan\theta_f=h_{fe}/R_e\approx 1.25m_e/R_e$。

3. 啮合关系 为了判断锥齿轮的啮合关系，用与其等效的当量圆柱齿轮（下标为 v）取代它，当量齿轮的分度圆半径等于齿中点背锥的母线长 CO_1 和 CO_2。所以 $d_{v1}=d_{m1}/\cos\delta_1$ 和 $d_{v2}=d_{m2}/\cos\delta_2$ 以及 $d_{vma}=d_{vm}+2m_m$。相应地，当量圆柱齿轮的齿数为 $z_{v1}=z_1/\cos\delta_1$ 和 $z_{v2}=z_2/\cos\delta_2$，统一表达为

$$z_v=\frac{z}{\cos\delta} \tag{22-16}$$

式中 z——锥齿轮齿数；

δ——分度圆锥角。

法向（见图 22-5）上为近似的标准渐开线啮合，齿距为 $p_m=m_m\pi$，啮合角 $\alpha_v=\alpha_n=\alpha$（$\alpha=20°$），实际啮合线AE的长度为 g_α。实际啮合线长度 g_α与基圆齿距 p_e的比为端面重合度 $\varepsilon_\alpha=g_\alpha/p_e$［见式（21-4）和式（21-3），用当量齿轮相关参数代入，下标为 v］。当量圆柱齿轮齿数 z_v总是大于锥齿轮本身的齿数 z，因此在齿数相同的情况下，锥齿轮传动的重合度大于圆柱齿轮。为保证运动传递平稳和噪声小，应使 $\varepsilon_\alpha\geqslant1.25$。对于零变位齿轮，大多数情况下无需用式（21-13）来计算 ε_α，而是可近似和快捷地按 TB21-2a 来得到 ε_α，即根据当量圆柱齿轮的小齿轮齿数 z_{v1}和齿数比 u 来查取 ε_α。如果要用式（21-13）来计算 ε_α，要将当量圆柱齿轮的尺寸代入式中进行计算。

4. 最小齿数和变位 为了得到最小齿数，同样要用到齿数为 z_v［式（22-16）］的当量圆柱齿轮。如果将 $z_v=z'_g=14$ 代入（直齿圆柱齿轮最小齿数），则得直齿锥齿轮的实际最小齿数为

$$z'_{gk}\approx z'_g\cos\delta=14\cos\delta \tag{22-17}$$

随着分度圆锥角 δ 的加大，锥齿轮的最小齿数减小，且小于圆柱齿轮。当齿数 $z<z'_{gK}$时，为避免根切，应进行变位，变位量为

$$V=+x_hm \tag{22-18}$$

根据式（21-16），变位系数为

$$x_h=\frac{14-z_v}{17}=\frac{14-(z/\cos\delta)}{17} \tag{22-19}$$

为了避免变位齿轮齿顶变尖，齿数不得小于极限齿数 z_{minK}。圆柱齿轮的极限齿数 $z_{min}=7$，z_{minK}与 z_{min}的比值与 z'_{gK}与 z'_g的比值相同，即 $z_{minK}=z_{min}\cos\delta=7\cos\delta$。

最小齿数和极限齿数的关系为：

$\delta\approx$	$<15°$	$20°$	$30°$	$38°$	$45°$
z'_{gK}	14	13	12	11	10
z_{minK}	7	7	6	6	5

大齿轮应尽可能取绝对值与小齿轮相等的负变位量$-V$，从而构成等变位齿轮传动；否则，会形成锥角不同的另外的节圆锥，从而改变了传动比 i。只要 $z_{v1}+z_{v2}\geqslant28$ 就可以采用等变位齿轮传动，否则当大齿轮变量为$-V$ 时，大齿轮会产生根切现象。

22.2.2 斜齿锥齿轮

同斜齿圆柱齿轮一样，一对斜齿或曲线齿锥齿轮也应该是一个右旋，另一个左旋，其旋向是从锥顶方向观察的。

为了清晰地表达啮合和接触线变化情况，将其用与锥齿轮相对应的冠状齿轮的平面啮合替代。冠状齿轮是一个在圆盘上带齿的平面齿轮，它与锥齿轮的锥距 R_e，齿宽 b、接触线变化情况以及其他参数相同（见图 22-6）。

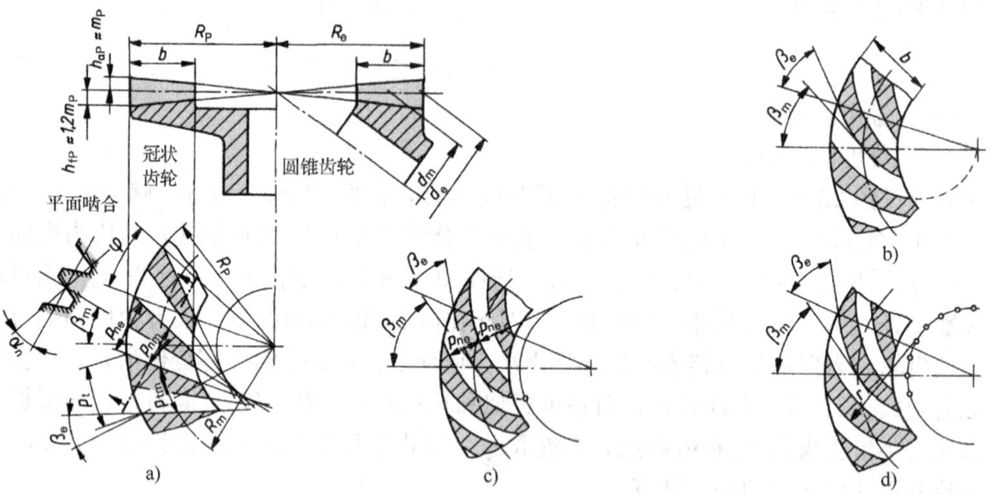

图 22-6　斜齿和曲线齿锥齿轮的齿廓形状

a）斜齿　b）螺旋齿　c）渐开线曲齿　d）圆弧曲齿

法向上，齿中点的平均法向齿距为 $p_{mn}=m_{mn}\pi$，大端法向齿距为 $p_{en}=m_{en}\pi$（法向模数 m_{en} 一般为 DIN 780 规定的标准模数）。在半径为 R_m 的冠状齿轮平均圆上，平均端面齿距为 $p_{mt}=m_{mt}\pi$，大端面上的值为 $p_t=m_t\pi$。

螺旋角 β_e 和 β_m（≈10°～30°）为大端和平均冠状齿轮直径处，径向线与齿廓切线之间的夹角。一般预先给定 β_m。齿的倾斜量与齿宽 b 有关，决定于跳动角 φ。

与其他齿一不样，渐开线曲齿（见图 22-6c）沿整个齿宽具有相同的法向齿距 p_n，因为其曲线形状为等距渐开线。它构成了等顶隙传动的基本形状，但是这种传动的分度圆锥顶与轴线的交点不重合（见图22-7）。由于加工的原因，大端齿廓比小端齿廓弯曲更大。正是由于这种球形齿，使它能补偿齿轮错位和降低运转噪声。这种齿处处等高。

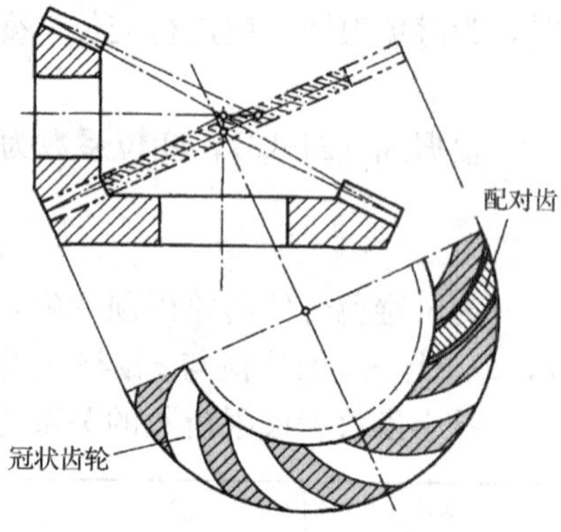

图 22-7　等顶隙传动

1. 传动比、齿数比　传动比 i 和齿数比 u 与直齿锥齿轮计算公式相同（见 § 22.2.1）。

2. 齿轮尺寸　为了确定斜齿锥齿轮尺寸，可用当量斜齿圆柱齿轮（原理与直齿锥齿轮相同）取代它，法向（齿宽中点，下标为 m）上的螺旋角 $\beta_{vm}=\beta_m$，当量齿数 $z_{vn}\approx z_v/\cos^3\beta_m=z_{1,2}\cos\delta_{2,1}/\cos^3\beta_m$，分度圆直径 $d_{v1,2}=d_{m1,2}/\cos\delta_{1,2}$。

与直齿锥齿轮不同的是，斜齿锥齿轮的平均分度圆直径与螺旋角 β_m，大端分度圆直径与 β_e 有关：

大端分度圆直径为分度圆锥的最大直径

$$d_e=zm_{et}=z\frac{m_{en}}{\cos\beta_e} \tag{22-20}$$

平均分度圆直径

$$d_{\mathrm{m}}=d_{\mathrm{e}}-b\sin\delta=z\frac{m_{\mathrm{mn}}}{\cos\beta_{\mathrm{m}}} \tag{22-21}$$

式中　m_{mn}，m_{en}——法向平均模数和大端模数，在对斜齿锥齿轮进行尺寸计算和承载能力校核时，它们都常常作为标准模数（DIN 780，TB21-1）。

齿宽不得大于下面公式计算的较小的值

$$\begin{aligned}&b\leqslant R_{\mathrm{e}}/3\\&b\leqslant 10m_{\mathrm{en}}\\&b\approx 0.15d_{\mathrm{e1}}\sqrt{u^{2}+1}\end{aligned} \tag{22-22}$$

平均齿顶高、齿根高和齿全高

$$\begin{aligned}&h_{\mathrm{am}}=m_{\mathrm{mn}}\\&h_{\mathrm{fm}}\approx 1.25m_{\mathrm{mn}}\\&h_{\mathrm{m}}\approx 2.25m_{\mathrm{mn}}\end{aligned} \tag{22-23}$$

平均齿顶圆直径

$$d_{\mathrm{am}}=d_{\mathrm{m}}+2h_{\mathrm{am}}\cos\delta \tag{22-24}$$

大端齿顶圆直径为轮体最大直径

$$d_{\mathrm{ae}}=d_{\mathrm{am}}\frac{R_{\mathrm{e}}}{R_{\mathrm{m}}} \tag{22-25}$$

平均齿根圆直径

$$d_{\mathrm{fm}}=d_{\mathrm{m}}-2h_{\mathrm{fm}}\cos\delta \tag{22-26}$$

大端齿根圆直径

$$d_{\mathrm{fe}}=d_{\mathrm{fm}}\frac{R_{\mathrm{e}}}{R_{\mathrm{m}}} \tag{22-27}$$

式中　R_{e}，R_{m}——分度圆锥距，由式（22-8）和式（22-9）计算。

3. 啮合关系　由于齿的倾斜，斜齿或曲线齿锥齿轮的重合度大于可比的直齿锥齿轮。类似于斜齿圆柱齿轮（见图 21-14），也用（平均端面上的）当量齿轮来计算总重合度

$$\varepsilon_{\mathrm{v}\gamma}=\varepsilon_{\mathrm{v}\alpha}+\varepsilon_{\mathrm{v}\beta} \tag{22-28}$$

式中　$\varepsilon_{\mathrm{v}\alpha}$——当量齿轮的端面重合度，其值可由 TB21-2 查取，其精度可满足要求，或由当量斜齿圆柱齿轮的尺寸按式（21-45）计算；

$\varepsilon_{\mathrm{v}\beta}$——轴面重合度，由式（22-29）计算。

$$\varepsilon_{\mathrm{v}\beta}\approx\frac{b_{\mathrm{e}}\sin\beta_{\mathrm{m}}}{m_{\mathrm{mn}}\pi} \tag{22-29}$$

式中　$b_{\mathrm{e}}\approx 0.85b$——有效齿宽（两齿轮齿宽不同时，$b$ 取小值）。

当量斜齿圆柱齿轮齿数为

$$z_{\mathrm{vn}}\approx\frac{z_{\mathrm{v}}}{\cos^{3}\beta_{\mathrm{m}}}=\frac{z}{\cos\delta\cos^{3}\beta_{\mathrm{m}}} \tag{22-30}$$

4. 最小齿数和变位　最小齿数小于直齿锥齿轮。将当量齿数 $z_{\mathrm{vn}}=z'_{\mathrm{g}}=14$ 代入式（22-30），即可将该式变换成计算斜齿锥齿轮的实际最小齿数的公式：

$$z'_{\mathrm{gk}}\approx z'_{\mathrm{g}}\cos\delta\cos^{3}\beta_{\mathrm{m}}=14\cos\delta\cos^{3}\beta_{\mathrm{m}} \tag{22-31}$$

22.3 初步设计计算㊀

下面的叙述适用于标准齿轮传动和等变位齿轮传动，且轴交角 $\Sigma=90°$。必须先按经验预选或用近似公式计算锥齿轮的主要尺寸。

1. 安装小齿轮的轴径 d_{sh} 初步设计直径 d'_{sh} 按图 11-21 根据传动功率近似计算。计算时应考虑载荷输入类型（联轴器、带轮或直接由法兰电动机输入）。只有得到啮合和载荷数据后才能最终确定轴径。

2. 传动比、齿数比 锥齿轮的传动比或齿数比不能超过 $i\approx u\approx 6$，否则大齿轮尺寸过大，相对于大齿轮的（许多）齿，小齿轮轮齿磨损过大。如果要求实现更大的传动比，应将其与圆柱齿轮传动组合在一起使用。

3. 齿数 应根据传动比 i 或齿数比 u 由 TB22-1 查取小齿轮齿数 z_1。在确定 z_2 时，应尽可能保证实现给定传动比的精度。

4. 螺旋角 斜齿锥齿轮的螺旋角 $\beta_m\approx$（10°～30°）㊁。直齿轮 $\beta_m=0$。

5. 齿宽 齿宽 b 由 $b\approx\psi_d d_{m1}$ 计算，式中宽径比 $\psi_d=b/d_{m1}$，由 TB22-1 查取。注意 b 尽可能不超过式（22-22）给定的极限值。

6. 齿轮材料和精度 可根据 § 20.2 所述原则来选择锥齿轮材料。常用齿轮材料的强度值见 TB20-1 和 TB20-2。齿轮精度同圆柱齿轮（见 § 21.3）一样，根据用途和分度圆圆周速度 $v=d_{m1}\pi n_1$ 来选择。如果没有经验数据可用，可按 TB21-7 的说明来选择。

7. 模数 模数决定了齿轮几何尺寸的大小。可按图 22-8 近似确定其值。然后通过承载能力校核最终确认或对其进行修改。

根据给定条件不同，分为两种求解过程：

a）已知安装小齿轮的轴径 d_{sh} 或可近似求得（例如按图 11-21）。对于这种情况，根据小齿轮结构的不同，模数为

小齿轮与轴分离　　$m'_m\geqslant\dfrac{(2.4\sim2.6)d_{sh}}{z_1}$

齿轮轴　　$m'_m\geqslant\dfrac{1.25d_{sh}}{z_1}$　　（22-32）

b）已知传动功率和齿轮材料：$T_1=K_A T_{1nenn}$，根据预选齿轮材料由 TB20-1 或 TB20-2 查得 σ_{Flim} 和 σ_{Hlim}，由赫兹接触应力公式推导的简化公式（见 § 21.5.5）来求模数

硬齿面　　$m''_m\approx3.75\sqrt[3]{\dfrac{T_1\sin\delta_1}{z_1^2\sigma_{Flim}}}$

软齿面　　$m''_m\approx\dfrac{205}{z_1}\sqrt[3]{\dfrac{T_1\sin\delta_1}{\sigma_{Hlim}^2 u}}$　　（22-33）

m_m，d_{sh}	T_1	σ_{Flim}，σ_{Hlim}	δ	z_1，u
mm	N·mm	N/mm²	°	1

㊀ 亦请参考 § 21.4.1。

㊁ 螺旋角的确定请参考相关文献。

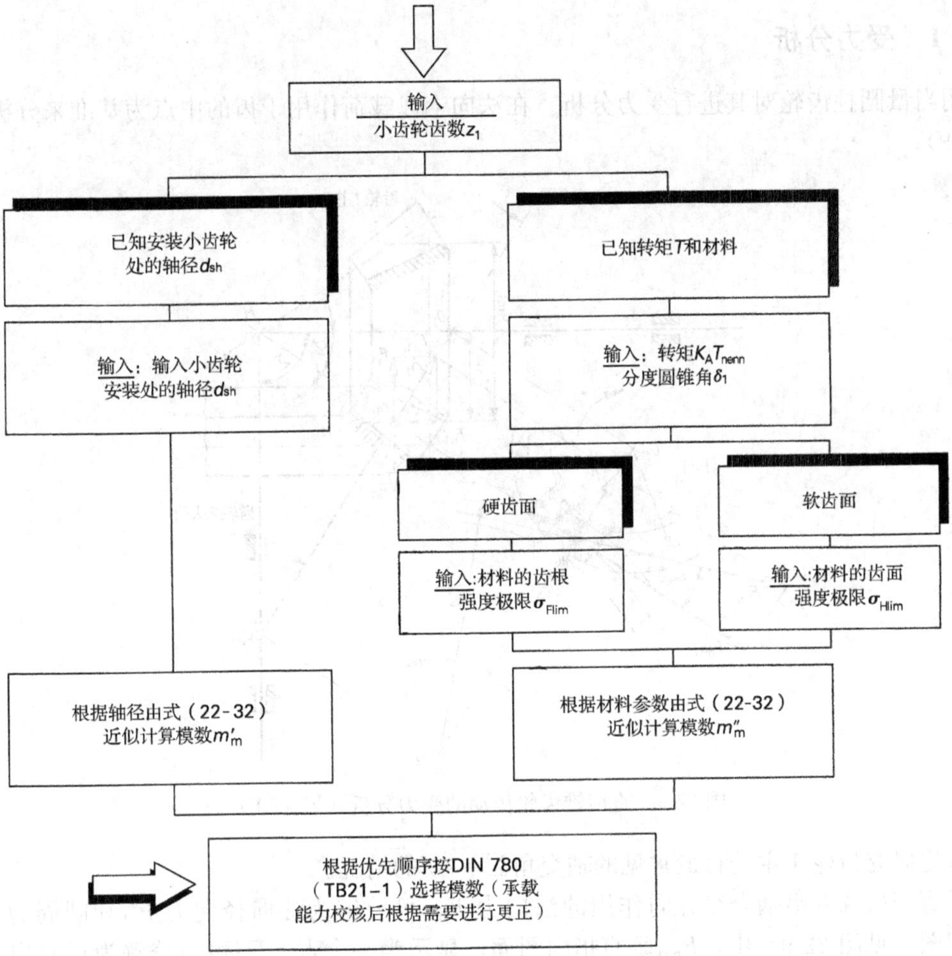

图 22-8　近似确定锥齿轮模数的框图

式中　T_1——主动轮所要传递的最大转矩，当工况不利时，$T_1=T_{1nenn}K_A$，式中 T_{1nenn}为名义转矩，K_A为使用系数，由 TB3-5 查取；

δ_1——主动小齿轮的分度圆锥角，由式（22-4）计算；

z_1——主动小齿轮的齿数；

σ_{Flim}——齿根强度极限，其值由 TB20-1 和 TB20-2 查取；

σ_{Hlim}——较软材料的齿面强度极限，其值由 TB20-1 和 TB20-2 查取。

根据上述计算值，按 DIN 780（TB21-1）确定标准模数 $m \triangleq m_m$，然后就可计算出齿轮和传动的精确尺寸。在进行第一次初步设计时，还应注意由上述所选尺寸是否可得到合理的结构设计，特别是小齿轮的结构是否合理。然后要进行承载能力校核以验算所确定的各值是否可行。

22.4　承载能力校核

DIN 3991 T1～T3 对锥齿轮的承载能力计算进行了标准化。下面介绍简化的承载能力校核方法；更精确的计算请按 DIN 3991 和 DIN 3990 进行。

22.4.1　受力分析

用当量圆柱齿轮对其进行受力分析。在法向上以载荷作用于齿的中点为基准来分析（见图 22-9）。

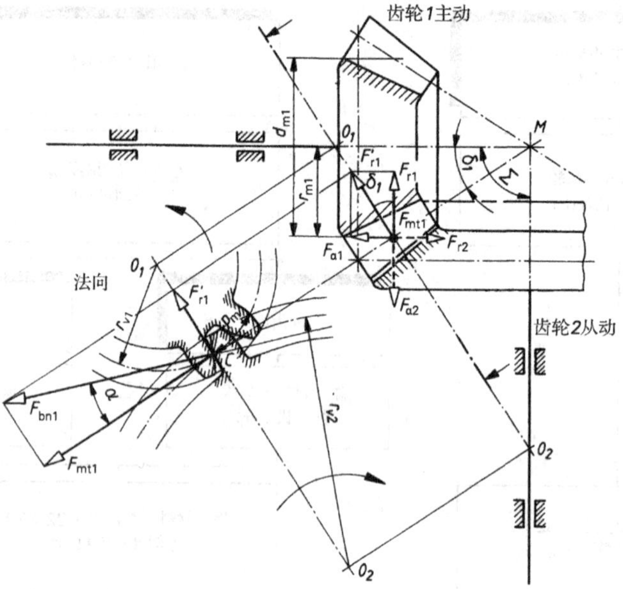

图 22-9　直齿锥齿轮传动的受力分析（$\Sigma=90°$）

首先研究齿轮 1 主动且最常见的轴交角 $\Sigma=90°$的情况。

垂直于齿廓并沿啮合线方向作用的法向力 F_{bn1} 可分解为法向径向力 F'_{r1} 和圆周力 F_{mt1}。在俯视图（见图 22-9）中，F_{mt1} 垂直指向图面，显示为一个点。F'_{r1} 可再分解为径向力 F_{r1} 和轴向力 F_{a1}。

力分析的原始数据为作用在平均分度圆直径 d_{m1} 上的名义圆周力

$$F_{mt1}=\frac{T_{1\,nenn}}{d_{m1}/2} \tag{22-34}$$

式中　T_{1nenn}——主动轮（小齿轮）所要传递的名义转矩；

d_{m1}——平均分度圆直径，由式（22-7）或式（22-9）计算。

当 $\Sigma=\delta_1+\delta_2=90°$，根据图 22-9，由法向径向力 $F'_{r1}=F_{mt1}\tan\alpha$ 可得直齿锥齿轮的轴向力

$$F_{a1}=F'_{r1}\sin\delta_1=F_{mt1}\tan\alpha\sin\delta_1 \tag{22-35}$$

径向力

$$F_{r1}=F'_{r1}\cos\delta_1=F_{mt1}\tan\alpha\cos\delta_1 \tag{22-36}$$

式中　α——压力角，大多数情况下为 $\alpha=\alpha_n=20°$；

δ_1——主动轮的分度圆锥角。

将径向力除以轴向力，即 $F_{r1}/F_{a1}=\cos\delta_1/\sin\delta_1=1/\tan\delta_1=i$，所以当 $\Sigma=90°$时，有

$$F_{r1}=F_{a1}i \tag{22-37}$$

不计效率，则啮合点处从动轮 2 的圆周力为

$$F_{mt2}=F_{mt1} \tag{22-38}$$

由图 22-9 可知，当轴交角$\Sigma=90°$时，一个齿轮的轴向力等于（但方向相反）另一个齿轮的径向力，即

$$F_{a2}=F_{r1} \text{ 和 } F_{r2}=F_{a1} \tag{22-39}$$

当轴交角Σ和螺旋角β_m为任意值时，在考虑转向和齿廓旋向后，直齿和斜齿锥齿轮受力分析的通用公式为

轴向力

主动轮（小齿轮）　$$F_{a1}=\frac{F_{mt}}{\cos\beta_m}(\sin\delta_1\tan\alpha_n\pm\cos\delta_1\sin\beta_m)$$

从动轮　$$F_{a2}=\frac{F_{mt}}{\cos\beta_m}(\sin\delta_2\tan\alpha_n\mp\cos\delta_2\sin\beta_m) \tag{22-40}$$

径向力

主动轮（小齿轮）　$$F_{r1}=\frac{F_{mt}}{\cos\beta_m}(\cos\delta_1\tan\alpha_n\mp\sin\delta_1\sin\beta_m)$$

从动轮　$$F_{r2}=\frac{F_{mt}}{\cos\beta_m}(\cos\delta_2\tan\alpha_n\pm\sin\delta_2\sin\beta_m) \tag{22-41}$$

提示：上述公式中，当转向和旋向相同时，括号中取上面的符号＋或－，如不相同时，取下面的符号。

同斜齿圆柱齿轮一样，锥齿轮的上述各力也决定了轴承载荷和轴上的弯矩。但要注意，这些载荷是用名义转矩求得的，所以当工作于极端不利的工况时，应计入由 TB3-5 查得的使用系数 K_A。

22.4.2　齿根承载能力校核

下面介绍在工程实际中应用最广泛的标准传动和等变位传动的计算公式。

在确定了小齿轮和大齿轮的主要尺寸和材料后，必须验算所选齿轮材料的强度是否能满足要求。同直齿和斜齿圆柱齿轮一样，锥齿轮也应分别对小齿轮和大齿轮的齿根应力进行校核。

验算以当量圆柱齿轮 $z_{vn1,2}$（法向齿数）为对象来进行。

参照式（21-83），齿根最大弯曲应力的近似计算公式为

$$\sigma_F=\sigma_{F0}K_AK_VK_{F\alpha}K_{F\beta}\leqslant\sigma_{FP} \tag{22-42}$$

式中　σ_{F0}——理想齿轮受静名义转矩所产生的局部齿根应力，按式（22-43）计算；

K_A——使用系数，由 TB3-5 查取；

K_V——用以考虑小端动载荷的动载系数；

$K_v=1+[K_1K_2/(K_AF_{mt}/b_e)+K_3]K_4$，式中 $F_{mt}/b_e\geqslant100\text{N/mm}$，

$K_4=0.01z_1v_{mt}\sqrt{u^2/(1+u^2)}$，$K_1$，$K_2$，$K_3$ 由 TB22-2 查取。

$K_{F\alpha}$——齿根承载能力计算时，用以考虑载荷在多个齿之间分配的影响系数，由 TB21-19 查取；

$F_{F\beta}$——齿根承载能力计算时用以考虑载荷沿齿宽分布情况的影响系数。对于工业传动，有

小齿轮和从动轮双向固定支承：$K_{F\beta}\approx1.65$

一个齿轮游动，一个齿轮双向固定支承：$F_{F\beta}\approx1.88$

小齿轮和从动轮均游动：$F_{F\beta}\approx 2.25$

$$\sigma_{F0}=\frac{F_{mt}}{b_{eF}m_{mn}}Y_{Fa}Y_{Sa}Y_{\beta}Y_{\varepsilon}Y_{K} \quad (22\text{-}43)$$

σ_{F0}	F_{mt}	b_{eF}，m_{mn}	$Y\cdots$
N/mm^2	N	mm	1

式中 F_{mt}——分度圆锥上的名义圆周力；

b_{eF}——有效齿宽（齿根，下标为 F），$b_{eF}\approx 0.85b$，b 按式（22-22）计算，当大小齿轮齿宽不一致时，取小值；

m_{mn}——齿宽中点的法向模数；

Y_{Fa}——齿形系数，用以考虑齿形对弯曲应力的影响，其值按当量圆柱齿轮齿数 $z_{vn}=z/(\cos^3\beta_m\cos\delta)$ 由 TB21-20a 查取；

Y_{Sa}——应力修正系数，用以考虑齿根圆角等应力集中因素使应力增大的效果，其值按当量圆柱齿轮齿数 z_{vn}（见 Y_{Fa}）由 TB21-20b 查取；

Y_{ε}——重合度系数，$Y_{\varepsilon}=0.25+0.75/\varepsilon_{v\alpha n}$，式中，$\varepsilon_{v\alpha n}\approx\varepsilon_{v\alpha}/\cos^2\beta_{vb}$，$\beta_{vb}=\arcsin(\sin\beta_m\cos\alpha_n)$，或由 TB22-3 查取，当 $\varepsilon_{v\alpha n}\geqslant 2$ 时，取 $\varepsilon_{v\alpha n}=2$；

Y_{β}——螺旋角系数，由 TB21-20c 查取；

Y_K——锥齿轮系数，用以考虑锥齿轮齿形不同于圆柱齿轮所产生的影响，一般 $Y_K=1$。

各系数更详细的解释请见 § 21.5.4。

许用齿根应力 σ_{FP} 与材料、热处理、加工方法、寿命和所要求的抗轮齿折断安全系数有关。σ_{FP} 可按经验值确定，也可以由试验齿轮的运转试验和脉动试验来得到，但均应分别对小齿轮和大齿轮来确定。对于最常见的工况，其简化计算公式为

$$\sigma_{FP}=\frac{\sigma_{Flim}}{S_{Fmin}}Y_{St}Y_{\delta\,relT}Y_{R\,relT}Y_X=\frac{\sigma_{FG}}{S_{Fmin}} \quad (22\text{-}44)$$

式中 σ_{Flim}——试验齿轮的齿根弯曲疲劳极限，由 TB20-1 和 TB20-2 查取；

S_{Fmin}——最小安全系数，无限寿命，$\approx 1.5\sim 2.5$，有限寿命，$\approx 1.2\sim 1.5$；

Y_{St}，$Y_{\delta\,relT}$，$Y_{R\,relT}$，Y_X——见式（21-84）。分别将相应的当量齿轮的数据代入来确定各系数。

22.4.3 点蚀承载能力校核

同齿根承载能力校核一样，齿面承载能力计算也是以当量圆柱齿轮为基础进行的。一般来说，直齿锥齿轮只要对节点 C 处的赫兹接触应力进行校核即可。参照式（21-86）～式（21-89），有

$$\sigma_H=\sigma_{H0}\sqrt{K_AK_vK_{H\alpha}K_{H\beta}}\leqslant\sigma_{HP} \quad (22\text{-}45)$$

式中 σ_{H0}——静名义转矩所产生的名义齿面接触应力，按式（21-46）计算；

K_A，K_v——见式（22-42）；

$K_{H\alpha}$, $K_{H\beta}$——齿面接触承载能力计算时的齿间载荷分配系数（$K_{H\alpha}$）和齿向载荷分布系数（$K_{H\beta}$）。$K_{H\alpha}$ 由 TB21-19 查取，$K_{H\beta}\approx K_{H\alpha}$，见式（22-42）。

$$\sigma_{H0}=Z_HZ_EZ_{\varepsilon}Z_{\beta}Z_K\sqrt{\frac{F_{mt}}{d_{v1}b_{eH}}\frac{u_v+1}{u_v}} \quad (22\text{-}46)$$

σ_{H0}	F_{mt}	d_{v1}，b_{eH}	Z_E	$Z\ldots$，u_v
N/mm^2	N	mm	$\sqrt{N/mm^2}$	1

式中　F_m——齿宽中点处分度圆锥的名义圆周力；

b_{eH}——有效齿宽（齿面，下标为 H），一般 $b_{eH} \approx 0.85b$，见式（22-43）的提示；

d_{v1}——小齿轮的当量圆柱齿轮的分度圆直径，$d_{v1} = d_{m1}/\cos\delta_1$；

u_v——当量齿轮的齿数比，$u_v = z_{v2}/z_{v1} \geqslant 1$，当 $\Sigma = \delta_1 + \delta_2 = 90°$ 时，$u_v = u^2$；

Z_H——（当量圆柱齿轮）节点区域系数，由 TB21-22a 查取，取 $\beta = \beta_m$，$z = z_v$；

Z_E——弹性系数，用以考虑材料特性值的影响，由 TB21-22b 查取；

Z_ε——（当量圆柱齿轮）重合度系数，$\varepsilon_\alpha = \varepsilon_{v\alpha}$ 和 $\varepsilon_\beta = \varepsilon_{v\beta}$，参照式（21-88）；

Z_β——螺旋角系数，$Z_\beta = \sqrt{\cos\beta_m}$；

Z_K——锥齿轮系数，一般 $Z_K \approx 1$，最有利的情况（传动有利的高度球形齿）$Z_K \approx 0.85$。

许用赫兹接触应力 σ_{HP} 与材料、热处理和加工方法、所要求的寿命和安全系数有关。应分别得到小齿轮和大齿轮的 σ_{HP}。对于无限寿命情况的简化计算公式为

$$\sigma_{HP} = \frac{\sigma_{Hlim}}{S_{Hmin}} Z_L Z_v Z_R Z_X = \frac{\sigma_{HG}}{S_{Hmin}} \tag{22-47}$$

式中　σ_{Hlim}——齿面接触持久疲劳强度极限，由 TB20-1 和 TB20-2 查取；

Z_L——润滑系数，由 TB21-23a 查取；

Z_v——速度系数，由 TB21-23b 查取；

Z_R——粗糙度系数，由 TB21-23c 查取；

Z_X——尺寸系数，由 TB21-23d 查取；

S_{Hmin}——抗点蚀的最小安全系数，无限寿命，$S_{Hmin} \approx 1.2 \sim 1.5$，有限寿命，$S_{Hmin} \approx 1 \sim 1.2$。

22.5　锥齿轮传动计算示例

■**例 22-1**：用一个直齿锥齿轮传动来驱动一螺旋提升装置（见图 22-10）。原动机为减速电动机，转速为 $n_1 \approx$ 250r/min 时的功率为 $P_1 = 3$kW，它们之间用弹性联轴器相连。螺旋轴转速为 $n_2 \approx 80$r/min，锥齿轮的轴交角为 $\Sigma = 90°$。安装小齿轮的轴段直径为 35mm。要求结构紧凑，试确定其主要尺寸。

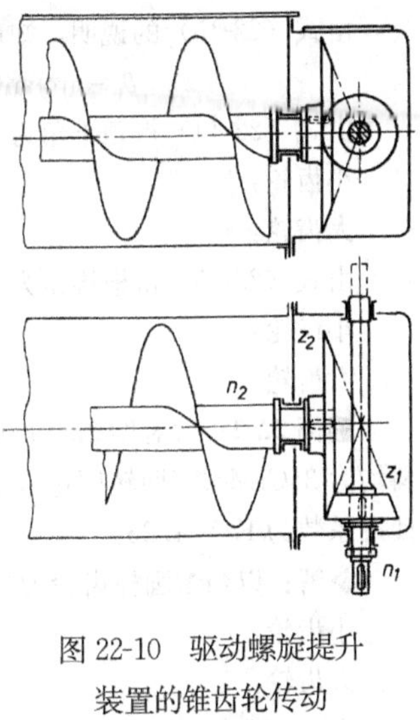

图 22-10　驱动螺旋提升装置的锥齿轮传动

▶**解**：传动比为

$$i = u = n_1/n_2 = 250\text{r/min}/80\text{r/min} \approx 3.125$$

轴交角为 $\Sigma = 90°$，这样由式（22-4）可得分度圆锥角 δ_1 为

$\delta_1 = \arctan(\sin\Sigma/u + \cos\Sigma) = 17.745°$ 和 $\delta_2 = \Sigma - \delta_1 = \cdots = 72.255°$（它们为最终角度）。

由 TB22-1 选取小齿轮齿数为 $z_1 = 16$；所以有

$$z_2 = iz_1 = 3.125 \times 16 = 50$$

对于小齿轮与轴分离的结构，根据所给结构尺寸，模数可按式（22-32）近似计算

$$m'_m \geqslant (2.4 \sim 2.6) d_{sh}/z_1 = \cdots = 5.25 \sim 5.7\text{mm}$$

模数暂定为：$m_m \approx m_e = 6$mm。$zm_m = d_m$，由式（22-32）得平均分度圆直径为

$$d_{m1} \approx (2.4 \sim 2.6) d_{sh} = (2.4 \sim 2.6) \times 35\text{mm} = 84 \sim 91\text{mm}$$

由宽径比 $\psi_d \approx 0.5$（TB22-1），得齿宽为

$$b \approx \psi_d d_{m1} = 0.5 \times (84 \sim 91)\text{mm} = 42 \sim 46\text{mm}$$

取 $b=45mm$。应注意满足式（22-8），即 $R_e \geqslant 3b$。

由式（22-6）得大端分度圆直径为

$$d_e' \approx d_{m1}+b_1\sin\delta_1=(84\sim91)mm+45mm\times\sin17.745°=98\sim105mm$$

这样就可以由式（22-8）求得大端分度圆锥距为

$$R_e' \approx d_e'/(2\sin\delta)=(98\sim105)mm/(2\sin17.45°)=160mm\sim172mm$$

由此可知，满足 $R_e \geqslant 3b=3\times45mm=135mm$。

为了最终确定齿轮尺寸，还必须按式（22-6）计算大端模数

$$m_e=d_{e1}/z_1=(98\sim105)mm/16=6.1mm\sim6.6mm$$

并根据 DIN 780（TB21-1），最终选定 $m_e=6mm$。

这样就得到了锥齿轮的最终尺寸：

由式（22-6）得大端分度圆直径为

$$d_{e1}=z_1m_e=16\times6mm=96mm,\ d_{e2}=z_2m_c=50\times6mm=300mm$$

由式（22-8）得大端分度圆锥距为

$$R_e=R_{e1}/(2\sin\delta_1)=96mm/(2\sin17.745°)=157.49mm$$

由式（22-12）得齿顶高、齿根高和全齿高为

$$h_{ae}=m_e=6mm;\ h_{fe}=1.25m_e=\cdots=7.5mm;\ h_e=2.25m_e=\cdots=13.5mm$$

由式（22-13）得大端齿顶圆直径为

小齿轮：　$d_{ae1}=m_e(z_1+2\cos\delta_1)=6mm\times(16+2\cos17.745°)=107.43mm$

大齿轮：　$d_{ae2}=m_e(z_2+2\cos\delta_2)=6mm\times(50+2\cos17.255°)=303.66mm$

由式（22-7）得平均分度圆直径为

小齿轮：　$d_{m1}=d_{e1}-b\sin\delta_1=96mm-45mm\times\sin17.745°=82.29mm$

大齿轮：　$d_{m2}=d_{e2}-b\sin\delta_2=300mm-45mm\times\sin72.255°=257.14mm$

由式（22-7）得平均模数为

$$m_m=d_{m1}/z_1=82.29mm/16=5.143mm$$

由式（22-14）的说明，知齿顶角为

$$\theta_a=\arctan(m_e/R_e)=\arctan(6mm/157.49mm)=2.182°$$

由式（22-15）的说明，知齿根角为

$$\theta_f=\arctan(1.25m_e/R_e)=\arctan(1.25\times6mm/157.49mm)=2.726°$$

由式（22-14）得顶锥角为

小齿轮：　$\delta_{a1}=\delta_1+\theta_a=17.745°+2.182°=19.927°$

大齿轮：　$\delta_{a2}=\delta_2+\theta_a=72.255°+2.182°=74.437°$

由式（22-15）得根锥角为

小齿轮：　$\delta_{f1}=\delta_1-\theta_f=17.745°-2.726°=15.019°$

大齿轮：　$\delta_{f1}=\delta_2-\theta_f=72.255°-2.726°=69.529°$

■**例 22-2**：试对例 22-1 中的锥齿轮传动的小齿轮进行承载能力校核，参数和尺寸同该例。大小齿轮材料均为 34CrMo4（回转硬化），$\sigma_{Flim}\approx200N/mm^2$ 和 $\sigma_{Hlim}\approx1000N/mm^2$，齿轮精度为 9 级。根据所给工况，使用系数为 $K_A\approx1.25$。

▶**解**：以当量圆柱齿轮为基础进行承载能力计算。由式（22-16）得当量齿轮齿数为

小齿轮：　$z_{v1}=z_1/\cos\delta_1=16/\cos17.745°=16.8$

大齿轮：　$z_{v2}=z_2/\cos\delta_2=50/\cos72.255°=164$

$T_1=9550P/n_1=9550\times3/250=114.6N\cdot m$ 和 $d_{m1}=0.08229m$，由式（22-34）得平均分度圆直径处的名义圆周力为

$$F_{mt1}=T_1/(d_{m1}/2)=2\times114.6N\cdot m/0.08229m=2785.44N\approx2786N$$

齿根承载能力：为了考虑附加动载荷，由 TB22-2 得 $K_1=58.43$，$K_2=1.065$，$K_3=0.019$ 和 $K_4\approx$

0.16，所以

$$K_v=1+[K_1K_2/(K_AF_{mt}/b)+K_3]K_4=\cdots\approx1.08$$

$F_{mt}=2786N$，$b_{eF}\approx0.85b=\cdots=38.5mm$，$m_m=5.143mm$，故各影响系数为 $Y_{Fa}\approx3.1$（TB21-20a），$Y_{Sa}\approx1.56$（TB21-20b），$Y_\varepsilon\approx0.71$（TB22-3），$\varepsilon_{v\alpha}\approx1.63$（TB21-2），$Y_\beta\approx1$（TB21-20c），$Y_K=1$（见式 22-43），所以由式（22-43）得局部弯曲应力为

$$\sigma_{F0}=F_{mt}/(b_{eF}m_m)Y_{Fa}Y_{Sa}Y_\beta Y_\varepsilon Y_K=\cdots\approx48N/mm^2$$

系数 $K_{F\alpha}\approx1.2$（TB21-19a），$K_{F\beta}\approx1.88$［见式（22-42）］，$K_A=1.25$，$K_v\approx1.08$，所以由式（22-42）得齿根弯曲应力为

$$\sigma_F=\sigma_{F0}K_AK_VK_{F\alpha}K_{F\beta}=\cdots\approx148N/mm^2$$

$\sigma_{Flim}=200N/mm^2$，$Y_{ST}=2$［见式（22-44）］，$Y_{\delta relT}\approx0.96$（TB21-21b），$Y_{RrelT}\approx0.95$（$Rz=10\mu m$，TB21-21c），$Y_X=0.98$（TB21-21d），所以由式（22-47）得应力极限为

$$\sigma_{FG}=\sigma_{F\,lim}Y_{ST}Y_{\delta\,rel\,T}Y_{R\,rel\,T}Y_X=\cdots\approx358N/mm^2$$

由此得抗轮齿折断安全系数为

$$S_{F\,vorh}=\sigma_{FG}/\sigma_F=\cdots\approx2.5$$

知足够安全。

点蚀承载能力：各影响系数为 $Z_H=2.5$（TB21-22a），$Z_E=189.8\sqrt{N/mm^2}$（TB21-22b），$Z_\varepsilon\approx0.89$（TB21-22c），$Z_\beta=1$（$\beta_m=0°$）和 $Z_K=1$［见式（22-46）］，以及 $F_{mt}=2786N$，$d_{v1}=z_{v1}m_m=16.8\times5.143mm\approx86.4mm$，$b_{eH}\approx b_{eF}\approx0.85b=0.85\times45mm\approx38.5mm$，$u_v=z_{v2}/z_{v1}=164/16.8\approx9.76$，所以由式（22-46）得名义齿面接触应力为

$$\sigma_{H0}=Z_HZ_EZ_\varepsilon Z_K\sqrt{F_{mt}/(d_{v1}b_{eH})(u_v+1)/u_v}=\cdots\approx406N/mm^2$$

考虑载荷影响系数 $K_A\approx1.25$，$K_v\approx1.08$，$K_{H\alpha}\approx1.2$（TB21-19），$K_{H\beta}\approx K_{F\beta}\approx1.88$，所以由式（22-45）得节点处的最大接触应力为

$$\sigma_H=\sigma_{H0}\sqrt{K_aK_vK_{H\alpha}K_{H\beta}}=\cdots\approx708N/mm^2$$

$\sigma_{Hlim}=1000N/mm^2$，各影响系数为：$Z_L=1$（TB21-23a），$Z_v\approx0.95$（TB21-23b），$v_t\approx1.08m/s$，$Z_R=0.9$（TB21-23c），$Z_X\approx1$（TB21-23d），所以由式（22-47）得齿面接触应力极限为

$$\sigma_{HG}=\sigma_{Hlim}Z_LZ_vZ_RZ_X=\cdots\approx855N/mm^2$$

由此得点蚀安全系数为

$$S_{H\,vorh}=\sigma_{HG}/\sigma_H=855N/mm^2/708N/mm^2\approx1.2$$

结果：所选材料具有足够的齿根和点蚀安全系数

■**例 22-3**：一锥齿轮传动 $i=3.8$ 和 $\Sigma=90°$，为了确定其输入轴直径及合适的滚动轴承，要求轴承所受载荷和弯矩并作图表示。该传动所要传递的驱动功率为 $P_1=16kW$，$n_1=960r/min$。

力矩通过一个具有扭转弹性的联轴器输入，不会出现不利工况。

如图 22-11 所示，经初步设计计算后，已知小齿轮各参数：齿数 $z_1=15$，为直齿锥齿轮，压力角 $\alpha=20°$，齿宽 $b=50mm$，平均分度圆直径 $d_{m1}=102.72mm$，分度圆锥角 $\delta_1=14.74°$。

试确定或作图：

a）小齿轮所受载荷。

b）主动轴轴承所受载荷。

c）主动轴上的最大弯矩和弯矩分布曲线。

▶**解 a)**：由于工况平稳，故在计算轴承载荷时可取 $K_A=1$，所以由式（22-34）可得平均分度圆上的圆周力为：

$$F_{mt1}=T_{1\,nenn}/(d_{m1}/2)$$

名义转矩为 $T_{1\,nenn}=9550P_1/n_1=9550\times16/960=159.2N\cdot m$ 和 $d_{m1}=102.72mm$，所以：

$$F_{mt1}=159.2\times10^3N\cdot mm/(102.72mm)=3100N$$

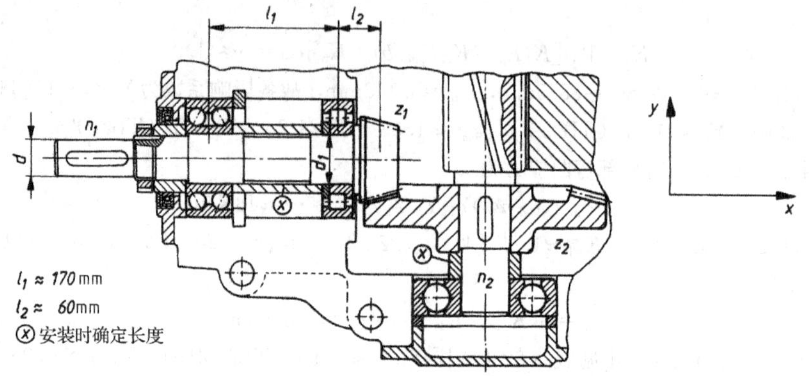

图 22-11　作为减速器输入级的锥齿轮传动

压力角 $\alpha=20°$，分度圆锥角 $\delta_1=14.74°$，由式（22-35）得轴向力为

$$F_{a1}=F_{mt1}\tan\alpha\sin\delta_1=3100\text{N}\times\tan20°\times\sin14.74°=290\text{N}$$

由式（22-36）得径向力为

$$F_{r1}=F_{mt1}\tan\alpha\cos\delta_1=3100\text{N}\times\tan20°\times\cos14.74°=1091\text{N}\approx1100\text{N}$$

结果：小齿轮所受载荷为：圆周力 $F_{mt1}=3100\text{N}$；轴向力 $F_{a1}=290\text{N}$，径向力 $F_{r1}=1100\text{N}$。

▶**解 b)**：为了确定轴承 A 和 B 所受载荷（由齿轮三个载荷所产生），建立一个空间力系（见图 22-12a），并将其分解为两个分坐标系（图22-12b和 c）。在 xy 平面中，将 F_{mt1} 平移，得 $F'_{mt1}=F_{mt1}$（见图 22-12e），在图 22-12b 中，对于轴承 B，由 $\sum M_{(A)}=0=F_{mt1}l+F_{Bx}l_1$，得

$$F_{Bx}=F_{mt1}l/l_1=3100\text{N}\times230\text{mm}/170\text{mm}=4194\text{N}\approx4200\text{N}$$

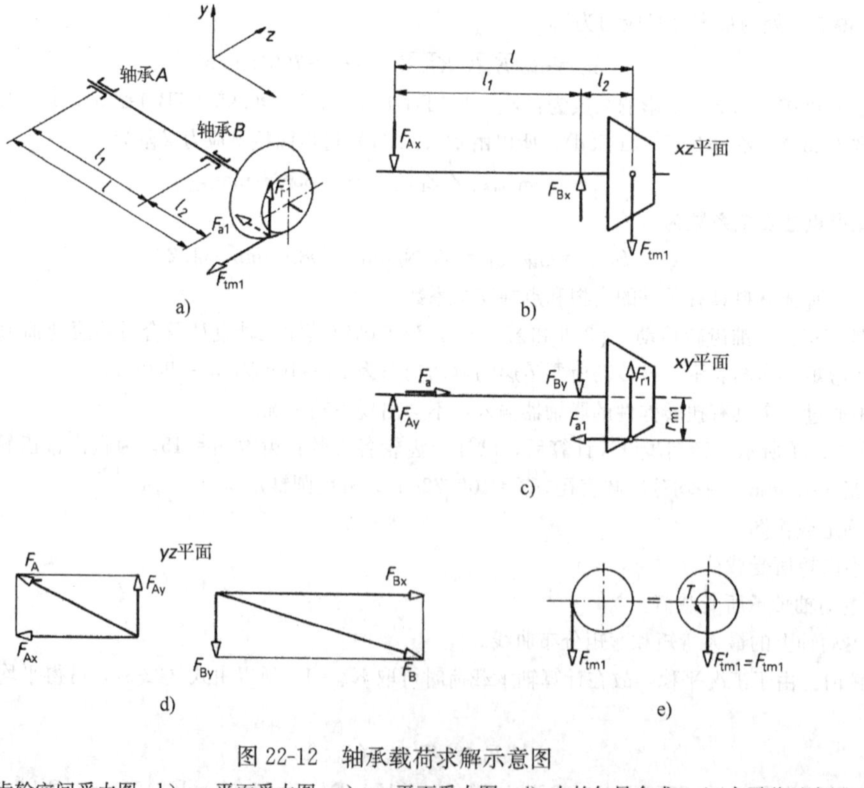

图 22-12　轴承载荷求解示意图

a）锥齿轮空间受力图　b）xz 平面受力图　c）xy 平面受力图　d）力的矢量合成　e）力平移示意图

由$\sum F_y=0=-F_{Ax}+F_{Bx}-F_{mt1}$，得轴承载荷$F_{Ax}$为

$$F_{Ax}=F_{Bx}-F_{mt1}=4194\text{N}-3100\text{N}=1094\text{N}\approx1100\text{N}$$

如图 22-12c 所示，在 xy 平面中，$r_{m1}=d_{m1}/2=102.72\text{mm}/2=51.36\text{mm}$，由平衡方程$\sum M_{(A)}=0=-F_{a1}r_{m1}+F_{r1}l-F_{By}l_1$，得轴承载荷

$$F_{By}=(F_{r1}l-F_{a1}r_{m1})/l_1=(1100\times230-290\times51.36)\text{N}\cdot\text{mm}/170\text{mm}=1400\text{N}$$

同样地，由$\sum M_{(B)}=0$得轴承载荷F_{Ay}

$$F_{Ay}=(F_{r1}l_2-F_{a1}r_{m1})/l=(1100\times60-290\times51.36)\text{N}\cdot\text{mm}/170=300\text{N}$$

合成轴承径向载荷为

$$F_A=\sqrt{F_{Ax}^2+F_{Ay}^2}=\sqrt{(1100\text{N})^2+(300\text{N})^2}=1140\text{N}$$

$$F_B=\sqrt{F_{Bx}^2+F_{By}^2}=\sqrt{(4200\text{N})^2+(1400\text{N})^2}=4427\text{N}$$

轴向力由轴承 A 承受，因为该轴承为固定轴承。

结果：轴承 A（固定轴承）的径向载荷为$F_{Ar}=F_A=1140\text{N}$和轴向载荷为$F_{Aa}=F_a=290\text{N}$；轴承 B（动轴承）的径向载荷为$F_{Br}=F_B=4427\text{N}$。

▶解 c)：为了得到最大弯矩和弯矩分布图，同解 b 也将空间受力图分解为两个分坐标系（xz 平面和 xy 平面），见图 22-13。

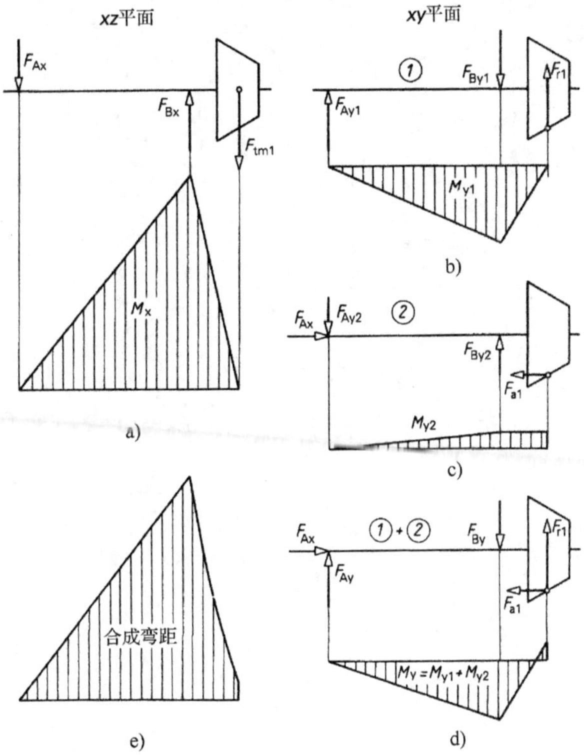

图 22-13　弯矩分布图

a）xz 平面上的M_x图　b)和 c)xy 平面上的分弯矩图　d）xy 平面上的合成M_y图　e）两分平面的合成 M 图

图 22-13a 所示为 xz 平面的弯矩分布图。最大弯矩位于点 B，其值为

$$M_{x\max}=F_{mt1}l_2=3100\text{N}\times60\text{mm}=186\times10^3\text{N}\cdot\text{mm}$$

也可由解 b 所得轴承载荷分量F_{Ax}来计算

$$M_{x\max}=F_{Ax}l_1=1094\text{N}\times170\text{mm}=186\times10^3\text{N}\cdot\text{mm}$$

在 xy 平面上（见图 22-13b），分别计算各齿轮载荷在轴承 A 和 B 上所产生的支反力及其 M 分布曲线图（见图 22-13b 和 c）。然后将它们代数合成，即得 xy 平面（见图 22-13d）的弯矩分布图。具体计算如下：

径向力在轴承B处产生的弯矩为

$$M_{y1\,max}=F_{r1}l_2=1100\text{N}\times60\text{mm}=66\times10^3\text{N}\cdot\text{mm}$$

轴向力在轴承B处产生的弯矩为

$$M_{y2\,max}=F_{a1}r_{m1}=290\text{N}\times51.36\text{mm}=14.9\times10^3\text{N}\cdot\text{mm}$$

该力矩在轴承B与齿轮中点之间（理论上）是不变的，见图22-13c。xy平面上的最大弯矩发生在轴承B处，其值为

$$M_{y\,max}=M_{y1\,max}-M_{y2\,max}=66\times10^3\text{N}\cdot\text{mm}-14.9\times10^3\text{N}\cdot\text{mm}=51.4\times10^3\text{N}\cdot\text{mm}$$

可知最大合成弯矩也应发生在轴承B处，将各分弯矩矢量合成后得（见图22-13e）

$$M_{max}=\sqrt{M_{x\,max}^2+M_{y\,max}^2}=\sqrt{(196\times10^3\text{N}\cdot\text{mm})^2+(5.14\times10^3\text{N}\cdot\text{mm})^2}$$

$$\approx193\times10^3\text{N}\cdot\text{mm}=193\text{N}\cdot\text{m}$$

当然，轴承B处的最大弯矩也可计算如下

$$M_{max}=F_{Ar}l_1=1140\text{N}\times170\text{mm}\approx193\times10^3\text{N}\cdot\text{mm}=193\text{N}\cdot\text{m}$$

第 23 章　交错轴斜齿轮传动和蜗杆传动

23.1　交错轴斜齿轮传动

23.1.1　功能和作用

法向齿距和压力角相同，但螺旋角不同（$\beta_1 \neq \beta_2$）的两个斜齿圆柱齿轮构成交错轴斜齿轮传动（见第 20 章，图 20-6a）。它们两轴交错角为 Σ（大多数情况 $\Sigma = 90°$）。因此轮齿之间除了有滚动滑动之外，还有螺旋滑动，即齿与齿之间同螺旋副一样滑动。当 $\Sigma < 45°$时，一个齿轮为右旋，另一个齿轮必须为左旋，当 $\Sigma > 45°$时，两齿轮必须同旋向。由于齿轮交叉，如同交叉的摩擦轮的圆柱面一样，齿廓仅仅是点接触。

相对于其他传动的优点：交错轴斜齿轮可沿轴向移动而对啮合没有危害。与锥齿轮传动和蜗杆传动不同，不需要精确调整两齿轮位置（安装简单!）。

缺点：相对于圆柱齿轮、锥齿轮或蜗杆传动，交错轴斜齿轮承载能力小，磨损大，其效率要低得多。

交错轴斜齿轮传动使用很少，仅仅用于小功率和传动比 $i=1 \sim 5$ 的场合，例如汽车发动机中用于驱动的分电器轴（在四冲程发动机中，用齿轮将水平凸轮轴与铅垂的分电器轴相连，其$i=1$）。

23.1.2　几何关系

1. 传动比　由于交错轴斜齿轮传动两轮的螺旋角大多数情况是不相等的，所以传动比不能直接用分度圆直径比，只能用转速比和齿数比来表达：$i = n_1/n_2 = z_2/z_1$。两齿轮的法向模数必须相等。由式（21-38）得分度圆直径为 $d_1 = z_1 m_n / \cos\beta_1$，$d_2 = z_2 m_n / \cos\beta_2$。变换后，得传动比为

$$i = \frac{n_1}{n_2} = \frac{z_2}{z_1} = \frac{d_2 \cos\beta_2}{d_1 \cos\beta_1} \tag{23-1}$$

式中　n_1，n_2——齿轮转速；

z_1，z_2——齿轮齿数；

d_1，d_2——分度圆直径；

β_1，β_2——轮齿螺旋角。

下标 1 为主动轮，2 为从动轮。

2. 螺旋角⊖　节点 S 处的螺旋角之和（见第 20 章，图 20-3）为交错角 Σ（图 23-1）：

$$\Sigma = \beta_{s1} + \beta_{s2} \tag{23-2}$$

主动轮的螺旋角 β_{s1} 应大于从动轮 β_{s2}，这样才能使效率更高（见 § 20.4）。当 $\Sigma = 90°$时，$\beta_{s1} \approx 48° \sim 51°$和 $\beta_{s2} \approx 42° \sim 39°$，效率最高。

⊖　标准传动和等变位传动 $\beta_{s1,2} = \beta_{1,2}$ 和 $d_{s1,2} = d_{1,2}$。

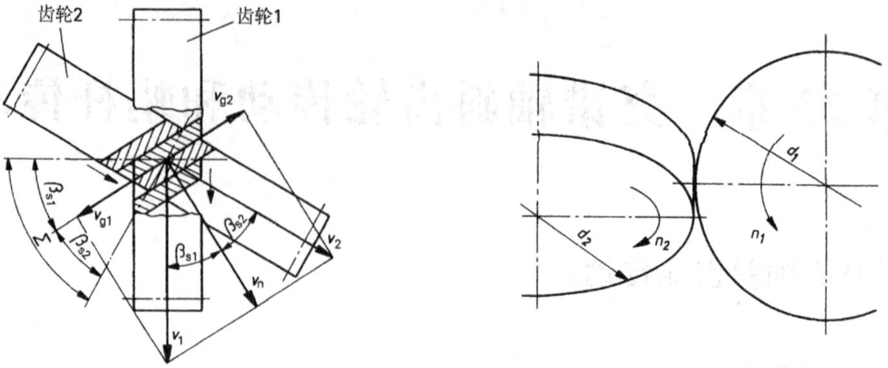

图 23-1　交错轴斜齿轮传动的速度分析

3. 速度分析　轮齿沿法向（即垂直于齿廓）的速度为 v_n，且两轮相等，因为两轮不能嵌在一起（见图 23-1），$v_n = v_1\cos\beta_{s1}$ 和 $v_n = v_2\cos\beta_{s2}$。v_n 是两轮分度圆圆周速度的共同分量（见图 23-1），圆周速度为 $v_1 = d_1\pi n_1$，$v_2 = d_2\pi n_2$。圆周速度沿齿廓方向的分量为单滑动速度 $v_{g1} = v_1\sin\beta_{s1}$ 和 $v_{g2} = v_2\sin\beta_{s2}$。两个单滑动速度之和为齿廓之间的滑动速度

$$v_g = v_{g1} + v_{g2} = v_1\sin\beta_{s1} + v_2\sin\beta_{s2} \tag{23-3}$$

4. 齿轮尺寸、中心距　交错轴斜齿轮尺寸按斜齿圆柱齿轮式（21-38）～式（21-41）计算。计算时要注意两轮螺旋角不同。

中心距为

$$a = \frac{d_{s1} + d_{s2}}{2} = \frac{m_n}{2}\left(\frac{z_1}{\cos\beta_{s1}} + \frac{z_2}{\cos\beta_{s2}}\right) \tag{23-4}$$

23.1.3　啮合关系

图 23-2b 所示为法向啮合图，法向齿距为 p_n，法向压力角 $\alpha_n = 20°$。实际啮合线段为

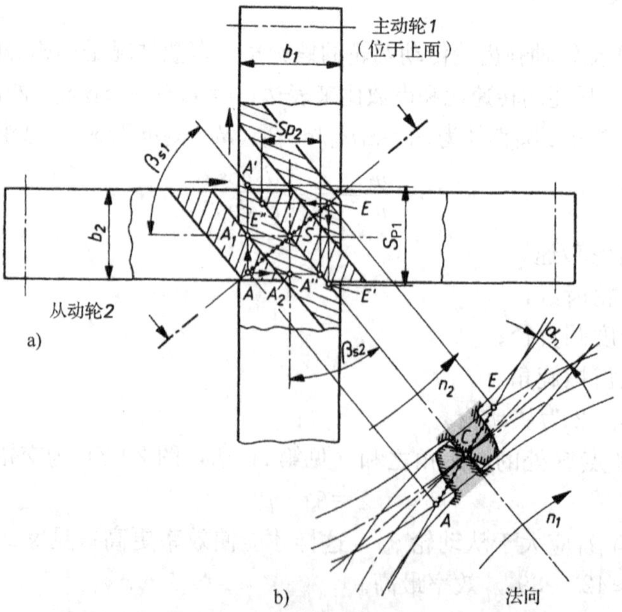

图 23-2　交错轴斜齿轮传动的啮合关系

a）啮合位置的俯视图，S 为节点　b）法向；该图所示为节平面的局部视图，C 为节点，假想将齿沿平面展开

AE。将其投影到图 23-2a 中，点 A 和 E 决定了法向啮合线段。为了得到实际参与啮合的齿廓长度，将点 A 和 E 沿两轮的旋转平面投影到齿廓上，在齿轮 1 的齿廓上得到点 A' 和 E'，在齿轮 2 的齿廓上得到点 A''和 E''。起始啮合点为齿轮 1 的 A'和齿轮 2 的 A''的重合点 A。同样地，啮合终点为 E'和 E''的重合点 E。因为在线段AE之外没有啮合，所以它也给出了齿轮的最小齿宽。对齿轮 1 它必须至少是线段CA_1的两倍那么长，对齿轮 2 它必须至少是线段CA_2的两倍那么长，因为该线段一般（此处也是）长于CE（即$\overline{CA}>\overline{CE}$）。齿宽更大也没有必要。

与斜齿圆柱齿轮传动一样，交错轴斜齿轮传动重合度 ε，也是由端面重合度和轴面重合度组成，一般均足够大。

23.1.4　受力分析（标准传动）

在进行受力分析时，应计入螺旋滑动所产生的沿齿廓方向的摩擦力。图 23-3 给出齿轮受力图。先进行主动轮 1 的受力分析：将垂直于齿廓作用的齿轮载荷（法向力）F_{bn1}分解为垂直于齿廓方向的法向分量 F'_{bn1}和径向分量（径向力）F_{r1}（见图 23-3b）。在啮合位置的俯视图上（图 23-3a，齿轮 1 位于齿轮 2 的上方），径向力为一个点，它垂直于图面。在计入沿齿廓方向，并与轮齿运动方向相反的摩擦力 F_{R1}后，将法向分量 F'_{bn1}分解为圆周力 F_{t1}和轴向力 F_{a1}。在力多边形图 23-3c 中，F'_{bn1}和 F_{R1}合成为当量载荷 F_{e1}，它与 F'_{bn1}的夹角为当量摩擦角 ρ'。精确计算时应该用法向力 F_{bn1}代替 F'_{bn1}，但通过用ρ'代替ρ（摩擦角）也就补偿了它们之间的差别了（见第 8 章，螺旋副力分析）。计算从名义圆周力开始：

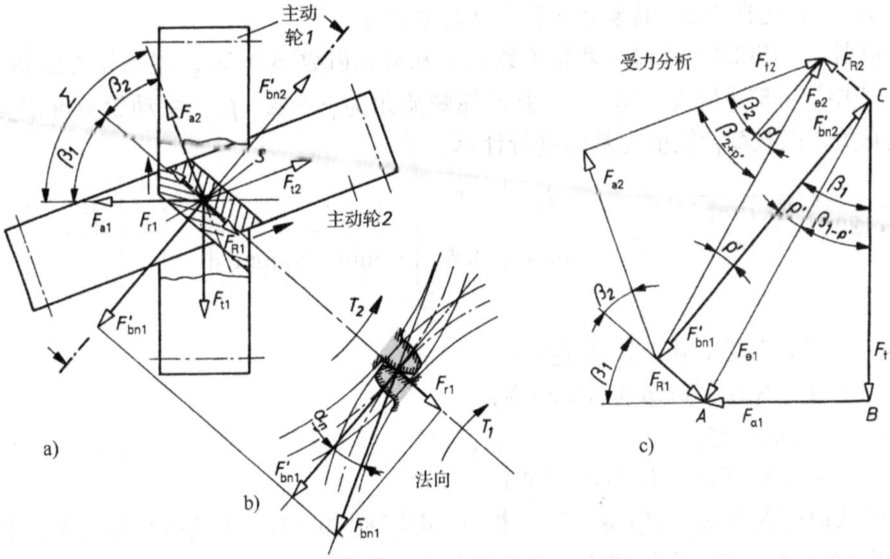

图 23-3　交错轴斜齿轮传动的力分析（标准传动，$\beta_s=\beta$）

$$F_{t1}=\frac{T_1}{(d_1/2)} \tag{23-5}$$

式中　T_1——主动轮 1 传递的名义转矩；

　　　d_1——主动轮 1 的分度圆直径，见式（21-38）。

由力三角形 ABC（见图 23-3）得轴向力为

$$F_{a1}=F_{t1}\tan(\beta_1-\rho') \tag{23-6}$$

式中　β_1——主动轮1的螺旋角；

ρ'——当量摩擦角，当$\mu\approx0.05\sim0.1$和$\alpha_n=20°$时，$\rho'\approx3°\sim6°$。

径向力将根据图23-3b由F'_{bn1}计算，其中F'_{bn1}可借助于F_{e1}由F_{t1}根据力多边形图23-3c来表达。所以径向力为

$$F_{r1}=F_{t1}\frac{\tan\alpha_n\cos\rho'}{\cos(\beta_1-\rho')} \tag{23-7}$$

下面不再详细推导从动轮2各载荷的计算公式，而是直接给出结果。根据力多边形图23-3c，可得名义圆周力为

$$F_{t2}=F_{t1}\frac{\cos(\beta_2+\rho')}{\cos(\beta_1+\rho')} \tag{23-8}$$

轴向力为

$$F_{a2}=F_{t2}\tan(\beta_2+\rho') \tag{23-9}$$

如果不考虑很小的滚动滑动摩擦的话，齿轮2的径向力为

$$F_{r2}\approx F_{r1} \tag{23-10}$$

提示：所求得的各力均由计算名义转矩T_1所产生。为考虑极端工作条件，必要时应计入使用系数K_A（由TB3-5查取）。

23.1.5　尺寸计算（标准传动）

分为两种情况进行计算：

情况1：已知交错角Σ，传动比i和传动功率P_1：

首先根据i由TB23-1选取主动轮齿数z_1。从动轮齿数$z_2=iz_1$。主动轮螺旋角$\beta_1=(\Sigma+\rho')/2$，式中$\rho'\approx5°$［见式（23-6）］。从动轮螺旋角为$\beta_2=\Sigma-\beta_1$。主动轮分度圆直径与功率和转速有关，以载荷特征值为基础进行计算：

$$d'_1\approx120\sqrt[3]{\frac{K_AP_1z_1^2}{cn_1\cos^2\beta_1}} \tag{23-11}$$

d'_1	P	n_1	c	K_A，z_1	β
mm	kW	r/min	N/mm²	1	°

式中　K_A——使用系数，由TB3-5查取；

P_1——主动轮所要传递的名义功率；

n_1——主动轮转速；

c——载荷特征值，由TB23-2查取。

齿轮的法向模数为$m'_n=d'_1\cos\beta_1/z_1$；根据DIN 780由TB21-1选取标准模数。根据所确定的标准模数m_n即可求得齿轮和传动的最终尺寸。齿宽为$b\approx10m_n$。

情况2：已知交错角Σ、传动比i和中心距a：

如同情况1一样，首先来确定齿数z_1和z_2。主动轮分度圆直径为$d_1\approx ya$，比值y由TB23-1查取。这样就可以得到从动轮的螺旋角（标准传动）为

$$\tan\beta_2\approx\left(\frac{2a}{d_1}-1\right)\frac{1}{i\sin\Sigma}-\frac{1}{\tan\Sigma} \tag{23-12}$$

当$\Sigma=90°$时，$\tan\beta_2\approx(2a-d_1)/(id_1)$；可将$\beta_2$圆整为整数。所以主动轮的螺旋角为$\beta_1=\Sigma-\beta_2$。

同情况 1 一样计算法向模数 m_n 并选定标准模数。然后就可以计算主动轮的最终分度圆直径 $d_1 = m_n z_1 / \cos\beta_1$。为了能精确保证所给中心距 a，必须用到目前为止所确定的参数来对从动轮的螺旋角 β_2 进行修正。将式（23-4）变换后，即可计算精确的螺旋角

$$\frac{1}{\cos\beta_2} = \frac{2a}{m_n z_2} - \frac{1}{i\cos\beta_1} \tag{23-13}$$

然后就可以求出余下的其他齿轮和传动尺寸。将式(23-11)变换后即可用来近似校核该传动是否能传递功率 P_1。

23.2　蜗杆传动

23.2.1　功能和作用

蜗杆传动是两轴交错(一般垂直交错，$\Sigma = 90°$)的一种齿轮传动。蜗杆传动由蜗杆（圆柱蜗杆或环面蜗杆）和相应的蜗轮组成，大多数情况下蜗杆为主动件（见第 20 章，图 20-6c 和 d)。与由斜齿圆柱齿轮组成的螺旋滚动传动为点接触不一样，蜗杆与蜗轮在啮合区域内为线接触。蜗杆可以是一个齿或多个齿，如同螺旋线以相同的导程绕在蜗杆轴上。蜗杆的齿数 z_1 是端面上所截到的齿的数量。根据齿廓方向的不同，分为左旋和右旋两种蜗杆，优先采用右旋齿廓（见 DIN 3975“交错角 90°的圆柱蜗杆传动的准则和主要尺寸”，以及 DIN 3976“圆柱蜗杆；蜗轮组的中心距与传动比的对应关系”）。

相对于其他齿轮传动的优点：蜗杆传动运行噪声低、阻尼大，同样功率和传动比下，结构更小和更轻。由于为线接触，故比交错轴斜齿轮传动的压强和磨损小。单级传动比（通常为减速）可达 $i_{max} \approx 100$，特殊情况下，例如分度机构，还可以更大。

缺点：齿廓打滑会导致较剧烈的磨损，功率损耗较大，相对于圆柱齿轮传动和锥齿轮传动效率更低；轴向力大，特别是蜗杆，所以对轴的支承要求更高。蜗杆传动对中心距的变化很敏感。

1. 结构形状和加工　蜗杆和蜗轮可以是圆柱形的，也可以是球形的。可分为：

圆柱蜗杆传动：由圆柱形蜗杆和球面蜗轮组成（见图 23-4a)，它是最常用的蜗杆传动形式。

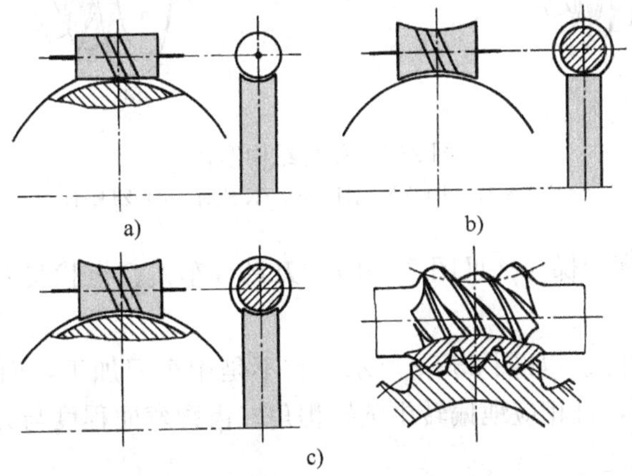

图 23-4　蜗杆传动

a）圆柱蜗杆传动　b）环面蜗杆-圆柱蜗轮传动　c）环面蜗杆传动

环面蜗杆-圆柱蜗轮传动：由环面蜗杆和圆柱蜗轮组成（见图 23-4b），由于蜗杆加工成本昂贵，故这种传动形式很少使用。

环面蜗杆传动：由环面蜗杆和球面蜗轮组成（见图 23-4c），由于加工成本昂贵，只用在大功率传动中。

加工方法决定了齿廓形状，所以应用最广泛的圆柱蜗杆（Z）可分为：

ZA 蜗杆，轴截面上蜗杆齿为直线梯形齿廓（见图 23-5a）。加工时，梯形车刀的切削刃位于轴截面上即可形成这种齿廓形状。使用相应的成形刀具，这种齿廓形状也可以用铣削和磨削加工。

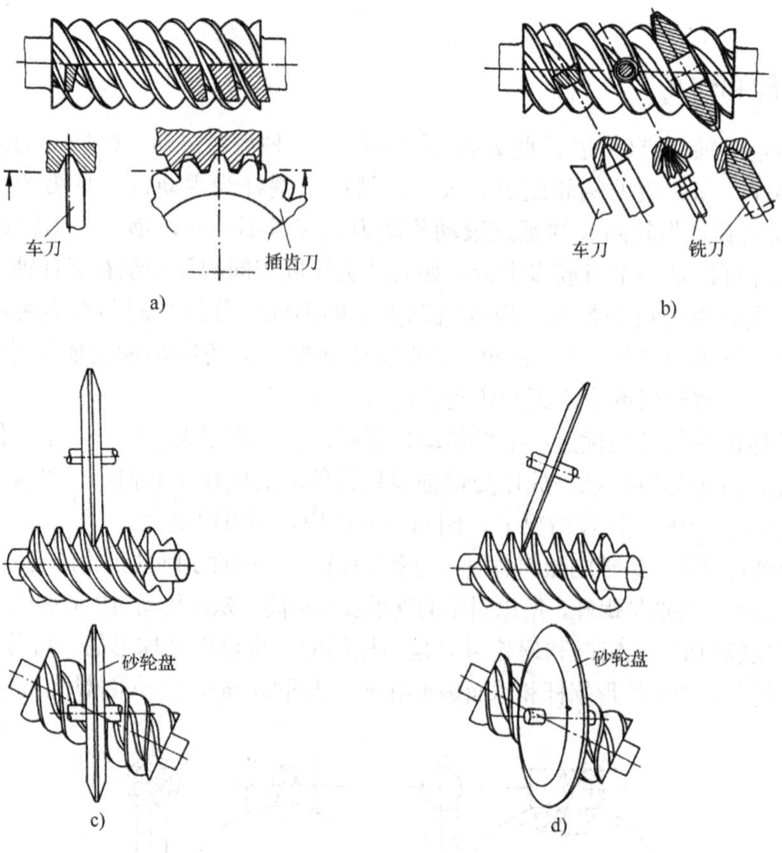

图 23-5　蜗杆结构形状

a）ZA 蜗杆　b）ZN 蜗杆　c）ZK 蜗杆　d）ZI 蜗杆

ZN 蜗杆，法向齿廓为梯形（见图 23-5b）。刀具（车刀、指状铣刀、小盘形铣刀）相应地偏转中圆导程角 γ_m。

ZK 蜗杆，齿廓为曲线。如图 23-5c 所示，它不是用车刀加工，而是用旋转的刀具（盘形铣刀，砂轮盘）加工，且相应地偏转中圆导程角。齿廓弯曲程度与刀具直径有关。由于加工经济性好，故应用广泛。

ZI 蜗杆，这种蜗杆在法向上是标准渐开线（见图 23-5d）。ZI 蜗杆可以被看作是螺旋角 β 很大的斜齿圆柱齿轮。成形刀具可以是车刀，也可以是滚切铣刀。ZI 蜗杆由于加工经济性好，所以具有极其重要的意义。

2. 用途　作为一种通用传动方式，蜗杆传动用于大功率和主动轮大转速下的大传动比传动，例如电梯、卷扬机、卷筒和起重机，而且可用于驱动带式输送机和螺旋输送机，用于滑轮组和车辆转向机构中。

23.2.2　交错角 $\Sigma=90°$ 的圆柱蜗杆传动的几何关系⊖

1. 传动比　蜗杆传动的传动比不但可以用转速和齿数来表达，在动力传动（例如滑轮组）中也常常可以用转矩来表达。考虑效率后，蜗杆主动的传动比 i 和齿数比 u 为

$$i=u=\frac{n_1}{n_2}=\frac{z_2}{z_1}=\frac{T_2}{T_1\eta_g} \tag{23-14}$$

式中　n_1，n_2——蜗杆，蜗轮转速；

z_1，z_2——蜗杆，蜗轮齿数；

T_1，T_2——蜗杆，蜗轮转矩；

η_g——蜗杆传动的总效率，由第 20 章式（20-5）计算。

一般来说，最小传动比为 $i_{min}\approx5$，最大传动比 $i_{max}\approx50\sim60$。当 $i>60$ 时，结构比例不协调且蜗杆磨损更剧烈。为使磨损均匀，对于多头蜗杆，i 尽可能不要是整数。按 TB23-3 查得的数据可保证得到合理的结构比例。

2. 蜗杆尺寸　蜗杆齿在蜗杆圆柱体上沿螺旋线绕制。中圆导程角 γ_m（通常 $\approx15°\sim25°$）为中圆 d_{m1} 齿廓切线与轴线的垂线之间的夹角。

将螺旋线展开（见图 23-6d），即得中圆导程角为

$$\tan\gamma_m=\frac{p_{z1}}{d_{m1}\pi} \tag{23-15}$$

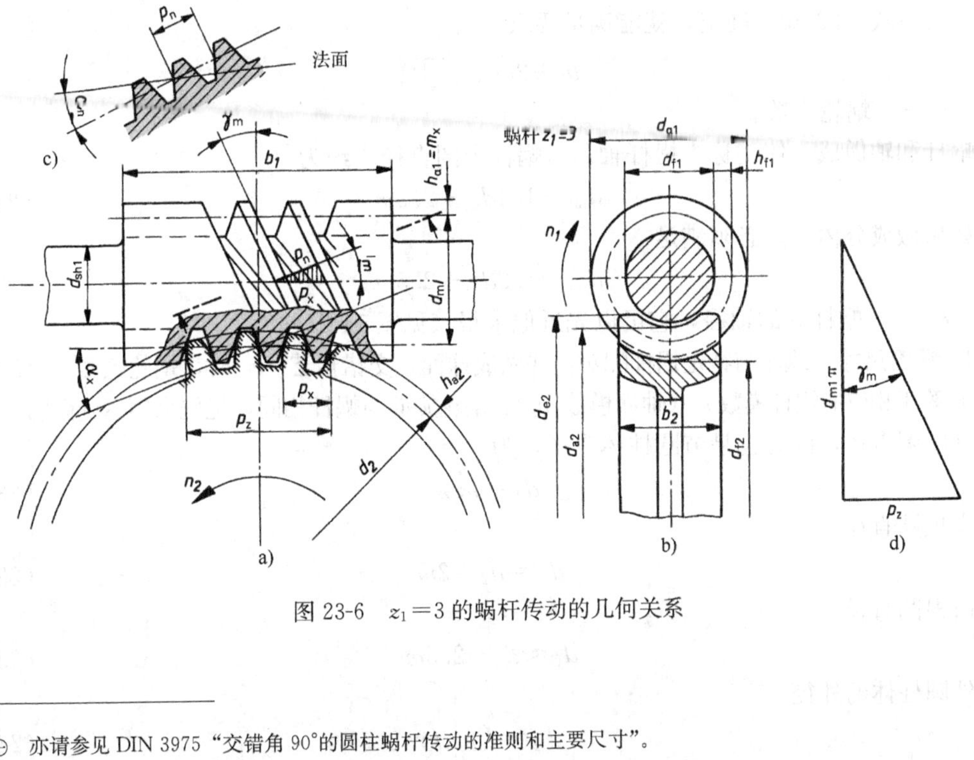

图 23-6　$z_1=3$ 的蜗杆传动的几何关系

⊖　亦请参见 DIN 3975“交错角 90°的圆柱蜗杆传动的准则和主要尺寸”。

式中 p_{z1}——导程，等于一个齿绕一圈在轴面上所走的距离，$p_{z1}=z_1 p_x$，z_1为蜗杆齿数，p_x为轴面齿距；

d_{m1}——蜗杆中圆直径。

轴面上（下标为 x）的轴面齿距 $p_x=m\pi$（精确地写，应为 $p_x=m_x\pi$），法向上（下标为 n）的法向齿距 $p_n=m_n\pi$，式中 m_n为法向模数。蜗杆（轴面）和蜗轮（端面）的轴面模数按 DIN 780 T2（见 TB23-4）确定。

由图 23-6a（阴影三角形），得

$$p_n=p_x\cos\gamma_m \text{ 或 } m_n=m\cos\gamma_m \tag{23-16}$$

由式(23-15)得 $d_{m1}=p_{z1}/(\tan\gamma_m\pi)$。将 $p_{z1}=z_1p_x=z_1m\pi$ 和由式(23-16)得到的 $m=m_n/\cos\gamma_m$代入，即得蜗杆中圆直径为

$$d_{m1}=\frac{z_1m}{\tan\gamma_m}=\frac{z_1m_n}{\sin\gamma_m} \tag{23-17}$$

在进行初步设计时，可取初选值为 $d_{m1}\approx0.4a$（见§23.2.5）。从结构设计的角度来看，中圆直径是任意可选的。但其标准值和优先系列见 DIN 3976。

比值 $d_{m1}/m=z_1/\tan\gamma_m=q$ 称为直径系数。q 越大，蜗杆直径就越大，从而抗弯截面系数越大；但滑动速度也同时增大，它会导致磨损加剧和效率降低。根据经验，应取 $6\leqslant q\leqslant 17$（优先取 $q\approx10$）。

由齿顶高 $h_{a1}=m$ 和齿根高 $h_{f1}\approx1.25m$，得齿顶圆直径为

$$d_{a1}=d_{m1}+2m \tag{23-18}$$

和齿根圆直径为

$$d_{f1}\approx d_{m1}-2.5m \tag{23-19}$$

齿宽 b_1（蜗杆长）应足够大，使蜗杆齿廓所有接触点都能承载。对于无变位的蜗杆传动，只要按式（23-20）确定，就能满足要求。

$$b_1\geqslant2m\sqrt{z_2+1} \tag{23-20}$$

式中 z_2——蜗轮齿数。

蜗杆和轴做成一体，称为蜗杆轴。其蜗杆中圆直径应约为

$$d_{m1}\approx1.4d_{sh}+2.5m \tag{23-21}$$

如果做成分体式，必须满足

$$d_{m1}\geqslant1.8d_{sh}+2.5m \tag{23-22}$$

式中 d_{sh}——蜗杆处的轴径，它可以先近似求得（见图 11-21）。

3. 蜗轮尺寸 蜗轮与特定蜗杆配对，并做成球面。交错角 $\Sigma=90°$时，蜗轮模数 m（端面模数 m_t）等于相应的蜗杆模数 m（轴面模数 m_x）。蜗轮旋向与蜗杆相同，优先采用右旋齿廓。

分度圆直径，同时也是节圆柱体直径，为

$$d_2=mz_2 \tag{23-23}$$

齿顶圆直径

$$d_{a2}=d_2+2m \tag{23-24}$$

齿根圆直径

$$d_{f2}\approx d_2-2.5m \tag{23-25}$$

外圆柱体的外径

$$d_{e2}\approx d_{a2}+m \tag{23-26}$$

蜗轮齿宽要根据材料确定（见图 23-7）；具体如下：

GJL、GJS 或锡青铜蜗轮：

$$b_2 \approx 0.45\ (d_{a1}+4m) \tag{23-27}$$

轻金属蜗轮：

$$b_2 \approx 0.45(d_{a1}+4m)+1.8m$$

4. 中心距　同圆柱齿轮传动一样，蜗杆结构中心距为

$$a=\frac{d_{m1}+d_2}{2} \tag{23-28}$$

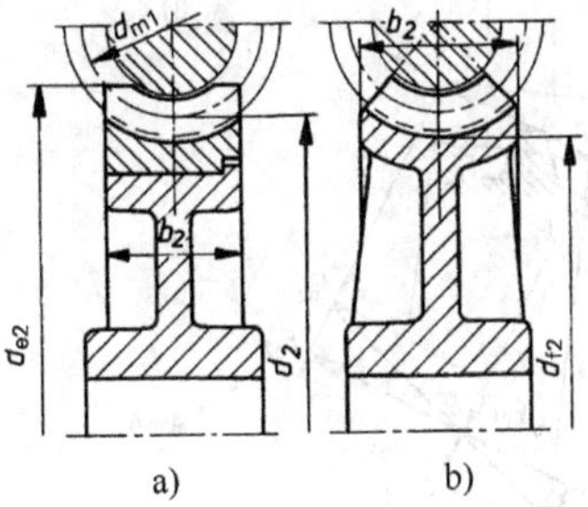

图 23-7　蜗轮的结构和尺寸

a）GJL、GJS 或锡青铜蜗轮　b）轻金属蜗轮

23.2.3　啮合关系

蜗杆传动的啮合关系决定于轴面，在该面上，蜗轮蜗杆的啮合为齿轮齿条啮合。传动比 $i \leqslant 5$，只要蜗轮齿数不要小于 $z_2 \approx 20 \sim 30$，就不会危及啮合质量，也不会产生根切。一般无需对其进行验算，只有在特殊情况下，如要实现给定中心距，才进行变位。推荐法向压力角为 $\alpha_n=20°$。所以轴面压力角为

$$\tan\alpha_x=\frac{\tan\alpha_n}{\cos\gamma_m} \tag{23-29}$$

式中　α_n——法向压力角，优先取 $\alpha_n=20°$；

　　γ_m——导程角。

23.2.4　受力分析

1. 蜗杆受力分析　图 23-8 给出主动蜗杆和从动蜗轮的受力。进行受力分析时，首先来研究垂直于齿廓并沿法线方向作用的齿轮载荷 F_{n1}（图 23-8b，法面 $N—N$）。由法向力 F_{n1} 所产生的沿接触线方向作用的摩擦力为 μF_{n1}。F_{n1} 和 μF_{n1} 的合力为当量载荷 F_{e1}，它与法向力 F_{n1} 的夹角为摩擦角 ρ（图 23-8b，截面 $A—A$）。将法向力 F_{n1} 分解（见截面 $N—N$），则得载荷 $F_{r1}=F_{n1}\sin\alpha_n$ 和 $F'_{n1}=F_{n1}\cos\alpha_n$，将其投影到俯视图上即得 F'_{n1} 和 F'_{e1}。它们之间的夹角为（当量）摩擦角 ρ'，其关系为

$$\tan\rho'=\frac{\mu F_{n1}}{F'_{n1}}=\frac{\mu F_{n1}}{F_{n1}\cos\alpha_n}=\frac{\mu}{\cos\alpha_n}=\mu'$$

为了得到作用于主动蜗杆的各力，首先来计算圆周力

$$F_{t1}=\frac{(K_A)T_1}{d_{m1}/2}=\frac{2(K_A)T_1}{d_{m1}} \tag{23-30}$$

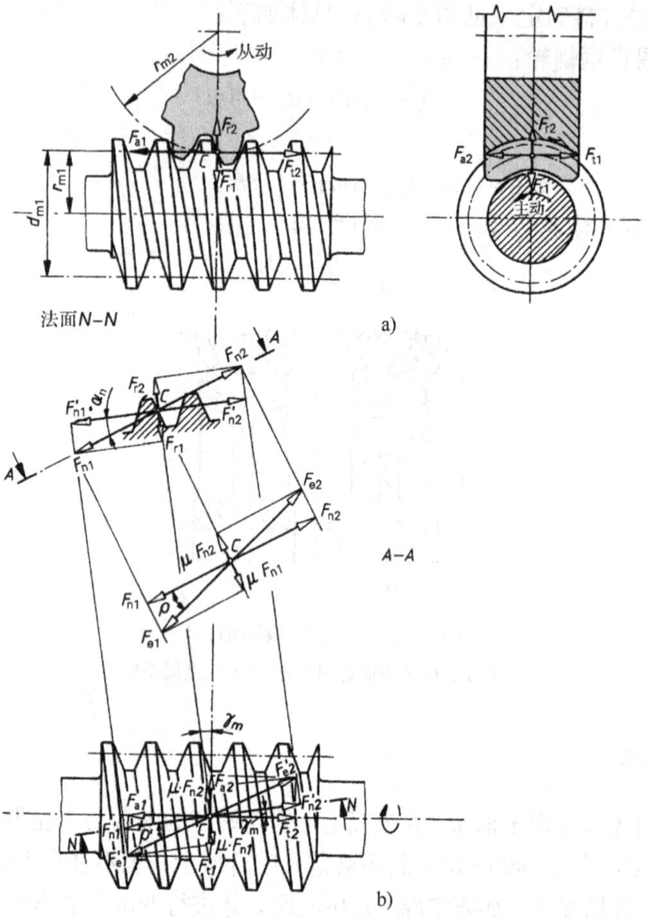

图 23-8　蜗杆受力分析

式中　T_1——蜗杆名义转矩；

d_{m1}——中圆直径；

K_A——用以考虑极端工况的使用系数，由 TB3-5 查取。

根据图 23-8，可得下述各力：

轴向力

$$F_{a1}=\frac{F_{t1}}{\tan(\gamma_m+\rho')} \tag{23-31}$$

式中　γ_m——蜗杆导程角；

ρ'——摩擦角，见第 20 章式（20-7）。

径向力

$$F_{r1}=\frac{F_{t1}\cos\rho'\tan\alpha_n}{\sin(\gamma_m+\rho')} \tag{23-32}$$

式中　α_n——法向压力角，通常 $\alpha_n=20°$

2. 蜗轮受力分析　图 23-8 也给出了从动蜗轮的受力。蜗轮圆周力大小与蜗杆轴向力相等，但方向相反

$$F_{t2}=F_{a1} \tag{23-33}$$

同样地，可得蜗轮径向力

$$F_{r2}\approx F_{r1} \tag{23-34}$$

和蜗轮轴向力

$$F_{a2} \approx F_{t1} \tag{23-35}$$

23.2.5　蜗杆传动初步设计计算

1. 预选主要尺寸　蜗杆传动的主要尺寸可按经验预选，也可由近似公式计算。它分为下述两种情况来进行：

情况 1：已知中心距 a 和齿数比 u（即传动比 i）。

首先由 TB23-3 选择蜗杆齿数 z_1，或由式（23-36）计算

$$z_1 \approx \frac{1}{u}(7+2.4)\sqrt{a} \tag{23-36}$$

式中　$u=i$——齿数比（传动比）；

a——中心距，单位为 mm。

将计算值往大圆整成整数后得齿数 z_1，然后就可算得蜗轮齿数 $z_2=uz_1$。

暂定的蜗杆中圆直径为

$$d_{m1} \approx \psi_a a \tag{23-37}$$

式中　$\psi_a=d_{m1}/a$——直径中心距比，一般 $\psi_a \approx 0.5 \sim 0.3$。

所以暂定的蜗轮分度圆直径为

$$d_2=2a-d_{m1} \tag{23-38}$$

蜗轮的端面模数等于蜗杆的轴面模数（$\sum=90°$!），即 $m_t=m_x=m=d_2/z_2$；这样就可以根据 DIN 780 T2 由 TB23-4 选大一号的标准模数。由 m_t 即可得蜗轮的最终分度圆直径 $d_2=mz_2$ 和蜗杆的中圆直径 $d_{m1}=2a-d_2$。

将式（23-17）变换后，可得蜗杆导程角 γ_m（等于蜗轮螺旋角 β）：

$$\tan\gamma_m=\tan\beta=\frac{z_1 m}{d_{m1}} \tag{23-39}$$

这样就可以按 § 23.2.2 计算其他尺寸。必要时应验算 d_{m1} 是否满足式（23-21）或式（23-22）。

情况 2：已知输出力矩 T_2 或输出功率 P_2 和转速 n_2，齿数比 u，对中心距 a 没有要求。

对于这种情况，先按式（23-40）计算近似中心矩：

$$a \approx 750\sqrt[3]{\frac{T_2}{\sigma_{H\lim}^2}} \approx 16 \times 10^3\sqrt[3]{\frac{P_2}{n_2\sigma_{H\lim}^2}} \tag{23-40}$$

a	T_2	$\sigma_{H\lim}$	P_2	n_2
mm	N · m	N/mm²	kW	r/min

式中　T_2——蜗轮输出转矩，如果已知蜗杆转矩 T_1，则 $T_2=T_1 u\eta_g$，总效率 η_g 先由 TB20-9 查取；

P_2——蜗轮输出功率，如果已知蜗杆功率 P_1，则 $P_2=P_1\eta_g$；

n_2——蜗轮转速；

$\sigma_{H\lim}$——给定材料的接触疲劳强度极限，由 TB20-4 查取。

然后根据 DIN 323，系列 R10（见 TB1-16）确定中心距。然后按情况 1 用式（23-36）进行计算。

2. 预选材料　由于齿之间有附加螺旋滑动，所以对蜗杆和蜗轮材料的选择有特别的要求。两材料之间必须有良好的滑动、耐磨和导热性能。蜗杆一般为钢制（见第 20 章

§20.2），蜗轮则主要为锡青铜，也常采用铸铁和铝合金（见TB20-3）。

23.2.6　承载能力校核

由于齿廓之间的运动关系不一样，所以圆柱和锥齿轮传动的计算方法不能直接用于蜗杆传动。蜗杆传动的承载能力受配对材料的影响很大；同时，也受齿廓摩擦发热的影响（例如它也决定了减速器箱体的结构）。下面介绍使用最广泛的交错角 $\Sigma=90^\circ$ 的蜗杆传动承载能力计算。

1. 齿面承载能力　在预选传动尺寸后，首先要进行齿面接触疲劳强度校核。根据尼曼的研究，抗点蚀安全系数为

$$S_H=\frac{\sigma_{H\lim}Z_hZ_N}{Z_EZ_p\sqrt{1000(T_2K_A)/a^3}}\geqslant S_{H\min} \tag{23-41}$$

S_H	a	T_2	$\sigma_{H\lim}$	K_A，Z...
1	mm	N·m	N/mm²	1

式中　T_2——蜗轮输出名义转矩，$T_2=9550P_2/n_2$；

$\sigma_{H\lim}$——蜗轮材料的接触疲劳极限，由TB20-4查取；

Z_E——弹性系数，由TB20-4查取，并注意该表脚注；

Z_h——寿命系数，与寿命 L_h 有关，由TB23-5查取；

Z_N——转速系数，与转速 n_2 有关，由TB23-6查取；

Z_p——接触系数，由TB23-7查取；

K_A——使用系数，由TB3-5查取，在计算 T_2 已考虑不利工况时，$K_A=1$；

a——中心距；

$S_{H\min}$——抗点蚀最小安全系数，根据用于计算的各参数的精度和损坏后果选择：$S_{H\min}\approx1\sim1.3$。

2. 齿根承载能力　抗蜗轮齿根折断的安全系数为

$$S_F=\frac{U_{\lim}mb_2}{F_{t2}K_A}\geqslant S_{F\min} \tag{23-42}$$

S_F	F_{t2}	$U_{\lim}$	m，b_2	K_A
1	N	N/mm²	mm	1

式中　$U_{\lim}$——蜗轮材料的承载极限值，由TB20-4查取；

m——模数；

b_2——齿宽，由式（23-27）计算；

F_{t2}——蜗轮名义圆周力，由式（23-33）计算；

K_A——使用系数，由TB3-5查取，见式（23-41）；

$S_{F\min}$——抗轮齿齿根折断的最小安全系数，$S_{F\min}\geqslant1$。

3. 发热控制⊖　除了要对蜗轮进行齿面和齿根承载能力校核外，还应校核由齿廓和轴承摩擦，以及润滑油粘滞作用所产生的热量是否会使传动装置的温升超过许用值。必须采取合适的措施（例如箱体上的散热肋或蜗杆轴上的风口）将摩擦热散发出去，以保证重载蜗杆

⊖ 温度安全系数校核是非常复杂的，本节只介绍简化方法。

传动内部温度不超过许用极限值（$\theta_{grenz}\approx 80°$）。

温度安全系数用式（22-43）近似计算

$$S_\theta=\frac{\theta_{grenz}}{\theta}\approx\left(\frac{a}{10}\right)^2\frac{q_1q_2q_3q_4}{136P_1}\geqslant 1 \tag{23-43}$$

S_θ	θ	a	P_1	$q\ldots$
1	℃	mm	kW	1

式中 a——中心距；

q_1——冷却系数，用以考虑冷却方式（有/无附加冷却方法）、工作时间百分比 ED 和蜗杆转速，q_1 值由 TB23-8 查取；

q_2——传动比系数，由 TB23-9 查取；

q_3——材料配对系数，由 TB23-10 查取；

q_4——结构类型系数，用以考虑蜗杆传动结构的影响，由 TB23-11 查取；

P_1——蜗杆传动所要传递的名义功率。

4. 蜗杆轴的挠度 为了保证最好的啮合效果，除了要仔细设计蜗杆和蜗轮的支承以外，还要使径向力 F_{r1} 和圆周力 F_{t1}（见图 23-9）所产生的蜗杆轴的变形（挠度）尽可能小。从结构上来说，大蜗杆轴径和小轴承距离可保证这点。

挠度安全系数为

$$S_D=\frac{f_{grenz}}{f_{max}}\geqslant(0.5\sim)1 \tag{23-44}$$

式中 f_{grenz}——蜗杆轴的许用挠度，根据经验，硬化蜗杆可取 $0.004m$，调质蜗杆可取 $0.01m$；

f_{max}——蜗杆挠度，假设蜗杆位于两轴承中间，蜗杆轴的惯性矩为常数，则可得 $f_{max}=(F_1l_1^3)/(48EI)$，式中，$F_1=\sqrt{(F_{r1}^2+F_{t1}^2)}$，$l_1\approx 1.5a$ 和 $I=(\pi/64)d^4$，根据蜗杆结构的不同，$d\approx d_{sh1}$ 或 $d\approx d_{m1}$。

23.2.7 计算示例

■**例 23-1**：一计数机构采用蜗杆传动，其传动比 $i=u=35$，出于结构的原因，要求中心距 $a=40$mm。交错角 $\Sigma=90°$，传动功率很小，设计计算时无需考虑。试确定该蜗杆及其传动的主要尺寸。

▶**解**：首先根据 § 23.2.1 来确定蜗杆的结构类型。虽然对传动功率的要求很小，但该传动还是应该尽可能实现无间隙的精确传动。故选圆柱蜗杆传动的 ZI 蜗杆和球面蜗轮。

主要尺寸按 § 23.2.2 确定，即按已知中心距的“情况 1”来进行计算。首先由式（23-36）来计算蜗杆齿数：

$$z_1\approx\frac{1}{u}(7+2.4\sqrt{a})=\frac{1}{35}(7+2.4\sqrt{40})=0.6\text{，选 } z_1=1$$

所以蜗轮齿数为 $z_2=uz_1=35\times1=35$。暂定的蜗杆中圆直径按式（23-37）用所选的直径—中心距比 $\psi_a\approx0.35$ 来计算：

$$d_{m1}\approx\psi_a a=0.35\times40\text{mm}=14\text{mm}$$

这样就可以根据式（23-38）计算暂定的蜗轮分度圆直径

$$d_{m2}=2a-d_{m1}=2\times40\text{mm}-14\text{mm}=66\text{mm}$$

由此可得蜗轮端面模数（等于蜗杆轴向模数，$\Sigma=90°$）

$$m_t\triangleq m_x=m=\frac{d_2}{z_2}=\frac{66\text{mm}}{35}\approx1.8\text{mm}$$

根据 DIN 780 T2（TB23-4）选定

$$m_t = m_x = 2\text{mm}$$

由此可计算蜗杆和蜗轮的最终尺寸：

蜗轮分度圆直径为

$$d_2 = mz_2 = 2\text{mm} \times 35 = 70\text{mm}$$

蜗杆中圆直径为

$$d_{m1} = 2a - d_2 = 2 \times 40\text{mm} - 70\text{mm} = 10\text{mm}$$

蜗杆中圆导程角 γ_m（等于蜗轮螺旋角 β）由式（23-39）计算

$$\tan\gamma_m = \tan\beta = \frac{z_1 m}{d_{m1}} = \frac{1 \times 2\text{mm}}{10\text{mm}} = 0.2, \gamma_m = \beta \approx 11.3°$$

其他主要尺寸按§23.2.2计算：

蜗杆齿顶圆直径由式（23-18）计算：

$$d_{a1} = d_{m1} + 2m = 10\text{mm} + 2 \times 2\text{mm} = 14\text{mm}$$

蜗杆齿根圆直径由式（23-19）计算

$$d_{f1} \approx d_{m1} - 2.5m = 10\text{mm} - 2.5 \times 2\text{mm} = 5\text{mm}$$

齿宽（蜗杆长）b_1 由式（23-20）计算

$$b_1 \geqslant 2m\sqrt{z_2+1} = 2 \times 2\text{mm} \times \sqrt{35+1} = 24\text{mm}，取 b_1 = 25\text{mm}$$

蜗轮的齿顶圆直径 d_{a2} 由式（23-24）计算

$$d_{a2} = d_2 + 2\text{m} = 70\text{mm} + 2 \times 2\text{mm} = 74\text{mm}$$

蜗轮采用轻金属制造，其结构与图23-7大致相同。齿宽按式（23-27）的推荐：

$$b_2 \approx 0.45(d_{a1} + 4m) + 1.8m = 0.45(14\text{mm} + 4 \times 2\text{mm}) + 1.8 \times 2\text{mm} = 13.5\text{mm}$$

取 $b_2 = 15\text{mm}$。

蜗轮外径 d_{e2} 根据结构设计确定。

■**例 23-2**：一蜗杆上置的蜗杆传动的交错角 $\Sigma = 90°$（见图23-9），输出功率为 $P_2 \approx 5\text{kW}$，要将转速 $n_1 = 960\text{r/min}$ 减小为 $n_2 \approx 50\text{r/min}$。该传动要求实现满载寿命为 $L_h = 10000$。工作时间百分比 $ED \approx 30\%$。用电动机驱动；所要驱动的工作机载荷均匀。试

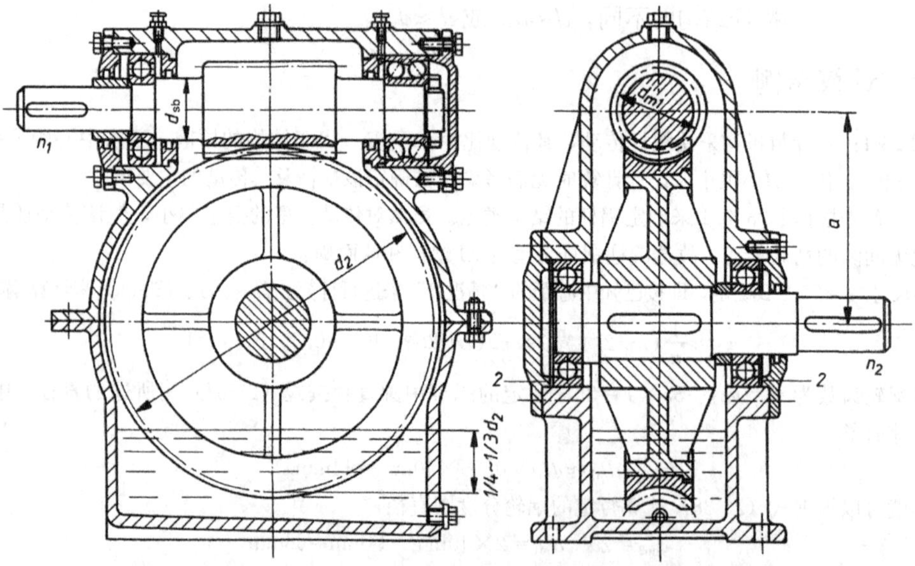

图 23-9　蜗杆上置的通用蜗杆传动（铰制孔螺栓=2）

a）确定该传动的主要尺寸。

b）确定蜗杆和蜗轮材料。

c) 近似控制发热量。

d) 近似确定蜗杆轴挠度和验算其是否满足要求。

■**解 a)**：首先根据 § 23. 2. 1 所述确定结构类型。选定圆柱蜗杆（选加工经济性好的 ZK 蜗杆）和球面蜗轮组成的圆柱蜗杆传动。

本例蜗杆传动为动力传动，按 § 23. 2. 5 "情况 2" 确定主要尺寸。

传动比为

$$i=\frac{960\mathrm{r/min}}{50\mathrm{r/min}}=19.2$$

由 TB23-3 选蜗杆齿数 $z_1=2$。所以 $z_2=iz_1=19.2\times2=38.4$，选定 $z_2=38$。

由式（23-40）得中心距约为

$$a\approx16\times10^3\times\sqrt[3]{P_2/(n_2\sigma_{\mathrm{Hlim}}^2)}$$

式中，$P_2=5\mathrm{kW}$，$n_2\approx50\mathrm{r/min}$。由于蜗轮材料还未确定，目前还不知道 σ_{Hlim}，故假定配对材料为钢/铸造锡青铜，由 TB20-4 可近似得到 $\sigma_{\mathrm{Hlim}}=400\mathrm{N/mm^2}$，因此

$$a\approx16\times10^3\times\sqrt[3]{P_2/(n_2\sigma_{\mathrm{Hlim}}^2)}=16\times10^3\sqrt[3]{5/(50\times400^2)}\approx137\mathrm{mm}$$

根据 DIN 323，R20，确定 $a=140\mathrm{mm}$。

根据经验，取 $\psi_a\approx d_{m1}/a\approx0.35$ [见式（23-37）]，故可由式（23-37）近似确定蜗杆中圆直径为

$$d_{m1}\approx\psi_a a=0.35\times140\mathrm{mm}\approx49\mathrm{mm}$$

所以由式（23-38）得蜗轮暂定分度圆直径为

$$d_2=2a-d_{m1}=2\times140\mathrm{mm}-49\mathrm{mm}=231\mathrm{mm}$$

由分度圆直径即可求得决定了几乎所有啮合尺寸的模数。由式（3-23）得

$$m=\frac{d_2}{z_2}=\frac{231\mathrm{mm}}{38}\approx6.1\mathrm{mm}$$

根据 DIN 780 T2（TB23-4）选定：$m=m_x=6.3\mathrm{mm}$。由此可得下述各尺寸：

由式（23-23）得蜗轮分度圆直径：

$$d_2=mz_2=6.3\mathrm{mm}\times38=239.4\mathrm{mm}$$

由式（23-24）得蜗轮齿顶圆直径：

$$d_{a2}=d_2+2m=239.4\mathrm{mm}+2\times6.3\mathrm{mm}=252\mathrm{mm}$$

由式（23-25）得蜗轮齿根圆直径

$$d_{f2}\approx d_2-2.5m=239.4\mathrm{mm}-2.5\times6.3\mathrm{mm}=223.65\mathrm{mm}$$

由式（23-26）得外圆柱体的外直径为

$$d_{e2}\approx d_{a2}+m=252\mathrm{mm}+6.3\mathrm{mm}=258.3\mathrm{mm}$$

由根据 DIN 323 确定的中心距 $a=140\mathrm{mm}$，按式（23-38）可得蜗杆中圆直径为

$$d_{m1}=2a-d_2=2\times140\mathrm{mm}-239.4\mathrm{mm}=40.6\mathrm{mm}$$

由式（23-18）得蜗杆齿顶圆直径

$$d_{a1}=d_{m1}+2m=40.6\mathrm{mm}+2\times6.3\mathrm{mm}=53.2\mathrm{mm}$$

由式（23-19）得蜗杆齿根圆直径

$$d_{f1}=d_{m1}-2.5m=40.6\mathrm{mm}-2.5\times6.3\mathrm{mm}=24.85\mathrm{mm}$$

由式（23-20）得蜗杆齿宽（长度）

$$b_1\geqslant2m\sqrt{z_2+1}=2\times6.3\mathrm{mm}\times\sqrt{38+1}=78.7\mathrm{mm}\approx80\mathrm{mm}$$

根据所选蜗轮材料，由式（23-27）得

$$b_2\approx0.45(d_{a1}+4m)=0.45(53.2\mathrm{mm}+4\times6.3\mathrm{mm})=35.28\mathrm{mm}$$

根据所确定的各尺寸，由式（23-39）得蜗杆中圆导程角（等于蜗轮螺旋角）为

$$\tan\gamma_m=\tan\beta=\frac{z_1m}{d_{m1}}=\frac{2\times6.3\mathrm{mm}}{40.6\mathrm{mm}}=0.31,\gamma_m=17.24^\circ$$

▶解 b)：按 TB20-3 预选配对材料：蜗杆由调质钢制造，齿面硬化并磨削，蜗轮由铸造锡青铜制造。为了确定蜗轮材料所需的最小强度极限值 σ_{Hlim} 和 U_{lim}，从而选择合适的材料，将式（23-41）和式（23-42）按强度值改写。因此得材料的最小接触疲劳极限应该为

$$\sigma_{Hlim} \geqslant \frac{S_{Hmin} Z_E Z_P}{Z_h Z_N} \sqrt{1000 T_2 \frac{K_A}{a^3}}$$

式中，$S_{Hmin}=1\sim1.3$，且 $Z_E=152\sqrt{N/mm^2}$（TB20-4）；$Z_P\approx3.1$（TB23-7，$d_{m1}/a=40.6mm/140mm=0.29$）；$Z_h\approx1.16$（TB23-5，$L_h=10000h$）；$T_2=9550P_2/n_2=9550\times5/50=955N\cdot m$；$K_A=1$（载荷均匀）。

$$\sigma_{Hlim} \geqslant \frac{(1\sim1.3)\times152\times3.1}{1.16\times0.78} \sqrt{1000\times955\times\frac{1}{140^3}} \approx 310\sim400N/mm^2$$

载荷特征值 U_{lim} 是保证齿根强度所需的最小值

$$U_{lim} \geqslant \frac{F_{t2} K_A S_{Flim}}{m b_2}$$

式中，$S_{Flim}\approx1\sim1.3$，且

$$F_{t2}=\frac{T_2}{d_2/2}=\frac{955\times10^3 N\cdot mm}{239.4mm/2}\approx8000N$$

所以

$$U_{lim} \geqslant \frac{8000N\times1\times(1\sim1.3)}{6.3mm\times35mm} \approx 36\sim47N/mm^2$$

根据 $\sigma_{Hlim}\geqslant310\sim400N/mm^2$ 和 $U_{lim}\geqslant36\sim47N/mm^2$，由 TB20-4 选择：蜗轮材料为铸造锡青铜，$U_{lim}=165N/mm^2$ 和 $\sigma_{Hlim}=350N/mm^2$。蜗杆材料由 TB20-4 选定：调质钢 C45，硬化和磨削。

▶解 c)：为了确定在传递给定功率时，该传动不会超过许用温度（$\theta_{max}\approx80°C$），必须保证温度安全系数 $S_\theta\geqslant1$。由式（23-43），有

$$S_\theta=\left(\frac{a}{10}\right)^2 \frac{q_1 q_2 q_3 q_4}{136 P_1} \geqslant 1$$

式中，$a=140mm$；$q_1\approx9.5$（TB23-8a，$n_1=960r/min$，$ED=30\%$）；$q_2\approx0.7$（TB23-9，$i=u=19$）；$q_3\approx1$（TB23-10）；$q_4\approx0.8$（TB23-11）。对于上置蜗杆，有

$$P_1=\frac{P_2}{\eta_{ges}}$$

式中，$\eta_{ges}=\eta_Z\eta_L$，啮合效率 η_Z 为［见第 20 章式（20-7）］

$$\eta_Z=\frac{\tan\gamma_m}{\tan(\gamma_m+\rho')}$$

式中，$\gamma_m=17.24°$，$\rho'\approx2°$（$v_g=d_{m1}\pi n_1=0.0406\times\pi\times960/60s^{-1}\approx2m/s$，TB20-8），所以

$$\eta_Z=\frac{\tan17.24°}{\tan(17.24°+2°)}=0.89$$

滚动轴承支承效率 $\eta_L=\eta_{L1}\eta_{L2}=0.97\times0.97\approx0.94$［见式（20-5）］，故总效率为 $\eta_{ges}=0.89\times0.94\approx0.84$，因此，

$$P_1=\frac{5kW}{0.84}\approx6kW$$

所以温度安全系数为

$$S_\theta=\left(\frac{140}{10}\right)^2\times\frac{9.5\times0.7\times1\times0.8}{136\times6}\approx1.3$$

这意味着该传动发热不会超过许用值，因此也不需要采取特别的散热措施（例如鼓风）。

▶解 d)：蜗杆轴的挠度对啮合质量有负面影响。故应保证它不超过经验确定的危险挠度。由式（23-44）计算调质蜗杆的挠度安全系数

$$S_D\approx\frac{f_{grenz}}{f_{max}}$$

式中，$f_{grenz} \approx 0.01m = 0.01 \times 6.3\text{mm} = 0.063\text{mm}$。

最大挠度按下述简化公式计算

$$f_{max} \approx \frac{F_1 l_1^3}{48EI}$$

式中，$F_1 = \sqrt{F_{r1}^2 + F_{t1}^2}$，惯性矩为 $I = \frac{P}{64}d^4$，轴承距离 $l_1 \approx 1.5a$。

由式（23-30）得

$$F_{t1} = \frac{2000T_1(K_A)}{d_{m1}}$$

式中，$T_1 = 9550\frac{P_1}{n_1} = 9550 \times \frac{6}{960} \approx 60\text{N} \cdot \text{m}$，$K_A = 1$；$d_{m1} = 40.4\text{mm}$，所以

$$F_{t1} = \frac{2000 \times 60 \times 1}{40.6} \approx 3000\text{N}$$

由式（23-32）得蜗杆径向力

$$F_{r1} = \frac{F_{r1}\cos\rho' \tan\alpha_n}{\sin(\gamma_m + \rho')}$$

式中，$\alpha_n = 20°$；ρ' 和 γ_m 同上，所以

$$F_{r1} = \frac{3000\text{N} \times \cos 2° \times \tan 20°}{\sin(17.24° + 2°)} \approx 3300\text{N}$$

由此得蜗杆轴所承受的总径向力为

$$F_1 = \sqrt{(3300\text{N})^2 + (3000\text{N})^2} \approx 4500\text{N}$$

由 $l_1 \approx 1.5a = 1.5 \times 140\text{mm} = 210\text{mm}$，根据结构确定 $l_1 = 200\text{mm}$；危险截面直径 $d = 30\text{mm}$，所以

$$I = \frac{\pi}{64}d^4 = \frac{\pi}{64} \times (30\text{mm})^4 \approx 40 \times 10^3\,\text{mm}^4$$

$E = 210 \times 10^3\,\text{N/mm}^2$，故蜗杆轴的最大挠度为

$$f_{max} \approx \frac{4500\text{N} \times (200\text{mm})^3}{48 \times 210 \times 10^3\,\text{N/mm}^2 \times 40 \times 10^3\,\text{mm}^4} \approx 0.09\text{mm}$$

所以挠度安全系数为

$$S_D = \frac{0.063\text{mm}}{0.09\text{mm}} \approx 0.7$$

由式（23-44）知，它没有足够的安全系数。

第 24 章　摩　擦　学

24.1　功能和作用

在进行机械零件设计时，常常要求在工作中由摩擦和磨损引起的材料和能量损耗最小。当然，在有些情况下也要求大的摩擦，例如制动器和摩擦轮传动。此外，还要求工作时尽可能没有障碍。这些互相关联又非常复杂的过程正是摩擦学研究的对象，其定义为：摩擦学是研究相对运动、相互作用表面的科学和技术。它包含摩擦、磨损和润滑的整体领域，它研究固体之间、固体与液体或气体之间的界面相互作用。

图 24-1 所示的摩擦学系统表示了两个零件之间的真实接触关系并给出了相应的问题。对于基体和配对体，应弄清可用的材料或材料副，对表面有哪些要求（粗糙度、硬度、防腐），相对运动的类型（滑动、滚动，滚滑），接触时的受载类型（力、压强）和预期的损坏机理（磨损机理）。对中间材料，应弄清可采用哪种润滑剂（改变摩擦因数、散热、润滑剂输入）和磨粒或脏物对零件受载是否会产生影响。环境条件是指气候因素（温度、空气湿度）。

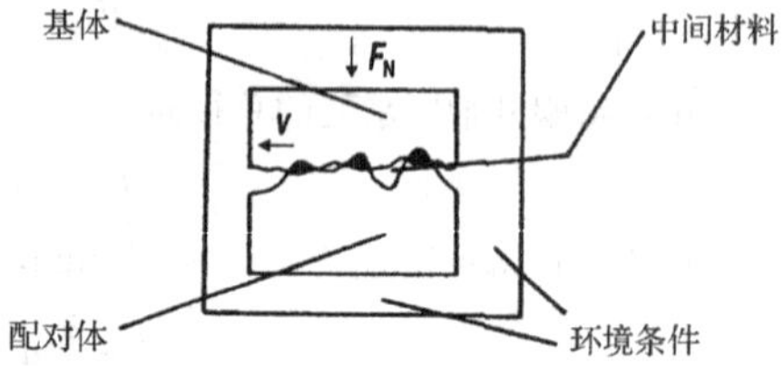

图 24-1　摩擦学系统的基本结构

下述各节将涉及对摩擦和磨损性能有重要影响的领域。各种零件的特性请参阅相关章节。

24.2　摩擦及其分类

两零件的接触区会产生摩擦力。根据库仑滑动摩擦定律，摩擦力 F_R，法向力 F_N 和摩擦因数 μ 之间存在如下关系：

$$F_R = \mu F_N \tag{24-1}$$

在静摩擦状态，虽然法向力 F_N 不变，但摩擦力 F_{R0} 随两零件之间的切向力 F_t 的增大而增大，直到极限状态的最大静摩擦力 F_{R0max}（$F_t > F_{R0max}$ 时就会滑动）：

$$F_{R0max} = \mu_0 F_N \tag{24-2}$$

摩擦因数 μ 和 μ_0 与材料副、润滑剂、摩擦状态以及摩擦类型有关，它们的关系是：动摩擦因数 $\mu <$ 静摩擦因数 μ_0。

如图 24-2 所示，根据两零件的相对运动，摩擦可分为滚动摩擦、滑动摩擦、滚滑摩擦和立滚摩擦。滚动摩擦产生于两个物体之间，在接触区两物体速度的大小和方向均相同，且至少其中一个物体的运动为绕一根位于接触面的瞬时转轴转动。导致滑动摩擦的原因是在接触区存在相对移动。滚滑摩擦则是滚动摩擦和滑动摩擦的叠加。立滚摩擦发生在两接触物体中，至少有一个物体绕垂直于接触区的轴线转动的情况。

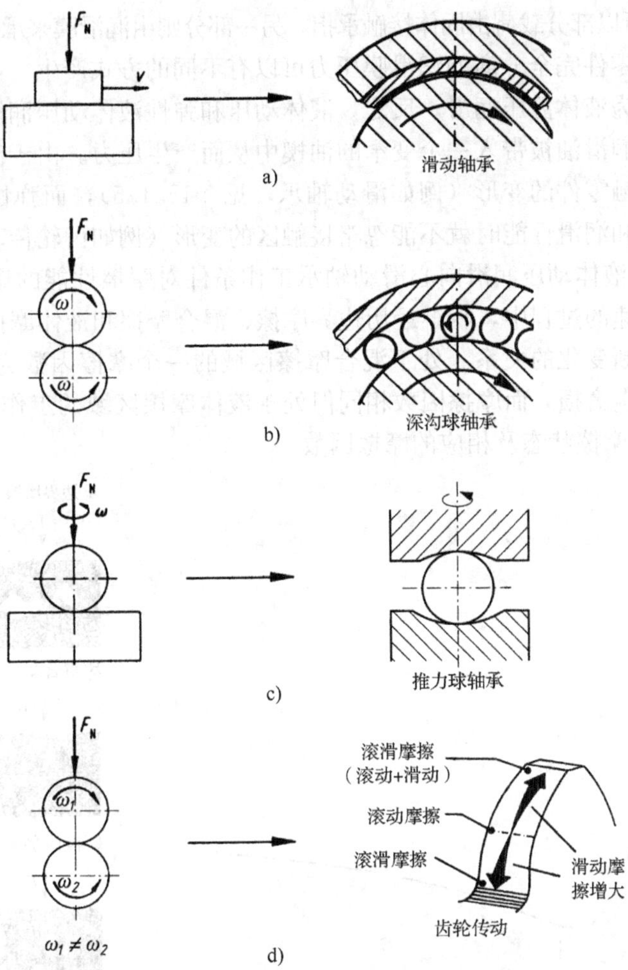

图 24-2 摩擦类型

a）滑动摩擦 b）滚动摩擦 c）立滚摩擦 d）滚滑摩擦

24.3 摩擦状态（润滑状态）

接触区域的摩擦和磨损性能主要决定于实际摩擦状态。摩擦状态分为固体摩擦、边界摩擦、混合摩擦、液体摩擦和气体摩擦等。

固定摩擦的接触面之间无润滑剂，为纯金属接触。这种状态在工程实际当中几乎是不可能出现的，因为一般在表面上至少会有反应层（例外：真空环境中）。边界摩擦（固体摩擦的特例，此时，没有润滑膜或润滑膜不复存在）是指零件的接触区域存在边界膜（保护膜）时的摩擦状态。这种膜由氧化、吸附（润滑剂中带极性的分子靠物理作用吸附在金属表面上）或在高压、高温作用下，靠特殊的润滑剂的叠加性能，产生化学反应形成。边界摩擦性能决定了零件的自润滑性能。液体摩擦则是两个相对运动表面被液体润滑膜完全隔开，不再有表面微凸体的接触，整个载荷完全由润滑膜的压力来承担。这种状态下的摩擦发生于润滑膜（内部），决定于润滑油的化学结构。气体摩擦与液体摩擦相当，两相对运动表面被气体膜完全隔开。混合摩擦状态表示的是处于边界摩擦和液体摩擦之间的状态，两个零件不再是被润滑膜完全隔开，在部分区域还会有表面微凸体的接触，所以部分载荷由固体接触承担，另一部分则由润滑膜来承担。

液体摩擦中将零件完全分离的润滑膜压力可以有不同的方式产生。如果是通过接触区之外的泵产生的，称为液体静压润滑。反之，液体动压和弹性液体动压润滑则是通过零件运动产生润滑膜压力，润滑油被带入一个变窄的油楔中从而产生压力。由于液体动压润滑应力很小，故可忽略两接触零件的变形（例如滑动轴承，见§15.1.5），而弹性液体动压润滑由于高压，在研究摩擦和润滑性能时就不能忽略接触区的变形（例如齿轮传动）。

图24-3所示为液体动压润滑向心滑动轴承工作条件对摩擦性能的影响。轴从静止状态起动加速到工作转速的过程中，相继经历边界摩擦、混合摩擦和液体摩擦等状态。从中也可看出摩擦和磨损不断变化的关系。处于混合摩擦区域的一个摩擦因数为 μ_1 的工作点，必定会在滑动轴承中产生磨损，而摩擦因数相同但处于液体摩擦区域的工作点却不会产生磨损。图24-4给出了典型摩擦状态及相应的摩擦因数。

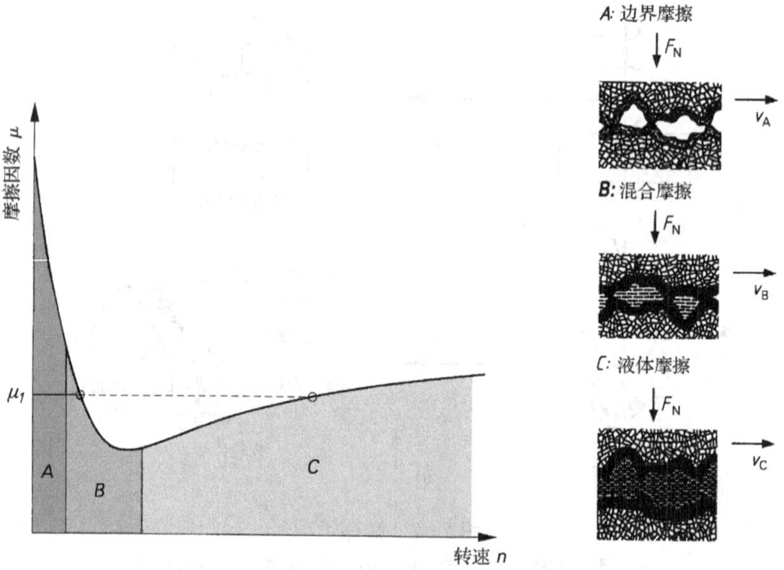

图24-3　液体动压润滑向心滑动轴承的摩擦状态

摩擦状态	摩擦类型	摩擦因数
固体摩擦	滑动摩擦	0.3～1
边界摩擦	滑动摩擦	0.1～0.2
	滚动摩擦	<0.005
混合摩擦	滑动摩擦	0.01～0.1
	滚滑摩擦的齿轮	0.02～0.08
	滚滑摩擦的摩擦轮（牵引液体）	0.06～0.12
	滚动摩擦	0.001～0.005
液体摩擦	滑动摩擦	0.001～0.01
气体摩擦	滑动摩擦	0.0001

图24-4　各种摩擦状态的摩擦因数近似值

相对油膜厚度 λ 可代表摩擦状态的特征：

$$\lambda = h_{min}/Ra \tag{24-3}$$

式中　h_{min}——接触区最小油膜厚度；

Ra——两接触体的平均表面粗糙度，$Ra=0.5(Ra_1+Ra_2)$。

这样就可以用相对油膜厚度 λ 来划分摩擦状态：$\lambda<0.2$ 为边界摩擦，$0.2<\lambda<3$ 为混合摩擦，$\lambda>3$ 为液体摩擦。

24.4 润滑剂

24.4.1 润滑油

润滑油是使用最广泛的润滑剂。它可以方便地输送到摩擦区，从而优化机械运转时的摩擦和磨损性能，且使接触区的摩擦热和磨粒能很好地带出去。通过采取附加措施（例如冷却、过滤）还可以改善润滑油的性能。其缺点主要有：密封成本高和有时润滑油用量很大。

1. 润滑油的性能

动力粘度 η：如图 24-5 所示，两运动平行板之间充满润滑油，两平板速度不同，则润滑油受剪切作用。（层流）切应力 τ：

$$\tau=\eta\frac{dv}{dh}=\eta S \tag{24-4}$$

式中 η——动力粘度；

S——剪切率。

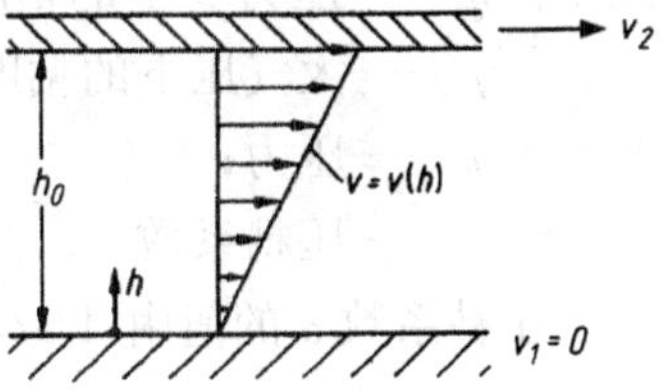

图 24-5 平行油膜层流时的速度分布

动力粘度 η 决定了速度变化 dv 与切应力 τ 之间的关系。因此它也代表了润滑油内摩擦的大小。动力粘度 η 的单位为 $mPa\cdot s=10^{-3}N\cdot s/m^2=10^{-2}P$（泊）。

运动粘度 ν：它由动力粘度 η 和液体的密度 ρ 计算：

$$\nu=\frac{\eta}{\rho} \tag{24-5}$$

运动粘度 ν 的单位为 $mm^2/s=1cSt$（厘斯）。

如果一种液体的粘度只与温度和压力有关，则称为牛顿液体（例如纯矿物油）。如果剪切率 $S=dv/dh$ 增大时粘度下降，它属于结构粘性液体（例如含特殊添加剂的矿物油，多种合成油）。

图 24-6a 所示为粘温关系。由图可知，随着温度的增加，它对粘度的影响在下降。因

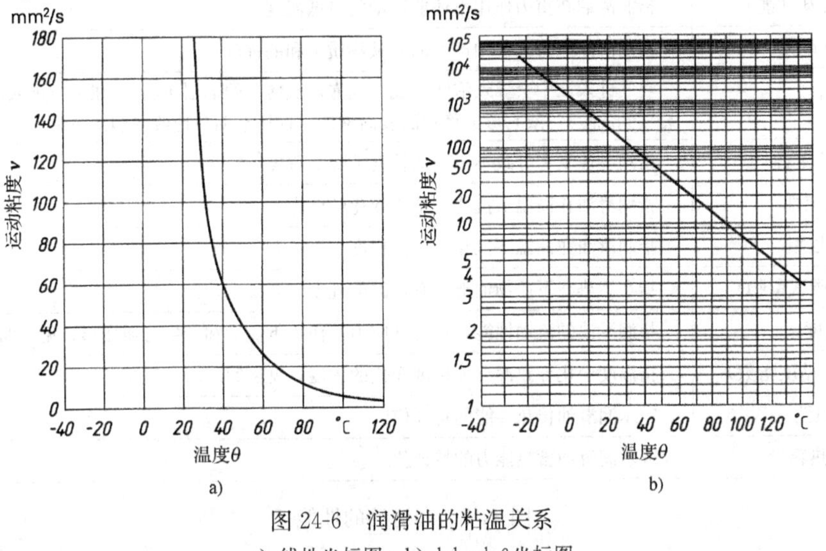

图 24-6 润滑油的粘温关系

a）线性坐标图 b）lglgν-lgθ 坐标图

此，常常采用 $\lg\lg\nu$-$\lg\theta$ 坐标图来表示，在该图中粘温关系简化为一条直线（见图 24-6b）。采用 $\lg\lg\nu$-$\lg\theta$ 图的优点是，只要得到两个温度下的粘度值，就可以确定其他任意温度下的粘度值（可通过在图 24-6b 中作一条直线图解得到，也可通过计算得到）。

根据 ISO 2909，粘温关系可以用粘度指数（VI 指数）来表示。这样就可以将所有的油从 VI＝0（具有非常高的温度依赖性的油）至 VI＝100（具有很低的温度依赖性的油）进行分级。时至今日，该区域已经不够了，因为已有更高值（VI＞200）的合成油。重要的是在多温度区段下工作的润滑油应具有较小的温度依赖性。例如内燃机润滑油，它必须在极低温度下有足够的流动性，在高温下又有所需的最小粘度。

粘压关系为

$$\eta_p = \eta_0 e^{\alpha p} \tag{24-6}$$

式中　η_p——压力 p 下的粘度；
η_0——大气压下的粘度；
p——压力；
α——压粘系数。

压粘系数 α 的值由 TB24-1 查取。图 24-7 给出了润滑油的基本特性。

性　能	说　明
抗老化性（抗氧化性）	指润滑油在氧气、热量、光线和射线能、催化剂作用下以及受聚合作用、冷凝作用、氧化作用，保持性能不变的特性（它决定了油的寿命）
可生物降解性	指润滑油在特定条件下通过微生物在一定时间里将一定百分比的油的基本物质（轻易）降解的性能（损耗润滑对此有要求）。可降解产品对生态不会产生毒害作用
燃点	温度，在该温度下，油气-空气混合物在点燃后会继续燃烧（超过闪点约 30～40℃）
密封相容性（弹性体相容性）	指润滑油或特定添加剂对密封材料（塑料）的相容性
分散性	指润滑油形成均匀分布的油水混合物的可能程度
抗乳化性	指润滑油中析出水的可能程度
乳化强度	指润滑油抗乳化的能力
闪点	最低温度，在该温度下油气（空气油气混合物）遇明火会点燃
凝点（冷却性能）	指润滑油在重力作用下还能流动的最低温度
中和性	指润滑油能将工作中产生的酸碱物质中和的程度
泡沫性	空气进入油中会导致泡沫形成（气泡，被薄薄的油层包裹）。在重新进入润滑位置前破裂（无危险），或它形成稳定的表面泡沫，这样会明显地改变润滑效果
剪切稳定性	指润滑油受剪导致不可逆的粘度下降的程度
热稳定性	指润滑油在高温下抗化学结构变化的能力
汽化性	指润滑油在高温下汽化损失的程度
碳化性（碳残留物）	指在高热载下矿物油形成有机碳的程度
粘度	指润滑油的流动性能，在力（应力）作用下流动和产生可逆变形，见 § 24.4.1
粘温关系（粘度指数）	指温度变化导致润滑油粘度变化的程度，见 § 24.4.1
导热性	表示润滑油传热性能的特征值
（比）热容量	表示润滑油蓄热能力的特征值

图 24-7　润滑油的性能

可以通过采用添加剂来改变润滑油（矿物油、部分合成油）的性能。这样可以大大地扩展矿物油的使用范围，在许多情况下可以替代昂贵的合成油。添加剂类型及其作用机理见图24-8。

添加剂类型	作 用	作用机理
乳化剂	提高油水混合物的稳定性	乳化剂吸附到油/水的边界层，使两种液体均匀分布（分散）
防臭剂	产生一种有特征的所期望的气味	掩盖令人厌恶的气味
分散剂（高温）	高温工作时减少或预防杂质积聚在表面	产生溶于油或悬浮于油中的物质
分散剂（低温）	防止或预防低温时产生沉积物	将杂物用溶于油的分子包裹，从而防止它沉积
着色剂	产生易观察的颜色	将颜料溶于油中
压力保护剂（高压添加剂，EP：极压）	高压和高温下防止金属表面之间的微观磨损	通过化学反应在金属表面形成不耐剪切层（被剪切后又重新形成）
粘附剂	改善润滑剂的粘附性能	提高材料界面处润滑剂粘度（添加剂韧性好且具有粘性）
防腐剂（例如用于钢铁材料的防锈剂）	通过形成腐蚀性介质穿透不了的防护层以实现防腐	与金属表面产生化学反应，或添加剂吸附到金属表面上
金属减活剂	防止对氧化和腐蚀的催化作用	通过形成吸附保护膜防止金属离子反应
抗氧剂	使氧化产生的变色、沉积、漆化和树脂粘结最小化	中断氧化链反应，防止催化反应
降凝剂	降低油的凝点	将石蜡晶体包裹，防止其生长
抗泡沫剂	防止形成稳定的泡沫	破坏包裹气泡的油皮
抗磨剂	减少金属表面之间的磨损	通过与金属表面的反应形成表面保护膜，它可以塑性变形。改善表面承压曲线
粘度指数改进剂	温度变化时减小粘度的变化	聚合物分子影响油对温度的依赖性，对于冷油，防止粘度上升过快，对于热油，防止粘度下降过快

图24-8 润滑剂添加剂的作用和作用机理

2. 润滑油的分类 根据加工方法分为矿物油和合成油两大类。

矿物油由天然石油炼制而成。其精确的成分取决于石油的产地。一种典型的原油成分为：碳的质量分数为80%～85%，氢的质量分数为10%～17%，硫的质量分数为≤7%，其他元素的质量分数为≤1%（O、N、P、V、Ni、Cu、Na、Ca、Fe、Al）。可在不同的加工阶段将油炼制成所需性能。即通过调节基油的化学结构来实现，主要是调节石蜡（烷烃）（饱和链状碳氢化合物）、环烷烃（饱和环状碳氢化合物）和芳香烃（不饱和环状碳氢化合物）的比例。根据各种碳氢化合物比例的不同，润滑油分为烷烃基润滑油和环烷烃基润滑油，见图24-9。芳油烃基油不用作润滑油。

合成油采用化学方法制备用于特殊用途。它由一些特殊的用天然油提炼出的基本组分制造。常用合成油及其性能见图24-10。

合成油相对矿物油的最主要优点在于使用温度范围大，更好的抗老化性（3～5倍于矿物油的寿命)，更高的闪点（这点在汽轮机和压缩机中尤为重要）和可调节摩擦因数(0.7～2倍于矿物油摩擦因数)。合成油的缺点有：吸湿性更强（吸水)，不利的水解性(在水中分解)，与密封件、有色金属和油漆存在产生化学反应或腐蚀的危险，不能与矿物油混合或受限制，毒性更强和常常高得多的价格。在使用合成油时需要注意的是，其优点有时只是在一定的工作条件下才能完全实现，只有在这种情况下，其高成本才是可以接受的。

另一种天然油是植物油。作为润滑用的基油，主要采用豆油、棕榈油、菜油和葵花籽油。

	n-烷烃（直链）	i-烷烃（分支结构）	环烷烃（环形）
分子结构 ○=H ●=C 例子：	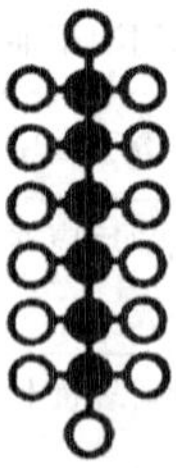 n-己烷	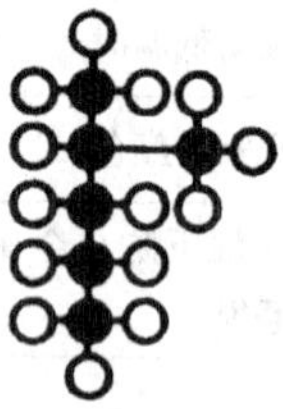 i-己烷	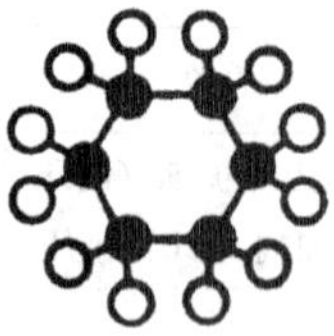 环己烷

	烷烃基	环烷烃基
烷烃比例	＞60%	＜60%
密度	低	中等
粘温关系	好	中等
抗老化性	好	差
闪点	高	中等
弹性体相容性	好	好
汽化性	极小	中等
低温性能	差	好
润湿性	中等	好
炭化性	中等	极小
抗氧化性	好	好
热稳定性	中等	好
分散性	中等	好
抗乳化性	中等	好
芳香烃的质量分数	极低	中等

图 24-9　分子结构比例不同时矿物油的性能

合成基油	性 能	用 途	价格（相对于矿物油）
聚α烯（合成碳氢化合物）	非常好的抗氧化性，低温流动性非常好，好的粘温关系，高温汽化损耗小，与漆和密封材料的相容性极好，可与矿物油和酯混合，耐水解性好，混合摩擦状态下的摩擦性能好，防腐性好，无毒，有限的生物降解性，耐热性差	发动机油、压缩机油、液压油、齿轮油、润滑脂	3～5
聚二醇	好的粘温关系，杰出的耐磨和抗胶合性，用于钢/青铜配对材料时有杰出的摩擦性能，低温流动性好，无毒，可迅速生物降解，不能与矿物油混合，添加剂溶解性差，密封材料相容性一般，极差的抗氧化性	蜗杆传动 不易燃的液压油、冷却润滑剂	6～10
碳酸酯	抗氧化性好，低温流动性非常好，非常好的粘温关系，高温汽化损耗极小，可与矿物油混合，无毒，可迅速生物降解，与漆和密封材料的相容性差，不耐水解，防腐性能一般，有限的添加剂溶解性	飞机涡轮机油、压缩机油、发动机油组分、低温和高温润滑脂	4～10
硅油	优秀的粘温关系，非常好的耐热性和耐蚀性，低温流动性非常好，极小的汽化损耗，耐化学物质，与漆和密封材料相容性好，好的导电性能，在混合摩擦区域润滑性能极差，不能与矿物油混合，无添加剂溶解性	传热油、高温液压油、特种润滑油、电触点特种润滑剂	30～100
磷酸酯	不易燃烧，好的抗氧化性，低温流动性好，优秀的耐磨性和防冻性，抗辐射性好，无毒，可迅速生物降解，不能与矿物油混合，粘温关系差，与密封材料相容性一般，防腐性一般	不易燃液压油	4～8
硅酸酯	优秀的粘温关系，低温流动非常好，非常好的抗氧化性，好的耐热性，极差的耐水解性，不能与矿物油混合，有限的生物降解性	液压油、传热油	20～30

图 24-10 重要合成润滑油的性能和用途

根据运动粘度ν分类（见图 24-11）：润滑油粘度对自动调节的接触区润滑油膜厚度有重要影响，因此它与摩擦状态也有关。所以工业润滑油根据 DIN 51519 按粘度分等级（ISO 粘度等级，ISO-VG）。同样地，内燃机油（DIN 51511）和车辆齿轮油（DIN 51512）也按粘度分等级（SAE 粘度等级，SAE：汽车工程师学会）。

根据用途分类一般按使用要求来确定所需的润滑油性能。因此可按用途对润滑油进行分类：全损耗系统用油、气缸油、涡轮机油、内燃机油、齿轮油、压缩机油、循环油、液压油、绝缘油、耐热油、工艺油、金属加工油/冷却润滑剂、防腐剂、纺织油和纺机油。车辆齿轮油的分类见图 24-12。

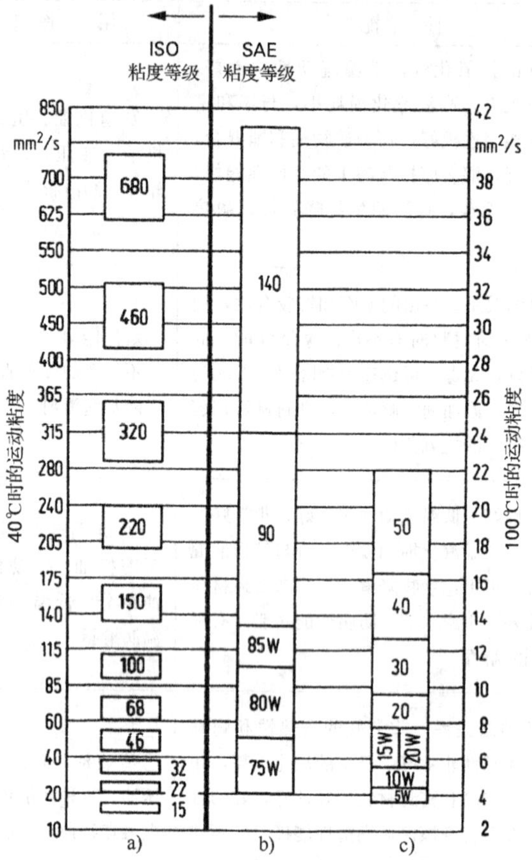

图 24-11 粘度等级

a）工业润滑油 b）车辆齿轮油 c）内燃机油

牌 号	工作条件	添加剂	用 途
GL-1	轻载	无	轻载低速减速器；锥齿轮、交错轴斜齿轮、蜗杆传动
GL-2	轻-中载	抗磨剂（质量分数 2.7%）	比 GL-1 略大的载荷；圆柱齿轮传动，蜗杆传动
GL-3	中载	少量的 EP 添加（质量分数 4%）	重载和高速；锥齿轮、交错轴斜齿轮、圆柱齿轮传动
GL-4	中-重载	正常的 EP 添加（质量分数 6.5%）	高速和大转矩；准双曲面传动，手动传动
GL-5	重载	有效的 EP 添加（质量分数 10%）	高速和大转矩且伴随冲击；大轴偏置的准双曲面传动，手动传动

图 24-12 车辆齿轮油的分类（美国石油研究所分类）

24.4.2 润滑脂

润滑脂由三个部分组成：基油、稠化剂和添加剂。

工作受载时，与油连在一起的稠化剂会分离出来，进入润滑位置进行润滑。接触点卸载后，油又会与稠化剂重新相连。

主要采用矿物油作为基油（75%～96%），也可采用合成油，对某些应用场合也可采用植物油。最常用稠化剂（4%～20%）为皂（脂肪酸金属盐，为脂肪酸与碱液的反应生成物）。皂又可以分为正常皂（一份碱液、一份脂肪酸）、混合皂（一份脂肪酸、两份碱液）和复合皂（两份脂肪酸、一份碱液）。也可用非皂（例如膨润土、聚尿素）作为稠化剂。

润滑脂的性能决定于三种基本成分的类型和所占比例。基油比例高（90%～96%）则润滑脂的性能主要决定于基油性能。这种脂比较软。稠化剂比例高（15%～20%），则它对脂性能的影响明显，这种脂比较硬。选用润滑脂的重要性能指标是滴点。滴点是润滑脂变成液体的温度，即开始滴流。一般来说，润滑脂的工作温度必须高于滴点。润滑脂及其性能见TB24-2。

润滑脂一般根据稠度分级，见图24-13。也可以根据稠化剂的类型进行分类（例如钠基、复合钙基、膨润土基润滑脂），或按所要润滑的机械零件进行分类（例如滚动轴承、滑动轴承、齿轮、底盘润滑脂），或按用途进行分类（例如低温、常温、高温润滑脂，多用途、一般，特种润滑脂），或按应用领域进行分类（例如铁道机车、车辆、航空润滑脂），或按基油进行分类（矿物油基、合成油基、植物油基润滑脂）和按生态相容性进行分类（例如一般、生物迅速可降解、无重金属润滑脂）。在最后这种分类中，生物可降解性具有越来越重要的意义，特别是对于损耗润滑。

NLGI等级（DIN 51818）	锥入度①　（0.1mm）	稠度	用途
000	445～475	流动	齿轮脂，集中润滑设备
00	400～430	略可流动	齿轮脂，集中润滑设备
0	355～385	半液体	齿轮脂，滚动轴承脂，集中润滑设备
1	310～340	非常软	滚动轴承脂
2	265～295	软	滚动轴承脂，滑动轴承脂
3	220～250	偏稠	滚动轴承脂，滑动轴承脂，水泵脂
4	175～205	稠	滚动轴承脂，水泵脂
5	130～160	非常稠	水泵脂，封闭脂
6	85～115	硬	封闭脂

① 将润滑脂装在标准容器中，在规定的时间内测量得到的标准圆锥体沉入深度。

图24-13　润滑脂NLGI（国家润滑脂研究所）等级

采用脂润滑的优点是使用量小且无需复杂的密封装置。缺点主要是将热和磨粒从接触点带出的性能差或不能带出。

24.4.3　其他润滑剂

固体润滑剂：粉状，通过滚压将其带到摩擦面。最重要的固体润滑剂为二硫化钼（MoS_2）、石墨和聚四氟乙烯（PTFE）。MoS_2化学稳定性好，在滑动受载时摩擦很小，在真空中有很好的润滑效果，对辐射不敏感，最高工作温度可达300℃，且MoS_2片有非常高的强度。石墨化学稳定性非常好，对辐射不敏感，最高工作温度可达600℃，在潮湿环境下有非常好的摩擦性能。PTFE化学稳定性非常好，在真空中有好的润滑效果，最高工作温度为260℃。

固体润滑剂用于极高温度和有侵蚀性介质（例如酸）的情况下。无需密封装置。在真空环境下，还没有其他润滑剂能取代固体润滑剂。采用固体润滑剂的缺点有：润滑剂层会不断磨损（但润滑剂的补充一般是不可能的或非常费劲），相对于液体摩擦，干摩擦的摩擦损耗更大，有时会出现腐蚀问题（例如采用MoS_2时）。

润滑膏：它由基油加入固体润滑剂（20%～70%）组成。如果粉末润滑剂难于附着，可采用润滑膏。润滑膏可填满粗糙谷底，从而改善表面质量。可以在较高温度下工作，此时起作用的就只有固体润滑剂了。缺点有：不能带走热量或磨粒和脏物。润滑膏用于重载滑动轴承和滚动轴承、齿轮、轴、球铰链的润滑和精密机械仪器全生命周期的润滑。

滑动漆：它是以合成树脂或油漆为基础形成的薄膜（≤20μm），油漆中不含颜料，而是含固体润滑剂粒子。它由涂抹、浸渍或喷射的方法形成。用于重载滑动面中。

润滑蜡：采用它可简化零件的装配工艺（例如密封）。

24.5 润滑类型

润滑剂的选择或多或少受其输入方式的影响。如果只有一个润滑点，润滑剂的选择只需考虑这一个位置的工作条件。若有一组润滑点（例如一个含滚动轴承和多对齿轮传动的减速器），就必须使所选的润滑剂能适合有时相差很大的各个摩擦点的条件。如果采用润滑剂集中输送装置，则必须对各个设备或组件进行相应的结构设计。

单个润滑点润滑剂的供给可采用手动、半自动和自动方式。手动润滑剂供给方式借助于油枪、油壶或特殊的润滑剂供给装置（例如黄油杯，见图15-20a）。这种方式的问题在于很难保证有规律的供油间隔和精确的供油量。半自动供给方式是根据要求采用预先设置提供润滑剂的设施。这种设施常常可以较长时间（例如数月）无需调整。用于供油的这类设施，主要有芯捻油杯和针阀式注油油杯（见图15-19d和图15-19e）。自动供给方式是在工作时通过设备供应润滑剂，无需人工调节。这样可保证可靠地润滑剂连续供给。这种方式的例子有油环润滑（见§15.3.3），采用专用润滑剂供给装置（见图15-19f），齿轮飞溅润滑（至少有一个齿轮浸在油池中并将润滑油带到轮齿啮合点），或齿轮喷射润滑（将所需润滑油量直接喷射到轮齿啮合点）。

对于有大量润滑点的情况，采用集中润滑设备是经济性较好的解决方案。根据不同情况可选用不同类型的设备。单路设备将润滑剂在油管中加压，将它压入分支管和分配件中，从而到达各个润滑点。根据润滑剂需求量，可调节润滑段和休息段的时间间隔。双路设备将润滑剂通过转向器变换方向送到两路油管中，多路设备对每个润滑点有一路单独的油管和泵直接相连。累进设备将润滑剂送到所谓的累进分配器中，然后通过分配装置送入各个润滑点。TB24-3汇总了各种不同集中供油设备的选择准则。

不管选用哪种集中供油设备，还可分为循环润滑与消耗润滑两类。循环润滑是向润滑点提供润滑剂，然后又将它回收到集中的容器中。而消耗润滑不回收润滑剂，润滑后就损耗掉了。因此消耗润滑只适用于润滑剂用量很小的场合（不充分润滑）。消耗油润滑一般要对润滑油进行必要的特殊处理（产生油雾和油气混合物）。

24.6 机械零件的损坏

在工程实际中可从不同角度对零件损坏进行分类，两种基本的，有时还是标准化的分类是根据磨损机理或损坏形成来分类。但有时也会出现特定概念用不同方式使用的情况（例如磨损，一般表示材料不断磨掉，但也可用来代表特定的损坏——刻痕、刮痕、胶合）。

24.6.1 磨损

磨损的定义为：磨损是指一个固体（基体）表面材料的不断损耗，它由机械原因产生，例如与配对的固体、液体或气体之间存在接触和相对运动。根据磨损机理的不同，磨损过程可分为磨料磨损、粘着磨损、表面疲劳磨损和摩擦化学反应磨损。

磨料磨损产生于基体与一个硬且粗糙配对体或与硬粒接触时。磨料磨损过程主要由微切削、微沟槽或微断裂所致。微切削是硬粒形成切削作用。材料在硬粒作用下产生明显的塑性变形就导致微沟槽的产生。当超过临界载荷时，就会形成微裂纹并扩展，沿磨损沟槽方向产生材料剥落即为微断裂。粘着磨损是指两接触体表面材料相互转移的现象。粘着磨损分为界面焊合和分离两个阶段。产生的原因是在局部重载和高温时表面破裂或缺少表面保护层所产生的界面焊合，对于两金属接触体，也称为冷焊接（冷胶合）。这个过程有时伴随两接触体的材料转移。焊合特别剧烈时还会导致零件突然失效（例如内燃机的活塞胶合）。当受连续变化（常常是周期性的）载荷作用时，在一定的材料区域范围内会产生表面疲劳磨损。材料疲劳会导致微裂纹产生，并逐步扩大。当达到一定的裂纹长度时，就会产生零件断裂或材料从表面剥落。摩擦化学反应磨损是指由摩擦学原因导致的基体与配对体之间产生化学反应。润滑剂或环境介质成分会参加反应，且通过接触处的相对运动不断形成新的反应产物并磨去。

24.6.2 腐蚀

腐蚀是指金属表面与固体、液体或气体腐蚀性介质之间产生的界面反应。可分为化学、化学金属物理和电化学腐蚀三类。化学腐蚀是金属与具有反应能力的气体/液体之间产生氧化反应或起鳞片。化学金属物理腐蚀是特定金属与氢气之间的反应，它会导致晶界变化和裂纹产生。电化学腐蚀是金属在电解介质中的反应。如果还叠加机械载荷的话，常常会导致或加剧腐蚀现象。

常见的腐蚀种类有：化学腐蚀，为金属与氧气和酸反应的结果。它导致生锈和起鳞片。在通常的大气环境下，生锈导致每年约 0.1mm 的剥落。接触腐蚀发生在金属之间有离子导电介质（含水溶液和熔盐）。它也会危及具有不同电极电位金属材料构成的结构，见 TB24-4。伴随有潮湿时还会侵蚀不锈金属（例如与铁配对时，铝会被侵蚀）。产生摩擦腐蚀（配合锈蚀）的原因是在弹性变形区域内存在微滑动（例如交变受载的压键），它会导致纯金属表面裸露。它极易与氧、氮和碳反应，形成一个反应层（氧化物，氮化物，碳化物），即所谓的配合锈蚀，它是疲劳断裂的起源。缝隙腐蚀是结构产生的电化学腐蚀，例如发生在螺纹联接和点焊接中。实际存在的搭接、缝隙、裂纹和刻痕会聚集腐蚀物质，从而可能导致腐蚀反应。应力裂纹腐蚀发生于存在导致腐蚀的条件且附加承受静拉应力或内应力（例如由渗碳、焊接产生）的表面，振动裂纹腐蚀由附加的机械或热振动产生。

每种腐蚀现象都有相应的防腐措施来应对它。最基本的措施是选择合适的零件材料和涂覆金属镀层或特殊保护层。耐腐蚀材料有：铬的质量分数＞13%（更高温度时要求铬的质量分数＞18%）、镍的质量分数＞8%的钢可显著地阻止材料的化学反应能力；常用金属覆盖层（电镀或融浸）有锌、镍、铜和铬。需要注意的是要根据基材来选择合适的防腐覆盖金属。对于受机械载荷后会在覆盖层产生裂纹的情况，应通过选择合适的金属覆盖层来防止接触腐蚀。常用的表面防腐措施为硼和镍产生的扩散层。

24.6.3 损坏形式

在常见的接触受载情况下，§24.6.1所述的各种磨损机理常常叠加出现。因此，在工程实际中常常利用损坏形式与损坏原因之间的关系，来对损坏零件进行分析并得到相应的应对措施。可从损坏机理的角度对损坏形式进行基本分类：磨损（嵌入痕迹、刻痕、刮痕、胶合）、疲劳（点蚀、剥落、碎裂、裂纹）、腐蚀（化学腐蚀、摩擦腐蚀＝配合锈蚀、起鳞片）、变形（压入、形成沟槽、塑性变形）。对于一些特定机械零件有着特别的标准（例如滑动轴承：DIN 31661，齿轮：DIN 3979，滚动轴承：ÖNORM M6328），它们给出了与上述损坏机理对应的典型损坏形式，而且还附有专门用途的零件损坏相关文献。

24.7 参考文献

Bartz, W. J.: Grundlagen der Tribologie. Technischen Akademie Esslingen, 2002

Bartz, W. J.: Schäden an geschmierten Maschinenelementen; Schadensanalyse. Technischen Akademie Esslingen, 2002

Brändlein, J., Eschmann, P., Hasbargen, L., Weigand, K.: Die Wälzlagerpraxis. 3. Aufl. Mainz: Vereinigte Fachverlage GmbH, 1995

Czichos, H., Habig, K. H.: Tribologie Handbuch; Reibung und Verschleiß. Braunschweig: Vieweg, 1992

DIN 3979: Zahnradschäden an Zahnradgetrieben; Bezeichnung, Merkmale, Ursachen. Berlin: Beuth, 1979

DIN 31661: Gleitlager; Begriffe, Merkmale und Ursachen von Veränderungen und Schäden. Berlin: Beuth, 1983

Dubbel: Taschenbuch für den Maschinenbau. 20. Aufl. Berlin: Springer, 2001

Klamann, D.: Schmierstoffe und verwandte Produkte; Herstellung, Eigenschaften und Anwendung. Weilheim: Verlag Chemie, 1982

Krause, W., Möller, U. J., Nassar, J.: Schmierstoffe im Betrieb. 2. Aufl. Berlin: Springer, 2001

Klüber Lubrication: Mineralöle und Syntheseöle; Klassifikation, Auswahl und Anwendung. München: 1995

Niemann, G., Winter, H., Höhn, B. R.: Maschinenelemente, Band 1. 3. Aufl. Berlin: Springer, 2001

《机械设计》（原书·第16版）

读者信息反馈表

尊敬的教师：

您好！为了进一步提高我社教材的出版质量，更好地为我国高等教育发展服务，欢迎您对我社的教材多提宝贵意见和建议。如贵校有相关教材的出版意向，请及时与我们联系。

感谢您对我社教材出版工作的支持。

<table>
<tr><th colspan="9">您的个人情况</th></tr>
<tr><td>姓名</td><td></td><td>性别</td><td>男□　女□</td><td>年龄</td><td></td><td rowspan="3">联系电话</td><td>O</td><td></td></tr>
<tr><td>职称</td><td></td><td>职务</td><td></td><td>学历</td><td></td><td>H</td><td></td></tr>
<tr><td colspan="2">工作单位及部门</td><td colspan="4"></td><td>M</td><td></td></tr>
<tr><td colspan="2">从事专业</td><td colspan="4"></td><td colspan="2">E-mail</td><td></td></tr>
<tr><td colspan="2">详细通信地址</td><td colspan="4"></td><td colspan="2">邮政编码</td><td></td></tr>
<tr><th colspan="9">您讲授的课程情况</th></tr>
<tr><td>序号</td><td colspan="2">课程名</td><td colspan="2">学生层次、人数/年</td><td colspan="2">现使用教材</td><td colspan="2">出版社</td></tr>
<tr><td>1</td><td colspan="2"></td><td colspan="2"></td><td colspan="2"></td><td colspan="2"></td></tr>
<tr><td>2</td><td colspan="2"></td><td colspan="2"></td><td colspan="2"></td><td colspan="2"></td></tr>
<tr><td>3</td><td colspan="2"></td><td colspan="2"></td><td colspan="2"></td><td colspan="2"></td></tr>
<tr><th colspan="9">贵校在本专业领域内的相关情况（可另附纸）</th></tr>
<tr><td colspan="9">1. 有哪些方面具有优势、特色？精品课程、特色课程有哪些？
2. 有哪些新的专业方向？新开设了哪些课程？是否缺乏相应的教材？
3. 贵校在本专业所开设的这些课程中您觉得是否存在教材短缺或不适用的情况？都有哪些？
4. 贵校老师在此领域或相关领域是否有具独创性的教材希望出版？如何联系？</td></tr>
<tr><th colspan="9">对我社教材出版工作的其他意见和建议（可另附纸）</th></tr>
<tr><td colspan="9"></td></tr>
</table>

请用以下任何一种方式返回此表（此表复印有效）：

联 系 人：刘小慧　余　皞

通信地址：100037 北京市西城区百万庄大街 22 号　机械工业出版社高等教育分社

联系电话：010-8837 9712　010-8837 9730　传真：010-6899 7455

E-mail：lxh_937@163.com　597989465@qq.com

机械设计

Roloff/Matek Maschinenelemente

（原书·第16版）

表格手册

Tabellen

（德）
D. 穆斯（Dieter Muhs）
H. 维特（Herbert Wittel）
M. 贝克（Manfred Becker）
D. 亚纳许（Dieter Jannasch）
J. 弗斯克（Joachim Voβiek）
编著

孔建益　译

机 械 工 业 出 版 社

呈现在您面前的这本《机械设计 表格手册》（原书·第16版）是德国标准的机械设计手册，它与教材《机械设计》（原书·第16版）配套。全面收录了计算和设计所必需的数据、图表、标准摘要和设计经验，该手册结构紧凑、形式清晰，快捷可靠，便于查阅。

北京市版权局著作权合同登记号：01-2004-4546

机械工业出版社(北京市百万庄大街22号　邮政编码100037)

策划编辑：余　皞　责任编辑：余　皞

版式设计：霍永明　责任校对：陈延翔

封面设计：马精明　责任印制：刘　媛

北京中科印刷有限公司印刷

2024年6月第1版第6次印刷

184mm×260mm·58.5印张·1485千字

标准书号：ISBN 978-7-111-32530-7

定价：198.00元

电话服务

客服电话：010-88361066

010-88379833

010-68326294

网络服务

机工官网：www.cmpbook.com

机工官博：weibo.com/cmp1952

金书网：www.golden-book.com

机工教育服务网：www.cmpedu.com

封底无防伪标均为盗版

目　录

第 1 章　概论和设计基础

TB 1-1　通用机械制造用钢的选择

标准尺寸 d_N 下的强度值（N/mm²）

疲劳强度值（DIN 743-2[1)2)]，参考值）

弹性模量 E=210000N/mm²，切变模量 G=81000N/mm²

钢种 简称	钢种 材料代号	A % min	R_{mN} min	R_{eN} $R_{p0.2N}$ min	$\sigma_{zd\,W\,N}$ ($\sigma_{zd\,Sch\,N}$)	$\sigma_{bW\,N}$ ($\sigma_{b\,Sch\,N}$)	$\tau_{tW\,N}$ ($\tau_{t\,Sch\,N}$)	材料相对成本[3)]	特性和应用示例
a）非合金结构钢，热轧（DIN EN 10025） 标准尺寸 d_N=16mm									没有进行适应性热处理的热轧非合金普钢和高质钢，有优秀的抗拉强度和屈服极限，其性能决定于焊接、铆接和螺纹联接的环境温度
S185	1.0035	18	310	185					用于受载很小的次要零件；如栏杆、楼梯等；不适宜焊接
S235JR S235JRG1 S235JRG2 S235JO S235J2G3 S235J2G4	1.0037 1.0036 1.0038 1.0114 1.0116 1.0117	26	360	235	140（225）	180（270）	105（160）	1	机械制造和钢结构中常用钢，适用于轻载；板材、棒材和型钢；加工性能好；从性能组 JR 至 J2G4，其焊接适应性和韧性越来越好
S275JR S275JO S275J2G3 S275J2G4	1.0044 1.0143 1.0144 1.0145	22	430	275	170（270）	215（320）	125（190）	1.05	轻载零件；转轴，心轴，杠杆；加工性能好，焊接适应性好
S355JR S355JO S355J2G3 S355J2G4 S355K2G3 S355K2G4	1.0045 1.0553 1.0570 1.0577 1.0595 1.0596	22	510	355	205（325）	255（380）	150（245）		钢结构、起重机和桥梁中的重载桁架；通过提高硅和锰含量使屈服极限提高；从性能组 JR 至 K2，其焊接适应性、脆性断裂可靠性越来越好
E295	1.0050	20	490	295	195（295）	245（355）	145（205）	1.1	加工性能好；中等受载时最常用钢；转轴、心轴、轴销 （E295、E335：对焊接和韧性没有特殊要求的机械制造用钢）
E335	1.0060	16	590	335	235（335）	290（400）	180（230）	1.7	重载耐磨零件；转轴、小齿轮、主轴

TB 1-1（续）

钢种 简称	钢种 材料代号	A % min	R_{mN} min	R_{eN} $R_{p0.2N}$ min	$\sigma_{zd\,W\,N}$ ($\sigma_{zd\,Sch\,N}$)	$\sigma_{bW\,N}$ ($\sigma_{b\,Sch\,N}$)	$\tau_{tW\,N}$ ($\tau_{t\,Sch\,N}$)	材料相对成本[3]	特性和应用示例
E360	1.0070	11	690	360	275（360）	345（430）	205（250）		在自然硬度下就能承受最大的载荷，且耐磨性最好；凸轮、轧辊、模具、控制零件 / 对焊接和韧性没有特殊要求的机械制造用钢
b）焊接适宜细晶结构钢，正火/正常轧制（DIN EN 10113-2） 标准尺寸 d_N=16mm									低碳和细晶钢，韧性好，对脆性断裂和老化不敏感，高屈服极限和好的焊接性能
S275N S275NL	1.0490 1.0491	24	370	275	150（240）	185（275）	110（185）		最佳用途是用于动应力幅很小的受大拉伸载荷的疲劳强度区域；例如底架、汽车底盘、压力容器、提升设备（耐热、冷韧和超强细晶结构钢见标准）
S355N S355NL	1.0545 1.0546	22	470	355	190（305）	235（350）	140（240）		
S420N S420NL	1.8902 1.8912	19	520	420	210（335）	260（390）	155（265）		
S460N S460NL	1.8901 1.8903	17	550	460	220（350）	275（410）	165（280）		
c）处于调质状态（+QT）[4] 的调质钢（DIN EN 10083-1） 标准尺寸 d_N=16mm									非合金或合金机械制造用钢，由于其化学成分适合于硬化，调质状态下，在保持好的韧性的情况下有高的强度；焊接时必须预热
C22E C25E C30E C35E	1.1151 1.1158 1.1178 1.1181	20 19 18 17	500 550 600 630	340 370 400 430	200（320） 220（350） 240（385） 250（400）	250（375） 275（410） 300（450） 315（470）	150（235） 165（255） 180（275） 190（300）	1.6	用于结构对称和表面质量好的受力很小的零件；杠杆、法兰、轮盘、转轴、连杆；表面硬化 / 调质直径较小（<100mm）的受力很小的零件
C40E C45E C50E C55E C60E 28Mn6	1.1186 1.1191 1.1206 1.1203 1.1221 1.1170	16 14 13 12 11 13	650 700 750 800 850 800	460 490 520 550 580 590	260（415） 280（450） 300（480） 320（510） 340（545） 320（510）	325（490） 350（525） 375（560） 400（600） 425（635） 400（600）	200（320） 210（340） 220（360） 240（380） 250（400） 240（410）	1.7	用于要求质地特别均匀和纯净的传动装置零件；对耐磨性要求高的零件；表面硬化；传动轴，齿轮，轮箍，曲轴，曲轴轴颈

TB 1-1（续）

钢种 简称	钢种 材料代号	A % min	R_{mN} min	R_{eN} $R_{p0.2N}$ min	$\sigma_{zd\,W\,N}$ ($\sigma_{zd\,Sch\,N}$)	$\sigma_{bW\,N}$ ($\sigma_{b\,Sch\,N}$)	$\tau_{tW\,N}$ ($\tau_{t\,Sch\,N}$)	材料相对成本[3]	特性和应用示例	
38Cr2	1.7003	14	800	550	320 (510)	400 (600)	240 (380)	1.7	杠杆、转轴、轴销、齿轮、螺栓、蜗杆、锻件	调质直径较大的受载较大的零件
46Cr2	1.7006	12	900	650	360 (575)	450 (675)	270 (450)			
34Cr4	1.7033	12	900	700	360 (575)	450 (675)	270 (460)			
37Cr4	1.7034	11	950	750	380 (610)	475 (710)	285 (485)			
41Cr4	1.7035	11	1000	800	400 (640)	500 (750)	300 (510)			
25CrMo4	1.7218	12	900	700	360 (575)	450 (675)	270 (460)		进气阀、转轴、铣刀杆、花键轴、曲轴销、大型传动轴	
34CrMo4	1.7220	11	1000	800	400 (640)	500 (750)	300 (510)			
42CrMo4	1.7225	10	1100	900	440 (705)	550 (825)	330 (560)			
50CrMo4	1.7228	9	1100	900	440 (705)	550 (825)	330 (560)			
36CrNiMo4	1.6511	10	1100	900	440 (705)	550 (825)	330 (560)	2.4 2.7	汽车和机床中受载最大的零件；大型传动轴、涡轮机转子、齿轮	受载最大的零件；大调质直径
34CrNiMo6	1.6582	9	1200	1000	480 (770)	600 (900)	360 (610)			
30CrNiMo8	1.6580	9	1250	1050	500 (800)	625 (935)	375 (635)			
36NiCrMo16	1.6773	9	1250	1050	500 (800)	625 (935)	375 (635)			
51CrV4	1.8159	9	1100	900	440 (705)	550 (825)	330 (560)			
d）处于表面硬化状态[5]的渗碳钢（强度值根据 DIN 743—3 和 FKM 准则） 标准尺寸 d_N＝11mm									非合金或合金机械零件用钢，含碳量很低，通过表面渗碳或渗碳氮进行硬化；疲劳强度好，且耐磨和表面硬度高；适合于闪光对焊和熔焊	
C10	1.0301	16	650	380	260 (380)	325 (455)	195 (265)	1.1	芯部强度很低的直接硬化小零件：轴销、轴承衬、轴颈、杠杆、铰链、驱动件、主轴	
C15	1.0401	14	750	430	300 (430)	375 (515)	225 (300)			
17Cr3	1.7016	11	1050	750	420 (670)	525 (785)	315 (520)	1.7	受载较大的零件；较小的齿轮和轴、轴销、凸轮轴、滚子、主轴、测量工具	
20Cr4	1.7027	10	900	630	360 (575)	450 (675)	270 (435)			
16MnCr5	1.7131	10	900	630	360 (575)	450 (675)	270 (435)			
20MnCr5	1.7147	8	1100	730	440 (705)	550 (825)	330 (505)		芯部强度较高的直接硬化零件；传动装置和车辆中的中型齿轮和轴	
20MoCr4	1.7321	10	900	630	360 (575)	450 (675)	270 (435)			
22CrMoS3-5	1.7333	8	1100	730	440 (705)	550 (825)	330 (505)		韧性非常好的重载传动件；直接硬化	
21NiCrMo2	1.6523	10	900	630	360 (575)	450 (675)	270 (435)			
15CrNi6	1.5919	9	1000	680	400 (640)	500 (750)	300 (470)	2.1	受载最大的零件；小齿轮、凸轮、转轴、盘形锥齿轮、链节	
17CrNiMo6	1.6587	8	1150	830	460 (735)	575 (860)	345 (575)			
e）处于调质状态（＋QT）的镍钢（DIN 17211） 标准尺寸 d_N＝100mm									合金调质钢，它含有氮化物形成元素（Cr，Al，Mo，V），所以特别适合于渗氮和渗氮碳；其边缘层特别硬，所以零件耐磨性很好，而且疲劳强度高、耐腐蚀、耐热、抗胶合性很好；变形小	

TB 1-1（续）

钢种		A % min	R_{mN} min	R_{eN} $R_{p0.2N}$ min	$\sigma_{zd\,W\,N}$ ($\sigma_{zd\,Sch\,N}$)	$\sigma_{bW\,N}$ ($\sigma_{b\,Sch\,N}$)	$\tau_{tW\,N}$ ($\tau_{t\,Sch\,N}$)	材料相对成本[3]	特性和应用示例
简称	材料代号								
31CrMo12	1.8515	11	1000	800	400（640）	500（750）	300（510）	2.6	厚度≤250mm的对耐磨性有要求的零件；杆件，锻件
31CrMoV9	1.8519	11	1000	800	400（640）	500（750）	300（510）		厚度≤100mm的耐热耐磨零件；阀门轴、磨床主轴
15CrMoV5-9	1.8521	10	900	750	360（575）	450（675）	270（460）		厚度≤250mm的对耐磨性有要求的零件；轴销、主轴
34CrAlMo5	1.8507	14	800	600	320（510）	400（600）	240（410）		工作温度小于450℃，厚度小于70mm的疲劳强度高，耐磨性好的零件；热蒸汽仪表零件
34CrAlNi7	1.8550	12	850	650	340（545）	425（635）	255（435）		用于大型耐磨零件；大型活塞、连杆
f）处于调质状态（+QT）的用于火焰和感应硬化钢（DIN 17212） 标准尺寸 d_N=16mm									调质钢，通过局部加热和冷却使边沿区域硬化；用于要求表面耐磨性好或能承受大压强的零件；适用于闪光对焊
Cf35	1.1183	17	620	420	250（400）	310（465）	185（290）		受载很小的零件，但是要求质地特别均匀和纯净
Cf45	1.1193	14	700	480	280（450）	350（525）	210（330）		用于要求质地特别均匀和纯净的传动装置零件；小齿轮，转轴
Cf53	1.1213	12	740	510	295（470）	370（555）	220（355）		传动轴，凸轮轴，活塞轴销、气缸衬
Cf70	1.1249	11	780	560	310（495）	390（585）	235（390）		可渗碳硬化的薄壁零件；小齿轮、主轴、悬臂轴
45Cr2	1.7005	12	880	640	350（560）	440（660）	265（445）		芯部强度较高的厚臂机械零件和汽车零件；曲轴、传动轴、球轴销、花键轴、齿轮
38Cr4	1.7043	11	930	740	370（590）	465（700）	280（475）		
42Cr4	1.7045	11	980	780	390（625）	490（735）	295（500）		
41CrMo4	1.7223	10	1080	880	430（690）	540（810）	325（550）		
g）处于冷拉拔状态（+C）的易切削钢（DIN 1651） 标准尺寸 d_N=16mm									非合金钢，切削性能好和由于含硫，切屑易断；含铅型钢允许较高切削速度、可达两倍寿命和改善表面质量；但高S和P含量，只在一定条件适合于焊接
9SMn28 9SMnPb28	1.0715 1.0718	7	510	410	205（325）	255（380）	150（255）	1.8	用于受载很小的小零件；带螺纹零件，冷拔轴、螺栓、销、轴销、各种成形件
9SMn36 9SMnPb36	1.0736 1.0737	7	540	430	215（345）	270（405）	160（270）		

TB 1-1（续）

钢种		A % min	R_{mN} min	R_{eN} $R_{p0.2N}$ min	$\sigma_{zd\,W\,N}$ ($\sigma_{zd\,Sch\,N}$)	$\sigma_{bW\,N}$ ($\sigma_{b\,Sch\,N}$)	$\tau_{tW\,N}$ ($\tau_{t\,Sch\,N}$)	材料相对成本[3]	特性和应用示例	
简称	材料代号									
15S10 10S20 10SPb20	1.0710 1.0721 1.0722	7 8	500 490	400 390	200（320） 195（310）	250（375） 245（365）	150（255） 145（245）	1.9	适合于渗碳硬化；耐磨小零件；轴销、销、成形件	
35S20 35SPb20	1.0726 1.0756	7	590	400	235（375）	295（440）	175（275）		适合于调质；用于受载较大的较大零件；转轴、螺纹件、主轴	
45S20 45SPb20	1.0727 1.0757	6	690	470	275（440）	345（515）	205（325）	2.0		
60S20 60SPb20	1.0728 1.0758	6	780	540	310（495）	390（585）	235（375）	2.1		
h）处于冷拉拔状态（+C）的光亮钢（DIN 1652） 标准尺寸 d_N = 16mm									光滑表面和高尺寸精度的冷作硬化棒材；采用拉拔、刨削和定向抛光加工，必要时还进行磨削	
S235JR S275JR S355J2G3	1.0037 1.0044 1.0570	9 8 7	440 530 600	300 380 450	175（280） 210（335） 240（385）	220（330） 265（395） 300（450）	130（210） 160（265） 180（305）	1.6	由结构钢生产的光亮钢；轴销、心轴、销、加强零件、紧固底板	不用再进行表面加工，可降低制造成本
E295 E335 E360	1.0050 1.0060 1.0070	7 6 6	580 680 780	420 490 560	230（370） 270（430） 310（495）	290（435） 340（510） 390（585）	175（290） 205（340） 235（390）	1.7		
C10 C15	1.0301 1.0401	9 8	450 480	300 340	180（290） 190（305）	225（335） 240（360）	135（210） 145（235）		由渗碳钢生产的光亮钢；轴销、主轴、小零件	
C22E C35E	1.1151 1.1181	7 8	500 550	350 370	200（320） 220（350）	250（375） 275（410）	150（245） 165（255）	1.7	由调质钢生产的光亮钢；转轴、活塞杆、轨道、杠杆、垫板、底板	
C45E C60E	1.1191 1.1221	6 6	630 750	430 520	250（400） 300（480）	315（470） 375（560）	190（300） 225（360）	1.8		
i）不锈钢（根据 DIN EN 10088 和 SEW） 处理状态：铁素体和奥氏体 钢退火（+A） 马氏体钢：调质（+QT） 在实际中无工艺尺寸影响									由于铬的质量分数至少为 12%，使其具有耐化学腐蚀的特殊性能；分为调质铁素体铸钢和淬火奥氏体铸钢	
X3CrNb17	1.4511	23	420	230	170（230）	210（275）	125（160）		建筑、厂房、货架、箱体	铁素体钢 好的可焊性、耐热、良好的磁性、可加工性差、冷成形、弹性模量 E = 220000 N/mm²
X6CrMoS17	1.4105	20	430	250	170（250）	215（300）	130（175）		高速钢、针、紧固件	
X6Cr13	1.4000	19	400	240	160（240）	200（290）	120（165）		耐热片、刀具、家具	
X6Cr17	1.4016	20	450	240	180（240）	225（290）	135（165）		紧固件、热成形件、模具	

TB 1-1（续）

钢种 简称	钢种 材料代号	A % min	R_{mN} min	R_{eN} $R_{p0.2N}$ min	$\sigma_{zd\ W\ N}$ ($\sigma_{zd\ Sch\ N}$)	$\sigma_{bW\ N}$ ($\sigma_{b\ Sch\ N}$)	$\tau_{tW\ N}$ ($\tau_{t\ Sch\ N}$)	材料相对成本[3]	特性和应用示例	
X20Cr13	1.4021	10	750	550	300（480）	375（560）	225（380）	3.2	仪表、法兰、弹簧、涡轮机零件	马氏体钢：可硬化、切削性能好、强度高、高磁性，一定条件下可焊接，E=216000 N/mm²
X39CrMo17-1	1.4122	12	750	500	300（480）	375（560）	225（345）		管道、转轴、主轴、耐磨件	
X14CrMoS17	1.4120	11	640	450	255（410）	320（480）	190（310）		易切削钢、回转件、仪器	
X50CrMoV15	1.4116	12	850	—	340（545）	425（635）	255（410）		肉食品加工机械；转轴、套管、车刀	
X12Cr13	1.4006	12	650	450	260（415）	325（485）	195（310）	4.0	联接件、车刀、对耐磨性有要求的零件	
X3CrNiMo13-4	1.4313	11	900	800	360（575）	450（675）	270（460）			
X17CrNi16-2	1.4057	14	750	550	300（480）	375（560）	225（380）			
X5CrNi18-10	1.4301	40	520	210	210（210）	250（250）	145（145）	5.8	适用于各种场合：建筑业、车辆制造、食品工业	奥氏体钢：焊接性能好、冷成形性能好、切削加工难、无磁性，E=200000 N/mm²
X8CrNiS 18-9	1.4305	35	500	190	190（190）	230（230）	130（130）		易切削钢；机械零件和联接件	
X6CrNiTi 18-10	1.4541	40	500	200	200（200）	240（240）	140（140）		机车制造、卫生间用品	
X2CrNiMo 17-12-2	1.4404	40	520	220	220（220）	260（260）	150（150）		海洋工业、焊接结构件、心轴、转轴、换热器	
X2CrNiMoN 17-13-3	1.4429	35	580	295	230（295）	290（355）	175（205）			
X5CrNiMo 17-12-2	1.4401	40	520	220	220（220）	260（260）	150（150）		漂白工业、食品工业、房屋外覆盖件	
X6CrNiMoTi 17-12-2	1.4571	40	520	220	220（220）	260（260）	150（150）		容器（油罐车）、取暖锅炉、屋顶覆盖件	
X2CrNiN24-4	1.4362	25	600	400	240（385）	300（450）	180（275）		纺织工业、仪器制造；重载焊接零件	奥氏体—铁素体钢（双相钢）：耐应力裂纹腐蚀性能，E=200000 N/mm²
X3CrNiMoN 27-5-2	1.4460	20	600	450	240（385）	300（450）	180（305）			
X2CrNiMoN 22-5-3	1.4462	30	640	450	255（410）	320（480）	190（310）			

1）参考关系：$\sigma_{bW} \approx 0.5R_m$，$\sigma_{zd\ W} \approx 0.4R_m$，$\tau_{tW} \approx 0.3R_m$

2）A——断裂应变；d_N——根据各自材料标准的毛坯参考尺寸（直径，厚度）；

R_{mN}——抗拉强度；R_{eN}——屈服极限；$R_{p0.2\ N}$——0.2%的屈服极限；

$\sigma_{zd\ WN}$——拉伸/压缩对称疲劳强度；σ_{bWN}——弯曲对称疲劳强度；

$\tau_{t\ WN}$——抗扭对称疲劳强度；$\sigma_{zd\ Sch\ N}$——拉伸脉动疲劳强度；

$\sigma_{b\ Sch\ N}$——弯曲脉动疲劳强度；$\tau_{t\ Sch\ N}$——抗扭脉动疲劳强度。

脉动强度：$\sigma_{Sch}=2\sigma_W[1-\sigma_W/(2R_m)]$。 R_e 为上屈服强度，$\sigma_{bF}=1.2R_e$，$\tau_{tF}=1.2R_e/\sqrt{3}$。上式对拉压和弯曲作用有效。

3）根据体积和材料的不同，对比冷轧圆钢（1000kg 圆钢，中型工程）的成本系数。特别注意在小批量、小尺寸生产时成本更高。

4）非合金不锈钢具有最高的强度，表中 C22E 的力学性能相应区域的 C22R 和相应优质钢 C22 相似。

5）钢的最低抗拉强度符合 DIN EN 10084 规定。

TB 1-2　铁碳铸造材料

材料名称 简称	代号	A % min	R_{mN} min	$R_{p0.2N}$ min	σ_{bWN}	E kN/mm^2	材料相对成本[1)]	性能和应用示例
a）片状石墨铸铁（DIN EN 1561）试块的标准尺寸（等效铸件直径）：$d_N=20mm$								最常用的铸造材料，具有良好的充型性能；适用于铸造复杂的薄壁铸件；脆性、抗压强度高（约 3～4 倍的 R_m），良好的滑动性能，好的内减振性能，对切口不敏感，非常好的切削性能，一定条件下可焊接
EN-GJL-100	EN-JL1010	0.8～0.3	100	$R_{p0.1N}$ —	—	—	3	不能用作承载零件；用于对热传导性能、减振性能和可加工性有特殊要求的场合；建筑铸件、商品铸件
EN-GJL-150	EN-JL1020		150	98	70	78～103		能承受更大载荷的薄壁零件；轻型机床铸件；机架、立柱、控制轮
EN-GJL-200	EN-JL1030		200	130	90	88～113		机械制造中的常用材料；中型机床铸件；轴承座、杠杆、带轮
EN-GJL-250	EN-JL1040		250	165	120	103～118		压密和耐热铸件（约 400℃）；气缸、仪表、泵体
EN-GJL-300	EN-JL1050		300	195	140	108～137		重载零件；发动机座、轴瓦、制动盘
EN-GJL-350	EN-JL1060		350	228	145	123～143		特殊场合（承载能力最大）、均匀壁厚零件；涡轮机架、压力机立柱
b）球墨铸铁（DIN EN 1563）试块的标准尺寸（等效铸件直径）：$d_N=60mm$								高级铸造材料，它具有铸铁和片状石墨铸铁的优点；具有类似于钢的性能，铸造和加工性能好；铁素体类 EN-GJS-350-22 和 EN-GJS-400-18 也能在有缺口冲击的情况下正常工作
EN-GJS-350-22	EN-JS1010	22	350	220	180	169	4.5	其组织主要是铁氧体；加工性能好，韧性高，耐磨性差；泵体和减速器机架，轴颈，前轴桥、截止阀，摆动轴承
EN-GJS-400-18	EN-JS1020	18	400	250	195	169		
EN-GJS-450-10	EN-JS1040	10	450	310	210	169		其组织主要是铁氧体；价格居于 EN-GJS-400-18 和 EN-GJS-500-7 之间；离心铸造

TB 1-2（续）

材料名称 简称	代号	A % min	R_{mN} min	$R_{p0.2N}$ min	σ_{bWN}	E kN/mm²	材料相对成本[1)]	性能和应用示例
EN-GJS-500-7	EN-JS1050	7	500	320	224	169		其组织主要是铁氧体-珠光体或珠光体-铁氧体；加工性能好，耐磨性较好，强度和韧性较高；制动器零件、轴承座、连杆、曲轴、冲床立柱
EN-GJS-600-3	EN-JS1060	3	600	370	248	174		
EN-GJS-700-2	EN-JS1070	2	700	420	280	176	4.5	其组织主要是珠光体；耐磨性好；绳轮、涡轮机叶片、齿圈
EN-GJS-800-2	EN-JS1080	2	800	480	304	176		其组织为珠光体或经热处理的马氏体；表面硬化性能好，耐磨性好；厚壁铸件
EN-GJS-900-2	EN-JS1090	2	900	600	317	176		其组织主要是经热处理的马氏体；非常好的耐磨性，加工性能不错；齿圈、变形件
c）贝氏体铸铁（DIN EN 1564） 试块的标准尺寸（等效铸件直径）：d_N=60mm								贝氏体球墨铸铁ADI是由球墨铸铁铸件经调质处理得到，它产生了一种由针状铁氧体和无碳化物的残余奥氏体组成的微观组织；高塑性和高韧性的高强结构材料
EN-GJS-800-8 EN-GJS-1000-5 EN-GJS-1200-2 EN-GJS-1400-1	EN-JS1100 EN-JS1110 EN-JS1120 EN-JS1130	8 5 2 1	800 1000 1200 1400	500 700 850 1100	450 485 415	163 160 158 156	(7)	由于其优良的冷作硬化性能、构造自由度大、结构件噪声传导小和良好的阻尼性能，使结构轻量化（特别是车辆零件）；齿圈、轮毂、后桥外壳、滑板、鞍形弹簧垫圈、板簧支承、铺轨机的捡拾臂
d）蠕虫状石墨铸铁 试块的标准尺寸（等效铸件直径）：d_N=20mm								蠕状石墨铸铁，其性能介于片状石墨铸铁（GJL）与球墨铸铁（GJS）之间；它比GJL有更高的强度、韧性、刚度、耐氧化性和抗温度变化能力；它比GJS有更好的铸造性能、加工性能和阻尼性能
GGV-30 GGV-40		2 1…2.5	300 400	240 280	160 190	130～160 150～160	(4)	其组织主要为铁氧体或珠光体；用于对温度和温度变化有更高要求的零件；气缸头，涡轮增压器壳、废气聚气器和弯管、带轮、飞轮、铸钢结晶器
e）可锻铸铁（DIN EN 1562） 试块的标准尺寸（等效铸件直径）：d_N=15mm								通过退火可获得类似于钢的性能；用于工件重量不超过100kg，批量生产具有极佳的经济性；切削加工性好、可用于制造焊接和结构焊接，适于边缘层硬化；常常用于与GJS和锻件进行竞争

TB 1-2（续）

材料名称 简称	材料名称 代号	A % min	R_{mN} min	$R_{p0.2N}$ min	σ_{bWN}	E kN/mm²	材料相对成本[1)]	性能和应用示例
EN-GJMW-350-4	EN-JM1010	4	350	—	150	175～195	5	脱碳退火（白）可锻铸铁，用于薄壁铸件（≤8mm） 用于受载很小的零件，成本低；覆盖件、配件、提升链节
EN-GJMW-360-12	EN-JM1020	12	360	190	155			适于强度焊接；阀体和转向蜗杆箱、法兰与轧制型钢的连接件
EN-GJMW-400-5	EN-JM1030	5	400	220	170			标准种类，可焊性好、用于薄壁零件；踏板轴承座、配件、支架零件、手柄、楔锁
EN-GJMW-450-7	EN-JM1040	7	450	260	190			可加工性好，耐冲击；用于输送管路仪表、支架夹紧件、支架零件、模板、绝缘接头，汽车底盘件
EN-GJMW-550-4	EN-JM1050	4	550	340	230			
EN-GJMB-300-6	EN-JM1110	6	300	—	130			非脱碳退火（黑）可锻铸铁，用于压密零件；液压铸件、控制块、阀体
EN-GJMB-350-10	EN-JM1130	10	350	200	150			可加工性能好，韧性好；链节、机架、覆盖件、配件、货车制动器座、联轴器零件、夹紧块、套筒扳手
EN-GJMB-450-6	EN-JM1140	6	450	270	190			
EN-GJMB-500-5	EN-JM1150	5	500	300	210			
EN-GJMB-550-4	EN-JM1160	4	550	340	230			可替代锻件，表层硬化性能理想；曲轴，制动器座、机架、凸轮轴、杠杆、轮毂、万向节叉、拨叉
EN-GJMB-600-3	EN-JM1170	3	600	390	250			
EN-GJMB-650-2	EN-JM1180	2	650	430	265			可加工性好的情况下具有高强度，为锻钢好的替代品；回转活塞叉头、连杆、拨叉、盘形齿轮、仪器座
EN-GJMB-700-2	EN-JM1190	2	700	530	285			
EN-GJMB-800-1	EN-JM1200	1	800	600	320			
f）奥氏体铸铁（DIN 1694） （商品名：耐蚀高镍铸铁） 在标准尺寸范围内无工艺尺寸影响								镍的质量分数为 12%～36%的用途广泛的高合金铸铁；标准种类（8 种为片墨铸铁、14 种为球墨铸铁）具有良好的铸造和可加工性；通过改变成分和石墨形状可得到各种需要的性能
GGL-NiCuCr15 6 2 （EN-GJLA-XNiCuCr15-6-2）	0.6655	2	170	—	75	85～105	（6）	耐碱、稀酸和海水腐蚀，耐高温，滑动性能好，不能磁化；用于泵、仪表、炉件、运动衬、活塞环座
GGL-NiCr30 3 （EN-GJLA-XNiCr30-3）	0.6676	1～3	190	—	85	98～113		可承受 800℃的高温和热冲击，耐腐蚀和侵蚀；用于泵、过滤件、涡轮增压器座、废气管道
GGG-NiCr20 2 （EN-GJSA-XNiCr20-2）	0.7660	7～20	370	210	160	112～130		类似于 GGL-NiCuCr1562（GGL 为片状石墨铸铁），但力学性能更好；用于泵、阀、运动衬、涡轮增压器座、不能磁化的铸件

TB 1-2（续）

材料名称 简称	代号	A % min	R_{mN} min	$R_{p0.2N}$ min	σ_{bWN}	E kN/mm²	材料相对成本[1]	性能和应用示例
GGG-Ni22（EN-GJSA-XNi22）	0.7670	20～40	370	170	160	85～112	（6）	大应变，达－100℃时还有冷韧性，不能磁化；用于泵、压缩机、运动衬、不能磁化铸件
GGG-NiMn23 4（EN-GJSA-XNiMn23-4）	0.7673	25～45	440	210	200	120～140		应变特别大，冷韧性可达－196℃，不能磁化；用于制冷技术中的铸件
g）一般用途的铸钢（DIN 1681） 试块的标准尺寸（等效铸件直径）：d_N＝100mm								可直接成形的铸钢，铸造性能比铸铁差，通过热处理（正火）可得到与轧制钢材一样的性能，可锻，常用球墨铸铁替代
CS-38（G200） CS-45（G230） GS-52（G260） GS-60（G300）	1.0420 1.0446 1.0552 1.0558	25 22 18 15	380 450 520 600	200 230 260 300	150 180 205 235	210	6	主要用作工作在－10℃～＋300℃的零件，且受中等动载荷和冲击载荷，不能用其他成形方法制造或经济性不好，除了GS-60外，其他的均有良好的焊接适应性；机床立柱、泵体、杠杆、齿轮、连杆、制动盘
h）处于液体调质状态的一般用途调质铸钢上限：强度等级Ⅰ，下限：强度等级Ⅱ 试棒的标准尺寸（等效铸件直径）：d_N＝100，200，或500mm，见相应栏								处于液体调质状态的低合金铸钢，具有高屈服极限；空气调质的强度值更低，见标准
GS-30Mn5（G30Mn5）	1.1165	14 10	520 700	400 550	205 270	210	（8）	d_N：100mm；可用作不超过＋300℃且动载重载零件，可焊接；齿圈，气缸头，涡轮机零件，轧机立柱，冲击顶盖，海洋零件，链轮，铰链零件，阀体和滑阀及零件
GS-25CrMo4（G25CrMo4）	1.7215	18 10	600 750	450 600	220 285			200mm
GS-34CrMo4（G34CrMo4）	1.7230	14 10	750 850	600 700	285 320			100mm
GS-42CrMo4（G42CrMo4）	1.7231	14 10	780 900	650 800	295 340			100mm
GS-30CrMoV6 4（G30CrMoV6-4）	1.7725	14 12	850 900	700 750	320 340			200mm
GS-35CrMoV10 4（G35CrMoV10-4）	1.7755	15 10	850 1050	700 850	320 390			200mm
GS-25CrNiMo4（G25CrNiMo4）	1.6515	15 10	700 800	550 650	270 305			500mm
GS-34CrNiMo6（G34CrNiMo6）	1.6582	12 10	850 900	700 800	320 370			200mm
GS-30NiCrMo8 5（G30NiCrMo8-5）	1.6570	16 10	850 1050	700 950	320 390			500mm
GS-33NiCrMo7 4 4（G33NiCrMo7-4-4）	1.6740	16 10	850 1050	700 950	320 390			500mm
i）不锈铸钢（DIN 17445） 在标准尺寸范围内无工艺尺寸影响								由于铬的质量分数至少12%，使其具有耐化学腐蚀的特殊性能；分为调质铁素体铸钢和淬火奥氏体铸钢

TB 1-2（续）

材料名称 简称	代号	A % min	R_{mN} min	$R_{p0.2N}$ min	σ_{bWN}	E kN/mm²	材料相对成本[1]	性能和应用示例
G-X8CrNi13 (GX8CrNi13)	1.4008	15	590	440	230			马氏体（铁素体）铸钢 对焊接适应性和韧性无特殊要求的常规可调质铬铸钢；水轮机、汽轮机、仪表、阀、压缩机
G-X20Cr14 (GX20Cr14)	1.4027	12	590	440	230			
G-X22GrNi17 (GX22CrNi17)	1.4059	4	780	600	310			
G-X5CrNi13 4 (GX5CrNi13-4)	1.4313	12	900	830	360			耐气蚀和大气腐蚀；水轮机，压缩机和泵转轮，起重吊钩
G-X6CrNi18 9 (GX6CrNi18-9)	1.4308					200	(9)	奥氏体铸钢 用作高韧性和耐腐蚀铸件，焊接后无需进行热处理；泵体、锻件、转子、船用螺栓、压紧蜗杆、化学工业
G-X5CrNiNb18 9 (GX5CrNiNb18-9)	1.4552			175				
G-X6CrNiMo18 10 (GX6CrNiMo18-10)	1.4408		440		170			
G-X5CrNiMoNb 18 10 (GX5CrNiMoNb18-10)	1.4581	20		185				
G-X3CrNiMoN17 13 5 (GX3CrNiMoN17-13-5)	1.4439		490	210	190			用于造纸、制漆、纺织和橡胶工业中的受载铸件；离心滚筒、受压机架和仪器零件

1）见 TB 1-1 的脚注 3）

对于铸件，所给相对成本符合下述前提条件：带简单肋和沟槽的空心铸件，基准批量约为50，单位质量5～10kg。

TB 1-3 非铁金属

通用机械制造材料选择

强度特征值（N/mm²）[1]

材料名称 简称	代号	A % min	R_m min	$R_{p0.2}$ min	σ_{bW}	E kN/mm²	材料相对成本[2]	性能和应用示例
a）铜合金[3]								具有优良的耐蚀性、滑动性能、耐磨性、导电性和热传导性以及加工性能
CuPb1P F26	2.1160.26	7	260	200	100	130		1. 低合金锻造铜合金（DIN 17666） 不能硬化：高导电性，非常好的切削加工和冷成形性能；回转零件，轴销好的钎焊和焊接性能，耐腐蚀；触点、开关零件、制动导管
CuFe2P F39	2.1310.30	6	390	360	120	125		
CuBe2Pb F130	2.1248.75	—	1300	1150	250	135		可硬化：高强度，耐高温性能更好，切削加工性能好；弹簧、膜片、无功能工件
CuNi2Si F64	2.0855.73	10	640	590	150	130	17	中等导电性能：加固件、铆钉、管道夹紧件、轴承衬

TB 1-3（续）

材料名称 简称	材料名称 代号	A % min	R_m min	$R_{p0.2}$ min	σ_{bW}	E kN/mm²	材料相对成本[2)]	性能和应用示例
								2. 铜锌锻造合金（DIN 17660，DIN EN 12163）
CuZn37 F37	2.0321.26	27	370	250	120	110	8.0	用于冷成形的主要合金，钎焊和焊接性能好；螺栓、压轧件、板簧、拉链热和冷成形，
CuZn38Pb1.5F47	2.0371.30	12	470	350	160	102	7.1	切削加工性能好；仿形车削件，挤压成形件
CuZn39Pb3 F43	2.0401.26	15	430	250	150	96	6.8	
CuZn40Al1 F49	2.0561.31	15	490	270	160	93		结构材料，耐气候影响，滑动性能好；模锻件，挤压成形件，滑动零件
								3. 铜锡锻造合金（DIN 17662，DIN EN 12164）
CuSn4 F47	2.1016.30	12	470	440	150	120		冷成形性能好，耐腐蚀，钎焊和焊接性能好；插头和开关，弹簧，螺栓耐磨性和耐蚀性强；滑动零件、弹簧、膜片、齿轮、轴承衬
CuSn8 F54	2.1030.30	25	540	470	200	115	17.3	
CuSn6Zn6 F61	2.1080.30	15	610	570	—	—		韧性好，耐气候影响；对耐磨性有要求的零件，弹簧，开关件
								4. 铜镍和铜镍锌锻造合金（DIN 17664 和 DIN 17663）（锌白铜）
CuNi10Fe1Mn F28	2.0872.10	30	280	100	150	132		杰出的耐侵蚀、气蚀和腐蚀、耐海水腐蚀性能，可焊性好；仪器制造、管道、制动传导、冷凝器
CuNi30Mn1Fe F34	2.0882.10	35	340	120	150	152		
CuNi12Zn24 F54	2.0730.30	8	540	440	160	125		冷成形性能好，钎焊和焊接性能好；深拉和冲压件，仪器板，建筑业，接触弹簧
CuNi7Zn39Mn5 Pb3 F51	2.0771.26	12	510	370		120		热成形性能好，非常好的切削加工性能；精密机械和仪器中的车削和铣削件
								5. 铜铝锻造合金（DIN 17665，DIN EN 12163）
CuAl10Fe3 Mn2 F59	2.0936.97	12	590	250	200	120		对称循环疲劳强度高，耐氧化、侵蚀和气蚀性好，冷韧性，耐热和耐磨；强度最高的结构件，耐氧化件、转轴、螺栓、耐磨件、锻件
CuAl11Ni6Fe5 F73	2.0978.97	5	730	440	220	125		

TB 1-3（续）

材料名称 简称	材料名称 代号	A % min	R_m min	$R_{p0.2}$ min	σ_{bW}	E kN/mm²	材料相对成本[2]	性能和应用示例
								6. 铜锡和铜锡锌铸造合金 (DIN 1705)
G-CuSn12	2.1052.01	12	260	140		95	13.5	耐磨性、耐腐蚀和海水腐蚀性好，韧性和硬度高；重载联轴件，蜗轮和螺旋齿轮，丝杠螺母
GZ-CuSn12	2.1052.03	5	280	150				
GC-CuSn12	2.1052.04	8	280	140				
G-CuSn10	2.1050.01	18	270	130		100	13.5	韧性、大应变，耐腐蚀和气蚀；重载泵体、滑轮和叶轮、离心机零件
G-CuSn7ZnPb	2.1090.01	15	240	120		93	12.4	好的不利条件运转性能，耐海水腐蚀，中等硬度，耐磨；轴瓦，活塞销衬，摩擦环，调整板，齿圈
GZ-CuSn7ZnPb	2.1090.03	13	270	130				
GC-CuSn7ZnPb	2.1090.04	16	270	120				
								7. 铜锌铸造合金 (DIN 1709)
GD-CuZn37Pb	2.0340.05	4	280	120		98		切削加工性能好，钎焊适应性好；金属型铸和压力铸，金属表面光亮，用作机架、覆盖件
GK-CuZn37Pb	2.0340.02	20	280	90			7.4	
G-CuZn35Al1	2.0592.01	20	450	170		100	12.4	韧性和硬、强度高，应变大，耐海水腐蚀，滑动性能一般；受压螺母，滑块和铰链、船用螺栓、蜗轮，可铸造薄壁零件，耐腐蚀和海水，可焊接；重载复杂结构件
GZ-CuZn35Al1	2.0592.03	18	500	200				
GK-CuZn15Si4	2.0492.02	10	500	300		100		
								8. 铜铝铸造合金 (DIN 1714)
G-CuAl10Ni	2.0975.01	12	600	270		115	13.5	耐气蚀和侵蚀，在具有好的耐海水和酸的性能的同时，疲劳强度非常高；用于重载零件：滚轮、泵体、气缸衬、蜗轮、锥齿轮、船用螺栓
GK-CuAl10Ni	2.0975.02	14	600	300				
GC-CuAl10Ni	2.0975.04	13	700	300				
G-CuAl10Fe	2.0940.01	15	500	180		121	13.5	耐海水和腐蚀，耐磨，在 −200℃～+200℃之间强度几乎不随温度变化而变化；用于受载零件：杠杆、机架、小齿轮、锥齿轮、同步环、控制活塞
GK-CuAl10Fe	2.0940.02	25	550	200				
b）铝合金[4]								通过改变合金成分（Cu、Si、Mg、Zn、Mn），可获得任意组合的力学、物理和化学性能（轻、固、耐），所以它在工艺和经济性上具有优势

TB 1-3（续）

材料名称 简称	材料名称 代号	A % min	R_m min	$R_{p0.2}$ min	σ_{bW}	E kN/mm²	材料相对成本[2)]	性能和应用示例
								1. 锻造合金（DIN EN 754—2，DIN EN 755—2） 耐化学物质，特别是耐海水性能好，强度高，在低温下具有好的韧性，常用于造船、车辆、容器和高层建筑，加固零件，光学器件 造船、车辆、容器和仪表中的重载焊接结构，可用于低温下可加工性能好，可硬化的易切削合金；车削和铣削零件 韧性好，成形性能好，中等耐蚀性；可硬化的结构材料，可用于重载机械、车辆和飞机零件 耐候和耐腐蚀，成形和焊接性能好；可硬化的结构材料，可用于车辆、造船和机械零件 中等耐蚀性，好的焊接和锻造性能，具有自硬化性；焊接结构，油罐和仓储车，车箱
ENAW-AlMg3-H111	ENAW-5754	14	180	80	70	70		
ENAW-AlMg3-H14	ENAW-5754	4	240	180	90	70	3.4	
ENAW-AlMg5-H111	ENAW-5019	16	250	110	80	72	3.9	
ENAW-AlMg5-H14	ENAW-5019	4	300	210	100	72		
ENAM-AlMg4.5Mn0.7-H111	ENAW-5083	16	270	110	100	70	2.9	
ENAW-AlCu4PbMgMn-T3	ENAW-2007	7	370	240		70		
ENAW-AlCu4Mg1-T3	ENAW-2024	9	425	290		73		
ENAW-AlSiMgMn-T6	ENAW-6082	10	310	255	110	70	3	
ENAW-AlZn5Mg3Cu-T6	ENAW-7022	10	350	280	120	72		
								2. 铸造合金 DIN 1725（DIN EN 11706）） 通用合金，应变更大，冲击韧性更好，铸造和焊接性能优异，耐蚀性非常好；用于复杂、薄壁、气密和抗振铸件；发动机箱体、叶轮、定子、滚轮 耐海水和弱碱溶液，可加工性能好，可抛光；用于复杂铸件、化工和食品工业、建筑业、仪表 由于Cu的质量分数高限制耐蚀性，可加工性能好，可抛光；用于最大强度（可热硬化）或最大韧性（可冷硬化）的简单铸件；车辆、对耐磨性有要求的零件、鼓风机叶轮转子；采用精密铸造（GF）可制造复杂铸件 可自硬化，铸造，可加工和焊接性能好，可抛光；机械制造、车辆、家用器械，液压铸造
G-AlSi12	3.2581.01	5	150	70	50	75	3.3	
GK-AlSi12	3.2581.02	6	170	80	70	75	3.3	
GD-AlSi12	3.2582.05	1	220	140	60	75	4.2	
G-AlMg5Si	3.3261.01	2	160	110	60	69		
GK-AlMg5Si	3.3261.02	2	180	110	60	69		
G-AlCu4TiMgka	3.1371.41	5	300	220	80	72		
GK-AlCu4TiMgka	3.1371.42	8	320	220	90	72		
GF-AlCu4TiMgka	3.1371.45	5	300	220	80	72		
G-AlZn10Si8Mg	—	1	220	200		75		
GD-AlZn10Si8Mg	—	2	300	230		75		
c）镁合金（DIN 1729 和 DIN 9715）								中等强度，所有金属材料中密度最小，可加工性能优异，对应力集中敏感，由于其弹性模量小，所以耐冲击和具有消声作用，必须采取特殊措施防止其自燃（在熔化、铸造、切削加工时）和腐蚀

TB 1-3（续）

材料名称 简称	代号	A % min	R_m min	$R_{p0.2}$ min	σ_{bW}	E kN/mm²	材料相对成本[2)]	性能和应用示例
MgMn2 F20	3.5200.08	1.5	200	145		45		耐腐蚀，焊接性能好；燃油箱
MgAl3Zn F24	3.5312.08	10	240	155		45		可焊接，可变形；面板
MgAl6Zn F27	3.5612.08	8	270	175		44		重载零件
MgAl8Zn F29	3.5812.08	10	290	205		44		大应变，滑动性能好，可焊接，铸造性能好；受冲击和振动载荷的零件，鼓风机架，容器
G-MgAl8Zn1	3.5812.01	2	160	90	70	44		
G-MgAl8Zn1ho	3.5812.43	8	240	90	80	44	3.3	
GD-MgAl8Zn1	3.5812.05	1	200	140	50	44		
G-MgAl9Zn1	3.5912.01	2	160	90	70	44		滑动性能好，可焊接，不气密；对于高结构强度和韧性铸件应进行扩散退火和热硬化；底盘，发动机箱
G-MgAl9Zn1ho	3.5912.43	6	240	110	80	44	3.5	
GD-MgAl9Zn1	3.5912.05	0.5	200	150	50	44		
G-MgAl9Zn1wa	3.5912.61	2	240	150	80	44		

1）材料的力学和物理性能受合金成分和组织状态的波动的影响很大，所给强度特征值仅仅适用于特定尺寸范围（见DIN质量标准)。对于锻造合金，强度特征值适用于中等尺寸的拉拔杆状材料；铸铜合金适用于壁厚≤50mm；铸铝合金≤20mm。

2）参见TB1-1的脚注3）

对于锻造合金，所给材料相对成本适用于中等尺寸的拉拔（压制）圆杆；砂型，重量范围1～5kg，中等难度，至少10件；钢模和压力铸造，重量范围0.25～0.5kg，中等难度和至少5000件。

3）铜合金材料的其他参数见“滑动轴承”，TB 15-6。

4）锻造或铸造合金用下述代号表示其状态（DIN EN 515 或 DIN 1725）：H111——退火和很小的冷作硬化；H14——冷作硬化一1/2硬度；T3——扩散退火，冷变形和冷时效；T6——扩散退火和热时效；ho——均匀化；ka——冷硬化；ta——局部硬化；wa——热硬化。

TB 1-4　塑料

通用机械制造中塑料选择

强度特征值为室温下的值（N/mm²）

一般物性：弹性模量小，故强度相对较低，刚性差，力学性能与时间和温度密切相关，传热性差，电绝缘性能，耐蚀性能好，品种繁多。

材料简称商品名	密度 ρ/cm³	应变[1)] $\varepsilon_M(\varepsilon_B)$ %min	强度[2)] σ_M (σ_{bW}) min	持久拉伸应力 $\sigma_1/1000$ min	弹性模量 E	持续使用温度℃ max	持续使用温度℃ min	材料相对成本[3)]	性能和应用示例
a）热塑性塑料									可加热到塑性状态而不会产生任何化学变化，然后可轻微变形；可熔化、焊接、会膨胀，可溶；根据分子排列方式的不同，它可以是脆性和透明的（非晶质的）或混浊、韧性和牢固的（部分结晶）
聚乙烯（PE-HD PE-LD）霍斯塔纶（聚丙烯纤维)、威斯特纶，贝纶	0.96 0.92	12（400） 8（600）	20（16） 8	2 1	1000 300	80 60	−50 −50	0.6（0.3） （0.25）	高密度PE（PE-HD）的强度比低密度PE（PE-LD）好，PE的韧性和断裂应变大，吸热非常小，耐化学物质；水管、配件、瓶箱、燃油罐、薄膜、密封件、垃圾桶

TB 1-4（续）

材料简称商品名	密度 ρ/cm³	应变[1] $\varepsilon_M(\varepsilon_B)$ %min	强度[2] σ_M (σ_{bW}) min	持久拉伸应力 $\sigma_1/1000$ min	弹性模量 E	持续使用温度℃ max	持续使用温度℃ min	材料相对成本[3]	性能和应用示例
聚丙烯（PP）取得纳瓦纶、超级纶、威斯特纶 P	0.9	10（800）	35（210）	6	1200	100	0	0.6(0.35)	力学和热性能比 PE 好，低温下韧性差，几乎不会产生应力裂纹；电影放映机铰链，轿车内饰、家用机械机架、前大灯座和泵体
聚苯乙烯 PS 威斯特纶，苯乙烯树脂、聚苯乙烯	1.05	3	45（20）	18	3300	60	−10	0.6(0.35)	非晶质组织，透明；刚、硬、脆；表面光亮，尺寸稳定性好，电性能非常好，有产生应力裂纹的倾向，耐有机物性能差；一次性包装，视孔玻璃，绘图仪、餐具、电视机成形件
工程塑料（ABS）聚酰胺纤维、特鲁兰、塞可乐	1.05	2（20）	32（15）	9	2300	75	−40		抗冲击韧性好、耐刮、抗变形，耐温度变化，耐化学物质，不耐候，可电镀；机架、家具和各种容器，汽车和飞机装备零件、安全帽，卫生间安装零件
聚氯乙烯(PVC)硬 PVC-U 霍斯塔理特，美波郎塑料，氯乙烯均聚物	1.38	4（10）	50	20	3000	65	−5		非晶质组织，透明，刚、硬，低温时冲击敏感，耐化学物质，介电损耗大，不易燃；化学和电镀用容器，耐酸机架和仪器零件，管道，磁带架，窗框
聚四氟乙烯(PTFE)霍斯塔福珑 TF，特福珑，氟纶	2.15	10（350）	12（30）	1	410	250	−200	15.5	柔性、蠕动剧烈，附着力小，与所有固体材料之间的摩擦因数小，几乎耐所有化学物质，非常好的电绝缘性能，热稳定性好，昂贵；用作抗附着涂层，传送带（无需粘接）、滑动轴承、软管、密封件、板形支架、活塞环
聚甲醛（POM）聚甲醛树脂，共聚甲醛，巴斯夫优形	1.41	8（25）	65（27）	12	2800	90	−60		韧性、硬度、刚性、弹性好，滑动性能好，耐磨，耐溶剂和化学物质，不吸水；属于优先采用的结构材料；滑动轴承，机架、衬板，开关零件和弹簧件，齿轮
锦纶（PA66）杜力顿 A、聚酰胺 A，明珑 上值：干 下值：正常化（潮湿）	1.13 1.14	5（20） 15（150）	80 55（30）	7 6	2800 1600	100 100	−30 −30	2.2（1.2）	受热后 PA 型的硬度、刚性、耐磨性和抗变形性最好，力学性能、成形件尺寸和电绝缘性与潮湿度密切相关，大多数情况下必须浸水（正常化），滑动和不利条件运动性能好，耐燃油和油；滑动零件、齿轮、滚轮、机架、绳索、轴承衬、销

TB 1-4（续）

材料简称商品名	密度 ρ/cm³	应变[1] ε_M(ε_B) %min	强度[2] σ_M (σ_{bW}) min	持久拉伸应力 σ_1/1000 min	弹性模量 E	持续使用温度℃ max	持续使用温度℃ min	材料相对成本[3]	性能和应用示例
b）热塑性塑料									小晶格空间交错、聚合物材料，在成形（硬化）后只能在张紧的情况下才能工作；不能熔化，不能焊接，不能溶解和膨胀性很小，主要与加固材料加工在一起
酚醛树脂——硬织物 DIN 7735 Hgw 2081(填充料:棉织物) Resofil，Resitex，Novotex	1.3	—	50 (25)		7000	110			韧性、强度、刚性和硬度好，不耐强酸和强碱；作为力学性能很好的层压塑料用作齿轮（低噪声）、轴承衬、滑道、滚轮、拉拔模
聚酯树脂 UP DIN 16946 1110 型 聚酯树脂、Palatal	1.2	(0.6)	40		3500	100			硬、脆、透明；作为浇铸树脂，主要用于生产强化成形件、填料、镀层、覆盖层
GFK 层压塑料 UP 树脂 —玻璃纤维织物 55% —玻璃粗纱织物 65% Alpolit，Leguval，Sonoglas	1.65 1.8	— (2)	250(50) 650	 50	16000 35000	100 100		6	强度非常好，耐化学品性能好，可在室外使用，电绝缘性能好，可透视，会产生静电；作为大型平板结构件层压塑料，可用作机架、车身、容器、鼓风机、管道、透光屋顶
含硬泡沫塑料的 PUR（聚氨酯）RIM 方法 Baypreg（拜尔公司产品）、利普、Elastolit	0.40 0.60	(7) (7)	8 18 (8)	 3	350 600	100 100			重量轻、刚性好；复印机和计算机的机架、家具、商场设施、车身体、鞋跟
c）弹性体塑料									至少可拉伸至原始长度的两倍，甚至多倍，弹性模量小，柔性好
热塑性聚氨酯弹性体（TPU）385 型 Desmopan，Caprolan，Cytor	1.20	(400)	35 (6)		50	80	−60		断裂应变大，摩擦和耐磨性能好，稳定性好，阻尼大；轴承、阻尼体、薄膜、同步齿形带、密封件、心形活塞、输液软管、软管泵、联轴器零件
丁腈橡胶(NBR) 丁苯橡胶 N，Europrene N，Butacril	1.0	(450)	6		50	100	−30		耐油脂和燃油，耐老化和磨损，低温下柔性差，具有气密性；标准密封材料，O 形密封圈，U 形密封圈、轴密封圈，汽油软管，薄膜
三元乙丙橡胶（EPDM）丁纳橡胶 AP，Vistalon，Keltan	0.86	(500)	4		200	120	−50		耐候、臭氧和化学物质（但油和燃油除外），耐热水（洗涤用碱液），电绝缘性能好；汽车吸能零件（扰流器、缓冲器）、密封件、冷却水软管，电缆绝缘层

TB 1-4（续）

材料简称商品名	密度 ρ/cm^3	应变[1) $\varepsilon_M(\varepsilon_B)$ %min	强度[2) σ_M (σ_{bW}) min	持久拉伸应力 $\sigma_1/1000$ min	弹性模量 E	持续使用温度℃ max	持续使用温度℃ min	材料相对成本[3)	性能和应用示例
甲基乙烯基硅橡胶（MVQ）Silopren，Si Plastic，Elastosil	1.25	(250)	1		200	180	−80		很难湿润、优异的耐热、冷、光和臭氧性能，非常好的电绝缘性能，不耐燃油和热蒸气，无生理问题；静密封和动密封，持久弹性接缝密封，填料，输送带（不能输送附着物或热物），软管

1）抗拉强度下的压变，括号中的数值为断裂应变。

2）最大压力（抗拉强度），它是试块做拉伸试验得到的。括号中的值为弯曲交变疲劳极限。

3）见 TB1-1 的脚注 3）

材料相对成本指中等尺寸的塑料半成品。括号中的值为纯材料成本（粒状）。

TB 1-5 一般用途的热轧扁钢（DIN 1017-1）

热轧扁钢 S355J2G3（材料代号 1.0570）的标记。

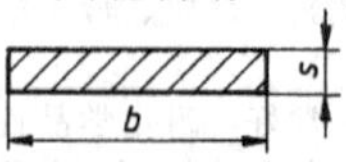

宽度 b=80mm 和厚度 s=10mm 的扁钢

DIN 1017—S355J2G3—80×10 或扁钢 DIN 1017—1.0570—80×10

厚度 s：5 6 6.5 7 8……18，然后 20 22 25 30 35 40 50 60

宽度 **b** 与相应的厚度 s 范围：

10×5；**11**×5 6；**12**×5 6；**13**×5…9；**14**×5 6 7 8；**15**×5 6 7 8 10；**16**×5…11；**17**×5 6 7 8 11；**18**×5…11；**19**×5 6 7 8 9 11 13；**20**×5…10 12 13 15；**22**×5…8 10…15 17；**25**×5…8 10 12…16；**26**×5…8 10 12…16 18 20；**28**×5…8 10 12 13 14 16 18；**30**×5…10 12…16 18…25；**32**×5 6 6.5 8 10 12…16 20 22 25；**35**×5…8 10 12…16 18…25；**38**×5 6 6.5 8 10 12…16 20 22 25；**40**×5…10 12…16 18…30；**45**×5…8 10 12…16 20…30；**50**×5…10 12…16 18…30 40；**55**×5 6 6.5 8 10 12…16 18…30；**60**×5…10 12 13 15 16 18…50；**65**×5 6 6.5 8 9 10 12 13 15 16 20…30 40；**70**×5…8 10 12 13 15 16 18…50；**75**×5 6 6.5 8 10 12 13 15 16 20 25…40 60；**80**×5…8 10…13 15 16 20 25…60；**90**×5 6 6.5 8…13 15 16 18 20 25 30 40 50 60；**100**×5 6 6.5 8 10…16 20 25 30 40 50 60；**110**×8…16 20 25 30 40 50；**120**×8 10…13 15 16 20 25 30 40 50 60；**130**×8…16 20 25 30 40 50；**140**×8 10 12 15 16 20 25…50；**150**×8 10…16 20 25 30 40 50 60

优先选用的钢种见 DIN EN 10025，DIN EN 10083，DIN EN 10084 和 DIN 1651。

制造长度：3～12m。

TB 1-6 圆钢

类型（常见结构）	许用偏差	钢种	公称直径 d（mm）
一般用途的热轧圆钢（DIN 1013-1）	±0.4：d=8…15 ±0.5：d=16…25 ±0.6：d=26…35 ±0.8：d=36…50 ⋮ ⋮ ⋮⋮ ±2.5：d=170…200	所有热轧钢	8 10 12（13）14（15）16（17）18（19）20（21）22（23）24 25（26）27 28 30 31 32（34）35（36）37 38 40 42 44 45（47）（48）50 52（53）55 60（63）65 70 75 80（85）90（95）100 110 120（130）140 150 160（170）180（190）200 尽可能避免括号中的直径（B系列）

TB 1-6（续）

类型（常见结构）	许用偏差	钢 种	公称直径 d（mm）
光亮圆钢（DIN 668） （冷拔（K）：$d<45$，剥削（SH）：$d\geqslant45$）	h11	DIN 1651 DIN 1652 DIN 1654 DIN EN 10025 DIN EN 10083 DIN EN 10084 DIN EN 10088	1 1.5 2 2.5…10，然后 11 12 13…30，然后 32 34 35 36 38 40 42 45 48 50 52 55 58 60 63 65 70 75 80 85 90 100 110 120 125 130 140 150 160 180 200
光亮钢轴（DIN 669） （冷拔（K）和抛光：$d<45$，剥削（SH）和抛光：$d\geqslant45$）	h9	DIN 1651 DIN 1652 DIN EN 10025 DIN EN 10083 DIN EN 10084 DIN EN 10088	5 5.5 6 6.5…200，公称直径同 DIN 668
光亮圆钢（DIN 670） （冷拔（K）和磨削：$d<45$，剥削（SH）和磨削：$d\geqslant45$）	h8	同 DIN 669	1～150，公称直径同 DIN 668
光亮圆钢（DIN 671） （冷拔（K）：$d<45$，剥削（SH）：$d\geqslant45$）	h9	同 DIN 668	1～150，公称直径同 DIN 668
磨削-抛光光亮圆钢（DIN 59360 或 DIN 59361） （冷拔（K）和磨削-抛光：$d<45$，剥削（SH）和磨削-抛光：$d\geqslant45$）	h7 或 h6	同 DIN 669	1～150，公称直径同 DIN 668

光亮钢的制造长度：3～12m（优质钢 2～12m）。

注意：剥削为一种无心车削，它用多把刀具对圆钢表面进行切削（$Rz=2\sim10\mu m$）。

标记：光亮圆钢（DIN 668），材质为 E295＋C（材料代号 1.0050，DIN 1652），$d=30$mm，
圆钢 DIN 668－E295＋C－30 或圆钢 DIN 668-1.0050-30

订货示例：1000kg 光亮钢轴，材质为 C35E＋SH（剥削和抛光），直径 $d=50$mm，精确长度为 2800mm，许用长度误差±5mm：1000kg 圆钢 DIN 669-C35E＋SH－50×2800±5

TB 1-7 薄板钢材（摘录）

类 型	供货类型和热处理状态（如果未作其他约定）[1]	材 料	许用厚度偏差[2]（mm）	尺寸（mm）		
				宽 度	长 度	公称厚度
无镀层的连续热轧薄板和带钢（DIN EN 10051）	自然轧边或切边（GK）	非合金和合金钢 钢种按： EN 10025 EN 10028 EN 10113 等	A 级： ±0.17…±0.5	薄板，宽带 600～2200 纵剪带钢 <600	<20000	≤25
热轧薄板（从 3mm 起，DIN EN 10029）	自然轧边（NK），机械切边，火焰切边，可直接焊接	非合金和合金钢（包括不锈钢），$R_e\leqslant700N/mm^2$	A～D 级[3]	≥600	<20000	3～250mm

TB 1-7（续）

类　型	供货类型和热处理状态（如果未作其他约定）1)	材　料	许用厚度偏差2)（mm）	尺寸（mm）		
				宽　度	长　度	公称厚度
无镀层的冷轧板材（DIN EN 10131）	薄板、宽带，纵剪宽带、棒材；不切边或切边	软钢（R_e<280N/mm²），屈服强度较高的钢	±0.04…±0.17	≥600	成卷带钢	0.35～3mm

1）其他供货类型和热处理状态见标准。

2）厚度和宽度增加时，偏差也增大。

3）A级：下极限偏差取决于公称厚度（−0.4：<8，−0.5：8…<15，−0.6：15…<−25，−0.8：25…<40，−1.0：40…<150，−1.2：150…<250)。

B级：下偏差不变为0.3mm。

C级：下极限偏差为零，上极限偏差取决于公称厚度。

D级：极限偏差取决于公称厚度，且对称于公称值（±0.6：<5，±0.75：5…<8，±0.85：8…<15，±0.95：15…<25，±1.1：25…<40，±1.4：40…<80等）。

标记示例：

薄板EN 10029-20B×2000×4000

带钢EN 10025-S235JRG2

TB 1-8　热轧等边角钢（EN 10056-1）

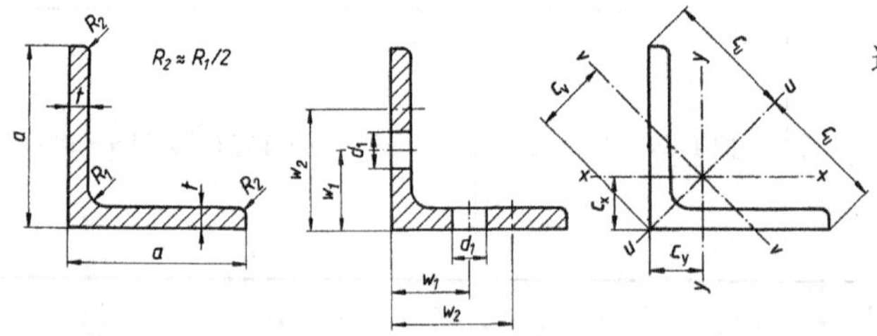

热轧等边角钢，角边宽 a=80mm和角边厚 t=10mm，标记为：

L EN 10056-1—80×80×10

规格	尺寸			理论质量	横截面积	轴距			弯曲轴的静态值								角边孔（DIN 997）		
									x−x=y−y			u−u		v−v					
	a	t	R_1	m'	A	$c_x=c_y$	c_u	c_v	$I_x=I_y$	$i_x=i_y$	$W_x=W_y$	I_u	i_u	I_v	i_v	W_v	d_1 max1)	w_1	w_2
	mm	mm	mm	kg/m	cm²	cm	cm	cm	cm⁴	cm	cm³	cm⁴	cm	cm⁴	cm	cm³	mm	mm	mm
20×20×3	20	3	3.5	0.882	1.12	0.598	1.41	0.846	0.392	0.59	0.279	0.618	0.742	0.165	0.383	0.195	4.3	12	
25×25×3	25	3	3.5	1.12	1.42	0.723	1.77	1.02	0.803	0.751	0.452	1.27	0.945	0.334	0.484	0.326	6.4	15	
25×25×4	25	4	3.5	1.45	1.85	0.762	1.77	1.08	1.02	0.741	0.586	1.61	0.931	0.430	0.482	0.399	6.4	15	
30×30×3	30	3	5	1.36	1.74	0.835	2.12	1.18	1.40	0.899	0.649	2.22	1.13	0.585	0.581	0.496	8.4	17	
30×30×4	30	4	5	1.78	2.27	0.878	2.12	1.24	1.80	0.892	0.850	2.85	1.12	0.754	0.577	0.607	8.4	17	
35×35×4	35	4	5	2.09	2.67	1.00	2.47	1.42	2.95	1.05	1.18	4.86	1.32	1.23	0.678	0.865	11	18	
40×40×4	40	4	6	2.42	3.08	1.12	2.83	1.58	4.47	1.21	1.55	7.09	1.52	1.86	0.777	1.17	11	22	
40×40×5	40	5	6	2.97	3.79	1.16	2.83	1.64	5.43	1.20	1.91	8.60	1.51	2.26	0.773	1.38	11	22	
45×45×4.5	45	4.5	7	3.06	3.90	1.25	3.18	1.78	7.14	1.35	2.20	11.4	1.71	2.94	0.870	1.65	13	25	
50×50×4	50	4	7	3.06	3.89	1.36	3.54	1.92	8.97	1.52	2.46	14.2	1.91	3.73	0.979	1.94	13	30	
50×50×5	50	5	7	3.77	4.80	1.40	3.54	1.99	11.0	1.51	3.05	17.4	1.90	4.55	0.973	2.29	13	30	
50×50×6	50	6	7	4.47	5.69	1.45	3.54	2.04	12.8	1.50	3.61	20.3	1.89	5.34	0.968	2.61	13	30	

TB 1-8（续）

规格	尺寸			理论质量	横截面积	轴距			弯曲轴的静态值								角边孔（DIN 997）		
									$x-x=y-y$			$u-u$		$v-v$					
	a	t	R_1	m'	A	$c_x=c_y$	c_u	c_v	$I_x=I_y$	$i_x=i_y$	$W_x=W_y$	I_u	i_u	I_v	i_v	W_v	d_1 max1)	w_1	w_2
	mm	mm	mm	kg/m	cm^2	cm	cm	cm	cm^4	cm	cm^3	cm^4	cm	cm^4	cm	cm^3	mm	mm	mm
60×60×5	60	5	8	4.57	5.82	1.64	4.24	2.32	19.4	1.82	4.45	30.7	2.30	8.03	1.17	3.46	17	35	
60×60×6	60	6	8	5.42	6.91	1.69	4.24	2.39	22.8	1.82	5.29	36.1	2.29	9.44	1.17	3.96	17	35	
60×60×8	60	8	8	7.09	9.03	1.77	4.24	2.50	29.2	1.80	6.89	46.1	2.26	12.2	1.16	4.86	17	35	
65×65×7	65	7	9	6.83	8.70	1.85	4.60	2.62	33.4	1.96	7.18	53.0	2.47	13.8	1.26	5.27	21	35	
70×70×6	70	6	9	6.38	8.13	1.93	4.95	2.73	36.9	2.13	7.27	58.5	2.68	15.3	1.37	5.60	21	40	
70×70×7	70	7	9	7.38	9.40	1.97	4.95	2.79	42.3	2.12	8.41	67.1	2.67	17.5	1.36	6.28	21	40	
75×75×6	75	6	9	6.85	8.73	2.05	5.30	2.90	45.8	2.29	8.41	72.7	2.89	18.9	1.47	6.53	23	40	
75×75×8	75	8	9	8.99	11.4	2.14	5.30	3.02	59.1	2.27	11.0	93.8	2.86	24.5	1.46	8.09	23	40	
80×80×8	80	8	10	9.63	12.3	2.26	5.66	3.19	72.2	2.43	12.6	115	3.06	29.9	1.56	9.37	23	45	
80×80×10	80	10	10	11.9	15.1	2.34	5.66	3.30	87.5	2.41	15.4	139	3.03	36.4	1.55	11.0	23	45	
90×90×7	90	7	11	9.61	12.2	2.45	6.36	3.47	92.6	2.75	14.1	147	3.46	38.3	1.77	11.0	25	50	
90×90×8	90	8	11	10.9	13.9	2.50	6.36	3.53	104	2.74	16.1	166	3.45	43.1	1.76	12.2	25	50	
90×90×9	90	9	11	12.2.	15.5	2.54	6.36	3.59	116	2.73	17.9	184	3.44	47.9	1.76	13.3	25	50	
90×90×10	90	10	11	13.4	17.1	2.58	6.36	3.65	127	2.72	19.8	201	3.42	52.6	1.75	14.4	25	50	
100×100×8	100	8	12	12.2	15.5	2.74	7.07	3.87	145	3.06	19.9	230	3.85	59.9	1.96	15.5	25	55	
100×100×10	100	10	12	15.0	19.2	2.82	7.07	3.99	177	3.04	24.6	280	3.83	73.0	1.95	18.3	25	55	
100×100×12	100	12	12	17.8	22.7	2.90	7.07	4.11	207	3.02	29.1	328	3.80	85.7	1.94	20.9	25	55	
120×120×10	120	10	13	18.2	23.2	3.31	8.49	4.69	313	3.67	36.0	497	4.63	129	2.36	27.5	25	50	80
120×120×12	120	12	13	21.6	27.5	3.40	8.49	4.80	368	3.65	42.7	584	4.60	152	2.35	31.6	25	50	80
130×130×12	130	12	14	23.6	30.0	3.64	9.19	5.15	472	3.97	50.4	750	5.00	194	2.54	37.7	25	50	90
150×150×10	150	10	16	23.0	29.3	4.03	10.6	5.71	624	4.62	56.9	990	5.82	258	2.97	45.1	28	60	105
150×150×12	150	12	16	27.3	34.8	4.12	10.6	5.83	737	4.60	67.7	1170	5.80	303	2.95	52.0	28	60	105
150×150×15	150	15	16	33.8	43.0	4.25	10.6	6.01	898	4.57	83.5	1430	5.76	370	2.93	61.6	28	60	105
160×160×15	160	15	17	36.2	46.1	4.49	11.3	6.35	1100	4.88	95.6	1750	6.15	453	3.14	71.3	28	60	115
180×180×16	180	16	18	43.5	55.4	5.02	12.7	7.11	1680	5.51	130	2690	6.96	679	3.50	95.5	28	60	135
180×180×18	180	18	18	48.6	61.9	5.10	12.7	7.22	1870	5.49	145	2960	6.92	768	3.52	106	28	60	135
200×200×16	200	16	18	48.5	61.8	5.52	14.1	7.81	2340	6.16	162	3720	7.76	960	3.94	123	28	65	150
200×200×18	200	18	18	54.3	69.1	5.60	14.1	7.92	2600	6.13	181	4150	7.75	1050	3.90	133	28	65	150
200×200×20	200	20	18	59.9	76.3	5.68	14.1	8.04	2850	6.11	199	4530	7.70	1170	3.92	146	28	65	150
200×200×24	200	24	18	71.1	90.6	5.84	14.1	8.26	3330	6.06	235	5280	7.64	1380	3.90	167	28	70	150
250×250×28	250	28	18	104	133	7.24	17.7	10.2	7700	7.62	433	12200	9.61	3170	4.89	309	28	75	200
250×250×35	250	35	18	128	163	7.50	17.7	10.6	9260	7.54	529	14700	9.48	3860	4.87	364	28	80	200

1）当铆钉和螺栓小于表中所给最大直径时，可取相同的划线尺寸。

TB 1-9 热轧不等边角钢（EN 10056-1）

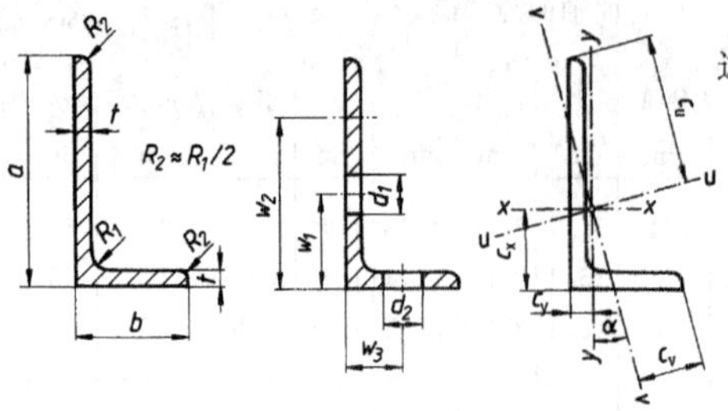

热轧不等边角钢，角边宽 a=100mm 和 b=50mm，角边厚 t=8mm，其标记为：

L EN 10056-1—100×50×8

规格	尺寸				理论质量	横截面积	轴距				轴 v-v 的斜率	弯曲轴的静态值						角边孔（DIN 997）				
												$x-x$		$y-y$		$u-u$	$v-v$	1)	2)			
	a	b	t	R_1	m'	A	c_x	c_y	c_u	c_v	$v-v$	I_x	W_x	I_y	W_y	I_u	I_v	d_1 max	d_2 max	w_1	w_2	w_3
	mm	mm	mm	mm	kg/m	cm²	cm	cm	cm	cm	tanα	cm⁴	cm³	cm⁴	cm³	cm⁴	cm⁴	mm	mm	mm	mm	mm
30×20×3	30	20	3	4	1.12	1.43	0.990	0.502	2.05	1.04	0.427	1.25	0.621	0.437	0.292	1.43	0.256	8.4	4.3	17		12
30×20×4	30	20	4	4	1.46	1.86	1.03	0.541	2.02	1.04	0.421	1.59	0.807	0.553	0.379	1.81	0.330	8.4	4.3	17		12
40×20×4	40	20	4	4	1.77	2.26	1.47	0.48	2.58	1.17	0.252	3.59	1.42	0.600	0.393	3.80	0.393	11	4.3	22		12
40×25×4	40	25	4	4	1.93	2.46	1.36	0.623	2.69	1.35	0.380	3.89	1.47	1.16	0.619	4.35	0.700	11	6.4	22		15
45×30×4	45	30	4	4.5	2.25	2.87	1.48	0.74	3.07	1.58	0.436	5.78	1.91	2.05	0.91	6.65	1.18	13	8.4	25		17
50×30×5	50	30	5	5	2.96	3.78	1.73	0.741	3.33	1.65	0.352	9.36	2.86	2.51	1.11	10.3	1.54	13	8.4	30		17
60×30×5	60	30	5	5	3.36	4.28	2.17	0.684	3.88	1.77	0.257	15.6	4.07	2.63	1.14	16.5	1.71	17	8.4	35		17
60×40×5	60	40	5	6	3.76	4.79	1.96	0.972	4.10	2.11	0.434	17.2	4.25	6.11	2.02	19.7	3.54	17	11	35		22
60×40×6	60	40	6	6	4.46	5.68	2.00	1.01	4.08	2.10	0.431	20.1	5.03	7.12	2.38	23.1	4.16	17	11	35		22
65×50×5	65	50	5	6	4.35	5.54	1.99	1.25	4.53	2.39	0.577	23.2	5.14	11.9	3.19	28.8	6.32	21	13	35		30
70×50×6	70	50	6	7	5.41	6.89	2.23	1.25	4.83	2.52	0.500	33.4	7.01	14.2	3.78	39.7	7.92	21	13	40		30
75×50×6	75	50	6	7	5.65	7.19	2.44	1.21	5.12	2.64	0.435	40.5	8.01	14.4	3.81	46.6	8.36	23	13	40		30
75×50×8	75	50	8	7	7.39	9.41	2.52	1.29	5.08	2.62	0.430	52.0	10.4	18.4	4.95	59.6	10.8	23	13	40		30
80×40×6	80	40	6	7	5.41	6.89	2.85	0.884	5.20	2.38	0.258	44.9	8.73	7.59	2.44	47.6	4.93	23	11	45		22
80×40×8	80	40	8	7	7.07	9.01	2.94	0.963	5.14	2.34	0.253	57.6	11.4	9.61	3.16	60.9	6.34	23	11	45		22
80×60×7	80	60	7	8	7.36	9.38	2.51	1.52	5.55	2.92	0.546	59.0	10.7	28.4	6.34	72.0	15.4	23	17	45		35
100×50×6	100	50	6	8	6.84	8.71	3.51	1.05	6.55	3.00	0.262	89.9	13.8	15.4	3.89	95.4	9.92	25	13	55		30
100×50×8	100	50	8	8	8.97	11.4	3.60	1.13	6.48	2.96	0.258	116	18.2	19.7	5.08	123	12.8	25	13	55		30
100×65×7	100	65	7	10	8.77	11.2	3.23	1.51	6.83	3.49	0.415	113	16.6	37.6	7.53	128	22.0	25	21	55		35
100×65×8	100	65	8	10	9.94	12.7	3.27	1.55	6.81	3.47	0.413	127	18.9	42.2	8.54	144	24.8	25	21	55		35
100×65×10	100	65	10	10	12.3	15.6	3.36	1.63	6.76	3.45	0.410	154	23.2	51.0	10.5	175	30.1	25	21	55		35
100×75×8	100	75	8	10	10.6	13.5	3.10	1.87	6.95	3.65	0.547	133	19.3	64.1	11.4	162	34.6	25	23	55		40
100×75×10	100	75	10	10	13.0	16.6	3.19	1.95	6.92	3.65	0.544	162	23.8	77.6	14.0	197	42.2	25	23	55		40
100×75×12	100	75	12	10	15.4	19.7	3.27	2.03	6.89	3.65	0.540	189	28.0	90.2	16.5	230	49.5	25	23	55		40
120×80×8	120	80	8	11	12.2	15.5	3.83	1.87	8.23	4.23	0.437	226	27.6	80.8	13.2	260	46.6	25	23	50	80	45
120×80×10	120	80	10	11	15.0	19.1	3.92	1.95	8.19	4.21	0.435	276	34.1	98.1	16.2	317	58.8	25	23	50	80	45
120×80×12	120	80	12	11	17.8	22.7	4.00	2.03	8.15	4.20	0.431	323	40.4	114	19.1	371	66.7	25	23	50	80	45

TB 1-9（续）

规格	尺寸				理论质量	横截面积	轴距				轴 v-v 的斜率	弯曲轴的静态值						角边孔（DIN 997）				
	a mm	b mm	t mm	R_1 mm	m' kg/m	A cm^2	c_x cm	c_y cm	c_u cm	c_v cm	v—v tanα	x—x I_x cm^4	x—x W_x cm^3	y—y I_y cm^4	y—y W_y cm^3	u—u I_u cm^4	v—v I_v cm^4	1) d_1 max mm	2) d_2 max mm	w_1 mm	w_2 mm	w_3 mm
125×75×8	125	75	8	11	12.2	15.5	4.14	1.68	8.44	4.20	0.360	247	29.6	67.6	11.6	274	40.9	25	23	50	85	40
125×75×10	125	75	10	11	15.0	19.1	4.23	1.76	8.39	4.17	0.357	302	36.5	82.1	14.3	334	49.9	25	23	50	85	40
125×75×12	125	75	12	11	17.8	22.7	4.31	1.84	8.33	4.15	0.354	354	43.2	95.5	16.9	391	58.5	25	23	50	85	40
135×65×8	135	65	8	11	12.2	15.5	4.78	1.34	8.79	3.95	0.245	291	33.4	45.2	8.75	307	29.4	25	21	50	85	35
135×65×10	135	65	10	11	15.0	19.1	4.88	1.42	8.72	3.91	0.243	356	41.3	54.7	10.8	375	35.9	25	21	50	85	35
150×75×9	150	75	9	12	15.4	19.6	5.26	1.57	9.82	4.50	0.261	455	46.7	77.9	13.1	483	50.2	28	23	60	105	40
150×75×10	150	75	10	12	17.0	21.7	5.31	1.61	9.79	4.48	0.261	501	51.6	85.6	14.5	531	55.1	28	23	60	105	40
150×75×12	150	75	12	12	20.2	25.7	5.40	1.69	9.72	4.44	0.258	588	61.3	99.6	17.1	623	64.7	28	23	60	105	40
150×75×15	150	75	15	12	24.8	31.7	5.52	1.81	9.63	4.40	0.253	713	75.2	119	21.0	753	78.6	28	23	60	105	40
150×90×10	150	90	10	12	18.2	28.2	5.00	2.04	10.1	5.03	0.360	533	53.3	146	21.0	591	88.3	28	25	60	105	45
150×90×12	150	90	12	12	21.6	27.5	5.08	2.12	10.1	5.00	0.358	627	63.3	171	24.8	694	104	28	25	60	105	45
150×90×15	150	90	15	12	26.6	33.9	5.21	2.23	9.98	4.98	0.354	761	77.7	205	30.4	841	126	28	25	60	105	45
150×100×10	150	100	10	12	19.0	24.2	4.81	2.34	10.3	5.29	0.438	553	54.2	199	25.9	637	114	28	25	60	105	55
150×100×12	150	100	12	12	22.5	28.7	4.89	2.42	10.2	5.28	0.436	651	64.4	233	30.7	749	134	28	25	60	105	55
200×100×10	200	100	10	15	23.0	29.2	6.93	2.01	13.2	6.05	0.263	1220	93.2	210	26.3	1290	135	28	25	60	150	55
200×100×12	200	100	12	15	27.3	34.8	7.03	2.10	13.1	6.00	0.262	1440	111	247	31.3	1530	159	28	25	60	150	55
200×100×15	200	100	15	15	33.75	43.0	7.16	2.22	13.0	5.84	0.260	1758	137	299	38.5	1864	193	28	25	60	150	55
200×150×12	200	150	12	15	32.0	40.8	6.08	3.61	13.9	7.34	0.552	1650	119	803	70.5	2030	430	28	28	60	150	60
200×150×15	200	150	15	15	39.6	50.5	6.21	3.73	13.9	7.33	0.551	2022	147	979	86.9	2476	526	28	28	60	150	105

1）惯性半径 $i=\sqrt{\frac{I}{A}}$。

2）当铆钉和螺栓小于表中所给最大直径时，可取相同的划线尺寸。

TB 1-10　热轧圆角槽钢（DIN 1026）

热轧槽钢，高度 h=200mm，材质 S235JR（材料代号 1.0037），其标记为：

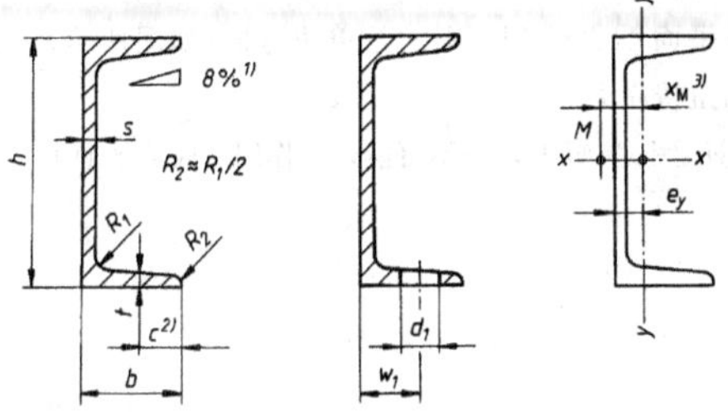

槽钢 DIN 1026－S235JR－U200

或　槽钢 DIN 1026－1.0037－U200

订货示例：10t 热轧槽钢，标准标记同上，固定长度 5500mm

10t 槽钢 DIN1026－S235JR－U200×5500

生产长度：3～15m

型号 U	尺寸				横截面积	理论质量	弯曲轴						轴间距 y—y	x_M 3)	法兰孔（DIN 997）	
	h mm	b mm	s mm	$t=R_1$ mm	A cm^2	m' kg/m	x—x I_x cm^4	x—x W_x cm^3	x—x i_x cm	y—y I_y cm^4	y—y W_y cm^3	y—y i_y cm	e_y cm	cm	d_1 4)5)6) max mm	w_1 mm
30×15	30	15	4	4.5	2.21	1.74	2.53	1.69	1.07	0.38	0.39	0.42	0.52	0.74	4.3	10
30	30	33	5	7	5.44	4.27	6.39	4.26	1.08	5.33	2.68	0.99	1.31	2.22	8.4	20
40×20	40	20	5	5.5	3.66	2.87	7.58	3.79	1.44	1.14	0.86	0.56	0.67	1.01	6.4	11
40	40	35	5	7	6.21	4.87	14.1	7.05	1.50	6.68	3.08	1.04	1.33	2.32	8.4	20
50×25	50	25	5	6	4.92	3.86	16.8	6.73	1.85	2.49	1.48	0.71	0.81	1.34	8.4	16
50	50	38	5	7	7.12	5.59	26.4	10.6	1.92	9.12	3.75	1.13	1.37	2.47	11	20
60	60	30	6	6	6.46	5.07	31.6	10.5	2.21	4.51	2.16	0.84	0.91	1.50	8.4	18

TB 1-10（续）

型号 U	尺寸 h mm	寸 b mm	s mm	$t=R_1$ mm	横截面积 A cm^2	理论质量 m' kg/m	弯曲轴 x—x I_x cm^4	W_x cm^3	i_x cm	y—y I_y cm^4	W_y cm^3	i_y cm	轴间距 y—y e_y cm	x_M 3) cm	法兰孔（DIN 997）d_1 4)5)6) max mm	w_1 mm
65	65	42	5.5	7.5	9.03	7.09	57.5	17.7	2.52	14.1	5.07	1.25	1.42	2.60	11	25
80	80	45	6	8	11.0	8.64	106	26.5	3.10	19.4	6.36	1.33	1.45	2.67	13	25
100	100	50	6	8.5	13.5	10.6	206	41.2	3.91	29.3	8.49	1.47	1.55	2.93	13	30
120	120	55	7	9	17.0	13.4	364	60.7	4.62	43.2	11.1	1.59	1.60	3.03	17	30
140	140	60	7	10	20.4	16.0	605	86.4	5.45	62.7	14.8	1.75	1.75	3.37	17	35
160	160	65	7.5	10.5	24.0	18.8	925	116	6.21	85.3	18.3	1.89	1.84	3.56	21	35
180	180	70	8	11	28.0	22.0	1350	150	6.95	114	22.4	2.02	1.92	3.75	21	40
200	200	75	8.5	11.5	32.2	25.3	1910	191	7.70	148	27.0	2.14	2.01	3.94	23	40
220	220	80	9	12.5	37.4	29.4	2690	245	8.48	197	33.6	2.30	2.14	4.20	23	45
240	240	85	9.5	13	42.3	33.2	3600	300	9.22	248	29.6	2.42	2.23	4.39	25	45
260	260	90	10	14	48.3	37.9	4820	371	9.99	317	47.7	2.56	2.36	4.66	25	50
280	280	95	10	15	53.3	41.8	6280	448	10.9	399	57.2	2.74	2.53	5.02	25	50
300	300	100	10	16	58.8	46.2	8030	535	11.7	495	67.8	2.90	2.70	5.41	28	55
320	320	100	14	17.5	75.8	59.5	10870	679	12.1	597	80.6	2.81	2.60	4.82	28	58
350	350	100	14	16	77.3	60.6	12840	734	12.9	570	75.0	2.72	2.40	4.45	28	58
380	380	102	13.5	16	80.4	63.1	15760	829	14.0	615	78.7	2.77	2.38	4.58	28	60
400	400	110	14	18	91.5	71.8	20350	1020	14.9	846	102	3.04	2.65	5.11	28	60

1）$h>300$mm：5%

2）$h\leqslant 300$mm：$c=0.5b$，$h>300$mm：$c=0.5(b-s)$。

3）x_M——剪力中心 M 与 y—y 轴的距离。

4）对于 U120、U160、U200 和 U240，采用高强螺栓（DIN 6914 和 DIN 7999）时，取下一个较小的孔径。

5）根据 DIN 101，与表值不同的铆接孔径 d_7 为：4.2mm、6.3mm、10.5mm。

6）当铆钉和螺栓小于表中所给最大直径时，可取相同的划线尺寸。

注意：槽钢受垂直载荷（非对称构形）时，适用应力公式 $\sigma=M/W$，如果

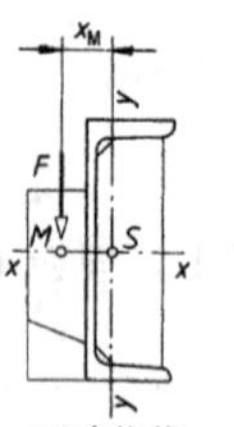

正确载荷作用于M

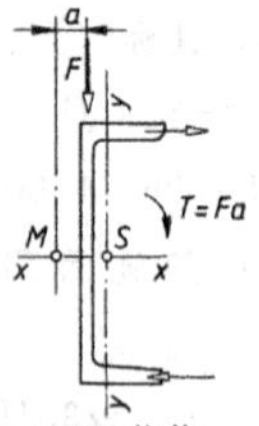

不利的载荷作用位置

a）载荷 F 的作用线通过剪力中心，

b）两根槽钢按]［或［］横向连接组合成对称构形。

如果单根槽钢且载荷平面不通过 M，则法兰单边弯曲（如图所示），会产生附加弯曲应力和扭转应力。

载荷应作用在槽钢的剪力中心 M 上，如不可能，应作用于底板平面上。

TB 1-11 热轧工字钢（DIN 1025 摘录）

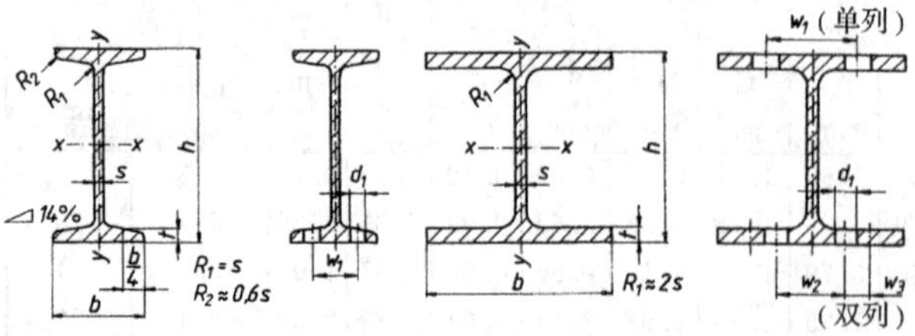

热轧窄工字钢，高度 $h=200$mm，材质为 S235JR（材料代号 1.0037），其标记为：

工字钢 DIN 1025－S235JR－I200

或 工字钢 DIN 1025－1.0037－I200

窄工字钢，内法兰面倾斜（I 系列，DIN 1025-1）

宽工字梁，平行法兰面（IPB 系列，DIN 1025-2）

订货示例：10t热轧工字钢，平行法兰（IPB），高度 h=200mm，材质为S235JR，精确长度5000mm，期望的许用长度误差为±10mm：

10t 工字钢 DIN 1025－S235JR－IPB200×5000±10

型号	尺寸				横截面积	理论质量	弯曲轴						法兰孔（DIN 997）		
							$x-x$			$y-y$					
	h mm	b mm	s mm	t mm	A cm²	m' kg/m	I_x cm⁴	W_x cm³	i_x cm	I_y cm⁴	W_y cm³	i_y cm	d_1[1)2)3)] max mm	w_1 w_2 mm	w_3 mm
I	窄工字钢（Ⅰ系列）(DIN 1025-1)														
80	80	42	3.9	5.9	7.57	5.94	77.8	19.5	3.20	6.29	3.00	0.91	6.4	22	
100	100	50	4.5	6.8	10.6	8.34	171	34.2	4.01	12.2	4.88	1.07	6.4	28	
120	120	58	5.1	7.7	14.2	11.1	328	54.7	4.81	21.5	7.41	1.23	8.4	32	
140	140	66	5.7	8.6	18.2	14.3	573	81.9	5.61	35.2	10.7	1.40	11	34	
160	160	74	6.3	9.5	22.8	17.9	935	117	6.40	54.7	14.8	1.55	11	40	
180	180	82	6.9	10.4	27.9	21.9	1450	161	7.20	81.3	19.8	1.71	13	44	
200	200	90	7.5	11.3	33.4	26.2	2140	214	8.00	117	26.0	1.87	13	48	
220	220	98	8.1	12.2	39.5	31.1	3060	278	8.80	162	33.1	2.02	13	52	
240	240	106	8.7	13.1	46.1	36.2	4250	354	9.59	221	41.7	2.20	17 (13)	56	
260	260	113	9.4	14.1	53.3	41.9	5740	442	10.4	288	51.0	2.32	17	60	
280	280	119	10.1	15.2	61.0	47.9	7590	542	11.1	364	61.2	2.45	17	60	
300	300	125	10.8	16.2	69.0	54.2	9800	653	11.9	451	72.2	2.56	21 (17)	64	
320	320	131	11.5	17.3	77.7	61.0	12510	782	12.7	555	84.7	2.67	21 (17)	70	
340	340	137	12.2	18.3	86.7	68.0	15700	923	13.5	674	98.4	2.80	21	74	
360	360	143	13.0	19.5	97.0	76.1	19610	1090	14.2	818	114	2.9	23 (21)	76	
380	380	149	13.7	20.5	107	84.0	24010	1260	15.0	975	131	3.02	23 (21)	82	
400	400	155	14.4	21.6	118	92.4	29210	1460	15.7	1160	149	3.13	23	86	
450	450	170	16.2	24.3	147	115	45850	2040	17.7	1730	203	3.43	25 (23)	94	
500	500	185	18.0	27.0	179	141	68740	2750	19.6	2480	268	3.72	28	100	
550	550	200	19.0	30.0	212	166	99180	3610	21.6	3490	349	4.02	28	110	
IPB	宽工字钢（IPB系列）(DIN 1025-2)														
100	100	100	6	10	26.0	20.4	450	89.9	4.16	167	33.5	2.53	13	56	—
120	120	120	6.5	11	34.0	26.7	864	144	5.04	318	52.9	3.06	17	66	—
140	140	140	7	12	43.0	33.7	1510	216	5.93	550	78.5	3.58	21	76	—
160	160	160	8	13	54.3	42.6	2490	311	6.78	889	111	4.05	23	86	—
180	180	180	8.5	14	65.3	51.2	3830	426	7.66	1360	151	4.57	25	100	—
200	200	200	9	15	78.1	61.3	5700	570	8.54	2000	200	5.07	25	110	—
220	220	220	9.5	16	91.0	71.5	8090	736	9.43	2840	258	5.59	25	120	—
240	240	240	10	17	106	83.2	11260	938	10.3	3920	327	6.08	25	96	35
260	260	260	10	17.5	118	93.0	14920	1150	11.2	5130	395	6.58	25	106	40
280	280	280	10.5	18	131	103	19270	1380	12.1	6590	471	7.09	25	110	45
300	300	300	11	19	149	117	25170	1680	13.0	8560	571	7.58	28	120	45

TB 1-11（续）

型号	尺寸 h mm	尺寸 b mm	尺寸 s mm	尺寸 t mm	横截面积 A cm^2	理论质量 m′ kg/m	弯曲轴 x—x I_x cm^4	W_x cm^3	i_x cm	弯曲轴 y—y I_y cm^4	W_y cm^3	i_y cm	法兰孔（DIN 997） d_1 1)2)3) max mm	w_1 w_2 mm	w_3 mm
320	320	300	11.5	20.5	161	127	30820	1930	13.8	9240	616	7.57	28	120	45
340	340	300	12	21.5	171	134	36660	2160	14.6	9690	646	7.53	28	120	45
360	360	300	12.5	22.5	181	142	43190	2400	15.5	10140	676	7.49	28	120	45
400	400	300	13.5	24	198	155	57680	2880	17.1	10820	721	7.40	28	120	45
450	450	300	14	26	218	171	79890	3550	19.1	11720	781	7.33	28	120	45
500	500	300	14.5	28	239	187	107200	4290	21.2	12620	842	7.27	28	120	45
550	550	300	15	29	254	199	136700	4970	23.2	13080	872	7.17	28	120	45
600	600	300	15.5	30	270	212	171000	5700	25.2	13530	902	7.08	28	120	45

1）括号中的值适用于高强螺栓（DIN 6914 和 DIN 7999）。

2）根据 DIN 101，与表值不同的铆接孔径 d_7 为：6.3　10.5。

3）同 TB1-8 的脚注 1）。

TB 1-12　热轧等边 T 型钢（带圆角和过渡，DIN EN 10055）

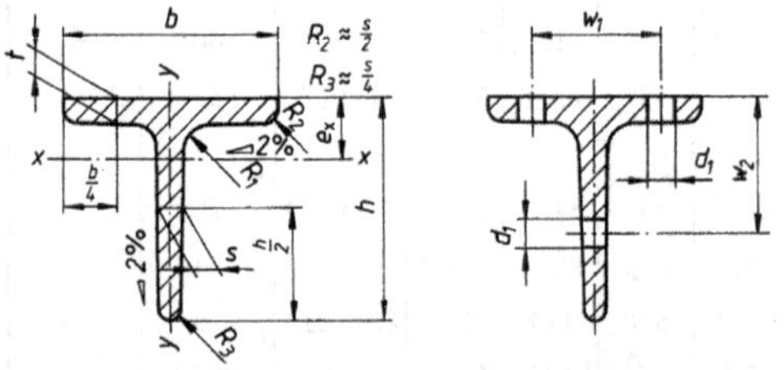

T 型钢，高度 80mm，材质 S235JR，DIN EN 10025，其标记为：

T 型钢 EN 10025—T80

钢 EN 10025—S235JR

型号 T	尺寸 b=h mm	尺寸 s=t=R_1 mm	横截面积 A cm^2	理论质量 m′ kg/m	e_x cm	弯曲轴 x—x I_x cm^4	W_x cm^3	i_x cm	弯曲轴 y—y I_y cm^4	W_y cm^3	i_y cm	划线尺寸（DIN 997） d_1 1)2) max. mm	w_1 mm	w_2 mm
30	30	4	2.26	1.77	0.85	1.72	0.80	0.87	0.87	0.58	0.62	4.3	17	17
35	35	4.5	2.97	2.33	0.99	3.10	1.23	1.04	1.57	0.90	0.73	4.3	19	19
40	40	5	3.77	2.96	1.12	5.28	1.84	1.18	2.58	1.29	0.83	6.4	21	22
50	50	6	5.66	4.44	1.39	12.1	3.36	1.46	6.60	2.42	1.03	6.4	30	30
60	60	7	7.94	6.23	1.66	23.8	5.48	1.73	12.2	4.07	1.24	8.4	34	35
70	70	8	10.6	8.32	1.94	44.5	8.79	2.05	22.1	6.32	1.44	11	38	40
80	80	9	13.6	10.7	2.22	73.7	12.8	2.33	37.0	9.25	1.65	11	45	45
100	100	11	20.9	16.4	2.74	179	24.6	2.92	88.3	17.7	2.05	13	60	60
120	120	13	29.6	23.2	3.28	366	42.0	3.51	178	29.7	2.45	17	70	70
140	140	15	39.9	31.3	3.80	660	64.7	4.07	330	47.2	2.88	21	80	75

1）根据 DIN 101，与表值不同的铆接孔径 d_7 为：4.2 6.3 10.5。

2）当铆钉和螺栓小于表中所给最大直径时，可取相同的划线尺寸。

TB 1-13 空心型钢

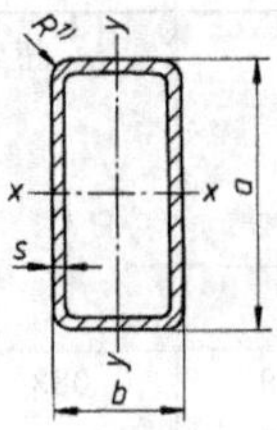

热加工长方形空心型钢

(DIN EN 10210-2)

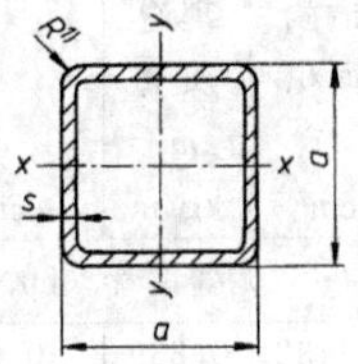

热加工正方形空心型钢

(DIN EN 10210-2)

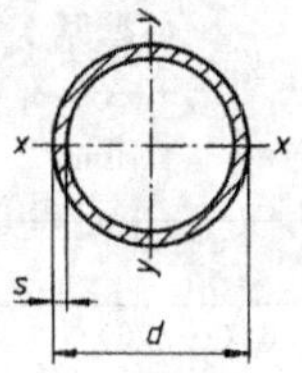

无缝钢管

(DIN 2448)

空心型钢的加工长度 4～16m

规格 $a\times b$ mm	壁厚 s[2)] mm	横截面积 A cm^2	理论质量 m' kg/m	弯曲轴 $x-x$ I_x cm^4	W_x cm^3	i_x cm	$y-y$ I_y cm^4	W_y cm^3	i_y cm	扭转[4)] I_t cm^4	W_t cm^3
热加工长方形空心型钢（DIN EN 10210-2，节选）											
50×30	2.5（3 4 5）	3.68	2.89	11.8	4.73	1.79	5.22	3.48	1.19	11.7	5.73
60×40	2.5（3 4 5 6 6.3）	4.68	3.68	22.8	7.61	2.21	12.1	6.03	1.60	25.1	9.73
80×40	3（4 5 6 6.3 8）	6.74	5.29	54.2	13.6	2.84	18.0	9.00	1.63	43.8	15.3
90×50	3（4 5 6 6.3 8）	7.94	6.24	84.4	18.8	3.26	33.5	13.4	2.05	76.5	22.4
100×50	3（4 5 6 6.3 8）	8.54	6.71	110	21.9	3.58	36.8	14.7	2.08	88.4	25.0
120×60	4（5 6 6.3 8 10）	13.6	10.7	249	41.5	4.28	83.1	27.7	2.47	201	47.1
140×80	4（5 6 6.3 8 10）	16.8	13.2	441	62.9	5.12	184	46.0	3.31	411	76.5
150×100	4（5 6 6.3 8 10 12 12.5）	19.2	15.1	607	81.0	5.63	324	64.8	4.41	660	105
180×100	4（5 6 6.3 8 10 12 12.5）	21.6	16.9	945	105	6.61	379	75.9	4.19	852	127
200×120	6（6.3 8 10 12 12.5）	36.6	28.7	1980	198	7.36	892	149	4.94	1942	245
250×150	6（6.3 8 10 12 12.5 16）	46.2	36.2	3965	317	9.27	1796	239	6.24	3877	396
300×200	6（6.3 8 10 12 12.5 16）	58.2	45.7	7486	499	11.3	4013	401	8.31	8100	651
350×250	6（6.3 8 10 12 12.5 16）	70.2	55.1	12616	721	13.4	7538	603	10.4	14529	907
400×200	8（10 12 12.5 16）	92.8	72.8	19562	978	14.5	6660	666	8.47	15735	1135
500×300	10（12 12.5 16 20）	155	122	53762	2150	18.6	24439	1629	12.6	52450	2696
热加工正方形空心型钢（DIN EN 10210-2 节选）											
25	2（2.5 3）	1.80	1.41	1.56		1.25		0.932		2.52	1.81
30	2（2.5 3）	2.20	1.72	2.84		1.89		1.14		4.53	2.75
40	2.5（3 4 5）	3.68	2.89	8.54		4.27		1.52		13.6	6.22
50	2.5（3 4 5 6 6.3）	4.68	3.68	17.5		6.99		1.93		27.5	10.2
60	2.5（3 4 5 6 6.3 8）	5.68	4.46	31.1		10.4		2.34		48.5	15.2
70	3（4 5 6 6.3 8）	7.94	6.24	59.0		16.9		2.73		92.2	24.8
80	3（4 5 6 6.3 8）	9.14	7.18	89.8		22.5		3.13		140	33.0
100	4（5 6 6.3 8 10）	15.2	11.9	232		46.4		3.91		361	68.2
120	5（6 6.3 8 10 12 12.5）	22.7	17.8	498		83.0		4.68		777	122
140	5（6 6.3 8 10 12 12.5）	26.7	21.0	807		115		5.50		1253	170
160	5（6 6.3 8 10 12 12.5 16）	30.7	24.1	1225		153		6.31		1892	226
200	5（6 6.3 8 10 12 12.5 16）	38.7	30.4	2445		245		7.95		3756	362
250	6（6.3 8 10 12 12.5 16）	58.2	45.7	5752		460		9.94		8825	681
300	6（6.3 8 10 12 12.5 16）	70.2	55.1	10080		672		12.0		15407	997

TB 1-13（续）

外径 mm	壁厚 $s^{2)}$ mm	横截面积 A cm^2	理论质量 m' kg/m	弯曲轴 x—x=y—y I cm^4	W cm^3	i cm	扭转[4)] I_t cm^4	W_t cm^3
$d^{3)}$	无缝钢管（DIN 2448，节选）							
10.2	1.6（…2.6）	0.432	0.339	0.041	0.081	0.309	0.083	0.162
13.5	1.8（…3.6）	0.662	0.519	0.116	0.172	0.419	0.232	0.343
17.2	1.8（…4.5）	0.871	0.684	0.262	0.304	0.548	0.523	0.609
21.3	2（…5）	1.21	0.952	0.571	0.536	0.686	1.14	1.07
26.9	2.3（…7.1）	1.78	1.40	1.36	1.01	0.874	2.71	2.02
33.7	2.6（…8）	2.54	1.99	3.09	1.84	1.10	6.19	3.67
42.4	2.6（…10）	3.25	2.55	6.46	3.05	1.41	12.9	6.10
48.3	2.6（…12.5）	3.73	2.93	9.78	4.05	1.62	19.6	8.10
60.3	2.9（…16）	5.23	4.11	21.6	7.16	2.03	43.2	14.3
76.1	2.9（…20）	6.67	5.24	44.7	11.8	2.59	89.5	23.5
88.9	3.2（…25）	8.62	6.76	79.2	17.8	3.03	158	35.6
114.3	3.6（…32）	12.5	9.83	192	33.6	3.92	384	67.2
139.7	4（…36）	17.1	13.4	393	56.2	4.80	786	112
168.3	4.5（…45）	32.2	18.2	777	92.4	5.79	1554	185
219.1	6.3（…60）	42.1	33.1	2386	218	7.53	4772	436
273	6.3（…65）	52.8	41.4	4696	344	9.43	9392	688
323.9	7.1（…65）	70.7	55.5	8869	548	11.2	17739	1095
355.6	8（…65）	87.4	68.6	13201	742	12.3	26402	1485
406.4	8.8（…65）	110	86.3	21732	1069	14.1	43463	2139
457	10（…65）	140	110	35091	1536	15.8	70182	3071
508	11（…65）	172	135	53056	2089	17.6	106112	4178
610	12.5（…65）	235	184	104752	3435	21.1	209505	6869
$d^{3)}$	焊接钢管（DIN 2458，节选）							
10.2	1.6（1.4…2.6）	0.432	0.339	0.041	0.081	0.309	0.083	0.162
13.5	1.8（1.4…3.6）	0.662	0.519	0.116	0.172	0.419	0.232	0.343
17.2	1.8（1.4…4）	0.871	0.684	0.262	0.304	0.548	0.523	0.609
21.3	2（1.4…4.5）	1.21	0.952	0.571	0.536	0.686	1.14	1.07
26.9	2（1.4…5）	1.57	1.23	1.22	0.907	0.883	2.44	1.81
33.7	2（1.4…8）	1.99	1.56	2.51	1.49	1.12	5.02	2.98
42.4	2.3（1.4…8.8）	2.90	2.28	5.84	2.76	1.42	11.7	5.51
48.3	2.3（1.4…8.8）	3.32	2.61	8.81	3.65	1.63	17.6	7.30
60.3	2.3（1.4…10）	4.19	3.29	17.6	5.85	2.05	35.3	11.7
76.1	2.6（1.6…10）	6.00	4.71	40.5	10.7	2.60	81.2	21.3
88.9	2.9（1.6…10）	7.84	6.15	72.5	16.3	3.04	145	32.6
114.3	3.2（2…11）	11.2	8.77	172	30.2	3.93	345	60.4
139.7	3.6（2…11）	15.4	12.1	357	51.1	4.81	713	102
168.3	4（2.9…11）	20.6	16.2	697	82.8	5.81	1394	166
219.1	4.5（3.2…12.5）	30.3	23.8	1747	159	7.59	3494	319
273	5（3.2…12.5）	42.1	33.0	3781	277	9.48	7562	554
323.9	5.6（3.2…12.5）	56.0	44.0	7094	438	11.3	14188	876
355.6	5.6（3.2…12.5）	61.6	48.3	9431	530	12.4	18861	1061
406.4	6.3（3.6…12.5）	79.2	62.2	15850	780	14.2	31699	1560
457	6.3（3.6…11）	89.2	70.0	22654	991	15.9	45309	1983
508	6.3（3.6…16）	99.3	77.9	31247	1230	17.7	62493	2460
610	6.3（4.5…28）	119	93.8	54440	1785	21.3	108876	3570
711	7.1（4.5…32）	157	123	97253	2736	24.9	194494	5471

TB 1-13（续）

外径 mm	壁厚 s[2) mm	横截面积 A cm²	理论质量 m' kg/m	弯曲轴 $x-x=y-y$ I cm⁴	W cm³	i cm	扭转[4) I_t cm⁴	W_t cm³
d[3)	焊接钢管（DIN 2458，节选）							
813	8（4.5…40）	202	159	163900	4032	28.5	327806	8064
914	10（4.5…40）	284	223	290147	6349	32	580291	12698
1016	10（4.5…40）	316	248	399850	7871	35.6	799673	15742

1）许用圆角：$R \leqslant 3s$。

2）尺寸和静态值只适用于最小壁厚（空心型钢）或相应的正常壁厚（钢管）。其他壁厚置于（　）中。管壁厚的系列值为：1.4　1.6　1.8　2　2.3　2.6　2.9　3.2　3.6　4　4.5　5　5.6　6.3　7.1　8　8.8　10　11　12.5　14.2　16　17.5　20　22.2　25　28　30　32　36　40　45　50　55　60　65。

3）系列 1 的管外径，为它已将构成管路所必需的附件进行标准化或必须标准化。系列 2 和系列 3 见标准。

4）I_t＝扭转极惯性矩，W_t＝抗扭截面系数。

订货示例：1000m 无缝钢管，材质为 St44.0，管外径 d＝168.3mm 和壁厚 s＝4.5mm，供货技术条件 DIN 1629，带验收证书 3.1B（EN 10204）：1000m 管道 DIN 2448—St44.0—168.3×4.5－DIN 1629－3.1B。

TB 1-14　摩擦因数

a）不同摩擦类型和状态下的摩擦因数（近似值）

摩擦类型	摩擦状态	介质	摩擦因数
滑动摩擦	固体摩擦	无（干）	
	—金属/金属		0.3…1.5
	—陶瓷/陶瓷		0.2…1.5
	—塑料/金属		0.1…1.5
	边界摩擦	分子润滑膜	0.01…0.2
	混合摩擦	部分润滑膜	0.01…0.1
	液体摩擦	润滑剂	约 10^{-3}
	气体摩擦	气体	约 10^{-4}
滚动摩擦		滚动体	0.001…0.005
静摩擦		无	约 0.5

b）机械制造中的静摩擦和滑动摩擦因数（近似值）

材料副	静摩擦因数 μ_0[1) 干	静摩擦因数 μ_0 润滑	滑动摩擦因数 μ 干	滑动摩擦因数 μ 润滑
钢对钢	0.5…0.8	0.10	0.4…0.7	0.10
铜对铜	—	—	0.6…1.0	0.10
钢对铸铁	0.2	0.10	0.20	0.05
铸铁对铸铁	0.25	0.15	0.20	0.10
铸铁对铜合金	0.25	0.15	0.20	0.10
制动摩擦片对钢	—	—	0.5…0.6	—
钢对冰	0.03	—	0.015	—
钢对木材	0.5…0.6	0.10	0.2…0.5	0.05
木材对木材	0.4…0.6	0.15…0.20	0.2…0.4	0.10
皮革对金属	0.60	0.20	0.2…0.25	0.12

TB 1-14（续）

材料副	静摩擦因数 μ_0 1)		滑动摩擦因数 μ	
	干	润滑	干	润滑
橡胶对金属	—	—	0.50	—
塑料对金属	0.25…0.4	—	0.1…0.3	0.04…0.1
塑料对塑料	0.3…0.4	—	0.2…0.4	0.04…0.1

1）大多数情况下静摩擦因数 μ_0 总是略大于滑动摩擦因数 μ。它是从静止过渡到运动的极限状态下的摩擦因数。

c）固体摩擦的滑动摩擦因数 μ（试验结果）

提示：摩擦因数不是材料性能，而是摩擦系统的特征值。它受材料类型、表面质量、温度、滑动速度和压强的影响，会在一个区间内波动。为获得可靠的摩擦因数，必须按应用条件进行试验来获取。

材料	滑动摩擦因数 μ	
	与相同材料配对	与硬质钢配对
铝	1.3	0.5
铬	1.5	1.2
镍	0.7	0.5
铸铁	0.4	0.4
钢，硬化	0.6	0.6
轴承合金（PbSb）	—	0.5
铜锌合金	—	0.5
Al_2O_3 陶瓷	0.4	0.7
尼龙	1.2	0.4
聚乙烯 PE-HD	0.4	0.1
聚四氟乙烯	0.12	0.05
聚苯乙烯和聚氯乙烯（PVC-U）	—	0.5
聚甲醛	—	0.4

提示：固体摩擦时，钢滑动副的摩擦因数与滑动行程有关。

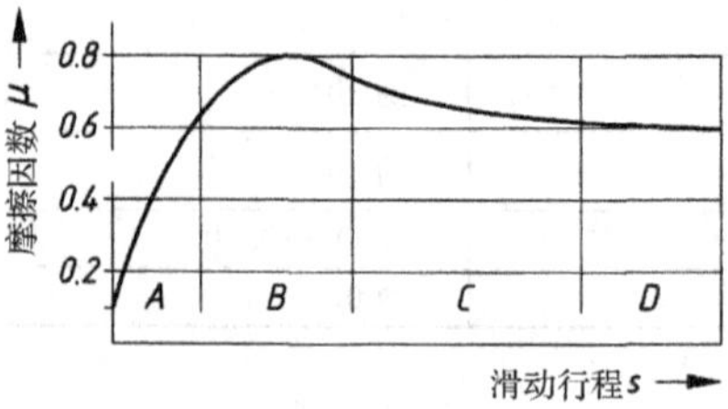

阶段	摩擦因数
A	起始值 $\mu\approx0.1$
B	最大值 $\mu\approx0.8$
C	逐渐减小
D	恒定最终值 $\mu\approx0.6$

TB1-15 与长度比例尺有关的比例尺、等比和系列化

特征值	比例尺	等比	系列
1. 长度 L	$q_L=L_1/L_0$	$q_{r/p}$	Rr/p
2. 面积 A	$q_A=A_1/A_0=q_L^2$	$q_{r/2p}$	Rr/2p
3. 体积 V	$q_V=V_1/V_0=q_L^3$	$q_{r/3p}$	Rr/3p
质量 m	$q_m=m_1/m_0=q_L^3$	$q_{r/3p}$	Rr/3p
4. 密度 ρ	$q_\rho=\rho_1/\rho_0=1$	—	—
5. 载荷 F	$q_F=F_1/F_0=q_L^2$	$q_{r/2p}$	Rr/2p
6. 应力 σ	$q_\sigma=\sigma_1/\sigma_0=1$	—	—
压力 p	$q_p=p_1/p_0=1$	—	—
7. 时间 t	$q_t=t_1/t_0=q_L$	$q_{r/p}$	Rr/p
8. 速度 v	$q_v=v_1/v_0=1$	—	—
9. 加速度 a	$q_a=a_1/a_0=q_L^{-1}$	$q_{r/-p}$	Rr/−p（下降）

TB 1-15（续）

特　征　值	比　例　尺	等　　比	系　　列
转速 n	$q_n=n_1/n_0=q_L^{-1}$	$q_{r/-p}$	Rr/－p（下降）
10. 角加速度 α	$q_\alpha=\alpha_1/\alpha_0=q_L^{-2}$	$q_{r/-2p}$	Rr/－2p（下降）
11. 功率 P	$q_P=P_1/P_0=q_L^2$	$q_{r/2p}$	Rr/2p
12. 力矩 M 或 T	$q_M=M_1/M_0=q_L^3=T_1/T_0$	$q_{r/3p}$	Rr/3p
13. 阻力矩 W 功 W	$q_W=W_1/W_0=q_L^3$	$q_{r/3p}$	Rr/3p
14. 极惯性矩 I	$q_I=I_1/I_0=q_L^4$	$q_{r/4p}$	Rr/4p

TB 1-16　标准数（DIN 323）

主　值				圆　整　值						临　近　值
基本系列				圆整值系列						
R5	R10	R20	R40	R″5	R′10	R″10	R′20	R″20	R′40	
1.00	1.00	1.00	1.00	1.00	1.00	1.00	1.00	1.00	1.00	
			1.06						1.05	
		1.12	1.12				1.10	1.10	1.10	
			1.18						1.20	
	1.25	1.25	1.25		1.25	(1.20)	1.25	(1.20)	1.25	$\sqrt[3]{2}$
			1.32						1.30	
		1.40	1.40				1.40	1.40	1.40	$\sqrt{2}$
			1.50						1.50	
1.60	1.60	1.60	1.60	(1.50)	1.60	(1.50)	1.60	1.60	1.60	$\sqrt[3]{4}$
			1.70						1.70	
		1.80	1.80				1.80	1.80	1.80	
			1.90						1.90	
	2.00	2.00	2.00		2.00	2.00	2.00	2.00	2.00	
			2.12						2.10	
		2.24	2.24				2.20	2.20	2.20	
			2.36						2.40	
2.50	2.50	2.50	2.50	2.50	2.50	2.50	2.50	2.50	2.50	$\frac{mm}{Inch}\approx 25$
			2.65						2.60	
		2.80	2.80				2.80	2.80	2.80	
			3.00						3.00	
	3.15	3.15	3.15		3.20	(3.00)	3.20	(3.00)	3.20	π，$\sqrt{10}$
			3.35						3.40	
		3.55	3.55				3.50	(3.50)	3.60	
			3.75						3.80	
4.00	4.00	4.00	4.00	4.00	4.00	4.00	4.00	4.00	4.00	$\frac{\pi}{8}\approx 0.4$
			4.25						4.20	
		4.50	4.50				4.50	4.50	4.50	
			4.75						4.80	
	5.00	5.00	5.00		5.00	5.00	5.00	5.00	5.00	
			5.30						5.30	
		5.60	5.60				5.60	(5.50)	5.60	
			6.00						6.00	

TB 1-16（续）

主值				圆整值						临近值
基本系列				圆整值系列						
R5	R10	R20	R40	R″5	R′10	R″10	R′20	R″20	R′40	
6.30	6.30	6.30	6.30	(6.00)	6.30	(6.00)	6.30	(6.00)	6.30	2π
			6.70						6.70	
		7.10	7.10				7.10	(7.00)	7.10	
			7.50						7.50	
	8.00	8.00	8.00		8.00	8.00	8.00	8.00	8.00	$\frac{\pi}{4}\approx 0.8$
			8.50						8.50	
		9.00	9.00				9.00	9.00	9.00	
			9.50						9.50	
10.00	10.00	10.00	10.00	10.00	10.00	10.00	10.00	10.00	10.00	π^2，g

R″5，R″10，R″20 系列置于括号中的值，特别是值 1.50，应尽可能避免。

第2章　公差、配合、表面质量

TB2-1　标准公差 IT（摘自 DIN ISO 286 T1）

	标准公差 IT																	
	1	2	3	4	5	6	7	8	9	10	11	12	13	14	15	16	17	18
K	—	—	—	—	7	10	16	25	40	64	100	160	250	400	640	1000	1600	2500
公称尺寸范围（mm）	标准公差 IT＝*Ki* 或 IT＝*KI*；公差因子［式（2-4）］mm																	
	μm											mm						
≤3	0.8	1.2	2	3	4	6	10	14	25	40	60	0.1	0.14	0.25	0.4	0.6	1	1.4
＞3～6	1	1.5	2.5	4	5	8	12	18	30	48	75	0.12	0.18	0.3	0.48	0.75	1.2	1.8
＞6～10	1	1.5	2.5	4	6	9	15	22	36	58	90	0.15	0.22	0.36	0.58	0.9	1.5	2.2
＞10～18	1.2	2	3	5	8	11	18	27	43	70	110	0.18	0.27	0.43	0.7	1.1	1.8	2.7
＞18～30	1.5	2.5	4	6	9	13	21	33	52	84	130	0.21	0.33	0.52	0.84	1.3	2.1	3.3
＞30～50	1.5	2.5	4	7	11	16	25	39	62	100	160	0.25	0.39	0.62	1	1.6	2.5	3.9
＞50～80	2	3	5	8	13	19	30	46	74	120	190	0.3	0.46	0.74	1.2	1.9	3	4.6
＞80～120	2.5	4	6	10	15	22	35	54	87	140	220	0.35	0.54	0.87	1.4	2.2	3.5	5.4
＞120～180	3.5	5	8	12	18	25	40	63	100	160	250	0.4	0.63	1	1.6	2.5	4	6.3
＞180～250	4.5	7	10	14	20	29	46	72	115	185	290	0.46	0.72	1.15	1.85	2.9	4.6	7.2
＞250～315	6	8	12	16	23	32	52	81	130	210	320	0.52	0.81	1.3	2.1	3.2	5.2	8.1
＞315～400	7	9	13	18	25	36	57	89	140	230	360	0.57	0.89	1.4	2.3	3.6	5.7	8.9
＞400～500	8	10	15	20	27	40	63	97	155	250	400	0.63	0.97	1.55	2.5	4	6.3	9.7
＞500～630	9	11	16	22	32	44	70	110	175	280	440	0.7	1.1	1.75	2.8	4.4	7	11
＞630～800	10	13	18	25	36	50	80	125	200	320	500	0.8	1.25	2	3.2	5	8	12.5
＞800～1000	11	15	21	28	40	56	90	140	230	360	560	0.9	1.4	2.3	3.6	5.6	9	14
＞1000～1250	13	18	24	33	47	66	105	165	260	420	660	1.05	1.65	2.6	4.2	6.6	10.5	16.5
＞1250～1600	15	21	29	39	55	78	125	195	310	500	780	1.25	1.95	3.1	5	7.8	12.5	19.5
＞1600～2000	18	25	35	46	65	92	150	230	370	600	920	1.5	2.3	3.7	6	9.2	15	23
＞2000～2500	22	30	41	55	78	110	175	280	440	700	1100	1.75	2.8	4.4	7	11	17.5	28
＞2500～3150	26	36	50	68	96	135	210	330	540	860	1350	2.1	3.3	5.4	8.6	13.5	21	33

TB 2-2 外表面（轴）的基本偏差值（DIN ISO 286 T1 摘录） （单位：μm）

公称尺寸（mm）	上偏差 es[1]							下偏差 ei[2]															
	c	d	e	f	g	h	js	j		k		m	n	p	r	s	t	u	x	z	za	zb	zc
	所有标准公差等级							IT5 和 IT6	IT7	IT4 至 IT7	>IT7	所有标准公差等级											
>3~6	−70	−30	−20	−10	−4	0	偏差＝±（IT/2）（IT 由 TB 2-1 查取）	−2	−4	+1	0	+4	+8	+12	+15	+19	—	+23	+28	+35	+42	+50	+80
>6~10	−80	−40	−25	−13	−5	0		−2	−5	+1	0	+6	+10	+15	+19	+23	—	+28	+34	+42	+52	+67	+97
>10~14	−95	−50	−32	−16	−6	0		−3	−6	+1	0	+7	+12	+18	+23	+28	—	+33	+40	+50	+64	+90	+130
>14~18																			+45	+60	+77	+108	+150
>18~24	−110	−65	−40	−20	−7	0		−4	−8	+2	0	+8	+15	+22	+28	+35	—	+41	+54	+73	+98	+136	+188
>24~30																	+41	+48	+64	+88	+118	+160	+218
>30~40	−120	−80	−50	−25	−9	0		−5	−10	+2	0	+9	+17	+26	+34	+43	+48	+60	+80	+112	+148	+200	+274
>40~50	−130																+54	+70	+97	+136	+180	+242	+325
>50~65	−140	−100	−60	−30	−10	0		−7	−12	+2	0	+11	+20	+32	+41	+53	+66	+87	+122	+172	+226	+300	+405
>65~80	−150														+43	+59	+75	+102	+146	+210	+274	+360	+480
>80~100	−170	−120	−72	−36	−12	0		−9	−15	+3	0	+13	+23	+37	+51	+71	+91	+124	+178	+258	+335	+445	+585
>100~120	−180														+54	+79	+104	+144	+210	+310	+400	+525	+690
>120~140	−200	−145	−85	−43	−14	0		−11	−18	+3	0	+15	+27	+43	+63	+92	+122	+170	+248	+365	+470	+620	+800
>140~160	−210														+65	+100	+134	+190	+280	+415	+535	+700	+900
>160~180	−230														+68	+108	+146	+210	+310	+465	+600	+780	+1000
>180~200	−240	−170	−100	−50	−15	0		−13	−21	+4	0	+17	+31	+50	+77	+122	+166	+236	+350	+520	+670	+880	+1150
>200~225	−260														+80	+130	+180	+258	+385	+575	+740	+960	+1250
>225~250	−280														+84	+140	+196	+284	+425	+640	+820	+1050	+1350
>250~280	−300	−190	−110	−56	−17	0		−16	−26	+4	0	+20	+34	+56	+94	+158	+218	+315	+475	+710	+920	+1200	+1550
>280~315	−330														+98	+170	+240	+350	+525	+790	+1000	+1300	+1700
>315~355	−360	−210	−125	−62	−18	0		−18	−28	+4	0	+21	+37	+62	+108	+190	+268	+390	+590	+900	+1150	+1500	+1900
>355~400	−400														+114	+208	+294	+435	+660	+1000	+1300	+1650	+2100
>400~450	−440	−230	−135	−68	−20	0		−20	−32	+5	0	+23	+40	+68	+126	+232	+330	+490	+740	+1100	+1450	+1850	+2400
>450~500	−480														+132	+252	+360	+540	+820	+1250	+1600	+2100	+2600

1）ei＝es−IT（标准公差 IT 由 TB 2-1 查取）。

2）es＝ei＋IT。

TB 2-3　内配合表面（孔）的基本偏差值（DIN ISO 286 T1　摘录）　（单位：μm）

公差尺寸 (mm)	下偏差 EI1)							上偏差 ES2)																	δ					
	C	D	E	F	G	H	JS	J			K	M	N	P...ZC	P	R	S	T	U	X	Z	ZA	ZB	ZC						
	所有标准公差等级							IT6	IT7	IT8	≤IT8	≤IT8	≤IT8	≤IT7	标准公差等级（>IT7）										IT3	IT4	IT5	IT6	IT7	IT8
>3~6	+70	+30	+20	+10	+4	0	偏差=±（IT/2）（IT 由 TB 2-1 查取）	+5	+6	+10	−1+δ	−4+δ	−8+δ	其值在标准公差等级（>IT7）基础上加大δ	−12	−15	−19	—	−23	−28	−35	−42	−50	−80	1	1.5	1	3	4	6
>6~10	+80	+40	+25	+13	+5	0		+5	+8	+12	−1+δ	−6+δ	−10+δ		−15	−19	−23	—	−28	−34	−42	−52	−67	−97	1	1.5	2	3	6	7
>10~14	+95	+50	+32	+16	+6	0		+6	+10	+15	−1+δ	−7+δ	−12+δ		−18	−23	−28	—	−33	−40	−50	−64	−90	−130	1	2	3	3	7	9
>14~18																				−45	−60	−77	−108	−150						
>18~24	+110	+65	+40	+20	+7	0		+8	+12	+20	−2+δ	−8+δ	−15+δ		−22	−28	−35	—	−41	−54	−73	−98	−136	−188	1.5	2	3	4	8	12
>24~30																		−41	−48	−64	−88	−118	−160	−218						
>30~40	+120	+80	+50	+25	+9	0		+10	+14	+24	−2+δ	−9+δ	−17+δ		−26	−34	−43	−48	−60	−80	−112	−148	−200	−274	1.5	3	4	5	9	14
>40~50	+130																	−54	−70	−97	−136	−180	−242	−325						
>50~65	+140	+100	+60	+30	+10	0		+13	+18	+28	−2+δ	−11+δ	−20+δ		−32	−41	−53	−66	−87	−122	−172	−226	−300	−405	2	3	5	6	11	16
>65~80	+150															−43	−59	−75	−102	−146	−210	−274	−360	−480						
>80~100	+170	+120	+72	+36	+12	0		+16	+22	+34	−3+δ	−13+δ	−23+δ		−37	−51	−71	−91	−124	−178	−258	−335	−445	−585	2	4	5	7	13	19
>100~120	+180															−54	−79	−104	−144	−210	−310	−400	−525	−690						
>120~140	+200															−63	−92	−122	−170	−248	−365	−470	−620	−800						
>140~160	+210	+145	+85	+43	+14	0		+18	+26	+41	−3+δ	−15+δ	−27+δ		−43	−65	−100	−134	−190	−280	−415	−535	−700	−900	3	4	6	7	15	23
>160~180	+230															−68	−108	−146	−210	−310	−465	−600	−780	−1000						
>180~200	+240															−77	−122	−166	−236	−350	−520	−670	−880	−1150						
>200~225	+260	+170	+100	+50	+15	0		+22	+30	+47	−4+δ	−17+δ	−31+δ		−50	−80	−130	−180	−258	−385	−575	−740	−960	−1250	3	4	6	9	17	26
>225~250	+280															−84	−140	−196	−284	−425	−640	−820	−1050	−1350						
>250~280	+300	+190	+110	+56	+17	0		+25	+36	+55	−4+δ	−20+δ	−34+δ		−56	−94	−158	−218	−315	−475	−710	−920	−1200	−1550	4	4	7	9	20	29
>280~315	+330															−98	−170	−240	−350	−525	−790	−1000	−1300	−1700						
>315~355	+360	+210	+125	+62	+18	0		+29	+39	+60	−4+δ	−21+δ	−37+δ		−62	−108	−190	−268	−390	−590	−900	−1150	−1500	−1900	4	5	7	11	21	32
>355~400	+400															−114	−208	−294	−435	−660	−1000	−1300	−1650	−2100						
>400~450	+440	+230	+135	+68	+20	0		+33	+43	+66	−5+δ	−23+δ	−40+δ		−68	−126	−232	−330	−490	−740	−1100	−1450	−1850	−2400	5	5	7	13	23	34
>450~500	+480															−132	−252	−360	−540	−820	−1250	−1600	−2100	−2600						

1）ES=EI+IT（标准公差 IT 由 TB 2-1 查取）。

2）EI=ES−IT。

TB 2-4　基孔制配合（DIN ISO 286 T2　摘录）　　　　（单位：μm）

公称尺寸 (mm)	间隙配合		过渡配合		过盈配合		间隙配合				过渡配合			过盈配合	
	H6	h5	j6	k6	n5	r5	H7	f7	g6	h6	k6	m6	n6	r6	s6
<3	+6 0	0 −4	+4 −2	+6 0	+8 +4	+14 +10	+10 0	−6 −16	−2 −8	0 −6	+6 0	+8 +2	+10 +4	+16 +10	+20 +14
>3~6	+8 0	0 −5	+6 −2	+9 +1	+13 +8	+20 +15	+12 0	−10 −22	−4 −12	0 −8	+9 +1	+12 +4	+16 +8	+23 +15	+27 +19
>6~10	+9 0	0 −6	+7 −2	+10 +1	+16 +10	+25 +19	+15 0	−13 −28	−5 −14	0 −9	+10 +1	+15 +6	+19 +10	+28 +19	+32 +23
>10~18	+11 0	0 −8	+8 −3	+12 +1	+20 +12	+31 +23	+18 0	−16 −34	−6 −17	0 −11	+12 +1	+18 +7	+23 +12	+34 +23	+39 +28
>18~30	+13 0	0 −9	+9 −4	+15 +2	+24 +15	+37 +28	+21 0	−20 −41	−7 −20	0 −13	+15 +2	+21 +8	+28 +15	+41 +28	+48 +35
>30~50	+16 0	0 −11	+11 −5	+18 +2	+28 +17	+45 +34	+25 0	−25 −50	−9 −25	0 −16	+18 +2	+25 +9	+33 +17	+50 +34	+59 +43
>50~65	+19 0	0 −13	+12 −7	+21 +2	+33 +20	+54 +41	+30 0	−30 −60	−10 −29	0 −19	+21 +2	+30 +11	+39 +20	+60 +41	+72 +53
>65~80						+56 +43								+62 +43	+78 +59
>80~100	+22 0	0 −15	+13 −9	+25 +3	+38 +23	+66 +51	+35 0	−36 −71	−12 −34	0 −22	+25 +3	+35 +13	+45 +23	+73 +51	+93 +71
>100~120						+69 +54								+76 +54	+101 +79
>120~140						+81 +63								+88 +63	+117 +92
>140~160	+25 0	0 −18	+14 −11	+28 +3	+45 +27	+83 +65	+40 0	−43 −83	−14 −39	0 −25	+28 +3	+40 +15	+52 +27	+90 +65	+125 +100
>160~180						+86 +68								+93 +68	+133 +108
>180~200						+97 +77								+106 +77	+151 +122
>200~225	+29 0	0 −20	+16 −13	+33 +4	+51 +31	+100 +80	+46 0	−50 −96	−15 −44	0 −29	+33 +4	+46 +17	+60 +31	+109 +80	+159 +130
>225~250						+104 +84								+113 +84	+169 +140
>250~280	+32 0	0 −23	+16 −16	+36 +4	+57 +34	+117 +94	+52 0	−56 −108	−17 −49	0 −32	+36 +4	+52 +20	+66 +34	+126 +94	+190 +158
>280~315						+121 +98								+130 +98	+202 +170
>315~355	+36 0	0 −25	+18 −18	+40 +4	+62 +37	+133 +108	+57 0	−62 −119	−18 −54	0 −36	+40 +4	+57 +21	+73 +37	+144 +108	+226 +190
>355~400						+139 +114								+150 +114	+244 +208
>400~450	+40 0	0 −27	+20 −20	+45 +5	+67 +40	+153 +126	+63 0	−68 −131	−20 −60	0 −40	+45 +5	+63 +23	+80 +40	+166 +126	+272 +232
>450~500						+159 +132								+172 +132	+292 +252

TB 2-4（续）

公称尺寸 (mm)	间隙					过盈			间隙					过盈[1]
	配合								配合					
	H8	d9	e8	f8	h9	s8	u8	x8	H11	a11	c11	d9	h11	z11
<3	+14 0	-20 -45	-14 -28	-6 -20	0 -25	+28 +14	+32 +18	+34 +20	+60 0	-270 -330	-60 -120	-20 -45	0 -60	+86 +26
>3～6	+18 0	-30 -60	-20 -38	-10 -28	0 -30	+37 +19	+41 +23	+46 +28	+75 0	-270 -345	-70 -145	-30 -60	0 -75	+110 +35
>6～10	+22 0	-40 -76	-25 -47	-13 -35	0 -36	+45 +23	+50 +28	+56 +34	+90 0	-280 -370	-80 -170	-40 -76	0 -90	+132 +42
>10～14	+27 0	-50 -93	-32 -59	-16 -43	0 -43	+55 +28	+60 +33	+67 +40	+110 0	-290 -400	-95 -205	-50 -93	0 -110	+160 +50
>14～18								+72 +45						+170 +60
>18～24	+33 0	-65 -117	-40 -73	-20 -53	0 -52	+68 +35	+74 +41	+87 +54	+130 0	-300 -430	-110 -240	-65 -117	0 -130	+203 +73
>24～30							+81 +48	+97 +64						+218 +88
>30～40	+39 0	-80 -142	-50 -89	-25 -64	0 -64	+82 +43	+99 +60	+119 +80	+160 0	-310 -470	-120 -280	-80 -142	0 -160	+272 +112
>40～50							+109 +70	+136 +97		-320 -480	-130 -290			+296 +136
>50～65	+46 0	-100 -174	-60 -106	-30 -76	0 -74	+99 +53	+133 +87	+168 +122	+190 0	-340 -530	-140 -330	-100 -174	0 -190	+362 +172
>65～80						+105 +59	+148 +102	+192 +146		-360 -550	-150 -340			+408 +210
>80～100	+54 0	-120 -207	-72 -126	-36 -90	0 -87	+125 +71	+178 +124	+232 +178	+220 0	-380 -600	-170 -390	-120 -207	0 -220	+478 +258
>100～120						+133 +79	+198 +144	+264 +210		-410 -630	-180 -400			+530 +310
>120～140	+63 0	-145 -245	-85 -148	-43 -106	0 -100	+155 +92	+233 +170	+311 +248	+250 0	-460 -710	-200 -450	-145 -245	0 -250	+615 +365
>140～160						+163 +100	+253 +190	+343 +280		-520 -770	-210 -460			+665 +415
>160～180						+171 +108	+273 +210	+373 +310		-580 -830	-230 -480			+715 +465
>180～200	+72 0	-170 -285	-100 -172	-50 -122	0 -115	+194 +122	+308 +236	+422 +350	+290 0	-660 -950	-240 -530	-170 -285	0 -290	+810 +520
>200～225						+202 +130	+330 +258	+457 +385		-740 -1030	-260 -550			+865 +575
>225～250						+212 +140	+356 +284	+497 +425		-820 -1110	-280 -570			+930 +640
>250～280	+81 0	-190 -320	-110 -191	-56 -137	0 -130	+239 +158	+396 +315	+556 +475	+320 0	-920 -1240	-300 -620	-190 -320	0 -320	+1030 +710
>280～315						+251 +170	+431 +350	+606 +525		-1050 -1370	-330 -650			+1110 +790
>315～355	+89 0	-210 -350	-125 -214	-62 -151	0 -140	+279 +190	+479 +390	+679 +590	+360 0	-1200 -1560	-360 -720	-210 -350	0 -360	+1260 +900
>355～400						+297 +208	+524 +435	+749 +660		-1350 -1710	-400 -760			+1360 +1000
>400～450	+97 0	-230 -385	-135 -232	-68 -165	0 -155	+329 +232	+587 +490	+837 +740	+400 0	-1500 -1900	-440 -840	-230 -385	0 -400	+1500 +1100
>450～500						+349 +252	+637 +540	+917 +820		-1650 -2050	-480 -880			+1650 +1250

1) $N>65$mm 为过盈配合。
$N\leqslant 65$mm 为过渡配合。

TB 2-5　基轴制配合（DIN ISO 286 T2　摘录）　　　　（单位：μm）

公称尺寸(mm)	间隙配合		过渡配合		过盈配合		间隙配合				过渡配合			过盈配合	
	h5	G6	J6	M6	N6	P6	h6	F7	G7	J7	K7	M7	N7	R7	S7
<3	0 −4	+8 +2	+2 −4	−2 −8	−4 −10	−6 −12	0 −6	+16 +6	+12 +2	+4 −6	0 −10	−2 −12	−4 −14	−10 −20	−14 −24
>3~6	0 −5	+12 +4	+5 −3	−1 −9	−5 −13	−9 −17	0 −8	+22 +10	+16 +4	+6 −6	+3 −9	0 −12	−4 −16	−11 −23	−15 −27
>6~10	0 −6	+14 +5	+5 −4	−3 −12	−7 −16	−12 −21	0 −9	+28 +13	+20 +5	+8 −7	+5 −10	0 −15	−4 −19	−13 −28	−17 −32
>10−18	0 −8	+17 +6	+6 −5	−4 −15	−9 −20	−15 −26	0 −11	+34 +16	+24 +6	+10 −8	+6 −12	0 −18	−5 −23	−16 −34	−21 −39
>18~30	0 −9	+20 +7	+8 −5	−4 −17	−11 −24	−18 −31	0 −13	+41 +20	+28 +7	+12 −9	+6 −15	0 −21	−7 −28	−20 −41	−27 −48
>30~50	0 −11	+25 +9	+10 −6	−4 −20	−12 −28	−21 −37	0 −16	+50 +25	+34 +9	+14 −11	+7 −18	0 −25	−8 −33	−25 −50	−34 −59
>50~65	0 −13	+29 +10	+13 −6	−5 −24	−14 −33	−26 −45	0 −19	+60 +30	+40 +10	+18 −12	+9 −21	0 −30	−9 −39	−30 −60	−42 −72
>65~80														−32 −62	−48 −78
>80~100	0 −15	+34 +12	+16 −6	−6 −28	−16 −38	−30 −52	0 −22	+71 +36	+47 +12	+22 −13	+10 −25	0 −35	−10 −45	−38 −73	−58 −93
>100~120														−41 −76	−66 −101
>120~140	0 −18	+39 +14	+18 −7	−8 −33	−20 −45	−36 −61	0 −25	+83 +43	+54 +14	+26 −14	+12 −28	0 −40	−12 −52	−48 −88	−77 −117
>140~160														−50 −90	−85 −125
>160~180														−53 −93	−93 −133
>180~200	0 −20	+44 +15	+22 −7	−8 −37	−22 −51	−41 −70	0 −29	+96 +50	+61 +15	+30 −16	+13 −33	0 −46	−14 −60	−60 −106	−105 −151
>200~225														−63 −109	−113 −159
>225−250														−67 −113	−123 −169
>250~280	0 −23	+49 +17	+25 −7	−9 −41	−25 −57	−47 −79	0 −32	+108 +56	+69 +17	+36 −16	+16 −36	0 −52	−14 −66	−74 −126	−138 −190
>280~315														−78 −130	−150 −202
>315~355	0 −25	+54 +18	+29 −7	−10 −46	−26 −62	−51 −87	0 −36	+119 +62	+75 +18	+39 −18	+17 −40	0 −57	−16 −73	−87 −144	−169 −226
>355~400														−93 −150	−187 −244
>400~450	0 −27	+60 +20	+33 −7	−10 −50	−27 −67	−55 −95	0 −40	+131 +68	+83 +20	+43 −20	+18 −45	0 −63	−17 −80	−103 −166	−209 −272
>450~500														−109 −172	−229 −292

TB 2-5（续）

公称尺寸（mm）	间隙 配合							过盈[1) 配合]	间隙 配合				过盈[2) 配合]
	h9	C11	D10	E9	F8	H8	H11	X9	h11	A11	C11	D10	Z11
<3	0 −25	+120 +60	+60 +20	+39 +14	+20 +6	+14 0	+60 0	−20 −45	0 −60	+330 +270	+120 +60	+60 +20	−26 −86
>3～6	0 −30	+145 +70	+78 +30	+50 +20	+28 +10	+18 0	+75 0	−28 −58	0 −75	+345 +270	+145 +70	+78 +30	−35 −110
>6～10	0 −36	+170 +80	+98 +40	+61 +25	+35 +13	+22 0	+90 0	−34 −70	0 −90	+370 +280	+170 +80	+98 +40	−42 −132
>10～14	0 −43	+205 +95	+120 +50	+75 +32	+43 +16	+27 0	+110 0	−40 −83	0 −110	+400 +290	+205 +95	+120 +50	−50 −160
>14～18								−45 −88					−60 −170
>18～24	0 −52	+240 +110	+149 +65	+92 +40	+53 +20	+33 0	+130 0	−54 −106	0 −130	+430 +300	+240 +110	+149 +65	−73 −203
>24～30								−64 −116					−88 −218
>30～40	0 −62	+280 +120	+180 +80	+112 +50	+64 +25	+39 0	+160 0	−80 −142	0 −160	+470 +310	+280 +120	+180 +80	−112 −272
>40～50		+290 +130						−97 −159		+480 +320	+290 +130		−136 −296
>50～65	0 −74	+330 +140	+220 +100	+134 +60	+76 +30	+46 0	+190 0	−122 −196	0 −190	+530 +340	+330 +140	+220 +100	−172 −362
>65～80		+340 +150						−146 −220		+550 +360	+340 +150		−210 −400
>80～100	0 −87	+390 +170	+260 +120	+159 +72	+90 +36	+54 0	+220 0	−178 −265	0 −220	+600 +380	+390 +170	+260 +120	−258 −478
>100～120		+400 +180						−210 −297		+630 +410	+400 +180		−310 −530
>120～140	0 −100	+450 +200	+305 +145	+185 +85	+106 +43	+63 0	+250 0	−248 −348	0 −250	+710 +460	+450 +200	+305 +145	−365 −615
>140～160		+460 +210						−280 −380		+770 +520	+460 +210		−415 −665
>160～180		+480 +230						−310 −410		+830 +580	+480 +230		−465 −715
>180～200	0 −115	+530 +240	+355 +170	+215 +100	+122 +50	+72 0	+290 0	−350 −465	0 −290	+950 +660	+530 +240	+335 +170	−520 −810
>200～225		+550 +260						−385 −500		+1030 +740	+550 +260		−575 −865
>225～250		+570 +280						−425 −540		+1110 +820	+570 +280		−640 −930
>250～280	0 −130	+620 +300	+400 +190	+240 +110	+137 +56	+81 0	+320 0	−475 −605	0 −320	+1240 +920	+620 +300	+400 +190	−710 −1030
>280～315		+650 +330						−525 −655		+1370 +1050	+650 +330		−790 −1110
>315～355	0 −140	+720 +360	+440 +210	+265 +125	+151 +62	+89 0	+360 0	−590 −730	0 −360	+1560 +1200	+720 +360	+440 +210	−900 −1260
>355～400		+760 +400						−660 −800		+1710 +1350	+760 +400		−1000 −1360
>400～450	0 −155	+840 +440	+480 +230	+290 +135	+165 +68	+97 0	+400 0	−740 −895	0 −400	+1900 +1500	+840 +440	+480 +230	−1100 −1500
>450～500		+880 +480						−820 −975		+2050 +1650	+880 +480		−1250 −1650

1) $N \leqslant 14$mm 为过渡配合。

2) $N > 65$mm 为过盈配合。

$N \leqslant 65$mm 为过渡配合。

TB 2-6　一般公差（DIN ISO 2768 T1）

a）线性尺寸的极限偏差　　　　　　　　　　　　（单位：mm）

公称尺寸范围	公差等级			
	f（精密级）	*m*（中等级）	*c*（粗糙级）	*v*（最粗级）
＞0.5～3	±0.05	±0.1	±0.2	—
＞3～6	±0.05	±0.1	±0.3	±0.5
＞6～30	±0.1	±0.2	±0.5	±1
＞30～120	±0.15	±0.3	±0.8	±1.5
＞120～400	±0.2	±0.5	±1.2	±2.5
＞400～1000	±0.3	±0.8	±2	±4
＞1000～2000	±0.5	±1.2	±3	±6
＞2000～4000	—	±2	±4	±8

b）倒圆半径的极限偏差　　　　　　　　　　　　（单位：mm）

公称尺寸范围	公差等级			
	f（精密级）	*m*（中等级）	*c*（粗糙级）	*v*（最粗级）
＞0.5～3	±0.2		±0.4	
＞3～6	±0.5		±1	
＞6	±1		±2	

c）角度尺寸的极限偏差[1]　　　　　　　　　　　　（单位：mm）

公称尺寸范围	公差等级			
	f（精密级）	*m*（中等级）	*c*（粗糙级）	*v*（最粗级）
≤10	±1°		±1°30′	±3°
＞10～50	±0°30′		±1°	±2°
＞50～120	±0°20′		±0°30′	±1°
＞120～400	±0°10′		±0°15′	±0°30′
＞400	±0°5′		±0°10′	±0°20′

1）长度尺寸为角度的短边长度。

TB 2-7　形状公差（DIN ISO 1101　摘录）

符号和公差特征		公差区域	应用示例	
			标注示例	说明
—	直线度	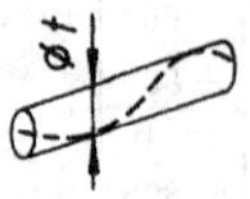	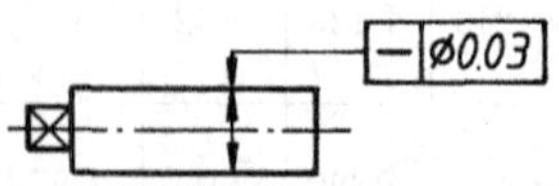	轴销的圆柱形部分的轴线必须在直径为 $t=0.03$mm 的圆柱体内。
⏥	平面度	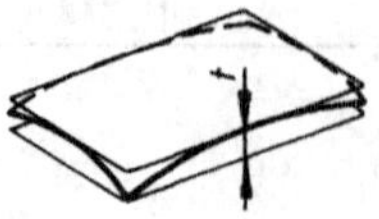		公差面必须位于距离为 $t=0.05$mm 的两平行平面之内。

TB 2-7（续）

<table>
<tr><th colspan="2" rowspan="2">符号和公差特征</th><th rowspan="2">公差区域</th><th colspan="2">应用示例</th></tr>
<tr><th>标注示例</th><th>说　明</th></tr>
<tr><td>○</td><td>圆度</td><td></td><td>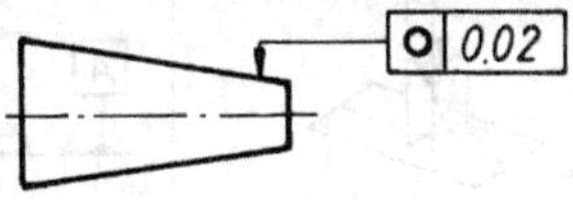</td><td>每个横截面的轮廓线必须位于一个宽度为 $t=0.02$mm 的圆环内。</td></tr>
<tr><td>⌭</td><td>圆柱度</td><td>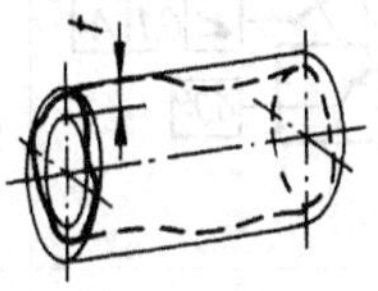</td><td>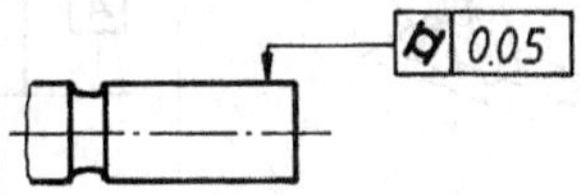</td><td>公差面必须位于径向距离为 $t=0.05$mm 的两个同轴圆柱体内。</td></tr>
<tr><td>⌒</td><td>线轮廓度</td><td></td><td>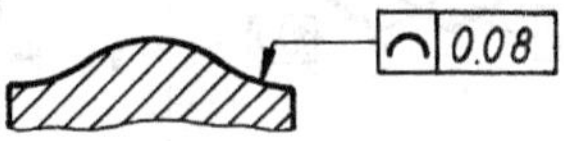</td><td>公差轮廓必须位于两条包络线之内，其距离为圆的轨迹的包络线宽度 $t=0.08$mm。该圆圆心位于几何理想轮廓线上。</td></tr>
<tr><td>⌓</td><td>面轮廓度</td><td>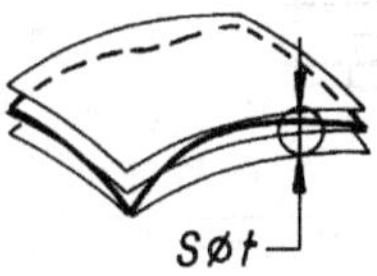</td><td>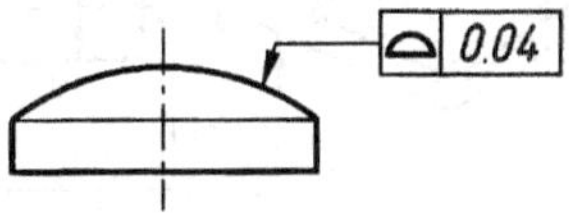</td><td>公差面必须位于球轨迹的两个包络面之内，其距离为球的直径 $t=0.04$mm。该球球心位于几何理想面上。</td></tr>
</table>

TB 2-8　位置公差（DIN ISO 1101　摘录）

<table>
<tr><th colspan="2" rowspan="2">符号和公差特征</th><th rowspan="2">公差区域</th><th colspan="2">应用示例</th></tr>
<tr><th>标注示例</th><th>说　明</th></tr>
<tr><td rowspan="2">//</td><td rowspan="2">平行度</td><td>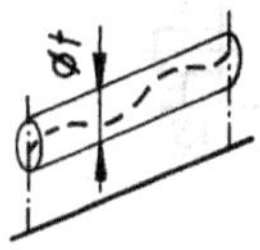</td><td>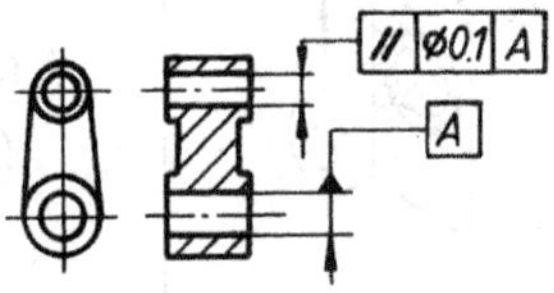</td><td>实际轴线必须位于与基准轴线平行的直径为 $t=0.1$mm 的圆柱体内。</td></tr>
<tr><td></td><td>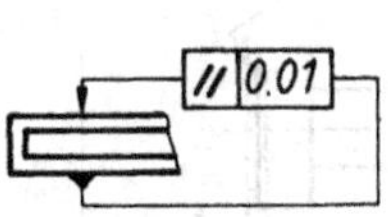</td><td>实际平面必须位于两个与基准平面平行且距离为 $t=0.01$mm 的平面之间。</td></tr>
</table>

TB 2-8（续）

符号和公差特征		公差区域	应用示例	
			标注示例	说明
⊥	垂直度	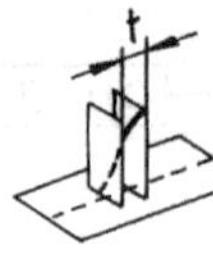	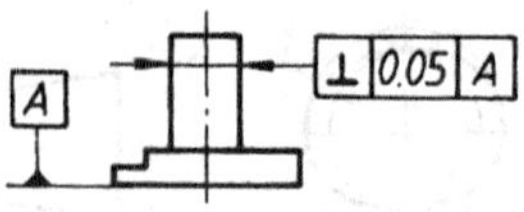	实际轴线必须位于两个与基准平面平行和与箭头方向垂直且距离为 $t=0.05$mm 的平面之间。
∠	倾斜度	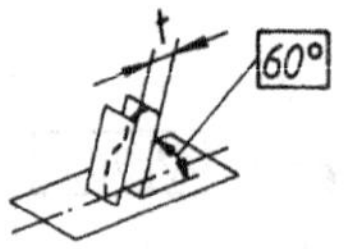	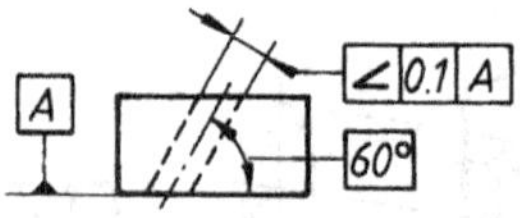	孔的轴线必须位于两个与基准平面成60°夹角，距离为 $t=0.1$mm 的平行平面之间。
⌖	位置度	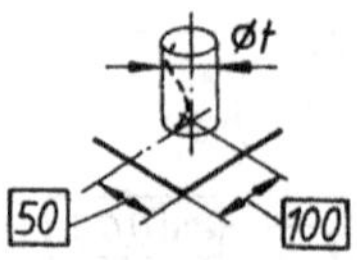	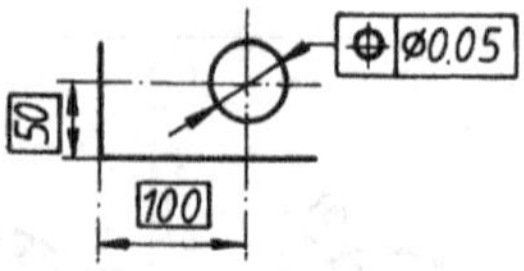	孔的轴线必须位于直径为 $t=0.05$mm 的圆柱体内，该圆柱体轴线位于几何理想位置处（尺寸处于框内）。
⌯	对称度	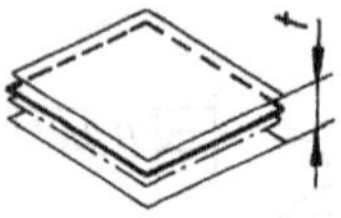	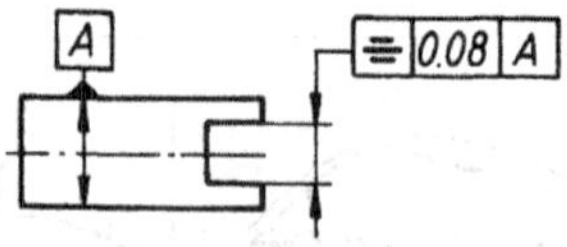	槽的中平面必须位于两个距离为 $t=0.08$mm 的平行平面之间，它们与基准要素对称。
◎	同心度 同轴度	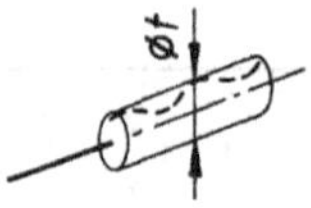	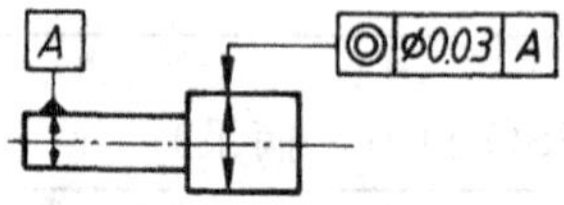	轴的一部分的实际轴线必须位于直径为 $t=0.03$mm 的圆柱体内，其轴线与基准要素轴线同轴。
↗	圆跳动	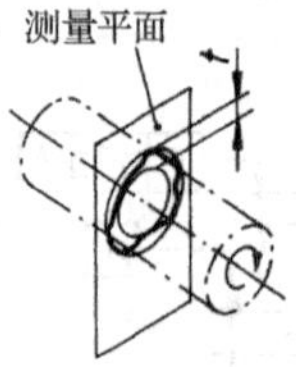	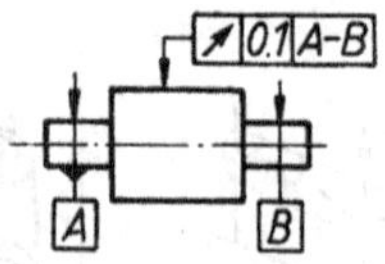	相对于基准轴线 $A-B$，每一转的圆跳动误差在任意测量平面上不得超过0.1mm。
	轴向圆跳动	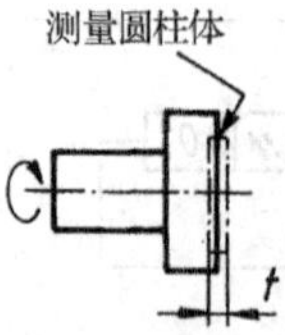	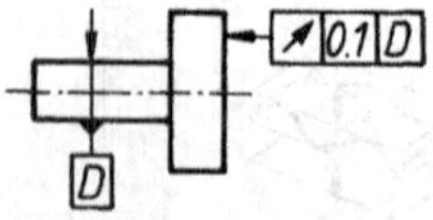	相对于基准轴线 D，每一转的轴向圆跳动误差在任意测量位置上不得大于0.1mm。

TB 2-9　配合的应用示例

基　孔　制	配合公差带位置	基　轴　制	装配提示，配合特性和应用示例
过盈配合			
H8/x8 H8/u8	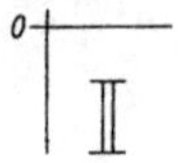	X7/h6 U7/h6	只有进行加热或冷却才能装配。用于与轴紧配合的齿轮、联轴器、飞轮；紧圈。无需附加防旋转措施。
H7/s6 H7/r6	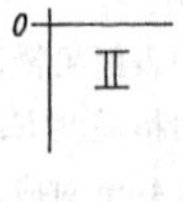	S7/h6 R7/h6	在较大压力下或加热或冷却条件下可装配。用于轴承衬与轴承座、衬套与轮毂；法兰与轴端之间的配合。无需附加防旋转措施。
过渡配合			
H7/n6	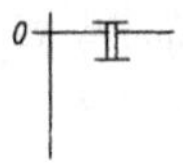	N7/h9	压力装配。用于齿圈与轮芯；轴承衬与轴承座和轮毂；联轴器与轴端之间的配合。需附加防旋转措施。
H7/k6	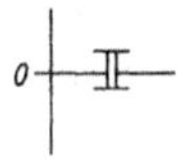	K7/h6	锤击装配。用于齿轮、带轮、联轴器、制动器盘与长轴或轴端之间的配合。需要附加防旋转措施。
H7/j6	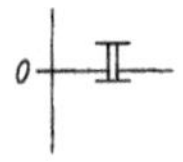	J7/h6	轻轻锤击或手工装配。用于容易拆装的齿轮、带轮；衬套。需附加防旋转措施。
间隙配合			
H7/h6 H8/h9 H11/h9	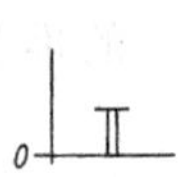	H7/h6 H8/h9 H9/h11	手工可滑动。用于可滑动零件和导轨；定心法兰；尾座套筒；调整环和定位环。
H7/g6	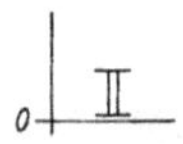	G7/h6	没有明显的间隙，但可滑动。用于车床主轴的滑动轴承、滑移齿轮和联轴器。
H7/f7 H8/f7	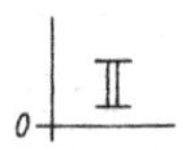	F8/h6 F8/h9	间隙很小，但可动。用于一般滑动轴承；轴上的滑动衬套；气缸中的控制活塞。
H8/e8	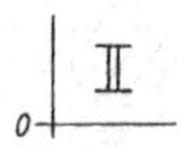	E9/h9	有明显的间隙，可动。用于多支点支承轴；曲轴和蜗杆轴支承；手柄支承。
H8/d9 H11/d9	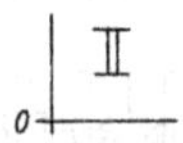	D10/h9 D10/h11	间隙较大，可动。用于建筑机械和农业机械支承；提升机械。用于一般粗糙机械制造。
H11/c11 H11/a11	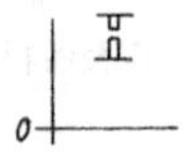	C11/h9 C11/h11 A11/h11	间隙非常大，可动。用于有较大污染危险和润滑不良的轴承；铰链连接。

TB 2-10　切削加工表面 Rz 和 Ra 的对应关系（DIN 4768 T1）

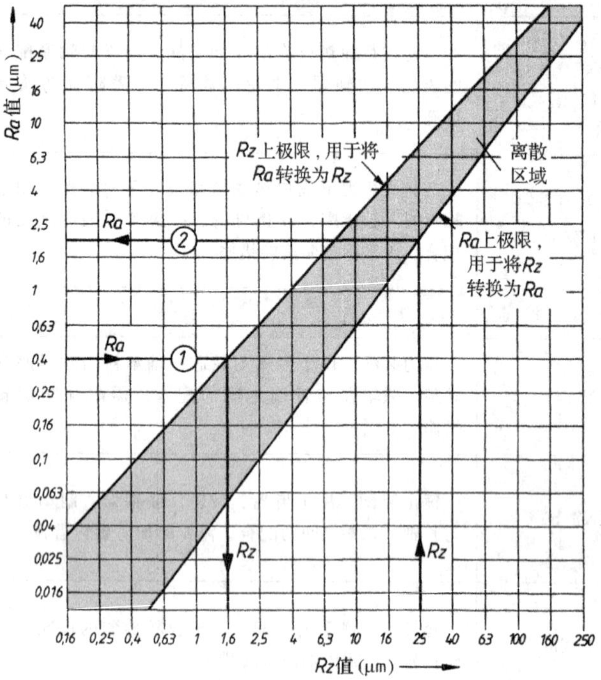

查图示例：

①将平均表面粗糙度值 $Ra=0.4\mu m$ 转换为相当的表面粗糙度 Rz。由图可得，$Rz=1.6\mu m$ 与 $Ra=0.4\mu m$ 对应。

②与上相反，将表面粗糙度 $Rz=25\mu m$ 转换为相当的平均表面粗糙度 Ra。由图可得，$Ra=2\mu m$ 与 $Rz=25\mu m$ 对应。

TB 2-11　不同公称尺寸、公差等级和表面功能的表面粗糙度 Rz 的推荐值（勒胡施公司资料）

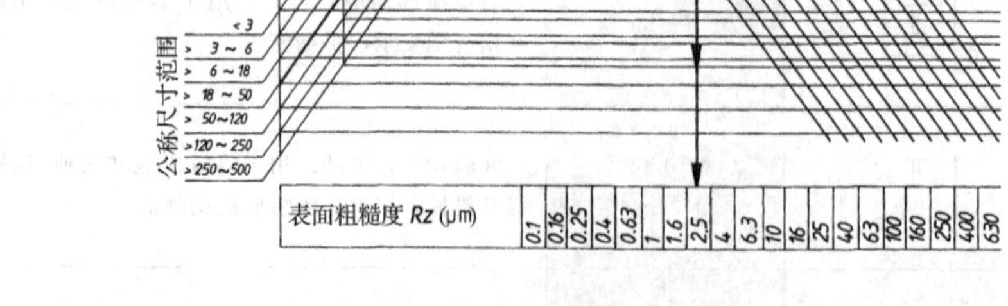

查图示例：工件直径 $d=40mm$，公差等级 r7，高级表面功能（例如过盈连接），其表面粗糙度推荐值 $Rz=2.5\mu m$。

TB 2-12　各种加工方法的表面粗糙度（DIN 4766 T1 和 T2　摘录）

a）可达到的微观不平十点高度 *Rz*[1)]

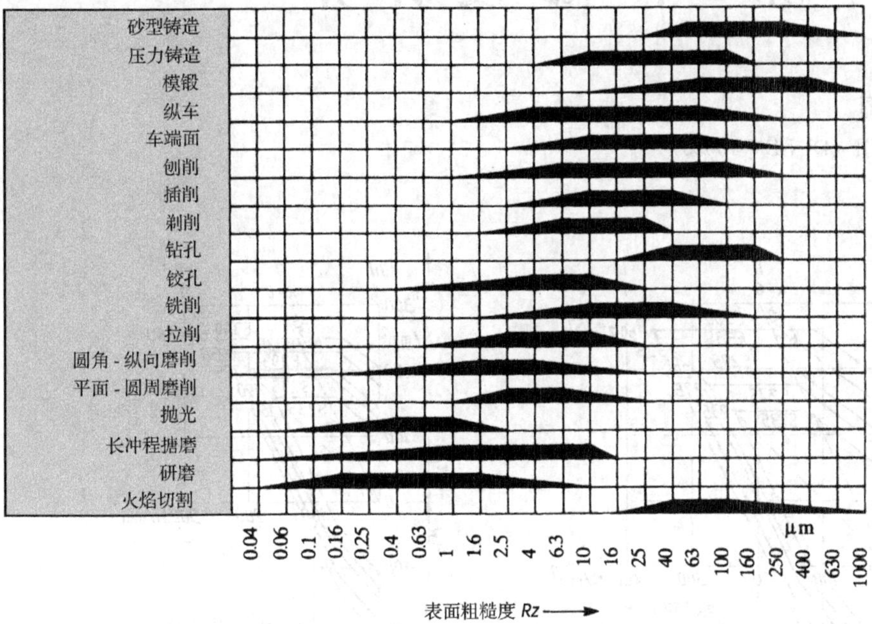

b）可达到的轮廓算术平均偏差 *Ra*[1)]

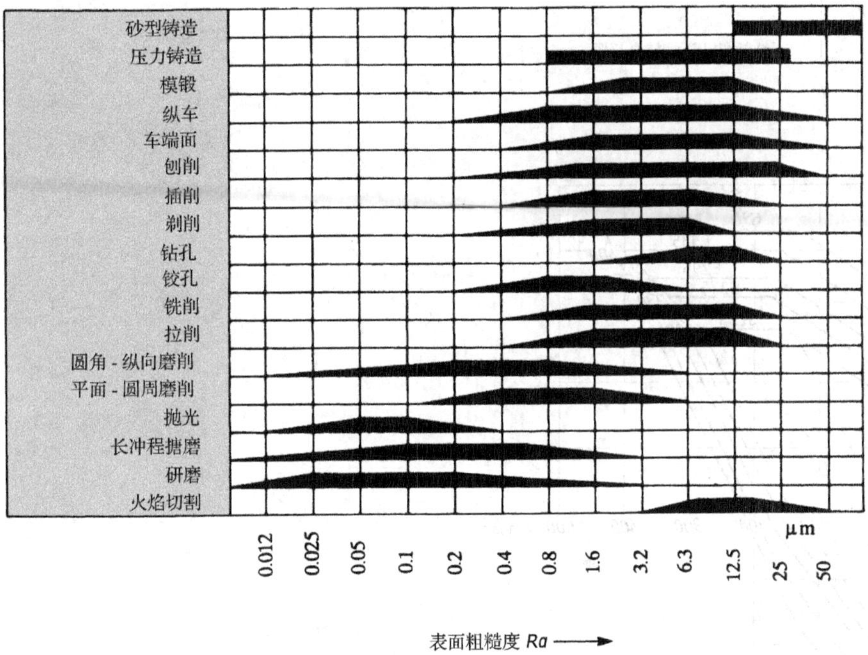

1）上升条状图表示采取特殊措施后可达到的表面粗糙度值；下降条状图表示特别粗糙加工会带来的表面粗糙度值。

第 3 章　强 度 计 算

TB 3-1　持久极限图

a）结构钢的持久极限图（DIN EN 10025）

计算值见 TB 1-1

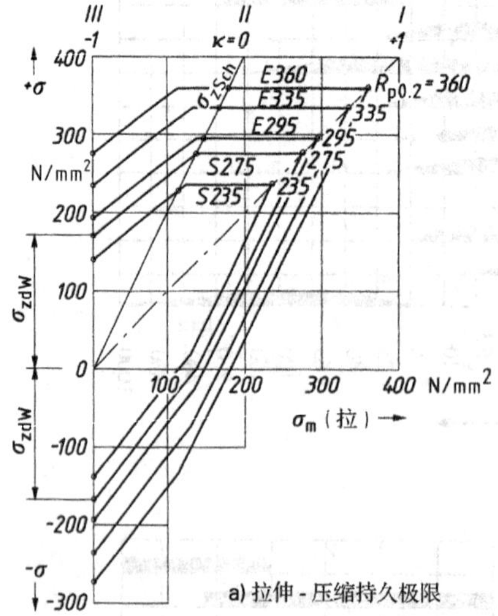

a) 拉伸 - 压缩持久极限

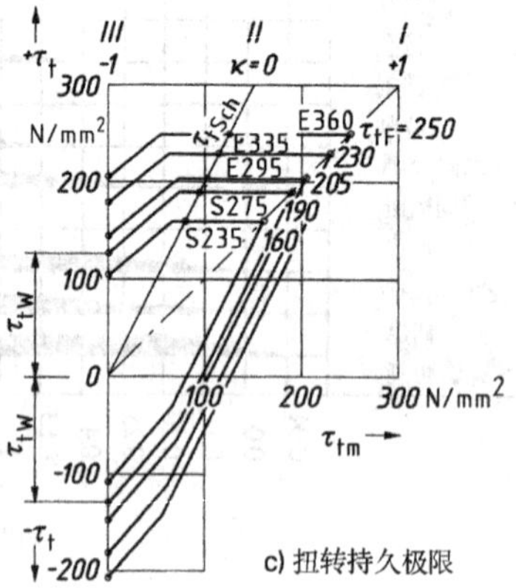

c) 扭转持久极限

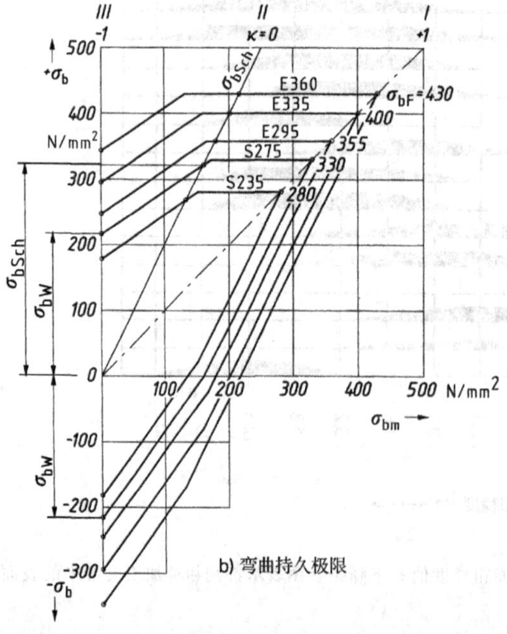

b) 弯曲持久极限

TB 3-1（续）

b）调质钢的持久极限图（DIN EN 10083）

（调质状态；计算值见 TB 1-1）

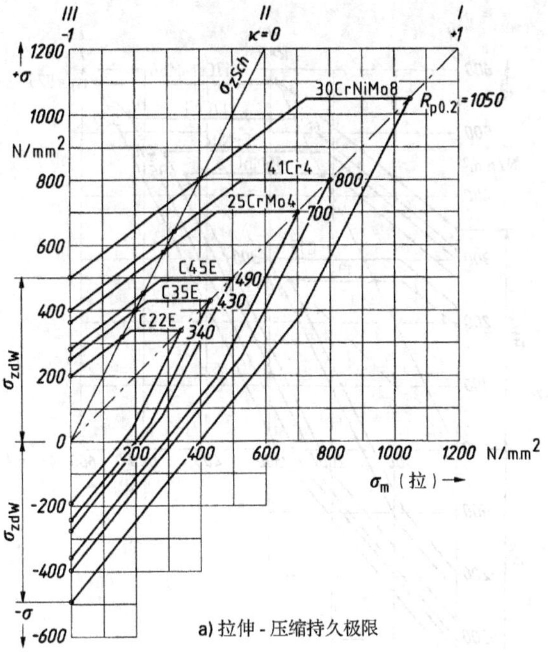

a) 拉伸 - 压缩持久极限

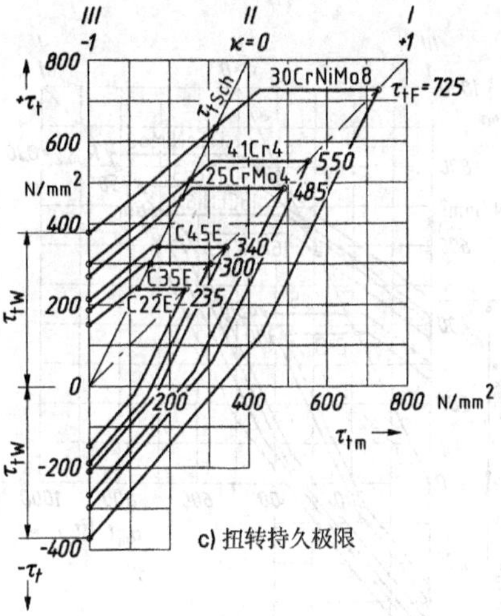

c) 扭转持久极限

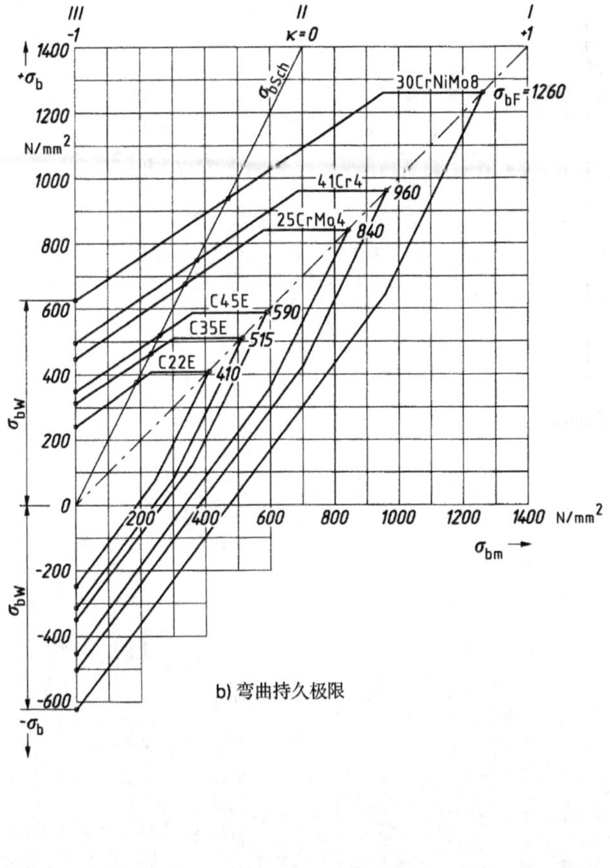

b) 弯曲持久极限

TB 3-1（续）

c）渗碳钢的持久极限图（DIN 17210，DIN EN 10084）

无功硬化状态；计算值见 TB 1-1

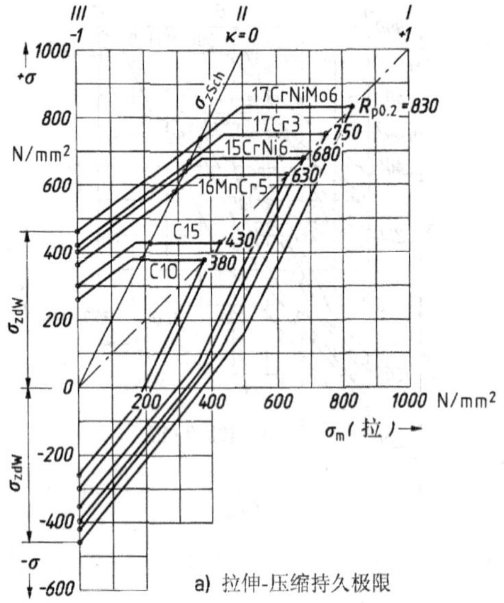

a）拉伸-压缩持久极限

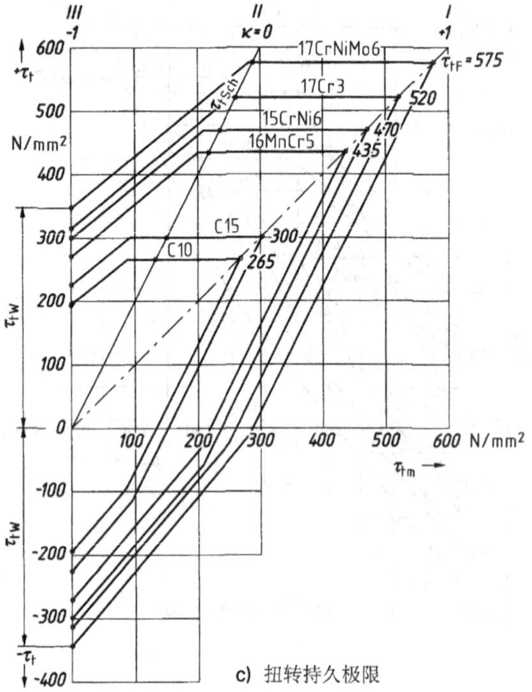

c）扭转持久极限

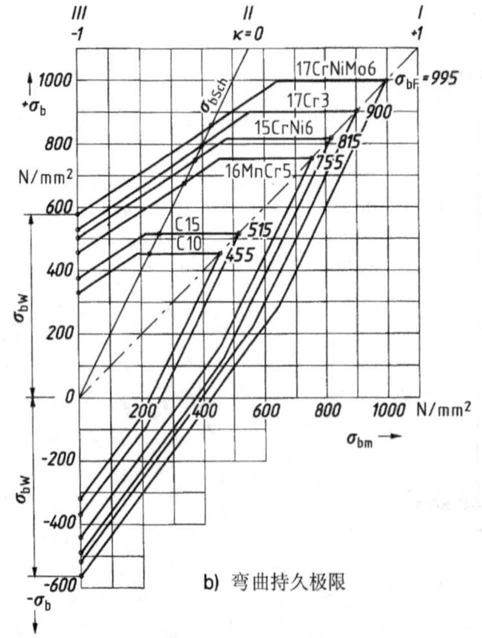

b）弯曲持久极限

TB 3-2 材料强度极限值的计算系数和塑性形状系数

a) 拉压、剪切和对称强度极限值的换算系数（FKM 规范）

材料组	渗碳钢 锻钢 不锈钢	其他钢	GS	GJS	GJM	GJL
拉压强度极限 f_σ	1	1	1	1 (1.3)[1)]	1 (1.5)[1)2)]	1 (2.5)[1)2)]
剪切强度极限 f_τ	0.58	0.58	0.58	0.65	0.75[2)]	0.85[2)]
对称强度极限 $f_{W\sigma}$	0.40	0.45[3)]	0.34	0.34	0.30	0.30
对称强度极限 $f_{W\tau}$	0.58	0.58	0.58	0.65	0.75	0.85

1) 括号中的值适用压缩变形。
2) 适用于局部应力校核。
3) 根据 DIN 743：$f_{W\sigma}=0.40$。

b) 塑性形状系数 α_p

横截面形状	矩形	圆	圆环（薄壁）	双 T 型钢或箱体
弯曲 α_{bp}	1.5	1.70	1.27	$\alpha_{bp}=1.5\dfrac{1-(b/B)(h/H)^2}{1-(b/B)(h/H)^3}$ [1)]
扭转 α_{tp}	—	1.33	1	—

1) b、B——内和外宽度；h、H——内和外高度。

TB 3-3 起重机制造的许用应力（DIN 15018，一般应力校核）

a) 用于零件 （单位：N/mm²）

列	a	b	c	d	e
行	应力类型	材料			
		S235		S355	
		载荷类型			
		H	HZ	H	HZ
1	拉伸和相当应力 σ_{zul}	160	180	240	270
2	压缩，纵弯校核 σ_{dzul}	140	160	210	240
3	剪切 τ_{zul}	92	104	138	156

除了进行流动极限安全系数的一般应力校核外，对于循环次数超过 20000，应力随时间变化和常常重复，载荷类型 H 的起重机还应进行抗断裂安全系数的工作强度校核。工作强度校核的许用应力见标准。

b) 用于连接件 （单位：N/mm²）

列	a		b	c	d	e	f	g	h	i	k	l	m	n
行	应力类型		铆钉（DIN 124 和 DIN 302）				铰制孔螺栓（DIN 7968）				粗制螺栓（DIN 7990）			
			USt 36（S235 制成的零件）		RSt 44[2)]（S355 制成的零件）		4.6（S235 制成的零件）		5.6（S355 制成的零件）		4.6（S235 制成的零件）		5.6（S355 制成的零件）	
			载荷类型											
			H	HZ	H	HZ	H	HZ	H	HZ	H	HZ	H	HZ
1	剪切 $\tau_{a\,zul}$	单层	84	96	126	144	84	96	126	144	70	80	70	80
		多层	113	128	168	192	112	128	168	192				
2	孔壁挤压应力 $\sigma_{l\,zul}$	单层	210	240	315	360	210	240	315	360	160	180	160	180
		多层	280	320	420	480	280	320	420	480				
3	拉伸 σ_{zul}		30[1)]	30[1)]	45[1)]	45[1)]	100	110	140	154	100	110	140	154

1) 只在例外情况许用。
2) DIN 17111 不再包含它。

TB 3-4 主要承受静载荷的铝结构的许用应力（DIN 4113-1 和 DIN 4113-1/Al T1 摘录）

a）用于零件[1]　　（单位：N/mm²）

列	a			b	c	d	e	f	g	h	i	k	l	m	n	o	p
行	应力类型			零件材料													
				EN AW-6060 EN AW-AlMgSi T66		EN AW-6082 EN AW-AlSi1MgMnT5；T61/T6151		EN AW-6082 EN AW-AlSi1MgMn T6/T651		EN AW-5049 EN AW-AlMg2Mn08 O/H111		EN AW-5049 EN AW-AlMg2Mn08 H24/H34		EN AW-5083 EN AW-AlMg4.5Mn07 O/H11，H112		EN AW-5083 EN AWAlMg 4.5Mn07H22/H32，H116	
				H	HZ	H	HZ	H	HZ	H	HZ	H	HZ	H	HZ	H	HZ
1	拉伸和压缩 σ_{zul}			88	100	115	135	145	165	46	54	95	105	64	74	120	135
2	剪切 τ_{zul}			50	58	70	80	84	94	28	32	55	62	38	42	70	80
3	孔壁挤压应力 $\sigma_{l\ zul}$																
	预紧	孔间隙 Δd（mm）	连接件														
3.1	无	1	螺栓，高强度螺栓	100	115	145	160	170	195	58	66	115	130	90	100	145	160
3.2	无	≤0.3	铆钉，铰制孔螺栓，高强度铰制孔螺栓	135	150	180	205	215	245	72	82	145	165	110	125	180	205
3.3	完全	1	高强度螺栓	150	170	200	230	240	275	80	92	160	180	110	125	200	230
3.4	完全	≤0.3	高强度闭锁环销	195	220	260	295	310	350	105	115	205	235	140	160	260	295

b）铝制连接件[1)2)]　　（单位：N/mm²）

列	a	b	c	d	e	f	g	h	i	k	l	m	n	o	p	q	r	s
行	连接件	应力类型	铆钉或螺栓材料															
			AlMgSi1 F20/F21		AlMgSi1 F25		AlMg5 W27		AlMg5 F31		AlMgSi1 F31/F32		AlCuMg1 F38		AlCuMg1 F42		AlZnMg Cu0.5F46	
			H	HZ	H	HZ	H	HZ	H	HZ	H	HZ	H	HZ	H	HZ	H	HZ
1	铆钉	剪切 $\tau_{a\ zul}$	50	55	60	70	65	75	75	85	—	—	—	—	—	—	—	—
2	螺栓	剪切 $\tau_{a\ zul}$	—	—	—	—	—	—	—	—	75	85	85	95	100	110	115	130
3	螺栓	拉伸 $\sigma_{z\ zul}$	—	—	—	—	—	—	—	—	125	140	125	140	145	160	185	210
4	铰制孔螺栓	剪切 $\tau_{a\ zul}$	—	—	—	—	—	—	—	—	90	105	105	120	120	140	140	160
5	铰制孔螺栓	拉伸 $\sigma_{z\ zul}$	—	—	—	—	—	—	—	—	125	140	125	140	145	160	185	210

c）钢制连接件[2)]　　（单位：N/mm²）

列	a		b	c	d	e	f	g	h	i	k	l	m	n	o	p
行	应力类型		连接件													
			铆钉				螺栓									
			QSt 36		RSt 44[3)]		4.6		5.6		由不锈钢制成 A2 和 A4		高强度螺栓 10.9		闭锁环销 至少 8.8	
			H	HZ	H	HZ	H	HZ	H	HZ	H	HZ	H	HZ	H	HZ
1	剪切 $\tau_{a\ zul}$	孔间隙 Δd=1mm	—	—	—	—	110	125	165	185	145	165	240	270	200	220
2		孔间隙 $\Delta d\leqslant$0.3mm	140	160	210	240	140	160	210	240	210	235	280	320	220	250
3	拉伸 $\sigma_{z\ zul}$		48	54	72	81	112	112	150	150	150	170	见 DASt-Ri010 和 DASt SRB-Ri1970			

1）许用应力仅仅适用于常用厚度范围。极限厚度见标准。

2）$\sigma_{l\ zul}$见表 a）。

3）DIN 17111 不再包含它。

TB 3-5 使用（工作）系数 K_A 的近似值

a）用于齿轮传动（DIN 3990 T1）[1)]

工况	原动机			
工作机	均匀，例如电动机、汽轮机、燃气轮机	轻微冲击，例如同左栏一样的原动机，但具有更频繁和更大的起动力矩	略有冲击，例如多缸内燃机	剧烈冲击，例如单缸内燃机
均匀，例如发电机、带式输送机、板式运输机、轻型电梯、电气列车、机床的前置驱动装置、通风机、透平鼓风机、涡轮压缩机，用于密度均匀的材料的搅拌机和混合机，按最大工作力矩设计的剪床、压力机、锻压机。	1.0	1.1	1.25	1.5
略有冲击，例如装料不均匀的带式输送机、机床的主传动、重型电梯、起重机的旋转机构、工业通风机和矿山通风机、离心泵、用于密度不均的材料的搅拌机和混合机、多缸柱塞泵、供料泵。	1.25	1.35	1.5	1.75
中等冲击，橡胶挤压机、间断运转的混合机（橡胶、塑料）、木材加工机械、提升机、单缸柱塞泵、球磨机	1.5	1.6	1.75	2.0或更大
剧烈冲击，例如挖掘机、重型球磨机、橡胶成形机、破碎机（石头、矿石）、冶金机械、压砖机、压块机、剃齿机、旋转式钻孔机、冷轧机	1.75	1.85	2.0	2.25或更大

1）适用于工作机的名义力矩，如果它与工作机对应，可用它取代原动机名义力矩。表中的值只适用于均匀功率传递。对于大起动力矩，间歇运转和极端、重复冲击载荷，应校核静强度和疲劳强度的安全系数。如果有通过测试或经验得到的使用系数 K_A，用它取代表中值。

b）用于齿轮、摩擦轮、带和链传动（根据 Richter-Ohlendorf）

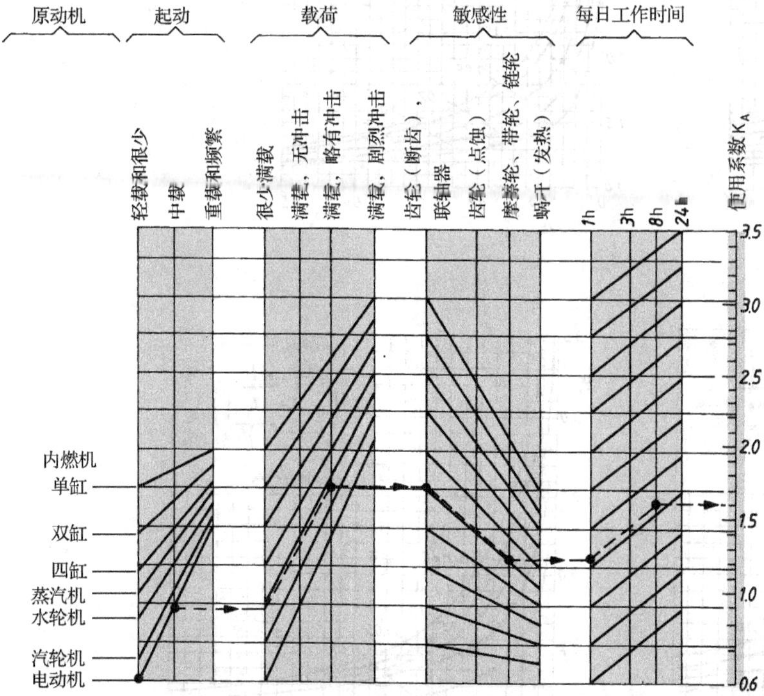

查图示例：原动机为电动机；中载起动工况；满载，中等冲击；每天工作时间 8 小时。对于链传动，其使用系数 $K_A=1.6$。

TB 3-5（续）

c）用于焊接、铆接、销接和轴销连接

工 作 类 型	机器或零件类型（例子）	冲 击 类 型	使用系数 K_A
匀速旋转运动	电动机械、磨床、汽轮机和水轮机、旋转压缩机	轻微	1.0～1.1
匀速往复运动	蒸汽机、内燃机、刨床和车床、活塞式压缩机	中等	1.2～1.4
带冲击旋转或往复运动	塑料成形机、弯曲机和矫直机、轧机传动装置	中等偏重	1.3～1.5
冲击运动	螺旋压力机、液压锻压机、折板机、型钢剪断机、锯床框架	剧烈	1.5～2.0
冲击负载	石头破碎机、锤式锻床、轧材冷切机、轧辊机架、破碎机	非常剧烈	2.0～3.0

TB 3-6　切口形状系数 α_k

a）带对称外切口的扁棒

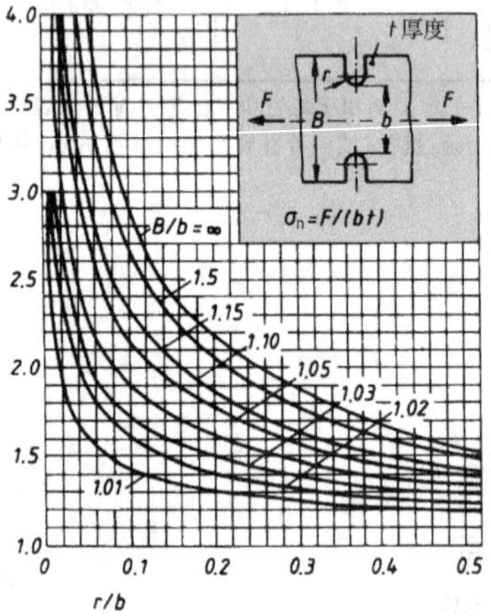

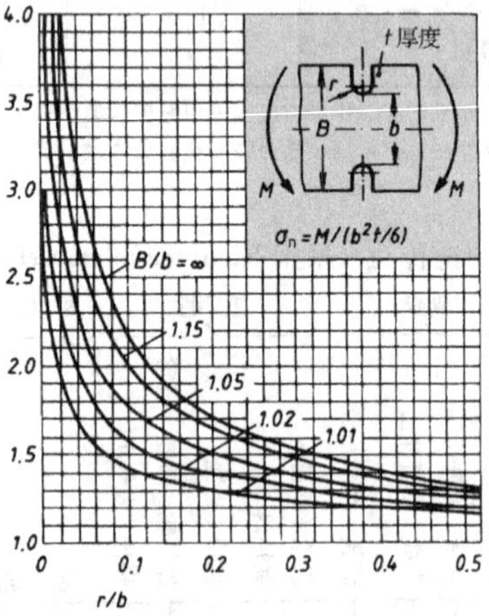

b）对称阶梯扁棒

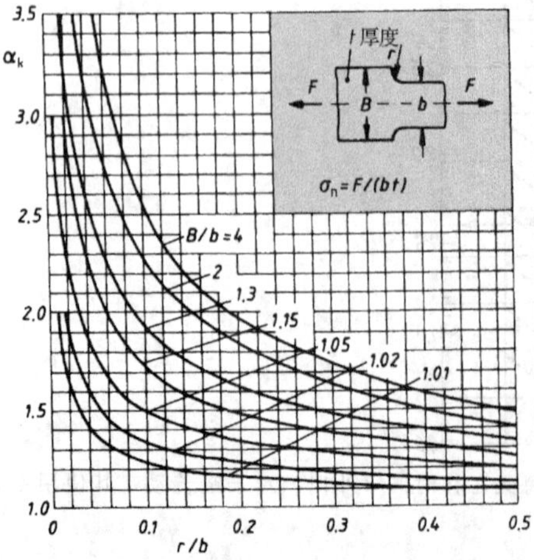

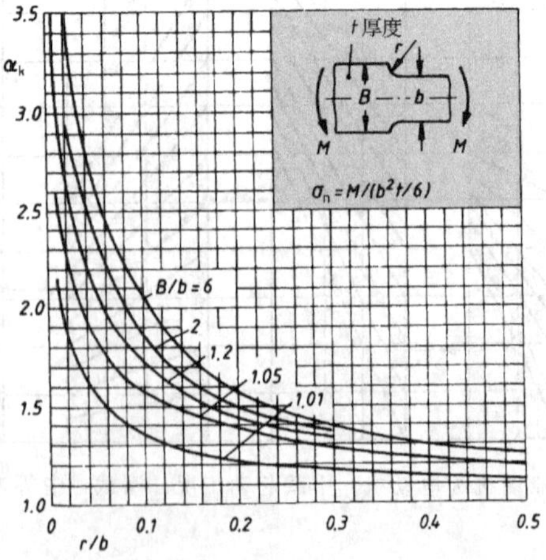

TB 3-6（续）

c）带环形槽的圆棒

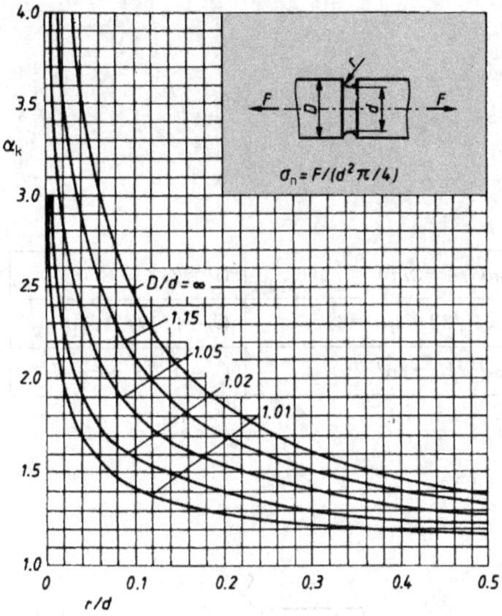

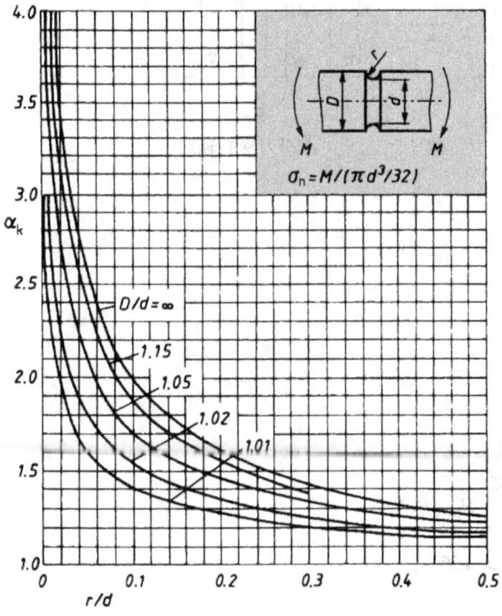

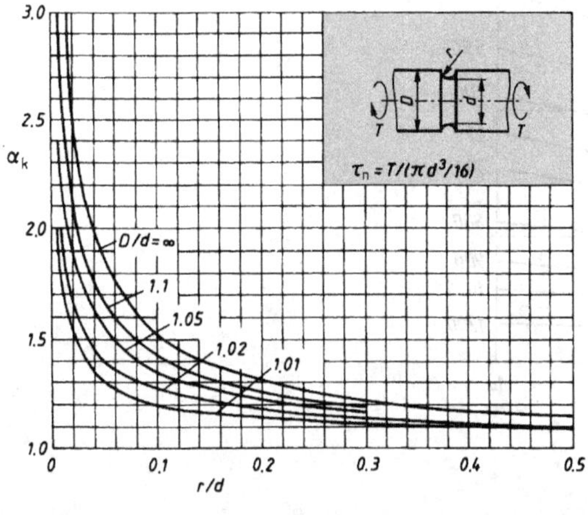

d）阶梯圆棒

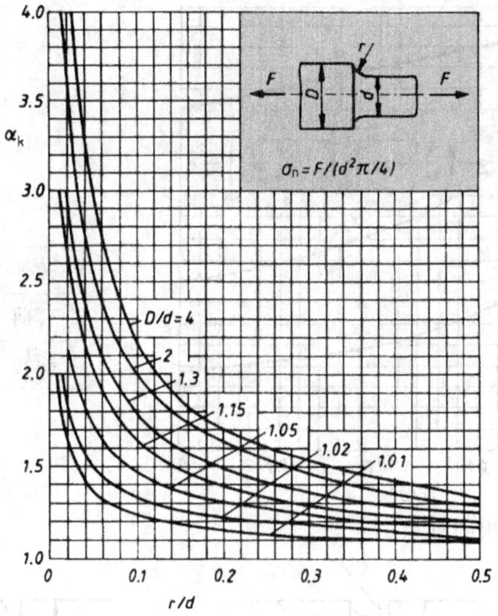

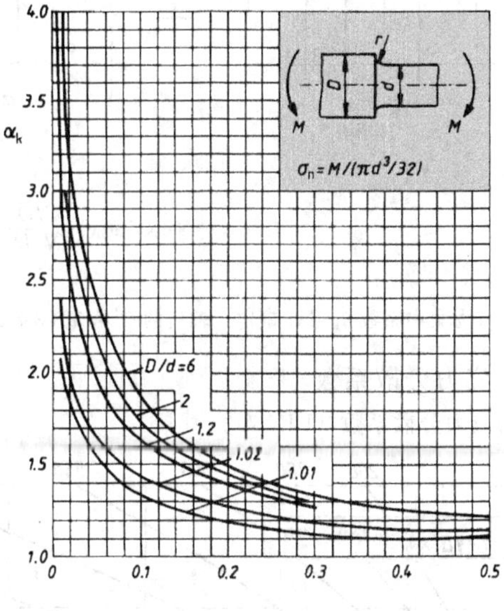

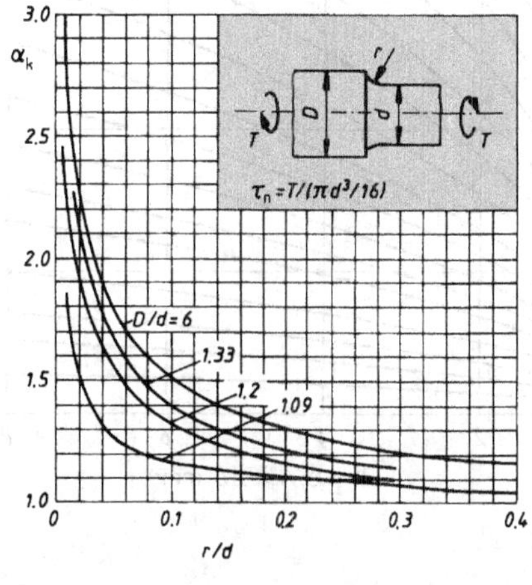

TB 3-6（续）

e）带横孔的圆棒

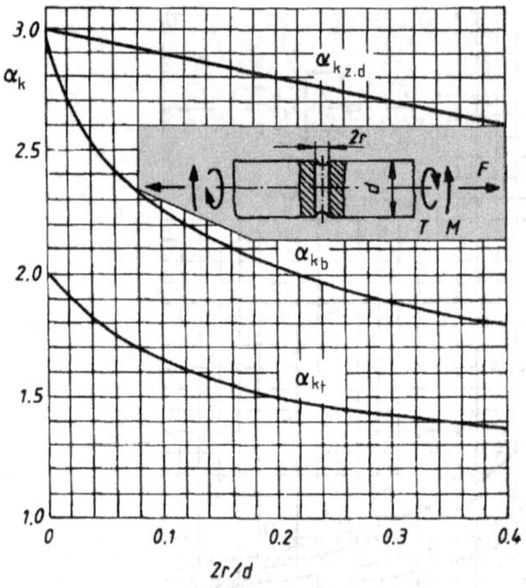

拉伸	$\sigma_n = F/(\pi d^2/4 - 2rd)$	$G' = 2.3/r$
弯曲	$\sigma_n = M/(\pi d^3/32 - 2rd^2/6)$	$G' = 2.3/r + 2/d$
扭转	$\tau_n = T/(\pi d^3/16 - 2rd^2/6)$	$G' = 1.15/r + 2/d$

f）带退刀槽的轴肩

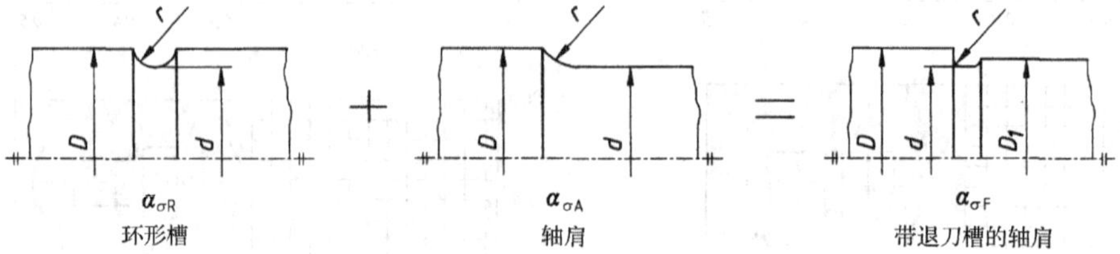

$$\alpha_{\sigma F} = (\alpha_{\sigma R} - \alpha_{\sigma A})\sqrt{\frac{D_1 - d}{D - d}} + \alpha_{\sigma A};\quad \alpha_{\tau F} = 1.04\alpha_{\tau A}$$

提示：应力集中系数 β_k 用 G' 确定，轴肩的 G' 由 TB 3-7 查取。

TB 3-7　应力分散系数

a）轧材的应力分散系数（DIN 743）

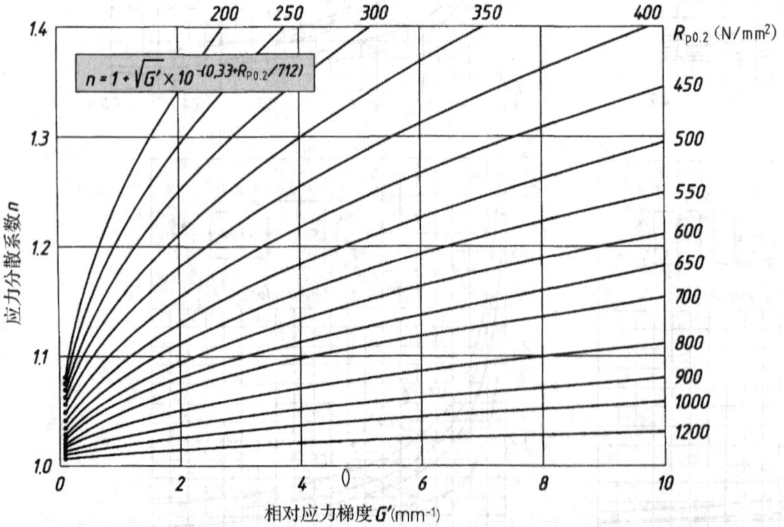

TB 3-7（续）

b）铸造材料的应力分散系数（根据 FKM）

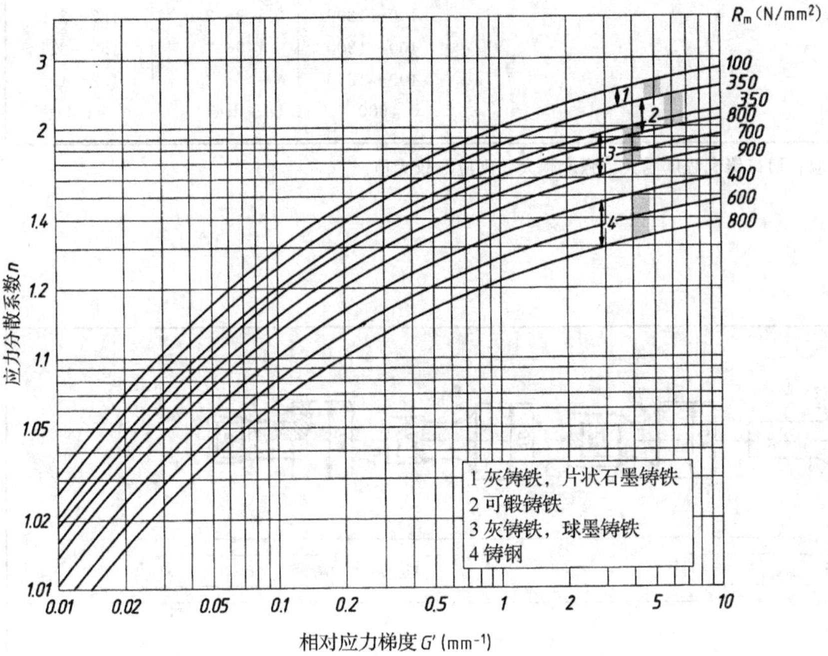

说明：对于扭转，R_m 用 $f_{W\tau} \cdot R_m$ 替代（$f_{W\tau}$ 由 TB 3-2 查取）。

c）相对应力梯度 G'

零件形状	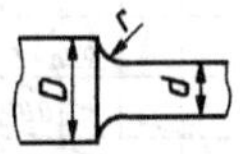	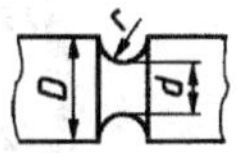	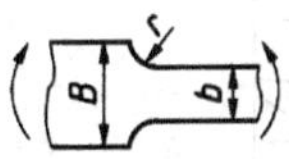	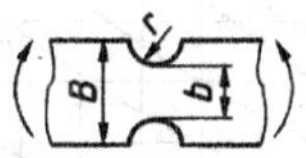	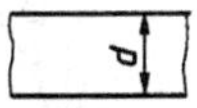 无切口
拉/压弯曲	$G'=\frac{2.3}{r}(1+\varphi)$	$G'=\frac{2}{r}(1+\varphi)$	$G'=\frac{2.3}{r}(1+\varphi)$	$G'=\frac{2}{r}(1+\varphi)$	$G'=\frac{2}{d}$
扭转	$G'=\frac{1.15}{r}$	$G'=\frac{1}{r}$	—	—	$G'=\frac{2}{d}$

对于$(D-d)/d\leqslant 0.5$，$\varphi=1/(\sqrt{8(D-d)/r}+2)$，或对于$(B-b)/b\leqslant 0.5$，$\varphi=1/(\sqrt{8(B-b)/r}+2)$；否则 $\varphi=0$ 带纵孔圆棒可近似按实心圆棒计算。

TB 3-8 应力集中系数（近似值）[1)]

	切 口 形 状	R_m (N/mm²)	β_{kb}	β_{kt}
1.	轴上铲背（圆弧切口）[2)]	300～800	1.2～2.0	1.1～2.0
2.	轴上用于弹性挡圈的环形槽[2)]	300～800	2.0～3.5	2.2～3.0
3.	阶梯轴（轴颈）[2)]	300～1200	1.1～3.0	1.1～2.0
4.	横孔（圆棒，$2r/d\approx 0.15\cdots 0.25$）[2)]	400～1200	1.7～2.0	1.7～2.0
5.	轴上平键槽（立铣刀）[2)]	400～1200	1.7～2.6	1.2～2.4
6.	轴上平键槽（盘铣刀）[2)]	400～1200	1.5～1.8	1.2～2.4
7.	花键轴（平行齿廓）[2)]	400～1200	1.4～2.3	1.9～3.1

TB 3-8（续）

	切口形状	R_m(N/mm²)	β_{kb}	β_{kt}
8.	花键轴（渐开线齿廓）	400～1200	1.3～2.0	1.7～2.6
9.	细齿花键轴[2]	400～1200	1.6～2.6	1.9～3.1
10.	过盈连接[2]	400～1200	1.7～2.9	1.2～1.9
11.	圆锥弹性挡圈	600	1.6	1.4

1)表中数值与最小直径对应；切口锋利程度越大，强度越大，则应取较大值。

2)更精确的值见 TB 3-9。

TB 3-9　应力集中系数

a）阶梯圆棒

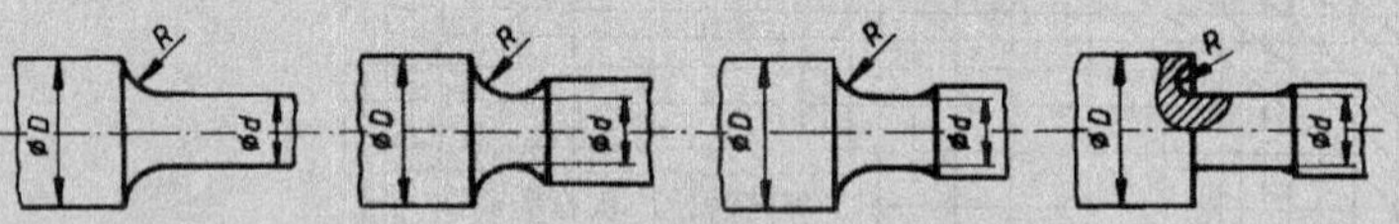

弯曲：$\beta_{kb}=1+c_b(\beta_{k(2.0)}-1)$　　　扭转：$\beta_{kt}=1+c_t(\beta_{k(1.4)}-1)$

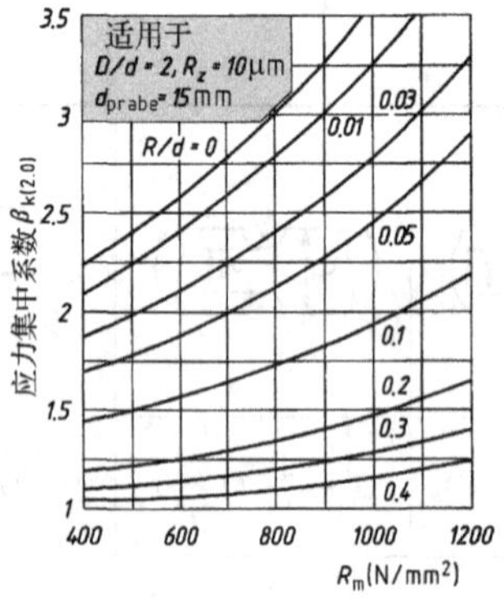

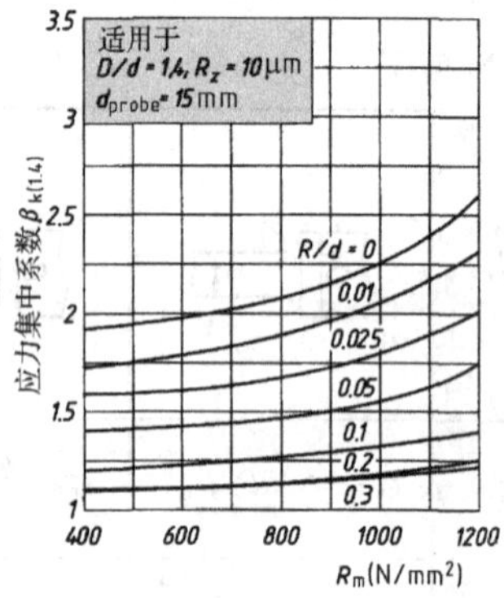

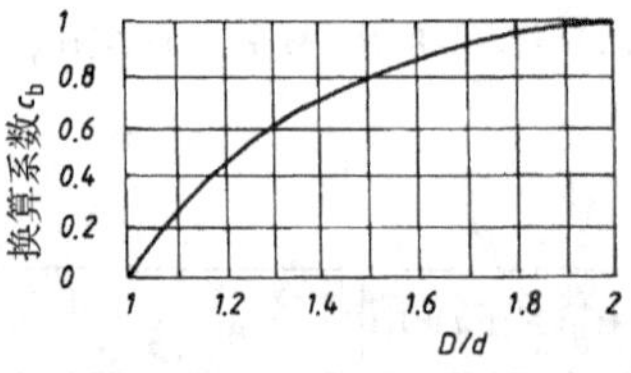

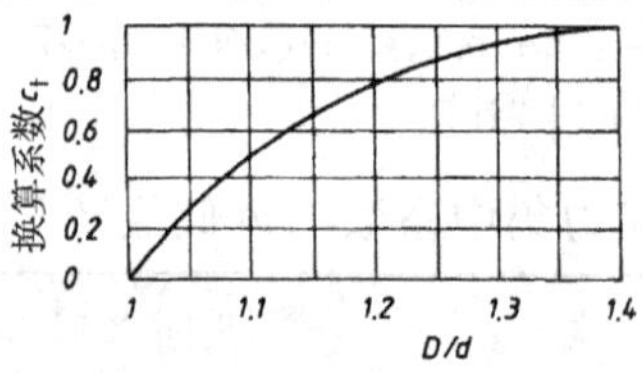

弯曲	$\sigma_n=M/(\pi d^3/32)$
扭转	$\tau_n=T/(\pi d^3/16)$

TB 3-9（续）

b）轴毂连接和尖角切口

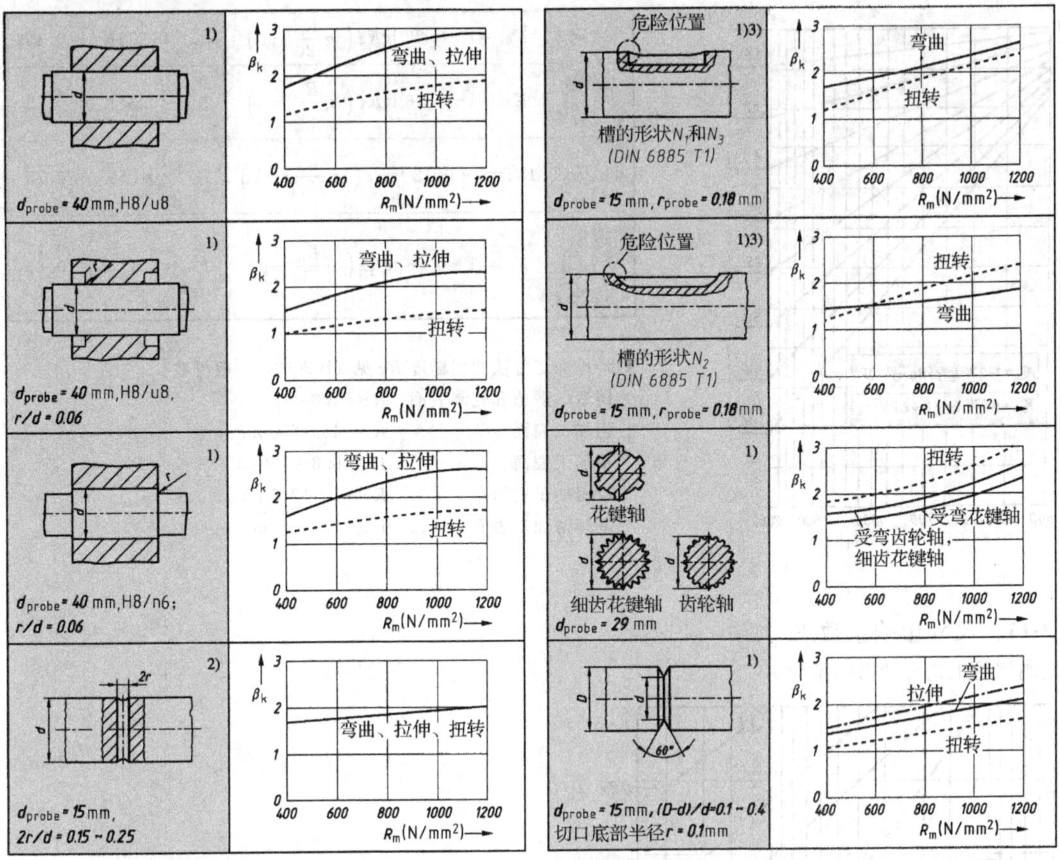

1）

拉伸	$\sigma_n=F/(\pi d^2/4)$
弯曲	$\sigma_n=M/(\pi d^3/32)$
扭转	$\tau_n=T/(\pi d^3/16)$

2）

拉伸	$\sigma_n=F/(\pi d^2/4-2rd)$
弯曲	$\sigma_n=M/(\pi d^3/32-rd^2/3)$
扭转	$\tau_n=T/(\pi d^3/16-rd^2/3)$

3）对于双平键，β_k值乘以1.15。

c）轴上整周矩形槽（DIN 471）

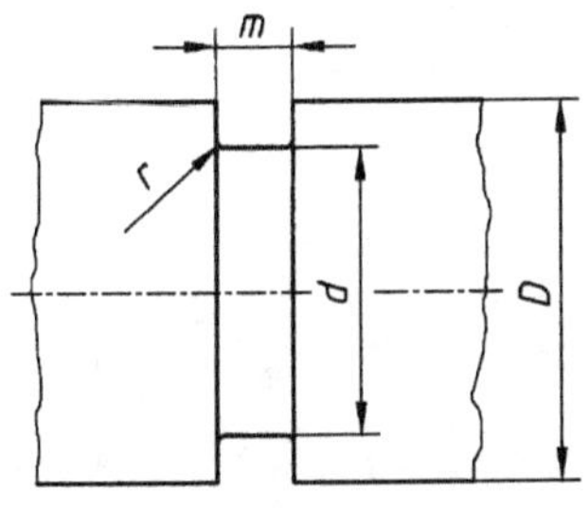

拉伸：$\beta_{k\,zd}=0.9\times(1.27+1.17\sqrt{(D-d)/(2r_f)})\leqslant4$

弯曲：$\beta_{kb}=0.9\times(1.14+1.08\sqrt{(D-d)/(2r_f)})\leqslant4$

扭转：$\beta_{kt}=1.48+0.45\sqrt{(D-d)/(2r_f)}\leqslant2.5$

$r_f=r+2.9\rho^*$

式中$\rho^*\approx0.1$mm（轧材，$R_m\leqslant500$N/mm²）

$\rho^*\approx0.05$mm（轧材，$R_m>500$N/mm²）

$\rho^*\approx0.4$mm（铸钢和球墨铸铁）

拉伸	$\sigma_n=F/(\pi d^2/4)$
弯曲	$\sigma_n=M/(\pi d^3/32)$
扭转	$\tau_n=T/(\pi d^3/16)$

TB 3-10 表面粗糙度影响系数 K_0[1)]

a）轧制钢

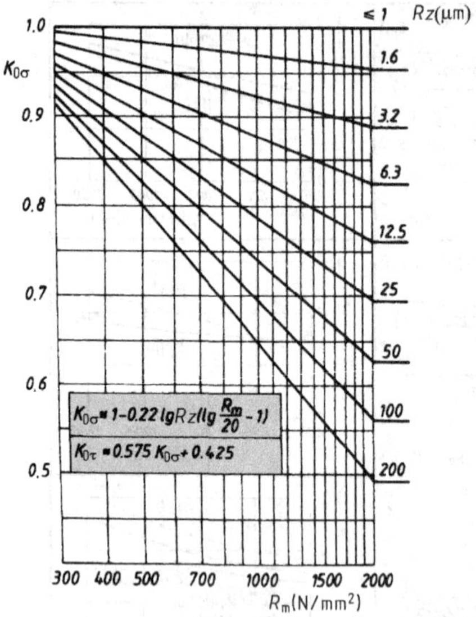

b）铸造材料

铸钢	$K_{0\sigma}=1-0.22\lg Rz\left(\lg\frac{R_m}{20}-1\right)$	$K_{0\tau}=0.575K_{0\sigma}+0.425$
灰铸铁 球墨铸铁	$K_{0\sigma}=1-0.16\lg Rz\left(\lg\frac{R_m}{20}-1\right)$	$K_{0\tau}=0.35K_{0\sigma}+0.65$
可锻铸铁	$K_{0\sigma}=1-0.12\lg Rz\left(\lg\frac{R_m}{17.5}-1\right)$	$K_{0\tau}=0.25K_{0\sigma}+0.75$
灰铸铁片状石墨铸铁	$K_{0\sigma}=1-0.06\lg Rz\left(\lg\frac{R_m}{5}-1\right)$	$K_{0\tau}=0.15K_{0\sigma}+0.85$

1)各种加工方法的粗糙度 Rz 见 TB 2-12，一般可取：

铸造、锻造和轧制表面	$Rz\approx200\mu m$
粗加工表面	$Rz=40\sim200\mu m$
精加工表面	$Rz=6.3\sim100\mu m$
精密加工表面	$Rz=1\sim12.5\mu m$
最精密加工表面	$Rz<1\sim1.6\mu m$

TB 3-11 尺寸影响系数 K

a）轧制钢材工艺尺寸影响系数 K_t

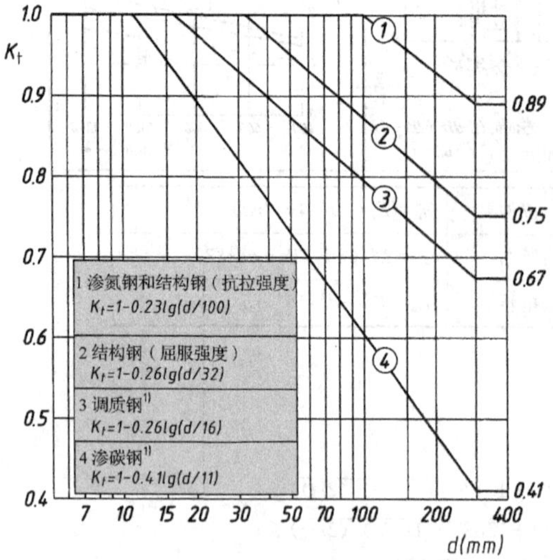

对于渗氮钢、调质钢和渗碳钢，其抗拉强度和屈服强度的 K_t 相同。

1)Cr-Ni-Mo-渗碳钢按调质钢取值。

TB 3-11（续）

b）铸造材料的工艺尺寸影响系数 K_t

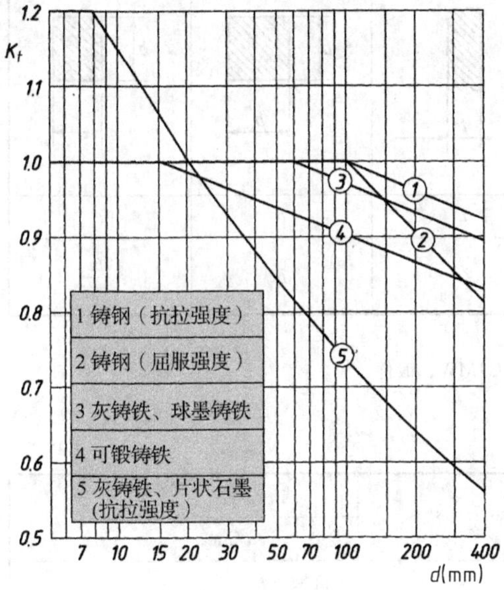

对于球墨灰铸铁和可锻铸铁，其抗拉强度和屈服强度的 K_t 相同。

c）几何尺寸影响系数 K_g

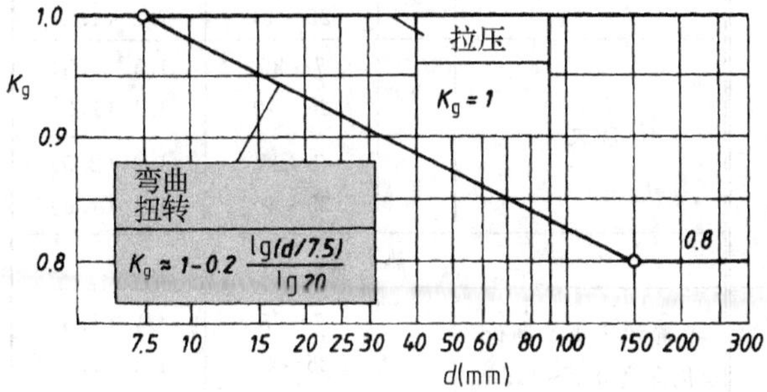

d）与形状系数有关的尺寸影响系数 K_α

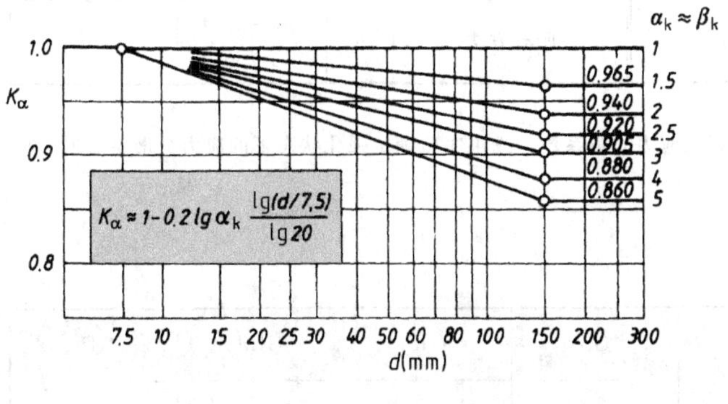

TB 3-11（续）

e）其他零件横截面的等效直径

横截面形状	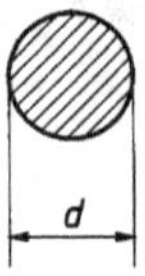	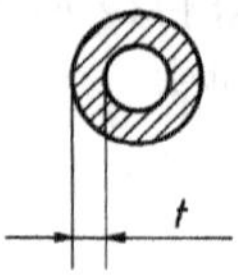	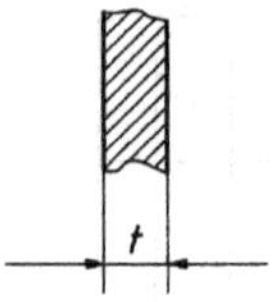	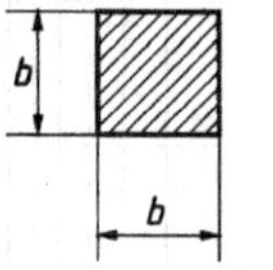	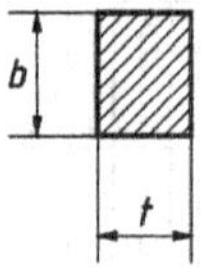
d=1)	d	t	t	b	t
d=2)	d	$2t$	$2t$	b	$\frac{2bt}{b+t}$

1）非合金结构钢、细晶钢、常化调质钢和铸钢。

2）调质钢、渗碳钢、渗氮钢、调质铸钢、GJS、GJL、GJMB、GJMW、锻件。

TB 3-12　表面强化影响系数 K_V，用于钢的参考值

方法	试件 类型	试件 d/mm	K_V 1)
化学—热方法			
渗氮 渗氮硬化深度 0.1～0.4mm 表面硬度 700～1000 HV10	u	8～25 25～40	1.15 (1.25) 1.10 (1.15)
	g	8～25 25～40	1.5 (2.5) 1.2 (2.0)
渗碳 渗碳硬化深度 0.2～0.8mm 表面硬度 670～750 HV10	u	8～25 25～40	1.2 (2.1) 1.1 (1.5)
	g	8～25 25～40	1.5 (2.5) 1.2 (2.0)
氰化 硬化深度 0.2～0.4mm 表面硬度最小 670 HV10	u	8～25 25～40	1.1 (1.9) 1 (1.4)
	g	8～25 25～40	1.4 (2.25) 1.1 (1.8)
所有方法	u	>40	1.0
机械方法			
强化轧制	u	7～25 25～40	1.2 (1.4) 1.1 (1.25)
	g	7～25 25～40	1.5 (2.2) 1.3 (1.8)
喷丸	u	7～25 25～40	1.1 (1.3) 1.1 (1.2)
	g	7～25 25～40	1.4 (2.5) 1.1 (1.5)
热方法			
高频淬火火焰硬化 硬化深度 0.9～1.5mm 表面硬度 51～64 HRC	u	7～25 25～40	1.2 (1.6) 1.1 (1.4)
	g	7～25 25～40	1.4 (2.0) 1.2 (1.8)
所有方法	g	40～250 >250	1.1 1.0

1）括号中的值用作定向，但必须经实验验证。

无切口轴的拉伸/压缩 $K_V=1$。计算强化材料的应力分散系数，或用实验确定强化状态下的应力分散系数时，同样取 $K_V=1$。

u 无切口，g 有切口。

TB 3-13　计算平均应力敏感性的系数

材料组	轧制钢	GS	GJS	GJM	GJL
a_M　mm²/N	0.00035	0.00035	0.00035	0.00035	0
b_M	−0.1	0.05	0.08	0.13	0.5

TB 3-14 安全系数，最小值

a）一般安全系数

	轧制钢和锻钢	塑性铸铁材料	
		未检测	进行过无损检测
S_F	1.5	2.1	1.9
S_B	2.0	2.8	2.5
S_D	1.5	2.1	1.9

b）相对安全系数

S_F (S_B)		轧制钢和锻钢		塑性铸铁材料			
		损坏后果		未检测损坏后果		进行过无损检测损坏后果	
		大	小	大	小	大	小
最大应力或最不利的应力组合出现的概率	大	1.5	1.3	2.1	1.8	1.9	1.65
		(2.0)	(1.75)	(2.8)	(2.45)	(2.5)	(2.2)
	小	1.35	1.2	1.9	1.65	1.7	1.5
		(1.8)	(1.6)	(2.55)	(2.2)	(2.25)	(2.0)
S_D							
有规律检查	否	1.5	1.3	2.1	1.8	1.9	1.65
	是	1.35	1.2	1.9	1.7	1.7	1.5

c）安全系数 S_Z（用于简化疲劳强度校核）

条 件	S_Z
纯对称循环弯曲和扭转	1.0
对称循环弯曲，静或脉动扭转	1.2
仅仅弯曲脉动或仅仅扭转脉动	1.2
扭转平均应力大于弯曲应力幅	1.4
弯曲和扭转，大静载部分（平均应力）	1.4

提示：进行简化疲劳强度校核时，仅仅考虑弯曲和扭转应力幅（而不是平均应力），所以会得到比精确计算更大的安全系数。

它只能用于近似计算。一般来说，采用 S_Z 更加安全。

第4章　粘　　接

TB 4-1　表面处理方法

材　料	处理方法组合[1]，用于		
	轻载[2]	中载[2]	重载[2]
钢 钢，镀锌 钢，氧化 钛	a-b-f-g a-b-f-g a-c-f-g a-b-f-g	a-h-b-f-g a-b-f-g a-c-f-g a-h-b-f-g	a-i-b-f-g a-b-f-g a-i-b-f-g a-i-b-f-g
铸铁	k	h	i
铝合金 镁 铜合金	a-b-f-g a-b-f-g a-b-f-g	a-c-h-f-g a-b-h-f-g a-h-b-f-g	a-i-c-f-g a-i-b-e-f-g a-i-b-f-g

1）a 清除脏物、油漆残余、氧化皮、铁锈等；
b 用有机溶剂去除油脂（请遵守环保规定!），或用水性清洁剂去除油脂；
c 酸洗去油脂；
d 用27.5%的浓缩硫酸和7.5%重铬酸钠水溶剂酸洗（60℃下，30min）；
e 用溶于水中的20%硝酸和15%重钾酸钠溶剂酸洗（20℃下，1min）；
f 用完全去盐的水或蒸馏水冲洗；
g 在热空气中干燥；
h 用机械方法将接合面打毛（砂轮，刷子）；
i 用喷射方法将接合面打毛；
k 去除铸件砂皮。

2）轻载：抗拉强度≤5N/mm²；适用于封闭空间中的气候；用于精密机械、电子技术、模型制造、装饰工业、家具制造、简单修理。
中载：抗拉强度≤10N/mm²；温和气候；用于与油和动力燃料接触的零件；机械制造和车辆制造，修理。
重载：抗拉强度>10N/mm²；适用于各种气候；用于与水溶剂、油、动力燃料直接接触的零件；用于车辆制造、飞机制造、船舶和容器制造。

TB 4-2 粘结剂（摘自 VDI-准则 2229）

商品名称		生产商[1]	化学基体[2]	结合温度℃	接合压力(bar)[3]	各种温度℃下的拉剪强度(N/mm²) −25	+20	+55	+80	+105	+155	优先用于粘接[4]
主要冷粘结剂												
Agomet	P76	A	4	20...50	Kd	20	21	19	6	—	—	ME，HK，HO，GL
	M	A	6	20	Kd	32.5	37.5	32.8	22.5	—	—	AL，ST，HK
Araldit	AW2101/HW2951	B	4.2	20	Kd	17	20	17	5	—	—	ME，KE，HO，KU
	Ay103/Hy991	B	4.9	20	Kd	13	17	14	6	3	—	ME，(KU)，TP
Pattex		C		20	>10	8	7	3	1	0.3	—	ME，KU
Stabilit-Express		C	1	20		—	6	—	—	—	—	ME，GL，KU，KE，PO
Sieomet	85	D	3	23	Kd	15.2	25.8	16	18	15.2	5.2	ME，KU，EL
	50	D	3	23	Kd	15.8	25.2	14	13.8	10.6	1.3	ME，KU，EL
	8300	D	3	23	Kd	20.4	26	13.6	12	9.4	0.9	ME，KU，EL
Technicoll	8202	E	3	20	Kd	12	19	6	6	—	—	ME，(KU)，KE
	8258/59	E	4	20	Kd	28	33	30	8	3	—	ME和其他
Loctite	638	F	5	20	Kd	—	12	11	9	7	2	ME，KU
	648	F	5	20	Kd	—	20	20	20	18	14	ME，KU
热粘结剂												
Araldit	AT1	B	4	150～200	Kd	32	32	32	30	17	2	ME，KE
	KW142	B	4	150～200	Kd	23	23	25	25	23	3	ME，KE
Metallon	E2701	C	4	180	Kd	20	31	30	29	28	9	ME
	E2706	C	4	180	Kd	30	32	31	30	23	6	ME
Technicoll	8280	E	4	150～200	Kd	36	39	41	42	36	15	ME和其他
	8282	E	4	120～150	Kd	—	40	39	27	11	—	ME和其他
Loctite	307	F	5	20～120	Kd	—	23	22	18	14	5	ME
	317	F	5	20～120	Kd	—	35	29	19	12	7	GL，ME
粘结膜，在较高温度下粘接												
Redux	609	B	4	100～170	Kd	30	34	30	22	12	—	ME，KE，BM
Technicoll	8401	E	8.11	120～200	5	—	32	16	12	9	—	ME，WK
Tegofilm	EP375	G	4	≥100	>1	21	23	22	17	10	—	AL，ST，CU，KU，HO
	M12B	G	11	130～165	4～15	31	33	24	13	7	—	AL，ST，RB
FM-73		H	7	120	1～5	40	40	—	28	—	—	AL，TI，ST
FM-1000		H	10	175	1～3	50	48	—	25	—	—	AL，TI，ST

1）**A** Degussa GB chemie，602信箱，Hanau；**B** CIBA-GE IGY GmbH，信箱，Wehr/Baden；**C** HENKEL，KGaA，1100信箱，Düsseldorf；**D** Sichel Werke GmbH，911380信箱，Hannover；**E** Beiersdorf AG，Unnastraβe 48，Hamburg；**F** Loctite Deutschland GmbH，810580信箱，München；**G** Th. Goldschmidt AG，17信箱，Essen；**H** Cyanamid B. V. 1523信箱，NL-BM Rotterdam

2）1 丙烯酸树脂；2 氨基；3 氰基丙烯酸盐；4 环氧树脂；5 甲基丙烯酸盐；6 甲基丙烯酸甲酯；7 腈环氧化物；8 腈橡胶；9 聚酰胺；10 聚酰胺环氧化物；11 酚醛树脂。

3）Kd 接触压力，1bar=10^5Pa。

4）AL 铝；BM 非铁金属；CU 铜；EL 弹性体；GL 玻璃；HK 硬塑料；HO 木材；KE 陶瓷；KU 塑料；ME 金属；PO 硬瓷；RB 摩擦片；ST 钢；TI 钛；TP 热塑性塑料；VB 复合材料；WK 耐热塑料；括号中的材料只在一定条件下可粘接。

第 5 章 钎焊

TB 5-1 部分钎料及其用途

钎料类型	钎料组	典型钎料代号	主要成份	工作温度	焊剂 (DIN 8511) (例子)	优先钎焊方法	可钎焊材料: 结构钢	高合金钢	铸铁	可锻铸铁	硬金属	铝和铝合金	铜和铜合金	镍和镍合金	钼钨	钴和钴合金	气体陶瓷	特种金属	应用示例
硬钎料 (DIN 8513 T1~T4)	铜基钎料[1]	L-SFCu	Cu (无氧)	1100	无	真空炉内钎焊、保护气体钎焊	×				×								仪器制造
		L-CuSn12	Cu, Sn	990	无	(同上)	×	×						×					仪器制造
		L-CuZn39Sn	Cu, Zn, Sn	900	F-SH2	火焰钎焊	×		×	×			×	×					管道和车辆制造
		L-CuNi10Zn42	Cu, Ni, Zn	910	F-SH2	火焰钎焊	×		×	×				×					耐磨涂层 无焊剂钎焊
		L-CuP7	Cu, P	720	无	火焰钎焊							×						
	含银钎料	L-Agl2	Ag, Cu, Zn	830	F-SH2	火焰钎焊	×	×		×			×	×					对热不敏感的工件
		L-Ag5P	Ag, P, Cu	710	无	火焰钎焊							×						无焊剂铜钎焊 用钎焊设备
		L-Ag40Cd	Ag, Cd, Cu, Zn	610	F-SH1	感应钎焊 火焰钎焊	×	×	×	×	×		×	×					进行批量钎焊 低温熔焊，无镉
		L-Ag45Sn	Ag, Cu, Sn, Zn	670	F-SH1	感应钎焊 火焰钎焊	×	×		×			×	×					
		L-Ag49	Ag, Cu, Mn, Ni	690	F-SH1	感应钎焊	×								×				硬金属、补焊，涡轮机零件
		L-Ag72	Ag, Cu	780	无	炉内钎焊 (保护气体)	×	×			×		×	×					
	铝基钎料	L-AlSi12	Al, Si	590	F-LH1	炉内钎焊 盐浴钎焊						×							汽化器 容器
高温钎料	镍基钎料 (DIN 8513 T5)	L-Ni1 bis	Ni, Cr, Fe, Si, B	约 1000	无	炉内钎焊，真空环境下，保护气体	×	×						×	×	×			航空和航天机械反应堆技术
		L-Ni8	Ni, Mn, Si, Cu	约 1000	无	(同上)	×	×						×	×	×			汽轮机
	含钯钎料[2]	L-PdNi40	Pd, Ni	1250	无	(同上)		×						×	×		×	×	金属陶瓷
		L-AgPd18	Ag, Pd	1095	F-SH3	火焰钎焊	×	×						×	×	×	×	×	喷嘴座
软钎料 (DIN 1707)	Ah(含锑)	L-PbSn20Sb	Pb, Sn, Sb	270	F-SW12	火焰钎焊	×	×					×	×			×		散热器制造
	Aa(贫锑)	L-PbSn40(Sb)	Pb, Sn, Sb	235	F-SW21	钎料池钎焊	×	×					×	×			×		白铁制作
	Af(无锑)	L-PbSn40	Pb, Sn	235	F-SW23	活塞钎焊	×	×					×	×			×		薄板容器
	B(Sn-Pb 钎料)	L-Sn50PbCu	Sn, Pb, Cu	215	F-SW23	活塞钎焊	×	×					×	×			×		电子仪器制造
	C(用于铝)	L-SnIn50	Sn, In	125	F-SW12	活塞钎焊	×								×		×		玻璃-金属钎焊
		L-SnCu3	Sn, Cu	250	F-SW23	火焰钎焊	×	×					×	×					精密金属制品
	D(für Al)	L-SnZn10	Sn, Zn	250	无	超声波钎焊						×							小型钎焊

1) 部分为高温钎料
2) 非标准

TB 5-2　钎焊缝隙宽度参考值

钎焊焊缝类型	有利的焊缝宽度区域（mm）	钎焊方法
窄缝焊	0.01～0.05	高真空环境下炉内钎焊（无焊剂）
	0.01～0.1	保护气体或真空环境下炉内钎焊（无焊剂）
	0.05～0.2	带焊剂钎焊，机械或自动钎焊
	0.05～0.5	带焊剂钎焊，手工钎焊
宽缝焊	>0.5（焊缝）	带焊剂钎焊，手工钎焊

TB 5-3　硬钎焊的抗拉和抗剪强度（DIN 8525）（德古沙公司资料）

硬钎料（DIN 8513）	钎焊工作温度（℃）	母材的抗拉强度 σ_{IB}（N/mm²）[1]					母材的抗剪强度 τ_{IB}（N/mm²）[1)2)]	
		S235	E295	E335	X10CrNi188	CuZn37	S235	E335
L-Ag40Cd	610	410	540	640	520	230	170	250
L-Ag30Cd	680	380	470	480	510	250	200	240
L-Ag44	730	390	480	520	530	280	205	280
L-Ag20Cd	750	370	420	440	500	260	170	260
L-Ag12	830	370	460	460	440	210	170	200

1）焊缝宽度平均值 0.1mm。

2）插入深度 4mm。

第6章 焊 接

TB 6-1 焊缝的表示方法（DIN EN 22553）

a）焊缝类型基本符号（摘录）

序号	名称	图示	符号
1	卷边焊缝	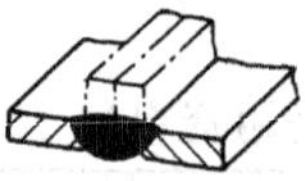	
2	I形焊缝		
3	V形焊缝	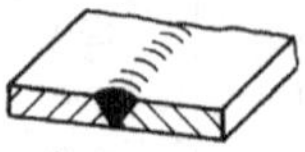	
4	HV形焊缝	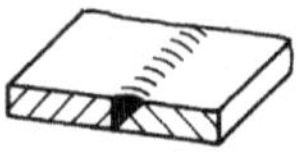	
5	Y形焊缝	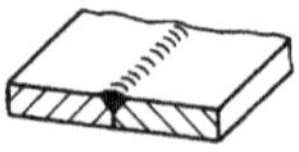	
6	HY形焊缝	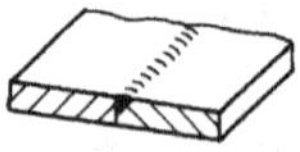	
7	U形焊缝	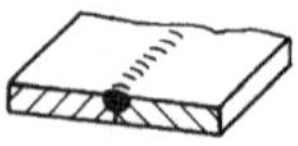	
8	HU形焊缝（J形焊缝）	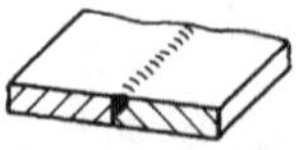	
9	背焊缝（背焊层）	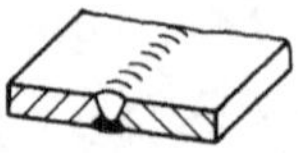	
10	角焊缝	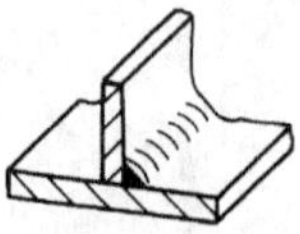	
11	孔焊缝	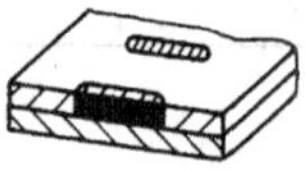 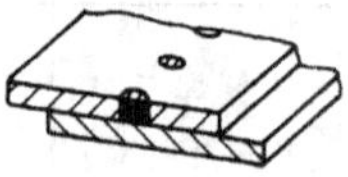	
12	点焊缝	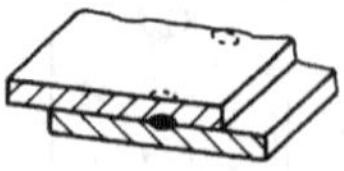 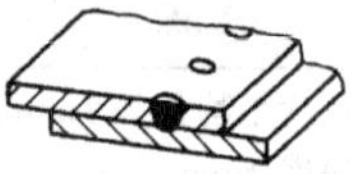	

b）组合符号（例子）

序号（TB 6-1a）	名称	图示	符号
3-3	DV形焊缝（X形焊缝）		
4-4	DHV形焊缝（K形焊缝）	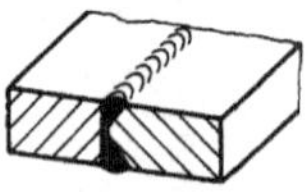	
5-5	DY形焊缝		
6-6	DHY形焊缝（K形桥焊缝）	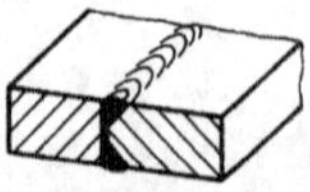	

TB 6-1（续）

序号（TB 6-1a）	名 称	图 示	符 号
7-7	DU 形焊缝		
3-7	V-U 形焊缝		
3-9	带背焊缝的 V 形焊缝		
10-10	双角焊缝		

c）辅助符号

序 号	焊缝表面形状	符 号
1	平	—
2	凸	⌒
3	凹	⌣
	焊缝结构	
4	同时有底焊缝和背焊缝	 1)
5	通过后续加工使焊缝平整	 1)
6	无切口焊缝过渡，必要时加工成形	
7	利用留下来的附加物	M
8	利用衬垫	MR

1）非标准。

d）补充符号

意 义	符 号
环形整周焊缝	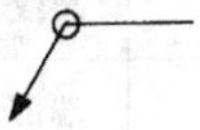
现场焊缝	

e）辅助符号应用示例

名 称	图 示	符 号
带平底焊缝的平 V 形焊缝		
带底焊缝和背焊缝的 Y 形焊缝		
带凹表面的角焊缝	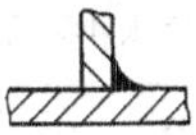	
带无切口焊缝过渡的角焊缝（必要时加工成形）	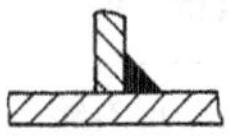	
平 V 形焊缝，通过后续加工使工件上表面平整		

TB 6-2 主要承受静载荷的对焊和角焊缝的推荐检测等级（DIN EN 25817）（DVS-须知 0705）

序号	缺陷名称		不同许用应力利用程度下的检测等级		
			约50%	约75%	约100%
1	裂纹		不允许	不允许	不允许
2	端部焊口裂纹		D	不允许	不允许
3	疏松和气孔		D	C	B
4	气孔夹杂物		D	C	B
5	气道，内气孔		D	C	B
6	固体夹杂物（除铜以外）		D	C	B
7	铜夹杂物		不允许	不允许	不允许
8	结合缺陷		D	不允许	不允许
9	未焊透		D	C	B
10	吻合度差，角焊缝		D	C	B
11	烧穿切口		C	C	B
12	焊缝过高，对接焊缝		D	D	D
13	焊缝过高，角焊缝		D	D	D
14	焊缝厚度太大，角焊缝		D	D	D
15	焊缝厚度太小，角焊缝		D	C	B
16	焊底过高		D	D	D
17	局部突起		D	C	B
18	角部错位		D	C	B
19	覆盖层凸度不够—焊缝金属泄漏		D	C	B
20	角焊缝两腰差别过大		D	C	C
21	焊底回缩；焊底切口		D	C	B
22	焊缝金属溢出		D	不允许	不允许
23	填料缺陷		D	不允许	不允许
24	焰口		×)	×)	×)
25	焊接飞溅物		×)	×)	×)
26	横截面上产生多种缺陷		D	C	B
对缺陷选择统一检测等级的建议		无特种条件	C	C	B
		有特种条件	D*	C	B

×）是否允许取决于用途（例如材料、防腐或功能）。

对D*的特种条件：对缺陷11（烧穿切口），在50%利用程度时，可选检测等级C。

TB 6-3 焊接结构的一般公差（DIN EN ISO 13920）

a）线性和角度尺寸的极限偏差

公差等级	公称尺寸范围（mm）										
	2～30	>30～120	>120～400	>400～1000	>1000～2000	>2000～4000	>4000～8000	>8000～12000	≤400[2]	>400～1000[2]	>1000[2]
	线性尺寸的极限偏差[1]（mm）								角度尺寸（°和′）的极限偏差[3]		
A	±1	±1	±1	±2	±3	±4	±5	±6	±20′	±15′	±10′
B		±2	±2	±3	±4	±6	±8	±10	±45′	±30′	±20′
C		±3	±4	±6	±8	±11	±14	±18	±1°	±45′	±30′
D		±4	±7	±9	±12	±16	±21	±27	±1°30′	±1°15′	±1°

1）>20000 的公称尺寸范围见标准。

2）以角度短边为准。

3）同样适用于未标注的 90°或规则多边形顶角。

b）直线度、平面度和平行度公差　　　　（单位：mm）

公差等级	公称尺寸范围（平面的长边）									
	>30～120	>120～400	>400～1000	>1000～2000	>1000～4000	>4000～8000	>8000～12000	>12000～16000	>16000～20000	>20000
E	0.5	1	1.5	2	3	4	5	6	7	8
F	1	1.5	3	4.5	6	8	10	12	14	16
G	1.5	3	5.5	9	11	16	20	22	25	25
H	2.5	5	9	14	18	26	32	36	40	40

TB 6-4 焊点的许用距离（DIN 18801）

距离		名称（教材图 6-30）	受力连接	外零件的定位焊接			
				未卷边，受载		卷边，受载	
				压缩	拉伸	压缩	拉伸
焊点之间的距离		e_1	（3～6）d	最大 8d 或 20t	最大 12d 或 30t	最大 12d 或 30t	最大 18d 或 45t
边距[1]	沿受力方向	e_2	（2.5～5）d	最大 4d 或 10t	最大 6d 或 15t	最大 6d 或 15t	最大 9d 或 22.5t
	垂直于受力方向	e_3	（2～4）d				

d 焊点直径。

t 外零件的最薄壁厚。

1）DVS 注意事项 2902 T3 推荐的边距仅仅为 $e_2=e_3=1.25d$。

TB 6-5　钢结构用轧材和铸钢的材料特征值（DIN 18800-1）

所用钢的种类	产品厚度 t mm	屈服强度 R_e N/mm²	抗拉强度 R_m N/mm²
结构钢 S235JR S235JRG1 S235JRG2 S235J2G2	$t \leqslant 40$	240	360
	$40 < t \leqslant 80$	215	
结构钢 S355J2G3	$t \leqslant 40$	360	510
	$40 < t \leqslant 80$	325	
细晶结构钢 S355N S355NH S355NL1 S355NL2	$t \leqslant 40$	360	510
	$40 < t \leqslant 80$	325	
铸钢（特种零件） GS-52		260	520
GS-20Mn5	$t \leqslant 100$	260	500
调质钢（轴承、铰链） C35N	$t \leqslant 16$	300	480
	$16 < t \leqslant 80$	270	

对于所有所列钢种，有：弹性模量 $E=210000\text{N/mm}^2$，剪切模量 $G=81000\text{N/mm}^2$，温度应变系数 $\alpha_T=12\times10^{-6}\text{K}^{-1}$。

TB 6-6　钢结构焊缝的许用应力 σ_{wzul}（τ_{wzul}）（DIN 18800-1）（焊缝极限应力）

焊缝类型	焊缝质量（按 DIN 18800-7 第 3.4.3 节规定的结构）	变形形式	钢材 N/mm² S235JR S235JRG1 S235JRG2 S235J2G2	S355J2G3 S355N
透焊缝或背焊缝（对接缝和 HV 型焊缝）	所有焊缝质量	压缩	218[1)]	327[1)]
	检测过	拉伸		
	未检测过	拉伸	207[2)]	262
非透焊缝（例如 HY 形、DHY 形、角和三板焊缝），教材图 6-12 和教材图 6-13	所有焊缝质量	拉伸 压缩		
所有焊缝类型		剪切		

1）这些焊缝没有检测过。决定于零件强度。

2）对于材质为 S235JR 和 S235JRG1 的型钢，对接头，$t\geqslant16\text{mm}$，受拉伸载荷，$\alpha_w=0.55$，所以 $\sigma_{w\,zul}=120\text{N/mm}^2$。

提示：$\sigma_{w\,zul}=\alpha_w R_e/S_M$；式中 $\alpha_w=0.95$ 或 0.8（S235 或 S355），R_e 由 TB 6-5 查取，$S_M=1.1$。

这些适用于产品厚度 $t\leqslant40\text{mm}$ 的数值也可用于 $t>40\text{mm}$ 的零件上的焊缝。

TB 6-7 完全对中承受压应力的单面和双面支承板条的极限值 $(b/t)_{grenz}$ [1)]

支承方式	应力分布[2)] －压缩 ＋拉伸	$(b/t)_{grenz}$ 一般	翘曲值 k_σ 或 k_τ	两种钢的 $(b/t)_{grenz}$ [3)] S235	S355
双面支承板条 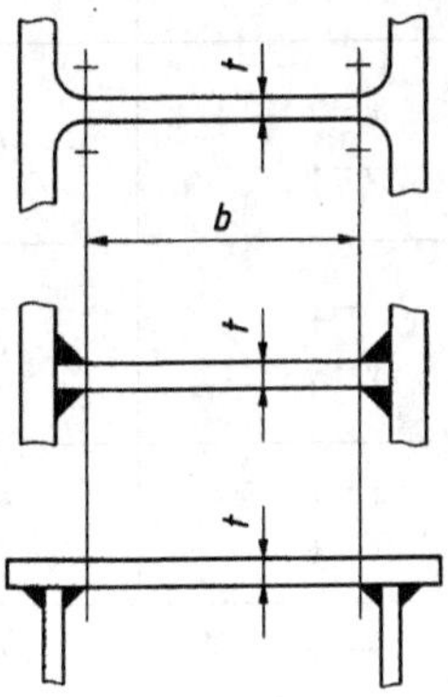	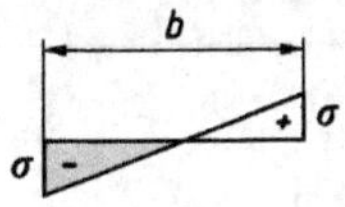	$133\sqrt{\frac{240}{R_e}}$	23.9	133	109
	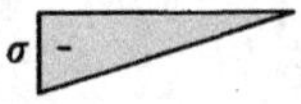	$75.8\sqrt{\frac{240}{R_e}}$	7.81	76	62
	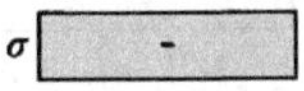	$37.8\sqrt{\frac{240}{R_e}}$	4.0	38	31
		$0.506\sqrt{k_\tau\frac{E}{\tau}}$	5.34	47	39
单面支承板条 自由边 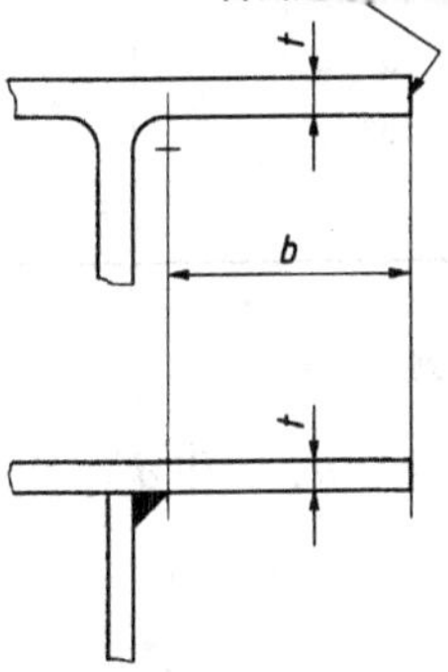	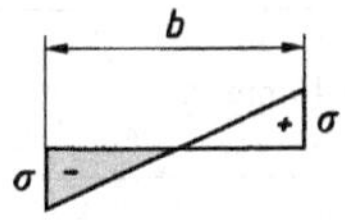	$305\sqrt{\frac{k_\sigma}{R_e}}$	23.8	96	78
	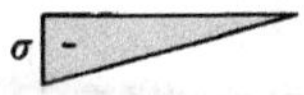		1.70	26	21
	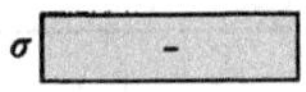		0.43	13	11
			0.57	15	12
	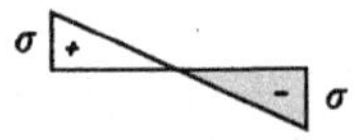		0.85	18	15

1）用于弹性-弹性校核方法。

2）任意应力分布下的 $(b/t)_{grenz}$ 值见 DIN 18800-1。

3）$1.1\sigma=1.1\times\sqrt{3}\tau=R_e$。

TB 6-8　压杆横截面与 TB6-9 给出的纵弯曲线之间的对应关系（DIN 18800-1）

横　截　面		弯曲线（垂直于轴线）	纵弯应力曲线
空心轮廓 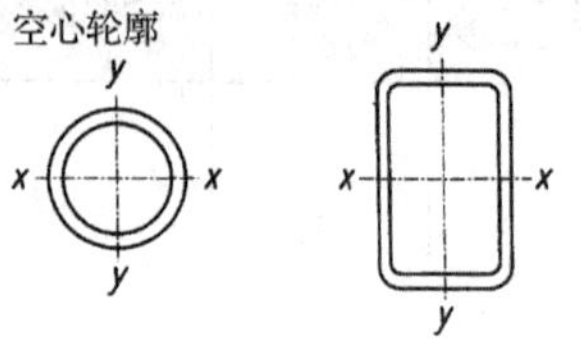	热加工	$x-x$ $y-y$	a
	冷加工	$x-x$ $y-y$	b
焊接箱形横截面 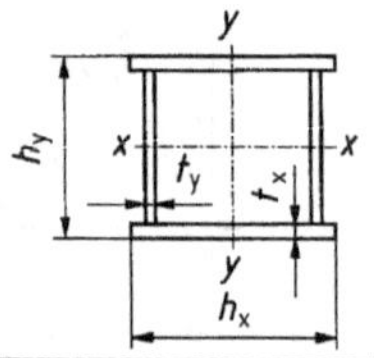		$x-x$ $y-y$	b
	厚焊缝[1]和 $h_x/t_x<30$ $h_y/t_y<30$	$x-x$ $y-y$	c
轧制工字钢 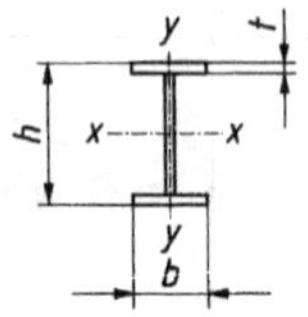	$h/b>1.2$；$t\leqslant 40$mm	$x-x$ $y-y$	a b
	$h/b>1.2$；$40<t\leqslant 80$mm $h/b\leqslant 1.2$；$t\leqslant 80$mm	$x-x$ $y-y$	b c
	$t>80$mm	$x-x$ $y-y$	d
焊接工字形横截面 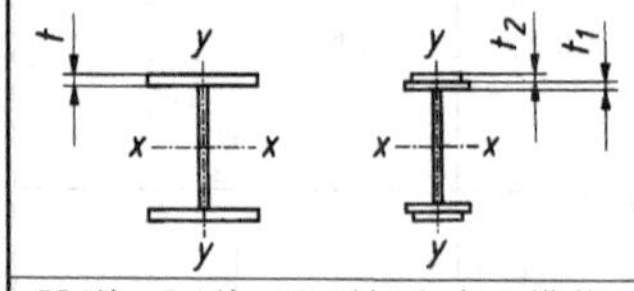	$t_i\leqslant 40$mm	$x-x$ $y-y$	b c
	$t_i>40$mm	$x-x$ $y-y$	c d
U 型、L 型、T 型钢和实心横截面 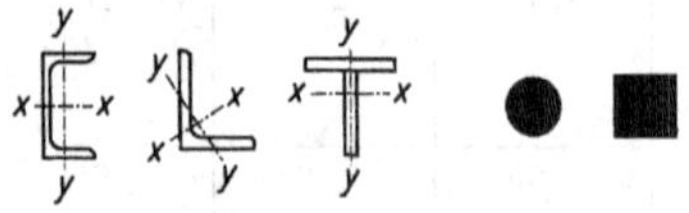 多件杆（参阅 § 6.3.1-3.3）		$x-x$ $y-y$	c

1）所谓厚焊缝，是指实际焊缝厚度 $a\geqslant t_{min}$。

提示：表中未列出的轮廓按同样方法列出对应关系。应按可能的内应力和板厚来排列。

TB 6-9　纵弯缩减系数 κ（适用于 TB 6-8 给出的横截面的纵弯曲线 a、b、c 和 d）

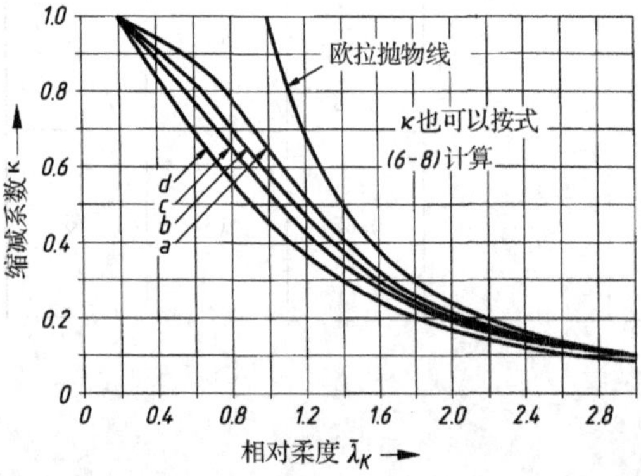

TB 6-10 纵弯力矩系数 β_m（DIN 18800-1 摘录）

力矩分布	β_m
杆端力矩 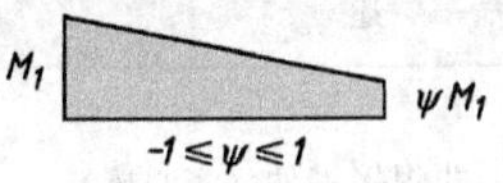	$\beta_{m\psi}=0.66+0.44_{\psi}$ 但是，$\beta_{m\psi}\geq 1-\frac{1}{\eta_{ki}}$[1] 且 $\beta_{m\psi}\geq 0.44$[2]
横向载荷力矩 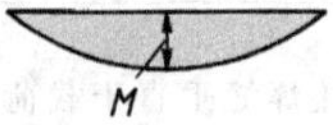 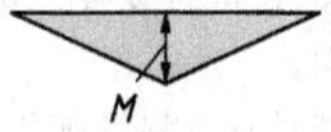	$\beta_m=1.0$

1）系统的分布载荷系数 $\eta_{ki}=F_{ki}/F$，式中欧拉纵弯载荷 $F_{ki}=\pi^2 EI/(l_k^2 S_M)$，$F$ 为压力。

2）只有杆端支承不能移动、横截面不变、压力不变和没有横向载荷时才允许 $\beta_m\leq 1$。

TB 6-11 起重机制造一般应力校核[1]的焊缝许用应力（DIN 15018-1）

<table>
<tr><td>列</td><td colspan="2">a</td><td>b</td><td>c</td><td>d</td><td>e</td><td>f</td><td>g</td></tr>
<tr><td rowspan="4">行</td><td colspan="2" rowspan="3">焊缝类型</td><td rowspan="4">焊缝质量[2]</td><td rowspan="4">应力类型[3]</td><td colspan="4">材料</td></tr>
<tr><td colspan="2">S235JRG2</td><td colspan="2">S355J2G3</td></tr>
<tr><td colspan="4">载荷类型[5]
N/mm²</td></tr>
<tr><td></td><td>教材图</td><td>H</td><td>HZ</td><td>H</td><td>HZ</td></tr>
<tr><td>1</td><td>对接缝</td><td>6-11</td><td>所有焊缝质量</td><td>拉伸 $\sigma_{\perp z\,zul}$
压缩 $\sigma_{\perp d\,zul}$</td><td rowspan="4">160</td><td rowspan="4">180</td><td rowspan="4">240</td><td rowspan="4">270</td></tr>
<tr><td>2</td><td rowspan="2">DHV 形焊缝（K 形焊缝）</td><td rowspan="2">6-14a</td><td>特殊质量</td><td>拉伸[4] $\sigma_{\perp z\,zul}$</td></tr>
<tr><td>3</td><td rowspan="2">所有焊缝质量</td><td>压缩 $\sigma_{\perp d\,zul}$</td></tr>
<tr><td>4</td><td>所有焊缝</td><td></td><td>相当值 $\sigma_{wv\,zul}$</td></tr>
<tr><td>5</td><td>DHY 形焊缝（K 形桥焊缝）</td><td>6-14d</td><td>正常质量</td><td>拉伸[4] $\sigma_{\perp z\,zul}$</td><td>140</td><td>160</td><td>210</td><td>240</td></tr>
<tr><td>6</td><td rowspan="2">角焊缝</td><td rowspan="2">6-13</td><td rowspan="3">所有焊缝质量</td><td>压缩 $\sigma_{\perp d\,zul}$</td><td>130</td><td>145</td><td>195</td><td>220</td></tr>
<tr><td>7</td><td>拉伸[4] $\sigma_{\perp z\,zul}$</td><td rowspan="2">113</td><td rowspan="2">127</td><td rowspan="2">170</td><td rowspan="2">191</td></tr>
<tr><td>8</td><td>所有焊缝</td><td></td><td>沿焊缝方向剪切 $\tau_{w\,zul}$</td></tr>
</table>

1）除了进行流动极限安全系数的一般应力校核外，对于循环次数超过 20000，应力随时间变化和常常重复，载荷类型 H 的起重机还应进行抗断裂安全系数的工作强度校核。工作强度校核的许用应力见标准。

2）除了要满足对钢结构焊缝的通常要求外，起重机制造中的焊缝还应满足对质量性能的进一步要求，见 DIN 15018-1和 DIN 18800-7。所以，对于特殊质量的 DHV 形焊缝，必须对焊底进行附加清理，保证焊缝过渡处无切口，必要时还应进行加工。

3）适用于应力垂直于焊缝方向（除第 4 和第 8 行之外）。当应力沿焊缝方向时见 TB3-3a。

4）垂直于板面受拉伸载荷的平板在焊缝区域必须对衬底和结构缺陷进行无损检测（例如超声波）。

5）对于载荷类型 HS，允许承受载荷类型 HZ1.1 倍的应力。

TB 6-12　机械制造中焊接结构设计示例（DS 952 01）

TB 6-13 中的曲线	布置、接头和焊缝类型、载荷、检验	
	图　示	描　述
A	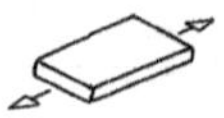	受弯曲或纵向载荷，非焊接零件（实心棒）
B	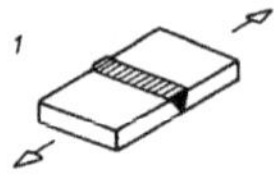 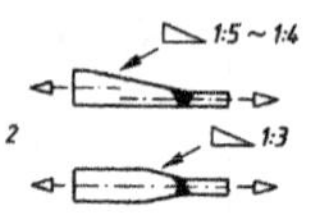 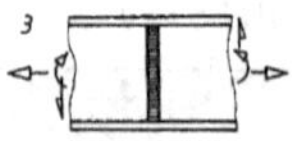 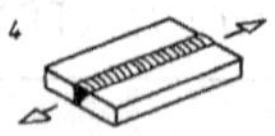 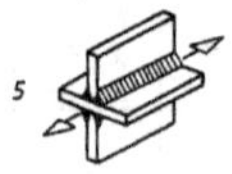 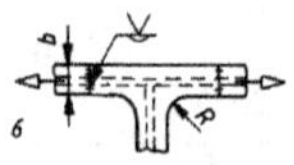	1. 对接焊缝垂直于载荷方向。底部对焊，焊缝加工无缺口并 100%透视检验。 2. 厚度不同的零件，对接焊缝垂直于载荷方向。 底部对焊，焊缝加工无缺口并 100%透视检验。 3. 梁腹板：横向载荷—弯曲，并叠加纵向载荷。 底部对焊，焊缝加工无缺口并 100%透视检验。 4. 对接焊缝平行于载荷方向。 底部对焊、焊缝加工无缺口并 100%透视检验。 5. DHV（K）或角焊缝与载荷方向平行。必要时对焊缝过渡处加工并检验裂纹。 6. 带接头的板式结构（$R \geqslant 0.5b$）。 底部对焊，沿载荷方向对焊缝加工并 100%透视检验。
C	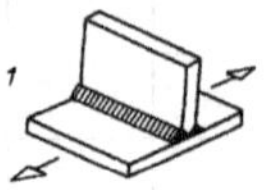 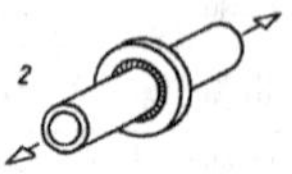	1. 连续零件上焊缝不受载的横向加固件。DHV（K）焊缝，无缺口加工，检验裂纹。 2. 连续零件上焊圆盘。DHV（K）焊缝、无缺口加工，检验裂纹。
D	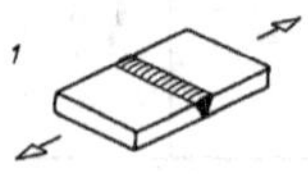 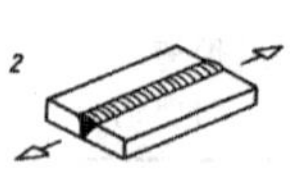 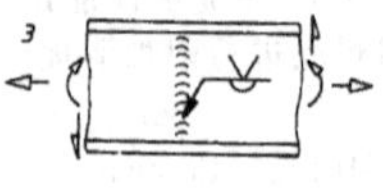 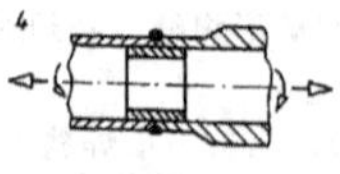 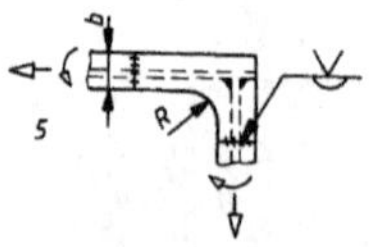	1. 对接焊缝垂直于载荷方向。 底部对焊。 对焊缝透视抽检（至少 10%）。 2. 对接焊缝平行于载荷方向。 底部对焊。 对焊缝进行透视抽检（至少 10%）。 3. 梁腹板：横向载荷弯曲，并叠加纵向载荷。 底部对焊。 对焊缝进行透视抽检（至少 10%） 4. 带底板对接焊缝管道连接。 对焊缝进行透视抽检（至少 10%）。 5. 对接头板结构在转角处连接（$R \geqslant 0.5b$）。 底部对焊。 对焊缝进行透视抽检（至少 10%）。

TB 6-12（续）

TB 6-13中的曲线	布置、接头和焊缝类型、载荷、检验 图 示	描 述
*E*1	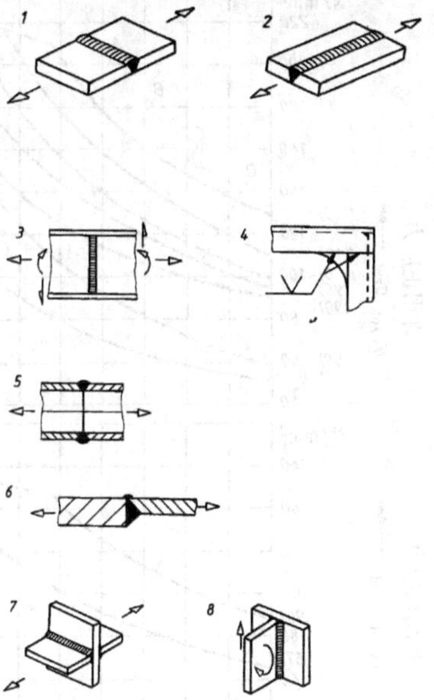	1. 对接焊缝垂直于载荷方向。 根据要求底部对焊或不对焊。 焊缝不加工。 2. 对接焊缝平行于载荷方向。 焊缝不加工。 3. 梁腹板：横向载荷弯曲并叠加纵向载荷。 根据要求底部对焊或不对焊。焊缝不加工。 4. 采用对接头和角撑板的角连接。 焊缝不加工。 5. 对接焊缝垂直于载荷方向的管连接（实心棒也一样）。 焊缝不加工。 6. 不同材料厚度用对接焊缝连接。 底部对焊。 焊缝不加工 7. 用十字接头DHV（K）焊缝连接的零件。 焊缝加工。(非加工焊缝：曲线*E*5)。 8. 采用DHV（K）焊缝连接，受弯曲和剪切的零件。焊缝加工（不加工焊缝：曲线E5）。
*E*5	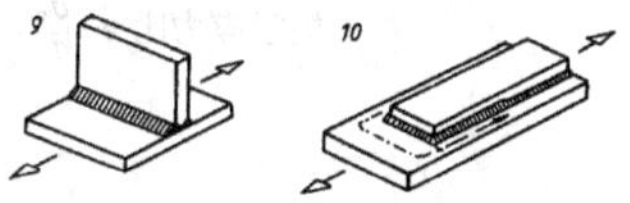	9. 连续零件上，用加工DHV（K）焊缝焊垂直于载荷方向的零件。 10. 带焊板的零件。在端面上对角焊缝进行加工。 (不加工焊缝：曲线*F*)
F	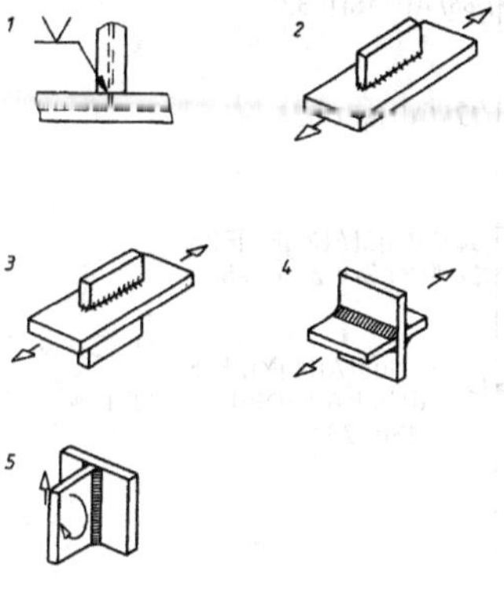	1. 无角撑板的型钢对接头，焊缝不加工。 2. 连续零件上，用不加工角焊缝焊接零件。 3. 连续零件上穿插另一零件并用角焊缝焊接。 焊缝不加工。 4. 用十字接头角焊缝焊接的零件。焊缝不加工。 5. 受剪切和弯曲，用不加工的角焊缝连接的零件。
G	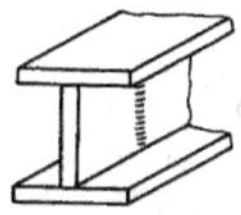	腹板横接头，最大剪切应力发生于梁中线上。 该曲线也适用于受扭转的非焊接零件
H	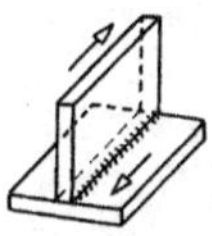	弯曲梁腹板与顶板之间用DHV（K）或角焊缝（颈焊缝）形成的剪切连接

TB 6-13 机械制造中焊接的许用应力（DS 952 01）

（工件厚度≤10mm）应力曲线 $A \sim H$ 的说明见 TB6-12

a）材质为 S235JRG2 的零件

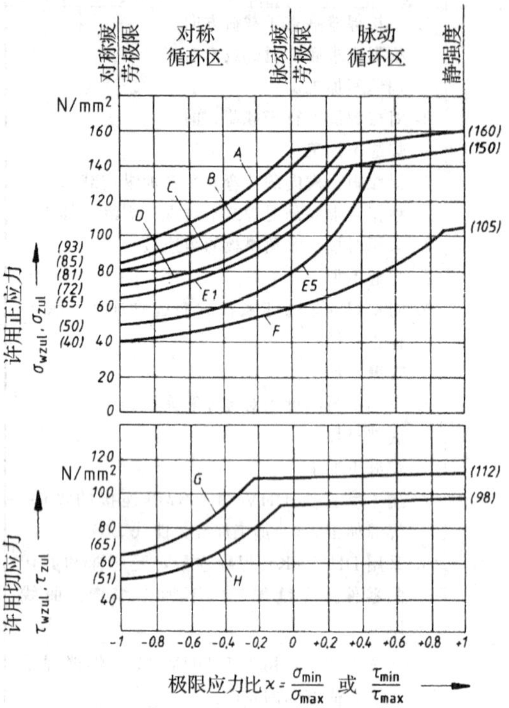

b）材质为 S355J2G3 的零件

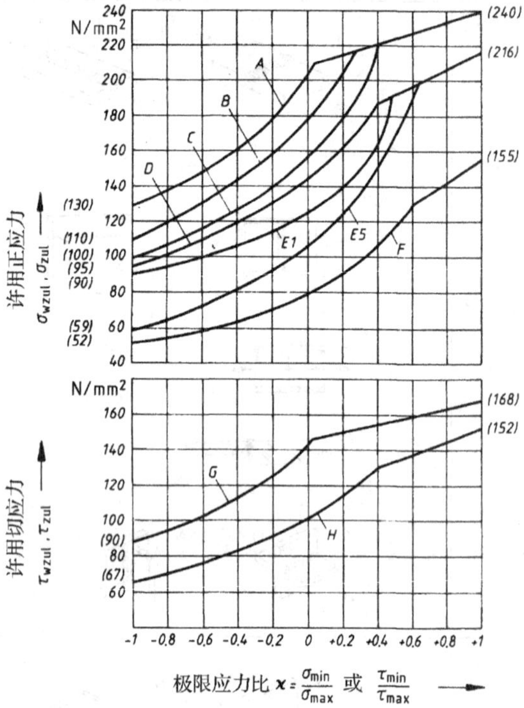

c）材质为 AlMgSi1 和 AlMg3（AlMgMn）

带轧皮、不加工焊缝的基材

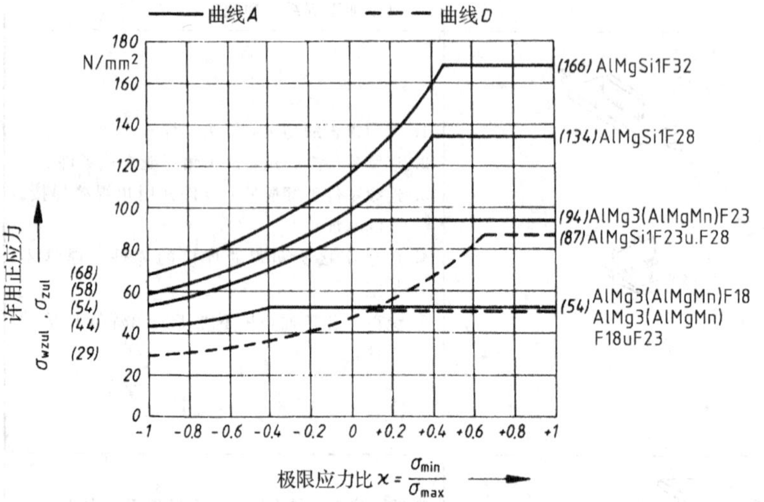

注意：对于实心横截面，弯曲时强度值乘 1.2 倍，剪切时乘 0.65 倍。

TB 6-14 机械制造中焊接零件的厚度系数（DS 952 01）

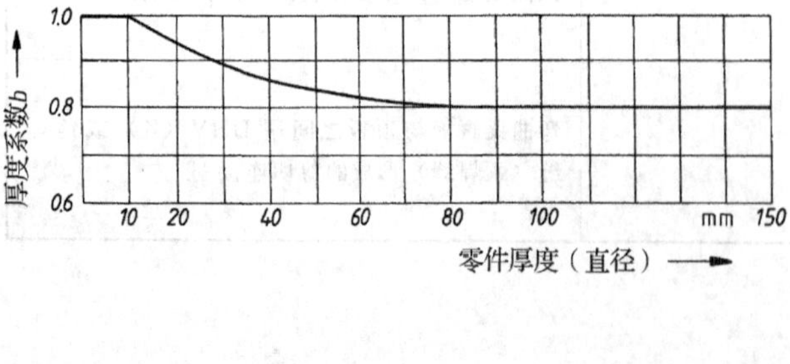

TB 6-15　温度升高时压力容器的强度特征值 K

a）压力容器钢板（耐热钢）（DIN EN 10028-2）

1. 温度升高时的 0.2%-拉伸极限（最小值）[1]

钢种 简称	钢种 材料代号	板材厚度 mm >	板材厚度 mm ≤	抗拉强度[2] N/mm²	屈服强度 R_{eH}（或 $R_{p0.2}$）N/mm²	50	100	150	200	250	300	350	400	450	500
						不同计算温度（℃）下的强度特征值 K[1]（N/mm²）0.2%-拉伸极限 $R_{p0.2/\theta}$									
P235GH	1.0345	 16 40	16 40 60	360≤480	235 225 215	206	190	180	170	150	130	120	110	—	—
P265GH	1.0425	 16 40	16 40 60	410≤530	265 255 245	234	215	205	195	175	155	140	130	—	—
P295GH	1.0481	 16 40	16 40 60	460≤580	295 290 285	272	250	235	225	205	185	170	155	—	—
P355GH	1.0473	 16 40	16 40 60	510≤650	355 345 335	318	290	270	255	235	215	200	180	—	—
16Mo3	1.5415	 16 40	16 40 60	440≤590	275 270 260	—	—	—	215	200	170	160	150	145	140
13CrMo4-5	1.7335	 16	16 60	450≤600	300 295	—	—	—	230	220	205	190	180	170	165
10CrMo9-10	1.7380	 16 40	16 40 60	480≤630	310 300 290	—	—	—	245	230	220	210	200	190	180
11CrMo9-10	1.7383		60	520≤670	310	—	—	—	—	255	235	225	215	205	195

2. 持久热强度值（平均值）[3]

计算温度（℃）	100000h 的 1%持久拉伸极限 $R_{p1.0/10^5/\theta}$[4] P235GH P265GH	P295GH P355GH	16Mo3	13CrMo4-5	10CrMo9-10	11CrMo9-10	100000h 的持久强度极限[5] $R_{m/10^5/\theta}$[5] P235GH P265GH	P295GH P355GH	16Mo3	13CrMo4-5	10CrMo9-10	11CrMo9-10
	各种钢号的强度特征值 K（N/mm²）											
380	118	153					165	227				
390	106	137					148	203				
400	95	118					132	179				
410	84	105					118	157				
420	73	92					103	136				
430	65	80					91	117				
440	57	69					79	100				
450	49	59	167	191	166		69	85	239	285	221	221
460	42	51	146	172	155		59	73	208	251	205	205
470	35	44	126	152	145		50	63	178	220	188	188
480	30	38	107	133	130		42	55	148	190	170	170
490		33	89	116	116			47	123	163	152	152
500		29	73	98	103			41	101	137	135	135
510			59	83	90				81	116	118	118
520			46	70	78				66	94	103	103
530			36	57	68				53	78	90	
540				46	58					61	78	
550				36	49					49	68	
560				30	41					40	58	
570				24	35					33	51	
580					30						44	
590					26						38	
600					22						34	

1）在 20°～50℃之间线性变化，可对 50℃下的值用插值法得到，表中所给为室温下不同板材厚度的屈服强度值。

2）板材厚度>60mm 的强度特征值见标准。

3）表中给出各种温度下的强度特征值并不意味着这些钢能在这些温度下持久工作。它取决于工作时的总载荷，特别是氧化条件。

4）应力，在该应力下经过 100000h 后可测得残余应变为 1%。10000h 的近似值见标准。

5）应力，在该应力下经过 100000h 后断裂。10000h 和 200000h 的近似值见标准。

TB 6-15（续）

b）其他钢号、铸造材料和有色金属（按 AD 规范，系列 W 选择）

材料 种类用途	材料 简称	特征值	许用乘积[7]	不同计算温度（℃）下的强度特征值 K[6]（N/mm^2） 20	100	150	200	250	300	350	400	450	500	550
一般结构钢（DIN EN 10025）薄板、带钢、热轧件、锻件	S235JRG1，S235JRG2，S235J2G3	R_{eH}	$D_i p_e$ ≤20000	235	187	—	161	143	122	—	—	—	—	—
	S275JR，S275J2G3			275	220	—	190	180	150	—	—	—	—	—
	S355J2G3，S355K2G3			355	254	—	226	206	186	—	—	—	—	—
非合金钢无缝钢管和焊接管（DIN 1626，1628，1629 和 1630）和耐热钢（DIN 17175）	St37.0，St37.4	$R_{p0.2}$	8)	235	—	—	185	165	140	—	—	—	—	—
	St44.0，St44.4			275	—	—	215	195	165	—	—	—	—	—
	St52.0，St52.4			355	—	—	245	225	195	—	—	—	—	—
	St35.8			235	—	—	185	165	140	120	110	105	—	—
	St45.8			255	—	—	205	185	160	140	130	125	—	—
	15Mo3			270	—	—	225	205	180	170	160	155	150	—
	13CrMo4-4			290	—	—	240	230	215	200	190	180	175	—
不锈（奥氏体）钢（DIN 17440，17441，17457 和 17458），薄板、管子、棒材、锻件	X5CrNi8-10	$R_{p1.0}$		230	191	172	157	145	135	129	125	122	120	120
	X5CrNiMo17-12-2			240	211	191	177	167	156	150	144	141	139	137
	X6CrNiMoTi17-12-2			245	218	206	196	186	175	169	164	160	158	157
	X2CrNiMoN17-13-3			330	260	227	208	195	185	180	175	170	168	166
铁素体铸钢，耐热、铁素体不锈和冷韧性铸钢（DIN 1681，17245，17182，17445 和 SEW 685）	GS-38	$R_{p0.2}$		200	181	167	157	137	118	—	—	—	—	—
	GS-45			230	216	196	176	157	137	—	—	—	—	—
	GS-C25N			245	—	—	175	—	145	135	130	125	—	—
	GS-20Mn5N			300	216	205	197	193	186	178	—	—	—	—
	GS-20Mn5V			360	264	253	246	241	234	226	—	—	—	—
	G-X5CrNi 13-4			550	515	500	485	470	455	440	—	—	—	—
	GS-26CrMo 4			340	220	200	195	190	180	—	—	—	—	—
	G-X6CrNi 18-10			180	130	115	105	95	90	—	—	—	—	—
球墨铸铁（DIN EN 1563）	EN-GJS-350-22-LT	$R_{p0.2}$	lp_e —	220	210	200	180	170	150	140	—	—	—	—
	EN-GJS-400-18-LT		≤(100000)	250	240	230	210	200	180	160	—	—	—	—
	EN-GJS-500-7		≤80000	320	300	290	270	250	230	200	—	—	—	—
	EN-GJS-600-3		≤65000	380	360	350	330	310	280	230	—	—	—	—
	EN-GJS-700-2		≤65000	440	420	410	390	370	340	300	—	—	—	—
铝和铝合金（塑性材料）[9] 薄板、无缝钢管型材、棒材	Al99，8W6 und F6	$R_{p1.0}$		22	18	—	—	—	—	—	—	—	—	—
	Al99，5W7，F7 und F8	$R_{p1.0}$		30	27	—	—	—	—	—	—	—	—	—
	AlMg2Mn0，8F20	$R_{m/10^5}$		—	(120)	60	25	20	—	—	—	—	—	—
	AlMg4.5MnF27，W28	$R_{p0.2}$		125	(120)	—	—	—	—	—	—	—	—	—
	AlMg2Mn0.8W18，F19	$R_{m/10^5}$			(100)	48	22	16	—	—	—	—	—	—
铜和铜合金[10]	SF-Cu F20	R_m		200	200	175	150	125	—	—	—	—	—	—
	SF-Cu F20	$R_{p1.0}$		60	55	55	—	—	—	—	—	—	—	—
	CuZn40 F34	$R_{p1.0}$		140	137	137	132	—	—	—	—	—	—	—
	CuZn28Sn1 F36	$R_{p1.0}$		150	144	140	135	—	—	—	—	—	—	—

注：对于片状石墨铸铁（DIN EN 1561）和奥氏体铸铁（DIN 1694），允许在壁温达 300℃或 350℃时使用室温下的抗拉强度特征值 K（注意壁厚影响!）。

6）对 20℃所给的值适用于不超过 50℃的情况，对 100℃所给的值适用于不超过 120℃的情况（除铝与铜之外）。在其他区域，可用给定的表值进行线性插值得到，此时不许圆整。给定的强度值与产品厚度有关。对于厚度大于 16mm 的钢，大于 40mm 的球墨铸铁和铸钢见 AD 规范。

7）各符号的意义：p_e 为内过压（bar），D_i 为容器的内径（mm），l 为容器的容积（l）。

8）见 AD 规范 W4 和 W12。

9）按 20℃所给的值适用于温度范围－270℃～＋20℃。

10）持久拉伸极限和许用应力之比 K/S 与温度和设计寿命有关，见 AD 规范 W6/2。

TB 6-16　压力容器计算温度（AD 须知 B0）

加 热 方 式	计 算 温 度
无	炉料最高温度
通过气体、蒸气或液体	加热介质的最高温度
火焰、废气或电加热	炉料最高温度 壁覆盖时＋20℃ 直接可接触的壁＋50℃

TB 6-17　压力容器安全系数[1]（AD 须知 B0　摘录）

安全系数的针对项目	材料和结构	在计算温度下的材料安全系数 S	在检测压力 p' 下的安全系数 S' $p'=1.3p$
屈服强度，拉伸极限或持久疲劳极限（R_e，$R_{p0.2/\theta}$ 或 $R_{m/10^5/\theta}$）	轧钢和锻钢	1.5	1.1
	铸钢	2.0	1.5
	球墨铸铁（DIN EN 1563） EN-GJS-700-2 EN-GJS-600-3 EN-GJS-500-7 EN-GJS-400-15 EN-GJS-400-18-LT EN-GJS-350-22-LT	 5.0 4.0 3.5 2.4	 2.5 2.0 1.7 1.2
	铝和铝合金 （塑性材料）	1.5 5	1.1
抗拉强度（R_m）	铸铁（灰铸铁） （DIN EN 1561） —未退火 —退火或涂装珐琅	 9.0[2] 10[3]	 3.5 3.5
	铜和铜合金，包括轧制青铜和铸造青铜 —无缝和焊接容器 —钎焊容器	 3.5 4.0	 2.5 2.5

1）对于各种校核，如有外压应将表值提高 20%（除灰铸铁和铸造青铜外）

2）对凸底 7.0。

3）对凸底 6.0。

TB 6-18　平板和底的计算系数 C（AD 须知 B5　摘录）

结 构 形 状	教 材 图	前 提 条 件	C
折弯平底	6-50a	折弯半径 $r\geqslant1.3t$，或 D_a（mm）：$\leqslant500$ ｜ >500 $\leqslant1400$ ｜ >1400 $\leqslant1600$ ｜ >1600 $\leqslant1900$ ｜ >1900 r 至少（mm）：30 ｜ 35 ｜ 40 ｜ 45 ｜ 50 底高：$h\geqslant3.5t$	0.30
双面焊接板	6-50b	板壁厚：$t\leqslant3t_1$ $t>3t_1$	0.35 0.40
带卸载槽的平板	6-50c	$t_R\geqslant p_e(0.5D-r)\dfrac{1.3S}{K}$，至少 5mm； 当 $D_a>1.2D$：$t_R\leqslant0.77t_1$ $r\geqslant0.2t$，至少 5mm	0.40
用法兰连接并带连续密封的平板	6-50d	$D\geqslant D_i$	0.35

第 7 章　铆　　接

TB 7-1　用于安装的连接件的简化表示方法（DIN ISO 5845-1）

连接件与轴平行时的图上表示方法				
孔	孔			带螺母位置说明的螺栓
	无沉头孔	一边有沉头孔	两边有沉头孔	
在车间钻孔				——
在现场钻孔				——
螺栓或铆钉				
在车间已装好				
在现场安装				
在现场钻孔，在现场安装螺栓或铆钉				
连接件与轴垂直时的图上表达方法				
孔和螺栓或铆钉	孔			
	无沉头孔	沉头孔在前边	沉头孔在后边	两边都有沉头孔
在车间钻孔和安装				
在车间钻孔和在现场安装				
在现场钻孔和安装				

应用示例：

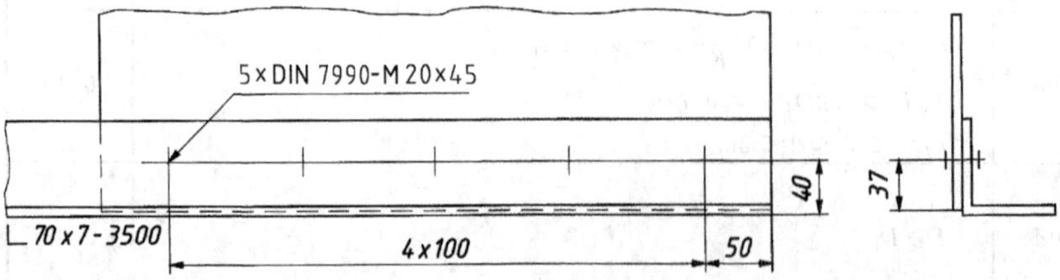

TB 7-2　铆接和螺纹连接的许用边距和孔距

距离		名称（图 7-13）	d=孔径，t=外置零件的最小厚度		
			钢结构[4)] DIN 18800-1	起重机制造 DIN 15018-2	铝结构 DIN 4113-1
最小边距	沿受力方向	e_1	$1.2d$ $(3d)$	$2d$	
	垂直于受力方向	e_2	$1.2d$ $(1.5d)$	$1.5d$	
最大边距[1)2)]		e_1 e_2	$3d$ 或 $6t$ $(8t)$	$4d$ 或 $8t$ $(10t)$	$10t$ $(15t)$
最小孔距	沿受力方向	e	$2.2d$ $(3.5d)$	$3d$	
	垂直于受力方向	e_3	$2.4d$ $(3d)$		
最大孔距	在受压区域	e 或 e_3	$6d$ 或 $12t$	$6d$ 或 $12t$[3)]	$15t$
	在受拉区固定连接		$10d$ 或 $20t$		$40t$

1）以较小值为准。

2）经加固的棒材和型钢可取括号中的较大值（见图 7-13）。

3）对于次要零件或当螺栓和铆钉中的应力低于许用值的 50%时，允许取较大孔距（见 DIN 15018-2）。

4）取括号中的边距和孔距，才能达到最大可能的计算可用的孔壁挤压应力。

TB 7-3　带拉断芯杆的盲头铆钉（DIN 7337）

（单位：mm）

公称尺寸 d_1		头部直径 d_2 型号		头高 k 型号		最小剪力（单层，N），其下为最小拉力（N） 铆钉套材料					
系列 1	系列 2	A[1)]	B[1)]	A[1)]	B[1)]	Al	St	A2	NiCu	CuNi	Cu
—	2.4	5	—	0.55	—	300 300	—	—	—	—	—
3	—	6.5	6	0.8	0.9	500 400	800 900	1600 2000	—	800 900	600 700
—	3.2	6.5	6	0.8	0.9	600 500	1000 1100	1800 2300	1400 2000	1000 1100	700 800
4	—	8	7.5	1	1	800 800	1500 2000	2500 3500	2000 2800	1500 2000	1000 1500
—	4.8	9.5	9	1.1	1.2	1400 1200	2400 3000	3800 4500	3300 3500	2300 3000	— —
5	—	9.5	9	1.1	1.2	1600 1300	2600 3200	4200 5000	— —	— —	— —
6	—	12	11	1.5	1.5	2500 2000	3300 3800	— —	— —	— —	— —
—	6.4	13	12	1.8	1.6	2800 2100	3600 4000	— —	— —	— —	— —

1）A 型：平头　B 型：埋头，埋头角 120°。

长度 l 系列值：4 6 8 10 12 16 20 25 30 35 40 45 50。

常用长度 l 的被连接件厚度范围见标准。经验公式：所需铆钉长度 $l \approx \Sigma t + d_1$。

铆钉孔径 $d = d_1 + 0.1$mm。

TB 7-4　钢结构和起重机制造中的铆接参数参考值

铆前铆钉直径 d_1		mm	10	12	(14)	16	(18)	20	(22)	24	(27)	30	(33)	36
铆钉长度 l[1]（DIN 124 和 DIN 302）		mm	16 (10) ～50 (52)	18 (14) ～60	20 (18) ～70	24～80	26～90	30～100	34 (32) ～110	38 (36) ～120	42 (40) ～135	50 (45) ～150	55 (50) ～160	62 (55) ～160
铆后铆钉直径 铆钉孔直径 d		mm	10.5	13	15	17	19	21	23	25	28	31	34	37
铆钉（孔）横截面积 $A=\frac{d^2\pi}{4}$		mm^2	87	133	177	227	284	346	415	491	616	755	908	1075
板厚极限值 t_{lim}[2] mm	钢结构[3]	单层 双层	(2.3) 4.5	(2.8) 5.6	3.2 6.5	3.7 7.3	4.1 8.2	4.5 9.1	5.0 9.9	5.4 10.8	6.0 12.1	6.7 13.4	7.3 14.7	8.0 16.0
	起重机制造	单层 双层	3.3 6.6	4.1 8.2	4.7 9.4	5.3 10.7	6.0 11.9	6.6 13.2	7.2 14.4	7.9 15.7	8.8 17.6	9.7 19.5	10.7 21.4	11.6 23.2
被连接板厚最小值 t	保持结构合理的可能值		4～5	4～6 4～7		6～8 5～10		8～11 6～13	10～14 8～17	13～17 11～20	16～21 14～24		20～ 18～	
相应的螺栓直径			—	M12	—	M16	—	M20	M22	M24	M27	M30	—	M36

括号中的值尽可能避免。

1)铆钉长度系列 l：10 12 14…40，然后 42 45 48 50…80，然后 85 90 95…160mm。
　括号中的值用于沉头铆钉（DIN 302）。

2)当实际板厚 $t_{min}>t_{lim}$时，铆钉按剪切计算，当 $t_{min}<t_{lim}$时，按孔壁挤压应力计算。

3)对于材料为 S235 的零件和 USt36 的铆钉，为获得最大孔壁承载能力，应按 TB 7-2 确定孔距和边距。

TB 7-5 S235（S355）制造的带孔零件的许用交变应力（DIN 15018-1）（单位：N/mm^2）

最大载荷发生概率	预计的应力循环总次数			
	$>2\times10^4\sim2\times10^5$	$>2\times10^5\sim6\times10^5$	$>6\times10^5\sim2\times10^6$	$>2\times10^6$
	偶然无规律 长时间休息 后再工作	有规律 间断工作	有规律 持续工作	有规律 持续和 高强度工作
很少	168（199）	141（161）	118（129）	100（104）
中等	141（160）	119（129）	100（104）	84（84）
总是	119（129）	100（104）	84（84）	84（84）

对于脉动拉应力，为表值的 1.6 倍。

许用应力为在安全系数 $S_D=4/3$ 和寿命可靠性 90%下可承受的应力。

TB 7-6 热塑性塑料铆接的许用应力（根据埃尔哈特/斯特里克勒）（单位：N/mm^2）

应力类型	零件和铆钉材料			
	聚甲醛 尼龙 POM，PA66	含玻璃纤维添加剂 的尼龙 GF-PA	聚碳酸酯 PC	丙烯腈-丁 ABS
剪切 $\tau_{a\ zul}$	8	12	7	3
孔壁挤压 $\sigma_{l\ zul}$	20	30	17	8

表值适用于铸造尖头铆钉。热镦粗铆接为表值的 0.8 倍，超声波铆接为表值的 0.9 倍。

第8章　螺纹联接

TB 8-1　国际标准米制螺纹（粗牙螺纹）（DIN 13 T1　摘录）

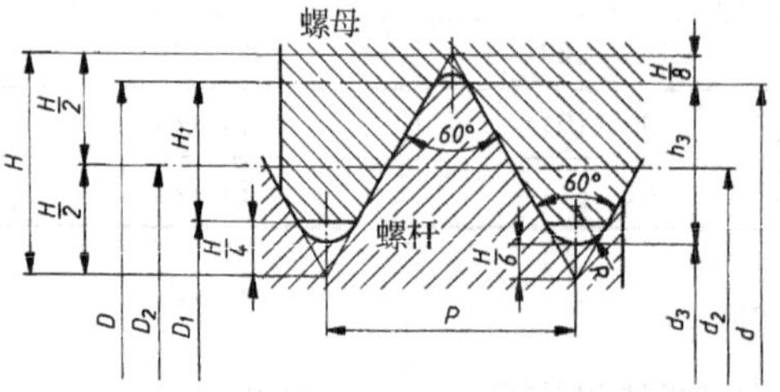

$H=0.86603P$

$h_3=0.61343P$

$H_1=0.54127P$

$R=\dfrac{H}{6}=0.14434P$

（单位：mm）

螺纹公称直径 $d=D$		导程	中径	小　径		螺 纹 高 度		承受应力横截面积[1) A_s	牙根横截面积[1) A_3	螺纹升角 φ
系列 1	系列 2	P	$d_2=D_2$	d_3	D_1	h_3	H_1	mm^2	mm^2	度（°）
1		0.25	0.838	0.693	0.729	0.153	0.135	0.460	0.377	5.43
1.2		0.25	1.038	0.893	0.929	0.153	0.135	0.732	0.626	4.38
1.6		0.35	1.373	1.170	1.221	0.215	0.189	1.27	1.075	4.64
2		0.4	1.740	1.509	1.567	0.245	0.217	2.07	1.788	4.19
2.5		0.45	2.208	1.948	2.013	0.276	0.244	3.39	2.980	3.71
3		0.5	2.675	2.387	2.459	0.307	0.271	5.03	4.475	3.41
	3.5	0.6	3.110	2.765	2.850	0.368	0.325	6.78	6.000	3.51
4		0.7	3.545	3.141	3.242	0.429	0.379	8.78	7.749	3.60
	4.5	0.75	4.013	3.580	3.688	0.460	0.406	11.3	10.07	3.41
5		0.8	4.480	4.019	4.134	0.491	0.433	14.2	12.69	3.25
6		1	5.350	4.773	4.917	0.613	0.541	20.1	17.89	3.41
8		1.25	7.188	6.466	6.647	0.767	0.677	36.6	32.84	3.17
	(9)	1.25	8.188	7.466	7.647	0.767	0.677	48.1	43.78	2.78
10		1.5	9.026	8.160	8.376	0.920	0.812	58.0	52.30	3.03
	(11)	1.5	10.026	9.160	9.376	0.920	0.812	72.3	65.90	2.73
12		1.75	10.863	9.853	10.106	1.074	0.947	84.3	76.25	2.94
	14	2	12.701	11.546	11.835	1.227	1.083	115	104.7	2.87
16		2	14.701	13.546	13.835	1.227	1.083	157	144.1	2.48
	18	2.5	16.376	14.933	15.294	1.534	1.353	193	175.1	2.78
20		2.5	18.376	16.933	17.294	1.534	1.353	245	225.2	2.48
	22	2.5	20.376	18.933	19.294	1.534	1.353	303	281.5	2.24
24		3	22.051	20.319	20.752	1.840	1.624	353	324.3	2.48
	27	3	25.051	23.319	23.752	1.840	1.624	459	427.1	2.18
30		3.5	27.727	25.706	26.211	2.147	1.894	561	519.0	2.30

TB 8-1（续）

螺纹公称直径 d=D		导程	中径	小径		螺纹高度		承受应力横截面积[1)] A_s	牙根横截面积[1)] A_3	螺纹升角 φ
系列 1	系列 2	P	$d_2=D_2$	d_3	D_1	h_3	H_1	mm^2	mm^2	度（°）
	33	3.5	30.727	28.706	29.211	2.147	1.894	694	647.2	2.08
36		4	33.402	31.093	31.670	2.454	2.165	817	759.3	2.19
	39	4	36.402	34.093	34.670	2.454	2.165	976	913.0	2.00
42		4.5	39.077	36.477	37.129	2.760	2.436	1121	1045	2.10
	45	4.5	42.077	39.479	40.129	2.760	2.436	1306	1224	1.95
48		5	44.752	41.866	42.587	3.067	2.706	1473	1377	2.04
	52	5	48.752	45.866	46.587	3.067	2.706	1758	1652	1.87
56		5.5	52.428	49.252	50.046	3.374	2.977	2030	1905	1.91
	60	5.5	56.428	53.252	54.046	3.374	2.977	2362	2227	1.78
64		6	60.103	56.639	57.505	3.681	3.248	2676	2520	1.82
	68	6	64.103	60.639	61.505	3.681	3.248	3055	2888	1.71

优先采用系列 1 的螺纹直径。括号中的螺纹属于系列 3（表中未单独列出），应尽可能不用。

1）根据 DIN 13 T28

TB 8-2 国际标准米制细牙螺纹（DIN 13 T12 摘录）（单位：mm）

名称（公称直径 d×导程 P）	中径 d_2	小径 d_3	螺纹高度 h_3	承受应力横截面积[1)] A_s mm^2	牙根横截面积[1)] A_3 mm^2	螺纹升角 φ 度（°）
M8×1	7.35	6.773	0.613	39.2	36.0	2.48
M12×1	11.35	10.773	0.613	96.1	91.1	1.61
M16×1	15.35	14.773	0.613	178	171.4	1.19
M20×1	19.35	18.773	0.613	285	276.8	0.942
M10×1.25	9.188	8.466	0.767	61.2	56.3	2.48
M12×1.25	11.188	10.466	0.767	92.1	86.0	2.04
M16×1.5	15.026	14.16	0.92	167	157.5	1.82
M20×1.5	19.026	18.16	0.92	272	259.0	1.44
M24×1.5	23.026	22.16	0.92	401	385.7	1.19
M30×1.5	29.026	28.16	0.92	642	622.8	0.942
M36×1.5	35.026	34.16	0.92	940	916.5	0.781
M42×1.5	41.026	40.16	0.92	1294	1267	0.667
M48×1.5	47.026	46.16	0.92	1705	1674	0.582
M24×2	22.701	21.546	1.227	384	364.6	1.61
M30×2	28.701	27.546	1.227	621	596.0	1.27
M56×2	54.701	53.546	1.227	2301	2252	0.667
M64×2	62.701	61.546	1.227	3031	2975	0.582
M72×2	70.701	69.546	1.227	3862	3799	0.516
M80×2	78.701	77.546	1.227	4794	4723	0.463

TB 8-2（续）

名称（公称直径 $d\times$导程 P）	中径 d_2	小径 d_3	螺纹高度 h_3	承受应力横截面积[1] A_s mm^2	牙根横截面积[1] A_3 mm^2	螺纹升角 φ 度（°）
M90×2	88.701	87.546	1.227	6100	6020	0.411
M100×2	98.701	97.546	1.227	7560	7473	0.370
M110×2	108.701	107.546	1.227	9180	9084	0.336
M125×2	123.701	122.546	1.227	11900	11795	0.295
M36×3	34.051	32.319	1.840	865	820.4	1.61
M42×3	40.051	38.319	1.840	1206	1153	1.37
M48×3	46.051	44.319	1.840	1604	1543	1.19
M160×3	158.051	156.319	1.840	19400	19192	0.346
M56×4	53.402	51.093	2.454	2144	2050	1.37
M64×4	61.402	59.093	2.454	2851	2743	1.19
M72×4	69.402	67.093	2.454	3658	3536	1.05
M80×4	77.402	75.093	2.454	4566	4429	0.942
M90×4	87.402	85.093	2.454	5840	5687	0.835
M100×4	97.402	95.093	2.454	7280	7102	0.749
M125×4	122.402	120.093	2.454	11500	11327	0.596
M140×4	137.402	135.093	2.454	14600	14334	0.531
M80×6	76.103	72.639	3.681	4344	4144	1.44
M90×6	86.103	82.639	3.681	5590	5364	1.271
M100×6	96.103	92.639	3.681	7000	6740	1.139
M125×6	121.103	117.639	3.681	11200	10869	0.904

1）根据 DIN 13 T28

TB 8-3　国际标准米制梯形螺纹（DIN 103　摘录）

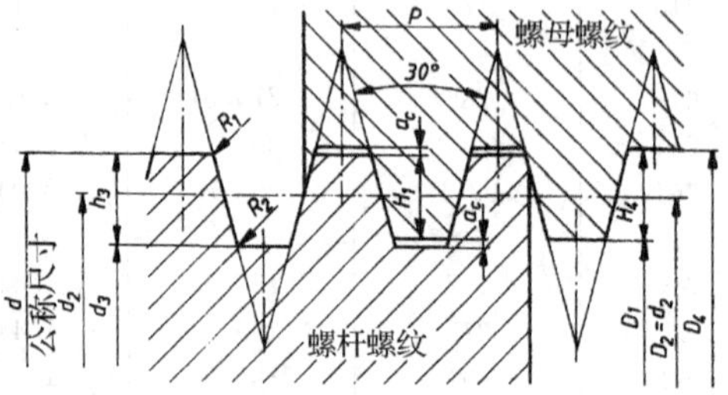

$D_1=d-2H_1=d-P$

$D_4=d+2a_c$

$d_2=D_2=d-0.5P$

$R_1=\max 0.5a_c$

$R_2=\max a_c$

（单位：mm）

导程 P	1.5	2	3	4	5	6	7	8	9	10	12	14	16	18	20
螺纹高度 $H_4=h_3$	0.9	1.25	1.75	2.25	2.75	3.5	4	4.5	5	5.5	6.5	8	9	10	11
间隙 a_c	0.15	0.25	0.25	0.25	0.25	0.5	0.5	0.5	0.5	0.5	0.5	1	1	1	1

（单位：mm）

螺纹公称直径 d	导程[2] P	中径[3] $d_2=D_2$	小径[3] d_3	螺纹牙啮合宽度[3] $H_1=0.5P$	牙根横截面积[3] A_3（mm^2）
8	1.5	7.25	6.2	0.75	30.2
10	（1.5）2	9	7.5	1	44.2
12	（2）3	10.5	8.5	1.5	56.7

TB 8-3（续）

螺纹公称直径 d	导程[2] P	中径[3] $d_2=D_2$	小径[3] d_3	螺纹牙啮合宽度[3] $H_1=0.5P$	牙根横截面积[3] A_3（mm^2）
16	(2) 4	14	11.5	2	104
20	(2) 4	18	15.5	2	189
24	(3) 5 (8)	21.5	18.5	2.5	269
28	(3) 5 (8)	25.5	22.5	2.5	398
32	(3) 6 (10)	29	25	3	491
36	(3) 6 (10)	33	29	3	661
40	(3) 7 (10)	36.5	32	3.5	804
44	(3) 7 (12)	40.5	36	3.5	1018
48	(3) 8 (12)	44	39	4	1195
52	(3) 8 (12)	48	43	4	1452
60	(3) 9 (14)	55.5	50	4.5	1963
65[1]	(4) 10 (16)	60	54	5	2290
70	(4) 10 (16)	65	59	5	2734
75[1]	(4) 10 (16)	70	64	5	3217
80	(4) 10 (16)	75	69	5	3739
85[1]	(4) 12 (18)	79	72	6	4071
90	(4) 12 (18)	84	77	6	4656
95[1]	(4) 12 (18)	89	82	6	5281
100	(4) 12 (20)	94	87	6	5945
110[1]	(4) 12 (20)	104	97	6	7390
120	(6) 14 (22)	113	104	7	8495

1）只有在迫不得已时才选用这些公称直径（系列 2，DIN 103）。

2）优先采用不在括号中的导程。

3）所给值适用于具有优先导程 P 的螺纹。

TB 8-4 螺栓性能等级、材料和力学性能（DIN EN 20898 摘录）

性能等级（代号）	材料和热处理	抗拉强度[2] R_m N/mm²	屈服极限[2]或 0.2% 拉伸极限 R_{eL} 或 $R_{p0.2}$	断裂应变 A_5 %min
3.6[3]	低碳钢（例如 QSt 36-2）	300 (330)	180 (190)	25
4.6[3]	中低碳钢（例如 UQSt 38-2）	400	240	22
4.8[3]		400 (420)	320 (340)	14

TB 8-4（续）

性能等级（代号）		材料和热处理	抗拉强度[2] R_m N/mm²	屈服极限[2]或0.2%拉伸极限 R_{eL} 或 $R_{p0.2}$	断裂应变 A_5 %min
5.6		中低碳钢（例如Cq22，Cq35）	500	300	20
5.8[3]			500（520）	400（420）	10
6.8[3]			600	480	8
8.8	≤M16	含合金元素（例如硼，锰、铬）的低碳钢或中碳钢，相应地进行淬火和退火（例如22B2，Cq45）	800	640	12
	>M16		800（830）	640（660）	
9.8[4]			900	720	10
10.9		含合金元素[1]（例如硼、锰、铬）的低碳钢或中碳钢，相应地进行淬火和退火；或含合金元素的中碳钢或合金钢（例如35B2，34Cr4）	1000（1040）	900（940）	9
12.9		合金钢，淬火和退火（例如34CrMo4）	1200（1220）	1080（1100）	8

1）由低碳硼合金钢制造的螺栓必须在表示其性能等级的代号下附加下划线（例如：<u>10.9</u>）。

2）如果与计算的公称值有偏差的话，括号中的值为标准规定的最小值。

3）易切削钢允许 ω（S）≤0.34%，ω（P）≤0.11%，ω（Pb）≤0.35%。

4）仅仅适用于≤M16的螺栓，在德国很少应用。

TB 8-5 部分标准螺栓分类（DIN ISO 1891）

六角头螺栓	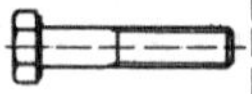 ISO4014 ISO4016 ISO8765 带光杆	 ISO4017 ISO4018 ISO8676 全螺纹	 609 610 铰制孔螺栓	 561 带缩头
内六角头螺栓（圆柱头和沉头）	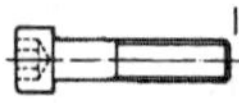 ISO4762	 7984 扁头	 6912 带扳手导引	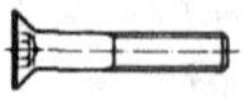 7991
方头螺栓 三角头螺栓	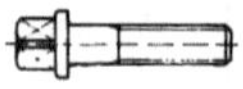 478 带凸缘	 479 带芯颈	 480 带凸缘和芯颈	 22424
T型槽用螺栓	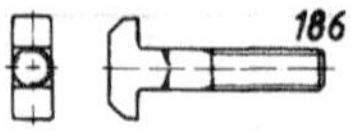 186 方头	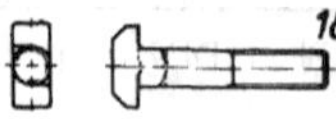 188 带榫	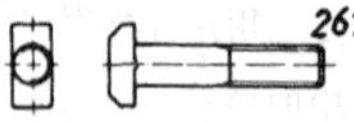 261	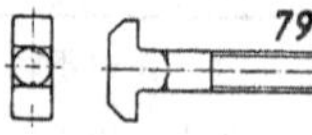 7992 大头
圆头螺栓（平圆头和半圆头螺栓）	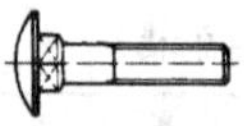 603 带方颈	 607 带榫	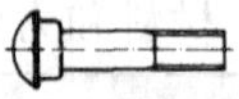 21547 带椭圆颈	
沉头螺栓	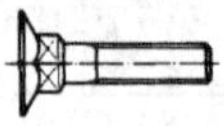 605 608 带方颈	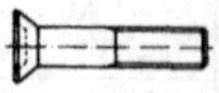 7969 带槽	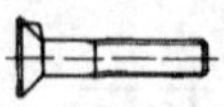 604 带榫	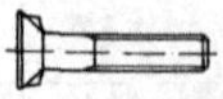 11014 25195 带双榫

TB 8-5（续）

开槽螺栓	ISO 1207 圆柱头螺栓	ISO 1580 平头螺栓	ISO 2009 63 87 沉头螺栓	ISO 2010 88 91 球面沉头螺栓
十字槽螺栓	ISO 7046 7987 沉头	ISO 7047 7988 球面沉头	7985 盘头	
带不可分离垫圈螺栓（组合螺栓）	6900	6900	6900	6900
其他类型螺栓	316 蝶形螺栓	444 环节螺栓	580 吊环螺栓	529 地脚螺栓
闭锁螺栓（栓塞）	906	908	909	910
螺柱	835 938 939 940	2509	2510 带延伸杆	976 全螺纹
螺钉	427 螺纹销钉	ISO 7435 926 带槽和缩头	ISO 7434 带槽和尖头	913 带锥端
板螺钉（尖头或平头）	7976	7971	7972	7973
木螺钉	571	96	97	95
自攻螺钉	7513 A 型	7513 B 型	7513 F 型	7516 A 型
滚螺纹丝锥	7500 A 型	7500 C 型	7500 D 型	7500 E 型
丝攻头螺钉	7504 L 型	7504 N 型	7504 P 型	7504 Q 型

TB 8-6 部分标准螺母分类（DIN ISO 1891）

六角头螺母	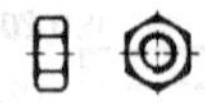 30386 70615 ISO 4032 ISO 4034 ISO 8673	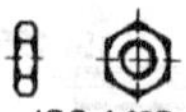 30389 70616 ISO 4035 ISO 4036 ISO 8675 薄型	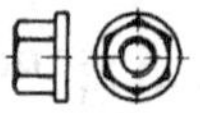 1142 6331 74361 带凸缘	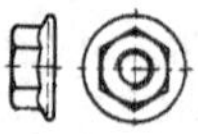 6923 带法兰
	 2510 30387 带凸台	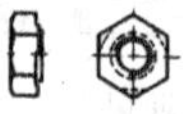 929 焊接螺母	 431 2950 46320 80705 薄型	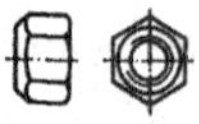 6330 1.5*d* 厚螺母
方头螺母	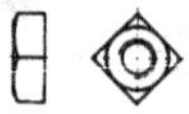 557	 562 薄型	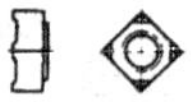 928 焊接螺母	
防松螺母	 ISO 7040 ISO 7042 ISO 10511 金属或尼龙锁紧件	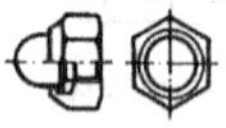 986 带尼龙环	锁紧件  6924 6925 金属或尼龙锁紧件	锁紧件 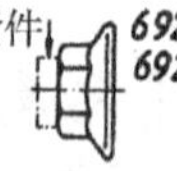 6926 6927 金属或尼龙锁紧件
	 7967	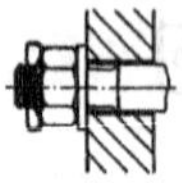 应用示例	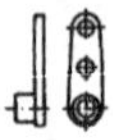 987 铆接螺母	
花螺母	 935 30389	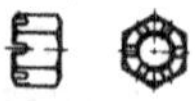 935 70618	 979 (937) 薄型	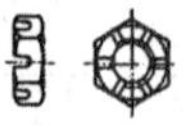 979 937 70618 薄型
盖形螺母	 1587 厚型	 917 薄型		
圆螺母	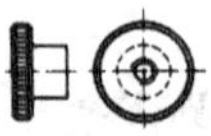 466 6303 滚花高螺母	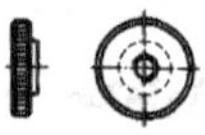 467 滚花平螺母	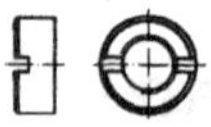 546 64032 带槽螺母	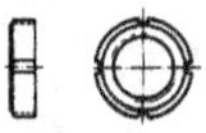 981 1804 70851 70852 侧面带槽螺母
	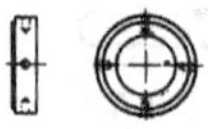 1816 548 十字孔螺母	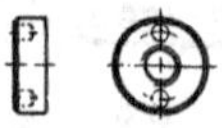 547 双孔螺母		
其他类型螺母	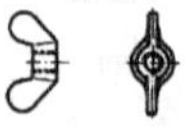 315 蝶形螺母	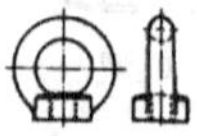 582 吊环螺母	 1480 拉杆螺母	 28129 环形螺母

TB 8-7　部分螺纹联接张紧附件分类（DIN ISO 1891）

垫圈	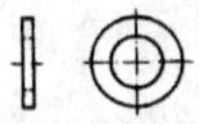 125 126 433 440 1440 1441 9021 6902 6903 7349	 125 6916	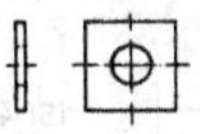 436 用于木结构	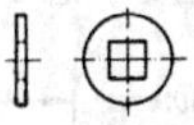 440 圆孔（R 型） 方孔（V 型）
	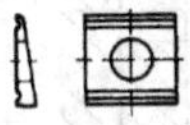 434 6918 U 形垫圈	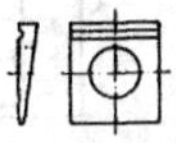 435 6917 Ⅰ形垫圈	槽钢  应用示例	
弹性环	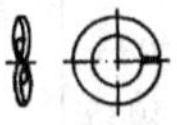 128 波浪形（B 型）	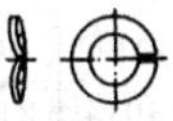 128 6905 凸起（A 型）		
弹性垫圈	 137 凸起（A 型）	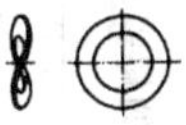 137 6904 波浪形（B 型）	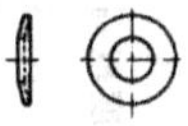 6796 6908 张紧垫圈	 6797 6906 带齿垫圈（A 型）
	 6797 带齿垫圈（J 型）	 6797 6906 带齿垫圈（V 型）	 6798 6907 错面垫圈（A 型）	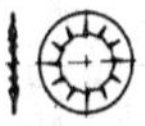 6798 错面垫圈（J 型）
带凸缘或凸肩垫圈	 93 带凸缘	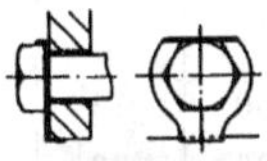 应用示例	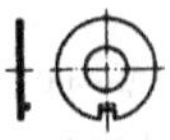 432 带外凸肩	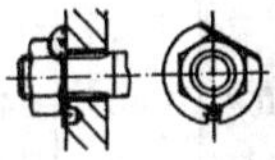 应用示例
	 462 用于槽螺母的防松片	 463 带 2 个凸缘		

TB 8-8　六角头螺栓联接的结构尺寸（摘自 DIN 标准）

螺纹尺寸见 TB8-1

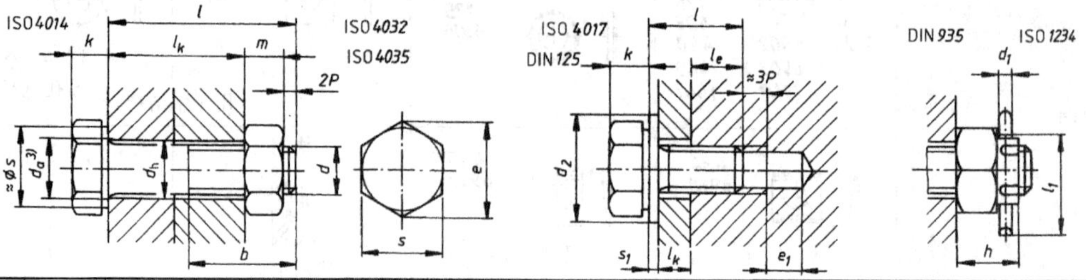

1	2	3	4	5	6	7	8	9	10	11	12	13	14
ISO DIN EN DIN	272，4014，4032等 24014,24032等 475		4014 24014	4014 24017	4017 24017	4014 24014	4014 24014	4032 24032	4035 24035	935	ISO 1234	125	
螺纹	扳手宽度	对角尺寸	螺栓头高度	公称长度范围	公称长度范围	$l\leqslant125$mm 的螺纹长度	$l\leqslant125\sim200$mm 的螺纹长度	1型螺母高度	薄型螺母高度	花螺母	开口销	垫圈	
d	s	e	k	l 1)	l 1)	b	b	m 2)	m	h	$d_1\times l_1$	d_2	s_1
M3	5.5	6.01	2	20～30	6～30	12	—	2.4	1.8	—	—	7	0.5
M4	7	7.66	2.8	25～40	8～40	14	—	3.2	2.2	5	1×10	9	0.8
M5	8	8.79	3.5	25～50	10～50	16	—	4.7	2.7	6	1.2×12	10	1
M6	10	11.05	4	30～60	12～60	18	—	5.2	3.2	7.5	1.6×14	12	1.6
M8	13	14.38	5.3	40～80	16～80	22	—	6.8	4	9.5	2×16	16	1.6
M10	16	17.77	6.4	45～100	20～100	26	—	8.4	5	12	2.5×20	20	2
M12	18	20.03	7.5	50～120	25～120	30	—	10.8	6	15	3.2×22	24	2.5
M14	21	23.38	8.8	60～140	30～140	34	40	12.8	7	16	3.2×25	28	2.5
M16	24	26.75	10	65～160	30～200	38	44	14.8	8	19	4×28	30	3
M20	30	33.53	12.5	80～200	40～200	46	52	18	10	22	4×36	37	3
M24	36	39.98	15	90～240	50～200	54	60	21.5	12	27	5×40	44	4
M30	46	51.28	18.7	110～300	60～200	66	72	25.6	15	33	6.3×50	56	4
M36	55	61.31	22.5	140～360	70～200	—	84	31	18	38	6.3×63	66	5

1）长度系列 l：…6 8 10 12 16 20 25 30 35 40 45 50 55 60 65 70 80 90 100 110 120 130 140 150 160 180 200 220 240 260 280 300 320 340…500。

2）提高螺母高度可提高抗拉强度，根据 DIN EN 24033，$m/d\approx1$。

3）过渡直径 d_a 限制了螺栓头支承平面半径的最大值。根据 DIN 267 T2，对于性能等级 A（m）和 B（mg），当 $\leqslant$M18时，有：d_a＝通孔直径“中等精度”＋0.2mm，当 M20$\leqslant d\leqslant$M39 时，有：d_a＝通孔直径“中等精度”＋0.4mm。对于性能等级 C（g），用通孔直径“粗糙”计算。

DIN 3110

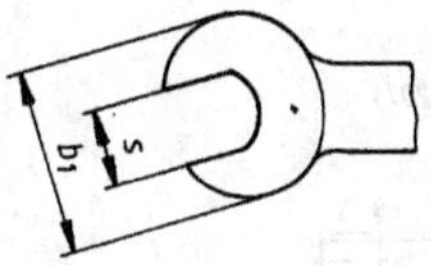

标准六角头螺栓和螺母的沉头孔
(DIN 74 T3)

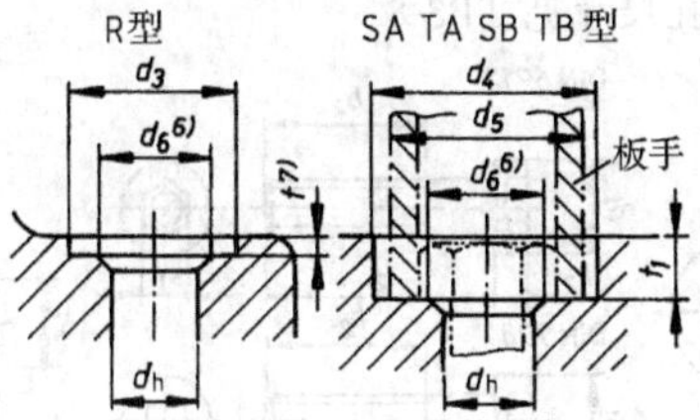

（单位：mm）

15	16	17	18	19	20	21	22	23	24	25	26	
273 20273				76	3129	3110	74T3（974T2）					ISO DIN EN DIN
通孔[4] 系列 精细	中等精度	粗糙	螺栓头或螺母支承面积（mm^2）	光孔长度（粗牙）	套筒扳手外径	扳手宽度	R 型 粗糙平面沉头孔	SA TA 型 用于套筒式、扳手，套筒式扳手接头（DIN 3124）	SB TB 型 偏置环形扳手，套筒式扳手接头（DIN 3129）	SA SB 型 用于没有垫圈的螺栓头	TATB 型 用于没有垫圈的螺母	螺纹
d_h	d_h	d_h	A_p[5]	e_1	d_5	b_1	d_3	d_4	d_4	t_1	t_1	d
3.2	3.4	3.6	7.5	2.8	9.7	19	9	11	11	2.4	2.8	M3
4.3	4.5	4.8	11.4	3.8	12.8	20	10	13	15	3.4	3.8	M4
5.3	5.5	5.8	13.6	4.2	15.3	22	11	15	18	4.2	4.7	M5
6.4	6.6	7	28	5.1	17.8	27	13	18	20	4.8	5.8	M6
8.4	9	10	42	6.2	21.6	34	18	24	26	6.5	7.5	M8
10.5	11	12	72.3	7.3	27.5	38	22	28	33	8	9	M10
13	13.5	14.5	73.2	8.3	32.4	44	26	33	36	9	11	M12
15	15.5	16.5	113	9.3	36.1	49	30	36	43	10	12	M14
17	17.5	18.5	157	9.3	42.9	56	33	40	46	11.5	14.5	M16
21	22	24	244	11.2	50.4	66	40	46	53	14.5	17.5	M20
25	26	28	356	13.1	64.2	80	48	57	71	16.5	20.5	M24
31	33	35	576	15.2	76.7	96	61	71	82	21	26	M30
37	39	42	856	16.8	87.9	—	71	82	92	25	31	M36

4）对于主要采用性能等级 A（m）“中等精度”系列的螺栓，$d_h \approx d_a$。

5）用支承面最小直径 d_w 和通孔（中等精度系列）得到环形支承面积。必要时还应减去通孔的倒角！

6）一般情况（性能等级 A（m）螺栓，通孔系列“中等精度”）下，在螺栓居中和采用垫圈时，无需锪孔。重载螺栓联接为避免减小支承面积不能锪孔。根据 DIN 74 T2 和 T3，有：90°沉头孔或导圆，螺纹直径小于 12mm 时仅仅去毛刺；对于 $d=12 \sim 16$：$d_6=d+3.5$mm，$d=18 \sim 24$：$d_6=d+4$mm 和 $d=27 \sim 45$：$d_6=d+6$mm。

7）t 不用太大，只要能用切削加工方法加工出一个垂直于通孔轴线的圆形平面即可。

TB 8-9 圆柱头和沉头螺钉联接的结构尺寸（摘自 DIN 标准）

螺纹尺寸见 TB8-1。六角头螺母、垫圈和通孔尺寸见 TB8-8。

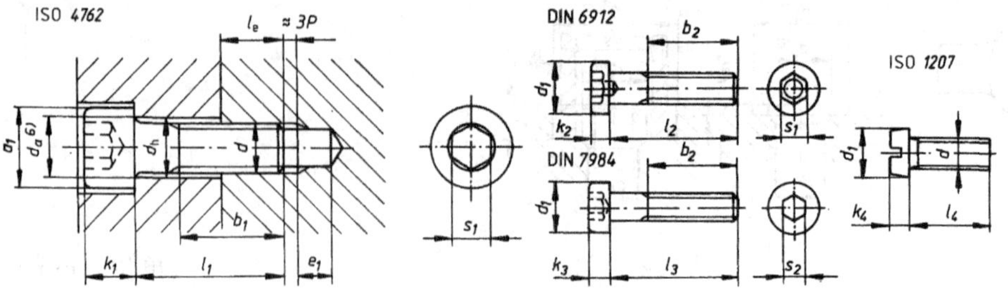

1	2	3	4	5	6	7	8	9	10	11	12	13	14	15
DIN EN ISO DIN		4762	6912	7984	1207	4762 6912	7984	4762	6912	7984	1207	4762	6912 7984	4762 6912
螺纹	螺栓头直径	螺栓头高				扳手宽度		公称长度范围[1]				螺纹长度	$l \leqslant 125$ 时的螺纹长度	螺栓头支承面积（mm^2）
d	d_1	k_1	k_2	k_3	k_4	s_1	s_2	l_1	l_2	l_3	l_4	b_1	b_2[2]	A_p[3]
M3	5.5	3		2	2	2.5	2	5～30		5～20	4～30	18	12	11.1
M4	7	4	2.8	2.8	2.6	3	2.5	6～40	10～50	6～25	5～40	20	14	17.6
M5	8.5	5	3.5	3.5	3.3	4	3	8～50	10～60	8～30	6～50	22	16	26.9
M6	10	6	4	4	3.9	5	4	10～60	10～70	10～40	8～60	24	18	34.9
M8	13	8	5	5	5	6	5	12～80	12～80	12～60	10～80	28	22	55.8
M10	16	10	6.5	6	6	8	7	16～100	16～90	16～70	2～80	32	26	89.5
M12	18	12	7.5	7	—	10	8	20～120	16～100	20～80	—	36	30	90
M14	21	14	8.5	8	—	12	10	25～140	20～120	30～80	—	40	34	131
M16	24	16	10	9	—	14	12	25～160	20～140	30～80	—	44	38	181
M20	30	20	12	11	—	17	14	30～200	30～180	40～100	—	52	46	274
M24	36	24	14	13	—	19	17	40～200	60～200	50～100	—	60	54	421
M30	45	30	17.5	—	—	22	—	45～200	70～200		—	72	66	638

1）优先长度系列，括号中的值仅用于 DIN EN ISO 4762，DIN 7984，DIN EN ISO 1207 和 DIN EN ISO 2009：3 4 5 6 8 10 12 16 20 25 30 35 40（45）50（55）60（65 仅仅用于 DIN EN ISO 4762）70 80 90 100 110 120 130 140 150 160 180 200，超过 l=200mm，每次加 20。

2）对于 l>125～200：$b_2=2d+12$，对于 l>200：$b_2=2d+25$。

3）用螺钉头支承面最小直径和通孔（“中等精度”系列）得到环形支承面积。必要时还应减去通孔的倒角！

4）直到括号中的长度值的沉头螺栓螺纹一直加工到头部。

5）≤M20 时，$\alpha=90°$，>M20 时，$\alpha=60°$。

6）见 TB8-8 注 3）。

7）用于无垫圈的螺栓，通孔为“中等精度”或“精细”系列。

8）结构“中等精度”（m）采用“中等精度”通孔，当 $s \leqslant t_1$ 时，必要的话应将联接件削薄。

9）见 TB 8-8 注 6）。

10）见 TB 8-8 注 4）。

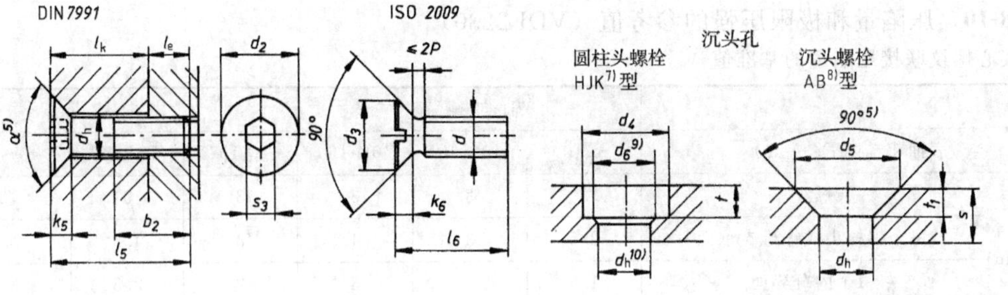

（单位：mm）

16	17	18	19	20	21	22	23	24	25	26	27	28	29	30	
7991	963	7991	2009	7991	7991	2009	74T2				74T1				DIN EN ISO DIN
							HJK 型	H 型	J 型	K 型	A 型	B 型	A 型	B 型	
螺栓头直径		螺栓头高		扳手宽度	公称长度范围[1)4)]			对于 DIN EN ISO 1207 和 DIN 7984	对于 DIN 6912	对于 DIN EN ISO 4762	对于 DIN 963	对于 DIN 7991	对于 DIN 963	对于 DIN 7991	螺纹
d_2	d_3	k_5	k_6	s_3	l_5	l_6	d_4	t	t	t	d_5	d_5	$\approx t_1$	$\approx t_1$	d
6	5.6	1.7	1.65	2	8～30（20）	4～30（22）	6	2.4	—	3.4	6.5	6.6	1.6	1.6	M3
8	7.5	2.3	2.2	2.5	8～40（25）	5～40（25）	8	3.2	3.4	4.6	8.6	9	2.1	2.3	M4
10	9.2	2.8	2.5	3	8～50（30）	6～50（30）	10	4	4.2	5.7	10.4	11	2.5	2.8	M5
12	11	3.3	3	4	8～50（35）	8～50（35）	11	4.7	4.8	6.8	12.4	13	2.9	3.2	M6
16	14.5	4.4	4	5	10～60（40）	10～55（40）	15	6	6	9	16.4	17.2	3.7	4.1	M8
20	18	5.5	5	6	12～70（40）	12～60（50）	18	7	7.5	11	20.4	21.5	4.7	5.3	M10
24	22	6.5	6	8	20～70（50）	20～80（60）	20	8	8.5	13	23.9	25.5	5.2	6	M12
27	25	7	7	10	25～80（50）	22～80（60）	24	9	9.5	15	26.9	28.5	5.7	6.5	M14
30	29	7.5	8	10	30～90（60）	25～100(70)	26	10.5	11.5	17.5	31.9	31.5	7.2	7	M16
36	36	8.5	10	12	35～100(70)	30～100(80)	33	12.5	13.5	21.5	40.4	38	9.2	8	M20
39	—	14	—	14	50～100(90)	—	40	14.5	15.5	25.5	—	41	—	13.5	M24
—	—	—	—	—	—	—	48	—	19.5	32	—	—	—	—	M30

TB 8-10　压陷量和极限压强的参考值（VDI 2230）

a）实心螺纹联接压陷量的基准值

		轴向载荷			横向载荷		
表面粗糙度 Rz（μm）		<10	10～40	40～160	<10	10～40	40～160
f_z（μm）	螺纹	3	3	3	3	3	3
	每个螺栓头或螺母支承面	2.5	3	4	3	4.5	6.5
	每个内分界面	1.5	2	3	2	2.5	3.5
	总和[1]	9.5	11	14	11	14.5	19.5

1）有一个分界面的穿通螺栓联接的压陷量。

b）被联接件支承面极限压强 p_G 的基准值（VDI 2230）

材料组	被压件的材料	抗拉强度 R_m（N/mm²）	极限压强[1] p_G（N/mm²）
非合金结构钢	S235 E295 S355	360 490 510	490 710 760
低合金调质钢	C45E 34CrMo4 34CrNiMo6 16MnCr5	700 1000 1200 1000	630 870 1080 900
烧结金属	SINT-D30	510	450
不锈钢	X5CrNi18-12 X5CrNiMo17-12-2 X5NiCrTi26-15	500 520 960	630 460 860
镍基合金	NiCr20ZiAl MP35N	1000 1580	700 1500
铸铁	GJL-250 GG-26Cr GJS-400-15 GJS-500-7 GJS-600-3	250 260 400 500 600	900 600 700 900 1000
可锻铝合金	AlMgSi1F31（ENAW-6082） AlMgSi1F28 AlMg4.5MnF27（ENAW-5083） AlZnMgCu1.5（ENAW-7075）	290 260 260 540	260 230 230 410
铸造铝合金	GK-AlSi9Cu3 GD-AlSi9Cu3 GK-AlSi7Mg wa	180 240 250	220 290 380
镁合金	AZ91 GD-AZ91（MgAl9Zn1） GK-AZ91-T4	310 200 240	280 180 210
钛合金	TiAl6V4	890	890

1）电动拧紧时，极限压强的值最多可减小25%。

TB 8-11 拧紧系数 k_A 的参考值（VDI 2230）

拧紧方法	预紧力的离散程度	说明	拧紧系数 k_A
控制长度的超声波拧紧	±2%～±10%	直接机械耦合取小值，否则取大值	1.05～1.2
手动或电动控制屈服极限或控制转角拧紧	±9%～±17%	按 $F_{V\,min}$ 设计螺栓，即 $F_{V\,min}=F_{VM}$	1.2～1.4
液压拧紧	±9%～±23%	较小值用于 $l_k/d\geqslant 5$ 的螺栓，较大值用于 $l_k/d\leqslant 2$ 的螺栓	1.2～1.6
用定力矩扳手、带信号扳手或扭转扳手进行控制力矩拧紧，它们均可测量动力矩和在相同被联接件上试验确定拧紧力矩	±17%～±23%	较小值用于调整和控制试验次数多（例如 20）和拧紧力矩离散很小的情况	1.4～1.6
用定力矩扳手，带信号扳手或扭转扳手进行控制力矩拧紧，它们均可测量动力矩和估计摩擦因数（表面情况和润滑状况）来确定拧紧力矩	当 $\mu_G=\mu_K=0.04$～0.10 ±23%～±33% 当 $\mu_G=\mu_K=0.08$～0.16 ±26%～±43%	较小值用于能均匀拧紧的带测力矩的定力矩扳手和精确扭转扳手；较大值用于带信号或纵弯定力矩扳手	1.6～2.0 1.7～2.5
用冲击扳手或脉冲扳手拧紧；手动拧紧且不测量拧紧力矩	±43%～±60%	较小值用于调整试验次数多（拧紧力矩）和不间断的脉冲传递	2.5～4.0

TB 8-12 各种表面和润滑状态下螺纹联接的摩擦因数

a）正常情况下的总摩擦因数 $\mu_{ges}=\mu_G=\mu_K$（根据鲍尔和肖特·卡谢尔）

发黑或磷酸盐处理		镀锌	镀镉	微胶囊粘结剂
轻微涂油	MoS_2 润滑	6～12μm	6～10μm	(VERBUS-PLUS)[1)]
0.12～0.18	0.08～12	0.12～0.18	0.08～0.12	0.14～0.20

1）对于其他粘结剂 $\mu_{ges}=0.2$～0.3。

计算时用最小的摩擦因数。摩擦值的离散可通过拧紧系数来考虑。

TB 8-12（续）

b）螺纹中的摩擦因数 μ_G（根据斯翠罗）

<table>
<tr><th colspan="5">螺纹</th><th colspan="9">外螺纹（螺栓）</th></tr>
<tr><th rowspan="4">螺纹</th><th colspan="4">材料</th><th colspan="9">钢</th></tr>
<tr><th rowspan="3">材料</th><th colspan="3">表面</th><th colspan="4">发黑调质或磷酸盐处理</th><th colspan="2">镀锌（Zn6）</th><th colspan="2">镀镉（Cd6）</th><th>粘结剂</th></tr>
<tr><th rowspan="2">表面</th><th colspan="2">螺纹加工</th><th colspan="3">滚制</th><th>切制</th><th colspan="5">切制或滚制</th></tr>
<tr><th>螺纹加工</th><th>润滑</th><th>干</th><th>油</th><th>MoS₂</th><th>油</th><th>干</th><th>油</th><th>干</th><th>油</th><th>干</th></tr>
<tr><td rowspan="5">内螺纹（螺母）</td><td rowspan="3">钢</td><td>空</td><td rowspan="5">切制</td><td rowspan="5">干</td><td>0.12～0.18</td><td>0.10～0.16</td><td>0.08～0.12</td><td>0.10～0.16</td><td>—</td><td>0.10～0.18</td><td>—</td><td>0.08～0.14</td><td>0.16～0.25</td></tr>
<tr><td>镀锌</td><td>0.10～0.16</td><td>—</td><td>—</td><td>—</td><td>0.12～0.20</td><td>0.10～0.18</td><td>—</td><td>—</td><td>0.14～0.25</td></tr>
<tr><td>镀镉</td><td>0.08～0.14</td><td>—</td><td>—</td><td>—</td><td>—</td><td>—</td><td>0.12～0.16</td><td>0.12～0.14</td><td>—</td></tr>
<tr><td>灰铸铁/可锻铸铁</td><td>空</td><td>—</td><td>0.10～0.18</td><td>—</td><td>0.10～0.18</td><td>—</td><td>0.10～0.18</td><td>—</td><td>0.08～0.16</td><td>—</td></tr>
<tr><td>AlMg</td><td>空</td><td>—</td><td>0.08～0.20</td><td>—</td><td>—</td><td>—</td><td>—</td><td>—</td><td>—</td><td>—</td></tr>
</table>

c）螺栓头或螺母支撑面摩擦因数 μ_K（根据斯翠罗）

<table>
<tr><th colspan="5">支承面</th><th colspan="10">螺栓头</th></tr>
<tr><th rowspan="4">支承面</th><th colspan="4">材料</th><th colspan="10">钢</th></tr>
<tr><th rowspan="3">材料</th><th colspan="3">表面</th><th colspan="6">发黑或磷酸盐处理</th><th colspan="2">镀锌（Zn6）</th><th colspan="2">镀镉（Cd6）</th></tr>
<tr><th rowspan="2">表面</th><th colspan="2">加工</th><th colspan="3">冲压</th><th colspan="2">车削</th><th>磨削</th><th colspan="4">冲压</th></tr>
<tr><th>加工</th><th>润滑</th><th>干</th><th>油</th><th>MoS₂</th><th>油</th><th>MoS₂</th><th>油</th><th>干</th><th>油</th><th>干</th><th>油</th></tr>
<tr><td rowspan="7">配对面</td><td rowspan="4">钢</td><td rowspan="2">空</td><td>磨削</td><td rowspan="7">干</td><td>—</td><td>0.16～0.22</td><td>—</td><td>0.10～0.18</td><td>—</td><td>0.16～0.22</td><td>0.10～0.18</td><td>—</td><td>0.08～0.16</td><td>—</td></tr>
<tr><td rowspan="3">切削加工</td><td>0.12～0.18</td><td>0.10～0.18</td><td>0.08～0.12</td><td>0.10～0.18</td><td>0.08～0.12</td><td>—</td><td colspan="2">0.10～0.18</td><td>0.08～0.16</td><td>0.08～0.14</td></tr>
<tr><td>镀锌</td><td colspan="2">0.10～0.16</td><td>—</td><td>0.10～0.16</td><td>—</td><td>0.10～0.18</td><td>0.16～0.20</td><td>0.10～0.18</td><td>—</td><td>—</td></tr>
<tr><td>镀镉</td><td colspan="6">0.08～0.16</td><td>—</td><td>—</td><td>0.12～0.20</td><td>0.12～0.14</td></tr>
<tr><td rowspan="2">灰铸铁/可锻铸铁</td><td rowspan="3">空</td><td>磨削</td><td>—</td><td>0.10～0.18</td><td>—</td><td>—</td><td>—</td><td colspan="3">0.10～0.18</td><td>0.08～0.18</td><td>—</td></tr>
<tr><td rowspan="2">切削加工</td><td>—</td><td>0.14～0.20</td><td>—</td><td>0.10～0.18</td><td>—</td><td>0.14～0.22</td><td>0.10～0.18</td><td>0.10～0.16</td><td>0.08～0.16</td><td>—</td></tr>
<tr><td>AlMg</td><td>—</td><td colspan="4">0.08～0.20</td><td>—</td><td>—</td><td>—</td><td>—</td><td>—</td></tr>
</table>

TB 8-13　用于螺栓预选的参考值

性能等级		螺栓公称直径（mm）与载荷 F_B（F_Q）（kN）之间的对应关系[1)]											
	静轴向载荷	1.6	2.5	4	6.3	10	16	25	40	63	100	160	250
	动轴向载荷	1	1.6	2.5	4.0	6.3	10	16	25	40	63	100	160
	横向载荷	0.32	0.5	0.8	1.25	2	3.15	5	8	12.5	20	31.5	50
4.6		6	8	10	12	16	20	24	27	33	—	—	—
4.8，5.6		5	6	8	10	12	16	20	24	30	—	—	—
5.8，6.8		4	5	6	8	10	12	14	18	22	27	—	—
8.8		4	5	6	8	8	10	14	16	20	24	30	—
10.9		—	4	5	6	8	10	12	14	16	20	27	30
12.9		—	4	5	5	8	8	10	12	16	20	24	30

1）对于弹性螺栓或工作载荷 F_B 偏心作用时，应取大一号直径。

TB 8-14　各种总摩擦因数 μ_{ges} 下的螺纹销钉和弹性螺栓的张紧力 F_{sp} 和张紧力矩 M_{sp}

粗牙或细牙螺纹	$\mu_{ges}=\mu_G=\mu_K$	螺纹销钉 张紧力 F_{sp}（kN）			螺纹销钉 张紧力矩 M_{sp}（N·m）			弹性螺栓 张紧力 F_{sp}（kN）			弹性螺栓 张紧力矩 M_{sp}（N·m）		
	性能等级[1)]	8.8	10.9	12.9	8.8	10.9	12.9	8.8	10.9	12.9	8.8	10.9	12.9
M5	0.08	7.6	11.1	13.0	4.4	6.5	7.6	5.3	7.8	9.1	3.1	4.5	5.3
	0.10	7.4	10.8	12.7	5.2	7.6	8.9	5.1	7.6	8.9	3.6	5.3	6.2
	0.12	7.2	10.6	12.4	5.9	8.6	10.0	5.0	7.3	8.6	4.1	6.0	7.0
	0.14	7.0	10.3	12.0	6.5	9.5	11.2	4.8	7.1	8.3	4.5	6.6	7.7
M6	0.08	10.7	15.7	18.4	7.7	11.3	13.2	7.5	11.0	12.9	5.4	7.9	9.2
	0.10	10.4	15.3	17.9	9.0	13.2	15.4	7.3	10.7	12.5	6.2	9.1	10.7
	0.12	10.2	14.9	17.5	10.1	14.9	17.4	7.0	10.3	12.1	7.0	10.3	12.0
	0.14	9.9	14.5	17.0	11.3	16.5	19.3	6.8	9.9	11.6	7.7	11.3	13.2
M8	0.08	19.5	28.7	33.6	18.5	27.2	31.8	13.8	20.3	23.8	13.1	19.2	22.5
	0.10	19.1	28.0	32.8	21.3	31.8	37.2	13.4	19.7	23.1	15.2	22.3	26.1
	0.12	18.6	27.3	32.0	24.6	36.1	42.2	13.0	19.1	22.3	17.1	25.2	29.5
	0.14	18.1	26.6	31.1	27.3	40.1	46.9	12.5	18.4	21.5	18.9	27.8	32.5
M8×1	0.08	21.2	31.1	36.4	19.3	28.4	33.2	15.5	22.7	26.6	14.1	20.7	24.3
	0.10	20.7	30.4	35.6	22.8	33.5	39.2	15.0	22.1	25.8	16.6	24.3	28.5
	0.12	20.2	29.7	34.7	26.1	38.3	44.9	14.6	21.4	25.1	18.8	27.7	32.4
	0.14	19.7	28.9	33.9	29.2	42.8	50.1	14.1	20.7	24.3	20.9	30.7	35.9
M10	0.08	31.0	45.6	53.3	35.9	52.7	61.7	22.1	32.5	38.0	25.6	37.6	44.0
	0.10	30.3	44.5	52.1	42.1	61.8	72.3	21.5	31.5	36.0	30.8	43.7	51.2
	0.12	29.6	43.4	50.8	47.8	70.2	82.2	20.8	30.5	35.7	33.6	49.4	57.8
	0.14	28.8	42.3	49.5	53.2	78.1	91.3	20.1	29.5	34.6	37.1	54.5	63.8
M10×1.25	0.08	33.1	48.6	56.8	37.2	54.6	63.9	24.2	35.5	41.5	27.2	39.9	46.7
	0.10	32.4	47.5	55.6	43.9	64.5	75.4	23.5	34.5	40.4	31.9	46.8	54.8
	0.12	31.6	46.4	54.3	50.2	73.7	86.2	22.8	33.5	39.2	36.2	53.2	62.2
	0.14	30.8	45.2	53.0	56.0	82.3	96.3	22.1	32.4	37.9	40.2	59.0	69.0
M12	0.08	45.2	66.3	77.6	62.7	92.0	108	32.3	47.5	55.6	44.9	65.9	77.1
	0.10	44.1	64.9	75.9	73.5	108	126	31.4	46.1	54.0	52.3	76.8	89.8
	0.12	43.1	63.3	74.1	83.6	123	144	30.4	44.2	52.3	59.1	86.8	102
	0.14	41.9	61.6	72.1	93.1	137	160	29.4	43.1	50.6	65.3	95.9	112
M12×1.25	0.08	50.1	73.6	86.2	66.3	97.4	114	37.3	54.8	64.1	49.4	72.5	84.8
	0.10	49.1	72.1	84.4	78.8	116	135	36.4	53.4	62.5	52.3	85.6	100
	0.12	48.0	70.5	82.5	90.5	133	155	35.3	51.9	60.7	66.6	97.8	114
	0.14	46.8	68.8	80.5	101	149	174	34.2	50.3	58.9	74.2	109	127
M14	0.08	62.0	91.0	106	99.6	146	171	44.5	65.3	76.4	71.5	105	123
	0.10	60.6	88.9	104	117	172	201	43.2	63.4	74.2	83.4	122	143
	0.12	59.1	86.7	101	133	195	229	41.8	61.4	71.9	94.3	138	162
	0.14	57.5	84.4	98.8	148	218	255	40.4	59.4	69.5	104	153	179
M16	0.08	84.7	124	145	153	224	262	61.8	90.8	106	111	164	191
	0.10	82.9	122	142	180	264	309	60.1	88.3	103	131	192	225
	0.12	80.9	119	139	206	302	354	58.3	85.7	100	148	218	255
	0.14	78.8	116	135	230	338	395	56.5	82.9	97.0	165	242	283

TB 8-14（续）

粗牙或细牙螺纹	$\mu_{ges}=\mu_G=\mu_K$	螺纹销钉 张紧力 F_{sp}（kN） 性能等级[1]			螺纹销钉 张紧力矩 M_{sp}（N·m） 性能等级[1]			弹性螺栓 张紧力 F_{sp}（kN） 性能等级[1]			弹性螺栓 张紧力矩 M_{sp}（N·m） 性能等级[1]		
		8.8	10.9	12.9	8.8	10.9	12.9	8.8	10.9	12.9	8.8	10.9	12.9
M16×1.5	0.08	91.4	134	157	159	233	273	68.6	101	118	119	175	205
	0.10	89.6	132	154	189	278	325	66.9	98.3	115	141	207	243
	0.12	87.6	129	151	218	320	374	65.1	95.6	112	162	238	278
	0.14	85.5	125	147	244	359	420	63.1	92.7	108	181	265	310
M20	0.08	136	194	227	308	438	513	100	142	166	225	320	375
	0.10	134	190	223	363	517	605	97	138	162	264	376	440
	0.12	130	186	217	415	592	692	94	134	157	300	427	499
	0.14	127	181	212	464	661	773	91	130	152	332	473	554
M20×1.5	0.08	154	219	257	327	466	545	117	167	196	249	355	416
	0.10	151	215	252	392	558	653	115	163	191	298	424	496
	0.12	148	211	246	454	646	756	112	159	186	342	488	571
	0.14	144	206	241	511	728	852	108	154	181	384	547	640
M24	0.08	196	280	327	529	754	882	143	204	239	387	551	644
	0.10	192	274	320	625	890	1041	140	199	233	454	646	756
	0.12	188	267	313	714	1017	1190	135	193	226	515	734	859
	0.14	183	260	305	798	1136	1329	131	187	218	572	814	953
M24×2	0.08	217	310	362	557	793	928	165	235	274	422	601	703
	0.10	213	304	355	666	949	1110	161	229	268	502	715	837
	0.12	209	297	348	769	1095	1282	156	223	261	576	821	961
	0.14	204	290	339	865	1232	1442	152	216	253	645	919	1075

1）对于其他性能等级的螺栓应将表值按其屈服强度或0.2%拉伸极限按比例换算。对于张紧力，有 $F_{sp}=\nu F_{VM}=0.9F_{VM}$。

TB 8-15 不通孔螺纹的旋入长度 l_e

零件的材料		不同螺栓性能等级下的旋入长度 l_e[2] 3.6 4.6	4.8～6.8	8.8	10.9
钢及其 R_m（N/mm²）	≤400	0.8*d*	1.2*d*	—	—
	400～600	0.8*d*	1.2*d*	1.2*d*	—
	>600～800	0.8*d*	1.2*d*	1.2*d*	1.2*d*
	>800	0.8*d*	1.2*d*	1.0*d*	1.0*d*
铸铁		1.3*d*	1.5*d*	1.5*d*	—
铜合金		1.3*d*	1.3*d*	—	—
轻金属[1]	铝铸造合金	1.6*d*	2.2*d*	—	—
	纯铝	1.6*d*	—	—	—
	硬化铝合金	0.8*d*	1.2*d*	1.6*d*	—
	非硬化铝合金	1.2*d*	1.6*d*	—	—
软金属、塑料		2.5*d*	—	—	—

1）动载荷下 l_e 应增加约20%。

2）细牙螺纹要求增大约25%的旋入长度。

TB 8-16 螺栓防松有效性（根据鲍尔和肖特·卡谢尔）

防松件或方法	例子（TB8-6，TB8-7）		作　用	重复可用性
张紧弹性防松件	弹性环	DIN 128	性能等级≥8.8时防松失效	不能
	弹性垫圈	DIN 137		
	带齿垫圈	DIN 6797		
	错面垫圈	DIN 6798		

TB 8-16（续）

防松件或方法	例子（TB8-6，TB8-7）	作　用	重复可用性
形封闭防松件	防松片　DIN 432 单面折弯 双面折弯 花螺母　DIN 935 螺栓带孔 张紧后钻孔 钢丝防松 螺栓螺旋形排列	性能等级≥8.8时防失效但是预紧力不确定，否则为防分离。 性能等级>8.8时防失效，否则防分离防松开	不能 能，但要用新的开口销 能，但要用新的钢丝 能
力封闭（夹紧）防松件	带尼龙嵌件的螺母[1] 带夹紧件的螺母（DIN EN 7040，7042和10511，DIN 6924和6925） 螺纹上有塑料涂层的螺栓 花螺母 防松螺母 DIN 7967	防松失效 防分离 防分离 有松开可能性 有松开可能性	不能 能 能 不能 不能
棘爪防松件	螺栓/螺母带棘爪 螺栓/螺母带肋条	防松开，例外：硬化表面≤60 HRC时可防松开	能 能
物质封闭防松件	微胶囊粘结剂 液体粘结剂 螺纹上带硅胶	防松开[1] 防松开[1] 防分离[1]	能，但只能用3次 不能 能

1）注意与温度有关。

TB 8-17　钢结构用高强度螺栓的预紧力和拧紧力矩（DIN 18800 T7）

螺栓尺寸		M12	M16	M20	M22	M24	M27	M30	M36
预紧力 F_V（kN）		50	100	160	190	220	290	350	510
拧紧力矩 M_A[1]（N·m）	润滑	100	250	450	650	800	1250	1650	2800
	略涂油	120	350	600	900	1100	1650	2200	3800

1）按扭转脉冲或扭转角拧紧时所需的预紧力或拧紧力矩（见标准）。

TB 8-18　螺旋传动的许用压强 p_{zul} 的参考值

滑动副（材料）		p_{zul}（N/mm^2）
螺栓（螺旋）	螺母	
钢（例如C15，9SMn28K，E295）	铸铁	3～7
	铸钢，耐磨铸铁	5～10
	铜锡合金、铜铝合金	10～20
	钢（例如C35）	10～15
	塑料“耐磨片A”[1]	5～15
	塑料“尼拉特隆”[2]	～55
铜锡和铜铝合金	钢（例如C35）	10～20

大值适用于间断工作滑动副强度较高和滑动速度较低的场合，操作（例如滑动）很少时，最大可取双倍值。

1）制造商：Busak＋Luyken，Stuttgart-Vaihingen。

2）含 MoS_2 的浇铸尼龙，制造商：Neff螺旋件有限公司，Walalenbuch。

1）2）无需保养和噪声小，螺旋件无磨损，无蠕动。

第 9 章 轴销联接、销联接和安全零件

TB 9-1 低滑动速度（如铰链转动中心）下的许用平均压强（轴承压力）的参考值

p_{zul}由轴承材料的磨损率确定。括号中的值用于短时尖峰载荷脉动受载时乘 0.7。

行	滑动副（轴承/轴销材料）[1]	p_{zu}（N/mm²）
	干运行（无需保养）：	
1	复合 PTFE[2]/钢	80（250）
2	摩擦因数和磨损极低的 X[3]/硬化钢	150
3	摩擦因数和磨损极低的 G[3]/硬化钢	80
4	DU 轴承[4]/钢	60（140）
5	含固体润滑剂的烧结青铜/钢	80
6	复合轴承（工作层为 PTFE）/钢	30（150）
7	尼龙或聚甲醛/钢	20
8	聚乙烯/钢	10
9	已浸油的烧结铁（烧结—B20)/钢	8
	添加润滑剂：	
10	托卡特青铜[5]/钢	100
11	硬化钢/硬化钢	25
12	Cu-Sn-Pb 合金/硬化钢	40（100）
13	Cu-Sn-Pb 合金/钢	20
14	GG/钢	5
15	Pb-Sn 合金/钢	3（20）

1）硬化和磨削轴销表面（$Ra \approx 0.4\mu m$）更为有利。

2）塑料镀覆钢背。制造商：SKF。

3）含纤维和固体润滑剂的热塑性塑料。制造商：igus 有限公司，Bergisch Gldbach。

4）在钢背（轴承衬，带钢）上烧结锡青铜层，其孔洞处充满 PTFE 和铅。制造商：Karl Schmidt 有限公司，Neckarsulm。

5）在钢上覆上铅青铜涂层 制造商：Kugler Bimetal，Le Lignon/Genf。

TB 9-2 部分轴销（DIN EN 22340（ISO 2340）、DIN EN 22341（ISO 2341）和 DIN 1445）

（单位：mm）

d_1	h11	5	6	8	10	12	16	20	24	30	36	40	50	60
d_2	h14	8	10	14	18	20	25	30	36	44	50	55	66	78
d_3	H13	1.2	1.6	2	3.2	3.2	4	5	6.3	8	8	8	10	10
d_4		—	—	M6	M8	M10	M12	M16	M20	M24	M27	M30	M36	M42
b 最小		—	—	11	14	17	20	25	29	36	39	42	49	58
k	js14	1.6	2	3	4	4	4.5	5	6	8	8	8	9	12
w		2.9	3.2	3.5	4.5	5.5	6	8	9	10	10	10	12	14
z_1 最大		2	2	2	2	3	3	4	4	4	4	4	4	6
SW		—	—	11	13	17	22	27	32	36	46	50	60	70
开口销 DIN EN ISO 1234		1.2×10	1.6×12	2×14	3.2×18	3.2×20	4×25	5×32	6.3×36	8×45	8×50	8×56	10×71	10×80
垫圈	s	1	1.6	2	2.5	3	3	4	4	5	6	6	8	10
DIN EN 28 738	d_5	10	12	15	18	20	24	30	37	44	50	56	66	78
弹性插销 d_4 DIN 11024		—	—	—	2.5	3.2	4	5	5	6	7	7	8	—

d_1=3 4 14 18 22 27 33 45 55 70 80 90 100 的轴销见标准。

商品长度 l_1 位于 $2d_1$ 和 $10d_1$ 之间。

超过 200mm 的长度后，其系列值每次增加 20mm。

长度 l_1 的系列值：6 8 10 12 14 16 18 20 22 24 26 28 30 32 35 40 45 50 55 60 65 70 75 80 85 90 95 100 120 140 160 180 200

头部倒角 $z_2 \times 45°$，$z_2 \approx z_1/2$。过渡半径 r：$d_1 \leqslant 16$mm 时，0.6mm；$d > 18$mm 时，1mm。

带开口销孔的 B 型轴销的总长由夹紧长度 l_k（图 9-1b）计算：$l_1 = l_k + 2(s+w) + d_3$。用这个计算最小长度 l_1 后，到表中查找比它大的标准长度 l_1。如果由此得到的夹紧长度 l_k 太大而使结构不能实现，在计算时可以按下式计算所需的开口销距离 $l_2 = l_k + 2s + d_3$。

无头、B 型轴销、公称直径 d_1=16mm 和公称长度 l_1=55mm，带减小的开口销距离 l_2=40mm，材料为易切削钢，其标记为：

轴销 ISO 2340—B—16×55×40—钢

螺尾轴销的长度 l_1 由夹紧长度 l_3 加轴颈长度 b 计算。根据这样得到的长度 l_1 到表中查取比它大的标准长度。

有头螺尾轴销（DIN 1445），直径 d_1=30mm，公差带 h11，夹紧长度 l_3=63mm 和（标准）长度 l_1=100mm，材料为 95MnPb28+C（钢），其标记为：

轴销 DIN 1445—30h11×63×100—钢

TB 9-3　非硬化圆柱销尺寸（DIN EN ISO 2338　摘录）

（单位：mm）

d m6/h8	1.5	2	2.5	3	4	5	6	8	10	12	16	20	25	30	40	50
c≈	0.3	0.35	0.4	0.5	0.63	0.8	1.2	1.6	2	2.5	3	3.5	4	5	6.3	8
l >	4	6	6	8	8	10	12	14	16	22	26	35	50	60	80	95
l ≤	16	20	24	30	40	50	60	80	95	140	180	200	200	200	200	200

长度 *l* 的系列值：4 5 6～32，级差 2mm，35～95 级差 5mm，100～200 及以上级差 20mm。

材料：St＝硬度为 125 HV30～245 HV30 的钢

A1＝奥氏体不锈钢（硬度 210 HV30～280 HV30）。

表面粗糙度：抛光，如果没有其他约定。

标记：非硬化圆柱销，奥氏体不锈钢 A1 公称直径 $d=12$mm，公差等级 h8 和公称长度 $l=40$mm：

圆柱销 ISO 2338—12h8×40－A1。

TB 9-4　双层销联接的最小剪切力（根据 DIN EN 28749 进行剪切试验，加载直至断裂）

（单位：kN）

销钉类型	销钉直径 *d*（mm）												
	1.5	2	2.5	3	4	5	6	8	10	12	16	20	25
圆柱槽销 DIN EN ISO 8740 钢（硬度 125～245HV30）	1.6	2.84	4.4	6.4	11.3	17.6	25.4	45.2	70.4	101.8	181	283	444
弹性销（套）轻型结构 DIN EN ISO 13337[1)]		1.5	2.4	3.5	8	10.4	18	24	40	48	98	158	202
弹性销(套)重型结构 DIN EN ISO 8752[1)]	1.58	2.82	4.38	6.32	11.24	17.54	26.04	42.76	70.16	104.1	171	280.6	438.5
螺旋弹性销正常结构 DIN EN ISO 8750[1)]	1.45	2.5	3.9	5.5	9.6	15	22	39	62	89	155	250	

1)材料：钢和马氏体不锈钢，硬化。

TB 9-5　部分定位垫圈和支承垫圈的尺寸（DIN 988　摘录）

见教材图 9-11c　（单位：mm）

d_1	D12	13　16　17	20　22　25	30　37　40	45　50　55　60	65　70　75　80　85　90　95　100
d_2	d12	19　22　24	28　32　35	42　47　50	55　62　68　75	85　90　95　100　105　110　115　120
厚度 *s*	支承垫圈	$1.5_{-0.05}^{0}$	$2_{-0.05}^{0}$	$2.5_{-0.05}^{0}$	$3_{-0.06}^{0}$	$3.5_{-0.06}^{0}$
	定位垫圈（用于所有直径）	0.1　0.15　$_{-0.03}^{0}$	0.2　$_{-0.04}^{0}$	0.3　0.5　1　1.1　1.2　1.3　1.4　1.5　1.6　1.7　1.8　1.9　2　$_{-0.05}^{0}$		

其他尺寸见标准。

标记：定位垫圈，内径 $d_1=30$mm，外径 $d_2=42$mm 和厚度 $s=1.2$mm：

定位垫圈 DIN 988－30×42×1.2

标记：支承垫圈（s），内径 $d_1=40$mm 和外径 $d_2=50$mm：

支承垫圈 DIN 988－S40×50

TB 9-6　部分定位环（DIN 705）

尺寸（mm），见教材图 9-15

d_1	H8	10	12	14	16	18	20	22	25	28	32	36	40	45	50	60	70	80	90	100
D	h13	20	22	25	28	32	32	36	40	45	50	56	63	70	80	90	100	110	125	140
b	js14	10	12	12	12	14	14	14	16	16	16	16	18	18	18	20	20	22	22	25
d_2		M5	M6						M8				M10					M12		
d_3		3	4			5			6		8				10				12	

其他尺寸以及螺纹、槽销或圆锥销见标准。螺纹销不含槽销或圆锥销，为定位环的供货组件。

标记：定位环，A 型（带螺纹销），$d_1=25$mm；定位环 DIN 705－A25。

TB 9-7 部分弹性挡圈（安全环）（DIN 471 和 DIN 472）（原理结构）

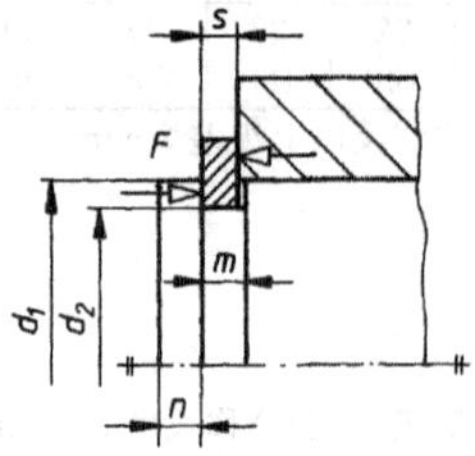

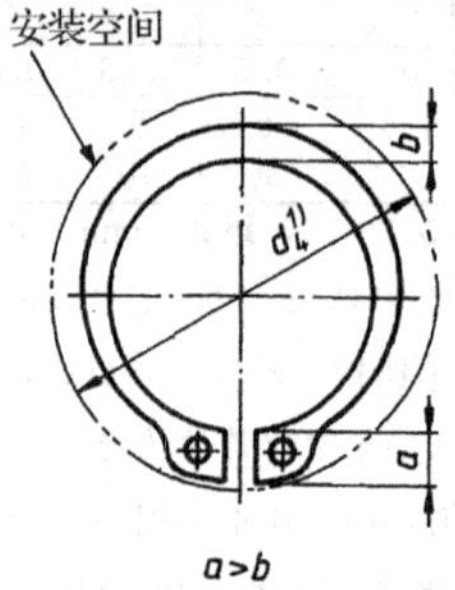

轴用挡圈（DIN 471）							
轴径 d_1	挡圈		槽[8]			承载能力	
	s[3]	a max	d_2[4]	m H13	n min	槽 F_N[6] kN	挡圈 F_R[7] kN
6	0.7	2.7	5.7	0.8	0.5	0.46	1.45
8	0.8	3.2	7.6	0.9	0.6	0.81	3.0
10	1	3.3	9.6	1.1	0.6	1.01	4.0
12	1	3.3	11.5	1.1	0.8	1.53	5.0
15	1	3.6	14.3	1.1	1.1	2.66	6.9
17	1	3.8	16.2	1.1	1.2	3.46	8
20	1.2	4	19	1.3	1.5	5.06	17.1
25	1.2	4.4	23.9	1.3	1.7	7.05	16.2
30	1.5	5	28.6	1.6	2.1	10.73	32.1
35	1.5	5.6	33	1.6	3	17.8	30.8
40	1.75	6	37.5	1.85	3.8	25.3	51.0
45	1.75	6.7	42.5	1.85	3.8	28.6	49.0
50	2	6.9	47	2.15	4.5	38.0	73.3
55	2	7.2	52	2.15	4.5	42.0	71.4
60	2	7.4	57	2.15	4.5	46.0	69.2
65	2.5	7.8	62	2.65	4.5	49.8	135.6
70	2.5	8.1	67	2.65	4.5	53.8	134.2
75	2.5	8.4	72	2.65	4.5	57.6	130.0
80	2.5	8.6	76.5	2.65	5.3	71.6	128.4
85	3	8.7	81.5	3.15	5.3	76.2	215.4
90	3	8.8	86.5	3.15	5.3	80.8	217.2
95	3	9.4	91.5	3.15	5.3	85.5	212.2
100	3	9.6	96.5	3.15	5.3	90.0	206.4
105	4	9.9	101	4.15	6	107.6	471.8
110	4	10.1	106	4.15	6	113.0	457.0
120	4	11	116	4.15	6	123.5	424.6
130	4	11.6	126	4.15	6	134.0	395.5
140	4	12	136	4.15	6	144.5	376.5
150	4	13	145	4.15	7.5	193.0	357.5

其他尺寸（$d_1 \leqslant 300$mm）以及中间尺寸见标准。$\phi \leqslant 100$mm 的轴，圆周速度$\leqslant$22m/s 和 $\phi > 100$mm，圆周速度$\leqslant$15m/s 时不用担心轴用挡圈会弹出。精确的松开转速见标准。

1） $d_4 = d_1 + 2.1a$

2） $d_4 = d_1 - 2.1a$

3）

厚度 s	≤0.8	1～1.75	2～2.5	3	4
许用偏差	−0.05	−0.06	−0.07	−0.08	−0.1

4）

槽直径 d_2	≤9.6	10.5～21	22.9～96.5	≥101
公差等级	h10	h11	h12	h13

5）

直径 d_2	≤23	25.2～103.5	≥106
公差等级	H11	H12	H13

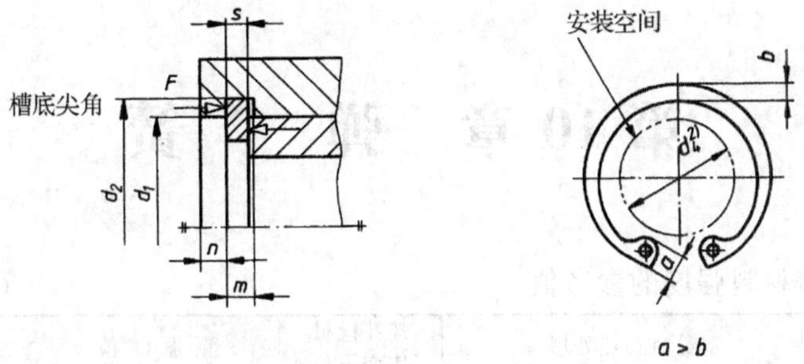

（单位：mm）

孔用挡圈（DIN 472）							
轴径 d_1	挡　圈		槽[8]			承载能力	
	s[3]	a max	d_2[5]	m H13	n min	槽 F_N[6] kN	挡圈 F_R[7] kN
16	1	3.8	16.8	1.1	1.2	3.4	5.5
19	1	4.1	20	1.1	1.5	5.1	6.8
22	1	4.2	23	1.1	1.5	5.9	8.0
24	1.2	4.4	25.2	1.3	1.8	7.7	13.9
26	1.2	4.7	27.2	1.3	1.8	8.4	13.85
28	1.2	4.8	29.4	1.3	2.1	10.5	13.3
32	1.2	5.4	33.7	1.3	2.6	14.6	13.8
35	1.5	5.4	37	1.6	3	18.8	26.9
40	1.75	5.8	42.5	1.85	3.8	27.0	44.6
42	1.75	5.9	44.5	1.85	3.8	28.4	44.7
47	1.75	6.4	49.5	1.85	3.8	31.4	43.5
52	2	6.7	55	2.15	4.5	42.0	60.3
55	2	6.8	58	2.15	4.5	44.4	60.3
62	2	7.3	65	2.15	4.5	49.8	60.9
68	2.5	7.8	71	2.65	4.5	54.5	121.5
72	2.5	7.8	75	2.65	4.5	58	119.2
75	2.5	7.8	78	2.65	4.5	60	118
80	2.5	8.5	83.5	2.65	5.3	74.6	120.9
85	3	8.6	88.5	3.15	5.3	79.5	201.4
90	3	8.6	93.5	3.15	5.3	84	199
95	3	8.8	98.5	3.15	5.3	88.6	195
100	3	9.2	103.5	3.15	5.3	93.1	188
110	4	10.4	114	4.15	6	117	415
120	4	11	124	4.15	6	127	396
130	4	11	134	4.15	6	138	374
140	4	11.2	144	4.15	6	148	350
150	4	12	155	4.15	7.5	191	326
160	4	13	165	4.15	7.5	212	321
170	4	13.5	175	4.15	7.5	225	349

6）槽的承载能力是指 $R_{eL}=200\text{N/mm}^2$，无安全系数，抗屈服和疲劳断裂的能力。静载荷下，抗断裂安全系数为 2。对于有误差的槽深 t' 和屈服强度 R'_{eL}，有：

$$F'_N=F_N\,\frac{t'}{t}\,\frac{R'_{eL}}{200}$$

7）指在零件尖角压紧下的弹性挡圈（安全环，卡簧）的承载能力。如有倒角，承载能力会急剧下降，见标准。

8）受载边的槽底圆角 r 最大不超过 $0.1s$。合适的槽底结构见教材图 9-12。

标记：安全环轴径 $d_1=30\text{mm}$ 和环厚 $s=1.5\text{mm}$：安全环 DIN 471—30×1.5。

第 10 章 弹 簧

TB 10-1 部分弹簧材料强度的参考值 （单位：N/mm^2）

弹簧类型	材料和热处理	弹性模量 切变模量	静强度值	动强度值
板簧	弹簧钢，DIN 17221 调质 60CrSi7 50CrV4	$E=200000$ $G=80000$	R_m $R_{p0.2}$ 1320～1570 1130 1370～1670 1180	$\sigma_{bD}=\sigma_m\pm\sigma_A$
	钢带 DIN 17222 冷轧（H+A）[1)] 71Si7 50CrV4 轧皮 去除轧皮，调质 磨削	$E=206000$ $G=78000$	1500～2200 1400～2000	$\sigma_{bD}\approx500\pm120\sim200$ $\sigma_{bD}\approx500\pm300$ $\sigma_{bD}\approx500\pm400$
			$\sigma_{b\,zul}\approx0.7R_m$	$\sigma_{b\,zul}\approx\sigma_m+0.75\sigma_A$
扭簧	弹簧钢丝 DIN 17223 T1 簧丝种类 A、B、C、D	$E=206000$ $G=81500$	与 d 有关 σ_{zul} 见 TB10-3	σ_H 查 TB10-5
	DIN 17224 不锈钢 X12CrNi177 K	$E=185000$ $G=70000$		
盘簧	钢带 DIN 17222 C67，Ck67，67SiCr5，50CrV4	$E=206000$ $G=78000$	带厚≤1mm $\sigma_{zul}\approx1100$ 1～3mm≈950 >3mm≈800	按制造商说明
蝶簧	DIN 17221，17222 Ck67，50CrV4	$E=206000$ $G=78000$	当 $s_c=h_0$， $R_e=1400\sim1600$； $\sigma_{Ic}=-3400$ σ_{OM} 查 TB10-6	$\sigma_O=f(\sigma_u)$ 查 TB 10-9
扭杆簧	热轧钢 DIN 17221 调质 55Cr3，主要是 50CrV4 表面磨削和喷丸处理	$E=200000$ $G=80000$	没预扭 $\tau_{t\,zul}=700$ 预扭 $\tau_{t\,zul}=1020$ 当 $R_m=1600\sim1800$	$\tau_m\pm\tau_A$ 预扭 $\tau_m\approx600$ 查 TB 10-10b
圆柱形螺旋弹簧（压缩和拉伸弹簧，圆弹簧丝）	圆弹簧钢丝铅浴处理—盘绕 DIN 17223 T1 例如钢丝 A、B、C、D	$E=206000$ $G=81500$	$\tau_{t\,zul}\approx0.5R_m$ 查 TB 10-11 或 $\tau_{t\,zul}\approx0.45R_m$ 查 TB10-19 对应于 $R_m=1370\sim1670$，$d=0.2\sim6$mm	见 TB10-13～TB10-16
	调质 DIN 17223 T2 例如钢丝 FD、VD	$E=206000$ $G=81500$		
	热轧 DIN 17221 例如 55Cr3，50CrV4	$E=206000$ $G=81500$		
	不锈钢 DIN 17224 X7CrNiAl177K+A	$E=19500$ $G=73000$	$R_m=2250\sim1300$ （$d\leqslant0.2\sim6$mm）	
	X5CrNiMo1810K	$E=180000$ $G=68000$	$R_m=1900\sim1050$ （$d\leqslant0.2\sim8$mm）	
	铜锻造合金 DIN 17682，冷作硬化退火，例如 CuZn36F70（CuSn6F95）	$E=110000$ （115000） $G=39000$ （42000）	当 $d\leqslant3$mm $R_m\approx930\sim700$ （≈900～1180）	按制造商说明
	硬化，例如 CuBe2 F95（CuBe2 F140）	$E=120000$ （135000） $G=47000$ （47000）	当 $d\leqslant3$mm $R_m\approx950\sim1150$ （≈1400～1550）	
橡胶弹簧	软橡胶硬度 40～70HV	$E=2\sim8$ $G=0.4\sim1.4$	$\sigma_{z\,zul}\approx1\sim2$ $\sigma_{d\,zul}\approx3\sim5$ $\tau_{zul}\approx1\sim2$	$\sigma_{z\,zul}\approx0.5\sim1$ $\sigma_{d\,zul}\approx1\sim1.5$ $\tau_{zul}\approx0.3\sim0.8$

1）冷轧+硬化+退火。

TB 10-2 圆弹簧钢丝

a）弹簧丝（DIN 2076 摘录）

公称尺寸 mm	直径 d 两种尺寸精度的许用偏差 B 簧丝种类 A，B，FD mm	直径 d 两种尺寸精度的许用偏差 C 簧丝种类 C，D，VD mm
0.07 ⋮		
0.85 0.90 0.95 1.00 1.05 1.10 1.20 1.25 1.30 1.40	±0.025	±0.015
1.50 1.60 1.70 1.80 1.90 2.00 2.10 2.25 2.40 2.50 2.60 2.80 3.00 3.20	±0.035	±0.020
3.40 3.60 3.80 4.00 4.25 4.50 4.75 5.00 5.30 5.60	±0.045	±0.025
6.00 6.30 6.50 7.00 7.50 8.00 8.50	±0.060	±0.035
9.00 9.50 10.00	±0.070	±0.050
10.50 11.00 12.00 12.50 13.00 15.00	±0.090	±0.070
16.00 17.00	±0.12	±0.080
18.00 19.00 20.00	±0.15	±0.100

标记示例：弹簧丝 DIN 2076—A4。

即 A 类簧丝，d=4mm（d_{max}=4.045mm）。

b）弹簧丝，热轧（DIN 2077 摘录）

（单位：mm）

直径 d ≥	直径 d ≤	可定购的直径级差	d 的许用偏差
7	11.5	0.5	+0.15
12	21.5	0.5	±0.2
22	29.5	0.5	±0.25
30	39	1.0	±0.3
40	50	2.0	±0.4
52	60	2.0	±0.5
65[1)]	80	5.0	±0.01d[1)]

1）直径 65mm 的许用偏差为±0.5mm

标记示例：圆簧丝 DIN 2077 50CrV4G25

即热轧，圆弹簧钢丝，50CrV4，退火，公称直径 d = 25mm（d_{max} = 25.25mm；d_{min}=24.75mm）。

c）簧丝种类选择指南

簧丝种类	用 途	直径 d（mm）	最小抗拉强度[1)] R_m
A	受拉、压、扭等较小静载荷或轻微动载荷的弹簧	1～10	R_m≈1720－660lg$d$
B	受拉、压、扭等中等静载荷或较小动载荷的弹簧	0.3～20	R_m≈1980－740lg$d$
C	受拉、压、扭等较大静载荷和较小动载荷的弹簧	2～20	R_m≈2220－820lg$d$
D	受较大拉、压、静载荷或中等动载荷的弹簧和受较大静、动扭转载荷的弹簧	0.2～20	R_m≈2220－820lg$d$
FD	静力弹簧钢丝（非合金）	0.5～17	R_m≈1846－480lg$d$
VD	室温下受高动扭转载荷的气门弹簧（非合金）	0.5～10	R_m≈1800－415lg$d$

1）适用于给定直径范围的簧丝（大约值）。

TB 10-3　冷成形扭转弹簧的许用弯曲应力

簧丝种类 A，B，C，D，FD，主要承受静载荷

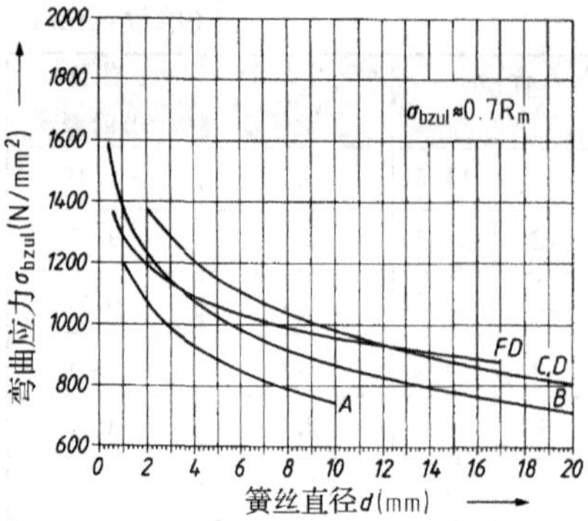

TB 10-4　扭转弹簧的应力系数 q

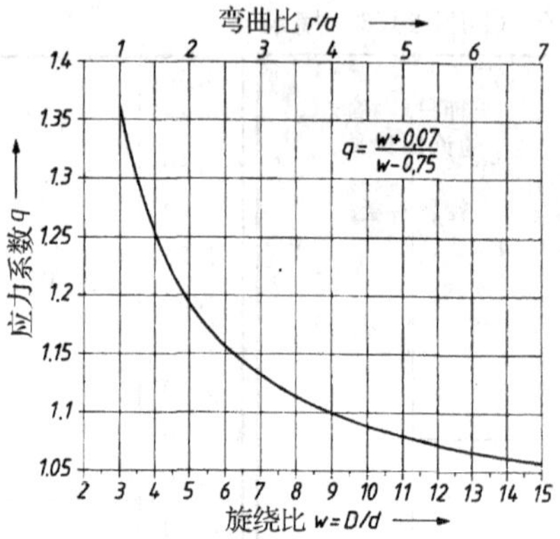

TB 10-5　C级铅浴拉伸弹簧丝制成的圆柱扭转弹簧的疲劳强度图

（极限载荷循环次数 $N=10^7$）。通过对已加工好的弹簧进行喷丸处理，可将疲劳极限幅提高约30%（请咨询制造商）。

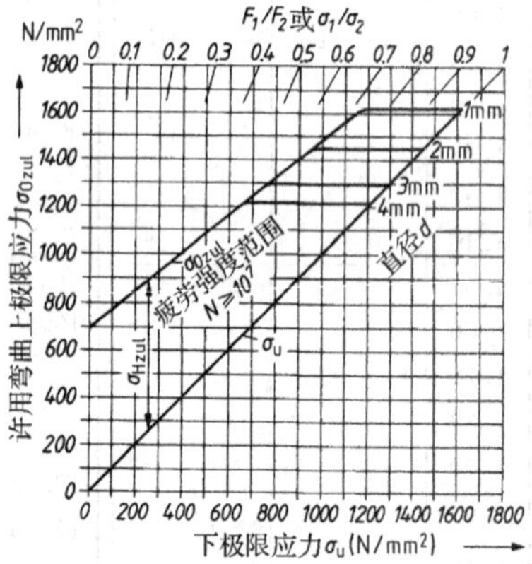

TB 10-6　碟簧（DIN 2093　摘录）

提示：A系列弹簧可取特性线为近似直线；对于B、C系列，其特性线为刚度渐减形，它在 $S_{0.25}$，$S_{0.5}$，$S_{0.75}$ 时可用 $F_{0.25}$，$F_{0.5}$，$F_{0.75}$ 或 $\sigma_{0.25}$，$\sigma_{0.5}$，$\sigma_{0.75}$ 精确表达。部分表值经过圆整。带 * 的计算拉应力对应于 $\sigma_{II}=\sigma_{0.75}$（位置Ⅱ），无 * 的对应于 $\sigma_{III}=\sigma_{0.75}$（位置Ⅲ）。计算压应力 σ_{OM} 位于单碟的上表面点（见教材图10-19）。

a）A系列碟簧，$De/t\approx18$，$h_0/t\approx0.4$

组	D_e h12 mm	D_i H12 mm	t 或 (t') $l_0=t+h_0$ mm	h_0 mm	$F_{0.75}$ 当 $s_{0.75}=0.75h_0$ N	σ_{OM} N/mm²	σ_{II}，σ_{III} N/mm²
1	8	4.2	0.4	0.2	210	−1200	1220*
	10	5.2	0.5	0.25	329	−1210	1240*
	12.5	6.2	0.7	0.3	673	−1280	1420*
	14	7.2	0.8	0.3	813	−1190	1340*
	16	8.2	0.9	0.35	1000	−1160	1290*
	18	9.2	1	0.4	1250	−1170	1300*
	20	10.2	1.1	0.45	1530	−1180	1300*
2	22.5	11.2	1.25	0.5	1950	−1170	1320*
	25	12.2	1.5	0.55	2910	−1210	1410*
	28	14.2	1.5	0.65	2850	−1180	1280*
	31.5	16.3	1.75	0.7	3900	−1190	1310*
	35.5	18.3	2	0.8	5190	−1210	1330*
	40	20.4	2.25	0.9	6540	−1210	1340*
	45	22.4	2.5	1	7720	−1150	1300*
	50	25.4	3	1.1	12000	−1250	1430*
	56	28.5	3	1.3	11400	−1180	1280*

TB 10-6（续）

组	D_e h12 mm	D_i H12 mm	t 或（t'） mm	h_0 mm	$F_{0.75}$ N	σ_{OM} N/mm²	σ_{II}，σ_{III} N/mm²
			$l_0=t+h_0$		当 $s_{0.75}=0.75h_0$		
2	63	31	3.5	1.4	15000	−1140	1300*
	71	36	4	1.6	20500	−1200	1330*
	80	41	5	1.7	33700	−1260	1460*
	90	46	5	2	31400	−1170	1300*
	100	51	6	2.2	48000	−1250	1420*
	112	57	6	2.5	43800	−1130	1240*
3	125	64	8 (7.5)	2.6	85900	−1280	1330*
	140	72	8 (7.5)	3.2	85300	−1260	1280*
	160	82	10 (9.4)	3.5	139000	−1320	1340*
	180	92	10 (9.4)	4	125000	−1180	1200
	200	102	12 (11.25)	4.2	183000	−1210	1230*
	225	112	12 (11.25)	5	171000	−1120	1140
	250	127	14 (13.1)	5.6	249000	−1200	1220

b）B 系列碟簧 $D_e/t\approx28$，$h_0/t\approx0.75$

组	D_e h12 mm	D_i H12 mm	t 或（t'） mm	h_0 mm	$F_{0.75}$ N	σ_{OM} N/mm²	σ_{II}，σ_{III} N/mm²	$F_{0.5}$ N	$\sigma_{0.5}$ N/mm²	$F_{0.25}$ N	$\sigma_{0.25}$ N/mm²
			$l_0=t+h_0$		当 $s_{0.75}=0.75h_0$			当 $s_{0.5}=0.5h_0$		当 $s_{0.25}=0.25h_0$	
1	8	4.2	0.3	0.25	119	−1140	1330	89	945	52	505
	10	5.2	0.4	0.3	213	−1170	1300	155	919	88	489
	12.5	6.2	0.5	0.35	291	−1000	1110	215	798	120	423
	14	7.2	0.5	0.4	279	−970	1100	210	792	120	423
	16	8.2	0.6	0.45	412	−1010	1120	304	796	172	423
	18	9.2	0.7	0.5	572	−1040	1130	417	798	233	424
	20	10.2	0.8	0.55	745	−1030	1110	547	799	304	424
	22.5	11.2	0.8	0.65	710	−962	1080	533	778	306	415
	25	12.2	0.9	0.7	868	−938	1030	644	736	367	392
	28	14.2	1	0.8	1110	−961	1090	832	781	476	417
2	31.5	16.3	1.25	0.9	1920	−1090	1190	1410	850	791	452
	35.5	18.3	1.25	1	1700	−944	1070	1280	772	731	412
	40	20.4	1.5	1.15	2620	−1020	1130	1950	816	1110	435
	45	22.4	1.75	1.3	3660	−1050	1150	2700	821	1520	437
	50	25.4	2	1.4	4760	−1060	1140	3490	816	1950	433
	56	28.5	2	1.6	4440	−963	1090	3340	784	1910	418
	63	31	2.5	1.75	7180	−1020	1090	5270	779	2940	414
	71	36	2.5	2	6730	−934	1060	5050	759	2890	405
	80	41	3	2.3	10500	−1030	1140	7840	820	4450	437
	90	46	3.5	2.5	14200	−1030	1120	10400	798	5840	424
	100	51	3.5	2.8	13100	−926	1050	9820	749	5620	402
	112	57	4	3.2	17800	−963	1090	13300	784	7640	418
	125	64	5	3.5	30000	−1060	1150	21900	823	12200	437
	140	72	5	4	27900	−970	1110	21000	792	12000	423
	160	82	6	4.5	41100	−1000	1110	30400	828	17200	445
	180	92	6	5.1	37500	−895	1040	28600	776	16600	419

TB 10-6（续）

组	D_e	D_i	t 或 (t')	h_0	$F_{0.75}$	σ_{OM}	σ_{II}，σ_{III}	$F_{0.5}$	$\sigma_{0.5}$	$F_{0.25}$	$\sigma_{0.25}$
	h12	H12	$l_0=t+h_0$		当 $s_{0.75}=0.75h_0$			当 $s_{0.5}=0.5h_0$		当 $s_{0.25}=0.25h_0$	
	mm	mm	mm	mm	N	N/mm²	N/mm²	N	N/mm²	N	N/mm²
3	200	102	8 (7.5)	5.6	76400	−1060	1250	58000	892	33400	475
	225	112	8 (7.5)	6.5	70800	−951	1180	55400	842	32900	450
	250	127	10 (9.4)	7	119000	−1050	1240	90200	886	52000	470

c）C系列碟簧，$D_e/t\approx40$，$h_0/t\approx1.3$

组	D_e	D_i	t 或 (t')	h_0	$F_{0.75}$	σ_{OM}	σ_{II}，σ_{III}	$F_{0.5}$	$\sigma_{0.5}$	$F_{0.25}$	$\sigma_{0.25}$
	h12	H12	$l_0=t+h_0$		当 $s_{0.75}=0.75h_0$			当 $s_{0.5}=0.5h_0$		当 $s_{0.25}=0.25h_0$	
	mm	mm	mm	mm	N	N/mm²	N/mm²	N	N/mm²	N	N/mm²
1	8	4.2	0.2	0.25	39	−762	1040	33	759	21	411
	10	5.2	0.25	0.3	58	−734	980	48	706	30	383
	12.5	6.2	0.35	0.45	152	−944	1280	130	940	84	511
	14	7.2	0.35	0.45	123	−769	1060	106	775	68	421
	16	8.2	0.4	0.5	155	−751	1020	131	740	84	402
	18	9.2	0.45	0.6	214	−789	1110	186	815	121	443
	20	10.2	0.5	0.65	254	−772	1070	219	782	141	425
	22.5	11.2	0.6	0.8	425	−883	1230	370	904	240	492
	25	12.2	0.7	0.9	601	−936	1270	515	926	331	503
	28	14.2	0.8	1	801	−961	1300	681	957	435	519
	31.5	16.3	0.8	1.05	687	−810	1130	594	831	384	451
	35.5	18.3	0.9	1.15	831	−779	1080	712	792	548	430
	40	20.4	1	1.3	1020	−772	1070	876	782	565	425
2	45	22.4	1.25	1.6	1890	−920	1250	1620	922	1040	501
	50	25.4	1.25	1.6	1550	−754	1040	1330	761	854	413
	56	28.5	1.5	1.95	2620	−879	1220	2260	896	1460	487
	63	31	1.8	2.35	4240	−985	1350	3660	995	2360	541
	71	36	2	2.6	5140	−971	1340	4430	987	2860	537
	80	41	2.25	2.95	6610	−982	1370	5720	1010	3700	548
	90	46	2.5	3.2	7680	−935	1290	6580	945	4230	513
	100	51	2.7	3.5	8610	−895	1240	7410	908	4780	493
	112	57	3	3.9	10500	−882	1220	9040	896	5830	487
	125	64	3.5	4.5	15400	−956	1320	13200	968	8510	526
	140	72	3.8	4.9	17200	−904	1250	14800	918	9510	499
	160	82	4.3	5.6	21800	−892	1240	18800	911	12200	495
	180	92	4.8	6.2	26400	−869	1200	22700	883	14600	480
	200	102	5.5	7	36100	−910	1250	30980	916	19800	498
3	225	112	6.5(6.2)	7.1	44600	−840	1140	36300	816	22300	443
	250	127	7 (6.7)	7.8	50500	−814	1120	41300	805	25600	437

TB 10-7 用来估计碟簧组弹簧力的摩擦因数 w_M（w_R）

（边界摩擦，1×10^{-3}）

润　滑	油	脂	二硫化钼润滑剂＋油 1∶1
A系列	15～32（27～40）	12～27（24～37）	5～22（27～30）
B系列	10～22（17～26）	8～19（16～24）	3～15（17～21）
C系列	8～17（12～18）	7～15（11～17）	3～12（12～15）

TB 10-8 碟簧，特征值和相对值

a）特征值 K_1

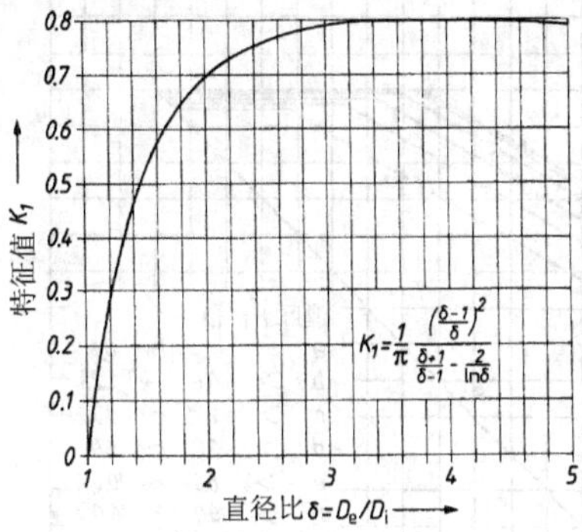

b）特征值 K_2 和 K_3

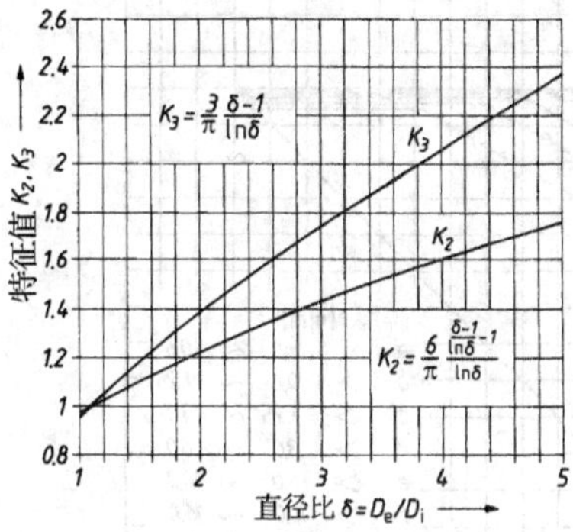

c）各种 h_0/t 或 h_0'/t' 下的单片碟簧相对计算特性线，F/F_c 为纵坐标，弹簧行程比 s/h_0 或 s/h_0' 为横坐标

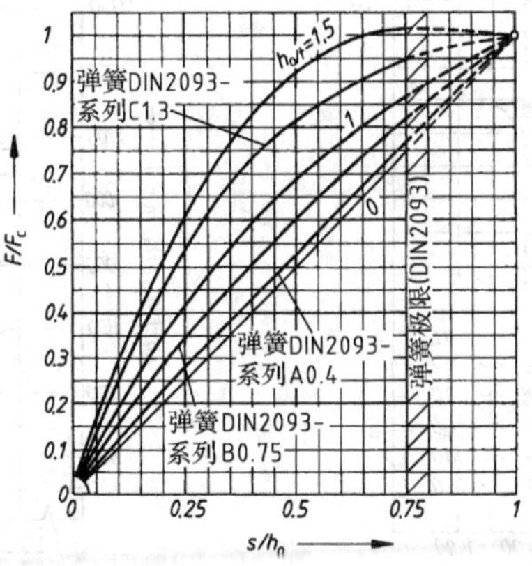

d）1 组和 2 组弹簧横截面 Ⅰ... Ⅳ和 OM 的相对计算应力（根据英贝尔）

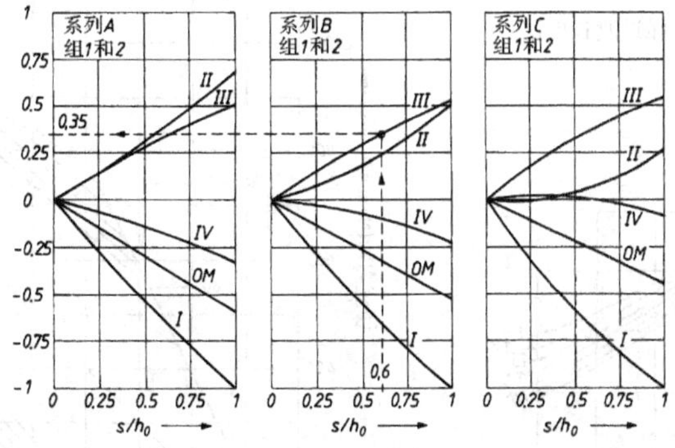

例子： 对于系列 B 弹簧，弹簧行程为 $s=0.6h_0$ 时横截面Ⅲ的相对应力为 $\sigma_{Ⅲ}/\sigma_c\approx0.35$。应力 σ_c 由教材式（10-30）用 $s=h_0$（额定点），所以可得弹簧行程 s 下的应力 $\sigma_{Ⅲ}=0.35\sigma_c$。

TB 10-9 50CrV4 制成的碟簧的持久极限图和疲劳极限图

a）循环次数 $N=10^5$

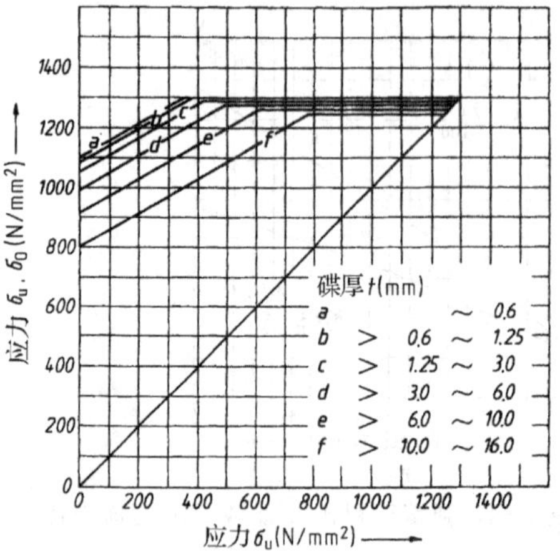

b）循环次数 $N=5\times10^5$

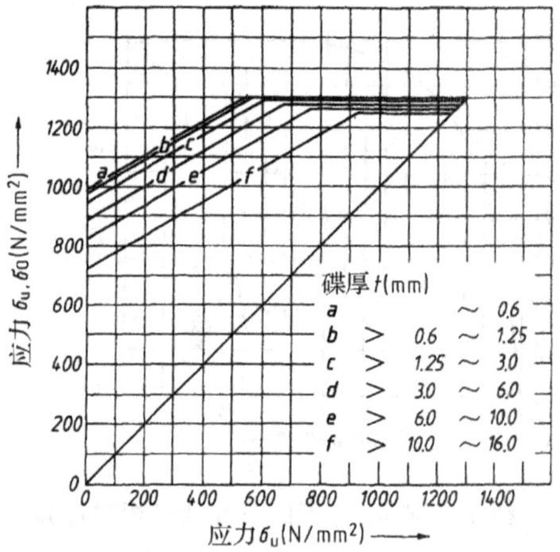

c）循环次数 $N=2\times10^6$

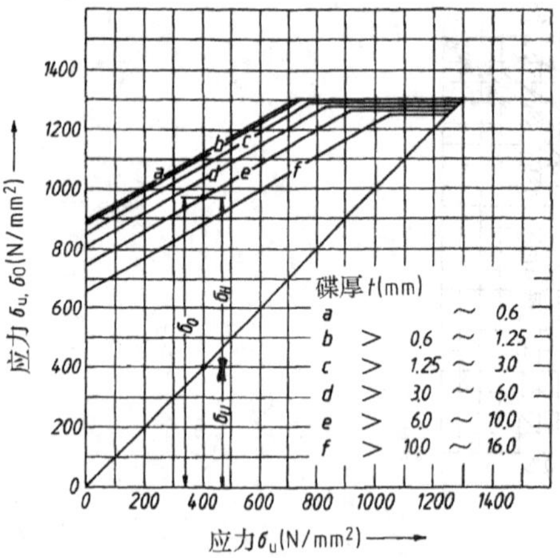

d）循环次数 $N<2\times10^6$

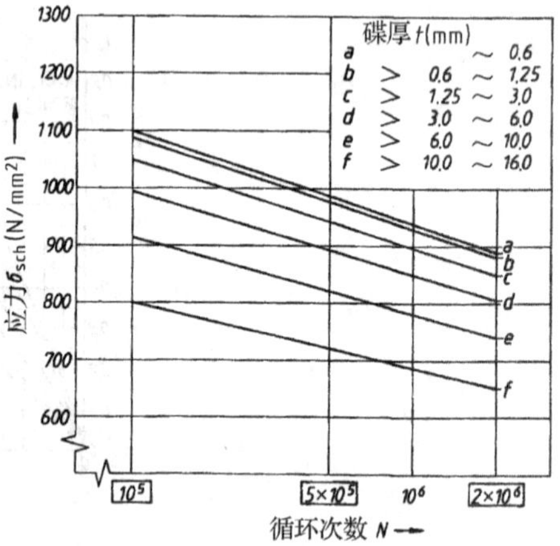

TB 10-10 圆截面扭杆弹簧

a）用于确定等效长度 l_e 的曲线

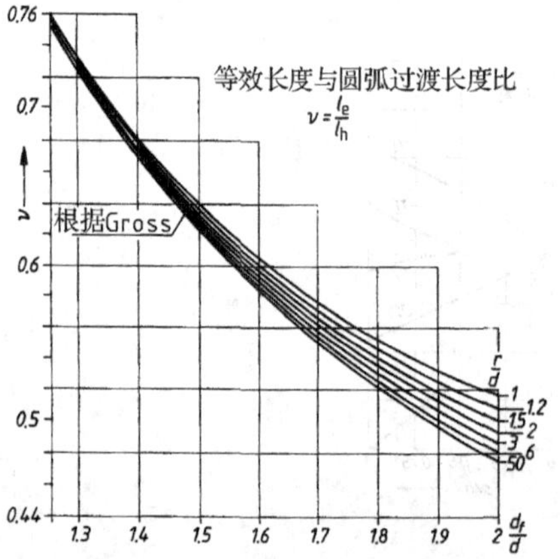

b）热轧钢制扭杆弹簧持久极限图（DIN 17221）

表面磨削并喷丸处理（预扭率 2%）

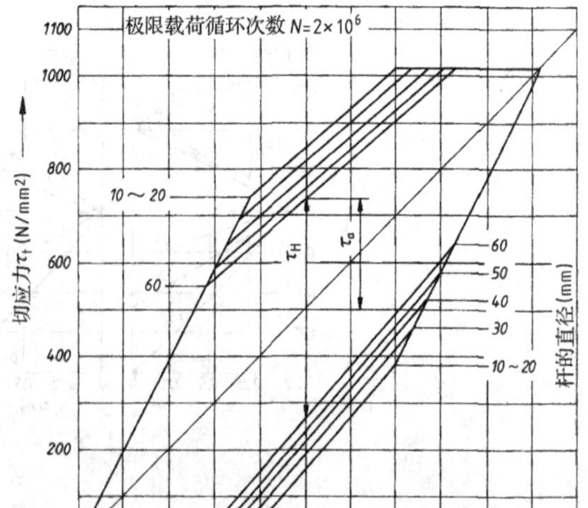

TB 10-11 按 DIN 17223 或 DIN 17221 规定的材料制成的压缩弹簧在静载下的许用应力

a）许用切应力 $\tau_{zul}=f(d)$

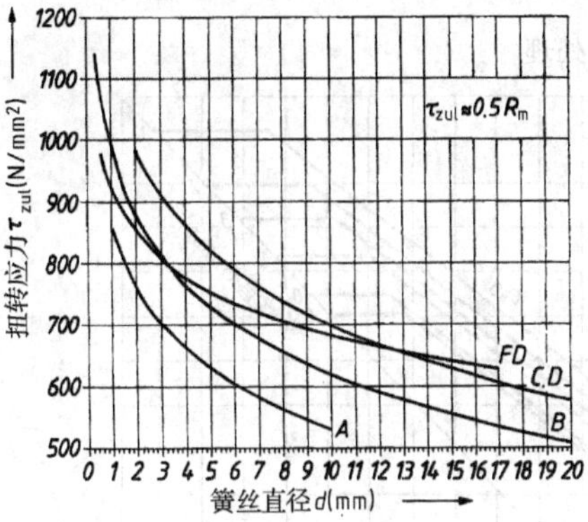

b）并紧长度下的许用切应力 $\tau_{c\,zul}=f(d)$

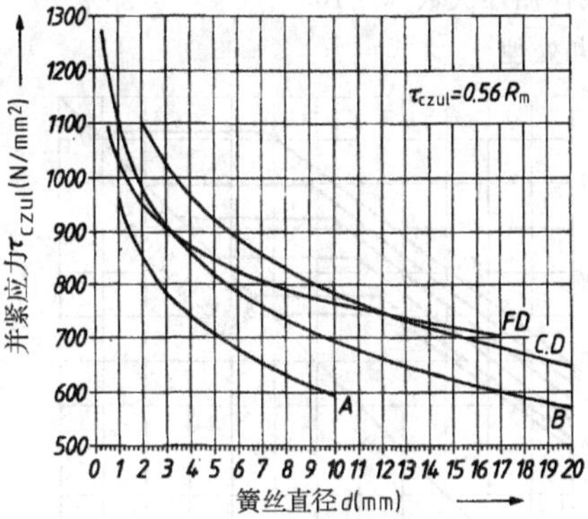

c）热成形压缩弹簧并紧长度下的许用切应力，材料为不锈钢（DIN 17221）；$\tau_{c\,zul}=f(d)$

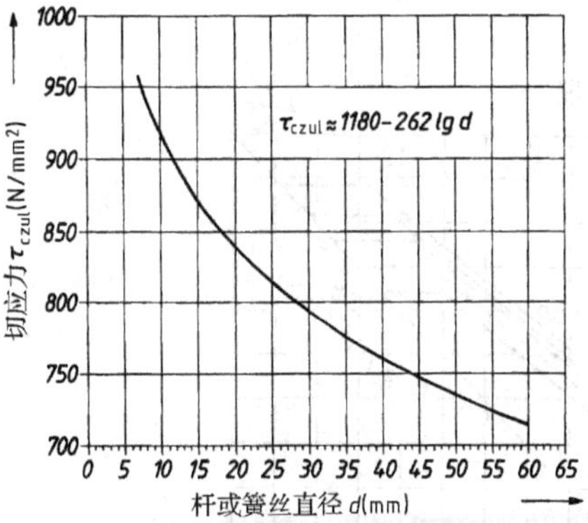

d）应力系数 k

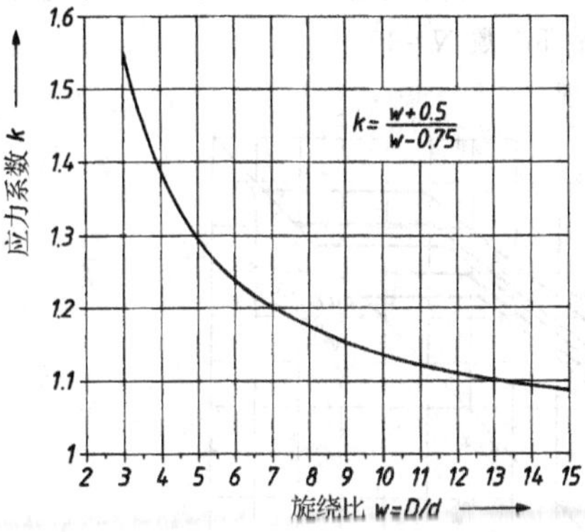

TB 10-12 螺旋压缩弹簧的理论抗弯极限（DIN 2089 T1）

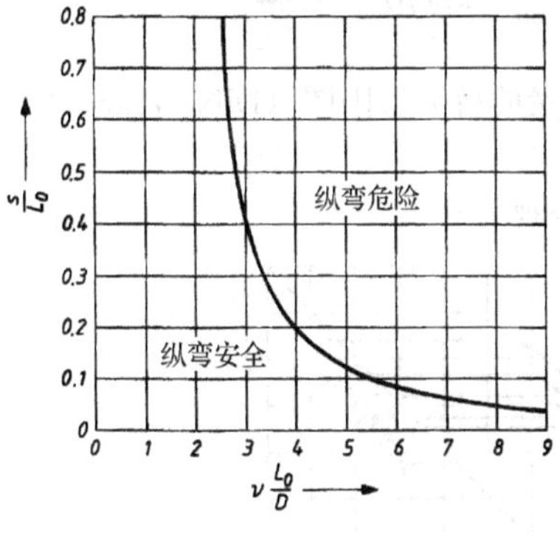

纵弯类型				
1	2		3	4
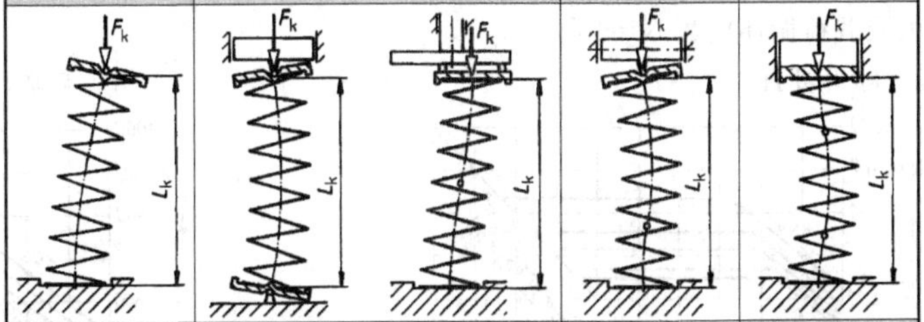				
$\nu=2$	$\nu=1$	$\nu=1$	$\nu=0.7$	$\nu=0.5$

由弹簧钢丝（DIN 17223，$E=206000\text{N/mm}^2$，$G=81500\text{N/mm}^2$，即 $G/E\approx0.396$）制成的弹簧，其纵弯长度 $L_k=L_0-s_k$，式中 $s_k=0.827\,L_0\left\{1-\sqrt{1-6.66\,[D/(\nu L_0)]^2}\right\}$。

TB 10-13 C级和D级铅浴拉伸弹簧钢丝冷成形制成的螺旋压缩弹簧的持久极限图（DIN 17223 T1）

极限载荷循环次数 $N=10^7$

a）喷丸处理

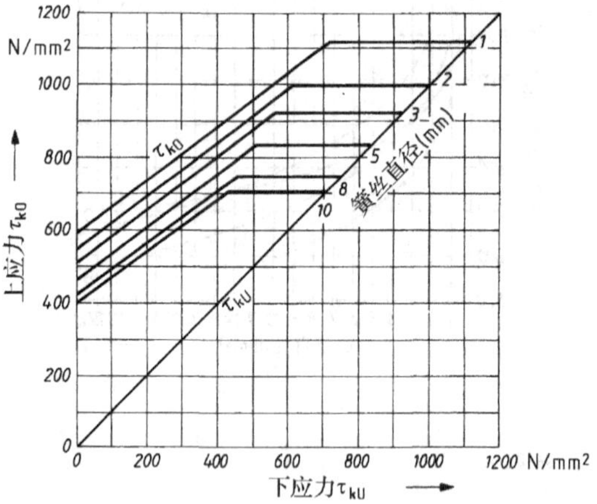

b）无喷丸处理

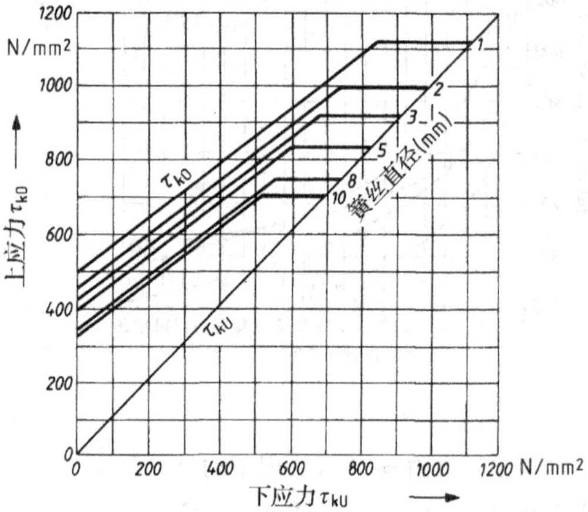

TB 10-14 调质弹簧钢丝（FD）冷成形制成的螺旋压缩弹簧的持久极限图（DIN 17223 T2）

极限载荷循环次数 $N=10^7$

a）喷丸处理

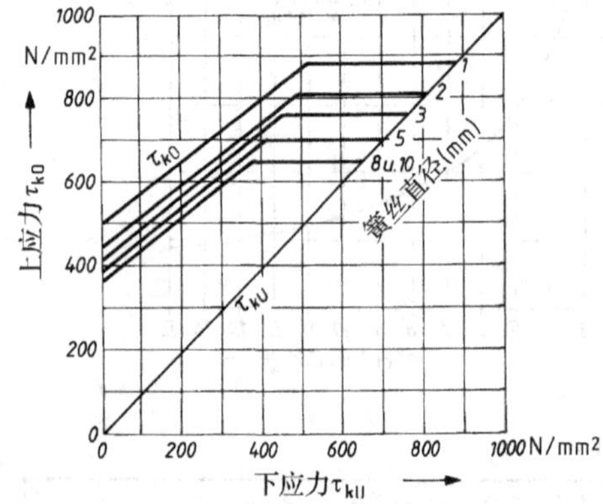

b）无喷丸处理

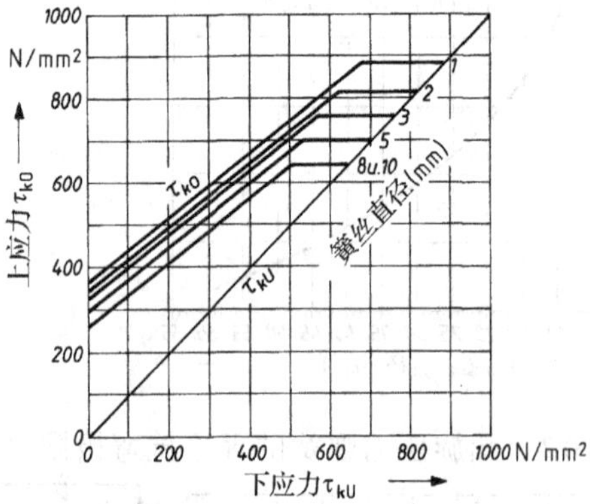

TB 10-15 调质阀门弹簧钢丝（VD）冷成形制成的螺旋压缩弹簧的持久极限图（DIN 17223 T2）

极限载荷循环次数 $N=10^7$

a）喷丸处理

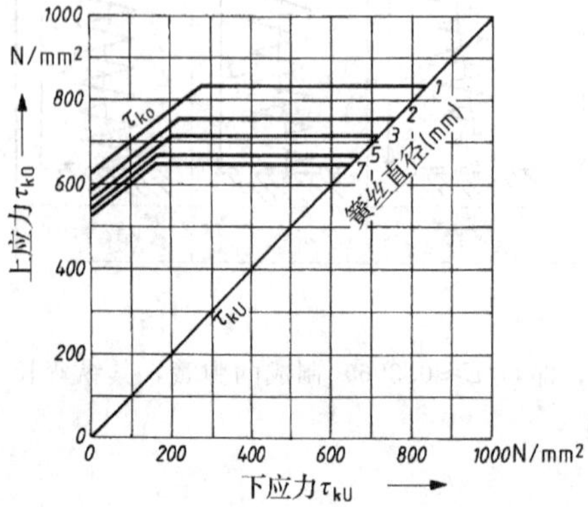

b）无喷丸处理

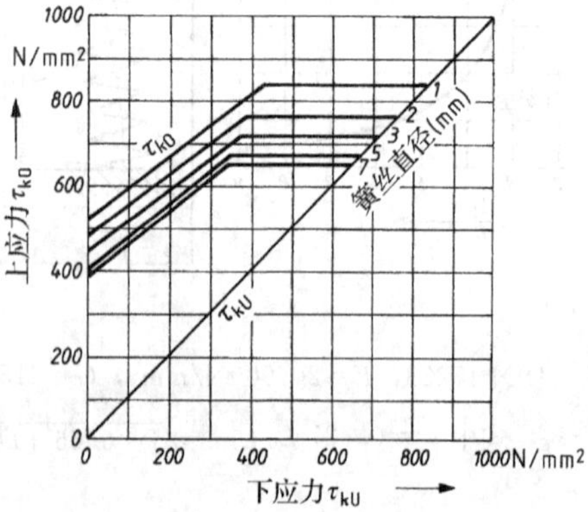

TB 10-16 具有磨削或硬化表面的不锈钢热成形制成的螺旋压缩弹簧的持久和疲劳极限图（DIN 17221）

喷丸处理

a）断裂载荷循环次数 $N=10^5$

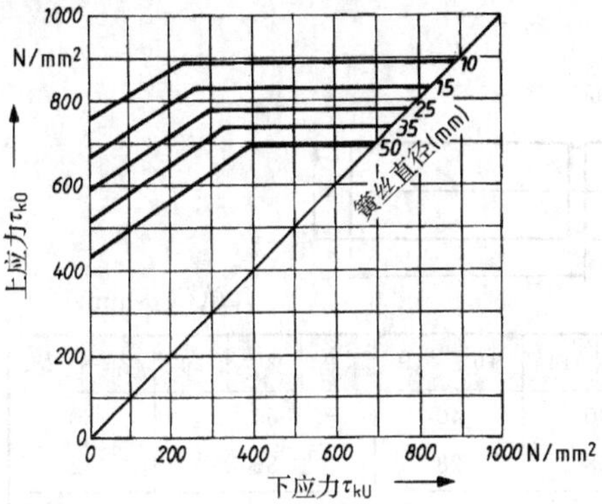

b）极限载荷循环次数 $N=2\times10^6$

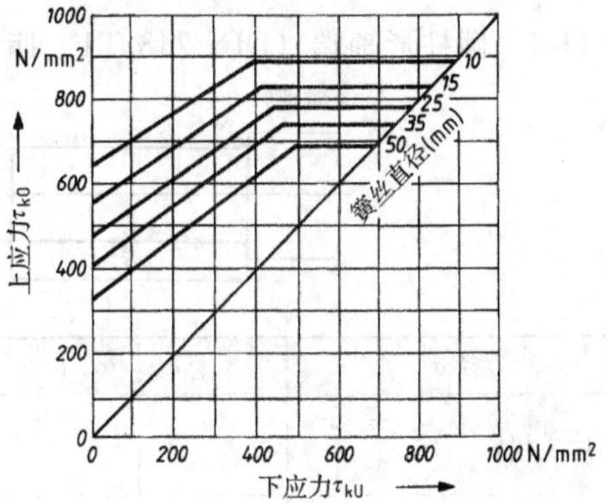

TB 10-17 弹性和切变模量与工作温度的关系

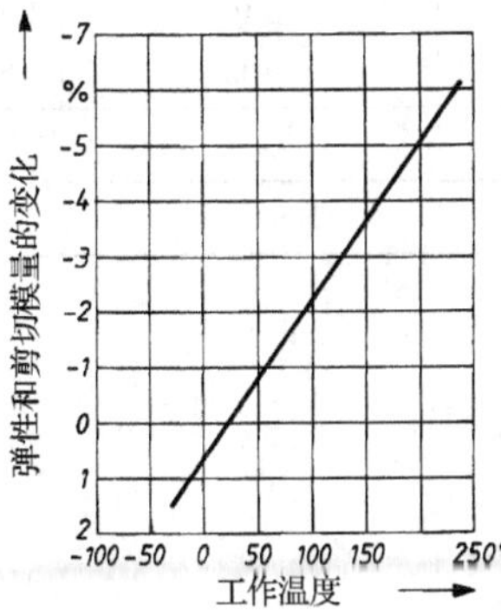

TB 10-18 热成形压缩弹簧在 $R_m=1500\mathrm{N/mm^2}$，工作温度下 48h 后的松弛曲线

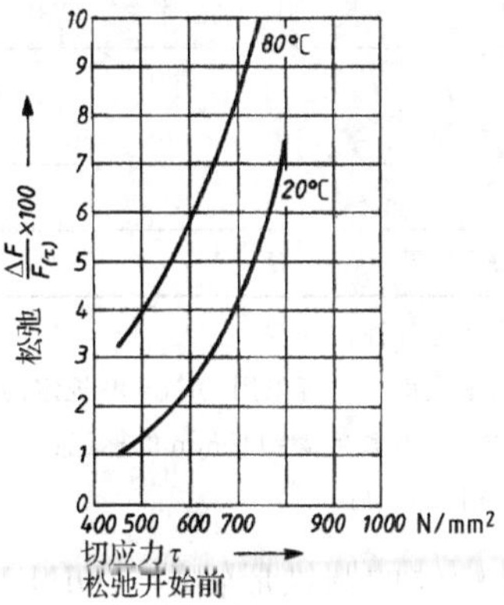

TB 10-19 按 DIN 17223 或 DIN 17221 规定的材料制成的拉伸弹簧在静载下的许用应力

a）许用切应力

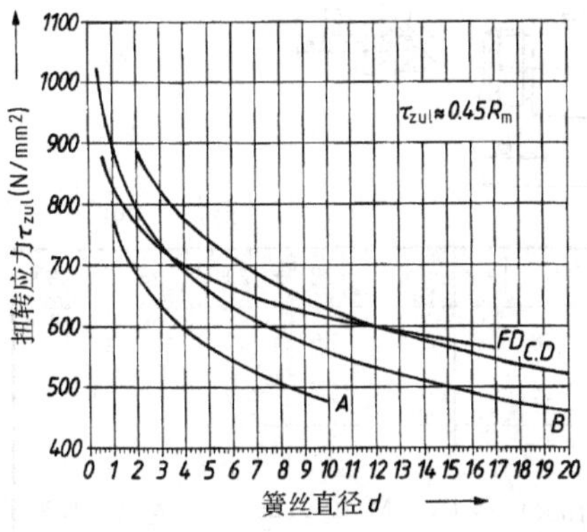

b）用来确定内切应力的修正系数

α_1 在卷绕机上卷绕

α_2 在自动绕弹簧机上卷绕

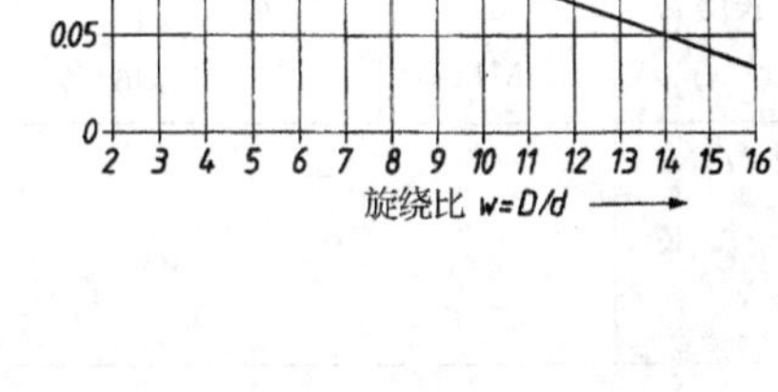

第 11 章　心轴、转轴和轴颈

TB 11-1　圆柱形轴端（DIN 748 T1　摘录）

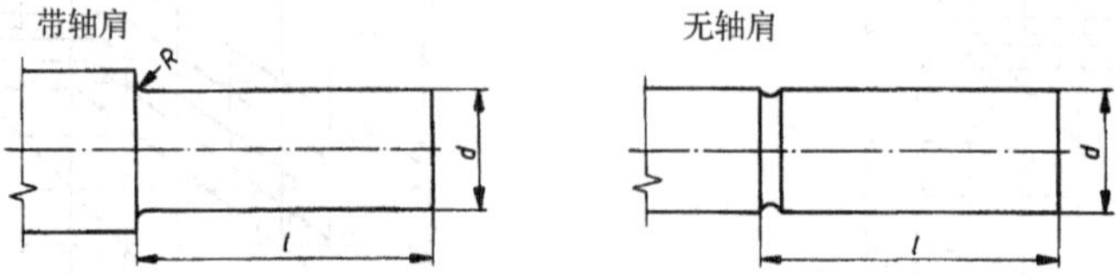

（单位：mm）

直径 d		6	7	8	9	10	11	12	14	16	19	20	22	24	25	28
长度 l	长	16		20		23		30		40		50			60	
	短	—		—		15		18		28		36			42	
公差等级[1]		k6														
圆角半径 R[2]		0.6													1	

直径 d		30	32	35	38	40	42	45	48	50	55	60	65	70	75	80
长度 l	长	80				110						140				170
	短	58				82						105				130
公差等级[1]		k6									m6					
圆角半径 R[2]		1								1.6						

1）其他公差在图上标注。

2）圆角半径为最大值：也可以用 DIN 509 规定的退刀槽（见 TB11-4）代替圆角。

轴端直径 d=40mm 和长度 l=110mm 的标记：

轴端 DIN 748—40k6×110

TB 11-2　带外螺纹的圆锥形轴端（DIN 1448 T1　摘录）

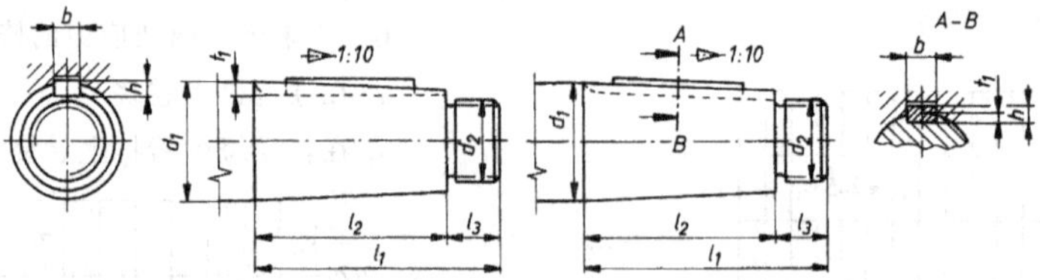

（单位：mm）

直径 d_1		6	7	8	9	10	11	12	14	16	19	20	22	24	25	28
锥长 l_2	长	10		12		15		18		28		36			42	
	短	—		—		—		—		16		22			24	
螺纹长度 l_3		6		8		8		12				14			18	
螺纹 d_2		M4		M6				M8×1		M10×1.25		M12×1.25			M16×1.5	
平键[1] $b \times h$		—					2×2		3×3		4×4			5×5		
槽深 t_1	长	—					1.6	1.7	2.3	2.5	3.2	3.4		3.9	4.1	
	短	—					—	—	—	2.2	2.9	3.1		3.6	3.6	

TB 11-2（续）

直径 d_1		30	32	35	38	40	42	45	48	50	55	60	65	70	75	80
锥长 l_2	长	58				82						105				130
	短	36				54						70				90
螺纹长度 l_3		22				28						35				40
螺纹 d_2		M20×1.5			M24×2			M30×2		M36×3		M42×3		M48×3		2)
平键[1] $b\times h$		5×5	6×6			10×8		12×8			14×9	16×10		18×11		20×12
槽深 t_1	长	4.5	5			7.1					7.6	8.6		9.6		10.8
	短	3.9	4.4			6.4					6.9	7.8		8.8		9.8

1）平键（DIN 6885，第 1 部分）。

2）螺纹 M56×4。

带平键的长圆锥形轴端，直径 $d_1=40\text{mm}$，其标记为：

轴端 DIN 1448—40×82

TB 11-3　各种常见轴横截面的极惯性矩和抗弯（扭）截面系数（近似值）

	弯曲		扭转	
	I_b	W_b	$I_t \triangleq I_p$	$W_t \triangleq W_p$
	$\frac{\pi}{64}d^4$	$\frac{\pi}{32}d^3$	$\frac{\pi}{32}d^4$	$\frac{\pi}{16}d^3$
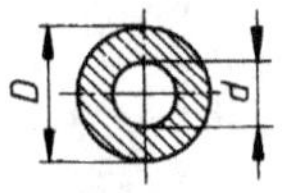	$\frac{\pi}{64}(D^4-d^4)$	$\frac{\pi}{32}\frac{D^4-d^4}{D}$	$\frac{\pi}{32}(D^4-d^4)$	$\frac{\pi}{16}\frac{D^4-d^4}{D}$
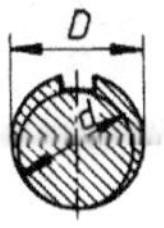	$0.003(D+d)^4$	$0.012(D+d)^3$	$0.1d^4$	$0.2d^3$
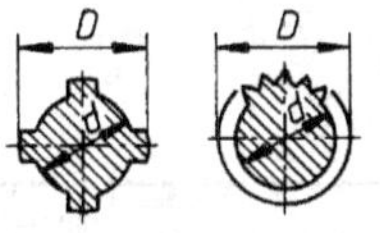			$0.006(D+d)^4$	$0.024(D+d)^3$
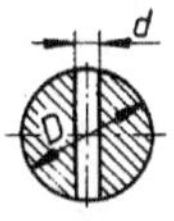	$0.01D^3(5D-8.5d)$	$0.1D^2(D-1.7d)$	$0.02D^3(5D-8.5d)$	$0.2D^2(D-1.7d)$
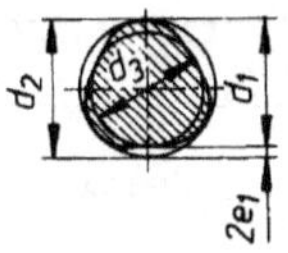	$0.05d_1^2(d_1^2-24e_1^2)$	$0.1\frac{d_1^2}{d_2}(d_1^2-24e_1^2)$	$0.1d_1^2(d_1^2-24e_1^2)$	$0.162d_1^3$
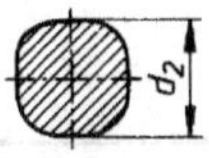	$0.075d_2^4$	$0.15d_2^3$	$0.15d_2^4$	$0.2d_2^3$

TB 11-4　退刀槽（DIN 509　摘录）

E 型用于一个加工面的工件　　　　F 型用于两个互相垂直加工面的工件

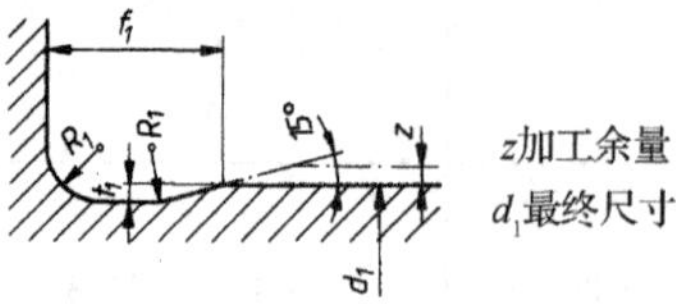

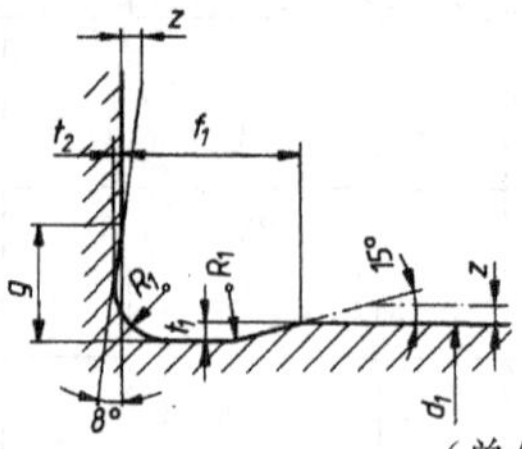

（单位：mm）

d_1	与直径 d_1 对应的推荐值									
	正 常 受 载						增大的对称循环疲劳强度			
	≤1.6	>1.6 ≤3	>3 ≤10	>10 ≤18	>18 ≤80	>80	>18 ≤50	>50 ≤80	>80 ≤125	>125
R_1	0.1	0.2	0.4	0.6		1		1.6	2.5	4
t_1	0.1		0.2		0.3	0.4	0.2	0.3	0.4	0.5
f_1	0.5	1	2		2.5	4	2.5	4	5	7
$\approx g$	0.8	0.9	1.1	1.4	2.1	3.2	1.8	3.1	4.8	6.4
t_2	0.1				0.2	0.3	0.1	0.2	0.3	

E 型退刀槽，半径 $R_1=0.4$mm 和深度 $t_1=0.2$mm，其标记为：退刀槽 DIN 509－E0.4×0.2。

TB 11-5　许用变形的参考值

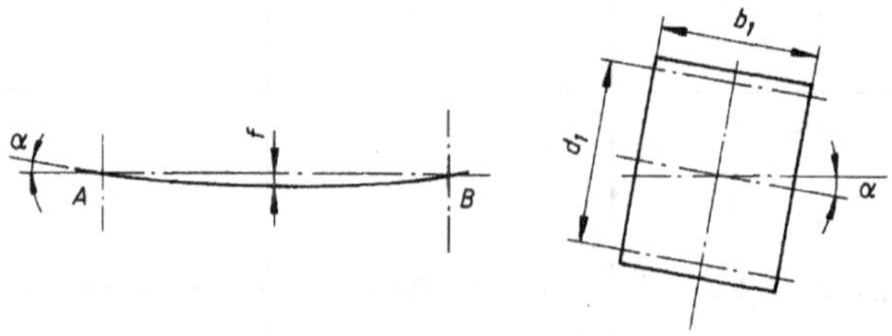

a）许用转角

应 用 示 例	$\tan\alpha_{zul}$
固定轴瓦滑动轴承	3×10^{-4}
可倾轴瓦滑动轴承和刚性滚动轴承	10×10^{-4}
非对称或悬臂布置齿轮	$d_1/(b_1/2)\ \times10^{-4}$

b）许用挠度

应 用 示 例	f_{zul}
通用机械制造	$l/3000$
机床	$l/5000$
齿轮轴（在齿轮下面）	$m_n/100$
蜗杆轴，　调质蜗杆	$m_n/100$
硬化蜗杆	$m_n/250$

TB 11-6　等截面心轴和转轴的支反力和挠度

	受载情况	支反力	弯矩
1	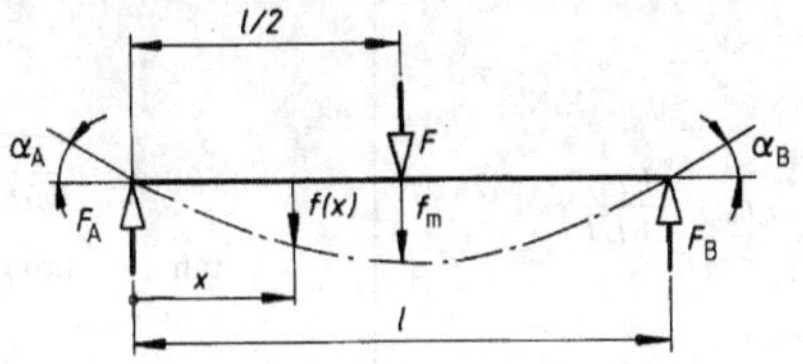	$F_A = F_B = \frac{F}{2}$	$0 \leqslant x \leqslant \frac{l}{2}$: $M(x) = \frac{F}{2}x$ $M_{max} = \frac{Fl}{4}$
2	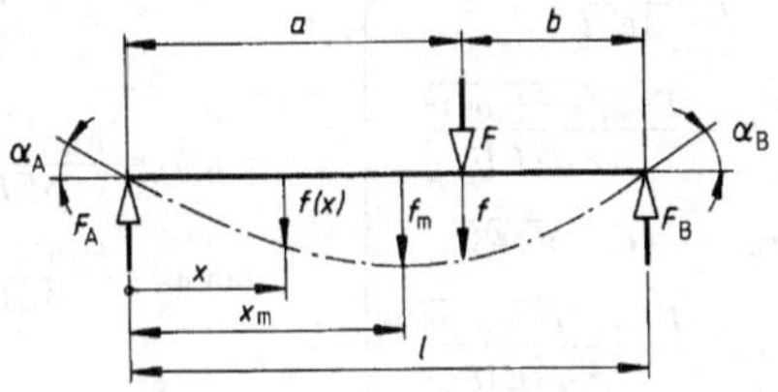	$F_A = \frac{Fb}{l}$ $F_B = \frac{Fa}{l}$	$0 \leqslant x \leqslant a$: $M(x) = \frac{Fbx}{l}$ $a \leqslant x \leqslant l$: $M(x) = F\left(\frac{bx}{l} - x + a\right)$ $M_{max} = \frac{Fba}{l}$
3	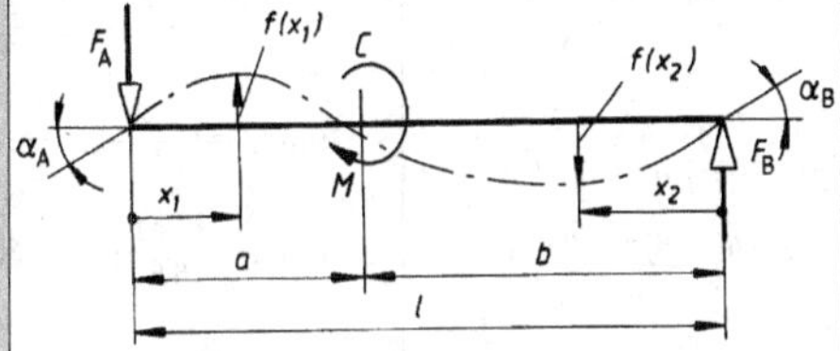	$F_A = F_B = \frac{M}{l}$	$0 \leqslant x_1 \leqslant a$: $M_{(x_1)} = \frac{M}{l}x_1$ $0 \leqslant x_2 \leqslant b$: $M_{(x_2)} = \frac{M}{l}x_2$
4	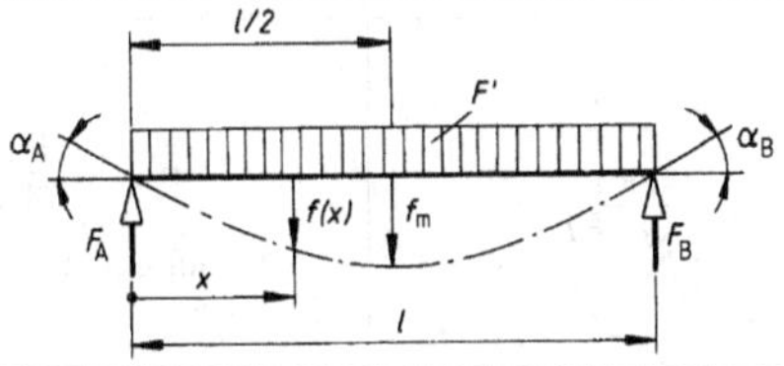	$F_A = F_B = \frac{F'l}{2}$	$M(x) = \frac{F'x}{2}(l - x)$ $M_{max} = \frac{F'l^2}{8}$
5	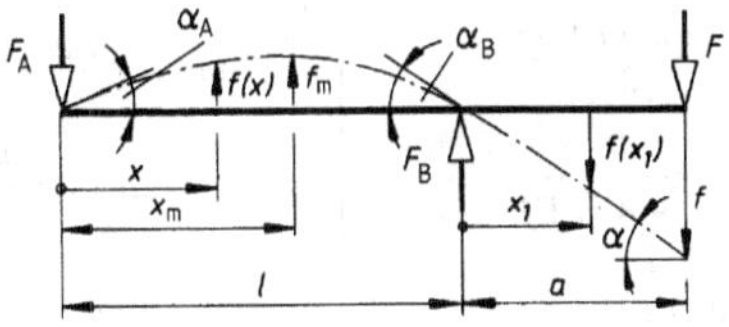	$F_A = \frac{Fa}{l}$ $F_B = \frac{(a+l)}{l}$	$0 \leqslant x \leqslant l$: $M(x) = -\frac{Fax}{l}$ $M_{(B)} = -Fa$ $0 \leqslant x_1 \leqslant a$: $M(x_1) = F(a - x_1)$ $M_{max} = Fa$
6	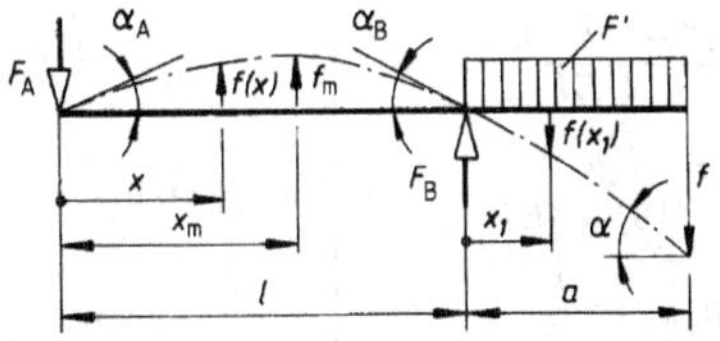	$F_A = \frac{F'}{2}\frac{a^2}{l}$ $F_B = F'a\left(1 + \frac{a}{2l}\right)$	$0 \leqslant x \leqslant l$: $M(x) = -\frac{F'a^2x}{2l}$ $M_{(B)} = -\frac{F'a^2}{2}$ $0 \leqslant x_1 \leqslant a$: $M(x_1) = -\frac{F'x_1^2}{2}$ $M_{max} = \frac{F'a^2}{2}$

TB 11-6（续）

挠曲线方程	挠　　度	端截面转角
$0\leqslant x\leqslant\frac{1}{2}$： $f(x)=\frac{Fl^3}{16EI}\frac{x}{l}\left[1-\frac{4}{3}\left(\frac{x}{l}\right)^2\right]$	$f_m=\frac{Fl^3}{48EI}$	$\tan\alpha_A=\frac{Fl^2}{16EI}$ $\tan\alpha_B=\tan\alpha_A$
$0\leqslant x\leqslant a$： $f(x)=\frac{Fab^2}{6EI}\left[\left(1+\frac{l}{b}\right)\frac{x}{l}-\frac{x^3}{abl}\right]$ $a\leqslant x\leqslant l$： $f(x)=\frac{Fa^2b}{6EI}\left[\left(1+\frac{l}{a}\right)\frac{l-x}{l}-\frac{(l-x)^3}{abl}\right]$	$f=\frac{Fa^2b^2}{3EIl}$ $a>b$：$f_m=\frac{Fb\sqrt{(l^2-b^2)^3}}{9\times\sqrt{3}EIl}$ 在 $x_m=\sqrt{(l^2-b^2)/3}$ $a<b$：$f_m=\frac{Fa\sqrt{(l^2-a^2)^3}}{9\times\sqrt{3}EIl}$ 在 $x_m=l-\sqrt{(l^2-a^2)/3}$	$\tan\alpha_A=\frac{Fab(l+b)}{6EIl}$ $\tan\alpha_B=\frac{Fab(l+a)}{6EIl}$
$0\leqslant x_1\leqslant a$： $f_{(x_1)}=\frac{-M}{6EIl}x_1(l^2-3b^2-x_1^2)$ $0\leqslant x_2\leqslant b$： $f_{(x_2)}=\frac{M}{6EIl}x_2(l^2-3a^2-x_2^2)$	$f_{mC}=\frac{M}{3EI}\frac{ab}{l}(a-b)$ （$a>b$ 时为“－”）	$\tan\alpha_A=\frac{M}{6EIl}(l^2-3b^2)$ $\tan\alpha_B=\frac{M}{6EIl}(l^2-3a^2)$
$f(x)=\frac{F'l^4}{24EI}\left[\frac{x}{l}-2\left(\frac{x}{l}\right)^3+\left(\frac{x}{l}\right)^4\right]$	$f_m=\frac{5F'l^4}{384EI}$	$\tan\alpha_A=\frac{F'l^3}{24EI}$ $\tan\alpha_B=\tan\alpha_A$
$0\leqslant x\leqslant l$： $f(x)=-\frac{Fal^2}{6EI}\left[\frac{x}{l}-\left(\frac{x}{l}\right)^3\right]$ $0\leqslant x_1\leqslant a$： $f(x_1)=\frac{Fa^3}{6EI}\left[2\frac{lx_1}{a^2}+3\left(\frac{x_1}{a}\right)^2-\left(\frac{x_1}{a}\right)^3\right]$	$f=\frac{Fa^2(l+a)}{3EI}$ $f_m=\frac{Fal^2}{9\times\sqrt{3}EI}$ 在 $x_m=\frac{l}{\sqrt{3}}$	$\tan\alpha=\frac{Fa(2l+3a)}{6EI}$ $\tan\alpha_A=\frac{Fal}{6EI}$ $\tan\alpha_B=\frac{Fal}{3EI}$
$0\leqslant x\leqslant l$： $f(x)=\frac{F'a^2l^2}{12EI}\left[\frac{x}{l}-\left(\frac{x}{l}\right)^3\right]$ $0\leqslant x_1\leqslant a$： $f(x_1)=\frac{F'a^4}{24EI}\left[\frac{4lx_1}{a^2}+6\left(\frac{x_1}{a}\right)^2-4\left(\frac{x_1}{a}\right)^3+\left(\frac{x_1}{a}\right)^4\right]$	$f=\frac{F'a^3(4l+3a)}{24EI}$ $f_m=\frac{F'a^2l^2}{18\times\sqrt{3}EI}$ 在 $x_m=\frac{l}{\sqrt{3}}$	$\tan\alpha=\frac{F'a^2(l+a)}{24EI}$ $\tan\alpha_A=\frac{F'a^2l}{12EI}$ $\tan\alpha_B=\frac{F'a^2l}{6EI}$

第 12 章　轴毂联接件

TB 12-1　轴毂联接（用于初步设计）

a）轮毂尺寸 D 和 L（d=轴径）

联接类型	轮毂直径 D		轮毂长 L	
	灰铸铁	钢，铸钢	灰铸铁	钢，铸钢
平键联接	(2.0～2.2) d	(1.8～2.0) d	(1.6～2.1) d	(1.1～1.4) d
矩形花键，渐开线花键	(1.8～2.0) d_1	(1.8～2.0) d_1	(1.0～1.3) d_1	(0.6～0.9) d_1
轴向可滑移轮毂	(1.8～2.0) d	(1.6～1.8) d	(2.0～2.2) d	(1.8～2.0) d
成形联接	(1.6～1.8) d	(1.3～1.6) d	(1.8～2.0) d	(1.6～1.8) d
圆柱面过盈联接，圆锥面过盈联接	(2.2～2.6) d	(2.0～2.5) d	(1.2～1.5) d	(0.8～1.0) d
弹性环联接，夹紧联接，楔键联接	(2.0～2.2) d	(1.8～2.0) d	(1.6～2.0) d	(1.2～1.5) d

矩形花键和细齿花键的值适用于轻系列单向作用 T，中系列≈70%，重系列≈45%（d_1＝“底径”）。

对于较大带轮和齿轮，且受侧面倾翻载荷时，轮毂还应更长。一般来说，强度较低的材料应取较大值，强度较高的材料应取较小值。

b）许用结合压强

联接类型	轮毂材料	
	钢，铸钢 $p_{F\,zul}=R_e/S_F$	灰铸铁 $p_{F\,zul}=R_m/S_B$
平键联接[1]	S_F≈1.1～1.5	S_B≈1.5～2.0
滑键[2]和楔键	3.0～4.0	3.0～4.0
成形联接	1.5～2.0	2.0～3.0
成形轴[2]　单向，无冲击	1.3～1.5	1.7～1.8
正反向，有冲击	2.7～3.6	3.4～4.0
过盈联接[3]	2.5～3.0	2.5～3.0
圆锥面过盈联接[4]	2.5～3.0	2.5～3.0
弹性环联接，楔键联接	1.5～3.0	2.0～3.0

1）单向作用力矩。

2）S_F（S_B）应提高：

未受载时可滑移，乘以系数≥3（3）

受载时可滑移，乘以系数≥6（12）

3）对于 $Q_A=D_F/D_{Aa}$≈0.6（0.4）（钢（灰铸铁）），上述值适用于 $d\triangleq D_F$。

4）对于 $Q_A=D_{mF}/D_{Aa}$≈0.6（0.4）（钢（灰铸铁）），上述值适用于 $d\triangleq D_{mF}$。

TB 12-2　平键联接参数

a）平键和楔键尺寸及其槽深（摘录）

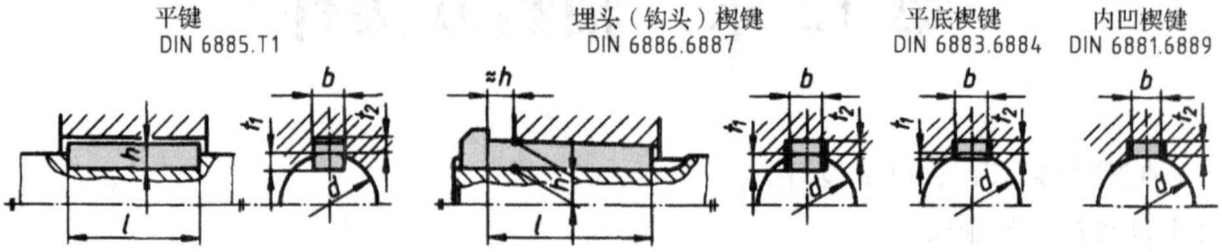

（单位：mm）

轴径 d	埋头楔键和平键				平底和内凹楔键			
	宽度×高度 $b\times h$	轴上槽深 t_1	毂上槽深 楔键 t_2	毂上槽深 平键 t_3	平底楔键 宽度×高度 $b\times h$	内凹楔键 宽度×高度 $b\times h$	轴削平 t_1	毂上槽深 t_2
10～12	4×4	2.5	1.2	1.8	—	—	—	—
12～17	5×5	3	1.7	2.3	—	—	—	—
17～22	6×6	3.5	2.2	2.8	—	—	—	—
22～30	8×7	4	2.4	3.3	8×5	8×3.5	1.3	3.2
30～38	10×8	5	2.4	3.3	10×6	10×4	1.8	3.7
38～44	12×8	5	2.4	3.3	12×6	12×4	1.8	3.7
44～50	14×9	5.5	2.9	3.8	14×6	14×4.5	1.4	4.0
50～58	16×10	6	3.4	4.3	16×7	16×5	1.9	4.3
58～65	18×11	7	3.4	4.4	18×7	18×5	1.9	4.5
65～75	20×12	7.5	3.9	4.9	20×8	20×6	1.9	5.5
75～85	22×14	9	4.4	5.4	22×9	22×7	1.8	6.5
85～95	25×14	9	4.4	5.4	25×9	25×7	1.9	6.4
95～110	28×16	10	5.4	6.4	28×10	28×7.5	2.4	6.9
110～130	32×18	11	6.4	7.4	32×11	32×8.5	2.3	7.9
130～150	36×20	12	7.1	8.4	36×12	36×9	2.8	8.4
150～170	40×22	13	8.1	9.4	40×14	—	4.0	9.1
170～200	45×25	15	9.1	10.4	45×16	—	4.7	10.4

平键和楔键长 l	8	10	12	14	16	18	20	22	25	28	32
	36	40	45	50	56	63	70	80	90	100	110
	125	140	160	180	200	220	250	280	320	360	400

A型平键，宽度 b=10mm，高度 h=8mm 和长度 l=50mm，DIN 6885，其标记为：

平键 DIN 6885—A10×8×50

b）推荐配合或公差

b1 轴和毂配合

轮毂布置	配合	
	基孔制	基轴制
在长轴上，固定	H7/6	J7/h6，h8，h9
在轴端，固定	H7/k6，m6	K7，M7/h6，N7/h8
在轴上，可滑移	H7/h6，j6	H7，J7/h6，h8

b2 槽宽公差带

装配特性	槽宽		配合特性
	轴	毂	
可动	H9	D10	滑动
容易装配	N9	JS9	过渡
双向承受转矩	P9	P9	固定

TB 12-2（续）

c）载荷分布系数 K_λ（参考值）[1]

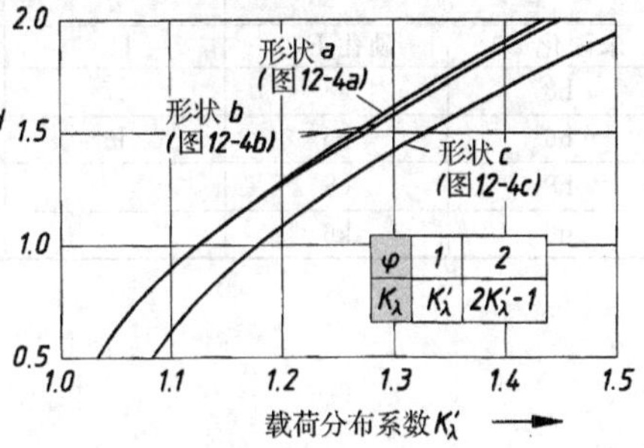

1）对于 D/d=1.6～3.0 及较薄的轮毂形状 a 取较大值，形状 b 和 c 取较小值。

d）支承系数 f_S 和硬度影响系数 f_H

	平　键	轴	毂
f_S	1.0	1.2[1]	1.5[1]
f_H	1.0[2]	1.0[2]	1.0[2]

1）片状石墨铸铁的 f_S=1.0（轴）或 f_S=2.0（轮毂）。

2）渗碳钢（渗碳硬化）f_H=1.15。

TB 12-3　矩形花键联接

a）尺寸（n=齿数）（单位：mm）

轻系列（DIN ISO 14 摘录）

定心方式	n	d	D	b
内径定心	6	23	26	6
		26	30	6
		28	32	7
内径或侧面定心	8	32	36	6
		36	40	7
		42	46	8
		46	50	9
		52	58	10
		56	62	10
		62	68	12
	10	72	78	12
		82	88	12
		92	98	14
		102	108	16
		112	120	18

轮毂标记示例：花键轮毂 DIN ISO 14—8×62×72

轴标记示例：花键轴 DIN ISO 14—8×62×72

中系列（DIN ISO 14 摘录）

定心方式	n	d	D	b
内径定心	6	11	14	3
		13	16	3.5
		16	20	4
		18	22	5
		21	25	5
		23	28	6
		26	32	6
		28	34	7
内径或侧面定心	8	32	38	6
		36	42	7
		42	48	8
		46	54	9
		52	60	10
		56	65	10
		62	72	12
	10	72	82	12
		82	92	12
		92	102	14
		102	112	16
		112	125	18

重系列（DIN 5464 摘录）

定心方式	n	d	D	b
内径或侧面定心	10	16	20	2.5
		18	23	3
		21	26	3
		23	29	4
		26	32	4
		28	35	4
		32	40	5
		36	45	5
		42	52	6
		46	56	7
侧面定心	16	52	60	5
		56	65	5
		62	72	6
		72	82	7
	20	82	92	6
		92	102	7
		102	115	8
		112	125	9

轮毂

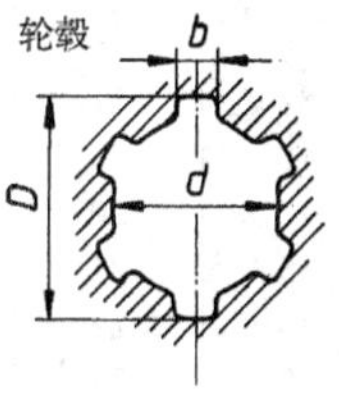

轴

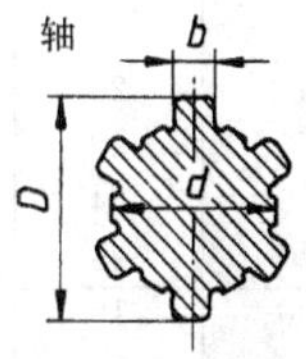

b）轮毂和轴的公差（轮廓按 DIN ISO 14 规定）

轮毂的公差						轴的公差			
在拉削后不热处理			在拉削后还要热处理						
b	d	D	b	d	D	b	d	D	安装类型
H9	H7	H10	H11	H7	H10	d10	f7	a11	滑动
						f9	g7	a11	过渡
						h10	h7	a11	固定

TB 12-3（续）

c）轮毂和轴的公差（轮廓按 DIN 5464 规定）

零　件	定心方式		b		d	D
轮毂	内径和侧面定心		未硬化 D9	硬化 F10	H7	H11
轴	内径定心	在轮毂上可动	h8	e8	f7	a11
		在轮毂上固定	h6	h6	f6	
	侧面定心	在轮毂上可动	h8	e8	—	
		在轮毂上固定	u6	k6	—	

TB 12-4　渐开线花键联接

a）细齿花键（DIN 5481 摘录）

（单位：mm）

公称直径 $d_1 \times d_2$	公称尺寸 d_1 A11	计算 d_2	公称尺寸 d_3 a11	计算 d_4	d_5	计算 d_5 的齿距	齿数 z
8×10	8.1	9.9	10.1	8.26	9	1.010	28
10×12	10.1	12	12	10.2	11	1.152	30
12×14	12	14.18	14.2	12.06	13	1.317	31
15×17	14.9	17.28	17.2	14.91	16	1.571	32
17×20	17.3	20	20	17.37	18.5	1.761	33
21×24	20.8	23.76	23.9	20.76	22	2.033	34
26×30	26.5	30.06	30	26.40	28	2.513	35
30×34	30.5	34.17	34	30.38	32	2.792	36
36×40	36	40.16	39.9	35.95	38	3.226	37
40×44	40	44.42	44	39.72	42	3.472	38
45×50	45	50.2	50	44.97	47.5	3.826	39
50×55	50	55.25	54.9	49.72	52.5	4.123	40
55×60	55	60.39	60	54.76	57.5	4.301	42

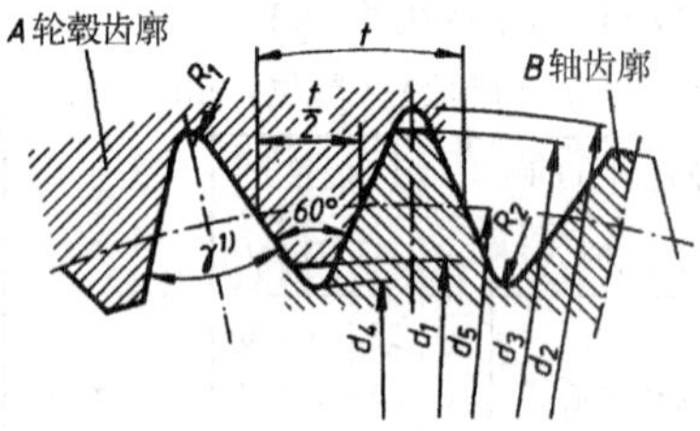

1）齿形角 $\gamma \approx 47° \sim 51°$，公称直径越大，角度越大。

b）渐开线花键（啮合角 30°）（DIN 5480 摘录）

（单位：mm）

相对直径 d_B	齿数 z	模数 m	分度圆直径 d	轴 齿顶圆直径 d_{a1}	轴 齿根圆直径 d_{f1}	毂 齿顶圆直径 d_{a2}	毂 齿根圆直径 d_{f2}
20	14	1.25	17.5	19.75	17.25	17.5	20
22	16	1.25	20	21.75	19.25	19.5	22
25	18	1.25	22.5	24.75	22.25	22.5	25
26	19	1.25	23.75	25.75	23.25	23.5	26
28	21	1.25	26.25	27.75	25.25	25.5	28
30	22	1.25	27.5	29.75	27.25	27.5	30
32	24	1.25	30	31.25	29.25	29.5	32
35	16	2	32	34.6	30.6	31	35
37	17	2	34	36.6	32.6	33	37
40	18	2	36	39.6	35.6	36	40
42	20	2	40	41.6	37.6	38	42
45	21	2	42	44.6	40.6	41	45
48	22	2	44	47.6	43.6	44	48
50	24	2	48	49.6	45.6	46	50
55	17	3	51	54.4	48.4	49	55
60	18	3	54	59.4	53.4	54	60
65	20	3	60	64.4	58.4	59	65
70	22	3	66	69.4	63.4	64	70
75	24	3	72	74.4	68.4	69	75
80	25	3	75	79.4	73.4	74	80
90	16	5	80	89	79	80	90
100	18	5	90	99	89	90	100

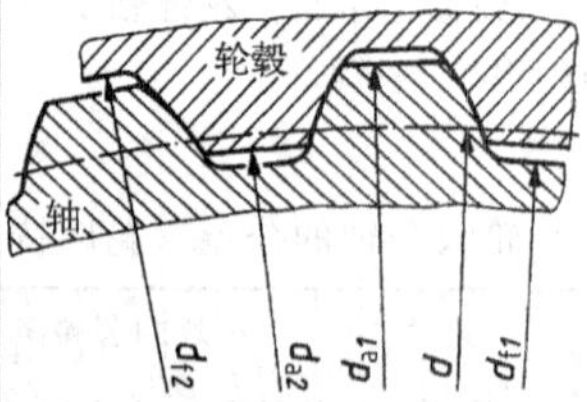

TB 12-5　多边形轮廓的尺寸

a）A 多边形轴 P3G

B 多边形轮毂 P3G

（DIN 32711 摘录）　　（单位：mm）

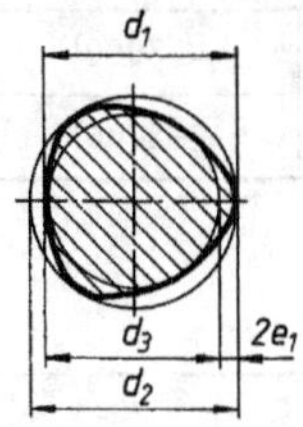

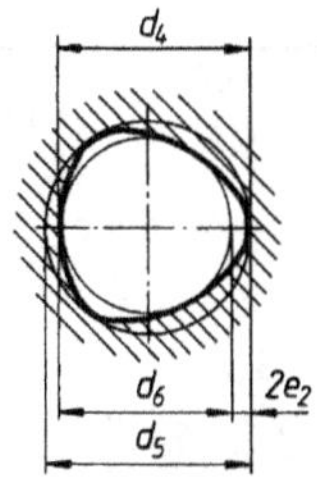

轴	d_1[1]	d_2	d_3	e_1
毂	d_4[2]	d_5	d_6	e_2
	14	14.88	13.12	0.44
	16	17	15	0.5
	18	19.12	16.88	0.56
	20	21.26	18.74	0.63
	22	23.4	20.6	0.7
	25	26.6	23.4	0.8
	28	29.8	26.2	0.9
	30	32	28	1
	32	34.24	29.76	1.12
	35	37.5	32.5	1.25
	40	42.8	37.2	1.4
	45	48.2	41.8	1.6
	50	53.6	46.4	1.8
	55	59	51	2
	60	64.5	55.5	2.25
	65	69.9	60.1	2.45
	70	75.6	64.4	2.8
	75	81.3	68.7	3.15
	80	86.7	73.3	3.35
	85	92.1	77.9	3.55
	90	98	82	4
	95	103.5	86.5	4.25
	100	109	91	4.5

1）对于不受转矩的轴向可滑移联接：g6

对于静联接：k6

2）H7

多边形轴 P3G，d_1＝20 和 d_2＝21.26 k6，其标记为：

轮廓 DIN 32711—AP3G20k6

b）A 多边形轴 P4C

B 多边形轮毂 P4C

（DIN 32712 摘录）　　（单位：mm）

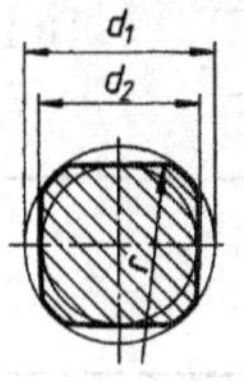

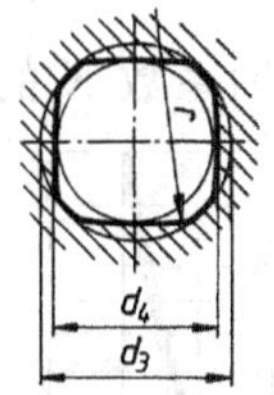

轴	d_1[1]	d_2[2]	e_1
毂	d_3[3]	d_4[4]	e_2
	14	11	1.6
	16	13	2
	18	15	2
	20	17	3
	22	18	3
	25	21	5
	28	24	5
	30	25	5
	32	27	5
	35	30	5
	40	35	6
	45	40	6
	50	43	6
	55	48	6
	60	53	6
	65	58	6
	70	60	6
	75	65	6
	80	70	8
	85	75	8
	90	80	8
	95	85	8
	100	90	8

1）e9

2）见 a）的脚注 1）

3）H11

4）H7

多边形轮毂 P4C，d_3＝80 和 d_4＝70 H7，其标记为：

轮廓 DIN 32712—BP4C40H7

TB 12-6　结合系数，泊松比和线膨胀系数，最大结合温度

a）轴向和圆周受载时的结合系数（参数值）

内零件：钢		纵向压配合—结合系数		横向压配合—结合系数 μ（热装配合）
外　零　件	润　　滑	抗松动 μ_e	抗滑动 μ	
钢，铸钢	油	0.07～0.08	0.06～0.07	0.12
	干	0.1～0.11	0.08～0.09	0.18～0.2
灰铸铁	油	0.06	0.05	0.1
	干	0.10～0.12	0.09～0.11	0.16
铜合金等	油	—	—	—
	干	0.07	0.06	0.17～0.25
铝合金等	油	0.05	0.04	—
	干	0.07	0.06	0.1～0.15

TB 12-6（续）

b）泊松比，弹性模量，线膨胀系数

材　料	泊松比 ν	弹性模量 (N/mm^2)	线膨胀系数 α (K^{-1})		密度 ρ (kg/m^3)
			加　热	冷　却	
钢	0.3	见 TB 1-1～TB 1-3	11×10^{-6}	-8.5×10^{-6}	7800
灰铸铁	0.24～0.26		10×10^{-6}	-8×10^{-6}	7200
铜合金	0.35～0.37		$(16\sim18)\times10^{-6}$	$(-14\sim-16)\times10^{-6}$	≤8900[1]
铝合金	0.3～0.34		23×10^{-6}	-18×10^{-6}	≥2700[1]

1）随合金成分不同而不同。

c）最大结合温度

轮毂材料	结合温度℃
低强度结构钢 铸钢 球墨铸铁	350
钢或铸钢，调质	300
钢，边缘硬化	250
渗碳硬化钢，或高温调质结构钢	200

TB 12-7　钢制实心轴的辅助系数 K 的确定

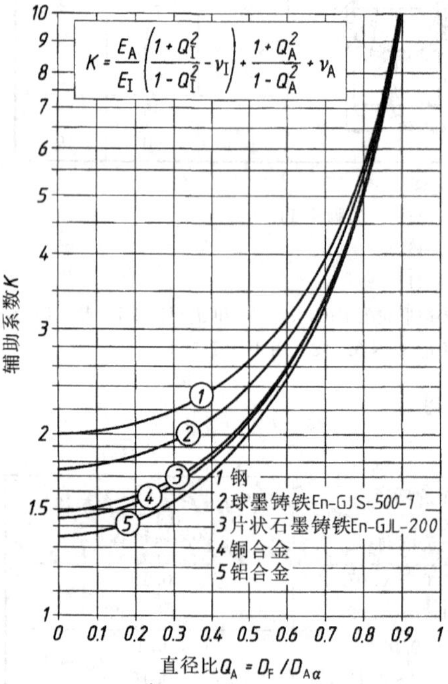

TB 12-8　圆锥（DIN 254　摘录）

锥度 C	锥角 α	导角（$\alpha/2$）	例子和用途
1∶0.2887	120°	60°	中心孔的防护沉头
1∶0.5000	90°	45°	阀锥、锥形铰刀、沉头螺栓
1∶0.8660	60°	30°	轻型管螺纹联接的密封锥，V 形槽 定心顶尖，弹簧夹头
1∶3.429	16°35′40″	8°17′50″	铣床主轴头导锥，铣刀杆
1∶5	11°25′16″	5°42′38″	推力轴颈，摩擦离合器，容易拆卸
1∶6	9°31′38″	4°45′49″	垂直于轴向受载和扭转受载的机械零件
1∶10	5°43′30″	2°51′45″	仪表上的密封锥
1∶12	4°46′18″	2°23′9″	联接螺栓，可调轴承衬，垂直于轴向，扭转和沿轴向受载的机械零件，轴端
1∶20	2°51′22″	1°25′56″	滚动轴承（弹性套），镗杆锥，米制圆锥，机床主轴工件杆和安装锥
1∶30	1°54′34″	57′17″	套式铰刀和套式扩孔钻的孔
1∶50	1°8′46″	34′23″	圆锥销，铰刀

锥角 $\alpha=60°$的圆锥的标记：圆锥 60°。

锥比 $C=1:10$ 的圆锥的标记：圆锥 1∶10。

TB 12-9　圆锥弹性环（企业标准摘录）

a）环状弹簧弹性环 RfN 8006

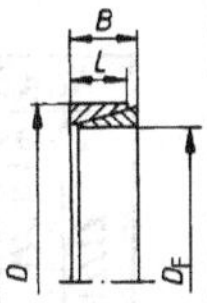

b）Tollok 圆锥弹性环 RLK 250

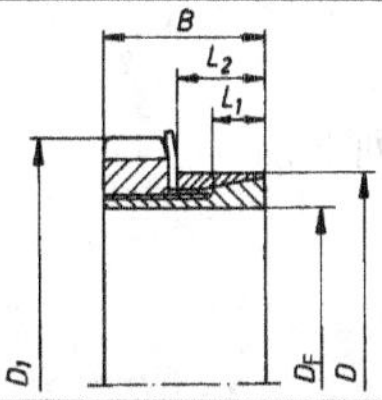

D_F mm	a) 尺寸 D mm	B mm	L mm	可承受 T N·m	F_a kN	配合轴毂 p_w N/mm²	p_N N/mm²	压紧力 $F_S=F_o+F_{So}$ F_o kN	F_{So} kN	b) 尺寸 D mm	D_1 mm	B mm	L_1 mm	L_2 mm	可承受 T N·m	F_a kN	配合轴毂 p_w N/mm²	p_N N/mm²	M_s N·m
15	19	6.3	5.3	22.5	3	100	78.9	10.8	13.5	25	32	16.5	6.5	9.5	29	4	120	72	46
16	20	6.3	5.3	25.5	3.19	100	80.0	10.1	14.4	25	32	16.5	6.5	9.5	33	4	120	76	49
17	21	6.3	5.3	28.9	3.4	100	81.0	9.55	15.3	—	—	—	—	—	—	—	—	—	—
18	22	6.3	5.3	32.4	3.6	100	81.8	9.1	16.2	—	—	—	—	—	—	—	—	—	—
19	24	6.3	5.3	36	3.79	100	79.2	12.6	17.1	30	38	18	6.5	10	46	5	120	76	72
20	25	6.3	5.3	40	4	100	80.0	12.1	18	30	38	18	6.5	10	51	5	120	80	75
22	26	6.3	5.3	48	4.4	100	84.6	9.05	19.8	—	—	—	—	—	—	—	—	—	—
24	28	6.3	5.3	58	4.8	100	85.7	8.35	21.6	35	45	18	6.5	10	73	6	120	82	106
25	30	6.3	5.3	62	5	100	83.3	9.9	22.5	35	45	18	6.5	10	79	6	120	85	111
28	32	6.3	5.3	78	5.6	100	87.5	7.4	25.2	—	—	—	—	—	—	—	—	—	—
30	35	6.3	5.3	90	6	100	85.7	8.5	27	40	52	19.5	7	10.5	123	8	120	90	164
32	36	6.3	5.3	102	6.4	100	88.9	7.85	28.8	—	—	—	—	—	—	—	—	—	—
35	40	7	6	138	7.9	100	87.5	10.1	35.6	45	58	21.5	8	10.5	191	11	120	93	247
36	42	7	6	147	8.2	100	85.7	11.6	36.6	45	58	21.5	8	10.5	202	11	120	96	254
38	44	7	6	163	8.6	100	86.4	11	38.7	—	—	—	—	—	—	—	—	—	—
40	45	8	6.6	199	9.95	100	88.9	13.8	45	52	65	24.5	10	12.5	312	16	120	92	401
42	48	8	6.6	219	10.4	100	87.5	15.6	47	—	—	—	—	—	—	—	—	—	—

TB 12-9（续）

D_F mm	尺寸 D mm	B mm	L mm	可承受 T N·m	F_a kN	配合轴毂 p_W N/mm²	p_N N/mm²	压紧力 $F_S=F_o+F_{So}$ F_o kN	F_{So} kN	尺寸 D mm	D_1 mm	B mm	L_1 mm	L_2 mm	可承受 T N·m	F_a kN	配合轴毂 p_W N/mm²	p_N N/mm²	M_s N·m
45	52	10	8.6	328	14.6	100	86.5	26.2	66	57	70	25.5	10	12.5	395	18	119	94	496
48	55	10	8.6	373	15.6	100	87.3	24.6	70	62	75	25.5	10	12.5	450	19	120	92	583
50	57	10	8.6	405	16.2	100	87.7	23.5	73	62	75	25.5	10	12.5	488	20	120	96	607
55	62	10	8.6	490	17.8	100	88.7	21.8	80	68	80	27.5	12	15	618	23	104	84	762
56	64	12	10.4	615	22	100	87.5	29.4	99	68	80	27.5	12	15	629	23	102	84	762
60	68	12	10.4	705	23.5	100	88.2	27.4	109	73	85	28.5	12	16.5	727	24	103	85	886
63	71	12	10.4	780	24.8	100	88.7	26.3	111	79	92	30.5	14	17	892	28	98	78	1115
65	73	12	10.4	830	25.6	100	89.0	25.4	115	79	92	30.5	14	17	920	28	95	78	1115
70	79	14	12.2	1120	32	100	88.6	31	145	84	98	31.5	14	17	1075	31	96	80	1290
71	80	14	12.2	1160	32.6	100	88.8	31	147	—	—	—	—	—	—	—	—	—	—
75	84	14	12.2	1290	34.4	100	89.3	34.6	155	—	—	—	—	—	—	—	—	—	—
80	91	17	15	1810	45	100	87.9	48	203	—	—	—	—	—	—	—	—	—	—
85	96	17	15	2040	48	100	88.5	45.6	216	—	—	—	—	—	—	—	—	—	—
90	101	17	15	2290	51	100	89.1	43.4	229	—	—	—	—	—	—	—	—	—	—
95	106	17	15	2550	54	100	89.6	41.2	242	—	—	—	—	—	—	—	—	—	—
100	114	21	18.5	3520	70	100	87.7	60.7	317	—	—	—	—	—	—	—	—	—	—

TB 12-10　压紧盘（企业标准摘录）

压紧盘 HSD 系列 22

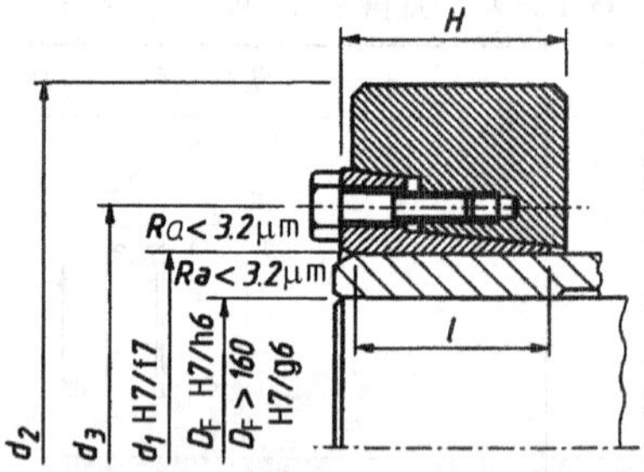

d_1 mm	D_F mm	尺寸 d_2 mm	l mm	H mm	d_3 mm	可承受 T N·m	F_a kN	压紧螺栓 M_A N·m		质量 m kg
	19					160	17			
24	20	50	14	18	36	210	20	M6	12	0.2
	22					280	25			
	24					270	23			
30	25	60	16	20	44	320	25	M6	12	0.3
	26					360	28			
36	27					440	32			
38	30	72	18	22	52	610	41	M8	29	0.5
	33					820	50			
44	34					690	41			
40	35	80	20	24	61	770	44	M8	29	0.6
	37					920	50			
	38					1110	58			
50	40	90	22	26	68	1290	65	M8	29	0.8
	42					1510	71			

TB 12-10（续）

d_1	D_F	尺寸				可承受		压紧螺栓		质量
		d_2	l	H	d_3	T	F_a	M_A		m
mm	mm	mm	mm	mm	mm	N·m	kN	N·m		kg
	42					1230	59			
55	45	100	23	29	72	1530	68	M8	29	1.1
	48					1860	78			
62	48					1670	70			
60	50	110	23	29	80	1890	76	M8	29	1.3
	52					2120	81			
	50					1870	75			
68	55	115	23	29	86	2450	89	M8	29	1.3
	60					3120	104			
	55					2330	85			
75	60	138	25	31	100	3020	101	M10	58	2.3
	65					3810	117			
	60					3190	106			
80	65	141	25	31	104	4060	123	M10	58	2.3
	70					4910	140			
90	65					5400	166			
85	70	155	30	38	114	6500	187	M10	58	3.2
	75					7800	208			
100	70					6000	171			
95	75	170	34	43	124	7200	192	M10	58	4.3
	80					8500	213			
110	80					10000	149			
105	85	185	39	49	138	11700	275	M12	100	5.8
	90					13600	302			
120	85					11900	280			
115	90	197	42	53	147	13800	307	M12	100	6.9
	95					15900	334			

第 13 章　联轴器、离合器和制动器

TB 13-1　盘形联轴器（DIN 116，形状 A，B 和 C）

主要尺寸和结构参数

结构型号 d_1 N7	尺寸（mm） d_2	d_3	l_1	l_3	l_4	l_6	铰制孔螺栓 数量	尺寸，B 型	最大转速 n_{max} r/min	转矩 T_k N·m	轴向承载能力[1]，C 型 kN	转动惯量 J B 型 kg·m²	质量 B 型 m kg
25	58	125	101	117	50	31	3	M10×60	2120	46.2	3	0.0104	5.5
30	58	125	101	117	50	31	3	M10×60	2120	87.5	5	0.0104	5.3
35	72	140	121	141	60	31	3	M10×60	2000	150	7.5	0.0167	7.3
40	72	140	121	141	60	31	3	M10×60	2000	236	7.5	0.0167	7
45	95	160	141	169	70	34	3	M10×65	1900	355	14	0.0297	11.4
50	95	160	141	169	70	34	3	M10×65	1900	515	14	0.0323	11
55	110	180	171	203	85	37	4	M12×70	1800	730	22	0.0572	16
60	110	180	171	203	85	37	4	M12×70	1800	975	22	0.0569	15.4
70	130	200	201	233	100	41	6	M12×80	1700	1700	22	0.108	23.6
80	145	224	221	261	110	41	8	M12×80	1600	2650	32	0.179	31.2
90	164	250	281	281	120	54	8	M16×100	1500	4120	32	0.332	45
100	180	280	261	301	130	54	8	M16×100	1400	5800	32	0.516	57.5
110	200	300	281	329	140	60	8	M16×105	1320	8250	50	0.760	72.9
120	225	335	311	359	155	60	10	M16×105	1250	12500	50	1.254	99.5
140	250	375	341	397	170	70	10	M20×125	1180	19000	75	2.181	135
160	290	425	401	457	200	75	10	M24×125	1120	30700	75	4.036	199
180	325	450	451	—	225	80	12	M24×140	1060	45000	—	6.115	262
200	360	500	501	—	250	80	16	M24×140	1000	61500	—	9.870	348
220	400	560	541	—	270	95	14	M30×160	950	82500	—	17.00	478
250	450	630	601	—	300	95	16	M30×160	900	118000	—	28.47	645

一个完全凸缘联轴器，A 型，直径 $d_1=80$mm，其标记为：凸缘联轴器 DIN 116—A80

1）根据 Desch 公司，有

对于 $d_1=25\sim60$，l_7 和 t_1（放在括号中）为：16(3)；$d_1=70\sim160$：$l_7(t_1)=18(4)$；$d_1=180\sim250$：$l_7(t_1)=20(5)$。

$l_2=l_1+9$　　d_7：M10（$d_1\leqslant120$），M12（$d_1>120$）

对于 A 型和 C 型，一般铰制孔螺栓长度比 B 型短 15mm，当 $d_1>50$ 时，短 20mm。

TB 13-2　全金属弯曲补偿式联轴器（托马斯联轴器，923 型，企业标准）

主要尺寸和结构参数

结构型号	尺寸（mm） d_1 H7 max	d_2	d_3	l_1	l_2	l_3	最大转速 n_{max} r/min	公称转矩[1] T_{KN} N·m	挠性 $\pm\Delta K_a$ mm	ΔK_r[2] mm	ΔK_w °	弹簧刚度 C_a N/mm	C_r N/mm	C_w N·m/rad	$C_{T\,dyn}$ N·m/rad	转动惯量 J kg·m²	质量 m kg
10	28	42.5	80	40	95	71.5	36000	200	1.4	1.2		83	250	5155	24150	0.0022	2.51
16	35	51	95	45	97	72.5	29000	320	1.6	1.3		105	531	5730	42250	0.0040	3.43
25	50	70	110	50	102	77	23000	500	1.8	1.3		130	650	6015	80100	0.0086	4.81
40	65	90	140	55	120	91	18600	800	2.4	1.6	2	245	1100	6100	169550	0.0265	9.29
63	70	98	147	70	128	97	17600	1260	2.6	1.7		475	475	7735	285000	0.0385	11.9
100	80	109	173	75	153	116	14700	2000	3.0	2.0		590	520	8020	438500	0.0818	18.5
160	100	134	200	80	179	139	13100	3200	3.4	2.4		670	625	8310	858000	0.1634	26.1

TB 13-2（续）

结构型号	尺寸（mm）						最大转速	公称转矩[1)]	挠　性			弹簧刚度				转动惯量	质量
	d_1 H7 max	d_2	d_3	l_1	l_2	l_3	n_{max} r/min	T_{KN} N·m	$\pm\Delta K_a$ mm	ΔK_r[2)] mm	ΔK_w °	C_a N/mm	C_r N/mm	C_w N·m/rad	$C_{T\ dyn}$ N·m/rad	J kg·m²	m kg
250	110	148	225	90	195	148	11300	5000	3.8	2.6		660	810	12605	1247500	0.3029	37.8
400	125	165	250	125	219	166.5	10300	8000	4.2	2.9		985	1300	16615	1725000	0.5739	58.0
630	145	190	290	150	245	184.5	9000	12600	5.0	3.2	2	1270	2000	21485	2614000	1.1980	94.2
1000	160	210	330	185	278	205.5	8200	20000	5.6	3.6		1515	3100	28650	4107000	1.9720	126
1600	180	238	370	190	296	218	7700	32000	6.4	3.8		2390	4700	37245	5789500	3.3280	167
2500	200	262	410	240	315	234	6800	50000	7.0	4.1		2475	6500	57295	7585000	5.8200	242

1）最大转矩 $T_{K\ max}=2.5T_{KN}$，持久交变转矩 $T_{KW}=0.25T_{KN}$。

2）$\Delta K_r=l_3\tan\Delta K_w/2$，式中在 $\Delta K_a=0$ 时，一个薄片组的弯曲角 $\Delta K_w/2=1°$（参见 § 13.2 例子）。

TB 13-3　弹性牙嵌式联轴器（N-欧伊派克斯联轴器，B 型，企业标准）

主要尺寸和结构参数

结构型号	尺寸（mm）									最大转速	公称转矩	转动惯量	质量
	d_1 H7 max	d_2 H7 max	d_3	d_4	d_5	l_1	l_2	l_3	s	n_{max} r/min	T_{KN} N·m	J kg·m²	m kg
B58	19	24	—	40	58	20	20	8	2～4	5000	19	0.0002	0.45
B68	24	28	—	46	68	20	20	8	2～4	5000	34	0.0003	0.63
B80	30	38	—	68	80	30	20	10	2～4	5000	60	0.0012	2.51
B95	42	42	76	76	95	35	30	12	2～4	5000	100	0.0027	2.6
B110	48	48	86	86	110	40	34	14	2～4	5000	160	0.0055	3.9
B125	55	55	100	100	125	50	36	18	2～4	5000	240	0.0107	6.2
B140	60	60	100	100	140	55	34	20	2～4	4900	360	0.014	6.9
B160	65	65	108	108	160	60	39	20	2～6	4250	560	0.025	9.4
B180	75	75	125	125	180	70	42	20	2～6	3800	880	0.045	14
B200	85	85	140	140	200	80	47	24	2～6	3400	1340	0.08	20
B225	90	90	150	150	225	90	52	18	2～6	3000	2000	0.135	24.5
B250	100	100	165	165	250	100	60	18	3～8	2750	2800	0.23	34
B280	110	110	180	180	280	110	65	20	3～8	2450	3900	0.37	45

注：弹性件（组）由丁腈橡胶制成。

TB 13-4　弹性牙嵌式联轴器（哈德弗莱克斯联轴器，XW1 型，企业标准）

主要尺寸和结构参数

结构型号	尺寸（mm）								最大转速	公称转矩[1)]	挠　性			扭转刚度 $C_{T\ dyn}$ N·m/rad		转动惯量	质量[2)]
	d_1 H7 min	d_1 H7 max	d_2	d_3	l	l_1	l_2	s	n_{max} r/min	T_{KN} N·m	$\pm\Delta K_a$ mm	ΔK_r mm	ΔK_w °	$1/2T_{KN}$	T_{KN}	J kg·m²	m kg
24	—	24	55	55	66	24	—	18	12500	30	1.2	0.3	0.7	2750	4200	0.0001	0.55
28	—	28	62	62	76	28	—	20	11100	50	1.2	0.3	0.7	3700	6400	0.0002	0.76
32	—	32	52	70	86	32	22	22	9800	70	1.2	0.3	0.7	4600	8000	0.0003	1.09
38	16	38	60	84	100	38	27	24	8100	120	1 5	0.4	0.7	7300	12600	0.0007	1.76
42	16	42	68	92	110	42	31	26	7400	160	1.5	0.4	0.7	9450	16800	0.001	2.38
48	19	48	76	105	124	48	36	28	6500	240	1.5	0.4	0.7	13350	24800	0.002	3.38
55	19	55	88	120	140	55	43	30	5700	360	1.8	0.5	0.7	19500	36350	0.004	4.89
60	24	60	96	130	152	60	47	32	5200	460	1.8	0.5	0.7	24700	45850	0.006	6.29
65	26	65	104	142	165	65	51	35	4800	600	1.8	0.5	0.7	34800	59900	0.009	8.15
75	32	75	120	165	190	75	59	40	4100	900	2.1	0.6	0.7	54150	93650	0.019	12.6
85	42	85	136	185	214	85	68	44	3700	1350	21	0.7	0.7	74350	135450	0.034	17.9

TB 13-4（续）

结构型号	尺寸（mm）								最大转速	公称转矩[1]	挠性			扭转刚度 $C_{T\,dyn}$ N·m/rad		转动惯量	质量[2]
	d_1 H7 min	d_1 H7 max	d_2	d_3	l	l_1	l_2	s	n_{max} r/min	T_{KN} N·m	$\pm\Delta K_a$ mm	ΔK_r mm	ΔK_w °	$1/2T_{KN}$	T_{KN}	J kg·m²	m kg
100	60	100	160	220	250	100	80	50	3100	2250	2.4	0.8	0.7	138800	220400	0.078	29.3
110	70	110	176	240	275	110	88	55	2800	3000	2 4	0 9	0.7	171000	309500	0.123	38.5
125	70	125	200	275	310	125	100	60	2500	4400	3.0	1.0	0 7	284900	463400	0.235	56.7
140	80	140	224	310	345	140	113	65	2200	6000	3.0	1.1	0.7	356000	602400	0.412	79.0
160	90	160	255	360	395	160	130	75	1900	9000	3.0	1.2	0.7	409000	823000	0.827	119.0

1）最大转矩 $T_{K\,max}=3T_{KN}$，持续交变转矩 $T_{KW}=0.5T_{KN}$。
共振系数 $V_R=6$，弹性件（单体量）由氮基甲酸乙酯橡胶制成。
键槽按 DIN 6886 规定。

2）质量和转动惯量按无槽的最大孔径 d_1 得到。

TB 13-5 高弹性凸缘式联轴器（拉达弗莱克斯联轴器，300 型，企业标准）

主要尺寸和结构参数

结构型号	尺寸（mm）						最大转速	名义转矩[1]	挠性			弹簧刚度					转动惯量	质量
															$C_{T\,dyn}$ N·m/rad			
	d_1 H7 max	d_2	d_3	l_1	l_2	l_3	n_{max} r/min	T_{KN} N·m	$\pm\Delta K_a$ mm	ΔK_r mm	ΔK_w °	C_a N/mm	C_r N/mm	C_w N·m/rad	$0.5T_{KN}$	T_{KN}	J kg·m²	m kg
1.6	25	40	85	28	60	64	4000	16	0.5	0.5	0.5	180	120	85	352	305	0.0014	1.7
4	30	50	110	35	75	85	4000	40	1	1	1	185	130	138	573	573	0.0042	2.9
10	50	75	150	55	88	125	3000	100	1.5	1.5	1.5	300	210	535	1146	917	0.0156	7
16	55	85	175	60	106	135	3000	160	2	2	2	330	215	600	1117	1146	0.0366	10
25	60	100	205	65	120	150	2000	250	2.5	2.5	2.5	340	240	900	1432	1364	0.0795	16
40	70	115	240	75	140	170	2000	400	3	3	3	345	270	1500	2292	2578	0.1750	26
63	80	130	275	85	156	195	2000	630	3.5	3.5	3.5	440	280	1800	4985	4584	0.3090	37
100	90	150	325	100	188	225	1500	1000	4	4	4	510	290	2200	5959	6016	0.7780	60

1）最大转矩 $T_{K\,max}=3T_{KN}$，持续交变转矩 $T_{KW}=0.4T_{KN}$，比阻尼 $\psi=1.2$。
弹性件（轮胎）由实心橡胶制成。

TB 13-6 机械操纵 BSD 多盘式离合器（493 型和 491 型，企业标准）

主要尺寸和结构参数

结构型号	尺寸（mm）										行程	最大转速[2] 湿运行	离合力 合/分		转矩 湿运行[3]		转动惯量 J kg·m²			许用离合功/每次离合[4]	质量 m kg 类型	
																	内	外类型				
	d_1 H7[1] max	d_2	d_3	d_4	d_5 H7	l_1	l_2	l_3	l_4	s	h	n_{max} r/min	F_1 N	F_2 N	$T_{KNü}$ N·m	T_{KNs} N·m		493	491	W_{zul} N·m	493	491
4	30	70	82	55	50	60	35	29	47.5	10	8.5	3000	100	50	55	40	0.0006	0.00098	0.00045	7×10^3	1.6	1.2
6.3	35	80	92	60	60	60	40	34	47.5	10	8.5	3000	120	50	90	63	0.00083	0.00185	0 00075	11×10^3	1.8	1.4
10	40	90	110	70	65	70	40	34	56	10	11	3000	150	60	140	100	0.0025	0.00375	0.00213	15.5×10^3	3.5	3.1
16	45	90	120	85	75	75	50	44	58	15	11	2500	300	100	220	160	0.00375	0.0050	0.00275	20.5×10^3	5.0	4.0
25	50	100	130	85	85	78	50	42	61	15	12	2200	400	120	350	250	0.0050	0.0075	0 00425	27×10^3	6.5	4.3
40	65	120	160	105	110	97	60	52	79	15	14	2000	500	160	550	400	0.015	0.0208	0.0125	39×10^3	15	8.5
63	70	140	180	130	120	111	70	60	91	18	14	1800	700	200	900	630	0.025	0.0378	0.020	49×10^3	19	11

摩擦副：钢-烧结青铜

1）套筒和轮毂预先钻有约 $0.5d_{1\,max}$ 的孔。

2）与离合环的润滑状况有关。干运行时许用转速降低，或采用球轴承离合环。

3）干运行时，$T_{KNü}$ 为表值的约 1.6 倍，T_{KNs} 为表值的约 1.8 倍。

4）适合于湿和干运行。在持续离合时，每小时许用离合功 $W_{h\,zul}$ 为 $20W_{zul}$（干运行）和 $40W_{zul}$（湿运行）。

TB 13-7 电磁操纵 BSD 多盘式离合器（100 型，企业标准）

主要尺寸和结构参数

结构型号	尺寸（mm）											最大转速	转矩湿运行2)		转动惯量 J		功率3)	许用离合功/每离合4)	质量
	d_1 H7 max	d_2 H7	d_3	d_4	d_6 1)	l_1	l_2	l_3	l_4	l_5	l_6	n_{max} r/min	$T_{KNü}$ N·m	T_{KNs} N·m	内 kg·m²	外 kg·m²	P W	W_{zul} N·m	m kg
2.5	22	68	82	106	6×M6	59	55	6	6	8.5	4.5	3000	35	25	0.003	0.001	25	30×10^3	2.0
4	30	85	100	124	6×M6	63	59	6	6	8.5	4.5	3000	55	40	0.004	0.002	24	40×10^3	3.8
6.3	36	90	110	138	6×M8	68	64	7	6	8.5	4.5	3000	90	63	0.006	0.004	23.6	50×10^3	4.7
10	42	105	122	154	6×M8	69	65	8	6	8.5	5	2500	140	100	0.010	0.005	26.1	60×10^3	6.2
16	48	115	135	170	6×M8	75	70	8	6	9	5.5	2500	220	160	0.017	0.008	38.7	70×10^3	8.3
25	55	135	155	190	6×M10	80	72	9	6	9	5.5	2000	350	250	0.03	0.013	40.0	90×10^3	10.5
40	62	140	170	212	6×M10	90	80	10	7	11	6.5	2000	550	400	0.06	0.03	59.4	0.11×10^6	16
63	72	170	200	254	6×M12	97	87	12	7	11.5	6.5	1500	900	630	0.11	0.05	62.5	0.27×10^6	23
100	82	190	235	280	6×M12	110	99	13	7	11.5	7	1500	1400	1000	0.21	0.09	74.5	0.32×10^6	34
160	95	230	260	324	6×M16	120	109	15	8	13.5	7.5	1250	2200	1600	0.41	0.19	100	0.38×10^6	50
250	110	270	305	370	6×M16	148	133	17	9	14	9	1250	3500	2500	0.88	0.38	142	0.54×10^6	75
400	130	310	350	420	12×M20	204	185	20	9	14	7.5	1000	5500	4000	2.25	0.88	144	0.67×10^6	135
630	135	350	400	480	12×M24	260	237	25	9	14	7.5	900	9000	6300	4.50	2.38	130	0.76×10^6	220
1000	170	420	475	560	12×M24	280	252	25	9	14	7.5	750	14000	10000	10.4	4.00	133	0.98×10^6	340

摩擦副：钢-烧结青铜

$d_5=d_4-1$（≤16 型），或 $d_5=d_4-2$（>25 型），$d_5=252$mm（>400 型）

1）装配时钻孔。

2）干运行时，$T_{KNü}$约为表值的 1.6 倍，T_{KNs}约为表值的 1.8 倍。

3）直流电压 24V。

4）适合于湿和干运行。在持续离合时，每小时许用离合功 $W_{h\,zul}$为 $10W_{zul}$（干运行）和 $20W_{zul}$（湿运行）。

TB 13-8 转角补偿式联轴器的设计系数（DIN 740 T2）

a）起动系数 S_z

每小时的起动次数 z 1)	≤120	120～240	>240
S_z	1.0	1.3	必须咨询制造商

1）起动和制动或反转时 z 要加倍。

b）温度系数 S_t

材　料	环境温度 t（℃）1)			
	>−20 ≤+30	>+30 ≤+40	>+40 ≤+60	>+60 ≤+80
天然橡胶（NR）	1.0	1.1	1.4	1.8
聚氨酯（PUR）	1.0	1.2	1.5	不允许
丁腈橡胶（NBR）（丁腈橡胶 N）	1.0	1.0	1.0	1.2

1）对于钢，当≤+270℃时，特别要考虑辐射热的作用：$S_t=1.0$。

说明：聚氨酯弹性体是一种聚氨酯橡胶（UR）。

温度系数与 NR 或 PUR 的大致相同。

c）频率系数 S_f（适用于橡胶弹性件的离合器）

当 $\omega\leqslant 36s^{-1}$时：$S_f=1$；当 $\omega>63s^{-1}$时：$S_f=\sqrt{\frac{\omega}{63}}$，式中 ω 的单位为 s^{-1}。

TB 13-9 定位制动器“ROBA-Stopp”（企业标准）

主要尺寸和结构参数

结构型号	尺寸（mm） d_1 H7 min	d_1 H7 max	d_2 H7	d_3	d_4	d_5	l_1	l_2	最大转速 n_{max} r/min	制动力矩 T_{Br} N·m	转动惯量[1)] J_{Br} kg·m²×10⁻⁴	许用摩擦功 离合时 N·m	许用摩擦功 单次制动时 N·m	许用摩擦功率 P_{zul} W	质量[1)] m kg
3	8	12	21.9	58	79	3×M4	30.2	15	6000	3	0.077	250	500	50	0.6
4	10	15	26.9	72	98	3×M4	32.2	20	5000	6	0.23	500	900	70	0.95
5	10	20	30.9	90	114	3×M5	39.3	20	4800	12	0.68	1000	1800	105	1.8
6	15	25	38.9	112	142	3×M6	43.2	25	4000	26	1.99	2000	3500	155	3.1
7	20	32	50.9	124	165	3×M6	58.2	30	3800	50	4.02	2800	5000	250	5.4
8	25	45	73.9	156	199	3×M8	66.7	35	3400	100	13.2	5300	10000	300	9.4
9	30	50	80.4	175	220	6×M8	74.3	35	3000	200	24.2	8000	20000	370	15.5
10	30	60	90	215	275	6×M8	96.3	50	3000	400	56.4	13800	30000	450	30
11	30	80	129	280	360	6×M12	116.3	60	3000	800	242	27700	50000	900	55

1）质量和转动惯量按无槽的最大孔径 d_1 得到。

第 14 章　滚动轴承和滚动轴承支承

TB 14-1　滚动轴承的尺寸系列

a）向心轴承尺寸表（除圆锥滚子轴承外），摘自 DIN 616，轴承类型见 TB 14-2（轴承系列）

参见教材图 14-7，图 14-8，图 14-9，图 14-14 和 TB 14-2：所有尺寸单位为 mm

DR 直径系列，MR 尺寸系列，r_{1s}倒角距离，a 角接触球轴承支点距离（见教材图 14-8b 和图 14-23）

d	代号	DR	0		2					3					4			角接触球轴承系列 1)				
		MR	10		02			22	32	03			23	33	04			72	73	32	33	03 4)
		D	B	r_{1s} 2)	D	B	r_{1s} 2)	B 3)	B 3)	D	B	r_{1s} 2)	B 3)	B 3)	D	B	r_{1s} 2)	a	a	a	a	a
10	00	26	8	0.3	30	9	0.6	14	14.3	35	11	0.6	17	19	—	—	—	13	15	20	—	—
12	01	28	8	0 3	32	10	0.6	14	15.9	37	12	1.6	17	19	—	—	—	14	16	22	—	—
15	02	32	9	0.3	35	11	0.6	14	15.9	42	13	1.0	17	19	—	—	—	16	18	23	30	—
17	03	35	10	0.3	40	12	0.6	16	17.5	47	14	1.0	19	22.2	62	17	1.0	18	20	25	34	—
20	04	42	12	0.6	47	14	1.0	18	20.6	52	15	1.1	21	22.2	72	19	1.1	21	23	30	36	26
25	05	47	12	0.6	52	15	1.0	18	20.6	62	17	1.1	24	25.4	80	21	1.5	24	27	33	43	31
30	06	55	13	1.0	62	16	1.0	20	23.8	72	19	1.1	27	30.2	90	23	1.5	27	31	44	51	36
35	07	62	14	1.0	72	17	1.1	23	27	80	21	1.5	31	34.9	100	25	1.5	31	35	44	57	41
40	08	68	15	1.0	80	18	1.1	23	30.2	90	23	1.5	33	36.5	110	27	2.0	34	39	57	64	46
45	09	75	16	1.0	85	19	1.1	23	30.2	100	25	1.5	36	39.7	120	29	2.0	37	43	53	72	51
50	10	80	16	1.0	90	20	1.1	23	30.2	110	27	2.0	40	44.4	130	31	2.1	39	47	56	79	56
55	11	90	18	1.1	100	21	1.5	25	33.3	120	29	2.0	43	49.2	140	33	2.1	43	51	71	87	61
60	12	95	18	1.1	110	22	1.5	28	36.5	130	31	2.5	46	54	150	35	2.1	47	55	78	96	67
65	13	100	18	1.1	120	23	1.5	31	38.1	140	33	2.5	48	58.7	160	37	2.1	50.5	60	84	102	72
70	14	110	20	1.1	125	24	1.5	31	39.7	150	35	2.1	51	63.5	180	42	3.0	53	64	88	109	77
75	15	115	20	1.1	130	25	1.5	31	41.3	160	37	2.1	55	68.3	190	45	3.0	56	68	92	117	82
80	16	125	22	1.1	140	26	2.0	33	44.4	170	39	2.1	58	68.3	200	48	3.0	59	72	99	123	88
85	17	130	22	1.1	150	28	2.0	36	49.2	180	41	3.0	60	73	210	52	4.0	63	76	106	131	93
90	18	140	24	1.5	160	30	2.0	40	52.4	190	43	3.0	64	73	225	54	4.0	67	80	113	136	98
95	19	145	24	1.5	170	32	2.1	43	55.6	200	45	3.0	67	77.8	—	—	—	72	84	120	143	103
100	20	150	24	1.5	180	34	2.1	46	60.3	215	47	3.0	73	82.6	—	—	—	76	90	127	153	110
105	21	160	26	2.0	190	36	2.1	50	65.1	225	49	3.0	77	87.3	—	—	—	80	94	135	—	103
110	22	170	28	2.0	200	38	2.1	53	69.8	240	50	3.0	80	92.1	—	—	—	84	98	144	171	123
120	24	180	28	2.0	215	40	2.1	58	76	260	55	3.0	86	106	—	—	—	90	107	—	—	133

1）见 TB 14-2。　2）r_{1s}最小值（根据 FAG）。　3）D，r_{1s}同 02 或 03。　4）四点接触球轴承。

b）圆锥滚子轴承尺寸表，摘自 DIN 616

轴承类型见 TB 14-2（轴承系列）

参见教材图 14-13 和 TB 14-2：所有尺寸单位为 mm

支点距离 a 和倒角距离最小值 r_{1s}，r_{2s}根据 FAG

d	代号	DR	2						3							2				3				2		
		MR	02						03							22				23				32		
		D	B	C	T	r_{1s}	r_{2s}	$\approx a$	D	B	C	T	r_{1s}	r_{2s}	$\approx a$	B 1)	C	T	$\approx a$	B 2)	C	T	$\approx a$	B/T 1)	C	$\approx a$
15	02	35	11	10	11.75	0.6	0.6	10	42	13	11	14.25	1.0	1.0	10	—	—	—	—	—	—	—	—	—	—	—
17	03	40	12	11	13.25	1.0	1.0	10	47	14	12	15.25	1.0	1.0	10	—	—	—	—	19	16	20.25	12	—	—	—
20	04	47	14	12	15.25	1.0	1.0	11	52	15	13	16.25	1.5	1.5	11	—	—	—	—	21	18	22.25	14	—	—	—
25	05	52	15	13	16.25	1.0	1.0	13	62	17	15	18.25	1.5	1.5	13	18	15	19.25	13	24	20	25.25	16	22	18	14
30	06	62	16	14	17.25	1.0	1.0	14	72	19	16	20.75	1.5	1.5	15	20	17	21.25	16	27	23	28.75	18	25	19.5	16
35	07	72	17	15	18.25	1.5	1.5	15	80	21	18	22.75	2.0	1.5	16	23	19	24.25	18	31	25	32.75	20	18	22	18
40	08	80	18	16	19.75	1.5	1.5	17	90	23	20	25.25	2.0	1.5	20	23	19	24.75	19	33	27	35.25	23	32	25	21
45	09	85	19	16	20.75	1.5	1.5	18	100	25	22	27.25	2.0	1.5	21	23	19	24.75	20	35	30	38.25	25	32	25	22
50	10	90	20	17	21.75	1.5	1.5	20	110	27	23	29.25	2.5	2.0	23	23	19	24.75	21	40	33	42.25	28	32	24.5	23
55	11	100	21	18	22.75	2.0	1.5	21	120	29	25	31.5	2.5	2.0	25	25	21	26.75	23	43	35	45.5	30	35	27	26
60	12	110	22	19	23.75	2.0	1.5	22	130	31	26	33.5	3.0	2.5	26	28	24	29.75	24	46	37	48.5	32	38	29	28
65	13	120	23	20	24.75	2.0	1.5	23	140	33	28	36	3.0	2.5	28	31	27	32.75	27	48	39	51	34	41	32	30
70	14	125	24	21	26.75	2.0	1.5	25	150	35	30	38	3.0	2.5	30	31	27	33.25	28	51	42	54	37	41	32	31
75	15	130	25	22	27.75	2.0	1.5	27	160	37	31	40	3.0	2.5	32	31	27	33.25	29	55	45	58	39	41	31	32
80	16	140	26	22	28.75	2.5	2.0	28	170	39	33	42.5	3.0	2.5	34	33	28	35.25	31	58	48	61.5	42	46	35	35
85	17	145	28	24	30.5	2.5	2.0	30	180	41	34	44.5	4.0	3.0	36	36	30	38.5	34	60	49	63.5	44	49	37	37
90	18	160	30	26	32.5	2.5	2.0	32	190	43	36	46.5	4.0	3.0	37	40	34	42.5	36	64	53	67.5	47	—	—	—
95	19	170	32	27	34.5	3.0	2.5	34	200	45	38	49.5	4.0	3.0	40	43	37	45.5	39	67	55	71.5	49	—	—	—
100	20	180	34	29	37	3.0	2.5	36	215	47	39	51.5	4.0	3.0	42	46	39	49	42	73	60	77.5	53	63	48	46
105	21	190	36	30	39	3.0	2.5	38	—	—	—	—	4.0	3.0	—	50	43	53	44	77	63	81.5	56	—	—	—
110	22	200	38	32	41	3.0	2.5	39	240	50	42	54.5	4.0	3.0	45	53	46	56	46	80	65	84.5	58	—	—	—
120	24	215	40	34	43.5	3.0	2.5	43	260	55	46	59.5	4.0	3.0	48	58	50	61.5	51	86	69	90.5	65	—	—	—

1）D，r_{1s}，r_{2s}同 MR 02。　2）D，r_{1s}，r_{2s}同 MR 03。

TB14-1（续）

c）单向和双向承载的推力轴承尺寸系列，带平面定圈（见教材图 14-15a，b）或球形定圈和动圈 U（见教材图 14-15c）。摘自 DIN 616 和 FAG，亦参见 TB 14-2

所有尺寸单位为 mm（MR 的第一个数字代表高度系列≙宽度系列），轴承类型见 TB 14-2（轴承系列）

d_w	代号	单向承载																					代号	双向承载[1]									
		DR1				2				3				2										2					3				
		MR 11				12				13				32					带 U2					22					23				
		d_g	$D_g=D_w$	H	r_{1s}	d_g	$D_g=D_w$	H	r_{1s}	d_g	$D_g=D_w$	H	r_{1s}	d_g	$D_g=D_w$	H	r_{1s}	R/A	d_u	D_u	s_u	H_u		d_g	D_g	H	s_w	r_{1s}/r_{2s}	d_g	D_g	H	s_w	r_{1s}/r_{2s}
10	00	11	24	9	0.3	12	26	11	0.6	—	—	—	—	—	—	—	—	—	—	—	—	—	02	17	32	22	5	0.6/0.3	—	—	—	—	—
12	01	13	26	9	0.3	14	28	11	0.6	—	—	—	—	—	—	—	—	—	—	—	—	—	—	—	—	—	—	—	—	—	—	—	—
15	02	16	28	9	0.3	17	32	12	0.6	—	—	—	—	—	—	—	—	—	—	—	—	—	04	22	40	26	6	0.6/0.3	—	—	—	—	—
17	03	18	30	9	0.3	19	35	12	0.6	—	—	—	—	19	35	13.2	0.6	32/16	26	38	4	15	—	—	—	—	—	—	—	—	—	—	—
20	04	21	35	10	0.3	22	40	14	0.6	—	—	—	—	22	40	14.7	0.6	36/18	30	42	5	17	05	27	47	28	7	0.6/0.3	27	52	34	8	1/0.3
25	05	26	42	11	0.6	27	47	15	0.6	27	52	18	1	27	47	16.7	0.6	40/19	36	50	5.5	19	06	32	52	29	7	0.6/0.3	32	60	38	9	1/0.3
30	06	32	47	11	0.6	32	52	16	0.6	32	60	21	1	32	52	17.8	0.6	45/22	42	55	5.5	20	07[2]	37	62	34	8	1/0.3	37	68	44	10	1/0.3
35	07	37	52	12	0.6	37	62	18	1	37	68	24	1	37	62	19.9	1	50/24	48	65	7	22	09	47	73	37	9	1/0.6	47	85	52	12	1/0.6
40	08	42	60	13	0.6	42	68	19	1	42	78	26	1	42	68	20.3	1	56/28.5	55	72	7	23	10	52	78	39	9	1/0.6	52	95	58	14	1.1/0.6
45	09	47	65	14	0.6	47	73	20	1	47	85	28	1	47	73	21.3	1	56/26	60	78	7.5	24	11	57	90	45	10	1/0.6	57	105	64	15	1.1/0.6
50	10	52	70	14	0.6	52	78	22	1	52	95	31	1	52	78	23.5	1	64/32.5	62	82	7.5	26	12	62	95	46	10	1/0.6	62	110	64	15	1.1/0.6
55	11	57	78	16	0.6	57	90	25	1	57	105	35	1.1	57	90	27.3	1	72/35	72	95	9	30	13[3]	67	100	47	10	1/0.6	67	115	65	15	1.1/0.6
60	12	62	85	17	1	62	95	26	1	62	110	35	1.1	62	95	28	1	72/32.5	78	100	9	31	15	77	110	47	10	1/1	77	135	79	18	1.5/1
65	13	67	90	18	1	67	100	27	1	67	115	36	1.1	67	100	28.7	1	80/40	82	105	9	32	16	82	115	48	10	1/1	82	140	79	18	1.5/1
70	14	72	95	18	1	72	105	27	1	72	125	40	1.1	72	105	28.8	1	80/38	88	110	9	32	17	88	125	55	12	1/1	88	150	87	19	1.5/1
75	15	77	100	19	1	77	110	27	1	77	135	44	1.5	77	110	28.3	1	90/49	92	115	9.5	32	18	93	135	62	14	1.1/1	93	155	88	19	1.5/1
80	16	82	105	19	1	82	115	28	1	82	140	44	1.5	82	115	29.5	1	90/46	98	120	10	33	—	—	—	—	—	—	—	—	—	—	—
85	17	87	110	19	1	88	125	31	1	88	150	49	1.5	88	125	33.1	1	100/52	105	130	11	37	20	103	150	67	15	1.1/1	103	170	97	21	1.5/1
90	18	92	120	22	1	93	135	35	1.1	93	155	50	1.5	93	135	38.5	1	100/45	110	140	13.5	42	22[4]	113	160	67	15	1.1/1	113	190	110	24	2/1
100	20	102	135	25	1	103	150	38	1.1	103	170	55	1.5	103	150	40.9	1.1	112/52	125	155	14	45	24	123	170	68	15	1.1/1.1	123	210	123	27	2.1/1.1
110	22	112	145	25	1	113	160	38	1.1	113	187/190	63	2	113	160	40.2	1.1	125/65	135	165	14	45	26	133	190	80	18	1.5/1.1	134	225	130	30	2.1/1.1
120	24	122	155	25	1	123	170	39	1.1	123	205/210	70	2.1	123	170	40.8	1.1	125/61	145	175	15	46	28	143	200	81	18	1.5/1.1	144	240	140	31	2.1/1.1

1）注意对双向承载的推力轴承的 d_w 的相应的代号。

2）代号 08 也可用于 $d_w=30$mm：MR 22　$d_g=42$；$D_g=68$；$H=36$；$s_w=9$；$r_{1s}/r_{2s}=1/0.6$。
MR 23　$d_g=42$；$D_g=78$；$H=49$；$s_w=12$；$r_{1s}/r_{2s}=1/0.6$。

3）代号 14 也可用于 $d_w=55$mm：MR 22　$d_g=72$；$D_g=105$；$H=47$；$s_w=10$；$r_{1s}/r_{2s}=1/1$。
MR 23　$d_g=72$；$D_g=125$；$H=72$；$s_w=16$；$r_{1s}/r_{2s}=1.1/1$。

4）代号 22 也可用于 $d_w=95$mm。

TB 14-1（续）

d）带螺母和防松装置的张紧套（摘自 DIN 5415）

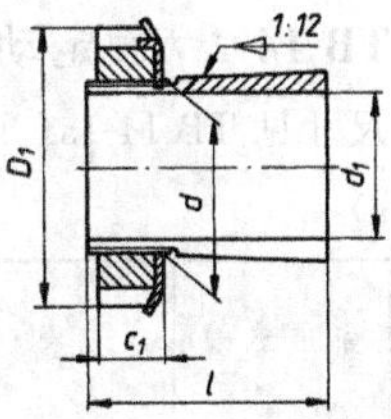

d_1 张紧套孔的公称尺寸＝公称轴径

张紧套开有一贯穿的槽，带螺母和防松件的张紧套只能整体更换，不同来源的零件不具有互换性

（单位：mm）

代　　号	d	d_1	l	D_1	c_1	代　　号	d	d_1	l	D_1	c_1	代　　号	d	d_1	l	D_1	c_1
系列 H2[1)]						系列 H3[2)]						系列 H23[3)]					
H204	20	17	24	32	7	H304	20	17	28	32	7	H2304	20	17	31	32	7
H205	25	20	26	38	8	H305	25	20	29	38	8	H2305	25	20	35	38	8
H206	30	25	27	45	8	H306	30	25	31	45	8	H2306	30	25	38	45	8
H207	35	30	29	52	9	H307	35	30	35	52	9	H2307	35	30	43	52	9
H208	40	35	31	58	10	H308	40	35	36	58	10	H2308	40	35	46	58	10
H209	45	40	33	65	11	H309	45	40	39	65	11	H2309	45	40	50	65	11
H210	50	45	35	70	12	H310	50	45	42	70	12	H2310	50	45	55	70	12
H211	55	50	37	75	12	H311	55	50	45	75	12	H2311	55	50	59	75	12
H212	60	55	38	80	13	H312	60	55	47	80	13	H2312	60	55	62	80	13
H213	65	60	40	85	14	H313	65	60	50	85	14	H2313	65	60	65	85	14
H214	70	60	41	92	15	H314	70	60	52	92	15	H2314	70	60	68	92	15
H215	75	65	43	98	15	H315	75	65	55	98	15	H2315	75	65	73	98	15
H216	80	70	46	105	17	H316	80	70	59	105	17	H2316	80	70	78	105	17
H217	85	75	50	110	18	H317	85	75	63	110	18	H2317	85	75	82	110	18
H218	90	80	52	120	18	H318	90	80	65	120	18	H2318	90	80	86	120	18
H219	95	85	55	125	19	H319	95	85	68	125	19	H2319	95	85	90	125	19
H220	100	90	58	130	20	H320	100	90	71	130	20	H2320	100	90	97	130	20
H222	110	100	63	145	21	H322	110	100	77	145	21	H2322	110	100	105	145	21

适合滚动轴承：1）MR 02。2）MR 03 和 22。3）MR 23。

e）夹紧套（摘自 DIN 5416）

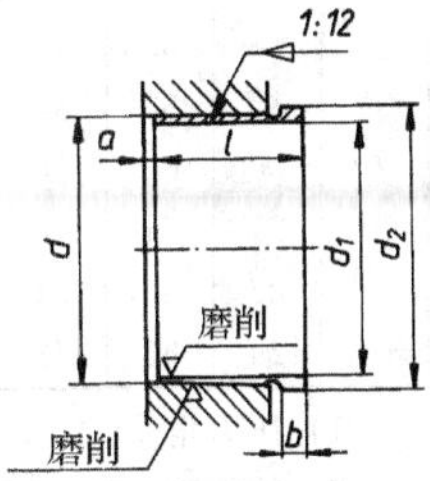

d_1 张紧套孔的公称尺寸＝公称轴径

压紧螺母必须单独定购

符号 X 由于与 ISO 接轨，推荐 R 113

距离 a 为压入前的数值

（单位：mm）

代号	d	d_1	螺纹 d_2	l	a	b	代号	d	d_1	螺纹 d_2	l	a	b	代号	d	d_1	螺纹 d_2	l	a	b
系列 AH2[1)]							系列 AH3[2)]							系列 AH23[3)]						
AH208	40	35	M45×1.5	25	2	6	AH308	40	35	M45×1.5	29	3	6	AH2308	40	35	M45×1.5	40	3	7
AH209	45	40	M50×1.5	26	3	6	AH309	45	40	M50×1.5	31	3	6	AH2309	45	40	M50×1.5	44	3	7
AH210	50	45	M55×2	28	3	7	AHX310	50	45	M55×2	35	3	7	AHX2310	50	45	M55×2	50	3	9
AH211	55	50	M60×2	29	3	7	AHX311	55	50	M60×2	37	3	7	AHX2311	55	50	M60×2	54	3	10
AH212	60	55	M65×2	32	3	8	AHX312	60	55	M65×2	40	3	8	AHX2312	60	55	M65×2	58	3	11
AH213	65	60	M75×2	32.5	3.5	8	AH313	65	60	M75×2	42	3	8	AH2313	65	60	M75×2	61	3	12
AH214	70	65	M80×2	33.5	3.5	8	AH314	70	65	M80×2	43	4	8	AHX2314	70	65	M80×2	64	4	12
AH215	75	70	M85×2	34.5	3.5	8	AH315	75	70	M85×2	45	4	8	AHX2315	75	70	M85×2	68	4	12
AH216	80	75	M90×2	35.5	3.5	8	AH316	80	75	M90×2	48	4	8	AHX2316	80	75	M90×2	71	4	12
AH217	85	80	M95×2	38.5	3.5	9	AHX317	85	80	M95×2	52	4	9	AHX2317	85	80	M95×2	74	4	13
AH218	90	85	M100×2	40	4	9	AHX318	90	85	M100×2	53	4	9	AHX2318	90	85	M100×2	79	4	14
AH219	95	90	M105×2	43	4	10	AHX319	95	90	M105×2	57	4	10	AHX2319	95	90	M105×2	85	4	16
AH220	100	95	M110×2	45	4	10	AHX320	100	95	M110×2	59	4	10	AHX2320	100	95	M110×2	90	4	16
AH222	110	105	M120×2	50	4	11	AHX322	110	105	M120×2	63	4	12	AHX2322	110	105	M125×2	95	4	16

适合滚动轴承：1）MR 02。2）MR 03 和 22。3）MR 23。

TB 14-2　额定动载荷 C 和额定静载荷 C_0（FAG公司1995年资料）

尺寸见TB 14-1a，b，c；d 孔特征数，见TB 14-1

a）　　（单位：kN）

轴承类型		深沟球轴承								单列角接触球轴承				双列角接触球轴承				四点接触球轴承	
轴承系列		60		62		63		64		72～B[1]		73～B[1]		32～B[2]		33～B[3]		QJ3[4]	
尺寸系列		10		02		03		04		02		03		32		33		03	
额定载荷		C	C_0	C	C_0	C	C_0	C	C_0	C	C_0	C	C_0	C	C_0	C	C_0	C	C_0
孔特征数	00	4.55	1.96	6	2.6	8.15	3.45	—	—	5	2.5	—	—	7.8	4.55	—	—	—	—
	01	5.1	2.36	6.95	3.1	9.65	4.15	—	—	6.95	3.4	10.6	5	10.6	5.85	—	—	—	—
	02	5.6	2.85	7.8	3.75	11.4	5.4	—	—	8	4.3	12.9	6.55	11.8	7.1	16.3	10	—	—
	03	6	3.25	9.5	4.75	13.4	6.55	22.4	11.4	10	5.5	16	8.3	14.6	9	20.8	12.5	—	—
	04	9.3	5	12.7	6.55	16	7.8	30.5	15	13.4	7.65	19	10.4	19.6	12.5	23.2	15	30	19.6
	05	10	5.85	14	7.8	22.4	11.4	36	19.3	14.6	9.3	26	15	21.2	14.6	30	20	44	31.5
	06	12.7	8	19.3	11.2	29	16.3	42.5	23.2	20.4	13.4	32.5	20	30	21.2	41.5	28.5	58.5	43
	07	16	10.2	25.5	15.3	33.5	19	53	31.5	27	18.3	39	25	39	28.5	51	34.5	62	51
	08	16.6	11.6	29	18	42.5	25	62	38	32	23.2	50	32.5	48	36.5	62	45	86.5	68
	09	20	14.3	31	20.4	53	31.5	76.5	47.5	36	26.5	60	40	48	37.5	68	51	102	83
	10	20.8	15.6	36.5	24	62	38	81.5	52	37.5	28.5	69.5	47.5	51	42.5	81.5	62	110	91.5
	11	28.5	21.2	43	29	76.5	47.5	93	60	46.5	36	78	56	58.5	49	102	78	127	108
	12	29	23.2	52	36	81.5	52	104	68	56	44	90	65.5	72	61	125	98	146	127
	13	30.5	25	60	41.5	93	60	114	76.5	64	53	102	75	80	73.5	150	118	163	146
	14	38	31	62	44	104	68	132	96.5	69.5	58.5	114	86.5	83	76.5	143	166	183	166
	15	39	33.5	65.5	49	114	76.5	132	96.5	68	58.5	127	100	91.5	85	163	193	212	204
	16	47.5	40	72	53	122	86.5	163	125	80	69.5	140	114	98	93	176	212	220	216
	17	49	43	83	64	132	96.5	173	137	90	80	150	127	112	150	190	228	245	255
	18	58.5	50	96.5	72	134	102	196	163	106	93	160	140	125	170	216	275	255	265
	19	60	54	108	81.5	143	112	—	—	116	110	173	153	140	186	220	285	285	310
	20	60	54	122	93	163	134	—	—	129	114	193	180	160	224	240	320	325	365
	21	71	64	132	104	173	146	—	—	143	129	208	200	176	240	—	—	—	—
	22	80	71	143	116	190	166	—	—	153	143	224	224	190	260	280	400	345	415
	24	83	78	146	122	212	190	—	—	166	160	250	260	—	—	—	—	380	480

1）压力角 $\alpha=40°$，一对轴承的额定载荷：$C=1.625C_{单个轴承}$；$C_0=2C_{0单个轴承}$。

2）特征数≤13，压力角 $\alpha=25°$，附加代号至B；特征数>14，压力角 $\alpha=35°$，无附加代号。

3）特征数≤16，压力角 $\alpha=25°$，附加代号至B；特征数>17，压力角 $\alpha=35°$，无附加代号。

4）压力角 $\alpha=35°$，特征数>15，带两个定位槽，附加代号至N2。

b）　　（单位：kN）

轴承类型		调心球轴承																	
轴承系列		12；12～K[1]，TV[5]						13；13～K[2]，TV[5]						22；22～K[3]，TV[5]					
尺寸系列		02						03						22					
		C	e	Y_1[4]	Y_2[4]	C_0	Y_0	C	e	Y_1[4]	Y_2[4]	C_0	Y_0	C	e	Y_1[4]	Y_2[4]	C_0	Y_0
孔特征数	00	5.5	0.32	1.95	3.02	1.2	2.05	—	—	—	—	—	—	8.3	0.58	1.09	1.69	1.73	1.14
	01	5.6	0.37	1.69	2.62	1.27	1.77	—	—	—	—	—	—	9	0.53	1.2	1.85	1.96	1.25
	02	7.5	0.34	1.86	2.88	1.76	1.95	—	—	—	—	—	—	9.15	0.46	1.37	2.13	2.08	1.44
	03	8	0.33	1.93	2.99	2.04	2.03	12.5	0.32	1.94	3	3.2	2.03	11.4	0.46	1.37	2.12	2.75	1.43
	04	10	0.28	2.24	3.46	2.65	2.34	12.5	0.29	2.17	3.35	3.35	2.27	14.3	0.44	1.45	2.24	3.55	1.51

TB 14-2（续）

轴承类型	调心球轴承																	
轴承系列	12；12～K1)，TV5)						13；13～K2)，TV5)						22；22～K3)，TV5)					
尺寸系列	02						03						22					
孔特征数	C	e	Y_1 4)	Y_2 4)	C_0	Y_0	C	e	Y_1 4)	Y_2 4)	C_0	Y_0	C	e	Y_1 4)	Y_2 4)	C_0	Y_0
05	12.2	0.27	2.37	3.66	3.35	2.48	18	0.28	2.29	3.54	5	2.4	17	0.35	1.78	2.75	4.4	1.86
06	15.6	0.25	2.53	3.91	4.65	2.65	21.2	0.26	2.39	3.71	6.3	2.51	25.5	0.3	2.13	3.29	6.95	2.23
07	16	0.22	2.8	4.34	5.2	2.94	25	0.26	2.47	3.82	8	2.59	32	0.3	2.13	3.29	9	2.23
08	19.3	0.22	2.9	4.49	6.55	3.04	29	0.25	2.52	3.9	9.65	2.64	31.5	0.26	2.43	3.76	9.5	2.54
09	22	0.21	3.04	4.7	7.35	3.18	38	0.25	2.5	3.87	12.9	2.62	28	0.26	2.43	3.76	9	2.54
10	22.8	0.2	3.17	4.9	8.15	3.32	41.5	0.24	2.6	4.03	14.3	2.73	28	0.24	2.61	4.05	9.5	2.74
11	27	0.19	3.31	5.12	10	3.47	51	0.24	2.66	4.12	18	2.79	39	0.22	2.92	4.52	12.7	3.06
12	30	0.18	3.47	5.37	11.6	3.64	57	0.23	2.77	4.28	20.8	2.9	47.5	0.23	2.69	4.16	16.6	2.82
13	31	0.18	3.57	5.52	12.5	3.74	62	0.23	2.75	4.26	22.8	2.88	57	0.23	2.78	4.31	19.3	2.92
14	34.5	0.19	3.36	5.21	13.7	3.52	75	0.23	2.79	4.32	27.5	2.93	44	0.27	2.34	3.62	17	2.45
15	39	0.19	3.32	5.15	15.6	3.48	80	0.23	2.77	4.29	30	2.9	44	0.26	2.47	3.83	18	2.59
16	40	0.16	3.9	6.03	17	4.08	88	0.22	2.87	4.44	32.5	3	49	0.25	2.48	3.84	20	2.6
17	49	0.17	3.73	5.78	20.4	3.91	98	0.22	2.88	4.46	38	3.02	58.5	0.26	2.46	3.81	23.6	2.58
18	57	0.17	3.74	5.79	23.6	3.92	108	0.22	2.83	4.38	43	2.97	71	0.27	2.33	3.61	28.5	2.44
19	64	0.17	3.73	5.78	27	3.91	132	0.23	2.73	4.23	51	2.86	83	0.27	2.32	3.59	34	2.43
20	69.5	0.18	3.58	5.53	29	3.75	143	0.23	2.68	4.15	58.5	2.87	98	0.27	2.68	3.61	40.5	2.44
21	75	0.18	3.54	5.48	32	3.71	156	0.23	2.75	4.23	65.5	2.88	—	—	—	—	—	—
22	88	0.17	3.61	5.59	38	3.78	—	—	—	—	—	—	125	0.28	2.23	3.45	52	2.33
24	120	0.2	3.11	4.01	53	3.25	—	—	—	—	—	—	—	—	—	—	—	—

1）从 1205（除 1214，1219，1221，1224 外）起，也有结构 K。

2）从 1306（除 1314，1319，1321 外）起，也有结构 K。

3）从 2206（除 2214 外）起，也有结构 K。

4）如果 $F_a/F_r \leqslant e$，$Y=Y_1$，如果 $F_a/F_r > e$，$Y=Y_2$。

5）TV 型保持架由玻璃纤维加强的尼龙 66 制造。

c)　　（单位：kN）

轴承类型	调心球轴承（续）						圆柱滚子轴承2)3)									
轴承系列	23；23～K1)5)						NU 10		N2；NJ2；NU2；NUP2		N3；NJ3；NU3；NUP3		NJ22；NU22；NUP22		NJ23；NU23；NUP23	
尺寸系列	23						10		02		03		22		23	
孔特征数	C	e	Y_1 4)	Y_2 4)	C_0	Y_0	C	C_0	C	C_0	C	C_0	C	C_0	C	C_0
02	16	0.51	1.23	1.91	3.75	1.29	—	—	12.7	10.4	—	—	—	—	—	—
03	13.4	0.53	1.19	1.85	3.2	1.25	—	—	17.6	14.6	25.5	21.2	24	22	—	—
04	18	0.51	1.23	1.9	4.65	1.29	—	—	27.5	24.5	31.5	27	32.5	31	41.5	39
05	24.5	0.48	1.32	2.04	6.55	1.38	13.4	12	29	27.5	41.5	37.5	34.5	34.5	57	56
06	31.5	0.45	1.4	2.17	8.65	1.47	16.6	16	39	37.5	51	48	49	50	73.5	75
07	39	0.47	1.35	2.1	11.2	1.42	24.5	26	50	50	64	63	62	65.5	91.5	98
08	45	0.43	1.45	2.25	13.4	1.52	29	32	53	53	81.5	78	71	75	112	120
09	54	0.43	1.48	2.29	16.3	1.55	34.5	39	61	63	98	100	73.5	81.5	137	153
10	64	0.43	1.47	2.27	20	1.54	36	41.5	64	68	110	114	78	88	163	186

TB 14-2（续）

轴承类型	调心球轴承（续）						圆柱滚子轴承[2)3)]									
轴承系列	23；23～K[1)5)]						NU 10		N2；NJ2；NU2；NUP2		N3；NJ3；NU3；NUP3		NJ22；NU22；NUP22		NJ23；NU23；NUP23	
尺寸系列	23						10		02		03		22		23	
孔特征数	C	e	Y_1[4)]	Y_2[4)]	C_0	Y_0	C	C_0	C	C_0	C	C_0	C	C_0	C	C_0
11	75	0.42	1.51	2.33	23.6	1.58	41.5	50	83	95	134	140	98	118	200	228
12	86.5	0.41	1.55	2.4	28	1.62	44	55	95	104	150	156	129	153	224	260
13	95	0.39	1.62	2.51	32.5	1.7	45	58.5	108	120	180	190	150	183	245	285
14	110	0.38	1.65	2.55	37.5	1.73	64	81.5	120	137	204	220	156	196	275	325
15	122	0.38	1.64	2.54	42.5	1.74	65.5	85	132	156	240	265	163	208	325	390
16	137	0.37	1.7	2.62	48	1.78	76.5	98	140	170	255	275	186	245	355	425
17	140	0.37	1.68	2.61	51	1.76	78	104	163	193	270	300	216	275	365	450
18	153	0.39	1.63	2.53	57	1.71	93	125	183	216	315	345	240	315	430	530
19	163	0.38	1.66	2.57	64	1.74	96.5	129	220	265	335	380	285	375	455	585
20	193	0.38	1.67	2.58	78	1.75	98	134	250	305	380	425	335	440	570	720
21	—	—	—	—	—	—	112	153	260	320	—	—	—	—	—	—
22	216	0.37	1.69	2.62	95	1.77	140	190	290	365	415	475	380	520	630	800
24	—	—	—	—	—	—	150	208	335	415	520	600	450	610	780	1020

1）从 2307 起，也有结构 K。

2）在内圈和外圈上带底板的轴承也可以承受轴向载荷，当 $v>v_1$（参见教材 § 14.2.4-2，油润滑）有：对于轴承系列 10，2，3：$F_a=0.025C$；对于 2E，3E：$F_a=0.015C$；对于轴承系列 22E，23E：$F_a=0.007C$。

3）轴承系列 2，3，22，23 为加强结构，用附加字母 E 表示（例如 NJ 2205E）。

4）当 $F_a/F_r\leqslant e$，$Y=Y_1$；
当 $F_a/F_r>e$，$Y=Y_2$。

5）孔特征数≤13 时，保持架用玻璃纤维加强的尼龙 66 制造（后置代号 TV），否则用黄铜制实心保持架（后置代号 M）（例如 2305TV 或 2316M）。

d)　　（单位：kN）

轴承类型	圆锥滚子轴承[1)]																								
轴承系列	302A[2)]					303A[2)]					322A[2)]					323A[2)]					332				
尺寸系列	02					03					22					23					32				
孔特征数	C	e	Y	C_0	Y_0	C	e	Y	C_0	Y_0	C	e	Y	C_0	Y_0	C	e	Y	C_0	Y_0	C	e	Y	C_0	Y_0
02	12.5*	0.46	1.31	11.8*	0.72	23.2	0.29	2.11	20.8	1.16	—	—	—	—	—	—	—	—	—	—	—	—	—	—	—
03	19.3	0.35	1.74	19	0.96	28	0.29	2.11	25	1.16	29	0.31	1.92	30	1.06	36.5	0.29	2.11	36.5	1.16	—	—	—	—	—
04	27.5	0.35	1.74	27.5	0.96	34.5	0.3	2	33.5	1.1	—	—	—	—	—	46.5	0.3	2	48	1.1	—	—	—	—	—
05	32.5	0.37	1.6	35.5	0.88	47.5	0.3	2	46.5	1.1	32.5*	0.33	1.81	36*	1	63	0.3	2	65.5	1.1	49	0.35	1.71	58.6	0.94
06	44	0.37	1.6	49	0.88	60	0.31	1.9	61	1.05	54	0.37	1.6	63	0.9	81.5	0.31	1.9	90	1.05	65.5	0.34	1.76	78	0.97
07	54	0.37	1.6	60	0.88	73.5	0.31	1.9	76.5	1.05	71	0.37	1.6	85	0.9	100	0.31	1.9	114	1.05	86.5	0.35	1.7	106	0.93
08	62	0.37	1.6	68	0.88	91.5	0.35	1.74	102	0.96	80	0.37	1.6	95	0.9	120	0.35	1.74	146	0.96	106	0.36	1.68	134	0.92
09	71	0.4	1.48	83	0.81	112	0.35	1.74	127	0.96	83	0.4	1.48	100	0.8	156	0.35	1.74	193	0.96	108	0.39	1.56	146	0.86
10	80	0.42	1.43	96.5	0.79	132	0.35	1.74	150	0.96	88	0.42	1.43	110	0.8	186	0.35	1.74	236	0.96	114	0.41	1.54	163	0.8
11	91.5	0.4	1.48	108	0.81	153	0.35	1.74	176	0.96	110	0.4	1.48	137	0.8	212	0.35	1.74	270	0.96	137	0.4	1.5	196	0.83
12	104	0.4	1.48	122	0.81	176	0.35	1.74	204	0.96	134	0.4	1.48	170	0.8	245	0.35	1.74	310	0.96	170	0.4	1.48	240	0.82
13	120	0.4	1.48	143	0.81	196	0.35	1.74	228	0.96	156	0.4	1.48	200	0.8	270	0.35	1.74	345	0.96	204	0.39	1.54	285	0.85
14	132	0.42	1.43	163	0.79	224	0.35	1.74	265	0.96	163	0.42	1.43	216	0.8	310	0.35	1.74	405	0.96	212	0.41	1.47	300	0.81
15	137	0.44	1.32	173	0.76	250	0.35	1.74	300	0.96	173	0.44	1.38	232	0.8	360	0.35	1.74	475	0.96	208	0.43	1.4	310	0.77
16	156	0.42	1.43	193	0.79	290	0.35	1.74	345	0.96	200	0.42	1.43	265	0.8	400	0.35	1.74	540	0.96	250	0.43	1.41	380	0.78
17	180	0.42	1.43	228	0.79	310	0.35	1.74	375	0.96	228	0.42	1.43	305	0.8	430	0.35	1.74	585	0.96	290	0.42	1.43	440	0.79

TB 14-2（续）

轴承类型	圆锥滚子轴承1)																								
轴承系列	302A2)					303A2)					322A2)					323A2)					332				
尺寸系列	02					03					22					23					32				
孔特征数	C	e	Y	C_0	Y_0	C	e	Y	C_0	Y_0	C	e	Y	C_0	Y_0	C	e	Y	C_0	Y_0	C	e	Y	C_0	Y_0
18	204	0.42	1.43	260	0.79	335	0.35	1.74	400	0.96	260	0.42	1.43	360	0.8	490	0.35	1.74	655	0.96	—	—	—	—	—
19	224	0.42	1.43	285	0.79	365	0.35	1.74	440	0.96	300	0.42	1.43	415	0.8	530	0.35	1.74	710	0.96	—	—	—	—	—
20	250	0.42	1.43	325	0.79	415	0.35	1.74	510	0.96	335	0.42	1.43	475	0.8	610	0.35	1.74	850	0.96	—	—	—	—	—
21	280	0.42	1.43	365	0.79	—	—	—	—	—	380	0.42	1.43	550	0.8	670	0.35	1.74	930	0.96	—	—	—	—	—
22	315	0.42	1.43	415	0.79	480	0.35	1.74	585	0.96	415	0.42	1.43	600	0.8	735	0.35	1.74	1020	0.96	—	—	—	—	—
24	340	0.44	1.38	455	0.76	560	0.35	1.74	710	0.96	480	0.44	1.38	735	0.8	670*	0.39	1.53	965*	0.84	—	—	—	—	—

1）O 型或 X 型布置的一对轴承 $C=1.715C_{单个轴承}$；$F_a/F_r \leqslant e$ 时 $P=F_r+1.12YF_a$ 和 $F_a/F_r>e$ 时 $P=0.67F_r+1.68YF_a$；$C_0=2C_{0单个轴承}$；$P_0=F_r+2Y_0F_a$。

2）轴承内部结构变化时用后置代号 A 表示；带 * 号的额定载荷为正常结构（不加 A)。

e)　　（单位：kN）

轴承类型	球面轴承1)4)				调心滚子轴承1)																	
轴承系列	202；202K		203；203K		213～E2)；213～EK2						222～E2)；222～EK2						223～E2)；223～EK2					
尺寸系列	02		03		13						22						23					
孔特征数	C	C_0	C	C_0	C	e	$Y_1$3)	$Y_2$3)	C_0	Y_0	C	e	$Y_1$3)	$Y_2$3)	C_0	Y_0	C	e	$Y_1$3)	$Y_2$3)	C_0	Y_0
04	20.4	19.3	27	24.5	34.5	0.3	2.25	3.34	33.5	2.2	—	—	—	—	—	—	—	—	—	—	—	—
05	24	25	36	34.5	44	0.28	2.43	3.61	43	2.37	42.5	0.34	1.98	2.94	44	1.93	—	—	—	—	—	—
06	27.5	28.5	49	49	62	0.27	2.49	3.71	63	2.43	58.5	0.31	2.15	3.2	62	2.1	—	—	—	—	—	—
07	40.5	43	58.5	61	71	0.26	2.55	3.8	73.5	2.5	78	0.31	2.16	3.22	83	2.12	—	—	—	—	—	—
08	49	53	76.5	81.5	91.5	0.26	2.62	3.9	100	2.56	90	0.28	2.41	3.59	96.5	2.85	129	0.36	1.86	2.77	143	1.82
09	52	57	86.5	95	108	0.26	2.62	3.9	120	2.56	95	0.26	2.62	3.9	108	2.56	156	0.36	1.9	2.83	176	1.86
10	58.5	68	108	118	122	0.24	2.79	4.15	137	2.73	100	0.24	2.81	4.19	116	2.75	196	0.36	1.86	2.77	216	1.82
11	73.5	85	120	134	146	0.24	2.76	4.11	166	2.7	116	0.23	2.92	4.35	140	2.86	224	0.36	1.89	2.81	265	1.84
12	85	100	146	170	166	0.24	2.87	4.27	193	2.8	146	0.24	2.84	4.23	173	2.78	260	0.35	1.91	2.85	300	1.87
13	95	116	170	193	196	0.24	2.84	4.23	228	2.78	173	0.24	2.82	4.19	208	2.75	290	0.34	2	2.98	355	1.96
14	106	134	183	216	220	0.23	2.92	4.35	265	2.86	173	0.23	2.95	4.4	216	2.89	325	0.34	2	2.90	375	1.96
15	112	143	216	255	250	0.23	2.95	4.4	305	2.89	176	0.22	3.1	4.62	224	3.03	375	0.34	1.99	2.96	440	1.94
16	125	163	245	285	275	0.23	2.92	4.35	340	2.86	216	0.22	3.11	4.67	275	3.07	415	0.34	1.99	2.96	500	1.94
17	156	200	270	320	305	0.22	3.01	4.48	375	2.94	260	0.22	3.04	4.53	325	2.97	455	0.33	2.04	3.04	540	2
18	173	220	300	360	335	0.22	3.01	4.48	415	2.94	285	0.23	2.9	4.31	360	2.83	510	0.33	2.03	3.02	620	1.98
19	208	265	335	400	360	0.22	3.04	4.3	450	2.97	315	0.24	2.87	4.27	400	2.8	560	0.33	2.03	3.02	680	1.98
20	224	290	365	440	425	0.22	3.14	4.67	530	3.07	360	0.24	2.84	4.23	465	2.78	655	0.34	2	2.98	815	1.96
21	245	315	—	—	—	—	—	—	—	—	—	—	—	—	—	—	—	—	—	—	—	—
22	285	375	430	520	510	0.21	3.24	4.82	640	3.16	455	0.25	2.71	4.04	585	2.65	800	0.33	2.07	3.09	1060	2.03
24	305	415	490	630	—	—	—	—	—	—	540	0.25	2.71	4.04	720	2.65	900	0.33	2.06	3.06	2240	2.01

1）K 表示锥形孔 1∶12 或 1∶30（K30)。

2）E 表示加强结构；在外圈上有油沟和油孔时后置代号 ES；例如调心滚子轴承 DIN 635—22316 ES。

3）当 $F_a/F_r \leqslant e$ 时：$Y=Y_1$；

当 $F_a/F_r>e$ 时：$Y=Y_2$。

4）在阶梯线之上，保持架由玻璃纤维加强的尼龙 66 制造（后置代号 T)。

在阶梯线之下为黄铜制造的实心保持架（后置代号 MB)。

TB 14-2（续）

f)

轴承类型		单向承载推力深沟球轴承[1]					
轴承系列		511		512，532 U2		513，533 U3	
尺寸系列		11		12，32		13，33	
		C	C_0	C	C_0	C	C_0
孔特征数	00	10	14	12.7	17	—	—
	01	10.4	15.3	13.2	19	—	—
	02	10.4	15.3	16.6	25	—	—
	03	9.65	15.3	17.3	27.5	—	—
	04	12.7	20.8	22.4	37.5	—	—
	05	15.6	29	28	50	34.5	55
	06	16.6	33.5	25.5	47.5	38	65.5
	07	17.6	37.5	35.5	67	50	88
	08	23.2	50	46.5	98	61	112
	09	24.5	57	39	80	75	140
	10	25.5	60	50	106	88	173
	11	31	78	61	134	102	208
	12	36.5	93	62	140	102	208
	13	37.5	98	64	150	106	220
	14	37.5	104	65.5	160	137	300
	15	44	137	67	170	163	360
	16	45	140	75	190	160	360
	17	45.5	150	98	250	190	425
	18	60	190	120	300	196	465
	20	85	270	122	320	232	560
	22	85.5	290	129	360	275	720
	24	90	310	140	400	325	915

轴承类型		双向承载推力深沟球轴承			
轴承系列		522，542 U2		523，543 U3	
尺寸系列		22，42		23，43	
		C	C_0	C	C_0
孔特征数[2]	02	16.6[3]	25[3]	—	—
	04	22.4[3]	37.5[3]	—	—
	05	28	50	34.5	55
	06	25.5	47.5	38	65.5
	07	35.5	67	50	88
	08	46.5	98	61[4]	112[4]
	09	39	80	75	140
	10	50	106	88	173
	11	61	134	102	208
	12	62	140	102	208
	13	64[3]	150[3]	106[4]	220[4]
	14	65.5[3]	160[3]	137	300
	15	67	170	163	360
	16	75	180	160	360
	17	98	250	190	425
	18	120	300	196	465
	20	122	320	232	560
	22	129[3]	360[3]	275	720
	24	140[3]	400[3]	325[4]	915[4]
	26	183[3]	540[3]	360[4]	1060[4]
	28	190[3]	570[3]	400[4]	1220[4]
	—	—	—	—	—

1）参见 TB 14-1c。

2）d_w 的孔特征数见 TB 14-1c“双向承载”。

3）仅仅针对轴承系列 522。

4）仅仅针对轴承系列 523。

TB 14-3 径向动载荷系数 X、轴向动载荷系数 Y、径向静载荷系数 X_0、轴向静载荷系数 Y_0（摘自 DIN 622）

a）等效动载荷计算

轴承类型		e	$\frac{F_a}{F_r}\leqslant e$		$\frac{F_a}{F_r}>e$	
			X	Y	X	Y
	F_a/C_0					
深沟球轴承[1]	0.025	0.22	1	0	0.56	2.0
单列和双列	0.04	0.24				1.8
带正常径向间隙	0.07	0.27				1.6
常见配合	0.13	0.31				1.4
k5～j5 和 J6	0.25	0.37				1.2
	0.50	0.44				1.0

TB 14-3（续）

轴承类型	e	$\frac{F_a}{F_r}\leqslant e$		$\frac{F_a}{F_r}>e$	
		X	Y	X	Y
角接触球轴承 $\alpha=40°$					
系列 72，73，单个轴承和串联布置	1.14	1	0	0.35	0.57
O 型或 X 型布置	1.14	1	0.55	0.57	0.93
系列 32B，33B，$\alpha=25°$，无填充槽	0.68	1	0.92	0.67	1.41
系列 32，33，$\alpha=35°$，有填充槽	0.95	1	0.66	0.6	1.07
同样的四点轴承 QJ，如果：$F_a\leqslant 1.2F_r$	0.95	1	0.66	0.6	1.07
调心球轴承	见 TB 14-2	1	见 TB 14-2	0.65	见 TB 14-2
圆锥滚子轴承	见 TB 14-2	1	0	0.4	见 TB 14-2
球面轴承	—	1	9.5	1	9.5
调心滚子轴承	见 TB 14-2	1	见 TB 14-2	0.67	见 TB 14-2

1）对于 $0.02<F_a/C_0\leqslant 0.5$，$e\approx 0.51.(F_a/C_0)^{0.233}$，当 $F_a/F_r>e$，$Y\approx 0.866(F_a/C_0)^{-0.229}$。

b）等效静载荷计算

轴承类型	e	单列轴承				双列轴承			
		$F_a/F_r\leqslant e$		$F_a/F_r>e$		$F_a/F_r\leqslant e$		$F_a/F_r>e$	
		X_0	Y_0	X_0	Y_0	X_0	Y_0	X_0	Y_0
深沟球轴承[1]	0.8	1	0	0.6	0.5	1	0	0.6	0.5
角接触球轴承 $\alpha=40°$									
系列 72,73 串联	1.9	1	0	0.5	0.26	—	—	—	—
O 型和 X 型布置	—	1	0.52	1	0.52	—	—	—	—
系列 32B，33B，$\alpha=25°$	—	—	—	—	—	1	0.76	1	0.76
系列 32，33$\alpha=35°$	—	—	—	—	—	1	0.58	1	0.58
同样的四点接触球轴承	—	1	0.58	1	0.58	—	—	—	—
调心球轴承	—	—	—	—	—	1	见 TB 14-2	1	见 TB 14-2
圆锥滚子轴承	$\frac{1}{2Y_0}$	1	0	0.5	见 TB 14-2	—	—	—	—
球面轴承	—	1	5	1	5	—	—	—	—
调心滚子轴承	—	—	—	—	—	1	见 TB 14-2	1	见 TB 14-2

1）必须总是 $P_0\leqslant F_r$。

TB 14-4　滚动轴承的转速系数 f_n

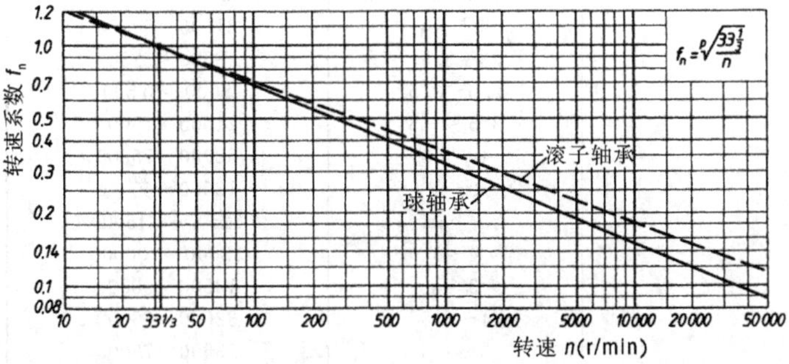

TB 14-5　滚动轴承的寿命系数 f_L

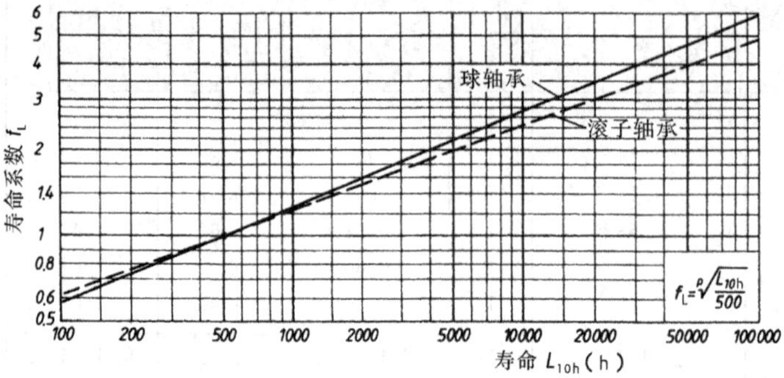

TB 14-6　硬度影响系数 f_H

a）滚道表面降低的硬度

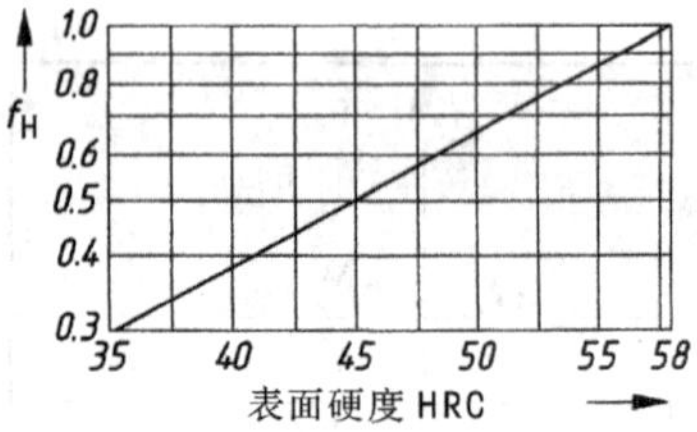

b）尺寸稳定轴承（$S_1 \sim S_4$）和较高温度

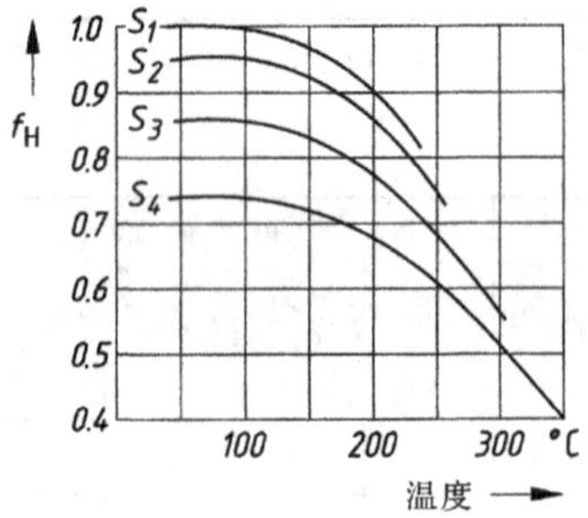

TB 14-7　各类机械所要求的 f_L 值（FAG 公司资料）及其对应的轴承额定寿命

Nr.	使 用 范 围	期望的 f_L 值	寿命 L_{10h}（h）[1]
1	家用机械	1.4～2	1400～5000
2	农业机械	1.4～2	1400～5000
3	机床	3～4	13500～50000
4	提升机械	3～4.5	13500～75000
5	通用传动（中等）	2～3	4000～20000
6	轧机传动	3～4	13500～50000
7	离心机	2.5～3	8000～20000
8	小型电动机（≤4kW）	3～4	13500～50000
9	中型电动机	3.5～4.5	21500～75000
10	大型电动机（>10kW），发电机	4～5	32000～100000
11	电动车辆发动机	3～3.5	13500～32500
12	摩托车，轻型轿车	1～1.5	500～2000
13	重型轿车，轻型卡车，拖拉机	1.6～2.2	2000～7000
14	重型卡车，公共汽车	1.8～2.8	3000～15500
15	电车轴承	3.5～4	21500～50000
16	机车轴承	3～3.5	13500～32500
17	矿车轴承	2.5～3.5	8000～32500
18	小型鼓风机	3.5～4.5	21500～75000
19	提升机（矿山）	4～4.5	32000～75000
20	纺织机械	3～4	13500～50000
21	造纸机械	5～5.5	62500～145000
22	船用轴承	4～6	32000～200000
23	木材加工机械	3～4	13500～50000
24	印刷机械	4～4.5	32000～75000
25	离心泵	3～4.5	13500～75000

1）要注意的是，与 f_L 有关的球轴承和滚子轴承的寿命是不相同的（见 TB 14-5）。

TB 14-8 滚动轴承支承时轴和轴承孔的公差等级——一般准则（DIN 5425 摘录）

a）实心轴的公差等级

前提条件		圆柱形轴承孔									带张紧套（DIN 5415）和夹紧套（DIN 5416）的圆锥形轴承孔
			点受载		圆周受载						
		纯轴向载荷	内圈可窜动性		中等受载和工作条件						载荷大小和方向变化
			必须	不一定必须							
例子		—	轴静止不动的滑轮	张紧轮 绳轮	通用机械制造 电动机械 涡轮机、泵 齿轮传动						通用机械制造
轴径 mm	向心球轴承	所有直径			≤18	>18 ≤100	>100 ≤140	>140 ≤200	—	—	所有直径
	向心圆柱和圆锥滚子轴承				—	≤40	>40 ≤100	>100 ≤140	>140 ≤200	—	
	向心调心滚子轴承				—	≤40	>40 ≤65	>65 ≤100	>100 ≤140	>140 ≤200	
公差等级		j6	g6[1)]	h6[1)]	h5	k5[2),3)]	m5[2),3)]	m6[1)]	n6[4)]	p6	h9/IT 5[5)]

1）对于精度要求更高的支承采用 5 级精度。

2）如果对双列向心推力球轴承选取的精度等级的上偏差大于 j5，轴承必须有较大的径向间隙。

3）对于向心圆锥滚子轴承一般可取 k6 或 m6，因为不用考虑轴承间隙的减小。

4）圆柱滚子轴承支承的轨道机车轴，从 100mm 轴颈直径开始取 n6～p6。

5）h9/IT5 表示，除了 9 级精度的尺寸公差以外，还规定了 5 级精度的圆柱形状公差。

b）轴承孔的公差等级

前提条件	纯轴向载荷	点受载				载荷方向不定			圆周受载		
		通过轴传入热量	任意载荷	冲击载荷存在完全卸载的可能性		中载 外圈可窜动性		大冲击载荷	轻载 $P \leqslant 0.07C$	中载 $P \approx 0.1C$	重载薄壁轴承孔 $P > 0.15C$
						期望	不必须				
	外圈容易窜动					外圈一般窜动：可	不能		外圈不能窜动		
例子	所有轴承	干燥筒	通用机械制造	轨道机车轴承 轮体式	分布式	电动机械	曲轴主轴承		输送带轮和绳轮，带张紧轮	厚壁轮毂，连杆轴承	薄壁轮毂
公差等级[1)]	H8～E8	G7	H7		J7	J6	K7		M7	N7	P7

1）适用于灰铸铁和钢轴承孔；对于轻金属制成的轴承孔，一般应选更紧的配合。对于精确支承推荐选择 6 级精度。对于向心推力球轴承，如果其外圈上偏差为 $+10\mu m$，应选下一个公差等级，例如用 H7 取代 J7。

TB 14-9　滚动轴承结合尺寸（摘自 DIN 5418）

a）向心轴承和推力轴承（圆锥滚子轴承除外）结合零件的圆角和轴肩高度　　（单位：mm）

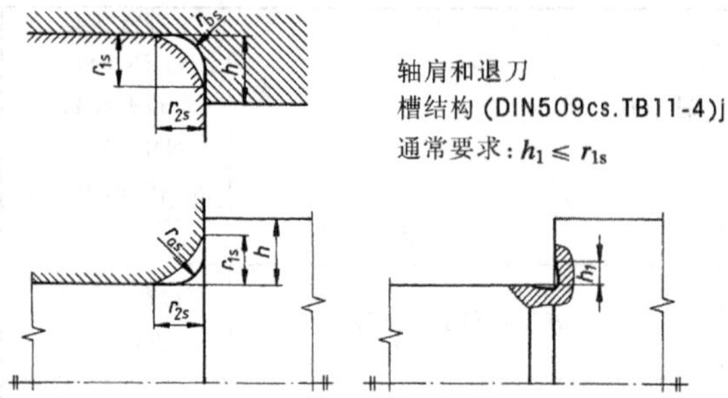

h——轴和轴承孔的轴肩高度；
h_1——退刀槽尺寸；
r_{as}——轴上圆角半径；
r_{bs}——机架上圆角半径；
r_{1s}——径向角距；
r_{2s}——轴向角距。
对于推力轴承，轴肩至少要达到定圈或动圈的一半。

r_{1s}，r_{2s} min	r_{as}，r_{bs} max	h min 直径系列（DIN 616） 8，9，0		
		8，9，0	1，2，3	4
0.15	0.15	0.4	0.7	—
0.2	0.2	0.7	0.9	—
0.3	0.3	1	1.2	—
0.6	0.6	1.6	2.1	—
1	1	2.3	2.8	—
1.1	1	3	3.5	4.5
1.5	1.6[1)]	3.5	4.5	5.5
2	2	4.4	5.5	6.5
2.1	2.1	5.1	6	7
3	2.5	6.2	7	8
4	3	7.3	8.5	10
5	4	9	10	12
6	5	11.5	13	15

1）仅适用于有退刀槽（DIN 509，见 TB 11-4）的情况；否则不能超过 1.5mm。

b）圆柱滚子轴承结合零件的直径尺寸（D 和 d 均为公称尺寸）

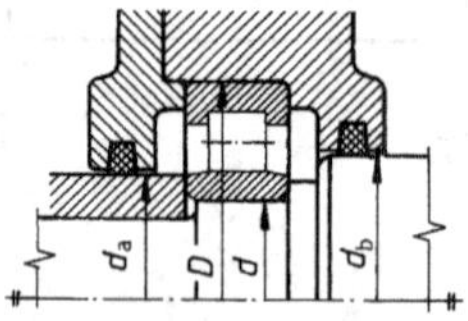

NU

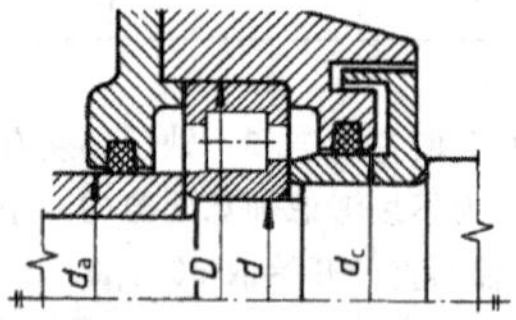

NJ

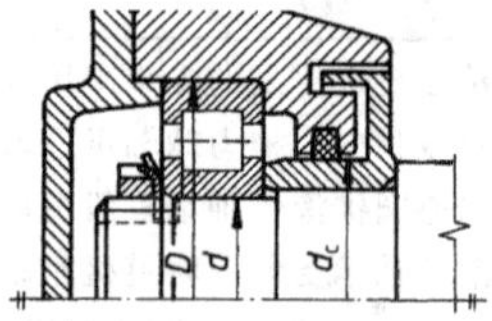

NUP

加强结构用后置代号 E 表示（承载能力更高）　　（单位：mm）

轴承孔 d	轴承系列 NU10 NU 20 E			NU 2 NU 2 E NU 22 NU 22 E / NJ 2 NJ 2 E NJ 22 NJ 22 E / NUP 2 NUP 2 E NUP 22 NUP 22 E				NU 3 NU 3 E NU 23 NU 23 E / NJ 3 NJ 3 E NJ 23 NJ 23 E / NUP 3 NUP 3 E NUP 23 NUP 23 E				NU 4 NJ 4 NUP 4			
	D	d_a max	d_b min	D	d_a max	d_b min	d_c min	D	d_a max	d_b min	d_c min	D	d_a max	d_b min	d_c min
17	—	—	—	40	21	25	27	—	—	—	—	—	—	—	—
20	42	25	27	47	26	29	32	52	27	30	33	—	—	—	—
25	47	30	32	52	31	34	37	62	33	37	40	—	—	—	—
30	55	35	38	62	37	40	44	72	40	44	48	90	44	47	52
35	62	41	44	72	43	48	50	80	45	48	53	100	52	55	61
40	68	46	49	80	49	52	56	90	51	55	60	110	57	60	67
45	75	52	54	85	54	57	61	100	57	60	66	120	63	66	74
50	80	57	59	90	58	62	67	110	63	67	73	130	69	73	81
55	90	63	66	100	65	68	73	120	69	72	80	140	76	79	87
60	95	68	71	110	71	75	80	130	75	79	86	150	82	85	94
65	100	73	76	120	77	81	87	140	81	85	93	160	88	91	100
70	110	78	82	125	82	86	92	150	87	92	100	180	99	102	112
75	115	83	87	130	87	90	96	160	93	97	106	190	103	107	118
80	125	90	94	140	94	97	104	170	99	105	114	200	109	112	124

TB 14-9（续）

轴承孔 d	轴承系列														
	NU10 NU 20 E			NU 2 NJ 2 NUP 2 / NU 2 E NJ 2 E NUP 2 E / NU 22 NJ 22 NUP 22 / NU 22 E NJ 22 E NUP 22 E				NU 3 NJ 3 NUP 3 / NU 3 E NJ 3 E NUP 3 E / NU 23 NJ 23 NUP 23 / NU 23 E NJ 23 E NUP 23 E				NU 4 NJ 4 NUP 4			
	D	d_a max	d_b min	D	d_a max	d_b min	d_c min	D	d_a max	d_b min	d_c min	D	d_a max	d_b min	d_c min
85	130	95	99	150	99	104	110	180	106	110	119	210	111	115	128
90	140	101	106	160	105	109	116	190	111	117	127	225	122	125	139
95	145	106	111	170	111	116	123	200	119	124	134	240	132	136	149
100	150	111	116	180	117	122	130	215	125	132	143	250	137	141	156
105	160	118	122	190	124	129	137	226	132	137	149	260	143	147	162
110	170	124	128	200	130	135	144	240	140	145	158	280	158	157	173
120	180	134	138	215	141	146	156	260	151	156	171	310	168	172	190
130	200	146	151	230	151	158	168	280	164	169	184	340	183	187	208

TB 14-10　粘度比 $\kappa=\nu/\nu_1$

a）工作粘度 ν

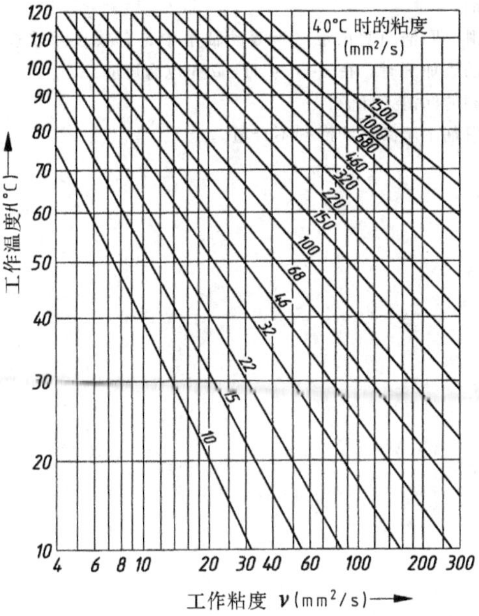

b）基准粘度 ν_1

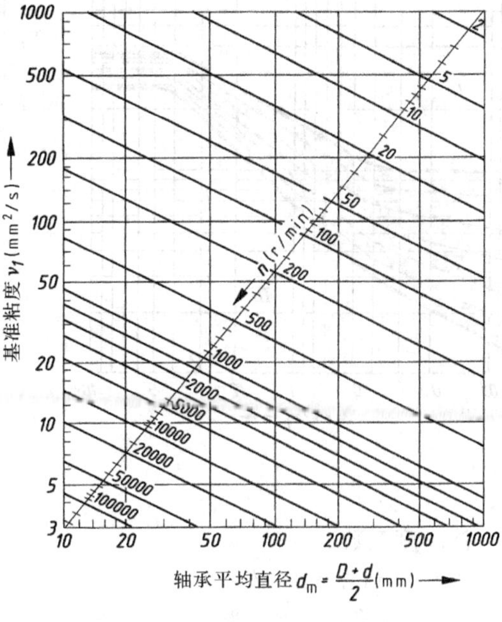

TB 14-11　参数 $K=K_1+K_2$

a）K_1 与特征数 f_s^* 和轴承类型有关

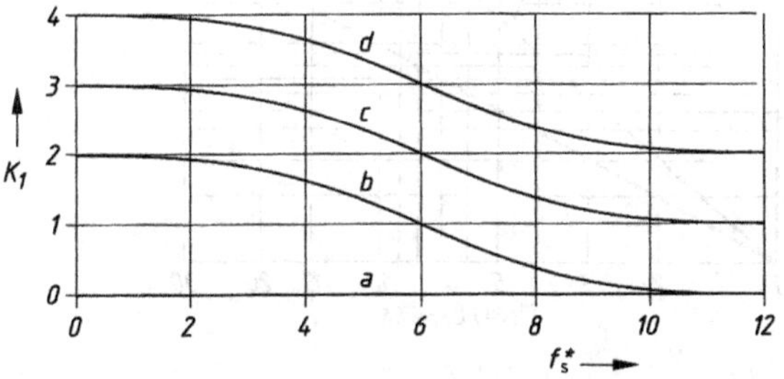

a——球轴承；
b——圆锥滚子轴承、圆柱滚子轴承；
c——调心滚子轴承、推力调心滚子轴承[1]；
d——无保持架圆柱滚子轴承[2),3)]。

1）注意最小载荷。
2）只有润滑剂经过精细过滤（即 $V<1$）才能达到，否则取 $K_1\geqslant6$。
3）在确定 V 时注意：摩擦至少是有保持架轴承的两倍。

TB 14-11（续）

b）K_2 与无添加剂和有添加剂的润滑剂的特征数 f_s^* 有关，靠添加剂在滚动轴承中的有效性来检测

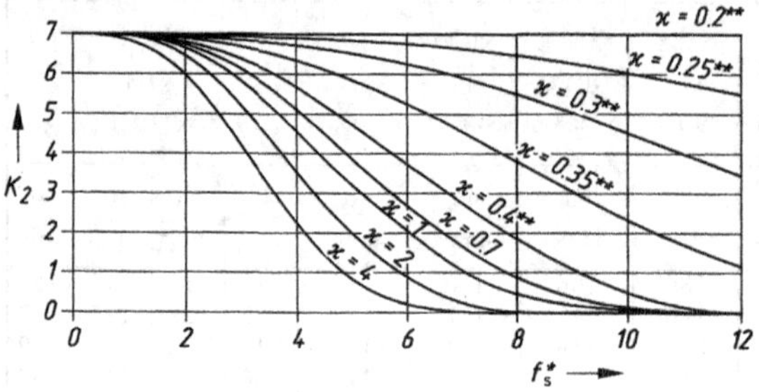

对于有添加剂的润滑剂且已检测其在滚动轴承中的有效性，K_2 为 0。

＊＊如果没有用合适的添加剂打散的话，当 $\kappa \leqslant 0.4$ 时，轴承中的磨粒会积聚。

TB 14-12 基本值 $a_{23\mathrm{II}}$

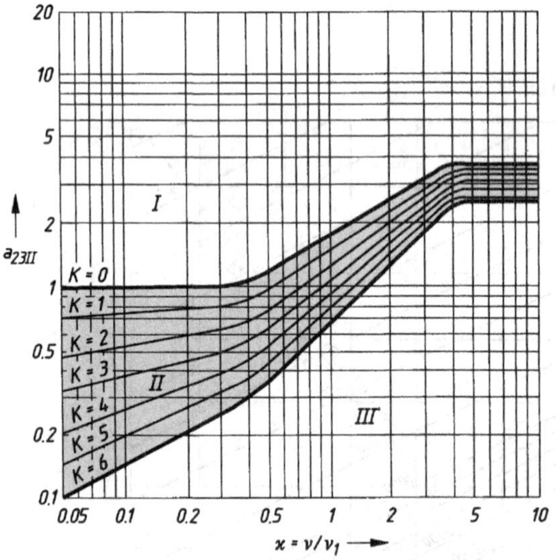

区域

Ⅰ：向持久强度过渡。

前提：润滑空间洁净度高，载荷不太大，合适的润滑剂。

Ⅱ：润滑空间洁净度正常（当滚动轴承中有有效且经过检测的添加剂时，在 $\kappa < 0.4$ 时，$a_{23\mathrm{II}}$ 也有可能 >1）。

Ⅲ：不利的润滑条件。

润滑剂不干净，润滑剂不合适。

TB 14-13 洁净度系数 s

a）$V=0.5$ 至 $V=0.3$ 的洁净度系数 s

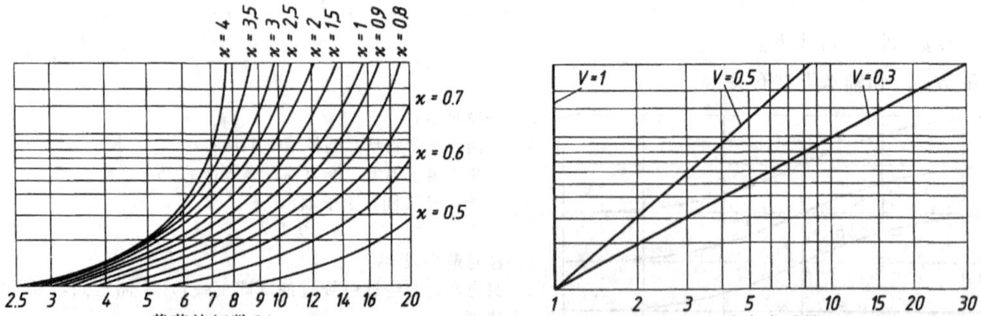

TB 14-13（续）

b）$V=2$ 和 $V=3$ 的洁净度系数 s

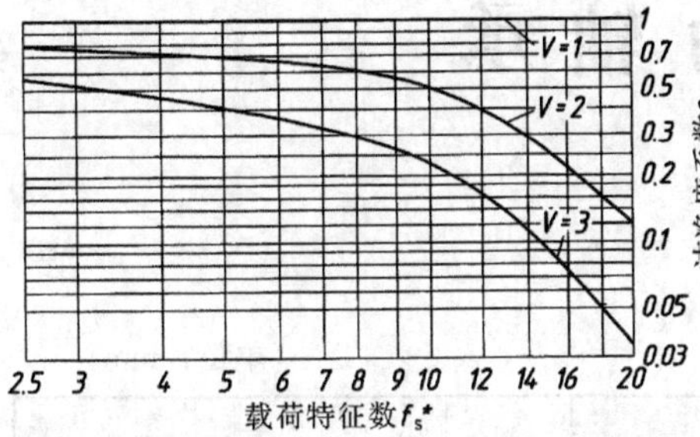

只要采用高粘度润滑剂和保证极端洁净（按 ISO 4406，油纯度至少 11/7），就不会出现滚子/滚子接触磨损，这样无保持架的滚子轴承才能使洁净度系数 $s>1$。

计算可达到寿命的例子

调心滚子轴承 23248B（$C=2450$kN，$C_0=4250$kN），用于船舶传动装置，$n=750$r/min 等效动载荷 $P=242$kN. 润滑油公称粘度 $v_{40}=100\text{mm}^2/\text{s}$。在工作温度 50℃下的工作粘度为 $\nu=60\text{mm}^2/\text{s}$（见 TB 14-10a）。轴承平均直径 $d_m=(440+240)$ mm/2=340mm，$n=750$r/min，所以基准粘度 $\nu_1=10\text{mm}^2/\text{s}$，粘度比 $\kappa=\nu/\nu_1=6$. 载荷特征数 $f_s^*=C_0/P_0\approx17$，则 K_1 和 $K_2=0$（TB 14-11），因此 $K=1+0=1$。由粘度比 κ 和决定量 K，得基础值 $a_{23\text{II}}=3.6$（TB14-12，区域Ⅱ）。该轴承运行在较高的洁净度下（$V=0.5$），TB 14-13。考虑到 κ 和 f_s^*，洁净度系数 $s\approx8$（TB 14-13a），所以系数 $a_{23}=a_{23\text{II}}\,s\approx29$。由基本额定寿命 $L_{10h}=50000$h，可得到能达到的寿命 $L_{nah}=50000\text{h}\times29\gg200000$h。所以它位于持久强度区域。

第 15 章　滑动轴承

TB 15-1　标准径向滑动轴承（摘录）

参考教材图 15-25

a）法兰轴承 DIN 502　　　　（单位：mm）

d_1[1)]D10 类型		a	b	c	d_2	d_3	d_5	d_6	d_7	f	h	m
A	B				D7	h9						±1
— —	25 30	135	60	20	—	50	35	14	M12	20	60	100
25 30	35 40	155	60	20	35 40	65	35	14	M12	20	75	120
35 40	45 50	180	70	25	45 50	80	40	18	M16	20	90	140
45 50	55 60	210	80	30	55 60	90	50	22	M20	20	100	160
55 60	(65) 70	240	90	30	65 70	110	50	22	M20	25	120	190
(65) 70	(75) 80	275	100	35	75 80	130	55	26	M24	25	140	220

1）尽可能不用括号中的值。

铸造一般公差 GTB18 按 DIN 1686 规定。

b）法兰轴承 DIN 503　　　　（单位：mm）

d_1[1)] D10 类型		a	b	c	d_2	d_3	d_4	d_5	d_6	d_7	f	h	m	n	t
C	D				D7	h9							±1	±1	
35 40	45 50	145	70	20	45 50	80	R$\frac{1}{4}$	35	14	M12	20	85	110	50	12
45 50	55 60	175	80	25	55 60	100		45	18	M16	20	105	130	60	
55 60	(65) 70	195	90	25	65 70	120		45	18	M16	25	125	150	80	
(65) 70	(75) 80	220	100	30	75 80	140		50	22	M20	25	150	170	100	
(75) 80	90	240	100	30	85 90	160		50	22	M20	30	170	190	120	
90	100 110	260	120	30	100	180		50	22	M20	30	190	210	140	

1）尽可能不用括号中的值。

铸造一般公差 GTB18 按 DIN 1686 规定。

TB 15-1（续）

c）套筒轴承（DIN 504）　（单位：mm）

d_1[1] D10 类型 A	d_1[1] D10 类型 B	a	b_1	b_2	c	d_2 D7	d_3 max	d_4	d_6	d_7	h_1 +0.2	h_2 max	m GTB16[2]	t
—	20	110	50	35	18	—	45		12	M10	30	56	75	
—	25 30	140	60	40	25	—	60		15	M12	40	75	100	
25 30	35 40	160	60	45	25	35 40	80		15	M12	50	95	120	
35 40	45 50	190	70	50	30	45 50	90		19	M16	60	110	140	
45 50	55 60	220	80	55	35	55 60	100	R $\frac{1}{4}$	24	M20	70	125	160	10
55 60	(65) 70	240	90	60	35	65 70	120		24	M20	80	145	180	
(65) 70	(75) 80	270	100	70	45	75 80	140		28	M24	90	165	210	
(75) 80	90	300	100	80	45	85 90	160		28	M24	100	185	240	
90	100 110	330	120	90	45	100	180		28	M24	100	195	270	

1）尽可能不用括号中的值。

2）铸造一般公差 GTB18 按 DIN 1686 规定。

d）对开轴承（DIN 505）　（单位：mm）

d_1[1] D10	a	b_1 0 −0.2	b_2[2]	b_3	c	d_2 K7/h8	d_3	d_6	d_7	d_8	h_1 ±0.2	h_2 max	m_1 GTB16[3]	m_2
25 30	165	45	35	40	22	35 40	45 50	15	M12	M10	40	85	125	65
35 40	180	50	40	45	25	45 50	55 60				50	100	140	75
45 50	210	55	45	50	30	55 60	65 70	19	M16	M12	60	120	160	90
55 60	225	60	50	55	35	65 70	75 80				70	140	175	100
(65) 70	270	65	53	60	40	80 85	95 100	24	M20	M16	80	160	210	120
(75) 80	290	75	63	70	45	90 95	105 110				90	160	230	130
90	330	85	73	80	50	105	120	28	M24	M20	100	200	265	150
100 110	355	95	81	90	55	115 125	130 140				110	220	290	170

1）尽可能不用括号中的值。

2）公差：轴承体 0/−0.1；轴承套圈＋0.1/0。

3）铸造一般公差 GTB18 按 DIN 1686 规定。

TB 15-1（续）

e）立式滑动轴承 DIN 118（主要尺寸见教材图 15-26a）　　（单位：mm）

轴径 d_1 D9 类型 G	K	b_1 max	b_2 max	c	d_2 1)	d_3	h_1 0 −0.2	h_2 max	l_1 max	l_2	相应的底板 DIN 189 l_1
25 30		45	100	20	M10	13	60	130	180	140	290
35 40	25 30	55	110	25	M12	15	65	140	200	150	330
45 50	35 40	65	125	25	M12	15	75	160	220	170	360
55 60	45 50	75	140	30	M16	20	90	190	260	220	410
70	55 60	85	160	30	M16	20	100	210	290	230	450
80	70	95	180	35	M20	25	110	230	330	260	510
90	80	110	200	35	M20	25	125	260	370	290	570
100 110	90	125	224	50	M24	30	140	290	410	320	650

1）带凸肩的固定方头螺钉（DIN 188）。

TB 15-2　滑动轴承衬（摘录）

a）根据 DIN ISO 4379-1，C 型和 F 型，铜合金制成，根据教材图 15-23a 和 b

标记示例：C 型轴承衬，d_1＝40mm，d_2＝48mm，b_1＝30mm，材料为 CuSn8P（ISO 4382-2）：

轴承衬 ISO 4379－C40×48×30－CuSn8P

C 型　　（单位：mm）

d_1 1) E6	d_2 s6			b_1 h13			C_1，C_2 2) 45° max
6	8	10	12	6	10	—	0.3
8	10	12	14	6	10	—	0.3
10	12	14	16	6	10	—	0.3
12	14	16	18	10	15	20	0.5
14	16	18	20	10	15	20	0.5
15	17	19	21	10	15	20	0.5
16	18	20	22	12	15	20	0.5
18	20	22	24	12	20	30	0.5
20	23	24	26	15	20	30	0.5
22	25	26	28	15	20	30	0.5
(24)	27	28	30	15	20	30	0.5
25	28	30	32	20	30	40	0.5
(27)	30	32	34	20	30	40	0.5
28	32	34	36	20	30	40	0.5
30	34	36	38	20	30	40	0.5
32	36	38	40	20	30	40	0.8
(33)	37	40	42	20	30	40	0.8
35	39	41	45	30	40	50	0.8
(36)	40	42	46	30	40	50	0.8
38	42	45	48	30	40	50	0.8
40	44	48	50	30	40	60	0.8
42	46	50	52	30	40	60	0.8
45	50	53	55	30	40	60	0.8
48	53	56	58	40	50	60	0.8
50	55	58	60	40	50	60	0.8
55	60	63	65	40	50	70	0.8
60	65	70	75	40	60	80	0.8
65	70	75	80	50	60	80	1
70	75	80	85	50	70	90	1
75	80	85	90	50	70	90	1
80	85	90	95	60	80	100	1
85	90	95	100	60	80	100	1
90	100	105	110	60	80	120	1
95	105	110	115	60	100	120	1
100	110	115	120	80	100	120	1

F 型　　（单位：mm）

d_1 1) E6	d_2 s6	d_3 d11	b_1 h13			b_2	C_1，C_2 2) 45° max
6	12	14	—	10	—	3	0.3
8	14	18	—	10	—	3	0.3
10	16	20	—	10	—	3	0.3
12	18	22	10	15	20	3	0.5
14	20	25	10	15	20	3	0.5
15	21	27	10	15	20	3	0.5
16	22	28	12	15	20	3	0.5
18	24	30	12	20	30	3	0.5
20	26	32	15	20	30	3	0.5
22	28	34	15	20	30	3	0.5
(24)	30	36	15	20	30	3	0.5
25	32	38	20	30	40	4	0.5
(27)	34	40	20	30	40	4	0.5
28	36	42	20	30	40	4	0.5
30	38	44	20	30	40	4	0.5
32	40	46	20	30	40	4	0.8
(33)	42	48	20	30	40	5	0.8
35	45	50	30	40	50	5	0.8
(36)	46	52	30	40	50	5	0.8
38	48	54	30	40	50	5	0.8
40	50	58	30	40	50	5	0.8
42	52	60	30	40	60	5	0.8
45	55	63	30	40	60	5	0.8
48	58	66	40	50	60	5	0.8
50	60	68	40	50	60	5	0.8
55	65	73	40	50	70	5	0.8
60	75	83	40	60	80	7.5	0.8
65	80	88	50	60	80	7.5	1
70	85	95	50	70	90	7.5	1
75	90	100	50	70	90	7.5	1
80	95	105	60	80	100	7.5	1
85	100	110	60	80	100	7.5	1
90	110	120	60	80	120	10	1
95	115	125	60	100	120	10	1
100	120	130	80	100	120	10	1

1）压入前的尺寸，内孔 H7；压入后约为 H8。

2）压入倒角 C_2 为 15°：在标记时应标出 Y。括号中的值应尽可能不用。

TB 15-2（续）

b）根据 DIN 8221，尺寸见教材图 15-23c，由铜合金制成（DIN 1705）

可用尺寸：

对于轴承DIN 502，A 型 d_1＝25～70mm

DIN 503，B 型 d_1＝35～180mm

DIN 504，A 型 d_1＝25～150mm

孔 d_1＝80mm 的轴承衬的标记：

轴承衬 DIN 8221—80 （单位：mm）

d_1 B8[1)]	b	d_2 x8[1)]	f	d_1 B8[1)]	b	d_2 x8[1)]	f
25 30	60±0.2	35 40	0.6	(75) 80	100±0.3	85 90	1
35 40	70±0.3	45 50	0.6	90 100 110	120±0.3	100 115 125	1
45 50	80±0.3	55 60	0.8	(120) 125 (130)	140±0.3	135 140 145	1 1.2
55 60	90±0.3	65 70	0.8	140 (150)	160±0.3	155 165	1.2
(65) 70	100±0.3	75 80	0.8 1	160 180	180±0.3	175 195	1.2 1.6

1）压入前尺寸。

括号中的 d_1 值尽可能不用。

TB 15-3 轴瓦（DIN 7473、DIN 7474、带油室 DIN 7477 摘录）

参考教材图 15-24a，b，c。标记：滑动轴承 DIN 7474－A80×80－2K。（A 型，d_1＝80mm，b_1＝80mm，两个油室，DIN 7477－K80） （单位：mm）

d_1 公称尺寸	b_1 结构类型 短	b_1 结构类型 长	b_2 结构类型 短	b_2 结构类型 长	b_3	b_4 结构类型 短	b_4 结构类型 长	c	d_2	公差带	d_3	d_4	d_5	d_6	d_7	s	t_1	t_2	油室[1)] DIN 7477 a	≈c K 型	≈c L 型	d	t
50	35	50	25	35	10	29	44	10	65	m6	70	59	57	4	—	1.5	3	—	4	10	25	5	2
56	40	56	30	40	10	33	49	10	70	m6	75	64	63	4	—	1.5	3	—	4	11	30	5	2
60	45	60	30	40	12	38	53	10	80	m6	85	74	67	4	—	1.5	4	—	4	12	30	5	2
63	45	63	30	40	12	38	56	10	80	m6	85	74	70	4	—	1.5	4	—	4	12	30	5	2
70	50	70	35	50	12	42	62	12	90	m6	95	84	78	5	—	1.5	4	—	4	14	35	5	2
75	55	75	40	50	15	47	67	12	95	m6	101	87	83	5	—	2	4	—	4	15	35	5	2.8
80	60	80	40	55	15	52	72	15	105	m6	112	97	88	5	—	2	5	—	4	16	40	5	2.8
85	65	85	45	60	15	56	76	15	110	m6	117	102	93	6	—	2	5	—	5	17	45	8	2.8
90	65	90	45	65	15	56	81	15	115	m6	123	107	99	6	—	2	5	—	5	18	45	8	2.8
100	75	100	50	70	15	65	90	20	130	m6	138	122	110	7	—	2.5	6	—	5	20	50	8	2.8
110	80	110	55	75	20	69	99	20	140	k6	150	130	121	7	—	2.5	6	—	5	22	55	8	3.5
125	95	125	65	90	20	83	113	20	160	k6	170	150	137	9	—	2.5	8	—	6	25	60	8	3.5
130	100	130	70	90	20	88	118	25	170	k6	180	160	142	9	—	2.5	8	—	6	26	65	8	3.5
140	105	140	75	100	20	93	128	25	180	k6	190	170	152	9	—	2.5	8	—	6	28	70	8	3.5

TB 15-3（续）

d_1 公称尺寸	b_1 结构类型 短	b_1 结构类型 长	b_2 结构类型 短	b_2 结构类型 长	b_3	b_4 结构类型 短	b_4 结构类型 长	c	d_2	d_2 公差带	d_3	d_4	d_5	d_6	d_7	s	t_1	t_2	油室[1] DIN 7477 a	油室 ≈c K型	油室 ≈c L型	油室 d	油室 t
150	115	150	80	105	20	102	137	32	195	k6	205	185	163	11	M8	2.5	10	15	6	30	75	12	3.5
160	120	160	85	110	25	106	146	32	205	k6	215	193	174	11	M8	2.5	10	15	6	32	80	12	3.5
170	130	170	90	120	25	115	155	32	220	k6	232	208	185	11	M8	2.5	10	15	10	34	85	12	3.5
180	135	180	95	125	25	119	164	32	230	k6	245	218	196	11	M8	2.5	10	15	10	36	90	12	3.5
190	145	190	100	135	25	129	174	40	245	k6	260	233	206	13	M8	3	15	15	10	38	95	12	3.5
200	150	200	105	140	25	134	184	40	260	k6	275	248	216	13	M8	3	15	15	10	40	100	12	3.5
225	170	225	120	160	32	152	207	40	290	k6	305	274	243	13	M10	3	15	20	12	45	110	12	4.2
250	190	250	130	175	32	170	230	50	325	k6	345	309	270	15	M10	3	18	20	15	50	125	12	4.2
265	200	265	140	185	32	180	245	50	345	j6	365	329	285	15	M10	3	18	20	15	53	130	15	4.2
280	210	280	145	195	32	190	260	60	360	j6	380	344	300	15	M10	3	20	20	15	56	140	15	4.2

d_1 的公差等级：安装前 H7；b_1：f7 B型；b_2：E9 A型，H7 B型；滑动面：$Rz=6.3\mu m$，配合面：$Rz=25\mu m$

1）油室：圆形或沿切向分布（深度 t，亦请参见教材图 15-22c)。输油孔（d）处于最深处。

TB 15-4 松润滑油环的尺寸（DIN 322 摘录）

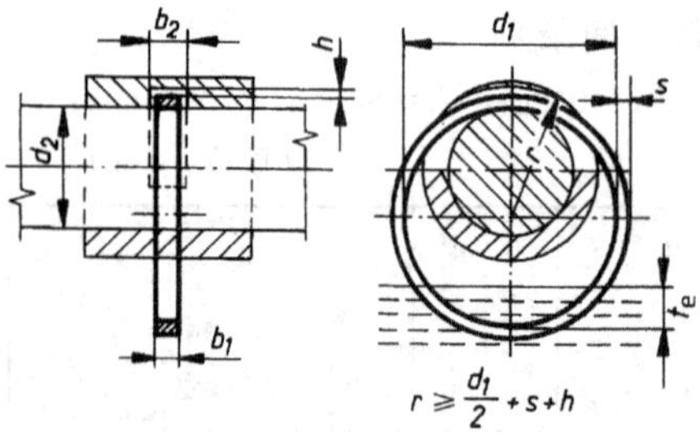

U 整体式

G 分体式

材料：St（钢）

CuZn

内表面 $Rz=6.3\mu m$

其余表面 $Rz=25\mu m$

浸入深度 $t_e \approx 0.1 \sim 0.4d_1$

整体式甩油环（U），$d_1=120$：甩油环 DIN 322—U120—St

轴径 d_2 mm >	轴径 d_2 mm ≤	油环 mm d_1	油环 mm b_1	油环 mm s	槽 mm b_2	h mm min
20	23	45	6	2	8	2
23	28	50	8	3	10	
28	30	55	8	3	10	
30	34	60	8	3	10	
34	36	65	10	3	12	3
36	40	70	10	3	12	
40	44	75	10	3	12	
44	48	80	10	3	12	
48	55	90	12	4	15	
55	60	100	12	4	15	
60	68	110	12	4	15	
68	75	120	12	4	15	
75	80	130	12	4	15	
80	85	140	15	5	18	4
85	90	150	15	5	18	
90	100	160	15	5	18	
100	105	170	15	5	18	
105	110	180	15	5	18	
110	120	200	15	5	18	
120	130	210	18	6	22	
130	140	235	18	6	22	
140	160	150	18	6	22	
160	170	265	18	6	22	
170	180	280	18	6	22	
180	190	300	20	8	24	8
190	200	315	20	8	24	

TB 15-5 润滑油孔、油沟、油室（DIN 1591 摘录）

a）润滑油孔

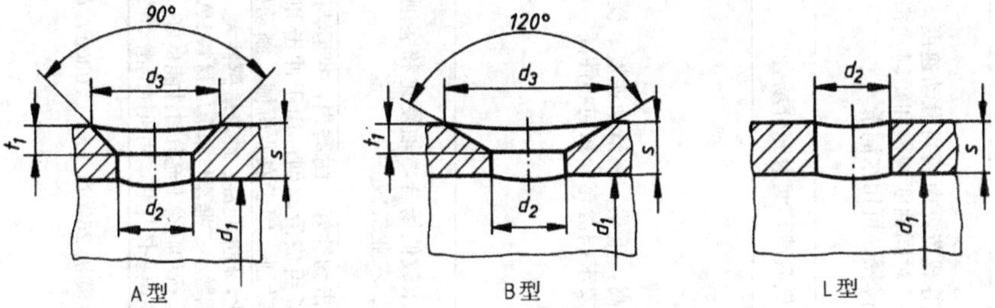

润滑油孔的标记：B 型，d_2＝4mm 孔：润滑油孔 DIN 1591—B4 （单位：mm）

d_1		＞14～25	＞25～36	＞36～56	＞56～70	＞70～100	＞100～160	＞160～200	＞200～250
d_2		2.5	3	4	5	6	8	10	12
t_1		1	1.5	2	2.5	3	4	5	6
d_3≈	A 型	4.5	6	8	10	12	16	20	24
	B 型	6	8.2	10.8	13.6	16.2	21.8	27.2	32.6
s		≤2	＞2～2.5	＞2.5～3	＞3～4	＞4～5	＞5～7.5	＞7.5～10	＞10

b）润滑油沟

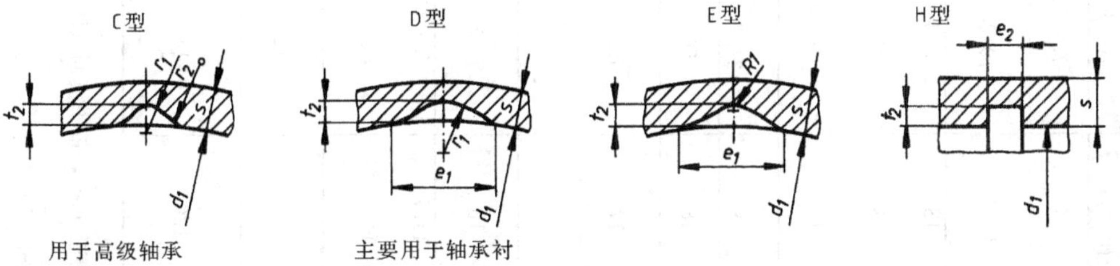

润滑油沟的标记：C 型，t_2＝1.2mm 油沟深：润滑油沟 DIN 1591—C1，2 （单位：mm）

d_1	t_2	e_1	e_2	r_1 C 型	r_1 D 型	r_2	s
14～25	0.8	5	3	1.5	2.5	3	＞1.5～2
25～36	1	8	4	2	4	4.5	＞2～2.5
36～56	1.2	10.5	5	2.5	6	6	＞2.5～3
56～70	1.6	14	6	3	8	9	＞3～4
70～100	2	19	8	4	12	12	＞4～5
100～160	2.5	28	10	5	20	15	＞5～7.5
160～200	3.2	38	12	7	28	21	＞7.5～10
200～250	4	49	15	9	35	27	＞10

c）润滑油室

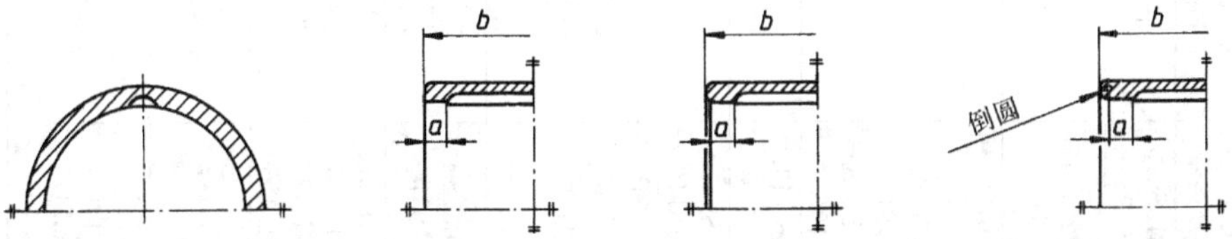

（单位：mm）

b	15～30	＞30～60	＞60～100	＞100
a	3	4	6	10

油室为在滑动面上加工的凹坑，在圆周方向上应尽可能短（参见 TB 15-3），沿轴向的宽度b_T≤0.7b（参见 TB 15-18b）。

TB 15-6　轴承材料（选择）

材料 标准	代号 材料分类号	0.2%屈服极限 $R_{p0.2}$ N/mm² min	弹性模量 E kN/mm²	布氏硬度 min	线膨胀系数 α 10^{-6}/K	单位轴承载荷[1)] p_L N/mm²	轴的最小硬度	特性和使用说明
铅铸造合金 DIN ISO 4381	PbSb15Sn10 2.3391	43	31	HB 10/250/180 21	24	7.2	160 HB	适用于中等载荷和中等滑动速度（u=1～4m/s）；用于滑动轴承、滑块、十字头
锡铸造合金 DIN ISO 4381	SnSb12Cu6Pb 2.3790	61	56	HB 10/250/180 25	22.7	10.2	160 HB	适用于中等载荷，低到高滑动速度（u<1～>5m/s），即使轴颈粗糙也有很好的耐磨性；用作涡轮机、压缩机、电动机滑动轴承
铜铅锡铸造合金 DIN ISO 4382-1	G-CuPb10Sn10 2.1816	80	90	HB 10/1000/10 65	18	18.3	250 HB	适用于中等载荷，中或高滑动速度。随着铅含量增高，对同轴度误差和短时润滑不充分的敏感性降低，可用水润滑
	G-CuPb15Sn8 2.1817	80	85	60	18	15	200 HB	
	G-CuPb20Sn5 2.1818	60	75	45	19	11.7	150 HB	
铜锡铸造合金 DIN ISO 4382-1	G-CuSn8Pb2 2.1810	130	75	HB 10/1000/10 60	18	21.7	280 HB	适用于中低载荷，润滑充分场合
	G-CuSn10P 2.1811	130	95	70	18	50	300 HB	用于硬度高，重载、高滑动速度、受冲击载荷的轴；要求润滑充分和同心性高
铜塑性合金 DIN ISO 4382-2	CuSn8P 2.1830	200 300 400 480	115	HB 2.5/62.5/10 80 120 140 160	17	56.7	55 HRC	
	CuZn31Si1 2.1831	250 350 450	105	100 135 160	18	58.3		
片状石墨铸铁 DIN EN 1561	EN-GJL-200 EN-JL 1030	(100) $\sigma_{d0.1}\approx$260	78～103	HB 30 150	11.7	(3)	55 HRC	适用于要求较低场合，轴硬化和磨削，用于提升机械、农业机械
	EN-GJL-300 EN-JL 1050	(200) $\sigma_{d0.1}\approx$390	108～137	200	11.7	(5)		
滑动轴承用热塑性塑料 DIN ISO 6691	尼龙（PA6）	$\sigma_y\approx$50	2.6		85	12	50 HRC	该材料冲击韧性好，耐磨损，推荐与非金属材料POM组成滑动副；用于冲击和动载荷轴承、转动副。用于农业机械、制动杆
	聚甲醛（POM）	$\sigma_y\approx$65	2.8		120	18		与PA相比，硬度更高、冲击敏感性大、耐磨性差，摩擦因数小；推荐与非金属材料PA组成滑动副；干运行和润滑不充分时性能良好；用于精密机械、机电一体化和家用机械的滑动轴承

1）根据 VDI 2204-1

标记：用作滑动轴承的热塑性塑料（DIN ISO 6691），例如尼龙6（PA6），喷射铸造（M），带脱模剂（R），粘度系数140ml/g（14），弹性模量2600N/mm²（030），能快速凝固（N）：热塑性 ISO 6691—PA6，M R，14—030 N

标记：代号为CuSn8P，最低布氏硬度120的轴承金属。轴承金属 ISO 4382—CuSn8P—HB120

TB 15-7 最大许用单位轴承载荷（DIN 31652-1）（经验参考值）

轴承材料组[1]	极限值 $p_{L\ zul}$ （N/mm^2）[2] max
锡和铅合金	5（15）
铜铅合金	7（20）
铜锡合金	7（25）
铝锡合金	7（18）
铝锌合金	7（20）

1）见 DIN ISO 4381，4382，4383。

2）括号中的值只能在特例下实现，所以只能在特殊条件下（例如极低的 u）才许用。

TB 15-8 各种轴承润滑剂的比较及其特性

a）润滑油[1]（参见教材 § 15.1.4）

ISO 黏度等级 DIN 51519	DIN 51501[2] ν（mm^2/s）		DIN 51517[3] ν_{40}（mm^2/s）			燃点≥℃（根据克利夫兰）				滴点≤℃			
	以前 ν_{50}	现在 ν_{40}	C	CL	CLP	AN	C	CL	CLP	AN	C	CL	CLP
ISO VG 2	—	—	—	—	—	—	—	—	—	—	—	—	—
ISO VG 3	N2	—	—	—	—	—	—	—	—	—	—	—	—
ISO VG 5	N2(4)	AN5	—	5	—	80	—	105	—	−12	—	−21	—
ISO VG 7	N4	AN7	7	—	—	100	105	—	—	−12	−21	—	—
ISO VG 10	N9	AN10	10	10	—	120	125	125	—	−18	−21	−21	—
ISO VG 15	—	—	—	—	—	—	—	—	—	—	—	—	—
ISO VG 22	N16	AN22	22	22	—	145	165	165	—	−15	−15	−15	—
ISO VG 32	N25（6）	—	—	32	—	—	—	170	—	—	—	−15	—
ISO VG 46	N36（25）	AN46	46	46	46	145	175	175	175	15	15	−15	−15
ISO VG 68	N49（36）	AN68	68	68	68	145	185	185	185	−12	−15	−15	−15
ISO VG 100	N68	AN100	100	100	100	170	200	200	200	−9	−12	−12	−12
ISO VG 150	N92	AN150	150	150	150	170	210	210	200	−9	−9	−9	−9
ISO VG 220	N114（144）	AN220	220	220	220	200	220	220	200	−6	−6	−6	−6
ISO VG 320	N169	AN320	320	—	320	200	230	—	200	−6	−6	—	−6
ISO VG 460	N225	—	460	460	460	—	240	240	200	—	−6	−6	−6
ISO VG 680	N324	AN680	680	—	680	250	250	—	200	−3	−3	—	−3
ISO VG 1000	N660	—	—	—	—	—	—	—	—	—	—	—	—
ISO VG 1500	(660)	—	—	—	—	—	—	—	—	—	—	—	—

1）普遍有：p_L 越大，u 越小，则 ν 或 η 越高；u 越大，ν 或 η 越小（轴承间隙）。

2）润滑油 L-AN，AN22 型的标记：

润滑油 DIN 51501－L-AN22

3）润滑油 C，C68 型的标记：

润滑油 DIN 51517－C68

TB 15-8（续）

b）润滑脂 K[1]（DIN 51825，参见教材 § 14.2.4-1 和 § 15.3.3-1）

附加特征数	
稠度特征数（NLGI 等级 DIN 51818）	穿透深度（DIN ISO 2137）（0.1mm）
0	355～385
1	310～340（非常软）
2	265～295（中等硬）
4	175～205（硬）

附加特征代号		
附加特征代号（DIN 51502）	最大工作温度	耐水性[2]（DIN 51807-1）
C D	+60℃	0 或 1 2 或 3
E F	+80℃	0 或 1 2 或 3
G H	+100℃	0 或 1 2 或 3
K M	+120℃	0 或 1 2 或 3
N P R S T U	+140℃ +160℃ +180℃ +200℃ +220℃ > +220℃	按约定

附加特征数	
附加特征数（DIN 51502）	最低工作温度
−10	−10℃
−20	−20℃
−30	−30℃
−40	−40℃
−50	−50℃
−60	−60℃

1）允许添加有效材剂（P）和/或固体润滑剂（F）：
含有效材料的润滑脂 KP，含固体润滑剂添加剂的润滑脂 KF 和含有效材料及固体润滑剂添加剂的润滑脂 KPF。

2）分级 0～3 意味着：不、很小、中等和剧烈改变。
标记：润滑脂（K），含有效材料（P），稠度特征数（NLGI 等级）（2），附加特征数（−20）：
润滑脂 DIN 51825−KP2H−20

c）矿物油的比热容 c（平均值），与温度和密度有关

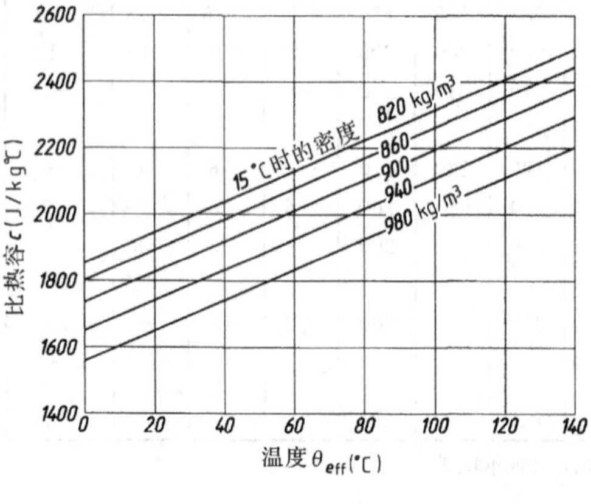

TB 15-9 标准润滑油的有效运动粘度 η_{eff} 与有效润滑油膜温度 θ_{eff} 之间的关系

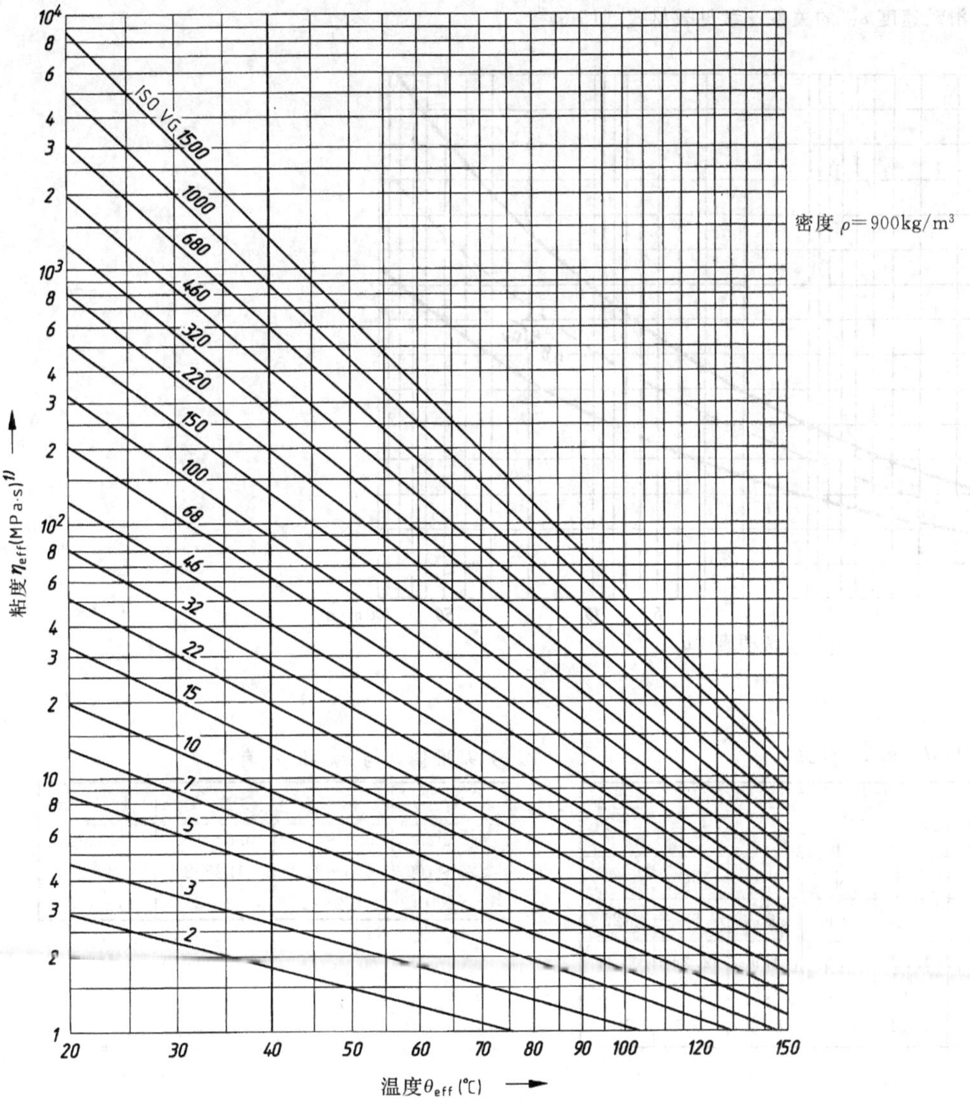

1) DIN 1342-2：1 Pa·s=1N·s/m²=1kg/m·s=10³m·Pa·s=10⁻⁶N·s/mm²

TB 15-10　相对轴承间隙 ψ_E 和 ψ_B（‰）

a）基准值与滑动速度 u_W 的关系［参见教材式（15-6）］

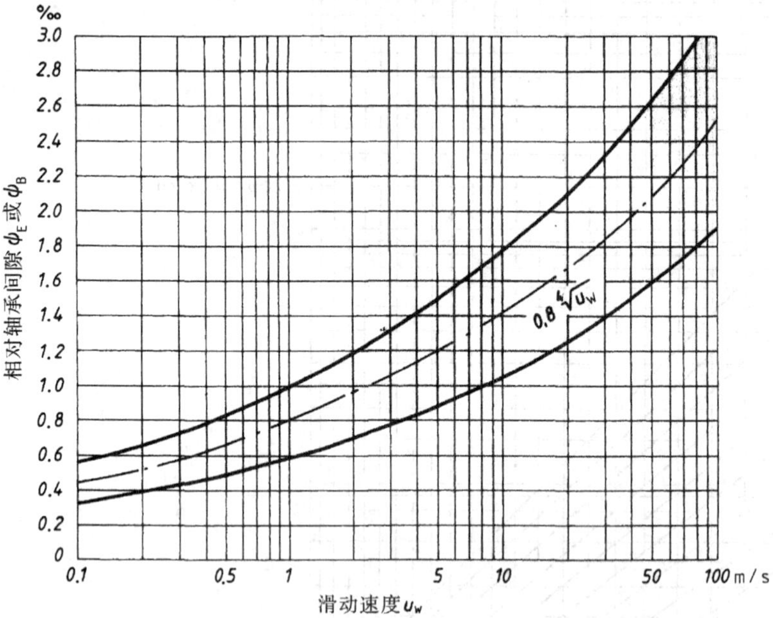

b）基准值，与 d_W 和 u_W 有关

d_W mm		u_W m/s				
>		—	3	10	25	50
	≤	3	10	25	50	125
—	100	1.32	1.6	1.9	2.24	2.24
100	250	1.12	1.32	1.6	2.0	2.24
250	—	1.12	1.12	1.32	1.6	1.9

c）基准值，与 u_W 和 p_L 有关

u_W(m/s)	p_L<2	>2～10	>10N/mm²
<20	0.3～0.6	0.6～1.2	1.2～2
>20～100	0.6～1.2	1.2～2	2～3
>100	1.2～2	2～3	3～4.5

d）基准值与轴承材料的关系

锡合金和铅合金	0.4～1.0
铜铅合金 铜锡合金	0.5～2.5
铝合金	1.0～2.5
铸铁	1.0～3.0
烧结材料	1.0～2.5

TB 15-11 滑动轴承的配合（DIN 31698 摘录）

由最大和最小间隙平均绝对装配轴承间隙 $s_E=0.5(s_{max}+s_{min})$（μm）和由公称尺寸范围的代数平均值 d_m(mm)得平均相对装配轴承间隙 $\psi_E \approx s_E/d_m$（‰）

公称尺寸范围 mm		轴的偏差[1]（μm） ψ_E（‰）								轴和轴承孔的最大和最小间隙[2]（μm） ψ_E（‰）							
>	≤	0.56	0.8	1.12	1.32	1.6	1.9	2.24	3.15	0.56	0.8	1.12	1.32	1.6	1.9	2.24	3.15
25	30	—	−15	−23	−29	−37	−45	−51	−76	—	30	38	44	52	60	73	98
			−21	−29	−35	−43	−51	−60	−85		15	23	29	37	45	51	76
30	35	—	−17	−27	−34	−43	−48	−59	−89	—	35	45	52	61	75	86	116
			−24	−34	−41	−50	−59	−70	−100		17	27	34	43	48	59	89
35	40	−12	−21	−33	−36	−47	−58	−71	−105	30	39	51	63	74	85	98	132
		−19	−28	−40	−47	−58	−69	−82	−116	12	21	33	36	47	58	71	105
40	45	−14	−25	−34	−43	−55	−67	−82	−120	31	43	61	70	82	94	109	147
		−21	−32	−45	−54	−66	−78	−93	−131	14	25	34	43	85	67	82	120
45	50	−18	−25	−40	−50	−63	−77	−93	−136	36	52	67	76	90	104	120	163
		−25	−36	−51	−60	−74	−88	−104	−147	18	25	40	49	63	77	93	136
50	55	−19	−26	−43	−53	−68	−84	−102	−149	40	58	75	85	100	116	144	181
		−27	−39	−56	−66	−81	−97	−115	−162	19	26	43	53	68	84	102	149
55	60	−22	−30	−48	−60	−76	−93	−113	−165	43	62	80	92	108	125	145	197
		−30	−43	−61	−73	−89	−106	−126	−178	22	30	48	60	76	93	113	165
60	70	−20	−36	−57	−70	−80	−99	−121	−180	53	68	90	102	129	148	170	229
		−33	−49	−70	−83	−99	−118	−140	−199	20	36	57	70	80	99	121	180
70	80	−26	−44	−60	−75	−96	−118	−144	−212	58	76	109	124	145	167	193	261
		−39	−57	−79	−94	−115	−137	−162	−231	26	44	60	75	96	118	144	212
80	90	−29	−50	−67	−84	−108	−133	−162	−239	66	87	124	141	165	190	219	296
		−44	−65	−89	−106	−130	−155	−184	−261	29	50	67	84	108	133	162	239
90	100	−35	−58	−78	−97	−124	−152	−184	−271	72	95	135	154	181	209	241	328
		−50	−73	−100	−119	−146	−174	−206	−293	35	58	78	97	124	152	184	271
100	110	−40	−56	−89	−110	−140	−171	−207	−302	77	113	146	167	197	228	264	359
		−55	−78	−111	−132	−162	−193	−229	−324	40	56	89	110	140	171	207	302
110	120	−36	−64	−100	−122	−156	−190	−229	−334	93	121	157	180	213	247	286	391
		−60	−86	−122	−145	−178	−212	−251	−356	36	64	100	122	156	190	229	334
120	140	−40	−72	−113	−139	−176	−215	−259	−377	105	137	178	204	241	280	324	442
		−65	−97	−138	−164	−201	−240	−284	−402	40	72	113	139	176	215	259	377
140	160	−52	−88	−136	−166	−208	−253	−304	−440	117	153	201	231	273	318	369	505
		−77	−113	−161	−191	−233	−278	−329	−465	52	88	136	166	208	253	304	440
160	180	−63	−104	−158	−192	−240	−291	−348	−503	128	179	223	257	305	356	413	568
		−88	−129	−183	−218	−265	−316	−373	−528	63	104	158	192	240	291	348	503
180	200	−69	−115	−175	−213	−267	−324	−388	−561	144	190	250	288	342	399	463	636
		−98	−144	−204	−242	−296	−353	−417	−590	69	115	175	213	267	324	388	581

1）轴的偏差对应于 IT4。孔的偏差对应于 IT5 和 IT6。
2）滑动轴承配合基轴制对应于 IT4/H5，基孔制对应于 IT5/H6 和 IT6/H7。

TB 15-12 国际标准配合公差等级分布与相对轴承装配间隙 ψ_E（‰）

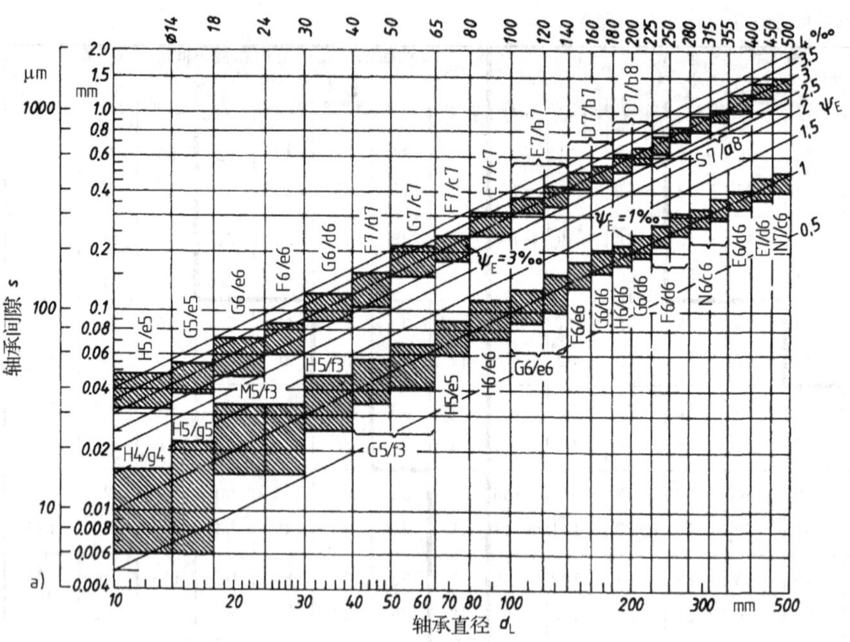

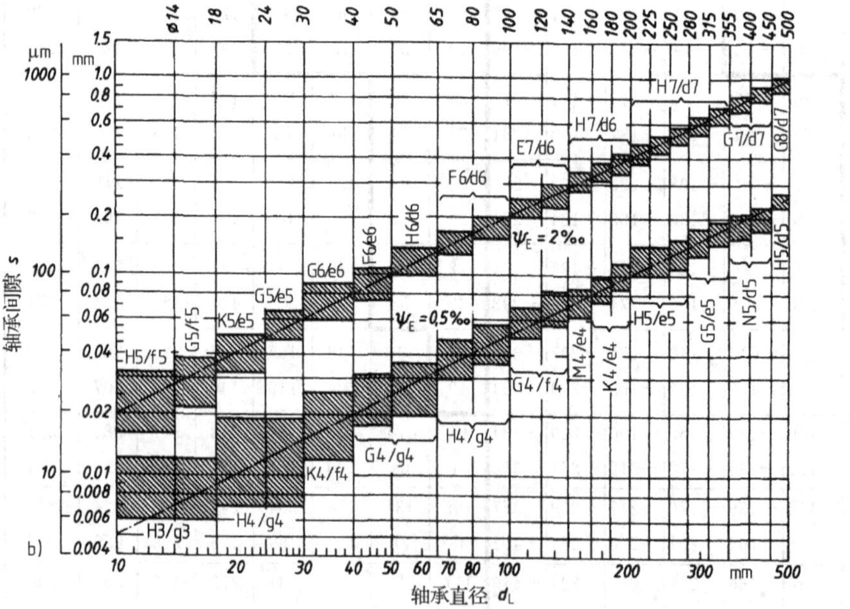

TB 15-13　纯转动索氏数 $So=f(\varepsilon, b/d_L)$

a）全（360°）轴承

$$So=\left(\frac{b}{d_L}\right)^2 \frac{\varepsilon}{2(1-\varepsilon^2)^2}\sqrt{\pi^2(1-\varepsilon^2)+16\varepsilon^2}\ \frac{\alpha_1\ (\varepsilon-1)}{\alpha_2+\varepsilon}$$

式中　$\alpha_1=1.1642-1.9456\left(\frac{b}{d_L}\right)+7.1161\left(\frac{b}{d_L}\right)^2-10.1073\left(\frac{b}{d_L}\right)^3+5.0141\left(\frac{b}{d_L}\right)^4$

$$\alpha_2=-1.000026-0.023634\left(\frac{b}{d_L}\right)-0.4215\left(\frac{b}{d_L}\right)^2-0.038817\left(\frac{b}{d_L}\right)^3-0.090551\left(\frac{b}{d_L}\right)^4$$

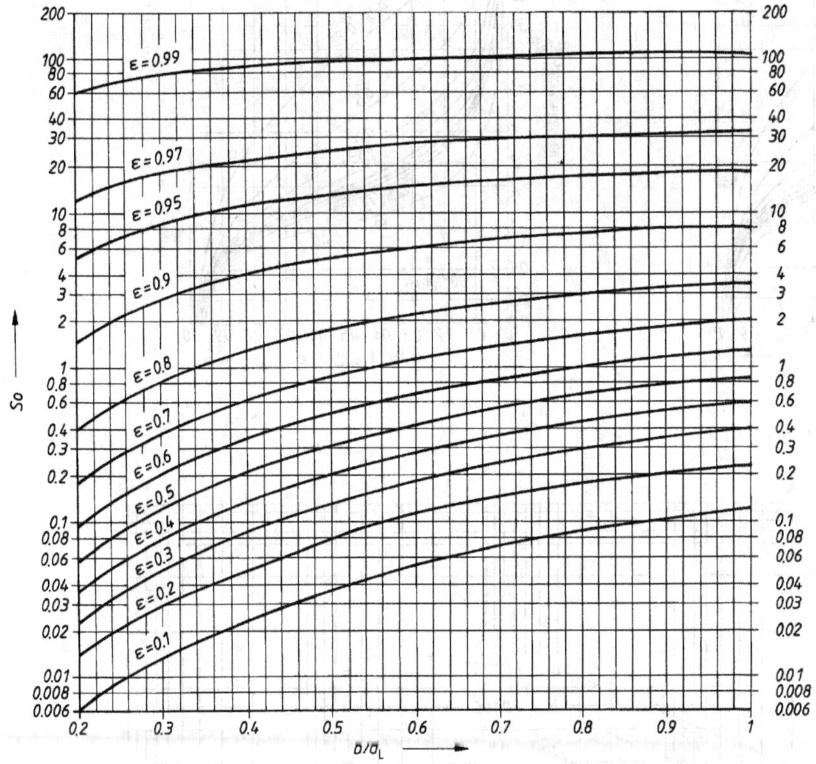

b）全（360°）轴承的偏位区域 A，B，C（见教材 § 15.4.1-1c 的提示）

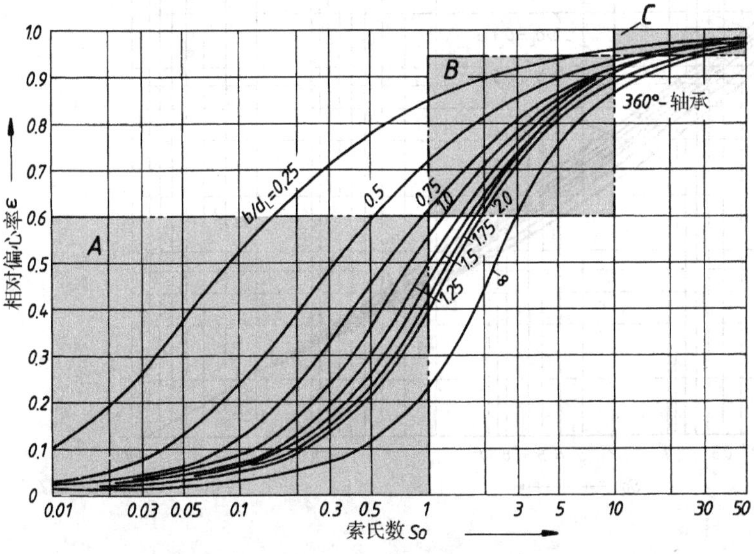

TB 15-14　纯转动摩擦特征数 $\mu/\psi_B = f(\varepsilon, b/d_L)$

a）全轴承

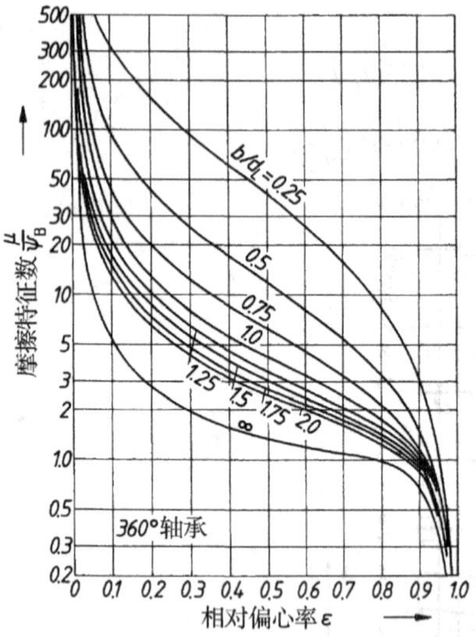

b）半轴承

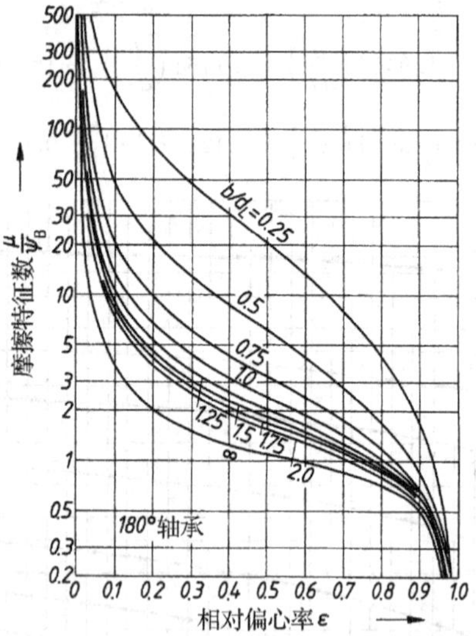

c）全（360°）轴承 $\mu/\psi_B = f(So, b/d_L)$

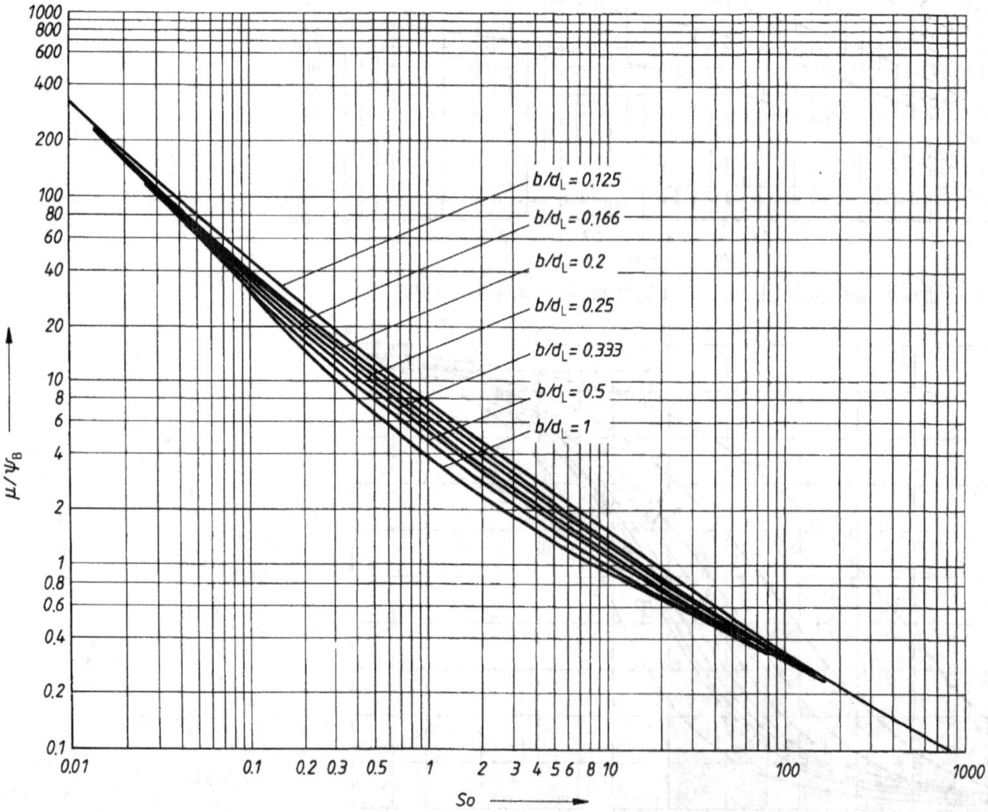

TB 15-15 纯转动轴承包角 $\beta = f(\varepsilon, b/d_L)$

[见教材式 (15-8)]

a) 全向心轴承　　b) 半向心轴承

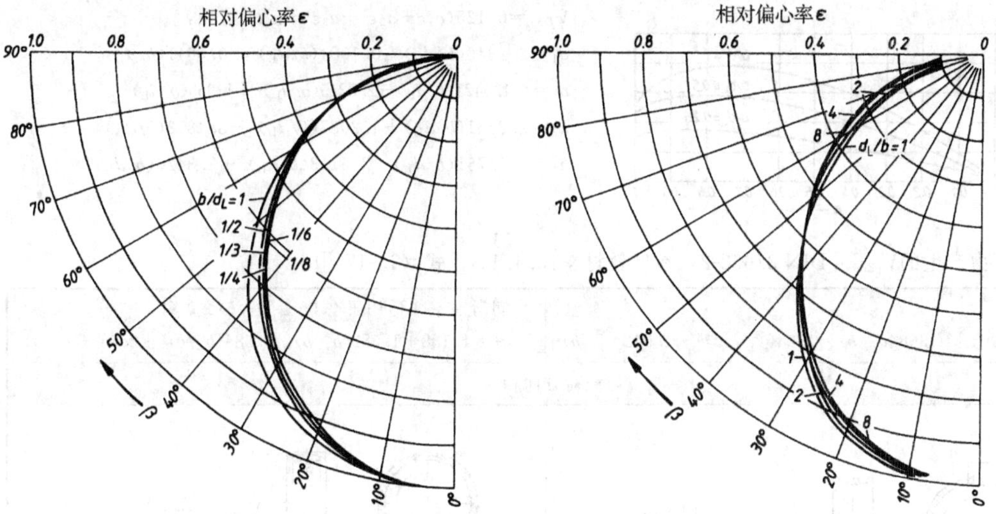

TB 15-16 轴 $Rz_W \leqslant 4\mu m$ 和轴承滑动面 $Rz_L \leqslant 1\mu m$ 时许用最小油膜厚度 $h_{0\ zul}$ 的经验值（DIN 31652）

轴径 d_w (mm)		极限基准值 $h_{0\ zul}$ (μm) 轴的圆周速度 u_w (m/s)				
>	≤	0~1	>1 ≤3	>3 ≤10	>10 ≤30	>30
25[1]	63	3	4	5	7	10
63	160	4	5	7	9	12
160	400	6	7	9	11	14
400	1000	8	9	11	13	16
1000	2500	10	12	14	16	18

1) 含 25

TB 15-17 许用最高轴承温度 $\theta_{L\ zul}$ 的极限参考值（DIN 31652-3）

轴承润滑类型	$\theta_{L\ zul}$ (℃[2])
压力润滑[1]（循环润滑）	100 (115)
无压润滑（自润滑）	90 (110)

1) 如果润滑剂总流量与每分钟润滑剂流量的比值大于 5，则 $\theta_{L\ zul}$ 可提高到 110 (125)℃。

2) 括号中的温度值只能在特殊工作条件下许用。

提示：轴承温度不应超过极限值 $\theta_{L\ zul}=80℃$，否则矿物油基润滑剂会很快老化。

TB 15-18　润滑剂相对流量

a）半轴承（180°）内压产生的$\dot{V}_{\mathrm{Drel}}$［式（15-16）］

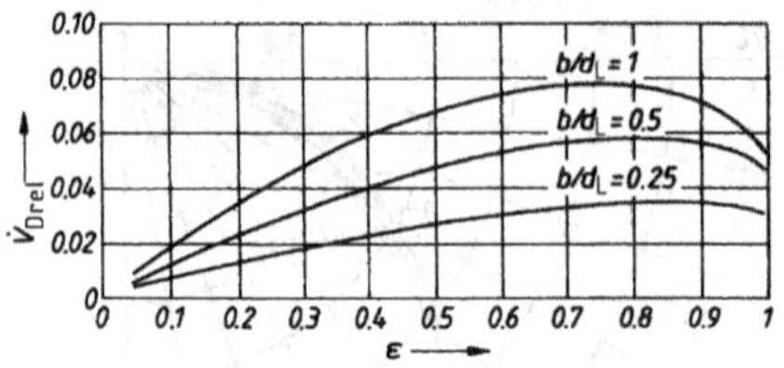

$\dot{V}_{\mathrm{Drel}}=0.125(a_1\varepsilon+a_2\varepsilon^2+a_3\varepsilon^3+a_4\varepsilon^4)$式中：

$a_1=2.2346(b/d_{\mathrm{L}})+0.1084(b/d_{\mathrm{L}})^2-0.5641(b/d_{\mathrm{L}})^3$

$a_2=-1.5421(b/d_{\mathrm{L}})-2.8215(b/d_{\mathrm{L}})^2+1.955(b/d_{\mathrm{L}})^3$

$a_3=2.2351(b/d_{\mathrm{L}})+4.2087(b/d_{\mathrm{L}})^2-3.4813(b/d_{\mathrm{L}})^3$

$a_4=-1.751(b/d_{\mathrm{L}})-2.5113(b/d_{\mathrm{L}})^2+2.3426(b/d_{\mathrm{L}})^3$

b）输入压力产生的$\dot{V}_{\mathrm{pZrel}}$［DIN 31652-2，参见教材 § 15.4.1-3，式（15-17）］

润滑孔 $q_{\mathrm{L}}=1.204+0.368(d_0/b)-1.046(d_0/b)^2+1.942(d_0/b)^3$	润滑油室，适用于 $0.05\leqslant(b_{\mathrm{T}}/b)\leqslant0.7$ $q_{\mathrm{T}}=1.188+1.582(b_{\mathrm{T}}/b)-2.585(b_{\mathrm{T}}/b)^2+5.563(b_{\mathrm{T}}/b)^3$
与载荷方向相对	
1. 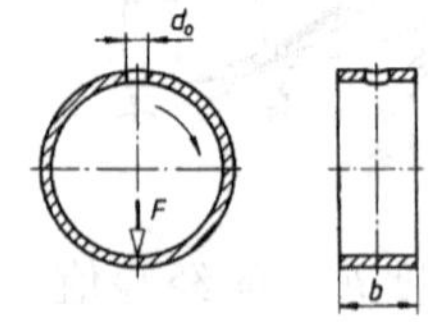 $\dot{V}_{\mathrm{pZrel}}=\frac{\pi}{48}\frac{(1+\varepsilon)^3}{\ln(b/d_0)q_{\mathrm{L}}}$	2. 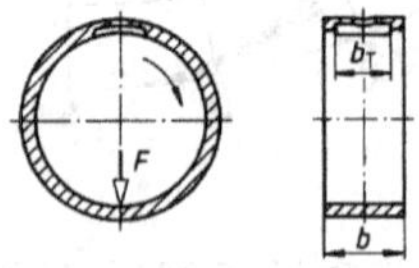 $\dot{V}_{\mathrm{pZrel}}=\frac{\pi}{48}\frac{(1+\varepsilon)^3}{\ln(b/b_{\mathrm{T}})q_{\mathrm{T}}}$
垂直于载荷方向	
3. 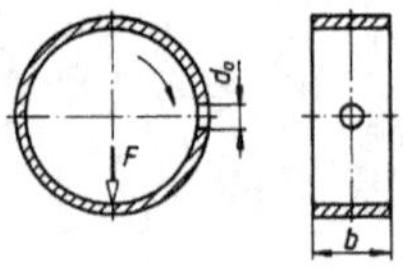 $\dot{V}_{\mathrm{pZrel}}=\frac{\pi}{48}\frac{1}{\ln(b/d_0)q_{\mathrm{L}}}$	4. 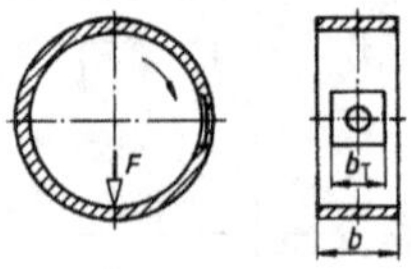 $\dot{V}_{\mathrm{pZrel}}=\frac{\pi}{48}\frac{1}{\ln(b/b_{\mathrm{T}})q_{\mathrm{T}}}$
2 个润滑孔　　垂直于载荷方向	2 个润滑油室
5. 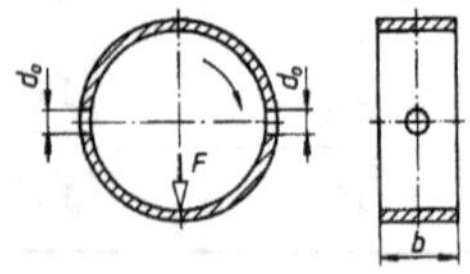 $\dot{V}_{\mathrm{pZrel}}=\frac{\pi}{48}\frac{2}{\ln(b/d_0)q_{\mathrm{L}}}$	6. 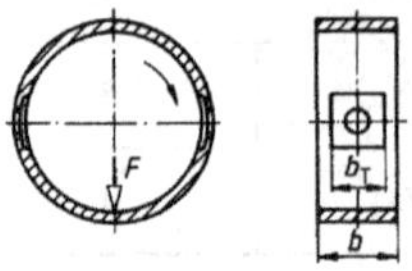 $\dot{V}_{\mathrm{pZrel}}=\frac{\pi}{48}\frac{2}{\ln(b/b_{\mathrm{T}})q_{\mathrm{T}}}$
环槽（360°油沟）　7. 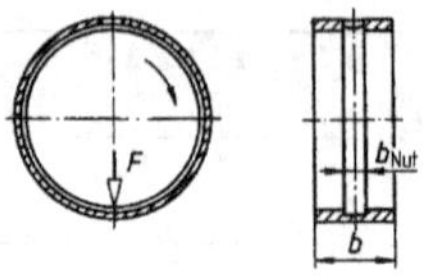 $\dot{V}_{\mathrm{pZrel}}=\frac{\pi}{24}\frac{1+1.5\varepsilon^2}{(b/d_{\mathrm{L}})}\frac{b}{(b-b_{\mathrm{Nut}})}$	180°油沟　8. $\dot{V}_{\mathrm{pZrel}}=\frac{1}{48}\frac{\pi(1+1.5\varepsilon^2)+6\varepsilon+1.33\varepsilon^3}{(b-b_{\mathrm{Nut}})/d_{\mathrm{L}}}$

第16章 带 传 动

TB 16-1 平带材料的力学和物理性能（近似值）

带的材料	带的种类	弹性模量 E_z N/mm²	弹性模量 E_b N/mm²	密度 ρ kg/dm³	带的许用应力 σ_{zzul} N/mm²	最大比值 t/d —	最大曲挠次数 f_{Bmax} [5] 1/s	带的许用圆周力 F'_{tmax} N/mm	带速 v_{max} [5] m/s	摩擦因数 μ [6] —	温度 θ_{max} ℃
皮革	标准 S	250	50～90	1.0	3.6～4.1	0.033	5	—	30	肉面（0.25+0.02$\sqrt{v}$）	35
	柔软度 G	350	40～80	0.95	4.3～5	0.04	10	—	40		
	非常柔软 HGL	450	30～70	0.9	4.3～6.5	0.05	25	—	50	毛面（0.33+0.02$\sqrt{v}$）	45
	非常柔软 HGC				4.3～7.5						70
编织物	单层：橡胶，尼龙或聚脂纤维	350～1200		1.1～1.4	3.3～5.4	0.35	10～50	100	80	（0.5）	−20～100
	多层：橡胶，尼龙，聚脂纤维或棉纤维	900～1500					10～20	300	20～50		
纺织品	棉花	500～1400	40	1.3	2.3～5	0.05	40	—	50	（0.3）	—
	人造丝（浸制）	—		1.0	3.3～5	0.04		—		（0.35）	—
	尼龙、贝纶	500～1400		1.1	9	0.07	80	—	60	（0.3）	70
多层复合	将尼龙或聚脂纱线浇注在橡胶中[3] 1)	600～700	300	1.1～1.4	14～25	0.008～0.025	100	200	60～120	（0.7）	−20～100
	将尼龙或聚脂纱线浇注在橡胶中[3] 2)	500～600	250		4～12	0.01～0.035		400		（0.6）	
	一根或多根尼龙绳分层排列并预拉伸[4] 1)	500～600	250		6～18	0.008～0.025		800	60（80）	（0.7）	
	一根或多根尼龙绳分层排列并预拉伸[4] 2)	400～500	200		4～15	0.01～0.035				（0.6）	

1）工作面为橡胶。

2）工作面为皮革。

3）例如西格林公司（汉诺威）的易传动带 81。

4）例如西格林公司（汉诺威）的易传动带 85/80。

5）只有在有利条件下才能达到；与应用条件有关。

6）μ 值与许多影响因素有关（例如使用年限或运行时间、环境因素、带速）。

TB 16-2 V 带性能和应用实例

结构类型	P'_{max} kW/每根带	v_{max} [1] m/s	f_{Bmax} [1] 1/s	i_{max} —	性能，应用
普通 V 带（DIN 2215）	70	30	80	15	$b_0/h=1.6$；在机械制造中通用（13～22 型）；25～40 型用于重型机械制造和粗糙传动；带的有效长度≤18000mm（22～40 型）
窄 V 带（DIN 7753）	70	42	100	10	$b_0/h\approx1.2$；用于节约空间的传动，属应用最广泛的带；同样带宽下，传递功率的能力大于普通 V 带；相对于普通 V 带，带轮直径更大；带的有效长度≤12500mm（SPC 尺寸）

TB 16-2（续）

结构类型	P'_{max} kW/每根带	v_{max}[1)] m/s	f_{Bmax}[1)] 1/s	i_{max} —	性能，应用
未包轮廓的V带	70	50	120	20	$b_0/h\approx1.2$；用于节约空间的传动；相对于普通V带，带轮直径可以更小；价格便宜；传递功率最大
联组V带	65	30	60	15	对振动和冲击不敏感；（V）带轮不受扭转；用于受冲击传动和大带长的场合
双面V带	30	30	80	5	$b_0/h\approx1.25$；用于多轴传动且带轮相向转动；传递功率比普通V带小约10%
多楔带	20[2)]	60	200	35	可以多达75根楔（$P_{max}\approx350$kW）；弯曲半径小；用于大传动比，需要特殊带轮
宽V带	70	25	40	9[3)]	$b_0/h\approx2\sim5$；用于无级调速传动的特殊带

1）只能在有利条件下实现，与应用条件有关。2）kW/每根楔。3）可调范围。

TB 16-3　同步带性能和应用

P_{max} kW/cm 带宽	v_{max}[1)] m/s	f_{Bmax}[1)] s^{-1}	i_{max} —	性能和应用
60	80	200	10	在机械、仪器和车辆制造领域通用，特别适用于对转差率有要求的正反转传动装置（线性技术）中；同步带及其齿轮比其他带和带轮贵；通过采用弧形齿同步带及齿轮可降低噪声，但会更贵

1）只能在有利条件下实现；与应用条件有关。

TB 16-4　拉力比 m，相对有效拉力 κ

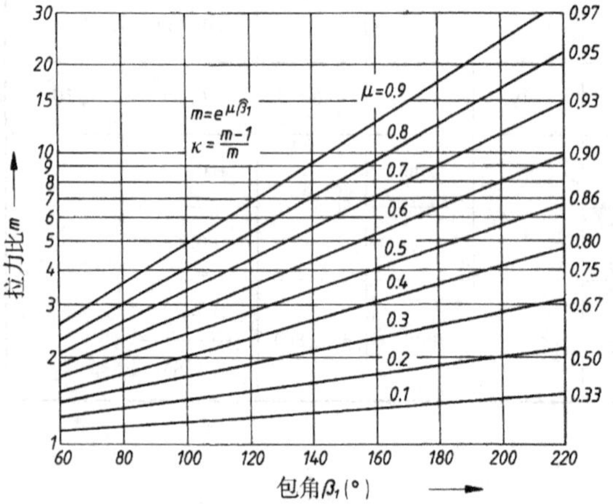

TB 16-5　确定平带传动轴上载荷的系数 k

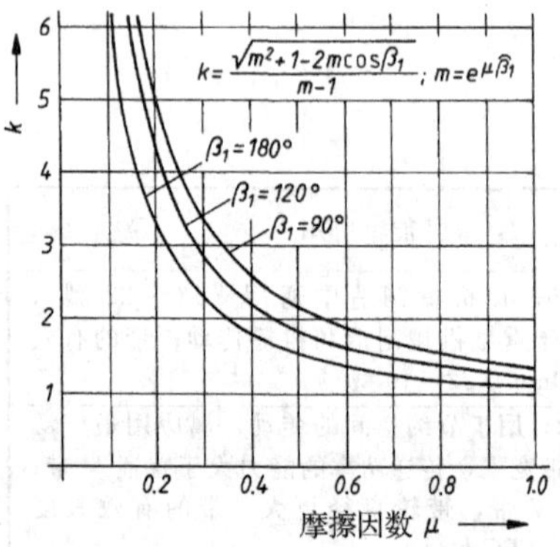

也近似地适用于V带和多楔带（此时用 μ' 取代 μ）

TB 16-6 易传动多层平带的结构和性能（结构类型 80/85*，根据企业标准）

*对于很高速度的传动，还有结构类型 81

a）结构

易传动结构类型	结构			使用场合	
	拉伸层	摩擦层	覆盖层		
80 LT	尼龙带	Ch	Pg	用于多带轮传动，单边传递功率	用于正常以及较恶劣工作条件，以及可能会受油和脂剧烈影响的场合
80 LL			CH	用于多带轮传动，双边传递功率	
85 GT		E	Pg	用于多带轮传动，单边传递功率	正常，有灰尘、潮湿，不会有油和脂影响或影响很小的场合
85 GG			E	用于多带轮传动，双边传递功率	

Ch 镀铬皮革，E 弹性体，Pg 尼龙编织物。

b）性能

带型号（≙k_1）		10	14	20	28	40	54[1)]	80[1)]
拉伸强度（N/mm 带宽）		225	315	450	630	900	1200	1800
单位圆周力 F_t'[2)]（N/mm 带宽）		12.5	17.5	25	35	48	67.5	110
公称直径 d_{1N}（mm）		100	140	200	280	400	540	800
断裂应变 ε_B（%）		22						
带厚 t（mm）	80 LT	2.2	2.6	2.9	3.6	4.4	5.6	6.3
	80 LL	3.2	3.6	4.1	5.0	6.2	6.5	—
	85 GT	1.6	1.8	2.5	2.9	3.7	4.5	6.0
	85 GG[3)]	1.9	2.1	2.6	3.1	—	—	—

1）只有结构 LT 和 GT。

2）许用应力 $\sigma_{zzul} \approx F_t'/t$，$F_t' = f$（$d_1$，$\beta_1$，带类型），由 TB 16-8 查取。

3）对于结构类型 85 GG，在带型号数字后还应加一个字母 N，如 14N。

TB 16-7 最小带轮直径的确定（根据汉诺威西格林公司资料）

P/n kW·min	d mm	P/n kW·min	d mm	P/n kW·min	d mm
0.00075	63	0.008	140	0.14	315
0.0009	71	0.01	160	0.17	355
0.001	80	0.015	180	0.2	400
0.0016	90	0.04	200	0.25	450
0.0018	100	0.06	224	0.3	500
0.003	112	0.1	250	0.4	560
0.0045	125	0.12	280	0.44	630

TB 16-8 确定易传动带 F_t'、ε_1 和带的型号的线图（根据汉诺威西格林公司资料）

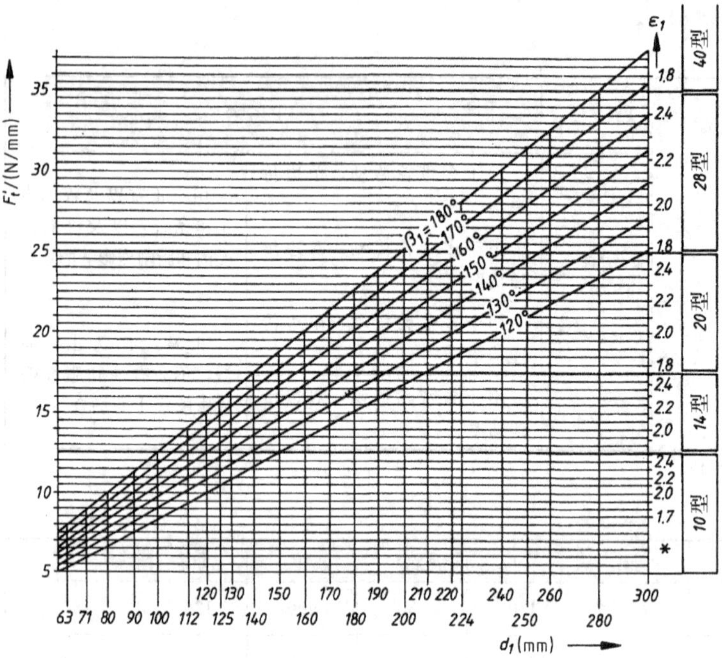

* 当 ε_1<1.7，咨询制造商。

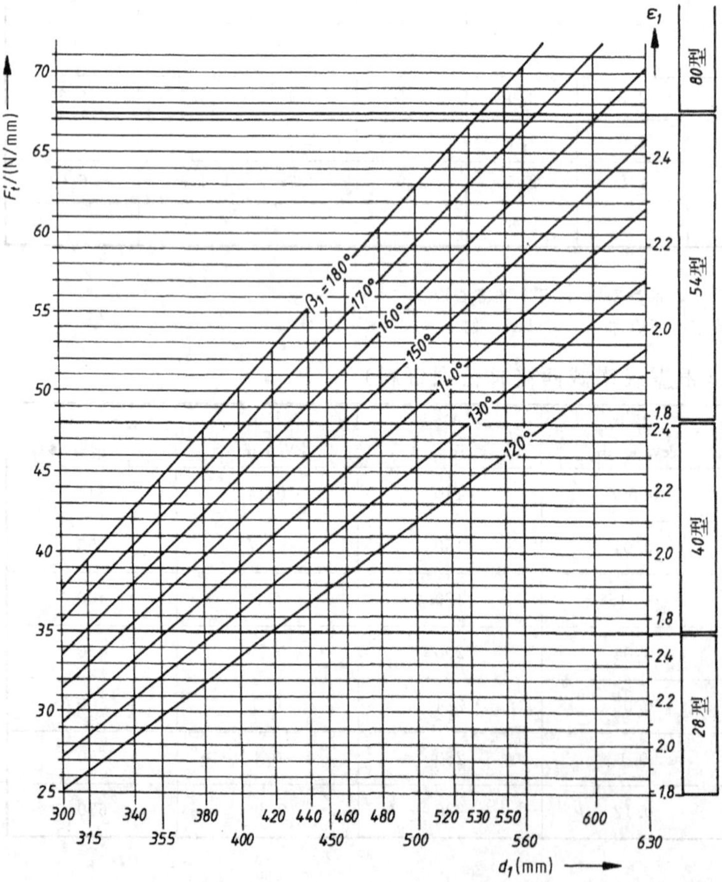

TB 16-9 平带带轮主要尺寸（DIN 111 摘录）

a）主要尺寸 （单位：mm）

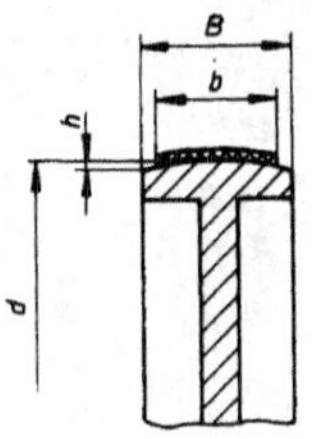

d	40	50	63	71	80	90	100	112	125	140
B min	25		32	40		50			63	
B max	50	100			140	200				
h	0.3								0.4	
d	160	180	200	224	250	280	315	355	400	450
Bh min	63									
Bh max	200		315							400
d	0.5		0.6		0.8				1.0	
d	500	560	630	710	800	900	1000	1120	1250	1400
B min	63			100				125		
B max	400									
h	1.0	1.2			1.2*			1.5**		

* 轮圈宽度＞250：$h=1.5$，** 轮圈宽度＞250，$h=2$。

b）带宽 b 与最小轮圈宽度 B 的对应关系

b	20	25	32	40	50	71	90	112	125
B	25	32	40	50	63	80	100	125	140
b	140	160	180	200	224	250	280	315	355
B	160	180	200	224	250	280	315	355	400

TB 16-10 易传动多层带离心力引起的应变 ε_2（%）

（根据西格林公司，汉诺威）

带的名称	带速 v（m/s）						
	10	20	30	40	50	60	70
GT 10	＜0.1*	0.2	0.3	0.6	0.9		
GG 10N							
LL 10							
LT 10			0.4	0.8	1.1		
GT 14		0.1	0.3	0.5	0.8		
GG 14N							
LL 14							
LT 14			0.4	0.7	1.0		
GT 20			0.2	0.4	0.7		
GG 20N							
LL 20							
LT 20			0.3	0.6	0.9		
GT 28			0.2	0.4	0.6	0.8	
GG 28N							
LL 28							
LT 28			0.3	0.6	0.8	1.0	
GT 40			0.2	0.3	0.5	0.7	
GG 40N							
LL 40							
LT 40			0.3	0.5	0.7	0.9	
GT 54			0.2	0.3	0.5	0.7	0.9
LT 54			0.3	0.5	0.7	0.9	1.0
GT 80			0.2	0.3	0.5	0.7	0.9
LT 80			0.3	0.5	0.7	0.9	1.0

* 几乎没有影响。

TB 16-11　V带和多楔带的轮廓选择

a）普通V带

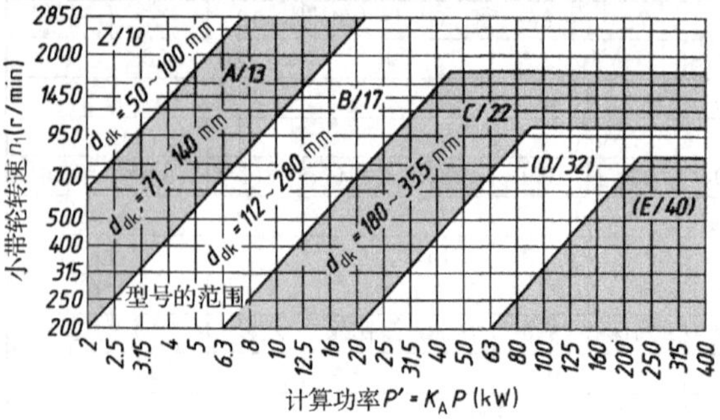

b）窄V带

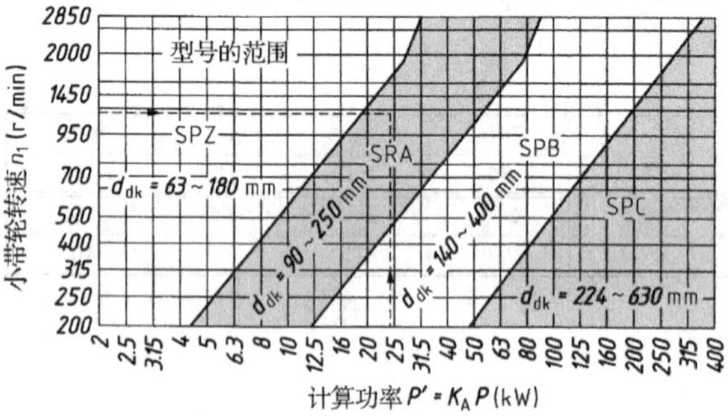

例子：计算功率 $P'=24$kW 和 $n_1=1200$r/min，选择：窄V带SPA。

c）多楔带

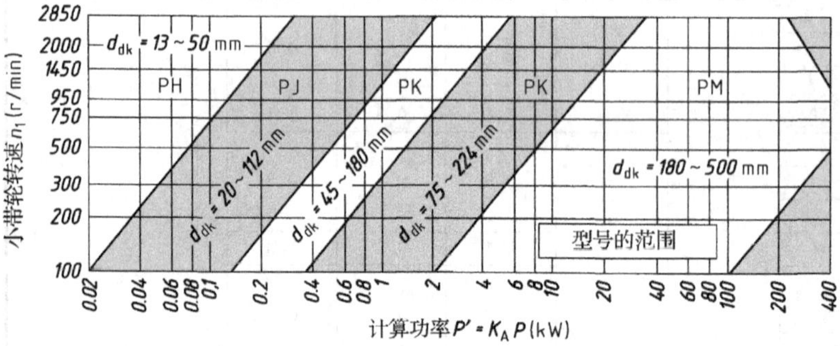

TB 16-12　V带尺寸（根据DIN 2215，ISO 4184，DIN 7753以及企业资料摘录）

（单位：mm）

普通V带								
型号代号	DIN 2215	6	10	13	17	22	32	40
	ISO 4184	Y	Z	A	B	C	D	E
上带宽	$b_0\approx$	6	10	13	17	22	32	40
基准宽度	$b_d\approx$	5.3	8.5	11	14	19	27	32
带高	$h\approx$	4	6	8	11	14	20	25
距离	$h_d\approx$	1.6	2.5	3.3	4.2	5.7	8.1	12
最小带轮基准直径	$d_{dmin}\approx$	28	50	71	112	180	355	500
内长[1]（=订货长度） 基准长度 $L_d=L_i+\Delta L$	L_i	185～ 850	300～ 2800	560～ 5300	670～ 7100	1180～ 18000	2000～ 18000	3000～ 18000
长度差 ΔL		15	22	30	40	58	75	80
挠曲次数（s^{-1}）	$f_{Bmax}\approx$	80						
带速（m/s）	v_{max}	30						

TB 16-12（续）

窄 V 带								
型号代号（DIN 7753 T1）		—	SPZ	SPA	SPB	SPC	—	—
上带宽	$b_0 \approx$	—	9.7	12.7	16.3	22	—	—
基准宽度	$b_d \approx$	—	8.5	11	14	19	—	—
带高	$h \approx$	—	8	10	13	18	—	—
距离	$h_d \approx$	—	2	2.8	3.5	4.8	—	—
最小带轮基准直径	$d_{dmin} \approx$	—	63	90	140	224	—	—
基准长度[1]（＝订货长度）	L_d	—	587～3550	732～4500	1250～8000	2000～12500	—	—
挠曲次数（s^{-1}）	$f_{Bmax} \approx$	100						
带速（m/s）	v_{max}	42						

1）注意制造商说明（优先按 DIN 323，R40）。

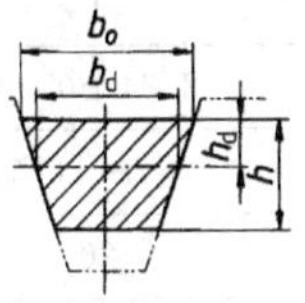

TB 16-13 V 带带轮尺寸（DIN 2211 摘录） （单位：mm）

带轮公称尺寸								
V 带标准	DIN 2215	6	10	13	17	22	32	40
	ISO 4184	Y	Z	A	B	C	D	E
窄 V 带标准 DIN 7753 T1		—	SPZ	SPA	SPB	SPC	—	—
槽宽	$b_1 \approx$	6.3	9.7	12.7	16.3	22	32	40
槽的轮廓	$c \approx$	1.6	2	2.8	3.5	4.8	8.1	12
	$e \approx$	8	12	15	10	25.5	37	44.5
	$f \approx$	6	8	10	12.5	17	24	29
	$t \approx$	7	11	14	18	24	33	38
最小带轮直径 普通 V 带	$d_{dmin} \approx$	28	50	71	112	180	355	500
窄 V 带		—	63	90	140	224	—	—
基准直径 d_d 处的楔形角 α	32°	≤63	—	—	—	—	—	—
	34°	—	≤80	≤118	≤190	≤315	—	—
	36°	>63	—	—	—	—	≤500	≤630
	38°	—	>80	>118	>190	>315	>500	>630

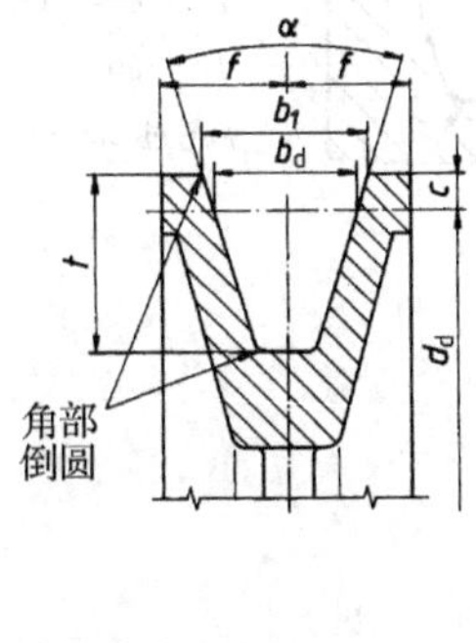

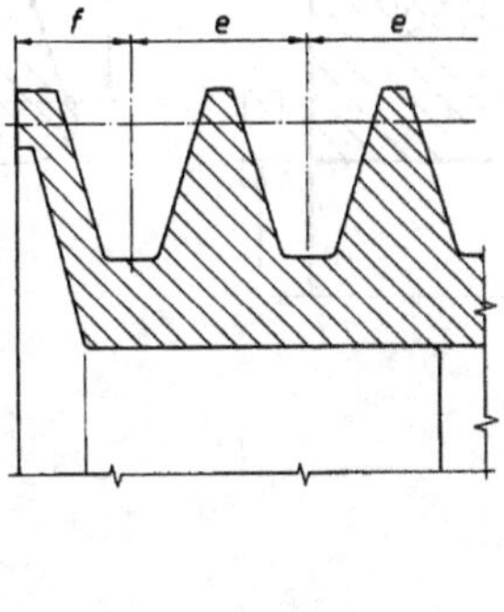

TB 16-14 多楔带和多楔带带轮（DIN 7867）

（根据 DIN 7867 和企业数据得到表值） （单位：mm）

多楔带 DIN 7867	截面代号		PH	PJ	PK	PL	PM
	楔距	s	1.60±0.2	2.34±0.2	3.56±0.2	4.70±0.2	9.40±0.2
	带高	h max[1)]	3	4	6	10	17
	楔数	z[2)]	2～31	2～50	2～50	2～60	2～45
	带宽	b	$b=sz$				
	楔底半径	r_g max	0.15	0.20	0.25	0.40	0.75
	楔顶半径	r_k min	0.30	0.40	0.50	0.40	0.75
	标准一基准长度 L_d[2)]	min	559	330	559	954	2286
		max	2155	2489	3492	6096	15266
	许用带速	v_{max}[2)]	60m/s	50m/s	50m/s	40m/s	30m/s
多楔带带轮 DIN 7867	截面代号		H	J	K	L	M
	楔距	e	1.60±0.03	2.34±0.03	3.56±0.05	4.70±0.05	9.40±0.08
	总距离	c	$c=$（楔数 $n-1$）e c 的公差：±0.30				
	基准直径	d_d min	13	20	45	75	180
		分级	根据 DIN 323，标准数系列 R20（见 TB 1-16）				
	内半径	$r_{i\ max}$	0.30	0.40	0.50	0.40	0.75
	外半径	$r_{a\ min}$	0.15	0.20	0.25	0.40	0.75
	楔深	t_{min}[2)]	1.33	2.06	3.45	4.92	10.03
	边沿距离	f_{min}	1.3	1.8	2.5	3.3	6.4
	有效直径	d_w	$d_w=d_d+2h_b$				
	相对高度	h_b	0.8	1.25	1.6	3.5	5.0

1）尺寸根据制造商的选择。

2）制造商数据；优先选择 DIN 323 R′40。

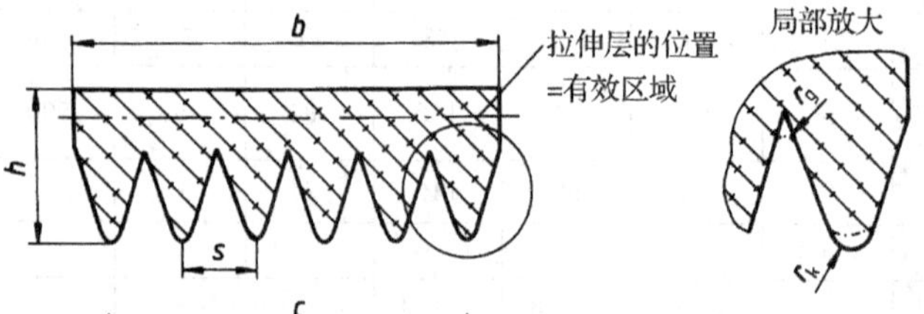

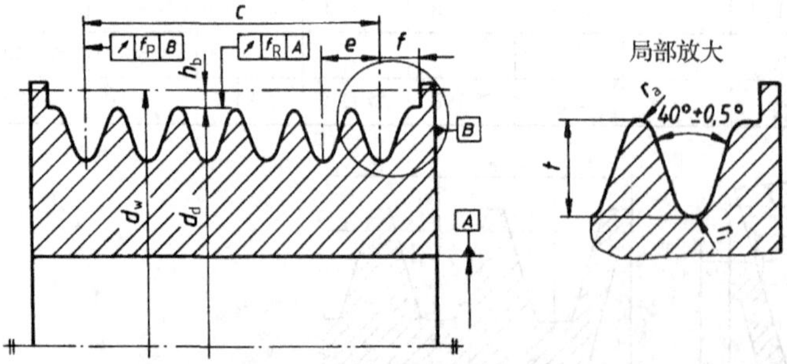

$d_d \leqslant 74$mm：$f_R=0.13$mm

$d_d>74\sim250$mm：$f_R=0.25$mm

$d_d>250$mm：$f_R=0.25$mm$+0.004$

ϕ 超过 250mm 时，每 mm：$f_p=0.0002d_d$

TB 16-15 V 带和多楔带的名义功率

a）普通 V 带单根带的名义功率

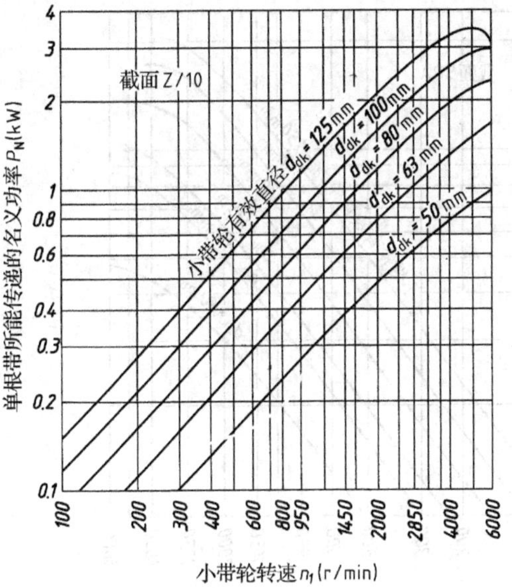

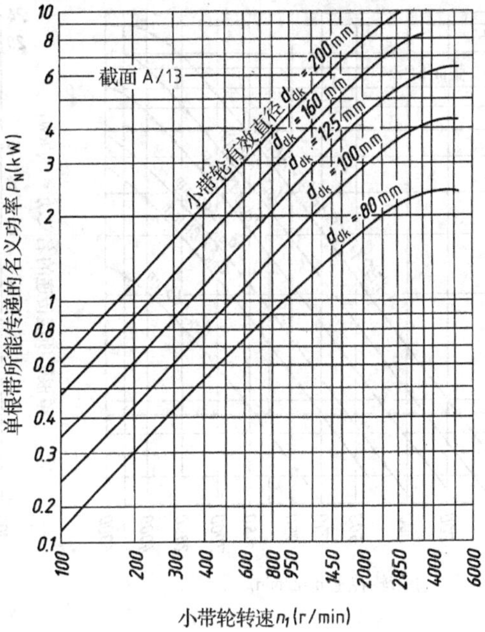

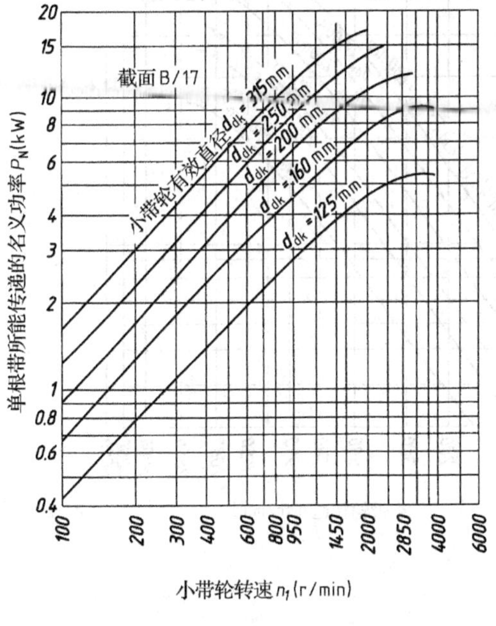

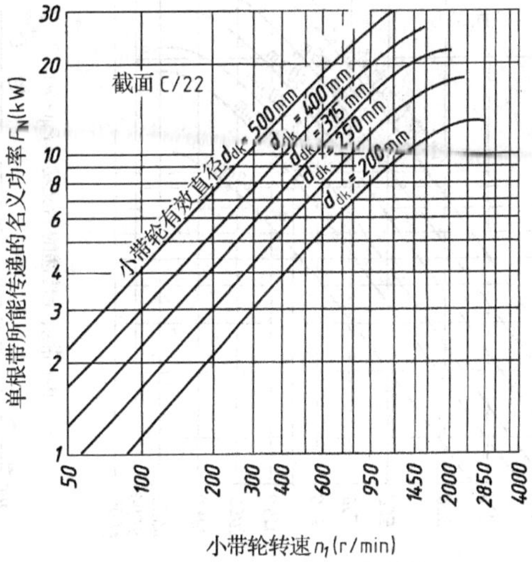

TB 16-15（续）

b）窄 V 带单根带的名义功率

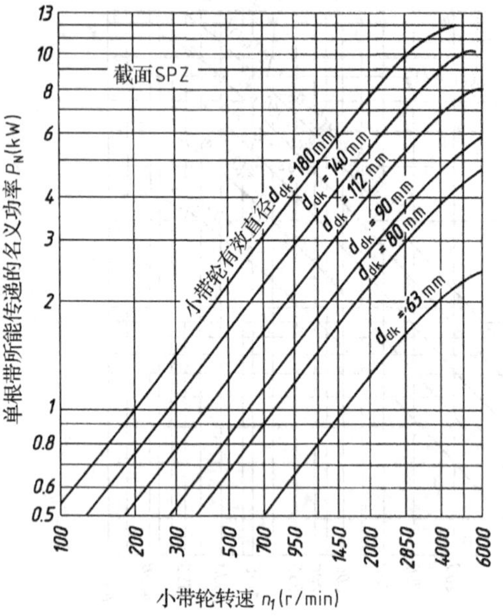

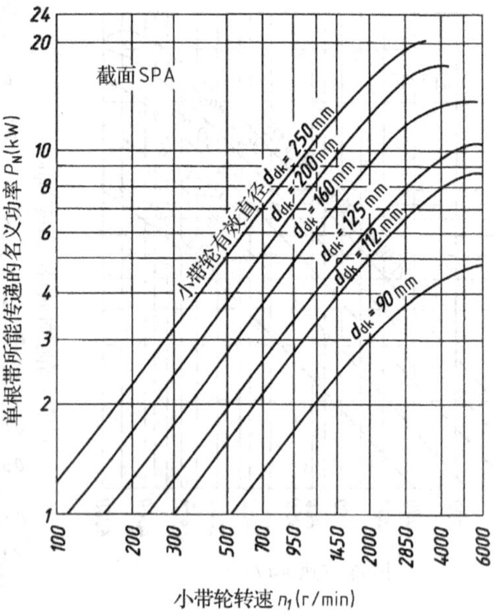

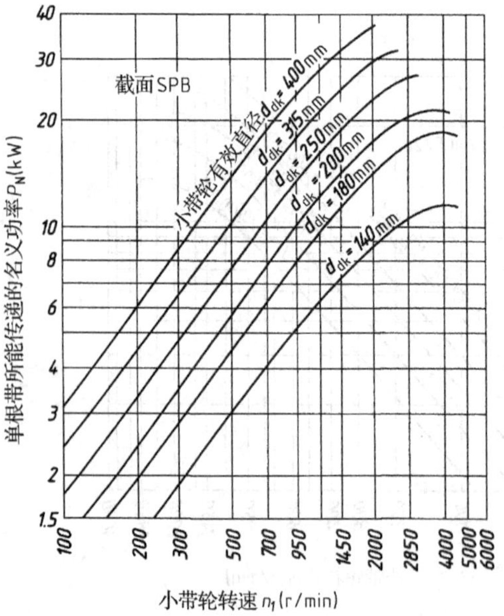

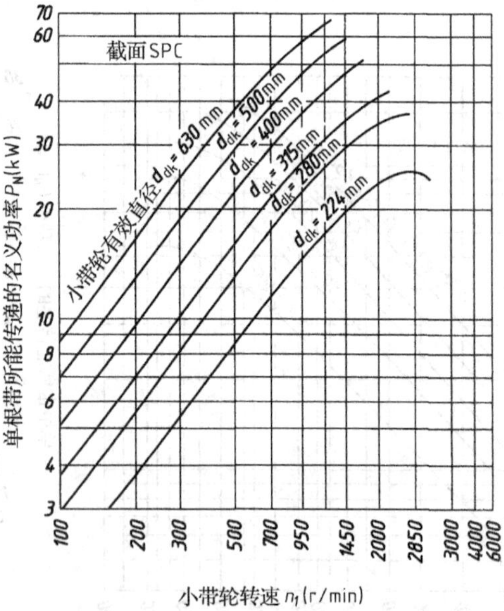

TB 16-15（续）

c）多楔带单根楔的名义功率

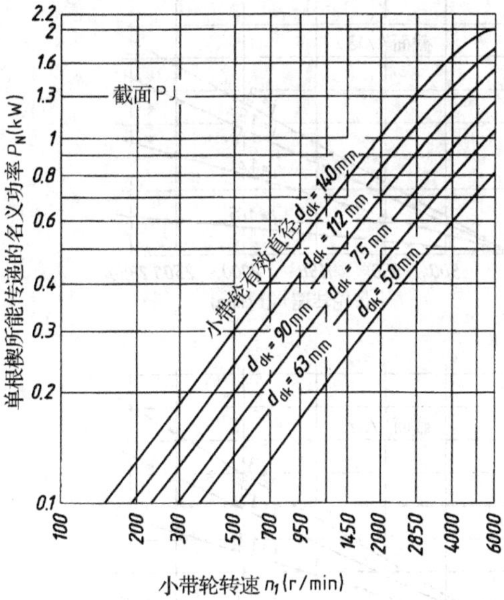

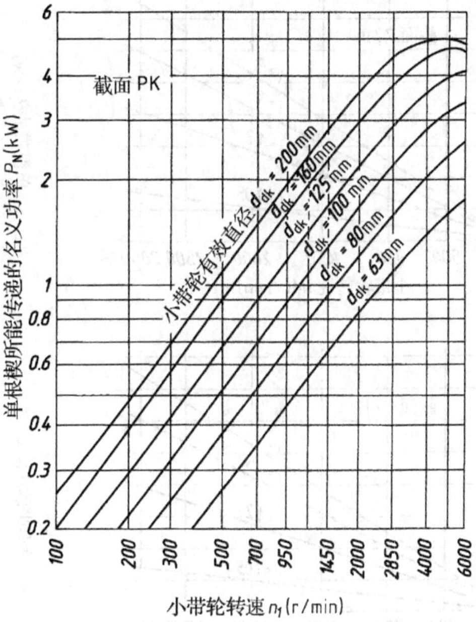

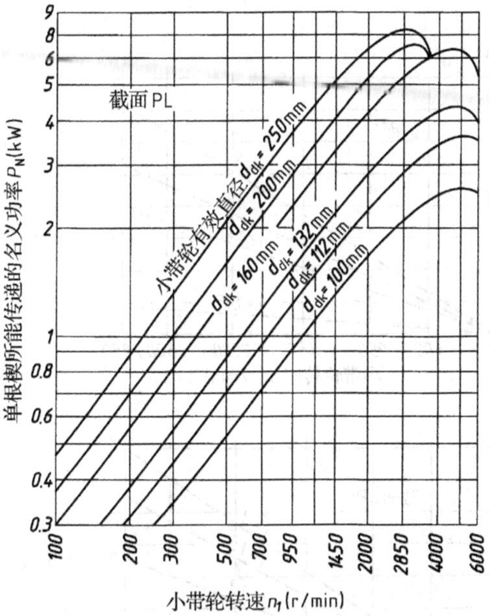

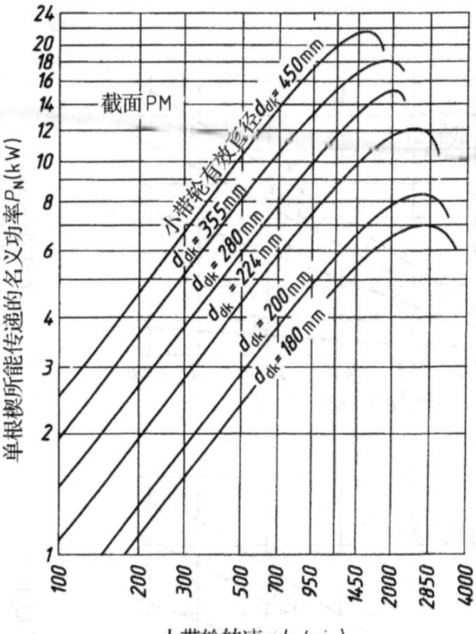

TB 16-16　传动功率增量 $\ddot{U}_z$（kW）

（$i<1$ 时 $\ddot{U}_z=1$）

a）普通 V 带

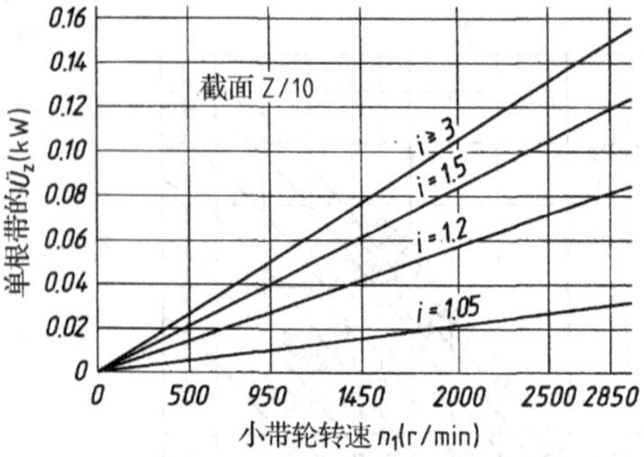

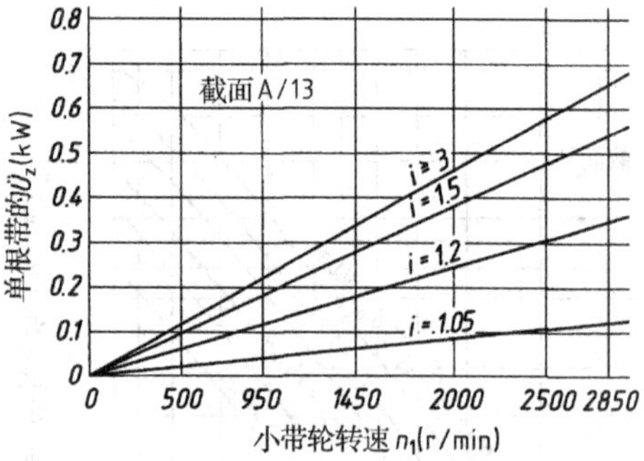

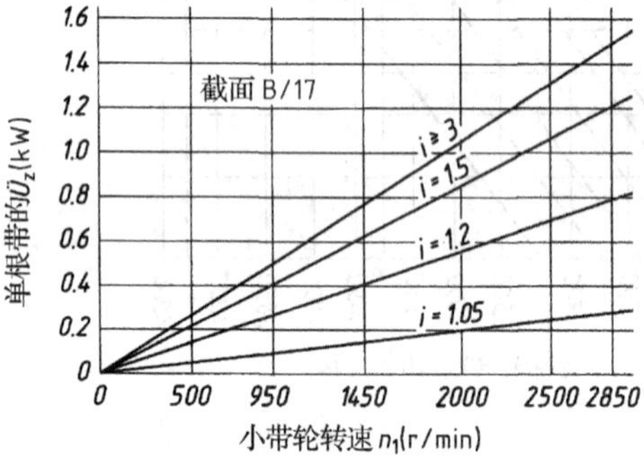

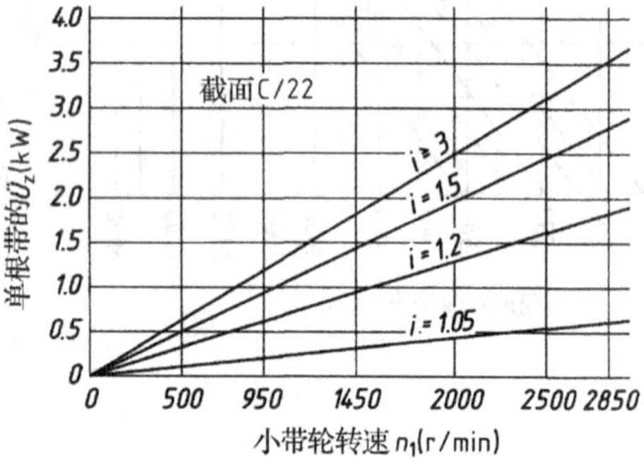

b）窄 V 带

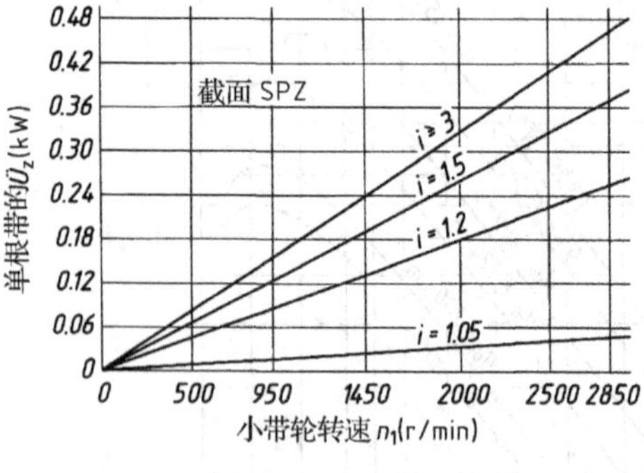

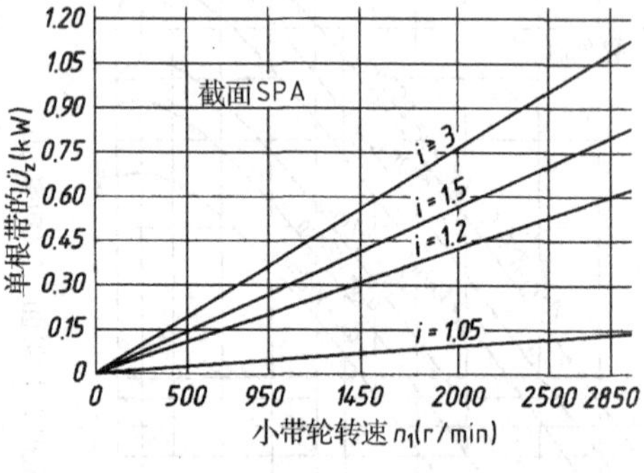

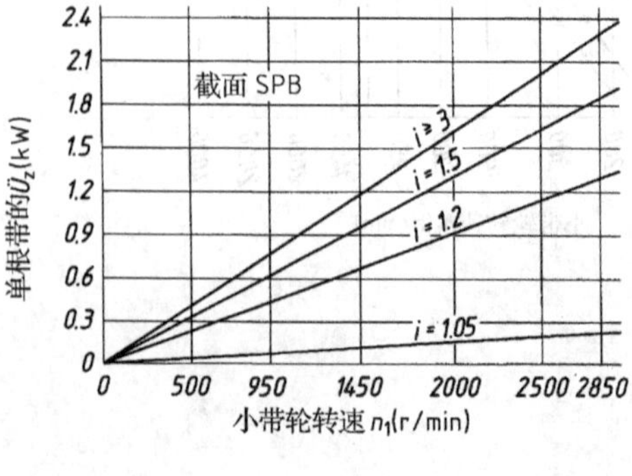

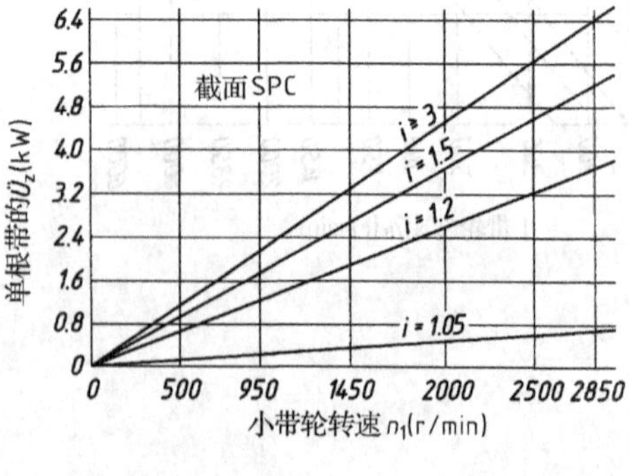

TB 16-16（续）

c）多楔带

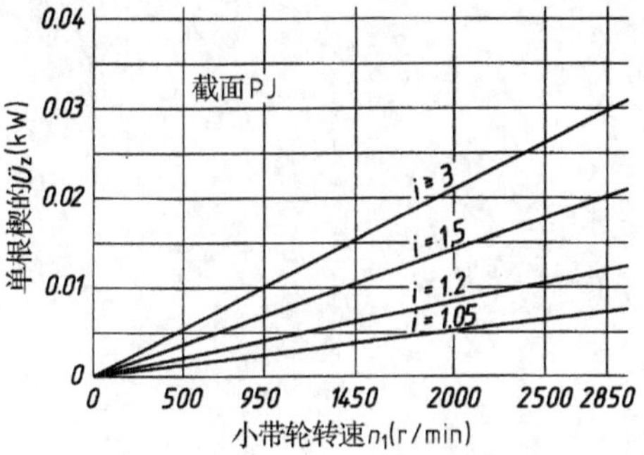

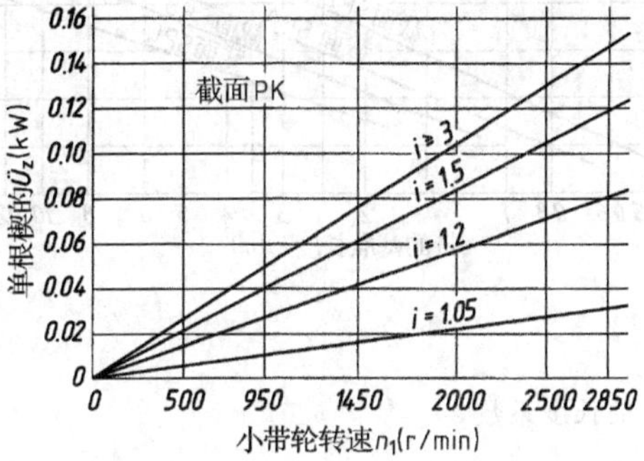

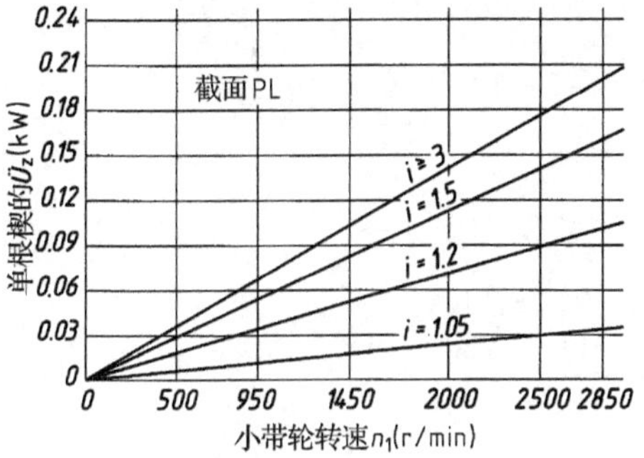

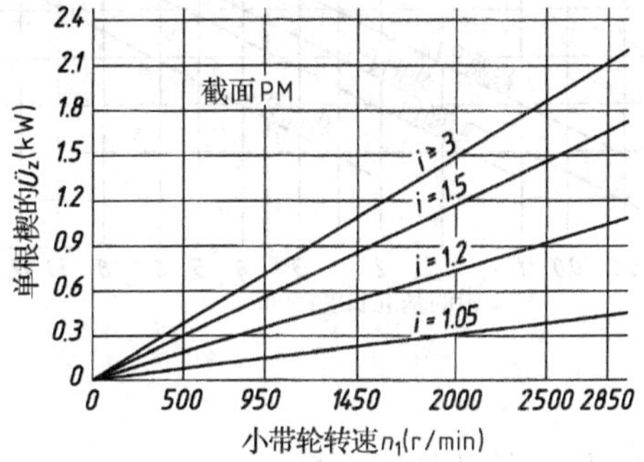

TB 16-17　V 带和多楔带的计算修正系数

a）包角系数 c_1

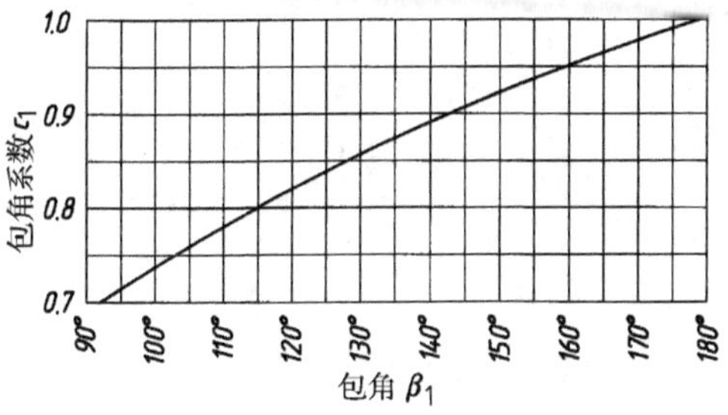

b）普通 V 带的长度系数 c_2

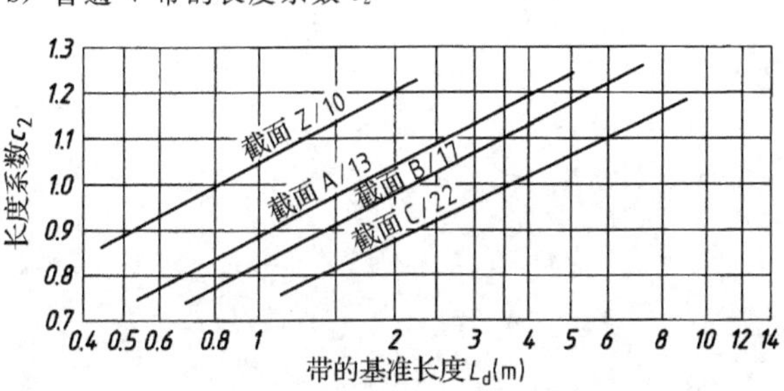

TB 16-17（续）

c）窄 V 带的长度系数 c_2

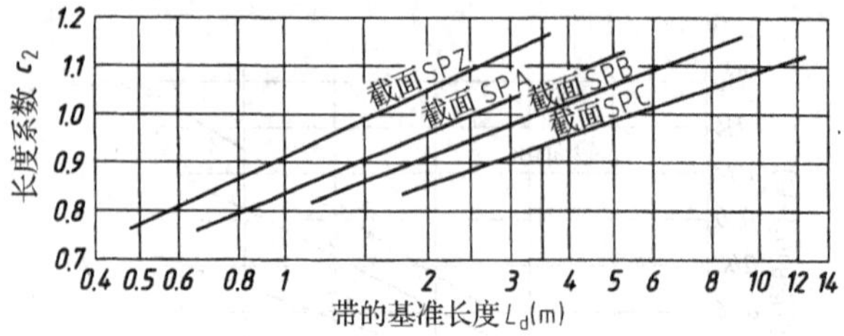

d）多楔带的长度系数 c_2

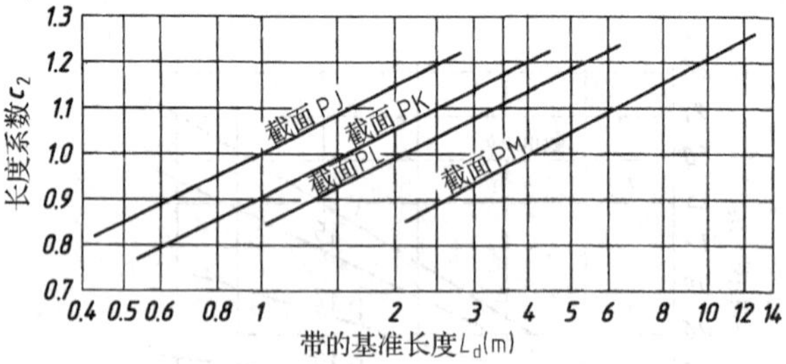

TB 16-18 同步带的轮廓选择

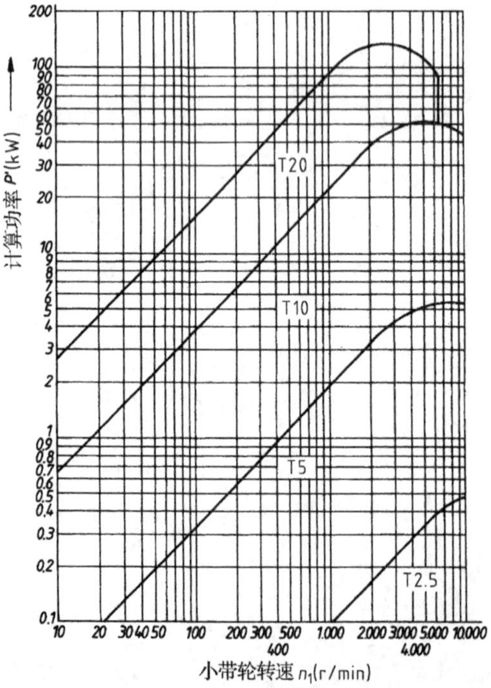

TB 16-19　同步柔性齿形带的数据（根据企业标准）

a）应用范围

带截面	P_{max} kW	n_{max} r/min	v_{max} m/s	典型应用范围
T 2.5	0.5	20000	80	精密机械、胶片相机、控制传动
T 5	5	10000	80	办公机械、厨房机械、转速计、控制和调节传动
T 10	30	10000	60	机床（主传动和支传动）、纺织机械和印刷机械传动
T 20	100	6500	40	重型建筑机械、造纸机械、纺织机械、泵、压缩机

b）带轮齿数

带截面	齿距 p mm	齿高 h_z mm	长度 L_d mm	带轮齿数		逆向弯曲的最小齿数
				z_{min}	z_{max}	
T 2.5	2.5	0.7	120～1475	10	114	11
T 5	5	1.2	100～1500	10	114	12
T 10	10	2.5	260～4780	12	114	15
T 20	20	5.0	1260～3620	15	114	20

c）带宽和许用圆周力

带截面	带宽 b (mm) 下的许用圆周力 F_{tzul} (N)									
	4	6	10	16	25	32	50	75	100	150
T 2.5	39	65	117	195	312	403	—	—	—	—
T 5	—	150	300	510	870	1110	1800	2730	3660	—
T 10	—	—	—	1200	2000	2700	4300	6600	8800	13400
T 20	—	—	—	—	—	4750	7750	12000	16000	24500

d）带上齿数 z_R（摘录）

截面																	
截面 T 2.5	64	71	72	73	80	84	90	92	98	106	144	116	122	127	132	152	168
	192	200	216	240	248	260	312	380	520	590							
截面 T 5	66	68	71	73	78	80	82	84	91	92	96	100	101	102	105	109	110
	112	115	118	122	124	126	130	138	140	144	145	150	153	156	160	163	168
	180	184	185	188	198	215	220	232	243	263	276	300					
截面 T 10	66	68	69	70	72	73	75	76	78	80	81	84	85	88	89	92	96
	97	98	101	108	111	114	115	121	124	125	130	132	135	139	140	142	145
	146	150	156	161	175	178	188	196	225	310	478						
截面 T 20	63	73	89	94	118	130	155	181									

TB 16-20　齿的承载能力——同步柔性齿形带齿的承载能力（根据企业标准）

带截面T2.5

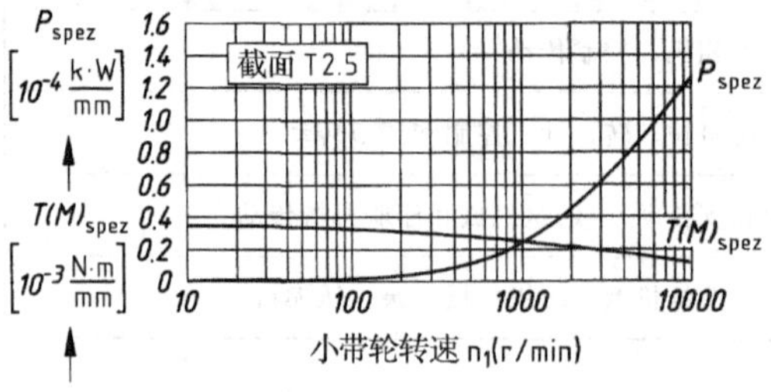

a)

带截面T5

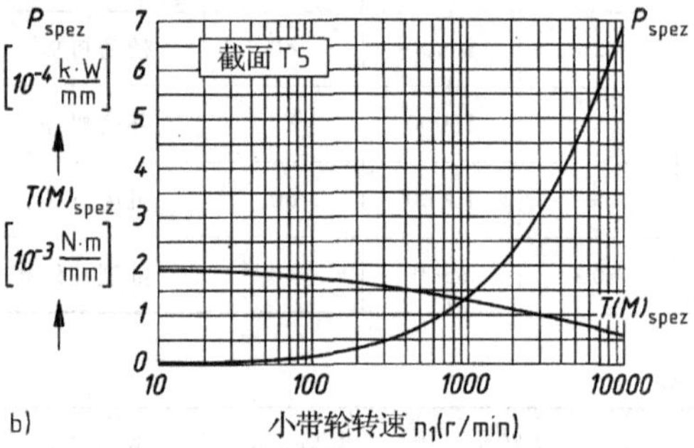

b)

带截面T10

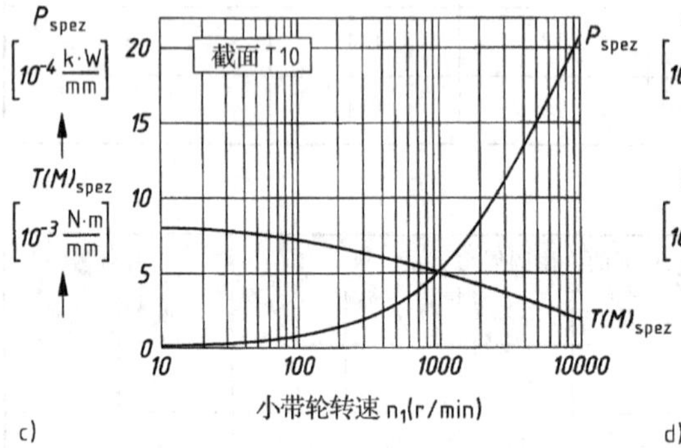

c)

带截面T20

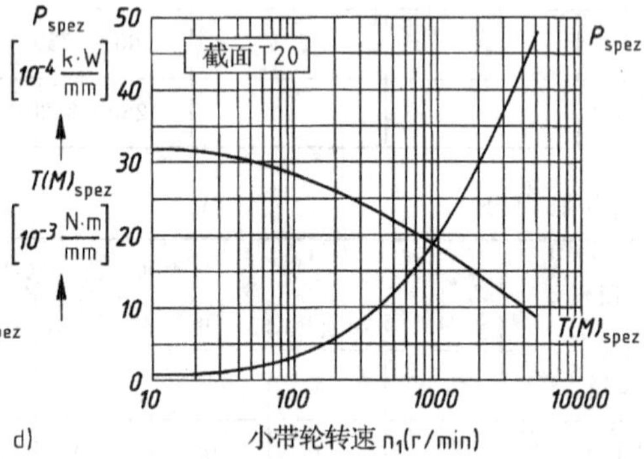

d)

TB 16-21　表面冷却的笼型异步电动机（DIN 42673 T1）（带滚动轴承的 IM B3 型号）

DIN 42673 T1

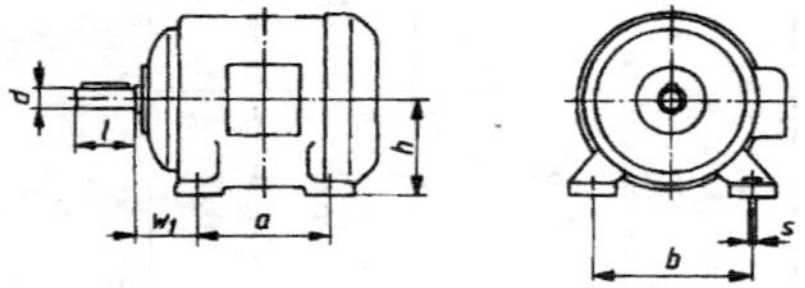

DIN 2211 T3

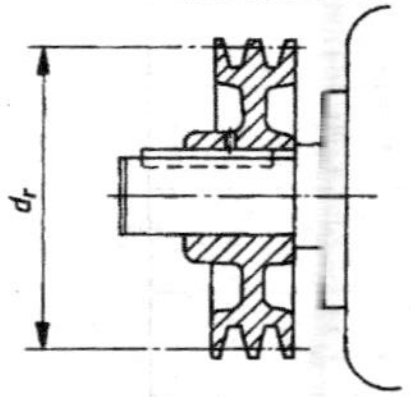

许用轴上载荷

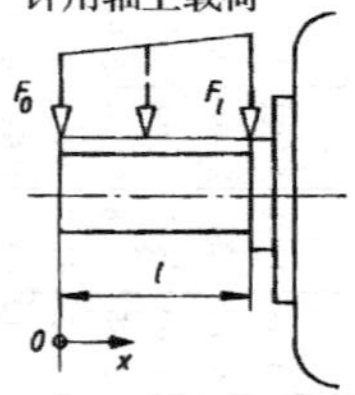

标记：交流电动机，结构类型 IM B3，结构型号 112M，转速约 1500r/min 下的功率为 4kW：

电动机 DIN 42673—IMB3—4—1500

尺寸（mm）

型号	安装尺寸（mm）					轴端 $d\times l$[1] n_s（r/min）		同步转速 n_s（r/min）[2] 下的功率 P（kW）				两种 n_s(r/min) 下的转子转动惯量 J (kg·m²)[4]		两种 n_s(r/min) 下的倾翻转矩与名义转矩的比值 T_K/T_N[4,5]		n_s=1500r/min 时，两种载荷传入方式下的许用轴上载荷[6]		n_s=1500r/min 下的窄 V 带轮（DIN 2211[7]）			n_s=1500r/min 下的联轴器，例如结构类型	
	h	a	b	w_1	s	3000	≤1500	3000	1500	1000	750	3000	1500	3000	1500	$x=0$ F_0(kN)	$x=1$ F_1(kN)	截面	d_{dk} mm	槽数	Periflex 型号	Hadeflex XW 型号
71	71	90	112	45	M6	14×30		0.37	0.25	—	—	0.00034	0.00054	2.0	1.9	0.45	0.53	—	—	—	1	24
71	71	90	112	45	M6	14×30		0.55	0.37	0.18	—	0.00039	0.00068	2.4	2.25	0.45	0.53	—	—	—	1	24
80	80	100	125	50	M8	19×40		0.75	0.55	0.37	—	0.00089	0.00134	2.2	2.0	0.52	0.63	SPZ	63	1	1	24
80	80	100	125	50	M8	19×40		1.1	0.75	0.55	—	0.00120	0.00182	2.4	2.3	0.52	0.63	SPZ	63	1	1	24
90S	90	100	140	56	M8	24×50		1.5	1.1	0.75	—	0.00210	0.00316	2.6	2.2	0.78	0.92	SPZ	71	1	2	24
90L	90	125	140	56	M8	24×50		2.2	1.5	1.1	—	0.00250	0.00383	3.0	2.6	0.78	0.92	SPZ	71	2	2	24
100L	100	140	160	63	M10	28×60		3	2.2[3]	1.5	0.75[3]	0.00325	0.00488	2.8	2.4	1.06	1.31	SPZ	90	2	2	28
112M	112	140	190	70	M10	28×60		4	4	2.2	1.5	0.0055	0.0094	3.3	2.5	1.04	1.27	SPZ	112	2	2	28
132S	132	140	216	89	M10	38×80		5.5[3]	5.5	3	2.2	0.0080	0.0180	3.4	3.4	1.53	1.94	SPZ	125	2	6	38
132M	132	178	216	89	M10	38×80		—	7.5	4[3]	3	—	0.0318	—	3.1	1.53	1.94	SPZ	140	3	6	38
160M	160	210	254	108	M12	42×110		11[3]	11	7.5	4[3]	0.0230	0.045	4.0	3.6	1.59	2.04	SPZ	140	4	16	42
160L	160	254	254	108	M12	42×110		18.5	15	11	7.5	0.0615	0.101	2.9	2.7	1.59	2.04	SPZ	140	5	16	48
180M	180	241	279	121	M12	48×110		22	18.5	—	—	0.0753	0.118	3.0	2.9	1.95	2.35	SPZ	160	5	16	48
180L	180	279	279	121	M12	48×110		—	22	15	11	—	0.141	—	3.0	1.95	2.35	SPA	180	4	16	55
200L	200	305	318	133	M16	55×110		30[3]	30	18.5[3]	15	0.142	0.222	2.6	2.7	2.75	3.35	SPA	180	5	40	55
225S	225	286	356	149	M16	55×110	60×140	—	37	—	18.5	—	0.356	—	2.8	2.95	3.75	SPA	200	5	40	60
225M	225	311	356	149	M16	55×110	60×140	45	45	30	22	0.270	0.461	3.0	2.8	2.95	3.75	SPB	224	4	40	65
250M	250	349	406	168	M20	60×140	65×140	55	55	37	30	0.424	0.677	2.7	2.7	3.60	4.40	SPB	224	4	40	75
280S	280	368	457	190	M20	65×140	75×140	75	75	45	37	0.816	1.06	3.2	2.7	7.20	8.70	—	—	—	63	75
280M	280	419	457	190	M20	65×140	75×140	90	90	55	45	0.957	1.26	3.2	2.7	7.20	8.70	—	—	—	63	85
315S	315	406	508	216	M24	65×140	80×170	110	110	75	55	1.19	2.00	3.2	2.8	8.10	9.90	—	—	—	125	85
315M	315	457	508	216	M24	65×140	80×170	132	132	90	75	1.45	2.35	3.2	2.8	8.10	9.90	—	—	—	125	100

1）公差等级：$d\leqslant48$：k6，$d\geqslant55$：m6。
2）交流异步电动机转速约低 0.5%～10%（大至小功率）。
3）或下一个更大的功率。
4）根据 AEG。
5）直接相连。
6）根据西门子公司资料。当载荷在轴端内传入时：$F_{zul}\approx F_0+(F_1-F_0)x/l$。
7）适用于正常工作条件。

第 17 章　链　传　动

TB 17-1　滚子链（DIN 8187　摘录）

根据 DIN 8187，链号 16B，92 链节的单排滚子链标记为：滚子链 DIN 8187－16B－1×92

根据 DIN 8187，链号 08B，120 链节的双排滚子链标记为：滚子链 DIN 8187－08B－2×120

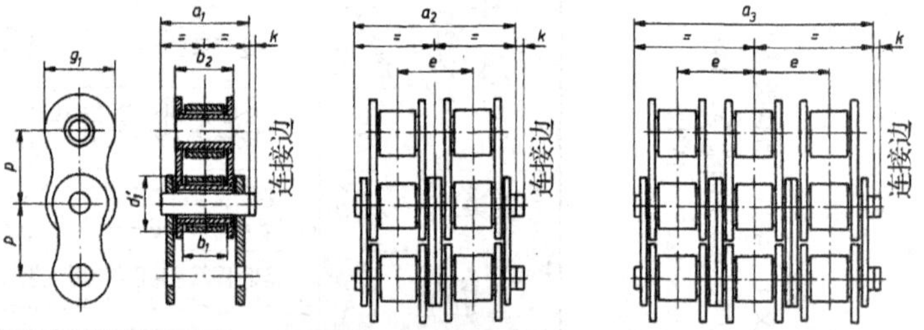

链号系列 1	链号系列 2	p mm	b_1 mm min	b_2 mm max	d_1' mm max	e mm	g_1 mm max	k mm max	单排滚子链（1）[2] a_1 mm max	断裂载荷[1] N min	铰链面积 cm²	质量 kg/m	双排滚子链（2）[2] a_2 mm max	断裂载荷[1] N min	铰链面积 cm²	质量 kg/m	三排滚子链（3）[2] a_3 mm max	断裂载荷[1] N min	铰链面积 cm²	质量 kg
	03	5	2.5	4.15	3.2	—	4.1	2.5	7.4	2200	0.06	0.08	—	—	—	—	—	—	—	—
	04	6	2.8	4.1	4	—	5	2.9	7.4	3000	0.07	0.12	—	—	—	—	—	—	—	—
05B		8	3	4.77	5	5.64	7.1	3.1	8.6	5000	0.11	0.18	14.3	9000	0.22	0.36	19.9	13200	0.33	0.54
06B		9.525	5.72	8.53	6.35	10.24	8.2	3.3	13.5	9100	0.28	0.41	23.8	17300	0.55	0.78	34	25400	0.83	1.18
08B		12.7	7.75	11.3	8.51	13.92	11.8	3.9	17	19000	0.50	0.70	31	32000	1.00	1.35	44.9	47500	1.50	2.0
10B		15.875	9.65	13.28	10.16	16.59	14.7	4.1	19.6	24000	0.67	0.95	36.2	46800	1.34	1.85	52.8	70200	2.02	2.8
12B		19.05	11.68	15.62	12.07	19.46	16.1	4.6	22.7	30500	0.89	1.25	42.2	59000	1.78	2.5	61.7	88500	2.68	3.8
	16B	25.4	17.02	25.45	15.88	31.88	21.0	5.4	36.1	65000	2.10	2.7	68	110000	4.21	5.4	99.9	165000	6.32	8
	20B	31.75	19.56	29.01	19.05	36.45	26.4	6.1	43.2	95000	2.95	3.6	79.7	180000	5.91	7.2	116	270000	8.86	11
	24B	38.1	25.4	37.92	25.4	48.36	33.4	6.6	53.4	160000	5.54	6.7	101	280000	11.09	13.5	150	425000	16.64	21
	28B	44.45	30.99	46.58	27.94	59.56	37.0	7.4	65.1	200000	7.40	8.6	124	360000	14.81	16.6	184	530000	22.21	25
	32B	50.8	30.99	45.57	29.21	58.55	42.2	7.9	67.4	250000	8.11	10.5	126	450000	16.23	21	184	670000	24.34	32
	40B	63.5	38.1	55.75	39.37	72.29	52.9	10	82.6	355000	12.76	16	154	630000	25.52	32	227	950000	38.28	48
	48B	76.2	45.72	70.56	48.26	91.21	63.8	10	99.1	400350	20.63	25	190	800700	41.26	50	281	1201000	61.89	75
	56B	88.9	53.34	81.33	53.98	106.6	77.8	11	114	578250	27.91	35	221	1112050	55.82	70	—	—	—	—
	64B	101.6	60.96	92.02	63.5	119.98	90.1	13	130	711800	36.25	60	250	1423420	72.5	120	—	—	—	—
	72B	114.3	68.58	103.81	72.39	—	103.6	14	147	1000900	46.17	80	—	—	—	—	—	—	—	—

1）过渡折弯链节（应尽可能避免）只允许按断裂载荷的 80%进行计算。

2）断裂载荷、铰链面积和质量的值由 Arnold & Stolzenberg（Einbeck）传动公司提供。

提示：各链条生产企业给出的数据大多数情况下有偏差。在实际工作中，应以实际生产企业的数据为准。

TB 17-2　链轮的主要轮廓尺寸（DIN 8196）

请参见教材图 17-12。（单位：mm）

链号	B_1（h14）单排	B_1（h14）多排	B_2	B_3	e	A min	F min	r_4 min	r_4 max
03	2.3	—	—	—	—	9	3.5		
04	2.6	2.5	8.0	—	5.5	9	3.5	0.2	1
05B	2.8	2.7	8.3	14.0	5.65	10	5		
06B	5.3	5.2	15.4	25.7	10.24	15	6		
08B	7.2	7.0	21.0	34.8	13.92	20	8		
10B	9.1	9.0	25.6	42.2	16.59	23	10	0.3	1.6
12B	11.1	10.8	30.3	49.7	19.46	27	11		
16B	16.2	15.8	47.7	79.6	31.88	42	15	0.4	2.5
20B	18.5	18.2	54.6	91.1	36.45	50	18		

TB 17-2（续）

链号	B_1（h14）		B_2	B_3	e	A	F	r_4	
	单排	多排				min	min	min	max
24B	24.1	23.6	72.0	120.3	48.36	63	23	0.4	2.5
28B	29.4	28.8	88.4	147.9	59.56	76	25		
32B	29.4	28.8	87.4	145.9	58.55	79	29		
40B	36.2	35.4	107.7	180.0	72.19	97	36		
48B	43.4	42.5	133.7	224.9	91.21	116	43	0.5	6

TB 17-3　滚子链（DIN 8187）的功率线图（DIN 8195）

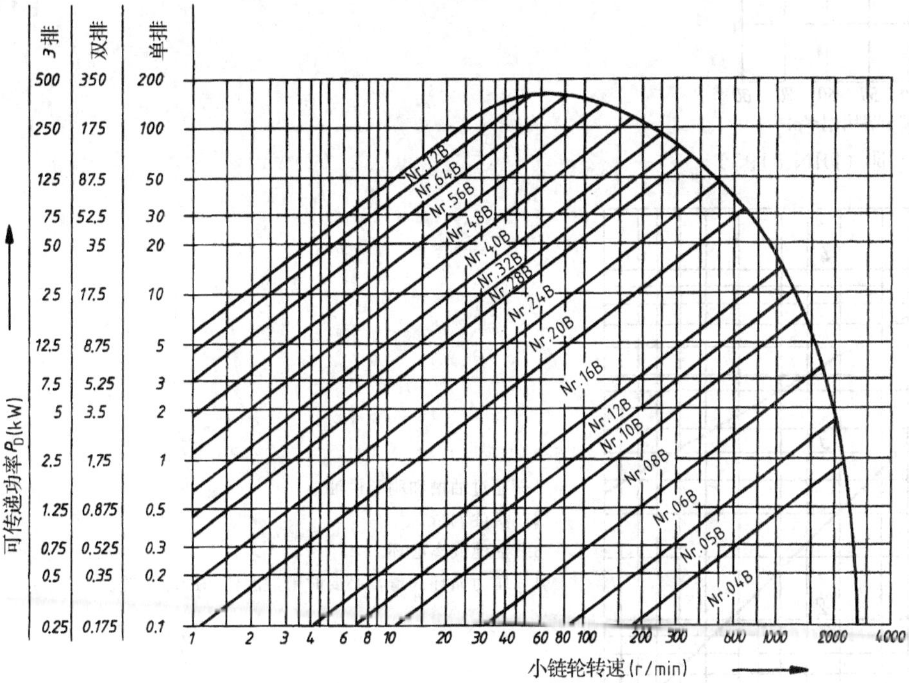

注：功率曲线适用于 $z_1=19$ 齿，$X=100$ 的链节，传动比 $i=3$ 和 $t_h=15000$h 的链传动。

TB 17-4　单位垂度

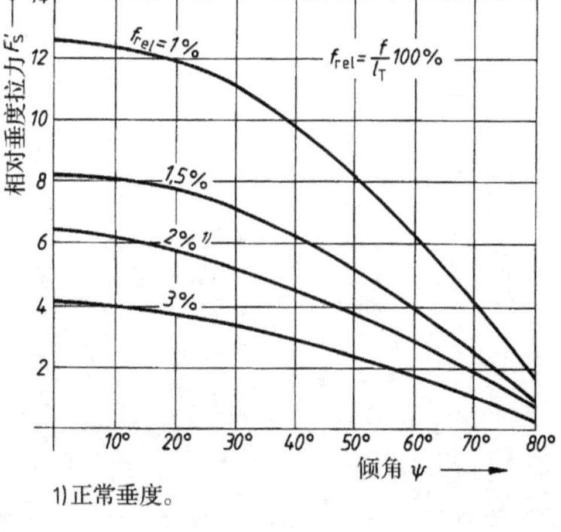

1)正常垂度。

TB 17-5　考虑齿数的系数 f_1（DIN 8195）

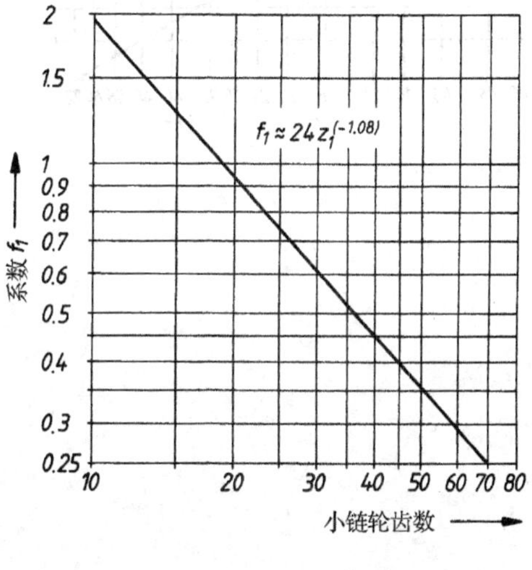

TB 17-6 中心距系数 f_2

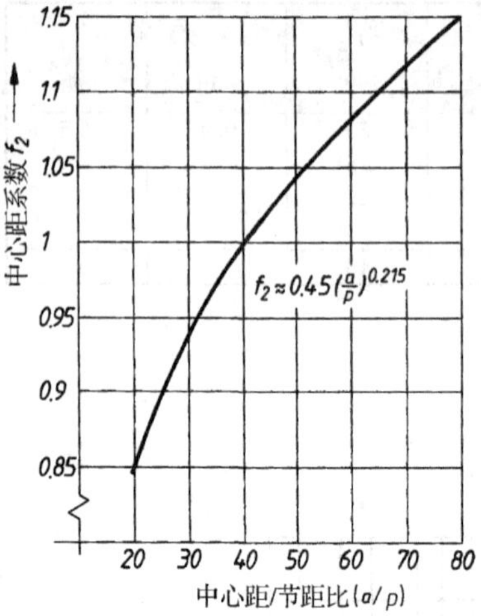

TB 17-7 环保系数 f_6

环境条件	f_6
无灰尘和最佳润滑	1
无灰尘和润滑充分	0.9
有灰尘和润滑充分	0.7
有灰尘和润滑不充分	0.5 当 $v \leqslant 4$m/s 0.3 当 $v=4\sim7$m/s
肮脏和润滑不充分	0.3 当 $v \leqslant 4$m/s 0.15 当 $v=4\sim7$m/s
肮脏和干摩擦	0.15 当 $v \leqslant 4$m/s

TB 17-8 润滑范围（DIN 8195）

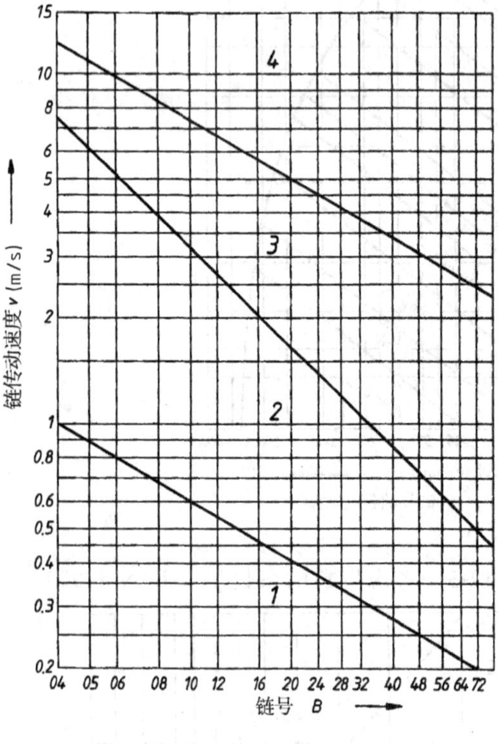

1—通过油槽和刷子供油。
2—滴油润滑。
3—油池或离心环。
4—压力循环润滑，必要时带过滤器和冷却装置。

第 18 章　流体传输零件（输送管路）

TB 18-1　管道类型一览表

管道类型名称	尺寸标准	供货技术条件	压　力	温度℃	用途 材料示例
无缝精密钢管，对尺寸精度有特殊要求	DIN 2391-1	DIN 2391-2			材料示例液压管 S235G2T，S355GT
	DIN 2391-1 （精度等级 C）	DIN 17175 质量等级Ⅰ	≤80bar	≤450	d_a≤63.5mm
			≤32bar	≤450	d_a>63.5mm
		DIN 17175 质量等级Ⅲ	>32bar	>450	St35.8，13CrMo4-4，X20CrMoV12-1
焊接精密钢管，对尺寸精度有特殊要求	DIN 2393-1	DIN 2393-2			
	DIN 2393-1 （精度等级 C）	DIN 17177 质量等级Ⅰ	≤80bar	≤450	d_a≤63.5mm
			≤32bar	≤450	d_a>63.5mm
		DIN 17177 质量等级Ⅲ	>32bar	>450 ≤530	St37.8，15Mo3
无缝钢管	DIN 2448	DIN 1629	≤160bar	≤300	带 DIN EN 10204-3.1 证书
			≤64bar	≤300	d_a≤219.1mm；带 DIN EN 10204-2.2 证书
			≤25bar	≤300	d_a≤660mm；带 DIN EN 10204-2.2 证书
			≤16bar	≤300	d_a>660mm；带 DIN EN 10204-2.2 证书
		DIN 1630		≤300	
		DIN EN 10208-2			用于可燃液体和气体
		DIN 17175 质量等级Ⅰ	≤80bar	≤450	d_a≤63.5mm
			≤32bar	≤450	d_a>63.5mm
		DIN 17175 质量等级Ⅲ	>32bar	>450	所有直径
用于脉动载荷的无缝钢管	DIN 2448 DIN 2445-1	DIN 1630	PN 100—PN 500	≤120	热加工钢管，用于液压设备 d_a=21.3～355.6mm
	DIN 2391-1 DIN 2445-2	DIN 2391-2 精度等级 C	PN 100—PN 500	≤120	精密钢管用于液压设备 d_a=4～50mm
中型螺纹管	DIN 2440	DIN 2440	≤PN 25		流体
			≤PN 10		空气和非危险气体
重型螺纹管	DIN 2441	DIN 2441	≤PN 25		流体
			≤PN 10		空气和非危险气体
奥氏体不锈钢焊管	DIN EN ISO 1127	DIN 17457			压力容器、仪器管路，用于有特殊要求的场合
用于食品的不锈钢管	DIN 11850	DIN 17456 DIN 17455			食品工业中的输送管路
套管	DIN EN 545	DIN EN 545	≤64bar	>0 ≤50	水管（地上或地下铺设） DN 40～DN 2000 可锻铸铁
法兰压力管			PN 10—PN 40		
排污管和法兰压力管	DIN EN 969	DIN EN 969	≤16bar	>−15 ≤50	空气、可燃气体管道（地上或地下铺设） DN 40 至 DN 600 可锻铸铁
PE 硬化管	DIN 8074	DIN 8075		−10≤60	用于酸、碱稀溶剂
	DIN 19533	DIN 19533			饮用水

TB 18-2 圆法兰 PN6、PN40 和 PN63 的接口尺寸（DIN EN 1092-2）[1]（摘自 DN 20～DN 600）

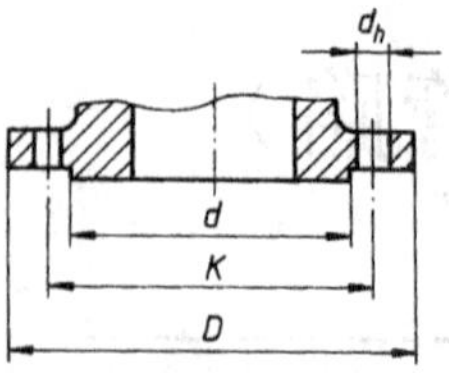

（单位：mm）

公称内径 DN	PN 6[2]						PN 40[3]						PN 63					
	外径 D	密封台直径 d	孔分布圆直径 K	孔直径 d_h	螺栓 数量	螺栓 公称直径	外径 D	密封台直径 d	孔分布圆直径 K	孔径 d_h	螺栓 数量	螺栓 公称直径	外径 D	密封台直径 d	孔分布圆直径 K	孔径 d_h	螺栓 数量	螺栓 公称直径
20	90	48	65	11	4	M10	105	56	75	14	4	M12	—	—	—	—	—	—
25	100	58	75	11	4	M10	115	65	85	14	4	M12	—	—	—	—	—	—
32	120	69	90	14	4	M12	140	76	100	19	4	M16	—	—	—	—	—	—
40	130	78	100	14	4	M12	150	84	110	19	4	M16	170	84	125	23	4	M20
50	140	88	110	14	4	M12	165	99	125	19	4	M16	180	99	135	23	4	M20
60	150	98	120	14	4	M12	175	108	135	19	8	M16	190	108	145	23	8	M20
65	160	108	130	14	4	M12	185	118	145	19	8	M16	205	118	160	23	8	M20
80	190	124	150	19	4	M16	200	132	160	19	8	M16	215	132	170	23	8	M20
100	210	144	170	19	4	M16	235	156	190	23	8	M20	250	156	200	28	8	M24
125	240	174	200	19	8	M16	270	184	220	28	8	M24	295	184	240	31	8	M27
150	265	199	225	19	8	M16	300	211	250	28	8	M24	345	211	280	34	8	M30
200	320	254	280	19	8	M16	375	284	320	31	12	M27	415	284	345	37	12	M33
250	375	309	335	19	12	M16	450	345	385	34	12	M30	470	345	400	37	12	M33
300	440	363	395	23	12	M20	515	409	450	34	16	M30	530	409	460	37	16	M33
350	490	413	445	23	12	M20	580	465	510	37	16	M33	600	465	525	41	16	M36
400	540	463	495	23	16	M20	660	535	585	41	16	M36	670	535	585	44	16	M39
450	595	518	550	23	16	M20	685	560	610	41	20	M36	—	—	—	—	—	—
500	645	568	600	23	20	M20	755	615	670	44	20	M39	—	—	—	—	—	—
600	755	676	705	28	20	M24	890	735	795	50	20	M45	—	—	—	—	—	—

1）第 1 部分：钢法兰，第 2 部分：铸铁法兰，第 3 部分：铜合金法兰，第 4～6 部分：铝合金、其他金属和非金属材料法兰。根据该标准，法兰接头尺寸也可与其他材料的法兰配匹。

2）在 DN≤100 时，接口尺寸同样适用于 PN 2.5。

3）在 DN≤100 时，接口尺寸同样适用于 PN 2.5。

TB 18-3 PN 的选择（DIN EN 1333）

PN 2.5		PN 6	PN 10	PN 16
PN 25	PN 40	PN 63	PN 100	

PN：特征值，由管路系统零件的力学和尺寸特征组合而成，用于参考。

一个管路零件的许用压力取决于 PN 等级、零件材料和结构、许用温度等。可在相应的标准中，由压力/温度表的形式给出。

TB 18-4 优先 DN 系列（公称内径）（DIN EN ISO 6708）

DN 10	DN 15	DN 20	DN 25	DN 32	DN 40	DN 50	DN 60	DN 65	DN 80	DN 100	DN 125	DN 150	DN 200
DN 250	DN 300	DN 350	DN 400	DN 450	DN 500	DN 600	DN 700	DN 800	DN 900	DN 1000	DN 1100	DN 1200	DN 1400
DN 1500	DN 1600	DN 1800	DN 2000	DN 2200	DN 2400	DN 2600	DN 2800	DN 3000	DN 3200	DN 3400	DN 3600	DN 3800	DN 4000

DN：该代号由 DN 加上一个无量纲整数构成，该数字间接与孔的物理尺寸或接头外径（单位为 mm）有关。

TB 18-5　与管道状况相关的各种流体的经济流速（参考值）　（单位：m/s）

水管	
一般	1～3
主管	1～2
支管	0.5～0.7
远程管道	1.5～3
水泵吸入管	0.5～1
水泵压力管	1.5～3
高压水压力管	15～20
水轮机	2～6
空气管	
高压气管	2～10
空气（正常状态）	10～40
气管	
高压管网	5～15
低压管网，主管道	3～10
家用管道	0.5～1
蒸汽管	
饱和蒸汽	15～25
热蒸汽	30～60
油管	
一般粘性流体管	1～2
发动机中的润滑油管	0.5～1
发动机中的燃料管	20
油压管	
吸入管道（ν 大至小）	0.6～1.3
压力管（p 小至大）	3～6
回流管	2～4

TB 18-6　管道的平均粗糙度 k（近似值）

管道类型	管道内壁状态	k（mm）
新的拉拔和冲压铜、铜合金、铝合金、玻璃、塑料管	工艺光滑（带金属镀层的管道也一样）	0.001～0.002
无缝钢管	新的，带轧制氧化皮	0.02～0.06
	酸洗	0.03～0.04
	均匀的小锈坑	0.15
	明显生锈和轻微结壳	0.45～0.4
	结壳严重	2～4
带镀层的新钢管	金属喷镀层	0.08～0.09
	镀锌，市售商品	0.10～0.16
	刷沥青	0.01～0.05
	包水泥	≤0.18
新的焊接钢管	带轧制氧化皮	0.04～0.10
铸铁管	新的、典型的铸件砂皮	0.2～0.6
	新的，刷沥青	0.1
	旧的，已生锈	1～1.5
	已结壳	1.5～4
使用多年后的钢管	天然气管，平均值	0.2～0.4
	远程气管，平均值	0.5～1
	水管，平均值	0.4～1.2
水泥管、木管	新的	0.2～1
石棉水泥管	新的，光滑	0.03～0.1

TB 18-7　输送管配件的流阻系数 ζ（参考值）

圆弧弯管 90°[1)]，光滑（粗糙）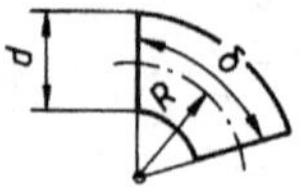	$R/d=1$		0.21 (0.51)
	$R/d=2$		0.14 (0.30)
	$R/d=4$		0.11 (0.23)
	$R/d=10$		0.11 (0.20)
折弯管，光滑（粗糙），折弯角度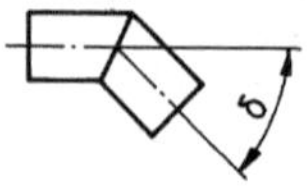	22.5°		0.07 (0.11)
	30°		0.11 (0.17)
	60°		0.47 (0.68)
	90°		1.13 (1.27)
铸造弯管 90°	DN 50		1.3
	DN 200		1.8
	DN 500		2.2
分支头（T 形头）垂直（有利流动）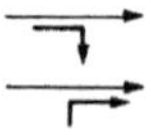	分流		1.3 (0.9)
	合流		0.9 (0.4)
管道扩大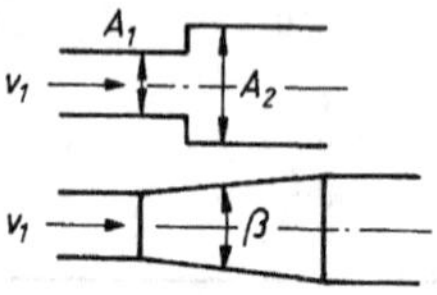			$\zeta_1=(1-A_1/A_2)^2$
	由 A_1 向 A_2 突变	10°	0.20
		20°	0.45
	逐渐扩大，扩大角 β	30°	0.60
流出			1.0
管道缩小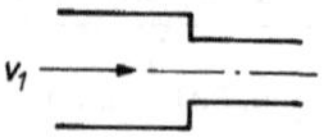	逐渐缩小		约 0.05
	突然缩小，尖角		0.5
	尖角中断		0.25
管道入口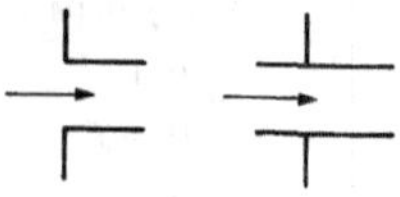	尖角（中断）		0.5 (0.25)
	前置管件，尖角		3
	带底阀的过滤器		约 2.5
直通阀	DIN		4～5
	自由流动		0.6～2
角阀	DIN		2～4
	Boa 型结构		1.3～2
滑阀，无导管			0.2～0.3
止回闸阀		DN 50	1.4
		DN 200	0.8
全直通旋阀			0.1～0.15

1) $\delta\neq90°$：$\zeta=k\zeta_{90°}$，式中

δ	30°	60°	120°	180°
k	0.4	0.7	1.25	1.7

TB 18-8　管道摩擦因数 λ

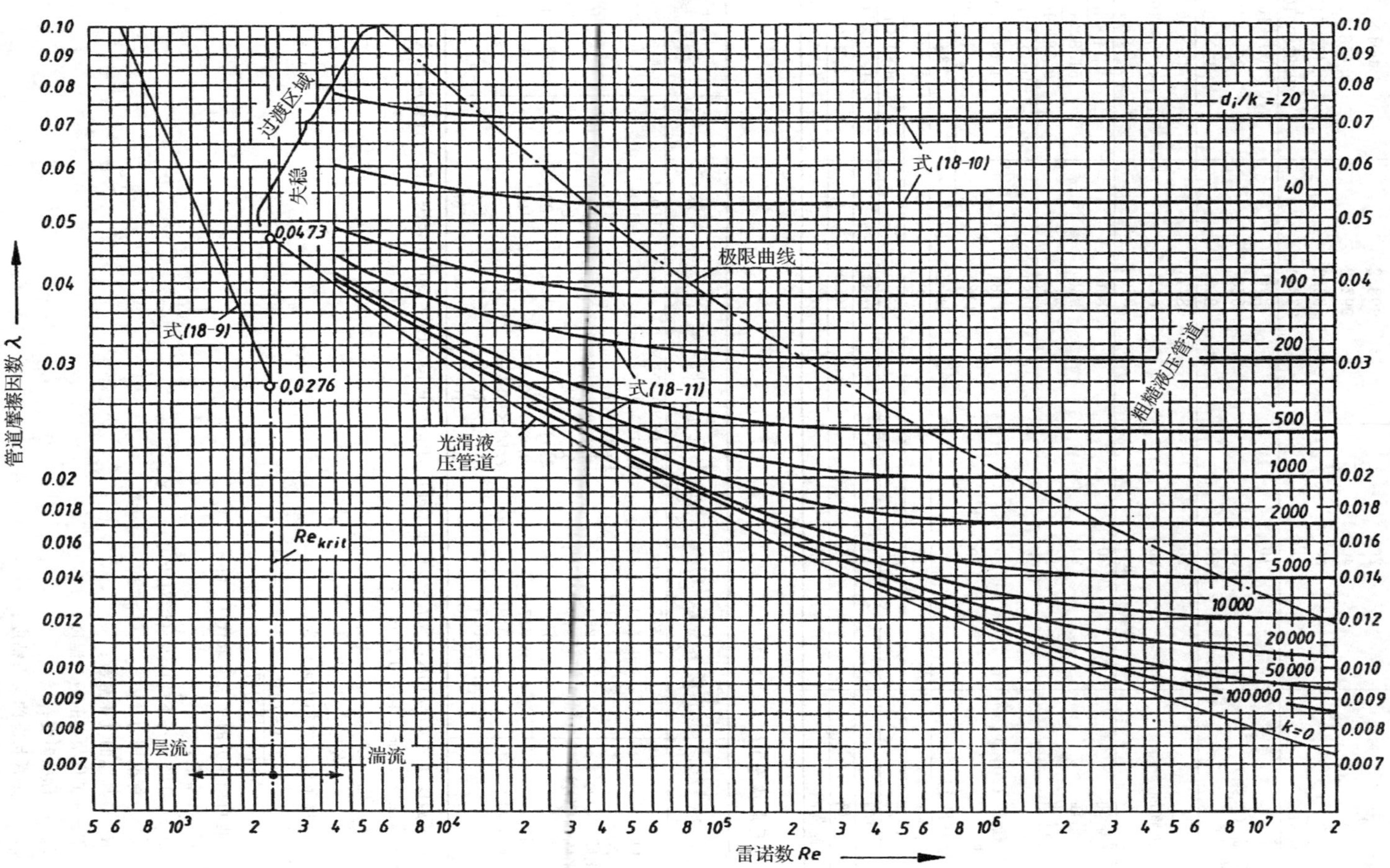

TB 18-9　各种液体和气体的密度与粘度

a）液体（在约 1bar＝10^5Pa 时）

介　质	温度 t（℃）	密度 ρ（kg/m^3）	运动粘度 ν（m^2/s）
水	0	999.8	1.792×10^{-6}
	10	999.7	1.307×10^{-6}
	20	998.2	1.004×10^{-6}
	40	992.2	0.658×10^{-6}
	60	983.2	0.475×10^{-6}
	100	958.4	0.295×10^{-6}
原油（波斯）	10	895	700×10^{-6}
	30	880	25×10^{-6}
	50	868	12×10^{-6}
主轴油	20	871	15×10^{-6}
	60	845	4.95×10^{-6}
	100	820	2.44×10^{-6}
柴油	20	850	4.14×10^{-6}
燃油	20	930	51.8×10^{-6}
汽油	15	720	0.78×10^{-6}
$MgCl_2$ 盐水（20%）	−20	1184	10.94×10^{-6}
	0	1184	4.64×10^{-6}
	20	1184	2.41×10^{-6}
氟利昂 11	0	1536	0.357×10^{-6}
酒精（90%）	15	823	2.19×10^{-6}
甘油	20	1255	680×10^{-6}
啤酒	15	1030	1.15×10^{-6}
牛奶	15	1030	2.9×10^{-6}
葡萄酒	15	1000	1.15×10^{-6}

b）气体（正常状态）[1)]

介　质	密度 ρ_n[2)]（kg/m^3）	动力粘度 η_n[3)]（Pa·s）	常数 C	气体常数 R J/(kg·K)
空气	1.293	17.16×10^{-6}	110.4	287.06
氧气（O_2）	1.429	19.19×10^{-6}	138	259.8
氮气（N_2）	1.251	16.62×10^{-6}	103	296.8
一氧化碳（CO）	1.250	16.57×10^{-6}	101	296.8
二氧化碳（CO_2）	1.977	13.70×10^{-6}	274	188.9
氢气（H_2）	0.0899	8.41×10^{-6}	83	4124
甲烷（CH_4）	0.717	10.01×10^{-6}	198	518.3
丙烷（C_3H_8）	2.019	7.50×10^{-6}		188.6
煤气	0.585	12.70×10^{-6}	120	
天然气	0.78	10.40×10^{-6}	165	

1）由标准温度 $T_n=273.15K$，或 $t_n=0℃$ 和标准压力 $p_n=101325Pa=1.013bar$ 决定的一种介质的状态。

2）在工作温度 T 和工作压力 p 下，有

$$\rho=\rho_n\frac{p}{p_n}\frac{T_n}{T}=\frac{p}{RT}$$

3）工作温度下的动力粘度近似为：

$$\eta=\eta_n\sqrt{\frac{T}{T_n}}\frac{1+C/T_n}{1+C/T}$$

也可用相关的 T 和 η 取代 T_n 和 η_n。

式中　C——常数；

p——工作状态下的压力（绝对压力）；

p_n——标准压力；

R——具体的气体常数；

T——工作状态的绝对温度；

T_n——标准温度；

η_n——正常状态的动力粘度；

ρ——工作状态的密度；

ρ_n——正常状态的密度。

TB 18-10　无缝和高频焊管（HF）的疲劳强度（DIN 2413-1）

（对于特别高的质量等级和 $d_a \leqslant 114.3$mm 的管道，脉动疲劳强度值更高，见标准）

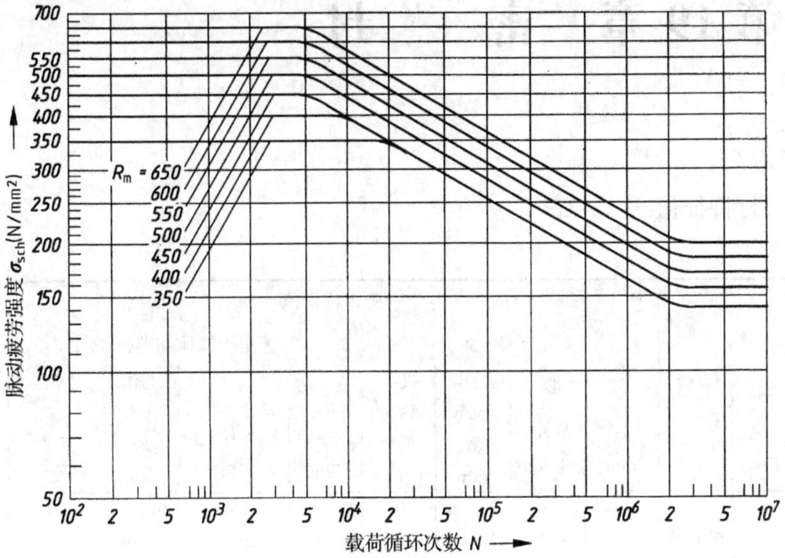

TB 18-11　液压装置的输送管和管螺纹

受脉动载荷高压设备用无缝精密钢管（DIN 2445-2），载荷类型 A，振幅 120bar（1bar＝10^5Pa）。管道外径和壁厚按 DIN 2331-1 规定。材料 St 35 NBK

体积流量 $\dot{V}$ l/min	管道尺寸							旋入螺纹（DIN 3852）	
	外径 mm	在设备许用压力下的壁厚 mm						米制细牙	惠氏管螺纹
		100bar	160bar	250bar	315bar	400bar	500bar		
2.5	8	1.0	1.0	1.5	1.5	1.5	2.0	M14×1.5	G 1/4 A
6.3	10	1.0	1.0	1.5	1.5	2.0	2.5	M16×1.5	G 1/4 A
16	12	1.0	1.5	2.0	2.0	2.5	2.5	M18×1.5	G 3/8 A
40	16	1.5	1.5	2.0	2.5	3.0	3.5	M22×1.5	G 1/2 A
63	20	1.5	2.0	2.5	3.0	3.5	4.0	M27×2	G 3/4 A
100	25	2.0	2.5	3.0	3.5	4.5	6.0	M33×2	G 1 A
160	30	2.0	3.0	4.0	5.0	5.0	6.0	M42×2	G 11/4 A
250	38	3.0	4.0	5.0	5.5	7.0	8.0	M48×2	G 11/2 A

标记示例：无缝精密钢管（DIN 2391-1），精度等级 C，外径 30mm 和壁厚 2mm，钢 1.0255（St 35），供货时已正火（NBK），供货条件按 DIN 2391-2：管道 DIN 2392—C-30×2—1.0255 NBK

第 19 章　密　　封

TB 19-1　成形固体密封的密封特征值

a）密封特征值（DIN 2505）

密封件类型	密封件形状	材料	密封特征值 用于液体 变形 k_0 mm	用于液体 变形 $k_0 K_D$ N/mm	用于液体 工作状态 k_1 mm	用于液体 极限载荷系数 V	用于气体和蒸汽 变形 k_0 mm	用于气体和蒸汽 变形 $k_0 K_D$ N/mm	用于气体和蒸汽 工作状态 k_1 mm	用于气体和蒸汽 极限载荷系数 V
软质密封件	平密封件 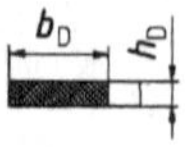	橡胶特氟龙[1]	—	b_D	$0.5b_D$	40	—	$2b_D$	$0.5b_D$	20
			—	$20b_D$	$1.1b_D$	2.5	—	$25b_D$	$1.1b_D$	2
			—	$15b_D$	b_D	30	—	$200\sqrt{\frac{b_D}{h_D}}$	$1.3b_D$	6
金属软质密封件	螺旋形 	非合金钢	—	$15b_D$	b_D	6.5	—	$50b_D$	$1.3b_D$	2
	波浪形密封件 	Al	—	$8b_D$	$0.6b_D$	7.5	—	$30b_D$	$0.6b_D$	2
		Cu，Ms	—	$9b_D$	$0.6b_D$	7.5	—	$35b_D$	$0.7b_D$	2
		软钢	—	$10b_D$	$0.6b_D$	7.5	—	$45b_D$	b_D	2
	平板包裹的密封件 	Al	—	$10b_D$	b_D	10	—	$50b_D$	$1.4b_D$	2
		Cu，Ms	—	$20b_D$	b_D	10	—	$60b_D$	$1.6b_D$	2
		软钢	—	$40b_D$	b_D	10	—	$70b_D$	$1.8b_D$	2
金属密封件	平密封件 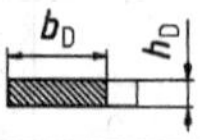	—	$0.8b_D$	—	b_D+5	1.9	b_D	—	b_D+5	1.5
	尖角密封件 	—	0.8	—	5	3.8	1	—	5	3
	圆密封件 	—	1.2	—	6	2.5	1.5	—	6	2
	长圆形密封件 	—	1.6	—	6	3.1	2	—	6	2.5
	透镜形密封件 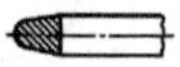	—	1.6	—	6	5	2	—	6	4
	齿形密封件 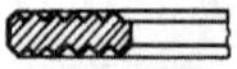 Z=齿数	—	$0.4\sqrt{Z}$	—	$9+0.2Z$	2.5	$0.5\sqrt{Z}$	—	$9+0.2Z$	2

1）It 密封件由石棉骨架和橡胶（弹性体）组成。

TB 19-1（续）

b）考虑蠕变的系数 B_2

密封件形状	材料	B_2		
		20℃	200℃	300℃
平密封件	It	1.1	1.6	2
波浪形密封圈	Al	1.0	—	2.5
	Cu	1.0	—	2.0
	钢	1.0	—	2.0
平板包裹密封圈	Al	1.0	—	2.3
	Cu	1.0	—	2.0
	钢	1.0	—	1.7

c）金属密封材料的形变阻抗 K_D

材　料	K_D（N/mm^2）			
	20℃	100℃	200℃	300℃
Al，软	100	40	20	(5)
Cu	200	180	130	100
软铁	350	310	260	210
非合金钢	400	380	330	260
合金钢	450	450	420	390
奥氏体钢	500	480	450	420

TB 19-2　O 形密封圈（DIN 3771）的选择和沟槽尺寸

a）O 形密封圈（DIN 3771）

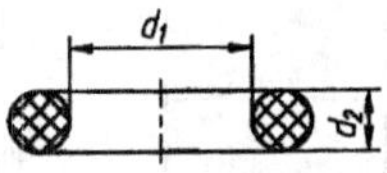

（单位：mm）

d_1	d_2	
5 5.3 5.6 6 6.3 6.7 6.9 7.1 7.5 8 8.5 9 9.5 10 10.6 11.2 12.5	1.8	
14 15 16	1.8	2.65
18 20	2.65	3.55

d_1	d_2	
22.4 25 26.5 28 30 32.5 34.5 37.5	2.65	3.55
40 42.5 45 47.5 50 53 56 60 63 65 67 69 71 75	3.55	5.3

d_1	d_2	
80 85 90 95 100 106 109 112 115 118 125 132 136 140 145 150 155 160 170 180 190 200	3.55	5.3

d_1	d_2	
212 224 230 236 343 250 265 280 290 300 315 325 335 345 355 365 375 400	5.3	7
425 450 475 500	7	

标记：一个内径 $d_1=20$mm，圈厚 $d_2=2.65$mm，分类标记 S，材料 NBR（丁腈橡胶），70 IRHD（国际橡胶硬度等级，约与肖氏硬度 A 对应）的 O 形密封圈标记为：O 形密封圈 DIN 3771—20×2.65—S—NBR 70

TB 19-2（续）

b）槽尺寸基准值

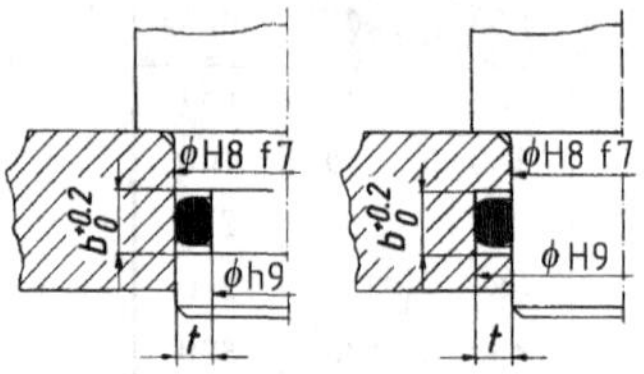

径向安装

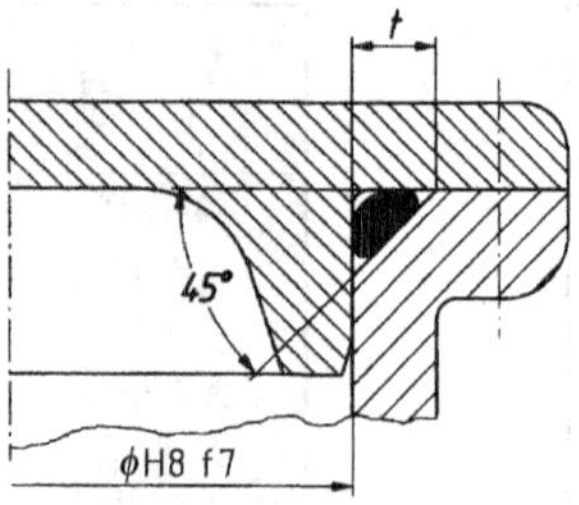

三角形槽

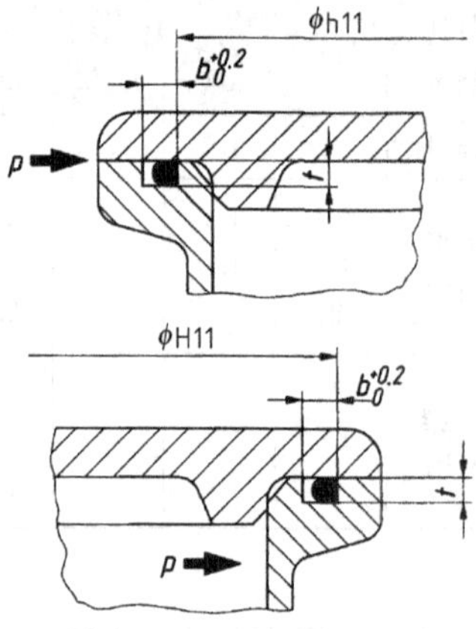

轴向安装

		深度 t/d_2	宽度 $b/d_2(M/d_2)$
静密封	径向安装	0.75～0.8	1.3
	轴向安装	0.75～0.8	1.3
	三角形槽	1.37	
	梯形槽	0.8～0.85	(0.9～0.95)
动密封	轴向运动		
	—液压	0.9	1.2
	—气压	0.92	1.2
	旋转运动	0.95	1.1

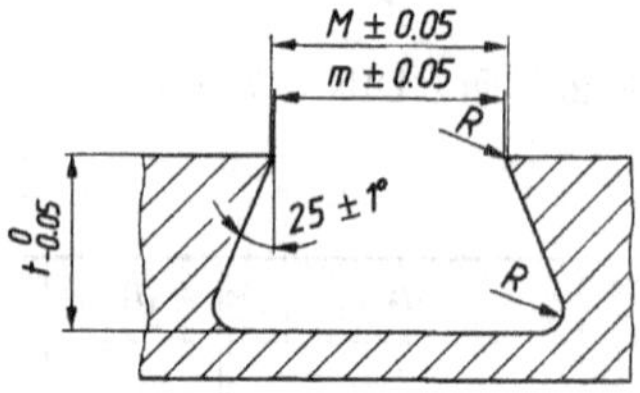

梯形槽

槽底圆角 $R=0.3\sim0.5\text{mm}$，槽顶圆角 $R=0.1\sim0.2\text{mm}$。

高精度容器：槽底 $Ra=3.2$ (1.6) μm。

槽侧边 $Ra=6.3\mu\text{m}$，接触面 $Ra=3.2$ (0.8) μm。

括号中的值用于动密封。

TB 19-3　O形密封圈的许用间隙

a）静密封

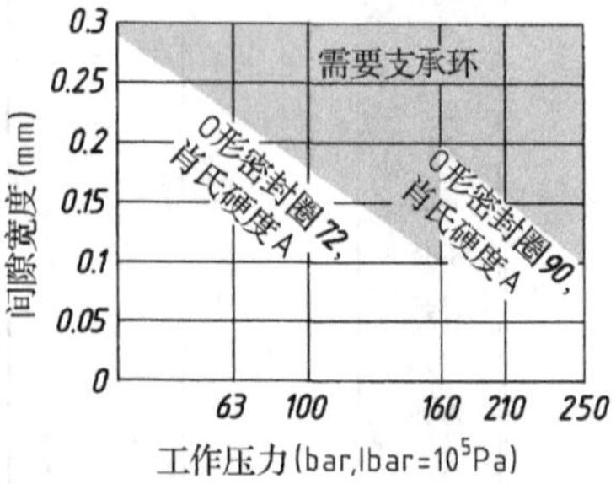

b）轴向动密封

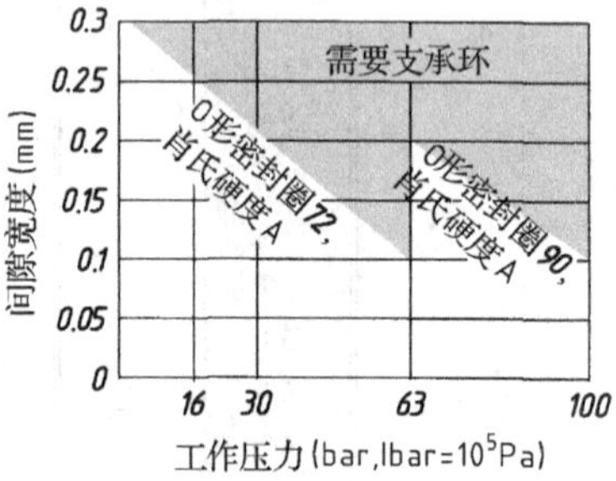

TB 19-4　轴的径向密封环（DIN 3760　摘录）

a）轴径向密封圈尺寸

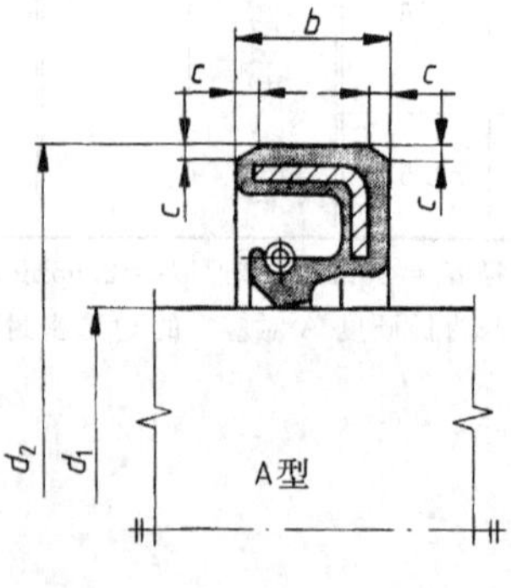

TB 19-4（续）

（单位：mm）

轴 ϕ d_1	d_2	b ±0.2	c min
6	16 22	7	0.3
7	22	7	0.3
8	22 24	7	0.3
9	22	7	0.3
10	22 24 26	7	0.3
12	22 25 30	7	0.3
14	24 30	7	0.3
15	26 30 35	7	0.3
16	30 35	7	0.3
18	30 35	7	0.3
20	30 35 40	7	0.3
22	35 40 47	7	0.3
25	35 40 47 52	7	0.3
28	40 47 52	7	0.4
30	40 42 47 52	7	0.4

（单位：mm）

轴 ϕ d_1	d_2	b ±0.2	c min
32	45 47 52	8	0.4
35	47 50 52 55	8	0.4
38	55 62	8	0.4
40	52 55 62	8	0.4
42	55 62	8	0.4
45	60 62 65	8	0.4
48	62	8	0.4
50	65 68 72	8	0.4
55	70 72 80	8	0.4
60	75 80 85	8	0.4
65	85 90	10	0.5
70	90 95	10	0.5
75	90 95	10	0.5
80	100 110	10	0.5
85	110 120	12	0.8
90	110 120	12	0.8

（单位：mm）

轴 ϕ d_1	d_2	b ±0.2	c min
95	120 125	12	0.8
100	120 125 130	12	0.8
105	130	12	0.8
110	130 140	12	0.8
115	140	12	0.8
120	150	12	0.8
125	150	12	0.8
130	160	12	0.8
135	170	12	0.8
140 145	170 175	15	1
150 160 170	180 190 200	15	1
180 190 200	210 220 230	15	1
210 220 230	240 250 260	15	1
240 250	270 280	15	1
260 280 300	300 320 340	20	1
320 340 360	360 380 400	20	1
380 400 420	420 440 460	20	1
440 460 480 500	480 500 520 540	20	1

标记：一个 A 型轴径向密封圈，用于轴径 $d_1=30$mm，外径 $d_2=42$mm，宽度 $b=7$mm，弹性体由 FKM（氟橡胶）制成：轴径向密封圈 DIN 3760—A30×42×7—FKM

TB 19-4（续）

b）无压工作时的最大许用转速

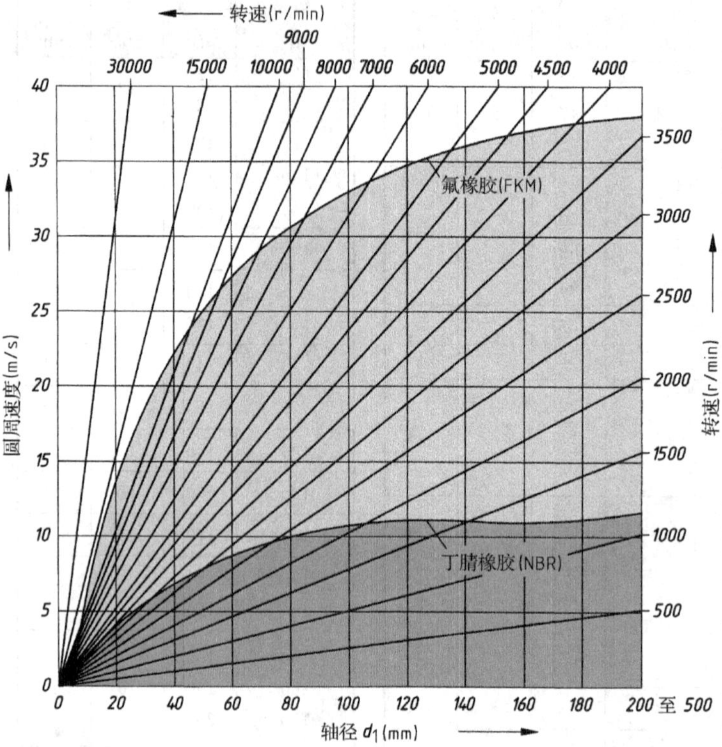

TB 19-5 毡圈和沟槽（DIN 5419 摘录）

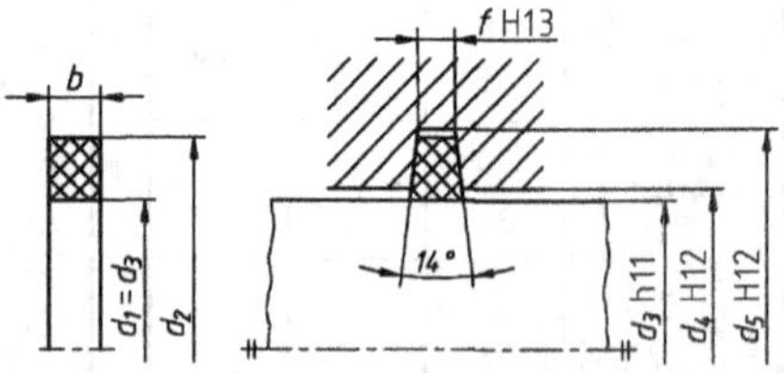

（单位：mm）

轴 φ	毡圈		环槽		
d_3	b	d_2	d_4	d_5	f
17	4	27	18	28	3
20		30	21	31	
25	5	37	26	38	4
26		38	27	39	
28		40	29	41	
30		42	31	43	
32		44	33	45	
35		47	36	48	
36		48	37	49	
38		50	39	51	
40		52	41	53	
42		54	43	55	
45		57	46	58	
48	6.5	64	49	65	5
50		66	51	67	
52		68	53	69	
55		71	56	72	
58		74	59	75	
60		76	61.5	77	
65		81	66.5	82	

轴 φ	毡圈		环槽		
d_3	b	d_2	d_4	d_5	f
70	7.5	88	71.5	89	6
72		90	73.5	91	
75		93	76.5	94	
78		96	79.5	97	
80		98	81.5	99	
82		100	83.5	101	
85		103	86.5	104	
88	8.5	108	89.5	109	7
90		110	92	111	
95		115	97	116	
100	10	124	102	125	8
105		129	107	130	
110		134	112	135	
115		139	117	140	
120		144	122	145	
125	11	153	127	154	9
130		158	132	159	
135		163	137	164	
140	12	172	142	173	10
145		177	147	178	

标记：一个内径 d_1=35mm，毡硬度 M5 的毡圈：毡圈 DIN 5419 M5-35

TB 19-6　V 形密封圈（摘自企业标准）

（单位：mm）

轴径 d	d_0[1]	c	d_1	V 形密封圈 A a	V 形密封圈 A b[2]	V 形密封圈 S a	V 形密封圈 S b[2]
19～21	18	4	$d+12$	4.7	6.0±0.8	7.9	9.0±0.8
21～24	20						
24～27	22						
27～29	25						
29～31	27						
31～33	29						
33～36	31						
36～38	34						
38～43	36	5	$d+15$	5.5	7.0±1.0	9.5	11.0±1.0
43～48	40						
48～53	45						
53～58	49						
58～63	54						
63～68	58						
68～73	63	6	$d+18$	6.8	9.0±1.2	11.3	13.5±1.2
73～78	67						
78～83	72						
83～88	76						
88～93	81						
93～98	85						
98～105	90						
105～115	99	7	$d+21$	7.9	10.5±1.5	13.1	15.5±1.5
115～125	108						
125～135	117						
135～145	126						
145～155	135						
155～165	144	8	$d+24$	9.0	12.0±1.8	15.0	18.0±1.8
165～175	153						
175～185	162						
185～195	171						
195～210	180						

V 形密封圈 A

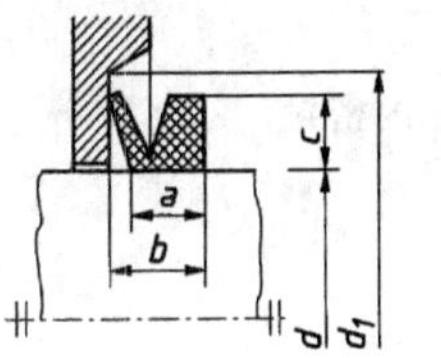

V 形密封圈 S

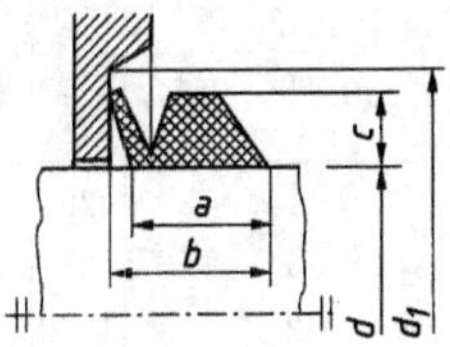

1）安装前的直径。

2）安装后的尺寸。

TB 19-7　尼罗斯环（摘自企业标准）

a）外密封

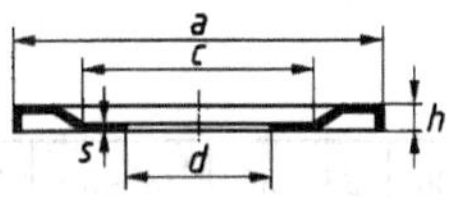

轴承系列 60，62，63

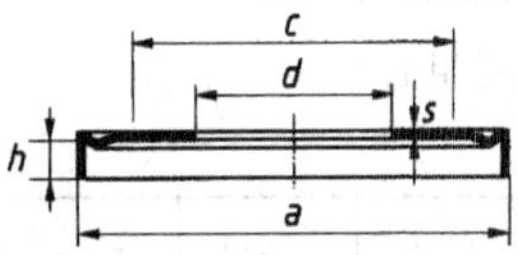

轴承系列 320X

（单位：mm）

轴径 d	深沟球轴承 轴承系列 60 a	c	s	h	深沟球轴承 轴承系列 62 a	c	s	h	深沟球轴承 轴承系列 63 a	c	s	h	圆锥滚子轴承 轴承系列 320X a	c	s	h
25	43.7	34	0.3	2.5	47	36	0.3	2.5	54.8	40	0.3	2.5	46	39	0.3	3.7
30	50	40			56.2	44			64.8	48			53.8	44		4.2
35	56.2	44			64.8	48			70.7	54			60	53		
40	62.2	51			72.7	57		3	80.5	60		3	66.5	56		4.7
45	69.7	56			77.8	61			90.8	75			73.5	63		
50	74.6	61			82.8	67			98.9	80			78.6	68		5.0
55	83.5	67		3	90.8	75			108	89			88.4	76		5.7
60	88	71			100.8	85			117.5	95			93.2	80		
65	93.5	78			110.5	90			127.5	100	0.5	3.5	98.4	86		6.0
70	103	83			115.8	95		3.5	137	110			107.5	92		6.2
75	108	89			120.5	100	0.5		147	110			113	98	0.5	
80	117.5	95			129	106			157.5	130			122.5	105		7.2
85	123	104	0.5	3.5	138.5	115			164	135		4	128	110		
90	129	106			148	124			174	140			137	116		8.5
95	137	110			157.5	130		4	184	150			142	122		
100	142	117			167	135			199	165			147	127		8.2

TB 19-7（续）

b）内密封

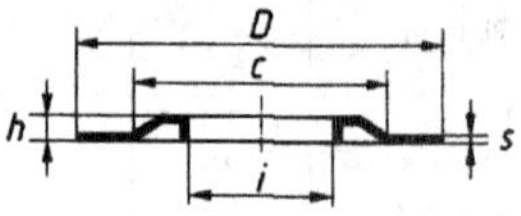

轴承系列 60，62，63，320X

（单位：mm）

孔径 D	深沟球轴承 轴承系列 60				深沟球轴承 轴承系列 62					深沟球轴承 轴承系列 63					圆锥滚子轴承 轴承系列 320X				
	i	*c*	*s*	*h*	*D*	*i*	*c*	*s*	*h*	*D*	*i*	*c*	*s*	*h*	*D*	*i*	*c*	*s*	*h*
47	29	38	0.3	2.5	52	31.5	42	0.3	2.5	62	32.2	47	0.3	2.5	47	28.1	38	0.3	2.5
55	35	46			62	36.3	47			72	37.2	56			55	32.2	47		
62	40.2	52			72	43	56			80	45	65			62	37	51		
68	46	57			80	48	62		3	90	51	70		3	68	43	58		3
75	51	63			85	53	68			100	56	80			75	48	64		
80	56	67			90	57.5	73			110	62	86			80	53	68		
90	61.5	74		3	100	64.5	80			120	67	93			90	60	80		
95	67	80			110	70	85			130	73	102	0.5		95	63	82		
100	74	86.5			120	74.5	95			140	77.5	110		3.5	100	70	88		3.5
110	77	90			125	79.5	102		3.5	150	82.6	120			110	74.5	95		
115	82	95			130	85	105	0.5		160	87.2	125			115	79.5	102		
125	86.5	105			140	92	112			170	95	138			125	85	112	0.5	
130	91.5	110	0.5	3.5	150	98	125			180	100	140		4	130	90	114		
140	98	118			160	103	125			190	106	150			140	95	122		
145	103	123			170	110	137			200	115	160			145	97.8	130		
150	108	128			180	115	145		4	215	118	170			150	105	132		4

TB 19-8　填料密封

a）推荐尺寸（按 DIN 3780 规定组合）

（单位：mm）

内径 *d*	4～4.5	5～7	8～11	12～18	20～26	28～36	38～50	53～75	80～120	125～200
环厚	2.5	3.0	4.0	5.0	6.0	8.0	10.0	12.5	16.0	20.0

b）推荐组合长度 *L*（与压力 *p* 有关和内径 *d* 有关），通常截面

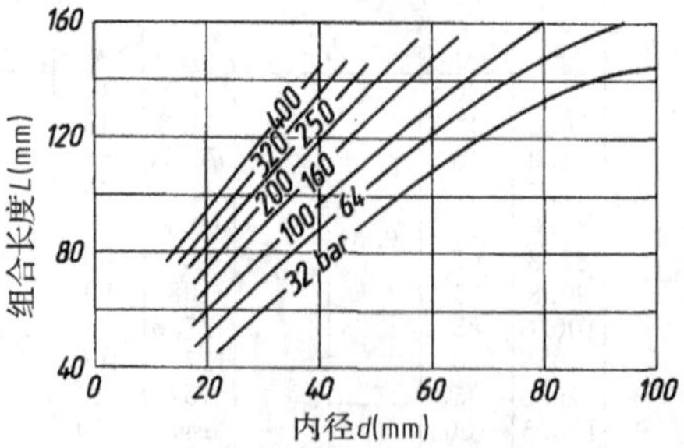

TB 19-9 轴承密封的设计准则（哈利格公司资料）

a）接触式轴承密封

密封类型	例子	使用范围	对工作表面的要求	密封功能 向内（润滑剂）	密封功能 向外	优点	缺点	说明
毡圈	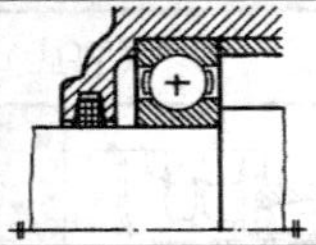	$u\leqslant$4m/s $t\leqslant$100℃ 可用于较大压力时	公差 h11 粗糙度 $Ra\leqslant$0.8	脂	较干净，不太潮湿	价廉物美，加工成本低，安装方便	毡的弹性会变差（产生间隙），有摩擦热	毡圈必须先在油中泡过；当 $t>$100℃时，毡圈必须含有 PTFE、石墨、塑料或玻璃纤维
径向轴密封圈	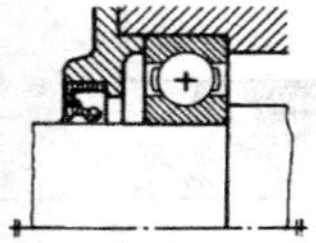	$u\leqslant$12m/s $p\leqslant$0.5bar	公差 h11 圆度 IT8 粗糙度 Ra=0.2～0.8[1] 硬度 45～55 HRC （当 $u>$4m/s 时，取较大值）	油 脂	有些许脏，溅水	只要密封唇和滑动表面未损坏就有好的密封	对运动表面和装配要求高，运动表面会磨损	有多种结构形式，轴径较大时还可做成分体式；u 与材料、轴径（见 TB19-4b）和压力（特殊结构形式可用于 $p\leqslant$100bar）有关；当脏污程度更严重时，应采用挡灰唇的结构，此时要注意对密封唇进行润滑
O 形密封圈	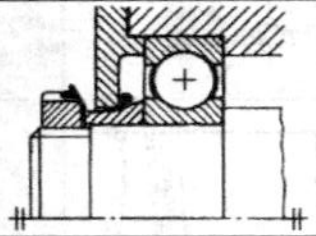	$u\leqslant$0.5m/s 可用于 p 较大时	公差 f7 粗糙度 $Ra\leqslant$0.8[1] 硬度 60 HRC	油 脂	泥浆	占用空间小	摩擦力矩变动剧烈会老化	采用特殊横截面（例如方形），可用于 $u\leqslant$4m/s；对机械损伤敏感
V 形密封圈	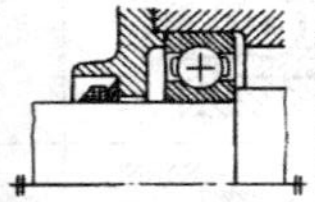	$u\leqslant$12m/s 带固定环 $u\leqslant$30m/s $p\leqslant$0.3bar	粗糙度：运动表面 $Ra\leqslant$2.5 轴：$Ra\leqslant$12.5 圆度 IT 14～15 倾斜 1°～4°	油 脂	较干净，溅水	价廉物美，加工成本低，安装方便，体积小	密封效果有限，不能用于液面之下	在存在加工误差时会导致一边支承，当 $u>$15m/s 时密封唇会抬起；常用作前置密封和防溅密封；当轴承空间有油时，应使 V 形圈顶住内壁
轴向滑环密封（带密封波纹管）	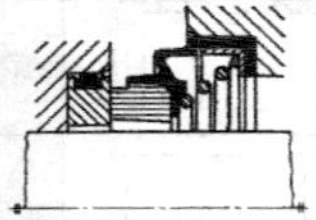	$u\leqslant$10m/s $p\leqslant$5bar	公差 h7 粗糙度 Ra=1.0[2]	油 脂	较干净，压力流体	工作可靠性高，寿命长，自适应	价格贵，占用地方较大	随着跑合过程的进行，泄漏量逐渐减小；其他结构形式还可用于对转速、压力和温度有很高要求的场合
行走机构密封	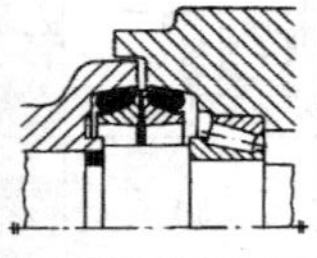	$u\leqslant$10m/s 用于油润滑 $u\leqslant$3m/s 用于脂润滑 $p\leqslant$3bar	—	油、脂	非常脏，溅水	工作可靠性高，寿命长	价格较贵	对安装环境要求低（可允许大的轴向、径向和角度误差），可自动补偿磨损
挡圈	见非接触式密封							

u——许用圆周速度（标准类型），p——许用轴承空间与周围环境压力差，t——密封处的许用温度。

1）无骨架，优先磨成针形。 2）轴表面的基准值，滑动面位于密封上并有非常高的要求。

TB 19-9（续）

b）非接触式轴承密封

密封类型	例子	使用范围	密封功能		优点	缺点	说明
			向内（润滑剂）	向外			
简单间隙密封	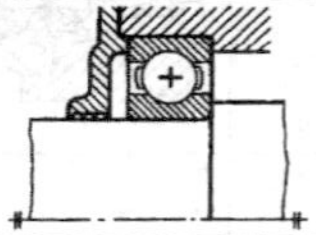	p=0bar u 无限制	脂	较干净	成本低	脏物和潮湿可通过间隙侵入轴承空间	间隙宽度0.1～0.3mm，间隙应尽可能长，沟可做在机架或轴上，塞满润滑脂可提高防护效果
带甩油环的间隙密封	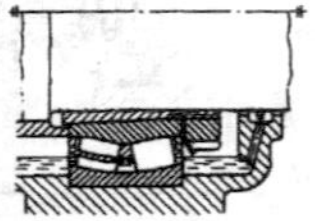	p=0bar u 无限制	油（脂）	—	相对于简单间隙密封时，可取较大的间隙宽度		甩油环将油引入储油室（并不总是需要），通向轴承空间的油回流孔位于油位之下，否则泡沫会堵住油回流孔
螺旋形油沟密封	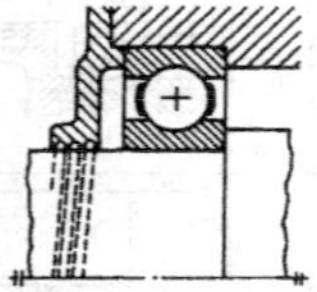	可用于较小压力下 u 无限制	油	—	沿径向所需空间小	只能沿一个方向旋转，会把灰尘引入轴承空间，密封只在工作时起作用	可在机架或轴上设置油沟，它将油导回轴承空间
迷宫式密封	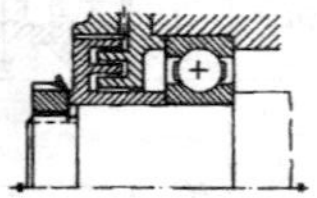	p=0bar u 无限制 $u \leqslant 5$m/s 充脂后 $u \leqslant 5$m/s	脂（油）	很脏和潮湿	非常好的密封效果，如果用硬脂充满	一般较贵，当沟槽较多时占空间较大	对迷宫补充润滑可提高密封效果，保持小的间隙（见简单间隙密封），当轴的挠度较大时采用倾斜沟槽（否则会将脏物吸入），为方便装配，径向迷宫应采用分体式
商品化密封迷宫	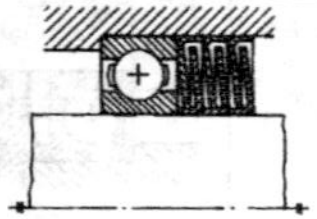	p=0bar u 无限制	脂（油）	很脏和潮湿	占用空间较小，成本较低		除了图示用Z形薄片构成迷宫外，也可用弹性薄片环、活塞环、塑料填充件等制成
挡圈	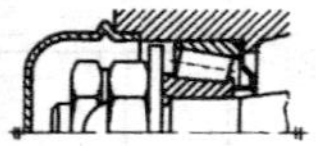	p=0bar $u \leqslant 5$m/s	脂	中等脏，溅水	成本低，节约空间，一般在昂贵的轴承侧边滑动	在跑合阶段会由于磨损形成间隙（摩擦发热）	转速较高时，可采取特种形状形成非接触式密封；对于较脏和溅水环境，可用2个挡圈，并在它们之间充满脂

c）密封件材料（节选）

材料	丁腈橡胶（NBR）	乙烯脂橡胶（ACM）	硅橡胶（MVQ）	氟橡胶（FKM）	聚四氟乙烯（PTFE）
工作温度 t（℃）	−40～100	−30～150	−60～160	−30～200	−70～200（260）
相对成本	1.0	3.0	5.0	25.0	>25.0

第 20 章 齿轮和齿轮传动（基础知识）

TB 20-1 常用齿轮材料的强度参考值

序号	类型、标准、热处理	名称	齿面硬度[1]	σ_{Flim}[2] (N/mm^2)	σ_{Hlim}[2] (N/mm^2)
1	片状石墨铸铁 DIN EN 1561	GJL-200	180HB	40	300
2		GJL-250	220HB	55	360
3	黑可锻铸铁 DIN EN 1562	GJMB-350	150HB	165	320
4		GJMB-650	220HB	205	460
5	球墨铸铁 DIN EN 1563	GJS-400	180HB	185	370
6		GJS-600	250HB	225	490
7		GJS-900	350HB	250*	650*
8	非合金铸钢 DIN 1681	GS 52.1	160HB	140	320
9		GS 60.1	180HB	160	380
10	一般结构钢 DIN EN 10025	E 295	160HB	160	370
11		E 335	190HB	175	430
12		E 360	210HB	205	460
13	调质钢 DIN EN 10083（也可作为铸钢，但是 σ_{Hlim}低约 80N/mm²，σ_{Flim}低约 40N/mm²）	C45E N	190HB	155～200	470～530
14		34CrMo4＋QT	270HB	220～290	630～710
15		42CrMo4＋QT	300HB	225～310	680～760
16		34CrNiMo6＋QT	310HB	225～315	680～770
17		30CrNiMo8＋QT	320HB	230～320	700～780
18		34CrNiMo16＋QT	350HB	240～325	750～830
19	调质钢 火焰或感应硬化	C45E（整圈硬化，$b<20mm$）	50～55HRC	齿根一起硬化 250～375；齿根不硬化 150～225	1000～1230
20		34CrMo4（整圈或单齿硬化）			
21		42CrMo4（整圈硬化）			
22		34CrNiMo6（单齿硬化）			
23	调质钢和淬火钢 长时间渗氮	42CrMo4＋QT（渗氮硬化深度＜0.6mm，$R_m>800N/mm^2$，$m<16mm$）	48～57HRC	260～370	780～1000
24		16MnCr5＋QT（渗氮硬化深度＜0.6mm，$R_m>700N/mm^2$，$m<10mm$）			
25	调质钢和淬火钢，渗氮碳	C45E N 对于 $d<300mm$，$m<6mm$	42～45HRC	230～300	650～760
26		16MnCr5N 对于 $d<300mm$，$m<6mm$	52～55HRC	230～320	650～800
27		42CrMo4＋QT $d<600mm$，$m<10mm$			
28	渗碳氮	34CrV4＋QT 芯部硬度≤45HRC 车辆传动装置	55～60HRC	300～450	1100～1350
29	淬火钢 DIN 17 210，DIN EN 10084 渗碳硬化	16MnCr5 标准钢，一般≤$m=20mm$	58～62HRC	310～500	1300～1500
30		15CrNi6 用于＞$m=16mm$ 对于冲击载荷＞$m=5mm$			
31		17CrNiMo8 用于＞$m=16mm$ 对于冲击载荷＞$m=5mm$			

1）HB 布氏硬度，HRC 洛氏硬度 C。
2）离散区间的下极限值一定能达到，在严格控制下能达到上极限值。
*还没有准确值。

TB20-2　试验齿轮的齿根弯曲疲劳极限一览图（DIN 3990）

（硬度值分别为布氏硬度 HB、洛氏硬度 HRC 和维氏硬度 HV1，HV10），适用于试验齿轮：$m=3\sim10$（$Y_x=1$）mm，$Rz=10\mu m$（$Y_{R\,relT}=1$），$v=10m/s$，$b=10\sim50mm$，直齿轮，传动精度 4～7，$q_s=2.5$（$Y_{\delta\,relT}=1$），$Y_{ST}=2$，螺旋角 $\beta=0°$（$Y_\beta=1$），$K_A=K_{F\beta}=K_{F\alpha}=1$，$\sigma_{FE}=Y_{ST}\sigma_{Flim}=2\sigma_{Flim}$

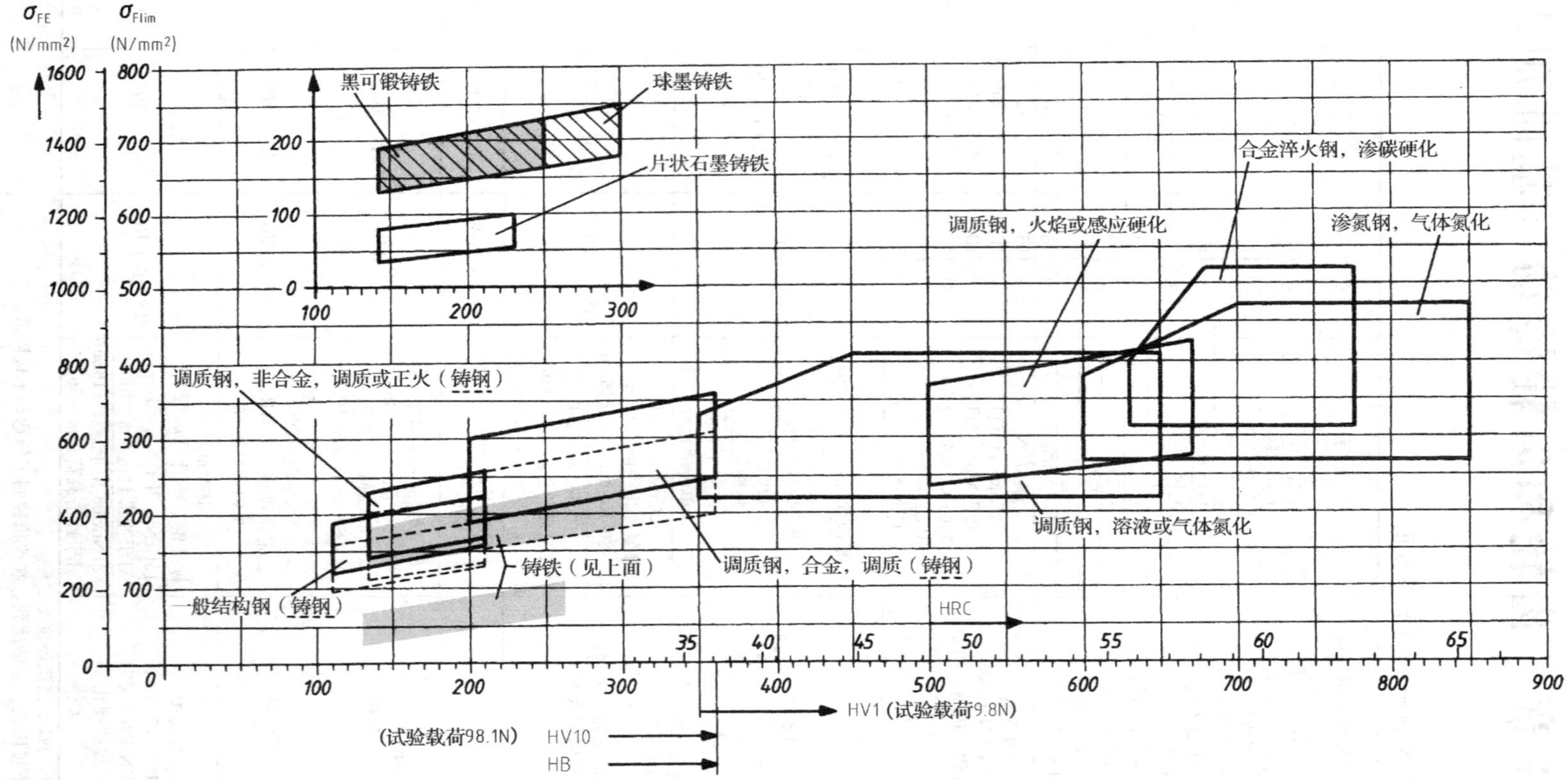

一般取区域的平均值，对于特定材料见 TB20-1。

TB 20-3 蜗杆传动的材料选择

a）蜗杆和蜗轮的材料（摘录）

蜗杆				蜗轮		
A	一般结构钢 DIN EN 10025	E335	硬化和调质	1	铸铁 DIN EN 1561	GJL-150，GJL-200，GJL-250，GJL-300，GJL-350
		E360				
	调质钢 DIN EN 10083	C45		2	铸铁 DIN EN 1563	GJS-500，GJS-600，GJS-700
		C60				
		34CrMo4		3	铜锡合金（锡青铜）	G-CuSn12（模铸）G-CuSn10Zn（模铸）
		42CrMo4				
B	淬火钢 DIN 17210	C15	渗碳硬化	4		GZ-CuSn12（离心铸造）GC-CuSn12（挤压铸造）
		17Cr3		5	铝合金	CK-AlCu4TiMg 金属型铸造
		16MnCr5		6	塑料	尼龙

b）合适配对材料

材料编号（见 a）蜗杆	蜗轮	性能和应用示例	
A	1	较小的滑动速度和中小载荷；提升机械、机床、通用机械制造	
	2 3	用于中等载荷和转速	优先配对，用于所有传动类型
	4	用于重载和中等转速	通用传动，车辆传动装置
B	1～4	同 A 与 1～4 的配对，但可用于高转速场合	
	5 和 6	耐腐蚀，用于轻载，轻型结构，仪器制造	

TB 20-4 蜗轮材料的强度值（根据尼曼）

序号	蜗轮材料	标准	齿面硬度	$U_{\lim}$ [1] N/mm^2	$\sigma_{H\lim}$ [2] N/mm^2	弹性模量 N/mm^2	Z_E [3] $\sqrt{N/mm^2}$
1	G-CuSn12	DIN 1705	80 HB	115	265	88300	147
2	GZ-CuSn12		95 HB	190	425		
3	G-CuSn12Ni		90 HB	140	310		
4	GZ-CuSn12Ni		100 HB	225	520	98100	152
5	G-CuSn10Zn		75 HB	165	350		
6	GZ-CuSn10Zn		85 HB	190	430		
7	G-CuZn25A15	DIN 1709	180 HB	565	500	107900	157
8	GZ-CuZn25A15		190 HB	605	550		
9	GZ-CuAl10Ni	DIN 1714	160 HB	377	660	122600	164
10	GJL-250[4]	DIN EN 1561	250 HB	150	350	98100	152
11	GJS-700[4]	DIN EN 1563	260 HB	628	490	175000	182

1）适用于 $\alpha_n=20°$；对于动载荷，所有值乘以 0.7。

2）对于钢制、渗碳硬化和磨削蜗杆：$\sigma_{H\lim}$（表值）；

对于钢制、调质、非磨削蜗杆：$0.72\sigma_{H\lim}$；

对于 GJL 制蜗杆：$0.5\sigma_{H\lim}$。

3）对于钢制蜗杆：Z_E（表值）；

对于 GJL 制蜗杆：$Z_E=\sqrt{(E_1E_2)/[2.86(E_1+E_2)]}$，式中 E_1 为 GJL 的弹性模量，E 查表。

4）用于 $v_g \leqslant 2m/s$（手动）。

TB 20-5　润滑油选择（DIN 51509）

润滑油粘度				润滑油				
				无减磨材料			有减磨材料	
ISO粘度等级（DIN 51519）（ν_{40}，mm^2/s）	特征数（ν_{50}，mm^2/s）	SAE粘度等级（DIN 51511，发动机）	SAE粘度等级（DIN 51512车辆传动装置）	润滑油C和C－T（DIN 51517）和润滑油C－L（抗老化）	润滑油N（DIN 51501）（无特殊要求）	润滑油TD－L（DIN 51515）（涡轮机、泵和发电机）	润滑油C－LP（正在制订标准）	车辆油（DIN 51502）
22 32	16	10 W	75	×	×	×	×	×
32 46	25			×	×	×	×	
46 68	36	20W 20		×	×	×	×	
68	49		80	×	×	×	×	×
100	68	30		×	×		×	
150	92	40	90	×	×		×	×
220	114			×	×		×	
220	144	50		×	×		×	
320	169			×			×	
460	225		149	×	×		×	×
680	324				×			

TB 20-6　滚轧传动和螺旋滚轧传动润滑剂的使用和润滑类型

	圆周速度	润滑剂	润滑方式
圆柱和圆锥齿轮传动	≤1m/s ≤4m/s ≤15m/s >15m/s	附着润滑剂 润滑脂 附着润滑剂 润滑油 润滑油	喷射或涂覆润滑 浸入式润滑 喷射润滑 浸入式润滑 压力循环或喷油润滑
蜗杆传动，蜗杆（蜗轮）浸在油中	≤4m/s（≤1m/s） ≤10m/s（≤4m/s） >10m/s（>4m/s）	润滑脂 润滑油 润滑油	浸入式润滑 浸入式润滑 沿啮合方向喷油润滑

TB 20-7　适用于环境温度约为 20℃的齿轮油的粘度选择（DIN 51509）

a）用于圆柱和锥齿轮传动

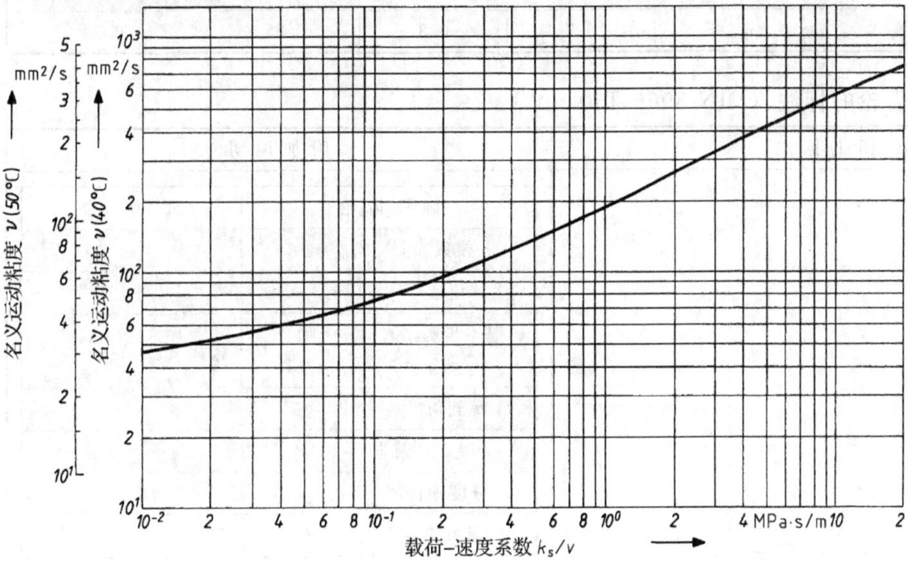

b）用于蜗杆传动

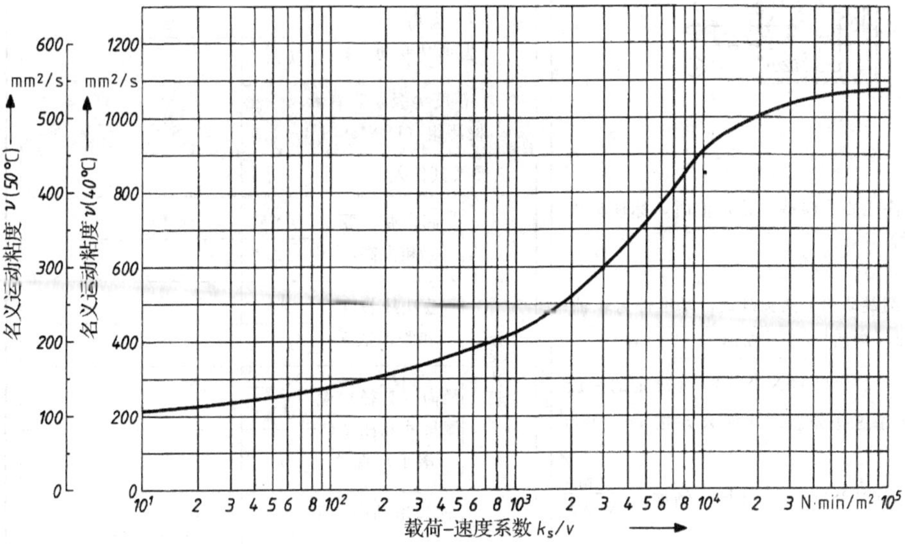

TB 20-8　蜗轮副的摩擦因数（钢制蜗杆，蜗轮圈的材料为青铜，铣制）

速　度	v_g（m/s）	<0.5	1	2	4	6	>10
车削或铣削蜗杆调质	$\mu\approx$	0.09	0.08	0.065	0.055	0.045	0.04
	$\rho\approx$（°）	4.3	4.5	3.7	3.1	2.6	2.3
硬化蜗杆，齿廓磨削	$\mu\approx$	0.05	0.04	0.035	0.025	0.02	0.015
	$\rho\approx$（°）	3	2.3	2	1.4	1.15	1

TB 20-9　蜗杆传动的效率

蜗杆头数	z_1	1	2	3	4
总效率	$\eta_{ges}\approx$	0.7	0.8	0.85	0.9

TB 20-10　圆柱齿轮的标注（DIN 3966 T1）

图上标注

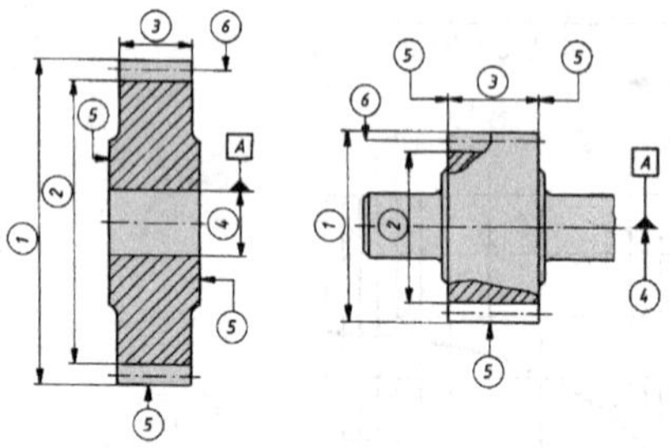

1 齿顶圆直径 d_a。

2 如果表中未给出齿高或要求保持一特定值时，标注齿根圆直径 d_f（需要时）。

3 齿宽 b。

4 基准件标识。对于圆跳动和轴向圆跳动，基准件为轮轴

5 圆跳动和轴向圆跳动（例如 [↗ | 0.01 | A] 和 [⊥ | 0.01 | A]）。如果 DIN ISO 2768 规定的一般公差不够时，应标注这些公差。几何公差按 DIN ISO 1101 规定执行。

6 齿廓的表面特征按 DIN ISO 1302 执行（例如 √Rz 6.3 磨削 或 0.8▽ 磨削，参见教材 § 2.3）。

以上说明应列于图样边上，以用于齿轮的制造。

附加说明

圆柱齿轮		外啮合
模数	m_n	
齿数	z	
基本齿廓	啮合 刀具	
螺旋角	β	
旋向		
分度圆直径	d	
基圆直径	d_b	
变位系数2)	x	
齿高	h	
齿顶高变动	km_n	
精度等级，公差带 检测组（DIN 3961 1)）		
齿厚及其偏差	s_n	
齿厚检测1)：固定弦齿厚和齿高	$\bar{s}$ $\bar{h}$	
齿厚检测1)：公法线长度和跨齿数 k	W_k $k=$	
齿厚检测1)：径向（直径）检测尺寸和测量球（滚子）直径	M_r 或 M_d D	
齿厚检测1)：两齿滚动中心距	a''	
附加啮合公差和检测说明		
配对齿轮：零件号		
配对齿轮：齿数	z	
机架上的中心距及其偏差	$a\pm$	
滚动长度 或啮合线段	L_a，L_f g	
补充说明（需要时）：		

1）如果没有说明，制造商不用检测这些项目。

2）正负号按 DIN 3960。

TB 20-11　锥齿轮的标注（DIN 3966 T2）

图上标注

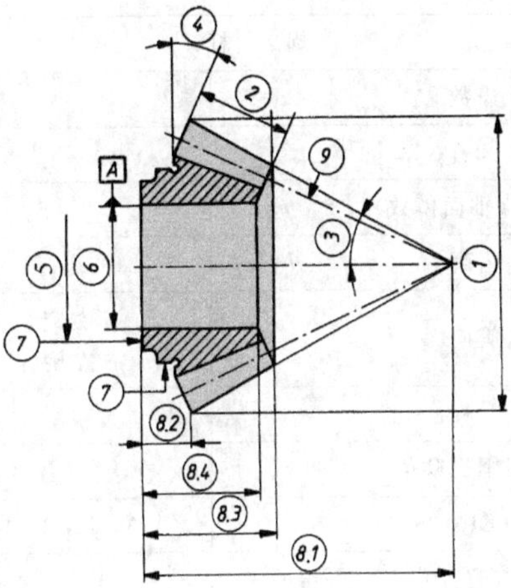

1　齿顶圆直径 d_{ae}。

2　齿宽 b。

3　齿顶圆锥角 δ_a。

4　背锥角的余角＝δ。

6　基准件标识。
圆跳动和轴向圆跳动公差，基准件为轮轴。

7　圆跳动和轴向圆跳动（例如 | ↗ | 0.02 | A | 和 | ⊥ | 0.01 | A |）按 DIN ISO 1101。如果 DIN ISO 2768 规定的一般公差不够时应标注这些公差。

8.1　安装尺寸（一般给出最终零件尺寸并标注在工件上）。

8.2　大端齿顶圆距离。

8.3　小端齿顶圆距离。

8.4　辅助平面距离。

9　齿廓的表面特征按 DIN ISO 1302（参考教材 § 2.3）执行。

附加说明

直齿锥齿轮			
模数		m_P	
齿数		z	
分度圆锥角		δ	
大端分度圆直径		d_e	
大端分度圆锥距		R_e	
冠状齿轮齿数		z_P	
齿厚半角		p_P	
齿根角 或齿根圆锥角		θ_f δ_f	
齿形角		α_P	
传动精度			
齿厚检测	背锥上的 固定弦齿厚	$\bar{s}$	
	固定弦齿高	$\bar{h}$	
附加传动公差和检测说明：			
配对齿轮	零件号		
	齿数	z	
机架上的轴交角及其偏差		Σ	
补充说明（需要时）： 啮合基本齿廓			

以上说明应列于图形边上，以用于锥齿轮的制造。

TB 20-12 蜗杆的标注（DIN 3966 T3）

图上标注

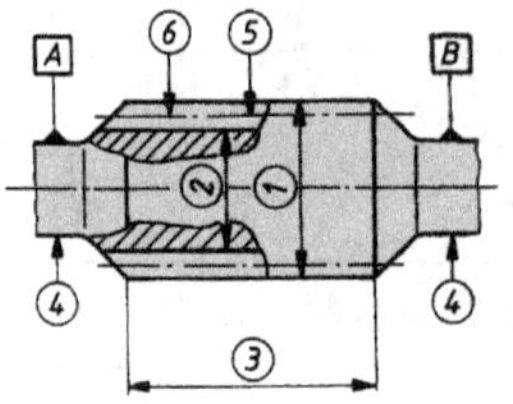

1 齿顶圆直径 d_{a1}。
2 齿根圆直径 d_{f1}（必要时）。
3 齿宽 b_1。
4 基准件标识。对于圆跳动，蜗杆支承面为基准件。
5 蜗杆体的圆跳动（例如 | ↗ | 0.05 | AB |）
按 DIN ISO 1101 规定执行。
如果 DIN ISO 2768 规定的一般公差不够的话，必须进行说明。
6 齿廓的表面特征按 DIN ISO 1302 规定执行（参见 § 2.3）
以上说明必须列于图样边上，以备制造之用。

附加说明

蜗　杆			
齿数		z_1	
中圆直径		z_{m1}	
模数（轴面模数）		m	
齿高		h_1	
旋向			右旋 左旋
导程		p_{z1}	
中圆螺旋升角		γ_m	
齿形（DIN 3975）			A，N，I，K
轴向齿距		p_x	
蜗轮零件号			
精度等级			
齿厚及其偏差		s_{mn}	
齿厚检测尺寸[1]	测量高度处的固定弦齿厚		
	检测尺寸	M	
	测量滚子直径	D_M	
啮合角		α_0	
齿形 I	基圆直径	d_{b1}	
	基圆螺旋升角	γ_b	
附加传动公差和检测说明：			
补充说明（需要时）：			

1）如果没有说明，制造商不用做这些检测项目。

TB 20-13 蜗轮的标注（DIN 3966 T3）

图上标注

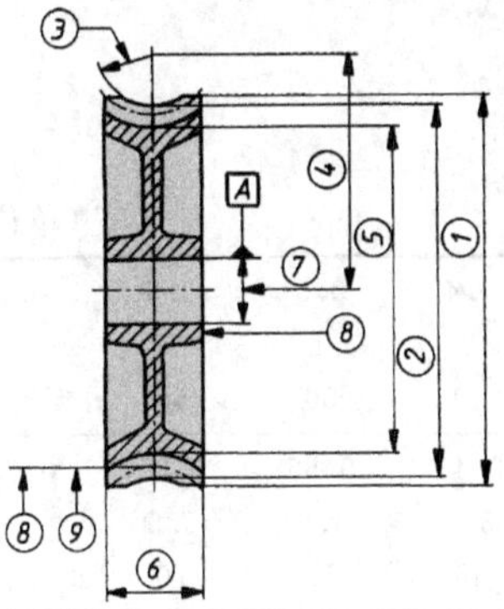

1 外圆直径 d_{e2}。
2 齿顶圆直径 d_{a2}。
3 咽喉母圆半径 $r_k = a - \frac{d_{a2}}{2}$。
4 咽喉母圆-轮心距等于中心距 a。
5 齿根圆直径 d_f（必要时）。
6 齿宽 b_2。
7 基准件标识。圆跳动和轴向圆跳动的基准件是轮轴。
8 轮体的圆跳动和轴向圆跳动。
9 表面特征按 DIN ISO 1302 规定执行（参见教材 § 2.3）。

附加说明

蜗　　轮		
齿数	z_2	
模数（端面模数）	m	
分度圆直径	d_2	
变位系数	x_2	
齿高	h_2	
旋向		右旋 左旋
精度等级		
齿侧间隙（需要时）		
附加传动公差和检测说明：		

蜗杆	零件号		
	齿数	z_1	
机架上的中心距及其偏差		$a\pm$	
补充说明（必要时）：			

以上说明必须列于图样边上，以用于蜗轮的制造。

第 21 章　外啮合圆柱齿轮传动

TB 21-1　齿轮的模数系列（DIN 780　摘录）

直齿轮和斜齿轮模数 m　　（单位：mm）

第 1 系列	0.1	0.12	0.16	0.20	0.25	0.3	0.4	0.5	0.6	0.7	0.8
	0.9	1	1.25	1.5	2	2.5	3	4	5	6	8
	10	12	16	20	25	32	40	50	60		
第 2 系列	0.11	0.14	0.18	0.22	0.28	0.35	0.45	0.55	0.65	0.75	0.85
	0.95	1.125	1.375	1.75	2.25	2.75	3.5	4.5	5.5	7	9
	11	14	18	22	28	36	45	55	70		

法面模数；优先采用第 1 系列。

TB 21-2a　标准齿轮传动和高度变位齿轮传动的端面重合度 ε_α 近似值

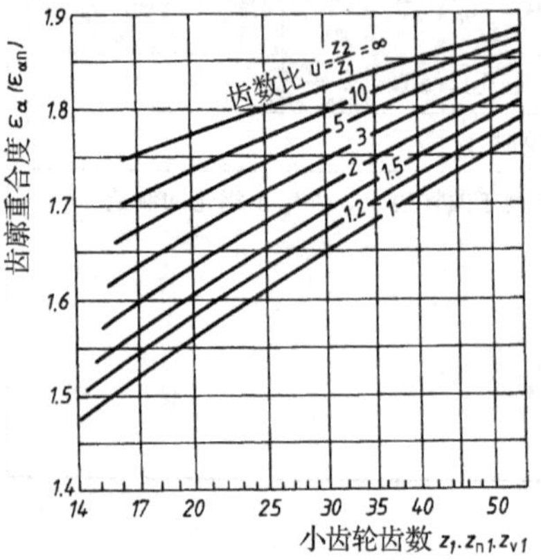

TB 21-2b　角度变位齿轮传动的端面重合度 ε_α

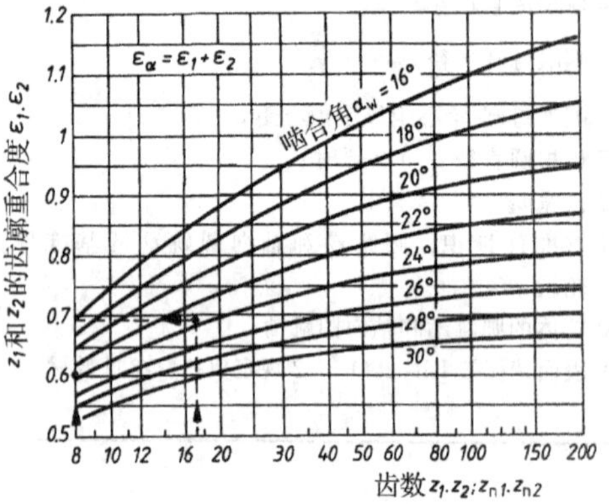

查图示例：直齿轮传动，$\alpha_W=23.7°$，$z_1=8$，$\varepsilon_1\approx0.6$；$z_2=17$，$\varepsilon_\alpha\approx0.69$，所以 $\varepsilon_\alpha=\varepsilon_1+\varepsilon_2\approx1.3$

TB 21-3　啮合角 α_W

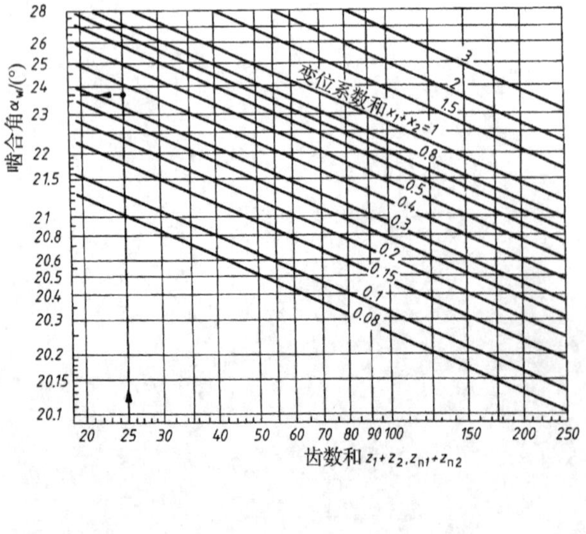

查图示例：$z_1+z_2=8+17=25$；$x_1+x_2=0.36$，所以 $\alpha_W\approx23.7°$；见 TB 21-2b。

TB 21-4　渐开线函数 invα＝tanα－(π/180)α（数表）

α°	.0	.1	.2	.3	.4	.5	.6	.7	.8	.9
10	0.0017941	0.0018489	0.0019048	0.0019619	0.0020201	0.0020795	0.0021400	0.0022017	0.0022646	0.0023288
11	0.0023941	0.0024607	0.0025285	0.0025975	0.0026678	0.0027394	0.0028123	0.0028865	0.0029620	0.0030389
12	0.0031171	0.0031966	0.0032775	0.0033598	0.0034434	0.0035285	0.0036150	0.0037029	0.0037923	0.0038831
13	0.0039754	0.0040692	0.0041644	0.0042612	0.0043595	0.0044593	0.0045607	0.0046636	0.0047681	0.0048742
14	0.0049819	0.0050912	0.0052022	0.0053147	0.0054290	0.0055448	0.0056624	0.0057817	0.0059027	0.0060254
15	0.0061498	0.0062760	0.0064039	0.0065337	0.0066652	0.0067985	0.0069337	0.0070706	0.0072095	0.0073501
16	0.0074927	0.0076372	0.0077835	0.0079318	0.0080820	0.0082342	0.0083883	0.0085444	0.0087025	0.0088626
17	0.0090247	0.0091889	0.0093551	0.0095234	0.0096937	0.0098662	0.0100407	0.0102174	0.0103963	0.0105573
18	0.010760	0.010946	0.011133	0.011323	0.011515	0.011709	0.011906	0.012105	0.012306	0.012509
19	0.012715	0.012923	0.013134	0.013346	0.013562	0.013779	0.013999	0.014222	0.014447	0.014674
20	0.014904	0.015137	0.015372	0.015609	0.015849	0.016092	0.016337	0.016585	0.016836	0.017089
21	0.017345	0.017603	0.017865	0.018129	0.018395	0.018665	0.018937	0.019212	0.019490	0.019770
22	0.020054	0.020340	0.020629	0.020921	0.021217	0.021514	0.021815	0.022119	0.022426	0.022736
23	0.023049	0.023365	0.023684	0.024006	0.024332	0.024660	0.024992	0.025326	0.025664	0.026005
24	0.026350	0.026697	0.027048	0.027402	0.027760	0.028121	0.028484	0.028852	0.029223	0.029600
25	0.029975	0.030357	0.030741	0.031129	0.031521	0.031916	0.032315	0.032718	0.033124	0.033534
26	0.033947	0.034364	0.034785	0.035209	0.035637	0.036069	0.036505	0.036945	0.037388	0.037835
27	0.038286	0.038742	0.039201	0.039664	0.040131	0.040602	0.041076	0.041556	0.042039	0.042526
28	0.043017	0.043513	0.044012	0.044516	0.045024	0.045537	0.046054	0.046575	0.047100	0.047630
29	0.048164	0.048702	0.049245	0.049792	0.050344	0.050901	0.051462	0.052027	0.052597	0.053172
30	0.053751	0.054336	0.054924	0.055518	0.056116	0.056720	0.057328	0.057940	0.058558	0.059181
31	0.059808	0.060441	0.061079	0.061721	0.062369	0.063022	0.063680	0.064343	0.065012	0.065685
32	0.066364	0.067048	0.067738	0.068432	0.069133	0.069838	0.070549	0.071266	0.071988	0.072716
33	0.073449	0.074188	0.074932	0.076683	0.076439	0.077200	0.077968	0.078741	0.079520	0.080306
34	0.081097	0.081894	0.082697	0.083506	0.084321	0.085142	0.085970	0.086804	0.087644	0.088490
35	0.089342	0.090201	0.091067	0.091938	0.092816	0.093701	0.094592	0.095490	0.096395	0.097306
36	0.098224	0.099149	0.100080	0.101019	0.101964	0.102916	0.103875	0.104841	0.105814	0.106795
37	0.107782	0.108777	0.109779	0.110788	0.111805	0.112829	0.113860	0.114899	0.115945	0.116999
38	0.118061	0.119130	0.120207	0.121291	0.122384	0.123484	0.124592	0.125709	0.126833	0.127965
39	0.129106	0.130254	0.131411	0.132576	0.133750	0.134931	0.136122	0.137320	0.138528	0.139743
40	0.140968	0.142201	0.143443	0.144694	0.145954	0.147222	0.148500	0.149787	0.151083	0.152388
41	0.153702	0.155025	0.156348	0.157700	0.159052	0.160414	0.161785	0.163165	0.164556	0.165956
42	0.167366	0.168786	0.170216	0.171656	0.173106	0.174566	0.176037	0.177518	0.179009	0.180511
43	0.182024	0.183547	0.185080	0.186625	0.188180	0.189746	0.191324	0.192912	0.194511	0.196122
44	0.197744	0.199377	0.201022	0.202678	0.204346	0.206026	0.207717	0.209420	0.211135	0.212863

TB 21-5　变位系数和 $\Sigma x=(x_1+x_2)$ 的选择

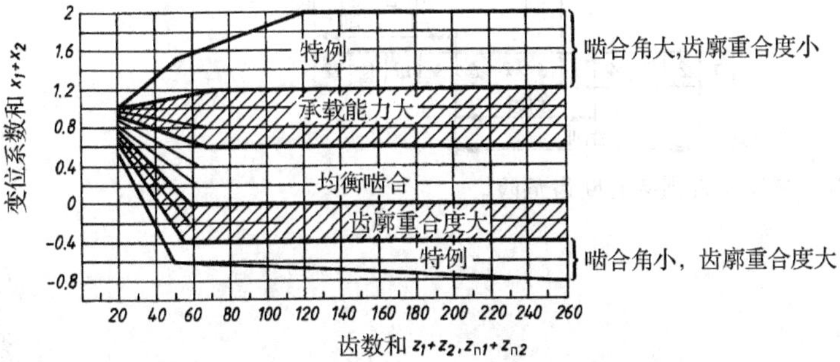

TB 21-6　$\Sigma x=(x_1+x_2)$ 的分配及示例

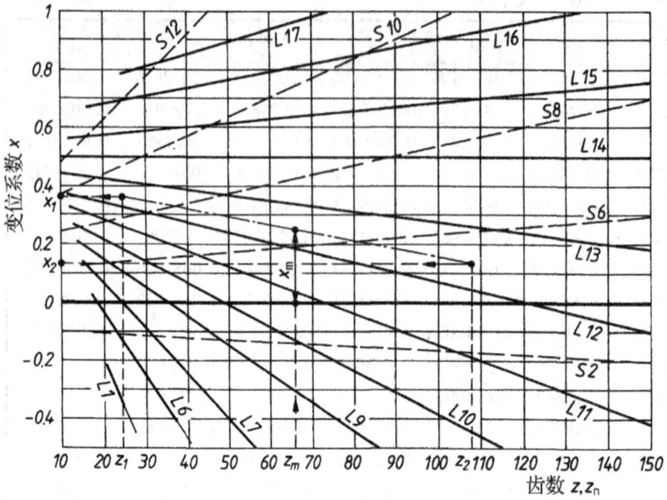

读图示例：给定 $z_1=24$，$z_2=108$，所以 $i=4.5$，变位系数和 $x_1+x_2=+0.5$（由 TB 21-5 按均衡啮合且承载能力较高选择）。计算平均齿数 $z_m=(z_1+z_2)/2=(24+108)/2=66$ 并标于图上，计算变位系数和的平均值 $x_m=(x_1+x_2)/2=0.25$，并从零线开始度量该值，再由该点作一根与相邻的 L 线相适应的直线（$i>1!$）。这样就得到了 z_1 和 z_2 相应的 $x_1=+0.36$ 和 $x_2=+0.14$。要注意的是，所得到的 x_1 和 x_2 的和一定要与由 TB 21-5 查得的值完全一致。

TB 21-7　啮合精度（近似值）

a）根据用途

b）根据分度圆圆周速度

c）根据加工方法

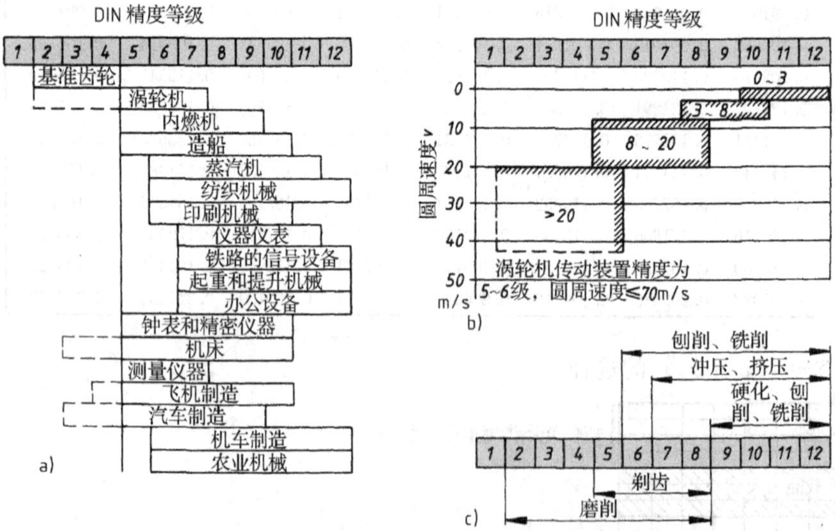

硬齿面斜齿或人字齿轮必须选 8 级及以上精度，否则会有断齿危险。

TB 21-8　齿厚偏差、齿厚公差

a）齿厚上偏差 A_{sne}（DIN 3967　摘录）

分度圆直径（mm）		偏差系列（μm）										
＞	≤	a	ab	b	bc	c	cd	d	e	f	g	h
—	10	−100	−85	−70	−58	−48	−40	−33	−22	−10	−5	0
10	50	−135	−110	−95	−75	−65	−54	−44	−30	−14	−7	0
50	125	−180	−150	−125	−105	−85	−70	−60	−40	−19	−9	0
125	280	−250	−200	−170	−140	−115	−95	−80	−56	−26	−12	0
280	560	−330	−280	−230	−190	−155	−130	−110	−75	−35	−17	0
560	1000	−450	−370	−310	−260	−210	−175	−145	−100	−48	−22	0

b）齿厚公差 T_{sn}（DIN 3967　摘录）

分度圆直径（mm）		公差系列（μm）									
＞	≤	21	22	23	24	25	26	27	28	29	30
—	10	3	5	8	12	20	30	50	80	130	200
10	50	5	8	12	20	30	50	80	130	200	300
50	125	6	10	16	25	40	60	100	160	250	400
125	280	8	12	20	30	50	80	130	200	300	500
280	560	10	16	25	40	60	100	160	250	400	600
560	1000	12	20	30	50	80	130	200	300	500	800

c）许用齿厚变动 R_s（DIN 3962 T1 摘录）

啮合精度		1mm＜$m(m_n)$≤2mm R_s（μm）							2mm＜$m(m_n)$≤3.55mm R_s（μm）							3.55mm＜$m(m_n)$≤6mm R_s（μm）						
		6	7	8	9	10	11	12	6	7	8	9	10	11	12	6	7	8	9	10	11	12
d (mm)	＞10 ≤50	8	12	16	22	32	45	63	10	14	20	28	36	56	71	11	16	22	32	45	63	90
	＞50 ≤125	10	14	20	28	40	56	80	12	16	22	32	45	63	90	14	20	28	36	50	71	100
	＞125 ≤280	12	16	22	32	45	63	90	14	20	28	36	50	71	100	16	22	32	45	63	80	110
	＞280 ≤560	14	18	25	36	50	71	100	16	22	32	40	56	80	110	18	25	36	50	71	90	125
	＞560 ≤1000	14	20	28	40	56	80	110	18	25	36	45	63	90	125	20	28	36	56	80	100	140

啮合精度		6mm＜$m(m_n)$≤10mm R_s（μm）							10mm＜$m(m_n)$≤16mm R_s（μm）							16mm＜$m(m_n)$≤25mm R_s（μm）						
		6	7	8	9	10	11	12	6	7	8	9	10	11	12	6	7	8	9	10	11	12
d (mm)	＞10 ≤50	14	18	25	36	50	71	100	—	—	—	—	—	—	—	—	—	—	—	—	—	—
	＞50 ≤125	16	22	32	45	63	80	110	18	25	36	50	71	100	140	—	—	—	—	—	—	—
	＞125 ≤280	18	25	36	50	71	90	125	20	28	40	56	80	110	160	22	32	45	63	90	125	160
	＞280 ≤560	20	28	40	56	80	110	140	22	32	45	63	90	125	160	25	36	50	71	100	140	180
	＞560 ≤1000	22	32	45	63	80	125	160	25	36	50	71	100	140	180	28	40	56	80	110	140	200

TB 21-8（续）

d）对 TB 21-8 和 TB 21-9 的推荐值

应用范围	A_{sne}系列	T_{sn}系列	中心距/偏差
通用机械制造	b	26	js7
双向运动剪切机、行走机构	c	25	js6
机床	f	24/25	js6
农业机械	e	27/28	js8
车辆	d	26	js7
塑料机械，机车	c，d	25	js7

TB 21-9　圆柱齿轮箱体中心距偏差 A_{ae}、A_{ai}（DIN 3964　摘录）

中心距 a（公称尺寸，mm）		5	6	7	8	9	10	11
		轴位置精度等级 1～3						
			轴位置精度等级 4～6					
				轴位置精度等级 7～9				
					轴位置精度等级 10～12			
		ISO-代号 js						
>	10	+4	+5.5	+9	+13.5	+21.5	+35	+55
≤	18	−4	−5.5	−9	−13.5	−21.5	−35	−55
>	18	+4.5	+6.5	+10.5	+16.5	+26	+42	+65
≤	30	−4.5	−6.5	−10.5	−16.5	−26	−42	−65
>	30	+5.5	+8	+12.5	+19.5	+31	+50	+80
≤	50	−5.5	−8	−12.5	−19.5	−31	−50	−80
>	50	+6.5	+9.5	+15	+23	+37	+60	+95
≤	80	−6.5	−9.5	−15	−23	−37	−60	−95
>	80	+7.5	+11	+17.5	+27	+43.5	+70	+110
≤	120	−7.5	−11	−17.5	−27	−43.5	−70	−110
>	120	+9	+12.5	+20	+31.5	+50	+80	+125
≤	180	−9	−12.5	−20	−31.5	−50	−80	−125
>	180	+10	+14.5	+23	+36	+57.5	+92.5	+145
≤	250	−10	−14.5	−23	−36	−57.5	−92.5	−145
>	250	+11.5	+16	+26	+40.5	+65	+105	+160
≤	315	−11.5	−16	−26	−40.5	−65	−105	−160
>	315	+12.5	+18	+28.5	+44.5	+70	+115	+180
≤	400	−12.5	−18	−28.5	−44.5	−70	−115	−180
>	400	+13.5	+20	+31.5	+48.5	+77.5	+125	+200
≤	500	−13.5	−20	−31.5	−48.5	−77.5	−125	−200
>	500	+14	+22	+35	+55	+87	+140	+220
≤	630	−14	−22	−35	−55	−87	−140	−220
>	630	+16	+25	+40	+62	+100	+160	+250
≤	800	−16	−25	−40	−62	−100	−160	−250
>	800	+18	+28	+45	+70	+115	+180	+280
≤	1000	−18	−28	−45	−70	−115	−180	−280

TB 21-10　圆柱齿轮的跨齿数 k

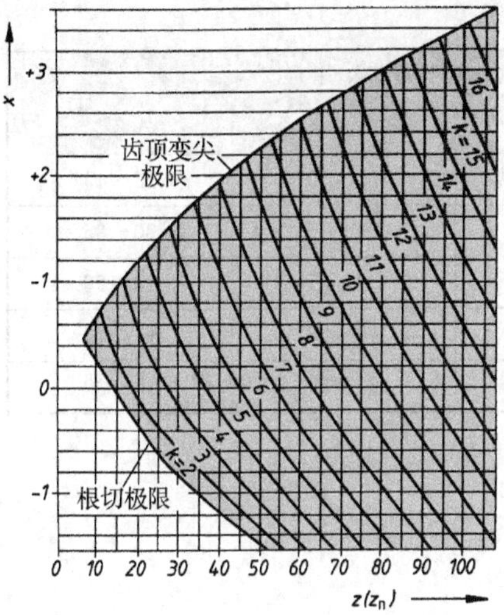

TB 21-11　两级和三级圆柱齿轮机构的传动比分配推荐

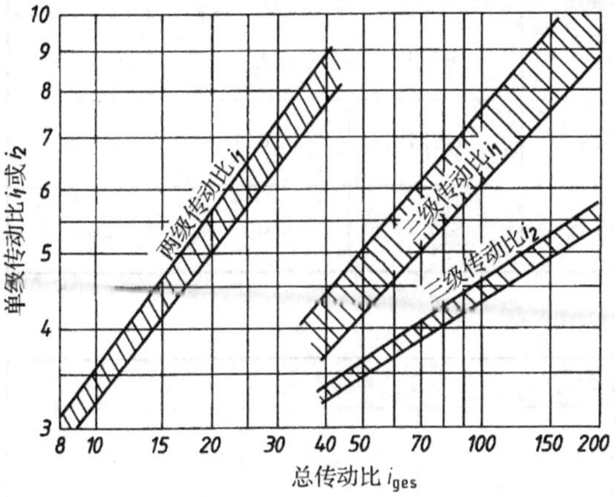

TB 21-12　齿轮（DIN 3960）和齿条原始齿形（DIN 867）渐开线啮合的可用范围

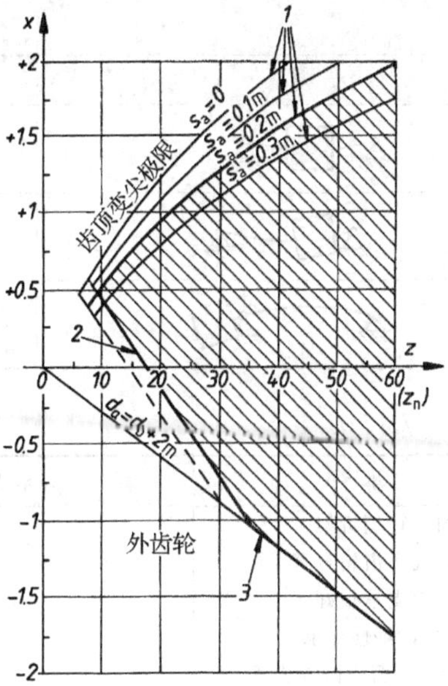

TB 21-13　小齿轮齿数 z_1（参考值）[1)]

a）按对传动的要求选择

对传动的要求	应用示例	合适的小齿轮齿数 z_1
齿根弯曲强度和接触强度均衡	通用机械传动（低到中等转速）	$z_1 \approx 20 \sim 30$
齿根弯曲强度比接触强度更重要	提升机械传动，部分车辆传动装置	$z_1 \approx 14 \sim 20$
接触强度比齿根弯曲强度更重要	重载、高速和持续传动	$z_1 > 35$
传动噪声小	高速传动	

TB 21-13（续）

b）按热处理和传动比选择

齿轮或材料热处理		各种齿数比 u 下的齿数 z_1			
		1	2	4	8
调质，或调质后表面硬化	<230 HB	32～60	29～55	25～50	22～45
	≥230 HB	30～50	27～45	23～40	20～35
渗氮		24～40	21～35	19～31	16～26
渗碳		21～32	19～29	16～25	14～22
铸铁，（球墨铸铁）		26～45	23～40	21～35	18～30

注：动力传动实际最小的齿数 $z=12$（配对齿轮齿数≥23）。

1）区间下限适用于 $n<1000$r/min；
区间上限适用于 $n>3000$r/min。

TB 21-14 小齿轮宽度、比值（参考值）

a）宽径比 $\psi_d=b_1/d_1$

支承类型		热处理			
		正火 HB<180	调质 HB>200	渗碳，火焰或感应硬化	渗氮
		ψ_d			
对称		≤1.6	≤1.4	≤1.1	≤0.8
不对称	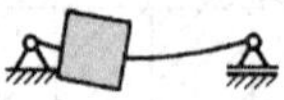	≤1.3	≤1.1	≤0.9	≤0.6
悬臂	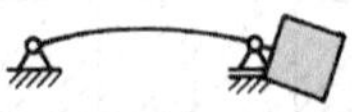	≤0.8	≤0.7	≤0.6	≤0.4

b）模宽比 $\psi_m=b_1/m$

支承	精度等级	ψ_m
钢结构，轻型机架	11～12	10～15
钢结构，或小齿轮悬臂	8～9	15～25
在机架中支承很好	6～7	20～30
精确平行，刚性支承	6～7	25～35
$b/d_1\leqslant1$，精确平行，刚性支承	5～6	40～60

TB 21-15 计算系数

		精度等级						
		6	7	8	9	10	11	12
	q_H	1.32	1.85	2.59	4.01	6.22	9.63	14.9
直齿轮	K_1	9.6	15.3	24.5	34.5	53.6	76.6	122.5
	K_2	0.0193						
斜齿轮	K_1	8.5	13.6	21.8	30.7	47.7	68.2	109.1
	K_2	0.0087						

TB 21-16　节线误差

a）变形产生的 f_{sh}，与该对齿轮的齿宽 b 有关；经验值　（单位：μm）

齿宽 b[1)]（mm）	≤20	>20 ≤40	>40 ≤100	>100 ≤260	>260 ≤315	>315 ≤560	>560
刚性非常好的传动或 F_t/b<200N/m 例如固定的涡轮传动装置	5	6.5	7	8	10	12	16
刚性中等或 $F_t/b\approx200\sim1000$N/mm（大多数工业传动）	6	7	8	11	14	18	24
挠性传动 或 F_t/b>1000N/mm	10	13	18	25	30	38	50

1）两齿轮齿宽 b 不一样时取小值

b）考虑小齿轮相对于支承位置的参数 K'（DIN 3990）

T——输入或输出转矩；

d_{sh}——小齿轮轴直径；

d_1——小齿轮分度圆直径。

1）如果小齿轮与轴做成一个整体（$d_1/d_{sh}\geqslant1.15$）的话，小齿轮具有支承作用，如果 $d_1/d_{sh}<1.15$，而且小齿轮通过平键以及一般过盈连接与轴相连，则不具有支承作用。

对于其他布置形式和 s/l 极限以及带、链等对轴产生附加载荷的情况，推荐进行详细的分析。

布　置	s/l	K'[1)] a）有 支承作用	K'[1)] b）无 支承作用
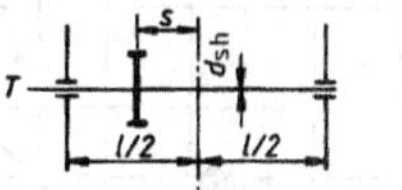	<0.3	0.48	0.8
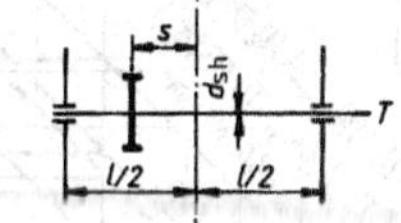	<0.3	−0.48	−0.8
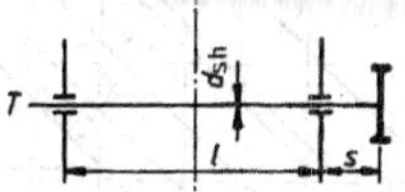	<0.5	1.33	1.33
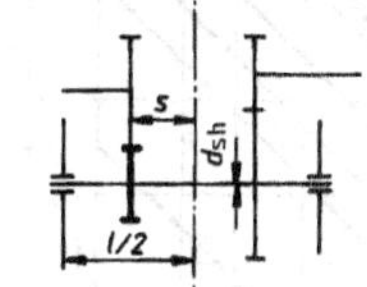	<0.3	−0.36	−0.6
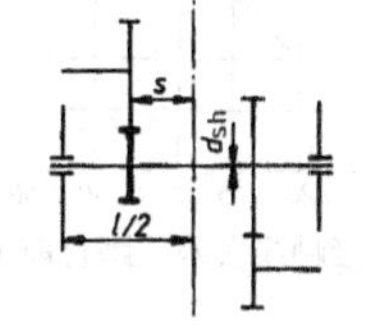	<0.3	−0.6	−1.0

TB 21-16（续）

c）许用接触线-角度误差 $f_{H\beta}$（DIN 3962）　　（单位：μm）

DIN 粘度等级		齿宽 b（mm） ≤20	20～40	40～100	>100[1]
6	磨齿剃齿或精密滚齿	8	9	10	11
7		11	13	14	16
8 刚性轮体剃齿、滚齿		16	18	20	22
9		25	28	28	32
10		36	40	45	50
11		56	63	71	80
12		90	100	110	125

1）除了表中给出的值以外，对于 $b>160$mm，可以约定其他特殊的公差。

TB 21-17　节线 y_β（DIN 3990）

［当两齿轮材料不一样时，$y_\beta=(y_{\beta1}+y_{\beta2})/2$］

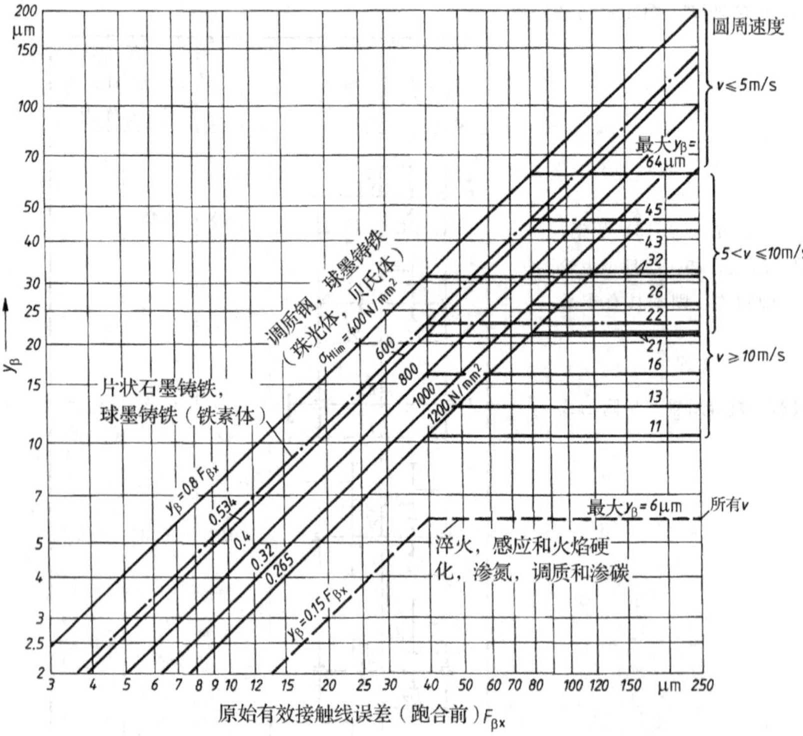

调质钢、结构钢（调质钢：$R_m\geqslant800\text{N/mm}^2$，钢 $R_m<800\text{N/mm}^2$）以及球墨铸铁（珠光体、贝氏体）：

$y_\beta=(320\text{N/mm}^2/\sigma_{Hlim})F_{\beta x}\leqslant y_{\beta max}$

灰铸铁（片状石墨铸铁）和球墨铸铁（铁素体）：

$y_\beta=0.55F_{\beta x}\leqslant y_{\beta max}$

渗碳或渗氮钢：

$y_\beta=0.15F_{\beta x}\leqslant6\mu\text{m}$

TB 21-18 宽度系数 $K_{H\beta}$、$K_{F\beta}$，近似值（DIN 3990）

适用于 $F_m/b=K_AF_t/b\geqslant100\text{N/mm}$，即不许处于阴影区域

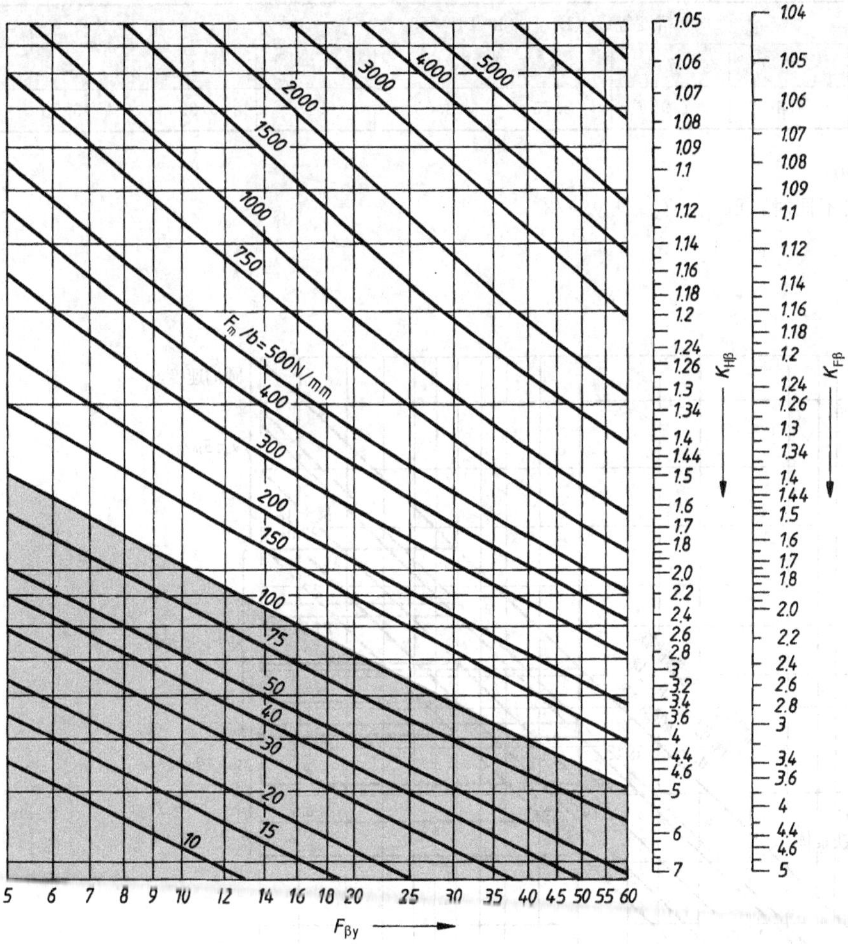

当 $K_{H\beta}>2$（$K_{F\beta}>1.8$），其值显著地大于实际值，也就是更安全；当 $K_{H\beta}>1.5$（$K_{F\beta}>1.4$），如果可能，应增大结构刚性。

TB 21-19 端面系数 $K_{F\alpha}$、$K_{H\alpha}$

a）简化设计（DIN 3990）

一个硬齿面齿轮和一个软齿面齿轮配对时，应取平均值。当两者精度等级不同时，取精度低的。

<table>
<tr><td colspan="3" rowspan="2"></td><td colspan="8">线载荷 K_AF_t/b</td></tr>
<tr><td colspan="7">≥100N/mm</td><td><100N/mm</td></tr>
<tr><td colspan="3">精度等级
DIN 3961（ISO 1328）</td><td>6（5）</td><td>7</td><td>8</td><td>9</td><td>10</td><td>11</td><td>12</td><td>6（5）
和更低精度</td></tr>
<tr><td rowspan="2">硬齿面[1]</td><td>直齿轮
$\beta=0°$</td><td>$K_{F\alpha}$
$K_{H\alpha}$</td><td colspan="2">1.0</td><td>1.1</td><td>1.2</td><td colspan="4">$1/Y_\varepsilon\geqslant1.2$ [2]
$1/Z_\varepsilon^2\geqslant1.2$ [3]</td></tr>
<tr><td>斜齿轮
$\beta>0°$</td><td>$K_{F\alpha}$
$K_{H\alpha}$</td><td>1.0</td><td>1.1</td><td>1.2</td><td>1.4</td><td colspan="4">$\varepsilon_{an}=\varepsilon_\alpha/\cos^2\beta_b\geqslant1.4$ [4]</td></tr>
<tr><td rowspan="2">软齿面</td><td>直齿轮
$\beta=0°$</td><td>$K_{F\alpha}$
$K_{H\alpha}$</td><td colspan="3">1.0</td><td>1.1</td><td>1.2</td><td colspan="3">$1/Y_\varepsilon\geqslant1.2$ [2]
$1/Z_\varepsilon^2\geqslant1.2$ [3]</td></tr>
<tr><td>斜齿轮
$\beta>0°$</td><td>$K_{F\alpha}$
$K_{H\alpha}$</td><td colspan="2">1.0</td><td>1.1</td><td>1.2</td><td>1.4</td><td colspan="3">$\varepsilon_{an}=\varepsilon_\alpha/\cos^2\beta_b\geqslant1.4$ [4]</td></tr>
</table>

1）渗碳或表面硬化、渗氮或渗氮碳。

2）见教材式（21-82）。3）见教材式（21-88）。4）见教材式（21-36）。

TB 21-19（续）

b）确定节距误差最大值 f_{pe} 的系数 q_H'

精度等级（DIN 3962 T1～T3）								
	5	6	7	8	9	10	11	12
q_H'	1	1.4	1.96	2.75	3.85	6.15	9.83	15.75

c）跑合量 y_α（DIN 3990）

齿轮1和齿轮2材料不同时，取 $y_\alpha=(y_{\alpha1}+y_{\alpha2})/2$

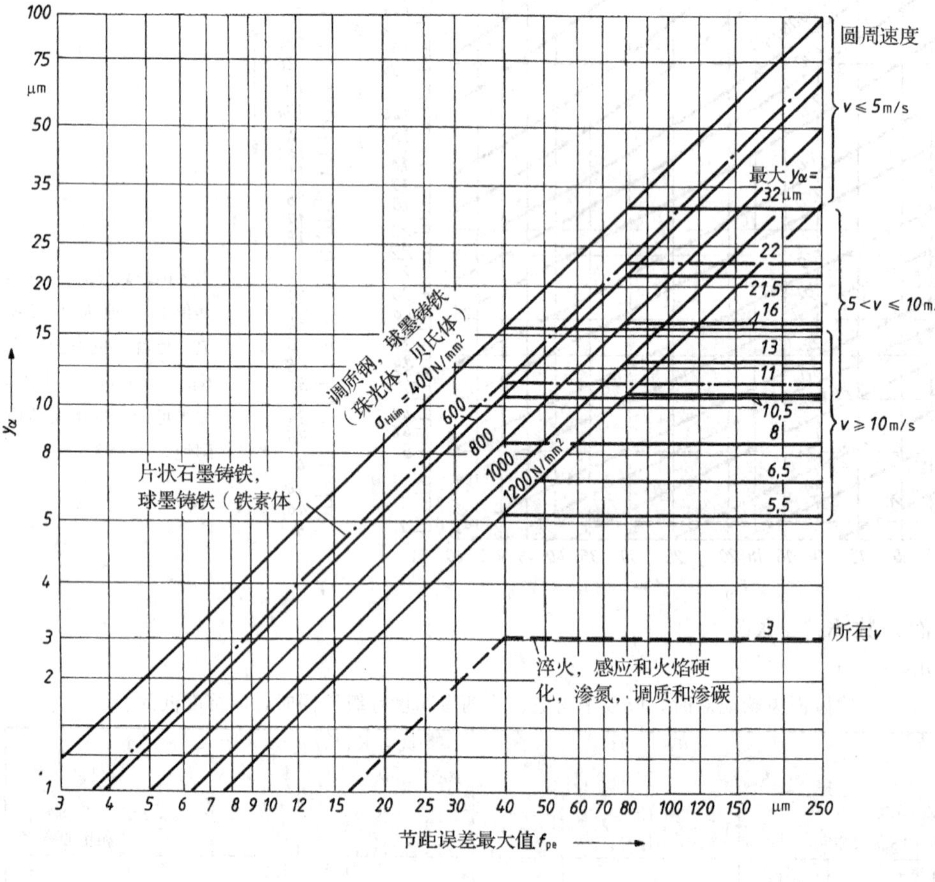

调质钢、结构钢（调质钢：$R_m \geqslant 800\text{N/mm}^2$，钢 $R_m < 800\text{N/mm}^2$）以及球墨铸铁（珠光体、贝氏体）：

$y_\alpha=(160\text{N/mm}^2/\sigma_{Hlim})\ f_{pe} \leqslant y_{\alpha max}$

灰铸铁（片状石墨铸铁）和球墨铸铁（铁素体）：

$y_\alpha=0.275 f_{pe} \leqslant y_{\alpha max}$

渗碳或渗氮钢：

$y_\alpha=0.075 f_{pe} \leqslant 3\mu m$

TB 21-20　确定外啮合齿轮齿根应力的修正系数（DIN 3990）

a）齿形系数 Y_{Fa}

基本齿廓 $\alpha=20°$，$h_a=m$，$h_{a0}=1.25m$，$\rho_{a0}=0.25m$

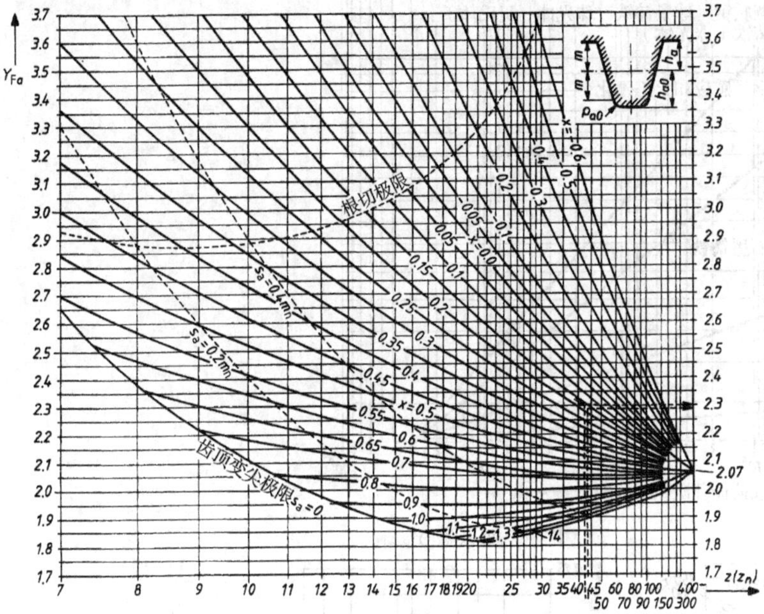

b）应力修正系数 Y_{Sa}

基本齿廓 $\alpha=20°$，$h_a=m$，$h_{a0}=1.25m$，$\rho_{a0}=0.25m$

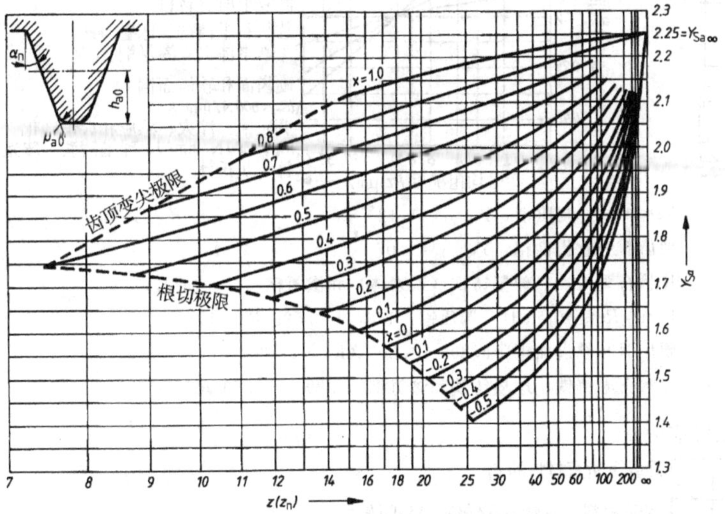

c）螺旋角系数 Y_β

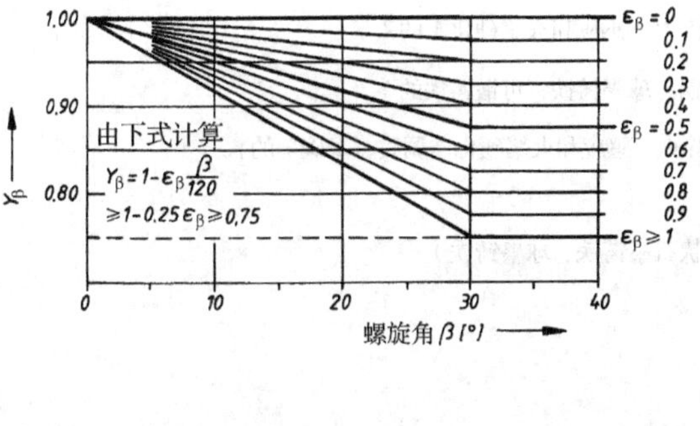

TB 21-21　确定外啮合齿轮许用齿根应力的修正系数（DIN 3990）

a）寿命系数 y_{NT}

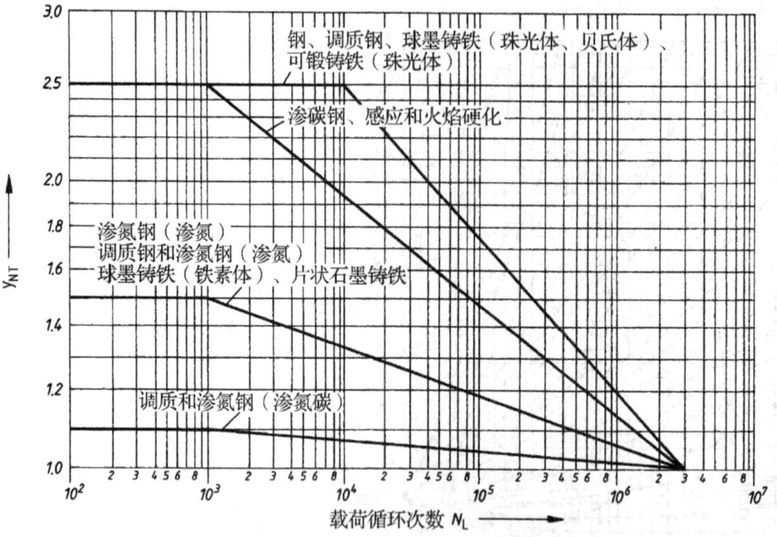

b）相对支承系数 $Y_{\delta\,relT}$

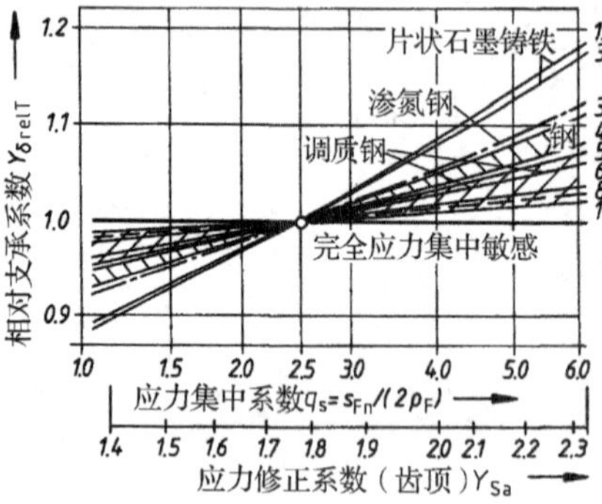

c）相对表面系数 $Y_{R\,relT}$

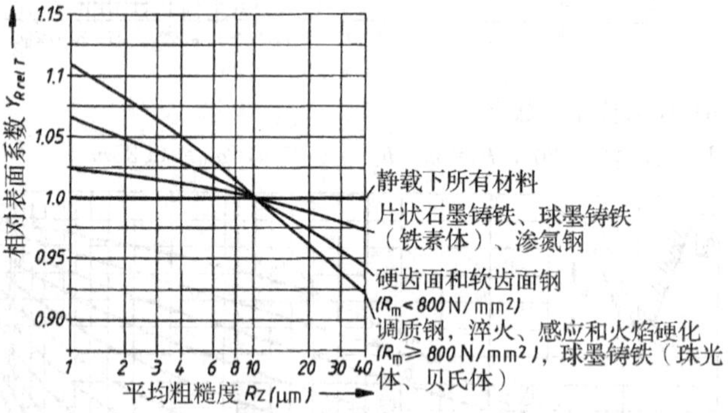

$Rz<1$ 时，调质钢：$Y_{R\,relT}=1.12$

硬齿面和软齿面钢：$Y_{R\,relT}=1.07$

片状石墨铸铁、球墨铸铁（铁素体）和渗氮钢：$Y_{R\,relT}=1.025$

$1\mu m \leqslant Rz \leqslant 40\mu m$ 时，调质钢：$1.674-0.529(Rz+1)^{0.1}$

硬齿面和软齿面钢：$5.306-4.203\ (Rz+1)^{0.01}$

片状石墨铸铁，球墨铸铁和渗氮钢：$4.299-3.259(Rz+1)^{0.005}$

d）尺寸系数 Y_X（齿根应力）；Z_X（接触应力）

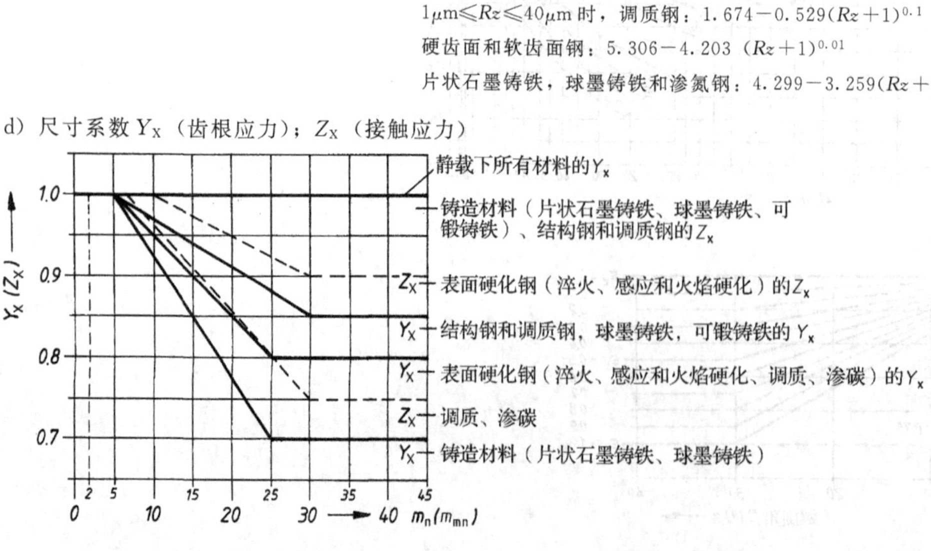

TB 21-22　确定外啮合齿轮齿面接触应力的修正系数（DIN 3990）

a）节点区域系数 Z_H

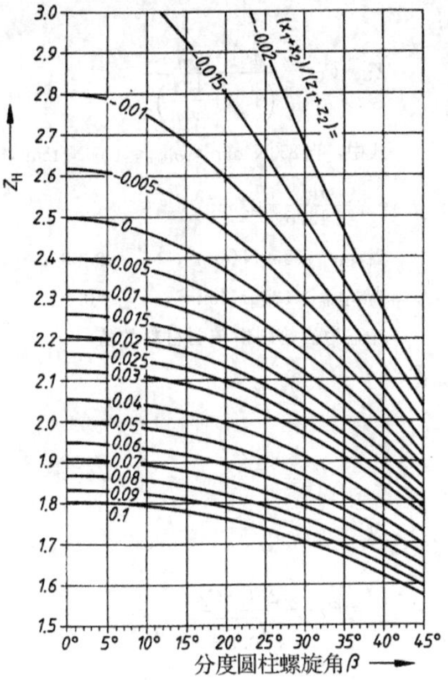

c）重合度系数 Z_ε

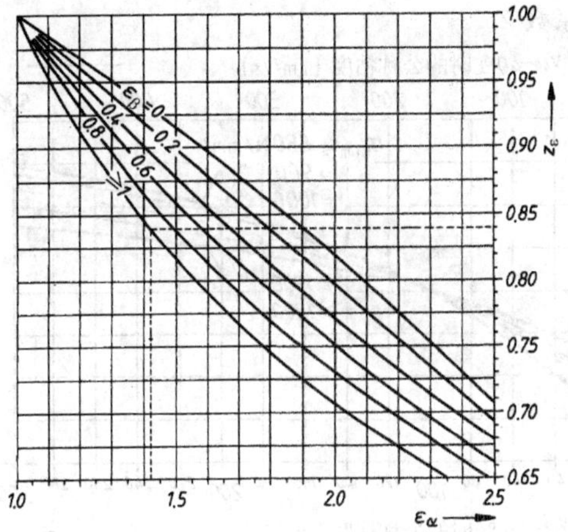

b）弹性系数 Z_E

如没有特别指出，取泊松比 $\nu=0.3$

齿轮 1		齿轮 2		Z_E
材　料	弹性模量 N/mm^2	材　料	弹性模量 N/mm^2	$\sqrt{N/mm^2}$
钢（St）	206000	钢（St）	206000	189.8
		铸钢（GS）	202000	188.9
		球墨铸铁（GJS）	173000	181.4
		铸造锡青铜	103000	155.0
		锡青铜	113000	159.8
		片状石墨铸铁（GJL，灰铸铁）	126000～118000	165.4～162.0
铸钢（GS）	202000	铸钢（GS）	202000	188.0
		球墨铸铁（GJS）	173000	180.5
		片状石墨铸铁（GJL，灰铸铁）	118000	161.4
球墨铸铁（GJS）	173000	球墨铸铁（GJS）	173000	173.9
		片状石墨铸铁（GJL，灰铸铁）	218000	156.6
片状石墨铸铁（灰铸铁，GJL）	126000～118000	片状石墨铸铁（GJL，灰铸铁）	118000	146.0～143.7
钢	206000	硬编织纤维 $\nu=0.5$	7850 平均	56.4

TB 21-23　确定外啮合齿轮许用齿面接触应力的修正系数（DIN 3990）

阴影区域为离散区域

a）润滑剂系数 Z_L

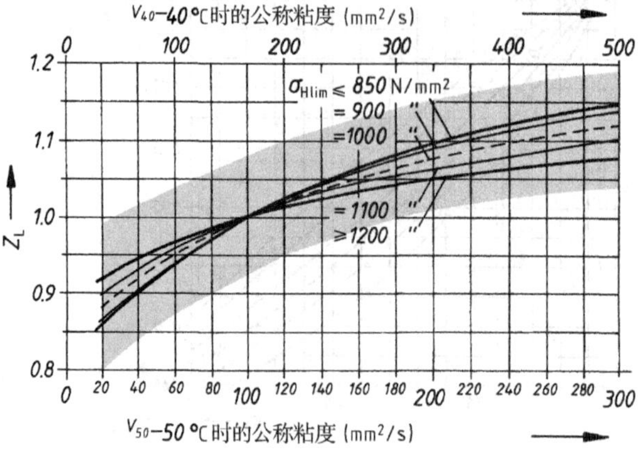

$$Z_L = C_{CL} + \frac{4(1-C_{ZL})}{\left(1.2+\frac{134}{\nu_{40}}\right)^2}$$

式中，当 $850\text{N/mm}^2 \leqslant \sigma_{Hlim} \leqslant 1200\text{N/mm}^2$，

$$C_{ZL} = \frac{\sigma_{Hlim}}{4375} + 0.6357$$

当 $\sigma_{Hlim} < 850\text{N/mm}^2$，$C_{ZL} = 0.83$

当 $\sigma_{Hlim} > 1200\text{N/mm}^2$，$C_{ZL} = 0.91$

σ_{Hlim} 为齿轮副中较弱材料的值

b）速度系数 Z_v

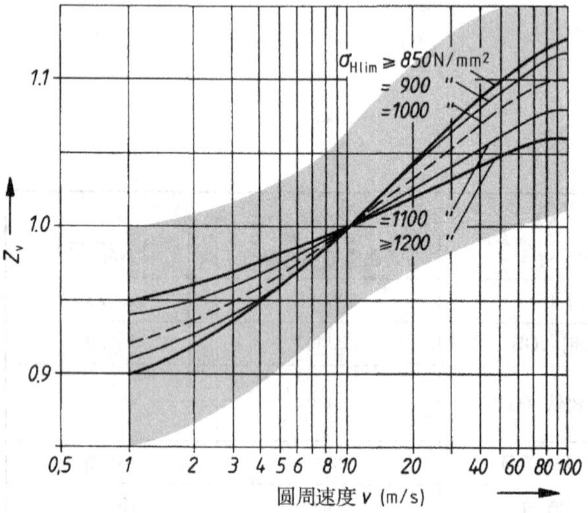

$$Z_v = C_{Zv} + \frac{2(1-C_{Zv})}{\sqrt{0.8+\frac{32}{v}}}$$

式中，$C_{Zv} = C_{ZL} + 0.02$

c）粗糙度系数 Z_R

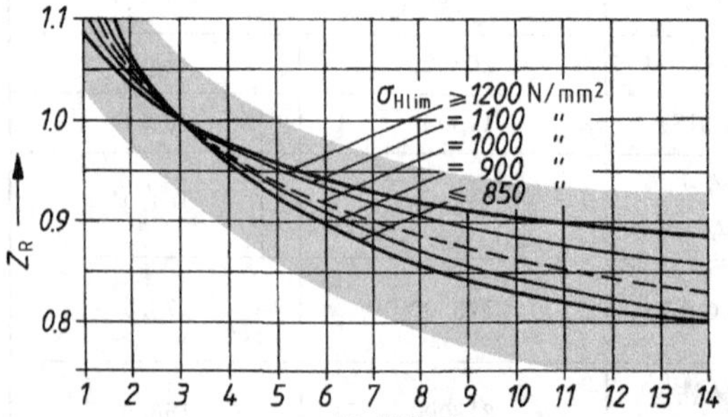

$$Z_R = \left(\frac{3}{Rz_{100}}\right)^{C_{ZR}}$$

式中，当 $850\text{N/mm}^2 \leqslant \sigma_{Hlim} \leqslant 1200\text{N/mm}^2$，

$C_{ZR} = 0.32 - 0.0002\sigma_{Hlim}$

当 $\sigma_{Hlim} < 850\text{N/mm}^2$，$C_{ZR} = 0.15$

当 $\sigma_{Hlim} > 1200\text{N/mm}^2$，$C_{ZR} = 0.08$

$Rz_{100} = 0.5(Rz_1 + Rz_2) \times \sqrt[3]{100/a}$

TB 21-23（续）

d）寿命系数 Z_{NT}

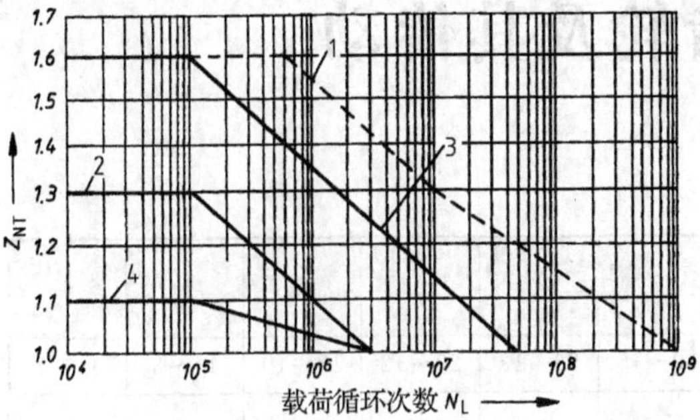

1—钢、调质钢，球墨铸铁（珠光体、贝氏体）、可锻铸铁（珠光体）、渗碳钢、感应和火焰硬化钢，允许产生一定量的点蚀

2—片状石墨铸铁，球墨铸铁（铁素体），调质钢、渗氮钢

3—调质钢、球墨铸铁（珠光体、贝氏体），可锻铸铁（珠光体）、渗碳钢、感应和火焰硬化钢

4—渗氮钢（渗氮碳）

e）配对材料系数 Z_W

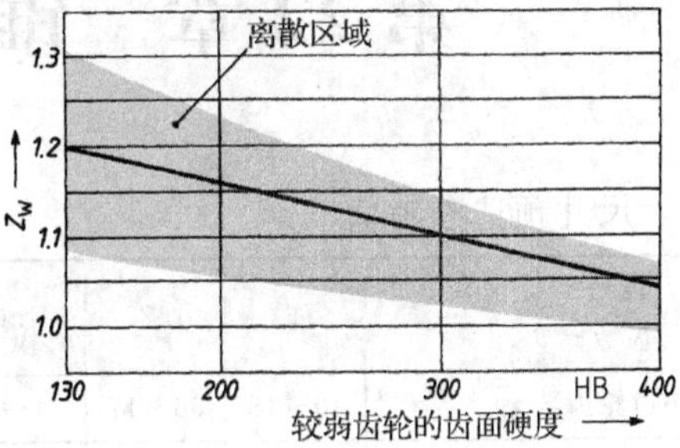

第 22 章　锥齿轮及其传动

TB 22-1　尺寸预选参考值

传动比 i 齿数比 u	1	1.25	1.6	2	2.5	3.2	4	5	6
小齿轮齿数 z_1	40～18	36～17	34～16	30～15	26～13	23～12	18～10	14～8	11～7
宽径比 $\psi_d=\dfrac{b}{d_{m1}}$	0.21	0.24	0.28	0.34	0.4	0.5	0.6	0.76	0.9

TB 22-2　确定锥齿轮动力系数 K_V 的各个参数值（DIN 3991 T1）

a）直齿；b）斜齿

粘　度	6	7	8	9	10	11	12
K_1	9.5	15.34	27.02	58.43	106.64	146.08	219.12
K_2　a) b)	1.0645 1.0000						
K_3　a) b)	0.0193 0.0100						

TB 22-3　$\alpha_n=20°$时的重合系数（齿根）Y_ε（DIN 3991 T3）

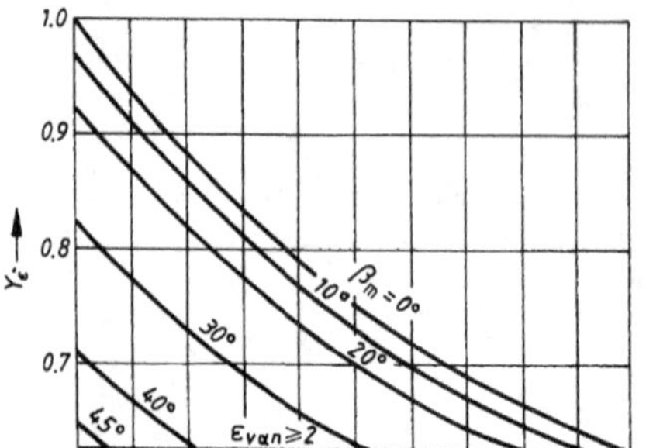

第 23 章　交错轴斜齿轮传动和蜗杆传动

TB 23-1　确定交错轴斜齿轮机构尺寸的参考值

传动比 i	1～2	2～3	3～4	4～5
齿数 z_1	20～16	15～12	12～10	10～8
比值 $y=d_1/a$	1～0.7	0.7～0.55	0.55～0.5	

TB 23-2　交错轴斜齿轮机构的载荷特征值

齿轮副材料：主动轮/从动轮	钢（硬齿面）/钢（硬齿面）	钢（硬齿面）/Cu-Sn 合金	钢/Cu-Sn 合金	钢，片状石墨铸铁/片状石墨铸铁
载荷特征值 C（N/mm^2）	6	5	4	3

TB 23-3　蜗杆头数参考值

传动比 i	＜5	5～10	＞10～15	＞15～30	＞30
蜗杆齿数 z_1	6	4	3	2	1

TB 23-4　圆柱蜗杆机构的模数（DIN 780 T2　摘录）

$m(m_x)$（mm）	1	1.25	1.6	2	2.5	3.15	4	5	6.3	8	10	12.5	16	20

TB 23-5　寿命系数 Z_h

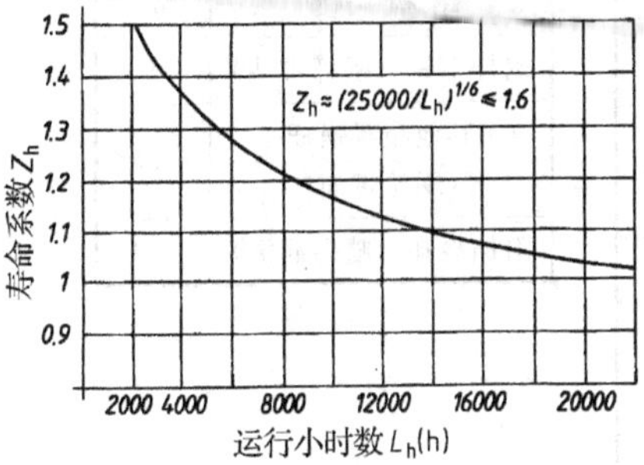

TB 23-6　转速系数 Z_N

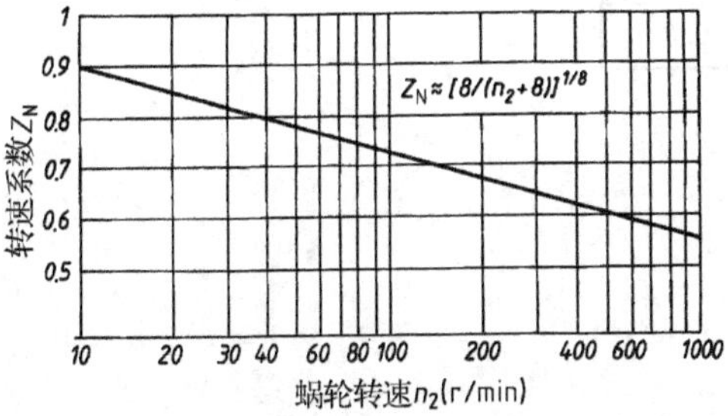

TB 23-7　$\alpha_0=20°$的蜗杆的接触系数 Z_p

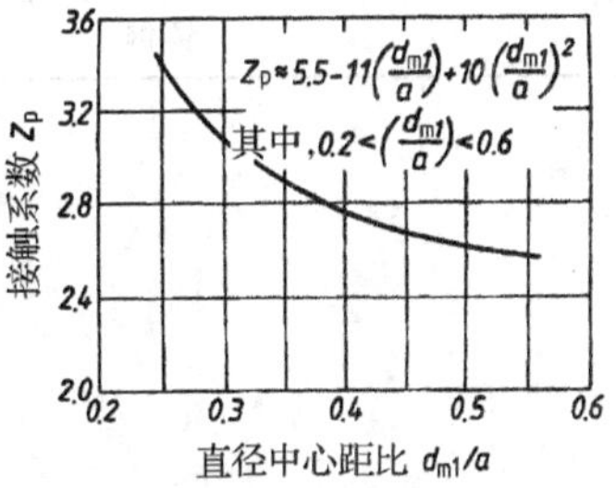

TB 23-8 不同冷却方式的冷却系数 q_1

ED 为工作时间百分比，n_1 的单位为 r/min。当 $200<n_1<2000$ 时，$q_1=[1+y/(1+y)](100/ED+y)$

a）无附加冷却措施

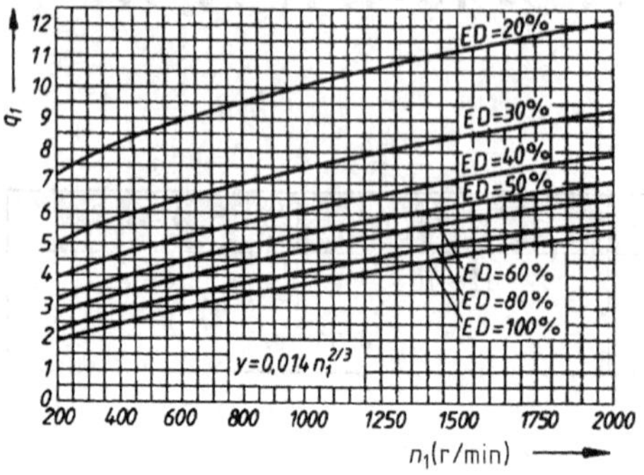

b）有附加冷却措施

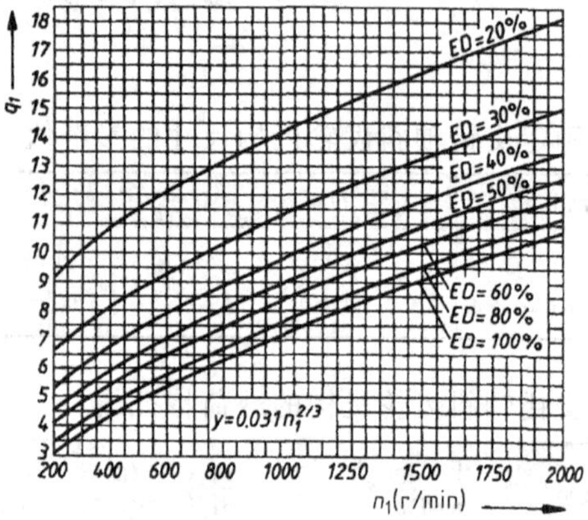

TB 23-9 蜗杆主动时的传动系数 q_2

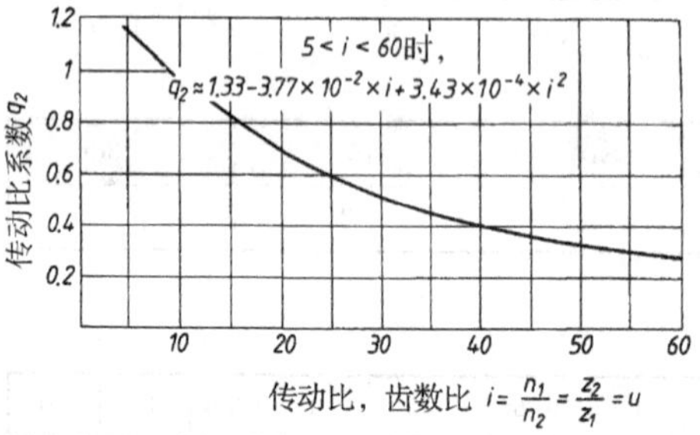

TB 23-10 Z_A、Z_N、Z_K、Z_I 型蜗杆材料配对系数 q_3

材料		系数 q_3
蜗杆	蜗轮	
钢，硬化和磨削	离心铸造锡青铜	1
	铝合金	0.87
	铸钢	0.8
钢，调质，非磨削	锡青铜，锌合金	0.67
	铝合金	0.58
	铸钢	0.55
铸钢，非磨削	离心铸造锡青铜	0.87
	铸钢	0.8

TB 23-11 结构形式系数 q_4

结构类型	q_4
蜗杆下置（蜗杆带油）	1
其他布置蜗杆（蜗轮带油）	0.8
附加冷却（喷射润滑）	>1

第24章　摩　擦　学

TB 24-1　各种润滑油的压粘系数 α

油 的 种 类	$\alpha_{25℃}\times10^8 m^2/N$	$\eta_{2000\ bar}/\eta_0$（25℃时）	$\eta_{2000\ bar}/\eta_0$（80℃时）
烷烃基矿物油	1.5～2.4	15～100	10～30
环烷烃基矿物油	2.5～3.5	150～800	40～70
聚烯烃	1.3～2.0	10～50	8～20
酯油（二酯，裂变）	1.5～2.0	20～50	12～20
聚醚油（脂肪族）	1.1～1.7	9～30	7～13
硅油（脂肪族，基质）	1.2～1.4	9～16	7～9

TB 24-2　润滑脂的性能

a）矿物油基润滑脂

稠化剂			滴点℃	工作温度范围		耐水性	防腐性	天然极压性能	适用于		价格
				℃	℃				滚动轴承	滑动轴承	
皂	正常	钙	80/100	−35	+50	+++	+	++	−	+	0.8
		钠	150/200	−30	+120	−	++	+	++	++	0.9
		锂	180/200	−40	+120/140	+	+	+	+++	++	1
		铝	100/120	−30	+80/100	++	+++	+	+++	++	2.5～3.0
	复合	钙	＞260	−30	+140	++	++	++	++	++	0.9～1.2
		钠	＞240	−30	+130	+	+	+	++	+	3.5
		锂	＞250	−30	+150	++	+	+	+++	++	4～5
		铝	＞250	−30	+140	++	+	+	+++	+	2.5～4.0
	混合	锂/钙	170/180	−30	120/130	++	+	+	+++	++	1.3
非皂	无机	膨润土	无/无	−25	150/200	++	−	+	++	+	6～10
		硅胶（凝胶）		−20	150/180	++	−	−	++	+	5
	有机	聚尿素	＞250	−25	150/200	++	+	+	++	+	6

b）合成油基润滑脂

稠化剂		基油	滴点℃	工作温度范围		耐水性	防腐性	天然极压性能	适用于		价格
				℃	℃				滚动轴承	滑动轴承	
皂	锂	酯	＞170	−60	+130	++	+	+	+++	+	5～6
		聚 α 烃	＞190	−60	+140	++	+	+	+++	+	3～4
		硅油	＞190	−40	+170	+++	−	−	+++	+	20
	锂复合	酯	＞260	−40	+160	+++	+	+	+++	+	6～8
	钡复合	酯	＞260	−40	+130	++	+++	+++	+++	++	7
	钡复合	聚 α 烃	＞260	−60	+150	++	+++	+++	+++	++	6
	钠复合	硅油	＞220	−40	+200	+	+	−	++	+	20～25

TB 24-21（续）

稠化剂		基油	滴点℃	工作温度范围		耐水性	防腐性	天然极压性能	适用于		价格
				℃	℃				滚动轴承	滑动轴承	
非皂	膨润土	聚α烃	无	−50	+180	++	−	+	++	+	10～15
	膨润土	酯	无	−40	+180	++	−	+	++	+	10～12
	硅胶（凝胶）	硅油	无	−40	+200	++	−	−	++	+	30～40
	聚尿素	硅油	>250	−40	+200	+++	+	−	++	+	35～40
	聚尿素	聚苯醚	>250	>0	+220	+++	+	+	++	+	100
	聚四氟乙烯，四氟乙烯和六氟乙烯共聚物	甘油	无	−40	+250	+++	+	+++	+++	++	250
			无	−40	+230	+++	+	+++	+++	++	100

注：+++非常好，++好，+中等，−差。

TB 24-3　中央润滑设备的选择准则

润滑系统	润滑剂	润滑点的数量（最大）	润滑剂管道最长值（m）	每个润滑点的剂量
单路系统	油	500	50	0.1～15ml/每次
双路系统	油或脂	5000	200	0.02～15ml/每次
多路系统	油或脂	30	50	0.18～400ml/h
累进系统	油或脂	100	50	0.01～500ml/min
油雾系统	油	2500	200	0.2ml/h
油一气系统	油	5000	200	>0.05ml/h

TB 24-4　电化学电压等级（置于水性溶液中的金属相对于氢气电极的电极电位，V）

钙	−2.92
钠	−2.71
镁	−2.38
铝	−1.66
锰	−1.05
锌	−0.76
铁	−0.44
镉	−0.40
钴	−0.27
镍	−0.23
锡	−0.14
铅	−0.12
氢	+0
铜	+0.35
银	+0.80
水银	+0.85
铂	+1.20
金	+1.36

读者信息反馈表

亲爱的读者：

感谢您选择了机械工业出版社出版的《机械设计》（原书·第16版）！为了今后能给您提供更多、更好的服务，希望您能在百忙之中填写该问卷并邮寄给我们。对于您提出的建设性意见我们将会在后续出版中认真吸纳。通信地址：北京市西城区百万庄大街22号（邮编：100037）；E-mail：yuhaocmp@gmail. com. cn

姓名：________性别：□男 □女 年龄：________职业：______________

邮编：________通讯地址：____

1. 您是从哪里第一次听说本书的？

□书店演示 □媒体广告 □网络 □别人推荐 □课堂

2. 您对本书的总体感觉：

□对光盘满意 □对图书满意 □一般 □都不满意

3. 您购买本书的决定因素是：

□内容 □价格 □书名 □出版社

4. 您认为本书最令您满意的是：

□内容详实 □版式风格 □浅显易懂

5. 你认为本书可以做哪些改进？________________________________

____

再次感谢您填写此问卷！您的意见将对我们非常有益！

联系人：余 皞 电话：010-88379730 13520508561